T0225127

LEHRBUCH DER ORGANISCH-CHEMISCHEN METHODIK

VON

Dr. HANS MEYER

O. Ö. PROFESSOR DER CHEMIE I. R. AN DER DEUTSCHEN
UNIVERSITÄT ZU PRAG

ERSTER BAND

ANALYSE UND KONSTITUTIONSERMITTLUNG ORGANISCHER VERBINDUNGEN

Springer-Verlag Wien GmbH

1938

ANALYSE UND KONSTITUTIONSERMITTLUNG ORGANISCHER VERBINDUNGEN

VON

Dr. HANS MEYER

O. Ö. PROFESSOR DER CHEMIE I. R. AN DER DEUTSCHEN
UNIVERSITÄT ZU PRAG

SECHSTE
UMGEARBEITETE UND VERMEHRTE AUFLAGE

MIT 207 ABBILDUNGEN IM TEXT

Springer-Verlag Wien GmbH
1938

ALLE RECHTE, INSBESONDERE DAS DER ÜBERSETZUNG
IN FREMDE SPRACHEN, VORBEHALTEN

COPYRIGHT 1916 AND 1931 BY JULIUS SPRINGER IN BERLIN
COPYRIGHT 1938 BY SPRINGER-VERLAG WIEN
URSPRÜNGLICH ERSCHIENEN BEI JULIUS SPRINGER IN VIENNA 1938
SOFTCOVER REPRINT OF THE HARDCOVER 6TH EDITION 1938

ISBN 978-3-662-35865-8   ISBN 978-3-662-36695-0 (eBook)
DOI 10.1007/978-3-662-36695-0

Vorwort zur sechsten Auflage.

Auch bei der Abfassung der vorliegenden Neuauflage war der Verfasser bestrebt, die notwendig gewordenen Ergänzungen in möglichst knapper Form zu bringen, um den Umfang des Werkes nicht übermäßig zu vergrößern.

Einige Absätze konnten in den inzwischen erschienenen dritten Band des Lehrbuchs[1] verpflanzt werden und manche veraltete Methode wurde weggelassen.

Die großen Fortschritte der letzten Jahre haben aber trotzdem zur Aufnahme von 150 neuen Textseiten genötigt.

Von neuen Methoden haben unter anderen die chromatographische Adsorptionsanalyse, die weitere Ausgestaltung der Halbmikro- und Mikromethoden, darunter die Verfahren zur Mikroschmelzpunktsbestimmung nach KOFLER und nach FUCHS, die Bestimmung von C-Methyl- und Isopropylidengruppen, sowie die Untersuchung der Deuteriumverbindungen eingehende Berücksichtigung erfahren. Von anderen neu aufgenommenen Materien seien die Esterifizierung nach THIELEPAPE, verschiedene Bestimmungsarten schwefelhaltiger Verbindungen, die Anwendung von Bleinatrium, Perjodsäure und Bleitetraacetat hervorgehoben.

Auf die verläßliche Ausgestaltung des Sachverzeichnisses wurde entsprechende Sorgfalt verwendet.

Prag, im Juli 1938.

Hans Meyer.

---

[1] Lehrbuch der organisch-chemischen Methodik, dritter Band. Synthese der Kohlenstoffverbindungen, erster Teil. Wien, Julius Springer 1938.

Inhaltsverzeichnis.

Erster Teil.

Reinigungsmethoden für organische Substanzen und Kriterien der chemischen Reinheit. Elementaranalyse. Ermittlung der Molekulargröße.

Erstes Kapitel.

Vorbereitung der Substanz zur Analyse. Reinigungsmethoden für organische Substanzen.

Seite

Erster Abschnitt: Entfärben. Entfernen von Harzen.................. 1
    1. Anwendung der Tierkohle..................................... 1
    2. Andere Entfärbungsmittel................................... 3
    3. Entfärben und Klären durch Fällungsmittel 4
    4. Oxydations- und Reduktionsmittel. Kondensationsmittel 5
    5. Entfärben durch Belichtung................................. 6

Zweiter Abschnitt: Krystallisieren und Umkrystallisieren 7
    I. Auswahl des Lösungsmittels 8
        1. Wasser.. 8
        2. Anorganische Lösungsmittel............................ 10
        3. Alkohole 11
        4. Aethylaether.. 14
        5. Aceton und seine Homologen 15
        6. Dioxan... 16
        7. Fettkohlenwasserstoffe 16
        8. Chloroform 17
        9. Tetrachlorkohlenstoff 18
      10. Chlorierte Derivate des Aethylens und Aethans 18
      11. Schwefelkohlenstoff.................................... 20
      12. Aliphatische Säuren und ihre Derivate..................... 20
      13. Lösungsmittel der aromatischen Reihe 22
      14. Pyridin und seine Derivate 26
      15. Weitere Krystallisationsmittel 27
      16. Mischungen von Lösungsmitteln 28
    II. Umkrystallisieren 29
        1. Auskrystallisieren 29
        2. Krystallisation durch Verdunsten 31
        3. Ausfällen von Krystallen 32
        4. Überführen in Derivate................................. 33
        5. Krystallisation aus dem Schmelzfluß und durch Sublimation 36
        6. Impfen.. 37
    III. Prüfung von Krystallen auf Reinheit (Einheitlichkeit) 38
    IV. Absaugen und Trocknen der Krystalle........................ 39
    V. Mischungsschmelzpunkt 39
    VI. Umscheiden 40

Dritter Abschnitt: Sublimieren 41

Seite

Vierter Abschnitt: Trocknen fester Substanzen und Krystallwasserbestimmung.. 41
    1. Trocknen bei höherer Temperatur 41
    2. Trocknen im Vakuum.. 43
    3. Trocknen bei gewöhnlicher Temperatur 43
    4. Weitere Angaben 45

Fünfter Abschnitt: Trocknen von Flüssigkeiten..................... 46
    Nachweis von Feuchtigkeitsspuren in organischen Substanzen........ 48

Sechster Abschnitt: Chromatographische Adsorptionsanalyse 49
    Ultrachromatographie 59
    1. Sichtbarmachung des Chromatogramms im ultravioletten Licht.... 59
    2. Sichtbarmachung des Chromatogramms mittels Farbenreaktionen .. 60
    3. Umwandlung der farblosen Substanzen in farbige Derivate 61
    4. Anwendung von Indikatoren 62
    5. Empirisches Verfahren....................................... 62

Zweites Kapitel.
Kriterien der chemischen Reinheit und Identitätsproben. Bestimmung der physikalischen Konstanten.

Erster Abschnitt: Schmelzpunktsbestimmung..................... 63
    1. Allgemeine Bemerkungen 63
    2. Ausführung der Schmelzpunktsbestimmung im Capillarröhrchen ... 68
    3. Apparat von ANSCHÜTZ, SCHULTZ.............................. 70
    4. Apparat von ROTH.. 70
    5. Apparat von JOHANNES THIELE 71
    6. Schmelzpunktsbestimmung farbiger oder gefärbter Substanzen..... 71
    7. Schmelzpunktsbestimmung von hochschmelzenden und sogenannten
       unschmelzbaren Verbindungen 72
    8. Schmelzpunktsapparat von SCHWINGER 73
    9. Schmelzpunktsbestimmung von Substanzen, die bei hoher Tempe-
       ratur luftempfindlich sind 73
    10. Schmelzpunktsbestimmung sehr niedrig schmelzender Substanzen .. 74
    11. Schmelzpunktsbestimmung klebriger Substanzen 75
    12. Schmelzpunktsbestimmung von Substanzen salbenartiger Konsistenz 76
    13. Schmelzpunktsbestimmung mittels des elektrischen Stromes....... 76
    14. Bestimmung des Schmelzpunkts in der Wärme zersetzlicher oder
       explosiver Substanzen 76
    15. Schmelzpunktsbestimmung hygroskopischer Substanzen 77
    16. Schmelzpunktsbestimmung mittels des Bloc MAQUENNE.......... 77
    17. Apparat von HERMANN THIELE 78
    18. Ermittlung des korrigierten Schmelzpunkts 79
    19. Schmelzpunktsbestimmung unter dem Mikroskop................ 79
    20. Mikroschmelzpunktsapparat von KLEIN 82
    21. Apparat von KOFLER, HILBCK 84
    22. Mikroheiztisch nach FUCHS 85
    23. Schmelzpunktsregelmäßigkeiten 86

Zweiter Abschnitt: Bestimmung des Siedepunkts 88
    1. Allgemeine Bemerkungen 88
    2. Apparat von PAUL, SCHANTZ................................. 88
    3. Siedepunktsbestimmung kleiner Substanzmengen 89
    4. Bestimmung des normalen (korrigierten) Siedepunkts............. 92
    5. Bestimmung der Dampftension 93
    6. Siedepunktsregelmäßigkeiten 94
    7. Prüfung der Thermometer 97

Dritter Abschnitt: Löslichkeitsbestimmung 98
    I. Bestimmung der Löslichkeit fester Substanzen in Flüssigkeiten 98
    A. Löslichkeitsbestimmung bei Zimmertemperatur 98
    B. Löslichkeitsbestimmung bei höherer Temperatur 99
       1. Die Löslichkeit nimmt mit steigender Temperatur zu 99
       2. Die Löslichkeit nimmt mit steigender Temperatur ab 102

Seite

C. Fraktionierte Löslichkeitsbestimmungen 103
D. Identifikation und Reinheitsprüfung mittels der Löslichkeitszahl ... 103
E. Beziehungen zwischen Lösungsmittel und zu lösendem Stoff 103
II. Bestimmung der kritischen Lösungstemperatur 104

Vierter Abschnitt: Bestimmung des spezifischen Gewichts 106
1. Anwendung des Pyknometers 106
2. Dichtebestimmung mit der Pipette 109
3. Anwendung der hydrostatischen Waage 109
4. Messung des spezifischen Gewichts nach der Schwimmermethode .. 111

Drittes Kapitel.
Elementaranalyse.

Erster Abschnitt: Elementaranalyse.................................. 115
I. Bestimmung von Kohlenstoff und Wasserstoff in Substanzen, die außer
diesen beiden Elementen nur noch eventuell Sauerstoff enthalten (Methode
von LIEBIG)... 115
A. Nicht besonders flüchtige Substanzen....................... 115
B. Leicht flüchtige, insbesondere auch flüssige Substanzen 118
C. Gasförmige Kohlenstoffverbindungen 119
D. Schwer analysierbare Substanzen........................... 119
II. Analyse stickstoffhaltiger Substanzen........................... 120
III. Analyse halogen- oder schwefelhaltiger Substanzen.............. 122
IV. Analyse von Kohlenstoffverbindungen, die anorganische Bestandteile
enthalten 123
V. Analyse hygroskopischer Substanzen............................ 124
VI. Analyse explosiver Substanzen................................. 125
VII. Modifikationen des LIEBIGschen Verfahrens 126
Methode von DENNSTEDT 126
VIII. Halbmikro-Verbrennungsmethoden (Zentigrammverfahren) 130
Methode von SUCHARDA, BOBRÁNSKI 130
Methode von TER MEULEN, HESLINGA 139
IX. Elementaranalyse auf nassem Wege 140
X. Elementaranalyse auf elektrothermischem Wege 143
XI. Elementaranalyse unter Druck im Autoklaven 143
XII. Mikroelementaranalyse nach PREGL........................... 144

Zweiter Abschnitt: Bestimmung des Stickstoffs.................. 144
I. Qualitativer Nachweis des Stickstoffs 144
1. Identifizieren des Stickstoffs 144
2. Reaktion von LASSAIGNE 145
II. Quantitative Bestimmung des Stickstoffs 147
1. Methode von DUMAS 147
2. Gleichzeitige Bestimmung von Stickstoff und Wasserstoff......... 156
3. Halbmikro-DUMAS.. 156
4. Mikrostickstoffbestimmung nach DUMAS 158
5. Methode von VARRENTRAPP, WILL........................... 158
6. Methode von KJELDAHL 159
7. Halbmikrostickstoffbestimmung nach KJELDAHL................. 163
8. Mikrostickstoffbestimmung nach KJELDAHL 163
9. Stickstoffbestimmung, eventuell unter gleichzeitiger Bestimmung von
Kohlenstoff, Wasserstoff, Halogen, Schwefel und Asche (Mineralbestandteilen) nach DENNSTEDT 164

Dritter Abschnitt: Bestimmung der Halogene 166
I. Qualitativer Nachweis von Chlor, Brom und Jod 166
Methode von BEILSTEIN 166
II. Quantitative Bestimmung der Halogene 167
A. Allgemein anwendbare Methoden........................... 167
1. Kalkmethode 167
2. Ähnliche Methoden....................................... 169
3. Methode von CARIUS 171
4. Methode von PRINGSHEIM.................................. 173
5. Methode von BAUBIGNY, CHAVANNE 175
6. Methode von CHABLAY 179

Seite

B. Methoden, die auf katalytischer Reduktion beruhen 179
C. Methoden von beschränkter Anwendbarkeit 181
  1. Methoden zur Chlorbestimmung 181
  2. Methoden zur Brom- und Jodbestimmung..................... 184
D. Mikrobestimmung von Halogen nach PREGL 188
E. Verfahren von HELLER, GASPARINI............................ 188
F. Mikro-Schwefel- und Halogenbestimmung nach der Methode von
  CARIUS (Verfahren von DONAU) 190
G. Halogenbestimmung und Berechnung der Analyse, wenn mehrere
  Halogene gleichzeitig vorhanden sind......................... 192
  1. Die Substanz enthält Chlor und Brom...................... 192
  2. Die Substanz enthält Chlor und Jod 194
  3. Die Substanz enthält Brom und Jod 194
  4. Die Substanz enthält alle drei Halogene 194
  5. Analyse der Jodidchloride 196
  6. Berechnung der Anzahl addierter und substituierter Halogen-
    atome in Substanzen, die bereits ein anderes Halogen enthalten 196

Vierter Abschnitt: Bestimmung des Schwefels 197
I. Qualitativer Nachweis des Schwefels 197
  1. Reaktion von VOHL....................................... 197
  2. Mikrochemische Reaktion von EMICH 197
II. Quantitative Bestimmung des Schwefels....................... 198
A. Methoden des Schmelzens oder Erhitzens mit oxydierenden Zusätzen 198
  1. Methode von ASBOTH 198
  2. Methode von LIEBIG, DU MÉNIL........................... 199
  3. Methoden von geringerer Bedeutung 201
B. Methoden, bei welchen die Oxydation der schwefelhaltigen Substanz
  durch gasförmigen Sauerstoff bewirkt wird.................... 202
  1. Methode von BRÜGELMANN 202
  2. Bestimmung in der calorimetrischen Bombe 202
  3. Methode von HÖHN, BLOCH............................... 202
C. Methoden der Oxydation auf nassem Weg 203
  1. Methode von CARIUS 203
  2. Methode von MESSINGER 205
  3. Schwefelbestimmung auf elektrolytischem Weg.............. 206
D. Bestimmung des bleischwärzenden Schwefels 208

Fünfter Abschnitt: Bestimmung der übrigen Elemente, die in organische
Substanzen eingeführt werden können...................... 210

  1. Aluminium 210
  2. Antimon 210
  3. Arsen 212
  4. Barium.............. 219
  5. Beryllium 220
  6. Blei................ 221
  7. Bor 223
  8. Cadmium 225
  9. Caesium 226
  10. Calcium 227
  11. Cer 227
  12. Chrom 228
  13. Deuterium 228
  14. Eisen 230
  15. Erbium 231
  16. Fluor 231
  17. Gallium 235
  18. Germanium........... 235
  19. Gold 235
  20. Iridium 236
  21. Kalium.............. 236
  22. Kobalt 237
  23. Kupfer 238
  24. Lanthan............. 240
  25. Lithium 240
  26. Magnesium 240
  27. Mangan 241
  28. Molybdän 241
  29. Natrium 241
  30. Nickel 242
  31. Niob............... 242
  32. Osmium............. 243
  33. Palladium 243
  34. Phosphor............ 243
  35. Platin.............. 246
  36. Quecksilber 247
  37. Rhenium............ 251
  38. Rhodium 251
  39. Rubidium 252
  40. Ruthenium 252
  41. Samarium 252
  42. Sauerstoff 252
  43. Scandium 253
  44. Selen 253
  45. Silber 257
  46. Silicium 259
  47. Strontium 260
  48. Tellur.............. 260

Seite

49. Thallium .... 261 | 54. Wismut 264
50. Thorium .... 263 | 55. Wolfram 266
51. Titan .... 263 | 56. Zink 266
52. Uran..................... 264 | 57. Zinn 267
53. Vanadium .... 264 | 58. Zirkon 268

Sechster Abschnitt: Aschenbestimmung und Aufschließung organischer
Substanzen auf nassem Weg 268
  1. Aschenbestimmung 268
  2. Aufschließung organischer Substanzen auf nassem Weg 270
Siebenter Abschnitt: Ermittlung der empirischen Formel 272

Viertes Kapitel.
Ermittlung der Molekulargröße.

Erster Abschnitt: Ermittlung des Molekulargewichts auf chemischem
Wege 273
Zweiter Abschnitt: Bestimmung des Molekulargewichts mittels physi-
kalischer Methoden.. 274
  I. Molekulargewichtsbestimmung aus der Gefrierpunktserniedrigung 274
    A. Verfahren von BECKMANN 274
    B. Apparat von BAUMANN, FROMM............................ 275
    C. Depressimeter von EIJKMAN 276
    D. Berechnung der Resultate bei den Gefrierpunktsbestimmungen..... 276
  II. Molekulargewichtsbestimmung aus der Siedepunktserhöhung 277
    A. Direkte Siedemethode.................................... 277
       Verfahren von BECKMANN 277
    B. Indirekte Siedemethode 279
       1. Molekulargewichtsbestimmung nach der Siedemethode von LANDS-
          BERGER 279
       2. Modifikation des LANDSBERGERschen Verfahrens von McCOY 281
       3. Modifikation des LANDSBERGERschen Verfahrens von LUDLAM,
          YOUNG.. 282
       4. Apparat von LEHNER 283
       5. Halbmikromethoden.................................. 284
       6. Mikromolekulargewichtsbestimmung 286
       7. Indirekte Bestimmung des Molekulargewichts 290
    C. Berechnung des Molekulargewichts 290

Zweiter Teil.
Ermittlung der Stammsubstanz.
Erstes Kapitel.
Abbau durch Oxydation.

Erster Abschnitt: Allgemeine Bemerkungen über Oxydationsmittel .. 292
  1. Übermangansäure.. 292
  2. Chromsäure 294
  3. Salpetersäure.. 295
Zweiter Abschnitt: Aboxydieren von Seitenketten 296
  1. Bestimmung von C-Methylgruppen in aliphatischen Verbindungen 299
  2. Bestimmung von Isopropylidengruppen 301
  3. Abspaltung von Aldehydgruppen als Ameisensäure................. 302
Dritter Abschnitt: Überführung von Alkoholen in Aldehyde (Ketone)
und Säuren 303
Vierter Abschnitt: Oxydation der Ketone 304
  1. Chromsäure 304
  2. Kaliumpermanganat 304
  3. Wasserstoffsuperoxyd und CAROsche Säure........................ 304
  4. Salpetersäure... 305
  5. Perjodsäure 305

                                                                    Seite
Fünfter Abschnitt: Abbau der Methylketone R·COCH₃ zu Säuren R·COOH 305
    1. Oxydation mit Hypojodit (LIEBENS Jodoformreaktion) 305
    2. Quantitative Bestimmung 306
    3. Oxydationen mit Hypobromit 307
    4. Oxydationen mit Hypochlorit 308
Sechster Abschnitt: Dehydrierung cyclischer Verbindungen 309
    1. Methode der erschöpfenden Bromierung von BAEYER 309
    2. Chlor... 310
    3. Sauerstoff... 310
    4. Jod 310
    5. Ferricyankalium 311
    6. Schwefel... 311
    7. Selen.. 312
    8. Quecksilberacetat 313
    9. Silberacetat 313
   10. Silbersulfat 313
   11. Silberoxyd 313
   12. Bleioxyd... 314
   13. Bleisuperoxyd 314
   14. Bleitetraacetat 314
   15. Kupfersulfat 315
   16. Chromsäure 316
   17. Perjodsäure 316
   18. Übermangansäure.. 317
   19. Braunstein und Schwefelsäure 318
   20. Salpetrige Säure (Aethylnitrit)................................ 318
   21. Salpetersäure.. 318
   22. Zinkstaub.. 318
   23. Nickel... 319
   24. Kupfer 319
   25. Palladium.. 320
   26. Platinmohr... 321
Siebenter Abschnitt: Oxydative Sprengung der Doppelbindung...... 322
    1. Oxydation mit Permanganat in alkalischer Lösung 322
    2. Abbau mit Chromsäure 324
    3. Methode von JEGOROW 324
    4. Oxydation mit Ozon 324
    5. Indirekte Oxydation 327
Achter Abschnitt: Abbau von Substanzen mit dreifacher Bindung ... 328
    1. Einwirkung von Oxydationsmitteln............................... 328
    2. Indirekte Oxydation 328
Neunter Abschnitt: Spaltung von Carbonylverbindungen............ 328

                        Zweites Kapitel.
                        Alkalischmelze.

    1. Ausführung der Alkalischmelze................................. 329
    2. Kalischmelze der aliphatischen Säuren......................... 331
    3. Ersatz von Halogen in aromatischen Verbindungen durch die Hydroxyl-
       gruppe 331
    4. Ersatz der Sulfogruppe aromatischer Verbindungen durch Hydroxyl... 333
    5. Ersatz der Sulfogruppe und von Halogenen durch den Cyanrest 334
    6. Direkte Überführung von Sulfosäuren in Carbonsäuren mit Natrium-
       formiat 335
    7. Anwendungen der Kalischmelze 336

                        Drittes Kapitel.
                        Reduktionsmethoden.

Erster Abschnitt: Verwandlung von Ketonen und Aldehyden in die
    zugehörigen Alkohole... 339
    1. Reduktion von Ketonen... 339

Seite
2. Reduktion von Aldehyden.................................... 341
3. Reduzierende Acetylierung................................... 342
4. Reduzierende Propionylierung und Benzoylierung 343
5. Reduzierende Alkylierung 344
Zweiter Abschnitt: Zinkstaubdestillation...................... 344
Dritter Abschnitt: Reduktionen mit Jodwasserstoffsäure 349
Reduktion der Carbonylgruppe zur Methylengruppe............... 351
1. Methode von CLEMMENSEN................................ 351
2. Verfahren von WOLFF, KISHNER 353
Vierter Abschnitt: Resubstitutionen........................... 354
1. Abspaltung der Sulfogruppe 354
2. Ersatz von Hydroxylgruppen durch Wasserstoff 356
3. Abbau der Carbonsäuren 357

Dritter Teil.

Qualitative und quantitative Bestimmung der organischen Atomgruppen.

Erstes Kapitel.
Nachweis und Bestimmung der Hydroxylgruppe.

Erster Abschnitt: Qualitativer Nachweis der Hydroxylgruppe 361
I. Reaktionen der primären Alkohole 361
II. Reaktionen der sekundären Alkohole 366
III. Reaktionen der tertiären Alkohole 367
IV. Weitere Reaktionen der einwertigen Alkohole 369
V. Reaktionen der mehrwertigen Alkohole 374
VI. Reaktionen des phenolischen Hydroxyls 375
VII. Reaktionen der zweiwertigen Phenole.................... 397
1. Reaktionen der Orthoverbindungen 397
2. Reaktionen der Metaverbindungen 398
3. Reaktionen der Pararreihe 400
VIII. Reaktionen der dreiwertigen Phenole 400
1. Verhalten der vizinalen Verbindungen 400
2. Verhalten der asymmetrischen Verbindungen 400
3. Verhalten von symmetrischen Verbindungen 400
IX. Reaktionen der Oxymethylengruppe 401
Zweiter Abschnitt: Quantitative Bestimmung der Hydroxylgruppe.. 407
I. Acetylierungsmethoden 407
Qualitativer Nachweis des Acetyls 420
Quantitative Bestimmung der Acetylgruppen............. 421
Verseifungsmethoden 421
II. Benzoylierungsmethoden 437
1. Verfahren zur Benzoylierung 437
2. Analyse der Benzoylderivate 445
III. Mikro-Acetyl-, Benzoyl- und C-Methylbestimmung 446
IV. Acylierung durch andere Säurereste 447
V. Darstellung von Urethanen mit Harnstoffchlorid 452
VI. Bestimmung der Hydroxylgruppe durch Phenylisocyanat 454
VII. Allophanate 457
VIII. Alkylierung der Hydroxylgruppe 457
IX. Benzylierung der Hydroxylgruppe 458
X. Einwirkung von Natriumamid 458
XI. Darstellung von Dinitrophenylaethern 458
XII. Chlorbenzazid 458
XIII. Bestimmung von Hydroxylgruppen nach TSCHUGAEFF, ZEREWITINOFF.. 458

Zweites Kapitel.
Nachweis und Bestimmung der Carboxylgruppe.

Erster Abschnitt: Qualitative Reaktionen der Carboxylgruppe 465
I. Nachweis des Vorhandenseins einer Carboxylgruppe................. 465
II. Reaktionen der Carboxylgruppe, die durch die Beweglichkeit des Wasser-
stoffs bedingt sind... 468

Seite

III. Reaktionen der Carboxylgruppe, die auf dem Ersatz der Hydroxylgruppe
beruhen 470
IV. Abspaltung der Carboxylgruppe................................... 474
    1. Verhalten der primären Säuren............................... 475
    2. Sekundäre Säuren... 475
    3. Tertiäre Säuren... 475
V. Unterscheidung der primären, sekundären und tertiären Säuren....... 481
    1. Ermittlung der Esterifizierungsgeschwindigkeit 481
    2. Unterscheidung primärer und sekundärer Säuren von den tertiären
    mit Brom 482
Zweiter Abschnitt: Quantitative Bestimmung der Carboxylgruppe.. 483
    I. Bestimmung der Carboxylgruppe durch Analyse der Metallsalze der Säure 483
    II. Titration der Säuren.. 485
    III. Indirekte Methoden... 488
        1. Carbonatmethode 488
        2. Ammoniakmethode 488
        3. Schwefelwasserstoffmethode 489
        4. Jod-Sauerstoffmethode..................................... 491
    IV. Bestimmung der Carboxylgruppe durch Esterifikation.............. 493
    V. Bestimmung der Basizität der Säuren aus der elektrischen Leitfähigkeit
    ihrer Natriumsalze.. 508
Dritter Abschnitt: Säureanhydride 508
    I. Additionsreaktionen der Säureanhydride 508
    II. Verhalten gegen Zinkaethyl.................................... 509
    III. Einwirkung von Hydroxylamin 509
    IV. Einwirkung von Hydrazinhydrat 510
    V. Phthaleinreaktion... 510
Vierter Abschnitt: Oxysäuren.................................... 511
    I. Reaktionen der aliphatischen Oxysäuren 511
    II. Reaktionen der aromatischen Oxysäuren 513
Fünfter Abschnitt: Verhalten der Lactongruppe.................... 515
    I. Verhalten gegen Alkalien....................................... 515
    II. Lactone als Pseudosäuren...................................... 516
    III. Verhalten der Lactone gegen Ammoniak 516
    IV. Verhalten der Lactone gegen Phenylhydrazin und Hydrazinhydrat..... 517
    V. Einwirkung von Hydroxylamin 518
    VI. Reduktion durch nascierenden Wasserstoff 519
    VII. Einwirkung von Thionylchlorid 519
    VIII. Unterscheidung $\alpha.\beta$- und $\beta.\gamma$-ungesättigter γ-Lactone 519

Drittes Kapitel.

Nachweis und Bestimmung der Carbonylgruppe.

Erster Abschnitt: Qualitativer Nachweis der Carbonylgruppe....... 519
    I. Reaktionen, welche der C:O-Gruppe überhaupt eigentümlich sind 519
        1. Acetalbildung... 519
        2. Darstellung von Phenylhydrazonen 521
        3. Darstellung substituierter Phenylhydrazone 525
        4. Darstellung von Oximen.................................... 533
        5. Darstellung von Semicarbazonen 541
        6. Darstellung der Thiosemicarbazone 546
        7. Darstellung von Aminoguanidinderivaten 547
        8. Nitroguanylhydrazone 547
        9. Benzhydrazid und seine Derivate 548
       10. Semioxamazid 549
       11. Aminodimethylanilin 549
       12. Nitrobenzylmercaptale und -mercaptole....................... 549
       13. Aminoazobenzol... 550
       14. Farbenreaktionen der Carbonylverbindungen 550
       15. Erlöschen der Carbonylfunktion 552

Seite

II. Reaktionen, die speziell den Aldehyden eigentümlich sind 552
    1. Reduktionswirkungen 552
    2. Farbenreaktionen 553
    3. Additionsreaktionen der Aldehyde 555
    4. Reaktion von CANNIZZARO 559
       Reaktion von ANGELI, RIMINI 561
    5. Kondensationsreaktionen 562

Zweiter Abschnitt: Quantitative Bestimmung der Carbonylgruppe.. 565
   I. Methode von STRACHE 565
   II. Mikrocarbonylbestimmung 566
  III. Jodometrische Methode von E. v. MEYER 567
  IV. Argentometrische Aldehydbestimmung 569

Dritter Abschnitt: Nachweis von der Carbonylgruppe benachbarten
   Methylen- (Methyl-) Gruppen.................... 569
   I. Reaktion mit Benzaldehyd 569
   II. Reaktion mit Furol....................... 571
  III. Reaktion mit Oxalsäureester 571
  IV. Ameisensäureester 571
   V. Einwirkung von Salpetrigsäureestern 572
  VI. Einwirkung aromatischer Nitrosoverbindungen.......... 572
 VII. Kondensationen mit Naphthochinonsulfosäure 573
VIII. Reaktion mit Benzoldiazoniumchlorid............... 573
  IX. Reaktion von TRAUBE 573

Vierter Abschnitt: Verhalten der Diketone 574
   I. Verhalten der α-Diketone 574
    1. Chinoxalinbildung 574
    2. Glyoxalinbildung 574
    3. Einwirkung von Hydroxylamin................. 574
    4. Einwirkung von Phenylhydrazin................ 575
    5. Verhalten gegen Semicarbazid................. 575
    6. Verhalten gegen Aminoguanidin................ 575
    7. Verhalten gegen Bisulfit 575
    8. Einwirkung von Alkalien 575
    9. Wasserstoffsuperoxyd..................... 576
   II. Verhalten der β-Diketone..................... 576
    1. Bildung von Metallverbindungen 576
    2. Verhalten gegen Semicarbazid................. 577
    3. Verhalten gegen Hydroxylamin................. 577
    4. Verhalten gegen Phenylhydrazin 577
  III. Verhalten der γ-Diketone..................... 578
  IV. Verhalten der 1.4-Chinone.................... 579
    1. Verhalten gegen Hydroxylamin................. 579
    2. Verhalten gegen Phenylhydrazin 579
    3. Verhalten gegen Aminoguanidin und Semicarbazid 580
    4. Verhalten gegen Benzolsulfinsäure 580
    5. Quantitative Bestimmung des Chinonsauerstoffs 580
   V. Verhalten der 1.5-Diketone 580

Fünfter Abschnitt: Reaktionen der Ketonsäuren 581
   I. α-Ketonsäuren 581
   II. β-Ketonsäuren 582
  III. γ-Ketonsäuren 583
  IV. δ-Ketonsäuren 584
   V. Aromatische o-Ketonsäuren................... 584

Sechster Abschnitt: Reaktionen der Zuckerarten und Kohlehydrate 584
   I. Allgemeine Reaktionen..................... 584
    1. Verhalten gegen verdünnte Säuren 584
    2. Verhalten gegen konzentrierte Salpetersäure 585
    3. Verhalten gegen wasserfreie Salzsäure............. 585
    4. Verhalten gegen FEHLINGsche Lösung............. 586
    5. Reaktionen der Aldehyd- (Keton-) Gruppe in den Zuckerarten 587

Seite

  II. Qualitative Reaktionen auf Pentosen, Pentosane und gepaarte Glykuron-
     säuren 592
  III. Quantitative Bestimmung der Pentosen und Pentosane 594

Viertes Kapitel.

**Methoxylgruppe und Aethoxylgruppe. Höhere Alkoxyle. Methylen-
oxydgruppe. Brückensauerstoff.**

Erster Abschnitt: Methoxyl- und Aethoxylgruppe 598
  I. Qualitative Unterscheidung der Methoxyl- und der Aethoxylgruppe ... 598
  II. Quantitative Bestimmung der Methoxylgruppe 600
    1. Methode von ZEISEL 600
    2. Methoxylbestimmung durch Maßanalyse 607
  III. Quantitative Bestimmung der Aethoxylgruppe 607
  IV. Methoxyl- (Aethoxyl-) Bestimmungen in schwefelhaltigen Substanzen... 607
  V. Bestimmung höhermolekularer Alkyloxyde 609
  VI. Halbmikromethoxylbestimmung 609
  VII. Mikromethoxylbestimmung 609

Zweiter Abschnitt: Methylenoxydgruppe 610
  I. Qualitativer Nachweis der Methylenoxydgruppe 610
  II. Quantitative Bestimmung der Methylenoxydgruppe 611
  III. Nachweis der labil gebundenen Methylengruppen 612

Dritter Abschnitt: Brückensauerstoff 613
  I. Aufspaltung der acyclischen Aether 613
  II. Verhalten der cyclischen Aether 615
  III. Additionsreaktionen der Alkylenoxyde 618
  IV. Unterscheidung von Alkylenoxyden und Aldehyden 618

Fünftes Kapitel.

**Primäre, sekundäre und tertiäre Amingruppen. Ammoniumbasen.
Nitrilgruppe. Isonitrilgruppe. An den Stickstoff gebundenes Alkyl. Betaingruppe.
Säureamide. Säureimide.**

Erster Abschnitt: Primäre Amingruppe 619
  I. Qualitative Reaktionen 619
    A. Isonitril- (Carbylamin-) Reaktion 619
    B. Senfölreaktion 619
    C. Einwirkung von Thionylchlorid 621
    D. LAUTHsche Reaktion 622
    E. Reaktion von BARGER, TUTIN 622
    F. Acylierung der Aminbasen 623
      1. Acetylierungsmethoden 623
      2. Benzoylierungsmethoden 627
      3. Furoylierung 630
      4. Benzol(Toluol-) sulfochlorid 630
      5. β-Anthrachinonsulfochlorid 632
      6. β-Naphthalinsulfochlorid 632
      7. Benzylsulfochlorid 633
      8. p-Nitrobenzylhalogenide 633
      9. Phenylisocyanat 634
     10. 4-Diphenylisocyanat 634
     11. Naphthylisocyanat 635
     12. Carboxaethylisocyanat 635
     13. p-Bromphenylisothiocyanat 635
     14. m-Nitrophenylisothiocyanat 635
     15. m-Nitrobenzoylisothiocyanat 635
     16. 3-Nitrobenzazid 635
     17. p-Chlorbenzazid 636
     18. 1.2-Naphthochinon-4-sulfosäure 636
     19. α-Dinitrobrombenzol 636
     20. Dinitrochlorbenzol 636
     21. Pikrylchlorid 636
     22. 3.5-Dinitro-o-toluylsäure 636
    G. Verhalten gegen Metaphosphorsäure 637

Seite

H. Farbenreaktionen mit Nitroprussidnatrium 637
I. Verhalten gegen o-Xylylenbromid 637
K. Verhalten gegen 1.5-Dibrompentan 638
L. Einwirkung von Nitrosylchlorid................................ 638
M. Einwirkung von salpetriger Säure.............................. 638
N. Einwirkung von Schwefeltrioxyd............................... 639
II. Quantitative Bestimmung der primären Amingruppe................ 639
  A. Bestimmung aliphatischer Amingruppen 639
    1. Mittels salpetriger Säure..................... 639
    2. Analyse von Salzen und Doppelsalzen, Acylierungsverfahren 647
  B. Bestimmung aromatischer Amingruppen 647
    1. Titration 647
    2. Methoden, die auf Diazotierung der Amingruppe beruhen 647
    3. Analyse von Salzen und Doppelsalzen 656
III. Reaktionen der Aminosäuren 661
IV. Reaktionen der aromatischen Diamine........................ 667
    1. Reaktionen der Orthodiamine 667
    2. Reaktionen der Metadiamine 669
    3. Reaktionen der Paradiamine 670

Zweiter Abschnitt: Imidgruppe.. 671
I. Quantitative Reaktionen der sekundären Amine.................... 671
II. Quantitative Bestimmung der Imidgruppe......................... 673
    1. Acylierung von sekundären Aminen....................... 673
    2. Analyse von Salzen 674
    3. Abspaltung des Ammoniakrestes........................... 674
    4. Darstellung der Nitrosamine 674
    5. Methode von ZEREWITINOFF 674

Dritter Abschnitt: Tertiäre Amine 674
I. Qualitative Reaktionen der tertiären Amine 674
II. Trennungsmethoden primärer, sekundärer und tertiärer Basen 676
III. Quantitative Bestimmung des typischen Wasserstoffs der Amine 677

Vierter Abschnitt: Reaktionen der Ammoniumbasen 682

Fünfter Abschnitt: Bestimmung der Nitrilgruppe 684
I. Qualitative Reaktionen der Nitrilgruppe.......................... 684
II. Quantitative Bestimmung der Nitrilgruppe........................ 685

Sechster Abschnitt: Isonitrilgruppe 688
I. Qualitative Reaktionen der Carbylamine.......................... 688
II. Quantitative Bestimmung der Isonitrilgruppe 689

Siebenter Abschnitt: Nachweis von an Stickstoff gebundenem Alkyl 689
I. Quantitative Bestimmung der Methylimidgruppe 690
II. Quantitative Bestimmung der Aethylimidgruppe.................... 696
III. Mikro-Methylimidbestimmung 696

Achter Abschnitt: Betaingruppe......................... 697

Neunter Abschnitt: Säureamidgruppe 700
I. Qualitativer Nachweis der Amidgruppe 700
II. Quantitative Bestimmung der Amidgruppe......................... 701
    1. Verseifung der Säureamide............................... 701
    2. Bestimmung des Verlaufs der Hydrolyse von aromatischen Säure-
      amiden.. 703
    3. Abbau der Säureamide nach HOFMANN 704

Zehnter Abschnitt: Säureimidgruppe 707

Sechstes Kapitel.

Diazogruppe, Azogruppe, Hydrazingruppe, Hydrazogruppe.

Erster Abschnitt: Reaktionen der Diazogruppe 708
I. Diazoderivate der Fettreihe 708
  A. Qualitative Reaktionen 708

Seite

    B. Quantitative Bestimmung der aliphatischen Diazogruppe 709
       1. Bestimmung des Stickstoffs mit Jod........................ 709
       2. Analyse des durch Verdrängung des Stickstoffs entstehenden Jod-
          produkts 709
       3. Bestimmung des Diazostickstoffs auf nassem Weg 709
  II. Aromatische Diazogruppe 711
    A. Reaktionen, die unter Stickstoffabspaltung verlaufen.............. 711
    B. Reaktionen, bei denen die Diazogruppe erhalten bleibt........... 714
       1. Bildung von Perbromid.................................... 714
       2. Bildung von Diazoaminoverbindungen....................... 715
       3. Bildung von Azofarbstoffen 715
    C. Quantitative Bestimmung der Diazogruppe aromatischer Verbindungen 716

Zweiter Abschnitt: Azogruppe 719
  I. Qualitative Reaktionen der Azogruppe 719
  II. Quantitative Bestimmung der Azogruppe 722
       1. Verfahren von LIMPRICHT................................. 722
       2. Methode von KNECHT, HIBBERT........................... 722
       3. Bestimmung von chinoiden und Azogruppen mit Phenylhydrazin-
          carbamat.. 723
       4. Methode von TERENTJEW, GORJATSCHEWA.................. 724

Dritter Abschnitt: Reaktionen der Hydrazingruppe................. 725
  I. Hydrazinverbindungen der Fettreihe............................ 725
       1. Primäre Basen... 725
       2. Asymmetrische (primär-tertiäre) Basen 725
       3. Symmetrische (bisekundäre) Basen.......................... 726
       4. Quaternäre Basen 726
  II. Aromatische Hydrazinverbindungen 726
       1. Primäre Hydrazine....................................... 726
       2. Sekundäre Hydrazine..................................... 729
       3. Tertiär-sekundäre und ditertiäre Basen..................... 730
  III. Quantitative Bestimmung der Hydrazingruppe 731
       1. Titration 731
       2. Methode von E. v. MEYER 731
       3. Methode von STRACHE, KITT, IRITZER 731
       4. Methode von CAUSSE..................................... 732
       5. Methode von DENIGÈS.................................... 733

Vierter Abschnitt: Reaktionen der Hydrazogruppe.................. 733
  I. Aliphatische Hydrazoverbindungen 733
  II. Fettaromatische Hydrazoverbindungen......................... 733
  III. Aromatische Hydrazoverbindungen 733

Siebentes Kapitel.

Nitroso- und Isonitrosogruppe, Nitrogruppe, Jodo- und Jodosogruppe, Peroxyde und Persäuren.

Erster Abschnitt: Nitrosogruppe 737
  I. Qualitative Reaktionen 737
  II. Quantitative Bestimmung der Nitrosogruppe 739
       1. Methode von CLAUSER.................................... 739
       2. Methode von KNECHT, HIBBERT........................... 741
       3. Methode von GRANDMOUGIN 742
       4. Verfahren von KAUFLER 742
       5. Bestimmung von sekundären Nitrosamingruppen nach LEHMSTEDT 742
       6. Bestimmung von Nitraminen................................ 743

Zweiter Abschnitt: Isonitrosogruppe 744
  I. Qualitative Reaktionen 744
  II. Quantitative Bestimmung der Isonitrosogruppe 748

Dritter Abschnitt: Nitrogruppe...................................... 748
  I. Qualitative Reaktionen 748
  II. Quantitative Bestimmung der Nitrogruppe...................... 750

Seite

1. Methode von LIMPRICHT 750
2. Methode von GREEN, WAHL 752
3. Methode von WALTHER 752
4. Verfahren von GATTERMANN 753
5. Methode von KNECHT, HIBBERT 754
6. Methode von KAUFLER 756
7. Analyse von Salpetersäureestern 757

Vierter Abschnitt: Jodoso- und Jodogruppe 759
  I. Qualitative Reaktionen 759
  II. Quantitative Bestimmung der Jodoso- und Jodogruppe 759

Fünfter Abschnitt: Peroxyde und Persäuren 760
  I. Qualitative Reaktionen 760
  II. Quantitative Bestimmung des aktiven Sauerstoffs 761
    1. Verfahren von PECHMANN, VANINO 761
    2. Verfahren von BAEYER, VILLIGER 761
    3. Verfahren von PICTET 762
  III. Quantitative Bestimmung des Chinonsauerstoffs 762

Achtes Kapitel.

Schwefelhaltige Atomgruppen.

Erster Abschnitt: Mercaptane, Thiosäuren und Thioaether 764
  I. Qualitative Reaktionen 764
  II. Volumetrische Bestimmung von Mercaptanen und Thiosäuren 765
    Verfahren von ZEREWITINOFF 766
  III. Thioaether 766
  IV. Thioketone 766
  V. Sulfidsäuren 767

Zweiter Abschnitt: Senföle 768
  I. Qualitative Reaktionen 768
  II. Quantitative Bestimmung 768

Dritter Abschnitt: Thioamide und Thioharnstoffe 769

Vierter Abschnitt: Analyse der Sulfosäuren 770
  Sulfinsäuren 771

Neuntes Kapitel.

Doppelte und dreifache Bindungen. Gesetzmäßigkeiten bei Substitutionen.

Erster Abschnitt: Doppelte Bindung 772
  I. Qualitativer Nachweis von Doppelbindungen 772
    A. Permanganatreaktion 772
    B. Osmiumtetroxydreaktion 773
    C. Reaktion mit Tetranitromethan 773
    D. Reaktion mit Antimontrichlorid 774
    E. Ozonidbildung 774
    F. Additionsreaktionen 774
      1. Addition von Halogenen 774
      2. Addition von Nitrosylchlorid 777
      3. Addition von Halogenwasserstoff 779
      4. Addition von Wasserstoff 781
      5. Addition von Wasser 796
      6. Addition von Alkohol 798
      7. Addition anderer Substanzen 799
    G. Umlagerungen der ungesättigten Substanzen 801
  II. Quantitative Bestimmung der doppelten Bindung 804
    1. Addition von Brom an Doppelbindungen 804
    2. Addition von Chlorjod (Bromjod) 806
    3. Rhodanometrische Bestimmung von Doppelbindungen 810
    4. Reaktion mit Benzopersäure 810
    5. Bildung der Ozonide 812

Seite

Zweiter Abschnitt: Dreifache Bindung 812
    I. Qualitative Reaktionen 812
    II. Quantitative Bestimmung der dreifachen Bindung.................. 814
        1. Fällung als Cuprosalz 814
        2. Fällung als Silbersalz..................................... 815
Dritter Abschnitt: Einfluß von neu eintretenden Atomen und Atom-
    gruppen auf die Reaktionsfähigkeit substituierter Ringsysteme 816
Vierter Abschnitt: Substitutionsregeln bei aromatischen Verbin-
    dungen... 818
    I. Eintritt eines Substituenten an Stelle von Wasserstoff in ein Monosubsti-
        tutionsprodukt des Benzols..................................... 818
    II. Eintritt weiterer Substituenten in den mehrfach substituierten Benzolkern 820
    III. Eintritt von Substituenten in den Naphthalinkern................... 821
        1. Eintritt von Sulfogruppen 821
        2. Eintritt von Nitrogruppen 822
    IV. Eintritt von Substituenten in den Anthrachinonkern................ 823

Anhang 824

Sachverzeichnis 825

Erster Teil.

Reinigungsmethoden für organische Substanzen und Kriterien der chemischen Reinheit. Elementaranalyse. Ermittlung der Molekulargröße.

Erstes Kapitel.

Vorbereitung der Substanz zur Analyse. Reinigungsmethoden für organische Substanzen.

Erster Abschnitt.
Entfärben. Entfernen von Harzen.

1. Anwendung der Tierkohle.[1]

Die Entfernung von färbenden Verunreinigungen und Harzen wird in der Regel durch kurzes[2] Kochen oder Digerieren der klaren, nicht zu verdünnten Lösung der zu reinigenden Substanz mit möglichst wenig Tierkohle erstrebt.

Leicht oxydable Substanzen entfärbt man, nachdem man durch die Lösung ein paar Blasen Schwefeldioxyd oder Schwefelwasserstoff geleitet hat. Man vermeidet tunlichst jede Erwärmung.[3]

Freie Basen werden leichter oxydiert als Salze; *Alkaloide* entfärbt man daher am besten in Form ihrer Verbindungen.

Schwer lösliche Substanzen führt man in löslichere Derivate über, oder man vermischt sie mit Kohle und extrahiert im Soxhletschen Apparat.[4]

Will man die in der Kohle zurückgebliebene Substanz wiedergewinnen, was natürlich oftmals nur sehr unvollständig gelingt, so muß man ein schwach adsorbierendes Extraktionsmittel wählen, am besten Chloroform oder Aceton.

Aetherische oder benzolische Lösungen setzen die Kohle weit rascher ab als wässerige oder alkoholische.

Dabei spielt auch das *Hydroxylion* des gelösten Stoffs noch eine besondere

---

[1] Neuere Literatur: Singer: Anorganische und organische Entfärbungsmittel. Dresden: Steinkopff. 1929. — Berl, Herbert: Ztschr. angew. Chem. **43**, 904 (1930).

[2] Siehe dagegen Kunckell, Richartz: Ber. Dtsch. chem. Ges. **40**, 3395 (1907).

[3] Siehe dazu Hofmann: Ber. Dtsch. chem. Ges. 7, 530 (1874). — Siemssen: Chem.-Ztg. **36**, 934 (1912).

[4] Türk: Diss. Straßburg 1906, 59. — Rosenthaler, Türk: Arch. Pharmaz. **244**, 531 (1906).

Rolle, indem es die Kohle hartnäckig kolloid erhält, ein Umstand, der das sogenannte „Durchgehen" der Kohle verursacht.

Für die Analyse bestimmte Präparate müssen daher nach dem Entfärben nochmals, am besten aus einem hydroxylfreien Lösungsmittel, umkrystallisiert werden.[1]

Die Reinigung der Kohle richtet sich immer nach der Art des Lösungsmittels sowie der zu lösenden Substanz. Die durch Auskochen mit Salzsäure und Wasser vorgereinigte, namentlich auch von löslichen Eisenverbindungen[2] befreite, zerriebene Kohle muß getrocknet und mit dem Lösungsmittel ausgekocht werden. Hat man die massenhaft okkludierten Gase zu fürchten,[3] glüht man sie vor der Verwendung im bedeckten Platintiegel.

Chemische Wirkungen der Kohle. Leichthydrolysierbare Salze werden durch die Kohle partiell gespalten[4] und dann die einzelnen Ionen verschieden stark adsorbiert, worauf evtl. durch Zusatz des einen Ions im Überschuß Rücksicht genommen werden kann. In solchen Fällen ist es natürlich besonders vorteilhaft, die Anwendung eines dissoziierenden Mediums zu vermeiden. α-Aminosäuren werden beim Kochen mit Tierkohle hydrolytisch desamidiert. Am wirksamsten ist heteropolar adsorbierende Kohle.[5]

Stickstoffhaltige cyclische Verbindungen, wie Harnsäure, Histidin, Allantoin, werden beim mehrstündigen Kochen in Wasser mit Tierkohle aufgespalten.[6]

Kohle wirkt auch oft als Sauerstoffüberträger. So bildet sich aus Aether bei Gegenwart von Luft Aethylperoxyd.[7]

1.3.6-Trioxynaphthalin geht beim Kochen mit Tierkohle im offenen Gefäß in Hexaoxydinaphthyl über.[8]

Weiteres über katalytische Oxydation durch Kohle: FREUNDLICH: Capillarchemie, S. 23. 1909. — FEIGL: Ztschr. anorgan. allg. Chem. **119**, 305 (1921). — WARBURG: Biochem. Ztschr. **113**, 257 (1921); **145**, 461 (1924). — NEGELEIN: Biochem. Ztschr. **142**, 493 (1923). — BAUR: Helv. chim. Acta 5, 825 (1923). — HENRICHS: Ber. Dtsch. chem. Ges. **59**, 218 (1926). — FÜRTH, KAUNITZ: Monatsh. Chem. 53, 127 (1929). — Oxydation alkalischer Harnsäurelösung durch 5% aktiver Kohle erfolgt in wenigen Minuten bei Gegenwart von Sauerstoff.[9]

Als Beschleuniger der Reaktion wirkt Kohle bei der Synthese von Benzoesäure mit Kohlenoxyd,[10] bei Esterifizierungen[11] und bei der Umlagerung des sym. Tetrachlorphthalylchlorids.[12]

Anderseits kann unter Umständen Kohle auch als negativierender Katalysator wirken.[13]

---

[1] Man lese hierzu LIEBIGS Anekdote über das GMELINsche Allantoin. Ber. Dtsch. chem. Ges. **23** R, 818 (1890). — Siehe auch KALB: Liebigs Ann. **423**, 61 (1921).
[2] SKRAUP: Monatsh. Chem. **1**, 185 (1880). — Kupfer- und Bleiverbindungen: DOROSCHEWSKI, BARDT: Journ. Russ. phys.-chem. Ges. **46**, 754 (1914).
[3] Z. B. FISCHER, WOLTER: Journ. prakt. Chem. (2), **80**, 104 (1909).
[4] LIEBERMANN: Sitzungsber. Akad. Wiss. Wien **75**, 331 (1877). Hydrolyse der Stärke: E. P. 295830 (1927).
[5] WUNDERLY: Helv. chim. Acta **16**, 1009 (1933); **17**, 525 (1934). — BAUR, WUNDERLY: Biochem. Ztschr. **262**, 300 (1933).
[6] LIEBEN, BENK: Biochem. Ztschr. **280**, 88 (1935).
[7] DESMOUGIN, LANDON: Bull. Soc. chim. France (5), **2**, 27 (1935).
[8] MEYER, HARTMANN: Ber. Dtsch. chem. Ges. **38**, 3953 (1905).
[9] Es entsteht Allantoin und Oxonat. Ebenso wird die Oxydation von 1- und 7-Methyl-, 1.3-Dimethyl- und Oxymethylenharnsäure sowie die von Allantoin katalysiert. FRÉRÉJACQUE: Compt. rend. Acad. Sciences **191**, 949 (1930). — Glycose: BENCK, LIEBEN: Biochem. Ztschr. **292**, 376 (1937).
[10] MAREČEK: Chemicky Obzor 7, 171 (1932).   [11] D. R. P. 43429 (1926).
[12] KIRPAL, KUNZE: Ber. Dtsch. chem. Ges. **62**, 2104 (1929).
[13] FREUNDLICH, JULIUSBURGER: Ztschr. physikal. Chem. **146**, 321 (1930). — FREUNDLICH, SALOMON: Ztschr. physikal. Chem. **166**, 179 (1933); Helv. chim. Acta **17**, 88 (1934).

2. Andere Entfärbungsmittel.[1]

Statt der Tierkohle werden gelegentlich verschiedene Sorten von *Infusorienerde*,[2] *Talk*,[3] *Bimsstein*,[4] *Bolus alba*[5] usw. angewendet, ohne indessen im allgemeinen besondere Vorteile zu bieten.

Fullererde[6] hat RAKUSIN[7] zum Entfärben von Mineralölen angewendet. Sie leistet auch sonst in ähnlichen Fällen gute Dienste.[8] Vor dem Gebrauch erhitzt man sie auf 300—400° und läßt im Exsiccator erkalten. Für Carotinoide ist sie nicht verwendbar, da diese durch die Acidität der Fullererde verändert werden.[9]

„*Gewachsene*" oder „*molekulare*" *Tonerde* (Fasertonerde)[10] läßt sich in vielen Fällen wie Tierkohle als Entfärbungsmittel verwenden, mit dem Vorteil, daß dabei die Wirkung an der Dunkelfärbung der Tonerde verfolgt werden kann. Auch in Gemeinschaft mit Tierkohle ist sie von Nutzen. Wenn sie einer mit Tierkohle behandelten Lösung zum Schluß zugesetzt wird, nimmt sie die suspendierte Kohle auf, die dann nicht durch das Filter geht.[11]

Auch diese Entfärbungsmittel können chemische Wirksamkeit zeigen.

Die japanische Fullererde (Kambaraerde) führt bei 60° Geraniol in α-Terpineol über,[12] bewirkt Cyclisation von Citronellal, Dimerisation von Camphen bei 20° usw.[13]

Cyclohexanol gibt mit japanischer saurer Erde Methylcyclopentan, die drei Methylcyclohexanole geben ebenso Cyclopentanderivate (hauptsächlich 2-Methylderivat).[14]

---

[1] Neuere Literatur: ECKART, WIRZMÜLLER: Die Bleicherde. Würzburg 1925. — ECKART: Ztschr. angew. Chem. **39**, 332 (1926); **42**, 939 (1929). — WIBERG: Ztschr. angew. Chem. **41**, 1338 (1928). — KITA, SUZUKI: Wchschr. Brauerei **40**, 79 (1923).

[2] STRANECKY: Neue Ztschr. Rübenz.-Ind. **7**, 83, 98 (1881). — JOLLES: Ztschr. analyt. Chem. **29**, 406 (1891). — KRAL: Chem.-Ztg. **17**, 1487, 1551 (1893). — SCHWEISSINGER: Pharmaz. Zentralhalle **40**, 68 (1899). — MOSSLER: Monatsh. Chem. **29**, 72 (1908). — WUNDERLICH: Diss. Marburg 1908, 70. — NEUBERG: Biochem. Ztschr. **24**, 425 (1910). — WÜSTENFELD: Dtsch. Essigind. **1911**, 230. — BRUHNS: Ztschr. angew. Chem. **34**, 242, 438 (1921).

[3] WALIASCHKO: Arch. Pharmaz. **242**, 226 (1904). — WILLSTÄTTER, BENZ: Liebigs Ann. **358**, 276 (1908). — WILLSTÄTTER, WEIL: Liebigs Ann. **412**, 183 (1916). — FREUDENBERG, SCILASI: Ber. Dtsch. chem. Ges. **55**, 2815 (1922).

[4] GARCIA: Bull. Assoc. Chimistes Sucr. Dist. **28**, 199 (1910).

[5] HEINTZE: Ztschr. analyt. Chem. **17**, 167 (1878); Arch. Pharmaz. **208**, 326 (1881). — RAKUSIN: Chem.-Ztg. **47**, 115 (1923).

[6] PARSONS: Journ. Amer. chem. Soc. **29**, 598 (1907). — MIDDLETON: Min. and Eng. World **30**, 117 (1913). — SEIDELL: Journ. Amer. chem. Soc. **40**, 312 (1918).

[7] Ber. Dtsch. chem. Ges. **42**, 1642 (1909). — HOLDE: Chem.-Ztg. **37**, 86, 87, 133 (1913). — HOFFMANN: Chem.-Ztg. **37**, 1310 (1913). — RIDEAL, THOMAS: Journ. chem. Soc. London **121**, 2119 (1922).

[8] MÜLLER: Chem.-Ztg. **32** R. 260 (1908); Ztschr. Koll. **2**, Suppl. 2, 11 (1908). — GRAEFE: Chem. Reviews **15**, 13, 33 (1908). — LOEB: Chem. Reviews **15**, 80 (1908). — SCHIMMEL & Co.: Ber. Schimmel **1919** II, 97.

[9] KARRER: Helv. chim. Acta **15**, 490 (1932); **16**, 976 (1933).

[10] WISLICENUS: Ztschr. angew. Chem. **17**, 805 (1904); Ztschr. analyt. Chem. **44**, 46 (1905); Chem.-Ztg. **31**, 961 (1907). — WISLICENUS, MUTH: Collegium **1907**, 157; D. R. P. 230251 (1911); 230252 (1911). — Tonerdehydrate: TRACY, WELKER: Journ. biol. Chemistry **22**, 55 (1915). — FREUDENBERG, ORTHNER: Ber. Dtsch. chem. Ges. **55**, 1748, (1922). — WILLSTÄTTER, KRAUT: Ber. Dtsch. chem. Ges. **56**, 149 (1923). [11] FREUDENBERG: Ber. Dtsch. chem. Ges. **53**, 956 (1920).

[12] KUWATA: Journ. Soc. Ind. Japan, Suppl. **36**, 583 (1933).

[13] KUWATA: Journ. Soc. Ind. Japan, Suppl. **34**, 7013 (1931); **36**, 256 (1933). — Isomerisation von Linalool durch mit HCl aktiviertes Floridin: PIGULEWSKI, KANETZKAJA, PLATONOWA: Russ. Journ. allg. Chem. **7**, 873 (1937).

[14] INOUE: Bull. chem. Soc. Japan **9**, 353 (1934). — INOUE, ISHIMURA: Bull. chem. Soc. Japan **9**, 423 (1934).

Frankonit, Tonsil, Floridin, Fullererde, Silicagel[1] (sowie Tierkohle) dienen als Oberflächenkatalysatoren bei der Darstellung von Phenolestern.[2,3] — Fullererde kann für die chromatographische Analyse der Carotinoide nicht verwendet werden, da letztere durch die Acidität der Erde verändert werden.[4]

3. Entfärben und Klären durch Fällungsmittel.

Farbstoffe und Harze werden in sehr vielen Fällen von *Bleisalzen*[5] gefällt, manchmal erst nach Zusatz von etwas Ammoniak.[6] Man verwendet *neutrales*[7] *sowie einfach und zweifach basisches*[8] Acetat in wässeriger oder alkoholischer Lösung.[9] Die Wirkung der einzelnen Reagenzien ist manchmal verschiedenartig. Auch das *basische Bleinitrat* kann Vorteile bieten.[10] In gewissen Fällen empfiehlt sich die Anwendung von fein aufgeschlämmtem *Bleicarbonat*,[11] so namentlich, wenn man keine Essigsäure ins Filtrat bekommen will.[12]

Viele stickstoffhaltige Verbindungen werden durch *Mercurinitrat*[13] und *Mercuriacetat*[14] ausgefällt, von denen das letztere im allgemeinen vorzuziehen sein wird.

Zur Reinigung der Digitoxonsäure wird das *Bariumsalz* dargestellt, dessen Lösung durch Einleiten von Kohlendioxyd zersetzt wird. Das Bariumcarbonat reißt den größten Teil des Farbstoffs mit nieder, der Rest wird dann leicht von

---

[1] Über *Silicagel*: D. R. P. 268057 (1914). — BOSSHARD, WILDI: Helv. chim. Acta **13**, 572 (1930). — Das Kieselsäuregel und die Bleicherden: KAUSCH, Berlin: Julius Springer. 1927. — WILLIAMS: Journ. Soc. chem. Ind. **43**, 413 (1924). — WATERMAN, PERQUIN: Brennstoff-Chem. **1925**, 255. — KOETSCHAU: Ztschr. angew. Chem. **39**, 210 (1926).

[2] D. R. P. 565969 (1932). — Für andere Ester: D. R. P. 434400 (1926). — Mit Tonerde und Kieselsäure. Isobornylester: KUWATA, TATEGAI: Journ. Soc. Ind. Japan, Suppl. **35**, 303 (1932). Silicagel.

[3] Siehe ferner über Polymerisation und Dehydrierungen durch Bleicherde: GURVICH: Journ. Russ. phys.-chem. Ges. **1915**, 827. — VENABLE: Journ. Amer. chem. Soc. **45**, 728 (1923). — LEBEDEW: Ber. Dtsch. chem. Ges. **58**, 163 (1925). — ONO: Bull. chem. Soc. Japan **1**, 248 (1926); **2**, 16, 207 (1927). — TANAKA, WAKANADE: Bull. chem. Soc. Japan **3**, 288 (1928). — INOUE: Bull. chem. Soc. Japan **1**, 157, 177, 197, 1219 (1926). — STAUDINGER: Ber. Dtsch. chem. Ges. **62**, 455, 2401 (1929). — LEBEDEW, KOBLIANSKY: Ber. Dtsch. chem. Ges. **63**, 1432 (1930). — Wasserabspaltung: DISCHENDORFER, JUVAN: Monatsh. Chem. **56**, 273 (1930).

[4] KARRER: Helv. chim. Acta **15**, 490 (1932); **16**, 976 (1933). — Siehe auch S. 153.

[5] HLASIWETZ, PFAUNDLER: Liebigs Ann. **127**, 353, 355 (1863). — HLASIWETZ, BARTH: Liebigs Ann. **134**, 277 (1865).

[6] Z. B. NEUBERG, SCOTT, LACHMANN: Biochem. Ztschr. **24**, 163 (1910).

[7] NEUBERG: Biochem. Ztschr. **24**, 427 (1910).

[8] E. FISCHER: Ber. Dtsch. chem. Ges. **27**, 3195 (1894).

[9] Siehe dazu ROSENTHALER: Pflanzenuntersuchung, S. 24. Berlin: Julius Springer. 1904. — LANGECKER: Biochem. Ztschr. **122**, 34 (1921).

[10] HERLES: Ztschr. Ver. Dtsch. Zuckerind. **1909**, 782.

[11] E. FISCHER, PILOTY: Ber. Dtsch. chem. Ges. **24**, 4216 (1891).

[12] E. FISCHER: Ber. Dtsch. chem. Ges. **24**, 4216 (1891). — PYMAN: Journ. chem. Soc. London **91**, 1229 (1907). — ROSENTHALER: Arch. Pharmaz. **245**, 259 (1907). — LEVENE, JACOBS: Ber. Dtsch. chem. Ges. **43**, 3142 (1910).

[13] PATEIN, DUFAU: Compt. rend. Acad. Sciences **128**, 375 (1899); Journ. Pharmac. Chim. (6), **10**, 433 (1899); C. r. du IVe Congrès intern. de ch. appl. **2**, 655 (1900). — DENIGÈS: Ber. d. V. intern. Kongr. f. ang. Chem. **4**, 130 (1903). — PORCHER: Atti del VI. Congr. intern. di ch. appl. **5**, 140 (1906). — ANDERSEN: Biochem. Ztschr. **15**, 83 (1909). — NEUBERG: Biochem. Ztschr. **24**, 426 (1910). — SZANCER: Pharmaz. Zentralhalle **71**, 535 (1930).

[14] NEUBERG, LACHMANN: Biochem. Ztschr. **24**, 173 (1910). — NEUBERG: Biochem. Ztschr. **24**, 429 (1910); **43**, 505 (1912). — NEUBERG, ISHIDA: Biochem. Ztschr. **37**, 142 (1912). — ROSENBLATT: Biochem. Ztschr. **43**, 478 (1912).

Blutkohle weggenommen, während es nicht gelingt, die Bariumsalzlösung selbst durch Kohle gut zu entfärben.[1]

In analoger Weise verwandelt man die rohe α-Aminocampholsäure in das *Kupfersalz*, in dessen Lösung Schwefelwasserstoff geleitet wird.[2]

Sehr wertvoll[3] ist das *kolloide Eisenhydroxyd*[4] als Fällungsmittel.[5]

Huminsubstanzen lassen sich sehr leicht durch kolloides Eisenhydroxyd und Elektrolyte ausflocken.[6]

In ähnlicher Weise wie Eisen- wird gelegentlich[7] auch *Kupferoxydhydrat* benutzt.

Auch durch andere geeignete Kombinationen kann man Fällung innerhalb der Flüssigkeit erzielen; man hat nur dafür Sorge zu tragen, daß keine unausgefällten störenden Salze in der Lösung zurückbleiben. So werden Salicylsäure und o-Kresotinsäure mit Zinksulfat oder Alaun und Kalilauge entfärbt.[8]

Reinigen der Diazoaminoverbindungen von Diazoaminoazoverbindungen durch Adsorption der letzteren an frisch gefälltes *Cadmiumhydroxyd*: DWYER: Trans. Communicat. Brit. Chem. Abstr. B 56, 70 (1937).

4. Oxydations- und Reduktionsmittel. Kondensationsmittel.

Als *Oxydationsmittel* wird zumeist *Kaliumpermanganat*,[9] seltener *Chromsäure*,[10] *Natriumhypochlorit*,[11] *Natriumhypobromit*,[12] *Chlorkalk*,[13] *Salpetersäure*[14] oder *salpetrige Säure*,[15] endlich *Wasserstoffsuperoxyd*[16] verwendet.

Von *Reduktionsmitteln* wird zumeist *schweflige Säure*[17] bzw. *Natriumbisulfit*[18] angewendet. Ein ganz ausgezeichnetes Entfärbungsmittel, das namentlich auch

---

[1] KILIANI: Ber. Dtsch. chem. Ges. **42**, 2610 (1909).

[2] RUPE, SPLITTGERBER: Ber. Dtsch. chem. Ges. **40**, 4314 (1907).

[3] NEUBERG: Biochem. Ztschr. **24**, 424 (1910).

[4] MICHAELIS, RONA: Biochem. Ztschr. **7**, 329 (1907); **14**, 476 (1908); **16**, 60 (1909). — OPPLER, RONA: Biochem. Ztschr. **13**, 121 (1908). — OPPENHEIM: Chem.-Ztg. **33**, 927 (1909). — RONA: Biochem. Ztschr. **27**, 348 (1910). — FILLINGER: Ztschr. Unters. Nahrungs- u. Genußmittel **22**, 605 (1911). — CLEMENTI: Arch. Farmacol. sperim. **20**, 561 (1915). — Über Methoden zur Enteiweißung siehe noch ALBERT: Biochem. Ztschr. **92**, 398 (1918). — RICHTER-QUITTNER: Biochem. Ztschr. **95**, 182 (1919). — SMITH: Journ. biol. Chemistry **45**, 437 (1921).

[5] LUNEAU: Journ. Pharmac. Chim. (8), **26**, 256 (1937).

[6] CLEMENTI: Arch. Farmacol. sperim. **20**, 561 (1915).

[7] STUTZER: Journ. Landwirtsch. **1881**, 473. — KÖNIG: Unters., 3. Aufl., S. 209. — E. PRIBRAM: Arch. exp. Pathol. Pharmakol. **51**, 379 (1904).

[8] E. P. 384558 (1932).

[9] GÖSZMANN: Liebigs Ann. **99**, 373 (1856). — MERZ, MÜHLHÄUSER: Ber. Dtsch. chem. Ges. **3**, 713 (1870). — PRINZ: Journ. prakt. Chem. (2), **24**, 355 (1881). — BECHHOLD: Ber. Dtsch. chem. Ges. **23**, 2144 (1890). — KNORR: Ber. Dtsch. chem. Ges. **17**, 549 (1894). — v. SCHMIDT: Monatsh. Chem. **25**, 288 (1904). — A. P. 1845751 (1932); 1945175 (1934).

[10] LUCK: Ztschr. analyt. Chem. **16**, 61 (1877). — KÖNIGS, GEIGY: Ber. Dtsch. chem. Ges. **17**, 593 (1894).

[11] WÖHLER: Liebigs Ann. **50**, 1 (1844); F. P. 371900 (1907); D. R. P. 257832 (1913); 263078 (1913); A. P. 1845751 (1932); 1943892 (1934).

[12] D. R. P. 265647 (1913).

[13] DAVIDSON: Journ. prakt. Chem. (1), **20**, 184 (1840); Liebigs Ann. **36**, 343 (1840).

[14] AUERBACH: Das Anthracen, 2. Aufl., S. 90. 1880. — ROSENBERGER: Ztschr. physiol. Chem. **56**, 373 (1908); D. R. P. 257832 (1913).

[15] PRINZ: Journ. prakt. Chem. (2), **24**, 355 (1881).

[16] WIECHOWSKI: Hofmeisters Beitr. z. Phys. u. Path. **11**, 128 (1907). — KUNZ-KRAUSE: Kolloid-Ztschr. **25**, 240 (1919).

[17] MERZ, MÜHLHAUSER: Ber. Dtsch. chem. Ges. **3**, 713 (1870). — KNORR: Ber. Dtsch. chem. Ges. **17**, 549 (1884). — ORNDORFF, BLISS: Amer. chem. Journ. **18**, 457 (1896). — KNORR, FERTIG: Ber. Dtsch. chem. Ges. **30**, 939 (1897).

[18] BAMBERGER, PYMAN: Ber. Dtsch. chem. Ges. **42**, 2311 (1909).

für die Reinigung von Aminoverbindungen, Gerbstoffen und Zuckerarten brauchbar ist, ist das *Natriumhydrosulfit*.[1]

Aluminiumamalgam: KOHN-ABREST: Chem.-Ztg. **37**, 185 (1913). — DEVOS: Chem.-Ztg. **37** R, 107 (1913). — ISELIN: Diss. Basel 1916, 36, 38, 50.

Kohlenwasserstoffe werden von sauerstoff- oder halogenhaltigen Begleitern und ebenso von Jod und Jodwasserstoff[2] durch Kochen mit metallischem *Natrium*,[3] evtl. im Vakuum, befreit.

Aromatische *Amine* werden in verdünnter Salzsäure gelöst, mit 5—10% *Zinnchlorür* versetzt, auf etwa 50° erwärmt und mit Schwefelwasserstoff gefällt und NaCl zugesetzt, um das Zinnsulfid niederzuschlagen. Aus dem Filtrat wird der Schwefelwasserstoff verjagt und die Base mit Natriumsulfit[4] in Freiheit gesetzt.[5]

Endlich kann man in manchen Fällen durch Zusatz von etwas *Thionylchlorid*,[6] *Aluminiumchlorid*,[7] *Chlorschwefel, konzentrierter Schwefelsäure*,[8] *Chlorzink, Bisulfat*[9] oder anderen Kondensationsmitteln leichter angreifbare Verunreinigungen zur Abscheidung bringen.

Speziell das *Thionylchlorid* läßt sich zur Verharzung und Verkohlung der Verunreinigungen gut gebrauchen, welche die Reindarstellung der höheren Fettsäuren aus Naturprodukten so sehr zu erschweren pflegen.[10]

5. Entfärben durch Belichtung.

Durch Belichten bei Gegenwart von *Sensibilisatoren* (wie Eosin) evtl. bei Sauerstoffzufuhr können Entfärbungen erzielt werden (Palmöl, Linolsäure).[11] Entfärbung durch *ultraviolette Strahlen*: A. P. 1948281 (1934).

---

[1] HERZFELD, SCHNEIDER: Ztschr. Ver. Dtsch. Zuckerind. **1907**, 1088. — POWARNIN: Collegium **1912**, 105; D. R. P. 224394 (1910). — Calciumhydrosulfit: DESCAMPS: Bull. Assoc. Chimistes Sucr. Dist. **31**, 46 (1913).
[2] LUCAS: Ber. Dtsch. chem. Ges. **21**, 2510 (1888). — LIEBERMANN, SPIEGEL: Ber. Dtsch. chem. Ges. **22**, 135 (1889). — SPIEGEL: Ber. Dtsch. chem. Ges. **41**, 884 (1908).
[3] LIPPMANN, LOUGUININE: Liebigs Ann. **145**, 108 (1868). — ADOR, RILLIEZ: Ber. Dtsch. chem. Ges. **12**, 329 (1879). — SENFF: Liebigs Ann. **220**, 231, 232 (1883). — BAMBERGER: Liebigs Ann. **235**, 369 (1886). — LEVY: Ber. Dtsch. chem. Ges. **40**, 3659 (1907). — SEMMLER, JAKUBOWICZ: Ber. Dtsch. chem. Ges. **47**, 1146 (1914). — SEMMLER, FELDSTEIN: Ber. Dtsch. chem. Ges. **47**, 2689 (1914). — Dabei können unter Umständen Umlagerungen (Verwandlung einer Allyl- in eine Propenylgruppe) eintreten: SEMMLER: Ber. Dtsch. chem. Ges. **41**, 1771, 1773 (1908). — Calcium: AHSTERWEIL: Compt. rend. Acad. Sciences **148**, 1197 (1909).
[4] LUMIÈRE, SEYEWETZ: Compt. rend. Acad. Sciences **116**, 1202 (1893).
[5] WEISSBERGER, STRASSER: Journ. prakt. Chem. (2), **135**, 209 (1932).
[6] CRAEN: Bull. Soc. chim. Belg. **42**, 410 (1933).
[7] BILMANN: Bull. Soc. chim. France (4), **33**, 995 (1923).
[8] A. P. 1898737 (1933).   [9] A. P. 1897110 (1933).
[10] HANS MEYER, ECKERT: Monatsh. Chem. **31**, 1232 (1910). — HANS MEYER, BROD, SOYKA: Monatsh. Chem. **34**, 1123 (1913). — HANS MEYER, BROD: Monatsh. Chem. **34**, 1147 (1913). — Siehe dazu auch PSCHORR, PFAFF: Ber. Dtsch. chem. Ges. **53**, 215 (1920). Zerstörung der Verunreinigungen beim Verestern mit Salzsäure und Schwefelsäure.
[11] HORIO: Memoirs Coll. Eng. Kyoto Univ. **8**, 36 (1934). — BAUR, FABBRICOTTI: Helv. chim. Acta **18**, 7 (1935).

Zweiter Abschnitt.

Krystallisieren und Umkrystallisieren.

Hat man eine Substanz durch Erhitzen in Lösung gebracht, so gelingt es manchmal nicht mehr oder nur unvollständig, sie wieder zum Auskrystallisieren zu bringen, wenn sie auch in der Kälte in dem Lösungsmittel genügend schwer löslich war. Diese Erscheinung kann verschiedene Gründe haben: 1. kann die Substanz mit dem Lösungsmittel reagiert und ein leichter lösliches Produkt (Hydrat, Krystallalkoholverbindung od. dgl.) gebildet haben; 2. kann das Lösungsmittel, wenn auch nur partiell, mit dem Gelösten ein Derivat gebildet haben, das für die Substanz großes Lösungsvermögen besitzt (Veresterung hochmolekularer Fettsäuren beim Umkrystallisieren aus Alkoholen); 3. kann die zur Lösung erforderliche allzu hohe Temperatur zersetzend auf die Substanz gewirkt haben. Endlich kann 4. bei der Benutzung von Gemischen zweier oder mehrerer Lösungsmittel teilweise Verflüchtigung eines der Bestandteile erfolgt sein (siehe unter Ligroin, S. 16). — Im letzteren Fall ist das Umkrystallisieren unter Zuhilfenahme eines Rückflußkühlers vorzunehmen.

Bemerkenswert ist das Verhalten des *Tetrasalicylids*[1] zu einigen Lösungsmitteln, wie Chloroform, Aethylenbromid, Pyridin, Benzoesäureaethylester. Es löst sich leicht in diesen Lösungsmitteln auf, besonders beim Erwärmen. Beim Erkalten krystallisiert es mit dem Lösungsmittel als Doppelverbindung aus, die beim Erwärmen wieder zerlegt wird. Analog verhält sich das *β-Kresotid*[2] und ähnlich *Pepton* bei Gegenwart von Wasser.[3]

Dioxybenzophenonoxim muß rasch und unter Kratzen aus Benzol krystallisiert werden, sonst schließt es Lösungsmittel ein.[4]

Sind *Gemische von Substanzen durch Krystallisation* zu trennen, so wird man häufig das Lösungsmittel wechseln.

Zeigen zwei Substanzen im gleichen Lösungsmittel merklich *verschiedene Krystallisationsgeschwindigkeit*, so kann man sie gelegentlich auch vermittels dieser Eigenschaft voneinander scheiden.[5]

Weiteres über die Trennung von Gemischen[6] und über untrennbare Gemenge siehe S. 38.

Von großer Wichtigkeit ist natürlich die *Anwendung tunlichst gereinigter Lösungsmittel*.[7]

Manche Substanzen zeigen die Eigentümlichkeit, einmal ausgefallen nicht mehr leicht oder überhaupt nicht mehr löslich zu sein. Man muß wohl annehmen, daß in solchen Fällen zumeist eine Veränderung mit der Substanz vor sich gegangen ist, sei es, daß eine metastabile Form in eine stabilere übergegangen[8] oder daß Polymerisation eingetreten ist.

So zeigen einige Peptide[9] die Eigentümlichkeit, in frisch abgeschiedenem Zu-

---

[1] ANSCHÜTZ, SCHRÖTER: Ber. Dtsch. chem. Ges. **25**, 3512 (1892); Liebigs Ann. **273**, 97 (1893); D. R. P. 69708 (1893), 70614 (1893). — SPALLINO: Chem.-Ztg. **31**, 950 (1907). [2] D. R. P. 70158 (1893).

[3] A. P. 925658 (1909).

[4] AUWERS, JORDAN: Ber. Dtsch. chem. Ges. **58**, 35 (1925).

[5] BILTZ: Ber. Dtsch. chem. Ges. **44**, 297 (1911). — Trennung durch partielles Aufsaugenlassen in erwärmtem Ton: BRAUN: Ber. Dtsch. chem. Ges. **56**, 1345 (1923).

[6] Trennungen mittels eines elektrisierten Ebonitstabs: CIAMICIAN, SILBER: Ber. Dtsch. chem. Ges. **48**, 188 (1915).

[7] Siehe dazu TIMMERMANS: Bull. Soc. chim. Belg. **24**, 244 (1910).

[8] Von zwei Formen ist die stabilere stets die schwerer lösliche. Siehe ROTHMUND: Löslichkeit und Löslichkeitsbeeinflussung, S. 92. Leipzig 1907.

[9] E. FISCHER: Untersuchungen über Aminosäuren, Polypeptide und Proteine, S. 41. Berlin 1906.

stand in Alkohol leicht löslich zu sein und sich alsbald wieder in schwer löslicher, fein krystallinischer Form abzuscheiden. Ebenso verhält sich das Tetrajodhistidinanhydrid.[1]

Schwer lösliche Substanzen muß man daher in fein verteilte Form bringen, evtl. mittels Schlagens durch ein Tuch („Beuteln“).

Es gibt auch Fälle, wo durch Umkrystallisieren Löslichkeitsverminderung eintritt, ohne daß die Substanz als solche Veränderung erlitten hat: in solchen Fällen ist die ursprüngliche Leichtlöslichkeit einer Verunreinigung zuzuschreiben, die lösend gewirkt hat.[2]

I. Auswahl des Lösungsmittels.

1. Wasser.

Im allgemeinen genügt die Verwendung des gewöhnlichen destillierten Wassers, das man, wenn nötig, kurz vor Gebrauch durch Auskochen luftfrei macht.

Man arbeite auch stets in Gefäßen aus resistentem Glas; evtl. ist es sogar notwendig, zur Vermeidung der Aufnahme von Aschenbestandteilen, im Platintiegel umzukrystallisieren.[3] Siehe hierzu noch S. 34.

Zum Umkrystallisieren der α-Phenylpyridintricarbonsäure ist keines der organischen Lösungsmittel geeignet. Aus *Wasser* erhält man gut ausgebildete Krystalle, aber nur nach längerem Stehenlassen der heiß gesättigten Lösung *in luftdicht verschlossenen Gefäßen*. Bei Luftzutritt und der Möglichkeit von Wasserverdunstung scheidet sich stets ein dichter Filz feiner farbloser Nadeln aus, die viel weniger leicht auf konstanten Schmelzpunkt zu bringen sind.[4]

Manche Stoffe, die aus Wasser gut krystallisieren, vertragen das *Kochen* nicht. Hierher gehören viele Ester, die Trihalogenverbindungen der Brenztraubensäure, Aloin, die Diazobenzolsulfosäuren, Benzoylaminooxybuttersäure[5] usw.

Substanzen, die durch den Luftsauerstoff verändert werden, krystallisiert man im Kohlendioxyd- oder Wasserstoffstrom um oder setzt der Lösung etwas Schwefelwasserstoff oder schweflige Säure[6] zu.

Viele Stoffe sind in reinem Wasser sehr schwer löslich oder werden durch dasselbe verändert. In solchen Fällen hilft oft ein Zusatz von geringen Mengen Mineralsäure oder Alkali. Beispielsweise werden manche Derivate des Pyridins am besten aus *schwach salzsäure-* oder *salpetersäurehaltigem Wasser* (oder Alkohol) umkrystallisiert.[7] Viele Sulfosäuren[8] erhält man am besten aus *verdünnter Schwefelsäure*. Die normalen Gold- und Platindoppelsalze verlieren oftmals beim Umkrystallisieren Salzsäure oder werden ganz zersetzt, wenn man nicht salzsäurehaltiges Wasser benutzt.[9] — *Oxalsäurehaltiges Wasser* verwenden NÖLTING und

---

[1] PAULY: Ber. Dtsch. chem. Ges. **43**, 2258 (1910). — HEUSER: Journ. prakt. Chem. (2), **103**, 80 (1921).

[2] Z. B. KILIANI: Arch. Pharmaz. **254**, 260 (1916). — SCHMIDT, WILKENDORF: Ber. Dtsch. chem. Ges. **55**, 320 (1922).

[3] E. FISCHER: Ber. Dtsch. chem. Ges. **43**, 805 (1910). — DIMROTH, GOLDSCHMIDT: Liebigs Ann. **399**, 80 (1913).

[4] BÖHM, BOURNOT: Ber. Dtsch. chem. Ges. **48**, 1572 (1915).

[5] E. FISCHER, BLUMENTHAL: Ber. Dtsch. chem. Ges. **40**, 113 (1907).

[6] Z. B. BAEYER: Liebigs Ann. **183**, 6 (1876). — NENCKI, SIEBER: Journ. prakt. Chem. (2), **23**, 541 (1881). — SCHÜLER: Arch. Pharmaz. **245**, 266 (1907). — KREMERS, WAKEMAN: Pharmac. Review **26**, 329 (1909). — GUGGENHEIM: Ztschr. physiol. Chem. **88**, 279 (1913) (Aminosäuren).

[7] WEIDEL, HERZIG: Monatsh. Chem. **1**, 5 (1880). — BISCHOFF: Liebigs Ann. **251**, 377 (1889).   [8] LÖNNIES: Ber. Dtsch. chem. Ges. **13**, 704 (1880).

[9] E. FISCHER: Ber. Dtsch. chem. Ges. **35**, 1593 (1902).

WORTMANN.[1] Aus *Alaunwasser* krystallisieren SCHUNCK und RÖMER das Purpurin.[2]

Während bei vielen Substanzen der Säurezusatz die Löslichkeit erhöht, kann man anderseits in Wasser allzu leicht lösliche Salze aus konzentrierteren Säuren, in denen sie oftmals schwerer löslich sind, sehr wohl erhalten.

Dies ist bei vielen Aminosäuren der Fall, ebenso bei den Chlorhydraten von Pyridinmonocarbonsäuren und aromatischen Sulfosäuren.

Auch Zusatz von *Alkali* kann von Vorteil sein. So werden viele Aminosäuren und Säureamide[3] am besten aus *Ammoniakwasser*,[4] manche Ester aus sehr *verdünnter Sodalösung* umkrystallisiert.

Gewisse stickstoffhaltige Sulfosäuren, wie Pseudomauvein- und Indazinmonosulfosäure, lassen sich aus kochender verdünnter wässeriger *Natronlauge* unverändert umkrystallisieren. Alkoholische Lauge löst dagegen unter Bildung von Salzen, die durch Wasser völlig zerlegt werden.[5]

Über *Hydrotropie* (Salze in Wasser als Lösungsmittel) siehe NEUBERG: Biochem. Ztschr. 76, 107 (1916). Sitzungsber. Preuß. Akad. Wiss., Berlin 1916, 1034. D.R.P. 57842 (1890), 128880 (1901), 181288 (1907), 289950 (1916), 300939 (1917), 388321 (1923). — BOEDECKER: Ber. Dtsch. chem. Ges. 53, 1852 (1920). — HANS MEYER, BERNHAUER: Monatsh. Chem. 54, 724 (1929). — Ferner Ber. Roure-Bertrand Fils (1), 4, 14 (1902); (2), 7, 79 (1908). — CONRADY: Pharmaz. Ztg. 1892, 180. — SCHNEIDER: Arch. Hygiene 67, 1 (1908).

Sehr zahlreiche Substanzen krystallisieren mit *Krystallwasser*. Gewöhnlich läßt es sich durch Trocknen bei genügend hoher Temperatur ohne Zersetzung der Substanz austreiben; evtl. ist dabei Evakuieren von Vorteil. Manche Stoffe, namentlich Salze der Erdalkalien, verlieren ihr Krystallwasser erst bei sehr hoher Temperatur (200—300°). Andere, wie fast alle Betaine, sowie Sulfosäuren sind in krystallwasserfreiem Zustand außerordentlich hygroskopisch.

Zum vollkommenen Entwässern von Salzen ist oft, auch wenn zum Trocknen sehr hohe Temperaturen angewendet werden, mehrfaches, feinstes Zerreiben der Substanz notwendig.[6] Über die Bestimmung des Krystallwassers in Substanzen, die kein Erhitzen vertragen, siehe S. 45.

Im allgemeinen beträgt der Krystallwassergehalt 1, 2, 3 oder auch mehr ganze Moleküle, doch kommt gelegentlich auch ein Gehalt von $1/_2$, $1^1/_2$,[7] $2^1/_2$,[8, 9] $1/_4$,[10] $2/_3$[11] u. dgl. vor.

Manchmal wechselt der Krystallwassergehalt ohne angebbaren Grund.[12] Dies kann[13] namentlich dann vorkommen, wenn die Substanz auf verschiedene Art dargestellt war und daher verschiedene Verunreinigungen enthält, welche die

---

[1] NÖLTING, WORTMANN: Ber. Dtsch. chem. Ges. 39, 638 (1906).
[2] SCHUNCK, RÖMER: Ber. Dtsch. chem. Ges. 10, 551 (1877). — Über Verwendung von *Borax*lösungen siehe PALM: Ztschr. analyt. Chem. 22, 324 (1883).
[3] E. FISCHER: Ber. Dtsch. chem. Ges. 35, 1102 (1902).
[4] POSEN: Liebigs Ann. 195, 144 (1879). — TIEMANN: Ber. Dtsch. chem. Ges. 13, 384 (1880). — WEIDEL: Monatsh. Chem. 8, 132 (1887). — MARCKWALD: Ber. Dtsch. chem. Ges. 27, 1319 (1894). — HANS MEYER: Monatsh. Chem. 21, 977 (1900). — SPIEGEL: Ber. Dtsch. chem. Ges. 37, 1763 (1904).
[5] KEHRMANN, HERZBAUM: Ber. Dtsch. chem. Ges. 50, 874 (1917).
[6] KILIANI, LÖFFLER: Ber. Dtsch. chem. Ges. 37, 3614 (1904).
[7] SCHÖPF: Ber. Dtsch. chem. Ges. 25, 1981 (1892).
[8] MOHR: Journ. prakt. Chem. (2), 80, 30 (1909).
[9] DIMROTH, GOLDSCHMIDT: Liebigs Ann. 399, 80 (1913).
[10] FITTIG: Liebigs Ann. 330, 302 (1903).
[11] GOLDSCHMIDT, POLTZER: Ber. Dtsch. chem. Ges. 24, 1003 (1891).
[12] Einfluß der Krystallisationsgeschwindigkeit: PRÜSSE: Liebigs Ann. 441, 206 (1925). [13] WEGSCHEIDER: Ber. Dtsch. chem. Ges. 44, 908 (1911).

Bindung des Wassers katalytisch beeinflussen. Bei vielen Substanzen kann man verschiedene Hydrate erhalten, wenn man die Temperatur des Auskrystallisierens oder das Lösungsmittel variiert.[1]

2. Anorganische Lösungsmittel.

Wasserstoffsuperoxyd[2] als Lösungsmittel: BAMBERGER, NUSSBAUM: Monatsh. Chem. **40**, 411 (1920).

Phosphortrichlorid und *Phosphoroxychlorid* sind gute Krystallisationsmittel für aromatische Nitrokohlenwasserstoffe.[3]

Aluminiumbromid wurde für Dibrombenzol und Dimethylpyron verwendet.[4]

Thionylchlorid ist sehr geeignet zum Umkrystallisieren der Anhydride von Orthodicarbonsäuren (HANS MEYER) und der Nitroessigsäure.[5]

Mineralsäuren besitzen oft die Eigenschaft, die ein Rohprodukt begleitenden Harze ungelöst zu lassen.[6]

Dimethylureidamidoazin kann überhaupt nur aus *konzentrierter Schwefelsäure* oder *Salzsäure* umkrystallisiert werden.[7]

$\alpha\alpha$- und $\beta\beta$-Dimethyladipinsäure[8] lassen sich nur dadurch voneinander trennen, daß erstere aus *konz. Salzsäure* krystallisiert werden kann, während letztere darin gelöst bleibt. Laccainsäure krystallisiert in besonders reiner Form beim Erhitzen mit 20proz. Salzsäure auf 150—160°.[9]

Caryophyllinsäure[10] ist nur aus *konz. Salpetersäure* krystallisiert zu erhalten, und ähnlich verhält sich das δ-Tetranitronaphthalin.[11]

SCHOLL krystallisiert[12] Tetranitrotetraoxyanthrachinonazin aus Salpetersäure (spez. Gew. 1,4), und auch für die Trinitrochinolone[13] ist Salpetersäure das beste Krystallisationsmittel, ebenso für Hexanitroazobenzol[14] und Mellitsäure.[15]

Cystinnitrat wird am besten aus 30—45proz. Salpetersäure krystallinisch erhalten. In schwächerer Säure ist es zu leicht löslich, durch stärkere tritt Zersetzung ein.[16]

Nach DHAR[17] ist Salpetersäure allgemein als Lösungs- und Trennungsmittel von aromatischen Nitrokörpern sehr zu empfehlen.

---

[1] Über das merkwürdige Verhalten der Citronensäure siehe BUCHNER, WITTER: Ber. Dtsch. chem. Ges. **25**, 1160 (1892). — MEYER: Ber. Dtsch. chem. Ges. **36**, 3599 (1903). — 2-Phenyl-3-methoxychinolin-4-carbonsäure ist in krystallwasserfreier Form amorph: TILTHEY, THELEN: Ber. Dtsch. chem. Ges. **58**, 1588 (1925). — Über Chelidonin siehe SPÄTH, KUFFNER: Ber. Dtsch. chem. Ges. **64**, 376 (1931).
[2] Krystall-Wasserstoffsuperoxyd: STOLTZENBERG: Ber. Dtsch. chem. Ges. **49**, 1545 (1916). [3] OPPENHEIM: Ber. Dtsch. chem. Ges. **2**, 54 (1869).
[4] IZBEKOW, PLOTNIKOW: Journ. Russ. phys.-chem. Ges. **43**, 18 (1911); Ztschr. anorgan. allg. Chem. **71**, 328 (1911).
[5] STEINKOPF: Ber. Dtsch. chem. Ges. **42**, 3927 (1909).
[6] BAEYER: Liebigs Ann. **127**, 26 (1863). — LÖNNIES: Ber. Dtsch. chem. Ges. **13**, 704 (1880). — BOGERT, JOUARD: Journ. Amer. chem. Soc. **31**, 483 (1909).
[7] PILOTY: Liebigs Ann. **333**, 44 (1904).
[8] CROSSLEY, RENOUF: Journ. chem. Soc. London **89**, 1553 (1906).
[9] DIMROTH, GOLDSCHMIDT: Liebigs Ann. **399**, 76 (1913).
[10] MYLIUS: Ber. Dtsch. chem. Ges. **6**, 1053 (1873).
[11] WILL: Ber. Dtsch. chem. Ges. **28**, 369 (1895). — Diphenylhydantoin: BILTZ: Ber. Dtsch. chem. Ges. **41**, 1385 (1908). — Anthrachinoncarbonsäure: REICHSTEIN: Helv. chim. Acta **9**, 804 (1926).
[12] SCHOLL, MANSFELD: Ber. Dtsch. chem. Ges. **40**, 329 (1907).
[13] DECKER: Journ. prakt. Chem. (2), **64**, 99 (1901).
[14] LEEMANN, GRANDMOUGIN: Ber. Dtsch. chem. Ges. **41**, 1297 (1908).
[15] HANS MEYER, STEINER: Monatsh. Chem. **35**, 486 (1914).
[16] MÖRNER: Ztschr. physiol. Chem. **93**, 203 (1915).
[17] DHAR: Journ. chem. Soc. London **117**, 1002 (1920).

Konzentrierte Schwefelsäure[1] verwendet man gewöhnlich so, daß man die Substanz durch vorsichtiges Erwärmen löst und nach dem Erkalten auf Eiswasser gießt oder man stellt die schwefelsaure Lösung über Wasser unter eine Glasglocke.[2]

Anwendung von (phenolhaltiger) *Jodwasserstoffsäure*: WILLSTÄTTER, WEIL: Liebigs Ann. **412**, 190 (1916).

Über die Anwendung von *Königswasser* siehe D.R.P. 256034 (1913).

Zum Umkrystallisieren von Diazobenzolsulfosäure wird am besten *Flußsäure*[3] benutzt. — *Überchlorsäure*: ARNDT, LORENZ: Ber. Dtsch. chem. Ges. **63**, 3129 (1930).

Auch *verdünnte Mineralsäuren* können gute Dienste leisten, so mäßig verdünnte Schwefelsäure (1,52)[4] und verdünnte Salzsäure.[5]

Zum Umkrystallisieren von Anthocyanen benutzt WILLSTÄTTER 0,5—2proz. Salzsäure oder 7proz. Schwefelsäure.[6]

Namentlich aromatische Sulfosäuren krystallisieren oftmals gut aus vorsichtig verdünnter Schwefelsäure oder fallen krystallinisch aus, wenn man in ihre wässerige Lösung Salzsäuregas einleitet.[7]

Flüssiges Schwefeldioxyd hat WALDEN[8] zum Lösen von Thein, ferner von Anthracen, Triphenyl-carbinol, -chlorid, -bromid und Triphenylmethyl benutzt. SCHLENK, WEICKEL[9] haben Triphenylchlormethan, Diphenylmonobiphenylchlormethan und Phenyldibiphenylchlormethan daraus krystallisiert. Nach dem Abdunsten des Dioxyds blieben die Salze unverändert zurück, während das Tribiphenylchlormethan ein schön krystallisiertes Addukt $(C_6H_5 \cdot C_6H_4)_3CCl + 4\ SO_2$ lieferte.

Über *flüssiges Ammoniak* siehe D.R.P. 113291 (1901) und BRONN: Verflüssigtes Ammoniak als Lösungsmittel. Berlin: Julius Springer. 1905.

Umkrystallisieren aus *Hydrazinhydrat*: CURTIUS, DARAPSKY, BOCKMÜHL: Ber. Dtsch. chem. Ges. **41**, 350 (1908). — BOCKMÜHL: Diss. Heidelberg 1909, 33.

Konzentrierte Kalilauge benutzt STEINKOPF[10] zum Umkrystallisieren von nitroessigsaurem Kalium. Auch sonst lassen sich oftmals Alkalisalze der Carbonund Sulfosäuren aus mehr oder minder konzentrierter Lauge krystallisieren (siehe S. 33).

3. Alkohole.

Methylalkohol.

Über die Darstellung *absolut* reinen Methylalkohols siehe TIMMERMANS: Bull. Soc. chim. Belg. **24**, 251 (1910).

---

[1] BAEYER: Liebigs Ann. **127**, 26 (1863). — HERZIG, WENZEL: Monatsh. Chem. **22**, 230 (1901). — NIEMENTOWSKI: Journ. prakt. Chem. (2), **40**, 22 (1889). — BROMBERGER: Diss. Berlin 1903, 34. — HOUSEMAN: Diss. Würzburg 1906, 15. — SCHROETER: Liebigs Ann. **426**, 44 (1922). — SCHLEICHER: Journ. prakt. Chem. (2), **105**, 258 (1923). — FISCHER, TREIBS: Liebigs Ann. **466**, 214 (1928).

[2] KAUFLER: Ber. Dtsch. chem. Ges. **36**, 931 (1903) (Indanthren).

[3] LENZ: Ber. Dtsch. chem. Ges. **12**, 580 (1879).

[4] SCHOLL, HOLDERMANN: Ber. Dtsch. chem. Ges. **43**, 342 (1910).

[5] Ber. Dtsch. chem. Ges. **42**, 1905 (1909).

[6] WILLSTÄTTER: Liebigs Ann. **412**, 129, 135, 147, 160, 173 (1916).

[7] KASTLE: Amer. chem. Journ. **44**, 483 (1910). — WITT: Ber. Dtsch. chem. Ges. **48**, 753 (1915).

[8] WALDEN: Ztschr. physikal. Chem. **43**, 457 (1903). — GOMBERG: Ber. Dtsch. chem. Ges. **35**, 2405 (1902). — GOMBERG, CONE: Ber. Dtsch. chem. Ges. **37**, 2043 (1904). — MORRELL, EGLOFF: Petroleum **16**, 425, 461 (1921); D.R.P. 68474 (1893).

[9] SCHLENK, WEICKEL: Liebigs Ann. **372**, 4, 9 (1910).

[10] STEINKOPF: Ber. Dtsch. chem. Ges. **42**, 2027 (1909). — Kresolnatrium: SCHÜTZ, BUSCHMANN, WISSEBACH: Ber. Dtsch. chem. Ges. **56**, 1970 (1923).

Im allgemeinen genügt es, den Methylalkohol zu entwässern und dann zu destillieren. Ist er nicht acetonfrei, so muß er evtl. über das Oxalat od. dgl. gereinigt werden.[1]

Manche *empfindliche Substanzen* lassen sich aus siedendem *Methyl*alkohol, aber nicht mehr aus *Aethyl*alkohol umkrystallisieren.

Bebirin kann *nur* aus Methylalkohol krystallisiert werden (siehe S. 30). Hydroergotinsulfat wird durch heißen Alkohol zersetzt, läßt sich aber aus schwach erwärmtem krystallisieren.[2] Ähnlich verhält sich o-Hydroxylaminobenzoesäure.[3]

Zum *Umkrystallisieren sehr empfindlicher Ester* setzt man dem Alkohol eine geringe Menge Ätzkali[4] oder Natriumalkoholat[5] zu.

Krystallmethylalkohol[6] bestimmt man entweder nach S. 458 oder 606, oder man begnügt sich mit seinem Nachweis, indem man die Substanz mit Wasser (2 g mit 10 ccm Wasser) am absteigenden Kühler kocht, bis genügend Destillat erhalten wird (6 ccm). In die Flüssigkeit wird ein- oder mehrmals eine oberflächlich oxydierte rotglühende Kupferspirale getaucht, zu der Flüssigkeit ein Tropfen $1/2$proz. wässeriger Resorcinlösung gefügt und vorsichtig mit einigen Kubikzentimetern konzentrierter Schwefelsäure unterschichtet. An der Berührungsstelle der Schichten entsteht eine rosenrote Zone.[7]

Tetrahydropapaverin wird aus *verdünntem* Methylalkohol mit Krystallalkohol, aus *absolutem* dagegen ohne den letzteren erhalten.[8]

Krystallmethylalkohol kann sehr fest gebunden sein, so daß zu seiner Entfernung Erhitzen im Hochvakuum auf 120° erforderlich ist.[9]

Aethylalkohol.[10]

Über das Umkrystallisieren empfindlicher Ester siehe unter Methylalkohol. — Partielle *Esterifizierung von höheren Fettsäuren beim Kochen mit Alkohol* ist wiederholt beobachtet worden.[11]

Manchmal muß der verwendete Alkohol ganz *bestimmte Konzentration* besitzen; so krystallisiert das Digitonin[12] nur aus 85proz. Aethylalkohol, und ähnlich verhält sich die Maltose.[13] Choleinsaures Barium[14] ist weder in absolutem Alkohol noch in Wasser löslich, wohl aber — infolge Hydratbildung — in verdünntem Alkohol.

Aminosäuren krystallisiert man aus *ammoniakhaltigem* Alkohol.[15] Doppelsalze organischer Basen lassen sich gewöhnlich gut aus *salzsäurehaltigem* Alkohol umkrystallisieren, ebenso Sulfate aus *schwefelsäurehaltigem* Alkohol.[16]

[1] Reinigung durch Destillieren mit Chloroform: LANZENBERG, DUCLAUX: Bull. Soc. chim. France (4), **29**, 135 (1921).   [2] KRAFT: Arch. Pharmaz. **245**, 645 (1907).
[3] BAMBERGER, PYMAN: Ber. Dtsch. chem. Ges. **42**, 2307 (1909).
[4] HERZIG: Monatsh. Chem. **22**, 608 (1901).
[5] BAYER: Ber. Dtsch. chem. Ges. **37**, 2874 (1904).
[6] Drei Moleküle: WILLSTÄTTER, PAGE: Liebigs Ann. **404**, 261 (1914).
[7] EHRLICH, BERTHEIM: Ber. Dtsch. chem. Ges. **45**, 763 (1912). — MULLIKEN, SCUDDER: Amer. chem. Journ. **21**, 266 (1898).
[8] GOLDSCHMIEDT: Monatsh. Chem. **19**, 327 (1898).
[9] RUZICKA, HOFMANN: Helv. chim. Acta **19**, 115 (1936).
[10] Zur Reinigung wird 1 l abs. Alkohol mit 1 g Jod einen Tag stehen gelassen, destilliert, der Vorlauf abgetrennt und die Hauptmenge nochmals mit 1 g sehr reinem Zinkstaub destilliert, über CaO getrocknet und wieder langsam destilliert. CASTILLE, HENRI: Bull. Soc. Chim. biol. **6**, 299 (1924).
[11] EMERSON, DUMAS: Journ. Amer. chem. Soc. **29**, 1750 (1907); **31**, 949 (1909). — HANS MEYER, ECKERT: Monatsh. Chem. **31**, 1232 (1910); siehe ferner S. 30 und S. 64.
[12] KILIANI: Ber. Dtsch. chem. Ges. **24**, 339 (1891); Arch. Pharmaz. **231**, 461 (1893).
[13] HERZFELD: Ber. Dtsch. chem. Ges. **12**, 2120 (1879).
[14] MYLIUS: Ber. Dtsch. chem. Ges. **20**, 1970, Anm. (1887).
[15] HOFMEISTER: Liebigs Ann. **189**, 16 (1877).
[16] BIEDERMANN: Arch. Pharmaz. **221**, 181 (1883).

Auch sonst empfiehlt sich der Zusatz kleiner Mengen Schwefelsäure in vielen Fällen; z. B. steigt der Schmelzpunkt des auf andere Weise nicht weiter zu reinigenden Pseudobaptisins[1] durch Kochen der Substanz mit etwas Schwefelsäure enthaltendem Alkohol von 298° auf 303—304°.

V. MEYER hat schwer veresterbare Säuren von leicht veresterbaren Begleitern in gleicher Weise getrennt.[2]

Die Alkohole, und zwar sowohl Methyl- als Aethylalkohol, können auch verändernd einwirken.[3,4] Es findet nicht nur oftmals Bindung von Krystallalkohol statt,[5] sondern auch Ersatz von Acetyl- durch Alkylreste wird gelegentlich beobachtet,[6] Säuren werden esterifiziert und tertiäre Alkohole in Aether verwandelt.

Auch *Alkoholyse* kann eintreten, zumal[7] bei Gegenwart von Katalysatoren. Diese Umesterung können sowohl Alkalien[8] als auch Säuren[9] bewirken; sie kann auch durch Fermentwirkung bedingt sein.[10]

Krystallalkohol läßt sich gewöhnlich durch Erhitzen der Substanz auf 100° entfernen; gelegentlich ist er aber sehr fest gebunden und kann über 120° beständig sein.[11,12]

Krystallalkohol neben Krystallwasser enthält das Conchairamin[13] und das γ-Resorcinbenzein,[12] das ein Wassermolekül bei 100°, den Alkohol bei 140° und das zweite Wasser bei 240° verliert.

Propylalkohol[14]

dient zum Umkrystallisieren von 2-α-Naphthoyl-3-naphthoesäure[15] und Reten[16] und wird auch sonst gelegentlich[14] verwendet. — *Isopropylalkohol* (85proz.): ELDERFIELD: Journ. biol. Chemistry **115**, 247 (1936).

Butylalkohole.

n-Butylalkohol ist nicht häufig benutzt worden,[17] öfter dagegen Isobutylalkohol.[18,19,20]

---

[1] GORTER: Arch. Pharmaz. **244**, 403 (1906).

[2] V. MEYER 2 I, 543. — JANNASCH, WEILER: Ber. Dtsch. chem. Ges. **27**, 3445 (1894). — LUCAS: Ber. Dtsch. chem. Ges. **29**, 954 (1896). — E. MÜLLER: Diss. Berlin 1908, 22. — SUDBOROUGH, THOMAS: Journ. chem. Soc. London **99**, 2307 (1911).

[3] Siehe auch S. 12 (Bebirin).

[4] H. v. LIEBIG: Arch. Pharmaz. **250**, 403 (1912).

[5] Über dessen Bestimmung siehe S. 606.

[6] WEGSCHEIDER: Monatsh. Chem. **29**, 734 (1908); **37**, 287 (1916); Liebigs Ann. **433**, 37 (1923).

[7] Ohne Katalysator: BRADY, HORTON: Journ. chem. Soc. London **127**, 2230 (1925). — Siehe dazu HATCH, ADKINS: Journ. Amer. chem. Soc. **59**, 1694 (1937).

[8] PFANNL: Monatsh. Chem. **31**, 302 (1910); **32**, 509 (1911). — KOMNENOS: Monatsh. Chem. **32**, 77 (1911); D. R. P. 282266 (1913). — ADICKES: Ber. Dtsch. chem. Ges. **59**, 2522 (1926); **63**, 3026 (1930).

[9] GRETE EGERER, HANS MEYER: Monatsh. Chem. **34**, 69 (1913).

[10] WILLSTÄTTER: Liebigs Ann. **387**, 317 (1912).

[11] FREUND: Ber. Dtsch. chem. Ges. **40**, 201 (1907).

[12] H. v. LIEBIG: Journ. prakt. Chem. (2), **102**, 242 (1912).

[13] HESSE: Liebigs Ann. **225**, 247 (1884).

[14] v. BRAUN, LANGENHELD: Ber. Dtsch. chem. Ges. **43**, 1858 (1910). — SCHLENK, BERGMANN: Liebigs Ann. **463**, 139, 193 (1929).

[15] WEIZMANN, BERGMANN, BERGMANN: Journ. chem. Soc. London **1935**, 1367.

[16] NYMAN: Ann. Acad. Sci. Fennicae **41**, Nr. 5 (1935).

[17] WOLFF: Österr. Chemiker-Ztg. **33**, 198 (1930). — SKITA, KEIL, BAESLER: Ber. Dtsch. chem. Ges. **66**, 858 (1933). (Pikrolonate).

[18] LATSCHINOW: Ber. Dtsch. chem. Ges. **20**, 3275 (1887).

[19] Hochmolekulare Kohlenwasserstoffe: KRAFFT: Ber. Dtsch. chem. Ges. **40**, 4782 (1907). — Indanone: MAYER, MÜLLER: Ber. Dtsch. chem. Ges. **60**, 2283 (1927).

[20] Anthocyane: ROSENHEIM: Biochemical Journ. **14**, 73 (1920).

Amylalkohol[1]

ist namentlich auch für manche Chlorhydrate[2] geeignet.

Zur *Reinigung des Amylalkohols* wird wiederholt mit verdünnter Salzsäure ausgeschüttelt, über geglühter Pottasche getrocknet und fraktioniert.

Krystallamylalkohol ist wiederholt beobachtet worden.[3]

Seltener wird *Allylalkohol*[4] verwendet.

Auch *Allylalkohol* ist als *Krystallverbindung* aufgefunden worden.[4]

Glycerin[5] wird sowohl für sich als auch in Mischungen mit Wasser[6] und Alkohol benutzt.

4. Aethylaether.

Häufig ist es nötig, alkoholfreien und trockenen Aether zu verwenden.[7]

Von Alkohol befreit man den Aether durch wiederholtes Schütteln mit wenig Wasser. Man trocknet dann durch Chlorcalcium, geschmolzenes Natriumsulfat oder Phosphorpentoxyd und schließlich mit Natriumdraht oder mit der flüssigen Legierung von Kalium und Natrium.[8]

Der Aether muß in jedem Fall von dem Trocknungsmittel abdestilliert werden, evtl. unter Zusatz von Zinkpulver, um das Stoßen zu vermeiden.[9]

Beim Eindampfen von aetherischen Lösungen sind öfters *Explosionen* beobachtet worden.[10] Verwendet man frisch durch Schütteln mit Lauge oder Permanganat[11] oder Chromsäure[12] gereinigten und destillierten Aether, so ist wohl jede Gefahr ausgeschlossen.

---

[1] NIEMENTOWSKI: Journ. prakt. Chem. (2), **40**, 22 (1889). — ESCALES: Ber. Dtsch. chem. Ges. **37**, 3600 (1904). — WILLSTÄTTER, KALB: Ber. Dtsch. chem. Ges. **37**, 3765 (1904). — KAUFLER, IMHOFF: Ber. Dtsch. chem. Ges. **37**, 4708 (1904). — E. FISCHER, FREUDENBERG: Liebigs Ann. **372**, 37 (1910). — KUHN, JACOB, FURTER: Liebigs Ann. **445**, 271 (1927).

[2] KÜSTER: Ber. Dtsch. chem. Ges. **27**, 573 (1904).

[3] NENCKI: Ann. Pth. **20**, 328 (1884). — KÜSTER: Ber. Dtsch. chem. Ges. **27**, 573 (1904) (ein halbes Molekül). — Amylalkohol + Salpetersäure: LIVACHE: Moniteur scient. (4), **23**, 278 (1909).

[4] MYLIUS: Ber. Dtsch. chem. Ges. **19**, 373 (1886). — HENRIQUES: Ztschr. angew. Chem. **11**, 338, 697 (1898). — KREMANN: Monatsh. Chem. **26**, 786 (1905); **29**, 23 (1908). — FANTO, STRITAR: Liebigs Ann. **351**, 332 (1907); Journ. prakt. Chem. (2), **78**, 35 (1908).

[5] ERDMANN: Liebigs Ann. **275**, 268 (1893); D. R. P. 46252 (1889), 141976 (1903). — NIETZKI, BECKER: Ber. Dtsch. chem. Ges. **40**, 3398 (1907). — VAN ERT: Ber. Dtsch. chem. Ges. **56**, 218 (1923).

[6] MASS: Biochem. Ztschr. **43**, 68 (1912). — NIYOGY: Journ. Indian chem. Soc. **5**, 285 (1928).

[7] KLEMENC, EKL: Monatsh. Chem. **39**, 652 (1918); Ztschr. angew. Chem. **44**, 896 (1931).

[8] LASSAR-COHN: Liebigs Ann. **284**, 229 (1895). — Siehe auch LECHER: Ber. Dtsch. chem. Ges. **48**, 527 (1915); Bull. Soc. chim. France (5), **2**, 27, 34, 56 (1935). — Darstellung: WITTIG: Ber. Dtsch. chem. Ges. **64**, 442 (1931).

[9] ISELIN: Diss. Basel 1916, 24. — Über Na: CASTILLE, HENRI: Bull Soc. Chim. biol.: **6**, 299 (1924).

[10] LEGLER: Ber. Dtsch. chem. Ges. **18**, 3343 (1885). — SCHÄR: Arch. Pharmaz. **225**, 623 (1887). — CLEVE: Proceed. chem. Soc. **92**, 15 (1891). — NEANDER: Chem.-Ztg. **26**, 336 (1902). — KLEEMANN: Chem.-Ztg. **26**, 385 (1902). — RICHTER: Chem.-Ztg., Rep. **31**, 368 (1907). — DE HAËN: Chemische Ind. **30**, 417 (1907) (Umfüllen von Aether). — KASSNER: Arch. Pharmaz. **250**, 436 (1912) (Explosion bei der Dampfdichtebestimmung). — CLOVER: Journ. Amer. chem. Soc. **44**, 1107 (1922). — BRANDT: Chem.-Ztg. **51**, 981 (1927). — DEMUS: Ztschr. angew. Chem. **41**, 426 (1928). — NOLTE: Ztschr. angew. Chem. **43**, 979 (1930). — DEDERICHS: Ztschr. angew. Chem. **43**, 1097 (1930). — RIECHE: Ztschr. angew. Chem. **44**, 896 (1931).

[11] BRÜHL: Ber. Dtsch. chem. Ges. **28**, 2858, Anm. (1895). — WOLFFENSTEIN: Ber. Dtsch. chem. Ges. **28**, 2265 (1895). — Siehe auch ROWE, PHELPS: Journ. Amer. chem. Soc. **46**, 2080 (1924).   [12] RIECHE: Ztschr. angew. Chem. **44**, 897 (1931).

Krystallaether[1] läßt sich meist im Dampftrockenschrank austreiben. Doch ist er manchmal sehr fest gebunden, so in den Phyllinen, wo ein Molekül noch nach 16stündigem Erhitzen auf 100° im absoluten Vakuum zurückbleibt, so daß 2—4 Monate im Vakuum auf 100—140° erhitzt werden muß.[2]

Zur Bestimmung des Krystallaethers wurde das Rhodophyllin auf 105—140° erhitzt und das Übergehende in einer mit Kohlendioxyd-Aethergemisch gekühlten Vorlage aufgefangen.[3] Bequemer wäre wohl eine Aethoxylbestimmung (siehe S. 607).

Auch bei der Destillation des *Isopropylaethers*, der gelegentlich verwendet wird,[4] sind Explosionen beobachtet worden.[5]

5. Aceton und seine Homologen.

Aceton ist wegen seiner Leichtflüchtigkeit und leichten Mischbarkeit mit Wasser sehr verwendbar, reagiert aber mit vielen Stoffen. Für das Umkrystallisieren leicht veresterbarer Säuren muß es alkoholfrei sein.[6]

Das Lösungsvermögen des Acetons (für gewisse Farbstoffe) wird stark durch Verunreinigungen beeinflußt.[7]

Zur *Reinigung des Acetons* führt man es in seine *Bisulfitverbindung* über und trocknet dann mit entwässertem Chlorcalcium und Kupfersulfat. Die letzten Spuren Wasser entfernt nur Phosphorpentoxyd, führt aber zu großen Materialverlusten.[8]

Löst man *Jodnatrium in Aceton* und kühlt auf —8° ab, so krystallisiert die Verbindung $NaJ \cdot 3\ C_3H_6O$ aus, die beim Erhitzen Aceton gibt, das so rein ist wie das aus der Bisulfitverbindung dargestellte.[9]

Meist genügt es, das Aceton mit kleinen Mengen Permanganat, das sich darin leicht löst, zu kochen, bis die violette Färbung bestehen bleibt, und dann über trockenem Kaliumcarbonat[10] abzudestillieren.

Auch das reinste Produkt färbt sich im Sonnenlicht gelb.

Verwendung von feuchtem Aceton: DIMROTH: Liebigs Ann. 399, 27 (1913).

Krystallaceton: MYLIUS: Ber. Dtsch. chem. Ges. 19, 373 (1886). — Zwei Moleküle: ABENIUS: Journ. prakt. Chem. (2), 47, 188 (1893). — DELBRIDGE: Amer. chem. Journ. 41, 416 (1909). — Ein drittel Molekül: JANSEN: Ztschr. physiol. Chem. 82, 332 (1912). — BACHMANN, WISELOGLE: Journ. organ. Chemistry 1, 354 (1936). — Ein halbes Molekül: HANTZSCH, PICTON: Ber. Dtsch. chem. Ges. 42, 2125 (1909). — Drei Moleküle, die erst bei 145° entweichen: FISCHER, TREIBS: Liebigs Ann. 466, 221 (1928).

---

[1] O. FISCHER, ZIEGLER: Ber. Dtsch. chem. Ges. 13, 673 (1880). — LAGODZINSKI: Liebigs Ann. 242, 110 (1887). — O. FISCHER, HEPP: Liebigs Ann. 286, 235 (1895). — BAEYER: Ber. Dtsch. chem. Ges. 37, 2874 (1904). — LIEBERMANN, DANAILA: Ber. Dtsch. chem. Ges. 40, 3592 (1907). — Ein halbes Molekül: WILLSTÄTTER, KALB: Ber. Dtsch. chem. Ges. 38, 1239 (1905). — Eineinhalb Moleküle: SCHMIDLIN: Ber. Dtsch. chem. Ges. 42, 2398 (1909). — MASSINI: Diss. Zürich 1909, 64.

[2] WILLSTÄTTER, FRITZSCHE: Liebigs Ann. 371, 44 (1909).

[3] WILLSTÄTTER, PFANNENSTIEL: Liebigs Ann. 358, 231 (1908).

[4] E. P. 466650 (1937).

[5] ROBERTSON: Journ. Soc. chem. Ind. 52, 274 (1933).

[6] HESSE: Liebigs Ann. 225, 247 (1884).

[7] Unveröffentlichte Beobachtung von HANS MEYER.

[8] TIMMERMANS: Bull. Soc. chim. Belg. 24, 263 (1910). — Siehe auch ESCHER: Helv. chim. Acta 12, 48 (1929).

[9] SHIPSEY, WERNER: Journ. chem. Soc. London 103, 1255 (1913).

[10] WEDEKIND, GOOST: Ber. Dtsch. chem. Ges. 49, 946 (1916). — Über eine andere Reinigungsmethode siehe DUCLAUX, LANZENBERG: Bull. Soc. chim. France (4), 27, 779 (1920).

Methylaethylketon (Sdp. 79,6°) wird öfters benutzt[1] und ebenso werden *Aethylbutylketon* und *Valeron*[2] als gute Lösungsmittel empfohlen. Man trocknet diese Ketone mit Chlorcalcium.

6. Dioxan

ist ein sehr wertvolles Krystallisationsmittel.[3] Für die Harnstoffe aus 4-Diphenyl-isocyanat und aromatischen Aminen ist es unersetzlich. Auch für Gefrierpunkts-bestimmungen wird es sehr empfohlen.[4]

Es löst Phosphor, Schwefel, $FeCl_3$, $HgCl_2$, Borsäure, Chromsäure; bei Gegenwart von etwas Wasser $KMnO_4$.[5]

7. Fettkohlenwasserstoffe.

Ligroin (Petrolaether).

Da Ligroin keine einheitliche Substanz ist, kann man bei unvorsichtigem Arbeiten leicht dadurch irregeleitet werden, daß beim heißen Lösen einer Probe der leichter flüchtige Anteil verdampft; in dem zurückbleibenden höhersiedenden Kohlenwasserstoffgemisch ist dann die Substanz gewöhnlich leichter löslich und krystallisiert nicht mehr aus. Es empfiehlt sich daher, die zwischen 60 und 80° siedende Partie, den sogenannten Petrolaether (Gasolin) herauszufraktionieren.[6]

Dimethylhomophthalimid kann nur aus bei 60—80° siedendem Ligroin um-krystallisiert werden, da es in niedriger siedendem unlöslich ist.[7]

Gelegentlich werden auch *höhersiedende Fraktionen* verwendet, so die Fraktion 100—140°[8] oder Fraktion 120—160°.[9]

Anderseits kann sich auch wieder für bestimmte Zwecke die Verwendung der *niedrigsten Fraktionen* empfehlen. Das „Pentan" (Sdp. 25—35°) ist namentlich ein gutes Ausschüttlungsmittel;[10] „Hexan" (Sdp. 30—50°) wurde[11] z. B. zum Umkrystallisieren der Isozimtsäuren benutzt.

---

[1] DIELS, ABDERHALDEN: Ber. Dtsch. chem. Ges. **36**, 3179 (1903). — E. FISCHER, FREUDENBERG: Liebigs Ann. **372**, 38, 42 (1910). — E. FISCHER, RASKE: Ber. Dtsch. chem. Ges. **43**, 1751 (1910). — W. KÜSTER: Ztschr. physiol. Chem. **82**, 143 (1912); **101**, 29 (1917); **129**, 169 (1923).   [2] BERINGER: D. R. P. 104106 (1899).

[3] ANSCHÜTZ, BROEKER: Ber. Dtsch. chem. Ges. **59**, 2844 (1926). — BERGMANN, FUJISE: Liebigs Ann. **483**, 73 (1930). — POLLARD, ADELSON, BAIN: Journ. Amer. chem. Soc. **56**, 1759 (1934). — WOJCIK: Journ. Amer. chem. Soc. **56**, 2419 (1934); Org.-Synth. **15**, 67 (1935). — RUZICKA, GOLDBERG: Helv. chim. Acta **18**, 210, 434 (1935). — TOUSSAINT, WENZKE: Journ. Amer. chem. Soc. **57**, 668 (1935). — KUHN, GRUNDMANN: Ber. Dtsch. chem. Ges. **70**, 1318 (1937). F. P. 801416 (1936). — COHEN, WARREN: Journ. chem. Soc. **1937**, 1315. — KÜHN, STEIN, Ber. Dtsch. chem. Ges. **37**, 567 (1937). — CERECEDO, PICKEL: Journ. Amer. chem. Soc. **59**, 1714 (1937). — WITTIG, POOK: Ber. Dtsch. chem. Ges. **70**, 2485 (1937). — ALLEN, RICH-MOND: Journ. org. Chem. **2**, 222 (1937).

[4] ANSCHÜTZ, BROEKER: Ber. Dtsch. chem. Ges. **59**, 2846 (1926).

[5] D. R. P. 431249 (1926). — Zur Reinigung (von Aethylenacetal) wird mit 10% n-HCl 7 Std. in schwachem Luftstrom gekocht, 24 Std. über KOH stehen gelassen, mit Na getrocknet und destilliert. EIGENBERGER: Journ. prakt. Chem. (2) **130**, 75 (1931).

[6] Umkrystallisieren im Kohlendioxydstrom: STOERMER, KIRCHNER: Ber. Dtsch. chem. Ges. **53**, 1296 (1920).

[7] TIEMANN, KRÜGER: Ber. Dtsch. chem. Ges. **26**, 2687 (1893). — LIFSCHITZ, HIRBES: Ber. Dtsch. chem. Ges. **61**, 1485 (1928).

[8] GERBER: Diss. Basel 1889, 46, 47, 61, 73. — TÄUBER, LÖWENHERZ: Ber. Dtsch. chem. Ges. **25**, 2597 (1892).

[9] WILLSTÄTTER, BENZ: Liebigs Ann. **358**, 279 (1908). — Schwerbenzin: Chem. Ztrbl. **1935 I**, 2170.

[10] REICH: Ztschr. Unters. Nahrungs- u. Genußmittel **18**, 401 (1909).

[11] LIEBERMANN, TRUCKSÄSS: Ber. Dtsch. chem. Ges. **42**, 4662 (1909).

Für die Trennung von Fettsäuren bei niedriger Temperatur wird die bei 30—50° siedende Fraktion verwendet;[1] ebenso wird Petroleumpentan für die Abscheidung von Dibenzyl[2] und ähnlichen Substanzen bei —80° benutzt. Abscheidung von Enolen durch Ausfrieren aus Gasolin: KNORR: Ber. Dtsch. chem. Ges. **44**, 1129, 2771 (1911).

Beim Umkrystallisieren des Diphenylendiazomethans aus Ligroin darf man nicht über 50—60° erhitzen.[3]

Krystallhexan beobachteten SCHMIDLIN, HUBER.[4] — *Krystallpetrolaether:* BACHMANN, WISELOGLE: Journ. organ. Chemistry **1**, 354 (1936).

Zusatz geringer Mengen von Alkoholen kann die Löslichkeit in Ligroin sehr erhöhen.[5] Auch in Mischung mit anderen Lösungsmitteln (Benzol, Aether, Chloroform) ist das Ligroin vielfach in Gebrauch (siehe unter Ausfällen).

Zur *Reinigung*[6] des Petroläthers schüttelt man mit konzentrierter Schwefelsäure, wäscht und destilliert. Man trocknet am besten mit Phosphorpentoxyd.

In Ligroin sind nicht übermäßig viele Stoffe löslich, werden aber daraus meist besonders rein erhalten.[7]

Paraffin hat man zum Lösen von Indigo verwendet,[8] zum gleichen Zweck verwendet WARTHA *Petroleum*.[9]

8. Chloroform.

Das für medizinische Zwecke dienende „reinste" Chloroform enthält fast immer Alkohol (zirka 1%), worauf evtl. zu achten ist. Man *reinigt* es[10] durch Waschen mit Wasser und Schütteln mit konzentrierter Schwefelsäure, schließlich durch Destillation über frischem Phosphorpentoxyd, das nicht in zu großer Menge angewendet werden darf.

Krystallchloroform[11] ist manchmal so fest gebunden, daß es nicht leicht durch einfaches Erhitzen ausgetrieben werden kann; so muß man die Verbindung des Leukonditoluylenchinoxalins auf 140° bringen, um sie zu zersetzen.

Durch Erhitzen mit Wasser[12] werden aber wohl alle diese Verbindungen zerlegt.[13]

Zwei Moleküle *Krystallchloroform*: GOMBERG, CONE: Liebigs Ann. **370**, 142

---

[1] FACHIN, DORTA: Chem.-Ztg. **34**, 324 (1901). — Siehe auch AUWERS, ZIEGLER: Liebigs Ann. **425**, 220 (1921).

[2] HANS MEYER, ALICE HOFMANN: Monatsh. Chem. **37**, 685 (1916); siehe auch S. 31.

[3] STAUDINGER, GAULE: Ber. Dtsch. chem. Ges. **49**, 1955 (1916).

[4] SCHMIDLIN, HUBER: Ber. Dtsch. chem. Ges. **43**, 2831 (1910).

[5] WILLSTÄTTER, ISLER: Liebigs Ann. **390**, 329 (1912).

[6] NÖLTING, SCHWARZ: Ber. Dtsch. chem. Ges. **24**, 1606 (1891). — CASTILLO, HENRI: Bull. Soc. Chim. biol. **6**, 299 (1924).

[7] WESELSKY, BENEDIKT: Monatsh. Chem. **3**, 388 (1882). — LIEBERMANN: Ber. Dtsch. chem. Ges. **23**, 142 (1890). — TIEMANN, KRÜGER: Ber. Dtsch. chem. Ges. **26**, 2687 (1893). [8] D. R. P. 61711 (1890).

[9] WARTHA: Ber. Dtsch. chem. Ges. **4**, 334 (1871).

[10] Das Reinigen von Chloroform, Tetrachlorkohlenstoff, Schwefelkohlenstoff usw. mit Natrium oder Kalium [z. B. GOLDSCHMIDT, EULER: Ber. Dtsch. chem. Ges. **55**, 619 (1922)] ist zu vermeiden, da hierbei nach Privatmitteilung von STAUDINGER [siehe auch Ztschr. angew. Chem. **35**, 657 (1922)] schwere Explosionen eintreten können.

[11] ZEISEL: Monatsh. Chem. **7**, 571 (1886). — NIETZKI, BENKISER: Ber. Dtsch. chem. Ges. **19**, 776 (1886). — SCHMIDT: Arch. Pharmaz. **225**, 147 (1887); **228**, 625 (1890). — NIETZKI, KEHRMANN: Ber. Dtsch. chem. Ges. **20**, 325 (1887). — ANSCHÜTZ: Liebigs Ann. **273**, 77 (1893); D. R. P. 69708 (1893), 70158 (1893), 70614 (1893). — WEDEKIND: Ber. Dtsch. chem. Ges. **36**, 3795 (1903). — STOBBE: Ber. Dtsch. chem. Ges. **37**, 2657 (1904). — LIEBERMANN, DANAILA: Ber. Dtsch. chem. Ges. **40**, 3592 (1907). — JACOBSEN: Diss. Zürich 1908.

[12] KASSNER: Arch. Pharmaz. **239**, 44 (1901).

[13] SCHMIEDEBERG: Diss. Dorpat 1866, 19. — MERCK: Pharmaz. Ztg. **61**, 509 (1916).

(1909). — Ein halbes Molekül: SEMMLER, RISSE: Ber. Dtsch. chem. Ges. 46, 601 (1913). — STRAUSS: Diss. Halle 1915, 34. Ebenda: *Krystallbromoform*.

Basische Substanzen zerlegen das Chloroform beim Kochen[1] und gehen dabei in Formiate und Chlorhydrate über; selbst Hydrazide und Hydrazone können auf diese Weise unter Umständen Zerlegung erleiden.

9. Tetrachlorkohlenstoff.

Reinigung.[2] Etwa die anderthalbfache Menge des zur Bindung des Schwefelkohlenstoffs erforderlichen Kaliumhydroxyds, im gleichen Gewicht Wasser gelöst, wird mit 100 ccm Alkohol auf einen Liter Chlorkohlenstoff versetzt und das auf 50—60° erwärmte Gemisch eine halbe Stunde lang gut durchgeschüttelt. Man wäscht und filtriert und wiederholt diesen Prozeß noch ein zweites und drittes Mal mit etwa der halben Menge Lauge. Dann wird gut gewaschen, mit festem Ätzkali getrocknet, die letzten Spuren Wasser mit Phosphorpentoxyd oder Natrium entfernt und fraktioniert.

Sollte ein Gehalt an *Hexachloraethan* stören, so setzt man vor dem Destillieren etwas Paraffin zu.

Reiner Tetrachlorkohlenstoff gibt mit Anilin und alkoholischer Silbernitratlösung erst bei längerem Erwärmen einen grauweißen Niederschlag.

Mit *Phenylhydrazin* reagiert Tetrachlorkohlenstoff schon beim längeren Stehen in der Kälte unter Abscheidung eines basischen Chlorhydrats, ebenso verhält sich Anilin.

Tetrachlorkohlenstoff ist das beste Lösungsmittel für Paraffine,[3] Indanone[4] und Säurechloride.[5] Es ist auch für die Isolierung von Chinolinsäureanhydrid[6] benutzt worden und ebenso für die Reinigung des sauren 3.6-Dichlorphthalsäureesters.[7] Auch *Krystalltetrachlorkohlenstoff* ist schon beobachtet worden.[8]

10. Chlorierte Derivate des Aethylens und Aethans.[9]

Die zu billigem Preis im Handel befindlichen Präparate:

sym. Dichloraethylen	$C_2H_2Cl_2$,	Kp. 55°,
Trichloraethylen	C_2HCl_3,	Kp. 88°,
Perchloraethylen	C_2Cl_4,	Kp. 121°,
sym. Tetrachloraethan	$C_2H_2Cl_4$,	Kp. 147°,
und Pentachloraethan	C_2HCl_5,	Kp. 159°

---

[1] GORDIN, MERRELL: Arch. Pharmaz. 239, 636 (1901).

[2] Siehe SCHMITZ-DUMONT: Chem.-Ztg. 21, 511 (1897).

[3] GRAEFE: Chem. Reviews 13, 30 (1906).

[4] MAYER, MÜLLER: Ber. Dtsch. chem. Ges. 60, 2283 (1927).

[5] KIRPAL, KUNZE: Ber. Dtsch. chem. Ges. 60, 139 (1927).

[6] PHILIPS: Liebigs Ann. 288, 255 (1895). — Siehe außerdem TRITSCH: Diss. Zürich 1907, 27.

[7] GRAEBE: Ber. Dtsch. chem. Ges. 33, 2020 (1900). — Acetondioxalsäureester: THOMS, PIETRULLA: Ber. Dtsch. pharmaz. Ges. 31, 4 (1921).

[8] ANSCHÜTZ: Liebigs Ann. 359, 201 (1908). — BACHMANN, WISELOGLE: Journ. organ. Chemistry 1, 354 (1936).

[9] Konsortium f. elektrochemische Industrie, Nürnberg: Chem.-Ztg. 31, 1095 (1907); 32, 529 (1908). — Chem. Fabrik Griesheim Elektron: Chem.-Ztg. 32, 256 (1908). — HOFMANN, KIRMREUTHER, THAL: Ber. Dtsch. chem. Ges. 43, 187 (1910). — WALKER: Chem. Trade Journ. 68, 624 (1921). — MARGOSCHES, BARU: Journ. prakt. Chem. (2), 103, 217 (1922). — GROSSFELD: Ztschr. Unters. Nahrungs- u. Genußmittel 44, 193 (1922). — MEERWEIN, MIGGE: Ber. Dtsch. chem. Ges. 62, 1047 (1929) (Perchloraethylen). — Anwendung von *Dichlormethan* (Solaesthin, Sdp. 40°) für Säurechloride: ESCHER: Helv. chim. Acta 12, 45 (1929).

sind unentzündliche, recht beständige, im allgemeinen indifferente und sehr verwendbare Lösungs- und Krystallisationsmittel.

Besonders die aromatischen Säuren sind in diesen chlorierten Kohlenwasserstoffen gut löslich. Der weniger chlorierte Kohlenwasserstoff besitzt im allgemeinen das größere Lösungsvermögen. Hydroxylgruppen vermindern die Löslichkeit stark. In Gemischen folgt sie der Mischungsregel.

Dichloraethylen[1] ist nicht explosionsgefährlich, das geringe Lösungsvermögen in Wasser verringert die Verluste und macht meist das Trocknen der Lösung unnötig.

Trichloraethylen[2] löst alle organischen Verbindungen, die nicht mehr als eine Carboxyl- oder Hydroxylgruppe enthalten.

Sym. Tetrachloraethan (meist als *Acetylentetrachlorid* oder als „Tetra" bezeichnet) findet vielfache Anwendung.[3,4]

Pentachloraethan („Penta") dürfte im allgemeinen vor dem „Tetra" keine Vorteile bieten.[5]

Flüssiges *Chlormethyl*[6] und *Chloraethyl*[7] wird für die Reinigung von Ozoniden benutzt. Auch *Bromaethyl*,[8] *Amylbromid*,[9] *Aethylenbromid*,[10] *Aethylenjodid*,[11] *Aethylnitrit*,[12] *Epichlorhydrin*,[13] *Dichlorhydrin*,[14] *Jodmethyl*,[15,16] *Jodaethyl*[17] und *Dimethylsulfat*[18] werden gelegentlich mit Erfolg verwendet. Letzteres wird durch Fraktionieren und darauffolgende Destillation über frisch bereitetem Bariumoxyd gereinigt.[19]

---

[1] STAUDINGER: Ber. Dtsch. chem. Ges. **42**, 398, 3973 (1909). — STAUDINGER, STOCKMANN: Ber. Dtsch. chem. Ges. **42**, 3494 (1909). — FELIX, FRIEDLÄNDER: Monatsh. Chem. **31**, 55 (1910). — WACKER: Chem.-Ztg. **45**, 266 (1921).

[2] SCOPES: Analyst **35**, 238 (1910).

[3] F. P. 368738 (1906); D. R. P. 175379 (1907).

[4] SUHL: Diss. Marburg 1906, 46, 48. — FRIEDLÄNDER: Monatsh. Chem. **28**, 991 (1907). — CRINSOZ: Diss. Zürich 1908, 24. — ZINCKE, BUFF: Liebigs Ann. **361**, 241 (1908). — LEEMANN, GRANDMOUGIN: Ber. Dtsch. chem. Ges. **41**, 1303 (1908). — ZINCKE, SCHWABE: Ber. Dtsch. chem. Ges. **42**, 799 (1909). — E. FISCHER, FREUDENBERG: Liebigs Ann. **372**, 42, 58 (1910). — APITZSCH, KELBER: Ber. Dtsch. chem. Ges. **43**, 1262 (1910). — KRESEBECK, ULLMANN: Ber. Dtsch. chem. Ges. **55**, 308 (1922).

[5] HANS MEYER: Monatsh. Chem. **30**, 175 (1909).

[6] Ber. Dtsch. chem. Ges. **42**, 3305 (1909). — HARRIES: Liebigs Ann. **390**, 239 (1912). [7] Siehe S. 326.

[8] POPE, PEACHEY: Journ. chem. Soc. London **95**, 572 (1909).

[9] ZWENGER: Liebigs Ann. **66**, 5 (1848); **69**, 347 (1849). — JONES: Proceed. Cambridge philos. Soc. **14**, 27 (1907).

[10] DZIEWOŃSKI: Ber. Dtsch. chem. Ges. **36**, 3773 (1903). — BECKMANN: Chem.-Ztg **30**, 484 (1906). — ANSCHÜTZ: Liebigs Ann. **359**, 199 (1908). — LEEMANN, GRANDMOUGIN: Ber. Dtsch. chem. Ges. **41**, 1301, 1303 (1908). — RÂY, DUKA: Quarterly Journ. chem. Soc. **3**, 23 (1926). — *Krystallaethylenbromid:* SPALLINO: Chem.-Ztg. **31**, 950 (1907). [11] LEHMANN: Liebigs Ann. **287**, 46 (1895).

[12] BAEYER: Ber. Dtsch. chem. Ges. **29**, 23 (1896).

[13] PAWLEWSKI: Ber. Dtsch. chem. Ges. **27**, 1566 (1894); Chem.-Ztg. **21**, 97 (1897). — THIELE, DIMROTH: Ber. Dtsch. chem. Ges. **28**, 1412 (1895). — UNGER, GRAFF: Ber. Dtsch. chem. Ges. **30**, 609 (1897). — DIMROTH, PFISTER: Ber. Dtsch. chem. Ges. **43**, 2761 (1910). [14] TSCHIRCH: Die Harze, S. 41. 1906.

[15] POPE, PEACHEY: Journ. chem. Soc. London **95**, 572 (1909).

[16] BAEYER: Ber. Dtsch. chem. Ges. **38**, 586 (1905).

[17] Wird zur Reinigung mehrmals über Kupfer destilliert: SCHEIBE: Ber. Dtsch. chem. Ges. **58**, 308 (1925).

[18] VALENTA: Chem.-Ztg. **30**, 266 (1906). — GRAEFE: Chem. Reviews **1907**, 112. — GOMBERG: Ber. Dtsch. chem. Ges. **40**, 1855 (1907).

[19] DUBROCA: Journ. Chim. physique **5**, 463 (1907). — AUWERS, ZIEGLER: Liebigs Ann. **425**, 304 (1921). — WIELAND, BETTAG: Ber. Dtsch. chem. Ges. **55**, 2249 (1922). — VAN ERK: Ber. Dtsch. chem. Ges. **56**, 220 (1923). — FISCHER: Liebigs Ann. **466**, 256 (1928).

Reinigen von Chlormethyl. Man setzt so lange Brom zu, als noch Entfärbung eintritt, und leitet dann das Chlormethyl erst durch Kalilauge und dann durch eine lange, mit Phosphorpentoxyd beschickte Röhre.

Über *Krystalljodmethyl* siehe: LEDERER: Liebigs Ann. **399**, 261 (1913) und STRAUS: Liebigs Ann. **401**, 356 (1913).

11. Schwefelkohlenstoff[1]

muß unbedingt vor dem Gebrauch *gereinigt* werden, was entweder durch Mischen mit dem gleichen Volumen Olivenöl und Abdestillieren bei niedriger Temperatur oder durch Schütteln mit metallischem Quecksilber[2] leicht bewirkt werden kann. — Man *trocknet* ihn mit Phosphorpentoxyd.

12. Aliphatische Säuren und ihre Derivate.

Ameisensäure

wird namentlich in der hydroaromatischen Reihe,[3,4] auch in Mischung mit Essigsäure,[5] mit Erfolg angewendet. Sie ist namentlich auch ein vorzügliches Mittel zum Umkrystallisieren von substituierten Phthalsäuren und Protocatechusäuren[6] und von zweibasischen Säuren der aliphatischen Reihe. Gewöhnlich verwendet man die käufliche 95proz. Säure. Auch recht schwer lösliche Substanzen (Terephthalsäure, Indigo, Harnsäure, Alizarin) können aus ihr umkrystallisiert werden. Hier und da wirkt sie zersetzend (Pinennitrosochlorid, Methyloxalat, Terpinhydrat) oder veresternd auf Alkohole und Phenole (β-Naphthol), zum Teil schon in der Kälte (Borneol, Isoborneol). Auch leicht reduzierbare Substanzen (o-Nitrophenol) dürfen nicht mit Ameisensäure erhitzt werden.

DIMROTH, GOLDSCHMIDT verwenden 85proz. Säure.[7]

Man *reinigt* die Ameisensäure durch Ausfrieren. Phosphorpentoxyd ist *nicht* als Trocknungsmittel zu gebrauchen,[8] ebensowenig Chlorcalcium, das beim Erwärmen unter Salzsäureentwicklung angegriffen wird. Dagegen gelingt die Entwässerung der Ameisensäure und ebenso der Essigsäure mit Kupfersulfat.[9] Gleichermaßen bewährt sich Borsäureanhydrid.[10]

Ameisensäuremethylester ist wegen seines niederen Siedepunktes (32°) für die Isolierung flüchtiger Substanzen sehr geeignet.[11]

Essigsäure.

Reine und verdünnte Säure werden sehr häufig angewendet.

---

[1] JUPPEN, KOSTANECKI: Ber. Dtsch. chem. Ges. **37**, 4161 (1904). — VOIGT: Diss. Rostock 1908, 27. — STEINKOPF, SUPAN: Ber. Dtsch. chem. Ges. **43**, 3248 (1910).

[2] SIDOT: Compt. rend. Acad. Sciences **69**, 1303 (1870). — ARCTOWSKI: Ztschr. anorgan. allg. Chem. **6**, 257 (1900).

[3] ASCHAN: Liebigs Ann. **271**, 266 (1892); Chem.-Ztg. **37**, 1117 (1913). — SCHROETER: Liebigs Ann. **426**, 49, 150 (1922). — BRANDT, LÖHR: Journ. prakt. Chem. (2), **109**, 369 (1925). — Pyrrolderivate: FISCHER, HUSONG: Liebigs Ann. **492**, 137 (1932).

[4] BAEYER: Ber. Dtsch. chem. Ges. **38**, 589, 1161 (1905). — BISCHOFF: Ber. Dtsch. chem. Ges. **40**, 3140 (1907). — THIELS, CONN: Ber. Dtsch. chem. Ges. **56**, 2079 (1923). — Isomerisierung durch Ameisensäure: RUZICKA, HOSKING: Helv. chim. Acta **13**, 1419 (1930).   [5] Ebenso SCHROETER: Liebigs Ann. **426**, 49 (1922).

[6] H. E. MÜLLER: Diss. München 1908, 46.

[7] DIMROTH, GOLDSCHMIDT: Liebigs Ann. **399**, 70 (1913).

[8] SAPOJNIKOW: Journ. Russ. phys.-chem. Ges. **25 II**, 626 (1893); **28 II**, 229 (1896).

[9] D. R. P. 230171 (1911).

[10] HANS MEYER, PASSER: Unveröffentlichte Versuche. — BOSWELL, CORMAN: Chem. Ztrbl. **1922 III**, 33.

[11] HANS MEYER: Ber. Dtsch. chem. Ges. **37**, 3592 (1904).

Man *reinigt*[1] durch wiederholtes Ausfrieren und Fraktionieren nach Zusatz von 2% gepulvertem Kaliumpermanganat oder Chromsäureanhydrid, schließlich evtl. Destillieren über Phosphorpentoxyd oder Kaliumacetat.

Anwendung zur Trennung stereoisomerer Säuren: BOUGAULT: Bull. Soc. chim. France (4), **21**, 172 (1917).

Krystallessigsäure: LATSCHINOFF: Ber. Dtsch. chem. Ges. 20, 1046 (1887). — NIEMENTOWSKI: Journ. prakt. Chem. (2), **40**, 22 (1889). — LIEBERMANN, VOSS-WINCKEL: Ber. Dtsch. chem. Ges. **37**, 3346 (1904). — Zwei Moleküle: WILL-STÄTTER, PARNAS: Ber. Dtsch. chem. Ges. **40**, 3974 (1907). — DIMROTH, SCHEURER: Liebigs Ann. **399**, 52 (1913). — PFEIFFER: Liebigs Ann. **411**, 109 (1916). — Ein halbes Molekül: JANSEN: Ztschr. physiol. Chem. **82**, 333 (1912).

Krystallessigsäure kann sehr fest gebunden sein. Wenn es nicht gelingt, sie durch Erhitzen (auf 130—140°) zu entfernen, kann man in einem höhersiedenden Kohlenwasserstoff lösen und das Lösungsmittel abdestillieren.

Derivate der Essigsäure.

Essigsäureanhydrid[2] bewährt sich zum Reinigen von Acetylderivaten, hochmolekularen Kohlenwasserstoffen,[3] namentlich aber auch zum Umkrystallisieren von Dicarbonsäuren und Säureanhydriden.[4] Es ist das einzige Krystallisationsmittel für chromoisomere Aldamine[5] und für Pyridinsulfat.[6]

Es kann natürlich unter Umständen acetylierend oder wasserabspaltend wirken. Tertiäre Aethylencarbinole gehen in primäre ungesättigte Alkohole über.[7]

Das käufliche Essigsäureanhydrid pflegt 8—10% Essigsäure zu enthalten, von der es durch wiederholtes sorgfältiges Fraktionieren getrennt werden kann.

Krystallessigsäureanhydrid: HELLER, TISCHNER: Ber. Dtsch. chem. Ges. **43**, 2579 (1910). — VAN DER HAAR: Rec. Trav. chim. Pays-Bas **47**, 321 (1928. — Ein halbes Molekül: SCHMIDT, SPOUN: Ber. Dtsch. chem. Ges. **55**, 1210 (1922).

Essigsäuremethylester[8] und namentlich *Essigsäureaethylester* sind vielfach erprobte Krystallisationsmittel.

Man befreit von Wasser und Alkohol durch Schütteln mit Kaliumcarbonat und darauffolgendes Destillieren über Phosphorpentoxyd, oder destilliert mit 2 g Wasser auf 500 g Ester, wobei Alkohol und Wasser zuerst übergehen.[9]

---

[1] ORTON, EDWARDS, KING: Journ. chem. Soc. London **99**, 1178 (1911). — BONSFIELD, LOWRY: Journ. chem. Soc. London **99**, 1432 (1911). — ORTON, BRAT-FIELD: Journ. chem. Soc. London **1927**, 983. — SCHOLL, DONAT: Ber. Dtsch. chem. Ges. **62**, 1300 (1929).

[2] GOLDSCHMIEDT, STRACHE: Monatsh. Chem. **10**, 157 (1889). — HANS MEYER: Monatsh. Chem. **25**, 489 (1904). — BAEYER, VILLIGER: Ber. Dtsch. chem. Ges. **37**, 2860 (1904). — NIEMENTOWSKI: Ber. Dtsch. chem. Ges. **38**, 2046 (1905). — HORR-MANN: Diss. Kiel 1907, 35. — BILTZ: Ber. Dtsch. chem. Ges. **40**, 2635 (1907). — MIELEK: Diss. Rostock 1909, 73. — WEIZ: Diss. Würzburg 1909, 21. — TUTIN, NAUNTON: Journ. chem. Soc. London **103**, 2050 (1913). — FICK: Diss. Greifswald 1914, 43. — DIMROTH, HEENE: Ber. Dtsch. chem. Ges. **54**, 2939 (1921). — PACSU: Ber. Dtsch. chem. Ges. **56**, 415 (1923). — HARTMANN, LOCHER: Naturwiss. **22**, 856 (1934). [3] KUHN: Liebigs Ann. **475**, 135 (1929).

[4] WINDAUS, STADEN: Ber. Dtsch. chem. Ges. **54**, 1065 (1921). — SEKA: Ber. Dtsch. chem. Ges. **58**, 1783 (1925).

[5] ISMAILSKI: Journ. Russ. phys.-chem. Ges. **47**, 1626 (1915).

[6] GONTSCHAROW, BURWASSER: Mem. Inst. chem. Technol. Acad. Sci. ukrain. S. S. R. Nr. 5, 149 (1937).

[7] ZEITSCHEL: Ber. Dtsch. chem. Ges. **39**, 1780 (1906). — RUZICKA: Helv. chim. Acta **6**, 492 (1923). — Ebenso kann Ameisensäure wirken: FISCHER, LÖWENBERG: Liebigs Ann. **475**, 186 (1929).

[8] WINTERSTEIN, HIESTAND: Ztschr. physiol. Chem. **54**, 292 (1908). — DALE, SHRINER: Journ. Amer. chem. Soc. **58**, 1502 (1936).

[9] Siehe auch SCHEIBLER, ZIEGNER: Ber. Dtsch. chem. Ges. **55**, 798 (1922). — BASSETT: Journ. chem. Soc. London **1930**, 1315.

Er wird sowohl für sich[1] als auch namentlich in Mischungen, so mit $^1/_3\%$ Wasser,[2] benutzt.

Krystallessigester, der erst bei 150° entweicht: LIEBERMANN, LINDENBAUM: Ber. Dtsch. chem. Ges. **37,** 1175 (1904).

Essigsäurepropylester wird zur Abscheidung von Paraffin aus Erdöl benutzt.[3]

Essigsäurebutylester dient zum Umkrystallisieren von β-Naphthoylbenzoesäure.[4]

Essigsäureamylester kann auch Vorteile bieten.[5]

Triacetin dient zum Lösen von Glycerincarbonat.[6]

Chloressigsäuremethyl- und *-aethylester* als Lösungsmittel für Acetylcellulose: DPA. Kl. **22h,** C 22897 (1913). — Für Glykase: ROSENMUND, ZETZSCHE: Ber. Dtsch. chem. Ges. **54,** 451 (1921).

Acetylchlorid[7] wird zum Reinigen von Säureanhydriden und -chloriden angewendet. Es ist zu beachten, daß dieses Lösungsmittel acetylierend, anhydrisierend und chlorierend wirken kann.[8] Von Salzsäure wird es durch Destillation über Dimethylanilin befreit.

Acetylbromid: KARRER, WIDMER: Helv. chim. Acta **4,** 700 (1922). — KARRER, BODDIN, WIGER, Helv. chim. Acta **6,** 817 (1923). — ZECHMEISTER: Ber. Dtsch. chem. Ges. **56,** 573 (1923).

Krystallbuttersäure: BOEDECKER: Ber. Dtsch. chem. Ges. **53,** 1854 (1920).

Von den *höhermolekularen Säuren* wurden *Stearinsäure*[9] und *Ölsäure*[10] angewendet.

Oxalsäureester wird ebenfalls erwähnt.[11]

Acetessigester wird öfters benutzt,[12] kann aber infolge Bildung von Dehydracetsäure (F. 108°) zu Täuschungen Anlaß geben.[13]

In *Formamid* und *Acetamid* sind Albumosen und Peptone leicht löslich,[14] ebenso Polysaccharide.[15]

13. Lösungsmittel der aromatischen Reihe.
Benzol und seine Homologen.

Reinigung. Schwefelkohlenstoff wird durch feuchtes Ammoniak entfernt. Oder man kocht mit alkoholischem Kali, wäscht mit Wasser und destilliert.

---

[1] Z. B. v. SCHMIDT: Monatsh. Chem. **25,** 285 (1904). — KOTAKE: Liebigs Ann. **465,** 7 (1928).

[2] PYMAN: Journ. chem. Soc. London **91,** 1229 (1907). — Coccinon löst sich leichter in feuchtem als in trockenem Essigester: DIMROTH: Liebigs Ann. **399,** 27 (1913).

[3] KANTOROWICZ: Chem.-Ztg. **37,** 1439 (1913).

[4] WEIZMANN, BERGMANN, BERGMANN: Journ. chem. Soc. London **1935,** 1367.

[5] WILLSTÄTTER, HOCHEDER: Liebigs Ann. **354,** 253 (1907). — PRAETORIUS, KORN: Ber. Dtsch. chem. Ges. **43,** 2745 (1910). — KOELSCH: Kunststoffe **1912,** 477.

[6] D. R. P. 252758 (1912).

[7] STOBBE: Ber. Dtsch. chem. Ges. **37,** 2659 (1904). — SCHLENK, HERZENSTEIN: Liebigs Ann. **372,** 30 (1910). — E. FISCHER: Untersuchungen über Aminosäuren, S. 430, 1906; Ber. Dtsch. chem. Ges. **38,** 613 (1905).

[8] Z. B. SCHLENK, HERZENSTEIN: Liebigs Ann. **372,** 28 (1910). — HANS MEYER, STEINER: Monatsh. Chem. **35,** 509 (1914).

[9] WARTHA: Ber. Dtsch. chem. Ges. **4,** 334 (1871).

[10] D. R. P. 38417 (1886); E. P. 10695 (1886).

[11] BISCHOFF: Ber. Dtsch. chem. Ges. **40,** 2805, 3164 (1907). — E. FISCHER, FREUDENBERG: Liebigs Ann. **372,** 33, 44 (1910).

[12] O. FISCHER: Ber. Dtsch. chem. Ges. **36,** 3624, 3625 (1903). — HESSE: Journ. prakt. Chem. (2), **73,** 152 (1906). — NACHMANN: Diss. Berlin 1907, 23. — O. FISCHER, SCHINDLER: Ber. Dtsch. chem. Ges. **41,** 391 (1908).

[13] HESSE: Journ. prakt. Chem. (2), **77,** 390 (1908).

[14] OSTROMYSSLENSKY: Journ. prakt. Chem. (2), **76,** 267 (1907). — THIELS, CONN: Ber. Dtsch. chem. Ges. **56,** 2079 (1923).

[15] REILLY, WOLTER, DONOVAN: Proceed. Dublin Soc. **19,** 467 (1930).

Man trocknet mit metallischem Natrium.[1]

Speziell für das *Benzol* (F. 5°, Sdp. 80°) empfiehlt sich die Reinigung durch wiederholtes Ausfrieren.

Zum *Entfernen des Thiophens* und ähnlicher störender Verunreinigungen erhitzt man mit den wässerigen Lösungen von Quecksilbersalzen[2] oder man arbeitet nach folgender Vorschrift.[3] 390 Teile mit Chlorcalcium getrocknetes Benzol werden mit 7,5 Teilen Phthalsäureanhydrid und 7 Teilen wasserfreiem Aluminiumchlorid einige Stunden bei gewöhnlicher Temperatur geschüttelt, bis eine abdestillierte Probe nicht mehr die Indopheninreaktion zeigt. — Entfernen des Thiophens mit Hypochlorit-Essigsäure: ARDAGH, BOWMAN: Journ. Soc. chem. Ind. **54**, 267 (1935).

Krystallbenzol kann sehr fest gebunden sein; so läßt es sich aus dem Thioparatolylharnstoff selbst durch vierstündiges Erhitzen auf 100—109° nur zum Teil austreiben.[4]

Ein halbes Molekül Krystallbenzol beobachtete BOSSET,[5] ein drittel Molekül fanden SCHMIDLIN, MASSINI,[6] ein viertel Molekül LIEBERMANN, LINDENBAUM,[7] zwei Moleküle neben einem Molekül Essigsäure GOMBERG, CONE.[8] — *Krystallbenzol neben Krystallwasser:* ZERNER, LÖTI.[9]

Krystalltoluol: HEINR. MEYER: Diss. Leipzig 1907, 28.

Manche Substanzen, die in siedendem Benzol fast unlöslich sind, lösen sich leicht in den höheres Erhitzen gestattenden Homologen,[10] unter denen namentlich die *Xylole*[11] und *Cumole* bevorzugt werden.

Den Vorteil, höher zu sieden und größeres Lösungsvermögen zu besitzen, bieten auch die *Halogenderivate des Benzols*, wie *Chlorbenzol* (für α-Naphthylamin,[12] Tetranitrodichlorazobenzol, Tetranitro- und Tetrachlorhydrodiphenazin,[13] Anthrachinon, Anthrachinonnitrile[14] und Anthrachrysonderivate[15]), *o-Dichlorbenzol*,[16] *p-Dichlor-* und *Dibrombenzol*,[17] (Chinolone), *Tetrachlorbenzol, Hexachlorbenzol*[18] und *Brombenzol*.

---

[1] SCHWALBE: Ztschr. Farb. u. Text. **3**, 462 (1904). — Siehe auch LIEBERMANN, SEYEWETZ: Ber. Dtsch. chem. Ges. **24**, 788 (1891).

[2] DIMROTH: Ber. Dtsch. chem. Ges. **32**, 758 (1899). — Quecksilberstearat: ARDAGH, FURBER: Journ. Soc. chem. Ind. **48**, 73 (1929). [3] D. R. P. 211239 (1909).

[4] TRUHLAR: Ber. Dtsch. chem. Ges. **20**, 669 (1887). — Siehe auch TSCHITSCHIBABIN: Ber. Dtsch. chem. Ges. **41**, 2424 (1908).

[5] BOSSET: Ber. Dtsch. chem. Ges. **37**, 3196 (1904).

[6] SCHMIDLIN, MASSINI: Ber. Dtsch. chem. Ges. **42**, 2399 (1909). — MASSINI: Diss. Zürich 1909, 66.

[7] LIEBERMANN, LINDENBAUM: Ber. Dtsch. chem. Ges. **35**, 2917 (1902).

[8] GOMBERG, CONE: Liebigs Ann. **370**, 142 (1909).

[9] ZERNER, LÖTI: Monatsh. Chem. **34**, 991 (1913).

[10] *Xylol:* z. B. BAEYER, VILLIGER: Ber. Dtsch. chem. Ges. **37**, 2873 (1904). — (*Pseudo-*) *Cumol:* TSCHIRNER: Diss. Zürich 1900, 194; Ber. Dtsch. chem. Ges. **33**, 959 (1900). — DZIEWÓNSKI: Ber. Dtsch. chem. Ges. **36**, 3769 (1903). — SCHOLL: Ber. Dtsch. chem. Ges. **40**, 394 (1907).

[11] *Metaxylol:* SCHOLL: Ber. Dtsch. chem. Ges. **43**, 356 (1910). — Die Solventnaphtha besteht in der Hauptsache aus Xylolen. [12] D. R. P. 188184 (1907).

[13] LEEMANN, GRANDMOUGIN: Ber. Dtsch. chem. Ges. **41**, 1293, 1303, 1304 (1908).

[14] D. R. P. 271790 (1914). — SCHWENK: Journ. prakt. Chem. (2), **103**, 107 (1922). — ECKERT, KLINGER: Journ. prakt. Chem. (2), **121**, 283 (1929).

[15] DPA. C 14844 (1906). — ECKERT, STEINER: Monatsh. Chem. **36**, 269 (1915).

[16] D. R. P. 240834 (1912). — FRIEDLÄNDER: Ber. Dtsch. chem. Ges. **55**, 1656 (1922). — PUMMERER, BITTNER: Ber. Dtsch. chem. Ges. **57**, 84 (1924). — BILTZ, KRZIKALLA: Liebigs Ann. **457**, 148 (1927). — D. R. P. 559333 (1932).

[17] GUTHMANN: Diss. Erlangen 1915, 18. — FISCHER, GUTHMANN: Journ. prakt. Chem. (2), **93**, 378 (1916). — Diese Stoffe wirken hier vor allem auch als Lösungsmittel für Phosphorpentachlorid(bromid).

[18] SCHOLL, BERBLINGER: Ber. Dtsch. chem. Ges. **36**, 3434 (1903). — FISCHER,

Speziell das leicht zugängliche *Monochlorbenzol* ist sehr empfehlenswert.[1] In neuerer Zeit wird namentlich auch *1.2.4-Trichlorbenzol* vielfach benutzt.[2]

Es ist zu beachten, daß diese an sich indifferenten Lösungsmittel bei ihrer hohen Siedetemperatur *Oxydationen* verursachen können.

So werden die substituierten Anthrone, wie Anthron selbst und ebenso Anthranol und ähnliche Substanzen, durch wiederholtes Umkrystallisieren in die entsprechenden Anthrachinonderivate verwandelt. In ähnlicher Weise werden Lösungen von Indigoblau oder Dibromindigo[3] beim Kochen unter Luftzutritt durch Oxydation entfärbt. Besonders leicht wird Indigo beim Kochen mit Phthalsäureester (Sdp. 295°) oder Phenanthren (Sdp. 340°) bei Luftzutritt zu Anhydro-α-isatinanthranilid oxydiert.[4]

Man kann diesem Verhalten durch Arbeiten in einer Kohlendioxydatmosphäre entgegenarbeiten.[5]

Aber auch *Reduktionen* können unter Umständen stattfinden, wenn leicht reduzierbare Substanzen bei hoher Temperatur mit wasserstoffhaltigen Lösungsmitteln digeriert werden.

Das Azin und das Azhydrin des Anthrachinons gehen beim Umkrystallisieren in Indanthren über, wenn man nicht wasserstofffreie Mittel, wie Hexachlorbenzol, anwendet.[6]

Nitrobenzol läßt sich leicht durch Ausfrieren und Fraktionieren reinigen. Es wird sehr häufig angewendet[7,8] und ist verhältnismäßig recht indifferent.[9] *o-Nitrotoluol* dient zum Reinigen von Trinitrotoluol.[10]

Benzaldehyd ermöglicht es, die sonst nur sehr schwer rein zu erhaltende p-Oxydiphensäure in farblose Krystalle zu verwandeln.[11] — Er wird auch sonst gelegentlich benutzt.[12]

Cyclohexan kann gute Dienste leisten,[13] ebenso *Hexahydrotoluol.*[14]

TREIBS: Liebigs Ann. **446**, 259 (1926) (Cholesterin). — Dehydrierung von Tetraphenyldihydrophthalsäureanhydrid durch Erhitzen auf 200°: DILTHEY, SCHOMMER, TRÖSKEN: Ber. Dtsch. chem. Ges. **66**, 1628 (1933).

[1] ECKERT, STEINER: Monatsh. Chem. **35**, 1129 (1914) (Anthrimide).

[2] Z. B. LÜTTRINGHAUS, NERESHEIMER: Liebigs Ann. **473**, 273 (1929). — SCHOLL, MEYER: Ber. Dtsch. chem. Ges. **65**, 912 (1932). — D. R. P. 639 207 (1936). — VOLLMANN: Liebigs Ann. **531**, 1 (1937).

[3] FRIEDLÄNDER: Monatsh. Chem. **30**, 249 (1909). — Siehe auch SUIDA: Liebigs Ann. **416**, 173 (1918). — SCHOLL, LAMPRECHT: Ber. Dtsch. chem. Ges. **63**, 2127 (1930).

[4] FRIEDLÄNDER, ROSCHDESTWENSKY: Ber. Dtsch. chem. Ges. **48**, 1842 (1915).

[5] Beim Arbeiten mit Eisessig setzt man zum gleichen Zweck eine Spur Aluminium zu. D. R. P. 201 542 (1908).

[6] Siehe Note 18 auf S. 23.

[7] GABRIEL: Ber. Dtsch. chem. Ges. **19**, 837 (1886). — GRAEBE, PHILIPS: Ber. Dtsch. chem. Ges. **24**, 2298 (1891). — BAMBERGER: Ber. Dtsch. chem. Ges. **28**, 848 (1895). — DZIEWÓNSKI: Ber. Dtsch. chem. Ges. **36**, 3770, 3773 (1903). — KAUFLER, BOREL: Ber. Dtsch. chem. Ges. **40**, 3254 (1907).

[8] FISCHER, RÖMER: Ber. Dtsch. chem. Ges. **40**, 3409 (1907).

[9] SCHOLL, BERBLINGER: Ber. Dtsch. chem. Ges. **36**, 3434 (1903). — Oxydierende Wirkung: SEKA, SEKORA: Monatsh. Chem. **47**, 525 (1926). — ZIEGLER, ZEISER: Liebigs Ann. **485**, 185 (1931) (Dehydrierung von Dihydrobutylchinolin).

[10] DPA. Kl. 12o 8729 (1914).

[11] MUDROVČIČ: Monatsh. Chem. **34**, 1441 (1913).

[12] BÖCK: Monatsh. Chem. **26**, 590 (1905).

[13] MILLER: Botanical Gazette **96**, 447 (1935). — BARNETT, GOODWAY, LAWRENCE: Journ. chem. Soc. London **1935**, 1684.

[14] SCHRAUTH, WEGE, TANNER: Ber. Dtsch. chem. Ges. **56**, 265 (1923). — ALBERTI: Liebigs Ann. **450**, 316 (1926). — REINDEL: Liebigs Ann. **466**, 136 (1928).

Naphthalin[1] ist für schwer lösliche Farbstoffe,[2] wie Indigo,[3] Nitroalizarinblau,[4] α.β-Naphthazarin und Triphendioxazin,[5] anwendbar.

Bromnaphthalin wird auch gelegentlich empfohlen,[6] auch α-*Chlornaphthalin* findet Anwendung.[7]

Tetralin und *Dekalin* sind in neuerer Zeit sehr in Gebrauch gekommen.[8]

Anilin,[9] das auch als *Krystallanilin* beobachtet worden ist,[10] muß unbedingt frisch destilliert sein.

Von anderen basischen Substanzen werden hier und da *Dimethylanilin*,[11],[12] *Diaethylanilin*,[13] *Diphenylamin*[14] und *Methyldiphenylamin*[15] benutzt. Letzteres Lösungsmittel ist für Dianthrachinonylderivate, Azine und Acridone der Anthrachinonreihe vorzüglich geeignet.[16]

Auch *Anthracen* ist schon versucht worden,[17] ebenso *Phenanthren*[6] und *Benzonitril*.[18]

Phenole.

Das *Phenol*[19] selbst ist in manchen Fällen ein vorzügliches Krystallisationsmittel.[9],[20] Es tritt auch als *Krystallverbindung* auf.[21]

---

[1] Siehe auch D. R. P. 123695 (1901). — DUFRAISSE, GIRARD: Bull. Soc. chim. France (5), 1, 1359 (1934). — Reinigung: WILLSTÄTTER, SEITZ: Ber. Dtsch. chem. Ges. 56, 1391 (1923).

[2] FISCHER, RÖMER: Ber. Dtsch. chem. Ges. 40, 3409 (1907). — FISCHER, ZIEGLER: Journ. prakt. Chem. (2), 86, 299 (1912).

[3] WITT: Ber. Dtsch. chem. Ges. 19, 2791 (1886). — SCHNEIDER: Ztschr. analyt. Chem. 34, 349 (1895). — CLAUSER: Österr. Chemiker-Ztg. 2, 521 (1899).

[4] D. R. P. 59190 (1891).

[5] SEIDEL: Ber. Dtsch. chem. Ges. 23, 184 (1890).

[6] LEHMANN: Liebigs Ann. 287, 46 (1895). — ELBS, LERCH: Journ. prakt. Chem. (2), 93, 1 (1916). — α-*Chlornaphthalin*: FRIEDLÄNDER: Ber. Dtsch. chem. Ges. 56, 266 (1923). 　　[7] VOLLMANN: Liebigs Ann. 531, 1 (1937).

[8] SCHROETER: Ber. Dtsch. chem. Ges. 51, 1594 (1918); Liebigs Ann. 426, 16, 75 (1922). — SCHRAUTH: Chem.-Ztg. 45, 547, 565 (1921). — THIELEPAPE: Ber. Dtsch. chem. Ges. 55, 135 (1922). — PUMMERER, BITTNER: Ber. Dtsch. chem. Ges. 57, 87 (1924). — BRAUN: Ber. Dtsch. chem. Ges. 57, 396 (1924). — KOHN, BENCZER: Herzig-Festschr. 310 (1923). — HESS, KATONA: Liebigs Ann. 455, 214 (1927). — DIETERLE, LEONHARDT: Arch. Pharmaz. 267, 93 (1929); E. P. 375253 (1932). — MOSETTIG, DUVALL: Journ. Amer. chem. Soc. 59, 367 (1937).

[9] GERBER: Diss. Basel 1889, 50. — AGUIAR, BAEYER: Liebigs Ann. 157, 367 (1871). — KLEY: Rec. Trav. chim. Pays-Bas 19, 12 (1899). — NIETZKI, BECKER: Ber. Dtsch. chem. Ges. 40, 3398 (1907). — KYRIACOU: Diss. Heidelberg 1908, 34.

[10] D. R. P. 135561 (1902). — WEIL: Ber. Dtsch. chem. Ges. 61, 1299 (1928). — Zwei Moleküle: REINDEL, NIEDERLÄNDER: Liebigs Ann. 482, 264 (1930).

[11] Liebigs Ann. 272, 165 (1893). — KAUFLER, BOREL: Ber. Dtsch. chem. Ges. 40, 3255 (1907). — KAUFLER, KARRER: Ber. Dtsch. chem. Ges. 40, 3264 (1907). — W. KÜSTER: Ztschr. physiol. Chem. 94, 145 (1915). — ZIEGLER, AURNHAMMER: Liebigs Ann. 513, 43 (1934).

[12] MÖHLAU, FRITZSCHE: Ber. Dtsch. chem. Ges. 26, 1035 (1893). — D. R. P. 73354 (1894).

[13] KROLLPFEIFFER: Liebigs Ann. 461, 66 (1928).

[14] KAUFLER: Ber. Dtsch. chem. Ges. 36, 931 (1903). — COHN: Pharmaz. Zentralhalle 53, 27 (1912). 　　[15] D. R. P. 167461 (1905).

[16] ECKERT: Privatmitteilung. — ECKERT, HALLA: Monatsh. Chem. 35, 761 (1914).

[17] KAUFLER: Ber. Dtsch. chem. Ges. 36, 931 (1903).

[18] PUMMERER, GUNYS: Ber. Dtsch. chem. Ges. 56, 1005 (1923). — KÜSTER: Ztschr. physiol. Chem. 129, 169 (1923).

[19] *Wasserhaltiges Phenol*: KOEGL, TAEUFFENBACH: Liebigs Ann. 445, 175 (1925).

[20] WITT: Ber. Dtsch. chem. Ges. 19, 2791 (1886). — MEHU: Pharmac. Journ. (3), 2, 645 (1872). — BAEYER: Ber. Dtsch. chem. Ges. 12, 1315 (1879). — STÜLCKEN: Diss. Kiel 1906, 38.

[21] ECKEROTH: Arch. Pharmaz. 224, 625 (1886). — LATSCHINOW: Ber. Dtsch. chem. Ges. 20, 3278 (1887). — MOSCHATOS, TOLLENS: Liebigs Ann. 272, 280 (1892). — DITZ: Ztschr. analyt. Chem. 77, 186 (1929).

Kresolgemische finden gelegentlich Verwendung,[1] speziell auch *Metakresol*,[2] ebenso *Anisol*[3] und *Phenetol*.[4]

β-Naphthol hat KAUFLER[5] als Krystallisationsmittel benutzt. *Naphtholaether:* D. R. P. 158500 (1904).

Cyclohexanol: KUHN, JACOB, FURTER: Liebigs Ann. 455, 261 (1927). — *Cyclo-hexanolmethylaether:* K. H. MEYER, SCHUSTER: Ber. Dtsch. chem. Ges. 55, 819 (1922). — Siehe auch WOLFF: Österr. Chemiker-Ztg. 33, 198 (1930).

Ester der aromatischen Reihe.

Methylbenzoat[6] und *Benzylbenzoat*[7] werden nur selten erwähnt, häufig dagegen *Aethylbenzoat*.[8,9]

Krystallaethylbenzoat fand SPALLINO.[10]

Sehr gute Lösungsmittel sind auch die neutralen *Phthalsäureester*.[9,11]

Von seltener benutzten Lösungsmitteln der aromatischen Reihe seien *Azobenzol*,[12] *β-Phenylaethylalkohol*,[13] *Benzylcyanid*[14] und *Phenylhydrazin*[15,16] genannt.

14. Pyridin und seine Derivate.

Das Lösungsvermögen des Pyridins und seiner Homologen ist sehr von seiner Reinheit (Trockenheit) abhängig. Wasserhaltige Basen haben für hochmolekulare Kohlenwasserstoffe sehr geringes Lösungsvermögen.[17]

In manchen Fällen ist dagegen wieder *feuchtes* Pyridin besonders geeignet: DIMROTH: Liebigs Ann. 399, 31 (1913).

Man *trocknet* die Pyridinbasen durch Schütteln mit Stangenkali oder Kochen mit Ätzkalk und destilliert über Bariumoxyd.

Pyridin ist das beste Krystallisationsmittel für *β*-Cyanpyridin[18] und auch für die chlorierter Derivate des Benzidins und Tolidins sehr am Platz,[19] ebenso für

---

[1] SCHLENK, HERZENSTEIN: Liebigs Ann. 372, 29 (1910).

[2] MATTON: Diss. Zürich 1909, 39, 56.

[3] NOELTING: Ber. Dtsch. chem. Ges. 37, 2597 (1904). — GNEHM, KAUFLER: Ber. Dtsch. chem. Ges. 37, 3032 (1904). — KAUFLER, KARRER: Ber. Dtsch. chem. Ges. 40, 3263 (1907). — FRIEDLÄNDER: Monatsh. Chem. 28, 991 (1907). — O. FISCHER, SCHINDLER: Ber. Dtsch. chem. Ges. 41, 390 (1908). — SCHÖPF, HEUCK: Liebigs Ann. 459, 284 (1927).   [4] WEITZ, ROTH, NELKEN: Liebigs Ann. 425, 175 (1921).

[5] KAUFLER: Ber. Dtsch. chem. Ges. 36, 931 (1903).

[6] E. FISCHER, FREUDENBERG: Liebigs Ann. 372, 33 (1910).

[7] KOEHLER: Pharmaz. Ztg. 49, 1083 (1904). — MANN: Seifensieder-Ztg. 32, 234 (1905). — ECKERT, KLINGER: Journ. prakt. Chem. (2), 121, 284 (1929).

[8] D. R. P. 79241 (1894). — WILL: Ber. Dtsch. chem. Ges. 28, 369 (1895). — KEHRMANN, BÜRGIN: Ber. Dtsch. chem. Ges. 29, 1248 (1896). — FISCHER, HEPP: Ber. Dtsch. chem. Ges. 29, 367 (1896). — GABRIEL: Ber. Dtsch. chem. Ges. 31, 1278 (1898). — SCHOLL: Ber. Dtsch. chem. Ges. 40, 394 (1907). — KAUFLER, BOREL: Ber. Dtsch. chem. Ges. 40, 3256 (1907). — LEEMANN, GRANDMOUGIN: Ber. Dtsch. chem. Ges. 41, 1309 (1908). — SACHS, BRIGL: Ber. Dtsch. chem. Ges. 44, 2103 (1911). — FRIEDLÄNDER: Ber. Dtsch. chem. Ges. 55, 1656 (1922). — GERNGROSS, DUNKEL: Ber. Dtsch. chem. Ges. 57, 744 (1924).

[9] FRIEDLÄNDER: Monatsh. Chem. 30, 249 (1909); D. R. P. 227667 (1910). — LEVEY: Ind. engin. Chem. 12, 743 (1920). — STEINKOPF, SCHMITT, FIEDLER: Liebigs Ann. 527, 237 (1937).

[10] SPALLINO: Chem.-Ztg. 31, 950 (1907).   [11] Siehe S. 24, Anm. 3.

[12] SEIDEL: Ber. Dtsch. chem. Ges. 23, 184 (1890).

[13] EBERT: Ber. Dtsch. chem. Ges. 64, 115 (1931).

[14] FINGER, ZEH: Journ. prakt. Chem. (2), 81, 470 (1910). — S. auch S. 28.

[15] MARTIN, KIPPING: Journ. chem. Soc. London 95, 309 (1909).

[16] HILL, SINKAR: Journ. chem. Soc. London 91, 1501 (1907).

[17] Siehe MACKENZIE: Ind. engin. Chem. 1, 360 (1909).

[18] FISCHER: Ber. Dtsch. chem. Ges. 15, 63 (1882).

[19] BÖTTIGER: Diss. Jena 1891.

die Reinigung von Osazonen.[1] Auch sonst wird es vielfach für schwer lösliche Substanzen mit Erfolg gebraucht.[2,3,4,5] Man verwende Pyridin aus dem Zinksalz (ERKNER) oder Pyridin „Kahlbaum".[6]

Krystallpyridin wird öfters angetroffen.[7]

Die *Picoline* und *Lutidine* sind als Reinigungsmittel hochmolekularer aromatischer Kohlenwasserstoffe von Bedeutung.

Chinolin wird häufig,[8] vereinzelt auch *Chinaldin*[9] in Verwendung genommen.

15. Weitere Krystallisationsmittel.

Während das früher häufig benutzte[10] *Terpentin* gegenwärtig nur mehr selten[11] angewendet wird, ebensowenig wie *Olivenöl*[12] und auch *Thiophen*[13] nur ganz ausnahmsweise genannt werden, haben sich *Methylal,*[14] *Acetal*[15] und *Amylal*[16] sehr bewährt.

Speziell das billige, von 40—50° siedende, technische Methylal ist sehr verwendbar.[17] Auch *Paraldehyd* hat Anwendung gefunden.[17]

Chloral[18] und besonders *Chloralhydrat*[19] leisten gute Dienste, auch für mikrochemische Zwecke.[20] Namentlich Mischungen von Chloralhydrat und Wasser sind gute Krystallisations- und Lösungsmittel,[21] so für schwer lösliche Semicarbazone.[22]

[1] NEUBERG: Ber. Dtsch. chem. Ges. **32**, 3384 (1899); **35**, 2631 (1902). — TUTIN: Proceed. chem. Soc. **23**, 250 (1907). — W. MAYER: Diss. Göttingen 1907, 26.

[2] HILL, SINKAR: Journ. chem. Soc. London **91**, 1501 (1907).

[3] BÜLOW: Ber. Dtsch. chem. Ges. **40**, 3797 (1907).

[4] FISCHER, RÖMER: Ber. Dtsch. chem. Ges. **40**, 3409 (1907). — FISCHER, SCHINDLER: Ber. Dtsch. chem. Ges. **41**, 391 (1908).

[5] BAEYER, VILLIGER: Ber. Dtsch. chem. Ges. **37**, 2872 (1904). — BASSET: Ber. Dtsch. chem. Ges. **37**, 3196 (1904). — PETERS: Ber. Dtsch. chem. Ges. **40**, 237 (1907). — WILLSTÄTTER, FRITZSCHE: Liebigs Ann. **371**, 88 (1910). — E. FISCHER, FREUDENBERG: Liebigs Ann. **372**, 38, 42 (1910).

[6] Reinigung über das Pikrat: GOETHALS: Rec. Trav. chim. Pays-Bas **54**, 302 (1935).

[7] NÖLTING, WORTMANN: Ber. Dtsch. chem. Ges. **39**, 645 (1906). — SPALLINO: Chem.-Ztg. **31**, 950 (1907). — HEILBRON (Kristallpicolin); Diss. Leipzig 1910, 37.

[8] HÜFNER: Ztschr. physiol. Chem. **7**, 57 (1883); D. R. P. 129845 (1902). — SCHOLL, BERBLINGER: Ber. Dtsch. chem. Ges. **36**, 3429, 3441 (1903). — DZIEWÓNSKI: Ber. Dtsch. chem. Ges. **36**, 3772 (1903). — FISCHER, RÖMER: Ber. Dtsch. chem. Ges. **40**, 3409 (1907); DPA. 37540 (1904). — KAUFLER, BOREL: Ber. Dtsch. chem. Ges. **40**, 3256 (1907). — FRIEDLÄNDER: Monatsh. Chem. **30**, 249 (1909). — BOHN: Ber. Dtsch. chem. Ges. **43**, 999 (1910). — KROLLPFEIFFER: Liebigs Ann. **461**, 66 (1928). — ZINKE, STIMLER, REUSS: Monatsh. Chem. **64**, 415 (1934).

[9] D. R. P. 83046 (1895).

[10] ZWENGER: Liebigs Ann. **66**, 5 (1848); **69**, 347 (1849).

[11] GÉRARD: Ann. chim. phys. (6), **27**, 549 (1893). — JONES: Proceed. Cambridge philos. Soc. **14**, 27 (1907). [12] HART: Pharmac. Journ. (4), **31**, 805 (1910).

[13] LIEBERMANN: Ber. Dtsch. chem. Ges. **26**, 853 (1883). — DIELS: Liebigs Ann. **459**, 11 (1927). — DIELS, GÄDKE: Ber. Dtsch. chem. Ges. **60**, 145, 488 (1927) (Chrysen).

[14] O. FISCHER: Ber. Dtsch. chem. Ges. **36**, 3623 (1903). — WILLSTÄTTER, BENZ: Liebigs Ann. **358**, 278, 280 (1908); ebenda: *Dimethylacetal.* — WILLSTÄTTER, ISLER: Liebigs Ann. **390**, 329 (1912). — O. FISCHER, KÖNIG: Ber. Dtsch. chem. Ges. **47**, 1079 (1914).

[15] FINGER, ZEH: Journ. prakt. Chem. (2), **81**, 468 (1910).

[16] KNOEVENAGEL, WEISSGERBER: Ber. Dtsch. chem. Ges. **26**, 439 (1893). — *Furol:* DPA. C 26763 (1919) für Nitrocellulose.

[17] OESTERLE, HAUGSETH: Arch. Pharmaz. **253**, 331 (1915). — RIIBER, BERNER: Ber. Dtsch. chem. Ges. **54**, 1958 (1921). — STOERMER: Ber. Dtsch. chem. Ges. **5,6** 1686 (1923). [18] BAEYER: Ber. Dtsch. chem. Ges. **38**, 1156 (1905).

[19] JACOBSEN: Chem. News **26**, 234 (1872).

[20] HERDER: Arch. Pharmaz. **244**, 120 (1906).

[21] MAUCH: Diss. Straßburg 1898; Arch. Pharmaz. **240**, 113, 166 (1902).

[22] MÜLLER: Diss. Leipzig 1908, 30.

Wässeriges *Glykol* kann als hochsiedendes Lösungsmittel Verwendung finden.[1]
Benzylcyanid dient als Lösungsmittel für Tetracyanpyren.[2]
Cyclohexanon: ALGAR, HURLEY: Proceed. Roy. Irish Acad. B 43, 83 (1936).

16. Mischungen von Lösungsmitteln.

Sehr häufig löst man die umzukrystallisierende Substanz in *einem* Lösungsmittel, das sie leicht aufnimmt, und setzt dann vorsichtig eine *zweite* Flüssigkeit hinzu, die krystallinische Fällung verursacht (Aussüßen, Ausspritzen).

Oder man verwendet von Anfang an Gemische von zwei, selbst drei Lösungsmitteln.

Im allgemeinen liegt dann die Löslichkeit der Substanz in dem Gemisch zwischen der in den beiden einzelnen Lösungsmitteln, doch sind auch Ausnahmen bekannt.

Der Fall des choleinsauren Bariums ist schon erwähnt.[3]

Die Gliadine sind unlöslich in absolutem Alkohol und leichter löslich in 70—80proz. Alkohol als in Wasser.[4]

Analog ist Cinchonin in Chloroform-Alkohol leichter löslich als in jedem einzelnen der beiden Lösungsmittel.[5]

DIMROTH, GOLDSCHMIDT erhielten eine Säure $C_{12}H_{10}Br_2O_6$, die in Wasser und trockenem Aceton fast unlöslich, in 20% Wasser haltigem Aceton gut löslich war.[6]

Magnesiumdiphenyl ist in Benzol unlöslich, in Aether schwer löslich, wird dagegen reichlich von Aether-Benzol-Mischungen aufgenommen. Dies erklärt sich daraus, daß es eine in Benzol leicht lösliche Krystallaetherverbindung bildet.[7]

Von wichtigen Gemischen seien Alkohol- (Wasser-) Aether,[8] Benzol-Ligroin,[9] Benzol-Chloroform, Benzol-Pyridin, Aceton-Petrolaether,[10] Aceton-Benzol,[11] Aceton- (Wasser-) Alkohol, Aceton-Chloroform[12] hervorgehoben.

Gelegentlich geben aber noch andere Mischungen, wie Methyl- (Aethyl-) Alkohol-Chloroform,[13] Xylol-Alkohol,[14] Anilin-Nitrobenzol,[15] Chloroform-Eisessig,[16] Chloroform-Essigester,[17] Essigester-Ligroin,[18] Chloroform-Pyridin,[19] Xylol-Petrolaether,[20] Schwefelkohlenstoff-Ligroin,[21] Glycerin-Methylalkohol,[22] Phenol-Xylol,

---

[1] LOEVENICH, LOESER: Ber. Dtsch. chem. Ges. 60, 322 (1927).
[2] VOLLMANN: Liebigs Ann. 531, 1 (1937).
[3] Siehe S. 12.   [4] CZAPEK: Biochemie der Pflanzen 2, 61 (1905).
[5] OUDEMANS: Liebigs Ann. 166, 74 (1873).
[6] DIMROTH, GOLDSCHMIDT: Liebigs Ann. 399, 88 (1913).
[7] HILPERT, GRÜTTNER: Ber. Dtsch. chem. Ges. 46, 1680 (1913).
[8] BAEYER: Ztschr. physiol. Chem. 3, 303 (1879). — HÜFNER: Journ. prakt. Chem. (2), 19, 306 (1879). — PARTHEIL: Ber. Dtsch. chem. Ges. 24, 636 (1891). — LIEBERMANN, CYBULSKI: Ber. Dtsch. chem. Ges. 28, 581 (1895). — BÜLOW, SPRÖSSER: Ber. Dtsch. chem. Ges. 41, 491 (1908).
[9] O. FISCHER, SCHINDLER: Ber. Dtsch. chem. Ges. 41, 392 (1908). — BÜLOW, SPRÖSSER: Ber. Dtsch. chem. Ges. 41, 491 (1908).
[10] E. FISCHER, BERGMANN, LIPSCHÜTZ: Ber. Dtsch. chem. Ges. 51, 53 (1918).
[11] SIMON: Compt. rend. Acad. Sciences 137, 855 (1903).
[12] Z. B. KLIMONT: Monatsh. Chem. 26, 565 (1905).
[13] SCHAEFER: Amer. Journ. Pharmac. 85, 439 (1913).
[14] SCHOLL: Ber. Dtsch. chem. Ges. 43, 353 (1910).
[15] STÜLCKEN: Diss. Kiel 1906, 37.   [16] EMERY: Ber. Dtsch. chem. Ges. 24, 596 (1891).
[17] Journ. chem. Soc. London 89, 846 (1906).
[18] SIMON: Compt. rend. Acad. Sciences 137, 855 (1903).
[19] KÜSTER: Ztschr. physiol. Chem. 40, 391 (1904).
[20] STOHMANN, KLEBER, LANGBEIN: Journ. prakt. Chem. (2), 40, 344 (1889).
[21] BAEYER: Ztschr. physiol. Chem. 3, 303 (1879). — HÜFNER: Journ. prakt. Chem. (2), 19, 306 (1879). — PARTHEIL: Ber. Dtsch. chem. Ges. 24, 636 (1891). — LIEBERMANN, CYBULSKI: Ber. Dtsch. chem. Ges. 28, 581 (1895). — BÜLOW, SPRÖSSER: Ber. Dtsch. chem. Ges. 41, 491 (1908).   [22] ERDMANN: Liebigs Ann. 275, 258 (1893).

Eisessig-Essigester,[1] Amylalkohol-Salpetersäure,[2] Pyridin-Ammoniak-(Wasser[3]), Pyridin-Toluol,[4] Alkohol-Eisessig,[5] Dioxan-Pyridin[6] oder Aether-Methylal,[7] Dioxan-Alkohol,[8] die besten Resultate.

II. Umkrystallisieren.

1. Auskrystallisieren.

Die fein gepulverte Substanz wird, nachdem ein Vorversuch den ungefähren Löslichkeitsgrad kennengelehrt hat, in einen leeren Kolben gebracht. In einem zweiten Kolben wird das Lösungsmittel zum Sieden erhitzt und hierauf sukzessive der zu lösenden Substanz so viel davon zugesetzt, daß sie sich in der Siedehitze (bis evtl. auf einen kleinen Rest von Verunreinigungen) eben löst. Man filtriert rasch durch ein mit dem siedenden Lösungsmittel gut durchfeuchtetes Faltenfilter unter Benutzung eines Trichters mit sehr kurzem Hals.

Sollte sich die Substanz schon während des Filtrierens in größerer Menge ausscheiden, so löst man nochmals in etwas mehr Flüssigkeit, um die unbequemen Heißwassertrichter zu umgehen.

Man kann auch, falls geringe Flüssigkeitsmengen in Frage kommen, den Glastrichter knapp vor dem Einlegen des Filters durch eine Flamme ziehen.

Wenn das Lösungsmittel keine Gefahr der Entzündung bietet, stellt man, um allzu rasches Auskrystallisieren zu verhindern, den die Lösung enthaltenden Trichter, auf ein Bechergläschen aufgesetzt, in einen entsprechend erhitzten Trockenkasten.

Das Filtrat läßt man erkalten, ohne im allgemeinen auf die Darstellung großer, gut ausgebildeter Krystalle hinzuarbeiten, da ja die für die Analyse bestimmte Substanz keine Lauge einschließen darf.

Das Umkrystallisieren ist so lange fortzusetzen, bis die beim Erkalten ausgefallenen Krystalle denselben Schmelzpunkt zeigen wie die durch Eindampfen der Mutterlauge erhältlichen.

Aber selbst dann braucht die Substanz noch nicht rein zu sein[9] und man kann noch öfters durch Wechsel des Lösungsmittels weitere Reinigung und damit verbundene Erhöhung des Schmelzpunktes erreichen.[10]

Da es oft vorkommt, daß eine Substanz übersättigte Lösungen[11] bildet, muß man sich stets einige Kryställchen des Rohproduktes zum „Impfen" aufbewahren.

Manche Substanzen zeigen die Eigentümlichkeit, beim Auskrystallisieren über den Rand der Schale zu „kriechen"; man verwendet in solchen Fällen nur zum Teil gefüllte, schmale Bechergläser.

Auf *Krystallverbindungen* ist gebührend Rücksicht zu nehmen. Das Colchicin beispielsweise ist in krystallisierter, wasserfreier Form überhaupt nur als Chloroformverbindung erhältlich.[12]

---

[1] HILPERT, GRÜTTNER: Ber. Dtsch. chem. Ges. **46**, 1680 (1913).
[2] LIVACHE: Moniteur scient. (4), **23**, 278 (1909).
[3] E. FISCHER, FREUDENBERG: Liebigs Ann. **273**, 59 (1910).
[4] NEUBERG: Ber. Dtsch. chem. Ges. **41**, 962 (1908).
[5] SCHROETER: Liebigs Ann. **426**, 44, 49 (1922).
[6] MIESCHER, SCHOLZ: Helv. chim. Acta **20**, 1237 (1937).
[7] O. FISCHER, KÖNIG: Ber. Dtsch. chem. Ges. **47**, 1079 (1914).
[8] HUGHES, LIONS: Proc. Roy. Soc. New South Wales **71**, 103 (1938).
[9] Z. B. ULLMANN, GLENCK: Ber. Dtsch. chem. Ges. **49**, 2488 (1916).
[10] Ein Beispiel: COHEN: Rec. Trav. chim. Pays-Bas **28**, 384 (1909).
[11] EPHRAIM: Ber. Dtsch. chem. Ges. **55**, 3474 (1922).
[12] ZEISEL: Monatsh. Chem. **7**, 571 (1886). — Über Kristallaether-Colchicin und das Hydrat mit 3 aq: MERCK: Apoth.-Ztg. **31**, 399 (1916).

Um eine solche Krystallverbindung zu zerlegen, erhitzt man auf entsprechende Temperatur oder leitet einen Dampfstrom darüber. Wo beides nicht angängig ist, kann man sich auch oftmals durch Umkrystallisieren aus einem anderen Lösungsmittel, oder Ausfällen helfen.[1]

Auch·*anderweitige Veränderungen* kann die Substanz durch Umkrystallisieren erleiden, so wird das Bebirin,[2] das aus allen anderen Lösungsmitteln amorph ausfällt, durch Methylalkohol in ein krystallisiertes Isomeres verwandelt. Ebenso wird die Digitogensäure[3] durch Umkrystallisieren aus Eisessig isomerisiert.

Während das Trimethoxyvinylphenanthren unverändert aus Alkohol um-krystallisiert werden kann, wird es durch Eisessig in Methebenol verwandelt.[4]

Manche andere Substanz verträgt nur das Lösen in *niedrigsiedenden* Sol-venzien.

Leicht oxydable Substanzen löst man im Wasserstoff- oder Kohlendioxydstrom[5] oder fügt dem Lösungsmittel, falls dies sonst angängig ist, etwas schweflige Säure zu.

Empfindlichen *Säurechloriden* setzt man etwas PCl_5 zu oder krystallisiert aus *Benzoylchlorid* um.[6]

Daß durch Umkrystallisieren von Säuren aus Alkohol *Esterifikation*,[7] durch Essigsäure bei Hydroxylverbindungen *Acetylierung* eintreten kann,[8] ist nicht außer acht zu lassen; namentlich ist partielle Veresterung von Säuren und anderen hydroxylhaltigen Verbindungen beim einfachen Umkrystallisieren aus Alkohol öfters beobachtet worden. Es ist dies eine allgemeine Eigenschaft der Chlorhydrate jener aromatischen Aminosäuren,[9] die das Carboxyl in einer aliphatischen Seitenkette enthalten. Gleiches wurde ferner u. a. bei Cholalsäure,[10] Dehydrocholsäure,[11] Stearin- und Palmitinsäure,[12] Weinsäure,[13] Brenztrauben-säure,[14] Oxalsäure[15] und bei den Carbinolen der Triarylmethane[16] konstatiert. Ebenso verhalten sich die Dicinnamenylchlorcarbinole[17] und die Oxonium-

---

[1] ROHDE, SCHÄRTEL: Ber. Dtsch. chem. Ges. **43**, 2278 (1910). Entfernung von Kristallbenzol durch Lösen in Aether und Fällen mit Petrolaether.

[2] SCHOLTZ: Ber. Dtsch. chem. Ges. **29**, 2054 (1896); Arch. Pharmaz. **237**, 530 (1899). — HERZIG, HANS MEYER: Monatsh. Chem. **18**, 385 (1897).

[3] KILIANI: Ber. Dtsch. chem. Ges. **37**, 1216 (1904).

[4] PSCHORR, MASSACIU: Ber. Dtsch. chem. Ges. **37**, 2789 (1904).

[5] Z. B. STAUDINGER: Ber. Dtsch. chem. Ges. **41**, 1499 (1908). — HOLBE: Ber. Dtsch. chem. Ges. **58**, 1070 (1925).

[6] PONGRATZ: Monatsh. Chem. **52**, 9 (1929).

[7] Z. B. LIPP, KORDES: Journ. prakt. Chem. (2), **99**, 249 (1919).

[8] Siehe WEGSCHEIDER, PERNDANNER, AUSPITZER: Monatsh. Chem. **31**, 1279 (1910).

[9] SALKOWSKI: Ber. Dtsch. chem. Ges. **28**, 1922 (1895).

[10] Ztschr. physiol. Chem. **16**, 497 (1892). — PROCHE: Ber. Dtsch. chem. Ges. **56**, 1789 (1923). — ZECHMEISTER, CHOLNOKY: Liebigs Ann. **455**, 77 (1927).

[11] LASSAR-COHN: Ber. Dtsch. chem. Ges. **14**, 72 (1881); Ber. Dtsch. chem. Ges. **25**, 805 (1892).

[12] EMERSON, DUMAS: Journ. Amer. chem. Soc. **31**, 949 (1904).

[13] GUERIN: Liebigs Ann. **22**, 252 (1837).

[14] SIMON: Thèse, Paris 1895.

[15] ERLENMEYER: N. Rep. Pharm. **23**, 624 (1874).

[16] O. FISCHER, WEISS: Liebigs Ann. **206**, 132 (1880); Ber. Dtsch. chem. Ges. **33**, 3356 (1900); Ztschr. Farb. u. Text. 1 I (1902). — ROSENSTIEHL: Compt. rend. Acad. Sciences **120**, 192, 264, 331 (1895). — MAMONTOW: Journ. Russ. phys.-chem. Ges. **29**, 220 (1897). — HERZIG, WENGRAF: Monatsh. Chem. **22**, 610 (1901). — BAEYER, VILLIGER: Ber. Dtsch. chem. Ges. **37**, 2861 (1904). — Siehe WEISHUT: Monatsh. Chem. **34**, 1563 (1913).

[17] STRAUS, CASPARI: Ber. Dtsch. chem. Ges. **40**, 2691 (1907). — Siehe hierzu STRAUS, ACKERMANN: Ber. Dtsch. chem. Ges. **42**, 1820 (1909). — STRAUS, HÜSSY: Ber. Dtsch. chem. Ges. **42**, 2168 (1909).

carbinolbasen allgemein, die in Carbinolaether übergehen und sich beim Erwärmen mit einem anderen Alkohol glatt umsetzen.[1]

Schwer lösliche Substanzen werden unter Druck umkrystallisiert, so Phenolphthalein aus auf 150—200° erhitztem Wasser oder verdünnter Salzsäure,[2] Terephthalsäure aus Wasser bei 230°,[3] Sulfobenzid aus alkoholischer Kalilauge bei 180°.[4] Erwärmt man das undeutlich krystallisierte Benzopurpurin 4 B in einer Druckflasche mit Alkohol, so entstehen nach kurzer Zeit schöne Makrokrystalle.[5]

Schüttelt man fein gepulvertes Rhodophyllin mit trockenem Aether, so wird es, indem ein ganz kleiner Teil vorübergehend in Lösung geht, in etwa einer halben Stunde in prächtig glitzernde Krystalle verwandelt.[6]

Manchmal ist es notwendig, das Auskrystallisieren durch starkes Abkühlen zu bewirken und auch *unter Kühlung abzusaugen*.[7]

Zum Ausfrieren von Dibenzyl[8] wird das Öl in Eprouvetten mit dem gleichen Volum Petroleumpentan vermischt und verschlossen in ein versilbertes Dewar-Gefäß getaucht, das mit Aceton und festem Kohlendioxyd beschickt ist.

Meist schon nach kurzer Zeit beginnt die Krystallisation, die durch einen den Stopfen durchsetzenden Glasstab angeregt werden kann. In solchen Gefäßen läßt sich die Substanz viele Stunden lang, etwa über Nacht, bei —80° erhalten, ohne daß man neue Kältemischung nachfüllen müßte.

Dieses Verfahren ist sehr zu empfehlen.

Das Absaugen von siedend *heißer* Flüssigkeit bewirkt man am besten unter Benutzung einer Vakuumglocke mit oberem Tubus, in den der Saugtrichter und bei Ermanglung eines seitlichen Tubus auch das Verbindungsrohr zur Pumpe eingeführt wird. Das Filtrat läuft in ein unter der Glocke befindliches Becherglas.[9]

2. Krystallisation durch Verdunsten.

Die in einer flachen Krystallisierschale befindliche Flüssigkeit wird in einen Vakuumexsiccator gebracht und ein geeignetes[10] Absorptionsmittel zugesetzt. Um die Lösung längere Zeit warm zu erhalten, kann man in den Exsiccator eine Thermophorplatte legen.

Eine besondere Art des Krystallisierenlassens durch Verdunsten besteht darin, aus der Lösung der Substanz in dem Gemisch zweier Lösungsmittel durch geeignete Absorptionsmittel dasjenige zu entfernen, in dem die Substanz leichter oder ausschließlich löslich ist.

So sind viele *Säureamide* in konzentriertem, wässerigem Ammoniak löslich und fallen nach und nach in prächtigen Krystallen aus, wenn man das Ammoniak entfernt (HANS MEYER).

In gleicher Weise gewinnt man *Silbersalze*.[11] Man löst die Säure in kaltem

---

[1] DECKER: Journ. prakt. Chem. (2), **39**, 310 (1889); Ber. Dtsch. chem. Ges. **33**, 1715 (1900); **38**, 3072 (1905); **55**, 383 (1922).

[2] BAEYER: Liebigs Ann. **202**, 71 (1880).

[3] HELL, ROCKENBACH: Ber. Dtsch. chem. Ges. **22**, 508 (1889).

[4] GERIKE: Liebigs Ann. **100**, 208 (1856).

[5] KNECHT, HIBBERT: Ber. Dtsch. chem. Ges. **36**, 1553, Anm. (1903).

[6] WILLSTÄTTER, PFANNENSTIEL: Liebigs Ann. **358**, 226 (1908). — Über ähnliche Fälle siehe MAASS: Ber. Dtsch. chem. Ges. **41**, 1637 (1908). — DIMROTH, PFISTER: Ber. Dtsch. chem. Ges. **43**, 2763 (1910). — WILLSTÄTTER, STOLL: Untersuchungen über Chlorophyll, S. 347. 1914.

[7] WILLSTÄTTER, PICCARD: Ber. Dtsch. chem. Ges. **42**, 1905, 1913, 1915 (1909); siehe auch S. 17.

[8] HANS MEYER, ALICE HOFMANN: Monatsh. Chem. **37**, 685 (1916).

[9] SCHOLL: Ber. Dtsch. chem. Ges. **52**, 1833 (1919).   [10] Siehe S. 44.

[11] DIELS, ABDERHALDEN: Ber. Dtsch. chem. Ges. **36**, 3191 (1903). — KRAFFT: Ber. Dtsch. chem. Ges. **40**, 4786 (1907).

Alkohol, fügt alkoholisches Silbernitrat zu und leitet Ammoniakgas bis zur Wiederauflösung des zunächst ausfallenden Silbersalzes ein. Letzteres krystallisiert dann beim Eindunsten der ammoniakalischen Lösung unter Lichtabschluß über Schwefelsäure, evtl. unter Druckverminderung, rein aus.

$\alpha.\alpha$- und $\beta.\beta$-Dimethyladipinsäure kann man nur so voneinander trennen, daß man das Gemisch in Wasser löst, Salzsäuregas bis zur Sättigung einleitet und nunmehr durch Entweichenlassen der Chlorwasserstoffsäure die $\alpha.\alpha$-Säure zum Auskrystallisieren bringt.[1]

Ähnlich werden Peptone und andere Substanzen in wässerigem Alkohol gelöst und die Lösung über Ätzkalk ins Vakuum gebracht.[2] Der Alkohol verdunstet rascher als das Wasser und die in letzterem unlösliche Substanz fällt in Krystallen aus.

Diese Art des Umkrystallisierens ist auch bei Substanzen, die sonst geneigt sind ölig auszufallen, mit Vorteil anwendbar. *Methyl*alkohol kann besonders gute Dienste leisten. So krystallisiert[3] man die d-1-Camphenolsäure durch Lösen in wenig heißem Wasser, Versetzen der nach dem Erkalten trüben Flüssigkeit mit Methylalkohol, bis nur mehr einige Öltröpfchen ungelöst sind, Filtrieren und Verdunsten des Alkohols an der Luft oder über Schwefelsäure.

In *Aceton* ist Mekocyaninchlorid unlöslich; dasselbe gilt für die anderen Glykoside des Cyanidins und für Cyanidinchlorid. Sie sind aber alle sehr gut in Mischungen von Aceton mit Wasser oder verdünnter Salzsäure löslich. Das Lösungsmittel eignet sich besonders für die Krystallisation dieser Oxoniumsalze, die beim Verdunsten des Acetons z. B. in einer Glocke über Wasser erfolgt, rascher und infolgedessen für die Glykoside schonender, als beim Verdunsten von Alkohol aus wässerig-alkoholischer Salzsäure.[4]

Man kann auch das leichter lösende Solvens durch Ausschütteln nach und nach entfernen.[5]

Man löst z. B. Chlorophyll in Alkohol, vermischt mit Aether und wäscht den Alkohol wieder mit Wasser heraus. Aus der übersättigten aetherischen Lösung scheidet sich dann das Chlorophyll rasch ab. Auf ähnliche Weise gelang die Darstellung krystallisierter Cholsäure[6] und des krystallisierten Bufotalins.[7]

3. Ausfällen von Krystallen.

Um das Auskrystallisieren gelöster Substanzen einzuleiten oder zu vervollständigen, setzt man der (gewöhnlich heißen) Lösung eine mit dem Lösungsmittel mischbare Flüssigkeit (ebenfalls heiß) hinzu, in der das Gelöste nicht oder nur schwer löslich ist. Man versetzt bis zum Eintreten einer Trübung und läßt erkalten.

Als Regel gelte, die Flüssigkeiten nicht bis auf jene Temperatur zu erhitzen, bei der die trockene Substanz schmelzen würde, damit man öliges Ausfallen der letzteren tunlichst vermeidet.

Durch Ausfällen kann man auch Substanzen reinigen, die Umkrystallisieren aus erwärmten Lösungsmitteln wegen zu großer Zersetzlichkeit nicht vertragen. So wird das leicht veränderliche Nitrosodihydrocarbazol in kaltem Alkohol gelöst und durch Wasserzusatz in Krystallen ausgefällt.[8]

[1] CROSSLEY, RENOUF: Proceed. chem. Soc. 22, 252 (1906); Journ. chem. Soc. London 89, 1552 (1906).   [2] RÜMPLER: Ber. Dtsch. chem. Ges. 33, 3474 (1900).
[3] ASCHAN: Liebigs Ann. 410, 251 (1915).
[4] WILLSTÄTTER, WEIL: Liebigs Ann. 412, 243 (1916).
[5] TÜRKHEIMER: Diss. Königsberg 1904. — WILLSTÄTTER, BENZ: Liebigs Ann. 358, 277 (1908).   [6] WIELAND, WEIL: Ztschr. physiol. Chem. 80, 291 (1912).
[7] WIELAND, WEIL: Ber. Dtsch. chem. Ges. 46, 3316, 3323 (1913).
[8] SCHMIDT, SCHALL: Ber. Dtsch. chem. Ges. 40, 3229 (1907).

Ebenso wie mittels reiner Lösungsmittel kann man durch Zusatz von Salzlösungen die Löslichkeit der abzuscheidenden Substanz verringern (*Aussalzen*). Man verwendet zum Aussalzen wässeriger Lösungen namentlich kalt gesättigte *Kochsalz-* oder *Ammoniumsulfatlösungen*. Besser dürften oft noch *Kaliumcarbonat*,[1] *Soda* und *Glaubersalz* wirken.[2]

Da auch *Kalium-* und *Natriumhydroxyd* stark aussalzen, werden Kalium- und Natriumsalze oftmals durch konzentrierte Lauge gefällt; natürlich spielt hierbei auch die Löslichkeitsverminderung durch das gleichartige Ion eine Rolle.

4. Überführen in Derivate.

Die vierte Methode zur Abscheidung und Reinigung von Krystallen besteht darin, daß man die Substanz in eine lösliche Verbindung überführt: Säuren oder Basen in Salze, Phenole in Phenolate oder Carboxaethylderivate[3] usw., und nach evtl. Filtrieren und Umkrystallisieren oder Ausaethern die Verbindung in geeigneter Weise wieder zersetzt.[4] Unter den Salzen sind oftmals solche mit organischen Basen (Anilin,[5] Chinolin[6]) bzw. Säuren besonders geeignet. — *Chininsalze:* KILIANI: Ber. Dtsch. chem. Ges. 55, 94 (1922). — ASAHINA-WANATAKE: Ber. Dtsch. chem. Ges. 63, 3047 (1930). — *Thalliumsalze:* BACKER: Rec. Trav. chim. Pays-Bas 55, 1036 (1936).

Das intermediäre Umkrystallisieren muß manchmal mehrfach wiederholt werden. So führt man[7] das rohe Isokodein in das saure Oxalat über, krystallisiert letzteres zwölfmal um, scheidet die Base ab und erhält sie nunmehr nach einmaligem Lösen in Essigester vollkommen rein.

Hat man z. B. ein *Phenol*[8] zu reinigen, so löst man in Kalilauge und fällt wieder durch Einleiten von Kohlendioxyd, oder schüttelt die alkalische Lösung aus.[9] Evtl. gleichzeitig vorhandene Säuren bleiben in Lösung.[10] Analog werden Aminosäuren durch schweflige Säure gefällt usw.

Es muß daran erinnert werden, daß sich manche Säuren und Phenole aus ihren Salzen nicht direkt aschefrei abscheiden lassen.

Selbst *Ammoniumsalze* können große Beständigkeit zeigen. So läßt sich[11] das Ammoniumsalz (und ebenso das Silbersalz) des 2.6-Dioxydinicotinsäureesters aus 50proz. Essigsäure umkrystallisieren. — Auch viele organische Sulfosäuren geben schwer durch Mineralsäuren zersetzliche Alkalisalze.[12]

---

[1] BLANC: Compt. rend. Acad. Sciences 139, 800 (1904).

[2] ROTHMUND: Löslichkeit und Löslichkeitsbeeinflussung, S. 148ff. Leipzig: Joh. Ambr. Barth. 1907.

[3] NIERENSTEIN: Ber. Dtsch. chem. Ges. 43, 1267 (1910). — Reinigen von Carbonylverbindungen über das Oxim: PFEIFFER: Journ. prakt. Chem. (2), 129, 40 (1931). — Trennung von Estern durch Überführung in Hydrazide: FRANZEN, KAISER: Ztschr. physiol. Chem. 129, 82 (1923). — Trennung von Säuren durch Überführung in die Ester: STOERMER, BECKER: Ber. Dtsch. chem. Ges. 56, 1441 (1923).

[4] JACOBSEN: Ber. Dtsch. chem. Ges. 18, 357 (1885). — KNOEVENAGEL, MOTTEK: Ber. Dtsch. chem. Ges. 37, 4475 (1904).   [5] BÜLOW, SPRÖSSER: Ber. Dtsch. chem. Ges. 41, 490 (1908).   [5] Siehe S. 25.

[6] NIERENSTEIN: Ber. Dtsch. chem. Ges. 43, 1270 (1910).

[7] KNORR, HÖRLEIN: Ber. Dtsch. chem. Ges. 40, 4888 (1907).

[8] Calciumphenolate: ROCHUSSEN: Journ. prakt. Chem. (2), 105, 120 (1922); siehe auch Chem. Ztrbl. 1935 II, 2258. — α-Naphthoate: BLICKE, STOCKHAUS: Amer. pharm. Assoc. 22, 1090 (1933). p-Toluidide: Journ. chem. Soc. London 1934, 1995.   [9] Bull. Soc. chim. France (4), 45, 961 (1929).

[10] Dieser Satz gilt nicht in aller Strenge: durch Massenwirkung können schwer lösliche Säuren (evtl. als saure Salze) partiell mit herausgefällt werden.

[11] ERRERA, GUTHZEIT: Ber. Dtsch. chem. Ges. 32, 779 (1899). — Mellitsäure: HANS MEYER, STEINER: Monatsh. Chem. 35, 486 (1914).

[12] SISLEY: Bull. Soc. chim. France (3), 25, 863 (1901). — BIEHRINGER, BORSUM: Ber. Dtsch. chem. Ges. 48, 1317 (1915).

Anderseits nehmen manche Substanzen, wie die Chlorophyllderivate, sehr leicht Mineralbestandteile auf, und es gelingt dann nicht, sie durch Umkrystallisieren oder Überführen in Salze völlig aschefrei zu erhalten.[1]

Hat man *empfindliche Basen* abzuscheiden, so fällt man durch *Diaethylamin*,[2] *Natriummethylat*,[3] *Bicarbonatlösung*[4] oder mit *schwefligsaurem Alkali*.

Als schwach saures Fällungsmittel wird wässerige *Benzoesäure* verwendet.[5] Über die Abscheidung von Pyridin- (Chinolin-) Carbonsäuren siehe S. 296. Reinigung von Pyridin S. 26, 441.

Aromatische Aminosäuren können durch *salzsaures Hydroxylamin* oder siedende *Kaliumalaun*lösung in Freiheit gesetzt werden.[6]

Reinigen durch *Benzoylieren*: JACOBSON, HÖNIGSBERGER: Ber. Dtsch. chem. Ges. 36, 4103 (1903). — Durch Überführen in den (sauren) *Methylester:* WINDAUS: Ber. Dtsch. chem. Ges. 41, 614 (1908).[7] — Durch *Acetylieren*: GORTER: Liebigs Ann. 359, 219 (1908). — SCHIMMEL & CO.: Ber. Schimmel 1930, 115. — Durch Überführen eines *Alkohols* in seine *Chlorcalciumverbindung*: BRAUN, BARTSCH: Ber. Dtsch. chem. Ges. 46, 3055 (1913); in *Borsäureester*: MICHAEL, SCHARF, VOIGT: Journ. Amer. chem. Soc. 38, 653 (1916). — TREIBS, SCHMIDT: Ber. Dtsch. chem. Ges. 60, 2340 (1927); E. P. 252570 (1926). — HÜCKEL: Liebigs Ann. 477, 142 (1930) (*Orthokieselsäureester*).

Oxoniumsalze: RAUDNITZ: Ber. Dtsch. chem. Ges. 67, 1603 (1934) Santalin. — Mit *Borsäure* kann man Sesquiterpenalkohole von Ketonen trennen. PFAU, PLATTNER: Helv. chim. Acta 17, 144 (1934). — *Trinitrokresolate* von Basen: SPÄTH, PIKL: Monatsh. Chem. 55, 355 (1930).

Abscheiden und Reinigen von Kohlenwasserstoffen, Phenolen usw. mittels ihrer Additionsprodukte mit aromatischen Nitroverbindungen.

Gewisse stark nitrierte, aromatische Kohlenwasserstoffe[8] (Dinitrobenzol, Dinitrochlorbenzol, 1.3.5-Trinitrobenzol,[9,10] Pikramid, Pikrylchlorid, Trinitrotoluol,[9,10] Dinitroanthrachinon[11]) und Phenole (Trinitrophenol, Dichlorpikrinsäure, Trinitroresorcin) verbinden sich mit Kohlenwasserstoffen, Phenolen, Phenolaethern, Lactonen, Aldehyden und Ketonen[12] der aromatischen Reihe zu nicht sehr beständigen,[13] aber gut krystallisierenden Additionsprodukten, die meist

---

[1] WILLSTÄTTER, PFANNENSTIEL: Liebigs Ann. 358, 208 (1908).
[2] BRÄUER: Ber. Dtsch. chem. Ges. 31, 2193 (1898). — WOHL, SCHWEITZER: Ber. Dtsch. chem. Ges. 40, 100 (1907). — WOHL: Ber. Dtsch. chem. Ges. 40, 4680, 4689 (1907).
[3] LOBRY DE BRUYN, VAN EKENSTEIN: Rec. Trav. chim. Pays-Bas 18, 78 (1899).
[4] Dabei kann sich evtl. das Carbonat der Base bilden. O. FISCHER, HEPP: Ber. Dtsch. chem. Ges. 22, 357 (1889).
[5] BAEYER, VILLIGER: Ber. Dtsch. chem. Ges. 37, 2873 (1904).
[6] KLIEGL: Ber. Dtsch. chem. Ges. 38, 296 (1905). — RAINER: Monatsh. Chem. 29, 180, 437 (1908).
[7] Siehe auch GRAEBE: Ber. Dtsch. chem. Ges. 33, 2020 (1900). — Ferner WHEELER, LIDDLE: Amer. chem. Journ. 42, 441 (1909).   [8] HEPP: Liebigs Ann. 215, 379 (1882).
[9] Z. B. COOK, HEWETT: Journ. Soc. chem. Ind. 52, 451 (1932). — RUZICKA: Helv. chim. Acta 16, 1977 (1931); 17, 426 (1932); 19, 372 (1936).
[10] ELDERFIELD, JACOBS: Journ. biol. Chemistry 107, 143 (1934).
[11] FRITZSCHE: Ztschr. Chem. 1869, 114; Journ. prakt. Chem. (1), 101, 340 (1867); 105, 129 (1868). — ANDERSON: Liebigs Ann. 122, 302 (1862). — GRAEBE, LIEBERMANN: Liebigs Ann., Suppl. 7, 257 (1870). — SCHMIDT: Journ. prakt. Chem. (2), 9, 250 (1874). — NÖLTING, WORTMANN: Ber. Dtsch. chem. Ges. 39, 1238 (1906). — BÖRNSTEIN, SCHLIEWIENSKY, SZEZESNY-HEYL: Ber. Dtsch. chem. Ges. 59, 2812 (1926). — RUZICKA: Helv. chim. Acta 16, 816, 819 (1933).
[12] GOEDICKE: Ber. Dtsch. chem. Ges. 26, 3042 (1893). — REDDELIEN: Journ. prakt. Chem. (2), 91, 239 (1915).
[13] Sie lassen sich zum Teil aus Methanal umkrystallisieren.

charakteristische Schmelzpunkte besitzen und schwer löslich sind. Namentlich die Derivate der *Pikrinsäure* und der *Styphninsäure* sind zur Charakterisierung, Abscheidung und Reinigung derartiger Benzolabkömmlinge geeignet.[1]

Über die Bildungsmöglichkeit und Stabilität dieser Verbindungen läßt sich nicht sehr viel Allgemeines aussagen. Daß das Vorhandensein von Seitenketten Einfluß ausübt, ergibt sich u. a. daraus, daß von den ungesättigten Phenolaethern die *Propenylderivate* $R \cdot CH = CH \cdot CH_3$ sich sehr leicht mit Pikrinsäure, Pikrylchlorid und Trinitrobenzol zu krystallisierten Produkten vereinigen, während die isomeren *Allylderivate* $R \cdot CH_3 \cdot CH = CH_2$ dies unter denselben Umständen nicht tun.[2]

Die Zahl der Molekeln des Nitrokörpers, die addiert werden können, ist im Grenzfall gleich der der unabhängigen (also nichtkondensierten) Benzolkerne.[3]

FRITZSCHES *Reagens* (β-Nitroanthrachinon) gibt mit höheren Kohlenwasserstoffen (Anthracen, Methylanthracene, Stilben) charakteristische Additionsprodukte.[4]

Verbindungen mit Pikrinsäure.[5]

Unter diesen sind einerseits die Additionsprodukte mit Kohlenwasserstoffen, andererseits die Salze mit Basen von Bedeutung. Über letztere siehe S. 657f.

Im allgemeinen[6] werden diese Additionsprodukte nur von Substanzen gebildet, die mindestens *einen* wahren Benzolring enthalten.[7]

Dementsprechend gibt z. B. Reten ein Pikrat,[8] während die Hydroretene sich nicht mit Pikrinsäure verbinden.[9] Man hat dieses verschiedene Verhalten aromatischer und hydroaromatischer Verbindungen zur Trennung derselben, so z. B. zur Trennung von Reten und Fichtelit,[10] zur Abscheidung des Pyrens aus dem Stuppfett[11] und zur Konstitutionsbestimmung von komplizierten Kohlenwasserstoffen benutzt.[12]

Die Pikrinsäureverbindungen der Kohlenwasserstoffe sind zum Teil aus Alkohol, Aceton, manchmal auch Benzol krystallisierbar. Es empfiehlt sich, dem Lösungsmittel etwas Pikrinsäure zuzusetzen. In jedem Fall lassen sich diese Addukte durch wässeriges Ammoniak leicht zerlegen.

---

[1] Polycyclische Kohlenwasserstoffe und Polynitroverbindungen: BRASS, FANTA: Ber. Dtsch. chem. Ges. **69**, 1 (1936).

[2] BRUNI, TORNANI: Gazz. chim. Ital. **34 II**, 474 (1904); **35 II**, 304 (1905). — THIELE, HENLE: Liebigs Ann. **347**, 295 (1906).

[3] BRUNI, FERRARI: Chem.-Ztg. **30**, 569 (1906). — THIELE, HENLE: a. a. O.

[4] Siehe Note 11 auf S. 34.

[5] FRITZSCHE: Liebigs Ann. **109**, 247 (1859). — BERTHELOT: Bull. Soc. chim. France 7, 30 (1867). — KÜSTER: Ber. Dtsch. chem. Ges. 27, 1101 (1894). — SISLEY: Bull. Soc. chim. France (4), **3**, 919 (1908) (Indol, Skatol). — PELET-JOLIVET, HENNY: Bull. Soc. chim. France (4), **5**, 623 (1909) (β-Naphthol). — DZIEWÓNSKI, LEYKO: Ber. Dtsch. chem. Ges. 47, 1687 (1914) (Dekacyclen). — TREIBS: Liebigs Ann. **476**, 2 (1929).

[6] Doch liefert auch das Pinen ein Pikrat: LEXSTREIT: Compt. rend. Acad. Sciences **102**, 555 (1886). — TILDEN, FORSTER: Journ. chem. Soc. London 63, 1388 (1893).

[7] β-Isoamylnaphthalin gibt kein Pikrat: SCHMID, MARGOLIES: Monatsh. Chem. **65**, 393 (1935). [8] FRITSCHE: Journ. prakt. Chem. (1), **75**, 281 (1858).

[9] VIRTANEN: Ber. Dtsch. chem. Ges. **53**, 1880 (1920).

[10] FRITSCHE: Journ. prakt. Chem. (1), **82**, 322 (1861).

[11] GOLDSCHMIEDT, SCHMIDT: Monatsh. Chem. 2, 6 (1881).

[12] Siehe hierzu noch LIEBERMANN: Liebigs Ann. **212**, 25 (1882). — GRAEBE: Ber. Dtsch. chem. Ges. 16, 3030 (1883). — ELBS: Journ. prakt. Chem. (2), **47**, 56 (1893). — HIRN: Ber. Dtsch. chem. Ges. **32**, 3341 (1899). — GODCHOT: Bull. Soc. chim. France (3), **31**, 1339 (1904). — LANGSTEIN: Monatsh. Chem. 31, 868 (1910). — HANS MEYER, BONDY, ECKERT: Monatsh. Chem. **33**, 1460 (1912). — FRIEDMANN: Ber. Dtsch. chem. Ges. 49, 1355 (1916).

Zur *Analyse* kann man von dem in Wasser unlöslichen Kohlenwasserstoff abfiltrieren, das Filtrat eindampfen und das zurückbleibende bei 105—110° getrocknete Ammoniumpikrat wägen.

Titration der Pikrinsäure in diesen Verbindungen nach KÜSTER S. 657.

Styphnate.

Ebenso wie die Salze und Additionsprodukte der Pikrinsäure sind jene der Styphninsäure,[1] des Trinitroresorcins, in vielen Fällen gut verwertbar.[2]

Isolierung von Farbstoffen mit Pikrinsäure und Dichlorpikrinsäure:
WILLSTÄTTER: Ber. Dtsch. chem. Ges. 47, 2688 (1914). — WILLSTÄTTER, SCHUDEL: Ber. Dtsch. chem. Ges. 51, 782 (1918). — SEEKLES: Rec. Trav. chim. Pays-Bas 42, 69 (1923). — Siehe auch Chem. Ztrbl. 1928 I, 188; 1933 II, 3118; 1934 I, 3734.

Flaviansäure: Siehe S. 659.

5. Krystallisation aus dem Schmelzfluß und durch Sublimation.

Manche Substanzen sind nur so gut zum Krystallisieren zu bringen, daß man sie schmilzt (evtl. destilliert) und wieder erstarren läßt. Hierher gehört m-Oxy-benzoesäuremethylester, vor allem aber Glycylvalinanhydrid, das überhaupt *nur* so krystallisiert erhalten werden kann, während es sich aus Lösungen stets in amorphem, gequollenem Zustand ausscheidet.[3] Ähnlich verhält sich Camphen-hydrat, das *nur* durch *Sublimation* in Krystallform übergeht.[4]

Leicht schmelzende Substanzen pflegt man durch Einbringen in eine Kälte-mischung zur Krystallisation anzuregen. Es empfiehlt sich dabei sehr, die Sub-stanz vorher mit *Kieselgur* anzuteigen,[5] wie ja überhaupt mechanische Reize (Reiben mit einem Glas- oder besser[6] Kupferstab) den Eintritt der Krystallisation beschleunigen.

l-Brompropionsäure (die bei —0,5 bis —0,3° schmilzt) wird auf etwa —10° in einer Eprouvette abgekühlt, die sodann in ein *Dewar*gefäß, auf dessen Boden sich etwas festes Kohlendioxyd befindet, gestellt wird.

Hierdurch wird ein starker Temperaturabfall in der Flüssigkeit erzeugt, es

---

[1] Darstellung: SAH, LEI: Sc. rep. Tsing Hua Univ. A 1, 197 (1932); Chem. Ztrbl. **1932 II**, 3226.
[2] HLASIWETZ: Sitzungsber. Akad. Wiss. Wien **20**, 207 (1856). — NOELTING, SALIS: Ber. Dtsch. chem. Ges. **15**, 1863 (1882). — GORTER: Arch. Pharmaz. **235**, 320 (1897). — SUMMIZER: Diss. Zürich 1907. — CIUSA, AGOSTINELLI: Gazz. chim. Ital. **37 I**, 214 (1907). — GIBSON: Journ. chem. Soc. London **93**, 2098 (1908). — AGOSTINELLI: Gazz. chim. Ital. **43 I**, 124 (1912). — DIMROTH: Liebigs Ann. **399**, 34 (1913). — DIMROTH, SCHEURER: Liebigs Ann. **399**, 59 (1913). — WILLSTÄTTER, FISCHER: Liebigs Ann. **400**, 184 (1913). — WILLSTÄTTER, STOLL: Chlorophyll, S. 390, 397, 412 (Pyrrolderivate). — RUZICKA, MEYER: Helv. chim. Acta **5**, 586 (1922). — JEFREMOW: Journ. Russ. phys.-chem. Ges. **59**, 391 (1927). — WASER, GRATSOS: Helv. chim. Acta **11**, 955 (1928). — RUZICKA: Liebigs Ann. **471**, 37 (1929). — MA, HSIA, SAH, LEI: Sci. rep. Tsing Hua Univ. **2**, 151 (1933). — HOO, MA, SAH: Sci. rep. Tsing Hua Univ. **2**, 191 (1933). — HOSKING, BRANDT: Ber. Dtsch. chem. Ges. **68**, 40 (1935). [3] E. FISCHER: Ber. Dtsch. chem. Ges. **40**, 3558 (1907).
[4] ASCHAN: Ber. Dtsch. chem. Ges. **41**, 1092 (1908). — Dipentaerythrit wird am besten durch Sublimation im Hochvakuum gereinigt. EBERT: Ber. Dtsch. chem. Ges. **64**, 115 (1931).
[5] HESS: Mitt. d. Artill.- u. Geniewesen 1876. — WILL: Ber. Dtsch. chem. Ges. **41**, 1112, 1118 (1908). — Siehe HANS MEYER: Monatsh. Chem. **22**, 415 (1901).
[6] YOUNG: Journ. Amer. chem. Soc. **33**, 148 (1911).

muß somit irgendwo die Optimumtemperatur der Krystallisation herrschen. An dieser Stelle beginnt die Ausscheidung der festen Phase.

Der beschriebene Kunstgriff kann auch in vielen anderen Fällen mit Erfolg benutzt werden.[1]

6. Impfen.[2]

Wenn eine Substanz hartnäckig überschmolzen bleibt oder durch Verunreinigungen am Erstarren gehindert wird, kann man die Krystallisation durch Berührung mit einem Splitterchen (evtl. des Rohproduktes) einleiten. Man kann diesen Vorgang auch zu *Identifizierungen*[3] benutzen, da im allgemeinen nur ein Krystall der gleichen Art imstande ist, die Übersättigung aufzuheben.[4]

Es sind indes auch einige Fälle bekannt geworden, wo die Krystallisation schon durch *Impfen mit chemisch nahestehenden Substanzen* in Gang gebracht werden kann.

So wird *Aethyl*acetanilid[5] durch ein Stäubchen *Methyl*acetanilid, m-Kresol[6] durch eine Spur *Phenol* zum Krystallisieren gebracht. *Propylidenessigsäure*-dibromid[7] erstarrt durch Impfen mit *Aethylidenpropionsäure*dibromid, *Methenyl*diparatolyltriaminotoluol durch Berühren mit fester *Aethenyl*verbindung,[8] *Di*methylaminbishydrochlorid durch Impfen mit saurem *Tetramethyl*ammoniumchlorid.[9] *Citraconsäureanhydrid* bleibt selbst bei —18° flüssig, erstarrt aber sofort vollständig bei der Berührung mit einer Spur *Itaconsäureanhydrid.*[10] α- und β-Rhodanpropionsäuren können durch Impfen mit den entsprechenden Se-Verbindungen zur Krystallisation gebracht werden.[11]

γ-Chlorchinolin wird durch α-Chlorchinolin zum Krystallisieren gebracht.[12]

Dagegen kommen aber doch auch wieder Fälle vor, wo „reine" Substanzen durch Impfen nicht zum Erstarren gebracht werden können, die Impfkrystalle vielmehr selbst in Lösung gehen.[13] Offenbar verwandeln sich derartige Substanzen leicht in unkrystallisierbare Isomere; denn daß sich ein Impfkrystall in der unterkühlten Schmelze der reinen Substanz löst, ist nach der Theorie unmöglich. Es genügen aber oft auch minimale, sonst kaum nachweisbare Mengen von Verunreinigungen, um die Krystallisationsgeschwindigkeit außerordentlich herabzusetzen (Zuckersirupe).[14]

---

[1] RAMBERG: Liebigs Ann. **370**, 235 (1909).

[2] Siehe auch WEGSCHEIDER: Ztschr. physikal. Chem. **80**, 509 (1912). — *Mikroimpfen:* DENIGÈS: Bull. Soc. Pharmac., Bordeaux **63**, 3 (1925). — Manche unterkühlte geschmolzene Substanzen krystallisieren erst, wenn man sie nach dem Impfen gelinde erwärmt: VORLÄNDER, OSTERBURG, MEYE: Ber. Dtsch. chem. Ges. **56**, 1139 (1923).

[3] ROSENSTIEHL: Bull. Soc. chim. France **17**, 7 (1872) (Toluidin). — LADENBURG: Ber. Dtsch. chem. Ges. **19**, 2582 (1886) (Coniin).

[4] Krystallographische Identifikation durch Fortwachsen: LEHMANN: Krystallanalyse, S. 9. — WINZHEIMER: Ber. Dtsch. chem. Ges. **41**, 2381 (1908).

[5] STÄDEL: Ber. Dtsch. chem. Ges. **18**, 3444, Anm. (1885).

[6] STÄDEL: Ber. Dtsch. chem. Ges. **18**, 3443 (1885).

[7] OTT: Ber. Dtsch. chem. Ges. **24**, 2603 (1891). — Dieser Fall ist übrigens nicht ganz durchsichtig.

[8] GREEN: Ber. Dtsch. chem. Ges. **26**, 2778 (1893).

[9] KAUFLER, KUNZ: Ber. Dtsch. chem. Ges. **42**, 385 (1909).

[10] ANSCHÜTZ: Ber. Dtsch. chem. Ges. **14**, 2788 (1881). — HANS MEYER: Monatsh. Chem. **22**, 415 (1901).

[11] FREDGA: Journ. prakt. Chem. (2) **123**, 110 (1929).

[12] SKRAUP: Monatsh. Chem. **10**, 730 (1889).

[13] RAINER: Monatsh. Chem. **25**, 1041 (1904). — Siehe auch DIELS, STEPHAN: Ber. Dtsch. chem. Ges. **40**, 4339 (1907).

[14] Siehe dazu KILIANI: Arch. Pharmaz. **254**, 266 (1916).

III. Prüfung von Krystallen auf Reinheit (Einheitlichkeit).

Um die Reinheit (Einheitlichkeit) einer krystallisierbaren Substanz zu konstatieren, krystallisiert man sie in Fraktionen und untersucht, ob der erste und der letzte Anteil denselben Schmelzpunkt zeigen.

Nicht immer ist man übrigens imstande, ein Gemisch zweier Substanzen durch Umkrystallisieren zu trennen,[1] namentlich wenn es sich um Isomere handelt.[2]

Diese Beobachtung wurde z. B. bei der Thiophencarbonsäure[3] gemacht, die ein untrennbares Gemisch von α- und β-Thiophencarbonsäure von konstantem Schmelzpunkt, bestimmter Löslichkeit usw. bildet. Ähnlich verhalten sich die Tribromverbindungen des α- und β-Thiotolens[3,4] und anscheinend auch α- und β-Thiophensulfosäure.[4]

Der Fall der α-Thiophencarbonsäure[5] ist durch die Fähigkeit der α- und β-Thiophencarbonsäuren, Mischkrystalle zu bilden, zu erklären. Stoffe aber, die Mischkrystalle bilden, sind natürlich sehr schwer oder gar nicht trennbar.

Wenn zwei Isomere bei allen Temperaturen die Regel von CARNELLEY, THOMSEN[6] über das konstante Löslichkeitsverhältnis genau befolgen und wenn das Verhältnis der Löslichkeiten gleich ist der Zusammensetzung des eutektischen Gemisches, so geben ihre Gemische beim Umkrystallisieren neben anderen Fraktionen, die bestenfalls den einen der beiden Stoffe rein liefern können, ein Gemisch von scharfem Schmelzpunkt, welches beim Umkrystallisieren höchstens mit Hilfe von Übersättigungserscheinungen oder mechanisch getrennt werden kann.[7]

In seltenen Fällen bilden auch Substanzen *verschiedener* Zusammensetzung Mischkrystalle, so das aktive Carvoxim mit dem aktiven Carvotanacetoxim.[8]

Läßt die Methode der Schmelzpunktsbestimmung im Stich, so verwandelt man die Substanz, falls sie eine Säure ist, in verschiedene Fraktionen von Silber-, Magnesium- oder Bleisalzen, deren Metallgehalt bestimmt wird. Basen gelangen als Platin- oder Gold-Doppelsalze, Kohlenwasserstoffe als Pikrate oder Styphnate[9] zur Untersuchung usw.

Falls es angängig ist, werden auch *Gruppenreaktionen* (Methoxylbestimmung usw.) ausgeführt.

---

[1] KOLBE, LAUTERMANN: Liebigs Ann. **119**, 139 (1861). — HLASIWETZ, BARTH: Liebigs Ann. **134**, 276 (1865). — COHN: Ztschr. physiol. Chem. **17**, 306 (1892). — PERRIER, CAILLE: Compt. rend. Acad. Sciences **146**, 769 (1908).

[2] OSTROMISSLENSKY: Ber. Dtsch. chem. Ges. **41**, 3036 (1908). — Über Mischkrystalle von Oxyfenchensäuren: WALLACH: Liebigs Ann. **315**, 285 (1901). — Thuyonsemicarbazone: Liebigs Ann. **336**, 255, 256, 265, 269, 270 (1904). — Terpenisoxime: Liebigs Ann. **346**, 257 (1906). — Terpinmodifikationen: Liebigs Ann. **356**, 204 (1907). — Benzoylcyclo-(1.3-)methylhexanonoxim: Liebigs Ann. **332**, 339 (1904).

[3] V. MEYER: Liebigs Ann. **236**, 200 (1886). — GATTERMANN, KAISER, V. MEYER: Ber. Dtsch. chem. Ges. **18**, 3005 (1885). — Andere Fälle: BARTH, HLASIWETZ: Liebigs Ann. **134**, 276 (1865). — PERRIER, CAILLE: Bull. Soc. chim. France (4), **3**, 654 (1908). — VILLIGER: Ber. Dtsch. chem. Ges. **61**, 2596 (1928). — BRUCHHAUSEN, SCHULTZE: Arch. Pharmaz. **267**, 626 (1929).

[4] V. MEYER, KREIS: Ber. Dtsch. chem. Ges. **17**, 787 (1884).

[5] VOERMAN: Rec. Trav. chim. Pays-Bas **26**, 293 (1907).

[6] Journ. chem. Soc. London **53**, 782 (1888).

[7] WEGSCHEIDER: Ztschr. physiol. Chem. **80**, 509 (1912). — WEGSCHEIDER, MÜLLER: Monatsh. Chem. **33**, 899 (1912).

[8] WALLACH: Liebigs Ann. **403**, 83 (1914). — Siehe auch HARRIES: Ber. Dtsch. chem. Ges. **34**, 1931 (1901).   [9] Siehe S. 36.

IV. Absaugen und Trocknen der Krystalle.[1]

Die beim Reinigen der Substanzen erhaltenen Krystalle werden von der Mutterlauge durch Absaugen und Waschen befreit. Ist die Substanz sehr leicht löslich oder die Mutterlauge sehr zähflüssig, so preßt man die Krystalle zwischen nichtfaserndem (gehärtetem) Filterpapier ab oder streicht sie auf hart gebrannte, unglasierte Tonplatten.

Skraup[2] empfiehlt, im letzteren Fall die auf der Tonplatte befindliche Substanz in einen Exsiccator zu bringen, der mit dem in der Mutterlauge enthaltenen Lösungsmittel beschickt ist. In einigen Stunden oder Tagen ist die Mutterlauge eingesaugt und die reinen Krystalle sind zurückgeblieben.

Bei sorgfältiger Arbeit gestattet dieser Kunstgriff selbst das Absaugen hygroskopischer Substanzen.

Absaugen bei sehr tiefer Temperatur über festes Kohlendioxyd: Karrer, Schöpp: Helv. chim. Acta 17, 693 (1934).

Richards[3] schlägt vor, die Abtrennung der Mutterlauge von den Krystallen durch *Zentrifugieren* zu bewirken.

V. Mischungsschmelzpunkt.

Blau hat zuerst nachdrücklich darauf aufmerksam gemacht,[4] daß man in der Schmelzpunktsbestimmung einer Mischung der fraglichen Substanz und der Type ein einfaches Hilfsmittel zur Identifizierung zweier Substanzen besitzt, das immer dann entscheiden wird, wenn die beiden Substanzen keine isomorphen Mischungen (Mischkrystalle) geben.[5] Das Herabgehen des Schmelzpunktes beträgt bei Nichtidentität oft über $30°$,[6] selbst $40°$,[7] ja sogar $50°$,[8] manchmal allerdings[9] auch nur sehr wenig ($^1/_2$—$1°$).

Sehr wertvolle Dienste hat diese Methode u. a. zur Unterscheidung der Dipenten- und Terpinenderivate geleistet.[10]

---

[1] Siehe auch S. 41 ff.

[2] Skraup: Monatsh. Chem. 9, 794 (1888). — Blezinger: Diss. Erlangen 1908, 38. — Schulze, Liebner: Arch. Pharmaz. 254, 577 (1916).

[3] Richards: Journ. Amer. chem. Soc. 27, 104 (1905); Ber. Dtsch. chem. Ges. 40, 2771 (1907); Journ. Amer. Soc. 30, 285 (1908).

[4] Blau: Monatsh. Chem. 18, 137 (1897). — Die Tatsache selbst und ihre Verwendbarkeit war schon früher bekannt, siehe Kipping, Pope: Journ. chem. Soc. London 63, 558 (1893); 67, 371 (1895). — Pope, Clarke: Journ. chem. Soc. London 85, 1336, Anm. (1904). — Wegscheider: Monatsh. Chem. 16, 111, 124 (1895); 28, 823 (1907). — Anschütz: Liebigs Ann. 353, 152 (1907).

[5] Wegscheider, Perndanner, Auspitzer: Monatsh. Chem. 31, 1254 (1910). — R. und W. Meyer: Ber. Dtsch. chem. Ges. 52, 1249 (1919). — v. Auwers, Ziegler: Liebigs Ann. 425, 270 (1921).

[6] Liebermann: Ber. Dtsch. chem. Ges. 10, 1038 (1877). — Arndt, Milde: Ber. Dtsch. chem. Ges. 55, 353 (1922).

[7] Haiser, Wenzel: Monatsh. Chem. 31, 360 (1910).

[8] Mayer, Alken: Ber. Dtsch. chem. Ges. 55, 2278 (1922).

[9] Auwers, Traun, Welde: Ber. Dtsch. chem. Ges. 32, 3320 (1899). — Wallach: Liebigs Ann. 336, 16 (1904). — Diels, Stephan: Ber. Dtsch. chem. Ges. 40, 4339 (1907). — Gibby, Waters: Journ. chem. Soc. London 1931, 2151. — Ausbleiben der Depression: Ruzicka: Helv. chim. Acta 16, 317 (1933). — Nach Wrede, Rothhaas: Ber. Dtsch. chem. Ges. 67, 740 (1934) soll das Gemisch von p-Phenylphenacyl-n-capron- und -i-capronsäureester nicht nur keine Depression, sondern sogar eine leichte F.-Erhöhung zeigen!

[10] Wallach: Liebigs Ann. 350, 146 (1906). — Peganin = Vasicin: Späth, Kuffner, Platzer: Ber. Dtsch. chem. Ges. 68, 497 (1935). — Raudnitz: Ber. Dtsch. chem. Ges. 63, 518 (1930). — Sophoraalkaloide: Orechow, Proskurnina: Ber. Dtsch. chem. Ges. 68, 497 (1935). — Chakravarti: Journ. Indian chem. Soc. 8, 129 (1931). — Späth, Becke: Ber. Dtsch. chem. Ges. 67, 266 (1934).

Da man beim Mischen im allgemeinen nicht jenes Verhältnis der Komponenten vorausbestimmen kann, welchem das Maximum der Depression entspricht, empfiehlt es sich, in zweifelhaften Fällen eine *Mischungsschmelzpunktskurve* aufzunehmen.[1]

Gemische zeigen im übrigen nur in gewissen Ausnahmefällen scharfen Schmelzpunkt, sie werden daher ein dem Schmelzen vorangehendes Sintern erkennen lassen.[2]

Zeigt die zu identifizierende Substanz selbst beim Schmelzpunkt charakteristische Erscheinungen: Farbenänderungen, Sintern usw., so untersucht man auch die beiden Proben am selben Thermometer in gleichen Capillaren nebeneinander (siehe auch S. 66ff.).

Optisch aktive Substanzen, deren racemische Form höheren Schmelzpunkt besitzt, kann man auch so identifizieren, daß man die gleiche Menge der Antipode zumischt und beobachtet, ob der Schmelzpunkt steigt.[3,4]

Bei Substanzen, die unter Zersetzung schmelzen, hat der Mischungsschmelzpunkt keine Beweiskraft.[5]

Besondere Vorsicht ist bei der Bewertung des Mischungsschmelzpunktes von Pikraten und Styphnaten notwendig.[6]

Höhere Fettsäuren, Pikrate von Kohlenwasserstoffen, besonders aber mehrfach substituierte, aromatische Halogenderivate, wie 2.4.6-Trichlor(brom)benzol, 2.6-Dichlor-4-bromoxybenzaldehyd und 4.6-Dibrom-2-chlor-3-oxybenzaldehyd sowie ihre Methylaether zeigen keine merkliche Depression. Es ist unerläßlich, in solchen Fällen auch extreme Mischungsverhältnisse (10 : 1) zu untersuchen.[7]

Bei Tri- und Tetrahalogenthiophenen, namentlich bei 3-Chlorderivaten, manchmal auch bei 2- und 3-Bromthiophenen, nie bei mehr als 2 Jodatomen geben Isomere keine Depression. Zur Unterscheidung kann hier die *Luminiscenzanalyse* dienen.

Bei Substitution in α beobachtet man leuchtende, intensive, bei β-Substitution stumpfe oder andere Farben.[8]

Über *Mikro-Mischungsschmelzpunkte* siehe S. 85.

VI. Umscheiden.

Unter „Umscheiden" versteht man[9] das Auflösen und Wiederabscheiden eines Stoffs aus der Lösung in nichtkrystallisiertem Zustand. Man geht hierzu wie beim Umkrystallisieren vor, ermangelt aber meist der Kontrolle der zunehmenden Reinheit durch die Schmelzpunktsbestimmung. Es ist daher beim fraktionierten Umscheiden steter analytischer Vergleich der Fraktionen geboten.

Diese Reinigungsoperation ist auch oftmals bei flüssigen Stoffen anwendbar.[10]

---

[1] HANS MEYER, BEER: Monatsh. Chem. **33**, 328 (1912); **34**, 1202 (1913). — HANS MEYER, BROD, SOYKA: Monatsh. Chem. **34**, 1125, 1135 (1913). — DIBBY, WATERS: Journ. chem. Soc. London **1931**, 2151. — Siehe auch S. 67.

[2] Siehe hierzu auch STOCK: Ber. Dtsch. chem. Ges. **42**, 2059 (1909).

[3] ZERNER, WALTUCH: Monatsh. Chem. **34**, 1649 (1913); Biochem. Ztschr. **58**, 412 (1913).

[4] Anormale Mischungsschmelzpunkte: MEYER: Ber. Dtsch. chem. Ges. **52**, 1249 (1919). — HELLER, BENADE: Ber. Dtsch. chem. Ges. **55**, 1008 (1922). — FISCHER: Liebigs Ann. **466**, 212, 216 (1928); **480**, 112 (1930).

[5] SPÄTH, ZELLNER: Monatsh. Chem. **64**, 123 (1934).

[6] BEAUCOURT: Monatsh. Chem. **55**, 189 (1930) (Naphthalinderivate).

[7] LOCK, NOTTES: Ber. Dtsch. chem. Ges. **68**, 1200 (1935).

[8] STEINKOPF, KÖHLER: Liebigs Ann. **532**, 250 (1937).

[9] WILLSTÄTTER, HOCHEDER: Liebigs Ann. **354**, 221 (1907).

[10] WILLSTÄTTER, HOCHEDER: Liebigs Ann. **354**, 245, 246 (1907).

Dritter Abschnitt.

Sublimieren.

Von den zahlreichen für diesen Zweck angegebenen Apparaten sei nur der besonders geeignete von DIEPOLDER[1] beschrieben (Abb. 1).

In das unten geschlossene, äußere Glasrohr passen möglichst genau ein Glasbecherchen und das Rohr zur Aufnahme des Sublimats. An letzteres Rohr ist ein dünneres angesetzt, das durch die Mitte des Stopfens nach außen führt. Die Substanz bringt man in das Glasbecherchen, läßt dieses in das Rohr hineingleiten und stellt dann den Apparat mit einem Gummistopfen so zusammen, wie es aus der Abbildung zu ersehen ist. Über das Becherchen kann man noch vorher ein

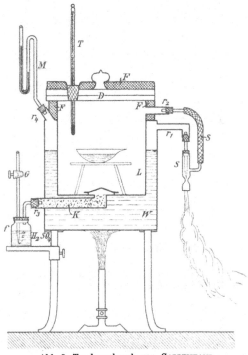

Abb. 1. Apparat von DIEPOLDER.

Abb. 2. Trockenschrank von GALLENKAMP.

Scheibchen Filtrierpapier legen, um Zurückfallen der bereits sublimierten Substanz zu verhüten. Man bringt dann das untere Ende des Apparats in ein Bad. Durch das rechtwinklig gebogene Rohr, das seitlich im Stopfen angebracht ist, leitet man einen ganz langsamen Luft- oder Gasstrom, der die Dämpfe der Substanz in die Höhe führt und Absetzen des Sublimats zwischen den Röhren verhindert. Man kann natürlich auch im *luftverdünnten Raum sublimieren*.

Über *Mikrosublimation* siehe M₂ S. 8 und KOFLER: Arch. Pharmaz. 270, 293 (1932). — KOFLER, KOFLER: Mikroskopische Methoden in der Mikrochemie, S. 37. Haim & Co. 1936.

Vierter Abschnitt.

Trocknen fester Substanzen und Krystallwasserbestimmung.

1. Trocknen bei höherer Temperatur.

Substanzen, die erwärmt werden dürfen, ohne Zersetzung zu erleiden, trocknet man entweder in Apparaten, die mit einer entsprechend hoch siedenden Flüssig-

---

[1] DIEPOLDER: Chem.-Ztg. **35**, 4 (1911). — EDER: Arch. Pharmaz. **253**, 14, 17 (1915). — LOOSER: Diss. Göttingen 1914, 67.

keit beschickt werden, oder in Lufttrockenkasten, z. B. dem sehr geeigneten von GALLENKAMP[1] (Abb. 2).

Von den gewöhnlich angewendeten *Flüssigkeitstrockenschränken* sind die von VIKTOR MEYER[2] (Abb. 3 und 4) am meisten zu empfehlen.

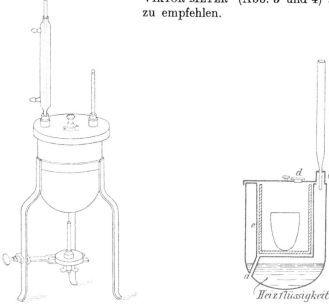

Abb. 3. Trockenschrank nach V. MEYER.   Abb. 4. Durchschnitt des Trockenschranks.

Je nach der erforderlichen Temperatur wird eine der nachstehenden *Heizflüssigkeiten* verwendet.

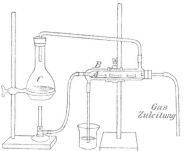

Abb. 5. Trocknen im Leuchtgasstrom.

Für eine Trockentemperatur von zirka:

30°	Methylformiat,	175°	Anilin,
55°	Aceton,	185°	Dimethylanilin,
60°	Chloroform,	200°	Naphthalin, Aethylbenzoat,
75°	Aethylalkohol,	235°	Chinolin,
97°	Wasser,	255°	Amylbenzoat,
107°	Toluol,	270°	Bromnaphthalin,
130°	Chlorbenzol,	290°	Benzophenon,
135°	Xylol,	300°	Diphenylamin,
150°	Anisol, Amylacetat, Brombenzol,	390°	Reten,
160°	Teer-Cumol,	480°	Chrysen.

[1] GALLENKAMP: Chem.-Ztg. **26**, 249 (1902).
[2] VIKTOR MEYER: Ber. Dtsch. chem. Ges. **18**, 2999 (1885); **19**, 419 (1886).

Von geeigneten Salzlösungen für Bäder seien die folgenden angeführt:

Gesättigte Natriumcarbonatlösung .... Kp. 104,6°
„   Natriumchloridlösung ...... „ 108°
„   Natriumnitratlösung .... „ 120°
„   Kaliumcarbonatlösung ..... „ 135°
„   Calciumchloridlösung...... „ 180°
„   Zinkchloridlösung......... „ 300°

Trocknen im Leuchtgasstrom wird man am besten nach DAVIS[1] (Abb. 5).

2. Trocknen im Vakuum.[2]

Hierfür dient der von STORCH[3] modifizierte HABERMANN, ZULKOW-skysche Apparat, dessen Konstruktion aus der Zeichnung (Abb. 6) er-sichtlich ist.

Der Apparat ist ver-schiedentlich modifiziert worden. Die Anordnung von DELBRIDGE[4] gibt Abb. 7 wieder.

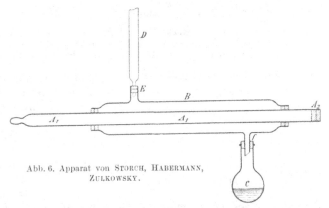

Abb. 6. Apparat von STORCH, HABERMANN, ZULKOWSKY.

Zum *Aufbewahren der getrockneten Substanz* benutzt man mit Vorteil einen „Krokodilexsiccator" (Abb. 8), der mit den entsprechenden Trockenmitteln ver-sehen ist.

Im *Vakuum des Kathodenlichtes*[5] können wasserhaltige Salze leicht bei ge-wöhnlicher Temperatur entwässert werden. Hierbei ist ein deutlicher, wenn auch nicht scharf begrenzter Unter-schied im Verhalten von Kry-stall- und Konstitutionswasser zu beobachten; letzteres ent-weicht nur sehr langsam. Als Trockenmittel dient lockeres Bariumoxyd.

3. Trocknen bei gewöhnlicher Temperatur.

Substanzen, die sogar das Er-hitzen im Vakuum nicht ver-tragen, trocknet man im Exsic-cator oder in der STORCHschen Röhre unter Anwendung von Absorptionsmitteln für die zu

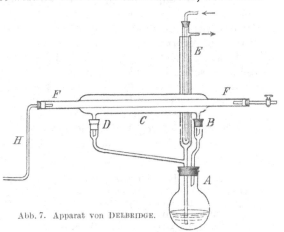

Abb. 7. Apparat von DELBRIDGE.

[1] DAVIS: Ztschr. angew. Chem. **20**, 1363 (1907).
[2] Siehe auch RUDOLPH: Chem.-Ztg. **45**, 289 (1921).
[3] Bericht der österr. Gesellsch. zur Förd. der Chem. Ind. **15**, 13 (1893).
[4] DELBRIDGE: Amer. chem. Journ. **41**, 403 (1909). — LEVENE, JACOBI: Ber. Dtsch. chem. Ges. **43**, 3143 (1910).
[5] KRAFFT: Ber. Dtsch. chem. Ges. **40**, 4770 (1907). — Siehe auch SHACKELL: Amer. Journ. Physiol. **24**, 325 (1909). — WILLSTÄTTER, STOLL: Chlorophyll, S. 224. 1913. — Hochvakuum-Mikroexsiccator: UNTERZAUCHER: Mikrochemie **18**, 315 (1935).

entfernende Flüssigkeit, wobei man ebenfalls von der Luftverdünnung Gebrauch macht und für möglichst große Oberfläche der zu trocknenden Substanz sorgt.

Als passende *Trockenmittel* dienen zum Entfernen von

Wasser: Chlorcalcium, Ätzkali, Natronkalk, Bariumoxyd,[1] Kalilauge,[2]
           Konzentrierte Schwefelsäure,[3]
           Phosphorpentoxyd, Chlorzink.[4]
Alkohol: Schwefelsäure,
           Paraffin.[5]

Aether: ⎱
Chloroform: ⎰ Olivenöl,
Benzol: ⎱ Paraffin,[5]
Ligroin: ⎰ Kautschukabfälle.
Essigsäure: Ätzkalk, Ätzkali, Natronkalk und Schwefelsäure,[6] Natronkalk
           und Phosphorpentoxyd.[7]
Essigsäureanhydrid: Ätzkali, Natronkalk und Schwefelsäure.

Um aetherische Lösungen od. dgl. rasch abzudunsten, läßt man[8] die Schale mit der Lösung auf einem Bad von konzentrierter Schwefelsäure schwimmen,

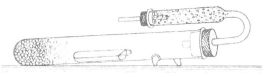

Abb. 8.   Krokodilexsiccator.

mit der ein evakuierter Exsiccator über die Hälfte angefüllt ist (Schwimmexsiccator).

Verliert die Substanz im Vakuum Kohlendioxyd, so wird in einer Kohlendioxydatmosphäre getrocknet, verliert sie Ammoniak, so verwendet man als Trockenmittel eine Mischung von Ätzkali mit schwach angefeuchtetem Salmiak.[9]

Bisdimethylchromoncadmiumjodidjodhydrat kann im Vakuum über *Ätzkali* getrocknet werden; beim Trocknen über *Schwefelsäure* tritt dagegen Zersetzung ein.[10]

Dextroweinsaures d-Coniin kann[11] bei gewöhnlicher Temperatur über *Chlorcalcium* getrocknet werden, verträgt aber Trocknen über Schwefelsäure nicht. Auch p-Nitrodiphenyltriketonhydrat verliert schon über Schwefelsäure einen Teil seines Konstitutionswassers und kann nur im Luftexsiccator getrocknet werden.[12]

Es kann auch vorkommen, daß leicht zersetzliche Substanzen in geschlossenen Gefäßen, selbst im Vakuum, nicht aufbewahrt werden können, während sie in offenen Gefäßen oder über gewissen Trockenmitteln haltbar sind. So zersetzen sich viele Oxime[13] und Salpetersäureester, wenn die spurenweise entwickelten nitrosen Dämpfe nicht entweichen können.

Benzolsulfinsäureanhydrid ist über *Natronkalk* viel beständiger als über Schwefelsäure oder in geschlossenen Gefäßen schlechthin: Dies ist wahrscheinlich

[1] KRAFFT: Ber. Dtsch. chem. Ges. 40, 4772 (1907). — E. FISCHER: Ber. Dtsch. chem. Ges. 41, 1022 (1908).
[2] Die mindestens 50proz. ist. — KILIANI: Ber. Dtsch. chem. Ges. 55, 503 (1922).
[3] 300 ccm Schwefelsäure (1,8) sind imstande, 100 ccm Wasser zu binden.
[4] SPIEGEL: Diss. Berlin 1906, 24.
[5] Eine zum Brei erstarrte Lösung von Paraffin in Paraffinöl oder mit Paraffin getränktes Filtrierpapier sind besonders zu empfehlen. Benzol wird am langsamsten absorbiert.   [6] HIEMESCH: Diss. Halle-Wittenberg 1907, 27.
[7] PFEIFFER: Liebigs Ann. 412, 292 (1916).
[8] STEINKOPF, BOHRMANN: Ber. Dtsch. chem. Ges. 41, 1047 (1908).
[9] SCHULZE, TRIER: Ber. Dtsch. chem. Ges. 45, 257 (1912) (Glutaminsaures Ammonium).   [10] SIMONIS, ELIAS: Ber. Dtsch. chem. Ges. 48, 1515 (1915).
[11] LADENBURG: Ber. Dtsch. chem. Ges. 27, 3065 (1894).
[12] WIELAND, BLOCH: Ber. Dtsch. chem. Ges. 37, 1533 (1904). — Siehe auch EDINGER: Ber. Dtsch. chem. Ges. 41, 940 (1908).   [13] Siehe S. 536.

darauf zurückzuführen, daß die geringen Mengen Schwefeldioxyd, welche die Substanz schon bei Zimmertemperatur abspaltet, nur im Natronkalkexsiccator, durch Salzbildung, beseitigt werden.[1]

Fructoseaethylthioacetal zersetzt sich beim Stehen über sauren Trocknungsmitteln.[2]

Bei schon durch Spuren von Feuchtigkeit dissoziierbaren Bromhydraten darf kein Stangenkali, sondern nur *Phosphorpentoxyd* als Trockenmittel verwendet werden.[3]

4. Weitere Angaben.

Krystallwasserbestimmung.

Manche Substanzen vertragen selbst das Trocknen im Vakuum nicht. Säuren bzw. Basen kann man titrieren und findet so den Wassergehalt.[4]

In den aus den Halogenalkylaten der Oxychinoline erhältlichen Ammoniumhydroxyden läßt sich keine direkte Krystallwasserbestimmung ausführen, da sie sich beim Erwärmen zersetzen. Man macht[5] hier deshalb eine indirekte Bestimmung, indem man das aus den Basen durch Eindampfen mit Salzsäure erhältliche Chloralkylat wägt.

p-Chinolinaldehyd sublimiert bereits bei der Temperatur, bei der er sein Krystallwasser abgibt. Hier kann das Krystallwasser nur durch Elementaranalyse bestimmt werden,[6] wie dies auch sonst[7] öfters der Fall ist. Spaltet eine Substanz beim Trocknen neben Wasser auch Kohlendioxyd ab,[8] so nimmt man das abgegebene Wasser in einer Chlorcalciumröhre auf.

Krystallwasser läßt sich auch oftmals so vertreiben, daß man die Substanz mit einem indifferenten Lösungsmittel kocht und nach dem Erkalten das ausgeschiedene Wasser mechanisch abtrennt.[9]

Umgekehrt muß man Gynocardin, das, aus Alkohol krystallisiert, stets kleine Mengen des Lösungsmittels zurückhält, zur Entfernung des Alkohols mit Wasser kochen.[10]

Man gelangt auch oft zum Ziel, wenn man die zu trocknende Substanz in einem anderen Lösungsmittel aufnimmt und in geeigneter Weise ausfällt.[11]

Manche flüssige Substanzen bilden feste Hydrate, zerfließen daher im Exsiccator.[12]

---

[1] KNOEVENAGEL, POLACK: Ber. Dtsch. chem. Ges. **41**, 3325 (1908).

[2] WOLFROM, THOMPSON: Journ. Amer. chem. Soc. **56**, 880 (1934).

[3] SCHOLL, BERBLINGER: Ber. Dtsch. chem. Ges. **37**, 4182, Anm. (1904).

[4] JACOBSEN: Ber. Dtsch. chem. Ges. **15**, 1854 (1882). — SCHROETER, SCHMITZ: Ber. Dtsch. chem. Ges. **35**, 2086 (1902). — DELBRIDGE: Amer. chem. Journ. **41**, 399 (1909).

[5] CLAUS, HOWITZ: Journ. prakt. Chem. (2), **43**, 523 (1891). — BÄRLOCHER: Diss. Freiburg 1893, 14. — REIF: Diss. Freiburg 1906, 32.

[6] PHILIPP: Diss. Freiburg 1906, 13.

[7] Z. B. MARCKWALD: Ber. Dtsch. chem. Ges. **33**, 3004, Anm. (1900). — BUCHERER, SCHENCKEL: Ber. Dtsch. chem. Ges. **41**, 1351 (1908). — LEUCHS, SCHNEIDER: Ber. Dtsch. chem. Ges. **42**, 2996 (1909). — MUMM, HÜNEKE: Ber. Dtsch. chem. Ges. **50**, 1584 (1917).

[8] BILTZ, ROBL: Ber. Dtsch. chem. Ges. **53**, 1976 (1920) (Oxonsäure).

[9] Anwendung von *Chloroform*: GRAEBE, ULLMANN: Liebigs Ann. **291**, 9 (1896); von *Xylol*: v. PECHMANN: Ber. Dtsch. chem. Ges. **13**, 1612 (1880). — Siehe auch S. 48.   [10] DE JONG: Rec. Trav. chim. Pays-Bas **28**, 24 (1909).

[11] ROHDE, SCHÄRTEL: Ber. Dtsch. chem. Ges. **43**, 2278 (1910).

[12] HANS MEYER: Monatsh. Chem. **24**, 204 (1903). — GABRIEL: Ber. Dtsch. chem. Ges. **41**, 2013 (1908). — FREUND, BODE: Ber. Dtsch. chem. Ges. **42**, 1761 (1909).

Fünfter Abschnitt.
Trocknen von Flüssigkeiten.

Flüssigkeiten von hohem Siedepunkt lassen sich von Wasser, Alkohol, Aether usw. größtenteils durch fraktionierte Destillation trennen. Ist die Substanz wenig empfindlich, so trocknet man in der Art, daß man durch die am Rückflußkühler siedende Flüssigkeit einen indifferenten Gasstrom leitet,[1] wobei man evtl. noch das Vakuum zu Hilfe nimmt.

Ist man im Besitz genügender Substanzmengen, so schüttelt oder erhitzt man auch oftmals mit einem wasserentziehenden Trockenmittel, von dem man dann abdestilliert oder abfiltriert.

Meist aber empfiehlt es sich,[2] Flüssigkeiten nicht unverdünnt, sondern in einem niedrig siedenden Lösungsmittel verteilt, zu trocknen.[3]

Phosphorpentoxyd ist namentlich zum Trocknen der aliphatischen und aromatischen Kohlenwasserstoffe, der Halogenalkyle, des Schwefelkohlenstoffs, der Aether und Ester und der Säurenitrile geeignet. Letzteren Körperklassen entzieht es auch vollständig den Alkohol.

Nicht geeignet ist das Pentoxyd für Fettsäuren, die man besser durch Ausfrieren entwässert, und für Pyridinbasen, Ketone und Chloroform.[4]

Von den anderen Trockenmitteln ist der *Ätzkalk* das wertvollste. Er dient vor allem zum Entwässern der aliphatischen Alkohole,[5] mit Ausnahme des Methylalkohols und der Pyridinbasen.

Er ist *nicht* anwendbar für Ketone, selbst in der Kälte.

Etwas weniger gut wirkt *Ätzbaryt*,[6] dagegen ist aber *Bariumoxyd* manchmal sehr wohl verwendbar.[7]

Auch das zum Trocknen von Pyridinbasen, Aminen usw. gebräuchliche[8] *Kaliumhydroxyd* kann leicht Zersetzung herbeiführen, namentlich beim Erhitzen.

Metallisches Natrium[9] ist das beste Mittel, um Kohlenwasserstoffe und Aether von Wasser und Alkohol zu befreien, und auch vorzüglich geeignet zum Trocknen von Methylal (das durch Phosphorpentoxyd zerstört wird) und von Methylalkohol wie auch wohl der meisten anderen Alkohole.

Die zu trocknende Flüssigkeit bleibt längere Zeit mit Natriumdraht stehen, bis, auch nach dem Hinzufügen neuer Mengen von Natrium, keine Wasserstoffentwicklung mehr erkennbar ist, oder sie wird erhitzt, bei empfindlichen Substanzen im Wasserstoffstrom, dann abdestilliert.

Ausgezeichnete Resultate[10] erzielt man mit *Aluminiumamalgam*.[11]

---

[1] BRÜHL: Ber. Dtsch. chem. Ges. **24**, 3391 (1891).

[2] LIEBERMANN: Ber. Dtsch. chem. Ges. **22**, 676 (1889).

[3] TIMMERMANS: Bull. Soc. chim. Belg. **24**, 244ff. (1910).

[4] SAPOJNIKOW: Journ. Russ. phys.-chem. Ges. **25** II, 626 (1893); **28** II, 229 (1896). — HOPFGARTNER: Monatsh. Chem. **32**, 523 (1911) (Ameisensäure).

[5] KAILAN: Monatsh. Chem. **28**, 927 (1907). — PLÜCKER: Ztschr. Unters. Nahrungs- u. Genußmittel **17**, 454 (1909). — BRUNEL, CRENSHAW, TOBIN: Chem. News **122**, 256 (1921) (Aethylalkohol). — NOYES: Journ. Amer. chem. Soc. **45**, 857 (1923).

[6] Das Absolutwerden des Alkohols zeigt sich hier durch Gelbfärbung an.

[7] E. FISCHER: Ber. Dtsch. chem. Ges. **41**, 1022 (1908).

[8] Z. B. NAUMANN: Ber. Dtsch. chem. Ges. **37**, 4609 (1904). — WALDEN, CENTNERSZWER: Ztschr. physikal. Chem. **55**, 321 (1906).

[9] LIEBEN: Liebigs Ann. **158**, 151 (1871). — SACHS: Diss. Breslau 1898, 40. — *Anwendung der Natrium-Kalium-Legierung:* GROSCHUFF: Ztschr. Elektrochem. **17**, 348 (1911).

[10] WISLICENUS, KAUFMANN: Ber. Dtsch. chem. Ges. **28**, 1324 (1895). — BECKMANN: Ztschr. anorgan. allg. Chem. **51**, 237 (1906). — POZZI-ESCOT: Bull. Assoc. Chimistes Sucr. Dist. **26**, 580 (1909). — BRUNEL, CRENSHAW, TOBIN: Chem. News **122**, 256 (1921). — THIELE, MERCK: Liebigs Ann. **415**, 265 (1918). — HAHN, THIELER:

Gleich gut wirkt 2—10proz. *Magnesiumamalgam*[1] auch für *Propylalkohol*.[2] Man verreibt Magnesiumpulver mit dem gleichen Gewicht Quecksilber in einer angewärmten Reibschale unter 98proz. Alkohol, der etwas Salzsäure enthält, gießt die Flüssigkeit ab und wäscht mit absolutem Alkohol.

Magnesiummethylat zum Trocknen von Methanol: MARVEL, HAGER: Org.-Synth. 7, 37 (1927). — LUND, BJERRUM: Ber. Dtsch. chem. Ges. 64, 213 (1931).

Noch schwerer als Wasser ist der letzte Rest von Aether oder Alkohol selbst aus hochsiedenden Substanzen auszutreiben.[3]

Wenn man auf die *vollständige* Entfernung der Feuchtigkeit verzichtet, kann man als Trockenmittel Salze anwenden, die der Flüssigkeit das Wasser entziehen und als Krystallverbindung festhalten. Man darf aber nicht vergessen, daß die Dampfspannung all dieser Salze nicht unbeträchtlich ist, so daß man sogar eine vollkommen trockene Flüssigkeit dadurch, daß man sie mit einem nicht *völlig* von Krystallwasser befreiten Salz zusammenbringt, wieder feucht machen kann.

Chlorcalcium hat den großen Vorteil, sowohl Wasser als auch Alkohol zu binden. Es ist aber mit großer Vorsicht anzuwenden, da es sich mit vielen Verbindungen,[4] namentlich mit Alkoholen,[5] Fettsäuren, Säureamiden[6] und Estern,[7] Ketonen[8] sowie Phenolen[9] vereinigt und auf andere Substanzen[10] zersetzend einwirkt.

Kaliumcarbonat, durch Glühen von reinem Bicarbonat erhalten, ist zum Trocknen von Estern geeignet, denen es auch die evtl. vorhandene freie Säure entzieht. Vielfache Verwendung finden auch die sehr indifferenten neutralen *Sulfate* des *Kaliums*, *Natriums*, seltener des *Magnesiums*[11] und *Eisenoxyduls*;[12]

Ber. Dtsch. chem. Ges. 57, 671 (1924). — WEITZ: Ber. Dtsch. chem. Ges. 57, 167 (1924). — FISCHER, STERN: Liebigs Ann. 446, 239 (1926). — Siehe dagegen WEGSCHEIDER: Monatsh. Chem. 20, 693 (1899).

[11] Darstellung: Sitzungsber. Physikal. Ges. Berlin 1893; Sitzungsber. v. 1. Dez. — Siehe WISLICENUS: Journ. prakt. Chem. (2), 54, 44 (1896). — KIRPAL, REITER: Ber. Dtsch. chem. Ges. 58, 700 (1925) (Aluminiumfäden).

[1] MEUNIER: Bull. Soc. chim. France (3), 29, 1175 (1903). — EVANS, FETSCH: Journ. Amer. chem. Soc. 26, 1158 (1904). — KONEK: Ber. Dtsch. chem. Ges. 39, 2264 (1906). — ANDREWS: Journ. Amer. chem. Soc. 30, 356 (1908). — GYR: Ber. Dtsch. chem. Ges. 41, 4325 (1908). — BYERRUM, ZECHMEISTER: Ber. Dtsch. chem. Ges. 56, 894, 1247 (1923) (Methylalkohol).

[2] LUND, BJERRUM: Ber. Dtsch. chem. Ges. 64, 210 (1931).

[3] HANS MEYER, HERZIG: Monatsh. Chem. 16, 602 (1895). — BAMBERGER: Liebigs Ann. 235, 369 (1886).

[4] LIEBIG: Liebigs Ann. 5, 32 (1833). — KANE: Liebigs Ann. 19, 164 (1836). — STRECKER: Liebigs Ann. 91, 355 (1854). — SCHREINER: Liebigs Ann. 97, 12 (1856). — HLASIWETZ, HABERMANN: Liebigs Ann. 155, 127 (1870). — LIEBEN: Monatsh. Chem. 1, 919 (1880). — R. MEYER: Ber. Dtsch. chem. Ges. 14, 2395 (1881). — GÖTTIG: Ber. Dtsch. chem. Ges. 23, 181 (1890). — SKRAUP, PICCOLI: Monatsh. Chem. 23, 284 (1902). — MENSCHUTKIN: Journ. Russ. phys.-chem. Ges. 38, 1010 (1906). — KARRER: Helv. chim. Acta 5, 140 (1922) (Aminosäureanhydride).

[5] KANE: a. a. O. — Geraniol: KUWATA: Journ. Soc. chem. Ind. Japan, Suppl. 36, 583 (1933). — Auch mit Glycerin: GRÜN, HUSMANN: Ber. Dtsch. chem. Ges. 43, 1296 (1910).

[6] KUSNEZOW: Journ. Russ. phys.-chem. Ges. 41, 379 (1909).

[7] NAUMANN: Ber. Dtsch. chem. Ges. 42, 3796 (1909).

[8] PAULY, BERG: Ber. Dtsch. chem. Ges. 34, 2092 (1901). — BAGSTER: Journ. chem. Soc. London 111, 494 (1917).

[9] D. R. P. 100418 (1898). — WEINLAND, DENZEL: Ber. Dtsch. chem. Ges. 47, 2244, 2990 (1914); 52, 147 (1919).

[10] THÜMMEL: Arch. Pharmaz. 228, 285 (1890). — ROITHNER: Monatsh. Chem. 15, 666 (1894).

[11] HOHENEMSER: Diss. Kiel 1908, 43. — SIEBENROCK: Monatsh. Chem. 30, 759 (1909).   [12] Für Aethylnitrit: FISCHER: Diss. Leipzig 1908, 9.

besonders häufig wird entwässertes *Kupfersulfat*[1] benutzt, das namentlich zum Trocknen von Aldehyden und Ketonen, die von den meisten anderen stärker wirkenden Trockenmitteln angegriffen werden, empfohlen wird. Übrigens ist Aceton auf die Dauer auch gegen dieses Salz nicht resistent. — Bemerkenswert ist, daß sich Kupfersulfat in wasserhaltigem Methylalkohol löst.

Zum Trocknen empfindlicher Nitrokörper dient nach LASSAR-COHN[2] das *Calciumnitrat.*

Trocknen von Alkoholen mit Magnesiummethylat: BJERRUM, ZECHMEISTER: Ber. Dtsch. chem. Ges. **56**, 894 (1923). — Aethylat: LUND, BJERRUM: Ber. Dtsch. chem. Ges. **64**, 210 (1931).

Gelegentlich werden auch noch andere[3] Trockenmittel, so *Carnallit, Natronkalk, Kaliumbisulfat, Thionylchlorid, Siliciumtetrachlorid* oder *Schwefelsäure,*[4] herangezogen.

Nachweis von Feuchtigkeitsspuren in organischen Substanzen.

Hierzu kann nach BILTZ[5] in besonders guter Weise das *Kaliumbleijodid* dienen. Dieses nahezu farblose Salz wird nämlich schon durch minimale Spuren Wasser unter Abscheidung von Bleijodid gelb.

Die aus *Aluminiumaethylat* darstellbaren aethoxylärmeren Umwandlungsprodukte $Al_2(OC_2H_5)_4O$ und $Al_4(OC_2H_5)_6O_4$ geben, mit organischen Lösungsmitteln und Spuren von Wasser (0,05% und weniger), eine voluminöse Fällung von Aluminiumhydroxyd. Auf diese Reaktion hat HENLE[6] ein Verfahren zum Nachweis von Wasser in Alkohol und sonstigen organischen Lösungsmitteln aufgebaut.

Anwendung von Fluorenon-Natrium: BENT, IRWIN: Journ. Amer. chem. Soc. **58**, 2072 (1936).

Über den Nachweis geringer Wassermengen mittels Bestimmung der kritischen Lösungstemperatur siehe S. 104.[7]

---

[1] Z. B. ABDERHALDEN, WURM: Ztschr. physiol. Chem. **82**, 162 (1912); D. R. P. 230171 (1911).

[2] LASSAR, COHN: Arbeitsmethoden, 4. Aufl., S. 263. — Siehe BILTZ: Ber. Dtsch. chem. Ges. **35**, 1529 (1902).

[3] Kolophonium: GUIGNEO: Journ. Pharmac. Chim. (6), **24**, 204 (1906).

[4] ODDO, SCANDOLA. Wenig rauchende Schwefelsäure für Basen: Ztschr. physikal. Chem. **66**, 138 (1909).

[5] BILTZ: Ber. Dtsch. chem. Ges. **40**, 2182 (1907). — Siehe auch ADICKES: Ber. Dtsch. chem. Ges. **63**, 2753 (1930).

[6] HENLE: Ber. Dtsch. chem. Ges. **53**, 719 (1920).

[7] *Nachweis von Feuchtigkeit und Wasserbestimmung durch Zusatz von Calciumcarbid und Messung des entwickelten Acetylens:* DUPRÉ: Analyst **31**, 213 (1906). — *Durch Erhitzen mit Petroleum, Toluol, Xylol oder Amylacetat und Messen des mit übergehenden Wassers:* MARCUSSON: Mitt. Materialprüf.-Amt Berlin-Dahlem **22**, 48 (1904); **23**, 58 (1905). — HOFFMANN: Wchschr. Brauerei 1904, Nr. 12. — GRAEFE: Braunkohle **3**, 681 (1906). — ASCHMANN, AREND: Chem.-Ztg. **30**, 953 (1906). — THÖRNER: Ztschr. angew. Chem. **21**, 148 (1908). — SCHWALBE: Ztschr. angew. Chem. **21**, 400 (1908). — HOFFMANN: Ztschr. angew. Chem. **21**, 2095 (1908). — FABRIS: Ztschr. Unters. Nahrungs- u. Genußmittel **22**, 354 (1911). — SADTLER: Ztschr. Unters. Nahrungs- u. Genußmittel **23**, 146 (1912). — MAI, RHEINBERGER: Ztschr. Unters. Nahrungs- u. Genußmittel **24**, 129 (1912). — CAMPBELL: Journ. Soc. chem. Ind. **32**, 67 (1913). — v. HOGDIN: Ztschr. Unters. Nahrungs- u. Genußmittel **25**, 158 (1913). — MICHEL: Chem.-Ztg. **37**, 353 (1913). — SCHLÄPFER: Ztschr. angew. Chem. **27**, 52 (1914). — WINDISCH, GLAUBITZ: Wchschr. Brauerei **32**, 389 (1915). — SCHOLL, STROHECKER: Ztschr. Unters. Nahrungs- u. Genußmittel **32**, 493 (1916). — MERL, REUS: Ztschr. Unters. Nahrungs- u. Genußmittel **34**, 395 (1917). — BESSON: Chem.-Ztg. **41**, 346 (1917).

Bestimmung von Wasser in Alkoholen.[1]

Der wasserhaltige Alkohol wird in Kohlendioxydatmosphäre mit Calciumhydrid reagieren gelassen.

$$CaH_2 + H_2O + CO_2 = CaCO_3 + 2 H_2.$$

Etwa 5 g Calciumhydrid werden in erbsengroßen Stücken ohne Staub in ein 50-ccm-Kölbchen gegeben und mit Xylol, das durch Kochen mit Calciumhydrid vollständig entwässert wurde, überschichtet. Das Kölbchen wird mit einem dreifach durchbohrten Gummistopfen verschlossen, in dem ein in die Flüssigkeit tauchendes Einleitungsrohr, ein Tropftrichterchen und ein Ableitungsrohr eingesetzt sind. Das Ableitungsrohr wird mit einem Azotometer verbunden. Die Luft wird durch luftfreies, trockenes Kohlendioxyd vertrieben, wobei man das Xylol einmal kurz aufkochen läßt, um die an den Calciumhydridstücken haftende Luft zu entfernen. Man läßt im Kohlendioxyd erkalten, füllt die Substanz in den Trichter und saugt sie durch Öffnen des Hahns und Senken des Azotometer-Niveaugefäßes in das Reaktionskölbchen. Der Trichter wird mit etwa 10 ccm Xylol quantitativ nachgespült. Die Wasserstoffentbindung tritt sofort ein. Man läßt die Reaktion etwa $^3/_4$ Stunden gehen, während welcher Zeit beständig ein schwacher Kohlendioxydstrom (2 Blasen in der Sekunde) durch die Flüssigkeit streicht. Das Kohlendioxyd wird im Meßgefäß von Kalilauge absorbiert, der Wasserstoff sammelt sich an. Wenn keine Zunahme des Volumens mehr beobachtet wird, stellt man ab. Falls sich im Trichterrohr Gas ansammelt, verdrängt man es durch Einfließenlassen von trockenem Xylol in das Kölbchen.

Entwässern von Alkoholen nach YOUNG.[2]

Zum Entfernen von Wasser aus Aethyl-, n-Propyl-, i-Propyl-, tert. Butyl-, i-Butyl- und i-Amylalkohol (und ebenso zum Entfernen der niederen Homologen aus den beiden letztgenannten Alkoholen) destilliert YOUNG unter Zuhilfenahme eines wirksamen Fraktionierapparats mit Benzol.

Zum Absolutmachen von Aethylalkohol wird das Gemisch von wässerigem Alkohol und Benzol destilliert. Zuerst geht bei 64,85° ein Gemisch von 18,5% Alkohol, 74,1% Benzol und 7,4% Wasser über, dann bei 68,25° ein Gemisch von 32,4% Alkohol und 67,6% Benzol, schließlich absoluter Alkohol. Spuren von Benzol, die dem Alkohol noch beigemischt bleiben, entfernt man durch Destillieren mit n-Hexan. Die Vorläufe werden immer wieder verarbeitet.

Sechster Abschnitt.

Chromatographische Adsorptionsanalyse.[3]

Diese wertvolle, von TSWETT[4] geschaffene Methode ist gewissermaßen eine Übertragung der Capillaranalyse[5] ins Dreidimensionale.

[1] WIRTH: Dtsch. Öl-Fett-Ind. **1921**, 147. — Über den Nachweis und die Bestimmung von Wasser in Alkohol siehe auch ADICKES: Ber. Dtsch. chem. Ges. **63**, 2753 (1930). — SCHÜTZ, KLAUDITZ: Ztschr. angew. Chem. **44**, 42 (1931).

[2] YOUNG: Proceed. chem. Soc. **18**, 104, 105 (1902); Journ. chem. Soc. London **81**, 707 (1902); Pharmac. Journ. (4), **17**, 166 (1903).

[3] Siehe vor allem die ausgezeichnete Monographie von ZECHMEISTER, CHOLNOKY. Wien: Julius Springer. 1937. — Ferner HESSE: Physikalische Methoden im chemischen Laboratorium, S. 69—84. Berlin: Verlag Chemie. 1937. — Anorganische Chromatographie: SCHWAB, DATTLER, JOCKERS: Physikalische Methoden usf., S. 85 bis 114. — Ztschr. angew. Chem. **50**, 546, 691 (1937).

[4] TSWETT: Ber. Dtsch. botan. Ges. **24**, 235, 316, 384 (1906); Biochem. Ztschr. **5**, 9 (1907); Ber. Dtsch. chem. Ges. **41**, 1352 (1908); **43**, 3199 (1910); **44**, 1124 (1911); Die Chromophylle in der Pflanzen- und Tierwelt. Warschau 1910.

[5] GOPPELSROEDER: Anregung zum Studium der Capillaranalyse. Basel 1906. —

Sie hat zum Zweck, Substanzgemische (besonders farbige) durch die verschiedene Adsorbierbarkeit der Komponenten aus ihren Lösungen zu trennen, bzw. Substanzen auf Einheitlichkeit zu prüfen. Sie ermöglicht ferner oft eine Anreicherung in sehr großer Verdünnung vorliegender Stoffe, sowie die Feststellung der Identität bzw. Verschiedenheit zweier Verbindungen.

Das Prinzip des Verfahrens ist, das Adsorbens in einer Richtung von der Lösung durchströmen zu lassen. Man benutzt für analytische Versuche eine schmale Säule, für präparative Zwecke breite Nutschen.

Die *Entwicklung* des Chromatogramms besteht im Nachspülen mit einer geeigneten Flüssigkeit. Dabei werden die am leichtesten adsorbierbaren Stoffe im oberen Teil der Säule verankert bleiben und meist gut abgegrenzte Zonen bilden. Die weniger gut haftenden Substanzen wandern bei der Entwicklung abwärts. Man kann sie durch verlängertes Nachspülen als Filtrate, nach Wunsch in Fraktionen, auffangen.

Die zurückbleibenden Zonen werden mechanisch oder durch *Elution* der einzelnen Schichten mit passenden Lösungsmitteln isoliert.

Die Tswettsche Methode ermöglicht dort Trennungen, wo dies auf Grund der Löslichkeitsverschiedenheiten, durch fraktionierte Krystallisation oder Destillation, Sublimation usw. nicht möglich ist. Die Adsorptionsaffinität zeigt schon bei geringen Konstitutionsunterschieden deutliche Differenzen. Sauerstoffhaltige Verbindungen werden z. B. stärker adsorbiert als Kohlenwasserstoffe, Alkohole stärker als Ketone, diese besser als Ester.

Je ungesättigter eine Substanz ist, desto stärker wird sie adsorbiert. In komplizierteren Fällen hängt die Adsorptionsaffinität von der allgemeinen Valenzverteilung, dem „Diylzustand" ab, der mit Farbe[1] und Reaktionsfähigkeit gegen Maleinsäureanhydrid parallel geht.

Ein Stoff wird um so stärker adsorbiert, je mehr polare Gruppen er enthält (OH, CO, COOH, NH$_2$), je ungesättigter und je größer das Molekül ist.

Die Stärke der Adsorptionskraft der einzelnen Reagenzien gegenüber neutralen Substanzen steigt ungefähr nach der Reihe:

$$MgO < CaCO_3 < CaO < \text{akt. } Al_2O_3 < \text{Bleicherden.}$$

Die beanspruchte Menge des Adsorptionsmittels ist im allgemeinen sehr groß. So werden für die Abtrennung von je einem Gramm

Carotin	2000 g	Fasertonerde,
Lutein	5000 ,,	Aluminiumoxyd,
Chlorophyll	1000 ,,	Zucker,

dagegen für je ein Gramm

Anthracen	50 g	Aluminiumoxyd,
Bufotalin	60 ,,	Aluminiumoxyd,
Cholesterin	20 ,,	Aluminiumoxyd

benötigt.

Wie weitgehend die Trennungsmöglichkeiten mittels der chromatographischen Methode sind, geht aus folgenden Beispielen hervor:

Boletol und Isoboletol, die sich nur durch die Stellung einer OH-Gruppe unterscheiden:

NEUGEBAUER: Die Capillar-Luminiscenzanalyse im pharmazeutischen Laboratorium. Leipzig 1933.

[1] CLAR: Ber. Dtsch. chem. Ges. **66**, 202 (1933). — Rolle der Mesostellung: WINTERSTEIN, SCHÖN: Ztschr. physiol. Chem. **230**, 146 (1934).

HOOC   OH   HOOC   OH
    CO   CO
        —OH   und   —OH
    CO   CO
    OH   OH

sind leicht trennbar,[1] ebenso die isomeren Kohlenwasserstoffe:[2]

und

anti-Di-peri-dibenzcoronen   Anthradianthren

Besonders auffallend ist auch die Verschiedenheit in der Adsorptionsaffinität von

und

Perylen   3.4-Benzpyren

welche die gleiche Zahl von Sechsringen besitzen und keine freie Mesostellung aufweisen.[3]

Cis- und Transcrocetindimethylester lassen sich ebenfalls chromatographisch scheiden.[4]

Bixindialdehyd und Bixinaldehydsäure lassen sich nicht direkt voneinander trennen, denn man muß mit einem neutralen Adsorbens arbeiten, demgegenüber sich Carbonyl- und Carboxyl nicht wesentlich verschieden verhalten.

Die Trennung gelingt aber, wenn man die Carbonylgruppe oximiert.[5]

Natürlich hat die Leistungsfähigkeit der Methode auch Grenzen. So ist die chromatographische Reinigung von Rohpicen noch nicht gelungen.[6]

Während sich 1.2.6.7-Dibenzanthracen

(I)

von 1.2.5.6-Dibenzanthracen

(II)

[1] KÖGL, DEIJS: Liebigs Ann. **515**, 32 (1935).

[2] WINTERSTEIN, SCHÖN: Ztschr. physiol. Chem. **230**, 163 (1934).

[3] WINTERSTEIN, VETTER: Ztschr. physiol. Chem. **230**, 169 (1934). — WINTERSTEIN, VETTER, SCHÖN: Ber. Dtsch. chem. Ges. **68**, 1079 (1935).

[4] KUHN, WINTERSTEIN: Ber. Dtsch. chem. Ges. **66**, 1733 (1933).

[5] KUHN, GRUNDMANN: Ber. Dtsch. chem. Ges. **65**, 1880 (1932).

[6] ZECHMEISTER, CHOLNOKY: Chromatographische Adsorptionsmethode, S. 165. 1937. — S. a. GILLAM, HEILBRON, JONES, LEDERER: Biochemical Journ. **32**, 405 (1938).

sowie von 1.2(2'.3')-Naphthoanthracen

(III)

durch wiederholtes Chromatographieren noch trennen läßt, versagt das Verfahren, wenn in I und III ein weiterer Benzolring eingefügt wird.[1]

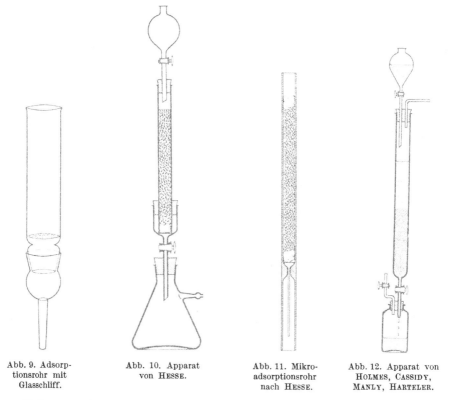

Abb. 9. Adsorp-   Abb. 10. Apparat   Abb. 11. Mikro-   Abb. 12. Apparat von
tionsrohr mit   von HESSE.   adsorptionsrohr   HOLMES, CASSIDY,
Glasschliff.   nach HESSE.   MANLY, HARTELER.

Es kann vorkommen, daß eine einheitliche Substanz auf der Säule unhomogen erscheint. So wird das Anthocyan der Paeonienblüten auf aktiviertem Alumi-niumoxyd in rote, blaue, evtl. auch blaugrüne Zonen zerlegt, weil das basisch wirkende Adsorptionsmittel das Oxoniumsalz zum Teil in Phenolbetain und Carbinolbase umwandelt.[2] Bei der Aufarbeitung der einzelnen Säulenanteile erweist es sich, daß keine verschiedenen Pigmentarten vorliegen.

Ähnlich, wie beim Umkrystallisieren ein Wechsel des Lösungsmittels, kann sich bei der Chromatographie die Benutzung verschiedener Adsorptionsmittel als nützlich, ja als notwendig erweisen.

β-Oxycarotinon z. B. erscheint bei der Behandlung mit Aluminiumoxyd voll-kommen einheitlich, gibt aber bei der Chromatographie des Eluates an Calcium-

[1] CLAR: Ber. Dtsch. chem. Ges. **66**, 202 (1933).
[2] KARRER, STRONG: Helv. chim. Acta **19**, 25 (1936).

carbonat zwei getrennte Zonen, denen zwei verschiedene Substanzen entsprechen.[1]

Manchmal muß der Adsorptionsversuch 2—3mal wiederholt werden.

α- und β-Carotin werden bei der Adsorption an Al_2O_3 oder $Ca(OH)_2$ verändert.[2]

Ausführung des Verfahrens.

Apparatur. Für viele Zwecke ist die aus Abb. 10 ersichtliche Anordnung von Vorteil. Der an dem Vorstoß befindliche Hahn gestattet, das Durchlaufenlassen zu unterbrechen.

Zur *Mikrochromatographie*[3] dient nach HESSE[4] ein Röhrchen, dessen Maße 30×2 mm sind (Abb. 11). BECKER, SCHÖPF[5] benutzen eine dickwandige Capillare (innen 1 mm weit), unten zur Aufnahme der Watte etwas erweitert, oben mit angeschmolzenem Glasrohr, zum Einfüllen. Die Capillare endet in eine geschliffene Fußplatte. Man stellt auf eine Siebplatte in einem geraden Vorstoß und befestigt das Ganze an der Saugflasche.

ZECHMEISTER, CHOLNOKY[6] benutzen, ebenso wie KUHN, BROCKMANN[7] ein Adsorptionsrohr mit Glasschliff (Abb. 9). Man legt auf eine passende Porzellansiebplatte eine kreisrunde, höchstens $^1/_2$ cm dicke Scheibe aus Verbandwatte, deren Durchmesser den des Porzellans um 2 cm übertrifft. Der ringsum herausragende Wattering wird gleichmäßig nach unten abgebogen und das Ganze vorsichtig in das horizontal gehaltene Adsorptionsrohr geschoben, das mittels seines Schliffes montiert wird.[8] Nach Beendigung des Versuches wird der angeschliffene Vorstoß entfernt und die Kolonne in waagrechter Lage, von dem geschliffenen Ende ausgehend, mit Hilfe des Holzpistills (Abb. 14) herausgedrückt.[9]

Abb. 13.
Mikroadsorptionsrohr nach BECKER, SCHÖPF.

Abb. 14.
Holzpistill.

Zum Arbeiten bei Luftabschluß dient der in Abb. 12 abgebildeten Apparat.[10]

Einfüllen des Adsorptionsmittels. Gröbere Pulver (wie das MERCKsche Aluminiumoxyd) werden nach dem Absieben partienweise in das senkrecht gestellte Rohr eingestampft, das Pistill *immer unter Drehen* herausgezogen. Hat das Rohr keinen Einfülltrichter, dann muß etwa $^1/_4$ des Rohrinhalts für die Lösung frei gelassen bleiben. Nach dem Füllen setzt man die Saugpumpe an und stampft noch 1—2 Minuten, bis beim Zurückziehen des Pistills keine Staubwolke mehr entsteht. Man kann auch von Beginn der Füllung an ansaugen.

---

[1] KUHN, BROCKMANN: Ber. Dtsch. chem. Ges. **65**, 894 (1932).

[2] GILMAN, EL RIDI: Nature **136**, 914 (1935). — GILMAN, EL RIDI, KON: Bioch. Journ. **31**, 1605 (1937): Die Isomerisation von Carotin und die teilweise Inaktivierung von Vitamin A und K ist vielleicht auf die Verwendung von alkalihaltigem Al_2O_3 zurückzuführen.

[3] Siehe auch TSWETT: Die Chromophylle in der Pflanzen- und Tierwelt. Warschau 1910. [4] HESSE: Angew. Chem. **49**, 315 (1936).

[5] BECKER, SCHÖPF: Liebigs Ann. **524**, 124 (1936).

[6] ZECHMEISTER, CHOLNOKY: Die chromatographische Adsorptionsmethode, S. 51. 1937. [7] KUHN, BROCKMANN: Ztschr. physiol. Chem. **206**, 41 (1932).

[8] Die Hülle vermeidet ein Ritzen der Glaswand beim späteren Auspressen der Füllmasse.

[9] Weitere Apparate: ROGOWSKI: Diss. Fribourg 1912. — VEGEZZI: Diss. Fribourg 1916. — WINTERSTEIN, STEIN: Ztschr. physiol. Chem. **220**, 247 (1933). — MOHLER, HÄMMERLE: Ztschr. Unters. Lebensmittel **70**, 193 (1935). — KOSCHARA: Ber. Dtsch. chem. Ges. **67**, 761 (1934).

[10] HEILBRON, HESLOP, MORTON, WEBSTER, REA, DRUMMOND: Biochemical

Gewöhnlich wird man besser nach Winterstein und Stein[1] eine möglichst konzentrierte Benzinsuspension des gut getrockneten Adsorptionsmittels partienweise auf die Filterplatte saugen, erst schwach und schließlich stark. Die Oberfläche muß andauernd mit Benzin bedeckt bleiben. Luftbläschen entfernt man durch Klopfen.

Anwendung von zwei[2] Adsorptionsmitteln im selben Rohr kann entweder so erfolgen, daß man eine homogene Mischung macht,[3] um auf eine mittlere Adsorptionskraft einzustellen, oder durch Mitverwendung eines gröberen Materials die Durchflußgeschwindigkeit zu erhöhen, oder durch Übereinanderschichten verschiedener Lagen an sich homogener Stoffe. Die obere Kolonnenhälfte wird von dem schwächer wirkenden Adsorbens gebildet. Durch letzteres Verfahren kann Arbeit gespart werden [Polyene, $CaCO_3$ + Al_2O_3, Kuhn, Brockmann: Ztschr. physiol. Chem. 206, 41 (1932)][4] und es können Verunreinigungen zurückgehalten werden. [Polycyclische Kohlenwasserstoffe, Winterstein, Schön, Vetter: Ztschr. physiol. Chem. 230, 158 (1934).] Der Stoffinhalt des Zwischenfiltrats, der in den unteren Bezirk des Rohrs gelangt, wird dort abgefangen, so daß man keine zweite Säule braucht.

Zum Füllen des Rohrs[5] stampft man die untere Lage wie gewöhnlich fest, wickelt dann das Pistill[6] (Abb. 14) in ein reines Leinwandtuch und setzt das Schlagen, bei laufender Saugpumpe, noch einige Zeit fort. Die Glaswand wird nunmehr sorgfältig von kleinen Staubteilen gereinigt und erst dann mit dem Einstampfen des zweiten Adsorptionsmittels begonnen. Versäumt man diese Vorsichtsmaßregel, so kann das Chromatogramm an der Berührungsfläche der beiden Säulen empfindlich gestört werden.

Einbringen der Lösung. Zunächst muß das Adsorptionsmittel mit dem Lösungsmittel durchfeuchtet werden.[7] Auf das Adsorptionsmittel wird eine Filterpapierscheibe gelegt, um Aufwirbeln oder Rissebildung zu vermeiden.

Entwickeln. Man nimmt hierzu meist dieselbe Flüssigkeit, die als Lösungsmittel gedient hat. Wenn diese aber nicht oder nur schwer imstande ist, die Zonen auseinanderzuziehen, muß man ein anderes Medium wählen. Man setzt das Entwickeln so lange fort, bis ein optimales Säulenbild erreicht ist.

Begleitstoffe sind im allgemeinen ohne Einfluß; in seltenen Fällen wirken sie eluierend. In solchen Fällen empfiehlt sich eine Vorreinigung oder mehrfache Wiederholung des Adsorptionsversuches.

Besonders reine Präparate zeigen meist größere Adsorbierbarkeit, die sogar die Elution erschweren oder verhindern kann. Es kann aber auch vorkommen, daß der Begleiter das Adsorptionsmittel stärker aktiviert, so daß das System

---

Journ. 26, 1178 (1932). — Holmes, Cassidy, Manly, Hartzler: Journ. Amer. chem. Soc. 57, 1990 (1935).

[1] Winterstein, Stein: Ztschr. physiol. Chem. 220, 247, 263 (1933); 230, 142 (1933). — Klein: Pflanzenanalyse IV, S. 1403. 1933. — Castle, Gillam, Heilbron, Thompson: Biochemical Journ. 28, 1702 (1934). — Holmes, Cassidy, Manly, Hartzler: Journ. Amer. chem. Soc. 57, 1990 (1935).

[2] Drei Adsorptionsmittel: Zucker, $CaCO_3$, Al_2O_3. Winterstein in Kleins Pflanzenanalyse IV, S. 1403. (1933).

[3] Beim Entwickeln oder bei anteilsweiser Elution kann eine Fraktionierung vorgetäuscht werden, falls die beiden Füllstoffe allzu abweichend wirken.

[4] Paprikafarbstoffe: $CaCO_3$, $Ca(OH)_2$. Cholnoky in Zechmeister, Cholnoky: Chromatographische Adsorptionsmethode, S. 101. 1937.

[5] Normale Dimensionen: 20—30 cm hoch, Durchmesser 1—3 cm.

[6] Am besten für derartige Zwecke aus Nußholz, glattgedreht und rund, die Endfläche entsprechend zwei Drittel des Rohrquerschnittes. Zechmeister, Cholnoky: a. a. O., S. 58.

[7] Bei der Untersuchung der Acetylcellulose erwies sich das Anfeuchten als ungünstig. Mark, Saito: Monatsh. Chem. 68, 237 (1936).

Füllmasse + Begleiter das Festhalten der Substanz fördert (Sekundär-Adsorption).[1,2]

Das Adsorptionsvermögen in wässeriger Lösung kann auch durch Salze beeinflußt werden.[3,4]

Während der ganzen Zeit der Entwicklung muß die obere Grenzfläche des Adsorptionsmittels von Flüssigkeit bedeckt sein. Nach Abschluß der Entwicklung saugt man weiter, bis die obenstehende Flüssigkeit verschwunden ist. Für sehr sauerstoffempfindliche Substanzen muß dies in einem indifferenten Gasstrom geschehen. Man benutzt in solchen Fällen die Anordnung von HOLMES (Abb. 12) oder von HEILBRON. ZECHMEISTER, CHOLNOKY empfehlen[5] zur Erreichung des richtigen Feuchtigkeitsgrades, nachdem die letzten Anteile des Lösungsmittels eingesickert sind, die Rohrmündung mit dem flachen Handteller $^1/_3$—$^1/_2$ Minute verschlossen zu halten, während die Pumpe noch läuft.

Um die Säule aus dem Rohr zu bringen, trennt man letzteres von der Vorlage, kehrt es um und klopft vorsichtig auf die Tischplatte, evtl. hilft man mit dem Pistill nach.

Die einzelnen Zellen werden mit dem Messer getrennt und eluiert, gewöhnlich ohne zu erwärmen.

Elutionsmittel.[6] Schon TSWETT hat festgestellt, daß zahlreiche Adsorbate von Methyl- und Aethylalkohol (auch von Aceton) sofort zerlegt werden. Meist genügt schon ein Zusatz von 0,5—2% zum Lösungsmittel. Oder man eluiert mit methanolhaltigem Aether.

Soll der Versuch mit einem Säulenteil oder mit dem gesamten Stoffinhalt wiederholt werden, so eluiert man z. B. mit schwach methanolhaltigem Benzin, filtriert, wäscht den Alkohol mit Wasser weg, trocknet und gießt die Benzinlösung auf eine neue Säule. Eindampfen wird derart überflüssig.

Ist die Elution ausnahmsweise schwer durchführbar, so versucht man Auskochen mit niedrigen Alkoholen. Sehr bewährt sich auch kaltes Pyridin, allein oder im Gemisch. Kommt man so nicht zum Ziel, so kann man sich öfters helfen, indem man das Adsorptionsmittel in Lösung bringt (Zucker in Wasser, Calciumcarbonat bei säureunempfindlichen Substanzen in verdünnter Salzsäure).[7]

Wenn eine Substanz auf $CaCO_3$ nicht, auf $Ca(OH)_2$ dagegen uneluierbar fest hängen bleibt, chromatographiert man auf letzterem, suspendiert den zerstampften Säulenanteil in Wasser und verwandelt durch Einleiten von CO_2 den Kalk in Carbonat. Die Elution gelingt dann ohne Schwierigkeiten.[8]

Die Elution in wässeriger Lösung wird wesentlich von der Wasserstoffionenkonzentration beeinflußt.

Speziell für die Bleicherden hat KOSCHARA[9] folgendes festgestellt:

Man kann in wässeriger Lösung im Bereich von 5n-Mineralsäure bis zu $p_H = 11$ arbeiten.

---

[1] SCHÖPF, BECKER: Liebigs Ann. **524**, 49 (1936).

[2] KOSCHARA: Ztschr. physiol. Chem. **239**, 89 (1936); **240**, 127 (1936).

[3] Siehe auch Note 9.

[4] RUGGLI, JENSEN: Helv. chim. Acta **18**, 624 (1935).

[5] ZECHMEISTER, CHOLNOKY: Chromatographische Adsorptionsmethode, S. 64. 1937.

[6] ZECHMEISTER, CHOLNOKY: a. a. O., S. 47. — Chloroform: KUHN, GRUNDMANN: Ber. Dtsch. chem. Ges. **65**, 898 (1932). — 1proz. KOH: KÖGL, DEIJS: Liebigs Ann. **515**, 23 (1935) (Phenole).

[7] ZECHMEISTER, CHOLNOCKY: Ber. Dtsch. chem. Ges. **69**, 426 (1936).

[8] TÓTH in ZECHMEISTER, CHOLNOKY: Chromatographische Adsorptionsmethode, S. 48. 1937.

[9] KOSCHARA: Ztschr. physiol. Chem. **239**, 89 (1936); **240**, 127 (1936). — ZECHMEISTER, CHOLNOKY: a. a. O., S. 67.

Stärkeres Alkali fällt Hydroxyde aus, welche das Filter verstopfen. Die Elution geschieht meist in der intakten Säule durch Veränderung der Wasserstoffionenkonzentration. Es wird z. B. bei $p_H = 7,6$ adsorbiert, bei 8,3 nachgewaschen und bei 9,2 entwickelt. Es kam vor, daß die Reihenfolge zweier Zonen bereits durch eine Verschiebung des p_H um 0,3 Einheiten vertauscht wurde.

Als *Puffer*[1] haben sich Phosphat- und Boratlösungen nach SÖRENSEN bewährt. Ammoniumchlorid + Ammoniakpuffer ist ungünstiger. Wässerige Alkaliacetate sind auf Bleicherden zu vermeiden. Dient Aluminiumhydroxyd als Adsorbens, so soll die Pufferlösung mit Methanol verdünnt werden.

Falls die Alkalinität des Puffers zur Elution nicht ausreicht, verwendet man eine 2proz. oder stärkere, wässerige Pyridinlösung, evtl. eine noch wirkungsvollere Mischung von Pyridin und Säuren.

Die Eluierbarkeit hängt natürlich auch von der chemischen Zusammensetzung des Adsorptionsmittels ab. Man versucht die Anwendung der Bleicherde zuerst in saurer oder neutraler Lösung. Neutrale Adsorption läßt sich nur erreichen, wenn das Adsorbens wirklich neutral ist. Die Kombination neutrale Erde + saure Lösung ist ungünstig, da durch CO_2-Entwicklung Risse in der Säule entstehen können.

Auf Frankonit sind auch saure Lösungen verwendbar. Meist genügt aber eine neutrale Flüssigkeit.[2]

Als Apparat dienen cylindrische Nutschen, mit der Wasserwaage ausgerichtet. Man saugt zuerst mit 30—50 cm Wasserdruck, dann stärker.

Ausführliche Arbeitsvorschriften: KOSCHARA: Ber. Dtsch. chem. Ges. 67, 761 (1934); Ztschr. physiol. Chem. 229, 103 (1934); 232, 101 (1935) Lyochrome; 240, 127 (1936) Uropterin.

Flüssiges Chromatogramm.[3] Bei diesem Verfahren wird ein Teil oder die Gesamtheit des adsorbierten Stoffinhaltes durch die Kolonne getrieben. Die einzelnen Filtratfraktionen werden gesondert aufgefangen.

Namentlich beim Arbeiten in wässeriger Lösung ist dieses Verfahren von Wert.

Auch bei stark verunreinigten Rohlösungen ist öfters die Bereitung eines flüssigen Chromatogramms geboten, wo ein stabil verankertes Säulenbild überhaupt nicht zustande kommt. Die gewonnenen Filtratanteile lassen sich mitunter der normalen Chromatographie unterziehen.

Adsorptionsmittel. Organische Substanzen sind im allgemeinen für diesen Zweck wenig geeignet, können aber unter Umständen unentbehrlich werden. So kann für die Trennung der Chlorophylle *nur Rohrzuckerpulver* benutzt werden,[4] da alle anderen Adsorptionsmittel, selbst Talcum, Zersetzungen hervorrufen.

Inulin hat TSWETT empfohlen,[4] es ist aber nicht wieder verwendet worden. Dagegen wird *Milchzucker* gelegentlich angewendet.[5]

---

[1] Chromatographie ohne Puffer: KARRER, STRONG: Helv. chim. Acta 19, 25 (1936) (Anthocyane).

[2] Die Frankonitsäule sowie das Adsorbat müssen ausgiebig mit dem Aufnahmepuffer gewaschen werden.

[3] ZECHMEISTER, CHOLNOKY: a. a. O., S. 50, 65. — PALMER, ECKLES: Journ. biol. Chemistry 191, 211, 223, 237, 245 (1914). — MISSOURI: Agr. exper. Stat. 9, 313 (1914); 10, 339 (1914); 11, 391 (1914); 12, 415 (1914).

[4] TSWETT: Die Chromophylle in der Pflanzen- und Tierwelt. Warschau 1910. — WINTERSTEIN, STEIN: Ztschr. physiol. Chem. 220, 263 (1933). — WINTERSTEIN, SCHÖN: Ztschr. physiol. Chem. 230, 139 (1934). — KUHN, WINTERSTEIN: Ber. Dtsch. chem. Ges. 66, 1741 (1933).

[5] WINTERSTEIN, STEIN: Ztschr. physiol. Chem. 220, 263 (1934) (Chlorophylle). — D. R. P. 627027 (1936). — F. P. 788812 (1936) (Mutterkornalkaloide).

Wahrscheinlich wird für gewisse Zwecke *Baumwolle* brauchbar sein.[1]

Kohlenstoffarten[2] (Carboraffin, Norit, Blutkohle) haben starke Adsorptionskraft. Natürlich geben sie kein sichtbares Chromatogramm, so daß man fraktionierte Elutionen ausführen muß.

Aluminiumoxyd(hydrat). Die Wirkungsweise dieses vielfach, sowohl in wässerigem als auch in wasserfreiem Medium verwendeten Mittels hängt sehr von der Qualität des Präparats ab.

Oftmals benutzt man Mischungen besonders aktiver Formen (Fasertonerde,[3] Aluminiumoxyd Merck,[4] standardisiert nach BROCKMANN, Hydralo[5]) mit dem Handelspräparat, um die Aktivität herabzusetzen.

Umgekehrt kann man die Aktivität erhöhen, indem man das Präparat mit einer Spur Kalk belädt, was nach RUGGLI, JENSEN[6] durch Bespülen mit Leitungswasser auf elegante Weise gelingt. Gewöhnlich genügt übrigens Erhitzen des Al_2O_3 (2 Stn.) auf 200° im CO_2-Strom.[7]

Die Dispersität des Al_2O_3 (wie auch der anderen Adsorptionsmittel) soll ziemlich gleichmäßig sein, da die feinsten Teilchen zu stark aktiv sein können, doch kann in wässeriger Lösung die Adsorption von Farbstoffen gerade an den gröberen Al_2O_3-Körnern am stärksten sein.[8]

Angaben über die Wirksamkeit verschiedenartig dargestellter Präparate: HOLMES, LAVA, DELFS, CASSIDY: Journ. biol. Chemistry 99, 417 (1933).

Magnesiumoxyd. Gewöhnlich genügt die Handelsware. Ein aktiveres Präparat erhält man durch Entwässern von Magnesiumhydroxyd bei nicht zu hoher Temperatur.

STRAIN: Science 79, 325 (1934); 83, 241 (1936); Journ. biol. Chemistry 105, 523 (1934); 111, 85 (1935); Journ. Amer. chem. Soc. 57, 758 (1935). — EULER, GARD: Ark. Kemi, Mineral. Geol. B 10, Nr. 19 (1931). Hier auch über weitere Magnesiumverbindungen. — MACKINNEY: Journ. biol. Chemistry 111, 75 (1935); 112, 421 (1935). — VAN NIEL, SMITH: Arch. Mikrobiol. 6, 219 (1935). — INGRAHAM, STEENBOCK: Biochemical Journ. 29, 2533 (1935). Für die Trennung von Farbwachsen unbrauchbar. SUGINOME, UENO, WATANABE: Bull. chem. Soc. Japan 11, 770 (1936).

---

[1] RUGGLI, JENSEN: Helv. chim. Acta 18, 624 (1935).

[2] HAYASHI: Journ. Biochemistry 16, 1 (1932) (Zuckerarten, Glucoside). — KÖGL, HAAGEN-SMIT, ERXLEBEN: Ztschr. physiol. Chem. 228, 101 (1934) (Heteroauxin). — WINTERSTEIN, VETTER, SCHÖN: Ber. Dtsch. chem. Ges. 68, 1079 (1935) (Benzpyren). — MACKINNEY, MILNER: Journ. Amer. chem. Soc. 55, 4728 (1933) (Carotin). — MARK, SAITO: Chem. Ztrbl. 1936 II, 3541. — LEVI, GIERA: Gazz. chim. Ital. 67, 719 (1937) (Acetylcellulosen.) — S. a. KUHN, RUDY: Ber. Dtsch. Ges. 68, 300 (1935).

[3] KUHN, BROCKMANN: Ztschr. physiol. Chem. 206, 41 (1932). — KUHN, LEDERER: Ber. Dtsch. chem. Ges. 65, 637 (1932). — KUHN, GRUNDMANN: Ber. Dtsch. chem. Ges. 65, 898 (1932). — Fasertonerde allein: KUHN, LEDERER: Ber. Dtsch. chem. Ges. 64, 1349 (1931). — KARRER, SCHÖPP, MORF: Helv. chim. Acta 15, 1158 (1932). — WINTERSTEIN: Ztschr. physiol. Chem. 215, 51 (1933); 219, 249 (1933). — MATLACK: Journ. biol. Chemistry 110, 249 (1935). — EULER, KARRER, WALKER: Helv. chim. Acta 15, 1507 (1932).

[4] Man kann auch desaktivieren, indem man mit Methanol wäscht und an der Luft trocknet. HEILBRON, PHIPERS: Biochemical Journ. 29, 1369 (1935).

[5] STRAIN: Journ. biol. Chemistry 105, 523 (1934). Dieses amerikanische Präparat soll noch wirksamer sein als Fasertonerde.

[6] RUGGLI, JENSEN: Helv. chim. Acta 18, 624 (1935); 19, 64 (1936). — KARRER, STRONG: Helv. chim. Acta 19, 25 (1936). — KONDO: Journ. pharmac. Soc. Japan 57, 218 (1937).

[7] Enthält das Präparat basische Bestandteile, die Hydrolyse bewirken könnten, so reinigt man mit Phenol oder weniger gut mit Essigsäure (welche die Aktivität herabsetzt). CAHN, PHIPERS: Nature 139, 717 (1937).

[8] KOSCHARA: Ztschr. physiol. Chem. 239, 89 (1936).

Calciumhydroxyd[1] wird namentlich von KARRER, WALKER empfohlen.[2]
Man löscht Kalk nur soweit, bis er gerade zerfällt, schickt durch ein 120- bis
180maschiges Sieb und bewahrt bei Luftabschluß auf. Vor Gebrauch gut durchschütteln, um den Carbonat- und Feuchtigkeitsgehalt gleichmäßig zu verteilen.
Siehe noch KARRER, SCHLIENTZ: Helv. chim. Acta **17**, 7 (1934). — ZECH-
MEISTER, CHOLNOKY: Ber. Dtsch. chem. Ges. **69**, 422 (1936); Liebigs Ann. **516**,
30 (1935); **523**, 101 (1936). — ZECHMEISTER, TUZSON: Ztschr. physiol. Chem. **225**,
189 (1934); **226**, 255 (1934); **231**, 259 (1935); **234**, 235, 241 (1935); **238**, 197 (1936);
239, 147 (1936); Ber. Dtsch. chem. Ges. **67**, 154, 824 (1934); **69**, 1878 (1936). —
KARRER, OSWALD: Helv. chim. Acta **18**, 1303 (1935). — KARRER, SOLMSSEN:
Helv. chim. Acta **15**, 1158 (1932); **18**, 25, 477, 915 (1935); **19**, 3, 1019 (1936). —
DÁNIEL, SCHEFF: Proceed. Soc. exper. Biol. Med. **33**, 26 (1935). — DÁNIEL, BÉREO:
Ztschr. physiol. Chem. **238**, 160 (1936). — LEDERER: Compt. rend. Acad. Sciences
201, 300 (1935). — LEDERER, MOORE: Nature **137**, 996 (1936). — HEILBRON,
JACKSON, JONES: Biochemical Journ. **29**, 1384 (1935). — KARRER, HÜBNER:
Helv. chim. Acta **19**, 474 (1936).

Calciumcarbonat. Die bei 150° getrocknete Substanz ist ein vielfach ge-
brauchtes, ziemlich schwaches Adsorptionsmittel, dessen Wirksamkeit sich sehr
fein durch Mischung gröberer und feinerer Pulver variieren läßt.

So eignet sich das Gemisch von 20 Teilen Calcium carbonicum praec. Merck
mit 1 Teil Calcium carbonicum laeviss. für die Isolierung von Polyenalkoholen,
während es für die Fixierung der Ester dieser Alkohole (Farbwachse) zu schwach
ist. Für letzteren Zweck ist das Mischungsverhältnis 4—5 : 1 zu gebrauchen.
Bei Verwendung gleicher Teile der beiden Präparate läßt sich sogar der Kohlenwasserstoff Lycopin festhalten. Aber auch das letztere Gemisch ist für die
Carotine zu wenig aktiv.[3]

Verwendung von wasserhaltigem *Calciumsulfat* (Gips) für Anthocyane in
wässerigem Medium: KARRER, WEBER: Helv. chim. Acta **19**, 1025 (1936).

Bleicherden[4] werden gewöhnlich durch Behandeln mit Salzsäure, infolge Vergrößerung der Porosität, aktiviert, können aber auch umgekehrt durch Auskochen
mit 3 n-HCl in ihrer Wirkung (durch Entziehung des Eisengehaltes) abgeschwächt
werden.[5]

Hierher gehören außer *Frankonit, Floridin*, die *Fullererden*[6] und *Tonsil.* —
Ähnlich wirken *Talcum,*[7] *Kaolin, Kieselgur* und *Silicagel.*

Gute Resultate kann auch *Bleisulfid* und wasserfreies *Natriumsulfat* geben.

Lösungsmittel. Über das Arbeiten mit wässerigen Lösungen siehe S. 55.

Die organischen Lösungsmittel sollen möglichst trocken sein. Am besten sind
Flüssigkeiten, die mit Wasser nicht mischbar sind. Der Siedepunkt soll zwischen
40—80° liegen.

Die Lösung muß unbedingt so stark verdünnt sein, daß nichts in der Säule
auskrystallisieren kann.

---

[1] *Calciumoxyd:* LEDERER: Compt. rend. Soc. Biologie **117**, 413 (1934) (Insekten-
pigmente).

[2] KARRER, WALKER: Helv. chim. Acta **16**, 641 (1933); **17**, 43 (1934).

[3] ZECHMEISTER, CHOLNOKY: Liebigs Ann. **509**, 269 (1934).

[4] VAN NIEL, SMITH: Arch. Mikrobiol. **6**, 219 (1935). — KOSCHARA: Ber. Dtsch.
chem. Ges. **67**, 761 (1934); Ztschr. physiol. Chem. **232**, 101 (1935); **240**, 127 (1936)
(in wässerigen Lösungen); siehe auch S. 55.

[5] Floridin: SCHÖPF, BECKER: Liebigs Ann. **524**, 49 (1936).

[6] BURKHARDT, HEILBRON, JACKSON, PARRY, LOVERN: Biochemical Journ. **28**,
1698 (1934).

[7] KUHN, BROCKMANN: Liebigs Ann. **516**, 95 (1935). — FISCHER, HOFMANN:
Ztschr. physiol. Chem. **246**, 15 (1937).

Schwefelkohlenstoff muß vor Gebrauch gereinigt werden. Man arbeite unter dem Abzug und verdränge den giftigen Stoff aus dem fertigen Chromatogramm mit Benzin vor dem Auspressen der Säule. CS_2 wird namentlich für Adsorptionen an $CaCO_3$ benutzt.[1]

Benzin (nicht über 80°, auch Pentan) ist das häufigst angewendete Lösungsmittel, namentlich gut für Al_2O_3 und $Ca(OH)_2$.

Benzol kann auch oftmals gebraucht werden. Da es aber ziemlich stark eluierend wirkt (in manchen Fällen dient es direkt als Elutionsmittel), verwendet man meist Benzol-Benzin-Gemische. Man kann z. B. aus Benzin adsorbieren und mit Benzin-Benzol entwickeln, oder man adsorbiert aus Benzin-Benzol 10 : 1 und entwickelt mit einem Gemisch 3 : 1.

Aether[2] ist hauptsächlich als Eluierungsmittel in Gebrauch, zum Absorbieren muß er in alkohol- und superoxydfreier Form vorliegen.

Dichlormethan: MACKINNEY, MILNER: Journ. Amer. chem. Soc. **55**, 4728 (1933). auf Norit. — VAN NIEL, SMITH: Arch. Mikrobiol. **6**, 219 (1935) MgO, Silicaerde.

Aceton auf Talcum: FISCHER, STADLER: Ztschr. physiol. Chem. **239**, 167 (1936). — *Aether-Aceton:* FISCHER, MEDICK: Liebigs Ann. **517**, 245 (1935).

Chloroform: HEILBRON, LYTHGOE: Journ. chem. Soc. London **1936**, 1376. $CaCO_3$, Al_2O_3. — BROCKMANN, HAASE: Ber. Dtsch. chem. Ges. **69**, 1950 (1936). — HESSE: Liebigs Ann. **524**, 14 (1936). — KUHN, RUDY: Ber. Dtsch. chem. Ges. **68**, 300 (1935). — *Chloroform-Aether:* SIEDEL: Ztschr. physiol. Chem. **237**, 8 (1935).

Tetrachlorkohlenstoff: ZECHMEISTER, CHOLNOKY: Chromatographische Adsorptionsmethode, S. 47. 1937.

Essigester: KUHN, KALTSCHMITT: Ber. Dtsch. chem. Ges. **68**, 128 (1935). — *50proz. Alkohol* auf Al_2O_3: MOHLER, HÄMMERLE: Ztschr. Unters. Lebensmittel **70**, 193 (1933); **71**, 186 (1936).

Chromatographie farbloser Substanzen (Ultrachromatographie).

Hierfür sind nachfolgende Methoden vorhanden:

1. Sichtbarmachung des Chromatogramms im ultravioletten Licht.

Zahlreiche farblose Substanzen fluoreszieren lebhaft im Licht der Quarzlampe, und zwar zeigen in günstigen Fällen die einzelnen Zonen verschieden farbiges und ungleich starkes Licht. Blaufluoreszenz ist meist untypisch.[3]

In Quarzgefäßen[4] zu arbeiten ist unnötig, ebensowenig braucht man

---

[1] KUHN, WINTERSTEIN, LEDERER: Ztschr. physiol. Chem. **197**, 141 (1931). — ZECHMEISTER, TUZSON: Ber. Dtsch. chem. Ges. **67**, 170 (1934); **69**, 1878 (1936); Ztschr. physiol. Chem. **240**, 191 (1936); **225**, 189 (1934). — ZECHMEISTER, BÉRES, UJHELYI: Ber. Dtsch. chem. Ges. **68**, 1321 (1935); **69**, 573 (1936). — ZECHMEISTER, CHOLNOKY: Liebigs Ann. **516**, 30 (1935); **523**, 101 (1936). — SCHÖN: Biochemical Journ. **29**, 1779 (1935). — LIPMAA: Compt. rend. Acad. Sciences **182**, 867 (1926). — PETTER: Sitzungsber. Akad. Wiss. Amsterdam **34**, Nr. 10 (1931); Diss. Sandpoort 1932. — PALMER, ECKLES: Journ. biol. Chemistry **17**, 191 (1914). — MISSOURI: Agr. exper. Stat. **12**, 415 (1914). — KUHN, WINTERSTEIN, LEDERER: Ztschr. physiol. Chem. **197**, 141 (1931). — EULER, GARD, HELLSTRÖM: Svensk. Kem. Tidskr. **44**, 191 (1932). — SÖRENSEN: Norske Vidensk. Selsk. Forh. **6**, 154 (1933).

[2] TISCHER: Ztschr. physiol. Chem. **239**, 257 (1936). — FISCHER, HASENKAMP: Liebigs Ann. **515**, 148 (1935). — FISCHER, HOFMANN: Liebigs Ann. **517**, 274 (1935).

[3] ZECHMEISTER, CHOLNOKY: a. a. O., S. 71ff.

[4] GRASSMANN: Collegium **9**, 401 (1935). — KARRER, SCHÖPP verwenden ein vierkantiges Rohr mit planparallelen Wänden: Helv. chim. Acta **17**, 693 (1934). — WINTERSTEIN: Ztschr. physiol. Chem. **230**, 146 (1934); Naturwiss. **22**, 237 (1934). — WINTERSTEIN, SCHÖN, VETTER: Ber. Dtsch. chem. Ges. **68**, 1083 (1935). — RUGGLI,

Uviolglas. Nach ZECHMEISTER, CHOLNOKY dient am besten weiches Geräteglas von Schott und Gen., Jena.

Wenn es möglich ist, bringt man die Säule erst nach dem Auspressen in das Uviollicht und vermeidet so alle apparativen Schwierigkeiten.

Als Lichtquelle für die im Dunkelzimmer vorzunehmende Bestrahlung eignet sich jede gute Analysen-Quarzlampe. Die von ZECHMEISTER, CHOLNOKY verwendete Apparatur[1] besitzt eine Gefäßhülle aus Dunkeluviolglas, von dem nur das um 366 $\mu\mu$ liegende Spektralgebiet durchgelassen wird. So entfällt der Gebrauch eines Lichtfilters. Der Innenraum der Halbkugel ($d = 36$ cm) kann voll ausgenutzt werden (Abb. 15).

Man drückt die Säule auf schwarzes Papier aus und zerschneidet sie unter der Glocke, während der Experimentator durch eines der Gucklöcher blickt.[2]

Öfters sehen die leeren Säulenteile dunkelbraun oder schwarz aus, so daß sich die festgehaltene Substanz leuchtend abhebt. Allerdings kann auch eine leere Kolonne fluoreszieren, je nach ihrer chemischen Beschaffenheit.

Manchmal beeinflußt die Anwesenheit einer Verunreinigung das Leuchten in hohem Maß. So wird nach WINTERSTEIN, SCHÖN, VETTER[2] die Fluoreszenz des Anthracens schon durch $^1/_{30\,000}$% Naphthacen völlig, durch $^1/_{100\,000}$% fast ganz gelöscht.

Abb. 15. Aufteilung des Chromatogramms unter der tragbaren Quarzlampe.

In wasserhaltigen Medien hängt Stärke und Farbe der Leuchterscheinung weitgehend vom p_H ab. Uropterin zeigt in starker Mineralsäure rote, in n-Mineralsäure keine, erst bei p_H wieder schwache, gelbgrüne, bei $p_H = 4$ bis $p_H = 7$ himmelblaue, in Sodalösung grüne Fluoreszenz, die in Natronlauge wieder verschwindet.[3]

Das Fluoreszenzlicht kann auch spektroskopisch gekennzeichnet werden.

2. Sichtbarmachung des Chromatogramms mittels Farbreaktionen.

RUGGLI, JENSEN[4] trennen 1- und 2-naphtholsulfosaures Natrium, indem sie so lange mit Wasser entwickeln, bis das Na-Salz der 1-Säure als Filtrat in diazotierter Echtrot-ITR-Base aufgefangen, als roter Farbstoff erhalten wird, oder man übergießt das entwickelte, unsichtbare Chromatogramm außerhalb des Rohrs mit der Diazolösung. Oberer Teil violett (2-Säure), unterer Teil rot (1-Säure).

JENSEN: Helv. chim. Acta 19, 68 (1936). — GRASSMANN, LANG: Collegium 9, 114 (1935). — KARRER, NIELSEN: ZANGGER-Festschr., S. 954. Zürich 1934. — EULER, BRANDT: Naturwiss. 23, 544 (1935); Ark. Kemi, Mineral. Geol. B 11, Nr. 51 (1935). — STRAIN: Journ. biol. Chemistry 105, 523 (1934). — KOSCHARA: Ztschr. physiol. Chem. 232, 101 (1935). — SCHÖPF, BECKER: Liebigs Ann. 524, 49, 124 (1936).
[1] Tragbares Modell der Quarzlampen-G. m. b. H. Hanau.   [2] Schutzbrille unnötig.
[3] KOSCHARA: Ztschr. physiol. Chem. 240, 127 (1936).
[4] Siehe Note 4 auf Seite 59.

In manchen Fällen ist auch die *Pinselmethode* brauchbar, die das Problem in eleganter Weise und fast ohne Substanzverlust löst.[1]

Nach Erzeugung des unsichtbaren Chromatogramms preßt man die Säule aus dem Rohr und zieht mit einem Pinsel, der in ein passend gewähltes Reagens getaucht ist, einen dünnen Strich auf dem Adsorbens, parallel zur ganzen Längsachse. Die Linie wird nur dort scharf hervortreten, wo sie die Schicht einer Substanz passiert, die mit ihr zur Pigmentbildung befähigt ist.

Im Falle farbiger Reagenzien (Permanganat) beobachtet man einen Umschlag der Nuance.

Nachdem die Lage der betreffenden Schicht aufgefunden und bezeichnet wurde, schabt man die vom Reagens befeuchtete dünne Lage des Adsorbens ab.

Trennung von Benzidin und α-Naphthylamin. 30 mg Substanzgemisch, 20 ccm Benzol, 50 ccm leichtes Benzin auf Al_2O_3 (BROCKMANN). Als Reagens dient eine wässerige Lösung von Sulfanilsäure-Natriumnitrit, die im oberen Säulenteil grüne (Benzidin), im unteren rote Farbe (α-Naphthylamin) hervorruft. Mit PbO_2 in 30proz. Essigsäure sieht man oben einen blauen, darunter einen grünen Abschnitt des Strichs.

Trennung von α- und β-Naphthol. In Benzol-Benzin auf Al_2O_3. Mit obigem Diazoreagens leuchtend orange Färbung oben (β), darunter violett (α).

Auch *Permanganat* ist oft verwendbar, z. B. zur Lokalisierung von *ω-Nitrostyrol* oder von *α-Cyanzimtsäureamid*; in Gegenwart von gesättigten Substanzen. Ferner zur Trennung von *Furol* und *α-Cyan-β-furolacrylsäureamid*.

Die Lage mancher *Aldehyde* läßt sich mit Hilfe von fuchsinschwefliger Säure ermitteln (Rotfärbung), z. B. diejenige von m-Nitrobenzaldehyd in Benzol-Benzin, $Ca(OH)_2$. Löst man Dimethylglyoxim in viel warmem Benzol, so bleibt es in der Kalkkolonne oben haften und wird mit Nickelsulfatlösung lokalisiert (Rotfärbung).

Vitamin A läßt sich in der $Ca(OH)_2$-Säule mit $SbCl_3$ in Chloroform (CARR, PRICE-Reaktion) nachweisen. Dunkelblaufärbung.

3. Umwandlung der farblosen Substanzen in farbige Derivate.[2]

Carbonylverbindungen werden in ihre 2.4-Dinitrophenylhydrazone verwandelt. Als Adsorbens dient Talcum, Fasertonerde, Al_2O_3, Aluminiumphosphat, tert. Magnesiumphosphat oder Fullererde.[3]

β-Ionon, Campher. Petrolätherlösung der Hydrazone auf Talcum. Oben Ionon-, unten Campherderivat.

Geronsäure, Lävulinsäure. Hydrazone in Benzin auf Talcum. Oben Lävulinsäure-, unten Geronsäurehydrazon.

Tetraalkylammoniumhydroxyde werden in *Pikrate* verwandelt.

Vitamin D_3 wird als *3.5-Dinitrobenzoylderivat* in Benzol-Benzin 1 : 4 auf Al_2O_3[4] adsorbiert. Der Ester wird mit methanolischem KOH unter N_2 verseift.

Zur *Trennung von Phenolen* (Phenol, Resorcin, Brenzcatechin, Phloroglucin) versetzt man die wässerige Lösung mit $FeCl_3$ und chromatographiert die tiefgefärbte Flüssigkeit auf Al_2O_3.[5]

---

[1] ZECHMEISTER, CHOLNOKY, UJHELYI: Bull. Soc. Chim. biol. **18**, 1885 (1936). — ZECHMEISTER, CHOLNOKY: Chromatographische Adsorptionsmethode, S. 74. 1937.

[2] STRAIN: Journ. Amer. chem. Soc. **57**, 758 (1935).

[3] Basische Adsorptionsmittel wirken zersetzend. Die mit Alkohol eluierten Hydrazone werden in wässeriger oder saurer Lösung mit Glyoxal, Methylglyoxal oder Diacetyl gespalten.

[4] BROCKMANN: Ztschr. physiol. Chem. **241**, 104 (1936).

[5] LEDERER in ZECHMEISTER, CHOLNOKY: Chromatographische Adsorptionsmethode, S. 70. 1937.

4. Anwendung von Indikatoren.[1]

Bereits TSWETT[2] empfahl, der farblosen Lösung ein Pigment beizumengen, dessen Platz in der Säule, relativ zu einem weißen Inhaltsstoff, genau bekannt ist. Dies wird nun freilich selten der Fall sein.[3]

Gelegentlich liefert die Natur selbst einen geeigneten Indicator. So befindet sich im Krötengift ein Pigment, das genau so wie Bufotalin adsorbiert wird.[4]

Einen künstlichen Zusatzstoff, der sich vollkommen dem Vitamin D_3 anschmiegt, fand BROCKMANN[5] in dem Indicatorrot 33.

5. Empirisches Verfahren.

Helfen die vorerwähnten Methoden nicht, so muß man die Säule nach Gutdünken unterteilen und die einzelnen Eluate getrennt weiteruntersuchen (adsorbierte Menge pro Gramm Adsorptionsmittel, Farbreaktionen, Drehung, biologische Wirksamkeit).

Cholesterin und Ergosterin. WINTERSTEIN, STEIN chromatographieren in Benzin-Hexan 1:1 auf Al_2O_3, entwickeln mit demselben Lösungsmittel; Zerschneiden der Säule in fünf gleiche Stücke und spektrographische Bestimmung des Ergosteringehaltes. Die einzelnen Schichten werden ferner mit der ROSENHEIM, TORTELLI, JAFFÉschen Farbreaktion geprüft.[6]

Heteroauxin. In Benzol auf $CaCO_3$, mit Benzol-Alkohol entwickelt. Die Säule in 6 Teile zerschnitten, der eingetrocknete Aethanolextrakt mit $FeCl_3$-HCl geprüft. Außerdem polarimetrische Messung.[7]

Zweites Kapitel.

Kriterien der chemischen Reinheit und Identitätsproben. Bestimmung der physikalischen Konstanten.

Als „chemisch rein" bezeichnen wir eine Substanz, wenn sie keinerlei durch die Methoden der Analyse nachweisbare Verunreinigungen enthält. Je nach der Richtung, in der sich die beabsichtigte Untersuchung erstreckt, ist ein verschieden hoher Grad der Reinheit vonnöten: So werden gewisse Verunreinigungen, z. B. ein wenig Feuchtigkeit, das Resultat einer Methoxylbestimmung kaum beeinflußen, während die Elementaranalyse dadurch vereitelt wird. Auf jeden Fall wird man trachten, die zu untersuchende Substanz tunlichst zu reinigen; als Kontrolle für das Vorliegen einer einheitlichen Substanz dienen dabei die physikalischen Konstanten. Erfahrungsgemäß zeigt fast jede Verbindung, falls sie nicht besonders zersetzlich ist, in krystallinischer Form einen bestimmten *Schmelzpunkt*, als Flüssigkeit *konstanten Siedepunkt*. Weitere wertvolle Daten können die Bestimmung der *Löslichkeit* bzw. der *kritischen Lösungstemperatur*, des *spezifischen Gewichtes* und des *Brechungsindex* geben.

---

[1] ZECHMEISTER, CHOLNOKY: Chromatographische Adsorptionsmethode, S. 69. 1937.   [2] TSWETT: Die Chromophylle usw. Warschau 1910.

[3] WINTERSTEIN, STEIN: Ztschr. physiol. Chem. **220**, 247 (1933).

[4] WIELAND, HESSE, HÜTTEL: Liebigs Ann. **524**, 203 (1936). — TSCHECHE, OFFE: Ber. Dtsch. chem. Ges. **68**, 1998 (1935); **69**, 2361 (1936).

[5] BROCKMANN: Ztschr. physiol. Chem. **241**, 104 (1936).

[6] WINTERSTEIN, STEIN: Ztschr. physiol. Chem. **220**, 247 (1933).

[7] KÖGL, HAAGEN-SMIT, ERXLEBEN: Ztschr. physiol. Chem. **228**, 90 (1934).

Auf die anderen im allgemeinen seltener in Frage kommenden oder im chemischen Laboratorium schwieriger ausführbaren Untersuchungen physi-kalischer Eigenschaften braucht hier um so weniger eingegangen zu werden, als zur Ermittlung derselben vorzügliche Spezialwerke zur Verfügung stehen.[1]

Erster Abschnitt.

Schmelzpunktsbestimmung.[2]

(Schmelzpunkt, Fusionspunkt = Schmp. Sm. F. — Franz.: point de fusion = F. — Engl.: melting point = M. P. — Italien.: punto di fusione = f., fusibile a, si fonde a = f. a.)

1. Allgemeine Bemerkungen.

Die Art, wie im Laboratorium fast ausschließlich Schmelzpunktsbestim-mungen ausgeführt werden, ist gewiß nicht die genaueste,[3] aber für die Zwecke des Chemikers vollkommen ausreichend.

Als Schmelzpunkt[4] ist jene Temperatur anzusehen, bei der die Substanz nach[5] der Meniscusbildung vollkommen klar und durchsichtig erscheint. Bei voll-kommen reiner Substanz pflegt das „Schmelzintervall" innerhalb eines oder höchstens zweier Grade zu liegen.

Es wird daher bei einer reinen Substanz unscharfes Schmelzen nur dann ein-treten, wenn sie sich beim Erwärmen unterhalb des Schmelzpunktes zersetzt und daher beim Schmelzpunkt ein Gemisch der ursprünglichen Substanz mit deren Zersetzungsprodukten bildet.[6]

Siehe über Schmelzpunktsbestimmungen im allgemeinen LEHMANN: Chem.-Ztg. 38, 388 (1914).

Besondere Bedeutung hat das sorgfältige Trocknen für die Untersuchung krystallwasserhaltiger und hygroskopischer Substanzen. Es genügen[7] bereits einige zehntel Prozent Feuchtigkeit, um den Schmelzpunkt der wasserfreien Oxalsäure um 80—90° herabzudrücken. Erst nach längerem Verweilen im Schwefelsäurevakuum verliert die aus konzentrierter Essigsäure krystallisierte Oxalsäure ihre letzten Feuchtigkeitsspuren und schmilzt dann bei 189°.

---

[1] Es sei besonders hingewiesen auf: LÖWE: Optische Messungen des Chemikers und Mediziners. Dresden: Steinkopf. 1925. — LIFSCHITZ: Kurzer Abriß der Spek-troskopie und Colorimetrie, 2. Aufl. Leipzig: Barth. 1927. — FORMÁNEK: Unter-suchung und Nachweis organischer Farbstoffe auf spektroskopischem Wege, 2. Aufl. Berlin: Julius Springer. 1908. — SCHUMM: Die spektrometrische Analyse natürlicher Farbstoffe, 2. Aufl. Jena: G. Fischer. 1927. — ROST, EISENLOHR: Refraktometrisches Hilfsbuch. Leipzig: Veit. 1911. Spektrochemie organischer Verbindungen. Stutt-gart: Enke. 1912. — Siehe auch noch LÖWE: Die chemische Fabrik 1928, 3.

[2] Über die Bestimmung des *Erstarrungspunkts* siehe SCHIMMEL & Co.: Ber. Schimmel 1910 II, 152. — Ferner HOLLEMAN, HARTOGS, VAN DER LINDEN: Ber. Dtsch. chem. Ges. 44, 705 (1911). — TIMMERMANS: a. a. O. — FRANCIS, COLLINS: Journ. chem. Soc. London 1936, 137.

[3] LANDOLT: Ztschr. physikal. Chem. 4, 357 (1889). — Über genaue Schmelz-punkts- (Gefrierpunkts-) Bestimmungen: TIMMERMANS: Bull. Soc. chim. Belg. 25, 300 (1911); 27, 334 (1913).

[4] Das Deutsche Arzneibuch V definiert den Schmelzpunkt als die Erscheinung des Zusammenfließens des Substanzkegels zu einer noch von festen Teilchen durch-setzten Flüssigkeitssäule.

[5] Einige Substanzen werden bereits *vor* dem Schmelzen vollkommen transparent, ohne zu erweichen: V. MEYER, LOCHER: Liebigs Ann. 180, 151 (1875). — KACHLER: Liebigs Ann. 191, 146 (1878). — VAN ERP: Rec. Trav. chim. Pays-Bas 14, 37 (1896).

[6] WEGSCHEIDER: Monatsh. Chem. 16, 81 (1895); Chem.-Ztg. 29, 1224 (1905); Ztschr. physikal. Chem. 80, 511 (1912).

[7] KONEK-NORWALL: Ber. Dtsch. chem. Ges. 51, 397 (1918).

Fließende Krystalle. Gewisse Substanzen,[1] die im übrigen scharfen Schmelzpunkt besitzen, verflüssigen sich zu einer trüben, doppeltbrechenden Schmelze, die erst bei weiterer Temperatursteigerung klar und isotrop wird. Zusatz eines Fremdkörpers drückt den Umwandlungspunkt herunter (SCHENCK).

Ähnliche Erscheinungen zeigen gewisse Thalliumseifen, die zunächst eine trübe Schmelze geben, die erst 60—70° über dem Schmelzpunkt verschwindet. Die wiedererstarrte Substanz zeigt dann deutlichen Schmelzpunkt bei der zuerst hierfür angesprochenen Temperatur. Hier rührt die schaumartige Trübung von Luftblasen her.[2]

Über den „doppelten Schmelzpunkt" gewisser Glyceride siehe HEINTZ: Journ. prakt. Chem. (1), **66**, 49 (1855). — HEISE: Chem. Reviews 6, 91 (1899). — GUTH: Ztschr. Biol. 44, 106 (1903). — KREIS, HAFNER: Ber. Dtsch. chem. Ges. 36, 1125 (1903). — GRÜN, SCHACHT: Ber. Dtsch. chem. Ges. 40, 1778 (1907). — GRÜN, THEIMER: Ber. Dtsch. chem. Ges. 40, 1792 (1907). — KNOEVENAGEL: Verhandl. Nat.-med. Ver. Heidelberg, N. F. 9, 220 (1907). — BÖMER, SCHEMM, HEIMSOTH: Ztschr. Unters. Nahrungs- u. Genußmittel 14, 90 (1907). — In den vorliegenden Fällen dürfte physikalische Isomerie die Ursache des doppelten Schmelzpunktes sein.

Auch Enole können doppelten Schmelzpunkt zeigen (Enolacetyldibenzoylmethan).[3]

Doppelter Schmelzpunkt von Sulfoharnstoffen, durch Isomerisierung bedingt: FROMM: Liebigs Ann. 447, 272 (1926). — Urethane: LINDEMANN, DE LANGE: Liebigs Ann. 483, 36 (1930). Dimorphie oder Polymerie.

Aber auch Umlagerungen gröberer Art können beim Schmelzpunkt oder vor Erreichung desselben[4] eintreten und zum Wiedererstarren der Probe führen, die dann bei höherer Temperatur zum zweiten Male flüssig wird.

Gleiches kann durch Abgabe von Krystallwasser (Natriumacetat) usw. bedingt sein.

Man nennt den Schmelzpunkt *konstant*, wenn er sich durch weitere Reinigung der Substanz (Umkrystallisieren, Lösen und Wiederausfällen, Regeneration aus Derivaten usw.) nicht mehr verändern läßt. Man prüft auf *Konstanz des Schmelzpunktes*, indem man eine Probe der auskrystallisierten Substanz und eine Probe, die durch weiteres Einengen der Mutterlauge erhalten wurde, vergleicht: beide Proben müssen sich bei der gleichen Temperatur verflüssigen.

Meist ist es von Vorteil, beim Reinigen durch wiederholtes Umkrystallisieren das Lösungsmittel zu wechseln.

Beim *Umkrystallisieren aus Alkoholen* kann partielle *Veresterung* eintreten.[5] Die Malachitgrünbase und einige andere *Aminocarbinole* werden z. B. schon durch Stehenlassen mit Alkoholen in der Kälte aetherifiziert. Daher kommt es, daß sich beim Umkrystallisieren dieser Basen aus Alkohol der Schmelzpunkt fortwährend ändert, meist niedriger wird. So wird der Schmelzpunkt des Tetramethyldiaminobenzhydrols in der Literatur zu 96° angegeben, während die Base, aus alkoholfreien Mitteln (z. B. Ligroin) umkrystallisiert, bei 101—103° schmilzt (O. FISCHER).

Auch wenn die Möglichkeit der Bildung von physikalisch Isomeren gegeben ist, haben gewisse Substanzen, je nach der Darstellungsart und dem Lösungsmittel, aus dem die Krystalle erhalten wurden, oft innerhalb 10 und mehr Graden

---

[1] VORLÄNDER: Ztschr. physikal. Chem. **105**, 211 (1923). — STOERMER, WODARG: Ber. Dtsch. chem. Ges. **61**, 2323 (1928).
[2] HOLDE, SELIM: Ber. Dtsch. chem. Ges. **58**, 524 (1925). — HOLDE, TAKEHARA: Ber. Dtsch. chem. Ges. **58**, 1788 (1925).
[3] DIECKMANN: Ber. Dtsch. chem. Ges. **49**, 2208 (1916).
[4] GARRE: Ztschr. anorgan. allg. Chem. **164**, 81 (1927).
[5] Siehe auch S. 30.

differierende Schmelzpunkte. Derartige Stoffe sind der β-Aminocrotonsäure-ester,[1] der β-Phenylaminoglutaconsäureester[2] und dessen Anilid.[3]

Das farblose Monoenol des Acetondioxalsäureesters[4] schmilzt frisch bereitet bei 104°. Beim Umkrystallisieren oder einfachen Stehenlassen der festen Substanz sinkt der Schmelzpunkt durch Dienolbildung um 3—4°.

Der Schmelzpunkt des Phytosterins aus Tilia europaea erniedrigt sich ebenfalls mit der Zeit.[5] Der Schmelzpunkt des Cedrons sinkt bei längerem Aufbewahren von 282 auf 260—270°.[6]

β-Acetochlorgalaktose schmilzt, wenn man das Rohprodukt aus Petrolaether umkrystallisiert, bei 75—76°, nach dem Umkrystallisieren aus Aether bei 82 bis 83°; löst man aber wieder in Petrolaether und impft mit einer Spur des niedrig schmelzenden Präparats, so sinkt der Schmelzpunkt bis 77—78° und bei nochmaliger Wiederholung dieser Operation bis 76—77°.[7]

Erhitzt man den sauren γ-Methylester der Cinchomeronsäure sehr langsam auf 154° und hält einige Zeit auf dieser Temperatur, so schmilzt er und lagert sich in Apophyllensäure um; erhitzt man rascher, so tritt erst bei 172° Schmelzen ein (KIRPAL).[8]

Die Polyoxymethylene schmelzen unscharf (von 165—172°), weil sie sich während des Schmelzens depolymerisieren.

Geringe, hartnäckig anhaftende Verunreinigungen, die chemisch gar nicht nachweisbar sind, können oftmals den Schmelzpunkt wesentlich beeinflussen.[9] So schmilzt beispielsweise durch Oxydation von Teer- oder Tierölpicolin erhaltene Nicotinsäure immer um etwa 10—15° niedriger als die synthetisch aus dem Cyanid oder die aus Nicotin bereitete Substanz, und man ist selbst durch oftmals wiederholtes Umkrystallisieren nicht imstande, den „richtigen" Schmelzpunkt zu erreichen. Dies gelingt aber, wenn man die Säure über den Methylester und das Kupfersalz sorgfältig reinigt.

Ob die Verunreinigung den Schmelzpunkt herabdrückt oder erhöht, hängt von ihrem Charakter ab. Im allgemeinen pflegt sie ihn herabzudrücken.

Wenn aber die Verunreinigung mit der Substanz isomorph ist und höheren Schmelzpunkt besitzt als diese, kann die Mischung höher schmelzen.

Ein Beispiel hierfür bieten nach BRUNI[10] Beobachtungen, die PICCININI[11] gemacht hat. Durch Abbau der Granatwurzelalkaloide erhielt er eine ungesättigte Säure von der Zusammensetzung $C_8H_{10}O_4$ (F. 228°), also mit zwei doppelten Bindungen. Die endgültige Feststellung der Konstitution obengenannter Alkaloide hing von der Frage ab, ob jene Säure eine normale oder

[1] BEHREND: Ber. Dtsch. chem. Ges. **32**, 544 (1899). — KNOEVENAGEL: Ber. Dtsch. chem. Ges. **32**, 853 (1899).

[2] BESTHORN, GARBER: Ber. Dtsch. chem. Ges. **33**, 3439 (1900). [3] A. a. O., S. 3444.

[4] WILLSTÄTTER, PUMMERER: Ber. Dtsch. chem. Ges. **37**, 3705, 3707 (1904).

[5] KLOBB: Ann. chim. phys. (8), **24**, 410 (1911).

[6] HERZIG, WENZEL: Monatsh. Chem. **35**, 67 (1914).

[7] SKRAUP, KREMANN: Monatsh. Chem. **22**, 375 (1901). — E. FISCHER, ARMSTRONG: Ber. Dtsch. chem. Ges. **35**, 837 (1902). — Ähnliche Fälle werden auch von POLLAK: Monatsh. Chem. **14**, 407 (1893) berichtet. — Siehe auch PAULY, NEUKAM: Ber. Dtsch. chem. Ges. **40**, 3494, Anm. (1907). — ELLINGER, FLAMAND: Ztschr. physiol. Chem. **55**, 21 (1908). [8] KIRPAL: Monatsh. Chem. **23**, 239 (1902).

[9] FITTIG: Liebigs Ann. **120**, 222 (1861). — BEILSTEIN, REICHENBACH: Liebigs Ann. **132**, 818 (1864). — CLAR: Ber. Dtsch. chem. Ges. **62**, 1576 (1929). — Der Schmelzpunkt der p-Toluylsäure wird durch 5% Benzoesäure um 50° herabgedrückt: KINNEY, WARD: Journ. Amer. chem. Soc. **55**, 3796 (1933).

[10] „Über feste Lösungen." Samml. chem. und chem.-techn. Vorträge von AHRENS **6**, 468 (1901).

[11] PICCININI: Gazz. chim. Ital. **29 II**, 111 (1899) und mündliche Mitteilung an BRUNI.

eine verzweigte Kette besaß. Im ersteren Fall mußte sie durch Reduktion normale Korksäure (F. 140°) liefern. Das erhaltene Produkt schmolz aber bei 160°, und so wäre wohl fast jeder Chemiker der Meinung gewesen, daß nicht Korksäure vorliege. Der Schmelzpunkt fiel jedoch durch fünf Krystallisationen bis auf 125° und stieg dann durch drei weitere wieder auf 140°, so daß sich also der vorliegende Stoff wirklich als Korksäure erwies.

Weitere Beispiele (Tribromverbindungen des Pseudocumols und Mesitylens): R., W. MEYER: Ber. Dtsch. chem. Ges. **51**, 1571 (1918); **52**, 1249 (1919).

Oftmals schmelzen auch Fettsäuren, die durch ihre Alkalisalze,[1] Säureamide,[2] die durch das zugehörige Ammoniumsalz, oder Ester, die durch freie Säure,[3] deren Salze[4] oder (bei Polycarbonsäuren) durch die sauren Ester verunreinigt sind, höher als die reinen Substanzen. Ebenso sinkt der Schmelzpunkt der Phthalonsäure mit zunehmender Reinigung von der leicht aus ihr entstehenden Phthalsäure; der Schmelzpunkt des o-Oxybiphenyls geht bei fortgesetzter Reinigung von den Isomeren von 80° auf 67° und 56° herunter[5] und das Camphen zeigt im reinsten Zustand den Schmelzpunkt 49°, während minder reine Fraktionen bei 55—56° und bei 71—72° verflüssigt werden.[6]

PERGER[7] fand den Schmelzpunkt des nicht ganz reinen Acetyl-1-Amino-2-Oxanthrachinons infolge Gehaltes an Triacetat um 10—20° zu hoch.

Der Schmelzpunkt der Jodsalicylsäure wird durch einen Gehalt an Dijodsalicylsäure erhöht.[8]

Substanzen, die sich beim Schmelzen verändern (durch Anhydridbildung,[9] Kohlendioxydabspaltung usw.), zeigen auch oftmals einen charakteristischen „*Zersetzungspunkt*" oder „*Aufschäumungspunkt*".[10] Meist ist aber in solchen Fällen der Beginn des Sichtbarwerdens der Reaktion von der Schnelligkeit des Erhitzens sowie von der Temperatur abhängig, bei der die zu untersuchende Substanz in das Luft- oder Flüssigkeitsbad eingebracht wurde. Beispielsweise ist der Schmelzpunkt der Hydrazone, Osazone,[11] Semicarbazone und ebenso der Chloroplatinate[12] in hohem Grad von der Schnelligkeit der Temperatursteigerung abhängig; man erhält nur beim raschen Erhitzen vergleichbare Resultate.

---

[1] SAALMÜLLER: Liebigs Ann. **64**, 110 (1847). — HANS MEYER, ECKERT: Monatsh. Chem. **31**, 1227 (1910).   [2] BLAU: Monatsh. Chem. **26**, 96 (1905).
[3] KNOEVENAGEL, MOTTEK: Ber. Dtsch. chem. Ges. **37**, 4472 (1904). — HANS MEYER: Monatsh. Chem. **28**, 36 (1907).
[4] WILLSTÄTTER, PUMMERER: Ber. Dtsch. chem. Ges. **37**, 3744 (1904).
[5] HÖNIGSCHMID: Monatsh. Chem. **22**, 567 (1901).
[6] WALLACH: Ber. Dtsch. chem. Ges. **25**, 919 (1892). — Siehe ferner EPSTEIN: Liebigs Ann. **231**, 32 (1885). — JACOBSON, FRANZ, HÖNIGSBERGER: Ber. Dtsch. chem. Ges. **36**, 4073, Anm. (1903). — Verhalten von Rotenon und Isorotenon: BUTENANDT, HILDEBRANDT: Liebigs Ann. **477**, 267 (1930).
[7] PERGER: Journ. prakt. Chem. (2), **18**, 143 (1878).
[8] DEMOLE: Ber. Dtsch. chem. Ges. **7**, 1439 (1874).
[9] Z. B. BERTHEIM: Ber. Dtsch. chem. Ges. **31**, 1855 (1898). — BAEYER, VILLIGER: Ber. Dtsch. chem. Ges. **37**, 2862 (1904). — NÖLTING, PHILIPS: Ber. Dtsch. chem. Ges. **41**, 584 (1908). — WINDAUS, STEIN: Ber. Dtsch. chem. Ges. **47**, 3705, Anm. (1914). — α, β und β, γ ungesättigte Säuren lagern sich in der Nähe des Schmelzpunkts in umkehrbarer Weise um: ECCOTT, LINSTEAD: Journ. chem. Soc. London **1929**, 2153. — LINSTEAD: Journ. chem. Soc. London **1930**, 1603.
[10] BAMBERGER: Ber. Dtsch. chem. Ges. **45**, 2746, 2752 (1912).
[11] E. FISCHER: Ber. Dtsch. chem. Ges. **20**, 826 (1887); **21**, 984 (1888). — FEHRLIN: Ber. Dtsch. chem. Ges. **23**, 1581 (1890). — BEYTHIEN, TOLLENS: Liebigs Ann. **255**, 217 (1890). — FRANKE, KOHN: Monatsh. Chem. **20**, 888, Anm. (1899). — BUSCH, MEUSSDÖRFER: Journ. prakt. Chem. (2), **75**, 135 (1907). — E. FISCHER: Ber. Dtsch. chem. Ges. **41**, 74 (1908). — ACHTERFELD: Diss. Erlangen 1908, 26.
[12] EPSTEIN: Ber. Dtsch. chem. Ges. **20**, 163, Anm. (1887). — PECHMANN, MILLS: Ber. Dtsch. chem. Ges. **37**, 3835 (1904).

Auch leicht *racemisierbare, aktive Substanzen* zeigen einen von der Schnelligkeit des Erhitzens abhängigen Schmelzpunkt. So gelingt es, durch hinreichend langsames Erhitzen die Schmelzpunkte der aktiven Xanthogenbernsteinsäuren bis fast zum Schmelzpunkt der racemischen Säure zu erhöhen.[1] Der Schmelzpunkt solcher Substanzen wird auch durch Umkrystallisieren verändert.[2]

Es ist in derartigen Fällen unerläßlich, der Schmelzpunktsangabe die *Badtemperatur* und die Angabe, um wieviel Grade pro Minute die Temperatur erhöht wurde, beizufügen.

Die Verläßlichkeit der Schmelzpunktsbestimmung läßt auch bei vielen Anilsäuren, die dabei unter Wasserabspaltung in Anile übergehen,[3] bei Orthodicarbonsäuren, die Anhydride liefern,[4] bei Diamiden, aus denen Imide entstehen usw., im Stich.

Man untersucht in solchen Fällen das beim Schmelzen entstehende Anhydroprodukt nach eventueller nochmaliger Reinigung.

Krystallwasser- (alkohol- usw.) haltige Substanzen sind vor der Schmelzpunktsbestimmung zu trocknen. Manche Substanzen zeigen übrigens im getrockneten und im krystallwasser- (usw.) haltigen Zustand verschiedene, charakteristische Schmelzpunkte[5] oder sind überhaupt nur mit Krystallwasser usw. in nichtamorphem oder überhaupt festem Zustand zu erhalten, wie z. B. Colchicin, das nur als Chloroform- oder Aetherverbindung krsytallisiert,[6] und Chelidamsäurediaethylester, der wasserfrei flüssig ist.[7]

Viele Betaine und Sulfosäuren sind in krystallwasserfreiem Zustand enorm hygroskopisch.

Über die Schmelzpunktsbestimmung solcher hygroskopischer Substanzen siehe S. 77.

In vielen Fällen kann man auf das Vorliegen eines Substanzgemisches schließen, wenn der Schmelzpunkt „unscharf" ist, d. h. sich über ein großes Intervall erstreckt, doch wird man auch bei reinen Verbindungen oftmals ein dem klaren Schmelzen vorhergehendes Sintern oder starkes Schrumpfen und Anlegen der Substanz an eine Seite der Röhrenwand, Farbenänderung oder Dunkelfärbung beobachten: Begleiterscheinungen, welche charakteristisch sein können.

Untersuchung von Gemischen mittels der Schmelzpunktskurve: WHITE: Journ. physical Chem. 24, 393 (1920). — SCHROETER: Liebigs Ann. 426, 42 (1922). — GIBBY, WATERS: Journ. chem. Soc. London 1931, 2728.

Zur Ermittlung des Zustandsdiagramms zweier in Mischung befindlicher Stoffe hat RHEINBOLDT ein Verfahren angegeben, das als

Auftau-Schmelzdiagrammethode

bezeichnet wird.[8]

Das Auftauen liegt bei Gemischen, die relativ viel Eutektikum enthalten,

[1] HOLMBERG: Ber. Dtsch. chem. Ges. 47, 175 (1914).
[2] DEUSSEN, HAHN: Ber. Dtsch. chem. Ges. 43, 522 (1910). — KLEIN: Diss. Göttingen 1914, 29 (Carboxim). — Siehe auch SPÄTH, GANGL: Monatsh. Chem. 44, 107 (1923).
[3] KERP: Ber. Dtsch. chem. Ges. 30, 614 (1897). — Über die Verwertung der Schmelzpunktsbestimmung von Anilsäuren und Anilen für die Charakterisierung von Dicarbonsäuren: AUWERS: Liebigs Ann. 285, 225 (1895).
[4] WEIDEL, HERZIG: Monatsh. Chem. 6, 976 (1885). — GRAEBE: Liebigs Ann. 238, 321 (1887); Ber. Dtsch. chem. Ges. 29, 2802 (1896). — BREDT: Liebigs Ann. 292, 118 (1896). — Siehe auch Anm. 9, S. 66.
[5] Z. B. Strophanthin: BRAUNS, CLOSSON: Arch. Pharmaz. 252, 305 (1914).
[6] ZEISEL: Monatsh. Chem. 7, 568 (1886).
[7] HANS MEYER: Monatsh. Chem. 24, 204 (1903).
[8] RHEINBOLDT: Journ. prakt. Chem. (2), 111, 242 (1925); 112, 187 (1926); 113,

genau auf der eutektischen Horizontale, verschiebt sich jedoch bei Gemischen, die in der Nähe der beiden reinen Stoffe oder der Verbindung liegen, praktisch nach den Schmelzpunkten der reinen Stoffe oder der Molekülverbindung hin. Die Taupunktskurve nimmt vom Schmelzpunkt des einen Stoffs einen steilen Verlauf abwärts zu der eutektischen Horizontale, folgt dieser über den eutektischen Punkt hinaus und steigt kurz vor der Zusammensetzung der Verbindung steil zu deren Schmelzpunkt empor, fällt kurz darauf zu der zweiten eutektischen Horizontale ab und steigt schließlich wieder zum Schmelzpunkt des zweiten Stoffs. Die Taupunktskurve ermöglicht daher mit wenigen Versuchen die Festlegung der eutektischen Horizontalen und gibt Aufschluß darüber, ob eine Molekülverbindung vorliegt.

Gewogene Substanzmengen werden klar verschmolzen, erstarren gelassen und gepulvert. Dann wird der Schmelzpunkt bestimmt. Das Feuchtwerden der Mischung wird als Taupunkt bezeichnet. Beim weiteren Erhitzen sintert die Substanz und bildet schließlich eine trübe Flüssigkeit, in der ein Krystallskelett schwimmt. Man beobachtet unter langsamer Temperatursteigerung mit der Lupe. Das Verschwinden der letzten Kryställchen entspricht dem Schmelzpunkt.

2. Ausführung der Schmelzpunktsbestimmung im Capillarröhrchen.

Die *Capillarröhrchen* müssen rein und trocken sein und sollen aus resistentem Glas[1] hergestellt werden. Ihr inneres Lumen betrage $3/4$—1 mm, die Wand sei nicht zu dick. Man erhält passende Röhrchen, wenn man ein zirka 5 mm weites Glasrohr unter fortwährendem Drehen über dem entleuchteten Bunsenbrenner bis zum Weichwerden erhitzt und *außerhalb* der Flamme auszieht. Auf dieselbe Weise werden dann aus einem massiven Glasstab Fäden gezogen, die so dick sind, daß sie eben in die Capillarröhrchen passen.

Zum Gebrauch werden die Röhrchen in Abständen von etwa 3 cm mit einer scharfen Feile abgetrennt, wobei darauf zu achten ist, daß eine gerade Schnittfläche entsteht, weil sonst das Einfüllen der Substanz sehr erschwert wird. Das eine, evtl. das engere, Ende des Röhrchens wird zugeschmolzen, wobei es sich nicht biegen darf, dann sucht man einen passenden Glasfaden aus, der sich anschließend bis auf den Boden der Capillare einschieben läßt.

Wie sehr der Schmelzpunkt alkaliempfindlicher Substanzen (Keto-Enol-isomeren) von der Qualität des verwendeten Glases abhängt, zeigen Versuche von KNORR, ROTHE, OVERBECK[2] und DIECKMANN.[3]

Durch Spuren von Alkali wird die *Enolisierung* gewisser *Keto*verbindungen (z. B. Acetessigester, Ketoacetyldibenzoylmethan) enorm beschleunigt, während die Umwandlung des reinen Ketons beim Schmelzen in widerstandsfähigem Glas trotz der höheren Temperatur merklich langsamer erfolgt.

Das Ketol $CH_3COCHOHCH_2COCH_3$ schmilzt in gewöhnlichem Glas bei 95°, in Jenaer Glas bei 124—128°, in Quarzglas bei 130—132°.[4]

Die gleiche Erscheinung zeigt sich auch bei Zuckerarten, die in Lösung Mutarotation erleiden.[5]

199, 348 (1926);Arch. Pharmaz. **263**, 515 (1925); Ztschr. angew. Chem. **38**, 391 (1925); Ztschr. physiol. Chem. **184**, 221 (1929). — Das Verfahren kann auch für Mikrobestimmungen verwendet werden.

[1] Jenenser oder Kavalierglas „Bohemia".

[2] KNORR, ROTHE, OVERBECK: Ber. Dtsch. chem. Ges. **44**, 1150 (1911).

[3] DIECKMANN: Ber. Dtsch. chem. Ges. **49**, 2204ff. (1916); **50**, 13, 75 (1917). — Siehe auch DIECKMANN, HOPPE, STEIN: Ber. Dtsch. chem. Ges. **37**, 3370, 4627 (1904). — MICHAEL: Ber. Dtsch. chem. Ges. **41**, 1088 (1908).

[4] HENZE: Ztschr. physiol. Chem. **232**, 123 (1935).

[5] GEORG: Helv. chim. Acta **15**, 930 (1932).

Man kann diese, die Schmelzpunktserniedrigungen bedingende Wirkung des alkalisch reagierenden Glases meist durch Waschen mit Säure verhindern.

Damit steht im Einklang, daß aus alkalischer Lösung mit Essigsäure gefälltes *Enolacetyldibenzoylmethan* bei 99—100° schmilzt,[1] nach dem Umkrystallisieren aus salzsäurehaltigem Alkohol und nach direktem Fällen mit Salzsäure bei 85°.[2] Das Alkali wirkt also hier *ketisierend*.

Umgekehrt wird der Schmelzpunkt der Saccharose durch Spuren von Säure auf 145° herabgedrückt.[3]

Man erhitzt meist in einem *Paraffinöl-*[4] oder besser *Schwefelsäurebad*.[5]

Sehr geeignet für Temperaturen zwischen 250—400° ist[6] eine Mischung von 3 Teilen *Kaliumacetat* und 2 Teilen *Natriumacetat* (F. zirka 220°) oder von gleichen Teilen der beiden Acetate[7] (F. 224°). Man schmilzt die Salze in einem Aluminiumbecher zusammen und gießt von da in das Bestimmungsgefäß.

Auch ein Gemisch von 27,3 Teilen *Lithiumnitrat*, 54,5 Teilen *Kaliumnitrat* und 18,2 Teilen *Natriumnitrat* ist sehr zu empfehlen.[8]

Es schmilzt bei 120° und kann bis mindestens 400° benutzt werden. Ebenso hat sich die bei 218° schmelzende Mischung von 45,5 Teilen *Natrium-* und 54,5 Teilen *Kaliumnitrat*, die bis über 450° verwendbar ist, bewährt.[9] Es ist darauf zu achten, daß diese Nitrate bei Temperaturen über 250° das Glas der Thermometer angreifen; namentlich gilt das vom *Lithiumnitrat*.

Als zweckmäßige *Badflüssigkeiten für Schmelzpunktsbestimmungen* empfiehlt ferner SCUDDER[10] eine Mischung von 7 Gewichtsteilen *Schwefelsäure* (spez. Gewicht 1,84) und 3 Teilen *Kaliumsulfat*, die bei Zimmertemperatur flüssig bleibt und oberhalb 325° siedet, sowie eine Mischung von 6 Teilen Säure mit 4 Teilen Sulfat (F. 60—100°, Kp. über 365°). Diese Flüssigkeiten sind hygroskopisch und deshalb nicht lange verwendbar.

Die trockene, in einer Achatschale fein geriebene Substanz wird eingefüllt, indem man durch Eintauchen des offenen Capillarendes in die aufgehäufte Substanz ein wenig davon aufnimmt und dann mit dem Glasfaden auf den Grund des Röhrchens schiebt, dort feststampft und diese Operation wiederholt, bis sich eine 2 mm hohe Schicht im Röhrchen befindet.

Mit einem Tropfen Gummilösung oder ein wenig Speichel klebt man nun das Röhrchen dergestalt an das Ende eines kontrollierten Thermometers, daß sich die Substanz in der Höhe der möglichst kurzen Quecksilberkugel befindet. Das Röhrchen muß rechts oder links der Skaleneinteilung angebracht werden.

Hinter den Apparat stellt man einen Schmetterlingsbrenner und beobachtet als Schmelzpunkt den Moment, in dem der Capillarinhalt durchsichtig wird bzw. sich Meniscusbildung zeigt.

Vor jeder Schmelzpunktsbestimmung von Substanzen mit noch unbekannten Eigenschaften untersuche man das Verhalten einer kleinen Probe beim Erhitzen auf dem Platinspatel. Dadurch wird man nicht nur einen ungefähren Anhaltspunkt

---

[1] CLAISEN: Liebigs Ann. **291**, 59 (1896).

[2] DIECKMANN: Ber. Dtsch. chem. Ges. **49**, 2208 (1916).   [3] Siehe Note 5 auf S. 68.

[4] VAN DER HAAR empfiehlt — Monosaccharide und Aldehydsäuren, S. 30. Berlin: Bornträger. 1920 — Paraffinöl.

[5] Verwendung von Phosphorsäure (bis 350°): GRAUSTEIN: Journ. Amer. chem. Soc. **43**, 212 (1921).   [6] PAULY: Ztschr. physiol. Chem. **64**, 79 (1910).

[7] HANS MEYER, BEER: Monatsh. Chem. **34**, 1173 (1913).

[8] SMITH, MENZIES: Journ. Amer. chem. Soc. **32**, 899 (1910).

[9] CARVETH: Journ. physical Chem. **2**, 207 (1898). — SCUDDER: Journ. Amer. chem. Soc. **25**, 161 (1903).

[10] SCUDDER: Journ. Amer. chem. Soc. **25**, 161 (1903). — KIRPAL, REITER: Ber. Dtsch. chem. Ges. **58**, 700 (1925).

für die zu erwartende Höhe der Schmelztemperatur erhalten, man wird vor allem auch erkennen, ob die Substanz etwa *explosive* Eigenschaften besitzt. Denn schon die geringen Mengen, die in das Capillarröhrchen gefüllt werden, können zu einer Zertrümmerung des ganzen Apparats führen.[1] Bei der Untersuchung explosiver Substanzen hat man nach S. 76 zu verfahren.

Die meist verwendeten Apparate zur Schmelzpunktsbestimmung sind die von ANSCHÜTZ, SCHULTZ und von ROTH; der Apparat von J. THIELE sei für über 50° liegende Temperaturen besonders empfohlen.

3. Schmelzpunktsapparat von ANSCHÜTZ, SCHULTZ.[2]

Der Apparat (Abb. 16) besteht aus einem Kolben von zirka 250 ccm Inhalt, in dessen Hals ein 10 cm langes Reagensrohr von zirka 15 mm lichter Weite derart eingeschmolzen ist, daß sein unteres Ende etwa 5 mm vom Boden des Kolbens entfernt bleibt.

Abb. 16.
Schmelzpunkts-
apparat
von ANSCHÜTZ,
SCHULTZ.

Der Kolben ist mit der Tubulatur *a* versehen, in welche die Röhre *b* oder *c* eingeschliffen ist. Durch die Tubulatur füllt man den Kolben zur Hälfte mit konzentrierter Schwefelsäure.

Abb. 17.
Apparat
von ROTH.

Thermometer und angefügtes Schmelzpunktsröhrchen werden mit einem eingekerbten Kork derart in dem Reagensrohr befestigt, daß sich die Thermometerkugel sowie die in gleicher Höhe befindliche Substanz, ohne an der Gefäßwand anzuliegen, einige Millimeter über dem Boden der Eprouvette, dabei aber vollständig unterhalb des Schwefelsäureniveaus befindet.

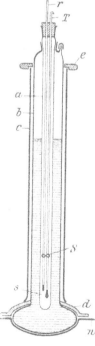

Der Apparat wird langsam erhitzt, *nachdem man sich vorher jedesmal genau davon überzeugt hat, daß b bzw. c nicht verstopft* und daß somit jede Explosionsgefahr ausgeschlossen ist.

Die Schwefelsäure bedarf erst nach vielen Monaten einer Erneuerung. Man kann in diesem Luftbad Schmelzpunkte bis zu 290° beobachten, für höhere Temperaturen verwendet man eine der S. 69 angeführten Badflüssigkeiten.

4. Apparat von ROTH,[3]

eine Abart des vorigen, liefert direkt korrigierte Schmelzpunkte (Abb. 17).

Die verhältnismäßig große verwendete Säuremenge bietet den Vorteil, Überhitzung vollständig zu verhindern, hingegen lassen sich schwer höhere Temperaturen als 250° erzielen.[4]

LANDSIEDL[5] hat den Apparat durch Zufügen eines Glasschutzmantels modifiziert (Abb. 18). Es wird hierdurch das leichtere Erzielen höherer Temperaturen ermöglicht.

Abb. 18. Apparat
von LANDSIEDL.

[1] CURTIUS: Journ. prakt. Chem. (2), **76**, 386 (1907).
[2] ANSCHÜTZ, SCHULTZ: Ber. Dtsch. chem. Ges. **10**, 1800 (1877).
[3] ROTH: Ber. Dtsch. chem. Ges. **19**, 1970 (1886). — HOUBEN: Chem.-Ztg. **24**, 538 (1900).
[4] Liebigs Ann. **276**, 342 (1893) bespricht HESSE die Vorzüge dieses Apparates.
[5] LANDSIEDL: Österr. Chemiker-Ztg. **8**, 276 (1905); Chem.-Ztg. **29**, 765 (1905).

5. Apparat von JOHANNES THIELE.[1]

Außerordentlich praktisch und bequem ist ein von J. THIELE[2] angegebener Apparat (Abb. 19).

Er besteht aus einem Rohr von zirka 2 cm Weite und 12 cm Länge, an das ein Bogen von 1 cm Weite so angesetzt ist, daß er das untere Ende des Rohrs mit der Mitte verbindet.

Man füllt so viel Schwefelsäure (oder eine der S. 69 angegebenen Heizflüssigkeiten) ein, daß sie die obere Mündung des Bogens gerade sperrt, wenn das Thermometergefäß sich etwa in der Mitte zwischen den Schenkeln des Bogens befindet. Erhitzt man jetzt bei *b*, so beginnt die Schwefelsäure zu zirkulieren; in dem Rohr bewegt sie sich dabei von oben nach unten. Infolgedessen schmelzen die im oberen Teil der (mittels eines Schwefelsäuretröpfchens an das Thermometer geklebten) Capillare haftenden Substanzstäubchen früher als die Hauptmasse und geben so zu erkennen, wann man in die Nähe des Schmelzpunkts gelangt ist.

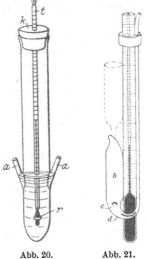

Der Apparat arbeitet viel gleichmäßiger als alle anderen ohne mechanischen Rührer, er heizt sich sehr schnell an, geht fast gar nicht nach und kühlt sich sehr schnell wieder ab.

DIELS[3] empfiehlt, das Rohr *a* noch um zirka 10 cm zu verlängern, PRATT[4] heizt mit einem Mangan- oder Nichromdrahtwiderstand.

Abb. 19.
Apparat von
THIELE.

Abb. 20.
Apparat von
ANTHES.

Abb. 21.
Apparat von
PICCARD.

Für Substanzen, die unter 50° schmelzen, ist die Verwendung des THIELESchen Apparats nicht zu empfehlen.

ANTHES[5] hat den Apparat von THIELE derart modifiziert, daß die Schmelzpunktsröhrchen seitlich eingeführt werden können. Der Apparat hat sich namentlich für die Bestimmung der Taupunktskurve nach RHEINBOLDT bewährt (Abb. 20).

6. Schmelzpunktsbestimmung farbiger oder gefärbter Substanzen.

Farbige Substanzen oder solche, die beim Erhitzen dunkel werden, zeigen oftmals das gewöhnliche Kriterium des Schmelzens, das Durchsichtigwerden, nur unvollkommen. Da in solchen Fällen auch die Meniscusbildung nicht leicht zu beobachten ist, empfiehlt PICCARD,[6] folgendermaßen zu verfahren (Abb. 21).

[1] JOHANNES THIELE: Ber. Dtsch. chem. Ges. **40**, 996 (1907). — Die Firma Heraeus, Hanau, liefert diesen Apparat aus *Quarzglas*. — Über einen auf dem gleichen Prinzip beruhenden Apparat zur Bestimmung des Erstarrungspunkts siehe HOLLEMAN, HARTOGS, VAN DER LINDEN: Ber. Dtsch. chem. Ges. **44**, 705 (1911). Das Prinzip des Verfahrens stammt von OLBERG: Rep. anal. Ch. **1886**, 95. — Die Kritik des THIELESchen Verfahrens durch BERL [Ber. Dtsch. chem. Ges. **60**, 811 (1927)] bezieht sich auf eine veraltete Form des Apparats.

[2] Siehe auch DELBRIDGE: Amer. chem. Journ. **41**, 405 (1909). — STOLZENBERG: Ber. Dtsch. chem. Ges. **42**, 4322 (1909). — ANTHES: Chem.-Ztg. **35**, 1375 (1911). — APITZSCH, SCHULZE: Chem.-Ztg. **36**, 71 (1912). — DENNIS: Journ. Indian chem. Soc. **12**, 366 (1920). — FRANÇOIS: Bull. Soc. chim. France (4), **27**, 528 (1920).

[3] Privatmitteilung.

[4] PRATT: Ind. engin. Chem. **4**, 47 (1912). — BELL: Ind. engin. Chem. **15**, 375 (1923). — AVERRY: Ind. engin. Chem. **20**, 570 (1928).

[5] ANTHES: Chem.-Ztg. **35**, 1375 (1911).

[6] PICCARD: Ber. Dtsch. chem. Ges. **8**, 688 (1875).

Eine gewöhnliche Glasröhre wird 2—3 cm vor ihrem Ende trichterförmig verengt, weiter unten capillar ausgezogen und an dieser Stelle U-förmig gebogen. Man bringt etwas Substanz durch den weiten Schenkel hinein, erhitzt sie zum Schmelzen, so daß sich unten an der Biegung, da wo die Röhre anfängt capillar zu werden, ein kleiner Pfropfen d bildet; dann bringt man noch ein Tröpfchen Quecksilber auf die Substanz c, schmilzt den weiten Schenkel an der vorher verengten Stelle zu und läßt den dünnen, langen Schenkel offen. Über der Substanz befindet sich nun ein großer Luftbehälter b. Man befestigt die Capillarröhre mit einem Kautschukring am Thermometer, so daß die Substanz in die Mitte der Thermometerkugel, der Luftbehälter unter das Niveau des Bades zu stehen kommt und erhitzt im Becherglas unter Umrühren. In dem Augenblick des Schmelzens wird die Substanz durch die zusammengedrückte Luft des Behälters mit Kraft in die Capillarröhre hinaufgeschnellt.

KRATSCHMER[1] empfiehlt ein ähnliches Verfahren für Fette, ebenso ZALOSZIECKI[2] und THORP.[3]

Auf einem ähnlichen Prinzip beruht auch die Methode von PROUZERGUE.[4]

7. Schmelzpunktsbestimmung von hochschmelzenden und sogenannten unschmelzbaren Verbindungen.[5]

Substanzen, die vor dem Schmelzen sublimieren oder sich unter Abspaltung von Wasser, Salzsäure usw. zersetzen, müssen in beiderseits zugeschmolzenen Capillarröhrchen erhitzt werden.

Die Substanz wird erst in die Heizflüssigkeit gebracht, wenn eine dem Schmelzpunkt naheliegende Temperatur — wie durch einen Vorversuch zu ermitteln — erreicht ist.

Abb. 22.
Apparat für
hochschmel-
zende Ver-
bindungen.

Als Apparat dient eine weite Eprouvette von schwer schmelzbarem Glas, in der sich ein Glasrührer befindet (Abb. 22). Eine dicke, mit kreisrundem Ausschnitt versehene Asbestplatte wird von unten über das Erhitzungsrohr bis wenig über das Niveau der Thermometerkugel geschoben.

Hat man die Schmelztemperatur nahezu erreicht — man mißt die Badtemperatur mit einem zweiten Thermometer —, dann führt man die mittels einer Platindrahtschlinge an das Thermometer befestigte[6] Capillare ein, oder man befestigt letztere an einem eigenen Schieber, der durch dieselbe Korkbohrung geht wie das Thermometer und dicht an demselben anliegt.

Zieht man es vor, in einem Luftbad[7] zu arbeiten, das mit einer Metallegierung (WOOD oder ROSE) erwärmt wird, so bringt man ein wenig Asbest auf den Boden der Eprouvette, die nur wenig in das Metallbad eintauchen darf, und wirft bei der geeigneten Temperatur das Substanzröhrchen ein.

[1] KRATSCHMER: Ztschr. analyt. Chem. **21**, 399 (1882).
[2] ZALOSZIECKI: Chem.-Ztg. **14**, 780 (1890).
[3] THORP: Pharmac. Journ. (4), **30**, 204 (1910). — Siehe auch DALLIMORE: Pharmac. Journ. (4), **27**, 802 (1908).
[4] PROUZERGUE: Ann. Chim. analyt. appl. **17**, 56 (1912).
[5] GRAEBE: Liebigs Ann. **263**, 19 (1891). — MICHAËL: Ber. Dtsch. chem. Ges. **28**, 1629 (1895); **39**, 1913 (1906).
[6] Um den Platindraht festhaften zu machen, setzt man 2—3 cm über der Thermometerkugel ein Glaspünktchen an, welches das Herabrutschen des Drahts verhindert.
[7] Ein Doppelluftbad mit äußerem Quarzkolben, der direkt erhitzt werden kann, haben KUTSCHER, OTORI empfohlen; siehe S. 77. — GERNGROSS: Ber. Dtsch. chem. Ges. **57**, 745, 1071 (1924). — DELIGSKI: Journ. prakt. Chem. (2), **115**, 382 (1927). — ANSCHÜTZ: Journ. prakt. Chem. (2), **116**, 291 (1927).

Die Füllung hat derart zu geschehen, daß die Substanz nicht bis ganz an das untere Ende der Capillare heruntergestampft wird, vielmehr sich unter ihr noch ein mehrere Millimeter hoher, luftgefüllter Raum befindet. Die Capillare wird an beiden Enden zugeschmolzen. Substanzen, die leicht dissoziieren, schmilzt man in ein mit dem entsprechenden Gas gefülltes U-Röhrchen von 2—3 mm Durchmesser ein.[1]

Hochschmelzende Substanzen untersucht man auch oft einfach in einem Bechergläschen, das mit einer geeigneten Badflüssigkeit beschickt wird, und benutzt zur Temperaturregelung einen Rührer (Abb. 23). Oder man läßt einen nicht zu raschen Luftstrom durch die Flüssigkeit streichen.[2]

8. Schmelzpunktsapparat für hohe Temperaturen von SCHWINGER.[3]

Auf das obere Ende eines Bunsenbrenners B (Abb. 24) wird der äußere Teil eines Auerlichtsparbrenners A geschoben. Nötigenfalls umwickelt man das Brennerrohr mit etwas Asbestpapier. Auf den Auerbrenner wird ein passender Zylinder C gesteckt. Er bildet ein außerordentlich leicht regulierbares Luftbad, in das ein Salpeterbad eingesenkt wird. Es besteht aus der 18—20 cm langen, nicht allzu dünnwandigen Eprouvette E, die an ihrem oberen Ende in einem Stativ befestigt ist und eine entsprechende Menge eines geschmolzenen, äquimolekularen Gemisches von Kali- und Natronsalpeter enthält. Die Salpeterschicht kann so hoch gewählt werden, daß sich der Quecksilberfaden eines abgekürzten Thermometers ganz darin befindet, so daß man den korrigierten Schmelzpunkt leicht bestimmen kann.

Das Thermometer wird mit einem eingeschnittenen Kork befestigt.

Zur genauen Regulierung der Gaszufuhr kann man am Gashahn einen 10 bis 15 cm langen Zeiger anbringen lassen, der auf einer Skala einspielt.

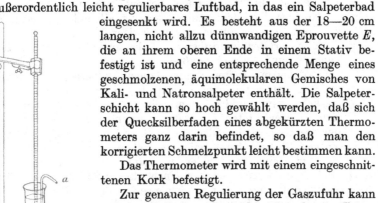

Abb. 23. Schmelz-
punktsbestimmung
mit Rührer.

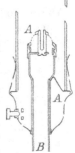

Abb. 24.
Apparat von
SCHWINGER.

9. Schmelzpunktsbestimmung von Substanzen, die bei hoher Temperatur luftempfindlich sind,

nimmt TAFEL[4] im Vakuum vor. Ein dünnwandiges, 10 cm langes Glasrohr von zirka 5 mm äußerer Weite wird in der Mitte zur Capillare ausgezogen und abgeschmolzen, wodurch man zwei Bestimmungsröhrchen erhält. Nach dem Einfüllen der Substanz wird das offene, weite Röhrenende mit der Pumpe verbunden und nach einer Minute die Capillare möglichst nahe dem weiten Ende abgeschmolzen.

Schon früher hat GOLDSCHMIEDT[5] Schmelzpunktsbestimmungen vorgenom-

---

[1] RIBAN: Bull. Soc. chim. France (2), **24**, 14 (1875). — SCHÜTZENBERGER: Traité de chimie générale I, 86 (1880). [2] HENRIQUES: Chem. Weekbl. **32**, 239 (1935). [3] SCHWINGER: Monatsh. Chem. **34**, 977 (1913). — BRUNNER: Monatsh. Chem. **50**, 224 (1928). [4] TAFEL: Liebigs Ann. **301**, 305, Anm. (1898). — TAFEL, DODT: Ber. Dtsch. chem. Ges. **40**, 3753 (1907). — PAULY: Ztschr. physiol. Chem. **64**, 79 (1910). [5] GOLDSCHMIEDT: Monatsh. Chem. **9**, 769 (1888). — Siehe auch HILPERT, GRÜTT-

men, bei denen die Capillare während der ganzen Dauer des Versuches mit der Wasserluftpumpe verbunden blieb.

Man kann auch in mit Kohlendioxyd gefüllten Capillaren erhitzen.[1]

10. Schmelzpunktsbestimmung sehr niedrig schmelzender Substanzen.

Niedrig schmelzende Substanzen bleiben leicht überschmolzen. Man kann diese Erscheinung in der Art verwerten, wie dies STADEN[2] bei der Untersuchung des p-Nitrodimethyl-o-toluidins gemacht hat.

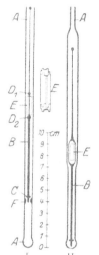

Abb. 25. Apparat von STOCK.

8—10 g der Base wurden in Eis abgekühlt. Es trat keine Erstarrung ein. Etwa 0,1 g wurden nun in einem offenen engen Röhrchen, an der Kugel des Thermometers haftend, durch Eintauchen in Chlormethyl zum Krystallisieren gebracht. Als man darauf das Thermometer mit der an seiner Kugel haftenden festen Substanz in die unterkühlte Hauptmasse brachte, erstarrte diese rasch, und das Thermometer stieg auf 14°. Der Versuch wurde mehrmals mit gleichem Resultat wiederholt.

KRAFFT[3] benutzt flüssiges Schwefeldioxyd.

Noch weit größere Temperaturintervalle hat man natürlich zur Verfügung, wenn man mit flüssiger Luft arbeitet.

Man verfährt für Substanzen, die unter —50° schmelzen, nach STOCK[4] folgendermaßen:

In dem 6 mm weiten, dünnwandigen Außenrohr A (Abb. 25), welches unten zu einer kleinen Kugel von größerer Wandstärke erweitert und oben mit einer zum Destillieren im Vakuum eingerichteten Apparatur verbunden ist, befindet sich der frei bewegliche Glaskörper B. Er ist aus einem 2 mm starken Glasstab hergestellt, trägt etwas über seinem unteren Ende vier ein Kreuz bildende Ansätze C,[5] in der Mitte zwei Verdickungen D_1 und D_2 und läuft oben in einen als Zeiger dienenden Glasfaden aus. Die Länge der Ansätze C ist so bemessen, daß sie B reibungslose Führung in A geben. Zwischen D_1 und D_2 befindet sich ein kleiner, wenige zehntel Millimeter starker Eisenzylinder E, der durch einige nach innen umgebogene Zähne (vgl. die Nebenzeichnung) zwischen D_1 und D_2 festgehalten wird. E und B lassen sich durch einen über A geschobenen kleinen Elektromagneten in A auf und nieder bewegen.

Vor einer Schmelzpunktsbestimmung hebt man B mittels des Magneten so hoch, daß sich das Glaskreuz mindestens 8 cm über dem Boden von A befindet. Man destilliert bei evakuierter Apparatur eine passende Menge der Substanz derartig in A hinein, daß sie sich in fester Form als Ring (F in Abb. 25 I) einige Zentimeter unterhalb des Endes von B ansetzt. Zu diesem Zweck taucht man A

NER: Ber. Dtsch. chem. Ges. 46, 1681 (1913). — SPÄTH: Monatsh. Chem. 40, 356 (1919). — KOLLER: Ber. Dtsch. chem. Ges. 60, 407 (1927). — SPÄTH, OKAHARA, KUFFNER: Ber. Dtsch. chem. Ges. 70, 73 (1937). — SPÄTH, KUBICZEK: Ber. Dtsch. chem. Ges. 70, 1253 (1937). — SPÄTH, JERZMANOWSKA-SIENKIEWICZOWA: Ber. Dtsch. chem. Ges. 70, 1672 (1937).   [1] SCHLENK, WEICKEL, HERZENSTEIN: Liebigs Ann. 372, 4 (1910).

[2] STADEN: Journ. prakt. Chem. (2), 65, 249 (1902).

[3] KRAFFT: Ber. Dtsch. chem. Ges. 15, 1694 (1882). — LECHER, GOEBEL: Ber. Dtsch. chem. Ges. 55, 1492 (1922). — HOLDE, GENTNER: Ber. Dtsch. chem. Ges. 58, 1069 (1925) (Kohlendioxydschnee).

[4] STOCK: Ber. Dtsch. chem. Ges. 50, 156 (1917).

[5] Die Ansätze sind nicht ganz am Ende von B angebracht, damit sie nicht abbrechen, wenn B einmal unsanft gegen den Boden von A stößt.

etwa 5 cm tief in flüssige Luft, die einen kleinen Vakuumbecher bis dicht zum Rand füllt; dies bewirkt die Bildung eines ziemlich scharf begrenzten dicken Ringes. Nach Beendigung des Destillierens hebt man das Luft-Kühlbad so weit, daß sich auch der untere Teil von *B* abkühlt, und senkt *B*, bis es mit dem Kreuz auf dem Substanzring ruht. In diesem Zustand ist der Apparat in Abb. 25 I dargestellt. Man bezeichnet auf *A* die Stellung der Zeigerspitze. Nach Entfernung des Magneten wird die flüssige Luft durch ein anderes geeignetes Kühlbad (Alkohol-, Pentanbad, gekühlter Metallblock in einem Vakuumgefäß) ersetzt, dessen Temperatur mindestens mehrere Grade unter dem Schmelzpunkt der Substanz liegen muß. Unter dauerndem Rühren steigert man die Temperatur des Kühlbades möglichst langsam. Sobald die Schmelztemperatur erreicht ist, schmilzt die *A* anhängende Substanzschicht, und Substanzring und *B* gleiten nach unten. Der Augenblick, in dem dies geschieht, ist durch Beobachten des aus dem Kühlbad herausragenden Zeigerendes bequem und scharf zu erkennen; man liest die Temperatur ab, sobald sich der Zeiger in Bewegung setzt.

Falls zu befürchten ist, daß *E* mit der Substanz reagiert, benutzt man den Apparat in der durch Abb. 25 II wiedergegebenen Form. Hier ist *E* in ein dünnwandiges, schwach evakuiertes Glasröhrchen eingeschmolzen und dadurch der Einwirkung der Substanz entzogen. *A* ist im mittleren Teil etwas erweitert. Einige außen an der Glashülle des Eisenzylinders angebrachte Glas-

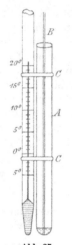

Abb. 27.
Schmelzpunkts-
bestimmung
nach Le Sueur
und Crossley.

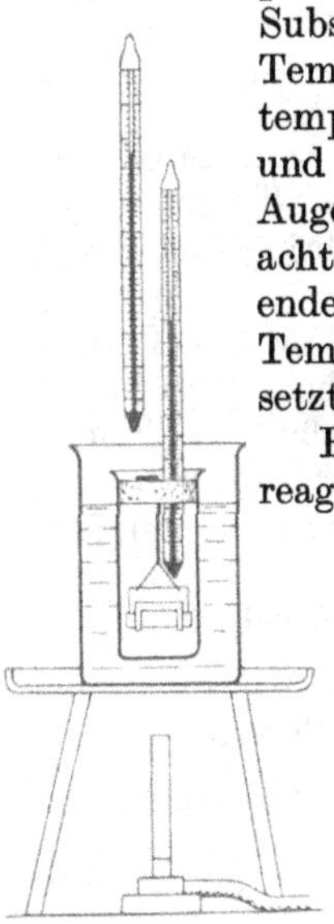

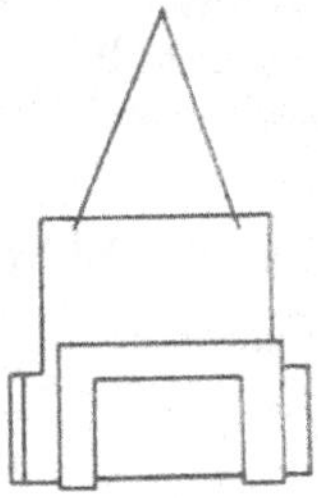

Abb. 26. Apparat von Kuhara und Chikashigé.

knöpfchen sorgen für gleichmäßigen Zwischenraum zwischen der Glashülle und *A*, so daß sich das Ein- und Abdestillieren ohne Störung vollzieht. Das Wiederverdampfen der Substanz im Vakuum darf nicht zu schnell geschehen, damit *B* nicht von den Dämpfen in die Höhe geschleudert und zerbrochen wird. Bei Apparatform II macht man das engere, an *A* anschließende Rohr so lang, daß der zerbrechliche Zeiger darin Platz hat, ohne oben anzustoßen.

Schmelzpunktsbestimmung niedrigschmelzender Substanzen mittels Luftthermometers: Haase: Ber. Dtsch. chem. Ges. 26, 1052 (1893). — *Tensionsthermometer:* Stock, Henning, Kuss: Ber. Dtsch. chem. Ges. 54, 1119 (1921) für Temperaturen unter +25°.

11. Zur Schmelzpunktsbestimmung klebriger Substanzen

kann man[1] die Substanz zwischen den beiden Hälften eines Deckgläschens zerdrücken, die man in ein umgebogenes und, wie Abb. 26 zeigt, ausgeschnittenes Platinblech klemmt, das an das Thermometer gehängt wird. Im Moment des Schmelzens wird das Deckgläschen durchsichtig. Als Luftbad dient ein Becherglächen, das vermittels eines Korks und Thermometers in ein größeres, mit Schwefelsäure gefülltes Becherglas gehängt wird.

[1] Kuhara, Chikashigé: Amer. chem. Journ. 23, 230 (1900).

12. Schmelzpunktsbestimmung von Substanzen salbenartiger Konsistenz.

Verfahren von LE SUEUR, CROSSLEY[1] (Abb. 27).

In ein kleines, dünnwandiges Glas A von etwa 75 mm Länge und 7 mm Weite wird eine feine, beiderseits offene Capillare B gebracht, deren Durchmesser nicht mehr als $^3/_4$ mm betragen darf. Dann wird von der Substanz so viel eingefüllt, daß das untere Ende der Capillare davon umgeben ist. Das Ganze wird mit zwei Gummibändern an ein Thermometer befestigt und in einem Wasserbad unter Umrühren langsam erwärmt. Als Schmelzpunkt wird der Punkt notiert, bei dem man Flüssigkeit in der Capillare aufsteigen sieht.

Verfahren von KOPP[2], COOK.[3]

Die Substanz wird auf ein Deckgläschen und letzteres auf Quecksilber gebracht, das in einem Kölbchen erwärmt wird. Man rührt mit einem Thermometer um, an dem auch der Schmelzpunkt abgelesen wird, oder man bringt die Probe auf Quecksilber und bedeckt mit einem Trichterchen.

Siehe ferner POHL:[4] Sitzungsber. Akad. Wiss. Wien 6, 587 (1851). — CROSS, BEVAN: Journ. chem. Soc. London 41, 111 (1882). — EBERT: Chem.-Ztg. 15, 76 (1891). — VANDENVYVER: Ann. Chim. analyt. appl. 13, 397 (1899). — THORP: Pharmac. Journ. (4) 30, 204 (1910). — GRÜN: Chem.-Ztg. 47, 860 (1923).

HÜLSEBOSCH[5] bringt die Substanz in ein auf Wasser schwimmendes, uhrglasförmiges Aluminiumschälchen und beobachtet mit der Lupe.

Für höherschmelzende Substanzen dient Quecksilber bzw. Weichlot.[6]

13. Schmelzpunktsbestimmung mittels des elektrischen Stromes.

Die verschiedenen für diesen Zweck angegebenen[7] Apparate haben nur Kuriositätswert.

14. Bestimmung des Schmelzpunkts in der Wärme zersetzlicher oder explosiver Substanzen.

Wenn sich eine Substanz schon bei relativ niedriger Temperatur stürmisch zersetzt, ist der Schmelzpunkt so zu bestimmen, daß man verschiedene Proben in vorgewärmte Bäder von allmählich steigender Temperatur eintaucht.[8]

Die Substanz[9] wird in ein kleines Platinblechnäpfchen B, das 2 mm weit und

---

[1] LE SUEUR, CROSSLEY: Journ. Soc. chem. Ind. 17, 988 (1898).
[2] KOPP: Ber. Dtsch. chem. Ges. 5, 645 (1872).
[3] COOK: Proceed. chem. Soc. 13, 74 (1896).
[4] Siehe dazu HALLA: Österr. Chem.-Ztg. (2), 13, 29 (1910). — MELDRUM: Chem. News 108, 199, 223 (1913). — KNAPP: Journ. Soc. chem. Ind. 34, 1121 (1915).
[5] HÜLSEBOSCH: Pharmaz. Zentralhalle 37, 231 (1892).
[6] HAVAS: Chem.-Ztg. 36, 1438 (1912). — GRANDMOUGIN, SMIROUS: Ber. Dtsch. chem. Ges. 46, 3431 (1913).
[7] LÖWE: Dinglers polytechn. Journ. 201, 250 (1872). — WOLF: Arch. Pharmaz. 206, 534 (1876). — KRÜSS: Ztschr. Instrumentenkunde 3, 326 (1884). — MALER: Analyst 15, 85 (1889). — CHRISTOMANOS: Ber. Dtsch. chem. Ges. 23, 1093 (1890); Ztschr. analyt. Chem. 31, 551 (1892). — VANDENVYVER: Rev. chim. anal. 1897, 104. — Vgl. POULENC: Les nouveautés chimiques, S. 67. 1898. — CHERCHEFFSKY: Chem.-Ztg. 23, 597 (1899). — DOWZARD: Chem. News 79, 150 (1900). — MAFEZZOLI: Progresso 28, 100 (1901). — THIERRY: Arch. Sciences physiques nat., Genève 20, 59 (1905). — LIMBOURG: Chem.-Ztg. 32, 151 (1908). — DUBOSC: Rev. Produits chim. 28, 115 (1925). — MACMULLIN: Journ. Amer. chem. Soc. 48, 439 (1926). — PALMER, WALLACE: Journ. Amer. chem. Soc. 48, 2230 (1926). — WICK, BARCHFELD: Chem. Fabrik 1928, 281.   [8] DIMROTH: Ber. Dtsch. chem. Ges. 40, 2381 (1907).
[9] HODGKINSON: Chem. News 71, 76 (1894).

tief ist, gebracht und letzteres an einem Platindraht befestigt, so daß es frei schwebend in der Mitte der Eprouvette neben dem Thermometer hängt (Abb. 28). Die Eprouvette wird durch locker gestopfte Asbestfäden D im Hals des Kolbens A festgehalten. A steht auf einer doppelten Lage Drahtnetz und wird vorsichtig erhitzt. Den Stand des Thermometers im Moment der Verpuffung oder Entflammung liest man am besten aus einiger Entfernung mit dem Fernrohr ab.

KUTSCHER, OTORI[1] benutzen einen Quarzkolben, der direkt erhitzt werden kann.

Man kann auch oftmals den „Explosionspunkt" nach der Methode von KOPP, COOK[2] bestimmen.

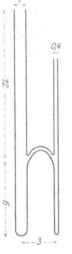

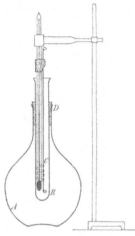

15. Schmelzpunktsbestimmung hygroskopischer Substanzen.[3]

HÜBNER gelang die Schmelzpunktsbestimmung bei der außerordentlich hygroskopischen Benzolsulfosäure nur so, daß er sie im offenen Capillarröhrchen im Paraffinbad längere Zeit auf 100° erhitzte und dann das Röhrchen schnell zuschmolz.

Zur Schmelzpunktsbestimmung der sehr hygroskopischen wasserfreien Naphthalin-β-sulfosäure verfährt WITT[4] folgendermaßen: Geringe Mengen des Hydrats der Säure werden in ein Röhrchen gebracht, das an einem Ende zu einer kleinen Kugel aufgeblasen ist. Das Röhrchen wird im Toluolbad erhitzt, während gleichzeitig mittels einer Capillare trockene Luft durchgeleitet wird. Nach einer Stunde wird es zugeschmolzen. Die nunmehr entwässerte Sulfosäure erstarrt beim Erkalten und nun kann der Schmelzpunkt in gewohnter Weise bestimmt werden.

Abb. 28. Apparat von HODGKINSON.

Abb. 29. Apparat von BACKER.

BACKER benutzt[5] für hygroskopische Substanzen, die andauerndes Erhitzen nicht vertragen, einen H-förmigen Glasapparat (Abb. 29). In den 4 mm weiten Ast wird die Substanz gebracht und derselbe hierauf ausgezogen und zugeschmolzen. Der andere zirka 10 mm weite Ast wird 2 cm hoch mit Phosphorpentoxyd gefüllt, capillar ausgezogen und mit der Luftpumpe verbunden und nach dem Evakuieren zugeschmolzen. Man wartet mit der Schmelzpunktsbestimmung noch mindestens 24 Stunden.

16. Schmelzpunktsbestimmung mittels des Bloc MAQUENNE.[6]

An Stelle des Flüssigkeitsbads wird ein Parallelepiped aus Messing[7] (Abb. 30) benutzt, das durch eine Reihe kleiner Flämmchen erhitzt wird. Das Thermo-

[1] KUTSCHER, OTORI: Ztschr. physiol. Chem. **42**, 193 (1904).
[2] KOPP, COOK: S. 53.   [3] HÜBNER: Liebigs Ann. **223**, 240 (1884).
[4] WITT: Ber. Dtsch. chem. Ges. **48**, 759 (1915).
[5] BACKER: Chem. Weekbl. **16**, 1564 (1919).
[6] MAQUENNE: Bull. Soc. chim. France (2), **48**, 771 (1887); (3), **31**, 471 (1904). — FREUNDLER, DUPONT: Manuel, S. 32. — TETNY: Bull. Soc. chim. France (3), **27**, 184 (1902). — TANRET: Compt. rend. Acad. Sciences **147**, 75 (1908). — PFAU: Ber. Dtsch. chem. Ges. **57**, 470 (1924). — VEIBEL: Bull. Soc. chim. France (4), **41**, 1410 (1927). — BADOCHE: Bull. Soc. chim. France (5), **3**, 2040 (1937). — GAULT, ROESCH: Bull. Soc. chim. France (5), **4**, 1429 (1937).
[7] Um den Einfluß der Oberfläche (CuO) auszuschalten, befestigt man auf der

meter T ruht horizontal in einem Kanal, der den Messingblock 3 mm unter der
Oberfläche der Länge nach durchsetzt. In der Oberfläche des Blocks befindet
sich eine Anzahl kleiner Aushöhlungen c, in die man die Versuchssubstanz bringt.
Man macht zuerst eine ungefähre Schmelzpunktsbestimmung und bringt hierauf
das Thermometer so an, daß die Stelle der Skala, die dem zu erwartenden
Schmelzpunkt entspricht, eben aus dem Block herausragt. Die Substanz gibt
man dann in das der Thermometerkugel zunächst liegende Grübchen. Man erhitzt rasch bis ungefähr 10° unter dem ungefähren Schmelzpunkt und steigert
dann die Temperatur nur mehr sehr langsam. Hat man zersetzliche Substanzen,
so gibt man sie erst jetzt auf das Metall. Man erfährt so direkt korrigierte
Schmelzpunkte, kann auch leicht zersetzliche
und explosive Verbindungen untersuchen, weniger gut stark sublimierende.[1]

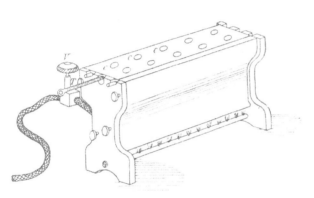

Abb. 30. ,,Bloc MAQUENNE".

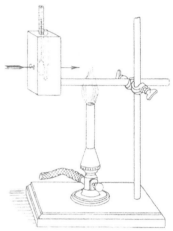

Abb. 31. Apparat von H. THIELE.

17. Apparat von HERMANN THIELE.[2]

In ähnlicher Weise wie MAQUENNE vermeidet H. THIELE die Unbequemlich-
keiten eines Flüssigkeitsbads. Sein Apparat gestattet indes nur die Bestimmung
unkorrigierter Schmelzpunkte. Die Konstruktion ist aus Abb. 31 ohne weitere
Beschreibung verständlich.

In neuerer Zeit wird der PREGLblock[3] vielfach angewendet.[4]

Platte ein Goldblech. Der Einfluß der Luftzirkulation wird durch Bedecken des
Apparats mit Asbestpappe ausgeschaltet. DUFRAISSE, CHOVIN: Bull. Soc. chim.
France (5), **1**, 771 (1934).

[1] TOLLENS, MÜTHER: Ber. Dtsch. chem. Ges. **37**, 313 (1904), und HESSE: Ber.
Dtsch. chem. Ges. **37**, 4694 (1904) haben mit dem Apparat keine befriedigenden
Erfahrungen gemacht. Es sei betont, daß Zersetzungs- und Explosionspunkte keine
physikalische Bedeutung haben, da sie in weiten Grenzen von der Erhitzungsdauer usw. abhängen.

[2] HERMANN THIELE: Ztschr. angew. Chem. **15**, 780 (1902). — Siehe auch DERLIN:
Apoth.-Ztg. **25**, 433 (1910). — HANTZSCH, SCHWIETE: Ber. Dtsch. chem. Ges. **49**,
213 (1916). — RASSOW: Ztschr. anorgan. allg. Chem. **114**, 117 (1920). — DIMROTH,
RUCK: Liebigs Ann. **446**, 129 (1926). — Kupferblock: BERL, KULLMANN: Ber. Dtsch.
chem. Ges. **60**, 811 (1927). — BÖESEKEN, KERKHOVEN: Rec. Trav. chim. Pays-Bas **51**,
966 (1932). — MONSCH: Helv. chim. Acta **13**, 509 (1930). — BEAUCOURT: Monatsh.
Chem. **55**, 190 (1930). — RUGGLI: Helv. chim. Acta **18**, 613 (1935).

[3] Mikroanalyse, S. 119 (1935).

[4] FISCHER, REINDEL: Ztschr. physiol. Chem. **127**, 311 (1923). — FISCHER, STANG-
LER: Liebigs Ann. **459**, 59 (1927). — FISCHER, TREIBS: Liebigs Ann. **466**, 208 (1928);
471, 257 (1929).

18. Ermittlung des korrigierten Schmelzpunkts.[1]

Zur *Korrektur für den herausragenden* Faden können Tabellen dienen.[2] Einfacher ist die Anwendung der *Fluchtlinientafeln* von BERL, KULLMANN[3] (Abb. 32 und 33). Mittels eines Lineals verbindet man die Werte für n der rechts befindlichen Geraden und jene für $(t_1 - t_2)$, welche auf der schief verlaufenden Geraden in der Mitte der Zeichnung aufgetragen sind, und erhält durch Verlängerung bis zur links befindlichen Vertikalen die Korrekturangabe K in Graden.

Man kann auch im gleichen Apparat mit einer gleichartigen Capillare den Schmelzpunkt einer leicht rein zu erhaltenden Substanz ermitteln, deren Verflüssigung bei annähernd gleicher Temperatur erfolgt wie die der zu untersuchenden Probe. Eine einfache Rechnung läßt dann erkennen, um wieviel Grade der Schmelzpunkt zu korrigieren ist.

Im folgenden ist eine Anzahl korrigierter Schmelzpunkte von hinreichend leicht zugänglichen Substanzen zusammengestellt.

Schmelzpunkt	Substanz	Schmelzpunkt	Substanz
13,0°	Paraxylol,	170,5°	Benzoylphenylhydrazin,
23,0°	Diphenylmethan,	182,7°	Bernsteinsäure,
39,0°	Benzoesäureanhydrid,	190,3°	Hippursäure,
49,4°	Thymol,	201,7°	Borneol,
62,6°	Palmitinsäure,	216,5°	Anthracen,
80,0°	Naphthalin,	229,0°	Hexachlorbenzol,
90,0°	m-Dinitrobenzol,	240,0°	Carbanilid,
103,0°	Phenanthren,	252,5°	Oxanilid,
114,2°	Acetanilid,	271,0°	Diphenyl-α.γ-diazipiperazin,
121,2°	Benzoesäure,	285,6°	Anthrachinon,
132,6°	Carbamid,	317,0°	Isonicotinsäure,
147,7°	o-Nitrobenzoesäure,	343,0°	2-Oxycinchoninsäure,[4]
159,0°	Salicylsäure,	354,0°	Acridon,
		402,0°	Dekacyclen.

19. Schmelzpunktsbestimmung unter dem Mikroskop.

Sehr geringe Substanzmengen werden nach LEHMANN[5] und LOVITON[6] unter dem mit heizbarem Objekttisch versehenen Mikroskop untersucht.

Nach V. GOLDSCHMIDT[7] liefert die Untersuchung aus unterkühltem Schmelzfluß erstarrender Substanzen mittels des *Mikroskops* wertvolle Ergebnisse. Die

---

[1] Siehe dazu auch VAN DER HAAR: Monosaccharide und Aldehydsäuren, S. 31. Berlin: Bornträger. 1920.

[2] RIMBACH: Ber. Dtsch. chem. Ges. **22**, 3072 (1889). — DIMMER: Sitzungsber. Akad. Wiss. Wien (2a), **122**, 1439, 1629, 1735 (1913).

[3] BERL, KULLMANN: Ber. Dtsch. chem. Ges. **60**, 815 (1927).

[4] THIELEPAPE: Ber. Dtsch. chem. Ges. **71**, 394 (1938).

[5] LEHMANN: Ztschr. Krystallogr. Mineral. **1**, 97 (1887). — Ein heizbares Mikroskop hat SIEDENTOPF: Ztschr. Elektrochem. **17**, 593 (1906) angegeben. Ausführliche Angaben über Schmelzpunktsbestimmung unter dem Mikroskop macht auch CRAM: Journ. Amer. chem. Soc. **34**, 954 (1912). — Siehe ferner FRIEDEL: Dtsch. opt. Woch. **26**, 361 (1927). — ROBERTS: Zentr.-Ztg. Opt. Mech. **1927**, 162. — NIETHAMMER: Mikrochemie **7**, 223 (1929). — KLEIN: Pregl-Festschr. **1922**, 192. — KEMPF in HOUBEN: 3. Aufl., I, S. 797. (1925). — WEYGAND, GRÜNTZIG: Mikrochemie **10**, 1 (1932). — BURGESS: Physikal. Ztschr. **14**, 153 (1913). — CLEVENGER: Ind. engin. Chem. **16**, 854 (1924). — VORLÄNDER, HABERLAND: Ber. Dtsch. chem. Ges. **58**, 1802, 2652 (1925). — FRIEDEL: Revue d'optique **6**, 34 (1927). — AMDUR, HJORT: Ind. engin. Chem., Analyt. Ed. **2**, 259 (1930). — MULLER: Ann. Chim. analyt. appl. (2), **14**, 340 (1932). — SCHÜRHOFF: Arch. Pharmaz. **270**, 363 (1932). — DEININGER: Pharmaz. Ztg. **78**, 362 (1933).

[6] LOVITON: Bull. Soc. chim. France (2), **44**, 613 (1885).

[7] V. GOLDSCHMIDT: Verhandl. nat.-med. Ver. Heidelberg, N. F. **5**, H. 2 (1893); Ztschr. Kristallogr. Mineral. **28**, 169 (1897).

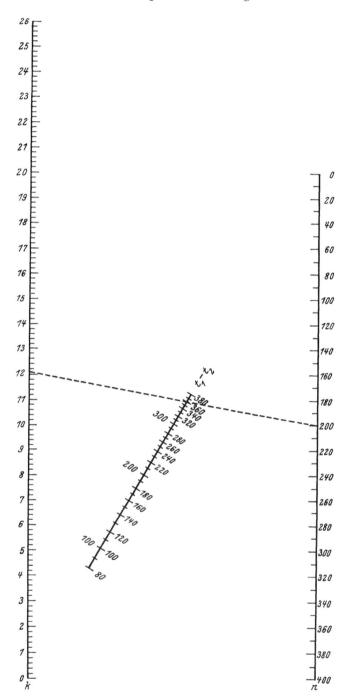

Abb. 32. Fluchtlinientafel nach BERL, KULLMANN.

n = Anzahl der herausragenden Fadengrade, t_1 = abgelesene Temperatur, t_2 mittlere Temperatur des herausragenden Fadens, K = Fadenkorrektur °C.

$$K = \alpha\, n\, (t_1 - t_2), \quad \alpha = 0{,}000168, \quad \text{Stabthermometer } 0\text{—}400° \text{ C},$$

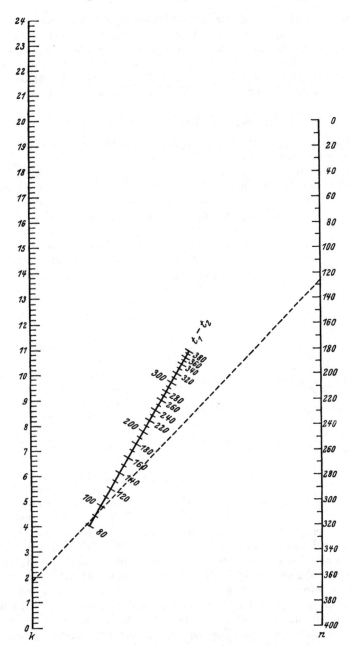

Abb. 33. Fluchtlinientafel nach Berl, Kullmann.

n = Anzahl der herausragenden Fadengrade, t_1 = abgelesene Temperatur, t_2 = mittlere Temperatur des herausragenden Fadens, K = Fadenkorrektur °C.

$$K = \alpha\, n\, (t_1 - t_2), \quad \alpha = 0{,}0\,001579, \quad \text{Einschlußthermometer } 0\text{—}400° \text{ C.}$$

Erscheinungen „sind so mannigfaltig und so charakteristisch verschieden, daß es sich empfehlen dürfte, diesen einfachen Versuch, der sich in kürzester Zeit und mit einem Minimum von Substanz ausführen läßt, als qualitative Reaktion zur Unterscheidung organischer Verbindungen zu benutzen. Wird es auch nicht gelingen, alle unzersetzt schmelzbaren Verbindungen zu unterscheiden, so wird man sie doch in Gruppen trennen können, in denen evtl. eine Schmelzpunktsbestimmung oder eine Verbrennung zur genauen Bestimmung ausreicht".

Seither hat sich namentlich VORLÄNDER[1] mit der Untersuchung organischer Verbindungen nach dieser Richtung, speziell mit Rücksicht auf das Auftreten anisotroper flüssiger Phasen (fließender Krystalle) beschäftigt.

20. Mikroschmelzpunktsapparat von KLEIN.

Der Apparat[2] (Abb. 34) steht auf drei Asbestfüßchen frei über der Platte. Auf einer metallenen Grundlage, die durch eine Asbestplatte gegen Wärmeausstrahlung nach unten geschützt ist, ist zentral ein durch die Heizkammer greifender offener Metallzylinder montiert, der in der Ebene der Heizplatte durch ein Linsensystem abgeschlossen wird, das die Beleuchtung des Gesichtsfeldes besorgt. In der Kapsel ist am Metallzylinder die Heizspirale mit Glimmerplatten so befestigt, daß sie, frei in der Heizkammer ausgespannt, bis fast den Kapselrand berührend, durch Strahlung und Luftheizung die Objektfläche gleichmäßig erwärmt. Durch zwei Steckkontakte, die seitlich an der Kapsel angebracht sind, ist die Heizspirale über den Regulierwiderstand am Lichtnetz anzuschalten. Die obere Fläche besteht aus glattpoliertem Metall und trägt in ihrer Mitte den Kondensor, dessen Frontlinse in der Ebene der Tischfläche liegt. Am oberen Rand der Tischfläche ist durch drei kleine Schrauben eine Metallhülse befestigt, in die das Thermometer so weit hineingeschoben wird, daß die Kugel völlig darin verschwindet, was durch einen am Thermometer eingeritzten Ring gekennzeichnet ist. Die

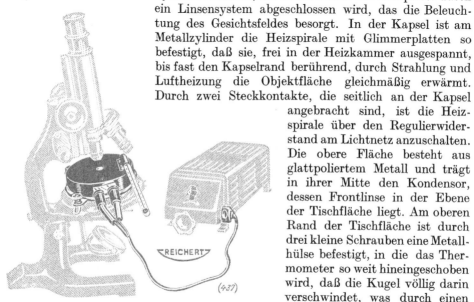

Abb. 34. Mikroschmelzpunktsapparat nach KLEIN.

Hülse ist so eng, daß das Thermometer genau hineinpaßt und überdies noch durch zwei federnde Teile der Hülse festgehalten wird. Dieser Anordnung gemäß zeigt also das Thermometer jene Temperatur an, die in der Hülse herrscht. Die Hülse liegt so gegen die Heizspirale, daß sie immer auf etwas höhere Temperatur gehalten wird als der Glaskondensor in der Mitte des Apparats, dessen Temperatur die des Gesichtsfeldes und also die des zu schmelzenden Objekts ist, die eben am Thermometer abgelesen werden soll. Um diese Differenz zwischen Gesichtsfeldtemperatur und Thermometertemperatur auszugleichen, werden zwischen den Objekttisch und die Thermometerhülse eine bestimmte Anzahl von Metallplättchen geschaltet, deren Dicke und Zahl für jeden Apparat verschieden ist und eichungsmäßig festgestellt wird. Je nach der Stärke der Plättchen (und

---

[1] VORLÄNDER: Ber. Dtsch. chem. Ges. **39**, 803 (1906); **40**, 1415, 1970, 4527 (1907). — VORLÄNDER, GAHREN: Ber. Dtsch. chem. Ges. **40**, 1966 (1907); Ztschr. physikal. Chem. **57**, 357 (1907). — VORLÄNDER: Samml. chem. u. chem.-techn. Vorträge (AHRENS) **12**, H. 9/10 (1908).
[2] Zu beziehen von C. Reichert, Wien XVII. — Mikroschmelzpunkt: MULLER: Ann. Chim. analyt. appl. (2), **14**, 340 (1932).

je nach ihrer Zahl) setzt jedes von ihnen die Temperatur der Thermometerhülse um 2—$\frac{1}{4}$° herab. Es werden nun so viele derartige Plättchen zwischengeschaltet, daß das Thermometer immer dieselbe Temperatur anzeigt, die im gleichen Augenblick auch das Kondensorsystem bzw. der Objektträger innehat. Auch dies wird eichungsmäßig festgestellt und zwar so, daß eine Reihe von Substanzen mit scharfen Schmelzpunkten geschmolzen und das Thermometer mit Hilfe der Blechplättchen ebensolange verändert wird, bis es die richtigen Schmelztemperaturen anzeigt.

Der Heizdrahtwiderstand besteht aus einem fixen, unveränderlichen Teil, der für Netzspannungen von 220, 150 und 100 Volt ganz oder teilweise eingeschaltet werden kann. Vor diesem unveränderlichen Teil des Widerstandes ist noch ein zweiter veränderlicher Widerstand angebracht. Er besteht aus zwei Wicklungen von Heizdraht von verschiedenen abnehmenden Stärken. Ein Schleifkontakt, der durch ein am vorderen Ende des Apparats angebrachtes Handrad leicht variierbar ist, gestattet mehr oder weniger Windungen des Widerstandes einzuschalten, so daß die Temperatur im Apparat beliebig verändert werden kann. Die optimale Geschwindigkeit der Temperatursteigerung im Apparat wird erreicht, wenn man das Handrad so einstellt, daß der an ihm angebrachte Zeiger etwa in einem Winkel von 45° gegen die beiden Extremstellungen zu liegen kommt. Über dem Handrad ist ein drehbarer Schalter eingebaut, der die gesamte Apparatur ein- und auszuschalten gestattet. Seitlich ist an dem vorderen Ende des Widerstandes ein Steckkontakt angebracht, an dem der Schmelzpunktsapparat anzuschalten ist.

Die Beobachtung geschieht für gewöhnlich bei normaler Mikroskopbeobachtung. Bei sehr schwach lichtbrechenden und wenig scharf konturierten Krystallen empfiehlt es sich, im auffallenden Licht zu beobachten. Das auffallende Licht wird durch schiefe Beleuchtung von oben auf den Objektträger erzielt. Zur Feststellung der Zersetzungsprodukte ist die Anwendung möglichst konstanter Lichtquellen notwendig, da sich mit dem Licht auch die Zersetzungspunkte der Substanzen verändert darstellen.

Das erreichbare Temperaturintervall liegt zwischen 50 und 350°, wobei wesentlich ist, daß nach einmaliger Eichung der Apparat für das weite Intervall von 300° die richtigen Temperaturen anzeigt. Die Objekte können mit Vergrößerungen von 30—6000mal (Obj. 5, Komp. Okul. 12) untersucht werden.

Herstellung des Präparats. Hat man chemisch reine Substanz zu prüfen, so wird sie auf einen gewöhnlichen Objektträger in feiner Form aufgetragen, verrieben oder aus einem Lösungsmittel auskrystallisiert und ein Deckglas aufgelegt. Größere Krystalle schmelzen ungleich und verzögert. Für homogene Schichtdicke muß also Sorge getragen werden. Prinzipiell genügen 10 Mikrokryställchen (in einem Gesichtsfeld bei 120—300facher Vergrößerung). Nur bei flüchtigen Stoffen ist mehr Substanz nötig. Die Stoffe müssen auf jeden Fall vorerst getrocknet sein. Bei unbekannten Stoffen wird der Apparat langsam angeheizt und fortlaufend mikroskopisch beobachtet.

Bei serienweisen Schmelzpunktsbestimmungen muß der Apparat nach jeder Bestimmung um etwa 100° unter den zu erwartenden Schmelzpunkt abgekühlt werden.

Viele Stoffe lagern sich im Verlaufe der Temperatursteigerung zu anderen Krystallen um, die oft für die betreffende Substanz in Form und Farbe sehr charakteristisch sind. Andere sublimieren in schönen Krystallformen vom Objektträger auf das Deckglas und schmelzen erst 10—80° später. Sollten also Krystalle allmählich vom Objektträger verschwinden, so muß man durch Heben und Senken des Tubus fortlaufend ihr Erscheinen auf dem Deckglas kontrollieren.

Dieses Absublimieren hat sich zur Reinigung der Substanz von Verunreinigungen oder Fraktionierung aus einem Substanzgemisch bzw. aus Gewebsschnitten sehr gut bewährt.

Hat man mehrere Substanzen beisammen, deren Sublimationspunkte weit genug auseinanderliegen (mindestens 30—40°), so kann man durch langsames Anheizen und Erhalten der Temperatur um den Sublimationspunkt der am niedrigsten sublimierenden Substanz diese fast quantitativ aufs Deckglas bekommen und isolieren, worauf auf einem zweiten Deckglas die zweite Substanz fraktioniert erhalten werden kann usw.

. Manche Stoffe sind aber so leicht flüchtig, daß sie nach dem Sublimieren aufs Deckglas auch seitlich über die Deckglasränder abstreichen und verschwinden, noch ehe der Schmelzpunkt erreicht ist. In diesem Fall muß das Deckglas luftdicht abgeschlossen werden. Gepulvertes Casein wird mit warmem Wasser zu einem homogenen Brei angerührt, dann frische Kalkmilch so lange zugerührt, bis eine dicke Masse entsteht, die vom Rührstäbchen nicht mehr abtropft. Diese wird dann in dünner Schicht ringsum auf die Deckglasränder aufgetragen, so daß sie nicht unter das Deckglas dringt (Deckglas etwas aufpressen), sondern darübergreift.

Die Masse erstarrt im Exsiccator in wenigen Minuten, trocknet in etwa 30 Minuten und schließt absolut luftdicht.[1]

Der KLEINsche Apparat ist einfach und bequem zu handhaben und läßt den Schmelzpunkt und andere Vorgänge beim Erhitzen deutlich erkennen. Er zeigt aber, namentlich bei höheren Temperaturen, Fehler, die eine Korrektur notwendig machen.[2]

Die Schwierigkeit bei der Thermometerablesung liegt darin, das Thermometer unter die gleichen Bedingungen zu bringen wie das Präparat, was mit fertigen Thermometern nicht für alle Temperaturbereiche gelingt.

KOFLER umgeht diese Schwierigkeit durch Anwendung eines Thermometers ohne Skala, auf dem man eine Anzahl Marken auf Grund von Schmelzpunktsbestimmungen von Substanzen mit bekanntem, scharfem Schmelzpunkt anbringt. Dann macht man durch Interpolation eine Temperaturskala. Man benutzt ein Thermometer, das von 25—300° reicht und außerdem zwei verkürzte Thermometer von 25—200° und 190—350°.[3]

21. Apparat von KOFLER, HILBCK.[4]

Der Apparat ist mit thermoelektrischer Temperaturablesung ausgestattet. Die Bestimmungen sind bis 200° auf ±1°, von 200—300° auf ±2° genau.

Zur Temperaturmessung dient ein Kupfer-Konstantan-Thermoelement und ein Millivoltmeter. Die eine Lötstelle des Thermoelements ist auf der Heizplatte neben dem mikroskopischen Präparat befestigt, hat also immer die gleiche Temperatur wie die Versuchssubstanz. Die zweite Lötstelle taucht in eine mit Wasser oder Paraffinöl gefüllte Thermosflasche, deren Temperatur an einem

---

[1] Nach KOFLER ist übrigens jeder gute Porzellankitt ebenso brauchbar, ebenso eine Paste aus PbO und konz. Glycerin.
[2] KOFLER, HILBCK: Mikrochemie 9, 38 (1931). — LINSER: Mikrochemie 9, 253 (1931). — L. und A. KOFLER: Mikroskopische Methoden in der Mikrochemie, S. 4. Wien: Haim & Co. 1936. [3] KOFLER: Mikrochemie 15, 242 (1934).
[4] KOFLER, HILBCK: Mikrochemie 9, 38 (1931). — HENZE: Ztschr. physiol. Chem. 200, 104 (1931). — KOFLER, DERNBACH: Arch. Pharmaz. 269, 104 (1931). Mikrochemie 9, 545 (1931). — FISCHER: Mikrochemie 10, 409 (1932). — SLOTTA, RUSCHIG, BLANKE: Ber. Dtsch. chem. Ges. 67, 1951 (1934). — PREGL, ROTH: Mikroanalyse, S. 270. 1935. — KOFLER, KOFLER: Mikroskopische Methoden, S. 4. (1936).

herausragenden Thermometer abgelesen werden kann. Die vom Thermoelement erzeugte Spannung wird mit einem empfindlichen Millivoltmeter gemessen, das neben der Millivoltskala noch eine für das Thermoelement geeichte Temperaturskala besitzt. Man erfährt auf diese Weise das Temperaturgefälle zwischen Heizplatte und Thermosflasche. Der Zeiger des Millivoltmeters ist mit einer Nullpunkteinstellung ausgerüstet und wird zu Beginn der Versuche auf die Temperatur der kalten Lötstelle eingestellt. Dadurch ist es dann möglich, am Millivoltmeter unmittelbar die wahre Temperatur der Heizplatte abzulesen.

Der Apparat ist von den optischen Werken C. Reichert, Wien, und von A. Schenach, Innsbruck, zu beziehen.

Der Heizstrom wird der Lichtleitung entnommen und durch einen verschiebbaren Widerstand geregelt.

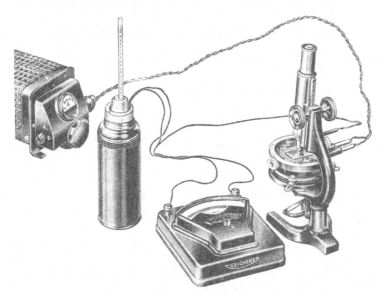

Abb. 35. Apparat von KOFLER, HILBCK.

Bei der Schmelzpunktsbestimmung läßt man die Temperatur im Anfang rasch ansteigen. Innerhalb der letzten 10° vor dem zu erwartenden Schmelzpunkt soll der Anstieg in der Minute 2°, bei leicht flüchtigen oder zersetzlichen Substanzen 4—6° betragen.

Vorteilhaft ist es, das Präparat mit einem größeren Objektträger („Brücke") zu überdachen, namentlich bei höheren Temperaturen.

Zur Bestimmung von *Mischungsschmelzpunkten* werden die beiden Substanzen auf dem Objektträger fein gepulvert, innig gemischt und in einem dichtliegenden Häufchen erhitzt.

22. Der Mikroheiztisch nach FUCHS[1]

(Abb. 36) besteht im wesentlichen aus einem runden scheibenförmigen Gehäuse, welches auf dem Tisch eines normalen Mikroskops befestigt wird. Im unteren Teil des Gehäuses befindet sich der Heizkörper, während sein oberer Teil von der eigentlichen Heizkammer eingenommen wird, in welche das zu

---

[1] Zu beziehen von C. Reichert, Wien XVII.

untersuchende Material auf einem besonderen metallenen Objektträger eingebracht wird und in welcher sich auch das Thermometer des Gerätes befindet. Die Heizkammer wird während der Untersuchung zur Vermeidung von
Störungen, die aus der Umgebung kommen könnten, durch eine Glasdeck-
platte abgeschlossen. Der Mikroheiztisch nach FUCHS ist nur zum Arbeiten
im auffallenden Licht bestimmt.

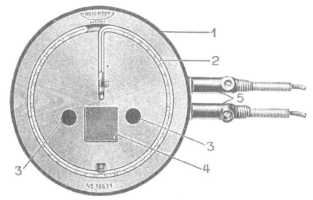

Abb. 36. Apparat von FUCHS.
1 = Metalldose des Heiztisches mit eingebauter elektrischer Heizeinrichtung; 2 = Quecksilberthermometer;
3 = Ausnehmungen zur Aufnahme der Sublimationsnäpfchen; 4 = Metallplättchen zur Aufnahme des Prä-
parates; 5 = Anschluß für die elektrische Heizung.

23. Schmelzpunktsregelmäßigkeiten.[1]

1. Von zwei isomeren Verbindungen hat die symmetrischer gebaute den
höheren Schmelzpunkt.

In der aromatischen Reihe schmelzen daher im allgemeinen die 1.4- und die
1.3.5-Derivate am höchsten.

In der Pyridinreihe steigt der Schmelzpunkt von der α-Reihe über die β-Reihe
zur γ-Reihe (mit Ausnahme der Ester).

Aethylenverbindungen schmelzen höher als die isomeren Aethylidenverbin-
dungen.

Maleinoide Körper schmelzen niedriger als fumaroide. (Diese Regel gilt nicht
für Stickstoffverbindungen.)

2. Die Schmelzbarkeit ist um so geringer, je verzweigter die Kohlenstoffkette ist.

[1] PETERSEN: Ber. Dtsch. chem. Ges. 7, 59 (1874). — NERNST im Neuen Handw.
d. Ch. von FEHLING 6, 258. — MARCKWALD in GRAHAM-OTTO I 3, 505. — MARKOWNI-
KOFF: Liebigs Ann. 182, 340 (1876). — BAEYER: Ber. Dtsch. chem. Ges. 10, 1286
(1877). — LINZ: Ber. Dtsch. chem. Ges. 12, 582 (1879). — SCHULTZ: Liebigs Ann. 207,
362 (1881). — FRANCHIMONT: Rec. Trav. chim. Pays-Bas 16, 126 (1897). — KAUFLER:
Chem.-Ztg. 25, 133 (1901). — HENRI: Bull. Acad. Roy. Belg. 1904, 1142. — BLAU:
Monatsh. Chem. 26, 89 (1905). — TSAKALOTOS: Compt. rend. Acad.' Sciences 143,
1235 (1906). — HINRICHS: Compt. rend. Acad. Sciences 144, 431 (1907). — ROBERT-
SON: Journ. chem. Soc. London 93, 1033 (1908); 115, 1210 (1919). — FORCRAND:
Compt. rend. Acad. Sciences 172, 31 (1921). — BERNER, RIIBER: Ber. Dtsch. chem.
Ges. 54, 1949 (1921). — MAJIMA, NAGAOKA, KEISUKE: Ber. Dtsch. chem. Ges. 55,
215 (1922). — GARNER, RUSHBROOKE: Journ. chem. Soc. London 1927, 1351. —
BROGAN: Journ. chem. Soc. London 1927, 1381. — MALONE, REID: Journ. Amer.
chem. Soc. 51, 3424 (1929). — HILDEBRAND, WACHTER: Journ. Amer. chem. Soc. 51,
2487 (1929).

3. In homologen Reihen[1] steigen die Schmelzpunkte mit wachsendem Molekulargewicht. Vergleicht man die geraden Glieder einer Reihe und die ungeraden für sich, so zeigt sich in jeder der beiden Reihen ein ununterbrochenes Steigen der Schmelzpunkte, und zwar so, daß der Grad dieser Steigerung zwischen je zwei aufeinanderfolgenden Gliedern derselben Reihe fortgesetzt abnimmt.

Die Glieder mit ungerader Kohlenstoffzahl haben (bei den gesättigten aliphatischen Mono- und Dicarbonsäuren und den Amiden von 6—14 Kohlenstoffatomen) niedrigeren Schmelzpunkt als die um ein C reicheren Glieder der gleich gebauten Reihe.

4. Gesättigte Verbindungen schmelzen gewöhnlich niedriger als die entsprechenden ungesättigten Methylenverbindungen.

5. Der Schmelzpunkt sinkt bei Ersatz von Hydroxyl- oder Aminowasserstoff durch Methyl.[2]

Methylester schmelzen höher als ihre nächsten Homologen.[3]

6. Bei Substitution durch Halogen steigt der Schmelzpunkt mit dem Atomgewicht des eintretenden Atoms, falls nicht der Substituent an ein C-Atom tritt, das schon an Halogen gebunden ist.

Nitroverbindungen pflegen höher zu schmelzen als die entsprechenden Bromverbindungen.

7. Ersatz eines Wasserstoffatoms durch Hydroxyl, Carboxyl, die Amino- oder Nitrogruppe erhöht den Schmelzpunkt.

8. Säureamide pflegen höher, Ester und Chloride sowie Anhydride[4] niedriger zu schmelzen als die entsprechenden Carbonsäuren, bei den Sulfosäuren schmelzen dagegen die Anhydride am höchsten.[5]

Die Amide der Pyridinmonocarbonsäuren machen von dieser Regel eine Ausnahme.

9. Der Schmelzpunkt steigt, wenn zwei an ein C-Atom gebundene H-Atome durch Sauerstoff oder drei derselben durch Stickstoff ersetzt werden.

10. Bei den Nitroderivaten und den daraus darstellbaren Azoxy-, Azo-, Hydrazo- und Aminoverbindungen der aromatischen Reihe steigt der Schmelzpunkt mit der Sauerstoffentziehung bis zu den Azoverbindungen und fällt dann wieder bis zu den Aminoderivaten.

11. Schmelzpunktsregelmäßigkeiten bei Oxyflavonen: RUHEMANN: Ber. Dtsch. chem. Ges. 46, 2188 (1913).

---

[1] Siehe hierzu BIACH: Ztschr. physikal. Chem. 50, 43 (1904). — MEYER, REID: Journ. Amer. chem. Soc. 55, 1577 (1933).

[2] So schmelzen die Methylamide niedriger als die Amide: FRANCHIMONT: Kon. Amst. Proc. 16, 376 (1913).

[3] Der Anisoylterephthalsäuredimethylester (GIESE: Diss. Straßburg 1903, 28) und der o-Cyanbenzoesäuremethylester [HOOGEWERFF, VAN DORP: Rec. Trav. chim. Pays-Bas 11, 96 (1892)] schmelzen niedriger als die resp. Aethylester. Ebenso verhält sich der Glykonsäuremethylester (HANS MEYER). Phenylcyanbrenztraubensäure-methylester schmilzt 15° niedriger als der Aethylester: SKINNER: Journ. Amer. chem. Soc. 55, 2036 (1933).

[4] Anhydride, die höher schmelzen als die zugehörigen Säurehydrate: AUWERS: Ber. Dtsch. chem. Ges. 28, 1130 (1895). — FICHTER, MERCKENS: Ber. Dtsch. chem. Ges. 34, 4176 (1901). — Der Nitroopiansäure-ψ-Ester schmilzt höher als die zugehörige Säure: FINK: Diss. Berlin 1895, 39. — RUŠNOW: Monatsh. Chem. 24, 797 (1903). — KUŠÝ: Monatsh. Chem. 24, 800 (1903). — WEGSCHEIDER: Monatsh. Chem. 29, 713 (1908). — Diese Erscheinung bildet bei den Halogenphthalsäuren die Regel, ebenso bei den Anhydriden ungesättigter aliphatischer Säuren: HOLDE: Chem.-Ztg. 43, 954 (1921); Ztschr. angew. Chem. 35, 105, 186, 502 (1922); Ber. Dtsch. chem. Ges. 56, 2052 (1923); 57, 99 (1924); 58, 1068 (1925). — Die Anhydride der hochmolekularen Fettsäuren, von der Myristinsäure angefangen, schmelzen um einige Grade höher, als die Säuren: BLEYBERG, ULRICH: Ber. Dtsch. chem. Ges. 64, 2504 (1931).

[5] HANS MEYER, SCHLEGEL: Monatsh. Chem. 34, 561 (1913).

12. Alkyl- und Acetylen-Hg-Derivate: VAUGHN, SPAHR, NIEUWLAND: Journ. Amer. chem. Soc. 55, 4206 (1933).

13. Die Schmelzpunkte der rein aliphatischen Polyene sind bis 200° in erster Annäherung eine lineare Funktion der Anzahl der konjugierten Doppelbindungen. Die Neigung der Kurve ist für Aldehyde, Carbonsäure, Methylester recht ähnlich, die für Alkohole verläuft etwas steiler.[1]

Zweiter Abschnitt.

Bestimmung des Siedepunkts.[2]

(Siedepunkt = Sdp., S. P. oder Kochpunkt Kp. — Franz.: point d'ébullition = P. E. oder Eb. — Engl.: boiling point = B. P. — Italien.: punto di ebullizione = p. e.)

1. Allgemeine Bemerkungen.

Zur Siedepunktsbestimmung wendet man gewöhnlich die Methode der Destillation an und bezeichnet als Siedepunkt die Temperatur, bei der das Thermometer während nahezu der ganzen Operation konstant bleibt.

Es ist hierbei zu beachten, daß zwar die Thermometerkugel fast augenblicklich die Temperatur des Dampfes annimmt, daß es aber geraume Zeit braucht, bis der Quecksilberfaden, der durch eine dicke Glasschicht bedeckt ist, sich ins Wärmegleichgewicht stellt. Außerdem rinnt die zuerst an den oberen Teilen des Siedekölbchens kondensierte Flüssigkeit am Thermometer herunter und kühlt die Kugel ab. Dadurch werden die ersten Tropfen des Destillats, selbst konstant siedender Flüssigkeiten, (scheinbar) bei einer unter dem eigentlichen Siedepunkt liegenden Temperatur übergehen.

Anderseits wird eine wenn auch oft geringfügige Veränderung der Substanz während des andauernden Siedens (durch Zersetzung, Polymerisation usw.) unvermeidlich sein, ebenso wie sich Überhitzen des Dampfs am Schluß der Operation kaum vermeiden läßt. Dadurch wird die Destillationstemperatur schließlich über den eigentlichen Siedepunkt steigen.

Es ist daher im allgemeinen besser, die Flüssigkeit in einem mit angeschmolzenem Rückflußkühler versehenen Kölbchen[3] bis zum Konstantwerden der Temperatur im ruhigen Sieden zu erhalten. Das Thermometer muß selbstverständlich ganz im Dampf sein. Das Kühlerende kann zum Schutz gegen Feuchtigkeit mit einem Absorptionsröhrchen versehen werden.

Zur *Vermeidung von Überhitzung* dient eine mit entsprechender kreisförmiger Durchlochung versehene Asbestplatte, auf der das Kölbchen ruht, oder elektrische Anheizung innerhalb des Kolbens.[4]

Zur *Verhinderung des stoßweisen Siedens*, „Siedeverzugs", bringt man in das Kölbchen einige Platinschnitzel, Granaten, Porzellanschrott od. dgl. Geeignet für diesen Zweck sind auch die Magnesia-*Siedestäbchen*.

2. Apparat von PAUL, SCHANTZ.[5]

Die Konstruktion desselben ist aus Abb. 37 ersichtlich.

---

[1] KUHN, GRUNDMANN: Ber. Dtsch. chem. Ges. 69, 224 (1936).

[2] Über die Bestimmung namentlich auch von Vakuumsiedepunkten siehe die wertvollen Bemerkungen von v. RECHENBERG: Journ. prakt. Chem. (2), 79, 475 (1909); Ztschr. physikal. Chem. 95, 154, 184 (1920).

[3] NEUBECK: Ztschr. physikal. Chem. 1, 652 (1887).

[4] RICHARDS, MATHEWS: Journ. Amer. chem. Soc. 30, 1282 (1908).

[5] PAUL, SCHANTZ: Ber. Dtsch. chem. Ges. 47, 2285 (1914); Arch. Pharmaz. 257, 87 (1919). — SCHIMMEL & Co.: Ber. Schimmel 1919 II, 101. — RECHENBERG, BRAUER: Ztschr. physikal. Chem. 95, 184 (1920).

Soll zur Charakterisierung (Identifizierung) eines Stoffes dessen Siedepunkt bei gleichbleibender Zusammensetzung bestimmt werden, so bringt man den Kühler in die aufrechte Stellung, so daß er als Rückflußkühler wirkt, und senkt das Thermometer so weit herab, daß sich das Quecksilbergefäß mindestens 5 mm unterhalb der Flüssigkeitsoberfläche befindet. Wenn durch die Siedepunktsbestimmung der Reinheitsgrad einer Flüssigkeit festgestellt werden soll, wird der Kühler nach unten gedreht.

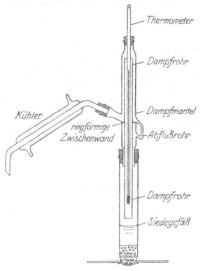

Abb. 37. Apparat von PAUL, SCHANTZ.

3. Siedepunktsbestimmung kleiner Substanzmengen.[1]

Ein Kölbchen[2] *K* (Abb. 38) von 100 ccm Kapazität ist mit einer geeigneten Badflüssigkeit (S. 69) beschickt. In seinem Hals befindet sich ein Stopfen mit engem Seitenkanal und einer Öffnung in der Mitte, durch die ein dünnwandiges Probierglas *E* (15—20 cm lang, 5—7 mm breit) geht. Das untere, geschlossene Ende dieses Probierglases taucht in die Badflüssigkeit. Über dem Hals des Kölbchens ist in der Eprouvette eine Öffnung *O* von 2 mm Durchmesser. Man bringt in

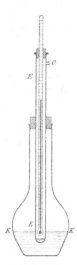

Abb. 38. Siedepunktsbestimmung nach PAWLEWSKI.

die Eprouvette 0,5—1,5 ccm der Flüssigkeit und befestigt darüber ein Thermometer. Das Quecksilber bleibt bei einem bestimmten Punkt einige Zeit beständig — dieser ist der gesuchte Siedepunkt.

Noch geringere Substanzmengen beansprucht die ebenfalls recht brauchbare

Methode von SIWOLOBOFF.[3]

Man führt einen Tropfen der reinen Substanz in die Glasröhre (Abb. 39) ein und bringt dazu ein Capillarröhrchen, das knapp vor dem unteren Ende zugeschmolzen ist. Man befestigt die Glasröhre an einem Thermometer und verfährt dann so wie bei der Schmelzpunktsbestimmung, d. h. man taucht das Thermometer mit der Röhre in ein Bad, am besten ein Luftbad,[4] und erwärmt. Ehe der Siedepunkt erreicht wird, entwickeln sich aus dem Capillarröhrchen einzelne Luftbläschen, die sich sehr rasch vermehren und zuletzt einen ganzen Faden kleiner Dampfperlen bilden. Dies ist der Moment, in dem das Thermometer abgelesen wird. Man wiederholt den Versuch mehrmals, jedesmal mit einer frischen Capillare, und nimmt das Mittel der Ablesungen. Ist die Flüssigkeit zersetzlich, so muß auch zu jeder Bestimmung eine neueProbe verwendet werden.

---

[1] PAWLEWSKI: Ber. Dtsch. chem. Ges. **14**, 88 (1881). — Siehe ferner GROSS, WRIGHT: Ind. engin. Chem. **13**, 701 (1921).
[2] Mikrofraktionierkölbchen von ALBER: Ztschr. analyt. Chem. **90**, 100 (1932).
[3] SIWOLOBOFF: Ber. Dtsch. chem. Ges. **19**, 795 (1886). — SCHMIDT: Arch. Pharmaz. **252**, 122 (1914). — TSCHITSCHIBABIN, JELGASIN: Ber. Dtsch. chem. Ges. **47**, 1848 (1914). — THOMS, BERGERHOFF: Arch. Pharmaz. **263**, 9 (1925). — Kritik der Methode: PAUL, DIETZEL, WAGNER: Arch. Pharmaz. **264**, 487 (1926).
[4] RICHTER: Pharmaz. Ztg. **56**, 436 (1911).

Etwas anders gehen PERKIN, O'DOWD[1] vor. Sie schmelzen die Capillare an ihrem *oberen* Ende zu und betrachten als Siedepunkt jene Temperatur, bei welcher der Strom der Gasblasen ohne weitere Wärmezufuhr stockt und die Flüssigkeit in das Röhrchen zurückzusteigen droht.

Um nach dieser Methode unter vermindertem Druck zu arbeiten, verbindet man nach BILTZ[2] das Substanzröhrchen mit einer Saugpumpe und einem Manometer.

Bei leicht zersetzlichen Substanzen arbeitet man mit einem vorgewärmten Bad und evtl. im mit Wasserstoff oder Kohlendioxyd gefüllten Röhrchen.

Mikro-Siedepunktsbestimmung nach EMICH.[3]

Man beschickt eine Glascapillare mit dem Flüssigkeitströpfchen und erwärmt sie in einem Bad wie bei einer Schmelzpunktsbestimmung. Sorgt man dafür, daß sich im untersten Teil des Röhrchens von Anfang an eine *winzige Gasblase* befindet, so gibt diese beim Siedepunkt Anlaß zur Bildung einer Dampfblase, die das Röhrchen so weit erfüllt, als es im Bad steckt.

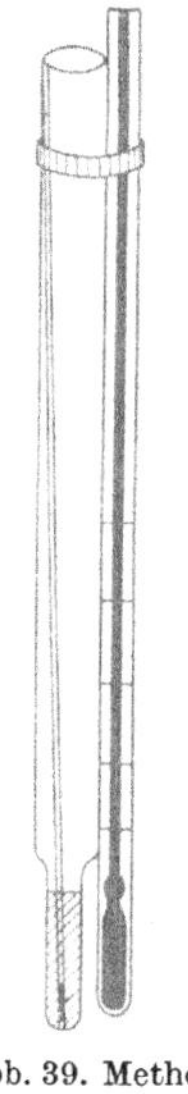

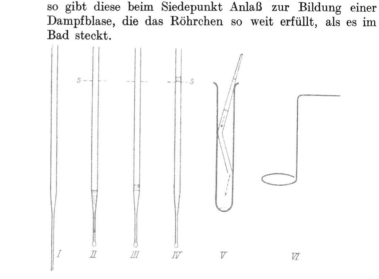

Abb. 39. Methode von SIWOLOBOFF.

Abb. 40. Mikro-Siedepunktsbestimmung.

Aus einem gut gereinigten Biegerohr stellt man durch wiederholtes Ausziehen ein Röhrchen *I* (Abb. 40) her, das 7—8 cm lang ist und bei 0,6—1,2 mm Durchmesser etwa 0,1 mm Wandstärke besitzt. Es ist beiderseits offen und das eine Ende ist zu einer recht feinen und etwa 2 cm langen Spitze verengt. Taucht man diese in einen Tropfen der zu untersuchenden Flüssigkeit, so steigt sie langsam auf, und zwar wird es je nach der Zähigkeit eine halbe bis mehrere Minuten dauern, bis die erforderliche Substanzmenge von rund *einem halben Kubikmillimeter* eingetreten ist und den verjüngten (kegelförmigen) Teil angefüllt hat. Hierauf wird das Ende der capillaren Spitze durch Ausziehen oder auch wohl durch bloße Berührung mit einem Flämmchen zugeschmolzen. Durch diese Art des Zuschmelzens erreicht man, daß sich in der Spitze der Capillare ein Gasbläschen bildet.

[1] PERKIN, O'DOWD: Chem. News **97**, 274 (1908).
[2] BILTZ: Ber. Dtsch. chem. Ges. **30**, 1208 (1897).
[3] EMICH: Monatsh. Chem. **38**, 219 (1917). — Über Mikrofraktionierungen: LANGER, ZECHNER: Monatsh. Chem. **43**, 405 (1922).

Für das Gelingen des Versuches ist es hierbei notwendig, daß das Volumen des Bläschens verschwindend klein ist gegenüber dem der später entstehenden Dampfblase. Für die schon angegebenen Dimensionen und für eine Weite der capillaren Spitze von 0,05—0,1 mm hat sich eine Länge des Bläschens von etwa 1 mm als entsprechend erwiesen. Natürlich kann es auch kürzer und dafür dicker sein. Nach unten zu kann man kaum eine Grenze angeben, wenigstens haben sich Bläschen von etwa 0,1 mm Durchmesser noch als völlig ausreichend gezeigt.

Ist das Bläschen zu groß ausgefallen, so kann man sich unter Umständen wohl durch Zentrifugieren des Röhrchens helfen, indem man so einen Teil der Gasmasse entfernt. Gewöhnlich wird sie aber dabei ganz verschwinden, und es ist einfacher, wenn man ein neues Röhrchen beschickt. Um dabei möglichst wenig Substanz zu verlieren, wird das mißlungene Röhrchen abgeschnitten und stumpf umgebogen; hierauf bringt man es (vgl. Abb. 40 *V*) in ein kleines Proberöhrchen und schleudert den Tropfen mittels der Zentrifuge[1] hinein; nun kann er neuerdings mittels eines Röhrchens aufgesogen werden usw.

Die angegebenen Größenverhältnisse überprüft man mit einer guten Lupe und einem feinen Millimetermaßstab.

Das vorbereitete Sieberöhrchen wird nach Art eines Schmelzpunktröhrchens an ein Thermometer geklebt und in das Bad eingesenkt, in dem die Heizflüssigkeit mindestens 4—5 cm hoch steht. Als Rührer dient ein Glasröhrchen von der bekannten Form (Abb. 40 *VI*). Zuerst kann rasch erhitzt werden; sobald sich aber das Bläschen stark vergrößert (vgl. Abb. 40 *III*) und der Tropfen unruhig zu werden beginnt, erhitzt man langsam und rührt fleißig. Der Tropfen hebt sich, endlich steigt er bis zum Spiegel *SS* der Badflüssigkeit, und damit ist der Siedepunkt erreicht. Oft kann man nachher durch Abkühlenlassen den Tropfen zum Fallen, durch neuerliches Erhitzen wieder zum Steigen bringen und so an einem und demselben Röhrchen eine Reihe von Ablesungen vornehmen. Mitunter wird es allerdings vorkommen, daß bei diesen Versuchen ein neuer Tropfen in größerer Höhe kondensierend eine Luftblase einschließt. Dann ist die Beobachtung natürlich abzubrechen. Bei leicht beweglichen Flüssigkeiten, z. B. Aethylaether, steigt der Tropfen mitunter nicht als zusammenhängende Säule auf; dann wird aber beim Siedepunkt ein richtiges Aufperlen beobachtet.

Die Schmelzpunktsbestimmung kann mit der Siedepunktsbestimmung vereinigt werden, doch ist es in diesem Fall notwendig, die *geschmolzene* Substanz in das Sieberöhrchen einzufüllen. Damit das Zuschmelzen der capillaren Spitze leicht gelingt, ist das Rohrende bis über den Schmelzpunkt zu erwärmen, am einfachsten, indem man es mittels eines heißen Blechs unterstützt.

Mit einem halben Milligramm wird man leicht auskommen; besitzt man genügend Substanz, so mögen wohl auch 1—2 mg verwendet werden, es können aber auch Bestimmungen mit rund einem Zehntel Milligramm ausgeführt werden. Wo es sich um Identitätsbestimmungen handelt, kann das Miterhitzen eines Vergleichsröhrchens, das mit der bekannten Substanz beschickt ist, empfehlenswert sein. Die Bestimmungsmethode gibt nur über den *Beginn* des Siedens Aufschluß, kann daher nur für reine Substanzen verwertet werden. Sie ist nur bei gewöhnlichem Druck ausführbar.

Das
Verfahren von Smith und Menzies[2] (Abb. 41)
dient ebenfalls zur Siedepunktsbestimmung kleiner Substanzmengen. Man kann damit auch den Verdampfungspunkt fester, unschmelzbarer Substanzen bestimmen.

---

[1] Emich: Lehrbuch der Mikrochemie, S. 49ff. Wiesbaden 1911; Ztschr. analyt. Chem. **54**, 494 (1915). [2] Smith, Menzies: Journ. Amer. chem. Soc. **32**, 897 (1910).

Überdies kann man nach dieser Methode eine fraktionierte Destillation in kleinstem Maßstab durchführen und dadurch Verunreinigungen erkennen und entfernen und endlich die Siedepunktsbestimmung bei beliebigem Druck ausführen bzw. zu einer Dampfdruckbestimmung[1] gestalten.

Eine kleine Glaskugel mit 3—4 cm langer Capillare von nicht unter 1 mm Durchmesser *A* wird, wie S. 90 angegeben, zu Hälfte mit der Flüssigkeit gefüllt oder die feste Substanz, deren Verdampfungspunkt bestimmt werden soll, eingetragen und im ersteren Fall vor, im zweiten nach dem Füllen, wie *B* zeigt, umgebogen und dann am Thermometer befestigt in das Bad gebracht und unter Rühren erhitzt.

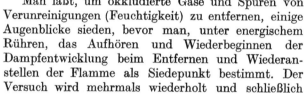

Ist der Siedepunkt erreicht, so steigen, nachdem alle Luft aus dem Gefäßchen entwichen ist, wenn die Substanz nicht in der Badflüssigkeit löslich ist, Dampfblasen in regelmäßiger rascher Folge an die Oberfläche; läßt man das Bad um wenige Bruchteile eines Grads abkühlen, so hört diese Dampfentwicklung spontan auf, um beim Anheizen sogleich wieder zu beginnen.

Man läßt, um okkludierte Gase und Spuren von Verunreinigungen (Feuchtigkeit) zu entfernen, einige Augenblicke sieden, bevor man, unter energischem Rühren, das Aufhören und Wiederbeginnen der Dampfentwicklung beim Entfernen und Wiederanstellen der Flamme als Siedepunkt bestimmt. Der Versuch wird mehrmals wiederholt und schließlich

Abb. 41. Verfahren von SMITH und MENZIES.

Thermometer samt Kügelchen aus dem Bad gezogen, um Eindringen von Flüssigkeit zu vermeiden.

Ist die Substanz in der Badflüssigkeit löslich, so ist die Temperatur, bei der die Dampfblasenbildung aufhört, nicht scharf bestimmbar.

Man liest dann ab, wenn die Badflüssigkeit bis zu einem bestimmten Punkt, den man sich an der Thermometerskala anmerkt, etwa 5—10 mm von der Capillarenöffnung, eingedrungen ist.

4. Bestimmung des normalen (korrigierten) Siedepunkts.

Da der Siedepunkt[2] vom Druck in hohem Maß abhängig ist, hat man mit der Bestimmung stets eine Ablesung des Barometerstandes zu verbinden, falls man es nicht vorzieht, den Druck im Siedeapparat auf 760 mm zu reduzieren.

Korrektur für den herausragenden Faden.

Falls man nicht unter Verwendung entsprechend abgekürzter Thermometer zu arbeiten imstande ist, so daß der gesamte Quecksilberfaden sich im Dampf befindet, muß man den Siedepunkt je nach der Länge des herausragenden Teils und nach der herrschenden Lufttemperatur korrigieren, was genauer als durch Formeln nach den Fluchtlinientafeln von BERL, KULLMANN[3] (siehe Abb. 32 u. 33) geschieht.

In vielen Fällen hilft man sich einfach nach BAEYERS Vorschlag[4] so, daß man

[1] Siehe S. 93, Anm. 6.
[2] Über die Bestimmung des Siedepunkts bei vermindertem Druck siehe S. 88.
[3] Siehe S. 80, 81.
[4] BAEYER: Ber. Dtsch. chem. Ges. **26**, 233 (1893). — Siehe auch WAIDNER, MUELLER: Ind. engin. Chem. **13**, 237 (1921).

in demselben Apparat unter Benutzung desselben Thermometers bei gleichem Barometerstand eine Flüssigkeit von ähnlichem, aber genau bekanntem Siedepunkt destilliert und die entsprechende Korrektur errechnet.

5. Bestimmung der Dampftension.

Der Siedepunkt einer Substanz gibt die Temperatur an, bei der ihr Dampfdruck die Größe des herrschenden Atmosphärendrucks erreicht. Man kann daher auch den Siedepunkt bestimmen, indem man die Temperatur mißt, bei der die Dampftension der untersuchten Substanz dem Barometerstand entspricht.

Zu diesem Zweck sind Methoden von MAIN,[1] HANDL, PŘIBRAM,[2] HASSELT,[3] CHAPMAN JONES,[4] SCHLEIERMACHER[5] sowie SMITH, MENZIES[6] angegeben worden.

Methode von SCHLEIERMACHER.

Diese Methode dürfte von den angegebenen die bequemste sein. Sie kann namentlich auch zur Siedepunktsbestimmung sehr geringer (auch fester) Substanzmengen Verwendung finden und gestattet außerdem, die verwendete Substanz wiederzugewinnen.

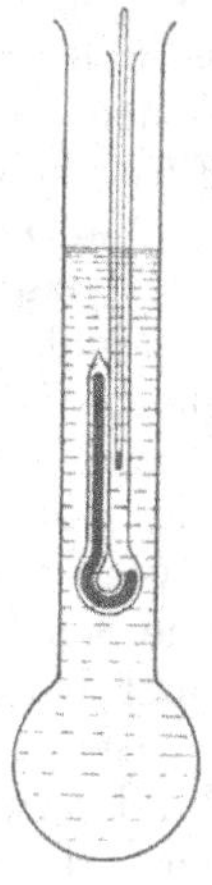

Die Substanz befindet sich im geschlossenen Schenkel eines U-Rohrs, der mit Quecksilber gefüllt ist. Der offene Schenkel bleibt bis auf seinen untersten, ebenfalls mit Quecksilber gefüllten Teil leer und nimmt das Thermometer auf (Abb. 42). Um das Rohr herzustellen und luftfrei mit der Substanz und Quecksilber zu füllen, zieht man ein zirka 50 cm langes, 6—8 mm weites Biegerohr, das rein und trocken sein muß, an einem Ende zu einer etwa 1—2 mm weiten Capillare aus. Die Capillare wird da, wo sie an das weitere Rohr grenzt, nochmals zu einer haarfeinen, etwa 5 cm langen Capillare ausgezogen und das weitere Ende bis auf ein kurzes Stück abgeschnitten. Das Rohr wird nun zum U gebogen, so daß der offene Schenkel etwa doppelt so lang ist als der geschlossene, letzterer also

Abb. 42. Apparat von SCHLEIERMACHER.

zirka 15 cm lang wird. Hierzu läßt man das Rohr vor der Flamme an der bezeichneten Stelle auf ungefähr halbe Weite einsinken und biegt um. Die Schenkel sollen dann parallel stehen und sich fast berühren. Nun wird das Rohr gefüllt, indem man die Substanz in den offenen Schenkel bringt und durch die Biegung in den geschlossenen überführt. Hierauf läßt man in den offenen Schenkel (am bequemsten aus einer Hahnbürette) Quecksilber einfließen, bis es auf beiden Seiten etwa 2 cm unter dem geschlossenen Ende steht. Ist die Substanz flüssig, so hat sie sich von selbst über dem Quecksilber gesammelt, sonst bringt man sie leicht durch vorsichtiges Erhitzen und Schmelzen nach oben. Etwa im offenen Rohr zurückgebliebene Teile schaden keineswegs. Nunmehr bringt man die Substanz im geschlossenen Schenkel zum schwachen Sieden und erreicht dadurch, daß

[1] MAIN: Chem. News 35, 59 (1876).

[2] HANDL, PŘIBRAM: Carls Repert. f. experim. Physik 14, 103 (1877).

[3] HASSELT: Maandblad voor Natuurwetenschappen 6, 77, 113 (1878).

[4] CHAPMAN JONES: Journ. chem. Soc. London 33, 175 (1878); Chem. News 37, 68 (1878).

[5] SCHLEIERMACHER: Ber. Dtsch. chem. Ges. 24, 944 (1891). — WILLSTÄTTER, MAYER, HÜNI: Liebigs Ann. 378, 121, 132, 137 (1910). — ARREGUINE: Ann. Chim. analyt. appl. (2), 3, 40 (1921).

[6] SMITH, MENZIES: Journ. Amer. chem. Soc. 32, 907 (1910). — NELSON, SENSEMAN: Ind. engin. Chem. 14, 58 (1922). — Anwendung zu Mol.-Gew.-Bestimmungen: MENZIES, WRIGHT: Journ. Amer. chem. Soc. 43, 2314 (1921). — Für Mikro-Mol.-Gew.-Bestimmungen: SMITH, MILNER: Mikrochemie 9, 117 (1931).

Luft, die in ihr oder an der Rohrwand absorbiert ist, durch die feine Capillare entwicht. Dann läßt man vorsichtig soviel Quecksilber zufließen, daß das obere Ende des geschlossenen Schenkels bis in die weitere Capillare hinein mit der flüssig erhaltenen Substanz erfüllt ist, und schmilzt die feine Capillare in der Mitte ab. Bei richtiger Ausführung bleibt in der Spitze nur eine minimale Gasblase zurück, die auf die Genauigkeit der Bestimmung ohne Einfluß ist und vorteilhaft wirkt. Endlich entleert man den offenen Schenkel bis zur Biegung von Quecksilber, indem man das U-Rohr, den geschlossenen Schenkel nach abwärts, bis zur Horizontalen neigt.

Nachdem so das Rohr zum Versuch fertiggestellt ist, bringt man es in das Heizrohr eines V. MEYERschen Dampfdichteapparats, das mit einer passend gewählten Flüssigkeit beschickt ist. Das U-Rohr wird möglichst vertikal und frei schwebend so aufgehängt, daß es sich mit seinem unteren Ende zirka 10 cm vom Boden des Gefäßes und mit seiner capillaren Spitze zirka 5 cm unterhalb des Flüssigkeitsspiegels befindet. Das offene Ende ragt aus der Heizflüssigkeit heraus.

Man erwärmt, und sobald sich eine Dampfblase gebildet hat, reguliert man die Heizung so, daß das Quecksilber im geschlossenen Schenkel möglichst langsam sinkt; in dem Augenblick, wo die Quecksilberkuppen in beiden Schenkeln gleiche Höhe haben, gibt das Thermometer die Siedetemperatur für den herrschenden Barometerstand an. Den „normalen" Siedepunkt findet man, indem man das Quecksilber im offenen Schenkel um ebenso viele Millimeter über das Niveau treibt, als der Barometerstand unter 760 mm liegt. Es genügt hierbei eine Schätzung nach dem Augenmaß. Auf den Flüssigkeitstropfen braucht man nicht Rücksicht zu nehmen.

Genauer erhält man die Siedetemperatur, wenn man die Quecksilberkuppen durch abwechselndes geringes Steigern oder Erniedrigen der Temperatur bald in der einen und bald in der anderen Richtung bewegt und jedesmal das Thermometer abliest, sobald die richtige Einstellung erreicht ist. Man nimmt dann den Mittelwert der Bestimmungen.

Bedingung für die Anwendbarkeit der Methode ist, daß die Substanz vollkommen rein und unveränderlich ist, nicht über 300° siedet und von Quecksilber nicht angegriffen wird. Man reicht in jedem Fall mit 0,1 g aus. Siehe auch ARREGUINE: Ann. Chim. analyt. appl. (2), 3, 40 (1921).

Ausbildung als *Mikromethode:* PREGL, ROTH: Mikroanalyse, S. 273. 1935.

6. Siedepunktsregelmäßigkeiten.[1]

a) Regelmäßigkeiten bei homologen Reihen.[2]

Mit steigendem Molekulargewicht nehmen die Siedepunkte homologer Verbindungen zu, und zwar innerhalb der einzelnen Gruppen ziemlich regelmäßig.

So zeigen die homologen Alkohole, Säuren, Ester, Aldehyde und Ketone eine ungefähre Differenz[3] von 19—25° für jedes CH_2.

Bei den Homologen des Benzols ist diese Siedepunktsdifferenz fast konstant 20—22°.

---

[1] HESSE in FEHLINGS Handwörterbuch 6, 655ff. — MARCKWALD: Über die Beziehungen zwischen dem Siedepunkt und der Zusammensetzung chemischer Verbindungen. Berlin 1888.
[2] Siehe hierzu BIACH: Ztschr. physikal. Chem. 50, 43 (1904). — KREMANN-PESTERNEK: Physikalische Eigenschaften und chemische Konstitution, S. 192. Dresden: Steinkopf. 1937. — Siehe auch WAKEMAN: Rec. Trav. chim. Pays-Bas 53, 832 (1934).
[3] Bei sekundären Alkoholen ist die Differenz öfters geringer: 13—15°: MUSET: Bull. Acad. Roy. Belg. 1906, 775.

Bei den aromatischen Aminbasen beträgt sie nur 10—11°.

Das Pyridin und seine Homologen zeigen 19—23° Differenz.

Die Unterschiede der Siedepunkte der normalen Paraffine[1] und aliphatischen Alkylhalogene nehmen von zirka 35° zwischen den beiden ersten Gliedern an für je ein CH_2 um zwei Grade ab.

Für die aus normalen Alkoholen gebildeten Aether und Ester gilt die Regel, daß die Differenzen der Siedepunktsunterschiede um so kleiner werden, je größer das eintretende Radikal ist.

b) Regelmäßigkeiten bei Isomeren.

Hier gilt der Satz, daß, je verzweigter die Kohlenstoffkette ist, desto niedriger der Siedepunkt. WILLSTÄTTER, MAYER, HÜNI[2] haben indessen bei den Abbauprodukten des Phytols, zumal bei den Ketonen $C_9H_{18}O$ und $C_{11}H_{22}O$, aber auch bei dem gesättigten Kohlenwasserstoff $C_{15}H_{32}$ und dem Olefin $C_{15}H_{30}$, die alle viele Verzweigungen enthalten, abnorm hohe Siedepunkte (bis zu 30° über dem Siedepunkt des normalen Isomeren) gefunden.

Für Ketone kann hierfür in der Annahme, daß sie als Enole vorliegen, eine Erklärung gegeben werden.

Von den isomeren aliphatischen *Kohlenwasserstoffen* C_nH_{2n+2} hat der mit normaler Struktur den höchsten Siedepunkt.

Eine Seitenkette erniedrigt den Siedepunkt um so mehr, je näher sie dem endständigen C-Atom der normalen Kette steht. Zwei Seitenketten an verschiedenen C-Atomen bewirken beträchtliche Herabsetzung des Siedepunkts. Der niedrigste Siedepunkt kommt dem Isomeren zu, bei dem beide Seitenketten an das vorletzte C-Atom gebunden sind.

Bei den aliphatischen *Alkoholen* ist die Stellung der Seitenkette zur Hydroxylgruppe maßgebend, *nicht*, wie man früher geglaubt hat, die primäre, sekundäre oder tertiäre Natur des Alkohols.

Auch für andere isomere aliphatische Verbindungen, wie Halogen-, Amino-Carboxylderivate, gilt die Regel, daß der Siedepunkt um so niedriger ist, je näher die Seitenkette (bzw. die Seitenketten) zum Substituenten steht.

Bei stellungsisomeren Alkoholen, Ketonen und einfach substituierten Halogenverbindungen sinkt der Siedepunkt in dem Maß, als der Substituent gegen die Mitte des Moleküls rückt.

Enthalten die Verbindungen mehrere Halogenatome oder Hydroxylgruppen, so liegt der Siedepunkt um so niedriger, je näher die Halogenatome (Hydroxyle) aneinandergelagert sind.

In der *Benzolreihe* sieden im allgemeinen am höchsten die Ortho-, dann die Meta- und endlich die Paraverbindungen. Zwischen Meta- und Paraverbindungen ist die Differenz oftmals gering.

Von den (Methyl-) Estern der stereoisomeren Zimtsäuren sieden die Ester der Transformen stets höher.[3]

c) Regelmäßigkeiten bei Substitutionsprodukten.

$\alpha)$ *Halogene.* Das erste eintretende Halogenatom verursacht die größte Siedepunktserhöhung, das dritte Halogenatom bewirkt eine noch geringere Abnahme der Flüchtigkeit als das zweite.

---

[1] Cox: Ind. engin. Chem. **27**, 1423 (1935).

[2] WILLSTÄTTER, MAYER, HÜNI: Liebigs Ann. **378**, 79, 121, 126 (1910).

[3] STOERMER: Ber. Dtsch. chem. Ges. **53**, 1283, 1289 (1920). — STOERMER, KIRCHNER: Ber. Dtsch. chem. Ges. **53**, 1292 (1920). — Siehe dazu AUWERS, SCHMELLENKAMP: Ber. Dtsch. chem. Ges. **54**, 632 (1921).

Wird ein Wasserstoffatom des Methylrests eines gechlorten oder gebromten Aethans (Aethylens) durch ein Bromatom ersetzt, so steigt der Siedepunkt je nach der Stellung des eintretenden Bromatoms um 38 oder $2 \times 38°$.

Die Flüchtigkeit der Cyanverbindungen wird dagegen durch den Eintritt negativer Radikale erhöht.[1]

Die Siedepunkte mancher aromatischer *Fluor*verbindungen liegen niedriger als jener der Muttersubstanz: und zwar liegen die Siedepunkte der Metaderivate am tiefsten, die der Orthoderivate am höchsten.[2]

*Chlor*verbindungen sieden niedriger als *Brom*verbindungen, diese niedriger als *Jod*verbindungen. Die Differenz bei der Vertretung von Chlor durch Brom beträgt 22—25°, die Vertretung von Brom durch Jod bewirkt eine Siedepunktssteigerung von zirka 30°.

Bei *Dihalogenverbindungen* beträgt die Differenz das Doppelte, bei *Trihalogenderivaten* das Dreifache dieser Zahlen.[3]

β) *Hydroxylgruppe.* Die Siedepunktserhöhung beim Übergang eines Kohlenwasserstoffs in einen Alkohol sowie eines einwertigen in einen mehrwertigen Alkohol, endlich eines Aldehyds in die zugehörige Säure beträgt rund 100° (MARCKWALD).

γ) *Substitution durch Sauerstoff.* Beim Übergang von Kohlenwasserstoffen in Monoketone findet starke, beim weiteren Übergang der letzteren in Diketone viel geringere Erhöhung des Siedepunkts statt, namentlich bei Orthodiketonen. Beim Übergang eines Alkohols in die entsprechende Säure, eines Aethers in den Ester und weiter das Säureanhydrid findet jedesmal Steigerung des Siedepunkts um zirka 45° statt.

Bei der Verwandlung eines Halogenalkyls in das Säurehalogenid bewirkt der Ersatz von H_2 durch O Siedepunktserhöhung von zirka 30°. Bei den Nitrilen dagegen (siehe oben) bewirkt auch hier der Eintritt des negativen Substituenten Sinken des Siedepunkts.

Allgemein ist bei gleichen Atomgewichten die Verminderung der Flüchtigkeit, die durch Eintritt eines negativen Elements an Stelle eines Wasserstoffatoms im Methan bewirkt wird, um so größer, je negativer das Element ist.

d) Gesättigte und ungesättigte Verbindungen.

Die Derivate der Paraffine und der Olefine zeigen im allgemeinen entsprechende Siedepunkte, während die analogen Verbindungen der Acetylenreihe höher sieden.

Im allgemeinen sieden die gesättigten carbocyclischen Alkohole niedriger als die zugehörigen ungesättigten.[4] Tetrahydrofuralkohol siedet aber höher als Furalkohol.[5] Bei Kohlenwasserstoffen der Cyclopentanreihe wird der Siedepunkt durch Doppelbindungen erniedrigt, bei Cyclohexanen erhöht.[6]

e) Verbindungen, die aus zwei Komponenten unter Wasseraustritt entstehen.

Nach BEKETOW und BERTHELOT ergibt sich, wenn zwei Verbindungen unter Wasserabspaltung reagieren, der Siedepunkt der entstehenden Substanz, wenn man von der Summe der Siedepunkte der Komponenten 100—120° abzieht.

---

[1] STEINKOPF: Journ. prakt. Chem. (2), **81**, 114 (1910). — OTT, LÖPMANN: Ber. Dtsch. chem. Ges. **55**, 1257 (1922).
[2] HANS MEYER, HUB: Monatsh. Chem. **31**, 935 (1910).
[3] EARL: Chem. News **100**, 245 (1909).
[4] SEMMLER: Die ätherischen Öle I, **26** (1906).
[5] WIENHAUS: Ber. Dtsch. chem. Ges. **53**, 1661 (1920).
[6] ASCHAN: Alicyclische Verbindungen, S. 226. 1905.

Dementsprechend sieden nach MARCKWALD die Aethylester aller Säuren um 32—42° niedriger als die entsprechenden Säuren.

Denkt man sich nach FLAWITZKY die verschiedenen Alkohole aus Carbinol durch Paarung mit anderen Alkoholen unter Wasseraustritt entstanden, so ist die Differenz der Summe der Siedetemperaturen des Methylalkohols und desjenigen Alkohols, dessen Radikal das Wasserstoffatom der Methylgruppe substituiert, und des durch Kombination entstandenen Alkohols für primäre Alkohole mit normaler Kette nahezu konstant 40,6°, für solche mit Isoradikalen 33°, für sekundäre Alkohole 50°, für tertiäre 51,8°.

f) Entsprechende Verbindungen verschiedener Körperklassen.

In der Fettreihe üben die Gruppen $COCH_3$, $COOCH_3$ und $COCl$ gewöhnlich gleichen Einfluß auf den Siedepunkt aus. Auch durch Austausch von Chlor gegen Methoxyl tritt oftmals keine Änderung des Siedepunkts ein.

In anderen Substanzen ist wieder Chlor mit der Aethoxylgruppe gleichwertig. Eine entsprechende Siedepunktsgleichheit findet auch bei den Phenolen und den entsprechenden Aminen statt.

7. Prüfung der Thermometer.[1]

Im allgemeinen genügt es, den Nullpunkt (Schmelzpunkt des Eises), ferner die dem Siedepunkt des Wassers, Naphthalins, Diphenyls und Benzophenons entsprechenden Werte (Faden natürlich ganz im Dampf) zu bestimmen und die entsprechenden Korrekturen für die zwischenliegenden Grade zu interpolieren.

Nebenstehende Tabelle gibt die dem wechselnden Druck entsprechenden Siedepunkte dieser leicht in vollkommen reinem Zustand erhältlichen Verbindungen.

Man nimmt die Prüfung am besten im Mantel einer V. MEYERschen Dampfdichtebestimmungsröhre vor, der oben mit Rückflußkühler versehen wird, in den das Thermometer mittels eines Platindrahts freischwebend einige Zentimeter über dem Spiegel der siedenden Flüssigkeit aufgehängt wird.

Hat man ein Normalthermometer zur Verfü-

b mm	Wasser Grad C	Naphthalin Grad C	Diphenyl Grad C	Benzophenon Grad C
720	95,5	215,4	252,5	302,9
725	98,7	215,7	252,8	303,2
730	98,9	216,0	253,1	303,5
735	99,1	216,2	253,4	303,8
740	99,3	216,5	253,7	304,2
745	99,4	216,8	254,0	304,5
750	99,6	217,1	254,3	304,8
755	99,8	217,4	254,6	305,1
760	100,0	217,7	254,9	305,4
765	100,2	218,0	255,2	305,8
770	100,4	218,3	255,5	306,1

gung, so befestigt man das zu prüfende Thermometer derart daran, daß die Quecksilberkugeln sich in gleicher Höhe befinden, erhitzt die beiden Thermometer langsam in einem Flüssigkeitsbad und notiert die Differenzen.

Für das Bestimmen von Schmelz- und Siedepunkt verwende man Thermometer mit möglichst kurzem Quecksilberreservoir.

---

[1] CRAFTS: Amer. chem. Journ. 5, 307 (1884); Ber. Dtsch. chem. Ges. 20, 709 (1887). — WIEHE: Ztschr. analyt. Chem. 30, 1 (1891). — MARCHIS: Ztschr. physikal. Chem. 29, 1 (1899). — JACQUEROD, WASSMER: Ber. Dtsch. chem. Ges. 37, 2533 (1904). — SCHEEL: Ztschr. angew. Chem. 32, 347 (1919).

Dritter Abschnitt.

Löslichkeitsbestimmung.[1]

I. Bestimmung der Löslichkeit fester Substanzen in Flüssigkeiten.

Unter *Löslichkeit* eines festen Körpers sei das Maximum der Gewichtsmenge verstanden, das ohne Übersättigung unter bestimmten Verhältnissen durch die Gewichtseinheit der Flüssigkeit in Lösung erhalten bleiben kann.

Die Löslichkeit ist in erster Linie von der *Temperatur* abhängig; jeder Temperatur entspricht eine bestimmte Löslichkeitszahl.

Im allgemeinen ändert sich die Löslichkeit nicht proportional der Temperatur; meist wächst sie mit einer Erhöhung derselben, doch ist auch der umgekehrte Fall (namentlich bei organischen Calcium- und Zinksalzen) nicht allzu selten.

A. Löslichkeitsbestimmung bei Zimmertemperatur.[2]

Die Substanz bzw. die miteinander zu vergleichenden Substanzen werden in einem (bzw. zwei gleich großen), 50—60 ccm fassenden Reagensglas in dem heißen Lösungsmittel gelöst, hierauf die Reagensröhren in ein geräumiges Becherglas mit kaltem Wasser gestellt und nun mit scharfkantigen Glasstäben[3] so lange kräftig umgerührt, bis der Röhreninhalt die Temperatur des umgebenden Wassers angenommen hat. Nach zweistündigem ruhigen Stehen notiert man die Temperatur, rührt nochmals sehr heftig um, filtriert dann *sofort* die für die Bestimmung erforderliche Menge durch trockene Faltenfilter in mit den

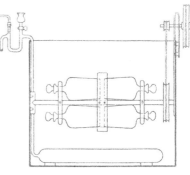

Abb. 44. Apparat von NOYES.

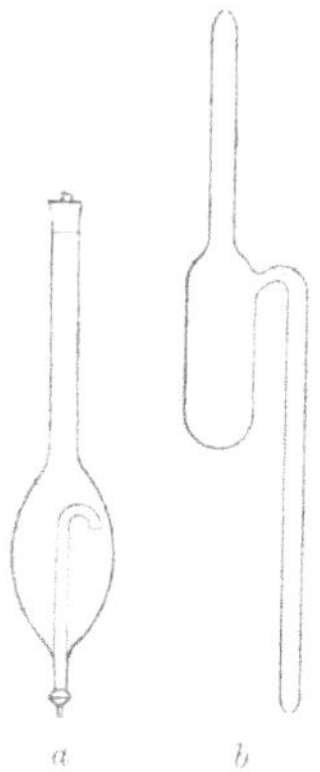

Abb. 43. Pipette *a* von LANDOLT. *b* von OSTWALD.

Deckeln gewogene Tiegel und wägt die Flüssigkeit und dann den Abdampfrückstand bzw. bestimmt auf beliebige Art — z. B. durch Titration — die Menge der Substanz.

Natürlich muß man so viel zur Bestimmung verwenden, daß beim Erkalten ein Teil wieder ausfällt, evtl. wird Übersättigung durch Impfen mit einem Krystallstäubchen verhindert. Setzt sich die ungelöste Substanz gut ab, so kann auch einfach ein bestimmter Teil der Lösung herauspipettiert werden, wozu am besten die LANDOLT- (*a*)[4] oder OSTWALDsche (*b*)[5] Pipette (Abb. 43) dient.

Oft sind geringe Übersättigungen[6] nur sehr schwer zu beheben; man muß

---

[1] Siehe hierüber auch ROTHMUND: Löslichkeit und Löslichkeitsbeeinflussung, S. 21 ff. Leipzig 1907.

[2] V. MEYER: Ber. Dtsch. chem. Ges. 8, 999 (1875). — Über einen Apparat für genaue Löslichkeitsbestimmungen: COHEN, DE MEESTER, MOESVELD: Koninkl. Akad. Wetensch. Amsterdam, wisk. natk. Afd. 32, 441 (1923).

[3] Auch durch Schütteln unter Zusatz von Glasperlen kann man die Auflösungsgeschwindigkeit erhöhen: WILLSTÄTTER, PICCARD: Ber. Dtsch. chem. Ges. 42, 1905 (1909).

[4] LANDOLT: Ztschr. physikal. Chem. 5, 101 (1890).

[5] OSTWALD, LUTHER: Hand- und Hilfsbuch, 2. Aufl., S. 132 und 283.

[6] Namentlich bei in Wasser gelösten Säuren: PAUL: Ztschr. physikal. Chem. 14, 112 (1894). — Siehe dazu BILTZ, HERRMANN: Liebigs Ann. 431, 104 (1923).

daher für genaue Bestimmungen einen anderen, etwas umständlicheren Weg einschlagen. Man beschickt in solchen Fällen[1] gläserne Flaschen mit dem Lösungsmittel und überschüssiger feingepulverter Substanz und läßt sie im Thermostaten[2] mehrere Stunden bis 2 oder 3 Tage rotieren.

Die Schnelligkeit der Lösung ist bei gleicher Temperatur außer von dem Charakter der Substanz namentlich von der Form ihrer Verteilung abhängig; man verwendet daher durch Pulverisieren oder Ausfällen möglichst feinkörnig erhaltene Proben.[3]

Einen einfachen und praktischen *Apparat zur Beschleunigung der Lösung* hat HOPKINS beschrieben[4] (Abb. 45). Ein Glaszylinder mit doppelt durchbohrtem Stopfen trägt ein 6 mm weites Glasrohr, das oben einen Schlauch mit Quetschhahn besitzt und unten in ein Y-Rohr ausläuft. Der dritte Arm des letzteren ist an seinem Ende, wie die Abbildung zeigt, zurückgebogen. Durch die zweite Bohrung des Stopfens führt ein kurzes mit der Pumpe kommunizierendes Rohr. Saugt man an, so reißt der Luftstrom gesättigte Lösung nach oben und neues Lösungsmittel kommt mit der am Boden des Gefäßes liegenden Substanz in Berührung.

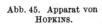

Abb. 45. Apparat von HOPKINS.

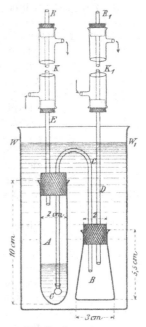

Abb. 46. Apparat von PAWLEWSKI.

B. Löslichkeitsbestimmung bei höherer Temperatur.

1. Die Löslichkeit der zu untersuchenden Substanz nimmt mit steigender Temperatur zu.[5]

Methode von PAWLEWSKI.[6]

In das Probierröhrchen A (Abb. 46), in dem sich die Substanz und das Lösungsmittel befinden, reicht durch einen Kautschukstopfen das Röhrchen C, dessen Mündung mit drei- oder vierfach zusammengelegter Gaze oder dünner

---

[1] NOYES: Ztschr. physikal. Chem. **9**, 606 (1892). — PAUL: Ztschr. physikal. Chem. **14**, 110 (1894).

[2] Über Thermostaten siehe auch SCHRÖDER: Ztschr. physikal. Chem. **11**, 454 (1893). — MARSHALL: Chem. News **104**, 295 (1911). — Ferner den Katalog „Thermostaten" von FRITZ KÖHLER. Leipzig 1914. — JOACHIMOGLU: Biochem. Ztschr. **103**, 49 (1920). — TIAN: Journ. Chim. physique **20**, 132 (1923). — SCHENK: Ber. Dtsch. chem. Ges. **64**, 368 (1931).

[3] OSTWALD: Ztschr. physikal. Chem. **34**, 405 (1900). — HULETT: Ztschr. physikal. Chem. **37**, 385 (1901).

[4] HOPKINS: Amer. chem. Journ. **22**, 407 (1899). — Vgl. RICHARDS: Amer. chem. Journ. **20**, 189 (1898).

[5] Natürlich sind hierfür auch die meisten unter A angeführten Versuchsanordnungen brauchbar.

[6] PAWLEWSKI: Ber. Dtsch. chem. Ges. **32**, 1040 (1899). — DOLINSKI: Chemik Polski **5**, 237 (1905). — MANCHOT, FURLONG: Ber. Dtsch. chem. Ges. **42**, 3035 (1909).

Leinwand, die man mit einem Bindfaden befestigt, umwickelt ist. *A* steht durch *C* mit dem Wägegläschen *B*, das zur Aufnahme der bei einer gewissen Temperatur gesättigten Lösung bestimmt und beim Beginn des Versuches leer ist, in Verbindung.

A sowie *B* sind mit den Röhrchen *E R* und *D R*$_1$ verbunden, deren Enden mit Kautschukschläuchen versehen sind. Mittels dieser Schläuche kann durch den Apparat in einer oder der anderen Richtung Luft durchgesaugt werden. An *E R* und *D R*$_1$ sind bei Anwendung flüchtiger Lösungsmittel kleine Kühler *K* und *K*$_1$ angesetzt. Durch Ansaugen der Luft bei *R* wird Mischen der Lösung und

ihre Sättigung bewirkt. Durch Einblasen von Luft durch *R* wird die gesättigte Lösung filtriert und in das Gläschen *G* hinuntergedrückt. Nach Ausführung eines Versuches wird *B* abgekühlt, äußerlich getrocknet und gewogen; dann wird die Lösung abgedampft. HOLDE, SELIM empfehlen[1] (für das Arbeiten mit heißem Alkohol usw.) die Verwendung von Glasschliffen und eines Hahnes am Rohr *D*.

Ein ähnliches Verfahren stammt von GÖCKEL.[2] Es dient speziell zur Löslichkeitsbestimmung fester Substanzen in leicht flüchtigen Lösungsmitteln beim Siedepunkt der letzteren. Das

Lysimeter von RICE[3]

leistet ebenfalls, wenn das Lösungsmittel nicht kostbar und die Substanz nicht allzu leicht löslich ist, gute Dienste. Es gestattet in einfacher Weise die Bestimmung bei beliebiger Temperatur vorzunehmen, ohne durch Verflüchtigung des Lösungsmittels (die bei den weiter oben angeführten Methoden nicht ganz vermieden werden kann) Verluste zu veranlassen.

Der Apparat (Abb. 47) besteht aus einem 15 cm langen, 1 cm weiten Glasrohr, oben durch den Glasstopfen *c*, unten entweder durch einen bei *f* durchlochten Einsatz *e* oder auch durch einen Stopfen *b* verschließbar. *e* wird mit Baumwolle gefüllt, in das Rohr eingesetzt und festgebunden. Man hängt den Apparat in ein auf die gewünschte Temperatur erhitztes, das Lösungsmittel und überschüssige Substanz enthaltendes, weites Reagensglas so weit ein, daß nebst *c* nur ein kleiner Teil des Rohrs über den

Abb. 47. Lysimeter von RICE.

Flüssigkeitsspiegel herausragt. Wenn Temperaturausgleich stattgefunden hat, zieht man *c* heraus und läßt dadurch die filtrierte Lösung in *a* eintreten. Man läßt nun die Lösung nochmals durch Heben des Rohrs zurückfließen und wiederholt das Füllen. Dadurch wird gleichmäßige Konzentration der Flüssigkeit erzielt. Schließlich wird die teilweise gefüllte Röhre *a* mit *c* verschlossen, herausgehoben, umgekehrt, *e* entfernt und durch *b* ersetzt, das Rohr äußerlich gereinigt und nach dem Erkalten gewogen. Die Gewichtszunahme entspricht der Summe von Lösungsmittel und gelöster Substanz. Man spült den Rohrinhalt in ein gewogenes Becherglas, verdampft das Lösungsmittel und wägt wieder oder titriert, falls dies möglich ist.[4]

[1] HOLDE, SELIM: Ber. Dtsch. chem. Ges. **58**, 525 (1925).
[2] GÖCKEL: Forschungsberichte über Lebensmittel usw. **4**, 178 (1897); Ztschr. analyt. Chem. **38**, 446 (1899). [3] RICE: Journ. Amer. chem. Soc. **16**, 715 (1894).
[4] Siehe auch RÜDORFF: Ztschr. angew. Chem. **3**, 633 (1890). — Weitere Methoden zu Löslichkeitsbestimmungen: V. MEYER: Ber. Dtsch. chem. Ges. **8**, 998 (1875). — MICHAËLIS: Ausführliches Lehrbuch der anorganischen Chemie **1**, S. 186. — KÖHLER: Ztschr. analyt. Chem. **18**, 239 (1879). — ALEXEJEW: Wied. Ann. **28**, 305 (1886). —

Verfahren von Tschugaeff, Chlopin.[1]

Alle Löslichkeitsbestimmungen werden bei Siedetemperatur der gesättigten Lösung durchgeführt, wobei man diese durch Druckänderung variiert.

Die Ausführung der Bestimmungen bei Siedetemperatur der Lösung ermöglicht ein gehöriges Umrühren derselben und gestattet die Arbeit ohne Thermostaten. Die Änderung des Drucks wird mit einer Wasserstrahlpumpe und seine Konstanz und Größe bei genaueren Bestimmungen mit einem Quecksilberdruckregulator erreicht. Bei weniger genauen Bestimmungen kann ziemlich konstanter Druck dadurch erzielt werden, daß man in das System zwei hintereinanderstehende Gefäße von verhältnismäßig großem Volumen einschaltet.

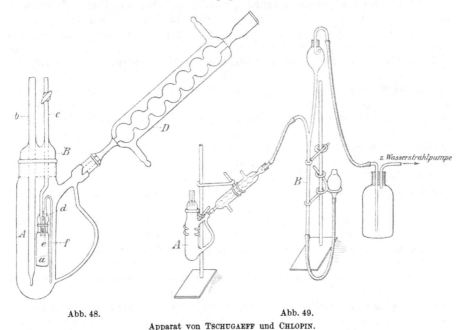

Abb. 48. Abb. 49.

Apparat von Tschugaeff und Chlopin.

Der Apparat besteht aus einem größeren Gefäß A, in dem die Sättigung der Lösung vorgenommen wird. Zu diesem Zweck bringt man auf den Boden des Gefäßes die feste, gepulverte Substanz im Überschuß. Dann wird das Lösungsmittel hineingegossen, und zwar gewöhnlich so, daß es eben den unteren Teil des Wägegläschens a bedeckt. Man schließt hierauf A mit einem Glasstöpsel B, der mit zwei Röhren b und c versehen ist. In b wird ein Thermometer (geteilt in $1/5$ oder $1/10$ Grad) geschoben, dessen Quecksilbergefäß in die Flüssigkeit eintaucht. c ist mit einem Glashahn versehen und trägt an seinem unteren Ende einen Glasstöpsel d, auf den man a aufsetzt (siehe Abb. 48). Um einem etwaigen Abspringen von a vorzubeugen, sind auf dem Stöpsel wie auch auf dem Gläschen selbst kleine Glashaken angebracht, die man nach dem Aufsetzen mittels eines

Meyerhoffer: Ztschr. physikal. Chem. **5**, 99 (1890). — Reicher, van Deventer: Ztschr. physikal. Chem. **5**, 560 (1890). — Bodländer: Ztschr. physikal. Chem. **7**, 315, 358 (1891). — Trevor: Ztschr. physikal. Chem. **7**, 469 (1891). — Goldschmidt: Ztschr. physikal. Chem. **17**, 153 (1895). — Küster: Ztschr. physikal. Chem. **17**, 362 (1895). — Hartley, Campbell: Journ. chem. Soc. London **93**, 742 (1908). — Schröder: Ztschr. analyt. Chem. **48**, 250 (1909). — Forbes: Chem. News **106**, 300 (1912).

[1] Tschugaeff, Chlopin: Ztschr. anorgan. allg. Chem. **86**, 154 (1914).

Spiraldrahts fest verbindet. In d befindet sich noch ein Röhrchen e, das eine Filtriervorrichtung (Wattepfropfen bzw. Asbest) trägt und oben mit einem Schliff endet, auf den man einen Heber f, dessen unteres Ende in die Flüssigkeit eingetaucht ist, aufsetzt. A wird mit dem Kühler D verbunden und das ganze System samt dem Druckregulator mit der Wasserstrahlpumpe in Verbindung gebracht (siehe Abb. 49). Auf die oberen Enden b und c wird ein dickwandiger Gummischlauch gesetzt, der einen Schraubenquetschhahn trägt. Nachdem die Pumpe in Tätigkeit gesetzt worden ist, erzielt man einen gewissen Minderdruck, indem man die Menge der in A durch b und c a f einströmenden Luft reguliert. Wenn der nötige Druck erreicht ist, wird A in ein Ölbad eingetaucht und die Temperatur des Bads etwas oberhalb (5—10°) der Siedetemperatur der Lösung bei gegebenem Druck gehalten. Man läßt die Flüssigkeit sieden, bis Sättigung erreicht wird, was gewöhnlich während einer Stunde geschieht, und filtriert dann eine bestimmte Menge der gesättigten Lösung in a. Wenn genügend großes Vakuum vorhanden war, kann die Filtration und das Einsaugen der Lösung einfach dadurch hervorgerufen werden, daß man die Luft in A durch den Kühler eintreten läßt und dadurch eine gewisse Menge Flüssigkeit nach a treibt. War das erzielte Vakuum ungenügend, so verbindet man für einige Zeit c mit der Pumpe und saugt durch f die nötige Menge gesättigter Lösung nach a. Nach Beendigung des Versuches wird A geöffnet, a heruntergenommen, abgewischt und gewogen, dann entweder das Lösungsmittel eingedampft und der Rückstand abermals gewogen oder die Konzentration nach einer anderen Methode ermittelt.

Zur Löslichkeitsbestimmung in Wasser kann ein Apparat verwendet werden, in dem sämtliche Verbindungen durch Gummistopfen bzw. Schläuche bewerkstelligt werden.

Hat man mit einem *Lösungsmittel*, das stark *Feuchtigkeit* oder *Kohlendioxyd absorbiert*, zu tun, so muß die durchgesaugte Luft entsprechend gereinigt werden, wozu man vor b und c zwei geeignete Absorptionsröhren einschaltet.

Alle angeführten Methoden versagen, falls es gilt, die Löslichkeit *flüchtiger*, nichttitrierbarer Substanzen zu bestimmen. Für solche Fälle könnte man sich so helfen, daß man ein graduiertes Lysimeter verwendet, die Menge der eingefüllten Lösung mißt und — das spezifische Gewicht des Lösungsmittels als bekannt vorausgesetzt — dadurch dessen Gewicht erfährt. Die Volumänderung durch die gelöste Substanz kann bei nicht allzu großer Löslichkeit vernachlässigt werden.

Löslichkeitsbestimmungen von sehr leicht löslichen Substanzen: KENRICK: Ber. Dtsch. chem. Ges. **30**, 1752 (1897).

Beurteilung der Löslichkeit schwer löslicher Körper aus der elektrischen Leitfähigkeit der Lösungen: KOHLRAUSCH, HOLBORN: Das Leitvermögen der Elektrolyte. Leipzig 1898. — KOHLRAUSCH, ROSE: Wied. Ann. **50**, 127 (1893); Ztschr. physikal. Chem. **12**, 234 (1893); **44**, 197 (1903). — BÖTTGER: Ztschr. physikal. Chem. **46**, 521 (1903).

2. Die Löslichkeit der Substanz nimmt mit steigender Temperatur ab.

In solchen Fällen wird man analog verfahren wie JACOBSEN[1] bei der Untersuchung des xylidinsauren Zinks.

Für die höheren (über 30° liegenden) Temperaturen erfolgt die Bestimmung, indem eine mehr und mehr verdünnte Lösung von bekanntem Gehalt im Wasserbad oder für 100° übersteigende Temperaturen in Glasröhren eingeschmolzen im Luftbad langsam bis zur beginnenden Trübung erhitzt wird.

---

[1] JACOBSEN: Ber. Dtsch. chem. Ges. **10**, 859 (1877).

Die Trübung tritt ganz momentan ein, so daß man schon bei der ersten Beobachtung kaum um einen Grad im Zweifel bleibt. Nur für niedere Temperaturen muß die Bestimmung durch Eintrocknen der Lösungen ausgeführt werden, weil unter 20° die Ausscheidung des Salzes sich nicht durch eine allgemeine Trübung zu erkennen gibt, sondern das Salz in Form sehr zarter Blättchen auftritt.

Um die gesättigten Lösungen eindampfen zu können, ohne Verluste durch Verspritzen usw. befürchten zu müssen, bedient man sich[1] der LIEBIGschen Ente[2] aus resistentem Glas, an die, wie Abb. 50 zeigt, eine Glasröhre als Schornstein angefügt wird.

C. Fraktionierte Löslichkeitsbestimmungen

können zur Untersuchung auf Einheitlichkeit der Substanz verwertet werden, z. B. bei der Prüfung eines Barium- oder Kaliumsalzes auf einen etwaigen Gehalt an Isomeren. Siehe SCHÖNHOLZER: Diss. Zürich 1907, 14, 16.

D. Identifikation und Reinheitsprüfung mittels der Löslichkeitszahl.

OBERMILLER[3] verwendet bei der Untersuchung der aromatischen Sulfosäuren die Bestimmung des spezifischen Gewichtes ihrer bei gewöhnlicher Temperatur gesättigten wässerigen Lösung.

Liegt z. B. ein Gemenge von mehreren Salzen vor, so erhält man beim Umkrystallisieren eine Mutterlauge, deren spezifisches Gewicht stets erheblich größer ist als die Löslichkeitszahl eines der Komponenten, soweit kein isomorphes Gemisch vorliegt.

Bleibt anderseits das spezifische Gewicht konstant, so darf das Salz als rein angesprochen werden.

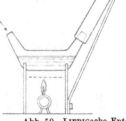

Abb. 50. LIEBIGsche Ente.

HELFERICH, GOOTZ mußten ein Tetrasaccharidacetat 20mal umkrystallisieren, bis die Löslichkeitszahl konstant war.[4]

E. Beziehungen zwischen Lösungsmittel und zu lösendem Stoff.

OSTROMYSSLENSKY stellt[5] folgende drei Sätze auf:

Jede Verbindung löst sich in ihren Homologen.

Alle stellungsisomeren Verbindungen sind ineinander löslich.

Alle polysubstituierten Verbindungen eines beliebigen Stoffs lösen sich ineinander auf, falls die wasserstoffsubstituierende Gruppe eine und dieselbe ist.

Schwer lösliche bzw. unlösliche aromatische Hydroxylverbindungen lösen sich, wenn man sie mit Wasser und leicht wasserlöslichen Hydroxylverbindungen zusammenbringt.

10 Teile Phenol mit 3 Teilen Resorcin gemischt sind in jedem Verhältnis in Wasser löslich, ebenso werden die verschiedenen Kresole durch die 2—3fache Resorcinmenge mit Wasser mischbar usw.[6]

[1] TREVOR: Ztschr. physikal. Chem. 7, 469 (1891).

[2] Anwendung dieser Ente zum Trocknen und zur Wasserbestimmung: LINK: Arch. Pharmaz. 230, 311 (1892). — VOSS, GADAMER: Arch. Pharmaz. 248, 71 (1910).

[3] OBERMILLER: Ztschr. angew. Chem. 27, 38 (1914). — Siehe auch WITT: Ber. Dtsch. chem. Ges. 48, 767, Anm. (1915).

[4] HELFERICH, GOOTZ: Ber. Dtsch. chem. Ges. 64, 110 (1931).

[5] OSTROMYSSLENSKY: Journ. prakt. Chem. (2), 76, 264 (1907).   [6] DPA. F 21578 (1906).

Von zwei isomeren Körpern besitzt der mit dem niedrigeren Schmelzpunkt die größere Löslichkeit; das Verhältnis der Löslichkeiten zweier isomerer Substanzen ist konstant und von der Natur des Lösungsmittels unabhängig (Regel von CARNELLEY, THOMSEN.[1])

Bei isomeren Säuren ist nicht nur die Reihe der Löslichkeiten der freien Säuren übereinstimmend mit der ihrer Schmelzpunkte, sondern auch ihre Salze zeigen analoges Verhalten.

Von isomeren Verbindungen ist ferner diejenige meist löslicher (wenigstens in Wasser), die weniger symmetrische Anordnung besitzt; in der aromatischen und in der Pyridinreihe sind dementsprechend die p-Verbindungen am schwersten löslich.

Die Wasserlöslichkeit nimmt im allgemeinen mit steigendem Kohlenstoffgehalt ab, mit Zunahme der Sauerstoffatome dagegen zu.

Stark hydroxylhaltige Stoffe (mehrwertige Alkohole) sind in Aether schwer löslich. Unter den Salzen mit Schwermetallen sind die Bleisalze der Ölsäurereihe durch ihre Aetherlöslichkeit ausgezeichnet. Auch Kupfersalze sind oftmals in organischen Lösungsmitteln löslich. Gewisse Ammoniumsalze werden leicht von Chloroform aufgenommen. In Alkohol sind im allgemeinen nur die Salze der Alkalien löslich.

II. Bestimmung der kritischen Lösungstemperatur.[2] (K. L. T.)

Franz.: T.C.D. = Température critique de dissolution. — Engl.: C.S.P. = critical solution point, C.T.S. = critical temperature of solution.

Bringt man zwei nicht vollkommen mischbare Flüssigkeiten A und B zusammen, so bilden sie zwei Phasen, deren eine aus der gesättigten Lösung von A in B, die andere aus der gesättigten Lösung von B in A besteht.

Bei Erhöhung der Temperatur ändert sich die Konzentration der Lösungen gewöhnlich in dem Sinn, daß die beiden konjugierten Löslichkeiten größer werden, bis schließlich bei einem bestimmten Punkt die Zusammensetzung der beiden Phasen identisch wird, d. h. vollkommene Mischbarkeit eintritt (kritische Lösungstemperatur).

Der bevorstehende Übergang der beiden Phasen in eine macht sich durch das Auftreten der *kritischen Trübung*[3] bemerkbar: einer schönen Opalescenz, die im auffallenden Licht blau, im durchgehenden braunrot erscheint.

Die kritische Lösungstemperatur ist für reine Substanzen eine Konstante, deren Bestimmung in vielen Fällen für den Organiker von Wert sein kann.

So hat sie z. B. für die Analyse der Alkohole,[4] von Nitroglycerin,[5,6] der Fette,[7] Petroleumarten[5] und des Harns[8] Anwendung gefunden.

---

[1] Siehe dazu VAN T'HOFF: Vorlesungen über theoretische und physikalische Chemie II, S. 130. 1899.

[2] ROTHMUND: Löslichkeit und Löslichkeitsbeeinflussung, S. 31, 66ff., 76ff., 158, 162. 1907.   [3] Nähere Angaben und Literatur: ROTHMUND: Löslichkeit usw., S. 76.

[4] MOSSLER, MARKUS: Österr. Jahrb. f. Pharm. 15, 74 (1914). — JONES, AMSTELL: Journ. chem. Soc. London 1930, 1316.

[5] CRISMER: Bull. Acad. Roy. Belg. 30, 97 (1895). — ROSSET: Ann. Chim. analyt. appl. 3, 235 (1921).

[6] CRISMER: Bull. Soc. chim. Belg. 18, 1 (1904); 20, 294 (1906). — Siehe ferner ORTON, JONES: Journ. chem. Soc. London 115, 1056 (1919). — TIZARD, MARSHALL: Journ. Soc. chem. Ind. 40, 20 (1921). — GRÜN: Chem.-Ztg. 47, 861 (1923). — MCEWEN: Journ. chem. Soc. London 123, 2279, 2284 (1923). — RISING, HICKS: Journ. Amer. chem. Soc. 48, 1919 (1926).

[7] CRISMER: Bull. Soc. chim. Belg. 9, 145 (1895); 10, 312 (1896); 11, 359 (1897). — BENEDIKT, ULZER: Fette und Wachsarten, 5. Aufl., S. 104. 1908. — HOTON: Ann. Falsifications 2, 535 (1909); 3, 28 (1910). — OLIVARI: Staz. sperim. agrar. Ital. 50,

Die K. L. T. wird nämlich schon durch sehr kleine Zusätze einer dritten Substanz, die nur in einer der beiden Flüssigkeiten löslich ist, verändert.

Durch die Bestimmung der K. L. T. kann man daher sowohl die Reinheit bzw. Gleichartigkeit verschiedener Fraktionen eines Destillats ermitteln,[1] als auch vor allem Feuchtigkeitsspuren, z. B. in Alkoholen, nachweisen und der Menge nach abschätzen.

Besonders einfach gestaltet sich das Verfahren, wenn man in offenen Gefäßen arbeiten kann. Verwendet man z. B. zirka 99proz. Alkohol, so liegt die K.L.T. für Butter bei etwa 54°, im Maximum 62°, während Margarine 78° zeigt. Für 91proz. Alkohol dagegen liegt die K.L.T. der Butter bei zirka 100°, erfordert also die Anwendung von Einschmelzröhren.

Als geeignete Flüssigkeitspaare dienen etwa:[2]

Öle, Wachse, Fette, Nitroglycerin — Alkohol;

Aceton, Alkohole — Petroleum;

Fette — Eisessig;

Pyridinbasen, Phenole, Fettsäuren — Wasser;

Harn — Phenol;

Ameisensäure — Benzol;

aliphatische Säuren — Nitromethan.[3]

Wo man, wie z. B. beim Petroleum,[4] keine einheitliche Flüssigkeit zur Verfügung hat, muß man für jede Versuchsreihe dieselbe Probe verwenden und durch einen Vorversuch, etwa mit ganz reinem (trockenem) Alkohol, die K.L.T. des Reagens ermitteln.

Ist man gezwungen, *in geschlossenen Gefäßen zu arbeiten*, so kann man auch meist die Einschmelzröhren vermeiden. TIMMERMANS[5] benutzt in solchen Fällen den in Abb. 51 skizzierten Apparat.

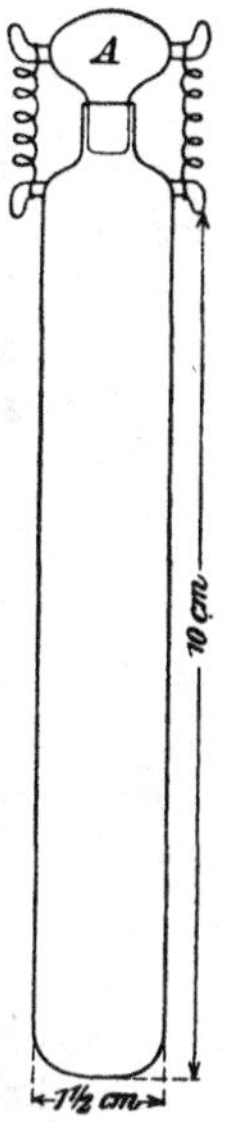

Der Glasstopfen *A* wird durch zwei Federn festgehalten, die den Verschluß bewerkstelligen. Wenn der Dampfdruck im Innern größer wird als der Atmosphärendruck, wirkt der Stopfen wie ein Sicherheitsventil; er hebt sich einen Augenblick, um die Dämpfe austreten zu lassen, aber gleich darauf nimmt der Druck ab und die Feder schließt den Apparat automatisch.

Abb. 51.
Apparat von
TIMMERMANS.

Dieser Apparat wird mit einem Kautschukring an ein Thermometer befestigt und das Ganze in ein Bad von Wasser oder Glycerin gebracht, so daß das untere Ende der Röhre, welche die zu untersuchenden Stoffe enthält, neben die Thermometerkugel in gleiche Höhe mit ihr gestellt wird und daß die Röhre ungefähr 5 cm in das Bad eintaucht.

Anwendung eines Aluminiumblocks: SCHRÖER: Ztschr. physikal. Chem. **129**, 79 (1927).

In einem ternären Gemisch hängt die Empfindlichkeit der K.L.T. gegen

365 (1917). — CHAVANNE, SIMON: Compt. rend. Acad. Sciences **168**, 1111 (1919); **169**, 70 (1919).

[8] ATKINS: Brit. Med. Journ. 1908, 59. — ATKINS, WALLACE: Biochemical Journ. **7**, 219 (1913).

[1] CRISMER: Bull. Soc. chim. Belg. **18**, 18 (1904). — TIMMERMANS: Ztschr. Elektrochem. **12**, 644 (1906); Ztschr. physikal. Chem. **58**, 129 (1907). — ANDREWS: Journ. Amer. chem. Soc. **30**, 354 (1908). — FLASCHNER: Journ. chem. Soc. London **95**, 671, 677 (1909). — EWINS: Journ. chem. Soc. London **105**, 350 (1914).

[2] Siehe auch ROOZEBOOM: Das heterogene Gleichgewicht II, 2, 70. — TIMMERMANS: Bull. Soc. chim. Belg. **20**, 305, 386 (1906).

[3] BROUGHTON, JONES: Trans. Faraday Soc. **32**, 685 (1936).

[4] Man reinigt Petroleum nach ANDREWS, indem man eine Zeitlang Wasserdampf durchschickt und es nachher sorgfältig trocknet. Journ. Amer. chem. Soc. **30**, 354 (1908).   [5] TIMMERMANS: Ztschr. physikal. Chem. **58**, 180 (1907).

eine Verunreinigung eines Bestandteils von der relativen Löslichkeit der Verunreinigung und des betreffenden Bestandteils in dem Gemisch der beiden
anderen ab.[1]

Anwendung der K.L.T.-Bestimmung zur *Analyse von Petrolaether* (Gehalt an
aromatischen Kohlenwasserstoffen) mit Anilin: CHAVANNE, SIMON: Compt. rend.
Acad. Sciences **169**, 70 (1919).

K.L.T. als mikrochemisches Kennzeichen: HARAND: Monatsh. Chem. **65**, 153
(1935).

Vierter Abschnitt.

Bestimmung des spezifischen Gewichts.

Für die Zwecke der organischen Analyse kommt fast nur die Bestimmung
des spezifischen Gewichtes von Flüssigkeiten in Betracht.[2]

Abb. 52. Pyknometer nach
SPRENGEL, OSTWALD.

Abb. 53. Füllen des SPRENGEL-
schen Pyknometers.

Abb. 54. Pyknometer
nach PERKIN.

1. Anwendung des Pyknometers.

Für genaue Bestimmungen dient am besten das von OSTWALD[3] modifizierte
SPRENGELsche[4] Pyknometer (Abb. 52).

Das konstante Volum desselben reicht von der Spitze *b* bis zur Marke *a*. Man
füllt in der durch Abb. 53 veranschaulichten Weise. Steht die Flüssigkeit über *a*
hinaus, so berührt man *b* mit einem Röllchen Filtrierpapier, bis der Meniscus *a*
erreicht hat. Fehlt ein wenig Flüssigkeit, so bringt man mittels eines Glasstabs
einen Tropfen an das bei *a* befindliche Ende, der Überschuß wird wieder mit
Filtrierpapier weggenommen. Für Bestimmungen, die auf ±0,0001 genau sein
sollen, genügt ein Pyknometer von 5 ccm Inhalt.

TIMMERMANS[5] empfiehlt eine Modifikation dieses Pyknometers nach PERKIN,
die durch Abb. 54 wiedergegeben ist.

Um besonders auch Dichtebestimmungen stark ausdehnbarer, flüchtiger und
hygroskopischer Flüssigkeiten vornehmen zu können, hat MINOZZI[6] die aus der
Abb. 55 ersichtlichen Abänderungen angebracht.

Beim Einfüllen werden an die beiden Enden *m* und *b* des Pyknometers *a*
die Ansatzstücke *f* und *d* gesteckt, die bei *f* mit einer Pumpe, bei *d* mit einem

---

[1] ORTON, JONES: Journ. chem. Soc. London **115**, 1055, 1194 (1919). — JONES:
Journ. chem. Soc. London **123**, 1384 (1923).

[2] Bestimmung des spez. Gew. von festen organischen Substanzen nach der
Schwebemethode von RETGERS: Ztschr. physikal. Chem. **3**, 289, 497 (1889). — Siehe
BECHHOLD: Ber. Dtsch. chem. Ges. **22**, 2378 (1889). — LOBRY DE BRUYN: Rec.
Trav. chim. Pays-Bas **9**, 187 (1890).

[3] OSTWALD: Journ. prakt. Chem. (2), **16**, 396 (1877); **18**, 328 (1878); Hand-
und Hilfsbuch, 2. Aufl., S. 142. — Vgl. BRÜHL: Liebigs Ann. **203**, 4 (1880).

[4] SPRENGEL: Pogg. **150**, 459 (1875). — Siehe ferner BARTLEY, BARRETT: Journ.
chem. Soc. London **99**, 1072 (1911). — CLAVERA, MARDIN: Chem. Ztrbl. **1905 II**, 558.

[5] TIMMERMANS: Bull. Soc. chim. Belg. **24**, 246 (1910).

[6] MINOZZI: Atti R. Accad. Lincei (Roma), Rend. (5), **8**, 450 (1899).

doppelt durchbohrten Pfropfen, in dessen einer Öffnung ein Trockenrohr steckt, mit dem die Flüssigkeit enthaltenden Gefäß verbunden sind.

Nach dem Einfüllen bis zu einer Marke bei m schließt man das Pyknometer mittels c und e. Nun wird in ein auf 20° gebrachtes Bad gestellt, worauf die ausgedehnte Flüssigkeit evtl. nach g steigt, wo sie genügend Platz findet.

Ist das Gewicht des leeren Pyknometers P, des mit Wasser gefüllten P_1 und des mit der Substanz gefüllten P_2, so ist das spezifische Gewicht der Flüssigkeit bei der Temperatur t:

$$d_t = \frac{P_2 - P}{P_1 - P}.$$

Reduktion der Dichtebestimmung auf 4° und den leeren Raum

Es gilt hierfür die Gleichung:

$$d\,\frac{20}{4} = \frac{m}{w}\,(Q - \lambda) + \lambda,$$

wo m das Gewicht der Substanz und w das des Wassers in Luft bei 20°, Q dessen Dichte bei 20° (0,99827) und λ die mittlere Dichte der Luft (0,0012) bedeuten, also

$$d\,\frac{20}{4} = \frac{m \cdot 0,99707}{w} + 0,0012.$$

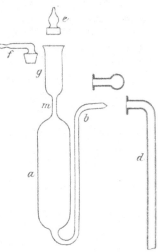

Abb. 55. Pyknometer von MINOZZI.

Ist das Wassergewicht w eines Pyknometers bei 20° einmal bestimmt, so berechnet man den Wert:

$$\frac{0,99707}{w} = C.$$

Es ergibt sich dann das auf Wasser von 4° und auf den leeren Raum bezogene spezifische Gewicht:

$$d\,\frac{20}{4} = m\,C + 0,0012.$$

Bei Bestimmungen bis zur fünften Dezimale (die aber im allgemeinen vom Chemiker nicht ausgeführt werden) muß die Formel zur Korrektur wegen des Luftauftriebs geändert werden, da die Zahl 0,0012 nur einen Mittelwert repräsentiert. Siehe dazu WADE, MERRIMAN: Journ. chem. Soc. London 95, 2174 (1909), und TIMMERMANS: Bull. Soc. chim. Belg. 24, 250 (1910).

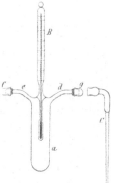

Dichtebestimmungen bei beliebiger Temperatur (man wählt gewöhnlich $t = 20°$) vorzunehmen, gestattet der Apparat von BRÜHL[1] (Abb. 56).

Abb. 56. Pyknometer von BRÜHL.

In den oberen Teil des zylindrischen Glasgefäßes a ist das in $1/5$-Grade geteilte Thermometer B, zu beiden Seiten desselben die Röhrchen e und d angeschmolzen. Das Rohr e, das etwa in der Mitte eine Marke trägt, besitzt eine Bohrung von zirka $1/2$ mm Durchmesser, während d eine haarfeine Capillare bildet. Beide Röhren sind mit konischen Ansätzen versehen, auf welche die Glashütchen f und g luftdicht passen. Auf den Konus von e ist auch der Ansatz des Saugrohrs C luftdicht zugeschliffen.

Die Füllung des Pyknometers geschieht, indem man C und e verbindet und

---

[1] BRÜHL: Liebigs Ann. 203, 3 (1880). — Vgl. MENDELEJEFF: Pogg. 138, 127 (1871).

die Flüssigkeit mit Hilfe eines auf *d* aufgesetzten Kautschukschlauchs durch *C* aufsaugt. *C* und der Schlauch werden hierauf abgenommen und *a* einige Sekunden mit der Hand fest umschlossen, bis die Temperatur sich mehrere Grade über 20° erhebt. Dann wird das Pyknometer bis zur Marke in ein mit Wasser gefülltes Gefäß getaucht, dessen Temperatur nahezu 20° ist. Binnen 2—3 Minuten ist die Temperatur bis auf 20° gesunken.

Man berührt kurz vorher *d* mit einem Streifen Filtrierpapier, und zwar so lange, bis die Flüssigkeit in *e* auf die Marke eingestellt ist. Der Apparat wird aus dem Wasserbad herausgenommen, die Röhren mit den Hütchen verschlossen und gewogen. Die Beobachtungen werden mit jeder Substanz mindestens 2- bis

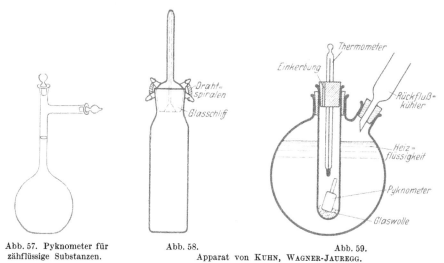

Abb. 57. Pyknometer für   Abb. 58.   Abb. 59.
zähflüssige Substanzen.   Apparat von KUHN, WAGNER-JAUREGG.

3mal ausgeführt. Das Pyknometer wird also nach der Wägung wieder mit der Hand auf 22° angewärmt und in das Wasserbad gehängt. Ein Tropfen Substanz, mit Hilfe eines Glasstabs an *d* gehalten, wird angesaugt, so daß sich die Flüssigkeit wieder über das Niveau der Marke erhebt und von neuem eingestellt werden kann. Die Entleerung des Pyknometers geschieht endlich, indem man mit Hilfe eines auf *d* geschobenen Schlauchs, an dem ein Gummiball befestigt ist, die Flüssigkeit durch *e* hinausdrängt.

Zur *Dichtebestimmung sehr zähflüssiger Substanzen*[1] dient ein anderer Apparat von BRÜHL, dessen Konstruktion aus Abb. 57 ersichtlich ist.

Mikropyknometer: CLEMO, QUILLEN: Journ. chem. Soc. London **1935**, 1220.

Dichtebestimmung bei der Siedetemperatur der Flüssigkeit.[2]

KUHN, WAGNER-JAUREGG benutzen zu Dichtebestimmungen bei der Temperatur des siedenden Wassers das in Abb. 58 abgebildete Pyknometer, das in das Einsatzrohr eines Thermostaten (Abb. 59) gebracht wird. Das nahezu gefüllte Pyknometer läßt beim Erhitzen den Überschuß der Flüssigkeit abfließen. Wenn sich die gewünschte Temperatur eingestellt hat, wird das Pyknometer gereinigt und nach dem Abkühlen gewogen.

---

[1] Pyknometer für feste und halbfeste Substanzen: HOFFMANN: Chem.-Ztg. **60**, 1037 (1936).

[2] NEUBECK: Ztschr. physikal. Chem. **1**, 657 (1897). — JAEGER: Ztschr. analyt. Chem. **101**, 49 (1917). — KUHN, WAGNER-JAUREGG: Ber. Dtsch. chem. Ges. **61**, 491 (1928).

Zur *Dichtebestimmung geringer Substanzmengen* hat EICHHORN[1] ein *Aräo-pyknometer* konstruiert (Abb. 60). Zwischen dem Quecksilberreservoir und der leeren Schwimmkugel ist eine etwa 10 ccm fassende Glaskugel angeblasen, die zur Aufnahme der Flüssigkeit dient. Beim Gebrauch füllt man diese mit der Substanz, setzt den Glasstopfen so auf, daß kein Luftbläschen innerhalb der Kugel bleibt, spült ab und setzt das Ganze in ein passendes, mit Wasser von 15 bzw. 17,5° gefülltes Gefäß. Die an dem Instrument an-

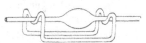

Abb. 61. Pipette nach OSTWALD.

gebrachte Skala zeigt dann direkt das spezifische Gewicht der Flüssigkeit beim Ablesen des Standes am Wasserspiegel. Der Apparat kann ebensogut für Flüssigkeiten, die leichter, als für solche, die schwerer sind als Wasser, konstruiert werden.

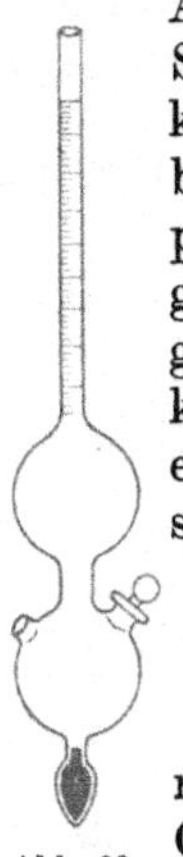

2. Dichtebestimmung mit der Pipette.[2]

Hat man nur ganz geringe Flüssigkeits-mengen zur Verfügung, so kann man nach OSTWALD in folgender Weise immer noch auf 0,001 genaue und rasch ausführbare Bestim-mungen machen. In eine Pipette von 1 ccm

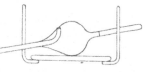

Abb. 62. Pipette von SCHWEITZER, LUNGWITZ.

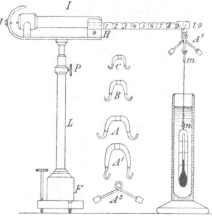

Abb. 60. Aräo-pykno-meter.

Inhalt, die mit fast capillaren Röhren versehen ist (Abb. 61), saugt man die Substanz bis zur Marke ein und bringt sie mittels eines aus Draht gebogenen Trägers auf die Waage. Der Capillardruck verhindert ein Ausfließen vollständig, wenn die Spitze abgetrocknet ist. Hat man sich ein für allemal eine Tara hergestellt, gleich dem Gewicht der leeren Pipette nebst ihrem Träger, so ergibt die erforderliche Zulage unmittelbar das gesuchte spezifische Gewicht.

SCHWEITZER und LUNGWITZ[3] haben ein noch verläßlicheres Instrument ange-geben, dessen Konstruktion aus Abb. 62 ersichtlich ist.

3. Anwendung der hydrostatischen Waage.

Zur Bestimmung des spezifischen Ge-wichtes von Flüssigkeiten, die in ge-nügender Menge zur Verfügung stehen, kann auch die MOHR[4], WESTPHALsche[5] Waage benutzt werden, mit der man die spezifischen Gewichte direkt auf drei De-zimalen genau ablesen kann (Abb. 63).

Die Waage besteht aus einem Stativ, dem Balken, einem Senkkörper und den Gewichten. Der Stativfuß F endigt nach

Abb. 63. MOHR, WESTPHALsche Waage.

oben in ein mit einer Preßschraube P versehenes Leitungsrohr L, worin sich das Oberteil auf und ab schieben sowie feststellen läßt. Das Oberteil trägt an einer

[1] EICHHORN: Pharmaz. Ztg. 1890, 252; Ztschr. analyt. Chem. **30**, 216 (1891); D. R. P. 49683 (1891). — Siehe auch REBENSTORFF: Chem.-Ztg. **28**, 889 (1904).

[2] OSTWALD, LUTHER: Hand- und Hilfsbuch, 2. Aufl., S. 142, 144.

[3] SCHWEITZER, LUNGWITZ: Journ. Amer. chem. Soc. **15**, 190 (1893).

[4] MOHR: Pharmazeutische Technik. 1853.

[5] WESTPHAL: Arch. Pharmaz. **10**, 322 (1867); Ztschr. analyt. Chem. **9**, 23 (1870). — TSCHUDY: Journ. Amer. chem. Soc. **44**, 2130 (1922).

Seite das Achsenlager H, auf der anderen eine Spitze J, die für die Einstellung des Nullpunkts dient.

Der Balken ist von Achse zu Achse in 10 Teile geteilt und gekerbt und läuft nach der entgegengesetzten Seite in ein Balanciergewicht mit Zunge aus.

Der Senkkörper ist ein kleines Thermometer von 4 cm Länge und 5 mm Durchmesser und einer Skala von 5—25°. Am oberen Ende des Körpers ist eine Platinöse eingeschmolzen. Der Aufhängedraht wird in die Öse eingefügt und anderseits mit dem stärkeren Aufhängeglied m verbunden.

Die Gewichte sind so hergestellt, daß die drei größten (A, A_1 und A_2) dem Gewicht des vom Körper verdrängten destillierten Wassers bei 15° als Normaltemperatur gleich sind. Die Schwere des Reiters B ist $^1/_{10}$, die von C $^1/_{100}$ von A.

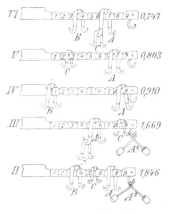

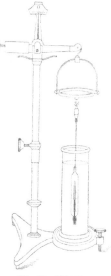

Zum Gebrauch stellt man die Waage auf einen möglichst horizontalen Tisch und bringt die Zunge zum Einspielen auf den Nullpunkt.

Dann wird durch Aufhängen von A_2 in Wasser von 15° entsprechend Abb. 64 Gleichgewicht hergestellt.

Hat man eine Flüssigkeit, die schwerer ist als Wasser, so benutzt man noch, wie die Beispiele II und III zeigen, die Reiter A, B und C. Ist die Flüssigkeit leichter, so wird A_2 abgehängt (IV, V, VI).

Abb. 64. Anwendung der hydrostatischen Waage.

Abb. 65. Waage nach REIMANN.

Die dritte Dezimalstelle läßt sich mit Genauigkeit bestimmen, die vierte,[1] wenn die Flüssigkeit wenig adhäriert, noch schätzen.

Die Drähte, an denen der Körper hängt, sind verhältnismäßig fein. Trotzdem tut man gut, die bei der Justierung der Gewichte angewendete Einsenkungstiefe bei den folgenden Bestimmungen beizubehalten. Sie wird so fixiert, daß sich nicht allein die Drahtdrehung, sondern noch ein dieser Drehung gleich langes Stück Draht in der Flüssigkeit befindet.

Oftmals wird es unangenehm empfunden, daß der Aufhängedraht schwierig geradezubringen ist, da er ob seiner geringen Dicke bei dem leisesten Fingerdruck bogenförmige Krümmungen annimmt. Man richtet ihn bequem schnurgerade, ohne daß der Schwimmkörper Gefahr läuft, verletzt zu werden, indem man ihn durch die Flamme einer Spirituslampe zieht, so daß er eben zu glühen beginnt, und dabei ein wenig spannt.[2]

Anwendung der Waage für feste Substanzen: DUBOVITZ: Chem.-Ztg. 48, 230 (1924).

Eine *abgeänderte Konstruktion* (nach REIMANN[3]) gestattet, mit den üblichen Gewichtsatzstücken auszukommen. Die Konstruktion des Apparats ist aus Abb. 65 ersichtlich.

---

[1] Siehe dazu KLAUS: Chem.-Ztg. **47**, 85 (1923).
[2] GAWALOVSKI: Ztschr. analyt. Chem. **30**, 210 (1891).
[3] D. R. P. 791 (1877); Arch. Pharmaz., N. F. **7**, 338 (1878). — Siehe auch VOLLER: Ztschr. angew. Chem. **28** I, 54 (1915). — SCHARFFENBERG: Ztrbl. Mineral., Geol. Paläont., A **1932**, 345.

Der Senkkörper wird so justiert, daß er gerade 1, 5 oder 10 g Wasser verdrängt.

Bei der Wägung in Luft wird der Auftrieb nicht berücksichtigt. Zur Korrektur dieses Fehlers kann man entweder einen Reiter benutzen, dessen Gewicht gleich dem des durch den Senkkörper verdrängten Luftvolumens ist, oder man rechnet[1] das wahre spezifische Gewicht π aus dem gefundenen Wert k nach der Korrektion (für 15°):

$$\pi = k - 0{,}001\,225\,(k - 1).$$

4. Messung des spezifischen Gewichtes nach der Schwimmermethode.[2]

(Anwendung zur Deuteriumbestimmung im Wasser.)

In einen elektrisch heizbaren und mit Kühlschlange versehenen Thermostaten taucht das Meßrohr F aus Jenaer Glas (Abb. 66). Es kommen nie kleinere Mengen als 6 ccm zur Messung.

In das Wasser wird der Schwimmer G (Jenaer Geräteglas) versenkt, oberhalb desselben taucht vollkommen bedeckt die Quecksilberkugel des BECKMANN-Thermometers ein. Die Temperatur des Außenwassers wird mit einem zweiten Thermometer gemessen.

Abb. 66.
Schwimmer für Deuteriumbestimmung

Der Wasserbehälter des Thermostaten (zirka 12 l Inhalt) besteht aus Glas, schmale Schlitze in der Isolierschicht ermöglichen die Beobachtung.

Man mißt die Temperatur, bei der sich der Schwimmer von der Quecksilberkugel des Thermometers ablöst (bei einem Temperaturgang um 0,005° in einer Minute ist dabei kein Unterschied von der wirklichen Schwebetemperatur erkennbar).

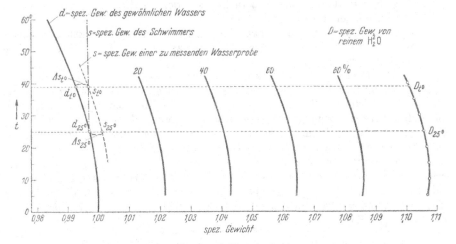

Abb. 67.   Tabelle zur Deuteriumbestimmung.

Diese Anordnung erlaubt es, Differenzen mit einer Genauig-keit von $\Delta t° = 0{,}003°$ zu messen, entsprechend Δ-spez. Gew. $\approx 0{,}000001$ und $\Delta\% \; D_2O \approx 0{,}001\%$.

[1] DE KONINCK: Bull. Soc. chim. Belg. 18, 86 (1904).

[2] ERLENMEYER, GÄRTNER: Helv. chim. Acta 17, 1230 (1934). — PERPEROT, SCHACHERL: Journ. Physique Radium (7), 6, 319 (1935). — S. a. KESTON, RITTENBERG, SCHOENHEIMER: Journ. biol. Chemistry 122, 227 (1937).

Bei absoluten Messungen wird das BECKMANN-Thermometer mit einem Normalthermometer verglichen.

Abb. 67 gibt den Verlauf der spezifischen Gewichte mit der Temperatur für H_2O und D_2O.

Die Werte für reines D_2O nach den Angaben von LEWIS, MACDONALD.[1]

Die Schwebetemperatur $t°$ des Schwimmers ergibt $s_{t°}$.

$$\Delta_{s_{25°}} = \Delta_{s_{t°}} \cdot \frac{(D_{25°} - d_{25°})}{(D_{t°} - d_{t_0})}; \quad s_{25°} = d_{25°} + \Delta_{s_{25°}}.$$

Prozentgehalt an D_2O:

$$x = \Delta_{s_{25°}} \frac{100}{(D_{25°} - d_{25°})}.$$

Zur Kontrolle werden Messungen im Interferometer vorgenommen.[2] Die Eichung des Interferometers wird mit NaCl-Lösungen durchgeführt.

Drittes Kapitel.

Elementaranalyse.

Eine *qualitative* Untersuchung auf Kohlenstoff bzw. Wasserstoff anzustellen, ist kaum nötig und auch auf anderem Weg als dem der Verbrennung nicht immer leicht und mit Sicherheit auszuführen.[3]

Es ist unerläßlich, bei Substanzen, deren nähere Zusammensetzung nicht bekannt ist, auf das Vorhandensein von Elementen zu prüfen, die entweder nicht identifiziert werden — wie in der Regel der Stickstoff — oder die sonst leicht übersehen bzw. verwechselt werden können, wie der Schwefel.

Zu welchen Irrtümern das Außerachtlassen der qualitativen Analyse führen kann, sei an einigen Beispielen erläutert.

Das von GMELIN 1824 entdeckte *Taurin* hatte DEMARÇAY 1838 analysiert[4] und ihm die Formel $C_4H_7O_{10}N$ zugeteilt. PELOUZE, DUMAS[5] haben diese Analyse wiederholt und bestätigt.

Erst REDTENBACHER[6] entdeckte 1846 den Schwefelgehalt dieser nunmehr $C_4H_7O_6NS_2$ formulierten Substanz. „Es ist" — sagt REDTENBACHER — „ganz klar, wie es leicht möglich war, daß die früheren Untersucher des Taurins den Schwefel übersehen konnten, da er einerseits so innig gebunden, andererseits aber ein doppelt so großes Atom wie Sauerstoff hat, so daß der vernachlässigte Schwefelgehalt mit vier Äquivalenten Sauerstoff gerade aufging."

LIEBIG bestimmte[7] die Formel der von ihm aus dem Muskelfleisch verschiedener Tiere isolierten *Inosinsäure* aus der Analyse des Kalium- und Bariumsalzes zu $C_{10}H_{14}O_{11}N_4$. — GREGORY[8] und CREITE[9] hatten seither die Substanz in Händen; LIMPRICHT[10] untersuchte das Bariumsalz von neuem und formulierte es $C_{13}H_{17}O_{14}N_3Ba_2$.

[1] LEWIS, MACDONALD: Journ. Amer. chem. Soc. **55**, 3057 (1933).
[2] CHRIST, MURPHY, UREY: Journ. Amer. chem. Soc. **55**, 5060 (1933). — LEWIS, LUTEN: Journ. Amer. chem. Soc. **55**, 5061 (1933).
[3] Verfahren von MÜLLER: Journ. prakt. Chem. (2), **95**, 53 (1917).
[4] DEMARÇAY: Liebigs Ann. **27**, 287 (1838).
[5] PELOUZE, DUMAS: Liebigs Ann. **27**, 292 (1838).
[6] REDTENBACHER: Liebigs Ann. **57**, 171 (1846).
[7] LIEBIG: Liebigs Ann. **62**, 317 (1847).
[8] GREGORY: Liebigs Ann. **64**, 107 (1847).
[9] CREITE: Ztschr. ration. Med. **36**, 195.
[10] LIMPRICHT: Liebigs Ann. **133**, 301 (1865).

Endlich, nachdem die Substanz ein halbes Jahrhundert bekannt war, fand
HAISER,[1] *daß sie Phosphorsäure enthält und der Formel* $C_{10}H_{13}O_8N_4P$ *entspricht.*
Der Unterschied in der Formel, die LIEBIG für die Zusammensetzung des bei
100° getrockneten inosinsauren Bariums aufgestellt hat, und HAISERS Formel
besteht darin, daß letztere an Stelle von zwei Sauerstoffatomen ein Atom Phosphor enthält. Dadurch ist eine Differenz im Molekulargewicht von zwei Einheiten bedingt, und deshalb können nur geringfügige Unterschiede in bezug auf
die Werte der einzelnen Bestandteile eintreten.

Daß es auch vorkommen kann, daß ein Bestandteil quantitativ bestimmt wird,
der gar nicht vorhanden ist, zeigt die Untersuchung von BENEDIKT[2] über Hämatein
und Brasilein, in denen er sowohl nach der DUMASschen als auch nach der
VARRENTRAPP, WILLschen Methode 1,36—1,6% Stickstoff fand.

BENEDIKT, der diese Verbindungen für außerordentlich schwer verbrennlich
hielt, „mußte die mit Kupferoxyd innig gemischte Substanz durch 4—5 Stunden
zur hellen Rotglut erhitzen, bevor die Gasentwicklung völlig aufhörte".

Der Fehler liegt also hier in einer unrichtigen Ausführung der Methode.

Es sei auch daran erinnert, daß man bei der Charakterisierung von Substanzen durch *Farb-*[3] oder *Geruchsreaktionen* sehr vorsichtig sein muß.

So wurde z. B. der eigentümliche „Mäusegeruch", der vielen Säureamiden
anzuhaften pflegt, für ein charakteristisches Merkmal derselben gehalten,[4] bis es
sich zeigte,[5] daß er durch Umkrystallisieren der Amide aus Aether oder Benzol
vollkommen zum Verschwinden gebracht wird.

Wie das Ausbleiben der „Indopheninreaktion" zur Entdeckung des Thiophens
geführt hat, erzählt THORPE sehr anschaulich in seiner Gedächtnisrede für
VIKTOR MEYER.[6]

Farbe und *Geruch*[7] dienen ungleich häufiger als der *Geschmack*[8] zur Erkennung und Unterscheidung ähnlicher Substanzen und zur Beurteilung des
Beginns und des Endes einer Reaktion.

In einem Gemisch der isomeren *Nitrobenzoesäuren* ist die o-Verbindung leicht
durch ihren süßen Geschmack nachweisbar.

Der Geschmack der *Aminosäuren* kann manchmal zur Unterscheidung der
sonst so ähnlichen Verbindungen dienen, weil er in Abhängigkeit von der Struktur
steht.[9] Aminosäuren schmecken süß, Polypeptide bitter. Deshalb kann man die

[1] HAISER: Monatsh. Chem. **16**, 194 (1895).

[2] BENEDIKT: Liebigs Ann. **178**, 98 (1875).

[3] Siehe auch GRAFE: Monatsh. Chem. **25**, 1017 (1904).

[4] Siehe z. B. ROSCOE, SCHORLEMMERS Lehrbuch **3**, S. 461. (1884). — BEILSTEIN:
2. Aufl., S. 983. (1886).

[5] MASON: Chem. News. **57**, 241 (1888). — BONZ: Ztschr. physikal. Chem. **2**,
967 (1888). — HOFMANN: Liebigs Ann. **250**, 315 (1889). — L. MEYER: Ber. Dtsch.
chem. Ges. **22**, 26 (1889). — HENTSCHEL: Ber. Dtsch. chem. Ges. **23**, 2395 (1890).

[6] THORPE: Journ. chem. Soc. London **77**, 189 (1900).

[7] Siehe STEINKOPF, OTTO: Liebigs Ann. **424**, 65 (1921). — Geruch und molekulare Asymmetrie: BRAUN: Ber. Dtsch. chem. Ges. **56**, 2268 (1923); **58**, 2210 (1925);
59, 1999 (1926). — BRAUN, ANTON: Ber. Dtsch. chem. Ges. **60**, 2438 (1927). — BRAUN,
KRÖNER: Ber. Dtsch. chem. Ges. **62**, 2880 (1929). — Ferner CARR, BECK, KRANTZ:
Journ. Amer. chem. Soc. **58**, 1394 (1936). — NERI: Gazz. chim. Ital. **67**, 448, 447, 513
(1937). — NERI, GRIMALDI: Gazz. chim. Ital. **67**, 453, 468 (1937). — ODDO, PEROTTI:
Gazz. chim. Ital. **67**, 543 (1937). — BLANKSMA, DE GRAAF: Rec. Trav. chim. Pays-
Bas **57**, 3 (1938). — Siehe auch ROTHSTEIN: Bull. Soc. chim. France (5), **2**, 1936
(1935).

[8] COHN: Die organischen Geschmackstoffe, S. 55. Berlin 1914. — HOLLEMAN:
Rec. Trav. chim. Pays-Bas **42**, 839 (1928). — GILMAN, HEWLETT: Jowa State College
Journ. Science **4**, 27 (1929). — GILMAN, DICKEY: Journ. Amer. chem. Soc. **52**, 2010
(1930). — GIACALONE: Gazz. chim. Ital. **65**, 129 (1935). — Siehe auch S. 487
und 662.   [9] Siehe S. 662.

Anwesenheit der ersteren in den letzteren âm Geschmack erkennen. Das ist zur Beurteilung der Reinheit der Polypeptide wichtig.[1]

5-Nitro-2-bromanilin kann durch seinen Geschmack selbst in verdünnter Lösung nachgewiesen werden.[2]

Veronal wurde von CONRAD[3] durch seinen Geschmack charakterisiert. Die Eigenschaft *aromatischer Ester*, die Geschmacksnerven zu betäuben, kann als Mittel zum Nachweis minimalster Mengen dienen.[4]

WOHL[5] erkennt das vollständige Abblasen des *Nitrobenzols* am Aufhören des süßen Geschmacks des Destillats.

Bei Gewinnung des *2-Nitro-4-aminophenols* wurde aus dem süßen Geschmack der Mutterlaugen auf die Anwesenheit des 4-Nitro-2-aminophenols[6] geschlossen, dessen Isolierung dann auch gelang.

Als POSNER[7] *Phenylalanin* aus Zimtsäure mit Hydroxylamin erhalten hatte, glaubte er lange, die α-Verbindung in Händen zu haben. Eine Geschmacksprüfung hätte ihn sofort überzeugt, daß das isomere β-Phenylalanin vorlag, und ihm viel Arbeit erspart. Erst nach langer Zeit kam seine Berichtigung, die auch auf den Geschmack der Substanz Bezug nahm.

Durch den Geschmack verrät sich, ob eine *Chinolinbase* ein — bitter schmeckendes — *Jodmethylat* gebildet hat.[8]

Unsere Zunge ist für den *Geschmack von Säuren* so empfindlich, daß man diese bei genügender Übung bis auf 1—2% genau durch bloßes Kosten bestimmen kann.[9] Die Zunge ersetzt also den Indicator. Auch für *Fette* gilt Ähnliches.[10] Man kann die geringste Verunreinigung herausschmecken, während die chemische Analyse vollständig versagt.[11]

Will man *Saccharin* zu o-sulfaminbenzoesaurem Ammonium aufspalten, so ist das Ende der Reaktion durch das Verschwinden des süßen Geschmacks gekennzeichnet.[12] Eben dieser dient natürlich stets zum analytischen Nachweis des Präparats. Ein technisches Verfahren zur Trennung des Saccharins von der p-Sulfaminbenzoesäure besteht im Auskochen des Gemisches mit Xylol, das so lange fortgesetzt wird, bis die p-Verbindung geschmackfrei ist.[13]

Bei der Darstellung von *Chininkohlensäurephenylester* aus Chinin und Phenolcarbonat erkennt man gleichfalls die Vollendung der Reaktion an der Geschmacklosigkeit der Reaktionsmasse.[14]

BUTLEROW[15] reinigte *Aethylenchlorhydrin* durch Destillation mit Wasserdampf. Er destillierte so lange, als das Destillat noch süßen Geschmack zeigte. Wenn man *Thioform-p-toluid*[16] aus Form-o-toluid und Phosphorpentasulfid herstellt, soll man so lange erhitzen, bis sich bitterer Geschmack zeigt.

---

[1] E. FISCHER: Untersuchungen über Aminosäuren usw., S. 49. Berlin: Julius Springer. 1906.   [2] WHEELER: Amer. chem. Journ. **17**, 700 (1895).

[3] CONRAD: Liebigs Ann. **340**, 317 (1905).

[4] EINHORN: Liebigs Ann. **371**, 127 (1909).

[5] WOHL: Ber. Dtsch. chem. Ges. **27**, 1816 (1894).

[6] KEHRMANN, IDZKOWSKA: Ber. Dtsch. chem. Ges. **32**, 1066 (1899).

[7] POSNER: Ber. Dtsch. chem. Ges. **36**, 4310 (1903); **38**, 2316 (1905).

[8] DECKER: Ber. Dtsch. chem. Ges. **24**, 1984 (1891).

[9] RICHARDS: Amer. chem. Journ. **20**, 18, 98, 121 (1898); siehe S. 487.

[10] HERMANN: Chem.-Ztg. **29**, 585 (1905).

[11] Siehe COHN: Die Riechstoffe, S. 193. 1904.

[12] FAHLBERG, BARGE: Ber. Dtsch. chem. Ges. **22**, 755 (1889); D. R. P. 220171 (1909).

[13] Derivate, die durch Substitution der Iminogruppe des Saccharins oder der Aminogruppe des Dulcins entstanden sind, schmecken nicht süß. FINZI, COLONNA: Atti R. Accad. Lincei (Roma), Rend. (6), **26**, 19 (1938).

[14] D. R. P. 117095 (1899).   [15] BUTLEROW: Liebigs Ann. **144**, 40 (1867).

[16] SENIER: Ber. Dtsch. chem. Ges. **18**, 2293 (1885).

Erster Abschnitt.

Elementaranalyse.[1]

(Quantitative Bestimmung von Kohlenstoff und Wasserstoff.)

I. Bestimmung von Kohlenstoff und Wasserstoff in Substanzen, die außer diesen beiden Elementen nur noch eventuell Sauerstoff enthalten. (Methode von LIEBIG.)

A. Nicht besonders flüchtige Substanzen.

Diese werden in einem beiderseits offenen *Rohr aus schwer schmelzbarem Glas* oder, noch besser, aus Quarzglas,[2] das um 12—15 cm länger ist als der benutzte Ofen, verbrannt. Die Beschickung des Rohrs, das 10—14 mm lichte Weite haben soll — bei einer Wandstärke von zirka 2 mm —, ist aus folgender Skizze zu ersehen (Abb. 68):

Das benutzte *Kupferoxyd*[3] wird am besten durch Oxydation von Kupferdraht oder Kupferdrehspänen gewonnen, auch gekörntes Oxyd ist wohl verwendbar.

Abb. 68. Verbrennungsrohr.

Es wird beiderseits von kurzen, gut anschließenden Röllchen aus Kupferdrahtnetz zusammengehalten, die beim nachfolgenden Ausglühen des Rohrs im Sauerstoffstrom oxydiert und dadurch an ihrer Stelle fixiert werden.

Die *Substanz* (0,15—0,3 g) wird in einem Platin-, Kupfer- oder Porzellanschiffchen von 3—5 cm Länge abgewogen.

Hinter dieses schiebt man eine *Spirale aus oxydiertem Kupferdraht* von 10—15 cm Länge, die um einen am hinteren Ende zu einer Schlinge gedrehten starken Draht gewickelt ist.

Das Rohr wird durch gut schließende, einfach durchbohrte *Kautschukstopfen*,[4] die nahezu zylindrische Form haben sollen, einerseits mit den Gasometern bzw. Trockenapparaten, andererseits mit den Absorptionsröhrchen verbunden.

Man braucht je einen großen *Luft-* und *Sauerstoffgasometer*[5] und trocknet die Gase vor ihrem Eintritt in das Rohr zunächst in mit Schwefelsäure beschickten Waschflaschen, läßt sie dann durch Absorptionstürme oder Röhren, die Natron-

---

[1] Über Fehlerquellen in der Elementaranalyse: LINDNER: Ber. Dtsch. chem. Ges. **59**, 2561, 2806 (1926); **60**, 124 (1927); **63**, 949, 1123, 1396, 1672 (1930).
[2] Von Heraeus, Hanau, zu beziehen. — DENNSTEDT: Ber. Dtsch. chem. Ges. **41**, 604 (1908). — WILLSTÄTTER, PFANNENSTIEL: Liebigs Ann. **358**, 232 (1908). — Kupferrohr: AVERY, HAYMAN: Ind. engin. Chem. **2**, 336 (1930). — KLATSCHIN: Ztschr. analyt. Chem. **82**, 133 (1930). — RAY: Ind. engin. Chem., Analyt. Ed. **5**, 220 (1933). — Auch Silberrohr (für halogenhaltige Substanzen): BRACKENBURY, MACLAY: Ind. engin. Chem., Analyt. Ed. **4**, 238 (1932).
[3] Kupferoxyd und Platinasbest: BUTESCU: Ber. Dtsch. chem. Ges. **61**, 2336 (1928).
[4] Siehe hierzu DITMAR: Gummi-Ztg. **20**, 465 (1908). — Einen *Quecksilberverschluß* an Stelle des Kautschukstopfens verwendet MAREK: Journ. prakt. Chem. (2), **76**, 180 (1907); **79**, 510 (1909). — ŠUCHARDA, BOBRÁNSKI: Halbmikromethoden usw.; S. 15. Vieweg 1929. — COFFARI befürwortet Korkstopfen: Gazz. chim. Ital. **63**, 323 (1933).
[5] Darstellung von Sauerstoff für die Elementaranalyse aus Wasserstoffsuperoxydlösung und Kaliumpermanganat: SEYEWETZ, POIZAT: Compt. rend. Acad. Sciences **144**, 86 (1907); Bull. Soc. chim. France (4), **1**, 501 (1907). Bombensauerstoff muß aus Luft dargestellt sein; Elektrolytsauerstoff ist wasserstoffhaltig.

kalk, Chlorcalcium und Ätzkali enthalten, streichen und schließlich in einen HABERMANNschen Hahn treten, der gestattet, nach Wunsch Luft oder Sauerstoff in genau reguliertem Strom austreten zu lassen. Zwischen den HABERMANNschen Hahn und das Verbrennungsrohr schaltet man noch einen kleinen mit wenigen Tropfen Schwefelsäure beschickten Blasenzähler ein.

Ein *Wassermanometer* zur Regelung des Drucks bei der Elementaranalyse beschreibt HAMILL: Ind. engin. Chem., Analyt. Ed. 9, 355 (1937).

Das Plus (bis zu 0,3%) an Wasserstoff, das man gewöhnlich findet, soll nach MULLER[1] aus dem Verbindungsschlauch von Trocknungsapparat und Verbrennungsröhre stammen. Man benutzt aus diesem Grund für den obigen Zweck und in allen ähnlichen Fällen entweder Glas oder dünne biegsame Bleiröhren.

Absorptionsapparate für Kohlendioxyd und Wasser.

Ein U-förmiges Rohr, das mit erbsengroßen Körnern von *schaumigem Chlorcalcium*[2] (pro analysi, MERCK) gefüllt ist, dient zur Absorption des Wassers. Da das Chlorcalcium freien Ätzkalk oder basische Magnesiumsalze zu enthalten pflegt, die Kohlendioxyd zurückhalten würden, wird durch das Röhrchen vor erstmaligem Gebrauch einige Stunden Kohlendioxyd und dann wieder Luft geleitet. Vorher trocknet man das Chlorcalcium, indem man es in einem weiten, etwas schräg abwärts geneigt in eine Klammer eingespannten Reagensrohr so lange vorsichtig über freier Flamme erhitzt, bis sich an dem kälteren Teil des Rohrs kein Wasser mehr niederschlägt.[3] Das Chlorcalciumrohr wird mittels des an der Kugelseite befindlichen Ansatzröhrchens mit der Verbrennungsröhre derart verbunden, daß das Ende des Glasröhrchens nur ganz wenig aus dem Kautschukstopfen herausragt.

Durch ein kurzes Stück starkwandigen Kautschukschlauchs wird das Chlorcalciumrohr anderseits Glas an Glas mit dem zur Kohlensäureabsorption bestimmten *Kaliapparat* verbunden, der seinerseits noch ein weiteres in seiner ersten Hälfte mit Natronkalk,[4] in der zweiten mit Chlorcalcium beschicktes U-Rohr angefügt enthält. An Stelle des Kaliapparats[5] verwendet man mit Vorteil auch ein *Natronkalkrohr*.[6] In jedem Fall wird mit dem letzten Natronkalk-Chlorcalciumrohr noch ein weiteres, ungewogenes Röhrchen mit Calciumchlorid oder, falls man keinen Kaliapparat benutzt, ein Blasenzähler angefügt (Abb. 69).

Der meist benutzte GEISSLERsche Kaliapparat wird mit Kalilauge vom spez. Gewicht 1,27 durch Einsaugen so weit gefüllt, daß die drei unteren Gefäße zu einem Viertel gefüllt sind. Nach je drei Verbrennungen muß die Lauge erneut

---

[1] MULLER: Bull. Soc. chim. France (3), **33**, 953 (1905). — Siehe auch LIEBEN: Liebigs Ann. **187**, 143 (1877).

[2] FISCHER, FAUST, WALDEN schlagen *Tonerde* vor: Ind. engin. Chem. **14**, 1138 (1922).   [3] DENNSTEDT: Ber. Dtsch. chem. Ges. **41**, 602 (1908).

[4] Aus den Versuchen von FRIEDRICHS: Ztschr. angew. Chem. **32**, 363 (1919), geht hervor, daß bei einem guten Kaliapparat weit eher Verluste an Wasser als an Kohlendioxyd zu befürchten sind. Daher ist die Füllung des Chlorcalciumrohrs mit Natronkalk nachteilig. Im allgemeinen wird eine Chlorcalciumsäule von 4 cm Länge und 0,8 cm Durchmesser (etwa 1,5 g Chlorcalcium) genügen, wenn der Apparat mit Kalilauge 2:3 gefüllt ist, nicht mehr als 0,3 ccm Gase in der Sekunde den Kaliapparat verlassen und die Dauer des Versuchs 3 Stunden nicht überschreitet.

[5] POUGET, CHOUCHAK schlagen die Verwendung titrierter Barytlauge und volumetrische Bestimmung des Kohlendioxyds vor: Bull. Soc. chim. France (4), **3**, 75 (1908). — Ebenso HIBBART: Ind. engin. Chem. **11**, 941 (1919).

[6] Der Natronkalk darf *nicht zu trocken* sein, weil er sonst kein Kohlendioxyd aufnimmt. Er muß beim vorsichtigen Erhitzen in einer Eprouvette reichlich Wasser abgeben; ist das nicht der Fall, so muß er entsprechend (z. B. durch Überleiten feuchter Luft) präpariert werden. DENNSTEDT: Ber. Dtsch. chem. Ges. **41**, 603 (1908).

werden. Benutzt man ein Natronkalkrohr, so ist es nach jedesmaligem Gebrauch frisch zu füllen.

Wenn die Absorptionsapparate nicht im Gebrauch oder auf der Waage sind, werden sie durch mit Glasstäbchen versehene Schlauchenden verschlossen gehalten.

Vorbereitung und Durchführung der Analyse.[1]

Vor dem erstmaligen Gebrauch ist das Verbrennungsrohr samt der Kupferspirale im Sauerstoffstrom auszuglühen. Man legt das Rohr in den zirka 80 cm langen Verbrennungsofen derart ein, daß es an der dem Trockensystem zugewendeten Seite 10 cm, an der anderen 5 cm aus dem Ofen herausragt, und leitet nun so lange Sauerstoff hindurch, bis er sich am freien Ende eines an das Rohr angesteckten Chlorcalciumröhrchens durch Entflammen eines glimmenden Holzspans nachweisen läßt.

Nun läßt man die erste Hälfte des Rohrs erkalten, während man Luft einleitet, fügt die Absorptionsapparate an, nimmt die oxydierte Kupferspirale

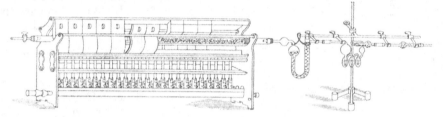

Abb. 69. Absorptionsapparate für Kohlendioxyd und Wasser.

heraus und schiebt das die Substanz enthaltende Schiffchen bis auf einige Zentimeter vor das glühende Kupferoxyd, schiebt die Kupferoxydspirale bis auf 2 cm an das Schiffchen nach, verbindet wieder mit den Gasometern und leitet nun einen langsamen Sauerstoffstrom[2] durch das Rohr, indem man das Tempo so reguliert, daß während der ganzen Dauer der Verbrennung 2—3 Blasen pro Sekunde durch den Kaliapparat (bzw. den Blasenzähler) streichen.

Man bringt die Kupferoxydspirale zum Glühen und schreitet mit dem Erhitzen des Rohrs langsam gegen die Substanz fort, bis sie ganz allmählich verbrannt ist. Schließlich wird das ganze Rohr noch so lange rotglühend erhalten, bis an der Austrittsstelle Sauerstoff nachweisbar ist. Nun werden die Flammen allmählich abgelöscht, evtl. noch im Rohr sichtbares Wasser durch Anhalten einer heißen Kachel oder durch ein Spiritusflämmchen ausgetrieben und Luft in lebhaftem Tempo durchgeleitet. Die Absorptionsapparate werden, wenn keine Spanreaktion mehr erfolgt, abgenommen und verschlossen eine halbe Stunde im Wägezimmer (zum Temperaturausgleich) belassen, worauf die Wägung erfolgt. Man verschließt nun das Verbrennungsrohr am vorderen Ende durch einen Kautschukstopfen, am anderen Ende durch ein Natronkalkchlorcalciumrohr. Vor Beginn der nächsten Verbrennung braucht man nur Schiffchen und Kupferoxydspirale zu entfernen und die Kupferoxydschicht im Luftstrom zur Rotglut zu erhitzen.

Was die Wahl des *Verbrennungsofens* anbelangt, so sind die meist benutzten

[1] Ausführliche Beschreibung der Ausführung von Elementaranalysen: BENEDICT: Elementary Organic Analysis. Eaton Pa. 1900. — KENZO SUTO: Ztschr. analyt. Chem. 48, 1 (1909). — Siehe auch WALKER, BLACKADDER: Chem. News 99, 5 (1909). — WAHL, SISLEY: Compt. rend. Acad. Sciences 186, 1555 (1928).

[2] Explosionen bei zu frühem Einleiten des Sauerstoffs: ZELINSKY: Ber. Dtsch. chem. Ges. 60, 1107 (1927).

Typen von GLASER,[1] ERLENMEYER,[2] VOLHARDT,[3] FUCHS,[4] KEKULÉ, ANSCHÜTZ[5] ziemlich gleichwertig, doch ist der Gaskonsum beim VOLHARDTschen Ofen (der außerdem der billigste ist) am geringsten und auch die Belästigung des Experimentators durch Hitze und unvollkommen verbrannte Gase hier auf das Minimum beschränkt. — Zum Schutz des Rohrs empfiehlt sich — noch mehr als eine Tonrinne — ein untergelegter Streifen Asbestpapier oder noch besser Asbestdrahtnetz.

Die Flammengröße ist so zu regulieren, daß das Rohr zur Rotglut gelangt, aber nur wenig erweicht wird.

B. Leicht flüchtige, insbesondere auch flüssige Substanzen[6]

werden in einem Glaskügelchen mit angeschlossener zugeschmolzener Capillare oder nach ZULKOWSKY[7] zur Wägung gebracht und das angefeilte Capillarende knapp vor dem Einschieben des Schiffchens abgebrochen. Man legt das Kügelchen derart in das Schiffchen, daß das offene Ende der Capillare auf dem Rand des letzteren ruht und gegen die Seite der Absorptionsgefäße gerichtet ist.

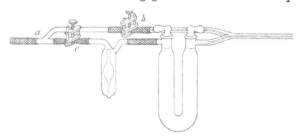

Abb. 70. Apparat von DENNSTEDT.

Die Verbrennung wird sehr vorsichtig und zuerst bloß im Luftstrom ausgeführt; erst wenn das ganze Rohr zum Glühen erhitzt ist, leitet man Sauerstoff ein.

Substanzen, die selbst diese Art des Arbeitens wegen allzu großer Flüchtigkeit nicht vertragen, werden in einen vor das Rohr geschalteten Blasenzähler gebracht und so ihr Dampf zugleich mit dem Luftstrom durch die Verbrennungsröhre getrieben.[8] Man kann dann noch nach DENNSTEDT zur feineren Regulierung der Verdampfung eine Teilung des Sauerstoffstroms vornehmen, wobei ein schwächerer, regulierbarer Nebenstrom durch das die Substanz enthaltende U-Rohr geleitet wird. Abb. 70 gibt die Anordnung wieder.

Das U-Rohr mit dem gabelförmigen capillaren Ansatzrohr kann mit Hilfe eines Metallhakens an die Waage gehängt und so die Substanz abgewogen werden.

Der vom Trockenapparat kommende Sauerstoff teilt sich bei a, der durch das einfache Rohr gehende Hauptstrom läßt sich am Schraubenquetschhahn b, der durch das U-Rohr gehende Nebenstrom durch den Quetschhahn c regulieren. Das Gas tritt zunächst durch einen kleinen, ganz aus Glas gefertigten, mit einigen Tropfen Schwefelsäure gefüllten Blasenzähler und dann durch das U-Rohr über

[1] GLASER: Spl. 7, 213 (1869). — Verbesserte Eisenkerne hierzu: SKRAUP: Monatsh. Chem. 23, 1163 (1902). — [2] ERLENMEYER: Liebigs Ann. 139, 70 (1866).
[3] VOLHARDT: Liebigs Ann. 284, 233 (1894).
[4] FUCHS: Ber. Dtsch. chem. Ges. 25, 2723 (1892).
[5] KEKULÉ, ANSCHÜTZ: Liebigs Ann. 228, 301 (1885). — Einen anderen Ofen empfiehlt HEDLEY: Journ. chem. Soc. London 119, 1242 (1921).
[6] Siehe auch S. 126. — Ferner KASSNER: Ztschr. analyt. Chem. 26, 585 (1887). — DUDLEY: Ber. Dtsch. chem. Ges. 21, 3172 (1888). — REICHARDT: Arch. Pharmaz. 227, 640 (1889). — WARREN: Amer. Journ. Science (3), 38, 387 (1889). — SHOESMITH: Journ. Soc. chem. Ind. 42, 57 (1929).
[7] ZULKOWSKY: Monatsh. Chem. 6, 450 (1885). — KOPFER: Ztschr. analyt. Chem. 17, 15 (1878).
[8] Siehe dazu auch CLARKE: Journ. Amer. chem. Soc. 34, 746 (1912). — REID: Journ. Amer. chem. Soc. 34, 1033 (1912).

die zu verdampfende Substanz. Je nach deren Flüchtigkeit muß dieser Strom geregelt werden. In den meisten Fällen wird man nur einen sehr geringen Bruchteil des Hauptstroms nötig haben; aus diesem Grund hat auch das in die Schwefelsäure eintauchende Rohr des Blasenzählers eine sehr fein ausgezogene Spitze.

Ist die Substanz vollständig verdampft, so läßt man noch einige Zeit einen etwas stärkeren Sauerstoffstrom hindurchgehen und erwärmt endlich das U-Rohr einige Male vorsichtig mit der Gasflamme.

Meist genügt es auch, den Teil der Röhre, wo sich die Substanz befindet, durch Auflegen eines mit Eisstücken gefüllten Kautschuksäckchens zu kühlen. Für derartige Bestimmungen ist ein Ofen, der das Freilegen eines Teils der Röhre gestattet (wie der GLASERsche), von Vorteil.

C. Gasförmige Kohlenstoffverbindungen

werden meist nach den Methoden der Gasanalyse untersucht.[1]

WILLSTÄTTER[2] empfiehlt für solche Fälle die DENNSTEDTsche Methode.

Literatur: BUNSEN: Gasometrische Methoden, 2. Aufl. Braunschweig 1877. — CL. WINKLER: Gasanalyse. Freiberg 1901. — HEMPEL: Gasanalytische Methoden. Braunschweig 1890; Ztschr. anorgan. allg. Chem. **31**, 445 (1902). — Siehe auch VOLDERE: Bull. Soc. chim. Belg. **22**, 37 (1908). — SCHOLL, DAVIS: Ind. engin. Chem., Analyt. Ed. **3**, 276 (1931).

D. Schwer[3] analysierbare Substanzen.

Die Tatsache, daß manche Substanzen bei der Elementaranalyse ungenügende Zahlen geben, kann verschiedene Ursachen haben. — So kann durch Abspaltung eines Gases, das unverbrannt entweicht, ein Minus an Kohlenstoff, evtl. auch an Wasserstoff resultieren. Namentlich Substanzen, die beim Verbrennen Kohlenoxyd[4] oder Methan[5] entwickeln, und ebenso solche, die viel Methoxyl enthalten,[6] ungesättigte Ketone, Bernsteinsäurederivate, Derivate der Fluorenoxalsäuren[7] und so weiter, geben oftmals unbefriedigende Zahlen.

In solchen Fällen ist es nötig, das Verbrennungsrohr besonders lang zu wählen[8] oder, wie bei der Analyse schwefelhaltiger Substanzen, an Stelle des Kupferoxyds *Bleichromat* (siehe S. 122) zu verwenden.[9]

Das früher viel geübte *Verbrennen im geschlossenen (Bajonett-) Rohr* nimmt man zweckmäßiger so vor, daß man die Füllung des Verbrennungsrohrs mit Kupferoxyd oder Bleichromat wie bei der Stickstoffbestimmung nach DUMAS

[1] Elementaranalyse des Kohlensuboxyds: DIELS, WOLF: Ber. Dtsch. chem. Ges. **39**, 694 (1906). — Verbrennung des Ketens: STAUDINGER, KLEVER: Ber. Dtsch. chem. Ges. **41**, 596 (1908). — Butan: WEIZ: Ber. Dtsch. chem. Ges. **42**, 2554 (1909). — Azomethan: THIELE: Ber. Dtsch. chem. Ges. **42**, 2578 (1909). — Blausäure, Kohlenoxysulfid: WILLSTÄTTER, WIRTH: Ber. Dtsch. chem. Ges. **42**, 1917, 1918 (1909). — Vinylacetylen: WILLSTÄTTER, WIRTH: Ber. Dtsch. chem. Ges. **46**, 538 (1913).

[2] WILLSTÄTTER: Ber. Dtsch. chem. Ges. **42**, 1917 (1909).

[3] Die C-Bestimmung in Hexafluoraethan gelingt überhaupt nicht: RUFF, BRETSCHNEIDER: Ztschr. anorgan. allg. Chem. **210**, 173 (1933).

[4] BILTZ: Ber. Dtsch. chem. Ges. **41**, 1390 (1908).

[5] LIEBERMANN, KARDOS: Ber. Dtsch. chem. Ges. **46**, 203 (1913).

[6] FABINYI, SZÉKI: Ber. Dtsch. chem. Ges. **43**, 2678 (1910).

[7] WISLICENUS, DEUSCH: Ber. Dtsch. chem. Ges. **35**, 760 (1902). — STOLLÉ, ESTER: Journ. prakt. Chem. (2), **132**, 7 (1932).

[8] R. MEYER, SAUL: Ber. Dtsch. chem. Ges. **26**, 1275 (1893). — ABEL: Ber. Dtsch. chem. Ges. **37**, 372 (1904). — GOLDSCHMIEDT, KNÖPFER: Monatsh. Chem. **20**, 748 (1899). — GUNDERMANN: Diss. Würzburg 1909, 51. — SCHNEIDER: Ber. Dtsch. chem. Ges. **42**, 3418 (1909). — SCHEIBLER: Liebigs Ann. **458**, 29 (1927).

[9] Anwendung von Cerdioxyd S. 259.

bewirkt (nur daß keine blanke Kupferspirale zur Verwendung gelangt). Nach
Beendigung der Verbrennung, wenn die Lauge im Kaliapparat zurückzusteigen
droht, öffnet man den GEISSLERschen Hahn und leitet Sauerstoff und schließlich
Luft durch das Rohr.[1]

Andere Substanzen dagegen sind schwer verbrennlich, d. h. sie hinterlassen
schwer oxydierbare Kohle.

Um solche Substanzen vollkommen zu oxydieren, mischt man sie im Schiff-
chen (am besten Platin- oder Kupferschiffchen) mit pulverförmigem Kupferoxyd,
Bleichromat, evtl. noch Mangansuperoxyd[2] oder mit dem vierfachen Volumen
Platinschwamm,[3] oder gibt noch eine 10 cm lange Schicht[4] Platinasbest in das
Rohr.

SCHOLL, WEITZENBÖCK[5] benutzen mit großem Erfolg den DENNSTEDTschen
Kontaktstern,[6] der zwischen Schiffchen und Kupferoxyd gebracht und von
Anfang an auf deutliche Rotglut erhitzt wird. Auch HANS MEYER, BONDY,
ECKERT[7] haben mit diesem Verfahren gute Resultate erzielt.

II. Analyse stickstoffhaltiger Substanzen.

Bei der Verbrennung stickstoffhaltiger Substanzen bilden sich Oxyde des
Stickstoffs, die in die Absorptionsgefäße gelangen würden.

Das Verbrennungsrohr muß deshalb um 10 cm länger sein als das sonst an-

---

[1] Beispiele von schwer analysierbaren Substanzen: HOOGEWERFF, VAN DORP:
Rec. Trav. chim. Pays-Bas 3, 358 (1884). — ZINCKE, BREUER: Liebigs Ann. 226,
26 (1884). — LIPPMANN, FLEISSNER: Monatsh. Chem. 7, 9 (1886). — CLAISEN: Ber.
Dtsch. chem. Ges. 25, 1768 (1892). — WEGSCHEIDER: Monatsh. Chem. 14, 313 (1893).
— SKRAUP: Monatsh. Chem. 14, 476 (1893). — SMITH: Amer. chem. Journ. 16, 391
(1894). — GUARESCHI, GRANDE: Atti R. Accad. Scienze Torino 33, 16 (1894). —
HESSE: Amer. chem. Journ. 18, 727 (1896). — HABER, GRINBERG: Ztschr. analyt.
Chem. 36, 558 (1897). — GOLDSCHMIEDT, KNÖPFER: Monatsh. Chem. 20, 748 (1899).
— ROSENHEIM, LÖWENSTAMM: Ber. Dtsch. chem. Ges. 35, 1124 (1902). — ROSEN-
THALER: Arch. Pharmaz. 243, 499 (1905). — VERAGUTH: Diss. München 1905, 69,
82. — MULLER: Bull. Soc. chim. France (3), 33, 951 (1905) (Cyanide). — MAYER-
HOFER: Monatsh. Chem. 28, 593 (1907). — TAFEL, HOUSEMAN: Ber. Dtsch. chem.
Ges. 40, 3748 (1907). — COHEN: Arch. Pharmaz. 245, 244 (1907). — NÖLTING, PHILIPP:
Ber. Dtsch. chem. Ges. 41, 581 (1908). — EMMERLING: Ber. Dtsch. chem. Ges. 41,
1374 (1908). — KYRIACOU: Diss. Heidelberg 1908, 27. — COHEN: Arch. Pharmaz. 245,
244 (1907); 246, 512 (1908) (Cholesterine). — KAUFMANN, ALBERTINI: Ber. Dtsch.
chem. Ges. 42, 3780 (1909). — BUSCH, FLEISCHMANN: Ber. Dtsch. chem. Ges. 43,
749 (1910). — KAUFFMANN, PANNWITZ: Ber. Dtsch. chem. Ges. 43, 1212 (1910). —
BUGGE, BLOCH: Journ. prakt. Chem. (2), 82, 512 (1910). — HORRMANN: Ber. Dtsch.
chem. Ges. 46, 2793 (1913). — KAUFMANN, BRUNNSCHWEILER: Ber. Dtsch. chem.
Ges. 49, 2305 (1916). — ASCHAN: Ber. Dtsch. chem. Ges. 54, 872 (1921). — EMMERT,
PARR: Ber. Dtsch. chem. Ges. 54, 3173 (1921). — BLOCH, HÖHN: Ber. Dtsch. chem.
Ges. 55, 55 (1922). — OTT, LÖPMANN: Ber. Dtsch. chem. Ges. 55, 1255, 1372, 2034
(1922). — FRANKE, KÖHLER: Liebigs Ann. 433, 325 (1923). — MORGAN, DAVIES:
Journ. chem. Soc. London 123, 236 (1923). — GADAMER: Arch. Pharmaz. 263, 97
(1925). — POLLAK: Monatsh. Chem. 47, 608 (1926). — LEHMSTEDT: Liebigs Ann. 456,
262 (1927). — TSCHITSCHIBABIN: Liebigs Ann. 469, 98 (1929). — MATTHES, KÜRSCH-
NER: Arch. Pharmaz. 269, 90 (1931).

[2] ULFFERS, JANSON: Ber. Dtsch. chem. Ges. 27, 97 (1894).

[3] DEMEL: Ber. Dtsch. chem. Ges. 15, 604 (1892).

[4] SCHOLL, WEITZENBÖCK: Ber. Dtsch. chem. Ges. 43, 342 (1910). — Siehe auch
WISLICENUS, RUSS: Ber. Dtsch. chem. Ges. 43, 2734 (1910). — MAYER, HEIL: Ber.
Dtsch. chem. Ges. 55, 2158 (1922).   [5] Siehe S. 127, 257.

[6] Siehe S. 127. — FIESER, DIETZ: Journ. Amer. chem. Soc. 51, 3144 (1929). —
Über eine andere Kontaktvorrichtung aus Platindrahtnetz: HERAEUS: Chem.
Apparatur 1, 541 (1906).

[7] HANS MEYER, BONDY, ECKERT: Monatsh. Chem. 33, 1451 (1912). — Siehe
auch HERZIG, FALTIS: Monatsh. Chem. 35, 1004 (1914).

gewendete. Es ragt sonach 15 cm aus dem Ofen heraus und ist bis 3 cm vom Ende mit einer zwischen zwei Kupferdrahtpfropfen eingeschlossenen 8 cm langen Schicht gekörnten *Bleisuperoxyds* — das durch Digerieren mit Salpetersäure usw. von Bleioxyd befreit sein muß[1] — beschickt. Dieser Teil der Röhre wird durch einen kurzen Lufttrockenkasten andauernd auf 160—180° erhitzt.

Im übrigen wird die Verbrennung in üblicher Weise durchgeführt, indem man zuerst im Luftstrom erhitzt und erst Sauerstoff einleitet, bis die Substanz verkohlt ist, weil sonst, namentlich bei Nitrokörpern, stürmischer Reaktionsverlauf eintreten kann.[2]

Außer dem von KOPFER[3] zur Bindung der Stickoxyde zuerst vorgeschlagenen Bleisuperoxyd werden gelegentlich *Mangandioxyd,*[4] *chromsaures Kalium,*[5] *Nickel,*[6] häufiger *blanke Kupferspiralen*[7] benutzt. Über die Anwendung der „PREGL-füllung" für die Makroanalyse: DAVIS: Journ. chem. Soc. London **1927**, 3161.

Das früher[8] empfohlene *Silber* ist zur Reduktion der Stickoxyde vollständig unbrauchbar.[9]

Meist beschickt man das 1 m lange Rohr bis auf 15 cm in gewöhnlicher Weise mit Kupferoxyd oder Bleichromat und führt schließlich eine bei 200° getrocknete 10 cm lange Kupferdrahtnetzspirale ein, die mit Methylalkohol[10] oder Ameisensäure, nicht aber im Wasserstoffstrom reduziert worden ist.[11] — In Ausnahmefällen muß man eine bis 30 cm lange Kupferspirale anwenden[12] oder sogar in einem 1,2 cm langen Rohr mit zwei reduzierten Spiralen verbrennen.[13]

Zur richtigen *Herstellung der Kupferspirale*[14] benutzt man ein Rohr aus schwer schmelzbarem Glas (Einschmelzrohr), das 5—6 cm länger sein muß als die Spirale. Auf den Boden der Röhre gibt man etwas Asbest, darauf $1/2$ ccm reinen Methylalkohol, erhitzt die Spirale möglichst der ganzen Länge nach zum Glühen, führt sie rasch in das Rohr, das man mit einem Tuch umwickelt in der anderen Hand hält, setzt sofort auf das offene Rohrende einen gut schließenden Kork, der ein Glasrohr mit Hahn trägt, und verbindet mit der Wasserstrahlpumpe. Man evakuiert, bis das Rohr erkaltet ist.

Besser als *Bleisuperoxyd* soll nach DENNSTEDT-HASSLER[15] ein Gemisch von gleichen Teilen Superoxyd, „nach DENNSTEDT", das man zur Abspaltung evtl. vorhandener Kohlensäure auf 320—350° erhitzt hat, und von Mennige, die durch

---

[1] Über Bleisuperoxyd siehe DENNSTEDT, HASSLER: Ztschr. analyt. Chem. **42**, 417 (1903). — WEIL: Ber. Dtsch. chem. Ges. **43**, 149 (1910). — DENNSTEDT, HASSLER: Ber. Dtsch. chem. Ges. **43**, 1197 (1910). — LINDNER: Ber. Dtsch. chem. Ges. **59**, 2561 (1926). [2] KUNZ, KRAUSE, SCHELLE: Arch. Pharmaz. **242**, 267 (1904). [3] KOPFER: Ztschr. analyt. Chem. **17**, 28 (1878). [4] PERKIN: Journ. chem. Soc. London **37**, 457 (1880); Ber. Dtsch. chem. Ges. **13**, 581 (1880). — ULFFERS, JANSON: Ber. Dtsch. chem. Ges. **27**, 97 (1894). — HESLINGA: Rec. Trav. chim. Pays-Bas **43**, 551 (1924). — Siehe auch S. 139. [5] PERKIN: Journ. chem. Soc. London **37**, 121 (1880). [6] KURTENACKER: Ztschr. analyt. Chem. **50**, 548 (1911). [7] KLINGEMANN: Ber. Dtsch. chem. Ges. **22**, 3064 (1889). — TOWER: Journ. Amer. chem. Soc. **21**, 596 (1899). — BENEDICT: Amer. chem. Journ. **23**, 334 (1900). — LINDNER: Ber. Dtsch. chem. Ges. **65**, 1698 (1932) (Mikroanalyse). [8] DENNSTEDT: Gazz. chim. Ital. **28**, 78 (1898). [9] EHMICH: Monatsh. Chem. **13**, 78 (1892). — HERMANN: Ztschr. analyt. Chem. **44**, 686 (1905). — KURTENACKER: Ztschr. analyt. Chem. **51**, 639 (1912). [10] Siehe aber HEYDENREICH: Ztschr. analyt. Chem. **45**, 741 (1906). [11] Siehe S. 149. [12] R. MEYER, SAUL: Ber. Dtsch. chem. Ges. **26**, 1275 (1893). — ABEL: Ber. Dtsch. chem. Ges. **37**, 372 (1904). — BÜLOW, SCHRAUB: Ber. Dtsch. chem. Ges. **41**, 2359 (1908). [13] STOLLÉ, NETZ: Ber. Dtsch. chem. Ges. **55**, 1303 (1922). [14] OSTROGOVICH: Chem.-Ztg. **33**, 1187 (1909). [15] DENNSTEDT, HASSLER: Chem.-Ztg. **33**, 770 (1909).

Überleiten von Luft über dieses Superoxyd bei 400—450° erhalten wird, wirken.

Eine andere Methode zur Reduktion der Stickoxyde rührt von BENEDICT.[1] DUNSTAN-CARR[2] sowie HAAS[3] empfehlen für schwer verbrennliche stickstoffhaltige Substanzen Zusatz von *Kupferchlorür*.

III. Analyse halogen- oder schwefelhaltiger Substanzen.[4]

Solche werden entweder mit *Bleichromat*[5] und *Bleisuperoxyd*[6] verbrannt, oder man legt eine mehrere Zentimeter lange Schicht von *Silberband*[7] oder *-blech* hinter das Kupferoxyd,[8] weit weniger gut eine *Kupferspirale*.

Das *Bleichromat* muß schwer schmelzbar sein,[9] was durch Zusatz von Bleioxyd bei der Fabrikation erreicht wird, und kann auch zweckmäßig nach VÖLKERS Vorschlag[10] mit Kupferoxyd vermengt werden.

Verbrennt man *schwefelhaltige* Substanzen mit Kupferoxyd, so muß man den Schiffcheninhalt mit Mennige oder einer Mischung von Bleichromat mit $^1/_{10}$ Teil Kaliumpyrochromat überschichten.

GORUP-BÉSANEZ[11] empfiehlt für stark *halogenhaltige* Verbindungen Vermischen der Substanz mit dem gleichen Gewicht Bleioxyd. BEILSTEIN, KUHLBERG[12] benutzten für schwer verbrennliche, chlorhaltige Körper Quecksilberoxyd und Kupferoxyd und hielten das Ende der Verbrennungsröhre kalt, um das Sublimat zurückzuhalten.

JOHNSON-HAWES[13] empfehlen an Stelle des Bleichromats geschmolzenes, mit frisch geglühtem Porzellanton gemischtes Kaliumpyrochromat.

Chlorate müssen unter Zusatz von sehr viel pulverisiertem Kupferoxyd verbrannt werden.[14]

Auch sonst genügt bei stark halogenhaltigen Substanzen das Bleichromat manchmal nicht. FISKE[15] empfiehlt für solche Fälle eine versilberte Kupferspirale.

---

[1] BENEDICT: Elementary organic analysis, S. 60; Amer. chem. Journ. **23**, 343 (1900) (Zusatz von Zucker, Benzoesäure usw.).
[2] DUNSTAN, CARR: Proceed. chem. Soc. **12**, 48 (1896).
[3] HAAS: Journ. chem. Soc. London **89**, 571 (1906).
[4] Schwer verbrennliche *halogenhaltige* Substanzen: MAUTHNER, SUIDA: Monatsh. Chem. **2**, 111 (1881). — V. MEYER, WACHTER: Ber. Dtsch. chem. Ges. **25**, 2632 (1892). — GUNDERMANN: Diss. Würzburg 1909, 51. — Schwer verbrennliche *schwefelhaltige* Substanzen: V. MEYER, STADLER: Ber. Dtsch. chem. Ges. **17**, 1577 (1884). — Siehe auch ANSCHÜTZ: Liebigs Ann. **359**, 207, Anm. (1908). — BUGGE, BLOCH: Journ. prakt. Chem. (2), **82**, 512 (1910).
[5] CARIUS: Liebigs Ann. **116**, 28 (1860). — LIEBIG: Anleitg. 1837, 32.
[6] HENRY: Jahresber. Chem. **20**, 59 (1834). — OVERBECK: Arch. Pharmaz. 1854, 2. — KOPFER: Ztschr. analyt. Chem. **17**, 28 (1878).
[7] Über Silberspiralen: FISKE: Ber. Dtsch. chem. Ges. **45**, 870 (1912).
[8] KRAUT: Ztschr. analyt. Chem. **2**, 242 (1863). — STEIN: Ztschr. analyt. Chem. **8**, 83 (1869).
[9] Die einzelnen Handelssorten verhalten sich in dieser Beziehung sehr verschieden, daher auch die immer wiederholte Behauptung, daß das Bleichromat durch Anschmelzen an das Glas die Röhren unweigerlich zerstöre und zum wiederholten Gebrauch untauglich mache. Ein brauchbares Präparat liefert E. MERCK. — Siehe auch DE ROODE: Amer. chem. Journ. **12**, 226 (1890). — REMSEN: Amer. chem. Journ. **18**, 803 (1896).
[10] VÖLKER: Chem. Gazz. 1849, 245.
[11] GORUP-BÉSANEZ: Ztschr. analyt. Chem. **1**, 438 (1862).
[12] BEILSTEIN, KUHLBERG: Journ. prakt. Chem. (1), **108**, 268 (1869).
[13] JOHNSON, HAWES: Sill. (3), **7**, 465 (1874).
[14] DATTA, CHOUDHURY: Journ. Amer. chem. Soc. **38**, 1079 (1916).
[15] Anm. 7 und HELLTHALER: Diss. Halle a. S. 1915, 61.

IV. Analyse von Kohlenstoffverbindungen, die anorganische Bestandteile enthalten.

Verbindungen, die *Alkalien* oder *Erdalkalien* enthalten, nehmen einen Teil der Kohlensäure auf, die entweder bestimmt und dem in den Absorptionsapparaten aufgefangenen Kohlendioxyd hinzugerechnet werden muß, oder deren Fixation durch das Alkali man in geeigneter Weise verhindert.

LIEBEN, ZEISEL[1] geben der erstgenannten Art des Arbeitens den Vorzug und verfahren namentlich zur *Calciumbestimmung* folgendermaßen:

Nachdem das Platinschiffchen mit der Substanz in einem gut schließenden Wägeröhrchen gewogen worden ist, wird es in ein aus einem Stück Platinblech geschweißtes Rohr eingesetzt, das etwas länger ist als das Schiffchen und das in das Verbrennungsrohr eingeschoben wird. Teils um das Platinblechrohr zu verstärken, teils um ein Ankleben an das Glasrohr möglichst zu verhüten, sind an seiner unteren Seite außen drei Streifchen aus dickem Platinblech angeschweißt, die gewissermaßen als Füße dienen. Außerdem ist das Rohr an der einen Mündung mit zwei angeschweißten soliden Handhaben versehen, die bequemes Herausziehen mit Hilfe eines Kupferdrahts ermöglichen. Man zieht es erst heraus, nachdem es im trockenen Luftstrom völlig erkaltet ist, bringt das Schiffchen in das Wägeröhrchen und erfährt so das Gewicht der bei der Verbrennung hinterbliebenen Asche, ohne Verunreinigung mit Kupferoxyd besorgen zu müssen, das sonst leicht in das Schiffchen fällt und die Aschenbestimmung wertlos macht. Das Schiffchen wird nunmehr noch vor dem Gebläse heftig bis zur Gewichtskonstanz geglüht und wieder gewogen. Der Gewichtsverlust entspricht der Kohlensäure, die noch vom Kalk zurückgehalten worden ist, während die hinterbleibende Asche aus reinem Calciumoxyd besteht.

Meist schlägt man den zweiten Weg ein und vermischt die Substanz im Schiffchen entweder mit *Kaliumchromat*,[2] *Chromoxyd*,[3] *Kupferphosphat*,[4] *Wolframsäure*,[5] *Vanadiumpentoxyd*[6] oder *Siliciumdioxyd*,[7] weniger gut *Antimonoxyd* oder *Borsäure*.

Wenn man eine gewogene Menge z. B. Siliciumdioxyd, Wolframsäure oder Chromoxyd nimmt, so kann durch Zurückwägen des Schiffchens die Menge der in der Substanz vorhanden gewesenen Base bestimmt werden.

Am meisten hat sich eine *Mischung von Bleichromat mit* $^1/_{10}$ *Kaliumpyrochromat* bewährt.[8,9]

Zur Analyse des stark asche- (baryt-) haltigen und hygroskopischen, bei 110° getrockneten Saponins geht z. B. ROSENTHALER[10] folgendermaßen vor:

Die Wägung wird in einem kleinen, durch Gummistöpsel verschließbaren

[1] LIEBEN, ZEISEL: Monatsh. Chem. **4**, 27 (1883).

[2] WISLICENUS: Liebigs Ann. **116**, 13 (1873).

[3] SCHWARZ, PASTROVICH: Ber. Dtsch. chem. Ges. **13**, 1641 (1880); siehe auch S. 236.   [4] GAULTIER DE CLAUBRY: Compt. rend. Acad. Sciences **15**, 645 (1842).

[5] CLOËZ: Bull. Soc. chim. France (2), **1**, 250 (1864).

[6] SCHRAMM: Ztschr. angew. Chem. **40**, 668 (1927).

[7] SCHALLER: Bull. Soc. chim. France (2), **2**, 414 (1864).

[8] BENEDICT: Elementary organic analysis, S. 70. — FRES: 6. Aufl., **2**, 29.

[9] Oder mit Bleichromat überzogenes Kupferoxyd, das man gewinnt, wenn man grobes CuO in einfacher Schicht auf einem kleinen Eisenblech ausbreitet, von oben her mit dem Gebläse auf möglichst helle Glut bringt und fein gepulvertes Bleichromat in dünner Schicht daraufstreut. Das sofort schmelzende Bleichromat überzieht das Kupferoxyd mit einer festhaftenden Schicht, wobei die Stücke etwas zusammenkleben. Man dreht den Schmelzkuchen um und behandelt die Rückseite in gleicher Weise. Nach dem Erkalten zerdrückt man die Masse leicht im Mörser und siebt Pulver und allzu große Stücke ab. GATTERMANN, WIELAND: Praktikum, 24. Aufl., S. 63. 1936.   [10] ROSENTHALER: Arch. Pharmaz. **243**, 498 (1905).

Reagensglas vorgenommen, dessen Boden durch Ausblasen so dünn gemacht ist, daß er leicht durchgestoßen werden kann. Auf den Boden des Gläschens kommt eine Schicht Bleichromat-Kaliumpyrochromatgemisch, dann wird das verkorkte Gläschen tariert, das Saponin hineingefüllt und wieder unter Verschluß gewogen. Darauf kommt nun wieder Chromat und wird mit dem Saponin durch Schütteln gemischt. Hierauf wird das Gläschen mit einem ausgeglühten Kupferdraht umwickelt und nach Entfernen des Stöpsels rasch in das Verbrennungsrohr eingeschoben, das erst halb mit Kupferoxyd gefüllt ist. Nun wird der Boden des Gläschens mit einem Glasstab durchstoßen und das Rohr zu Ende gefüllt.

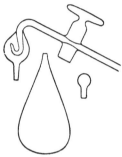

Abb. 71. Wägeglas für hygroskopische Substanzen.

Die Elementaranalyse der *Doppelverbindungen von Antimonpentachlorid mit organischen Substanzen* bereitet ROSENHEIM, LÖWENSTAMM[1] zum Teil überhaupt unüberwindliche Schwierigkeiten.

Wie bei der Analyse von Substanzen, die sonstige anorganische Bestandteile enthalten, zu verfahren ist, wird bei der Besprechung der Bestimmung dieser Elemente angeführt.

V. Analyse hygroskopischer Substanzen.

Die Verbrennungen des *Rhodophyllins führten* WILLSTÄTTER, PFANNENSTIEL[2] in *Quarzröhren*[3] aus, und zwar mit Rücksicht auf die Aschenbestimmung im Platinschiffchen.

Alle Wägungen der Substanz mußten durch Differenzwägung aus denselben verschließbaren Wägegläsern ausgeführt werden, in denen die Substanzen auch getrocknet worden waren. Es ist zweckmäßig, dafür birnenförmige Kölbchen (Inhalt zirka 20 ccm) mit eingeschliffenem Aufsatz zum Evakuieren und Stopfen anzuwenden (Abb. 71). Zur Trocknung waren die mit Rhodophyllin beschickten Kölbchen in Bädern von 105—140° Tag und Nacht mit der Pumpe in Verbindung. In die evakuierten Gefäße läßt man die Luft langsam durch Trockenapparate wieder zutreten.

Um bei der Elementaranalyse sehr hygroskopischer Substanzen die Bestimmung, namentlich des *Wasserstoffs*, möglichst genau ausführen zu können, wägt STEIN[4] die Substanz im Schiffchen ab und bringt es in die zur Elementaranalyse vollständig vorgerichtete Verbrennungsröhre. Es ist zweckmäßig, letztere nur so lang zu nehmen, als die Kupferoxydschicht reicht, und die Stelle unter dem Schiffchen freizulassen. Man zündet in 10 cm Abstand hinter dem Schiffchen einen oder zwei Brenner an und leitet einen auf diese Weise erhitzten, vollkommen trockenen Luftstrom langsam über die Substanz. Gewöhnlich erscheint sehr bald Wasser in der Chlorcalciumröhre und verschwindet nach einiger Zeit wieder, ohne auch bei etwas stärkerer Erhitzung des Luftstroms und Abkühlung der Kugel der Chlorcalciumröhre durch Aether wieder zum Vorschein zu kommen. Die Wägung des Kaliapparats mit dazugehöriger Kaliröhre läßt erkennen, ob Zersetzung der Substanz stattgefunden hat, und die Gewichtszunahme der Chlorcalciumröhre ergibt den Wassergehalt. Während der Wägungen geht der Luftstrom, ohne erhitzt zu werden, ununterbrochen durch die Röhre, und sobald sie ausgeführt sind, kann die Verbrennung der nun trockenen Substanz beginnen. Anstatt durch Abkühlung der Chlorcalciumröhre zu prüfen, ob die Austrocknung

[1] ROSENHEIM, LÖWENSTAMM: Ber. Dtsch. chem. Ges. **35**, 1124 (1902).
[2] WILLSTÄTTER, PFANNENSTIEL: Liebigs Ann. **358**, 232 (1908).
[3] Siehe S. 115.   [4] STEIN: Ztschr. analyt. Chem. **5**, 33 (1866).

vollendet ist, ist es sicherer, nach der Wiederanfügung aller Apparate eine Zeitlang zu erhitzen und die Chlorcalciumröhre zum zweitenmal zu wägen.

In Fällen, wo höhere Temperatur nötig ist, um das chemisch gebundene Wasser auszutreiben, hängt man an vier dünnen Drähten ein Kupferblech zwischen Brenner und Röhre an der Stelle, wo das Schiffchen steht, auf, schiebt ein Thermometer dazwischen und entzündet unter dem Blech einen Brenner. Noch bequemer ist die Anwendung eines kleinen Lufttrockenkastens. Die Temperatur in der Röhre ist selbstverständlich etwas niedriger als die Angabe des Thermometers.

VI. Analyse explosiver Substanzen.

Oftmals lassen sich explosive Verbindungen anstandslos verbrennen, wenn man für genügende Verteilung der Substanz im Rohr sorgt,[1] eine lange Kupferspirale vorlegt und sehr langsam erhitzt.[2]

Man verwendet in solchen Fällen ein 15 cm langes Schiffchen aus Kupfer und bringt die mit pulverförmigem Kupferoxyd gemischte Substanz, von der man nicht allzuviel verwendet, darin unter, wobei man zwischen je zwei Strecken von Substanz + feinem Kupferoxyd einen „Damm" von körnigem Kupferoxyd bringt.[3]

Pikrinsäure, *Pikramid* und verwandte Körper und ebenso *Aethylenozonid*[4] lassen sich leicht und ohne Verpuffung verbrennen, wenn man sie mit ihrem 3-bis 4fachen Gewicht an fein gepulvertem *Quarz* mischt.[5]
Ebensogut ist *Kieselgur* oder *Glaspulver* zu verwenden.[6]

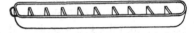

Abb. 72. Verbrennungsschiffchen nach KEMPF.

MURMANN[7] empfiehlt 7—10 cm lange, 1—1,3 cm breite Verbrennungsschiffchen aus Porzellan mit 10 Abteilungen. Beim Schmelzen muß jeder Teil der Substanz in jener Abteilung verbleiben, in der er sich befand, und kann sich nicht in den noch nicht geschmolzenen Teil wie in einen Docht hineinziehen. Wird die Temperatur der Zersetzung erreicht, so tritt sie nur bei einem kleinen Teil ein und ist deshalb unschädlich, selbst bei lebhafter Verpuffung. Man kann auch jeden zweiten Abteil des Schiffchens leer lassen und indifferente Stoffe zumischen.

KEMPF[8] hat diese Schiffchen noch verbessert, indem er die Kante der Abteilungsscheidewände 1—2 mm niedriger macht als die Außenwand (Abb. 72).

Noch brisantere Stoffe, wie *Nitroglycerin*, werden nach HEMPEL[9] *im Vakuum* verbrannt. Diese Methode gestattet die gleichzeitige Bestimmung des Stickstoffs.

[1] EDER: Ber. Dtsch. chem. Ges. **13**, 172 (1880). — SCHWARZ: Ber. Dtsch. chem. Ges. **13**, 559 (1880). — JANOWSKY: Monatsh. Chem. **6**, 462 (1885); **9**, 836 (1888). — LEEMANN, GRANDMOUGIN: Ber. Dtsch. chem. Ges. **41**, 1296 (1908). — SCHMITT, WIDMANN: Ber. Dtsch. chem. Ges. **42**, 1893 (1909). — WEDEKIND, GOOST: Ber. Dtsch. chem. Ges. **49**, 948 (1916).
[2] HARRIES, WEISS: Ber. Dtsch. chem. Ges. **37**, 3432 (1904). — ZIEGLER: Ber. Dtsch. chem. Ges. **54**, 3008 (1921).
[3] JACKSON, LAMMER: Amer. chem. Journ. **18**, 676 (1896).
[4] HARRIES, KOETSCHAN: Ber. Dtsch. chem. Ges. **42**, 3309 (1909). — Verbrennung von Methylperoxyd: RIECHE, HITZ: Ber. Dtsch. chem. Ges. **62**, 2470 (1929).
[5] LUZI: Ztschr. Naturwiss. (V), **2**, 232 (1892). — BENEDICT: Amer. chem. Journ. **23**, 346 (1900). — TSCHUGAEFF, CHLOPIN: Ztschr. anorgan. allg. Chem. **86**, 245 (1914). — ELBS, SCHLIEPHAKE: Journ. prakt. Chem. (2), **104**, 283 (1922). — FRIES, OCHWAT: Ber. Dtsch. chem. Ges. **56**, 1302 (1923).
[6] DENNSTEDT: Ztschr. angew. Chem. **18**, 1134 (1905).
[7] MURMANN: Ztschr. analyt. Chem. **36**, 380 (1897). — SCHOLL: Liebigs Ann. **338**, 32 (1904). [8] KEMPF: Chem.-Ztg. **33**, 50 (1909).
[9] HEMPEL: Ztschr. analyt. Chem. **17**, 109 (1878).

Derartige Sprengstoffe wird man indessen zweckmäßiger auf nassem Weg zersetzen.[1] Es genügt daher hier wohl der Literaturhinweis auf das Verfahren; doch sei eines Kunstgriffs gedacht, den HEMPEL anwendet, um bei Gegenwart von leicht flüchtigen Substanzen das Rohr ohne Verluste zu evakuieren, und der auch sonst Vorteile bieten wird[2] (Abb. 73).

Man bläst aus einer dünnen Glasröhre Kugeln mit zwei capillaren Ansatzröhren und saugt ein wenig einer geschmolzenen Legierung von 10 Teilen WOODschem Metall mit 2—3 Teilen Quecksilber in *b* hinein. Eine derartige Legierung

Abb. 73. Substanzröhrchen nach HEMPEL.

erstarrt in der Capillare sofort, ohne sie zu zersprengen. Der Schmelzpunkt dieser Legierung liegt zwischen 50—60°.

Man schneidet das Rohrende *c* bei *d* ab, kneipt so viel von dem Capillarfaden ab, daß der kleine abschließende Metallzylinder 1—2 mm lang ist, und füllt sie von *d* aus mit der zu untersuchenden Flüssigkeit. Hierauf schmilzt man den Capillarfaden bei *d* zu.

Eine derartige Glaskugel gestattet das Evakuieren der Verbrennungsröhre, ohne daß von der zu untersuchenden Flüssigkeit etwas verdampfen kann, und ermöglicht beliebiges, sicheres Öffnen der Kugel durch gelindes Erwärmen des die Legierung enthaltenden Endes der Capillare.

Bei sehr leicht flüchtigen Substanzen macht man die Capillare 10—12 cm lang, so daß die Flüssigkeit in der Kugel durch das Erwärmen nicht zum Sieden kommt.

VII. Modifikationen des LIEBIGschen Verfahrens.

Verbrennung nach BLAU: Monatsh. Chem. 10, 357 (1889). — HABER, GRINBERG: Ztschr. analyt. Chem. 36, 561 (1897).

Verbrennung nach LIPPMANN, FLEISSNER: Monatsh. Chem. 7, 9 (1886); Chem.-Ztg. 27, 810 (1903). — Siehe KOPFER: Ztschr. analyt. Chem. 5, 169 (1866).

Methode von DENNSTEDT.[3]

Der zuerst von KOPFER verwirklichte Gedanke, die *Verbrennung* organischer Stoffe *im Sauerstoffstrom mit Platin als Katalysator* unter Vermeidung von Kupferoxyd, Bleichromat oder ähnlichen „Sauerstoffreservoiren" mit nur wenigen Flammen in einem einfachen Ofen durchzuführen, ist weder von KOPFER selbst noch von seinen Nachfolgern bis zu den letzten Konsequenzen verfolgt worden.

Indem KOPFER irrigerweise den bei manchen Stoffen eintretenden Mißerfolg auf nicht genügend feine Verteilung und nicht genügend lange Schicht des Platins zurückführte, vertauschte er den anfangs in kurzer Strecke benutzten Platinmohr mit einer langen Schicht Platinasbest.

Die späteren „Verbesserer", wie LIPPMANN, FLEISSNER, v. WALTHER[4] u. a.,

---

[1] Siehe S. 140.

[2] Ähnliche Vorrichtungen: FRANCESCONI, CIALDEA: Gazz. chim. Ital. 34 I, 440 (1904). — MAREK: Journ. prakt. Chem. (2), 73, 366 (1904). — DIMROTH, WISLICENUS: Ber. Dtsch. chem. Ges. 38, 1575 (1905). — DIMROTH: Ber. Dtsch. chem. Ges. 39, 3910 (1906).

[3] DENNSTEDT, HASSLER: Ztschr. analyt. Chem. 42, 417 (1903). — ZAPPI: Anales Asoc. quim. Argentina 17, 234 (1929). — STANSFIELD, SUTHERLAND: Canadian Journ. Res. 3, 318 (1930). — LINDNER: Ber. Dtsch. chem. Ges. 65, 1696 (1932). — *Mikro*-DENNSTEDT: YAMAGUCHI: Journ. Soc. Ind. Japan, Suppl. 37, 206 B (1934). — WELLWOOD: Mikrochemie 15, 237 (1934).

[4] v. WALTHER: Pharmaz. Zentralhalle 45, 12, 509 (1904).

entfernten sich noch weiter von dem ursprünglichen Gedanken, indem sie das Platin wieder durch Kupferoxyd in unnötig feiner Verteilung ersetzten. Es sei schon hier erwähnt, daß sich auch für die gleich zu beschreibende DENNSTEDT-sche Methode ähnliche „Verbesserer", die das reine Platin wieder durch Kupferoxyd usw. ersetzen wollen, gefunden haben, z. B. MAREK.[1]

Durch DENNSTEDT ist festgestellt worden, daß bei überschüssig vorhandenem Sauerstoff eine ganz geringe Menge Platin oder Palladium genügt, um die Verbrennung vollständig zu machen. Er hat ferner gezeigt, daß zur Absorption der Stickoxyde wenige Gramme reines Bleisuperoxyd in Porzellanschiffchen verteilt genügen, sofern diese angemessen erhitzt werden, sowie daß das Bleisuperoxyd in derselben geringen Menge auch für die vollkommene Absorption der Oxyde des Schwefels und von Chlor und Brom durchaus geeignet ist.

Für die Absorption des Jods ist von DENNSTEDT das molekulare Silber, ebenfalls in dünner Schicht im Schiffchen, eingeführt worden. Da sich die vom Bleisuperoxyd in Form von Bleisulfat zurückgehaltenen Oxyde des Schwefels, ebenso die Chlor- und Bromverbindungen des Bleies, wie endlich auch das in Form von Jodsilber zurückgehaltene Jod aus den Absorptionsmitteln leicht und vollkommen extrahieren lassen, so konnte mit der Verbrennung die genaue Bestimmung von Schwefel und Halogen in organischen Stoffen verbunden werden.

Auf Grund dieser Beobachtungen und Erfahrungen ist von DENNSTEDT, HASSLER, KLÜNDER die Methode der sogenannten „vereinfachten Elementaranalyse" oder „Kontaktanalyse" ausgearbeitet worden.

Es ist hier nicht der Ort, das ganze Verfahren in voller Ausführlichkeit zu beschreiben, es wird genügen, in kurzen Zügen das Prinzip unter Vorführung einiger Abbildungen zu erläutern, im übrigen auf die DENNSTEDTsche Anleitung zur vereinfachten Elementaranalyse, 2. Aufl. Hamburg: Otto Meißner, 1906, zu verweisen.[2]

Das 86 cm lange Verbrennungsrohr liegt in einem einfachen eisernen Gestell, das gestattet, einzelne Stellen oder auch das ganze Rohr mit eisernen, asbestgefütterten Dächern zu bedecken. Als Kontaktsubstanz dient entweder reiner Platinquarz[3] oder ein aus Platinblechstreifen zusammengeschweißter *Kontaktstern*.[4] Die etwa in der Mitte des Rohrs liegende Kontaktsubstanz wird mit einem starken Brenner (Verbrennungsflamme) erhitzt. In den vorderen Teil des Rohrs werden bei stickstoff-, schwefel- und halogenhaltigen Stoffen die mit Bleisuperoxyd oder molekularem Silber beschickten Porzellanschiffchen geschoben und dieser Teil des Rohrs durch einen Reihenbrenner mit etwa 20—25 Flammen auf 300° erhitzt.

Die allmähliche Vergasung der im hinteren Teil des Rohrs befindlichen Substanz geschieht durch einen Bunsenbrenner (Vergasungsflamme).

Die Schwierigkeit der Methode besteht in der richtigen Abstimmung zwischen Vergasung und Sauerstoffstrom; unter allen Umständen muß in jeder Phase der Verbrennung der Sauerstoff im Überschuß vorhanden sein. Das wird dadurch erreicht, daß die Vergasung in einem Einsatzrohr vorgenommen wird, das mit einer Capillare durch den hinteren Stopfen ins Freie führt. Mit Hilfe eines T-Stücks wird der Sauerstoff einmal in dieses Einsatzrohr und zweitens direkt

---

[1] MAREK: Journ. prakt. Chem. (2), **73**, 359 (1906); **74**, 237 (1906). — Über *Cerdioxyd* als Kontaktsubstanz siehe BEKK: Ber. Dtsch. chem. Ges. **46**, 2574 (1913). — REIMER: Journ. Amer. chem. Soc. **37**, 1636 (1915); D. R. P. 285285 (1915). — LEVENE, BIEBER: Journ. Amer. chem. Soc. **40**, 461 (1918). — FISHER, WRIGHT: Journ. Amer. chem. Soc. **40**, 868 (1918).
[2] Siehe ferner DENNSTEDT: Ber. Dtsch. chem. Ges. **41**, 600 (1908); Chem.-Ztg. **32**, 77 (1908).   [3] ZULKOWSKY, LEPEZ: Monatsh. Chem. **5**, 538 (1884).
[4] Von Heraeus, Hanau, zu beziehen.

in das Verbrennungsrohr geleitet, der Sauerstoff ist also in einen Vergasungs-
strom und einen Verbrennungsstrom getrennt, und man hat daher die Geschwindigkeit der Vergasung und somit der Verbrennung vollständig in der Hand.
Abb. 74 zeigt diese Einrichtung. Der Sauerstoff geht für den inneren Strom
durch den Blasenzähler mit einigen Tropfen Schwefelsäure, für den äußeren noch

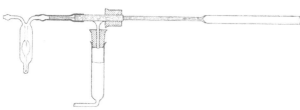

einmal durch ein kurzes
Chlorcalciumrohr.

Für sehr flüchtige
Substanzen wird diese
doppelte Sauerstoffzu-
führung durch ein ein-
faches, hinten geschlos-
senes Einsatzrohr (Abb.
75) ersetzt, für nur unter
Zersetzung bei hoher

Abb. 74. Sauerstoffzuführung nach DENNSTEDT.

Temperatur flüchtige Stoffe kann ein hinten offenes Einsatzrohr mit Ein-
schnürung benutzt werden (Abb. 76).

Die Substanz wird in dreiteiligen, porösen Porzellanschiffchen abgewogen
und in das Einsatzrohr geschoben, der vordere Teil des letzteren mit einem
Stab aus schwer schmelzbarem Glas ausgefüllt. Den Verlauf der Verbrennung
erkennt man am Aufglühen der Kontaktsubstanz oder auch an einer kleinen

Abb. 75 und 76. Einsatzrohre nach DENNSTEDT.

Flamme in der Mündung des Einsatzrohrs — dieses Flämmchen darf niemals
aus dem Einsatzrohr heraustreten — oder endlich an dem sich verdichtenden
Wasser im vorderen Teil des Verbrennungsrohrs.

Die Gewichtszunahme des Schiffchens ergibt die Menge etwa vorhandener
Aschenbestandteile.

Als *Absorptionsapparate* (Abb. 77 und 78) dienen für Wasser das gewöhnliche, aber mit eingeriebenen Stöpseln versehene Chlorcalciumrohr, für die

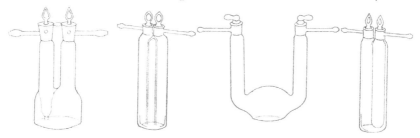

Abb. 77 und 78. Absorptionsapparate nach DENNSTEDT.

Kohlensäure Natronkalkapparate in „Entenform" oder „Stempelform" usw., die
eine so große Menge des Absorptionsmittels fassen, daß es für 20—30 Verbrennungen ausreicht. Das erlaubt, die Apparate mit Sauerstoff gefüllt zu wägen
und sie dauernd damit gefüllt zu lassen, so daß ihr Endgewicht gleich wieder als
Anfangsgewicht für eine neue Verbrennung dienen kann.

An die Absorptionsapparate schließt sich ein Fläschchen mit Palladium-
chlorürlösung, deren Trübung andeutet, wenn die Verbrennung unvollständig geblieben ist; solche Analysen sind zu verwerfen.

Für die Bestimmung des *Schwefels* und der *Halogene* wird das vorgelegte Bleisuperoxyd mit reiner Soda- oder Natriumhydroxydlösung, für die Bestimmung des *Jods* das molekulare Silber mit verdünnter Cyankaliumlösung extrahiert und in den Extrakten Schwefelsäure und Halogen bestimmt. Bei halogenhaltigen, aber stickstofffreien Stoffen kann dieses auch einfach aus der Gewichtszunahme des vorgelegten molekularen Silbers berechnet werden. Ist gleichzeitig *Schwefel neben Chlor und Brom* vorhanden, so wird die alkalische Extraktionsflüssigkeit aus dem Bleisuperoxyd in zwei Teile geteilt; in dem einen wird die Schwefelsäure, im anderen Chlor und Brom bestimmt.

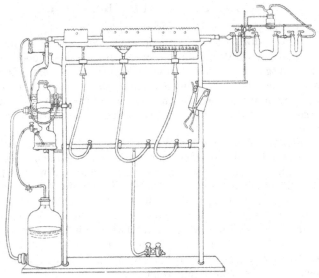

Abb. 79. Universalstativ nach DENNSTEDT.

Ist neben *Jod* noch *Schwefel* vorhanden, so muß außer molekularem Silber auch Bleisuperoxyd vorgelegt werden, es bleibt dann der zu Schwefeltrioxyd verbrannte Teil als Sulfat im molekularen Silber und läßt sich daraus durch Wasser extrahieren.

Nachdem man das Silber gefällt hat, gibt man das Filtrat nebst dem Waschwasser zu der Flüssigkeit, die man durch Extraktion des Bleisuperoxyds erhalten hat, und fällt mit Chlorbarium.

Als sehr praktisch hat sich das *tragbare Universalstativ* (Abb. 79) bewährt, das keiner näheren Erläuterung bedarf.

Das geschilderte Verfahren hat sich bisher fast in allen Fällen[1] bewährt. Es hat sich auch in solchen Fällen als brauchbar erwiesen, wo die Kupferoxydmethoden versagten.[2]

Da keine der sonst üblichen Methoden zur Schwefelbestimmung in organischen Substanzen das beschriebene Verfahren an Einfachheit, Bequemlichkeit und Genauigkeit übertrifft, so empfiehlt DENNSTEDT seine Anwendung auch dann, wenn

---

[1] Siehe dagegen WEIL: Ber. Dtsch. chem. Ges. **38**, 282 (1905). — DELBRIDGE: Amer. chem. Journ. **41**, 402 (1909). — FEIST: Ber. Dtsch. chem. Ges. **47**, 1180, Anm. (1914). — WEDEKIND, GOOST: Ber. Dtsch. chem. Ges. **49**, 948 (1916).

[2] Z. B. BIEHRINGER, BUSCH: Ber. Dtsch. chem. Ges. **36**, 135 (1903). — R. MEYER, SPENGLER: Ber. Dtsch. chem. Ges. **38**, 442 (1905). — MAYERHOFER: Monatsh. Chem. **28**, 593 (1907). — Siehe auch ZALESKI: Anz. Akad. Wiss. Krakau **1907**, 646; Chem. Ztrbl. **1908** I, 1060. — SCHOLL: Ber. Dtsch. chem. Ges. **43**, 342 (1910). — STRAUS, ACKERMANN: Ber. Dtsch. chem. Ges. **43**, 606 (1910).

man eine Bestimmung des Wasserstoffs und Kohlenstoffs nicht damit verbinden will,[1] ebenso ist die Methode für arsen- und quecksilberhaltige Substanzen verwertbar.[2]

VIII. Halbmikro-Verbrennungsmethoden (Zentigrammverfahren).

Für sehr viele Zwecke, namentlich dort, wo keine Mikrowaage zur Verfügung steht, hat sich die Anwendung von Methoden ausgezeichnet bewährt, zu deren Ausführung nur Zentigramme an Substanz benötigt werden.[3]

Methode von SUCHARDA, BOBRAŃSKI.[4,5]

Bei diesem Verfahren wird ein automatischer Regulator des Verbrennungsvorganges benutzt, doch ist die Methode auch ohne diesen anwendbar.

Man verwende aus flüssiger Luft erhaltenen Sauerstoff und bewahre ihn in einem großen Glasgasometer auf. Beim Überfüllen des Sauerstoffs aus der Stahlflasche wird die letztere mit dem Gasometer durch einen kurzen Kautschukschlauch verbunden, der vorher der künstlichen Alterung nach PREGL[6] durch einstündiges Erhitzen auf 100—110° und gleichzeitiges Durchsaugen von Luft unterworfen wurde.

Auf dieselbe Weise werden alle Verbindungsschläuche behandelt.

Der Gasometer ist mittels eines 4—5 cm langen Schlauchs, auf dem sich ein PREGLscher Präzisionsquetschhahn befindet, mit dem automatischen Regulator der Vergasungsflamme verbunden. Diesem Regulator folgt der Reinigungsapparat, der aus zwei Röhren besteht, die unter Vermittlung eines Hahns kommunizieren und mit eingeschliffenen Stöpseln verschlossen werden. Beim Füllen bringt man in das linke Rohr so viel Asbestwolle, bis eine schwach zusammengedrückte, 1 cm lange Asbestschicht entsteht. Darauf wird angefeuchteter Natronkalk (Korngröße etwa 2 mm) bis etwa 1 cm unter dem Stöpsel eingeführt, wonach wieder ein Asbestpfropfen folgt. Das rechte Rohr wird auf dieselbe Weise mit dem bei 180—200° getrockneten Chlorcalcium gefüllt, die Stöpsel vor-

---

[1] Siehe KYRIACOU: Diss. Heidelberg 1908, 28.

[2] FALKOV, RAIZIES: Journ. Amer. chem. Soc. **45**, 998 (1923). — Mikro-DENNSTEDT: RAPPAPORT: Mikrochemie **7**, 327 (1924). — Mikroanalyse nach der Mikro-DENNSTEDT-Methode Cas. Funk. München: J. F. Bergmann. 1925.

[3] COLLIE: Journ. chem. Soc. London **85**, 1111 (1904). — HACKSPILL, DE HEERECKEN: Compt. rend. Acad. Sciences **177**, 59 (1923). — POUGET, CHOUCHAK: Bull. Soc. chim. France (4), **3**, 75 (1908). — WISE: Journ. Amer. chem. Soc. **39**, 2055 (1917). — POLONOWSKI: Bull. Soc. chim. France (4), **35**, 414 (1924). — HACKSPILL: Ann. Chim. (10), **5**, 95 (1926). — BERL, BURCKHARDT: Ber. Dtsch. chem. Ges. **59**, 890, 897, 2682 (1926). — BERL, SCHMIDT, WINNACKER: Ber. Dtsch. chem. Ges. **61**, 83 (1928). — WAHL, SISLEY: Compt. rend. Acad. Sciences **186**, 1555 (1928); Bull. Soc. chim. France (4), **43**, 1279 (1928). — LAUER, DOBROVOLNY: PREGL-Festschr. 243 (1929). — BERGER: Journ. prakt. Chem. (2), **133**, 1 (1932). — CALVET, MOSQUERA: Anales Soc. Española Física Quim. **30**, 853 (1932). — KÜSPERT: Chem. Fabrik **6**, 63 (1933); Bull. Soc. chim. France (4), **53**, 697 (1933). — Halbmikro-DENNSTEDT: SLOTTA, MÜLLER: Die chemische Fabrik **7**, 380 (1934). — Rohrfüllung mit CuO-Bimsstein, $PbCrO_4$-Bimsstein: HENNIG: Sitzungsber. Akad. Leipzig, math.-phys. Kl. **85**, 182 (1933).

[4] Halbmikromethoden zur automatischen Verbrennung organischer Substanzen. Braunschweig: Vieweg & Sohn. 1929. — BOBRAŃSKI: Ztschr. analyt. Chem. **109**, 338 (1937).

[5] Die komplette Apparatur wird von der Firma Greiner & Friedrichs, Stützerbach i. Th. geliefert.

[6] Die quantitative organische Mikroanalyse, 3. Aufl., S. 55. Berlin: Julius Springer. 1930. — Neuerdings empfehlen PREGL, ROTH: Die quantitative organische Mikroanalyse, 4. Aufl., S. 31, 1935, Imprägnierung der Schläuche mit Paraffin. Zu beziehen von P. Haak, Wien.

sichtig erwärmt und mittels des KRÖNIGschen Glaskitts[1] in den Schliffen des Reinigungsapparats dicht befestigt.

Der Reinigungsapparat wird mit dem Verbrennungsrohr mittels eines dickwandigen, etwa 4 cm langen Kautschukschlauchs verbunden, in dem eine Capillare (4 cm lang, äußerer Durchmesser 4 mm, innerer $1/2$—1 mm) mit dem auf ihr *aufgelegten* Kautschukpfropfen K steckt. Dieser ist aus einem 2 cm langen dickwandigen Kautschukschlauch verfertigt (äußerer Durchmesser 9 mm, innerer etwa 1,5—2 mm). Er wird durch die Asbestscheibe P vor Einwirkung der strahlenden Wärme des Brenners B geschützt (Abb. 80).

Alle Verbindungsröhren stoßen im Innern der Kautschukverbindung dicht aneinander. Eine biegsame Verbindung ist nur zwischen dem Reinigungsapparat und dem Capillarrohr vorgesehen.

Das Innere der Kautschukschläuche sowie die Oberfläche des Pfropfens K wird mit einer minimalen Menge Glycerin (Paraffinöl) befeuchtet und der Überschuß desselben durch Auswischen mit Filtrierpapier vollständig entfernt. Der Präzisionsquetschhahn, der Regulator der Vergasungsflamme und der Reinigungsapparat sind auf einem Brett steif befestigt.

Man benutzt ein Verbrennungsrohr aus Jenaer Supremaxglas oder aus Quarz von 12 mm äußerem und 9 mm innerem Durchmesser. Das Verbrennungsrohr ist an einer Seite offen mit leicht umgeschmolzenem Rand, an der anderen Seite in einen 2 cm langen Schnabel von 3 mm äußerem Durchmesser und dem inneren Durchmesser von etwa 1 mm ausgezogen. Die Gesamtlänge des Rohrs beträgt 55 cm. Das Ende des Schnabels ist senkrecht zur Längsachse abgeschliffen.

Vor dem Füllen wird das Rohr mit Schwefelchromsäuremischung und dann mit Wasser gewaschen, darnach getrocknet. Man füllt das Rohr mit Hilfe eines 7 mm dicken Glasstabs der Reihe nach mit einer 10—15 mm langen Schicht von Silberwolle oder Silberdrahtnetz, 3 mm frisch ausgeglühtem, langfaserigem Asbest, 30 mm granuliertem „Bleisuperoxyd nach PREGL",[2] 3 mm Asbestwolle,[3] 30 mm Silberdrahtnetz und wieder 3 mm Asbestwolle. Jetzt bringt man in das Rohr unter leisem Zusammendrücken mit dem Glasstab so viel 20proz. Platinasbest, bis ein 30 mm langer Bremspfropf entsteht, dessen Zweck ist, während der Verbrennung bei einer Druckdifferenz von etwa 80 mm Wassersäule an seinen beiden Seiten einen Strom von 4—5 ccm Gas in der Minute durchzulassen. Man kontrolliert das, indem man das offene Ende des Rohrs mit dem Reinigungsapparat und den Schnabel mit der MARIOTTEschen Flasche verbindet und das bei einer Druckdifferenz von 80 mm aus der MARIOTTEschen Flasche während einer bestimmten Zeit abgetropfte Wasser mißt.[4] Während dieser Operation muß man auf den Teil des Rohrs, der den Platinasbest enthält, ein 3 cm langes Messingrohr aufschieben und ihn mittels eines Bunsenbrenners bis zur Rotglut erhitzen, weil sich die Dichtigkeit des Platinasbestpfropfens mit der Temperatur bedeutend ändert.

Auf den Bremspfropf folgt eine 200 mm lange Schicht eines Gemisches gleicher Gewichtsteile von Bimsstein, dessen einer Teil mit Kupferoxyd, der andere mit Bleichromat beschwert wurde.

Die Füllung des Rohrs wird mit einer 2 mm langen Asbestschicht und einem 10 mm langen Silberdrahtnetz abgeschlossen. Der leer gebliebene Teil des Rohrs

---

[1] Darstellbar durch Zusammenschmelzen von einem Teil Wachs und vier Teilen reinem Kolophonium.   [2] Bei E. Merck, Darmstadt, erhältlich.

[3] Vor Einbringen dieser Schicht reinigt man das Rohr durch etwas Asbest, der auf einem Draht aufgewickelt ist.

[4] Das an dem Regulator angebrachte Manometer soll dabei z. B. 60 mm Überdruck zeigen, während die MARIOTTEsche Flasche eine Druckerniedrigung von 20 mm hervorrufen soll.

(etwa 20 cm) dient während der Verbrennung zum Aufnehmen des mit der Substanz beschickten Porzellanschiffchens und der Glaseinlage *G* aus schwer schmelzbarem Glas, deren Zweck ist, die Durchströmungsgeschwindigkeit der Gase in

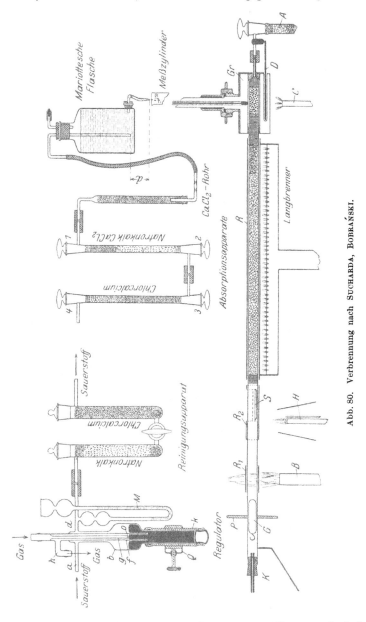

Abb. 80. Verbrennung nach SUCHARDA, BOBRAŃSKI.

dem hinteren Teil des Verbrennungsrohrs zu vergrößern und dadurch eine eventuelle Kondensation des Wasserdampfs zu verhindern.

Ein entsprechend langer Silberdrahtnetzstreifen wird so zusammengerollt, daß die entstandene Rolle leicht in das Rohr hineingeschoben werden kann. Diese Rolle wird in einem Reagensglas mit etwa 2 ccm reiner (chlorfreier) konzentrierter Salpetersäure und hierauf vorsichtig mit Wasser übergossen, bis das

Drahtnetz vollständig bedeckt wird. Tritt dabei nicht sofort heftige Reaktion ein, so beschleunigt man sie durch Erwärmen. Nach wenigen Sekunden wird die Flüssigkeit abgegossen, das Drahtnetz einige Male in demselben Reagensglas mit destilliertem Wasser und dann mit reinem Aceton gewaschen, wonach es herausgenommen, getrocknet und vorsichtig bis zu schwacher Rotglut erhitzt wird.

Der Bimsstein (Korngröße etwa 2 mm) wird mit Königswasser ausgekocht, mit Wasser dekantiert, getrocknet und stark geglüht. Man erhitzt ihn in einem Tiegel bis zur Rotglut und bringt ihn in eine durch Lösen von metallischem Kupfer in reiner Salpetersäure vorbereitete etwa 40proz. saure Kupfernitratlösung. Nach dem Erkalten wird der Überschuß der Lösung abgegossen, der Bimsstein getrocknet und stark geglüht. Auf analoge Weise wird der mit Bleichromat beschwerte Bimsstein vorbereitet. Die dazu erforderliche Lösung bereitet man durch Versetzen einer Bleiacetatlösung mit Chromsäure und nachheriges Auflösen des gefällten und gut gewaschenen Bleichromats in starker Salpetersäure.

Über das Verbrennungsrohr schiebt man drei Messingrohre R, R_1, R_2 hintereinander. R ist 260 mm lang (Wanddicke etwa 1 mm), R_1 30 mm lang (Wanddicke etwa 1 mm) und R_2 60 mm lang (Wanddicke $^1/_3$—$^1/_2$ mm). Das letzte Messingrohr ist mit einem Ausschnitt versehen, der 40 mm lang ist und bis zur Hälfte des Rohrdurchschnitts reicht. Es wird an dem Verbrennungsrohr durch zwei Ringe gehalten, deren einer, auf der Seite des Gasometers befindliche, 15 mm und der andere, der näher der oxydierenden Füllung liegt, 5 mm lang ist.

Das ganze Verbrennungsrohr samt den Messingröhren liegt auf zwei Stützen mit halbkreisförmigen Ausschnitten, die auf den Enden eines 25 cm langen Rohrbrenners befestigt sind. Das offene Ende des Rohrs ruht auf einem eisernen Stäbchen, das auf dem Brett, auf dem der Reinigungsapparat und der Regulator befestigt sind, aufgeschraubt ist. Das andere Ende des Verbrennungsrohrs, das Bleisuperoxyd enthält, steckt bis zum Schnabel in einer Granate Gr, die mit Petroleum vom Sdp. 190—200°[1] gefüllt ist.[2] Während der Verbrennung erhitzt man zum Sieden. Die Granate ist aus Messing verfertigt und mit einem Glasrohr als Kühler versehen. Dieses ist mit Bleiglätte-Glycerinkitt in einem Stutzen dicht befestigt, der mit der Granate durch eine Holländermutter zusammengehalten wird. In diesen Kühler hängt man ein Thermometer ein, dessen Quecksilberkugel das innere Messingrohr der Granate[3] berühren soll. Der im unteren Teil der Granate befindliche Kupferbügel D wird während der Verbrennung auf das Seitenröhrchen des Wasserabsorptionsapparats A gelegt.

Während der Nichtanwendung des Rohrs schließt man an den Schnabel ein Chlorcalciumrohr an. Dieses ist an der dem Rohr entgegengesetzten Seite mit einem Kautschukpfropfen verschlossen, in dem ein zweimal verengtes Röhrchen steckt.

B ist ein einfacher Bunsenbrenner, der während der Analysendauer vor dem Substanzschiffchen brennt, der andere, H, dient zum Erhitzen der Substanz. Dieser ist 17 cm hoch, 6—7 mm weit und mit einer Esse und Sparflamme versehen. Das Röhrchen, welches die Sparflamme trägt, besitzt einen besonderen Gaszufluß und ist bei der Mündungsöffnung des Brenners rechtwinklig gebogen,

---

[1] Die erforderliche Petroleumfraktion gewinnt man, indem man gewöhnliches Petroleum mit konzentrierter Schwefelsäure, dann mit Natronlauge und endlich mit Wasser ausschüttelt, mit Chlorcalcium trocknet und destilliert. Man fängt die Fraktion 180—220° auf, schüttelt sie mit einer Kaliumpermanganatlösung aus, trocknet und fraktioniert.

[2] Besser noch ist es, die thermostatische Granate mit Methylbenzoat (Sdp. 199°) zu beschicken. BOBRAŃSKI: Ztschr. analyt. Chem. 109, 338 (1937).

[3] Siehe dazu VERDINO: Mikrochemie 9, 123 (1931).

so daß die 2 mm lange Sparflamme tangentiale Richtung zum Umkreis des
Brenners hat.

Man verwendet die Absorptionsapparate nach BLUMER.[1] Die Verbindung
zwischen dem Schnabel des Verbrennungsrohrs und den Absorptionsapparaten
einerseits sowie zwischen den beiden Absorptionsapparaten untereinander wird
vermittels der nach PREGL imprägnierten Kautschukschläuche[2] bewerkstelligt.
Zum Verbinden des Wasserabsorptionsapparats mit dem Verbrennungsrohr dient
ein 15 mm langes Schlauchstück, die beiden Absorptionsapparate werden durch
ein 20 mm langes Stück verbunden.

Vor dem Gebrauch reinigt man die Apparate und trocknet sie. Dann bringt
man in einen Apparat etwas Asbestwolle und erzeugt durch leichtes Zusammendrücken von beiden Seiten mittels eines Glasstabs einen Pfropfen, der sich etwa
5 mm unter dem Glasstöpsel befinden soll. Darauf wird mit Chlorcalciumlösung
getränkter und bei etwa 200° getrockneter Bimsstein (Korngröße etwa 2 mm)
auf eine Länge von etwa 2 cm hineingebracht und hierauf Chlorcalcium von derselben Korngröße. Der Apparat wird mit einem gleichen Asbestpfropfen wie am
anderen Ende versehen. Dann reinigt man die Schliffe und schließt die Glasstöpsel, die unter Anwendung einer möglichst kleinen Menge Vakuumfett gedichtet werden. Der Absorptionsapparat für Kohlensäure wird in analoger Weise
zu zwei Drittel mit angefeuchtetem Natronkalk und zu einem Drittel mit
trockenem Chlorcalcium gefüllt, wobei beide Schichten durch einen etwa 3 mm
dicken Asbestpfropfen getrennt werden.

Nach jeder frischen Ladung wird der Wasserabsorptionsapparat mit Kohlendioxyd gefüllt und sein Inhalt etwa 10 Minuten unter dem Druck des Gases
gehalten. Dann saugt man durch den Apparat während etwa 10 Sekunden Luft
und füllt die beiden Absorptionsapparate mit Sauerstoff, indem man sie an das
Verbrennungsrohr anschließt. Man dreht die Hähne um 180°, nimmt die Apparate
ab, reinigt sie zuerst mit feuchtem, dann mit trockenem Leinwandläppchen und
wischt allseitig und sorgfältig mit einem Rehlederläppchen ab. Der Chlorcalcium-
apparat kann etwa 20—30mal benutzt werden, der Natronkalkapparat so lange,
bis der Gewichtszuwachs etwa 0,25 g beträgt. Werden aber die Verbrennungen
nicht unmittelbar nacheinander, sondern in größeren Zeitabständen ausgeführt,
dann müssen die Apparate vor jeder Verbrennung frisch gefüllt werden. Insbesondere betrifft dies den Kohlensäureabsorptionsapparat.

Automatische Regulierung der Verbrennung.

Zum Regulieren der Vergasung dient hauptsächlich der Regulator der Vergasungsflamme. Der zylindrische Behälter b und das mit ihm kommunizierende
Rohr f, in dem das Gaszuleitungsrohr und Gasableitungsrohr h eingeschmolzen
sind, sind mit Quecksilber bis zum Rohrende o gefüllt. Der Apparat wird mittels
der Röhren a und d zwischen dem PREGLschen Präzisionshahn und dem Reinigungsapparat eingeschaltet. Auf den unteren, verengten Teil des Behälters b
legt man einen 5—6 cm langen Kautschukschlauch k auf, der unten durch einen
Glasstab verschlossen ist. Der auf diesem Kautschukschlauch befindliche einfache
Quetschhahn Q dient dazu, das Quecksilberniveau in den kommunizierenden Gefäßen b und f beliebig ändern zu können. Jede Druckerhöhung im Verbrennungsrohr wirkt auf die Quecksilberoberfläche im Behälter b und verursacht das
Emporsteigen des Quecksilberniveaus in f. Wenn man also das Gas, welches zu
dem unter der Substanz befindlichen Brenner H geleitet wird, vorher durch das

---

[1] Erhältlich bei der Firma Greiner & Friedrichs, Stützerbach i. Th.
[2] Innerer Durchmesser $1\frac{1}{2}$—2 mm, äußerer Durchmesser etwa 8 mm.

Rohr g des Regulators streichen läßt, so wird dieses so lange dem Rohr g entströmen, um durch das Rohr h zu dem Brenner zu gelangen, bis das Quecksilber bei einer Druckerhöhung in der Apparatur das Rohrende o verschließt. Dieses Rohrende ist gegen die horizontale Richtung unter einem Winkel von 30° abgeschnitten und mit einer porösen Glasplatte abgeschlossen.

Der Apparat wird vor dem ersten Gebrauch gereinigt, dann mit dem Schlauch k und dem Quetschhahn Q versehen und das Manometerrohr M bis zum Nullpunkt der Teilung mit einer durch eine Spur festes Phenolphthalein gefärbten Kaliumcarbonatlösung gefüllt. Dann wird der Apparat zwischen dem Präzisionsquetschhahn und dem Reinigungsapparat eingeschaltet und bei geöffnetem Hahn des Reinigungsapparats von oben durch das Rohr g mit Quecksilber gefüllt. Das Quecksilberniveau soll etwa 4 mm unter das Rohrende o reichen. Jetzt verbindet man das Rohr h mit dem Brenner H, läßt das Gas in g einströmen und zündet den Brenner H an. Dann wird der Präzisionsquetschhahn geschlossen, der Gasometerhahn gänzlich geöffnet und der Präzisionsquetschhahn so lange vorsichtig aufgedreht, bis das Manometer einen Druck von 60 mm Wassersäule zeigt. Ist der Quetschhahn Q ganz aufgedreht, dann soll die Flamme etwa 5 cm hoch sein, und durch vollständiges Zudrehen dieses Quetschhahns soll sie sich verlöschen lassen. Ist dies nicht der Fall, so muß man die Quecksilbermenge entsprechend ändern.

Die Höhe der Vergasungsflamme muß für jede Substanz entsprechend eingestellt sein, was man durch Drehen des Quetschhahns Q am Regulator bewerkstelligen kann. Die Menge des während der Verbrennung aus der MARIOTTEschen Flasche herausgeflossenen Wassers zeigt den Sauerstoffzufluß bei der Verbrennung an. Er beträgt etwa 40—100 ccm, was einen etwa 200proz. Überschuß in bezug auf die zur Verbrennung theoretisch erforderliche Sauerstoffmenge bedeutet.

Damit die Gase den Bremspfropf passieren können, muß an seinen beiden Seiten eine Druckdifferenz herrschen. Man erreicht diese, indem man unter Anwendung des Präzisionsquetschhahns stets so viel Sauerstoff zuströmen läßt, daß in dem Teil der Apparatur zwischen dem Bremspfropf und dem Gasometer ein Überdruck von 60 mm Wassersäule herrscht.

Der Hebel der MARIOTTEschen Flasche soll so eingestellt werden, daß der auf diese Weise erzeugte Minderdruck d etwa 50 mm beträgt.

Das Ende der Verbrennung wird durch einen plötzlichen Druckabfall am Manometer auf weniger als 60 mm angezeigt.

Das frisch geladene Verbrennungsrohr wird vor dem Gebrauch gut ausgeglüht, wobei man zugleich die Bleisuperoxydschicht auf 190—200° erhitzt. Dabei verfährt man so, daß man den Schnabel des Rohrs mit der MARIOTTEschen Flasche verbindet, deren Hebel senkt und bei geschlossenem Hahn des Reinigungsapparats den Langbrenner und den Brenner C entzündet. Hört das Wasser auf, aus der MARIOTTEschen Flasche auszutropfen, so öffnet man den Hahn des Reinigungsapparats und stellt mittels des Präzisionsquetschhahns den Druck auf etwa 60 mm ein. Nach etwa sechsstündigem Glühen[1] hebt man den Hebel der MARIOTTEschen Flasche, schließt den Hahn des Gasometers und dann den des Reinigungsapparats. Jetzt verbindet man die frisch gefüllten Absorptionsapparate miteinander, nimmt das Chlorcalciumröhrchen von dem Verbrennungsrohr ab und verbindet es mit dem Natronkalkapparat, während man das freie Ende des Chlorcalciumapparats direkt an das Verbrennungsrohr anschließt. Dann legt man den Kupferbügel D auf das Seitenröhrchen des Chlorcalcium-

---

[1] Zugleich soll auch der leere Teil des Rohres mit einem beweglichen Brenner stark durchgeglüht werden.

apparats auf, senkt den Hebel der MARIOTTEschen Flasche, öffnet die Hähne der Absorptionsapparate, des Reinigungsapparats und des Gasometers und läßt durch das glühende Rohr und die Absorptionsapparate 200 ccm Sauerstoff bei den oben beschriebenen Druckverhältnissen durchstreichen. Sind aus der MARIOTTE-schen Flasche 200 ccm Wasser abgetropft, so hebt man den Hebel und schließt die Hähne des Gasometers und des Reinigungsapparats. Darnach dreht man alle Hähne der Absorptionsapparate der Reihe nach um 180°, indem man bei dem der MARIOTTEschen Flasche zunächst liegenden anfängt. Die Apparate werden nun von dem Verbrennungsrohr abgenommen und das Chlorcalciumröhrchen un-mittelbar an das Verbrennungsrohr angeschlossen, der Hebel der MARIOTTEschen Flasche wieder gesenkt und das Rohr weiter im Sauerstoffstrom geglüht.

Die Absorptionsapparate trennt man jetzt voneinander ab und wischt sie auf ihrer ganzen Fläche mit Lederläppchen ab. Dabei ist besondere Aufmerk-samkeit auf die Seitenröhrchen der Apparate zu richten, die man außen stark mit Rehlederläppchen abwischt und innen mit einem von diesem Läppchen ab-geschnittenen, zusammengerollten Streifen vollständig reinigt. Ferner werden die Apparate neben der Waage auf ein Messingdrahtgestell so gelegt, daß sie nur in zwei Punkten unterstützt werden, und nach 10 Minuten gewogen. Dabei ergreift man den Apparat durch das Rehlederläppchen, öffnet einen Hahn auf einen Moment zwecks Ausgleichung der Drucke und legt den Apparat mittels einer langen Pinzette, die an ihren Enden mit den mit Rehleder ausgekleideten halbkreisförmigen Griffen versehen ist, auf die Waagschale auf. Das Wägen führt man auf einer Analysenwaage aus, welche die vierte Dezimalstelle ganz sicher festzustellen gestattet. Dann werden die Apparate wieder mit dem Ver-brennungsrohr, wie oben beschrieben, verbunden und durch die ganze Apparatur 200 ccm Sauerstoff hindurchgelassen. Man schließt die Apparate, nimmt sie von dem Verbrennungsrohr ab, reinigt sie, und nach Ablauf von 10 Minuten wägt man. Das Gewicht des Chlorcalciumröhrchens soll dabei nicht mehr als 0,1 mg zunehmen, der Natronkalkapparat soll keinen Gewichtszuwachs zeigen. Sind größere Gewichtszunahmen beobachtet worden, so muß das Rohr noch länger geglüht werden. *Bevor man zur ersten Analyse schreitet, versäume man niemals, sich von der Vollständigkeit der Ausglühung zu überzeugen.*

Die mit Sauerstoff gefüllten Apparate[1] reinigt man auf die oben beschriebene Weise und legt sie auf dem Drahtgestell neben die Analysenwaage. Das Porzellan-schiffchen[2] wird ausgeglüht und auf ein Kupferblöckchen gelegt.

Während die Apparate zur Wägung „reifen", verbindet man das Chlor-calciumröhrchen, das an einer Seite mit dem Schnabel des Verbrennungsrohrs verbunden ist, mit der MARIOTTEschen Flasche, senkt deren Hebel, entzündet den Langbrenner und die Flamme unter der Granate und öffnet, wenn das Wasser aus der MARIOTTEschen Flasche nicht mehr abfließt, zuerst den Hahn des Reinigungsapparats, dann den des Gasometers und stellt durch Drehen des Präzisionsquetschhahns den Druck am Manometer auf 60 mm ein. Jetzt glüht man den leeren Teil des Verbrennungsrohrs in einer Entfernung von 7—8 cm, von dem Kautschukpfropfen beginnend, aus. Dann leitet man das Gas in den Regulator der Vergasungsflamme ein, entzündet den Brenner 5, überzeugt sich (wenn das Verbrennungsrohr schon eine gleichmäßige Temperatur erreicht hat), ob der Druck von 60 mm am Manometer ungeändert bleibt, und stellt die Ver-gasungsflamme durch Drehen des Quetschhahns Q auf die entsprechende Höhe. Für leicht flüchtige Substanzen wählt man eine 10—20 mm hohe Flamme,

---

[1] Waren die Apparate mehr als einen Tag nicht gebraucht, so müssen sie frisch mit Sauerstoff gefüllt werden.   [2] Länge 31 mm, Breite 7,5 mm, Höhe 4 mm.

während man für weniger flüchtige eine größere Flamme anwendet. *Man stelle lieber eine kleinere als eine größere Flamme ein*, niemals soll diese die Höhe von 30—40 mm überschreiten.

Nach etwa 10 Minuten wägt man die Absorptionsapparate. Dann wird die reine[1] Substanz in einer Menge von 2—3 cg abgewogen.[2] Zum Übertragen des Schiffchens bediene man sich stets einer Pinzette. Nach der Wägung wird das Schiffchen auf ein Kupferblöckchen gelegt, samt diesem auf den Tisch, auf welchem die Verbrennungseinrichtung aufgestellt ist, übertragen und mit einer Krystallisierschale überdeckt. Jetzt stellt man den Hebel der MARIOTTEschen Flasche hoch, schließt den Hahn des Gasometers, zieht das Chlorcalciumröhrchen von dem Verbrennungsrohr ab, schaltet die Absorptionsapparate ein und schließt das mit der MARIOTTEschen Flasche verbundene Chlorcalciumröhrchen an den Natronkalkapparat an. Dann entfernt man den Kautschukpfropfen aus dem Verbrennungsrohr, hebt das Kupferblöckchen mit dem gefüllten Schiffchen bis an den Rand des Verbrennungsrohrs und schiebt das Schiffchen unter Anwendung einer Pinzette und eines am Ende hakenförmig gebogenen, 20 cm langen Messingdrahts in das Verbrennungsrohr hinein, so daß es sich an der Stelle des Ausschnittes des Messingrohrs R_2 befinde. Hierauf bringt man in das Rohr die Glaseinlage G (die sonst in einem Wägegläschen aufbewahrt wird) und steckt wieder den Kautschukpfropfen in das Verbrennungsrohr hinein. R_2 soll mit einem Ende bis zu dem Silberdrahtnetz reichen, R_1 dagegen soll sich im Abstand von etwa 3 cm von R_2 befinden.

Man senkt den Hebel der MARIOTTEschen Flasche, um 50 mm Minderdruck zu erzeugen, öffnet die Hähne der Absorptionsapparate, legt den Kupferbügel auf das Seitenröhrchen des Chlorcalciumapparats und entzündet B. Dieser Brenner soll R_1 während des ganzen Verbrennungsprozesses zur Rotglut erhitzen. Fließt das Wasser aus der MARIOTTEschen Flasche nicht mehr ab (ein Zeichen der Dichtheit der Apparatur), so öffnet man den Sauerstoffzufluß, stellt den Druck genau auf 60 mm ein und schiebt H[3] unter das Ende des Verbrennungsschiffchens S.

Nach Ablauf von 5—30 Minuten ist die Verflüchtigung der Substanz beendigt.[4] Man löscht H, schiebt ihn zur Seite und glüht den Teil des Rohrs von der Glaseinlage beginnend bis zu dem langen Messingrohr mit dem Brenner B durch.

Bis zum Ende des eigentlichen Verbrennungsprozesses sind aus der MARIOTTEschen Flasche etwa 40—100 ccm Wasser abgeflossen. Jetzt läßt man noch durch das Rohr 150—200 ccm Sauerstoff streichen. Darnach wird der Bügel von dem Seitenröhrchen des Wasserabsorptionsapparats entfernt, die Apparate werden geschlossen, ausgeschaltet, gereinigt, neben dem Waagegehäuse auf einem Drahtgestell 10 Minuten liegengelassen und gewogen.

Verbrennung von flüssigen Substanzen.

Ein gereinigtes Rohr von etwa 4—5 mm Durchmesser wird an einigen Stellen bis zum Weichwerden erhitzt und ausgezogen, derart, daß die entstandenen Verjüngungen einen Durchmesser von etwa 2 mm und eine Länge von etwa 4 mm erreichen, während die Länge der entstandenen Blase etwa $^1/_2$ cm betragen soll

---

[1] Über den Einfluß der Verunreinigungen auf die Analysenresultate siehe BENE-DETTI, PICHLER: Ztschr. analyt. Chem. **61**, 305 (1922).

[2] Von den Substanzen, die über 60% C enthalten, wäge man 2,5—3 cg ab.

[3] Man soll sich überzeugen, ob die Flamme ihre ursprüngliche Höhe, auf die sie eingestellt wurde, beibehalten hat.

[4] Der Druck fällt dann plötzlich auf kurze Zeit unter 60 mm ab.

(Abb. 81). Darauf werden die Verjüngungen mittels einer scharfen Feile in der Mitte durchgeschnitten, wodurch man ganz winzige Gefäße erhält, die von zwei Seiten durch 2 mm weite Röhrchen begrenzt sind (*1*). Jetzt schmilzt man eines von diesen Röhrchen in einer kleinen Flamme so zu, daß ein Stäbchen entsteht, das als Handgriff bei den nachfolgenden Operationen dienen soll, und schmilzt dessen Ende zu einer kleinen Glaskugel zusammen. Durch das andere Röhrchen bringt man in das kleine Gefäß einige Körnchen Kaliumchlorat hinein, die man durch leichtes Anschmelzen im Innern des Gefäßchens befestigt (*2*). Dann werden wenige Körnchen von gereinigtem Bimsstein hineingebracht, und das Röhrchen wird zu einer Capillare ausgezogen (*3*). Zwecks Einführung der Flüssigkeit erhitzt man leicht das gewogene Gefäßchen und steckt das Ende des Capillarröhrchens in die Flüssigkeit. Wird die Flüssigkeit eingesaugt, so ergreift

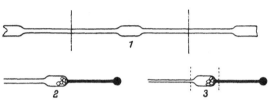

Abb. 81. Verbrennung von Flüssigkeiten.

man den Stiel des Gefäßchens, und indem man es mit der Capillare nach oben gerichtet hält, bringt man durch leises Anklopfen mit der Hand den Rest der Flüssigkeit aus der Capillare in das Innere des Gefäßchens hinein. Um die Flüssigkeit vollständig aus der Capillare zu entfernen, zieht man sie einige Male schnell durch eine Flamme, wonach man sie von außen abwischt, zuschmilzt und nach 10 Minuten zur Wägung bringt. Unmittelbar vor Einführung des gefüllten Gefäßchens in das Verbrennungsrohr schneidet man die Capillare und den Stiel an den in der Abb. 81 (*3*) mit gestrichelten Linien bezeichneten Stellen ab, wonach man es samt Capillare auf ein Verbrennungsschiffchen legt und in das Rohr, mit dem offenen Ende auf das Silberdrahtnetz gerichtet, einschiebt. Leicht flüchtige Substanzen werden ohne Benutzung des Brenners *H* und des Regulators verbrannt, indem sie unter Einwirkung der durch den erhitzten Sauerstoff gebrachten Wärme verflüchtigt werden.

Bemerkungen zu der Methode von Sucharda, Bobranski.

Für gewisse Substanzen ist es vorteilhafter, die Verbrennung im Luftstrom zu beginnen.

Luft und Sauerstoff passieren zunächst einen Preglschen Druckregler, hierauf ein zirka 18 cm langes senkrecht gestelltes Natronkalk-Chlorcalciumrohr, dann den Blasenzähler (Pregl) und nochmals ein kleineres U-Rohr mit Natronkalk, Chlorcalcium. Schließlich werden beide Gasströme in einem Dreiweghahn vereinigt.

Das Verbrennungsrohr kann auch in einem Dennstedt-Ofen liegen und mit Bleichromat-Kupferoxyd, Silberwolle und Bleisuperoxyd gefüllt werden. Letzteres in der Granate.

Die Absorptionsapparate kann man in der Preglschen Ausführungsform anwenden, das Chlorcalciumrohr 11 cm lang, das Natronkalkrohr 17 cm. An Stelle von Natronkalk wird Ascarite[1] empfohlen.

Siehe auch Lauer, Dobrovolny: Pregl-Festschrift 243 (1929), und Wise: Journ. Amer. chem. Soc. 39, 2055 (1917). Anwendung der Preglfüllung.

---

[1] Respektive Natronasbest von Merck; siehe dazu Hernler: Emich-Festschr. 150 (1930).

Methode von TER MEULEN, HESLINGA.[1]

Bei dieser ebenfalls sehr empfehlenswerten Methode wird zur Rohrfüllung Mangandioxyd benutzt.

Zur Darstellung desselben werden 365 g krystallisiertes Mangansulfat in 2 l Wasser und Salpetersäure gelöst und eine Lösung von 160 g Kaliumpermanganat in 4 l Wasser zugefügt.

Der ausgefällte Braunstein wird durch Dekantieren mit heißem Wasser sulfatfrei gewaschen, leicht abgenutscht und durch ein Eisendrahtnetz (Maschenweite 2 mm) gekörnt. Man trocknet zunächst in dünner Schicht im Trockenschrank, dann eine halbe Stunde auf dem Sandbad bei 300°.

Das Verbrennungsrohr ist 34 cm lang; äußerer Durchmesser 0,9 cm. Man schiebt eine $1^1/_2$ cm lange Kupferspirale 8 cm hinein. Darauf kommen 10 cm einer Mischung gleicher Teile Mangandioxyd und Bleisuperoxyd (gekörnt). Hierauf $3^1/_2$ cm Bleisuperoxyd und eine $1^1/_2$ cm lange Kupferspirale (Abb. 82).

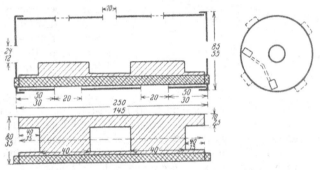

Abb. 82. Verbrennung nach TER MEULEN, HESLINGA.

Die Bleisuperoxydschicht soll $2^1/_2$ cm aus dem Ofen herausragen. Man leitet einen getrockneten Sauerstoffstrom (4 Blasen in der Sekunde) durch das Rohr.

Über das kürzere Ende des letzteren schiebt man ein 4 cm langes Kupferrohr. Man heizt mit 2 Brennern auf 380—390°. Durch mehrstündiges Erhitzen im Sauerstoffstrom wird das Rohr getrocknet.

30—50 mg Substanz werden in einem Platinschiffchen abgewogen und das Schiffchen so weit eingeschoben, daß es 3—4 cm vor dem Ofenende steht. Über dieses Rohrende schiebt man ein 3 cm langes Eisendrahtnetz. Die Absorptionsapparate werden angeschaltet und das System auf Dichtigkeit geprüft. Man verbrennt im Luft- oder Sauerstoffstrom. Bei den meisten Stoffen genügt Erhitzen auf 400°, in wenigen Fällen muß bis 450° gegangen werden.

Zur Herstellung des Verbrennungsofens macht man aus starkem verzinktem Eisenblech oder aus Aluminium einen Zylinder, der an der Oberseite eine Öffnung für das Thermometer und auf der Unterseite zwei Öffnungen für die Wärmezuführung erhält. Die beiden Verschlußdeckel besitzen ebenfalls Öffnungen (Abb. 82).

――――――――

[1] TER MEULEN, HESLINGA: Rec. Trav. chim. Pays-Bas **1924**, 181. — Neue Methoden der organisch-chemischen Analyse. Leipzig: Akad. Verl.-Ges. 1927. — ORTHNER, REICHEL: Organisch-Chemisches Praktikum. Berlin: Verlag Chemie. 1929. — GRIFFING, ALSBERG: Journ. Amer. chem. Soc. **53**, 1037 (1931). — KIRK, McCALLA: Mikrochemie **12**, 87 (1932). — CONTARDI, FERRI: Atti R. Accad. Scienze Torino, fisich. mat. nat. **68**, 181 (1933). — HEINEMANN: El. Ofen, Chem.-Ztg. **58**, 991 (1934); Journ. Amer. chem. Soc. **53**, 1037 (1931). — *Apparat für automatische Verbrennung:* REIHLEN, WEINBRENNER: Chem. Fabrik **7**, 63 (1934). — *Mikroverbrennung:* Mikro-

Aus dünner Asbestpappe wird ein Streifen ausgeschnitten, dessen Längs-
kanten mit Schienen aus dünnem Weißblech eingefaßt werden, die über die
Enden je 1 cm herausragen. Der angefeuchtete Asbest wird über einem Winkel-
eisen geknickt und der dachförmige Streifen in den Ofen eingeführt. Die beiden
Deckel erhalten entsprechende Einschnitte zum Durchstecken der Blechstreifen
des Asbestdachs. Nach dem Aufstecken der Deckel biegt man die vorstehenden
Streifen um. Der Zylinder wird nun mit einer Lage starker, entsprechend ge-
lochter und angefeuchteter Asbestpappe so umkleidet, daß der Asbestmantel
3—4 mm auf beiden Seiten übersteht. Dann setzt man beiderseits gelochte
Asbestdeckel ein. Alle Fugen werden mit einem Brei von Asbestpappe und
Wasserglas bestrichen und schließlich der ganze Asbestbezug mehrmals mit

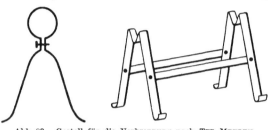

einem Anstrich aus Wasserglaslösung versehen. Man umwickelt
mit Bindfaden und läßt im
Trockenschrank vollkommen
trocknen. An den beiden Enden
faßt man den Ofen durch entsprechend gebogene Bandeisen,
die zugleich als Gestell dienen
(Abb. 83). Bequemer ist ein
Aluminiumblock.[1]

Abb. 83.   Gestell für die Verbrennung nach TER MEULEN,
HESLINGA.

Für die Analyse stickstoff-
haltiger Substanzen wird der aus dem Ofen herausragende Teil des Rohrs mit
Bleisuperoxyd beschickt. Enthält die Substanz Schwefel, so wird die Mangan-
superoxydschicht um 2 cm verlängert. Halogenhaltige Substanzen erfordern zur
Füllung des Rohrs eine Mischung von Mangansuperoxyd und Bleidioxyd.

Verfahren zur automatischen Verbrennung haben DEIGLMAYR[2] und PREGL[3]
angegeben. — Siehe auch S. 134.

Bestimmung des Wasserstoffs allein.

Hat man aus irgendeinem Grund — z. B. um zwischen zwei Formeln, bei
denen die Zahlen nur für den Wasserstoff außerhalb der Fehlergrenze differieren,
zu entscheiden — auf die genaue Bestimmung des Wasserstoffs besonderes Gewicht zu legen, so führt man die Verbrennung nach LIEBIG mit außergewöhnlich
großen Substanzmengen — 1 g oder noch mehr — aus und wägt nur das entstandene Wasser.[4]

IX. Elementaranalyse auf nassem Wege.

Es ist oftmals versucht worden,[5] die vollständige Oxydation organischer Substanzen auf nassem Weg zu erzielen, indes ist keines der angegebenen Verfahren
von allgemeiner Anwendbarkeit, abgesehen davon, daß naturgemäß bei der-

chemie **10**, 321, 329 (1931); **9**, 350 (1931). — S. a. SLOTTA, MÜLLER: Chem. Fabrik **7**,
380 (1934). — LACOURT: Bull. Soc. chim. Belgique **43**, 93 (1934).
[1] TER MEULEN: Rec. Trav. chim. Pays-Bas **53**, 123 (1934).
[2] DEIGLMAYR: Chem.-Ztg. **26**, 520 (1902); Ber. Dtsch. chem. Ges. **35**, 1978 (1902).
[3] PREGL: Ber. Dtsch. chem. Ges. **38**, 1439 (1905). — Vgl. ABDERHALDEN,
ROSTOCKI: Ztschr. physiol. Chem. **46**, 135 (1905). — GANSSER: Ztschr. physiol. Chem.
61, 34 (1909).
[4] V. MEYER: Ber. Dtsch. chem. Ges. **14**, 1465 (1881). — R. MEYER, KISSIN:
Ber. Dtsch. chem. Ges. **42**, 2827 (1909).
[5] BRUNNER: Pogg. **95**, 379 (1855). — WANKLYN, COOPER: Ber. Dtsch. chem.
Ges. **11**, 1835 (1878). — CROSS, BEVAN: Journ. chem. Soc. London **53**, 889 (1888). —
MESSINGER: Ber. Dtsch. chem. Ges. **21**, 2910 (1888); **23**, 2756 (1890). — GEHREN-
BECK: Ber. Dtsch. chem. Ges. **22**, 1694 (1889). — KJELDAHL: Ztschr. analyt. Chem. **31**,

artigen Bestimmungen auf die Ermittlung des Wasserstoffgehalts verzichtet werden muß.

Wenn es demnach für die Elementaranalyse selbst im allgemeinen entbehrlich ist, so wird man sich doch der Oxydation nach MESSINGER für die Untersuchung explosiver,[1] schwefel-,[2] arsen-,[3] phosphor-,[4] thallium-,[5] bor-,[6] quecksilber-[7] und so weiter haltiger Substanzen öfters mit Vorteil bedienen.[8]

Nach STRUSS[9] ist das Chlorhydrat der 4-Aminocumarilsäure nur nach MESSINGER analysierbar. Gleiches gilt nach ALBERT, HURTZIG für das Imidsulfat und Acetylderivat des Diaminoindigo.[10]

Die *Kohlenstoffbestimmung* wurde hier mit der von KÜSTER, STALLBERG[11] beschriebenen Apparatur ausgeführt.

Vor der Vornahme der Wägungen wird das bereits ausgeglühte Verbrennungsrohr, das eine Schicht von etwa 20 cm Bleichromat mit Kupferoxyd zwischen zwei Kupferspiralen enthält, unter dieser Schicht angeheizt. Die Substanz — ungefähr 0,2 g — wird in einem zirka 5 cm langen und $^1/_2$ cm weiten Gläschen abgewogen, mit Gummiring an einem Glasstab befestigt und in den waagrecht gehaltenen Kolben eingeführt. Jetzt stellt man den Kolben senkrecht, läßt die Substanz durch Klopfen an dem Glasstab hinabgleiten und wägt das Gläschen zurück. Zu der Substanz gießt man durch das Lufteinleitungsrohr, das beinahe bis auf den Boden reicht, 25 ccm konzentrierte kohlenstofffreie Schwefelsäure. Ein zweites, etwas weiteres Glasrohr, das gleichfalls durch den Gummistopfen, aber nur bis zu dessen unterem Rand, führt, wird durch einen kurzen Gummischlauch mit einem schiffchenartigen, horizontal gehaltenen, etwa 10 cm langen Glasrohr verbunden, das 5—6 g reines Kaliumpyrochromat enthält. Um das etwa in das kurze Einfüllrohr und den Chromatbehälter eintretende Kohlen-

214 (1892). — KÜSTER, STALLBERG: Liebigs Ann. **278**, 215 (1893). — KRÜGER: Ber. Dtsch. chem. Ges. **27**, 611 (1894). — PHELPS: Amer. Journ. Science (4), **4**, 372 (1897). — FRITSCH: Liebigs Ann. **294**, 79 (1897). — BERL, INNES: Ber. Dtsch. chem. Ges. **42**, 1305 (1909). — TANGL, v. KERESZKY: Biochem. Ztschr. **32**, 266 (1911). — SIMONIS, THIES: Chem.-Ztg. **36**, 917 (1912). — CROSS, BEVAN: Chem.-Ztg. **36**, 1226 (1912). — THIES: Beiträge zur Elementaranalyse auf nassem Wege. Münster i. W.: Theissing. 1913; Chem.-Ztg. **38**, 115 (1914); **44**, 548 (1920). — HIBBARD: Ind. engin. Chem. **11**, 941 (1919). — ROBERTSON hat [Journ. chem. Soc. London **107**, 902 (1915); **109**, 215 (1916)] das Verfahren von THIES nacherfunden. — SANCHEZ: Chem. Ztrbl. **1930 II**, 3609. — KUHN, L'ORSA: Ztschr. angew. Chem. **44**, 847 (1931). — ENGEL: Ztschr. analyt. Chem. **96**, 319 (1934).
    [1] THIELE, MARAIS: Liebigs Ann. **273**, 151 (1893). — BILTZ, STEPF: Ber. Dtsch. chem. Ges. **37**, 4029 (1904).
    [2] ZINCKE, KRÜGER: Ber. Dtsch. chem. Ges. **45**, 3474 (1912).
    [3] STEINKOPF, MÜLLER: Ber. Dtsch. chem. Ges. **54**, 845 (1921). — STEINKOPF, BUCHHEIM: Ber. Dtsch. chem. Ges. **54**, 1030 (1921). — STEINKOPF, WOLFRAM: Ber. Dtsch. chem. Ges. **54**, 852 (1921).
    [4] DENNSTEDT: Entwicklung usw., S. 74. — MICHAELIS: Liebigs Ann. **407**, 290 (1915).
    [5] MEYER, BENTHEIM: Ber. Dtsch. chem. Ges. **37**, 2059, Anm. (1904); siehe S. 263.
    [6] DIMROTH, RUCK: Liebigs Ann. **446**, 128 (1926).
    [7] VORLÄNDER, EICHWALD: Ber. Dtsch. chem. Ges. **56**, 1151 (1923). — DIETERLE, DICKENS: Arch. Pharmaz. **264**, 282 (1926).
    [8] Siehe das Register. — Ferner BERL, INNES: Ber. Dtsch. chem. Ges. **42**, 1305 (1909). — BUSCH, FLEISCHMANN: Ber. Dtsch. chem. Ges. **43**, 744 (1910). — DIETERLE: Arch. Pharmaz. **261**, 98 (1923). — GADAMER: Arch. Pharmaz. **263**, 97 (1925). — SIMON, GUILLAUMIN: Compt. rend. Acad. Sciences **176**, 1065 (1923). — FREUND, BODSTIBER: Biochem. Ztschr. **136**, 142 (1923). — MORGAN, DAVIES: Journ. chem. Soc. London **123**, 236 (1923). — WHITE, HOLBEN: Ind. engin. Chem. **17**, 83 (1925). — LEHMSTEDT: Liebigs Ann. **456**, 262 (1927). — FRIEDEMANN: Ztschr. ges. Schieß- u. Sprengstoffwesen **24**, 208 (1929).   [9] STRUSS: Diss. Rostock 1907, 39.
    [10] ALBERT, HURTZIG: Ber. Dtsch. chem. Ges. **52**, 534 (1919). — HURTZIG: Diss. München 1919, 38.   [11] KÜSTER, STALLBERG: a. a. O.

dioxyd von dort zu verdrängen, wird nach dem Lufttrocknungsapparat ein T-Stück eingeschaltet, so daß sowohl durch das eigentliche Lufteinleitungsrohr wie das Einfüllröhrchen ein durch Quetschhähne regulierbarer Luftstrom geleitet werden kann. Das mit Substanz und Schwefelsäure beschickte Kölbchen wird in einem Stativ befestigt, die Verbindung zur Lufteinleitung hergestellt, das Ansatzrohr, das sich direkt unter dem Gummistopfen befindet, durch einen Schlauch mit einem U-Rohr verbunden, das mit konzentrierter Schwefelsäure getränkte Glaswolle enthält, um etwa mitgerissene Feuchtigkeitströpfchen zurückzuhalten, und mit dem Verbrennungsrohr verbunden ist. Ist diese Verbindung hergestellt, wird das Bleichromat stärker erhitzt. Endlich wird der Kaliapparat und das Chlorcalciumrohr angesetzt. Unter Durchleitung eines langsamen Luftstroms wird mit der Oxydation begonnen. In etwa 20 Minuten gibt man durch Neigen des Chromatbehälters dessen Inhalt zu. Bei der Verbrennung des freien Imids setzt nach Zugabe von wenig Pyrochromat bei leichter Erwärmung mit einer kleinen Flamme die Kohlensäureentwicklung ein, die jetzt durch Zugabe von weiterem Pyrochromat reguliert werden kann. Erst wenn die Kohlensäureentwicklung schwächer wird, beginnt man mit dem Erhitzen des Kolbens. In dem Maß, wie die Gasentwicklung nachläßt, vergrößert man allmählich die Flamme. Man erhitzt so lange, bis die Lösung grün geworden und sich ein hellgrüner Niederschlag von Kaliumchromalaun absetzt. Gegen Ende der Oxydation darf man ziemlich stark erhitzen und, um Stoßen zu verhindern, den Kolben leicht umschütteln. Jetzt wird die Flamme entfernt und ein lebhafter Luftstrom durchgeleitet. Hier ist Vorsicht geboten, erstens, daß die Flüssigkeit im Kaliapparat nicht angesaugt wird, und zweitens, daß nicht plötzlich, wenn Ausgleich bei der Abkühlung des Kolbens mit der eingeleiteten Luft erfolgt ist, das noch im Verbrennungsrohr befindliche Kohlendioxyd zu rasch durch den Kaliapparat getrieben wird. Nachdem man noch einige Zeit einen lebhaften Luftstrom durchgeleitet hat, kann der Kaliapparat abgenommen und dann gewogen werden.

Zur Ausführung der *Stickstoffbestimmung* spült man den Oxydationsrückstand sofort in einen Destillationskolben. In diesen gibt man so viel Wasser, daß die Lösung etwa 300 ccm einnimmt, setzt einen Tropftrichter auf, verbindet den Kolben mittels eines Kühlers mit einer geeigneten Vorlage, in die man eine genau abgemessene Menge $n/10$-Salzsäure und 50 ccm Wasser gibt, läßt etwa 100 ccm 30proz. Natronlauge zufließen und destilliert endlich das entstehende Ammoniak ab.

Anwendung von Persulfat: FRANZ, LUTZE: Ber. Dtsch. chem. Ges. **57**, 768 (1924).

Mikroanalyse nach MESSINGER, FRITSCH: DIETERLE: Arch. Pharmaz. **262**, 35 (1924). — KLEIN, STREBINGER: Fortschritte der Mikrochemie, S. 361. Wien: Deuticke. 1928. — LIEB, KRAINICK: Mikrochemie **9**, 367 (1931). — (Silberbichromat) SCHLADENDORFF, ZACHERL: Mikrochemie **9**, 367 (1931); **10**, 99 (1931). — Siehe auch das Register.

ROBERTSON hat ein Verfahren angegeben, Kohlenstoff und Halogen in einer Probe zu bestimmen.[1]

Verfahren von HILPERT.[2]

Die nasse Verbrennung läßt sich, wie von HILPERT gefunden wurde, fast immer umgehen, wenn man mit *feuchtem* Sauerstoff oxydiert.

---

[1] ROBERTSON: Journ. chem. Soc. London **109**, 215 (1916).
[2] HILPERT: Ber. Dtsch. chem. Ges. **46**, 950 (1913). — DIMROTH, HEENE: Ber. Dtsch. chem. Ges. **54**, 2938 (1921). — GOLDSCHMIDT, RENN: Ber. Dtsch. chem. Ges. **55**, 636 (1922). — WELTZIEN, MICHEEL, HESS: Liebigs Ann. **433**, 262 (1923).

Auf diese Art gelang z. B. die Verbrennung des *Aluminiumphenyls*, das, in der üblichen Weise behandelt, stets explodierte.

Die Methode hat sich namentlich auch bei *stickstoff-* und *phosphorhaltigen* Substanzen sehr bewährt, nicht aber bei arsenhaltigen.[1]

Zur Verbrennung wird, wenn man auch den Wasserstoff bestimmen will, in üblicher Weise vorgegangen. Dann wird eine neue Chlorcalciumröhre einge- schaltet und die Luft, oder der Sauerstoff, nunmehr durch eine mit Wasser be- schickte Waschflasche geleitet.

Im allgemeinen wird es aber besser sein, auf die Bestimmung des Wasserstoffs in derselben Probe zu verzichten.

Vorsicht muß man lediglich anwenden, wenn man (bei stickstoffhaltigen Sub- stanzen) eine reduzierte Kupferspirale benutzt, da dann auch diese leichter als sonst oxydiert wird.

Ferner ist es zweckmäßig, zur Absorption der letzten Spuren von Feuchtig- keit eine zirka 5 cm lange (nicht U-förmige) Röhre mit Phosphorpentoxyd zwischen Chlorcalciumrohr und Kaliapparat einzuschalten.

Das Chlorcalciumrohr muß sehr groß sein; noch besser wird ein Chlorcalcium- turm angewendet.

X. Elementaranalyse auf elektrothermischem Wege.

LEVOIR: Elektr. Rundschau 47, 88 (1889). — OSER: Monatsh. Chem. 11, 486 (1890). — CARRASCO, CARRASCO, PLANCHER: Atti R. Accad. Lincei (Roma) 14 II, 608, 613 (1905); Gazz. chim. Ital. 36 II, 492 (1906). — HERAEUS: Pharmaz. Ztg. 50, 218 (1905). — TAYLOR, THESIS: Bull. Johns Hopkins Univ. 1905. — HOLDE: Ber. Dtsch. chem. Ges. 39, 1615 (1906). — KONEK: Ber. Dtsch. chem. Ges. 39, 2263 (1906). — BRETAUX, LEROUX: Chem.-Ztg. 31, 1028 (1907); Bull. Soc. chim. France (4), 3, 15 (1908). — CARRASCO, BELLONI: Gazz. chim. Ital. 38 II, 110 (1908); Journ. Pharmac. Chim. (6), 26, 385 (1908). — GIRAL: Chem.-Ztg. 32, 497 (1908). — Siehe ferner MORSE, TAYLOR: Amer. chem. Journ. 33, 591 (1905); 35, 451 (1906). — CARRASCO: Chem.-Ztg. 33, 755 (1909). — Dazu LENZ: Ztschr. analyt. Chem. 46, 557 (1907). — REID: Journ. Amer. chem. Soc. 34, 1033 (1912).

XI. Elementaranalyse unter Druck im Autoklaven.

Die Verbrennung in der calorimetrischen Bombe oder einem Autoklaven aus- zuführen, haben BERTHELOT,[2] KROECKER,[3] EILOART[4] und HEMPEL[5] unter- nommen. Letzterer hat einen handlichen Apparat konstruiert, der die Bestim- mung des Kohlenstoffs, Wasserstoffs, Schwefels und der Halogene gestattet.

Diese Methode, die sich bisher im chemischen Laboratorium noch keinen Eingang verschafft hat, wird für biologisch-chemische Zwecke empfohlen.[6]

Über die gasanalytische Bestimmung von C und H nach diesem Verfahren

---

[1] STEINKOPF, WOLFRAM: Ber. Dtsch. chem. Ges. 54, 852, Anm. (1921).

[2] BERTHELOT: Ann. chim. phys. (6), 26, 555 (1892); Compt. rend. Acad. Sciences 114, 317 (1892); 129, 1002 (1899). — MÜLLER, PEYTRAL: Bull. Soc. chim. France (4), 27, 67 (1920).

[3] KROECKER: Ver. Rübenz. 46, 177 (1896); Ber. Dtsch. chem. Ges. 30, 605 (1897).

[4] EILOART: Chem. News 58, 284 (1889).

[5] HEMPEL: Ztschr. angew. Chem. 9, 350 (1896); Ber. Dtsch. chem. Ges. 30, 202 (1897). — TÓTH: Chem.-Ztg. 32, 608 (1908). — ZUNTZ, FRENTZEL: Ber. Dtsch. chem. Ges. 30, 380 (1897). — TANGL: Engelmanns Archiv 1899, Suppl. 251. — FRIES: Journ. Amer. chem. Soc. 31, 272 (1909).

[6] GRAFE: Biochem. Ztschr. 24, 277 (1910). — Ausführliche Beschreibung in OPPENHEIMERS Handbuch der Biochemie 1 (1908).

siehe HIGGINS, JOHNSON: Journ. Amer. chem. Soc. 32, 547 (1910). — Weitere Angaben über Elementaranalysen mittels der calorimetrischen Bombe: DIAKOW: Biochem. Ztschr. 55, 116 (1913). — KLEIN, STEUBER: Biochem. Ztschr. 120, 81 (1921).

Eine relativ billige, praktische Bombe beschreibt LANGBEIN: Chem.-Ztg. 33, 1055 (1909). — Zu beziehen von Aug. Kühnscherf & Söhnen, Dresden.

XII. Mikroelementaranalyse nach PREGL.[1]

PREGL, ROTH: Die quantitative organische Mikroanalyse, S. 18 ff. Berlin: Julius Springer. 1935.

Formeln, um die Kohlenstoffprozentzahlen älterer Analysen nach dem neueren Atomgewicht des Kohlenstoffs zu korrigieren.[2]

Sind für die Korrektion von älteren Elementaranalysen die Originaldetails der Analyse nicht bekannt, sondern nur die berechneten Kohlenstoffprozente (= Carb.), so ist, falls den Rechnungen die Atomgewichtsbestimmung von BERZELIUS, C = 76,438, zugrunde liegt, die Korrektur nach der Gleichung:

$$\log \text{Carb. korr.} = \log \text{Carb.} - 0,00598,$$

und für Bestimmungen mit der Zahl von LIEBIG und REDTENBACHER, C = 75,854, die Korrektur nach der Gleichung:

$$\log \text{Carb. korr.} = \log \text{Carb.} - 0,00357$$

in Anwendung zu bringen.

Zweiter Abschnitt.

Bestimmung des Stickstoffs.

I. Qualitativer Nachweis des Stickstoffs.

1. Identifizieren des Stickstoffs.[3]

Um bei einer Reaktion abgespaltenen elementaren Stickstoff zu identifizieren, führt man das zu prüfende Gas in ein Eudiometer, läßt das gleiche Volum elektrolytisch entwickelten Sauerstoffs hinzutreten und dann einige Zeit Induktionsfunken hindurchschlagen. Es wird Stickstoffdioxyd gebildet, das durch seine Farbe sowie durch die Reaktion mit Diphenylamin und Schwefelsäure charakterisiert werden kann. Oder man leitet das getrocknete Gas über im Wasserstoffstrom zum Glühen erhitztes Magnesiumpulver. Das entstandene Nitrid gibt auf Wasserzusatz Ammoniakreaktionen.

---

[1] Elektrischer Mikro-Ofen: THIESSEN: Chem. Fabrik 1930, 494. — FLASCHENTRÄGER: Mikrochemie 9, 15 (1931). — Bemerkungen zur PREGLschen Methode: FLASCHENTRÄGER: Ebenda, S. 20. — FURTHER, S. 27 (Hg-haltige Substanzen). — VERDINO: Mikrochemie 9, 123 (1931). — NIEDERL, WHITMAN: Mikrochemie 11, 274 (1932). — LINDNER: Mikro-maßanalytische Bestimmung des Kohlenstoffs und Wasserstoffs. Innsbruck 1935. — LINDNER: Mikrochemie 20, 209 (1936). — LIEB, SOLTYS: MOLISCH-Festschrift, S. 290 (1936). — FRIEDRICH, STERNBERG: MOLISCH-Festschrift, S. 118 (1936). — ABRAHAMCZIK: Mikrochemie 22, 227 (1937).

[2] SCHIFF: Ber. Dtsch. chem. Ges. 7, 781 (1874); 8, 72 (1875); Gazz. chim. Ital. 4, 555 (1874).   [3] Siehe CORDIER: Monatsh. Chem. 35, 22 (1914).

2. Reaktion von LASSAIGNE.[1]

Man bringt in eine enge und lange Eprouvette 10—20 mg Substanz und darauf etwa die zehnfache Menge gut abgetrocknetes und durch Eintauchen in Aether von Petroleum befreites Natrium (oder Kalium,[2] das aber im allgemeinen keine Vorteile bietet).[3] Man erhitzt bis zum Glühen des Röhrchens und sorgt dafür, daß an den Gefäßwänden kondensierte Zersetzungsprodukte wieder herabfließen und mit dem geschmolzenen Natrium in Reaktion treten können.

Man stellt gewöhnlich das Röhrchen noch heiß in ein kleines Bechergläschen und spritzt aus einiger Entfernung vorsichtig Wasser erst auf das geschlossene Röhrenende, dann, nachdem das Eprouvettchen zersprungen ist, auch in das Innere desselben.

Zweckmäßiger wird es sein, das überschüssige Natrium nach SKRAUP[4] mit *Alkohol* in Lösung zu bringen. Wenn die Hauptmenge des Natriums verschwunden ist, kann man Wasser in kleinen Mengen zufügen, worauf sich der Rest ganz ruhig auflöst.

Die resultierende alkalische Flüssigkeit, die 5—10 ccm betragen soll, wird mit etwas Kalilauge versetzt und mit nicht mehr als 2 Tropfen frischer, kaltgesättigter Eisenvitriollösung[5] einige Augenblicke zum Kochen erhitzt. Man läßt erkalten, filtriert, säuert mit nicht zuviel verdünnter Salzsäure an und fügt wieder einige Tropfen Eisenvitriollösung zu. Man erhält nunmehr, falls die Substanz stickstoffhaltig war, eine mehr oder weniger stark blaugrün gefärbte Flüssigkeit, die beim Stehen (evtl. erst nach einigen Stunden) einen Niederschlag von Berlinerblau absetzt.

Um bei kleinen Stickstoffmengen diesen Niederschlag besser sichtbar zu machen, wird die kaum blau oder grün gefärbte Lösung durch ein feuchtes Filterchen gegossen, dieses mit heißer verdünnter Salzsäure vom spez. Gewicht 1,08 und dann mit Wasser gewaschen. Nach dem Trocknen tritt eine blaßblaue Färbung auf, auch wenn nur 0,1 mg Stickstoff anwesend ist.[6,7]

Hat man nur sehr geringe Substanzmengen zur Verfügung, so stellt man[7] Pillen aus reinem Naphthalin her und tränkt sie mit der verdünnten Lösung der zu untersuchenden Substanz; auf diese Weise kann man noch mit halben Milligrammen den Nachweis von Stickstoff führen. Es gelang, nach diesem Verfahren auch stark explosive Sprengstoffe, sehr flüchtige Verbindungen und Alkaloide mit geringem Stickstoffgehalt zu untersuchen.

---

[1] LASSAIGNE: Compt. rend. Acad. Sciences **16**, 387 (1843); Liebigs Ann. **48**, 367 (1843). — JACOBSEN: Ber. Dtsch. chem. Ges. **12**, 2318 (1879). — TÄUBER: Ber. Dtsch. chem. Ges. **32**, 3150 (1899). — ZELLNER: Pharmaz. Ztg. **57**, 979 (1912). — STAUDINGER: Ztschr. angew. Chem. **35**, 657 (1922).

[2] Das in Kugelform käufliche, mit einer braunen Kruste bedeckte *Kalium wird gereinigt*, indem man die Kugeln in einer mit Aether gefüllten Schale unter Zugabe einiger Tropfen Alkohol hin und her rollt: KURTZ: Ber. Dtsch. chem. Ges. **46**, 3398 (1913).

[3] Nach BACH [Ber. Dtsch. chem. Ges. **41**, 227 (1908)] läßt sich der Stickstoffgehalt von Oxydationsfermenten (Peroxydase) nur mit Kalium, nicht mit Natrium erkennen. — MIELCK: Diss. Rostock 1909, 68. — SCHIRMER: Arch. Pharmaz. **250**, 233 (1912).

[4] Privatmitteilung. — Dasselbe Verfahren gibt auch WESTON (Detection of Carbon compounds, London: Longmans, Green and Co. 1904) an.

[5] Der früher ebenfalls übliche Zusatz von Eisenchlorid ist nicht nötig, sogar ungünstig: MULLIKEN, GABRIEL: Chem.-Ztg. **36**, 1186 (1912). — VORLÄNDER: Ber. Dtsch. chem. Ges. **46**, 187 (1913).

[6] DUPONT, FREUNDLER, MARQUIS: Manuel de Travaux Pratiques de Chimie organique, 2. Aufl., S. 83. 1908.

[7] MULLIKEN, GABRIEL: Chem.-Ztg. **36**, 1186 (1912).

ZELLNER schichtet die alkalische Lösung in einer Eprouvette vorsichtig über angesäuerte Eisenchloridlösung und beobachtet die Blaufärbung der Zwischenzone.[1]

Die Reaktion von LASSAIGNE ist bei richtiger Ausführung vollständig zuverlässig[2] und versagt nur bei Substanzen, die schon bei geringer Temperatursteigerung allen Stickstoff verlieren.[3] Für den Nachweis des Stickstoffs in derartigen Substanzen dienen die unter „Diazogruppe" angeführten Methoden.

Bei gewissen *Pyrrolderivaten* läßt indes die Methode in der beschriebenen Ausführungsform im Stich.[4] Man verfährt in solchen Fällen nach KEHRER[5] folgendermaßen:

Eine kleine Menge Substanz wird in die nicht zu kurze Spitze eines ausgezogenen nicht zu weiten Glasröhrchens, wie solche zur Reduktion von arseniger Säure durch Kohlensplitterchen dienen,[6] gebracht; man klopft einen Kanal und erhitzt das Natrium, das sich an der unteren nicht verjüngten Stelle des Röhrchens befindet, vorsichtig zum Glühen derart, daß die Substanz selbst möglichst wenig erwärmt wird. Hierauf bringt man diese mittels einer zweiten kleinen Flamme sehr vorsichtig zum Schmelzen und erhitzt in der Weise weiter, daß die entweichenden Dämpfe eben bis zum glühenden Metall, aber kaum über dieses hinaus gelangen. Man läßt die Dämpfe sich wieder verdichten und treibt sie nochmals bis an das glühende Metall vor. Zu rasche Dampfbildung ist zu vermeiden, auch darf nicht zuviel Substanz angewendet werden.

Bei TSCHIRCHS Substanzen konnte nach dem Erhitzen mit trockenem Ätzkali Pyrrol nachgewiesen werden. — Außerdem kann man hier den Stickstoff dadurch nachweisen, daß man mit Kupferoxyd im Sauerstoffstrom ohne vorgelegte Spirale verbrennt und die Kalilauge mit Diphenylamin oder Brucin prüft.

Immerhin sei betont, daß wenigstens in einem der zitierten Fälle (Urushinsäure) der angebliche (nach DUMAS bestimmte) Stickstoff sich als Kohlenoxyd erwies.[7]

Es sei noch die Ansicht H. FISCHERS angeführt:[8]

Die LASSAIGNEsche Probe ist nicht so empfindlich, wie wohl allgemein angenommen wird. Beim 2.4-Dimethyl-5-acetyl-3-carbaethoxy-pyrrol ist z. B. mit 3 mg Substanz (bei Anwendung von Kalium) der Nachweis des Stickstoffs noch sehr unsicher, und erst nach 24 Stunden ist das Resultat definitiv verwertbar. Ähnliche Resultate geben zahlreiche stickstoffhaltige Verbindungen. Diese Gewichtsmenge von 3 mg genügt jedoch vollkommen, um nach PREGL bereits innerhalb einer Stunde in absolut eindeutiger Weise den Stickstoffgehalt festzustellen, und zwar gleich quantitativ. Auch bei noch verunreinigten Körpern weiß man dann aus der festgestellten Menge sofort, ob der gefundene Stickstoff in dem Körper selbst oder in einer Verunreinigung enthalten ist.

SPICA[9] kombiniert mit der Prüfung auf Stickstoff die auf *Schwefel* und

---

[1] ZELLNER: Ztschr. analyt. Chem. **53**, 57 (1914); siehe dazu Anm. 7.

[2] Fälle, in denen die Methode anscheinend versagt: TSCHIRCH, STEVENS: Arch. Pharmaz. **243**, 519 (1905); Pharmaz. Zentralhalle **1905**, 501. — TSCHIRCH, CERDERBERG: Arch. Pharmaz. **245**, 101 (1907).

[3] GRAEBE: Ber. Dtsch. chem. Ges. **17**, 1178 (1884) (Diazokörper).

[4] FEIST, STENGER: Ber. Dtsch. chem. Ges. **35**, 1559 (1902). — KEHRER: Ber. Dtsch. chem. Ges. **35**, 2524 (1902). — TSCHIRCH, SCHERESCHEWSKI: Arch. Pharmaz. **243**, 363 (1905). — FISCHER: Ber. Dtsch. chem. Ges. **51**, 1325 (1918). — LEMBERG: Liebigs Ann. **477**, 236 (1930).   [5] KEHRER: Ber. Dtsch. chem. Ges. **35**, 2525 (1902).

[6] FRESENIUS: Qualitative Analyse, 16. Aufl., S. 232.

[7] MIYAMA: Ber. Dtsch. chem. Ges. **40**, 4391 (1907). — Siehe auch BACH: Ber. Dtsch. chem. Ges. **41**, 227 (1908).

[8] H. FISCHER: Ber. Dtsch. chem. Ges. **51**, 1325 (1918).

[9] SPICA: Ber. Dtsch. chem. Ges. **13**, 205 (1880).

Halogene. Man prüft einen Teil der Flüssigkeit mittels der Berlinerblaureaktion auf Stickstoff, einen Tropfen auf blankem Silberblech auf Schwefel. Bei Abwesenheit beider Stoffe kann direkt mit Silbernitrat auf Halogen geprüft werden. Im anderen Fall erhitzt man mit etwa dem halben Volum Schwefelsäure 1 bis 2 Minuten lang. Hierbei werden Schwefelwasserstoff und Blausäure vollständig entfernt, nicht aber die Halogenwasserstoffsäuren, die auch nach 5 Minuten langem Erhitzen noch nachweisbar sind.

Alle übrigen zum Stickstoffnachweis vorgeschlagenen Reaktionen sind nur von beschränkter Anwendbarkeit und in der Ausführung umständlicher. So das Erhitzen der Substanz mit Alkalien (Auftreten von Ammoniak,[1] das sich durch Schwarzfärbung einer Quecksilberoxydullösung, durch Bläuen von Lackmuspapier usw. verrät)[2] oder das Oxydieren mit Natriumsuperoxyd[3] oder mit kaltgesättigter Kalilauge und festem Kaliumpermanganat, wobei nach Donath[4] stets salpetrige oder Salpetersäure entstehen soll.

II. Quantitative Bestimmung des Stickstoffs.

1. Methode von Dumas.[5]

Das Verfahren beruht auf der von Gay-Lussac, Liebig und anderen zu Anfang des vorigen Jahrhunderts aufgefundenen Tatsache, daß bei der Verbrennung stickstoffhaltiger Substanzen mit Kupferoxyd neben Kohlendioxyd und Wasser im wesentlichen elementarer Stickstoff erhalten wird, neben geringen Mengen von Stickoxyden, deren Reduktion in geeigneter Weise vorzunehmen ist.

Das Verfahren ist von allgemeiner Anwendbarkeit, soweit nicht Substanzen in Frage kommen,[6] die schon bei *gewöhnlicher* Temperatur Stickstoff verlieren und daher auch nicht die unerläßliche Füllung des zur Analyse dienenden Rohrs mit Kohlendioxyd vertragen.

So läßt sich nach Weidel, Herzig[7] eine direkte Bestimmung des Gesamtstickstoffs im neutralen *isocinchomeronsauren Ammonium* nicht ausführen, da das Salz beim Überleiten von Kohlendioxyd zersetzt und ein Teil des gebildeten kohlensauren Ammoniums verflüchtigt wird; ebensolche Schwierigkeiten verursachen die *Hydrazine.*[8]

Erfordernisse: 1. ein *Verbrennungsrohr* von 100—120 cm Länge, an einem Ende rund zugeschmolzen, von etwa 10 mm innerer Weite.

2. *Ein Apparat zum Auffangen und Messen des entwickelten Stickstoffs.* Von den zahlreichen für diesen Zweck vorgeschlagenen Instrumenten ist das

---

[1] Faraday: Pogg. **3**, 455 (1825). — Brach, Lenk: Chem.-Ztg. **35**, 1180 (1911); siehe auch S. 158.

[2] Du Menil: Arch. Pharmaz. 1824, 41. — Kronbach: Buchners neues Rep. **5**, 343 (1856). [3] Konek: Ztschr. angew. Chem. **17**, 771 (1904).

[4] Donath: Monatsh. Chem. **11**, 15 (1890).

[5] Dumas: Ann. chim. phys. **2**, 198 (1831). — Melsens: Compt. rend. Acad. Sciences **20**, 1437 (1846). — Über die Geschichte dieser Methode siehe die trefflichen Ausführungen von Dennstedt: Entwicklung der Elementaranalyse, S. 29—42. 1899. — Guillemard, Dombrowski: Bull. Sciences pharmacol., Juli 1902.

[6] Wie man die Dumassche Methode auch für solche Substanzen verwendbar machen kann, siehe S. 153.

[7] Weidel, Herzig: Monatsh. Chem. **1**, 9 (1880). — Ähnlich verhält sich das Ammoniummetapurpurat: Borsche, Bäcker: Ber. Dtsch. chem. Ges. **37**, 1848 (1904). — Siehe auch Jacobsen, Huber: Ber. Dtsch. chem. Ges. **41**, 662 (1908) (Benzoyltolylnitrosamin).

[8] E. Fischer: Liebigs Ann. **190**, 124 (1877). — de Vries, Holleman: Rec. Trav. chim. Pays-Bas **10**, 229 (1891).

zuerst angegebene, das von HUGO SCHIFF[1] stammt, in der von GATTERMANN[2] modifizierten Form das beste. Seine Konstruktion ist aus den Abb. 84 und 85 ersichtlich.

3. Das Füllmaterial der Röhre.

a) *Stickstofffreies Natrium-* oder *Kaliumbicarbonat.* An seiner Stelle werden auch *Magnesit* (in erbsengroßen Stücken), *Mangancarbonat, Soda* und *Kaliumpyrochromat,* seltener *Blei-* oder *Kupfercarbonat* benutzt. Flüssiges Kohlendioxyd hat LUDWIG[3] vorgeschlagen.

Weiter wird auch empfohlen, das Kohlendioxyd aus

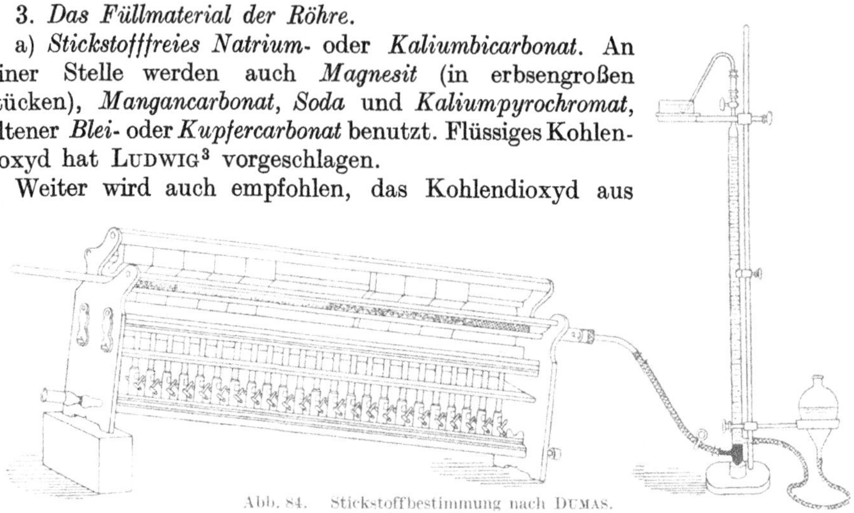

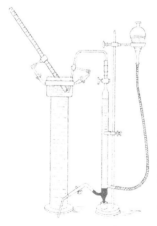

Abb. 84.   Stickstoffbestimmung nach DUMAS.

einem Gasentwicklungsapparat (Marmor und Salzsäure, HUFSCHMIDT,[4] ferner geschmolzene Soda und Schwefelsäure, KREUSLER,[5] gemahlene Kreide und Schwefelsäure, HOOGEWERFF, VAN DORP,[6] konzentrierte Kaliumcarbonatlösung und 50proz. Schwefelsäure, BLAU[7] usw.) zu entnehmen; nach diesen Methoden muß man natürlich ein offenes, durch einen GEISSLERschen Hahn abschließbares Rohr verwenden.

b) Grobes (am besten aus Kupferdraht oder -spänen erhaltenes) *Kupferoxyd.* Feines, pulverförmiges Kupferoxyd. Letzteres muß durch Glühen in einem Kupfer- oder Nickeltiegel von etwaigem Stickoxydgehalt befreit sein. Man bewahrt sie in gut schließenden Gefäßen auf, in die man das Oxyd noch warm einfüllt. Nach alter Tradition werden hierzu meist birnförmige Glaskolben benutzt, die durch einen mit Stanniol umwickelten Kork verschlossen werden.[8]

c) Eine 10—20 cm lange[9] *Kupferdrahtnetzspirale,*

Abb. 85. Azotometer nach SCHIFF, GATTERMANN.

[1] HUGO SCHIFF: Ztschr. analyt. Chem. **7**, 430 (1868); **20**, 257 (1881).

[2] GATTERMANN: Ztschr. analyt. Chem. **24**, 57 (1885).

[3] LUDWIG: Med. Jahrb. 1880.

[4] HUFSCHMIDT: Ber. Dtsch. chem. Ges. **18**, 1441 (1885). — BORSCHE, BÖCKER: Ber. Dtsch. chem. Ges. **37**, 1848 (1904). — Siehe dagegen BERNTHSEN: Ztschr. analyt. Chem. **21**, 63 (1882). Nach neueren Untersuchungen ist die Benutzung dieses Verfahrens bei richtiger Ausführung sehr gut geeignet.

[5] KREUSLER: Landwirtschl. Vers.-Stat. **31**, 207 (1884).

[6] HOOGEWERFF, VAN DORP: Rec. Trav. chim. Pays-Bas **1**, 92 (1882).

[7] BLAU: Monatsh. Chem. **13**, 279 (1892). — YOUNG, CAUDWELL: Journ. Soc. chem. Ind. **26**, 184 (1907).

[8] BADER, STOHMANN befürworten die Verwendung von Kupferoxydasbest: Chem.-Ztg. **27**, 663 (1903).

[9] In einzelnen Fällen ist auch eine längere Spirale notwendig. Siehe z. B. VAN

die folgendermaßen vorbereitet wird: In eine starkwandige, genügend weite und etwa 20 cm lange Eprouvette füllt man einige Tropfen Ameisensäure oder Methylalkohol,[1] umwickelt die Röhre mit einem Tuch und senkt die zum Glühen erhitzte Kupferspirale hinein. Man läßt die jetzt blanke Spirale erkalten und bewahrt sie in dem nunmehr verschlossenen Rohr bis zum Gebrauch auf. Die Spirale im Wasserstoffstrom zu reduzieren empfiehlt sich nicht, da hierbei Wasserstoff okkludiert wird, der selbst beim Glühen der Röhre im Kohlendioxydstrom nicht vollständig entfernt wird und bei der Stickstoffbestimmung durch Zerlegung des Kohlendioxyds zu Fehlern führt.[2] Nach EICHHORN[3] kann man sich übrigens so helfen, daß man die reduzierte Spirale im Stickstoffstrom ausglüht; immerhin ein umständliches Verfahren.[4]

4. Ein kleiner Pfropf aus *Kupferoxyddrahtnetz*, ein *Kautschukstopfen* mit *Glasrohr* zur Verbindung der Verbrennungsröhre mit dem Azotometer, eine glasierte *Porzellanreibschale*, weißes *Glanzpapier*, ein *Einfülltrichter*.

5. *Kalilauge zur Füllung des Azotometers.* Diese wird aus gleichen Gewichtsmengen Ätzkali und Wasser dargestellt und muß für jede dritte Bestimmung erneuert werden. In den untersten Teil des Azotometers wird etwas Quecksilber gebracht (siehe die Abb. 84, 85). Reinigung der Kalilauge: PREGL, ROTH: Mikroanalyse, S. 93, (1935).

Ausführung der Bestimmung.[5]

In das Rohr bringt man durch den mit gerade abgeschnittenem Hals versehenen Einfülltrichter — der Hals habe gleiches Lumen wie das Verbrennungsrohr und wird mittels Schlauchs aufgesetzt — zuerst eine Schicht Natriumbicarbonat (oder Magnesit usw.) von 15 cm Länge, dann den Kupferdrahtnetzpfropfen, hierauf 10 cm grobes Kupferoxyd, 3 cm feines Oxyd, 30 cm feines Kupferoxyd, in das die Substanz (0,1—0,5 g) gut eingemischt ist, wieder 5 cm feines Oxyd, 25 cm grobes Kupferoxyd, dann die blanke Kupferspirale und endlich wieder einige Stückchen grobes Kupferoxyd und den Verschlußpfropfen. Man klopft nun oberhalb des Bicarbonats und des feinen Kupferoxyds einen Kanal und legt die Röhre so in den Ofen, daß sich die ganze Bicarbonatschicht außerhalb des Bereiches der Flammen befindet; das andere Ende des Rohrs wird dann noch einige Zentimeter aus dem Ofen herausragen. Man verbindet mit dem GATTERMANNschen Azotometer, das mit Lauge gefüllt ist und dessen Kugel vollständig herabgesenkt wird. Der Verbrennungsofen steht etwas geneigt, um dem aus dem Bicarbonat und der Substanz entwickelten Wasser freien Ab-

DER ZANDE: Rec. Trav. chim. Pays-Bas 8, 211 (1889). — DENINGER: Journ. prakt. Chem. (2), **50**, 90 (1894). — KEHRMANN, DECKER: Ber. Dtsch. chem. Ges. **54**, 2429 (1921). — ASCHAN: Ber. Dtsch. chem. Ges. **55**, 2952ff. (1922).

[1] MELSENS: Liebigs Ann. **60**, 112 (1846). — PERROT: Compt. rend. Acad. Sciences **48**, 53 (1848). — LIMPRICHT: Liebigs Ann. **108**, 46 (1859). — SCHRÖTER: Journ. prakt. Chem. (1), **76**, 480 (1859). — THUDICHUM, HAKE: Journ. chem. Soc. London **2**, 251 (1876). — LIETZENMAYER, STAUB: Ber. Dtsch. chem. Ges. **11**, 306 (1878). — HEMPEL: Ztschr. analyt. Chem. **17**, 414 (1878). — RITTHAUSEN: Ztschr. analyt. Chem. **18**, 601 (1879). — PFLÜGER: Ztschr. analyt. Chem. **18**, 301 (1879). — LEDUC: Compt. rend. Acad. Sciences **113**, 71 (1891). — NEUMANN: Monatsh. Chem. **13**, 40 (1892). — Siehe dazu auch EICHHORN: Chem.-Ztg. **37**, 1465 (1913).

[2] LAUTEMANN: Liebigs Ann. **109**, 301 (1859). — GROVES: Ber. Dtsch. chem. Ges. **13**, 1341 (1880). — WEYL: Ber. Dtsch. chem. Ges. **15**, 1139 (1882). — V. MEYER, STADLER: Ber. Dtsch. chem. Ges. **17**, 1576 (1884). — Siehe dagegen HEYDENREICH: Ztschr. analyt. Chem. **45**, 741 (1906). [3] EICHHORN: A. a. O.

[4] Das Kupfer muß frei von Zink und Eisen sein, weil sonst beträchtliche Mengen von Kohlenoxyd entstehen: PERROT: Compt. rend. Acad. Sciences **48**, 53 (1859). — CHERBULIEZ: Helv. chim. Acta **3**, 652 (1920).

[5] Siehe auch BRINTON, SCHERTZ, CROCKETT, MERKEL: Ind. engin. Chem. **13**, 636 (1921). — MAREK: Bull. Soc. chim. France (4), **45**, 555 (1929).

lauf zu gewähren. Das Glasrohr, das zu dem Azotometer führt, darf nur sehr
wenig durch den Kautschukpfropfen hindurch in das Rohr hineinragen. Man
öffnet den Quetschhahn und den Glashahn des Azotometers und entwickelt
durch Bestreichen der Bicarbonatschicht mit einer Bunsenbrennerflamme einen
langsamen Kohlendioxydstrom. Ist nahezu alle Luft aus dem Rohr vertrieben
(wovon man sich unter Heben der Azotometerbirne an dem nahezu vollständigen
Absorbiertwerden der aufsteigenden Gasblasen überzeugt), so erhitzt man die
blanke Kupferspirale und füllt durch entsprechendes Heben das Absorptionsrohr
völlig mit Lauge, verschließt den Glashahn und senkt wieder die Birne zur Verminderung des Drucks möglichst tief herab. Es wird sich nun beim weiteren
Kohlendioxyddurchleiten noch ein wenig Luft unterhalb des Glashahns ansammeln, die man durch Heben der Birne wieder aus dem Absorptionsrohr vertreibt, so lange, bis sich beim 5 Minuten dauernden Durchleiten eines lebhaften
Kohlendioxydstroms nur mehr eine minimale Bläschenmenge unabsorbiert ansetzt, die sich auch nicht mehr wahrnehmbar vermehrt. Nun wird die Birne so
hoch gehoben, daß nach dem Öffnen des Glashahns der angesammelte Schaum
und ein wenig Kalilauge in die vorgelegte, mit Wasser versehene Schale fließt
und die Capillare ganz mit Flüssigkeit gefüllt ist. Der Glashahn wird wieder
geschlossen, die Birne gesenkt und nun nach und nach das Verbrennungsrohr
zum Glühen gebracht, wobei man zuerst die Brenner neben dem Bicarbonat und
nahe der Kupferspirale entzündet und mit dem Erhitzen von beiden Seiten allmählich an die Substanz heranrückt. Die Schnelligkeit des Kohlendioxydstroms
wird so reguliert, daß sich stets gleichzeitig 2—3 Gasblasen im Absorptionsrohr
befinden. Man wird jetzt nur mehr von Zeit zu Zeit oder auch gar nicht nötig
haben, das Bicarbonat zu erhitzen. Beginnt die Substanz sich zu zersetzen, so
entwickeln sich auch alsbald größere, nichtabsorbierbare Gasblasen. Wenn das
ganze Rohr rotglühend ist und das Volum des entwickelten Stickstoffs in der
Absorptionsröhre nicht mehr zunimmt, vertreibt man durch 10 Minuten dauerndes
Erhitzen der Bicarbonatschicht in lebhaftem Tempo den Rest des Stickstoffs
aus dem Verbrennungsrohr, markiert den Stand des Meniscus durch ein aufge-
klebtes Stückchen Papier oder einen Kreidestrich und probiert, ob das Gasvolum
bei 5 Minuten langem Kohlendioxyddurchleiten noch weiter zunimmt. Ist dies
nicht der Fall, so wird der Quetschhahn geschlossen und der Kautschukpfropfen
rasch aus dem Verbrennungsrohr entfernt. Die Flammen werden verlöscht.

Man läßt nun den Stickstoff, nachdem man die Flüssigkeit durch wiederholtes Heben und Senken der Birne durchgemischt hat, noch eine halbe Stunde
mit der Kalilauge — bei derart gestellter Birne, daß in beiden Gefäßen das
Flüssigkeitsniveau gleich hoch ist — in Berührung und überleert dann das Gas
in der aus Abb. 85 ersichtlichen Weise in ein mit reinem Wasser gefülltes Meßrohr. Letzteres wird hierauf derart eingespannt, daß das Wasser im Innern und
außerhalb des Rohrs gleich hoch steht. Wenn sich nach einer halben Stunde die
Temperatur ausgeglichen hat, korrigiert man noch evtl. den Stand der Röhre,
liest Temperatur, Barometerstand und Gasvolumen ab und berechnet den
Prozentgehalt der Substanz an Stickstoff nach der Gleichung:

$$n = \frac{v \cdot (b - w) \cdot 0{,}12511}{s \cdot 760 \, (1 + 0{,}00367 \cdot t)},$$

wobei v das Gasvolum bei der Temperatur t und dem Barometerstand b, w die
korrespondierende Tension des Wasserdampfs und s die abgewogene Substanzmenge bedeutet.

Sehr vereinfacht wird die Rechnung durch Benutzung der S. 154—155 gegebenen Tabellen.

Bemerkungen zu der Methode von DUMAS.

„Es steht unzweifelhaft fest" — sagt DENNSTEDT[1] —, „daß bei sorgfältiger Ausführung unter Berücksichtigung der bekannten Fehlerquellen[2] der volumetrischen Stickstoffbestimmung keine andere an Zuverlässigkeit und fast absoluter Genauigkeit an die Seite gestellt werden kann, so daß sie für den wissenschaftlich arbeitenden Chemiker so heute wie in der nächsten Zukunft noch immer als Norm anzusehen sein wird."

Die hauptsächlichste Fehlerquelle liegt in der Unmöglichkeit, alle Luft aus dem feinpulvrigen Kupferoxyd austreiben zu können; infolgedessen fallen auch die Bestimmungen fast immer um ein Geringes (0,1—0,2% des N-Gehalts) zu hoch aus.

Schwer verbrennliche[3] *und stark schwefelhaltige Substanzen* werden mit einer Mischung von Kupferoxyd und *Bleichromat* oder bloß mit Bleichromat[4] verbrannt.

Die meisten *Fluorindine* liefern ohne Zusatz von *Kaliumpyrochromat* nur etwa die Hälfte bis zwei Drittel des darin enthaltenen Stickstoffs. KEHRMANN[5] empfiehlt deshalb, schwer verbrennliche, an Kohlenstoff und Stickstoff reiche, an Wasserstoff verhältnismäßig arme Substanzen zunächst innig mit ihrem gleichen Volumen Pyrochromat und dann erst mit Kupferoxyd zu mischen. In älterer Zeit wurde öfters auch *Quecksilberoxyd* oder *arsenige Säure*[6] benutzt.

Schwefelreiche Substanzen erfordern ein besonders langes Rohr und vorsichtiges Arbeiten.[7] Auch sonst ist gelegentlich beides vonnöten.[8]

Für die Stickstoffbestimmungen von *Anilinschwarz* mischen WILLSTÄTTER, DOROGI[9] die Substanz mit pulverförmigem Kupferoxyd (drahtförmiges gibt ungenügende Werte) und zünden die Flammen unter der ganzen Schicht Substanz-Kupferoxydmischung auf einmal an. Unter diesen Umständen geht die Bestimmung in der üblichen Zeit glatt zu Ende, während bei allmählichem Anheizen der Substanzschicht eine stickstoffhaltige Kohle entsteht, die nur in vielen Stunden den Stickstoff abgibt.

SCHOLL[10] empfiehlt zur *Analyse hochmolekularer Ringgebilde der Anthracenreihe* folgendermaßen vorzugehen:

1 g *Kaliumchlorat* wird in einem Porzellanschiffchen in das vordere, dem Hauptrohr zugewendete Ende des seitlichen, den Magnesit oder das Bicarbonat und so weiter enthaltenden Rohrs gebracht. Sobald die Stickstoffentwicklung nach dem gewöhnlichen Verfahren beendet ist, wird, bei starker Glut des Rohrs, die Kohlendioxydentwicklung abgestellt, die Flamme unter dem Kaliumchlorat entzündet und die Sauerstoffentwicklung so lange fortgesetzt, bis sich ein Überschuß des Gases an der beginnenden Schwärzung der Kupferspirale im vordersten

[1] DENNSTEDT: Entwicklung der Elem.-Anal., S. 42. — Fälle der Unanwendbarkeit: MUMM, BETH: Ber. Dtsch. chem. Ges. **51**, 1597 (1921). — EMMERT, WERB: Ber. Dtsch. chem. Ges. **55**, 1357 (1922).

[2] KREUSLER: Landwirtschl. Vers.-Stat. **24**, 35 (1877). — Siehe auch MOHR: Ber. Dtsch. chem. Ges. **54**, 2758 (1921).

[3] Nornicotinderivate: BRAUN, WEISSBACH: Ber. Dtsch. chem. Ges. **63**, 2025 (1930).

[4] SCHRÖTER: Diss. Basel 1905, 23, Anm. — MÖHLAU, FRITSCHE: Ber. Dtsch. chem. Ges. **26**, 1042 (1893). — KYRIACOU: Diss. Heidelberg 1908, 28. — Thiosemicarbazone: HEILBRON: Journ. chem. Soc. London **123**, 2276 (1923).

[5] KEHRMANN: Ber. Dtsch. chem. Ges. **45**, 3505 (1912).

[6] STRECKER: Handw. der Chemie, 2. Aufl., **1**, S. 878.

[7] V. MEYER, STADLER: Ber. Dtsch. chem. Ges. **17**, 1576 (1884).

[8] JACOBSON, HÖNIGSBERGER: Ber. Dtsch. chem. Ges. **36**, 4100 (1903). — FINGER, ZEH: Journ. prakt. Chem. (2), **81**, 469 (1910).

[9] WILLSTÄTTER, DOROGI: Ber. Dtsch. chem. Ges. **42**, 2161 (1909).

[10] SCHOLL: Ber. Dtsch. chem. Ges. **43**, 343 (1910). — ECKERT, STEINER: Monatsh. Chem. **35**, 1147 (1914).

Teil des Hauptrohrs zu erkennen gibt: der Rest des Stickstoffs wird dann durch Neubeleben des Kohlendioxydstroms ins Azotometer übergetrieben.

Hat man viele Bestimmungen nacheinander zu machen, so wird man nach ZULKOWSKY[1] im offenen Rohr verbrennen und das Kohlendioxyd in einem separaten, mit dem Verbrennungsrohr verbundenen Röhrchen entwickeln. Die mit Kupferoxyd oder Bleichromat gemischte Substanz wird in ein 15 cm langes Schiffchen aus Kupferblech gebracht und das Kupferoxyd nach Beendigung der Stickstoffbestimmung durch Glühen im Sauerstoffstrom regeneriert. Man wird zur Füllung der Röhre ausschließlich grobkörniges Kupferoxyd verwenden, das leichter luftfrei erhalten werden kann.

Modifikation des DUMAS*schen Verfahrens nach* BLAU siehe Monatsh. Chem. **13**, 279 (1892). — Nach JOHNSON, JENKINS: Ztschr. analyt. Chem. **21**, 274 (1882). — *Methode von* KREUSLER: Ztschr. analyt. Chem. **42**, 443 (1885).

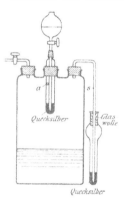

Unter den *Kohlendioxydgeneratoren* hat das *Natrium-(Kalium-)bicarbonat* den großen Vorteil, seine halbgebundene Kohlensäure außerordentlich leicht abzugeben. Zerspringen der Röhren durch das entwickelte Wasser ist nicht zu befürchten.

Mangancarbonat, das durch Braunfärbung das Fortschreiten der Zersetzung erkennen läßt und einen sehr regelmäßigen Kohlendioxydstrom entwickelt, und der von vielen bevorzugte *Magnesit*[2] erfordern starkes Erhitzen, sind aber nicht hygroskopisch und stets stickstofffrei, während das Natriumbicarbonat in dieser Beziehung zu prüfen ist.

Von verschiedenen Seiten[3] wird der BLAUsche Vorschlag, im Kohlendioxydstrom zu verbrennen, wieder aufgenommen. YOUNG, CAUDWELL entwickeln hierzu das Kohlendioxyd in nebenstehend gezeichnetem Apparat, der dem THIELESchen Gasentwicklungsapparat[4] ähnelt (Abb. 86). Sehr geeignet ist auch der Apparat von KREUSLER.[5]

Abb. 86. Kohlendioxydentwickler nach YOUNG, CAUDWELL.

Die nach BLAU (S. 148) dargestellte Kaliumcarbonatlösung (1,45—1,5 spez. Gewicht) wird in die Kugel des Scheidetrichters gebracht und der Hahn geöffnet; die Flüssigkeit steigt dann im Außenrohr auf und läuft aus der Öffnung *a*, um in die (1:1) verdünnte Schwefelsäure (zirka 1 l) der WOULFFschen Flasche von 2—3 l Inhalt zu tropfen. Durch den Hahn läßt sich die Menge der herabfließenden Lösung regulieren. Bei zu starker Gasentwicklung entweicht das Kohlendioxyd durch das Sicherheitsrohr *s*. Sind etwa 100 ccm Carbonatlösung zugetropft, so ist alle Luft entfernt, und man erhält einen Strom von reinem Kohlendioxyd. Es ist darauf zu achten, daß das Vakuum nicht so groß gemacht wird, daß Luft durch *s* eingesaugt werden könnte.

Die Austreibung der Luft und das Füllen mit Kohlendioxyd werden beschleunigt, wenn man das Rohr wiederholt evakuiert; natürlich ist dieses Verfahren nur bei schwer flüchtigen Substanzen anwendbar.[6]

---

[1] ZULKOWSKY: Ber. Dtsch. chem. Ges. **13**, 1096 (1880). — Vgl. LUDWIG: Med. Jahrb. 1880. — GROVES: Journ. chem. Soc. London **37**, 509 (1880).

[2] Eisenhaltiger Magnesit kann durch Kohlenoxydentwicklung Fehler verursachen: DUPONT, FREUNDLER, MARQUIS: Manuel de trav. prat. de chimie organique, 2. Aufl., S. 94. Paris 1908.

[3] BADER, STOHMANN: Chem.-Ztg. **27**, 663 (1903). — YOUNG, CAUDWELL: Journ. Soc. chem. Ind. **26**, 184 (1907). — FARMER: Journ. chem. Soc. London **117**, 1446 (1920).

[4] THIELE: Liebigs Ann. **253**, 242 (1899).

[5] KREUSLER: Landwirtsch. Vers.-Stat. **31**, 207 (1884); über die Verwendbarkeit des KIPPschen Apparats siehe S. 148, Anm. 6.

[6] ANSCHÜTZ, ROMIG: Liebigs Ann. **233**, 331 (1886). — ANSCHÜTZ: Liebigs Ann. **359**, 211 (1908).

Um bei Verwendung eines kontinuierlich funktionierenden Kohlendioxyd-
generators die Gaszufuhr einstellen zu können, geht man nach LEEMANN[1]
folgendermaßen vor (Abb. 87):

Man schaltet zwischen Verbrennungs- und Bicarbonatrohr einen Dreiweghahn,
von dem ein Arm einen kleinen Quecksilberabschluß hat. Bis die Luft verdrängt
ist, leitet man Kohlendioxyd in der Richtung ab, dreht dann den Hahn um 90°,
so daß b abgeschlossen ist und das Kohlendioxyd durch
das Quecksilber in c entweichen kann. Nun wird die
Verbrennung ausgeführt. Sobald keine Blasen mehr ins
Azotometer entweichen, dreht man den Hahn wieder
um 90° zurück und leitet das Kohlendioxyd zur vollständigen Verdrängung des Stickstoffs wieder in die
Richtung ab. Dieser kleine Apparat gestattet sehr zuverlässiges Arbeiten, sowohl für leicht als auch namentlich für schwer verbrennbare Substanzen.

Abb. 87. Dreiweghahn
nach LEEMANN.

Zum Mischen der Substanz mit dem Kupferoxyd und beim Einbringen desselben in das Rohr darf weder eine Federfahne noch ein Haarpinsel Verwendung
finden, weil diese stickstoffhaltigen Gegenstände durch Ablösung eines Feder-
chens oder Haars zu Fehlbestimmungen Veranlassung geben können. Sehr geeignet sind dagegen für diese Zwecke gläserne Spatelchen und Pinsel aus Glas-
fäden.

Abb. 88. Verfahren von LOBRY DE BRUYN.

Explosive Substanzen füllt SCHOLL[2] in ein Reagensröhrchen von 1 cm Länge
und $^1/_2$ cm Weite, das dicht über der Substanz mit einem Paraffinpropfen verschlossen wird, und bettet in pulverförmiges Kupferoxyd ein. Zur Stickstoffbestimmung in Diazoverbindungen wägt ROTH[3] die Substanz in einer Stanniol-
kugel, überschichtet mit Kupferoxyd und verbrennt, wie üblich, recht vorsichtig.

Das Verfahren für *sehr flüchtige* oder *luftempfindliche Substanzen* von LOBRY
DE BRUYN[4] ist aus Abb. 88 verständlich. Es ist analog für die Elementaranalyse
brauchbar. — Siehe auch E. FISCHER: Liebigs Ann. **190**, 124 (1878). — STEIN-
KOPF, WOLFRAM: Ber. Dtsch. chem. Ges. **54**, 854 (1921).

Stickstoffbestimmung im Diazoaceton: GREULICH: Diss. 1905, 21.

Methylreiche Ketoxime liefern nach der DUMASschen Methode zu hohe Werte,[5]
auch sonst ist dieses Verfahren in einigen seltenen Fällen unzureichend.[6,7]

[1] LEEMANN: Chem.-Ztg. **32**, 496 (1908).   [2] SCHOLL: Liebigs Ann. **338**, 32 (1904).
[3] ROTH: MOLISCH-Festschr. 375 (1936).
[4] LOBRY DE BRUYN: Rec. Trav. chim. Pays-Bas **11**, 25 (1892). — Siehe auch
ANSCHÜTZ: Liebigs Ann. **359**, 208, 211 (1908).
[5] NEF: Liebigs Ann. **310**, 330 (1900). — SCHOLL, WEIL, HOLDERMANN: Liebigs
Ann. **338**, 17 (1904). — WIENHAUS, v. OETTINGEN: Liebigs Ann. **397**, 231, 235 (1913)
(Santonanoxim). — Siehe dazu WEDEKIND, BENIERS: Liebigs Ann. **397**, 250 (1913).
— CAIN, COULTHARD, MICKLETHWAIT: Journ. chem. Soc. London **103**, 2079 (1913)
(Azokörper).
[6] WYNDHAM, DUNSTAN, CARR: Chem.-Ztg. **20**, 219 (1896). — GUARESCHI, GRANDE:
Atti R. Accad. Scienze Torino **33**, 1614 (1898). — JACOBSON, HÖNIGSBERGER: Ber.
Dtsch. chem. Ges. **36**, 4100 (1903). — BUSCH, FLEISCHMANN: Ber. Dtsch. chem. Ges.
43, 745 (1910). — OTT, ZIMMERMANN: Liebigs Ann. **425**, 337 (1921) (Stearinsäure-
vanillylamid).   [7] FLAMAND, PRAGER: Ber. Dtsch. chem. Ges. **38**, 560 (1905).

t	10°	11°	12°	13°	14°	15°	16°	17°	18°	19°	20°	21°	22°	23°	24°	25°	26°	27°	28°	29°	30°	t
740 mm	1,160 06449	1,155 06253	1,150 06064	1,145 05871	1,140 05671	1,134 05472	1,129 05274	1,124 05070	1,119 04866	1,113 04657	1,108 04442	1,102 04228	1,097 04013	1,091 03788	1,086 03562	1,080 03338	1,074 03101	1,068 02864	1,062 02622	1,056 02380	1,050 02126	740 mm
738	1,157 06330	1,152 06134	1,147 05945	1,142 05751	1,136 05552	1,131 05353	1,126 05154	1,121 04950	1,116 04746	1,110 04537	1,105 04321	1,099 04107	1,094 03893	1,088 03667	1,083 03441	1,077 03216	1,071 02979	1,065 02742	1,059 02500	1,053 02258	1,047 02003	738
736	1,154 06210	1,149 06015	1,144 05826	1,139 05632	1,133 05432	1,128 05233	1,123 05034	1,118 04830	1,112 04625	1,107 04416	1,102 04201	1,096 03986	1,091 03772	1,085 03546	1,080 03320	1,074 03094	1,068 02857	1,062 02620	1,056 02377	1,050 02135	1,044 01880	736
734	1,151 06091	1,145 05895	1,140 05706	1,135 05512	1,130 05312	1,125 05113	1,120 04913	1,115 04709	1,109 04505	1,104 04295	1,099 04080	1,093 03865	1,088 03650	1,082 03424	1,076 03198	1,071 02972	1,065 02735	1,059 02498	1,053 02254	1,048 02012	1,041 01757	734
732	1,147 05971	1,142 05775	1,137 05586	1,132 05392	1,127 05191	1,122 04992	1,117 04793	1,111 04588	1,106 04384	1,101 04174	1,095 03958	1,090 03743	1,085 03528	1,079 03302	1,073 03076	1,068 02850	1,062 02612	1,056 02375	1,050 02131	1,045 01888	1,038 01633	732
730	1,144 05851	1,139 05654	1,134 05465	1,129 05271	1,124 05070	1,119 04871	1,114 04672	1,108 04467	1,103 04262	1,098 04053	1,092 03837	1,087 03621	1,082 03406	1,076 03180	1,070 02953	1,065 02727	1,059 02489	1,053 02251	1,047 02008	1,042 01764	1,035 01509	730
728	1,141 05730	1,136 05534	1,131 05344	1,126 05150	1,121 04949	1,116 04750	1,111 04550	1,105 04345	1,100 04141	1,095 03931	1,089 03715	1,084 03499	1,079 03284	1,073 03057	1,067 02830	1,062 02604	1,056 02366	1,050 02128	1,044 01884	1,039 01640	1,032 01384	728
726	1,138 05609	1,133 05412	1,128 05223	1,123 05029	1,118 04828	1,113 04628	1,107 04428	1,102 04224	1,097 04019	1,092 03808	1,086 03592	1,081 03377	1,076 03161	1,070 02934	1,064 02707	1,059 02481	1,053 02242	1,047 02004	1,041 01759	1,036 01516	1,029 01259	726
724	1,135 05488	1,130 05291	1,125 05101	1,120 04907	1,114 04706	1,109 04506	1,104 04306	1,099 04101	1,094 03896	1,089 03686	1,083 03469	1,078 03254	1,073 03038	1,067 02811	1,061 02583	1,056 02357	1,050 02118	1,044 01879	1,038 01635	1,033 01391	1,027 01134	724
722	1,132 05366	1,126 05169	1,122 04980	1,117 04785	1,111 04584	1,106 04384	1,101 04184	1,096 03979	1,091 03774	1,086 03563	1,080 03346	1,075 03130	1,069 02914	1,064 02687	1,058 02459	1,053 02233	1,047 01993	1,041 01755	1,035 01510	1,030 01265	1,024 01008	722
720	1,128 05244	1,123 05047	1,118 04857	1,113 04662	1,108 04461	1,103 04261	1,098 04061	1,093 03856	1,088 03650	1,082 03440	1,077 03223	1,072 03007	1,066 02791	1,061 02563	1,055 02335	1,050 02108	1,044 01868	1,038 01630	1,032 01384	1,027 01140	1,021 10882	720
718	1,125 05121	1,120 04925	1,115 04735	1,110 04540	1,105 04339	1,100 04138	1,095 03938	1,090 03733	1,085 03527	1,079 03316	1,074 03099	1,069 02883	1,063 02666	1,058 02439	1,052 02210	1,047 01983	1,041 01743	1,035 01504	1,029 01259	1,024 01014	1,018 00756	718
716	1,122 04999	1,117 04802	1,112 04612	1,107 04417	1,102 04215	1,097 04015	1,092 03815	1,087 03609	1,082 03403	1,076 03192	1,071 02975	1,066 02758	1,060 02542	1,055 02314	1,049 02085	1,044 01858	1,038 01618	1,032 01378	1,026 01133	1,021 00887	1,015 00629	716
714	1,119 04876	1,114 04679	1,109 04489	1,104 04293	1,099 04092	1,094 03891	1,089 03691	1,084 03458	1,078 03279	1,073 03068	1,068 02850	1,063 02634	1,057 02417	1,052 02189	1,046 01960	1,041 01732	1,035 01492	1,029 01252	1,023 01006	1,018 00761	1,012 00502	714
712	1,116 04752	1,111 04555	1,106 04365	1,101 04170	1,096 03968	1,091 03767	1,086 03567	1,081 03361	1,075 03155	1,070 02943	1,065 02725	1,060 02509	1,054 02292	1,049 02063	1,043 01834	1,038 01606	1,032 01366	1,026 01126	1,020 00879	1,015 00634	1,009 00375	712
b 710	1,113 04629	1,107 04431	1,103 04241	1,098 04046	1,093 03844	1,088 03643	1,083 03442	1,077 03236	1,072 03030	1,067 02818	1,062 02600	1,056 02383	1,051 02156	1,046 01937	1,040 01708	1,035 01480	1,029 01239	1,023 00999	1,018 00752	1,012 00506	1,006 00247	b 710
t	10°	11°	12°	13°	14°	15°	16°	17°	18°	19°	20°	21°	22°	23°	24°	25°	26°	27°	28°	29°	30°	t

Für solche Fälle wird die Methode von KJELDAHL[1,2] und die von WILL, VARRENTRAPP[2] empfohlen.

[1] GEHRENBECK: Ber. Dtsch. chem. Ges. **22**, 1694 (1889). — KEHRMANN, MESSINGER: Ber. Dtsch. chem. Ges. 24, 2172 (1901). — YOUNG, CAUDWELL: Journ. Soc. chem. Ind. **26**, 184 (1907). — DUNSTAN, CLEAVERLEY: Journ. chem. Soc. London **91**, 1621 (1907).

[2] GRÜNHAGEN: Liebigs Ann. **256**, 289, 293 (1889). — WIENHAUS, OETTINGEN:

t	770	768	766	764	762	760	758	756	754	752	750	748	746	744	742	b 740
10°	1,208 08196	1,205 08081	1,201 07967	1,198 07852	1,195 07737	1,192 07621	1,189 07505	1,186 07389	1,182 07273	1,179 07156	1,176 07039	1,173 06922	1,170 06804	1,166 06686	1,163 06567	1,160 06449
11°	1,202 08002	1,199 07887	1,196 07773	1,193 07658	1,190 07542	1,187 07427	1,183 07311	1,180 07195	1,177 07078	1,174 06961	1,171 06844	1,168 06726	1,164 06609	1,161 06490	1,158 06372	1,155 06253
12°	1,197 07814	1,194 07700	1,191 07585	1,188 07470	1,185 07355	1,181 07239	1,178 07123	1,175 07007	1,172 06890	1,169 06773	1,166 06656	1,163 06538	1,159 06420	1,156 06302	1,153 06183	1,150 06064
13°	1,192 07622	1,189 07508	1,186 07393	1,182 07278	1,179 07162	1,176 07046	1,173 06930	1,170 06814	1,167 06697	1,164 06580	1,161 06463	1,157 06345	1,154 06227	1,151 06108	1,148 05990	1,145 05871
14°	1,187 07425	1,183 07310	1,180 07195	1,177 07080	1,174 06964	1,171 06848	1,168 06732	1,165 06615	1,161 06498	1,158 06381	1,155 06264	1,152 06146	1,149 06028	1,146 05909	1,143 05790	1,140 05671
15°	1,181 07228	1,178 07113	1,175 06998	1,172 06882	1,169 06767	1,166 06650	1,162 06534	1,159 06417	1,156 06300	1,153 06183	1,150 06065	1,147 05947	1,144 05829	1,141 05711	1,137 05592	1,134 05472
16°	1,176 07031	1,173 06916	1,170 06801	1,166 06685	1,163 06569	1,160 06453	1,157 06336	1,154 06220	1,151 06103	1,148 05985	1,145 05867	1,142 05749	1,138 05631	1,135 05512	1,132 05393	1,129 05274
17°	1,170 06829	1,167 06714	1,164 06599	1,161 06483	1,158 06367	1,155 06251	1,152 06134	1,149 06017	1,146 05900	1,142 05782	1,139 05664	1,136 05546	1,133 05427	1,130 05308	1,127 05189	1,124 05070
18°	1,165 06627	1,162 06512	1,159 06397	1,156 06281	1,153 06165	1,149 06048	1,146 05931	1,143 05814	1,140 05697	1,137 05579	1,134 05461	1,131 05343	1,128 05224	1,125 05105	1,122 04986	1,119 04866
19°	1,159 06421	1,156 06305	1,153 06190	1,150 06074	1,147 05957	1,144 05841	1,141 05724	1,138 05607	1,135 05489	1,132 05371	1,129 05253	1,126 05134	1,122 05015	1,119 04896	1,116 04777	1,113 04657
20°	1,154 06208	1,151 06093	1,148 05977	1,145 05861	1,141 05744	1,138 05627	1,135 05510	1,132 05393	1,129 05275	1,126 05157	1,123 05039	1,120 04920	1,117 04801	1,114 04682	1,111 04562	1,108 04442
21°	1,148 05997	1,145 05881	1,142 05765	1,139 05649	1,136 05532	1,133 05415	1,130 05298	1,127 05180	1,124 05062	1,121 04944	1,118 04825	1,115 04707	1,111 04587	1,108 04468	1,105 04348	1,102 04228
22°	1,143 05785	1,139 05669	1,136 05553	1,133 05437	1,130 05320	1,127 05203	1,124 05085	1,121 04967	1,118 04849	1,115 04731	1,112 04612	1,109 04493	1,106 04374	1,103 04254	1,100 04134	1,097 04013
23°	1,137 05563	1,134 05447	1,131 05330	1,128 05214	1,125 05097	1,122 04979	1,119 04862	1,115 04744	1,112 04625	1,109 04507	1,106 04388	1,103 04268	1,100 04149	1,097 04029	1,094 03909	1,091 03788
24°	1,131 05341	1,128 05224	1,125 05108	1,122 04991	1,119 04873	1,116 04756	1,113 04638	1,110 04520	1,107 04401	1,104 04282	1,101 04163	1,098 04044	1,095 03924	1,092 03804	1,089 03683	1,086 03562
25°	1,125 05119	1,122 05002	1,119 04886	1,116 04769	1,113 04651	1,110 04533	1,107 04415	1,104 04297	1,101 04178	1,098 04059	1,095 03940	1,092 03820	1,089 03700	1,086 03579	1,083 03459	1,080 03338
26°	1,119 04886	1,116 04769	1,113 04652	1,110 04534	1,107 04417	1,104 04299	1,101 04180	1,098 04062	1,095 03943	1,092 03823	1,089 03704	1,086 03584	1,083 03464	1,080 03343	1,077 03222	1,074 03101
27°	1,113 04653	1,110 04536	1,107 04419	1,104 04301	1,101 04183	1,098 04065	1,095 03946	1,092 03828	1,089 03708	1,086 03589	1,083 03469	1,080 03349	1,077 03228	1,074 03107	1,071 02986	1,068 02864
28°	1,107 04415	1,104 04297	1,101 04180	1,098 04062	1,095 03944	1,092 03825	1,089 03706	1,086 03587	1,083 03468	1,080 03348	1,077 03228	1,074 03107	1,071 02986	1,068 02865	1,065 02744	1,062 02622
29°	1,101 04177	1,098 04059	1,095 03941	1,092 03823	1,089 03705	1,086 03586	1,083 03467	1,080 03348	1,077 03228	1,074 03108	1,071 02987	1,068 02867	1,065 02745	1,062 02624	1,059 02502	1,056 02380
30°	1,095 03927	1,092 03809	1,089 03691	1,086 03573	1,083 03454	1,080 03335	1,077 03216	1,074 03096	1,071 02976	1,068 02855	1,065 02735	1,062 02614	1,059 02492	1,056 02370	1,053 02248	1,050 02126
t	770 mm	768	766	764	762	760	758	756	754	752	750	748	746	744	742	b 740

DEXHEIMER hat ein kontinuierliches Verfahren zur Stickstoffbestimmung nach DUMAS beschrieben.[1]

Liebigs Ann. **397**, 232 (1913). — ECKERT, STEINER: Monatsh. Chem. **35**, 1147 (1914). — LABRIOLA: Chemia **11**, 99 (1937).

[1] DUMAS: Ztschr. analyt. Chem. **58**, 13 (1919).

Gewicht g eines Kubikzentimeters Stickstoff in Milligrammen.[1]

Der Stickstoffgehalt einer Substanz in Prozenten berechnet sich nach der Gleichung:

$$N = \frac{100 \cdot v \cdot g}{S}.$$

2. Gleichzeitige Bestimmung von Stickstoff und Wasserstoff.

GEHRENBECK[2] benutzt zu diesem Zweck ein beiderseits offenes Rohr, wie auch sonst zur Stickstoffbestimmung beschickt. Auf die sorgfältige Trocknung des Kupferoxyds, evtl. Bleichromats, ist besondere Sorgfalt zu verwenden. Hinten ist das Rohr mit einem Stopfen verschlossen, der einen Zweiweghahn trägt. Der eine Schenkel ist mit einem Luft- und Sauerstoffsystem, wie es zur Elementaranalyse dient, der andere mit dem Kohlendioxydentwicklungsapparat von YOUNG, CAUDWELL (S. 152) verbunden; zwischen Gasentwicklungsapparat und Verbrennungsrohr werden noch zwei mit konzentrierter Schwefelsäure beschickte Waschflaschen eingeschaltet. Am anderen Ende des Verbrennungsrohrs befindet sich zuerst ein gewogenes, dann ein ungewogenes Chlorcalciumröhrchen und daran der Stickstoffsammler.

Zur Ausführung der Analyse wird der Apparat mit Kohlendioxyd gefüllt, wozu zirka 1 Stunde notwendig ist. Sodann wird die Stickstoffbestimmung in üblicher Weise ausgeführt, nach deren Beendigung Stickstoffsammler und Kohlendioxydentwickler abgenommen und die Verbrennung im Sauerstoffstrom zu Ende geführt. Schließlich läßt man im Luftstrom erkalten.

Die gleichzeitige Bestimmung von Stickstoff und Wasserstoff, die nicht viel mehr Zeit verlangt als die Stickstoffbestimmung allein, wird in neuerer Zeit von verschiedenen Seiten wärmstens empfohlen.

Die Zahlen für Wasserstoff fallen gewöhnlich etwas zu niedrig aus.

3. Halbmikro-DUMAS.[3]

Die Kupferoxyd-Drahtnetzspirale wird durch Glühen einer Kupferdrahtnetzspirale hergestellt, die Kupferoxydstückchen bestehen aus oxydiertem Kupferdraht. Die Kupferdrahtnetzspirale wird mit Alkohol reduziert.

Zur Absorption des Kohlendioxyds wird 50proz. Kalilauge verwendet. Man löst 100 g KOH in 100 g Wasser und versetzt mit 3 g pulverisiertem $Ba(OH)_2$. Nach kräftigem Schütteln läßt man absitzen und dekantiert die überstehende Kalilauge. Diese carbonatfreie Lauge muß sorgfältig aufbewahrt werden.

Die Apparatur besteht aus einem KIPPschen Apparat zur Erzeugung luftfreien Kohlendioxyds, einer Capillare, die den KIPPschen Apparat mit der Verbrennungsröhre verbindet, aus der Verbrennungsröhre und aus einem Halbmikroazotometer.[4]

Der KIPPsche Apparat wird mit Marmor und Salzsäure gefüllt. Die in der mittleren Kugel befindliche Luft wird durch mehrmaliges Öffnen des Hahns entfernt.

---

[1] Die obere Zahl bedeutet das Gewicht des in einem Kubikzentimeter enthaltenen trockenen Stickstoffs in Milligrammen (gemessen über Wasser); die untere die Mantisse des zugehörigen Logarithmus. — Für ungerade Barometerstände wird interpoliert.

[2] GEHRENBECK: Ber. Dtsch. chem. Ges. 22, 1694 (1889).

[3] Ausführungsweise nach H. RAUDNITZ, Chem. Lab. d. Deutschen Universität Prag. — Siehe auch SUCHARDA, BOBRAŃSKI: Halbmikromethoden usw., S. 30. (1929). — LAUER, SUNDE: PREGL-Festschr. 235 (1929). — CLARK: Journ. Assoc. official. agricult. Chemists. 16, 575 (1933).

[4] Z. B. nach BERL, BURCKHARDT: Ber. Dtsch. chem. Ges. 59, 897 (1926). Es muß die direkte Ablesung von 0,2 ccm gestatten.

Eine Thermometercapillare wird zweimal rechtwinklig gebogen und das eine
Ende zu einer Spitze ausgezogen. Diese Spitze ragt 3—4 mm weit in das Verbrennungsrohr.

Das Verbrennungsrohr ist aus schwer schmelzbarem Glas, 400 mm lang,
10 mm lichte Weite und an einem Ende zu einer Spitze ausgezogen.

Das verjüngte Ende des Rohrs wird mit einem Asbestpfropfen verschlossen.
Dann füllt man eine 80 mm lange Schicht Kupferoxyd (Drahtstückchen) ein und
fixiert diese mit einem Asbestpfropfen. Hierauf schiebt man die 20 mm lange
reduzierte Kupferdrahtnetzspirale ein und verschließt wieder mit einem Asbestpfropfen. Eine 70 mm lange Schicht Kupferoxyd (Drahtstückchen) folgt der
Kupferspirale. Auch diese Schicht wird mit einem Asbestpfropfen fixiert. Das
Schiffchen ist zirka 60 mm von der Kupferoxydschicht entfernt. Dann schiebt
man die Kupferoxyddrahtnetzspirale (*II*) so in die Röhre, daß sie 60 mm vom

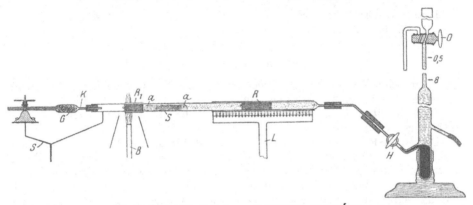

Abb. 89. Stickstoffbestimmung nach SUCHARDA, BOBRAŃSKI.

Schiffchen entfernt ist (siehe Abb. 89). Die Schichten Kupferoxyd-Kupfer-
Kupferoxyd müssen dann regeneriert werden, wenn zwei Drittel des Kupferoxyds
reduziert sind. Vier Analysen pro Füllung. Die Einwaage beträgt 0,01—0,03 g.

Nachdem die Apparatur zusammengestellt ist, wird sie auf Dichtigkeit geprüft. Hierauf öffnet man bei entleertem Azotometer den Kipp und reguliert
den Kohlendioxydstrom so, daß 2—3 Blasen pro Sekunde durch die Apparatur
streichen. Gleichzeitig entzündet man den Brenner bei der Kupferoxyd-Kupfer-
Kupferoxyd-Schicht. Zur besseren Verteilung der Wärme wird das Verbrennungsrohr mit einem dachförmig gebogenen Drahtnetz bedeckt. Bei Neufüllung glüht
man 20 Minuten, sonst nur 5 Minuten; dann stellt man den Kohlendioxydstrom
ab und führt das Schiffchen mit der Substanz und die CuO-Drahtnetzspirale ein.
Nachdem das Rohr verschlossen wird, öffnet man wieder den Hahn beim KIPP-
schen Apparat und erhitzt mit einem zweiten Brenner vorsichtig die Kupferoxyd-
Drahtnetzspirale. Nach einigen Minuten wird der Kohlendioxydstrom auf Luft-
gehalt geprüft, indem man das Azotometer mit Kalilauge füllt und das Auftreten
von Mikroblasen abwartet.

Die Verbrennung wird folgendermaßen ausgeführt. Zuerst wird der Kohlendioxydstrom durch Schließen des unteren Hahns beim Azotometer, dann durch
Schließen des Hahns beim Kipp und Öffnen des ersteren unterbrochen. Dann
erhitzt man das Rohr fortschreitend von der CuO-Drahtnetzspirale gegen das
Schiffchen. Sobald die Verbrennung einsetzt, reguliert man die Stickstoffentwicklung so, daß 1—2 Blasen pro Sekunde im Azotometer aufsteigen. Sobald
die Verbrennung beendet ist, erhitzt man nochmals das Rohr von der CuO-

Drahtnetzspirale beginnend, um evtl. schwer verbrennbare Substanz quantitativ zu verbrennen. Ist dies geschehen, werden alle Brenner verlöscht. Dann schließt man den unteren Hahn beim Azotometer, öffnet den Hahn beim Kipp und reguliert mittels des unteren Azotometerhahns den Kohlendioxydstrom so, daß 2 Blasen pro Sekunde im Azotometer aufsteigen. Sobald der noch im Rohr befindliche Stickstoff verdrängt ist, was man an dem Auftreten von Mikroblasen im Azotometer wahrnimmt, wird der untere Azotometerhahn abgedreht, die Birne gehoben und erkalten gelassen. Die Ablesung und Berechnung des Stickstoffgehaltes erfolgt in bekannter Weise. Vom abgelesenen Volumen werden 2% abgezogen.

Siehe auch YOUNG: Canadian Journ. Res. 14 B, 216 (1936).

4. Mikrostickstoffbestimmung nach DUMAS.[1]

PREGL, ROTH: Mikroanalyse, S. 84. (1935). — BREUER: Ind. engin. Chem., Analyt. Ed. 9, 352 (1937).

5. Methode von VARRENTRAPP, WILL.[2]

Beim Schmelzen stickstoffhaltiger organischer Substanzen mit Alkali wird Wasserstoff frei, der zur Bildung von Ammoniak Veranlassung gibt.[3]

Diese Reaktion läßt sich für eine große Reihe Substanzen zu einer quantitativen gestalten.

Die Methode von VARRENTRAPP, WILL ist für so ziemlich alle Stoffe anwendbar, die keinen an Sauerstoff gebundenen Stickstoff enthalten. „Wenn trotzdem heute die Methode nur noch ganz beschränkte Anwendung selbst in den wissenschaftlichen Laboratorien findet, so hat das einmal darin seinen Grund, daß die Mängel der DUMASschen Methode, die einstmals WILL, VARRENTRAPP zur Ausarbeitung der ihrigen veranlaßten, jetzt ganz beseitigt sind, und ferner darin,

---

[1] Bei gewissen Pyrimidinen, wo zu niedrige Werte erhalten werden, führt Zusatz von Mercuri- oder Cupriacetat zu richtigen Resultaten. HAYMAN, ADLER: Ind. engin. Chem., Analyt. Ed. 9, 197 (1937).

[2] VARRENTRAPP, WILL: Liebigs Ann. 39, 257 (1841). — Vgl. WÖHLER: Berzel. Jahresb. 1842, 159. — BERZELIUS, PLANTAMOUR: Jahresber. Chem. (1), 33, 23 (1841). — PÉLIGOT: Compt. rend. Acad. Sciences 24, 552 (1847). — BOUIS: Journ. pharm. (3), 37, 266 (1859). — STRECKER: Liebigs Ann. 118, 161 (1861). — MULDER: Scheik. Verh. en Onderz. 3, 26 (1860). — KNOP: Chem. Ztrbl. 1861, 44. — BERTHELOT: Bull. Soc. chim. France 4, 480 (1862). — PETERSEN: Ztschr. Biol. 7, 166 (1871). — SALKOWSKY: Ber. Dtsch. chem. Ges. 6, 536 (1873). — KREUSLER: Ztschr. analyt. Chem. 12, 354 (1873). — SEEGEN, NOWAK: Ztschr. analyt. Chem. 13, 460 (1874). — BOBIERRE: Compt. rend. Acad. Sciences 80, 960 (1875). — THIBAULT: Journ. Pharmac. Chim. (4), 22, 39 (1875). — LIEBERMANN: Liebigs Ann. 181, 103 (1876). — MAKRIS: Liebigs Ann. 184, 371 (1876). — FAIRLEY: Chem. News 33, 238 (1876). — RATHKE: Ber. Dtsch. chem. Ges. 12, 781 (1879). — GASSEND, QUANTIN: Ber. Dtsch. chem. Ges. 13, 2241 (1880). — KESSLER: Pharmac. Journ. (3), 3, 328 (1880). — GUYARD: Ztschr. analyt. Chem. 21, 584 (1882). — GOLDBERG: Ber. Dtsch. chem. Ges. 16, 2546 (1883). — WAGNER: Ber. Dtsch. chem. Ges. 16, 3074 (1883). — LOGES: Chem.-Ztg. 8, 1741 (1884). — RAMSAY: Chem. News 48, 301 (1884). — STUTZER, REITMAYER: Chem.-Ztg. 9, 1612 (1885). — ARNOLD: Rep. anal. Chim. (2), 33, 1041 (1885); Ber. Dtsch. chem. Ges. 18, 806 (1885). — ATWATER: Amer. chem. Journ. 9, 311 (1887); 10, 113 (1888). — HOUZEAU: Compt. rend. Acad. Sciences 100, 1445 (1890). — BOYE: Ber. Dtsch. chem. Ges. 24 R, 920 (1891). — CORRADI: Giorn. Farmac. Chim. 54, 289 (1905). — KNUBLAUCH: Journ. Gasbeleucht. 55, 713, 864, 883 (1912). — ECKERT, STEINER: Monatsh. Chem. 35, 1147 (1914). — REMY, LAVES: Ber. Dtsch. chem. Ges. 66, 404 (1933); siehe auch S. 154.

[3] FARADAY: Pogg. 3, 455 (1825). — Über die Theorie dieses Vorgangs: QUANTIN: Bull. Soc. chim. France (2), 50, 198 (1888).

daß man neue Methoden ausbildete, die in noch einfacherer und bequemerer und fast ebenso sicherer Weise die Abspaltung des Stickstoffs in Gestalt von Ammoniak und dessen Aufsammlung und Bestimmung gestatten. Das Bessere ist der Feind des Guten."[1]

6. Methode von KJELDAHL.[2]

Das Prinzip dieses Verfahrens ist, die stickstoffhaltige Substanz mit einer reichlichen Menge konzentrierter Schwefelsäure zu erhitzen und die so erhaltene Lösung mit Zusätzen[3] zu versehen, die entweder als Sauerstoffüberträger wirken oder die Siedetemperatur der Schwefelsäure erhöhen. Der Stickstoff wird unter diesen Umständen in Form von Ammoniak abgegeben, das nach beendigter Oxydation und Übersättigung mit Natron abdestilliert und titriert wird. Von den zahlreichen für die Ausführung dieser Methode angegebenen Modifikationen[4] sei die von DYER[5] als die praktischeste reproduziert.

Die Substanz (0,5—5 g) wird in einem langhalsigen Rundkolben aus schwer schmelzbarem Glas, sogenannten KJELDAHLkolben, von 400—500 ccm Inhalt[6]

---

[1] DENNSTEDT: Entwicklung, S. 50. — Überführung des Stickstoffs in Ammoniak durch Hydrierung und darauf beruhende Bestimmung: HESLINGA: Rec. Trav. chim. Pays-Bas **1924**, 643. — TER MEULEN, HESLINGA: Neue Methoden der org. chem. An., S. 20. Leipzig (1927). — TER MEULEN: Rec. Trav. chim. Pays-Bas **53**, 121 (1934). — HEERTJES: Chem. Weekbl. **34**, 827 (1937).

[2] KJELDAHL: Ztschr. analyt. Chem. **22**, 366 (1883); Pharmac. Journ. (3), **18**, 881 (1888).

[3] Anwendung von Vanadiumpentoxyd: PARRI: Giorn. Farmac. Chim. **71**, 253 (1922).

[4] Namentlich: HEFFLER, HOLLRUNG, MORGEN: Ztschr. analyt. Chem. **23**, 553 (1884). — CZECZETKA: Monatsh. Chem. **6**, 63 (1885). — WILFARTH: Chem.-Ztg. **9**, 286, 502 (1885). — ARNOLD: Arch. Pharmaz. **224**, 75 (1886). — ASBÓTH: Chem. Ztrbl. **1886**, 161. — JODLBAUER: Chem. Ztrbl. **1886**, 433. — ULSCH: Ztschr. ges. Brauwesen **1886**, 81. — DAFERT: Landwirtsch. Vers.-Stat. **34**, 311 (1887). — GUNNING: Ztschr. analyt. Chem. **28**, 188 (1889). — FÖRSTER, SCOVELL: Ztschr. analyt. Chem. **28**, 625 (1889). — REITMAYER, STUTZER: Ztschr. analyt. Chem. **28**, 625 (1889). — ARNOLD, WEDEMEYER: Ztschr. analyt. Chem. **31**, 525 (1892). — KEATING, STOCK: Ztschr. analyt. Chem. **32**, 238 (1893). — KRÜGER: Ber. Dtsch. chem. Ges. **27**, 609, 1633 (1894). — DENIGÈS: Pharmaz. Zentralhalle **37**, 9 (1896). — DAFERT: Ztschr. analyt. Chem. **35**, 216 (1896). — KELLNER: Landwirtschl. Vers.-Stat. **57**, 297 (1903). — SCHIFF: Chem.-Ztg. **27**, 14 (1903); **33**, 689 (1909). — FLAMAND, PRAGER: Ber. Dtsch. chem. Ges. **38**, 559 (1905). — SÖRRENSEN, ANDERSEN: Ztschr. physiol. Chem. **44**, 429 (1905). — RONCHÈSE: Journ. Pharmac. Chim. (6), **25**, 611 (1907); Bull. Soc. chim. France (4), **1**, 900 (1907). — HEPBURN: Journ. Franklin Inst. **166**, 81 (1908). — KOBER: Journ. Amer. chem. Soc. **30**, 1 (1908); **38**, 2568 (1916). — BENNETT: Journ. Soc. chem. Ind. **28**, 291 (1909). — SEBELLEN: Chem.-Ztg. **33**, 785, 795 (1909). — WESTON, ELLIS: Chem. News **100**, 50 (1909). — GARNER, BENNETT: Journ. Soc. chem. Ind. **28**, 291 (1909). — NEUBERG: Biochem. Ztschr. **24**, 435 (1910). — HIBBARD: Ind. engin. Chem. **2**, 463 (1910). — LÖWY: Ztschr. physiol. Chem. **79**, 349 (1912) (Blut). — TRESCOT: Ind. engin. Chem. **5**, 914 (1913). — HOTTINGER: Biochem. Ztschr. **60**, 345 (1914). — DAKIN, DUDLEY: Biol. Chem. **17**, 275 (1914). — NOLTE: Ztschr. analyt. Chem. **54**, 259 (1915). — VILLIERS, MOREAU-TALON: Ann. Chim. analyt. appl. (2), **1**, 183 (1919). — CITRON: Dtsch. med. Wchschr. **46**, 655 (1920). — HAHN: Dtsch. med. Wchschr. **46**, 428 (1920). — COCHRANE: Ind. engin. Chem. **12**, 1195 (1920). — WILLARD, CAKE: Journ. Amer. chem. Soc. **42**, 2646 (1920). — KAHN: Collegium **1920**, 367. — KLEEMANN: Journ. Soc. chem. Ind. **1922**, 2744. — MARGOSCHES, VOGEL: Ber. Dtsch. chem. Ges. **55**, 1380 (1922). — LILJEVALL: Svensk Kem. Tidskr. **34**, 187 (1922). — HEUSS: Wchschr. Brauerei **40**, 73 (1923); Ztschr. angew. Chem. **36**, 218 (1923). — WONG: Journ. biol. Chemistry **55**, 427 (1923). — LÜDEMANN: Diss. Münster 1923. — BINZ, RÄTH: Liebigs Ann. **455**, 130 (1927). — SISLEY, DAVID: Bull. Soc. chim. France (4), **45**, 312 (1929). — 3 Vol. H_2SO_4, 2 Vol. H_3PO_4: LUNDIN, ELLBURG, RIEHM: Ztschr. analyt. Chem. **102**, 161 (1935). — HENWOOD, GAREY: Journ. Franklin Inst. **221**, 531 (1936).

[5] DYER: Journ. chem. Soc. London **67**, 811 (1895).

[6] KRIEGER: Chem.-Ztg. **35**, 1063 (1911).

mit 20 ccm konzentrierter Schwefelsäure übergossen. Der Kolben wird durch
eine hohle Glaskugel mit zugeschmolzener ausgezogener Spitze locker verschlossen.[1] Man erhitzt den schief auf ein Drahtnetz gestellten Kolben, in den
man noch einen Tropfen *Quecksilber*[2] gebracht hat, bis die erste lebhafte Reaktion vorüber ist, nur schwach. Dann wird die Hitze sukzessive bis zum lebhaften Sieden gesteigert und innerhalb einer Viertelstunde 10 g trockenes *Kaliumsulfat*[3] eingetragen und weiter gekocht, bis der Kolbeninhalt klar und farblos
geworden ist. Man spült hierauf die erkaltete Flüssigkeit mit 100 ccm Wasser
in ein geräumiges Kölbchen aus resistentem Glas, das mit einem geeigneten
Destillationsaufsatz und einer Glasröhre (ohne Wasserkühlung) verbunden ist.
Vor Beginn der Destillation unterschichtet[4] man mit 50 ccm konzentrierter
Natronlauge aus einem Scheidetrichter (Abb. 90). Man kann natürlich auch aus
dem Zersetzungskolben selbst destillieren. Kautschukpfropfen sind zu vermeiden.[5] — *Destillation im Luft-
strom* kürzt die Destillationszeit sehr
wesentlich ab.[6]

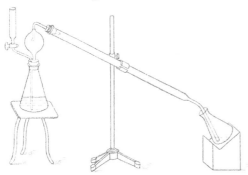

Abb. 90. Stickstoffbestimmung nach KJELDAHL.

Um Ammoniakverluste auszuschließen, verwendet man ein Einleitungsrohr, das mit 0,08-mm-
Löchern versehen ist.[7]

Dann werden, *zur Verhinderung
des Stoßens*, 3—4 g Zink*pulver*[8] eingetragen, das gleichzeitig die evtl.
entstandenen Quecksilberaminver-
bindungen zerlegt.

Für letzteren Zweck wird auch
Zusatz von *Schwefelkalium* oder
Thiosulfat[9] empfohlen: 10 ccm 4proz. Kaliumsulfidlösung genügen völlig; oder
man benutzt 10 ccm 20proz. Thiosulfatlösung, die mit 40 ccm gleich starker
Natronlauge versetzt ist.[10]

Noch besser ist nach NEUBERG[11] *Kaliumxanthogenat*, von dem für je 0,4 g
Quecksilberoxyd 1 g verwendet wird. Man destilliert 100 ccm ab und fängt das
übergehende Ammoniak in titrierter Schwefelsäure auf. Als Indicator wird
Methylorange oder Methylrot verwendet. Einfacher ist es, das Ammoniak in
Borsäurelösung aufzufangen und direkt mit Schwefelsäure zu titrieren.[12]

---

[1] Um die SO_3- und SO_2-Dämpfe zurückzuhalten, wird ein am Boden nach innen
durchlöchertes Reagensglas, das in den Hals des KJELDAHLkolbens paßt, mit einigen
Glasperlen und darüber mit feuchter Kalksoda oder ähnlichen Absorbentien beschickt. CASSIDY: Ind. engin. Chem., Analyt. Ed. **9**, 478 (1937).
[2] Oder 5 ccm 10proz. Quecksilberacetatlösung: SALKOWSKI: Ztschr. physiol.
Chem. **57**, 523 (1910). — Quecksilberjodid: SBOROWSKI: Ann. Chim. analyt. appl. (2),
4, 266 (1922). — Kupfer: LATSHAW: Ind. engin. Chem. **8**, 1127 (1916).
[3] Während das Quecksilber katalytisch wirkt, verursacht das Kaliumsulfat nur
eine Siedepunktserhöhung: BREDIG, BROWN: Ztschr. physikal. Chem. **46**, 502 (1904).
[4] WOLF, JOACHIMOWITZ: Chem.-Ztg. **41**, 87 (1917).
[5] SCHULEK, VASTAGH: Ztschr. analyt. Chem. **92**, 352 (1933).
[6] MELDRUM, MELAMPY, MYERS: Ind. engin. Chem., Analyt. Ed. **6**, 63 (1934).
[7] MILLAR: Ind. engin. Chem., Analyt. Ed. **8**, 50 (1936).
[8] Oder 0,5 g Graphitstaub: DICKINSON: Amer. Fertilizer **56**, 57 (1922).
[9] MAQUENNE, ROUX: Bull. Soc. chim. France (3), **21**, 312 (1899). — NEUBERG:
Beitr. chem. Physiol. u. Path. **2**, 214 (1902).
[10] SALKOWSKI: Ztschr. physiol. Chem. **57**, 523 (1910).
[11] NEUBERG: Biochem. Ztschr. **24**, 435 (1910).
[12] WINKLER: Ztschr. angew. Chem. **26**, 231 (1913).

Auch *Natriumpyrosulfat* ist vorgeschlagen worden. RIVIÈRE, BAILHACHE: Bull. Soc. chim. France (3), **15**, 806 (1896).

Ein praktisches Vorlegekölbchen (Abb. 91) beschreibt BÄRENFÄNGER: Ztschr. angew. Chem. **20**, 1982 (1907).

Bemerkungen zur KJELDAHLschen Methode.

Zur Vorgeschichte des Verfahrens: SALKOWSKI: Biochem. Ztschr. **82**, 60 (1917).

Dieses in der Ausführung sehr bequeme Verfahren ist leider für eine große Anzahl stickstoffhaltiger Substanzen,[1] nicht nur für Nitroderivate, sondern auch für Körper mit stickstoffhaltigen Ringen (Pyridinderivate usw.) nicht ohne weiteres verwendbar. Es hat daher auch nicht an Versuchen gefehlt, durch verschiedene Zusätze und durch Änderungen in der Wahl des sauerstoffübertragenden Mittels seinen Anwendungsbereich zu vergrößern.[2]

Substanzen[3] mit den Gruppierungen $N=N$ oder $N=O$ (Nitro-, Nitroso-, Azokörper usw.) müssen vorerst reduziert werden.

Das kann man entweder mit salzsaurer, alkoholischer Zinnchlorürlösung[4] oder besser nach dem Verfahren von ECKERT[5] ausführen (s. Seite 162).

Auch gewisse Derivate der Harnsäure, ebenso Kreatin, Kreatinin und manche Aminosäuren und Alkaloide, bieten bei der Analyse Schwierigkeiten.[6] Zwar kann man meist durch genügend langes Erhitzen vollständige Aufschließung erzielen,[7] aber oft ist Zusatz von wässeriger Permanganatlösung unerläßlich. Auch andere Oxydationsmittel werden empfohlen, so Kaliumpyrochromat,[8] Kupfersulfat, Natriumsuperoxyd, Wasserstoffsuperoxyd (HEUSS), Mangandioxyd und Vanadinsäure.[9]

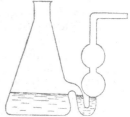

Abb. 91. Vorlage nach BÄRENFÄNGER.

[1] DAFERT: Ztschr. analyt. Chem. **27**, 224 (1888). — HEIDUSCHKA, GOLDSTEIN: Arch. Pharmaz. **254**, 586 (1916).

[2] MARGOSCHES, KRISTEN: Ber. Dtsch. chem. Ges. **55**, 1943 (1922). — Siehe auch KÜRSCHNER: Ztschr. analyt. Chem. **68**, 209 (1926). — ANDERSON, JENSEN: Ztschr. analyt. Chem. **67**, 427 (1926).

[3] Über die Analyse von Nitroverbindungen unter Zusatz leicht nitrierbarer Substanzen (Phenol, Salicylsäure, Zucker usw.) siehe ASBÓTH: Chem. Ztrbl. **1886**, 161. — JODLBAUER: Chem. Ztrbl. **1886**, 433. — DYER: Journ. chem. Soc. London **67**, 811 (1895). — BRINTON, SCHERTZ, CROCKETT, MERKEL: Ind. engin. Chem. **13**, 636 (1921).

[4] KRÜGER: Ber. Dtsch. chem. Ges. **27**, 1633 (1894). — MILBAUER: Ztschr. analyt. Chem. **42**, 725 (1903). — FLAMAND, PRAGER: Ber. Dtsch. chem. Ges. **38**, 559 (1905). — Siehe auch FLEURY, LEVATELIER: Bull. Soc. chim. France **37**, 330 (1925). — SOBOTKA: Journ. Amer. chem. Soc. **48**, 501 (1926). — WEIZMANN, YOFE, KIRZON: Ztschr. physiol. Chem. **192**, 70 (1930) (Zinkstaub).

[5] ECKERT: Monatsh. Chem. **34**, 1694 (1913). — ALBERT, SCHNEIDER: Liebigs Ann. **465**, 271 (1928).

[6] KUTSCHER, STEUDEL: Ztschr. physiol. Chem. **39**, 12 (1903). — SCHÖNDORFF: Pflügers Arch. Physiol. **98**, 130 (1903). — SÖRENSEN, ANDERSEN: Ztschr. physiol. Chem. **44**, 429 (1904).

[7] BEGER, FINGERLING, MORGEN: Ztschr. physiol. Chem. **39**, 329 (1903). — MALFATTI: Ztschr. physiol. Chem. **39**, 467 (1903). — SÖRENSEN, PEDERSEN: Ztschr. physiol. Chem. **39**, 513 (1903). — GIBSON: Journ. Amer. chem. Soc. **26**, 105 (1903).

[8] KRÜGER: Ber. Dtsch. chem. Ges. **27**, 609 (1894). — GIEMSA, HALBERKANN: Ber. Dtsch. chem. Ges. **54**, 1183 (1921).

[9] Verwendung von Vanadinoxyden für die Elementaranalyse: MEYER, TISCHBIERCK: Ztschr. analyt. Chem. **80**, 241 (1930).

ECKERT[1] empfiehlt folgende Arbeitsweise, die bei *aromatischen Nitro- und Nitrosoverbindungen* vorzügliche Resultate ergibt:

0,2—0,5 g Substanz werden mit 0,4 g *Schwefel* in einem KJELDAHLkolben durch Umschwenken gemischt und dann 15—20 ccm 30—40proz. Oleum zugesetzt. Man erwärmt eine Stunde auf dem siedenden Wasserbad. Nach dieser Zeit ist die Reduktion beendet, und es wird nun in der gewöhnlichen Weise weitergearbeitet.

Die KJELDAHLsche Methode ist durchaus unanwendbar bei gold- und platinchlorwasserstoffsauren Salzen,[2] weil diese Salze Chlor abspalten, das einen Teil des Ammoniaks zu Stickstoff oxydiert, dagegen für arsenhaltige Substanzen oft zu empfehlen [BINZ, RÄTH: Liebigs Ann. **455**, 130 (1927)]. Auch bei schwer verbrennlichen Substanzen[3] hat sie sich bewährt.

In manchen Fällen ist das übergehende Ammoniak durch mitentstandene Amine verunreinigt; das macht indessen im allgemeinen nichts aus, weil diese Basen ebenso wie Ammoniak gegen Methylorange reagieren.

Über die Vermeidung dieser Aminbildung siehe DÉBOURDEAUX: Compt. rend. Acad. Sciences **138**, 905 (1904); Bull. Soc. chim. France (3), **31**, 578 (1904). — JUSTIN, MUELLER: Bull. Soc. Pharmac., Bordeaux **23**, 137 (1918).

BYGDÉN[4] destilliert das Ammoniak in 25 ccm $n/_{20}$-Schwefelsäure und titriert die überschüssige Säure auf jodometrischem Weg nach Zusatz von Jodkalium und Kaliumjodat.

Wo die überschüssige Schwefelsäure lästig ist (wenn man z. B. außer dem Stickstoff noch Phosphorsäure und Kalk bestimmen will), kann man sie durch Zugabe von Zuckerwürfeln entfernen. Siehe hierzu CARPIAUX: Bull. Soc. chim. Belg. **27**, 333 (1913).

Bei Gegenwart von *Nitraten* destilliert man die Substanz mit 2—3 ccm H_2SO_4 im Vakuum, zuerst bei 30—40° Wasserbadtemperatur, nach Verdunsten des Wassers bei 100°. Im Destillat wird die Salpetersäure bestimmt, der Rückstand nach KJELDAHL analysiert.[5]

In neuester Zeit wird von verschiedenen Seiten[6] Zusatz von *Selen* bzw. *seleniger Säure* an Stelle oder neben Quecksilber empfohlen.

Am besten[7] werden 1,5—4 g der Probe mit 20 ccm H_2SO_4, 0,1 g Se benutzt. Nach den Erfahrungen im Prager deutschen Universitätslaboratorium hat aber Selen bei der *Makro*bestimmung keine Vorteile. Bei dauernder Einwirkung können sogar Stickstoffverluste eintreten.[8] Für *Halbmikro-* und *Mikrobestimmungen* dagegen scheint sich das Verfahren zu bewähren. Man verwendet 0,005 g Se als H_2SeO_3 pro Kubikzentimeter H_2SO_4. Die Verbrennung ist in 5 Minuten beendet.[9] S. a MILBAUER: Ztschr. analyt. Chem. **111**, 397 (1938).

Für Azo-, Nitro- und Nitrosoverbindungen wird *Glykose* als Reduktionsmittel

---

[1] Siehe S. 161, Anm. 5. — Pikrinsäure: Chem. Ztrbl. **1934 I**, 1360.

[2] Ebensowenig bei $K_2Pt(CN)_4$. TETTAMANZI: Atti R. Accad. Scienze Torino **68**, 153 (1932).

[3] BINZ, RÄTH, URBSCHAT: Liebigs Ann. **475**, 143, 145 (1929). — Siehe auch OTT. LÜDEMANN: Ber. Dtsch. chem. Ges. **57**, 215 (1924).

[4] BYGDÉN: Journ. prakt. Chem. (2), **96**, 99 (1917).

[5] CAMBIER, LEROUX: Compt. rend. Acad. Sciences **195**, 1280 (1932).

[6] LAURO: Ind. engin. Chem., Analyt. Ed. **3**, 401 (1931). — TENNANT, HARREL, STULL: Ind. engin. Chem., Analyt. Ed. **4**, 410 (1932). — WEST, BRANDON: Ind. engin. Chem., Analyt. Ed. **4**, 314 (1932). — KURTZ: Ind. engin. Chem., Analyt. Ed. **5**, 260 (1933). — SCHWARZER: Ztschr. Pflanzenernähr. Düngung **41**, 203 (1935).

[7] TÄUFEL, THALER, STARKE: Angew. Chem. **48**, 191 (1935).

[8] Siehe auch SANDSTEDT: Cereal Chem. **9**, 156 (1932). — DAVIS, WISE: Cereal Chem. **10**, 488 (1933).

[9] ILLARIONOW, SSOLOWJEWA: Ztschr. analyt. Chem. **101**, 254 (1935).

empfohlen.[1] Noch besser wirkt *Jodwasserstoffsäure*,[2] die auch ermöglicht, Hydrazine, Dinitrohydrazone, Osazone, Oxime und sogar gewisse Diazoverbindungen zu analysieren. Diazoketone $R \cdot COCHNH_2$ dagegen spalten mit HJ schon in der Kälte fast allen Stickstoff in elementarer Form ab.[3] Diazoverbindungen können zuweilen durch Kuppeln mit Phenol stabilisiert werden. Flüchtige Substanzen werden mit HJ 1,7 eine Stunde auf 200°, Verbindungen, die benachbarte N-Atome in einem Ring enthalten, auf 300° erhitzt (Antipyrin). Die anderen Substanzen kocht man eine Stunde mit HJ und etwas rotem Phosphor, vertreibt die Jodwasserstoffsäure mit H_2SO_4, gibt dann etwas Quecksilber und K_2SO_4 zu und beendet die Bestimmung in üblicher Weise.

7. Halbmikrostickstoffbestimmung nach KJELDAHL.

5 ccm Probelösung (5—6 mg N) im 100-ccm-Kolben + 2 ccm H_2SO_4, 1 g K_2SO_4, 70 g HgO, 2 g $SeOCl_2$ und gegen das Stoßen etwas Alundum über Mikrobrenner und Asbestplatte 45 Min. kochen, 35 ccm Wasser, 5 ccm 50proz. NaOH, etwas $Na_2S_2O_3$ zusetzen. NH_3 in 25 ccm $n/50$ HCl dest., nach 20 Minuten mit $n/50$ NaOH zurücktitrieren (Methylrot). Auch für Nitro- und Azoverbindungen.[4]

Siehe auch HITCHCOCK, BELDEN: Ind. engin. Chem., Analyt. Ed. 5, 402 (1933).

8. Mikrostickstoffbestimmung nach KJELDAHL.[5]

PREGL, ROTH: Mikroanalyse, S. 105. 1935. — GROÁK: Biochem. Ztschr. 283, 59 (1935). — ZAKRZEWSKI, FUCHS: Biochem. Ztschr. 285, 390 (1936). — SCOTT, WEST: Ind. engin. Chem., Analyt. Ed. 9, 50 (1937).

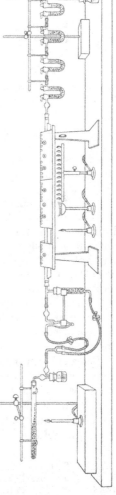

Abb. 92. Stickstoffbestimmung nach DENNSTEDT.

---

[1] ELEK, SOBOTKA: Journ. Amer. chem. Soc. 48, 501 (1926).

[2] FRIEDRICH: Ztschr. physiol. Chem. 216, 68 (1933).

[3] ROTH in PREGL, ROTH: Mikroanalyse, S. 106. 1935.

[4] HARTE: Ind. engin. Chem., Analyt. Ed. 7, 432 (1935).

[5] Andere Vorschläge, das KJELDAHLsche Verfahren mikroanalytisch durchzuführen: PILCH: Monatsh. Chem. 32, 21 (1911). — FOLIN, FARMER: Journ. biol. Chemistry 11, 493 (1912). — DONAU: Arbeitsmethoden der Mikrochemie, S. 60. Stuttgart 1913. — BANG, LARSSON: Biochem. Ztschr. 49, 19 (1913); 51, 193 (1913). — KOCHMANN: Biochem. Ztschr. 63, 479 (1914). — ABDERHALDEN, FODOR: Ztschr. physiol. Chem. 98, 190 (1917). — LJUNGDAHL: Biochem. Ztschr. 83, 106 (1917). — SJOLLEMA, HETTERSCHY: Biochem. Ztschr. 84, 359, 371 (1917). — BANG: Biochem. Ztschr. 88, 416 (1918). — BANG: Mikromethoden zur Blutuntersuchung,

9. Stickstoffbestimmung eventuell unter gleichzeitiger Bestimmung von Kohlenstoff, Wasserstoff, Halogen, Schwefel und Asche (Mineralbestandteilen) nach DENNSTEDT.[1]

Da in ähnlicher Weise wie bei der Bestimmung von Kohlenstoff und Wasserstoff mit Kupferoxyd auch bei der Stickstoffbestimmung nach DUMAS gewöhnlich weit über das Maß des Notwendigen erhitzt wird, hat DENNSTEDT sein Verbrennungsgestell auch diesem Zweck mit Erfolg angepaßt. Man kommt dabei mit vier Brennern sehr wohl aus. Auch das (S. 165) beschriebene tragbare Stativ ist für die Stickstoffbestimmung eingerichtet (Abb. 94).

Als neu hinzugekommene Verbesserungen sind außerdem hervorzuheben: für die Aufnahme der Substanz ein in besonderer Weise gefaltetes *Schiffchen* aus Kupferblech, worin die abgewogene Substanz mit feinem Kupferoxyd gemischt

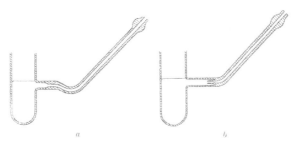

Abb. 93 Azotometer nach DENNSTEDT.

wird. Das *Zuleitungsrohr des Azotometers* (Abb. 93 b) ist in besonderer Weise geknickt, so daß durch einen Tropfen Quecksilber ein ziemlich sicherer Schutz gegen das Zurücksteigen der Kalilauge in das Verbrennungsrohr gegeben ist; dasselbe wird erreicht (Abb. 93 b), wenn man das Capillarrohr am unteren Ende in eine Glasspitze auslaufen läßt: außerdem wird auf jeden Fall noch zwischen Verbrennungsrohr und Azotometer ein einfaches Rückschlagventil besonderer Form eingeschaltet.

Das 86 cm lange Verbrennungsrohr wird wie folgt gefüllt:

Die ersten 8 cm bleiben leer, dann kommt eine 10 cm lange Rolle von Kupferdrahtnetz. Das nun folgende grobe Kupferoxyd (28 cm) wird beiderseits von je einem 3 cm langen Pfropf aus oxydiertem Kupferdrahtnetz festgehalten. Läßt man auf der anderen Seite des Rohrs ebenfalls 6 cm frei und gibt darnach eine 10 cm lange Rolle von oxydiertem Kupferdrahtnetz, so bleibt für die Substanz ein Raum von 18 cm. Für die Erhitzung des vorderen Rohrendes (50 cm) genügen drei Teclu- oder gute Bunsenbrenner mit Spalt, da ein solcher Brenner frei brennend eine Flamme von 8 cm gibt, die sich unter der Rinne auf mindestens 10 cm ausdehnt. Die Vergasung und schließlich die Verbrennung geschieht mit einem vierten Brenner, dem zum Schluß die vorderen Brenner zu Hilfe kommen.

Das zur Verdrängung der Luft und später des Stickstoffs notwendige Kohlendioxyd wird aus groben Stücken Natriumbicarbonat in einem angehängten Rohr von schwer schmelzbarem Glas mit Hilfe einer kleinen Flamme entwickelt und die erhitzte Stelle durch ein verschiebbares Drahtnetz geschützt. Die ganze Anordnung ist aus Abb. 94 ersichtlich.

In sehr seltenen Fällen kann es wichtig sein, die Bestimmung des Stickstoffs

2. Aufl. 1920. — ACÉL: Biochem. Ztschr. **121**, 120 (1921). — PARNAS, WAGNER: Biochem. Ztschr. **125**, 253 (1921). — STEINBACH: Ztschr. Biol. **75**, 219 (1921). — GERNGROSS, SCHÄFER: Ztschr. angew. Chem. **36**, 391 (1923). — DIETERLE: Arch. Pharmaz. **262**, 37 (1924). — ELEK, SOBOTKA: Journ. Amer. chem. Soc. **48**, 501 (1926). — WEIZMANN, YOFE, KIRZON: Ztschr. physiol. Chem. **192**, 70 (1930). — ANDERSON, JENSEN: Ztschr. analyt. Chem. **83**, 114 (1931).
[1] Nach freundlicher Privatmitteilung; siehe auch Ber. Dtsch. chem. Ges. **41**, 2778 (1908).

mit der des Kohlenstoffs und Wasserstoffs und, wenn erforderlich, auch mit der des Schwefels und der Halogene zu verbinden.

Das ist sehr wohl möglich, wenn auch das Verfahren dadurch etwas schwerfällig wird und größere Geschicklichkeit und dauernde Anwesenheit des Experimentators erfordert.

Man benutzt als Sauerstoffquelle Kaliumpermanganat, das in einem Rohr entwickelt wird, und einen Gummisack als Gasometer. Man wendet doppelte Sauerstoffzuleitung an und entfernt die Luft durch einen starken Sauerstoffstrom.

Der Stickstoff wird mit dem überschüssigen Sauerstoff in einem ERLENMEYER-kolben von etwa 1 l Inhalt aufgefangen, der mit doppelt durchbohrtem Gummi-

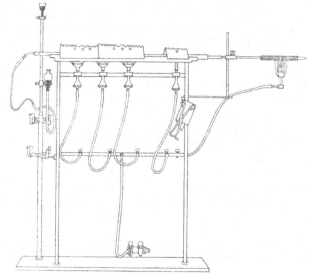

Abb. 94. Stickstoffbestimmung nach DENNSTEDT.

stopfen versehen ist. Ein bis zum Boden reichendes Knierohr trägt einen Gummischlauch mit Niveaukugel, durch ein T-Rohr ist die Verbindung mit dem Verbrennungsrohr und der Luftpumpe vermittelt, aus der zweiten Öffnung kann man das angesammelte Gas austreten lassen (Abb. 92).

Da 2—3 l Sauerstoff zu absorbieren sind, kann weder Pyrogallussäure noch ammoniakalische oder Pyridin-Kupferchlorür-Lösung verwendet werden. Man ersetzt daher die alkalische Lösung durch eine Lösung von Kupferchlorür in Salzsäure, in die man Kupferdrahtnetzrollen stellt.

Für die erste Füllung nimmt man am einfachsten Kupfersulfat mit viel Salzsäure und erwärmt unter Kupferzusatz. Die Flüssigkeit bleibt brauchbar, solange noch Kupfer vorhanden ist, wenn man nur ab und zu einen Teil davon durch Salzsäure ersetzt.

Der in Form von Bleinitrat zurückgehaltene Stickstoff wird aus dem mit 33proz. Alkohol extrahierten und gewogenen Bleinitrat bestimmt.

Die Bestimmung von Schwefel, Halogen und Asche läßt sich auch in diesem Fall in der schon beschriebenen Weise mit der Kohlenstoff- und Wasserstoffbestimmung verbinden.

Bestimmung der Halogene.

(Cl = 35,458, Br = 79,916, J = 126,92.)

I. Qualitativer Nachweis von Chlor, Brom und Jod.

Methode von BEILSTEIN.[1]

Dieses Verfahren[2] gründet sich auf die bekannte BERZELIUSsche Methode des Nachweises der Halogene in Mineralsubstanzen.

Man bringt in das Öhr eines Platindrahts etwas pulvriges Kupferoxyd, das nach kurzem Durchglühen festhaftet. Nun taucht man dieses Kupferoxyd in die Substanz oder bringt etwas davon auf das Kupferoxyd und hält das Öhr in die mäßig starke, entleuchtete Flamme eines Bunsenbrenners, zuerst in die innere, dann in die äußere Zone, nahe am unteren Rand.

Zunächst tritt Leuchten der Flamme, gleich darauf aber die charakteristische Grün- bzw. Blaufärbung ein. Bei der außerordentlichen Empfindlichkeit der Reaktion genügen die geringsten Mengen Substanz, um die Halogene mit Sicherheit nachweisen zu lassen, und an der Dauer der Flammenfärbung hat man einen ungefähren Maßstab für die Menge des vorhandenen Halogens.

Vor jedem Versuch muß man sich von der Reinheit des Kupferoxyds überzeugen. Ist es nämlich mehrfach benutzt worden, so bilden sich schwer flüchtige Oxychloride usw., und das Kupferoxyd gibt schon beim bloßen Befeuchten eine Flammenfärbung. Man benetzt in diesem Fall das Öhr mit Alkohol und glüht es erst in der leuchtenden und dann in der Oxydationsflamme aus.

Die Reaktion gelingt bei allen Körperklassen organischer Substanzen.

Nach NÖLTING und TRAUTMANN[3] sind allerdings auch einzelne halogen*freie* Verbindungen der Pyridinreihe imstande, mit Kupferoxyd in die Flamme gebracht, diese grün zu färben. Als solche Substanzen werden die Oxychinoline angeführt.

Nach MILRATH[4] zeigen auch Harnstoff, Sulfoharnstoff und einige in α-Stellung substituierte Pyridinderivate die BEILSTEINsche Reaktion, die hier offenbar von der Bildung von Cyankupfer herrührt.

ERLENMEYER, HILGENDORFF[5] geben an, daß auch chlorfreies Kupfercarbonat,

---

[1] BEILSTEIN: Ber. Dtsch. chem. Ges. **5**, 620 (1872). — GAWALOWSKI: Ztschr. analyt. Chem. **64**, 471 (1924).

[2] Im Jahre 1895 wurde diese Methode, mit einer kleinen Verschlechterung und Komplikation in der Ausführung, von LENZ (Ztschr. analyt. Chem. **34**, 42) nochmals „entdeckt". — Verfahren für flüchtige Substanzen: ERDMANN: Journ. prakt. Chem. (2), **56**, 36 (1897).

[3] NÖLTING, TRAUTMANN: Ber. Dtsch. chem. Ges. **23**, 3664 (1890). — Camphersäure: HAHN: Dtsch. Parfümerieztg. **2**, 229 (1916).

[4] MILRATH: Chem.-Ztg. **33**, 1249 (1909). — Methyl-5-mercaptotetrazol zeigt hellgrüne Flammenfärbung. STOLLÉ, HENKE-STARK: Journ. prakt. Chem. (2) **124**, 261 (1930).

[5] ERLENMEYER, HILGENDORFF: Ber. Dtsch. chem. Ges. **43**, 956 (1910). — Benzoat, Formiat: KUNZ-KRAUSE: Apoth.-Ztg. **30**, 141 (1915); **31**, 66 (1916). — SCHIMMEL & Co.: Ber. Schimmel **1922**, 96. — Ebenso Zimtsäure und die meisten Δ^2-1.3.4.6-Tetraphenyltrimidinderivate.

das ja beim Erhitzen mancher organischer Substanzen leicht entstehen kann, Grünfärbung veranlasse. Im allgemeinen ist aber keine Gefahr einer Täuschung vorhanden.

II. Quantitative Bestimmung der Halogene, Cl=35,458; Br=79,916; J=126,92.

Vorbemerkung: Die *Fällung* von Halogensilber geschieht zweckmäßig bei Gegenwart von Aether.[1] Dadurch ballt sich der Niederschlag sehr rasch.

A. Allgemein anwendbare Methoden.

1. Kalkmethode.

Diese treffliche Methode[2] haben SOUBEIRAN[3] und LIEBIG[4] unabhängig voneinander aufgefunden.[5] Sie ist von allgemeinster Anwendbarkeit, namentlich aber für feste und für wenig flüchtige, flüssige Substanzen zu empfehlen. *Hexachlorbenzol* ist eine der wenigen Verbindungen, zu deren quantitativer Aufschließung die Kalkmethode in ihrer üblichen Ausführung[6] nicht genügt. In diesem Fall muß dem Ätzkalk Kaliumnitrat zugefügt werden. Auch *β-Jodanthrachinon* liefert nach KAUFLER[7] unbefriedigende Resultate und muß nach der Methode von CARIUS auf 400° erhitzt werden. Ebensowenig lassen sich nach diesem Verfahren Substanzen direkt untersuchen, die — wie *Bromalhydrat* — schon beim Mischen mit Kalk zersetzt werden.[8]

Ausführung der Methode.

Erfordernisse: 1. Halogenfreier gebrannter Kalk. Sollte kein reiner (auch schwefelsäurefreier) Kalk zur Verfügung stehen, so bestimmt man entweder in einer Probe den Chlorgehalt und bringt nachher bei der Analyse eine entsprechende Korrektur an, oder man reinigt ihn, falls der Chlorgehalt irgend beträchtlicher ist, nach BRÜGELMANN.[9]

2. Ein an einem Ende geschlossenes Rohr aus schwer schmelzbarem Glas von 35 cm Länge und zirka 0,6—0,8 cm innerem Durchmesser.

3. Ein mittels eines Kautschukschlauchs aufsetzbarer Einfülltrichter, der einen gerade abgeschnittenen und mit dem Rohr gleichdimensionierten Hals besitzt.

4. Schwarzes Glanzpapier.

5. Eine Achatreibschale.

Zur *Analyse* werden je nach dem Halogengehalt 0,1—0,5 g abgewogen. Das Rohr wird vorerst bis zu etwa 30 cm mit frisch ausgeglühtem nicht allzu fein pulverisiertem Kalk locker angefüllt und hierauf auf einzelne Stücke Glanzpapier

---

[1] ALEFELD: Ztschr. analyt. Chem. 48, 79 (1909). — ROTHMUND, BURGSTALLER: Ztschr. anorgan. allg. Chem. 63, 334 (1909). — BILTZ: Ber. Dtsch. chem. Ges. 43, 3560 (1910).

[2] Die Methode wurde von JANNASCH, KÖLITZ: Ztschr. anorgan. allg. Chem. 15, 68 (1897), wieder als neu beschrieben.

[3] SOUBEIRAN: Ann. chim. phys. 48, 136 (1831).

[4] LIEBIG: Liebigs Ann. 1, 201 (1832).

[5] Siehe HANS MEYER: Handwörterbuch der Naturwissenschaften 2, S. 349. 1912.

[6] Es wird sich hier (wie beim *Hexachloraethan*) empfehlen, vor das beiderseits offene Rohr eine mit Wasser beschickte Waschflasche anzubringen und einen langsamen Luftstrom durchzuschicken. Siehe auch BOCKEMÜLLER: Ztschr. analyt. Chem. 91, 86 (1933).   [7] KAUFLER: Ber. Dtsch. chem. Ges. 37, 61 (1904).

[8] Derartige Substanzen werden mit ausgeglühter Kieselsäure vermischt zwischen zwei Kalkschichten in das Rohr gebracht (HANS MEYER).

[9] BRÜGELMANN: Ztschr. analyt. Chem. 15, 7 (1876).

nacheinander 3 cm, dann 20 cm, endlich 4 cm der Kalkschicht wieder herausgeschüttet. Im Rohr bleiben dann noch zirka 3 cm Kalk zurück. Man verreibt
jetzt die Substanz partienweise innig mit der Hauptmenge des Kalks, füllt durch
den Trichter ein, spült Reibschale, Glanzpapier und Trichter mit 5 cm Kalk ab
und füllt schließlich noch die 3 cm reinen Kalk nach. Man klopft den Röhreninhalt ein wenig zusammen, nimmt den Trichter samt Schlauch ab, legt das Rohr
horizontal und bildet durch vorsichtiges Klopfen einen Kanal, der über der
ganzen Kalkschicht etwa ein Viertel des Rohrdurchmessers hoch sein muß. Nun
wird das Rohr in einen Verbrennungsofen gelegt (Kanal nach oben). Man entzündet zuerst den nahe dem offenen Ende befindlichen Brenner und schreitet
mit dem Erhitzen langsam fort, bis nach einer halben Stunde die ganze Röhre
zur dunklen Rotglut gebracht ist. Man setzt das Erhitzen noch eine weitere
Stunde fort. Sollte sich der Kanal verstopfen, so läßt man sofort erkalten und
erneuert die Durchgängigkeit durch Bohren mit einem starken Platindraht, den
man dann im Rohr stecken lassen muß.

Nach dem Erkalten schüttet man den Rohrinhalt ganz langsam in ein großes
Becherglas, das etwa 400 ccm Wasser enthält und durch Einstellen in öfters zu
erneuerndes kaltes Wasser gekühlt wird. Nach dem Ablöschen des Kalks setzt
man tropfenweise verdünnte chlorfreie Salpetersäure zu, rührt lebhaft um und
fährt mit dem Säurezusatz so lange fort, bis aller Kalk[1] gelöst ist und nur mehr
dunkle Flocken von verkohlter organischer Substanz im Becherglas sichtbar
sind. Das Rohr wird ebenfalls mit verdünnter Salpetersäure ausgespült. Man
filtriert, wäscht aus und fällt mit Silbernitratlösung, filtriert, wäscht — zuerst
mit verdünnter salpetersaurer Silbernitratlösung[2] — und bestimmt das Halogensilber auf gewichtsanalytischem Weg, oder man versetzt mit Sodalösung bis zur
beginnenden Alkalität und titriert nach Zusatz von neutralem Kaliumchromat
mit $n/_{10}$-Silbernitratlösung.

ORNDORFF, BLACK[3] sowie DELBRIDGE[4] führen die Bestimmung nach VOLHARD
folgendermaßen aus:

Man löst den Kalk in einem ERLENMEYERkolben, setzt eine gemessene Menge
$n/_{10}$-Silbernitratlösung zu und schüttelt den mit einem Kautschukstopfen verschlossenen Kolben einige Minuten, bis Halogensilber und Kohle sich klar absetzen. Dann wird abgesaugt, gut gewaschen und im Filtrat, dessen Volum
350—400 ccm betrage, mit $n/_{10}$-Rhodanammonium und Ferriammoniumsulfat als
Indicator zurücktitriert.

Besondere Bemerkungen zur Kalkmethode.

Während aus chlor- und bromhaltigen Substanzen[5] alles Halogen als Chlor-
bzw. Bromcalcium gebunden wird, entsteht bei jodhaltigen Substanzen meist
etwas jodsaures Calcium, zu dessen Reduktion sowie zur Bindung von durch
die Salpetersäure freiwerdendem Jod man vor dem Lösen des Kalks in Salpetersäure 1—2 g Natriumsulfit zufügt.

Bei *jodhaltigen Substanzen* muß überhaupt das Ansäuern unter Vermeidung
jeder Erwärmung sehr vorsichtig ausgeführt werden, damit nicht durch Freiwerden von elementarem Jod Verluste eintreten. CLASSEN[6] schlägt vor, der-

[1] ORNDORFF, BLACK: Amer. chem. Journ. 41, 368 (1909).
[2] WEGSCHEIDER: Monatsh. Chem. 18, 345 (1897).
[3] ORNDORFF, BLACK: Amer. chem. Journ. 41, 368 (1909).
[4] DELBRIDGE: Amer. chem. Journ. 41, 397 (1909).
[5] Tetrabromphenoltetrachlorphthalein gibt bei der Analyse auch Bromat und
Chlorat: ORNDORFF, BLACK: Amer. chem. Journ. 41, 380 (1909).
[6] CLASSEN: Ztschr. analyt. Chem. 4, 202 (1865).

artige Substanzen im beiderseits offenen Rohr (das nur während des Erhitzens an einem Ende verschlossen wird) zu verbrennen und nach dem Glühen einige Stunden lang *feuchtes* Kohlendioxyd durchzuleiten. Hierauf erwärmt man mit Wasser, filtriert, säuert vorsichtig an und fällt mit Silbernitrat.

Platindoppelsalze — deren Halogengehalt man überhaupt besser nach WALLACH[1] bestimmt — erfordern Rücksichtnahme auf die Möglichkeit der Bildung von Platinchlorwasserstoffsäure beim Ansäuern mit Salpetersäure. Man darf bei ihrer Analyse den abgelöschten Kalk nicht vollständig auflösen, sondern filtriert, solange noch etwas Kalk ungelöst ist, wäscht den aus Platin, Kohle und Kalk bestehenden Rückstand mit heißem Wasser und säuert schließlich das Filtrat nach dem Erkalten an.

Für die Analyse der schwer zersetzlichen *Chlorphenylharnstoffe* verwendet DOHT[2] ein 60 cm langes Rohr.

Flüchtige Substanzen werden in Glaskügelchen abgewogen und eine entsprechend lange Kalkschicht vorgelegt, in die man die Substanz durch vorsichtiges Erhitzen hineintreibt.

BAEYER empfiehlt allgemein[3] an Stelle des Kalks *Soda* zu verwenden, indessen erhält man dann (wenigstens bei Brom- und Chlorprodukten[4]) öfters zu niedrige Werte (HANS MEYER).

Stark *stickstoffhaltige* Substanzen können zur Bildung von *Cyansilber* Veranlassung geben. Man reduziert in solchen Fällen den Niederschlag nach NEUBAUER, KERNER[5] mit Zink und verdünnter Schwefelsäure, filtriert und fällt die klare Lösung nochmals mit Silbernitrat.

2. Ähnliche Methoden.[6,7]

Nach ROSE, FINKENER[8] wendet man mit Vorteil an Stelle des reinen Kalks *Natronkalk* an. Man oxydiert damit die organische Substanz zu Kohlensäure, so daß sich bei der nachherigen Auflösung in Salpetersäure keine Kohle ausscheidet und auch die Cyanbildung unterbleibt. Da indessen die Glasröhren durch den Natronkalk stark angegriffen werden, ist es notwendig, nach dem Ansäuern von der abgelösten Glassubstanz zu filtrieren, ehe man mit Silbernitrat fällt.

ZULKOWSKY, LEPÉZ empfehlen an Stelle des Kalks ausgeglühte *Magnesia*.[9]

Es ist schon erwähnt worden, daß man zur Analyse des Hexachlorbenzols ein Gemisch von *Kalk* und *Salpeter* verwenden muß.

FEEZ, SCHRAUBE, BURCKHARDT[10] haben die alte von BERZELIUS stammende Methode zur Verbrennung organischer Substanzen mittels *Soda* und *Salpeter*[11] zur Halogenbestimmung ausgearbeitet.

---

[1] Siehe S. 247.   [2] DOHT: Monatsh. Chem. 27, 214 (1906).

[3] BAEYER: Ber. Dtsch. chem. Ges. 38, 1163 (1905); siehe S. 170, Anm. 3.

[4] Auch bei Jodcasein: SKRAUP, KRAUSE: Monatsh. Chem. 30, 450 (1909).

[5] NEUBAUER, KERNER: Liebigs Ann. 101, 344 (1857); siehe auch unter „Methode von VANINO", S. 258.

[6] Siehe auch noch MOIR: Proceed. chem. Soc. 22, 261 (1906). — STEPANOW: Ber. Dtsch. chem. Ges. 39, 4056 (1906).

[7] BENEDIKT, ZIKES: Chem.-Ztg. 18, 640 (1894). — Bestimmung kleiner Chlormengen: SCHIMMEL & Co.: Ber. Schimmel 1921, 56; 1923, 96. — RŮBKA: Ztschr. angew. Chem. 36, 156, 654 (1923). — VOIGT: Ztschr. angew. Chem. 35, 654 (1922). — BUKSCHNEWSKI: A. a. O. S. 723. — UTZ: Parfümerieztg. 8, 71 (1922). — MALISOFF: Ind. engin. Chem., Analyt. Ed. 7, 428 (1935). — Lampenmethoden siehe M₂, 274.

[8] ROSE, FINKENER: Analytische Chemie, 6. Aufl., 2, S. 735. 1871.ʼ

[9] ZULKOWSKY, LEPÉZ: Monatsh. Chem. 5, 557 (1884).

[10] FEEZ, SCHRAUBE, BURCKHARDT: Liebigs Ann. 180, 40 (1877).

[11] Mit Soda und salpetersaurem Ammonium haben übrigens schon viel früher NEUBAUER, KERNER Guanidindoppelsalze analysiert: Liebigs Ann. 101, 344 (1857).

Die Substanz wird, mit etwa dem Vierzigfachen ihres Gewichtes einer voll-kommen trockenen Mischung von 1 Teil kohlensaurem Natrium und 2 Teilen Salpeter innig gemischt, im bedeckten Porzellantiegel langsam erhitzt. Die Ver-brennung geht allmählich vor sich. Zuletzt erhitzt man zum ruhigen Schmelzen und läßt im bedeckten Tiegel erkalten. Der Schmelzkuchen springt beim Er-kalten freiwillig von der Tiegelwand ab; man löst ihn in Wasser auf, wäscht den Tiegel mit heißem Wasser aus, setzt nach der VOLHARDschen Vorschrift mit der Pipette eine abgemessene Menge Silberlösung zu, mehr als hinreichend, um alles möglicherweise vorhandene Halogen zu binden, macht mit Salpetersäure sauer und läßt auf dem Wasserbad stehen, bis alle salpetrige Säure entwichen ist. Nach dem Erkalten bestimmt man nach Zusatz von Eisensalz durch Zurück-titrieren mit Rhodanlösung den Silberüberschuß.

Leichter flüchtige Substanzen werden im Rohr (wie nach der Kalkmethode) verbrannt. Nach der die Mischung von Substanz, Soda und Salpeter enthalten-den Schicht füllt man noch trockenen Salpeter ein und erhitzt in einem schräg gestellten Ofen, dessen Achse mit der Horizontalen einen Winkel von etwa 30° bildet, zuerst die Salpeterschicht zum Schmelzen und darüber hinaus möglichst stark und fährt mit dem Erhitzen von dem offenen nach dem niedriger liegenden

Abb. 95. Verfahren
nach PIRIA und
SCHIFF.

geschlossenen Ende hin allmählich fortschreitend fort. Sobald das Schmelzen zu der Mischung der Substanz mit dem Soda-salpetergemisch vorgerückt ist, beginnt die Verbrennung der meist schon verkohlten Substanz. Die Dämpfe verbrennen, durch den erhitzten Salpeter streichend, vollends, während das Halogen von den Basen zurückgehalten wird. Die Verbrennung ist beendigt, sobald keine Kohlepartikelchen mehr sichtbar sind und der In-halt des Rohrs vollkommen flüssig geworden ist. Das etwas ab-gekühlte Rohr bringt man in ein Becherglas mit kaltem Wasser, wobei es in kleine Stücke zerspringt. Nach erfolgter Auflösung der Schmelze setzt man Silberlösung zu, macht mit Salpetersäure sauer, verjagt die Stick-oxyde und titriert zurück.

Methode von PIRIA,[1] SCHIFF.[2]

Diese Variation der Kalkmethode ist für nicht allzu flüchtige Substanzen sehr empfehlenswert. Man bringt die Probe in einen Platin- oder Nickeltiegel der nebenstehend gezeichneten Form und Größe und mischt sie — falls Chlor oder Brom vorliegt — vermittels eines Platindrahts innig mit einem Gemenge von 1 Teil wasserfreiem Natriumcarbonat und 4—5 Teilen frisch ausgeglühtem Kalk.[3] Bei jodhaltigen Substanzen wird ausschließlich Natriumcarbonat benutzt, weil sich sonst schwer lösliches Calciumjodat bildet. Der vollkommen gefüllte Tiegel wird nun mit einem etwas größeren bedeckt und in der durch Abb. 95 veran-schaulichten Weise verkehrt aufgestellt.[4] Der Zwischenraum zwischen den beiden Tiegeln wird nun mit der Zersetzungsmasse ausgefüllt und zuerst mit einer kleinen Spitzflamme, dann stärker erhitzt. Die im oberen Teil der Masse be-findliche Substanz beginnt erst dann sich zu zersetzen, wenn die Salzmasse

---

[1] PIRIA: Nuovo Cimento **5**, 321 (1857); Lezioni di Chimica organica, S. 153. 1865.
[2] SCHIFF: Liebigs Ann. **195**, 293 (1879). — Wurde von SADTLER nacherfunden und kompliziert: Journ. Amer. chem. Soc. **27**, 1188 (1905). — Siehe auch BERRY: Chem. News **94**, 188 (1906). — ECKERT, KLINGER: Journ. prakt. Chem. (2), **121**, 283 (1929).
[3] SCHIFF: Ztschr. analyt. Chem. **45**, 571 (1906) empfiehlt, den Kalk ganz weg-zulassen; siehe S. 169.
[4] Um dies zu ermöglichen, setzt man den kleinen Tiegel auf eine Eprouvette und stülpt den größeren darüber. Nunmehr läßt sich das Ganze leicht umkehren.

nahezu glühend ist, und die entwickelten Dämpfe sind gezwungen, im kleinen Tiegel abwärts und im ringförmigen Zwischenraum aufwärts das glühende Alkalicarbonat zu durchstreichen. Die Zersetzung erfolgt sehr regelmäßig und ist in weniger als einer Stunde beendet. Zum Neutralisieren der Reaktionsmasse nimmt man nach ECKERT, KLINGER (bei Jodverbindungen) Schwefelsäure statt Salpetersäure.

Man kann diese Methode auch zur *Schwefelbestimmung* verwenden, wenn man als oxydierendes Agens eine Mischung von 1 Teil Kaliumchlorat und 8 Teilen Natriumnitrat benutzt, indes sind dabei Explosionen vorgekommen.[1]

3. Methode von CARIUS.[2]

Diese wichtige Methode, die neben der Kalkmethode hauptsächlich in Anwendung kommt, eignet sich namentlich zur Analyse flüssiger und leicht flüchtiger Substanzen und bildet dadurch eine wertvolle Ergänzung der letzteren, die vor allem für die Untersuchung schwerer flüchtiger und fester Körper geeignet ist. Die Methode hat, hauptsächlich schon durch ihren Autor, verschiedene Abänderungen erfahren. Am zweckmäßigsten verfährt man nach KÜSTER[3] folgendermaßen:

Man verwendet zum Erhitzen der Substanz — die, bei Gegenwart von Silbernitrat, durch hochkonzentrierte Salpetersäure vollständig oxydiert werden soll, wobei ihr Halogen durch das Silber gebunden wird — Einschmelzröhren aus Jenenser Glas[4] von 50 cm Länge, 13 mm lichter Weite und 2 mm Wandstärke. Die Röhre wird mit überschüssigem Silbernitrat in ganzen Stücken — wovon etwa $^1/_2$ g in den meisten Fällen genügen wird — und 20—30 Tropfen Salpetersäure vom spezifischen Gewicht 1,5 beschickt. Hierauf wird die Substanz (0,1 bis 0,2 g) in einem einseitig geschlossenen Röhrchen von etwa $^1/_2$ mm Wandstärke, 9 mm lichter Weite und $2^1/_2$ cm Länge eingeführt, das offene Ende des Einschmelzrohrs zu einer nicht zu kurzen dickwandigen Capillare ausgezogen und zugeschmolzen. Die Röhre wird nun mit dünnem Asbestpapier umwickelt und in den Schießofen gelegt, so daß ihr capillares Ende ein wenig erhöht liegt. Jetzt wird einige Stunden (das Anheizen nicht mitgerechnet mindestens 2 Stunden) auf 320—340° erhitzt,[5] wobei man langsames Anwärmen als zwecklos vermeidet.

Nach dem Erkaltenlassen und vorsichtigen Öffnen[6] des Rohrs spült man den Inhalt in eine Porzellanschale, wobei man etwaige hartnäckig festsitzende Teilchen mit etwas Ammoniak herauslöst. Man erhitzt, falls Chlorsilber vorlag, nur

---

[1] KOLBE: Handw., Suppl., 1. Aufl., S. 205.

[2] CARIUS: Liebigs Ann. **116**, 1 (1860); **136**, 129 (1865); Ber. Dtsch. chem. Ges. **3**, 697 (1870). — LINNEMANN: Liebigs Ann. **160**, 205 (1871). — VOLHARD: Liebigs Ann. **190**, 37 (1878). — KÜSTER: Liebigs Ann. **285**, 340 (1895). — WALKER, HENDERSON: Chem. News **71**, 103 (1895). — Über geeignete Schießöfen hierzu: KÜSTER: A. a. O. — GATTERMANN, WEINLIG: Ber. Dtsch. chem. Ges. **27**, 1944 (1894). — VOLHARD: Liebigs Ann. **248**, 235 (1895). — SUDBOROUGH: Journ. Soc. chem. Ind. **18**, 16 (1899). — HARTLEY: Ind. engin. Chem., Analyt. Ed. **2**, 328 (1930).

[3] KÜSTER: Liebigs Ann. **285**, 340 (1895).

[4] Weniger resistentes Glas gibt zu Verlusten Anlaß: TOLLENS: Liebigs Ann. **159**, 95 (1871).

[5] Eventuell 9—14, ja sogar 24 Stunden: PADOVA: Diss. Zürich 1903, 83. — POLLAK, GEBAUER-FÜLLNEGG: Monatsh. Chem. **47**, 116 (1928). — BINCER, HESS: Ber. Dtsch. chem. Ges. **61**, 540 (1928).

[6] *Öffnen von CARIUSröhren.* Druck ablassen, wieder zuschmelzen, mit spitzer Leuchtgas-Sauerstoffflamme Rohr unter Drehen ringförmig erweichen. An einem Punkt erhitzen, bis Innendruck Rohrwand mit ovaler Öffnung durchbricht. Durch weiteres Erwärmen und seitliches Biegen Öffnung bis zu einem um das ganze Rohr verlaufenden Schnitt erweitern. UNTERZAUCHER, BÖSCHEISEN: Mikrochemie **18**, 312 (1935).

bis zur Klärung der Flüssigkeit, bei Brom- und Jodsilber 2 Stunden auf dem kochenden Wasserbad und bestimmt schließlich das Halogensilber gewichtsanalytisch.

Bemerkungen zu der CARIUS*schen Methode.*

Die Methode von CARIUS liefert bei sorgfältigem Arbeiten in der Regel[1] sehr genaue Resultate, falls *Chlor-* oder *Bromderivate* vorliegen. Immerhin gibt es Substanzen, die, wie das *Heptachlortoluol* oder das *Perchlorinden,* überhaupt keine oder, wie das *Hexachlorbenzol* und das *β-Brom- (Jod-) Anthrachinon,* erst bei 19 stündigem Erhitzen auf 400° (was nur sehr wenige Röhren aushalten) richtige Zahlen geben. Weniger befriedigend sind die Resultate bei *Jodderivaten,* was nach LINNEMANN[2] von einer gewissen Löslichkeit des Jodsilbers in silbernitrathaltiger Salpetersäure rührt. LINNEMANN empfiehlt daher den Silberüberschuß recht klein, etwa das Anderthalbfache der berechneten Menge, zu wählen.

Auch können sich beim Erhitzen der Substanzen mit der konzentrierten Salpetersäure schwer zersetzliche oder explosive Nitroverbindungen bilden. So berichtet PELZER,[3] daß die CARIUSsche Methode sich zur Analyse der *Mono-* und *Dijodparaoxybenzoesäuren* nicht anwenden ließ. Es entstanden nämlich dabei stets neben Silberjodid noch rote explosive Silbersalze einer nitrierten Säure, die auch beim Erhitzen mit Salpetersäure und Kaliumpyrochromat auf 185° während vier voller Tage noch nicht zerstört waren.

Nach SCHULZE[4] kann die Bildung von Nitrokörpern, die das Halogensilber verschmieren, manchmal die Anwendbarkeit der CARIUSschen Methode vollständig illusorisch machen, wie das z. B. bei den *Halogenverbindungen des β-Naphthylchlorids* und *Bromids* der Fall ist.

1.2-Xylochinon-4.5-dichlordiimid explodiert bei der Berührung mit Salpetersäure,[5] ebenso das *p-Bromphenyltriazenkupfer.*[6]

In derartigen Fällen kann es sich empfehlen, die Substanz in einem Stöpselgläschen auf die mit Kohlendioxyd-Aceton zum Gefrieren gebrachte Salpetersäure zu geben und erst nach dem Zuschmelzen die Säure langsam auftauen zu lassen.[7]

Bei der Analyse von Silberphenyl-Silbernitrat traten beim Umdrehen des Rohrs gefährliche Explosionen ein, die vermieden wurden, wenn man das Rohr (vor dem Zuschmelzen) aufrechtstehend einen Tag sich selbst überließ.[8]

In Quecksilberchlorid(bromid)doppelsalzen läßt sich das Halogen nicht nach CARIUS bestimmen, weil das Halogensilber in Lösungen von Quecksilbersalzen nicht vollständig ausfällt.[9] Man arbeitet in solchen Fällen nach der Kalkmethode. Siehe unter Quecksilber S. 248.

Um in Doppelsalzen neben Chlor Gold, Platin oder Eisen zu bestimmen, trennen SIMONIS, ELIAS[10] das Chlorsilber nach der Aufschließung durch Lösen in

---

[1] Siehe dagegen LIEBERMANN: Ber. Dtsch. chem. Ges. **43**, 1544 (1910). — Bei *selen*haltigen Substanzen löst man den Silberniederschlag in Ammoniak und fällt nach dem Verdunsten der Hauptmenge des Ammoniaks nochmals mit Salpetersäure. — STRECKER, WILLING: Ber. Dtsch. chem. Ges. **48**, 202 (1915). — STRECKER, GROSSMANN: Ber. Dtsch. chem. Ges. **49**, 77 (1916). Bei *chrom*haltigen Substanzen löst man das Halogensilber in Cyankalium und bestimmt das Silber elektrolytisch. HEIN: Ber. Dtsch. chem. Ges. **54**, 1915 (1921). [2] LINNEMANN: Liebigs Ann. **160**, 205 (1871). [3] PELZER: Liebigs Ann. **146**, 301 (1868). [4] SCHULZE: Ber. Dtsch. chem. Ges. **17**, 1675 (1884). [5] NOELTING, THESMAR: Ber. Dtsch. chem. Ges. **35**, 643 (1902). [6] DIMROTH, PFISTER: Ber. Dtsch. chem. Ges. **43**, 2761 (1910). [7] BLOCH, HÖHN: Ber. Dtsch. chem. Ges. **41**, 1973 (1908). [8] KRAUSE, SCHMITZ: Ber. Dtsch. chem. Ges. **52**, 2160 (1919). [9] WACKENRODER: Liebigs Ann. **41**, 317 (1842). — LIEBIG: Liebigs Ann. **81**, 128 (1852). — MANCHOT, HAAS: Liebigs Ann. **399**, 137 (1913). [10] SIMONIS, ELIAS: Ber. Dtsch. chem. Ges. **48**, 1512 (1915).

Ammoniak von dem Metall bzw. Metalloxyd und fällen es nach der Filtration wieder aus.

Nach diesen Autoren kann man auch in Quecksilberchloriddoppelsalzen das Halogen nach CARIUS bestimmen, wenn man das Chlorsilber *kalt* abfiltriert. Nach Versuchen im Prager deutschen Universitätslaboratorium sind indes auch so die Resultate durchgängig zu niedrig.

Die VOLHARDsche titrimetrische Rhodanmethode läßt sich für die CARIUSsche Methode nicht wohl anwenden, weil stets eine gewisse Menge Silber vom Glas aufgenommen wird, um so mehr, je höher erhitzt wurde.[1]

Die Schwierigkeiten, die sich bei der Jodbestimmung ergeben, lassen sich nach DOERING[2] umgehen, wenn man in das Bombenrohr an Stelle von Silbernitrat *Mercurinitrat* gibt. Das Jod wird dann mit Chlorkalklösung zu JO_3' oxydiert und nach Entfernung des überschüssigen Oxydationsmittels jodometrisch titriert. Genauigkeit $\pm 0,3\%$.

Bei gravimetrischen *Jod*bestimmungen muß man vor der Filtration auf 1 : 50 verdünnen.[3] *Jod- und selenhaltige* Substanzen erfordern vor der Filtration der Ag-Verbindungen einstündiges Kochen. Man bringt siedend auf den GOOCH-tiegel, wäscht kalt und saugt dann mit 100 ccm siedender 20proz. HNO_3 durch.[4]

Eine Variante der CARIUSschen Methode, bei der das Einschmelzrohr vermieden ist, hat KLASON[5] angegeben.

Methode von ZULKOWSKY, LEPÉZ: Monatsh. Chem. 5, 537 (1884). — ZULKOWSKY: Monatsh. Chem. 6, 447 (1885). — Methode von REID: Journ. Amer. chem. Soc. 34, 1033 (1912).

*Halbmikro-*CARIUS: CLARK: Journ. Assoc. official. agricult. Chemists 18, 476 (1935). — KIMBALL, WITTENBURG: Ind. engin. Chem., Analyt. Ed. 9, 48 (1937). Auch *Mikrobestimmungen.* Es wird empfohlen, die Substanz auf Silberfolie zu wägen. S. a. Seite 190.

4. Methode von PRINGSHEIM.[6]

Dieses Verfahren beruht auf der Oxydation der organischen Substanz mit Natriumsuperoxyd.

Substanzen[7] mit mehr als 75% Kohlenstoff plus Wasserstoff bedürfen der 18fachen, solche mit 50—75% Kohlenstoff plus Wasserstoff der 16fachen Menge Natriumsuperoxyd, Substanzen mit 25—50% Kohlenstoff plus Wasserstoff

---

[1] KÜSTER: A. a. O.   [2] DOERING: Ber. Dtsch. chem. Ges. 70, 1887 (1937).

[3] GUERBET: Journ. Pharmac. Chim. (8), 17, 556 (1932).

[4] HOMER: Analyst 58, 26 (1933).

[5] KLASON: Ber. Dtsch. chem. Ges. 20, 3065 (1887). — RAMBERG: Ber. Dtsch. chem. Ges. 40, 2579 (1907). — LOVÉN, JOHANSSON: Ber. Dtsch. chem. Ges. 48, 1257 (1915) (S-Bestimmung). — LEONARD: Amer. chem. Journ. 45, 255 (1923) (S und Hal.). — GRATH, HOLMBERG: Ber. Dtsch. chem. Ges. 56, 292, 294 (1923). — DACHLAUER, THOMSON: Ber. Dtsch. chem. Ges. 57, 559 (1924). — ARNDT: Ber. Dtsch. chem. Ges. 57, 763 (1924).

[6] PRINGSHEIM: Ber. Dtsch. chem. Ges. 36, 4244 (1903); 37, 324 (1904); 41, 4267 (1908); Amer. chem. Journ. 31, 386 (1904); Ztschr. angew. Chem. 17, 1454 (1904). — PRINGSHEIM, GIBSON: Ber. Dtsch. chem. Ges. 38, 2459 (1905). — PARR: Journ. Amer. chem. Soc. 30, 764 (1908). — BRIGL: Diss. Berlin 1909, 35. — STRUENSEE: Diss. Berlin 1911, 19. — LEMP, BRODERSON: Journ. Amer. chem. Soc. 39, 2069 (1917). — Über ein ähnliches Verfahren (mit Ätzkali und Permanganat) siehe MOIR: Proceed. chem. Soc. 22, 261 (1906); 23, 233 (1907). — LESSER, GERD: Ber. Dtsch. chem. Ges. 56, 969 (1923). — Mit Na_2O_2 und Lactose: BEAMISCH: Ind. engin. Chem., Analyt. Ed. 6, 352 (1934). — *Mikrobombe:* ELEK, HILL: Journ. Amer. chem. Soc. 55, 2550 (1933). Auch für P, S, As.

[7] Bei schwefelhaltigen Substanzen ist der S-Gehalt der Summe C + H bei der Berechnung der erforderlichen Superoxydmenge zuzuzählen.

mischt man mit dem halben, solche mit noch weniger Kohlenstoff und Wasserstoff mit dem gleichen Gewicht einer Substanz, die viel Kohlenstoff und Wasserstoff enthält, wie Zucker, Naphthalin usw., und verwendet dann wieder die 16—18fache Menge Natriumsuperoxyd.

Zirka 0,2 g Substanz werden mit der entsprechenden Menge Natriumsuperoxyd in einem Stahltiegel[1] (Abb. 96), $1\frac{1}{2}$mal so groß als die Abbildung, gemengt, der Tiegel hierauf in eine Porzellanschale gestellt, die so viel Wasser enthält, daß er bis drei Viertel seiner Höhe umspült ist. Dann wird die Masse durch Einführung eines glühenden Eisendrahts durch das im Deckel befindliche Loch entzündet. Nach dem Erkalten wird der Tiegel nebst Deckel[2] in das Wasser gelegt, die Schale schnell mit einem Uhrglas bedeckt und so lange

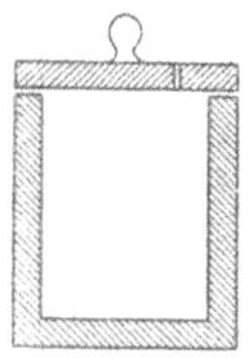

Abb. 96.
Stahltiegel nach
PRINGSHEIM.

erwärmt, bis das Verbrennungsprodukt bis auf einige Kohleteilchen in Lösung gegangen ist, was sich dadurch zu erkennen gibt, daß keine Sauerstoffblasen mehr aufsteigen. Dann wird der Tiegel samt Deckel und Eisennagel abgespült und entfernt und zur alkalischen Lösung 3 ccm gesättigte Natriumbisulfitlösung[3] und so viel verdünnte Schwefelsäure gegeben, daß der Eisenniederschlag verschwindet. Dabei werden Halogensäuren und Persäuren, die durch zu starke Oxydation entstanden sind, ohne Schwierigkeit zu Halogenwasserstoffsäuren reduziert. Darauf werden 3 ccm konzentrierte Salpetersäure[4] zugegeben und die jetzt etwa 500 ccm

betragende Flüssigkeitsmenge mit Silbernitrat gefällt. Die Salpetersäure hält das schwefligsaure Silber in Lösung.

Nach dem Stehen auf dem Wasserbad wird der zusammengeballte Niederschlag abfiltriert, gewaschen und in der gewöhnlichen Weise gewogen.

LEMP, BRODERSON empfehlen,[5] das Silbernitrat vor dem Ansäuern zuzugeben, und das Halogensilber erst gut zu koagulieren, ehe angesäuert wird.

KAUFLER[6] hat diese Methode namentlich für die Analyse schwer oxydabler Substanzen (Halogenanthrachinone), ARNOLD, WERNER für Jodbestimmungen[7] sehr brauchbar gefunden.

Es sind aber anderseits auch wiederholt[8] unbefriedigende Resultate mit diesem Verfahren erhalten worden.

Bei schwer zerstörbaren Substanzen muß nach HELLER[9] mit Permanganat nachoxydiert werden, was eine große Komplikation bedeutet.

WARUNIS[10] schlägt vor, ein Gemisch von Natriumsuperoxyd und Kaliumhydroxyd oder Soda anzuwenden.

[1] Über einen anderen Apparat für Na_2O_2-Schmelzen: HODSMAN: Journ. Soc. chem. Ind. 40, 74 (1921). — Siehe auch LEMP, BRODERSEN: A. a. O.

[2] POZZI-ESCOT ersetzt den aufschraubbaren Deckel durch einen kaminartigen mit Bajonettverschluß und Ansatzrohr von 3 mm Durchmesser und 7—8 cm Höhe: Bull. Assoc. Chimistes Sucr. Dist. 26, 695 (1909). — Einen sehr praktischen Tiegel erzeugt Fr. Köhler, Leipzig, Windscheidstraße 33.

[3] Oder besser Hydrazinsulfat (LEMP, BRODERSON: A. a. O. S. 2072).

[4] Die Salpetersäure muß frei von salpetriger Säure sein, da sonst evtl. Jodausscheidung erfolgt. Deshalb soll sie vor dem Gebrauch längere Zeit gekocht werden: STRUENSEE: Diss. Berlin 1911, 21.

[5] LEMP, BRODERSON: A. a. O. S. 2071 (1917).

[6] KAUFLER: Privatmitteilung.

[7] ARNOLD, WERNER: Pharmaz. Ztg. 51, 84 (1906). — Siehe auch LASSAR-COHN, SCHULTZE: Ber. Dtsch. chem. Ges. 38, 3294 (1905). — BREDENBERG: Diss. Erlangen 1914, 57, 62. — PERKINS, QUIMBA: Amer. Journ. Pharmac. 106, 467 (1934).

[8] VIRGIN: Ark. Kemi, Mineral. Geol. 3, 112 (1908). — DELBRIDGE: Amer. chem. Journ. 41, 396 (1909). — Siehe auch KOŽNIEWSKI: Anz. Akad. Wiss. Krakau 1909, 735.

[9] HELLER: Ber. Dtsch. chem. Ges. 46, 2705 (1913).

[10] WARUNIS: Chem.-Ztg. 35, 907 (1911).

GRANDMOUGIN, SMIROUS empfehlen,[1] statt das Chlorsilber zu wägen, die nach der Verbrennung mit Superoxyd resultierende Lösung mit Salpetersäure anzusäuern, dann mit überschüssigem Silbernitrat zu versetzen und mit Rhodanammoniumlösung zurückzutitrieren.

Die so erhaltenen Resultate sind durchweg etwas (zirka 0,2%) zu niedrig; dafür kann man die Halogenbestimmung in 20—30 Minuten ausführen.

Mikro-PRINGSHEIM: HEIN, HOYER, KLAR: Ztschr. analyt. Chem. 75, 162 (1928). — BEAMISCH: Ind. engin. Chem., Analyt. Ed. 5, 348 (1933).

In der Mikrobombe: ELEK, HARTL: Ind. engin. Chem., Analyt. Ed. 9, 502 (1937). — OCHIAI, TSUDA, SAKAMOTO: Journ. pharmac. Soc. Japan 57, 301 (1937).

5. Methode von BAUBIGNY, CHAVANNE.[2]

Das Verfahren beruht auf der Oxydation der Substanz mit Schwefelsäure-Chromsäure-Gemisch. Selbst in Gegenwart eines Silbersalzes entweichen Brom und Chlor unter den Bedingungen des Verfahrens gasförmig, während Jod zu Jodsäure oxydiert wird und als solche im Oxydationsgemisch verbleibt.

1. Jod. In einen länglichen Rundkolben (oder Erlenmeyer) von 150 bis 200 ccm gibt man etwa 40 ccm Schwefelsäure (D. = 1,84) und Silbernitrat in geringem Überschuß, d. h. je nach dem Molekulargewicht der Substanz 1—1,5 g, erwärmt bis zur Lösung, fügt sogleich 4—8 g gepulvertes Kaliumpyrochromat hinzu und erhitzt von neuem unter Umschwenken, bis alles gelöst ist. Wenn das Oxydationsgemisch erkaltet ist, läßt man das Wägeröhrchen, in dem man 0,3 bis 0,4 g Substanz abgewogen hat, hineingleiten und verteilt die Probe, indem man den Kolben im Kreis umschwenkt. Man unterstützt die Oxydation durch gelindes Erwärmen über freier Flamme, wobei man unausgesetzt umschwenkt. Über 180° zu gehen ist unzweckmäßig; selbst bei Substanzen, die in der Kälte nicht angegriffen werden, genügen 150—170° zur völligen Verbrennung. Ein Thermometer zu benutzen ist überflüssig, denn obige Temperatur ist an der Sauerstoffentwicklung im Oxydationsgemisch kenntlich. Wenn die Sauerstoffentwicklung einsetzt, entfernt man die Flamme, schwenkt aber noch 4—5 Minuten lang um. Ist das Gemisch erkaltet, so verdünnt man es mit 140—150 ccm Wasser und reduziert Chrom- und Jodsäure mit einer konzentrierten Lösung von schwefliger Säure, worauf sich das Jodsilber abscheidet. Hat man zu großen Überschuß an Kaliumpyrochromat, also mehr als die angegebene Menge, verwendet, so scheiden sich zuweilen beim Abkühlen der wässerigen Lösung jodathaltige Silberchromatkrystalle ab, die in Säuren selbst in der Hitze schwer löslich sind, sich aber in Ammoniak oder ammoniumsalzhaltigen Säuren leicht lösen.

---

[1] GRANDMOUGIN, SMIROUS: Ber. Dtsch. chem. Ges. 46, 3430 (1913).

[2] BAUBIGNY, CHAVANNE: Compt. rend. Acad. Sciences 136, 1198 (1903); 138, 85 (1904). — DUPONT, FREUNDLER, MARQUIS: Man. de trav. prat., 2. Aufl., S. 105. 1908. — EMDE: Chem.-Ztg. 35, 450 (1911). — WARSZAWSKI: Diss. Braunschweig 1913, 29. — THIES: Chem.-Ztg. 38, 115 (1914). — VAUBEL: Chem.-Ztg. 38, 1037 (1914). — TROEGER, MÜLLER: Arch. Pharmaz. 252, 483 (1914). — RUPP, LEHMANN: Arch. Pharmaz. 253, 444 (1915). — BRAUN, BRAUNSDORF: Ber. Dtsch. chem. Ges. 54, 699, 700 (1921). — AUWERS, ZIEGLER: Liebigs Ann. 425, 307 (1921). — TRÖGER, MENZEL: Journ. prakt. Chem. (2), 103, 213 (1922). — ZIEGLER, OCHS: Ber. Dtsch. chem. Ges. 55, 2267 (1922). — KOHN: Monatsh. Chem. 47, 362—371 (1926); 48, 198, 218, 368, 604, 618 (1927); 49, 152 (1928). — ERBEN: Ber. Dtsch. chem. Ges. 62, 2394 (1929). — Über die ähnliche Methode (für Cl, Br) von ROBERTSON siehe Journ. chem. Soc. London 107, 902 (1915); 109, 218 (1916); Journ. Amer. chem. Soc. 50, 251 (1928); 52, 3024 (1930). — Ferner THOMPSON, OAKDALE: Journ. Amer. chem. Soc. 52, 1195 (1930). — VIEBÖCK: Ber. Dtsch. chem. Ges. 65, 493, 586 (1932). — PALFRAY, SONTAG reduzieren mit Natrium- oder Kaliumarsenit: Ztschr. angew. Chem. 43, 67 (1930).

Man bringt sie durch Zusatz von Ammoniumnitrat in Lösung und reduziert erst dann mit schwefliger Säure. Statt wässeriger schwefliger Säure benutzt man besser eine konzentrierte wässerige Lösung des käuflichen krystallisierten Natriumsulfits. Man setzt davon so lange zu, bis die Farbe hellgrün geworden ist. Wenn man einen zu großen Überschuß von schwefliger Säure angewendet hat, kann das Jodsilber durch metallisches Silber grau gefärbt sein, das sich durch Reduktion des Silbersulfats gebildet hat. Man digeriert in diesem Fall den Niederschlag mit heißer, etwa 10proz. Salpetersäure, wäscht aus und wägt. Man gießt die grüne reduzierte Flüssigkeit von dem Niederschlag möglichst vollständig durch einen GOOCHtiegel an der Saugpumpe ab, kocht die Fällung mit 10 bis 25proz. reiner Salpetersäure auf, gießt wieder ab, spült den Niederschlag mit heißem Wasser in den Tiegel und erhält ihn durch kurzes Nachwaschen völlig rein.

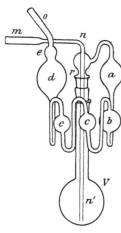

Abb. 97. Apparat von BAUBIGNY, CHAVANNE.

1. Chlor oder Brom. Den Apparat zur Chlor- und Brombestimmung veranschaulicht Abb. 97. Er besteht aus einem Kolben V, der etwa 100 ccm faßt, mit genügend langem Hals, in den ein Glasaufsatz r derart eingeschliffen ist wie bei Waschflaschen nach DRECHSEL. Er trägt zwei Rohre. Das eine mnn' reicht bis zum Boden des Kolbens und dient dazu, zum Schluß der Operation einen Luftstrom durch den Apparat zu leiten, der die letzten Reste Chlor und Brom in das Absorptionssystem treibt. Das zweite Rohr von r ist zu einem Kugelabsorptionsapparat $abcde$ nach Art des LIEBIGschen Kaliapparats ausgebildet und wird mit alkalischer Natriumsulfitlösung beschickt, die Chlor und Brom absorbiert. Das freie Ende o des zweiten Rohrsystems kreuzt schräg das freie Ende m des ersten Rohrs und wird so mit ihm verbunden, daß man an der Kreuzungsstelle einen kleinen Korkkeil dazwischenschiebt und sie dann mit einem schmalen Heftpflasterstreifen umwickelt.

Man beschickt den Kondensator durch o mit etwa 30 ccm alkalischer Natriumsulfitlösung — etwa eine Mischung aus 1 Teil kalt gesättigter Natriumsulfitlösung und 1 Teil 15proz. Natronlauge — und verteilt sie durch Einblasen in die Kugeln. Hierauf verschließt man m durch ein Stückchen Gummischlauch mit Glasstab, oder man schmilzt einen senkrecht stehenden kleinen BULKschen Trichter an.[1]

Darauf nimmt man r ab, füllt das Oxydationsgemisch (vgl. unter Jodbestimmung) in V, läßt das Wägegläschen mit Substanz in den geneigten Kolben gleiten und setzt sogleich den Aufsatz auf, dessen Schliff man vorher mit einem Tropfen konzentrierter Schwefelsäure befeuchtet hat. Der Verschluß ist dicht. Wie von den jodhaltigen organischen Stoffen werden auch von den chlor- und bromhaltigen die meisten schon bei gewöhnlicher Temperatur angegriffen, zuweilen muß man sogar die Reaktion durch Eintauchen in kaltes Wasser mäßigen und braucht nur gegen das Ende hin etwas zu erwärmen, um die organische Substanz völlig zu zerstören. Bei anderen Substanzen beginnt die Einwirkung erst in der Wärme. Man leitet die Oxydation stets so, daß sie nicht zu stürmisch wird, damit kein Halogen unabsorbiert durch den Kondensator streichen kann. Im Durchschnitt dauert die Zerstörung der Substanz 30—40 Minuten.

Zum Erwärmen verwendet man ein Paraffinbad, dessen Temperatur man

---

[1] VORLÄNDER: Ber. Dtsch. chem. Ges. **53**, 308 (1920). — VORLÄNDER setzt bei Chlor- und Brombestimmungen Quecksilberoxydul oder -oxydnitrat zu, z. B. 1 g Quecksilbernitrat, 6—8 g Kaliumpyrochromat und 40 ccm reine konzentrierte

allmählich auf 135—140° steigert. Der Kolben wird schwimmend eingehängt, indem man um den Hals bei r einen Bindfaden schlingt und diesen mit genügendem Spielraum an einer Klammer befestigt. Das Ende der Reaktion erkennt man daran, daß sich kein Gas mehr entwickelt. Man bläst dann mit dem Mund oder Druckpumpe durch mnn' einen Luftstrom, der die letzten Spuren Chlor und Brom in den Kondensationsapparat überführt. Man nimmt schließlich den Apparat auseinander, spritzt das Ende der Röhre nn' ab und führt sie in einen so hohen Kolben (oder ein Becherglas) ein, daß dessen Rand r überragt. Indem man jetzt kräftig bei o einbläst, spült man die ganze Absorptionsflüssigkeit in den Kolben und wäscht nach, indem man 3—4mal 30—40 ccm Wasser in o einführt und in den Kolben überbläst.

Fällung des Chlor- bzw. Bromsilbers aus der alkalischen Natriumsulfitlösung. Man setzt Silbernitrat und *darnach*[1] einen reichlichen Überschuß von Salpetersäure zu, erwärmt, bis sich keine schweflige Säure mehr entwickelt, klärt durch längeres Erwärmen, dekantiert, erwärmt die Silberfällung einige Zeit mit 10- bis 25proz. Salpetersäure, wobei man sie mit einem Glasstab fein verteilt und bringt sie erst dann in den GOOCH-tiegel oder aufs Filter.

Großes Gewicht ist darauf zu legen, daß die Reagenzien halogenfrei sind. Namentlich das Pyrochromat ist meist chlorhaltig.

Wenn diese Methode auch nicht gestattet, Chlor und Brom getrennt aufzufangen, so erlaubt sie doch eine automatische Trennung der Halogene in Chlorjod- und Bromjodverbindungen.

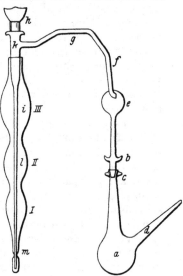

Abb. 98. Mikro-BAUBIGNY, CHAVANNE.

Die Substanzen dürfen aber nicht leicht mit Wasserdämpfen flüchtig sein, weil sie sonst teilweise unzersetzt in den Aufsatz getrieben werden. — Siehe auch noch S. 195.

Mikroanalyse nach BAUBIGNY, CHAVANNE.[2]

Der Apparat zur Chlor- und Brombestimmung wird durch Abb. 98 veranschaulicht. Er besteht aus einem Kölbchen a, das ungefähr 10 ccm faßt, mit genügend langem Hals, in den ein Glasaufsatz b mittels eines 2 cm langen Schliffs eingeschliffen ist. Am Kölbchen a befindet sich seitlich eine Röhre angeschmolzen, durch welche eine Verbindung mit einem KIPPschen Apparat, in dem Kohlendioxyd entwickelt wird, hergestellt werden kann. Der Glasaufsatz b, der ebenso wie das Kölbchen a an seinem Schliff zwei Öhrchen angeschmolzen hat, um mittels Gummibändern einen absolut sicheren Verschluß zu erzeugen, verjüngt sich zu einer 3 cm langen Glasröhre vom Durchmesser 0,7 cm, die dann zu einer Kugel e von 2 cm Durchmesser aufgeblasen ist. Von dieser Kugel aus führt eine Röhre f zu dem in die Absorptionsflüssigkeit eintauchenden Einleitungsrohr i. Die Röhre reicht in die Kugel herein und ist in derselben seitlich abgebogen, um die gegen

---

Schwefelsäure für etwa 0,4 g Substanz. Die Zugabe von Silbersalz ist bei Abwesenheit von Jod unnötig.

[1] PALFRAY, SONTAG: Bull. Soc. chim. France (4), **47**, 126 (1930). Diese Autoren empfehlen auch den Ersatz der Salpetersäure durch Natriumarsenit.

[2] DIETERLE: Arch. Pharmaz. **261**, 73 (1923). — NOMURA, MURAI: Bull. Soc. chim. France (4), **35**, 217 (1924).

Ende der Bestimmung evtl. auftretenden Schwefelsäuredämpfe zurückzuhalten. Wie aus der Abbildung ersichtlich, ist die Röhre zweimal unter einem stumpfen Winkel abgeschrägt; dadurch erhält man bei g eine geeignete Stelle, um die Apparatur in einem Stativ festhalten zu können. Zum Ausspülen der Einleitungsröhre i ist an deren oberen Ende eine Erweiterung k angebracht, die mittels eines Glasstopfens h, der ebenfalls wie die Röhre selbst zwei Öhrchen zum Anbringen eines Gummibandes angeschmolzen hat, verschlossen. Die Abdichtung der Glasstopfen erfolgt mit dickflüssiger Phosphorsäure. Das Absorptionsgefäß l besteht aus einer Röhre von 1,3 cm Durchmesser, die zu drei Kugeln aufgeblasen ist, nach der dritten Kugel sich aber zu einem Schnabel von 4,5 cm Länge verjüngt. Bei m ist dieser Schnabel nochmals verjüngt, und zwar derart, daß sich, wenn die Einleitungsröhre i eingesetzt ist, die Gasblasen gerade noch hindurchquetschen können. Die Kugeln zeigen eiförmige Form. Kugel I und II sind gleich groß (Durchmesser 2,1 cm), wohingegen die Kugel III bedeutend größer ist (Durchmesser 3 cm).

Um eine Chlor- bzw. Brombestimmung auszuführen, füllt man in das Kölbchen a 5 ccm konzentrierte Schwefelsäure und löst in derselben unter Erwärmen 0,5—0,7 g Kaliumdichromat, je nach der Zersetzbarkeit der Substanz. Mittels des seitlichen Ansatzes d verbindet man das Kölbchen mit einem Kohlensäureentwicklungsapparat. Alsdann beschickt man die beiden Kugeln I und II des Absorptionsgefäßes mit einer Mischung von 3 Teilen kaltgesättigter Natriumsulfitlösung und 1 Teil 15proz. Natronlauge (dargestellt aus Natron causticum e metallo), und zwar derart, daß Kugel II nach Einsetzen der Einleitungsröhre i ebenfalls vollständig bis an die Verjüngung angefüllt ist; hierzu sind ungefähr 15—18 ccm nötig. Dann wird der Glasaufsatz b auf c aufgesetzt und der Kohlendioxydstrom durch d mittels eines Quetschhahns derart geregelt, daß im Absorptionsgefäß immer nur *eine* Gasblase aufsteigt. Nach dem Erkalten der Kaliumdichromat-Schwefelsäure-Mischung gibt man 3—5 mg der Substanz, die sich in einem Stanniolhütchen befinden, durch e zu dem Schwefelsäuregemisch und beginnt nun vorsichtig mit dem Erwärmen des Kölbchens a. Man steigert die Temperatur allmählich auf ungefähr 150—180° und hält sie 20 Minuten auf dieser Höhe. Daß die Temperatur die angegebene Höhe erreicht hat, sieht man an der Sauerstoffentwicklung, die bei ungefähr 150° eintritt. Nach dieser Zeit ist die dunkelrotbraune Farbe des Schwefelsäure-Kaliumdichromat-Gemisches in eine tief dunkelgrüne übergegangen; man leitet noch ungefähr 20 Minuten Kohlendioxyd durch die Apparatur, um die letzten Reste von Chlor bzw. Brom überzuspülen. Dann öffnet man bei c und spült die Röhre i nach Öffnen bei h innen und außen sorgfältig ab, indem man die Einleitungsröhre über das Absorptionsgefäß hält. Der Inhalt des letzteren wird nun mit halogenfreier konzentrierter Salpetersäure angesäuert. Man hält das Absorptionsgefäß schräg, wodurch etwa zur Höhe spritzende Flüssigkeitsteilchen gegen die Wandung der Kugel III geschleudert werden. Alsdann fällt man aus, erwärmt das Absorptionsgefäß so lange im Wasserbad, bis sich das Halogensilber im Schnabel m abgesetzt hat.

Den Niederschlag saugt man nun mittels eines Heberohrs von 3 mm Durchmesser auf ein PREGLsches Filterröhrchen. Der Heber besteht aus einem kürzeren und einem damit parallelen bis auf den Boden des Absorptionsgefäßes reichenden Schenkel, sowie aus einem bei vertikaler Haltung des längeren Schenkels gegen den kürzeren abfallenden Zwischenstück. Nach dem Auswaschen des Niederschlags mit salpetersäurehaltendem Wasser, Alkohol und Aether bringt man das Filterröhrchen nach dem Trocknen samt Niederschlag zur Wägung.

Um beim Ansäuern der Flüssigkeit im Absorptionsgefäß mit Salpetersäure diese durchmischen zu können, bedient man sich zweckmäßig eines Glasstabs, der an einem Ende ausgezogen und zu einer feinen Öse umgebogen ist, die gerade noch durch die Verengung im Schnabel des Absorptionsgefäßes hindurchgeht.

Zur *alkalimetrischen Bestimmung*[1] von Cl und Br leitet man die Halogene in eine Absorptionsvorrichtung, wo sie mit gemessener Lauge und Perhydrol nach der Gleichung

$$2\,Cl + 2\,NaOH + H_2O_2 = 2\,NaCl + 2\,H_2O + O_2$$

reagieren.[2] Die unverbrauchte Lauge wird zurücktitriert (Indikator: Methylrot) und der in einem getrennten Versuch ermittelte Säuregehalt des Perhydrols in Abzug gebracht. Siehe dazu PREGL, ROTH: Mikroanalyse, S. 133. 1935.

6. Methode von CHABLAY.[3]

Nach CHABLAY werden alle halogenhaltigen Substanzen, die ein oder mehrere Atome Halogen enthalten, durch überschüssiges Natrium-, Kalium- oder Calciumammonium, das in flüssigem Ammoniak gelöst ist, zerlegt und das Halogen als Alkalihalogenid gebunden, das dann volumetrisch oder gravimetrisch bestimmt wird.

Zu 0,1—0,5 g Substanz in 30—50 ccm NH_3 gibt man Natrium in Anteilen von 0,1 g, bis die blaue Farbe der Na-NH_3-Verbindung bestehen bleibt. Überschüssiges Natrium entfernt man in 1—2 Minuten mit 5 g NH_4NO_3 in 1 ccm flüssigen NH_3. Die Substanz kann in einem gegen $NaNH_4$ beständigen Medium gelöst sein, das in flüssigem Ammoniak nicht löslich zu sein braucht, es genügt Emulsion. Das Verfahren ist auch für *Mikroanalysen* verwendbar.

B. Methoden, die auf katalytischer Reduktion beruhen.[4]

Methode von BUSCH, STÖVE.[5]

0,1—0,2 g Substanz werden in einem Kochkolben von etwa 150 ccm Inhalt in 30—50 ccm Alkohol[6] gelöst, 10 ccm 10proz. reines, farbloses alkoholisches Kali hinzugegeben und 3 g palladiniertes Calciumcarbonat (1proz.) eingetragen;[7] dann

---

[1] ZACHERL, KRAINICK: Mikrochemie 11, 61 (1932).

[2] RUPP, WEGNER, MAISS: Arch. Pharmaz. 262, 3 (1924).

[3] CHABLAY: Ann. chim. phys. (9), 1, 469 (1914). — COURTOT: Ann. chim. phys. (9), 5, 52 (1916). — CADY, DAINS, VAUGHAN, JANNEY: Journ. Amer. chem. Soc. 40, 936 (1918). — CLIFFORD: Journ. Amer. chem. Soc. 41, 1051 (1919). — VAUGHN, NIEUWLAND: Ind. engin. Chem., Analyt. Ed. 3, 274 (1931). — GOVAERT: Compt. rend. Acad. Sciences 195, 797 (1932). — DAINS, BREWSTER haben nach diesem Verfahren ungünstige Resultate erhalten: Journ. Amer. chem. Soc. 42, 1573 (1920).

[4] Verbindungen, die Schwefel, Phosphor, Quecksilber oder Arsen enthalten, ebenso im allgemeinen Cyanderivate, sind der katalytischen Hydrierung nicht zugänglich.

[5] BUSCH, STÖVE: Ztschr. angew. Chem. 27, 432 (1914); Ber. Dtsch. chem. Ges. 49, 1064 (1916). — BUSCH, DIETZ: Ber. Dtsch. chem. Ges. 47, 3289 (1914). — BUSCH, STARITZ: Ztschr. angew. Chem. 31, 232 (1918). — BRAND: Ber. Dtsch. chem. Ges. 54, 1999, 2001 (1921). — BUSCH: Ztschr. angew. Chem. 38, 519 (1925). — FISCHER, TREIBS: Liebigs Ann. 466, 196, 215 (1928). — TREIBS, WIEDEMANN: Liebigs Ann. 466, 285 (1928).

[6] Methylalkohol gibt schlechte Resultate: BUSCH: Ztschr. angew. Chem. 47, 536 (1934).

[7] Für die Bereitung des Katalysators schlämmt man 50 g frisch gefälltes, reines Calciumcarbonat in Wasser auf, tropft eine Lösung von 0,85 g Palladiumchlorür ein und erwärmt die Flüssigkeit unter öfterem Durchschütteln gelinde auf dem Wasserbad, bis die überstehende Lösung vollkommen farblos geworden. Das durch Palladiumhydroxyd nunmehr hell bräunlich gelb gefärbte Carbonat wird auf dem Filter bis zum Verschwinden der Chlorreaktion gewaschen und kann in reiner Atmosphäre oder im Exsiccator über Schwefelsäure getrocknet werden.

fügt man 10 Tropfen Hydrazinhydrat hinzu und erhitzt die Flüssigkeit am Rückflußkühler auf dem Wasserbad 30 Minuten[1] zum Sieden. Nunmehr filtriert man
den Katalysator ab, wäscht ihn mit etwas Alkohol, dann mit Wasser bis zum Verschwinden der Halogenreaktion aus und dampft aus dem Filtrat den Alkohol
zum größten Teil ab. Ist das Reduktionsprodukt der angewandten Halogenverbindung in Wasser unlöslich, so wird es nach dem Eindampfen der Lösung zur
Abscheidung kommen; es wird entfernt, die evtl. auf 100—150 ccm verdünnte
Lösung mit Salpetersäure stark angesäuert[2] und das Halogen meist durch
Titration (in 1 Stunde) bestimmt. Wählt man die gravimetrische Methode, so
ist ein GOOCHtiegel (nicht NEUBAUERtiegel) zu verwenden, das Halogensilber evtl.
mit heißem Alkohol, dann mit Wasser auszuwaschen.

Verfahren von ROSENMUND, ZETZSCHE.[3]

Diese Methode ist unstreitig besser, bequemer und schneller auszuführen als
die im vorstehenden beschriebene. Als *Katalysator* verwendet man entweder
Palladium- oder Platinlösungen und Gummi arabicum oder besser auf Bariumsulfat niedergeschlagenes Palladium nach PAAL. Der Ersatz des Halogens durch
Wasserstoff gelang in allen untersuchten Fällen, besonders wenn — wo die
Reaktion an Geschwindigkeit stark abnimmt oder gar zum Stillstand kommt —
durch Alkalien oder Carbonate für Entfernung der Halogenwasserstoffsäure gesorgt wurde.

Die abgewogene Analysenmenge, zirka 0,1—0,2 g, in 20 ccm Lösungsmittel
(Alkohol, Alkohol-Wasser) meist unter Zusatz von Alkali gelöst, wird in das
Rohr oder auch in einen kleinen Rundkolben von zirka 100 ccm Fassungsver-
mögen, der mit einem doppelt durchbohrten Stopfen verschlossen ist, gegeben.
Durch die eine Öffnung geht ein rechtwinklig gebogenes Glasrohr bis kurz über
den Boden, die andere ist mit einem kurzen, oberhalb zur Capillare ausgezogenen
Glasrohr versehen, um einen geringen Überdruck zu erzeugen und Substanzverlust durch den lebhaften Gasstrom zu vermeiden. Man gibt zirka 0,5 g Palla-
dium-Bariumsulfat-Katalysator oder Nickel aus Nickelcarbonat zu, spült mit
wenigen Kubikzentimetern nach und leitet einen mäßig schnellen Wasserstoffstrom unter Schütteln hindurch. Nach 15—20 Minuten ist bei den meisten Verbindungen die Reaktion beendet und man kann nach dem Abfiltrieren vom
Katalysator, Auswaschen und evtl. Ausaethern das Halogen bestimmen.

Halbmikromethode von TER MEULEN, HESLINGA.[4]

Die Dämpfe der Substanz werden mit Wasserstoff und Ammoniak über einen
erhitzten Nickelkatalysator geleitet, wobei das Halogen reduziert und in die
Ammoniumverbindung übergeführt wird.

Halbmikrohalogenbestimmung nach SLOTTA, MÜLLER.[5]

10—15 mg der Substanz werden mit 1,5 g wasserfreier Soda, die auf zirka
400° erhitzt wird, verbrannt.

---

[1] Manchmal ist sehr langes Erhitzen (bis 20 Stunden) notwendig.
[2] Ist das organische Reduktionsprodukt eine Säure, so wird diese je nach Löslichkeit jetzt zur Abscheidung kommen.
[3] ROSENMUND, ZETZSCHE: Ber. Dtsch. chem. Ges. 51, 578 (1918). — RADDE:
Ber. Dtsch. chem. Ges. 55, 3176 (1922).
[4] TER MEULEN, HESLINGA: Rec. Trav. chim. Pays-Bas 1923, 1093; Neue Methoden
der organisch-chemischen Analyse, S. 39. Leipzig: Akad. Verl.-Ges. 1927. — ORTHNER,
REICHEL: Organisch-chemisches Praktikum, S. 248. Berlin: Verlag Chemie. 1929.
— HÖLSCHER: Ztschr. analyt. Chem. 96, 308 (1934).
[5] SLOTTA, MÜLLER: Die Chemische Fabrik 7, 380 (1934).

Als Kontrollgefäß wird ein 25-ccm-Erlenmeyer mit 10 ccm schwach angesäuerter Silbernitratlösung unmittelbar ans Ende des Rohrs angeschlossen. Die Verbrennung kann bei einmal eingestelltem Sauerstoffstrom vollkommen unbeaufsichtigt bleiben, man braucht nur alle 10 Minuten den Brenner unter der Substanz etwas höher zu drehen; nach 30 Minuten ist sie beendet.

Die Schiffchen werden mit 20 ccm Wasser ausgekocht und die Lösung, die höchstens 30 ccm betragen soll, mit konzentrierter *reiner* Salpetersäure durch Tüpfeln gegen Lackmus fast neutralisiert. In die noch schwach alkalische Lösung wird ein Tropfen einer 2proz. alkoholischen *Diphenylcarbazonlösung*[1] gegeben, wobei die Flüssigkeit intensiv rot wird. Jetzt wird unter Umschwenken tropfenweise 0,2n-Salpetersäure zugegeben, bis die Lösung gerade farblos ist, und dann noch genau 1 Tropfen Überschuß (nicht mehr!) verdünnte Salpetersäure. Das genaue Neutralisieren der alkalischen Lösung ist für die Titration von entscheidender Wichtigkeit. Ist der Säuregrad genau getroffen, so beobachtet man

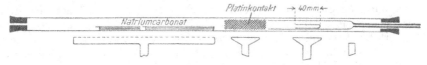

Abb. 99. Verfahren von SLOTTA, MÜLLER.

beim Eintropfen von Mercurinitratlösung in die ruhige Titrierflüssigkeit einen violetten Farbring, der beim Umschwenken verschwindet. War die Titrierlösung zu sauer, so tritt beim Eintropfen der Mercurinitratlösung der Farbring nicht auf; war sie dagegen zu alkalisch, so ergibt schon der erste Tropfen Mercurinitratlösung eine beim Umschwenken bleibende Verfärbung nach Rosaviolett. Zu dieser nun farblosen Lösung werden 5 Tropfen der Diphenylcarbazonlösung gegeben und aus einer 5 ccm Mikrobürette mit einer gegen Natriumchlorid eingestellten 0,02n-*Mercurinitrat*lösung auf den Umschlag nach Rosaviolett titriert.[2] Dieser Umschlag ist so intensiv, daß man ihn auch bei künstlichem Licht sehr gut erkennt und daß man sogar Jodid so austitrieren kann, weil die violette Farbreaktion selbst in Gegenwart des gebildeten unlöslichen Mercurijodids gut sichtbar ist.

Darstellung von 0,02 n-Mercurinitratlösung. Die verwendete Lösung soll etwas sauer sein. Man bereitet sich zuerst eine $n/_{10}$-Mercurinitratlösung [16,23 g $Hg(NO_3)_2$ in 1000 ccm Wasser] unter Verwendung von 1—2 ccm konzentrierter Salpetersäure und verdünnt von dieser annähernd $n/_{10}$-Lösung 200 ccm auf 1000 ccm, läßt 24 Stunden stehen, filtriert von dem mitunter gefallenen gelben Niederschlag ab und bestimmt den Titer gegen eine Natriumchloridlösung bekannten Gehalts.

C. Methoden von beschränkter Anwendbarkeit.

1. Methoden zur Chlorbestimmung.

Methode von EDINGER.[3]

Dieses Verfahren ist namentlich *zur Bestimmung des Chlors in Gold-* oder *Platindoppelsalzen* neben dem auf S. 247 beschriebenen WALLACHschen zu empfehlen.

---

[1] Herstellung siehe SLOTTA, JACOBI: Ztschr. analyt. Chem. **77**, 344 (1929).

[2] TRTILEK: Chemicky Obzor 8, 3 (1933). — DUBSKY, TRTILEK: Chemicky Obzor 8, 41 (1933); Mikrochemie 12, 315 (1933).

[3] EDINGER: Ber. Dtsch. chem. Ges. **28**, 427 (1895); Ztschr. analyt. Chem. **34**, 362 (1895).

Man trägt die Substanz in möglichst konzentrierte, wässerige Natriumsuperoxydlösung ein, dampft auf dem Wasserbad zur Trockne, fügt nochmals etwas konzentrierte Superoxydlösung hinzu, glüht schwach und kocht die ganze Platinschale in einem Becherglas mit Natriumsuperoxydlösung aus, säuert mit Salpetersäure an und filtriert vom ausgeschiedenen Platin. Man tut gut, die Veraschung des getrockneten Filters in derselben Platinschale vorzunehmen, in der die Zersetzung stattfand, da stets Spuren von Platin fest an der Schale haften bleiben. Im Filtrat fällt man das Chlor mit Silbernitrat.

Auch *Sulfosäuren* und überhaupt *organische Schwefelverbindungen, die in alkalischer Lösung nicht flüchtig sind,* können gut nach dieser Methode analysiert werden.

Bestimmung von Chlor in den aliphatischen Seitenketten aromatischer Verbindungen (SCHULZE[1]).

Man wägt die Substanz in einem Kölbchen mit eingeschliffenem Rückflußkühler ab, fügt einen Überschuß heiß gesättigter alkoholischer Silbernitratlösung zu und erhitzt während 5 Minuten zum Sieden. Noch zweckmäßiger dürfte die Anwendung einer kleinen Druckflasche mit gut eingeriebenem Stopfen sein.

Man spült den Kölbcheninhalt in einen GOOCHtiegel und wäscht das Halogensilber mehrfach mit Alkohol aus, um wasserunlösliche Nebenprodukte zu entfernen, darauf mit heißem, schwach salpetersaurem Wasser und wieder mit Alkohol. Schließlich wird der Tiegel gelinde geglüht.

Die Ausführung der ganzen Analyse nimmt höchstens eine halbe Stunde in Anspruch. Diese Form der Halogenbestimmung hat noch den Vorteil, daß die an den aromatischen Kern gebundenen Halogene nicht in Aktion treten, was z. B. bei der Wertbestimmung von Benzyl- und Benzalchloriden von Wichtigkeit ist.

Analyse von Säurechloriden (HANS MEYER[2]).

Das Säurechlorid wird durch Auflösen in verdünnter Lauge zersetzt, wieder angesäuert, von evtl. ausfallender Substanz abfiltriert, bis zur schwach alkalischen Reaktion mit Sodalösung versetzt, einige Tropfen neutrales Kaliumchromat zugesetzt und die Flüssigkeit auf etwa 500 ccm verdünnt. Dann titriert man mit $^n/_{10}$-Silbernitratlösung.

Ähnlich kann man zur Analyse von *Chlor-, Brom-* und *Jodhydraten* verfahren, oder man löst in verdünnter Salpetersäure und fällt in der Hitze mit Silbernitrat.[3] Zur Analyse von Chlorhydraten aromatischer Amine oder anderer Substanzen von reduzierenden Eigenschaften muß man in viel Wasser lösen und stark mit Salpetersäure ansäuern, da sich sonst stark verunreinigtes Chlorsilber abscheidet.[4]

Zur Analyse von *Triarylcarbinolchloriden* wird die Substanz in 2proz. alkoholischem Kali gelöst und kurze Zeit auf dem Wasserbad erwärmt. Dann wird der Alkohol verdampft, der Rückstand mit Wasser ausgekocht, filtriert und im Filtrat das Chlor gefällt.[5]

[1] SCHULZE: Ber. Dtsch. chem. Ges. **17**, 1675 (1884). — COHEN, DAWSON, BLOCKEY, WOODMANSEY: Journ. chem. Soc. London **97**, 1625 (1910).
[2] HANS MEYER: Monatsh. Chem. **22**, 109, 415 (1901). — PISOVSCHI: Ber. Dtsch. chem. Ges. **43**, 2141 (1910).
[3] BÜLOW, DEIGLMAYR: Ber. Dtsch. chem. Ges. **37**, 1797 (1904). — Siehe auch FALTIS: Monatsh. Chem. **31**, 572 (1910).
[4] HEMMELMAYR: Monatsh. Chem. **35**, 2 (1914).
[5] GOMBERG: Ber. Dtsch. chem. Ges. **33**, 3149 (1900). — BLASER: Diss. Freiburg 1909, 55. — Siehe auch REINHARDT: Diss. Zürich 1909, 15.

Zur *Analyse von Perjodiden* u. dgl. kann man nach SKRAUP, SCHUBERT[1] folgendermaßen vorgehen: Die fein geriebene Substanz wird in wenig lauem Wasser gelöst oder suspendiert, verdünnte Salpetersäure und überschüssige Silbernitratlösung zugefügt und unter Umrühren erwärmt, etwa eine Stunde lang. Dann wird der noch auf dem Wasserbad befindlichen Probe schweflige Säure zugefügt und noch ungefähr eine Stunde lang stehengelassen. Evtl. ausgeschiedenes Silber wird durch Erwärmen mit verdünnter Salpetersäure in Lösung gebracht.

Nach SIMONIS[2] wird ein gewogener Anteil des Perjodids in Eisessig und Salzsäure gelöst, mit einem Überschuß von Jodkaliumlösung versetzt und mit $n/_{10}$-Thiosulfat titriert.

VORLÄNDER, SIEBERT[3] arbeiten mit warmer alkoholischer Jodkaliumlösung; ebenso, aber in der Kälte, EMERY.[4]

Zur Bestimmung des *Perbroms* und *Bromwasserstoffs* im Chelidonsäureesterhydroperbromid $C_{11}H_{12}O_6 \cdot HBr \cdot Br_7$ trägt FEIST[5] die Substanz in überschüssige Jodkaliumlösung ein, titriert mit $n/_{10}$-Thiosulfat und hierauf die farblose, bromwasserstoffsaure Lösung mit $n/_{10}$-Natronlauge und Lackmus.

FRANÇOIS bestimmt das addierte Jod in *Perjodiden* organischer Basen durch Titration mit arseniger Säure.[6] Leicht abspaltbares Halogen kann auch in Eisessiglösung mittels Thalliumcarbonat bestimmt werden.[7]

Zur *Analyse* von *Perchloraten* werden die Substanzen nach CARIUS bei 280 bis 300° zersetzt,[8] oder man schmilzt mit Soda im Platintiegel,[9] besser mit Ätznatron im Silbertiegel.[10] Letzteres Verfahren ist aber nicht allgemein anwendbar. In solchen Fällen bestimmt man die Chlorsäure mit Nitron.[11]

Jod- (Brom-, Chlor-) Methylate werden in Wasser gelöst und mit Silberoxyd geschüttelt. Dann wird das Gemisch von Halogensilber und Silberoxyd mit überschüssiger verdünnter Salpetersäure versetzt und das zurückbleibende Halogensilber in üblicher Weise bestimmt. Jodmethylate von kernchlorierten Substanzen löst WALTHER[12] in *Alkohol* und fällt das Jod mit alkoholischer Silberlösung aus.

Die Jodmethylate von Pyridincarbonsäuren lassen sich direkt nach HANS MEYER titrieren.

Zur Bestimmung des aliphatisch gebundenen Halogens im Tribromoxyxylylenjodid lösten AUWERS, ERGGELET[13] in *Aceton*, versetzten mit überschüssigem feuchtem Silberoxyd und digerierten $1^1/_2$ Stunden auf dem Wasserbad. Nunmehr wurde filtriert und das Filter mit heißem Aceton, siedendem Alkohol, verdünnter Salpetersäure und Wasser ausgewaschen.

Der Rückstand wurde dann in üblicher Weise aufgearbeitet.

[1] SKRAUP, SCHUBERT: Monatsh. Chem. **12**, 680 (1891). — SCHMIDT: Ber. Dtsch. chem. Ges. **61**, 1349 (1928).

[2] SIMONIS: Ber. Dtsch. chem. Ges. **50**, 1140 (1917). — LEHMSTEDT: Liebigs Ann. **456**, 266 (1927).

[3] VORLÄNDER, SIEBERT: Ber. Dtsch. chem. Ges. **53**, 287 (1920).

[4] EMERY: Journ. Amer. chem. Soc. **38**, 145 (1916).

[5] FEIST: Ber. Dtsch. chem. Ges. **40**, 3651 (1907).

[6] FRANÇOIS: Journ. Pharmac. Chim. (6), **30**, 193 (1909).

[7] FREUDENBERG, IVERS: Ber. Dtsch. chem. Ges. **55**, 933, 938ff. (1922).

[8] PFEIFFER: Liebigs Ann. **412**, 317 (1916); Ber. Dtsch. chem. Ges. **55**, 1775, 2351 (1922). — WEINLAND, STROH: Ber. Dtsch. chem. Ges. **55**, 2222, 2713 (1922). — Natriumsuperoxyd: ARNDT, NACHTWEY: Ber. Dtsch. chem. Ges. **59**, 446 (1926).

[9] PFEIFFER: A. a. O. S. 331; Liebigs Ann. **441**, 247 (1925).

[10] SCHULZE, LIEBNER: Arch. Pharmaz. **254**, 575 (1916).

[11] FICHTER: Ztschr. anorgan. allg. Chem. **98**, 142 (1906). — LOEBISCH: Ztschr. analyt. Chem. **68**, 34 (1926). — SCHULZE, BERGER: Arch. Pharmaz. **262**, 558 (1924); **265**, 534 (1927). [12] WALTHER: Diss. Rostock 1903, 17.

[13] AUWERS, ERGGELET: Ber. Dtsch. chem. Ges. **32**, 3598 (1899).

Zur *Analyse am Stickstoff chlorierter Substanzen*, z. B. Hydantoin-N-chloriden, lösen BILTZ, BEHRENS[1] die Substanz in Benzol, schütteln mit 300 ccm verdünnter Jodkaliumlösung und titrieren dann nach Zugabe von etwa 5 g Natriumbicarbonat mit $^n/_{10}$-Thiosulfatlösung.

Chlorurethane werden mit schwefliger Säure behandelt und die entstandenen Chlorionen in üblicher Weise bestimmt.[2]

Lampenmethode für Cl: MILOSLAVSKI, WEPRITZKAJA: Russ. Journ. angew. Chem. 5, 860 (1932). — Siehe ferner M_2, S. 274.

Salzsäurebestimmung bei der Säuregemisch-Veraschung nach NEUMANN.[3]

Ztschr. physiol. Chem. 37, 135 (1902); 43, 36 (1905).

2. Methoden zur Brom- und Jodbestimmung.

Verfahren von KEKULÉ.[4]

Die Substanz wird durch mehrstündiges Digerieren mit Wasser und Natriumamalgam zersetzt, die Flüssigkeit mit Salpetersäure neutralisiert und mit Silberlösung gefällt. — Auf diese Art lassen sich namentlich *substituierte Säuren der Fettreihe* leicht analysieren.

Nach KEKULÉ[5] ist diese Methode auch für Halogenphenole anwendbar, was für Tribromphenol[6] bestätigt wird; allgemein, wenigstens für Chlorderivate, ist sie aber nicht zu empfehlen, sie versagt schon beim Orthochlorphenol (HANS MEYER). Dagegen ist sie für Halogensulfosäuren[7] geeignet.

Bei jodhaltigen Substanzen setzt man das Silbernitrat zu der noch alkalischen Flüssigkeit und dann erst, zur Lösung des mit dem Jodsilber ausgeschiedenen Silberoxyds, Salpetersäure.

Verfahren von KRAUT.[8]

Brom oder Jod in extraradikaler Stellung läßt sich nach KRAUT, MALY[9] ohne Zerstörung der Grundsubstanz folgendermaßen bestimmen:

Man löst etwa 1 g genau abgewogenes Silbernitrat in Wasser, fällt mit Salzsäure und dekantiert auf ein gewogenes Filter. Zu dem übrigen Chlorsilber bringt man die in Wasser gelöste Substanz, erwärmt gelinde und läßt ein paar Stunden stehen. Dann bringt man das Gemisch von Chlor- und Brom- (Jod-) Silber auf das Filter, wäscht, trocknet und wägt.

Aus der Gewichtszunahme wird der Gehalt der Substanz an Brom oder Jod berechnet.

[1] BILTZ, BEHRENS: Ber. Dtsch. chem. Ges. 43, 1987 (1910).
[2] TRAUBE, GOCKEL: Ber. Dtsch. chem. Ges. 56, 387 (1923).
[3] Siehe S. 185, 245.
[4] KEKULÉ: Suppl. 1, S. 340, 1861; Liebigs Ann. 137, 163 (1866). — KOLBE, LAUTEMANN: Liebigs Ann. 115, 188 (1860). — BEILSTEIN, REICHENBERG: Liebigs Ann. 132, 312 (1864). — HÜBNER: Liebigs Ann. 209, 360 (1881); 222, 180, 191, 200 (1884). — CLAUS, SPRUCK: Ber. Dtsch. chem. Ges. 15, 1403 (1882). — KILIANI, KLEEMANN: Ber. Dtsch. chem. Ges. 17, 1300 (1884). — Tetrachlorkohlenstoff: FETKENHEUER: Ztschr. anorgan. allg. Chem. 117, 281 (1921).
[5] KEKULÉ: Aromatische Verbindungen, 1, S. 278. 1867.
[6] LANDOLT: Ber. Dtsch. chem. Ges. 4, 77 (1871).
[7] GLUTZ: Liebigs Ann. 143, 185 (1867). — LIMPRICHT: Ber. Dtsch. chem. Ges. 18, 1280 (1885). — KELBE, PATHE: Ber. Dtsch. chem. Ges. 19, 1555 (1886). — JACOBSEN: Ber. Dtsch. chem. Ges. 17, 2374 (1884); 19, 1218 (1886).
[8] KRAUT: Ztschr. analyt. Chem. 4, 167 (1865).
[9] KRAUT, MALY: Ztschr. analyt. Chem. 5, 68 (1866).

Verfahren von BAUMANN, KELLERMANN:

Ztschr. physiol. Chem. 22, 1 (1896). — ABDERHALDEN, GRESSEL: Ztschr. physiol. Chem. 74, 473 (1911). — HUNTER: Journ. biol. Chemistry 7, 321 (1910). — RIGGS: Journ. Amer. chem. Soc. 31, 710 (1909). — NEUBERG: Biochem. Ztschr. 27, 261 (1910). — BERNIER, PÉRON: Journ. Pharmac. Chim. (7) 4, 151 (1911). — FENDLER, STÜBER: Ztschr. physiol. Chem. 89, 123 (1914). — BLUM, GRÜTZNER: Ztschr. physiol. Chem. 85, 429 (1913); 91, 392 (1914). — GRÜTZNER: Chem.-Ztg. 38, 769 (1914). — GUTMANN, SCHLESINGER: Biochem. Ztschr. 60, 285 (1914).

Elektrolytische Bestimmung kleiner Jodmengen: KRAUSS: Journ. biol. Chemistry 22, 151 (1915); 54, 321 (1916).[1]

Bestimmung der Chloride und Bromide in organischen Flüssigkeiten nach BOGDÁNDY.[2]

Das Verfahren ist eine Modifikation des NEUMANNschen. Es bietet neben der Möglichkeit, zwei Halogene gleichzeitig und genau zu bestimmen, den Vorteil, daß mit dem Rückstand der Halogenbestimmung unmittelbar eine Stickstoffbestimmung nach KJELDAHL gemacht werden kann.

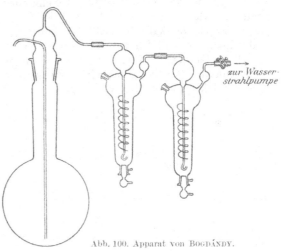

zur Wasserstrahlpumpe

Abb. 100. Apparat von BOGDÁNDY.

Die Veraschung wird in einem Jenaer Rundkolben von 500 ccm ausgeführt, in dessen Hals ein mit zwei Glasröhren versehener Glasstopfen eingeschliffen[3] ist. In eine Spiralglaswaschflasche, die einen eingeriebenen Glasstopfen als Boden hat, gießt man die mit chlorfreier Salpetersäure bis zu 20% HNO_3-Gehalt der Gesamtflüssigkeit versetzte Silbernitratlösung.[4] Eine zweite, gleichgestaltete Flasche wird ebenso gefüllt an die erste angeschlossen, um evtl. entweichendes Halogen zurückzuhalten; bei richtiger Handhabung enthält sie kaum wägbare Mengen Halogensilber. Zur Veraschung wird MERCKsche „Schwefelsäure, mit rauchender Schwefelsäure für KJELDAHLbestimmung" gebraucht, der pro 250 ccm 10 g Kupfersulfat und 80 g Kaliumsulfat zugesetzt werden. Die Schwefelsäure wird unter ständigem Luftdurchsaugen 1—1½ Stunden lang gekocht, um sie von evtl. vorhandener Salzsäure zu befreien, dann mit 100 ccm reinster konzentrierter Schwefelsäure versetzt und vor dem Abmessen im Meßzylinder umgeschüttelt. Während der Veraschung wird durch das ganze System ein nicht

---

[1] Über Jodbestimmung siehe ferner: MONTHULÉ: Ann. Chim. analyt. appl. 17, 133 (1912). — In ähnlicher Weise unter Benutzung von Schwefelsäure verfährt PAOLINI: Moniteur scient. (4), 23 II, 648 (1909). — RUPP, LEHMANN: Arch. Pharmaz. 253, 443 (1915) (Permanganat und Schwefelsäure). — HESLINGA: Rec. Trav. chim. Pays-Bas 43, 181 (1924). — MEYER: Ztschr. physiol. Chem. 156, 231 (1926). — PFEIFFER: Biochem. Ztschr. 195, 128 (1928).

[2] BOGDÁNDY: Ztschr. physiol. Chem. 84, 11 (1913); 120, 30 (1922).

[3] Wie aus Abb. 100 ersichtlich.

[4] Ihre Menge und Konzentration richtet sich nach der voraussichtlichen Menge der Haloide. Es muß selbstverständlich überschüssiges Silbernitrat vorhanden sein. — Die Ansätze des Kolbens und der Waschflasche sollen mit der Feile geschliffen sein; hierdurch lassen sich zerbrechliche Schliffe vermeiden.

zu starker Luftstrom gesogen.[1] Der Rundkolben wird erhitzt, bis der Rückstand durchsichtig und blau geworden ist, was ungefähr eine Stunde beansprucht. Hierauf werden die Flüssigkeiten aus den Waschflaschen durch die obere Öffnung in ein Becherglas entleert, dann der geschliffene untere Stopfen entfernt, abgespült, die Flaschen von ihrer oberen Öffnung aus nachgewaschen, einige Kubikzentimeter konzentrierte Salpetersäure zugesetzt, der Niederschlag im Becherglas mit aufgesetztem Uhrglas erhitzt, bis er sich gut zusammenballt,[2] und nach dem Erkalten durch ein GOOCHfilter abgesogen.

Falls Chloride und Bromide nebeneinander bestimmt werden sollen, nimmt man ein zirka 16 cm langes Asbestfilterrohr aus Jenaer Kaliglas und bestimmt das Gewicht von AgCl + AgBr, wandelt dann das Bromsilber im Chlorstrom in Chlorsilber um und berechnet aus der Gewichtsdifferenz die Brommenge.[3]

Nach GUTMANN, SCHLESINGER[4] soll dieses Verfahren infolge Bildung von Silberchlorat (Bromat) zu niedrige Zahlenwerte liefern. Diesem Fehler könnte übrigens leicht abgeholfen werden.

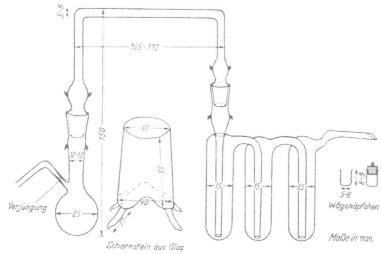

Abb. 101. Apparat von VIEBÖCK.

Acidimetrische Bestimmung von Chlor und Brom nach VIEBÖCK.[5]
Mikroanalyse.

Reagenzien: Perhydrol (MERCK, säurefrei). Auf $1/10$ verdünnen, gegen Methylrot bis ausgesprochen alkalisch einstellen.

Methylrot. 300 mg Methylrot in 10 ccm $n/10$-Lauge, 100 ccm Wasser kochen, filtrieren, auf 200 ccm auffüllen.

Silbersulfat-Schwefelsäure. 10 g $AgSO_4$, 400 g H_2SO_4.

Kaliumbichromat. Halogenfrei. (Blinde Probe.)

$n/100$-*Natronlauge.* Möglichst kohlensäurefrei. $n/100$-*Schwefelsäure.*

Quecksilberoxycyanid. Hydrargyrum oxycyanatum verum aus heißem Wasser

---

[1] Die Menge des zur Veraschung nötigen Schwefelsäuregemisches hängt von der Konzentration der zu analysierenden Flüssigkeit ab; für 10 ccm *Blut* genügen z. B. 20—25 ccm. Die Stärke des Luftstroms kann mittels einer Klemmschraube verändert werden.   [2] Überflüssiges Einengen (unter 250 ccm) ist möglichst zu vermeiden.
[3] TREADWELL: Analytische Chemie, 5. Aufl., 2. Bd., S. 276. Leipzig und Wien: Deuticke. 1911.   [4] GUTMANN, SCHLESINGER: Biochem. Ztschr. **60**, 283 (1914).
[5] VIEBÖCK: Ber. Dtsch. chem. Ges. **65**, 497, 587 (1932). — CLARK: Journ. Assoc. official. agricult. Chemists **17**, 483 (1934).

umkrystallisieren. Gesättigte wässerige Lösung (1 : 70). 10 ccm Lösung sollen auf Zusatz von 0,2 ccm $n/_{100}$-H_2SO_4 deutlich sauer reagieren.

Ausführung der Analyse. Man wägt soviel Substanz ein, daß 1,5—3 mg Chlor, bzw. 5 mg Brom in Betracht kommen. Das seitliche Ansatzrohr des Kölbchens wird durch ein Natronkalkrohr und H_2SO_4-Waschflasche mit Luftgasometer verbunden. In das Kölbchen 0,5—1 g Kaliumbichromat. Mit Silbersulfat-Schwefelsäure zu mindestens $^2/_3$ füllen (erstes Gefäß $^2/_3$ gefüllt). Im Absorptionsgefäß 15—17 ccm frisch neutralisiertes Wasserstoffsuperoxyd verteilen. Indicator zugeben. Schliff des Zersetzungskolbens mit reiner H_2SO_4 dichten. Substanz in Näpfchen einwerfen, Schütteln. Luftstrom eine Blase pro Sekunde. Vorsichtig anwärmen. Gasentwicklung soll nicht stürmisch werden. Versuch meist in einer halben Stunde beendet. Im dritten Absorptionsgefäß (ursprünglich rot) muß Orangefarbe bestehen bleiben. Absorptionsgefäß in ERLENMEYERkolben, 2- bis 3mal mit 3—5 ccm CO_2-freiem Wasser nachspülen. Erstes Gefäß $^1/_2$ mit Wasser füllen, bis Schliffhöhe aufsaugen. Auf rein Gelb titrieren, zur Kontrolle das letzte Spülwasser zugeben.

1 ccm n-Lauge bzw. Säure entspricht 0,3546 mg Cl, 0,7992 mg Br.

Gravimetrisch: DIETERLE: Arch. Pharmaz. **261**, 73 (1923). — NOMURA, MURAI: Bull. Soc. chim. France (4), **35**, 217 (1924).

Halbmikroanalyse.

Einwaage 20—50 mg. Titration mit $n/_{40}$-, in Ausnahmsfällen $n/_{100}$-Lauge.

Apparat. (Außenmaße.) Kolbendurchmesser 36 mm, Hals 15 mm, Höhe 80 mm, seitlicher Ansatz 4—5 mm. Höhe des Apparats bis zum Knie 190—200 mm, Breite 110—120 mm, Absorptionsgefäß 75 mm hoch, 20—21 mm breit. Wägegefäßchen 8 mm breit, 10 mm hoch.

Ausführung der Bestimmungen. In Zersetzungskolben 2 g Kaliumbichromat, 10—12 ccm $AgSO_4$-H_2SO_4, Vorlage 30—40 ccm frisch gegen Methylrot neutralisierte, auf $^1/_{10}$ verdünnte Perhydrollösung. Kolbenschliff mit H_2SO_4, Absorptionsgefäß mit Wasser dichten. Möglichst geringe Erhitzung ($^1/_2$ Stunde). Wiederholt Kolben schütteln. 10 Minuten nach Beendigung der Erwärmung entleeren.

Jodbestimmung nach RUPP, LEMKE.[1]

Apparatur. 50-ccm-KJELDAHLkolben, Hals durch eingeschliffenes Glasrohr um 20 cm verlängert. Im Ansatz zwei lockere Glaswollpolster, dazwischen 2 g grobkörniges Natriumsulfit. Zu oberst auch einige befeuchtete Sulfitkrystalle.

Verfahren. In den Kolben 0,2—0,5 g Substanz, 0,4 g $AgNO_3$, 3 g Kaliumpersulfat, 10 ccm H_2SO_4, umschwenken, $^1/_2$ Stunde stehen. Schräggestellten Kolben vorsichtig erhitzen, bis Hauptreaktion vorüber. Dann stärker, bis wasserklar ($^1/_2$—$1^1/_2$ Stunden). Nach Erkalten durch Aufsatz 50 ccm Wasser, alles herausspülen. Mit 1proz. $KMnO_4$-schweflige Säure, dann die Rötung durch $FeSO_4$ entfernen. Oder mit 10 ccm HNO_3 aufkochen und wie oben mit $KMnO_4$, $FeSO_4$. Mit Eisenalaun und $n/_{10}$-Rhodan titrieren.

1 ccm $n/_{10}$-Rhodanlösung = 0,01269 g Jod.

Jodbestimmung nach LEIPERT, MÜNSTER.[2]

Die Substanz wird im Sauerstoffstrom am Platinkontakt verbrannt und das Jod durch Brom in Essigsäure zu Jodsäure oxydiert. Nach Zerstörung des über-

[1] RUPP, LEMKE: Ztschr. analyt. Chem. **97**, 180 (1934).
[2] LEIPERT: PREGL-Festschr. 266 (1929). — MÜNSTER: Mikrochemie **14**, 23 (1933). — SLOTTA, MÜLLER: Die Chemische Fabrik **7**, 380 (1934). — GATTERMANN, WIELAND: Praxis 82 (1936).

schüssigen Broms durch Ameisensäure[1] oder Phenol[2] fügt man Jodkalium hinzu und titriert mit Thiosulfat. Die Methode ist auf $\pm$ 0,3% genau.

$$\log \% \text{ J} = \log \text{ ccm } ^{n}/_{50} \text{ Na}_2\text{S}_2\text{O}_3 + \log F + (1 - \log \text{ Einwaage}).$$
$$F = 0,4231, \log F = 62644.$$

Die Methode wird für *Mikroanalysen* sehr empfohlen.[3]

Mikro-Chlor- und Brombestimmung nach OESTERLIN.[4]

Reagenzien: Kaliumdichromat reinst in kleinen Stücken. Reinste H_2SO_4 + 2—3% Silbersulfat. $^{n}/_{100}$-Mercurinitrat. 10proz. Nitroprussidnatrium.

Man füllt das Kölbchen etwas über die Hälfte mit Schwefelsäure, gibt etwa 1 g Dichromat zu und darauf die Substanz. Die Absorptionsvorrichtung wird auf den Kopf gestellt und das letzte Gefäß durch Ansaugen zu gut $^3/_4$ mit Wasser gefüllt. Umdrehen, etwas Wasser in das mittlere Gefäß saugen, in das erste Gefäß 0,2—0,3 ccm Hydrazinhydrat einpipettieren. Schliff muß ganz trocken bleiben.

Apparat zusammensetzen, vor das Zersetzungskölbchen Mikrowaschflasche mit 50proz. KOH, an Saugpumpe anschließen. Durch Sicherheitswaschflasche, die durch Glashahn mit Außenluft in Verbindung, und Quetschhahn Gasgeschwindigkeit auf 2—3 Blasen pro Sekunde einstellen.

Mit Mikrobrenner langsam erhitzen. Gasblasen im Kalikölbchen dürfen nie aufhören.

Ist die Verbrennung zu Ende (meist 10 Minuten), weitere 10 Minuten Luft durchleiten.

Inhalt des Absorptionsgefäßes in Kölbchen spülen, mit Salpetersäure stark kongosauer, in die saure Flüssigkeit 0,2 ccm Nitroprussidnatriumlösung. Auf schwarzem Glanzpapier mit Mercurinitrat bis zur ersten bleibenden Trübung titrieren. Vom Resultat 0,5 ccm in Abzug bringen.

1 ccm $^{n}/_{100}$-Mercurilösung = 0,3516 mg Cl = 0,7992 mg Br.

Liegen Chloride halogenierter Basen vor, so bestimmt man das ionogene Halogen direkt in salpetersaurer Lösung mit Mercurisalz und in einer zweiten Portion den Gesamthalogengehalt.

D. Mikrobestimmung von Halogen nach PREGL.

PREGL, ROTH: Mikroanalyse, S. 114. 1935. — Siehe ferner: DIETERLE: Arch. Pharmaz. **261**, 73 (1923) (mit $CrO_3 \cdot H_2SO_4$). — GROÁK: Biochem. Ztschr. **175**, 455 (1926) (Jod). — LUNDE, CLOSS, BÖL: PREGL-Festschr. 272 (1929) (Jod). — DREW, PORTER: Journ. chem. Soc. London **1929**, 2094 (Tellurverbindungen Mikro-KJELDAHL).

Bestimmung von Jod in Ölen (z. B. Lebertran): FENDLER, STÜBER: Ztschr. physiol. Chem. **89**, 126 (1914).[5]

E. Verfahren von HELLER, GASPARINI.[6]

Man geht ähnlich vor wie zur Schwefelbestimmung nach GASPARINI.

Als einfacher Apparat wird der von GASPARINI für Schwefelbestimmungen angegebene in etwas modifizierter Form verwendet.

---

[1] VIEBÖCK, BRECHER: Ber. Dtsch. chem. Ges. **63**, 3207 (1930).

[2] GOLDBERG: Mikrochemie **14**, 161 (1934).

[3] PREGL-ROTH: Mikroanalyse, S. 139. 1935.

[4] OESTERLIN: Ztschr. angew. Chem. **45**, 673 (1932).

[5] Bestimmung kleinster Jodmengen in biologischem Material: LEIPERT: Biochem. Ztschr. **261**, 436 (1933).

[6] HELLER, GASPARINI: Ztschr. analyt. Chem. **76**, 414 (1929). — HELLER, PATZELT: Ann. Chim. analyt. appl. **23**, 391 (1933).

Der Doppelapparat (siehe Abb. 102) unterscheidet sich von dem von GASPA-
RINI angegebenen dadurch, daß Elektroden und Verbindungsrohr kürzer sind.
Außerdem ist der Schliff *II* neu, der die ganze Handhabung beim Auswaschen
erleichtert.

Als *Reagenzien* wurden verwendet: Salpetersäure (D. 1,4), $^n/_{10}$-Silbernitrat-
lösung, Natriumsulfit krystallisiert, Perhydrol, $^n/_{10}$-Ammoniumrhodanidlösung,
Ferriammoniumsulfatlösung.

Die Einwaage von nichtflüchtigen Substanzen geschieht entweder im Elek-
trodenrohr selbst oder besser durch Rückwägung eines schmalen hohen Wäge-
glases. Die Zersetzung der organischen Substanz erfolgt bis auf die angeführten
Abweichungen wie bei der Schwefelbestimmung nach GASPARINI.

Nach dem Einfüllen von 15—20 ccm $^n/_{10}$-
Silbernitratlösung in die Vorlage stellt man
den Apparat zusammen, füllt im gegebenen Fall
die Tulpen mit etwas Wasser und spült die Substanz durch vorsichtiges Zufließenlassen der
Salpetersäure quantitativ zu den Elektroden.
Die Elektrolyse selbst ist wegen der Licht-
empfindlichkeit des Halogensilbers womöglich
im verdunkelten Raum vorzunehmen. Man
elektrolysiert mit der unteren Elektrode als
Anode 4—5 Stunden mit zunehmender Strom-
stärke, so daß höchstens eine Blase pro Sekunde die Vorlage verläßt, die letzte Viertelstunde mit 4 Ampere. Dabei sublimiert der größte
Teil des freien Jods in den oberen Teil des Elektrodenrohrs und in das Verbindungsrohr, der Rest
wird als Silberjodid in der Vorlage aufgefangen.

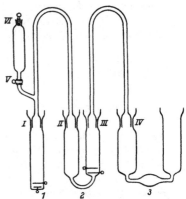

Abb. 102. Apparat von HELLER,
GASPARINI.

Brom befindet sich zum größten Teil in der Vorlage. Nach beendeter Elektrolyse
wird die Salpetersäure durch Zulassen von Wasser aus dem Einfülltrichter auf
das 2—4fache Volumen verdünnt — wobei auch die Hauptmenge des sublimierten Jods abgespült wird — und der Apparat bis zum vollständigen Erkalten
(etwa $^1/_2$ Stunde) sich selbst überlassen. Dann wird der Inhalt des Apparats mit
Hilfe eines größeren Trichters in einen Litermeßkolben übergeführt und dabei
erst die Vorlage und das Verbindungsrohr ausgespült. Durch kurzes Schütteln
des verschlossenen Meßkolbens sinken die Jodkrystalle zu Boden und werden
dort durch Zugabe von 1—2 g krystallisiertem Natriumsulfit samt dem vorhandenen Jodat und Perjodat zu Jodid reduziert. Nach einer Viertelstunde ist
gewöhnlich alles Jod verschwunden und man kann durch Perhydrol das überschüssige Sulfit zerstören. Das Perhydrol wird tropfenweise zugesetzt, bis beim
Schütteln der Geruch nach Schwefeldioxyd nur noch ganz schwach auftritt.
Ebenso verfährt man bei Brombestimmungen. Nach dem Erwärmen auf dem
Wasserbad, bis zur vollständigen Entfernung der schwefligen Säure, wird das
Halogensilber wie üblich zur Wägung gebracht, oder durch Titration nach VOL-
HARD bestimmt.

Bei Verwendung des Doppelapparats erfolgt die Einwaage von leichter
flüchtigen Substanzen in einer Kugelcapillare. Sie wird möglichst knapp oberhalb der Kugel an der Wand des Elektrodenrohrs zerdrückt, das Verbindungsrohr möglichst rasch aufgesetzt, die Salpetersäure zugelassen und sofort elektrolysiert. Die beiden Elektrodenpaare sind so nebeneinandergeschaltet, daß ihre
Spannung unabhängig voneinander variiert werden kann. Die Stromdichte des
zweiten Elektrodenpaares ist sofort größer zu nehmen. Die des ersten Elektroden-

paares ist — unter Vermeidung jeder Stromunterbrechung beim zweiten Elektrodenpaar — möglichst niedrig zu halten. Natürlich gestatten die vorhandenen Glassplitter nur eine Titration.

Nicht analysierbar sind die meisten *sublimierenden* Substanzen, wie z. B. 1.2.3.4-Tetrabrombutan und p-Dibrombenzol, da sie sich der vollständigen Zerstörung entziehen. Überhaupt nicht angegriffen wurden ein Tetra- und ein Trijodanthrachinon.

F. Mikro-Schwefel- und Halogenbestimmung nach der Methode von CARIUS (Verfahren von DONAU).[1]

Die Bombenröhrchen werden aus schwer schmelzbarem sogenannten Einschmelzglas verfertigt. Der Außendurchmesser beträgt etwa 8 mm, die Wandstärke $^3/_4$—1 mm. Eine unten schwach ausgebauchte Eprouvette von etwa 9 cm Länge erhält in geringem Abstand vom Boden noch eine mäßige, kugelförmige Ausbauchung (Abb. 103).

Substanz   konz. Salpetersäure

Abb. 103. Bombenröhrchen vor dem Zuschmelzen.

Die Substanz wird in einem kleinen Platinschälchen mit angeschweißtem Stiel, das mit einem gewöhnlichen Platinwägeschälchen auf der Mikrowaage austariert wurde, auf die Waage gebracht und der Zeigerausschlag notiert. Arbeitet man mit der KUHLMANNschen Waage, so braucht man nur das zuerst genannte Schälchen zu tarieren. Der Durchmesser dieses Schälchens beträgt etwa 3 mm, die Höhe 1—2 mm; es wird durch Hineinpressen eines entsprechend großen Platinscheibchens von etwa 0,05 mm Dicke in eine Gummiplatte hergestellt. Die Länge des angeschweißten Drahts von 0,1 mm Dicke beträgt 1—2 cm; das freie Ende ist etwas breitgeklopft. Zum Anfassen bedient man sich einer Schieberpinzette von der in Abb. 104 dargestellten Form. Das die Sub-

Abb. 104.   Schieberpinzette zur Einführung der Substanz.

stanz enthaltende Löffelschälchen wird vorsichtig in das horizontal eingespannte Röhrchen eingeführt. Ist man bis ans Ende des Röhrchens angelangt, so wird der größte Teil der Substanz durch eine einfache Drehung der Pinzette herausgeschüttet, das Schälchen vorsichtig herausgezogen, ins Wägeschälchen gelegt und zurückgewogen. Hierauf wird mit einem zweiten Löffelschälchen und der Pinzette ein kleiner Überschuß von Silbernitrat bzw. Chlorbarium zur eingewogenen Substanz gebracht; diese Operation kann übrigens auch der erstgenannten vorangehen. Die beiden Reagenzien werden in grobgepulvertem Zustand eingeführt. Sodann läßt man 2 Tropfen konzentrierte Salpetersäure mit einer langen Hakenpipette in die kugelförmige Ausbauchung des noch immer in horizontaler Lage befindlichen Röhrchens einfließen und zieht die Pipette sorgsam, ohne die Wandungen anzustoßen, wieder heraus. Endlich wird das Röhrchen, ohne es aus seiner Lage zu bringen, mit einem sogenannten Sterngebläse auf etwa 7 cm abgeschmolzen. In Ermangelung eines solchen Gebläses, das drei nach innen gerichtete Gebläseflammen erzeugt, kann man sich auch zweier gewöhnlicher entsprechend eingespannter Gebläse bedienen. Die ausgezogene Spitze braucht

---

[1] DONAU: Monatsh. Chem. **33**, 169 (1912). — WAGNER: Ztschr. angew. Chem. **38**, 1068 (1925). — Mikrocarius nach PREGL: Mikroanalyse 127 (1935).

hierbei weder besonders fein noch länger als etwa $^1/_2$ cm zu sein. Jetzt erst läßt man durch Senkrechtstellung die Salpetersäure zur Substanz fließen; darauf bringt man die „Mikrobombe" in die Heizvorrichtung.

Die Erhitzung der Einschmelzröhrchen geschieht bei *aufrechter* Stellung in einem Kupferblock von etwa 10 cm Höhe und etwa 30—40 qmm Querschnitt. Der Block soll mehrere (z. B. vier) Längsbohrungen besitzen, die symmetrisch so angeordnet sind, daß die Zwischenwände überall nahezu gleich dick erscheinen. Der Durchmesser der Bohrungen beträgt etwa 16 mm, ihre Tiefe 8—9 cm. Die Bombenröhrchen müssen bequem hineinpassen und dürfen nicht oben herausragen (Abb. 105). In eine der Bohrungen kommt ein Thermometer, in die übrigen kommen die zu untersuchenden Proben. Der Boden der Bohrungen wird mit etwas Asbestwolle bedeckt. Sind alle Proben eingebracht, so werden die Mündungen mit einer Asbestscheibe oder einem Kupferdrahtnetz zugedeckt. Hierauf wird mit dem Erhitzen begonnen, und zwar wird der „*Bombenheizblock*" entweder an zwei seitlich angeschraubten Haken freihängend erhitzt, oder man ihn stellt auf einen eisernen Dreifuß, der sich über einem kräftigen Bunsenbrenner befindet. Vor einer Explosion schützt man sich durch Vorstellen einer dicken Glasscheibe. Das Anwärmen geschieht so langsam, daß in $^3/_4$ Stunden ungefähr 300° erreicht werden; bei dieser oder einer um 10—20° höheren Temperatur erhält man die Bombenröhrchen 1—3 Stunden, je nach der Zersetzbarkeit der betreffenden Substanz. Sodann wird der Ofen der Abkühlung überlassen. Bei sehr leicht

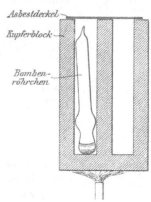

Abb. 105. Mikrobombenheizblock im Durchschnitt.

zersetzbaren Substanzen, z. B. Schwefelharnstoff, braucht die Temperatur nicht so hoch zu sein, auch ist die Zersetzung in viel kürzerer Zeit beendet.

Der Bombenheizblock dürfte sich auch für andere Versuche mit Druckröhrchen eignen.[1]

Hat sich der Heizblock abgekühlt, nimmt man die Röhrchen vorsichtig mit der Schieberpinzette heraus, über deren beide Enden man je einen dünnen Schlauch zieht. Das Röhrchen wird in ein Stativ aufrecht eingespannt und hinter eine Glasscheibe gestellt. Darauf erwärmt man mit einem Bunsenbrenner vorsichtig den obersten Teil des Röhrchens, bis die Salpetersäure heruntergestilliert ist, und läßt sodann die heiße Flamme die Spitze umspülen, die durch den Druck der eingeschlossenen Gase bald aufgeblasen wird. Die Stelle, aus der die Gase unter Zischen entweichen, wird durch kurzes Erhitzen etwas eingeschmolzen, damit bei der Weiterbehandlung keine feinen Glassplitter in die Röhre gelangen. Nun wird der untere Teil des Röhrchens etwa in der Mitte der Ausbauchung abgesprengt, indem man zunächst mit einem Schneidediamanten auf dem Röhrchen eine kreisförmige Einritzung anbringt, die Stelle dann an einer feinen Stichflamme unter beständigem Drehen schwach erhitzt und unter Drehen in einem dünnen Wasserstrahl abkühlt. Auf diese Weise erhält man nach einigen Versuchen einen Sprung an der gewünschten Stelle, den man mittels Sprengkohle ganz herumführt, worauf sich der obere Teil des Röhrchens glatt abheben läßt. Bei all diesen Operationen ist zu beachten, daß das Röhrchen nicht sehr aus der Vertikalstellung kommen darf. An dem abgesprengten unteren Teil

[1] Mikrobombenofen: WAGNER: Ztschr. angew. Chem. **36**, 494 (1923). — Ersatz des Ofens durch ein Methyldiphenylaminbad (295°): HOLTZ: Ber. Dtsch. chem. Ges. **55**, 1496 (1922). — DIETERLE: Arch. Pharmaz. **261**, 76 (1923).

dieser Ausweitung wird durch eine kleine Stichflamme und mit Hilfe eines dicken Platindrahts od. dgl. ein kleiner Schnabel angebracht (Abb. 106).[1]

Der abgehobene zweite Röhrenteil wird mehrmals mit einigen Tropfen heißen Wassers gut ausgespült; die Flüssigkeit läßt man jedesmal an einem Glasstäbchen ins Becherchen fließen.

Bestimmung des Schwefels.

Der Inhalt des Schnabelschälchens wird zur Entfernung der Salpetersäure mehrmals mit Salzsäure eingedampft. Der Rückstand wird in 3—4 Tropfen salzsäurehaltigem Wasser aufgenommen und mit einem dünnen Glasstab auf ein Platinschwammfilterschälchen gebracht; man benutzt dabei eine kleine Spritzflasche mit nach aufwärts gebogener, capillarer Spritzröhre, indem man das nach abwärts über das Filterschälchen gehaltene Gefäß ausspritzt und die am Schnabel sich sammelnde Flüssigkeit abtropfen läßt. Es gelingt so, den Niederschlag in kürzester Zeit quantitativ aufs Filter zu bringen. Nach dem Auswaschen mit 10—20 Tropfen heißem Wasser wird der Niederschlag nach kurzem Trocknen auf einem Platinblech ganz schwach geglüht und noch heiß rasch in einen Exsiccator gestellt. Nach einer Minute kann gewogen werden.

Abb. 106. Der abgesprengte, mit Schnabel versehene untere Teil der Mikrobombe.

Bestimmung der Halogene.

Nach der Zersetzung der Substanz, die 2—3 Stunden oder bei sehr schwer zersetzlichen Substanzen noch etwas länger dauern kann, wird die Bombe geöffnet. Hat man Ursache anzunehmen, daß die Substanz noch nicht vollständig zersetzt ist, so muß das Rohr wieder zugeschmolzen und nochmals erhitzt werden. Wenn nach wiederholtem Zuschmelzen und Erhitzen beim Öffnen der Röhre keine Gase mehr herauszischen, ist die Zersetzung sicher beendet. Nach einem derartigen Vorversuch wird man die Erhitzungsdauer für die anderen Bombenröhrchen leicht bemessen können. Nach dem Absprengen usw. wird die Flüssigkeit auf dem Wasserbad auf 1—2 Tropfen eingeengt, mit einigen Tropfen destillierten Wassers verdünnt und das Halogensilber in der oben angegebenen Weise aufs Filter gebracht. Es wäre von Nachteil, den Gefäßinhalt auf dem Wasserbad bis zur Trockene abzudampfen und dann den Rückstand erst mit salpetersäurehaltigem Wasser aufzunehmen; man erhält so stets etwas zu hohe Resultate. Nach dem Waschen zuerst mit heißem Wasser, dem einige Tropfen Salpetersäure zugefügt wurden, schließlich mit 1—2 Tropfen reinem Wasser wird der Niederschlag bei etwa 130° getrocknet.

G. Halogenbestimmung und Berechnung der Analyse, wenn mehrere Halogene gleichzeitig vorhanden sind.

1. Die Substanz enthält Chlor und Brom.

Man fällt beide Halogene zusammen als Silbersalze, sammelt auf einem tarierten Filter, wägt, bringt möglichst vollständig in einen Tiegel oder ein Kugelrohr, schmilzt, wägt und verdrängt das Brom durch einen Chlorstrom bei 200°.[2]

---

[1] Über das Öffnen von Bombenröhren siehe auch S. 171*.

[2] MILLER, KILIANI: Lehrb., 4. Aufl., S. 443 (1900). — Fres. Quant. Anal., 6. Aufl., 1, S. 655. — TRÖGER, LÜNNING: Journ. prakt. Chem. (2), **69**, 356 (1904). — Siehe auch AUWERS, ZIEGLER: Liebigs Ann. **425**, 307 (1921). — McCOMBIE, READE: Journ. chem. Soc. London **123**, 147 (1923).

War das ursprüngliche Gewicht des Halogensilbergemisches aus der Substanzmenge gleich a, das des resultierenden Chlorsilbers gleich b und der Gewichtsverlust $a — b = c$, so ist die Menge des gesuchten Broms

$$\text{Brom} = 1{,}7965\,c; \text{ in Prozenten: } \frac{179{,}65\,c}{s}$$

log 179,65 = 25444.

Die Menge des Chlors = $1{,}04375\,b — 0{,}7965\,a$,

$$\text{Prozente Chlor demnach: } \frac{100}{s} \cdot (1{,}04375\,b — 0{,}7965\,a)$$

log 1,04375 = 0,1860,
log 0,7965 = 90119.

Statt des immerhin umständlichen Verfahrens, die Silbersalze im Chlorstrom zu behandeln, kann man unter Umständen nach SIELISCH[1] auch folgendermaßen vorgehen:

Durch die Verbrennung nach DENNSTEDT wird die Summe der freien Halogene gefunden. Werden dann in einer Probe die Halogene als Silbersalze gefällt, so muß diese Menge der Summe des gefundenen freien Halogens entsprechen. Liegen also in der Verbindung Chlor und Brom in äquivalenten Verhältnissen vor, so muß die aus der Gesamtsumme der Halogene nach molekularem Verhältnis berechnete Summe der Silbersalze gleich der gefundenen sein.

Wird ein Gemisch von Chlor- und Bromsilber mit der sechsfachen Menge Jod(Brom)ammonium bei 300° abgeraucht, so geht alles Halogensilber in AgJ(Br) über.[2]

Zur Berechnung dient Tafel VI in KÜSTER: Logarithmische Rechentafel, S. 58. (1929).

Bestimmung von Chlor neben Brom nach BÖCK, LOCK.[3]

Die Erwärmung des Filtergerätes geschieht in einem von Chlorgas durchstrichenen *Schutzrohr* (siehe Abb. 107), welches durch ein Luftbad erwärmt wird. Um das Schutzrohr möglichst eng wählen zu können, wurde ein ALLIHNsches Rohr mit Glassinterplatte (Jena, 15a 3 oder 4) verwendet. Das saugrohrartige Schutzrohr wie auch das in einer lose aufsitzenden Glaskappe mit Schlauch verstellbare Einleitrohr sind aus schwer schmelzbarem Glas. Das mit Schwefelsäure gewaschene Bombenchlor läßt man in möglichst langsamem Strom über den Niederschlag streichen und leitet den Überschuß durch ein Glasrohr in den Schornstein. Die Temperaturmessung geschieht durch ein stickstoffgefülltes Quecksilberthermometer (400°) im Bad, die Quecksilberkugel befindet sich in der Höhe der Filterplatte. Die günstigste Temperatur ist 350—400°.

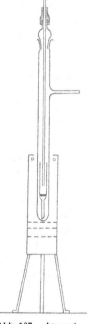

Abb. 107. Apparat von BÖCK, LOCK.

Das durch den Aufschluß der organischen Substanz mit rauchender Salpetersäure bei Gegenwart von Silbernitrat erhaltene Halogensilbermenge wird durch das bei 130—150° getrocknete Glassinterrohr filtriert, getrocknet und gewogen. Nun läßt man das Filterrohr in das Schutzrohr waagrecht einleiten, leitet einen sehr schwachen Chlorstrom hindurch und heizt das Luftbad an. Das Anheizen

[1] SIELISCH: Ber. Dtsch. chem. Ges. 45, 2564 (1912).
[2] MOSER, MIKSCH: PREGL-Festschr. 293 (1929).
[3] BÖCK, LOCK: Die chemische Fabrik 7, 406 (1934).

wie auch das Erkaltenlassen erfordert keinerlei Vorsichtsmaßregeln, da das Luftbad einen schroffen Temperaturwechsel ausschließt. Es kann unbedenklich innerhalb 15—20 Minuten auf 400° (im Luftbad) erhitzt werden, bzw. bei dieser Temperatur die Flamme entfernt werden. Nach Erreichen der Reaktionstemperatur wird durch einen kleingestellten Brenner die Temperatur beiläufig konstant gehalten. Als Reaktionszeit genügt 1 Stunde bei etwa 350—400° nach einer Anheizzeit von 15—20 Minuten. Allenfalls kann zur Kontrolle ein zweites Mal $1/_4$—$1/_2$ Stunde im Chlorstrom erwärmt werden, bis Gewichtskonstanz eingetreten ist, doch ist das meist nicht erforderlich. Der dunkelgefärbte Halogensilberniederschlag wird dabei vollkommen farblos. Das Filterrohr wird noch warm durch Evakuieren vom Chlor befreit und gewogen. Die Resultate sind sehr genau, da immer im gleichen Gefäß gearbeitet wird; die Fehler sind meist unter 0,0002 g.

Auch *Brom-Jod*-Bestimmungen sind im gleichen Apparat ausführbar. Das gewogene Gemenge der beiden Silberhaloide wird durch zweistündiges Erhitzen auf 350—400° im Bromdampfstrom in Bromsilber umgewandelt. Der Bromdampfstrom wurde durch Sättigen eines indifferenten Gases (z. B. Stickstoff) mit Brom bei Raumtemperatur in einer kleinen Waschflasche hergestellt.

2. Die Substanz enthält Chlor und Jod. (Siehe auch unter 5.)

Die Bestimmung erfolgt in ganz analoger Weise.
Berechnung:

$$\text{Prozent Jod} \ldots 138{,}78 \, \frac{a-b}{s}$$

log 138,78 = 14234.

$$\text{Prozent Chlor} \ldots \frac{100}{s} \, (0{,}6350 \, b - 0{,}3878 \, a)$$

log 0,6350 = 80277,
log 0,3878 = 58861.

3. Die Substanz enthält Brom und Jod.

Die Halogene werden mit Silbernitrat gefällt und das Halogensilbergemisch gewogen. Man löst hierauf in wenig überschüssiger Natriumthiosulfatlösung, fällt das Silber mit Schwefelammonium und dampft das Filtrat mit Natronlauge ein, glüht schwach und titriert das Jod in der in Wasser aufgelösten Schmelze nach DUFLOS[1] mit viel überschüssiger Eisenchloridlösung und Thiosulfat.

Das Brom wird aus der Differenz bestimmt.

4. Die Substanz enthält alle drei Halogene.

Chlorbromjodanisol hat HIRTZ[2] untersucht. Da eine Verdrängung des Broms und Jods durch Chlor aus dem Halogensilber doch keine prozentische Berechnung zugelassen hätte, so wurde nur eine Bestimmung des Gesamthalogengehalts ausgeführt.

Methode von JANNASCH, KÖLITZ.[3] Das Halogensilber wird samt dem Filter im Silbertiegel mit der 5—6fachen Menge Natron geschmolzen, in Wasser gelöst, vom ausgeschiedenen Silber filtriert, mit Schwefelsäure angesäuert und nun nach JANNASCH, ASCHAFF[4] oder FRIEDHEIM, R. S. MEYER[5] die Halogene getrennt und bestimmt.

---

[1] MILLER, KILIANI: Lehrb., 4. Aufl., S. 463. 1900. — ORNDORFF, BLACK: Amer. chem. Journ. 41, 380 (1909).
[2] HIRTZ: Diss. Heidelberg 1896, 48; Ber. Dtsch. chem. Ges. 29, 1411 (1896).
[3] JANNASCH, KÖLITZ: Ztschr. anorgan. allg. Chem. 15, 68 (1897); Chem. News 76, 150 (1897). [4] JANNASCH, ASCHAFF: Ztschr. anorgan. allg. Chem. 1, 444 (1892).
[5] FRIEDHEIM, R. S. MEYER: Ztschr. anorgan. allg. Chem. 1, 407 (1892).

PINCUSSEN, ROMAN[1] schmelzen mit KOH, laugen mit Wasser aus, dampfen das Filtrat ein, extrahieren JK mit Alkohol und oxydieren mit $KMnO_4$ zu Jodat, das nach Zugabe von JK mit Thiosulfat titriert wird. Im Rückstand des Alkoholextrakts kann das Brom nach BERNHARDT, UCKO[2] bestimmt werden, oder es wird nach Oxydation mit Perhydrol durch $CHCl_3$ extrahiert. Es macht nach Entfernung der übrigen oxydierten Substanzen aus KJ-Krystallen die äquivalente Menge Jod frei, die mit Thiosulfat titriert wird. Das Chlor wird durch Titration der Halogene im wässerigen Extrakt nach Subtrahierung der vorher bestimmten Brommenge ermittelt.

Das Verfahren soll für Mikrobestimmungen genügen.

BEKK[3] schlägt in Anlehnung an die Methode von BAUBIGNY, CHAVANNE (S. 175) den indirekten Weg ein und führt Silberchlorid und -bromid in Silberjodid über.

Durch Fällung mit überschüssigem Silbernitrat erhält man die Summe der Halogene, die an Silber gebunden sind. Durch ein kurzes Asbest- (oder Glaswolle-) Filterröhrchen filtriert, wird das Gemenge nach dem Trocknen und Wägen der Einwirkung einer Lösung von 2 g Kaliumpyrochromat in 30 ccm konzentrierter Schwefelsäure (auf 0,3—0,4 g Silberhalogenid) 2 Stunden lang bei 95° ausgesetzt, wodurch alles Jod zu Jodsäure, alles Chlor und Brom frei wird, ohne daß diese Halogene aufgefangen werden. Man kann die Dauer dieser Operation dadurch abkürzen, daß man die Silberhalogenide in frisch gefälltem Zustand der Chromsäurebehandlung aussetzt, wodurch die Reaktion in einer halben Stunde beendet ist; dann ist die Bestimmung der Summe der Silberhalogenide in einer besonderen Probe erforderlich. Gegen Ende der Einwirkung leitet man zur Entfernung des etwa gelöst gebliebenen Chlors und Broms einen Luftstrom durch die Lösung, verdünnt sie mit destilliertem Wasser auf 300—400 ccm, filtriert und reduziert die Jodsäure durch tropfenweises Zufügen einer konzentrierten Lösung von Natriumsulfit unter ständigem Umrühren, bis ein schwacher Geruch von Schwefeldioxyd auch noch nach 10 Minuten bemerkbar bleibt. (Ein Überschuß würde unter Umständen teilweise Reduktion des Jodsilbers zur Folge haben.) Das ausgefallene Jodsilber wird abfiltriert, mit heißer verdünnter Salpetersäure nachgewaschen, getrocknet und gewogen. Hieraus berechnet sich der Gehalt an Jod. Das Filtrat vom Jodsilber enthält alles Silber, das vorher an Chlor und Brom gebunden war, in Form von Sulfat, und wird durch Zufügen einiger Krystalle Jodkalium in Jodsilber übergeführt, das filtriert und gewogen wird. Aus den so ermittelten drei Werten läßt sich der Gehalt an Chlor, Brom und Jod berechnen.

Als Beispiel hierzu diene folgende Analyse:

Angewendete Substanzmenge ..... 0,5322 g a
Summe der Silber-Halogenide .... 0,8936 ,, b
AgJ........................... 0,1973 ,, c
AgJ aus (AgCl + AgBr) .... 1,0339 ,, d

Aus c und a ergibt sich der Jodgehalt zu 20,02% J (statt 20,07), aus b und c die Summe des Chlor- und Bromsilbers zu 0,6963 g.

Somit gelten die Gleichungen:

$$1,0339 = \frac{\text{Mol. Gew. des AgJ}}{\text{Mol. Gew. des AgCl}} \cdot u$$

$$+ \frac{\text{Mol. Gew. des AgJ}}{\text{Mol. Gew. des AgBr}} \cdot q, \text{ wo } 0,6963 = u + q.$$

[1] PINCUSSEN, ROMAN: Biochem. Ztschr. 207, 416 (1929).
[2] BERNHARDT, UCKO: Biochem. Ztschr. 155, 174 (1925).
[3] BEKK: Chem.-Ztg. 39, 405 (1915).

u und q bedeuten die Mengen von gefälltem AgCl bzw. AgBr und berechnen sich aus obigen zwei Gleichungen zu: $u = 0,4219$, $q = 0,2744$, woraus der Gehalt der Probe sich zu

$$19,61\% \text{ Cl (statt } 19,71\%)$$

und

$$21,94\% \text{ Br (statt } 21,77\%)$$

berechnet.

Wenn nur Chlor und Brom zu bestimmen sind, ist der Zusatz von Pyrochromat zur Schwefelsäure und die nachfolgende Reduktion nicht notwendig; doch empfiehlt sich dieser Zusatz trotzdem, da der Angriff der Lösung auf die Silberhalogenide ein unvergleichlich besserer ist. Schneller ist die Analyse beendet, falls man die Summe der Halogenide in einer besonderen Probe bestimmt und das aus einer anderen Probe gefällte Gemenge noch naß der Einwirkung der Chromsäuremischung aussetzt.

5. Analyse der Jodidchloride.[1]

Der Chlorgehalt dieser Verbindungen läßt sich in der Weise bestimmen, daß sie (man braucht nur wenige Zentigramme der Substanz anzuwenden) in eine wässerige Jodkaliumlösung eingeführt und so lange mit einem Glasstab umgerührt werden, bis vollständige Umsetzung eingetreten ist. Das freigewordene Jod wird mit einer sehr verdünnten Natriumthiosulfatlösung titriert.

6. Berechnung der Anzahl addierter und substituierter Halogenatome in Substanzen, die bereits ein anderes Halogen enthalten.[2]

Kennt man das Molekulargewicht einer halogenierten Verbindung und führt in das Molekül, sei es durch Addition oder Substitution, weitere Halogenatome ein, die von dem bereits vorhandenen verschieden sind, so läßt sich die Zahl α der neu aufgenommenen Halogenatome aus der Menge des gefundenen Halogensilbers berechnen.

Addiert eine Substanz, die das Molekulargewicht M hat und β Atome Chlor enthält, α Atome Brom, so ist das Molekulargewicht des Additionsprodukts:

$$M + \alpha \cdot 80.$$

$M + \alpha \cdot 80$ Gewichtsteile (ein Grammolekül) des letzteren liefern:

$$\beta \, (35,5 + 108) + \alpha \, (80 + 108)$$

Gewichtsteile Halogensilber.

Man kann also aus einer derartigen Halogenbestimmung die Anzahl α der eingetretenen Atome Brom berechnen, indem man die Proportion:

$$\frac{H}{S} = \frac{\beta \, (35,5 + 108) + \alpha \, (80 + 108)}{M + \alpha \cdot 80}$$

(H = gefundene Menge Halogensilber, S = Substanzmenge) nach α auflöst; man erhält so:

$$\alpha = \frac{H \cdot M - 143,5 \, S \cdot \beta}{188 \, S - 80 \, H}.$$

Wird das Brom nicht addiert, sondern substituiert, so ändert sich der erhaltene Wert α nur wenig. Die für α erhaltenen Zahlen differieren erst in der zweiten Dezimale.

---

[1] WILLGERODT: Journ. prakt. Chem. (2), **33**, 158 (1886).
[2] KLAGES, KRAITH: Ber. Dtsch. chem. Ges. **32**, 2553 (1899). — Siehe auch KÜSTER: Logar. Rechentafeln, 14. Aufl., S. 43.

Analoge Formeln gelten für:

jodiertes Chlorid: $\alpha = \dfrac{M \cdot H - 143,5\,S \cdot \beta}{235\,S - 127\,H}$,

chloriertes Bromid: $\alpha = \dfrac{M \cdot H - 188\,S \cdot \beta}{143,5\,S - 35,5\,H}$,

jodiertes Bromid: $\alpha = \dfrac{M \cdot H - 188\,S \cdot \beta}{235\,S - 127\,H}$,

chloriertes Jodid: $\alpha = \dfrac{M \cdot H - 235\,S \cdot \beta}{143,5\,S - 35,5\,H}$,

bromiertes Jodid: $\alpha = \dfrac{M \cdot H - 235\,S \cdot \beta}{188\,S - 80\,H}$.

Vierter Abschnitt.

Bestimmung des Schwefels S = 32,06.

I. Qualitativer Nachweis des Schwefels.

Außer den auch zur quantitativen Schwefelbestimmung dienenden Methoden sind folgende qualitative Proben angegeben worden:

1. Reaktion von VOHL.[1]

Eine geringe Menge Substanz wird in einem unten zugeschmolzenen Glasröhrchen (wie bei der LASSAIGNEschen Stickstoffprobe) mit einem Stückchen von Petroleum sorgfältig befreitem Natrium erhitzt.

Das entstandene Schwefelnatrium wird nach dem Lösen in Wasser durch die auf Zusatz von Nitroprussidnatrium entstehende rotviolette Färbung, durch Schwärzung von Silberblech oder, nach Zusatz einer Auflösung von Bleizucker in Natronlauge, durch die Bildung von Schwefelblei nachgewiesen.

An Stelle des Natriums kann man nach SCHÖNN[2] auch *Magnesiumpulver* verwenden. Manchmal muß *Kalium* benutzt werden (Ichthyol[3]). MARSH empfiehlt Zinkstaub.[4]

2. Mikrochemische Reaktion von EMICH.[5]

Die Substanz wird mit Chlorcalciumlösung befeuchtet und mit Bromdampf oxydiert, worauf in vielen Fällen die charakteristischen Gipskrystalle sichtbar werden.

Zum Nachweis von *Schwefelwasserstoff* und somit auch von Schwefel in organischen Verbindungen empfiehlt E. FISCHER[6] die Methylenblaureaktion.

Über „*bleischwärzenden*" *Schwefel* siehe S. 208.

---

[1] VOHL: Dinglers polytechn. Journ. **168**, 49 (1863). — BUNSEN: Liebigs Ann. **138**, 266 (1866). — SCHÖNN: Ztschr. Chem. **1869**, 664. — WEITH: Ber. Dtsch. chem. Ges. **9**, 456 (1876). — SPICA: Ber. Dtsch. chem. Ges. **13**, 205 (1880). — BÜLOW, SAUTERMEISTER: Ber. Dtsch. chem. Ges. **39**, 649 (1906).

[2] SCHÖNN: Ztschr. analyt. Chem. **8**, 51, 398 (1869).

[3] SCHEIBLER: Arch. Pharmaz. **258**, 76 (1920).

[4] MARSH: Amer. chem. Journ. **11**, 240 (1889).

[5] EMICH: Ztschr. analyt. Chem. **32**, 163 (1893).

[6] E. FISCHER: Ber. Dtsch. chem. Ges. **16**, 2234 (1883). — STONE: Chemist-Analyst **19**, Nr. 3 (1930).

II. Quantitative Bestimmung des Schwefels.[1]

Alle Methoden zur Schwefelbestimmung[2] basieren auf seiner Oxydation zu Schwefelsäure, die entweder gewichtsanalytisch oder titrimetrisch bestimmt wird.

A. Methoden des Schmelzens oder Erhitzens mit oxydierenden Zusätzen.

1. Methode von ASBOTH.[3]

Dieses Verfahren besteht in der Anwendung der HOEHNEL, KASSNERschen Methode,[4] d. h. der Benutzung von *Natriumsuperoxyd* zur Aufschließung schwefelhaltiger Substanzen, auf organische Verbindungen.

0,15—0,2 g Substanz werden in einem ungefähr 17 ccm langen und 2,7 ccm weiten Wägeröhrchen mit 8 g calcinierter Soda und 5 g Natriumperoxyd gut durchgemischt, in einen Nickeltiegel von zirka 80 ccm Inhalt gebracht und noch zweimal mit je 1 g Soda nachgespült. Man bringt zunächst in einen Trockenschrank und erhitzt dann mit einem kräftigen Brenner oder im elektrischen Ofen auf 320—360° und schließlich über offener Flamme, bis die Schmelze dünnflüssig geworden ist. Der Tiegel wird nur so weit erkalten gelassen, daß er nicht mehr glüht, und hierauf in eine mit destilliertem Wasser gefüllte Porzellanschale von ungefähr 22 ccm Durchmesser gestellt. Nach dem Auslaugen wird in ein Becherglas von 1 l Inhalt filtriert, dieses mit einem durchlochten Uhrglas bedeckt, in dessen Öffnung ein kleiner Trichter steckt, durch den man verdünnte Salzsäure einfließen läßt. Das Ende der Kohlendioxydentwicklung wird durch vorsichtiges Erwärmen auf dem Wasserbad bewirkt. Man dampft dann zur Trockene, raucht mit Salzsäure ab, nimmt mit Wasser auf und entfernt die aus der Porzellanschale stammende Kieselsäure.

Rascher, doch etwas weniger genau, gelangt man zum Ziel, wenn man nach dem Ansäuern der Schmelzlösung die abgeschiedene Kieselsäure abfiltriert und nun bei allen übrigen Operationen die Konzentration der Lösung möglichst konstant hält. Im Filtrat von der Kieselsäure, welches auf ungefähr 500 ccm aufgefüllt wird, fällt man die Schwefelsäure.

---

[1] Kritische Studien über verschiedene Methoden der Schwefelbestimmung: BARLOW: Journ. Amer. chem. Soc. **26**, 341 (1904). — SMITH, BAIN: Canadian Chem. Metallurg. **12**, 287 (1928).

[2] Über einen Fall, in dem die Schwefelbestimmung überhaupt nicht durchführbar sein soll, siehe OSTROMISSLENSKY, BERGMANN: Ber. Dtsch. chem. Ges. **43**, 2772 (1910).

[3] ASBOTH: Chem.-Ztg. **19**, 2040 (1895). — DÜRING: Ztschr. physiol. Chem. **22**, 281 (1896). — SCHULZ: Ztschr. physiol. Chem. **25**, 29 (1898). — FRIEDMANN: Beitr. chem. Physiol. u. Pathol. **3**, 1 (1902). — OSBORNE: Journ. Amer. chem. Soc. **24**, 142 (1902). — SADIKOFF: Ztschr. physiol. Chem. **39**, 396 (1903). — PETERSEN: Ztschr. analyt. Chem. **42**, 406 (1903). — WILLSTÄTTER, KALB: Ber. Dtsch. chem. Ges. **37**, 377 (1904). — KONEK: Ztschr. angew. Chem. **17**, 771 (1904). — HINTERSKIRCH: Ztschr. analyt. Chem. **46**, 241 (1907). — FOLIN: Journ. biol. Chemistry **1**, 157 (1906); Journ. Amer. chem. Soc. **31**, 284 (1909). — KOCH, UPSON: Journ. Amer. chem. Soc. **31**, 1355 (1909). — WARUNIS: Ber. Dtsch. chem. Ges. **43**, 2975 (1910); Chem.-Ztg. **34**, 1285 (1910). — CHRISTIANSEN: Journ. Amer. chem. Soc. **44**, 853 (1922). — FEIGL, SCHORR: Ztschr. analyt. Chem. **63**, 17 (1923). — GEBAUER-FÜLNEGG, PETERTIL: Monatsh. Chem. **48**, 619 (1927). — ROSSER, WOODWARD: Journ. chem. Soc. London **1932**, 2357.

[4] HOEHNEL, KASSNER: Arch. Pharmaz. **232**, 220 (1894). — Anwendung der Calorimeterbombe: AMBLER: Ind. engin. Chem. **12**, 1081 (1920); siehe auch S. 202. — Man versetzt die Substanz mit etwas Toluol oder Dekalin, 10 ccm Wasser, eventuell 0,1 g NH_4NO_3 und Sauerstoff unter 30 at. Nach der Verbrennung läßt man 1 Stunde in geschlossener Bombe stehen. Die Methode soll bequem und genau sein: GARELLI, SALADINI: Atti R. Accad. Scienze Torino **66**, 6, 163 (1931).

Zur gleichzeitigen Bestimmung von Schwefel und Chlor wird mit Salpetersäure angesäuert. Man fällt aus der Lösung (500 ccm) mit wenig Bariumnitratlösung und bestimmt die Chlorwasserstoffsäure im Filtrat. Sicherheitshalber kann man vor der Ausfällung des Halogensilberniederschlages mit 5 ccm einer gesättigten Natriumsulfit- oder -bisulfitlösung versetzen. Man vertreibt das Schwefeldioxyd durch Kochen, versetzt mit etwa 3 ccm konzentrierter Salpetersäure und bestimmt dann das Chlorsilber.

So lassen sich auch die sonst sehr schwer analysierbaren aromatischen Sulfosäuren[1] gut zersetzen.[2]

Es ist notwendig, Natriumcarbonat und Natriumsuperoxyd in den vorgeschriebenen Mengenverhältnissen anzuwenden, da unter anderen Bedingungen — z. B. wenn man nach HEMPEL[3] 2 Teile Natriumcarbonat und 4 Teile Natriumsuperoxyd verwendet — *Verpuffung eintritt.* Das Gemisch verpufft auch, wenn man anfangs zu stark erhitzt.

Die Methode eignet sich auch zur *Bestimmung des Schwefels in Flüssigkeiten und Extrakten*; Flüssigkeiten sind vorerst im Nickeltiegel auf Sirupkonsistenz einzudampfen. Man vermischt 5 g Natriumcarbonat mit der ursprünglichen Flüssigkeit, ehe man mit dem Eindampfen beginnt. Zu dem sirupförmigen Rückstand setzt man noch 5 g Natriumcarbonat und 5 g Natriumsuperoxyd und rührt mit einem Platindraht vorsichtig zusammen. Es tritt energische Reaktion ein, doch lassen sich mit einiger Sorgfalt alle Verluste vermeiden. Die Masse wird zunächst über kleiner Flamme, dann auf höhere Temperatur erhitzt, bis die organische Substanz verbrannt ist.

Die Schwefelbestimmung läßt sich in festen Substanzen in 2—2$^1/_2$ Stunden und in Flüssigkeiten in 6—7 Stunden ausführen.

NEUMANN, MEINERTZ[4] schlagen die Benutzung von *Kaliumnatriumcarbonat* vor.

ABDERHALDEN, FUNK [Ztschr. physiol. Chem. 58, 331 (1909)] empfehlen die Methode von PRINGSHEIM.[5] Diese ist aber nicht allgemein verwendbar.[6]

Auf den evtl. *Schwefelgehalt des Leuchtgases*[7] und der Reagenzien ist entsprechend Rücksicht zu nehmen.

Über das *Verfahren von* EDINGER siehe S. 181.

2. Methode von LIEBIG, DU MÉNIL.[8]

In eine geräumige Silber- oder Nickelschale bringt man einige Stücke *Kaliumhydroxyd* nebst etwas *Salpeter* (etwa ein Achtel vom angewendeten Kali), schmilzt beides unter Zusatz von ein paar Tropfen Wasser zusammen, bringt nach dem

[1] VORLÄNDER, NOLTE: Ber. Dtsch. chem. Ges. 46, 3222 (1913).
[2] HANS MEYER, SCHLEGL: Monatsh. Chem. 34, 568 (1913).
[3] HEMPEL: Ztschr. anorgan. allg. Chem. 3, 193 (1895).
[4] NEUMANN, MEINERTZ: Ztschr. physiol. Chem. 43, 37 (1904).
[5] Siehe S. 173.
[6] LESSER, MEHRLÄNDER: Ber. Dtsch. chem. Ges. 56, 1644 (1923). — Siehe anderseits LESSER, GAD: Ber. Dtsch. chem. Ges. 56, 969 (1923). — TAYLOR: Journ. Soc. chem. Ind. 42, 296 (1923).
[7] Siehe S. 200, Anm. 3. — Nach NEUMANN, MEINERTZ bedingt übrigens hier die Verwendung von Leuchtgas keinen Fehler.
[8] LIEBIG, DU MÉNIL: Arch. Pharmaz. 52, 67 (1835). — RÜLING, LIEBIG: Liebigs Ann. 58, 302 (1846). — WALTHER: Liebigs Ann. 58, 316 (1846). — VERDEIL: Liebigs Ann. 58, 317 (1846). — SCHLIEPER, LIEBIG: Liebigs Ann. 58, 379 (1846). — LIEBIG: Anleitung, 2. Aufl., S. 99. 1853. — MAYER: Liebigs Ann. 101, 129 (1857). — FAHLBERG, IVES: Ber. Dtsch. chem. Ges. 11, 1187 (1878). — FRAPS: Amer. chem. Journ. 24, 346 (1902). — SCHMIDT, JUNGHANS: Ber. Dtsch. chem. Ges. 37, 3565 (1904). — GRAFF: Diss. Rostock 1908, 69. — VORLÄNDER, NOLTE: Ber. Dtsch. chem. Ges. 46,

Erkalten die fein gepulverte Substanz hinzu und erhitzt bis zum Schmelzen. Man kann nun die Substanz durch Umrühren mit dem Silber- oder Nickelspatel verteilen. Indem man allmählich stärker erhitzt, doch so, daß kein Spritzen stattfindet, gelingt es leicht, die meist anfangs durch ausgeschiedene Kohle geschwärzte Masse farblos zu erhalten. Sollte dies nicht bald geschehen, so fügt man noch etwas gepulverten Salpeter in kleinen Portionen zu.

Die Flüssigkeit erstarrt beim Erkalten zu einer festen Masse, die man mit Wasser übergießt und durch Erwärmen völlig löst.

Die Lösung wird in ein Becherglas gegossen, die Schale mit Wasser mehrmals ausgespült und die vereinigten Flüssigkeiten mit Salzsäure übersättigt. Man filtriert evtl. eine nach dem Verdünnen mit 1 l Wasser auftretende Trübung[1] von Chlorsilber ab (das von dem aufgelösten Silber des Schalenmaterials stammt, in der konzentrierten Lösung als Doppelsalz gelöst bleibt und mit dem Bariumsulfat ausfallen würde). Nun wird mit Chlorbariumlösung gefällt, filtriert, gewaschen und geglüht, das geglühte Bariumsulfat mit Salzsäure ausgewaschen, nochmals geglüht und gewogen.[2]

Eventueller Schwefelgehalt der Reagenzien wird in einer blinden Probe ermittelt, wobei man ebenso lange erhitzt wie bei der eigentlichen Bestimmung, um auch die geringen aus den Verbrennungsprodukten des Leuchtgases aufgenommenen[3] Schwefelsäuremengen zu berücksichtigen: man bringt entsprechende Korrektur an.

Um den Schwefelgehalt *flüchtiger organischer Verbindungen* zu bestimmen, verbrennt man sie mit einem Gemisch von *kohlensaurem Natrium* und *Salpeter*[4] in einer Glasröhre.

An das Ende der Verbrennungsröhre bringt man ein Gemenge von trockenem, kohlensaurem Natrium und Salpeter, hierauf in geöffnetem Glaskügelchen die zu untersuchende Flüssigkeit — feste flüchtige Stoffe in Glasschiffchen — und füllt hierauf die Röhre mit einer Mischung von Calciumcarbonat und wenig Salpeter. Man erhitzt den vorderen Teil zum Glühen und bewirkt hierauf durch gelindes Erwärmen des Glaskügelchens allmähliche Verdampfung der Flüssigkeit, wobei der hintere Teil der Röhre so weit erhitzt wird, daß sich daselbst keine Flüssigkeit kondensieren kann. Zuletzt wird auch das Ende der Röhre zum Glühen gebracht, wobei der entweichende Sauerstoff etwa abgeschiedene Kohle vollständig verbrennt.

Nach dem Erkalten der Röhre wird ihr Inhalt in Wasser gelöst, mit Salzsäure neutralisiert und mit Bariumchloridlösung gefällt usw.

Die LIEBIG, DU MÉNILsche Methode wird vielfach variiert (z. B. in das geschmolzene Gemisch von Kaliumhydroxyd und Salpeter die mit calcinierter Soda verriebene Substanz portionenweise eingetragen); in der ursprünglichen Form liefert sie die zuverlässigsten Resultate.[5]

Anwendung zur Brombestimmung: AUTENRIETH: Arch. Pharmaz. 258, 13 (1920).

3222 (1913). — HANS MEYER, SCHLEGL: Monatsh. Chem. **34**, 568 (1913). — REDFIELD: Journ. Amer. chem. Soc. **37**, 608 (1915).

[1] KEISER: Amer. chem. Journ. **5**, 207 (1883).

[2] SCHULZE: Landwirtschl. Vers.-Stat. **28**, 161 (1881).

[3] PRICE: Ztschr. analyt. Chem. **3**, 483 (1864). — GUNNING: Ztschr. analyt. Chem. **7**, 480 (1868). — BINDER: Ztschr. analyt. Chem. **26**, 607 (1887). — E. v. MEYER: Journ. prakt. Chem. (2), **42**, 267, 270 (1890). — LIEBEN: Monatsh. Chem. **13**, 286 (1892). — PRIVOZNIK: Ber. Dtsch. chem. Ges. **25**, 2200 (1892). — MULDER: Rec. Trav. chim. Pays-Bas **14**, 307 (1895). — BEYTHIEN: Ztschr. Unters. Nahrungs- u. Genußmittel **6**, 497 (1903).

[4] Mikrobestimmung: EMERSON: Journ. Amer. chem. Soc. **52**, 1291 (1930).

[5] HAMMARSTEN: Ztschr. physiol. Chem. **9**, 273 (1885). — STODDART: Journ. Amer. chem. Soc. **24**, 832 (1902). — MABEL, STOCKHOLM, KOCH: Journ. Amer. chem. Soc. **45**, 1956 (1923).

3. Methoden von geringerer Bedeutung.

sind die folgenden:

LÖWIG[1] erhitzt mit Salpeter und kohlensaurem Barium,
WEIDENBUSCH[2] mit Bariumnitrat und Salpetersäure,
MULDER[3] mit Bleinitrat (Acetat) und Salpetersäure,
DE KONINGK, NIHOUL[4] glühen mit Calciumnitrat und Ätzkalk,
FAHLBERG, HES[5] sowie DELACHARAL, MERMES[6] schmelzen mit Kaliumhydroxyd und behandeln die Schmelze mit Bromwasser.
BEUDANT, DAGUIN, RIVOT[7] erhitzen mit Kalilauge und Chlor,
LINDEMANN[8] mit Chlorkalk,
KOLBE[9] oxydiert mit Kaliumchlorat und Soda (1:6),[10]
HOBSON[11] mit Magnesiumcarbonat und Kaliumchlorat,
RUSSEL[12] mit Quecksilberoxyd,
STRECKER[13] verwendet Bariumoxyd,
WACKENRODER[14] ein Gemisch von Calciumoxyd und Nitrat,
SHUTTLEWORTH[15] Calciumacetat,
DEBUS[16] empfiehlt Kaliumchromat,
OTTO[17] chromsaures Kupfer,
HÖLAND[18] arbeitet mit Bariumcarbonat und Kaliumchlorat,
PEARSON[19] mit Bariumchlorat und Salpetersäure,
STUTZER[20] mit basischem Calciumnitrat,
SCHREIBER[21] mit Magnesiumnitrat, Natriumnitrat und Natriumhydroxyd,
BENEDICT,[22] WOLF, ÖSTERBERG[23] arbeiten mit Kupfernitrat und Kalium(Natrium)-chlorat.

---

[1] LÖWIG: Journ. prakt. Chem. (1), **18**, 128 (1839).
[2] WEIDENBUSCH: Liebigs Ann. **61**, 370 (1847). — WAY, OGSTONE: Journ. Reg. Agric. Soc. Engl. 8, 134 (1847).
[3] MULDER: Journ. prakt. Chem. (1), **106**, 444 (1869).
[4] DE KONINGK, NIHOUL: Moniteur scient. (4), 8, 504 (1894).
[5] FAHLBERG, HES: Ber. Dtsch. chem. Ges. **11**, 1187 (1878).
[6] DELACHARAL, MERMES: Bull. Soc. chim. France **31**, 50 (1879).
[7] BEUDANT, DAGUIN, RIVOT: Compt. rend. Acad. Sciences **37**, 835 (1853); Journ. prakt. Chem. (1), **61**, 135 (1854).
[8] LINDEMANN: Bull. Acad. Roy. Belg. **23**, 827 (1892).
[9] KOLBE: Suppl. zum Handwörterbuch der Chemie, 1. Aufl., S. 205. — LÖW: Pflügers Arch. Physiol. **31**, 394 (1883). — BÖSE: Ber. Dtsch. chem. Ges. **53**, 2001 (1920).
[10] LEEUWEN: Rec. Trav. chim. Pays-Bas **11**, 103 (1892).
[11] HOBSON: Liebigs Ann. **76**, 90 (1850).
[12] RUSSEL: Journ. chem. Soc. London 7, 212 (1854). — Vgl. BUNSEN: Journ. prakt. Chem. (1), **64**, 230 (1855).
[13] STRECKER: Liebigs Ann. **73**, 339 (1850); **74**, 366 (1850).
[14] WACKENRODER: Arch. Pharmaz. **53**, 1 (1848).
[15] SHUTTLEWORTH: Journ. Landwirtsch. **47**, 173 (1899).
[16] DEBUS: Liebigs Ann. **76**, 88 (1850).
[17] OTTO: Liebigs Ann. **145**, 25 (1868).
[18] HÖLAND: Chem.-Ztg. 17, 99 (1893).
[19] PEARSON: Ztschr. analyt. Chem. 9, ·271 (1870). — NORTON, WESTENHOFF: Amer. chem. Journ. 10, 130 (1888). — Siehe dazu VORLÄNDER, NOLTE: Ber. Dtsch. chem. Ges. **46**, 3222 (1913) (Schwefelgehalt der Handelssalpetersäure als Fehlerquelle); Anwendung zur Se-Bestimmung siehe S. 253.
[20] STUTZER: Ztschr. angew. Chem. **20**, 1637 (1907).
[21] SCHREIBER: Journ. Amer. chem. Soc. **32**, 977 (1910).
[22] BENEDICT: Journ. biol. Chemistry 6, 363 (1909). — BENEDICT, DEVIS: Journ. biol. Chemistry 8, 401 (1910) (Harn). — HOFFMANN, GORTNER: Journ. Amer. chem. Soc. **45**, 1033 (1923). — ZAHND, CLARKE: Journ. Amer. chem. Soc. **52**, 3275 (1930).
[23] WOLF, ÖSTERBERG: Biochem. Ztschr. **29**, 429 (1910).

B. Methoden, bei welchen die Oxydation der schwefelhaltigen Substanz durch gasförmigen Sauerstoff bewirkt wird.[1]

1. Methode von BRÜGELMANN.[2]

Diese Methode gestattet, in organischen Substanzen *Schwefel, Chlor, Brom, Jod, Phosphor* und *Arsen*, evtl. auch nebeneinander, zu bestimmen. Das Verfahren beruht auf der Verbrennung der Substanz im Sauerstoffstrom und Überleiten der Verbrennungsprodukte über glühenden Kalk bzw. Natronkalk.

Die *Halogene* bestimmt BRÜGELMANN nach VOLHARD, *Schwefelsäure* titrimetrisch nach einer Modifikation der WILDERSTEINschen Methode,[3] *Arsen- und Phosphorsäure* nach einer eigenen Methode.[4] *Sind mehrere dieser Elemente gleichzeitig vorhanden,* so wird nach beendigter Verbrennung der Kalk (Natronkalk) vorsichtig in Salpetersäure gelöst, die Flüssigkeit auf ein bestimmtes Volumen gebracht und aliquote Teile für die einzelnen Bestimmungen verwendet.

2. Bestimmung in der calorimetrischen Bombe.

Die Substanz wird unter Zugabe von etwas Toluol oder Dekalin, 10 ccm Wasser, evtl. 0,1 g NH_4NO_3 mit Sauerstoff unter 30 at zur Reaktion gebracht, nach der Verbrennung noch 1 Stunde in der geschlossenen Bombe stehen gelassen. Die Methode soll bequem und genau sein.[5] Siehe auch S. 196, Anm. 4.

3. Methode von HÖHN, BLOCH.[6]

Bestimmung des Schwefels durch Erhitzen im Chlorstrom.

Diese Methode empfiehlt sich für die Analyse schwefelhaltiger organischer Bleisalze; vielleicht auch für Substanzen, die sich nach der Methode von CARIUS schwer zersetzen lassen.

Der von SCHAEFER[7] angegebene Apparat ist in Abb. 108 wiedergegeben.

Die Aufschließung wird in der für Erze üblichen Weise ausgeführt. Der Rückstand im Schiffchen und die evtl. entstehenden organischen Destillationsprodukte sind stets auf Schwefel zu prüfen.

Man läßt den Chlorstrom nie schneller als 5 Blasen in 2 Sekunden gehen und erwärmt je nach Bedarf mittels Flachbrenners; nach einer halben Stunde pflegt die Bestimmung beendet zu sein.

---

[1] Siehe auch WARREN: Ztschr. analyt. Chem. **5**, 169 (1866). — HEMPEL: Ztschr. angew. Chem. **5**, 393 (1892). — MIXTER, SILL: Amer. Journ. Science (3), **4**, 90 (1872). — SAUER: Ztschr. analyt. Chem. **12**, 32, 176 (1873). — CLAESSON: Ztschr. analyt. Chem. **22**, 177 (1883); **26**, 371 (1887); Ber. Dtsch. chem. Ges. **19**, 1910 (1886); **20**, 3065 (1887). — WEIDEL, SCHMIDT: Ber. Dtsch. chem. Ges. **10**, 1131 (1877). — VALENTIN: Chem. News **429**, 89 (1868). — APITZSCH: Ztschr. angew. Chem. **26**, 503 (1913).

[2] BRÜGELMANN: Ztschr. analyt. Chem. **15**, 1 (1876); **16**, 1, 20 (1877). — Über eine ähnliche Methode, bei der Soda und Magnesia verwendet werden: BAY: Compt. rend. Acad. Sciences **146**, 333 (1908). — Siehe auch KULLGREN: Ztschr. ges. Schieß- u. Sprengstoffwesen **7**, 89 (1912). — SEELIG: Ztschr. angew. Chem. **45**, 281 (1932). — SIELISCH, SANDKE: Ztschr. angew. Chem. **45**, 130 (1932). — *Mikroanalyse* (über Pt-Kontakt): FRIEDRICH: PREGL-Festschr. 91 (1929). — FRIEDRICH, WATZLAWECK: Ztschr. analyt. Chem. **89**, 401 (1933). — GOSWAMI, SARKAR: Journ. Indian chem. Soc. **10**, 611 (1933).   [3] Siehe BUCHENER: Ztschr. analyt. Chem. **59**, 298 (1920).

[4] Ztschr. analyt. Chem. **16**, 20 (1877).

[5] GARELLI, SALADINI: Atti R. Accad. Scienze Torino Arch. Sciences physiques nat., Genève **66**, 6, 163 (1931).

[6] HÖHN, BLOCH: Journ. prakt. Chem. (2), **82**, 497 (1910). — Erhitzen im Sauerstoffstrom: MAREK: Bull. Soc. chim. France (4), **43**, 1405 (1928). — Halbmikromethoden: TER MEULEN, HESLINGA: Neue Methoden usw., S. 41. (1927). — ORTHNER, REICHEL: Org. Chem. Praktikum, S. 250. (1929).

[7] SCHAEFER: Ztschr. analyt. Chem. **45**, 173 (1906).

C. Methoden der Oxydation auf nassem Weg.

1. Methode von Carius.

Das Wesentliche über dieses Verfahren ist schon S. 171 ff. mitgeteilt worden. Natürlich entfällt hier der Zusatz von Silbernitrat, im übrigen wird wie zur Halogenbestimmung vorgegangen.

Wie Carius bemerkt,[1] sind halogenhaltige Substanzen besonders leicht oxydierbar.

Angeli,[2] der diese Beobachtung bestätigt, empfiehlt daher *Zusatz von einigen Tropfen reinen Broms zu der Salpetersäure* (spez. Gew. 1,52). Es wird dadurch die Temperatur, bei der vollkommene Zersetzung eintritt, wesentlich herabgesetzt und die Reaktion beschleunigt, so daß man manchmal sogar im Kjeldahl-kolben arbeiten kann.[3] Sehr gut wirkt auch ein Zusatz von Salzsäure.[4]

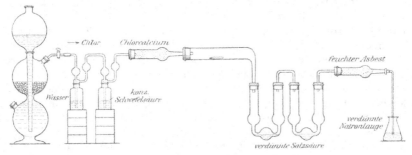

Abb. 108. Bestimmung des Schwefels nach Höhn, Bloch.

Carius hat zur Reaktionserleichterung Zusatz von *Chromsäure* empfohlen, die später durch Erwärmen mit Alkohol zerstört wird.

Manchmal begegnet die Ausführung der Methode Schwierigkeiten.[5]

Es muß dann viele (12—20) Stunden lang auf 300° und höher erhitzt werden,[6] bei gewissen *Sulfosäuren* (Phenanthrensulfosäuren) genügt aber auch dies nicht zur Aufschließung der Substanz.[7]

Nach Beckurts, Frerichs[8] empfiehlt es sich übrigens nicht, bei so extrem hohen Temperaturen zu arbeiten. Die gegen Salpetersäure oft sehr widerstandsfähigen Sulfosäuren werden dagegen vollständig oxydiert, wenn man (bei 260 bis 275°) *lange Zeit* (mindestens 9 Stunden) erhitzt und auf zirka 0,3 g Substanz mindestens 4 ccm rauchende Salpetersäure verwendet. Man kann auch die Oxydation durch Salpetersäure mit dem Schmelzverfahren kombinieren und braucht dann nicht im geschlossenen Rohr zu arbeiten.

So wird zur *Analyse des Ichthyols* folgendermaßen vorgegangen:

0,5 g Ichthyol werden mit je 10 ccm rauchender Salpetersäure dreimal ab-

[1] Carius: Liebigs Ann. **116**, 19 (1860); **136**, 129 (1865).

[2] Angeli: Gazz. chim. Ital. **21** II, 163 (1891). — Gebauer-Fülnegg: Monatsh. Chem. **47**, 197 (1926).

[3] Tschugaeff, Chlopin: Ztschr. anorgan. allg. Chem. **86**, 245 (1914).

[4] Harries, Fonrobert: Ber. Dtsch. chem. Ges. **49**, 1391 (1916). — Anwendung von Perhydrol: Stockholm, Koch: Journ. Amer. chem. Soc. **45**, 1957 (1923).

[5] Z. B. bei Thiosiliciumverbindungen: Backer, Stienstra: Rec. Trav. chim. Pays-Bas **44**, 42, 43 (1935).

[6] Wohl, Schäfer, Thiele: Ber. Dtsch. chem. Ges. **38**, 4160 (1905). — Schneider: Ber. Dtsch. chem. Ges. **42**, 3417 (1909).

[7] Schmidt, Junghans: Ber. Dtsch. chem. Ges. **37**, 3565, Anm. (1904). — Scholl, Wonka: Ber. Dtsch. chem. Ges. **62**, 1430 (1929).

[8] Beckurts, Frerichs: Arch. Pharmaz. **250**, 484 (1912).

gedampft und der Rückstand mit 5 g einer Mischung aus 4 Teilen wasserfreier Soda und 3 Teilen Salpeter verrieben. Die Mischung wird in einen geräumigen Nickeltiegel gebracht und die Schale mehrere Male mit einigen Tropfen Wasser ausgespült. Nach dem Trocknen wird die Masse *vorsichtig* geschmolzen. Die Schmelze wird in üblicher Weise aufgearbeitet.

Evtl. muß auch (bei aliphatischen Sulfosäuren oder Substanzen, die bei der Oxydation die schwer angreifbare Methansulfosäure liefern, wie die Phenyl-carbithionsäureester, oder die sonst die Gruppe SCH_3 enthalten) die Methode von CARIUS mit einer der Schmelzmethoden kombiniert werden, ähnlich wie für die Ichthyolbestimmung angegeben wurde[1] und wie sie zuerst A. W. HOFMANN bei der Analyse der Phosphine angewendet hat.[2]

Auch bei *Sulfonen*[3] kann die Methode von CARIUS versagen, aber die LIEBIGsche Methode zum Ziel führen.

Solche Substanzen[4] analysiert man sonst auch nach BRÜGELMANN[5] oder noch besser nach GASPARINI (siehe S. 206).

Thiophenderivate[6] geben zu Explosionen Anlaß. Auch *Thioharnstoffe* (über deren Analyse siehe S. 770) verursachen nach LÖWENSTAMM[7] Schwierigkeiten.

Die Oxydationswirkung der Salpetersäure ist hier außerordentlich energisch: Im geschlossenen Rohr geht die Reaktion schon in der Kälte unter Feuererscheinung und heftigster Entwicklung roter Dämpfe vor sich, gleichzeitig tritt starke Erwärmung ein. Man hüte sich deswegen, die Substanz mit der Säure in Berührung zu bringen, solange das Rohr nicht im Ofen liegt, auch nehme man, um jede Berührung auszuschließen, möglichst lange Wägeröhrchen.

APITZSCH[8] behauptet, in einem Fall 8 Stunden auf mindestens 500° erhitzt zu haben. Derartig hohe Temperatur hält aber doch wohl kein Rohr aus.[9]

Schwefelhaltige Calcium- oder Bariumsalze[10] können nicht gut nach dieser Methode analysiert werden; man schließt sie nach KAUFLER[11] am besten mit Soda und Salpeter auf. Im phenyl- und naphthylcarbithiosauren *Blei* bestimmt aber POHL den Schwefel nach der Aufschließung mittels Salpetersäure als Bleisulfat.[12]

---

[1] HÖHN, BLOCH: Journ. prakt. Chem. (2), **82**, 494 (1910). — OBERMEIER: Ber. Dtsch. chem. Ges. **20**, 2928 (1887). — GABRIEL: Ber. Dtsch. chem. Ges. **22**, 1154 (1889). — MARCKWALD: Ber. Dtsch. chem. Ges. **29**, 2918 (1896). — GABRIEL, LEUPOLD: Ber. Dtsch. chem. Ges. **31**, 2651 (1898). — SCHNEIDER: Liebigs Ann. **275**, 213 (1910).

[2] Erhitzen mit Salpetersäure und Kaliumnitrat: BENEDICT: Journ. biol. Chemistry **6**, 363 (1909). — DENIS: Journ. biol. Chemistry **8**, 401 (1910). — HOFFMAN, GORTNER: Journ. Amer. chem. Soc. **45**, 1033 (1923). — ZAHND, CLARKE: Journ. Amer. chem. Soc. **52**, 3275 (1930). Bei diesem Verfahren sind Explosionen nicht immer zu vermeiden. Sulfonal gab schlechte Resultate.

[3] GRAFF: Diss. Rostock 1908, 69, 76 (Sulfone der Nitrophenylthiopyrine).

[4] Sulfosäuren, die benachbarte NH_2-Gruppen enthalten, sind angeblich nur im Sauerstoffstrom mit Platin, das 10% Rhodium enthält, analysierbar: LEFÈVRE, RANGIER: Compt. rend. Acad. Sciences **199**, 462 (1934).

[5] BISTRZYCKI, MAURON: Ber. Dtsch. chem. Ges. **40**, 4373, 4375 (1907).

[6] SCHWALBE: Ber. Dtsch. chem. Ges. **38**, 2209 (1905). — SCHEIBLER: Arch. Pharmaz. **258**, 76 (1920). — SCHEIBLER, SCHMIDT: Ber. Dtsch. chem. Ges. **54**, 139 (1921).

[7] LÖWENSTAMM: Diss. Berlin 1901, 15, Anm. 3. — V. J. MEYER: Diss. Berlin 1905, 36, Anm. 1. — GROSSMANN: Chem.-Ztg. **31**, 1196 (1907).

[8] APITZSCH: Ber. Dtsch. chem. Ges. **37**, 1604 (1904).

[9] Es sei denn, daß man besonders widerstandsfähige (Jenenser) Röhren nach dem Vorgang von STOCK, GOMOLKA: Ber. Dtsch. chem. Ges. **42**, 4514 (1909), fest in getrockneten Seesand einbettet und in eiserne verschraubbare Schutzrohre bringt.

[10] Bariumsalze könnte man nach RUPP analysieren.

[11] KAUFLER: Privatmitteilung.   [12] POHL: Diss. Berlin 1907, 19, 30.

Nach KOCHS[1] ist in den Eiweißstoffen die Schwefelbestimmung nach CARIUS nicht durchführbar. Wird die Temperatur zu niedrig gehalten, so bleibt die Oxydation unvollständig, steigert man sie, so zerspringen die Röhren.

Verfahren von RUPP.[2]

RUPP hat gefunden, daß es von Vorteil ist, ähnlich wie bei der Halogenbestimmung, die Fällung der Schwefelsäure schon während des Erhitzens im Einschmelzrohr vorzunehmen.

Der zu erwartenden Schwefelsäuremenge entsprechend gibt man 0,5—1 g gepulvertes Bariumnitrat oder (wahrscheinlich besser)[3] entwässertes Bariumchlorid zur Salpetersäure in das Bombenrohr.

Das Bariumsulfat erlangt unter dem Einfluß der hohen Temperatur und des Drucks außerordentlich dichte Struktur, die das quantitative Sammeln sehr erleichtert. Das Sulfat reißt auch nichts mit. Man spült mit zirka 200 ccm Wasser in ein Becherglas, bringt zum Sieden, während man mit einem Glasstab die größeren Konglomerate von Bariumsulfat und Nitrat (Chlorid) zerteilt, kocht einige Minuten und kann dann gleich filtrieren und mit heißem Wasser auswaschen.

Das Verfahren verhindert, daß Kieselsäure aus dem Glas herausgelöst wird.

Um im Cheirolinsilbersulfat für Silber und Schwefel zuverlässige Werte zu erhalten, mußte SCHÜTZ (a.a.O., S. 42) die Substanz *ohne* Zufügung von Bariumnitrat im Rohr mit roter, rauchender Salpetersäure erhitzen. Dann wurde zunächst das Silber mit Salzsäure ausgefällt und im Filtrat die Schwefelsäure bestimmt.

Mikro-CARIUSbestimmung. Der Schwefel wird maßanalytisch als Benzidinsulfat bestimmt. FRIEDRICH, MANDL: Mikrochemie 22, 14 (1937).

Siehe auch PREGL, ROTH: Mikroanalyse 151 (1935).

2. Methode von MESSINGER.[4]

Sind die Schwefelverbindungen nicht sehr flüchtig, so kann in den meisten Fällen — Sulfone sind auf diese Art im allgemeinen *nicht* analysierbar — die Oxydation in alkalischer Permanganatlösung oder mit Chromsäure ausgeführt werden.

1. Die abgewogene Schwefelverbindung wird mit $1^1/_2$—2 g *übermangansaurem Kalium und* $^1/_2$ g *reinem Kaliumhydroxyd* in einen Kolben mit Kühler von 500 ccm Inhalt gebracht. Durch die obere Mündung des Kühlers werden 25 bis 30 ccm Wasser in den Kolben gegossen und 2—3 Stunden erhitzt. Nach dem Erkalten der Flüssigkeit, die noch rot gefärbt sein muß, wird nach und nach konzentrierte Salzsäure zugegossen und so lange erwärmt, bis die Flüssigkeit klar erscheint. Man gießt in ein Becherglas und fällt die Schwefelsäure.

In manchen Fällen erhält man durch tagelanges (8 Tage) Stehenlassen ohne zu erwärmen bessere Resultate.[5]

2. Wendet man zur Oxydation *chromsaures Kalium und Salzsäure* an (2—3 g Pyrochromat, 20—25 ccm Salzsäure, 2 Teile konzentrierte Salzsäure und 1 Teil

[1] KOCHS: Erg.-Heft z. Centralbl. f. allg. Gesundh.-Pflege 2, 171 (1886).
[2] RUPP: Chem.-Ztg. 32, 984 (1908). — SCHNEIDER: Ber. Dtsch. chem. Ges. 42, 3417 (1909). — ANELLI: Gazz. chim. Ital. 41 I, 334 (1910). — SCHÜTZ: Diss. Jena 1914, 20.   [3] Siehe S. 203, Anm. 2 und Anm. 4.
[4] MESSINGER: Ber. Dtsch. chem. Ges. 21, 2914 (1888). — DIRCKS: Landwirtschl. Vers.-Stat. 28, 179 (1881). — WAGNER: Chem.-Ztg. 14, 269 (1890). — SCHLICHT: Ztschr. analyt. Chem. 30, 665 (1891). — KONEK: Ber. Dtsch. chem. Ges. 53, 1669 (1920).   [5] LENZ: Ztschr. analyt. Chem. 34, 39 (1895).

Wasser), so wird etwa 2 Stunden erhitzt. Nach beendeter Zersetzung fügt man noch einige Tropfen Alkohol hinzu, entfernt den Kühler, erhitzt bis zum Verschwinden des Aldehydgeruchs, verdünnt und fällt.

3. Pozzi, Escot[1] oxydieren mit nascierendem *Chromylchlorid* aus trockenem Chromtrioxyd und konzentrierter Salzsäure.

4. Melnikow[2] erhitzt 0,2—0,5 g Substanz mit 10—15 ccm Phosphorsäure 1,7 auf 70—140°, rührt allmählich 1,5—4 g $KMnO_4$ ein und läßt $^1/_4$ Stunde stehen. Der Überschuß an Permanganat wird mit H_2O_2 zerstört, auf 300 ccm verdünnt, etwas Salzsäure zugegeben und gefällt.

3. Schwefelbestimmung auf elektrolytischem Weg.[3]

Man verwendet Gleichstrom von 8—10 Volt und 1 bis 2 Ampere.[4] Eine Doppelklemme trägt an einem Ende einen zu einem Haken gebogenen Silberdraht, am anderen den Stromzuleitungsdraht. Man hängt die Klemmen mittels der Haken in die Ösen der Platindrähte ein.

Der einfache Apparat (Abb. 109) von 75 ccm Inhalt mit *einem* Zersetzungsgefäß, der zur Bestimmung des Schwefels in nichtflüchtigen, organischen Substanzen dient,

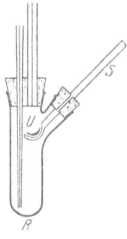

Abb. 109. Apparat von GASPARINI.

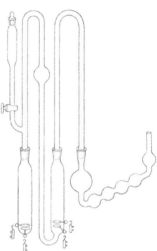

Abb. 110. Doppelapparat von GASPARINI.

besteht aus einem zylindrischen Rohr mit zwei am Boden eingeschmolzenen Platinelektroden, deren äußere Drähte zu Ösen gebogen sind. Die untere Elektrode, die man als Anode wirken läßt, ist konvex. In die Halsöffnung des Gefäßes ist ein gebogenes Rohr eingeschliffen, an das auf einer Seite ein Trichter mit Hahn, auf der anderen ein Kugelrohr angeschmolzen ist.

In den Trichter bringt man Salpetersäure (1,42), die man dann vorsichtig tropfenweise auf die zu oxydierende Substanz fallen läßt. Im ganzen gibt man nicht mehr Salpetersäure als 2 cm über die obere Elektrode. In das Kugelrohr bringt man Wasser.

Der *Doppelapparat* (Abb. 110) hat ein zweites Rohr, das dem ersten ähnlich ist. Er ist zur Untersuchung flüchtiger Substanzen bestimmt. Falls ein Teil der Substanz sich der Oxydation im ersten Rohr entzieht, wird er im zweiten oxydiert, in das man vorher 10—15 ccm rauchende Salpetersäure bringt. Die vier Pole des Apparats schaltet man nebeneinander.

Die Dauer der Bestimmung beträgt gewöhnlich 5—6 Stunden, Sulfone

---

[1] Pozzi, Escot: Rev. gén. Sciences pures appl. **7**, 240 (1904).

[2] Melnikow: Ztschr. analyt. Chem. **98**, 412 (1934). Anwendung von *Überchlorsäure*: Bull. Soc. chim. France (5), **1**, 280 (1934).

[3] Gasparini, Savini: Gazz. chim. Ital. **37 II**, 437 (1907). — Gasparini: Chem.-Ztg. **31**, 641 (1907). — Spence, Young: Ind. engin. Chem. **4**, 413 (1912). — Twiss: Journ. chem. Soc. London **105**, 39 (1914); siehe auch S. 271. Die Bestimmungsmethode kann auch für Phosphor, Arsen [Wintersteiner: Mikrochemie **4**, 155 (1926); Heller: S. 165 (Mikroanalyse)], Quecksilber usw. angewendet werden.

[4] Ruer: Ztschr. physikal. Chem. **44**, 81 (1903).

brauchen oft viel länger. Hier empfiehlt sich die Anwendung stärkster Salpetersäure.[1]

Man entleert dann den Apparat und bestimmt die Schwefelsäure entweder in üblicher Weise gravimetrisch oder noch einfacher so, daß man erst zur Vertreibung der Salpetersäure wiederholt mit verdünnter Salzsäure, dann zur Entfernung der Salzsäure wiederholt mit Wasser eindampft, wieder verdünnt und direkt titriert.

Um größere Substanzmengen aufzuschließen, wird man[2] folgendermaßen vorgehen:

In ein schmales Becherglas von 100—150 ccm Inhalt hängt man als Anode ein an einem Platindraht befindliches Körbchen aus Platindrahtnetz, in dem sich die zu untersuchende Probe befindet.

Als Kathode dient ein Platinspatel.

Nunmehr wird so viel rauchende Salpetersäure (die Konzentration richtet sich nach der Angreifbarkeit des Materials) hinzugegeben, daß das Körbchen davon bedeckt ist, und 6—8 Volt Spannung angelegt.

Mikro-GASPARINI.[3,4]

Der Apparat besteht (Abb. 111) aus einem Becherchen *A* und einem gebogenen Rohr *B*, die durch einen Schliff miteinander verbunden sind. Sie werden durch die Spiralfedern *G* zusammengehalten. Knapp oberhalb des Schliffs sind zwei Platindrähte *H* eingeschmolzen, die außen zu Schlingen und innen zu Häkchen gebogen sind, in die die Elektroden *C* eingehängt werden. Diese bestehen aus zwei kreisförmigen Platinblechen, an denen zwei Platindrähte angeschmolzen sind. Ihre Enden bilden Schlingen, die zum Einhängen in die Häkchen *H* dienen. Der längere Draht ist durch einen Glasmantel isoliert. Die Elektroden sind durch ein Glasstäbchen zwischen den zwei Drähten versteift. Am Rohr *B* ist an der Biegung ein Einfülltrichter *D* so angebracht, daß er durch geringes Neigen des Apparats das Auswaschen beider Rohrschenkel gestattet. Die

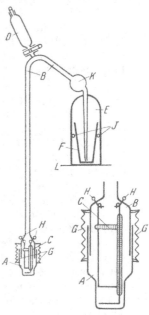

Abb. 111. Apparat von HELLER.

Glashaube *E* soll die Vorlage *F* vor Staub schützen und die Kugel *K* ein Zurücksteigen der Flüssigkeit aus der Vorlage verhindern. In der Glashaube *E* befinden sich zwei Luftlöcher *J*.

Der Apparat wurde aus Jenaer Hartglas hergestellt. Er ist während der Elektrolyse an einem Stativ befestigt, und zwar durch eine kleine Klammer, die den längeren Schenkel des Rohrs *B* hält, und durch einen Ring mit Glasplatte *L*, auf dem die Vorlage *F* und die Glashaube *E* steht.

Die Substanz wird direkt im Becherchen *A* eingewogen und dann der gut entfettete und getrocknete Apparat zusammengestellt. Als Vorlage dient der Tiegel *F*, der, mit 0,5 ccm Wasser gefüllt, unter die Glashaube *E* gestellt wird.

---

[1] HANS MEYER: Unveröffentlichte Beobachtungen.
[2] HINRICHSEN: Chem.-Ztg. **33**, 736 (1909).
[3] HELLER: Mikrochemie 7, 208 (1929).
[4] Das Verfahren hat sich für Thioharnstoffe, Sulfosäuren und Alkylsulfide gut bewährt. Sulfonal, Sulfobenzid, Dinitrothiophen erfordern vierstündige Elektrolyse: PIUTTI, DINELLI: Gazz. chim. Ital. **67**, 133 (1937).

Sein Gewicht wird vorher gemeinsam mit einem Filterstäbchen nach F. EMICH[1] genau ermittelt (Gewicht zirka 12 g).

Verwendet werden Tiegel der staatlichen Berliner Porzellanmanufaktur, Form Nr. 0,2033, von zirka 7 g Gewicht, 30 mm oberem, 22 mm unterem Durchmesser, 35 mm Höhe und 16 ccm Fassungsraum. Als Filterstäbchen kommen die der Berliner staatlichen Porzellanmanufaktur, Form Nr. 0,9886, in Verwendung.

Man läßt durch den Einfülltrichter D Salpetersäure von spez. Gew. 1,4, 3—5 mm über der oberen Elektrode sehr langsam zulaufen. Bei raschem Einfüllen bildet sich im Rohr B manchmal eine Flüssigkeitssäule, die dann nur durch Lüften beim Schliff zu entfernen ist. Die Elektrolyse wird bei 0,5—0,7 Ampere vorgenommen.

Nach beendigter Elektrolyse wird das quantitative Auswaschen auf folgende Weise vorgenommen: Vom Einfülltrichter D aus wird der kürzere Schenkel des Rohrs B 2—3mal durch entsprechendes Neigen des ganzen Apparats ausgewaschen und dann das Rohrende abgespült. Nach Abnahme des Becherchens A ist die Vorlage F sofort so unter das Rohr B zu stellen, daß die Elektroden in den Porzellantiegel eintauchen. Der längere Schenkel des Rohrs B wird ebenfalls vom Einfülltrichter D aus 3mal gewaschen, der Schliff abgespült, die Elektroden mit einer Platinpinzette abgenommen und gewaschen.

Der Tiegelinhalt wird nach Zusatz von 2—3 Tropfen konzentrierter Salzsäure auf dem Wasserbad zur Trockene verdampft. Nach 2maligem Abdampfen mit konzentrierter Salzsäure nimmt man mit Wasser auf, saugt ab und wäscht mit heißem Wasser. Nach dem Glühen wird nochmals mit heißem Wasser gewaschen, geglüht und gewogen.[2]

Von dem gefundenen Bariumsulfat wird die durch eine blinde Probe ermittelte Menge an Silikaten abgezogen, die mit abgeschieden werden.

Bei *Arsenbestimmungen* wird der Tiegelinhalt nach Zusatz von 2 Tropfen 2n-Schwefelsäure zur Trockene eingedampft; die Fällung erfolgt genau nach F. PREGL. Bei 6—12stündigem Stehen wird der Tiegel in einen Exsiccator gebracht, in dem ein Näpfchen mit 20proz. Ammoniak steht. Es erübrigt sich dann der neuerliche Zusatz von Ammoniak vor dem Absaugen mit dem Filterstäbchen. Der geglühte Niederschlag ist stets nochmals zu waschen. Zum Auswaschen werden insgesamt 6—10 ccm 2,5proz. Ammoniaks und ebensoviel 96proz. Alkohols verwendet.

Bei *Phosphorbestimmungen* wird der Inhalt des Apparats nach beendigter Elektrolyse in ein Jenaer Becherglas vom Fassungsraum 50 ccm, Durchmesser 40 mm, Höhe 65 mm und Gewicht 26 g übergeführt. Nach dem Eindampfen zur Trockene fällt man nach den PREGLschen Vorschriften als Molybdat und verwendet Mikrofilterstäbchen zum Absaugen. Der Becher wird nach dem Waschen des Niederschlags mit Aceton außen mit acetonfeuchtem Rehleder abgewischt, im Vakuum getrocknet und innerhalb der nächsten 5 Minuten nach Aufheben des Unterdrucks gewogen.

D. Bestimmung des „bleischwärzenden“ Schwefels.[3]

Manche schwefelhaltige Substanzen, und zwar stets solche, bei denen der Schwefel sich nicht in direkter Bindung mit Sauerstoff befindet, geben beim

---

[1] F. EMICH: Mikrochemisches Praktikum, S. 63 ff. München (1924). Lehrbuch der Mikrochemie, 2. Aufl., S. 84 ff. München 1926. — H. HÄUSLER: Ztschr. analyt. Chem. **64**, 361 (1924). — A. BENEDETTI, PICHLER: Ztschr. analyt. Chem. **64**, 409 (1924). — E. SCHWARZ, BERGKAMPF: Ztschr. analyt. Chem. **69**, 321 (1926). — K. HELLER, K. MEYER: Ztschr. analyt. Chem. **71**, 117 (1927).

[2] E. SCHWARZ, BERGKAMPF: a. a. O. — K. HELLER, K. MEYER: a. a. O.

[3] MULDER: Berzel. Jahresber. **18**, 534 (1837); **19**, 639 (1838); **27**, 512 (1846). — LIE-

Kochen mit Lauge Schwefelalkali, das durch Bleisalze oder Wismutoxyd in Schwefelmetall übergeführt werden kann.

1. Während die Mercaptane $\equiv$ C·SH im allgemeinen von wässerigen Alkalien nicht angegriffen werden, tritt Zersetzung unter Bildung von Schwefelmetall ein, wenn an den Kohlenstoff direkt Sauerstoff (Thiosäuren) oder eine NH_2-Gruppe (Cystein) gebunden ist.

2. Verbindungen der Form $=$C$=$S zersetzen sich, soweit bekannt, mit Alkalien unter Bildung von Schwefelmetall.

3. Verbindungen, in welchen der Schwefel zwei C-Atome verknüpft: $\equiv$C—S—C$\equiv$, sind zum Teil unangreifbar für wässerige Alkalien, zum Teil werden sie zersetzt, jedoch stets ohne Bildung von Schwefelmetall.

4. Verbindungen der Form $\equiv$C—S—S—C$\equiv$ scheinen im allgemeinen unter Bildung von Schwefelwasserstoff zersetzt zu werden, falls jedoch der Kohlenstoff mit Sauerstoff verbunden ist, unangreifbar zu sein.

Die *quantitative* Bestimmung des „bleischwärzenden" oder „lockeren" Schwefels und sein Mengenverhältnis zum durch Alkali nicht abspaltbaren Schwefel hat für die Eiweißchemie eine gewisse Bedeutung.

MÖRNER geht folgendermaßen vor:

Die Substanz wird mit 50 g Natriumhydroxyd, 10 g *Bleiacetat* und 200 ccm Wasser nach Zusatz eines ganz kleinen Stückchens Zink gekocht, in einem Kolben aus Jenaglas, von dem ein nicht zu weites Ableitungsrohr zu einem Rückflußkühler führt. Zur Verbindung werden Korkstopfen benutzt. Das Kochen wird 8—10 Stunden fortgesetzt. Der Einwirkung der Luft wird durch lebhafte Entwicklung von Wasserdampf vorgebeugt; der Zinkzusatz bezweckt nur, ruhiges Kochen der alkalischen Flüssigkeiten zu ermöglichen.

Nach einigen Autoren ist die Verwendung von frisch gefälltem *Wismutoxyd* vorzuziehen. Das Oxyd muß in reichlichem Überschuß vorhanden sein.

Zur Schwefelbestimmung sammelt man den Niederschlag auf einem gehärteten oder einem Asbestfilter und wäscht möglichst rasch mit sehr verdünnter Natronlauge, bis das Filtrat schwefelsäurefrei ist.

Dann wird der Niederschlag nach Zusatz von Salpetersäure mit Bromwasser oxydiert (das Zinkstückchen für sich in Salpetersäure gelöst und mit der übrigen Lösung vereinigt). Nach dem Eindampfen auf dem Wasserbad wird mit Natriumcarbonat und etwas Wasser aufgenommen, in einen Nickeltiegel übergeführt, eingedampft und dann über der Weingeistlampe erhitzt. Darauf wird mit Wasser ausgelaugt, das Ungelöste noch einmal mit Natriumcarbonatlösung erwärmt und dann mit Wasser ausgewaschen. Das Filtrat wird mit Bromwasser versetzt, mit reiner Salzsäure übersättigt und auf dem Wasserbad eingetrocknet.

BIG: Liebigs Ann. 57, 129, 131 (1846). — RÜLING: Liebigs Ann. 57, 301, 315, 317 (1846). — LASKOWSKI: Liebigs Ann. 58, 129 (1846). — MULDER: Scheik. Onderzoek. 3, 357 (1846); 4, 195 (1847). — DE VRIJ: Liebigs Ann. 61, 248 (1847). — FLEITMANN: Liebigs Ann. 61, 121 (1847); 66, 380 (1848). — MULDER: Journ. prakt. Chem. (1), 44, 488 (1848). — NASSE, Pflügers Arch. Physiol. 8 (1874). — DANILEVSKY: Ztschr. physiol. Chem. 7, 427 (1883). — BAUMANN, GOLDMANN: Ztschr. physiol. Chem. 12, 257 (1888). — KRÜGER: Pflügers Arch. Physiol. 43, 244 (1888). — MALERBA: Rend. Accad. delle scienze Napoli (2), 8, 59 (1894). — SUTER: Ztschr. physiol. Chem. 20, 564 (1895). — DRECHSEL, Ctrbl. physiol. 10, 529 (1896). — GÜRBER, SCHENK: Leitfaden der Physiologie, S. 23. (1897). — MIDDELDORF: Verhandl. phys.-med. Ges. Würzburg, N. F. 31, 43 (1898). — SCHULZ: Ztschr. physiol. Chem. 25, 16 (1898). — OSBORNE: Stud. res. lab. Conn., agr. exp. stat 1900, 467; Journ. Amer. chem. Soc. 24, 140 (1902). — MÖRNER: Ztschr. physiol. Chem. 34, 210 (1901). — SERTZ: Ztschr. physiol. Chem. 38, 323 (1903). — BAILEY, RANDOLPH: Ber. Dtsch. chem. Ges. 41, 2494 (1908). — TREADWELL, EPPENBERGER: Helv. chim. Acta 11, 1035 (1928). — *Alkaliplumbit:* ZAHND, CLARKE: Journ. biol. Chemistry 102, 171 (1933).

Der Abdampfrückstand wird mit nicht zu wenig Salzsäure und Wasser behandelt,[1] das Filtrat mit Bariumchlorid gefällt usw.

Bei Gegenwart von Blei ist das geglühte Bariumsulfat gelblich; durch Umschmelzen mit Soda kann es gereinigt werden.

Fünfter Abschnitt.

Bestimmung der übrigen Elemente, die in organische Substanzen eingeführt werden können.

1. Aluminium Al = 26,97.

Da die Verbindungen des Aluminiums im allgemeinen nicht flüchtig sind, ist der Nachweis und die Bestimmung dieses Elements in dem nach dem Veraschen der organischen Substanz, evtl. unter Zusatz konzentrierter Schwefelsäure und Salpetersäure,[2] verbleibenden Rückstand leicht.

Die Verbrennung des *Aluminiumtriaethyl-Aetherats* in der üblichen Weise gelingt infolge Carbidbildung nicht. Man muß unter Verzicht auf die H-Bestimmung im feuchten Luftstrom[3] verbrennen.[4]

Zur Al-Bestimmung wird in einem mit Kohlendioxyd gefüllten Wägeröhrchen eingewogen, das in einer Platinschale unter Benzol entleert wird. Man zersetzt mit 90% Alkohol, dampft ein und glüht.

Zur Analyse des *Aluminiumpropyls* $Al_2(C_3H_6)_7$ und anderer *flüchtiger Aluminiumverbindungen* verfuhren ROUX, LOUISE[5] folgendermaßen:

3 g wurden in ein Glaskügelchen eingeschmolzen und dieses in einen mit Kautschukstopfen verschlossenen, dickwandigen Rundkolben gebracht, mit etwa 100 ccm reinem Benzol übergossen, das Kügelchen durch Schütteln zerbrochen und dann zuerst Wasser und hierauf so viel Salzsäure zugesetzt, bis das ausgeschiedene Aluminium gelöst war. Nun wurde das Benzol im Vakuum abgetrieben, der Rückstand filtriert und das Aluminium durch Ammoniak gefällt.

Bestimmung von kleinen Aluminiummengen: WOLFF, VORSTMAN, SCHOENMAKER: Chem. Weekbl. 20, 193 (1923).

2. Antimon Sb = 121,76.

Die *Elementaranalyse* der Doppelverbindungen des Antimonpentachlorids mit organischen Stoffen bietet unüberwindliche Schwierigkeiten. Die Werte für Kohlenstoff und Wasserstoff werden zu hoch, die Werte für Stickstoff zu niedrig gefunden. Zur *Antimonbestimmung* fällt man mit Schwefelwasserstoff und führt das Schwefelantimon durch Erhitzen im Kohlendioxydstrom auf 270—280° in Antimontrisulfid über.[6] Auch sonst wird das Antimon öfters als Trisulfid zur Wägung gebracht.[7]

Die quantitative Bestimmung des Antimons in organischen Substanzen

[1] Die zurückbleibende Kieselsäure ist mit Schwefelammonium auf Blei zu prüfen.
[2] KLATTE: Diss. Tübingen 1907, 19.   [3] Siehe S. 140.
[4] KRAUSE, WENDT: Ber. Dtsch. chem. Ges. 56, 469 (1923). — RENWANZ: Ber. Dtsch. chem. Ges. 65, 1309 (1932).
[5] ROUX, LOUISE: Bull. Soc. chim. France (2), 50, 512 (1888).
[6] ROSENHEIM, LÖWENSTAMM: Ber. Dtsch. chem. Ges. 35, 1124 (1902). — MANDAL: Ber. Dtsch. chem. Ges. 49, 1317 (1916); 52, 337 (1919).
[7] MICKLETHWAIT, WHITBY: Journ. chem. Soc. London 97, 36, 37 (1910). — MORGAN, MICKLETHWAIT: Journ. chem. Soc. London 99, 2297 (1911).

kann durch Glühen mit Kalk[1] oder mit Kalk und Natronkalk[2] im Sauerstoffstrom in einer engen Röhre, ebenso wie S. 244 bei der Phosphorbestimmung nach SCHÄUBLE angegeben ist, ausgeführt werden. Das Verfahren ist aber ziemlich umständlich.

Nach Beendigung der Verbrennung löst man den Röhreninhalt in Salzsäure und leitet Schwefelwasserstoff ein. Das gefällte Schwefelantimon wird mit rauchender Salpetersäure in antimonsaures Antimon übergeführt.

WIELAND[3] schließt nach CARIUS auf und entzieht der Antimonsäure das Chlorsilber mit Ammoniak. Dann dampft er ein und glüht zur Antimonbestimmung im Porzellantiegel.

Zur Chlorbestimmung konnte die Substanz auch durch wasserhaltiges Pyridin zerlegt werden.

SCHMIDT[4] mischt etwa $^1/_{1000}$ Mol Substanz mit 0,2 g Chlornatrium und 3 g Natriumbisulfat im KJELDAHLkolben und kocht anfangs mit kleiner, dann mit stärkerer Flamme eine Stunde mit 1,5 ccm Salpetersäure (1,49) und 10 ccm konzentrierter Schwefelsäure. Nach dem Erkalten setzt man 1 g Ammonsulfat zu und kocht noch $^1/_2$ Stunde. Man verdünnt auf etwa 300 ccm nach Zusatz von 20 ccm 5n-Salzsäure, reduziert[5] mit schwefliger Säure und Bromkalium und titriert mit Bicarbonat und $^n/_{10}$-Jodlösung.

Mitunter ist es zweckmäßig, um Ausscheidungen zu vermeiden, einen Teil der Jodlösung in die saure methylalkoholisch-wässerige Lösung fließen zu lassen und erst zum Schluß überschüssiges Bicarbonat zuzufügen.

Oder man reduziert mit SO_2, verdünnt, vertreibt das überschüssige Schwefeldioxyd durch Kochen, fügt 10 ccm konz. HCl hinzu und titriert bei 60° mit $^n/_{10}$-KBrO$_3$. Indicator Methylorange.[6]

Bestimmung durch Schmelzen mit Natriumsuperoxyd und Soda, analog der Arsenbestimmung nach LITTLE, COHEN, MORGAN: Journ. chem. Soc. London 95, 1478 (1909). — Siehe DYKE, JONES: Journ. chem. Soc. London 1930, 1923.

Nach MESSINGER[7] wird die Substanz (0,25—0,35 g) in einem Röhrchen gewogen und mit 1 g Chromtrioxyd versetzt. Der zur Oxydation dienende Kolben wird mit einem Rückflußkühler verbunden. Man gießt 10 ccm Schwefelsäure (2 Teile Säure mit 1 Teil Wasser verdünnt) zu und erwärmt gelinde. Nach einer Stunde wird erkalten gelassen, mit Kalilauge im Überschuß und mit Schwefelnatrium versetzt und eine halbe Stunde gekocht. Aus dieser Lösung kann das Metall am einfachsten elektrolytisch abgeschieden werden.

In vielen Fällen genügt wiederholtes Eindampfen mit rauchender Salpetersäure auf dem Wasserbad und schließliches Glühen über dem Gebläse.

Stibaethyl, das weder durch Salpetersäure noch durch Königswasser vollständig oxydiert werden kann, analysieren LÖWIG, SCHWEIZER[8] folgendermaßen:

In eine lange Verbrennungsröhre kommt in den unteren Teil etwas Sand, darauf die Substanz. Der übrige Teil wird zu drei Vierteln mit Quarzsand gefüllt, der leere Teil des Rohrs ragt aus dem Ofen heraus, damit sich hier das Antimon kondensiert. Der Sand wird nach und nach zum Glühen erhitzt und dann darüber der Dampf der Verbindung geleitet. Sowie diese mit dem glühen-

[1] LÖLOFF: Ber. Dtsch. chem. Ges. 30, 2835 (1897).
[2] MICHAËLIS, REESE: Liebigs Ann. 233, 45 (1886). — MICHAËLIS, GENZKEN: Liebigs Ann. 241, 168 (1887). [3] WIELAND: Ber. Dtsch. chem. Ges. 40, 4277 (1907).
[4] SCHMIDT: Liebigs Ann. 421, 219, 245 (1920); 429, 129 (1922). — GHOSH: Indian Journ. med. Res. 16, 457 (1928). — DYKE, JONES: Journ. chem. Soc. London 1930, 1923. [5] ROHMER: Ber. Dtsch. chem. Ges. 34, 1565 (1901).
[6] THOMPSON, OAKDALE: Journ. Amer. chem. Soc. 52, 1199 (1930).
[7] MESSINGER: Ber. Dtsch. chem. Ges. 21, 2916 (1888).
[8] LÖWIG, SCHWEIZER: Liebigs Ann. 75, 320 (1850).

den Sand in Berührung kommt, scheidet sich das Antimon krystallinisch aus. Nach dem Erkalten wird in ein Becherglas gespült, die Röhre mit Königswasser ausgewaschen und der Sand mehrere Stunden damit digeriert. Man verdünnt mit Weinsäurelösung und fällt das Antimon mit Schwefelwasserstoff.

Zur *Antimonbestimmung in Antimonigsäureestern* zersetzt MACKEY[1] zirka 1 g der Substanz mit 5 ccm konzentrierter Salzsäure, setzt 50 ccm Weinsäurelösung zu und fällt das Antimon mit Schwefelwasserstoff.

Arylstibinoxyde und *Triarylstibine* können, wenn sie eine NH_2-Gruppe enthalten, oft direkt in stark verdünnter, schwach saurer Lösung mit Jod titriert werden. Sonst kann man mitunter mit Weinsäure und organischen Lösungsmitteln eine titrierbare bicarbonatalkalische Lösung erhalten. Muß man aufschließen, so kocht man $1/1000$ Mol mit 0,2 g Kochsalz, 3 g Natriumbisulfat, 1,5 ccm Salpetersäure (1,49) und 10 ccm konzentrierter Schwefelsäure eine Stunde im KJELDAHLkolben. Nach dem Erkalten wird 1 g Ammoniumsulfat zugesetzt und noch eine halbe Stunde gekocht. Man verdünnt auf zirka 300 ccm, setzt 20 ccm 5n-Salzsäure zu, reduziert mit Schwefeldioxyd und Bromkalium[2] und titriert in bicarbonatalkalischer Lösung mit $n/10$-Jod.[3]

BLICKE, OAKDALE kochen[4] 5 Minuten mit 20 ccm Schwefelsäure (Jod muß evtl. durch wiederholten Zusatz von je 2 ccm H_2O_2 entfernt werden), tropfen 70proz. Überchlorsäure zu, bis zur Farblosigkeit (1 ccm), kochen 5 Minuten, verdünnen mit 4 Vol. Wasser, behandeln 1 Stunde mit SO_2 auf dem Wasserbad, kochen 15 Minuten und versetzen mit 10 ccm konz. HCl. Dann wird bei 60° mit $n/10$-$KBrO_3$ und Methylorange titriert.

Antimonbestimmung in biologischem Material: SCHNEIDER: Russ. chem.-pharmaz. Ind. **1933**, 151. — BAMFORD: Analyst **59**, 101 (1934).

Bestimmung nach der Methode von SCHULEK, WOLSTADT.[5]

Die Substanzprobe (entspr. 2—80 mg Sb) wird mit 2—5 ccm H_2SO_4 + 30proz. H_2O_2 erhitzt, bis SO_3-Dämpfe auftreten. Man engt auf etwa 2 ccm ein, kühlt ab, setzt 0,2 g Hydrazinsulfat zu und kocht 20 Minuten. 5 ccm Wasser werden zugegeben, abgekühlt, mit 10 ccm 20proz. HCl + 0,2 g KBr versetzt, 5 ccm abdestilliert, 5 ccm HCl zugegeben, 5 ccm abdestilliert und dies nochmals wiederholt.

Zur Sb-Bestimmung gibt man zum Kolbeninhalt 10—15 ccm Wasser, 0,2 g KBr und, falls viel Sb vorhanden ist, 1 g Weinsäure und titriert je nach der Sb-Menge entweder mit $n/10$-$KBrO_3$ ohne Indicator auf Gelb oder mit $n/100$-$KBrO_3$ auf Braun mit α-Naphthoflavonlösung.

3. Arsen As = 74,91.

Verbrennung und Stickstoffbestimmung werden mit Bleichromat ausgeführt.[6]

MESSINGER[7] versetzt *aromatische Arsenverbindungen* (0,4 g) mit 5 g Chromsäureanhydrid und bringt in einen Kolben mit Rückflußkühler. Nun werden

---

[1] MACKEY: Journ. chem. Soc. London **95**, 606 (1909).

[2] ROHMER: Ber. Dtsch. chem. Ges. **34**, 1, 565 (1901).

[3] SCHMIDT: Liebigs Ann. **421**, 244 (1920). — DILTHEY: Journ. prakt. Chem. (2), **111**, 1511 (1925). — SCHMIDT, HOFFMANN: Ber. Dtsch. chem. Ges. **59**, 557 (1926). — HAMILTON, ETZELMILLER: Journ. Amer. chem. Soc. **50**, 3363 (1928). — GHOSH: Indian Journ. med. Res. **16**, 457 (1928).

[4] BLICKE, OAKDALE: Journ. Amer. chem. Soc. **55**, 1201 (1933).

[5] SCHULEK WOLSTADT: Ztschr. analyt. Chem. **108**, 400 (1937).

[6] IPATIEW, RASUWAJEW, STROMSKI: Ber. Dtsch. chem. Ges. **62**, 601 (1929). — Verbrennung nach DENNSTEDT: FALKOV, RAIZISS: Journ. Amer. chem. Soc. **45**, 998 (1923).

[7] MESSINGER: Ber. Dtsch. chem. Ges. **21**, 2916 (1888).

10 ccm Schwefelsäure (2 : 1) durch den Kühler gegossen und gelinde erwärmt. Nach einer Stunde fügt man weitere 10 ccm Schwefelsäure zu und erhitzt noch eine Stunde. Dann verdünnt man auf 100 ccm und leitet bei 70° Schwefelwasserstoff bis zur Sättigung ein, bringt auf ein Filter und wäscht das Chrom mit Schwefelwasserstoffwasser heraus. Dann wird Filter und Niederschlag mit 50 ccm ammoniakalischer Wasserstoffsuperoxydlösung eine Stunde gekocht, filtriert, mit Ammoniak versetzt und mit Chlormagnesium gefällt.

Analyse der primären Arsine nach PALMER, DEHN.[1]

Für die *Bestimmung des Kohlenstoffs und Wasserstoffs* wird ein mit der Flüssigkeit gefülltes Kügelchen etwa in die Mitte eines langen Verbrennungsrohrs gebracht, das mit einer gesinterten Mischung von gepulvertem Bleichromat und Kupferoxyd gefüllt ist. Das Rohr wird an beiden Enden erhitzt, während der mittlere Teil bis zu dem Augenblick kalt erhalten wird, in dem das Kügelchen mit Hilfe eines starken Metalldrahts, der durch den Stopfen am hinteren Ende des Rohrs geführt ist, zerbrochen wird. Hierauf wird auch der mittlere Teil des Rohrs auf Rotglut erhitzt und Sauerstoff eingeleitet. Die *Bestimmung des Arsens* wird in gleicher Weise ausgeführt, jedoch an Stelle von Bleichromat und Kupferoxyd reines Zinkoxyd verwendet.

Nach Beendigung der Verbrennung wird der ganze Rohrinhalt in Säure gelöst und das Arsen durch Abscheidung als Sulfid, Oxydation zu Arsensäure und Fällung als arsensaures Ammoniummagnesium bestimmt.

MAILLARD[2] führt die Bestimmung des Arsens in flüchtigen *Kakodylverbindungen* folgendermaßen aus: Um die Substanz zunächst in die weniger flüchtige Kakodylsäure überzuführen, bringt man sie in einem mit eingeschliffenem Stopfen versehenen Gefäß mit einer zur Oxydation ausreichenden Menge Ammoniumpersulfat (z. B. 3 g), 30 ccm Wasser und 10 ccm Schwefelsäure zusammen; sobald die Substanz gelöst ist und Dämpfe im Kolben nicht mehr sichtbar sind, versetzt man mit 10 ccm rauchender Schwefelsäure, erwärmt in einer Schale mit aufgesetztem, umgekehrtem Trichter, zunächst vorsichtig, dann bis zur gänzlichen Zerstörung unter zeitweiligem Zusatz von Salpetersäure. Schließlich verjagt man die Salpetersäure durch wiederholtes vorsichtiges Abdampfen mit Wasser und erhitzt zuletzt bis zum Auftreten der weißen Schwefelsäuredämpfe. In Gegenwart von Chloriden entwickelt sich bei der Oxydation Chlor; die Gefahr, daß ein Teil des Arsens als Arsentrichlorid entweicht, ist unter den angegebenen Bedingungen auf ein Minimum reduziert. Weitere Verarbeitung: Reduktion zu Arsentrioxyd mit Bisulfit, Fällung als Arsentrisulfid, Oxydation zu Arsensäure und Bestimmung als Ammoniummagnesiumarseniat.

Bestimmung von Arsen und Phosphor nach MONTHULÉ.[3]

Zur Bestimmung der organischen Substanz dient eine Lösung von Magnesia in Salpetersäure (spez. Gew. 1,38), von der 100 ccm 10 g Magnesiumoxyd enthalten.

Man durchtränkt die Substanz in einem Porzellantiegel mit dieser Lösung, dampft auf dem Wasserbad ein, stellt in ein Sandbad und glüht schließlich über

---

[1] PALMER, DEHN: Ber. Dtsch. chem. Ges. **27**, 1378 (1894); **34**, 3594 (1901). — WIGREN: Liebigs Ann. **437**, 290 (1924) (Diaethylarsin).

[2] MAILLARD: Bull. Soc. chim. France (4), **25**, 192 (1919). — Persulfat und Salpetersäure: ROGERS: Pharmaz. Weekbl. **57**, 710 (1920).

[3] MONTHULÉ: Ann. Chim. analyt. appl. **9**, 308 (1904). — MARTINDALE: Chem.-Ztg. **33**, 600 (1909). — KOHN-ABREST arbeitet mit einer Mischung von Magnesiumoxyd und Nitrat: Compt. rend. Acad. Sciences **171**, 1179 (1920).

freier Flamme bei gelinder Rotglut. Zeigt sich ein kohliger Rückstand, so gibt
man reine Salpetersäure hinzu, trocknet und glüht nochmals. Der Rückstand
wird mit Salzsäure aufgenommen und die Lösung mit Magnesiamixtur gefällt.

Methode von PRINGSHEIM.[1]

0,2—0,3 g Substanz werden in einem Nickeltiegel mit 10—15 g Natriumsuperoxyd und Soda (1 : 1) gemischt und mit Soda und Superoxyd überschichtet.
15 Minuten lang wird schwach, dann auf dunkle Rotglut erhitzt und bei dieser
Temperatur 5 Minuten erhalten.

Man muß sorgfältig mischen und vorsichtig erhitzen, um Explosionen zu
vermeiden.

Die Bestimmung des Arsens erfolgt volumetrisch.[2]

Der Tiegel wird mit Wasser extrahiert und die Lösung in einen $\frac{1}{2}$ l fassenden ERLENMEYERkolben gebracht. Man fügt vorsichtig 25—30 ccm 1 : 1 verdünnte Schwefelsäure zu und dampft auf zirka 100 ccm ein. Dann wird 1 g Jodkalium eingetragen und weiter bis auf 40 ccm eingedampft. Durch einige Tropfen
verdünnte schweflige Säure werden die letzten Spuren Jod entfernt, die grüne
Lösung mit heißem Wasser stark verdünnt und Schwefelwasserstoff bis zur
Sättigung eingeleitet.

Das Arsensulfid wird dreimal mit heißem Wasser gewaschen, in 20 ccm
$^{n}/_{2}$-Natronlauge gelöst und wieder in einem ERLENMEYERkolben mit . 30 ccm
Wasserstoffsuperoxydlösung (20 Vol.-%) digeriert und zur Zerstörung des über-
schüssigen Superoxyds 10 Minuten auf dem Wasserbad erhitzt.

Wenn das Schäumen aufgehört hat, wird Phenolphthalein zugefügt und
hierauf 11 ccm Schwefelsäure (1 : 1).

Die Flüssigkeit soll jetzt zirka 100 ccm betragen. Man gibt 1 g Jodkalium
zu, dampft auf 40 ccm ein und entfärbt mit etwas schwefliger Säure. Dann
wird rasch mit kaltem Wasser verdünnt, mit $^{n}/_{2}$-Natronlauge neutralisiert und
mit Schwefelsäure eben angesäuert.

Nun werden der zu erwartenden $^{n}/_{10}$-Jodlösung entsprechende Mengen 11proz.
Dinatriumphosphatlösung[3] zugegeben und die arsenige Säure jodometrisch bestimmt.

Man kann natürlich auch die mit alkalischem Superoxyd oxydierte Lösung
des Arsensulfids gravimetrisch nach AUSTIN[4] als Magnesiumammoniumarseniat
bestimmen.

1 ccm $^{n}/_{10}$-Jodlösung = 0,004948 g As_2O_3 = 0,003748 g As.

WARUNIS[5] verwendet an Stelle der Soda Kaliumnitrat:

Schwer verbrennliche Arsenverbindungen werden fein gepulvert, in einem geräumigen Nickeltiegel mit einer innigen Mischung von 10 g fein gepulvertem,
trockenem Kaliumsalpeter und 5 g Natriumsuperoxyd mittels eines Platindrahts
gemengt und der Tiegelinhalt reichlich mit Kaliumsalpeter-Natriumsuperoxyd-
Mischung überschüttet. Der Tiegel wird bedeckt und mit einer kleinen Flamme,
die nach und nach verstärkt wird, erhitzt, bis sein Inhalt dünnflüssig geworden
ist. Dann wird er vorsichtig mit einer Zange angefaßt und langsam umgerührt,
um die etwa den Wandungen anhaftenden Kohlepartikelchen in die Schmelze

[1] PRINGSHEIM: Amer. chem. Journ. **31**, 386 (1904); Ber. Dtsch. chem. Ges. **41**,
4271 (1908). — LITTLE, CAHEN, MORGAN: Journ. chem. Soc. London **95**, 1478 (1909).
— WARUNIS: Chem.-Ztg. **36**, 1205 (1912). — WIELAND: Liebigs Ann. **431**, 37 (1923).
[2] GOOCH, BROWNING: Amer. Journ. Science (3), **11**, 66 (1890).
[3] Besser als Natriumbicarbonat: WASHBURN: Journ. Amer. chem. Soc. **30**, 43
(1908).
[4] AUSTIN: Ztschr. anorgan. allg. Chem. **23**, 146 (1900); Amer. Journ. Science (4),
9, 55 (1900).   [5] WARUNIS: Chem.-Ztg. **36**, 1205 (1912).

zu bringen. In diesem dünnflüssigen Zustand läßt man die Schmelze kurze Zeit. Hierauf wird sie mit kochendem Wasser aufgenommen und die Lösung vorsichtig mit Salzsäure bis zur stark sauren Reaktion versetzt. Man filtriert, wenn nötig, wäscht aus und neutralisiert mit Ammoniak. Die Lösung, welche alles Arsen als Arseniat enthält, versetzt man auf je 50 ccm mit etwa 10—20 ccm 2n-Salmiak-lösung, hierauf unter Umrühren mit 20 ccm Magnesiamixtur und dann mit viel starkem Ammoniak, läßt 12 Stunden stehen, filtriert und wäscht mit $2^{1}/_{2}$proz. Ammoniak bis zum Verschwinden der Chlorreaktion. Nun trocknet man den Niederschlag bei 110° und stellt den Tiegel in ein Luftbad, fügt einige Krystalle Ammoniumnitrat zu, erhitzt zuerst gelinde, steigert allmählich die Hitze bis zur hellen Rotglut und wägt das $Mg_2As_2O_7$.

Feste Substanzen aller Art sowie flüssige, nichtflüchtige Arsenverbindungen schmilzt WARUNIS in einem 35 cm langen, einseitig zugeschmolzenen Verbrennungsrohr. Dieses wird zunächst mit einer 2 cm langen Schicht Natriumsuperoxyd, darauf mit einer Mischung aus Salpeter und Natriumsuperoxyd (2 : 1), welche die Substanz enthält, hierauf mit einer 3 cm langen Schicht Natriumsuperoxyd und einer Lage von dichtem, feinfaserigem Asbest beschickt. Dann wird der übrige Teil des Rohrs mit wasserfreiem Natriumcarbonat gefüllt und durch Klopfen ein Kanal gebildet. Mit dem Erhitzen beginnt man bei der Sodaschicht, erhitzt dann langsam und gleichzeitig die Natriumsuperoxydschicht einerseits, die der Asbestschicht benachbarte und die Substanzschicht anderseits. Beim Erhitzen der verschiedenen Teile des Verbrennungsrohrs fängt man stets mit kleinen Flammen vorsichtig an und vergrößert sie allmählich.

Zur Analyse des *Tribenzylarsins* erhitzen MICHAELIS, PAETOW[1] mit Brom und Wasser einige Stunden im zugeschmolzenen Rohr auf 180—200°. Das Brom wird durch Kochen im Luftraum verjagt und im etwas eingedampften Filtrat die Arsensäure als Magnesiumpyroarseniat bestimmt.

Dibenzylarsinsäure läßt sich schon durch Kochen mit Salzsäure und etwas Kaliumchlorat vollständig spalten.

Methode von RUPP, LEHMANN.[2,3]

Zur Bestimmung des Arsens werden 5—20 g feuchtes Untersuchungsmaterial mit 10 g Kaliumpermanganat und darauf mit 10 ccm verdünnter Schwefelsäure möglichst gleichmäßig gemischt. Die Mischung wird auf einem siedenden Wasserbad 15 Minuten erwärmt und während dieser Zeit häufig durchgearbeitet. Der noch warme, fast pulvrige Rückstand wird unter beständigem Umrühren in kleinen Portionen mit 25 ccm konzentrierter Schwefelsäure und bald darauf mit 30 ccm Wasserstoffsuperoxydlösung von 3% Gehalt versetzt. Sobald die Flüssigkeit nicht mehr schäumt, gießt man sie in einen KJELDAHLkolben um, spült mit 30 ccm konzentrierter Schwefelsäure nach, fügt 5 g entwässertes oder 10 g krystallisiertes Ferrosulfat hinzu, kühlt ab, gibt 50 g Natriumchlorid zu und destilliert unter Benutzung eines KJELDAHLkugelaufsatzes auf dem Sandbad. Der nach

[1] MICHAËLIS, PAETOW: Liebigs Ann. **233**, 68, 84 (1886).

[2] RUPP, LEHMANN: Arch. Pharmaz. **250**, 382 (1912); **251**, 1 (1913). — SCHMIDT, HOFFMANN: Ber. Dtsch. chem. Ges. **59**, 563 (1926). — STEINKOPF, SMIE: Ber. Dtsch. chem. Ges. **59**, 1459 (1926).

[3] Nach EWINS ist das Verfahren nicht allgemein anwendbar, da die Oxydation nicht immer vollständig ist: Journ. chem. Soc. London **109**, 1355 (1916). Er empfiehlt das Aufschließen mit konzentrierter Schwefelsäure nach NORTON, KOCH: Journ. Amer. chem. Soc. **27**, 1247 (1905). — Diese Einwände [siehe auch STOLLÉ, FECHTIG: Ztschr. analyt. Chem. **66**, 75 (1925)] werden von RUPP [Ber. Dtsch. Pharmaz. Ges. **33**, 97 (1923)] widerlegt. — Siehe auch BOYD, HOOKER: Journ. biol. Chemistry **104**, 329 (1934).

unten abgebogene Außenschenkel des Aufsatzes ist durch ein Schlauchstück mit einem 30—40 cm langen Glasrohr verbunden, das in einen geräumigen ERLEN-MEYERkolben mit 40 g Natriumbicarbonat und 100 ccm Wasser taucht. Ist in dem öfters umzuschwenkenden Kolben alles feste Bicarbonat verschwunden, so unterbricht man die Destillation und spült das Glasrohr mit etwas Wasser nach. Man läßt erkalten, macht nötigenfalls mit Bicarbonat alkalisch, filtriert und titriert mit $n/_{10}$- bzw. $n/_{100}$-Jodlösung und Stärke.

0,05 ccm $n/_{10}$- bzw. $n/_{100}$-Jod werden vom Titrationsverbrauch als Korrekturwert in Abzug gebracht.

Zieht man es vor, mit *Persulfat* zu oxydieren, so hat man folgendermaßen vorzugehen:

20 g arsenhaltiges Material werden mit 10 g Kaliumpersulfat und darauf mit 10 ccm verdünnter Schwefelsäure möglichst gleichmäßig gemischt und unter häufigem Umrühren 10 Minuten lang stehengelassen. Darauf gibt man 25 ccm konzentrierte Schwefelsäure zu, erhitzt beständig durchrührend über kleiner Flamme bis zum beginnenden Sieden, gießt in einen KJELDAHLkolben, spült mit 30 ccm Wasser nach, fügt noch 30 ccm konzentrierte Schwefelsäure hinzu und verfährt dann weiter wie nach der Permanganatmethode.

$$As_2O_5 + 4 HJ = As_2O_3 + 4 J + 2 H_2O$$
$$1 As_2O_3 = 4 J = 4 \text{ Thiosulfat}$$
$$0,00495 \text{ g } As_2O_3 = 1 \text{ ccm } n/_{10}\text{-Thiosulfat.[1]}$$

Zur Bestimmung des Arsens im *Atoxyl* und *Arsacetin* gehen RUPP, LEHMANN[2] folgendermaßen vor:

0,2 g Substanz werden im 200-ccm-Kolben mit 10 ccm konzentrierter Schwefelsäure auf 70° erwärmt, dann unter Umschwenken 1 g krystallisiertes Kaliumpermanganat in kleinen Portionen, hierauf 5—10 ccm 3proz. Wasserstoffsuperoxydlösung tropfenweise zugegeben, bis die Lösung wasserklar ist.

Man verdünnt mit 20 ccm Wasser, kocht 10—15 Minuten und setzt noch 50 ccm Wasser zu. Nach dem Erkalten werden 2 g Jodkalium zugefügt und nach einstündigem Stehen ohne Indicator mit $n/_{10}$-Thiosulfat titriert.

Methode von RAMBERG, SJÖSTRÖM.[3]

Die Substanz wird mit einer Mischung von konzentrierter Salpetersäure und konzentrierter Schwefelsäure verbrannt. Nach beendigter Operation werden Stickstoff-Sauerstoff-Verbindungen durch Kochen mit Ammoniumoxalatlösung zerstört. Nach dem Einkochen verdünnt man mit Wasser, kühlt ab und versetzt mit Ferrosulfat und wenig Bromkalium, worauf das Arsen mit Salzsäure in einen mit Wasser beschickten ERLENMEYERkolben überdestilliert wird. Dann wird mit $n/_{10}$-Kaliumbromatlösung titriert. Indicator: Methylorange.

Für gewisse flüchtige Substanzen, wie Arsine und Arsyloxyde, ist die Methode nicht zu empfehlen.

---

[1] LEHMANN: Arch. Pharmaz. **255**, 305 (1917).
[2] RUPP, LEHMANN: Apoth.-Ztg. **26**, 203 (1911). — SONN: Ber. Dtsch. chem. Ges. **52**, 1704 (1919). — Ebenso werden Salvarsan, Neosalvarsan und Kakodylate bestimmt: LEHMANN: Apoth.-Ztg. **27**, 545 (1912). — RUPP, SIEBLER: Arch. Pharmaz. **262**, 16 (1924). — Über die Analyse von Salvarsan und Derivaten siehe auch KIRCHER, RUPPERT: Arch. Pharmaz. **262**, 613 (1924); Ztschr. angew. Chem. **41**, 161 (1928). — PLÜCKER: Pharmaz. Zentralhalle **71**, 680 (1930). — Analyse von Arsenaten: ROSEN-HEIM, PLATO: Ber. Dtsch. chem. Ges. **58**, 2004 (1926).
[3] RAMBERG, SJÖSTRÖM, Arsenikkommissionens Betänkande: Bil. 8 (1917). — WIGREN: Liebigs Ann. **437**, 289 (1924); Journ. prakt. Chem. (2), **126**, 224 (1930). — ENGLUND: Journ. prakt. Chem. (2), **129**, 3 (1931).

ROBERTSON[1] erhitzt 0,2 g Substanz mit 5,5 ccm konzentrierter Schwefelsäure und 1 ccm rauchender Salpetersäure im KJELDAHLkolben auf zirka 250°. Nach einer Stunde werden noch 15 Tropfen Salpetersäure zugesetzt und noch 5 Minuten gekocht, dann 1 g festes Ammoniumsulfat zugesetzt und erkalten gelassen. Dann wird die Arsensäure jodometrisch nach GOOCH, MORRIS [Amer. Journ. Science (4) 10, 151 (1900)] bestimmt.

Verfahren von SCHULEK, VILLECZ.[2]

Die fein zerriebene Substanz (10—100 mg Arsen entsprechend) wird in einem 100 ccm fassenden Zerstörungskolben mit 2—3 ccm 30proz. Wasserstoffsuperoxyd übergossen. Man schwenkt um, setzt vorsichtig 10 bzw. 5[3] ccm konzentrierte Schwefelsäure zu und schwenkt abermals um. Unter lebhaftem Aufschäumen findet die Reaktion statt, und meistens entsteht sofort eine farblose Lösung. Sollte dies nicht der Fall sein, so ist die Flüssigkeit mit weiteren 1—2 ccm Wasserstoffsuperoxyd zu entfärben. Nun erhitzt man den Kolben mit kleiner Flamme, wobei eine etwa auftretende gelbe Färbung sofort durch Zusatz von Wasserstoffsuperoxyd zu beseitigen ist. Das Erhitzen wird nach Auftreten von dicken Schwefelsäuredämpfen sicherheitshalber noch eine Minute lang fortgesetzt, dann kann die Flamme entfernt werden.

Bei der Analyse chlor-, brom- oder jodhaltiger Substanzen ist besonders darauf zu achten, daß während der Zerstörung immer genügend Wasserstoffsuperoxyd vorhanden ist. Man verwende eher zu viel als zu wenig! Die Flüssigkeit darf auf keinen Fall von der organischen Substanz gebräunt werden, da letztere die Arsensäure reduziert, wodurch die Bildung flüchtiger Arsentrihaloide ermöglicht wird.

Zum Zweck der Reduktion füge man zu der etwas abgekühlten Flüssigkeit mittels eines langstieligen Pulvertrichters zirka 10 cg chlorfreies Hydrazinsulfat.[4] Hierbei ist peinlich darauf zu achten, daß ja kein Hydrazinsulfat an die Kolbenwand gelangt, da es hier unzersetzt bleiben und bei der nachfolgenden Titration Kaliumbromat verbrauchen würde.

Die Flüssigkeit wird von neuem mit Hydrazinsulfat erhitzt. Die Krystalle lösen sich unter eigentümlichem Knistern und Entweichen von Stickstoff und Schwefeldioxyd. Zum Vertreiben des letzteren wird die Flüssigkeit 10 Minuten lang in lebhaftem Sieden erhalten. Nach vollständigem Erkalten gießt man zur konzentrierten schwefelsauren Flüssigkeit 25 ccm Wasser, schwenkt um, fügt zirka 10 cg Kaliumbromid zu und titriert mit $n/10$-Kaliumbromatlösung bis zur Gelbfärbung.

Aufschließen mit Wasserstoffsuperoxyd und Natriumhypochlorit: BINZ: Arb. Inst. exp. Pathol. SPEYER-Haus 1919, H. 7, 43. — BINZ, LUDWIG: Ber. Dtsch. chem. Ges. 55, 426, 3828 (1922). — Siehe dazu GREY: Journ. chem. Soc. London 123, 641 (1923). — Ammoniumpersulfat: ROGERS: Canadian Chem. Journ. 3, 398 (1920). — NEWBERRY: Journ. chem. Soc. London 127, 1751 (1925). — Kaliumchlorat: KEIMATAU, WADA: Journ. pharm. Soc. Japan 51, 12 (1931).

Arsenbestimmung in Arzneimitteln. 0,2—0,4 g nach Zusatz einer Glaskugel

[1] ROBERTSON: Journ. Amer. chem. Soc. 43, 182 (1921). — RASUWAJLA: Ber. Dtsch. chem. Ges. 62, 611 (1929). — SCHERLIN: Liebigs Ann. 516, 225 (1935).
[2] SCHULEK, VILLECZ: Ber. ung. pharmaz. Ges. 4, 313 (1928); Ztschr. analyt. Chem. 76, 90 (1929). — KAHANE: Compt. rend. Acad. Sciences 195, 48 (1932). — SCHULEK, WOLSTADT: Ztschr. analyt. Chem. 108, 400 (1937).
[3] 5 ccm Säure sind anzuwenden, wenn nachher ein Säurezusatz oder eine Filtration folgen soll. In Gegenwart von Ca, Sr, Ba, Fe, Pb und Ag vgl. weiter unten.
[4] Eine Prüfung des Hydrazinsulfats ist dringend anzuraten, da ein „pro-analysi"-Präparat stark chloridhaltig gefunden wurde.

mit 5 ccm Säuremischung (7 Vol. H_2SO_4 1,81, 2 Vol. $HClO_4$ 1,61, 1 Vol. HNO_3 1,39) im KJELDAHL erhitzen; wenn nicht in 10 Minuten farblos + einige Tropfen $HClO_4$, HNO_3 (2 + 1 Vol.) zusetzen und wieder erhitzen bis H_2SO_4-Dämpfe. 0,25 g $N_2H_4 \cdot H_2SO_4$ durch Glastrichter zusetzen, 10 Minuten kochen, kühlen. + 20 ccm Wasser, kühlen, + 0,1—0,2 g KBr. Mit $^n/_{10}$-$KBrO_3$ auf bleibendes Gelb titrieren ($As^{III} \rightarrow As^V$). 1 ccm = 0,00375 g As.

KAHANE: Journ. Pharmac. Chim. (8), **19**, 126 (1934).

Arsenoxyde $R \cdot AsO$ und Arylarsinite[1]

lassen sich in essigsaurer bzw. schwach mineralsaurer oder in alkoholischer, noch besser Chloroform- oder Benzol[2]-Lösung nach der Gleichung:

$$R \cdot AsO + J_2 + 2 H_2O = R \cdot AsO_3H_2 + 2 HJ$$

mit Jod quantitativ bestimmen.[3, 4]

Arsinsäuren werden durch jodwasserstoffsäurehaltige H_3PO_2 zu Arsenoverbindungen reduziert, die nephelometrisch bestimmt werden können.[5] Titration mit Lauge und Thymolphthalein: KING, BUTTERFORD: Journ. chem. Soc. London **1930**, 2142.

Oder man kocht 0,01—0,02 g Substanz mit 15 ccm Salzsäure (1,19) 5 Minuten, kühlt ab, setzt 15 ccm Eisessig, 50 ccm Wasser, dann 4 g Jodkalium in 10 ccm Wasser zu und titriert mit $^n/_{20}$-$Na_2S_2O_3$ und Stärke.

$$1 \text{ ccm } ^n/_{20}\text{-}Na_2S_2O_3 = 0,0000375 \text{ g As.}[6]$$

Kritik der Methoden zur Arsenbestimmung: SENSI: Ztschr. analyt. Chem. **73**, 237 (1928).

Zur *mikrochemischen Arsenbestimmung* schließt LIEB[7] nach CARIUS auf (bei 250—300°), dampft den Röhreninhalt ein, löst in Ammoniak und fällt mit Magnesiamixtur. Nach 12stündigem Stehen wird filtriert, mit 3proz. Ammoniak und Alkohol gewaschen, geglüht, nochmals mit schwach ammoniakalischem Wasser gewaschen, wieder geglüht und gewogen. Man kann auch wie bei der Phosphorbestimmung aufschließen.[8]

Zur maßanalytischen Bestimmung, die namentlich für Serienanalysen empfehlenswert ist, eignet sich die

Mikroarsenbestimmung nach SCHULEK, VILLECZ.[9]

Einwaage: Eine 0,5—10 mg Arsen entsprechende Menge der fein zerriebenen Substanz. Von Flüssigkeiten sollen womöglich 1—2 g genommen werden. Größere Flüssigkeitsmengen müssen in alkalischer Lösung eingeengt werden.

---

[1] SCHUSTER: Journ. Pharmac. Chim. (8), **17**, 331 (1933).

[2] FLEURY: Bull. Soc. chim. France (4), **27**, 490 (1920). — FRAHM, BOOGAERT: Rec. Trav. chim. Pays-Bas **49**, 623 (1930). — RASUWAJEN, MALINOWSKI: Ber. Dtsch. chem. Ges. **64**, 120 (1931). — Zusatz von Bicarbonat wirkt vorteilhaft.

[3] EHRLICH, BERTHEIM: Ber. Dtsch. chem. Ges. **43**, 921 (1910); **45**, 759 (1912). — SCHERLIN: Liebigs Ann. **516**, 223 (1935).

[4] *Thioarsinite* können in Säure- oder Bicarbonatlösung nach der Gleichung:

$$Ar \cdot As(SR)_2 + 2 J_2 + 3 H_2O = Ar \cdot AsO(OH)_2 + 4 HJ + R \cdot S \cdot S \cdot R$$

titriert werden. — Zur Charakterisierung und Identifizierung von Arsinsäuren dient Thioacetamid. BARBER: Journ. chem. Soc. London **1929**, 1020, 1024.

[5] URBSCHAT: Biochem. Ztschr. **203**, 224 (1928). — SCOTT, HAMILTON: Journ. Amer. chem. Soc. **52**, 4122 (1930).

[6] DAS-GUPTA: Journ. Indian chem. Soc. **9**, 95 (1932).

[7] ABDERHALDEN: Biochem. Handlex. **9**, 727 (1919). — LIEB, WINTERSTEINER: Mikrochemie **2**, 78 (1924). — SZENDRÖ, FLEISCHER: PREGL-Festschr. **1929**, 323. — PREGL, ROTH: Mikroanalyse, S. 163. 1935.

[8] Siehe dazu KUHN: Ztschr. physiol. Chem. **129**, 75 (1923).

[9] SCHULEK, VILLECZ: Ztschr. analyt. Chem. **76**, 91 (1929). — WINTERSTEIN,

Beträgt die Menge der zu zerstörenden organischen Substanzen mehr als 5 cg, so wird die Oxydation am besten im Zerstörungskolben vorgenommen. Für geringere Mengen ist ein mit eingeschliffenem Glasstopfen versehenes Reagensglas, aus Jenaer Glas, von 50 ccm Inhalt das geeignete Gefäß, da in diesem auch die Titration ausgeführt werden kann.

Für die Zerstörung im Kolben wird die Substanz mit 2 ccm 30proz. Wasserstoffsuperoxyd übergossen, umgeschwenkt, mit 3 ccm konzentrierter Schwefelsäure versetzt und abermals umgeschwenkt. Dann wird mit kleiner Flamme erhitzt, wobei etwa auftretende gelbe Färbung sofort durch Zusatz von einigen Tropfen Wasserstoffsuperoxyd beseitigt wird. Das Erhitzen ist nach dem Auftreten von Schwefelsäuredämpfen noch eine Minute lang fortzusetzen.

Eventuelles Schäumen läßt sich durch kurzdauernde Abkühlung beseitigen.

Beim Arbeiten im Reagensglas ist die Zerstörung mit 1 ccm 30proz. Wasserstoffsuperoxyd und 2—3 ccm konzentrierter Schwefelsäure zu beginnen und zum Verhüten des Stoßens eine Glasperle zuzufügen.

Für die Reduktion reichen zirka 5 cg Hydrazinsulfat aus, die der etwas abgekühlten Flüssigkeit durch einen langstieligen Pulvertrichter zugesetzt werden. Es ist sorgfältig darauf zu achten, daß kein Hydrazinsulfat auf die Gefäßwand gelangt. Das Schwefeldioxyd wird durch 10 Minuten langes Kochen vertrieben.

Wurde im Reagensglas gearbeitet, so ist die vollkommen erkaltete Flüssigkeit mit 10 ccm Wasser zu verdünnen, umzuschütteln, mit 2—3 cg Kaliumbromid, 1 ccm reinem Tetrachlorkohlenstoff und 2 Tropfen einer gesättigten wässerigen Jodlösung zu versetzen und wiederum kräftig umzuschütteln. Nun titriert man die arsenige Säure mit $n/_{100}$-Kaliumbromatlösung, wobei man nach jedem Kaliumbromatzusatz umschüttelt. Nach Verschwinden der violetten Färbung liest man den Stand der Bürette ab und fügt dann noch einen Tropfen der Kaliumbromatlösung zu. War der Endpunkt richtig getroffen, so wird nun der Tetrachlorkohlenstoff vom ausgeschiedenen Brom gelb gefärbt.

Von der Menge der verbrauchten Kaliumbromatlösung ist die zur Bildung des Jodbromids erforderliche Menge in Abzug zu bringen. Die Größe der Korrektur (zirka 0,05 ccm) ermittelt man durch einen blinden Versuch.

Wurde im Kolben gearbeitet, dann ist die erkaltete konzentriert-schwefelsaure Lösung mit 3mal 5 ccm Wasser in ein mit eingeschliffenem Glasstopfen versehenes Reagensglas überzuspülen. Im übrigen kann wie oben verfahren werden.[1]

Halbmikrobestimmung durch katalytische Hydrierung: TER MEULEN: Rec. Trav. chim. Pays-Bas 1926, 365. — TER MEULEN, HESLINGA: Neue Methoden usw., S. 44. (1927).

Über Analyse der Molybdänsäurealkylarsinate siehe S. 241.

4. Barium Ba = 137,36.

Die Bariumbestimmung selbst wird wohl kaum Schwierigkeiten machen;[2] bei der *Verbrennung phosphorhaltiger Bariumsalze* können sich indessen, wie HAISER[3] bei der Analyse des inosinsauren Salzes fand, Anstände ergeben, da das Bariumpyrophosphat Kohle eingeschlossen zurückhält. In solchen Fällen empfiehlt sich der Gebrauch eines 15 cm langen Platin- oder Kupferschiffchens, in dem man die

HANNEL: Mikrochemie 4, 155 (1926). — PREGL, ROTH: Mikroanalyse, S. 165. (1935). — LIEB, VERDINO, SCHADENDORFF: Liebigs Ann. 512, 91 (1934).

[1] Arbeiten in der *Mikrobombe*: BEAMISH, COLLINS: Ind. engin. Chem., Analyt. Ed. 6, 379 (1934).

[2] Über einen Fall, wo die Metallbestimmung unbefriedigende Resultate gab, siehe BILTZ: Ber. Dtsch. chem. Ges. 44, 293 (1911).

[3] HAISER: Monatsh. Chem. 16, 194 (1895).

Oberfläche der Substanz nach Möglichkeit vergrößert. Oder man vermischt die Substanz mit gepulvertem Bleichromat (LIEBIG).[1]

HLASIWETZ[2] übergoß ein *explosives* Bariumsalz (und ebenso Kaliumsalz) mit *alkoholischer* Schwefelsäure, um Verpuffung zu vermeiden.

Will man die Bariumbestimmung vornehmen, ohne die Substanz zu opfern, so verfährt man nach SCHOTTEN[3] folgendermaßen:

Die Substanz wird mit ihrem doppelten Gewicht Natriumcarbonat und Wasser mehrere Stunden unter Umrühren auf dem Wasserbad erhitzt, bis alles Barium sich als Carbonat zu Boden gesetzt hat und die überstehende Flüssigkeit klar ist. Das Bariumcarbonat bringt man aufs Filter, wäscht aus und kann nun aus den vereinigten Filtraten die Substanz regenerieren. Man löst das Bariumcarbonat in verdünnter Salzsäure, bringt in das zuerst verwendete Becherglas, das noch Spuren Bariumcarbonat enthalten kann, und fällt endlich das Barium als Sulfat.

Die Bestimmung des Bariums in aliphatischen Polyoxysäuresalzen mit Schwefelsäure macht Schwierigkeiten, weil das Barium kolloid auszufallen pflegt.

In solchen Fällen empfiehlt sich die Anwendung von Oxalsäurelösung 1 : 12 und Alkohol.[4]

Siehe auch unter „Calcium" S. 227.

5. Beryllium Be = 9,02.

Die Verbrennung vieler organischer Berylliumsalze ist mit außerordentlichen Schwierigkeiten verbunden. Am besten gelingt noch die Kohlenstoffbestimmung auf nassem Wege.[5]

Berylliumalkyle werden durch Wasser oder Alkohol unter Abscheidung von Berylliumhydroxyd zersetzt (CAHOURS).[6]

Berylliumacetylaceton[7] ist schon bei 100° unzersetzt flüchtig, und *Berylliumacetat* sublimiert bei 300°.[8]

Zur Analyse von *Salzen des Berylliums mit organischen Säuren*[9] fällt man das Beryllium als Oxydhydrat oder mit Hydrazincarbonat als basisches Carbonat[10] und führt es durch Glühen in Oxyd über.

Die Fällung als $Be_2P_2O_7$ gibt ebenfalls brauchbare Resultate, ist aber weniger einfach und nicht so rasch. Bei Anwesenheit von SO_4''-Ionen sind die Resultate etwas zu hoch.[11]

Direktes Glühen der Berylliumsalze gibt keine genauen Werte.[12]

---

[1] LIEBIG: Liebigs Ann. **62**, 317 (1847).

[2] HLASIWETZ: Liebigs Ann. **102**, 157 (1857). — Auch Bariumpikrat ist explosiv: SILBERRAD, PHILIPS: Journ. chem. Soc. London **193**, 481 (1908).

[3] SCHOTTEN: Ztschr. physiol. Chem. **10**, 178 (1886).

[4] KILIANI: Ber. Dtsch. chem. Ges. **61**, 1166 (1928); siehe auch Ber. Dtsch. chem. Ges. **63**, 372 (1930).

[5] MEYER, MANTEL: Ztschr. anorgan. allg. Chem. **123**, 43 (1922).

[6] CAHOURS: Compt. rend. Acad. Sciences **76**, 1383 (1873). — GILMAN, SCHULZE: Journ. chem. Soc. London **1927**, 2666.

[7] COMBES: Compt. rend. Acad. Sciences **119**, 122 (1894).

[8] STEINMETZ: Ztschr. anorgan. allg. Chem. **54**, 217 (1907).

[9] ROSENHEIM, WOGE: Ztschr. anorgan. allg. Chem. **15**, 289, 302 (1897). — PFEIFFER, FLEITMANN, HANSEN: Journ. prakt. Chem. (2), **128**, 58 (1930).

[10] JILEK, KOTA: Chemické Listy **24**, 485 (1930).

[11] ČAPR: Ztschr. analyt. Chem. **76**, 173 (1929). — ČAPR, ŠIRUČEK: Journ. prakt. Chem. (2), **136**, 160 (1933).

[12] SIDGWICK, LEWIS: Journ. chem. Soc. London **127**, 1290 (1926). — MOSER, SINGER: Monatsh. Chem. **48**, 676 (1927). — PFEIFFER, FLEITMANN, HANSEN: Journ. prakt. Chem. (2), **128**, 58 (1930).

Flüchtige Berylliumverbindungen werden mit starker Salpetersäure abgeraucht und der Rückstand geglüht.

In gleicher Weise analysiert GLASSMANN aliphatische und aromatische Berylliumsalze.[1]

6. Blei Pb = 207,21.

In den *Salzen mit organischen Säuren* und nichtflüchtigen Verbindungen überhaupt[2] bestimmt man das Blei in der Regel durch Abrauchen der Substanz mit konzentrierter Schwefelsäure, da die Fällung mit Schwefelwasserstoff nicht immer quantitativ verläuft.[3] *Bleisalze von Sulfosäuren*[4] werden zuerst vorsichtig im Porzellantiegel mit wenig Wasser durchfeuchtet und dann allmählich mit etwa 10 Tropfen konzentrierter Salpetersäure versetzt. Sodann werden 1—2 Tropfen konzentrierter Schwefelsäure zugesetzt. Wenn keine Knöllchen mehr vorhanden sind, werden noch weitere 8 Tropfen konzentrierter Schwefelsäure zugesetzt, wobei nach jedem Tropfen abgewartet werden muß, bis die Reaktion wieder nachgelassen hat. Schließlich wird sehr vorsichtig mit der Stichflamme angewärmt. Wenn keine roten Dämpfe mehr entweichen, wird im Sandbad, zuerst bei bedecktem Tiegel, weiter erhitzt, bis die Verkohlungsreaktion, die oft nur wenige Sekunden dauert, vorüber ist. Dann wird bei offenem Tiegel abgeraucht und zuletzt noch 15—20 Minuten geglüht.

Wenn bei beginnendem Glühen der Rückstand nicht sehr rasch ziemlich rein weiß wird, so ist dies ein Zeichen dafür, daß teilweise Reduktion zu Schwefelblei stattgefunden hat, das sich dann in der kompakten Masse nicht mehr in Bleisulfat verwandeln läßt.

EUWES[5] benutzt zur Analyse löslicher Bleisalze die Methode von RUPP.[6]

Die wässerige Lösung des Salzes wird in einen 200-ccm-Meßkolben gebracht, 25 ccm Jodatlösung zugefügt, der Kolben bis zur Marke gefüllt, durch ein trockenes Filter filtriert und nach dem Verwerfen der ersten Tropfen 50 ccm des Filtrates zur Lösung von 1 g Jodkalium in 50 ccm Wasser, das einige Kubikzentimeter verdünnte Schwefelsäure enthält, gegeben. Nach einer halben Stunde wird titriert.

Die Jodatmessung erfolgt im Sinne der Reaktion:[7]

$$HJO_3 + 5 HJ = 6 J + 3 H_2O,$$
$$2 J + 2 K_2S_2O_3 = 2 KJ + K_2S_4O_6.$$

Um den J_2O_5-Gehalt bzw. den Thiosulfatwert der Lösung zu bestimmen, werden 5 ccm 2proz. Kaliumjodatlösung in einen durch Glasstopfen verschließbaren ERLENMEYERkolben gegeben, der etwa 50 ccm Wasser, 1—2 g Jodkalium und zirka 10 ccm verdünnte Schwefelsäure enthält. Nach zirka 5 Minuten langem Stehen erfolgt die Titration des Jods mit $n/_{10}$-Thiosulfatlösung. Als Indicator dient eine 2proz. Lösung von „löslicher Ozonstärke".

Zur *Analyse der aromatischen Bleiverbindungen* löst POLIS[8] die Substanz unter

[1] GLASSMANN: Ber. Dtsch. chem. Ges. **41**, 34 (1908).

[2] Z. B. KRAUSE, REISSAUS: Ber. Dtsch. chem. Ges. **55**, 896 (1922). — Die starke Kohleabscheidung beim Abrauchen mancher Bleiverbindungen wird sehr verringert, wenn man die Substanz zunächst mit Brom in Chloroform erhitzt: KRAUSE, SCHLÖTTIG: Ber. Dtsch. chem. Ges. **63**, 1384 (1930) (Phenylbenzylbleiverbindungen).

[3] LEWKOWITSCH: Proceed. chem. Soc. **7**, 14 (1891). In vielen Fällen kann man sich allerdings durch Verdünnen der Lösung helfen. — Vgl. auch OTTO, DREWES: Arch. Pharmaz. **228**, 495 (1890).

[4] OBERMILLER: Ber. Dtsch. chem. Ges. **40**, 3645 (1907).

[5] EUWES: Rec. Trav. chim. Pays-Bas **28**, 302 (1909).

[6] RUPP: Arch. Pharmaz. **241**, 436 (1903).

[7] FESSEL: Ztschr. anorgan. allg. Chem. **23**, 67 (1884).

[8] POLIS: Ber. Dtsch. chem. Ges. **20**, 718 (1887); vgl. Ber. Dtsch. chem. Ges. **19**, 1024 (1886).

Erwärmen in konzentrierter Schwefelsäure (20 ccm) und läßt aus einer Bürette einige Kubikzentimeter konzentrierte Chamäleonlösung vorsichtig hinzutropfen. Mangansuperoxyd scheidet sich aus, das durch weiteres Erhitzen unter Bildung von Manganosulfat verschwindet. Man fügt eine neue Menge Kaliumpermanganatlösung hinzu, erhitzt bis zur Entfärbung und setzt diese Operation so lange fort, bis die Substanz vollständig zersetzt ist. Hierauf verdünnt man mit Wasser und filtriert das ausgeschiedene Bleisulfat ab.

Der *Bleinachweis in Bleitetraaethyl* usw. erfolgt durch Bestrahlen mit Sonnenlicht oder besser mit der Quecksilberdampflampe.[1] Zur *quantitativen Bestimmung* wird die Lösung durch 4—5stündiges Stehenlassen mit Acetylchlorid und wenigen Tropfen Wasser zersetzt, der Niederschlag in verdünnter Salpetersäure gelöst und mit Schwefelsäure gefällt.

Die Verbrennung der Bleitetraalkyle und ähnlicher Verbindungen[2] muß außerordentlich langsam, anfangs im Luftstrom, erst zum Schluß im Sauerstoffstrom ausgeführt werden. Auch bei großer Vorsicht erfolgt bisweilen Verpuffung. Am besten wägt man die Substanz in ein 2 mm weites Röhrchen ein unter Vermeidung einer capillaren Spitze.

Die *Bleibestimmung* wird bei den niedriger siedenden Verbindungen auch nach CARIUS ausgeführt, wobei man etwa 68proz. Salpetersäure verwendet. Die Röhren werden erst 12 Stunden aufrechtstehend auf 150° erhitzt, abgeblasen und weitere 12 Stunden auf 200° erhitzt. Bei den höhersiedenden Verbindungen kann das Verfahren von POLIS[3] mit gutem Erfolg angewendet werden, einfacher ist indes folgende Methode:

Die Substanz wird im Kölbchen in der etwa 10fachen Menge reinen Tetrachlorkohlenstoffs gelöst und anfangs unter Kühlung mit einem großen Überschuß einer 10proz. Lösung von Brom in Tetrachlorkohlenstoff versetzt. Die Masse wird auf dem Wasserbad bis nahe zur Trockene eingedampft, mit wenig absolutem Alkohol einige Zeit gekocht, gut abgekühlt, auf dem GOOCHtiegel filtriert und mit wenig eiskaltem Alkohol gewaschen. Der Niederschlag ist reines Bleibromid.[4]

Resistente Tetraarylverbindungen schließen GILMAN, ROBINSON mit konzentrierter Schwefelsäure und Salpetersäure auf.[5]

Das *phenyl-* und *α-naphthylcarbithiosaure* sowie das *aethylcarbithiosaure Blei* wird mit Salpetersäure im Rohr aufgeschlossen, worauf mit Schwefelsäure gefällt wird.[6] Oder man verascht vorsichtig im Porzellantiegel und raucht den Rückstand wiederholt mit konzentrierter Salpetersäure und schließlich mit Schwefelsäure und Ammoniumnitrat ab.[7]

Manche Bleisalze blähen sich bei der Elementaranalyse so auf, daß sich das Rohr dadurch vollkommen verlegt.

In solchen Fällen muß man die Substanz mit viel Kupferoxyd mischen, evtl. im geschlossenen Rohr verbrennen.[8]

---

[1] KIEMSTEDT: Ztschr. angew. Chem. **42**, 1107 (1929).
[2] GRÜTTNER, KRAUSE: Ber. Dtsch. chem. Ges. **49**, 1130 (1916).
[3] Siehe auch Ber. Dtsch. chem. Ges. **50**, 1566 (1917). — CALINGAERT: Chem. Reviews 2, 43 (1925). — MIDGLAY: Journ. Amer. chem. Soc. **45**, 1822 (1923).
[4] Die Methode ist von DOSIOS, PIERRI nacherfunden worden [Ztschr. analyt. Chem. **81**, 215 (1930)].
[5] GILMAN, ROBINSON: Journ. Amer. chem. Soc. **50**, 1715 (1928). — Siehe auch NOYES, BRAY: Journ. Amer. chem. Soc. **29**, 144 (1907). -— AUSTIN: Journ. Amer. chem. Soc. **53**, 1549 (1931).
[6] POHL: Diss. Berlin (1907), 19, 30, 49. — RINDL, SIMONIS: Ber. Dtsch. chem. Ges. **41**, 838 (1908).
[7] HÖHN, BLOCH: Journ. prakt. Chem. (2), **82**, 490, 505 (1910).
[8] SKRAUP: Monatsh. Chem. **9**, 787 (1888).

Explosive Bleisalze sind auch wiederholt beobachtet worden.[1] Man dampft sie zur Analyse wiederholt vorsichtig mit *verdünnter*[2] Schwefelsäure ein. — *Nachweis und Bestimmung von Blei in organischem Material:* ERLENMEYER: Biochem. Ztschr. **56**, 330 (1913). — SCHUMM: Ztschr. physiol. Chem. **118**, 189 (1922). — UDE: Diss. Braunschweig (1926). — DANCKWORTH, UDE: Arch. Pharmaz. **264**, 712 (1926). — In komplexen Cyaniden: REIHLEN, KUMMER: Liebigs Ann. **469**, 41 (1929). — Nachweis kleinster Mengen: NECKE, MÜLLER: Arch. Pharmaz. **271**, 271 (1933). Hier auch Kritik der Methoden zur Mikrobleibestimmung und Literatur.

Siehe auch die Methoden von HALENKE und GRAS, GINTL, S. 270. — Über die *Analyse schwefelhaltiger organischer Bleisalze* siehe S. 203, 221.

7. Bor B = 10,82.

Verbrennungen borhaltiger Verbindungen mit Kupferoxyd fallen[3] nicht ganz befriedigend aus.[4] Man legt deshalb[5] dem Kupferoxyd einige Zentimeter Bleichromat vor, dessen vorderster Teil aber nur mäßig erwärmt wird.

Man mischt auch[6] solche Substanzen in einem geräumigen Schiffchen mit Kaliumchromat.[7] Außerdem wird Bleichromat verwendet. Man erhitzt im Quarzrohr.[8]

Manchmal muß man die nasse Verbrennungsmethode anwenden.[9]

Zur Borbestimmung werden *aliphatische Substanzen*[5,8] mit konzentrierter Salpetersäure im Rohr auf 100—230° erhitzt, mit einer bekannten Menge überschüssiger Magnesia versetzt und geglüht. Die Verluste betragen auch dann noch im Mittel 1,5, mindestens aber 0,7% des Borgehalts. Oder man verfährt nach S. 224.

Aromatische Borverbindungen werden[10] im zugeschmolzenen Rohr mit Brom und Wasser auf 150° erhitzt und abfiltriert. Ein Gemisch von Magnesia und borsaurem Magnesium wird abgeschieden und die Magnesia, durch Überführung in phosphorsaures Ammoniummagnesium oder fast ebenso genau durch Titration (Indicator Methylorange), bestimmt.[11]

Oder man schmilzt[12] mit Soda und Salpeter, löst die Schmelze in Wasser und verfährt dann weiter nach dem MARIGNACschen Verfahren.

Borsäurephenylester analysiert man nach HILLRINGHAUS[13] folgendermaßen: In einen gewogenen großen Porzellantiegel wird Magnesia gebracht, bis zu konstantem Gewicht geglüht, die Substanz hinzugefügt und nun das Ganze mit

---

[1] STEINKOPF: Ber. Dtsch. chem. Ges. **37**, 4627 (1904). — TSCHIRCH, STEVENS: Arch. Pharmaz. **243**, 509 (1905). — SILBERRAD, PHILIPS: Journ. chem. Soc. London **93**, 485 (1908). — BENARY: Ber. Dtsch. chem. Ges. **43**, 1954 (1910).

[2] Siehe auch GUTBIER, WISSMÜLLER: Journ. prakt. Chem. (2), **90**, 498 (1914).

[3] FRANKLAND: Liebigs Ann. **124**, 134 (1862). — Namentlich *Bortrialphyle* geben leicht zu niedrige C-Zahlen: KRAUSE, NITSCHE: Ber. Dtsch. chem. Ges. **54**, 2788 (1921). — KRAUSE, NOBBE: Ber. Dtsch. chem. Ges. **64**, 2115 (1931).

[4] Siehe auch CHAUDHURI: Journ. chem. Soc. London **117**, 1082 (1920).

[5] LANDOLPH: Ber. Dtsch. chem. Ges. **12**, 1586 (1879). — Bleichromat und Bleidioxyd für Fluor-Borverbindungen: MORGAN, TUNSTALL: Journ. chem. Soc. London **125**, 1966 (1924).

[6] WESTRAM: Diss. Berlin (1907), 30. — GRÜN: Monatsh. Chem. **37**, 414 (1916). — STADLER: Diss. Prag (1920).

[7] Kaliumpyrochromat: DIMROTH, FAUST: Ber. Dtsch. chem. Ges. **54**, 3029 (1921). — DRAGENDORFF: Liebigs Ann. **482**, 300 (1930).

[8] KRAUSE, NITSCHE: Ber. Dtsch. chem. Ges. **54**, 2788 (1921).

[9] DIMROTH, RUCK: Liebigs Ann. **446**, 128 (1926).

[10] MICHAËLIS: Ber. Dtsch. chem. Ges. **27**, 255 (1894).

[11] MARIGNAC: Ztschr. analyt. Chem. **1**, 405 (1862). — KÖNIG, SCHARRNBECK: Journ. prakt. Chem. (2), **128**, 160 (1930).   [12] THÉVENOT: Diss. Rostock (1894), 26.

[13] HILLRINGHAUS: Liebigs Ann. **315**, 41 (1901). — STADLER: Diss. Prag (1920).

wässerigem Ammoniumcarbonat übergossen. Es wird so lange erhitzt, bis alle organische Substanz verflüchtigt ist, dann zur Trockene eingedampft und geglüht. Die Gewichtszunahme ist dann durch das gebildete Borsäureanhydrid bedingt.

WESTRAM empfiehlt[1] *Natriumwolframat* als borsäurebindendes Mittel.

5—6 g reines Salz werden im Platintiegel zur Gewichtskonstanz geglüht. Die Schmelze wird in der gerade erforderlichen Menge heißen Wassers gelöst, die Substanz hineingeschüttet, eingedampft und vorsichtig zum Schmelzen gebracht, schließlich bis zur Gewichtskonstanz erhitzt. Halogenhaltige Substanzen lassen sich nach diesem Verfahren nicht analysieren.

Zur *Borbestimmung in fluor- und borhaltigen Verbindungen*[2] wird erst (nach S. 232) das Fluor gefällt, die abfiltrierte Flüssigkeit mit dem Waschwasser vereinigt und Ammoniumcarbonat und etwas Ammoniumoxalat zugesetzt, um den Kalk vollständig auszufällen. Man filtriert nach einiger Zeit, wäscht gut aus und gibt zu der wässerigen Lösung eine hinreichende Menge Chlormagnesium, dem etwas Salmiak und Ammoniak beigemengt ist, um die Borsäure in borsaures Magnesium überzuführen. Die Menge der Magnesia muß mindestens das Vierfache der Borsäure betragen. Man dampft zur Trockene, glüht stark, pulverisiert nach dem Erkalten und wäscht auf einem Filter bis zum Verschwinden der Chlorreaktion. Das Waschwasser wird nochmals in gleicher Weise eingedampft, geglüht und gewaschen. Die Filtrierrückstände werden getrocknet, mit der Filterasche in einen Porzellantiegel gebracht, geglüht und gewogen. Man löst in Salzsäure, filtriert und bestimmt das Gewicht des auf dem Filter zurückbleibenden Platins. Man versetzt nun die salzsaure Lösung mit Salmiak, bis Ammoniak keinen Niederschlag mehr hervorbringt, und fällt die Magnesia mit phosphorsaurem Natrium als Magnesiumammoniumphosphat. Die Gewichtsdifferenz gibt die Menge der Borsäure.

Um die chlorhaltigen Einwirkungsprodukte von Bortrichlorid auf 1.3-Diketone zu analysieren, erhitzt WESTRAM[2] einige Stunden mit rauchender Salpetersäure im Einschlußrohr auf 300°.[3] Man neutralisiert dann mit Soda und setzt wieder Salzsäure zu bis zur schwach sauren Reaktion, die auch nach 10 Minuten langem Kochen am Rückflußkühler vorhanden bleiben muß.

Die nun folgende Titration wird am besten nach BERTRAM, AGULHON[4] ausgeführt.

Man setzt tropfenweise eine Lösung von 10proz. Jodkalium und 4proz. Kaliumjodat zu, entfärbt durch Hyposulfit und läßt gegen Borsäure eingestelltes Barytwasser zufließen; Indicator Phenolphthalein. Man gibt jetzt abwechselnd kleine Mengen reinen Mannit und Barytwasser zu, bis die rosa Färbung auch bei weiterem Zusatz von Mannit bestehen bleibt.

Borsäureester können meist durch Methylalkohol zerlegt und nach der Destillation mit Mannit und Phenolphthalein titriert werden.[5] Evtl. mitübergegangene Essigsäure wird vor dem Mannitzusatz mit Neutralrot auf Gelb titriert.[6]

Resistente Boressigester werden mit Wasser im Rohr bei 100° verseift.[7]

[1] WESTRAM: Diss. Berlin (1907).
[2] LANDOLPH: Ber. Dtsch. chem. Ges. **12**, 1586 (1879). — Siehe auch MORGAN, TUNSTALL: Journ. chem. Soc. London **125**, 1966 (1924). — PFLAUM, WENZKE: Ind. engin. Chem., Analyt. Ed. **4**, 392 (1932).
[3] STOCK, ZEIDLER: Ber. Dtsch. chem. Ges. **54**, 537 (1921).
[4] BERTRAM, AGULHON: Bull. Soc. chim. France (4), **7**, 125 (1910). — KRAUSE, NITSCHE: Ber. Dtsch. chem. Ges. **55**, 1264 (1922).
[5] ROSENBLADT: Ztschr. analyt. Chem. **26**, 118 (1887). — MANDELBAUM: Ztschr. anorgan. allg. Chem. **62**, 364 (1909). — DIMROTH, RUCK: Liebigs Ann. **446**, 128 (1926).
[6] DIMROTH, FAUST: Ber. Dtsch. chem. Ges. **54**, 3027 (1921).
[7] DRAGENDORFF: Liebigs Ann. **482**, 299 (1930).

Nachweis von sehr kleinen Mengen Bor: BERTRAM, AGULHON: Bull. Soc. chim. France (4), **7**, 90 (1910); Ann. Chim. analyt. appl. **15**, 45 (1910); Bull. Soc. chim. France (4), **13**, 396, 549, 824 (1913); Compt. rend. Acad. Sciences **157**, 1433 (1913). — DEERNS: Chem. Weekbl. **19**, 397 (1922).

Borbestimmung als Borfluorkalium und nach GOOCH erwähnt WERNER.[1]

Die *Mikroelementaranalyse* wird unter Verwendung von V_2O_5 als Oxydations-mittel und Übergangskatalysator[2] ausgeführt.

Zur Bestimmung von Metallen wird die Probe mit 2 Tropfen H_2SO_4 und 0,5 ccm Methanol vorsichtig erhitzt, so daß Methanol und Borsäureester in 10 bis 15 Minuten abdestilliert werden und darauf von oben verascht. Bei bor-salicylsaurem Blei muß das Abrauchen wiederholt werden. Genauigkeit für K, Ba, Mg, Pb $\pm$ 0,2%.

Borbestimmung. 1. Im Pt-Tiegel mit wasserfreier Soda aufschließen, die Schmelze mit Salzsäure aufnehmen, CO_2 vertreiben, neutralisieren (Phenol-phthalein). Gut kühlen, Mannit zusetzen, bis zur bleibenden Rotfärbung titrieren. Genauigkeit: $\pm$ 0,2%.

2. Die Lösung mit H_2SO_4 ansäuern, mit Methanol den Borsäureester in ver-dünnte Lauge abdestillieren, auf dem Wasserbad das Methanol vertreiben, neutralisieren, wie oben titrieren.[3]

8. Cadmium Cd = 112,41.

Zur *Cadmiumbestimmung in Cadmiumdialkylen*[4] wird die Substanz in ein 4 mm weites, mit Kohlendioxyd gefülltes und mit Glasstopfen versehenes Röhr-chen eingewogen. Dieses wird in einer Platinschale unter absolutem Alkohol geöffnet und entleert. 20 ccm 10proz. Schwefelsäure werden vorsichtig hinzu-gefügt, wobei ein weißer Niederschlag entsteht. Nach dem Verdampfen des Alkohols und Abkühlen wird mit 20 ccm verdünnter Salpetersäure versetzt und nach dem Eindampfen und Abrauchen das Cadmium als Sulfat zur Wägung gebracht.

Die *Verbrennungen* werden anfangs im Stickstoffstrom, erst nach erfolgter Zersetzung der Substanz im Luft- bzw. Sauerstoffstrom ausgeführt.

Das *Cadmium in löslichen organischen Salzen* durch Fällung mit Alkalicarbonat und Glühen des Niederschlags zu bestimmen, erfordert sehr sorgfältiges Arbeiten.[5]

Gelegentlich wird das *Cadmium* auch *als Sulfid* gefällt.[6] Um vollständige Fällung zu erzielen, muß man mit ziemlich verdünnten und nur schwach an-gesäuerten Lösungen arbeiten, oder man fällt[7] in ammoniakalischer Lösung mit Schwefelammonium.

KUNZ-KRAUSE, RICHTER[8] zersetzten das Cadmiumcyclogallipharat durch Er-wärmen mit verdünnter Salzsäure, filtrierten von der abgeschiedenen Cyclo-gallipharsäure und fällten im Filtrat mit Schwefelwasserstoff. Das Cadmium-sulfid wurde im GOOCHtiegel gesammelt, bei 100° getrocknet, mit Schwefel-kohlenstoff gewaschen und wieder getrocknet.

VICTOR J. MEYER[9] empfiehlt, Cadmiumsalze mit konzentrierter Schwefelsäure

---

[1] WERNER: Journ. chem. Soc. London **85**, 1450 (1904).

[2] MEYER, TISCHBIERCK: Chem. Ztrbl. **1930** II, 1411.

[3] ROTH: Ztschr. angew. Chem. **50**, 593 (1937).

[4] KRAUSE: Ber. Dtsch. chem. Ges. **50**, 1819 (1917).

[5] MAYER: Diss. Göttingen 40, 1907.

[6] LÖHR: Liebigs Ann. **261**, 56 (1891). — ANDREASCH: Monatsh. Chem. **21**, 290 (1900).   [7] MILONE: Gazz. chim. Ital. **15**, 219 (1885).

[8] KUNZ-KRAUSE, RICHTER: Arch. Pharmaz. **245**, 33 (1907).

[9] VICTOR J. MEYER: Diss. Berlin 33, 1905.

im Platintiegel abzurauchen. Erhitzt man nicht zu hoch, nur bis zur beginnenden Rotglut (600°), so erhält man gute Resultate.[1] Evtl. ist Salpetersäure zuzusetzen.[2] Auch BAUBIGNY[3] empfiehlt, das Sulfid stets in Sulfat überzuführen.

Liegt das *Cadmiumsalz einer organischen Säure* vor, versetzt man die Lösung mit einem beträchtlichen Überschuß an Schwefelsäure, filtriert evtl. ausgeschiedene organische Säure ab, dampft wiederholt ein[4] und verascht vorsichtig.

KILIANI befürwortet sehr die Methode von MILLER, PAGE,[5] die er folgendermaßen ausführt.[6]

Auf je 0,21 g Cadmium (im Salz) sollen 150 g ursprünglicher Lösung genommen und hierauf 35 ccm Ammoniumphosphatlösung, enthaltend 2,9 g Ammoniumphosphat, zugegeben werden. Letztere Lösung wird vor der Anwendung mit 1 Tropfen Phenolphthalein (1proz. Lösung in 60proz. Alkohol) und dann mit Ammoniak versetzt, bis gerade eine Spur von Rötung eintritt. Leicht lösliche Cadmiumsalze werden direkt in Wasser, schwer lösliche nach Zusatz der berechneten Menge 2proz. Salzsäure (nötigenfalls unter Erwärmen) und nachträglicher Verdünnung mit Wasser auf das vorgeschriebene Volumen gebracht; dann fügt man, falls Salzsäure nötig war, die dieser entsprechende (kleine) Menge Ammoniak und schließlich die Phosphatlösung hinzu. Man läßt 12 Stunden stehen, bringt auf ein im Vakuum getrocknetes, gewogenes Filter, wäscht mit 1proz. Ammoniumphosphatlösung, dann mit 60proz. Alkohol, schließlich mit 95proz. Alkohol und trocknet im Vakuum über Schwefelsäure. MILLER, PAGE trocknen bei 100—103°. WITT[7] fällt das Cadmium elektrolytisch.

Bei den Knallsäurederivaten kann nach WÖHLER, MARTIN[8] die Cadmiumbestimmung elektrolytisch aus Cyankaliumlösung nicht direkt erfolgen.

9. Caesium Cs = 132,91.

Caesiumsalze werden, ebenso wie Rubidiumsalze, meist mit Schwefelsäure verascht und das Caesium als Sulfat gewogen.[9]

WILLSTÄTTER, FRITZSCHE[10] bestimmen das Metall als Chlorid, WINDAUS[11] als Caesiumplatinchlorid, Cs_2PtCl_6. — WINDAUS erklärt diese Bestimmungsart, auch für Rubidium, für die beste.[12]

Das Caesium- (Rubidium-) Salz wird in wenig salzsäurehaltigem Alkohol gelöst und mit einem geringen Überschuß konzentrierter Platinchloridlösung versetzt. Hierbei fällt das Chlorplatinat in krystallisierter, leicht filtrierbarer Form aus. Durch nachträglichen Zusatz von absolutem Alkohol wird die Fällung vollständig. Man wäscht auf dem GOOCHtiegel mit Alkohol und trocknet bei 105°.

Caesiumpikrat explodiert beim Erhitzen.[13]

---

[1] Siehe auch MYLIUS, FUNK: Ber. Dtsch. chem. Ges. **30**, 824 (1897). — REIHLEN, ZIMMERMANN: Liebigs Ann. **475**, 112 (1929).
[2] PFEIFFER, RHEINBOLDT, WOLF: Liebigs Ann. **443**, 271 (1925).
[3] BAUBIGNY: Compt. rend. Acad. Sciences **142**, 959 (1906).
[4] WÖHLER, MARTIN: Ber. Dtsch. chem. Ges. **50**, 589 (1917).
[5] MILLER, PAGE: Ztschr. anorgan. allg. Chem. **28**, 233 (1901).
[6] KILIANI: Arch. Pharmaz. **254**, 293 (1916); Ber. Dtsch. chem. Ges. **49**, 720 (1916); **55**, 496 (1922).   [7] WITT: Ber. Dtsch. chem. Ges. **48**, 771 (1915).
[8] WÖHLER, MARTIN: Ber. Dtsch. chem. Ges. **50**, 589 (1917).
[9] SALWAY: Diss. Leipzig (1906), 39. — FLADE: Diss. Leipzig (1909), 24, 30, 32. — HEILBRON: Diss. Leipzig (1910), 31, 32. — Analyse des Triphenylborcaesiums: KRAUSE, POLACK: Ber. Dtsch. chem. Ges. **59**, 785 (1926).
[10] WILLSTÄTTER, FRITZSCHE: Liebigs Ann. **371**, 84 (1910).
[11] WINDAUS: Ber. Dtsch. chem. Ges. **41**, 2563, 2565 (1908).
[12] WINDAUS: Ber. Dtsch. chem. Ges. **42**, 3775 (1909).
[13] SILBERRAD, PHILIPS: Journ. chem. Soc. London **93**, 477 (1908).

10. Calcium Ca = 40,08.

Den Calciumgehalt organischer Salze bestimmt man durch Abrauchen mit Schwefelsäure oder durch Fällen der neutralen Salze mit Ammoniumcarbonat und Ammoniak in der Wärme und Titration des ausgeschiedenen, gut gewaschenen Carbonats. Vielfach wird auch das Salz direkt im Platintiegel verascht und der Glührückstand als Calciumoxyd gewogen oder titriert.

Manche Calciumsalze blähen sich beim direkten Glühen sehr stark auf oder. versprühen. Man dampft in solchen Fällen mit *konzentrierter Oxalsäurelösung* ein und glüht den Rückstand.

Dieses Verfahren ist auch für andere, z. B. Kupfersalze, empfehlenswert.[1]

Über eine Methode der Calciumbestimmung in Salzen, bei der die organische Säure wiedergewonnen wird, siehe unter „Barium".

Man kann auch, wenn das Calciumsalz leicht löslich ist, in verdünnte Oxalsäurelösung eintragen, von der etwas mehr als die berechnete Menge genommen wird. Im Filtrat wird die überschüssige Oxalsäure durch Calciumcarbonat genau herausgefällt.[2] Das Calciumoxalat löst man wieder in verdünnter Salzsäure und fällt mit Ammoniumacetat und Oxalat nochmals aus. Dann wird zur Gewichtskonstanz geglüht.[3]

Alkalimetrische Bestimmung von Calciumsalzen.[4]

Die wässerige Lösung des Salzes versetzt man unter Umschütteln tropfenweise mit überschüssiger $^n/_{10}$-Lauge und bringt darnach die Flüssigkeit, in der das Calciumhydroxyd feinpulvrig ausgeschieden ist, mit neutral reagierendem Aceton auf einen Gehalt von 90%. Nach viertelstündigem Stehen wird mit Thymolphthalein (10 Tropfen auf 200 ccm Flüssigkeit) unter Umschütteln bis zu *dauerndem* Verschwinden der Blaufärbung titriert.[5]

Das Calciumpikrat explodiert beim Erhitzen sehr heftig.[6]

Über die *Elementaranalyse* von *Calciumsalzen* siehe S. 123.

Mikrobestimmung: ROGAZINSKI: Bull. Soc. chim. France (4), **43**, 464 (1928).

11. Cer Ce = 140,13.

Durch starkes Glühen werden die Cersalze in Cerdioxyd umgewandelt.[7]

In den Doppelverbindungen des Certetrachlorids reduziert KOPPEL[8] die in Wasser gelösten Substanzen mit Wasserstoffsuperoxyd, schwefliger Säure oder Oxalsäure, fällt das Cer als Oxalat und führt es durch Glühen in Dioxyd über.

Wasserlösliche Verbindungen (0,2 g) werden in neutraler Lösung mit 30 ccm 5proz. Oxalsäurelösung heiß gefällt, getrocknet und 10 Minuten lang auf dem Gebläse erhitzt.[9]

Cerpikrat explodiert beim Erhitzen.[10]

[1] KILIANI: Ber. Dtsch. chem. Ges. **19**, 229 (1886). — KILIANI, LOEFFLER: Ber. Dtsch. chem. Ges. **37**, 3614 (1904). — KILIANI: Ber. Dtsch. chem. Ges. **41**, 123 (1908). — BERG: Journ. prakt. Chem. (2), **115**, 183 (1927).

[2] E. FISCHER: Ber. Dtsch. chem. Ges. **24**, 1842 (1891).

[3] WILLSTÄTTER LÜDECKE: Ber. Dtsch. chem. Ges. **37**, 3756, Anm. (1904).

[4] WILLSTÄTTER, WALDSCHMIDT-LEITZ: Ber. Dtsch. chem. Ges. **56**, 490 (1923).

[5] Für physiologische Untersuchungen dienen Verfahren von ARON: Biochem. Ztschr. **4**, 268 (1907). — RONA, TAKAHASHI: Biochem. Ztschr. **31**, 338 (1911). — GUTMANN: Biochem. Ztschr. **58**, 470 (1914). — VON DER HEIDE: Biochem. Ztschr. **65**, 363 (1914). [6] SILBERRAD, PHILIPS: Journ. chem. Soc. London **93**, 479 (1908).

[7] ERDMANN, NIESZYTKA: Liebigs Ann. **361**, 167 (1908). — KOLB: Ztschr. anorgan. allg. Chem. **83**, 145 (1913) (Cernitrat-Antipyrin).

[8] KOPPEL: Ztschr. anorgan. allg. Chem. **38**, 308 (1902).

[9] WEINLAND, HENRICHSEN: Ber. Dtsch. chem. Ges. **56**, 536 (1923).

[10] SILBERRAD, PHILIPS: Journ. chem. Soc. London **93**, 485 (1908).

12. Chrom Cr = 52,01.

Durch Glühen im Porzellantiegel lassen sich die organischen Chromate unter Zurückbleiben von Chromoxyd veraschen. Flüchtige Chromverbindungen[1] müssen durch konzentrierte Salpetersäure zersetzt werden.

Im ersteren Fall hat man manchmal schlechte Resultate. Es ist daher sicherer, das Salz mit Alkohol und Salzsäure zu erwärmen und, nach dem Verdünnen, Wegkochen des Alkohols und evtl. Filtrieren, das Chrom mit Ammoniak in üblicher Weise zu bestimmen.[2]

Explosives Chromat: HOOGEWERFF, VAN DORP: Rec. Trav. chim. Pays-Bas 1, 13 (1882).

Analyse komplexer Chromoxalate: ROSENHEIM: Ztschr. analyt. Chem. 11, 200 (1896). — Elementaranalyse: HEIN: Ber. Dtsch. chem. Ges. 54, 1930 (1921).

13. Deuterium D = 2,016.

Deuteriumbestimmung und H^1-H^2-Isotopenanalyse.[3]

Prinzip der Methode. Das bei der Verbrennung von 0,15—0,5 g Substanz erhaltene Wasser wird in einer tiefgekühlten Vorlage kondensiert und mit 10 ccm Standardwasser verdünnt, im Vakuum destilliert und aus der Dichte der D_2O-Gehalt bestimmt. So können auch Isotopengemische mit einer gebrochenen Anzahl von H- und D-Atomen bis in die Dezimalen genau analysiert werden.

Apparatur (Abb. 112) *und Gang der Analyse.* Verbrennungsrohr nach LIEBIG mit CuO-Füllung, Substanz in Porzellanschiffchen, Verbrennung in langsamem Sauerstoffstrom. Ende des Verbrennungsrohrs schnabelförmig ausgezogen.

Vorlage V (Vol. 9 ccm) aus Pyrexglas durch Gummischlauch an R angeschlossen. In das Ende des Verbrennungsrohrs 2 mm dicken Silberdraht Ag einführen. a—b durch kleine Flamme soweit erwärmen, daß auch zwischen den Endflächen von R und V keine Kondensation eintritt. V in Kohlendioxydschnee und $CCl_4 + CHCH_3$ (1 : 1). Wasser kondensiert sich in V an der punktierten Stelle. Der mit 50proz. KOH gefüllte Schraubenkaliapparat dient nur als Blasenzähler.

Nach Beendigung der Verbrennung 20 Minuten bei Rotglut des Rohrs Sauerstoffstrom (2 Blasen pro Sekunde) durchleiten.

In K 10 ccm ausgekochtes Standardwasser (mittlere Fraktion aus Leitfähigkeitswasser mit bekannter Dichte). V abnehmen, Einleitungsrohr mit Rohrstück c verschließen, V in K einsetzen. Eiskühlung, auch von V. Chlorcalciumrohr an K, an der Wasserstrahlpumpe vorsichtig zum vollen Vakuum auspumpen. Verbindung zur Wasserstrahlpumpe unterbrechen, Luft einlassen. Wasser saugt sich bis auf kleinen Rest in V. Eis entfernen, Schlauchverbindung vom $CaCl_2$-Rohr zur Pumpe lösen, Kapillare von c abschneiden. Wasser fließt nach K zurück. Durch wiederholtes Blasen und Saugen am Ende des $CaCl_2$-Rohrs gründlich mischen und spülen. V und $CaCl_2$-Rohr entfernen, Wasser aus K bei 30—35° im Vakuum in Eis-Kochsalz-Vorlage überdestillieren, Dichte mit der Schwimmmethode (S. 111) bestimmen.

---

[1] URBAIN, DEBIERNE: Compt. rend. Acad. Sciences 129, 302 (1899). — GACH: Monatsh. Chem. 21, 108 (1900). — Tetraphenylchrom: HEIN, EISSNER: Ber. Dtsch. chem. Ges. 59, 366 (1926). — Tribromtripyridylchrom: HEIN, PINTUS: Ber. Dtsch. chem. Ges. 60, 2390 (1927). — Triphenylchrom: HEIN, MARKERT: Ber. Dtsch. chem. Ges. 61, 2261 (1928).   [2] HUNKE: Diss. Marburg 32, 1904.

[3] ERLENMEYER, GÄRTNER: Helv. chim. Acta 19, 137 (1936).

Berechnung des D_2O-Gehaltes.

d = spez. Gew. von Standardwasser, D_2O-Gehalt zirka 0,02%.
D = spez. Gew. von reinem D_2O.
s = spez. Gew. der zu messenden Wasserprobe.
s_S = spez. Gew. des Schwimmers.
e = Verbrennungswasser in Gramm.
f = Standardwasser in Gramm.
R = Mol. Gew. des Restes der Molekel, ohne Wasserstoffatome.
z = Anzahl aller Wasserstoffatome.

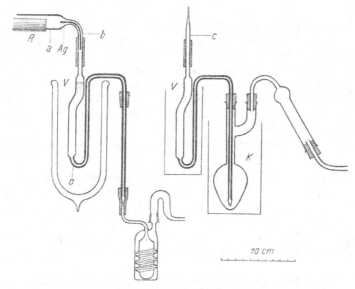

Abb. 112. Deuteriumbestimmung.

Schwimmer aus Jenaer Geräteglas 20 schwebt in Standardwasser bei 25,64°, d. h. $s_{S_4°}^{25,64°} = d_{4°}^{25,64°} = 0{,}996908$. Schwebt in der Wasserprobe der Schwimmer bei $t°$, so folgt daraus $s_{4°}^{t°} = s_{S4°}^{t°}$. Der Wert von $d_{4°}^{t°}$ ist aus Tabellenwerken (z. B. Intern. Crit. Tables III, 24) zu entnehmen. Die durch den D_2O-Gehalt der Probe bewirkte Erhöhung des spez. Gewichtes ist $s_{4°}^{t°} - d_{4°}^{t°}$. Siehe dazu S. 111.

$$s_{25°}^{25°} - d_{25°}^{25°} = \Delta s = \left(s_{4°}^{t°} - d_{4°}^{t°} \right) F.$$

Werte für F.

$t°$	F	$t°$	F
20	1,004	32	1,004
24	1,003	36	1,006
28	1,003	40	1,010

Molprozente $D_2O = m = 941{,}6\,\Delta s - 100\,\Delta s^2$. Gewichtsprozente =

$$c = \cfrac{1}{0{,}0010042 + \cfrac{0{,}89958}{m}},$$

Gramm D_2O aus verbrauchter Substanzmenge $=$

$$a = \frac{e + f}{0.1004 + \dfrac{89194}{m}}.$$

Anzahl der D-Atome $=$

$$x = \frac{R + z}{10\,\dfrac{v}{a} - 1},$$

worin $v =$ zur Verbrennung verwendete Einwaage in Gramm, $a =$ Gewichtsmenge des D_2O in Gramm.

14. Eisen Fe $= 55,84$.

Beim Veraschen organischer Eisenverbindungen hinterbleibt Eisenoxyd. Man erhitzt im anfangs bedeckten[1] Platintiegel, erst gelinde, schließlich stark, bis zur Gewichtskonstanz. Der Rückstand wird mit Salpetersäure abgeraucht.[2]

In *flüchtigen Eisenverbindungen*[3] bestimmt man das Eisen so, daß man einige Male erst mit verdünnter und dann mit rauchender Salpetersäure eindampft, hierauf vorsichtig erhitzt und schließlich über dem Gebläse glüht. Wegen der reduzierenden Wirkung der Kohle ist die Behandlung mit Salpetersäure nach dem Glühen zu wiederholen.

Analyse von Eisencarbonyl: Dosios, Pierri: Ztschr. analyt. Chem. **81**, 215 (1930).

Bestimmung des Eisens in tierischen oder vegetabilischen Substanzen.

Socin: Ztschr. physiol. Chem. **15**, 102 (1891). — Röhmann, Steinitz: Ztschr. analyt. Chem. **38**, 433 (1899). — Glikin: Ber. Dtsch. chem. Ges. **41**, 911 (1908). — Berg: Chem.-Ztg. **41**, 50 (1917). — Edelstein, Czonka: Biochem. Ztschr. **38**, 14 (1912). — Fendler: Ztschr. physiol. Chem. **89**, 279 (1914). — Walter: Biochem. Ztschr. **24**, 108, 125 (1910).

Weinland, Herz[4] bedienen sich der Jodometrie zur Bestimmung des Eisens in den komplexen *Ferribenzoaten*.

Man erhitzt mit Salzsäure und Jodkalium unter Zusatz von etwas Calciumcarbonat. Das Jod wird in Jodkaliumlösung eingeleitet und mit $^n/_{20}$-Thiosulfat titriert.

In den *Eisenchloriddoppelsalzen der Pyryliumverbindungen* bestimmen Decker, Fellenberg[5] Eisen und Chlor in ein und derselben Probe.

Etwa 0,2 g Substanz werden in 15 ccm Alkohol gelöst, mit Wasser auf 200 ccm verdünnt und etwa 2 Stunden mit etwas Salpetersäure auf dem Wasserbad erhitzt. Man filtriert, fällt das Eisen mit Ammoniak und das Chlor im Filtrat.

Die explosive Verbindung $Na_4Fe(ONC) \cdot 2H_2O$, welche der Elementaranalyse unüberwindliche Schwierigkeiten bereitet, versetzt Nef mit wenig verdünnter Schwefelsäure, dampft ein und raucht ab. Der Rückstand wird in Salzsäure unter Zusatz von Salpetersäure aufgelöst.[6]

---

[1] Siehe dazu Weinland, Herz: Liebigs Ann. **400**, 262 (1913). — Meso- und Protohäm versprühen beim Erhitzen: Fischer, Treibs, Zeile: Ztschr. physiol. Chem. **195**, 21 (1931). [2] Kunz-Krause, Richter: Arch. Pharmaz. **245**, 40 (1907). [3] Bishop, Claisen, Sinclair: Liebigs Ann. **281**, 341, Anm. (1894). [4] Weinland, Herz: Liebigs Ann. **400**, 219 (1913). — Beck: Chem.-Ztg. **37**, 1330 (1913); Ztschr. anorgan. allg. Chem. **80**, 427 (1913). — Weinland, Bässler: Ztschr. anorgan. allg. Chem. **96**, 122 (1916). [5] Decker, Fellenberg: Liebigs Ann. **356**, 291, Anm. (1907). — Siehe auch McKenzie: Amer. chem. Journ. **50**, 309 (1913). [6] Nef: Liebigs Ann. **280**, 337 (1894).

Zur *Eisenbestimmung in pharmazeutischen Produkten* wird die Probe mit Permanganat und verdünnter Schwefelsäure gekocht, mit $SnCl_2$ reduziert, mit Sublimat der Überschuß an Zinnchlorür entfernt, H_3PO_4 zugesetzt und mit $n/_{10}$-$K_2Cr_2O_7$ und Diphenylamin titriert.[1]

15. Erbium Er = 167,64.

Antipyrinerbiumnitrat geht durch Glühen in Er_2O_3 über.[2]

16. Fluor F = 19.

Bei der *Verbrennung der Alkylzinnfluoride* werden die flüchtigen Fluoride durch eine in das kaltgehaltene Ende des Verbrennungsrohrs eingebrachte 10 cm lange Schicht feuchter Glaswolle zurückgehalten und die Gase durch ein langes Chlorcalciumrohr wieder getrocknet.

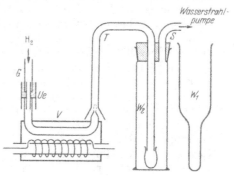

Abb. 113. Fluorbestimmung.

Zur Fluorbestimmung wird in heißem Methylalkohol unter Zusatz von wässerigem Ammoniak gelöst, mit Chlorcalcium versetzt und unter zeitweiligem Ersatz des Ammoniaks 30 Stunden auf dem Wasserbad erwärmt, mit Essigsäure schwach angesäuert, filtriert, mit viel essigsäurehaltigem Alkohol ausgewaschen und in gewohnter Weise zur Wägung gebracht.[3]

Die *Elementaranalyse fluorhaltiger aromatischer Substanzen* läßt sich[4] bei Anwendung von Bleichromat mit vorgelegter Silberspirale ohne Schwierigkeiten ausführen. Bei fluorreichen Substanzen wird im Schiffchen mit Kupferoxyd gemischt und das Rohr im vorderen Teil damit, im übrigen mit Bleichromat gefüllt.[5]

Zur Analyse nach TER MEULEN, HESLINGA muß man vor die Katalysatorschicht eine mehrere Zentimeter lange rotglühende Kupferdrahtnetzspirale bringen.[6]

Fluornachweis und Bestimmung nach einer Lampenmethode.[7]

In das Vergasungsröhrchen *V* aus Silberrohr von 9 mm lichter Weite, 16 cm Länge zwischen den Schenkeln werden 0,3—0,6 g Substanz eingewogen. Verbindung mit Schlauch der H_2-Zuleitung *V* aus Kupfer. In *V* mit Asbestwolle Glasrohr *G* eingedichtet, darüber Gummischlauch geschoben. *V* in Asbestkasten, über dessen Boden auf einem Porzellanrohr Heizdrahtspirale.

Qualitativer F-Nachweis. In Waschflasche W_1 5 ccm 5proz. Lanthanacetat (für kleine F-Mengen) oder stark essigsaure Ca-Acetatlösung.

Quantitative Bestimmung. In W_2 20—30 ccm $n/_5$-KOH und Auffüllen auf 16 ccm Standhöhe. Über das silberne Einleitungsrohr *T* vielfach durchlöcherte Gummikappe. *T* (lichte Weite 7 mm, Trichterdurchmesser 6 mm) und Saug-

[1] BENNETT, CAMPBELL: Quart. Journ. pharm. pharmacol. **6**, 436 (1933).

[2] KOLB: Ztschr. anorgan. allg. Chem. **83**, 145 (1913).

[3] KRAUSE: Ber. Dtsch. chem. Ges. **51**, 1451 (1918).

[4] WALLACH, HEUSLER: Liebigs Ann. **243**, 243, Anm. (1888). — SCHIEMANN, BOLSTAD: Ber. Dtsch. chem. Ges. **61**, 1407 (1928). — Fluorderivate von Zuckerarten: BRAUNS: Journ. Amer. chem. Soc. **45**, 835 (1923); **46**, 1485 (1924).

[5] SCHIEMANN, PILLARSKY: Ber. Dtsch. chem. Ges. **62**, 3043 (1929).

[6] BOCKEMÜLLER: Liebigs Ann. **506**, 51 (1933).

[7] CADENBACH: Ztschr. angew. Chem. **46**, 130 (1933).

rohr S mit Gummistopfen einsetzen. Wasserstoff in mäßigem Strom durch V, Gase an der Spitze entzünden. Wasserstoffstrom, Temperatur von V und Sauggeschwindigkeit so regeln, daß die Flamme rußfrei brennt. Ein Spiegel unterhalb des Trichters ermöglicht Beobachtung. Verbrennung beendet, wenn die Flamme ihre Leuchtkraft verloren hat. Waschflasche in große Silberschale entleeren, T abspülen. Mit Phenolphthalein zum Sieden, mit $^n/_5$-H_2SO_4 schwach ansäuern, kochend mit $^n/_5$-KOH bis zart rosa rasch zurücktitrieren. Reinigung von V durch mildes Ausglühen im Luftstrom.

Zur *Analyse von Fluorbenzol* wird die Substanz mit trockenem Benzol verdünnt und nach dem Zufügen von Natriumdraht[1] im geschlossenen Rohr auf 100° erhitzt. Nach einigen Tagen wird das Rohr geöffnet und der Inhalt mit Alkohol in eine Platinschale gespült. Nach dem Verdunsten der Hauptmenge des Alkohols und Benzols wird das Alkoholat in der Schale abgebrannt und der Rückstand in bekannter Weise verarbeitet.

Auch *für den qualitativen Nachweis von Fluor* in organischen Substanzen wird das metallische Natrium meist zu verwerten sein, wenngleich zu berücksichtigen bleibt, daß z. B. in den *Diphenylverbindungen* das Fluor erheblich fester gebunden ist als in den Benzolderivaten.

Nach GOVAERT[2] ist die Methode von CHABLEY auch auf Fluorverbindungen anwendbar, wie dies schon vorher VAUGHN, NIEUWLAND[3] angegeben hatten. Die Methode ist auf 0,5% genau. Anwendung der Schmelze mit Kalk und Natriumsuperoxyd oder des PRINGSHEIMschen Verfahrens: KESSLER: Diss. Leipzig (1906). — HAHN, REID: Journ. Amer. chem. Soc. **56**, 1652 (1934). — KÜSTER, NEUNHÖFFER: Ztschr. physiol. Chem. **172**, 181 (1927). — Fluornachweis und Bestimmung aus dem Ätzverlust: OST: Ber. Dtsch. chem. Ges. **26**, 151 (1893). — HELFERICH, GOOTZ: Ber. Dtsch. chem. Ges. **62**, 2506 (1929). — DIMROTH, BOCKEMÜLLER: Ber. Dtsch. chem. Ges. **64**, 521 (1931).

Zur Analyse von Phenylfluoressigsäure wird mit überschüssigem NaOH im Silbertiegel 3 Stunden auf 160—180° erhitzt, dann geschmolzen.[4]

In der *o.o-Fluornitrobenzoesäure* konnte VAN LOON[5] mit Natrium das Halogen nicht finden. Wohl aber kann man das Fluor nachweisen, indem man 50 mg Säure mit 0,2% chemisch reinem *Natriumhydroxyd* und einem Tropfen Wasser vorsichtig im Silbertiegel schmilzt, die Schmelze auflöst, filtriert, mit Essigsäure eindampft und die Flußsäure mit konzentrierter Schwefelsäure in Freiheit setzt.[6]

Das Fluor durch Glühen der Substanzen mit Kalk im *Glasrohr* als Fluorcalcium abzuscheiden gelingt durchaus nicht, man kann vielmehr die übrigen Halogene nach dieser Methode oder nach CARIUS bestimmen, ohne daß das Fluor abgespalten würde.

Der Grund, weshalb die Fluorbestimmungen solche Schwierigkeiten bereiten, liegt in der außerordentlich festen Bindung zwischen Halogen und Kohlenstoff. Will man also diese Bindung zerstören, so muß man die Substanz einer hohen, über 1000° liegenden Temperatur aussetzen und dafür sorgen, daß sie in allen Teilen des Apparats herrscht, damit sich keine Anteile der Fluorverbindung unzersetzt verflüchtigen können.

---

[1] PICCARD, BUFFAT erhitzen mit Kalium im Vakuum auf 400°! Helv. chim. Acta **6**, 1047 (1923).   [2] GOVAERT: Compt. rend. Acad. Sciences **195**, 1278 (1932).
    [3] VAUGHN, NIEUWLAND: Ind. engin. Chem., Analyt. Ed. **3**, 274 (1931). — BIGELOW, PEARSON, COOK, MILLER: Journ. Amer. chem. Soc. **55**, 4620 (1933).
    [4] FREUDENBERG: Liebigs Ann. **501**, 218 (1933).
    [5] VAN LOON: Diss. Heidelberg 17 (1896).
    [6] Siehe auch V. MEYER, VAN LOON: Ber. Dtsch. chem. Ges. **29**, 841 (1896).

Für diesen Zweck[1] dient in vorzüglicher Weise ein nach dem Mannesmannverfahren gezogenes, nahtloses *Nickelrohr* von 40 cm Länge und 4—5 mm lichter Weite, dessen eines Ende mit Silberlot verschlossen wird.[2]

Das Rohr wird mit schwach nach aufwärts gerichtetem Ende auf zwei Träger gelegt und mittels starker Spaltbrenner, langsam vom offenen Ende vorwärtsschreitend, im ganzen 2 Stunden, auf Gelbglut erhitzt.

Nach dem Erkalten wird das Fluorkalium in bekannter Weise bestimmt. Ein Rohr hält mindestens ein Dutzend Bestimmungen aus.

Fluorhaltige Derivate von Eiweißkörpern untersuchen BLUM, VAUBEL[3] durch Schmelzen der Substanz mit Ätznatron und Salpeter im Nickeltiegel, Lösen, Filtrieren, Ansäuern mit Essigsäure und Fällen mit Chlorbarium. Der Niederschlag wird geglüht und gewogen; darauf wird nochmals konzentrierte Schwefelsäure zugefügt, geglüht und aus der Differenz der Gewichte vor und nach Zusatz von Schwefelsäure der Fluorgehalt berechnet.

Die *Derivate der Fettreihe* geben viel leichter[4] ihr Fluor ab[5] als die aromatischen Substanzen. Die von LANDOLPH[6] untersuchten *Fluorborverbindungen* zersetzen sich schon in Berührung mit wässeriger Chlorcalciumlösung.[7]

Die Substanz wird in kleine Röhrchen eingefüllt, die auf beiden Seiten ausgezogen sind. Das eine Ende wird abgeschnitten und das Röhrchen sogleich bis auf den Boden einer etwas weiteren Probierröhre, die mit Chlorcalciumlösung gefüllt ist, eingetaucht. Beim vorsichtigen Erhitzen wird die Substanz allmählich unter Bildung von Fluorcalcium und Borsäure zerlegt. Man gießt die Flüssigkeit, nachdem das Röhrchen gehörig mit Wasser ausgespült worden ist, in eine Porzellanschale, verdünnt mit Wasser, neutralisiert mit Ammoniak und erhitzt einige Zeit zum Sieden. Man filtriert vom unlöslichen Fluorcalcium und wäscht mit Wasser, bis salpetersaures Silber keine Trübung mehr hervorbringt. Man setzt dem Waschwasser etwas Essigsäure oder Salpetersäure zu. Das Fluorcalcium wird hierauf getrocknet, geglüht und gewogen.

In ähnlicher Weise untersucht MESLANS[8] das *Acetylfluorid.*

Die *Verbrennung* wird, ebenso wie von MOISSAN beim *Methylfluorid*[9] und *Aethylfluorid,*[10] in einer Kupferröhre, die mit einer Mischung von 80 Teilen Kupferoxyd und 20 Teilen Bleioxyd gefüllt ist, im Sauerstoffstrom vorgenommen. Die Enden der Röhre tragen Bleischlangenkühlrohre. Mittels Korkstopfen sind einerseits die Absorptionsgefäße, anderseits das Zuführungsrohr für

---

[1] Siehe auch BEEKMANN: Rec. Trav. chim. Pays-Bas **23**, 239 (1905).

[2] HANS MEYER, HUB: Monatsh. Chem. **31**, 933 (1910). — SLOTHOUWER: Rec. Trav. chim. Pays-Bas **33**, 327 (1914). — HELFERICH, BÄUERLEIN, WIEGAND: Liebigs Ann. **447**, 31 (1926). — FICHTER, ROSENZWEIG: Helv. chim. Acta **16**, 1157 (1933). — CADENBACH: Ztschr. angew. Chem. **46**, 130 (1933).

[3] BLUM, VAUBEL: Journ. prakt. Chem. (2), **57**, 383 (1898). — KÜSTER, NENNHÖFFER: Ztschr. physiol. Chem. **172**, 181 (1927).

[4] Unter Umständen ist das Fluor sogar leichter abspaltbar als die übrigen Halogene: HODGSON, NIXON: Journ. chem. Soc. London **1930**, 1085.

[5] Siehe auch PATERNÒ, SPALLINO: Atti R. Accad. Lincei (Roma), Rend. (5), **16 II**, 160 (1907); Gazz. chim. Ital. **37 II**, 309 (1907).

[6] LANDOLPH: Ber. Dtsch. chem. Ges. **12**, 1587 (1879); Compt. rend. Acad. Sciences **96**, 580 (1883). — Siehe auch TRAVERS: Compt. rend. Acad. Sciences **173**, 836 (1921). — TRAVERS, MALAPRADE: Bull. Soc. chim. France (4), **47**, 798 (1930).

[7] Kochen mit Wasser und Calciumcarbonat: HELFERICH: Liebigs Ann. **447**, 37 (1926). Oder man zersetzt mit $^n/_{10}$-Schwefelsäure und titriert zurück (a. a. O., S. 31). — Fluoracetylzucker werden durch Glühen mit Soda zerlegt: BRAUNS: Journ. Amer. chem. Soc. **45**, 835 (1923).

[8] MESLANS: Compt. rend. Acad. Sciences **114**, 1072 (1891).

[9] MOISSAN: Ann. chim. phys. (6), **19**, 266 (1890).

[10] MOISSAN: Compt. rend. Acad. Sciences **107**, 993 (1888).

das Fluoralkyl angefügt, das langsam über die dunkelrotglühende Oxydschicht geleitet wird. Schließlich wird 25 Minuten Sauerstoff eingeleitet.

Bestimmung des Fluors in gasförmigen organischen Fluorverbindungen.[1]

Ein Kolben aus Hartglas von zirka 500 ccm Inhalt ist durch einen Gummistopfen geschlossen, der drei Bohrungen besitzt. Durch die eine Bohrung geht ein mit Hahn versehenes Glasrohr, in das ein Platinrohr eingeschmolzen ist. Letzteres reicht bis in das Innere des Kolbens. Durch die beiden anderen Öffnungen des Gummistopfens sind zwei Glasröhren geführt, in die je ein starker Platindraht eingefügt ist. Der eine steht im Innern des Kolbens in Berührung mit der Platinröhre, während der andere parallel zu demselben verläuft. Die Platinröhre ist von einer Spirale aus dünnem Platindraht umgeben, deren eines Ende mit dem zweiten Platindraht in Verbindung gebracht ist, während ihr anderes Ende die Platinröhre berührt. Durch einen elektrischen Strom läßt sich die Spirale zum Glühen bringen. Man beschickt den Kolben mit titrierter Kalilauge, evakuiert ihn und läßt dann etwa 400 ccm Sauerstoff eintreten. Der Druck im Innern soll etwa 10 mm betragen. Durch die mit Hahn versehene Glasröhre leitet man langsam eine gemessene Menge des zu untersuchenden Gases ein. Beim Austritt aus der Platinröhre verbrennt es sofort an der glühenden Spirale. Faßt man dabei den Kolben mit der Hand am Hals, bringt ihn in fast horizontale Lage und schwenkt die Flüssigkeit so um, daß sie die Wände des Kolbens an allen Seiten bespült, so läßt sich sofortige Absorption der Fluorwasserstoffsäure bewirken, und das Glas bleibt unangegriffen. Sobald alles Gas eingeführt ist, schließt man den Hahn und leitet noch einige Kubikzentimeter Luft ein. Das überschüssige Alkali wird zurücktitriert.

MOISSAN[2] bringt Fluoralkyle mit Schwefelsäure zusammen und läßt unter Schütteln 7—8 Stunden stehen. Alles Fluor ist alsdann in Fluorsilicium übergegangen.

HEBBART, HENNE[3] leiten das Gas in einer Quarzröhre über SiO_2 bei 900° und titrieren das entstandene SiF_4 mit Ceronitrat (*Mikroanalyse*).

Abgemessene Mengen Fluoroform oder Trifluornitromethan werden zwischen Hg-Büretten 10mal über reines, im Hochvakuum entgastes Natrium geleitet, das sich in einem Ni-Schiffchen in einer Quarzröhre befindet, die auf dunkle Rotglut erhitzt wird. Man nimmt in Alkohol, dann Wasser auf und bestimmt als CaF_2.[4]

Aromatische Fluorverbindungen, die das Fluor in der Seitenkette enthalten, sind leicht durch Erwärmen mit konzentrierter Schwefelsäure auf 200° oder durch Erhitzen mit Wasser bis auf 150° im Rohr, manchmal schon bei gewöhnlicher Temperatur oder beim Kochen am Rückflußkühler hydrolysierbar.[5]

PATERNÒ[6] bestimmt das Fluor in der calorimetrischen Bombe mit Sauerstoff unter 25 at Druck bei Gegenwart von Jodkalium und Kaliumjodat. Das Jod wird mit Thiosulfat titriert.

HAHN, REID glühen mit Natriumsuperoxyd und Stärke in der PARRbombe.[7]

[1] MESLANS: Bull. Soc. chim. France (3), **9**, 109 (1893); Ztschr. analyt. Chem. **33**, 470 (1894). [2] MOISSAN: Compt. rend. Acad. Sciences **107**, 994 (1888).
[3] HEBBART, HENNE: Journ. Amer. chem. Soc. **56**, 1078 (1934).
[4] RUFF: Ber. Dtsch. chem. Ges. **69**, 301 (1936). — RUFF, GIESE: Ber. Dtsch. chem. Ges. **69**, 685 (1936).
[5] SWARTS: Bull. Acad. Roy. Belg. (3), **35**, 375 (1898); (3), **39**, 414 (1900).
[6] PATERNÒ: Gazz. chim. Ital. **49** II, 371 (1920).
[7] HAHN, REID: Journ. Amer. chem. Soc. **46**, 1652 (1924). — Siehe dazu SHOE-SMITH, SOSSON, SLATER: Journ. chem. Soc. London **1926**, 2760. — DIMROTH, BOCKE-MÜLLER: Ber. Dtsch. chem. Ges. **64**, 521 (1931) (Methode von PRINGSHEIM).

Auch *explosive Fluorverbindungen* sind beschrieben worden, wie das Trifluor-bromaethylen (SWARTS).[1]

Analyse von Wismutfluoriden: CHALLENGER, WILKINSON: Journ. chem. Soc. London 121, 96 (1922).

Nach GAUTIER, CLAUSMANN[2] verascht man zur *Fluorbestimmung in tierischen oder pflanzlichen Stoffen* das mit 1—1,5% gelöschtem Kalk vermengte Produkt bei 600—650°.

17. Gallium Ga = 69,72.

Die Elementaranalyse von Trialkylgalliumaetheraten liefert für den Kohlen-stoff unbefriedigende Resultate.

Man zersetzt im KJELDAHLkolben mit Schwefelsäure, entfärbt mit Perhydrol, dampft ein und glüht. Bestimmung als Ga_2O_3.[3]

18. Germanium Ge = 72,60.

Zur Verbrennung ist die Anwendung großer Hitze und eine lange Zeitdauer erforderlich. Das Rohr wird mit Kupferoxyd und Bleichromat gefüllt.[4] Die Sub-stanz wird mit Bleichromat gemischt. Besser ist Verbrennung nach PREGL.[5] Die Substanz wird im Platintiegel in rauchender Salpetersäure gelöst, mit Oleum abgeraucht und geglüht.[6] Oder man zersetzt mit Schwefelsäure, fällt als Sulfid und führt in Oxyd GeO_2 über.[4]

19. Gold Au = 197,2.

Das Gold organischer Doppelsalze läßt sich fast immer leicht durch Glühen im Porzellantiegel bestimmen, doch gibt es auch *flüchtige* Goldverbindungen. Zur Analyse dieser Substanzen löst man in Chloroform, fügt eine Lösung von Brom in Chloroform zu, dampft langsam zur Trockene und glüht.[7]

Wenn das Untersuchungsobjekt kostbar ist, empfiehlt sich die SCHEIBLER-sche Methode,[8] bei der sowohl die Substanz erhalten bleibt, als auch nach der Goldbestimmung noch eine Chlorbestimmung möglich ist.

Eine abgewogene Menge wird in Wasser gelöst oder suspendiert oder in al-koholisch-essigsaure Lösung gebracht[9] und mit Magnesiumband versetzt,[10] wobei das Gold unter Wasserstoffentwicklung gefällt wird. Man kann bei schwerlös-lichen Substanzen auch auf dem Wasserbad operieren und mit einer passenden Säure ansäuern. Das Gold läßt sich leicht mittels Dekantation durch ein Filter auswaschen. Darnach entfernt man die zur Chlorbestimmung dienenden Filtrate

---

[1] SWARTS: Bull. Acad. Roy. Belg. (3), 37, 357 (1899).

[2] GAUTIER, CLAUSMANN: Compt. rend. Acad. Sciences 154, 1469, 1670, 1753 (1912); Bull. Soc. chim. France (4), 11, 787, 872 (1912); Compt. rend. Acad. Sciences 156, 1348, 1425 (1913); 157, 94 (1913).

[3] RENWANZ: Ber. Dtsch. chem. Ges. 65, 1309 (1932).

[4] MORGAN, DREW: Journ. chem. Soc. London 127, 1767 (1925). — BAUER, BURSCHKIES: Ber. Dtsch. chem. Ges. 67, 1043 (1934). — KRAUS, FLOOD: Journ. Amer. chem. Soc. 54, 1637 (1932). — KRAUS, SHERMAN: Journ. Amer. chem. Soc. 55, 4695 (1933). — FLOOD: Journ. Amer. chem. Soc. 55, 4935 (1933).

[5] SIMONS, WAGNER, MÜLLER: Journ. Amer. chem. Soc. 55, 3707 (1933).

[6] TABERN, ORNDORF, DENNIS: Journ. Amer. chem. Soc. 47, 2041 (1925); 49, 2515 (1927). — KRAUS, BULLARD: Journ. Amer. chem. Soc. 51, 3606 (1929). — KRAUS, BROWN: Journ. Amer. chem. Soc. 52, 3693 (1930).

[7] POPE, GIBSON: Proceed. chem. Soc. 23, 245 (1907); Journ. chem. Soc. London 91, 2064 (1907).   [8] SCHEIBLER: Ber. Dtsch. chem. Ges. 2, 295 (1869).

[9] WEINLAND, HERZ: Ber. Dtsch. chem. Ges. 45, 2677 (1912).

[10] Man überzeuge sich durch einen Vorversuch, ob das Magnesium in verdünnter Salzsäure rückstandslos löslich ist.

und wäscht das Gold mit verdünnter Salzsäure. Diese Methode wurde später nochmals von VILLIERS, BORG[1] empfohlen.

Man kann auch das Gold als *Schwefelgold* fällen und glühen. Im Filtrat wird das Chlor bestimmt (BERGH[2]).

Analyse des Chloropentaaethylaminochromiauriats: MANDAL: Ber. Dtsch. chem. Ges. 49, 1315 (1916). — Goldthiolmethylglyoxalincarbonsäure: BALABAN, KING: Journ. chem. Soc. London 1927, 1870.

Die „normalen" Golddoppelsalze sind nach der Formel $R \cdot HCl \cdot AuCl_3$ zusammengesetzt, die „modifizierten" besitzen meist die Formel $R \cdot AuCl_3$.[3]

Das *explosive* Diazobenzolgoldchlorid zersetzte GRIESS[4] in alkoholischer Lösung mit Schwefelwasserstoff.

Elektrolytische Goldbestimmung: CADWELL, LEAVELL: Journ. Amer. chem. Soc. 41, 1 (1918).

Weiteres über Goldsalze siehe S. 172, 181 und das Register.´

Jodometrische Bestimmung kleiner Goldmengen: TUKATS: Biochem. Ztschr. 260, 143 (1933).

20. Iridium Ir = 193,1.

Man schmilzt im Silbertiegel mit reinem Ätznatron, verdünnt nach dem Erkalten, erhitzt den Niederschlag im Sauerstoffstrom und reduziert mit Wasserstoff.[5]

21. Kalium K = 39,096.

Bei der *Elementaranalyse kaliumhaltiger Substanzen* bleibt das Metall als Carbonat zurück. Genauer ist es, Substanzen zuzufügen, die alles Kohlendioxyd auszutreiben gestatten.[6] Als solche Zusätze werden Antimonoxyd, phosphorsaures Kupfer, Borsäure oder *chromsaures Blei* empfohlen; letzteres ist, *mit* $^1/_{10}$ *seines Gewichts Kaliumpyrochromat gemischt*, für den angegebenen Zweck besonders geeignet.

Will man in derselben Probe gleichzeitig das Alkali bestimmen, so verfährt man nach SCHWARZ, PASTROVICH[7] folgendermaßen:

Reines Quecksilberchromat glüht man in einem Porzellantiegel, wobei sehr fein verteiltes, reines Chromoxyd zurückbleibt. Dieses wird mit dem abgewogenen, organischen Salz im Überschuß innig vermischt und in ein nicht zu kleines Platin- oder Porzellanschiffchen übertragen. Wird nach der Verbrennung das Schiffchen vorsichtig herausgezogen, so läßt sich durch die Bestimmung der darin enthaltenen Chromate auch die in den Salzen vorhandene Base genau bestimmen. Dies geschieht mit einer $^n/_{10}$-Bleilösung, die man zu der aus dem Schiffcheninhalt erhaltenen, wässerigen Lösung so lange zufließen läßt, bis eine herausgenommene Probe einen Tropfen Silberlösung nicht mehr rot fällt. Bei den Chromaten der alkalischen Erden versetzt man den Schiffcheninhalt mit einer sauren Eisenoxydulsalzlösung von bekanntem Gehalt im Überschuß und mißt das nicht oxydierte Eisenoxyd im Filtrat mit titrierter Permanganatlösung zurück.

[1] VILLIERS, BORG: Compt. rend. Acad. Sciences 116, 1524 (1892).

[2] BERGH: Arch. Pharmaz. 242, 425 (1904).

[3] STÖHR: Journ. prakt. Chem. (2), 45, 37 (1892). — SAGGAN: Diss. Kiel 18, 1892. — BRANDES, STÖHR: Journ. prakt. Chem. (2), 52, 504 (1895). — SALKOWSKI: Ber. Dtsch. chem. Ges. 31, 783 (1898). — EMDE: Arch. Pharmaz. 247, 351 (1909). — TROEGER, MÜLLER: Arch. Pharmaz. 252, 483 (1914). — HOPPE-SEYLER, SCHMIDT: Ztschr. physiol. Chem. 175, 304 (1928). [4] GRIESS: Liebigs Ann. 137, 52, 69, 91 (1866).

[5] OTTENSTEIN: Ztschr. anorgan. allg. Chem. 89, 345 (1914). — MANCHOT, GALL: Ber. Dtsch. chem. Ges. 58, 232 (1925).

[6] Gleiches gilt auch von den übrigen Alkalien und bis zu einem gewissen Grad auch von den Erdalkalien. — Siehe auch S. 122. — MIELCK: Diss. Rostock 65, 1909.

[7] SCHWARZ, PASTROVICH: Ber. Dtsch. chem. Ges. 13, 1641 (1880).

Nur bei *explosiven Nitroprodukten* ist es nötig, die Substanz zuerst mit Chromoxyd und dann mit einem Überschuß von Kupferoxyd zu mischen.

Zur Kaliumbestimmung selbst verkohlt man die Substanz bei möglichst niedriger Temperatur im Platintiegel, bringt nach dem Erkalten schwefelsaures Ammonium hinzu, spült mit etwas Wasser vorsichtig zusammen und verjagt zuerst das Wasser und das Ammoniumcarbonat, später das überschüssige Ammoniumsulfat. Man behandelt nun noch in gleicher Weise mit geringeren Mengen salpetersaurem Ammonium und glüht schließlich.

Bei vielen Substanzen kann man auch gleich zu Beginn der Operation freie Schwefelsäure zusetzen, doch ist dann manchmal starkes Schäumen und Verlust durch Verspritzen kaum zu vermeiden.

Über *Kaliumbestimmung im Harn* siehe PŘIBRAM, GREGOR: Ztschr. analyt. Chem. 38, 401 (1899). — DRUSHEL: Amer. Journ. Science (4) 26, 555 (1909).

Verascht man Stoffe, die neben viel organischer Substanz und Ammoniumsalzen nur geringe Mengen von Kalium enthalten, in gewöhnlicher Weise, so treten stets Verluste an Kalium ein. Man vermeidet dies,[1] wenn man die Veraschung in einem Muffelofen vornimmt und den kohligen Rückstand mit einer genügenden Menge Salpetersäure-Schwefelsäure-Gemisch abraucht.

Weiteres über *Alkalienbestimmung in Pflanzensubstanzen:* NEUBAUER: Ztschr. analyt. Chem. 43, 14 (1908). — Über die Bestimmung kleiner Kaliummengen siehe noch HAMBURGER: Biochem. Ztschr. 71, 416 (1915). — LEULIER: Bull. Soc. Chim. biol. 15, 158 (1933). — SOBEL, KRAMER: Journ. biol. Chemistry 100, 561 (1933).

Explosive Kaliumverbindungen[2] dampft man mit verdünnter[3] Schwefelsäure auf dem Wasserbad ein und erhitzt hierauf langsam zum Glühen.

Explosive Kaliumsalze von Nitroverbindungen dampft man im Platintiegel mit *Ammoniumsulfid* ein, behandelt dann vorsichtig mit rauchender Salpetersäure und Schwefelsäure und raucht endlich ab.[4]

22. Kobalt Co = 58,94.

Zur Bestimmung des Kobalts in organischen Salzen glüht man die Substanz vorsichtig und wägt das zurückbleibende Kobaltoxydul; man bekommt dabei aber leicht, auch nach dem Abrauchen mit Schwefelsäure, zu hohe Zahlen.

Genauere Resultate erhält man,[5] wenn man die Kobaltverbindung im ROSEschen Tiegel im Wasserstoffstrom erhitzt und so metallisches Kobalt zur Wägung bringt. Letzteres Verfahren empfiehlt sich auch für *flüchtige Kobaltverbindungen.*[6]

Oder man oxydiert die Substanz mit Natronlauge und Brom, filtriert das Oxyd ab und bestimmt das Metall elektrolytisch.[7]

Seltener[8] bestimmt man das Kobalt als Sulfat.

Kobaltpikrat explodiert beim Erhitzen.[9]

---

[1] BLUMENTHAL, PETER, HEALY, GOTT: Ind. engin. Chem. 9, 753 (1917).

[2] E. FISCHER: Liebigs Ann. 199, 303, Anm. (1879). — VAN DORP: Rec. Trav. chim. Pays-Bas 8, 195, 198 (1889).

[3] Am besten alkoholischer; siehe S. 220. — Siehe ferner WILLSTÄTTER, HAUENSTEIN: Ber. Dtsch. chem. Ges. 42, 1849 (1909). — MIELCK: Diss. Rostock 64, 1909. — KÖGEL: Diss. Erlangen 23, 1909. — HESSE: Diss. Berlin 27, 1909.

[4] LEEMANN, GRANDMOUGIN: Ber. Dtsch. chem. Ges. 41, 1306, Anm. (1908).

[5] WAGENER, TOLLENS: Ber. Dtsch. chem. Ges. 39, 413 (1906). — FEIGL, RUBINSTEIN: HERZIG-Festschr. 187 (1923). [6] GACH: Monatsh. Chem. 21, 106 (1900).

[7] CLINCH: Diss. Göttingen 48, 1904. — V. J. MEYER: Diss. Berlin 36, 1905. — WEINLAND, STROH: Ber. Dtsch. chem. Ges. 55, 2713 (1922). — WEINLAND: Arch. Pharmaz. 265, 369 (1927).

[8] REITZENSTEIN: Ztschr. anorgan. allg. Chem. 18, 275 (1898). — WEINLAND, EFFINGER, BECK: Arch. Pharmaz. 265, 364 (1927).

[9] SILBERRAD, PHILIPS: Journ. chem. Soc. London 93, 488 (1908).

23. Kupfer Cu = 63,57.

Gewöhnlich wird das Kupfer durch Glühen, zuletzt evtl. unter Zusatz von salpetersaurem Ammonium[1] oder freier Salpetersäure als Oxyd bestimmt.[2]

Die *Kupfersalze* der *die Gruppe* —CO—CH$_2$—CO— *enthaltenden Verbindungen* sind mehr oder weniger *flüchtig*[3] und können daher nicht für sich allein, selbst nicht im Sauerstoffstrom, ohne Verlust an Kupfer geglüht werden. Anderseits lassen sie sich größtenteils mit Salpetersäure nicht oxydieren, weil hierbei leicht Explosionen stattfinden, die nur in umständlicher Weise zu vermeiden sind.

Das *isovaleriansaure Kupfer* ist ebenfalls flüchtig, sogar unzersetzt *sublimierbar*,[4] ebenso, wenn auch in geringerem Maß, das *benzoesaure* und *cyclogallipharsaure Kupfer*.[5]

Auch bei *stickstoffhaltigen Substanzen* ist die gleiche Beobachtung gemacht worden, so beim Kupfernatriumcyanurat und beim dimethylcyanursauren Kupfer.[6]

Manchmal gelingt es allerdings doch, die Zersetzung mit Salpetersäure durchzuführen,[7] oder mit konzentrierter Schwefelsäure abzurauchen und dann stark zu glühen,[8] oder mit Natronlauge zu fällen und das so abgeschiedene Kupferoxyd zu bestimmen,[9] auch werden die getrockneten Kupfersalze durch sehr vorsichtiges Erhitzen in vielen Fällen verlustlos zersetzt;[10] wo dies aber nicht möglich ist, empfiehlt es sich, das Kupfer mit Schwefelwasserstoff zu fällen.

Man kann zu diesem Behuf entweder mit Lösungen operieren, wie DIMROTH,[11] der ein explosives Kupfersalz mit Salzsäure zersetzte und dann Schwefelwasserstoff einleitete, oder man operiert mit dem trockenen Salz.

Nach WALKER wird in solchen Fällen die Substanz in einen ROSEtiegel gebracht und der Wirkung des Schwefelwasserstoffs ausgesetzt. Die Zersetzung findet schon in der Kälte statt und ist nach 15—20 Minuten vollendet: Man erwärmt dann gelinde unter fortdauerndem Durchleiten von Schwefelwasserstoff, um die organische Substanz zu verflüchtigen. Um das zurückbleibende Kupfersulfid in eine wägbare Form überzuführen, leitet man Wasserstoff aus einem mit dem Tiegel durch ein T-Rohr in Verbindung stehenden Entwicklungsapparat hindurch, unterbricht erst dann den Schwefelwasserstoffstrom und glüht eine halbe Stunde.

Bemerkenswert ist, daß das *dimethylpyrrolincarbonsaure Kupfer* von Schwefelwasserstoff *in neutraler Lösung überhaupt nicht angegriffen wird*, während die

---

[1] DIECKMANN, STEIN: Ber. Dtsch. chem. Ges. **37**, 3381 (1904).

[2] Natürlich tritt, wenn man schon *vor* dem Zersetzen der organischen Substanz Ammoniumnitrat zusetzt, wie dies RINDL, SIMONIS getan haben [Ber. Dtsch. chem. Ges. **41**, 839 (1908)], sehr leicht Verpuffung ein. — Man verwende nicht festes Ammoniumnitrat, sondern je einen Tropfen einer konzentrierten wässerigen Lösung, mit der man das Kupferoxyd tränkt.

[3] COMBES: Compt. rend. Acad. Sciences **105**, 870 (1887). — EHRHARDT: Diss. München 20, 1889. — WALKER: Ber. Dtsch. chem. Ges. **22**, 3246 (1889). — CLAISEN: Liebigs Ann. **277**, 170 (1893). — Siehe auch MOTYLEWSKI: Ber. Dtsch. chem. Ges. **41**, 794 (1908). — HENZE, MÜLLER: Ztschr. physiol. Chem. **200**, 106 (1931).

[4] KINZEL: Pharmaz. Zentralhalle **43**, 37 (1902).

[5] KUNZ-KRAUSE, RICHTER: Arch. Pharmaz. **245**, 34 (1907).

[6] WERNER: Diss. Leipzig 43, 45, 1908. — LEY, WERNER: Ber. Dtsch. chem. Ges. **46**, 4048 (1913).

[7] DICKMANN, STEIN: Ber. Dtsch. chem. Ges. **37**, 3381 (1904). — STRUENSEE: Diss. Berlin 24, 1911.

[8] DUBSKY, SPRITZMANN: Journ. prakt. Chem. (2), **96**, 117 (1917).

[9] KIRCHER: Diss. 35, 1885.

[10] SCHULZE, WINTERSTEIN: Ztschr. physiol. Chem. 45, 46, Anm. (1905).

[11] DIMROTH: Ber. Dtsch. chem. Ges. **39**, 3911 (1906). — WISLICENUS, SCHLICHTENMEIER: Liebigs Ann. **460**, 286 (1928).

Zersetzung in *saurer Lösung vollkommen glatt* erfolgt.[1] Auch sonst ist Fällen in stark saurer Lösung zu empfehlen.[2]

VAILLANT[3] behandelt das *Dithioacetylacetonkupfer* mit *Schwefelsäure* und bestimmt das Kupfer elektrolytisch. Auch für halogenhaltige Kupfersalze ist Abrauchen mit Schwefelsäure recht geeignet.[4]

Jodometrische Bestimmung.

Die Lösung in Wasser oder Alkohol wird mit 10 ccm 10proz. Schwefelsäure und 10 ccm 10proz. Jodkaliumlösung versetzt und mit $n/_{10}$-Thiosulfat und Stärke titriert.

Das Verfahren, das für Salze von Carbonsäuren und Enolen gute Resultate gibt, ist auch mikroanalytisch verwertbar.[5] Zur Analyse der Derivate von Aminosäuren und Polypeptiden arbeitet man in salzsaurer Lösung.[6]

Für leicht oxydierbare und mit Jod reagierende Substanzen ist diese Methode nicht brauchbar. Hier empfiehlt sich das

Verfahren von MELNIKOW:[7]

0,1—0,5 g Substanz in 10—15 ccm H_2SO_4 (1,84) werden bei 70—90° vorsichtig mit 1—4 g fein gepulvertem Permanganat in kleinen Anteilen versetzt, wobei öfters Flammen und Dämpfe auftreten. Nach 15—20 Minuten Stehen werden 25—30 ccm Wasser zugesetzt, das überschüssige Permanganat durch Oxalsäure oder Wasserstoffsuperoxyd zerstört. In letzterem Fall wird einige Zeit gekocht. Nach dem Erkalten auf 200—250 ccm verdünnen, mit 0,5 g Jodkalium und 20—25 ccm 10proz. Kaliumrhodanid mit $n/_{50}$-Thiosulfat titrieren.[8] (Gegen Ende Stärkezusatz.)

Der *Kupferdibromacetessigester* wurde[9] mit *Soda und Salpeter* geschmolzen, die Schmelze in Wasser gebracht, filtriert und das Kupferoxydhydrat geglüht. Im Filtrat konnte das Halogen bestimmt werden.

Zur Kupferbestimmung des Salzes der *Thiopyrinphosphinsäure* wurde nach CARIUS aufgeschlossen, eingedampft, in Salzsäure aufgenommen, mit Schwefelwasserstoff gefällt und als Sulfür gewogen.[10]

Analyse des *monophenylarsinsauren Kupfers:* LA COSTE, MICHAËLIS: Liebigs Ann. 201, 210 (1880). — *Explosive Kupferselenverbindungen:* STOECKER, KRAFFT: Ber. Dtsch. chem. Ges. 39, 2199 (1906).

Bestimmung kleiner Kupfermengen mit Nitrosochromotropsaurem Natrium: SHEETS, PEARSON, GIEGER: Ind. engin. Chem. Anal. Ed. 7, 109 (1935).

[1] ZELINSKY, SCHLESINGER: Ber. Dtsch. chem. Ges. 40, 2886 (1907).
[2] SKRAUP: Liebigs Ann. 201, 296, Anm. (1880). — HANS MEYER: Monatsh. Chem. 23, 438, Anm. (1902).
[3] VAILLANT: Bull. Soc. chim. France (3), 15, 518 (1896). — Über elektrolytische Kupferbestimmung siehe auch MAKOWKA: Ber. Dtsch. chem. Ges. 41, 825 (1908). — WITT: Ber. Dtsch. chem. Ges. 48, 771 (1915). — DIELS, KOLL: Liebigs Ann. 443, 270 (1925). — ZELINSKY: Ztschr. analyt. Chem. 75, 229 (1928). — WEINLAND: Arch. Pharmaz. 265, 369 (1927). — REMY, LAVES: Ber. Dtsch. chem. Ges. 66, 404 (1933). — *Mikroelektrolytische Bestimmung:* PHILIPPI, HERNER: EMICH-Festschr. 241 (1930).
[4] LIEBERMANN: Ber. Dtsch. chem. Ges. 41, 839 (1908).
[5] USCHAKOW: Ztschr. analyt. Chem. 75, 231 (1928). — Weitere *Mikrobestimmung:* FRIEDRICH: Praxis der Mikroanalyse, S. 128. — SHEETS, PEARSON, GIEGER: Ind. engin. Chem., Analyt. Ed. 7, 109 (1935). — PREGL, ROTH: Mikroanalyse, S. 175. 1935.
[6] ABDERHALDEN, SCHNITZLER: Ztschr. physiol. Chem. 163, 95 (1927).
[7] MELNIKOW: Ztschr. analyt. Chem. 99, 183 (1934).
[8] BRUHNS: Chem.-Ztg. 42, 501 (1918).
[9] WEDEL: Liebigs Ann. 219, 100 (1883). — Siehe DUISBERG: Liebigs Ann. 213, 141 (1882). [10] DYCKERHOFF: Diss. Rostock 1915, 28.

24. Lanthan La = 138,92.

Der Lanthangehalt im *Lanthannitrat-Antipyrin* wird durch direktes Glühen ermittelt, wobei La_2O_3 erhalten wird.[1]

Wenn das *Lanthansalz des p-Toluolsulfonsäurenitrosohydroxylaminophenylesters* geglüht wird, bildet sich Lanthansulfat, das sehr beständig ist. Um richtige Analysenzahlen zu erhalten, muß man den Glührückstand in verdünnter Säure auflösen und mit Ammoniak fällen.[2]

25. Lithium Li = 6,940.

Über die *Elementaranalyse lithiumhaltiger Verbindungen* gelten die S. 236 für Kaliumsalze gemachten Bemerkungen.

Da das Lithiumcarbonat beim Glühen unzersetzt schmelzbar ist, kann man es als Rückstand im Schiffchen bestimmen.

Sonst führt man das Salz durch Abrauchen mit Schwefelsäure in das Sulfat über.[3] Das Sulfat ist hygroskopisch und muß daher unter Ausschluß von Feuchtigkeit gewogen werden.

Das *pikrinsaue Lithium* explodiert beim Erhitzen sehr heftig.[4]

26. Magnesium Mg = 24,32.

Die Bestimmung des Magnesiums wird entweder durch direktes Glühen der evtl. mit ein wenig Salpetersäure angefeuchteten Substanz — wobei man anfangs nur sehr gelinde erwärmen darf — oder durch Abrauchen des Salzes mit Schwefelsäure und schwaches Glühen, als Magnesiumoxyd bzw. Magnesiumsulfat ausgeführt, wenn man es nicht vorzieht, das Sulfat noch in das Pyrophosphat überzuführen.[5]

Zur maßanalytischen Bestimmung des Magnesiums in Salzen wird die wässerige Lösung unter Umschütteln mit $^n/_{10}$- bis n-Lauge im Überschuß tropfenweise versetzt und mit Aethylalkohol auf eine Alkoholkonzentration von 66—75% gebracht. Nach viertelstündigem Stehen wird mit 10 Tropfen $^1/_2$proz. Thymolphthaleinlösung auf 100 ccm Flüssigkeit versetzt und mit Salzsäure auf farblos zurücktitriert.[6]

Magnesiumpikrat explodiert beim Erhitzen.[7]

Magnesiumdiphenyl wurde durch Wasser von 0° zerlegt, das Magnesiumhydroxyd in Salzsäure gelöst, gefällt und als Pyrophosphat gewogen.[8]

Magnesium bildet mit Tropaeolin 00 ein schwerlösliches Salz. Calcium und Eiweiß müssen entfernt sein.

Zur *Mikrobestimmung* wird folgendermaßen vorgegangen:[9]

2 ccm Serum + 1 ccm Wasser, 1 ccm gesättigtes NH_4-Oxalat 1 Stunde stehen. Zentrifugieren. 3 ccm Zentrifugat, 2 ccm 10proz. Na-Wolframat, 2 ccm $^{2n}/_3$-

---

[1] Kolb: Ztschr. anorgan. allg. Chem. **83**, 144 (1913).

[2] Baudisch, Gurewitsch, Rothschild: Ber. Dtsch. chem. Ges. **49**, 189 (1916).

[3] Z. B. Flade: Diss. Leipzig 26, 1909. — Heilbron: Diss. Leipzig 32, 1910. — Analyse des Triphenylborlithiums: Krause, Polack: Ber. Dtsch. chem. Ges. **59**, 784 (1926).

[4] Beamer, Clarke: Ber. Dtsch. chem. Ges. **12**, 1068 (1879). — Silberrad, Philips: Journ. chem. Soc. London **93**, 475 (1908).

[5] Willstätter, Fritzsche: Liebigs Ann. **371**, 70 (1910).

[6] Willstätter, Waldschmidt-Leitz: Ber. Dtsch. chem. Ges. **56**, 488 (1923). — Ebenda: Darstellung des Thymolphthaleins.

[7] Silberrad, Philips: Journ. chem. Soc. London **93**, 479 (1908).

[8] Fleck: Liebigs Ann. **276**, 139 (1893).

[9] Lang: Biochem. Ztschr. **253**, 215 (1932).

H_2SO_4 in 10-ccm-Kolben mit Wasser bis Marke auffüllen. Filtrieren, zentrifugieren. 4 ccm Zentrifugat in 10-ccm-Zentrifugenglas Wasserbad. 2 ccm frisch filtrierte gesättigte Tropaeolinlösung zusetzen. Kühlen in Eiswasser. Nach 1 Stunde zentrifugieren, absaugen, waschen bis Waschwasser strohgelb. Niederschlag in 4 ccm H_2SO_4 lösen, in 50-ccm-Kolben, gründlich nachwaschen, auffüllen zur Marke. Photometrie oder Colorimetrie. Benutzt: STUPHOfilter S 53. Colorimetrie gegen Standardlösung (1 ccm $n/_{1000}$-Mg-Lösung = 12,2 γ), Extinktionskoeffizient für 24,3 gm Mg = 2,593. Für 1—2 g in 1 ccm auf 5% genau. Zur *Makroanalyse:* Bestimmung gravimetrisch. 1 mg Mg gibt 30 mg Niederschlag.

27. Mangan Mn = 54,93.

Man führt die Substanz in der Regel durch starkes Glühen in Manganoxyduloxyd über,[1] seltener durch Ammoniak und Schwefelammonium in Mangansulfür.[2] Oder man raucht mit Schwefelsäure im Platintiegel ab, erhitzt bis zur beginnenden Rotglut und wägt als Sulfat.[3] — Bestimmung als $Mn_2P_2O_7$: WEINLAND, FISCHER: Ztschr. anorgan. allg. Chem. **120**, 170 (1921).

Manganpikrat explodiert beim Erhitzen.[4]

Bestimmung von Mangan in tierischen und pflanzlichen Geweben: BRADLEY: Journ. biol. Chemistry 8, 237 (1910). — REIMAN, MINOT: Journ. biol. Chemistry **42**, 329 (1920). — WESTER: Rec. Trav. chim. Pays-Bas **39**, 414 (1920). — JONES, BULLIS: Ind. engin. Chem. **13**, 524 (1921).

28. Molybdän Mo = 96.

Das *Molybdänacetylaceton*[5] ist schon wenig über 90° flüchtig. Das Molybdän wurde in dieser Substanz als MoO_3 bestimmt.

Zur Analyse der *Molybdänsäurealkylarsinate*[6] wird die Substanz in einem Quarzkolben von 100 ccm Inhalt mit zirka 20 ccm konzentrierter Schwefelsäure mehrere Stunden lang schwach gekocht und von Zeit zu Zeit ein Körnchen Salpeter zugesetzt. Die zuerst blaue Lösung wird nach vollkommenem Aufschluß farblos. Das Arsen wird als Ammoniummagnesiumarseniat gefällt und in einem Teil des Filtrats die Molybdänsäure als MoO_3 bestimmt.

In den *Molybdänoxalaten* wird das Metall entweder durch direktes Glühen oder über das Sulfid in MoO_3 übergeführt.[7] Im *Bariumbrenzcatechinmolybdänat* wird das Molybdän in ameisensaurer Lösung als Trisulfid gefällt und im Filtrat das Barium bestimmt.[8] MoS_3 wird zu MoO_3 geröstet.

29. Natrium Na = 22,997.

In bezug auf die Bestimmung dieser Substanz gelten die für Kalium S. 236 gemachten Angaben. Die *Bestimmung als Carbonat* (Schiffchenrückstand) bei der Elementaranalyse gibt hier bessere Resultate als beim Kalium. Nur erhitze man nach beendigter Verbrennung noch einmal mit ein wenig kohlensaurem Ammonium.

---

[1] LADENBURG: Suppl. 8, 58 (1872). — SCHÜCK: Diss. Münster 36, 1906.

[2] MILONE: Gazz. chim. Ital. **15**, 227 (1885).

[3] V. J. MEYER: Diss. Berlin 41, 1905.

[4] SILBERRAD, PHILIPS: Journ. chem. Soc. London **93**, 487 (1908).

[5] GACH: Monatsh. Chem. **21**, 112 (1900). — CLINCH: Diss. Göttingen 45, 1904.

[6] ROSENHEIM, BILECKI: Ber. Dtsch. chem. Ges. **46**, 550 (1913).

[7] WARDLAN, PARKER: Journ. chem. Soc. London **127**, 1314 (1925).

[8] ŠTĚRBA-BÖHM, VOSTŘEBAL: Ztschr. anorgan. allg. Chem. **110**, 81 (1920). — WEINLAND, HUTHMANN: Arch. Pharmaz. **262**, 336 (1924).

Sonst bestimmt man das Natrium als Sulfat.[1,2,3]

Pyridonarsinsaures Natrium wird im Platintiegel zweimal langsam mit je 2 ccm Brom und 2 ccm Wasser abgedampft, 0,5 g Hydrazinsulfat zugesetzt, zweimal mit je 15proz. Salzsäure und hierauf konzentrierter Schwefelsäure abgedampft.[4]

0,1 g Substanz (5—20 mg Na) in 5—10 ccm Wasser oder Alkohol gelöst werden unter Eiswasserkühlung und Rühren $\frac{1}{2}$ Stunde mit 3 ccm Uranylreagens[5] digeriert, der Niederschlag auf einem GOOCHtiegel mit 10 ccm Reagens, dann mit 95proz. Alkohol gewaschen und bei 105° getrocknet. Der Niederschlag hat die Zusammensetzung:

$$3 (CH_3COO)_2UO_2 + (CH_3COO)_2Mg + CH_3COONa + 6,5 H_2O.[6]$$

Explosive Natriumverbindungen, wie das *Natriumfulminat*[7] oder das *Natriumpikrat,*[8] werden in wenig Wasser gelöst, mit Schwefelsäure zersetzt, verdampft, getrocknet und geglüht.

Bestimmung kleiner Mengen: BLANCHETIÈRE: Bull. Soc. chim. France (4), **33**, 807 (1923).

30. Nickel Ni = 58,69.

Für die Bestimmung dieses Metalls gelten dieselben Maßregeln wie für Kobalt. Siehe S. 237. Man bestimmt es also entweder als Metall[9] oder als Oxyd — nach Zerstörung der organischen Substanz durch Erhitzen im Rohr mit rauchender Salpetersäure —, gelegentlich aber auch als Sulfat[10] durch mehrmaliges Abrauchen mit konzentrierter Schwefelsäure (SCHULZE).[11]

Es gibt auch flüchtige Nickelsalze, wie das *Dimethylglyoximnickel,*[12] das von 250° an sublimiert.

Diese Verbindung wird auch selbst für die Nickelbestimmung in organischen Substanzen benutzt.[13]

Nickelpikrat explodiert beim Erhitzen.[14]

Analyse von *Nickelcarbonyl:* DOSIOS, PIERRI: Ztschr. analyt. Chem. **81**, 215 (1930).

Bestimmung kleiner Nickelmengen in Speisen und Organen: ARMIT, HARDEN: Proceed. Roy. Soc., London, **77** B, 420 (1906). — LEHMANN: Arch. Hygiene **68**, 423 (1909).

31. Niob Nb = 92,91.

Niobpentachloridverbindungen werden mit Alkohol und Ammoniak zersetzt, geglüht und als Nb_2O_5 bestimmt.[15]

---

[1] Triphenylbornatrium: KRAUSE, POLACK: Ber. Dtsch. chem. Ges. **59**, 782 (1926).

[2] Bestimmung (im Blut) als *Natriumcaesiumwismutnitrit:* DOISY, BELL: Journ. biol. Chemistry **45**, 513 (1921).

[3] MEYER, SCHOLL: Ber. Dtsch. chem. Ges. **65**, 911 (1932) mußten in einem Falle 3—4mal mit Monohydrat und rauchender Salpetersäure eindampfen.

[4] BINZ, RÄTH, MAIER-BODE: Liebigs Ann. **480**, 176 (1930).

[5] 32 g kryst. Uranylacetat, 100 g Magnesiumacetat, 20 ccm Eisessig, 500 ccm 90proz. Alkohol mit Wasser auf 1 l aufgefüllt.

[6] TABERN, SHELBERG: Ind. engin. Chem., Analyt. Ed. **3**, 278 (1931).

[7] CARSTANJEN, EHRENBERG: Journ. prakt. Chem. (2), **25**, 243 (1882). — EHRENBERG: Journ. prakt. Chem. (2), **32**, 231 (1885).

[8] SILBERRAD, PHILIPS: Journ. chem. Soc. London **93**, 476 (1908).

[9] Z. B. WEINLAND, EFFINGER, BECK: Arch. Pharmaz. **265**, 368 (1927) (elektrolytisch). [10] REITZENSTEIN: Ztschr. anorgan. allg. Chem. **18**, 264 (1898).

[11] SCHULZE: Diss. Kiel (1906), 104. — SCHÜCK: Diss. Münster (1906), 13.

[12] TSCHUGAEFF: Ztschr. anorgan. allg. Chem. **46**, 145 (1905).

[13] BYGDÉN: Journ. prakt. Chem. (2), **96**, 97 (1917). — EPHRAIM: Ber. Dtsch. chem. Ges. **54**, 403, 405 (1921).

[14] SILBERRAD, PHILIPS: Journ. chem. Soc. London **93**, 489 (1908).

[15] FUNK, NIEDERLÄNDER: Ber. Dtsch. chem. Ges. **61**, 250 (1928). — Siehe auch Ber. Dtsch. chem. Ges. **67**, 1801 (1934).

32. Osmium Os = 191,5.

Die *Hexachlorosmeate der aliphatischen Ammoniumverbindungen*[1] werden in tarierte Porzellanschiffchen eingewogen und in einer Verbrennungsröhre sehr sorgfältig durch heißen Wasserstoff zersetzt. Man muß bei dieser Operation, besonders bei Beginn, mit außerordentlich großer Vorsicht verfahren, da die Substanzen in dem heißen Gasstrom leicht schmelzen und unfehlbar verspritzen, wenn man die Flamme zu früh dem Schiffchen nähert. Ist die Operation richtig geleitet worden, so bleibt blättchenförmiges, prachtvoll glänzendes Metall zurück, das man zur Entfernung des Kohlenstoffs im lebhaften Wasserstoffstrom kräftig und direkt erhitzt und schließlich unter sauerstofffreiem Kohlendioxyd der Abkühlung überläßt.

Der ganze Prozeß wird bis zum Eintritt der Gewichtskonstanz wiederholt.

In den *Hexacyanosmeaten* muß das Metall indirekt bestimmt werden. Das Doppelcyanid wird (evtl. nach Umsetzung mit Kupfersulfat) im Wasserstoffstrom reduziert, gewogen, im Sauerstoffstrom das OsO_4 weggeglüht und zurückgewogen.[2] Siehe ferner über Osmiumbestimmung: MANCHOT, KÖNIG: Ber. Dtsch. chem. Ges. 58, 230 (1925).

33. Palladium Pd = 106,7.

In Palladiumdoppelsalzen[3,4] wird das Metall durch Glühen im *Porzellantiegel*,[5] evtl. im Wasserstoffstrom, bestimmt. Siehe unter Platin S. 246.

Das Chlor bestimmt man in solchen Doppelsalzen nach dem Schmelzen der Substanz mit Soda und Salpeter.[4]

34. Phosphor P = 31,02.

Zum *Nachweis* des Phosphors dient die grüne Flammenfärbung des PH_3. Man erhitzt die Substanz mit Mg-Pulver, zersetzt das Phosphid mit Wasser oder Säure.[6]

Zur *Elementaranalyse phosphorhaltiger Eiweißverbindungen* empfiehlt DENNSTEDT,[7] *unglasierte* Porzellanschiffchen zu verwenden. Ist der Phosphorgehalt groß, dann muß die Verbrennung nach vollständiger Verkohlung der Substanz unterbrochen werden. Man stellt das Schiffchen nach dem Erkalten in eine flache Glasschale mit Salzsäure und erwärmt auf dem Wasserbad. Die Flüssigkeit dringt von außen in das Schiffchen und laugt die Phosphorsäure vollständig aus, während die Kohle fest im Schiffchen liegenbleibt. Man gießt die Säure ab, wiederholt das Verfahren einige Male mit reinem Wasser, trocknet bei 120° und verbrennt von neuem. Auf diese Weise tritt vollständige Verbrennung ein, und man erhält gut stimmende Zahlen, während sonst die Resultate unbefriedigend zu sein pflegen.[8]

---

[1] GUTBIER, MAISCH: Ber. Dtsch. chem. Ges. 43, 3235 (1910). — GUTBIER, MEHLER: Ztschr. anorgan. allg. Chem. 89, 315 (1914). — Pyridinaquodichlortrioxoosmeat: SCALGLIARINI, ZANNINI: Gazz. chim. Ital. 53, 504 (1923).
[2] KRAUSS, SCHRADER: Journ. prakt. Chem. (2), 119, 283 (1928).
[3] COHN: Monatsh. Chem. 17, 670 (1896). — ROSENHEIM, MAASS: Ztschr. anorgan. allg. Chem. 18, 334 (1898), Anm. — BARBIERI: Atti R. Accad. Lincei (Roma), Rend. 23 I, 880 (1914).
[4] KURNAKOW, GWOSDAREW: Ztschr. anorgan. allg. Chem. 22, 385 (1900).
[5] Im Platintiegel würde eine Legierung entstehen: IWANOFF: Chem.-Ztg. 47, 210 (1923). [6] ROSENTHALER: Ztschr. analyt. Chem. 109, 31 (1937).
[7] DENNSTEDT: Ztschr. physiol. Chem. 52, 181 (1907). — AUTENRIETH, MEYER: Ber. Dtsch. chem. Ges. 58, 848 (1925).
[8] Siehe z. B. EVANS, TILT: Amer. chem. Journ. 44, 364 (1910).

Zur *quantitativen Bestimmung des Phosphors* in organischen Substanzen dienen gewöhnlich die auf S. 198ff. für die Schwefelbestimmung angeführten Methoden.

Die Methode von CARIUS für sich allein angewendet läßt hier allerdings öfters im Stich oder erfordert mindestens sehr langes Erhitzen (16—24 Stunden). Derartig resistente Substanzen müssen nach dem Erhitzen mit Salpetersäure und Neutralisieren mit Soda nach der LIEBIGschen Methode mit Ätzkali geschmolzen werden.[1]

Verläßlichere Resultate werden nach der BRÜGELMANNschen *Methode* erhalten.[2]

Die Substanz wird in einem Schiffchen mit feinkörnigem Natronkalk und Ätzkalk überdeckt und in eine etwa 11 mm weite Röhre von schwer schmelzbarem Glas geschoben. Vor der Substanz befindet sich eine zirka 12—14 cm lange, hinter ihr eine 8 cm lange Ätzkalkschicht, und zwar ohne Kanal. Die Röhre wird ganz allmählich von beiden Enden nach der Mitte zu erhitzt und gleichzeitig erst ein langsamer Luftstrom, später ein Sauerstoffstrom so durchgeleitet, daß die Substanz ohne sichtbare Entzündung verbrennt. Der Phosphor wird aus salpetersaurer Lösung mit molybdänsaurem Ammonium gefällt. Das phosphormolybdänsaure Ammonium wird auf einem Filter gesammelt, gut ausgewaschen, in Ammoniak gelöst, als Ammoniummagnesiumphosphat gefällt und nach dem Glühen gewogen.

Methode von MESSINGER.[3]

Die Substanz (0,3—0,4 g) wird mit 4—5 g Chromsäure[4] zersetzt. Der Zersetzungskolben wird mit einem Rückflußkühler verbunden. Man gießt 10 ccm Schwefelsäure (2 : 1) durch den Kühler und erwärmt gelinde. Nach einer Stunde werden noch 10 ccm Schwefelsäure zugefügt und die Erwärmung etwa eine Stunde fortgesetzt. Die Flüssigkeit muß nach dem Erkalten vollständig klar sein. Der Kolbeninhalt wird nach zweistündiger Digestion in ein Becherglas geleert und auf dem Wasserbad erwärmt. Man versetzt mit 3—4 g festem Ammoniumnitrat und 50 ccm Ammoniummolybdatlösung und setzt das Erwärmen 2 bis 3 Stunden fort. Die grünliche Flüssigkeit wird abfiltriert, der Niederschlag mit einer salpetersauren Lösung von Ammoniumnitrat (20 g in 100 ccm Wasser) 6—8mal dekantiert, dann aufs Filter gebracht und in 2proz. warmem Ammoniak gelöst. Die klare Flüssigkeit, deren Menge nicht mehr als 40—50 ccm betragen darf, wird mit 4—5 Tropfen konzentrierter Citronensäurelösung versetzt und mit Chlormagnesiumlösung gefällt.

Methode von MARIE.[5]

Die Substanz wird zuerst in überschüssiger konzentrierter Salpetersäure (etwa 15—20 ccm auf 1 g Substanz) gelöst, auf das kochende Wasserbad gebracht und eine kleine Menge feingepulvertes Kaliumpermanganat zugesetzt. Nach der Entfärbung fügt man wieder Permanganat zu, bis die Lösung einige Minuten lang deutlich rot gefärbt bleibt.

Man verwendet mindestens 5—6mal soviel Permanganat als Substanz; um so mehr davon, je schwerer oxydabel sie ist.

[1] Siehe Note 8 auf S. 243.
[2] SCHAEUBLE: Diss. Rostock 9, 1895. — Siehe auch MICHAËLIS, GENTZKEN: Liebigs Ann. **241**, 168 (1887). — ABEL: Diss. Rostock 57, 1909.
[3] MESSINGER: Ber. Dtsch. chem. Ges. **21**, 2916 (1888).
[4] Natriumpersulfat: DÉBOURDEAUX: Chem. Ztrbl. **1922 IV**, 10.
[5] MARIE: Compt. rend. Acad. Sciences **129**, 766 (1899). — BORDAS: Compt. rend. Acad. Sciences **134**, 1592 (1902). — FREUNDLER: Bull. Soc. chim. France (4), **11**, 1041 (1912). — STEINKOPF, BUCHHEIM: Ber. Dtsch. chem. Ges. **54**, 1032 (1921).

Man läßt erkalten und fügt tropfenweise 10proz. Natrium- oder Kaliumnitrit-lösung zu, bis die Lösung klar wird. Durch Kochen werden überschüssige Salpeter-säure und salpetrige Säure verjagt und Molybdänsäurelösung, der erwarteten Phosphorsäuremenge entsprechend, zugesetzt. Die Phosphormolybdänsäure muß sehr sorgfältig ausgewaschen werden, wobei man untersucht, ob die Wasch-wässer beim Erhitzen mit Bleisuperoxyd keine Permanganatfärbung mehr zeigen. — Nach der Fällung des Phosphors mit Magnesiasolution muß wieder alles Molybdän ausgewaschen werden. Um letzteres nachzuweisen, säuert man das ammoniakalische Waschwasser mit überschüssiger Salzsäure an und fügt ein paar Tropfen Rhodanammonium und etwas Zink hinzu. Das Molybdän verrät sich dann durch das Auftreten einer Rosafärbung.

Die Methode von MARIE führt namentlich auch bei sehr schwer oxydablen Substanzen, die nach CARIUS kaum aufgeschlossen werden können,[1] zu aus-gezeichneten Resultaten.

Phosphorbestimmung in der calorimetrischen Bombe: LEMOULT: Compt. rend. Acad. Sciences 149, 511 (1909). — GARELLI, CARLI: Atti R. Accad. Scienze Torino 67, 397 (1932). — In der PARRbombe: TSENG, WEI: Science Quart. nat. Univ. Peking 2, 15 (1937).[2]

Alkalimetrische Bestimmung der Phosphorsäure unter Benutzung der Säuregemischveraschung nach NEUMANN.[3]

Die Substanz wird nach den S. 269ff. gegebenen Vorschriften verascht, wobei sogleich 20 ccm Säuremischung zugesetzt werden. Während des weiteren Ver-laufs der Veraschung tröpfelt man nur konzentrierte Salpetersäure zu. Man ver-dünnt auf 250 ccm, wobei außer dem Wasser so viel 50proz. Ammoniumnitrat-lösung zuzugeben ist, daß in dem Viertelliter 15% davon vorhanden sind. Man erhitzt auf 60—70°, d. h. bis gerade Blasen aufsteigen, und setzt einen nicht gar zu großen Überschuß 10proz. Molybdatlösung zu.

40 ccm genügen für 60 mg Phosphorsäureanhydrid; zu Proben, die 10—25 mg Phosphorpentoxyd enthalten, verwendet man zirka 40 ccm, zu solchen, die mut-maßlich weniger als 10 mg enthalten, 20 ccm Molybdatlösung.

Man schüttelt den Niederschlag von phosphormolybdänsaurem Ammonium etwa $1/2$ Minute gründlich durch und läßt 15 Minuten stehen. Dann filtriert und wäscht man durch Dekantation. Vorher wird das Filter mit 15proz. Ammonium-nitrat befeuchtet.

Zu dem im Kolben zurückgebliebenen Niederschlag fügt man 150 ccm eis-kaltes Wasser, schüttelt kräftig und läßt absitzen. Währenddessen wird auch

---

[1] BAEYER, HOFMANN: Ber. Dtsch. chem. Ges. 30, 1973 (1897).

[2] Man schließt mit Na_2O_2 auf, löst in Wasser, säuert mit 6 n HNO_3 an, engt auf 100 ccm ein, filtriert, erwärmt mit 30 ccm HNO_3, 20 ccm Wasser, 50 ccm NH_4-Molybdat 1 Stunde auf 60—65°, Niederschlag bei 160° trocknen. Genauigkeit ± 1—2%.

[3] NEUMANN: Ztschr. physiol. Chem. 37, 129 (1902); 43, 35 (1904). — MALCOLM: Journ. Physiol. 27, 355 (1902). — CRONHEIM, MÜLLER: Ztschr. diät. u. physikal. Ther. 6, (1902/03). — DONATH: Ztschr. physiol. Chem. 42, 142 (1904). — EHRSTRÖM: Skand. Arch. Physiol. 14, 82 (1904). — WENDT: Skand. Arch. Physiol. 17, 215 (1905). — RUBOW: Arch. exp. Pathol. Pharmakol. 57, 71 (1905). — PLIMMER, BAYLISS: Journ. Physiol. 33, 441 (1906). — GLIKIN: Biochem. Ztschr. 4, 240 (1907). — ER-LANDSEN: Ztschr. physiol. Chem. 51, 85 (1907). — GREGERSEN: Ztschr. physiol. Chem. 53, 453 (1907). — PLIMMER: Journ. chem. Soc. London 93, 1502 (1908). — WOLF, ÖSTERBERG: Biochem. Ztschr. 29, 436 (1910). — HEUBNER: Biochem. Ztschr. 64, 393 (1914). — JODIDI: Journ. Amer. chem. Soc. 37, 1708 (1915). — ZLATAROFF: Biochem. Ztschr. 76, 221 (1916). — KLEINMANN: Biochem. Ztschr. 99, 95 (1919). — IVERSEN: Biochem. Ztschr. 104, 15 (1920). — NYLÉN: Ber. Dtsch. chem. Ges. 59, 1123 (1926).

das Filter 1—2mal mit eiskaltem Wasser gefüllt. Man dekantiert und wäscht noch 3—4mal in gleicher Weise, bis das Waschwasser gerade nicht mehr gegen Lackmuspapier sauer reagiert.

Nunmehr gibt man das Filter in den Kolben zurück, zerteilt es durch heftiges Schütteln in der ganzen Flüssigkeit und löst den gelben Niederschlag, indem man gemessene Mengen $n/_2$-Natronlauge hinzufügt, unter beständigem Schütteln und ohne Erwärmen gerade zu einer farblosen Flüssigkeit auf. Sodann werden noch 4 ccm Lauge zugesetzt und gekocht (zirka $1/_4$ Stunde), bis in den Wasserdämpfen durch feuchtes Lackmuspapier kein Ammoniak mehr nachweisbar ist. Nach völligem Abkühlen unter der Wasserleitung und Ergänzung der Flüssigkeitsmenge auf zirka 150 ccm muß durch Hinzufügen von 6—8 Tropfen 1proz. Phenolphthaleinlösung starke Rotfärbung eintreten, widrigenfalls nochmals nach Zusatz einiger Kubikzentimeter Lauge gekocht werden muß. Dann übersättigt man mit $1/_2$—1 ccm $n/_2$-Schwefelsäure, kocht und titriert zurück.

Es ist angezeigt, einen blinden Versuch auszuführen.

Die Zahl der verbrauchten Kubikzentimeter $n/_2$-Lauge, mit 1,268 multipliziert, ergibt die Menge Phosphorsäureanhydrid in Milligrammen; Multiplikation mit 0,554 ergibt den Phosphor.

Zieht man vor, mit $n/_{10}$-Lauge zu arbeiten, so ist:

$$1 \text{ ccm } n/_{10}\text{-Lauge} = 0{,}2536 \text{ P}_2\text{O}_5 = 0{,}11075 \text{ P.}$$

Mikro-Phosphorbestimmung nach dem NEUMANNschen Verfahren.[1]

Man verfährt im allgemeinen, wie weiter oben angegeben, nur benutzt man gehärtete Filter (Schleicher und Schüll, 9 cm R. F. P. 575); der Niederschlag kann dann nach dem Waschen durch die Spritzflasche vollkommen vom Filter abgespült werden. Das Waschen kann mit etwa 40 ccm kaltem Wasser geschehen. Der Niederschlag wird in den Kolben zurückgespült, in dem gefällt wurde, $n/_{25}$-Natronlauge zugesetzt, bis zu einem Überschuß von 1—2 ccm und außerdem 3—4 kleine Bimssteinstücke. Im Kolben müssen nun mindestens 50 ccm Flüssigkeit vorhanden sein. Man dampft bis auf etwa 20 ccm ein, setzt dann einen Tropfen 1proz. alkoholischer Phenolphthaleinlösung und so viel $n/_{25}$-Schwefelsäure zu, daß Entfärbung eintritt und weiter etwa 0,4 ccm, kocht ein paar Minuten und titriert nach dem Abkühlen mit $n/_{25}$-Natronlauge bis zur Rotfärbung zurück.

Mikro-Phosphorbestimmung nach LIEB.

Siehe PREGL, ROTH: Mikroanalyse, S. 156, 160. 1935.

Weiteres über Mikrophosphorsäurebestimmung: EMBDEN: Ztschr. physiol. Chem. **113**, 138 (1921). — SVANBERG, SJÖBERG, ZIMMENLUND: Ark. Kemi, Mineral. Geol. 8, 17 (1922). — GROTE: Ztschr. physiol. Chem. **128**, 254 (1923). — KUHN: Ztschr. physiol. Chem. **129**, 64, 66, 73 (1923). — WINTERSTEINER: Mikrochemie 4, 155 (1926). — HELLER: Mikrochemie **7**, 208 (1929).

35. Platin Pt = 195,23.[2]

Im allgemeinen wird das Platin in den organischen Doppelsalzen durch Glühen der Substanz als Metall erhalten.

Das Chloroplateat, $[\text{CrCl}(\text{C}_3\text{H}_7 \cdot \text{NH}_2)_5]\text{PtCl}_6 + 1 \text{ H}_2\text{O}$, wurde im Trockenschrank einige Stunden bis 160°, dann über freier Flamme, jedoch nicht zum Glühen, erhitzt; schließlich wurde mit einigen Tropfen Salpetersäure versetzt und geglüht.[3] Bei direktem Glühen geht leicht Platin verloren.

---

[1] IVERSEN: Biochem. Ztschr. **104**, 26 (1920).
[2] Siehe auch S. 169.   [3] MANDAL: Ber. Dtsch. chem. Ges. **53**, 336 (1920).

In platinhaltigen Derivaten der Pikrinsäure und Pikrolonsäure wurde das Metall durch vorsichtiges Erhitzen in einem Quarzrohr mit etwas Schwefel- oder Salpetersäure und darauf folgendes Glühen bestimmt.[1]

Zur *Analyse explosiver Salze* vermischt GRIESS die Substanz mit Soda und erhitzt dann zum Glühen.[2]

Das sehr explosive Platindoppelsalz des Tetraaethyltetrazons löste E. FISCHER zunächst in Wasser, zersetzte durch gelindes Erwärmen und glühte den Rückstand.[3]

Trimethylplatiniumjodid und *-sulfat* werden durch vorsichtiges Erhitzen mit Jod und Chloroform, *Trimethylplatiniumhydroxyd* mit Jodwasserstoffsäure zersetzt.[4]

Platindoppelsalze von Arsoniumbasen[5] werden in einer Verbrennungsröhre im schwachen Luftstrom zuerst sehr gelinde, dann allmählich bis zum schwachen Rotglühen erhitzt; die noch vorhandenen Reste von Kohle werden hierauf durch längeres Überleiten von Sauerstoff völlig verbrannt und das Platin durch darauffolgendes heftiges Glühen im Wasserstoffstrom von den letzten Spuren Arsen befreit.

Über die *Analyse von Chloroplatinaten* nach EDINGER siehe S. 181.

Über die SCHEIBLERsche *Methode* siehe unter Gold, S. 235.

In allen Fällen, wo die Zusammensetzung einer Base lediglich aus der Analyse des Platinsalzes erschlossen werden kann, ist eine *Bestimmung des Chlors* unerläßlich.

Die Substanz[6] wird in einer Platinschale abgewogen und mit einer frisch bereiteten konzentrierten Lösung von $1/2$—1 g Natrium in *absolutem* Alkohol übergossen und hierauf bis zur Bildung einer Krystallhaut abgeraucht. Dann entzündet man den Rückstand.

Wenn die Flamme erloschen ist, wird die Schale noch kurze Zeit über freiem Feuer erhitzt und dann der Schaleninhalt in ein Becherglas gespült, mit Salpetersäure angesäuert, filtriert, gewaschen und das Chlor gefällt. Das auf dem Filter befindliche Gemenge von Platin und Kohlenstoff wird in dieselbe Schale gebracht, in der die Zerlegung des Platinsalzes stattfand, und nach Verbrennung des Filters und der Kohle geglüht und gewogen.

HOOGEWERFF, VAN DORP[7] fügen zur wässerigen Lösung des Chloroplatinats reines *Natriumamalgam* und bestimmen das Chlor nach der Fällung des Platins im Filtrat.

Zur Analyse des *Platindoppelsalzes der Thiopyrinphosphinsäure* wurde mit Soda und Salpeter geglüht, der Rückstand mit verdünnter Säure digeriert, abfiltriert und samt dem Filter verascht.[8]

Trennung von Platin und Chrom: MANDAL: Ber. Dtsch. chem. Ges. 49, 1314 (1916).

36. Quecksilber Hg = 200,61.

Zum *Nachweis* des Quecksilbers erhitzt man vorsichtig mit Kupferpulver in der Eprouvette. Das Quecksilber scheidet sich an den Rohrwänden ab. Man

---

[1] TSCHUGAEFF, CHLOPIN: Ztschr. anorgan. allg. Chem. 86, 245 (1914).

[2] GRIESS: Liebigs Ann. 137, 52, 63 (1866).

[3] E. FISCHER: Liebigs Ann. 199, 320 (1879).

[4] POPE, PEACHEY: Journ. chem. Soc. London 95, 572, 574, 575 (1909).

[5] LA COSTE, MICHAËLIS: Liebigs Ann. 201, 214 (1880).

[6] WALLACH: Ber. Dtsch. chem. Ges. 14, 753 (1881). — GANSSER: Ztschr. physiol. Chem. 61, 34 (1909). — BORSCHE, GERHARDT: Ber. Dtsch. chem. Ges. 47, 2911 (1914). — BREDENBERG: Diss. Erlangen 31, 1914.

[7] HOOGEWERFF, VAN DORP: Rec. Trav. chim. Pays-Bas 9, 55 (1890).

[8] DYCKERHOFF: Diss. Rostock 27, 1915.

leitet Joddämpfe ein, das Kondensat färbt sich gelb, beim Erhitzen rot, beim Erkalten wieder gelb.[1]

Um das Quecksilber bei der Elementaranalyse zugleich mit Kohlenstoff und Wasserstoff zu bestimmen,[2] zieht man das vordere Ende des Verbrennungsrohrs zu einer 8—10 cm langen, engen Röhre aus, die mittels eines Kautschukschlauchs direkt mit dem Chlorcalciumröhrchen verbunden wird. Einige Zentimeter weiter rückwärts ist die Verbrennungsröhre wieder ausgezogen, und die zwei ausgezogenen Röhrenteile sind so umgebogen, daß eine Art U-Röhre für die Aufnahme des Quecksilbers und Wassers entsteht. Diesen Teil des Rohrs hält man durch Einstellen in kaltes Wasser kühl.

Bei Beendigung der mit Kupferoxyd im offenen Rohr ausgeführten Verbrennung[3] wird, während der Luftstrom noch durchstreicht, der dem Kupferoxyd zunächst befindliche ausgezogene Teil der Röhre etwas aus dem Ofen herausgeschoben. Wenn man alle Quecksilber-

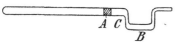

Abb. 114. Quecksilberbestimmung.

kügelchen, die sich etwa in dem ausgezogenen Hals befanden, in die U-Röhre getrieben hat, wird letztere abgeschmolzen. Nachdem der Kaliapparat abgenommen ist, wird eine zweite Chlorcalcium- (Schwefelsäure-) Röhre an seine Stelle vorgelegt und das freie Ende mit einer Luftpumpe in Verbindung gebracht. Nach einer Stunde ist die ganze Menge des Wassers aus der U-Röhre in das Absorptionsgefäß übergegangen.

Nach dem Wägen der U-Röhre wird ihr zugeschmolzenes Ende am Gebläse erhitzt, während man von der anderen Seite trockene Luft hineinbläst. Es entsteht so ein Loch, durch das das Quecksilber durch Hitze und einen Luftstrom ausgetrieben wird. Man kann auch nach der Verbrennung und Abnahme der Absorptionsgefäße das U-Rohr absprengen, zuerst für sich wägen, dann durch Gewichtsverlust im Exsiccator das Wasser und schließlich durch Erhitzen im Luftstrom das Quecksilber bestimmen.

Verzichtet man auf die Quecksilberbestimmung, so verbrennt man mit Kupferoxyd und vorgelegtem Bleisuperoxyd, das auf 150—160° erhitzt wird[4] (15 cm lange Schicht), oder läßt bloß das Verbrennungsrohr 15—20 cm aus dem Ofen herausragen.[5]

Um Quecksilber mit Halogen gleichzeitig zu bestimmen, geht man ähnlich vor, indem man das nach S. 167 mit Kalk (und Magnesit) beschickte Rohr an seinem offenen Ende U-förmig auszieht, nachdem man bei *A* (Abb. 114) einen kleinen Pfropfen von halogenfreiem Asbest angebracht hat. Das in *B* angesammelte Quecksilber wird, nachdem man das Rohr bei *C* abgesprengt hat, mit Wasser in ein gewogenes Schälchen gespült, die Hauptmenge des Wassers abgegossen, dann das Quecksilber mit Alkohol gewaschen, mit Filtrierpapier abgetupft und schließlich im Vakuumexsiccator über Schwefelsäure getrocknet.

Bei besonders genauen Analysen fängt man die letzten Spuren Quecksilber,

---

[1] TSENG: Journ. Chin. chem. Soc. **3**, 27 (1935).

[2] HOFMANN: Liebigs Ann. **47**, 63 (1843). — NICHOLSON: Liebigs Ann. **62**, 79 (1847). — FRANKLAND, DUPPA: Liebigs Ann. **130**, 107 (1864). — DIMROTH: Ber. Dtsch. chem. Ges. **32**, 759, Anm. (1899). — E. FISCHER: Ber. Dtsch. chem. Ges. **40**, 387 (1907). — ANSCHÜTZ: Liebigs Ann. **359**, 208 (1908). — ABELMANN: Ber. Dtsch. chem. Ges. **47**, 2935 (1914). — Siehe auch GRIGNARD, ABELMANN: Bull. Soc. chim. France (4), **19**, 25 (1916). — STEINKOPF: Liebigs Ann. **424**, 34 (1921).

[3] Um ein Sublimieren der Substanz nach rückwärts zu verhindern, kann man nach der Kupferoxydspirale ein kurzes, ziemlich eng anliegendes, gegen die Spirale geschlossenes Rohr einschieben: SACHS: Liebigs Ann. **433**, 157 (1923).

[4] KONEK, NORWALL: Chem.-Ztg. **31**, 1185 (1907).

[5] GOY: Diss. Marburg 37, 1908.

die aus der U-Röhre entweichen könnten, in vorgelegten Goldblättchen auf, die sich mit dem Quecksilber amalgamieren.[1]

Bei der Verbrennung mit Ätzkalk bildet sich öfters auf dem Kalk ein Anflug von Kohle sowie ein Destillat von teerigen oder krystallinischen Stoffen, die die Reinigung des Quecksilbers erschweren. Um dies zu vermeiden, vermischen MARSH, LYE[2] die Substanz mit dem Doppelten ihres Gewichtes an trockenem Calciumsulfat und mit einem Überschuß von Calciumoxyd und verfahren weiter in üblicher Weise. Zum Vertreiben des im Rohr verbliebenen Quecksilberdampfes verwenden sie Kohlenoxyd, das aus dem im geschlossenen Ende des Verbrennungsrohrs befindlichen Calciumoxalat entwickelt wird.

Für schwefelhaltige Verbindungen ist das Verfahren nicht gut anwendbar.

Solche Substanzen schließt man mit Salpetersäure im Rohr auf[3] und reduziert das Quecksilber, das schließlich als Chlorür bestimmt wird, mit phosphoriger Säure.[4] BILTZ, MUMM fällen das Quecksilber als Sulfid.[5]

Zur Bestimmung des Quecksilbers im *Quecksilberdisalicylsäureester* wird etwa 0,2 g Ester in 100 ccm absolutem Alkohol gelöst und nacheinander 5 Stückchen metallisches Natrium von Kirschkerngröße in die Lösung eingetragen: das Quecksilber verbleibt nach der Reduktion als kleine Kugel, die nach dem Dekantieren der Mutterlauge durch Behandeln mit verdünnter Salzsäure, Wasser und Alkohol leicht gereinigt werden kann.

Zur *Analyse des basischen Mercurisalicylats*[6] löst man 0,25 g Substanz in 25 ccm einer 4—6proz. Cyankaliumlösung, versetzt mit überschüssiger Salzsäure und zirka 150 ccm Wasser und fällt das Quecksilber in der Nähe des Kochpunktes der Flüssigkeit mit Schwefelwasserstoff als Sulfid.

Oftmals ist ein eigentliches Aufschließen der Substanz nicht notwendig. Man kocht bloß einige Zeit mit konzentrierter Salzsäure, verdünnt dann mit Wasser und leitet Schwefelwasserstoff ein.[7] Die Substanz braucht dabei in der Regel nicht gelöst zu werden;[8] für die Analyse der *Oxymercabide*[9] ist es indessen notwendig, mit Bromwasser zu erwärmen, bis Lösung und Entfärbung eingetreten ist. Salzsäure und Schwefelwasserstoff greifen selbst bei tagelangem Digerieren nur unvollständig an.

Die Verbrennung dieser explosiven Körper ist mit den S. 125 gegebenen Kautelen auszuführen.

Quecksilberdibenzyl wird durch 2—3stündiges Erhitzen mit Eisessig im Rohr auf 170° unter Abscheidung des Metalls zerlegt.[10]

---

[1] ERDMANN, MARCHAND: Journ. prakt. Chem. (1), **31**, 393 (1844). — Vgl. auch KÖNIG: Journ. prakt. Chem. (1), **70**, 64 (1856). — ABELMANN: Ber. Dtsch. chem. Ges. **47**, 2936 (1914). — MEIXNER, KRÖCKER: Mikrochemie 5, 131 (1927).

[2] MARSH, LYE: Analyst **42**, 84 (1917); Chem. Ztrbl. **1917** II, 247.

[3] Siehe dazu HILPERT, GRÜTTNER: Ber. Dtsch. chem. Ges. **48**, 911 (1915).

[4] POHL: Diss. Berlin 21, 1907.

[5] BILTZ, MUMM: Ber. Dtsch. chem. Ges. **37**, 4420 (1904). — Siehe auch STAMM: Diss. Würzburg 25, 1909. — THON: Diss. Rostock 49, 1910. — BRIEGER, SCHULEMANN: Journ. prakt. Chem. (2), **89**, 131 (1914). — SCHOELLER, SCHRAUTH, HUETER: Ber. Dtsch. chem. Ges. **53**, 640 (1920).

[6] LAJOUX: Journ. Pharmac. Chim. (7), **15**, 241 (1917); siehe dazu Journ. Pharmac. Chim. (7), **11**, 279 (1917). — BRIEGER: Arch. Pharmaz. **250**, 62 (1912).

[7] SCHENK, MICHAËLIS: Ber. Dtsch. chem. Ges. **21**, 1501 (1888). — KUNZ, KRAUSE, RICHTER: Arch. Pharmaz. **245**, 34 (1907). — BISS: Diss. Berlin 26, 1911. — JAMIESON, WHERRY: Journ. Amer. chem. Soc. **42**, 137 (1920). — HANN: Journ. Amer. chem. Soc. **45**, 1764 (1923). [8] PESCI: Gazz. chim. Ital. **23** II, 533 (1893).

[9] K. A. HOFMANN: Ber. Dtsch. chem. Ges. **31**, 1905 (1898). — HOFMANN, SAND: Ber. Dtsch. chem. Ges. **33**, 2697 (1900). — SACHS, EBERHARTINGER: Ber. Dtsch. chem. Ges. **56**, 2225 (1923). [10] WOLFF: Ber. Dtsch. chem. Ges. **46**, 65 (1913).

Die *Quecksilberbestimmung in jodhaltigen Substanzen*[1] gelingt nur durch Erhitzen mit Kalk im Kohlendioxydstrom und Wägung des abdestillierten Metalls.

Zur Bestimmung des Quecksilbers in stickstoffhaltigen organischen Verbindungen
ist es nach SCHIFF[2] erforderlich, die organische Substanz vorerst vollständig
(durch Eindampfen mit Königswasser, evtl. unter Zugabe von Kaliumchlorat)
zu zerstören. Das Quecksilber wird dann am besten durch Erwärmen mit phosphoriger Säure als Kalomel bestimmt. Siehe VANINO, SEUBERT: Ber. Dtsch.
chem. Ges. 30, 2808 (1897).

Bestimmung des Quecksilbers nach RUPP, NÖLL.[3]

Wird die organische Substanz nach KJELDAHL oxydiert, so läßt sich nachher
das Quecksilber nach der Gleichung:

$$HgSO_4 + 2 NH_4SCN = Hg(SCN)_2 + (NH_4)_2SO_4$$

titrimetrisch mit Rhodanammonium und Ferriammoniumsulfat[4] bestimmen.

Die Substanz (0,3 g) wird mit 5 ccm Schwefelsäure und 1 g Salpeter aufgeschlossen. Die Erhitzung wird in einem schiefstehenden Reagensglas am Steigrohr vorgenommen. Nachdem bis zur Farblosigkeit gekocht wurde (10 bis
30 Minuten), läßt man erkalten und gießt, Steigrohr wie Kork abspülend, in
einen Titrierbecher um. Hierauf versetzt man bis zu dauernder Rosafärbung
mit Permanganatlösung, nimmt durch ein Tröpfchen Wasserstoffsuperoxydlösung die Rötung wieder weg und titriert nach Zugabe von Eisenalaun mit
$n/_{10}$-Rhodanlösung, 1 ccm = 0,01003 g Quecksilber; Abwesenheit jeglichen Ha-
logengehalts in Substanz und Reagenzien unerläßlich.[5]

Der Aufschluß mit Nitratschwefelsäure ist auch wohl geeignet zur gewichts-
analytischen Bestimmung des Quecksilbers als Sulfid. Die vorbehandelte und
stark verdünnte Sulfatlösung wird mit etwa 1 g Kochsalz versetzt, mit Natronlauge bis zu beginnender Trübung versetzt und mit Salzsäure wieder angesäuert.
Man gelangt so oftmals rascher zum Ziel, als wenn man das Quecksilber durch
direktes Erwärmen der Substanz mit Salzsäure ionisiert.

Zur Aufschließung der aromatischen Quecksilbersalze[6] *auf nassem Wege*[7] löst
man 0,3 g Substanz mit Hilfe von 1 g Soda in 9 g Wasser, gibt 1,5 g[8] sehr fein
pulverisiertes Permanganat hinzu und mischt gleichmäßig durch. Nach 5 Minuten fügt man vorsichtig 5 ccm konzentrierte Schwefelsäure zu, verdünnt nach

---

[1] SAND: Ber. Dtsch. chem. Ges. 34, 1388, Anm. (1901). — Siehe dazu auch
STEINKOPF: Liebigs Ann. 424, 36 (1921).   [2] SCHIFF: Liebigs Ann. 316, 247 (1901).
[3] RUPP, NÖLL: Arch. Pharmaz. 243, 1, 244, 300, 536 (1905). — RUPP: Ber. Dtsch.
chem. Ges. 39, 3702 (1906); 40, 3276 (1907).

[4] Titration mit Cyankalium und Silbernitrat: BAUER: Ber. Dtsch. chem. Ges. 54,
2080 (1921). — BINZ, RÄTH: Liebigs Ann. 455, 130 (1927). — Mit Nitroprussidnatrium
und Chlornatrium: VOTOČEK, KAŠPAREK: Bull. Soc. chim. France (4), 33, 110 (1923).
— Aufschließen mit Perhydrol und Schwefelsäure oder Salzsäure: WÖBER: Ztschr.
angew. Chem. 33, 63 (1920). — MANCHOT: Liebigs Ann. 421, 322 (1920). — BAUER:
Ber. Dtsch. chem. Ges. 54, 2079 (1921). — DEUSSEN: Journ. prakt. Chem. (2), 114,
87 (1926). — SCHLENK, BERGMANN: Liebigs Ann. 463, 104 (1928). — THOMPSON,
OAKDALE: Journ. Amer. chem. Soc. 52, 1198 (1930). — Für halogenhaltige Substanzen
setzt man der Probe die 5fache Menge granuliertes Zink zu.

[5] BRIEGER, SCHULEMANN: Journ. prakt. Chem. (2), 89, 132 (1914). — RUPP:
Arch. Pharmaz. 255, 196 (1917). — Siehe auch WESTENSON: Apoth.-Ztg. 1917, Nr. 20.

[6] Elektrolytische Bestimmung: MURRAY: Ind. engin. Chem. 8, 257 (1916). —
BROWNING: Journ. chem. Soc. London 111, 236 (1917). — STEINKOPF: Liebigs Ann.
424, 34 (1921).

[7] RUPP, KROPAT: Apoth.-Ztg. 27, 377 (1912). — Mit KMnO_4, HNO_3 und H_2SO_4:
BORDEIANU: Ann. Univ. Jassy 20, 129 (1935).

[8] RUPP: Arch. Pharmaz. 255, 197 (1917). — Siehe auch GADAMER: Arch. Pharmaz.
256, 265 (1918).

weiteren 5 Minuten mit zirka 40 ccm Wasser und bringt dann den Braunstein-
niederschlag durch allmählichen Zusatz von 4—8 ccm 3proz. chloridfreiem Wasserstoffsuperoxyd ganz oder nahezu vollständig zum Verschwinden. Man fügt
tropfenweise bis zur ganz schwachen Rosafärbung 1proz. Permanganatlösung
zu, nimmt die Farbe durch eine Spur Ferrosulfat wieder weg und titriert nach
Zugabe von zirka 5 ccm Eisenalaunlösung mit $n/_{10}$-Rhodanlösung.

Quecksilberbestimmung in Sozojodolpräparaten: HERRMANN: Arch. Pharmaz. 254,
498 (1916).

Methode von FRANÇOIS[1] *für Quecksilberverbindungen der Fettreihe.*

Zirka 0,5 g fein gepulverte Substanz werden in einem Viertelliter-ERLENMEYER-
kolben in 30 ccm Aether und 10 ccm 95proz. Alkohol ganz oder größtenteils gelöst, 1 ccm konzentrierte Salzsäure und 1 g *reine* Zinkfeilspäne zugesetzt. Man
schüttelt um, läßt eine halbe Stunde stehen, gibt wieder die gleichen Mengen
Säure und Zink zu, wiederholt dies nach einer weiteren halben Stunde und läßt
24 Stunden stehen.

Das Zinkamalgam wird durch Dekantieren (ohne Filter) und viermaliges
Waschen (zweimal mit einer Mischung von 100 Vol. Alkohol und 30 Vol. Wasser,
dann zweimal mit Wasser) gereinigt. Diesmal dekantiert man über ein glattes
Filter. Man spült den Filterrückstand mit 5×5 ccm Salzsäure (1:1) in den
ERLENMEYERkolben zurück. Nach 24 Stunden dekantiert man und löst durch
25 ccm rauchende Salzsäure das Zink im Verlaufe weiterer 24 Stunden auf. Es
bleibt eine einzige Quecksilberkugel zurück. Man dekantiert, wäscht zweimal
mit Wasser und trocknet.

Quecksilbersalze organischer Säuren sind noch viel einfacher analysierbar.

Man gibt zirka 0,5 g Substanz in einen ERLENMEYERkolben, füllt 0,5 g Kaliumjodid hinzu und hierauf 10 ccm 10proz. Natronlauge. Man löst durch Umschütteln das Jodkalium und trägt 1 g Zinkfeile, nach einer halben Stunde
wieder die gleichen Mengen Lauge und Zink ein und ebenso ein drittes Mal
nach einer weiteren halben Stunde. Nach 24 Stunden fügt man 50 ccm Wasser
hinzu, dekantiert durch ein glattes Filter und wäscht viermal durch Dekantation
mit Wasser. Dann wird, wie weiter oben angegeben, zu Ende verfahren.

Bestimmung kleiner Quecksilbermengen: BOOTH, SCHREIBER, ZWICK: Journ.
Amer. chem. Soc. 48, 1813 (1926). Messung des erhaltenen Quecksilberkügelchens
mit dem Mikrometerokular. — STOCK: Ztschr. angew. Chem. 46, 62, 187 (1933).

Mikroanalyse: HERNLER: PREGL-Festschr., S. 154. 1929. — VERDINO: Mikrochemie 6, 5 (1928). — DIETERLE, DICKENS: Arch. Pharmaz. 264, 281 (1926). —
MEIXNER, KRÖCKER: Mikrochemie 5, 132 (1927). — RUTGERS: Compt. rend. Acad.
Sciences 190, 746 (1930). — FURTER: Mikrochemie 9, 27 (1931) (Halbmikrobestimmung).

37. Rhenium Re = 186,31.

Bestimmung als $HReO_4$: DRUCE: Rec. Trav. chim. Pays-Bas 54, 335 (1935).

38. Rhodium Rh = 102,91.

Die Substanz wird mit Königswasser zersetzt, eingedampft, mit 1proz.
Natronlauge einige Stunden erhitzt, wiederholt dekantiert, filtriert, gewaschen,
mit dem Filter verascht, mit Wasserstoff reduziert und im Kohlendioxydstrom
erkalten gelassen.[2]

---

[1] FRANÇOIS: Bull. Soc. chim. France (4), 27, 281, 568 (1920).
[2] GUTBIER: Ber. Dtsch. chem. Ges. 42, 1437 (1909). — MANCHOT, KÖNIG: Ber.
Dtsch. chem. Ges. 58, 2174 (1925).

39. Rubidium Rb = 85,48.

Rubidiumsalze werden nach Zusatz einiger Tropfen Schwefelsäure verascht,[1] seltener wird das Rubidium als Chlorid bestimmt.[2]

Rubidiumpikrat explodiert beim Erhitzen.[3]

Analyse von Rubidium-Zinkaethyl: GROSSE: Ber. Dtsch. chem. Ges. **59**, 2654 (1926).

40. Ruthenium Ru = 101,7.

Man reduziert äußerst vorsichtig im ROSEtiegel. — KRAUSS: Diss. Erlangen 1914. — GUTBIER, KRAUSS: Journ. prakt. Chem. (2), **91** (1915); Ber. Dtsch. chem. Ges. **56**, 1010 (1923). — Evtl. muß die Substanz in Filtrierpapier eingewickelt werden.[4]

41. Samarium Sm = 150,43.

Antipyrinsamariumnitrat geht durch Glühen in Sm_2O_3 über.[5]

42. Sauerstoff O = 16.

Der Sauerstoffgehalt organischer Substanzen wird ausschließlich indirekt bestimmt, was allerdings voraussetzt, daß man sich von der Abwesenheit anderer als der bestimmten Elemente vergewissert hat. Zu welchen Irrtümern das Unterlassen dieser Vorsichtsmaßregel Gelegenheit geben kann, ist in der Einleitung zu diesem Kapitel[6] betont worden.

Die bis jetzt ausgearbeiteten Methoden[7] zur Sauerstoffbestimmung sind überaus umständlich und nicht von allgemeiner Anwendbarkeit, so daß sie auch kaum jemals von anderen als ihren Erfindern benutzt worden sind.

Mikrosauerstoffbestimmung: LINDNER, WIRTH: Ber. Dtsch. chem. Ges. **70**, 1025 (1937). — UNTERZAUCHER, BÜRGER: Ber. Dtsch. chem. Ges. **70**, 1392 (1937); **71**, 429 (1938).

Daß man übrigens „ohne eine solche Methode sehr wohl auskommen kann, lehrt die Entwicklungsgeschichte der organischen Chemie, man sieht keine Stelle, wo die fortschreitende Entwicklung durch das Fehlen einer solchen Methode gehemmt worden wäre".[8]

---

[1] VAN DER VELDEN: Journ. prakt. Chem. (2), **15**, 154 (1877). — SALWAY: Diss. Leipzig 39, 1906. — FLADDE: Diss. Leipzig 24, 28, 32, 1909. — HEILBRON: Diss. Leipzig 29, 30, 1910.

[2] WINDAUS: Ber. Dtsch. chem. Ges. **41**, 617 (1908); als Rb_2PtCl_6: Ber. Dtsch. chem. Ges. **41**, 2560 (1908); siehe S. 226.

[3] SILBERRAD, PHILIPS: Journ. chem. Soc. London **93**, 476 (1908).

[4] MOND: Journ. chem. Soc. London **1930**, 1248.

[5] KOLB: Ztschr. anorgan. allg. Chem. **83**, 145 (1913).   [6] Siehe S. 112.

[7] BAUMHAUER: Liebigs Ann. **90**, 228 (1854); Ztschr. analyt. Chem. **5**, 141 (1866). — LADENBURG: Liebigs Ann. **135**, 1 (1865). — MAUMENÉ: Journ. prakt. Chem. (1), **84**, 185 (1861); Compt. rend. Acad. Sciences **55**, 432 (1861). — MITSCHERLICH: Pogg. **130**, 536 (1841); Ztschr. analyt. Chem. **6**, 136 (1867); Ber. Dtsch. chem. Ges. **1**, 45 (1868); Ztschr. analyt. Chem. **7**, 272 (1868); Ber. Dtsch. chem. Ges. **6**, 1000 (1873). Tageblatt d. 47. Naturf.-Vers. **1874**, 122; Ber. Dtsch. chem. Ges. **7**, 1527 (1874); Ztschr. analyt. Chem. **15**, 371 (1876). — PHELPS: Amer. Journ. Science (4), **4**, 372 (1897). — BOSWELL: Journ. Amer. chem. Soc. **35**, 284 (1913); **36**, 127 (1914). — PERSOZ: Ann. chim. phys. (2), **75**, 5 (1840). — STROHMEYER: Liebigs Ann. **117**, 243 (1851). — WANKLYN, FRANK: Philos. Magazine (4), **26**, 554 (1863). — CRETIER: Ztschr. analyt. Chem. **13**, 1 (1874). — STREBINGER: Ztschr. analyt. Chem. **58**, 97 (1919). — TER MEULEN: Rec. Trav. chim. Pays-Bas **41**, 509 (1922); **53**, 119 (1934). — GLOCKLER, ROBERTS: Journ. Amer. chem. Soc. **50**, 828 (1928). — RUSSEL, MARKS: Ind. engin. Chem., Analyt. Ed. **8**, 453 (1936) (S-haltige Verbindungen). — STOLLÉ, ESTER: Journ. prakt. Chem. (2), **132**, 7 (1932). — RUSSELL, FULTON: Ind. engin. Chem., Analyt. Ed. **5**, 384 (1933). — RUSSELL, MARKS: Ind. engin. Chem., Analyt. Ed. **6**, 381 (1934). — GOODLOE, FRAZER: Ind. engin. Chem., Analyt. Ed. **9**, 223 (1937).

[8] DENNSTEDT: Entwicklung der organischen Elementaranalyse, S. 91.

43. Scandium Sc = 45,1.

Das Scandiumacetylacetonat ist schon bei verhältnismäßig niederer Temperatur flüchtig und sublimiert leicht. Die Bestimmung des Metalls muß daher so erfolgen, daß man mit sehr verdünnter Schwefelsäure zersetzt, worauf man das nach dem Eindampfen zurückbleibende Sulfat zu Oxyd Sc_2O_3 verglüht.[1]

44. Selen Se = 78,96.

Nachweis: Aufschluß nach KJELDAHL; mit Kodein dunkelblaugrüne Färbung.[2]

Zur *Elementaranalyse* selenhaltiger Substanzen füllen KONEK, SCHLEIFER lange Verbrennungsröhren zur Hälfte mit Bleichromat,[3] zur Hälfte mit Kupferoxyd. Am Kopfende bringt man eine Bleisuperoxydschicht von 12—15 cm Länge an, die während der Analyse auf 180—200° gehalten wird. Die Substanz kann auch stickstoff- und halogenhaltig sein.

Auf den Gang der DUMASschen Stickstoffbestimmung ist der Selengehalt ohne schädigenden Einfluß.[4]

RATHKE[5] verbrennt im Sauerstoffstrom und leitet die Dämpfe über glühenden Kalk, aus dem dann durch Lösen in Salzsäure und Fällen mit schwefliger Säure das Selen abgeschieden wird, oder oxydiert mit Chromsäure oder Salpetersäure (1,4) im Rohr bei 200° und fällt mit schwefliger Säure.

Zur Selenbestimmung kann man auch nach der DENNSTEDTschen Methode (S. 126ff.), analog der Schwefelbestimmung, verfahren. MEISSNER: Diss. Freiburg i. Br. 23—27, 1915. — STRECKER, WILLING: Ber. Dtsch. chem. Ges. 48, 202 (1915).

Nach MICHAELIS, RÖHMER[6] bedingt das Eindampfen mit Selen immer Verluste. Sie empfehlen, die Substanz mit gewöhnlicher konzentrierter Salpetersäure im Rohr auf 180° zu erhitzen, dann den in einen Kolben gespülten Rohrinhalt mit einem großen Überschuß konzentrierter Salzsäure einige Stunden am Rückflußkühler zu kochen. Dann wird die evtl. filtrierte Flüssigkeit längere Zeit mit schwefligsaurem Natrium erhitzt, das Selen abfiltriert, getrocknet und gewogen.

GODCHAUX[7] erhitzt zur Selenbestimmung mit Brom und Wasser im Rohr, vertreibt dann das Brom auf Zusatz von Wasser und Kochsalz und gibt zu der filtrierten Lösung behufs Fällung des Selens wässerige schweflige Säure im Überschuß.

BAUER hat mit der Methode von MICHAELIS, RÖHMER bessere Resultate erhalten[8] als mit den weiter unten beschriebenen Methoden der Bestimmung des Selens als Ag_2SeO_3.

0,2—0,3 g Substanz werden mit 1,5 ccm rauchender Salpetersäure 5 Stunden

---

[1] MEYER, WINTER: Ztschr. anorgan. allg. Chem. 67, 415 (1910).

[2] HORN: Ind. engin. Chem., Analyt. Ed. 6, 34 (1934).

[3] KONEK, SCHLEIFER: Ber. Dtsch. chem. Ges. 51, 853 (1918). — Dieses dürfte dem von RATHKE [Liebigs Ann. 152, 206 (1869)] vorgeschlagenen Bleioxyd vorzuziehen sein. — STAMM, GOSSRAY: Ber. Dtsch. chem. Ges. 66, 1561 (1933); 67, 105 (1934).   [4] Über Reaktionsbeschleunigung durch Selen S. 162.

[5] RATHKE: Liebigs Ann. 152, 206 (1869).

[6] MICHAELIS, RÖHMER: Ber. Dtsch. chem. Ges. 30, 2827, Anm. (1897). — MICHAELIS, LANGENKAMP: Liebigs Ann. 404, 27 (1914). — CHALLENGER: Journ. chem. Soc. London 1926, 1653; 1928, 1375. — RILEY: Journ. chem. Soc. London 1928, 2987.

[7] GODCHAUX: Diss. Rostock 58, 1891.

[8] BAUER: Ber. Dtsch. chem. Ges. 46, 92 (1913); 48, 507 (1915). — DYCKERHOFF: Diss. Rostock 35, 1915. — MICHAELIS: Ber. Dtsch. chem. Ges. 48, 873 (1915). — BINZ, HOLZAPFEL: Ber. Dtsch. chem. Ges. 53, 2029 (1920). — RUZICKA, VAN VEEN: Liebigs Ann. 476, 87 (1929). — Mit H_2SO_4, HNO_3: WILLIAMS, LAKIN: Ind. engin. Chem., Analyt. Ed. 7, 409 (1935).

— evtl. noch länger — im Rohr auf 250° erhitzt, mit möglichst wenig Wasser in einem Jenaer $^1/_2$-l-Rundkolben gespült und mit 100 ccm Salzsäure (1,19) versetzt.

Nach Zugabe einiger Glasperlen, die Siedeverzug verhindern, wird der *eingeschliffene* Rückflußkühler aufgesetzt und etwa 3 Stunden lang gekocht. Nach dieser Zeit sollen im Kühlrohr keine nitrosen Gase mehr bemerkbar und die Flüssigkeit fast farblos geworden sein.

Man filtriert in ein Becherglas von $^1/_2$ l Inhalt, setzt eine klar filtrierte Lösung von 3 g Natriumsulfit (wasserfrei) hinzu und erhitzt auf dem Wasserbad, bis das Selen sich als schwarzer Niederschlag klar abgesetzt hat (etwa 3 Stunden).

Falls die Salpetersäure nicht vollständig zerstört war, setzt man noch so lange Sulfit zu, bis die Flüssigkeit dauernd nach Schwefeldioxyd riecht.

Das Selen wird schließlich in einen Goochtiegel abfiltriert, mit heißem Wasser chlorfrei gewaschen und bei 110—120° getrocknet.

Bestimmung des Selens nach Frerichs.[1]

Etwa 0,2—0,3 g Substanz werden nach Carius mit Salpetersäure (spez. Gew. 1,4) unter Zusatz von etwa 0,5 g Silbernitrat zerstört. Der Rohrinhalt wird zur Trockene verdampft. Der Rückstand wird mit einigen Tropfen Wasser verrieben und dann mit Alkohol auf ein Filter gebracht und mit Alkohol gewaschen, bis im Filtrat kein Silber mehr nachweisbar ist. Das Filter mit dem Rückstand wird mit etwa 20 ccm 30proz. Salpetersäure und 80 ccm Wasser so lange gekocht, bis der Rückstand völlig in Lösung gegangen ist (etwa 5 Minuten).

Nach Zusatz von etwa 100 ccm Wasser und 1 ccm konzentrierter Eisenammoniumalaunlösung wird mit $^n/_{10}$-Rhodankaliumlösung titriert.

Jeder Kubikzentimeter Rhodanlösung entspricht 0,00395 g Selen.

Bei der Titration stört das *Silbersulfid* nicht.

Auch die *Bestimmung von Selen neben Halogen* in organischen Verbindungen läßt sich nach dieser Methode durchführen. Man trennt das nach der Zerstörung der Substanz erhaltene Gemisch von Halogensilber und selenigsaurem Silber durch Kochen mit salpetersäurehaltigem Wasser und bestimmt den Rückstand als Halogensilber, das selenigsaure Silber im Filtrat nach dem Eindampfen. Allerdings fallen hierbei die Zahlen für Halogen etwas zu hoch, die für Selen etwas zu niedrig aus.

Becker, Jul. Meyer ziehen es vor, das selenigsaure Silber nach dem Trocknen direkt zu wägen.[2]

Verfahren von Lyons, Shinn.[3]

Die (halogenfreie) Substanz wird im Einschmelzrohr mit roher, rauchender Salpetersäure mindestens eine Stunde auf 240—300° erhitzt, der Rohrinhalt in eine Schale gespült und ungefähr um ein Viertel mehr Silber- oder Zinknitrat zugefügt, als zur Bildung des selenigsauren Salzes der Berechnung nach erforderlich ist. Man dampft zweimal mit etwas Wasser zur Trockene (auf dem Wasserbad) und versetzt den Rückstand mit etwa 50 ccm verdünntem Ammoniak, dampft wieder ein, setzt nochmals Ammoniak zu und bringt wieder zur Trockene. Dann wird noch zweimal mit Wasser eingedampft, um jede Spur überschüssiges Ammoniak zu entfernen. Der Rückstand wird mit kaltem Wasser verrührt und

[1] Frerichs: Arch. Pharmaz. **240**, 656 (1902). — Price, Jones: Journ. chem. Soc. London **95**, 1735 (1909). — Vanino, Schinner: Journ. prakt. Chem. (2), **91**, 123 (1915).   [2] Becker, Jul. Meyer: Ber. Dtsch. chem. Ges. **37**, 2551 (1904).
[3] Lyons, Shinn: Journ. Amer. chem. Soc. **24**, 1087 (1902). — Lyons, Bush: Journ. Amer. chem. Soc. **30**, 832 (1908). — Vanino, Schinner: Journ. prakt. Chem. (2), **91**, 122 (1915).

so lange durch ein Filter dekantiert, als sich im Filtrat noch Nitrate nachweisen lassen. Hierauf bringt man das Filter zu dem Niederschlag in die Schale zurück und zersetzt das selenigsaure Ammoniumsilber (-zink) durch Zusatz von 10 ccm Salzsäure (spez. Gew. 1,124), verdünnt mit Wasser auf zirka 300 ccm und fügt einige Stückchen Eis hinzu.

Dann wird nach NORRIS, FAY[1] titriert, indem man $n/_{10}$-Natriumthiosulfatlösung in geringem Überschuß zufügt und unter Kühlung auf 0° eine Stunde stehen läßt. Schließlich wird mit Jodlösung zurücktitriert.

$$1 \text{ ccm } n/_{10}\text{-}Na_2S_2O_3\text{-Lösung} = 0{,}001975 \text{ g Selen.}$$

Man kann auch das Selen gewichtsanalytisch bestimmen, indem man die filtrierte Salzsäurelösung mit Natriumbisulfit reduziert.[2]

BRADT, LYONS[3] bringen nach dem Aufschließen mit möglichst wenig Wasser in einen 100-ccm-Zylinder, machen alkalisch und dann wieder mit Salpetersäure schwach sauer. Dann wird ein gewisser Überschuß an Zinkoxyd eingerührt bis zur alkalischen Reaktion auf Methylorange und mit $n/_{10}$-Silbernitrat und Chromat titriert. Mit dem gleichen Flüssigkeitsvolumen mit Zinkoxyd wird eine blinde Probe gemacht.

Selenbestimmungen in *Selenosäuren*.[4] Man mischt die Selenosäure in einem geräumigen Nickeltiegel mit dem Sechsfachen eines Gemisches von einem Teil Natriumperoxyd und vier Teilen Natriumcarbonat, überdeckt mit einer Schicht des Natriumperoxyd-Natriumcarbonat-Gemisches und erhitzt sehr vorsichtig bei bedecktem Tiegel mit kleiner Flamme, bis Oxydation erfolgt ist. Dann schmilzt man, löst die erkaltete Schmelze in Wasser, filtriert, reduziert die Selensäure in dem auf ein Drittel konzentrierten Filtrat mit Salzsäure zu seleniger Säure, diese mit Schwefeldioxyd zu Selen, sammelt das letztere in einem GOOCHtiegel, trocknet bei 110° und wägt.

Ähnlich gehen SHAW, REID vor. 0,2—0,4 g Substanz werden mit 0,2 g Kaliumnitrat, 0,4 g Rohrzucker und 14 g Natriumsuperoxyd gemischt, noch mit wenig Superoxyd überdeckt und in der PARRbombe[5] geschmolzen. Die in Wasser gelöste Schmelze wird zur Entfernung des Wasserstoffsuperoxyds gekocht, mit Salzsäure in der Kälte angesäuert, filtriert und auf 350 ccm gebracht. Man kann nun entweder, wie oben angegeben, mit Schwefeldioxyd reduzieren oder man fügt 50 ccm konzentrierte Salzsäure zu, fällt mit 3 g Jodkalium und vertreibt das Jod durch andauerndes Kochen.[6]

Die Analysen der Alkalisalze der Säuren werden durch Erhitzen und Abrauchen mit reiner konzentrierter Schwefelsäure ausgeführt. Aus den Lösungen der Barium-, Magnesium- und Silbersalze fällt man die Metalle wie gewöhnlich. Die Zink-, Kupfer-, Nickel- und Kobaltsalze zerstört man zunächst durch vor-

---

[1] NORRIS, FAY: Amer. chem. Journ. 18, 704 (1896); 23, 119 (1900). — NORTON: Amer. Journ. Science 157, 287 (1899).

[2] Fällen mit Hydrazinsulfat: DILTHEY: Journ. prakt. Chem. (2), 124, 118 (1930). — BENESCH: Chem.-Ztg. 54, 954 (1930). — BERSIN, LOGEMANN: Liebigs Ann. 505, 15 (1933).

[3] BRADT, LYONS: Journ. Amer. chem. Soc. 48, 2642 (1926); Ber. Dtsch. chem. Ges. 60, 825 (1927).

[4] ANSCHÜTZ, KALLEN, RIEPENKROGER: Ber. Dtsch. chem. Ges. 52, 1863 (1919). — FRICK: Journ. Amer. chem. Soc. 45, 1797 (1923).

[5] SHAW, REID: Journ. Amer. chem. Soc. 30, 768 (1908); 48, 520 (1926); 49, 2330 (1927). — ALQUIST, NELSON: Journ. Amer. chem. Soc. 53, 4034 (1931). — NELSON, SCHROEDER, BUNTING: Journ. Amer. chem. Soc. 55, 801 (1933). — NELSON, BAKER: Journ. Amer. chem. Soc. 56, 467 (1934). — FOSTER: Rec. Trav. chim. Pays-Bas 54, 452 (1935).

[6] SHAW, REID: Journ. Amer. chem. Soc. 49, 2330 (1927). — NELSON, JONES: Journ. Amer. chem. Soc. 52, 1589 (1930).

sichtiges Erhitzen, um dann im Rückstand die Metalle zu bestimmen. Da indessen manche dieser Salze, z. B. die Zink- und Kupfersalze der p- und o-Xylolselensäure, trotz aller Vorsicht beim Erhitzen für sich verpuffen, so mischt man sie besser mit dem vierfachen Gewicht trockenen Seesandes, wodurch ruhige Zersetzung gewährleistet wird.

Um in selenhaltigen *Platinverbindungen* das Platin rein zu erhalten, muß man sehr andauernd über dem Gebläse glühen.

Silber durch Glühen *selenfrei* zu erhalten ist überhaupt nicht möglich. Man muß in den betreffenden Fällen den Glührückstand in verdünnter Salpetersäure lösen und mit Salzsäure fällen,[1] oder man löst das selenhaltige Chlorsilber in Ammoniak und fällt nach Abdunsten der Hauptmenge des Ammoniaks mit Salpetersäure.[2]

Mikroselenbestimmung.

Nach WREDE[3] wird wie bei der Schwefelbestimmung nach PREGL[4] verfahren.

Als Verbrennungsrohr wird ein Perlenrohr nach PREGL von etwa 7 mm lichter Weite benutzt. Die Perlen werden vor der Verbrennung mit Wasser benetzt. Der leere Rohrteil wird mit 1—2,5 cm langen Sternen aus dünnem Platinblech beschickt. In der Mitte zwischen den Sternen und der Öffnung des Rohrs liegt das Schiffchen mit der Substanz. Zur Kontrolle der Geschwindigkeit des Sauerstoffstroms, der direkt aus dem Gasometer entnommen werden kann, dient ein kleiner Blasenzähler. Es sollen etwa 8—10 ccm Sauerstoff in der Minute eingeleitet werden.

Das destillierte Wasser wird frisch ausgekocht und mit Methylorange kräftig angefärbt. Dann wird mit verdünnter Salzsäure oder Natronlauge ein Farbton erzeugt, der soeben nicht mehr rein gelb ist. (Es empfiehlt sich, zum Vergleich der Farben — auch bei der Titration selbst — ein Kölbchen von etwa gleicher Größe mit rein gelber, also alkalischer Lösung bereitzustellen.) Mit diesem neutralen Wasser wird eine Spritzflasche gefüllt.

Zur Bereitung der $n/100$-Natronlauge verdünnt man $n/10$-Lauge mit dem Methylorangewasser auf das Zehnfache.

Vor dem ersten Gebrauch wird das Verbrennungsrohr mit Lauge und mit Säure behandelt, dann mit dem Methylorangewasser gut ausgespritzt. Das Rohr wird nicht weiter getrocknet, nachdem man überschüssiges Wasser durch Ausblasen entfernt hat. Über das capillare Ende stülpt man ein ERLENMEYERkölbchen. Nach Einführen der frisch ausgeglühten Platinsterne und des Schiffchens wird das Rohr über den Platinsternen zur hellen Rotglut erhitzt und die Substanz im Sauerstoffstrom recht langsam verbrannt. Die selenige Säure scheidet sich in glänzenden, weißen Krystallen am Anfang des Perlenrohrs ab. Das Auftreten von rotem Selen oder von Kohle ist ein Zeichen dafür, daß man zu schnell verbrannt hat. Wenn alles verbrannt ist, läßt man im Sauerstoffstrom erkalten. Nach Entfernen des Schiffchens und der Sterne spült man die selenige Säure in das ERLENMEYERkölbchen, wobei zuletzt das Waschwasser seine Farbe behalten muß. Hierauf titriert man bis zur reinen Gelbfärbung mit $n/100$-Natronlauge (Vergleich mit der alkalischen Methylorangelösung!).

Enthält die Substanz neben Selen Schwefel, so benetzt man durch Ansaugen das Perlenrohr mit neutralem 5proz. Wasserstoffsuperoxyd. Dann wird wie

[1] JACKSON: Liebigs Ann. **179**, 8 (1875). — Derartige Salze können zudem explosiv sein: STOEKER, KRAFFT: Ber. Dtsch. chem. Ges. **39**, 2200 (1906).

[2] GROSSMANN: Diss. Marburg 40 (1915).

[3] WREDE: Chem.-Ztg. **44**, 603 (1920); Ztschr. physiol. Chem. **109**, 272 (1920).

[4] PREGL, ROTH: Mikroanalyse, S. 147. 1935.

sonst verbrannt und titriert, darnach die Schwefelsäure als Bariumsulfat gefällt, nach einigen Stunden heiß in einen kleinen GOOCHtiegel filtriert und gewogen.

Die Platinsterne sind nach jeder Verbrennung zu glühen, evtl. auch mit Königswasser anzuätzen, da sie durch das Selen oftmals einen leichten Beschlag erhalten, der offenbar ihre katalytische Wirkung verhindert. Entweicht aus der Capillare des Verbrennungsrohrs etwas weißer Rauch, so ist dies das Zeichen einer solchen Vergiftung.

$$H_2SeO_3 + NaOH = NaHSeO_3 + H_2O \text{ (1 ccm } ^n/_{100}\text{-Natronlauge} = 0{,}792 \text{ mg Se).}$$

Enthält die zu analysierende Substanz Stickstoff oder Halogene, so ist die Titration nicht ausführbar.

Mikromethode von DREW, PORTER.[1]

5—20 mg Substanz (entsprechend 3—5 mg Selen) werden nach CARIUS mit 0,3 ccm Salpetersäure (1,5) aufgeschlossen. Der Röhreninhalt wird mit Wasser und darnach konzentrierter Salzsäure herausgespült und die Flüssigkeit (zirka 10 ccm) auf dem kochenden Wasserbad unter Einleiten von Schwefeldioxyd erhitzt. Nach zirka 20 Minuten, wenn die schwarze Selenmodifikation vollständig gebildet ist, wird abgekühlt, durch einen Mikro-GOOCHtiegel filtriert, gründlich mit Wasser und Alkohol gewaschen, 10 Minuten nach PREGL bei 110° im Luftstrom getrocknet und gewogen.

Selenocyanide, konduktometrische Bestimmung: RIPAN, TILICI: Ztschr. analyt. Chem. **107**, 111 (1936).

45. Silber Ag = 107,88.

Viele Silbersalze sind[2] *licht-* oder *luftempfindlich,* worauf gebührend Rücksicht zu nehmen ist, auch sind sie nicht selten *explosiv.* Das chinolincarbonsaure Silber verbindet mit der unerfreulichen Eigenschaft, sich beim Erhitzen plötzlich zu zersetzen, eine sehr auffallende Neigung, Wasser anzuziehen.[3] Trockenes Diazobenzolsilber explodiert beim Überleiten von Schwefelwasserstoff, kann aber in wässeriger Lösung als Sulfid gefällt werden.[4] Derartige Substanzen werden zur Silberbestimmung im Wasserstoffstrom geglüht oder mit Salzsäure gekocht,[5] bzw. mit Schwefelsäure zerstört[6] oder nach CARIUS aufgeschlossen,[7] während man sonst gewöhnlich einfach im Porzellantiegel verascht. Oder man zersetzt sie in verdünnter Salpetersäure (evtl. im Rohr) und fällt (nach eventuellem Filtrieren)[8] mit Salzsäure.[9]

Hierbei erhält man oft ein wenig zu hohe Zahlen, dann ist das Silber gewöhnlich nicht weiß und glänzend, sondern gelb und matt; man kann in solchen Fällen wieder in Salpetersäure lösen und nochmals vorsichtig abrauchen und glühen, meist genügt aber Abrauchen mit Schwefelsäure.

---

[1] DREW, PORTER: Journ. chem. Soc. London **1929**, 2092.
[2] Namentlich wenn sie nicht ganz rein sind: KRAUSE, SCHMITZ: Ber. Dtsch. chem. Ges. **52**, 2159 (1919).
[3] BERNTHSEN, BENDER: Ber. Dtsch. chem. Ges. **16**, 1809 (1883).
[4] GRIESS: Liebigs Ann. **137**, 76 (1866).
[5] GAY-LUSSAC, LIEBIG: Ann. chim. phys. (2), **25**, 285 (1824).
[6] DUBSKY, SPRITZMANN: Journ. prakt. Chem. (2), **96**, 108 (1917).
[7] KRAUSE, SCHMITZ: a. a. O., S. 2160.
[8] HEILBRON: Diss. Leipzig 35, 1910.
[9] HOOGEWERFF, VAN DORP: Rec. Trav. chim. Pays-Bas 8, 173, Anm. (1899). — DIMROTH: Ber. Dtsch. chem. Ges. **39**, 3912 (1906). — BÜLOW, HECKING: Ber. Dtsch. chem. Ges. **44**, 243 (1911).

Manche explosive Silbersalze lassen sich auch nach dem Vermischen mit Ammoniumcarbonat durch vorsichtiges Erhitzen zersetzen.[1]

Schwefelhaltige Silbersalze verlangen sehr intensives und anhaltendes Glühen[2] (siehe S. 547, „Thiosemicarbazone"). Besser ist es aber, sie im Rohr mit Salpetersäure bei zirka 200° aufzuschließen, nach dem Eindampfen das Silbernitrat mit Wasser und ein paar Tropfen Ammoniak zu lösen und mit Salzsäure zu fällen.[3] — *Analyse selenhaltiger Silbersalze* S. 256.

KEMMERICH[4] löst die Silbersalze von Oximidoketonen in verdünnter Salpetersäure, bringt evtl. ausgeschiedenes Oximidooxazolon durch Alkohol in Lösung und titriert mit Rhodanammonium und Ferrisalz.

Silbersalze halogen-, evtl. auch noch *schwefelhaltiger*[5] *Substanzen*[6] analysiert man nach der Methode von VANINO,[7] oder man fällt das Silber als Halogensilber auf nassem Weg.

Methode von VANINO.

Man versetzt eine gewogene Menge des veraschten Silbersalzes in einer Porzellanschale mit konzentrierter Kalilauge und setzt Formaldehyd zu. Die Reaktion vollzieht sich in wenigen Minuten, das Silber scheidet sich in schwammiger Form ab und wird von anhaftendem Alkali durch Waschen mit Wasser und Alkohol befreit. Bei Bromsilber gelingt die Reaktion nur in der Wärme, bei Jodsilber nur bei wiederholtem Aufkochen und erneutem Zusatz von Formaldehyd.

DUPONT, FREUNDLER[8] empfehlen ganz allgemein, die Substanz mit *Königswasser* einzudampfen und so das Silber in Chlorsilber überzuführen; für bromhaltige Substanzen ist es vorteilhafter, Bromwasserstoffsäure + Salpetersäure anzuwenden. Chlor- *und* bromhaltige Substanzen werden nur mit Königswasser (im KJELDAHLkolben) erhitzt.[9]

Die Halogenbestimmung mit der Silberbestimmung in der Weise zu verbinden, daß man nach CARIUS unter Zusatz bekannter Silbernitratmengen erhitzt und im Filtrat vom Halogensilber eine Restbestimmung des Silbers macht, ist, wie S. 173 gezeigt wurde, *nicht* statthaft.

Für die *Gehaltsbestimmung organischer Silberpräparate* hat MARSCHNER[10] eine Methode ausgearbeitet, die nach LEHMANN[11] allgemein vorzügliche Resultate liefert.

0,2—1,0 g — je nach dem Silbergehalt — werden in einem geräumigen ERLENMEYERkolben von zirka 400 ccm Inhalt in 10 ccm Wasser gelöst. Man fügt in dünnem Strahl unter Umschwenken 10 ccm konzentrierte Schwefelsäure und gleich darauf in kleinen Portionen unter beständigem Schütteln 2 g feinst ge-

[1] BLEZINGER: Diss. Erlangen 50, 1908.
[2] SALKOWSKI: Ber. Dtsch. chem. Ges. 26, 2497 (1893). — Siehe auch NEUBERG, NEIMANN: Ber. Dtsch. chem. Ges. 35, 2050 (1902).
[3] KELLER: Diss. Heidelberg 24, 1905.   [4] KEMMERICH: Diss. Leipzig 30, 1908.
[5] RINDL, SIMONIS: Ber. Dtsch. chem. Ges. 41, 840 (1908).
[6] THIELE: Liebigs Ann. 308, 343 (1899). — BLEZINGER: Diss. Erlangen 53, 1908.
[7] VANINO: Ber. Dtsch. chem. Ges. 31, 1763, 3136 (1898).
[8] DUPONT, FREUNDLER: Manuel opératoire de chimie organique, S. 80. 1898. — RINDL, SIMONIS: a. a. O. — LIFSCHITZ: Ber. Dtsch. chem. Ges. 48, 417 (1915).
[9] ORNDORFF, BLACK: Amer. chem. Journ. 41, 386 (1909).
[10] MARSCHNER: Apoth.-Ztg. 1912, 887; Arch. Pharmaz. 252, 9 (1914). — KROEBER: Apoth.-Ztg. 1913, 6; 1914, 713. — STÖCKER: Apoth.-Ztg. 1914, 344. — DANKWORTT: Arch. Pharmaz. 252, 69, 497 (1914). — KORNDÖRFER: Apoth.-Ztg. 1914, 901. — HERZOG: Arch. Pharmaz. 253, 441 (1915).
[11] LEHMANN: Arch. Pharmaz. 253, 42 (1915). — Schwefelsäure und Salpetersäure: MAYER: Journ. Amer. pharmac. Assoc. 19, 727 (1930).

pulvertes Kaliumpermanganat zu. (Bei sehr stark chlorhaltigen Präparaten tut man gut, von vornherein 4—5 g Kaliumpermanganat zuzugeben.) Darauf läßt man 15 Minuten stehen und verfährt dann wie folgt weiter:

a) Bei *chlorfreien* Präparaten: Man verdünnt das Reaktionsgemisch mit 50 ccm Wasser, setzt Ferrosulfat in kleinen Portionen zu, bis klare, gelbliche Lösung resultiert, und titriert mit $n/_{10}$-Rhodanlösung auf Bräunlichrot.

b) Bei *chlorhaltigen* Präparaten:[1] Man erhitzt das Reaktionsgemisch auf dem Drahtnetz zur Zersetzung des Chlorsilbers, bis die an den Glaswandungen haftenden Braunsteinreste heruntergespült sind, verdünnt nach dem Erkalten mit 50 ccm Wasser, entfärbt mit Ferrosulfat und titriert mit $n/_{10}$-Rhodanlösung.

1 ccm $n/_{10}$-Rhodanlösung = 0,0108 g Silber.

Siehe ferner LUCAS, KEMP: Journ. Amer. chem. Soc. **39**, 2074 (1917).

Mikroanalyse: PINCUSSEN, ROMAN: PREGL-Festschr. **1929**, 296. — ZIEGLER, KLEINER: Liebigs Ann. **473**, 76 (1929).

46. Silicium Si = 28,06.

Die *Elementaranalyse* von Siliciumverbindungen kann Schwierigkeiten machen, die aber fast immer durch die Anwendung von Bleichromat oder Kaliumpyrochromat[2] überwunden werden.[3] — BYGDÉN[4] empfiehlt vorsichtige Anwendung der DENNSTEDTschen Methode.

Zur Analyse von Kieselsäureglykol- und Glycerinestern muß *Cerdioxyd* und feuchter Sauerstoff für die Kohlenstoffbestimmung verwendet und der Wasserstoff in einer eigenen Probe bestimmt werden.[5]

Organische Siliciumverbindungen der Fettreihe pflegt man mit Soda und Salpeter zu schmelzen und die Kieselsäure durch Salzsäure abzuscheiden.[6] Manchmal genügt es, mit Schwefelsäure (10 : 1) einzudampfen.[7]

Zur Analyse von *Siliciumtetraaethyl(butyl)* wird mit Na_2O_2 und Milchzucker in der PARRbombe aufgeschlossen, das SiO_2 gravimetrisch bestimmt.[8]

Das *silicoheptylkohlensaure Natrium*[9] zeigt die interessante Eigenschaft, beim Glühen im Platintiegel reine Soda zu hinterlassen.

Aromatische Siliciumverbindungen löst POLIS[10] unter Erwärmen in zirka 20 ccm Schwefelsäure, der man je nach Bedürfnis eine entsprechende Menge rauchender Säure zufügt, und läßt dann einige Kubikzentimeter konzentrierte Chamäleonlösung vorsichtig hinzutropfen. Man erhitzt bis zur Entfärbung, fügt eine neue Menge Kaliumpermanganatlösung hinzu, erhitzt wieder bis zur Entfärbung und setzt dies so lange fort, bis die Substanz vollständig zersetzt ist.

Die erkaltete Flüssigkeit wird mit Wasser verdünnt, die Kieselsäure abfiltriert und geglüht.

Das Produkt enthält stets wägbare Mengen Manganoxyduloxyd, zu dessen Entfernung mit Salzsäure schwach erwärmt wird. Man filtriert, wäscht aus und glüht nochmals im Platintiegel. Es kommt auch vor, daß selbst durch konzentrierte Salzsäure nicht alles Mangan in Lösung zu bringen ist, dann ist man gezwungen, nochmals mit Soda und einigen Körnchen Salpeter zu schmelzen.

---

[1] Siehe auch STAINIER, LECLERCQ: Journ. Pharmac. Belg. **15**, 693 (1933).
[2] KONRAD, BÄCHLE, SIGNER: Liebigs Ann. **274**, 292 (1929).
[3] MELZER: Ber. Dtsch. chem. Ges. **41**, 3390 (1908).
[4] BYGDÉN: Diss. Upsala 72ff., 1916.   [5] D. R. P. 285285 (1915).
[6] TAURKE: Ber. Dtsch. chem. Ges. **38**, 1669 (1905).
[7] BACKER, STIENSTRA: Rec. Trav. chim. Pays-Bas **52**, 912 (1933).
[8] TSENG, CHAO: Sci. rep. Univ. Peking 1, 21 (1936).
[9] LADENBURG: Liebigs Ann. **164**, 321 (1872).
[10] POLIS: Ber. Dtsch. chem. Ges. **19**, 1024 (1886). — LADENBURG: Ber. Dtsch. chem. Ges. **40**, 2278 (1907).

Nach BYGDÉN[1] ist die Anwendung von Quecksilber als Katalysator vorzuziehen.

Das *Siliciumphenylchlorid*[2] wurde in offenem Kügelchen gewogen, dann durch Erwärmen in ein etwas Wasser enthaltendes Stöpselglas getrieben, darin längere Zeit verschlossen stehengelassen und die Zersetzung durch Schütteln und schwaches Erwärmen beschleunigt. Der Inhalt des Stöpselglases wurde dann in eine Platinschale gebracht, Ammoniak zugesetzt und auf dem Wasserbad zur Trockene gedampft, nach Wasserzusatz filtriert und die Silicobenzoesäure im Platintiegel geglüht. Dann wird noch nach Zusatz von Soda geschmolzen, die Masse in Wasser aufgelöst, Salzsäure und Salmiak hinzugefügt und zur Trockene gebracht, von neuem in Wasser gelöst, die Kieselsäure abfiltriert, geglüht und gewogen.

Kieselsäureester und ähnliche Verbindungen[3] werden einfach mit konzentrierter Schwefelsäure abgeraucht und die Bestimmung mit Flußsäure kontrolliert.

47. Strontium Sr = 87,63.

Strontium wird am besten als Sulfat bestimmt, weniger gut durch Erhitzen des schwach geglühten Salzes mit Ammoniumcarbonat als kohlensaures Salz.[4] Siehe auch unter „Calcium" und „Barium".

48. Tellur Te = 127,61.

Elementaranalysen tellurhaltiger Substanzen müssen in einem Schiffchen mit Bleichromat unter großer Vorsicht vorgenommen werden, weil sonst leicht Tellur bis in den Kaliapparat gelangen kann[5] und kleine Verpuffungen im Verbrennungsrohr selbst bei sehr langsamer Verbrennung kaum zu vermeiden sind.

Tellurmethyljodid wird nach WÖHLER, DEAN[6] durch Kochen mit Königswasser zersetzt, bis fast zur Trockene eingedampft und das Tellur mit schwefligsaurem Ammonium gefällt.

BECKER[7] kochte *Tellurtriaethyljodid* andauernd mit konzentrierter Salpetersäure und fällte schließlich mit Schwefeldioxyd. Die Jodbestimmung erfolgte durch Glühen mit Natronkalk.

Nach ROHRBAECH[8] muß man beim Fällen des Tellurs die wässerige Auflösung der schwefligen Säure *allmählich* zusetzen und längere Zeit erwärmen, da die Tellurabscheidung meist erst nach längerem Kochen eintritt. Den Tellurniederschlag trocknet man am besten auf dem Wasserbad. Zu langsames Trocknen muß vermieden werden, da dies auch die Oxydation erleichtert.

Zur Zerstörung der organischen Substanz wird vor der Tellurfällung mit rauchender Salpetersäure im Rohr erhitzt und darnach der mit Wasser verdünnte Inhalt der Röhre zweimal zur Trockne gedampft und mit salzsäurehaltigem Wasser aufgenommen.

---

[1] BYGDÉN: Diss. Upsala 72ff., 1916.

[2] LADENBURG: Liebigs Ann. **173**, 153 (1874). — Ähnliche Verfahren: KIPPING: Journ. chem. Soc. London **91**, 217 (1907). — ROBINSON, KIPPING: Journ. chem. Soc. London **93**, 442 (1908).

[3] DILTHEY, EDUARDOFF: Ber. Dtsch. chem. Ges. **37**, 1141 (1904). — JÖRG, STETTER: Journ. prakt. Chem. (2), **117**, 307 (1927).

[4] GROSSMANN, VON DER FORST: Ber. Dtsch. chem. Ges. **37**, 4142 (1904).

[5] KÖTHNER: Liebigs Ann. **319**, 30 (1901). Daselbst auch sehr eingehende Angaben über die Bestimmung von *Tellur.* — Siehe auch LEDERER: Ber. Dtsch. chem. Ges. **49**, 336, 341 (1916).   [6] WÖHLER, DEAN: Liebigs Ann. **93**, 236 (1855).

[7] BECKER: Liebigs Ann. **180**, 266 (1875).

[8] ROHRBAECH: Diss. Rostock 19, 1900.

JANNASCH, MÜLLER[1] reduzieren die tellurige Säure durch Kochen der ammoniakalischen Lösung mit Hydroxylamin. Das Tellur wird auf einen Asbesttrichter gebracht und im Kohlendioxydstrom getrocknet.

LYONS, BUSH[2] zersetzten das α-Dinaphthyltellur nach CARIUS mit roter rauchender Salpetersäure im Rohr, reduzierten die tellurige Säure in salzsaurer Lösung mit Natriumbisulfit, sammelten das Tellur auf einem GOOCHfilter und trockneten bei 105°.

Die beste Methode der Abscheidung des Tellurs ist die von LENHER, HOMBURGER.[3] Die konzentrierte Lösung der (evtl. aufgeschlossenen) Tellurverbindung in ungefähr 10proz. Salzsäure wird bei Siedehitze mit 15 ccm gesättigter Schwefeldioxydlösung, dann mit 10 ccm 15proz. wässerigem Hydraziniumchlorid[4] und schließlich abermals mit 25 ccm Schwefeldioxydlösung vermischt. Man kocht, bis sich der Niederschlag in gut auswaschbarer Form abgeschieden hat, was nach längstens 5 Minuten der Fall ist. Das Tellur wird auf einem GOOCHtiegel säurefrei gewaschen, mit 15 ccm Alkohol vom Wasser befreit und schließlich bei 100—150° bis zur Gewichtskonstanz getrocknet.

Die Platinbestimmung von Tellurplatinverbindungen führt man aus, indem man die Substanz im Porzellantiegel einige Zeit erwärmt, dann mittels des Gebläses stark glüht, aus dem Rückstand die tellurige Säure durch Salzsäure extrahiert und nochmals heftig glüht.

Mikroanalyse nach DREW, PORTER.[5]

10—15 mg Substanz werden nach CARIUS mit 0,3 ccm Salpetersäure (1,5) oder nach KJELDAHL mit 3—4 ccm Schwefelsäure zersetzt und mit Wasser in ein Porzellanschälchen gespült, auf dem Wasserbad eingedampft, mit 3 ccm 10proz. Salzsäure gelöst und wieder auf dem Wasserbad zum Sirup eingedampft. Man gibt zuerst 3 ccm 10proz. Salzsäure, dann 3 ccm frisch bereitete gesättigte Schwefeldioxydlösung, endlich 2 ccm 15proz. Hydrazinchlorhydratlösung zu und erhitzt 10 Minuten auf dem kochenden Wasserbad. Während dieser Zeit werden nach und nach noch 2 ccm Schwefeldioxydlösung eingetragen. Dann wird das Tellur abfiltriert und mit heißem Wasser und Alkohol gewaschen, schließlich getrocknet und gewogen, wie bei der Selenbestimmung (S. 257).

49. Thallium Tl = 204,39.

Die Substanz wird,[6] evtl. im zugeschmolzenen Rohr,[7] mit konzentrierter Salpetersäure erhitzt, dann die überschüssige Säure auf dem Wasserbad *nahezu* verjagt, mit sehr wenig Wasser verdünnt und mit Sodalösung neutralisiert. Man versetzt dann in der Kälte mit genügend Jodkaliumlösung, fügt noch $1/3$ Volumen absoluten Alkohol hinzu und filtriert durch ein bei 105° getrocknetes

[1] JANNASCH, MÜLLER: Ber. Dtsch. chem. Ges. 31, 2388 (1898).
[2] LYONS, BUSH: Journ. Amer. chem. Soc. 30, 833 (1908).
[3] LENHER, HOMBURGER: Journ. Amer. chem. Soc. 30, 390 (1908). — GUTBIER, FLURY: Journ. prakt. Chem. (2), 83, 150 (1911). — GUTBIER, HUBER: Ztschr. analyt. Chem. 53, 430 (1914). — MORGAN, DREW: Journ. chem. Soc. London 117, 1463 (1920); 124, 749 (1924); 1926, 1084, 3071. — LYONS, SCUDDER: Ber. Dtsch. chem. Ges. 64, 532 (1931).
[4] Fällen mit Hexamethylentetramin: BERSIN, LOGEMANN: Liebigs Ann. 501, 14 (1933). [5] DREW, PORTER: Journ. chem. Soc. London 1929, 2093.
[6] HARTWIG: Liebigs Ann. 176, 262 (1875). — OST: Journ. prakt. Chem. (2), 19, 203 (1879). — VORLÄNDER, NOLTE: Ber. Dtsch. chem. Ges. 46, 3227 (1913).
[7] KRAUSE, GROSSE: Ber. Dtsch. chem. Ges. 58, 1935 (1925). — GODDARD: Journ. chem. Soc. London 121, 488 (1922). — FEIGL, BÄCKER: Monatsh. Chem. 49, 405 (1928).

und gewogenes Filter, wäscht erst mit 50proz., dann mit absolutem Alkohol und trocknet bei 105°.

Da sich sehr häufig neben Thalliumoxydulnitrat etwas Oxydnitrat bildet, fällt neben Thalliumjodür freies Jod aus, das dem an sich rotgelben Jodthallium dunkle, oft ganz schwarze Färbung gibt. Um das Jod zu entfernen, setzt man so viel Schwefligsäurelösung zu, daß die charakteristische Färbung des Jodthalliums wieder auftritt und schwacher Geruch von Schwefeldioxyd wahrnehmbar ist. Bei jodhaltigen Substanzen, zu deren Aufschließung im Rohr oxydiert wird, muß die dabei gebildete Jodsäure vor dem Neutralisieren durch Soda mit schwefliger Säure reduziert werden.

Die *Analyse von Thalliumsalzen* erfolgt am besten nach der Methode von BAUBIGNY.[1] Z. B. wird zur Thalliumbestimmung des harnsauren Thalliums mit 100 ccm 0,1proz. Schwefelsäure kurz aufgekocht. Am nächsten Tag wird von der Harnsäure abfiltriert, nachgewaschen, auf 10 ccm eingeengt, mit Natriumcarbonat neutralisiert und in der Wärme mit Kaliumjodid gefällt.[2]

Ähnlich analysieren WÖHLER, MARTIN das *Thalliumfulminat*.[3]

Manchmal kann man auch nach der Zersetzung mit $^n/_{10}$-Schwefelsäure die organische Säure mit Aether abtrennen und die zurückbleibende wässerige Lösung mit $^n/_{10}$-Lauge titrieren.

Bei der *Analyse halogen- und schwefelhaltiger Thalliumverbindungen* kann man nach LÖWENSTAMM[4] Schwierigkeiten finden.

Beim Erhitzen unter Silbernitratzusatz mit Salpetersäure im geschlossenen Rohr findet sich bei dem Chlor- bzw. Bromsilber stets noch unverändertes Chlor- und Bromthallium, und selbst eine kleine derartige Verunreinigung gibt naturgemäß schon einen beträchtlichen Fehler. Es ist also ein ziemlicher Überschuß von Silbernitrat und längeres Erhitzen notwendig. Im Filtrat vom Halogensilber kann nach dem Ausfällen des Silbers und Thalliums die Schwefelsäure mit Salzsäure, das Thallium in einer besonderen Probe durch Oxydation mit Bromwasser und Fällung mit Ammoniak als Tl_2O_3 bestimmt werden. Man kann aber auch — und das ist besser — gleich zwei Aufschlüsse machen, einen mit, einen ohne Silbernitrat: In dem mit Silbernitrat ausgeführten wird nur das Halogen bestimmt, in dem anderen die übrigen Bestandteile.

STUZZI[5] zerstört die organische Substanz durch abwechselndes Erwärmen mit Salpetersäure und Schwefelsäure, trocknet und verkohlt, extrahiert mit schwefelsäurehaltigem Wasser und bestimmt das Thallium durch Titration mit Normaljodkalium- und Normalsilberlösung.

Thalliumbestimmung nach NAMETKIN, MELNIKOW.[6]

0,1—0,5 g Substanz, 10—15 ccm H_2SO_4 1,84 70—80° + allmählich unter Rühren 1—3 g $KMnO_4$. Nach 10 Minuten + 120 ccm Wasser, Überschuß von $KMnO_4$ durch Oxalsäure oder Kochen mit H_2O_2 zerstören. Zur kalten farblosen Lösung Bromwasser bis schwach gelb, Bromüberschuß mit einigen Tropfen 5proz. wässerigem Phenol entfernen. 0,5—1 g KJ zugeben, mit $^n/_{50}$—$^n/_{100}$-Thiosulfat und Stärke bis schwach grün titrieren. Fehler 0,2 bis höchstens 0,5%.

[1] BAUBIGNY: Compt. rend. Acad. Sciences **113**, 544 (1891). — LONG: Journ. chem. Soc. London **60**, 1295 (1891). — HOLDE: Ber. Dtsch. chem. Ges. **58**, 527, 1789 (1925). [2] FREUDENBERG, UTHEMANN: Ber. Dtsch. chem. Ges. **52**, 1512 (1919). [3] WÖHLER, MARTIN: Ber. Dtsch. chem. Ges. **50**, 590 (1917). — Siehe ferner WEINLAND, HEINZLER: Ber. Dtsch. chem. Ges. **53**, 1364 (1920). [4] LÖWENSTAMM: Diss. Berlin 32, 1901. [5] STUZZI: Pharmaz. Zentralhalle **38**, 167 (1896). [6] NAMETKIN, MELNIKOW: Ztschr. analyt. Chem. **98**, 414 (1934).

Analyse der Thalliumdialkylverbindungen.[1]

Zur *Thalliumbestimmung* werden die Verbindungen mit rauchender Salpetersäure vorsichtig zersetzt, die Lösung wird auf dem Wasserbad eingedampft, der Rückstand unter Zusatz einiger Tropfen schwefliger Säure in Wasser aufgenommen und die auf 100—200 ccm verdünnte Lösung mit überschüssigem Jodkalium bei 90° gefällt. Nach dem Erkalten wird das Thalliumjodür auf dem GoochTiegel abgesaugt, mit einer Mischung von 4 Volumen absolutem Alkohol und 1 Volumen Wasser ausgewaschen, bei 160—170° getrocknet und gewogen.

Für die *Verbrennung* muß die Substanz (nicht mehr als 0,2 g) in einer langen Schicht Bleichromat verteilt und die Verbrennung so langsam als möglich geleitet werden. Trotz aller Vorsichtsmaßregeln ergibt aber das Resultat leicht ein geringes Defizit an Kohlenstoff und Wasserstoff (siehe hierzu S. 141).

Die *Halogenbestimmungen* werden nach CARIUS ausgeführt.

Thalliumverbindungen, die sich mit Salpetersäure explosionsartig zersetzen, werden durch Eindampfen mit Salzsäure vorbehandelt und dann, wie oben angegeben, analysiert.

Colorimetrische Thalliumbestimmung: SHAW: Ind. engin. Chem., Analyt. Ed. 5, 93 (1933).

50. Thorium Th = 232,12.

Zur Bestimmung des Thoriums im *Thoriumacetylaceton* behandelt URBAIN[2] das Salz mit Salpetersäure und glüht, wobei ThO_2 zurückbleibt.

KARL[3] erhitzt *Thoriumpikrat, Thoriumhippurat* und ähnliche Verbindungen mit konzentrierter Schwefelsäure, verdampft und glüht. — *Thornitratantipyrin* wird entweder direkt geglüht oder der Thorgehalt durch Fällen mit Ammoniak ermittelt.[4]

51. Titan Ti = 47,9.

Durch Glühen geht *Titanacetylaceton* in TiO_2 über, das gewogen wird.[5]

Zur *Titanbestimmung* in den *Additionsprodukten von Titantetrachlorid* an organische Verbindungen muß je nach der Beständigkeit der Substanz mit kochendem Wasser oder Ammoniak zersetzt werden, manchmal führt auch nur Oxydation mit rauchender Salpetersäure zum Ziel. Ebenso werden die *Titanalkyle* hydrolysiert.[6]

Die Titansäure wird dann durch Glühen in TiO_2 übergeführt.

Die *Halogenbestimmung* wird entweder gewichtsanalytisch nach dem Ausfällen des Metalls durchgeführt, oder titrimetrisch nach MOHR. Zur Abstumpfung der hydrolytisch entstehenden Salzsäure muß, nach ROSENHEIM, Natriumacetat zugefügt werden.

Die VOLHARDsche Titrationsmethode kann hier nicht angewendet werden.

Die *Elementaranalyse* macht zumeist unüberwindliche Schwierigkeiten, denn es bilden sich hierbei Titancarbide, die durch keine der bei der Verbrennung anwendbaren Reagenzien zerlegt werden können.[7]

---

[1] MEYER, BENTHEIM: Ber. Dtsch. chem. Ges. 37, 2055 (1904). — MENZIES, KIESER, SIDGWICK, CUTCLIFFE, FOX: Journ. chem. Soc. London 1928, 186, 1289. — REIHLEN, KUMMER: Liebigs Ann. 469, 41 (1929). — Das Thallium kann auch als Chromat gefällt werden. — Wägung als Thallioxyd: MACH, LEPPER: Ztschr. analyt. Chem. 68, 41 (1926). — Als Sulfat: HEIN, MARKERT: Ber. Dtsch. chem. Ges. 61, 2267 (1928). [2] URBAIN: Bull. Soc. chim. France (3), 15, 348 (1896).
[3] KARL: Ber. Dtsch. chem. Ges. 43, 2069 (1910).
[4] KOLB: Ztschr. anorgan. allg. Chem. 83, 144 (1913).
[5] CLINCH: Diss. Göttingen 44, 1904.
[6] BISCHOFF, ADKINS: Journ. Amer. chem. Soc. 46, 258 (1924).
[7] SCHNABEL: Diss. Berlin 17, 1906.

Titanbestimmung in Pflanzen: GEILMANN: Journ. Landwirtsch. **68**, 109, 118 (1920). — NĚMEC, KÁŠ: Biochem. Ztschr. **140**, 585 (1923). — In Salben: KAHANE: Journ. Pharmac. Chim. (8) **16**, 194 (1932).

52. Uran U = 238,07.

Zur Uranbestimmung zerstört man nach VAILLANT[1] die organische Substanz durch Kochen mit konzentrierter Salpetersäure. In der Lösung läßt sich dann das Uran durch Glühen als U_3O_8 bestimmen.

Es empfiehlt sich, das Oxyd durch Abrauchen mit Schwefelsäure nochmals sorgfältig von Kohlenstoffresten zu befreien.[2]

Nachweis in Organen: EITEL: Arch exp. Pathol. Pharmakol. **135**, 188 (1928).

53. Vanadium V = 50,95.

Zur Bestimmung[3] von *Vanadium und Chlor* in organischen Vanadiumchloridverbindungen werden 0,5—1 g der Verbindung mit fein gepulvertem, chlorfreiem Kalk 2—5 Stunden im Ofen erhitzt, das Reaktionsprodukt in 300 ccm Wasser unter Zusatz von Salpetersäure gelöst und das Chlor heiß mit Silbernitrat gefällt. Das Filtrat wird mit Ammoniak neutralisiert, mit Essigsäure angesäuert und das Vanadium durch Zusatz von Bleiacetat als Vanadat gefällt. Der Niederschlag wird abfiltriert, mit warmem Wasser ausgewaschen, in warmer, verdünnter Salpetersäure gelöst und nach Zusatz von 10 ccm konzentrierter Schwefelsäure bis zur Bildung weißer Dämpfe eingeengt. Abkühlen, mit Wasser verdünnen, Bleisulfat abfiltrieren, Filtrat auf 300 ccm verdünnen und mit Schwefeldioxyd sättigen. Überschüssiges Schwefeldioxyd wird durch Kochen verjagt und heiß mit $^n/_{20}$-Permanganat bis zur schwachen Rotfärbung titriert. Der Vanadinwert der Permanganatlösung wird gegen Ammoniumvanadat eingestellt.

54. Wismut Bi = 209,0.

Zur Verbrennung der Wismutalkyle wägt MARQUARDT[4] in einem mit Stickstoff gefüllten Röhrchen; in ein Glaskügelchen einzuschmelzen ist nicht ratsam, da sich bei der Verbrennung die Öffnung des Kügelchens leicht durch Wismutoxyd verstopft, worauf bei weiterem Erhitzen Explosion eintritt.

Die *Wismutbestimmung* wird ausgeführt, indem die im Glaskügelchen abgewogene Substanz im zugeschmolzenen Rohr mit Salpetersäure zersetzt wird.

Im *Wismutthioharnstoffrhodanid* bestimmt V. J. MEYER[5] das Metall durch Fällen mit Schwefelwasserstoff in salzsaurer Lösung, Auswaschen mit Schwefelwasserstoffwasser, Alkohol und Aether und Trocknen bei zirka 105° als Bi_2S_3.[6]

Meist wird indes das Sulfid in Oxyd übergeführt.[7]

Dampft man *Wismuttriphenyl* wiederholt mit *Eisessig* ein, dann läßt sich nach CLASSEN[8] der Rückstand ohne Kohleabscheidung in Salpetersäure lösen und

---

[1] VAILLANT: Bull. Soc. chim. France (3), **15**, 519 (1896). — SCHÜCK: Diss. Münster 42, 1906. — SCHOLTZ, KIPKE: Ber. Dtsch. chem. Ges. **37**, 1702 (1904).

[2] CLINCH: Diss. Göttingen 47, 1904.

[3] MERTHES, FLECK: Ind. engin. Chem. **7**, 1037 (1915).

[4] MARQUARDT: Ber. Dtsch. chem. Ges. **20**, 1518 (1887).

[5] V. J. MEYER: Diss. Berlin 43, 1905.

[6] Siehe auch MASCHMANN: Arch. Pharmaz. **263**, 102 (1925). — ROSENHEIM, BARUTTSCHISKY: Ber. Dtsch. chem. Ges. **58**, 892 (1925).

[7] MANDAL: Ber. Dtsch. chem. Ges. **49**, 1318 (1916). — Bestimmung als Phosphat: HEPPNER, LIKIERNIK: Arch. Pharmaz. **264**, 54 (1926). — THOMPSON, OAKDALE: Journ. Amer. chem. Soc. **52**, 1199 (1930).

[8] CLASSEN: Ber. Dtsch. chem. Ges. **23**, 950 (1890).

daraus in gewöhnlicher Weise Wismutoxyd gewinnen, das gewogen wird. Zur Analyse des *Triphenyldinitrowismutdinitrats* erhitzt GILLMEISTER[1] im Rohr mit rauchender Salpetersäure 3 Stunden auf 150°, dampft auf dem Wasserbad bis nahe zur Trockene, neutralisiert mit Ammoniak, versetzt mit wenig konzentrierter Salzsäure und hierauf mit sehr viel Wasser. Das Wismut fällt als Oxychlorid aus, das bis zum Verschwinden der Chlorreaktion gewaschen und bei 100° auf gewogenem Filter bis zum konstanten Gewicht getrocknet wird.

Die meisten anderen *aromatischen Wismutverbindungen* können schon durch konzentrierte Salzsäure zerlegt werden. Die Substanz wird in einem Glasschälchen mit konzentrierter Salzsäure auf dem Wasserbad erwärmt, bis klare Lösung eingetreten ist, der Überschuß der Säure möglichst verdampft und der Rückstand in viel kaltes Wasser gegossen, wobei sich das Oxychlorid ausscheidet.

Resistente Wismutverbindungen werden im KJELDAHLkolben mit mäßig starker Salpetersäure übergossen und dann so lange rauchende Salpetersäure in kleinen Portionen zugesetzt, bis die Oxydation beendet ist. Dann wird auf dem Wasserbad zur Trockene gedampft und der Rückstand nach und nach zum lebhaften Glühen erhitzt. Es hinterbleibt Wismutoxyd.

Die *Jodbestimmung im Dimethylchromonwismuttrijodidjodhydrat* wird nach CARIUS ausgeführt und dabei durch Zufügen von Salpetersäure beim Herausspülen des Jodsilbers Sorge getragen, daß kein basisches Wismutsalz ausfällt. Im Filtrat wird nach dem Entfernen des überschüssigen Silbers das Wismut mit der eben erforderlichen Menge Chlorammonium durch Ammoniumcarbonat gefällt, geglüht und als Bi_2O_3 gewogen.[2]

Wismutsalze (Phenolate) kann man oftmals direkt veraschen.[3] Nach GÄBLER[4] ist dies bei möglichst niedriger Temperatur[5] auszuführen. Die Asche wird in Salpetersäure gelöst und das Wismut als Phosphat gefällt oder als Bi_2O_3 bestimmt.[6]

Die *Aufschließung der Wismutverbindungen* kann auch in vielen Fällen mit *Salzsäure und Kaliumchlorat* oder durch *Schmelzen mit Soda und Salpeter* bewirkt werden. Im Filtrat von der Kohle wird dann das Wismut als Phosphat bestimmt.[7,8]

Halogenhaltige Wismutsalze können nicht direkt verascht werden, weil dabei ein Teil des Wismuts sich verflüchtigt.[9]

1—2 g werden mit 20 ccm 10proz. Natronlauge digeriert, bis zur Abscheidung des Wismutoxyds verdünnt, durch ein Filter dekantiert und der Niederschlag noch einigemal mit verdünnter heißer Lauge behandelt. Man wäscht und verascht oder trocknet bei 100° zur Gewichtskonstanz.

Bestimmung des Wismuts in aromatischen Derivaten des fünfwertigen Metalls.[10]

0,2—0,3 g werden mit zirka 10 ccm ammoniakalischer Schwefelwasserstofflösung digeriert und bei 115—125° zur Trockene gedampft. Der Wismutsulfid

[1] GILLMEISTER: Diss. Rostock 29, 37, 44, 48, 1896.
[2] SIMONIS, ELIAS: Ber. Dtsch. chem. Ges. 48, 1515 (1915). — Über die Analyse von Jodwismutverbindungen siehe auch FRANÇOIS, BLANC: Bull. Soc. chim. France (4), 33, 641 (1923). — THOMPSON, OAKDALE: Journ. Amer. chem. Soc. 52, 1199 (1930).
[3] TELLE: Arch. Pharmaz. 246, 489 (1908).
[4] GÄBLER: Pharmaz. Ztg. 45, 208, 567 (1900).
[5] Siehe dazu SALKOWSKI: Biochem. Ztschr. 79, 98, 99 (1917).
[6] BARKUVIĆ: Pharmaz. Monatsh. 14, 8 (1933). [7] Siehe Note 7 auf S. 264.
[8] Siehe auch MOSER: Die chemische Analyse 10, 117 (1909).
[9] SCHLENK: Pharmaz. Ztg. 54, 538 (1909). — KOLLO: Pharmaz. Post 43, 41, 49 (1910).
[10] CHALLENGER, GODDARD: Journ. chem. Soc. London 117, 773 (1920). — CHALLENGER, WILKINSON: Journ. chem. Soc. London 121, 103 (1922).

und Schwefel enthaltende Rückstand wird mit 10 ccm konzentrierter Salzsäure einige Minuten gekocht, nach dem Erkalten filtriert, mit Wasser verdünnt, Schwefelwasserstoff eingeleitet und das Schwefelwismut auf einem GOOCHtiegel mit Schwefelkohlenstoff gewaschen, getrocknet und gewogen.

Über die Halogenbestimmung in Verbindungen $BiRX_2$ und BiR_2X: CHALLENGER, ALLPRESS: Journ. chem. Soc. London 119, 913 (1921).

Nachweis in organischem Material: KÜRTHY, MÜLLER: Biochem. Ztschr. 149, 235 (1924). — BARENSCHEEN, FREY: PREGL-Festschr. 1929, 1. — DANKWORTH, PFAU: Arch. Pharmaz. 263, 502 (1925). — ASSENRAAD: Pharmac. Tijdschr. Nederl.-Indie 6, 370 (1930); 7, 25 (1930). — LANGERON, DEVRIENDT: Journ. Pharmac. Chim. (8), 15, 600 (1932).

Mikrojodometrische Methode: STRAUB, MIHALOVITS: Pharmaz. Zentralhalle 74, 685 (1933).

55. Wolfram W = 184.

Zur Analyse der in der Eiweißchemie häufig verwendeten *Phosphorwolframate* kann man sich nach BARBER[1] nur der SPRENGERschen Methode[2] in etwas modifizierter Form bedienen, da alle anderen Verfahren zur Trennung von Phosphor- und Wolframsäure unbefriedigende Resultate geben.

Zu der in heißem Wasser gelösten Substanz wird möglichst wenig konzentrierte heiße Gerbsäurelösung gefügt (auf 1 g Substanz zirka 6—8 ccm 50proz. Gerbsäure). Die Lösung wird mit Ammoniak übersättigt und längere Zeit warm gehalten. Sobald die Flüssigkeit dunkel und trüb wird, säuert man mit konzentrierter Salzsäure an. Die Wolframsäure fällt als brauner, feinkörniger Niederschlag aus, der eine Zeitlang gekocht wird. Man läßt absitzen und filtriert nach mindestens 6 Stunden, wäscht mit salzsäurehaltigem Wasser nach, dampft das Filtrat auf die Hälfte ein, um noch evtl. neuerdings ausgeschiedenes Wolfram abzufiltrieren, trocknet und glüht die vereinigten Niederschläge im Porzellantiegel bis zur Gelbfärbung, die beim Erkalten in Blattgrün übergeht. Der Niederschlag ist WO_3. Das Filtrat wird behufs Zerstörung der organischen Substanz nach vorsichtigem Zusatz konzentrierter Salpetersäure wenigstens zweimal bis zur Trockene eingedampft. Der Rückstand wird mit verdünnter Salpetersäure aufgenommen und mit molybdänsaurem Ammonium im Überschuß versetzt. Der nach längerem Stehen abfiltrierte Niederschlag wird in Ammoniak gelöst, mit Magnesiamixtur gefällt und als $Mg_2P_2O_7$ bestimmt.

Die Bestimmung aus dem Glührückstand, wie sie bei diesen Phosphorwolframaten manchmal gemacht wird,[3] erwies sich als ungenau.

56. Zink Zn = 65,38.

Die Bestimmung des Zinks in organischen Verbindungen durch Fällen als Sulfid oder Carbonat ist umständlich, schwierig und in wenig geübter Hand nicht sehr genau.[4] Man erhält dagegen[5] gute Resultate, wenn man das Zinksalz mit konzentrierter Salpetersäure im Porzellantiegel übergießt, bei *niedriger*

---

[1] BARBER: Monatsh. Chem. 27, 379 (1906).

[2] SPRENGER: Journ. prakt. Chem. (2), 22, 421 (1880).

[3] GULEWICZ: Ztschr. physiol. Chem. 27, 192 (1899). — Dann auch KEHRMANN: Ztschr. anorgan. allg. Chem. 6, 388 (1894).

[4] Siehe übrigens bei „Cadmium", S. 225. — KILIANI: Ber. Dtsch. chem. Ges. 41, 2656 (1908).

[5] HUPPERT, RITTER: Ztschr. analyt. Chem. 35, 311 (1896). — RAVENSWAAY: Chem. Weekbl. 23, 375 (1926). — BILTZ, BECK: Journ. prakt. Chem. (2), 118, 194 (1928). — KOZETSCHKOW: Ber. Dtsch. chem. Ges. 67, 1140 (1934).

Temperatur abraucht und den anscheinend trockenen Rückstand *langsam* weiter erhitzt[1] und schließlich glüht, bis er beim Erkalten vollständig weiß ist. Das Zink bleibt als Oxyd zurück. Noch besser ist es nach WILLSTÄTTER, PFANNEN-STIEL,[2] die Zersetzung im Glaskölbchen vorzunehmen.

KAUFLER[3] erhitzt *Chlorzinkdoppelsalze* nach CARIUS, bestimmt das Halogen mittels Silbernitrat, fällt im Filtrat das Silber mit Salzsäure und hierauf das Zink mit Soda. Man wäscht, löst das Zinkcarbonat auf dem Filter mit Salpeter-säure und arbeitet weiter nach HUPPERT, RITTER.

Elektrolytische Zinkbestimmung: WITT: Ber. Dtsch. chem. Ges. 48, 770 (1915).

Zinkpikrat explodiert beim Erhitzen.[4]

Zinkbestimmung in Nahrungsmitteln, Harn usw.: WEITZEL: Arbb. Reichs-gesundh.-Amt 51, 476 (1919). — TODD, ELVEHJEM: Journ. biol. Chemistry 96, 609 (1932).

57. Zinn Sn = 118,7.

Zinnverbindungen müssen in inniger Mischung mit Kupferoxyd bei nicht zu niedriger Temperatur verbrannt werden.[5]

Die *Elementaranalyse* der *Zinntetrachloriddoppelverbindungen* bietet nach SCHNABEL ähnliche Schwierigkeiten wie die der Titanchloridderivate.[6]

Schwer flüchtige Zinnverbindungen werden nach ARONHEIM[7] mit Soda und Salpeter oder mit Ätzkali und Salpeter[8] geschmolzen. Man löst in Wasser und fällt das Zinnoxyd durch genaues Neutralisieren mit Salpetersäure. Im Filtrat können evtl. die Halogenbestimmungen vorgenommen werden.

Flüchtigere Substanzen werden mit konzentrierter Salzsäure (auf 0,2—0,3 g genügen 5 ccm) im zugeschmolzenen Rohr auf 100° erhitzt. Nach 12—18stün-diger Digestion spült man sorgfältig mit Wasser in eine Platinschale. Hierauf wird mit Soda alkalisch gemacht und vorsichtig zur Trockene gedampft, geglüht, mit Wasser aufgenommen, die Lösung mit dem Niederschlag in ein Becherglas gespült, in der Siedehitze genau mit Salpetersäure neutralisiert und einige Zeit gekocht. Dann wird das Zinnoxyd abfiltriert, gewaschen, geglüht und gewogen.

In *Zinndoppelsalzen* wird auch oftmals das Zinn als Sulfür abgeschieden und dann durch Glühen an der Luft in Oxyd übergeführt.[9]

PFEIFFER, SCHNURMANN[10] zersetzten das *Tetraphenylzinn* mit rauchender Salpetersäure im Rohr. Zur Analyse des *Diphenylzinns, Hexaphenyldistannans* usw. wird im offenen Tiegel oder besser einer Quarzeprouvette mit rauchender Salpetersäure und Schwefelsäure zersetzt.[11]

---

[1] Bequem in einem Muffelofen.
[2] WILLSTÄTTER, PFANNENSTIEL: Liebigs Ann. 358, 250 (1908).
[3] KAUFLER: Privatmitteilung. — Siehe auch POHL: Diss. Berlin 20, 1907. — WILHELMI: Diss. Berlin 30, 1908.
[4] SILBERRAD, PHILIPS: Journ. chem. Soc. London 93, 482 (1908).
[5] KRAUSE, SCHMITZ: Ber. Dtsch. chem. Ges. 52, 2156 (1919).
[6] Siehe S. 263.
[7] ARONHEIM: Liebigs Ann. 194, 156 (1879). — MACHEMER: Journ. prakt. Chem. (2), 127, 141 (1930).
[8] STRAUS, ECKER: Ber. Dtsch. chem. Ges. 39, 2993, Anm. (1906).
[9] HOFMANN: Ber. Dtsch. chem. Ges. 18, 115 (1885). — COSTEANU: Ber. Dtsch. chem. Ges. 60, 2223 (1927).
[10] PFEIFFER, SCHNURMANN: Ber. Dtsch. chem. Ges. 37, 321 (1904). — DILTHEY: Ber. Dtsch. chem. Ges. 36, 930 (1893). — PFEIFFER: Liebigs Ann. 412, 332 (1916).
[11] KRAUSE: Ber. Dtsch. chem. Ges. 53, 178 (1920). — CHAMBERS, SCHERER: Journ. Amer. chem. Soc. 48, 1059 (1926). — KOZESCHKOV: Ber. Dtsch. chem. Ges. 61,

Zur Zerlegung des *Diisoamylzinnoxychlorids* erhitzte TRUSKIER[1] 2 Tage lang auf 270°.

REISSERT, HELLER[2] erhitzten ein *Zinnchlorürdoppelsalz* mit rauchender Salpetersäure und Silbernitrat im Rohr auf 300°. Der Rückstand wurde mit warmem Wasser gewaschen, auf einem Filter gesammelt und mit verdünntem Ammoniak ausgelaugt. Chlorsilber ging in Lösung und wurde im Filtrat wieder durch Salpetersäure herausgefällt, die auf dem Filter gebliebene Metazinnsäure wurde getrocknet und stark geglüht.

GILMAN, KING versetzen die Substanz mit 4proz. Lösung von Brom in Tetrachlorkohlenstoff und oxydieren dann weiter mit Salpeter- und Schwefelsäure.[3]

Tetraphenylzinn wird in Tetrachlorkohlenstofflösung mit Brom und Salzsäure zerlegt.[4]

Zinn in toxikologischen Fällen: DEUSSEN: Arch. Pharmaz. **264**, 360 (1926).

58. Zirkon Zr = 91,22.

Zirkonacetylaceton wurde direkt verascht und stark geglüht. Zirkonoxyd bleibt zurück.

Zur *Elementaranalyse* mischt man mit Kupferoxyd im Bajonettrohr, da das Zirkonoxyd außerordentlich leicht Kohlenstoff zurückhält.[5]

Zirkonpikrat explodiert beim Erhitzen.[6] Ebenso verpufft das *Antipyrin-Zirkonnitrat*.[7] Man löst derartige Substanzen in Wasser, fällt mit Ammoniak und glüht den Filterrückstand.

Läßt sich die Verbindung nicht hydrolysieren, so muß nach CARIUS aufgeschlossen werden.[5]

Sechster Abschnitt.

Aschenbestimmung[8] und Aufschließung organischer Substanzen auf nassem Weg.

1. Aschenbestimmung.

Hat man die in einer organischen Substanz als Verunreinigung enthaltenen anorganischen Bestandteile zu bestimmen, so verascht man im allgemeinen am besten im Platintiegel[9] unter Zuleitung eines Sauerstoffstroms.[10]

Zur Beschleunigung der Veraschung sowie zur Verhinderung des Überschäumens usw. ist das Beimengen gewogener Mengen von *fein verteiltem Silber*,[11]

1661 (1928); **62**, 997 (1929). — Siehe auch BACKER, KRAMER: Rec. Trav. chim. Pays-Bas **52**, 918 (1933). — KRAUS, EATOUGH: Journ. Amer. chem. Soc. **55**, 5012, 5015 (1933).   [1] TRUSKIER: Diss. Zürich 53, 1907.

[2] REISSERT, HELLER: Ber. Dtsch. chem. Ges. **37**, 4375 (1904). — Ähnlich verfährt TRUSKIER: a. a. O.

[3] GILMAN, KING: Journ. Amer. chem. Soc. **51**, 1213 (1929).

[4] DOSIOS, PIERRI: Ztschr. analyt. Chem. **81**, 21 (1930).

[5] CLINCH: Diss. 40, 1904. — BILTZ, CLINCH: Ztschr. anorgan. allg. Chem. **40**, 218 (1904). — MORGAN, BOWEN: Journ. chem. Soc. London **125**, 1260 (1924).

[6] SILBERRAD, PHILIPS: Journ. chem. Soc. London **93**, 484 (1908).

[7] KOLB: Ztschr. anorgan. allg. Chem. **83**, 143 (1913).

[8] Siehe auch S. 123 und 230.

[9] Oder im Verbrennungsrohr: KRANE: Ztschr. physiol. Chem. **157**, 171 (1926).

[10] MINOR: Chem.-Ztg. **14**, 510 (1890).

[11] KASSNER: Pharmaz. Ztg. **33**, 758. (1888).

Calciumacetat,[1] *Calciumphosphat*,[2] *Calciumoxyd*,[2,3] *Magnesia*,[4] *Quarzsand*,[5] *Eisenoxyd*[5,6] und *Zinkoxyd*[7] empfohlen worden.

Ebenso kann Verdünnen der Substanz durch *Oxalsäure*[8] oder *Benzoesäure*[9] gelegentlich von Vorteil sein.

Einen *Platinapparat zur exakten Veraschung* hat WISLICENUS[10] angegeben. *Explosive Verbindungen* müssen vorher in geeigneter Weise zersetzt werden.[11]

GRUSSFELD[12] hat die Methode von KLEIN[13] modifiziert, indem er bei Gegenwart von Magnesiumacetat, statt Magnesiumoxyd, verascht.

Etwa 50 g reine Magnesia werden in etwas überschüssiger Essigsäure gelöst, die Lösung mit Wasser auf 1 l gebracht, filtriert und in eine gut verschließbare Flasche übergeführt. Von der Lösung werden genau 20 ccm, entsprechend etwa 1 g der angewandten Magnesia, herauspipettiert, in eine Platinschale übergeführt, getrocknet, verascht und gewogen.

Aschebestimmung in schwer verbrennlichen Substanzen. 5 g der trockenen fein gepulverten Substanz werden mittels eines Glasstäbchens mit der Magnesialösung vermischt, das Glasstäbchen mit etwas destilliertem Wasser abgespült und der Schaleninhalt zunächst auf dem Wasserbad, dann im Trockenschrank bei 100—120° völlig getrocknet. Dann wird das Gemisch, anfangs unter mäßigem Erhitzen, später, wenn nötig, unter stärkerem Glühen verascht. Die Verbrennung geht in der Regel sehr glatt vor sich, und ein Auslaugen mit heißem Wasser ist meist überflüssig. Das Gewicht des Verbrennungsrückstandes wird, um das Gewicht der Reinasche zu ergeben, um den beim Verdampfen und Glühen der Magnesialösung erhaltenen Gewichtswert vermindert.

Zur Feststellung des Phosphor- bzw. Lecithingehaltes von eiweißhaltigen Stoffen bietet die Magnesiaveraschung nicht unerhebliche Vorteile. Der lecithinhaltige Extrakt wird quantitativ in eine Platinschale übergeführt, wobei man zunächst mit etwas Alkohol, dann mit etwas heißem Wasser nachwäscht. Der Inhalt der Platinschale wird hierauf mit 20 ccm Magnesiumacetatlösung versetzt und auf dem Wasserbad zur Trockene verdampft.

Der Verdampfungsrückstand wird bei 100—120° getrocknet und hierauf bei Rotglut geglüht. Bei dieser Veraschung ist vor allem darauf zu achten, daß die ganze Asche gut durchgeglüht wird, während völliges Weißbrennen überflüssig erscheint. Nach dem Erkalten wird die Asche in 25 ccm Salzsäure (D 1, 125) gelöst. Es empfiehlt sich, eine geringe Menge (0,1—0,2 g) Citronensäure zuzumischen. Man versetzt mit etwa 25 ccm Chlorammoniumlösung und nimmt direkt die Fällung des Magnesiumammoniumphosphats vor. Zusatz von Magnesiamixtur ist nicht erforderlich, vielmehr genügt es, die Lösung vorsichtig mit so viel 10proz. Ammoniaklösung zu versetzen, bis die Abscheidung des Niederschlags

---

[1] SHUTTLEWORTH, TOLLENS: Journ. Landwirtsch. 47, 173 (1899).

[2] RITTHAUSEN: Die Eiweißstoffe usw., S. 239. Bonn 1872. — GUTZEIT: Chem.-Ztg. 29, 556 (1905).   [3] WISLICENUS: Ztschr. analyt. Chem. 40, 441 (1901).

[4] KLEIN: Chem.-Ztg. 27, 923 (1903). — Siehe auch COHN: Chem.-Ztg. 44, 384 (1920).

[5] ALBERTI, HEMPEL: Ztschr. angew. Chem. 4, 486 (1891). — DONATH, EICHLEITER: Öst.-Ung. Ztschr. f. Rübenz. u. Landwirtsch. 21, 281 (1892).

[6] KASSNER: Pharmaz. Ztg. 34, 266 (1889).

[7] LUCIEN: Bull. Assoc. chim. Belg. 1889, 356.

[8] GROBERT: Neue Ztschr. Rübenz.-Ind. 23, 181 (1889). — BERG: Journ. prakt. Chem. (2), 115, 183 (1927); siehe S. 227.

[9] BOYER: Compt. rend. Acad. Sciences 111, 190 (1890).

[10] WISLICENUS: Ztschr. analyt. Chem. 40, 441 (1901). — Siehe über Veraschung, speziell für Blutuntersuchung, auch DESGREZ, MEUNIER: Compt. rend. Acad. Sciences 171, 179 (1917).   [11] Siehe auch S. 220, 237, 263.

[12] GRUSSFELD: Chem.-Ztg. 44, 285 (1920).   [13] Siehe KLEIN, Anm. 4.

eintritt, sodann einige Minuten zu warten und schließlich so viel Ammoniaklösung zuzufügen, bis dieselbe etwa einem Drittel der gesamten Flüssigkeitsmenge entspricht. Hierauf wird bis zum folgenden Tage stehengelassen, dann
durch einen GOOCH- oder NEUBAUERtiegel filtriert, geglüht und gewogen.

Mikroaschenbestimmung: SCHOELLER: Ber. Dtsch. chem. Ges. **55**, 2191 (1922).
— MEIXNER, KRÖCKER: Mikrochemie **5**, 130 (1925). — PREGL, ROTH: Mikroanalyse, S. 168. 1935.

2. Aufschließung organischer Substanzen auf nassem Weg.[1]

An Stelle der Veraschung tritt die Zerstörung der organischen Substanz auf
nassem Weg namentlich dann, wenn es gilt, anorganische Substanzen, die in
geringer Menge vorhanden oder beim Glühen flüchtig sind, quantitativ zu bestimmen.

Für diesen Zweck ist namentlich das KJELDAHLsche Verfahren (S. 159) wiederholt in Vorschlag gebracht worden, so von ISHEWSKY, NIKITIN,[2] LA COSTE,
POHLIS,[3] HALENKE,[4] GRAS, GINTL,[5] NEUMANN[6] und LOCKEMANN.[7]

Verfahren von KERBOSCH.[8]

Die Substanz wird, wenn nötig,[9] mit Wasser zu einem dicken Brei angerührt
und in eine tubulierte Retorte aus resistentem Glas gebracht, die wenigstens
viermal so groß ist als das Volumen der zu zerstörenden Substanz.

Dann wird die Säuremischung (gleiche Raumteile Schwefelsäure und Salpetersäure, und zwar so viele Kubikzentimeter, als das Gewicht der Substanz
in Grammen beträgt) eingetragen.

Man erhitzt vorsichtig, um Überschäumen zu vermeiden. In die Retorte
wird ein Scheidetrichter gebracht, dessen Rohrende zirka $^1/_2$ cm vom Boden entfernt bleibt. Zwischen Röhre und Tubus kommt ein passender Trichter mit
kurzem Hals.

Man läßt tropfenweise Salpetersäure zufließen und reguliert Temperatur und
Schnelligkeit des Zutropfens so, daß keine wesentliche Verkohlung eintritt.
Immer muß ein wenig Salpetersäure im Überschuß vorhanden sein.

Schließlich wird die Temperatur gesteigert und der Zutritt der Salpetersäure
so geregelt, daß die Kohle gleich von der zufließenden Salpetersäure oxydiert
wird.

Die Reaktion dauert im ganzen im Maximum 6 Stunden.

---

[1] Siehe auch S. 212, 230, 249ff., 250. — WAGENAAR: Chem. Weekbl. **62**, 557,
1109 (1925).

[2] ISHEWSKY, NIKITIN: Pharmaz. Ztg. f. Rußl. **34**, 580 (1895). — NIKITIN,
SCHERBATSCHEFF: Vierteljahrssch. f. ger. Med. **19**, ·233 (1900).

[3] LA COSTE, POHLIS: Ber. Dtsch. chem. Ges. **19**, 1024 (1886); **20**, 718 (1887).

[4] HALENKE: Ztschr. Unters. Nahrungs- u. Genußmittel **2**, 128 (1898).

[5] GRAS, GINTL: Österr. Chemiker-Ztg. **2**, 308 (1899). — MEDICUS, MEBOLD:
Ztschr. Elektrochem. **8**, 690 (1902). — DENNSTEDT, RUMPF: Ztschr. physiol. Chem. **41**,
42 (1904). — MEILLÈRE: Journ. Pharmac. Chim. **15**, 97 (1902). — GRIGORJEW:
Vierteljahrssch. ger. Med. **29**, 74 (1905).

[6] NEUMANN: Arch. Analyt. Physiol., Phys. Abtl. **1897**, 552; **1900**, 159; Ztschr.
physiol. Chem. **37**, 115 (1902); **43**, 32 (1904). — ROTHE: Mitt. Kgl. Materialprüf.-
Amt **25**, 105 (1907). — Siehe auch LAPICQUE: Compt. rend. Soc. Biologie **82**, 92 (1919).
— CHERBULIEZ: Helv. chim. Acta **12**, 819 (1929).

[7] LOCKEMANN: Ztschr. angew. Chem. **18**, 421 (1905). — JÄRVINEN: Ztschr.
Unters. Nahrungs- u. Genußmittel **45**, 183 (1923).

[8] KERBOSCH: Arch. Pharmaz. **246**, 618 (1908); Journ. Pharmac. Chim. (7), **9**,
158 (1914). — MEILLÈRE: Journ. Pharmac. Chim. (7), **7**, 425 (1913); **9**, 162 (1914).

[9] Wenn das Säuregemisch auf die trockene Substanz zu heftig einwirkt.

Aufschließen mit Salpetersäure und Wasserstoffsuperoxyd: JANNASCH: Ber. Dtsch. chem. Ges. **45**, 605 (1912).

Aufschließen mit Wasserstoffsuperoxyd und Eisensalzen: MANDEL, NEUBERG: Biochem. Ztschr. **71**, 196 (1915).

Aufschließen mit Salpetersäure und Überchlorsäure: Bull. Soc. chim. France (4), **53**, 95 (1933).

Aufschließen nach CHERBULIER, MEYER. 30 ccm rauchende Salpetersäure, 1 g $NaNO_3$, 1 g Substanz werden in 3—4 Stunden eingedampft, nochmals mit 30 ccm HNO_3 in 2 Stunden eingedampft, die Salpeter-säure mit Salzsäure vertrieben.

Aufschließen mit CAROscher *Säure.*[1]

Zur Darstellung der Säure gießt man zu einem Teil Perhydrol langsam 3 bis 4 Teile reine konzentrierte Schwefelsäure.

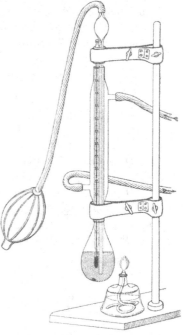

Man bringt die etwas zerkleinerte Probe in einen Kolben mit angeschmolzenem Kühler. In die konzentrierte Schwefelsäure taucht ein Tropftrichter ohne Hahn aus dickwandiger Capillarröhre.

Man erhitzt den Kolbeninhalt auf etwa 100° und stellt dann die Flamme ab. Nachdem die Färbung in Rotgelb übergegangen ist, wird der Prozeß unterbrochen und der Inhalt langsam bei abgestelltem Kühler auf etwa 140° erhitzt, um noch unzersetzte Substanz völlig zu zerstören, und nun nach der Abkühlung die Lösung durch Perhydrol und abermaliges Erhitzen ganz entfärbt. Der Prozeß kann auch bei größeren Substanzmengen innerhalb 30 Minuten zu Ende geführt werden. Auf 1 g Substanz benötigt man 2—4 ccm Perhydrol und 6 bis 12 ccm konzentrierte Schwefelsäure.

Durch Zusatz von wenigen Zehntelgrammen Quecksilber wird der Verbrauch an Perhydrol und

Abb. 115. Methode von MIGAULT.

konzentrierter Schwefelsäure sehr beschränkt, gleichmäßigere Reaktion bei viel niedrigeren Temperaturen gewährleistet und Zerstörung der letzten Reste organischer Substanz ohne wiederholte Erhitzung erzielt. Die Zersetzung nimmt dann immer nur wenige Minuten in Anspruch.

Aufschließung durch Elektrolyse.

GASPARINI[2] empfiehlt zur Zerstörung der organischen Substanz die elektrolytische Oxydation in salpetersaurer Lösung.

Die in Salpetersäure (1,42) aufgenommene Substanz wird 6—16 Stunden lang zwischen Platinelektroden mit 4—7 Ampere und 8—16 Volt behandelt. Es empfiehlt sich, Gleichstrom anzuwenden. Das Ende der Oxydation ist daran zu erkennen, daß die Flüssigkeit fast farblos wird, nicht mehr schäumt und nach Stromunterbrechung keine Gasentwicklung mehr zeigt (siehe auch S. 206).

---

[1] MIGAULT: Chem.-Ztg. **34**, 337 (1910). — Wiedererfunden von KLEEMANN: Chem.-Ztg. **45**, 1079 (1921). — UTZ: Dtsch. med. Wchschr. **49**, 605 (1923).

[2] GASPARINI: Atti R. Accad. Lincei (Roma), Rend. (5), **13 II**, 94 (1904); Gazz. chim. Ital. **35 I**, 501 (1905). — SCURTI, GASPARINI: Staz. sperim. agrar. Ital. **40**, 150 (1907). — GASPARINI: Gazz. chim. Ital. **37 II**, 426 (1907). — Siehe auch BUDDE, SCHOU: Ztschr. analyt. Chem. **38**, 344 (1899).

Siebenter Abschnitt.

Ermittlung der empirischen Formel.

Das Verhältnis der Atome Kohlenstoff, Wasserstoff, Sauerstoff usw. in einer organischen Substanz wird nach den Ergebnissen der Elementaranalyse in der Art ermittelt, daß man zuerst die gefundenen Prozentzahlen durch die Atomgewichte der betreffenden Elemente dividiert.

Von den so erhaltenen Zahlen nimmt man die kleinste als Divisor für die übrigen. Man erhält nunmehr Werte, die entweder (nahezu) ganzen Zahlen entsprechen oder durch Multiplikation mit 2 oder 3 in Zahlen verwandelt werden, die durch geringe Abrundung zu Ganzen werden.

So seien z. B. in einer Substanz gefunden worden:

$$C = 68,0\%$$
$$H = 10,7\%$$
$$N = 10,1\%$$
$$\text{Differenz f. } O = 11,2\%$$

Die Divisionen $\dfrac{68}{12}$, $\dfrac{10,7}{1}$, $\dfrac{10,1}{14}$ und $\dfrac{11,2}{16}$ ergeben die Zahlen:

$$5,67, \quad 10,7, \quad 0,72. \quad 0,70.$$

Diese durch 0,7 dividiert:

$$8,1, \quad 15,3, \quad 1,0, \quad 1,0.$$

Dem entspricht die einfachste Formel: $C_8H_{15}ON$.

Äußerst zweckmäßig ist der Vorschlag KAUFLERS,[1] die wahrscheinlichste Formel durch *Entwicklung in Näherungsbrüche* zu ermitteln.

Obiges Beispiel wäre danach folgendermaßen zu rechnen:

Zunächst das Verhältnis $C:H = 5,67:10,7$:

5,67	10,7	1		1	1	7	1	6	9
64	503	1	0	1	1	8	9	62	
55	9	7	1	1	2	15	17	117	$\cdots$
1		1							
		6							
		9							

Dann das Verhältnis $C:N = 5,67:0,72$:

5,67	0,72	7		7	1	7
63	9	1	0	1	1	8
		7	1	7	8	63

Endlich $C:O = 5,67:0,70$:

5,67	0,70	8		8	10
7		10	0	1	10
			1	8	81

oder $H:N = 10,70:0,72$:

10,70	0,72	14		14	1	6	5
62	10	1	0	1	1	7	
2		6	1	14	15	104	
		5					

Daraus ergibt sich zwanglos das Verhältnis:

$$C:H:N:O = 8:15:1:1, \quad \text{id est} \quad C_8H_{15}ON.$$

Man berücksichtigt beim Aufstellen der Formel, daß die Werte für Wasserstoff und Stickstoff in der Regel etwas zu hoch (bis zu 0,3%), die für Kohlen-

---

[1] KAUFLER: Privatmitteilung.

stoff bei Substanzen, die bloß Kohlenstoff, Wasserstoff und Sauerstoff enthalten, um ebensoviel zu niedrig auszufallen pflegen; Substanzen, die außer den drei genannten noch andere Elemente enthalten, liefern bei der Analyse oftmals ein Plus an Kohlenstoff von einigen Zehntelprozenten.

Auch auf das *Gesetz der paaren Valenzzahlen* ist Rücksicht zu nehmen.

Bei kompliziert zusammengesetzten Substanzen läßt sich natürlich die empirische Formel nicht mehr mit Sicherheit errechnen,[1] muß vielmehr auf Grund von Umwandlungsreaktionen und nach Ermittlung der Molekulargröße bestimmt werden.[2]

Viertes Kapitel.

Ermittlung der Molekulargröße.

Erster Abschnitt.

Ermittlung des Molekulargewichts auf chemischem Wege.

Das Verfahren besteht hier allgemein darin, Derivate der Substanz herzustellen, die ein genau bestimmbares Atom oder Radikal besitzen, aus dessen Menge dann die Formel des Derivats und weiterhin der Stammsubstanz erschlossen wird. Ist man außerdem imstande, zu bestimmen, wie oft der betreffende Rest in das Molekül eingetreten ist, so kann man nicht nur die empirische, sondern auch die Molekularformel ergründen.

Am einfachsten lassen sich salzbildende Stoffe untersuchen.

Man titriert Säuren bzw. Basen, oder man stellt ihre Silbersalze bzw. Chloraurate oder Chloroplatinate dar.

Hat man so die empirische Formel gefunden, so trachtet man die *Basizität* der Substanz — etwa durch Darstellung saurer Ester oder Salze usw. — zu ermitteln. *Die Bestimmung der Leitfähigkeit* gibt hier wertvolle Anhaltspunkte.

Von anderen Substanzen wird man je nach ihrem Charakter Acyl-, Alkylderivate usw. darstellen und die entsprechenden *Gruppenbestimmungen* vornehmen.

Kohlenwasserstoffe substituiert man durch Halogene oder untersucht (bei aromatischen Verbindungen) ihre *Pikrate* (Methode von Küster, siehe S. 657), an *Doppelbindungen* wird Chlorjod addiert usw.

Über die *Bestimmung des Molekulargewichts von hochmolekularen Alkoholen* siehe S. 363.

Ein schönes Beispiel dafür, wie durch geschicktes Gruppieren der Beobachtungen auch bei komplizierten Verbindungen ausschließlich durch chemische Untersuchung die richtige Molekulargröße einer Substanz ermittelt werden kann, bilden die Untersuchungen von Herzig[3] über das Quercetin.

---

[1] Siehe das Vorwort zur ersten Auflage.

[2] Einen Anhaltspunkt für die richtige Formulierung saponinartiger Substanzen liefern in manchen Fällen (Digitonin, Gitonin) die Additionsprodukte mit Sterinen (Cholesterin, Stigmasterin). — Windaus: Ber. Dtsch. chem. Ges. **42**, 246 (1909); **46**, 2630 (1913); **49**, 1730 (1916).

[3] Herzig: Monatsh. Chem. **9**, 537 (1888); **12**, 172 (1891).

Zweiter Abschnitt.

Bestimmung des Molekulargewichts mittels physikalischer Methoden.

I. Molekulargewichtsbestimmung aus der Gefrierpunkts-erniedrigung.[1]

A. Verfahren von BECKMANN.[2]

Der Apparat wird durch Abb. 116 veranschaulicht. In dem oberen etwas erweiterten Ende des Gefrierrohrs *A* ist mittels eines weichen Gummistöpsels das Zentigrad-Thermometer *D*[3] und der vertikale Teil des Trockenrohrs *F* be-

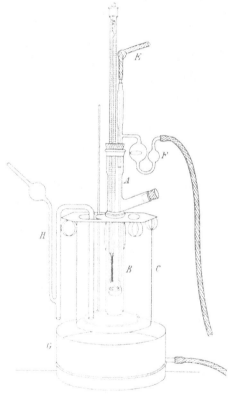

Abb. 116. Apparat von BECKMANN.

festigt.

Man preßt die Substanz zu Pastillen. Bei Benutzung eines Thermometers mit kurzem Gefäß genügen etwa 5 ccm Lösungsmittel und einige Zentigramme Substanz.

Einimpfen von Krystallen. In das Rohr *A* (Abb. 117) bringt man etwas Lösungsmittel, saugt es in das zu Boden gesenkte Rohr *B* fast völlig auf, erhält die Flüssigkeit durch Schließen des Quetschhahns *C* schwebend und läßt nun freiwillig oder nach dem Einsetzen von *A* in die Kühlflüssigkeit erstarren. Wird *B*, nachdem es etwas emporgezogen und mit dem Stöpsel aus dem Luftmantel entfernt ist, von unten nach oben so weit erwärmt, daß der angefrorene Substanzzylinder sich loslöst, so kann man ihn, während der Quetschhahn vor-

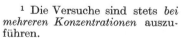

Abb. 117.
Impfstift.

[1] Die Versuche sind stets *bei mehreren Konzentrationen* auszuführen.

[2] BECKMANN: Ztschr. physik. Chem. **2**, 638 (1888); **7**, 323 (1891); **15**, 656 (1894); **21**, 239 (1896); **22**, 617 (1897); **44**, 173 (1903); **44**, 161 (1904). — F. W. KÜSTER: Ztschr. physikal. Chem. **8**, 577 (1891). — FUCHS: Anleitung zur Molekulargewichtsbestimmung nach der BECKMANNschen Methode. Leipzig: Engelmann. 1895. — BILTZ: Praxis der Molekelgewichtsbestimmung. Berlin 1898. — STOBBE, MÜLLER: Liebigs Ann. **352**, 147 (1907). — BECKMANN: Arch. Pharmaz. **245**, 213 (1907). — Modifikationen des Apparates, namentlich für die Anwendung kleiner Substanzmengen: KINOSHITA: Biochem. Ztschr. **12**, 390 (1908). — SCHEUER: Journ. chim. phys. **6**, 620 (1908). — BURIAN, DRUCKER: Ztschr. Physiol. **23**, 772 (1910). — Bestimmungen bei sehr tiefen Temperaturen: BECKMANN, WAENTIG: Ztschr. anorgan. allg. Chem. **67**, 17 (1910). — WEITZ, LUDWIG: Ber. Dtsch. chem. Ges. **55**, 404 (1922). — Unter Stickstoff: SCHLENK, MEYER: Ber. Dtsch. chem. Ges. **52**, 13 (1919).

[3] BECKMANN: Ztschr. physikal. Chem. **51**, 329 (1905). — Modifikationen des BECKMANNthermometers: KÜHN: Chem.-Ztg. **36**, 843 (1912). — DISCH: Ztschr. angew. Chem. **26**, 279 (1913).

übergehend geöffnet wird, leicht etwas aus der Röhre herausschieben. Zur Aufbewahrung wird das Ganze in A zurückgebracht, das beständig im Kühlwasser steht, wenn der Schmelzpunkt des Impfstiftes unterhalb der Lufttemperatur liegt.

Beim Versuch führt man, sobald der Erstarrungspunkt erreicht ist, den Impfstift durch den Tubus des Gefrierrohrs ein und berührt damit den Rührer am unteren Ende, während er mit der linken Hand in die Höhe gezogen wird.

Das *Gefrierrohr* ist so kurz zu wählen, daß die ganze Skala des Thermometers sich über dem Verschlußstöpsel befinden kann.

Der *Rührer* nach MOUFANG[1] besteht aus einem gewellten Nickelzylinder.

Der hufeisenförmige *Elektromagnet* trägt auf einem Eisenkern von 8 mm Dicke zunächst eine Lage Papier zur Vermeidung von Kurzschluß; darauf sind vier Lagen von mit Seide umsponnenem 0,8 mm dickem Kupferdraht gewickelt. Außen folgt noch eine schützende Umhüllung von Guttaperchapapier.

Um den Rührer etwa 1,5 cm zu heben, sind bei zirka 1,7 Volt etwa ebenso viele Ampere erforderlich. Für diesen Strom ist ein kleiner Akkumulator oder eine GÜLCHERsche Thermosäule empfehlenswert.

Die Stromunterbrechung wird durch eine in

Abb. 118 u. 119. Rührwerk nach BECKMANN.

Quecksilbernäpfchen eintauchende Wippe erzielt, die an die verlängerte Achse des Pendels eines MÄLZELschen Musikmetronoms angebracht wird.

B. Apparat von BAUMANN, FROMM[2] (Abb. 121).

a ist ein starkwandiges zylindrisches Gefäß von 2 cm[3] Durchmesser und 10 cm Länge, das sich bei b zu einem offenen Fortsatz von 5 cm Länge erweitert. Als Verschluß dient ein becherförmiger Einsatz c, der in die Erweiterung so hineinpaßt, daß er darin festsitzt; darin befinden sich zwei runde Öffnungen für Thermometer und Rührer; letztere sind durch Korkscheiben d und e in den Öffnungen frei aufgehängt.

Der Apparat wird bis an die unterhalb b gezeichneten Linien in ein mit Wasser nahezu gefülltes Becherglas gebracht, das erwärmt wird.

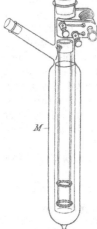

Abb. 120. Gefrierrohr nach STOBBE, MÜLLER.

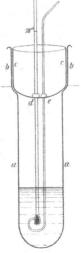

Abb. 121. Apparat von BAUMANN, FROMM.

[1] MOUFANG: Preisarbeit der Julius-Maximilians-Universität Würzburg 11, 1901. — Siehe auch DITTMAR: Diss. Berlin, Techn. Hochschule 8, 1930.
[2] BAUMANN, FROMM: Ber. Dtsch. chem. Ges. 24, 1432 (1891).
[3] MILLER, KILIANI: Lehrb., 4. Aufl., S. 587.

Um nach erfolgtem Schmelzen nicht längere Zeit warten zu müssen, kühlt man das Wasserbad durch Zugeben von kaltem Wasser auf 78° ab, wobei jede Erschütterung sorgfältig zu vermeiden ist. Der Boden des Glaseinsatzes wird mit Watte bedeckt.

Das Thermometer ist von 69—82° in $^1/_{20}$-Grade geteilt, so daß man mit ziemlicher Sicherheit noch $^1/_{100}$-Grade ablesen kann. Der Teilstrich 78° befindet sich zirka 15 cm über dem unteren Ende.

Man verwendet durch Umkrystallisieren aus Alkohol gereinigtes *Naphthalin*, das eine Zeitlang auf dem Wasserbad geschmolzen erhalten wird. F. ungefähr 79,5°.

Zu jedem Versuch dienen 10 g Naphthalin. Die molekulare Depression desselben wurde mit diesem Apparat zu 69,6 bestimmt.

Der Erstarrungspunkt des Naphthalins wird bestimmt, indem man, wenn das Thermometer auf 78,5—78,7° gesunken ist, rasch und energisch den Rührer bewegt, bis der Quecksilberfaden zu steigen aufhört. Man nimmt das Mittel aus mehreren Bestimmungen und wählt die Menge der nunmehr einzutragenden Substanz so groß, daß die Depression, wenn möglich, mehr als 0,2° beträgt.

Ein ähnlicher Apparat dient zu Bestimmungen mit Eisessig.

C. Depressimeter von Eijkman.[1]

Es besteht (Abb. 122) aus einem kleinen Kölbchen *A* von zirka 10 ccm Inhalt, worin ein kleines Thermometer, über 6° in $^1/_{20}$-Grade geteilt (entsprechend z. B. 40—34°), eingeschliffen ist.

Abb. 122. Eijk-MANscher Apparat.

Nachdem vorher mit dem Apparat der Gefrierpunkt des *Phenols* festgestellt worden ist, werden in das Kölbchen zirka 0,002 Grammolekül (bis auf Milligramm genau gewogen) Substanz hineingebracht, ferner etwa bis zur Höhe *d* (entsprechend 6—8 g) Phenol eingegossen, das Thermometer eingesetzt und die Gesamtmenge des Phenols + Substanz durch Wägung bestimmt. Nachdem die Substanz sich gelöst hat, wird der Inhalt zur partiellen Krystallisation gebracht und sodann durch Erwärmen wieder so weit aufgetaut, bis nur noch wenige Krystallnadeln in der Flüssigkeit schweben, wobei man Sorge trägt, daß die Temperatur nicht erheblich über den Gefrierpunkt des Gemisches steigt. Man setzt nun das Depressimeter in den Standzylinder und läßt unter sanftem Schütteln erstarren. Die Temperatur geht zunächst einige Zehntel unter den wahren Gefrierpunkt herab, um sodann unter teilweisem Ausfrieren des Lösungsmittels schnell zu steigen. Das genügend lang konstante Maximum wird unter Benutzung einer Lupe bestimmt, wobei die Hundertstelgrade geschätzt werden. Man nimmt das Mittel mehrerer Bestimmungen.

Sehr gute Resultate werden in diesem Apparat auch mit *Stearinsäure* oder *Palmitinsäure* erhalten.

D. Berechnung der Resultate bei den Gefrierpunktsbestimmungen.

Das Molekulargewicht *M* einer gelösten Substanz findet man nach der Gleichung:

$$M = K \frac{100 \cdot S}{\varDelta \cdot L}.$$

---

[1] Eijkman: Ztschr. physikal. Chem. 2, 964 (1888); 3, 113, 205 (1889); 4, 497 (1889).

Es bedeutet:

K die molekulare Depression (Gefrierpunktskonstante),
S das Gewicht der Substanz,
$\varDelta$ die Depression in Graden und
L das Gewicht des Lösungsmittels.

Die *Gefrierpunktskonstante* wird gefunden, indem man Substanzen mit bekanntem Molekulargewicht zur Gefrierpunktsbestimmung verwendet. Es ist dann:

$$K = \frac{\varDelta \cdot L \cdot M}{100\,S}.$$

Konstanten für die wichtigsten Lösungsmittel:[1]

	Schmelzpunkt Grad C	K	Anmerkung
Aethylenbromid	8	125,0	Im Dunkeln aufzubewahren, sehr hygroskopisch.
Ameisensäure	8,5	27,7	Unterkühlung um 0,5° erforderlich, hygroskopisch, daher Quecksilberverschluß notwendig.[2]
Anilin	— 6	58,7	
Anthrachinon	285	148,0	
Benzoesäure........	122	78,5	
Benzol	5,4	50,0	
Bromalhydrat	53,5	110,4	Sorgfältig trocknen.
Bromoform	8	143,0	
Diphenyl	70	79,4	
Essigsäure	17	39,0	Hygroskopisch; um 0,5° unterkühlen.
Naphthalin........	80	70,0	
Nitrobenzol	5,3	80,0	Sorgfältigst trocknen.
Paraldehyd	10,5	70,5	
Phenanthren	99	120,0	
Phenol	40	72,0	Hygroskopisch.
Stearinsäure	53	42,5	Um 0,5° unterkühlen.
p-Toluidin	42,5	51,0	
Trimethylcarbinol...	25	128,0	
Veratrol	22,5	63,8	
Wasser	0	18,5	Um 0,5° unterkühlen.

II. Molekulargewichtsbestimmung aus der Siedepunktserhöhung.

A. Direkte Siedemethode.

Verfahren von BECKMANN.[3]

Der Apparat (Abb. 123) besteht aus dem Siedegefäß A, das zwei seitliche Tuben t_1 und t_2 besitzt. t_1 dient zum Einbringen der Substanz, t_2 zum Einführen eines inneren Kühlers K. A setzt sich nach unten bis über den angepaßten

---

[1] Sehr geeignet ist *Dioxan*, F. 11,7°, K 49,5 (hygroskopisch): ANSCHÜTZ, BROEKER: Ber. Dtsch. chem. Ges. 59, 2846 (1926). — OXFORD: Biochemical Journ. 28, 1325 (1934). — *Tert. Butylalkohol*, F. 25,4°, K 8,3 (hygroskopisch, neigt zu Unterkühlungen): PARKS, WARREN, GREENE: Journ. Amer. chem. Soc. 57, 616 (1935). — *Triphenylphosphat*, F. 48,3°, K 120: GARELLI, RACCIU: Atti R. Accad. Lincei (Roma), Rend. (6), 15, 976 (1932).

[2] DIMROTH: Liebigs Ann. 335, 35 (1904).

[3] BECKMANN: Ztschr. physikal. Chem. 4, 543 (1889); 6, 437 (1890); 8, 223 (1891); 15, 661 (1894); 21, 245 (1896); 40, 130 (1902); 53, 129 (1905); Österr. Chemiker-Ztg. 1907, 270 (Vortrag auf der 67. Vers. Ges. dtsch. Naturf. u. Ärzte, Dresden). — HANTZSCH: Ztschr. physikal. Chem. 61, 257 (1908).

Ausschnitt einer Asbestplatte L fort und ruht mit dem Boden auf einem darunter-
liegenden Drahtnetz D. Zum Schutz des Siederohrs gegen direkte Berührung
mit dem Drahtnetz bzw. der Flamme wird dessen Boden vermittels Wasserglas
mit etwas Asbestpapier beklebt. Die äußere Luft wird von diesem Gefäß durch
den Luftmantel G (ein abgesprengtes Stück eines Lampenzylinders), der warme

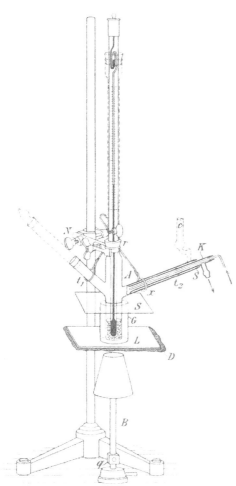

Luftstrom vom oberen Teil des Apparats durch die Glimmerscheibe S
abgehalten. Nachdem so viel Lösungsmittel in das Siederohr eingeführt ist,
daß später in der Hitze, nach dem
Eintragen von Füllmaterial, das Quecksilbergefäß des Thermometers davon
bedeckt wird, erhitzt man zu so lebhaftem Sieden, daß reichliche Kondensation an K stattfindet. Nun wird die
Überhitzung durch Eintragen von
Platintetraedern od. dgl. beseitigt. Wenn
die Temperatur auf Zusatz einiger
neuer Tetraeder nicht mehr als $^1/_{100}°$
heruntergeht, so ist der richtige Siedepunkt erreicht. Das Thermometer wird,
wenn nötig, in die Höhe gezogen, bis
das untere Ende über dem Füllmaterial
steht. Andrücken des Quecksilber-
gefäßes an das Füllmaterial oder an
die Wandung ist zu vermeiden.

Die weiteren Operationen bestehen
im Ablesen der Temperatur des Lösungs-

Abb. 123. Apparat zur Siedepunktsbestimmung
nach BECKMANN.

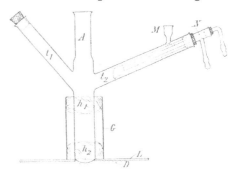

Abb. 124. Detail zum Siedeapparat
Abb. 123.

mittels unter ganz leichtem Anklopfen des Thermometers, Einführung der Substanz (gewöhnlich in Pastillenform) und Ablesen der Temperatur der Lösung.

In der aus Abb. 124 ersichtlichen Weise wird der untere Teil des Siederohrs
mit etwas Glaswolle h_2 umgeben. Auch der obere Teil des Luftmantels wird mit
etwas Glaswolle h_1 abgedichtet.

Es ist nötig, daß das innere Kühlrohr am äußeren Tubus, wie in Abb. 124,
anliegt. Für den Luftausgleich dient der Ansatz M, in dessen erweitertem Teil
evtl., bei hygroskopischen Substanzen, ein kleines Chlorcalciumrohr befestigt
werden kann.

Das Lösungsmittel wird nach dem Erkalten des Apparats und Entfernen von Thermometer, Chlorcalciumrohr und Kühler durch Wägung ermittelt, wobei außer dem Leergewicht natürlich auch die gelöste Gesamtsubstanz in Abzug zu bringen ist.

B. Indirekte Siedemethode.

1. Molekulargewichtsbestimmung nach der Siedemethode von LANDSBERGER.[1]

Die Molekulargewichtsbestimmungen werden in dem in Abb. 125 abgebildeten Apparat ausgeführt. Das Reagensglas a von 3 cm innerem Durchmesser und

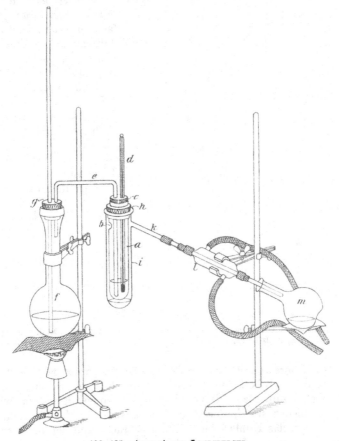

Abb. 125. Apparat von LANDSBERGER.

16 cm Höhe, das in 2 cm Entfernung vom Rand eine Öffnung b besitzt, bildet das eigentliche Siedegefäß. Es wird durch einen zweifach durchbohrten Kork c, dessen eine Öffnung für ein in $1/_{20}°$ geteiltes Thermometer d bestimmt ist, verschlossen, während durch die andere Durchbohrung ein zweimal rechtwinklig gebogenes Glasrohr e geht. Der längere Schenkel von e ist sowohl nach der dem Beobachter zugekehrten als auch nach der ihm abgewendeten Seite schräg abgeschliffen, damit der Dampf möglichst ungehindert und nach allen Richtungen

[1] LANDSBERGER: Ber. Dtsch. chem. Ges. **31**, 458 (1898); Ztschr. anorgan. allg. Chem. **17**, 424 (1898). — Vgl. auch SAKURAI: Journ. chem. Soc. London **61**, 989 (1892). — R. MEYER, JAEGER: Ber. Dtsch. chem. Ges. **36**, 1555 (1903).

hin gleichmäßig austreten kann (Abb. 125). Durch dieses Glasrohr wird der Dampf, der in einem Rundkolben f von $1/_4$—$1/_2$ l Inhalt erzeugt wird, eingeleitet. Letzterer ist durch einen ebenfalls mit zwei Öffnungen versehenen Kork g verschließbar; durch die eine Durchbohrung geht eine Sicherheitsröhre, durch die andere die Röhre e. Mittels eines Korks h ist mit dem Siedegefäß ein zweites Reagensglas i von etwas größeren Dimensionen verbunden, das mit einem in einiger Entfernung vom Rand schräg angeschmolzenen Glasrohr k versehen ist. Ein Kork oder ein Stückchen Gummischlauch stellt die Verbindung von k mit einem LIEBIGschen Kühler l her.

Wendet man als Lösungsmittel Wasser an, so vereinfacht sich der Apparat dadurch, daß man den Dampf direkt von f (siehe Abb. 126) ausströmen läßt.

Man bringt in das Siedegefäß a (Abb. 125) nur so viel Lösungsmittel, daß gegen das Ende des Versuches die Quecksilberkugel des Thermometers gerade von der Flüssigkeit bedeckt ist.

Darauf fügt man den Kork c

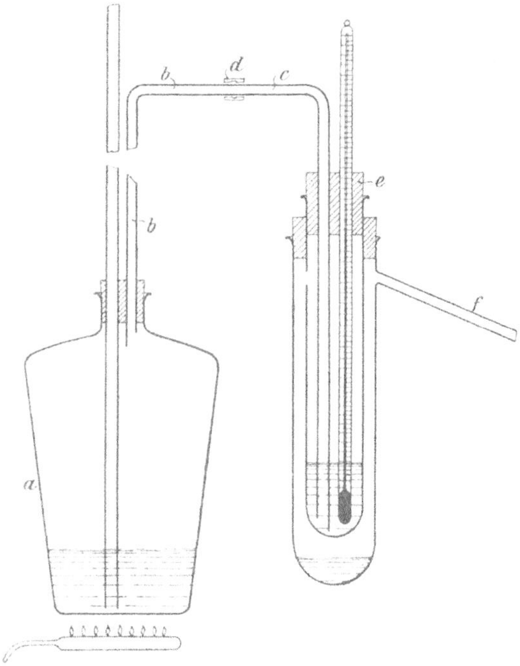

Abb. 126. Siedepunktsbestimmung nach LANDSBERGER mit Wasser als Lösungsmittel.

Abb. 127. Detail zum Apparat von LANDSBERGER.

so ein, daß die Röhre e den Boden des Gefäßes berührt, während das Thermometer d sich seitlich daneben befindet, und umgibt das Reagensglas mit dem Mantel i.

Den Kolben f füllt man mit ungefähr $1/_4$ l Lösungsmittel[1] und wirft, damit gleichmäßiges Sieden stattfindet, zwei Tonstückchen in die Flüssigkeit.

Nachdem man das Kühlwasser in Gang gebracht und den mit einem kleinen Schornstein versehenen Bunsenbrenner angezündet bzw. den Entwicklungskolben in das erhitzte Wasserbad gestellt hat, steckt man die Röhre e des Siedeapparats durch die freie Öffnung des die Sicherheitsröhre tragenden Korks g und verbindet mittels eines Korks oder eines kurzen Gummischlauchs das Ansatzrohr k mit dem Kühler l.

Sobald das Lösungsmittel im Entwicklungskolben siedet und die Luft im wesentlichen verdrängt ist, wird sich der e passierende Dampf kondensieren, und gleichzeitig wird die Temperatur der Flüssigkeit in a schnell steigen, bis sie schließlich konstanten Wert erreicht hat. Es ist ratsam, die Temperatur jede Viertelminute abzulesen und aufzunotieren, damit man aus den Zahlen den

---

[1] Will man nur wenige Bestimmungen ausführen und ist man nur im Besitz einer geringen Flüssigkeitsmenge, so genügen eventuell 100—125 ccm.

Gang der Temperatur ersehen kann und sich betreffs der Konstanz nicht täuscht.

In der Regel ist die Konstanz in 2—6 Minuten, vom Beginn der Kondensation an gerechnet, erreicht. Man unterbricht den Versuch, wenn etwa während $1^1/_2$ Minuten kein Temperaturunterschied abgelesen wurde.

Es ist zu empfehlen, den Versuch zur Kontrolle zu wiederholen.

Ist der Siedepunkt des reinen Lösungsmittels mit Sicherheit bestimmt, so gießt man wieder sämtliches Lösungsmittel zusammen, füllt und setzt den Apparat genau, wie oben beschrieben, in Tätigkeit, nur daß man in das Siedegefäß a (Abb. 125) die bereits vorher in einem Glasröhrchen auf Milligramme genau abgewogene Substanz schüttet und mit der betreffenden Menge Lösungsmittel die dem Röhrchen noch anhaftenden Substanzteilchen in das Siedegefäß hineinspült. Man beobachtet wieder die Temperaturen, womöglich jede Viertelminute, und unterbricht den Versuch, sobald man dreimal nacheinander dieselbe Temperatur abgelesen hat, indem man die Verbindung mit dem Kühler löst, e aus g herauszieht und i nebst dem Pfropfen h entfernt. Mit zwei kleinen, bereitliegenden Gummipfropfen verschließt man die Öffnung b sowie das freie Ende von e und wägt den äußerlich gesäuberten, an einer Drahtschlinge aufgehängten Apparat einschließlich Glasrohr und Thermometer auf einer Tarierwaage auf Zentigramme genau.

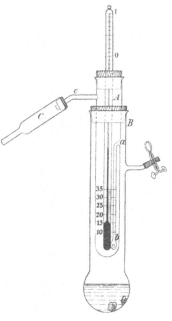

Subtrahiert man von dem Gewicht der Lösung das Gewicht der Substanz, so resultiert das Gewicht des Lösungsmittels, und es ist leicht, die in 100 g Lösungsmittel gelöste Menge Substanz zu berechnen. Dieser Prozentgehalt, mit der berechneten Konstante multipliziert und durch die

Abb. 128. Apparat von McCoy.

Siedepunktserhöhung dividiert, ergibt das gefundene Molekulargewicht.

Es darf nicht aus dem Auge gelassen werden, daß die Methode versagt, wenn die gelöste Substanz mit dem Dämpfen des Lösungsmittels flüchtig ist.

2. Modifikation des LANDSBERGERschen Verfahrens von McCoy.[1]

Die beiden Gefäße A und B (Abb. 128) sind von Glas. A, in dem das Thermometer angebracht ist, ist 20 cm lang und 2,7 cm weit. Sein unterer Teil ist von 10—35 ccm graduiert. Es hat ein enges Rohr ab, das 7,5 cm vom offenen Ende entfernt nach außen mündet. Es ist an seinem unteren Ende b geschlossen und mit fünf kleinen Löchern durchbohrt. Ein zweites Rohr c ist 2,5 cm von der oberen Mündung von A entfernt angebracht und führt zum Kühler C. B ist 22 cm lang, 4 cm weit und am unteren Ende etwas ausgebaucht. Es trägt 7 cm von der Mündung entfernt ein kurzes Rohr d, das mit Gummischlauch und Quetschhahn verschließbar ist. Zur Ausführung kommen in das innere Rohr 12—16 ccm, in den Mantel zirka 50 ccm reines Lösungsmittel und in letzteres

[1] McCoy: Amer. chem. Journ. 23, 353 (1900). — Smits: Koninkl. Akad. Wetensch. Amsterdam, wisk. natk. Afd. 3, 86 (1900); Ztschr. physikal. Chem. 39, 415 (1902); Chem. Weekbl. 1, 469 (1904); 13, 1296 (1916). — Riiber: Ber. Dtsch. chem. Ges. 34, 1060 (1901). — Walther: Ber. Dtsch. chem. Ges. 37, 78 (1904).

einige Tonstückchen; die Flüssigkeit im Mantel wird zum Sieden erhitzt. Der Dampf muß seinen Weg durch ab nehmen und erhitzt die Flüssigkeit im inneren Gefäß auf ihren Siedepunkt. In zirka 5—10 Minuten wird gewöhnlich Konstanz der Temperatur auf 0,001° erreicht. Dann wird zuerst der Hahn bei d geöffnet, hierauf die Flamme entfernt, die Substanz eingeführt, d geschlossen und wieder erhitzt. Man kann so mit derselben Substanzmenge sechs oder mehr Bestimmungen bei immer wachsender Verdünnung ausführen, indem nach jeder Bestimmung das Volumen der Lösung abgelesen wird.

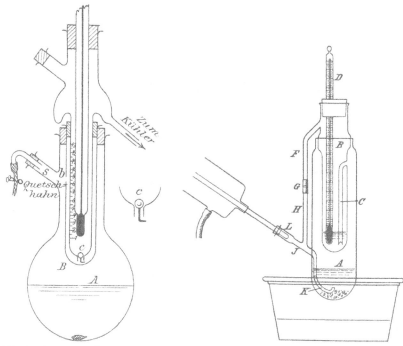

Abb. 129. Apparat von LUDLAM, YOUNG.   Abb. 130. Apparat von LEHNER.

3. Modifikation des LANDSBERGERschen Verfahrens von LUDLAM, YOUNG.[1]

Man bestimmt zunächst den Siedepunkt des reinen Lösungsmittels und führt dann die zu untersuchende Substanz durch das obere seitliche Rohr in c ein.

Sobald das Maximum der Temperatur erreicht ist, liest man den Stand des Thermometers ab, zieht es durch den Kork über den Spiegel der Flüssigkeit empor und liest das Volumen der Flüssigkeit in c ab, während man das Sieden in A einen Augenblick unterbricht, indem man durch den Quetschhahn Luft eintreten läßt.

Man kann diese Bestimmung sofort mehrmals wiederholen und auch neue Substanz in c einbringen.

Die mit diesem Apparat ausgeführten Bestimmungen geben sehr gute Resultate (Fehlergrenze $\pm\,7\%$).

---

[1] LUDLAM, YOUNG: Journ. chem. Soc. London 81, 1193 (1902).

4. Apparat von LEHNER[1] (Abb. 130).

Zunächst fraktioniert man das Lösungsmittel derart, daß man gesondert auf-fängt, was innerhalb eines Vierzigstelgrades übergeht.

Zur Ausführung des Versuches wird der Apparat mit einem Kühler durch einen Korkstopfen bei L verbunden und bei Anwendung von nicht über 80° siedenden Lösungsmitteln senkrecht auf die Ringe eines Wasserbads gestellt.

Hierauf wägt man B mit D und zwei, die Öffnungen von C und F verschließende Zäpfchen auf Zentigramme ab.

Nun bringt man, um gleichmäßiges Sieden zu erzielen, in A einige Tonstück-chen oder, wenn es angeht, Chlorcalcium- oder Kalkstückchen und zirka 30 ccm einer Fraktion des Lösungsmittels. In B gibt man von der gleichen Fraktion so viel, als nötig ist, die Quecksilberkugel zu drei Viertel zu bedecken.

Dann wird der Apparat durch das Kautschukstück G ver-schlossen und auf dem Wasserbad erhitzt.

Es empfiehlt sich, den ganzen Apparat mit Asbestpapier zu umwickeln.

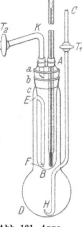

Abb. 131. Appa-rat von TURNER, POLLARD.

Sobald die Flüssigkeit im inneren Gefäß zu sieden beginnt, das Thermometer also annähernde Konstanz zeigt, liest man die Temperatur ungefähr von einer halben zu einer halben Minute genau ab, bis innerhalb zweier Minuten keine Temperaturände-rung oder nur eine solche von 0,0005° beobachtet wird. Diese Konstanz wird, bei gut fraktioniertem Lösungsmittel, nach höchs-stens 8 Minuten, meist früher, von Beginn der Ablesungen an gerechnet, erreicht.

Nun löscht man die Flamme aus, schiebt den Apparat vom Wasserbad auf eine bereitgehaltene Unterlage, läßt zirka $1/_2$ Mi-nute erkalten, hebt Kork mit Thermometer heraus, schüttet vorsichtig aus dem abgewogenen Wägegläschen 0,3—0,7 g Sub-stanz in B, steckt Kork mit Thermometer wieder hinein, schiebt den Apparat aufs Wasserbad zurück und erhitzt wie früher.

Sobald das Sieden im inneren Gefäß wieder eintritt, liest man wie früher ab. Nach kurzer Zeit wird die Temperatur völlig konstant bleiben. Man läßt nun so lange sieden, bis das Thermometer eben zu sinken beginnt. Findet jedoch nach 5 Minuten langer Konstanz kein Sinken des Thermometers statt, so unter-bricht man, ohne weiter zu warten.

Zu diesem Zweck dreht man die Flamme aus, schiebt den Apparat vom Wasserbad, nimmt B heraus, verschließt es mit den beiden bereitliegenden Zäpfchen, läßt abkühlen und wägt auf Zentigramme genau. Die Differenz dieser Wägung und der früheren des leeren Gefäßes, abzüglich der Substanzmenge, ergibt das Gewicht des Lösungsmittels.

Einen ähnlichen Apparat beschreiben TURNER, POLLARD.[2]

Mit dem

Apparat von SWIETOSLAWSKI, ROMER[3]

lassen sich Temperaturunterschiede von $\pm$ 0,0015° genau feststellen. Das Ebullio-skop ist eine Verbesserung des BECKMANNthermometers. Die Substanz wird in einer Kugel erwärmt, von der zwei Röhren, eine unterhalb, die andere seitlich oberhalb, mit dem Thermometer in Berührung gelangen.

[1] LEHNER: Ber. Dtsch. chem. Ges. **36**, 1105 (1903).

[2] TURNER, POLLARD: Journ. chem. Soc. London **97**, 1184 (1910); Chem.-Ztg. **38**, 451 (1914).

[3] SWIETOSLAWSKI, ROMER: Roczniki Chemji 5, 96 (1925); Chem. Ztrbl. **1926 I**,

5. Halbmikromethoden.

Apparat von Rieche.[1]

Dieser ist auf dem Prinzip des Apparats von Swietoslawski, Romer aufgebaut.

Das im Kölbchen K siedende Lösungsmittel nebst Dampf wird ständig aus einer Düse D gegen das Thermometer gespritzt; während sich der Dampf am Kühler kondensiert, sinkt der flüssige Anteil in das Siedegefäß durch das Fallrohr F zurück. Dort sitzt ein kleiner Bremskegel B, der verhindert, daß die

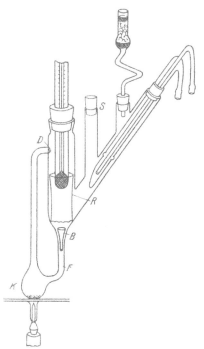

Flüssigkeit den umgekehrten Weg nimmt. Die Erhitzung erfolgt über einem Asbestdrahtnetz mit einem Mikrobrenner. Zur Hintanhaltung des Siedeverzuges dienen 0,3 g Platintetraeder, und den Schutz gegen Luftströmungen besorgt ein einfacher Pappzylinder. Da in diesem Apparat ein gewisser Teil des Lösungsmittels stets unterwegs ist, sind die ermittelten Werte meist etwas zu niedrig, aber höchstens um 5%.

Für die Ausführung einer Bestimmung bringt man in den gereinigten und getrockneten Apparat die Platintetraeder, setzt den Bremskegel und das Thermometer mittels eines dicht schließenden Korks genau und zentriert so ein, daß seine Quecksilberkugel im innern Rohrzylinder R verschwindet, wobei sein tiefster Punkt bis etwa 5 cm unter den oberen Rand des Apparats hineinreicht. Das Ganze klemmt man in ein Stativ über einem Asbestdrahtnetz fest und umgibt es mit einem stehenden Pappzylinder. Mit einer ausgewogenen Pipette werden 4 ccm Lösungsmittel beim Tubus S eingefüllt, der mit einem Kork verschlossen wird; man verschließt den zweiten Tubus mit einem Chlorcalciumröhrchen und bringt den außen völlig trockenen Kühler so an seinen Platz, daß er nirgends die Wand berührt.

Abb. 132. Rieches Apparat zur Bestimmung des Molekulargewichts.

Genau unter der Mitte des auf dem Drahtnetz aufruhenden Siedegefäßes befindet sich in einer Entfernung von 1—3 cm der Mikrobrenner, dessen leuchtende Flammenspitze das Drahtnetz eben schwach berührt. Wird zu stark geheizt, dann zeigt es sich, daß die Flüssigkeit nur in das Fallrohr in die Höhe siedet, ohne daß die Düse bläst; das Thermometer erreicht dabei auch keine Konstanz. Man behebt diesen Übelstand dadurch, daß man die Flamme verkleinert und näher an das Drahtnetz heranbringt.

Wenn die Temperatur durch 5 Minuten auf 0,002° konstant geblieben ist, wird durch den Tubus S die erste Pastille im Gewicht von 15—25 mg eingeworfen. Bei der Einwaage ist nur eine Genauigkeit von 0,1 mg erforderlich. Nach 2 bis 3 Minuten erfolgt die zweite Ablesung der Temperatur. Bleibt diese durch

2125. — Siehe auch Rieche: Ber. Dtsch. chem. Ges. 59, 2181 (1926). — Dragen-
dorff: Liebigs Ann. 482, 286 (1930).
    [1] Rieche: Ber. Dtsch. chem. Ges. 59, 218 (1926); Chem.-Ztg. 52, 923 (1928)
(Apparat für *Mikrobestimmungen*); Mikrochemie 12, 129 (1933). — Pregl, Roth:
Mikroanalyse, S. 285. 1935. — Fischer, Wasenagger: Liebigs Ann. 461, 278 (1928).
— Pummerer, Rebmann, Reindel: Ber. Dtsch. chem. Ges. 64, 496 (1931).

weitere 2 Minuten konstant, dann erfolgt die Eintragung der zweiten Pastille und darauf die dritte Ablesung der Temperatur, wenn diese wieder durch 2 bis 3 Minuten konstant geblieben war.

Um zu vermeiden, daß, namentlich bei Verwendung von Pyridin und Eisessig, die Thermometerkugel durch die manchmal in das Fallrohr in die Höhe siedende und aufspritzende Flüssigkeit getroffen wird, zieht man das Thermometer so weit in die Höhe, daß sich die Thermometerkugel nur 1—2 cm unter der Düse befindet.

Apparat von SUCHARDA, BOBRAŃSKI.[1]

Das Siedegefäß B, das wellenförmige Rohr W und Siphonrohr S werden mit dem Lösungsmittel, welches etwa 4—5 ccm beträgt, gefüllt. Nachher gießt man in das Thermometergefäß T so viel Quecksilber, daß es etwas über den Rand des inneren Kelches K reicht, wenn das Thermometer in Quecksilber eingetaucht ist. Dann erwärmt man vorsichtig den Mantel M mit einer großen, nicht zu heißen Flamme eines in der Hand geschwenkten Bunsenbrenners, um allzu großes Kondensieren der Dämpfe des Lösungsmittels beim Beginn des Versuches zu verhindern.

Erst jetzt erwärmt man das auf einem Drahtnetz stehende Siedegefäß B mit einem Mikrobunsenbrenner H, welcher mit einer Esse versehen ist. In das Siedegefäß B ist das Glaspulver G eingeschmolzen, das durch adhärierende Luftteilchen stoßfreies Sieden herbeiführt. Die Siedeblasen reißen teilweise die Flüssigkeit mit sich fort durch das wellenförmige Rohr W, in welchem der Ausgleich der Temperatur der beiden Phasen stattfindet. Die Flüssigkeit füllt weiter den Kelch K, übergießt dessen Rand und fließt durch das etwas gesenkte Verbindungsrohr V und Siphonrohr S in das Siedegefäß B verlustfrei zurück. Bei regelmäßiger Zirkulation der Flüssigkeit stabilisiert sich die Temperatur nach 5—7 Minuten, der Thermometerstand *ändert sich dann sogar nicht in den Grenzen von 0,001°*. Die Flamme des Brenners ist so zu regulieren, daß beim gelinden Überwerfen der Flüssigkeit durch den Kelch K im Punkt E sich keine größeren Mengen der Flüssigkeit sammeln sollen. Andernfalls treten Störungen im regelmäßigen Herumfließen des Lösungsmittels ein. Das Siedegefäß B wird mit einer Asbestplatte A A' bedeckt. Jetzt wirft man durch den Kühler R die Substanz in Form grobkörniger Krystalle oder Pastillen hinein. Nach 2—3 Minuten erzielt man einen neuen Thermometerstand, welcher dem Siedepunkt der Lösung entspricht. Bei unseren Versuchen haben wir das kleine BECKMANN-PREGL-Thermometer verwendet, doch ist dazu jedes mit einem nicht zu großen Quecksilbergefäß ausgestattete BECKMANNsche Thermometer brauchbar. Die Substanz wird auf einer gewöhnlichen analytischen Waage abgewogen. Für eine gute Molekulargewichtsbestimmung ist die Wahl des Lösungsmittels sehr wichtig. Das Auflösen der Substanz und Ablesen des zweiten Thermometerstandes soll in 2—3 Minuten nach dem Einwerfen der Substanz erzielt werden, sonst gelangt man wegen eventueller Änderung des Atmosphärendrucks zu unsicheren Resul-

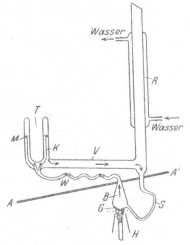

Abb. 133. Apparat von SUCHARDA, BOBRAŃSKI.

---

[1] Herstellungsfirma Greiner & Friedrichs, Stützerbach i. Thür. — SUCHARDA, BOBRAŃSKI: Chem.-Ztg. **51**, 568 (1927). — Halbmikromethoden usw., S. 35. 1929.

taten. Sehr zweckmäßig für eine genaue Molekulargewichtsbestimmung ist es, zwei Apparate gleichzeitig zu benutzen; in einem wird die eigentliche Bestimmung durchgeführt, in dem anderen, welcher mit reinem Lösungsmittel gefüllt ist, beobachtet man bloß die eventuellen Änderungen des Siedepunkts im Zusammenhang mit der Änderung des Barometerstandes.

6. Mikromolekularbestimmung.

Nach PREGL, ROTH: Mikroanalyse, S. 277. 1935.

Mikromolekulargewichtsbestimmung nach RAST.[1]

Die starke Gefrierpunktsdepression des Camphers, die für 1 Mol Substanz auf 1000 g Campher 40° beträgt, gestattet, mit einem guten in ganze Grade geteilten Thermometer zu arbeiten, während anderseits das große Lösungsvermögen des Camphers die Herstellung starker Lösungen mit bequem meßbaren Depressionszahlen ermöglicht. Das Verfahren ist auch für Flüssigkeiten von nicht zu niedrigem Siedepunkt anwendbar.

In manchen Fällen bietet es die einzige Möglichkeit einer Molekulargewichtsbestimmung,[2] es ist sehr bequem auszuführen und erfordert nur minimale Substanzmengen.

Natürlicher und synthetischer Campher ist gleich gut verwendbar.

Substanzen, die sich in Campher nicht lösen (Aminosäuren, Peptidanhydride, Lecithin, Fumarsäure usw.) können ebensowenig wie dem Campher chemisch nahestehende Verbindungen nach diesem Verfahren geprüft werden.

Man schmilzt einige Milligramme Substanz mit der 10—20fachen Menge Campher in einem sehr kleinen mit Bichromat und Schwefelsäure gereinigten Proberöhrchen zusammen, nimmt von dem erstarrten Schmelzkuchen etwas mittels eines Mikrospatels heraus und bestimmt davon den Schmelzpunkt.

Das Proberöhrchen wird auf der gewöhnlichen analytischen Waage in die Bohrung eines Korks gesetzt. Nach dem Einwägen der Substanzen wird es durch einen Kork verschlossen, in den eine zugespitzte Stricknadel gesteckt ist, die als Halter dient. Durch Eintauchen in ein kleines Bad aus heißer Schwefelsäure wird der Inhalt geschmolzen — bei flüssigen Substanzen auch wohl über freier Flamme — und gemischt. Dies dauert nur einige Sekunden. Die hierbei oben ansublimierenden Spuren Campher verursachen niemals einen meßbaren Fehler. Die Masse wird nun herausgestochen und auf ein Achatschälchen oder Uhrglas gegeben. Man drückt ein dünnwandiges Schmelzpunktsröhrchen[3] gegen die Körner und schiebt diese dann mittels eines Glasstäbchens hinab und drückt sie zusammen. Das Röhrchen wird in die seitliche Öffnung eines Schmelzpunktsapparats eingeführt oder besser 2 cm über der Substanz capillar ausgezogen und mittels der etwa 15 cm langen Capillare mit Schwefelsäure an das Thermometer angeklebt.

Es hat sich als zweckmäßig erwiesen, einer Entmischung des Schmelzgutes beim Erstarren dadurch vorzubeugen, daß man das erstarrte Schmelzgut voll-

[1] RAST: Ber. Dtsch. chem. Ges. **55**, 1051, 3727 (1922); Ztschr. physiol. Chem. **126**, 112 (1923). — HOUBEN: Journ. prakt. Chem. (2), **105**, 27 (1922). — SSADIKOW, MICHAILOW: Biochem. Ztschr. **150**, 370 (1924). — GADAMER, WINTERFELD: Arch. Pharmaz. **262**, 606 (1924). — FEIST, BESTEHORN: Arch. Pharmaz. **263**, 27 (1925). — ZECHMEISTER, CHOLNOKY: Liebigs Ann. **455**, 77 (1927). — ZELLNER: Monatsh. Chem. **47**, 152, 153, 180 (1926). — PREGL, ROTH: Mikroanalyse, S. 287. 1935. — TIEDCKE: Mikrochemie **18**, 223 (1935).
[2] Santalinderivate: DIETERLE, STEGEMANN: Arch. Pharmaz. **264**, 23 (1926).
[3] 4 cm lang, am zugeschmolzenen Ende d 2,5 mm, am offenen Ende 3 mm.

ständig aus dem Proberöhrchen nimmt und vor der Verwendung nochmals innig durchmischt. Letzteres geschieht in einer Reibschale mittels eines starken Nickelspatels. Ist das erstarrte Schmelzgut zäh, so läßt es sich nicht herausnehmen, birgt aber dann auch nicht die Gefahr der Entmischung in sich.

Die Mischung beginnt schon weit unter dem Schmelzpunkt auszusehen wie tauendes Eis, um schließlich zu einer trüben Flüssigkeit zu werden, in der man mit Hilfe einer Lupe scharf ein zartes Krystallskelet sieht, das anfänglich die ganze Schmelze durchsetzt, bei langsamer Temperatursteigerung aber sich von oben her auflöst. Das Verschwinden der letzten Kryställchen am Boden bedeutet den richtigen Schmelzpunkt.

Da es sich um Differenzbestimmungen handelt, ist es vollkommen überflüssig, Korrekturen für den herausragenden Faden vorzunehmen oder Normalthermometer oder ROTHsche Apparate anzuwenden, vielmehr genügt das primitivste Schmelzpunktskölbchen. Dagegen ist die Form des Bodens des Schmelzpunktsröhrchens von Wichtigkeit. Derselbe muß innen halbrund sein, wie er stets wird, wenn man das Röhrchen in den Saum einer Flamme hält. Außerdem muß das Schmelzgut gut eingestampft werden und darf nicht höher als 1 mm sein. Bei spitzer Bodenform können nämlich vorhandene Luftblasen filtrierend auf die Schmelze wirken und über sich einen campherreicheren Teil isolieren, der dann einen zu hohen Schmelzpunkt zeigt.

Man lege Wert auf äußerst dünnwandige Schmelzpunktscapillaren.

Läßt man den Schmelzpunktsapparat wieder abkühlen, so beginnt mit großer Regelmäßigkeit 2° unter dem Schmelzpunkt der Campher in Sternchen auszukrystallisieren, die schnell den ganzen Raum erfüllen. Durch Wiederschmelzen erhält man eine vorzügliche Kontrolle. Als Schmelzpunktsapparat diene ein Reagensglas von 2,5 cm Weite.

Die Einführung von *flüssigen* Substanzen wird mit einem Glasröhrchen vorgenommen, das an seinem Ende plötzlich zu einer haarfeinen 1,5—2 mm langen Capillare ausgezogen ist. Man bereitet sich diese Einfüllröhrchen durch Ausziehen eines entsprechend dimensionierten gewöhnlichen Biegerohrs. Die haarfeine Capillare füllt man durch Eintauchen in die Flüssigkeit, wischt sie außen ab, führt sie in die Schmelzpunktscapillare bis zum Boden so ein, daß die Auslaufspitze nirgends die Seitenwand berührt, und bläst ihren Inhalt, der auf 0,2—0,3 mg bemessen sein soll, auf dem Boden aus. Nach der rasch auszuführenden zweiten Wägung wird die erforderliche Menge Campher eingebracht und nun weiter verfahren wie für feste Substanzen; man unterlasse es lediglich, die Substanz durch Quirlen in einem Vorbad zu mischen.

Berechnung: Ist s das Gewicht der Substanz in Milligrammen, S das des Camphers in Milligrammen, $\varDelta$ die Depression, so ist das Molekulargewicht

$$M = \frac{s}{S} \cdot \frac{40}{\varDelta} \cdot 1000.$$

Die RASTsche Methode gibt manchmal unrichtige Resultate, wo infolge des hohen Schmelzpunkts des Camphers Molekülspaltungen eintreten. In solchen Fällen wählt man eines der folgenden Lösungsmittel:

Camphen.[1] F. 49°, Mol.-F.-Depr. (E) 31,08. Für leicht zersetzliche oder flüchtige Stoffe sehr geeignet. Capillare 5 cm lang, am zugeschmolzenen Ende Durchmesser 3 mm, gegen das offene Ende etwas konisch erweitert. 0,5 bis 1,1 mg Substanz einwägen, dann 8—12 mg Lösungsmittel in Körnchen. Nicht stopfen, sondern nur die Capillare auf eine Marmorplatte od. dgl. aufklopfen. Zuschmelzen. Analog mit

---

[1] PIRSCH: Ber. Dtsch. chem. Ges. **65**, 862 (1932).

Pinendibromid. F. 170°, E = 80,9.[1]

Camphenilon. F. 38°, E = 64.[2]

Dihydro-α-dicyclopentadienon-3. F. 53°, E = 92. Durch seine besonders große molekulare Gefrierpunktserniedrigung für hochmolekulare Substanzen geeignet.[3]

Exalton (Cyclopentadecanon). F. 65,6°, E = 21,3. Für Azofarbstoffe, Chinone, Sterine usw.[4]

Camphochinon. F. 199°, E = 45,7. Für hochschmelzende Substanzen.[5]

Perylen. F. 262°, E = 25,7. Für schwer lösliche und hochschmelzende Anthrachinon- und Perylenderivate.[6]

2.4.6-Trinitrotoluol. F. 81°, E = 11,5. Für Polynitroverbindungen.[7]

Bornylamin. F. 164°, E = 40,6. Besonders für Alkaloide und überhaupt für basische Verbindungen.[8]

Modifikation der RASTschen Methode durch CARLSOHN.[9]

Im Gegensatz zur üblichen RASTschen Methode wird der Erstarrungspunkt und nicht der Schmelzpunkt deshalb bestimmt, weil die einzelnen Messungen mit der ganzen abgewogenen Mischung im Wägeröhrchen selbst ausgeführt werden müssen, da man nicht weiß, ob die angewandte Substanzmenge vollständig gelöst ist und daher die Entnahme kleiner Mengen des evtl. inhomogenen Schmelzgutes für die Bestimmungen in gewöhnlichen Schmelzpunktsröhrchen zu falschen Resultaten führen könnte. Es handelt sich demnach im Gegensatz zu den kleinen Mengen, die sonst bei den üblichen Schmelzpunktsbestimmungen in den kleinen Schmelzpunktsröhrchen verwandt werden, um bedeutend größere Mengen. Von diesen läßt sich jedoch der Schmelzpunkt nicht in einwandfreier Weise im Schmelzpunktsapparat (wegen der zu langen Schmelzdauer) bestimmen, während umgekehrt bei der Bestimmung des Erstarrungspunktes keine Schwierigkeiten zutage treten.

Da die Lösungsgeschwindigkeit schwer löslicher Substanzen oftmals sehr klein ist, wird das Zusammenschmelzen in zugeschmolzenen Röhren ausgeführt, um bei länger dauerndem Zusammenschmelzen keinen Campher durch Sublimation zu verlieren.

Abgesehen von der durch diese Abänderungen der ursprünglichen Methode erzielten Vereinfachung der Bestimmungen dadurch, daß das Schmelzgut nach dem Zusammenschmelzen nicht mehr aus dem Röhrchen herausgestochen und im Mörser verrieben zu werden braucht und das Füllen der Schmelzpunktsröhrchen für die einzelnen Bestimmungen in Wegfall kommt, läßt sich nach der vorliegenden Methode der Vorgang der Erstarrung in den angegebenen größeren Röhrchen sehr gut beobachten, und man erhält sowohl bei der unten beschriebenen Löslichkeitsbestimmung als auch bei der Molekulargewichtsbestimmung recht befriedigende Werte.

---

[1] Siehe S. 287, Anm. 1.

[2] PIRSCH: Ber. Dtsch. chem. Ges. **66**, 1694 (1933).

[3] PIRSCH: Ber. Dtsch. chem. Ges. **67**, 1115 (1934).

[4] GIRAL: Anales Soc. Espanola Fisica Quim. **33**, 438 (1935). — BROCKMANN: Liebigs Ann. **521**, 3, 27 (1935).

[5] PIRSCH: Ber. Dtsch. chem. Ges. **66**, 349 (1933).

[6] ZINKE: Ber. Dtsch. chem. Ges. **58**, 2388 (1925).

[7] PASTAK: Bull. Soc. chim. France (4), **39**, 82 (1926).

[8] PIRSCH: Ber. Dtsch. chem. Ges. **65**, 1227 (1932).

[9] CARLSOHN: Ber. Dtsch. chem. Ges. **60**, 473 (1927).

Ausführung der Bestimmung des Erstarrungspunkts.

Man schmilzt vorsichtig das einseitig geschlossene Röhrchen, welches etwa 6 cm lang ist, eine innere Weite von etwa 6 mm hat und die abgewogenen Mengen Substanz und Campher enthält, derart zu, daß ein kleines geschlossenes Röhrchen von etwa 3 cm Länge entsteht, stellt an der Schmelzstelle durch Ausziehen eine etwa 4 cm lange Vollglasspitze *b* her, schneidet aber den beim Ausziehen der Glasspitze verbleibenden Glasrest *c* nicht ab (Abb. 134). Dann bringt man die Substanz in einer großen schwach entleuchteten Bunsenflamme zum Schmelzen, indem man das Glasröhrchen am Ende *c* erfaßt und in horizontaler Lage bis zum Schmelzen der Substanz rasch hin und her bewegt; läßt in senkrecht gestelltem Röhrchen erkalten, schneidet den Rest *c* ab und befestigt das Röhrchen im gewöhnlichen Schmelzpunktsapparat neben dem Thermometer. Hierzu wird die folgende leicht herzustellende Apparatur aus Glas verwandt (Abb. 135):

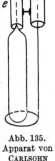

Der im gewöhnlichen Schmelzpunktsapparat vorhandene etwa 3 mm starke Vollglasstab *f*, welcher die Länge des Thermometers hat und am unteren Ende einen Glasring zum Halten des Schmelzpunktsröhrchens besitzt, wird durch eine etwa 10 cm lange Glasröhre *d* von etwa 5 mm innerer Weite geführt, an deren unterem Ende durch zwei kleine 2 mm lange Verbindungsstücke ein etwa 2 cm langes und 3 mm weites Röhrchen *e* angeschmolzen ist. In dieses Röhrchen *e* wird die Spitze *b* des kleinen zugeschmolzenen Röhrchens *a* gesteckt, das durch die Eigenschwere der verschiebbaren Glasröhre *d* gegen den Glasring gedrückt und dadurch in senkrechter Lage dicht neben dem Thermometer festgehalten wird.

Man erhitzt, bis die Schmelze ganz klar geworden ist. Dies ist in den meisten Fällen bei 180—190° erreicht. Dann läßt man den Apparat sehr langsam erkalten und beobachtet den Punkt, an dem die Schmelze, fast immer von unten beginnend, rasch und meist innerhalb eines Grades erstarrt.

Abb. 134.
Methode von
CARLSOHN.

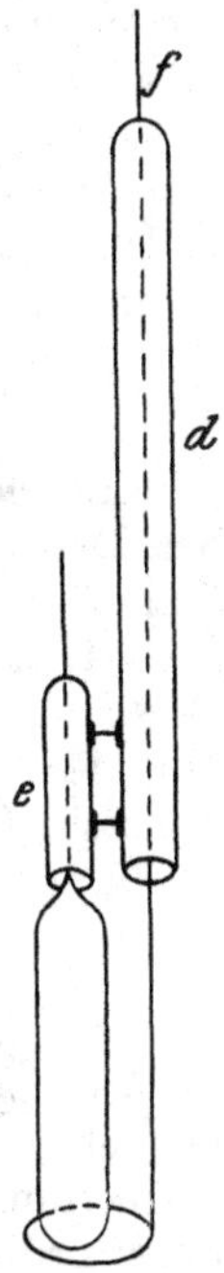

Abb. 135.
Apparat von
CARLSOHN

Kryoskopische Bestimmung der Löslichkeit von Substanzen in Campher.

Erstarrt die Schmelze nicht rasch, d. h. nicht innerhalb von höchstens 2°, so ist die Schmelze zu konzentriert, und beim Abkühlen scheidet sich zunächst nur unveränderte Substanz ab. Man benutzt in solchen Fällen den Versuch zur „Löslichkeitsbestimmung der Substanz in Campher". Hierzu läßt man (Versuch 1) die Schmelze abkühlen und beobachtet mit einer Lupe die Form der sich ausscheidenden Krystalle. Es zeigt sich dann mit abnehmender Temperatur ein langsames Krystallisieren von reiner Substanz. Bei einer bestimmten Temperatur ist jedoch die Lösung nicht mehr übersättigt, sondern der eutektische Punkt erreicht: die Schmelze erstarrt nun rasch und vollständig. Diese Temperatur ist zugleich die tiefste mit diesem Gemisch erreichbare Temperatur.

Zur Berechnung der Löslichkeit der Substanz setzt man in der Formel

$$40 . a . 1000/\varDelta . b = \text{Molekulargewicht}$$

(a = Substanz, b = Camphermenge, $\varDelta$ = Depression)

die bekannten Größen a, b und $\varDelta$ ein. Das so erhaltene Molekulargewicht ist aber zu groß, weil die abgewogene Menge Substanz a nicht vollständig zur Depression des Campherschmelzpunkts verwendet worden ist. Man setzt vielmehr in der Gleichung das vermutete Molekulargewicht ein und berechnet umgekehrt die gelöste Menge a'. Dann wird (Versuch 2) eine neue Schmelze, die der Konzentration der gesättigten Lösung (d. h. a' g Substanz in b g Campher) des ersten Versuches entspricht, hergestellt und erneut die Depression beobachtet. Stimmt das vermutete Molekulargewicht, dann erhält man nunmehr die gleiche maximale Depression, und die Löslichkeitsbestimmung ist richtig. Ist jedoch das Molekulargewicht größer als das vermutete, dann war a' zu klein berechnet worden und man hätte im zweiten Versuch eine kleinere Depression erhalten müssen. Ist endlich das wirkliche Molekulargewicht kleiner als das vermutete und in Rechnung gesetzte, dann hätte man, wie beim ersten Versuch, zunächst eine Abscheidung von reiner Substanz beobachten müssen.

Über *Mikromolekularbestimmung von Flüssigkeiten* siehe auch PIRSCH: Ber. Dtsch. chem. Ges. **65**, 865 (1932).

Methode der isothermen Destillation.[1]

BARGER: Journ. chem. Soc. London **85**, 286 (1904); **87**, 1042, 1756 (1905); Ber. Dtsch. chem. Ges. **37**, 1754 (1904); Ztschr. angew. Chem. **32**, 66 (1919). — PYMAN: Journ. chem. Soc. London **91**, 1230 (1907). — RAST: Ber. Dtsch. chem. Ges. **54**, 1979 (1921); **55**, 1054 (1922); Ztschr. physiol. Chem. **126**, 100 (1923). — PRINGSHEIM: Ber. Dtsch. chem. Ges. **55**, 1409, 1429, 1432, 3727 (1922); Liebigs Ann. **448**, 176 (1926). — FRIEDRICH: Mikrochemie **6**, 97, (1928). — SCHWARZ: Monatsh. Chem. **54**, 929 (1929). — BERL, HEFTER: Liebigs Ann. **478**, 235 (1930). — SIGNER: Liebigs Ann. **478**, 246 (1930).

7. Indirekte Bestimmung des Molekulargewichts.

Wie man sich in gewissen Fällen, wo die Schwerlöslichkeit der Substanzen eine ebullioskopische oder kryoskopische Bestimmung vereitelt, helfen kann — allerdings nur dann, wenn es gelingt, die zu untersuchende Substanz wenigstens vorübergehend in Lösung zu halten —, haben in sinnreicher Weise SCHLENK, THAL gezeigt.[2]

Die Kaliumverbindung des Phenylbiphenylketons ist zwar nach ihrer Isolierung in festem Zustand unlöslich, erhitzt man aber eine Lösung des Phenylbiphenylketons in vollkommen trockenem Aether unter einer luftfreien Stickstoffatmosphäre zum Sieden und bringt dazu metallisches Kalium, so bildet sich die Kaliumverbindung, ohne daß Substanz zur Ausscheidung gelangt.

Dabei bleibt der Siedepunkt der Lösung konstant, woraus hervorgeht, daß die Anzahl der Moleküle in der Flüssigkeit bei der Bildung der Kaliumverbindung sich nicht nähert, Phenylbiphenylketonkalium also bestimmt die einfache Formel besitzt.

C. Berechnung des Molekulargewichts.[3]

Wird mit

M das gesuchte Molekulargewicht,

K die molekulare Siedepunktserhöhung für 100 g Lösungsmittel (Siedekonstante),

---

[1] Methode von MENZIES, SMITH, MILNER: Journ. Amer. chem. Soc. **43**, 2314 (1921); Mikrochemie **9**, 117 (1931). — BEATTY: Journ. Amer. chem. Soc. **53**, 379 (1931). — BLICKE, OAKDALE: Journ. Amer. chem. Soc. **55**, 1200 (1933).

[2] SCHLENK, THAL: Ber. Dtsch. chem. Ges. **46**, 2840 (1913).

[3] BECKMANN, ARRHENIUS: Ztschr. physikal. Chem. **4**, 532, 550 (1889).

g das Gewicht der Substanz,
Δt die beobachtete Siedepunktserhöhung und
G das Gewicht des Lösungsmittels bezeichnet,
so ist:

$$M = K \cdot \frac{100 \cdot g}{G \cdot \Delta t}.$$

K wird aus einer Siedepunktsbestimmung mit einer Substanz von bekanntem Molekulargewicht ermittelt.

Tabelle einiger Siedekonstanten.

	Siedepunkt	Konstante (= mol. Siedepunktserhöhung für 100 g Lösungsmittel)	Konstante (= mol. Siedepunktserhöhung für 100 ccm Lösung)
Aceton	56°	17,1	—
Aethylacetat.........	77°	26,8	—
Aethylaether	35°	21,1	30,3
Aethylalkohol........	78°	11,5	15,6
Ameisensäure	99°	24,0	—
Anilin	184°	32,2	36,0
Benzol	79°	26,1	32,0
Buttersäure	163°	39,4	—
Chloroform	61°	36,6	26,0
Chinolin.............	240°	57,2	—
Dimethylanilin	192°	48,4	—
Essigsäure[1].........	118°	30,7	—
Methylalkohol	66°	8,8	—
Nitrobenzol..........	209°	50,1	—
Phenol..............	183°	30,4	32,2
Propionsäure	141°	35,1	—
Schwefelkohlenstoff ..	46°	23,5	—
Wasser..............	100°	5,2	5,4

---

[1] Schon kleine Wassermengen drücken die molekulare Erhöhung stark herunter. Bei Verwendung von Eisessig zu Molekulargewichtsbestimmungen wird es sich empfehlen, vom eigenen Präparat zunächst die Konstante mit trocknem Benzil, Acetanilid oder Diphenylamin usw. zu ermitteln und dann die in Frage stehenden Bestimmungen anzuschließen. Im Apparat darf kein Kondensat am Zurückfließen gehindert werden, weil infolge der Neigung zum Fraktionieren sonst leicht Fehler eintreten. — Siehe Beckmann, Ztschr. anorgan. allg. Chem. 74, 291 (1912).

Zweiter Teil.

Ermittlung der Stammsubstanz.

Erstes Kapitel.

Abbau durch Oxydation.

Erster Abschnitt.
Allgemeine Bemerkungen über Oxydationsmittel.

1. Übermangansäure.

Wenn Gefahr vorliegt, daß mit der Oxydation Umlagerungen einhergehen könnten, darf durchaus nicht in saurer Lösung oxydiert werden.[1]

Namentlich für Verbindungen mit beweglichen Doppelbindungen ist nur Oxydation in neutraler oder schwach alkalischer Lösung mit Chamäleonlösung statthaft.[2]

Leider gewährt auch dieses Verfahren keine absolute Sicherheit gegen Umlagerungen.[3] Namentlich Isomerisation der normalen in die Isopropylgruppe wird oft beobachtet.[4]

Über Wanderung von Carboxylgruppen: CLAUS, MANN: Ber. Dtsch. chem. Ges. 18, 1123 (1885). — CLAUS, PIESZCEK, DYCKERHOFF: Ber. Dtsch. chem. Ges. 19, 3085 (1886).[5]

Man verwendet gewöhnlich *Kaliumpermanganat*, seltener *Calcium-*,[6] *Barium-*,[7] *Magnesium-*,[8] *Silber- oder Zinkpermanganat.*[9] Auch *Natriumpermanganat* ist schon benutzt worden.[10]

---

[1] Beispiele von *Umlagerungen durch Chromsäure*: DEMJANOW, DOJARENKO: Ber. Dtsch. chem. Ges. 41, 43 (1908); Chem.-Ztg. 32, 460 (1908). — *Durch Persulfat:* KUMAGAI, WOLFFENSTEIN: Ber. Dtsch. chem. Ges. 41, 297 (1908).

[2] TIEMANN, SEMMLER: Ber. Dtsch. chem. Ges. 28, 1345 (1895). — SEMMLER: Ber. Dtsch. chem. Ges. 34, 3122 (1901); 36, 1033 (1903). — WINDAUS: Ber. Dtsch. chem. Ges. 39, 2008 (1906).   [3] WALLACH: Liebigs Ann. 353, 293 (1907).

[4] R. MEYER: Liebigs Ann. 220, 6 (1883). — WIDMAN: Ber. Dtsch. chem. Ges. 19, 2769 (1886). — PERL: Diss. München 26, 1909. — PRZEWALSKY: Journ. prakt. Chem. (2), 88, 501 (1913).   [5] Diese Angaben verdienen eine Überprüfung.

[6] ULLMANN, UZBACHIAN: Chem.-Ztg. 26, 189 (1902); Ber. Dtsch. chem. Ges. 36, 1797 (1903). — POLLAK: Beitr. chem. Phys. u. Path. 7, 16 (1905). — BRAND, MATSUI: Ber. Dtsch. chem. Ges. 46, 2947 (1913) (Oxydation in Pyridinlösung).

[7] LITTERSCHEID: Arch. Pharmaz. 238, 208 (1900). — STEUDEL: Ztschr. physiol. Chem. 32, 241 (1901). — BENECH, KUTSCHER: Ztschr. physiol. Chem. 32, 279 (1901). — KUTSCHER: Ztschr. physiol. Chem. 32, 413 (1901). — ZICKGRAF: Ber. Dtsch. chem. Ges. 35, 3401 (1902). — HANS MEYER, RITTER: Monatsh. Chem. 35, 773 (1914). — SCHMIDT: Arch. Pharmaz. 258, 247 (1920).

[8] PRILESHAJEW: Journ. Russ. phys.-chem. Ges. 39, 1769 (1907).

[9] GUARESCHI: Liebigs Ann. 222, 305 (1883).   [10] GROSSE: Diss. Göttingen 37, 1910.

Calciumpermanganat pflegt stürmischer, Magnesiumpermanganat milder zu wirken als das Kaliumsalz. Gelegentlich ist es dem Kaliumpermanganat überlegen,[1] gewöhnlich ist es aber nicht zu empfehlen.[2] Zusatz von Kaliumhydroxyd wirkt mildernd.

Das Kaliumpermanganat wird meist in wässeriger Lösung, in Konzentrationen von 1—5%, selten bis 10%, angewendet.

Komplizierte Moleküle werden in der Regel an mehreren Stellen angreifbar sein; benutzt man nun bei der Ausführung die zumeist übliche Vorschrift „Erhitzen auf dem Wasserbad", so hat die Mischung bis zum gleichmäßigen Erreichen des Temperaturmaximums eine große Anzahl von Wärmegraden allmählich zu durchlaufen, was zu allerlei unter sich verschiedenartigen Reaktionen Veranlassung geben kann. Dies wird vermieden, wenn man die Lösung der Substanz mit vorher in kochendem Wasser angeheizter Permanganatlösung vermischt und dann sofort in kochendem Wasser weiter erhitzt.[3]

Allmähliche *Steigerung der Alkalikonzentration* des Oxydationsgemisches begünstigt die Oxydation des o- und p-Nitrotoluols bis zu einem gewissen Grad, während die Oxydation des m-Nitrotoluols am besten in neutralem Medium ausgeführt wird. *Erhöhte Verdünnung* begünstigt die Oxydation aller drei isomeren Nitrotoluole; p-Nitrotoluol wird am schnellsten oxydiert, es folgt die o-Verbindung und dann die m-Verbindung.[4]

Nach SACHS[5] ist für viele Fälle *Aceton als Lösungsmittel* sehr zu empfehlen, das natürlich vorher zu reinigen ist.

FOURNIER[6] macht übrigens darauf aufmerksam, daß auch reines Aceton, namentlich bei Gegenwart von Alkalien und in der Wärme, von Permanganat angegriffen wird.

Neben Aceton ist *Essigsäure* ein beliebtes Lösungsmittel, bedingt aber, wie noch viel mehr die seltener benutzte *Salpetersäure*,[7] durch ihre Säurewirkung oftmals einen veränderten Reaktionsverlauf.

Gelegentlich wird auch *Chloroform*,[8] *Pyridin*[9] oder *Alkohol*[10] angewendet.

Soll die Heftigkeit der Reaktion gemäßigt werden, so löst man die Substanz in einem Medium, das sich mit Permanganat nicht mischt, wie *Aether, Benzol*,[11]

[1] KELLER: Arch. Pharmaz. **263**, 286 (1925).
[2] ULLMANN, UZBACHIAN: Ber. Dtsch. chem. Ges. **36**, 797 (1903).
[3] KILIANI: Ber. Dtsch. chem. Ges. **53**, 201 (1920).
[4] BIGELOW: Journ. Amer. chem. Soc. **41**, 1559 (1919).
[5] SACHS: Ber. Dtsch. chem. Ges. **34**, 497 (1901). — HARRIES, PAPPOS: Ber. Dtsch. chem. Ges. **34**, 2979 (1901). — HARRIES, SCHAUWECKER: Ber. Dtsch. chem. Ges. **34**, 2987 (1901); F. P. 349896 (1901); D. R. P. 115516 (1901). — MICHAEL, LEIGHTON: Journ. prakt. Chem. (2), **68**, 521 (1903). — LEUCHS: Ber. Dtsch. chem. Ges. **41**, 1712 (1908). — SEMMLER: Ber. Dtsch. chem. Ges. **41**, 3993 (1908). — SCHNEIDER: Diss. Berlin 16, 1909. — LOEWEN: Diss. Berlin 26, 1909. — WEISSGERBER, HERZ: Ber. Dtsch. chem. Ges. **46**, 656 (1913). — BRAND, MATSUI: Ber. Dtsch. chem. Ges. **46**, 2946 (1913). — SEMMLER, JAKUBOWICZ: Ber. Dtsch. chem. Ges. **47**, 1145 (1914). — PAAL: Ber. Dtsch. chem. Ges. **49**, 1571 (1916). — SCHROETER: Liebigs Ann. **426**, 47 (1922). — MEYER, SCHUSTER: Ber. Dtsch. chem. Ges. **55**, 822, 1645 (1922). — BERGEL: Liebigs Ann. **482**, 71 (1930). — KOTAKE, MITSUWA: Liebigs Ann. **505**, 205 (1933). — PFAU, PLATTNER: Helv. chim. Acta **17**, 147 (1934).
[6] FOURNIER: Bull. Soc. chim. France (4), **3**, 259 (1908). — WITZEMANN: Journ. Amer. chem. Soc. **39**, 2657 (1917).
[7] RUPP: Ber. Dtsch. chem. Ges. **29**, 1625 (1896).
[8] RIIBER: Ber. Dtsch. chem. Ges. **37**, 3120 (1904); **41**, 2412, 2415 (1908).
[9] BRAND, MATSUI: Ber. Dtsch. chem. Ges. **46**, 2947 (1913).
[10] HAARMANN: Ber. Dtsch. chem. Ges. **42**, 1062 (1909).
[11] WINDAUS: Arch. Pharmaz. **246**, 131, 142 (1908). — WINDAUS, RESAU: Ber. Dtsch. chem. Ges. **47**, 1229 (1914).

Ligroin;[1] oder man trägt das Permanganat in kleinen Partien als festes Pulver ein.[2]

Unlösliche Stoffe müssen in feinster Verteilung angewendet werden.

WATANABE setzt palmitinsaures Natrium als *Emulgierungsmittel* zu.[3]

Zur Erhöhung der *Benetzbarkeit* ist Nekalzusatz sehr zu empfehlen (HANS MEYER).

Der Braunstein hält oftmals hartnäckig Substanz, namentlich Salze von Polycarbonsäuren, aber auch Kohlenwasserstoffe[4] zurück und muß daher öfters ausgekocht werden.

Um zu verhindern, daß der Braunstein kolloid durchs Filter geht, setzt man Soda zur Waschflüssigkeit.[5]

Hat man Grund zur Annahme, daß sich mit dem Braunstein schwer lösliche Oxydationsprodukte ausgeschieden haben, so bringt man ihn durch schweflige Säure in Lösung oder man löst ihn durch Oxalsäure und verdünnte Schwefelsäure.[6]

Überschüssiges Permanganat entfernt man durch vorsichtigen Zusatz von Formaldehyd, Ameisensäure oder Methylalkohol.

Will man in dauernd neutraler Lösung arbeiten, dann leitet man während der Oxydation Kohlendioxyd ein oder setzt *Magnesiumsulfat*[7] oder *Aluminiumsulfat*[8] zu.

2. Chromsäure.

Man benutzt entweder Chromsäureanhydrid, das in Eisessig oder in verdünnter, seltener in konzentrierter[9] Schwefelsäure gelöst angewendet wird, oder man säuert die wässerige Lösung eines chromsauren Alkalis mit Schwefelsäure,[10] Salpetersäure[11] oder Essigsäure an.

*Natrium*pyrochromat ist in Wasser sehr leicht und auch in Eisessig genügend löslich, gestattet also, in konzentrierten Lösungen zu arbeiten; es ist daher in vielen Fällen dem schwerer löslichen (und auch teureren) Kaliumsalz vorzuziehen.

Orthoverbindungen werden im allgemeinen von Chromsäure viel leichter verbrannt als ihre Isomeren, doch ist die These,[12] daß mit diesem Oxydationsmittel Orthoverbindungen überhaupt nicht ohne tiefer gehende Zerstörung oxydierbar seien, nicht aufrechtzuerhalten.[13]

Übergang des Tetra- in den Trimethylenring bei Chromsäureoxydationen: DEMJANOW, DOJARENKO: Ber. Dtsch. chem. Ges. **41**, 43 (1908).

---

[1] WIENHAUS: Diss. Göttingen 56, 1907. — SEMMLER: Ber. Dtsch. chem. Ges. **33**, 3430 (1900).

[2] SEMMLER: Ber. Dtsch. chem. Ges. **24**, 3821 (1891). — KNORR: Liebigs Ann. **279**, 220 (1894). — WOLFF: Ber. Dtsch. chem. Ges. **28**, 71 (1895); D. R. P. 102 893 (1899).

[3] WATANABE: Ber. Dtsch. chem. Ges. **55**, 185 (1922). — STRAUS, KOLLEK, HEYN empfehlen *Kaliumstearat* [Ber. Dtsch. chem. Ges. **63**, 1871 (1930)]. — 0,2proz. *Seifenlösung*: A. P. 1 998 488 (1935).   [4] WIENHAUS: Diss. Göttingen 36, 1907.

[5] BAEYER: Liebigs Ann. **245**, 139 (1888).   [6] PHILIPPS: Diss. Göttingen 23, 1901.

[7] THIELE: Ber. Dtsch. chem. Ges. **28**, 2599 (1895); D. R. P. 94 629 (1897). — LASSAR, COHN: Ber. Dtsch. chem. Ges. **32**, 683 (1899). — ULLMANN, UZBACHIAN: Ber. Dtsch. chem. Ges. **36**, 1797 (1903). — KAUFMANN, ROTHLIN: Ber. Dtsch. chem. Ges. **49**, 581 (1916). — PIERONI: Gazz. chim. Ital. **52** II, 32 (1922).

[8] Siehe hierzu BAUM: Biochem. Ztschr. **26**, 329 (1910).

[9] D. R. P. 127 325 (1902).

[10] Daß ein Schwefelsäurezusatz zur Essigsäure unter Umständen von ausschlaggebender Bedeutung sein kann, haben E. und O. FISCHER: Ber. Dtsch. chem. Ges. **37**, 3356 (1904) gezeigt. — Siehe ferner ECKERT: Monatsh. Chem. **35**, 294 (1914).

[11] D. R. P. 229 394 (1910). — BRATZ, NIEMENTOWSKI: Ber. Dtsch. chem. Ges. **51**, 366 (1918).   [12] FITTIG: Ztschr. Chem. (2), **7**, 179 (1871).

[13] REMSEN: Amer. chem. Journ. **1**, 36 (1879); D. R. P. 109 012 (1899).

Oxydierende Acetylierung.[1]

Werden aromatische Kohlenwasserstoffe mit Methylgruppen als Seitenketten bei Gegenwart von Essigsäureanhydrid, Eisessig und Schwefelsäure mit Chromsäureanhydrid oder nur mit Acetanhydrid und Chromtrioxyd[2] oxydiert, so werden die entstehenden Aldehyde in Form ihrer Acetylderivate fixiert und vor weiterer Zerstörung durch das Oxydationsgemisch bewahrt.[3]

Zur

Isolierung der Reaktionsprodukte nach der Oxydation mit Chromsäure

muß, falls das entstandene Produkt nicht durch Wasserdampfdestillation oder Ausschütteln erhalten werden kann oder durch Wasserzusatz gefällt wird, das Chrom und meist auch die Schwefelsäure, falls solche zugesetzt worden war, entfernt werden.

Im allgemeinen wird mit Ammoniak übersättigt und gekocht, abgesaugt und im Filtrat mittels eines Bariumsalzes oder durch Barythydrat gefällt. Dabei kann das meist als Säure vorhandene organische Reaktionsprodukt mit ausgefällt werden und ist dann durch Auskochen vom Bariumsulfat zu trennen. Oftmals fällt man auch die organische Säure aus der neutralen Ammoniumsulfat enthaltenden Lösung mit Kupferacetat oder -sulfat als schwer lösliches Salz (Pyridin- und Chinolincarbonsäuren[4]).

Da das voluminöse Chromoxydhydrat oftmals viel organische Substanz mitreißt, die nur durch wiederholtes Auskochen extrahiert werden kann, empfiehlt Pinner,[5] vor der Fällung eine dem Chrom entsprechende Menge Phosphorsäure zuzusetzen, weil dann beim Neutralisieren Chromphosphat fällt, das schon nach einmaligem Auskochen fast nichts mehr zurückhält.

3. Salpetersäure.

Salpetersäure kann natürlich nur dann in Frage kommen, wenn die zu oxydierende Substanz nicht leicht nitrierbar ist.[6] Man benutzt sie daher gelegentlich zur Oxydation von Polynitrokörpern[7] von Pyridinderivaten,[8] Naphthenen[9] und deren Derivaten[10] oder Fettsubstanzen.

Die Seitenketten von Benzolhomologen werden oftmals leicht durch *verdünnte* Salpetersäure (z. B. aus 1 Vol. Säure 1,4 und 1—3 Vol. Wasser) abgebaut.[11]

Sehr resistente Stoffe können sogar mit Vorteil mit *Salpeterschwefelsäure* oxydiert werden,[12] wobei man bis auf 200° erhitzt.

---

[1] Anwendung zu Konstitutionsbestimmungen: K. H. Meyer: Liebigs Ann. **379**, 75 (1911). — Eckert, Alice Hofmann: Monatsh. Chem. **36**, 498 (1915).

[2] Methylcyclopentadecen, Oxydation zum acetylierten Alkohol: Ruzicka, Stoll: Helv. chim. Acta **17**, 1309 (1934). — Siehe auch Treibs, Schmidt: Ber. Dtsch. chem. Ges. **61**, 459 (1928).

[3] Thiele, Winter: Liebigs Ann. **311**, 355 (1900); F. P. 295939 (1900); D. R. P. 121788 (1901). — Mesitylen: Bielecki: Anz. Akad. Wiss. Krakau 29, 1908. — Anthranolacetat aus Anthracen: K. H. Meyer: Liebigs Ann. **379**, 75 (1911).

[4] Siehe auch S. 296.   [5] Pinner: Ber. Dtsch. chem. Ges. **38**, 1519 (1905).

[6] Als Nebenprodukte entstehende Nitrokörper werden durch Reduktion mit Zinn und Salzsäure, Ammoniak und Schwefelammon usw. entfernt. — Warren de la Rue, Müller: Liebigs Ann. **120**, 341 (1861). — Oxydationen mit Salpetersäure im Bombenrohr: Freund, Fleischer: Liebigs Ann. **411**, 24—27, 33, 35 (1916). Siehe auch Anm. 10.

[7] Tiemann, Judson: Ber. Dtsch. chem. Ges. **3**, 224 (1870). — Haeussermann, Martz: Ber. Dtsch. chem. Ges. **26**, 2982 (1893).

[8] Z. B. Hans Meyer, Turnau: Monatsh. Chem. **28**, 155 (1907).

[9] Aschan: Ber. Dtsch. chem. Ges. **32**, 1771 (1899).

[10] Bouveault, Locquin: Bull. Soc. chim. France (4), **3**, 437 (1908).

[11] Naphthalinhomologe: Hans Meyer, Bernhauer: Wegscheider-Festschr. 1929, 742.   [12] D. R. P. 77559 (1899), 127325 (1901).

Um die Oxydationsprodukte zu isolieren, verdünnt man mit Wasser, oder man neutralisiert und fällt mit einem geeigneten Metallsalz (Kupfer, Blei, Silber, Barium).

Durch wiederholtes Eindampfen auf dem Wasserbad, namentlich rasch auf Salzsäurezusatz, kann man auch die Salpetersäure vollkommen verjagen.

Um sie auf chemischem Wege zu entfernen, setzt man nach SIEGFRIED[1] stark überschüssiges, kalt gefälltes und gut gewaschenes, unter Wasser befindliches *Bleioxydhydrat* zu. Im Filtrat wird dann das Blei mit Schwefelwasserstoff gefällt. Dies setzt natürlich voraus, daß die Säure kein unlösliches Bleisalz gibt. — Geringe Mengen Salpetersäure können auch in alkalischen Lösungen durch Zinkstaub zu Ammoniak reduziert werden.[2]

Über die Verwendung von *Nitron* siehe S. 656.

Abscheidung von Pyridincarbonsäuren aus ihren Mineralsäuresalzen und aus ihren Salzen überhaupt:

SKRAUP: Liebigs Ann. **201**, 296 (1880). — HANS MEYER: Monatsh. Chem. **23**, 438 (1902); **28**, 156, 467 (1907).

Zweiter Abschnitt.

Aboxydieren von Seitenketten.

Benzolderivate werden durch alle gebräuchlichen Oxydationsmittel bis zu den Benzolcarbonsäuren abgebaut. Beim vorsichtigen Arbeiten, namentlich mit verdünnter Salpetersäure oder mit Kaliumpermanganat in alkalischer Lösung, lassen sich oftmals auch Zwischenprodukte fassen.[3]

Nitrogruppen vermindern die Oxydierbarkeit der Seitenketten (Nitroaldehyde, Trinitrotoluol), ebenso wie *Halogene,* namentlich in Orthostellung.[4] Im allgemeinen verzögern Meta- und begünstigen Parasubstituenten die Reaktion.

Tetrabrom(Chlor)xylol[5] ist so widerstandsfähig, daß seine Überführung in die entsprechende Terephthalsäure nur durch die kombinierte Wirkung von Salpetersäure und Übermangansäure und vielstündiges Erhitzen im Einschlußrohr auf 180° gelingt.

Aminogruppen und *Hydoxyde* sind dagegen so leicht angreifbar, daß sie von dem Oxydationsmittel früher als die kohlenstoffhaltigen Seitenketten angegriffen werden und weitgehende Zertrümmerung des Moleküls herbeiführen würden, wenn man nicht in geeigneter Weise einen *Schutz* für sie anwenden würde.

Man schützt Aminogruppen durch *Acylierung,* sekundäre auch durch *Nitro-*

---

[1] SIEGFRIED: Ber. Dtsch. chem. Ges. **24**, 421 (1891).
[2] SCHMIEDEBERG, MEYER: Ztschr. physiol. Chem. **3**, 444 (1873).
[3] Einfluß der Kernsubstitution auf die Oxydierbarkeit der Seitenketten: COHEN, MILLER: Proceed. chem. Soc. **20**, 11, 219 (1904); Journ. chem. Soc. London **85**, 1622 (1905). — COHEN, HODSMAN: Proceed. chem. Soc. **23**, 152 (1907); Journ. chem. Soc. London **91**, 970 (1907). — Über die Wirkungsart der verschiedenen Oxydationsmittel: LAW, PERKIN: Journ. chem. Soc. London **91**, 258 (1907); **93**, 1633 (1908). — Beeinflussung durch Konzentration, Permanganatmenge und Alkalität: BIGELOW: Journ. Amer. chem. Soc. **41**, 1559 (1920); **44**, 2010 (1922).
[4] SCHÖPFF: Ber. Dtsch. chem. Ges. **24**, 3778 (1891).
[5] RUPP: Ber. Dtsch. chem. Ges. **29**, 1625 (1896). — Tetrachlorisocymol: KELBE, PFEIFFER: Ber. Dtsch. chem. Ges. **19**, 1724 (1886).

sierung,[1] Hydroxylgruppen durch *Alkylierung*[2] oder *Acylierung* — selbst durch anorganische Reste.[3]

In manchen Fällen gelingt es übrigens auch durch passende Wahl des Oxydationsmittels, einen derartigen Schutz entbehrlich zu machen.

So hat PERKIN gefunden,[4] daß man manche Phenole mit *Wasserstoffsuperoxyd* oxydieren kann, und zwar sowohl in essigsaurer als auch in alkalischer Lösung, ohne daß es nötig wäre, sie vorher zu alkylieren. Als Reagens wird am besten *Perhydrol*, oft auch *Kaliumpersulfat* angewendet,[5] das auch sonst ein wertvolles Oxydationsmittel ist.[6]

Zusatz von Katalysatoren, namentlich Kobalt- (Mangan-, Cero-, Ferro-) Salzen, ist sehr zu empfehlen.[7]

Über die Oxydation der homologen Phenole siehe auch unter „Alkalischmelze".

Auch in der *Naphthalinreihe* werden im allgemeinen die Alkylgruppen aboxydiert, ohne daß sich sonstige Veränderungen in dem System zeigen.[8] In manchen Fällen tritt aber auch Spaltung des einen Kerns ein; so liefert 1.4-Dimethyl-6-aethylnaphthalin 1.4-Dimethylphthalsäure;[9] 2.3-Dimethylnaphthalin o-Phthalsäure.[10]

Über die Oxydation von Naphthalinderivaten mit längeren Seitenketten HANS MEYER, BERNHAUER: WEGSCHEIDER-Festschr., S. 742, 1929.

Ist der Naphthalinring partiell *hydriert*, so wird stets die aliphatische Hälfte angegriffen.

In der *Pyridinreihe* liegen die Verhältnisse ebenso wie in der Benzolreihe, dagegen sind in der *Chinolinreihe* verschiedenartige Reaktionsfolgen beobachtet worden.[11]

Gesetzmäßigkeiten bei der Oxydation von Chinolinderivaten mit Chromsäure.[12]

Im Pyridinkern alkylsubstituierte Chinolinderivate gehen in die Chinolincarbonsäuren über.

---

[1] D. R. P. 121287 (1901).

[2] OPPENHEIM, PFAFF: Ber. Dtsch. chem. Ges. 8, 887 (1875). — ACH, KNORR: Ber. Dtsch. chem. Ges. 36, 3067 (1903). — AUWERS, SAURWEIN: Ber. Dtsch. chem. Ges. 55, 2374 (1922). — Manchmal versagt dieser Kunstgriff: HEUSER, SAMUELSEN: Cellulosechemie 3, 78 (1922).

[3] Kresylschwefelsäure: KÖNIGS, HEYMANN: Ber. Dtsch. chem. Ges. 19, 704 (1886).

[4] PERKIN: Proceed. chem. Soc. 23, 166 (1907); D. R. P. 81068 (1897), 81298 (1897). — KLEUCKER: Ber. Dtsch. chem. Ges. 55, 1654 (1922). — MAYER, ALKEN: Ber. Dtsch. chem. Ges. 55, 2279 (1922). — MAGIDSON, PREOBRASCHENSKI: Trans. scient. chem.-pharmac. Inst., Moskau 1926, 65. — KÖGL, BECKER: Liebigs Ann. 465, 213 (1928). [5] HENDERSON, BOYD: Journ. chem. Soc. London 97, 1659 (1910).

[6] LAW, PERKIN: Journ. chem. Soc. London 91, 258 (1907). — FREUND, SPEYER: Journ. prakt. Chem. (2), 94, 156 (1917).

[7] DIMROTH, WEURINGH: Liebigs Ann. 399, 16 (1913). — DIMROTH, GOLDSCHMIDT: Liebigs Ann. 399, 76 (1913).

[8] CIAMICIAN: Ber. Dtsch. chem. Ges. 11, 272 (1878). — Mit verdünnter Salpetersäure im Rohr bei 190—200°: FRÖSCHL, HARLASS: Monatsh. Chem. 59, 279 (1932).

[9] GUCCI, GRASSI-CRISTALDI: Gazz. chim. Ital. 22 I, 44 (1892).

[10] KRUBER: Ber. Dtsch. chem. Ges. 62, 3046 (1929).

[11] MILLER: Ber. Dtsch. chem. Ges. 23, 2252 (1890).

[12] WEIDEL: Monatsh. Chem. 3, 79 (1882). — DÖBNER, MILLER: Ber. Dtsch. chem. Ges. 16, 2472 (1883); 18, 1640 (1885). — KAHN: Ber. Dtsch. chem. Ges. 18, 3369 (1885). — SPADY: Ber. Dtsch. chem. Ges. 18, 3379 (1885). — KÖNIGS, NEFF: Ber. Dtsch. chem. Ges. 19, 2427 (1886). — REHER: Ber. Dtsch. chem. Ges. 19, 2996, 3000 (1886). — SKRAUP, BRUNNER: Monatsh. Chem. 7, 149 (1886). — BEYER: Journ. prakt. Chem. (2), 33, 401 (1886). — PANAJOTOW: Ber. Dtsch. chem. Ges. 20, 38 (1887). — LELLMANN, ALT: Liebigs Ann. 237, 308 (1887). — HEYMANN, KÖNIGS: Ber. Dtsch. chem. Ges. 21, 2172 (1888). — ROHDE: Ber. Dtsch. chem. Ges. 22, 267

Das α-ständige Methyl ist das resistenteste, dann folgt β, endlich γ, hierauf die evtl. im Benzolkern vorhandenen Methyle, in der Reihenfolge: ortho, meta, para, endlich ana.

Die Widerstandsfähigkeit der Pyridinseitenketten im Chinolinmolekül hängt von ihrer Länge ab: je kürzer, desto resistenter, je länger, desto schwächer.

Eine Ausnahme besteht, wenn α-Aethyl mit β-Methyl bei Anwesenheit eines Methyls in Parastellung konkurriert, dann zeigt das α-Aethyl dem β-Methyl gegenüber hervorragende Resistenz.

Die Widerstandsfähigkeit der gesättigten Alkylseitenketten wächst durch die gleichzeitige Anwesenheit von Carboxyl im anderen Kern derart, daß dadurch die Oxydation zur Dicarbonsäure überhaupt unmöglich wird. Ist indes die Seitenkette ungesättigt, so gelingt es, sie zu oxydieren.

Gesetzmäßigkeiten bei der Oxydation von Chinolinderivaten mit Permanganat.[1]

Die Oxydation führt hier regelmäßig zur Sprengung des Benzol- oder Pyridinrings oder beider.

In *saurer Lösung* werden fast immer tiefgehende Zersetzungen oder das Auftreten von Anthranilsäurederivaten, selten von Pyridinderivaten beobachtet.

Das Paraaminophenylchinolin gab allerdings in saurer Lösung Benzolspaltung und Bildung von α-Oxychinolinsäure.

Oxydation in konzentrierter Schwefelsäure: GEORGIEVICS: Monatsh. Chem. **12**, 317 (1891).

Oxydationen in alkalischer Lösung.

Chinolin und im Benzolkern alkylierte Chinoline erleiden Benzolspaltung.

Bei den Py-Methylchinolinen hängt der Verlauf der Oxydation von der Stellung der Methylgruppen ab. Die Widerstandsfähigkeit des Pyridinkerns bleibt erhalten, wenn das Methyl sich in γ-Stellung befindet. Ist Methyl in α-Stellung vorhanden, so bleibt der Benzolring erhalten. Dasselbe gilt für α-Phenyl- und Aethylchinolin, die allerdings nur in saurer Lösung relativ glatt oxydiert werden. Oxychinaldin gibt ebenfalls Benzolderivat (Acetanthranilsäure). Auch Substitutionen im Benzolkern scheinen an diesen Verhältnissen nichts zu ändern.

β-Methylchinolin wird von alkalischem Permanganat vollständig verbrannt.

Ist neben Methyl in α-Stellung noch ein zweites Methyl vorhanden, so bleibt, wenn das zweite Methyl sich in β-Stellung befindet, der Benzolkern erhalten, wenn das Methyl sich aber in γ-Stellung befindet, entsteht ein Pyridinderivat.

Befindet sich im Pyridinkern Carboxyl, so wird der Benzolkern gesprengt.

α-Phenylchinolin-γ-carbonsäure liefert bei der Oxydation mit alkalischem Permanganat sowohl Benzolderivate, als auch — als Hauptprodukt — Pyridinderivat (α-Phenylpyridin-α',-β',-γ-tricarbonsäure).[7]

Alle Derivate der Naphthochinoline werden zu Pyridinderivaten abgebaut. Das gleiche gilt für die Phenanthroline.

Oxydation der *Pyrazole:* CLAISEN, ROOSEN: Liebigs Ann. **278**, 277 (1894). — MICHAELIS: Ber. Dtsch. chem. Ges. **33**, 2618 (1900); **34**, 1303 (1901). — *Triazole:* PECHMANN: Ber. Dtsch. chem. Ges. **21**, 2761 (1888). — *Chinazoline:* BISCHLER,

(1889). — KUGLER: Diss. 30, 1889. — ECKART: Ber. Dtsch. chem. Ges. **22**, 277 (1889). — SEITZ: Ber. Dtsch. chem. Ges. **23**, 2257 (1890). — RIST: Ber. Dtsch. chem. Ges. **23**, 2262 (1890). — DANIEL: Ber. Dtsch. chem. Ges. **23**, 2264 (1890). — OHLER: Ber. Dtsch. chem. Ges. **23**, 2268 (1890). — JUNGMANN: Ber. Dtsch. chem. Ges. **23**, 2270 (1890). — MILLER, KRÄMER: Ber. Dtsch. chem. Ges. **24**, 1915 (1891).

[1] MILLER: Ber. Dtsch. chem. Ges. **24**, 1900 (1891). — Hier auch alle einschlägigen älteren Literaturangaben. — RHODIUS: Diss. Freiburg i. Br. 1901. — MONATH: Diss. Freiburg i. Br. 37, 1912.   [2] BOEHM, BOURNOT: Ber. Dtsch. chem. Ges. **48**, 1570 (1915).

BARAD: Ber. Dtsch. chem. Ges. **25**, 3092 (1892). — *Thiophenhomologe:* DAMSKY: Ber. Dtsch. chem. Ges. **19**, 3284 (1886). — *Furazane:* WOLFF: Ber. Dtsch. chem. Ges. **28**, 69 (1895).

1. Bestimmung von C-Methylgruppen in aliphatischen Verbindungen.

Durch Permanganat oder Chromsäure wird aus vielen Verbindungen die Methylgruppe in Form von Essigsäure abgespalten.

Der *Permanganatabbau*[1,2] erfaßt nur solche Methylgruppen glatt, die in die

$$=CH—\overset{\displaystyle CH_3}{\overset{\displaystyle |}{C}}=$$

Atomgruppe $=CH—C=$ eingebaut sind. Wenn eine Methylgruppe unmittelbar neben COOH steht, bildet sich Brenztraubensäure, die fast keine Essigsäure liefert.

Oxydation von *Carotin* mit Permanganat. 3 g Carotin in 500 ccm reinstem, toluol- und thiophenfreiem Benzol wird mit 25 g $KMnO_4$, 40 g calc. Soda in 2 l Wasser 24 Stunden geschüttelt, 2 Stunden am Rückflußkühler gekocht.

α-*Ionon* wird in 40 ccm Benzol gelöst, mit 200 ccm $KMnO_4$-Lösung 2 Stunden unter Eiskühlung und 16 Stunden bei Zimmertemperatur geschüttelt, 1 Stunde auf dem Wasserbad erhitzt, Benzol abdestilliert, 2 Stunden Wasserbad, 20 ccm Phosphorsäure zugegeben, mit Wasserstoffsuperoxyd reduziert, die Essigsäure abdestilliert und titriert.

Die Oxydation mit Chromsäure[1,3] reicht in manchen Fällen etwas weiter als der Abbau mit $KMnO_4$, insofern, als es gelingt, auch gesättigtere Systeme, etwa vom Typus

$$—CH_2—\overset{\displaystyle CH_3}{\overset{\displaystyle |}{C}}=$$

quantitativ zu erfassen (β-Ionon, Lycopin, Carotin).[4]

Die Substanz wird mit 12 g CrO_3, 2 g $K_2Cr_2O_7$, 30 ccm Wasser, 20 ccm 84proz. Phosphorsäure auf dem Wasserbad am Rückflußkühler erhitzt, die Essigsäure im CO_2-freien Luftstrom bis zum starken Schäumen abdestilliert, viermal je 30 ccm Wasser nachgefüllt. (Im ganzen zirka 150 ccm Destillat.) Blinde Probe!

Das Verfahren dient in erster Linie zur Untersuchung von *Polyenen mit der Gruppierung*

$$=C—C=CH—CH=$$
$$\overset{\displaystyle |}{CH_3}$$

Die Chromsäuremethode übertrifft das $KMnO_4$-Verfahren an Sicherheit und ist letzterem durch den rascheren Angriff zahlreicher in Wasser fast unlöslicher Verbindungen überlegen.

Apparatur.[5] Aus Jenaer Glas. *A* faßt 500 ccm, *C* 250 ccm. Schliffe an *A* mit P_2O_5 in Phosphorsäure, die anderen mit Vaseline gedichtet. Mit Stahlfedern

[1] KUHN, WINTERSTEIN, KARLOVITZ: Helv. chim. Acta **12**, 64 (1929).

[2] ZECHMEISTER, CHOLNOKY: Liebigs Ann. **478**, 99 (1930). — KÖGL, ERXLEBEN: Liebigs Ann. **484**, 79 (1930). — KARRER, WEHRLI: Helv. chim. Acta **13**, 1084 (1930). — KARRER, HELFENSTEIN, WEHRLI, PIEPER, MORF: Helv. chim. Acta **14**, 630 (1931).

[3] KARRER, HELFENSTEIN, WEHRLI, WETTSTEIN: Helv. chim. Acta **13**, 88, 1098 (1930). — KUHN, L'ORSA: Ber. Dtsch. chem. Ges. **64**, 1732 (1931); Ztschr. angew. Chem. **44**, 847 (1931). — KARRER, BENZ, MORF, RAUDNITZ, STOLL, PAKAHASHI: Helv. chim. Acta **15**, 1399 (1932).

[4] Höhere Fettsäuren werden nicht immer glatt zu Essigsäure abgebaut. Siehe dazu PREGL, ROTH: Mikroanalyse. S. 249. 1935.   [5] Siehe auch S. 446, 824.

gesichert. X zur Reinigung des Sauerstoffs, 80 cm hoch, am Boden Glassinterplatte S, zu $^2/_3$ mit 50proz. KOH gefüllt. Chlorcalciumröhren E, $abcd$ mit
hirsekorngroßem Calciumchlorid nach PREGL und kurzen Glasröhrchen gefüllt.
P Zweiweghahn, K Kaliapparat von GREINER und FRIEDRICHS mit einem Chlorcalciumrohr verschmolzen.

Reagenzien. 5n-Chromsäure oder Na-Dichromat durch feine Glassinterplatte
filtrieren, jodometrisch auf n-Thiosulfat eingestellt. Krystallisierte Phosphorsäure (MERCK). Hydrazinhydrat (MERCK). Gut ausgekochtes Wasser.

Ausführung der Bestimmungen. 0,1—0,3 g Substanz in A einwägen, Luft im
Apparat durch Sauerstoff verdrängen. Chromsäuregemisch (z. B. aus 40 ccm 5n-
Chromsäure, 10—25 ccm H_2SO_4 entsprechend dem 3—6fachen des zu erwartenden Verbrauchs) durch T bei nach außen geöffnetem P einfließen lassen. Was
an Chromsäure in T hängen bleibt, wird in einen 250-ccm-Meßkolben gespült.
Will man die Substanz durch Sulfurierung wasserlöslich machen, so läßt man die
Schwefelsäure zuerst gesondert einfließen; anderseits gibt man bei sehr leicht
oxydablen Substanzen erst nur Chromsäure und unter starker Kühlung darnach
die Schwefelsäure tropfenweise zu.

P wird gedreht, A unter Rückfluß langsam zum Sieden erhitzt. Von Zeit
zu Zeit Sauerstoffstrom einschalten (1—2 Blasen pro Sekunde durch das 5 mm
weite Rohr), um das CO_2 in den Kaliapparat zu treiben. Ist in diesem die Gewichtszunahme auf 1—2,5 mg pro Stunde gesunken, wird A in den Meßkolben
entleert, bis zur Marke aufgefüllt. In 10 ccm wird die noch vorhandene Chromsäure jodometrisch mit $^n/_{10}$-Thiosulfat titriert.

Destillation der Essigsäure. 150 ccm Lösung in A bringen, mit etwas weniger
als der berechneten Menge Hydrazinhydrat reduzieren, mit 50proz. KOH neutralisieren, 20 ccm Phosphorsäure 1,7 zugeben, bis 50 ccm im Sauerstoffstrom abdestillieren, nach Zusatz von je 25 ccm Wasser so oft nachdestillieren, bis in
zwei vereinigten Destillaten nach Auskochen der erste Tropfen $^n/_{10}$-NaOH
(0,03 ccm) Phenolphthalein rötet. Vor der Titration auf Schwefelsäure prüfen.

Da *Aethoxylgruppen* die theoretische Ausbeute an Essigsäure geben, kann
die Methode einerseits zur Bestimmung von Aethoxylen, anderseits zur Ermittlung der Summe von Aethoxyl und Acetyl benutzt werden.

Sollen ferner an einer Substanz Methoxyl und Aethoxyl unterschieden
werden, so bestimmt man zuerst nach S. 600 die Summe der Alkoxyle und dann
durch Chromsäureoxydation die Aethoxylgruppen.

Sehr flüchtige Substanzen werden in der (Mikro)bombe oxydiert.[1]

Zur *Mikrobestimmung*[1,2] *von C-Methyl* wird die Substanz mit 1 ccm H_2SO_4
1,84 und 4 ccm 5n-Chromsäure auf dem BABOtrichter $1^1/_2$ Stunden am Rückflußkühler gekocht. Nach dem Abkühlen reduziert man die überschüssige
Chromsäure fast[3] vollständig mit verdünntem Hydrazinhydrat (sehr kleine
Tropfen!), stumpft unter Kühlung mit 6 ccm 5n-NaOH ab, gibt 1 ccm Phosphorsäure 1,7 zu und destilliert.

Berechnung der Analysen. E Substanzmenge (g), CO_2 erhaltenes Kohlendioxyd (g), NaOH verbrauchte Menge $^n/_{10}$-Natronlauge (ccm). Der zu CO_2 verbrannte Kohlenstoff C_{CO_2} (%) ist

$$C_{CO_2} = \frac{0{,}27273 \cdot CO_2}{E},$$

der in Essigsäure übergegangene C_{Ac} (%)

$$C_{Ac} = \frac{0{,}0024 \cdot NaOH}{E}.$$

---

[1] PREGL, ROTH: Mikroanalyse, S. 246. 1935.
[2] Siehe S. 447.   [3] Bis zum ersten grünlichen Stich.

Ist nur CO_2 und CH_3COOH entstanden, so muß $C_{CO_2} + C_{Ac}$ mit dem Ergebnis der trockenen Elementaranalyse übereinstimmen. Ist Übereinstimmung nicht vorhanden, so deutet dies auf die Bildung noch anderer Oxydationsprodukte.

1 ccm $^n/_{100}$-NaOH = 0,15023 mg CH_3C oder 0,60031 mg CH_3COOH;
$$\log F (CH_3C) = 17676; \quad \log F (CH_3COOH) = 77838;$$
$$\log \% CH_3C = \log \text{ccm } ^n/_{100}\text{-NaOH} + \log F + (1 - \log \text{Einwaage}).$$

2. Bestimmung von Isopropylidengruppen.[1]

Isopropylidengruppen, die an *Sauerstoff* gebunden sind (Acetonverbindungen der Zucker, von Oxysäuren usw.), lassen sich durch verdünnte Säuren leicht quantitativ abspalten und durch jodometrische Titration des Acetons im Destillat bestimmen. SVANBERG, SJOBERG: Ber. Dtsch. chem. Ges. 56, 1452 (1923). — FREUDENBERG, NOË, KNOPF: Ber. Dtsch. chem. Ges. 60, 238 (1927). — GRÜN, LIMPÄCHER: Ber. Dtsch. chem. Ges. 59, 695 (1926). — FREUDENBERG, DÜRR, HOCHSTETTER: Ber. Dtsch. chem. Ges. 61, 1735 (1928). — ELSNER: Ber. Dtsch. chem. Ges. 61, 2364 (1928). — GRÜN: Ber. Dtsch. chem. Ges. 62, 473 (1929).

An C gebundene Isopropylidengruppen pflegt man durch Ozon in Aceton überzuführen. Vor der Titration müssen Aldehyde, die ebenfalls mit Hypojodit reagieren würden (durch Silberoxyd, Quecksilberoxyd, H_2O_2, $KMnO_4$), entfernt werden.

Der Fehlbetrag an Aceton wird vielfach durch Formaldehyd und Ameisensäure recht genau gedeckt. Aceton wird durch Ozon und $KMnO_4$ kaum angegriffen.

Isopropylgruppen, insbesondere solche, in deren Nachbarschaft Doppelbindungen oder OH stehen, sind auch bis zu einem gewissen Grad zur Acetonbildung befähigt.

Beispiel. Abbau von Squalen und Lycopin.

Die Substanz wird in konzentrierter Essigsäure (10 ccm Eisessig, 2—3 ccm Wasser) so lange ozonisiert, bis sie gelöst ist und am Ableitungsrohr sehr starker Ozongeruch auftritt.[2] Man spült nun die Flüssigkeit in einen 250-ccm-Rundkolben und kocht unter Rückfluß $^1/_2$ Stunde. Dann destilliert man an der Kolonne die Hälfte der Flüssigkeit über, versetzt das Destillat mit Quecksilberoxyd und Perhydrat (4 g MgO + 10 ccm 30proz. H_2O_2) und kocht $^1/_2$ Stunde zur Oxydation der Aldehyde und Ameisensäure am Rückflußkühler. Dann wird wieder an der Kolonne destilliert und im Destillat das Aceton, welches nunmehr keine störenden Begleiter mehr enthält, jodometrisch bestimmt). MESSINGER: Ber. Dtsch. chem. Ges. 21, 3366 (1888). — GOODWIN: Journ. Amer. chem. Soc. 42, 40 (1920).

Das Aceton wird als p-Nitrophenylhydrazon identifiziert. Vor der Titration auf 200—300 ccm verdünnen. 50 ccm mit $^n/_5$-Jodlösung titrieren.

Mikroisopropylidenbestimmung.[3]

---

[1] HARRIES: Liebigs Ann. 343, 311 (1906); 374, 288 (1910); 410, 8 (1915). — GRIGNARD, DOEUVRE, ESCOURROU: Compt. rend. Acad. Sciences 177, 669 (1923); Bull. Soc. chim. France (4), 35, 932 (1924). — DOEUVRE: Bull. Soc. chim. France (4), 39, 1594 (1926). — GRIGNARD, DOEUVRE: Bull. Soc. chim. France (4), 45, 809 (1929). — ESCOURROU: Bull. Soc. chim. France (4), 43, 1088 (1928). — KARRER, HELFENSTEIN, PIEPER, WETTSTEIN: Helv. chim. Acta 14, 435 (1931). — VERLEY: Bull. Soc. chim. France (4), 43, 845 (1928). — RAUDNITZ, STEIN: Ber. Dtsch. chem. Ges. 67, 1958 (1934). — ZECHMEISTER, CHOLNOKY: Liebigs Ann. 516, 34 (1935). — KUHN, BROCKMANN: Liebigs Ann. 516, 95 (1935). — BROCKMANN: Liebigs Ann. 521, 27 (1935).

[2] Drei Vorlagen mit je 15 ccm Wasser, Eiskühlung.

[3] KUHN, ROTH: Ber. Dtsch. chem. Ges. 65, 1291 (1932). — PREGL, ROTH: Mikroanalyse, S. 249. 1935.

5—10 mg Substanz in Rundkolben von 100 ccm mit Normalschliff in 3 ccm reinem Eisessig. Zuleitungsrohr für Ozon reicht bis zum Boden, Ableitungsrohr ebenso an gleichartigem Kolben mit 3 ccm reinem Wasser. Eiskühlung. Ozonisierungsdauer 2—3 Stunden, 20 ccm pro Minute. O_3-Gehalt 3,2%. Zweiten Kolben mit 20 ccm Wasser in den Eisessig ausspülen, + 16 ccm reinste 2n-NaOH, + 5 ccm n-KMnO$_4$. An 80 cm langem Kühler 10 Minuten kochen. 20—25 ccm in mit 10 ccm Wasser 0° beschickte Vorlage abdestillieren. Mit 10 ccm 2n-NaOH, schütteln, + 10 ccm $^n/_{20}$-Jodlösung. Verschlossen 15 Minuten stehen (schütteln). Mit 6 ccm 37proz., reiner HCl (2 Minuten ausgekocht). Nach 2—3 Minuten mit $^n/_{20}$-Thiosulfat und Stärke titrieren.

Berechnung der Analysen.

1 Mol Aceton verbraucht 6 Atome Jod, daher 1 ccm $^n/_{20}$-Jodlösung = 0,484 mg Aceton = 0,3505 mg C$_3$H$_6$.

$$\log F \,(C_3H_6) = 54459;$$
$$\log \%C_3H_6 = \log \text{ ccm } ^n/_{20}\text{-Jod} + \log F + (1 - \log \text{ Einwaage}).$$

Endständige Methylengruppen liefern bei der Ozonisierung und nachfolgender Hydrolyse Formaldehyd, Ameisensäure und CO_2, die bestimmt werden können. Diese Methode hat aber den Fehler, daß das CO_2 von der Oxydation anderer Molekülteile oder der Ozonisierungsprodukte stammen kann. Auch das HgO kann mehr CO_2 bilden als von der Ameisensäure stammt.

Das Verfahren ist auch nicht anwendbar, wenn die Ozonolyse zu α- oder β-Ketonsäuren führt, oder wenn Allophanate, Semicarbazone usw. zu untersuchen sind.

Besser ist es, die Ozonide zu reduzieren, um möglichst quantitativ Formaldehyd zu bilden. Notwendig sind starke Verdünnung, tiefe Temperatur, Vermeidung von O_3-Überschuß.

Man verwendet dementsprechend 10^{-4} Mol Substanz in 5 ccm einer Mischung von 3 Vol. Essigester und 2 Vol. *reinem* Eisessig, zirka 5proz. Ozon bei —15°.

Als Reduktionsmittel dient Schwefeldioxyd, der Formaldehyd wird colorimetrisch bestimmt.

Die Analysen sind mit einigen Milligrammen ausführbar (Mikromethode).

Allophanate, Xenylcarbonate, Semicarbazone, Dinitrophenylhydrazone sind analysierbar.

Verbindungen mit der Isopropenylgruppe geben 90—95% Ausbeute, Allylderivate 75—90%, Vinylverbindungen 50%. Von zwei konjugierten CH$_2$-Gruppen (Isopren) wird nur eine erfaßt. Verbindungen CH$_2$:N— liefern keinen Formaldehyd.[1]

3. Abspaltung von Aldehydgruppen als Ameisensäure.

Wenn durch stark negativierende Gruppen die $C \cdot C$-Bindung geschwächt ist, kann bei tertiären Aldehyden durch Alkalien Spaltung unter Bildung von ameisensaurem Salz erfolgen.

Chloral: LIEBIG: Liebigs Ann. 1, 197 (1832). — Tribromacetaldehyd: LÖWIG: Liebig Ann. 3, 296, 306 (1832). — Dichlorbrom- und Dibromchloracetaldehyd: JACOBSEN, NEUMEISTER: Ber. Dtsch. chem. Ges. 15, 599 (1882). — Bromacetaldehyddisulfosäure: BACKER: Rec. Trav. chim. Pays-Bas 48, 573, 617 (1929). — Methylacetaldehyddisulfosäure: PRINS: Journ. prakt. Chem. (2), 89, 419 (1914); Trichloracrolein: Bull. Soc. chim. France (3), 27, 10 (1902). — Triphenylacetaldehyd, Diphenylcyclohexylacetaldehyd: DANILOFF, VENUS-DANILOVA: Ber. Dtsch. chem. Ges. 59, 377 (1926). — Propiolaldehyd: CLAISEN: Ber. Dtsch. chem.

---

[1] DOEUVRE: Bull. Soc. chim. France (5), 3, 612 (1936).

Ges. **31**, 1023 (1898); **36**, 3664 (1903). — Tetrolaldehyd: CLAISEN: Ber. Dtsch. chem. Ges. **44**, 1166 (1911); Amylpropiolaldehyd: Compt. rend. Acad. Sciences **133**, 107 (1901). — Phenylpropiolaldehyd: CLAISEN: Ber. Dtsch. chem. Ges. **31**, 1023 (1898).

Über Ameisensäureabspaltung aus sekundären Aldehyden S. 559 (Aldolbildung).

Von aromatischen Aldehyden spalten jene, die Halogen in 2.6 enthalten, die Aldehydgruppe ab.

Man erhitzt mit 50proz. KOH auf dem Wasserbad.[1]

Dritter Abschnitt.

Überführung von Alkoholen in Aldehyde (Ketone) und Säuren.

Zur Oxydation aliphatischer Alkohole zu den entsprechenden Säuren empfiehlt sich[2] die *Oxydation mit Permanganat.*

Mit *Chromsäuregemisch* erhält man oft unbefriedigende Resultate an Säure, dagegen ist dieses Reagens für die Darstellung der Aldehyde (Ketone) sehr geeignet.[3]

Ein von BECKMANN[4] ausgearbeitetes Verfahren, das vielfach mit außerordentlichem Erfolg angewendet wird, schreibt auf je 60 g (1 Mol) Kaliumpyrochromat 50 g (2,5 Mol) konzentrierte Schwefelsäure und 300 g Wasser vor (BECKMANNsche Mischung). Diese Mischung ist gleich gut geeignet, sekundäre Alkohole in Ketone zu verwandeln.

Gewisse Sesquiterpenalkohole (Maalialkohol) geben mit Chromtrioxyd charakteristische Verbindungen: Bericht von Schimmel & Co., 1908 II., Oktober.

Ungesättigte Alkohole werden an der Stelle ihrer Doppelbindung gespalten. Für diese sowie für die zugehörigen gesättigten Alkohole vom Typus des Dihydrophytols empfehlen WILLSTÄTTER, MAYER, HÜNI Oxydation mit Chromtrioxyd in Eisessig *bei Gegenwart von Kaliumbisulfat.*[5]

KILIANI verwendet[6] *Natrium*pyrochromat und größere Mengen Schwefelsäure (4 Mol).

---

[1] LOCK: Monatsh. Chem. **64**, 348 (1934); **67**, 320 (1936); Ber. Dtsch. chem. Ges. **66**, 1527, 1759 (1933); **68**, 1505 (1935); **69**, 2253 (1936).

[2] FOURNIER: Compt. rend. Acad. Sciences **144**, 331 (1907); Bull. Soc. chim. France (4), **5**, 920 (1909).

[3] STAEDELER: Journ. prakt. Chem. (1), **76**, 54 (1859). — PFEIFFER: Ber. Dtsch. chem. Ges. **5**, 699 (1872). — LIPP: Liebigs Ann. **205**, 2 (1880). — FOSSEK: Monatsh. Chem. **2**, 614 (1881). — LIEBEN, ZEISEL: Monatsh. Chem. **4**, 14 (1883). — BOUVEAULT: Bull. Soc. chim. France (3), **31**, 1310 (1904). — NEUSTÄDTER: Monatsh. Chem. **27**, 884 (1906). — SEMMLER, BARTELT: Ber. Dtsch. chem. Ges. **40**, 1363 (1907). — WERTHEIM: Journ. Amer. chem. Soc. **44**, 2658 (1922). — ZIEGLER, TIEMANN: Ber. Dtsch. chem. Ges. **55**, 3406 (1922). — FRICKE, HAVESTADT: Ztschr. angew. Chem. **36**, 546 (1923).

[4] BECKMANN: Liebigs Ann. **250**, 325 (1889). — ERLENBACH: Liebigs Ann. **269**, 47 (1892). — Siehe auch BAEYER: Ber. Dtsch. chem. Ges. **26**, 822 (1893). — E. MÜLLER: Diss. Leipzig 1908, 12. — BLUMANN, ZEITSCHEL: Ber. Dtsch. chem. Ges. **42**, 2698 (1909). — ELZE: Chem.-Ztg. **34**, 538 (1910). — HENRY, PAGET: Journ. chem. Soc. London **1928**, 70; **1931**, 25.

[5] WILLSTÄTTER, MAYER, HÜNI: Liebigs Ann. **378**, 74, 104, 114 (1910).

[6] KILIANI: Ber. Dtsch. chem. Ges. **34**, 3564 (1901); **43**, 3564 (1910). — COHEN: Rec. Trav. chim. Pays-Bas **28**, 375 (1909). — An anderer Stelle — Ber. Dtsch. chem. Ges. **46**, 676 (1913); Arch. Pharmaz. **254**, 285 (1916) — empfiehlt KILIANI ein Gemisch aus 400 g Wasser mit 80 g konzentrierter Schwefelsäure und 53 g Chromtrioxyd.

Leicht oxydable Aldehyde können natürlich auch nach diesem Verfahren nicht immer isoliert werden, fallen vielmehr der Weïteroxydation anheim.[1]

Dagegen gibt es auch wieder zahlreiche *Aldehyde*, bei denen die *Überführung in die zugehörige Säure* bemerkenswerte Schwierigkeiten macht.

So sind die aromatischen Nitroaldehyde, noch mehr die aromatischen Aldehydsäuren außerordentlich stabil.[2]

Aromatische Oxyaldehyde, mit beiden besetzten Orthostellungen zur Aldehydgruppe, lassen sich nicht durch Alkali zur Säure oxydieren, ebenso sind Zahl und Stellung von Bromatomen von Einfluß.[3]

p-Dimethylaminobenzaldehyd wird von Oxydationsmitteln (Permanganat, Kupfer- und Silberoxyd, Wasserstoffsuperoxyd) entweder gar nicht angegriffen oder völlig zerstört.[4]

Für die Oxydation der Aldehyde kann sich dann wieder die Oxydation mit Permanganat empfehlen.

Oxydation von primären Alkoholen nach HELL siehe S. 363. — Über die Oxydation der Aldehyde mit ammoniakalischer Silberlösung siehe S. 552.

Bildung von Aldehyden mit Ozon: HARRIES: Liebigs Ann. 343, 312, 325 (1905).

Vierter Abschnitt.

Oxydation der Ketone.

1. Chromsäure.

Durch Chromsäuregemisch werden die Ketone derart gespalten, daß zwischen dem Carbonyl und einem der beiden benachbarten Kohlenstoffatome Trennung erfolgt.

Man hat lange Zeit geglaubt,[5] daß diese Spaltung so erfolge, daß sich das Carbonyl an dem kürzeren der beiden Spaltungsstücke erhalte.

Es hat sich aber seither gezeigt,[6] daß die Reaktion im allgemeinen nach beiden möglichen Richtungen verläuft.

2. Kaliumpermanganat.

Dieses Reagens wirkt im allgemeinen ebenso wie das Chromsäuregemisch, zumal in saurer Lösung. In alkalischer Lösung pflegt die Reaktion nicht ganz so energisch zu sein, so daß als Reaktionsprodukt Ketonsäuren entstehen können.[7]

Reines Aceton ist[8] gegen *neutrales* Kaliumpermanganat nahezu unempfindlich.

3. Wasserstoffsuperoxyd und CAROsche Säure

bilden explosive Ketonsuperoxyde, die zum Teil in Lactone umgelagert werden: WOLFFENSTEIN: Ber. Dtsch. chem. Ges. 28, 2265 (1895). — D.R.P. 84953

---

[1] Z. B. KIRPAL: Ber. Dtsch. chem. Ges. 30, 1599 (1897).

[2] Siehe S. 296 und 337.

[3] AUWERS, SAURWEIN: Ber. Dtsch. chem. Ges. 55, 2374 (1922).

[4] MEISENHEIMER, BUDKEWICZ, KANANOW: Liebigs Ann. 423, 81 (1921).

[5] POPOW: Liebigs Ann. 161, 285 (1872). — HERCZ: Liebigs Ann. 186, 257 (1877).

[6] WAGNER: Ber. Dtsch. chem. Ges. 15, 1194 (1882); 17, R. 315 (1884); 18, 2267, R. 178 (1885); Journ. prakt. Chem. (2), 44, 257 (1891).

[7] CLAUS: Ber. Dtsch. chem. Ges. 19, 235 (1886). — GLÜCKSMANN: Monatsh. Chem. 10, 770 (1889); 11, 248 (1890); Journ. prakt. Chem. (2), 41, 396 (1890). — FEITH: Ber. Dtsch. chem. Ges. 24, 3543 (1891); Journ. prakt. Chem. (2), 46, 474 (1893). FOURNIER: Bull. Soc. chim. France (4), 3, 259 (1908).   [8] Siehe S. 293.

[9] WOODWARD, FUSON: Journ. Amer. chem. Soc. 55, 3472 (1933). — FUSON, TULLOCK: Journ. Amer. chem. Soc. 56, 1638 (1934).

(1896). — Baeyer, Villiger: Ber. Dtsch. chem. Ges. **32**, 3625 (1899); **33**, 124, 858 (1900). — Pastureau: Compt. rend. Acad. Sciences **140**, 1591 (1905); **144**, 90 (1907).

4. Salpetersäure.

Einwirkung in der Kälte: Behrend, Schmitz: Ber. Dtsch. chem. Ges. **26**, 626 (1893); Liebigs Ann. **277**, 313 (1893). — Apetz, Hell: Ber. Dtsch. chem. Ges. **27**, 933 (1894). — Behrend, Tryller: Liebigs Ann. **283**, 209 (1894). — Steffers: Liebigs Ann. **309**, 241 (1899). — Auf Zucker und Polyoxysäuren: Kiliani: Ber. Dtsch. chem. Ges. **55**, 2817 (1922).

In der Wärme: Chancel: Compt. rend. Acad. Sciences **86**, 1405 (1878); **94**, 399 (1882); **99**, 1053 (1884). — Fileti, Ponzio: Journ. prakt. Chem. (2), **50**, 370 (1894); **51**, 498 (1895); **55**, 186 (1897); **58**, 362 (1898).

5. Perjodsäure.

α-Ketonaldehyde, α-Ketole und α-Diketone reagieren unter Verbrauch von einem Atom Sauerstoff.

α-Ketone liefern dabei 1 Äquivalent, die anderen Substanzgruppen 2 Äquivalente Säure.

Benzil reagiert ausnahmsweise sehr langsam; nach zwei Wochen zu 80%. Clutterbuck, Renter: Journ. chem. Soc. London **1935**, 1467.

Fünfter Abschnitt.

Abbau der Methylketone R·COCH₃ zu Säuren R·COOH.

1. Oxydationen mit Hypojodit (Liebens Jodoformreaktion).

Substanzen, welche die Gruppe CH_2JCO — oder CHJ_2CO — bilden können, also in erster Linie solche, die CH_3CHOH — oder CH_3CO — enthalten, werden durch Jod in alkalischer Lösung[1] unter Jodoformabspaltung zersetzt.

Die Reaktion bleibt aus, wenn die Gruppen an H oder C geknüpft sind, die stark aktivierte H-Atome oder stark sterisch hindernde Gruppen enthalten (Aryl mit zwei Orthosubstituenten). In β-Diketonen wird die CH_2-Gruppe jodiert und es tritt Spaltung unter Jodoformbildung ein (Dibenzoylmethan, 1.3-Diketohydrinden).[2]

Acetessigester gibt die Reaktion nicht.[3]

Alkohole oder Amine, die zu reagierenden Gruppen oxydiert werden, zeigen die Reaktion, so Isopropylalkohol, Methylamylcarbinol, Octanol-2, Methylisopropylalkohol, 2.3-Butandiol, Methylbenzylcarbinol, α-Aminoisobuttersäure, α-Phenylaethylamin. Ester und Oxime können infolge von Hydrolyse Jodoformreaktion zeigen.[2]

Wie Gunning[4,5] gezeigt hat, liefert eine mit *Ammoniak* bereitete Jodlösung nur mit Ketonen, nicht aber mit Alkoholen oder Pinakonen Jodoform. Man kann dies Verhalten zur *Bestimmung von Ketonen neben Aethylalkohol* usw. verwenden.

Sterische Behinderung der Reaktion zeigen Acetylmesitylen, Diacetylmesi-

---

[1] Ammoniakalische Jodlösung (Jodstickstoff): Chattaway, Baxter: Journ. chem. Soc. London **103**, 1986 (1913). [2] Siehe Note 9 auf Seite 304. [3] Cuculescu: Bulet. Fac. St. Cernauti **2**, 137 (1928); Chem. Ztrbl. **1931** I, 604, 819. [4] Gunning: Journ. Pharmac. Chim. **1881**, 30. — Le Nobel: Arch. exp. Pathol. Pharmakol. **18**, 6 (1884). — Freer: Liebigs Ann. **278**, 129 (1894). Isopropylalkohol reagiert nicht mit ammoniakalischer Jodlösung, Rosenthaler: Pharm. Ztg. **76**, 775 (1931). [5] Rosenthaler: Pharmaz. Ztg. **76**, 775 (1931).

tylen, 3-Acetyl-2.4.6-trimethylbenzoesäure, Bis-2.4.6-trimethylbenzoylmethan, was nach dem oben Gesagten verständlich ist.[1,2]

Zum *Nachweis von Aethylalkohol* erwärmt LIEBEN[3] eine wässerige Lösung der Probe und trägt einige Körnchen Jod und einige Tropfen Kalilauge ein, und zwar nicht mehr Kalilauge, als zum Entfärben der Lösung notwendig ist.

Wenn die Menge des Alkohols nicht gar zu gering ist, erfolgt sogleich eine Trübung, und es bildet sich ein citronengelber Niederschlag von Jodoform. Auch in der Kälte erfolgt langsam die Reaktion. Erhitzt man die Jodoform in Lösung haltende alkalische Flüssigkeit mit Resorcin, so entsteht Rotfärbung,[4] die auf Säurezusatz verschwindet.

Von physiologisch wichtigen Substanzen, die Jodoformreaktion zeigen, seien außer Milchsäure (auch Fleischmilchsäure: NEUBERG) Brenztraubensäure, Aldol, β-Oxybuttersäure, Quercit und Inosit angeführt.

Besonders beachtenswert erscheint die Reaktion der cyclischen Substanzen Quercit und Inosit.[5] Sie wird auch von Äpfelsäure[6] und Citronensäure[7] geliefert.

Jodoformreaktion bei Gegenwart von Eiweißkörpern: BARDACH: Ztschr. physiol. Chem. 54, 355 (1908).

Für *wasserunlösliche Substanzen* wird folgende Vorschrift gegeben: 4 Tropfen Substanz, 5 ccm *Dioxan* werden mit 1 ccm 10proz. NaOH und Jod-Jodkalium bis zur bleibenden Jodfärbung geschüttelt, 2 Minuten auf 60° gebracht, wieder J·JK[8] bis zur Jodfärbung zugesetzt, mit NaOH entfärbt, 15 Minuten stehen gelassen (Pinakolin: JOHNSON, FUSON).

Empfindlichkeit der Jodoformreaktion: KORENMAN: Ztschr. analyt. Chem. 93, 335 (1933).

2. Quantitative Bestimmung.[9]

a) Gravimetrische Methode.

KLARFELD[10] gibt hierzu nach KRÄMER[11] folgende Vorschrift:

Die Substanz wird in einem Eudiometerrohr, das mit eingeschliffenem Stöpsel versehen ist, mit wenig reinem Methylalkohol, dann mit einem großen Überschuß an Jod und tropfenweise bis zur Entfärbung mit Kalilauge versetzt. Hierauf wird mit Wasser verdünnt und mit so viel Aether tüchtig durchgeschüttelt, daß die Aetherschicht nach dem Absitzen 10 ccm beträgt. 5 ccm der Aetherschicht werden in eine tarierte Schale pipettiert und nach dem Verdunsten des Aethers das Jodoform nach dreistündigem Stehen über Schwefelsäure gewogen.

[1] FUSON, FARLOW, STEHMAN: Journ. Amer. chem. Soc. 53, 4097 (1931). — GRAY, WALKER, FUSON: Journ. Amer. chem. Soc. 53, 3494 (1931).
[2] JOHNSON, FUSON: Journ. Amer. chem. Soc. 57, 919 (1935).
[3] LIEBEN: Suppl. 7, 218, 377 (1870).
[4] LUSTGARTEN: Monatsh. Chem. 3, 717 (1882). — KLAR: Pharmaz. Ztg. 41, 629 (1896).
[5] NEUBERG: Biochem. Ztschr. 43, 500 (1912). — Nach SCHMIDT geben auch Aethyl- und Benzylphenylketon die Jodoformprobe: Arch. Pharmaz. 252, 96 (1914).
[6] BROEKSMIT: Pharmac. Weekbl. 41, 401 (1904).
[7] BROEKSMIT: Pharmac. Weekbl. 52, 1637 (1915). — Cholin: SÁNCHEZ: Semand. med. 37, 1416 (1930).   [8] 200 g JK, 100 g Jod, 800 ccm Wasser.
[9] HAGER: Pharmaz. Zentralhalle 1870, 153. — LIEBEN: Suppl. 7, 218, 377 (1870). — HAITINGER, LIEBEN: Monatsh. Chem. 5, 346 (1884). — WALLACH: Liebigs Ann. 275, 145 (1893). — WINDAUS: Ber. Dtsch. chem. Ges. 41, 2563 (1908). — SIELISCH: Ber. Dtsch. chem. Ges. 45, 2555 (1912). — PIERONI: Gazz. chim. Ital. 42 I, 534 (1912). — BRUCHHAUSEN: Arch. Pharmaz. 263, 591 (1925). — Methylaethylketon: SVANBERG, SJÖBERG: Ber. Dtsch. chem. Ges. 56, 1452 (1923). — Methylpropylketon, Methylbutylketon, Acetophenon, Methoxyacetophenon: CUCULESCU: Bull. fac. St. Cernauti 2, 143 (1928).
[10] KLARFELD: Monatsh. Chem. 26, 87 (1905). — Siehe auch HINTZ: Ztschr. analyt. Chem. 27, 182 (1888). — VIGNON: Compt. rend. Acad. Sciences 110, 534 (1890).
[11] KRÄMER: Ber. Dtsch. chem. Ges. 13, 1000 (1880); Chemische Ind. 15, 79 (1896).

b) Volumetrische Methode von MESSINGER.[1]

Gibt man zu einer mit Kalilauge gemischten Acetonlösung Jod im Überschuß, so wird durch 6 Atome Jod und 1 Molekül Aceton ein Molekül Jodoform gebildet, und das überschüssig zugesetzte Jod geht in unterjodigsaures Kalium bzw. jodsaures Kalium und Jodkalium über. Säuert man nun an, so wird das Jod der letzteren Verbindung wieder frei und kann titrimetrisch bestimmt werden. Die Reihenfolge Aceton—KOH(NaOH)—Jod ist zur raschen und quantitativen Umsetzung wichtig. Das Aceton wird durch die Lauge enolisiert und JOH bewirkt Jodierung, Oxydation und Spaltung der Doppelbindung.[2]

Bestimmung der Acetongruppe in Glycerinderivaten und Acetonzuckern: GRÜN, LIMPÄCHER: Ber. Dtsch. chem. Ges. 59, 695 (1926); 62, 473 (1929). — ELSNER: Ber. Dtsch. chem. Ges. 61, 2364 (1928).

Mikroacetonbestimmung: LJUNGDAHL: Biochem. Ztschr. 96, 346 (1919). — LAX: Biochem. Ztschr. 125, 262 (1921).

3. Oxydationen mit Hypobromit.[3]

Methylketone und vor allem auch Methylketonsäuren kann man auch mit Bromlauge oxydieren.[4]

---

[1] MESSINGER: Ber. Dtsch. chem. Ges. 21, 3366 (1888). — ARACHEQUESNE: Compt. rend. Acad. Sciences 110, 642 (1890). — COLLISCHONN: Ztschr. analyt. Chem. 29, 562 (1890). — VIGNON: Compt. rend. Acad. Sciences 110, 534 (1890); Bull. Soc. chim. France (3), 5, 745 (1891). — GEELMUYDEN: Ztschr. analyt. Chem. 35, 503 (1896). — KLAR: Chemische Ind. 15, 73 (1896). — ZETSCHE: Pharmaz. Zentralhalle 44, 505 (1903). — KEPPELER: Ztschr. angew. Chem. 18, 464 (1905). — JERUSALEM: Biochem. Ztschr. 12, 369 (1908). — KRAUSS: Apoth.-Ztg. 25, 22 (1910). — SIELISCH: Ber. Dtsch. chem. Ges. 45, 2556 (1912). — MARRIOT: Journ. biol. Chemistry 16, 281 (1913). — RAKSHIT: Analyst 41, 246 (1916). — GOODWIN: Journ. Amer. chem. Soc. 42, 39 (1920). — BATES, MULLALY, HARTLEY: Journ. chem. Soc. London 123, 401 (1923). — VAN DER LEE: Chem. Weekbl. 23, 444 (1926). — Nachweis von Aceton neben Aethylalkohol. Siehe auch KOLTHOFF: Pharmac. Weekbl. 62, 652 (1925).

[2] Reines Aceton gibt 102,5 % Aceton. HAUGHTON: Ind. engin. chem., Analyt. Ed. 9, 167 (1937).

[3] SEMMLER: Ber. Dtsch. chem. Ges. 25, 3349 (1892). — TIEMANN, SEMMLER: Ber. Dtsch. chem. Ges. 29, 539 (1896); 30, 432, 434 (1897). — WALLACH: Liebigs Ann. 275, 178 (1893); 277, 120 (1893); 323, 346, 358 (1902); 339, 113 (1905). — BAEYER: Ber. Dtsch. chem. Ges. 29, 25 (1896). — WAGNER: Ber. Dtsch. chem. Ges. 29, 882 (1896). — TIEMANN: Ber. Dtsch. chem. Ges. 30, 254, 597 (1897); 31, 860 (1898). — TIEMANN, SCHMIDT: Ber. Dtsch. chem. Ges. 31, 883 (1898). — SEMMLER: Ber. Dtsch. chem. Ges. 33, 276 (1900). — THOMS: Ber. Dtsch. pharmaz. Ges. 11, 5 (1901). — KOHN: Monatsh. Chem. 24, 766 (1903). — DENIGES: Bull. Soc. chim. France (3), 29, 597 (1903). — AULD: Chemische Ind. 25, 100 (1906). — LIECHTENHAN: Diss. Basel 37, 1907. — SEMMLER, HOFFMANN: Ber. Dtsch. chem. Ges. 40, 3524 (1907). — RUPE: Ber. Dtsch. chem. Ges. 40, 4909 (1907). — SEMMLER: Ber. Dtsch. chem. Ges. 40, 4596 (1907); 41, 386, 870 (1908). — DORÉE, GARDNER: Journ. chem. Soc. London 93, 1331 (1908). — HAARMANN: Ber. Dtsch. chem. Ges. 42, 1062 (1909). — BLANC: Bull. Soc. chim. France (4), 5, 24 (1909). — RUPE, LUKSCH, STEINBACH: Ber. Dtsch. chem. Ges. 42, 2520 (1909). — SCHIMMEL & Co.: Bericht Schimmel, Oktober 1910, 85. — RUPE, STEINBACH: Ber. Dtsch. chem. Ges. 43, 3465 (1910). — SEMMLER, SPORNITZ: Ber. Dtsch. chem. Ges. 45, 1553 (1912). — MILLS: Journ. chem. Soc. London 101, 2191 (1912). — BAEYER, PICCARD: Liebigs Ann. 407, 359 (1915). — SEMMLER, LIAS: Ber. Dtsch. chem. Ges. 50, 1290 (1917). — NYBERGH: Ber. Dtsch. chem. Ges. 55, 1963 (1922). — HOUBEN, PFANKUCH: Liebigs Ann. 483, 295 (1930). — PALMÉN: Journ. prakt. Chem. (2), 141, 113 (1933).

[4] Die cyclisch gebundene Gruppe —CHOH—CH$_2$— bzw. —CO—CH$_2$— wird durch Hypobromit in —COOH, —COOH aufgespalten; so Campher in Camphersäure, Cholesterin in die Säure C$_{25}$H$_{42}$(COOH)$_2$. — DIELS, ABDERHALDEN: Ber. Dtsch. chem. Ges. 36, 3177 (1903); 37, 3094 (1904). — WINDAUS: Arch. Pharmaz. 246, 143 (1908).

Beim Arbeiten mit verdünnten Lösungen oder überschüssigem Hypobromit[1,2] erhält man aber dabei mehr oder weniger leicht auch *Tetrabromkohlenstoff*.[3]

Daher wird man seltener das abgeschiedene Bromoform in Betracht ziehen, als die nach der Gleichung:

$$R·CO·CH_3 + 3 BrOK = R·COOK + CBr_3H + 2 KOH$$

entstandene Säure.[4]

Das Verfahren ist namentlich von Tiemann, Semmler mit viel Erfolg in der Terpenreihe verwendet worden; manchmal führt *nur* diese Methode der Oxydation zum Ziel.[5] Die Bildung von Bromoform *und* eines um ein Kohlenstoffatom ärmeren Produkts wird als sicherer Beweis für das· Vorliegen einer die Gruppe COCH₃ enthaltenden Substanz angesehen, während die Bildung von Bromoform (oder Tetrabromkohlenstoff) *allein*[6] hierfür keinen Anhalt liefert, da auch viele anders konstituierte Körper, wie z. B. Iretol, diese Reaktion zeigen. α-Bromcarmin und α-Bromlaccain werden übrigens auch durch Hypobromit zu Bromoform und den um ein C-Atom ärmeren Säuren aufgespalten.[7]

Anderseits sind auch Fälle bekannt geworden,[8] wo der Nachweis der CH₃CO-Gruppe mit Natriumhypobromit gar nicht oder nur höchst unvollkommen gelingt.

Derartige Ketone pflegen sich indes mit Chromtrioxyd-Schwefelsäure in Eisessig zur entsprechenden Säure abbauen zu lassen.

Bei Substanzen, welche die Gruppierung

$$CH_3{-}COHCOHCH_3$$

enthalten, wird die C-Bindung zwischen CH₃ und den die Hydroxyle tragenden C-Atome gesprengt, die die Hydroxyle tragenden C-Atome werden zu COOH oxydiert.

Beide Methyle werden in Form von CBr₄ abgespalten (Reaktion verläuft in der Kälte). Um die Hypobromitlösung hinreichend beständig zu erhalten, muß man einen mäßigen Alkaliüberschuß verwenden. Ohne ausreichenden Überschuß an Hypobromit hört die Reaktion vollkommen auf. Man schüttelt andauernd. Reaktionsdauer 120 Stunden.

Wird die Hypobromitlösung so schnell zugesetzt, daß Selbsterwärmung eintritt, so entsteht hauptsächlich Bromoform. 150 g Br, 115 g NaOH auf 1300 g auffüllen.

4. Oxydationen mit Hypochlorit.

Hypochlorite scheinen besonders leicht mit ungesättigten Ketonen nach dem Schema:

$$3 KClO + RCH = CH·CO·CH_3 \rightarrow RCH = CHCOOH + HCCl_3$$

---

[1] Collie: Journ. chem. Soc. London **65**, 262 (1894).

[2] Palmén: Journ. prakt. Chem. (2), **141**, 113 (1934).

[3] Wallach: Liebigs Ann. **275**, 147, 178 (1893); **277**, 120 (1893).

[4] Verwandlung von Säuren RCOCOOH in RCOOH: Windaus: Ber. Dtsch. chem. Ges. **42**, 3771 (1909).

[5] Semmler, Risse: Ber. Dtsch. chem. Ges. **46**, 600 (1913). — Woodward, Fuson: Journ. Amer. chem. Soc. **55**, 3472 (1933) (Diketone).

[6] Tiemann, De Laire: Ber. Dtsch. chem. Ges. **26**, 2028 (1893).

[7] Dimroth, Goldschmidt: Liebigs Ann. **399**, 67 (1913). — Semmler: Ber. Dtsch. chem. Ges. **25**, 3343 (1892). — Wallach: Liebigs Ann. **275**, 178 (1893); **277**, 120 (1893).

[8] Harries, Hübner: Liebigs Ann. **296**, 301 (1897). — Willstätter, Mayer, Hüni: Liebigs Ann. **378**, 78, 123 (1910). — Willstätter, Mayer, Schuppli: Liebigs Ann. **418**, 144 (1919).

zu reagieren,[1,2] es steht aber nichts im Wege, dieses Reagens auch für gesättigte Verbindungen anzuwenden.[3]

EINHORN, GERNSHEIM[4] erhielten allerdings bei der auf diese Art durchgeführten Oxydation der Nitrophenyl-β-milchsäureketone um noch zwei Wasserstoffe ärmere, nitrierte Phenylglycidsäuren.

Daß anderseits die Reaktion mit ungesättigten Ketonen und Jod- oder Bromlauge normal verläuft, beweisen die Angaben eines Patents.[2]

Sechster Abschnitt.

Dehydrierung cyclischer Verbindungen.

1. Methode der erschöpfenden Bromierung von BAEYER.[5]

Abbau der monocyclischen Terpene.

Zink und Salzsäure geben mit Benzolhexabromid Benzol. Gelingt es daher, das Dihydrobromid eines monocyclischen Terpens durch erschöpfende Bromierung in ein Derivat des Benzolhexabromids zu verwandeln, so wird es auch durch das genannte Reduktionsmittel in ein Benzolderivat übergeführt.

Als Ausgangsmaterial hat sich in jedem Fall das Dihydrobromid des Terpens als das geeignetste erwiesen. Die Methode der erschöpfenden Bromierung hat keine ausgedehntere Verwendung gefunden und ist für kompliziertere Verbindungen im allgemeinen nicht gut anwendbar.[6]

Dehydrieren von Nitrotetralinen mit Brom: VESELY: Bull. Soc. chim. France (4), **37**, 1436, 1444 (1925).

Dehydrogenisation hydrierter Benzolcarbonsäuren.

Nachdem schon BAEYER[7] neben konzentrierter Schwefelsäure, Mangansuperoxyd und verdünnter Schwefelsäure sowie alkalischer Ferricyankaliumlösung die Addition von Brom und Abspaltung von Bromwasserstoffsäure als Oxydationsmittel für hydrierte Benzolcarbonsäuren erkannt hatte, haben EINHORN, WILLSTÄTTER[8] diese letztere Methode zu einer in den allermeisten Fällen, auch bei vollkommen hydrierten Säuren, wohl verwertbaren gestaltet.

Die zu oxydierende Säure wird mit der berechneten Menge Brom im Einschlußrohr 2 Stunden auf 200° erhitzt.

---

[1] DIEHL, EINHORN: Ber. Dtsch. chem. Ges. **18**, 2323, 2331 (1885). — EINHORN, GRABFIELD: Liebigs Ann. **243**, 363 (1888). — STOERMER, WEHLE: Ber. Dtsch. chem. Ges. **35**, 3551 (1902). — MAYERHOFER: Monatsh. Chem. **28**, 599 (1907). — Siehe indessen HARRIES: Ber. Dtsch. chem. Ges. **29**, 386 (1896). — Ferner WARUNIS, LEKOS: Ber. Dtsch. chem. Ges. **43**, 655 (1910).   [2] D. R. P. 21162 (1882).

[3] Acetophenone: VAN ARENDONK, CUPERY: Journ. Amer. chem. Soc. **53**, 3184 (1931). — Mit Chlorkalk: Aethylmethylketon, Furalaceton: HURD, THOMAS: Journ. Amer. chem. Soc. **55**, 1646 (1933).

[4] EINHORN, GERNSHEIM: Liebigs Ann. **284**, 132 (1895).

[5] BAEYER: Ber. Dtsch. chem. Ges. **31**, 1401 (1898). — GOETZ: Diss. Göttingen 1908, 27. — WALLACH: Liebigs Ann. **414**, 225 (1917). — BAEYER, VILLIGER: Ber. Dtsch. chem. Ges. **31**, 1401 (1898); **31**, 2067 (1898); **31**, 2076 (1898); **32**, 2429 (1899). — BAEYER, SEUFFERT: Ber. Dtsch. chem. Ges. **34**, 40 (1901). — SEUFFERT: Diss. München 1900, 29. — WILLSTÄTTER, VERAGUTH: Ber. Dtsch. chem. Ges. **40**, 957 (1907).   [6] RUZICKA, RUDOLPH: Helv. chim. Acta **10**, 916 (1927).

[7] BAEYER: Liebigs Ann. **269**, 176 (1892).

[8] EINHORN, WILLSTÄTTER: Liebigs Ann. **280**, 91 (1894). — KÖTZ, GÖTZ: Liebigs Ann. **358**, 185 (1908).

Heterocyclische Ringe.

SCHOTTEN,[1] HOFMANN[2] haben die Brommethode für Piperidin, HOFMANN, KÖNIGS für Tetrahydrochinolin, LADENBURG[3] für Tropidin und überhaupt bei zahlreichen Alkaloiden angewendet.

Daß aber hier die Reaktion nur mit Vorsicht zu verwerten ist, hat gerade der Fall des Tropidins gelehrt.[4]

Melilotsäureanhydrid soll sich nach HOCHSTETTER[5] durch Brom bei 170° glatt in Cumarin überführen lassen. Nach GRETE LASCH[6] sowie HANS MEYER, BEER, LASCH[7] geht aber bei dieser Temperatur das Brom in den Kern.

Läßt man hingegen die Reaktion bei um 100° höherer Temperatur (270—300°) vor sich gehen, so wird in guter Ausbeute Cumarin erhalten.

Brom und AlBr₃: KONOWALOW: Ber. Dtsch. chem. Ges. **20** R, 571 (1887). — MARKOWNIKOFF: Compt. rend. Acad. Sciences **115**, 440 (1892).

2. Chlor[7]

wirkt sehr bemerkenswerterweise in gleichem Sinn, ebenso

3. Sauerstoff,[8]

den HANS MEYER, BEER, LASCH während 5—8 Stunden durch siedendes Melilotsäureanhydrid streichen ließen.

Tetrahydroacridon wird durch einen trockenen Luftstrom bei 280° zu Acridon oxydiert.[9]

Über Oxydationen mit Sauerstoff bei Gegenwart von Osmium: WILLSTÄTTER, SONNENFELD: Ber. Dtsch. chem. Ges. **46**, 2952 (1913); **47**, 2814 (1914). — WIENHAUS: Ztschr. angew. Chem. **41**, 617 (1928). — *Sauerstoff und Phosphor:* Ber. Dtsch. chem. Ges. **47**, 2801 (1914). — *Sauerstoff und Piperidin* (Dihydropolyene): KUHN, DRUMM: Ber. Dtsch. chem. Ges. **65**, 1458 (1932).

4. Jod

führt, ebenso wie Brom und Salpetersäure, Tetrahydroberberin in Berberin,[10] und das isomere Canadin[10] ebenfalls in das um vier Wasserstoffe ärmere Alkaloid über. — Die Reaktion[11] erfolgt in alkoholischer Lösung schon bei gewöhnlicher Temperatur, rasch im Druckfläschchen bei 100°.

Man kann bei diesen Substanzen den Hydrierungsgrad direkt jodometrisch

---

[1] SCHOTTEN: Ber. Dtsch. chem. Ges. **15**, 427 (1882).
[2] HOFMANN: Ber. Dtsch. chem. Ges. **16**, 586 (1883).
[3] LADENBURG: Liebigs Ann. **217**, 144 (1883).
[4] WILLSTÄTTER: Ber. Dtsch. chem. Ges. **30**, 2696 (1897).
[5] HOCHSTETTER: Liebigs Ann. **226**, 355 (1884).
[6] GRETE LASCH: Monatsh. Chem. **34**, 1660 (1913).
[7] HANS MEYER, BEER, LASCH: Monatsh. Chem. **34**, 1665 (1913).
[8] HANS MEYER, BEER, LASCH: Monatsh. Chem. **34**, 1672 (1913).
[9] TIEDTKE: Diss. Göttingen 54, 1909; Ber. Dtsch. chem. Ges. **42**, 623 (1909).
[10] SCHMIDT: Arch. Pharmaz. **232**, 149 (1894); **237**, 563 (1899).
[11] Bulbocapnin, Corydin: KLEE: Arch. Pharmaz. **249**, 509, 678 (1911). — Norcoralydin: PICTET, CHOU: Ber. Dtsch. chem. Ges. **49**, 372 (1916). — GADAMER, KUNTZE: Arch. Pharmaz. **249**, 617 (1911); D. R. P. 267272 (1913). — Apomorphinaether: SPÄTH, HROMATKA: Ber. Dtsch. chem. Ges. **62**, 331 (1929). — Isorotenon: BUTENANDT, HILDEBRANDT: Liebigs Ann. **477**, 261 (1930). — LA FORGE, SMITH: Journ. Amer. chem. Soc. **52**, 1093 (1930).

bestimmen, wie SCHMIDT für Canadin[1] und FALTIS[2] für Hydroberberin gezeigt haben. Analog verhalten sich Corydalin[3] und α-Coralydin.[4]

Auch die Überführung von Pinen in Cymol[5] und von Campher in Carvacrol und aromatische Kohlenwasserstoffe[6] mittels Jod ist ausgeführt worden.

Ringsprengung beim Dehydrieren mit Jod: DIMROTH, HEENE: Ber. Dtsch. chem. Ges. 54, 2934 (1921). — EMMERT, PARR: Ber. Dtsch. chem. Ges. 54, 3168 (1921).

5. Ferricyankalium.

Dehydrieren von hydrierten aromatischen Säuren durch Ferricyankalium: BAEYER: Liebigs Ann. 245, 184 (1888). — HERB: Liebigs Ann. 258, 49 (1890). — BAEYER, VILLIGER: Ber. Dtsch. chem. Ges. 29, 1927 (1896). — Auch die hydrierten Chinoxaline und Chinazoline lassen sich gut durch alkalisches Ferricyankalium oxydieren: MERZ, RIS: Ber. Dtsch. chem. Ges. 20, 1194 (1887). — GABRIEL: Ber. Dtsch. chem. Ges. 36, 808 (1903). — GABRIEL, COLMAN: Ber. Dtsch. chem. Ges. 37, 3645 (1904). — Oxydation des Nicotins zu Nicotyrin: CAHOURS, ÉTARD: Bull. Soc. chim. France (2), 34, 452 (1880). — Rotenon: BUTENANDT, HILDEBRANDT: Liebigs Ann. 464, 270 (1928); 477, 261 (1930).

Quantitative Bestimmung des verbrauchten Sauerstoffs bei Oxydationen mit Ferricyankalium.[7]

Die Methode beruht auf der Eigenschaft der Nitroisochinolinmethyliumsalze, mit den geringsten Mengen Alkali tiefrote Lösung zu geben, die durch Ferricyankalium innerhalb weniger Sekunden entfärbt wird, wobei auf ein Molekül Ferricyankalium ein Molekül quartäres Isochinolinsalz verbraucht wird.

Man bereitet sich $n/_{20}$-Lösungen beider Reagenzien, die auf das leicht rein zu beschaffende, feste Ferricyankalium eingestellt werden. Die Titration wird so ausgeführt, daß die zu oxydierende Substanz in 5—10proz. Natronlauge gelöst, mit einem Überschuß des $n/_{20}$-Ferricyankaliums oxydiert und mit der Nitroisochinolinjodmethylatlösung zurücktitriert wird. Der Umschlag ist sehr scharf. Überschuß an Jodmethylatlösung, der sich durch dunkelrote Färbung kundgibt, wird mit Ferricyankalium bis zu hellrot oder farblos titriert. Wenn das Oxydationsprodukt die Beobachtung des Farbenumschlags stört, wird das Filtrat titriert.

6. Schwefel.[8]

In neuerer Zeit sind Dehydrierungen mit Schwefel für die Konstitutionsermittlung alicyclischer Naturverbindungen mehrfach herangezogen worden.

---

[1] Siehe S. 310, Anm. 10.

[2] FALTIS: Monatsh. Chem. 31, 568 (1910). — Siehe auch GADAMER: Arch. Pharmaz. 253, 275ff. (1915).

[3] ZIEGENBEIN: Arch. Pharmaz. 234, 505 (1896); 236, 212 (1898).

[4] PICTET, MALINOWSKI: Ber. Dtsch. chem. Ges. 46, 2694 (1913).

[5] KEKULÉ: Ber. Dtsch. chem. Ges. 6, 437 (1873).

[6] KEKULÉ, FLEISCHER: Ber. Dtsch. chem. Ges. 6, 935 (1873). — ARMSTRONG, MILLER: Ber. Dtsch. chem. Ges. 16, 2259 (1883). — Dehydrofichtelit: BAMBERGER, STRASSER: Ber. Dtsch. chem. Ges. 22, 3365 (1889).

[7] DECKER: Liebigs Ann. 362, 316 (1908).

[8] Zur Cumarindarstellung aus Dihydrocumarin (Melilotsäureanhydrid) sehr zu empfehlen. HANS MEYER, BEER, LASCH: Monatsh. Chem. 34, 1672 (1913). — Dehydrieren von Tetralin und Bistetralin: BRAUN, KIRSCHBAUM: Ber. Dtsch. chem. Ges. 54, 609 (1921). — RUZICKA, RUDOLPH: Helv. chim. Acta 10, 916 (1927). — Weitere Angaben über Dehydrierungen mit Schwefel: CURIE: Chem. News 30, 189 (1874). — KELBE: Ber. Dtsch. chem. Ges. 11, 2174 (1878); Liebigs Ann. 210, 1 (1881). — D. R. P. 43802 (1887). — BRUHN: Chem.-Ztg. 22, 300 (1898). — DZIEWONSKI: Ber. Dtsch. chem. Ges. 36, 964 (1903). — EASTERFIELD, BAGLEY: Journ.

Dabei hat es sich gezeigt, daß an quaternärem Ringkohlenstoff sitzende Alkylgruppen abgespalten werden. Als Lösungsmittel eignet sich Chinolin.[1]

Zusatz von Thiocarbanilid soll die Ausbeute erhöhen.[2] Nach RUZICKA[3] trifft dies nicht allgemein zu, doch verläuft die Reaktion rascher.

7. Selen[4]

ist in den meisten[5] Fällen dem Schwefel vorzuziehen.[6] Es wirkt milder und bei niedrigerer Temperatur. Man verwendet meist grauen Selenstaub, seltener rotes, amorphes Selen und arbeitet meist im geschlossenen[7] Rohr bei bis zu 400°, evtl. auch in *Lösungsmitteln*, wie Acetamid,[8] oder in siedendem *Toluol* (Nicotin).[9]

Tellur ist weniger wirksam als Selen.

Im allgemeinen gilt Selen als Hydrierungsgift, doch werden ungesättigte Fettsäuren und ebenso Zimtsäure in $1—1^1/_2$ Stunden bei 300—310°, Indene bei 350° glatt hydriert.[10]

---

chem. Soc. London **85**, 1238 (1904). — SCHULTZE: Diss. Straßburg 1905. — ENDEMANN: Amer. chem. Journ. **33**, 523 (1905). — TSCHIRCH: Die Harze, S. 704. 1906. — SCHULTZE: Liebigs Ann. **359**, 140 (1908). — LEVY: Ztschr. anorgan. allg. Chem. **81**, 149 (1913). — RUZICKA: Helv. chim. Acta 4, 505 (1921); **5**, 348, 582, 924 (1922); **6**, 682 (1923); **7**, 876 (1924); **9**, 845, 966 (1926); Ztschr. physiol. Chem. **184**, 70 (1929); Liebigs Ann. **476**, 85 (1929). — V. D. HAAR: Rec. Trav. chim. Pays-Bas **43**, 367 (1924). — DEUSSEN: Ztschr. angew. Chem. **36**, 348 (1923). — RUZICKA, HOSKING: Helv. chim. Acta **13**, 1403 (1930). — KOELSCH: Journ. Amer. chem. Soc. **55**, 3887 (1933). — DARZENS, LÉVY: Compt. rend. Acad. Sciences **194**, 2056 (1932); **200**, 469 (1935).

[1] WINTERSTEIN, VETTER, SCHÖN: Ber. Dtsch. chem. Ges. **68**, 1683 (1935).

[2] D. R. P. 414912 (1925).

[3] RUZICKA, WIND, KOOLHAAS: Helv. chim. Acta **14**, 1139 (1931).

[4] ÉTARD, MOISSAN: Bull. Soc. chim. France (2), **34**, 69 (1880). — PERKIN, PLANT: Journ. chem. Soc. London **123**, 694 (1923) (hydrierte Carbazole). — DIELS: Liebigs Ann. **459**, 1 (1927); Ber. Dtsch. chem. Ges. **60**, 2323 (1927). — DIELS, GÄDKE, HÄRDING: Liebigs Ann. **459**, 1 (1927) (Cholesterin). — DIETERLE, LEONHARDT: Arch. Pharmaz. **267**, 93, 109 (1929). — REHORST: Ber. Dtsch. chem. Ges. **62**, 524 (1929). — RUZICKA: Liebigs Ann. **468**, 137 (1929); **471**, 35 (1929); **476**, 86 (1929). — BEAUCOURT: Monatsh. Chem. **55**, 191 (1930). — CLEMO, HAWORTH: Journ. chem. Soc. London **1930**, 2590. — DAFERT, FETTINGER: Arch. Pharmaz. **268**, 298 (1930). — DIELS: Liebigs Ann. **478**, 129 (1930). — HAHN, SCHUCH: Ber. Dtsch. chem. Ges. **63**, 1647ʻ (1930). — MENDLIK: Diss. Amsterdam 1930. — RUZICKA, HOSKING: Helv. chim. Acta **13**, 1407 (1930). — COESTER: Diss. Frankfurt a. M. 1931. — HANSEN: Ber. Dtsch. chem. Ges. **64**, 700 (1931). — MENDLIK, WIBAUT: Ric. **50**, 102 (1931). — BRUNNER, HOFER, STEIN: Monatsh. Chem. **61**, 293 (1932). — DIETERLE, SALOMON: Arch. Pharmaz. **270**, 495 (1932). — BOGERT: Science **77**, 289 (1933). — COOK, HEWITT: Journ. chem. Soc. London **1933**, 395. — DIELS: Ber. Dtsch. chem. Ges. **66**, 487 (1933). — RAMAGE, ROBINSON: Journ. chem. Soc. London **1933**, 607. — RUZICKA: Helv. chim. Acta **16**, 268 (1933). — RUZICKA, GOLDBERG, THOMANN: Helv. chim. Acta **16**, 812 (1933); **17**, 426 (1934). — DIETERLE, ROCHELMEYER: Arch. Pharmaz. **273**, 532 (1935). — FIESER, HERSHBERG: Journ. Amer. chem. Soc. **57**, 1851 (1935). — HOSKING, BRANDT: Ber. Dtsch. chem. Ges. **68**, 37 (1935). — DIELS: Ber. Dtsch. chem. Ges. **69** A, 195 (1936). — OCHIAI, TSUDA, KITAGAWA: Ber. Dtsch. chem. Ges. **70**, 2093 (1937).

[5] 1-Cyclohexylnaphthalin wird durch Se oder Pt-Schwarz bei 300—320° nicht dehydriert, *nur* mit S wird Phenylnaphthalin (in geringer Menge) gebildet: COOK, LAWRENCE: Journ. chem. Soc. London **1936**, 1431.

[6] DIELS, KARSTENS: Ber. Dtsch. chem. Ges. **60**, 2323 (1927). — Die Ausbeute ist besser als bei katalytischer Dehydrierung: BEAUCOURT: Monatsh. Chem. **55**, 185 (1930).

[7] Im offenen Gefäß bei 345°: NOLLER: Journ. Amer. chem. Soc. **56**, 1582 (1934). — RUZICKA: Helv. chim. Acta **15**, 431, 1496 (1932); **17**, 442 (1934). — 60 Stunden bei 330—350°: OCHIAI, TSUDA, KITAGAWA: Ber. Dtsch. chem. Ges. **70**, 2093 (1937).

[8] DIELS, STEPHAN: Liebigs Ann. **527**, 279 (1937).

[9] MORTON, HORVITZ: Journ. Amer. chem. Soc. **57**, 1860 (1935).

[10] RUZICKA, PEYER: Helv. chim. Acta **18**, 676 (1935). — YOKOYAMA, KOTAKE: Bull. chem. Soc. Japan **10**, 138 (1935).

Dehydrierung hydroaromatischer Carbonsäurederivate mit Selen.

Verbindungen, welche mehrere quaternäre C-Atome als Ringglied enthalten, oder eine sekundäre Alkoholgruppe besitzen, werden leichter durch Se als durch Pd-Kohle dehydriert, während bei Verbindungen ohne quaternäres C-Atom Pd-Kohle vorzuziehen ist.

Carboxylgruppen können selbst bei 360—400° erhalten bleiben.

Bei der Dehydrierung hydroaromatischer Ketone zu Phenolderivaten ist die Ausbeute mit Se viel besser als mit S. RUZICKA: Helv. chim. Acta **19**, 419 (1936).

Cycloheptane zu *Benzol*kohlenwasserstoff 30 Stunden 440° mit Se. RUZICKA, SEIDEL: Helv. chim. Acta **19**, 424 (1936).

Dekahydronaphthaline in Naphthaline 2 Tage 390° (Pd-Kohle schon 340°). BARRETT, COOK, LINSTEAD: Journ. chem. Soc. London **1935**, 1067. — RUZICKA, SEIDEL: Helv. chim. Acta **19**, 428 (1936).

2.2-Dimethyl(aethyl)tetralin wird beim 24stündigen Erhitzen im Rohr auf 300—320° mit Selen sehr glatt zu 2-Methyl(Aethyl)naphthalin dehydriert. SENGUPTA: Science and Cult. **2**, 589 (1937).

Bei der Se-Dehydrierung in Gegenwart von H_2-Spendern können aus Carboxylgruppen CH_3-Gruppen werden. (Aus Naphthalsäureanhydrid α-Methylnaphthalin, aus Naphthalin-2.3-dicarbonsäureanhydrid 2.3-Dimethylnaphthalin.) THIELE, TRAUTMANN: Ber. Dtsch. chem. Ges. **68**, 2245 (1935).

8. Quecksilberacetat

ist, wie TAFEL[1] gefunden hat, für die Überführung von *Piperidinderivaten* und *Tetrahydrochinolin* in die entsprechenden Derivate des Pyridins und Chinolins sehr geeignet. Gleich gut[2] waren die Resultate beim Tetrahydrochinaldin und bei der Tetrahydroorthochinolinbenzcarbonsäure. Dagegen wurden mit Tetrahydro-α-naphthochinolin keine faßbaren Mengen von α-Naphthochinolin erhalten.

Ebenso gute Resultate wie mit Quecksilberacetat wurden mit

9. Silberacetat

erhalten.[3]

Beide Reagenzien wirken auch sehr leicht auf *hydrierte Indole* ein, aber die Reaktion verläuft nur zum geringen Teil in der gewünschten Richtung.

Hier ist

10. Silbersulfat

das richtige Mittel, um die Dehydrogenation durchzuführen.[4]

Die Ausbeuten nach diesem Verfahren pflegen 50% zu betragen.

11. Silberoxyd

dient zum Dehydrieren von Hydrochinonen (in siedendem Benzol oder Aether[5]). Es ist das einzige Mittel zur Darstellung von 2.5-Dibenzoylchinon.[6,7]

---

[1] TAFEL: Ber. Dtsch. chem. Ges. **25**, 1619 (1892). — Siehe auch REISSERT: Ber. Dtsch. chem. Ges. **27**, 2527 (1894).

[2] VOGEL: Diss. Würzburg 19, 1893. — GADAMER: Arch. Pharmaz. **253**, 274 (1915). — GADAMER, WINTERFELD: Arch. Pharmaz. **262**, 478 (1924) (Acetylchelidonin). — WINDAUS, LINSERT: Liebigs Ann. **465**, 157 (1928) (Ergosterin).

[3] TAFEL: Ber. Dtsch. chem. Ges. **25**, 1620 (1892). — ORECHOFF, MENSCHIKOFF: Ber. Dtsch. chem. Ges. **64**, 273 (1931).

[4] KANN, TAFEL: Ber. Dtsch. chem. Ges. **27**, 826 (1894).

[5] WILLSTÄTTER: Ber. Dtsch. chem. Ges. **37**, 4744 (1904).

[6] Über die Anwendung von *Silberoxyd*: KÖNIGS: Ber. Dtsch. chem. Ges. **12**, 2341 (1879). — BLAU: Ber. Dtsch. chem. Ges. **27**, 2537 (1894). — *Silbernitrat*: GOTO: Journ. chem. Soc. Japan **44**, 825 (1925) (Sinomenin). — KONDO, OCHIAI: Liebigs Ann. **470**, 251 (1929).

[7] PUMMERER, BICHTER: Ber. Dtsch. chem. Ges. **69**, 1021 (1936).

Für die Dehydrogenierung der unzersetzt flüchtigen *Tetrahydrocarbazole* ist nach Borsche[1] die Destillation der hydrierten Verbindungen über fein verteiltes und nicht allzu hoch erhitztes

12. Bleioxyd

besonders geeignet.

Ein auf der einen Seite zur Capillare ausgezogenes Verbrennungsrohr wird mit einer etwa 10 cm langen Schicht von erbsengroßen Bimssteinstücken, die mit einem Brei aus Bleioxyd und Wasser überzogen und sorgfältig getrocknet worden sind, dann mit der mit Bleioxyd gut gemischten Substanz beschickt. Der Rest des Rohrs wird mit Bleioxydbimsstein ausgefüllt. 10—15 cm vom offenen Ende an bleiben frei. Dieses Stück ragt bei der Destillation aus dem Ofen heraus und wird durch einen darübergestülpten, geräumigen Erlenmeyerkolben verschlossen.

Zunächst wird die substanzfreie Schicht mit kleinen Flammen erhitzt und dann die Substanz, indem man nach und nach die nach dem ausgezogenen Röhrenende zu liegenden Flammen entzündet, in einem langsamen Luft- oder Kohlendioxydstrom darüber wegdestilliert.

Die Hauptmenge des Destillats setzt sich meist schon im freien Teil des Rohrs ab. Evtl. wird es noch einmal in derselben Weise behandelt. Die rohen Reaktionsprodukte werden dann durch Überführung in die Pikrate gereinigt.

In einem anderen Fall[2] erhitzen Dziewonski, Suknarowski im Einschlußrohr auf 300—380°.

13. Bleisuperoxyd

und Eisessig haben sich in der Puringruppe bewährt.[3]

Hydrazokörper werden damit beim kurzen Kochen in Xylol dehydriert.[4]

14. Bleitetraacetat[5]

dient[6] zur Spaltung von α-Glykolen:

$$
\begin{array}{ccc}
\overset{|}{-}\text{C}-\text{OH} & & \overset{|}{-}\text{C}=\text{O} \\
\overset{|}{-}\text{C}-\text{OH} & \rightarrow & -\text{C}=\text{O} \\
& & \overset{|}{} \\
\end{array}
$$

Die Reaktion ist auch für α-Oxysäuren, Oxalsäure, α-Oxyamine, Oxysäureamide, α-Aminosäuren, α-Diamine und Peptide verwendbar.

[1] Borsche: Liebigs Ann. **359**, 57, 74 (1908); Ber. Dtsch. chem. Ges. **41**, 2203 (1908). — In gleicher Weise gelingt die Verwandlung von Acenaphthen in Acenaphthylen: Blumenthal: Ber. Dtsch. chem. Ges. **16**, 502 (1883). — Tetrahydrofluoranthen: Kruber: Ber. Dtsch. chem. Ges. **64**, 84 (1931).

[2] Dziewonski, Suknarowski: Ber. Dtsch. chem. Ges. **51**, 457 (1918).

[3] Desoxytheobromin: Tafel: Ber. Dtsch. chem. Ges. **32**, 3201 (1899). — Desoxykaffein: Tafel, Baillie: Ber. Dtsch. chem. Ges. **32**, 3206 (1899). — Desoxyheteroxanthin: Tafel, Weinschenk: Ber. Dtsch. chem. Ges. **33**, 3376 (1900).

[4] Ruggli, Hinooker: Helv. chim. Acta **17**, 408 (1934).

[5] Siehe auch Dimroth: Ber. Dtsch. chem. Ges. **53**, 481 (1920); **56**, 1375 (1923). — Zahn, Ochwat: Liebigs Ann. **462**, 86 (1928). — Crigee: Liebigs Ann. **481**, 263 (1930).

[6] Fischer, Dangschat: Ber. Dtsch. chem. Ges. **65**, 1009 (1932). — Wieland, Dane: Ztschr. physiol. Chem. **206**, 243 (1932). — Carrara: Chem. Ztrbl. **1932** II, 2084. — Karrer: Helv. chim. Acta **15**, 1399 (1932). — Heilbron, Morrison, Simpson: Journ. chem. Soc. London **1933**, 302. — Kennedy, Robinson: Journ. chem. Soc. London **1932**, 1429. — Blount: Journ. chem. Soc. London **1933**, 553, 555. — Kuhn, Deutsch: Ber. Dtsch. chem. Ges. **66**, 883 (1933). — Raudnitz, Peschel: Ber.

Man arbeitet in Benzol-, Nitrobenzol-, Di- und Tetrachloraethanlösung oder in Eisessig.

Das Entfernen der Bleisalze gelingt leicht durch Ausschütteln.[1]

Oxydativer Abbau von Kohlehydraten durch Bleitetraacetat.

Zucker, welche die Atomgruppierung CH_2OH—$CHOH$— enthalten, werden von Bleitetraacetat in Eisessig unter Bildung von Formaldehyd zerlegt.

Ist eines der Hydroxyle[2] durch Veresterung, Veraetherung oder Glucosidifizierung verschlossen, so wird die benachbarte C—C-Bindung durch Bleitetraacetat nicht aufgespalten. CRIEGEE: Liebigs Ann. 495, 211 (1932). — KARRER, PFAEHLER: Helv. chim. Acta 17, 363 (1934).

In letzterem Fall wirkt das Oxydationsmittel an einer anderen Stelle des Moleküls spaltend, wo zwei freie, unverschlossene OH-Gruppen benachbart stehen:

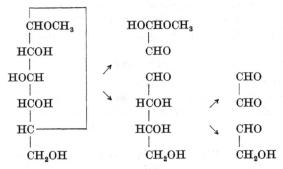

50 g α-Methylglucosid, 1100 ccm Eisessig + allmählich 233 g Bleitetraacetat $2^1/_2$ Stunden 40°, 6 Stunden 50°.

Glycerin verbraucht aus überschüssigem Bleitetraacetat in Eisessig bei 50° 3 Sauerstoffatome. REICHSTEIN: Helv. chim. Acta 19, 403 (1936). — α-*Aether des Glycerins:* PALFRAY, SABETAY: Bull. Soc. chim. France (5), 4, 950 (1937).

Wasserfreies

15. Kupfersulfat

hat BRÜHL zur Überführung von Menthol[3] und Menthen[4] in Cymol verwendet. MARKOWNIKOFF[5] konnte Heptanaphthensäure in Benzoesäure überführen. Im

---

Dtsch. chem. Ges. 66, 901 (1933). — BRIGL, GRÜNER: Ber. Dtsch. chem. Ges. 66, 931 (1933). — MICHEEL, KRAFT: Ztschr. physiol. Chem. 218, 280 (1933). — DAVIES, HEILBRON, JONES: Journ. chem. Soc. London 1933, 165. — KUHN, WINTERSTEIN: Naturwiss. 21, 527 (1933). — KARRER, PFAEHLER: Helv. chim. Acta 17, 364 (1934). — CRIEGEE: Ber. Dtsch. chem. Ges. 64, 260 (1931); Liebigs Ann. 495, 211 (1932); Ber. Dtsch. chem. Ges. 65, 1770 (1932); Liebigs Ann. 507, 159 (1933); Ges. Naturwiss. Marburg 69, 25 (1934). — FISCHER, APPEL: Helv. chim. Acta 17, 1574 (1934). — FISCHER, FELDMANN: Helv. chim. Acta 19, 533 (1936). — KARRER, BENZ, MORF, RAUDNITZ, STALL, TAKAHASHI: Helv. chim. Acta 15, 1410 (1932). — HAHN, KAPPES, LUDEWIG: Ber. Dtsch. chem. Ges. 67, 691 (1934); Liebigs Ann. 516, 95 (1935).—RAUDNITZ, SCHINDLER, PETRU: Ber. Dtsch. chem. Ges. 68, 1675 (1935) (Aleuritinsäure). — HEILBRON, SPRING, STEWART: Journ. chem. Soc. London 1935, 1221.

[1] KARRER, HIROHATA: Helv. chim. Acta 16, 959 (1933).

[2] Bei trans-Stellung der Hydroxyle verläuft die Reaktion manchmal sehr langsam: KARRER, ZUBRYS, MORF: Helv. chim. Acta 16, 978 (1933).

[3] BRÜHL: Ber. Dtsch. chem. Ges. 24, 3374 (1891).

[4] BRÜHL: Ber. Dtsch. chem. Ges. 25, 143 (1892).

[5] MARKOWNIKOFF: Ber. Dtsch. chem. Ges. 25, 3359 (1892).

allgemeinen sind die Ausbeuten schlecht,[1] und infolge der hohen Reaktionstemperatur ist das Resultat nicht immer beweisend.

Von Wichtigkeit ist dagegen die Beobachtung HERZIGS,[2] daß sich im Hämatoxylin bzw. Brasilin vier Wasserstoffatome durch

16. Chromsäure

wegoxydieren lassen, ohne daß sich sonst die Funktionen der Sauerstoffatome ändern, ausgenommen die des fünften, das phenolischen Charakter annimmt. Es muß also angenommen werden, daß im Hämatoxylin ein hydrierter Benzolring vorliegt, dessen addierte Wasserstoffatome wegoxydiert werden, wodurch das im Kern befindliche, ursprünglich alkoholische Hydroxyl zu einem phenolischen werden muß.

In ähnlicher Weise gelang es PETRENKO, KRITSCHENKO, PETROW,[3] Diphenylpiperidondicarbonsäureester mit Chromsäure in Eisessiglösung zu dem um vier Wasserstoffatome ärmeren Pyridonderivat zu oxydieren.

Chromsäure kann auch analog wie Bleitetraacetat reagieren. KARRER: Helv. chim. Acta 17, 1169 (1934). — KUHN, BROCKMANN: Liebigs Ann. 516, 110 (1935).

17. Perjodsäure

empfiehlt MALAPRADE[4] zum oxydativen Abbau von 1.2-Glykolen. Zur Oxydation ditertiärer Glykole und von Oxysäuren ist die Anwendung von Bleitetraacetat vorteilhafter; zur Oxydation von Polyoxysäuren, bei denen Spaltung nur zwischen alkoholischen Hydroxylgruppen erfolgen soll, ist Perjodsäure vorzuziehen.[5]

Glycerin verbraucht in Wasser oder verdünntem Alkohol bei Zimmertemperatur zwei Sauerstoffatome. 2 ccm Perjodsäure, 0,5 mg Glycerin, 0,5 ccm Methanol, 0,2 ccm $2n$-H_2SO_4 24 Stunden stehen. + 0,5 ccm 10proz. KJ, mit Thiosulfat zurücktitrieren.

Zur Entfernung der überschüssigen Jodsäure schüttelt man mit einer Aufschlämmung von überschüssigem Silberacetat, bis Kongopapier nur noch schwach violettblau gefärbt wird. Oder man setzt titrierte HJ zu (auf 1 Mol Jodsäure 5 Mol) und schüttelt mit Aether oder $CHCl_3$ aus. Wendet man statt der freien Perjodsäure Kaliumperjodat und H_2SO_4 an, so dauert die Reaktion wegen der Schwerlöslichkeit des Perjodats (gew. 3 g Salz im Liter) länger und man muß schütteln. 0,1molekulare Perjodsäure wird durch Auflösen von 2,3 g KJO_4 in 30 ccm n-Schwefelsäure und Verdünnen mit Wasser auf 100 ccm hergestellt.

Bestimmung des Formaldehyds. Der bei der Oxydation (von Mannit, Glycose usw.) entstandene Formaldehyd wird mit Wasserdampf im Vakuum in einer Destillationsanlage nach CRIEGEE: Liebigs Ann. 495, 211 (1932) in eine eisgekühlte Vorlage übergetrieben, das schwach alkalisch gemachte Destillat mit einem Überschuß von Dimedon (entsprechend der 20fachen Menge des zu er-

---

[1] Oder der Erfolg überhaupt negativ: MARKOWNIKOFF: Journ. prakt. Chem. (2), 49, 71, 75 (1894). [2] HERZIG: Monatsh. Chem. 16, 906 (1895).

[3] PETRENKO, KRITSCHENKO, PETROW: Ber. Dtsch. chem. Ges. 41, 1692 (1908).

[4] MALAPRADE: Compt. rend. Acad. Sciences 186, 382 (1928); Bull. Soc. chim. France (4), 43, 683 (1928). — FLEURY, LANGE: Journ. Pharmac. Chim. (8), 17, 196 (1933). — FLEURY, PARIS: Journ. Pharmac. Chim. (8), 18, 470 (1933). — KARRER, HIROHATA: Helv. chim. Acta 16, 959 (1933). — KARRER, PFAEHLER: Helv. chim. Acta 17, 766 (1934). — FISCHER, DANGSCHAT: Helv. chim. Acta 17, 1196 (1934) (Chinasäure); 17, 1203 (1934) (Dihydroshikimisäuremethylester); 18, 1209 (1935). — REICHSTEIN: Helv. chim. Acta 19, 402 (1936).

[5] CRIEGEE: Ges. Naturwiss. Marburg 69, 25 (1934).

wartenden Formaldehyds), in wenig siedendem Alkohol gelöst, versetzt (gewöhnlich 100—200 mg Dimedon, 1—2 ccm Alkohol).

1 Stunde stehen oder 10 Minuten Wasserbad und abkühlen, mit Essigsäure fällen, nach 2 Stunden auf tarierten Goochtiegel filtrieren, mit kaltem Wasser waschen, bei 110—115° zur Gewichtskonstanz ($^1/_2$—1 Stunde).

Gewicht des Niederschlags $\times$ 0,10274 = Gewicht des Formaldehyds.

α-*Aether des Glycerins* werden nach der Gleichung:

$$ROCH_2CHOHCH_2OH + HJO_4 = ROCH_2CHO + HCHO + H_2O + HJO_3$$

gespalten.

10 g Glycerin-α-benzylaether, 15 g K-Metaperjodat, 6,6 g H_2SO_4 in 200 ccm Wasser, das als Emulgierungsmittel 2 g Gardinol $CH_3(CH_2)_{11}OSO_3Na$ enthält, $^1/_2$ Stunde schütteln. Es entsteht (Benzyloxy)acetaldehyd.[1]

Das wesentliche Merkmal der oxydierenden Wirkung der Überjodsäure ist die Sprengung der C—C-Bindung. Diese tritt nicht nur bei Nachbarschaft von zwei OH-Gruppen, sondern auch von COOH und OH oder Carbonyl, aber auch selbst wenn nur eine Aldehydgruppe vorliegt, ein.

Man kann daher HJO_4 zur quantitativen Bestimmung von Glyoxylsäure, Brenztraubensäure und Milchsäure verwenden.

Für Milchsäure gelten die Gleichungen:

$$CH_3CHOHCOOH + O = CH_3CHO + CO_2 + H_2O,$$
$$CH_3CH(OH)_2 + O = CH_4O + CH_2O_2,$$
$$CH_4O + O = CH_2O + H_2O;\ CH_2O + O = CH_2O_2,$$
$$2\ CH_2CO_2 + 2\ O = 2\ CO_2 + 2\ H_2O.[2]$$

Neuerdings[3] hat Malaprade ein modifiziertes Verfahren zur Bestimmung von Glycerin (und Erythrit) angegeben.

$$C_3H_8O_3 + 2\ NaJO_4 = 2\ HCO + HCOOH + 2\ NaJO_3 + H_2O.$$

Die Probe wird mit einer starken Säure (nicht HCl!) resp. Lauge und Methylrot neutralisiert, mit überschüssiger $NaJO_4$ 20 Minuten stehen gelassen, konzentriertes KNO_3 zugesetzt (Niederschlag von KJO_4) und mit starker Lauge bis zur *bleibenden* Hellgelbfärbung titriert. Oder man arbeitet mit KJO_4 ohne KNO_3. Erythrit liefert 2 Mol HCOOH.

18. Übermangansäure.

Δ 2.5-Dihydroterephthalsäureester läßt sich leicht durch Permanganat dehydrieren.[4]

Die Oxydation von Dihydroisochinolinbasen der Formel:

$$\begin{array}{c}CH_2\\CH_2\\N\\CR\end{array}$$

bereitete Pictet, Kay[5] unerwartete Schwierigkeiten. Das einzige Oxydationsmittel, das zum Ziel führte, war Kaliumpermanganat in berechneter Menge und in saurer Lösung.

Dehydrierender Abbau durch

---

[1] Palfray, Sabetay: Bull. Soc. chim. France (5), **4**, 950 (1937).

[2] Fleury, Boisson: Compt. rend. Acad. Sciences **204**, 1264 (1937).

[3] Malaprade: Bull. Soc. chim. France (5), **4**, 906 (1937).

[4] Baeyer: Liebigs Ann. **251**, 292 (1889).

[5] Pictet, Kay: Ber. Dtsch. chem. Ges. **42**, 1975 (1909).

19. Braunstein und Schwefelsäure.

RUZICKA, SCHINZ, MEYER: Helv. chim. Acta 6, 1087 (1923).—RUZICKA, RUDOLF:
Helv. chim. Acta 10, 917 (1927). — RUZICKA, VAN VEEN: Liebigs Ann. 476, 88
(1929).

Für den guten Verlauf der Oxydationen ist die Qualität des Braunsteins
ausschlaggebend. Der Braunstein muß gefällt und von sattbrauner Farbe sein.
Auf 500 g konzentrierter Schwefelsäure und 600 g Wasser werden 350 g Braunstein verwendet. Die Resultate des dehydrierenden Abbaues können nur mit
Vorsicht zur Konstitutionsbestimmung benutzt werden.

20. Salpetrige Säure (Aethylnitrit).

Während in dem oben genannten Fall der Dihydropyridinring außerordentlich
große Beständigkeit zeigt, ist die leichte Oxydierbarkeit der Dihydrocollidin-
mono- und -dicarbonsäureester schon seit langer Zeit bekannt.[1,2]

Man übergießt den Ester mit der annähernd gleichen Gewichtsmenge Alkohol
und leitet in das durch Wasser gekühlte Gemisch salpetrige Säure (bzw. nitrose
Gase) ein, bis sich eine Probe in verdünnter Salzsäure klar auflöst.

21. Salpetersäure.[3]

Auch mit Salpetersäure läßt sich der Dihydrocollidindicarbonsäureester
oxydieren, die Reaktion verläuft aber sehr stürmisch und wenig einheitlich.

Dagegen empfiehlt sich dieses Reagens nach AMOS[4] für die Gewinnung des
analog konstituierten Lutidindicarbonsäureesters.

Dihydrobetulin wird mit Salpetersäure in Eisessig dehydriert.[5] Analog Di-
hydrobetulonsäure mit rauchender Salpetersäure-Eisessig (1 : 1) bei —5°.[6]

22. Zinkstaub

kann auch dehydrierend wirken. So hat TIEDKE[7] bei der Zinkstaubdestillation
des Tetrahydroacridons Acridin erhalten. Aus Coniin entsteht Conyrin,[8] aus
Piperazin Pyrazin,[9] aus Dodekahydrotriphenylen Triphenylen.[10]

Über eine ähnliche, oxydierende Wirkung des Zinkstaubs (Verwandlung von
Bianthron. in Anthrachinon) siehe HANS MEYER, BONDY, ECKERT: Monatsh.
Chem. 33, 1452 (1912).

Verwandlung von Hydropicen in Picen[11] durch Zinkstaubdestillation: LIEBER-
MANN, SPIEGEL: Ber. Dtsch. chem. Ges. 22, 781 (1889). — BAMBERGER, CHATTA-
WAY: Liebigs Ann. 284, 64 (1894). — Norhydrotropidin: LADENBURG: Ber.
Dtsch. chem. Ges. 20, 1647 (1887). — Norgranatanin: CIAMICIAN, SILBER: Ber.
Dtsch. chem. Ges. 27, 2850 (1894). — Anabasin: ORECHOFF, MENSCHIKOFF: Ber.
Dtsch. chem. Ges. 64, 273 (1931).

---

[1] HANTZSCH: Liebigs Ann. 215, 21 (1882).
[2] ENGELMANN: Liebigs Ann. 231, 50 (1885) (Lutidindicarbonsäureester).
[3] Siehe auch S. 310 (Hydroberberin).   [4] AMOS: Diss. Heidelberg 7, 1902.
[5] VESTERBERG: Ber. Dtsch. chem. Ges. 65, 1305 (1932).
[6] RUZICKA, ISTER: Helv. chim. Acta 19, 513 (1936).
[7] TIEDKE: Diss. Göttingen 21, 37, 1909; Ber. Dtsch. chem. Ges. 42, 623 (1909).
— Hydroacridindione: VORLÄNDER: Liebigs Ann. 309, 348, 356 (1899).
[8] HOFMANN: Ber. Dtsch. chem. Ges. 17, 825 (1884); $\gamma.\gamma$-Dipyridyl aus Dibenzyl-
tetrahydrodipyridyl: Ber. Dtsch. chem. Ges. 52, 1351 (1919).
[9] STOEHR: Journ. prakt. Chem. (2), 47, 439 (1893).
[10] MANNICH: Ber. Dtsch. chem. Ges. 40, 159 (1907).
[11] Ebenso verhalten sich Phenanthrenperhydrür und Retendekahydrür. (LIEBER-
MANN, SPIEGEL: a. a. O.)

Verbindungen, die durch Hydrierung aus *beständigen* Ringen hervorgegangen sind, zeigen die Tendenz, unter Wasserstoffverlust wieder in letztere überzugehen. Fein verteilte Metalle, in erster Linie

23. Nickel,

lassen diese Reaktion mit Leichtigkeit eintreten.[1]

So entstehen aus den Cyclohexanen und Hexenen[2] bei 250—280° die Benzolhomologen,[3] aus den Cyclohexanolen über 350° die Phenole.[4] Cyclohexylamin gibt Anilin, Dicyclohexylamin Diphenylamin. Piperidin geht zwischen 180 bis 250° vollkommen in Pyridin über, selbst bei Gegenwart von Wasserstoff.[5] Tetrahydrochinolin gibt[6] in Gegenwart von Nickel bei 180° eine gewisse Menge Chinolin, in der Hauptsache jedoch Skatol:

ZELINSKY, PAWLOW[7] haben indessen gezeigt, daß die Dehydrierung mit Nickel im allgemeinen nicht gut ausführbar ist, weil es unter 200° fast unwirksam ist und bei höherer Temperatur Spaltung der Moleküle eintritt. Dagegen kann man mit *Nickel-Tonerdehydrat*[8] sowohl hydrieren wie dehydrieren.

SABATIER, SENDERENS haben gezeigt,[9] daß Alkohole beim Leiten über erhitztes

24. Kupfer

in Wasserstoff und Aldehyde bzw. Ketone zerlegt werden.

MANNICH[10] hat *Dodekahydrotriphenylen* mit diesem Reagens in Triphenylen überführen können.

Sehr zu empfehlen ist Erhitzen (bis auf 300° in starkem Vakuum).[11]

Perhydroxanthophyll läßt sich mit *Cu-Bronze* zum Diketon dehydrieren.[12]

Anwendung von *Cu-Chromoxyd-Bimsstein* zur Gewinnung von Aldehyden und Ketonen aus Alkoholen. CONNOR, FOLKERS, ADKINS: Journ. Amer. chem. Soc. 54, 1138 (1932). — DUNBAR, COOPER, COOPER: Journ Amer. chem. Soc. 58, 1053 (1936).

Man kann auch den Katalysator Kupfer-Chromoxyd in Pillen à 0,15 g pressen. Es wird bis auf 300° erhitzt. Um den Katalysator zu regenerieren, behandelt man ihn mit Wasserdampf bei 250° (1 Stunde), dann 1 Stunde mit Luft bei 250°.[13]

Darstellung eines Kupferkatalysators: TREIBS, SCHMIDT: Ber. Dtsch. chem. Ges. 60, 2338 (1927).

---

[1] SABATIER: Die Katalyse in der organischen Chemie, S. 140. 1914.

[2] PADOA, FABRIS: Atti R. Accad. Lincei (Roma), Rend. 17 I, 111, 125 (1908).

[3] Ebenso, aber schwächer, wirkt Kupfer: SABATIER, SENDERENS: Compt. rend. Acad. Sciences 133, 568 (1901). — SABATIER, MAILHE: Compt. rend. Acad. Sciences 137, 240 (1903).

[4] SKITA, RITTER: Ber. Dtsch. chem. Ges. 44, 968 (1911). — TREIBS, SCHMIDT: Ber. Dtsch. chem. Ges. 60, 2339 (1927). Hier auch S. 2338: Vorschrift für die Darstellung des Katalysators.

[5] CIAMICIAN: Atti R. Accad. Lincei (Roma), Rend. 16, 808 (1907).

[6] PADOA, SCAGLIARINI: Atti R. Accad. Lincei (Roma), Rend. 17 I, 728 (1908).

[7] ZELINSKY, PAWLOW: Ber. Dtsch. chem. Ges. 56, 1249 (1923).

[8] ZELINSKY: Ber. Dtsch. chem. Ges. 57, 667, 669 (1924).

[9] SABATIER, SENDERENS: Compt. rend. Acad. Sciences 136, 921, 983 (1903). — SABATIER, KUBOTA: Compt. rend. Acad. Sciences 172, 733 (1921). — SEXTON: Journ. chem. Soc. London 1928, 2825 (Cholestanon).

[10] MANNICH: Ber. Dtsch. chem. Ges. 40, 160 (1907). — Siehe ferner PHILIPPI: Monatsh. Chem. 35, 375 (1914). — CLAR, JOHN: Ber. Dtsch. chem. Ges. 62, 3024 (1929).

[11] SCHÖPF, HERRMANN: Ber. Dtsch. chem. Ges. 66, 299 (1933).

[12] KARRER, PFAEHLER: Helv. chim. Acta 17, 364 (1934).

[13] ADKINS, KOMMES, STRUSS, DASTER: Journ. Amer. chem. Soc. 55, 2992 (1933).

25. Palladium.

Hexamethylen und Methylhexamethylen werden durch Palladiumschwarz bei 170—300° in Wasserstoff und Benzol bzw. Toluol gespalten.[1]

Ebenso verhält sich Tetrahydrobenzol, das Benzol liefert.[2] Hexahydrobenzoesäure gibt Benzoesäure.[3]

Schon früher haben KNOEVENAGEL, FUCHS angegeben,[4] daß Dihydrolutidindicarbonsäureester in Gegenwart ganz geringer Mengen Palladiummohr bei 200 bis 265° nahezu quantitativ zwei Wasserstoffatome abgibt.

Darstellung von Palladiumschwarz: TAUS, PUTNOKY: Ber. Dtsch. chem. Ges. 52, 1572 (1919). — KINDLER, PESCHKE: Liebigs Ann. 497, 195 (1932).

Mit Hilfe dieses sehr wirksamen Katalysators haben TAUS, PUTNOKY verschiedene Cyclohexane quantitativ dehydriert.

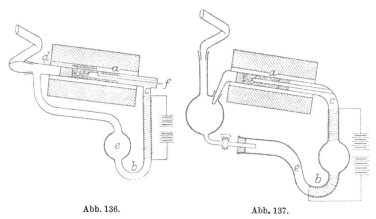

Abb. 136.   Abb. 137.

Apparat von TAUS, PUTNOKY.

Die benutzten *Apparate* (Abb. 136, 137) ermöglichen eine wiederholte Berührung der Kohlenwasserstoffdämpfe mit dem Katalysator. Dabei kann der Kohlenwasserstoff nicht in flüssiger Form mit dem Katalysator in Berührung kommen, wodurch Unwirksamwerden desselben vermieden wird.

Der Kohlenwasserstoff wird in den heizbaren Schenkel *b* eingefüllt. Die nach links verlaufende Verlängerung des Schenkels *e* ist nicht geheizt und führt zum Ende des im elektrischen Ofen liegenden Heizrohrs und zu den Kühlern. Die Verlängerung rechts *c* führt waagerecht herauf zum Heizrohr am Anfang des elektrischen Ofens. *c* trägt eine Nickelheizspirale, die das Aufsteigen der Dämpfe in den Ofen ermöglicht. In dem Ofen passieren die Dämpfe die Palladiumschwarzschicht *a*, deren Temperatur durch das Thermoelement *f* und das Glasthermometer *d* gemessen wird. Die aus dem Ofen austretenden Dämpfe gelangen zusammen mit dem abgespaltenen Wasserstoff in die Kühler, werden dort kondensiert und fließen dann durch *e* nach *b* zurück, wo sie von neuem verdampft und dem elektrischen Ofen im Kreisprozeß zugeführt werden.

---

[1] ZELINSKY: Ber. Dtsch. chem. Ges. 44, 3121 (1911).

[2] ZELINSKY: Journ. Russ. phys.-chem. Ges. 43, 1222 (1911).

[3] ZELINSKY, UKLONSKAJA: Ber. Dtsch. chem. Ges. 45, 3677 (1912). — ZELINSKY, TUROWA, POLLAK: Ber. Dtsch. chem. Ges. 58, 1298 (1925); 59, 156 (1926). — NAKAMIJA, KAWAKAMI: Inst. pharmac.-chem. Res. Japan 7, 138 (1927). — RUZICKA, VAN VEEN: Liebigs Ann. 468, 153 (1929); 476, 104 (1929).
Ber. Dtsch. chem. Ges. 66, 1415 (1933).

[4] KNOEVENAGEL, FUCHS: Ber. Dtsch. chem. Ges. 35, 1788 (1902).

Die Heizung von c wird durch eine direkt auf dem Glas aufliegende Nickelspirale bewerkstelligt, die von a wird durch einen elektrischen Ofen besorgt, der besonders leicht gebaut sein muß. Der Ofen besteht aus einem mit einer dünnen Asbestschicht umklebten Messingrohr, das Wicklungen von Nickeldraht trägt. Diese sind mit Asbestpapier umgeben, deren äußerste Lage mit Wasserglas verklebt ist. Bei Apparat I wird die Nickelspirale bei 110 Volt mit 1 bis 2 Ampere belastet. Als Vorschaltwiderstand werden Kohlenfadenglühlampen verwendet. Beim Arbeiten mit über 100° siedenden Flüssigkeiten ist es angebracht, die Drahtwicklungen und die außerhalb des Ofens liegenden Teile mit einer Lage Baumwolle zu umgeben. Bei Apparat II kann die Heizung von c auch mit einem Wasser- bzw. Ölbad bewirkt werden.

I ist ausschließlich zur Dehydrierung verwendbar, II zur Hydrierung und Dehydrierung. Während bei I der Verlauf der Dehydrierung ein kontinuierlicher ist, ist diese bei II auch diskontinuierlich durchführbar.

Bei Verwendung von reinem Cyclohexan wurde der erste Kühler mit Wasser von $+6°$, der zweite mit Kohlendioxydaethergemisch gefüllt. In allen übrigen Fällen wurde für den ersten Kühler eine Eiskochsalzmischung, für den zweiten eine feste Kohlendioxydaethermischung verwendet.

Einen anderen Apparat, der sich gut bewährt, beschreiben RUZICKA, STOLL.[1]

Anwendung von *Palladiumkohle:*[2] DIELS, GÄDKE: Ber. Dtsch. chem. Ges. **58**, 1231 (1925); Liebigs Ann. **459**, 11 (1927). — SCHMID, ZENTNER: Monatsh. Chem. **48**, 49 (1927). — BRUNNER: Monatsh. Chem. **50**, 288 (1928). — BEAUCOURT: Monatsh. Chem. **55**, 195 (1930). — RUZICKA: Helv. chim. Acta **16**, 812, 842 (1933). — *Palladiumasbest:* WIBAUT: Rec. Trav. chim. Pays-Bas **49**, 1127 (1930).[3]

Palladiumbariumsulfat: SCHMIDT: Ber. Dtsch. chem. Ges. **52**, 409 (1919). — BINCER, HESS: Ber. Dtsch. chem. Ges. **61**, 540 (1928).

Über gleichzeitige Reduktions- und Oxydationskatalyse siehe: KNOEVENAGEL, FUCHS: a. a. O. — ZELINSKY, GLINKA: Ber. Dtsch. chem. Ges. **44**, 2305 (1911). — WIELAND: Ber. Dtsch. chem. Ges. **45**, 484 (1912).

26. Platinmohr

hat ähnliche, aber weniger energische Wirkung.[4,5]

Platinkohle: ZELINSKY, GAWERDOWSKAJA: Ber. Dtsch. chem. Ges. **61**, 1049 (1928). — ZELINSKY, LEWINA: Liebigs Ann. **476**, 68 (1929). — *Platinasbest:* WIBAUT: Rec. Trav. chim. Pays-Bas **49**, 1127 (1930).

Durch Metallkatalysatoren können nur 6gliedrige Ringe, also namentlich nicht Cyclopentane,[6] dehydriert werden. An einem C bisubstituierte Cyclo-

---

[1] RUZICKA, STOLL: Helv. chim. Acta **7**, 89 (1924).

[2] Darstellung: ZELINSKY: Ber. Dtsch. chem. Ges. **58**, 1295 (1925). — MANNICH, THIELE: Ber. Dtsch. pharmaz. Ges. **26**, 36 (1916).

[3] Dihydropapaverin läßt sich anscheinend nur mit 40proz. Pd-Asbest bei 200° dehydrieren. SPÄTH, BUNGER: Ber. Dtsch. chem. Ges. **60**, 704 (1927).

[4] ZELINSKY: Journ. Russ. phys.-chem. Ges. **43**, 1920 (1911); Ber. Dtsch. chem. Ges. **45**, 3678 (1912); **57**, 48, 52 (1924).

[5] ZELINSKY: Ber. Dtsch. chem. Ges. **44**, 312 (1911); **45**, 3678 (1912); **56**, 1716 (1913). — BALANDIN: Ztschr. physikal. Chem., B. **2**, 289 (1929). — ZELINSKY, MARGOLIS: Ber. Dtsch. chem. Ges. **65**, 1613 (1932). — ZELINSKY, KAZOUSKY, PLATE: Ber. Dtsch. chem. Ges. **66**, 1415 (1933). — ZELINSKY, MICHLINA, EVENTOWA: Ber. Dtsch. chem. Ges. **66**, 1422 (1933). — HONIGMANN: Liebigs Ann. **511**, 292 (1934).

[6] Siehe auch TARASZOWA: Wiss. Ber. Univ. Moskau **3**, 173 (1934).

hexane sind nicht dehydrierbar. Cyclohexane, die an verschiedenen C-Atomen substituiert sind, deren Substituenten in trans-Stellung stehen, werden nur nach Übergang in cis dehydriert. Die trans-Formen der o- und p-Dimethylcyclohexane entstehen bei der Hydrierung mit Nickel. Mit *Osmium* bei 50—70° entstehen die cis-Formen (auch vorherrschend mit koll. Pt oder Platinmohr). m-Xylol gibt stets ein Gemisch beider Formen.

Die Dehydrierung verläuft stets ohne Zwischenstufen.

Die katalytische Dehydrierung der bi- und tricyclischen Terpenkohlenwasserstoffe, die Tri- und Tetramethylenringe enthalten, verläuft unter Ringsprengung.[1]

Durch Pt auf aktiver Kohle, Ni-Al$_2$O$_3$ oder Ni-ZnO[2] wird n-Octan im H$_2$-Strom bei 300—310° teilweise isomerisiert.[3] Beim Dehydrieren von Tetra-, Octa- und Decalinen mit Pt- und Pd bleiben Methylgruppen in 1- und 2- erhalten. Anguläre Methylgruppen werden (bei 300°) entweder abgespalten oder wandern an das α-C-Atom.[4]

Siebenter Abschnitt.

Oxydative Sprengung der Doppelbindung.

1. Oxydation mit Permanganat in alkalischer Lösung.

a) Überführen ungesättigter Substanzen in gesättigte Hydroxylverbindungen.

Die ungesättigten *Säuren* werden bei vorsichtiger Oxydation mit alkalischer Kaliumpermanganatlösung[5] ganz allgemein in Dioxysäuren übergeführt.[6] $\alpha.\beta$-ungesättigte Säuren geben dabei Derivate, die beim Kochen mit verdünnter Salzsäure nicht verändert werden, dagegen gehen die Dioxysäuren aus $\beta.\gamma$-ungesättigten Säuren beim Erwärmen mit Salzsäure glatt in neutrale Oxylactone über. Ebenso verhalten sich $\gamma.\delta$-ungesättigte Säuren wie die Cinnamenylpropionsäure.[7] Säuren mit zwei Doppelbindungen geben Tetraoxysäuren,[8] solche mit

---

[1] ZELINSKY, LEWINA: Liebigs Ann. **476**, 60 (1929).

[2] Zinkoxyd ist als Katalysator am wirksamsten, wenn es durch Kalzinieren von Smithonit gewonnen wird: NATTA: Österr. Chemiker-Ztg. **40**, 162 (1937).

[3] JURJEW, PAWLOW: Russ. Journ. allg. Chem. **7**, 97 (1937).

[4] LINSTEAD, MILLIDGE, THOMAS, WALPOLE: Journ. chem. Soc. London **1937**, 1146.

[5] Manchmal auch mit *Ammoniumpersulfat und Schwefelsäure*: ALBITZKY: Journ. prakt. Chem. (2), **67**, 357 (1903) oder durch *Hypobromit*: D. R. P. 107228 (1899).

[6] TANATAR: Ber. Dtsch. chem. Ges. **12**, 2293 (1879). — KEKULÉ, ANSCHÜTZ: Ber. Dtsch. chem. Ges. **13**, 2150 (1880); **14**, 713 (1881). — SAYTZEFF: Journ. prakt. Chem. (2), **31**, 541 (1885); **33**, 300 (1886); **34**, 315 (1886); **50**, 66 (1894). — REGEL: Ber. Dtsch. chem. Ges. **20**, 425 (1887). — FITTIG: Ber. Dtsch. chem. Ges. **21**, 919 (1888). — HAZURA: Monatsh. Chem. **9**, 469, 948 (1888). — GRÖGER: Ber. Dtsch. chem. Ges. **18**, 1268 (1885); **22**, 1269 (1889). — URWANZOW: Journ. prakt. Chem. (2), **39**, 336 (1889). — GRÜSSNER, HAZURA: Monatsh. Chem. **10**, 196 (1889). — FITTIG: Liebigs Ann. **268**, 4 (1892). — SEMMLER: Ber. Dtsch. chem. Ges. **26**, 2256 (1893). — FITTIG, DE VOS: Liebigs Ann. **283**, 291 (1894). — SHUKOWSKY: Journ. prakt. Chem. (2), **50**, 70 (1894). — FITTIG, SILBERSTEIN: Liebigs Ann. **283**, 269 (1894). — EINHORN, SHERMAN: Liebigs Ann. **287**, 35 (1895). — KOHN: Monatsh. Chem. **17**, 142 (1896). — BRAUN: Monatsh. Chem. **17**, 216 (1896). — KIETREIBER: Monatsh. Chem. **19**, 734 (1898). — EDMED: Journ. chem. Soc. London **73**, 627 (1898). — SSEMENOW: Journ. Russ. phys.-chem. Ges. **31**, 115 (1899). — HOLDE, MARCUSSON: Ber. Dtsch. chem. Ges. **36**, 2657 (1903). — MARCUSSON: Chem. Review **10**, 247 (1903). — NEF: Liebigs Ann. **335**, 191, 303 (1904). — WITZEMANN: Diss. Ohio 1912. — EVANS: Journ. Amer. chem. Soc. **34**, 1086 (1912); **35**, 54 (1913); **41**, 1267, 1383 (1919); **44**, 1730, 2271, 2276 (1922). — NAMETKIN: Journ. prakt. Chem. (2), **108**, 46 (1924). — KÖTZ, STECHE: Journ. prakt. Chem. (2), **107**, 197 (1924).

[7] FITTIG: Liebigs Ann. **268**, 5 (1892); Ber. Dtsch. chem. Ges. **27**, 2670 (1894). — FITTIG, PENSCHUK: Liebigs Ann. **283**, 109 (1894).

[8] BAUER, HAZURA: Monatsh. Chem. **7**, 224 (1886). — HAZURA, FRIEDREICH: Monatsh. Chem. **8**, 159 (1887). — REFORMATZKY: Journ. prakt. Chem. (2), **41**, 543 (1890). — DÖBNER: Ber. Dtsch. chem. Ges. **23**, 2873 (1890); **35**, 1141 (1902).

drei Doppelbindungen Hexaoxysäuren[1] oder aber die Kette wird gesprengt. So zerfällt Cinnamenylakrylsäure in Benzaldehyd und Traubensäure, Piperinsäure in Piperonal und Traubensäure.

Die ungesättigte Säure wird mit kohlensaurem Alkali neutralisiert und in die sehr stark verdünnte (auf 1 Teil Säure 60—100 Teile Wasser) und durch Eiskühlung beständig auf nahezu 0° erhaltene Lösung 2proz. Kaliumpermanganatlösung (1 Molekül auf 1 Molekül Säure) unter fortwährendem Umschütteln langsam eingeträufelt. Dann wird die Oxysäure durch Ansäuern in Freiheit gesetzt.

In gleicher Weise lassen sich auch ungesättigte *Alkohole*[2,3] oxydieren.

Ebenso reagieren auch die ungesättigten *Kohlenwasserstoffe*.[4] Namentlich für die cyclischen Verbindungen (Terpene) ist diese Reaktion von großer Wichtigkeit.[5]

Wir haben in der Wertigkeit des entstandenen Alkohols das sicherste Mittel, die Anzahl der doppelten Bindungen zu bestimmen.

Je nach der Natur der Hydroxylgruppen verhalten sich die Alkohole verschieden. Wenn z. B. ein Glykol vorliegt, kann bei der weiteren Oxydation unter Ringsprengung entweder eine Dicarbonsäure oder eine Ketonsäure entstehen; wir erhalten auf diese Weise Einblick in die Natur der Doppelbindung, also eine Konstitutionsaufklärung. Diese Reaktion hat beim Terpineol, Pinen, Limonen usw. gute Früchte getragen. Interessant gestaltet sich die Anlagerung ferner, wenn man aus diesen mehrwertigen Alkoholen Wasser abzuspalten versucht; man kann dann neben Kohlenwasserstoffen Oxyde erhalten. In diesen mehrwertigen Alkoholen können die Hydroxylgruppen durch Halogene ersetzt werden; dies geschieht um so leichter und vollständiger, je mehr tertiäre Alkoholgruppen vorhanden sind.

Auch aus ungesättigten *Aldehyden*[6] und noch leichter aus ungesättigten *Ketonen*[7] können derartige Polyhydroxylderivate erhalten werden.

Die ungesättigten Aldehyde werden freilich meist primär zu den ungesättigten Säuren oxydiert.[8]

Wenn man indes die Aldehydgruppe durch Acetalisierung schützt, wird das dihydroxylierte Produkt oftmals anstandslos erhalten, wenn man in Acetonlösung arbeitet (Citronellaldimethylacetal).[9]

Wenn man aber diesen Aldehyd in *wässeriger* Lösung mit Permanganat oxydiert,[10] erhält man Aceton und β-Methyladipinsäure, was für die Formel

$$\begin{array}{l} CH_3 \\ {}\!\!\!\!\Large\diagdown \normalsize C = CH \cdot CH_2 CH_2 CH_2 CHCH_2 CHO \\ CH_3 | \\ CH_3 \end{array}$$

[1] HAZURA: Monatsh. Chem. 8, 267 (1887); 9, 181 (1888).

[2] WAGNER: Ber. Dtsch. chem. Ges. 21, 3347 (1888); 27, 1644 (1894). — Primäre und sekundäre Alkohole können dabei als Nebenreaktion ungesättigte Aldehyde bzw. Ketone geben. [3] MARKO: Journ. prakt. Chem. (2), 65, 46 (1902).

[4] WAGNER: Journ. Russ. phys.-chem. Ges. 1, 72 (1887); Ber. Dtsch. chem. Ges. 21, 1230, 3343, R. 182 (1888). — LWOFF: Ber. Dtsch. chem. Ges. 23, 2308 (1890).

[5] WAGNER: Ber. Dtsch. chem. Ges. 23, 2313, 2315 (1890). — SEMMLER: Die aetherischen Öle, Bd. 1, S. 107. Leipzig: Veit & Co. 1905.

[6] Siehe auch LIEBEN, ZEISEL: Monatsh. Chem. 4, 69 (1883).

[7] PINNER: Ber. Dtsch. chem. Ges. 15, 591 (1882). — WAGNER: Ber. Dtsch. chem. Ges. 21, 3352 (1888). — HARRIES, PAPPOS: Ber. Dtsch. chem. Ges. 34, 2979 (1901). — HARRIES: Ber. Dtsch. chem. Ges. 35, 1176, 1181 (1902). — WEIL: Diss. Berlin 43, 1904.

[8] CLAUS: Suppl. 2, 123 (1862). — LIEBEN, ZEISEL: Monatsh. Chem. 4, 52 (1883). — SOLONINA: Journ. Russ. phys.-chem. Ges. 1, 302 (1887). — SEMMLER: Ber. Dtsch. chem. Ges. 24, 208 (1891). — CHARON: Ann. chim. phys. (7), 17, 212 (1899).

[9] HARRIES, SCHAUWECKER: Ber. Dtsch. chem. Ges. 34, 1498, 2981 (1901).

[10] TIEMANN, SCHMIDT: Ber. Dtsch. chem. Ges. 29, 903 (1896); 30, 22, 33 (1897).

sprechen würde; daraus ist zu ersehen, daß auch die sonst so zuverlässige Permanganatmethode nicht immer mit voller Sicherheit zu Konstitutionsbestimmungen verwendet werden darf,[1] wenn es nicht gelingt, der Zwischenprodukte habhaft zu werden,[2] und wenn man nicht Umlagerungen ausschließt.[3]

b) Spaltung der Hydroxylderivate.

Die weitere Oxydation der hydroxylierten Produkte führt zur Kettensprengung und zur Bildung jener Produkte, die dem Charakter der Hydroxylgruppen entsprechend die Endprodukte sein müssen, also Säuren oder Ketone.

Im allgemeinen wird man am sichersten fahren, wenn man mit Permanganat weiter oxydiert, evtl. nach der Methode von SACHS in Acetonlösung,[4] doch ist, nachdem die Doppelbindung verschwunden und damit die Hauptursache für Umlagerungen entfernt ist, auch oftmals Wechsel des Oxydationsmittels und etwa weiteres Arbeiten in saurer Lösung mit Chromsäure oder Salpetersäure am Platz.

2. Abbau mit Chromsäure.

Die *ungesättigten Alkohole der Phytolreihe* werden leicht und glatt an der Stelle der Doppelbindung von Chromsäure angegriffen. WILLSTÄTTER, MAYER, HÜNI[5] haben namentlich zwei Verfahren vorteilhaft gefunden: die Behandlung mit *Chromtrioxyd unter Zusatz von konzentrierter Schwefelsäure in Eisessig* oder mit *Chromtrioxyd in Eisessig bei Gegenwart von Kaliumbisulfat.* Letztere Methode gab die einfachsten Resultate und die reinsten Oxydationsprodukte. (Siehe hierzu S. 316.)

3. Methode von JEGOROW.

Addition von Stickstofftetroxyd an ungesättigte Verbindungen: Journ. prakt. Chem. (2), **86**, 521 (1912). — Journ. Russ. phys.-chem. Ges. **46**, 975 (1914). — CAMINNECI: Diss. Freiburg S. 20, 1914.

Nach CRIEGEE: Liebigs Ann. **522**, 75 (1936), können gewisse ungesättigte Verbindungen durch H_2O_2, OsO_4 in Aether so oxydiert werden, daß die Doppelbindung unter Dialdehydbildung geöffnet wird.

Zwischenprodukt

$$\begin{array}{c} -CH-O \\ -CH-O \end{array}\Big\rangle OsO_3.$$

Siehe dazu DUPONT, DULOU: Compt. rend. Acad. Sciences **203**, 92 (1936).

4. Oxydation mit Ozon.

Die Einwirkung von Ozon auf ungesättigte Verbindungen hat namentlich HARRIES[6] studiert.

---

[1] Siehe außerdem WALLACH: Liebigs Ann. **353**, 293 (1907). — PERKIN, WALLACH: Ber. Dtsch. chem. Ges. **42**, 145 (1909). — CIAMICIAN, SILBER: Ber. Dtsch. chem. Ges. **42**, 1512 (1909).   [2] HARRIES: Ber. Dtsch. chem. Ges. **35**, 1179 (1902).
[3] Siehe zur Erklärung dieses Falles auch HARRIES, HIMMELMANN: Ber. Dtsch. chem. Ges. **41**, 2187 (1908).   [4] HAWORTH: Journ. chem. Soc. London **1929**, 1459.
[5] WILLSTÄTTER, MAYER, HÜNI: Liebigs Ann. **378**, 74 (1910).
[6] HARRIES: Ber. Dtsch. chem. Ges. **36**, 1933, 2996, 3431, 3658 (1903); **37**, 612, 839, 845 (1904). — HARRIES, WEISS: Ber. Dtsch. chem. Ges. **37**, 3431 (1904). — DE OSA: Diss. Berlin 1904. — WEIL: Diss. Berlin 1904. — LANGHELD: Diss. Berlin 1904. — HARRIES, TÜRK: Ber. Dtsch. chem. Ges. **38**, 1630 (1905). — TÜRK: Diss. Kiel 1905. — REICHARD: Diss. Kiel 1905. — WEISS: Diss. Kiel 1905. — HARRIES: Liebigs Ann. **343**, 311 (1905); Ber. Dtsch. chem. Ges. **38**, 1196, 1632, 2990 (1905). — MOLINARI, LONCINI: Chem.-Ztg. **29**, 715 (1905). — THIEME: Diss. Kiel 1906. — DRUGMAN: Journ. chem. Soc. London **89**, 943 (1906). — HARRIES, THIEME: Ber.

Dabei findet zunächst Anlagerung von einem Molekül Ozon an jede Doppelbindung unter Aufhebung derselben statt, später bei Anwesenheit einer CO-Gruppe im Molekül, also bei Ketonen, auch bei ungesättigten Säuren, lagert sich noch ein Sauerstoffatom an dieses.[1] Die so erhaltenen Ozonide sind meist gelatinöse Substanzen von stechendem Geruch und mehr oder weniger explosiv.

Man muß unterscheiden:

1. Einwirkung von trockenem Ozon auf die Substanz ohne Lösungsmittel (oder in nicht dissoziierenden Lösungsmitteln).

2. Einwirkung von Ozon auf die Substanz bei Gegenwart von Wasser.

Das erste Verfahren liefert die acetalartigen Ozonide,

$$>C\underset{O}{\overset{O \cdot O}{<>}}C<$$

das zweite bewirkt Spaltung derselben an der Stelle der doppelten Bindung zu Aldehyden oder Ketonen.

Behandelt man die Substanz gleich bei Gegenwart von Wasser mit Ozon, so kann man auch die Gleichung aufstellen:

$$>C=C< + H_2O + O_3 = >CO + H_2O_2 + OC<.$$

Auch Verbindungen mit zwei Doppelbindungen, z. B. 2.6-Dimethylheptadien-2.5, liefern analoge Produkte, doch reagieren cyclische Kohlenwasserstoffe mit konjugierten Doppelbindungen manchmal nur mit einem Molekül Ozon, und ebenso kann man bei polycyclischen Verbindungen aus der Zahl der angelagerten Ozonmoleküle keinen Schluß auf die Zahl der vorhandenen Doppelbindungen ziehen.[2]

Dtsch. chem. Ges. **39**, 2844 (1906); D. R. P. 97620 (1898), 161306 (1905), 192565 (1906). — MOLINARI: Ber. Dtsch. chem. Ges. **39**, 2737 (1906). — WEYL: Ber. Dtsch. chem. Ges. **39**, 3347 (1906). — HARRIES: Ber. Dtsch. chem. Ges. **39**, 3667, 3728 (1906); **40**, 1651, 2823 (1907). — HARRIES, TÜRK: Ber. Dtsch. chem. Ges. **39**, 3732 (1906). — HARRIES, NERESHEIMER: Ber. Dtsch. chem. Ges. **39**, 2846 (1906); **41**, 38 (1908). — HARRIES, LANGHELD: Ztschr. physiol. Chem. **51**, 342, 373 (1907). — GUTMANN: Diss. Kiel 51, 1907. — SEMMLER: Ber. Dtsch. chem. Ges. **40**, 4595 (1907); **41**, 386 (1908). — HARRIES: Ber. Dtsch. chem. Ges. **41**, 672, 1227, 1700, 1701 (1908). — GOTTLOB: Chem.-Ztg. **32**, 67 (1908). — HAWORTH, PERKIN: Journ. chem. Soc. London **93**, 588 (1908). — LANGHELD: Ber. Dtsch. chem. Ges. **41**, 1023 (1908). — STAUDINGER: Ber. Dtsch. chem. Ges. **41**, 1498 (1908). — HARRIES, HIMMELMANN: Ber. Dtsch. chem. Ges. **41**, 2187 (1908). — DIELS: Ber. Dtsch. chem. Ges. **41**, 2596 (1908). — HARRIES, HÄFFNER: Ber. Dtsch. chem. Ges. **41**, 3098 (1908). — HARRIES, SPLAWA-NEYMANN: Ber. Dtsch. chem. Ges. **41**, 3552 (1908). — RASPE: Diss. Halle 10, 12, 1909. — STRAUS: Ber. Dtsch. chem. Ges. **42**, 2866 (1909). — HARRIES, KOETSCHAU: Ber. Dtsch. chem. Ges. **42**, 3305 (1909). — MAJIMA: Ber. Dtsch. chem. Ges. **42**, 3664 (1909). — DORÉE: Journ. chem. Soc. London **95**, 638 (1909). — WILLSTÄTTER, MAYER, HÜNI: Liebigs Ann. **378**, 75, 123 (1910). — HARRIES: Liebigs Ann. **374**, 288, 331 (1910); **390**, 235 (1912); **410**, 1 (1915). — HARRIES, ADAM: Ber. Dtsch. chem. Ges. **49**, 1030 (1916). — HERRMANN, WÄCHTER: Ber. Dtsch. chem. Ges. **49**, 1555 (1916). — NORDUYN: Rec. Trav. chim. Pays-Bas **38**, 317 (1919). — SCHEIBER, HOPFER: Ber. Dtsch. chem. Ges. **53**, 898 (1920). — MAJIMA: Ber. Dtsch. chem. Ges. **55**, 172 (1922). — SPEYER: Ber. Dtsch. chem. Ges. **62**, 209 (1929). — DOEVRE: Bull. Soc. chim. France (4), **45**, 147 (1929). — FISCHER, DÜLL, VOLZ: Liebigs Ann. **486**, 80 (1931). — PFAU, PLATTNER: Helv. chim. Acta **17**, 155 (1934).

[1] HARRIES: Ber. Dtsch. chem. Ges. **45**, 936 (1912); Liebigs Ann. **390**, 235 (1912). — WAGNER: Diss. Kiel 1913. — HAGEDORN: Diss. Kiel 1913. — Allgemeines über die Ozonisationsmethode: KOETSCHAU: Ztschr. angew. Chem. **37**, 110 (1929). — Über die Konstitution der Ozonide siehe STAUDINGER: Ber. Dtsch. chem. Ges. **58**, 1088 (1925). — RIECHE: Ztschr. angew. Chem. **43**, 628 (1930); Ber. Dtsch. chem. Ges. **63**, 2649 (1930). — Alkylperoxyde und Ozonide. Dresden: Steinkopff. 1931.

[2] RUZICKA: Helv. chim. Acta **5**, 331 (1922); **6**, 685 (1923); Liebigs Ann. **472**, 23 (1929). — FÜRTH, FELSENREICH: Biochem. Ztschr. **69**, 416 (1915).

Da die entstehenden Aldehyde oder die entsprechenden Säuren meist leicht nachweisbar sind, kann diese Methode auch oft zur Konstitutionsbestimmung ungesättigter Substanzen Anwendung finden.[1,2]

Zur *Darstellung der Ozonide* arbeitet man[3] stets mit Lösungen, meist von trockenem Chloroform oder Tetrachlorkohlenstoff, Essigester,[4] seltener mit Hexan,[5] Chlormethyl,[6] Eisessig,[7] Chloraethyl,[8] Hexahydrotoluol,[9] gesättigter Oxalsäurelösung,[5] Paraldehyd,[10] 15proz. oder konzentrierter Salzsäure[11] und unter starker Kühlung, wodurch die Explosionsgefahr herabgesetzt wird. Immerhin ist namentlich beim Abdampfen des Lösungsmittels im Vakuum (wobei die Wasserbadtemperatur nicht über 20° steigen darf) Vorsicht am Platz.

Das Ende der Reaktion sieht man gewöhnlich daran, daß beim Einleiten des Ozons keine weißen Nebel mehr auftreten. Pro Gramm Substanz rechnet man dazu gewöhnlich $^3/_4$—2 Stunden.

Zur *Reinigung* kann man die Ozonide in wenig Essigester oder Aceton aufnehmen und durch niedrigsiedenden Petrolaether fällen.

Zur *Zerlegung* werden die Ozonide in Eiswasser gegossen bzw. mit Eiswasser aus dem Kolben herausgespült, einige Zeit sich selbst überlassen und dann ganz allmählich auf dem Wasserbad am Rückflußkühler so lange erhitzt, bis sie verschwunden sind oder sich verändert haben. Resistentere Ozonide werden in Eisessiglösung auf dem Wasserbad erhitzt (Bornylenozonid), bis die Gasentwicklung aufgehört hat, dann die Reaktionsflüssigkeit im Vakuum eingedampft und der Rückstand fraktioniert.[12]

Manchmal empfiehlt es sich, die öligen Ozonide direkt mit Wasserdampf zu behandeln, doch ist hierbei Vorsicht anzuwenden. Ungesättigte Säuren kann man in Wasser lösen[13] und dann Ozon einleiten.

ι Die Ozonide hydroaromatischer Verbindungen sind, sofern sie durch Anlagerung von Ozon an eine im *sechs*gliedrigen Ring vorhandene Doppelbindung entstanden sind, durch Wasser nur sehr schwer zerlegbar.[14] Sie lassen sich aber reduzieren, und hierbei bilden sich entweder dieselben Aldehyde bzw. Ketone, die bei der Spaltung mit Wasser entstehen sollten, oder bei weitergehender Einwirkung der reduzierenden Agenzien die zugehörigen Alkohole.

Die Reduktion[15] wird mit *Aluminiumamalgam* in aetherischer Lösung ausgeführt.

[1] Konstitutionsbestimmungen von Enolen siehe S. 405.

[2] Z. B. MEISENHEIMER, SCHMIDT: Liebigs Ann. **475**, 180 (1929). — W. SCHMIDT: Diss. Tübingen 43, 1928.

[3] Verhalten der verschiedenen Lösungsmittel gegen Ozon: HARRIES: Liebigs Ann. **374**, 307 (1910). — SMITH: a. a. O.

[4] Z. B. FISCHER, LÖWENBERG: Ber. Dtsch. chem. Ges. **66**, 665 (1933) bei — 50 bis — 70°.   [5] SMITH: Diss. Kiel 13, 1914.

[6] Über die Reinigung des Chlormethyls siehe S. 20.

[7] HARRIES, HAARMANN: Ber. Dtsch. chem. Ges. **46**, 2595 (1913).

[8] Z. B. WILLSTÄTTER, SCHUPPLI, MAYER: Liebigs Ann. **418**, 140 (1919). — FISCHER: Liebigs Ann. **464**, 82 (1928).

[9] ERDMANN, BEDFORD, RASPE: Ber. Dtsch. chem. Ges. **42**, 1334 (1909).

[10] D. R. P. 216093 (1909). — FRASER: Chem.-Ztg. R. **33**, 650 (1909).

[11] LÉNART: Ber. Dtsch. chem. Ges. **47**, 808 (1914); Liebigs Ann. **410**, 96, 115 (1915).

[12] HARRIES, HAARMANN: Ber. Dtsch. chem. Ges. **46**, 2595 (1913). — HÜCKEL, DANNEEL, SCHWARTZ, GERCKE: Liebigs Ann. **474**, 135 (1929).

[13] Eventuell in Form ihrer Alkalisalze.

[14] Ebenso resistent ist das Ozonid der Cholsäure: LANGHELD: Ber. Dtsch. chem. Ges. **41**, 1024 (1908). — Cholesterin: DORÉE, GARDNER: Journ. chem. Soc. London **93**, 1329 (1908). — LANGHELD: Ber. Dtsch. chem. Ges. **41**, 378 (1908). — DIELS: Ber. Dtsch. chem. Ges. **41**, 2597 (1908).

[15] Siehe auch HELFERICH, DOMMER: Ber. Dtsch. chem. Ges. **53**, 2009 (1920); D. R. P. 321567 (1920), 332478 (1921).

Man reduziert so lange, bis eine abfiltrierte Probe keine

Ozonidreaktionen

mehr anzeigt: Betupfen mit konzentrierter Schwefelsäure, Verpuffung; Entfärben von Indigo- und Permanganatlösung; Wasserstoffsuperoxydreaktion mit Aether, Kaliumpyrochromat und Schwefelsäure; Freimachen von Jod aus Jodkalium.

Dann wird vom Aluminiumschlamm abgepreßt, dieser mehrfach mit Aether ausgekocht und die vereinten Lösungen in geeigneter Weise weiter behandelt.

Reinigung des Ozons: HARRIES: Ber. Dtsch. chem. Ges. 45, 936 (1912); Liebigs Ann. 390, 235 (1912).

Man leitet das Rohozon durch 5proz. Natronlauge und hierauf konzentrierte Schwefelsäure. Das so erhaltene „Reinozon" wird durch eine mit Aether-Kohlendioxyd gekühlte Schlange[1] geleitet, die den Wasserdampf sehr vollständig kondensiert.

Bestimmung des Ozongehalts.[2]

Das Gas wird in neutrale Jodkaliumlösung geleitet, wo es nach der Gleichung:

$$2\,KJ + O_3 + H_2O = 2\,KOH + J_2 + O_2$$

Jod ausscheidet, das nach dem Ansäuern mit verdünnter Schwefelsäure durch $^n/_{10}$-Thiosulfatlösung titrimetrisch gemessen wird.

Es ist notwendig, daß man die Jodkaliumlösung erst *nach* dem Einleiten des Ozons ansäuert.[3]

$$100\,cm \;\; ^n/_{10}\text{-}Na_2S_2O_3 \;\; \text{entspr.} \;\; \frac{O_3}{20} = \frac{48}{20} = 2,4\,g \;\; \text{Ozon.}$$

Daraus ergeben sich, wenn

n die verbrauchten Kubikzentimeter $^n/_{10}$-$Na_2S_2O_3$-Lösung,

s das Gewicht des zu ozonisierenden Gases in Grammen

ist, die Gewichtsprozente des Gases an Ozon zu

$$x = \frac{0,24\,n}{s}.$$

5. Indirekte Oxydation.

Aliphatische Säuren mit einer Doppelbindung lassen sich auch manchmal durch Überführen in Dibromfettsäure und zweimalige Bromwasserstoffabspaltung (durch Erhitzen unter Druck mit methylalkoholischer Kalilauge) in Säuren mit dreifacher Bindung überführen, die auf die Lage ihrer dreifachen Bindung untersucht werden können.[4]

---

[1] KOETSCHAU: Ber. Dtsch. chem. Ges. 42, 3305 (1909).
[2] Siehe auch FISCHER, DÜLL, VOLZ: Liebigs Ann. 486, 88 (1931).
[3] LADENBURG, QUASIG: Ber. Dtsch. chem. Ges. 34, 1184 (1901).
[4] OTTO: Liebigs Ann. 135, 227 (1865). — OVERBECK: Liebigs Ann. 140, 42 (1866).
— SCHRÖDER: Liebigs Ann. 143, 24 (1867). — HAUSKNECHT: Liebigs Ann. 143, 41 (1867). — HOLT: Ber. Dtsch. chem. Ges. 24, 4128 (1891). — KRAFFT: Ber. Dtsch. chem. Ges. 29, 2232 (1896). — HAASE: Diss. Königsberg 1903. — HAASE, STUTZER: Ber. Dtsch. chem. Ges. 36, 3601 (1903). — VONGERICHTEN, KÖHLER: Ber. Dtsch. chem. Ges. 42, 1639 (1909).

Achter Abschnitt.

Abbau von Substanzen mit dreifacher Bindung.

1. Einwirkung von Oxydationsmitteln.

Kaliumpermanganat. Auch hier dürfte primär die Anlagerung von Hydroxylen statthaben, und zwar von je zwei Hydroxylen an je ein Kohlenstoffatom. Da derartige Substanzen nicht beständig zu sein pflegen, erhält man die durch Wasserabspaltung aus ihnen hervorgehenden Diketonsäuren.[1]

Ganz analog wirkt *Salpetersäure.*[2] Bei weitergehender Oxydation wird die Kette zwischen den beiden Carbonylgruppen gesprengt und aus den letzteren werden Carboxyle gebildet.

Ozon[3] reagiert nach dem Schema:

$$-C{\equiv}C- + O_3 = \underset{\underset{O}{\underset{\vee}{|\ \ |}}}{-C{=}C-} + H_2O = -COOH + HOOC-$$

manchmal mit explosionsartiger Heftigkeit (Phenylpropiolsäure), so daß meist starkes Verdünnen mit Tetrachlorkohlenstoff notwendig ist.

2. Indirekte Oxydation.

Behandelt man Substanzen mit dreifacher Bindung bei niederer Temperatur mit konzentrierter Schwefelsäure und zerlegt die Reaktionsprodukte mit Wasser, dann erfolgt Hydratation und Bildung von gesättigten Ketonen bzw. Ketonsäuren.[4]

Wenn man diese mit Hydroxylamin kondensiert, so entstehen Oxime, die durch BECKMANNsche Umlagerung gespalten werden können.

Neunter Abschnitt.

Spaltung von Carbonylverbindungen.

Wenn sich neben der CO-Gruppe negativierende Gruppen (COOH, CO, NO_2, C_6H_5) befinden, kann durch Kochen mit wässeriger oder alkoholischer Lauge,[5] in extremen Fällen durch Kalischmelze[6] Spaltung bewirkt werden.

Spaltung aromatischer Ketone durch Säuren.[7] Abspaltung von Arylgruppen aus aromatischem Kern (mit H_3PO_4, HJ, H_2SO_4) wird durch o-Substitution erleichtert.

---

[1] HAZURA: Monatsh. Chem. 9, 470 (1888). — HAZURA, GRÜSSNER: Monatsh. Chem. 9, 952 (1888).

[2] OVERBECK: Liebigs Ann. 140, 42 (1866). — HAUSKNECHT: Liebigs Ann. 143, 46 (1867). — SPIECKERMANN: Ber. Dtsch. chem. Ges. 28, 276 (1895). — ARNAUD: Bull. Soc. chim. France (3), 27, 487 (1902).

[3] THIEME: Diss. Kiel 15, 1906. — HARRIES: Ber. Dtsch. chem. Ges. 40, 4905 (1907); 41, 1227 (1908). — Siehe hierzu auch MOLINARI: Ber. Dtsch. chem. Ges. 41, 585, 2784 (1908). — Acetylen gibt als erstes Reaktionsprodukt Glyoxal: WOHL, BRÄUNIG: Chem.-Ztg. 44, 157 (1920).

[4] BÉHAL: Ann. chim. phys. (6), 15, 268, 412 (1888); 16, 376 (1889). — HOLT, BARUCH: Ber. Dtsch. chem. Ges. 26, 838 (1893). — JACOBSON: Ber. Dtsch. chem. Ges. 26, 1869 (1893). — BARUCH: Ber. Dtsch. chem. Ges. 26, 1867 (1893); 27, 176 (1894). — GOLDSOBEL: Ber. Dtsch. chem. Ges. 27, 3121 (1894). — ARNAUD: Bull. Soc. chim. France (3), 27, 489 (1902). — MICHAEL: Ber. Dtsch. chem. Ges. 39, 2143 (1906). — VONGERICHTEN, KÖHLER: Ber. Dtsch. chem. Ges. 42, 1639 (1909).

[5] KUO, KUNG: Journ. Chin. chem. Soc. 3, 213 (1935).   [6] S. 337.

[7] HILL, SHORT: Journ. chem. Soc. London 1935, 1123.

1 g Keton 2 Stunden + HBr (1,5) in Eisessig kochen. Bei Desoxybenzoinen nur Spaltung, wenn im Kern OH, OCH_3. CH_3 in o erleichtert, NO_2 erschwert die Spaltung. o- oder p-Methyl im Benzylkern beschleunigen. Benzylketone werden leichter gesprengt als Methylketone.

Zweites Kapitel.
Alkalischmelze.

Das Wesen der Kalischmelze[1] besteht in einer durch die Zersetzung des Wassers bzw. der Lauge bedingten gleichzeitigen Sauerstoff- und Wasserstoffentwicklung.

Während die Methode von VARRENTRAPP, WILL die reduzierende Kraft der Schmelze ausnutzt, bestimmt man bei der Analyse der hochmolekularen Alkohole nach DUMAS, STAS bzw. HELL sowohl den entwickelten Wasserstoff als auch die durch Oxydation gebildete Säure.[2]

Sonst pflegt aber fast ausschließlich[3] die Oxydationswirkung verwertet zu werden, und man hat schon frühzeitig gelernt, die Wasserstoffentwicklung, die der Oxydation entgegenwirkt, durch passende Zusätze zu annullieren.

So gab FRITZSCHE der Schmelze chlorsaures Kalium zu[4] und LIEBIG benutzte zum gleichen Zweck Braunstein.[5]

Diese Angaben sind aber vollständig in Vergessenheit geraten, so daß allgemein J. J. KOCH, der 1873 dieses Verfahren in die Technik einführte, als Erfinder der Oxydationsschmelzen gilt.[6]

Wasserhaltige Alkalien können bei höherer Temperatur folgende Reaktionen veranlassen:

1. Zerlegung des Wassers in Sauerstoff und Wasserstoff und infolgedessen gleichzeitige Reduktions- und Oxydationswirkung. Je nach dem Charakter der organischen Substanz wird entweder nur eine dieser beiden Wirkungen oder werden beide in Erscheinung treten.

2. Die einfache Hydroxylwirkung, welche als Ionenwirkung im Schmelzfluß anzusehen ist.

3. Die kondensierende und umlagernde Wirkung, die Alkalien überhaupt zukommt.

In den kompliziertesten Fällen machen sich alle drei Arten von Wirkungen nebeneinander geltend: die Folge davon ist, daß der Reaktionsverlauf an Einheitlichkeit und Durchsichtigkeit einbüßt und die Resultate der Schmelze an Beweiskraft für die Entscheidung von Konstitutionsfragen verlieren.

1. Ausführung der Alkalischmelze.

Als meist verwendetes Alkali dient *Kaliumhydroxyd*,[7] doch wird auch öfters *Ätznatron* und, oftmals mit besonderem Erfolg, ein Gemisch von Ätzkali und Ätznatron benutzt.[8]

---

[1] Siehe auch FEUCHTER: Chem.-Ztg. **38**, 273 (1914). — LOCK: Ber. Dtsch. chem. Ges. **63**, 551 (1930). — FRY, SCHULZE, WEITKAMP: Journ. Amer. chem. Soc. **46**, 2268 (1924); **48**, 958 (1926); **50**, 1131 (1928).   [2] Siehe S. 158.

[3] Reduzierende Schmelzen unter Zusatz von Eisenpulver, schwefligsauren Salzen oder Natriumaethylat: BAEYER, EMMERLING: Ber. Dtsch. chem. Ges. **2**, 679 (1869); F. P. 322387 (1902); D. R. P. 152683 (1904).

[4] FRITZSCHE: Liebigs Ann. **39**, 82 (1841).   [5] LIEBIG: Liebigs Ann. **39**, 92 (1841).

[6] FRIEDLÄNDER: **1**, 301 (1888). — LASSAR-COHN: Arbeitsmethoden, 4. Aufl., S. 82. 1907.

[7] Siehe BUCHERER, WAHL: Journ. prakt. Chem. (2), **103**, 133 (1922).

[8] Z. B. SPÄTH, LEITHE, LADECK: Ber. Dtsch. chem. Ges. **61**, 1707 (1928).

Der in der Technik in Spezialfällen notwendige Ersatz des ganzen oder eines Teils des Alkalis durch ein Erdalkali, wie Kalk, Baryt oder Magnesia, hat für die Laboratoriumspraxis vorläufig nur selten[1] Bedeutung.

Über die Anwendung von Kalikalk siehe S. 158, Anm. 2.

Man trachte, die Schmelze bei möglichst niedriger Temperatur auszuführen und sorge in geeigneter Art für möglichst gleichmäßige Erhitzung.

Letzterem Umstand wird durch Rühren, am besten mit einem mechanischen Rührer (Turbine), Rechnung getragen.[2]

LIEBERMANN hat[3] einen sehr brauchbaren Apparat zur Ausführung der Schmelze angegeben, dessen Konstruktion aus Abb. 138 ersichtlich ist.

Der Apparat besteht aus einem Schmelzkessel nebst zugehörigem Löffel aus reinem Nickel und einem kupfernen Bad. Das Bad kann mit hochsiedenden Substanzen, Naphthalin, Anthracen, Anthrachinon usw. beschickt und die Schmelze dadurch bei der Siedetemperatur dieser Verbindungen ausgeführt werden.

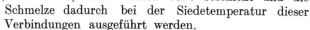

Bei genügender Übung kann man übrigens meist mit einer in ein Ölbad gesenkten Nickel- oder Silberschale auskommen oder erhitzt sogar mit direkter Flamme. PILOTY, MERZBACHER[4] verwenden einen Kupferkessel von $^3/_4$ l Inhalt mit aufschraubbarem Helm, der eine Öffnung für das Thermometer und evtl. für einen Tropftrichter (zum Eintragen der Substanz) besitzt.

Abb. 138. Kalischmelze nach
LIEBERMANN.

GRAEBE, KRAFT empfehlen[5] die Verwendung eines Nickeltiegels, der im Ölbad[6] erhitzt wird, und die Anwendung eines Eisenspatels, der mit einem Rührwerk die Masse durchmischt.

Man erhitzt auf 200—300°.

Der Zusatz von *Bleisuperoxyd* — in Fällen, wo, wie bei der Chinasäure, damit zu heftige Reaktion eintritt, von *Bleioxyd* — bewirkt, durch Verhinderung der Wasserstoffentwicklung, wesentliche Verbesserung der Ausbeute; daß aber auch durch diesen Kunstgriff die reduzierende Wirkung der Schmelze nicht völlig paralysiert werden kann, zeigt das Verhalten der Sulfosäuren der Benzolhomologen, die dabei ganz allgemein so reagieren, daß Alkylgruppen durch Carboxyl- und Sulfogruppen durch Wasserstoff ersetzt werden.[7]

Kalischmelze im Wasserstoff- oder Stickstoffstrom, unter Zusatz von *Eisen:* HEUSER, WINSVOLD: Ber. Dtsch. chem. Ges. **56**, 903 (1923). — FREUDENBERG, HARDER, MARKERT: Ber. Dtsch. chem. Ges. **61**, 1762 (1928). — Reduzierende Schmelze mit *Zinkstaub:* KOLLER, PAESLER: Monatsh. Chem. **56**, 215, 225 (1930). Siehe auch S. 329, Anm. 3.

Statt mit geschmolzenem Ätzkali in offenen Gefäßen zu arbeiten, zieht man es vielfach vor, mit *wässerigen Laugen unter Druck* zu erhitzen. Oftmals lassen sich auch mit *alkoholischer Lauge* bessere Resultate erzielen, oder es ist das Arbeiten im geschlossenen Rohr (Autoklaven) überhaupt unnötig oder schädlich.

Es wird hierbei dann im wesentlichen nur die verseifende Wirkung des Alkalis ausgenutzt.

---

[1] Siehe S. 332.   [2] Siehe S. 329, Anm. 7.
[3] LIEBERMANN: Ber. Dtsch. chem. Ges. **21**, 2528 (1888).
[4] PILOTY, MERZBACHER: Ber. Dtsch. chem. Ges. **42**, 3254, 3259 (1909).
[5] GRAEBE, KRAFT: Ber. Dtsch. chem. Ges. **39**, 795 (1906).
[6] Man kann den Nickeltiegel auch im Zinnbad erhitzen: SCHMIDT, RETZLAFF, HAID: Liebigs Ann. **390**, 221 (1912).
[7] GRAEBE, KRAFT: Ber. Dtsch. chem. Ges. **39**, 2507 (1906).

Zuerst hat PICCARD[1] gezeigt, daß man oft bei Anwendung von verdünnten, wässerigen oder alkoholischen Laugen bei niederer Temperatur die Spaltungsstücke leichter und in unversehrterem Zustand fassen kann.

Beispiel einer *Schmelze mit alkoholischem Kali:* MANSFELD: Diss. Zürich 1907, S. 45.[2] — KOH-Phenol-Alkoholschmelze: MAKI, NAGAI: Journ. Soc. chem. Ind. Japan, Supl. 38, 260 B (1935).

2. Kalischmelze der aliphatischen Säuren.

Es hat sich gezeigt, daß alle Fettsäuren mit normaler Kette derart gespalten werden, daß die Sprengung der Kette zwischen α- und β-Kohlenstoffatom stattfindet.

Nach WAGNER[3] sind dabei als Zwischenprodukte β-Ketonsäuren anzunehmen, die der Säurespaltung unterliegen:

$$R \cdot CH_2 CH_2 COOH \rightarrow R \cdot CO \cdot CH_2 COOH + H_2 \rightarrow R \cdot COOH + HCH_2 COOH,$$

es entsteht also *immer* Essigsäure und eine Säure, die um zwei Kohlenstoffatome ärmer ist als die Stammsubstanz.

Ungesättigte Säuren werden, ganz gleich wo die Doppelbindung gelegen ist, durch den bei der Schmelze nascierenden Wasserstoff zu Fettsäuren reduziert, vielleicht im Weg über die Dioxysäuren.

Die Kalischmelze ist somit zur Konstitutionsbestimmung ungesättigter Säuren nicht zu verwenden.

Nach Beobachtungen von HANS MEYER, ECKERT[4] ist die intermediäre Bildung der Dioxysäuren bei der Kalischmelze unwahrscheinlich. Viel wahrscheinlicher wandert bei der üblichen Ausführungsform der Schmelze die Doppelbindung bis in die $\alpha.\beta$-Stellung.

Wenn man das Erhitzen der Dioxysäuren mit wässeriger Lauge unter Druck vornimmt, erhält man Spaltung an der Stelle der ursprünglich vorhandenen Doppelbindung. Auch Citronellsäure[5] und Erucasäure[6] können an der Stelle der Doppelbindung gespalten werden.

3. Ersatz von Halogen in aromatischen Verbindungen durch die Hydroxylgruppe.

Diese Reaktion, die mehrfach zum Stellungsnachweis von Halogen in cyclischen Verbindungen gedient hat,[7] ist auch nicht mehr als vollkommen verläßlich zu bezeichnen, seit man gefunden hat, daß dabei Umlagerungen stattfinden können.

So erhält man aus den beiden bekannten Dichlor- und Dibromanthrachinonen und ebenso aus Tri- und Tetrabromanthrachinon Alizarin.[8]

Salicylsäure entsteht beim Schmelzen von m-Brombenzoesäure mit Kali,

---

[1] PICCARD: Ber. Dtsch. chem. Ges. **7**, 888 (1874). — HERZIG: Monatsh. Chem. **12**, 183 (1891). — WUNDERLICH: Diss. Marburg 65, 1908.

[2] Durch das alkoholische Kali werden Ketone zu den Alkoholen reduziert: WIELAND, SCHÖPF, HERMSEN: Liebigs Ann. **443**, 42, 55 (1925).

[3] WAGNER: Ber. Dtsch. chem. Ges. **21**, 3353 (1888).

[4] Siehe 3. Auflage dieses Buches, S. 1016. — ECKERT: Monatsh. Chem. **38**, 1 (1917). — Siehe auch JEGOROW: Journ. Russ. phys.-chem. Ges. **46**, 975 (1915). — LE SUEUR, WOOD: Journ. Soc. London **119**, 1697 (1921).

[5] ROCHUSSEN: Journ. prakt. Chem. (2), **105**, 132 (1922).

[6] EHRENSTEIN, STUEWER: Journ. prakt. Chem. (2), **105**, 204 (1922).

[7] WEIDEL, BLAU: Monatsh. Chem. **6**, 664 (1885). — KIRCHER: Liebigs Ann. **238**, 349 (1887).

[8] HAMMERSCHLAG: Ber. Dtsch. chem. Ges. **19**, 1109 (1886). — GRANDMOUGIN: Compt. rend. Acad. Sciences **173**, 717 (1921). — SENN: Diss. Zürich 1923. — PHILLIPS: Journ. Amer. chem. Soc. **49**, 474 (1927).

während anderseits die Kalischmelze der o-Chlorbenzoesäure viel m-Oxybenzoesäure neben wenig Orthoderivat liefert.

1.3-Dioxybenzol wird[1] sowohl aus m- als auch aus o- und p-Bromphenol beim Schmelzen mit Kali erhalten: dabei wird nur aus p-Bromphenol ausschließlich Resorcin gewonnen, während o- und m-Bromphenol daneben noch Brenzcatechin liefern. Ebenso entsteht Resorcin aus p-Chlorbenzolsulfosäure.[2] Diese Umlagerungen lassen sich unschwer so deuten, daß nach stattgehabter Oxydation (Eintritt einer zweiten Hydroxylgruppe) durch Einwirkung des nascierenden Wasserstoffs Halogen gegen Wasserstoff ausgetauscht wird.

Vielleicht wird auch noch die Beobachtung von TIJMSTRA von Wichtigkeit werden, daß o- und p-Chlor- und -Bromphenol mit Kaliumcarbonat erhitzt *ohne Atomverschiebung* in die Dioxyverbindungen übergehen.[3]

Sehr bemerkenswert ist die Beobachtung von HANS MEYER, BEER, LASCH,[4] *daß diese Umlagerungen meist vermieden werden, wenn man an Stelle der Ätzalkalien die Hydroxyde oder Carbonate des Calciums oder Bariums verwendet.*

Es ist einleuchtend, daß hierbei die ortho- (und wahrscheinlich para-) substituierten Derivate leichter reagieren werden als die nicht (negativ) substituierten Metaderivate. Die Chlorderivate reagieren am schwersten, die Jodderivate am leichtesten.

Metabrombenzoesäure wurde beim achtstündigen Erhitzen mit wässeriger Barytlösung im Autoklaven bei 190—200° durchaus nicht angegriffen, während *Orthojodbenzoesäure* schon bei 170° in der gleichen Zeit alles Halogen in Ionenform abgespalten hatte, *Orthobrombenzoesäure* unter den gleichen Bedingungen ebenfalls reichliche Mengen von durch Silbernitrat fällbarem Halogen lieferte, *Orthochlorbenzoesäure* dagegen dieser Behandlung widerstand. In den Fällen, wo Reaktion stattgefunden hatte, wurde Salicylsäure und durch teilweise Zerstörung derselben gebildetes Phenol, aber keine Spur von isomeren Oxybenzoesäuren aufgefunden.

Nach einem Patent[5] erhält man Di- und Polyoxybenzolverbindungen aus den einfach oder mehrfach halogenierten Phenolen oder deren Substitutionsprodukten (ausgenommen die Monohalogensubstitutionsprodukte der Oxybenzaldehyde) durch *Erhitzen mit Oxyden oder Hydroxyden der alkalischen Erden.*

Die in der Patentschrift gegebenen Beispiele sind alle aus der o- und p-Reihe: aller Wahrscheinlichkeit nach dürfte die Reaktion bei m-Derivaten nicht oder nur sehr schwer ausführbar sein.

Sulfosäuren der Dioxybenzole, ihre Homologen und o-Alkylaether lassen sich dadurch darstellen, daß man Monobromphenolsulfosäuren oder deren Derivate mit verdünnter *Kalkmilch* unter Druck *bei Gegenwart von Kupferpulver* erhitzt.[6]

Wenn man, wie sonst üblich, die halogenierten Phenolsulfosäuren mit Ätzalkalien umsetzen will, bewirkt die dazu nötige (meist bis 250° oder höher gesteigerte) Temperatur Umlagerungen und evtl. Abspaltung der Sulfogruppe.

o-Brom-p-Kresol-o-Sulfosäure I gibt mit Ätzkali bei 170° die Kresorcinsulfosäure II, während sich beim Erhitzen mit wässerigem Calciumhydroxyd (und Kupfer) ohne Umlagerung Homobrenzcatechinsulfosäure III bildet:

---

[1] FITTIG, MAGER: Ber. Dtsch. chem. Ges. 7, 1177 (1874); 8, 362 (1875). — Siehe hierzu auch BLANKSMA: Chem. Weekbl. 5, 93 (1908).
[2] OPPENHEIM, VOGT: Suppl. 6, 376 (1868).
[3] TIJMSTRA: Chem. Weekbl. 5, 96 (1908); siehe auch D. R. P. 197 649 (1908); Anwendung von Erdalkalicarbonat: D. R. P. 195 874 (1908), 197 607 (1908); siehe S. 261.   [4] HANS MEYER, BEER, LASCH: Monatsh. Chem. 34, 1669 (1913).
[5] D. R. P. 249 939 (1912).					[6] DPA. S 35 125 (1913).

$$\underset{\substack{\text{OH}\\[2pt]\text{[KOH]}\\[2pt]\text{II}}}{\text{HO}\overset{\text{CH}_3}{\bigcirc}\text{SO}_3\text{H}} \quad\leftarrow\quad \underset{\substack{\text{OH}\\[2pt]\text{I}}}{\text{Br}\overset{\text{CH}_3}{\bigcirc}\text{SO}_3\text{H}} \quad\rightarrow\quad \underset{\substack{\text{OH}\\[2pt]\text{[Ca(OH)}_2]\\[2pt]\text{III}}}{\text{HO}\overset{\text{CH}_3}{\bigcirc}\text{SO}_3\text{H}}$$

Zusatz von Halogenabspaltung fördernden Mitteln (Kupfer, Kupferoxyd, Silber, Silberoxyd, Jodsalze) wird auch sonst empfohlen,[1] ist aber durchaus nicht immer erfolgreich.

Im Gegensatz zu den obenstehenden Angaben läßt sich in der o-Chlorhydrozimtsäure das Halogen durch Erdalkalien, auch bei Gegenwart von Katalysatoren, nicht herausnehmen, oder es erfolgt eine abnormale Reaktion.[2]

Dagegen wird beim Erhitzen der Säure mit Kalium- oder Natriumhydroxyd unter Druck bei 240—250° quantitative Umwandlung in Melilotsäure erzielt.[3]

Durch Erhitzen mit wässeriger Lauge auf hohe Temperatur (200—330°) kann man auch bei aromatischen Kohlenwasserstoffen Ersatz von Halogen durch Hydroxyl erzielen. KURT H. MEYER, BERGIUS: Ber. Dtsch. chem. Ges. 47, 3155 (1914).

4. Ersatz der Sulfogruppe aromatischer Verbindungen durch Hydroxyl.

Diese präparativ und technisch so außerordentlich wichtige Reaktion, die nahezu gleichzeitig von WURTZ,[4] KEKULÉ,[5] DUSART[6] aufgefunden wurde, ist nicht ohne weiteres für Konstitutionsbestimmungen verwertbar, da auch hier Umlagerungen beobachtet worden sind.

So erhält man nicht nur, wie schon erwähnt, aus p-Chlorbenzolsulfosäure, sondern auch aus Phenol-p-sulfosäure Resorcin.[7]

In der *Naphthalinreihe* gilt die Regel, daß in α-Stellung befindliche Sulfogruppen viel leichter durch Hydroxyl ersetzbar sind als in β-Stellung befindliche. Doch gibt es auch Ausnahmen. So bildet α-Naphthylamindisulfosäure 1, 4, 6 in der Kalischmelze 1-Amino-6-naphthol-4-sulfosäure und dann 1.6-Dioxynaphthalin-4-sulfosäure.[8]

α_1-Oxy-β_1-naphthoe-$\alpha_2\beta_4$-disulfosäure liefert $\alpha_1\beta_4$-Dioxynaphthalin-α_2-sulfosäure[9] und 1-Oxy-2-naphthoe-4,7-disulfosäure gibt 1,7-Dioxy-2-naphthoe-4-sulfosäure.[10]

Weiteres über das Verhalten von Sulfosäuren der Naphthalinreihe in der Kalischmelze: WINTHER: Patente der organ. Chemie 1, 739 (1908). — SCHROETER: Liebigs Ann. 426, 141 (1922).

Während also die Kalischmelze[11] für die Ortsbestimmung der Sulfogruppe nicht immer verwertbar ist, sind hierfür zwei Methoden in vielen Fällen wohl geeignet, die den Ersatz der Sulfogruppe durch Carboxyl ermöglichen.

---

[1] Siehe Note 6 auf S. 332.   [2] LASCH: Monatsh. Chem. 34, 1649 (1913).

[3] HANS MEYER, BEER, LASCH: Monatsh. Chem. 34, 1670 (1913).

[4] WURTZ: Compt. rend. Acad. Sciences 64, 749 (1867).

[5] KEKULÉ: Compt. rend. Acad. Sciences 64, 752 (1867).

[6] DUSART: Compt. rend. Acad. Sciences 64, 759 (1867).

[7] KEKULÉ: Ztschr. Chem. 1867, 301.

[8] FRIEDLÄNDER, LUCHT: Ber. Dtsch. chem. Ges. 26, 3034 (1893); D. R. P. 68232 (1894); 104902 (1899).   [9] D. R. P. 81938 (1895).

[10] D. R. P. 84653 (1895).

[11] Vielleicht wird das Schmelzen mit Erdalkalihydroxyden oder mit Carbonaten die Verläßlichkeit der Reaktion erhöhen. Siehe D. R. P. 195874 (1908), 197649 (1908). Auch hier wird die Anwendung von wässeriger Alkalilauge unter Druck bei hohen Temperaturen (über 300°) empfohlen. D. R. P. A 24627 (1914). — WILLSON, KURT H. MEYER: Ber. Dtsch. chem. Ges. 47, 3160 (1914).

5. Ersatz der Sulfogruppe und von Halogen durch den Cyanrest.

Wird ein Gemenge von sulfosaurem Kalium mit Cyankalium oder noch besser mit entwässertem Ferrocyankalium[1] der trockenen Destillation unterworfen, dann findet Verwandlung in Nitril statt.[2]

Bei der Ausführung der Reaktion trachtet man, die Temperatur möglichst wenig hoch steigen zu lassen und das Nitril möglichst rasch aus dem Bereich der heißen Gefäßwände zu entfernen. Man nimmt zu diesem Behuf einen indifferenten Gasstrom zu Hilfe oder arbeitet mit Benutzung der Luftpumpe.[3]

In halogensubstituierten Sulfosäuren kann zugleich das Halogen durch die Cyangruppe ersetzt werden,[4] eine Reaktion, die sonst in der aromatischen Reihe nicht so leicht verläuft.[5]

Bei Gegenwart von Kupfer ist indes diese Reaktion auch bei nichtsulfonierten Halogenderivaten möglich. So läßt sich in der Anthrachinonreihe die Substitution von Chlor durch den Nitrilrest unter Anwendung von Cyankupfer und Pyridin bewirken.[6] Auf diese Weise kann man auch in der Benzol- und Naphthalinreihe Erfolge erzielen, die Nitrile werden indes bei dieser Reaktion nicht in freier Form, sondern als komplexe, pyridinhaltige Verbindungen erhalten, aus denen durch Verseifen mit starker Schwefelsäure leicht die entsprechenden Carbonsäuren entstehen. Beispielsweise gibt p-Dichlorbenzol in guter Ausbeute Terephthalsäure.[7]

ROSENMUND, STRUCK[8] arbeiten in wässeriger Lösung unter Druck.

Die Halogenverbindung wird mit Kaliumcyanid in wässeriger oder alkoholisch-wässeriger Lösung im geschlossenen Rohr aus widerstandsfähigem Glas auf zirka 200° erhitzt, unter Beifügung von Kupfercyanür, das sich leicht in kaliumcyanidhaltigem Wasser auflöst. Primär entsteht dann das der Halogenverbindung entsprechende Nitril, das sofort verseift wird, so daß nach Beendigung des Erhitzens gleich die fertige Säure vorliegt.

Die Methode, die CN-Gruppe an Stelle des Sulfosäurerests einzuführen, findet auch in der Pyridin-,[9] Chinolin-[10,11] und Isochinolinreihe[12] vielfache Anwendung.

Wenn auch im allgemeinen hierbei glatte Substitution stattzufinden pflegt,

---

[1] WITT: Ber. Dtsch. chem. Ges. **6**, 448 (1873).

[2] MERZ: Ztschr. Chem. **1868**, 33. — IRELAN: Ztschr. Chem. **1869**, 164. — GARRICK: Ztschr. Chem. **1869**, 551. — MERZ, MÜHLHÄUSER: Ber. Dtsch. chem. Ges. **3**, 709 (1870). — FITTIG, RAMSAY: Liebigs Ann. **168**, 246 (1873). — DÖBNER: Liebigs Ann. **172**, 111, 116 (1874). — VIETH: Liebigs Ann. **180**, 305 (1875). — NÖLTING: Ber. Dtsch. chem. Ges. **8**, 1113 (1875). — BARTH, SENHOFER: Ber. Dtsch. chem. Ges. **8**, 1481 (1875). — LIEBERMANN: Ber. Dtsch. chem. Ges. **13**, 47 (1880). — EKSTRAND: Journ. prakt. Chem. (2), **38**, 139, 241 (1888); Ber. Dtsch. chem. Ges. **21**, R. 834 (1888).

[3] LELLMANN, REUSCH: Ber. Dtsch. chem. Ges. **22**, 1391 (1889).

[4] BARTH, SENHOFER: Liebigs Ann. **174**, 242 (1874). — LIMPRICHT: Liebigs Ann. **180**, 88, 92 (1875).

[5] MERZ, SCHELNBERGER: Ber. Dtsch. chem. Ges. **8**, 918 (1875). — MERZ, WEITH: Ber. Dtsch. chem. Ges. **10**, 746 (1877).

[6] D. R. P. 271793 (1914), 275517 (1914), 484663 (1929).

[7] HANS MEYER, ALICE, HOFMANN: Siehe 3. Auflage dieses Buches, S. 435 und D. R. P. 293094 (1916). — DIESBACH, SCHMIDT, DECKER: Helv. chim. Acta **6**, 548 (1923).　　[8] ROSENMUND, STRUCK: Ber. Dtsch. chem. Ges. **52**, 1749 (1919).

[9] O. FISCHER: Ber. Dtsch. chem. Ges. **15**, 63 (1882).

[10] LELLMANN, REUSCH: Ber. Dtsch. chem. Ges. **22**, 1391 (1889).

[11] O. FISCHER, BEDALL: Ber. Dtsch. chem. Ges. **14**, 2574 (1881). — LA COSTE: Ber. Dtsch. chem. Ges. **15**, 196 (1882). — O. FISCHER, WILLMACK: Ber. Dtsch. chem. Ges. **17**, 440 (1884). — O. FISCHER, KÖRNER: Ber. Dtsch. chem. Ges. **17**, 765 (1884). — LA COSTE, VALEUR: Ber. Dtsch. chem. Ges. **20**, 99 (1887). — LELLMANN, LANGE: Ber. Dtsch. chem. Ges. **20**, 1449 (1887). — LELLMANN, REUSCH: Ber. Dtsch. chem. Ges. **21**, 397 (1888). — RICHARD: Ber. Dtsch. chem. Ges. **23**, 3489 (1890).

[12] JEITELES: Monatsh. Chem. **15**, 809 (1894).

darf doch nicht außer acht gelassen werden, daß bei der hohen Reaktionstemperatur die Sulfogruppen selbst umgelagert werden können, wodurch die Resultate zweideutig werden.

So entsteht aus Orthochinolinsulfosäure in reichlicher Menge Metacyanchinolin.

Die Nitrile werden, meist ohne daß vorher besondere Reinigung nötig wäre, in die korrespondierenden Säuren verwandelt; will man die Rohprodukte reinigen, so wäscht man sie mit Natronlauge, destilliert im Wasserdampfstrom und fraktioniert, evtl. im Vakuum.

6. Direkte Überführung von Sulfosäuren in Carbonsäuren mit Natriumformiat.

Dieses von V. MEYER aufgefundene Verfahren[1] ist namentlich in solchen Fällen von Vorteil, wo, wie bei der Sulfobenzoesäure, das Reaktionsprodukt nicht unzersetzt flüchtig ist und daher nach der Cyankaliummethode nicht erhalten werden kann.

Bei der Benzolsulfosäure und p-Toluolsulfosäure sind die Ausbeuten sehr schlecht.[2]

Gleiche Gewichtsteile von sulfosaurem Kalium und gut getrocknetem ameisensaurem Natrium werden innig gemischt und in einer Porzellanschale über offenem Feuer unter beständigem Umrühren anhaltend erhitzt, bis die Schmelze schwarzbraune Farbe angenommen hat.

Die Schmelze wird in Wasser gelöst, angesäuert und das entstandene Produkt entweder durch Ausschütteln mit einem geeigneten Lösungsmittel oder durch Wasserdampfdestillation od. dgl. isoliert.

Ersatz der Sulfogruppe durch den Aminrest: JACKSON, WING: Ber. Dtsch. chem. Ges. **19**, 1902 (1886); Amer. chem. Journ. **9**, 76 (1887); D.R.P. 173522 (1904). — SACHS: Ber. Dtsch. chem. Ges. **39**, 3006 (1906) ist zu Konstitutionsbestimmungen nicht zu empfehlen, weil hierbei Umlagerungen eintreten können. — Aminoanthrachinone: LAUER: Journ. prakt. Chem. (2), **135**, 7, 204 (1932).

Austausch der Sulfogruppen gegen Chlor:

Die ersten Beobachtungen über den direkten Ersatz der Sulfogruppe durch Chlor hat CARIUS[3] mitgeteilt.

Wie er fand, werden Methyl- und Aethylsulfochlorid durch Erhitzen mit Phosphorpentachlorid auf 150—160° in Chlormethyl bzw. Chloraethyl, Thionylchlorid und Phosphoroxychlorid umgewandelt.

Die gleiche Reaktion auf das Naphthalin-α-sulfochlorid angewandt, führte zu α-Chlornaphthalin.

Im Jahre 1872 hat dann BARBAGLIA[4] beim Erhitzen von benzylsulfosaurem Kalium mit überschüssigem Phosphorpentachlorid Benzylchlorid und haben BARBAGLIA, KEKULÉ[5] beim Destillieren von benzolsulfosaurem Kalium mit Pentachlorid oder beim Erhitzen unter Druck auf 200° Chlorbenzol und aus p-Phenolsulfochlorid Dichlorbenzol erhalten.

---

[1] V. MEYER, Liebigs Ann. **156**, 273 (1870). — ADOR, OPPENHEIM: Ber. Dtsch. chem. Ges. **3**, 739 (1870). — ADOR, V. MEYER: Liebigs Ann. **159**, 16 (1871). — BARTH, SENHOFER: Liebigs Ann. **159**, 228 (1871). — REMSEN: Ber. Dtsch. chem. Ges. **5**, 379 (1872). — CÖLLEN, BÖTTINGER: Ber. Dtsch. chem. Ges. **9**, 1249 (1876). — COFFEY: Rec. Trav. chim. Pays-Bas **42**, 387 (1923).

[2] Unveröffentlichte Versuche von HANS MEYER, PASSER.

[3] CARIUS: Liebigs Ann. **114**, 140 (1860).

[4] BARBAGLIA: Ber. Dtsch. chem. Ges. **5**, 272 (1872).

[5] BARBAGLIA, KEKULÉ: Ber. Dtsch. chem. Ges. **5**, 876 (1872).

RIMARENKO,[1] CLEVE[2] haben β-Chlornaphthalin durch Destillation von Naphthalinsulfochlorid mit Phosphorpentachlorid dargestellt.

Wie für die Darstellung der Carbonsäurechloride und der Chloride der aromatischen Sulfosäuren hat sich auch für den Ersatz der Sulfogruppe durch Chlor das *Thionylchlorid* den Phosphorchloriden als wesentlich überlegen erwiesen, ja es hat den Anschein, als ob die Reaktion ihren glatten Verlauf in Fällen, wo unter Druck gearbeitet wurde, nur dem bei der Reaktion mitentstehenden Thionylchlorid verdanke.

Läßt man Thionylchlorid bei 140—180° mehrere Stunden lang auf aromatische Sulfosäuren einwirken, dann wird die Sulfogruppe glatt in Form von Schwefeldioxyd abgespalten und der zugehörige chlorierte Kohlenwasserstoff gebildet.[3]

Daß die Reaktion auch bei Abwesenheit des Thionylchlorids und wirksamer Lösungsmittel überhaupt statthaben kann, wurde in mehreren Fällen konstatiert.[4] Die Ausbeute war aber in keinem Fall gut. Die Hauptmenge des Sulfochlorids bleibt vielmehr auch beim Erhitzen auf 200° übersteigende Temperaturen unverändert (namentlich bei Benutzung von indifferenten Lösungsmitteln) oder wird in komplizierter Weise verwandelt.

Es ist nicht notwendig, die Sulfosäurechloride zu isolieren, man kann vielmehr direkt von den Alkalisalzen ausgehen; denn auch die hierbei als Neben- oder Hauptprodukt entstehenden Sulfosäureanhydride werden bei der weiteren Einwirkung des Reagens in die Sulfochloride verwandelt.

Die Reaktionstemperatur ist von der Natur der Sulfosäure abhängig. Im allgemeinen wird man bei 140—180° arbeiten; in der Anthrachinonreihe muß man manchmal auf 200—220° hinaufgehen.

In Anthrachinonsulfosäuren,[5] und zwar leichter bei α-Derivaten, aber auch bei β-Säuren, läßt sich die Sulfogruppe mittels Chlor (Brom unter Druck) oder Natriumchlorat und Salzsäure durch das Halogen ersetzen. Die Reaktion ist in der α-Reihe nahezu quantitativ (98%), bei β-Sulfosäuren werden zirka 80% Chlorprodukt, daneben kleine Mengen Anthrachinon[6] erhalten.

Ebenso reagieren die 1.5-, 1.6-, 1.8- und die 2.6-Disulfosäuren, dagegen wird in der 2.7-Disulfosäure nur eine Sulfogruppe gegen Chlor ausgetauscht.

2-Chloranthrachinon-6- und -7-sulfosäure reagieren unter Bildung der Dichloranthrachinone.[7]

Die Umsetzung erfolgt in allen Fällen glatt mit Thionylchlorid bei 180°. D.R.P. 266521 (1913), 284976 (1915).

7. Anwendungen der Kalischmelze.

Ist auch die Kalischmelze für speziellere Ortsbestimmungen im allgemeinen nicht anwendbar,[8] so ist sie doch vielfach sehr wohl verwertbar, namentlich

[1] RIMARENKO: Ber. Dtsch. chem. Ges. 9, 665 (1876).
[2] CLEVE: Ber. Dtsch. chem. Ges. 10, 1723 (1877).
[3] HANS MEYER, SCHLEGL: Monatsh. Chem. 34, 565 (1913). — HANS MEYER: Monatsh. Chem. 36, 719 (1915); D. R. P. 267544 (1913), 217681 (1914), 284976 (1915).
[4] OTTO: Liebigs Ann. 141, 102 (1867). — BARBAGLIA, KEKULÉ: Ber. Dtsch. chem. Ges. 5, 875 (1872). — NÖLTING: Ber. Dtsch. chem. Ges. 8, 1091 (1875); D. R. P. 98433 (1898).
[5] ULLMANN: Ber. Dtsch. chem. Ges. 44, 3128 (1911); D. R. P. 128845 (1900), 205195 (1908). — LAUER: Journ. prakt. Chem. (2), 135, 182 (1932).
[6] FIERZ, DAVID: Organische Farbstoffe, S. 487. Berlin: Julius Springer. 1926.
[7] Unveröffentlichte Beobachtungen von HANS WALDMANN aus dem Prager Deutschen Universitätslaboratorium.
[8] Umlagerung der Tubasäure in Rotensäure: BUTENANDT, HILDEBRANDT: Liebigs Ann. 477, 247 (1930).

dort, wo es gilt, für eine Substanz von noch unbekannter Struktur die Klassenzugehörigkeit zu ermitteln.

Derartige Probleme stellt namentlich die Untersuchung der Naturprodukte, und hier hat auch die Kalischmelze ganz außerordentliche Dienste geleistet. So ist namentlich die Chemie der Harze,[1] ferner die Chemie der Pflanzenfarbstoffe,[2] aber auch die Eiweißchemie[3] durch die Anwendung dieser Methode gefördert worden.

Spezielle Verwendung findet die Kalischmelze ferner:

1. Zur *Oxydation von Kresolen* und ähnlichen *Oxyderivaten* zu den entsprechenden *Oxysäuren*.[4]

Man geht nach dem von GRAEBE, KRAFT angegebenen Verfahren vor oder arbeitet nach FRIEDLÄNDER, LÖW[5] mit Wasser, Ätznatron und *Kupferoxyd* im Autoklaven bei 260—270°.

Ähnlich lassen sich die Alkylpyrrole in Pyrrolcarbonsäuren verwandeln.[6]

2. Zur *Überführung* von *Naphthalinderivaten* in *Phthalsäure* bzw. *substituierte Phthalsäuren*: D.R.P. 138790 (1903), 139995 (1903), 140999 (1903).

3. Zur Überführung von *aromatischen Aldehydsäuren* in *Dicarbonsäuren* und von Aldehyden in Monocarbonsäuren.[7]

Z. B. läßt sich der Aldehyd des 2-Phenylphenols nicht durch $KMnO_4$, Hypobromit oder H_2O_2, vielmehr nur durch Kalischmelze zu 2-Phenyl-6-carboxyphenol oxidieren.[8]

4. Zur *Spaltung von Ketonen und Ketonsäuren*, speziell auch von cyclischen Ketonen und *Chinonen*.

Pyrrylglyoxylsäure zu Pyrrolcarbonsäure, Carboxypyrrylglyoxylsäure zu Pyrroldicarbonsäure: CIAMICIAN, SILBER: Ber. Dtsch. chem. Ges. 19, 1958 (1886). — Benzophenon in Benzoesäure und Benzol: CHANCET: Liebigs Ann. 72, 279 (1849). — DELANGE: Bull. Soc. chim. France (3), 29, 1131 (1903). — Benzoylbenzoesäure in Benzoesäure (HANS MEYER, ALICE HOFMANN). — Diphenylenketon in Orthophenylbenzoesäure: SCHMITZ: Liebigs Ann. 193, 120 (1878). — PICTET, ANKERSMIT: Liebigs Ann. 266, 143 (1891). — Siehe auch WEGER, DÖRING: Ber. Dtsch. chem. Ges. 36, 878 (1903). — Fluorenon-1-carbonsäure in Isodiphensäure: FITTIG, GEBHARD: Liebigs Ann. 193, 155 (1878). — Von Fluorenon-3-carbonsäure in Isodiphensäure: SIEGLITZ, SCHATZKES: Ber. Dtsch. chem. Ges. 54, 2071 (1921). — Chrysochinon zu Chrysensäure: GRAEBE, HÖNIGSBERGER: Liebigs Ann. 311, 269 (1900). — Anthrachinon zu Benzoesäure: GRAEBE, LIEBERMANN:

---

[1] Literaturzusammenstellung bei TSCHIRCH: Die Harze und die Harzbehälter, S. 151. Leipzig: Gebr. Bornträger. 1906. — GOLDSCHMIEDT, SENHOFER: Ber. Dtsch. chem. Ges. 24, R. 1089 (1891).

[2] Literatur bei RUPE: Die Chemie der natürlichen Farbstoffe. Braunschweig: Vieweg & Sohn. 1900. — Ferner HUMMEL, PERKIN: Chem.-Ztg. 27, 521 (1903). — PERKIN: Chem.-Ztg. 26, 621 (1902); 28, 667 (1904).

[3] Literatur: COHNHEIM: Roscoe-Schorlemmers Chemie 9, 44 (1901).

[4] BARTH: Liebigs Ann. 154, 360 (1870); Ber. Dtsch. chem. Ges. 11, 1572 (1878). — JACOBSEN: Ber. Dtsch. chem. Ges. 11, 376, 570, 1058, 2052 (1878).

[5] D. R. P. 170230 (1906). — Siehe hierzu auch BARTH: Liebigs Ann. 154, 360 (1870). — KÖNIGS, HEYMANN: Ber. Dtsch. chem. Ges. 19, 704 (1886).

[6] CIAMICIAN: Ber. Dtsch. chem. 14, Ges. 1054 (1881). — CIAMICIAN, SILBER: Ber. Dtsch. chem. Ges. 19, 1959 (1886).

[7] PIRIA: Liebigs Ann. 29, 303 (1839); 30, 165 (1839). — RAIKOW, ROSCHTANOW: Österr. Chemiker-Ztg. 5, 169 (1902). — TIEMANN, REIMER: Ber. Dtsch. chem. Ges. 10, 1568 (1877). — HELLER: Ber. Dtsch. chem. Ges. 45, 675 (1912). — RUPP, LINCK: Arch. Pharmaz. 253, 39 (1915). — LOCK: Ber. Dtsch. chem. Ges. 61, 2234 (1928); 62, 1177 (1929). — Siehe dazu LEMBERG: Ber. Dtsch. chem. Ges. 61, 592 (1928). — LOCK: Ber. Dtsch. chem. Ges. 63, 551 (1930).

[8] SLOTTA, NOLD: Ber. Dtsch. chem. Ges. 68, 2226 (1935).

Liebigs Ann. **160**, 129 (1871). — β-Methylanthrachinon zu m-Toluylsäure: HANS MEYER, ALICE HOFMANN (unveröffentlichte Beobachtung).[1] — 4-Methylbenzophenon zu p-Toluylsäure: KOSLOW, FEDOSSEJEW, LASAREW: Russ. Journ. allg. Chem. **6**, 485 (1936).

5. Zur *Verseifung* von beständigen *Acetylverbindungen* (siehe S. 423).

6. Zur *Aufspaltung cyclischer Oxyde.*

Euxanthon: GRAEBE: Liebigs Ann. **254**, 265 (1889). — Siehe auch S. 615.

7. Zur *Entalkylierung* von *Phenolaethern.*

Paraoxybenzoesäure aus Anissäure: BARTH: Ztschr. Chem. 1866, 650. — Metaoxybenzoesäure aus Methoxydiaethylphthalid: BAUER: Ber. Dtsch. chem. Ges. **41**, 503 (1908). — Siehe ferner OPPENHEIM, PFAFF: Ber. Dtsch. chem. Ges. **8**, 887 (1875).

8. *Zur Unterscheidung primärer, sekundärer und tertiärer Alkohole.*

Erhitzt man einen primären (aliphatischen oder aromatischen) Alkohol 16 Stunden mit dem Dreifachen der theoretisch erforderlichen Menge wasserfreien Ätzkalis im Rohr auf 230°, so entsteht ohne Umlagerungen die korrespondierende Säure.[2]

Die sekundären Alkohole liefern unter den gleichen Umständen in der Hauptsache zwei- bis dreifach kondensierte Alkohole und nur wenig Säuren,[3] daneben reichlich Wasserstoff. Die tertiären Alkohole werden bei 230° kaum angegriffen, liefern daher auch fast kein Gas. Bei höherer Temperatur werden sie unter Sprengung des Moleküls zu Säuren oxydiert.[4]

9. *Zur Verseifung resistenter Säurenitrile* (siehe S. 686).

10. Zur Verseifung beständiger *Urethane* (siehe S. 705).

11. Zur *Abspaltung von Methyl vom Stickstoff:* BAMBERGER: Ber. Dtsch. chem. Ges. **27**, 1179 (1894).

Drittes Kapitel.

Reduktionsmethoden.[5]

Durch Reduktion wird im allgemeinen mehr als durch Oxydation das ursprüngliche Kohlenstoffskelett intakt gelassen, da hierbei nur in Ausnahmefällen[6, 7] Sprengung von Kohlenstoffbindungen erfolgt.

Doch sind, ebenso wie bei der Oxydation, in vielen Fällen Umlagerungen zu gewärtigen. SEMMLER,[7] der als erster nachdrücklich hierauf aufmerksam gemacht hat, warnt namentlich vor den Reduktionen in saurer Lösung.[8]

---

[1] Aufspaltung des Dianthrachinonyls: ECKERT: Ber. Dtsch. chem. Ges. **58**, 321 (1925).

[2] GUERBET: Compt. rend. Acad. Sciences **153**, 1487 (1911); Journ. Pharmac. Chim. (7), **5**, 58 (1912); Bull. Soc. chim. France (4), **11**, 164 (1912). — Über die ähnliche Reaktion von HELL siehe S. 363.

[3] GUERBET: Compt. rend. Acad. Sciences **154**, 222 (1912); Bull. Soc. chim. France (4), **11**, 276 (1912).

[4] GUERBET: Compt. rend. Acad. Sciences **154**, 713 (1912); Journ. Pharmac. Chim. (7), **5**, 377 (1912).

[5] Siehe dazu MUSKAT, KNAPP: Ber. Dtsch. chem. Ges. **64**, 779 (1931); Journ. Amer. chem. Soc. **56**, 943 (1934).

[6] Benzoylthiophen zerfällt in Tiophen und Benzoesäure: ALLENDORF: Diss. Heidelberg 17, 1898.

[7] SEMMLER: Ber. Dtsch. chem. Ges. **34**, 3123 (1901); **36**, 1033 (1903).

[8] Siehe auch unter „Jodwasserstoffsäure", S. 350.

Aber auch in neutraler[1] und alkalischer Lösung sind Isomerisationen möglich. So tritt bei der Reduktion der Cumenylacrylsäuren mit Natriumamalgam Umwandlung der Iso- in die Normalpropylgruppe ein.[2]

Erster Abschnitt.

Verwandlung von Ketonen und Aldehyden in die zugehörigen Alkohole.

1. Reduktion von Ketonen.

Diese Operation ist namentlich für die Terpenchemie von großer Bedeutung, und zwar ist hier[3] namentlich die Reduktion nach LADENBURG[4] angebracht.

Diese beruht auf der Entwicklung von nascierendem Wasserstoff bei der *Einwirkung von Natrium auf absoluten Aethylalkohol*, in manchen Fällen, wo höhere Reaktionstemperatur notwendig ist, *Amylalkohol*,[5] worin die zu reduzierende Substanz gelöst ist.

Das Verfahren ist in der Fettreihe, in der Terpenreihe sowie bei hydroaromatischen Verbindungen überhaupt, in der aromatischen Reihe und bei Pyridinderivaten gleich gut anwendbar.

Natriumamylat zeigt oftmals dieselben reduzierenden Eigenschaften wie Natrium und Amylalkohol. Nach diesen Autoren ist die Ursache der besonderen Reduktionswirkungen dieses Reagens auch nicht die erzielbare höhere Temperatur, da z. B. Benzophenon durch Amylat schon bei 90° reduziert wird, während Natriumaethylat bei 140—150° ohne Einwirkung ist.[6]

Es ist zu beachten, daß der Amylalkohol selbst durch das Natrium zum Teil verändert wird. Die entstandenen Produkte[7] können zu Täuschungen Veranlassung geben.

WINDAUS, UIBRIG fanden, daß sich Cholesterin bei der Reduktion mit Natrium und Amylalkohol[8] mit dem Alkohol kondensiert und dabei durch Ringschluß oder Reduktion in α-Cholestanol übergeht.

Nicht nur Ketone (und Aldehyde), sondern auch die Ester der meisten Carbonsäuren lassen sich nach diesem Verfahren in die zugehörigen Alkohole überführen.[9]

Ausführliche Angaben über die Reduktion aromatischer und gemischt fettaromatischer Ketone mit Natrium und Alkohol haben KLAGES, ALLENDORFF[10] gemacht.

---

[1] Isomerisation bei der Reduktion nach SABATIER, SENDERENS: WILLSTÄTTER, KAMETAKA: Ber. Dtsch. chem. Ges. 41, 1480 (1908).

[2] WIDMAN: Ber. Dtsch. chem. Ges. 19, 2769 (1886).   [3] Siehe Note 7 auf Seite 338.

[4] LADENBURG: Liebigs Ann. 247, 80 (1889); Ber. Dtsch. chem. Ges. 27, 78, 1465 (1894); 33, 1074 (1900).

[5] BAMBERGER: Ber. Dtsch. chem. Ges. 20, 2916 (1887); 21, 850 (1888); 22, 944 (1889). — BAMBERGER, BORDT: Ber. Dtsch. chem. Ges. 23, 215 (1890). — BESTHORN: Ber. Dtsch. chem. Ges. 28, 3151 (1895). — JACOBSON, TURNBULL: Ber. Dtsch. chem. Ges. 31, 897 (1898). — Verwendung von *Caprylalkohol*: MARKOWNIKOFF: Ber. Dtsch. chem. Ges. 25, 3356 (1892). — MARKOWNIKOFF, ZUBOFF: Ber. Dtsch. chem. Ges. 34, 3248 (1901). — *Octylalkohol*: MARKOWNIKOFF: Ber. Dtsch. chem. Ges. 22, 1311 (1889). — Bestimmung des verbrauchten Wasserstoffs: SCHROETER: Liebigs Ann. 426, 138 (1922).   [6] DIELS, RHODIUS: Ber. Dtsch. chem. Ges. 42, 1072 (1909).

[7] GUERBET: Compt. rend. Acad. Sciences 128, 511 (1899).

[8] Oder mit fertigem Natriumamylat. — Anwendung von Alkohol und Solventnaphtha: D. R. P. 306724 (1918).

[9] D. R. P. 148207 (1904), 164294 (1905). Dabei kann der ursprüngliche Alkohol zum Kohlenwasserstoff reduziert werden: POMMEREAU: Compt. rend. Acad. Sciences 172, 1503 (1921).   [10] KLAGES, ALLENDORFF: Ber. Dtsch. chem. Ges. 31, 998 (1898).

Die Reduktionen werden im allgemeinen in der Weise ausgeführt, daß auf einen Teil des Ketons die gleiche Menge Natrium verwendet wird. Das Keton wird in *absolutem* Alkohol gelöst, die Lösung unter Rückfluß auf dem Wasserbad erwärmt und das Natrium möglichst schnell eingetragen. Auf einen Teil Natrium gelangt die zehnfache Menge Alkohol zur Verwendung. Nach Beendigung der Reduktion wird in die warme alkoholische Lösung Kohlendioxyd eingeleitet und allmählich mit Wasser versetzt. Der Alkohol wird dann unter Anwendung eines Aufsatzes abdestilliert, das zurückbleibende Öl ausgeaethert, die aetherische Lösung getrocknet und weiterverarbeitet.

Dabei zeigt es sich, daß die rein aromatischen Ketone sowie das Benzoylthiophen bis zu den entsprechenden Kohlenwasserstoffen reduziert werden, während die Acetophenone nur die entsprechenden Carbinole liefern.

Wie die fettaromatischen Ketone verhält sich auch das MICHLERsche Keton[1] und sein Homologes, das Tetraaethyldiaminobenzophenon.[2]

Für die Reduktion der *Ketone der Terpenreihe* gibt SEMMLER[3] noch folgende Vorschriften: Man löst das Keton in *absolutem* Alkohol und fügt allmählich ungefähr die $2^1/_2$fache Menge metallisches Natrium zu der unter Rückfluß siedenden Lösung. Sollte sich Alkoholat ausscheiden, so setzt man noch etwas absoluten Alkohol zu, bis sämtliches Natrium verbraucht ist. Zur Gewinnung des entstandenen Alkohols destilliert man mit Wasserdampf. Gewöhnlich geht hierbei zuerst der Aethylalkohol über, ohne daß erhebliche Mengen des durch Reduktion gewonnenen Alkohols mit überdestillieren. Man wechselt die Vorlage, sobald das Destillat sich trübt. Aus dem Destillat gewinnt man den Alkohol durch Ausaethern (evtl. Aussalzen); sollte jedoch mit dem Aethylalkohol bereits eine erhebliche Menge des neuen Alkohols übergegangen sein, so destilliert man nochmals die Hauptmenge aus einem Kochsalzbad ab, gießt den Rückstand in Wasser und schüttelt mit Aether aus.

Es ist zu beachten, daß als Nebenprodukte der Reduktion auch noch andere Substanzen, Pinakone und sonstige Kondensationsprodukte, entstehen können.

Zur *Trennung* der Alkohole von unangegriffenem Keton eignen sich am besten Hydroxylamin, Semicarbazid, manchmal auch Bisulfitlösung.

Für die Reduktionen von *Ketonen der Pyridinreihe*[4] hat TSCHITSCHIBABIN[5] die LADENBURGsche Methode modifiziert.

Der Lösung von 6 g Natrium in absolutem Alkohol werden 10 g *Zink*staub und 8 g Keton zugesetzt und 3—4 Stunden auf dem Wasserbad am Rückflußkühler gekocht. Dann wird die heiße alkoholische Lösung abfiltriert und das Ungelöste mit heißem Alkohol gewaschen. Durch Zusatz von Wasser zur alkoholischen Lösung werden die Pyridylcarbinole ausgefällt.

Über Reduktionen mit Zink und alkoholischer Lauge siehe auch: ZAGUMENNY: Liebigs Ann. 184, 175 (1876) und D.R.P. 27032 (1883) (Amylalkohol).

Über Reduktionen mit amalgamiertem Zink siehe S. 351. Mit *Bleinatrium* (30% Na) geht α-Benzylacetessigester, in alkoholischer Schwefelsäure bei 55° unter Umlagerung in Amylbenzol über. STENZL, FICHTER: Helv. chim. Acta 17, 672 (1934).

Reduktionen mit Jodwasserstoff und Zink: S. 351.

Sehr geeignet zur Reduktion von *Ketonen und Aldehyden* sind die *Aluminiumalkoholate*.

---

[1] Siehe auch MÖHLAU, KLOPFER: Ber. Dtsch. chem. Ges. 32, 2148 (1899).
[2] ALLENDORFF: Diss. Heidelberg 35, 1898.
[3] SEMMLER: Die ätherischen Öle, Bd. 1, S. 149. 1905.
[4] Überführung von Cinchoninon in Cinchonin mittels Aethylalkohol und Natrium: RABE: Ber. Dtsch. chem. Ges. 41, 67 (1908).
[5] TSCHITSCHIBABIN: Ber. Dtsch. chem. Ges. 37, 1371 (1904).

Aluminiumaethylat hat zuerst MEERWEIN[1] empfohlen. Man rührt auf dem Wasserbad in Benzollösung.

Noch geeigneter ist *Aluminiumisopropylat*.[2]

300 mg Capsanthin, 32 g Benzol, 30 ccm Isopropylalkohol werden mit 5—6 g geschmolzenem Aluminiumisopropylat im Stickstoffstrom 10 Stunden am Rückflußkühler gekocht.

Während diese Methode im allgemeinen vorzügliche Ausbeuten gibt, versagt sie bei Ketonen, wie Acetessigester, die großenteils in der Enolform vorliegen.[3] Ebenso wirken *Magnesiumalkoholate*.[4] Die Reaktion ist umkehrbar:

$$RCHO....Al(OCH_2R')_3 \rightleftarrows RCH_2OAl(OCH_2')_2 + R'CHO.$$

Elektrochemische Reduktion von Ketonen und Aldehyden: SHIMA: Chem. Ztrbl. 1930 I, 1619; 1930 II, 2363.

2. Reduktion von Aldehyden.

Die Aldehyde lassen sich nach der LADENBURGschen Methode meist nicht so glatt reduzieren wie die Ketone, da sie dabei Polymerisationen zu erleiden pflegen.

Am meisten bewährt sich hier, für empfindliche Substanzen, die Reduktion mit *Natriumamalgam*.[5]

Zur Reduktion der Aldosen und Ketosen hat E. FISCHER ebenfalls Natriumamalgam angewendet.

Nach NEUBERG, MARX[6] ist hierfür *Calcium* bzw. *Calciumamalgam* besonders geeignet, weil die Trennung der anorganischen Natriumsalze von den Substanzen der Kohlenhydratgruppe entfällt. Man kann auf diese Weise Disaccharide ohne Spaltung reduzieren.

Nach EKENSTEIN, BLANKSMA[7] bildet übrigens die Verwendung von Calciumamalgam statt Natriumamalgam in der Zuckerreihe keinen Vorteil.

Eine sehr vorsichtige Art des Reduzierens ist auch das Verfahren von WISLICENUS,[8] *Reduktion mit Aluminiumamalgam*.[9]

Falls keine Gefahr einer Umlagerung besteht, kann man auch in *saurer Lösung* arbeiten, am besten mit *Eisenfeile*,[10] *Zinkstaub* oder *Zinkgranalien* und *Essigsäure*.[11]

Auf diese Art, unter Anwendung verdünnter Säure, haben E. FISCHER, TAFEL das α-Acroson in α-Acrose verwandelt.[12]

---

[1] MEERWEIN, SCHMIDT: Liebigs Ann. 444, 22 (1925). — SLOTTA, LAUERSEN: Journ. prakt. Chem. (2), 139, 225 (1933).

[2] KARRER, SOLMSSEN: Helv. chim. Acta 18, 477 (1935). — KARRER, HÜBNER: Helv. chim. Acta 19, 476 (1936). — YOUNG, HARTUNG, CROSSLEY, ADKINS: Journ. Amer. chem. Soc. 58, 100 (1936) (Crotonaldehyd). — KUHN, WALLENFELS: Ber. Dtsch. chem. Ges. 70, 1331 (1937) (Polyenole). — LUND: Ber. Dtsch. chem. Ges. 70, 1520 (1937). [3] LUND: Kem. Maanedsbl. 17, 169 (1936).

[4] MEERWEIN: Journ. prakt. Chem. (2), 147, 211 (1937).

[5] DODGE: Amer. chem. Journ. 11, 463 (1890). — TIEMANN, SCHMIDT: Ber. Dtsch. chem. Ges. 29, 906 (1896). — Dimethylgentisinaldehyd: BAUMANN, FRÄNKEL: Ztschr. physiol. Chem. 20, 220 (1895). — Siehe auch CLAUS: Liebigs Ann. 137, 92 (1866).

[6] NEUBERG, MARX: Biochem. Ztschr. 3, 539 (1907).

[7] EKENSTEIN, BLANKSMA: Chem. Weekbl. 4, 743 (1907).

[8] WISLICENUS: Journ. prakt. Chem. (2), 54, 18 (1896). — MOORE: Ber. Dtsch. chem. Ges. 33, 2014 (1900). — FISCHER, BEISSWENGER: Ber. Dtsch. chem. Ges. 36, 1200 (1903). — PONZIO: Journ. prakt. Chem. (2), 65, 198 (1902); 67, 200 (1903); D. R. P. 157300 (1904). [9] Siehe auch S. 524.

[10] RABE: Ber. Dtsch. chem. Ges. 41, 67 (1908).

[11] KRAFFT: Ber. Dtsch. chem. Ges. 16, 1715 (1883).

[12] E. FISCHER, TAFEL: Ber. Dtsch. chem. Ges. 22, 99 (1889).

Leicht esterifizierbare Alkohole können dabei acetyliert werden.[1]
Während bei diesen Reduktionen die gleichzeitige Acetylierung eher als störende Nebenreaktion empfunden wird, kann diese Kombination zweier Operationen in anderen Fällen sehr verwertbar sein.

3. Reduzierende Acetylierung.[2]

Die Vereinigung von Reduktion und Fixierung der bei dieser Reaktion entstandenen acylierbaren Reste gestattet, leicht veränderliche oder sonst schwer zugängliche, wichtige Derivate darzustellen, aus denen man dann gewöhnlich leicht durch Verseifung und Reoxydation zum Ausgangsmaterial zurückgelangen kann.

Diese Methode hat es zuerst LIEBERMANN[3] ermöglicht, die für sich schwer faßbaren unbeständigen Reduktionsprodukte:

OH
|
C
(Anthracen-Struktur)
C
|
OH

von Anthrachinonen in Form der Derivate:

O—COCH$_3$
|
C
(Anthracen-Struktur)
C
|
O—COCH$_3$

festzuhalten.

Auch in anderen Reihen erhält man auf diesem Weg die meist schön krystallisierenden Leukofarbstoffe leicht und fast augenblicklich, auch da, wo die Leukostufen selbst, ihrer Unbeständigkeit wegen, sehr schwer darstellbar sind.

[1] SODEN, ROJAHN: Ber. Dtsch. chem. Ges. **33**, 1723 (1900). — TIEMANN: Ber. Dtsch. chem. Ges. **19**, 355 (1886).

[2] LOCHNER: Diss. Berlin 34, 1889. — SCHUNCK, MARCHLEWSKI: Ber. Dtsch. chem. Ges. **27**, 3463 (1894). — THIELE: Liebigs Ann. **306**, 143 (1899). — HANS MEYER: Monatsh. Chem. **30**, 176 (1909). — GRAFMANN: Diss. Bern 23, 25, 1910. — NIERENSTEIN: Ber. Dtsch. chem. Ges. **43**, 628 (1910); **45**, 500 (1912). — HIROSÉ: Ber. Dtsch. chem. Ges. **45**, 2474 (1912). — KEHRMANN, OULEVAY, REGIS: Ber. Dtsch. chem. Ges. **46**, 3721 (1913). — HERZIG, WENZEL: Monatsh. Chem. **35**, 75 (1914). — HANS MEYER, ALICE HOFMANN: Monatsh. Chem. **37**, 720 (1916). — HERZIG: Liebigs Ann. **421**, 247 (1920). — TOMMASI: Gazz. chim. Ital. **50** I, 263 (1920). — HINSBERG: Ber. Dtsch. chem. Ges. **56**, 2008 (1923). — POSNER, WALLIS: Ber. Dtsch. chem. Ges. **57**, 1673 (1924). — SEKA, SEKORA: Monatsh. Chem. **47**, 522 (1926). — KOHN, SÜSSMANN: Monatsh. Chem. **48**, 207 (1927). — KÖNIG: Ber. Dtsch. chem. Ges. **61**, 2065 (1928). — DIMROTH, ROOS: Liebigs Ann. **456**, 188 (1927). — BLUMENSTOCK, RIESZ: Monatsh. Chem. **50**, 143 (1929). — HERNIER, SOMMER: WEGSCHEIDER-Festschr. 650 (1929). — KÖGL, ERXLEBEN: Liebigs Ann. **479**, 22 (1930); **484**, 67 (1930). — SKITA, ROHRMANN: Ber. Dtsch. chem. Ges. **63**, 1473 (1930). — ERDTMAN: Svensk Kem. Tidskr. **46**, 226 (1934). — LEONHARDT, OECHLER: Arch. Pharmaz. **273**, 452 (1935). — RAUDNITZ, STEIN: Ber. Dtsch. chem. Ges. **67**, 1958 (1934). — SMITH, PINGS: Journ. organ. Chemistry **2**, 95 (1937).

[3] LIEBERMANN: Ber. Dtsch. chem. Ges. **21**, 436, 442, 1172 (1888).

Derartige Verbindungen von Alkannin, Santalin und Indigo hat LIEBER-MANN[1] dargestellt.[2]

Das *Acetylindigweiß* ist übrigens auch durch *reduzierende Acetylierung in alkalischer Lösung* zu erhalten.[3]

Beim Arbeiten nach LIEBERMANN ist der Zusatz von Natriumacetat nicht notwendig.[4]

Mit Zinkstaub, Essigsäureanhydrid und *Eisessig* hat COHN[5] Methylen- und Aethylenblau reduzierend acetyliert.

HENRICH, SCHIERENBERG haben[6] in gleicher Weise einen Phenoxazinkörper charakterisiert.

Isatin und 5-Bromisatin liefern bei der reduzierenden Acetylierung Diacetyl-isatyd.[7]

Besondere Wichtigkeit hat das Verfahren auch für die Chemie gewisser Pflanzenfarbstoffe, wie dies HERZIG, POLLAK wiederholt zeigen konnten.[8]

Benzaldehyd wird durch *reines* Acetylchlorid und Zinkstaub zu Hydro-benzoindiacetat reduziert.[9]

Auch zum Beweis der Phenolbetainformel der Isorosindone und Rosindone wurde die Methode mit Erfolg verwertet.[10]

Reduzierende Acetylierung von Nitroverbindungen: KONSTANZE BAUER: Diss. Erlangen 37, 1915. — RUGGLI, ZIMMERMANN, SCHMID: Helv. chim. Acta 16, 21 (1933).

ECKERT, POLLAK haben[11] gefunden, daß die im D.R.P. 201542 (1910) erwähnte Reduktion von Anthrachinon mit Aluminium und konzentrierter Schwefelsäure auf die aromatischen Ketone verallgemeinert werden kann.

Die so erhältlichen, mehr oder weniger labilen Zwischenstufen mit alkoholischem Hydroxyl lassen sich nach der Methode von HANS MEYER (S. 498) acylieren.

Zur Ausführung der Reduktion wird die Substanz (1 Teil) in der 20—30fachen Menge Schwefelsäure gelöst, die zur Acylierung bestimmte Carbonsäure (1 Teil) zugefügt und unter gutem Rühren *langsam* ein Fünftel der angewendeten Substanzmenge an Aluminiumpulver[12] („Bronze") eingetragen. Es muß andauernd gut gekühlt werden. Das Ende der Reaktion gibt sich gewöhnlich durch starkes Schäumen kund.

4. Reduzierende Propionylierung und Benzoylierung

ist ebenfalls öfters mit Erfolg unternommen worden.[13]

Reduzierende Benzoylierung des Indanthrens: SCHOLL, STEINKOPF, KA-BACZNIK: Ber. Dtsch. chem. Ges. 40, 390 (1907).

[1] LIEBERMANN: Ber. Dtsch. chem. Ges. 21, 442, Anm. (1888); 24, 4130 (1891). — DICKHUTH: Diss. Jena 1893. — RAUDNITZ, STEIN: Ber. Dtsch. chem. Ges. 67, 1958 (1934).   [2] Thioindigo: POSNER, WALLIS: Ber. Dtsch. chem. Ges. 57, 1673 (1924).

[3] VORLÄNDER, DRESCHER: Ber. Dtsch. chem. Ges. 34, 1858 (1901). — DRESCHER: Diss. Halle 70, 1902.   [4] DRESCHER: a. a. O., S. 72.

[5] COHN: Arch. Pharmaz. 237, 387 (1899); D. R. P. 103147 (1898).

[6] HENRICH, SCHIERENBERG: Journ. prakt. Chem. (2), 70, 373 (1904).

[7] KOHN, KLEIN: Monatsh. Chem. 33, 929 (1912). — KOHN, OSTERSETZER: Monatsh. Chem. 34, 788 (1913).

[8] HERZIG, POLLAK: Monatsh. Chem. 22, 211 (1901); 23, 168 (1902); 27, 746 (1906). — GALITZENSTEIN: Monatsh. Chem. 25, 884 (1904).

[9] PAAL: Ber. Dtsch. chem. Ges. 16, 636 (1883).

[10] KEHRMANN, STERN: Ber. Dtsch. chem. Ges. 41, 13 (1908).

[11] ECKERT, POLLAK: Monatsh. Chem. 38, 11 (1917).

[12] Aktivieren durch Wasserstoff bei 500°: RAY, DUTT: Journ. Indian chem. Soc. 5, 103 (1928).

[13] VORLÄNDER, DRESCHER: Ber. Dtsch. chem. Ges. 34, 1858 (1901). — DRESCHER: Diss. Halle 76, 1902.

5. Reduzierende Alkylierung.

Zur reduzierenden Alkylierung der Anthrachinone kann man nach LIEBER-
MANN[1] etwa folgendermaßen verfahren.

In einem geräumigen Kolben werden 120 g alkoholfeuchtes Anthrachinon
mit 180 g Kali, 150 g Zinkstaub, 5 l Wasser und 50 g Amylbromid mehrere
Stunden am Rückflußkühler gekocht und nach und nach weitere 50 g Amylbromid zugegeben. Nach 6—8 Stunden wird das entstandene Amyloxanthranol
nach dem Abdestillieren des unverbrauchten Amylbromids abfiltriert und durch
Umkrystallisieren aus verdünntem Alkohol usw. gereinigt.

Methylierung von Höchster Gelb in der Küpe: POSNER, ZIMMERMANN, KAUTZ:
Ber. Dtsch. chem. Ges. **62**, 2156 (1929) (Dimethylsulfat).

Zweiter Abschnitt.

Zinkstaubdestillation.[2]

Im Jahre 1866 zeigte BAEYER,[3] daß beim Überleiten der Dämpfe von
Phenol und Oxindol über erhitzten Zinkstaub Benzol bzw. Indol, also völlig
sauerstofffreie Substanzen, gebildet werden.

Kurze Zeit darauf[4] haben GRAEBE, LIEBERMANN in ihrer klassischen Arbeit
über das Alizarin dieser Methode die bis jetzt übliche[5] Ausführungsform gegeben.

Man mischt die Substanz mit der 30—50fachen Menge Zinkstaub[6] und bringt
das Gemisch in eine einseitig verschlossene Verbrennungsröhre, legt noch eine
Schicht Zinkstaub vor und läßt eine weitere Strecke im Rohr frei.

Es ist notwendig, durch Klopfen eine nicht zu enge Rinne herzustellen, da
sonst leicht beim folgenden Erhitzen der Rohrinhalt herausgeschleudert wird.

Nunmehr wird mit dem Erhitzen langsam vom vorderen (offenen) Rohrende
nach rückwärts fortgeschritten. Man erwärmt bis zur schwachen Rotglut.

Man kann auch *in einem indifferenten Gasstrom* (Wasserstoff[7] oder Kohlen-

---

[1] LIEBERMANN: Liebigs Ann. **212**, 73 (1882).
[2] Mikrozinkstaubdestillation: KÖGL: Liebigs Ann. **440**, 32 (1924); **447**, 84 (1926);
479, 24 (1930). — S. a. S. 345.
[3] BAEYER: Liebigs Ann. **140**, 295 (1866). — Alkaloide: HOFMANN: Ber. Dtsch.
chem. Ges. **27**, 825 (1894). — THOMS, BERGERHOFF: Arch. Pharmaz. **263**, 8 (1925). —
KELLER, BERNHARD: Arch. Pharmaz. **263**, 408 (1925). — WINTERSTEIN, WALTER:
Helv. chim. Acta **10**, 580 (1927).
[4] GRAEBE, LIEBERMANN: Ber. Dtsch. chem. Ges. **1**, 49 (1868); Suppl. **7**, 297 (1869).
[5] Es kann aber noch zweckmäßiger sein, die Substanz, gemischt mit der zirka
achtfachen Menge Zinkstaub, aus kleinen Retorten oder aus abgebogenen Reagensröhrchen zu destillieren: BELL: Ber. Dtsch. chem. Ges. **13**, 878 (1880). — ELBS:
Journ. prakt. Chem. (2), **35**, 507 (1887). — GABRIEL, LEUPOLDT: Ber. Dtsch. chem.
Ges. **31**, 1279 (1898). — BOHN: Ber. Dtsch. chem. Ges. **36**, 3443 (1903). — VAN DER
HAAR: Ber. Dtsch. chem. Ges. **55**, 1060 (1922). — WINTERSTEIN, WALTER: Helv.
chim. Acta **10**, 580 (1927). — KÖGL, ERXLEBEN, JÄNECKE: Liebigs Ann. **482**, 114
(1930).
[6] Hochaktiver Zinkstaub wird durch Elektrolyse von Zinksulfatlösung an Cu-
und Zn-Elektroden gewonnen. Man füllt ein Rohr zu zwei Drittel mit Bimsstein,
tränkt mit in Aceton aufgeschwemmtem Zinkstaub und trocknet: DIETERLE, SALOMON:
Arch. Pharmaz. **271**, 187 (1933).
[7] SALZMANN, WICHELHAUS: Ber. Dtsch. chem. Ges. **10**, 1397 (1877). — LE
BLANC: Ber. Dtsch. chem. Ges. **21**, 2299 (1888). — RUHEMANN: Journ. chem. Soc.
London **63**, 874 (1893). — VORLÄNDER, KALKOW: Liebigs Ann. **309**, 356 (1899). —
PSCHORR: Ber. Dtsch. chem. Ges. **39**, 3128 (1906). — EVINS: Journ. chem. Soc.
London **103**, 97 (1913). — VAN DER HAAR: Ber. Dtsch. chem. Ges. **55**, 1059, 3067
(1922).

dioxyd[1]) arbeiten und den Zinkstaub mit Sand oder Bimsstein[2] vermengen. Der *Zinkbimsstein* wird zuerst im Wasserstoffstrom unter Evakuieren durchgeheizt, zur Entfernung von Verunreinigungen (SCHOLL).

Wesentlich ist es, die Temperatur nicht über das unbedingt Erforderliche zu steigern, oftmals auch die Reduktionsprodukte möglichst rasch aus dem Bereich des erhitzten Zinks zu entfernen, was namentlich durch Arbeiten *im luftverdünnten Raum* erleichtert wird.[3]

Flavanthrin entsteht durch Erhitzen von Flavanthren mit der 8—10fachen Menge Zinkstaub. Es destilliert dabei nicht aus dem Zink heraus, sondern muß durch Weglösen des Zinks mit Salzsäure oder durch Auskochen mit organischen Lösungsmitteln isoliert werden: BOHN, KUNZ: Ber. Dtsch. chem. Ges. 41, 2328 (1908).

Statt des Destillierens mit Zinkstaub[4] kann man auch gelegentlich *im Einschmelzrohr* — bei 220—230° — arbeiten.

Dieses von SEMMLER herrührende Verfahren ist als Reaktion auf tertiäre Alkohole S. 368 beschrieben.

Noch milder wirkt der Zinkstaub, wenn er durch ein indifferentes Medium verdünnt ist.

Als letzteres dient zweckmäßig ein hochsiedender Kohlenwasserstoff. So führte BINZ[5] Indigo durch Kochen mit der 5fachen Menge Zinkstaub und der 50fachen Menge *Naphthalin* in Indigoweißzink über.

Verstärkt wird die Wirkung des Zinkstaubs durch Zusatz von *Natronkalk*.[6]

Manchmal ist es von Wichtigkeit, die zu reduzierende Substanz in möglichst *reinem* Zustand anzuwenden, die Menge des Zinkstaubs sehr zu vergrößern und für feinste Verteilung der Substanz in dem Reduktionsmittel zu sorgen.[7]

Mikro-Zinkstaubdestillation: KÖGL, DEIJS: Liebigs Ann. 515, 10 (1934).

Ersatz des Zinks durch andere Metalle

ist verschiedentlich versucht worden.

SCHMIDT, SCHULTZ[8] erhielten bei der Destillation von Azoxybenzol mit der dreifachen Menge *Eisenfeile* mit über 70% Ausbeute Azobenzol.[9]

In anderen Fällen ist aber die Verwendung von Eisenstaub oder reduzierter Eisenfeile direkt schlechter befunden worden,[10] als die von Zinkstaub und ebensowenig konnten IRVINE, WEIR annehmbare Resultate mit *Magnesium*- oder *Aluminiumpulver* erzielen,[11] weil sie allzu heftig einwirkten. Systematische, von

---

[1] LE BLANC: Ber. Dtsch. chem. Ges. 21, 2300 (1888). — IRVINE, MOODIE: Journ. chem. Soc. London 91, 537 (1907). — *Wasserstoff verstärkt, Kohlendioxyd mildert die Wirkung des Zinkstaubs*: IRVINE, WEIR: Journ. chem. Soc. London 91, 1385 (1907).
[2] VONGERICHTEN: Ber. Dtsch. chem. Ges. 34, 1162 (1901). — PSCHORR: Ber. Dtsch. chem. Ges. 39, 3128 (1906). — SCHOLL, NEUMANN: Ber. Dtsch. chem. Ges. 55, 123 (1922). — PHILLIPS: Journ. Amer. chem. Soc. 53, 770 (1931).
[3] SCHOLL, BERBLINGER: Ber. Dtsch. chem. Ges. 36, 3443 (1903). — KNORR: Liebigs Ann. 236, 69 (1886). — NIEMENTOWSKI: Ber. Dtsch. chem. Ges. 40, 4285 (1907). — FANTL: Monatsh. Chem. 47, 255 (1926). — Apparat für Arbeiten im Vakuum: KELLER, BERNHARD: Liebigs Ann. 263, 408 (1925).
[4] Es kommt sehr auf die Qualität des Zinkstaubs an. Am besten pflegt Elektrolytzinkstaub zu wirken. [5] BINZ: Journ. prakt. Chem. (2), 63, 497 (1901).
[6] EMMERLING, ENGLER: Ber. Dtsch. chem. Ges. 3, 885 (1870). — R. MEYER, SAUL: Ber. Dtsch. chem. Ges. 25, 3588 (1892).
[7] DIMROTH: Liebigs Ann. 399, 34 (1913). — DIMROTH, SCHEURER: Liebigs Ann. 399, 58 (1913).   [8] SCHMIDT, SCHULTZ: Liebigs Ann. 207, 329 (1881).
[9] Siehe auch ROTARSKI: Ber. Dtsch. chem. Ges. 41, 865 (1908) (Azoxyanisol).
[10] Z. B. SCHOLL, BERBLINGER: Ber. Dtsch. chem. Ges. 36, 3443 (1903).
[11] IRVINE, WEIR: Journ. chem. Soc. London 91, 1389 (1907).

HANS MEYER, JOHN angestellte Versuche[1] haben indessen ergeben, daß man in vielen Fällen (Anisol, Phenol, α- und β-Naphthol, Guajacol, Brenzcatechin, Hydrochinon, Anthrachinon usw.) bei richtiger Wahl der Temperatur mit *Aluminiumgrieß* und *Magnesiumpulver* (das evtl. mit Magnesiumoxyd verdünnt wird), oft auch mit *Kupfer, Calcium* und *Eisen*[2] gute Resultate erhält. Speziell mit Magnesium werden oft besonders reine Produkte erhalten.

Mit *Cer-Pulver* im Wasserstoffstrom haben LAL, DUTT[3] gearbeitet. Das Verfahren bietet keine Vorteile.

Die Resultate der Zinkstaubdestillation sind, wenn man die Hauptreaktionsprodukte der Beobachtung zugrunde legt, vielfach für Konstitutionsbestimmung von größtem Wert. Doch muß man sich vor Augen halten, daß hierbei auch nicht selten Ringschlüsse und Umlagerungen beobachtet worden sind.

Was das *Verhalten der einzelnen Körperklassen gegen Zinkstaub* anbelangt, so läßt sich das Folgende sagen:

1. Aliphatische Verbindungen.[4]

Methylalkohol ergab Kohlenoxyd, Wasserstoff und kleine Mengen Methan; *Aethylalkohol:* Methan, Kohlenoxyd und Wasserstoff.

Die *höheren Alkohole und Aether* werden in Olefin und Wasserstoff gespalten.

Die *einbasischen Fettsäuren* werden in der Hauptsache in Kohlendioxyd, Wasserstoff und Aethylenkohlenwasserstoffe zerlegt. Letztere leiten sich in den niedrigeren Reihen von den betreffenden Säuren ab, bei den höheren Säuren entstehen dagegen durch Polymerisation und andere sekundäre Reaktionen Produkte, die mit dem Ausgangsmaterial in keinem einfachen Zusammenhang stehen. Analog verhalten sich die *zweibasischen Fettsäuren.*

Als Zwischenprodukte der Reaktion entstehen Ketone.[5]

Stickstoffhaltige Substanzen liefern oftmals Zinkcyanid.[6] Cyclische Säureimide vom Typus des Succinimids geben Pyrrolderivate.[7]

2. Aromatische Verbindungen.

Phenole und analoge hydroxylhaltige Verbindungen werden ihres Sauerstoffs beraubt.

Phenol, Oxindol: BAEYER: Liebigs Ann. **140**, 295 (1866).

Kresol, Guajacol: MARASSE: Liebigs Ann. **152**, 64 (1869).

Alizarin: GRAEBE, LIEBERMANN: Ber. Dtsch. chem. Ges. **1**, 49 (1868).

Naphthazarin: LIEBERMANN: Liebigs Ann. **162**, 333 (1872).

Diphenole: BARTH, SCHREDER: Ber. Dtsch. chem. Ges. **11**, 1332 (1878); Diresorcin: Ber. Dtsch. chem. Ges. **12**, 503 (1879).

β-Dinaphthol: JULIUS: Ber. Dtsch. chem. Ges. **19**, 2549 (1886).

Oxylepidin: KNORR: Liebigs Ann. **236**, 69 (1886).

$\beta.\gamma$-Dimethylcarbostyril: KNORR: Liebigs Ann. **245**, 357 (1888).

---

[1] Unveröffentlicht.

[2] Verwandlung der Phenole in Kohlenwasserstoffe beim Leiten durch glühende verzinnte Eisenrohre im Wasserstoffstrom: FISCHER, SCHRADER: Brennstoff-Chem. **1**, 4 (1920).   [3] LAL, DUTT: Journ. Indian chem. Soc. **9**, 565 (1932).

[4] JAHN: Monatsh. Chem. **1**, 378 (1880); Ber. Dtsch. chem. Ges. **13**, 2233 (1880). — HÉBERT: Compt. rend. Acad. Sciences **32**, 633 (1901); **136**, 682 (1903). — SEMMLER: Ber. Dtsch. chem. Ges. **27**, 2520 (1894). — GANDURIN: Ber. Dtsch. chem. Ges. **41**, 4359 (1908).

[5] EASTERFIELD, TAYLOR: Journ. chem. Soc. London **99**, 2298 (1911); D. R. P. 259191 (1913).   [6] AUFSCHLÄGER: Monatsh. Chem. **13**, 268 (1892).

[7] BELL: Ber. Dtsch. chem. Ges. **13**, 877 (1880).

β-Methyl-$\alpha.\alpha$-dihydroxypyridin: RUHEMANN: Journ. chem. Soc. London 63, 874 (1893).

$\alpha.\gamma$-Dioxychinolinanilid: NIEMENTOWSKI: Ber. Dtsch. chem. Ges. 40, 4289 (1907).

Dioxyperylen: ZINKE, DERGG: Monatsh. Chem. 43, 125 (1922).

Carbinole verhalten sich analog.

Dinaphthylphenylcarbinol: ELBS, STEINIKE: Ber. Dtsch. chem. Ges. 19, 1965 (1886); Journ. prakt. Chem. (2), 35, 507 (1887).

Methyl-9-phenanthrylcarbinol: PSCHORR: Ber. Dtsch. chem. Ges. 39, 3128 (1906).

Ketone liefern primär Aethanderivate, sekundär können Kondensationen eintreten.

Benzophenon: STAEDEL: Ber. Dtsch. chem. Ges. 6, 1387 (1873). — Siehe dazu BARBIER: Compt. rend. Acad. Sciences 79, 840 (1874).

Tolylphenylketon: BEBER, VAN DORP: Ber. Dtsch. chem. Ges. 6, 753 (1873).

Naphthylphenyl-β-pinakolin: ELBS: Journ. prakt. Chem. (2), 35, 508 (1887).

Cyclische Ketone und Chinone reagieren meist glatt unter Bildung des zugehörigen Kohlenwasserstoffs usw.

Diphenylketon: FITTIG: Ber. Dtsch. chem. Ges. 6, 187 (1873).

Retenchinon: BAMBERGER, HOOKER: Liebigs Ann. 229, 102 (1885).

Picenchinon: BAMBERGER, CHATTAWAY: Liebigs Ann. 284, 52 (1895).

Acridon: GRAEBE, LAGODZINSKI: Ber. Dtsch. chem. Ges. 25, 1733 (1892). — KOLLER, KRAKAUER: Monatsh. Chem. 50, 53 (1928).

Phenanthridon: GRAEBE, WANDER: Liebigs Ann. 276, 245 (1893). — GRAEBE: Liebigs Ann. 335, 122 (1904).

Phenonaphtacridon: SCHÖPFF: Ber. Dtsch. chem. Ges. 26, 2589 (1893).

Als sekundäres Reaktionsprodukt wird dabei das Dihydrophenonaphthacridin erhalten: SCHÖPFF: Ber. Dtsch. chem. Ges. 27, 2840 (1894).

Phenylmethylpyrazolon, Antipyrin: KNORR: Ber. Dtsch. chem. Ges. 21, 2299 (1888).

Homoorthophthalimid: LE BLANC: Ber. Dtsch. chem. Ges. 21, 2299 (1888).

Anthrachinon: GRAEBE, LIEBERMANN: Suppl. 3, 257 (1869).[1]

α-Methylanthrachinon: O. FISCHER, SAPPER: Journ. prakt. Chem. (2), 83, 201 (1911).

Indanthren: SCHOLL, BERBLINGER: Ber. Dtsch. chem. Ges. 36, 3427 (1903).

Flavanthren: SCHOLL: Ber. Dtsch. chem. Ges. 41, 2304 (1908).

Sind im Molekül *phenolische Hydroxylgruppen neben Ketongruppen* vorhanden, so wird aller Sauerstoff eliminiert bzw. durch Wasserstoff ersetzt. Sekundär kann noch weitere Hydrierung erfolgen.

Alizarin, Purpurin: GRAEBE, LIEBERMANN: Suppl. 3, 257 (1869).

Chrysophansäure: LIEBERMANN: Liebigs Ann. 183, 169 (1876).

Methylerythrooxyanthrachinon: BIRNKOFF: Ber. Dtsch. chem. Ges. 20, 2068, 2438 (1887).

Rufiopin: LIEBERMANN, CHOJNACKI: Liebigs Ann. 162, 321 (1862).

Isoaethindiphthalid: GABRIEL, LEUPOLDT: Ber. Dtsch. chem. Ges. 31, 1272 (1898).

1.4-Methyloxyanthrachinon: O. FISCHER, SAPPER: Journ. prakt. Chem. (2), 83, 201 (1911).

Pyrengewinnung: FREUND, FLEISCHER: Liebigs Ann. 402, 77 (1913).

---

[1] Anilinoanthrachinon: SCHOLL, SEMP, STIX: Ber. Dtsch. chem. Ges. 64, 73 (1931).

Brückensauerstoff wird im allgemeinen nicht angegriffen.[1]
Xanthon: GRAEBE: Liebigs Ann. **254**, 265 (1889).
Euxanthon: SALZMANN, WICHELHAUS: Ber. Dtsch. chem. Ges. **10**, 1397 (1877).
— GRAEBE, EBRARD: Ber. Dtsch. chem. Ges. **15**, 1675 (1882).
Carbonyldiphenylenoxyd: RICHTER: Journ. prakt. Chem. (2), **28**, 273 (1883).
Tri- und Tetraoxybrasan: KOSTANECKI, LLOYD: Ber. Dtsch. chem. Ges. **36**, 2193 (1903).
Leicht abspaltbare Gruppen werden eliminiert.
Carboxylgruppe:
l-Anthrachinoncarbonsäure: O. FISCHER, SAPPER: Journ. prakt. Chem. (2), **83**, 201 (1911).

Die ein- und zweibasischen einfachen *aromatischen Säuren* bilden Benzol, evtl. etwas Benzaldehyd. Sobald sich die Konstitution·der Säuren auch nur wenig kompliziert, bildet sich eine große Anzahl von aromatischen Kohlenwasserstoffen, von den einfachsten bis zu den kompliziertesten.[2]
Über das Verhalten der Benzoylbenzoesäuren siehe weiter unten.
Halogen:
α-Chloranthrachinon, 1.4-Chlormethylanthrachinon:[3] O. FISCHER, SAPPER: A. a. O.
An Stickstoff gebundenes Methyl:
Homoorthophthalmethylimid, Dimethylhomo-o-phthalimid: LE BLANC: Ber. Dtsch. chem. Ges. **21**, 2299 (1888).[4]

Auch *an Kohlenstoff gebundenes Alkyl* kann abgespalten werden, zumeist läßt sich dies aber durch vorsichtiges Arbeiten vermeiden.
Trimethylhomo-o-phthalimid: LE BLANC: a. a. O.
Chrysophansäure: GRAEBE, LIEBERMANN: Suppl. **3**, 257 (1869).
Phenylacridin zu Acridin: VORLÄNDER, STRAUSS: Liebigs Ann. **309**, 375 (1899).
Diphenylpyridondicarbonsäure: PETRENKO, KRITSCHENKO, SCHÖTTLE: Ber. Dtsch. chem. Ges. **42**, 2020 (1909).
Hochmolekulare Substanzen werden oftmals stark abgebaut, so Metaoxyanthracumarin zu Anthracen: KOSTANECKI, LLOYD: Ber. Dtsch. chem. Ges. **36**, 2193 (1903).[5]
Abietinsäure: CIAMICIAN: Anz. Wien. Ak. **1877**, 174.
Carminsäure, Kermessäure: DIMROTH: Liebigs Ann. **399**, 1 (1913).
Hydroacridindion: VORLÄNDER, KALKOW: Liebigs Ann. **309**, 356 (1899).
Diphenylenaethan zu Fluoren: GRAEBE, MAUTZ: Liebigs Ann. **290**, 238 (1896).
Mesonaphthobianthron: HANS MEYER, BONDY, ECKERT: Monatsh. Chem. **33**, 1447 (1912).
Morphin, Thebain: VONGERICHTEN: Ber. Dtsch. chem. Ges. **34**, 767, 1162 (1901).
Papaverin: KRAUSS: Monatsh. Chem. **11**, 360 (1890).
Bebeerin: SPÄTH, LEITHE, LADECK: Ber. Dtsch. chem. Ges. **61**, 1706 (1928).
Matrin: KONDO: Ann. Chim. **26**, 36 (1928).

---

[1] Fluoran wird aber in Diphenylenphenylmethan übergeführt: R. MEYER, SAUL: Ber. Dtsch. chem. Ges. **25**, 3586 (1892). — Auch Biphenylaether wird bei genügend hoher Temperatur sowohl durch Zinkstaub als auch (leichter) durch Aluminium zu Benzol (und Phenol) reduziert: HANS MEYER, JOHN: Unveröffentlichte Beobachtung.
[2] BAEYER: Liebigs Ann. **140**, 295 (1866). — HEBERT: Compt. rend. Acad. Sciences **136**, 682 (1903); Bull. Soc. chim. France (4), **5**, 11 (1909).
[3] 1.4-Chlormethylanthracen ging dagegen unzersetzt über.
[4] Succinimidpyrrol, N-Aethylsuccinimid-N-aethylpyrrol: BELL: Ber. Dtsch. chem. Ges. **13**, 877 (1880).
[5] Sapogenin: WINTERSTEIN, BLAU: Ztschr. physiol. Chem. **75**, 433 (1911). — VAN DER HAAR: Arch. Pharmaz. **251**, 217 (1912); Biochem. Ztschr. **76**, 345 (1916); Rec. Trav. chim. Pays-Bas **43**, 546 (1924). — REHORST: Ber. Dtsch. chem. Ges. **62**, 523 (1929).

Sanguinarin: SPÄTH, KUFFNER: Ber. Dtsch. chem. Ges. 64, 378 (1931).

Die *Methoxylgruppe* wird nur bei hoher Temperatur angegriffen und dann gegen Wasserstoff ausgetauscht.[1]

MARASSE: Liebigs Ann. 152, 95 (1869). — NOURISSON: Ber. Dtsch. chem. Ges. 19, 2103 (1886). — KOSTANECKI, LLOYD: Ber. Dtsch. chem. Ges. 36, 2199 (1903). — THOMS: Arch. Pharmaz. 242, 95 (1904).

Natürlich können bei der Reaktion auch *Umlagerungen* eintreten.

Isoborneol in Dihydrocamphen: SEMMLER: Ber. Dtsch. chem. Ges. 33, 774 (1900).

Oxybenzimidazol zu o-Phenylenharnstoff: NIEMENTOWSKI: Ber. Dtsch. chem. Ges. 43, 3012 (1910).

Formaldehydpyrrol zu α- und β-Picolin und Pyridin: KOSTANECKI, ROST: Ber. Dtsch. chem. Ges. 36, 2202 (1903).

*Ortho*dimethoxybenzoin liefert *Para*dimethyltolan: IRVINE, MOODIE: Proceed. chem. Soc. London 23, 62 (1907); Journ. chem. Soc. London 91, 536 (1907).

Es ist daher bei Schlüssen auf die Konstitution aus den Resultaten der Zinkstaubdestillation Vorsicht am Platz.

Ringschlüsse werden auch öfters beobachtet.[2]

Phthaloylsäuren liefern ganz allgemein Anthracen bzw. Anthracenderivate. NOURISSON: Ber. Dtsch. chem. Ges. 19, 2103 (1886). — GRESLY: Liebigs Ann. 234, 238 (1886). — DIETERLE, LEONHARDT: Arch. Pharmaz. 267, 98 (1929).

Di-o-diaminobenzophenon ergab Acridin: STÄDEL: Ber. Dtsch. chem. Ges. 27, 3362 (1894).

Nitroacetophenon lieferte Indigo: EMMERLING, ENGLER: Ber. Dtsch. chem. Ges. 3, 885 (1870).

Ringsprengungen.

Norhydrotropidin: LADENBURG: Ber. Dtsch. chem. Ges. 20, 1651 (1887).

Norgranatanin, Norgranatolin: CIAMICIAN, SILBER: Ber. Dtsch. chem. Ges. 27, 2850 (1894).

Substanzen vom Typus des Benzoins gehen in Stilbenderivate über, die dann weiter zu Aethanderivaten hydriert werden können.

Anisoin, Anisoinmethylaether: IRVINE, MOODIE: Journ. chem. Soc. London 91, 536 (1907).

o-Dimethoxyhydrobenzoin, Benzoin, Benzil: IRVINE, WEIS: Journ. chem. Soc. London 91, 1385 (1907).

Über Dehydrierungen mittels Zinkstaubs siehe S. 318.

Nachweis und Bestimmung der Carboxylgruppe mittels Zinkstaubdestillation: VAN DER HAAR: Rec. Trav. chim. Pays-Bas 48, 1170 (1929). — MEIJER: Rec. Trav. chim. Pays-Bas 53, 449 (1934).

Dritter Abschnitt.

Reduktionen mit Jodwasserstoffsäure.

Ungefähr zur gleichen Zeit als die Reduktionsmethode mit Zinkstaub aufgefunden wurde, entdeckte BERTHELOT[3] das zweite allgemein anwendbare Verfahren zur vollkommenen Desoxygenierung von organischen Verbindungen.

BERTHELOT schreibt über seine Methode: (Sie) gestattet, irgendeine organische

[1] Eintritt von Methyl in den Kern: IRVINE, MOODIE: a. a. O.
[2] Chitin, Glykosamin: KARRER, SMIRNOFF: Helv. chim. Acta 5, 844 (1922).
[3] BERTHELOT: Compt. rend. Acad. Sciences 64, 710, 760, 786, 829 (1868). — Siehe auch BERTHELOT: Ann. chim. pharm. (3), 43, 257 (1855); 51, 54 (1857). — Chimie organique fondée sur la synthèse 1, 438 (1860). — LAUTEMANN: Liebigs Ann.

Verbindung in einen Kohlenwasserstoff überzuführen, der die gleiche Menge Kohlenstoff und die größtmögliche Menge Wasserstoff enthält ... Sie besteht darin, den organischen Körper mit einem großen Überschuß von Jodwasserstoffsäure in einer zugeschmolzenen Glasröhre 10 Stunden lang auf 275° zu erhitzen.

Die Jodwasserstoffsäure muß von der größten erreichbaren Konzentration, entsprechend dem spez. Gew. 2 sein; den Druck, der sich unter diesen Umständen entwickelt, schätzt BERTHELOT auf etwa 100 Atmosphären.

Je weniger reich die Verbindung an Wasserstoff ist, desto mehr Jodwasserstoffsäure wird verlangt: auf 1 Teil eines Alkohols oder einer aliphatischen Säure genügen 20—30 Teile, während aromatische Verbindungen 80—100 Teile erfordern, andere Substanzen, wie Indigo, noch mehr.

Die reduzierende Kraft der Jodwasserstoffsäure erklärt sich aus der Zersetzbarkeit ihrer wässerigen Lösung bei hoher Temperatur; sie ist quantitativ sehr verschieden, je nach der Beschaffenheit der gegenwärtigen organischen Substanz.

GRAEBE, GLASER[1] gehen zur Reduktion des Carbazols folgendermaßen vor: Je 6 g Carbazol, 2 g roter Phosphor und 7—8 g Jodwasserstoffsäure (1,72) — nur so viel Säure, daß ihr Wassergehalt genügt, um aus dem sich ausscheidenden Jod und dem Phosphor wieder Jodwasserstoff zu bilden — werden 8—10 Stunden in Röhren aus schwer schmelzbarem Glas auf 220—240° (nicht höher!) erhitzt.

Man kocht mit Wasser aus, um alles jodwasserstoffsaure Carbazolin zu lösen, filtriert und fällt das Reduktionsprodukt mit Lauge.

Es wird also hier nicht die *höchste* Hydrierungsstufe erreicht, doch gelingt auch dies bei Anwendung eines großen Überschusses an Säure und bei länger andauernder Einwirkung (16 Stunden) bei genügend hoher (250—260°) Temperatur.[2]

Es empfiehlt sich, die Luft in den Einschmelzröhren durch Kohlendioxyd zu verdrängen.[3]

Dihydropentacen. 4 g Dioxydibenzanthrachinon, mit rotem Phosphor innig verrieben, 32 ccm HJ in Bombenröhren 4 Stunden auf 160°.[4]

In Fällen, welche die Gefahr einer Umlagerung in sich schließen, kann Jodwasserstoffsäure nicht verwertet werden. Namentlich bei der Reduktion cyclischer Verbindungen werden solche Veränderungen beobachtet: Methylengruppen werden teils abgespalten, teils addiert oder treten aus dem Ring in die Seitenkette und umgekehrt.[5]

So entsteht[6] aus Benzol Methylpentamethylen.

Komplizierte Seitenketten werden leichter als das Methyl abgespalten.

Die polymethylierten cyclischen Verbindungen unterliegen desto leichter einer Abspaltung, je mehr Methylgruppen sie enthalten.

113, 217 (1860). — LUYNES: Ann. chim. pharm. (4), 2, 389 (1864); Bull. Soc. chim. France (2), 7, 53 (1867); (2), 9, 8 (1868). — ERLENMEYER, WANKLYN: Liebigs Ann. 127, 253 (1863); 135, 129 (1865). — BAEYER: Liebigs Ann. 155, 267 (1870). — HESS: Ber. Dtsch. chem. Ges. 51, 1009 (1918). — WILLSTÄTTER, KALB: Ber. Dtsch. chem. Ges. 55, 2637 (1922).

[1] GRAEBE, GLASER: Liebigs Ann. 163, 353 (1872). — Die Anwendung des Phosphors hat zuerst LAUTEMANN empfohlen: Liebigs Ann. 125, 12 (1863). — BAEYER: A. a. O. — BRAUN, IRMISCH: Ber. Dtsch. chem. Ges. 64, 2465 (1931). — HILL, LITTLE, WRAY, TRIMBERG: Journ. Amer. chem. Soc. 56, 911 (1934).

[2] LUCAS: Ber. Dtsch. chem. Ges. 21, 2510 (1888). — Reduktion des Anthracens: LIEBERMANN, SPIEGEL: Ber. Dtsch. chem. Ges. 22, 135 (1889); 23, 1143 (1890) (Reduktion des Chrysens).   [3] RABE, EHRENSTEIN: Liebigs Ann. 360, 265 (1908).

[4] WALDMANN: Journ. prakt. Chem. (2), 135, 6 (1932).

[5] MARKOWNIKOFF: Journ. prakt. Chem. (2), 46, 104 (1892); 49, 430 (1894); Ber. Dtsch. chem. Ges. 30, 1214, 1225 (1897); siehe auch S. 784.

[6] KIŽNER: Journ. Russ. phys.-chem. Ges. 26, 375 (1894); Chem.-Ztg. 21, 954 (1897). — SABATIER: Ber. Dtsch. chem. Ges. 44, 1986 (1911).

Über die vortreffliche Reduktionsmethode mit *Jodwasserstoffsäure* und *Zink-staub* siehe: WILLSTÄTTER: Ber. Dtsch. chem. Ges. 33, 368 (1900). — WILL-STÄTTER, IGLAUER: Ber. Dtsch. chem. Ges. 33, 1174 (1900). — KOENIGS, HAPPE: Ber. Dtsch. chem. Ges. 35, 1345 (1902). — ZELINSKY: Ber. Dtsch. chem. Ges. 35, 2678 (1902). — KLAGES: Ber. Dtsch. chem. Ges. 36, 1630 (1903). — MAN-NICH, LAMMERING: Ber. Dtsch. chem. Ges. 55, 3513 (1922).

Jodwasserstoffsäure und Zinnchlorür: WANSCHEIDT, MOLDAWSKI: Russ. Journ. allg. Chem. 1, 304 (1931); Ber. Dtsch. chem. Ges. 64, 917 (1931). — Jod-wasserstoffsäure und Wasserstoff unter Druck: A. P. 1914870 (1933).

Reduktion der Carbonylgruppe zur Methylengruppe.

1. Methode von CLEMMENSEN.[1]

Nach diesem Verfahren lassen sich Aldehyde, Ketone, Ketonsäuren und Chinone zu den entsprechenden Kohlenwasserstoffen bzw. Carbonsäuren redu-zieren, aromatische Oxyaldehyde und Oxyketone in die entsprechenden Phenole verwandeln.[2] Ungesättigte Ketone reagieren allerdings nur schwer,[3] α-Diketone scheinen nur bis zu den Diolen reduziert zu werden.[4]

Als Reduktionsmittel dient amalgamiertes Zink und rohe Salzsäure;[5] infolge-dessen findet die Anwendbarkeit der Methode ihre Grenze bei Substanzen, die von Salzsäure zersetzt werden; in allen anderen Fällen aber hat sie fast niemals[6] versagt, außerdem ist sie sehr bequem und die mit vortrefflicher Ausbeute gewonnenen Produkte sind sehr rein.

Man verwendet nach CLEMMENSEN als „Zink" am besten[7] das im Handel

---

[1] CLEMMENSEN: Orig. Comm. 8th. Intern. Congr. Appl. Chem. 7, 68 (1912); Ber. Dtsch. chem. Ges. 46, 1837 (1913); 47, 51, 681 (1914). — JOHNSON, HODGE: Journ. Amer. chem. Soc. 35, 1014 (1913). — MAJIMA: Ber. Dtsch. chem. Ges. 46, 4092 (1913); 55, 205 (1922). — FISCHL: Monatsh. Chem. 35, 530 (1914). — JOHNSON, KOHMANN: Journ. Amer. chem. Soc. 36, 1259 (1914). — LEUCHS, LOCK: Ber. Dtsch. chem. Ges. 48, 1440 (1915). — AUWERS, BORSCHE: Ber. Dtsch. chem. Ges. 48, 1727 (1915). — LE SUEUR, WITHERS: Journ. chem. Soc. London 107, 736 (1915). — MAJIMA, TAHARA: Ber. Dtsch. chem. Ges. 48, 1606 (1915). — WINDAUS: Ber. Dtsch. chem. Ges. 50, 137 (1917). — BORSCHE: Ber. Dtsch. chem. Ges. 52, 342, 1356, 2077 (1919). — FLEISCHER, WOLFF: Ber. Dtsch. chem. Ges. 53, 926 (1920). — BORSCHE, ROTH: Ber. Dtsch. chem. Ges. 54, 174 (1921). — SONN: Ber. Dtsch. chem. Ges. 54, 774 (1921). — WINDAUS, STADEN: Ber. Dtsch. chem. Ges. 54, 1064 (1921). — FLEISCHER: Liebigs Ann. 422, 231, 272 (1921). — AUWERS, KOLLIGS: Ber. Dtsch. chem. Ges. 55, 29 (1922). — FLEISCHER, RETZE: Ber. Dtsch. chem. Ges. 56, 232 (1923). — MAYER, STAMM: Ber. Dtsch. chem. Ges. 56, 1424 (1923). — WIELAND, SCHNEIDER: Ber. Dtsch. chem. Ges. 58, 109 (1925). — WINDAUS: Ber. Dtsch. chem. Ges. 58, 1514 (1925). — WINDAUS: Liebigs Ann. 447, 258 (1926). — RUZICKA: Helv. chim. Acta 9, 1014 (1926); 11, 502 (1928). — SCHENK, KIRCHHOF: Ztschr. physiol. Chem. 185, 183 (1929). — ASAHINA, JHARA: Ber. Dtsch. chem. Ges. 62, 1206 (1929). — KOLLER, PASSLER: Monatsh. Chem. 56, 230 (1930). — STEINKOPF, WOLFRAM: Liebigs Ann. 430, 113 (1923). — AUWERS, SAUERWEIN: Ber. Dtsch. chem. Ges. 55, 2373 (1922). — BRUNNER, GRAF: Monatsh. Chem. 64, 33 (1934). — HILLEMANN: Ber. Dtsch. chem. Ges. 68, 102 (1935).

[2] Leicht reduzierbare Phenole werden noch weiter reduziert, so Alizarin zu Anthracenhexahydrid. α- und β-Naphthol geben Tetralin: MADINAVEITIA: Anales Soc. Espanola Fisica Quim. 32, 1100 (1934). — 3.4-Diaroylperylene liefern Aceperylene: PONGRATZ, MARKGRAF: Monatsh. Chem. 66, 176 (1935).

[3] BORSCHE: Ber. Dtsch. chem. Ges. 52, 2077 (1919).

[4] STÖRMER, FÖRSTER: Ber. Dtsch. chem. Ges. 52, 1269 (1919) (Diphenyltruxone).

[5] Reduktion mit alkoholischer Salzsäure: MOSIMANN, TAMBOR: Ber. Dtsch. chem. Ges. 49, 1262 (1916). — Veratrumaldehyd, Dimethoxyacetophenon, Dioxy-acetophenon: STEINKOPF, WOLFRAM: Liebigs Ann. 430, 113 (1923).

[6] Siehe aber MAYER, ENGLISH: Liebigs Ann. 417, 62 (1918). — WINDAUS: Ztschr. physiol. Chem. 117, 147 (1921). [7] Siehe aber S. 352.

erhältliche voluminöse, granulierte Metall; um es zu amalgamieren, überläßt man es einige Stunden der Einwirkung 5proz. Sublimatlösung von gewöhnlicher Temperatur. Hierauf gießt man die Flüssigkeit vom Metall ab und bringt, ohne vorher zu waschen oder zu trocknen, in einen Kolben, in den man die zu reduzierende Verbindung und schließlich rohe Salzsäure von genügender Stärke hineingibt. Man verwendet 5mal soviel Zink als Substanz und die 20fache Menge Salzsäure (1 : 1). Man läßt 1—2 Tage stehen[1] und erhitzt erst dann am Rückfluß-kühler so weit, daß gleichmäßig starke Wasserstoffentwicklung eintritt, die man durch häufiges Nachfließenlassen von Säure durch den Kühler in regelmäßigem Gang erhält. Evtl. muß auch (bis zu 15 Stunden)[2] gekocht werden.

Manchmal muß die Stärke der Salzsäure variiert werden,[3] oder gelingt die Reaktion nur in wässerigem Alkohol,[4] oder man verwendet 2n-Schwefelsäure (MADINAVEITIA).

Nach FIESER, FIESER löst man am besten in *Dioxan* und leitet Salzsäuregas ein.[5]

Zur Reduktion des Pentadecylmethylketons muß 100 Stunden mit HCl-Eisessig (2 : 1) gekocht werden.

Rühren ist immer von Vorteil.[6] Das Zink wird am besten in Form von Zinkwolle verwendet.

Bei der Reduktion von Methylcyclopentanon tritt teilweise Umlagerung zu Cyclohexan ein. Benzalaceton liefert 50 % Butylbenzol und 40 % Diphenylhexandion.[7]

Gelegentlich wird Abspaltung von Acetylgruppen beobachtet.

So verwandelt sich in und wird in

Trimethylphenol und Essigsäure gespalten.

Phenacyldimethylamin liefert Dimethylamin und Aethylbenzol. Aus 4-Keto-isothiochroman entsteht 1-Methylthiophthalan:[8]

Verbindungen, die in Salzsäure wenig löslich sind oder beim Kochen ungeschmolzen bleiben, so besonders einige β-Aroylpropionsäuren, können schwer

---

[1] KROLLPFEIFFER, SCHÄFER: Ber. Dtsch. chem. Ges. **56**, 624 (1923). — WIENER: Diss. Marburg 35, 1925. — ANSCHÜTZ, WENGER: Liebigs Ann. **482**, 32 (1930).

[2] 1-Propyl-2-naphthol 35 Stunden, ebenso Homologe: GULATI, SETH, VENKATARAMAN: Journ. prakt. Chem. (2), **137**, 47 (1933).

[3] Konzentrierte Salzsäure, Cyclodotriacontan, 20proz. HCl, Cyclotetratriacontan: RUZICKA, HÜRBIN, FURTER: Helv. chim. Acta **17**, 85 (1934). — Acenaphthenchinon nur bei 4stündigem Kochen mit 20proz. HCl: GOLDSTEIN, GLANSER: Helv. chim. Acta **17**, 788 (1934).

[4] KOELSCH: Journ. Amer. chem. Soc. **55**, 3387 (1933); Ber. Dtsch. chem. Ges. **67**, 905 (1934).

[5] FIESER, FIESER: Journ. Amer. chem. Soc. **57**, 782 (1935). — MARTIN: Journ. Amer. chem. Soc. **58**, 1438 (1936).

[6] FARINHOLT, HARDEN, TWISS: Journ. Amer. chem. Soc. **55**, 3387 (1933).

[7] DIPPY, LEWIS: Rec. Trav. chim. Pays-Bas **56**, 1000 (1937).

[8] BRAUN, WEISSBACH: Ber. Dtsch. chem. Ges. **62**, 2416 (1929).

nach CLEMMENSEN reduziert werden. Auch Zusatz von Alkohol oder Dioxan hilft hier nicht, da hierbei Verharzung eintritt. Dagegen gelingt die Reduktion durch Zusatz von *Toluol*,[1] evtl. Eisessig-Toluol. Der Zusatz von Toluol scheint bei methoxylhaltigen Verbindungen besonders vorteilhaft zu sein.

100 g Zinkwolle, 10 g $HgCl_2$, 5 ccm konz. HCl, 150 g Wasser werden 5 Minuten geschüttelt, die Lösung abgegossen, 75 ccm Wasser, 175 ccm konz. HCl, 100 ccm Toluol[2] und 50 g der zu reduzierenden Substanz zugegeben und 24 Stunden kräftig gekocht. In Abständen von zirka 6 Stunden fügt man 3mal 50 ccm HCl zu. Längeres Kochen schadet nicht.

β-Pyrenoyl-1-propionsäure läßt sich auch nach diesem Verfahren nicht reduzieren.[3]

2. Verfahren von WOLFF, KISHNER.[4]

Aldehyde und Ketone (auch ungesättigte) sowie Aldehyd- und Ketonsäuren in Form ihrer Hydrazone oder Semicarbazone mit Natriumaethylat erhitzt,[5] gehen in die entsprechenden Kohlenwasserstoffe bzw. Säuren usw. über. Es hat sich ergeben, daß sehr kleine Mengen Natriumaethylat zur Vollendung der Umsetzung genügen, daß demnach das Natriumaethylat bei dem Prozeß rein katalytisch wirkt.

Der wesentliche Vorteil dieses Verfahrens gegenüber den bisher bekannten Reduktionsmethoden besteht darin, daß die Reaktion nahezu quantitativ verläuft[6] und auf die Aldehyd- oder Ketongruppe beschränkt bleibt; evtl. vorhandene Doppelbindungen bleiben intakt.

Die Anwendung dieses Verfahrens auf Pyrazolone, deren Kern ja ebenfalls die Atomgruppe

$$-C = N-NH$$

der Hydrazone enthält, ergibt neben der Stickstoffabspaltung unter Sprengung des Fünferrings Alkylierung der dem Carbonyl benachbarten Methylengruppe.

Durch Wahl der Temperatur hat man es in der Hand, Spaltung und Reduktion oder Alkylierung vorwiegen zu lassen.

---

[1] Anthracen und β-Methylanthracen lassen sich sehr bequem durch Reduktion der Anthrone mit verkupfertem Zinkstaub, 2 n-Natronlauge und *Toluol* darstellen.
[2] Bei in Wasser sehr wenig löslichen Substanzen außerdem 3—5 ccm Eisessig.
[3] MARTIN: Journ. Amer. chem. Soc. 58, 1438 (1936).
[4] GRAU: Diss. Jena 35, 1905. — WOLFF: Ber. Dtsch. chem. Ges. 44, 2760 (1911). — WEILAND: Diss. Jena 1911. — KNORR, HESS: Ber. Dtsch. chem. Ges. 44, 2765 (1911). — MAYER: Diss. Jena 1912. — WOLFF: Liebigs Ann. 394, 86 (1912). — THIELE-PAPE: Diss. Jena 1913; Ber. Dtsch. chem. Ges. 55, 136 (1922). — SEMMLER, JAKUBO-WICZ: Ber. Dtsch. chem. Ges. 47, 1148 (1914). — HESS, EICHEL: Ber. Dtsch. chem. Ges. 50, 1197 (1917). — STOERMER, FOERSTER: Ber. Dtsch. chem. Ges. 52, 1271 (1919). — Truxone: WINDAUS: Liebigs Ann. 447, 251 (1926). — FISCHER: Ber. Dtsch. chem. Ges. 56, 521 (1923); Liebigs Ann. 450, 116, 124 (1926); 468, 77 (1929). — NAMETKIN: Liebigs Ann. 432, 229 (1923); 459, 164 (1927). — FISCHER, TREIBS: Ber. Dtsch. chem. Ges. 60, 377 (1927). — FISCHER, BELLER, STERN: Ber. Dtsch. chem. Ges. 61, 1074 (1928). — FISCHER, STURM, FRIEDRICH: Liebigs Ann. 461, 244 (1928). — SABETAY, SANDULESCO: Bull. Soc. chim. France (4) 43, 904 (1928). — FISCHER, MOLDENHAUER, SÜS: Liebigs Ann. 485, 14 (1931). — COOK, HASLEWOOD: Journ. chem. Soc. London 1934, 428. — FIESER, FIESER: Journ. Amer. chem. Soc. 57, 782 (1935). — VOLLMANN, LANGBEIN: Liebigs Ann. 531, 1 (1937). — CLEMO, METCALFE: Journ. chem. Soc. London 1937, 1989. Siehe auch STAUDINGER, KUPFER: Ber. Dtsch. chem. Ges. 44, 2205 (1911). — FISCHER: Liebigs Ann. 486, 55 (1931) und S. 524.
[5] Im Einschlußrohr mit Silbereinsatz: FISCHER, ROTHEMUND: Ber. Dtsch. chem. Ges. 63, 2256 (1930).
[6] Bei 1.2.3.4-Tetrahydro-8.9-acenaphthen sind die Ausbeuten schlecht (ebenso bei dem Verfahren von CLEMMENSEN): FIESER, PETERS: Journ. Amer. chem. Soc. 54, 4377 (1932).

Unter Umständen kann auch, wenn kein ganz wasserfreies Alkoholat verwendet wurde, eine dritte Reaktion Platz greifen:

$$
\begin{array}{ccc}
 & & \text{NH} \\
 & & \diagup\diagdown \\
\text{N—NH} & \text{N—NH} & \text{CO} \quad \text{N} \\
\| \quad | & \| \quad | & \\
\text{CH}_3\text{C} \quad \text{CO} \;\rightarrow\; \text{CH}_3\text{—C} \quad \text{C}\text{------CH—C—CH}_3 \\
\diagdown\diagup & \diagdown\diagup \\
\text{CH}_2 & \text{CH}
\end{array}
$$

Siehe WOLFF, THIELEPAPE: Liebigs Ann. **420**, 276 (1920); Ber. Dtsch. chem. Ges. **55**, 136, 2929 (1922).

KISHNER[1] verwendet an Stelle des Natriumaethylats kleine Mengen gepulvertes Ätzkali. Nach RABE, JANTZEN[2] erhält man damit die besten Resultate. — Siehe auch THIELEPAPE: Ber. Dtsch. chem. Ges. **55**, 136, 2929 (1922) (Chinoline usw.). — ZELINSKY, FREIMANN: Ber. Dtsch. chem. Ges. **63**, 1487 (1930).

1- und 2-Acetylanthracen geben nach WOLFF, KISHNER bei 180°, 8 Stunden im Autoklaven 2-Aethylanthracen. Dagegen entsteht 1-Aethylanthracen beim 4stündigen Erhitzen des Semicarbazons mit Na, Hydrazinhydrat und Alkohol auf 180°. WALDMANN, MARMORSTEIN: Ber. Dtsch. chem. Ges. **70**, 106 (1937).

Vierter Abschnitt.

Resubstitutionen.

1. Abspaltung der Sulfogruppe.

Die Abspaltung der Sulfogruppen aus aromatischen Sulfosäuren erfolgt sehr verschieden leicht; man kann deshalb öfters aus dem Verhalten der Substanz auf die Stellung des Schwefelsäurerests im Molekül schließen.

Im allgemeinen wird[3] die Abspaltung durch Einleiten von Wasserdampf in das auf geeignete Temperatur (110—220°) erhitzte Gemisch der Sulfosäure mit Phosphorsäure, Schwefelsäure und evtl. Salzen dieser Säuren bewirkt.

Besonders vorteilhaft ist die Verwendung überhitzten Dampfs (FRIEDEL, CRAFTS).

Durol- und *Pentamethylbenzolsulfosäure* werden schon beim Schütteln mit kalter konzentrierter Schwefelsäure zerlegt.[4] Offenbar wirken hier sterische Beeinflussungen.

Wenn man p-Toluolsulfochlorid, *mit Kohle gemischt,* unter Druck mit überhitztem Wasserdampf behandelt, so spaltet es sich in Salzsäure, Schwefelsäure und Toluol.[5]

Die α-ständigen Sulfogruppen von Naphthalin-, Naphthol- und Naphthylamin-

---

[1] KISHNER: Chem. Ztrbl. **1911** II, 363, 1925; **1912** I, 1456, 1622, 1713, 2025; II 1925. — *Oft bewährt sich Zusatz von platiniertem Ton:* KISHNER: Journ. Russ. phys.-chem. Ges. **44**, 1755 (1914); **50**, 8 (1918). — NAMETKIN: Journ. Russ. phys.-chem. Ges. **47**, 410 (1915). — Theorie: BALANDIN, WASSKEWITSCH: Russ. Journ. allg. Chem. **6**, 1878 (1936). [2] RABE, JANTZEN: Ber. Dtsch. chem. Ges. **54**, 925 (1921).
[3] FREUND: Liebigs Ann. **120**, 80 (1861). — BEILSTEIN, WAHLFORSS: Liebigs Ann. **133**, 36, 40 (1864). — ARMSTRONG, MILLER: Journ. chem. Soc. London **45**, 148 (1884). — FRIEDEL, CRAFTS: Bull. Soc. chim. France (2), **42**, 66 (1884); Compt. rend. Acad. Sciences **109**, 95 (1889). — KELBE: Ber. Dtsch. chem. Ges. **19**, 93 (1886). — JACOBSEN: Ber. Dtsch. chem. Ges. **19**, 1210 (1886); **20**, 900 (1887). — FOURNIER: Bull. Soc. chim. France (3), **7**, 652 (1892); D. R. P. 62634 (1892), 82563 (1895), 114925 (1900), 254716 (1912); unter Druck: D. R. P. 80817 (1893), 207374 (1909). — BRÜCKNER: Ztschr. analyt. Chem. **75**, 289 (1928).
[4] JACOBSEN: a. a. O.   [5] D. R. P. 35211 (1884).

sulfosäuren werden schon in kalter, verdünnter wässeriger Lösung durch *Natrium-amalgam* abgespalten, während die *β-Sulfosäuren* unter diesen Umständen unverändert bleiben.[1] Allgemein scheint die leichte Abspaltbarkeit der Sulfogruppe auf die Nähe negativierender Gruppen oder p-ständiges Hydroxyl zurückzuführen zu sein.

Die Abspaltung wird durch Carboxylgruppen begünstigt, durch die Aminogruppe erschwert. Ortho- und Parasulfobenzoesäure werden leichter reduziert als die Metaverbindung. Metaaminobenzolsulfosäure reagiert leicht, die Paraverbindung wird kaum angegriffen.[2]

Amalgame der Alkalien und der alkalischen Erden und ebenso *elektrolytisch entwickelter Wasserstoff* werden in Patenten[2] empfohlen.

p-Sulfozimtsäure geht in alkalischer Lösung beim Stehen mit *Aluminium-amalgam* in Zimtsäure über.[3]

Die Abspaltung der Sulfogruppen aus Hexaoxyanthrachinonmono- und -disulfosäuren erfolgt sehr glatt in wässeriger, mineralsaurer Lösung bei Temperaturen, die 100° nicht überschreiten.

Als passende Reduktionsmittel können Zinkstaub, Aluminium[4] oder Eisen dienen.[5]

Zu einer Hydroxylgruppe paraständige Sulfogruppen werden durch Kochen mit 20proz. *Salzsäure* leicht abgespalten.[6]

Ebenso wirkt Kochen mit verdünnten Säuren auf negativierenden Gruppen benachbarte Sulfogruppen.[7] Aus der 1.5-Aminonaphthol-2.7-disulfosäure wird die in o-Stellung befindliche Sulfogruppe glatt entfernt.[8]

In gleicher Weise kann auch *konzentrierte Schwefelsäure* wirken.[9]

Bei der *trockenen Destillation der Ammoniumsalze*[10] werden nach STENHOUSE,[11] V. MEYER ebenfalls vielfach die Sulfogruppen abgespalten,[12] doch scheint das

---

[1] CLAUS: Ber. Dtsch. chem. Ges. **10**, 1303 (1877). — FRIEDLÄNDER, LUCHT: Ber. Dtsch. chem. Ges. **26**, 3030 (1893). — FRIEDLÄNDER, KARAMESSINIS, SCHENK: Ber. Dtsch. chem. Ges. **55**, 51 (1922). — WEIL: Ber. Dtsch. chem. Ges. **55**, 227, 3254 (1922).

[2] D. R. P. 129165 (1902); F. P. 439010 (1910); D. R. P. 248527 (1912), 255724 (1913). — Über Abspaltung durch elektrische Reduktion siehe auch MATSUI, SAKURADA: Memoirs Coll. Science, Kyoto Imp. Univ. Serie A. **151**, 181 (1932).

[3] MOORE: Ber. Dtsch. chem. Ges. **33**, 204 (1900).

[4] Aus Naphthalin-α- und -β-sulfosäure und ebenso aus alkylierten Derivaten der α-Reihe sowie bei der 1.5-Naphthalindisulfosäure, nicht aber der β-Reihe gelingt die Abspaltung der Sulfogruppe mit Aluminium in alkalischer Lösung oder mit Natriumamalgam. — HANS MEYER, BERNHAUER: Monatsh. Chem. **54**, 743 (1929).

[5] D. R. P. 103898 (1899).

[6] BUCHERER, UHLMANN: Journ. prakt. Chem. (2), **80**, 201 (1909).

[7] Z. B. D. R. P. 57525 (1891), 62634 (1892), 73076 (1893), 75710 (1894), 77596 (1894), 78569 (1894), 78603 (1894), 82563 (1895), 83146 (1895), 90096 (1895), 89539 (1896). — DRESSEL, KOTHE: Ber. Dtsch. chem. Ges. **27**, 1199 (1894). — FRIEDLÄNDER, KIELBASINSKI: Ber. Dtsch. chem. Ges. **29**, 1983 (1896). — FRIEDLÄNDER, TAUSSIG: Ber. Dtsch. chem. Ges. **30**, 1460 (1897).

[8] DPA. C 13536 (1905); wasserhaltige Schwefelsäure und Quecksilber: D. R. P 160104 (1905).   [9] D. R. P. 42272 (1887), 42273 (1887), 81762 (1895), 90849 (1897).

[10] Oder Natriumsalze: STENHOUSE: Liebigs Ann. **140**, 288 (1866). — KEKULÉ, SZUCH: Ztschr. Chem. **1867**, 195. — KEKULÉ beansprucht die Auffindung dieser Methode für sich: Chemie der Benzolderivate **1**, 434, 435 (1867).

[11] STENHOUSE: Liebigs Ann. **140**, 293 (1866). — Infolge einer unrichtigen Angabe von V. MEYER [Ber. Dtsch. chem. Ges. **16**, 1468 (1883)] wird diese Methode in der Literatur [z. B. EGLI: Ber. Dtsch. chem. Ges. **18**, 575 (1885). — ARMSTRONG, MILLER: Journ. chem. Soc. London **45**, 148 (1884). — KELBE: Ber. Dtsch. chem. Ges. **19**, 93 (1886)] als von CARO herrührend angesehen.

[12] V. MEYER: Ber. Dtsch. chem. Ges. **16**, 1468 (1883). — EGLI: Ber. Dtsch. chem. Ges. **18**, 575 (1885).

Verfahren nur in der Benzol- (Thiophen-) Reihe ausführbar und ergibt zum Teil störende Nebenprodukte.

Die α-Naphthylamindisulfosäuren 1.4.6, 1.4.7 und 1.4.8 spalten beim Erhitzen mit *Anilin* oder *p-Toluidin* die in 4 befindliche Sulfogruppe unter gleichzeitiger Arylierung der α_1-Gruppe ab. D.R.P. 158923 (1905), 159353 (1905).

Im gleichen Kern OH, NH$_2$, Alkyl- oder Arylaminogruppen in α-Stellung enthaltende Anthrachinon-β-sulfosäuren, die im anderen Kern beliebig substituiert sind, verlieren die Sulfogruppen, wenn man sie bei zirka 0° mit 1 Mol Na$_2$S$_2$O$_4$ pro Sulfogruppe in wässerigem Alkali oder Pyridin behandelt und dann auf dem Wasserbad erhitzt.[1]

2. Ersatz von Hydroxylgruppen durch Wasserstoff.

Der direkte Ersatz von Hydroxyl durch Wasserstoff wird, weil hierbei im allgemeinen allzu energisch wirkende Reduktionsmittel notwendig sind, selten vorgenommen, wenn Konstitutionsbestimmungen ausgeführt werden sollen. Man zieht es vielmehr vor, zuerst an Stelle des Hydroxyls Halogen treten zu lassen und dann dieses gegen Wasserstoff auszutauschen.

Die Verwandlung der Hydroxylverbindungen in *Chlor*verbindungen wird mit *Phosphorpentachlorid*, manchmal auch *Phosphortrichlorid* oder *Thionylchlorid*, zur Milderung der Reaktion meist in Lösungsmitteln (Phosphoroxychlorid, Chloroform, Tetrachlorkohlenstoff) bewirkt.

Zum Entchloren dient entweder nach KÖNIGS[2] Eisenfeile und verdünnte Schwefelsäure oder Zinkstaub und Salzsäure[3] oder Lauge,[4] ferner Natriumamalgam in saurer und alkalischer Lösung, endlich Jodwasserstoffsäure, der roter Phosphor oder Phosphoniumjodid zugesetzt wird.[5]

Vielfach leichter reagieren die *Brom*- oder *Jodderivate*, die man entweder direkt oder durch Umsetzung aus den Chlorverbindungen erhält.[6]

KEKULÉ hat die leichte Resubstituierbarkeit von Brom und Jod durch Natriumamalgam zu einer quantitativen Bestimmungsmethode für diese Halogene in aliphatischen Verbindungen ausgearbeitet.[7]

Die Halogenderivate der aromatischen und Pyridinreihe sind im allgemeinen weit schwerer resubstituierbar; doch können gleichzeitig im Molekül befindliche Atome und Atomgruppen auflockernd wirken: so der Stickstoff des Pyridinrings auf α- und γ-ständiges Halogen, negativierende Gruppen in Ortho- oder Parastellung bei Benzolderivaten.

Die alkylierten *γ-Chlorchinoline* halten ihr Cl-Atom viel fester als die *α-Chlorchinoline*, und zwar in einem mit dem Molekulargewicht der Alkylgruppe zunehmenden Maß, so daß bei den höher alkylierten γ-Chlorchinolinen die Reduktion mit Jodwasserstoffsäure nicht mehr gelingt und zur Zinkstaubdestillation gegriffen werden muß.[8]

Sehr bemerkenswert ist anderseits, daß *Spuren von Metallen*, speziell *Kupfer (und Eisen), das Halogen beweglich machen*[9] und daß auch die GRIGNARDsche Reaktion in sehr vielen Fällen leichte Abspaltung des Halogens ermöglicht.

---

[1] E. P. 392290 (1933); F. P. 43480 (1934).

[2] KÖNIGS: Ber. Dtsch. chem. Ges. **28**, 3145 (1895). — BUSCH, RAST: Ber. Dtsch. chem. Ges. **30**, 521 (1897).

[3] E. FISCHER, SEUFFERT: Ber. Dtsch. chem. Ges. **34**, 797 (1901).

[4] LADENBURG [Liebigs Ann. **217**, 11 (1883)] setzt auch hier noch Eisenfeile zu.

[5] E. FISCHER: Ber. Dtsch. chem. Ges. **17**, 332 (1884); **32**, 692 (1899).

[6] HAITINGER, LIEBEN: Monatsh. Chem. **8**, 319 (1885). — BYVANEK: Ber. Dtsch. chem. Ges. **31**, 2153 (1898).   [7] Siehe S. 184.

[8] WOHNLICH: Arch. Pharmaz. **251**, 526 (1913).

[9] ULLMANN: Ber. Dtsch. chem. Ges. **38**, 2211 (1905); Liebigs Ann. **355**, 312 (1907).

Siehe SPENCER, STOKES: Journ. chem. Soc. London 93, 68 (1908). — SPENCER: Ber. Dtsch. chem. Ges. 41, 2302 (1908).

Über die Beweglichkeit von Halogenatomen in organischen Verbindungen siehe die Zusammenstellung in der Dissertation von CHOROWER: Zürich 1907. — Siehe auch S. 817f.

3. Abbau der Carbonsäuren.

Außer durch direkte Abspaltung von Kohlendioxyd (S. 474) oder Kohlenoxyd (S. 479) kann man Carbonsäuren noch in verschiedener Weise in kohlenstoffärmere Verbindungen· verwandeln.

Neben dem HOFMANNschen Verfahren[1] hat man noch mehrere Wege, die Carboxylgruppe abzubauen.

1. Die LOSSENsche Methode[2] der Umlagerung gewisser Hydroxylaminderivate durch Kochen mit Wasser:

$$2\,R \cdot C \underset{OK}{\overset{NO \cdot CO \cdot R}{<}} + H_2O = 2\,R \cdot COOK + CO \underset{NHR}{\overset{NHR}{<}} + CO_2.$$

Durch Hydrolyse des entstehenden Harnstoffs erhält man dann die Base RNH_2. Diese Methode hat mehrfach Anwendung in der Technik gefunden. Siehe D.R.P. 130680 (1902) und 130681 (1902).[3] Das Verfahren scheint überhaupt von allgemeinster Anwendbarkeit zu sein. NAEGELI, STEFANOVITSCH: Helv. chim. Acta 11, 617 (1928).

2. Die Reaktionsfolge von CURTIUS,[4] die von den Säureestern oder besser den Säurechloriden[5] ausgehend über die Säurehydrazide und Azide zu den Urethanen und weiterhin den primären Aminen führt:

$$R \cdot COOCH_3 \rightarrow R \cdot CONH \cdot NH_2 \rightarrow R \cdot CO \underset{N}{\overset{N}{<}} \parallel \rightarrow$$
$$\rightarrow R \cdot NH \cdot COOC_2H_5 \rightarrow R \cdot NH_2.$$

Dieses Verfahren hat die Darstellung des $\beta\beta'$-Diaminolutidins[6] und der Diamino-

---

[1] Siehe S. 704.

[2] LOSSEN: Liebigs Ann. 185, 313 (1877). — Weitere Literatur: NAEGELI, STEFANOVITSCH: Helv. chim. Acta 11, 615 (1928). — WALLIS, DRIPPS: Journ. Amer. chem. Soc. 55, 1701 (1933).

[3] Siehe auch VILLIGER: Ber. Dtsch. chem. Ges. 42, 3530 (1909).

[4] CURTIUS: Journ. prakt. Chem. (2), 50, 275 (1894). — Siehe dazu CURTIUS: Journ. prakt. Chem. (2), 94, 273 (1917). — BURING: Rec. Trav. chim. Pays-Bas 40, 329, 347 (1921). — H. FISCHER, SÜS, WEILGUNY: Liebigs Ann. 481, 159 (1930). — FISCHER, WAIBEL: Liebigs Ann. 510, 195 (1934) (Pyrrolreihe). — LINDEMANN: Ber. Dtsch. chem. Ges. 58, 1221 (1925); Liebigs Ann. 462, 29, 41 (1928); Helv. chim. Acta 11, 1027 (1928); Journ. prakt. Chem. (2), 122, 232 (1929). — JOHN: Journ. prakt. Chem. (2), 128, 186, 208 (1930); 130, 325, 338 (1931); 131, 318, 348 (1932); 132, 21 (1932). — GRÜNTUCH: Diss. Zürich 1930. — NELLES: Ber. Dtsch. chem. Ges. 65, 1345 (1932). — SAH, TSEU: Journ. Chin. chem. Soc. 5, 134 (1937). — Dicarbonsäuren: FLASCHENTRÄGER: Ztschr. physiol. Chem. 192, 249, 253, 257 (1930). — D. R. P. 544890 (1932). — METZGER, FISCHER: Liebigs Ann. 527, 1 (1936) (Pyrrolreihe). — SUSZKO, TRZEBNIAK: Roczniki Chemji 17, 105 (1937).

[5] NAEGELI, STEFANOVITSCH: Helv. chim. Acta 11, 632 (1928). — LINDEMANN: Helv. chim. Acta 11, 1027 (1928); Liebigs Ann. 464, 237 (1928). — NAEGELI: Helv. chim. Acta 12, 205, 227, 894 (1929). — ING, MANSKE: Journ. chem. Soc. London 1926, 2348. — MANSKE: Journ. Amer. chem. Soc. 51, 1202 (1929). — GRAF: Ber. Dtsch. chem. Ges. 64, 21 (1931). — FLASCHENTRÄGER: Ztschr. physiol. Chem. 192, 253, 257 (1931). — BRAUN: Chem.-Ztg. 56, 785 (1932). — NAEGELI, LENDORF: Helv. chim. Acta 15, 52 (1932). — NAEGELI, TYABJI: Helv. chim. Acta 16, 349 (1933). — SAH, KAO: Science Reports Tsing Hua Univ., A 3, 525 (1936).

[6] MOHR: Ber. Dtsch. chem. Ges. 33, 1114 (1900). — AMOS: Diss. Heidelberg 1902.

pyridine[1] ermöglicht. Es kann zum Ziele führen, wo die Methode von HOFMANN versagt.[2]

Crotonsäurehydrazid gibt mit $NaNO_2$ kein Azid, sondern 1-Nitroso-5-methyl-pyrazolon, β-Chlorisocrotonsäureester mit Hydrazinhydrat Methylpyrazolon, Maleinsäure im Gegensatz zu der normal reagierenden Fumarsäure ein Pyridazin. Mesaconsäure- und Itaconsäureazid geben kein Urethan.[3]

3. Die BECKMANNsche Methode,[4] welche von der Säure über das Keton und Oxim zum substituierten Säureamid führt, das dann gespalten werden kann:

$$RCOOH \rightarrow R \cdot CO \cdot RH \rightarrow RC(NOH)CR_3 \rightarrow RCONHR \rightarrow RCOOH + NH_2R_1.$$

Das BECKMANNsche Verfahren ist nur in Ausnahmefällen für präparative Zwecke anwendbar.

4. Die aus den primären und sekundären Säuren erhältlichen α-Bromfett-säureamide werden unter dem Einfluß von Alkalilauge, besser Natriumaethylat[5] unter Bildung von Bromwasserstoff und Blausäure abgebaut.[6] Das Verfahren ist noch auf die Cetyloctylessigsäure anwendbar.[5]

Für den

Abbau von Säuren $R \cdot CH_2 \cdot COOH$ und $R \cdot CH_2 \cdot CH_2 \cdot COOH$ zu $R \cdot COOH$

hat man folgende Verfahren:

1. Normale Fettsäuren und andere eine längere aliphatische Seitenkette ent-haltende Säuren $R \cdot CH_2 \cdot COOH$ lassen sich nach HELL, VOLHARD, ZELINSKI (S. 482) in α-bromierte Säuren überführen, die durch Kochen mit Alkalien (Barythydrat) oder manchmal bloß Wasser[7] in α-Oxysäuren übergehen.

Die α-Oxysäuren lassen sich in verschiedener Weise zu den um ein C-Atom ärmeren Säuren abbauen.

a) Durch Kochen mit Bleisuperoxyd, Braunstein oder Wasserstoffsuperoxyd wird der Aldehyd erhalten, der durch weitere Oxydation in die Säure übergeht:

$$R \cdot CHOHCOOH \rightarrow RCOH \rightarrow RCOOH.$$

(Näheres hierüber S. 511.)

b) Durch *Erhitzen mit Chromsäure* wird dieser Abbau in einem Zug durch-geführt.[8] Das erstere Verfahren pflegt bessere Resultate zu geben. LEVENE, WEST empfehlen,[9] diese Oxydation mit *Permanganat in Acetonlösung* aus-zuführen.

c) Durch *Erhitzen* geben die α-Oxysäuren Lactide, die bei der Destillation unter CO-Abspaltung in Aldehyde übergehen:[10]

$$\begin{matrix} RCHOHCOOH \\ RCHOHCOOH \end{matrix} \rightarrow RCH \begin{matrix} O{-}CO \\ CO{-}O \end{matrix} CHR \rightarrow \begin{matrix} RCHO \\ RCHO \end{matrix} + 2\,CO.$$

[1] HANS MEYER, MALLY: Monatsh. Chem. **33**, 393 (1912). — HANS MEYER, STAFFEN: Monatsh. Chem. **34**, 517 (1913). — HANS MEYER, TROPSCH: Monatsh. Chem. **35**, 189, 207 (1914). — GRAF: a. a. O.

[2] CERECEDO, PICKEL: Journ. Amer. chem. Soc. **59**, 1714 (1937).

[3] FRERI: Atti Congr. naz. Chim. pura appl. **5 I**, 361 (1936).

[4] Siehe S. 537, 705, 745.   [5] BRIGL: Ztschr. physiol. Chem. **95**, 178 (1915).

[6] ZERNIK: Apoth.-Ztg. **19**, 873 (1904); **22**, 960 (1907). — SAAM: Pharmaz. Zentral-halle **48**, 143 (1907). — MOSSLER: Monatsh. Chem. **29**, 69 (1908). — MANNICH, ZERNIK: Arch. Pharmaz. **246**, 178 (1908).   [7] THOMSEN: Liebigs Ann. **200**, 81, 86 (1880).

[8] DOSSIOS: Ztschr. Chem. **1866**, 451 (Essigsäure aus Propionsäure). — BAEYER: Ber. Dtsch. chem. Ges. **29**, 1908 (1896) (Norpinsäure aus Pinsäure).

[9] LEVENE, WEST: Journ. biol. Chemistry **16**, 475 (1914).

[10] BLAISE: Compt. rend. Acad. Sciences **138**, 697 (1904). — LE SUEUR: Journ. chem. Soc. London **85**, 827 (1904).

Diese Aldehyde werden dann, z. B. mit Permanganat, zur Säure oxydiert.

2. Verwandlung von Fettsäuren RCH₂CH₂COOH in Säuren R·COOH.

Fettsäuren der Formel R·CH₂·CH₂·COOH werden in α-Bromfettsäuren über-geführt. Die weitere Verarbeitung kann in folgender Weise geschehen.

a) Verfahren von Ponzio.[1]

Die α-Bromfettsäure wird in wässerig-alkoholischer Lösung in die Jodfett-säure, diese in alkoholischer oder acetonischer[2] Lösung mit Ätzkali in die un-gesättigte Säure und letztere in die dihydroxylierte Säure verwandelt,[3] die dann durch Oxydation mit Permanganat in Oxalsäure und die um 2 C-Atome ärmere Fettsäure gespalten wird.[4]

Man kann auch die Oxydation der ungesättigten Säure mit *Ozon* ausführen.[5]

Die Hauptschwierigkeit dieser Methode liegt bei der Abspaltung der Halogen-wasserstoffsäure aus der Jodfettsäure. Durch die alkoholische Lauge wird nicht nur die gesuchte ungesättigte Säure gebildet, sondern auch Oxy- (und Aethoxy-) Säure.

Die Trennung der ungesättigten Säure von der Oxysäure kann durch Be-handeln mit niedrig siedendem Petrolaether ausgeführt werden, in dem die erstere weitaus löslicher ist.[6]

Auch die Überführung der ungesättigten Säure in die Spaltsäuren bietet in den höheren Reihen Schwierigkeiten, da nebenher mehr oder weniger große Mengen neutraler Produkte entstehen, die schwierig abzutrennen sind.

b) Verfahren von Crossley, Le Sueur.[7]

Die α-Bromfettsäureester werden mit Diaethylanilin oder Chinolin erhitzt. Dabei sollen Acrylsäureester entstehen, die in der beschriebenen Weise abge-baut werden könnten.

Das Verfahren hat sich nicht allgemein bewährt.[8]

Rochussen empfiehlt, die Ester der halogenierten Säuren direkt mit Kali auf 350° bis zum Aufhören der Gasentwicklung zu erhitzen. Ber. Schimmel **1929**, Jub.-Ausg. 179.

c) Reaktion von Krafft.[9]

Durch Destillation einer Mischung des fettsauren und essigsauren Bariums entsteht das gemischte Keton R·CH₂·CO·CH₃, aus dem durch Oxydation die Säure RCOOH neben Essigsäure resultiert.

Auf diese Art wurde die normale Struktur der Stearinsäure und ihrer niedri-geren Homologen bis zur Caprinsäure herab erwiesen. Die Ausbeuten nach diesem Verfahren sind sehr schlecht.

[1] Ponzio: Gazz. chim. Ital. **34**, (2), 77 (1904); **35**, (2), 132, 569 (1905).
[2] Finkelstein: Ber. Dtsch. chem. Ges. **43**, 1528 (1910).
[3] Siehe S. 322.   [4] Siehe S. 324.
[5] S. 324. — Hans Meyer, Brod, Soyka: Monatsh. Chem. **34**, 1124 (1913). — Bauer, Piners: Pharmaz. Zentralhalle **71**, C 36 (1930).
[6] Hans Meyer, Brod, Soyka: Monatsh. Chem. **34**, 1122 (1913). — Eckert, Halla: Monatsh. Chem. **34**, 1818 (1913).
[7] Crossley, Le Sueur: Journ. chem. Soc. London **75**, 162 (1899). — Siehe auch Volhard, Weinig: Liebigs Ann. **280**, 252 (1894). — Perkin: Journ. chem. Soc. London **69**, 1470 (1896). — Wahl: Compt. rend. Acad. Sciences **132**, 693 (1901). — Rupe, Lotz: Ber. Dtsch. chem. Ges. **35**, 4265 (1902). — Fichter, Pfister: Ber. Dtsch. chem. Ges. **37**, 1998 (1904).
[8] Unveröffentlichte Beobachtungen von Hans Meyer, Soyka. — Siehe auch Eckert, Halla: Monatsh. Chem. **34**, 1816 (1913).
[9] Krafft: Ber. Dtsch. chem. Ges. **12**, 1672 (1879); **15**, 1706 (1882).

d) Reaktion von DAKIN.[1]

Bei der Destillation von fettsaurem Ammonium mit 3proz. Wasserstoffsuperoxyd entstehen (neben niedrigeren Fettsäuren und Aldehyden) nach dem
Schema:

$$R \cdot CH_2 \cdot CH_2 \cdot COOH \rightarrow R \cdot CO \cdot CH_2 \cdot COOH \rightarrow R \cdot COCH_3$$

Ketone, die als Semicarbazone oder Paranitrophenylhydrazone isoliert und entsprechend weiter abgebaut werden können.

e) Abbau nach BARBIER, LOCQUIN.[2]

Die Carboxylgruppe wird durch Einwirkung von Methylmagnesiumjodid auf
den Methylester in eine tertiäre Alkoholgruppe verwandelt, die evtl. nach Umwandlung in den ungesättigten Kohlenwasserstoff oxydiert wird.

Dieselbe Umwandlung tritt ein, wenn man von den Ketonen ausgeht.

Die zweibasischen Säuren reagieren gleichzeitig an beiden Carboxylen.

Abbau von Säuren RCH₂COOH zu RCHO und von RR′CHCOOH zu RR′O.

α-Bromsäurechlorid wird mit Na-Azid, das durch Verreiben mit ganz wenig
Hydrazinhydrat aktiviert ist, zum gebromten Amin verwandelt, mit alkoholischem
KOH hydrolysiert und mit verdünnter Säure gespalten.[3]

Aldehyde der Formel R · CH₂CHO und R · R₁CHCHO

lassen sich mit Essigsäureanhydrid und Natriumacetat enolisieren.

Die entstandenen Enolacetate geben bei der Oxydation eine Säure RCOOH
oder ein Keton RCOR₁.[4]

---

[1] DAKIN: Journ. biol. Chemistry 4, 221, 227, 235 (1908).

[2] BARBIER, LOCQUIN: Compt. rend. Acad. Sciences 156, 1443 (1913). — BOUVET:
Bull. Soc. chim. France (4), 17, 202 (1915). — GODCHOT: Compt. rend. Acad. Sciences
171, 797 (1920).

[3] BRAUN: Ber. Dtsch. chem. Ges. 67, 218 (1934).

[4] SEMMLER: Ber. Dtsch. chem. Ges. 42, 584, 962, 1161, 2014 (1909); 43, 1724,
1890 (1910). — WOHL, BERTHOLD: Ber. Dtsch. chem. Ges. 43, 2178 (1910). — MYLO:
Ber. Dtsch. chem. Ges. 45, 646 (1912).

Dritter Teil.

Qualitative und quantitative Bestimmung der organischen Atomgruppen.

Erstes Kapitel.

Nachweis und Bestimmung der Hydroxylgruppe.

Erster Abschnitt.

Qualitativer Nachweis der Hydroxylgruppe.

I. Reaktionen der primären Alkohole.

A. *Nitrolsäureprobe von* V. MEYER, LOCHER.[1]

Man verwandelt den zu untersuchenden Alkohol durch Jod und amorphen Phosphor[2] in sein Jodid. Die bequemere Jodierungsmethode mit Jodwasserstoffsäure ist unstatthaft, weil sie evtl. zu Umlagerungen Anlaß geben kann.

0,3—1,0 g Jodid bringt man in ein Destillierkölbchen, in das vorher eine kleine Menge trockenes Silbernitrit (das Doppelte vom Gewicht des Jodids), das mit seinem gleichen Volumen feinem, trockenem, weißem Sand innig verrieben ist, eingefüllt wurde.

Man wartet einige Augenblicke, bis die unter Wärmeentwicklung erfolgende Reaktion:

$$RCH_2J + AgNO_2 = RCH_2NO_2 + AgJ$$

eingetreten ist und destilliert nun über freier Flamme ab. Das aus wenigen Tropfen bestehende Destillat wird mit dem dreifachen Volum einer Auflösung von Kaliumnitrit in konzentrierter Kalilauge geschüttelt, mit etwas Wasser verdünnt und durch verdünnte Schwefelsäure angesäuert.

Die vordem farblose Lösung färbt sich, falls ein primärer Alkohol vorlag, orangerot bis (in den niedrigeren Reihen) intensiv dunkelrot (Bildung von erythronitrolsaurem Salz). Siehe HANTZSCH, GRAUL: Ber. Dtsch. chem. Ges. 31, 2854 (1898).

Durch abwechselnden Zusatz von Säure und Alkali kann man diese Färbung beliebig oft aufheben und wiederherstellen. Man kann auch alkoholische Lauge verwenden.

Nach GUTKNECHT[3] liefert diese Reaktion noch in der Octylreihe gute Resultate. Versuche des Verfassers zeigten, daß auch noch das *Cetyljodid* deutlich reagiert. — *Aromatische Alkohole* (Benzylalkohol) geben die Reaktion nicht.

---

[1] V. MEYER, LOCHER: Ber. Dtsch. chem. Ges. 7, 1510 (1874); 9, 539 (1876); Liebigs Ann. 180, 139 (1875). — Siehe auch DEMJANOW: Ber. Dtsch. chem. Ges. 40, 4394 (1907). — BROUWER, WIBAUT: Rec. Trav. chim. Pays-Bas 53, 1001 (1934).

[2] BEILSTEIN: Liebigs Ann. 126, 250 (1863).

[3] GUTKNECHT: Ber. Dtsch. chem. Ges. 12, 620 (1879).

B. Nach STEPHAN[1] reagiert *Phthalsäureanhydrid* unter Zusatz eines geeigneten Verdünnungsmittels auf dem Wasserbad bei einstündigem Erwärmen quantitativ mit primären Alkoholen unter Bildung saurer Ester, während sekundäre Alkohole bei gleicher Behandlungsweise nur schwer und in geringer Menge, tertiäre durchaus nicht reagieren. Erhitzt man aber die Komponenten ohne Verdünnungsmittel[2] auf 110—120°, evtl. 150—175° (NAMETKIN), dann reagieren auch sekundäre Alkohole recht leicht. PICKARD, LITTLEBURY: Journ. chem. Soc. London **91**, 1978 (1907). — PICKARD, KENYON: Journ. chem. Soc. London **91**, 2059 (1907). — HÜCKEL: Liebigs Ann. **477**, 121, 136 (1930).

Der Alkohol wird mit dem gleichen Gewicht fein gepulvertem Phthalsäureanhydrid und dem gleichen Volum Benzol[3] zirka 2 Stunden gekocht, der gebildete saure Ester durch Schütteln mit Sodalösung an Alkali gebunden, mit Wasser bis zur klaren Lösung verdünnt, mit Aether erschöpft, mit wässeriger oder alkoholischer Lauge verseift und der regenerierte Alkohol mit Dampf übergetrieben. Die Phthalestersäuren lassen sich oftmals auch durch Umkrystallisieren aus hochsiedendem Petrolaether reinigen.

Sie geben öfters charakteristische in Aether, Methylalkohol und Benzol lösliche *Silbersalze.*[4,5]

Auch die *Strychninsalze* der Phthalestersäuren können Verwendung finden.[6]

Manche Phthalestersäuren sind leicht durch Hitze zersetzlich, wobei Phthalsäure und ungesättigter Alkohol entstehen. Man nimmt in solchen Fällen die vierfache Menge Benzol und erhitzt auf dem Wasserbad bis 5 Stunden lang.

Um die Estersäuren zu reinigen, kann man sie in Form eines aetherlöslichen Salzes von Phthalsäure, mittels eines wasserlöslichen von Anhydrid und Alkohol trennen.

Nach HENDERSON, HEILBRON[7] bewährt sich die Phthalsäureestermethode auch in Fällen, wo Benzoylierung und Acetylierung nicht zu befriedigenden Resultaten führen. Sie versagt nach unveröffentlichten Beobachtungen von HANS MEYER, SWOBODA bei den hochmolekularen Fettalkoholen (Ceryl- und Cetylalkohol).

[1] STEPHAN: Journ. prakt. Chem. (2), **60**, 248 (1899); **62**, 523 (1900). — SEMMLER, BARTHELT: Ber. Dtsch. chem. Ges. **40**, 1365 (1907). — Diese Methode ist *namentlich in der Terpenreihe* erprobt worden: SCHIMMEL & Co.: Ber. Schimmel 1899 II, 17, 41; 1900 1, 44; 1900 II, 45; 1910 I, 107; 1912, 39; 1929, 94, 103. — ROURE-BERTRAND FILS: Ber. Dtsch. chem. Ges. **3** I, 35, 38 (1901); **9**, 21 (1904). — HESSE: Ber. Dtsch. chem. Ges. **36**, 1466 (1903). — Über eine etwas andere Arbeitsmethode siehe CHARABOT: Bull. Soc. chim. France (3), **23**, 926 (1900). — ROURE-BERTRAND FILS: Ber. Dtsch. chem. Ges. **4** I, 15 (1904); F. P. 374405 (1907). — ENKLAAR: Ber. Dtsch. chem. Ges. **41**, 2086 (1908). — ELZE: Chem.-Ztg. **34**, 538, 857 (1910). — SEMMLER, FELDSTEIN: Ber. Dtsch. chem. Ges. **47**, 2687 (1914). — ZIEGLER, TIEMANN: Ber. Dtsch. chem. Ges. **55**, 3412 (1922). — BRUNEL: Journ. Amer. chem. Soc. **45**, 1335 (1923). — NAMETKIN: Liebigs Ann. **432**, 218 (1923). — RADCLIFFE, CHADDERTON: Perfumery essent. Oil Record **17**, 352 (1926). — KUWATA: Journ. Soc. Ind. Japan, Suppl. **36**, 583 (1933). — REICHSTEIN, COHEN, RUTH, MELDAHL: Helv. chim. Acta **19**, 417 (1936).

[2] Oder in Benzollösung bei Gegenwart von Natrium: HELFERICH, LECHER: Ber. Dtsch. chem. Ges. **54**, 932 (1921).

[3] Pyridin: AUWERS, DERSCH: Journ. prakt. Chem. (2), **124**, 228 (1930).

[4] SCHIMMEL & Co.: Ber. Schimmel **1909 I**, 98. — Siehe auch ERDMANN, HUTH: Journ. prakt. Chem. (2), **56**, 40 (1897). — MAYER, NEUBERG: Biochem. Ztschr. **71**, 178 (1915).

[5] WILLSTÄTTER, MAYER, HÜNI: Liebigs Ann. **378**, 87 (1910). — FISCHER, LÖWENBERG: Liebigs Ann. **475**, 197 (1929).

[6] PAOLINI, REBORA: Atti R. Accad. Lincei (Roma), Rend. (5), **25** II, 377 (1916). — PAOLINI: Atti R. Accad. Lincei (Roma), Rend. (5), **30** II, 371 (1921).

[7] HENDERSON, HEILBRON: Journ. chem. Soc. London **93**, 293 (1908).

Das Verfahren kann auch zu *quantitativen Bestimmungen* verwertet werden, indem man die freie Carboxylgruppe titriert.[1,2]

Die Natriumsalze der Phthalestersäuren reagieren mit *p-Nitrobenzylbromid* unter Bildung oftmals charakteristischer Ester. Man kann dabei die Trennung des Alkohols mit seiner Identifizierung verbinden, ferner einen primären Alkohol in Gegenwart von sekundärem und tertiärem, einen sekundären in Gegenwart von tertiärem erkennen. Die Anwendbarkeit ist indessen beschränkt, da viele der in Betracht kommenden Derivate flüssig sind; gut verwendbar ist das Verfahren für die niederen Alkohole, besonders Methylalkohol, der so leicht neben Aethylalkohol nachgewiesen werden kann. Methylalkohol reagiert mit Phthalsäureanhydrid schon bei Zimmertemperatur.[3]

Über die *Umwandlung* auch *von tertiären Alkoholen* (Linalool) *in Phthalestersäuren* mittels trockener Natriumalkoholate siehe: TIEMANN, KRÜGER: Ber. Dtsch. chem. Ges. 29, 902 (1896).

Anwendung von *3-Nitrophthalsäureanhydrid:* NICOLET, SACHS: Journ. Amer. chem. Soc. 47, 2348 (1925); 53, 4449 (1931).

In analoger Weise liefern die primären Alkohole auch mit den Anhydriden schwer flüchtiger *einbasischer* Säuren unter geeigneten Bedingungen entsprechende Ester.[4]

Über *saure Bernsteinsäureester* siehe: PICKARD, LITTLEBURY: Journ. Amer. chem. Soc. 101, 109 (1912). — SCHULZE, PIEROH: Ber. Dtsch. chem. Ges. 55, 2343 (1922).

Spaltung racemischer Phthalate durch Brucin: PICKARD, LITTLEBURY: Proceed. chem. Soc. London 24, 217 (1909).

C. Namentlich *für primäre Alkohole von höherem Molekulargewicht* ist die *Reaktion* von HELL[5] verwertbar. Beim Erhitzen mit Natronkalk werden nämlich die primären Alkohole nach der Gleichung:[6]

$$R \cdot CH_2OH + KOH = R \cdot COOK + 2 H_2$$

unter Entwicklung von 2 Molekülen Wasserstoff in die zugehörigen Säuren verwandelt. Die weitergehende Zersetzung der Säure:

$$R \cdot COOK + KOH = R \cdot H + K_2CO_3$$

erfolgt bei nicht viel höherer Temperatur. Es wäre daher bei den niedrigeren Alkoholen auf eine entsprechende Reinigung des Wasserstoffs von gasförmigen Kohlenwasserstoffen Rücksicht zu nehmen. Bei den höheren Alkoholen dagegen übt die Bildung dieser Nebenprodukte, da sie nicht flüchtig sind, keinen Einfluß auf das Resultat aus.

Das Volum des bei der Reaktion entwickelten Gases ist ein Maß für die Molekulargröße des untersuchten Alkohols. Ebenso kann natürlich die Methode von HELL zur qualitativen und quantitativen Bestimmung eines primären Alkohols von bestimmtem Molekulargewicht dienen.

---

[1] Zur *quantitativen Bestimmung primärer Alkohole* werden 2 g Phthalsäureanhydrid, 0,5—2 g Alkohol, 2 ccm Benzol 2 Stunden auf dem Wasserbad erhitzt, 45 ccm Wasser, 5 ccm Pyridin zugegeben, nach 10 Minuten auf dem Wasserbade mit Wasser in einem 250-ccm-Kolben gespült, mit ⁿ/₂-KOH titriert. Blinde Probe. Sekundäre Alkohole und Phenole stören nicht: SABETAY, NAVES: Ann. Chim. analyt. appl. (3), 19, 35, 285 (1937). [2] SCHIMMEL & Co.: Ber. Schimmel 1899 II, 17; 1938, 167.
[3] REID: Journ. Amer. chem. Soc. 39, 1249 (1917).
[4] F. P. 374405 (1907); D. R. P. 209382 (1909) (Benzoesäureanhydrid).
[5] HELL: Liebigs Ann. 223, 269, 274, 295 (1884). — SCHWALB: Liebigs Ann. 235, 106 (1886). — MANGOLD: Chem.-Ztg. 15, 799 (1891).
[6] DUMAS, STAS: Liebigs Ann. 35, 129 (1841). — BRODIE: Liebigs Ann. 67, 202 (1848); 71, 149 (1849). — NEF: Liebigs Ann. 318, 173 (1901).

In einem nach dem Prinzip von LOTHAR MEYER[1] konstruierten Luftbad[2] B (Abb. 139), in das mit Kork das Rohr i und ein Thermometer eingesetzt sind, wird die Substanz erhitzt. HELL verwendet die fein gepulverte Probe direkt mit Natronkalk innig gemischt. Seither haben A. und P. BUISINE[3] konstatiert, daß man noch zuverlässigere Resultate erhält, wenn man den flüssigen oder geschmolzenen Alkohol zuerst mit dem gleichen Gewicht ($^1/_2$—1 g) fein gepulvertem Ätzkali in der Wärme verreibt. Nach dem Erkalten wird pulverisiert und mit 3 Teilen Kalikalk (auf 1 Teil Alkohol) innig gemischt. — Die Mischung wird in i gebracht, noch mit etwas Natron- oder Kalikalk bedeckt und dann,

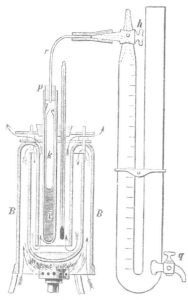

um das Luftvolumen möglichst zu verringern, eine an beiden Enden zugeschmolzene Röhre k, die das Rohr nahezu ausfüllt, eingeschoben. Durch das in den Kautschukstopfen p eingepaßte enge Röhrchen r wird dann luftdichte Verbindung mit einer vollständig mit Quecksilber gefüllten und mit einem Dreiweghahn h versehenen HOF-MANNschen Gasbürette hergestellt.

Um die durch das Einschieben von r in p veranlaßte Druckdifferenz auszugleichen, wird zuerst durch Drehen des Dreiweghahns die Verbindung von i mit der atmosphärischen Luft hergestellt.

Man beobachtet Barometerstand und Temperatur und bringt durch Drehen von h die Bürette mit i in Verbindung. Durch Ablassen von Quecksilber bei q wird jetzt ein Vakuum erzeugt und untersucht, ob der Apparat luftdicht schließt.

Nun wird langsam angewärmt und dann so lange auf 300—310° erhitzt, bis das Niveau der Quecksilbersäule konstant bleibt. Man läßt dann den Apparat wieder auf die Anfangstemperatur

Abb. 139. Apparat von HELL.

erkalten, stellt den ursprünglichen Druck durch Zugießen von Quecksilber her, liest das Gasvolumen ab und reduziert auf 0° und 760 mm Druck.

Will man das Gas trocken messen, so wählt man i länger und bringt oberhalb k noch eine Schicht stark ausgeglühten Natronkalk an.

Aus dem abgelesenen Volumen v findet man das korrigierte Volumen:

$$V = \frac{v \cdot (b - w)}{760 \, (1 + 0{,}0003\,665\,t)}$$

und das Gewicht des Wasserstoffs in Milligrammen:

$$G = 0{,}0896 \cdot V.$$

Zur *Analyse der Alkohole der Wachsarten* haben A. und P. BUISINE den Apparat modifiziert. Als Bad dient das mit Quecksilber gefüllte eiserne Gefäß A (Abb. 140), das ein Steigrohr K zur Kondensation der Quecksilberdämpfe trägt.

Bemerkungen zur HELLschen Methode. Wenn man nicht einen *reinen* Alkohol untersucht, sondern etwa in Naturprodukten (Wachs od. dgl.) qualitativ und

[1] LOTHAR MEYER: Ber. Dtsch. chem. Ges. **16**, 1087 (1883).
[2] Oder einfacher einem Sand- oder Graphitbad: KUHN: Diss. München 15, 1909.
[3] A. u. P. BUISINE: Moniteur scient. **1890**, 1127; Bull. Soc. chim. France (3), **3**, 567 (1890).

quantitativ auf das Vorhandensein von primären Alkoholen prüft, kann man oftmals die gefundene Wasserstoffzahl nicht verwerten, weil auch andere Substanzen beim Erhitzen mit Natronkalk Gase entwickeln. Die Ausbeute an Säure aus komplizierteren Alkoholen ist natürlich durchaus nicht quantitativ. So erhielten[1] WILLSTÄTTER, MAYER, HÜNI aus dem Dihydrophytol nur zirka 50% Phytansäure; die Oxydation mit Chromsäure[2] liefert hier bessere Resultate.

Enthält das Wachs ein Lacton, so wird letzteres durch den Natronkalk in die Oxysäure verwandelt, was zu Täuschungen Veranlassung geben kann.[3]

Über das Verhalten der primären, sekundären und tertiären Alkohole gegen Ätzkali siehe S. 338.

D. Reaktion von JAROSCHENKO.[4] Aus primären Alkoholen entsteht mit *Phosphortrichlorid* nach der Gleichung:

$$R \cdot CH_2 \cdot OH + PCl_3 = RCH_2 \cdot OPCl_2 + HCl$$

ein alkylphosphorsaures Chloranhydrid, das unzersetzt destillabel ist.

Man läßt den Alkohol unter sorgfältiger Kühlung in das Phosphortrichlorid eintropfen. Nach Beendigung der ziemlich stürmischen Reaktion wird noch einige Zeit auf dem Wasserbad erwärmt und dann rektifiziert.

E. Natürlich kann man für die Diagnose von primären Alkoholen auch ihre *Überführbarkeit in Aldehyd und Säure* vom gleichen Kohlenstoffgehalt verwerten, nur sind diese Oxydationen nicht immer leicht und glatt ausführbar. — Siehe hierzu S. 303.

F. Über Messung der *Esterifizierungsgeschwindigkeit* primärer Alkohole siehe S. 370.

G. Nur primäre Alkohole liefern stabile *Alkylschwefelsäuren*.

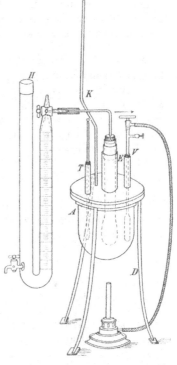

Abb. 140.
Apparat von A. und P. BUISINE.

H. Mit *Brom*[5,6] reagieren die primären Alkohole, im Gegensatz zu den sekundären, nur sehr wenig energisch.

I. Primäre Alkohole können[7] nicht durch wässerige Salzsäure in Halogenalkyle übergeführt werden, wohl aber durch kochende *Bromwasserstoffsäure* (1,49) oder *Jodwasserstoffsäure* (1,7).

[1] WILLSTÄTTER, MAYER, HÜNI: Liebigs Ann. 378, 103 (1910).
[2] Siehe S. 294.
[3] Siehe dazu HANS MEYER, SOYKA: Monatsh. Chem. 34, 1171 (1913).
[4] JAROSCHENKO: Journ. Russ. phys.-chem. Ges. 29, 223 (1897). — MENSCHUTKIN: Liebigs Ann. 139, 343 (1866). — KOWALEWSKY: Journ. Russ. phys.-chem. Ges. 29, 217 (1897).
[5] ETARD: Compt. rend. Acad. Sciences 114, 753 (1892). — LOBRY DE BRUYN: Ber. Dtsch. chem. Ges. 26, 272 (1893). — IPATJEW: Journ. prakt. Chem. (2), 53, 257 (1896). — IPATJEW, GRAWE: 33, 18/10 (1901). — BUGARSKY: Ztschr. physikal. Chem. 38, 561 (1901); 42, 545 (1903).
[6] HENRY: Bull. Acad. Roy. Belg. 1906, 424; Rec. Trav. chim. Pays-Bas 26, 118 (1907). [7] NORRIS: Amer. chem. Journ. 38, 627 (1907).

II. Reaktionen der sekundären Alkohole.

A. *Pseudonitrolreaktion von* V. MEYER, LOCHER.[1]

Die Reaktion wird wie in der primären Reihe die Nitrolsäureprobe angestellt, nur muß das Schütteln mit der Kaliumnitrit-Kalilösung etwas längere Zeit (ungefähr 1 Minute) fortgesetzt werden. Nach Zusatz von Schwefelsäure erhält man dann eine tiefblaue bis blaugrüne Färbung, die auf Alkalizusatz nicht verschwindet, aber unter Entfärbung der wässerigen Lösung durch Chloroform ausgeschüttelt werden kann. Manchmal scheidet sich auch das Pseudonitrol in festem Zustand ab und kann dann mit blauer Farbe in Chloroform gelöst werden. Die Pseudonitrole besitzen scharfen, zu Tränen reizenden Geruch.

Während in *Mischungen primärer und sekundärer Alkohole* die Nitrolsäurebildung immer gleich gut gelingt, wird die Pseudonitrolreaktion schon durch die Anwesenheit geringer Mengen primären Jodids merklich gestört und durch große Mengen ganz verwischt. Das primäre Jodid bleibt also in Mischungen immer leicht nachweisbar, das sekundäre mit Sicherheit nur dann, wenn seine Menge wesentlich vorwiegt.[2] Die Reaktion gelingt in der aliphatischen Reihe nur bis einschließlich der Amylalkohole.[3]

B. Sekundäre Alkohole reagieren mit *Brom* schon bei gewöhnlicher Temperatur in explosionsartig heftiger Weise, ohne daß sich primär Bromwasserstoff entwickelt.[4]

C. Während im allgemeinen die sekundären Alkohole durch *Chlorwasserstoffsäure* gar nicht oder nur schwer und dann in sekundäre Halogenkohlenwasserstoffe verwandelt werden, geben Alkohole

$$-CH-CHOH$$
$$\mid$$
$$R$$

(auch ungesättigte) der Terpenreihe hierbei tertiäre Halogenide;[5] ungesättigte sekundäre Alkohole der Fettreihe dagegen die sekundären Chloride.[6]

D. *Bromwasserstoffsäure* (1,49) führt beim Kochen[5] quantitativ in Bromide über. Ungesättigte Alkohole können dabei unter Bromwasserstoffabspaltung in Diaethylenkohlenwasserstoffe übergehen, während die entsprechenden Chlorderivate stabil sind.[7]

E. Reaktion von CHANCEL.[8] Während bei der Einwirkung von *Salpetersäure* auf primäre Alkohole nur neutrale Verbindungen (Ester der Salpetersäure und salpetrigen Säure) entstehen, bilden die sekundären (und wahrscheinlich auch die höheren tertiären, was nicht untersucht ist) unter Spaltung des Alkohols sauer reagierende Nitroalkyle, die charakteristische Kalium- und Silbersalze liefern.

Man übergießt in einer Eprouvette 1 ccm des zu untersuchenden Alkohols mit dem gleichen Volumen Salpetersäure (1,35), erwärmt und verdünnt, wenn die Reaktion vorüber ist, mit Wasser und schüttelt mit Aether aus. Die Aetherschicht wird abpipettiert, in einem kleinen Schälchen verdampft und der Rück-

---

[1] Literatur siehe S. 361, Anm. 1.

[2] V. MEYER, FORSTER: Ber. Dtsch. chem. Ges. 9, 539, Anm. (1876). — DEMJANOW: Ber. Dtsch. chem. Ges. 40, 4394 (1907).

[3] GUTKNECHT: Ber. Dtsch. chem. Ges. 12, 624 (1879).

[4] Siehe Note 7 Seite 365.

[5] KONDAKOW: Ber. Dtsch. chem. Ges. 28, 1618 (1895). — KONDAKOW, LUTSCHININ: Journ. prakt. Chem. (2), 60, 257 (1899); 62, 1 (1900). — KAMM, MARVEL: Journ. Amer. chem. Soc. 42, 299 (1920).

[6] ABELMANN: Ber. Dtsch. chem. Ges. 43, 1579 (1910).

[7] ABELMANN: Ber. Dtsch. chem. Ges. 43, 1577 (1910).

[8] CHANCEL: Compt. rend. Acad. Sciences 100, 604 (1885).

stand in wenigen Tropfen Alkohol gelöst. Auf Zusatz von etwas alkoholischer Kalilauge bleibt die Lösung klar, falls ein primärer Alkohol vorlag. Sekundäre Alkohole liefern hingegen nach kurzer Zeit eine Abscheidung von gelben Krystallen des Nitroalkylsalzes.

Die Reaktion gelingt auch in den höheren Reihen, nicht aber beim Isopropylalkohol.

F. Beim Behandeln mit *Phosphortrichlorid* erhält man zirka 80% ungesättigte Kohlenwasserstoffe.

G. Bei der *Oxydation* geben die sekundären Alkohole Ketone, unter Umständen indes auch Ketonsäuren[1] mit der gleichen Anzahl von Kohlenstoffatomen.

H. Esterifizierungsgeschwindigkeit mit Essigsäure siehe S. 370.

I. Die Substanz wird mit einigen Tropfen Dekalin und einem Körnchen Chlorzink erhitzt. Trübung zeigt das sekundäre Hydroxyl an.[2]

III. Reaktionen der tertiären Alkohole.

A. Beim Behandeln der *Jodide* nach V. MEYER, LOCHER tritt keine Färbung ein.

B. Tertiäre Alkohole reagieren mit *Brom*, auch im Sonnenlicht, erst in der Wärme. Am stärksten werden Alkohole angegriffen, die neben der $\equiv$C—OH-Gruppe eine =CH-Gruppe, schwächer, die eine CH_2-Gruppe, und ganz schwach, die eine CH_3-Gruppe benachbart haben.[3] — Siehe auch unter K.

C. Mit *Phthalsäureanhydrid* tritt keine Reaktion ein.[4]

D. Reaktion von CHANCEL: Siehe sekundäre Alkohole (E).

E. Mit *Phosphortrichlorid* bilden sich die entsprechenden Alkylchloride nahezu quantitativ.

F. Reaktion von DENIGÈS.[5] Die Aethylenkohlenwasserstoffe verbinden sich mit Quecksilbersulfat zu charakteristischen Verbindungen vom Typus:

$$R'' \left(\!\!\!>\!\!O\!\!<^{Hg}_{Hg}\!\!\!>\!\!SO_4 \right)_3.$$

Da nun die tertiären Alkohole im allgemeinen unter Bildung derartiger Kohlenwasserstoffe zu zerfallen vermögen, reagieren sie auch leicht mit dem Reagens von DENIGÈS.

Zur Darstellung des letzteren vermischt man 50 g Quecksilberoxyd, 200 ccm Schwefelsäure und 1000 ccm Wasser.

Zur Ausführung der Reaktion kocht man 1—2 Tropfen des Alkohols mit einigen Kubikzentimetern Quecksilberlösung höchstens 2—3 Minuten lang. Nach kurzer Zeit bildet sich dann, falls der Alkohol tertiär ist, ein gelber, manchmal auch rötlicher Niederschlag.

Alkohole, denen die Fähigkeit zur Bildung von Aethylenkohlenwasserstoffen abgeht, wie Triphenylcarbinol, Citronensäure usw., reagieren nicht, ebensowenig wie die primären und sekundären Alkohole. Nur Isopropylalkohol,[6] der relativ leicht in Propylen übergeht, reagiert beim andauernden Kochen, jedoch viel langsamer als die tertiären Verbindungen.

---

[1] GLÜCKSMANN: Monatsh. Chem. 10, 770 (1889).

[2] ALBERTI: Liebigs Ann. 450, 312 (1926). — Siehe NORRIS, TAYLOR: Journ. Amer. chem. Soc. 46, 753 (1924). — LUCAS: Journ. Amer. chem. Soc. 51, 248 (1929); 52, 802 (1930).

[3] HENRY: Bull. Acad. Roy. Belg. 1906, 424; Rec. Trav. chim. Pays-Bas 26, 118 (1907).   [4] Siehe übrigens S. 363.

[5] DENIGÈS: Compt. rend. Acad. Sciences 126, 1043, 1277 (1898).

[6] Siehe hierzu HANS MEYER, BERNHAUER: WEGSCHEIDER-Festschr. 1929, 749.

G. Beim Erhitzen mit *Essigsäureanhydrid* auf 155° spalten die acyclischen tertiären Alkohole in der Regel Wasser ab und bilden Alkylene.

H. Bei der *Oxydation*[1] zerfallen sie gewöhnlich in Ketone und Carbonsäuren von geringerer Kohlenstoffanzahl. Gelegentlich tritt indessen (als Nebenreaktion) infolge intermediärer Alkylenbildung und Wasseranlagerung Umwandlung in primären Alkohol ein, der dann zur Carbonsäure mit gleicher C-Zahl oxydiert wird.[2]

I. Im Gegensatz zu den primären und sekundären liefern die tertiären Alkohole mit *Bariumoxyd* keine Alkoholate.[3]

K. Reaktion von HELL, URECH.[4]

Brom wirkt auf tertiäre Alkohole nach dem Schema:

$$\begin{array}{c} C\ C\ C \\ \diagdown | \diagup \\ C \\ | \\ OH \end{array} + Br_2 = \begin{array}{c} C\ C\ C \\ \diagdown | \diagup \\ C \\ | \\ Br \end{array} + HBr + O.$$

Wenn man die Reaktion in Gegenwart von Schwefelkohlenstoff vor sich gehen läßt, bildet der nascierende Sauerstoff mit letzterem Schwefelsäure.

Zur Ausführung des Versuchs wird der wasserfreie, reine Alkohol mit trockenem Brom und reinem Schwefelkohlenstoff mehrere Stunden in einem gut verschlossenen Gefäß bei Zimmertemperatur sich selbst überlassen. Dann gießt man in Wasser und prüft nach sofortigem Durchschütteln mit Bariumnitrat. Tertiäre Alkohole geben reichliche Fällung von Bariumsulfat, während primäre und sekundäre wasserfreie Alkohole keinen Niederschlag erzeugen.

L. Nach SEMMLER[5] werden tertiäre Alkohole, im Gegensatz zu den primären und sekundären, durch *Reduktion mit Natrium und Alkohol*, noch besser durch *Zinkstaub*, ihres Sauerstoffs beraubt.

Man schließt den Alkohol mit seinem doppelten Gewicht Zinkstaub ein und erhitzt $1/_2$—4 Stunden auf 220—230°. Die Röhren enthalten häufig Druck von teilweise abgespaltenem Wasserstoff. Das Reaktionsprodukt wird durch Destillieren mit Wasserdampf gereinigt oder der Röhreninhalt ausgeaethert und der Rückstand nach Entfernung des Aethers im Fraktionierkolben destilliert.

M. Tertiäre Alkohole — namentlich leicht die aromatischen Carbinole — werden durch Salzsäure, Acetylchlorid oder Thionylchlorid[6] (HANS MEYER) ın halogensubstituierte Kohlenwasserstoffe verwandelt.[7]

---

[1] WAGNER: Journ. prakt. Chem. (2), **44**, 308 (1891); M. u. J., 2. Aufl., Bd. 1, S. 218. 1906.

[2] BUTLEROW: Ztschr. Chem. **1871**, 484; Liebigs Ann. **189**, 73 (1877). — Eine etwas andere Erklärung gibt NEVOLE: Ber. Dtsch. chem. Ges. **9**, 448 (1876). — WAGNER: Ber. Dtsch. chem. Ges. **21**, 1232 (1888).

[3] MENSCHUTKIN: Liebigs Ann. **197**, 204 (1879).

[4] HELL, URECH: Ber. Dtsch. chem. Ges. **15**, 1249 (1882).

[5] SEMMLER: Ber. Dtsch. chem. Ges. **27**, 2520 (1894); **33**, 776 (1900). — BREDT: WÜLLNER-Festschr. 117, 1905. — GANDURIN: Ber. Dtsch. chem. Ges. **41**, 4361 (1908); siehe S. 345.

[6] Einwirkung auf Cholesterol und Diacetonglykose: DAUGHENBAUGH, ALLISON: Journ. Amer. chem. Soc. **51**, 3665 (1929).

[7] BUTLEROW: Liebigs Ann. **144**, 5 (1867). — MICHAEL: Journ. prakt. Chem. (2), **60**, 424, Anm. (1899). — STRAUS, CASPARI: Ber. Dtsch. chem. Ges. **35**, 2401 (1902); **36**, 3925 (1903). — HENRY: Bull. Acad. Roy. Belg. **1905**, 537. — KAUFFMANN, GROMBACH: Ber. Dtsch. chem. Ges. **38**, 2702 (1905). — SEMMLER: Die ätherischen Öle, Bd. 1, S. 125. 1905. — MICHAEL: Ber. Dtsch. chem. Ges. **39**, 2790 (1906). — HENRY: Compt. rend. Acad. Sciences **142**, 129 (1906); Rec. Trav. chim. Pays-Bas **25**, 138 (1906); Bull. Soc. chim. Belg. **20**, 152 (1906); Bull. Acad. Roy. Belg. **1906**, 424. — GLEDITSCH: Bull. Soc. chim. France (3), **35**, 1094 (1906). — DELACRE: Bull. Acad.

Wenn der Alkohol außer Kohlenwasserstoffresten in Nachbarstellung zum Hydroxyl noch andere Gruppen (wie CH_2Cl, COOH, $COOC_2H_5$, CN) enthält, wird er gegen Salzsäure resistenter und gibt mit Acetylchlorid Acetat.

N. Primäre und sekundäre alkoholische Hydroxyle reduzieren NESSLERS Reagens. Verbindungen mit tertiärem alkoholischen Hydroxyl reduzieren nicht.[1]

O. Sekundäre Alkohole verdrängen die tertiären aus ihren Alkoholaten.[2] Die primären Alkoholate kondensieren sich mit sekundären Alkoholen auf Kosten der OH-Gruppe des primären Alkohols unter Verkettung an dem der OH-Gruppe vizinalen C-Atom zu einem sekundären Alkohol.[3]

P. Nach WIENHAUS[4] geben nur die tertiären Alkohole mit *Chromsäure* beständige Ester. Behält die mit Chromtrioxyd versetzte Lösung der Substanz in Tetrachlorkohlenstoff oder Petrolaether längere Zeit, wenigstens im Dunkeln, rein rote oder gelbrote Farbe, so liegt ein tertiärer Alkohol vor. Baldige Verfärbung beweist dagegen nicht die Abwesenheit eines solchen, da auch tertiäre Alkohole oft rasch oxydiert werden.

Das Verfahren ist besonders geeignet zur Charakterisierung von Derivaten der Terpenreihe. Die Phenylgruppe scheint der Beständigkeit der Alkohole Eintrag zu tun.

IV. Weitere Reaktionen der einwertigen Alkohole.

Isolieren von Alkoholen (und Phenolen) aus Gemischen mittels Borsäure: D.R.P. 444640 (1927). — BLUMANN, SCHULZ: Liebigs Ann. 478, 305 (1930).

Boressigsäureanhydrid bildet nur dann einen beständigen Boressigester, wenn zu der Hydroxylgruppe eine Carbonylgruppe so steht, daß sich das Bor mit einer Nebenvalenz an den Carbonylsauerstoff zu einem Sechsring binden kann.[5]

A. Primäre, sekundäre und tertiäre einwertige Alkohole, nicht aber mehrwertige Alkohole, Phenole und Säuren, zeigen nach BITTÓ[6] eine charakteristische *Farbenreaktion mit Methylviolett*.

Einige Kubikzentimeter der zu untersuchenden Flüssigkeit werden mit 1 bis 2 ccm einer Lösung von 0,5 g Methylviolett in 1 l Wasser versetzt und $^1/_2$—1 ccm Alkalipolysulfidlösung zugefügt. Ist ein einwertiger Alkohol vorhanden, so färbt sich die Flüssigkeit kirschrot bis violettrot und bleibt klar; im anderen Fall entsteht grünlichblaue Färbung, und es scheiden sich bald darauf aus der gelb gewordenen Flüssigkeit rötlichviolette Flocken aus.

B. *Xanthogensäurereaktion.*[7] Die primären und sekundären Natrium- (Kalium-) Alkoholate gehen mit Schwefelkohlenstoff und hierauf mit Methyljodid versetzt

Roy. Belg. 1906, 134. — HENRY: Rec. Trav. chim. Pays-Bas 26, 89 (1907); 28, 448 (1909). — JANSCH, FANTL: Ber. Dtsch. chem. Ges. 56, 1368 (1923). — MAJIMA, SIMANUKI: Proceed. Acad. Japan 2, 10 (1926). — KOTAKE: Liebigs Ann. 465, 4 (1928). — LUCAS: Journ. Amer. chem. Soc. 52, 803 (1930).

[1] ROSENTHALER: Arch. Pharmaz. 244, 373 (1906); Süddeutsche Apoth.-Ztg. 1907, 412; Ztschr. angew. Chem. 20, 412 (1907).

[2] TSCHUGAEFF: Journ. Russ. phys.-chem. Ges. 36, 1253 (1904). — TSCHUGAEFF, GASTEFF: Ber. Dtsch. chem. Ges. 42, 4632 (1909). — FOMIN, SOCHANSKI: Ber. Dtsch. chem. Ges. 46, 245 (1913).

[3] GUERBET: Compt. rend. Acad. Sciences 154, 1357 (1912).

[4] WIENHAUS: Ber. Dtsch. chem. Ges. 47, 324 (1914). — TREIBS: Diss. Tübingen 1917. — WIENHAUS, TREIBS: Ber. Dtsch. chem. Ges. 56, 1648 (1923). — HÜCKEL, BLOHM: Liebigs Ann. 502, 114 (1933).

[5] DIMROTH: Ber. Dtsch. chem. Ges. 54, 3020 (1921); Liebigs Ann. 446, 97 (1926). — PFEIFFER: Org. Mol. Vbdgen, S. 243. — DRAGENDORFF: Liebigs Ann. 482, 299 (1930); 487, 63 (1931). — MURAKAMI: Liebigs Ann. 495, 133 (1932).

[6] BITTÓ: Chem.-Ztg. 17, 611 (1893).

[7] MYLIUS: Ber. Dtsch. chem. Ges. 5, 974 (1872). — TSCHUGAEFF: Ber. Dtsch. chem. Ges. 32, 3332 (1899); 33, 735, 3118 (1900); 34, 2276 (1901); 35, 2473 (1902);

in Xanthogensäureester über, die namentlich in der Terpenreihe charakteristische Derivate bilden.

Tertiäre Alkohole liefern bei gleicher Behandlung die entsprechenden ungesättigten Kohlenwasserstoffe, da ihre Xanthogensäureester unbeständig sind.

Aus diesen Estern lassen sich durch Verseifen mit Lauge die Alkohole regenerieren.

Auch die nach der Gleichung:

$$ROK + CS_2 = CS {\displaystyle {OR \atop SK}}$$

erhältlichen Alkalisalze[1] sowie Nickel-[2] und Cuprosalze[3] werden zum Isolieren und Charakterisieren hochmolekularer Alkohole dargestellt. Die daraus mit Säuren gewonnenen freien Xanthogensäuren zerfallen meist schon beim Erwärmen mit Wasser.[4]

Die Alkalixanthogenate können direkt und genau nach der Gleichung:

$$2\,ROCSS- + J_2 = (RCOSS-)_2 + 2\,J$$

titriert werden.[5]

C. Verhalten der Alkohole bei der *Esterifikation*[6] *mit Essigsäure.*[7]

Die Esterifizierungsgeschwindigkeiten der Alkohole sind nach MENSCHUTKIN durch die Struktur der Kohlenstoffkette bedingt. Je verzweigter die Kette ist und je näher die Seitenkette (bzw. Seitenketten) an das Hydroxyl tritt, desto kleiner wird die Esterifizierungsgeschwindigkeit.

37, 1481 (1904); Journ. Russ. phys.-chem. Ges. **35**, 1116 (1904); **36**, 988 (1904); **39**, 1324, 1334 (1907). — RAGG: Chem.-Ztg. **32**, 630, 654, 677 (1908); **34**, 82 (1910). — TSCHUGAEFF, GASTEFF: Ber. Dtsch. chem. Ges. **42**, 4632 (1909). — KIMURA: Ber. Dtsch. pharmaz. Ges. **19**, 369 (1909). — RICHTER: Arch. Pharmaz. **247**, 391 (1909). — TSCHUGAEFF, FOMIN: Compt. rend. Acad. Sciences **151**, 1058 (1910); Liebigs Ann. **375**, 288 (1910); Ber. Dtsch. chem. Ges. **45**, 1293 (1912). — TSCHUGAEFF, BUDRICK: Liebigs Ann. **388**, 280 (1912). — FOMIN, SOCHANSKI: Ber. Dtsch. chem. Ges. **46**, 245 (1913). — BUCHNER, WEIGAND: Ber. Dtsch. chem. Ges. **46**, 2113 (1913). — BRUHNKE: Diss. Breslau 31, 1915. — DUBSKY: Journ. prakt. Chem. (2), **103**, 110, 128 (1921). — NAMETKIN: Journ. prakt. Chem. (2), **106**, 25 (1923) (Fenchon- und Isofenchonreihe). — LIESER: Liebigs Ann. **495**, 245 (1932).

[1] BAMBERGER, LODTER: Ber. Dtsch. chem. Ges. **23**, 211, 213 (1890).
[2] DUBSKY: Journ. prakt. Chem. (2), **93**, 142 (1916); **103**, 109 (1921).
[3] LIESER, NAGEL: Liebigs Ann. **495**, 239 (1932).
[4] Über die Dehydratation der Xanthogenate durch Erhitzen: NAMETKIN, KURSANOFF: Journ. prakt. Chem. (2), **112**, 164 (1926).
[5] WHITMORE, LIEBER: Ind. engin. Chem., Analyt. Ed. **7**, 127 (1935).
[6] Sehr leicht werden Ester, auch der tertiären Alkohole, aus Säurechloriden bei Gegenwart von Magnesium erhalten:

$$R_3COH + R'COCl \rightarrow R'COHCl \cdot O \cdot CR_3 \rightarrow R'COOCR_3 + HCl.$$

Triphenylcarbinol läßt sich allerdings so nicht verestern, wohl aber Tribenzylcarbinol. Man löst je $^1/_{10}$ Mol Alkohol in 10—15 g Aether, gibt $^1/_{10}$ Atom Mg-Pulver zu und läßt eine aetherische Lösung des Säurechlorids (25—50% Überschuß) eintropfen. Eventuell muß erwärmt werden. Dann läßt man eine Stunde stehen und setzt schließlich für 1—2 Stunden auf das Wasserbad: SPASSOW: Ber. Dtsch. chem. Ges. **70**, 1926 (1937).
[7] N. MENSCHUTKIN: Liebigs Ann. **195**, 334 (1879); **197**, 193 (1879); Journ. Russ. phys.-chem. Ges. **13**, 564 (1881). — WILLSTÄTTER, HOCHEDER: Liebigs Ann. **354**, 249 (1907). — GANDURIN: Ber. Dtsch. chem. Ges. **41**, 4360 (1908). — MICHAEL, WOLGAST: Ber. Dtsch. chem. Ges. **42**, 3157 (1909). — B. N. MENSCHUTKIN: Ber. Dtsch. chem. Ges. **42**, 4020 (1909). — MICHAEL: Ber. Dtsch. chem. Ges. **43**, 464 (1910). — WILLSTÄTTER, MAYER, HÜNI: Liebigs Ann. **378**, 98 (1910). — WOLFF: Chem. Umschau Fette, Öle, Wachse, Harze **29**, 2 (1922). — KAILAN, RAFF: Monatsh. Chem. **61**, 116, 169 (1932). — KAILAN, HAAS: Monatsh. Chem. **60**, 386 (1932). — CORSO, DURRUTY: Anales Asoc. quim. Argentina **20**, 140 (1932).

Darum werden im allgemeinen die tertiären Alkohole am langsamsten, die primären am·raschesten verestert, es hat aber auch der primäre Amylalkohol kleinere Esterifizierungsgeschwindigkeit als der sekundäre.

Übrigens besitzen die tertiären Butyl- und Amylalkohole größere Geschwindigkeitskonstanten als die sekundären, trotzdem in ersteren die Ketten verzweigter sind und dem Hydroxyl näherstehen.

Namentlich durch die Arbeiten von MICHAEL ist, wie WILLSTÄTTER, MAYER, HÜNI betonen, der Wert dieser Methode zweifelhaft geworden, und die Folgerungen hinsichtlich der wahren Geschwindigkeit der Reaktion sind strittig; immerhin sind die Zahlen für Anfangsgeschwindigkeit und Grenze der Esterbildung nach der ursprünglichen Arbeitsmethode von MENSCHUTKIN für die Beschreibung und den Vergleich der höheren aliphatischen Alkohole sehr nützlich.

Nennt man die Prozentzahl an Ester, die sich nach einstündiger Einwirkung äquimolekularer Mengen von Alkohol und Essigsäure (bei 155°) ergibt, den Wert der *Anfangsgeschwindigkeit*, den nach 120 Stunden erzielten Umsatz den *Grenzwert*, so findet man:

Für die *primären Alkohole* der Formel:

	Anfangsgeschwindigkeit	Grenzwert
$CH_3(CH_2)_n CH_2OH$	46,7	66,6
R_2CHCH_2OH	44,4	67,4
$C_nH_{2n-1}OH$	35,7	59,4
$C_nH_{2n-3}OH$	20,5	—
$C_nH_{2n-7}OH$	38,6	60,8

Für die *sekundären Alkohole* der Formel:

	Anfangsgeschwindigkeit	Grenzwert
$C_nH_{2n+1}OH$	16,9—26,5	58,7—63,1
$C_nH_{2n-1}OH$	15,1	52,0—61,5
$C_nH_{2n-3}OH$	10,6	50,1
$C_nH_{2n-7}OH$	18,9	—
$C_nH_{2n-15}OH$	22,0	—

Für die *tertiären Alkohole* der Formel:

	Anfangsgeschwindigkeit	Grenzwert
$C_nH_{2n+1}OH$	0,9—2,2	0,8—6,6
$C_nH_{2n-1}OH$	3,1	0,5—7,3
$C_nH_{2n-3}OH$	—	3,1—5,4
$C_nH_{2n-7}OH$ (Phenole).....	0,6—1,5	8,6—9,6
$C_nH_{2n-13}OH$	—	6,2

Zu jeder Bestimmung werden zirka 2 g Alkohol und die äquimolekulare Menge reine Essigsäure benutzt. Die Erhitzung des Gemisches wird in zugeschmolzenen, dünnwandigen Glasröhren von etwa 5 mm innerem Durchmesser vorgenommen. Die ausgezogene Spitze des gewogenen Röhrchens wird in das Gemisch von Säure und Alkohol getaucht und so viel eingesogen, daß das Röhrchen, dessen Kapazität etwa 1 ccm beträgt, halb gefüllt ist. Dann schmilzt man bei C zu, dreht das Röhrchen um, entfernt durch leichtes Klopfen die Flüssigkeit aus c und schmilzt etwa in der Hälfte der Capillare ab. Nun werden wieder alle Teile des Röhrchens gewogen und aus der Gewichtszunahme die Menge der in Untersuchung genommenen Mischung bestimmt. Auf dieselbe Art füllt man noch 3—4 Röhrchen, bei hochmolekularen Alkoholen von etwas größeren Dimensionen. Feste Alkohole werden in dem unausgezogenen tarierten Röhrchen gewogen, dann dieses justiert und die Essigsäure eingesogen.

Die Röhrchen werden mittels ihres einen hakenartigen Endes in das auf 155° gehaltene Bad gebracht (Abb. 142), in dem sie vollständig eingetaucht sein müssen.

Durch einen blinden Versuch konstatiert man, ob und wieviel Essigsäure durch das Glas neutralisiert wird und zieht evtl. diese Differenz in Rechnung.

Nach einer Stunde wird das erste Röhrchen, evtl. ein zweites zur Kontrolle, herausgenommen, gereinigt und in eine starkwandige Flasche mit gut schließendem Stopfen gebracht, durch Schütteln zertrümmert, 50 ccm neutralisierter Alkohol und etwas Phenolphthaleinlösung zugefügt und mit $n/_{10}$-Barythydratlösung titriert (*Anfangsgeschwindigkeit*).

Der *Grenzwert* dürfte stets nach 120 Stunden erreicht sein.

Genauer ist es, die *Esterifizierung bei gewöhnlicher Temperatur* sich vollziehen zu lassen. Z. B. wurden *Geraniol* und *Linalool* mit 6 Mol Essigsäure gemischt und bei konstanter (Zimmer-) Temperatur sich selbst überlassen. Verestert waren nach:

	24 Stunden	10 Tagen	24 Tagen	5 Monaten	12 Monaten
von Geraniol	5,5	29,2	45,0	85,6	90,0%
von Linalool	0,4	0,6	1,1	3,9	5,3%

Sonach ist *Linalool* als tertiärer Alkohol anzusprechen.[1]

Unterscheidung primärer, sekundärer und tertiärer Alkohole durch Bestimmung der Mikroesterifizierungsgeschwindigkeit.[2]

2—5 mg Alkohol mit der äquivalenten Menge *Phenylessigsäure* werden 1 Stunde in siedendem Brombenzol (auf 155—156°) erhitzt, mit 2 ccm verdünntem Alkohol versetzt, mit $n/_{100}$-NaOH und Phenolphthalein titriert.

D. Nach TSCHUGAEFF[3] werden die Magnesiumverbindungen vom Typus RMgJ wie durch Wasser so auch durch viele Hydroxylverbindungen (Alkohole, Phenole, Oxime) nach folgender Gleichung zersetzt:

$$RMgJ + R_1OH = RH + R_1OMgJ.$$

Die auf den Gehalt an Hydroxyl zu prüfende Substanz (0,1—0,15 g) wird nach sorgfältigem Trocknen mit dem im Überschuß genommenen Methylderivat, CH_3MgJ, in Reaktion gebracht. Hierbei bildet sich *Methan*, wenn die Substanz Hydroxyl enthielt. Substanzen, die kein Hydroxyl[4] enthalten, scheiden auch kein Gas aus. Auf diese Weise läßt sich im allgemeinen das Vorhandensein von Hydroxylgruppen *qualitativ* feststellen.

Außerdem läßt sich die angeführte Eigenschaft der magnesiumorganischen Verbindungen auch zur Trennung hydroxylhaltiger Substanzen von solchen benutzen, die kein Hydroxyl enthalten, insbesondere zur *Trennung von Alkoholen und Kohlenwasserstoffen*. Die Probe wird zu der im Überschuß genommenen Lösung der Verbindung CH_3MgJ gegeben. Hierbei entsteht Methan, und der Alkohol ROH geht in die nichtflüchtige Verbindung ROMgJ über, während der Kohlenwasserstoff frei bleibt und unter vermindertem Druck, nach dem Verjagen des Aethers, abdestilliert werden kann. Dem Rückstand entzieht man den Alkohol mit Wasser.

Über die Ausbildung dieser Reaktion zu einer quantitativen Bestimmungsmethode für hydroxylhaltige Substanzen siehe S. 458ff.

F. Über die *Säurechloridreaktion* siehe S. 402.

---

[1] ROURE-BERTRAND FILS: Ber. Dtsch. chem. Ges. (2), **5**, 3 (1907).
[2] MUKAHASHI: Scient. Papers Inst. physical chem. Res. **30**, 272 (1936).
[3] TSCHUGAEFF: Chem.-Ztg. **26**, 1043 (1902); Ber. Dtsch. chem. Ges. **35**, 3912 (1902).
[4] Respektive andere Gruppen mit aktivem Wasserstoff, siehe S. 458.

G. Auch die Fähigkeit vieler Alkohole, sich mit *Chlorcalcium* zu verbinden,[1] wird gelegentlich als Hydroxylreaktion verwertet.[2]

H. Bei der *Dampfdichtebestimmung* nach V. MEYER zeigen die überhitzten Dämpfe der drei Klassen von Alkoholen ebenfalls verschiedenes Verhalten.[3] *Primäre Alkohole* sind noch bei der Siedetemperatur des Anthracens (360°) beständig, *sekundäre* zerfallen bei dieser Temperatur in Wasser und ungesättigte Kohlenwasserstoffe, ertragen aber noch die Siedetemperatur des Naphthalins (218°), während *tertiäre Alkohole* sich bereits bei dieser Temperatur spalten.

Gibt daher ein Alkohol z. B. im Naphthalindampf noch normale Zahlen, im Anthracendampf aber nur mehr den halben theoretischen Wert seiner Dampfdichte, so ist er als sekundär anzusprechen.

Isopropylalkohol und *tertiärer Butylalkohol* zeigen abnorme Beständigkeit; im übrigen ist die Reaktion für primäre Alkohole der Fettreihe bis C_7, für sekundäre bis C_9, für tertiäre bis C_{12} anwendbar.

I. *Reaktion von* SABATIER, SENDERENS.[4] Beim Überleiten über reduziertes auf 300° erhitztes Kupfer werden die primären Alkohole in Aldehyd und Wasserstoff, die sekundären in Keton und Wasserstoff, die tertiären endlich in Wasser und ungesättigten Kohlenwasserstoff zerlegt.

Man behandelt das Reaktionsprodukt mit CAROschem Reagens, wodurch der evtl. entstandene Aldehyd bzw. der primäre Alkohol erkannt wird, hierauf mit Semicarbazid, wodurch das Keton bzw. der sekundäre Alkohol nachgewiesen wird, endlich mit Brom, das augenblicklich entfärbt wird, wenn aus der Zersetzung eines

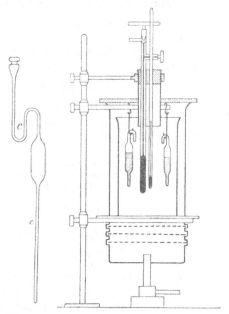

Abb. 141.   Abb. 142.
Bestimmung der Esterifizierungsgeschwindigkeit nach MENSCHUTKIN.

tertiären Alkohols ein ungesättigter Kohlenwasserstoff hervorgegangen war.[5]

K. BOUVEAULT[6] charakterisiert die primären und sekundären Alkohole durch die *Semicarbazone ihrer Brenztraubensäureester*, die man nach SIMON[7] durch Erhitzen der Komponenten auf 110—120° oder auch mehrstündiges Digerieren

[1] KANE: Liebigs Ann. **19**, 164 (1836). — Glycerin: GRÜN, HUSMANN: Ber. Dtsch. chem. Ges. **43**, 1296 (1910).

[2] JACOBSEN: Liebigs Ann. **157**, 234 (1871). — BERTRAM, GILDEMEISTER: Journ. prakt. Chem. (2), **49**, 188 (1894). — HOFFMANN, GILDEMEISTER: Ätherische Öle, S. 195. 1899. — THOMS, BECKSTRÖM: Ber. Dtsch. chem. Ges. **35**, 3191 (1902). — JONES, GETMAN: Amer. chem. Journ. **32**, 338 (1904). — SCHIMMEL & Co.: Ber. Schimmel **1910** II, 52, 89; **1923**, 98; A. P. 1416859 (1922) (Abscheidung von Benzylalkohol).

[3] KLING, VIARD: Compt. rend. Acad. Sciences **138**, 1172 (1904). — KLING: Bull. Soc. chim. France (3), **35**, 460 (1906).

[4] SABATIER, SENDERENS: Bull. Soc. chim. France (3), **33**, 263 (1905). — MAILHE: Chem.-Ztg. **32**, 229 (1908). — NEAVE: Analyst **34**, 346 (1909).

[5] Darstellung des CAROschen Reagens: WILLSTÄTTER, HAUENSTEIN: Ber. Dtsch. chem. Ges. **42**, 1842 (1909).

[6] BOUVEAULT: Compt. rend. Acad. Sciences **138**, 984 (1904). — MASSON: Compt. rend. Acad. Sciences **149**, 630 (1909). — WILLSTÄTTER, MAYER, HÜNI: Liebigs Ann. **378**, 97 (1910). — WIENHAUS: Ber. Dtsch. chem. Ges. **53**, 1662 (1920).

[7] SIMON: Bull. Soc. chim. France (3), **13**, 477 (1895).

auf dem Wasserbad (WIENHAUS), evtl. in Chloroformlösung in der Kälte[1] erhält. Die Brenztraubensäure muß frisch im Vakuum destilliert sein.

L. *Reaktion von* BACOVESCO.[2] Man löst 15 g Molybdänsäure in 85 g konzentrierter, auf zirka 85° erwärmter Schwefelsäure. Man unterschichtet die mit etwas Wasser verdünnte hydroxylhaltige Substanz mit dem gleichen Volumen Reagens. An der Berührungsstelle entsteht sofort ein blauvioletter Ring.

M. Nach HENRY[3] unterscheiden sich die *Acetate* der tertiären Alkohole sehr wesentlich von denen der primären und sekundären, indem sie durch rauchende Salzsäure bei Zimmertemperatur rasch nach der Gleichung:

$$R_1R_2R_3:C-OOC_2H_3 + HCl = R_1R_2R_3CCl + CH_3COOH$$

zerfallen.

Analog wirken Salzsäure und Acetylchlorid auf die tertiären Alkohole (siehe S. 368).

V. Reaktionen der mehrwertigen Alkohole.

A. *Esterifizierungsgeschwindigkeit.*[4]

Für die Esterifizierungsgeschwindigkeit der Glykole mit Essigsäure fand MENSCHUTKIN folgende Werte:

	Anfangsgeschwindigkeit	Grenzwert
Primäre Glykole..............	43—49	54—60
Primär-sekundäre Glykole	36,4	50,8
Sekundäre Glykole	17,8	32,8
Tertiäre Glykole..............	2,6	5,9
(Zweiwertige Phenole	0	7)

B. *Verhalten gegen organische Säurechloride.*[5]

Bei der Einwirkung organischer Säurechloride wird die eine Hydroxylgruppe acyliert und an die Stelle der zweiten Chlor eingeführt.

C. *Verhalten gegen Jodwasserstoffsäure.*

1.2-Diole sind nicht nach der ZEISELschen Methode[6] bestimmbar, ein Teil des Glykols wird dabei zum entsprechenden Kohlenwasserstoff reduziert.[7]

Glycerin kann dagegen sowohl als solches[8] als auch in seinen Aethern,[9] auch direkt in Fetten,[10] nach diesem Verfahren bestimmt werden.

D. *Einwirkung verdünnter Säuren.*[11]

1.2-Diole werden unter dem Einfluß verdünnter Säuren ausnahmslos in Aldehyde oder Ketone oder in beide zugleich übergeführt. Der Hergang vollzieht sich so, als ob ein an C neben Hydroxyl gebundenes H bzw. Alkyl (Pinakone) mit einem an das Nachbar-C gebundenen OH Platz wechseln würde, wobei unter Wasseraustritt eine CO-Gruppe entsteht.

---

[1] FISCHER, LÖWENBERG: Liebigs Ann. **475**, 198 (1929).

[2] BACOVESCO: Pharmaz. Zentralhalle **45**, 574 (1904); Ztschr. analyt. Chem. **44**, 437 (1905).   [3] HENRY: Rec. Trav. chim. Pays-Bas **26**, 449 (1907).

[4] MENSCHUTKIN: Ber. Dtsch. chem. Ges. **13**, 1812 (1880); siehe auch S. 370. — Verhalten der α-Glykole gegen Essigsäureanhydrid: PRILESHAJEW: Journ. Russ. phys.-chem. Ges. **39**, 759 (1907).

[5] LOURENÇO: Ann. Chim. (3), **67**, 259 (1863).   [6] Siehe S. 600.

[7] MEISENHEIMER: Ber. Dtsch. chem. Ges. **41**, 1015 (1908). — GRÜN, BOCKISCH: Ber. Dtsch. chem. Ges. **41**, 3477 (1908).

[8] ZEISEL, FANTO: Ztschr. Landwirtschl. Vers. Öst. **4**, 977 (1901); **5**, 729 (1902).

[9] GRÜN, BOCKISCH: Ber. Dtsch. chem. Ges. **41**, 3472, 3473, 3474 (1908).

[10] WILLSTÄTTER, MADINAVEITIA: Ber. Dtsch. chem. Ges. **45**, 2826 (1912). — Mikrobestimmung: FLASCHENTRÄGER: PREGL-Festschr. 1929, 89.

[11] LIEBEN: Monatsh. Chem. **23**, 60 (1902). — KONDAKOW: Journ. prakt. Chem. (2), **60**, 264 (1899); Chem.-Ztg. **26**, 469 (1902). — JEGOROW: Journ. Russ. phys.-chem. Ges. **22**, 389 (1890). — FRANKE, F. LIEBEN: Monatsh. Chem. **35**, 1431 (1914).

1.3-Diole liefern je nach ihrer Konstitution Aldehyde und Ketone, wenn das in Stelle (2) befindliche C [von der einen OH-Gruppe als (1) an gerechnet] mit mindestens einem Wasserstoffatom verbunden ist; wenn dies nicht der Fall, aber das an Stelle (4) befindliche C an Wasserstoff gebunden ist, entsteht ein 1.4-Oxyd. Ist auch dies nicht der Fall, so treten andere Umlagerungen ein. In jedem Fall aber treten nebenher *Doppeloxyde* auf, die aus zwei Molekülen Glykol unter zweimaligem Wasseraustritt entstehen. Diese Doppeloxyde scheinen für die 1.3-Diole charakteristisch zu sein.

1.4- bis *1.10-Diole* liefern alle beim Erhitzen mit verdünnten Säuren ringförmige 1.4- und 1.5-Oxyde.

E. Mehrwertige Alkohole verwandeln die alkalische Reaktion von *Boraxlösungen* in saure.[1]

Trityl- (Triphenylmethyl-) Reaktion.[2]

Läßt man auf die Lösung eines Alkohols in absolutem Pyridin[3] die berechnete Menge Triphenylchlormethan einwirken, so erhält man unter Austritt von Salzsäure den Triphenylcarbinolaether (Tritylaether) des entsprechenden Alkohols:

$$R \cdot OH + Cl \cdot C(C_6H_5)_3 = R \cdot O \cdot C(C_6H_5)_3 + HCl.$$

Diese Reaktion eignet sich auch für säureempfindliche Substanzen, speziell für Glykoside, Disaccharide und Polysaccharide. Bei der guten Krystallisationsfähigkeit dieser Aether eignet sie sich auch zur Charakterisierung von Alkoholen, unter Umständen auch zu ihrer Reinigung.

Die Triphenylcarbinolaether der Alkohole[4] sind, soweit bisher untersucht, alle gegen Alkalien, auch beim Kochen in alkoholischer Lösung, beständig, während sie schon durch ganz verdünnte methylalkoholische Salzsäure bei Zimmertemperatur unter Bildung des betreffenden Alkohols und von Triphenylcarbinolmethylaether wieder gespalten werden.

Einwirkung von Tritylchlorid auf Phenole: BOYD, HARDY: Journ. chem. Soc. London 1928, 630.

VI. Reaktionen des phenolischen Hydroxyls.[5]

A. *Eisenchloridreaktion.*[6] Die überwiegende Mehrzahl der Phenole und der von ihnen ableitbaren Verbindungen gibt in wässeriger Lösung auf Zusatz von Eisenchlorid eine charakteristische Farbenreaktion.

---

[1] KLEIN: Compt. rend. Acad. Sciences **86**, 826 (1878); **99**, 144 (1884); Ztschr. angew. Chem. **9**, 551 (1896); **10**, 5 (1897). — JEHN: Arch. Pharmaz. (3), **25**, 250 (1887); Ztschr. analyt. Chem. **27**, 395 (1888). — LAMBERT: Compt. rend. Acad. Sciences **108**, 1016 (1889). — Siehe dazu BÖESEKEN, HERMANS: Rec. Trav. chim. Pays-Bas **40**, 525 (1921).

[2] HELFERICH, SPEIDEL, TOELDTE: Ber. Dtsch. chem. Ges. **56**, 766 (1923). — HELFERICH, KOESTER: Ber. Dtsch. chem. Ges. **57**, 587 (1924) (Stärke, Cellulose). — HELFERICH, MOOG, JÜNGER: Ber. Dtsch. chem. Ges. **58**, 877 (1925). — HELFERICH, BECKER: Liebigs Ann. **440**, 2 (1924). — HELFERICH, KLEIN: Liebigs Ann. **450**, 219 (1926). — HELFERICH, BREDERECK: Liebigs Ann. **465**, 180 (1928). — JOSEPHSON: Ber. Dtsch. chem. Ges. **62**, 315 (1929). — HELFERICH, LEETE: Ber. Dtsch. chem. Ges. **62**, 1549 (1929). — LEETE: Diss. Greifswald 1929. — LINDEMANN, BAUMANN: Liebigs Ann. **471**, 92 (1930).   [3] Auch in Toluol.

[4] Primäres Hydroxyl reagiert viel leichter als sekundär gebundenes: JOSEPHSON: Liebigs Ann. **472**, 233 (1929). — SABETAY: Compt. rend. Acad. Sciences **203**, 1164 (1936).

[5] Titrieren von Phenolen mit Nilblauchlorid: KAPLAN: Ber. Dtsch. chem. Ges. **63**, 1589 (1930).

[6] Siehe auch die Broschüre von E. NICKEL: Farbenreaktionen der Kohlenstoffverbindungen, 2. Aufl., S. 67ff. 1890.

Nach RASCHIG[1] ist die Eisenreaktion der Phenole allgemein die Folge einer Ferrisalzbildung,[2] nach WEINLAND einer Komplexsalzbildung.[3] Die stärker sauren Phenole (Phenolsulfosäuren) bilden dementsprechend stabilere Salze und zeigen (in saurer Lösung) beständigere und intensivere Färbung („Tintenbildung").

Zum Zustandekommen der Reaktion muß die Hydroxylgruppe frei (unverestert usw.) sein.

Schwach saure Phenole, wie Dehydroneoergosterin oder α-Follikelhormon, geben keine Reaktion.[4]

Das Phenol selbst gibt nur in nicht sehr verdünnter Lösung (bis 1 : 3000) violette Färbung. Alkohol und Säuren bringen ebenso wie Überschuß von Eisenchlorid die Farbe zum Verschwinden.

Auch sonst ist natürlich eine gewisse Konzentration der Lösung zum Zustandekommen der Reaktion notwendig.

Sehr schwer in Wasser lösliche Phenole, wie Thymol, Carvacrol, Eugenol, zeigen daher die Reaktion nicht. Verwandelt man aber diese Substanzen in ihre leicht löslichen Sulfosäuren, so geben sie Färbungen.[5]

Die drei Phenol*mono*sulfosäuren geben *violette*, die Disulfosäuren *rote* Färbung.[6]

Während die übrigen *Salicylsäurederivate* mit unsubstituiertem Hydroxyl alle mit Eisenchlorid reagieren,[7] bleibt die äußerst schwer in Wasser lösliche *Salicyloanthranilsäure* nach HANS MEYER[8] ungefärbt. *Dijod-p-oxybenzoesäure* gibt erst beim Erwärmen Rotfärbung.[9]

Derivate der Orthoreihe zeigen fast durchgehends intensive Reaktion.

Es färben sich mit Eisenchlorid:

o-Kresol blau,

α-Naphthol violett (Flocken, in Aether mit blauer Farbe löslich),[10]

Brenzcatechin smaragdgrün, auf Zusatz von Bicarbonat violettrot,[11]

Guajacol (in Alkohollösung) smaragdgrün,

p-Chlorguajacol (in Alkohollösung) grün,

Pyrogallol braun, auf Sodazusatz rotviolett,

Oxyhydrochinon bläulichgrün, mit Soda dunkelblau bis weinrot,

o-Oxybenzaldehyd violett,

---

[1] RASCHIG: Ztschr. angew. Chem. **20**, 2066 (1907).

[2] Über farbige organische Ferriverbindungen überhaupt siehe: HANTZSCH, DESCH: Liebigs Ann. **323**, 1 (1902). — HOPFGARTNER: Monatsh. Chem. **29**, 689 (1908).

[3] WEINLAND, BINDER: Ber. Dtsch. chem. Ges. **45**, 148, 1113, 2498 (1912). — WEINLAND, HERZ: Liebigs Ann. **400**, 219 (1913). — WEINLAND, NEF: Arch. Pharmaz. **252**, 600 (1914). — WEINLAND, ZIMMERMANN: Arch. Pharmaz. **255**, 204 (1917). — WEINLAND: Komplex-Verbindungen, S. 131, 197, 257, 356. Enke 1919.

[4] BUTENANDT, STÖRMER, WESTPHAL: Ztschr. physiol. Chem. **208**, 149 (1932). — HONIGMANN: Liebigs Ann. **511**, 295 (1934).

[5] ROSENTHALER: Verhandl. Ges. Naturf. f. 1906, 211.

[6] STÄDELER: Liebigs Ann. **144**, 299 (1867). — BARTH, SENHOFER: Ber. Dtsch. chem. Ges. **9**, 969 (1876). — OBERMILLER: Ber. Dtsch. chem. Ges. **40**, 3631 (1907).

[7] Über Substanzen, die den Eintritt der Reaktion verhindern bzw. die anwesenden Fe···-Ionen binden: MELZER: Apoth.-Ztg. **26**, 1033 (1911). — LANGKOPF: Apoth.-Ztg. **26**, 1057 (1911). — LINKE: Apoth.-Ztg. **26**, 1083 (1911). — BRUCHHAUSEN: Apoth.-Ztg. **27**, 9 (1912).

[8] LIEBEN-Festschr. 479, 1906; Liebigs Ann. **351**, 279 (1907).

[9] WHEELER, CLAPP: Amer. chem. Journ. **42**, 441 (1909).

[10] 2-Isopropylnaphthol violett: HANS MEYER, BERNHAUER: WEGSCHEIDER-Festschr. 744, 1929. — o-Acyl-α-naphthole mit alkoholischem FeCl$_3$ grün, 2.4-Diacyl-α-naphthole mit FeCl$_3$ violett: STOUGHTON: Journ. Amer. chem. Soc. **57**, 202 (1935).

[11] Über das Verhalten substituierter Brenzcatechine siehe KURODA: Scient. Papers Inst. physical chem. Res. **13**, 64 (1930).

o-Oxybenzaldehyd-m-carbonsäure violett,
Salicylsäure violett,[1]
Salicylsäureamid violett,
3.3-Dioxybiphenyl-4.4-dicarbonsäure (in Alkohollösung) violett,[2]
2.2′-Dioxy-$\beta.\beta$-diphenylglutarsäure bläulichgrün.
Sämtliche Nitrosalicylsäuren blutrot,
Oxyterephthalsäure violettrot,
Oxynaphthoesäure-1.2 blaugrün,
    „   2.1 blau,
    „   2.3 blau,
    „   8.1 violett (Niederschlag),
Dioxybenzoesäure-3.4 blaugrün, mit Soda dunkelrot,
    „   2.6 violett, dann blau,
    „   2.5 tiefblau,
    „   2.3 tiefblau, mit Soda violettrot,
Trioxybenzoesäure-2.3.4 blauschwarz,
    „   2.4.6 blau, dann schmutzigbraun,
    „   3.4.5 violett,
α-Homoprotocatechusäure grasgrün,
Hydrokaffeesäure graugrün,
Homobrenzcatechin grün,
Protocatechualdehyd grün,
1.2-Xylenol (3) blauviolett,
1.3-Xylenol (4) blau,
Oxyterephthalsäuredimethylester violett,
Oxyterephthalsäure-β-monomethylester violett.[3]

Es färben sich also die Derivate des Brenzcatechins grünlich, die Derivate der Salicylsäure violett bis blau, die Nitrosalicylsäuren rot.

Keine Färbung zeigen 1.4-Xylenol-(2), Mesitol, Pseudocumenol, Thymol[4] und Pikrinsäure.

Derivate der Metareihe haben im allgemeinen keine große Tendenz zu Färbungen.

Es zeigen mit Eisenchlorid:
m-Kresol blaue Färbung,
Resorcin dunkelviolette Färbung,
1-n-Propyl-2.4-dioxybenzol rotviolette Färbung,[5]
β-Naphthol schwachgrüne Färbung,[6, 7]
m-Oxybenzaldehyd keine Färbung,
Oxyterephthalsäure-α-methylester rotgelbe Färbung,
m-Oxybenzoesäure keine Färbung,
Isovanillinsäure keine Färbung,
o-Homo-m-oxybenzoesäure keine Färbung,
m-Homo-m-oxybenzoesäure braunen Niederschlag,

---

[1] Isopropylsalicylsäure, ultramarinblau. Tert. Butylsalicylsäure, intensiv blau (in alkoholischer Lösung): HANS MEYER, BERNHAUER: a. a. O., S. 739 u. 740.

[2] MUDROVČIČ: Monatsh. Chem. **34**, 1424 (1913).

[3] Konstitutionsbestimmung mittels der Eisenreaktion: WEGSCHEIDER, BITTNER: Monatsh. Chem. **21**, 650 (1900). — MUDROVČIČ: Monatsh. Chem. **34**, 1438 (1913). — DIMROTH, GOLDSCHMIDT: Liebigs Ann. **399**, 67 (1913). [4] Siehe dazu S. 376.

[5] In alkoholischer Lösung grüngelb: SONN: Ber. Dtsch. chem. Ges. **54**, 773 (1921).

[6] 1.4-Diisopropyl-β-naphthol keine Färbung: HANS MEYER, BERNHAUER: WEGSCHEIDER-Festschr. 749, 1929.

[7] Alle 1-Aryl-β-naphthole zeigen in Alkohol intensive rotviolette Färbung.

p-Homo-m-oxybenzoesäure hellbraunen Niederschlag,
Phloroglucin violblaue Färbung,
1.3-Xylenol-(5) keine Färbung,
1.2-Xylenol-(4) keine Färbung,
Dioxybenzoesäure-(3.5) keine Färbung,
3.5-Dioxyorthoxylol rote Färbung,
m-(β-Oxyaethoxy)phenol bläulichschwarze Färbung,
2.4-Dioxyisophthalsäure rote Färbung.[1]

Derivate der Parareihe. Wird in das Phenolmolekül die Methylgruppe oder die Aldehydgruppe in p-Stellung eingeführt, dann tritt Farbenreaktion ein. Die Carboxylgruppe verhindert die Reaktion oder gibt höchstens zu gelben bis roten Färbungen bzw. Fällungen Veranlassung.
Es zeigen mit Eisenchlorid:
p-Kresol blaue Färbung,
Hydrochinon blaue Färbung, dann Chinonbildung,
p-Oxybenzaldehyd violette Färbung,
p-Oxybenzoesäure gelbe Färbung,
3.5-Dijod-p-oxybenzoesäure keine Färbung,[2]
o-Homo-p-oxybenzoesäure keine Färbung,
m-Homo-p-oxybenzoesäure keine Färbung,
Saligenin-p-carbonsäure keine Färbung,
Vanillinsäure keine Färbung,[3]
o-Aldehydo-p-oxybenzoesäure rote Färbung,
α-Oxyisophthalsäure rote Färbung,
Tyrosinsulfosäure violette Färbung,
1.4-Oxynaphthoesäure schmutzigvioletten Niederschlag.

Derivate der Pyridinreihe zeigen ebenfalls zumeist Eisenchloridreaktion.
Es geben mit Eisenchlorid:
α-Oxypyridin rote Färbung,
Dichlor-α-oxypyridin keine Färbung,
β-Oxypyridin rote Färbung,
Dibrom-β-oxypyridin violette Färbung,
γ-Oxypyridin gelbe Färbung,
Pyrokomenaminsäure violette Färbung,
$\beta.\beta'$-Dioxypyridin braunrote Färbung,
Glutazin tiefrote Färbung (wird beim Erwärmen dunkelgrün),
Pyromekazonsäure indigoblaue Färbung,
Brompyromekazonsäure tiefblaue Färbung,
Nitropyromekazonsäure blutrote Färbung,
1.3.5-Trioxypyridin tiefrote Färbung (beim Erwärmen gelb),
Tetraoxypyridin schmutzigviolette Färbung,

---

[1] Dies ist bemerkenswert, weil die Substanz

$$
\begin{array}{c}
\text{COOH} \\
\text{OH} \\
\text{HOOC} \\
\text{OH}
\end{array}
$$

zweimal als Salicylsäure wirken kann: MARZIN: Journ. prakt. Chem. (2), 107 (1933).
[2] In der Wärme Rotfärbung.
[3] In der Wärme rotbraun: E. FISCHER, FREUDENBERG: Liebigs Ann. **372**, 48 (1910).

(sog. α-) Oxypicolinsäure rötlichgelbe Färbung,
Chlor-β-oxypicolinsäure gelbrote Färbung,
Komenaminsäure violette Färbung,
Monoacetylkomenaminsäureaethylester keine Färbung,
Trioxypicolinsäure indigoblaue Färbung,
Bromtrioxypicolinsäure tiefblaugrüne Färbung,
α'-Oxynicotinsäure gelbe Färbung,
α'-Oxychinolinsäure tiefrote Färbung,
Chelidamsäure rote Färbung,
Dichlorchelidamsäure purpurrote Färbung,
Dibromchelidamsäure fuchsinrote Färbung,
Kynurin schwach carminrote Färbung,
B-1-Oxy-2-Chinolinbenzcarbonsäure violett-tiefbraune Färbung,
B-1-Oxy-3-   ,,   rotbraune Färbung,
B-1-Oxy-4-   ,,   grüne Färbung,
B-3-Oxy-   ,,   blutrote Färbung,
(sog. α-) Oxycinchoninsäure grüne Färbung,
Carbostyril-β-Carbonsäure braunrote Färbung,[1]
N-Methyldioxychinolincarbonsäure blaue Färbung,
B-1-Oxychinaldincarbonsäure kirschrote Färbung,
Py-γ-Oxychinaldin-β-carbonsäure rote Färbung,
B-1-Oxytetrahydrochinolin dunkelrotbraune Färbung,
B-1-Oxy-N-aethyltetrahydrochinolin dunkelbraune Färbung,
B-2-Oxytetrahydrochinolin lichtgelbe bis braunrote Färbung,
B-4-Oxytetrahydrochinolin tiefdunkelrote Färbung.

Es sei übrigens hervorgehoben, daß auch das *Thallin* (B-3-Methoxytetra-hydrochinolin), das keine freie Hydroxylgruppe besitzt, mit Eisenchlorid (und anderen Oxydationsmitteln) ebenfalls eine — intensiv smaragdgrüne — Färbung liefert.

Anderseits geben fast alle *α-Oxy*- und *Carboxyderivate* des *Pyridins* und *Chinolins* mit *Eisenvitriol* oder besser MOHRschem Salz[2] gelbrote bis blutrote Färbungen (SKRAUP).[3]

Trimethylchinolinsäure zeigt die Reaktion nicht.

Bemerkenswert ist, daß auch die *Pyrrolcarbonsäuren*, nicht aber ihre Ester, intensive Eisenchloridreaktionen zeigen.[4]

B. LIEBERMANN*sche Reaktion*.[5] Mit salpetriger Säure und wasserentziehenden Mitteln liefern die einwertigen Phenole mit nichtsubstituierter Parastellung und die mehrwertigen Phenole der Metareihe[6] infolge Bildung von Paranitroso-phenolen, die sich mit unverändertem Phenol unter Wasseraustritt verbinden, schöne Farbstoffe (Dichroine).

---

[1] FRIEDLÄNDER, GÖHRING: Ber. Dtsch. chem. Ges. **17**, 459 (1884). Nach meinen Beobachtungen tritt mit der reinen Substanz keine Färbung ein. H. M.

[2] WOLFF: Liebigs Ann. **322**, 372, Anm. (1902).

[3] SKRAUP: Monatsh. Chem. **7**, 212 (1886). — WINTERFELD: Ber. Dtsch. chem. Ges. **64**, 692 (1931).

[4] E. FISCHER, SLYKE: Ber. Dtsch. chem. Ges. **44**, 3166 (1911). — BENARY, SILBERMANN: Ber. Dtsch. chem. Ges. **46**, 1363 (1913).

[5] LIEBERMANN: Ber. Dtsch. chem. Ges. **7**, 248, 806, 1098 (1874). — KRÄMER: Ber. Dtsch. chem. Ges. **17**, 1875 (1884).

[6] LIEBERMANN, KOSTANECKI: Ber. Dtsch. chem. Ges. **17**, 885, Anm. (1884). — BRUNNER, CHUIT: Ber. Dtsch. chem. Ges. **21**, 249 (1888). — Siehe übrigens NIETZKI: Farbstoffe, 4. Aufl., S. 211. — DECKER, SOLONINA: Ber. Dtsch. chem. Ges. **35**, 3217 (1902).

Man verwendet als Reagens konzentrierte Schwefelsäure, in verschließbarer Flasche mit 5—6% Kaliumnitrit versetzt. Durch Schütteln bewirkt man Absorption der Dämpfe.

Die Substanz wird unter Kühlung in möglichst konzentrierter, wässeriger oder schwefelsaurer Lösung mit dem vierfachen Volum Reagens versetzt. Unter Erwärmung tritt die Farbstoffbildung ein. Durch vorsichtiges Eingießen in Wasser (Kühlen!) kann man den Farbstoff fällen, der dann in schwach essigsaurer, verdünnt alkoholischer Lösung Seide schön anzufärben pflegt.

EIJKMAN[1] verwendet *Aethylnitrit*, das zu der mit dem gleichen Volum konzentrierter Schwefelsäure versetzten Phenolprobe zugetropft wird. Ebensogut wird man auch *Amylnitrit* verwenden können.[2]

Die Reaktion ist übrigens nicht auf Phenole beschränkt, da nach LIEBERMANN[3] auch Thiophen und seine Derivate zur Bildung blauer bis grüner Färbungen Anlaß geben.

C. Durch *Halogene*, namentlich Brom und Jod,[4] werden die Phenole leicht substituiert. Auf dieses Verhalten sind Methoden zur quantitativen Bestimmung der Phenole gegründet worden. Es wird genügen, für diese, hauptsächlich technischen Zwecken dienenden Verfahren die Literaturstellen anzuführen.

Titrationen mit Brom: KOPPESCHAAR: Ztschr. analyt. Chem. **15**, 242 (1876); Journ. prakt. Chem. (2), **17**, 390 (1879). — BENEDIKT: Liebigs Ann. **199**, 128 (1877). — DEGENER: Journ. prakt. Chem. (2), **20**, 322 (1879). — SEUBERT: Ber. Dtsch. chem. Ges. **14**, 1581 (1881). — KLEINERT: Ztschr. analyt. Chem. **23**, 1 (1884). — ENDEMANN: Dtsch.-Amer.-Apoth.-Ztg. **5**, 365 (1884). — WEINREB, BONDY: Monatsh. Chem. **6**, 506 (1885). — BECKURTS: Arch. Pharmaz. (3), **24**, 562 (1886); Ztschr. analyt. Chem. **26**, 391 (1887). — TOTH: Ztschr. analyt. Chem. **25**, 160 (1886). — WERNER: Bull. Soc. chim. France (2), **46**, 275 (1886). — KEPPLER: Arch. Hygiene **18**, 51 (1893). — STOCKMEIER, THURNAUER: Chem.-Ztg. **17**, 119, 131 (1893). — VAUBEL: Chem.-Ztg. **17**, 245, 414 (1893); Ztschr. angew. Chem. **11**, 1031 (1898); Journ. prakt. Chem. (2), **48**, 74 (1893); (2), **67**, 476 (1903). — ZIMMERMANN: Journ. chem. Soc. London **46**, 259 (1894). — FREYER: Chem.-Ztg. **20**, 820 (1896). — DIETZ, CLAUSER: Chem.-Ztg. **22**, 732 (1898). — WAGNER: Diss. Marburg 1899. — CLAUSER: Österr. Chemiker-Ztg. **2**, 585 (1899). — DITZ: Ztschr. angew. Chem. **12**, 1155 (1899). — DITZ, CEDIVODA: Ztschr. analyt. Chem. **37**, 873 (1899); **38**, 897 (1900). — FRESENIUS, GRÜNHUT: Ztschr. analyt. Chem. **38**, 298 (1900). — LLOYD: Journ. Amer. chem. Soc. **27**, 16 (1905). — RIEDEL: Ztschr. physikal. Chem. **56**, 243 (1906). — SEIDELL: Journ. Amer. chem. Soc. **29**, 1091 (1907) (Amine). — OLIVIER: Rec. Trav. chim. Pays-Bas **28**, 354 (1909). — SIEGFRIED, ZIMMERMANN: Biochem. Ztschr. **29**, 369 (1910). — PEIRCE: Chem.-Ztg. **35**, 1016 (1911). — DITZ, BARDACH: Biochem. Ztschr. **42**, 347 (1912). — SMITH, FREY: Journ. Amer. chem. Soc. **34**, 1040 (1912). — SEIDELL: Amer. chem. Journ. **47**, 508 (1912). — REDMAN, RHODES: Ind. engin. Chem. **4**, 655 (1912). — CALLAN, HENDERSON: Journ. Soc. chem. Ind. **41**, 161 (1922). — DANKWORTH, SIEBLER: Arch. Pharmaz. **264**, 440 (1926). — DEL MUNDO: Philippine Journ. Science **33**, 363 (1927). — DAY, TAGGERT: Ind. engin. Chem. **20**, 545 (1928). — JÄRVINEN: Ztschr. analyt. Chem. **71**, 108 (1927); **73**, 446 (1928). — DITZ: Ztschr. analyt. Chem. **77**, 186 (1929). — KOLTHOFF: Pharmac. Weekbl. **69**, 1147, 1159 (1932). — BEUKEMA, GOODSMIT: Pharmac. Weekbl. **71**, 380 (1934).

Titrationen mit Jod: OSTERMAYER: Journ. prakt. Chem. (2), **37**, 213 (1888). — KEHRMANN: Journ. prakt. Chem. (2), **37**, 9, 134 (1888); **38**, 392 (1888). — MESSINGER, VORTMANN: Ber. Dtsch. chem. Ges. **22**, 2312 (1889); **23**, 2753 (1890). — MESSINGER, PICKERSGILL: Ber. Dtsch. chem. Ges. **23**, 2761 (1890). — KOSSLER, PENNY: Ztschr. physiol. Chem. **17**, 121 (1892). — FRERICHS: Apoth.-Ztg. **11**, 415 (1896). — NEUBERG: Ztschr. physiol. Chem. **27**, 123 (1899). — VAUBEL: Chem.-Ztg. **23**, 82 (1899); **24**, 1059 (1900). — BOUGAULT: Compt. rend. Acad. Sciences **146**, 1403 (1908). — GARD-

---

[1] EIJKMAN: New Remedies **11**, 340 (1883).
[2] Vgl. CLAISEN, MANASSE: Ber. Dtsch. chem. Ges. **20**, 2197, Anm. (1887).
[3] LIEBERMANN: Ber. Dtsch. chem. Ges. **16**, 1473 (1883); **20**, 3231 (1887).
[4] Salicylsäure, Acetylsalicylsäure: EVANS: Journ. Amer. pharmac. Assoc. **12**, 228 (1923). — GESELL: Journ. Amer. pharmac. Assoc. **12**, 228 (1923).

NER, HODGSON: Journ. chem. Soc. London **95**, 1819 (1909). — WILKIE: Journ. Soc. chem. Ind. **30**, 398 (1911). — REDMAN, WEITH, BROCK: Ind. engin. Chem. **5**, 831 (1913). — ROBERTS: Journ. chem. Soc. London **123**, 2707 (1923). — VORTMANN: Ber. Dtsch. chem. Ges. **56**, 234 (1923). — KOLTHOFF: Pharmac. Weekbl. **69**, 1147, 1159 (1932). — BEUKEMA, GOODSMIT: Pharmac. Weekbl. **71**, 380 (1934).
Titration (mehrfach) nitrierter Phenole: SCHWARZ: Monatsh. Chem. **19**, 139 (1898).

D. *Natriumamid* wird durch Phenole nach der Gleichung:

$$R \cdot OH + NaNH_2 = RONa + NH_3$$

zersetzt.

SCHRYVER[1] benutzt diese Reaktion zur quantitativen Bestimmung des phenolischen Hydroxyls (,,*Hydroxylzahl*").

Ungefähr 1 g fein gepulvertes Natriumamid wird ein paarmal mit kleinen Mengen thiophenfreiem Benzol gewaschen und dann in ein Kölbchen *A* (Abb. 143) von 200 ccm Inhalt gebracht, dessen doppelt durchbohrter Kork einen Scheidetrichter *B* und einen Rückflußkühler trägt. Letzterer ist wieder mit einem Absorptionsgefäß für Ammoniak *C* und einem Aspirator verbunden.

In das Kölbchen werden 50 bis 60 ccm Benzol (Toluol, Xylol) gebracht und 10 Minuten lang auf dem Wasserbad gekocht, während ein Strom kohlendioxydfreier trockener Luft durchgesaugt wird. Nun werden in den Absorptionsapparat 20 ccm Normalschwefelsäure gebracht und die Lösung des Phenols in reinem Benzol, die durch längeres Stehen über geschmolzenem Natriumacetat vollständig getrocknet sein muß, durch den Scheidetrichter ein-

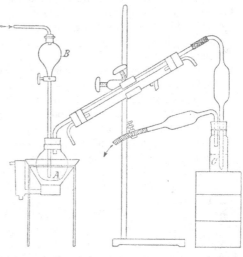

Abb. 143. Apparat von SCHRYVER.

gesaugt und unter Durchsaugen von Luft weiter gekocht. Nach $1^1/_2$ Stunden ist der Versuch als beendet anzusehen. Schließlich wird das Ammoniak titriert.

Alkohole und Amine[2] wirken in gleicher Weise auf Natriumamid. Das Natriumamid reagiert ferner auch mit Ketonen, worauf entsprechend Rücksicht zu nehmen ist.[3]

Die Methode ist auf $\pm 2\%$ genau.

E. *Mit Diazokörpern* geben Phenole, in denen die Parastellung oder eine der beiden Orthostellungen unbesetzt ist,[4] Oxyazokörper von meist intensiv roter

[1] SCHRYVER: Chemische Ind. **18**, 533 (1899). — SCHIMMEL & Co.: Ber. Schimmel **1899**, 60. — HALLER: Compt. rend. Acad. Sciences **138**, 1139 (1904). — MARPMANN: Ztschr. Riech- u. Geschmackst. **1909**, 20.
[2] S. 519.
[3] Moniteur scient. **1900**, 34. — ROURE-BERTRAND FILS: Ber. Dtsch. chem. Ges. (1), **1**, 60 (1900).
[4] NÖLTING, KOHN: Ber. Dtsch. chem. Ges. **17**, 358, Anm. (1884). — Paraoxybenzoesäure liefert hierbei (in ätzalkalischer Lösung) Phenoldisazobenzol und etwas Phenoltrisazobenzol; in Sodalösung Phenoldisazobenzol und ein wenig Benzolazop-oxybenzoesäure: LIMPRICHT, FITZE: Liebigs Ann. **263**, 236 (1884). — Über die Verdrängung von Azoresten durch Diazokörper: NÖLTING, GRANDMOUGIN: Ber. Dtsch. chem. Ges. **24**, 1602 (1891). — GRANDMOUGIN, GUISAN, FREIMANN: Ber.

oder rotgelber Farbe. Ungesättigte Seitenketten oder Azogruppen erschweren die Kupplungsfähigkeit der Phenole, am meisten, wenn die Seitenkette die Metastellung innehat.[1] Als *Diazokomponente* verwendet man zweckmäßig entweder *diazotierte Sulfanilsäure*[2] oder *Diazoparanitroanilin*.[3]

Letzteres Reagens verwendet man,[4] um Phenole quantitativ als Azofarbstoffe zu fällen. Das Verfahren kann auch in der Anthrachinonreihe mit gutem Erfolg verwendet werden.[5]

Die Reaktion verläuft nach der Gleichung:

$$C_6H_4NO_2N:NCl + C_6H_5OH + 2\,NaOH = C_6H_4NO_2N:NC_6H_4ONa + NaCl + 2\,H_2O.$$

50 ccm einer wässerigen Lösung des Phenols, die nicht mehr als 0,1 g davon enthalten darf, werden mit 1 ccm 5proz. Sodalösung versetzt, 20 ccm Diazolösung zugefügt und unter Kühlen und starkem Umschütteln tropfenweise 1 : 5 verdünnte Schwefelsäure zugesetzt, bis Entfärbung der Lösung und vollständige Abscheidung des Farbstoffs eingetreten ist. Die Lösung muß stark sauer reagieren. Man läßt einige Stunden stehen, filtriert durch ein bei 100° getrocknetes, gewogenes Filterröhrchen, wäscht bis zum Verschwinden der Schwefelsäurereaktion und wägt nach dem Trocknen bei 100°. Die Phenollösung darf weder Ammoniak noch Ammoniumsalze oder Amine enthalten.

Statt den *Farbstoff* zu wägen, wie dies BADER vorgeschlagen hat, kann man auch das verbrauchte *Nitrit* messen.

BUCHERER[6] hat diese Methode, die vorher an kleinen Fehlern krankte,[7] zu einer einwandfreien gemacht. Im folgenden ist hierüber das Wesentliche, zusammen mit ergänzenden Bemerkungen von SCHWALBE,[8] wiedergegeben.

Man stellt sich das Diazoniumchlorid entweder aus dem p-Nitroanilin selbst oder noch zweckmäßiger aus der mit dem Namen „*Nitrosaminrot*" belegten Paste des Isodiazotats, $O_2N \cdot C_6H_4 \cdot N : N \cdot O \cdot Na + H_2O$, dar. Dieses Natriumsalz ist in gesättigter Kochsalzlösung fast unlöslich und läßt sich daher durch Auswaschen mit solcher völlig von dem in der Regel noch vorhandenen Nitrit befreien. Dieses würde nämlich in solchen Fällen störend wirken, in denen die Kombination zum Farbstoff in (mineral- oder essig-) saurer Lösung erfolgt. Unter solchen Bedingungen würde salpetrige Säure frei werden, die auf Amine unter Bildung von Diazoverbindungen und auf Phenole, Naphthole usw. unter Bildung von Nitrosoverbindungen einwirkt.

Nitrosaminrotpaste wird möglichst sorgfältig abgepreßt, der Preßkuchen mit gesättigter Kochsalzlösung angerieben, wieder abgepreßt und nach abermaligem Anreiben mit Kochsalzlösung *bei 20—30° einige Tage stehengelassen, besser noch 24 Stunden gerührt.*

Man kann sich auch das Isodiazotat durch Eingießen von p-Nitrodiazoniumchlorid in Natronlauge, die man mit Kochsalzlösung verdünnt hat, bereiten.

Dtsch. chem. Ges. **40**, 3453 (1907). — LWOFF: Ber. Dtsch. chem. Ges. **41**, 1096 (1908). — GRANDMOUGIN: Ber. Dtsch. chem. Ges. **41**, 1403 (1908). — SCHARWIN, KALJANOW: Ber. Dtsch. chem. Ges. **41**, 2056 (1908).

[1] BORSCHE, STREITBERGER: Ber. Dtsch. chem. Ges. **37**, 4116 (1904).

[2] EHRLICH: Ztschr. klin. Med. **5**, 285 (1885). — SABALITSCHKA, SCHRADER: Ztschr. angew. Chem. **34**, 45 (1921).

[3] BADER: Bulet. Soc. Stiinte Bucuresti **8**, 51 (1899). — CHAPIN: Ind. engin. Chem. **12**, 568 (1920).

[4] TSCHIRCH, EDNER: Arch. Pharmaz. **245**, 150 (1907). — OESTERLE, TISZA: Arch. Pharmaz. **246**, 157 (1908). — TISZA: Diss. Bonn 54, 1908.

[5] Diazoxylol: BADER: Ber. Dtsch. chem. Ges. **22**, 997 (1889).

[6] BUCHERER: Ztschr. angew. Chem. **20**, 877 (1907).

[7] Siehe 1. Auflage dieses Buches, S. 307, 531. — LUNGE: Chem. Techn. Unters., 4. Aufl., Bd. 3, S. 778. 1900.

[8] SCHWALBE: Ztschr. angew. Chem. **20**, 1098 (1907).

Das bei *starker Kühlung* bereitete braunrote Isodiazotat geht beim Digerieren mit lauwarmer Kochsalzlösung in die *gelbe Modifikation* über, die, gut verschlossen, im Dunkeln sehr lange als gleichmäßige Paste aufbewahrt werden kann. Die Nitrosaminrotpaste ist in der Regel 25proz., d. h. sie enthält in 100 g etwa 25 g der Verbindung $O_2N \cdot C_6H_4 \cdot N_2 \cdot O \cdot Na + H_2O$ vom Molekulargewicht 207.

Um z. B. 1 l $^n/_{10}$-Diazolösung herzustellen, verfährt man folgendermaßen: 82,8 g Paste werden mit zirka 200 ccm Wasser zu einem dünnen Brei angerührt, den man mit 30—40 ccm konzentrierter Salzsäure versetzt.

Man wartet mit dem Abfiltrieren mindestens eine Stunde.

Diazolösung aus p-Nitroanilin.[1] 14 g p-Nitroanilin werden in 60 ccm kochendem Wasser und 22 ccm Salzsäure (35proz.) gelöst, unter gutem Rühren — am besten durch Schütteln unter einem Wasserstrahl — abgekühlt, 100—150 g Eis in fein zerklopftem Zustand eingetragen und 26 ccm Nitritlösung von 290 g im Liter auf einmal unter heftigem Umschütteln hinzugegeben. Fast noch sicherer ist es, das gepulverte Nitrit auf einmal in fester Form einzutragen. Wesentlich ist die Bildung eines feinen, gleichmäßig verteilten Breies von p-Nitroanilinchlorhydrat durch heftiges Schütteln und rasches Kühlen, ferner die *unverzügliche* Zugabe von Eis und Nitrit. Alle Ingredienzien sind also *vorher* abzuwägen.

Derartige Diazolösungen sind nicht völlig frei von salpetriger Säure. Die im Vakuum bereiteten Präparate *Azophorrot PN (Höchster Farbwerke)* und *Nitrazol C (Cassella)* u. a. m. sind daher vorzuziehen, da man aus ihnen durch bloßes Lösen eine allerdings verhältnismäßig salzreiche Diazolösung erhält.

Als *Ursubstanz*, die zur Einstellung der Diazolösung sehr wohl geeignet ist, benutzt man reines *β-Naphthol* vom Schmelzpunkt 112°. Man kann auch *2.6-Naphtholmonosulfosäure* oder *R-Salz* der Titration zugrunde legen. Doch ist zu beachten, daß derartige salzhaltige Substanzen nicht die nämliche Gewähr der *gleichmäßigen* und *konstanten* Beschaffenheit bieten wie schmelzpunktreines β-Naphthol.

Einstellung der Diazolösung mit β-Naphthol nach SCHWALBE.[2]

In einem Dreilitergefäß werden 1,44 g β-Naphthol mit 2 ccm Natronlauge von 30—35% Gehalt versetzt, 10—20 ccm warmes Wasser zugefügt und bis zur völligen Lösung umgerührt, mit Wasser (zirka 25—30°) auf 2—2$^1/_2$ l verdünnt, mit Essigsäure bis zur sauren Reaktion (auf Lackmus) angesäuert und zirka 50 g krystallisiertes Natriumacetat dazugegeben. Man läßt dann die zu titrierende Diazolösung unter tüchtigem Umrühren hinzufließen. Nähert man sich dem mutmaßlichen Ende der Kupplung, so beginnt man mit *Tüpfelproben*. Ein Tropfen Farbstoffbrühe wird auf Filtrierpapier gebracht und der farblose Auslaufrand mit Diazolösung betupft.

Tritt noch momentane Rotfärbung ein, so ist weiterer Zusatz von Diazolösung in Mengen von 0,5 ccm nötig. Ist die Rotfärbung undeutlich oder gar verschwunden, so filtriert man 3—4 ccm der Farbstoffbrühe ab, teilt das Filtrat in zwei Hälften, fügt zur einen 1 Tropfen Diazolösung, zur zweiten 1 Tropfen β-Naphthollösung. Auf weißer Unterlage kann man mit aller Schärfe die Färbung beobachten. Man macht 4—6 derartige Proben. Wird das Filtrat auch durch β-Naphthol rot, so ist das Ende der Reaktion erreicht. Die richtige Zahl von Kubikzentimetern Diazolösung liegt zwischen den zwei zuletzt ge-

---

[1] Höchster Farbwerke, Kurzer Ratgeber, S. 142.
[2] SCHWALBE: Ber. Dtsch. chem. Ges. **38**, 3072 (1905).

machten Ablesungen. Man kann 0,1 ccm Diazolösung noch deutlich wahrnehmen.

Bei einem Verbrauch von 100 ccm Diazolösung kann man bis etwa 99 ccm mit der Tüpfelprobe auskommen. Erst dann muß man Filtratproben entnehmen. Die Genauigkeit geht bis etwa 0,05%.

Was die Bestimmung der hydroxyl- oder aminhaltigen Substanz anbelangt, so ist in allen Fällen zu empfehlen:

1. Arbeiten in möglichst *saurer* Lösung und

2. *Aussalzen* des Monoazofarbstoffs unmittelbar nach seiner Entstehung, um ihn der Einwirkung der Diazoverbindung zu entziehen.

Im übrigen lassen sich bei der Azofarbstoffbildung noch folgende Abstufungen der Reaktionsbedingungen unterscheiden:

1. schwach mineralsauer,

2. schwach essigsauer,

3. schwach essigsauer + wenig Natriumacetat (was *annähernd neutraler* Reaktion entspricht),

4. neutrale Reaktion des Natriumbicarbonats, die *auch bei Zugabe von Mineralsäuren* ihre Konstanz bewahrt — das Vorhandensein genügender Mengen Bicarbonat vorausgesetzt,

5. schwach essigsauer + viel Acetat (= schwach alkalisch),

6. sodaalkalisch und ammoniakalisch,

7. ätzalkalisch.

Mehr oder minder stark (mineral- oder essig-) *sauer* arbeitet man, wenn die Gefahr der Disazofarbstoffbildung vorliegt, *schwach sauer* soll die Reaktion bei den gewöhnlichen Aminen sein. Kuppeln diese etwas schwerer oder handelt es sich um normale Monooxyverbindungen, so fügt man je nach Bedarf Natriumacetat hinzu oder kuppelt in Bicarbonatlösung.

Bei allen Titrationen, bei denen p-Nitrobenzoldiazoniumchlorid benutzt wird, ist *sorgfältig soda- oder ätzalkalische Reaktion zu vermeiden*.[1] Ist daher zur Bereitung der zu untersuchenden Lösungen die Anwendung von Alkali erforderlich, so muß *vor* Beginn der Titration durch Zusatz von *Essig- oder Mineralsäure* das überschüssige Alkali fortgenommen werden. Das ist besonders auch bei solchen Titrationen, die in Gegenwart von *Bicarbonat* ausgeführt werden sollen, zu beachten.

20 oder 25 ccm der alkalischen $n/_{10}$-β-Naphthollösung werden demgemäß in einem starkwandigen Becherglas mit zirka $1/_4$ l Wasser von etwa 20° verdünnt und mit Essig- oder Salzsäure ganz *schwach angesäuert*. Man fügt etwa 10 g Natriumacetat oder Bicarbonat hinzu und titriert dann.

Chapin[2] empfiehlt folgende Arbeitsweise: 20 ccm der zirka $n/_{10}$-Lösung des Phenols werden im 250-ccm-Becherglas nach Verdünnen mit 50 ccm 10proz. Natriumacetatlösung mit Essigsäure gegen Lackmus neutral gestellt, 10 ccm 30proz. basischer Bleiacetatlösung zugegeben und mit frisch bereiteter Diazolösung titriert. Nach Zusatz von 10 ccm Diazolösung wird jedesmal wieder 10 ccm Bleilösung zugegeben. Gegen den Endpunkt muß kräftig gerührt werden. Endpunkt wie folgt feststellen: Zwei Vertiefungen einer Porzellantüpfelplatte mit etwas Filtrat füllen, zur einen gibt man 1 Tropfen Diazolösung, zur anderen 1 Tropfen Phenollösung. Ausbleiben der Farbreaktion in beiden zeigt den Endpunkt der Reaktion an. Die Färbung kann durch Zugabe von 1 Tropfen 25proz. Natronlauge verstärkt werden. Vorbedingungen zu brauchbaren Resultaten ist schnelles Arbeiten; die Titration muß in 20 Minuten beendet sein.

---

[1] Siehe auch Bülow, Sproesser: Ber. Dtsch. chem. Ges. **41**, 1687 (1908).

[2] Chapin: Ind. engin. Chem. **12**, 568 (1920).

Gewisse Schwierigkeiten verursacht die *2.6.8-Naphtholdisulfosäure (G-Säure)*, die einerseits mit p-Nitrobenzoldiazoniumchlorid einen sehr schwer aussalzbaren Azofarbstoff bildet, andererseits sogar dieser so energischen Diazokomponente gegenüber ziemlich langsam kuppelt. Diese Erscheinung ist auf die in 8-Stellung befindliche Sulfogruppe zurückzuführen, die den Eintritt der Azogruppe in die 1-Stellung erschwert derart, daß die *2.8-Naphthylaminmono-* und die *2.6.8-Naphthylamindisulfosäure* überhaupt *keinen normalen* Azofarbstoff mehr zu bilden vermögen. Diese Säuren sind daher, ebenso wie die *1.2.4-Naphthylamindisulfosäure* oder die *1.2.4.7-Naphthylamintrisulfosäure*, mit *Nitrit* auf ihren Gehalt zu prüfen. Bei den *Aminonaphtholsulfosäuren*, z. B. *1.8.4-*, läßt sich die Bildung von Disazofarbstoffen mit Sicherheit vermeiden, falls man bei mineralsaurer Reaktion titriert. Die *2.8.6-Aminonaphtholsulfosäure (γ-Säure)* kuppelt jedoch unter diesen Umständen ziemlich langsam und ist, selbst wenn man die Lösung ein wenig erwärmt, zudem so schwer löslich, daß es sich empfiehlt, sie ebenso wie die *1.8.3.6-Aminonaphtholdisulfosäure (H-Säure)* in *essigsaurer* Lösung zu titrieren. Das Verhältnis zwischen Acetat und freier Essigsäure ist derart zu bemessen, daß einerseits keine Ausscheidung der freien Aminonaphtholsulfosäuren stattfindet, andererseits aber die Kupplung nicht zu sehr erschwert und doch die Disazofarbstoffbildung verhindert wird. Bei der H-Säure darf man, entsprechend ihrer größeren Neigung zur Disazofarbstoffbildung und ihrer größeren Löslichkeit in Wasser, das Verhältnis von Essigsäure zu Acetat etwas mehr zugunsten der Essigsäure verschieben.

Bezüglich der *Ausführung der Titration und ihrer Berechnung* sei noch folgendes bemerkt:

Man wende für jede Analyse im allgemeinen so viel Substanz an, daß jedesmal etwa 20—25 ccm Diazolösung verbraucht werden, also eine Bürette von 50 ccm für zwei Titrationen ausreicht. Handelt es sich z. B. um die Titration der γ-Säure und vermutet man einen Gehalt derselben an freier Säure, der zwischen 80 und 100% liegt, so verfährt man etwa in folgender Weise: Es entsprechen 239 g γ-Säure (100proz.) einem Molekül Diazoverbindung = 1 l Diazolösung von normalem Gehalt oder 20 l $n/_{20}$-Diazolösung oder 0,239 g = 20 ccm $n/_{20}$-Diazolösung. Wäre die γ-Säure tatsächlich z. B. 75proz., so wäre die 0,239 g = 18 ccm $n/_{20}$-Diazolösung. Man wägt viermal zirka 0,3 g γ-Säure ab, löst sie in Natronlauge, stellt auf 100 ccm ein und pipettiert für jede Titration 25 ccm ab. Angenommen, es seien für die Titration 0,297 g γ-Säure verbraucht; diese erforderten 23,6 ccm einer $n/_{20,7}$-Diazolösung. Dann entsprechen 0,297 g γ-Säure $\frac{23,6}{20,7}$ ccm n-Diazolösung oder umgekehrt: $\frac{23,6}{20,7}$ ccm n-Diazolösung = 0,297 g γ-Säure, also 1 l n-Diazolösung gleich

$$\frac{0,297 \cdot 20,7 \cdot 1000}{23,6}$$

gleich 260,46 g γ-Säure. Der Titer der sonach bestimmten Säure wäre demgemäß **M = 260,46.**

KOROLEW, ROSTOWZEWA[1] fügen der zu titrierenden Lösung (z. B. β-Naphthol) ein Schutzkolloid (5proz. Gummiarabicum oder 0,5proz. Gelatinelösung) zu. Der Endpunkt der Reaktion wird durch Tüpfeln auf mit 30proz. Salmiaklösung getränktem und getrocknetem Filterpapier bestimmt. Man titriert bei 3—5° mit $n/_{10}$-Benzoldiazoniumsalzlösung. Leicht oxydable Substanzen lassen sich in Gegenwart von $Na_2S_2O_3$ oder einer gesättigten Lösung von Schwefel in Pyridin bestimmen.

---

[1] KOROLEW, ROSTOWZEWA: Ztschr. analyt. Chem. **108**, 26 (1937).

F. *Verhalten der Phenole bei der Aetherifikation.*

Im allgemeinen lassen sich Phenolaether durch „saure Aetherifikation" nicht gewinnen, wodurch man meist phenolisches Hydroxyl von Carboxyl zu unterscheiden imstande ist. Wenn aber die OH-Gruppe durch Häufung von sauren Gruppen stärker negativ wird, kann sie auch durch Säuren aetherifizierbar werden.

So liefert *Phloroglucin* nach WILL[1] mit Salzsäure und Alkohol einen Dimethylaether, ja man kann sogar teilweise Überführung in Trimethylphloroglucin erzwingen.[2] α- und β-*Anthrol*,[2] *1.5-Anthradiol*[3] und *1.8-Anthradiol*[4] sowie α- und β-*Naphthol* geben gleichfalls mit Salzsäure und Alkoholen Alkylaether,[5] und mit Schwefelsäure als Katalysator kann man die *Naphthole*,[6] *Dioxynaphthaline*[7] und sogar das *p-Bromphenol* und das *Phenol* selbst aetherifizieren.[8] Die α-Verbindungen entstehen weniger leicht als die β-Verbindungen.

In der *Terpenreihe*[9] findet sich dieses Verhalten beim *Isoborneol, Linalool* und *Geraniol*. Auch *1-Methyldihydroresorcin* läßt sich durch Schwefelsäure und Alkohol, und zwar in zwei isomere (cis-trans-) Aether verwandeln.[10]

Paraoxybenzaldehyd gibt[11] kleine Mengen Anisaldehyd.

Interessant ist ferner die Bildung von *Tetrabrommorinaether* bei der Bromierung von Morin in alkoholischer Lösung,[12] und analog ist die Bildung von Spriteosin beim Erhitzen von *Fluorescein* mit Alkohol und Brom unter Druck zu erklären.

Derartig reaktives Hydroxyl besitzt aber trotzdem keine „sauren" Eigenschaften: ja es sind vereinzelte Fälle bekannt, wo sich sogar alkoholisches Hydroxyl — allerdings in Verbindung mit lauter negativen Gruppen — durch alkoholische Salzsäure aetherifizierbar erwies, z. B. in der Substanz:[13]

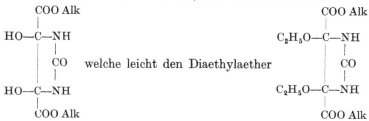

liefert. Die Aetherifizierbarkeit dieser Glyoxalonglykole wird erschwert, wenn eines der Stickstoffatome alkyliert ist, und wird vollständig aufgehoben, wenn beide alkyliert sind.[14] Ganz allgemein lassen sich die *aromatischen Carbinole* auf diese Art leicht aetherifizieren.[15]

[1] WILL: Ber. Dtsch. chem. Ges. **17**, 2106 (1884); **21**, 603 (1888). — BAMBERGER, ALTHAUSSE: Ber. Dtsch. chem. Ges. **21**, 1900 (1888).

[2] HERZIG, KASERER: Monatsh. Chem. **21**, 875 (1900).

[3] DIENEL: Ber. Dtsch. chem. Ges. **38**, 2864 (1905).

[4] LAMPE: Ber. Dtsch. chem. Ges. **42**, 1413 (1909).

[5] LIEBERMANN, HAGEN: Ber. Dtsch. chem. Ges. **15**, 1427 (1882); Liebigs Ann. **212**, 49, 56 (1882). — DIENEL: Diss. Berlin 38, 1907.

[6] HENRIQUES, GATTERMANN: Liebigs Ann. **244**, 72 (1887). — ELBS: Journ. prakt. Chem. (2), **47**, 69, 74 (1893). — DAVIS: Journ. chem. Soc. London **77**, 33 (1900).

[7] D. R. P. 173730 (1906).

[8] ARMSTRONG, PANISSET: Journ. chem. Soc. London **77**, 44 (1900).

[9] BERTRAM, WALBAUM: Journ. prakt. Chem. (2), **49**, 9 (1894).

[10] GILLING: Journ. chem. Soc. London **103**, 2032 (1913).

[11] HANS MEYER: Monatsh. Chem. **24**, 235 (1903).

[12] BENEDIKT, HAZURA: Monatsh. Chem. **5**, 667 (1884). — HERZIG: Monatsh. Chem. **18**, 706 (1897).

[13] GEISENHEIMER, ANSCHÜTZ: Liebigs Ann. **306**, 41, 54 (1899).

[14] BILTZ: Liebigs Ann. **368**, 167 (1909).

[15] MASSINI: Diss. Zürich 1909, 37. — Ungesättigte Alkohole: SPÄTH: Monatsh. Chem. **34**, 2000 (1913). — ZIEGLER: Ber. Dtsch. chem. Ges. **57**, 420, 1986 (1924);

Die Hydroxylgruppe der *Allokaffursäure* und der *Kaffursäure* ist durch die Nachbarschaft der beiden Carbonylgruppen so stark acidifiziert, daß sie sich leicht mit Alkohol und Salzsäure verestern lassen.[1]

Die Aether des *Coeroxonols*[2] entstehen durch bloßes Aufkochen mit Alkoholen. Sie sind sehr leicht zerlegbar und werden leicht umgeestert.[3]

Die *übliche Aetherifizierungsart für Phenole* ist das Behandeln ihrer Metallverbindungen, namentlich der Silber-,[4] Natrium- und Kaliumphenolate mit Jod- oder Bromalkyl in alkoholischer oder wässerig-alkoholischer Lösung.[5] Diesem altbewährten Verfahren schließen sich einige neuere außerordentlich wertvolle Methoden an.[6]

Methylierung mit Diazomethan[7] siehe S. 504.

Man kann auch hier mit *nascierendem* Diazomethan arbeiten.[8]

Das Phenol wird in Gegenwart alkalischer Mittel der Einwirkung von *Nitrosoderivaten des Alkylharnstoffs* ausgesetzt. Bei Substanzen mit mehreren Phenolhydroxylen lassen sich die mono-, di- und trialkylierten Aether gewinnen.

Man kann statt Natronlauge Kalk, Ammoniak, Monomethylamin usw. anwenden.

Die Alkylierung mit *Dimethylsulfat*[9] wird gewöhnlich durch kurzes[10] Schütteln

---

Liebigs Ann. **437**, 228, 240 (1924). — SENDERENS: Compt. rend. Acad. Sciences **182**, 612 (1926). — Oxyketone: BERGMANN, GIERTH: Liebigs Ann. **448**, 48 (1926). — Enole: STAUDINGER, RUZICKA: Helv. chim. Acta **7**, 386, 432 (1924).

[1] BILTZ: Ber. Dtsch. chem. Ges. **43**, 1611, 1628 (1910).

[2] DECKER, FELLENBERG: Liebigs Ann. **356**, 317, 318 (1907).

[3] Unter „*Umestern*" verstehen STRITAR, FANTO [Monatsh. Chem. **28**, 283, Anm. (1907)] eine Alkoholyse, die zur Verwandlung eines Esters in einen anderen führt. — Siehe auch DECKER, BECKER: Ber. Dtsch. chem. Ges. **55**, 923, 1066 (1922).

[4] TORREY, HUNTER erhielten aus Tribromphenolsilber mit Aethyl- (Methyl-) Jodid *ohne* Verdünnungsmittel einen alkoxylfreien amorphen Körper; in Alkohollösung verlief die Reaktion normal [Ber. Dtsch. chem. Ges. **40**, 4335 (1907)].

[5] CLAISEN, EISLEB: Liebigs Ann. **401**, 29 (1913). — OTT, NAUEN: Ber. Dtsch. chem. Ges. **55**, 922, 926 (1922) (Aldehyde).

[6] Weitere Aetherifizierungsarten: D. R. P. 76574 (1894). — MOUREU: Bull. Soc. chim. France (3), **19**, 403 (1898). — RODINOW, FEDOROWA: Arch. Pharmaz. **266**, 116 (1928). — NOLLER, DUTTON: Journ. Amer. chem. Soc. **55**, 424 (1933). — A. P. 1898627 (1933). Mit Aethylen, Bf$_3$, HCl unter Druck.

[7] PECHMANN: Ber. Dtsch. chem. Ges. **28**, 856 (1895); **31**, 64, 501 (1898); Chem.-Ztg. **22**, 142 (1898). — TSCHITSCHIBABIN: Liebigs Ann. **469**, 113 (1929). — Anwendung zur Bestimmung von Enolen: KUHN, LEVY: Ber. Dtsch. chem. Ges. **61**, 2246 (1928). — Diazoaethan: BRUCHHAUSEN, SCHULTZE: Arch. Pharmaz. **267**, 624 (1929).

[8] F. P. 374378 (1907). — FALTIS: Monatsh. Chem. **33**, 889 (1912); D. R. P. 189843 (1907), 224388 (1910). — OSADA: Journ. pharmac. Soc. Japan **1927**, 104; siehe auch S. 507.

[9] ULLMANN, WENNER: Ber. Dtsch. chem. Ges. **33**, 2476 (1900); D. R. P. 122851 (1900). — GRAEBE, ADERS: Liebigs Ann. **318**, 365, 370 (1901); Ber. Dtsch. chem. Ges. **38**, 152 (1905); Liebigs Ann. **349**, 201 (1906). — COLOMBANO: Gazz. chim. Ital. **37** II, 471 (1907). — SMITH, MITCHELL: Journ. chem. Soc. London **93**, 844 (1908). — KOHN, OSTERSETZER: Monatsh. Chem. **32**, 905 (1911); **34**, 787 (1913) (Dioxindole mit tertiärem Hydroxyl). — Morphin: PSCHORR, DICKHÄUSER: Ber. Dtsch. chem. Ges. **44**, 2633 (1911); **45**, 1567 (1912) (alkoholisches Hydroxyl der Kodeine). — Methylierung aliphatischer Verbindungen mit Dimethylsulfat: GRANDMOUGIN, HAVAS, GUYOT: Chem.-Ztg. **37**, 812 (1913). — DENHAM: Journ. chem. Soc. London **103**, 1735 (1913); **119**, 77 (1921). — Zucker: HAWORTH: Journ. chem. Soc. London **107**, 8 (1915). — PRINGSHEIM: Ber. Dtsch. chem. Ges. **48**, 1159 (1915). — MANNICH: Arch. Pharmaz. **254**, 352 (1916). — KARRER: Helv. chim. Acta **4**, 182, 192, 253 (1921). — KONEK: Ber. Dtsch. chem. Ges. **55**, 108 (1922). — IRVINE, HIRST: Journ. chem. Soc. London **123**, 518 (1923). Methylierung von Polysacchariden mit Dimethylsulfat, dann mit Na in flüssigem NH$_3$ bei — 40° und CH$_3$J: FREUDENBERG, BOPPEL: Ber. Dtsch. chem. Ges. **70**, 1542 (1937). — Arbutin: MACBETH, MACKAY: Journ. chem. Soc. London **123**, 721 (1923). — HESS: Liebigs Ann. **433**, 76 (1924); **442**, 46

der alkalischen[1] Phenollösung mit der berechneten Menge Dimethylsulfat nahezu quantitativ durchgeführt.[2] Es empfiehlt sich oftmals, bei Gegenwart von überschüssigem *Bariumhydroxyd* (PRINGSHEIM) oder *Bicarbonat*[3] zu arbeiten.

Manchmal bewährt sich die Verwendung wässerig-alkoholischer[4] oder rein alkoholischer[5] Lösungen. Sehr gut ist auch Aceton verwendbar.[6] In Tetrachlorkohlenstoff mit 60proz. Lauge arbeiten WEST, HOLDEN.[7]

Mit möglichst wenig Wasser arbeitet FUNK,[8] in kochender Lösung SULSER,[9] COHEN.[10] Auch KOSTANECKI, LAMPE haben möglichst stürmischen Reaktionsverlauf unter Benutzung siedenden Dimethylsulfats und siedender alkalischer Substanzlösung sehr vorteilhaft gefunden.[11]

Ein Hindernis mechanischer Natur bei der *Methylierung des Vanillins* ist die Schwerlöslichkeit seines Natriumsalzes.[12] Dieser Umstand kommt zwar nicht in Betracht, wenn man das Kaliumsalz verwendet, aber auch so kann durch die weitere Einwirkung des Kalis auf den Aldehyd oder auf ähnliche empfindliche Körper die Darstellung eines reinen Reaktionsprodukts in Frage gestellt werden. DECKER, KOCH[13] haben deshalb folgende Versuchsanordnung angegeben: Man löst 1 Mol Vanillin in 10% weniger als der theoretischen Menge Dimethylsulfat auf dem Wasserbad und trägt nun tropfenweise in die heiße Flüssigkeit eine Lösung von einem Molekül Kaliumhydroxyd in dem doppelten Gewicht Wasser unter gutem Umschütteln ein. Die Reaktion ist sehr lebhaft, es muß daher ein Rückflußkühler benutzt werden. Nachdem alles eingetragen ist, setzt man noch etwas Lauge bis zur bleibenden Alkalinität hinzu und läßt abkühlen.

Man setzt Aether zu und schüttelt aus: dabei scheidet sich gewöhnlich festes Vanillinkalium ab. Die aetherischen Auszüge hinterlassen reinen, farblosen Aldehyd, der nach dem Einimpfen krystallisiert. Die Ausbeute entspricht, auf Dimethylsulfat berechnet, 97% der Theorie.

Die Alkylierung der *Oxyanthrachinone*, deren α-Stellungen namentlich schwer alkylierbar zu sein pflegen,[14] wird nach GRAEBE[15] ebenso wie die der *Nitrophenole* und der *Carbon-* und *Sulfo*säuren am besten unter Benutzung der *trockenen Salze*,

(1925). — FREUDENBERG, URBAN: Cellulosechemie **7**, 73 (1926). — Methylierung des alkoholischen Hydroxyls vom Standpunkt der Elektronentheorie BRAUN, ANTON, WEISSBACH: Ber. Dtsch. chem. Ges. **63**, 2847 (1930). — AUWERS: Ber. Dtsch. chem. Ges. **64**, 533 (1931).

[10] Gelegentlich kann die Ausbeute durch Verlängerung der Reaktionsdauer recht wesentlich erhöht werden: BILTZ, ROBL: Ber. Dtsch. chem. Ges. **54**, 2449 (1921).

[1] Verschiedenes Verhalten von Kali- und Natronlauge: KLEMENC: Monatsh. Chem. **38**, 553 (1917). — Siehe auch SCHEIBLER: Ber. Dtsch. chem. Ges. **55**, 3925 (1922).

[2] Spaltung des Chromanrings bei der Alkylierung: NIERENSTEIN: Journ. Amer. chem. Soc. **48**, 1964 (1926).

[3] BACKER: Rec. Trav. chim. Pays-Bas **31**, 172 (1912).

[4] PERKIN, HUMMEL: Journ. chem. Soc. London **85**, 1466 (1905). — WIDMER: Diss. Bern 30, 1907.

[5] KULKA: Chem.-Ztg. **27**, 407 (1903). — FUNK: Diss. Bern 25, 1904; Ber. Dtsch. chem. Ges. **37**, 774 (1904).

[6] HAWORTH, STREIGHT: Helv. chim. Acta **15**, 609 (1932). — SCHLUBACH, LOOP: Liebigs Ann. **523**, 140 (1936).

[7] WEST, HOLDEN: Journ. Amer. chem. Soc. **56**, 930 (1934).

[8] FUNK: Diss. Bern 26, 1904.　　　[9] SULSER: Diss. Bern 25, 29, 1905.

[10] COHEN: Diss. Bern 29, 30, 1905.

[11] KOSTANECKI, LAMPE: Ber. Dtsch. chem. Ges. **35**, 1669 (1902); **41**, 1331 (1908).

[12] PERKIN, ROBINSON: Journ. chem. Soc. London **91**, 1079 (1907).

[13] DECKER, KOCH: Ber. Dtsch. chem. Ges. **40**, 4794 (1907).

[14] Siehe dazu SCHÜRMANN: Diss. Marburg 15, 43, 1914. — EDER: Arch. Pharmaz. **253**, 29 (1915).

[15] GRAEBE: Liebigs Ann. **340**, 244 (1905); **349**, 201, 224 (1906).

evtl. noch unter Zusatz von weiteren Mengen fein gepulverten trockenen Ätzkalis[1] vorgenommen, evtl. unter Verwendung von Lösungsmitteln (Benzol, Xylol, Nitrobenzol).[2]

Man erhitzt mit überschüssigem Dimethylsulfat, evtl. bis zum Kochen. Ähnlich kocht man, manchmal sehr lange, für die Alkylierung von Sulfo- und Nitroderivaten der Kresole und Oxybenzoesäuren mit Dimethylsulfat in Xylol unter Zusatz von Kaliumcarbonat. 5-Nitro- und 3-Sulfosalicylsäure lassen sich auch so nicht methylieren.[3]

Die Alkylierung der Catechine gelingt nur, wenn man ihre Acetylderivate mit Dimethylsulfat umsetzt.[4]

Dimethylsulfat ist im übrigen (bei schwachen Phenolen) wirksam, wo Diazomethan versagt.[5]

Weiteres über die Anwendung dieses Alkylierungsmittels[6] siehe S. 387.

Alkylierung mit Arylsulfosäureestern,[7] namentlich mit *Toluolsulfosäuremethylester*, empfiehlt sich für die Alkylierung auch hochmolekularer Phenole. Bei Basen arbeitet man gewöhnlich in Nitrobenzollösung, besser noch in Trichlorbenzol. Die Reaktion verläuft genau wie mittels Dimethylsulfat.

Vorzügliche Resultate werden bei Oxy- und Dioxyaldehyden erhalten. Man kocht in alkoholischer Lösung.[8]

Anwendung von p-Brombenzolsulfosäureester: SEKERA: Journ. Amer. chem. Soc. 55, 421 (1933).

Den bereits angeführten Alkylierungsmethoden ist noch die speziell auch für alkoholisches Hydroxyl und für Oxysäuren verwertbare Methode von PURDIE, LANDER[9] anzureihen: die zu alkylierende Substanz wird mit trockenem

---

[1] FISCHER, ZIEGLER: Journ. prakt. Chem. (2), 86, 300 (1912).

[2] OTT, NAUEN: Ber. Dtsch. chem. Ges. 55, 922 (1922). — SPÄTH, RÖDER: Monatsh. Chem. 43, 95 (1922). — HAWORTH, LAPWORTH: Journ. chem. Soc. London 123, 2980 (1923). — HODGSON, NIXON: Journ. chem. Soc. London 1930, 2166.

[3] SHAH, BHATT, KANGA: Journ. Univ. Bombay 3, 155 (1934).

[4] FREUDENBERG: Liebigs Ann. 433, 234 (1923). — BRASS, KRANZ: Liebigs Ann. 499, 182 (1932).

[5] BUTENANDT: Ztschr. physiol. Chem. 191, 147 (1930). — HONIGMANN: Liebigs Ann. 511, 295 (1934).

[6] Dimethylsulfat und Jodmethyl können isomere Aether liefern: OTT, NAUEN: Ber. Dtsch. chem. Ges. 55, 921 (1922). — Kombination zweier Methylierungsarten: FREUDENBERG: Ber. Dtsch. chem. Ges. 53, 1425 (1920). — KARRER, NÄGELI: Helv. chim. Acta 4, 191 (1921). Glatte Methylierung mit Dimethylsulfat, wo CH_3J vollkommen versagt: GEORGE, ROBINSON: Journ. chem. Soc. London 1937, 1535. — Diaethylsulfat: WACEK: Ber. Dtsch. chem. Ges. 63, 2990 (1930).

[7] KRAFFT: Ber. Dtsch. chem. Ges. 26, 2823 (1886). — ULLMANN, WENNER: Liebigs Ann. 327, 120 (1906); D. R. P. 131980 (1902), 243649 (1912), 112177 (1900) (Basen). — FÖLDI: Ber. Dtsch. chem. Ges. 53, 1839 (1920). — VEIBEL: Ber. Dtsch. chem. Ges. 63, 2478 (1930). — ISMAILSKI, RASSORENOW: Journ. Russ. phys.-chem. Ges. 52, 359 (1923). — WALDMANN, MATHIOWETZ: Journ. prakt. Chem. (2), 126, 251 (1930). — SCHORIGIN, ISSAGULJANZ, BELON: Ber. Dtsch. chem. Ges. 64, 279 (1931).

[8] KANEWSKAJA: Arch. Pharmaz. 271, 462 (1933).

[9] PURDIE, PITKEATHLY: Journ. chem. Soc. London 75, 157 (1899). — PURDIE, IRVINE: Journ. chem. Soc. London 75, 485 (1899); 79, 975 (1901). — McKENZIE: Journ. chem. Soc. London 75, 754 (1899). — LANDER: Proceed. chem. Soc. 16, 6, 90 (1900); Journ. chem. Soc. London 77, 729 (1900); 79, 690 (1901); 81, 591 (1902); 83, 414 (1903). — LANDAU: Diss. Berlin 100, 1900. — LIEBERMANN, LANDAU: Ber. Dtsch. chem. Ges. 34, 2154 (1901). — LIEBERMANN, LINDENBAUM: Ber. Dtsch. chem. Ges. 35, 2913 (1902). — PURDIE, YOUNG: Journ. chem. Soc. London 89, 1194, 1578 (1906). — IRVINE, MOODIE: Proceed. chem. Soc. 23, 303 (1907); Journ. chem. Soc. London 89, 1578 (1906); 93, 95 (1908). — C. u. H. LIEBERMANN: Ber. Dtsch. chem. Ges. 42, 1923 (1909). — HUDSON, BRAUNS: Journ. Amer. chem. Soc. 38, 1216 (1916). — Nur mittels dieses Verfahrens gelang die vollständige Alkylierung der Chinasäure: HERZIG, ORTORY: Arch. Pharmaz. 258, 91 (1920). — KARRER, PEYER: Helv. chim.

Silberoxyd und Jodalkyl mehrere Stunden lang, evtl. im Einschmelzrohr, erhitzt.[1]

Das Verreiben der Substanz mit dem trockenen Silberoxyd muß vorsichtig und in *glatten* Gefäßen geschehen, weil sonst Verpuffung eintreten kann.[2]

In manchen Fällen kann dabei auch *Oxydation* eintreten (*Benzoin*).

Diese Methode ist besonders zur Alkylierung von *Zuckerarten* und *Glykosiden*[3] geeignet,[4] sie dient auch zur Methylierung von Oximen.

1.3-Dioxybenzole fixieren[5] bei der *Aetherifizierung mit Kali* und *Jodalkyl*[6] auch Alkylgruppen am Kohlenstoff, falls keine anderen Gruppen hinderlich sind.[7] In der *Phloroglucinreihe* werden hierbei ausschließlich bisekundäre und gänzlich sekundäre Verbindungen gewonnen.[8]

Bei der Alkylierung der echten Dialkylaether entstehen die wahren Trialkylaether,[9] in den Monoalkylaethern hingegen bleibt wohl die Alkyloxydgruppe erhalten, die neu eintretenden Alkyle dagegen gehen an den Kohlenstoff.[10]

Bei den *Phloroglucincarbonsäurederivaten*[11] zeigt sich die bei den Phloroglucinhomologen konstatierte Herabsetzung der Alkylierungsfähigkeit in noch weit

---

Acta **5**, 577 (1922). — HEUSER, RUPPEL: Ber. Dtsch. chem. Ges. **55**, 2084 (1922). — MACBETH, PRYDE: Journ. chem. Soc. London **121**, 1660 (1922). — HAWORTH, LEITSCH: Journ. chem. Soc. London **121**, 1921 (1922).

[1] Zur Darstellung von Trimethylinulin mußte wochenlang gekocht werden: KARRER, LANG: Helv. chim. Acta **4**, 249 (1921).

[2] C. u. H. LIEBERMANN: Ber. Dtsch. chem. Ges. **42**, 1927, Anm. (1909).

[3] IRVINE: Biochem. Ztschr. **22**, 357 (1909). — IRVINE, STEELE: Journ. chem. Soc. London **117**, 1474 (1920).

[4] PURDIE, IRVINE: Journ. chem. Soc. London **83**, 1021 (1903). — IRVINE, CAMERON: Journ. chem. Soc. London **85**, 1071 (1904). — PURDIE, McLAREN PAUL: Journ. chem. Soc. London **85**, 1074 (1904); Proceed. chem. Soc. **23**, 33 (1907). — IRVINE, MOODIE: Proceed. chem. Soc. **23**, 303 (1907); Journ. chem. Soc. London **89**, 1578 (1906); **93**, 95 (1908). — PRINGSHEIM, PERSCH: Ber. Dtsch. chem. Ges. **54**, 3164 (1921). — Siehe dazu PRINGSHEIM: Ber. Dtsch. chem. Ges. **55**, 1426 (1922).

[5] HERZIG, ZEISEL: Monatsh. Chem. **9**, 217, 882 (1888); **10**, 144, 435 (1889); **11**, 291, 311, 413 (1890); **14**, 376 (1893). — A. W. HOFMANN: Ber. Dtsch. chem. Ges. **11**, 800 (1878). — MARGULIES: Monatsh. Chem. **9**, 1045 (1888); **10**, 459 (1889). — SPITZER: Monatsh. Chem. **11**, 104, 287 (1890). — KRAUS: Monatsh. Chem. **12**, 191, 368 (1891). — ULRICH: Monatsh. Chem. **13**, 245 (1892). — CIAMICIAN, SILBER: Gazz. chim. Ital. (2), **22**, 56 (1892). — HOSTMANN: Diss. Rostock 30, 1895. — POLLAK: Monatsh. Chem. **18**, 745 (1897). — REISCH: Monatsh. Chem. **20**, 488 (1899). — HENRICH: Monatsh. Chem. **20**, 540 (1899). — BŘEZINA: Monatsh. Chem. **22**, 346, 590 (1901). — HIRSCHEL: Monatsh. Chem. **23**, 181 (1902). — HERZIG: Monatsh. Chem. **27**, 781 (1906); **31**, 827 (1910); **32**, 491 (1911). — KAUFLER: Monatsh. Chem. **21**, 993 (1900). — K. H. MEYER: Liebigs Ann. **379**, 47 (1911); **420**, 126 (1920). — FABRE: Ann. Chim. (9), **18**, 49 (1922). — OTT, NAUEN: Ber. Dtsch. chem. Ges. **55**, 924 (1922). — CLAISEN: Liebigs Ann. **442**, 211 (1925).

[6] Über die Alkylierung alkoholischen Hydroxyls (der Kodeine, des Morphins usw.) in wässerig-alkalischer Lösung oder Suspension mit Jodmethyl bei gelinder Temperatur: PSCHORR, DICKHÄUSER: Ber. Dtsch. chem. Ges. **44**, 2633 (1911); **45**, 1567 (1912).

[7] Zur *Entfernung des Jods*, das sich bei diesen Alkylierungen auszuscheiden pflegt, setzt man Kupfersulfat zu und leitet Schwefeldioxyd ein, worauf das ausgeschiedene Kupferjodür abfiltriert wird: GENTSCH: Ber. Dtsch. chem. Ges. **43**, 2019 (1910).

[8] Soweit Methyl- und Aethylgruppen in Frage kommen. Über die Einwirkung höherer homologer Alkyle: KAUFLER: Monatsh. Chem. **21**, 993 (1900).

[9] WILL, ALBRECHT: Ber. Dtsch. chem. Ges. **17**, 2107 (1884). — WILL: Ber. Dtsch. chem. Ges. **21**, 603 (1888). — HERZIG, THEUER: Monatsh. Chem. **21**, 852 (1900).

[10] POLLAK: Monatsh. Chem. **18**, 745 (1897). — WEIDEL: Monatsh. Chem. **19**, 223 (1898). — WEIDEL, WENZEL: Monatsh. Chem. **19**, 236, 249 (1898). — REISCH: Monatsh. Chem. **20**, 488 (1899). — HERZIG, HAUSER: Monatsh. Chem. **21**, 866 (1900). — HERZIG, KASERER: Monatsh. Chem. **21**, 875 (1900).

[11] HERZIG, WENZEL: Ber. Dtsch. chem. Ges. **32**, 3541 (1899); Monatsh. Chem. **22**, 215 (1901); **23**, 81 (1902).

höherem Maß, indem weder mit Salzsäure und Alkohol noch mit Natrium und Jodalkyl Alkylierung (auch nicht der Methylaethersäuren) stattfindet.

Diese gelingt indessen leicht mit Diazomethan.

Auch bei der Acetylierung macht sich hier eine Abnahme der Reaktionsfähigkeit bemerkbar.

Hydroxyl, das sich zu einem Carbonylsauerstoff, wie im *Chalkon-*,[1] *Xanthon-*, *Flavon-* oder *Anthrachinonkern*, in Orthostellung befindet, ist nach den Erfahrungen von HERZIG,[2] GRAEBE,[3] SCHUNK, MARCHLEWSKI,[4] KOSTANECKI,[5] PERKIN[6] zwar leicht durch Acylierung, nur schwer[7] aber (und manchmal nur mit Dimethylsulfat oder bei Verwendung eines großen Überschusses an Jodalkyl)[8] durch direkte Alkylierung nachweisbar. — Die unvollständig alkylierten (acylierten) Produkte sind ebenso farbig (gelb) wie die Stammsubstanzen.

Die in der Xanthon-, Flavon- und Flavonolreihe gegen das weitere Methylieren mehr oder weniger widerstandsfähige, zum Carbonylrest orthoständige Hydroxylgruppe erlangt diese Resistenz erst durch die Substitution der anderen Hydroxylgruppen. Geht man von den alkylfreien Produkten aus, so kann es bei einzelnen Verbindungen sogar vorkommen, daß gerade die zum Carbonyl orthoständige Hydroxylgruppe (beim Alkylieren mit Diazomethan) zuerst in Reaktion tritt, so daß dann die vollkommene Methylierung ohne jede Schwierigkeit vor sich geht.[9]

Auch orthoständige *Nitrogruppen* erschweren oft die Alkylierbarkeit.

So ist ein von MELDOLA, HAY[10] untersuchtes Phenol:

$$\begin{array}{c} OH \\ | \end{array}$$

NO$_2$—⟨ ⟩—N(CH$_3$)$_2$ mit NO$_2$ oben und NHCOCH$_3$ unten

---

[1] Auch das orthoständige Hydroxyl im 2.4-Dioxydesoxybenzoin ist nicht alkylierbar: ROSICKI: Diss. Bern 36, 1906.

[2] HERZIG: Monatsh. Chem. 5, 72 (1884); 9, 541 (1888); 12, 163 (1891).

[3] GRAEBE: Ber. Dtsch. chem. Ges. 38, 152 (1905).

[4] SCHUNK, MARCHLEWSKI: Journ. chem. Soc. London 65, 185 (1894).

[5] KOSTANECKI: Monatsh. Chem. 12, 318 (1891). — DREHER, KOSTANECKI: Ber. Dtsch. chem. Ges. 26, 71, 2901 (1893). — DREHER: Diss. Bern 32, 1893. — KOSTANECKI, TAMBOR: Monatsh. Chem. 16, 920 (1895). — TAMBOR: Ber. Dtsch. chem. Ges. 41, 789 (1908).

[6] PERKIN: Journ. chem. Soc. London 67, 995 (1895); 69, 801 (1896); 71, 812 (1897).

[7] Siehe auch GRAEBE, EBRARD: Ber. Dtsch. chem. Ges. 15, 1678 (1882). — LIEBERMANN, JELLINE: Ber. Dtsch. chem. Ges. 21, 1164 (1888). — GREGOR: Monatsh. Chem. 15, 437 (1894). — WECHSLER: Monatsh. Chem. 15, 239 (1894). — CZAJKOWSKI, KOSTANECKI, TAMBOR: Ber. Dtsch. chem. Ges. 33, 1988 (1900). — KOSTANECKI, WEBEL: Ber. Dtsch. chem. Ges. 34, 1455 (1901). — BÖCK: Monatsh. Chem. 23, 1008 (1902); D. R. P. 139424 (1902), 155633 (1904). — WALIASCHKO: Arch. Pharmaz. 242, 242 (1904). — GRAEBE, THODE: Liebigs Ann. 349, 201 (1906). — PERKIN: Journ. chem. Soc. London 91, 2067 (1907). — HERZIG, HOFMANN: Ber. Dtsch. chem. Ges. 42, 155 (1909); Monatsh. Chem. 30, 536 (1909); Ber. Dtsch. chem. Ges. 42, 726 (1909). — HERZIG, KLIMOSCH: Monatsh. Chem. 30, 527 (1909). — TAMBOR: Ber. Dtsch. chem. Ges. 43, 1882 (1910). — MUDROVČIČ: Monatsh. Chem. 34, 1431 (1913).

[8] PERKIN: Journ. chem. Soc. London 81, 206 (1902); Proceed. chem. Soc. 28, 329 (1912); Journ. chem. Soc. London 103, 654, 1632 (1913). — Bei Phloroglucinderivaten tritt nebenher teilweise Kernmethylierung ein: PERKIN: Journ. chem. Soc. London 77, 1310, 1316 (1900); 103, 1635 (1913).

[9] HERZIG: Monatsh. Chem. 33, 683 (1912). — HERZIG, STANGER: Monatsh. Chem. 35, 47 (1914).

[10] MELDOLA, HAY: Journ. chem. Soc. London 95, 1033 (1909).

anscheinend nicht alkylierbar und ebensowenig das Dinitropropylphenol:[1]

$$CH_2 \cdot CH_2 \cdot CH_3$$

O$_2$N—⟨ ⟩—NO$_2$

OH

Oxyanthrachinone und *Boressigsäureanhydrid:* DIMROTH: Ber. Dtsch. chem. Ges. 54, 3020 (1921); Liebigs Ann. 446, 97, 110 (1926). — BRASS, LUTHER, SCHONER: Ber. Dtsch. chem. Ges. 63, 2622 (1930). Dioxyphenanthrenchinon. Nur 1-ständige Hydroxylgruppen reagieren.

Katalytische Alkylierung mit *Thordioxyd:* SABATIER, MAILHE: Compt. rend. Acad. Sciences 151, 359 (1910).

Die *Phenolaether*[2] sind im Gegensatz zu den Säureestern meist sehr schwer, und zwar nur durch Säuren[3] bei höherer Temperatur[4] (Jodwasserstoffsäure bei 127°, Salzsäure bei 150°,[5] heiße Schwefelsäure)[6] oder durch wasserfreies Aluminiumchlorid,[7,8] Aluminiumbromid[8] in Schwefelkohlenstoff, Benzol, Chlor-

---

[1] THOMS, DRAUZBURG: Ber. Dtsch. chem. Ges. 44, 2131 (1911).

[2] Siehe auch S. 338.

[3] Verseifung durch Salpetersäure: WILL: Ber. Dtsch. chem. Ges. 21, 608 (1888). — THOMS: Ber. Dtsch. chem. Ges. 36, 856, 860 (1903). — Phosphoroxychlorid: AUGER, DUPUIS: Compt. rend. Acad. Sciences 144, 1151 (1908). — THOMS, DRAUZBURG: Ber. Dtsch. chem. Ges. 44, 2127 (1911). — GRAEBE: Liebigs Ann. 349, 211 (1906). — EDER, HAUSER: Helv. chim. Acta 8, 144 (1925); D. R. P. 158 278 (1905). — ALIMSCHANDARI, MELDRUM: Journ. chem. Soc. London 117, 964 (1920); 125, 539 (1924). — Zusatz von Essigsäure: BAEYER, VILLIGER: Ber. Dtsch. chem. Ges. 36, 2791 (1903). — WOHL, BERTHOLD: Ber. Dtsch. chem. Ges. 43, 2177 (1910).

[4] Relativ leicht erfolgt Entalkylierung durch Kochen mit einem Gemisch von 48proz. *Bromwasserstoffsäure* und Eisessig: JACOBS: Diss. Berlin 18, 1907. — STÖRMER: Ber. Dtsch. chem. Ges. 41, 322 (1908). — C. u. H. LIEBERMANN: Ber. Dtsch. chem. Ges. 42, 1928 (1909) (Bromwasserstoffsäure 1,9). — GUILLAUMIN: Thèse Paris 1909. — SCHIMMEL & Co.: Ber. Schimmel 1909 I, 137. — PAULY, LOCKEMANN: Ber. Dtsch. chem. Ges. 43, 1813 (1910). — SEER, SCHOLL: Liebigs Ann. 398, 86 (1913). — MOSIMANN, TAMBOR: Ber. Dtsch. chem. Ges. 49, 1703 (1916). — LE BRAZIDEK: Bull. Soc. chim. France (4), 31, 255 (1922). — Bromwasserstoffsäure 1,5—1,7: PFEIFFER: Journ. prakt. Chem. (2), 129, 48 (1931).

[5] *Entmethylierung von Phenolaethern (Säureestern) mit Hilfe der Chlorhydrate aromatischer Basen.* Man vermengt 1 Mol Substanz mit 2—3 Molen Anilinchlorhydrat (oder Homologen) und erhitzt im Ölbad bis zur Schmelze, welche zwischen 180—230° eintritt. Der Beginn der Reaktion ist leicht daran zu erkennen, daß eine dem oberen Ende des Steigrohres genäherte Bunsenflamme durch das Chlormethyl grün gefärbt wird. Nach $^1\!/_2$—1 Stunde ist die Reaktion meist zu Ende. Man gießt die noch heiße Schmelze in starke Salzsäure. Anisol läßt sich auf diese Weise nicht entmethylieren: KLEMENC: Ber. Dtsch. chem. Ges. 49, 1703 (1916). — Spalten durch 0,1 Mol HCl-Anilin unter Durchleiten von HCl: ZOFIN, TSCHCHIKOWADSE: Russ. Chem. pharm. Ind. 1932, 376. Auch so wird Anisol nur sehr unvollkommen gespalten; Guajakol zu 94%.

[6] HARTMANN, GATTERMANN: Ber. Dtsch. chem. Ges. 25, 3531 (1892); D. R. P. 70 718 (1892); 94 852 (1897). — AUWERS: Ber. Dtsch. chem. Ges. 36, 3893 (1903). — ÖSTERLE: Arch. Pharmaz. 243, 441 (1905). — AUWERS, RIETZ: Ber. Dtsch. chem. Ges. 40, 3515 (1907). — Auf diese Art kann man sogar aromatische Oxyaldehyde verseifen, ohne daß die Aldehydgruppe angegriffen wird: D. R. P. 193 958 (1908). — ULLMANN, BRITTNER: Ber. Dtsch. chem. Ges. 42, 2545 (1909). — CHARRIER, PELLEGRINI: Gazz. chim. Ital. 43 II, 563 (1913). — Verseifen von Methylenaethern: OBERLIN: Arch. Pharmaz. 265, 256 (1927).

[7] BRASS: Ber. Dtsch. chem. Ges. 63, 2616 (1930).

[8] PFEIFFER, HAACK: Liebigs Ann. 460, 163, 167 (1928). — PFEIFFER: Journ. prakt. Chem. (2), 129, 42, 48 (1931).

benzol[1] usw. oder Antimontrichloridlösung,[2] Zinntetrachlorid oder Phosphorpentachlorid *verseifbar*, während sie von Alkalien[3] noch viel schwerer angegriffen werden,[4] am besten noch durch Natrium bei hoher Temperatur.[5]

Es gibt indessen auch Ausnahmen von dieser Regel.

So zerfällt Methylpikrat schon beim Kochen mit starker Kalilauge in Methylalkohol und Kaliumpikrat (CAHOURS,[6] SALKOWSKY),[7] die Dinitro- und Trinitroderivate des Phenyl- und p-Kresylbenzylaethers werden durch alkoholisches Kali verseift,[8] Alizarin-α-Methylaether durch kochendes Barytwasser.[9]

Nitroopiansäure verliert beim Kochen mit alkoholischer Lauge das der Carboxylgruppe benachbarte Methyl,[10] und analog wird Methylanthrol[11] durch alkoholisches Kali zersetzt.[12]

Beim 15stündigen Erhitzen mit der doppelten Menge Kali und der vierfachen Menge Alkohol auf 180—200° werden übrigens selbst Veratrol,[13] Anisol, Anethol und Phenetol entalkyliert.[14] Bei 300° wird sogar der Diphenylaether durch 15proz. Natronlauge gespalten.[15]

Verseifung mit amylalkoholischer Lauge: ABEL: Diss. Rostock 63, 1909. Bei der Entalkylierung mit alkoholischem Kali kann gleichzeitig Reduktion stattfinden.[16]

Verseifung von Aethern durch quaternäre Basen: DECKER, DUNART: Liebigs Ann. 358, 293 (1908). — Durch Natriumalkyle: SCHORIGIN: Ber. Dtsch. chem. Ges. 43, 193 (1910).

[1] Journ. prakt. Chem. (2), 139, 291, 292 (1934).

[2] AIKELIN: Diss. München 1908. — BAYER: Liebigs Ann. 372, 101, 103, 148 (1910).

[3] D. R. P. 78910 (1894).

[4] Im Tierkörper werden die Phenolaether leicht verseift: DOHRN: Biochem. Ztschr. 43, 243 (1912).

[5] SCHORIGIN: Ber. Dtsch. chem. Ges. 56, 176 (1923). — Zersetzung von Phenolaethern durch GRIGNARDS Reagens: GRIGNARD: Compt. rend. Acad. Sciences 151, 322 (1910). — SPÄTH: Monatsh. Chem. 35, 1563 (1914).

[6] CAHOURS: Liebigs Ann. 69, 237 (1849).

[7] SALKOWSKY: Liebigs Ann. 174, 259 (1874).

[8] KUMPF: Liebigs Ann. 224, 96 (1884). — FRISCHE: Liebigs Ann. 224, 137 (1884). — Siehe ferner SALKOWSKY, RUDOLPH: Ber. Dtsch. chem. Ges. 10, 1254 (1877). — BLOM: Helv. chim. Acta 45, 10 (1921). — BORSCHE: Ber. Dtsch. chem. Ges. 56, 1488, 1494, 1939 (1923).

[9] PERKIN: Journ. chem. Soc. London 91, 2069 (1907).

[10] LIEBERMANN, KLEEMANN: Ber. Dtsch. chem. Ges. 19, 2277 (1886). — Nitrocumarinsäureaether: DECKER, BECKER: Ber. Dtsch. chem. Ges. 55, 378 (1922). — Dimethoxybenzylphthalid: ASAHINA, ASANO: Ber. Dtsch. chem. Ges. 63, 2062 (1930).

[11] LIEBERMANN, HAGEN: Ber. Dtsch. chem. Ges. 15, 1427 (1882).

[12] 2-Methyl-4-methoxychinolin wird durch Na-Methylat in $7^1/_2$ Stn. bei 150—155° zu 99% entalkyliert. SPÄTH, PAPAIOANOU: Monatsh. Chem. 52, 129 (1929).

[13] BOUVEAULT: Bull. Soc. chim. France (3), 19, 75 (1898).

[14] STÖRMER, KAHLERT: Ber. Dtsch. chem. Ges. 34, 1812 (1901). — KAHLERT: Diss. Rostock 74, 1902. — STÖRMER, KIPPE: Ber. Dtsch. chem. Ges. 36, 3995 (1903). — KOSTANECKI, TAMBOR: Ber. Dtsch. chem. Ges. 42, 825 (1909). — STÖRMER, FRICK: Ber. Dtsch. chem. Ges. 57, 24 (1925). — Verseifung von Aethern mehrwertiger Phenole: D. R. P. 78910 (1894), 92651 (1897), 162658 (1905). — BOUVEAULT: Bull. Soc. chim. France (3), 19, 75 (1898). — WEGSCHEIDER, MÜLLER: Liebigs Ann. 433, 36 (1923).

[15] K. H. MEYER, BERGIUS: Ber. Dtsch. chem. Ges. 47, 3158 (1914). — Spaltung von Nitrodiphenylaethern durch Ammoniak und Piperidin: LE FÈVRE, SOUNDERS, TURNER: Journ. chem. Soc. London 1927, 1168. — Über leicht verseifbare, stark negativ substituierte Phenylbenzylaether siehe noch AUWERS, RIETZ: Liebigs Ann. 356, 152 (1907). — AUWERS: Liebigs Ann. 357, 85 (1907).

[16] KIPPE: Diss. Rostock 17, 1904. — HILDEBRAND: Diss. Rostock 8, 1906. — VOIGT: Diss. Rostock 30, 1908.

Die Methoxy- und Aethoxyleukobasen des Malachitgrüns verlieren schon beim Erwärmen mit konzentrierter Salzsäure auf 100° ihr Alkyl.[1]

Von den Aethern der Oxyazoverbindungen sind die vom Typus:

$$R \cdot O \cdot C_{10}H_6 \cdot N = N \cdot C_6H_4OH$$

schon durch kurzes Kochen mit verdünnten Säuren verseifbar, während die isomeren Aether:

$$H \cdot O \cdot C_6H_7 \cdot N : N \cdot C_6H_4OR$$

nur durch Aluminiumchlorid zerlegt werden können.[2]

Außerordentlich leicht verseifbar sind meist die *Enolaether*.

So wird der Oxycholestenonaether schon durch Erwärmen mit Essigsäure verseift,[3] der Vinylaethylaether und seine Derivate werden ebenfalls sehr leicht durch verdünnte Säuren gespalten.[4]

Phenylaethoxytriazol ist dagegen sehr resistent.[5]

Über das Verhalten von Alkylaethern der Oxymethylenverbindungen siehe auch noch KNORR: Ber. Dtsch. chem. Ges. 36, 3077 (1903); 39, 1410 (1906), und GÄRTNER: Diss. Kiel 1906. — Oxyketone: BERGMANN, GIERTH: Liebigs Ann. 448, 65, 69 (1926).

Aromatische Oxyketone mit zum Carbonyl orthoständigem Hydroxyl liefern mit *Zinntetrachlorid* in benzolischer Lösung bei Wasserbadtemperatur Substitutionsprodukte

$$\begin{array}{c} \diagdown C \diagup \\ \diagup\diagdown\diagup\diagdown \\ C\ \ CO \\ | \\ O{-}SnCl_3 \end{array}$$

während solche mit anderen als orthoständigen Hydroxylen unter den gleichen Umständen nur Additionsprodukte bilden. Auch diese Substitutionsprodukte sind wenig stabil und werden durch kochendes Wasser zerlegt.[6]

G. *Benzylierung der Phenole.* Um Phenole zu benzylieren, erhitzt man sie in alkoholischer Lösung mit der berechneten Menge Natriumalkoholat und Benzylchlorid mehrere Stunden unter Rückflußkühlung auf dem Wasserbad und filtriert dann noch heiß vom ausgeschiedenen Kochsalz,[7] oder gießt in Wasser und krystallisiert um.

GOMBERG, BUCHLER[8] erhitzen die wässerigen Lösungen der Natriumphenolate mit Benzylchlorid unter starkem Rühren. Als Nebenprodukte werden Benzylphenole erhalten.

DIELS, WACKERMANN lösen in Aether und fügen Kaliumalkoholat zu. Dann wird mit Benzylchlorid gekocht.[9]

[1] VOTOČEK, KÖHLER: Ber. Dtsch. chem. Ges. 46, 1764 (1913).

[2] CHARRIER, PELLEGRINI: Gazz. chim. Ital. 43 II, 563 (1913). — Über die Alkylierung der o-Oxyazoverbindungen siehe ODDO, PUXEDDU: Gazz. chim. Ital. 35 I, 55 (1905); 36 II, 1 (1906). — AUWERS: Ber. Dtsch. chem. Ges. 41, 413 (1908). — CHARRIER: Gazz. chim. Ital. 46 I, 404 (1916). — Entmethylieren durch $AlBr_3$: PFEIFFER, LOEWE: Journ. prakt. Chem. (2), 147, 293 (1937).

[3] WINDAUS: Ber. Dtsch. chem. Ges. 39, 2253 (1906).

[4] ELTEKOW: Ber. Dtsch. chem. Ges. 10, 706 (1877). — WISLICENUS: Liebigs Ann. 192, 106 (1878). — DENARO: Gazz. chim. Ital. 14, 117 (1884). — FAWORSKY: Journ. prakt. Chem. (2), 37, 532 (1888); 44, 215 (1891). — ZIMMERMANN: Diss. Jena 18, 1907.

[5] DIMROTH: Liebigs Ann. 335, 79 (1904).

[6] PFEIFFER: Ber. Dtsch. chem. Ges. 44, 2653 (1911); Liebigs Ann. 398, 137 (1913); 412, 331, 339 (1916). — HERZIG: Monatsh. Chem. 33, 683 (1912). — BRASS: Ber. Dtsch. chem. Ges. 63, 2614 (1930).

[7] HALLER, GUYOT: Compt. rend. Acad. Sciences 116, 43 (1893); D. R. P. 91813 (1897). — MATHILDE GERHARDT: Diss. Göttingen 73, 76, 1914.

[8] GOMBERG, BUCHLER: Journ. Amer. chem. Soc. 42, 2059 (1920).

[9] DIELS, WACKERMANN: Ber. Dtsch. chem. Ges. 55, 2447 (1922).

Die Silberphenolate reagieren besser als mit Benzylchlorid mit dem auch sonst[1] zu Benzylierungen empfohlenen *Benzyljodid*.[2] Das Silbersalz wird mit einer benzolischen Lösung der äquivalenten Menge Benzyljodid auf dem Wasserbad unter Rückfluß gekocht, bis die stechenden Dämpfe des Jodids verschwunden sind. Man filtriert, dampft zur Trockene und krystallisiert (etwa aus Ligroin) um.[3]

Auch mit *Nitrobenzylchlorid* kann man benzylieren.[4]

Noch geeigneter ist *Nitrobenzylbromid*,[5] da es mit Alkaliphenolaten leicht und quantitativ in alkoholischer Lösung reagiert. Die meisten Aether krystallisieren gut aus verdünntem Alkohol und haben scharfe Schmelzpunkte.

Einführung des Restes CH_3OCH_2 (Bildung von Methoxymethylaethern): MANNICH: Arch. Pharmaz. **254**, 351, 358 (1916).

Verwendung von *Dimethylphenylbenzylammoniumchlorid* (Leukotrop) als wasserlösliches Benzylierungsmittel: E. v. MEYER: Abh. Sächs. G. Wiss. **31**, 179 (1908). — TSCHUGAEFF, CHLOPIN: Ber. Dtsch. chem. Ges. **47**, 1273 (1914).

Aromatische·Benzylaether lassen sich mit $SnCl_2$ oder Sn, Zn und Säuren verseifen. Man gibt z. B. zu einer mit HCl gesättigten alkoholischen Zinnchlorürlösung allmählich Benzylphenylaether in Chloroform und hält 12 Stunden bei 15°. Dann wird unter Kühlung in 30proz. NaOH eingetragen.[6]

H. *In verdünnter Kali- (Natron-) Lauge* pflegen im allgemeinen Substanzen mit phenolischem Hydroxyl löslich zu sein,[7] doch hat auch diese Regel zahlreiche Ausnahmen.[8] So ist das orthohydroxylierte Hexamethyltriaminotriphenylmethan in wässeriger Lauge selbst in der Hitze ganz unlöslich,[9] und ebenso verhält sich Naphthyloldinaphthoxanthen,[10] 2.4.6-Triisopropylphenol[11] und 2-Aethoxybenzalresacetophenonmonoaethylaether[12] sowie die Phenylhydrazone der aromatischen o-Oxyaldehyde und -ketone[13] und manche hochmolekulare Phenole.

---

[1] M. u. J.: Bd. 2, S. 126. — WEDEKIND: Ber. Dtsch. chem. Ges. **36**, 379, Anm. (1903).
[2] V. MEYER: Ber. Dtsch. chem. Ges. **10**, 311 (1877). — KUMPF: Liebigs Ann. **224**, 126 (1884). — AUWERS, WALKER: Ber. Dtsch. chem. Ges. **31**, 3040 (1898). — ANTON: Diss. Heidelberg 36, 39, 1915. — AUWERS, HEIMKE: Liebigs Ann. **458**, 217 (1927). — STEINKOPF, BESSARITSCH: Journ. prakt. Chem. (2), **109**, 242 (1925).
[3] Spalten der Benzylderivate mit alkoholischer HCl: HEAP, ROBINSON: Journ. chem. Soc. London **1929**, 67.
[4] PUMMERER: Ber. Dtsch. chem. Ges. **55**, 3131 (1922).
[5] REID: Journ. Amer. chem. Soc. **39**, 304 (1917); **42**, 617 (1920). — Das Reagens besitzt sehr aggressive Eigenschaften. [6] E. P. 375253 (1932).
[7] Manche Phenole, namentlich auch Phenolcarbonsäureester, brauchen zur Lösung großen Überschuß wässeriger Lauge. Solche Phenole können einer aetherischen Lösung durch Ausschütteln mit Alkali nur äußerst schwer entzogen werden: CLAISEN, EISLEB: Liebigs Ann. **401**, 71 (1913). [8] Siehe auch S. 527, 689.
[9] HALLER, GUYOT: Bull. Soc. chim. France (3), **25**, 752 (1901).
[10] FOSSE: Bull. Soc. chim. France (3), **27**, 534 (1902); Compt. rend. Acad. Sciences **132**, 789 (1901); **137**, 858 (1903); **138**, 2820 (1904); **140**, 1538 (1905).
[11] D. R. P. 538376 (1931).
[12] Siehe ferner: MICHAEL: Amer. chem. Journ. **5**, 92 (1883). — HERZIG: Monatsh. Chem. **12**, 101 (1891). — DREHER, KOSTANECKI: Ber. Dtsch. chem. Ges. **26**, 71 (1893). — KOSTANECKI: Ber. Dtsch. chem. Ges. **27**, 1989 (1894). — CORNELSON, KOSTANECKI: Ber. Dtsch. chem. Ges. **29**, 242 (1896). — KOSTANECKI, SALIS: Ber. Dtsch. chem. Ges. **32**, 1031 (1899). — ROGOW: Ber. Dtsch. chem. Ges. **33**, 3535 (1900). — GRAEBE, ADERS: Liebigs Ann. **318**, 365 (1901). — ANSELMINO: Ber. Dtsch. chem. Ges. **35**, 4099 (1902); Bull. Soc. chim. France (3), **29**, 1 (1903). — SCHOLZ, HUBER: Ber. Dtsch. chem. Ges. **37**, 395 (1904); Journ. prakt. Chem. (2), **72**, 315 (1905). — HERZIG, KLIMOSCH: Ber. Dtsch. chem. Ges. **41**, 3894 (1908).
[13] TORREY, KIPPER: Journ. Amer. chem. Soc. **29**, 77 (1907); **30**, 836 (1908). — TORREY, BREWSTER: Journ. Amer. chem. Soc. **31**, 1322 (1909). — TORREY, ADAMS: Ber. Dtsch. chem. Ges. **43**, 3227 (1910). — TORREY: Chem.-Ztg. **34**, 299 (1910). — TORREY, BREWSTER: Journ. Amer. chem. Soc. **35**, 426 (1913) (Naphthole). — IGLESIAS: Anales Soc. Espanola Fisica Quim. **33**, 119 (1935).

Auwers[1] hat eine große Anzahl derartiger Phenole aufgefunden, die er nach dem Vorschlag Jacobsons als „*Kryptophenole*"[2] bezeichnet; doch soll der Ausdruck eigentlich Substanzen mit maskierten Phenoleigenschaften überhaupt (z. B. Indifferenz gegen Ammoniak) bedeuten. Es gibt auch keine scharfe Grenze zwischen Kryptophenolen und echten Phenolen. Viele Kryptophenole sind kalilöslich, wie Salicylsäureester, Orthooxyacetophenon usw.

Zur Lösung der Kryptophenole dient die Claisen-*Lösung:* 50 proz. KOH, Methanol (1 : 1).[3]

Über die Acidität der Phenole siehe noch Pellizari: Gazz. chim. Ital. **14**, 262 (1884). — Raikow: Chem. Ztg. **27**, 781, 1125 (1903). — Hantzsch: Ber. Dtsch. chem. Ges. **40**, 3801 (1907). — Hans Meyer: Monatsh. Chem. **28**, 1381 (1907).

Hesse[4] hat ein auf der Unlöslichkeit der Phenolate[5] in Aether beruhendes Verfahren zur quantitativen Bestimmung derselben (und der Oxysäureester) angegeben.

Die Substanz wird in 3 Teilen wasserfreiem Aether gelöst und normales alkoholisches Kali zugefügt. Bei Abwesenheit von Phenolen entsteht dann kein Niederschlag; sind aber Phenole oder Salicylsäureester vorhanden, so fallen die Kaliumsalze der Phenole meist in schönen Krystallen, manchmal allerdings auch ölig aus. Man sammelt die Abscheidung und wäscht sie mit absolutem Aether. Zur Phenolbestimmung genügt es dann, sie durch eine Säure zu zerlegen oder das Alkali zu titrieren. In letzterem Fall empfiehlt es sich, keinen allzu großen Überschuß an Kali zu verwenden. Diese elegante Methode wird in vielen Fällen mit Vorteil verwendet.[6]

Vielfach wird die Ansicht ausgesprochen,[7] daß die Phenole im Gegensatz zu den Carbonsäuren aus ihren alkalischen Lösungen durch Einleiten von Kohlendioxyd ausgefällt werden können. Dieses Moment kann aber durchaus nicht als unterscheidendes Merkmal der beiden Körperklassen dienen, denn bei genügend langem Einleiten des Gases werden sehr viele Säuren gleichfalls in freier Form oder als saure Salze niedergeschlagen, wird doch selbst Natriumchlorid hierbei partiell unter Salzsäureentwicklung zersetzt.[8] „Von theoretischen Gesichtspunkten aus muß die Ausfällbarkeit auch ganz stark saurer Verbindungen durch Kohlensäure unter gewissen Bedingungen nicht nur zugegeben, sondern

---

[1] Auwers: Ber. Dtsch. chem. Ges. **39**, 3167 (1906). — Werner: Chem. Ztschr. **5**, 1, 26, 51 (1906). — Kohn, Rosenfeld: Monatsh. Chem. **46**, 119 (1925). — Dimroth: Ber. Dtsch. chem. Ges. **50**, 1534 (1917). — Skraup: Ber. Dtsch. chem. Ges. **60**, 1665 (1927). — Auwers, Baum, Lorenz: Journ. prakt. Chem. **2**, 115, 81, (1927).

[2] Oder Pseudophenole.

[3] Claisen: Liebigs Ann. **418**, 96 (1919); Helv. chim. Acta **16**, 969, 973 (1933). Journ. Amer. chem. Soc. **55**, 3383, 3385 (1933). — Behagel, Freiensehner: Ber. Dtsch. chem. Ges. **67**, 1374 (1934). — Hill, Short, Stromberg: Journ. chem. Soc. London **1937**, 937.

[4] Hesse: Chem. Ztschr. **2**, 434 (1903); Ber. Dtsch. chem. Ges. **36**, 1466 (1903). — Tanninfällung mit Kaliumacetat und Alkohol: Fischer: Ber. Dtsch. chem. Ges. **52**, 823 (1919). — Andere mehrwertige Phenole: Tschitschibabin: Liebigs Ann. **469**, 98 (1929).

[5] Trennung von Phenolen mit Baryt: D. R. P. 53307 (1890), 56003 (1891); Magnesia: D. R. P. 87971 (1896). — Strontian: Béhal, Choay: Bull. Soc. chim. France (3), **11**, 698 (1894). — Kalk: Rochussen: Journ. prakt. Chem. (2), **105**, 121 (1922).

[6] Roure, Bertrand Fils: 9 I, 72 (1904). — Glichitch: Parf. de France **1924**, 40. — Mitchell: Recent advances in an. Chem. **1**, 110 (1930); siehe Analyst **53**, 1928 (1928).

[7] Z. B. Mohr: Verhandl. Ges. Naturf. **1907**, 97. — Schrötter, Flooh: Monatsh. Chem. **28**, 1099 (1907). — Siehe auch Mohr: Journ. prakt. Chem. (2), **79**, 289 (1909).

[8] Müller: Ber. Dtsch. chem. Ges. **3**, 40 (1870). — Schulz: Pflügers Arch. Physiol. **27**, 454 (1882); D. R. P. 74937 (1893).

direkt gefordert werden."[1] — Von den beiden stereoisomeren Anisylzimtsäuren wird die α-Säure durch Kohlensäure sofort aus der wässerigen Lösung ihres Natriumsalzes ausgeschieden. Die β-Säure fällt als solche nicht aus.[2]

Übrigens sei bemerkt, daß viele Phenole aus der Lösung in *Kali*lauge durch Kohlensäure *nicht* in freier Form, sondern als saure Phenolate gefällt werden.[3]

Über komplexe Salze von Phenolen siehe D.R.P. 247410 (1912). — D.P.A. C 23089 (1913).

I. Überführen der Phenole in Aryloxyessigsäuren: KOELSCH: Journ. Amer. chem. Soc. **53**, 304 (1931).

K. *Kryoskopisches Verhalten der Phenole:* AUWERS: Ztschr. physikal. Chem. **18**, 595 (1895); Ber. Dtsch. chem. Ges. **28**, 2878 (1895); Ztschr. physikal. Chem. **30**, 300 (1899). — ORTON: Ztschr. physikal. Chem. **21**, 341 (1896).

VII. Reaktionen der zweiwertigen Phenole.[4]

1. Reaktionen der Orthoverbindungen.

a) *Eisenchloridreaktion* siehe S. 376f.

b) *Verhalten gegen Antimonsalze.*[5]

Polyphenole, welche die Hydroxylgruppen in Orthostellung enthalten, vermögen zwei typische Wasserstoffatome gegen zwei Valenzen des dreiwertigen Antimons auszutauschen. Die Verbindung

$$R\!\!<\!\!\begin{array}{c}O\\O\end{array}\!\!>\!\!Sb\!\!-\!\!OH$$

spielt die Rolle einer Base, und ihre Derivate:

$$R\!\!<\!\!\begin{array}{c}O\\O\end{array}\!\!>\!\!Sb\!\!-\!\!X(X=Cl, Br, J, F \text{ usw.})$$

sind denen des Antimonyls O$\equiv$Sb—X analog. Phenole der Metareihe liefern höchstens in konzentrierter Lösung mit Antimontrichlorid leicht zersetzliche Verbindungen und reagieren mit Antimonfluorür gar nicht. Derivate der p-Reihe geben überhaupt keine Fällungen.

Die Darstellung der Fluorüre gelingt leicht durch Mischen der wässerigen Lösung des Phenols mit wässeriger Fluorantimonlösung. — Ähnliche Fällungen gibt Bleizucker.[6]

c) *Heteroringbildungen.*

Die Phenole der Orthoreihe bilden mit den anorganischen Säurechloriden, ferner mit o-Diaminen, o-Aminophenolen usw. cyclische Ester.

Ebenso verhalten sich die *orthohydroxylierten Pyridinderivate.*[7]

d) Unter den *Orthohydroxylderivaten*, die ausschließlich Hydroxylgruppen enthalten, sind nur diejenigen gute, d. h. technisch brauchbare Beizenfarbstoffe,[8]

---

[1] HERZIG, POLLAK: Monatsh. Chem. **25**, 880 (1904). — Siehe hierzu auch MOHR: Liebigs Ann. **185**, 286 (1877). — HANS MEYER: Monatsh. Chem. **28**, 1381 (1907). — MOHR: Journ. prakt. Chem. (2), **80**, 29 (1909). — BIRNIE: Chem.-Ztg. **35**, 523 (1911).

[2] FRIDERICI: Diss. Rostock 59, 1908. — STOERMER, FRIDERICI: Ber. Dtsch. chem. Ges. **41**, 337 (1908).

[3] HANS MEYER: Ztschr. analyt. Chem. **64**, 72 (1924).

[4] Verhalten gegen Ammoniummolybdat: STAHL: Ber. Dtsch. chem. Ges. **25**, 1600 (1892).

[5] CAUSSE: Bull. Soc. chim. France (3), **7**, 245 (1892); Ann. chim. phys. (7), **14**, 526 (1898).   [6] DEGENER: Journ. prakt. Chem. (2), **20**, 320 (1879).

[7] RIS: Ber. Dtsch. chem. Ges. **19**, 2206 (1886).

[8] Zur Theorie der Beizenfarbstoffe: Werner: Chem.-Ztg. **32**, 302 (1908); Ber. Dtsch. chem. Ges. **41**, 1062 (1908). — LIEBERMANN: Ber. Dtsch. chem. Ges. **41**, 1436 (1908).

bei denen sich die Hydroxylgruppen in der Orthostellung zu einer Carbonylgruppe befinden (Regel von LIEBERMANN, KOSTANECKI).[1] Als Beizen dienen hierbei Eisenoxyd und Tonerde.[2]

An Stelle der einen Hydroxylgruppe können auch Carboxyl (MUNJISTIN), die NH_2-Gruppe[3] oder die Nitroso- und Isonitrosogruppe[4] oder überhaupt gewisse chromophore Gruppen (evtl. auch in Parastellung) treten.[5]

Diese ursprünglich an Oxyanthrachinonen erprobte Regel, die auch für Konstitutionsbestimmungen in anderen Körperklassen: Oxychinone,[6] Oxychinoline,[7] Orthochinondioxime, Orthodioxyphenole verwendet wurde, hat wesentlich an Bedeutung verloren, seitdem GEORGIEVICS gezeigt hat,[8] daß auch die in 2.3, 1.4 und 1.3 hydroxylierten Dioxyanthrachinone deutlich ausgesprochenes Beizenfärbevermögen besitzen.

Unter Umständen kann übrigens sogar der Eintritt weiterer Hydroxylgruppen wieder auslöschend auf das Färbevermögen wirken (1.4.5.8-Tetraoxyanthrachinon).[9]

GEORGIEVICS gibt hierfür,[10] im Anschluß an Betrachtungen von HANTZSCH,[11] eine sehr ansprechende Erklärung, die auf der Annahme einer chinoiden Formel für die beizenfärbenden Oxyanthrachinone basiert.

2. Reaktionen der Metaverbindungen.

a) *Eisenchloridreaktion* siehe S. 377.

b) *Fluoresceinreaktion.*[12] Metadioxybenzole werden durch Erhitzen mit Phthalsäureanhydrid und Schwefelsäure oder Chlorzink in Phthaleine übergeführt, die in alkalischer Lösung intensiv (grün) fluorescieren. Das Eintreten der Fluoresceinreaktion wird indes durch Substitution in der Metastellung zu den beiden Hydroxylen verhindert.[13]

Wie die Metadioxybenzole reagieren auch die $\alpha\alpha'$-hydroxylierten Pyridinderivate.[14]

c) Phenole der Metareihe werden schon durch Kochen *im offenen Gefäß*

[1] LIEBERMANN, KOSTANECKI: Ber. Dtsch. chem. Ges. 18, 2145 (1885); Liebigs Ann. 240, 245 (1887). — BUNTROCK: Rev. gén. Matières colorantes, Teinture, etc. 5, 99 (1901); Ber. Dtsch. chem. Ges. 34, 2344 (1901). — LIEBERMANN: Ber. Dtsch. chem. Ges. 26, 1574 (1893); 34, 1026, 1031, 1562, 2299 (1901); 35, 1490, 1778, 2301 (1902); 36, 2913 (1903); 37, 1171 (1904). — BUNTROCK, GEORGIEVICS: Ztschr. Farb. u. Text. 1, 351 (1902). — MÖHLAU, STEIMMIG: Ztschr. Farb. u. Text. 3, 358 (1904). — SACHS, THONET: Ber. Dtsch. chem. Ges. 37, 3327 (1904). — PRUDHOMME: Ztschr. Farb. u. Text. 4, 49 (1905). — SACHS, CRAVERI: Ber. Dtsch. chem. Ges. 38, 3685 (1905). — ZAAR: Diss. Berlin 1907.

[2] LIEBERMANN: Ber. Dtsch. chem. Ges. 34, 1563 (1901); 35, 1491 (1902); V. Intern. Kongreß f. ang. Chem., Sekt. IV B 2, 881 (1903).

[3] NOELTING: Chem.-Ztg. 34, 977 (1910).

[4] KOSTANECKI: Ber. Dtsch. chem. Ges. 20, 3146 (1887). — TSCHUGAEFF: Journ. prakt. Chem. (2), 76, 92 (1907).   [5] MÖHLAU, STEIMMIG: A. a. O.

[6] KOSTANECKI: Ber. Dtsch. chem. Ges. 22, 1351 (1889).

[7] NÖLTING, TRAUTMANN: Ber. Dtsch. chem. Ges. 23, 3660 (1890).

[8] GEORGIEVICS: Ztschr. Farb. u. Text. 1, 523 (1902). — Siehe dagegen betr. des Hystazarins: RAUDNITZ: Journ. prakt. Chem. (2), 123, 286 (1929).

[9] GEORGIEVICS: Ztschr. Farb. u. Text. 4, 187 (1905). — Siehe übrigens MÖHLAU: Chem.-Ztg. 31, 940 (1907).

[10] LOTOS 1907, 97. — Siehe auch GEORGIEVICS: Farbe und Konstitution, S. 91. Zürich: Schulthess & Co. 1921; Farbenchemie, 5. Aufl., S. 231ff. 1922.

[11] HANTZSCH: Ber. Dtsch. chem. Ges. 39, 3072 (1906).

[12] BAEYER: Liebigs Ann. 183, 1 (1876). — Isophthalsäuren mit o-Seitenketten geben mit Schwefelsäure (nicht mit Chlorzink) auch die Fluoresceinreaktion: COFFEY: Rec. Trav. chim. Pays-Bas 42, 387 (1923).

[13] KNECHT: Ber. Dtsch. chem. Ges. 15, 298, 1070 (1882); Liebigs Ann. 215, 83 (1882).   [14] RUHEMANN: Ber. Dtsch. chem. Ges. 26, 1559 (1893).

mit Lösungen von Alkalibicarbonaten in *Oxycarbonsäuren* verwandelt,[1] eine Reaktion, die in den anderen Reihen nur únter Druck bzw. über 130°[2] erfolgt.

d) *Verhalten bei der Alkylierung.*

Beim Aetherifizieren der Metadioxybenzole entstehen nach HERZIG, ZEISEL neben den wahren Aethern zum Teil auch C-alkylierte Verbindungen, die sich von einer Mono- oder Diketoform ableiten lassen (siehe S. 390f.).

Die m-Dioxybenzole geben indessen keine Oxime.[3]

e) *Reaktion von* SCHOLL, BERTSCH.[4]

Phenole, die metaständige Hydroxyle und eine freie Parastelle haben, werden von Monochlorformaldoxim schon bei 0.° und darunter in der Weise angegriffen, daß die Chlorhydrate von Aldoximen entstehen.

Suspendiert man Knallquecksilber in einer absolut aetherischen Lösung des Phenols und leitet unter Kühlung Chlorwasserstoff ein, so verschwindet das Knallquecksilber allmählich und an seiner Stelle scheidet sich das salzsaure Salz des Aldoxims in Krystallen aus. Durch Einwirkung von heißer verdünnter Schwefelsäure können daraus leicht die Aldehyde gewonnen werden.

f) *Einwirkung von salpetriger Säure.*[5]

In zweiwertige m-Phenole können nur dann zwei Isonitrosogruppen eintreten, wenn außer der Parastellung zu dem einen Hydroxylrest auch die Stelle zwischen den beiden OH-Gruppen unbesetzt ist, während, wenn die Parastelle und die Stelle zwischen den Hydroxylen besetzt ist, nur ein Mononitrosoderivat entstehen kann (KOSTANECKI).

g) *Chrysoidingesetz*[6] (WITT).

Bei der Einwirkung von Diazoverbindungen auf Dioxybenzole reagieren nur die Derivate der Metareihe unter Bildung von Azokörpern.

Man läßt gekühlte Diazobenzolchloridlösung langsam in die alkalische Lösung des Phenols einfließen. Nach einigem Stehen wird die Ausscheidung des Farbstoffs durch Kochsalzzusatz oder Ansäuern bewirkt.

Das Chrysoidingesetz hat für die Naphthalinreihe keine Gültigkeit, indem sowohl das β-Naphthohydrochinon[7] als auch dessen Sulfosäure mit Diazoverbindungen Azofarbstoffe geben.[8]

Übrigens haben WITT, MAYER, JOHNSON gezeigt, daß unter besonderen Umständen auch Brenzcatechin[9] und Hydrochinon[10] (Monobenzoat) reagieren.

[1] KOSTANECKI: Ber. Dtsch. chem. Ges. **18**, 3203 (1885).

[2] In Glycerinlösung: BRUNNER: Liebigs Ann. **351**, 313 (1907).

[3] BAEYER: Ber. Dtsch. chem. Ges. **19**, 163 (1886).

[4] SCHOLL, BERTSCH: Ber. Dtsch. chem. Ges. **34**, 1442 (1901). — BLAISE: Diss. Berlin 1923. — HOUBEN, BLAISE: Ber. Dtsch. chem. Ges. **59**, 2878 (1926).

[5] FITZ: Ber. Dtsch. chem. Ges. **8**, 631 (1875). — STENHOUSE, GROVES: Liebigs Ann. **188**, 358 (1877); **203**, 294 (1880). — ARONHEIM: Ber. Dtsch. chem. Ges. **12**, 30 (1879). — KRAEMER: Ber. Dtsch. chem. Ges. **17**, 1875 (1884). — GOLDSCHMIDT: Ber. Dtsch. chem. Ges. **17**, 1883 (1884). — KOSTANECKI: Ber. Dtsch. chem. Ges. **19**, 2322 (1886); **20**, 3133 (1887). — GOLDSCHMIDT, STRAUSS: Ber. Dtsch. chem. Ges. **20**, 1608 (1887). — NIETZKI, MAEKLER: Ber. Dtsch. chem. Ges. **23**, 723 (1890). — KRAUS: Monatsh. Chem. **12**, 373 (1891). — KEHRMANN, HERTZ: Ber. Dtsch. chem. Ges. **29**, 1415 (1896). — HENRICH: Monatsh. Chem. **18**, 142 (1897); Ber. Dtsch. chem. Ges. **29**, 989 (1896); **32**, 3419 (1899); Monatsh. Chem. **22**, 232 (1901). — KIETAIBL: Monatsh. Chem. **19**, 536 (1898). — HANTZSCH, FARMER: Ber. Dtsch. chem. Ges. **32**, 3108 (1899). — POLLAK: Monatsh. Chem. **22**, 998, 1002 (1901).

[6] Siehe auch unter den Reaktionen der Metadiamine.

[7] D. R. P. 49872 (1889), 49979 (1889).

[8] Über die Regeln, nach denen hier der Kupplungsprozeß verläuft, siehe GEORGIEVICS: Farbenchemie, 3. Aufl., S. 53. 1907.

[9] WITT, MAYER, JOHNSON: Ber. Dtsch. chem. Ges. **26**, 1672 (1893). — Siehe ORTON, EVERATT: Journ. chem. Soc. London **93**, 1010 (1908).

[10] WITT, MAYER, JOHNSON: Ber. Dtsch. chem. Ges. **26**, 1908 (1893).

3. Reaktionen der Parareihe.

a) *Eisenchloridreaktion* siehe S. 378.

b) Die p-Dioxybenzole gehen leicht durch Oxydationsmittel (Eisenchlorid, Mangansuperoxyd, Chromsäure usw.) in *Chinone* über.

Ebenso verhalten sich *parahydroxylierte Pyridinderivate.*[1]

Als Zwischenprodukte entstehen (z. B. bei der Oxydation durch Elektrolyse[2] oder mit Jodsäure[3]) die schön farbigen, (grünlich) metallisch glänzenden Chinhydrone.

c) Mit *Hydroxylamin* geben die Hydrochinone die Dioxime der zugehörigen Chinone.[4]

d) Bei der *Alkylierung* entstehen nur echte Aether.

VIII. Reaktionen der dreiwertigen Phenole.

1. Verhalten der vizinalen Verbindungen.

a) *Eisenchloridreaktion* siehe S. 375.

b) Mit *Bleiacetat* entstehen schwer lösliche, krystallinische Fällungen.

c) In wässeriger oder alkoholischer Lösung werden die vizinalen Trioxybenzole durch eine Spur *Jod* purpurrot gefärbt.

d) Von *alkalischen Lösungen* wird Sauerstoff äußerst energisch absorbiert.[5]

e) *Verhalten beim Alkylieren.*[6]

Mit Bromalkyl und Kali erhält man ein Gemisch von wahren und Pseudoaethern, daneben scheint auch partielle Reduktion zu alkylierten Brenzcatechinaethern stattzufinden.

2. Verhalten der asymmetrischen Verbindungen (Oxyhydrochinone).

a) *Eisenchloridreaktion* siehe S. 375.

b) *Verhalten bei der Alkylierung.*[7]

Bei der Aetherifizierung mit Kalilauge und Brom- (Jod-) Alkyl gibt das Oxyhydrochinon sowohl echte als auch Pseudoaether.

Oxyhydrochinon zeigt mit Aldehyden (Benzaldehyd, Acetaldehyd und Oxyaldehyden) die Fluoronreaktion[8] (siehe unten).

3. Verhalten von symmetrischen Verbindungen.

a) *Eisenchloridreaktion* siehe S. 377.

b) *Fichtenspanreaktion.* Alle Homologen des Phloroglucins sowie das Phloroglucin selbst färben in wässeriger Lösung einen mit konzentrierter Salzsäure befeuchteten Fichtenspan rot- bis blauviolett, solange noch am Benzolkern ein nichtsubstituiertes Wasserstoffatom, vorhanden ist.[9]

---

[1] KUDERNATSCH: Monatsh. Chem. **18**, 624 (1897). — Es ist übrigens nicht ausgeschlossen, daß in diesem Fall ein Orthochinon vorliegt.

[2] LIEBMANN: Ztschr. Elektrochem. **2**, 497 (1896).

[3] CAUSSE: Ann. chim. phys. (7), **14**, 526 (1898).

[4] NIETZKI, BENCKISER: Ber. Dtsch. chem. Ges. **19**, 305 (1886). — NIETZKI, KEHRMANN: Ber. Dtsch. chem. Ges. **20**, 613 (1887). — E. v. MEYER: Journ. prakt. Chem. (2), **29**, 494 (1889). — JEANRENAUD: Ber. Dtsch. chem. Ges. **22**, 1283 (1889).

[5] WEYL, ZEITLER: Liebigs Ann. **205**, 255 (1880). — WEYL, GOTH: Ber. Dtsch. chem. Ges. **14**, 2659 (1881).

[6] A. W. HOFFMANN: Ber. Dtsch. chem. Ges. **11**, 800 (1878). — HERZIG, ZEISEL: Monatsh. Chem. **10**, 150 (1889). — HIRSCHEL: Monatsh. Chem. **23**, 181 (1902).

[7] HERZIG, ZEISEL: Monatsh. Chem. **10**, 149 (1889). — BŘEZINA: Monatsh. Chem. **22**, 346, 590 (1901).

[8] LIEBERMANN, LINDENBAUM: Ber. Dtsch. chem. Ges. **37**, 1171, 2728 (1904).

[9] WEIDEL, WENZEL: Monatsh. Chem. **19**, 295 (1898). — WEISSWEILER: Monatsh. Chem. **21**, 48 (1900).

c) *Verhalten beim Alkylieren* siehe S. 386f.

d) *Fluoronbildung.*[1]

Während sich das Phloroglucin mit o-Aminobenzaldehyd in der Ketoform,[2] mit Vanillin in der Enolform[3] kondensiert, reagiert ein Molekül Phloroglucin mit einem Molekül Salicylaldehyd gleichzeitig in der Hydroxyl- und in der Ketoform unter Bildung des farbigen Fluorons.

Weit besser als Phloroglucin reagieren Methyl- und Dimethylphloroglucin und Methylphloroglucincarbonsäure, während Trimethylphloroglucin sich nicht kondensieren läßt.

Noch geeigneter für die Fluoronreaktion ist nach SACHS, APPENZELLER[4] Tetramethyldiaminobenzaldehyd.

e) *Einwirkung von salpetriger Säure.*[5]

Dabei entstehen Oxime von Ortho- und Parachinonen; es scheint jedoch auch gelegentlich die Bildung wahrer Nitrosokörper stattzufinden, wenigstens reagiert das Nitrosoderivat des Methylphloroglucindimethylaethers beim Alkylieren in der Nitrosoform.[6]

Mikrochemischer Nachweis und Trennung der Phenole: BEHRENS: Z. analyt. Chem. **42**, 143 (1903).

IX. Reaktionen der Oxymethylengruppe.

Außer den eigentlichen Oxymethylenverbindungen, die ausschließlich Alkoholform besitzen, können auch die meisten β-Ketoverbindungen wenigstens vorübergehend in Enolformen auftreten. Die Neigung zur Bildung der Hydroxylform tritt bei derartigen Substanzen um so mehr hervor, je negativer[7] oder je zahlreicher die mit dem Methan- (Methyl-) Kohlenstoff verbundenen Acylreste sind (CLAISEN).

Von den *chemischen* Kriterien für das Vorliegen einer Enolform in solchen allelotropen Verbindungen haben nur diejenigen sicheren Wert, die rasch und ohne Temperaturerhöhung verlaufenden Reaktionen entsprechen.

Ein vielfach brauchbares Reagens ist das zuerst von GOLDSCHMIDT, MEISSLER[8] empfohlene *Phenylisocyanat.* Nach W. WISLICENUS[9] ist es auch wirklich für tautomere Substanzen brauchbar, nur muß man das Phenylisocyanat ohne Lösungsmittel und bei gewöhnlicher Temperatur[10] einwirken lassen.

[1] WEIDEL, WENZEL: Monatsh. Chem. **21**, 62 (1900). — SCHREIER, WENZEL: Monatsh. Chem. **25**, 311 (1904). — LIEBSCHÜTZ, WENZEL: Monatsh. Chem. **25**, 319 (1904). — LIEBERMANN, LINDENBAUM: Ber. Dtsch. chem. Ges. **37**, 2730 (1904).

[2] ELIASBERG, FRIEDLÄNDER: Ber. Dtsch. chem. Ges. **25**, 1758 (1892).

[3] ETTI: Monatsh. Chem. **3**, 640 (1882).

[4] SACHS, APPENZELLER: Ber. Dtsch. chem. Ges. **41**, 92 (1908).

[5] BENEDIKT: Ber. Dtsch. chem. Ges. **11**, 1375 (1878). — MOLDAUER: Monatsh. Chem. **17**, 462 (1896). — WEIDEL, POLLAK: Monatsh. Chem. **18**, 347 (1897); **21**, 15, 50 (1900). — BRUNNMAYR: Monatsh. Chem. **21**, 3 (1900). — BOSSE: Monatsh. Chem. **21**, 1021 (1900). — KONYA: Monatsh. Chem. **21**, 422 (1900). — POLLAK: Monatsh. Chem. **22**, 999, 1002 (1901).

[6] POLLAK: Monatsh. Chem. **22**, 1004 (1901). — Vgl. WEIDEL, POLLAK: Monatsh. Chem. **17**, 593 (1896).

[7] Siehe dazu K. H. MEYER, WERTHEIMER: Ber. Dtsch. chem. Ges. **47**, 2379 (1914). — K. H. MEYER, GOTTLIEB, BILLROTH: Ber. Dtsch. chem. Ges. **54**, 575 (1921). — DIECKMANN: Ber. Dtsch. chem. Ges. **55**, 2470 (1922).

[8] GOLDSCHMIDT, MEISSLER: Ber. Dtsch. chem. Ges. **23**, 257 (1890).

[9] W. WISLICENUS: Liebigs Ann. **291**, 198 (1896). — KNORR: Liebigs Ann. **303**, 141 (1898). — Siehe auch HANTZSCH: Ber. Dtsch. chem. Ges. **32**, 585 (1899).

[10] MICHAEL: Journ. prakt. Chem. (2), **42**, 19 (1890); Ber. Dtsch. chem. Ges. **38**, 22 (1905). — DIECKMANN: Ber. Dtsch. chem. Ges. **37**, 4627 (1904). — GOLDSCHMIDT: Ber. Dtsch. chem. Ges. **38**, 1096 (1905).

Daß durch letzteren Umstand in manchen Fällen allzulange Reaktionsdauer notwendig wird, kann die Sicherheit der Reaktion gefährden. Namentlich bei flüssigen Keto-Enol-Gemischen, die vielleicht ursprünglich nur spurenweise Enolform besaßen, wird die durch das Verschwinden des Enolanteils erfolgte Gleichgewichtsstörung immer wieder auf Kosten der Aldo- (Keto-) Form behoben und so bei genügend langer Reaktionsdauer schließlich alles enolisiert werden. Über die Notwendigkeit, Übertragungskatalyse (durch Spuren von Alkali) auszuschließen, siehe die in Anm. 10, S. 401 angeführten Autoren und S. 455.

In bestimmten Fällen, wo das Phenylisocyanat versagt,[1] ist die *Säurechloridreaktion*[2] erfolgreicher. Phosphorchloride, aber auch Acetylchlorid, geben durch Erwärmen und Salzsäureentwicklung beim Zusammenbringen mit der in trockenem Benzol gelösten Substanz das Vorhandensein einer Hydroxylgruppe zu erkennen:

$$R \cdot OH + PCl_5 = R \cdot Cl + HCl + POCl_3.$$

Für einige Klassen von Pseudosäuren, vor allem für Nitroparaffine (Mono- und Dinitroaethan), kann die *Ammoniakreaktion*,[3] das ist die Indifferenz dieser Pseudosäuren gegen Ammoniak, als Kriterium dienen; doch sind der allgemeinen Anwendbarkeit dieser Reaktion ziemlich enge Grenzen gezogen, da auch nicht wenige Pseudosäuren mit Ammoniak ebenso rasch wie echte Säuren reagieren (HANTZSCH).

Ein weiteres, viel bequemer anwendbares und nahezu vollkommen zuverlässiges Reagens auf die Oxymethylengruppe ist *Eisenchlorid*.[4] Während bei den Phenolen, die ja auch zumeist eine Eisenreaktion geben, diese fast nur in wässeriger Lösung auftritt, auf Alkoholzusatz usw. aber zumeist schwächer wird oder ganz verschwindet,[5] zeigt sich die Reaktion bei den acyclischen Oxymethylenverbindungen besonders deutlich, wenn sie in organischen Lösungsmitteln untersucht werden.

Bei besonders labilen Substanzen kann übrigens schon durch gewisse Lösungsmittel (namentlich Methyl- und Aethylalkohol) Umlagerung erfolgen, während die energiearmen Lösungsmittel (Aceton, Chloroform, Benzol, Aether) indifferent sind.

Die Eisenchloridreaktion ist also von der Art des Lösungsmittels abhängig, und zwar scheint es, daß sich in bezug auf umlagernde Wirkung die Lösungs-

---

[1] Manche hydroxylhaltigen Verbindungen reagieren nicht mit Phenylisocyanat: GUMPERT: Journ. prakt. Chem. (2), **31**, 119 (1885); **32**, 278 (1885). — KNOEVENAGEL: Liebigs Ann. **297**, 141 (1897). — HANTZSCH, HORNBOSTEL: Ber. Dtsch. chem. Ges. **30**, 3004 (1897). — RABE: Ber. Dtsch. chem. Ges. **36**, 228 (1903). — DIMROTH: Liebigs Ann. **335**, 76 (1904). — KAUFLER, SUCHANNEK: Ber. Dtsch. chem. Ges. **40**, 521 (1907).

[2] HANTZSCH: Ber. Dtsch. chem. Ges. **32**, 586 (1899). — KURT H. MEYER: Ber. Dtsch. chem. Ges. **44**, 2725 (1911). — KNORR, SCHUBERT: Ber. Dtsch. chem. Ges. **44**, 2772 (1911). — KNORR, KAUFMANN: Ber. Dtsch. chem. Ges. **55**, 236 (1922). — BENARY: Ber. Dtsch. chem. Ges. **56**, 54 (1923). — KAUFMANN, RICHTER: Ber. Dtsch. chem. Ges. **58**, 216 (1925).

[3] Tertiäre Amine zur Unterscheidung stabiler Enol- und Ketoderivate: MICHAEL, SMITH: Liebigs Ann. **363**, 36 (1908).

[4] CLAISEN: Liebigs Ann. **281**, 340 (1894). — W. WISLICENUS: Ber. Dtsch. chem. Ges. **28**, 769 (1895); Liebigs Ann. **291**, 173 (1896); Ber. Dtsch. chem. Ges. **32**, 2837 (1899). — TRAUBE: Ber. Dtsch. chem. Ges. **29**, 1717 (1896). — KNORR: Liebigs Ann. **306**, 376 (1899). — RABE: Liebigs Ann. **313**, 180 (1900); **332**, 27 (1904). — MOUREU, LAZENNEC: Compt. rend. Acad. Sciences **144**, 806 (1907). — KNORR: Ber. Dtsch. chem. Ges. **44**, 2772 (1911). — MICHAEL: Liebigs Ann. **391**, 290 (1912). — Siehe dazu K. H. MEYER: Ber. Dtsch. chem. Ges. **44**, 2725 (1911). — HIEBER: Ber. Dtsch. chem. Ges. **54**, 903 (1921). — KAUFMANN: Ber. Dtsch. chem. Ges. **55**, 2255 (1922).

[5] Das Verhalten der Phenole gegen alkoholisches Eisenchlorid wäre übrigens genaueres Studium wert.

mittel nach ihrer dissoziierenden Kraft ordnen.[1] W. WISLICENUS gibt für den Fall des Formylphenylessigesters die Reihenfolge:

Methylalkohol,
Aethylalkohol,
Aether,
Schwefelkohlenstoff,
Methylal,
Aceton,
Chloroform,
Benzol.

Die nicht oder schwach dissoziierenden Lösungsmittel begünstigen bzw. erhalten hier die Enolform in höherem Grad als die Alkohole. In manchen Fällen (Oxytriazolcarbonsäureester) liegen allerdings die Verhältnisse gerade umgekehrt.[2] — Nach MICHAEL, HIBBERT besteht zwischen Dissoziationsvermögen und Isomerisierungsgeschwindigkeit überhaupt keine einfache Beziehung.[3]

Nach KURT H. MEYER stehen die Gleichgewichte, welche verschiedene Desmotrope in verschiedenen Lösungsmitteln geben, in bestimmter, gesetzmäßiger Beziehung zueinander. Siehe Ber. Dtsch. chem. Ges. 45, 2847 (1912); 47, 826 (1914); 54, 578 (1921).[4]

Die Färbung, die man bei der Enolreaktion erhält, ist gewöhnlich rot, violett bis dunkelblau oder grün. Beim Stehen pflegt sie sich zu vertiefen.[5] Oftmals wird sie in ihrer Nuance durch Zusatz von Natriumacetat oder Überschuß an Ester modifiziert, was auf das Vorliegen verschiedener Ferriverbindungen: FeR_3, FeR_2Cl, $FeRCl_2$ hindeutet. In den Eisenverbindungen[6] ist augenscheinlich das Eisen an Sauerstoff gebunden.

Leider ist übrigens auch die Eisenchloridreaktion kein *absolut* sicherer Beweis für das Vorliegen einer Enolgruppe, denn es geben einzelne Substanzen (Dicarboxyglutaconsäureester, WISLICENUS,[7] Monoalkylacetessigester, Camphocarbonsäureester, BRÜHL),[8] die hydroxylfrei sind, die Reaktion. Anderseits kann sie bei Enolen (Hydroresorcine) ausbleiben.[9]

DIMROTH hat[10] langsam ketisierbare Enolester von genügender Stärke nach der Methode von GRÖGER[11] neben Ketoester *titrieren* können.

Die Substanz (zirka 0,5 g) wird in einem geeigneten Lösungsmittel in der Kälte gelöst oder suspendiert, 20 ccm Jodkaliumlösung, die 32 g im Liter enthält, und 20 ccm 0,5proz. Kaliumjodatlösung zugefügt und nach 5 Minuten das ausgeschiedene Jod mit $n/10$-Natriumthiosulfatlösung zurücktitriert.

---

[1] Literaturzusammenstellung und weitere Angaben bei STOBBE: Liebigs Ann. 326, 357 (1903). — Siehe ferner RÜGHEIMER: Ber. Dtsch. chem. Ges. 49, 590, 594, 596 (1916). — WISLICENUS: Liebigs Ann. 413, 226 (1917). — STOBBE, WILDENSEE: Journ. prakt. Chem. (2), 115, 171 (1927).

[2] DIMROTH: Liebigs Ann. 335, 1 (1904); 338, 143 (1904). — Siehe auch STOBBE: Liebigs Ann. 352, 132 (1907).

[3] MICHAEL, HIBBERT: Ber. Dtsch. chem. Ges. 41, 1080 (1908).

[4] Siehe dazu: DIMROTH: Liebigs Ann. 438, 58 (1924).

[5] Z. B. DIECKMANN: Ber. Dtsch. chem. Ges. 45, 2687 (1912).

[6] Literatur siehe RABE: a. a. O. — Siehe ferner HANTZSCH, DESCH: Liebigs Ann. 323 (1902).   [7] WISLICENUS: Liebigs Ann. 291, 174, Anm. (1896).

[8] BRÜHL: Ztschr. physikal. Chem. 34, 53 (1900); Ber. Dtsch. chem. Ges. 38, 1872 (1905).

[9] DIECKMANN: Ber. Dtsch. chem. Ges. 50, 1379 (1917); 55, 3341 (1922). — Siehe ferner KAUFMANN: Ber. Dtsch. chem. Ges. 55, 2255 (1922); Liebigs Ann. 429, 247 (1922). — WOLFF: Ber. Dtsch. chem. Ges. 56, 2521 (1923). — ARNDT, MARTIUS: Liebigs Ann. 499, 232 (1932).

[10] DIMROTH: Liebigs Ann. 335, 1 (1904).   [11] Siehe S. 493.

Die Enolformen des C-Acetylacetessigesters und Triacetylmethans lassen sich mit $n/_5$-Lauge oder Barytwasser und Phenolphthalein titrieren.[1]

Bei den stabilen, eigentlichen Oxymethylenverbindungen können die üblichen Hydroxylreaktionen unbedenklich in Anwendung kommen. Bei den β-Keto-verbindungen erhält man, wie selbstverständlich, sowohl aus der Enol- wie aus der Aldo- (Keto-) Form je nach dem angewendeten Reagens das gleiche Hydroxyl-bzw. Carbonylderivat.[2]

Titration der Enole nach HIEBER mit Kupferacetat, Ber. Dtsch chem. Ges. 54, 902 (1921). — Siehe dazu DIECKMANN: Ber. Dtsch. chem. Ges. 54, 2251 (1921). — BERTHO, NÜSSEL: Liebigs Ann. 457, 300 (1927).

Titration der Enolverbindungen nach KURT H. MEYER.

Die bisher erwähnten Methoden gründen sich darauf, daß das Enol eine saure Hydroxylgruppe enthält. Das Enol enthält aber auch eine *Doppelbindung.* Von dieser Überlegung ausgehend hat KURT H. MEYER[3] das Verhalten von Enolen und Ketonen gegen Brom geprüft. Es stellte sich heraus, *daß fast[4] alle Enole mit Brom momentan reagieren, alle unzweifelhaften (gesättigten) Ketone nicht,* und daß dieser Unterschied in *alkoholischer Lösung* am schärfsten ist.

In anderen Lösungsmitteln ist der Unterschied zwischen Enolen und Ketonen nicht so scharf; die Enolform des Acetyldibenzoylmethans reagiert z. B. in Chloroform und Benzol nur äußerst träge mit Brom, während umgekehrt viele Ketone zwar zuerst sehr langsam, dann aber sehr rasch von Brom angegriffen werden. Dies liegt daran, daß der anfangs gebildete Bromwasserstoff in Mitteln wie Benzol, Schwefelkohlenstoff usw., die Enolisierung enorm beschleunigt, während er in Alkohol nur geringe katalytische Wirkung hat. Alkohol ist also für diesen Zweck das souveräne Lösungsmittel.[5] Bei der Reaktion der Enole mit Brom entstehen zunächst Dibromide.[6, 7] Diese spalten sehr rasch Brom-wasserstoff ab und verwandeln sich in Halogenketone.

KURT H. MEYERs Methode der quantitativen Untersuchung von Keto-Enol-Tautomeren kann entweder direkt oder indirekt angewendet werden.

Erstes Verfahren:[8] Man titriert das Keto-Enol-Gemenge mit alkoholischer Bromlösung, bis die Farbe des Broms eben bestehen bleibt. Die verbrauchte Brommenge gibt direkt die Menge des Enols an.

Die Methode hat den Nachteil, daß die alkoholische Bromlösung den Titer rasch ändert.

---

[1] SEIDEL, THIER, UBER, DITTMER: Ber. Dtsch. chem. Ges. 69, 650 (1936).

[2] Sehr hübsch legt dies namentlich BRÜHL [Ztschr. physikal. Chem. 30, 55 (1899)] dar; siehe auch Ber. Dtsch. chem. Ges. 38, 1872 (1905).

[3] KURT H. MEYER: Liebigs Ann. 380, 212 (1911); Ber. Dtsch. chem. Ges. 45, 2843 (1912); 47, 835 (1914); 54, 577 (1921). — CARRIÈRE: Compt. rend. Acad. Sciences 158, 1429 (1914). — BEDFORSS: Ber. Dtsch. chem. Ges. 49, 2804 (1916). — DIECKMANN: Ber. Dtsch. chem. Ges. 53, 1778 (1920). — POST, MICHALEK: Journ. Amer. chem. Soc. 52, 4360 (1930). — ASAHINA, ISHIDOTE: Ber. Dtsch. chem. Ges. 64, 191 (1931). — Kritik der Methode: HIEBER: Ber. Dtsch. chem. Ges. 54, 902 (1921). — AUWERS, JACOBSEN: Ann. Chim. 426, 162 (1922).

[4] KAUFMANN: Ber. Dtsch. chem. Ges. 55, 2255 (1922); 58, 222 (1925); Liebigs Ann. 429, 254 (1922). — Siehe auch ARNDT, MARTIUS: Liebigs Ann. 499, 233 (1932).

[5] Siehe dazu DIMROTH: Ber. Dtsch. chem. Ges. 54, 3042 (1921). — Besser können noch Methylalkohol und Bromnatrium wirken.

[6] LIPPMANN: Ztschr. Chem. 5, 29 (1869). — Siehe auch LINNEMANN: Liebigs Ann. 125, 307 (1863).

[7] ERWIN MAYER: Diss. Zürich 1910. — WILLSTÄTTER, MAYER, HÜNI: Liebigs Ann. 378, 122 (1910).

[8] Siehe auch AUWERS: Liebigs Ann. 426, 161 (1922).

Zweites Verfahren:[1] Man titriert das Keto-Enol-Gemenge, indem man zu der alkoholischen Lösung alkoholische Bromlösung von unbekanntem Gehalt bis zum Umschlag, dann Jodkalium gibt und mit Thiosulfat zurücktitriert. Die Resultate sind hierbei meist die gleichen[2] wie bei der direkten Titration mit gestellter Bromlösung.

Zusatz von Tetrachlorkohlenstoff oder Chloroform macht den Umschlag etwas undeutlicher, beeinflußt aber das Resultat der Titration nicht. Es muß jedoch jedenfalls ein großer Alkoholüberschuß vorhanden sein. Man titriert deshalb die alkoholische Lösung besser nicht mit Brom in Chloroformlösung.

Die alkoholische Bromlösung wird am besten jedesmal frisch bereitet.

Man kann auch das Verschwinden der Eisenenolatfarbe direkt als Titerumschlag benutzen.

In der Regel wird die alkoholische Lösung des Keto-Enol-Gemisches mit frischer, auf — 5 bis 0° gekühlter, alkoholischer Bromlösung bis zum Umschlag titriert, dann Jodkaliumlösung hinzugefügt, erwärmt und zurücktitriert.[3]

Da die Titration sehr rasch, etwa in 20—25 Sekunden, zu beendigen ist, ist die Menge, die sich während der Titration enolisiert, sehr gering. Sie betrug bei — 7° etwa 0,2 cm für 1 g Acetessigester. Man umgeht den Fehler, der durch die Langsamkeit der Titration und eventuell die Schwierigkeit, den Farbenumschlag zu erkennen, bedingt ist, indem man überschüssiges Brom zusetzt und den Überschuß sofort durch alkoholische β-Naphthollösung oder einen anderen Stoff bindet, der rasch mit Brom, aber gar nicht mit Jod reagiert und dessen Bromderivat nicht durch Jodwasserstoff verändert wird.[4] Bei Substanzen, die zu langsam mit Brom reagieren (Acetyldibenzoylmethan) oder die auch bei — 7° zu rasch reagieren (Dimethylcyclohexandion, Succinilobernsteinsäureester) oder endlich einen unscharfen Farbenumschlag geben (Diacetylaceton), wird die Methode ungenau.

Titration der Formylphenylessigester nach DIECKMANN: Ber. Dtsch. chem. Ges. **50**, 1382 (1917).

Bestimmung der Konstitution von Enolverbindungen mit Ozon.[5]

Eine Methode, die über die Konstitution der Enole Auskunft zu geben vermag, haben SCHEIBER, HEROLD[6] ausgearbeitet, indem sie die Ozonspaltung auf die Enole anwendeten.

Hierbei konnte folgendes festgestellt werden:

1. Enole lagern Ozon bei — 20° im allgemeinen leicht an. Die Ozonide lassen sich unschwierig isolieren und zerfallen schnell in Berührung mit kaltem Wasser. Aus der Art der Spaltstücke läßt sich die Struktur des Enols ableiten.

---

[1] Siehe dazu HANTZSCH: Ber. Dtsch. chem. Ges. **48**, 777 (1915). — FISCHER: Liebigs Ann. **486**, 32 (1931).

[2] Oft allerdings auch etwas geringer: FJÄDER: Acta chem. Fennicae **6**, 61 (1933).

[3] Korrektur des durch die Bromwasserstoffabspaltung entstehenden Fehlers durch Zusatz von Kaliumjodid und Kaliumjodat: KAUFMANN: Liebigs Ann. **429**, 265 (1922).

[4] K. H. MEYER, KAPPELMEIER: Ber. Dtsch. chem. Ges. **44**, 2720 (1911).

[5] SCHEIBER, HEROLD: Ber. Dtsch. chem. Ges. **46**, 1105 (1913); **53**, 701 (1920); Liebigs Ann. **405**, 295 (1914). — HEROLD: Diss. Leipzig 1915. — WEYGAND: Liebigs Ann. **459**, 121 (1927). — Kritik der Methode: HIEBER: Ber. Dtsch. chem. Ges. **54**, 905 (1921).

[6] SCHEIBER, HOPFER: Ber. Dtsch. chem. Ges. **47**, 2704 (1914). — LUBLIN: Chem.-Ztg. **39**, 433 (1915). — ABDERHALDEN, SCHWAB: Ztschr. physikal. Chem. **157**, 140 (1926). — Kombination der Ozonspaltung mit Bromtitration und colorimetrischer Bestimmung: KAUFMANN, WOLFF: Ber. Dtsch. chem. Ges. **56**, 2521 (1923).

2. Desmotrope Ketoformen reagieren nicht mit Ozon. Die zugehörigen Enole addieren ohne weiteres.

3. Katalytische Beeinflussung der Umwandlung Keton → Enol (Dienol) findet nicht statt.

Die Stoffe werden (1—2 g) in absolutem Chloroform oder Tetrachlorkohlenstoff[1] (15—20 ccm) bei Zimmertemperatur gelöst und dann bei — 20° unter Feuchtigkeitsausschluß mit Ozon von 6—8% behandelt, bis andauernder Geruch nach Ozon auftritt. Hierzu waren in manchen Fällen schon wenige Augenblicke ausreichend, bei weitgehend enolisierten Stoffen genügten meist 2 bis 3 Stunden. Weniger als etwa 1 Stunde wurde auch dann nicht ozonisiert, wenn die Addition des Ozons sehr schnell aufhörte.

Das nachstehende Schema läßt erkennen, daß bei der Ozonspaltung von Verbindungen mit kumulierten Doppelbindungen Kohlendioxyd auftreten wird:

$$> C = C = C < \frac{2\,O_2}{2\,H_2O} \rightarrow 2 > CO + CO_2 + 2\,H_2O_2.$$

Oxydation mit Kaliumpermanganat.[2]

Formylphenylessigester wird in neutraler oder alkalischer Lösung von Permanganat nach der Gleichung

$$\begin{matrix} C_6H_5C{-}COOR \\ \parallel \\ CHOH \end{matrix} + O_2 = \begin{matrix} CH_3{-}COCOOR + \\ \\ HCOOH \end{matrix}$$

an der Stelle der Doppelbindung gespalten.

Auch die Oxydation anderer 1,3-Dicarbonylverbindungen mit Kaliumpermanganat verläuft analog. Der Verlauf der Oxydation scheint geeignet, Aufschluß über die Lage der Enoldoppelbindung zu geben.

Verhalten der Enole gegen Rhodan: Kaufmann: Arch. Pharmaz. **263**, 691, 708 (1925).

Gegen p-Nitrodiazobenzolhydrat: Dimroth: Ber. Dtsch. chem. Ges. **40**, 2404 (1907).

Tetranitromethan: Ostromisslensky, Ber. Dtsch. chem. Ges. **43**, 197 (1910). — Werner: Ber. Dtsch. chem. Ges. **42**, 4324 (1909). — Siehe S. 773.

Physikalische Untersuchungsmethoden.[3]

A. Nach Drude[4] zeigen hydroxylhaltige Substanzen die Erscheinung der anomalen Absorption für schnelle elektrische Schwingungen, während hydroxylfreie Substanzen im allgemeinen diese Erscheinung nicht bieten. Die Reaktion ist für feste Stoffe nicht verläßlich.[5]

B. Die *Molekularrefraktion* bietet nach den Untersuchungen von Brühl[6] ein Mittel, zwischen Enol- und Ketoform zu unterscheiden, da die Doppelbindung der Alkoholform sich durch das Auftreten des für Aethylenbindung charak-

---

[1] Chloroform ist ein Lösungsmittel von sehr geringer tautomerisierender Wirkung, siehe Stobbe: Liebigs Ann. **326**, 360 (1903). — K. H. Meyer: Ber. Dtsch. chem. Ges. **45**, 2862 (1912). — Für Tetrachlorkohlenstoff dürfte ähnliches gelten: Michael, Fuller: Liebigs Ann. **391**, 276, 277, 282, 299 (1912). — Über das Verhalten beider Stoffe gegenüber starkem Ozon siehe Harries: Liebigs Ann. **343**, 340 (1905); **374**, 307 (1910). [2] Dieckmann: Ber. Dtsch. chem. Ges. **50**, 1381 (1917).
[3] Über Vermeidung katalytischer Störungen bei solchen Versuchen: K. H. Meyer, Willson: Ber. Dtsch. chem. Ges. **47**, 838 (1914).
[4] Drude: Ber. Dtsch. chem. Ges. **30**, 940 (1897); Wied. **58**, 1 (1898); Ztschr. physikal. Chem. **28**, 673, 684 (1899).
[5] Wislicenus: Liebigs Ann. **312**, 36, Anm. (1900).
[6] Brühl: Ber. Dtsch. chem. Ges. **20**, 2297 (1887); Ztschr. physikal. Chem. **34**, 31 (1900). — Smedley: Journ. chem. Soc. London **97**, 1475, 1484 (1910). — Knorr,

teristischen Refraktionsinkrements verrät. Diese Methode ist also kein direkter Nachweis der Hydroxylgruppe, sondern nur ein Beweis für das Vorliegen eines ungesättigten Komplexes. Siehe MÜLLER: Bull. Soc. chim. France (3), 27, 1019 (1902).

C. Die *elektromagnetische Drehung der Polarisationsebene* ist nach PERKIN[1] ebenfalls ein Mittel, zwischen den beiden isomeren Formen zu unterscheiden, da die Molekularrotation gesättigter und ungesättigter Verbindungen beträchtliche Unterschiede zeigt.

D. Auch das *molekulare Lösungsvolumen* hat TRAUBE[2] für derartige Untersuchungen als Kriterium angegeben.

E. Die *innere Reibung* als Hilfsmittel zum Nachweis desmotroper Formen benutzen MÜLLER,[3] SANDER.[4] Das Enol hat größere Zähigkeit.

F. *Absorption im Ultraviolett:* HANTZSCH: Ber. Dtsch. chem. Ges. 43, 3049 (1910); 44, 1771 (1911); 48, 1407 (1915). — MEINKE, Diss. Leipzig 24, 1914. — MÜLLER: Ber. Dtsch. chem. Ges. 54, 1466 (1921).

Um die Anwesenheit eines an *ein asymmetrisches Kohlenstoffatom gebundenen Hydroxyls* zu erweisen, prüft man auf die optische Aktivität der Verbindung unter Zusatz von *alkalischer Uranylnitratlösung*, die sowohl in wässeriger als auch alkoholischer Lösung erhebliche Steigerung der Drehung hervorruft: WALDEN: Ber. Dtsch. chem. Ges. 30, 2889 (1897). — LUTZ: Ber. Dtsch. chem. Ges. 35, 2460 (1902).

Bestimmung der Dipolmomente: DEBYE: Polare Molekeln. Leipzig 1928. — SACK: Dipolmoment und Molekularstruktur. Erg. d. exakt. Naturw. 1929. — GOLDSCHMIDT: Stereochemie, Hand- und Jahrbuch der chemischen Physik, Bd. 4. Leipzig 1932. — WEISSBERGER: RICHTER, ANSCHÜTZ, Bd. II, 2, 1, 1935.

Röntgenstrahlen- und Elektronenbeugung: MARK, WIERL: Fortschritte der Ch. Phys. 21, H. 4 (1931). — WOLF, HENGSTENBERG: Hand- und Jahrbuch d. ch. Phys. VI, 1b (1935). — STUART: Molekülstruktur. Berlin 1934. — BEWILSGUN: RICHTER, ANSCHÜTZ: Bd. II, 2, 2, 1935.

Ramanspektrum: KOHLRAUSCH: Naturw. 22, 161 (1931). — STUART: Molekülstruktur. Berlin 1934. — PLACZEK: Handbuch der Radiologie, Bd. VI, 2. Leipzig 1934. — RAMM: RICHTER, ANSCHÜTZ, Bd. II, 2, 4, 1935. — DADIEU: Ztschr. angew. Chem. 43, 800 (1930) und vor allem DADIEU: Physikalische Methoden im chemischen Laboratorium 115 (1937).

Zweiter Abschnitt.

Quantitative Bestimmung der Hydroxylgruppe.

I. Acetylierungsmethoden.

Immer muß man sich davon überzeugen, daß das acylierte Produkt wieder durch Verseifung in die ursprüngliche Substanz überführbar ist, oder wenigstens davon, daß das Reaktionsprodukt wirklich den Säurerest aufgenommen hat,[5,6] den man einführen wollte.

ROTHE, AVERBECK: Ber. Dtsch. chem. Ges. 44, 1144 (1911). — AUWERS: Ber. Dtsch. chem. Ges. 44, 3514, 3525 (1911). — EISENLOHR: Spektrochemie, S. 179. 1912. — K. H. MEYER, WILLSON: Ber. Dtsch. chem. Ges. 47, 838 (1914).

[1] PERKIN: Journ. chem. Soc. London 61, 800 (1892); Liebigs Ann. 291, 185 (1896).
[2] TRAUBE: Liebigs Ann. 290, 43 (1895).
[3] MÜLLER: Diss. Leipzig 1906. — Siehe ferner DUNSTAN, STUBBS: Ztschr. physikal. Chem. 66, 153 (1909). [4] SANDER: Diss. Leipzig 1908.
[5] Es kann sogar der interessante Fall eintreten, daß bei einem Acetylierungsversuch schon im Molekül befindliche Essigsäurereste *abgespalten* werden. *Tetraacetylglucoson* gibt derart Kojisäure*diacetat.* MAURER: Ber. Dtsch. chem. Ges. 63, 25 (1930).
[6] Aus p-Chlor-o-acetophenol entsteht nicht die Acetylverbindung sondern 2-Methyl-

Durch acylierende Reagenzien tritt nämlich öfters Kernacetylierung,[1] Isomerisation[2] oder Polymerisation ein oder wird Anhydridbildung und Ringschluß[3] oder Ringsprengung[4] verursacht usw.

Acetylierung mit Acetylchlorid.[5]

Manche Hydroxylderivate reagieren mit Acetylchlorid schon beim Vermischen oder Digerieren auf dem Wasserbad, so die primären und sekundären Alkohole der Fettreihe.[6]

Zweckmäßig arbeitet man in Benzollösung,[7] indem man äquimolekulare Mengen Substanz und Säurechlorid am Rückflußkühler kocht, bis die Salzsäureentwicklung beendet ist.

Wenn keine Gefahr vorhanden ist, daß durch die frei werdende Säure sekundäre Reaktionen (Verseifung) eintreten könnten,[8] schließt man auch gelegentlich die unverdünnte Substanz mit dem Säurechlorid im Rohr ein.

Empfindliche, leicht reagierende Stoffe werden dagegen unter Eiskühlung zur Reaktion gebracht.[9]

Gelegentlich ist es auch geraten, längere Zeit (8 Tage) in der Kälte stehen zu lassen.[10]

Zur Einleitung der Reaktion setzt ASCHAN einen Tropfen *Wasser* zu.[11]

HOUBEN,[12] HENRY[13] verwandeln schwer acylierbare (zersetzliche), namentlich auch *tertiäre* Alkohole in ihre *Halogenmagnesiumverbindungen* und lassen auf diese Acetylchlorid (oder Anhydrid) einwirken.

Bei einigen zweibasischen Oxysäuren[14] der Fettreihe, die, wie z. B. Schleimsäure, der Einwirkung von siedendem Acetylchlorid widerstehen, wird Zusatz von Chlorzink empfohlen.[15]

6-chlorchromon und 4-Methyl-6-chlorcumarin. WITTIG: Ber. Dtsch. chem. Ges. **57**, 88 (1924).

[1] Siehe S. 415.

[2] STOERMER, BACHER: Ber. Dtsch. chem. Ges. **55**, 1875 (1922). — BRUCHHAUSEN: Arch. Pharmaz. **263**, 598 (1925).

[3] GUHA: Journ. Amer. chem. Soc. **45**, 1036 (1923).

[4] Acetylierung von Dioxan liefert $\beta.\beta'$-Diacetoxydiaethylaether:

$$O\!\!<^{\mathrm{CH_2-CH_2}}_{\mathrm{CH_2-CH_2}}\!\!>\!\!O \rightarrow O\!\!<^{\mathrm{CH_2CH_2-OOCH_3}}_{\mathrm{CH_2CH_2-OOCH_3}}$$

MACLEOD: Journ. chem. Soc. London **1928**, 3092.

[5] Das käufliche Acetylchlorid enthält meist eine große Menge Salzsäure, von der es durch Destillieren über Dimethylanilin befreit werden kann.

[6] TISSIER: Ann. chim. phys. (6), **29**, 364 (1893). — HENRY: Rec. Trav. chim. Pays-Bas **26**, 89 (1907).

[7] In Essigsäure: TROENSEGAARD: Ztschr. physiol. Chem. **127**, 137 (1923).

[8] Über einen derartigen interessanten Fall, der wahrscheinlich auf Verseifung beruht: HERZIG, SCHIFF: Ber. Dtsch. chem. Ges. **30**, 380 (1897). — Vgl. auch BAMBERGER, LANDSIEDL: Monatsh. Chem. **18**, 507 (1897).

[9] ANSCHÜTZ, BERTRAM: Ber. Dtsch. chem. Ges. **37**, 3972 (1904).

[10] SCHULZE, LIEBNER: Arch. Pharmaz. **254**, 572 (1916).

[11] ASCHAN: Liebigs Ann. **271**, 283 (1892).

[12] HOUBEN: Ber. Dtsch. chem. Ges. **39**, 1736 (1906).

[13] HENRY: Bull. Acad. Roy. Belg. **1907**, 285; Rec. Trav. chim. Pays-Bas **26**, 440 (1907).

[14] Acetylieren von Oxysulfosäuren: FORSTER, HANSON, WATSON: Journ. Soc. chem. Ind. **47**, 155 (1928).

[15] Weit besser wirkt in solchen Fällen übrigens Anhydrid mit Schwefelsäure, siehe S. 412. — Anhydrid, Pyridin: GOEBEL, BABERS: Journ. biol. Chemistry **100**, 743 (1933).

Acetylchlorid und *Phosphoroxychlorid*[1] führt Cochenillesäure in $C_{10}H_6O_6$ + $C_2H_4O_2$ (Essigsäureverbindung des Cochenillesäureanhydrids) über, die bei 115° die Essigsäure verliert.

Acetylchlorid wirkt überhaupt nur leicht auf Alkohole und Phenole ein, kann aber anderseits bei mehratomigen Säuren zur Anhydridbildung führen. In derartigen Fällen läßt man das Reagens auf den Ester einwirken.[2]

Läßt man Lävoglykosan mit Acetylchlorid stehen, so bildet sich unter Ringöffnung β-Acetochlorglykose.[3]

Auch die aromatischen Carbinole[4] werden durch Acetylchlorid in Chlormethane verwandelt, die ihrerseits unter Feuchtigkeitsabschluß mit Silberacetat in Acetylderivate verwandelt werden können.[5] Noch bequemer ist das oben angeführte Verfahren von HOUBEN.

ADAM[6] hat vorgeschlagen, die beim Acetylieren nach der Gleichung:

$$R \cdot OH + CH_3COCl = RO \cdot COCH_3 + HCl$$

entstehende Salzsäure[7] zu titrieren und so diese Reaktion zu quantitativen Bestimmungen zu verwerten.

Vorteilhafter als die geschilderte sog. „saure" Acetylierung ist das von CLAISEN[8] angegebene Verfahren, namentlich weil dabei die schädlichen Wirkungen der bei der Reaktion gebildeten Salzsäure aufgehoben werden.

Das Verfahren hat sich auch zur O-Acetylierung (Benzoylierung) von Oxymethylenverbindungen bewährt.[9]

Die in Aether oder Benzol gelöste Substanz wird mit der äquivalenten Menge *Acetylchlorid* und *trockenem Alkalicarbonat* digeriert und die Menge des letzteren so bemessen, daß saures Alkalicarbonat entsteht.

In gleicher Weise wird *Bariumcarbonat* verwendet.[10]

KONSCHEGG[11] löst die Substanz in Aether und schüttelt mit festem, *nichtentwässertem Natriumacetat* und wenig überschüssigem Acetylchlorid. Nach Zusatz von Wasser wird der Aether abgeschieden und mit schwacher Lauge bis zur neutralen Reaktion geschüttelt, mit entwässertem Natriumsulfat getrocknet und abdestilliert.

JACOBS, HEIDELBERGER[12] lösen in einer Mischung von je 5 Teilen Eisessig und gesättigter Natriumacetatlösung und setzen das Säurechlorid ($1^1/_2$ Mol) unter Schütteln und Kühlen in kleinen Anteilen zu.

Zur Darstellung von *Cellulosetetraacetat*[13] werden molekulare Mengen Cellulose und *Magnesium-* oder *Zinkacetat* mit 2 Mol Acetylchlorid (evtl. unter Zusatz von Essigsäureanhydrid) erhitzt. Als Verdünnungsmittel wendet man Nitro-

[1] LIEBERMANN, VOSSWINCKEL: Ber. Dtsch. chem. Ges. **37**, 3346 (1904).

[2] WISLICENUS: Liebigs Ann. **129**, 17 (1864).

[3] PICTET, CRAMER: Helv. chim. Acta **3**, 640 (1920).

[4] GOMBERG, DAVIS: Ber. Dtsch. chem. Ges. **36**, 3924 (1903); Journ. Amer. chem. Soc. **25**, 1269 (1904). — STRAUS, CASPARI: Ber. Dtsch. chem. Ges. **40**, 2692 (1907).

[5] BUTLEROW: Liebigs Ann. **144**, 7 (1867). — FRIEDEL: Compt. rend. Acad. Sciences **76**, 229 (1873). — GOMBERG: Ber. Dtsch. chem. Ges. **36**, 3926 (1903). — HENRY: Rec. Trav. chim. Pays-Bas **26**, 438 (1907).

[6] ADAM: Österr. Chemiker-Ztg. **2**, 241 (1899).

[7] Siehe Anm. 5, S. 408.   [8] CLAISEN: Ber. Dtsch. chem. Ges. **27**, 3182 (1894).

[9] NEF: Liebigs Ann. **276**, 201 (1893). — CLAISEN: Liebigs Ann. **291**, 65 (1896); **297**, 2 (1897). — CLAISEN, HAASE: Ber. Dtsch. chem. Ges. **33**, 1242 (1900). — MALKIN, NIERENSTEIN: Journ. Amer. chem. Soc. **53**, 239 (1931) (Oxyaldehyde).

[10] SYNIEWSKI: Ber. Dtsch. chem. Ges. **31**, 1791 (1898).

[11] KONSCHEGG: Monatsh. Chem. **27**, 248 (1906). — Über eine ähnliche Verwertung von *krystallisiertem Barythydrat* siehe ETARD, VILA: Compt. rend. Acad. Sciences **135**, 699 (1902).

[12] JACOBS, HEIDELBERGER: Journ. Amer. chem. Soc. **39**, 1440 (1917). — Das Verfahren wird namentlich für Chloracetylierungen empfohlen.

[13] D. R. P. 85329 (1895), 86368 (1895).

benzol an[1] oder auch Chloroform. Zuerst läßt man die Reaktion in der nicht-verdünnten Acetylierungsmischung eintreten und setzt dann erst allmählich die erwähnten Lösungsmittel zu.

Acetylieren mit Acetylchlorid und wässeriger Lauge wird selten (siehe S. 440) vorgenommen.

Manchmal empfiehlt es sich, die zu acetylierende Substanz in *Pyridin, Chinolin* oder *Diaethylanilin*[2] zu lösen und dann das Säurechlorid, das selbst durch Chloroform verdünnt werden kann,[3] einwirken zu lassen.[4]

Alkohole und Phenole werden hierzu in der 5—10fachen Menge reinem Pyridin gelöst und das Säurechlorid unter Abkühlen allmählich hinzugefügt. Nach mindestens 6 Stunden tropft man in kalte, verdünnte Schwefelsäure ein, wobei die Acetylprodukte entweder als bald erstarrende Öle oder direkt in festem Zustand auszufallen pflegen.[5]

Bestimmung der Hydroxylgruppe durch Acetylieren mit Acetylchlorid und Pyridin. 10 ccm mol. Acetylchloridlösung in Toluol werden mit der Probe und Pyridin bei 0° geschüttelt, 20 Min. auf 60° erhitzt, wieder auf 0° abgekühlt, mit 25 ccm Wasser geschüttelt und titriert (Phenolphthalein). Das Verfahren ist für primäre und sekundäre Alkohole, Phenole und alle Verbindungen mit mehreren OH-Gruppen, die in dem Reagens leicht löslich sind, brauchbar. Auf $\pm 0.5\%$ genau, gegenüber 0,2% der Anhydridmethode. Primäre und sekundäre Amine Mercaptane, höhere Fettsäuren, leicht hydrolysierbare Substanzen, größere Aldehydmengen stören.[6]

Die Pyridinmethode bildet[7] bei den Oxybenzylarylaminen und Phenylhydrazonen der aromatischen Oxyaldehyde ein spezifisches Mittel zur Erzeugung von O-Acylverbindungen, während man mit Acetylchlorid allein oder mit Anhydrid die entsprechenden N-Derivate erhält.

Man kann auch in *saurer Lösung* arbeiten, indem man die hydroxylhaltige Substanz in Eisessig, der Pyridin enthält, löst und dann Acetylchlorid zutropft. Nach diesem Verfahren kann man sogar mit *Benzoylchlorid* acetylieren.

FEIST erzielte Acylierung des Diacetylacetons nur dadurch, daß er auf das *Bariumsalz* der Substanz Acetylchlorid in der Kälte einwirken ließ.[8]

Statt fertigen Säurechlorids kann man auch Phosphortrichlorid oder besser Phosphoroxychlorid oder auch Chlorkohlenoxyd oder Thionylchlorid auf ein äquivalentes Gemisch von Essigsäure und Substanz einwirken lassen.[9]

Acetylierung mit Essigsäureanhydrid.

Beim Kochen von Essigsäureanhydrid mit Schwefelsäure entsteht das bei 132—133° schmelzende *Dimethylpyron*, worauf gelegentlich zur Vermeidung von Irrtümern geachtet werden muß.[10]

---

[1] D. R. P. 105347 (1898).

[2] ULLMANN, NADAI: Ber. Dtsch. chem. Ges. **41**, 1870 (1908).

[3] HESS, MESSMER: Ber. Dtsch. chem. Ges. **54**, 500 (1921). — Empfindliche Substanzen (Zuckerarten) läßt man bei — 15° reagieren.

[4] DENNINGER: Ber. Dtsch. chem. Ges. **28**, 1322 (1895). — Vgl. MINUNNI: Gazz. chim. Ital. **22** II, 213 (1892). — BEHREND, ROTH: Liebigs Ann. **331**, 362 (1904). — AUWERS: Ber. Dtsch. chem. Ges. **37**, 3899 (1904). — MICHAEL, ECKSTEIN: Ber. Dtsch. chem. Ges. **38**, 50 (1905).

[5] EINHORN, HOLLANDT: Liebigs Ann. **301**, 95 (1898). — Näheres über diese Methode siehe S. 449.   [6] SMITH, BRYANT: Journ. Amer. chem. Soc. **57**, 61 (1935).

[7] AUWERS: Ber. Dtsch. chem. Ges. **37**, 3899, 3905 (1904).

[8] FEIST: Ber. Dtsch. chem. Ges. **28**, 1824 (1895).

[9] RASINSKI: Journ. prakt. Chem. (2), **26**, 62 (1882). — BISCHOFF, HEDERSTRÖM: Ber. Dtsch. chem. Ges. **35**, 3431 (1902).

[10] SKRAUP, PRIGLINGER: Monatsh. Chem. **31**, 363 (1910). — PHILIPPI, SEKA: Ber. Dtsch. chem. Ges. **54**, 1089 (1921).

Man kocht in der Regel die Substanz mit der 5—10fachen Menge[1] Anhydrid oder erhitzt evtl. mehrere Stunden im Einschlußrohr.[2]

Manchmal darf indes die Einwirkung nur kurze Zeit bei mäßiger[3] Temperatur andauern. So konnte *Bebirin*[4] nur durch kurzes Digerieren bei 40—50° acetyliert werden, bei längerer Einwirkung des Anhydrids wurde ein amorpher, nicht einheitlicher Körper gebildet.

Acetylierung von Oxyanthrachinonen: DIMROTH, FRIEDEMANN, KÄMMERER: Ber. Dtsch. chem. Ges. **53**, 481 (1920).

Chinoide und andere leicht reduzierbare Substanzen, so z. B. einige Farbstoffe (Methylenblau, Neumethylenblau GG, Capriblau, Nilblau A, Indigo,[5] Indanthren), geben bei erzwungener Acylierung O-acylierte Reduktionsprodukte.[6]

Benzochinon liefert nach SARAUW,[7] BUCHKA[8] mit Essigsäureanhydrid und Natriumacetat Diacetylhydrochinon; Chloranil nach GRAEBE[9] mit Acetylchlorid Diacetyltetrachlorhydrochinon.

Empfindliche Alkohole (auch tertiäre) der Terpenreihe verdünnt BOULEZ vor Zusatz des Anhydrids mit indifferenten Lösungsmitteln, z. B. Terpentinöl.[10]

Nach seinem Verfahren vermischt man 5 g Substanz mit 25 g Terpentinöl, fügt 40 g Essigsäureanhydrid und 4 g geschmolzenes Natriumacetat hinzu und erhitzt am Rückflußkühler 3 Stunden bis zum gelinden Sieden. Hierauf erwärmt man den Kolbeninhalt $^1/_2$ Stunde mit destilliertem Wasser auf dem Wasserbad und führt die Operation dann in gewohnter Weise zu Ende. Auf Grund einer besonderen Bestimmung ermittelt man gleichzeitig den Verseifungskoeffizienten des Terpentinöls und bringt die so gewonnene Zahl bei der Berechnung des Resultats in Ansatz.

Die Resultate sind nicht ganz quantitativ.[11]

Dieses *Verdünnen des zu acetylierenden Alkohols empfiehlt sich aber ganz allgemein*, worauf wiederholt aufmerksam gemacht wurde.[12]

Als Lösungsmittel kommen hauptsächlich Aether,[13] Aceton, Ligroin, Benzol, Toluol, Xylol und Nitrobenzol in Betracht. SMITH, ORTON erklären dagegen[14]

---

[1] Einen enormen Überschuß (für 3 g Substanz 1 kg Anhydrid) verwenden gelegentlich SCHOLL, BERBLINGER: Ber. Dtsch. chem. Ges. **37**, 4183, 4184 (1904). — Dagegen ist es unter Umständen von Vorteil, möglichst *wenig* Anhydrid zu benutzen: KÖGL, BECKER: Liebigs Ann. **465**, 225 (1928).

[2] Bis auf 185°. — R. MEYER: Diss. Göttingen 1920.

[3] Siehe dazu auch DIELS, SCHLEICH: Ber. Dtsch. chem. Ges. **49**, 1712 (1916).

[4] SCHOLTZ: Ber. Dtsch. chem. Ges. **29**, 2057 (1896).

[5] MACHEMER: Journ. prakt. Chem. (2), **127**, 162 (1930) (Acetylchlorid-Pyridin).

[6] HELLER: Ber. Dtsch. chem. Ges. **36**, 2762 (1903). — SCHOLL, STEINKOPF, KABACZNIK: Ber. Dtsch. chem. Ges. **40**, 398, 399 (1907).

[7] SARAUW: Ber. Dtsch. chem. Ges. **12**, 680 (1879). — SCHARWIN: Ber. Dtsch. chem. Ges. **38**, 1270 (1905).

[8] BUCHKA: Ber. Dtsch. chem. Ges. **14**, 1327 (1881).

[9] GRAEBE: Liebigs Ann. **146**, 13 (1868).

[10] BOULEZ: Les Corps Gras industriels **33**, 178 (1907); Bull. Soc. chim. France (4), **1**, 117 (1907). — JEANCARD, SATIE: Amer. Druggist **56**, 42 (1910). — FERNÁNDEZ, LUENGO: Anales Soc. Espanola Fisica Quim. (2), **18**, 158 (1921).

[11] SCHIMMEL & Co.: Geschäftsbericht **1907** I, 121, 128; **1910** I, 103 (Xylol); **1910** II, 154. — Siehe auch Berichte von ROURE-BERTRAND FILS: Grasse (2), **6**, 73 (1907); (2), **7**, 35 (1908). — SIMMONS: The Chemist and Druggist **70**, 496 (1907).

[12] FRANZEN: Ber. Dtsch. chem. Ges. **42**, 2465 (1909). — KAUFMANN: Ber. Dtsch. chem. Ges. **42**, 3480 (1909). — Siehe auch R. MEYER, FRIEDLAND: Ber. Dtsch. chem. Ges. **32**, 2123 (1899). — FERNÁNDEZ, LUENGO: a. a. O. — Beim *Formylieren* scheint der Zusatz von Lösungsmitteln der Reaktion entgegenzuwirken: WOODBRIDGE: Journ. Amer. chem. Soc. **31**, 1071 (1909).

[13] MALKIN, NIERENSTEIN: Journ. Amer. chem. Soc. **53**, 240 (1931). Aromatische o-Oxyaldehyde mit Anhydrid, trockenem H_2CO_3 in Aether.

[14] SMITH, ORTON: Journ. chem. Soc. London **95**, 1060 (1909).

Benzol und Aceton für ungeeignete Verdünnungsmittel, empfehlen dafür Eisessig[1] und vor allem Chloroform.

Acetylieren mit Essigsäureanhydrid in Benzol in der Kälte: MARON, KONTOROWITSCH: Ber. Dtsch. chem. Ges. 47, 1348, 1349, 1352 (1914).

Es ist dabei in Vergessenheit geraten, daß schon MENSCHUTKIN[2] auf den enormen Einfluß, den die Lösungsmittel auf die Geschwindigkeit der Acetylierung ausüben, aufmerksam gemacht hat.

Bestimmung von Alkoholen durch Acetylierung.[3]

Man bringt etwa 0,5 g des Alkohols in einer kleinen Eprouvette mit 1 ccm Essigsäureanhydrid zusammen, schmilzt zu und erhitzt 1 Stunde im kochenden Wasserbade. Dann wird das Röhrchen in einer starkwandigen Glasstöpselflasche, die 50 ccm Wasser enthält, durch Schütteln der verschlossenen Flasche zersprengt. Die Flasche wird zugebunden und $1/_2$ Stunde auf 50° erwärmt. Nach dem Erkalten wird Phenolphthalein zugesetzt, neutralisiert, dann überschüssige alkoholische Kalilauge zugegeben, über Nacht stehengelassen und wieder titriert. Die so gefundenen Werte sind auf $\pm$ 0,2%[4] genau. Der Alkohol darf nicht mehr als 10% Wasser enthalten. Indifferente Lösungsmittel sind ohne Einfluß.

Essigsäureanhydrid vermag sich ohne Zersetzung in Wasser aufzulösen und bewahrt diese Eigenschaft bei seiner Verwendung zum Acetylieren. Die Hydratation setzt zwar schnell ein, die Geschwindigkeit dieses Vorgangs nimmt indessen um so rascher ab, je kleiner der Anteil an Anhydrid ist. Mit absolutem Alkohol reagiert das Anhydrid sehr langsam, wenn man Erwärmung vermeidet.[5]

Man kann dementsprechend auch mit *Essigsäureanhydrid* und *wässeriger Lauge* acetylieren, wie dies z. B. PSCHORR, SUMULEANU[6] für die Darstellung von Acetylvanillin empfehlen; doch ist im allgemeinen dieses Verfahren für hydroxylhaltige Substanzen wenig gebräuchlich. (Siehe unter Acetylierung von Aminen, S. 623.)

Mehrfach sind mit *ungereinigtem Anhydrid schlechte Resultate erhalten* worden;[7] zur Reinigung empfiehlt KORNDÖRFER Destillation über Calciumcarbonat.

In der Regel setzt man nach dem Vorschlag von LIEBERMANN, HÖRMANN[8]

---

[1] Siehe auch S. 625. — WITT, TRUTTWIN: Ber. Dtsch. chem. Ges. 47, 2793 (1914).

[2] MENSCHUTKIN: Ztschr. physikal. Chem. 1, 629 (1887).

[3] WOLFF: Chem. Umschau Fette, Öle, Wachse, Harze 29, 2 (1922).

[4] SMITH, BRYANT: Journ. Amer. chem. Soc. 57, 61 (1935).

[5] MENSCHUTKIN: Ztschr. physikal. Chem. 1, 611 (1887). — MENSCHUTKIN, WASILIEFF: Journ. Russ. phys.-chem. Ges. 21, 188 (1889). — LUMIÈRE, BARBIER: Bull. Soc. chim. France (3), 33, 783 (1905); (3), 35, 625 (1906). — Siehe MENSCHUTKIN: Journ. Russ. phys.-chem. Ges. 21, 192 (1889). — HINSBERG: Ber. Dtsch. chem. Ges. 23, 2962 (1890). — REVERDIN, BUCKY: Ber. Dtsch. chem. Ges. 39, 2689 (1906). — BENRATH: Ztschr. physikal. Chem. 67, 501 (1909). — Anwendung von wässerigem Alkohol: CAIN: Journ. chem. Soc. London 95, 714 (1909). — RIVETT, SIDGWICK: Journ. chem. Soc. London 97, 732 (1910). — ORTON, JONES: Journ. chem. Soc. London 101, 1708 (1912). — BROGEN: Journ. chem. Soc. London 1927, 1382.

[6] PSCHORR, SUMULEANU: Ber. Dtsch. chem. Ges. 32, 3405 (1899). — Siehe auch BISTRZYCKI, HERBST: Ber. Dtsch. chem. Ges. 36, 3567 (1903). — PISOVSCHI: Ber. Dtsch. chem. Ges. 43, 2139 (1910). — Oxysäuren: LESSER, GAD: Ber. Dtsch. chem. Ges. 59, 233 (1926).

[7] KORNDÖRFER: Arch. Pharmaz. 241, 450 (1903). — FISCHER: Ber. Dtsch. chem. Ges. 30, 2483 (1897). — HINSBERG: Ber. Dtsch. chem. Ges. 38, 2801, Anm. (1905). — Spuren von Alkali können O-Ester von Oxymethylenverbindungen umlagern: DIECKMANN, STEIN: Ber. Dtsch. chem. Ges. 37, 3370 (1904); siehe S. 624.

[8] LIEBERMANN, HÖRMANN: Ber. Dtsch. chem. Ges. 11, 1619 (1878) (Pyridin statt Natriumacetat). — *Kaliumacetat* wirkt manchmal noch besser. Siehe dazu HANS MEYER, BEER: Monatsh. Chem. 34, 651 (1913). — PERKIN: Journ. chem. Soc. London 1927, 1304.

dem Essigsäureanhydrid, das in 3—4facher Menge angewendet wird, gleiche Teile frisch geschmolzenes *essigsaures Natrium* und Substanz zu und kocht kurze Zeit — bei geringen Substanzmengen nur 2—3 Minuten — am Rückflußkühler. Seltener ist es notwendig, im Einschmelzrohr auf 150° zu erhitzen.[1]

Die Wirksamkeit des Zusatzes von Natriumacetat[2] soll nach LIEBERMANN darauf beruhen, daß zuerst das Natriumsalz der zu acetylierenden Substanz entsteht und dieses dann mit Essigsäureanhydrid reagiert.

Wahrscheinlicher aber[3] bildet sich ein Additionsprodukt von Natriumacetat und Essigsäureanhydrid, das in Berührung mit hydroxylhaltigen Substanzen leicht unter Bildung von Essigsäure, Natriumacetat und Acetylprodukt zerfällt.

Von allen Acetylierungsmethoden liefert diese die zuverlässigsten Resultate und führt fast ausnahmslos zu vollständig acylierten Verbindungen.[4]

Daß der Zusatz von Natriumacetat übrigens auch gelegentlich schädlich sein kann, haben HERZIG[5] sowie BILTZ, HEYN[6] beobachtet.

Über die Spaltung von Alkaloiden durch Kochen mit Essigsäureanhydrid siehe KNORR: Ber. Dtsch. chem. Ges. 22, 1113 (1889). — FREUND, GÖBEL: Ber. Dtsch. chem. Ges. 30, 1363 (1897). — KNORR: Ber. Dtsch. chem. Ges. 36, 3074 (1903). — KNORR, PSCHORR: Ber. Dtsch. chem. Ges. 38, 3177 (1905).[7]

Man kann zur Acetylierung auch ein *Gemisch von Anhydrid und Acetylchlorid* verwenden[8] oder *dem Anhydrid* zur Einleitung der Reaktion *einen Tropfen konzentrierter Schwefelsäure* zusetzen (FRANCHIMONT,[9] GRÖNEWOLD,[10] MERCK[11]). Letztere Methode haben SKRAUP,[12] FREYSS[13] sehr warm empfohlen.

---

[1] TIEMANN, DE LAIRE: Ber. Dtsch. chem. Ges. 26, 2013 (1893). — KUNZ-KRAUSE, SCHELLE: Arch. Pharmaz. 242, 262 (1904).

[2] Über eine zweite wasserfreie Form des Natriumacetats, die etwas energischer reagiert: VORLÄNDER, NOLTE: Ber. Dtsch. chem. Ges. 46, 3207 (1913). — Diese Form wird durch Entwässern des Hydrats bei 120—160° erhalten.

[3] HIGLEY: Amer. chem. Journ. 37, 305 (1907).

[4] Über die Acetylierung von α-Oxypyridin siehe TSCHITSCHIBABIN, SZOKOW: Ber. Dtsch. chem. Ges. 58, 2650 (1925).

[5] HERZIG: Monatsh. Chem. 18, 709 (1897).

[6] BILTZ, HEYN: Ber. Dtsch. chem. Ges. 47, 463 (1914).

[7] *Isomerisationen beim Acetylieren;* BENEDIKT, EHRLICH: Monatsh. Chem. 9, 529 (1888). — LIEBERMANN: Ber. Dtsch. chem. Ges. 22, 126 (1889). — ANDERLINI, GHIRO: Ber. Dtsch. chem. Ges. 24, 1998 (1891). — PINNER: Ber. Dtsch. chem. Ges. 27, 1057, 2861 (1894); 28, 457 (1895). — LIEBERMANN, LINDENBAUM: Ber. Dtsch. chem. Ges. 35, 2910 (1902). — BISTRZYCKI, HERBST: Ber. Dtsch. chem. Ges. 35, 3136 (1902). — SCHARWIN: Ber. Dtsch. chem. Ges. 38, 1270 (1905). — POSNER: Ber. Dtsch. chem. Ges. 39, 3528 (1906). — PILOTY: Liebigs Ann. 407, 1 (1914). — MOSIMANN, TAMBOR: Ber. Dtsch. chem. Ges. 49, 1259 (1916). — BILTZ: Liebigs Ann. 428, 198 (1922). — STOERMER, BACHER: Ber. Dtsch. chem. Ges. 55, 1875 (1922). — BILTZ, SCHMIDT: Liebigs Ann. 431, 70 (1923). — BRUCHHAUSEN: Arch. Pharmaz. 263, 598 (1925).

[8] BAMBERGER: Ber. Dtsch. chem. Ges. 28, 851 (1895). — HORRMANN: Ber. Dtsch. chem. Ges. 43, 1905 (1910).

[9] FRANCHIMONT: Compt. rend. Acad. Sciences 89, 711 (1879).

[10] GRÖNEWOLD: Arch. Pharmaz. 228, 124 (1890). — ROSINGER: Monatsh. Chem. 22, 558 (1901).

[11] MERCK: D. R. P. 103581 (1899); vgl. D. R. P. 124408 (1901). — Nacherfunden von FERNÁNDEZ, TORRES: Anales Soc. Espanola Fisica Quim. 21, 22 (1923).

[12] SKRAUP: Monatsh. Chem. 19, 458 (1898). — Vgl. THIELE: Ber. Dtsch. chem. Ges. 31, 1249 (1898). — SCHMALZHOFER: Monatsh. Chem. 21, 677 (1900). — THIELE, WINTER: Liebigs Ann. 311, 341 (1900). — ROGOW: Ber. Dtsch. chem. Ges. 34, 3883 (1901); 35, 1962 (1902). — AUWERS, BONDY: Ber. Dtsch. chem. Ges. 37, 3915 (1904). — GORTER: Liebigs Ann. 359, 225 (1908). — BAUER: Diss. Leipzig 18, 1908. — R. MEYER, DESAMARI: Ber. Dtsch. chem. Ges. 42, 2817 (1909). — BLANKSMA: Chem. Weekbl. 6, 717 (1909). — FALTIS: Monatsh. Chem. 31, 577 (1910). — MANNICH, HAHN: Ber. Dtsch. chem. Ges. 44, 1548 (1911). — MOSIMANN, TAMBOR: Ber. Dtsch. chem. Ges. 49, 1260 (1916). — DIMROTH: Ber. Dtsch. chem. Ges. 53, 478 (1920). —

So gibt nach SKRAUP Schleimsäure sehr leicht die krystallisierte Tetraacetyl-
verbindung, während man mit Acetylchlorid oder mit Anhydrid und geschmolzenem Natriumacetat nur amorphe Produkte erhält. Es sind dabei nur wenige
zehntausendstel Prozente Schwefelsäure zur Einleitung der Reaktion erforderlich.

Die meisten Acetylierungen, die unter den gewöhnlichen Versuchsbedingungen
Zusatz von geschmolzenem Natriumacetat zum Essigsäureanhydrid und längeres
Kochen oder Erhitzen auf hohe Temperatur unter Druck erfordern, verlaufen
nach Zugabe einiger Tropfen konzentrierter Schwefelsäure zu der kalten Mischung
des Essigsäureanhydrids mit der zu acetylierenden Verbindung vollständig
quantitativ, meistens ohne Zufuhr von äußerer Wärme. Bei nichtsubstituierten
Phenolen ist die Reaktion nach Zugabe der konzentrierten Schwefelsäure fast
momentan, die Flüssigkeit erhitzt sich sofort bis zur Siedehitze und das Phenol
wird dann durch Zusatz von etwas Calciumcarbonat gebunden, oder auf Eis
gegossen, die Flüssigkeit filtriert und der Destillation unterworfen.

Sind in den Phenolen negativierende Gruppen vorhanden, so genügt für den
quantitativen Reaktionsverlauf längeres Stehen der anfangs erhitzten Flüssigkeit
bei gewöhnlicher Temperatur oder kurzes Erwärmen auf dem Wasserbad. Dasselbe gilt auch für die *Diacetylierung der aromatischen und aliphatischen Aldehyde*.[1]
Bei *Oxyaldehyden* kann, je nach der angewendeten Menge Essigsäureanhydrid,
der Versuch so geleitet werden, daß nur die Acetylierung der Hydroxylgruppen
oder daneben vollständige Acetylierung der Aldehydgruppen eintritt.[2]

Nach STILLICH[3] ist die katalysierende Wirkung der Schwefelsäure durch die
intermediäre Bildung von Acetylschwefelsäure zu erklären; da diese Substanz
bei 40—50° rasch in Sulfoessigsäure übergeht, wäre die günstigste Temperatur
für die Ausführung von Acetylierungen die angegebene.[4] Manchmal ist aber
die Reaktion so energisch oder sind die Substanzen so empfindlich, daß Eiskühlung erforderlich ist.[5]

Der Zusatz von Schwefelsäure oder anderen stark wirkenden Kondensationsmitteln (Eisenchlorid)[6] kann aber unter Umständen zu Nebenreaktionen führen.
Bei Polyosen kann Hydrolyse[7] eintreten[8] und bei Verbindungen, welche die

SCHROETER: Liebigs Ann. **426**, 67 (1922). — Manchmal ist *Salpetersäure* (1,39) der
Schwefelsäure vorzuziehen (Xylan): HEUSER, SCHLOSSER: Ber. Dtsch. chem. Ges.
56, 393, 395 (1923).

[13] FREYSS: Chem.-Ztg. **22**, 1048 (1898). — EDER, HAUSER: Arch. Pharmaz. **263**,
440 (1925).

[1] WEGSCHEIDER, SPÄTH: Monatsh. Chem. **30**, 825 (1909). — SPÄTH: Monatsh.
Chem. **31**, 191 (1910). — WOHL, MAAG: Ber. Dtsch. chem. Ges. **43**, 3291 (1910). —
SEMMLER: Ber. Dtsch. chem. Ges. **42**, 584, 963, 1161, 2014 (1909); **43**, 1724, 1890
(1910). — WOHL, BERTHOLD: Ber. Dtsch. chem. Ges. **43**, 2178 (1910). — MYLO:
Ber. Dtsch. chem. Ges. **45**, 646 (1912). — *Ketone:* MANNICH: Ber. Dtsch. chem. Ges.
39, 1594 (1906); **41**, 564 (1908). — HÂNCU: Ber. Dtsch. chem. Ges. **42**, 1052 (1909).
— SCHIMMEL & Co.: Ber. Schimmel **1910** I, 157. — K. H. MEYER: Liebigs Ann. **379**,
37 (1911). — KNOEVENAGEL: Liebigs Ann. **402**, 113 (1913). — DIETERLE, LEONHARDT:
Arch. Pharmaz. **267**, 87 (1929).

[2] Einwirkung auf Salicylaldehyd: ADAMS, FOGLER, KREGER: Journ. Amer.
chem. Soc. **44**, 1126 (1922).

[3] STILLICH: Ber. Dtsch. chem. Ges. **36**, 3115 (1903); **38**, 1241 (1905). — THIELE,
WINTER: Liebigs Ann. **311**, 341 (1900). — HANS MEYER: Monatsh. Chem. **24**, 840
(1903). — KNORR, HÖRLEIN, STAUBACH: Ber. Dtsch. chem. Ges. **42**, 3511 (1909). —
SMITH, ORTON: Journ. chem. Soc. London **95**, 1061 (1909). — Siehe auch BERGMANN,
RADT: Ber. Dtsch. chem. Ges. **54**, 1652 (1921). — PESKI: Rec. Trav. chim. Pays-Bas
40, 103 (1921). — SCHNEIDER, KRAFT: Ber. Dtsch. chem. Ges. **55**, 1892, 1895 (1922).

[4] Siehe z. B. DIMROTH: Liebigs Ann. **399**, 26 (1913).

[5] R. MEYER, DESAMARI: Ber. Dtsch. chem. Ges. **42**, 2823 (1909).

[6] KNOEVENAGEL: Liebigs Ann. **402**, 128 (1913).

[7] SKRAUP bezeichnet [Monatsh. Chem. **26**, 1415 (1905)] die Spaltung der Polysaccharide durch Essigsäureanhydrid als „Acetolyse". — Siehe auch KNOEVENAGEL:

Gruppierung $CO \cdot C = C \cdot CO$ besitzen, wie Benzochinon und Dibenzoylstyrol, tritt eine Acetylgruppe in Kohlenstoffbindung.[1] Ebenso erfolgt eine solche Kernacetylierung leicht bei mehrwertigen Phenolen.[2] Sie kann aber auch ohne Anwendung von Katalysatoren durch Addition von Essigsäureanhydrid an sehr reaktionsfähige $C : C$-Bindungen erfolgen.[3] Tertiäre aliphatische Alkohole werden (auch durch Chlorzinkzusatz) meist in Alkylene verwandelt.[4]

Oxycholestenon mit Anhydrid und Schwefelsäure erhitzt addiert Schwefelsäure.[5]

Übrigens ist es nicht einmal immer erforderlich, *konzentrierte* Säure[6] als Kondensationsmittel anzuwenden, man kann vielmehr auch *wässerige* Salzsäure, Salpetersäure oder Phosphorsäure verwerten.[7]

WJASKOWA empfiehlt das letztere Kondensationsmittel für aromatische Oxysäuren. Die Produkte sind sehr rein. Salicylsäure z. B. wird in Toluollösung mit Acetanhydrid und 1% Orthophosphorsäure zu 94% acetyliert.[8]

Ebenso vorteilhaft kann der Zusatz von Phenol- oder Naphtholsulfosäure,[9] Camphersulfosäure,[10] Benzolsulfinsäure[11] oder Dimethylsulfat[12] sein. Auch Eisenvitriol, Eisenchlorid, Kupfervitriol,[13] Kaliumpyrosulfat, Überchlorsäure,[14] Dimethylaminchlorhydrat, 1—2proz. Hydrazin- oder Hydroxylaminsulfat,[15] saure Sulfate primärer aromatischer Amine[16] werden angewendet[17] und ebenso Mono-, Di- und Trichloressigsäure.[18]

Acetylieren mit Schwefeldioxyd-Chlor: BARNETT: Journ. Soc. chem. Ind. **40**, 8 (1921). — HESS, FRIESE: Liebigs Ann. **455**, 199 (1927).

Im Wege über die Thionylverbindungen: GREEN: Journ. chem. Soc. London **125**, 1450 (1924); **1927**, 500, 554.

Zusatz von *Zinntetrachlorid* hat MICHAEL[19] empfohlen, *Kaliumbisulfat* wurde

---

Chem.-Ztg. **33**, 104 (1909). — Auch aufbauende Reaktionen wurden beobachtet. So entsteht nach den Untersuchungen von KNOEVENAGEL, JUNG, RÜMSCHIN aus Benzalaceton mit Essigsäureanhydrid und einer geringen Menge Eisenchlorid ein Pentenderivat. Liebigs Ann. **402**, 111 (1913).

[8] FRANCHIMONT: Ber. Dtsch. chem. Ges. **12**, 1938 (1879); Compt. rend. Acad. Sciences **89**, 711 (1879). — TANRET: Compt. rend. Acad. Sciences **120**, 194 (1895). — HAMBURGER: Ber. Dtsch. chem. Ges. **32**, 2413 (1899). — SKRAUP, KÖNIG: Monatsh. Chem. **22**, 1011 (1901). — PREGL: Monatsh. Chem. **22**, 1049 (1901). — SCHWALBE: Ztschr. angew. Chem. **23**, 433 (1910).

[1] THIELE: Ber. Dtsch. chem. Ges. **31**, 1247 (1898); D. R. P. 101607 (1899). — THIELE, WINTER: Liebigs Ann. **311**, 341 (1900). — DIMROTH: Liebigs Ann. **399**, 39, 42 (1913). — 4.4-Dimethoxydichinon: ERDTMANN: Liebigs Ann. **513**, 240 (1934).

[2] Siehe hierzu KNORR, HÖRLEIN, STAUBACH: Ber. Dtsch. chem. Ges. **42**, 3513 (1909). [3] WIELAND, WEIL: Ber. Dtsch. chem. Ges. **46**, 3318 (1913).

[4] MASSON: Compt. rend. Acad. Sciences **132**, 484 (1901). — HENRY: Compt. rend. Acad. Sciences **144**, 552 (1907).

[5] WINDAUS: Ber. Dtsch. chem. Ges. **39**, 2259 (1906).

[6] Die konzentrierte Säure der Laboratorien ist übrigens nur ca. 92proz.

[7] D. R. P. 107508 (1900), 124408 (1901); F. P. 373994 (1907). — Linalool bei 35—38°: R. P. 31430 (1933).

[8] WJASKOWA: Russ. Journ. angew. Chem. **8**, 471 (1935).

[9] A. P. 709922 (1902); F. P. 324862 (1902); D. R. P. 180666 (1907). — SCHWALBE: Ztschr. angew. Chem. **23**, 433 (1910); DPA. Kl. 120f. 41428 (1920).

[10] REYCHLER: Bull. Soc. chim. Belg. **21**, 428 (1907). — TUTIN: Journ. chem. Soc. London **95**, 665 (1909).

[11] D. R. P. 180667 (1905).   [12] E. P. 9998 (1905).

[13] BOGOJAWLENSKI, NARBUTT: Ber. Dtsch. chem. Ges. **38**, 3344 (1905). — HABERMANN, BREZINA: Journ. prakt. Chem. (2), **80**, 349 (1909). — CLEMMENSEN, HEITMAN: Amer. chem. Journ. **42**, 319 (1909).

[14] SMITH, ORTON: Journ. chem. Soc. London **95**, 1060 (1909).

[15] DPA. C 21388 (1912).   [16] A. P. 987692 (1911).

[17] F. P. 373994 (1907). — KNOEVENAGEL: Liebigs Ann. **402**, 116 (1913).

[18] F. P. 368738 (1906).   [19] MICHAEL: Ber. Dtsch. chem. Ges. **27**, 2686 (1894).

von WALLACH, WÜSTEN,[1] BÖTTINGER,[2] *Phosphorpentoxyd* von BISCHOFF, HEDERSTRÖM,[3] *Phosphoroxychlorid* von WATTE,[4] *Aluminiumchlorid* von FISCHER, ZEILE[5] verwendet.[6]

Wo Gelegenheit zum Entstehen von Isomeren vorhanden ist, können auch die einzelnen Zusätze verschieden wirken.[7]

Beispielsweise erhält man mit Natriumacetat bzw. Schwefelsäure verschiedene Celluloseacetate.

Glycose gibt mit 4 T. Acetanhydrid, 1 T. Eisessig und 0,025% *Perchlorsäure* (auf Glycose berechnet) α-Glycosepentaacetat. Ohne Katalysator findet keine merkliche Acetylierung statt.[8]

Über die Wirkung der Katalysatoren in Abhängigkeit vom Anhydrid und von der Art der zu acylierenden Substanz: BÖESEKEN, V. D. BERG, KERSTJENS: Rec. Trav. chim. Pays-Bas 35, 320 (1916).

Einfluß von Katalysatoren auf die Beständigkeit der Acetylopiansäure: WEGSCHEIDER, SPÄTH: Monatsh. Chem. 37, 281 (1916).

Unter Umständen gibt *Chlorzink*[9] die besten Resultate,[10] kann aber auch zu gechlorten Produkten führen[11] oder Kernsubstitution hervorrufen[12] und Isomerisation bewirken.[13] CROSS, BEVAN, BRIGGS[14] sowie LAW[15] empfehlen eine Mischung von 100 g Eisessig, 100 g Essigsäureanhydrid und 30 g Zinkchlorid. Manchmal genügt es, *eine Spur* Chlorzink zuzusetzen.[16]

Mit *Essigsäureanhydrid und Pyridin*, evtl. unter Verdünnung mit Chloroform,[17] kann man nach VERLEY, BÖLSING[18] leicht quantitative Esterifikation von Alkoholen[19] und Phenolen erzielen:

$$R \cdot OH + (CH_3CO)_2O + Pyridin = R \cdot O \cdot COCH_3 + CH_3COOH, \; Pyridin.$$

---

[1] WALLACH, WÜSTEN: Ber. Dtsch. chem. Ges. 16, 151 (1883).
[2] BÖTTINGER: Chem.-Ztg. 21, 658 (1897). — Thiophenreihe: STADNIKOFF: Brennstoff-Chem. 8, 344 (1927); Ber. Dtsch. chem. Ges. 61, 268 (1928).
[3] BISCHOFF, HEDERSTRÖM: Ber. Dtsch. chem. Ges. 35, 3431 (1902).
[4] WATTE: E. P. 10243 (1886).
[5] FISCHER, ZEILE: Liebigs Ann. 468, 108, 109 (1929).
[6] Zinkacetat: D. R. P. 380994 (1923). — Wismuttrichlorid: KOTEN, McMAHON: Chem. Analyst 16, 10 (1927).
[7] ERWIG, KÖNIGS: Ber. Dtsch. chem. Ges. 22, 1457 (1889). — Siehe auch TANRET: Compt. rend. Acad. Sciences 120, 194 (1895); Bull. Soc. chim. France (3), 31, 854 (1904).
[8] KRÜGER, ROMAN: Ber. Dtsch. chem. Ges. 69, 1830 (1936).
[9] FRANCHIMONT: Ber. Dtsch. chem. Ges. 12, 2058 (1879). — EYKMAN: Rec. Trav. chim. Pays-Bas 5, 134 (1886). — MAQUENNE: Bull. Soc. chim. France (2), 48, 54, P. 719 (1887). — BÜLOW, SAUTERMEISTER: Ber. Dtsch. chem. Ges. 37, 4720 (1904); F. P. 373994 (1907). — ZELLNER: Monatsh. Chem. 31, 625 (1910). — KNOEVENAGEL: Liebigs Ann. 402, 116 (1913). — Indulin: PRINGSHEIM: Ber. Dtsch. chem. Ges. 54, 1281 (1921); 55, 1409 (1922). — Polyamylosen: PRINGSHEIM: Ber. Dtsch. chem. Ges. 55, 1427 (1922). — Sorbose bei 0° in Acetanhydrid, ZnCl₂ eingetragen, 5 Stunden bei 20° stehen gelassen, ergibt das Pentaacetylderivat: ARRAGON: Compt. rend. Acad. Sciences 196, 1733 (1933).
[10] ERWIG, KÖNIGS: Ber. Dtsch. chem. Ges. 22, 1458, 1464 (1889). — CROSS, BEVAN: Journ. chem. Soc. London 57, 2 (1890). — MILLER, RHODE: Ber. Dtsch. chem. Ges. 30, 1761 (1897). — ARLT: Monatsh. Chem. 22, 146 (1901). — DIELS, STEIN: Ber. Dtsch. chem. Ges. 40, 1663 (1907). — MÜLLER: Ber. Dtsch. chem. Ges. 40, 1824 (1907).   [11] THIELE: Ber. Dtsch. chem. Ges. 31, 1249 (1898).
[12] LIEBERMANN: Ber. Dtsch. chem. Ges. 14, 1843 (1881). — AUWERS: Ber. Dtsch. chem. Ges. 48, 91 (1915); siehe Anm. 1, S. 415.
[13] JUNGIUS: Ztschr. physikal. Chem. 52, 97 (1905).
[14] CROSS, BEVAN, BRIGGS: Journ. Soc. Dyers Colourists 23, 250 (1907).
[15] LAW: Chem.-Ztg. 32, 365 (1908).
[16] BERTRAM: Bull. Soc. chim. France (3), 33, 166 (1905).
[17] PACSU: Ber. Dtsch. chem. Ges. 56, 416 (1923).
[18] VERLEY, BÖLSING: Ber. Dtsch. chem. Ges. 34, 3354, 3359 (1901). — CARFIELD: Pharmaz. Zentralhalle 38, 631 (1897). — PERKIN: Journ. chem. Soc. London 93,

Das freiwerdende Halbmolekül Anhydrid kombiniert sich sofort mit dem Pyridin zu neutralem Salz, wodurch jede Möglichkeit einer Wiederverseifung ausgeschlossen ist. Die Methode liefert namentlich bei der Untersuchung der aetherischen Öle gute Dienste.

Man stellt zunächst durch Vermischen von ca. 120 g Essigsäureanhydrid mit ca. 880 g Pyridin eine Anhydridlösung her, die bei Verwendung wasserfreier Materialien gänzlich ohne gegenseitige Einwirkung bleibt. Versetzt man diese Mischung mit Wasser, so wird das Anhydrid sofort unter Bildung von Pyridinacetat verseift, das seinerseits durch Alkalien in Alkaliacetat und Pyridin zerfällt.

In einem Kölbchen von 200 ccm Inhalt wägt man 1—2 g des Alkohols (Phenols) ab, fügt 25 ccm Mischung hinzu und erwärmt[1] ohne Kühler $^1/_4$ Stunde im Wasserbad; nach dem Erkalten versetzt man mit 25 ccm Wasser und titriert unter Benutzung von Phenolphthalein als Indicator die nichtgebundene Essigsäure mit $^n/_2$-Lauge zurück.

25 ccm Mischung entsprechen ca. 120 ccm $^n/_2$-Lauge.

Es ist wichtig, Mischung und Lauge vor Beginn des Versuchs genau auf die Temperatur zu bringen, bei der ihr gegenseitiger Wirkungswert ermittel wurde.

Anwendung des Verfahrens zu *Mikro-Hydroxyl-* und *Aminogruppenbestimmungen:* STODOLA: Mikrochemie 21, 180 (1937).

FREED, WYNNE:[2] Kochen die Substanz (z. B. 50 mg Glycose) mit 2 ccm 12- (oder für Zucker 20-) proz. Lösung von Acetanhydrid in Pyridin 1 Min. lang, verdünnen nach dem Erkalten mit 5 ccm CO_2-freiem Wasser, gießen in ein Kölbchen, waschen zweimal mit je 10 ccm Wasser, einmal mit 10 ccm Alkohol nach und titrieren die Säure mit $^n/_{10}$-NaOH und *Kresolphthalein*. Blinde Probe!

Die Methode versagt in einigen Fällen, wo sich, wie beim Vanillin oder Salicylaldehyd, das Acetat schon während des Titrierens zersetzt.

Manche Substanzen erfordern auch zur quantitativen Umsetzung einen großen Überschuß (bis zu 50%) an Anhydrid, z. B. Menthol. Linalool und Terpineol gaben ungenügende Resultate. — Siehe dazu SCHIMMEL & Co.: Ber. 1922, 119.

Acetylierung durch Eisessig.

Durch Erhitzen der zu acetylierenden Substanz mit Eisessig, evtl. unter Druck, läßt sich öfters Acetylierung namentlich von alkoholischem Hydroxyl erzielen. Auch hier ist Zusatz von Natriumacetat von Vorteil.

Manchmal führt ausschließlich dieses Verfahren zum Ziel.

Campherpinakonanol gibt bei kurzem Erwärmen mit Essigsäure das stabile und beim 24stündigen Stehen mit kaltem Eisessig das labile Acetylderivat,

---

1191, Anm. (1908). — BEHREND, ROTH: Liebigs Ann. 331, 361 (1904) (Zuckerarten). — E. FISCHER, NOURI: Ber. Dtsch. chem. Ges. 50, 611 (1917) (hydroxylhaltige Säureamide). Nach E. FISCHER, BERGMANN ist dies die mildeste Form der Acetylierung von Hydroxylgruppen: Ber. Dtsch. chem. Ges. 50, 1048 (1917); 51, 1797 (1918) (Glykoside). — HESS, MESSMER: Ber. Dtsch. chem. Ges. 54, 511 (1921). — PERKIN, UYEDA: Journ. chem. Soc. London 121, 69 (1922). — VERLEY: Bull. Soc. chim, France (4), 43, 469 (1928). — Xylan: HEUSER, SCHLOSSER: Ber. Dtsch. chem. Ges. 56, 392 (1923). — Cellulose: HESS, LJUBITSCH: Ber. Dtsch. chem. Ges. 61, 1979 (1928). — Stärke: FRIESE, SMITH: Ber. Dtsch. chem. Ges. 61, 1979 (1928). — Siehe ferner PETERSON, WEST: Journ. biol. Chemistry 74, 379 (1927). — CROSS, PERKIN: Journ. chem. Soc. London 1927, 1304. — FREUDENBERG, BRAUN: Liebigs Ann. 460, 301 (1928). — Siehe übrigens VAN URK: Pharmac. Weekbl. 58, 1265 (1921).

[19] Für tertiäre Alkohole ist die Methode nicht anwendbar.

[1] In der Kälte: BUTENANDT, HILDEBRANDT: Liebigs Ann. 477, 264 (1930).

[2] FREED, WYNNE: Ind. engin. Chem., Analyt. Ed. 8, 278 (1936).

während Anhydrid auch beim Kochen nicht einwirkt und Acetylchlorid zur Chloridbildung führt.[1]

Zusatz von Salzsäure empfehlen BOUGAULT, BOURDIER: Journ. Pharmac. Chim. (6), **30**, 10 (1909).

Acetylierung durch Chloracetylchlorid.[2]

Chloracetylchlorid hat zuerst KLOBUKOWSKY[3] zu Acetylierungen versucht. Später haben BOHN, GRAEBE,[4] um zu entscheiden, ob das Galloflavin 4 oder 6 Acetylgruppen aufzunehmen imstande sei, 15 Stunden mit überschüssigem Chloracetylchlorid auf 100—115° erwärmt. Die Chlorbestimmung zeigte, daß das Reaktionsprodukt vier CH_2ClCO-Gruppen enthielt.

Dieses Verfahren empfiehlt sich auch in Fällen, wo keine Verseifung und somit keine direkte Bestimmung der Acetylgruppe möglich ist.

Nach FEUERSTEIN, BRASS[5] arbeitet man am besten nach dem SCHOTTEN, BAUMANNschen Verfahren (siehe S. 438).

Chloressigsäureanhydrid wird auch gelegentlich[6] mit Erfolg benutzt. Acetylieren mit Aethylidendiacetat: DPA. Kl. 12. 951291 (1923).

Nichtacetylierbare Hydroxyle.

Man kennt einige Fälle, in denen es nicht gelang, durch Acetylierung das Vorliegen einer OH-Gruppe nachzuweisen.

So ist nach BECKMANN Amylenhydrat und Campherpinakon,[7] nach HANS MEYER Cantharidinmethylester,[8] nach W. WISLICENUS α-Oxybenzalacetophenon[9] nicht acetylierbar.[10] — Tertiäre Alkohole zeigen ganz allgemein wenig Tendenz zur Acetylierbarkeit.[11]

Von den vier Oxyaldehyden:

---

[1] BECKMANN: Liebigs Ann. **292**, 17 (1896).

[2] Siehe auch FINCK: Diss. Marburg 22, 1908. — FRIES, FINCK: Ber. Dtsch. chem. Ges. **41**, 4276 (1908). — FRIES, FRELLSTEDT: Ber. Dtsch. chem. Ges. **54**, 717 (1921). — REINDEL: Liebigs Ann. **452**, 37 (1927). — HART, HEYL: Journ. Amer. chem. Soc. **53**, 1414 (1931). — Chloracetylchlorid, mit Chloressigsäure und Pyridin: ASAHINA, WATANAKE: Ber. Dtsch. chem. Ges. **63**, 3046 (1930). — Di- und Trichloracetylchlorid, Bromacetylbromid: STOLLÉ: Journ. prakt. Chem. (2), **128**, 3, 4, 16, 18 (1930) (Basen).

[3] KLOBUKOWSKY: Ber. Dtsch. chem. Ges. **10**, 881 (1877). — DZERGOWSKI: Bull. Soc. chim. France (3), **12**, 911 (1894). — BENARY, KONRAD: Ber. Dtsch. chem. Ges. **56**, 46 (1923). — REVERDIN: Helv. chim. Acta **6**, 87 (1923) (Amine).

[4] BOHN, GRAEBE: Ber. Dtsch. chem. Ges. **20**, 2330 (1887).

[5] FEUERSTEIN, BRASS: Ber. Dtsch. chem. Ges. **37**, 817, 820 (1904). — BAUER: Diss. Erlangen 17, 41, 1915. — HAMMERSCHMIDT: Diss. Erlangen 14, 1916. — O. FISCHER, HAMMERSCHMIDT: Journ. prakt. Chem. (2), **94**, 25 (1916).

[6] HEMMELMAYR, STREHLY: Monatsh. Chem. **47**, 387 (1926) (Salicylsäure).

[7] BECKMANN: Liebigs Ann. **292**, 1 (1896).

[8] HANS MEYER: Monatsh. Chem. **18**, 401 (1897).

[9] W. WISLICENUS: Liebigs Ann. **308**, 232 (1899).

[10] Siehe ferner KNOEVENAGEL, REINECKE: Ber. Dtsch. chem. Ges. **32**, 418 (1899). — JAPP, FINDLAY: Journ. chem. Soc. London **75**, 1018 (1899). — PENFOLD: Perfumery essent. Oil Record **12**, 336 (1921) (Leptospermol). — FEIST, SIEBENLIST: Arch. Pharmaz. **265**, 200 (1926) (Dioxycumaranon).

[11] SCHMIDT, WEILINGER: Ber. Dtsch. chem. Ges. **39**, 654 (1906). — KUHN, WINTERSTEIN, ROTH: Ber. Dtsch. chem. Ges. **64**, 335 (1931).

ist nur der erstaufgeführte nicht acetylierbar.[1] Auch das Trinitrophenol:

$$OH$$
$$NO_2$$
$$O_2N—NO_2$$

läßt sich nach MELDOLA, HAY[2] nicht acetylieren. Nicht oder nur sehr ·schwer acetylierbar sind auch die aliphatischen, ungesättigten tertiären Alkohole.[3]

Auch Fälle, daß von mehreren Hydroxylgruppen nicht alle acetylierbar sind — wobei zum Teil sterische Behinderungen ins Spiel kommen mögen[4] —, sind beobachtet worden: z. B. beim Resacetophenon, Gallacetophenon,[5] p-Oxytriphenyl-carbinol[6] und Hexamethylhexamethylen-s-triol.[7]

Man darf aber nicht außer acht lassen, daß manche Acetylderivate so leicht zersetzlich sind, daß sie der Beobachtung entgehen können oder besondere Vorsicht bei der Bereitung erheischen. Hierher gehören z. B. das Acetyltriphenylcarbinol (GOMBERG)[8] und die Acetyl-α-Oxypyridine.

Hier mag auch die Beobachtung von WILLSTÄTTER[9] angeführt werden, daß Tropinpinakon keine Benzoylverbindung liefert.

Verdrängung der Aethoxylgruppe durch den Acetylrest: GOMBERG: Ber. Dtsch. chem. Ges. **36**, 3926 (1903); *der Isobutylgruppe:* BRAUCHBAR, KOHN: Monatsh. Chem. **19**, 27 (1898); *der Methoxylgruppe:* HERZIG, SCHIFF: Ber. Dtsch. chem. Ges. **30**, 380 (1897). — DIETERLE, LEONHARD: Arch. Pharmac. **267**, 86 (1929).

Ersatz der Aethoxylgruppe durch Wasserstoff bei der Acetylierung: BISTRZYCKI, HERBST: Ber. Dtsch. chem. Ges. **95**, 3135 (1902).

Verdrängung der Benzoylgruppe durch den Acetylrest: COHEN: Journ. chem. Soc. London **59**, 71 (1891). — COHEN, SCHARVIN: Ber. Dtsch. chem. Ges. **30**, 2863 (1897). — BAMBERGER, BÖCK: Monatsh. Chem. **18**, 298 (1897). — FREUNDLER: Chem. Reviews **137**, 713 (1903). — HELLER, JACOBSOHN: Ber. Dtsch. chem. Ges. **54**, 1110 (1921) (Indazolderivate).

Verdrängung der Acetylgruppe durch den Benzoylrest: TINGLE, WILLIAMS: Amer. chem. Journ. **37**, 51 (1907).[10] Durch *Diazomethan:* S. 505. Durch NO₂:
RINKES: Rec. Trav. chim. Pays-Bas **51**, 349 (1932).

---

[1] AUWERS, BONDY: Ber. Dtsch. chem. Ges. **37**, 3905 (1904).
[2] MELDOLA, HAY: Journ. chem. Soc. London **95**, 1383 (1909).
[3] REFORMATZKY: Ber. Dtsch. chem. Ges. **41**, 4088, 4097, 4099 (1908).
[4] WEILER: Ber. Dtsch. chem. Ges. **32**, 1909 (1899). — PAAL, HÄRTEL: Ber. Dtsch. chem. Ges. **32**, 2057 (1899). — Siehe hierzu auch DIMROTH, FRIEDEMANN, KÄMMERER: Ber. Dtsch. chem. Ges. **53**, 481 (1920) (Oxyanthrachinone). — Hederagenin, Araligenin: V. D. HAAR: Ber. Dtsch. chem. Ges. **54**, 3151 (1921); **55**, 305 (1922). — Siehe auch TSCHITSCHIBABIN: Liebigs Ann. **469**, 105 (1929).
[5] CRÉPIEUX: Bull. Soc. chim. France (3), **6**, 161 (1891).
[6] BISTRZYCKI, HERBST: Ber. Dtsch. chem. Ges. **35**, 3133 (1902).
[7] BRAUCHBAR, KOHN: Monatsh. Chem. **19**, 22 (1898).
[8] GOMBERG: Ber. Dtsch. chem. Ges. **36**, 3926 (1903).
[9] WILLSTÄTTER: Ber. Dtsch. chem. Ges. **31**, 1674 (1898). — Umgekehrt gibt es Fälle, wo die Acetylierung nicht gelingt, wohl aber die Benzoylierung: BRASS, LUTHER, SCHONER: Ber. Dtsch. chem. Ges. **63**, 2625 (1930).
[10] Bildung gemischter Säureanhydride: V. MEYER: Ber. Dtsch. chem. Ges. **26**, 1365 (1893). — WILLSTÄTTER, FRITZSCHE: Liebigs Ann. **371**, 34, 104 (1910) (Pyrroporphyrin). — EINHORN, SEUFFERT: Ber. Dtsch. chem. Ges. **43**, 2988 (1910). — HELLER: Ber. Dtsch. chem. Ges. **46**, 3974 (1913) (Benzoylierung). — PILOTY, WILKE, BLÖMER: Liebigs Ann. **407**, 1 (1914). — RUPE, WERDER, TAKAGI: Helv. chim. Acta **1**, 309 (1918). — ZINKE, LIEB: Monatsh. Chem. **39**, 636 (1919). — *Hydrate* von Acetylverbindungen: DIMROTH: Liebigs Ann. **446**, 119 (1926). — SCHOLL, BÖTTGER: Ber. Dtsch. chem. Ges. **63**, 2441 (1930).

Isolierung der Acetylprodukte.

Um die Acetylprodukte zu isolieren, gießt man in Wasser oder entfernt die überschüssige Essigsäure bzw. das Anhydrid durch Kochen mit Methylalkohol[1] und Abdestillieren des entstandenen Esters, oder man saugt das Anhydrid im Vakuum ab,[2] oder erhitzt andauernd auf dem Wasserbad.[3]

Wasserlösliche Acetylprodukte werden oft durch Zusatz von Natriumcarbonat[4] oder Kochsalz[5] ausgefällt oder können durch Ausschütteln mit Chloroform oder Benzol aus der wässerigen Lösung zurückerhalten werden.

Als gute Krystallisationsmittel sind Benzol,[6] Essigsäure, Essigsäureanhydrid,[7] verdünntes Pyridin[8] und Essigester zur Reinigung zu empfehlen.

BAMBERGER krystallisiert leicht verseifbare Acetylderivate aus essigsäureanhydridhaltigem Eisessig oder Toluol um.[9]

Manche Acetylderivate sind gegen Wasser sehr empfindlich (siehe unter „Verseifung durch Wasser") und können nur aus sorgfältig getrockneten Lösungsmitteln umkrystallisiert werden,[10] oder werden durch Alkohol angegriffen.[11]

Oftmals erhält man die Acetylprodukte rasch und gut krystallisiert, wenn man in die abgekühlte Reaktionsflüssigkeit *erst etwas Eisessig* und dann *vorsichtig* Wasser einträgt und die jedesmalige Reaktion, die oft erst nach einiger Zeit und dann stürmisch eintritt, abwartet. Bei einer gewissen Verdünnung pflegt dann die Ausscheidung von Krystallen zu beginnen.

Fällen aus der Anhydridlösung mit Aether: WINDAUS, HAACK: Ber. Dtsch. chem. Ges. 62, 476 (1929).

Qualitativer Nachweis des Acetyls.

Man geht in der Regel so vor, daß man die durch Verseifung gebildete Essigsäure mit Wasserdampf übertreibt und entweder als Silbersalz fällt und mit konzentrierter Schwefelsäure und Alkohol in den charakteristisch riechenden *Ester* verwandelt, oder mit Kalilauge zur Trockene eindampft und nach Zusatz von *Arsenigsäureanhydrid* glüht, wobei sich der widerliche Kakodylgeruch bemerkbar macht.[12]

Eisenchlorid bewirkt in einer neutralen Kaliumacetatlösung blutrote Färbung.

Nachweis von Essigsäure (und Propionsäure) mit der Jodlanthanreaktion:

---

[1] Oder Aethylalkohol: SCHMIDT, SPOUN: Ber. Dtsch. chem. Ges. 43, 1805 (1910).
[2] Z. B. PAAL, HÖRNSTEIN: Ber. Dtsch. chem. Ges. 39, 1363, 2824 (1906). — ACH, STEINBOCK: Ber. Dtsch. chem. Ges. 40, 4284 (1907). — MOHR, STROSCHEIN: Ber. Dtsch. chem. Ges. 42, 2523 (1909) (bei 15 mm und 60°). — HORRMANN: Ber. Dtsch. chem. Ges. 43, 1905 (1910). — HORRMANN, WÄCHTER: Ber. Dtsch. chem. Ges. 49, 1559 (1916). — H. FISCHER: Ber. Dtsch. chem. Ges. 54, 777 (1921). — STEUDEL, FREISE: Ztschr. physiol. Chem. 120, 126 (1922). — HARRIES, NAGEL: Ber. Dtsch. chem. Ges. 55, 850 (1922). [3] WUNDERLICH: Diss. Marburg 29, 1908.
[4] Siehe hierzu BECKMANN, CORRENS: Ber. Dtsch. chem. Ges. 55, 850 (1922).
[5] ZEMPLÉN, GERECS: Ber. Dtsch. chem. Ges. 61, 2295 (1928).
[6] AUWERS, BONDY: Ber. Dtsch. chem. Ges. 37, 3908 (1904). — GORTER: Liebigs Ann. 359, 225 (1908).
[7] PERKIN, NIERENSTEIN: Journ. chem. Soc. London 87, 1416 (1905). — PERKIN: Journ. chem. Soc. London 89, 252 (1906). — WINDAUS, HAACK: Ber. Dtsch. chem. Ges. 62, 476 (1929). — MANNICH, MOKS, MAUS: Arch. Pharmaz. 268, 471 (1930).
[8] TISZA: Diss. Bern 26, 1908.
[9] BAMBERGER: Ber. Dtsch. chem. Ges. 28, 851 (1895).
[10] GOMBERG: Ber. Dtsch. chem. Ges. 36, 3926 (1903).
[11] KUDERNATSCH: Monatsh. Chem. 18, 619 (1897). — WERNER, DETSCHEFF: Ber. Dtsch. chem. Ges. 38, 77 (1905). — KOSTANECKI, LAMPE: Ber. Dtsch. chem. Ges. 39, 4020 (1906).
[12] HAHN, SCHUCH: Ber. Dtsch. chem. Ges. 62, 2963 (1929). — Kritik der Methoden für den Essigsäurenachweis: KRÜGER, TSCHIRCH: Mikrochemie 7, 318 (1929); Chem.-Ztg. 54, 42 (1930).

KRÜGER, TSCHIRCH: Ber. Dtsch. chem. Ges. **62**, 2782 (1929). — ERDÖS: Chem. Ztrbl. **1930 II**, 1891. — TSCHIRCH: Österr. Chemiker-Ztg. **34**, 38 (1931).

Nachweis von Acylgruppen in Estern als Toluidide: JENKINS: Journ. Amer. chem. Soc. **55**, 3049 (1933).

Quantitative Bestimmung der Acetylgruppen.[1]

Nur in wenigen Fällen ist es möglich, durch Elementaranalyse mit Bestimmt-heit zu entscheiden, wie viele Acetylgruppen in eine Substanz eingetreten sind, da die Acetylderivate in ihrer prozentischen Zusammensetzung wenig zu diffe-rieren pflegen.

Man ist daher in der Regel gezwungen, den Acetylrest abzuspalten und die Essigsäure entweder direkt oder indirekt zu bestimmen.

In Chloracetylderivaten begnügt man sich mit einer Halogenbestimmung. Manchmal wird einfach die Gewichtszunahme bei der Acetylierung bestimmt[2] oder das nicht verbrauchte Acetanhydrid.[3] Genauer ist aber die Anwendung von

Verseifungsmethoden.[4]

Verseifung durch Wasser.

Manche Acetylderivate lassen sich schon durch Erhitzen mit *Wasser* im Rohr verseifen.

So haben LIEBEN, ZEISEL[5] *Butenyltriacetin* durch 30stündiges Erhitzen mit der 40fachen Menge Wasser auf 160° im zugeschmolzenen Rohr verseift.

Diacetylmorphin spaltet schon beim Kochen mit Wasser eine Acetylgruppe ab,[6] ebenso *Acetylglykol*,[7] und noch empfindlicher ist *Acetyldioxypyridin*,[8] das schon durch Umkristallisieren aus feuchtem Essigaether und durch Alkohol so-wie durch Auflösen in Wasser verseift wird, ebenso wie *Acetyltriphenylcarbinol*[9] und *Acetylterebinsäureester*, die schon durch feuchte Luft zersetzt werden.

Verseifung durch wasserhaltiges Pyridin: KÖGL, BECKER: Liebigs Ann. **465**, 224 (1928).

Die *Acetylderivate von Oximen* werden durch *Alkohol* zersetzt.[10]

Verseifung mit Kali- oder Natronlauge.[11]

Die Verseifung wird entweder mit wässeriger oder mit alkoholischer Lauge oder mit wässeriger Lauge und Aceton[12,13] vorgenommen, und zwar mit n- bis

---

[1] Anwendung der quantitativen Verseifung zur Mol.-Gew.-Bestimmung: VESTEN-BERG: Ark. Kemi, Mineral. Geol. **9**, Nr. 27 (1926). — SANDQUIST, GORTON: Ber. Dtsch. chem. Ges. **63**, 1938 (1930).

[2] Siehe S. 431.   [3] JOFFE: Russ. Journ. allg. Chem. **3**, 453 (1935).

[4] Wanderung von Acetylgruppen bei der Verseifung: E. FISCHER, BERGMANN, LIPSCHÜTZ: Ber. Dtsch. chem. Ges. **51**, 45 (1918). — PACSU: Ber. Dtsch. chem. Ges. **56**, 407 (1923), siehe auch S. 437. — Einfluß des Gefäßmaterials auf die Umlagerung: HELFERICH, KLEIN: Liebigs Ann. **455**, 173 (1927).

[5] DEBUS: Liebigs Ann. **110**, 318 (1859). — LIEBEN, ZEISEL: Monatsh. Chem. **1**, 835 (1880).

[6] WRIGHT, BECKETT: Journ. chem. Soc. London **28**, 315 (1875). — DANCKWORTH: Arch. Pharmaz. **226**, 57 (1888).   [7] ERLENMEYER: Liebigs Ann. **192**, 149 (1878).

[8] KUDERNATSCH: Monatsh. Chem. **18**, 619 (1897). — Verhalten der α- und γ-Acetyloxypyridine: TSCHITSCHIBABIN: Ber. Dtsch. chem. Ges. **58**, 2650 (1925). — ARNDT, KALISCHEK: Ber. Dtsch. chem. Ges. **63**, 589 (1930).

[9] GOMBERG: Ber. Dtsch. chem. Ges. **36**, 3926 (1903).

[10] WERNER, DETSCHEFF: Ber. Dtsch. chem. Ges. **38**, 77 (1905).

[11] SCHIFF: Liebigs Ann. **154**, 10, 339 (1870); **156**, 3 (1870). — SESTINI: Ber. Dtsch. chem. Ges. **7**, 1461 (1874). — SCHIFF: Ber. Dtsch. chem. Ges. **12**, 1532 (1879). — Acetylierte Catechine und Anthocyanidine liefern bei alkalischer Verseifung zu hohe Werte: PREGL, ROTH: Mikroanalyse, S. 240. 1935.

[12] LIPP, MILLER: Journ. prakt. Chem. (2), **88**, 380 (1913).

[13] Ber. Dtsch. chem. Ges. **52**, 844, 848, 851 (1919).

$n/_{10}$-Lauge. Wässerige Lauge, die die meisten Acetylkörper nicht leicht benetzt, wird seltener verwendet und erfordert fast immer andauerndes Erhitzen am Rückflußkühler.

Häufig wird man nach BENEDIKT, ULZER[1] verfahren, welche diese Methode speziell für die Analyse der Fette verwertet haben.

Die Substanz wird in einem Kölbchen[2] von 100—150 ccm Inhalt mit titrierter alkoholischer Kalilauge (25, evtl. 50 ccm zirka $n/_2$-Lauge) $^1/_2$—1 Stunde auf dem Wasserbad zum schwachen Sieden erhitzt, wobei der Kolben einen Rückflußkühler trägt.

Nach beendeter Verseifung fügt man Phenolphthaleinlösung[3] hinzu und titriert mit $n/_2$-Salzsäure zurück.

Diese Methode kann auch zur *Molekulargewichtsbestimmung von Alkoholen* benutzt werden.

Bedeutet *V* die Anzahl Milligramme Kaliumhydroxyd, die zur Verseifung von 1 g der acetylierten Substanz verbraucht wurde, so ist das Molekulargewicht des Alkohols:

$$M = \frac{56\,100}{V} - 42.$$

Substanzen, die leicht durch den Sauerstoff der Luft verändert werden, verseift man im Wasserstoffstrom.[4]

Wenn der ursprüngliche Stoff in verdünnter Salzsäure unlöslich ist, dann kocht man mit wässeriger Kalilauge, säuert an und bringt das abgeschiedene Produkt zur Wägung.

Verseifen mit *propylalkoholischer Lauge* empfiehlt WINKLER.[5] Wässeriger Propylalkohol ist ein gutes Lösungsmittel für die meisten Ester. *n-Butylalkohol* wenden PARDEE, REID[6] an, weil hier die Gefahr einer partiellen Veresterung auch durch die alkoholische Lauge nicht besteht. Während der Verseifung (Dauer 1 Stunde) setzt man nach $^1/_2$ Stunde 0,5 ccm Wasser zu.[7]

Amylalkoholische Lauge: EINHORN: Ztschr. analyt. Chem. 39, 640 (1900). — RADCLIFFE: Journ. Soc. chem. Ind. 25, 158 (1906).

Benzylalkoholische Lauge: 0,5 g Substanz werden mit 25 ccm $n/_2$-benzylalkoholischer Kalilauge am Rückflußkühler gekocht, nach dem Abkühlen mit 20 ccm Alkohol versetzt und mit $n/_2$-HCl titriert. Blinde Probe! Das Verfahren ist für schwer verseifbare, substituierte Acetamide (Phenacetin) zu empfehlen.[8]

---

[1] BENEDIKT, ULZER: Monatsh. Chem. 8, 41 (1887). — LEWKOWITSCH: Journ. Soc. chem. Ind. 9, 982 (1890). — R. u. H. MEYER: Ber. Dtsch. chem. Ges. 28, 2965 (1895). — R. MEYER, HARTMANN: Ber. Dtsch. chem. Ges. 38, 3956 (1905). — SIEGFELD: Chem.-Ztg. 32, 63 (1908). — MASTBAUM: Chem.-Ztg. 32, 378 (1908). — SIEBURG: Arch. Pharmaz. 251, 163 (1913). — Über Fehlerquellen bei der Acetylzahlbestimmung: GRÜN: Öl- u. Fettind. 1, 339 (1919).

[2] Am besten Silberkolben. Siehe S. 425, Anm. 10. — ROSINGER: Monatsh. Chem. 22, 558 (1901).

[3] Falls das entacetylierte Produkt farbig ist oder mit Alkali eine Färbung gibt, ist manchmal der Zusatz eines Indicators unnötig: TISZA: Diss. Bern 59, 1908.

[4] KLOBUKOWSKI: Ber. Dtsch. chem. Ges. 10, 883 (1877). — DIMROTH, KÄMMERER: Ber. Dtsch. chem. Ges. 53, 477 (1920). — PACSU: Ber. Dtsch. chem. Ges. 56, 419 (1923).

[5] WINKLER: Ztschr. angew. Chem. 24, 636 (1911). — SCHULEK: Pharmaz. Zentralhalle 62, 391 (1921).

[6] PARDEE, REID: Ind. engin. Chem. 12, 129 (1920). — PALFREY, SONTAG: Chem.-Ztg. 54, 222 (1930).

[7] PARDEE, HASCHE, REID: Ind. engin. Chem. 12, 481 (1920). — Siehe dazu SCHIMMEL & Co.: Ber. Schimmel 1920 (April—Okt.), 95. — PÉPIN-LEBALLEUR: Chem.-Ztg. 46, 23 (1922).

[8] SLACK: Ber. von Schimmel & Co. 1916, 94; 1920, 95. — SABETAY, BLÉGER: Bull. Soc. chim. France (4), 47, 114 (1930). — SABETAY, SIVADJIAN: Journ. Pharmac. Chim. (8), 13, 530 (1931).

Glycerin und Kalilauge: LEFFMANN, BEAM: Analyst **1891**, 153. — SIEGFELD: Chem.-Ztg. **32**, 1128 (1908). 150 ccm Kalilauge (1 : 1), nicht Natronlauge, werden mit 850 ccm Glycerin von 30 Bé (spez. Gew. 1,25) gemischt. — CAMPBELL: Chem.-Ztg. **35**, 167 (1911). — KREIS: Chem.-Ztg. **35**, 1054 (1911) nimmt 1 Vol.-Teil Kalilauge 1 : 1 und 2 Vol.-Teile Glycerin. — MIELCK: Chem.-Ztg. **35**, 668 (1911). — ZOUL: Ind. engin. Chem. **3**, 114 (1912). — *Verseifen mit alkoholischer Lauge und Lösungsmitteln* (Benzol, Xylol): MARCUSSON: Chem. Reviews **15**, 193 (1908). — BERG: Chem.-Ztg. **33**, 886, (1909). — HANS MEYER, BROD: Monatsh. Chem. **34**, 1146 (1913).

Verseifung mit schmelzendem Kali: AUWERS, BONDY: Ber. Dtsch. chem. Ges. **37**, 3908 (1904). — Siehe S. 338.

Kalte Verseifung.[1]

1—2 g Substanz werden bei Zimmertemperatur[2] in 25 ccm *Petrolaether* vom Siedepunkt 100—150° gelöst, mit 25 ccm alkoholischem Normalalkali oder besser 20proz. *methyl*alkoholischer Kalilauge[3,4] versetzt und nach dem Umschwenken 2—3 Tage lang bei 25—40°[3] verschlossen aufbewahrt, dann zurücktitriert.

Die Verseifungslauge muß alkoholisch (reiner Alkohol von mindestens 96%) und kohlensäurefrei sein.

Beim längeren Kochen mit Alkali wird der Alkohol etwas oxydiert. Dieser Fehler wird durch Verwenden von Methylalkohol auf die Hälfte herabgesetzt.[5]

DUCHEMIN, DOURLEN empfehlen, um den Einfluß des Luftsauerstoffs auf die alkoholische Lauge auszuschließen, im Vakuum zu verseifen.[6]

Wasserlösliche Acetylprodukte können natürlich ohne Alkoholzusatz verseift werden. Eine derartige Substanz wird nach E. FISCHER, BERGMANN, LIPSCHITZ[7] mit 20 ccm n-Natronlauge 1 Stunde bei 20° im Wasserstoffstrom aufbewahrt, dann überschüssige Phosphorsäure zugegeben und die Lösung aus einem Ölbad bis fast zur Trockene abdestilliert. Diese Operation wird noch zwei- bis dreimal nach Zugabe von 20 ccm Wasser wiederholt.

Für die *Bestimmung der Acetylgruppen* haben E. FISCHER, BERGMANN[8] das folgende Verfahren angewandt, das nach ihren Erfahrungen *für acetylierte Tannine* empfohlen werden kann.

0,4431 g wurden in 50 ccm reinem *Aceton* gelöst und im Wasserstoffstrom unter Umschütteln bei 20° erst mit 25 ccm n-Natronlauge und nach einigen Minuten mit 60 ccm Wasser versetzt. Nach einstündigem Stehen wird mit Phosphorsäure stark angesäuert und mit reinem Aether extrahiert. Die aetherische Flüssigkeit wird unter Zusatz von 200 ccm Wasser aus einem Bade, das zum

---

[1] HENRIQUES: Ztschr. angew. Chem. **8**, 271 (1895); **9**, 221, 423 (1896); **10**, 398, 766 (1897). — SCHMITT: Ztschr. analyt. Chem. **35**, 381 (1896); Chem. Reviews **1**, Nr. 10 (1897); Ztschr. öffentl. Chem. **4**, 416 (1898). — HERBIG: Ztschr. öffentl. Chem. **4**, 227, 257 (1898). — Nach GRÜN [Analyse der Fette, S. 147, 1925] ist die kalte Verseifung nur in Ausnahmefällen anzuwenden und für schwer verseifbare Substanzen nicht ratsam.
[2] Verseifen bei 0°: HUDSON, BRAUNS: Journ. Amer. chem. Soc. **38**, 1284, 2740 (1916). [3] ESCHER: Helv. chim. Acta **12**, 33 (1929).
[4] KÖNIGS, KNORR: Ber. Dtsch. chem. Ges. **34**, 4348 (1901). — R. MEYER, HARTMANN: Ber. Dtsch. chem. Ges. **38**, 3956 (1905). — Darstellung methylalkoholischer Lauge: McCALLUM: Ind. engin. Chem. **13**, 943 (1921).
[5] R. MEYER, HARTMANN: Ber. Dtsch. chem. Ges. **38**, 3956 (1905).
[6] DUCHEMIN, DOURLEN: Bull. Assoc. Chimistes Sucr. Dist. **23**, 109 (1905).
[7] E. FISCHER, BERGMANN, LIPSCHITZ: Ber. Dtsch. chem. Ges. **51**, 57 (1918).
[8] E. FISCHER, BERGMANN: Ber. Dtsch. chem. Ges. **51**, 1768 (1918).

Schluß auf 140° erhitzt wird, destilliert und diese Operation noch 2—3 mal nach Zugabe von 150 ccm Wasser wiederholt, bis keine Säure mehr übergeht. KUNZ verseift bei 0° und titriert dann mit $n/_5$-Säure zurück.[1]

Halbmikroacetylbestimmung nach CLARKE.[2]

O-Acetyl: Probe in 50 ccm-Kolben mit 2 ccm n-alkoholischer KOH unter Kochen lösen, nach 4 Min. mit 18 ccm $MgSO_4$-Lösung[3] mit Wasserdampf unter leichtem Erwärmen des Kolbens destillieren. 50 ccm Destillat mit $^2n/_{100}$ KOH und Phenolrot bis bleibend rosa titrieren. Die 50 ccm enthalten 96% der Essigsäure.

N-Acetyl: Probe in 2 ccm n-butylalkoholischer KOH 1 St. am Rückfluß- kühler kochen dann weiter wie oben.

Blinde Probe! Bei flüchtigen Substanzen (Acetylsalicylsäure) mit der Norverbindung.

Verseifung mit Natriumalkoholat.

Um Dibrom-p-oxy-p-xylylnitromethan aus seinem Acetat zu gewinnen, ver- rieb es AUWERS[4] unter Kühlung mit einer 9 proz. methylalkoholischen Lösung von *Natriummethylat*, bis sich nahezu alles gelöst hatte, verdünnte dann mit viel Wasser und filtrierte in gekühlte verdünnte Säure.

Auch zur Verseifung von empfindlichen Benzoylderivaten der Zuckerreihe hat sich dieses Verfahren bewährt.[5]

Katalytische Verseifung acetylierter nicht reduzierender Zucker mit $1/_{800}$ d. Th. Na-Methylat in Methanol: ZEMPLÉN, PACSU: Ber. Dtsch. chem. Ges. **62**, 1613 (1929). — ZEMPLÉN, GERECS, HADÁCZY: Ber. Dtsch. chem. Ges. **69**, 1827 (1936).

Verseifung mit Kalium- (Natrium-) Acetat.[6,7]

Gewisse Acetylderivate von gelben Farbstoffen, wie das *Diacetyljacarandin*, werden nach PERKIN, BRIGGS[6] durch Kochen mit überschüssiger alkoholischer Kaliumacetatlösung verseift.

SEELIG[8] gelang die Verseifung des *Acetylglykols* durch Erhitzen mit *Natrium- acetat* und absolutem *Alkohol* auf 160.°

Daß *wässeriges* Kaliumacetat verseifend auf Ester wirken kann, hat schon vor längerer Zeit CLAISEN[9] gezeigt.

Die Verwendung einer *wässerig-acetonischen Lösung von Natrium- oder Kalium- acetat* bei etwa 70° dürfte bei den *acylierten Phenolen* allgemein dort Vorteil bieten, wo die Produkte gegen freies Alkali oder Ammoniak empfindlich sind.

---

[1] KUNZ: Journ. Amer. chem. Soc. **48**, 1978 (1926). — PHELPS, HUDSON: Journ. Amer. chem. Soc. **50**, 2051 (1928) (Acetylzucker).

[2] CLARKE: Ind. engin. Chem., Analyt. Ed. **8**, 487 (1936).

[3] 100 g $MgSO_4$, 1,5 ccm H_2SO_4 auf 180 ccm verdünnt.

[4] AUWERS: Ber. Dtsch. chem. Ges. **34**, 4269 (1901). — Das Verfahren hat nament- lich in der Zuckerreihe große Bedeutung: ZEMPLÉN: Ber. Dtsch. chem. Ges. **56**, 1705 (1923); **59**, 1258 (1926); **62**, 1613 (1929). — PICTET, VOGEL: Helv. chim. Acta **10**, 590 (1927); Ber. Dtsch. chem. Ges. **62**, 1421 (1929). — SCHNEIDER, LEONHARDT: Ber. Dtsch. chem. Ges. **62**, 1386 (1929). — FRIESE: Ber. Dtsch. chem. Ges. **62**, 2549 (1929). — HELFERICH, STÄRKER, PETERS: Liebigs Ann. **482**, 186 (1930). — FISCHER, BERG: Liebigs Ann. **482**, 213 (1930) (Kaliummethylat).

[5] BAISCH: Ztschr. physiol. Chem. **19**, 342 (1894). — Siehe auch BIILMANN: Liebig Ann. **388**, 259 (1912). — TRÄGER, BOLTE: Journ. prakt. Chem. (2), **103**, 177 (1922).

[6] PERKIN, BRIGGS: Journ. chem. Soc. London **81**, 218 (1902).

[7] Oxyanthrachinone: SCHWENK: Journ. prakt. Chem. (2), **103**, 107 (1922). — Diacetylresacetophenon: MAUTHNER: Journ. prakt. Chem. (2), **115**, 278 (1927).

[8] SEELIG: Journ. prakt. Chem. (2), **39**, 166 (1889).

[9] CLAISEN: Ber. Dtsch. chem. Ges. **24**, 123, 127 (1891).

Verseifung durch Ammoniak.

Acetylierte Glycoside usw. werden[1] glatt in die Stammsubstanz verwandelt, wenn man sie in kochendem Alkohol löst und dann einige Zeit mit etwas *Ammoniak* kocht[2] oder in die methylalkoholische Lösung bei 0° Ammoniak einleitet,[3] nach 24 Stunden Stehen im Vakuum eindampft und das Acetamid mit Essigester entfernt.

Verseifen durch *flüssiges Ammoniak:* E. FISCHER: Ber. Dtsch. chem. Ges. 47, 1379˙ (1914).

Verseifung durch Piperidin.

AUWERS: Liebigs Ann. 332, 214 (1904). — AUWERS, ECKARDT: Liebigs Ann. 359, 357, 363 (1908).

Verseifung durch Anilin.

GORTER: Liebigs Ann. 359, 232 (1908). — KLEMENC: Monatsh. Chem. 33, 377 (1912); Ber. Dtsch. chem. Ges. 49, 1371 (1916).

Verseifung mit Baryt, Kalk oder Magnesia.

Barythydrat[4,5] läßt sich in manchen Fällen verwenden, wo Kalilauge zerstörend einwirkt.

So wird nach ERDMANN, SCHULTZ[6] das Hämatoxylin beim Kochen auch mit sehr verdünnter Lauge unter Bildung von Ameisensäure[7] zersetzt, während die Zerlegung des Acetylderivats bei Verwendung von Barythydrat glatt verläuft.

HERZIG[8] kocht 5—6 Stunden am Rückflußkühler.[9] Der entstandene Niederschlag wird filtriert und im Filtrat das überschüssige Barythydrat mit Kohlensäure ausgefällt. Das Filtrat wird abgedampft, mit Wasser wieder aufgenommen, filtriert, gut gewaschen und im Filtrat das Barium als Sulfat bestimmt.

Da die Barytlösung in Glasgefäßen aufbewahrt wird und die Verseifung in einem Glaskolben vor sich geht, muß wegen des in Lösung gehenden Alkalis, das einen Teil der Essigsäure neutralisiert, eine Korrektur angebracht werden.[10]

BARTH, GOLDSCHMIEDT[11] empfehlen, Substanzen, die in trockenem Zustand von Barythydrat nur schwer benetzt werden, vorerst mit ein paar Tropfen Alkohol zu befeuchten.

MÜLLER[12] arbeitet direkt mit wässerig-alkoholischen Lösungen.

---

[1] E. FISCHER, HELFERICH: Ber. Dtsch. chem. Ges. 47, 218 (1914). — SCHNEIDER, CLIBBENS, HÜLLWECK, STEIBELT: Ber. Dtsch. chem. Ges. 47, 1267 (1914). — E. FISCHER: Ber. Dtsch. chem. Ges. 47, 226, 384, 1377, 1381 (1914). — SCHNEIDER, CLIBBENS: Ber. Dtsch. chem. Ges. 47, 2221 (1914). — E. FISCHER, BERGMANN: Ber. Dtsch. chem. Ges. 50, 1057 (1917). — PACSU, Ber. Dtsch. chem. Ges. 56, 409 (1913). — GLASER, THALER: Arch. Pharmaz. 264, 231 (1926). — GLASER, ZUCKERMANN: Ztschr. physiol. Chem. 166, 111 (1927). — MAURER, MÜLLER: Ber. Dtsch. chem. Ges. 63, 2072 (1930). — Triacetoxybenzylchromanon: PFEIFFER: Journ. prakt. Chem. (2), 129, 47 (1931).

[2] GRAEBE: Ber. Dtsch. chem. Ges. 31, 2976 (1898) (Benzoingelb).

[3] BRIGL: Ztschr. physiol. Chem. 122, 245 (1922). — BERGMANN, FREUDENBERG: Ber. Dtsch. chem. Ges. 62, 2786 (1929).

[4] Verseifen mit Barythydrat in der Kälte: E. FISCHER, DELBRÜCK: Ber. Dtsch. chem. Ges. 42, 2783 (1909).   [5] Siehe auch GLASER: a. a. O., S. 112.

[6] ERDMANN, SCHULTZ: Liebigs Ann. 216, 234 (1882).

[7] Siehe auch SCHULZE, LIEBNER: Arch. Pharmaz. 254, 581 (1916).

[8] HERZIG: Monatsh. Chem. 5, 86 (1884).

[9] Anwendung eines Bunsenventils: TRÖGER, BOLTE: Journ. prakt. Chem. (2), 103, 177 (1922).

[10] Diese Korrektur entfällt, wenn man, wie LIEBEN, ZEISEL [Monatsh. Chem. 4, 42 (1883); 7, 69 (1886)] im Silberkolben arbeiten kann.

[11] BARTH, GOLDSCHMIEDT: Ber. Dtsch. chem. Ges. 12, 1242 (1879).

[12] MÜLLER: Ber. Dtsch. chem. Ges. 40, 1825 (1907).

Barythydrat in wässerig-alkoholischer Lösung verseift acetylierte Glykoside quantitativ schon in der Kälte.[1]

Farbstoffe bilden öfters mit Barythydrat beständige Lacke und können darum so nicht vollständig entacetyliert werden.[2]

Ebenso wie mit Baryt kann man mit gesättigtem *Kalk*wasser verseifen.[3]

Verseifung durch *Calciumcarbonat* (Kreide) haben FRIEDLÄNDER, NEUDÖRPER ausgeführt.[4]

Während alkoholische Laugen bei Gegenwart von Aldehydgruppen nicht anwendbar sind, kann man in solchen Fällen nach BARBET, GAUDRIER[5] *Zuckerkalk* anwenden.

Zur Herstellung der Lösung werden auf 1 Teil Kalk 5 Teile Zucker und soviel Zuckerwasser verwendet, daß die Flüssigkeit zirka $^1/_{10}$-normal wird. Man kocht die Substanz in alkoholischer Lösung mit der Zuckerkalklösung 2 Stunden am Rückflußkühler und titriert dann zurück.

Qualitative *Mikroverseifung:* ROSENTHALER: Mikrochemie 8, 72 (1930).

Mikrobestimmung mit Barythydrat.[6]

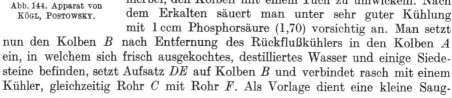

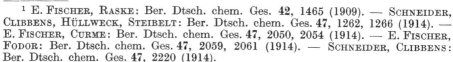

Abb. 144. Apparat von KÖGL, POSTOWSKY.

Die Verseifung der Substanz erfolgt im Einsatzkolben *B*, an welchem der Gummistopfen *G* mit Rohr *F* immer befestigt bleibt. Der äußere Kolben *A* und Aufsatz *DE* werden erst bei der Wasserdampfdestillation verwendet. Die Substanz wird mit einer PREGLschen Pastillenpresse zu einer kleinen Pastille geformt, welche auf einer gewöhnlichen Analysenwaage genau abgewogen und in den Kolben *B* eingetragen wird. Eine Mikrowägung ist natürlich vorzuziehen aber nicht erforderlich. Nach Zugabe der 10fachen Gewichtsmenge von festem Bariumhydroxyd und von 2—3 ccm Wasser setzt man einen kleinen Rückflußkühler auf. Zur Verseifung wird auf einem Asbestdrahtnetz mit kleiner Flamme $^3/_4$—2 Stunden erhitzt, je nach der Menge und Verseifbarkeit der Substanz. Es empfiehlt sich hierbei, den Kolben mit einem Tuch zu umwickeln. Nach dem Erkalten säuert man unter sehr guter Kühlung mit 1 ccm Phosphorsäure (1,70) vorsichtig an. Man setzt nun den Kolben *B* nach Entfernung des Rückflußkühlers in den Kolben *A* ein, in welchem sich frisch ausgekochtes, destilliertes Wasser und einige Siedesteine befinden, setzt Aufsatz *DE* auf Kolben *B* und verbindet rasch mit einem Kühler, gleichzeitig Rohr *C* mit Rohr *F*. Als Vorlage dient eine kleine Saug-

[1] E. FISCHER, RASKE: Ber. Dtsch. chem. Ges. 42, 1465 (1909). — SCHNEIDER, CLIBBENS, HÜLLWECK, STEIBELT: Ber. Dtsch. chem. Ges. 47, 1262, 1266 (1914). — E. FISCHER, CURME: Ber. Dtsch. chem. Ges. 47, 2050, 2054 (1914). — E. FISCHER, FODOR: Ber. Dtsch. chem. Ges. 47, 2059, 2061 (1914). — SCHNEIDER, CLIBBENS: Ber. Dtsch. chem. Ges. 47, 2220 (1914).

[2] GENVRESSE: Bull. Soc. chim. France (3), 17, 599 (1897).

[3] BRAUCHBAR, KOHN: Monatsh. Chem. 19, 42 (1898).

[4] FRIEDLÄNDER, NEUDÖRFER: Ber. Dtsch. chem. Ges. 30, 1081 (1897).

[5] BARBET, GAUDRIER: Ann. Chim. analyt. appl. 1, 367 (1896).

[6] KÖGL, POSTOWSKY: Liebigs Ann. 440, 34 (1924). — KÖGL, TAEUFFENBACH: Liebigs Ann. 445, 178 (1925). — KRAUS: Diss. Freiburg i. Br. 1925. — DIETERLE, STEGEMANN: Arch. Pharmaz. 264, 24 (1926). — SCHÖPFF, HEUCK: Liebigs Ann. 459, 268 (1927). — KÖGL, ERXLEBEN, JÄNECKE: Liebigs Ann. 482, 112 (1930). — KÖGL, DEIJS: Liebigs Ann. 515, 18 (1935).

flasche, die mit einem Natronkalkrohr abgeschlossen ist. Das Sicherheitsröhrchen
N wird erst bei Beginn der Dampfentwicklung verschlossen. Bei etwa 10 mg
abspaltbarer Essigsäure destilliert man ungefähr 20—25 Minuten. Sollte nach
Beendigung der Destillation der Tropfen am Ende des Aufsatzrohres sauer
reagieren, so ist die Bestimmung natürlich zu verwerfen. Das Destillat beträgt
durchschnittlich 30—40 ccm. Zu langes Destillieren muß vermieden werden, da
in sehr verdünnten Lösungen der Neutralpunkt schwerer zu definieren ist. Ohne
den Aufsatz DE werden leicht Spuren Phosphorsäure mitgerissen, die bei der
Titration einen Fehler von einigen Prozenten ausmachen können. Die Kugel D
enthält am unteren Ende des gebogenen Röhrchens P ein kleines Loch O, durch
welches das angesammelte Destillat zurückfließen kann. Von Zeit zu Zeit unterstützt man das Abfließen durch kurzes Lüften des Stopfens bei N.

Die überdestillierte Essigsäure titriert man mit $^n/_{10}$-Natronlauge, welche nach
PREGLS[1] Angabe mit Phenolphthalein gefärbt ist. Zur Titration dient eine in
$^1/_{20}$ ccm geteilte Bürette. Für die Titration selbst sind die Vorschriften PREGLS
genau zu beachten. Bei einiger Übung beträgt die Fehlergrenze etwa $^1/_2\%$.

Acetylbestimmung mit Magnesia nach SCHIFF.[2]

Man fällt die Magnesia aus eisenfreier Magnesiumsulfat- oder Chloridlösung
mit nicht überschüssigem kaustischen Alkali, wäscht lange und gut aus und bewahrt das Produkt unter Wasser als Paste auf. Etwa 5 g davon werden mit
1—5 g des sehr fein gepulverten Acetylderivats und wenig Wasser zu einem
dünnen Brei verrieben und mit weiteren 100 ccm Wasser in einem Kölbchen
aus resistentem Glas 4—6 Stunden am Rückflußkühler gekocht. Gewöhnlich
ist übrigens die Zersetzung schon nach 2—3 Stunden beendet. Man dampft
im Kölbchen auf etwa ein Drittel ab, filtriert nach dem Erkalten an der Saugpumpe und wäscht mit wenig Wasser. Im Filtrat fällt man nach Zusatz von
Salmiak und Ammoniak durch eine stark ammoniakalische Lösung von Ammoniumphosphat. Der nach 12 Stunden abfiltrierte Niederschlag wird nochmals in verdünnter Salzsäure gelöst und wieder durch Ammoniak ausgefällt.

Die Zersetzung mit Magnesia ist bei fein gepulverter Substanz und bei genügend lange (evtl. bis zu 48 Stunden) fortgesetztem Kochen auch bei nicht-
löslichen Substanzen vollständig.[3]

Die Magnesiamethode dient mit Vorteil namentlich in solchen Fällen, wo
Alkalien verändernd wirken oder gefärbte Produkte erzeugen.

1 Gewichtsteil Magnesiumpyrophosphat $Mg_2P_2O_7$ entspricht 0,774648 Gewichtsteilen C_2H_3O.

Verseifung durch Säuren.

Meist werden zur Verseifung von Acetylderivaten die starken Mineralsäuren
benutzt.

HELLER[4] hat acetylierte Enolverbindungen durch Kochen mit *Eisessig* verseift.

---

[1] F. PREGL: Die quantitative organische Mikroanalyse, S. 197. 1930.

[2] SCHIFF: Ber. Dtsch. chem. Ges. **12**, 1531 (1879); Liebigs Ann. **154**, 11 (1870);
163, 211 (1872). — HORRMANN: Ber. Dtsch. chem. Ges. **43**, 1906 (1910). — WALZ:
Arch. Pharmaz. **260**, 9 (1922). — DIETERLE: Arch. Pharmaz. **261**, 97 (1923). —
GADAMER, DIETERLE: Arch. Pharmaz. **264**, 24 (1924).

[3] Immerhin kann Arbeiten mit wässerigem Alkohol von Vorteil sein: WUNDER-
LICH: Diss. Marburg 73, 1908. — GADAMER, WINTERFELD: Arch. Pharmaz. **262**, 273
(1924).

[4] HELLER: Diss. Marburg 21, 1904. — LEUCHS, WINZER: Ber. Dtsch. chem. Ges.
58, 1523 (1925). — 75proz. Essigsäure: JOSEPHSON: Liebigs Ann. **472**, 220 (1929). —
Verd. Salzsäure und Essigsäure: PACSU: Ber. Dtsch. chem. Ges. **56**, 409 (1923).

Versuche mit *Benzolsulfosäure sowie α- und β-Naphthalinsulfosäure* beschreiben SUDBOROUGH, THOMAS;[1] nach ihnen sind diese Säuren der Schwefel- und Phosphorsäure vorzuziehen. In neuester Zeit wird namentlich *p-Toluolsulfosäure*[2] für diesen Zweck angewendet.[3]

Das Acetylderivat wird mit einer 10proz. Lösung der Sulfosäure der Dampfdestillation unterworfen und in dem Destillat die übergegangene Säure durch Titration bestimmt.

Die Sulfosäure wird gereinigt, indem man die wässerige Lösung ihres Bariumsalzes so lange der Wasserdampfdestillation unterwirft, bis das Destillat neutral ist, das Bariumsalz aus der zurückbleibenden Lösung auskrystallisieren läßt und mit der berechneten Menge Schwefelsäure zersetzt.

Mit *Salzsäure* wird selten[4] in der Kälte entacetyliert, meist am Rückflußkühler gekocht.[5] Gelegentlich benutzt man auch *alkoholische* Salzsäure.[6] Über die Verwendung von Aether-Salzsäure siehe S. 685.

Wirkt freie *Salzsäure (Schwefelsäure)* auf das Hydroxylderivat nicht ein, so erhitzt man die Acetylverbindung mit einer abgemessenen Menge Normalsäure im Einschmelzrohr (Druckfläschchen) auf 120—150° und titriert die Essigsäure[7] oder wägt das entstandene Produkt, wenn es unlöslich ist.[8]

Die Verseifung mit stärker konzentrierter *Schwefelsäure* empfiehlt sich namentlich dann, wenn die ursprüngliche Substanz in der verdünnten Säure unlöslich ist.

Man benutzt nitrosefreie, verdünnte Schwefelsäure, am besten aus 75 Teilen konzentrierter Säure mit 32 Teilen Wasser gemischt, mit der man die Substanz — etwa 1 g und 10 ccm der Säuremischung — übergießt.

Um die Substanz leichter benetzbar zu machen, kann man sie vor dem Zusatz der Schwefelsäure mit 3—4 Tropfen Alkohol befeuchten oder, nach PERKIN,[9] in Eisessig lösen.

Man erwärmt $^1/_2$ Stunde auf dem nicht ganz siedenden Wasserbad, verdünnt mit dem 8fachen Volumen Wasser, kocht 2—3 Stunden im Wasserbad und läßt 24 Stunden stehen. Dann sammelt man das abgeschiedene Hydroxylprodukt auf dem Filter[10] (LIEBERMANNsche Restmethode).

STÜLCKEN[11] mußte mit 50proz. Schwefelsäure zum Kochen erhitzen.

Gelegentlich ist auch die Verwendung von *unverdünnter* Schwefelsäure an-

[1] SUDBOROUGH, THOMAS: Proceed. chem. Soc. **21**, 88 (1905); Journ. chem. Soc. London **87**, 1752 (1905). — BUSCH: Diss. Berlin 26, 1907. — PRINGSHEIM: Ber. Dtsch. chem. Ges. **61**, 2021 (1928).

[2] Acetylbestimmung in Kohlehydratderivaten mit 50proz. p-Toluolsulfosäure: FRIEDRICH, STEENBERG: Biochem. Ztschr. **286**, 20 (1936).

[3] FREUDENBERG, HARDER: Liebigs Ann. **433**, 230 (1923); siehe auch S. 432.

[4] FRANCHIMONT: Rec. Trav. chim. Pays-Bas **11**, 107 (1892).

[5] ERWIG, KÖNIGS: Ber. Dtsch. chem. Ges. **22**, 1464 (1889).

[6] WUNDERLICH: Diss. Marburg 71, 1908. — Methylalkohol: SCHNEIDER, GILLE, EISFELD: Ber. Dtsch. chem. Ges. **61**, 1252 (1928). — Eisessig: LEUCHS, WINTER: Ber. Dtsch. chem. Ges. **58**, 1523 (1925).

[7] SCHÜTZENBERGER, NAUDIN: Liebigs Ann. **84**, 74 (1869). — HERZFELD: Ber. Dtsch. chem. Ges. **13**, 266 (1880). — SCHMOEGER: Ber. Dtsch. chem. Ges. **25**, 1453 (1892). — VOLPERT: Ztschr. Ver. Dtsch. Zuckerind. **1916**, 673.

[8] PERKIN: Journ. chem. Soc. London **75**, 448 (1899). — WALIASCHKO: Arch. Pharmaz. **242**, 235 (1904). — PERKIN, HUMMEL: Journ. chem. Soc. London **85**, 1464 (1904).   [9] PERKIN: Journ. chem. Soc. London **69**, 210 (1896).

[10] LIEBERMANN: Ber. Dtsch. chem. Ges. **17**, 1682 (1884). — HERZIG: Monatsh. Chem. **6**, 867, 890 (1885). — CIAMICIAN, SILBER: Ber. Dtsch. chem. Ges. **28**, 1395 (1895). — WUNDERLICH: Diss. Marburg 30, 60, 1908.

[11] STÜLCKEN: Diss. Kiel 28, 1906. — TRÖGER, BOLTE: Journ. prakt. Chem. (2), **103**, 177 (1922). — 25proz. Schwefelsäure: TRÖGER, DUNKEL: Journ. prakt. Chem. (2), **104**, 324 (1922).

gezeigt,[1] die evtl. kurze Zeit auf 100° erhitzt wird.[2] Das entacetylierte Produkt kann dann direkt durch Ausfällen mit Wasser gewonnen werden.

Falls das Hydroxylderivat nicht ganz unlöslich ist, muß man durch einen Parallelversuch der gelöst gebliebenen Menge Rechnung tragen.[3]

In vielen Fällen tritt durch konzentrierte Schwefelsäure schon beim 24stündigen Stehen in der Kälte Verseifung ein, ja es ist diese Methode oftmals anwendbar, wo die Verseifung mit Alkalien nicht angängig ist.[4]

Man fügt nach einigem Stehen vorsichtig Wasser zu, bis die Lösung etwa 1proz. ist und destilliert die Essigsäure mit Wasserdampf ab. Dieses von SKRAUP[5] modifizierte Verfahren hat WENZEL[6] zu einer recht allgemein anwendbaren Bestimmungsmethode ausgearbeitet.

Methode von WENZEL.

Bei der Einwirkung von konzentrierter Schwefelsäure auf leicht oxydable Substanzen bei höherer Temperatur tritt außer flüchtigen organischen Säuren stets schweflige Säure auf. Die Abwesenheit der letzteren kann man daher als Kriterium dafür betrachten, daß der nach Abspaltung der Essigsäure verbleibende Körper von der Schwefelsäure nicht angegriffen wurde, die Verseifung demgemäß glatt vonstatten gegangen ist. Es wird daher in allen Fällen die Menge der schwefligen Säure quantitativ bestimmt und, falls diese Null war, ergibt sich auch stets eine brauchbare Acetylzahl.

In weitaus den meisten Fällen läßt sich zur Verseifung 2 : 1 verdünnte Schwefelsäure anwenden.

Acetyltribromphenol erwies sich gegen Schwefelsäure 2 : 1 resistent; hier trat erst bei Verwendung von konzentrierter Schwefelsäure Lösung und Verseifung ein.

Des öfteren ist die Säure 2 : 1 zu konzentriert. In diesen Fällen wird die Säure noch mit dem gleichen Volumen Wasser verdünnt, so daß sie die Konzentration 1 : 2 hat; nun gelingt es, durch vorsichtiges Erwärmen auf 50—60° bei vollständiger Verseifung die Bildung der schwefligen Säure gänzlich zu vermeiden oder doch auf einen ganz minimalen Betrag zu reduzieren.

Um Fehlbestimmungen zu vermeiden, ist es zweckmäßig, mit einer geringen Menge Substanz in der Eprouvette jene Konzentration der Schwefelsäure zu ermitteln, bei der sich das Acetylprodukt eben löst, ohne sich beim Erwärmen stark zu verfärben, harzige Produkte abzuscheiden oder schweflige Säure zu entwickeln.

Auch bei Substanzen, die eine *Amingruppe* enthalten, ist die Schwefelsäure 2 : 1 noch zu verdünnen.

Schwefel kann unschädlich gemacht werden, indem man in den Verseifungskolben die entsprechende Menge festes Cadmiumsulfat bringt.

[1] SCHROBSDORFF: Ber. Dtsch. chem. Ges. **35**, 2931 (1902).

[2] MELDOLA, HAY: Journ. chem. Soc. London **95**, 1381 (1909) (Trinitroacetylaminophenol).

[3] CIAMICIAN, SILBER: Ber. Dtsch. chem. Ges. **28**, 1395 (1895).

[4] FRANCHIMONT: Ber. Dtsch. chem. Ges. **12**, 1940 (1879). — PERKIN: Journ. chem. Soc. London **73**, 1034 (1898).

[5] SKRAUP: Monatsh. Chem. **14**, 478 (1893). — OST: Ztschr. angew. Chem. **19**, 1995 (1906).

[6] WENZEL: Monatsh. Chem. **18**, 659 (1897). — ORNDORFF, BREWER: Amer. chem. Journ. **26**, 121 (1901). — ORNDORFF, BLACK: Amer. chem. Journ. **41**, 373 (1909). — HEUSER: Chem.-Ztg. **39**, 57 (1915). — LANDSTEINER, PRAŠEK: Biochem. Ztschr. **74**, 388 (1916). — KRAUSE: Ber. Dtsch. chem. Ges. **51**, 141 (1918). — STRAUS, BERNOUILLY, MAUTNER: Liebigs Ann. **443**, 188 (1925). — GLASER: Arch. Pharmaz. **264**, 234 (1926); Ztschr. physiol. Chem. **166**, 115 (1927). — ASAHINA, INUBUSE: Ber. Dtsch. chem. Ges. **61**, 1515 (1928). — KIESEL, ZNAMENSKAJA: Ber. Dtsch. chem. Ges. **64**, 318 (1931). — Nicht anwendbar für Acetylcellulose: FUCHS: Ber. Dtsch. chem. Ges. **61**, 950 (1928). — Siehe dagegen WELTZIEN, SINGER: Liebigs Ann. **443**, 110 (1925).

Ebenso läßt sich bei *halogenhaltigen Substanzen* etwa auftretende Halogen-wasserstoffsäure durch Silbersulfat binden.

Was die *Dauer der Bestimmung* betrifft, so ist Verseifung meist schon eingetreten, sobald die Substanz gelöst ist, und es genügt bei Sauerstoffverbindungen erfahrungsgemäß, $^1/_2$ Stunde auf 100—120° zu erwärmen, während es bei Stickstoffverbindungen notwendig ist, bei Verwendung der Säure 1 : 2 zur Sicherheit 3 Stunden auf diese Temperatur zu erhitzen, obwohl längst Lösung eingetreten ist.

Nach HESS, WELTZIEN, MESSMER[1] (Abb. 145) geht man am besten folgendermaßen vor:

In *B* werden 0,2—0,3 g Substanz eingewogen und mit etwa 2 ccm Schwefelsäure 1 : 1 unter Schütteln vermischt. Hierauf verschließt man den Kolben mit einem Gummistopfen und läßt bis zur klaren Lösung stehen; je nach der Löslichkeit des Acetats erfordert dieser Vorgang etwa 6—24 Stunden bei Temperaturen von 15—35°. Dann wird *B* mit *C* verbunden, *D* mit so viel ausgekochtem Wasser gefüllt, daß der Kühler eintaucht. Unter Durchleiten von Wasserstoff wird dann während 10 Minuten in siedendem Wasserbad die Verseifung vollendet. Man kühlt und gibt durch den Tropftrichter 13 ccm Phosphatlösung[2] zu. Nun wird evakuiert und währenddessen das Bad des Wasserdampfentwicklers auf 40—50° erhitzt. Nachdem das Vakuum sich eingestellt hat, beginnt die Destillation von *B* nach *F*, deren Geschwindigkeit sich nach der Leistung des Kühlers *E* richtet. Nach dem Eindunsten zur Trockene wird so viel Wasser durch den Tropftrichter zugegeben, daß der Inhalt von *B* eben gelöst wird und wiederum eingedunstet. Schließlich wird der ganze Vorgang ein drittes Mal wiederholt. Während des jeweiligen Eindunstens der letzten Flüssigkeit sorgt man durch Ableuchten mit der Flamme dafür, daß die gesamten Rohre, die der Dampf von *B* nach *D* durchströmt, ebenfalls völlig austrocknen.

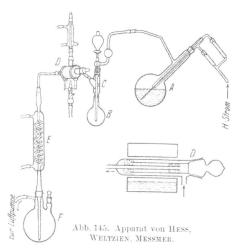

Abb. 145. Apparat von HESS, WELTZIEN, MESSMER.

Nach Beendigung der dreimaligen Destillation wird Wasserstoff eingelassen und durch den Tubus in *F* aus einer Bürette mit langem Tropfrohr mit $^n/_{20}$-Barytlauge und Phenolphthalein titriert. Die Methode arbeitet bei Anwendung von etwa 0,3 g auf etwa 0,1—0,3%, bei Anwendung von 0,15 g auf etwa 0,3—0,6% genau.

Über einen Fall, wo die Methode durch mitgebildete Isobuttersäure unanwendbar wurde, berichten BRAUCHBAR, KOHN;[3] in einem anderen Fall störte mit übergehende Kohlensäure,[4] in einem dritten mit überdestilliertes Phthalein.[5]

[1] HESS, WELTZIEN, MESSMER: Liebigs Ann. **435**, 64 (1924); **443**, 110 (1925); Ber. Dtsch. chem. Ges. **61**, 1461 (1928). — FRIESE, SMITH: Ber. Dtsch. chem. Ges. **61**, 1979 (1928).

[2] Bestehend aus 1170 g sek. Natriumphosphat und 150 g 84proz. Phosphorsäure mit Wasser auf 900 ccm gebracht.

[3] BRAUCHBAR, KOHN: Monatsh. Chem. **19**, 22 (1898).

[4] DOHT: Monatsh. Chem. **25**, 960 (1904). — WEGSCHEIDER: HERZIG-Festschr. 40, 1923.

[5] R. MEYER: Ber. Dtsch. chem. Ges. **40**, 1445 (1907). — Schwefeldioxyd: HAHN, SCHUCH: Ber. Dtsch. chem. Ges. **62**, 2963 (1929).

LANDSTEINER, PRAŠEK erhitzen 0,4 g Substanz mit 5 ccm 84proz. *Phosphorsäure*[1] und 5 ccm Wasser 12 Stunden auf 100° und arbeiten dann weiter ohne Phosphatzusatz.

Mikro-Wenzel-Verfahren: PREGL, SOLTYS: Mikrochemie 7, 1 (1929). — PREGL, ROTH: Mikroanalyse 235, 1935. Mit p-Toluolsulfosäure: ELEK, HARTE: Ind. engin. Chem. Analyt. Ed. 8, 267 (1936).

Auch mit *Jodwasserstoffsäure* hat CIAMICIAN[2] Verseifung von Acetylprodukten vorgenommen.

Additionsmethode.[3]

Dieses Verfahren bildet gewissermaßen eine Umkehrung der von LIEBERMANN angegebenen auf S. 428 angeführten Restmethode.

Ist das Acetylprodukt in kaltem Wasser unlöslich und kann man sich davon überzeugen, daß der Reaktionsverlauf quantitativ war, so kann man durch Kontrolle der Ausbeute des aus einer gewogenen Menge hydroxylhaltiger Substanz erhaltenen Acetylprodukts die Anzahl der eingeführten Acetyle ermitteln.[4] Auf diese Art hat z. B. SCHIFF[5] die aus Gerbsäure dargestellten Acetylprodukte untersucht.

Wägung des Kaliumacetats.[6]

Ist das Kaliumsalz des Verseifungsprodukts in absolutem Alkohol unlöslich, so kann man folgendes Verfahren anwenden:

1—2 g des Acetylderivats werden mit verdünnter Lauge in geringem Überschuß bis zur vollständigen Verseifung unter Ersatz des Wassers am Rückflußkühler gekocht, das freie Kali mit Kohlensäure neutralisiert, die Flüssigkeit im Wasserbad möglichst zur Trockene gebracht und der Rückstand vollständig mit absolutem Alkohol erschöpft. Die alkoholische Lösung wird wieder zur Trockene verdampft und noch einmal in absolutem Alkohol gelöst, von einem geringen Rückstand durch Filtration und genaues Auswaschen mit absolutem Alkohol getrennt. Nach dem Verdunsten bleibt reines Kaliumacetat zurück, das vorsichtig geschmolzen und, nach dem Erkalten über Schwefelsäure, rasch gewogen wird.

---

[1] Es ist in den meisten Fällen zweckmäßig, die Essigsäure mit Phosphorsäure und nicht mit Schwefelsäure zu destillieren: FRESENIUS: Ztschr. analyt. Chem. 5, 315 (1866). — GSCHWENDNER: Diss. Leipzig 45, 1906; Ztschr. analyt. Chem. 14, 172 (1875). — ERDMANN, SCHULTZ: Liebigs Ann. 216, 232 (1882). — HERZIG: Monatsh. Chem. 5, 90 (1884). — BUCHKA, ERK: Ber. Dtsch. chem. Ges. 18, 1142 (1885). — SCHALL: Ber. Dtsch. chem. Ges. 22, 1561 (1889). — ZÖLFFEL: Arch. Pharmaz. 229, 149 (1891). — GOLDSCHMIEDT, JAHODA, HEMMELMAYR: Monatsh. Chem. 13, 53 (1892); 14, 214 (1893); 15, 319 (1894). — MICHAËL: Ber. Dtsch. chem. Ges. 27, 2686 (1894). — SISLEY: Bull. Soc. chim. France (3), 11, 562 (1894). — CIAMICIAN: Ber. Dtsch. chem. Ges. 28, 1395 (1895). — DOBRINER: Ztschr. analyt. Chem. 34, 466, Anm. (1895); 34, 466 (1895). — R. MEYER: Ber. Dtsch. chem. Ges. 38, 3956 (1904). — Siehe hierzu DEKKER: Ber. Dtsch. chem. Ges. 39, 2500 (1906). — Siehe auch OST: Ztschr. angew. Chem. 19, 995 (1906). — GORTER: Liebigs Ann. 359, 220 (1908). — HELLER: Ber. Dtsch. chem. Ges. 42, 2739 (1909). — BECK: Diss. Leipzig 33, 1912. — DIMROTH: Liebigs Ann. 399, 26 (1913). — DIMROTH, SCHEURER: Liebigs Ann. 399, 53 (1913). — E. FISCHER, BERGMANN, LIPSCHITZ: Ber. Dtsch. chem. Ges. 51, 57, 58 (1918). — BRASS, HEIDE: Ber. Dtsch. chem. Ges. 57, 117 (1924). — SEKA, SEKORA: Monatsh. Chem. 47, 523 (1926). — MIKSIC: Journ. prakt. Chem. (2), 119, 223 (1928).

[2] CIAMICIAN: Ber. Dtsch. chem. Ges. 27, 421, 1630 (1894). — REIGRODSKI, TAMBOR: Ber. Dtsch. chem. Ges. 43, 1966 (1910).

[3] Siehe dazu HESSE: Journ. prakt. Chem. (2), 94, 241 (1917). — JOFFE, GRATSCHEW: Russ. Journ. allg. Chem. 3, 463 (1935).

[4] WISLICENUS: Liebigs Ann. 129, 181 (1864). — GOLDSCHMIEDT, HEMMELMAYR: Monatsh. Chem. 15, 321 (1894). — ELSBACH: Chem. Umschau Fette, Öle, Wachse, Harze 30, 235 (1923). [5] SCHIFF: Chem.-Ztg. 20, 865 (1897).

[6] WISLICENUS: Liebigs Ann. 129, 175 (1864). — SKRAUP: Monatsh. Chem. 14, 477 (1893).

Methode von PERKIN.[1]

0,5 g Substanz werden in 30 ccm Alkohol gelöst, 2 ccm Schwefelsäure zugefügt und unter zeitweisem Zusatz von Alkohol destilliert.

Der übergegangene Essigsäureester wird mit titrierter Lauge verseift.

In einzelnen Fällen kann man statt Schwefelsäure *Kaliumacetat* verwenden.

Verfahren von FREUDENBERG, HARDER.[2]

Der Kolben a hat 100, b 150 ccm Inhalt. Abstand von a und b 50 cm. Das absteigende Ansatzrohr des oberen Kolbens und das aufsteigende des unteren muß mindestens 5 mm lichte Weite haben. Der obere Kolben wird mit 0,3—0,4 g Substanz, 30 ccm absolutem Alkohol, 5 g p-Toluolsulfosäure und einigen Siedesteinchen beschickt. Der untere enthält 10 ccm absoluten Alkohol und wird mit Eiswasser gekühlt. Zunächst wird der im Destillationshals des oberen Kolbens angebrachte kleine Kühler in Betrieb gesetzt und der obere Kolben in heißes Wasser gestellt. Dann wird der Kühler entleert und der Kolbeninhalt abdestilliert. Sobald dies geschehen ist, wird von dem im Tropftrichter befindlichen Alkohol (40 ccm) ein Teil zugegeben und abdestilliert. Zugabe und Destillation werden noch einmal wiederholt. Dabei sind folgende Zeiten einzuhalten: 10 Minuten kochen; Kühler in Betrieb; Bad 100° (bei N-Acetyl 45 Minuten). Die Badtemperatur beträgt für alle folgenden Operationen bei O-Acetyl 95°, bei N-Acetyl 100°.

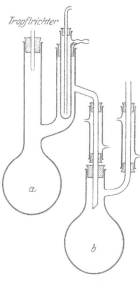

Tropftrichter

a

b

Abb. 146. Apparat von FREUDEN-
BERG, HARDER.

15 Minuten abdestillieren bei entleertem Kühler. Darnach 20 ccm Alkohol zufließen lassen und

10 Minuten kochen am Rückflußkühler (bei N-Acetyl 30 Minuten).

10 Minuten abdestillieren,[3] bei entleertem Kühler.

15 Minuten lang 20 ccm Alkohol zutropfen lassen und gleichzeitig abdestillieren bei entleertem Kühler.

10 Minuten weiter destillieren bei leerem Kühler.

Die hier für O-Acetyl angegebenen Zeiten und Temperaturen müssen nur bei zuckerhaltigen Stoffen streng eingehalten werden. Bei O-Acetylbestimmungen an Substanzen, die nicht der Zuckergruppe angehören, dürfen die Zeiten den für N-Acetyl angegebenen genähert werden. Sobald die Destillation beendet ist, werden durch das aufgerichtete Ansatzrohr des unteren Kolbens 30 ccm $^n/_5$-Natriumhydroxydlösung zugegeben. Während die Temperatur des oberen Kolbens auf 80° gehalten wird, ersetzt man das kalte Bad des unteren Kolbens durch ein heißes und hält es 10 Minuten lang im Sieden. Nach Entfernen dieses Bades und Erkalten des unteren Kolbens wird dieser abgenommen, sein Inhalt mit 30 ccm Wasser versetzt und im Kolben bei Gegenwart von Phenolphthalein

---

[1] PERKIN: Proceed. chem. Soc. **20**, 171 (1904); Journ. chem. Soc. London **85**, 1462 (1904); **87**, 107 (1905). — PYMAN: Journ. chem. Soc. London **91**, 1230 (1907). — PERKIN, UYEDA: Journ. chem. Soc. London **121**, 69 (1922). — PHILLIPS: Ind. engin. Chem., Analyt. Ed. **6**, 321 (1934).

[2] FREUDENBERG, HARDER: Liebigs Ann. **433**, 230 (1923). — FRIESE: Ber. Dtsch. chem. Ges. **62**, 2542 (1929). — FREUDENBERG, HOCHSTETTER, ENGELS: Ber. Dtsch. chem. Ges. **58**, 668 (1925). — FREUDENBERG, WEBER: Ztschr. angew. Chem. **38**, 280 (1925). — FREUDENBERG, SCHOLZ: Ber. Dtsch. chem. Ges. **63**, 1971 (1930).

[3] Während des ganzen Abdestillierens wird Kolben b mit Eis gekühlt.

mit $n/_5$-Schwefelsäure titriert. Vor Beginn einer Versuchsreihe sind blinde Proben notwendig.

Halbmikroverfahren nach der Methode von FREUDENBERG, HARDER.[1]

a hat 50 ccm Inhalt. Abstand von a und b 50 cm. Der rechts befindliche Kühler wird mit Natronkalkröhren versehen.

In a bringt man 0,08—0,06 g Substanz, 0,4 g p-Toluolsulfosäure (bei Acetyl 2 g), 10 ccm Alkohol und einige Siedesteine. Die Kühler werden in Betrieb gesetzt. In b 40 ccm $n/_{20}$-NaOH, 20 ccm Alkohol. Eiswasserkühlung. a wird im Wasserbad 15 Min. (bei N-Acetyl 45 Min.) gekocht. Bei entleertem Kühler im Destillationshals von a 10 Min. abdestillieren, durch den Tropftrichter 8 ccm Alkohol zugeben, 10 Min. (bei N-Acetyl 45 Min.) kochen bei angestelltem Kühler, 10 Min. bei entleertem Kühler abdestillieren. Innerhalb 5 Min. 8 ccm Alkohol zutropfen, 5 Min. abdestillieren. Wieder 6 ccm Alkohol in a, 10 Min. abdestillieren. b 10 Min. ins Wasserbad. Nach Erkalten Kolbenhals ausspülen, mit $n/_{20}$-H_2SO_4, Phenolphthalein titrieren.

Halbmikroverfahren von CLARK.

Verseifen mit (evtl. butyl-) alkoholischer Kalilauge, Wasserdampfdestillation nach Zusatz von $MgSO_4$—H_2SO_4-Lösung. CLARK: Ind. engin. chem. Analyt. Ed. 8, 487 (1936).

Mikroverfahren von FREUDENBERG, WEBER.[2]

Der Kolben K_1 nimmt die Substanz zusammen mit der Toluolsulfosäure auf. Der durch ein mit Watte vollgepreßtes Röhrchen W verschlossene Tropftrichter T enthält den absoluten Alkohol.

Der in den Destillationsaufsatz eingeschmolzene Rückflußkühler R wird mit Abwasser aus dem Kugelkühler gespeist; er muß während der Bestimmung mehrmals entleert und wieder in Betrieb gesetzt werden. Dies ermöglicht die in Abb. 147b skizzierte Vorrichtung. Zu- und Abfluß des Rückflußkühlers sind durch zwei T-Stücke T_1 und T_2 und eine Schlauchverbindung Q, die einen Schraubenquetschhahn trägt, verbunden. Außerdem ist in den Abflußschlauch ein für gewöhnlich mit einer Gummikappe verschlossenes drittes T-Stück T_3 eingesetzt. Schließt man den Quetschhahn bei Q, so fließt das Wasser durch den Rückflußkühler; öffnet man ihn und zieht man gleichzeitig die Gummikappe bei T_3 ab, so wird er selbsttätig leergesaugt. Nach Entleerung wird die Kappe auf T_3 sofort wieder aufgesetzt.

Am Destillationsaufsatz sitzt mittels Schliffverbindung der Kugelkühler, daran Kolben K_2. Dieser trägt seitlich ein durch einen Schliffstöpsel St verschlossenes Becherchen B mit zwei Marken zu $^1/_2$ und 1 ccm.

Die Schliffe Sch_1, Sch_2 und Sch_3 sowie der Hahn am Tropftrichter werden mit Vaseline, das Watteröhrchen und der Stöpsel am Becher mit Alkohol gedichtet.

Die Lösungen sind $n/_{20}$. Sie werden direkt in den noch feuchten Büretteflaschen hergestellt. Die Natronlauge bereitet man aus reinstem MERCKschen

---

[1] S. Seite 432. — BREDERECK: Ztschr. angew. Chem. **45**, 241 (1932). — Siehe auch MERZ, KREBS: Ber. Dtsch. chem. Ges. **71**, 302 (1938).

[2] FREUDENBERG, WEBER: Ztschr. angew. Chem. **38**, 28 (1925). — Das Verfahren ist nicht anwendbar, wenn die Reaktionsprodukte flüchtig sind: FRIEDRICH, RAPAPORT: Biochem. Ztschr. **251**, 432 (1934). — Mit Phosphorwolframsäure: VIDITZ: Mikrochim. Acta I, 326 (1937).

Hydroxyd. Man wägt rasch etwa ein Viertel mehr als die theoretisch nötige Menge ab, setzt etwa 10 ccm Wasser zu und gießt nach raschem Umschütteln ab. Nun wird 1 l destilliertes Wasser eingefüllt, der Flaschenhals mit Filtrierpapier ausgewischt und nach dem Einfetten mit Vaseline die von der Reinigung noch feuchte Bürette aufgesetzt, die nicht mehr abgenommen werden darf, ehe die Lösung verbraucht ist.

Die Schwefelsäurelösung wird aus Schwefelsäure (pro analysi, D. 1,84) durch Abmessen in einer 1 ccm-Pipette und Zugabe von 1 l Wasser hergestellt. Auch hier wird die noch feuchte Bürette sofort aufgesetzt.

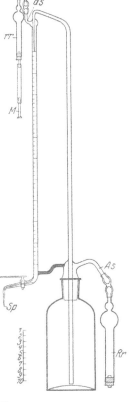

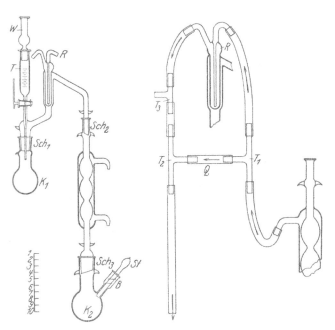

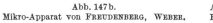

Abb. 147a. Mikro-Apparat   Abb. 147b.   Abb. 147c. Bürette nach
von FREUDENBERG, WEBER.   Mikro-Apparat von FREUDENBERG, WEBER.   FREUDENBERG, WEBER.

Beide Büretten werden durch öfteres Ansaugen bis zum Ansatz *as* und Abfließenlassen durchgespült. Das Wasser muß unter Zusatz einiger Körnchen Permanganat destilliert werden.

Zur Einstellung der Natronlauge wird reine Bernsteinsäure verwendet. Etwa 15 mg werden im Platinschiffchen auf der Mikrowaage abgewogen, in einen gealterten 50-ccm-ERLENMEYERkolben aus Jenaer Glas geworfen, etwa 5 ccm Wasser zugegeben und in der Kälte gelöst. Nach Zusatz von 2 Tropfen Phenolphthaleinlösung (0,5 : 100) wird kalt auf Hellrosa titriert, innerhalb längstens 20 Sekunden aufgekocht und weiter auf Rosa titriert. Die Bürette wird sofort abgelesen und die Faktorenberechnung ausgeführt. Mindestens 4 Titrationen, die unter sich auf 2 Einheiten der vierten Dezimale des logarithmischen Faktors übereinstimmen, sind auszuführen.

Einstellung der Schwefelsäure: In den 50-ccm-ERLENMEYERkolben gibt man 10 ccm Alkohol, etwa 10 mg reines Natriumacetat und 2 Tropfen Phenolphthaleinlösung. Man läßt etwa 5 ccm Natronlauge zufließen und notiert sofort nach deren Ablauf die abgelesene Zeit auf $^1/_2$ Minute genau (z. B. NaOH : 2 Uhr

$16^1/_2$ Minuten). Nun wird auf Farblos titriert und wieder sofort die Zeit aufgeschrieben (z. B. H_2SO_4: 2 Uhr 18 Minuten). Jetzt wird der Kolben in eine Reagensglasklammer gespannt und der Alkohol über der etwa 4 cm hohen, eben entleuchteten Flamme eines Bunsenbrenners unter stetem Drehen abgedampft. Dies ist geschehen, wenn beim Annähern des Kolbenhalses an die Flamme keine Entzündung mehr auftritt. Eventuell ist die Flamme bei hochgehaltenem Kolben von unten nach oben über die Mündung weg auszublasen. Nach Vertreibung des Alkohols ist die Lösung wieder rot geworden; man übersäuert mit 0,1—0,2 ccm Schwefelsäure und titriert unverweilt mit der Natronlauge auf denselben Farbton wie bei der Einstellung der Lauge zurück. Jetzt wird wieder sofort die Zeit festgestellt (z. B. NaOH: 2 Uhr $22^1/_2$ Minuten). Für den Betrag der verflossenen Zeit wird unter Zugrundelegung der Anzahl verbrauchter Kubikzentimeter die zu addierende Korrektion für den Nachlauf der Bürette aus der beigefügten Tabelle entnommen.

Mit der Ablesung der Schwefelsäurebürette wartet man, bis nach der ersten Zeitangabe für Schwefelsäure 10 Minuten verflossen sind. Das so erhaltene Volumen wird ohne Korrektion zur Faktorenberechnung verwendet. Die Einstellung der Lösungen ist erst 2—3 Tage nach ihrer Herstellung vorzunehmen.

Menge der abgelaufenen NaOH	Nachlauf (in ccm) innerhalb											
	1	2	3	4	5	6	7	8	9	10	30	60
	Minuten											
1 ccm	0,001	— 2	— 2	— 3	— 3	— 4	— 4	— 4	— 5	— 5	— 5	0,007
2 ,,	0,002	— 3	— 5	— 6	— 7	— 8	— 9	— 9	— 9	—10	—10	0,013
3 ,,	0,002	— 4	— 5	— 6	— 7	— 8	— 9	—10	—11	—12	—15	0,018
4 ,,	0,003	— 5	— 7	— 9	—11	—13	—14	—14	—15	—15	—20	0,025
5 ,,	0,005	— 7	—10	—12	—14	—16	—17	—18	—19	—20	—25	0,030
6 ,,	0,005	— 9	—13	—15	—18	—20	—21	—22	—23	—23	—33	0,038
7 ,,	0,005	— 9	—13	—15	—18	—20	—22	—24	—24	—25	—37	0,040
8 ,,	0,005	— 9	—13	—15	—18	—20	—23	—25	—26	—27	—38	0,042
9 ,,	0,005	—10	—14	—17	—20	—22	—25	—28	—28	—29	—40	0,045
10 ,,	0,005	—10	—15	—18	—20	—23	—25	—28	—30	—30	—45	0,050

Die Apparatur wird ausgedämpft. Dann wird sie in allen ihren Teilen mit kalter Chromschwefelsäure gefüllt und nach halbstündigem Stehen mit viel destilliertem Wasser und Alkohol gründlich ausgespült. Bei häufiger Benutzung genügt ein Ausspülen der beiden Kölbchen mit destilliertem Wasser und Alkohol. Die Kolbenhälse werden stets mit einem Leinenläppchen ausgewischt. Es schadet nichts, wenn die Kolben vor Beginn einer Bestimmung noch alkoholfeucht sind.

Die Apparatur wird mit Hilfe zweier Stative aufgebaut, die dicht nebeneinanderstehen. Sie wird ausschließlich an dem rechtsstehenden Stativ durch eine den Kugelkühler umfassende Klammer festgehalten, und zwar so hoch, daß unter dem Kolben K_2 bequem ein Bunsenbrenner aufgestellt werden kann. Unter jedes Kölbchen kommt ein Ring mit aufgelegtem Asbestdrahtnetz. Der Brenner unter K_1 wird in richtiger Entfernung vom Drahtnetz eingespannt. Man versieht den Zuleitungsschlauch mit einem Schraubenquetschhahn, der so eingestellt wird, daß das Wasser im Kochbad eben in gelindem Sieden bleibt, wenn der Gasleitungshahn ganz geöffnet ist.

Die beiden Teile des Apparats werden am Schliff Sch_2 (Abb. 147a) zusammengesetzt. Dann wird die Kühlschlauchleitung (Abb. 147b) angebracht und auf gutes Funktionieren geprüft. Die beiden Büretten werden aufgefüllt und auf Null eingestellt. Nun wägt man das nach PREGL vorbehandelte Platinschiffchen auf der Mikrowaage, füllt etwa 20 mg Substanz ein und wägt wieder. Hierauf führt man das Schiffchen soweit wie möglich in K_1 ein. Durch Aufrichten in die senkrechte Stellung und gelindes Schütteln entleert man es und läßt es dann zur Substanz in das Kölbchen fallen. Mit Hilfe des Maßgläschens gibt man etwa 0,1 g p-Toluolsulfosäure zu und fügt dann den Kolben an den Schliff an. In den Tropftrichter füllt man 5 ccm absoluten Alkohol und setzt das Watteröhrchen auf. Dann läßt man das Kühlwasser in starkem Strom (etwa 400 ccm pro Minute) laufen und stellt unter K_1 ein leeres Becherglas, das diesen bis zum Hals umgibt. K_2 muß später in Eis-Chlornatrium (3 : 1) gesteckt werden; man richtet dieses schon jetzt her. Ebenso erhitzt man die nötige Menge Wasser zum Sieden. Dann erst wird die Natronlauge aus der auf Null nachgestellten Bürette in K_2 gegeben, etwa 1—2 ccm mehr als theoretisch, und zwar stets 2, 4, 6 oder 8 ccm. K_2 wird auf den Schliff aufgesteckt und das Becherglas mit der Kältemischung auf das darunter befindliche Drahtnetz so aufgestellt, daß der Kolben bis dicht unter den seitlichen Aufsatz im Kältebad steckt. Der Schliffstöpsel des Ansatzes wird herausgezogen und mit einem als Ventil wirkenden Tropfen Alkohol wieder schräg eingelegt, nicht eingesteckt. Der Stöpsel darf nicht in den Schliff rutschen.

Zwischen die Kolben stellt man eine Scheidewand aus Asbestschiefer (etwa 20×25 cm). Sie steht auf dem unteren Drahtnetz auf.

Jetzt läßt man aus dem Tropftrichter 1,5 ccm Alkohol in K_1 fließen und gießt nun das obere Becherglas voll mit siedendem Wasser. Der Brenner wird entzündet und durch einen zweiten unterstützt, bis das Wasser wieder ins Sieden gerät.

1. Man erhitzt 3 Minuten am Rückflußkühler, von dem Zeitpunkt an gerechnet, wo der Alkohol im Kolben eben zu sieden beginnt.

2. Der Rückflußkühler wird entleert; es wird 5 Minuten abdestilliert.

3. Der Rückflußkühler wird wieder in Tätigkeit gesetzt, 2 ccm Alkohol zugegeben, wieder 3 Minuten am Rückflußkühler erhitzt.

4. Der Rückflußkühler wird entleert und 5 Minuten abdestilliert.

5. Die restlichen 1,5 ccm Alkohol werden innerhalb 5 Minuten zugetropft, dann wird der Hahn des Tropftrichters geschlossen; noch 5 Minuten weiterdestilliert. Nun wird der Bunsenbrenner abgedreht, der Stöpsel in den Aufsatz fest eingesetzt und der Hahn am Tropftrichter voll geöffnet. So bleibt der Apparat zur Abkühlung 5 Minuten stehen.

Man zieht jetzt die Schläuche vom Rückflußkühler ab und verbindet sie durch ein Stückchen Glasstab miteinander. Dann wird der Apparat bei Sch_2 auseinandergenommen und der Oberteil am Rückflußkühler in eine Federklammer eingespannt. Das Rohr des Kugelkühlers wird mit 1 ccm Alkohol ausgespült. Hierzu dient die „Meßspritzflasche", ein Meßzylinder von 50 ccm, der oben zu einem Hals H ausgezogen ist. Dieser ist mit einem doppelt durchbohrten Korken verschlossen, dessen eine Bohrung das kurze Glasrohr Gl enthält. An ihm ist mit Hilfe eines Gummischlauches Gi ein Glasrohr M als Mundstück angesetzt. Das Steigrohr St ist unten nach der Mitte zu abgebogen (b); oben ist es zweimal rechtwinklig gebogen und läuft in eine feine Spitze Sp aus. Durch Verschieben des Steigrohrs kann man einen Kubikzentimeter nach dem anderen aus der Flasche herausspritzen.

Man entfernt nun die Kältemischung und füllt das Becherchen des seitlichen Ansatzes bis zur oberen Marke mit Alkohol auf. Dann wird vorgewärmtes Wasser untergestellt, das man konstant bei 70—75° hält. Der Kolben taucht in das Wasserbad so tief ein, daß dessen Niveau etwa 2 cm höher als das des Kolbeninhalts steht. Nach 10 Minuten wird durch vorsichtiges Lüften des Stöpsels aus dem Ansatz $^1/_2$ ccm Alkohol zufließen gelassen und 1 ccm Alkohol durch den Kugelkühler eingespritzt. Nach weiteren 10 Minuten ist die Verseifung beendet; das Wasserbad wird durch ein Glas mit Kältemischung ersetzt. Nach 5 Minuten wird der Rest des Alkohols aus dem Becherchen zugegeben und das Kühlerrohr erneut mit 1 ccm Alkohol ausgespült. Darauf wird der Kolben außen abgetrocknet, vom Kühler abgenommen und nach Zusatz von 2 Tropfen Phenolphthaleinlösung auf Farblos titriert. Jetzt wird genau wie bei der Einstellung der Schwefelsäure der Alkohol verjagt, mit 0,1—0,2 ccm Schwefelsäure übersäuert und sofort titriert. Man liest sofort die Natronlaugebürette ab und addiert die Korrektion aus der Tabelle. Man benutzt die Spalte „60 Minuten" und führt gleich die nötige Faktorenmultiplikation aus. Die Schwefelsäurebürette wird dann abgelesen. Das abgelesene Volumen multipliziert man mit dem Schwefelsäurefaktor; durch Subtraktion des Säurevolumens von dem der Lauge erhält man die Anzahl der verbrauchten Kubikzentimeter Natronlauge.

Die Bestimmung an halogenhaltigen Substanzen erfolgt in der Weise, daß man in den oberen Kolben zu Substanz und Toluolsulfosäure etwa 10—30 mg toluolsulfosaures Silber gibt (das Vierfache der durch den Halogengehalt bedingten Menge). Dies bereitet man sich durch Auflösen eines äquimolekularen Gemenges von Silbernitrat und Toluolsulfosäure (kleiner Überschuß) in möglichst wenig Wasser in der Wärme und mehrfaches Auswaschen mit kaltem, toluolsulfosäurehaltigem Wasser. Es darf keine Salpetersäurereaktion mehr geben und im Blindversuch keinen Mehrverbrauch an Natronlauge verursachen.

Die für eine eingewogene Substanzmenge S mit einem Acetylgehalt $A\%$ nötige Menge $n/20$-Natronlauge berechnet sich aus:

$$\log \text{ccm NaOH} = \log S + \log A + \log F . \log F = 66722.$$

Aus der Anzahl der verbrauchten Kubikzentimeter Natronlauge berechnet sich der Prozentgehalt an CH_3CO wie folgt:

$$\% \, CH_3CO = \frac{(\text{ccm NaOH}).(F_1)}{\text{mg Substanz}},$$

oder

$$\log \% \, CH_3CO = \log \text{ccm NaOH} + \log F_1 + (1 . \log \text{Substanz}); \quad \log F_1 = 33278.$$

Bestimmung der Essigsäure als Silbersalz: MÜLLER, HERRDEGEN: Journ. prakt. Chem. (2), **102**, 132 (1921). — Das Salz enthält 64,6% Silber.

Acylwanderung bei der Verseifung: E. FISCHER, BERGMANN, LIPSCHITZ: Ber. Dtsch. chem. Ges. **51**, 45 (1918). — PACSU, STIEBER, VARGHA: Ber. Dtsch. chem. Ges. **59**, 2818 (1926); **62**, 2074 (1929).

Unterscheidung von O- und N-Acetyl (Phenylosazone).[1]

Zuerst wird das Gesamtacetyl nach FREUDENBERG bestimmt, dann[2] 100 mg Substanz in 25 ccm Aceton (oder mehr) gelöst, in Eis-Kochsalz gekühlt, 25 ccm $n/10$-NaOH eingetropft, 1 Stunde in der Kältemischung belassen, dann mit $n/10$-HCl, Phenolphthalein zurücktitriert. Blinde Probe.

II. Benzoylierungsmethoden.

1. Verfahren zur Benzoylierung.

Benzoylieren mit Benzoylchlorid.

Zur *sauren Benzoylierung* erhitzt man mehrere Stunden am Rückflußkühler auf 180°.[3]

---

[1] WOLFROM, KONIGSBERG, SALTZBERG: Journ. Amer. chem. Soc. **58**, 491 (1936).
[2] KUNZ, HUDSON: Journ. Amer. chem. Soc. **48**, 1982 (1926).
[3] 150°, Dibenzoylweinsäure: BUTLER, CRETCHER: Journ. Amer. chem. Soc. **55**, 2605 (1933).

Im *Einschmelzrohr* zu arbeiten empfiehlt sich nur dann, wenn man sicher sein kann, daß die entstehende Salzsäure zu keinerlei sekundären Reaktionen Veranlassung geben kann oder wenn sie, bei stickstoffhaltigen Verbindungen, unter Chlorhydratbildung unwirksam gemacht wird.[1] In solchen Fällen werden die berechneten Mengen der Ingredienzien etwa 4 Stunden auf 100—110° erhitzt.

Leichter benzoylierbare Körper werden auf dem Wasserbad erhitzt oder einfach, etwa in aetherischer Lösung, mit durch Aether verdünntem Benzoylchlorid stehengelassen.[2]

Zur Benzoylierung des *Tetrabrombiresorcins* mußten R. MEYER, DESAMARI mit dem Doppelten der berechneten Menge Benzoylchlorid *und etwas Chlorzink* auf 150° erhitzen.[3]

Anwendung von Schwefelsäure: REVERDIN: Helv. chim. Acta 1, 205 (1918); 2, 729 (1919).[4]

Auf α- und γ-*Oxychinoline* wirkt Benzoylchlorid in der Siedehitze so ein, daß das Hydroxyl des Oxychinolins durch Chlor ersetzt wird.[5]

Anthrachinonazid wird durch siedendes Benzoylchlorid reduziert und benzoyliert, ein bei chinoiden Stoffen auch sonst häufig beobachteter Vorgang.[6]

Quantitative Bestimmung von alkoholischem und phenolischem Hydroxyl durch Benzoylierung in kochendem *Tetralin* (N₂- oder H₂-Strom) mit Benzoylchlorid und Titration der abgespaltenen Salzsäure: MEIGER: Rec. Trav. chim. Pays-Bas 53, 387 (1934).

Beim *Dicyanmethyl* und *Dicyanaethyl* wird nach BURNS[7] durch Erhitzen der Substanz mit Benzoylchlorid der direkt am Kohlenstoff befindliche Wasserstoff durch Benzoyl substituiert.

Während diese Art des Benzoylierens nur relativ selten angewendet wird,[8] ist die Methode des *Acylierens in wässerig-alkalischer Lösung*[9] eine sehr häufig und fast immer mit Erfolg geübte Reaktion. Diese von LOSSEN aufgefundene,[10] von SCHOTTEN, BAUMANN[11] verallgemeinerte Methode ist unter dem Namen der SCHOTTEN, BAUMANNschen bekannt. Die Substanz wird im allgemeinen mit überschüssiger 10proz. Natronlauge und Benzoylchlorid geschüttelt, bis der Geruch nach Benzoylchlorid verschwunden ist. Soll die Benzoylierung möglichst vollständig sein, so muß man indessen[12] etwas *stärkere Lauge* verwenden. Man schüttelt z. B. die Substanz mit 50 Teilen 20proz. Natronlauge und 6 Teilen

---

[1] DANCKWORTH: Arch. Pharmaz. 228, 581 (1890).

[2] KNORR: Liebigs Ann. 301, 7 (1898).

[3] R. MEYER, DESAMARI: Ber. Dtsch. chem. Ges. 42, 2818 (1909).

[4] Siehe dazu BERGMANN, RADT: Ber. Dtsch. chem. Ges. 54, 1652 (1921).

[5] ELLINGER, RIESSER: Ber. Dtsch. chem. Ges. 42, 3336 (1909).

[6] SCHOLL: Ber. Dtsch. chem. Ges. 36, 3421ff. (1903). — SCHOLL, BERBLINGER: Ber. Dtsch. chem. Ges. 40, 399 (1907). — SCHOLL, LAMPRECHT: Ber. Dtsch. chem. Ges. 63, 2127 (1930).

[7] BURNS: Journ. prakt. Chem. (2), 44, 568 (1891).

[8] In manchen Fällen, wo die alkalische Benzoylierung versagt, führt aber gerade die saure Benzoylierung zum Ziel. — LASSAR, COHN, LÖWENSTEIN: Ber. Dtsch. chem. Ges. 41, 3360 (1908). — LIPP, SCHELLER: Ber. Dtsch. chem. Ges. 42, 1972 (1909).

[9] Benzoylieren in acetonig-wässerig-alkalischer Lösung: KINSCHER: Diss. Erlangen 14, 39, 1909.

[10] LOSSEN: Liebigs Ann. 161, 348 (1872); 175, 274, 319 (1875); 205, 282 (1880); 217, 16 (1883); 265, 148, Anm. (1891).

[11] SCHOTTEN: Ber. Dtsch. chem. Ges. 17, 2445 (1884). — BAUMANN: Ber. Dtsch. chem. Ges. 19, 3218 (1886).

[12] PANORMOW: Ber. Dtsch. chem. Ges. 24, R. 971 (1891). — BAISCH: Ztschr. physiol. Chem. 18, 200 (1894). — SCHUNCK, MARCHLEWSKI: Journ. chem. Soc. London 65, 187 (1894).

Benzoylchlorid in geschlossenem Kolben, bis der heftige Geruch des Säure-chlorids verschwunden ist. Die Temperatur soll nicht über 25° steigen.[1]

SKRAUP[2] empfiehlt, die Mengenverhältnisse so zu wählen, daß auf 1 Hydroxyl immer 7 Mol 10proz. Natronlauge und 5 Mol Benzoylchlorid in Anwendung kommen. Man schüttelt unter mäßiger Kühlung 10—15 Minuten.

Beim *Pyrogallol* war es nötig, die *Schüttelflasche mit Leuchtgas*[3] *zu füllen.* Bei derartigen gegen Alkali empfindlichen Stoffen kann man auch in *Soda-lösung*[4] oder nach BAMBERGER[5] unter Verwendung von *Alkalibicarbonat*[6,7] oder *Natriumacetat* arbeiten; oft genügt es, die Lauge stark zu *verdünnen.*[8]

Die Benzoylprodukte bilden gewöhnlich weiße, halbfeste Massen, die bei länge-rem Stehen mit Wasser hart und krystallinisch werden, aber häufig hartnäckig Benzoylchlorid oder Benzoesäure bzw. Benzoesäureanhydrid zurückhalten.[9]

Anhaftende *Benzoesäure* kann man im Vakuum absublimieren oder mit Wasserdampf abtreiben oder durch Auskochen mit Schwefelkohlenstoff,[10] Ligroin[11] oder kaltem Benzol[12] entfernen. 1 g Benzoesäure löst sich in zirka 7,8 ccm siedendem Ligroin.[13]

Das Rohprodukt, in Filterpapier gewickelt, befindet sich in einem 60 ccm langen, 4 cm breiten Glasrohr, oberhalb einer Porzellansaugplatte, die durch Verjüngen des Rohrs an einem Ende eingepaßt werden kann. Das Rohr wird mittels Gummistopfen auf einen mit Ligroin beschickten Kolben gesetzt, sein oberes Ende trägt einen Rückflußkühler. Auf die Porzellansaugplatte gibt man noch etwas entfettete Baumwolle.

Ist das Benzoylprodukt in Aether löslich, so führt gewöhnlich schon wieder-holtes Ausschütteln mit Lauge zum Ziel, kann aber partielle Verseifung bewirken. Auch Waschen des Rohprodukts mit verdünntem Ammoniak kann am Platze sein.

Als *Krystallisationsmittel* werden Essigsäureanhydrid[14] und Aceton[15] be-vorzugt. Auch *Xylol,*[16] *Ligroin,*[17] *Chloroform*[18] und *Benzoesäureester*[19] werden

---

[1] PECHMANN: Ber. Dtsch. chem. Ges. **25**, 1045 (1892).

[2] SKRAUP: Monatsh. Chem. **10**, 390 (1891).

[3] Besser Wasserstoff: EDER: Arch. Pharmaz. **254**, 1 (1916).

[4] LOSSEN: Liebigs Ann. **265**, 148 (1891). — SIMON: Arch. Pharmaz. **244**, 460 (1906). — Die öfters in großer Menge zugesetzte Soda wirkt auch aussalzend auf das Reaktionsprodukt, was unter Umständen von Wert sein kann. — Siehe KAUFF-MANN, FRITZ: Ber. Dtsch. chem. Ges. **43**, 1216 (1910).

[5] BAMBERGER: M. u. J. **2**, 546. — E. FISCHER: Ber. Dtsch. chem. Ges. **32**, 2454 (1899).

[6] Siehe auch Ber. Dtsch. chem. Ges. **38**, 1659 (1905); **39**, 539 (1906). — WIELAND, BAUER: Ber. Dtsch. chem. Ges. **40**, 1687 (1907) (Dioxyguanidin). — PAULY, WEIR: Ber. Dtsch. chem. Ges. **43**, 667 (1910).

[7] Das löslichere *Kalium*bicarbonat ist wieder dem *Natrium*bicarbonat vorzuziehen: MOHR: Journ. prakt. Chem. (2), **81**, 57 (1910).

[8] CEBRIAN: Ber. Dtsch. chem. Ges. **31**, 1598 (1898).

[9] SKRAUP: Monatsh. Chem. **10**, 395 (1889).

[10] BARTH, SCHREDER: Monatsh. Chem. **3**, 800 (1882).

[11] E. FISCHER: Ber. Dtsch. chem. Ges. **34**, 2900 (1901). — BAUM: Ber. Dtsch. chem. Ges. **37**, 2950 (1904). — PAULY, WEIR: Ber. Dtsch. chem. Ges. **43**, 667 (1910). — MOHR: Journ. prakt. Chem. (2), **81**, 57 (1910).

[12] EHRLICH: Ber. Dtsch. chem. Ges. **37**, 1828 (1904). — KYRIACOU: Diss. Heidel-berg **32**, 1908. [13] WEIR: Diss. Würzburg 20, 1909.

[14] KUENY: Ztschr. physiol. Chem. **14**, 337 (1890).

[15] BRÜHL: Ber. Dtsch. chem. Ges. **36**, 4273 (1903).

[16] BISCHOFF: Ber. Dtsch. chem. Ges. **24**, 1046 (1891). — BRÜHL: Ber. Dtsch. chem. Ges. **24**, 3378 (1891).

[17] LASSAR-COHN, LÖWENSTEIN: Ber. Dtsch. chem. Ges. **41**, 3360 (1908). —

[18] E. FISCHER, FREUDENBERG: Ber. Dtsch. chem. Ges. **45**, 2725 (1912). — E. FISCHER, OETKER: Ber. Dtsch. chem. Ges. **46**, 4029 (1913).

[19] BRÜHL: Ber. Dtsch. chem. Ges. **25**, 1873 (1892).

empfohlen. Diese Methode schließt indes immer die Gefahr einer Verdrängung von Benzoyl- durch Acetylgruppen in sich.

Benzoylierung von Dioxymethylenkreatinin: JAFFÉ: Ber. Dtsch. chem. Ges. **35**, 2899 (1902).

Während die freien *aromatischen Oxysäuren* und *Phenolsulfosäuren* sich nur schwer benzoylieren lassen, gelingt die Benzoylierung leicht mit den Estern.[1]

Da Benzoylchlorid sich in der Kälte mit Alkohol nur langsam umsetzt, kann man auch in *alkoholischer* Lösung arbeiten und benutzt dann an Stelle der wässerigen Lauge *Natriumalkoholat* (Methode von CLAISEN).[2] Im allgemeinen wird man hier unter Eiskühlung zu arbeiten haben.[3]

In manchen Fällen sind die *Kalium*salze verwendbarer als die *Natrium*salze.[4] Noch energischer reagieren *Silbersalze*.[5]

Besser als auf die trockenen Alkaliverbindungen[6] Benzoylchlorid einwirken zu lassen,[7] ist das Verfahren, Natriumalkoholat[8] in *alkoholischer* Lösung zu benutzen oder die Benzoylierung in *aetherischer* oder *Benzollösung* bei Gegenwart von trockenem Alkalicarbonat vorzunehmen[9] oder endlich nach BRÜHL[10] die in *Petrolaether* gelöste Substanz mit in demselben Medium suspendiertem Natriumstaub und gleichermaßen verdünntem Benzoylchlorid zu kochen.

Nach VIKTOR MEYER[11] und GOLDSCHMIEDT[12] enthält das Benzoylchlorid des Handels oft *Chlorbenzoylchlorid.* Da die gechlorten Benzoylverbindungen schwerer löslich sind als die entsprechenden Derivate der Benzoesäure, lassen sich die erhaltenen Benzoylderivate durch Umkrystallisieren nicht gut von Chlor befreien.

Übrigens führt auch *reines* Benzoylchlorid gelegentlich zur Bildung chlorhaltiger Produkte.[13]

Lactone geben alkalilösliche benzoylierte Säuren. Man säuert an und destilliert aus dem Gemisch des Produkts mit Benzoesäure letztere mit Wasserdampf ab.[14]

Die SCHOTTEN, BAUMANNsche Methode ist auch analog für Acetylierungen verwendbar, hat hier indessen wegen der leichteren Zersetzlichkeit des Acetylchlorids weniger Bedeutung.

Benzoylieren mittels tertiärer Basen.[15]

Pyridin, Chinolin oder Dimethylanilin wirken als Überträger der Benzoylgruppe.

---

[1] Siehe Note 17 auf S. 439.

[2] CLAISEN: Ber. Dtsch. chem. Ges. **27**, 3183 (1894).

[3] CLAISEN: Liebigs Ann. **291**, 53 (1896). — WISLICENUS, DENSCH: Ber. Dtsch. chem. Ges. **35**, 763 (1902).

[4] LÖWENSTEIN: Diss. Königsberg 1908. — LASSAR-COHN, LÖWENSTEIN: Ber. Dtsch. chem. Ges. **41**, 3362 (1908).

[5] DIMROTH, DIENSTBACH: Ber. Dtsch. chem. Ges. **41**, 4063, 4064, 4067 (1908). — Auch für Acetylierung und Einführung des m-Nitrobenzoylrestes: SPÄTH, BÖHM: Ber. Dtsch. chem. Ges. **55**, 2990 (1922).

[6] Trockenes Bariumcarbonat: BERGEL: Liebigs Ann. **482**, 67 (1930) (Cannabinol).

[7] CLAISEN: Liebigs Ann. **291**, 53 (1896).

[8] Bei 200° getrocknetes Aethylat: FEIST: Ber. Dtsch. chem. Ges. **28**, 1824 (1895).

[9] DIMROTH: Liebigs Ann. **335**, 77 (1904). (Bei 100°.)

[10] Siehe Note 15 auf S. 439.

[11] VIKTOR MEYER: Ber. Dtsch. chem. Ges. **24**, 4251 (1891).

[12] GOLDSCHMIEDT: Monatsh. Chem. **13**, 55, Anm. (1892).

[13] SCHOLTZ: Ber. Dtsch. chem. Ges. **29**, 2057 (1896).

[14] BISTRZYCKI, FLATAU: Ber. Dtsch. chem. Ges. **30**, 127 (1897).

[15] DENNSTEDT, ZIMMERMANN: Ber. Dtsch. chem. Ges. **19**, 75 (1886). — MINUNNI: Gazz. chim. Ital. **22** II, 213 (1892). — DENINGER: Journ. prakt. Chem. (2), **50**, 479

Es ist notwendig,[1] zu den Versuchen *reine Basen* (Pyridin aus dem Zinksalz oder Pyridin „*Kahlbaum*")[2] zu verwenden. Manchmal muß auch das Pyridin sorgfältig getrocknet sein.[3] Die Ausführung der Benzoylierung erfolgt, wie S. 417 beschrieben.

Als Nebenprodukt[4] entsteht immer · *Benzoesäureanhydrid*.

Man braucht nicht überschüssiges *Pyridin* zu nehmen und kann die Reaktion fast immer in der Kälte zu Ende führen, ja manchmal ist sogar gute Kühlung notwendig.[5] Als Verdünnungsmittel empfiehlt sich Aether.[6]

Chinolin,[7] das man vorteilhaft mit Chloroform verdünnt,[8] wirkt ebenso, nur weniger energisch, bietet dafür aber die Möglichkeit, falls es notwendig ist, höher zu erhitzen; das gleiche gilt vom *Dimethylanilin*[9] oder *Diaethylanilin*.[10]

Bei mehrwertigen Phenolen und Alkoholen ist nach diesem Verfahren meist keine erschöpfende Acylierung zu erzielen.

Über Bildung gemischter Säureanhydride nach diesem Verfahren siehe S. 419.

Eine eigentümliche Beobachtung machten E. FISCHER, BERGMANN[11] bei der *Benzoylierung des α-Diacetondulcits*. Bei der Einwirkung von Benzoylchlorid und *Chinolin* entsteht ein Dibenzoylderivat, das bei 185—186° schmilzt und in Alkohol ziemlich schwer löslich ist. Verwendet man aber *Pyridin* an Stelle des Chinolins, so entsteht ein isomerer Körper (*β-Dibenzoyldiacetondulcit*). Die gleiche Isomerie wurde bei dem *Dianisoyldiacetondulcit* beobachtet; auch hier entstehen verschiedene Körper, je nachdem man den α-Diacetondulcit mit *Anisoylchlorid* bei Gegenwart von Chinolin oder Pyridin behandelt.

Benzoylbromid.

Benzoyl*bromid* ist dem Benzoyl*chlorid* an Reaktionsfähigkeit beträchtlich überlegen. BRÜHL[12] benzoylierte den Camphocarbonsäureester nach der SCHOTTEN, BAUMANNschen Methode bei — 5°.

Benzoesäure

hat WEDEKIND[13] zum Benzoylieren von Oxyanthrachinonen benutzt, wobei unter Zusatz von Schwefelsäure oder auch ohne Katalysator beim Siedepunkt der Benzoesäure gearbeitet wird.

(1894). — CLAISEN: Liebigs Ann. **291**, 106 (1896); **297**, 64 (1897). — WISLICENUS: Liebigs Ann. **291**, 195 (1896). — LÉGER: Compt. rend. Acad. Sciences **125**, 187 (1897). — ERDMANN, HUTH: Journ. prakt. Chem. (2), **56**, 4, 36 (1897). — ERDMANN: Ber. Dtsch. chem. Ges. **31**, 356 (1898). — CLAISEN: Ber. Dtsch. chem. Ges. **31**, 1023 (1898). — EINHORN, HOLLANDT: Liebigs Ann. **301**, 95 (1898). — WEDEKIND: Ber. Dtsch. chem. Ges. **34**, 2070 (1901). — BOUVEAULT: Bull. Soc. chim. France (3), **25**, 439 (1901). — TSCHITSCHIBABIN: Bull. Soc. chim. France (3), **30**, 70, 500 (1903). — DIECKMANN: Ber. Dtsch. chem. Ges. **37**, 3370, 3384 (1904). — AUWERS: Ber. Dtsch. chem. Ges. **37**, 3899, 3905 (1904). — FREUNDLER: Bull. Soc. chim. France (3), **31**, 616 (1904).   [1] LOCKEMANN, LIESCHE: Liebigs Ann. **342**, 40 (1905).   [2] Oder aus dem Perchlorat: ARNDT, NACHTWEY: Ber. Dtsch. chem. Ges. **59**, 448 (1926).   [3] LOCKEMANN: Ber. Dtsch. chem. Ges. **43**, 2224 (1910).   [4] Siehe auch SCHENKEL: Ber. Dtsch. chem. Ges. **43**, 2598 (1910).   [5] RUPE, LUKSCH, STEINBACH: Ber. Dtsch. chem. Ges. **42**, 2517 (1909).   [6] EINHORN, ROTHLAUF, SEUFFERT: Ber. Dtsch. chem. Ges. **44**, 3318 (1911).   [7] SCHOLL, BERBLINGER: Ber. Dtsch. chem. Ges. **40**, 395 (1907). — KARRER, PEYER, ZEGA: Helv. chim. Acta **5**, 853 (1922).   [8] E. FISCHER, FREUDENBERG: Ber. Dtsch. chem. Ges. **45**, 2725 (1912). — E. FISCHER, OETKER: Ber. Dtsch. chem. Ges. **46**, 4029 (1913).   [9] NÖLTING, WORTMANN: Ber. Dtsch. chem. Ges. **39**, 638 (1906).   [10] ULLMANN, NÁDAI: Ber. Dtsch. chem. Ges. **41**, 1870 (1908).   [11] E. FISCHER, BERGMANN: Ber. Dtsch. chem. Ges. **49**, 289 (1916).   [12] BRÜHL: Ber. Dtsch. chem. Ges. **36**, 4274 (1903).   [13] WEDEKIND: DPA. Kl. 12, W 46334 (1917).

Benzoylieren mit Benzoesäureanhydrid.

Mit Benzoesäureanhydrid erhitzt man die hydroxylhaltige Substanz im offenen Kölbchen 1—2 Stunden auf 150°[1] oder 160—170°,[2] gelegentlich auch 22 bis 25 Stunden auf 50—60°.[3]

Seltener wird es notwendig sein, im Einschlußrohr stundenlang auf 190—200° zu erhitzen.[4]

Mit *Benzoesäureanhydrid und Wasser* gelingt die Überführung des *Ecgonins* in Cocain besonders gut.[5]

In ähnlicher Weise benzoyliert KNICK[6] das p-Nitrophenyl-α-,γ-lutidylalkin. Die stark verdünnte *salzsaure Lösung* der Substanz wird mehrere Stunden mit Benzoesäureanhydrid auf dem Wasserbad erwärmt, aus der wässerigen Lösung durch Schütteln mit Aether die Benzoesäure entfernt und der Ester mit Natronlauge gefällt.

Nach GOLDSCHMIEDT, HEMMELMAYR[7] ist vollständige Benzoylierung manchmal noch besser als nach SCHOTTEN, BAUMANN bei Anwendung von *Benzoesäureanhydrid und Natriumbenzoat* zu erzielen.

2 g Scoparin, 10 g Benzoesäureanhydrid und 1 g trockenes benzoesaures Natrium wurden 6 Stunden im Ölbad auf 190° erhitzt, mit 2 proz. Natronlauge übergossen und über Nacht in der Kälte stehengelassen.

REYCHLER empfiehlt, als katalysierendes Agens statt der sonst verwendeten[8] Schwefelsäure oder statt Chlorzink *Sulfosäuren*, speziell *Camphersulfosäure*, zu verwenden.[9]

Auch mit *Benzoesäureanhydrid allein* sind Erfolge erzielt worden, die nach den anderen Verfahren nicht erreicht werden konnten (GORTER,[10] EMMERLING[11]).

GASCARD[12] benutzt die Benzoylierung mit Benzoesäureanhydrid zur *Bestimmung des Molekulargewichts von Alkoholen und Phenolen.*

Die Benzoesäureester der tertiären Alkohole liefern zu niedrige Werte, da sie bei der Titration mehr oder weniger verseift werden.

In einen langhalsigen Kolben bringt man eine bestimmte Menge des zuvor getrockneten Alkohols oder Phenols und einen Überschuß von Benzoesäureanhydrid (das 2—3 fache der Theorie), schmilzt den Kolben zu und erhitzt ihn längere Zeit (bis 24 Stunden) im Wasser- oder Ölbad. Der Kolben soll untertauchen. In den meisten Fällen wird siedende, in der Kälte gesättigte Chlorcalciumlösung als Bad genügen. Nach beendigtem Erhitzen öffnet man den Kolben, läßt 10—20 ccm Aether einfließen, setzt nach eingetretener Lösung 5 ccm Wasser und 2 Tropfen Phenolphthaleinlösung zu und titriert mit normaler Kalilauge. Das Molekulargewicht *M* ergibt sich aus der Formel:

$$M = \frac{p \cdot 1000}{N - n},$$

[1] LIEBERMANN: Liebigs Ann. **169**, 237 (1873). — WINDAUS, HAUTH: Ber. Dtsch. chem. Ges. **39**, 4378 (1906). [2] E. MÜLLER: Diss. Leipzig 22, 1908. [3] LIFSCHÜTZ: Ztschr. physiol. Chem. **96**, 342 (1916). [4] ROMBURGH: Rec. Trav. chim. Pays-Bas 1, 50 (1882). — LIKIERNIK: Ztschr. physikal. Chem. **15**, 418 (1894). [5] LIEBERMANN, GIESEL: Ber. Dtsch. chem. Ges. **21**, 3196 (1888); D. R. P. 47 602 (1889). [6] KNICK: Ber. Dtsch. chem. Ges. **35**, 2791 (1902). [7] GOLDSCHMIEDT, HEMMELMAYR: Monatsh. Chem. **15**, 327 (1894). — THOMS, DRAUZBURG: Ber. Dtsch. chem. Ges. **44**, 2130 (1911). — KUENY: Arch. Pharmaz. **252**, 370 (1914). [8] WEGSCHEIDER: Monatsh. Chem. **30**, 859 (1909) (Aldehyde). [9] REYCHLER: Bull. Soc. chim. Belg. **21**, 428 (1907). [10] GORTER: Arch. Pharmaz. **235**, 313 (1897). [11] EMMERLING: Ber. Dtsch. chem. Ges. **41**, 1375 (1908). [12] GASCARD: Journ. Pharmac. Chim. (6), **24**, 97 (1906). — AUTHENRIETH, THOMAE: Ber. Dtsch. chem. Ges. **57**, 1002 (1924).

p ist das Gewicht der Substanz, N die Anzahl verbrauchter Kubikzentimeter normaler Kalilauge und n die bei einem blinden Versuch verbrauchte Anzahl Kubikzentimeter Kalilauge.

Handelt es sich um einen mehrwertigen Alkohol, so ist das Resultat mit der Anzahl der vorhandenen Hydroxylgruppen zu multiplizieren.

Wenn der Benzoesäureester in Aether schwer löslich oder unlöslich ist, muß Benzol oder Chloroform als Lösungsmittel verwendet werden.

Benzoylieren mit substituierten Benzoesäurederivaten und Acylierung durch Benzol- (Toluol-) Sulfosäurechlorid.

JACKSON, ROLFE[1] benzoylieren mit *p-Brombenzoylchlorid* oder *p-Brombenzoe-säureanhydrid* und bestimmen aus dem Bromgehalt der so gewonnenen Derivate die Zahl der Hydroxylgruppen.

Ebenso eignen sich *o-Brombenzoylchlorid*,[2] *p-Chlorbenzoylchlorid*,[3] *o-Nitro-benzoylchlorid*,[4,5] *m-Nitrobenzoylchlorid*[5,6] und *p-Nitrobenzoylchlorid*[5,7] zur Bestimmung von Hydroxylgruppen.

Speziell die mit *m-Nitrobenzoylchlorid* erhältlichen Derivate zeichnen sich durch Schwerlöslichkeit und eminentes Krystallisationsvermögen aus.[8]

Das schwer lösliche *p-Nitrobenzoylchlorid* wird meist in Aether, Aceton, Pyridin[9] oder Benzol gelöst. Es dient[10] unter anderem zur *Identifizierung des Aethylalkohols* und für die Charakterisierung von Enolen.[11]

Zur Identifizierung von aliphatischen Alkoholen überhaupt empfehlen BEREND, HEYMANN[12] sowie MULLIKEN[13] die Darstellung der *3.5-Dinitrobenzoyl*derivate. — Für Phenole: BROWN, KREMERS: Journ. Amer. pharmac. Assoc. 11, 607 (1922). In Pyridinlösung: PHILLIPS, KEENAN: Journ. Amer. chem. Soc. 53, 1924 (1931).

Die Schmelzpunkte der Derivate mit *2.4.6-Trinitrobenzoylchlorid* liegen um

[1] JACKSON, ROLFE: Amer. chem. Journ. 9, 82 (1887). — SCHOLL: Ber. Dtsch. chem. Ges. 43, 351 (1910). — POTSCHIWAUSCHEG: Ber. Dtsch. chem. Ges. 43, 1744, 1749 (1910). — AUTENRIETH: Arch. Pharmaz. 258, 1 (1920). — MÜLLER: Journ. prakt. Chem. (2), 120, 109 (1928). — DISCHENDORFER, GRILLMAYER: Monatsh. Chem. 47, 246 (1926).   [2] SCHOTTEN: Ber. Dtsch. chem. Ges. 21, 2250 (1888).
[3] STOLZ: Ber. Dtsch. chem. Ges. 37, 4151 (1904). — LOCKEMANN: Ber. Dtsch. chem. Ges. 43, 2224, 2228, 2229 (1910).
[4] D. R. P. 170587 (1906). — Die Substanz explodiert bei der Vakuumdestillation selbst bei bloß 5 mm Druck: SCHAARSCHMIDT, HERZENBERG: Ber. Dtsch. chem. Ges. 53, 1393 (1920).   [5] HÄNGGI: Helv. chim. Acta 4, 23 (1921).
[6] CLAISEN, THOMPSON: Ber. Dtsch. chem. Ges. 12, 1943 (1879). — SCHOTTEN: Ber. Dtsch. chem. Ges. 21, 2244 (1888); Journ. chem. Soc. London 67, 591 (1895). — W. WISLICENUS: Liebigs Ann. 312, 48 (1900). — FRANKLAND, HARGER: Journ. chem. Soc. London 85, 1571 (1904); siehe auch D. R. P. 170587 (1906). — WOHL: Ber. Dtsch. chem. Ges. 40, 4694 (1907). — FRENZEN: Ber. Dtsch. chem. Ges. 42, 2466 (1909). — LOCKEMANN: Ber. Dtsch. chem. Ges. 43, 2224, 2228 (1910). — PUMMEREZ: Ber. Dtsch. chem. Ges. 55, 3130 (1922).
[7] WISLICENUS: Liebigs Ann. 316, 37, 333 (1888). — BUCHNER, MEISENHEIMER: Ber. Dtsch. chem. Ges. 38, 624 (1905). — EMMERLING: Ber. Dtsch. chem. Ges. 41, 1376 (1908). — LOCKEMANN: Ber. Dtsch. chem. Ges. 43, 2226 (1910). — FORSTER, KUNZ: Journ. chem. Soc. London 105, 1718 (1914). — HENDERSON, SUTHERLAND: Journ. chem. Soc. London 105, 1710 (1914).
[8] V. MEYER, ALTSCHUL: Ber. Dtsch. chem. Ges. 26, 2756 (1893).
[9] REINDEL: Liebigs Ann. 466, 145 (1928).
[10] BUCHNER, MEISENHEIMER: Ber. Dtsch. chem. Ges. 38, 624 (1905). — E. FISCHER: Ber. Dtsch. chem. Ges. 47, 456 (1914).
[11] RÜGHEIMER: Ber. Dtsch. chem. Ges. 49, 591 (1916).
[12] BEREND, HEYMANN: Journ. prakt. Chem. (2), 69, 455 (1904). — KREMERS: Journ. Amer. pharmac. Assoc. 10, 252 (1921) (Methylalkohol).
[13] MULLIKEN: A method for the identification of pure organic compounds, Bd. 1, S. 168. 1904. — REICHSTEIN: Helv. chim. Acta 9, 799 (1926).

50—70° höher als die der 3.5-Dinitroderivate. Sie sind gegen siedendes Wasser resistent. Ein geringer Wassergehalt des Alkohols (Phenols) stört nicht.[1]

Zur *Spaltung der p-Nitrobenzoylderivate* (namentlich auch der Basen) hat sich Kochen mit etwa 15 proz. Bromwasserstoffsäure bewährt,[2] gelegentlich wird auch 5 proz. alkoholische Lauge verwendet.[3]

Es kann von Wert sein, Versuche statt mit halogensubstituierten Benzoylchloriden mit *Anisoylchlorid*[4] oder *Veratroylchlorid* zu unternehmen, wodurch die Bestimmung der Hydroxylgruppen vermittels der Methoxylzahl ermöglicht wird.

Die Umsetzungen der Säurechloride sind auf primäre Additionen an die Carbonylgruppe zurückzuführen.[5] Säurechloride mit ungesättigter Carbonylgruppe sollten deshalb besonders reaktionsfähig sein. Von STAUDINGER, KON[6] wurde gezeigt, daß eine paraständige Methoxygruppe oder eine Dimethylaminogruppe die Reaktionsfähigkeit des Carbonyls im Benzaldehyd bzw. Benzophenon stark erhöht. Entsprechend ist auch Anissäurechlorid, noch mehr aber *p-Dimethylaminobenzoylchlorid* reaktionsfähiger als Benzoylchlorid.[7]

Anthrachinon-β-carbonsäurechlorid: REICHSTEIN: Helv. chim. Acta 9, 803 (1926). — RUZICKA, SCHINZ: Helv. chim. Acta 18, 390, 397 (1935).

Verwendung von Benzolsulfosäurechlorid.[8,9]

Es wird nach der SCHOTTEN, BAUMANNschen Methode zur Einwirkung gebracht oder man setzt der Mischung von Phenol und Benzolsulfochlorid Zinkstaub oder Chlorzink zu und erwärmt.[10]

Alkoholische Lösungen sind möglichst zu vermeiden. Zur Reinigung werden die Niederschläge mit etwas Alkali angerührt und umkrystallisiert.

Die Ester pflegen in heißem Alkohol, Benzol, Chloroform und Schwefelkohlenstoff leicht, in Aether schwer löslich zu sein.[11] Sie besitzen oftmals besonderes Krystallisationsvermögen.[12]

p-Toluolsulfochlorid.[11,13]

Man arbeitet nach SCHOTTEN, BAUMANN unter Benutzung von Soda[14] oder Ätznatron, zweckmäßig mit Benzol als Verdünnungsmittel[15] oder nach EINHORN mit Diaethylanilin.[16]

---

[1] CHANG, KAO: Journ. Chin. chem. Soc. 3, 256 (1935).
[2] JACOBS: Diss. Berlin 18, 1907.   [3] REINDEL: Liebigs Ann. 466, 146 (1928).
[4] WERNER, SUBAK: Ber. Dtsch. chem. Ges. 29, 1156 (1896). — BRAUN, STEINDORF: Ber. Dtsch. chem. Ges. 38, 3098 (1905). — RUD. SCHULZE: Diss. Kiel 110, 1906. — AUWERS, ECKARDT: Liebigs Ann. 359, 367 (1908). — SCHEIBER, BRANDT: Journ. prakt. Chem. (2), 78, 93 (1908). — FRENZEN: Ber. Dtsch. chem. Ges. 42, 2467, 2468 (1909). — GABRIEL: Ber. Dtsch. chem. Ges. 42, 4062 (1909); D. R. P. 264654 (1913). — E. FISCHER, BERGMANN: Ber. Dtsch. chem. Ges. 49, 289 (1916). — RÜGHEIMER: Ber. Dtsch. chem. Ges. 49, 592 (1916). — DISCHENDORFER, GRILLMAYER: Monatsh. Chem. 47, 245 (1926). — HEMMELMAYR, STREHLY: Monatsh. Chem. 47, 387 (1926). — SCHMID, WASCHKAU: Monatsh. Chem. 48, 144 (1927). — SCHMID, BILOWITZKI: Monatsh. Chem. 49, 103 (1928).
[5] WERNER: Stereochemie, S. 411.   [6] Liebigs Ann. 384, 62 (1911).
[7] STAUDINGER, ENDLE: Ber. Dtsch. chem. Ges. 50, 1046 (1917).
[8] HINSBERG: Ber. Dtsch. chem. Ges. 23, 2962 (1890).
[9] SCHIAPARELLI: Gazz. chim. Ital. 11, 65 (1881). — KRAFFT, ROOS: Ber. Dtsch. chem. Ges. 26, 2823 (1893). — HEFFTER: Ber. Dtsch. chem. Ges. 28, 2261 (1895).
[10] SCHOTTEN, SCHLÖMANN: Ber. Dtsch. chem. Ges. 24, 3689 (1891); D. R. P. 117587 (1901). — GRANDMOUGIN, BODMER: Ber. Dtsch. chem. Ges. 41, 610 (1908).
[11] GEORGESCU: Ber. Dtsch. chem. Ges. 24, 416 (1891).
[12] MANASSE: Ber. Dtsch. chem. Ges. 30, 669 (1897).
[13] Reinigung: KNOOP, LANDMANN: Ztschr. physiol. Chem. 89, 159 (1914).
[14] ULLMANN, LOEWENTHAL: Liebigs Ann. 332, 62 (1904).
[15] ULLMANN, BRITTNER: Ber. Dtsch. chem. Ges. 42, 2546 (1909).
[16] ULLMANN, NÁDAI: Ber. Dtsch. chem. Ges. 41, 1872 (1908).

Verseifung mit kalter konzentrierter Schwefelsäure: ULLMANN, BRITTNER: Ber. Dtsch. chem. Ges. 42, 2547 (1909).

Polynitrophenole (Naphthole) mit zur Hydroxylgruppe orthoständigen NO_2-Gruppen tauschen beim Behandeln mit Arylsulfochloriden bei Gegenwart tertiärer Basen ihr Hydroxyl gegen Chlor aus.[1] Die Ausbeuten sind aber oft sehr schlecht. Toluolsulfochlorid verestert Hydroxylgruppen, ohne mit Aminogruppen zu reagieren, während sich Acetyl- und Benzoylchlorid umgekehrt verhalten.[2]

2. Analyse der Benzoylderivate.[3]

In manchen Benzoylprodukten kann man schon durch *Elementaranalyse* die genaue Zusammensetzung ermitteln; in *substituierten Derivaten* bestimmt man Halogen bzw. Stickstoff, Schwefel oder Methoxyl.

Zur direkten Bestimmung der Benzoesäure hat PUM[4] eine Methode ausgearbeitet.

Allgemeiner anwendbar ist das Verfahren, in der verseiften Substanz, analog der Destillationsmethode bei Acetylbestimmungen, die mit Wasserdampf übergetriebene Benzoesäure zu titrieren (R. und H. MEYER).[5]

Ca. 0,5 g Substanz werden mit 30—50 ccm Alkohol (am besten Methylalkohol: siehe S. 423) und überschüssigem Ätzkali unter Rückflußkühlung verseift, mit konzentrierter Phosphorsäurelösung oder glasiger Phosphorsäure angesäuert und hierauf mit Wasserdampf destilliert.

Am Anfang läßt man die Destillation langsam gehen und evtl. noch durch einen Tropftrichter Alkohol zufließen, damit das Verseifungsprodukt sich allmählich und krystallinisch ausscheide.

Sobald 1—1^1/$_2$ l Wasser übergegangen sind, werden 150 ccm des folgenden Destillats gesondert aufgefangen, durch Titration auf Benzoesäure geprüft und, sobald diese nicht mehr nachweisbar ist, die Destillation abgebrochen.

Wenn sich die Substanz nicht durch alkoholische Lauge verseifen läßt, führt oft Erhitzen mit (bis 80proz.) Schwefelsäure zum Ziel. Man destilliert dann nach Zusatz von primärem Natriumphosphat.[6]

Die Destillate werden mit gemessener Lauge alkalisch gemacht und auf 100—150 ccm konzentriert, dann kochend zurücktitriert.

Als Indicator dient Aurin oder Rosolsäure. Erst wenn sich der Farbstoff nach 10 Minuten langem Kochen nicht mehr rot färbt, ist alle Kohlensäure vertrieben und die Titration beendet.

Die zum Titrieren benutzte ^{n}/$_{10}$-Lauge stellt man auf sublimierte, frisch geschmolzene Benzoesäure.

Das Eindampfen hat auf einer Spiritus- oder Benzinkochlampe zu erfolgen.

SCHARF[7] zieht es vor, das alkalisch gemachte Destillat einzuengen, Kohlendioxyd einzuleiten und zur Trockene einzudampfen. Aus dem Rückstand erhält man durch Extraktion mit Alkohol das benzoesaure Natrium, das bei 110° getrocknet wird. SPÄTH, GALINOVSKY sublimieren die freigemachte Benzoesäure im Vakuum und wägen das Sublimat.[8]

---

[1] D. R. P. 199318 (1908). — ULLMANN, SANÉ: Ber. Dtsch. chem. Ges. 44, 3731 (1911). — BORSCHE, FIEDLER: Ber. Dtsch. chem. Ges. 46, 2122 (1913).

[2] D. R. P. 193099 (1907). — BUCHERER, WAHL: Journ. prakt. Chem. (2), 103, 141 (1922).

[3] Über Verseifen empfindlicher Benzoylverbindungen siehe auch WOHL: Ber. Dtsch. chem. Ges. 36, 4144 (1903).   [4] PUM: Monatsh. Chem. 12, 438 (1891).

[5] R. u. H. MEYER: Ber. Dtsch. chem. Ges. 28, 2965 (1895). — R. MEYER, HARTMANN: Ber. Dtsch. chem. Ges. 38, 3956 (1905).

[6] HELLER: Ber. Dtsch. chem. Ges. 42, 2740 (1909).

[7] SCHARF: Diss. Leipzig 29, 1903.

[8] SPÄTH, GALINOVSKY: Ber. Dtsch. chem. Ges. 63, 2997 (1930).

Verseifung und *direkte Titration* hat VONGERICHTEN[1] angewendet.

Die Substanz wird in Methylalkohol gelöst, mit wenig Wasser und 10 ccm Normallauge am Rückflußkühler 2—3 Stunden gekocht, bis eine Probe beim Verdünnen mit Wasser keine Trübung mehr zeigt.

Wenn das entacylierte Produkt in Lauge unlöslich ist, kann es abfiltriert, getrocknet und gewogen werden. Das alkalische Filtrat wird angesäuert, erschöpfend mit Aether extrahiert und die Benzoesäure im Rückstand gewogen,[2] evtl. nachdem der Aetherrückstand im Trockenschrank auf 115—120° erhitzt worden war, eine Kontrollwägung ausgeführt.[3]

Spaltung von Benzoylprodukten durch *Natriumaethylatlösung* in der Kälte: KUENY: Ztschr. physiol. Chem. **14**, 341 (1890). — SCHLUBACH, MOOG: Ber. Dtsch. chem. Ges. **56**, 1961 (1923). — Beim Kochen am Rückflußkühler: KILIANI, SAUTERMEISTER: Ber. Dtsch. chem. Ges. **40**, 4296 (1907). — Mit *Natriummethylatlösung:* BAISCH: Ztschr. physiol. Chem. **19**, 342 (1895). — Mit *Piperidin:* AUWERS, ECKARDT: Liebigs Ann. **359**, 257 (1908).

III. Mikro-Acetyl-, Benzoyl- und C-Methylbestimmung.[4]

Apparatur (Abb. 148). Aus Jenaer Geräteglas, Kühler aus Quarz.[5]

Das Reaktionskölbchen faßt 45 ccm und trägt drei Schenkel mit durch Stahlfedern gesicherten Schliffen.

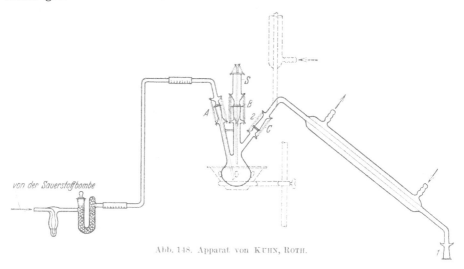

Abb. 148. Apparat von KUHN, ROTH.

Durch *A* geht ein Einleitungsrohr für Sauerstoff, das bis nahe an den Kölbchenboden reicht. Durch Lüften des eingeschliffenen Glasstabes *S* kann ohne Unterbrechung der Destillation Wasser nachgegeben werden.

---

[1] VONGERICHTEN: Liebigs Ann. **294**, 215 (1896). — LOCKEMANN, LIESCHE: Liebigs Ann. **342**, 42 (1905).

[2] SCHOLL, STEINKOPF, KABACZNIK: Ber. Dtsch. chem. Ges. **40**, 392 (1907). — SCHOLL, HOLDERMANN: Ber. Dtsch. chem. Ges. **41**, 2320 (1908). — WUNDERLICH: Diss. Marburg 62, 1908. — SIEBURG: Arch. Pharmaz. **251**, 161 (1913). — HEIL: Diss. Frankfurt a. M. 1922. — MAYER, HEIL: Ber. Dtsch. chem. Ges. **55**, 2161 (1922). — SEKA, SEKORA: Monatsh. Chem. **47**, 522 (1926). — GOLDSCHMIDT, SCHÖN: Ztschr. physiol. Chem. **165**, 288 (1927).   [3] v. D. HAAR: Arch. Pharmaz. **252**, 205 (1914).

[4] KUHN, ROTH: Ber. Dtsch. chem. Ges. **66**, 1274 (1933). — PREGL, ROTH: Mikroanalyse, S. 235. 1935.

[5] Zu beziehen von W. Vetter, Heidelberg, Hauptstraße 5.

Ausführung der Bestimmungen. 5—10 mg Substanz auf den Boden des Kölbchens durch *B*.

C durch einen Tropfen Wasser dichten, *A* mit Metaphosphorsäure. Sauerstoff- (oder Luft-, oder N_2-)Strom 30 Blasen pro Minute. Durch *B* 4 ccm n-methyl-alkoholische Natronlauge.[1] *B* mit Metaphosphorsäure dichten, *S* einsetzen, 1 ccm Wasser in den Trichter. Zur Verseifung dient ein Becherglas mit siedendem Wasser, das bis an die Schenkelansätze reicht.

Für O-Acetyl $^1/_4$ Stunde,[2] für N-Acetyl 3 Stunden kochen. Dann Kölbchen kühlen, *S* lüften, Kühler mit 4—6 ccm Wasser ausspülen, Kühler wenden, *S* wieder einsetzen, 1 ccm Wasser in den Trichter. 5 ccm abdestillieren, 1 ccm H_2SO_4 (1 Vol. : 2 Vol. H_2O) zugeben. Kühler gründlich ausspülen.

Bis auf 2—3 ccm abdestillieren, übergehende Essigsäure (Benzoesäure) in einem PREGL-Quarzkölbchen (für KJELDAHL) sammeln. Mit je 5 ccm Wasser dreimal nachdestillieren. Destillat mit $BaCl_2$ auf H_2SO_4 prüfen, 7—8 Sekunden kochen, sofort mit $^n/_{100}$-NaOH und Phenolphthalein auf beginnende Rosafärbung titrieren. Lauge mit Oxalsäure bei annähernd gleicher Verdünnung einstellen. Zur zweiten Titration 2—3mal je 5 ccm abdestillieren, zur dritten Titration noch 5—10 ccm. Bei der letzten Titration sollen nicht mehr als 0,03 ccm NaOH verbraucht werden. Analog wird für Benzoylbestimmungen vorgegangen.

Für Verseifung mit *wässeriger* Lauge 1 ccm 5-n-NaOH, für *saure* Verseifung 1 ccm H_2SO_4 (1 : 2) oder 1 ccm 25proz. p-Toluolsulfosäure. Vor dem Abdestillieren wird die Sulfosäure mit 0,5 ccm n-NaOH abgestumpft.

Die Verseifung mit alkoholischer Lauge ist der allgemeinsten Anwendung fähig, liefert aber gelegentlich (Pentaacetylcatechin) durch Bildung flüchtiger Säuren zu hohe Resultate. Hier ist saure Verseifung oder Anwendung der Chromsäuremethode am Platze.

In den seltenen Fällen, wo die Substanz in den genannten Verseifungsmitteln unlöslich ist, wird in 1 ccm reinstem *Pyridin* gelöst, mit methylalkoholischer Lauge verseift und Pyridin und Methanol abdestilliert. Das noch zurückgebliebene Pyridin bleibt nach dem Ansäuern als Sulfat zurück und stört nicht.

$$1 \text{ ccm } ^n/_{100}\text{-NaOH} = 0,4302 \text{ mg } CH_3CO \cdot \log F = 63370 \cdot 1 \text{ ccm } ^n/_{100}\text{-NaOH} =$$
$$1,0504 \text{ mg } C_6H_5CO \cdot \log F = 02135.$$

$$\left. \begin{array}{l} \log \% \text{ Acetyl} = \\ \log \% \text{ Benzoyl} = \end{array} \right\} \log \text{ ccm } ^n/_{100}\text{-NaOH} + \log F + (1 - \log \text{ Einwaage}).$$

C-Methylbestimmung.[3] Substanz mit 1 ccm H_2SO_4 1,84 und 4 ccm 5-n-Chromsäure mit freier Flamme (BABOtrichter) $1^1/_2$ Stunden Rückfluß. Kühlen, mit Hydrazinhydrat in sehr kleinen Tropfen fast vollständig reduzieren, mit 6 ccm 5-n-NaOH abstumpfen (kühlen), 1 ccm Phosphorsäure 1,7 zugeben, wie oben destillieren.

IV. Acylierung durch andere Säurereste.

Gelegentlich werden
Propionsäureanhydrid, Propionylchlorid, Valeriansäurechlorid,[4] Buttersäure-

---

[1] 40 g NaOH puriss., 500 ccm Wasser, 500 ccm Methanol, das über festem NaOH gekocht und abdestilliert ist.

[2] Triacetylcholsäuremethylester erfordert $2^1/_2$stündiges Kochen.

[3] Siehe S. 299 und TODD, BERGEL, KARI MULLAH: Ber. Dtsch. chem. Ges. **69**, 217 (1936).

[4] ERDMANN: Ber. Dtsch. chem. Ges. **31**, 357 (1898). — BRÜHL: Ber. Dtsch. chem. Ges. **35**, 4037 (1902); D. R. P. 182627 (1907). — WILKE: Diss. Halle 30, 1909.

chlorid,[1] Buttersäureanhydrid,[2,3] Isobuttersäureanhydrid, Isovaleriansäure-anhydrid,[3] Isovaleriansäurechlorid,[3,4] Capronsäurechlorid[3] sowie Stearinsäure-anhydrid, Stearinsäurechlorid,[3,5] Palmitinsäurechlorid,[3] Palmitin-, Stearin- und Salicylsäureester,[6] Laurinsäurechlorid, Ölsäurechlorid,[3,4] Brenzschleimsäurechlorid, anderseits aber auch

Opiansäure- und Phenylessigsäurechlorid, Hippursäurechlorid,[3] Zimtsäure-chlorid,[6,7] endlich Chlorkohlensäureester zu Acylierungen benutzt.

Um zu *propionylieren*,[8] erhitzt man die Substanz mit überschüssigem *Propionsäureanhydrid* 2 Stunden in der Druckflasche auf 100° oder einfach am Rückflußkühler.[9]

Man kann auch in offenen Gefäßen arbeiten,[10] setzt dann aber gewöhnlich zur Einleitung der Reaktion einen Tropfen konzentrierte Schwefelsäure zu.[11]

Zur Darstellung von Dipropionylbetulin wird 1 g Betulin mit 20 g Propionsäure $1^1/_2$ Stunden gekocht, dann auf Zusatz von wenig P_2O_5 noch $1^1/_2$ Stunden.[12]

Mit *Propionylchlorid* haben FORTNER, SKRAUP,[13] indem sie mit äquimolekularen Mengen arbeiteten, den Schleimsäurediaethylester durch 2stündiges Erhitzen unter Rückfluß auf dem Wasserbad und 24stündiges Stehenlassen bei Zimmertemperatur in das Tetrapropionylderivat verwandelt.[14]

Die *Propionylbestimmung* wurde nach zwei Methoden durchgeführt.

1. Titration mit Kalilauge. Der Ester wurde mit der zehnfachen Menge absolutem Alkohol übergossen, auf dem Wasserbad unter Rückflußkühlung erwärmt und allmählich etwas mehr als die berechnete Menge $^n/_{10}$-Kalilauge zufließen gelassen. Nach $1^1/_2$ stündigem Kochen wurde mit $^n/_{10}$-Salzsäure angesäuert und zurücktitriert.

2. Wägung des Kaliumpropionats. Der titrierte Kolbeninhalt wurde zur Trockene gebracht, viermal mit absolutem Alkohol extrahiert, der Extrakt eingedunstet, bei 130° getrocknet und gewogen.

HESS, MESSMER verseifen mit $^n/_5$-Schwefelsäure.

Die Derivate der *Buttersäure* und der *höheren Fettsäuren* müssen mit Lauge verseift und durch eine Parallelprobe mit dem unacylierten Zucker der Mehr-

---

[1] PALOMAA: Ber. Dtsch. chem. Ges. 42, 3875 (1909).
[2] STÜTZ: Liebigs Ann. 218, 250 (1883). — HEMMELMAYR: Monatsh. Chem. 23, 162 (1902). — COHEN: Arch. Pharmaz. 246, 512 (1908). — REYCHLER [Bull. Soc. chim. Belg. 21, 428 (1907)] setzt noch *Camphersulfosäure* als Katalysator zu.
[3] Zuckerarten: HESS, MESSMER: Ber. Dtsch. chem. Ges. 54, 499 (1921). Man arbeitet bei — 10 bis — 15°, höchstens bei Zimmertemperatur. — KARRER: Helv. chim. Acta 5, 853 (1922). — Solanidin: 2—3 Stunden 150°. SCHÖPF, HERRMANN: Ber. Dtsch. chem. Ges. 66, 298 (1933).
[4] D. R. P. 182627 (1906). — ZEMPLÉN, LÁSZLÓ: Ber. Dtsch. chem. Ges. 48, 917 (1915).
[5] Siehe S. 449, Anm. 3.   [6] GLOTH: Diss. München, 47 1910.
[7] ROMBURGH: Ber. Dtsch. chem. Ges. 37, 3470 (1904). — WINDAUS, WELSCH: Arch. Pharmaz. 246, 507 (1908). — COHEN: Rec. Trav. chim. Pays-Bas 28, 371, 392, 394 (1909). — E. FISCHER, OETKER: Ber. Dtsch. chem. Ges. 46, 4029 (1913). — RÖHMANN: Biochem. Ztschr. 77, 326 (1916). — WINDAUS, RYGH: Ges. Wiss. Göttingen 12, 1928.
[8] Anwendung der Pyridinmethode: PALOMAA: Ber. Dtsch. chem. Ges. 42, 3875 (1909). — HESS, MESSMER: a. a. O.
[9] WINDAUS, SCHNECKENBURGER: Ber. Dtsch. chem. Ges. 46, 2631 (1913). — WALZ: Arch. Pharmaz. 260, 23 (1922).
[10] WINDAUS, HAUTH: Ber. Dtsch. chem. Ges. 39, 4378 (1906). — WOODBRIDGE: Journ. Amer. chem. Soc. 31, 1067 (1909).
[11] GROENEWOLD: Arch. Pharmaz. 228, 177 (1890).
[12] DIETERLE, LEONHARDT, DORNER: Arch. Pharmaz. 271, 268 (1933).
[13] FORTNER, SKRAUP: Monatsh. Chem. 15, 200 (1894).
[14] Siehe Note 4 auf Seite 447.

verbrauch an Lauge, der durch die Bildung von sauren Umwandlungsprodukten bedingt ist, als Abzugsposten bestimmt werden.

Zur Darstellung von Isobutyrylostruthin erhitzte beispielsweise JASSOY[1] je 3 g Ostruthin mit 10 g *Isobuttersäureanhydrid* 2 Stunden im zugeschmolzenen Rohr auf 150°.

Man gießt das Reaktionsprodukt in Wasser, läßt erstarren, wäscht mit warmem Wasser neutral, preßt ab und trocknet zwischen Fließpapier. Dann reinigt man durch Umkrystallisieren aus Alkohol.

Stearinsäureanhydrid,[2] *Stearinsäurechlorid*,[3] *Laurinsäurechlorid*[4,5] sowie *Palmitinsäurechlorid*[6,7] werden auch öfters zum Acylieren verwendet.

Mit *Methoxyacetanhydrid* wird entweder 4 Stunden gekocht oder man arbeitet in Pyridin oder Lauge oder in Aether mit Pottasche.[8]

Quantitative Bestimmung flüchtiger Alkohole nach GRÜN, WIRTH.[9]

Ungefähr 0,5—1 g Substanz werden in ein Kölbchen von etwa 100 ccm Fassungsraum eingewogen, evtl. im geschlossenen Gläschen. Man übergießt mit 5—10 ccm *Laurinsäurechlorid*,[10] verschließt das Kölbchen mit einem Wattebausch und läßt $^{1}/_{2}$—3 Stunden[11] auf dem Luftbad bei etwa 60° stehen. Hierauf versetzt man mit 50 ccm Wasser, schüttelt um und kocht bei aufgesetztem kurzen Steigrohr 1 Minute auf. Nach dem Erkalten füllt man den Kolbeninhalt in einen $^{3}/_{4}$-l-Scheidetrichter um, spült das Kölbchen dreimal mit je 10 ccm Aether, die man erst durch das Steigrohr laufen ließ, aus und gibt die Aetheranteile ebenfalls in den Scheidetrichter. Die wässerige Schicht wird abgelassen, die aetherische Lösung noch einmal mit Wasser gewaschen und dann in den Titrierkolben abgefüllt. Der Scheidetrichter wird dreimal mit je 10 ccm Alkohol in den Titrierkolben ausgespült. Man neutralisiert mit alkoholischer Kalilauge, setzt 25 ccm $^{n}/_{2}$-alkoholische Lauge zu und verfährt weiter wie bei der Bestimmung der Verseifungszahl.

Der *Opiansäure-ψ-ester* ist das einzige krystallisierbare Säurederivat des *Rhodinols*.[12]

Eine allgemein anwendbare Methode, um Säurereste in hydroxylhaltige Substanzen einzuführen, haben EINHORN, HOLLANDT[13] angegeben. Durch Einwirkung von Phosgen auf Essigsäure entsteht Acetylchlorid.[14] Diese Reaktion

---

[1] JASSOY: Arch. Pharmaz. **228**, 551 (1890).

[2] BECKMANN, PLEISSNER: Liebigs Ann. **262**, 5 (1891).

[3] D. R. P. 182627 (1906). — KARRER, PEYER, ZEGA: Helv. chim. Acta **5**, 853 (1922).

[4] AUWERS, BERGS: Liebigs Ann. **332**, 201, 203 (1904). — ZEMPLÉN, LÁSZLÓ: Ber. Dtsch. chem. Ges. **48**, 917, 920 (1915).

[5] GRÜN, WIRTH: Dtsch. Öl- Fett-Ind. **1921**, 145.

[6] ERDMANN: Ber. Dtsch. chem. Ges. **31**, 356 (1898). — BERGS: Diss. Greifswald 1903, 24. — KARRER: Helv. chim. Acta **5**, 853 (1922).

[7] SOBBE: Journ. prakt. Chem. (2), **77**, 510 (1908). — ZEMPLÉN, LÁSZLÓ: Ber. Dtsch. chem. Ges. **48**, 919 (1915). — Anthrachinoncarbonsäurechlorid: REICHSTEIN: Helv. chim. Acta **9**, 804 (1926). — [8] HILL: Journ. Amer. chem. Soc. **56**, 993 (1934).

[9] GRÜN, WIRTH: Dtsch. Öl- Fett-Ind. **1921**, 145.

[10] Es genügt auch ein Gemenge, wie von Laurin- und Myristinsäurechlorid, das man aus einer entsprechenden Fettsäurenfraktion durch Behandlung mit Thionylchlorid erhält.

[11] Bei der Analyse primärer Alkohole genügt gewöhnlich halbstündige Einwirkung; in einigen Fällen, bei komplizierter gebauten, wie Geraniol, namentlich aber bei den sekundären Alkoholen, muß man bis zu 3 Stunden einwirken lassen.

[12] ERDMANN: Ber. Dtsch. chem. Ges. **31**, 358 (1898).

[13] EINHORN, HOLLANDT: Liebigs Ann. **301**, 100 (1898). — EINHORN, METTLER: Ber. Dtsch. chem. Ges. **35**, 3639 (1902).

[14] KAMPF: Journ. prakt. Chem. (2), **1**, 414 (1870).

vollzieht sich unter Vermittlung von *Pyridin* schon in der Kälte und läßt sich verallgemeinern. Es entstehen dabei die Säurechloridadditionsprodukte des Pyridins, die in Gegenwart von Phenolen usw. Acylderivate liefern. Man löst die hydroxylhaltige Verbindung in Pyridin auf, das die berechnete Menge der Säure enthält, und fügt in der Kälte die berechnete Menge in Toluol gelöstes Phosgen zu. Beim Eintropfen in Wasser scheidet sich das Acylierungsprodukt dann entweder direkt ab oder es bleibt im Toluol gelöst.

Auf diese Art wurden Propionyl-, i-Butyryl- und i-Valeryl-β-Naphthol dargestellt. — Natürlich kann man auch die fertigen Säurechloride in Pyridinlösung reagieren lassen.[1]

Auch mit *Chlorkohlensäureester* kann man nach diesem Verfahren oder nach SCHOTTEN, BAUMANN acylieren.[2] Namentlich Phenolcarbonsäuren, Phenolsulfosäuren,[3] Amine,[4] Oxyaldehyde, aliphatische Aminocarbon- und -sulfosäuren werden schon beim Schütteln der wässerigen oder acetonischen[5] Lösungen ihrer Alkalisalze mit Chlorkohlensäureester acyliert.

Abb.149. Darstellung von Carbomethoxyderivaten.

Wenn man etwas größere Mengen der Carbomethoxyderivate darstellen will oder auf die Alkaliempfindlichkeit der Substanz Rücksicht zu nehmen hat, wird man nach folgendem Beispiel vorgehen:[6]

In die WOULFsche Flasche (Abb. 149), die 80 g Gallussäure enthält, läßt man bei *b* einen ziemlich starken Wasserstoffstrom eintreten, der bei *a* wieder austritt; durch den Trichter *c* läßt man 400—500 ccm kaltes Wasser und nach dem Aufschlämmen der Säure durch Schütteln 2 Mol Natriumhydroxyd in 2 n-Lösung einfließen, worauf man durch Rühren mit der Turbine bald klare Lösung erhält. Unter Kühlung mit einer Kältemischung und starkem Rühren gibt man nun durch *d* allmählich $1^1/_{10}$ Mol Chlorkohlensäuremethylester, hierauf noch 1 Mol Natriumhydroxyd und wieder die gleiche Menge Chlorkohlensäureester hinzu, worauf die Operation noch zweimal wiederholt wird. Die ganze Reaktion dauert 15—20 Minuten. Schließlich wird mit 5 n-Salzsäure gefällt.

Die aliphatischen Oxysäuren lassen sich nach diesem Verfahren ebensowenig wie gewisse orthosubstituierte Phenolcarbonsäuren (Gentisinsäure, β-Resorcylsäure) carbomethoxylieren, wohl aber nach der zuerst bei der Salicylsäure[7] ange-

---

[1] SYNIEWSKI: Ber. Dtsch. chem. Ges. **28**, 1875 (1895). — ERDMANN: Journ. prakt. Chem. (2), **56**, 43 (1897). — WEIDEL: Monatsh. Chem. **19**, 229 (1898). — ROSAUER: Monatsh. Chem. **19**, 557 (1898). — KAUFLER: Monatsh. Chem. **21**, 994 (1900). — MAUTHNER: Journ. prakt. Chem. (2), **106**, 333 (1923).

[2] CLAISEN: Ber. Dtsch. chem. Ges. **27**, 3182 (1894). — E. FISCHER: Ber. Dtsch. chem. Ges. **41**, 2875 (1908); **42**, 215, 1015 (1909). — HOUBEN: Ber. Dtsch. chem. Ges. **42**, 3191 (1909). — HERZOG, KROHN: Arch. Pharmaz. **247**, 553 (1909). — THOMS, DRAUZBURG: Ber. Dtsch. chem. Ges. **44**, 2131 (1911). — NIERENSTEIN: Ber. Dtsch. chem. ·Ges. **43**, 628, 1269 (1910). — E. FISCHER, HOESCH: Liebigs Ann. **391**, 347, 352 (1912). — E. FISCHER, FREUDENBERG: Ber. Dtsch. chem. Ges. **45**, 927 (1912). — E. FISCHER, PFEFFER: Liebigs Ann. **389**, 198 (1912). — E. u. H. FISCHER: Ber. Dtsch. chem. Ges. **46**, 1138 (1913). — E. FISCHER, RAPAPORT: Sitzungsber. Preuß. Akad. Wiss., Berlin **1913**, 493. — E. u. H. FISCHER: Sitzungsber. Preuß. Akad. Wiss., Berlin **1913**, 507; D. R. P. 264654 (1913). — SONN, FALKENHEIM: Ber. Dtsch. chem. Ges. **55**, 2978 (1922) (Fisetol). — ROSENMUND, BÖHM: Arch. Pharmaz. **264**, 452 (1926).

[3] DERESER: Diss. Marburg 6, 17, 1915.   [4] SMITH: Diss. Kiel 25, 1914.

[5] HOESCH: Ber. Dtsch. chem. Ges. **46**, 887 (1913).

[6] E. FISCHER: Ber. Dtsch. chem. Ges. **41**, 2882 (1908).

[7] A. P. 1639174 (1899). — E. FISCHER: Ber. Dtsch. chem. Ges. **46**, 3256 (1913).

wendeten Methode: Einwirkenlassen von Chlorkohlensäuremethylester in wasserfreien Lösungsmitteln (Chloroform, Benzol, Aceton) bei Gegenwart tertiärer Basen (Dimethylanilin).

Bei der Carbomethoxylierung von Oxysäuren können gemischte Anhydride der Oxysäure und der Methylkohlensäure entstehen.[1]

Zu ihrer Zerlegung löst man in Aceton und schüttelt mit kalt gesättigter Kaliumbicarbonatlösung bis zum Aufhören der Kohlensäureentwicklung, säuert an und aethert aus[2] oder läßt die Pyridinlösung mit Ammoniak stehen.[3]

Über Zerlegung der Derivate der Polyoxybenzylalkohole: ROSENMUND, BÖHM: Arch. Pharmaz. **264**, 455 (1926).

Kohlensäureester kann man übrigens[4] auch durch Erhitzen der in Benzol gelösten Substanz mit Chlorkohlensäureester in Gegenwart von Calcium-

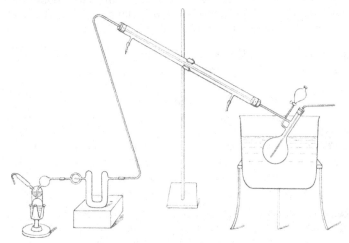

Abb. 150. Analyse der Carbomethoxyverbindungen.

carbonat[5] darstellen. In diesen Derivaten macht man dann eine Methoxylbestimmung.

DANIEL, NIERENSTEIN haben[6] die Carbalkyloxyderivate für die quantitative Bestimmung von Hydroxylen verwertet.

Die Methode hat speziell für die Gerbstoffchemie Bedeutung. Das Verfahren beruht auf der Verseifung der *Carbalkyloxyderivate* und bietet den Vorteil, daß Verschiebungen und *Aufspaltungen*[7] des Moleküls dem Anschein nach nicht zu befürchten sind. Das Prinzip dieser Methode beruht auf dem Wägen des bei der Verseifung entwickelten Kohlendioxyds.

Die Hydroxylbestimmung wird im nachstehenden Apparat (Abb. 150) ausgeführt. 50proz. *Pyridin*lösung eignet sich für die Verseifung der Derivate am

---

[1] E. FISCHER, STRAUSS: Ber. Dtsch. chem. Ges. **47**, 319 (1914). — E. FISCHER, H. FISCHER: Ber. Dtsch. chem. Ges. **47**, 768 (1914); vgl. D. R. P. 117267 (1899). — EINHORN, SEUFFERT: Ber. Dtsch. chem. Ges. **43**, 2988 (1910).

[2] FISCHER, STRAUSS: Ber. Dtsch. chem. Ges. **47**, 318 (1914).

[3] MAUTHNER: Journ. prakt. Chem. (2), **106**, 333 (1923).

[4] SYNIEWSKI: Ber. Dtsch. chem. Ges. **28**, 1875 (1895). — WEIDEL: Monatsh. Chem. **19**, 229 (1898). — ROSAUER: Monatsh. Chem. **19**, 557 (1898). — KAUFLER: Monatsh. Chem. **21**, 994 (1900).

[5] Weniger gut ist Alkalicarbonat, das auf die Ester verseifend wirken kann.

[6] DANIEL, NIERENSTEIN: Ber. Dtsch. chem. Ges. **44**, 701 (1911). — FEIST, BESTEHORN [Arch. Pharmaz. **263**, 31 (1925)] haben diese Methode sehr abfällig kritisiert.

[7] NIERENSTEIN: Chemie der Gerbstoffe, S. 34. Stuttgart 1910.

besten. Man beschickt das U-Rohr mit einem Gemisch von 2 Teilen Calciumchlorid und 1 Teil Oxalsäure, so daß evtl. übergehende Pyridindämpfe zurückgehalten werden können.

Für die Bestimmung löst man 0,3—0,5 g Substanz in 20—30 ccm Alkohol
und bringt das Ölbad unter Einleiten von *kohlendioxydfreier* Luft auf 115—120°.
Hierauf läßt man *unter Vorwärmen des Tropftrichters mit der Hand* in drei Portionen 50 ccm Pyridinlösung hinzufließen und setzt das Erwärmen (120° ist
die Maximaltemperatur) und Einleiten von Luft während $^3/_4$—1 Stunde fort.
Im ganzen dauert die Bestimmung $1^1/_2$—2 Stunden.

Phenylessigsäurechlorid

verwendet man nach Art der SCHOTTEN, BAUMANNschen Reaktion, indem man
die in verdünnter Kalilauge gelöste Substanz mit überschüssigem Phenylacetyl-
chlorid schüttelt, oder mit viel Natriumbicarbonat und überschüssigem Chlorid.[1]
Die Darstellung erfolgt am besten mit Thionylchlorid.[2]

Phenylchloressigsäurechlorid.

Man acyliert nach der auf S. 409 beschriebenen Methode von JACOBS, HEIDEL-
BERGER.

Brenzschleimsäurechlorid

hat BAUM[3] empfohlen, namentlich für die Acylierung mehrwertiger Phenole
(Furoylierung).
Die *Spaltung der Furoylderivate* gelingt durch Kochen mit Barytwasser.[4]
In der Regel wird die Furoylierung nach SCHOTTEN, BAUMANN durchgeführt.

V. Darstellung von Urethanen mit Harnstoffchlorid.

Mit Harnstoffchlorid reagieren nach GATTERMANN[5] hydroxylhaltige Verbindungen unter Bildung der schön krystallisierenden Urethane.[6]

Man läßt molekulare Mengen der Komponenten in aetherischer Lösung aufeinander einwirken. Die Reaktion verläuft meist schon beim Stehen bei Zimmertemperatur quantitativ, nur bei mehrwertigen Phenolen ist schwaches Erwärmen
nötig.

In dem Reaktionsprodukt wird der Stickstoff, am besten als Ammoniak,
bestimmt.

Größerer Überschuß an Säurechlorid ist zu vermeiden, weil er zur Bildung
von Allophansäureestern führen könnte.

Nach KAUFFMANN[7] braucht man das Phosgen nicht zu isolieren, man leitet
vielmehr das rohe nach ERDMANN[8] bereitete Gas durch mehrere mit konzentrierter Schwefelsäure beschickte Waschflaschen, die das mitgebildete Sulfurylchlorid und Schwefelsäureanhydrid zurückhalten, dann direkt über den Salmiak.

Auch *substituierte* Harnstoffchloride haben in vielen Fällen gute Dienste geleistet. So ist nach ERDMANN, HUTH[9] das *Diphenylharnstoffchlorid* speziell für

---

[1] MANNICH, GANZ: Ber. Dtsch. chem. Ges. **55**, 3500 (1922) (Amine).
[2] HANS MEYER: Monatsh. Chem. **22**, 427 (1901).
[3] BAUM: Diss. Berlin 1903; Ber. Dtsch. chem. Ges. **37**, 2949 (1904).
[4] JAFFÉ, COHN: Ber. Dtsch. chem. Ges. **20**, 2312 (1887).
[5] GATTERMANN: Liebigs Ann. **244**, 38 (1888). — Siehe auch ERDMANN: Ber.
Dtsch. chem. Ges. **35**, 1860 (1902).
[6] Beziehungen zwischen der Konstitution der Alkohole und der Geschwindigkeit
der Urethanbildung: AGATHE LEWANDOWSKY: Diss. Berlin 1915.
[7] KAUFFMANN: Liebigs Ann. **344**, 70 (1905).
[8] ERDMANN: Ber. Dtsch. chem. Ges. **26**, 1993 (1893).
[9] ERDMANN, HUTH: Journ. prakt. Chem. (2), **53**, 45 (1896); (2), **56**, 7 (1897).

Rhodinol(Geraniol-)bestimmungen sehr geeignet. Ebenso bewährt es sich für die Charakterisierung des Furalkohols.[1]

Nach HERZOG[2] ist das *Diphenylharnstoffchlorid ganz allgemein* ein ausgezeichnetes Reagens für Phenole und deren Derivate, mit Ausnahme der freien Phenolcarbonsäuren.[3]

Das Phenol wird mit der vierfachen Menge Pyridin und der molaren Gewichtsmenge Diphenylharnstoffchlorid im Kölbchen mit Steigrohr 1 Stunde in siedendem Wasser erhitzt, darauf die Lösung unter Umrühren in Wasser gegossen. Nach oberflächlichem Trocknen der ausgeschiedenen Krystallmasse wird aus Ligroin, bei hochmolekularen Substanzen aus Alkohol, umkrystallisiert.

Löst man Diphenylharnstoffchlorid ohne Phenolzusatz in Pyridin, so bildet sich, namentlich rasch bei Belichtung, *Diphenylharnstoffchloridpyridin*, das aus wasserfreiem Alkohol-Aether in anfangs farblosen, bei 105—110° schmelzenden Nadeln, die sich leicht röten, erhalten werden kann. Dieses Zwischenprodukt gibt mit Phenolen die entsprechenden Urethane in besserer Ausbeute und reiner als Diphenylharnstoffchlorid selbst.

Zur *Verseifung der Urethane* erhitzt man in einer Druckflasche 2 Stunden im kochenden Wasserbad mit alkoholischer Kalilauge, treibt das Diphenylamin mit Wasserdampf über, übersättigt mit Säure und erhält so das reine Phenol, das dann auch wieder durch Destillation mit Wasserdampf oder Ausschütteln isoliert wird.

Zur Identifizierung von Phenolen genügen Zehntelgramme Substanz, da die Ausbeute vorzüglich zu sein pflegt.

Mit Säuren liefert Diphenylharnstoffchlorid diphenylierte Säureamide bzw. gemischte Säureanhydride.[4]

Die *Analyse der Diphenylurethane* gibt namentlich bei hochmolekularen Phenolen keinen sicheren Aufschluß über die Zusammensetzung der Substanzen.

Man kann aber[5] auf die Tatsache, daß Diphenylamin in Wasser vollkommen unlöslich ist, eine *quantitative Spaltungsmethode* dieser Substanzen aufbauen. Etwa 1 g Urethan und 8 ccm Alkohol werden mit überschüssiger Kalilauge verseift, darauf das Produkt in einen Destillationskolben gegossen und die Druckflasche zweimal mit je 2 ccm Alkohol nachgespült.

Die nun folgende Wasserdampfdestillation wird so langsam ausgeführt, daß die milchige, mit Diphenylamin beladene Flüssigkeit nur tropfenweise übergeht.

Nach 1—2 Tagen hat sich das Diphenylamin vollkommen klar abgesetzt und wird auf einem bei 30° getrockneten und gewogenen Filter gesammelt, wieder bei 30° getrocknet und gewogen.

Die erhaltene Menge Diphenylamin, durch den Faktor 9,94 dividiert, gibt das entsprechende Gewicht an Hydroxyl.

Man erhält in der Regel etwas zuviel, bis etwa 1% des Hydroxylwerts, manchmal aber auch um den entsprechenden Betrag zu wenig.

---

[1] ERDMANN: Ber. Dtsch. chem. Ges. **35**, 1851 (1902). — Caryophyllin: HERZOG: Ber. Dtsch. pharmaz. Ges. **1905**, 121. — Zimtaldehyd: SCHIMMEL & Co.: Ber. Schimmel **1910 I**, 174. — Nerol: HESSE, ZEITSCHEL: Journ. prakt. Chem. (2), **66**, 502 (1902). — SODEN, TREFF: Ber. Dtsch. chem. Ges. **39**, 906 (1906).

[2] HERZOG: Ber. Dtsch. chem. Ges. **40**, 1831 (1907). — Basen: DEHN, PLATT: Journ. Amer. chem. Soc. **37**, 2122 (1915).

[3] HERZOG, HÂNCU: Ber. Dtsch. chem. Ges. **41**, 637 (1908); Arch. Pharmaz. **246**, 411 (1908). — THOMS, DRAUZBURG: Ber. Dtsch. chem. Ges. **44**, 2131 (1911). — THOMS, BAETCKE: Ber. Dtsch. chem. Ges. **45**, 3712 (1912).

[4] HERZOG: Ber. Dtsch. pharmaz. Ges. **19**, 394 (1910).

[5] HERZOG, HÂNCU: Ber. Dtsch. chem. Ges. **41**, 638 (1908).

VI. Bestimmung der Hydroxylgruppe durch Phenylisocyanat.[1]

Durch Einwirkung molekularer Mengen Phenylisocyanat auf Hydroxylderivate entstehen Phenylcarbaminsäureester.[2]

Oft findet die Reaktion schon bei gewöhnlicher Temperatur statt, in der
Regel aber erhitzt man die berechneten Mengen der Komponenten im Kölbchen auf vorgewärmtem Sandbad rasch zum Sieden. Die Reaktion wird unter
Schütteln und geringem Erwärmen zu Ende geführt,[3] evtl. noch 1—2 Stunden
auf dem Wasserbad erhitzt.[4]

Mehrwertige Phenole werden 10—16 Stunden im Einschlußrohr erhitzt.[5]
Verbindungen, die bei dieser Temperatur Wasser abspalten, zersetzen das Phenylisocyanat in Kohlendioxyd und Carbanilid.[6]

Auch beim Kochen im offenen Kölbchen ist die Dauer des Erhitzens tunlichst
abzukürzen. Aus der zu einem weißen Brei erstarrten Masse entfernt man durch
wenig absoluten Aether oder Benzol unangegriffenes Phenylisocyanat, wäscht
nach dem Verjagen des Aethers oder Benzols mit kaltem Wasser und krystallisiert
aus Alkohol, Petrolaether, Essigester oder Aether-Petrolaether um, wobei der
schwer lösliche Diphenylharnstoff zurückbleibt.

Man kann auch das überschüssige Phenylisocyanat im Vakuum abdestillieren.[7]

Manche Urethane[8] vertragen weder Erhitzen in, noch Umkrystallisieren aus
hydroxylhaltigen Medien.

Treten elektronegative Gruppen substituierend in den Hydroxylträger ein,
so nimmt die Reaktionsfähigkeit ab oder erlischt ganz.

Pikrinsäure gibt selbst bei 180° unter Druck keinen Carbaminsäureester[9]
und ebensowenig reagiert Triphenylcarbinol.[10]

KLAGES benutzt als Lösungsmittel Ligroin;[11] WEEHUIZEN[12] stellt die Urethane
durch Erhitzen der Komponenten in einer Petroleumfraktion vom Kp. 170
bis 200° dar.

Man löst 1 g des Terpenalkohols oder Phenols in etwa 6—10 ccm der Petroleumfraktion, fügt die nötige Menge Phenylisocyanat zu und läßt das Gemisch 1/2 bis
1 Stunde kochen; zuweilen ist längeres Erhitzen notwendig. Einige der Phenylurethane sind auch in siedendem Petroleum schwer löslich; man setzt in diesem

[1] Siehe auch S. 401.
[2] HOFMANN: Liebigs Ann. **74**, 3 (1850); Ber. Dtsch. chem. Ges. **18**, 518 (1885). —
SNAPE: Ber. Dtsch. chem. Ges. **18**, 2428 (1885). — W. WISLICENUS: Liebigs Ann. **308**,
233 (1890). — KNORR: Liebigs Ann. **303**, 141 (1898). — SACK, TOLLENS: Ber. Dtsch.
chem. Ges. **37**, 4108 (1904). — DIECKMANN, HOPPE, STEIN: Ber. Dtsch. chem. Ges. **37**,
4627 (1904). — MICHAEL: Ber. Dtsch. chem. Ges. **38**, 23 (1905). — HEINR. GOLD-
SCHMIDT: Ber. Dtsch. chem. Ges. **38**, 1096 (1905). — DIECKMANN, BREEST: Ber.
Dtsch. chem. Ges. **39**, 3052 (1906). — PRINGSHEIM, LEIBOWITZ: Ber. Dtsch. chem.
Ges. **56**, 2037 (1923). — WINDAUS, LINSERT: Liebigs Ann. **465**, 160 (1928). — RU-
ZICKA, VAN VEEN: Liebigs Ann. **476**, 88 (1929).
[3] TESMER: Ber. Dtsch. chem. Ges. **18**, 969 (1885).
[4] E. MÜLLER: Diss. Leipzig 21, 1908.
[5] SNAPE: Ber. Dtsch. chem. Ges. **18**, 2428 (1885).
[6] BECKMANN: Liebigs Ann. **292**, 16 (1896).
[7] CIAMICIAN, SILBER: Ber. Dtsch. chem. Ges. **43**, 1348 (1910).
[8] KNORR: Liebigs Ann. **303**, 141 (1899).
[9] GUMPERT: Journ. prakt. Chem. (2), **31**, 119 (1885); (2), **32**, 278 (1885).
[10] KNOEVENAGEL: Liebigs Ann. **297**, 141 (1897). — Siehe auch BILTZ, KRZIKALLA:
Arch. Pharmaz. **457**, 171 (1927).
[11] KLAGES: Ber. Dtsch. chem. Ges. **35**, 2263 (1902).
[12] WEEHUIZEN: Rec. Trav. chim. Pays-Bas **37**, 266, 355 (1918); Pharmac. Weekbl.
56, 299 (1918). — SCHIMMEL & Co.: Ber. Schimmel 1919 II, 140. — FROMM, ECKARD:
Ber. Dtsch. chem. Ges. **56**, 951 (1923). — STEINKOPF, HÖPNER: Journ. prakt. Chem.
(2), **113**, 150 (1926).

Fall 10—20% des Volumens an absolutem Alkohol zu. Zum Umkrystallisieren verwendet man dieselbe Petroleumfraktion. Beim Eugenol empfiehlt es sich, die Reaktion in Benzin vom Kp. 80—100 ° in der Kälte vorzunehmen und das Gemisch einige Tage im geschlossenen Gefäß stehenzulassen. Man kann mit Hilfe von Phenylisocyanat auch Campher und Borneol trennen; beide Körper sind leicht löslich in der Petroleumfraktion; beim Kochen mit Phenylisocyanat bildet sich Bornylphenylurethan, das in der Kälte auskrystallisiert, während Campher nicht reagiert und in Lösung bleibt. Mit Linalool und Geraniol wurden keine guten Ergebnisse erzielt.

KLOBB arbeitet in Benzollösung,[1] MAQUENNE[2] in Pyridinlösung. Die auf diese Art dargestellten Urethane der Zuckerarten können zur quantitativen Bestimmung der letzteren durch Wägung des Derivats dienen.[3] Auch für die Reindarstellung von Alkoholen sind die Phenylurethane geeignet.[4]

Phenylisocyanat und Mercaptane: GOLDSCHMIDT, MEISSLER: Ber. Dtsch. chem. Ges. 23, 272 (1890).

Über einen Fall von anormaler Wirkung: ECKART: Arch. Pharmaz. 229, 369 (1891).

Aktivierung des Phenylisocyanats mit einer Spur Alkali (Natriumacetat) siehe DIECKMANN, HOPPE, STEIN: Ber. Dtsch. chem. Ges. 37, 3370, 4627 (1904).

VALLÉE[5] empfiehlt als Katalysator metallisches Natrium. Die Komponenten werden in Benzollösung mit $^1/_2$—1% Natrium kurze Zeit (15—30) Minuten auf dem Wasserbad erwärmt oder auch längere Zeit bei gewöhnlicher Temperatur stehengelassen, dann das Lösungsmittel im Vakuum abgedunstet und der Rückstand bis zum Festwerden über Paraffin unter Feuchtigkeitsabschluß aufbewahrt, auf Ton abgepreßt und umkrystallisiert.[6]

Kryptophenole werden mit Phenylisocyanat und $^1/_5$ Gewicht *AlCl₃* erhitzt.[7]

Nitrophenylisocyanate.

4-Nitrophenylisocyanat. Zur Darstellung der Urethane aus Alkoholen versetzt man die Benzollösung des Isocyanats mit einem kleinem Überschuß des Alkohols. Die Reaktion pflegt nach 5 Minuten beendet zu sein. Das Benzol wird abdestilliert, der Rückstand aus wenig CCl₄ krystallisiert.[8]

3-Nitro- und *3.5-Dinitrophenylisocyanat* werden für die Charakterisierung einwertiger, aliphatischer Alkohole empfohlen. Man arbeitet in Leichtpetroleumlösung und krystallisiert aus demselben Solvens um.[9]

---

[1] KLOBB: Bull. Soc. chim. France (3), 35, 741 (1906). — WINDAUS, LINSERT: Liebigs Ann. 465, 160 (1928).

[2] MAQUENNE: Bull. Soc. chim. France (3), 31, 854 (1904).

[3] MAQUENNE, GOODWIN: Bull. Soc. chim. France (3), 31, 430, 433 (1904).

[4] BLOCH: Bull. Soc. chim. France (3), 31, 49 (1904).

[5] VALLÉE: Bull. Soc. chim. France (4), 3, 185 (1908); Thèse, Paris 1908, 81. — TSCHUGAEFF, GLEBKO: Ber. Dtsch. chem. Ges. 46, 2752 (1913). — Ebenda Angaben über die Verwendung von Menthyl- und Fenchylisocyanat.

[6] Manchmal nützen auch diese Aktivierungsmittel nichts: ABELMANN: Ber. Dtsch. chem. Ges. 43, 1577 (1910).

[7] FARINGHOLT, HARDEN, TWISS: Journ. Amer. chem. Soc. 55, 3385 (1933).

[8] SHRINER, COX: Journ. Amer. chem. Soc. 53, 1601, 3186 (1931). — VAN HOOGSTRATEN: Rec. Trav. chim. Pays-Bas 51, 414 (1932). — HOPPENBROUWERS: Rec. Trav. chim. Pays-Bas 51, 951 (1932) (höhere Alkohole). — HORNE, COX, SHRINER: Journ. Amer. chem. Soc. 55, 3435 (1933).

[9] HOCKE: Diss. Leiden 1934; Rec. Trav. chim. Pays-Bas 54, 505 (1935).

α-Naphthylisocyanat[1]

gibt mit den Alkoholen Verbindungen, die in gewissen Fällen zu ihrer Identifizierung dienen können.[2] Es ist dann zu empfehlen, wenn die Derivate des Phenylisocyanats nicht krystallisiert erhalten werden können.

Namentlich für die Abscheidung kleiner Mengen aliphatischer Alkohole ist es sehr geeignet. Durch sein großes Molekulargewicht erhöht es die Menge der abzuscheidenden Substanz und verleiht der Verbindung gutes Krystallisationsvermögen.

Die Derivate entstehen bei primären Alkoholen oft schon bei gelindem Erwärmen. Bei den sekundären und tertiären Alkoholen sind die Ausbeuten meist schlechter.

Stets muß für völligen Ausschluß von Wasser Sorge getragen werden.

Meist genügt Erwärmen, höchstens bis zum beginnenden Sieden am Steigrohr, worauf die Reaktion unter Wärmeentwicklung von selbst weiter verläuft.

Das Urethan fällt manchmal erst nach Stunden, wobei Reiben mit dem Glasstab gute Wirkung tut, krystallinisch aus.

Man kocht mit Ligroin aus und filtriert von etwas unlöslichem Dinaphthylharnstoff. Das entsprechend konzentrierte Filtrat pflegt dann die Naphthylisocyanatverbindung in schönen Krystallen auszuscheiden.

Zur *Darstellung*[3] der *Naphthylurethane der Terpenreihe* läßt man das Gemisch der Komponenten entweder einige Tage lang stehen, oder erhitzt einige Stunden auf dem Wasserbad. Die Derivate pflegen erst nach einiger Zeit auszufallen und können dann aus verdünntem Methyl- oder Aethylalkohol umkrystallisiert werden. Das Gemisch von Isocyanat und Terpineol war selbst nach 6 Tagen noch nicht fest geworden; man unterwarf deshalb die ölige Masse der Einwirkung eines Dampfstroms und behandelte den festen Rückstand mit siedendem Petrolaether. Schließlich wurde aus verdünntem Alkohol umkrystallisiert.

Naphthylisocyanat haben WILLSTÄTTER, HOCHEDER[1] auch zur Charakterisierung des *Phytols* benutzt.

Als Katalysator wird Trimethylamin vorgeschlagen.[4]

Für Phenole: FRENCH, WIRTEL: Journ. Amer. chem. Soc. 48, 922 (1926).

Die Naphthylderivate machen gelegentlich bei der *Elementaranalyse* Schwierigkeiten und liefern zu niedrige Kohlenstoffwerte.[5] Siehe übrigens NEUBERG, KANSKY: Biochem. Ztschr. 20, 447, 449 (1909).

p-Xenylisocyanat.[6]

Die hydroxylhaltige Substanz wird mit einem geringen Überschuß des Reagens 1 Stunde auf 100° erhitzt. Man krystallisiert aus Benzol, Benzol-Ligroin oder Alkohol und trennt so den bei 312° schmelzenden Di-p-xenylharnstoff ab. Oder man läßt die Komponenten in Ligroin stehen. Primäre Alkohole reagieren

---

[1] WILLSTÄTTER, HOCHEDER: Liebigs Ann. **354**, 253 (1907). — Hämopyrrolidin: WILLSTÄTTER, ASAHINA: Ber. Dtsch. chem. Ges. **44**, 3707 (1911). — BEHAGEL, FREIENSEHNER: Ber. Dtsch. chem. Ges. **67**, 1374 (1934).

[2] NEUBERG, KANSKY: Biochem. Ztschr. **20**, 445 (1909). — ELZE: Chem.-Ztg. **34**, 538 (1910). — NEUBERG, HIRSCHBERG: Biochem. Ztschr. **27**, 339 (1910). — ROSENMUND, BOEHM: Arch. Pharmaz. **264**, 454 (1926). — BICKEL, FRENCH: Journ. Amer. chem. Soc. **48**, 747 (1926). — LEVENE, HALLER: Journ. biol. Chemistry **77**, 555 (1928).

[3] SCHIMMEL & Co.: Ber. Schimmel **1906** II, 38.

[4] BICKEL, FRENCH: Journ. Amer. chem. Soc. **48**, 1736 (1926) (Amine).

[5] ROURE, BERTRAND FILS: Ber. Dtsch. chem. Ges. (2), **5**, 49 (1907).

[6] MORGAN, WALLS: Journ. Soc. chem. Ind. **49**, 15 (1930). — MORGAN, PETTEL: Journ. chem. Soc. London **1931**, 1124.

schnell, sekundäre langsamer. Phenole, Diphenylcarbinol, Menthole werden in Tetralinlösung kurz auf 160—170° erhitzt.[1] 1 g Reagens wird in 10 ccm Benzol-Ligroin (1 : 4 Vol.) gelöst.

β-Anthrachinonylisocyanat.[2]

Man kocht zur Darstellung der Urethane kurze Zeit in Xylol.

Carboxaethylisocyanat $OC:NCOOC_2H_5$.[3]

Die Substanz wird meist in einem indifferenten Lösungsmittel mit einem kleinen Überschuß des Reagens stehengelassen, oder man führt die Reaktion durch schwaches Erwärmen auf dem Wasserbad zu Ende. Die Beendigung der Umsetzung wird durch das völlige Verschwinden des charakteristischen, stechenden Geruchs angezeigt. Das Additionsprodukt fällt dann von selbst aus, oder es wird durch Abdunsten des Lösungsmittels isoliert.

Bei dieser Reaktion entstehen mit Alkoholen und Phenolen die zum Teil sehr schön krystallisierenden gemischten Ester der Iminodicarbonsäure:

$$NH\Big\langle {\,CO_2R \atop CO_2C_2H_5}$$

Diese Derivate können mittels der Aethoxylbestimmungsmethode bequem analysiert werden (siehe S. 600).

4'-Joddiphenyl-(4)-isocyanat

ist ein sehr geeignetes Reagens für aliphatische Alkohole.[2]

Über 4'-Chlordiphenyl-4-isocyanat: BRUNNER, WIEDEMANN: Monatsh. Chem. **66**, 440 (1935).

VII. Allophanate[4]

auch von tertiären Alkoholen werden folgendermaßen erhalten: Man erhitzt Cyansäure in einem Verbrennungsrohr in sehr langsamem CO_2-Strom von vorn nach rückwärts zur dunklen Rotglut. Das vordere Ende des Rohres taucht in den gut gekühlten Alkohol. Es tritt Erhitzung und meist plötzliche Krystallisation ein. Nach dem Erkalten verreibt man mit trockenem Aether, saugt ab, wäscht gründlich mit Aether, trocknet und krystallisiert aus abs. Alkohol, Benzol oder Aceton um.

VIII. Alkylierung der Hydroxylgruppe.[5]

Der Hydroxylwasserstoff der Phenole und vieler Alkohole läßt sich alkylieren, und in den so entstehenden Aethern kann man nach ZEISEL die Zahl der eingetretenen Alkylgruppen ermitteln (siehe S. 600).

Da die Phenolaether sich in der Regel nicht durch Alkalien verseifen lassen, ist dadurch meist auch die Möglichkeit gegeben, in Oxysäuren Carboxyl- und Hydroxylgruppe zu unterscheiden.

---

[1] VAN GELDEREN: Rec. Trav. chim. Pays-Bas **52**, 969, 976 (1933).
[2] KAWAI: Scient. Papers Inst. physical chem. Res. **13**, 260 (1930).
[3] DIELS: Ber. Dtsch. chem. Ges. **36**, 740 (1903). — DIELS, WOLF: Ber. Dtsch. chem. Ges. **39**, 686 (1906). — JACOBY: Diss. Berlin 1907. — DIELS, JACOBY: Ber. Dtsch. chem. Ges. **41**, 2397 (1908).
[4] BÉHAL: Bull. Soc. chim. France (4), **25**, 475 (1919). — SCHIMMEL & Co.: Ber. Schimmel **1920** (April—Oktober), 136.   [5] Siehe S. 386.

IX. Benzylierung der Hydroxylgruppe.[1]
Siehe hierüber S. 394.

X. Einwirkung von Natriumamid.
Siehe S. 381.

XI. Darstellung von Dinitrophenylaethern.[2]
Die leichte Beweglichkeit des Chlors im 1-Chlor-2.4-Dinitrobenzol ermöglicht die Bildung der verschiedensten Dinitrophenylaether. Man löst das Chlordinitrobenzol in dem Alkohol auf, setzt auf je 1 g 0,25 g Ätzkali (in dem gleichen Alkohol gelöst) zu und erwärmt, falls notwendig, zur Beendigung der Reaktion. Die Kalilösung bereitet man so, daß man das Ätzkali zuerst in Wasser löst und dann mit der gleichen Alkoholmenge versetzt.

Phenole löst LANDAU[3] in Natronlauge, gibt etwas mehr als die berechnete Menge Chlordinitrobenzol zu und schüttelt.

BOST, NICHOLSON[4] lösen 0,01 Mol des Phenols, 0,01 Mol NaOH in Wasser und gießen in 0,01 Mol Dinitrochlorbenzol in 30 ccm 95 proz. Alkohol. Evtl. wird noch mehr Alkohol, bis zur Lösung, zugesetzt. Die dunkle Flüssigkeit wird auf dem Wasserbad bis zur Entfärbung (ca. $^1/_2$ Stunde) erhitzt. Man fällt mit Wasser und krystallisiert aus Alkohol. — Wassergehalt der Phenole stört die Reaktion nicht.

Eine schon in der Kälte eintretende Ausscheidung deutet auf die Bildung eines Additionsproduktes[5] und darf nicht mit dem in der Hitze entstehenden Phenolaether verwechselt werden. Carvacrol und Hexylresorcin geben keine krystallisierbaren Derivate.

XII. p-Chlorbenzazid.
Zum Nachweis von Phenolen: KAS, FANG, SAH: Sci. rep. Tsing Hua Un. 3, 109 (1935).

XIII. Quantitative Bestimmung von Hydroxylgruppen mit Hilfe magnesiumorganischer Verbindungen[6] nach TSCHUGAEFF-ZEREWITINOFF.[7]
Nachdem schon HIBBERT, SUDBOROUGH[8] die TSCHUGAEFFsche Reaktion zu einer quantitativen auszugestalten versucht hatten, ist von ZEREWITINOFF[9] ein recht allgemein anwendbares Verfahren ausgearbeitet worden.

---

[1] Siehe auch HAASE, WOLFFENSTEIN: Ber. Dtsch. chem. Ges. **37**, 3231 (1904). — OKADA: Cellulosechemie **12**, 11 (1931) (Cellulose).

[2] WILLGERODT: Ber. Dtsch. chem. Ges. **12**, 762 (1879). — Siehe auch VONGERICHTEN: Liebigs Ann. **294**, 215 (1896). — D. R. P. 75071 (1894), 76504 (1894). — WERNER: Ber. Dtsch. chem. Ges. **29**, 1151, 1156 (1896).

[3] LANDAU: Diss. Zürich 24, 1905. — BINOCHI: Annali Chim. appl. **15**, 432 (1925).

[4] BOST, NICHOLSON: Journ. Amer. chem. Soc. **57**, 2368 (1935).

[5] BUCHLER, HISEY, WOOD: Journ. Amer. chem. Soc. **52**, 1939 (1930).

[6] Ersatz der magnesiumorganischen Verbindungen durch Triphenylmethylnatrium oder Phenylisopropylkalium: ZIEGLER, DERSCH: Ber. Dtsch. chem. Ges. **62**, 1833 (1929). — Aethylzinkjodid: JOB, REICH: Bull. Soc. chim. France (4), **33**, 1414 (1923). — Letzteres Verfahren wird von GRIGNARD, BLANCHON für Enolbestimmungen empfohlen. Bull. Soc. chim. France (4), **49**, 30 (1931). — Zinkaethyl: LIANG: Bull. Soc. chim. France (4), **53**, 41 (1933). — CH$_3$MgBr: PETROWA, PERMINOWA: Russ. Journ. angew. Chem. 4, 732 (1931). Mit C$_2$H$_5$MgBr sind die Resultate nicht gut. — C$_2$H$_5$MgJ: ODDO: a. a. O.

[7] Anwendung zur Wasserbestimmung: ZEREWITINOFF: Ztschr. analyt. Chem. **50**, 680 (1911). — Für die Analyse von Ölen: Ztschr. angew. Chem. **68**, 321 (1926).

[8] HIBBERT, SUDBOROUGH: Ber. Dtsch. chem. Ges. **35**, 3912 (1902); Proceed. chem. Soc. **19**, 285 (1904); Journ. chem. Soc. London **95**, 477 (1909). — DEY, PILLAY: Arch. Pharmaz. **273**, 223 (1935).

[9] ZEREWITINOFF: Ber. Dtsch. chem. Ges. **40**, 2023 (1907); **41**, 2223 (1908); **43**,

Als Lösungsmittel für die magnesiumorganische Verbindung und für die zu untersuchende Substanz kann man Aethylaether nicht gut gebrauchen,[1] da seine Dampfspannung sich selbst bei unbedeutenden Temperaturschwankungen merklich ändert, was natürlich auch die Resultate der Bestimmungen stark beeinträchtigt. Aus diesem Grunde wird, dem Vorschlag HIBBERTS und SUDBOROUGHs folgend, der hochsiedende *Isoamylaether*,[2] dessen Dampfspannung bei gewöhnlicher Temperatur vernachlässigt werden kann, als Lösungsmittel benutzt.

Man bekommt hierbei befriedigende Resultate, aber es löst sich nur eine relativ kleine Zahl der in Frage kommenden Substanzen in diesem Medium auf.

Weit allgemeiner anwendbar erwies sich das *Pyridin*.[3]

Das Pyridin[4] wird mit Bariumoxyd in groben Stücken unter zeitweisem Schütteln 7—10 Tage stehengelassen, unter Feuchtigkeitsabschluß destilliert[5] und in gut verschlossenen, hohen[6] Flaschen über Bariumoxyd aufgehoben.

Es bildet mit magnesiumorganischen Verbindungen Komplexe, etwa von der Zusammensetzung:

$$(C_5H_5N)_2 \cdot JMgCH_3 \cdot O(C_5H_{11})_2,$$

die beim Zusammentreffen mit hydroxylhaltigen Substanzen ganz ebenso wie das freie $CH_3 \cdot MgJ$ reagieren.

Wasser (Krystallwasser)[7] verbraucht 2 Mol GRIGNARDreagens.

Zur Herstellung von *Methylmagnesiumjodid*[8] werden 100 g ganz trockener, über Natrium destillierter Amylaether, 9,6 g Magnesiumband und 35,5 g trockenes Methyljodid in Arbeit genommen und einige Jodkrystalle hinzugefügt. Sollte die Reaktion nach einiger Zeit noch nicht eintreten, so wird die Mischung schwach erhitzt. Nach Beendigung der Reaktion erhitzt man noch 1—2 Stunden unter Rückfluß auf einem stark siedenden Wasserbad und darauf noch einige Zeit mit absteigendem Kühler, um das nicht in Reaktion getretene Methyljodid zu entfernen. Die letzten Reste von CH_3J entweichen beim Erhitzen im Stickstoffstrom im Vakuum bei 50°. Die gewonnene magnesiumorganische Verbindung kann in einer gut verkorkten, mit Paraffin überzogenen Flasche längere Zeit (3—4 Wochen) ohne Veränderung aufbewahrt werden.

3590 (1910); 47, 1659 (1914). — WINDAUS: Ber. Dtsch. chem. Ges. 41, 618 (1908). — ODDO: Ber. Dtsch. chem. Ges. 44, 2040 (1911). — HERRMANN, WÄCHTER: Ber. Dtsch. chem. Ges. 49, 1663—1667 (1916). — BHAGVAT, SUDBOROUGH: Journ. Ind. Inst. Science 1919 II, 187. — HERRMANN: Arch. Pharmaz. 258, 203, 205 (1920). — SPÄTH, STROH: Ber. Dtsch. chem. Ges. 58, 2132 (1925). — TSCHITSCHIBABIN: Liebigs Ann. 469, 111 (1929). — KONDO, OCHIAI: Liebigs Ann. 470, 251, 254 (1929). — WINDAUS: Liebigs Ann. 472, 198 (1929). — BERGEL: Liebigs Ann. 482, 66 (1930). — KÖGL, ERXLEBEN: Liebigs Ann. 484, 68 (1930). — ERDTMAN: Svensk Kem. Tidskr. 46, 226 (1934). — BUREŠ, BABOR: Časopis Československého Lékarnictva 15, 3 (1935).

[1] Immerhin kann sich gelegentlich (Enole) gerade Aethylaether empfehlen. BLANCHON: Thèse, Lyon 1930. — GRIGNARD: Bull. Soc. chim. France (4), 49, 26 (1931). — Siehe auch HESS: Ber. Dtsch. chem. Ges. 48, 1970, 1972 (1915).

[2] Mit Natrium mehrere Tage stehen gelassen und über frischem Na destilliert: SCHMITZ-DUMONT, HAMANN: Ber. Dtsch. chem. Ges. 66, 73 (1933).

[3] ZEREWITINOFF: Ber. Dtsch. chem. Ges. 47, 2417 (1914); Ztschr. analyt. Chem. 68, 321 (1926). — FISCHER, TREIBS: Liebigs Ann. 457, 226 (1927). — SCHÖPF, HEUCK: Liebigs Ann. 459, 265 (1927). — GILMAN, FOTHERGILL: Journ. Amer. chem. Soc. 49, 2815 (1927).

[4] Am besten im Stickstoffstrom: ZIEGLER, ZEISER: Ber. Dtsch. chem. Ges. 63, 1850 (1930).

[5] Am besten über das Perchlorat gereinigt. Zu beziehen von Dr. Fraenkel und Dr. Landau, Berlin-Oberschöneweide.

[6] Damit beim Ausgießen kein Bariumoxyd mit herausgelangt, was sorgfältig vermieden werden muß.

[7] Bestimmung von Krystallalkohol: ADICKES: Ber. Dtsch. chem. Ges. 63, 3026 (1930).   [8] Siehe auch FLASCHENTRÄGER: PREGL-Festschr. 1929, 87.

Das Zusammenbringen der GRIGNARDlösung mit der Substanz muß stets unter Kühlung erfolgen.[1]

Die Bestimmung[2] *selbst* wird in einem Apparat (Abb. 151) ausgeführt, der im wesentlichen aus 2 Teilen besteht: 1. aus einem Gefäß *A*, in dem sich die Reaktion abspielt, und 2. aus einem Apparat, der nach dem Typus des LUNGEschen Nitrometers hergestellt ist.

Damit richtige Resultate erhalten werden, müssen Apparat und Reagenzien vollkommen trocken sein. *A* wird dadurch getrocknet, daß man etwa 15 Minuten einen trockenen Luftstrom hindurchleitet.

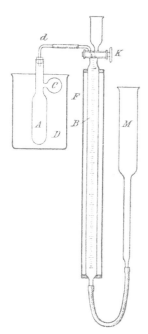

A wird in der Klammer des Stativs in vertikaler Lage befestigt und durch einen Trichter (Abb. 152) die Substanz (0,03—0,2 g) aus einem kleinen Reagensgläschen eingeführt. Durch denselben Trichter wird das Lösungsmittel (zirka 15 ccm) eingebracht und durch einen Überschuß des letzteren die am Trichter haften gebliebene Substanz in *A* hineingespült. Die Einfüllung muß *möglichst rasch* erfolgen. Nachdem man den Trichter herausgenommen und *A* mit einem Pfropfen geschlossen hat, bringt man die Substanz durch vorsichtiges Umschütteln in Lösung. Darnach stellt man *A* schräg auf, so daß die Lösung nicht in die Kugel *C* hineinkommen kann. Mit Hilfe des Abb. 153 abgebildeten Trichters werden in *C* etwa 5 ccm der magnesiumorganischen Verbindung (in Lösung) eingegossen. Darauf verschließt man *A* fest mit einem Kautschukpfropfen, der mit Hilfe des Gasableitungsrohrs *d* und des Kautschukschlauchs mit dem Meßapparat in Verbindung steht. Um die Temperatur in *A* einzustellen, benutzt man das Wasserbad *D*, in dem man dieselbe Temperatur einhält wie in der ebenfalls mit Wasser

Abb. 151. Apparat n. ZEREWITINOFF.   Abb. 152.   Abb. 153.

gefüllten Hülse *F*; innerhalb 10 Minuten wird die Temperatur konstant. Während dieser Zeit fällt gewöhnlich der Druck in *A*. Um wieder Atmosphärendruck herzustellen, nimmt man für einen Augenblick den Zweiwegehahn *K* heraus. Darauf bringt man mit Hilfe von *K* die Röhre *B* mit der Außenluft in Verbindung, hebt dann den mit Quecksilber gefüllten Trichter *M*, bis letzteres alle Luft aus *B* verdrängt hat, dreht dann den Hahn um 90°, senkt *M* und befestigt den Trichter in einer Stativkammer. Man vermischt sofort das Methylmagnesiumjodid mit der Lösung. Dazu nimmt man *A* mit der linken Hand und läßt, indem man es schief hält, die magnesiumorganische Verbindung aus *C* nach *A* hinüberfließen; zugleich dreht man mit der rechten Hand *K* so um, daß *A* mit *B* in Verbindung tritt. Bei *starkem Schütteln* von *A* erfolgt lebhafte Gasausscheidung, und das Quecksilber in *B* sinkt in raschem Tempo. Sobald das Quecksilber langsam zu fallen beginnt und das Gasvolumen aufhört sich zu vergrößern, setzt man *A* wieder in das Wasserbad zur Erzielung der ur-

[1] Siehe dazu FURTER: Journ. prakt. Chem. (2), **127**, 168 (1930), wo auch noch weitere Literaturangaben.
[2] Gewichtsanalytische Bestimmung: ODDO: Ber. Dtsch. chem. Ges. **44**, 2048 (1911).

sprünglichen Temperatur, wozu etwa 5—7 Minuten erforderlich sind. Hierbei sinkt die Temperatur und es findet infolgedessen Volumkontraktion statt. Wird hierbei Pyridin als Lösungsmittel verwendet, so muß man diese Kontraktion sorgfältig verfolgen und, sobald sie aufhört, sofort die Ablesung des Volumens vornehmen, da sonst in der Regel stetiges, wenn auch langsames Ansteigen des Gasvolumens erfolgt. Man soll deshalb immer das *Minimum des Gasvolumens notieren und es der weiteren Berechnung zugrunde legen.* Falls Amylaether angewendet wird, erfolgt keine Volumvergrößerung und das Gasvolumen ändert sich nicht mehr, wenn die Temperatur einmal konstant geworden ist.

Wird Pyridin gebraucht, so ziehe man vom beobachteten Barometerstand 16 mm ab, die der Dampfspannung des Pyridins bei 18° entsprechen.

Der Prozentgehalt an Hydroxylgruppen wird nach der Formel:

$$x = (\% \text{ OH}) = \frac{0,000719 \cdot V \cdot 17 \cdot 100}{16 \cdot S} = 0,0764 \frac{V}{S}$$

berechnet, in der 0,000719 das Gewicht von 1 ccm Methan bei 0° und 760 mm bedeutet; 16 ist das Molekulargewicht von CH_4, 17 das von OH; V das Volumen des Methans auf 0° und 760 mm reduziert und in Kubikzentimetern ausgedrückt; S das Gewicht der Substanz in Grammen.

Bei *krystallwasserhaltigen*[1] *Substanzen* reagieren beide Wasserstoffatome des Wassers und müssen entsprechend in Rechnung gestellt werden.

Die Formel lautet in diesem Fall:

$$x = (\% \text{ H}) = \frac{V \cdot 0,000719 \cdot 100}{16 \cdot S} = 0,00449 \frac{V}{S} \, .$$

Recht bequem erscheint die Anwendung der Methode zur *Bestimmung der Hydroxyle in Säuren.* Kombiniert man nämlich die Resultate der Hydroxylbestimmung mit den Ergebnissen der Titration, so erhält man sofort alle Daten zur Berechnung der Basizität (Carboxylzahl) und der Atomigkeit (Carboxyl- + Alkoholhydroxylzahl) der betreffenden Säure.

Das Verfahren hat auch in der Flavongruppe vorzügliche Resultate geliefert. Es erlaubt, Hydroxylgruppen nachzuweisen, die sonst auf keinerlei Art zu konstatieren sind.

So ist das Reaktionsprodukt des Hexamethylphloroglucins mit dem GRIG-NARDschen Reagens gegen Essigsäureanhydrid, Diazomethan, Phenylisocyanat, Dimethylsulfat und Benzoylchlorid vollkommen resistent;[2] nach der Methode von ZEREWITINOFF werden aber alle drei Hydroxylwasserstoffe quantitativ in Reaktion gebracht.[3]

Nach dieser Methode können auch *Sulfhydrylgruppen* (S. 766), *Imid- und Amingruppen*[4] bestimmt werden und überhaupt alle „*aktiven*" *Wasserstoffatome.*[5]

[1] Bestimmung von Krystallalkohol: ADICKES: Ber. Dtsch. chem. Ges. **63**, 3026 (1930). [2] HERZIG, ERTHAL: Monatsh. Chem. **32**, 505 (1911).
[3] HERZIG: Monatsh. Chem. **35**, 74 (1914).
[4] OSTROMISSLENSKY: Ber. Dtsch. chem. Ges. **41**, 3025 (1908). — SUDBOROUGH, HIBBERT: Journ. chem. Soc. London **95**, 477 (1909). — HIBBERT: Proceed. chem. Soc. **28**, 15 (1912); Journ. chem. Soc. London **101**, 328 (1912). — HIBBERT, WISE: Journ. chem. Soc. London **101**, 344 (1912). — LIEBERMANN: Liebigs Ann. **404**, 295 (1914).
[5] ZEREWITINOFF: Ber. Dtsch. chem. Ges. **41**, 2233 (1908); **42**, 4806 (1909); **43**, 3590 (1910). — Alloxarin enthält zwei aktive Wasserstoffatome, die wegen der Unlöslichkeit der Substanz nicht bestimmt werden können: KUHN, BÄR: Ber. Dtsch. chem. Ges. **67**, 898 (1934).

Apparat von SCHMITZ, DUMONT, HAMANN[1] (Abb. 206).

Nach Einbringen der Substanz in *a* und Lösen in zirka 15 g Lösungsmittel bei *b* und *c* Stickstoff einleiten, Kappe *h* abnehmen, 2 ccm Reagens in *d* fließen lassen. Zusammensetzen, *e* mit Gasbürette verbinden, bei *c*, zuletzt bei *b* N einleiten. Wasserkühlung. *f* und *g* schließen. Ausführung des Versuchs in üblicher Weise, dabei in der Kälte in Abständen von 10—15 Minuten schütteln, bis keine Volumänderung mehr eintritt (30 Minuten). Dann 10 Minuten 90°, abkühlen, dies wiederholen bis Volumkonstanz.

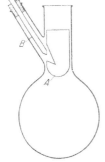

NIERENSTEIN, SPIERS[2] haben den Apparat in der durch Abb. 154 erkennbaren Weise modifiziert. Die GRIGNARD-lösung befindet sich in dem Gefäß *A*, das durch Einschieben des Glasstabs *B* gegen seine Wandung zertrümmert wird. Die Manipulation wird dadurch sehr vereinfacht.

Bemerkungen zur Methode von ZEREWITINOFF.

Bei Anwendung von Pyridin als Lösungsmittel kann man für die Bestimmung von OH-, SH- und COOH-Gruppen fast immer bei Zimmertemperatur arbeiten. Reines Pyridin gibt übrigens auch bei 50° keine Gasentwicklung.

Abb. 154. Apparat von NIERENSTEIN, SPIERS.

Ersatz des Pyridins durch Anisol, Phenetol, Xylol oder Mesitylen bietet kaum jemals sonderliche Vorteile. Dagegen haben sich[3] Gemische von Pyridin mit Anisol oder Xylol (1 : 3) bewährt.[4] Auch Diphenylaether-Xylol-Mischungen haben Anwendung gefunden.[5]

Das Anisol muß dreimal über Natrium destilliert und über P_2O_5 aufbewahrt werden.[6]

Anisol hat den Vorteil (im Gegensatz zu Pyridin) nicht enolisierend zu wirken. Bei Anwesenheit mehrerer aktiver Wasserstoffe (Cholsäure) muß bei höherer Temperatur (bis 95°) gearbeitet werden, was aber empfindliche Substanzen (Alkannin) nicht vertragen. — Usninsäure hat bei Zimmertemperatur zwei aktive H-Atome, bei 70° drei.[7]

Enole[8] sind im allgemeinen keiner quantitativen Bestimmung zugänglich, da durch das GRIGNARDreagens das Gleichgewicht zugunsten der Enolform verschoben wird. Dementsprechend geben *Ketone* infolge von Enolierung öfters zu hohe Resultate.

Auf *Nitro-*[9] und *Nitrosoverbindungen* ist die Methode von ZEREWITINOFF nicht anwendbar, auch die *Azogruppe*[9,10] kann überhöhte Werte veranlassen,[11] ebenso andere oxydierend wirkende Gruppen.[4,12]

[1] SCHMITZ-DUMONT, HAMANN: Ber. Dtsch. chem. Ges. **66**, 74 (1933).
[2] NIERENSTEIN, SPIERS: Ber. Dtsch. chem. Ges. **46**, 3152 (1913).
[3] KRELLWITZ: Diss. Freiburg i. Br. 30, 31, 32, 1914.
[4] SCHMITZ, DUMONT, HAMANN: Journ. prakt. Chem. (2), **139**, 162, 172 (1934).
[5] SCHMITZ, DUMONT, HAMANN: Ber. Dtsch. chem. Ges. **66**, 73 (1933).
[6] KÖGL, BOER: Rec. Trav. chim. Pays-Bas **54**, 789 (1932).
[7] ASAHINA, YAMAGITA: Ber. Dtsch. chem. Ges. **70**, 1500 (1937).
[8] BHAGWAT: Journ. chem. Soc. London **123**, 1803 (1923). — BREDT, SAVELS-BERG: Journ. prakt. Chem. (2), **107**, 65 (1924). — GRIGNARD, SAVART: Compt. rend. Acad. Sciences **179**, 1573 (1924); Bull. Soc. chim. Belg. **36**, 97 (1927). — GRIGNARD, BLANCHON: Roczniki Chemji 9, 547 (1929).
[9] Siehe übrigens PREGL, ROTH: Mikroanalyse, S. 194. 1935.
[10] RHEINBOLDT: Journ. prakt. Chem. (2), **118**, 2 (1928).
[11] GILMAN, FOTHERGILL: Bull. Soc. chim. France (4), **45**, 1132 (1929); Journ. Amer. chem. Soc. **52**, 405 (1930); 50, 867 (1928). — GILMAN: Journ. Amer. chem. Soc. **49**, 2815 (1927).
[12] KOHLER: Journ. Amer. chem. Soc. **49**, 3181 (1927). — Siehe auch ROTH: Mikrochemie **11**, 140 (1932).

Einfluß der Konzentration des Reagens auf das Analysenresultat: HAUROWITZ, ZIRM: Ber. Dtsch. chem. Ges. **62**, 163 (1929). — Porphyrine: FISCHER, ROTHEMUND: Ber. Dtsch. chem. Ges. **64**, 201 (1931).

Über die Grenzen der Anwendbarkeit der Methode: GILMAN: Journ. Amer. chem. Soc. **49**, 2815 (1927). — KOHLER: Journ. Amer. chem. Soc. **49**, 3181 (1927). — RHEINBOLDT: Journ. prakt. Chem. (2), **118**, 2 (1928). — FISCHER, ROTHEMUND: Ber. Dtsch. chem. Ges. **61**, 1267 (1928). — ARNDT: Ber. Dtsch. chem. Ges. **61**, 1125 (1928).

Halbmikro-ZEREWITINOFF.

Hierüber Angaben in der als Manuskript gedruckten Anleitung von F. HOELSCHER, München, Chem. Lab. d. Staates (1934). — Nach FLASCHENTRÄGER: FISCHER, GOEBEL: Liebigs Ann. **522**, 168 (1936).

Mikroverfahren von FLASCHENTRÄGER.[1]

Die Apparatur[2] (vgl. die Abbildung) besteht aus einem 10 ccm fassenden Reaktionsgefäß, das mit einem Gummistopfen mittels einer Thermometerröhre und eines 10 cm langen Druckschlauches mit der Absorptionsbürette[3] verbunden wird. Eine U-förmig gebogene Pipette besitzt an ihrem oberen Schenkel einen Hahn und ist in $^1/_{100}$ ccm eingeteilt (Inhalt 4 ccm). Der andere Schenkel ist oben zu einem Trichter erweitert. An der Biegungsstelle ist ein Glasrohr angesetzt, das an einem Druckschlauch eine kleine Birne trägt, die eine genaue Einstellung der Quecksilberkuppe im linken Schenkel gestattet. Der Apparat wird mit Chromschwefelsäure gereinigt und mit Alkohol, Aether und warmer Luft getrocknet. Das Quecksilber wird mit Salpetersäure gereinigt,[4] bei 150° getrocknet und in die Bürette luftfrei eingefüllt. Die Bürette ist mit einem Glasmantel umgeben, der mit

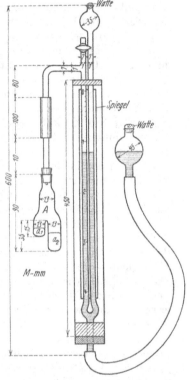

Abb. 155. Apparat von FLASCHENTRÄGER.

Wasser gefüllt ist. Zum genauen Ablesen befindet sich hinter der Bürette im Glasmantel ein Spiegelstreifen. Der ganze Apparat wird an einem Stativ befestigt und die Birne in ein leicht gleitendes Stativ eingehängt.

Zur Ausführung des unbedingt erforderlichen Blindversuches wird Kölbchen A zuerst mit Chromschwefelsäure, später nach jedem Versuch nur mit verdünnter Schwefelsäure, Wasser, Alkohol und Aether gereinigt und unter Erwärmen an der Pumpe getrocknet. Eine Pipette für GRIGNARDlösungen 1 ccm (Teilung in 0,1 ccm) und eine Pipette für Pyridin 2 ccm (Teilung in 0,1 ccm) werden ebenso vorbehandelt. Die GRIGNARDpipette wird später mit verdünnter Salzsäure ausgespült. Zum Versuch wird rasch 1 ccm GRIGNARDlösung aufgesaugt und die Flasche

---

[1] FLASCHENTRÄGER: Ztschr. physiol. Chem. **146**, 219 (1925); PREGL-Festschr. 1929, 87. — HERNIER, BRUNS: WEGSCHEIDER-Festschr. 1929, 657. — HAUROWITZ: Mikrochemie **7**, 88 (1929). — MARRIAN: Biochemical Journ. **24**, 746 (1930).

[2] Zu beziehen von R. Götze, Leipzig, Nürnberger Straße 56.

[3] OSTWALD, LUTHER: Physik.-chem. Messungen, 3. Aufl., S. 193.

[4] OSTWALD LUTHER: Physik.-chem. Messungen, 3. Aufl., S. 164.

wieder geschlossen. In der Pipette hält sich die GRIGNARDlösung mindestens
$^1/_2$ Stunde unverändert, da ein Tropfen Magnesiumhydroxyd jede Feuchtigkeit abhält. Außen muß man die Pipette sorgfältig mit einem trockenen Tuche
abwischen und dann das Reagens in den kleinen Schenkel a_1 (Inhalt 1,5 ccm)
einlaufen lassen. Es wird nicht gewartet, bis die viscose Flüssigkeit völlig nach-
gelaufen ist, sondern die Pipette sogleich ohne anzustoßen aus dem Kölbchen
wieder herausgezogen. Darauf gibt man 2 ccm Pyridin aus der anderen Pipette
in a_2 (Inhalt 3,5 ccm). Auch hier wird die Pipette außen sorgfältig abgewischt.
Das Einbringen der Reagenzien und das Entfernen der Pipetten sind die einzigen
Schwierigkeiten bei der Methode. Nun wird das Kölbchen mit dem schwach mit
reinem Vaselin gefetteten Stopfen an die Bürette angeschlossen und in ein Wasserbad von Zimmertemperatur genau 10 Minuten lang eingesetzt. Hierauf stellt
man durch Öffnen des Hahnes und Heben der Birne die Quecksilberkuppe
genau auf die Marke 1 ccm ein, ohne Rücksicht darauf, daß sich das Volumen
vielleicht noch ändert. Dann wird sogleich A so aus dem Wasserbad gehoben,
daß die GRIGNARDlösung zum Pyridin nach a_2 fließt. Durch gleichmäßiges nicht
zu starkes Klopfen auf a_1 mit einem etwa 15 cm langen Druckschlauch während
zweier Minuten wird der entstehende Niederschlag gleichmäßig durchgemischt,
bis das Volumen nicht mehr zunimmt. Da dabei mäßige Erwärmung auftritt,
wird A wieder in das Wasserbad gesetzt und genau 10 Minuten nach Beginn
der Durchmischung die Kubikzentimeterzahl abgelesen. Die Schwankungen
bei 3 Versuchen betragen 0,02—0,04 ccm. Differenz der Ablesungen 1 und 2
geben den Blindwert als Mittelwert aus 3 Versuchen.

Der eigentliche Versuch unterscheidet sich vom Blindversuch nur dadurch,
daß in das leere Kölbchen (a_2) vorher die Substanz eingewogen wird. Man bringt
davon 3—10 mg mittels Wägeröhrchen ein, das mit einem Glasstiel versehen ist;
Flüssigkeiten werden in einer Capillare gewogen und in a_2 auslaufen gelassen.
Dann folgen GRIGNARDreagens und Pyridin. Es ist von größter Wichtigkeit, daß
die Substanz im Pyridin völlig gelöst ist. Man kann dazu auch im Wasserbad
erwärmen und wieder abkühlen. Unlösliche Stoffe geben nur den Blindwert.
Wird nach 10 Minuten Abkühlung geschüttelt, so senkt sich das Quecksilberniveau in den ersten 10—20 Sekunden sehr stark und schließlich immer langsamer. Der normale Endzustand ist erreicht, wenn die Kuppe des Quecksilbers
stehen bleibt oder sich etwa um 0,03 ccm in 10 Sekunden senkt. Dann hört
man mit dem Schütteln auf.

Bei einiger Übung läßt sich der Endpunkt der Reaktion gut erkennen. Merk-
würdigerweise ergibt die sofort angestellte Ablesung ohne Berücksichtigung des
Blindwertes und des Temperaturausgleiches dieselben richtigen Werte wie unter
Abzug des Blindwertes. Gleichwohl empfiehlt es sich, den Temperaturausgleich
abzuwarten und die Differenzmethode zu wählen.

Mit Einwaage dauert eine Bestimmung 25—30 Minuten.

Verfahren von ROTH: Mikrochemie 11, 140 (1932). — PREGL, ROTH: Mikroanalyse 192, 1935.

Siehe ferner SOLTYS: Mikrochemie 20, 107 (1936).

Zweites Kapitel.

Nachweis und Bestimmung der Carboxylgruppe.

Erster Abschnitt.

Qualitative Reaktionen der Carboxylgruppe.

I. Nachweis des Vorhandenseins einer Carboxylgruppe.

Der qualitative Nachweis einer freien Carboxylgruppe ist nicht immer leicht zu führen. Charakterisiert ist diese Gruppe vor allem durch das leicht bewegliche, ionisierbare Wasserstoffatom, das leicht durch *positive* Reste vertreten werden kann (Salzbildung, Esterbildung), sowie durch die Fähigkeit des Hydroxyls, durch *negative* Substituenten (Chlorid-, Anhydrid-, Amidbildung) verdrängt zu werden.

Die Beweglichkeit des Wasserstoffatoms in der Carboxylgruppe hängt nicht allein von dem Vorhandensein des Hydroxyls oder der Carbonylgruppe ab, sondern von einer bestimmten Kombination beider Gruppen (VORLÄNDER).

Schematisch kann man beispielsweise die Ameisensäure:

$$H\text{—}C\text{—}O\text{—}H$$
$$\|$$
$$O$$

schreiben. Für den Säurecharakter dieser Substanz ist nur die Gruppierung

$$H\text{—}C\text{—}R\text{—}H$$
$$\| \ (3)\ (2)\ (1)$$
$$(R_1R_2)\ (4)$$

von negativen Resten $(R R_1 R_2)$ in den zum Wasserstoff relativen Stellungen

2, 3 und 4

bestimmend.

Daher sind auch nach CLAISEN[1] die *Oxymethylenverbindungen* vom Typus des Oxymethylenacetessigesters Säuren von der Stärke der Essigsäure.

Ist in (4) nur *ein* negativer Rest vorhanden, so sind die Substanzen zwar auch noch Säuren, aber viel schwächere; am schwächsten sind sie dann, wenn sie neben dem einen negativen Rest das stark positive Alkoholradikal enthalten.

Daß auch der *Sauerstoff* der Hydroxylgruppen durch andere negative Elemente oder Atomgruppen vertreten werden kann, ohne daß der Säurecharakter der Substanz verschwindet, geht aus dem Verhalten der Thiosäuren und der *Methylenverbindungen*, z. B. des *Dicarboxyglutaconsäureesters*, hervor.

Analog besitzt die *Nitrobarbitursäure* etwa die Stärke der Salzsäure.

Andere Substanzen von Säurecharakter[2] sind die *Hydroresorcine*,[3] bei denen überdies noch eine Steigerung der sauren Eigenschaften durch den Ringschluß, gegenüber den acyclischen β-Diketonen usw., zu konstatieren ist.

Während Hydroresorcin und seine Homologen etwas schwächer sind als Essigsäure, repräsentieren die Ester und Nitrile der Hydroresorcylsäuren, z. B. *Dimethylhydroresorcylsäuremethylester* und das *Nitril der Phenylhydroresorcylsäure* sehr starke Säuren.

---

[1] CLAISEN: Liebigs Ann. **297**, 14 (1897). — Vgl. KNORR: Liebigs Ann. **293**, 70 (1896).   [2] Über Heterohydroxylsäuren siehe S. 487.

[3] VORLÄNDER: Liebigs Ann. **294**, 253 (1896); **308**, 184 (1899); Ber. Dtsch. chem. Ges. **34**, 1633 (1901).

Ferner sind auch die *Oxylactone*[1] als „Säuren" aufzufassen, so z. B. *Vulpinsäure*, *Tetrinsäure* und besonders deren Stammsubstanz *Tetronsäure*[2] sowie *Thiotetronsäure*.[3]

Schließlich sind hier noch die in den Orthostellungen negativ substituierten Phenole anzuführen, welche sich, wie *Pikrinsäure, oo-Dibromphenol, Chloranilsäure, Tetraoxychinon*,[4] in vielen Stücken wie echte starke Säuren verhalten.

Während also unter gewissen Umständen auch andere als carboxylhaltige Substanzen ein bewegliches, ionisierbares Wasserstoffatom aufweisen, gibt es anderseits echte Carbonsäuren, deren acider Charakter mehr oder weniger maskiert ist. Es sind dies namentlich verschiedene Arten von *Aminosäuren*, für deren Verhalten sich nach HANS MEYER[5] folgende Regeln aufstellen lassen:

Die Größe der Acidität der verschiedenen Gruppen von Aminosäuren, gemessen an der Menge Alkali, die ein Äquivalent der Säure zu ihrer Neutralisation bedarf, schwankt zwischen 0 und 1; alkalisch reagierende Aminosäuren sind nicht mit Sicherheit bekannt. Ihre Existenz ist auch aus theoretischen Gründen unwahrscheinlich.

Das Verhalten der einzelnen Säuren wird ausschließlich durch den elektrochemischen Charakter der dem Aminostickstoff zunächst befindlichen Gruppen bedingt. Gruppen, die sich in größerer Entfernung als (2) vom Stickstoff befinden, üben nur mehr sehr geringen Einfluß auf die Stärke der Aminosäure aus.

```
        (1) (2) (3)
         |   |   |
     N———C———C———(3) . . .
     |   (1) (2)
    (1)   |   |
         (2) (3)
```

Aminosäuren, die in (1) und (2) ausschließlich positive Gruppen enthalten, sind durchweg neutral oder äußerst schwach sauer (primäre und alkylsubstituierte Aminosäuren der Fettreihe, Piperidin- und Pyrrolidincarbonsäuren, Betaine). Aminosäuren, die in einer der (1)-Stellungen einen sauren Substituenten tragen, sind unbedingt echte Säuren, die ein volles Äquivalent Base zu neutralisieren vermögen. In diese Gruppe gehören: die am Stickstoff durch einen Säurerest oder Methylen substituierten Aminofettsäuren, die aromatischen Aminosäuren und die Pyridin- (Chinolin-, Isochinolin-) Derivate.[6] Der Säurecharakter der beiden letzteren Klassen wird durch die negativierende Natur der doppelten Bindungen bedingt. Substitution des einen Aminowasserstoffs in aromatischen

---

[1] MÖLLER, STRECKER: Liebigs Ann. **113**, 56 (1860). — SPIEGEL: Liebigs Ann. **219**, 1 (1883). — HANTZSCH: Ber. Dtsch. chem. Ges. **20**, 2792 (1887). — MOSCHELES, CORNELIUS: Ber. Dtsch. chem. Ges. **21**, 2603 (1888). — BREDT: Liebigs Ann. **256**, 318 (1890). — WOLFF: Liebigs Ann. **288**, 1 (1895); **291**, 226 (1896). — WISLICENUS, BECKHANN: Liebigs Ann. **295**, 348 (1897). — HOENE: Diss. Kiel 1904, 37.

[2] Auch das Anilid, Semicarbazon, Oxim und Hydrazon der α-Acetyltetronsäure sind sauer und lösen sich in Soda und Ammoniak: BENARY: Ber. Dtsch. chem. Ges. **42**, 3912 (1909); **43**, 1065 (1910).

[3] BENARY: Ber. Dtsch. chem. Ges. **46**, 2107 (1913).

[4] NIETZKI, BENCKISER: Ber. Dtsch. chem. Ges. **18**, 1837 (1885).

[5] HANS MEYER: Monatsh. Chem. **21**, 913 (1900); **23**, 942 (1902). — MÜLLER: Diss. Halle 26, 30, 1905. — Siehe noch WINKELBLECH: Ztschr. physikal. Chem. **36**, 546 (1901). — VELEY: Proceed. chem. Soc. **22**, 313 (1906); Journ. chem. Soc. London **91**, 153 (1907). — Hier auch Angaben über das Verhalten von Aminosulfosäuren.

[6] Mit Ausnahme der γ-Aminopyridincarbonsäuren. — Siehe HANS MEYER: Monatsh. Chem. **21**, 913 (1900); **23**, 942 (1902). — KIRPAL: Monatsh. Chem. **29**, 229 (1908). — KIRPAL, REIMANN: Monatsh. Chem. **38**, 254 (1917). — HANS MEYER, GRAF: Ber. Dtsch. chem. Ges. **61**, 2207 (1928). — Aminotetralolcarbonsäure: SCHROETER: Liebigs Ann. **426**, 151 (1922).

Aminosäuren durch Alkyle übt einen kleinen, aber merklichen, die Acidität herabsetzenden Einfluß aus.

Substitution durch einen negativen Rest in einer (2)-Stellung führt entweder zur Bildung einer vollkommenen Säure (Substituent C_6H_5) oder, falls der Substituent nur sehr schwach sauer ist (Substituent $CONH_2$), zu Substanzen, die nur einen Bruchteil eines Äquivalents Alkali zu neutralisieren vermögen (α-Phenylglycin, Asparagine).

Um in derartigen Substanzen den Einfluß der basischen Gruppen zu eliminieren, benutzt man nach SCHIFF[1] Formaldehyd, der mit den Aminosäuren Methylenverbindungen bildet, die sich glatt titrieren lassen.

Die Reaktion[2] verläuft z. B. für Glykokoll in folgender Weise:

$$CH_2\!\!\big\langle{}^{NH_2}_{COOH} + H.CHO = CH_2\!\!\big\langle{}^{N:CH_2}_{CO.OH} + H_2O.$$

$$\text{(neutral)} \qquad\qquad\qquad \text{(sauer)}$$

KÖNIG, GROSSFELD[3] empfehlen folgende Arbeitsweise: 50 ccm der zu untersuchenden Flüssigkeit werden in einem 100 ccm-Meßkolben mit 1 ccm Phenolphthaleinlösung (0,5 g in 100 ccm 50proz. Alkohol) und 10 ccm 20proz. Bariumchloridlösung versetzt. Hierauf wird gesättigte Barytlauge bis zur Rotfärbung und dann noch ein Überschuß von etwa 5 ccm hinzugefügt. Nach dem Auffüllen auf 100 ccm läßt man 15 Minuten stehen; dann filtriert man durch ein trockenes Filter.

50 ccm des rot gefärbten Filtrats neutralisiert man möglichst genau gegen Lackmuspapier bis zur violetten Farbe. Der Umschlag ist nicht sehr scharf; die Endergebnisse sind dennoch ausreichend genau. Man gibt 20 ccm 30- bis 40proz. Formalinlösung hinzu, die bis zur schwachen Phenolphthalein-Rosafärbung neutralisiert ist; dann titriert man die Flüssigkeit mit carbonatfreier $^n/_5$-Natronlauge bis zur Farbenstärke einer Vergleichslösung. Letztere wird in folgender Weise bereitet: 50 ccm ausgekochtes Wasser werden mit 20 ccm Formalinlösung und 5 ccm $^n/_5$-Salzsäure sowie 1 oder 2 ccm der Phenolphthaleinlösung versetzt und mit $^n/_5$-Salzsäure auf schwach Rosa titriert; dann werden noch 3 Tropfen $^n/_5$-Barytlauge zugegeben, so daß starke Rotfärbung eintritt. Ist beim Titrieren der Formol-Aminosäurelösung dieselbe Farbe erreicht, so gibt man noch einige Kubikzentimeter Lauge zu und wieder so viel Salzsäure, daß die Farbe schwächer als die der Vergleichslösung erscheint. Schließlich wird abermals Lauge zugefügt, bis die Farbe wieder erreicht ist. Die Differenz der insgesamt verbrauchten Kubikzentimeter Lauge und Säure entspricht dem

[1] SCHIFF: Liebigs Ann. **310**, 25 (1900); **319**, 59, 287 (1901); **325**, 348 (1902). — H. u. A. EULER: Ark. Kemi, Mineral. Geol. **1**, 347 (1904). — SÖRENSEN: Biochem. Ztschr. **7**, 45, 407 (1908). — FREY, GIGON: Biochem. Ztschr. **22**, 309 (1909). — HENRIQUES: Ztschr. physiol. Chem. **60**, 1 (1909). — HENRIQUES, SÖRENSEN: Ztschr. physiol. Chem. **63**, 27 (1909); **64**, 120 (1909). — YOSHIDA: Biochem. Ztschr. **23**, 239 (1910). — HENRIQUES, GJALDBAK: Ztschr. physiol. Chem. **75**, 363 (1911). — JODIDI: Bull. Iowa agricult. Exp. Stat. Res. **1**, 3 (1911); Journ. Amer. chem. Soc. **33**, 1226 (1911); **34**, 94 (1912). — FELLMER: Diss. Heidelberg 1912. — BENEDICT, MURLIN: Journ. biol. Chemistry **16**, 385 (1913). — MICKO: Ztschr. Unters. Nahrungs- u. Genußmittel **27**, 493 (1914). — ABDERHALDEN: Ztschr. physiol. Chem. **96**, 8 (1915). — SHOULE, MITCHELL: Journ. Amer. chem. Soc. **42**, 1265 (1920). — MESTRÉZAT: Journ. Pharmac. Chim. (7), **23**, 137 (1921). — BERGMANN: Ztschr. physiol. Chem. **131**, 23 (1923). — SVEHLA: Ber. Dtsch. chem. Ges. **56**, 331 (1923). — TARUGI: Boll. chim. farmac. **63**, 97, 129 (1924). — JODIDI: Journ. Amer. chem. Soc. **48**, 751 (1926).

[2] Siehe dazu GRÜNHUT: Ztschr. analyt. Chem. **56**, 116 (1917).

[3] KÖNIG, GROSSFELD: Ztschr. Unters. Nahrungs- u. Genußmittel **27**, 508 (1914). — Formoltitration mit der Glaselektrode: DUNN, LOSHAKOFF: Journ. biol. Chemistry **113**, 359 (1936).

„Formolstickstoff" (1 ccm = 0,0028 g). Ist Ammoniak vorhanden, so muß es nach einem der bekannten Verfahren (z. B. Destillieren mit Magnesia) bestimmt und sein Stickstoffgehalt vom gefundenen Formolstickstoff abgezogen werden; die Differenz entspricht dem Aminosäurestickstoff.

Titration der Aminosäuren in alkoholischer Lösung S. 665.

Titration von Iminosäuren: CLEMENTI: Atti R. Accad. Lincei (Roma), Rend. (5), 24 I, 352 (1915). — *Mikrotitration:* CLEMENTI: Atti R. Accad. Lincei (Roma), Rend. (5), 24 II, 51, 102 (1915). — KUPELWIESER: Biochem. Ztschr. 178, 298 (1927).

Bestimmung des Formaldehyds.[1]

Die Methylengruppe in den Methylenaminosäuren läßt sich durch Kochen mit verdünnten Säuren quantitativ als Formaldehyd abspalten und dann nach der Methode von ROMIJN[2] titrieren.

0,1—0,3 g Methylenaminosäure werden in einem KJELDAHLkolben mit 50 ccm Wasser und 10—20 ccm 50proz. Phosphorsäure übergossen und so lange Wasserdampf durchgeleitet, bis ein Tropfen des Destillats sich mit fuchsinschwefliger Säure nicht mehr rot färbt. Durch eine kleine Flamme wird verhindert, daß sich die Flüssigkeitsmenge in dem Kolben vergrößert. Aller Formaldehyd ist abgetrieben, wenn ungefähr 1 l Destillat übergegangen ist.

II. Reaktionen der Carboxylgruppe, die durch die Beweglichkeit des Wasserstoffs bedingt sind.

A. *Salzbildung.*[3] Die meisten Carbonsäuren bilden mit den stärkeren Basen neutral reagierende, nichthydrolytisch gespaltene Salze. In der Regel erfolgt daher auch die quantitative Bildung der Alkalisalze (Bariumsalze) schon bei Zusatz der theoretischen Menge der betreffenden Base zur wässerigen oder alkoholischen Säurelösung.

Da die Carbonsäuren lösliche Alkalisalze zu geben pflegen und stärker sind als Kohlensäure, lösen sie sich meist in verdünnter wässeriger Soda unter Aufbrausen[4] und werden anderseits aus Lösungen ihrer Alkalisalze durch Kohlensäure nicht sofort gefällt. Durch dieses Verhalten unterscheiden sie sich im allgemeinen von den Phenolen.[5]

Die Oxymethylenverbindungen, Oxylactone, Oxybetaine, Hydroresorcine und orthosubstituierten Phenole verhalten sich aber bei der Salzbildung ganz ebenso wie die Säuren.

Carbomethoxyvanilloyl-p-oxybenzoyl-p-oxybenzoesäure wird von verdünnten Alkalien sehr schwer gelöst, etwas leichter, aber auch noch schwer, von verdünntem Ammoniak; fügt man jedoch zu letzterem ganz wenig Pyridin, so tritt schnell Lösung ein.[6]

Tetraphenylphthalsäure ist in verdünntem, wässerigen Ammoniak, Pentaphenylbenzoesäure in verdünntem Alkali unlöslich.[7]

---

[1] FRANZEN, FELLMER: Journ. prakt. Chem. (2), 95, 301 (1917). [2] Siehe S. 591.

[3] Siehe hierzu EPHRAIM: Ber. Dtsch. chem. Ges. 55, 3474 (1922).

[4] Manche Säuren (z. B. Benzoylbenzoesäure) lösen sich, unter Bildung von Bicarbonat, *ohne* Aufbrausen.

[5] Stearinsäure löst sich — offenbar weil sie nicht benetzt wird — in Sodalösung nicht auf, dagegen aber werden viele Lactone, z. B. Phthalid, von kohlensaurem Natrium reichlich aufgenommen: FULDA: Monatsh. Chem. 20, 715 (1899); siehe ferner VAN DER HAAR: Ber. Dtsch. chem. Ges. 54, 3143 (1921).

[6] E. FISCHER, FREUDENBERG: Liebigs Ann. 372, 55 (1910).

[7] DILTHEY, THEWALT, TRÖSKEN: Ber. Dtsch. chem. Ges. 67, 1959 (1934). — Über eine andere alkaliunlösliche Säure: SCHOLL, MEYER: Ber. Dtsch. chem. Ges. 65, 911 (1932).

Zur Identifikation aliphatischer Mono- und Dicarbonsäuren können ihre *Piperazinsalze* dienen.[1]

Mikrochemischer Nachweis der flüchtigen Fettsäuren in Form ihrer Ce-, Th-, Hg, Ag- oder Cu-Salze: M_2 7.

B. *Esterbildung.* Über die einzelnen Methoden[2] der Esterifikation siehe S. 469 und 493. Im allgemeinen sind die Carbonsäuren sowohl durch Mineralsäuren und Alkohol als auch durch Einwirkung von Halogenalkyl, Diazomethan,[3] Dimethylsulfat usw. esterifizierbar.

Gewöhnlich wird man *Methylester*[4] als die am leichtesten zugänglichen und höchstschmelzenden darstellen. REID empfiehlt die meist sehr charakteristischen *p-Nitrobenzylester.*[5] p-Nitrobenzylbromid gibt, mit den Alkalisalzen der Säuren in 63proz. Alkohol gekocht, die Ester, die durch Umkrystallisieren aus mehr oder weniger verdünntem Alkohol gereinigt werden.

Identifizieren von Säuren als *Chlor-, Brom-* oder *Jodphenacylester:* JUDEFIND, REID: Journ. Amer. chem. Soc. **42**, 1043 (1920). — RATHER, REID: Journ. Amer. chem. Soc. **43**, 629 (1921). — DRAKE, BRONITZKY: Journ. Amer. chem. Soc. **52**, 3715 (1930). — SCHMIDT: Liebigs Ann. **483**, 122 (1930). — KÖGL, ERXLEBEN: Liebigs Ann. **484**, 83 (1930). — POWELL: Journ. Amer. chem. Soc. **53**, 1172 (1931). — MOSES, REID: Journ. Amer. chem. Soc. **54**, 2101 (1932). — BROCKMANN: Liebigs Ann. **251**, 39 (1935).

Phenacylester: RATHER, REID: Journ. Amer. chem. Soc. **41**, 83 (1919); **43**, 629 (1921). — HANN, REID, JAMISSON: Journ. Amer. chem. Soc. **52**, 818 (1930). — HURD, CHRIST: Journ. Amer. chem. Soc. **57**, 2007 (1935). Ameisensäure-p-bromphenacylester. — Ölsäurereihe: KIMURA: Journ. Soc. Ind. Japan, Suppl. **35**, 221 (1932).

p-Phenylphenacylester 0,005 Mol Säure, 5 ccm Wasser werden mit 0,0025 Mol Soda versetzt. Die Lösung muß schwach sauer sein (evtl. noch etwas Säure zufügen). Man gibt 10 ccm Alkohol und evtl. noch soviel Wasser zu, daß die Lösung klar bleibt, und kocht mit 0,005 Mol p-Phenylphenacylbromid $^1/_2$–3 Stunden am Rückflußkühler. Wenn sich der Ester beim Erkalten nicht abscheidet, wird die Lösung eingeengt.[6]

Aminosäuren lassen sich nur durch sauere Reagenzien verestern, während man aus den Salzen die stickstoffalkylierten Säuren[7] erhält. Ähnlich verhalten sich die *Pyridincarbonsäuren*, die mit Alkali und Jodalkyl Betaine liefern, außer wenn der Pyridinstickstoff durch Substituenten in Orthostellung die Fähigkeit, fünfwertig aufzutreten, verloren hat.

C. *Kryoskopisches Verhalten.* Die Carbonsäuren zeigen bei der Molekular-

---

[1] POLLARD, ADELSON, BAIN: Journ. Amer. chem. Soc. **56**, 1759 (1934).

[2] Methylester schwer veresterbarer Säuren (Oleanolsäure, Acetyloleanolsäure, Chinovasäure, α-Elemolsäure, α- und β-Elemonsäure) erhält man durch Hitzezersetzung ihrer Tetramethylammoniumsalze: PRELOG, PIANTANIDA: Ztschr. physiol. Chem. **244**, 56 (1936).

[3] Pentaphenylbenzoesäure ist *nur* mit Diazomethan methylierbar: DILTHEY, THEWALT, TRÖSKER: Ber. Dtsch. chem. Ges. **67**, 1959 (1934).

[4] Verwendung der *Propylester* zu Trennungen: WINDAUS, BOHNE: Liebigs Ann. **433**, 280 (1923).

[5] REID: Journ. Amer. chem. Soc. **39**, 124 (1917); **53**, 2347 (1931). — LYMAN, REID: Journ. Amer. chem. Soc. **39**, 704 (1917). — BLICKE, SMITH: Journ. Amer. chem. Soc. **51**, 1947 (1929). — KELLY, SEGURA: Journ. Amer. chem. Soc. **56**, 2497 (1934).

[6] DRAKE, BRONITZKY: Journ. Amer. chem. Soc. **52**, 3718 (1930). — DRAKE, SWEENEY: Journ. Amer. chem. Soc. **54**, 2060 (1932); Ber. Dtsch. chem. Ges. **67**, 739 (1934). — PFAU: Helv. chim. Acta **15**, 1270 (1932). — KELLY, MORISANI: Journ. Amer. chem. Soc. **58**, 1502 (1936).

[7] HANS MEYER: Monatsh. Chem. **21**, 913 (1900).

gewichtsbestimmung in indifferenten Lösungsmitteln starke Assoziation, wodurch sie sich von den Oxylactonen und Hydroresorcinen[1] unterscheiden lassen.

D. Über *Leitfähigkeitsbestimmung* siehe S. 273.

Über Unterscheidung von Carboxyl- und Enolgruppe in der Tetronsäurereihe siehe WOLFF: Liebigs Ann. **315**, 149 (1901).

Erkennung von Säuren der Zuckergruppe: SIMON, GUILLAUMIN: Compt. rend. Acad. Sciences **175**, 1208 (1922).

III. Reaktionen der Carboxylgruppe, die auf dem Ersatz der Hydroxylgruppe beruhen.

A. *Säurechloridbildung.* Die Darstellung der so überaus reaktionsfähigen Chloride der Carbonsäuren, die das Ausgangsmaterial für die Bildung zahlreicher anderer charakteristischer Derivate (Amide, Anilide, Ester, Anhydride usw.) bilden, ist nach dem von HANS MEYER ausgearbeiteten Thionylchloridverfahren mit minimalen Substanzmengen ausführbar. Siehe hierzu auch SILBERRAD: Journ. Soc. chem. Ind. **45**, 37, 55 (1926).

Die Anwendbarkeit des Thionylchlorids ist eine ganz allgemeine, nur sind folgende Punkte zu beachten:

Dicarbonsäuren, die eine normale Kohlenstoffkette von 4 oder 5 Gliedern enthalten, deren Enden die Carboxyle bilden, geben Säureanhydride; fumaroide Formen werden aber nicht umgelagert, sondern in die Chloride verwandelt.

Thionylchlorid reagiert weder mit der Aldehyd- noch mit der Keton- oder Alkoxylgruppe; man kann daher mittels desselben auch Aldehyd- und Ketonsäuren[2] sowie Estersäuren in die Säurechloride verwandeln.

Säuren mit konjugierten Doppelbindungen, an deren einem Ende sich die Carboxylgruppe, an deren anderem Ende sich Hydroxyl oder Carboxyl befinden, reagieren nur dann, wenn sich in der Stellung (3) vom Carboxyl eine negativierende Gruppe befindet.

Für die Darstellung von Chloriden der ar. Oxysäuren läßt man das Thionylchlorid auf die Natriumsalze einwirken, am besten in Benzollösung.[3] Auch wo die entwickelte Salzsäure stören würde, ist die Verwendung von Salzen geboten.[4]

Über anormale Reaktionen: STOLLE, WOLF: Ber. Dtsch. chem. Ges. **46**, 2251 (1913).

Als Katalysatoren kommen Pyridin, Aluminiumchlorid SbCl$_5$, SnCl$_4$ und Jod in Frage.[5,6] Für gewisse resistente Säuren wird Arbeiten in Aether-Pyridin empfohlen.[7] Brenztraubensäurechlorid kann nur so erhalten werden.[8]

Zur Darstellung von Terephthalylchlorid werden 160 g Terephthalsäure, 2—3 g SbCl$_5$, AlCl$_3$ oder SnCl$_4$ und 750 g SOCl$_2$ gekocht.[6]

---

[1] VORLÄNDER: Liebigs Ann. **294**, 257 (1896).
[2] Aromatische *α-Ketonsäuren* (Phthalonsäure, Benzoylameisensäure) gehen indessen dabei in Derivate der um ein C-Atom ärmeren Säuren (Phthalsäure, Benzoesäure) über, und die *Brenztraubensäure* und deren aliphatische Derivate werden von Thionylchlorid ohne Katalysator nicht angegriffen (HANS MEYER). — Tetrahydropiperinsäure und Thionylchlorid: EBERLEIN: Diss. Göttingen 56, 1914.
[3] KOPETSCHNI, KARCZAG: Ber. Dtsch. chem. Ges. **47**, 237 (1914); D. R. P. 262883 (1913); DPA. W 38707 (1913).
[4] Benzoxazolcarbonsäuren: SKRAUP, MOSER: Ber. Dtsch. chem. Ges. **55**, 1091 (1922).
[5] OESTERLE, HAUGSETH: Arch. Pharmaz. **253**, 331 (1915). — MCMASTER, AHMANN: Journ. Amer. chem. Soc. **50**, 146 (1928). — KIRPAL: Ber. Dtsch. chem. Ges. **63**, 3190 (1930) (Salicylsäurechlorid).   [6] F. P. 810595 (1937).
[7] CARRÉ, LIBERMANN: Compt. rend. Acad. Sciences **199**, 1422 (1934).
[8] CARRÉ, JULLIEN: Compt. rend. Acad. Sciences **202**, 1521 (1936).

Analog werden Nitro- und Chlorterephthalsäurechlorid und 4.4 -Diphenyl-dicarbonsäurechlorid gewonnen.[1]

Diphenylmalonsäure entsteht nicht aus ihrem Ester (COOR-Absp.), aber glatt beim Schütteln des Chlorids mit Wasser.[2]

B. *Säureamidbildung.* Die Darstellung der Säureamide ist eine der wichtigsten Umwandlungsreaktionen der Carbonsäuren, weil der Abbau der Amide zu Nitril und Amin so ziemlich den sichersten Beweis für das Vorliegen der COOH-Gruppe bietet.

Auf diese Weise ist z. B. das Vorhandensein einer Carboxylgruppe in den Naphthensäuren bewiesen worden.[3]

Über den Abbau der Säureamide siehe S. 704.

Darstellung der Säureamide.[4]

Die bequemste Methode besteht im Eintropfen oder Eintragen von Säure-chlorid in gut gekühltes, wässeriges Ammoniak. Das sofort oder nach kurzem Aufkochen gebildete Amid fällt aus oder kann durch passende Extraktionsmittel von mitgebildetem Salmiak getrennt werden.

In vielen Fällen ist das Isolieren des Säurechlorids nicht notwendig, man gießt einfach das bei der Einwirkung von Thionylchlorid,[5] Phosphorpentachlorid[6] oder Phosphortrichlorid[7] erhaltene Rohprodukt, das man höchstens durch Ab-destillieren eines Teils der Nebenprodukte oder durch Ausfrieren gereinigt hat, auf das gekühlte Ammoniak oder löst es in Aether und leitet Ammoniak-gas ein.

Eine zweite Methode, die sich namentlich dann empfiehlt, wenn die Trennung der Amide vom Salmiak Schwierigkeiten verursacht (Pyridinderivate), beruht auf der Einwirkung von wässerigem oder alkoholischem Ammoniak auf die Ester. Auch hier ist es im allgemeinen am zweckmäßigsten, die Reaktion bei gewöhnlicher Temperatur vor sich gehen zu lassen. Der Ester, und zwar am besten der *Methyl*ester (HANS MEYER), wird in einer verschließbaren Flasche mit konzentriertem oder wässerig-alkoholischem Ammoniak unter häufigem Umschütteln bis zur Beendigung der Reaktion stehengelassen.[8]

Die Umsetzung erfolgt oftmals erst im Verlauf mehrerer Tage, selbst Wochen, aber man erhält dabei sehr reine Produkte. Indessen reagieren manche Ester nur beim Erhitzen unter Druck und einzelne überhaupt nicht mit wässerigem oder alkoholischem oder selbst flüssigem Ammoniak oder werden zum Ammonium-salz verseift.[9]

Während im allgemeinen die Ester der Carbonsäuren durch wässeriges Am-

[1] Siehe Note 6 auf S. 470.   [2] MORSMAN: Helv. chim. Acta 18, 1466 (1935).
[3] KOZICKI, PILAT: Petroleum 11, 310 (1916).
[4] Siehe auch WREDE, ROTHHAAS: Ber. Dtsch. chem. Ges. 67, 739 (1934).
[5] HANS MEYER: Monatsh. Chem. 22, 415 (1901). — SCHIMMEL & Co.: Ber. Schimmel 1909 I, 99.
[6] KRAFFT, STAUFFER: Ber. Dtsch. chem. Ges. 15, 1728 (1882).
[7] ASCHAN: Ber. Dtsch. chem. Ges. 31, 2344 (1898).
[8] Siehe auch BOCKMÜHL: Diss. Heidelberg 33, 1909. — Auch die Darstellung der Amide und Anilide der Allophansäure gelingt nur mit den Methylestern, während mit Methylamin auch die Aethylderivate reagieren: DAINS, WERTHEIM: Journ. Amer. chem. Soc. 42, 2304 (1920). — BILTZ, JELTSCH: Ber. Dtsch. chem. Ges. 56, 1914 (1923).
[9] E. FISCHER, DILTHEY: Ber. Dtsch. chem. Ges. 35, 844 (1902). — HANS MEYER: Ber. Dtsch. chem. Ges. 39, 198 (1906); Monatsh. Chem. 27, 31 (1906); 28, 1 (1907). — BUCHNER, SCHOTTENHAMMER: Ber. Dtsch. chem. Ges. 53, 866 (1920). — SCHÖPF: Liebigs Ann. 465, 112 (1928).

moniak glatt in Säureamide verwandelt werden, verhalten sich[1] Verbindungen
vom Typus:

$$\substack{||| \ ||| \ ||| \\ C \ C \ C \\ \diagdown | \diagup \\ C \\ COOCH_3,}$$

wo das Carboxylkohlenstoffatom mit drei Kohlenwasserstoffresten verbunden
ist, völlig indifferent.

Ist eine dieser Valenzen durch —CO—CH$_3$ gesättigt (disubstituierte Acetessigester), so ergibt sich eine überraschende Abhängigkeit der Reaktionsfähigkeit sowohl von der Art der Substituenten im Kern als auch der Carboxylgruppe. So reagieren die Verbindungen:

$$\begin{Bmatrix} CH_3 \\ CH_3 \\ COCH_3 \\ COOCH_3 \end{Bmatrix} \quad \begin{Bmatrix} CH_3 \\ C_2H_5 \\ COCH_3 \\ COOCH_3 \end{Bmatrix} \quad \begin{Bmatrix} CH_3 \\ CH_2C_6H_5 \\ COCH_3 \\ COOCH_3 \end{Bmatrix} \quad \begin{Bmatrix} CH_3 \\ CH_3 \\ COCH_3 \\ COOC_2H_5 \end{Bmatrix} \quad \begin{Bmatrix} CH_3 \\ C_2H_5 \\ COCH_3 \\ COOC_2H_5, \end{Bmatrix}$$

während die Verbindungen:

$$\begin{Bmatrix} C_2H_5 \\ C_2H_5 \\ COCH_3 \\ COOCH_3 \end{Bmatrix} \quad \text{und} \quad \begin{Bmatrix} C_2H_5 \\ C_2H_5 \\ COCH_3 \\ COOC_2H_5 \end{Bmatrix}$$

absolut indifferent sind.

In der Malonsäurereihe werden:

$$\substack{CH_3 \\ \diagdown \\ CH_3 \diagup} C \substack{\diagup COOCH_3 \\ \diagdown COOCH_3} \qquad \substack{CH_3 \\ \diagdown \\ C_2H_5 \diagup} C \substack{\diagup COOCH_3 \\ \diagdown COOCH_3} \qquad \substack{CH_3 \\ \diagdown \\ C_3H_7 \diagup} C \substack{\diagup COOCH_3 \\ \diagdown COOCH_3}$$

quantitativ in Amide verwandelt, während:

$$\substack{CH_3 \\ \diagdown \\ CH_3 \diagup} C \substack{\diagup COOC_2H_5 \\ \diagdown COOC_2H_5} \qquad \text{und} \qquad \substack{C_2H_5 \\ \diagdown \\ C_2H_5 \diagup} C \substack{\diagup COOCH_3 \\ \diagdown COOCH_3}$$

ganz unangegriffen bleiben.[2]

Diese Versuche zeigen, daß man bei der Untersuchung auf sterische Behinderungen mehr als bisher auf die Natur der anwesenden Alkylreste Bedacht
nehmen muß und namentlich nicht Methyl- und Aethylreste als in ihrer Wirkung
gleichwertig betrachten darf. Siehe hierzu noch HANS MEYER: Monatsh. Chem.
28, 33 (1907). — PREISWERK: Helv. chim. Acta 2, 647 (1919). — DOX, YODER:
Journ. Amer. chem. Soc. 44, 361, 1564 (1922).

Über die Umkehrbarkeit der Reaktion Säureester + Ammoniak = Säure-
amid + Alkohol und über Arbeiten mit alkoholischer Ammoniaklösung siehe
HOFMANN: Ber. Dtsch. chem. Ges. 4, 268 (1871). — CAHOURS: Compt. rend.
Acad. Sciences 76, 1387 (1873). — BONZ: Ztschr. physikal. Chem. 2, 865 (1888).
— KIRPAL: Monatsh. Chem. 21, 959 (1900). — ACREE: Amer. chem. Journ. 41,
457 (1909). — REID: Amer. chem. Journ. 41, 483 (1909); 45, 38 (1911). — E.
P. 313316 (1928). — Einwirkung von Ammoniak auf die Ester ungesättigter
Säuren: STOSIUS, PHILIPPI: Monatsh. Chem. 45, 457, 569 (1924).

In einzelnen Fällen bedient man sich auch noch des alten HOFMANNschen
Verfahrens und erhitzt die Ammoniumsalze andauernd im Einschmelzrohr auf

---

[1] HANS MEYER: Verhandl. Ges. Naturf. 1906, 145.
[2] Aethanhexacarbonsäureaethylester läßt sich weder durch alkoholisches Ammoniak bei 150° noch durch verflüssigtes Ammoniak amidieren. Methantricarbonsäure-
ester wird in Malonamid und Urethan gespalten: PHILIPPI, HANUSCH, WACEK: Ber.
Dtsch. chem. Ges. 54, 897 (1921).

230° bzw. auf die Optimumtemperatur, bei der die Wasserabspaltung bereits stattfindet, die Dissoziation aber noch gering ist.[1]

Konstitution der Säureamide: AUWERS: Ber. Dtsch. chem. Ges. 70, 964 (1937).

C. Säureanilide[2] und Toluide[3]

werden auch öfters verwendet.[4] Sie werden oft schon durch Kochen der Säure mit der Base, evtl. unter Zusatz von konzentrierter Salzsäure erhalten.

Oder man löst Säure und Anilin in einem indifferenten Mittel (Toluol) mit PCl_3 oder $SOCl_2$ und etwas $AlCl_3$ und kocht.[5]

Anwendung von Thioanilin: Bull. Soc. chim. France (4), 53, 293 (1933).

β-Naphthylamide: RUZICKA, SCHINZ: Helv. chim. Acta 18, 391 (1935).

p-Aminoazobenzolderivate: ESCHER: Helv. chim. Acta 12, 30 (1929).

Zur Identifikation und Isolierung mehrfach ungesättigter Fettsäuren sind die

D. p-Xenylamide[6]

geeignet. Z. B. wird Ölsäure mit p-Phenylanilin im evakuierten Rohre 5 Stunden auf 230° erhitzt oder Ölsäurechlorid in Chloroform mit 2 Mol Amin bei — 15° versetzt, 20 Minuten auf 20° gebracht, mit Pyridin 10 Minuten auf 40° erhitzt. Umkrystallisieren aus 99proz. Alkohol.

Charakterisieren der höheren Fettsäuren als

E. Monoureide.[7]

Wegen des relativ hohen Stickstoffgehalts sind diese Derivate zur Bestimmung des Molekulargewichtes der Säuren sehr geeignet.

Stearinsäureureid: 22 ccm 25proz. Na-Aethylat, 7 ccm Pyridin (als Katalysator), 1,2 g Harnstoff werden mit 4 g Stearinsäureester 24 Stunden stehen gelassen. A: 3,7 g.

F. Benzimidazole[8]

entstehen durch Kondensation von o-Phenylendiamin mit Fettsäuren nach dem Schema:

$$C_6H_4 \Big\langle {}^{NH_2}_{NH_2} + RCOOH \rightarrow C_6H_4 \Big\langle {}^{NH \cdot COR}_{NH_2} \rightarrow C_6H_4 \Big\langle {}^{NH}_{N} \Big\rangle CR$$

o-Phenylendiamin wird mit einem kleinen Überschuß an Säure unter Feuchtigkeitsabschluß 8 Stunden am Steigrohr auf 140—150° erhitzt. Das Reaktionsprodukt wird in Alkohol gelöst, mit alk. Lauge oder mit Bariumhydroxyd neutralisiert, evtl. filtriert, eingedampft, der Rückstand im Vakuum destilliert und umkrystallisiert.

Namentlich für die Identifikation der mittleren Fettsäuren geeignet. Man kann die Benzimidazole noch weiter in Pikrate überführen.[9]

---

[1] DECKER: Liebigs Ann. 395, 282 (1912).

[2] Farbenreaktionen der Anilide: S. 728.

[3] SCUDDER: Amer. chem. Journ. 29, 511 (1903). — SPÄTH, KLAGER: Ber. Dtsch. chem. Ges. 66, 914 (1933). — TREFF, WERNER: Ber. Dtsch. chem. Ges. 66, 1524 (1933). — Anilinsalze: LIEBERMANN: Ber. Dtsch. chem. Ges. 30, 695 (1897); D. R. P. 169992 (1906). — RUPE, BÜRGIN: Ber. Dtsch. chem. Ges. 43, 1229 (1910). — STAUDINGER, BECKER: Ber. Dtsch. chem. Ges. 50, 1023 (1917).

[4] Über Anilide von Aldehyd- und Ketonsäuren: HANS MEYER: Monatsh. Chem. 28, 1211 (1907).   [5] E. P. 375883 (1932).

[6] KIMURA, NIHAYASHI: Ber. Dtsch. chem. Ges. 68, 2028 (1935).

[7] STENDAL: Compt. rend. Acad. Sciences 196, 1810 (1933).

[8] SEKA, MÜLLER: Monatsh. Chem. 57, 97 (1931). — POOL, HAARWOOD, RALSTON: Journ. Amer. chem. Soc. 59, 178 (1937).

[9] BROWN, CAMPBELL: Journ. chem. Soc. London 1937, 1699.

IV. Abspaltung der Carboxylgruppe.

Viele Säuren gehen durch Erhitzen, entweder für sich, am besten im Vakuum,[1] oder in wässeriger Lösung,[2] meist erst im Einschlußrohr bei höherer Temperatur,[3] namentlich bei Gegenwart von Säuren (Schwefelsäure,[4] Phosphorsäure, Jodwasserstoffsäure,[5] Pelargonsäure,[6] Brenzweinsäure, Bernsteinsäure,[7] Essigsäure im Rohr,[6] Glycerin, Petroleum,[8] Paraffin,[9] Anthracen,[10] Phenanthren,[10] Resorcin,[11] Phloroglucin,[12] Fluoren[13]) oder auch schon beim Kochen mit indifferenten Lösungsmitteln (Wasser) oder Basen, wie Soda,[14] Kaliumbicarbonat,[6] Pyridin (KUNZ-KRAUSE), Chinolin)[15] Bariumoxyd,[16] Bariumhydroxyd,[6] Kalilauge,[17] Anilin,[6,18] Diphenylmethan, Diphenylamin,[19] oder Natronkalk[20] oder endlich Metalle, wie Kupfer,[21] Nickel,[22] Cadmium, Cadmiumoxyd,[23] Zink,[24] Zinkoxyd,[16,23] Titanoxyd,[23] Silber,[20] Quecksilberoxyd,[25] Eisen, unter Verlust von CO_2 in die carboxylfreien Stammsubstanzen über. Es sind dies namentlich Säuren, die in der Nachbarschaft der COOH-Gruppe stark negativierende Reste besitzen, so z. B. die α-Carbonsäuren des Pyridins, β-Naphthol-α-carbonsäure, Trinitrobenzoesäure usw. Die leichte Abspaltbarkeit der Carboxylgruppe kann daher

---

[1] FISCHER, TREIBS: Liebigs Ann. **466**, 191 (1928).

[2] Aminobenzoesäuren: MCMASTER, SHRINER: Journ. Amer. chem. Soc. **45**, 751 (1925). Die m-Säure ist beständig.

[3] Z. B. Benzoesäure bei 235°: FISCHER, SCHRADER: Abh. Kohle **5**, 307 (1920). — FISCHER, WOLTER: Abh. Kohle **6**, 79 (1921). — Siehe namentlich KUNZ, KRAUSE: Arch. Pharmaz. **267**, 555 (1929). — Pectine bei 150°: LINGGOOD: Biochemical Journ. **24**, 262 (1930). [4] Oleum: FISCHER: Liebigs Ann. **466**, 261 (1928).

[5] KOLLER, PASSLER: Monatsh. Chem. **56**, 222 (1930). — KOLLER, KLEIN, PÖPL: Monatsh. Chem. **63**, 308 (1933) (im Methoxylapparat).

[6] SCHOLL, SEER: Ber. Dtsch. chem. Ges. **55**, 115 (1922). — ASAHINA, IHARA: Ber. Dtsch. chem. Ges. **62**, 1202 (1929). — KÖGL, ERXLEBEN, JÄNECKE: Liebigs Ann. **482**, 118 (1930). [7] FISCHER, ROTHAUS: Liebigs Ann. **484**, 85 (1930).

[8] KEIMATSU, YAMAMOTO: Journ. pharmac. Soc. Japan **1927**, 129.

[9] SCHUMM: Ztschr. physiol. Chem. **178**, 1 (1928); **181**, 142 (1929); **185**, 81 (1929).

[10] WASER: Helv. chim. Acta **8**, 761 (1925); **11**, 952 (1928).

[11] FISCHER, TREIBS: Liebigs Ann. **466**, 226 (1928); **471**, 265 (1929). — HAUROWITZ: Ztschr. physiol. Chem. **188**, 163 (1930).

[12] KUNZ-KRAUSE: a. a. O. S. 558, 561.

[13] WASER: Helv. chim. Acta **8**, 761 (1925). — SKITA, WULFF: Liebigs Ann. **455**, 24, 27, 39 (1927). [14] FISCHER, SCHRADER: Abh. Kohle **5**, 307 (1922).

[15] SKITA, WULFF: Liebigs Ann. **455**, 24 (1927). — Unter Zusatz von Cu: SPÄTH, SUOMINEN: Ber. Dtsch. chem. Ges. **66**, 1348 (1933).

[16] EBEL, BRUNNER, MANGELLI: Helv. chim. Acta **12**, 25 (1929).

[17] LIPP, SCHELLER: Ber. Dtsch. chem. Ges. **42**, 1970 (1909). — FISCHER: Liebigs Ann. **461**, 259 (1928).

[18] KUPFERBERG: Journ. prakt. Chem. (2), **16**, 441 (1877). — CAZEREUVE: Bull. Soc. chim. France (3), **7**, 550 (1892); **15**, 72 (1896). — LAUTH: Bull. Soc. chim. France (3), **9**, 971 (1893). — CLAUSSNER: Diss. Danzig 1907, 42. — BREDIG: Ber. Dtsch. chem. Ges. **41**, 740 (1908); Ztschr. Elektrochem. **24**, 285 (1918). — REISSERT: Ber. Dtsch. chem. Ges. **44**, 867 (1911). — HEMMELMAYR: Monatsh. Chem. **34**, 365 (1913). — CLAISEN: Liebigs Ann. **418**, 76 (1918). — WILLSTÄTTER: Liebigs Ann. **422**, 6, 14 (1921). — KUNZ, KRAUSE: Arch. Pharmaz. **267**, 556 (1929).

[19] GRAZIANI: Atti R. Accad. Lincei (Roma), Rend. (5), **24** I, 822, 936 (1915); **25** I, 509 (1916); D. R. P. 389881 (1924). — JOHNSON, DASCHARSKY: Journ. biol. Chemistry **62**, 197 (1925). — ABDERHALDEN, GEBELEIN: Ztschr. physiol. Chem. **152**, 125 (1926) (Aminosäuren).

[20] Siehe S. 478. — HAHN, SCHUCH: Ber. Dtsch. chem. Ges. **63**, 1644 (1930).

[21] MAILHE: Bull. Soc. chim. France (4), **5**, 616 (1909); Chem.-Ztg. **33**, 242, 253 (1909). — FISCHER, WALACH: Liebigs Ann. **450**, 128 (1926).

[22] STEINKOPF, MÜLLER: Liebigs Ann. **448**, 218 (1926).

[23] SABATIER, MAILHE: Compt. rend. Acad. Sciences **159**, 217 (1914).

[24] Siehe S. 349.

[25] HgO, Wasser 150—200° bei 10—20 at: DZIEWOŃSKI, KAHL: Bull. Akad. Krakau, A **1934**, 394.

zur Entscheidung von Stellungsfragen herangezogen werden, wie noch näher ausgeführt werden wird.

Sehr geeignet ist das Verfahren von MAI: Destillation der Bariumsalze mit 3 Mol Na-Methylat im Vakuum.[1] (Cycloparaffincarbonsäuren.)

1. Verhalten der primären Säuren: R—CH₂—COOH.

Die primären Säuren, in denen R ein positives Radikal ist, besitzen den Charakter der Fettsäuren. Infolge des positiven die Carboxylgruppe tragenden C-Atoms ist in ihnen die COOH-Gruppe fest gebunden, dagegen sind sie in Lösung schwach ionisiert. Ihre Ester sind leicht verseifbar.

Ist R ein stark negatives Radikal, so wird dadurch die Festigkeit, mit der die COOH-Gruppe gebunden ist, entsprechend gelockert. *Bisdiazoessigsäure* verliert alles Kohlendioxyd schon weit unterhalb des Schmelzpunktes. *Malonsäure* zerfällt bei 130°, in Essigsäurelösung schon bei Wasserbadtemperatur;[2] *Acetessigsäure* spaltet schon unter 100° stürmisch CO_2 ab, und *Nitroessigsäure* ist überhaupt nicht in freier Form beständig. Dagegen sind derartige Substanzen in Lösung stark ionisiert und bilden sehr beständige Ester.

Säuren mit schwach negativem Radikal R nehmen eine Mittelstellung ein. So zerfällt *Phenylessigsäure* schon unter 300° in Toluol und Kohlendioxyd, während *Essigsäure* nach ENGLER, LÖW[3] noch bei 400° beständig ist.

Bei der Destillation von *Pyrrolcarbonsäuren* kann Wanderung von Seitenketten eintreten: PILOTY: Ber. Dtsch. chem. Ges. 45, 1919 (1912), oder es kann die ganze Seitenkette abgespalten werden oder ein Bruchstück (Essigsäure): HANS FISCHER, RÖSE: Ztschr. physikal. Chem. 91, 184 (1914).

2. Sekundäre Säuren: $\dfrac{R_1}{R_2}$CH—COOH.

Für diese gelten analoge Betrachtungen. Zwei positive Reste verleihen Fettsäurecharakter, Eintritt eines oder zweier negativer Radikale verstärkt die Säure, lockert aber die Bindung der Carboxylgruppe. So zerfällt *Zimtsäure* schon bei ihrem Siedepunkt in Styrol und Kohlendioxyd, während *Diazoessigsäure* in freiem Zustand überhaupt nicht beständig ist, dagegen sehr stabile Ester bildet.

Sehr interessant ist das Verhalten der *Diphenylenessigsäure*, die in alkalischer Lösung durch den Luftsauerstoff nach der Gleichung:

$$\frac{C_6H_4}{C_6H_4}\!\!>\!\!CHCOONa + NaOH + O = \frac{C_6H_4}{C_6H_4}\!\!>\!\!CO + Na_2CO_3 + H_2O$$

zerfällt, während sie in der Siedehitze Fluoren liefert.[4]

3. Tertiäre Säuren: $R_2\!\!\overset{R_1}{\underset{R_3}{>}}\!\!C$—COOH.

Für die *Säuren mit offener Kette* gelten die gleichen Erörterungen wie für die primären und sekundären Säuren. So zerfällt *Phenylpropiolsäure* beim Er-

---

[1] MAI: Ber. Dtsch. chem. Ges. 22, 2133 (1889). — CASE: Journ. Amer. chem. Soc. 56, 715 (1934).

[2] POMERANZ, LINDNER: Monatsh. Chem. 28, 1041 (1907). — Gewisse Katalysatoren beschleunigen den Zerfall der Malonsäure; am stärksten wirkt Mg-Pulver, stark auch Al-Pulver, weniger Ni-Pulver: NORRIS, TUCKER: Journ. Amer. chem. Soc. 55, 4703 (1933).

[3] ENGLER, LÖW: Ber. Dtsch. chem. Ges. 26, 1436 (1893).

[4] WISLICENUS, RUTHING: Ber. Dtsch. chem. Ges. 46, 2771 (1913).

hitzen mit Wasser auf 120°, *Nitrophenylpropiolsäure* bei 100°. *4,12-Dinitrozimtsäure* spaltet schon unter 0° Kohlendioxyd ab.[1]

Die *cyclischen Verbindungen*, insbesondere die Benzolcarbonsäuren, sind weit beständiger, zeigen aber ebenfalls mit zunehmender Negativität des dem Carboxyl benachbarten C-Atoms abnehmende Festigkeit der COOH-Bindung.[2] *Benzoesäure* ist bei 400° noch beständig, *Salicylsäure*[3] zerfällt beim Erhitzen (mit Wasser) auf 220—230°, *β-Naphthol-α-carbonsäure* bei 120° und auch schon beim andauernden Kochen mit Wasser, ebenso *Paraorsellinsäure*,[4] während *Orsellinsäure* schon beim Kochen mit Methylalkohol in Orcin und Kohlendioxyd zerfällt.[5] *s-Trinitrobenzoesäure* wird ebenfalls bei 100° zerlegt, *Thiodiazoldicarbonsäure* spaltet bei 75—80° oder, bei Verwendung wässeriger Lösungen, bei 60 bis 70° das α-ständige Carboxyl ab,[6] und *Phloroglucindicarbonsäure* ist in freier Form nicht mehr beständig.[7]

Sehr instruktiv ist der Vergleich von *Diphenyldihydropyridazincarbonsäure*, die (auch mit Salzsäure) unverändert über 200° erhitzt werden kann, und *Diphenylpyridazincarbonsäure*, die beim Schmelzen glatt in Kohlendioxyd und Pyridazin zerfällt.[8]

Interessant ist auch, daß, während die *o-Nitrosalicylsäure* überhaupt nicht beständig ist, ihre Isomeren, bei denen also keine o-o-Substitution des Carboxyls statthat, sehr stabil sind.[9]

Aus der p-Stellung wirkt ein negativer Substituent auch noch, aber schwächer, und noch schwächer aus der m-Stellung. So zerfällt *p-Oxybenzoesäure* bei 300°, während *m-Oxybenzoesäure* unzersetzt destilliert.

Nach HOOGEWERFF, VAN DORP[10] werden übrigens auch die aromatischen Säuren mit zwei zum Carboxyl orthoständigen *Methyl*gruppen durch Schwefelsäure glatt in CO_2 und den entsprechenden Kohlenwasserstoff gespalten.

Dimethylphloroglucincarbonsäure verliert beim Kochen in *alkalischer* Lösung ihr Carboxyl.

Durch Erhitzen der Ca-Salze in Gegenwart geringer Mengen Alkali werden die aromatischen Mono- und Polycarbonsäuren entcarboxyliert.

Z. B. werden 100 g Phthalsäure, 70 g CaO, 300 ccm Wasser, 20 ccm 20proz. NaOH 4 Stunden auf 420° im Rohre erhitzt. A: über 90% Benzol. Ohne Lauge erfolgt überhaupt keine Einwirkung.[11]

Aus aromatischen o- und p-Dicarbonsäuren wird ein Carboxyl durch dreistündiges Erhitzen mit frisch gefälltem Quecksilberoxyd und Wasser im Rohre bei 160—170° abgespalten. Bei längerem Erhitzen und höherer Temperatur evtl. beide Carboxyle.[12]

In der Pyridinreihe sind alle α-Carbonsäuren durch ihren leichten Zerfall ausgezeichnet.

[1] ENGLER, LÖW: Ber. Dtsch. chem. Ges. **26**, 1436 (1893).
[2] Einfluß eintretender Nitrogruppen auf die Beständigkeit der Trimethylgallussäure: THOMS, SIEBELING: Ber. Dtsch. chem. Ges. **44**, 2119, 2121 (1911). — Einfluß von Cl, Br, COOH: HEMMELMAYR, MEYER: Monatsh. Chem. **46**, 143 (1925).
[3] Verhalten der Opiansäure: SCHORIGIN, ISSAGULJANZ, BELOW: Ber. Dtsch. chem. Ges. **64**, 274 (1911).
[4] SENHOFER, BRUNNER: Monatsh. Chem. **1**, 237 (1880). — Sie zerfällt auch beim Kochen mit Lauge: LIPP, SCHELLER: Ber. Dtsch. chem. Ges. **42**, 1970 (1909).
[5] HESSE: Journ. prakt. Chem. (2), **57**, 268 (1898). — Ihr Bariumsalz zerfällt beim Kochen mit Wasser.   [6] WOLFF: Liebigs Ann. **333**, 9 (1904).
[7] HERZIG, WENZEL: Monatsh. Chem. **22**, 221 (1901).
[8] PAAL, KÜHN: Ber. Dtsch. chem. Ges. **40**, 4604 (1907).
[9] SEIDEL, BITTNER: Monatsh. Chem. **23**, 427 (1902).
[10] HOOGEWERFF, VAN DORP: Koninkl. Akad. Wetensch. Amsterdam, wisk. natk. Afd. **1901**, 173.   [11] D. R. P. 580829 (1933).
[12] DZIEWOŃSKI, KAHL: Bull. Akad. Krakau, A **1934**, 394.

Durch Erhitzen mit *Anilin* oder anderen Basen, wie Dimethylanilin, Diaethylanilin und Chinolin,[1] werden die aromatischen Oxysäuren viel leichter unter
Kohlendioxydabspaltung in Phenol übergeführt als durch Wasser. Je mehr
Hydroxyle vorhanden sind, um so leichter erfolgt der Zerfall. Auch Haloid-
substitutionsprodukte sind weniger beständig als die Stammsubstanzen. Am
leichtesten zerfallen o-, dann p-, endlich m-Derivate. Aethersäuren sind viel beständiger als die zugehörigen Oxysäuren.

Die Abspaltung der Carboxylgruppe aus *1-Oxy-4-chlor-2-naphthoesäure* gelingt am besten in der Weise, daß man die Säure in Naphthalin oder Nitrobenzol suspendiert und
nach Zugabe einer klei-
nen Menge *Anilin* auf
170—180° erhitzt.[2]

Nach STAUDINGER[3]
verlieren die *Chinolin-*
und *Pyridinsalze* weit
leichter als die Säuren
selbst Kohlendioxyd.
Benzalmalonsaures Chi-
nolin und Pyridin gehen
schon bei Zimmertempe-
ratur in zimtsaures Salz
über, Acetondicarbon-
säure wird durch *Ani-*
lin katalytisch zerstört,
ebenso Succinyldiessig-
säure.[4]

Durch Kochen mit
Chinolin und Cu-Bronze
oder Cu-Pulver werden

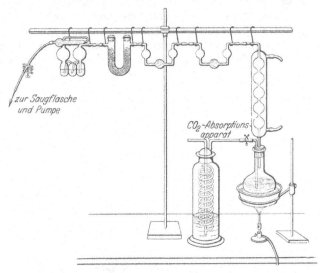

Abb. 156. Bestimmung der Carboxylgruppe durch CO_2-Abspaltung.

Benzanthroncarbonsäure und Dibenzanthrondicarbonsäure entcarboxyliert.[5]

Katalytischer Zerfall optischer Antipoden durch Anilin: BREDIG, FAJANS:
Ber. Dtsch. chem. Ges. 41, 752 (1908). — FAJANS: Ztschr. physikal. Chem. 73, 25
(1910). — CREIGHTON: Ztschr. physikal. Chem. 81. 543 (1913).

Quantitative Kohlendioxydabspaltung.[6]

Auf den Destillationskolben *A* (Abb. 156) wird ein LIEBIGscher Rückflußkühler mit innerem Mehrkugelrohr aufgesetzt. An den Kühler werden hinter-

---

[1] KUPFERBERG: Journ. prakt. Chem. (2), 16, 441 (1877). — LAUTH: Bull. Soc.
chim. France (3), 9, 971 (1893). — CAZENEUVE: Bull. Soc. chim. France (3), 7, 550
(1892); 15, 73 (1896). — TINGLE: Amer. chem. Journ. 25, 144 (1901). — HEMMEL-
MAYR: Monatsh. Chem. 34, 388 (1913); 36, 290 (1915). — CLAISEN: Liebigs Ann. 418,
76 (1919).

[2] REISSERT: Ber. Dtsch. chem. Ges. 44, 866, 867 (1911). — Siehe hierzu FAJANS:
Ztschr. physikal. Chem. 73, 35 (1910).

[3] STAUDINGER: Ber. Dtsch. chem. Ges. 39, 3067 (1906).

[4] WILLSTÄTTER, PFANNENSTIEL: Liebigs Ann. 422, 6, 14 (1921).

[5] RULE, PURSELL: Journ. chem. Soc. London 1935, 571. — RULE, SMITH: Journ.
chem. Soc. London 1937, 1096.

[6] LEFÈVRE: Diss. Göttingen 32, 1907. — STAUDINGER, KON: Liebigs Ann. 384,
80 (1911). — v. D. HAAR: Monosaccharide und Aldehydsäuren, S. 72. 1920. — Hier
auch eine sehr detaillierte Beschreibung des Verfahrens. — Siehe auch LUNDE: Diss.
Freiburg 1925. — SCHWALBE, FELDTMANN: Ber. Dtsch. chem. Ges. 58, 1537 (1925)
(Glykuronsäure). — REINDEL: Liebigs Ann. 466, 142 (1928).

einander zwei mit etwas Wasser beschickte Peligotröhren geschlossen. Dann folgt ein Chlorcalciumrohr und der Kaliapparat, der an seinem anderen Ende unter Einschaltung eines Chlorcalciumrohrs mit der Pumpe verbunden ist. Der Destillationskolben wird ferner durch ein bis auf den Boden gehendes Rohr mit einem *Kohlensäureabsorptionsapparat*[1] *C* verbunden.

Soll das Kohlendioxyd beim trocknen Erhitzen der Säure abgespalten werden, so benutzt man als Zersetzungsgefäß ein weites Probierglas, das nebst einem Thermometer in ein mit konzentrierter Schwefelsäure gefülltes Becherglas taucht und mit einem doppelt durchbohrten Kork versehen ist, der das Zu- und Ableitungsrohr für die anzusaugende Luft trägt.[2]

STAUDINGER, KON[3] benutzen den in Abb. 157 skizzierten Apparat, der es gestattet, bei bestimmter Temperatur zu arbeiten.

Die Substanz wird durch ein Einsatzrohr in das Reagensrohr gebracht, das z. B. durch den Dampf von siedendem Aethylenbromid auf konstante Tem-

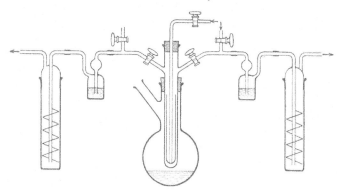

Abb. 157. Apparat von STAUDINGER, KON.

peratur (131°) erhitzt wird. Das Kohlendioxyd wird, nachdem der Apparat schon in der Kälte mit Wasserstoff gefüllt war, mit einem Wasserstoffstrom durch eine Waschflasche in die Absorptionsgefäße fortgeführt, zwei hintereinander geschaltete Spiralwaschflaschen[4] mit abgemessenen Mengen $n/_{10}$-Barytwasser, von denen die erste mit etwa 20—50 ccm, die zweite, die nur als Sicherheitsflasche dienen soll, mit 10—20 ccm beschickt wird. Die Kohlensäure wird durch Zurücktitrieren mit $n/_{10}$-Bernsteinsäure bestimmt.

Die zwei Ansätze am Apparat machen es möglich, durch einfaches Umstellen der Hähne das Kohlendioxyd abwechselnd in verschiedene Gefäße zu leiten, und zwar werden nach je einer Stunde die Vorlagen gewechselt. Die in der Waschflasche befindliche geringe Kohlensäuremenge wird durch einen seitlich eingeleiteten Wasserstoffstrom in die Absorptionsflasche übergeführt.

An Stelle des Erhitzens der freien Säure[5] wird auch oft das Zersetzen ihrer *Calcium-* oder *Bariumsalze*, evtl. unter Zusatz von *Natriummethylat*[6] oder *Natronkalk*,[7] angewendet. EINHORN empfiehlt die Verwendung von *Chlor-*

[1] Von HUGERSHOFF, Leipzig.
[2] KUNZ-KRAUSE: Arch Pharmaz. **231**, 632 (1893); **236**, 560 (1898); **242**, 271 (1904).
[3] STAUDINGER, KON: a. a. O.
[4] In der Abbildung ist nur die erste gezeichnet.
[5] Z. B. MARCKWALD: Ber. Dtsch. chem. Ges. **27**, 1320 (1894).
[6] MAI: Ber. Dtsch. chem. Ges. **22**, 2133 (1889).
[7] Von WILLSTÄTTER, FISCHER mit bestem Erfolg zur Decarboxylierung von Chlorophyllderivaten verwendet. Man erhitzt kleine Mengen Säure mit der fünffachen Menge reinem Natronkalk im Reagensrohr, vorsichtig, aber rasch und unter

zink.[1] Sehr gut wirkt auch Zusatz von *Kupfer-* oder *Silberpulver.*[2] Evtl. kann man noch etwas *Calciumcarbonat* zufügen.

Weit zweckmäßiger, namentlich dann, wenn außer dem Carboxyl noch stark saure Hydroxyle vorhanden sind, ist das *Erhitzen der Silbersalze,*[3] evtl. *Mercurosalze* (Nitrocumarilsäure[4]), namentlich *im Wasserstoffstrom*[5] oder noch besser *Kohlendioxydstrom.*[6]

Die aliphatischen flüchtigen Carbonsäuren werden hierbei ungefähr nach dem Schema:

$$2n\,(AgC_nH_{2n-1}O_2) = 2\,(n-1)(C_nH_{2n}O_2) + (n-1)\,C + CO_2 + 2n\,Ag$$

zersetzt.[7] Phenylessigsäure, Cuminsäure und Benzoesäure destillieren dagegen nahezu unzersetzt; letztere liefert auch etwas Benzol.

Über einen weiteren Typus der Zersetzung von Silbersalzen (5-Nitro-2-aldehydobenzoesäure) siehe WEGSCHEIDER, KUŠY VON DÚBRAV: Monatsh. Chem. **24**, 808 (1903). — Phenanthrencarbonsäuren: KLEE: Arch. Pharmaz. **252**, 255 (1914).

Einwirkung von Jod auf Silbersalze: BIRNBAUM: Liebigs Ann. **152**, 111 (1869). — BIRNBAUM, GAIER: Ber. Dtsch. chem. Ges. **13**, 1270 (1880). — BIRNBAUM, REINHERZ: Ber. Dtsch. chem. Ges. **15**, 456 (1882). — SIMONINI: Monatsh. Chem, **13**, 320 (1892); **14**, 81 (1893). — PANICS: Monatsh. Chem. **15**, 9 (1894). — HERZOG, LEISER: Monatsh. Chem. **22**, 357 (1901). — GASCARD: Compt. rend. Acad. Sciences **153**, 1484 (1912); **170**, 886 (1920); Ann. chim. (9), **15**, 332 (1921). — FICHTER: Helv. chim. Acta **1**, 146 (1918). — WINDAUS, KLÄNHARDT: Ber. Dtsch. chem. Ges. **54**, 581 (1921); **55**, 3981 (1922). — HEIDUSCHKA, RIPPER: Ber. Dtsch. chem. Ges. **56**, 1736 (1923). — WIELAND, FISCHER: Liebigs Ann. **446**, 49 (1926).

Abspaltung von Kohlenoxyd.[8]

Tertiäre Säuren mit offener Kette, also nicht die aromatischen Carbonsäuren, spalten in Berührung mit konzentrierter (ca. 94 proz.) Schwefelsäure sehr leicht,

---

ständigem Bewegen, und kühlt nach Eintritt der Reaktion durch Eintauchen in eine Schale mit Metallpulver (oder Quecksilber) ab: Liebigs Ann. **400**, 186 (1913). — HAHN: Ber. Dtsch. chem. Ges **61**, 283, 285, 286 (1928). — LINNEWEH, KEIL, HOPPE-SEYLER: Ztschr. physiol. Chem. **183**, 14 (1929). — KÖGL, POSTOWSKY: Liebigs Ann. **480**, 293 (1930).

[1] EINHORN: Liebigs Ann. **300**, 179 (1898). — ZELINSKY, GUTT: Ber. Dtsch. chem. Ges. **41**, 2074 (1908).

[2] WILLSTÄTTER: Ber. Dtsch. chem. Ges. **37**, 3745 (1904). — NEUKAM: Diss. Würzburg 1908, 76. — Siehe ferner: FUCHS: Ber. Dtsch. chem. Ges. **60**, 959 (1927). — FUCHS, STENGEL: Liebigs Ann. **478**, 271 (1930).

[3] GERHARDT, CAHOURS: Liebigs Ann. **38**, 80 (1841). — KÖNIGS, KÖRNER: Ber. Dtsch. chem. Ges. **16**, 2153 (1883). — KÖNIGS: Ber. Dtsch. chem. Ges. **24**, 3589 (1901). — LUX: Monatsh. Chem. **29**, 774 (1908).

[4] STRUSS: Diss. Rostock 44, 1907.

[5] WEGSCHEIDER: Monatsh. Chem. **16**, 37 (1895). — LUX: Monatsh. Chem. **29**, 774 (1908).

[6] KAUFMANN, ALBERTI: Ber. Dtsch. chem. Ges. **42**, 3789 (1909).

[7] IWIG, HECHT: Ber. Dtsch. chem. Ges. **19**, 238 (1886). — KACHLER: Monatsh. Chem. **12**, 338 (1891).

[8] WALTER: Ann. chim. phys. (2), **74**, 38 (1840); (3), **9**, 177 (1843). — KLINGER, STANDTKE: Ber. Dtsch. chem. Ges. **22**, 1214 (1889). — KÖNIGS, HOERLIN: Ber. Dtsch. chem. Ges. **26**, 812 (1893). — KLINGER, LONNES: Ber. Dtsch. chem. Ges. **29**, 734 (1896). — NOWAKOWSKI: Diss. Freiburg 45, 1899. — BISTRZYCKI, NOWAKOWSKI: Ber. Dtsch. chem. Ges. **34**, 3064 (1901). — BISTRZYCKI, HERBST: Ber. Dtsch. chem. Ges. **34**, 3074 (1901). — AUWERS, SCHRÖTER: Ber. Dtsch. chem. Ges. **36**, 3237 (1903). — BISTRZYCKI, ZURBRIGGEN: Ber. Dtsch. chem. Ges. **36**, 3558 (1903). — BISTRZYCKI, SCHICK: Ber. Dtsch. chem. Ges. **37**, 656 (1904). — BISTRZYCKI, GYR: Ber. Dtsch. chem. Ges. **37**, 662 (1904); **38**, 1822 (1905). — BISTRZYCKI, REINTKE: Ber. Dtsch.

oft schon bei gewöhnlicher Temperatur und in vielen Fällen quantitativ, Kohlenoxyd ab.

Sekundäre Säuren reagieren sehr viel schwerer, *primäre* noch schwerer oder gar nicht.[1]

Zur Untersuchung auf Kohlenoxydabspaltung geht man nach BISTRZYCKI, SIEMIRADSKI folgendermaßen vor:

Die Substanz (0,2—0,3 g) wird mit 30—40 ccm reiner 94proz. Schwefelsäure in einem Kölbchen, aus dem die Luft vorher durch einen während der ganzen Operation in Gang gehaltenen Strom von getrocknetem Kohlendioxyd verdrängt worden war, langsam erwärmt. Das Kohlendioxyd wird nach S. 152

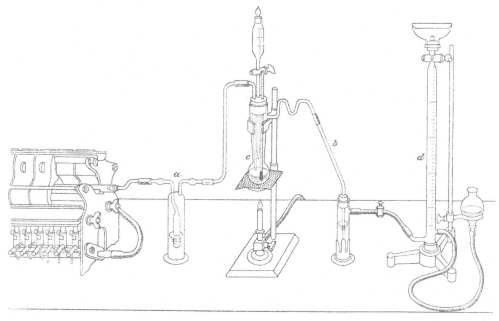

Abb. 158. Abspaltung von Kohlenoxyd aus Carbonsäuren.

aus Natriumbicarbonat entwickelt. Die aus dem Zersetzungskölbchen tretenden Gase werden zunächst zur Absorption von evtl. mitgebildetem Schwefeldioxyd durch kalt gehaltene konzentrierte Natriumbicarbonatlösung geleitet, dann im Azotometer von SCHIFF über konzentrierter Kalilauge aufgefangen. Das so erhaltene Kohlenoxyd ist immer etwas lufthaltig. Man läßt es daher von am-

chem. Ges. **38**, 839 (1905). — BISTRZYCKI, MAURON: Chem.-Ztg. **29**, 7 (1905); Ber. Dtsch. chem. Ges. **40**, 4062, 4370 (1907); **43**, 2883 (1910). — BISTRZYCKI, SIEMIRADZKI: Ber. Dtsch. chem. Ges. **39**, 51 (1906); Mitt. Naturf. Ges. Freiburg **3**, 23 (1907). — SIEMIRADZKI: Diss. Freiburg 1908. — BODMANN: Diss. Freiburg 21, 38, 1908. — WOHLLEBEN: Diss. Freiburg 76, 1909. — SCHMIDLIN, MASSINI: Ber. Dtsch. chem. Ges. **42**, 2381 (1909). — BLASER: Diss. Freiburg 21, 29, 37, 44, 52, 1909. — MASSINI: Diss. Zürich 42, 1909. — BISTRZYCKI, MAURON: Ber. Dtsch. chem. Ges. **43**, 1137 (1910). — BISTRZYCKI, WEBER: Ber. Dtsch. chem. Ges. **43**, 2504 (1910).—CZECHOWSKI: Diss. Freiburg 37, 1913. — BISTRZYCKI, RYNCKI: Mem. Soc. Frib. Sc. nat. Série Chimie **3**, 169 (1913). — BISTRZYCKI, BRENKEN: Helv. chim. Acta 5, 22 (1922). — Glyoxylierte Pyrrole usw.: FISCHER, MERKA, PLÖTZ: Liebigs Ann. **478**, 292 (1930).
[1] BISTRZYCKI, SIEMIRADZKI: Ber. Dtsch. chem. Ges. **41**, 1665 (1908). — Die sekundäre Dihydro*cyclo*geraniumsäure liefert 90% CO: RUZICKA: Helv. chim. Acta **16**, 173 (1933).

moniakalischer Kupferchlorürlösung absorbieren und bringt den nichtabsorbierten Anteil vom abgelesenen Volumen in Abzug.[1]

Die Autoren wenden ein besonders konstruiertes Zersetzungskölbchen an, das Mitgerissenwerden von Schwefelsäuredämpfen verhindert (Abb. 158).

Waschflasche a enthält konzentrierte Schwefelsäure, der Zylinder b kalt gesättigte Natriumbicarbonatlösung. c ist der Zersetzungskolben, d ein mit konzentrierter Kalilauge beschicktes Azotometer nach SCHIFF.

Wenn das Kohlenoxydvolumen konstant geworden ist, erhitzt man noch 10 bis 20° höher, um sicher zu sein, daß keine weitere Gasentwicklung stattfindet. Selten ist es notwendig, über 160° zu erhitzen. Erfolgt die Kohlenoxydabspaltung erst bei höherer Temperatur, so geht ein Teil des Gases durch Reduktion der Schwefelsäure zu Schwefeldioxyd der Bestimmung verloren.

Ähnlich leichte Abspaltung von Kohlenoxyd zeigen auch die α-Oxysäuren,[2] Ameisensäure und Oxalsäure und ihre Derivate und manche Ketonsäuren.

Die CO-Abspaltung aus Naphthyl-1-oxalessigester

$$\begin{array}{c} C_{10}H_7\text{—}CH\cdot CO\cdot COOC_2H_5 \\ | \\ COOC_2H_5 \end{array} = CO + C_{10}H_7CH(COOC_2H_5)_2$$

erfolgt quantitativ, *ohne* Schwefelsäure, bei 180—186°.[3]

Über *Kohlenoxydabspaltung aus Säurechloriden*: HANS MEYER: Monatsh. Chem. 22, 792 (1901). — JOIST, LÖB: Ztschr. Elektrochem. 11, 938 (1905). — STAUDINGER: Liebigs Ann. 356, 72 (1907); Ber. Dtsch. chem. Ges. 41, 3558 (1908); 42, 3486, 3967 (1909). — BISTRZYCKI, LANDTWING: Ber. Dtsch. chem. Ges. 41, 686 (1908). — SCHMIDLIN, MASSINI: Ber. Dtsch. chem. Ges. 42, 2381 (1909).

Abbau von Carbonsäuren durch Überführen der Ester in Diphenylcarbinole und Diphenylaethylene und Oxydation zu Benzophenon und der nächstniedrigen Carbonsäure: SKRAUP, SCHWAMBERGER: Liebigs Ann. 462, 141 (1928).

V. Unterscheidung der primären, sekundären und tertiären Säuren.

1. Ermittlung der Esterifizierungsgeschwindigkeit.

Bei der Untersuchung der Säuren ist das Hauptaugenmerk auf die Bestimmung der Anfangsgeschwindigkeit zu richten, während die Grenzwerte sich für alle drei Gruppen von Säuren nicht sonderlich unterscheiden.

Die Beschreibung der Methode ist S. 370 gegeben. Zur Erreichung des Grenzwerts ist bei tertiären Säuren 480 stündiges, bei den anderen Säuren 200 stündiges Erhitzen auf 155° erforderlich.

Esterifizierung mit Isobutylalkohol.[4]

		Anfangsgeschwindigkeit	Grenzwert
Primäre Säuren:	$C_nH_{2n}O$	30,86—44,36	67,4—70,9
	$C_nH_{2n-2}O_2$	43,0	70,8
	$C_nH_{2n-8}O_2$	40,3—48,8	72,0—73,9
Sekundäre Säuren:	$C_nH_{2n}O_2$	21,5—29,0	69,5—73,7
	$C_nH_{2n-2}O_2$	12,1	72,1
	$C_nH_{2n-10}O_2$	11,6	74,6
Tertiäre Säuren	$C_nH_{2n}O_2$	3,5—8,3	72,7—74,2
	$C_nH_{2n-2}O_2$	3,0	69,3
	$C_nH_{2n-4}O_2$	8,0	74,7
	$C_nH_{2n-8}O_2$	6,8—8,6	72,6—76,5

---

[1] CL. WINKLER: Lehrbuch der technischen Gasanalyse, 2. Aufl., S. 75. 1892.

[2] Siehe S. 512. — Thiobenzylsäure: BECKER, BISTRZYCKI: Ber. Dtsch. chem. Ges. 47, 3151 (1914).

[3] WISLICENUS, BUTTERFASS, KOHEN: Liebigs Ann. 436, 81 (1924).

[4] MENSCHUTKIN: Liebigs Ann. 195, 334 (1879); 197, 193 (1879); Ber. Dtsch.

Meist wird man nur die *Anfangsgeschwindigkeit* bestimmen; doch ist Erhitzen auf 155° unbequem und fast stets unnötig. Man benutzt statt höherer Temperatur 3proz. *methylalkoholische* Salzsäure als Katalysator und erhitzt entweder eine Stunde auf dem kochenden Wasserbad[1] oder im Thermostaten bei 15°.[2]

Über die Unanwendbarkeit dieser Methode bei Dicarbonsäuren: SCHWAB, Rec. Trav. chim. Pays-Bas **2**, 64 (1883). — REICHER: Rec. Trav. chim. Pays-Bas **2**, 308 (1883).

2. Unterscheidung primärer und sekundärer Säuren von den tertiären mit Brom (AUWERS, BERNHARDI).[3]

Bei der Bromierung nach der HELL, VOLHARD, ZELINSKYschen Methode nehmen aliphatische Mono- und Dicarbonsäuren so viele Bromatome auf, als sie Carboxylgruppen besitzen, vorausgesetzt, daß sich neben jeder Carboxylgruppe mindestens ein α-Wasserstoffatom befindet.

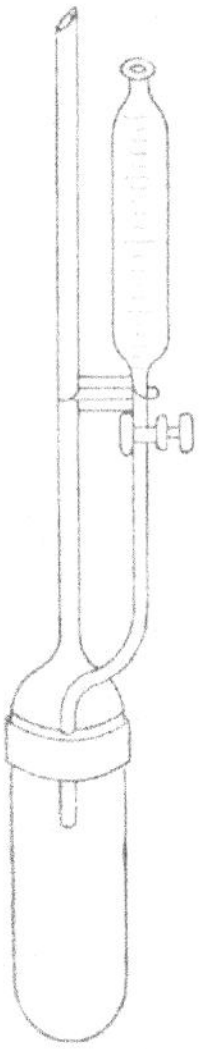

Bernsteinsäure und ihre Alkylderivate nehmen nur *ein* Atom Brom auf. Tertiäre Säuren reagieren nicht mit Brom und Phosphor.

Bromierung[4] nach HELL,[5] VOLHARD,[6] ZELINSKY.[7]

In ein starkwandiges Reagensglas (Abb. 159) von etwa 3 cm Durchmesser und 10 cm Höhe ist ein Helm eingeschliffen, der in ein etwa 50 cm langes Kühlrohr endigt. In den Helm ist ferner ein kleiner Tropftrichter eingeschmolzen, dem man die Form einer graduierten Pipette gibt. Man vermeidet dadurch das lästige Abwägen des Broms und kennt überdies in jedem Augenblick die Menge des bereits zugesetzten Halogens.

Amorpher Phosphor wird mit der *flüssigen* Säure übergossen oder mit der *festen* Säure innig gemengt und darauf langsam Brom zugetropft. Durch richtige Regulierung des Bromzuflusses, nötigenfalls durch Kühlung des Kolbens, wird die Reaktion so geleitet, daß die Dämpfe im Kühlrohr gelb, nur ausnahmsweise und für kurze Zeit rot gefärbt erscheinen, um den Bromverlust möglichst zu beschränken. Sobald die berechnete Menge Brom hinzugefügt ist oder die Bromwasserstoffentwicklung sich verlangsamt, wird das Reaktionsgemisch allmählich auf 90—100° erwärmt. Siehe S. 358.

Abb. 159.
Bromierung
nach HELL,
VOLHARD,
ZELINSKY.

chem. Ges. **14**, 2630 (1881). — CONANT, WHELAND: Journ. Amer. chem. Soc. **55**, 2500 (1933).   [1] SUDBOROUGH, LLOYD: Journ. chem. Soc. London **73**, 81 (1898).   [2] SUDBOROUGH, ROBERTS: Journ. chem. Soc. London **87**, 1841 (1905); Proceed. chem. Soc. **23**, 146 (1907). — SUDBOROUGH, THOMAS: Journ. chem. Soc. London **91**, 1033 (1907).

[3] AUWERS, BERNHARDI: Ber. Dtsch. chem. Ges. **24**, 2210 (1891). — Vgl. V. MEYER, AUWERS: Ber. Dtsch. chem. Ges. **23**, 294 (1890). — REFORMATZKY: Ber. Dtsch. chem. Ges. **23**, 1594 (1890). — AUWERS, JACKSON: Ber. Dtsch. chem. Ges. **23**, 1601, 1609 (1890). — GABRIEL: Ber. Dtsch. chem. Ges. **40**, 2647 (1907). — FICHTER, GISIGER: Ber. Dtsch. chem. Ges. **42**, 4709 (1909).

[4] Über den Mechanismus dieser Reaktion: ASCHAN: Ber. Dtsch. chem. Ges. **45**, 1913 (1912). — SMITH, LEWCOCK: Ber. Dtsch. chem. Ges. **45**, 2358 (1912). — K. H. MEYER: Ber. Dtsch. chem. Ges. **45**, 2868 (1912). — ASCHAN: Ber. Dtsch. chem. Ges. **46**, 2162 (1913). — KRONSTEIN: Ber. Dtsch. chem. Ges. **54**, 1 (1921). — WARD: Journ. chem. Soc. London **121**, 1161 (1922).

[5] HELL: Ber. Dtsch. chem. Ges. **14**, 891 (1881). — HELL, TWERDOMEDOFF: Ber. Dtsch. chem. Ges. **22**, 1745 (1889). — HELL, JORDANOFF: Ber. Dtsch. chem. Ges. **24**, 938 (1891). — HELL, SADOMSKY: Ber. Dtsch. chem. Ges. **24**, 938, 2390 (1891).

[6] VOLHARD: Liebigs Ann. **242**, 141 (1887).

[7] ZELINSKY: Ber. Dtsch. chem. Ges. **20**, 2026 (1887). — BAUER: Diss. Leipzig 33, 1908. — FALTIS, VIEBÖCK: Ber. Dtsch. chem. Ges. **62**, 707 (1929).

Die Berechnung der Mengenverhältnisse der zur Reaktion gelangenden Substanzen erfolgt nach den Gleichungen:

I. $3\,C_nH_{2n+1}\cdot CO_2H + P + 11\,Br = 3\,C_nH_{2n}Br\cdot COBr + HPO_3 + 5\,HBr$.

II. $3\,C_nH_{2n}\cdot(CO_2H)_2 + 2\,P + 22\,Br = 3\,C_nH_{2n-2}Br_2\cdot(COBr)_2 + 2\,HPO_3 + 10\,HBr$.

Vom Phosphor genügt indes ein Drittel oder weniger der den Gleichungen entsprechenden Menge.[1]

Da Brom ungenutzt entweicht, muß nach Verbrauch der theoretischen Menge weiteres Brom in kleinen Portionen zugefügt werden. Mit diesem Zusatz wird fortgefahren, bis die Bromwasserstoffentwicklung völlig aufgehört hat und das Kühlrohr auch nach halbstündiger Digestion noch von roten Dämpfen erfüllt ist. Dieser Zeitpunkt tritt bei den *einbasischen Säuren* bei Verarbeitung von 10 bis 20 g Säure in wenigen Stunden ein. Die Bromierung der *Dicarbonsäuren* dauert in der Regel 10—15 Stunden. Die Verlangsamung der Reaktion tritt dann ein, wenn ungefähr die zur Bildung des Monosubstitutionsprodukts nötige Menge Brom verbraucht ist.

Nach Beendigung des Versuchs wird das noch vorhandene Brom abdestilliert und darauf das Reaktionsprodukt auf Säure oder auf Ester verarbeitet.

In letzterem Fall läßt man das Öl vorsichtig in das Zwei- bis Dreifache der theoretisch erforderlichen Menge absoluten Alkohols einlaufen. Der bromierte Ester wird darauf durch Zusatz von viel Wasser abgeschieden, mit Wasser und verdünnter Schwefelsäure gewaschen, über entwässertem Glaubersalz getrocknet, durch trockene Filter gegossen und schließlich rektifiziert.

Die Verarbeitung des Rohprodukts auf bromierte Säuren sowie die Reindarstellung derselben geschieht in verschiedener Weise, da die Löslichkeitsverhältnisse dieser Säuren und speziell ihr Verhalten gegen Wasser von Fall zu Fall wechseln.

Verwertbarkeit der bromierten Säuren zu näheren Konstitutionsbestimmungen: CROSSLEY, LE SUEUR: Proceed. chem. Soc. London 14, 218 (1899); 15, 225 (1900); Journ. chem. Soc. London 75, 161 (1899); 77, 83 (1900). — MOSSLER: Monatsh. Chem. 29, 69 (1908).

Zur

Ermittlung der Stellung der Carboxylgruppen in aliphatischen Dicarbonsäuren[2] dampft man mit Essigsäureanhydrid ein und erhitzt im Ölbad auf 260—280°. Glatter Übergang in ein Keton weist auf eine Pimelin- oder Adipinsäure, glatter Übergang in Anhydrid auf eine Glutar- oder Bernsteinsäure. In diesem Fall erhitzt man das Silbersalz mit Jod unter Zusatz von Sand vorsichtig bis gegen 150°, extrahiert mit Aether, schüttelt mit konzentriertem Kaliumcarbonat und etwas schwefligsaurem Natrium, trocknet und verdampft den Aether. Das zurückbleibende Lacton wird durch Destillation gereinigt (Glutarsäurereaktion).

Mikroverfahren: LUNDE: Biochem. Ztschr. 176, 157 (1926).

Zweiter Abschnitt.

Quantitative Bestimmung der Carboxylgruppe.

I. Bestimmung der Carboxylgruppe durch Analyse der Metallsalze der Säure.

In vielen Fällen läßt sich die Zahl der Carboxylgruppen durch Analyse der neutralen Salze ermitteln.

---

[1] HELL, GEUTHER: Ber. Dtsch. chem. Ges. 15, 142 (1882). — AHLBERG: Journ. prakt. Chem. (2), 135, 301 (1932).

[2] BLANC: Compt. rend. Acad. Sciences 144, 1356 (1907). — WINDAUS, KLÄNHARDT: Ber. Dtsch. chem. Ges. 54, 584 (1921); 55, 3981 (1922); 56, 91 (1923).

Namentlich *Silbersalze* sind für diesen Zweck verwendbar, weil sie fast immer wasserfrei und neutral erhalten werden.

Immerhin sind Ausnahmen bekannt. So krystallisiert das cantharidinsaure Silber mit einem,[1] das dimethylviolansaure Silber mit zwei,[2] das Silbersalz der Camphoglykuronsäure mit drei,[3] das metachinaldinacrylsaure Silber mit vier[4] Molekülen Krystallwasser, das hydroxonsaure Silber bald mit drei[5] Molekülen, bald mit einem.[6]

Auch *saure Silbersalze* sind, wenngleich selten, beobachtet worden,[7] und Oxysäuren, die stark mit negativen Gruppen beladen sind, wie o-o-Dibromparaoxybenzoesäure, 3.5-Dinitrohydrocumarsäure, 1.5-Dinitroparaoxybenzoesäure und 2.6-Dinitro-5-oxy-3.4-dimethylbenzoesäure, nehmen 2 Atome Silber auf.

Viele Silbersalze sind licht- oder luftempfindlich, manche auch explosiv, wie das Silberoxalat, das Salz der Lutidoncarbonsäure,[8] der Apophyllensäure[9] und der Chinolintricarbonsäure,[10] welch letzteres außerdem sehr hygroskopisch ist.[11]

Über die Analyse solcher Salze siehe S. 257.

Über Silbersalze von Polypeptiden der Glutaminsäure und Asparaginsäure: E. FISCHER: Ber. Dtsch. chem. Ges. 40, 3712 (1907).

Kupfersalze sind namentlich in der Pyridin- und Chinolinreihe sowie für die Charakterisierung aliphatischer Aminosäuren,[12] *Zinksalze* in der Fettreihe und zur Isolierung von aromatischen Sulfosäuren mit Vorteil angewendet worden. Die Aminosäuren pflegen auch charakteristische *Nickelsalze* zu geben.

Auch Natrium-,[13] Kalium-, Calcium-, Barium-[14] und Magnesiumsalze[15] sowie Ammonium-,[16] Cadmium-,[17] Thallium-[18] und Bleisalze,[14] sogar Rubidiumsalze[19] sind zur Basizitätsbestimmung von organischen Säuren herangezogen worden.[20]

Bestimmung von Fettsäuren als Bleisalze.[21]

---

[1] HOMOLKA: Ber. Dtsch. chem. Ges. 19, 1083 (1886).

[2] Die Dimethylviolansäure ist freilich keine Carbonsäure. — LIFSCHITZ: Ber. Dtsch. chem. Ges. 46, 3248 (1913).

[3] SCHMIEDEBERG, MEYER: Ztschr. physiol. Chem. 3, 433 (1879).

[4] ECKHARDT: Ber. Dtsch. chem. Ges. 22, 276 (1889).

[5] PONOMAREW: Journ. Russ. phys.-chem. Ges. 11, 47 (1879).

[6] BILTZ, GIESLER: Ber. Dtsch. chem. Ges. 46, 3419 (1913).

[7] THATE: Journ. prakt. Chem. (2), 29, 157 (1884). — KOHLSTOCK: Ber. Dtsch. chem. Ges. 18, 1849 (1885). — SCHMIDT: Arch. Pharmaz. 2, 521 (1886). — JEANRENAUD: Ber. Dtsch. chem. Ges. 22, 1281 (1889). — FEIST: Ber. Dtsch. chem. Ges. 23, 3733 (1890). — STOERMER, FINCKE: Ber. Dtsch. chem. Ges. 42, 3129 (1909). — Weitere anormale Silbersalze: THEOBALD: Diss. Rostock 44, 1892. — FUSSENEGGER: Diss. Kiel 42, 1901. — R. SCHULZE: Diss. Kiel 65, 1906.

[8] SEDGWICK, COLLIE: Journ. chem. Soc. London 67, 407 (1895).

[9] ROSER: Liebigs Ann. 234, 118 (1886).

[10] BERNTHSEN, BENDER: Ber. Dtsch. chem. Ges. 16, 1809 (1883).

[11] PERKIN: Journ. chem. Soc. London 75, 176 (1899).

[12] E. FISCHER: Untersuchungen über Aminosäuren, S. 17. 1906.

[13] Auch aromatische Oxyketone geben oft schwerlösliche Natriumsalze: AUWERS, JANSSEN: Liebigs Ann. 483, 45 (1930).

[14] Z. B. KRAUZ: Ber. Dtsch. chem. Ges. 43, 485 (1910).

[15] KILIANI: Ber. Dtsch. chem. Ges. 43, 3569 (1910).

[16] KNORR, HÖRLEIN: Ber. Dtsch. chem. Ges. 42, 3501 (1909).

[17] NEUBERG, SCOTT, LACHMANN: Biochem. Ztschr. 24, 156 (1910).

[18] FREUDENBERG: Ber. Dtsch. chem. Ges. 52, 1509 (1919); 53, 1729 (1920). — MENZIES, WILKINS: Journ. chem. Soc. London 125, 1148 (1924). — CHRISTIE, MENZIES: Journ. chem. Soc. London 127, 2369; 1926, 937. — TAKEI: Ber. Dtsch. chem. Ges. 61, 1005 (1928). — FEAR, MENZIES: Journ. chem. Soc. London 1926, 937. — BUTENANDT, HILDEBRANDT: Liebigs Ann. 477, 256 (1930).

[19] WINDAUS: Ber. Dtsch. chem. Ges. 41, 613, 2560 (1908).

[20] Über Strontiumsalze: HOLMBERG: Ber. Dtsch. chem. Ges. 47, 169, 171 (1914). — KUHN: Ber. Dtsch. chem. Ges. 63, 2290 (1930).

[21] BOSSHARD, COMTE: Mitt. Lebensmittelunters. Hygiene 7, 334 (1916); Helv. chim. Acta 1, 251 (1918).

Die Lösung von ca. 1 g Säure in Aether oder Petrolaether wird in einem starkwandigen ERLENMEYERkolben von 100 ccm Inhalt mit 5 g Bleioxyd und einigen Stückchen bei 100° getrocknetem Bimsstein geschüttelt und unter Benutzung eines VICTOR MEYERschen Tiegeltrockners bei 12 mm eingedampft. Die Gewichtszunahme ergibt den Säuregehalt.

Die *sauren* Salze von Polycarbonsäuren zeichnen sich oft durch besondere Beständigkeit oder Schwerlöslichkeit aus.[1]

So läßt sich das saure chinolinsaure Kupfer aus Salpetersäure,[2] das saure dipicolinsaure Kalium aus Salzsäure[3] unverändert umkrystallisieren.

Da übrigens von vielen Säuren gut definierte, neutrale Salze überhaupt nicht darstellbar sind, anderseits auch andere Atomgruppen Metall zu fixieren vermögen, hat diese Methode nur beschränkte Anwendbarkeit.

II. Titration der Säuren.

Ist das Molekulargewicht einer carboxylhaltigen Substanz bekannt, so kann ihre Basizität oftmals durch Titration bestimmt werden.

Bedeutet S das Gewicht der Substanz in Milligrammen,

$\quad a$ die Anzahl der verbrauchten Kubikzentimeter $n/_{10}$-Lauge,

$\quad x$ die Basizität der Säure und

$\quad M$ das Molekulargewicht,

so ist:

$$M = \frac{10\,S\,.\,x}{a}, \qquad x = \frac{a\,.\,M}{10\,S}.$$

Man kann mit *wässeriger* oder *alkoholischer* $n/_{10}$-*Kali-* oder *Natronlauge* oder mit *wässeriger* $n/_{10}$-*Barythydratlösung* arbeiten. Titration mit $n/_2$-*Ammoniak* haben HAITINGER, LIEBEN[4] sowie KEHRER, HOFACKER[5] vorgenommen.

Substanzen, die sehr schwer lösliche Kalium- (Natrium-) Salze geben, lassen sich manchmal vorteilhaft mit *Lithiumhydroxyd*lösung titrieren.[6]

DIELS, ABDERHALDEN fanden,[7] daß die bei der Oxydation des Cholesterins entstehende Säure $C_{27}H_{44}O_4$ mit Kalilauge glatt als *zwei*basische Säure titrierbar ist, während $n/_{10}$-*Natronlauge* ein so schwer lösliches saures Natriumsalz liefert, daß damit nur *eine* Carboxylgruppe nachweisbar ist.

Man kann auch den Störungen, die bei Verwendung von Wasser als Lösungsmittel entstehen, Hydrolyse usw., durch geeignete Wahl des Mediums begegnen.[8]

So lassen sich die *hochmolekularen Fettsäuren* nur in *starkem* (mindestens 40proz.) *Alkohol* titrieren. Als Endreaktion gilt der erste bleibende rosa Schein.[9]

Manche Substanzen (Oxymethylene) müssen mit *Natriumalkoholat* in *absolut alkoholischer Lösung* (Indicator Phenolphthalein) titriert werden.[10]

---

[1] Zur Kenntnis der sauren Salze der Carbonsäuren siehe auch PFEIFFER: Ber. Dtsch. chem. Ges. 47, 1580 (1914). — WEINLAND, DENZEL: Ber. Dtsch. chem. Ges. 47, 2246 (1914). [2] BOESEKEN: Rec. Trav. chim. Pays-Bas 12, 253 (1893).

[3] PINNER: Ber. Dtsch. chem. Ges. 33, 1229 (1900).

[4] HAITINGER, LIEBEN: Monatsh. Chem. 6, 292 (1895).

[5] KEHRER, HOFACKER: Liebigs Ann. 294, 171 (1896).

[6] HANS MEYER: LIEBEN-Festschr. 1906, 469; Liebigs Ann. 351, 269 (1907).

[7] DIELS, ABDERHALDEN: Ber. Dtsch. chem. Ges. 37, 3096 (1904).

[8] VESTERBERG: Ark. Kemi, Mineral. Geol. 2, Nr. 37, 1 (1907). — Titrieren in *Aceton*lösung mit *Bromthymolblau*: ASAHINA, WATANABE: Ber. Dtsch. chem. Ges. 63, 3045 (1930).

[9] HIRSCH: Ber. Dtsch. chem. Ges. 35, 2874 (1902). — SCHMATOLLA: Ber. Dtsch. chem. Ges. 35, 3905 (1902). — KANITZ: Ber. Dtsch. chem. Ges. 36, 400 (1903). — SCHWARZ: Ztschr. öffentl. Chem. 11, 1 (1905). — HOLDE, SCHWARZ: Ber. Dtsch. chem. Ges. 40, 88 (1907).

[10] RABE: Liebigs Ann. 332, 32 (1904). — VORLÄNDER: Liebigs Ann. 341, 71 (1905); Ber. Dtsch. chem. Ges. 52, 311 (1919).

ANSCHÜTZ, SCHMIDT[1] titrieren in *Pyridinlösung* mit Natronlauge und Phenolphthalein.

HANS und ASTRID EULER lösen Harzsäuren in *Amylalkohol* und titrieren mit Barytlösung.[2]

Von Säuren werden in der Regel *Salzsäure* oder *Schwefelsäure* verwendet. Letztere kann beim Arbeiten in alkoholischer Lösung nicht so gut gebraucht werden, weil die ausfallenden unlöslichen Sulfate das Erkennen der Endreaktion stören.

Die zum Auflösen der Substanz benutzten Flüssigkeiten müssen säurefrei sein oder vorher mit $n/_{10}$-Lauge genau neutralisiert werden.

Als *Indicatoren*[3] werden *Phenolphthalein*,[4] *α-Naphtholphthalein*,[5] *Dibromthymolsulfophthalein*,[6] *Methylorange, Lacmoid*, seltener *Nitramin*,[6] *Rosolsäure, Curcuma* oder *Lackmus* verwendet.[7] Auf Kohlensäure ist immer entsprechend Rücksicht zu nehmen. Bei dunkel gefärbten Flüssigkeiten ist oft *Alkaliblau*[8] mit Vorteil anwendbar.

Bei Verwendung von *Methylorange* ist für gelb gefärbte Flüssigkeiten *Zusatz von indigosulfosaurem Natrium* zu empfehlen.[9]

Um bei der Titration mit carbonathaltigen Laugen deutliche Endpunkte zu erhalten, verfährt man nach dem Vorschlag von KÜSTER[10] derart, daß man sich durch Sättigen einer Methylorangelösung mit Kohlendioxyd eine „Normalfarbe" herstellt, auf die titriert wird. Hier hilft indigschwefelsaures Natrium sehr gut, denn die Farbe seiner Lösung ist nahezu komplementär zur „Normalfarbe". Durch Mischungsverhältnisse, die durch Probieren schnell zu finden sind, kann man es leicht erreichen, daß das Farbstoffgemenge durch Kohlensäure ein fast neutrales Grau erhält. Genügend verdünnte Lösungen erscheinen dann nahezu farblos. Der Umschlag von Violett über Farblos nach Grün, den ein derartiges Gemenge von Methylorange und indigschwefelsaurem Natrium beim Titrieren gibt, ist sehr ausgesprochen und erleichtert das Titrieren — besonders bei verdünnten Lösungen — ganz ungemein. Man titriert auf Farblos (Grau). Da Indigschwefelsäure durch überschüssiges Alkali gelb gefärbt wird, so ist die ganze Farbenskala, die etwa bei der Titration eines Alkalis mit Säure durchlaufen wird, folgende: Gelb, Grün, Farblos (Grau), Violett.

RUPP, LOOSE empfehlen *Methylrot*,[11] HEWITT[12] *p-Nitrobenzolazo-α-naphthol*, das in neutraler Lösung gelbbraun ist und durch Alkali violett wird, und ganz besonders auch *Nitrosulfobenzolazo-α-naphthol*. Das letztere, in neutraler Lösung schwach gelb, wird durch Alkali intensiv purpurrot. Mit beiden Indicatoren erhält man ebenso scharfe Resultate wie mit Phenolphthalein.

---

[1] ANSCHÜTZ, SCHMIDT: Ber. Dtsch. chem. Ges. **35**, 3467 (1902).

[2] HANS u. ASTRID EULER: Ber. Dtsch. chem. Ges. **40**, 4763 (1907).

[3] Siehe auch KOLTHOFF: Farbindikatoren, 3. Aufl. Berlin 1926.

[4] Noch besser soll Phenoltetrachlorphthalein sein: DELBRIDGE: Amer. chem. Journ. **41**, 401 (1909). — THIEL: Sitzungsber. Med. Nat. Münster, 19. Juli 1913. — THIEL, STROHECKER: Ber. Dtsch. chem. Ges. **47**, 948 (1914).

[5] DIMROTH: Liebigs Ann. **446**, 119 (1926). — MACHEMER: Journ. prakt. Chem. (2), **127**, 151 (1930).   [6] JOSEPHSON: Liebigs Ann. **467**, 293 (1928).

[7] Azofarbstoffe des Phenolphthaleins: EICHLER: Ztschr. analyt. Chem. **79**, 81 (1929).

[8] Marke II OLA der Höchster Farbwerke: Siehe FREUNDLICH: Österr. Chemiker-Ztg. **4**, 441 (1901).

[9] HÄLLSTRÖM: Ber. Dtsch. chem. Ges. **38**, 2288 (1905). — KIRSCHNICK: Chem.-Ztg. **31**, 960 (1907). — LUTHER: Chem.-Ztg. **31**, 1172 (1907). — Anwendung von Xylencyanrot FF: HICKMAN, LINSTEAD: Journ. chem. Soc. London **121**, 2502 (1922).

[10] KÜSTER: Ztschr. anorgan. allg. Chem. **13**, 134 (1897). Die theoretischen Ausführungen daselbst S. 144 sind übrigens nach LUTHER nicht richtig.

[11] RUPP, LOOSE: Ber. Dtsch. chem. Ges. **41**, 3905 (1908); siehe auch S. 488.

[12] HEWITT: Analyst **33**, 85 (1908).

Als Kuriosa seien auch die Versuche von RICHARDS[1] und KASTLE[2] erwähnt, den Neutralisationspunkt durch den *Geschmacksinn* oder (SACHER)[3] durch den *Geruchsinn* zu bestimmen.

Elektrometrische Titration: WHITNEY: Ztschr. physikal. Chem. 20, 40 (1896). — MIOLATTI: Ztschr. anorgan. allg. Chem. 22, 445 (1900). — KÜSTER, GRÜTERS, GEIBEL: Ztschr. anorgan. allg. Chem. 35, 454 (1903); 42, 225 (1904). — THIEL, SCHUMACHER, ROEMER: Ber. Dtsch. chem. Ges. 38, 3860 (1905). — MICHAELIS: Biochem. Ztschr. 79, 1 (1917). — KOLTHOFF: Ztschr. anorgan. allg. Chem. 112, 187 (1920). — ERICH MÜLLER: Die elektrometrische Maßanalyse. Steinkopf 1921. — UHL, KESTRANEK: Monatsh. Chem. 44, 29 (1923). — PFUNDT, JUNGE: Ber. Dtsch. chem. Ges. 62, 515 (1929). — Apparat zur el. Titration: UHL: Ztschr. analyt. Chem. 77, 280 (1929). — JANDER, PPUNDT: Die visuelle Leitfähigkeitstitration. Stuttgart: Enke 1929. — KÖGL, ERXLEBEN: Liebigs Ann. 479, 22 (1930). — HAHN: Ztschr. angew. Chem. 43, 712 (1930). — PLÜCKER: Pharmaz. Zentralhalle 71, 535 (1930).

Mikrotitration: PREGL: Mikroanalyse S. 196. 1930. — MIKA: Mikrochemie 9, 143 (1931).

Nicht nur Carbonsäuren, sondern auch gewisse *Phenole*, wie Pikrinsäure,[4] Nitrotetrasalicylsäure,[5] Dibrom-p-Kresol,[6] Salicylamid,[7] Salicylsäurehydrazid,[7] *Oxymethylenverbindungen*,[8] wie z. B. Acetyldibenzoylmethan,[9] Oxymethylenacetessigester,[10] Oxymethylenacetylaceton,[11] *Oxylactone*, wie Tetrinsäure[9] und Tetronsäure,[12] Naphthooxycumarin,[13] *Hydroresorcine*,[14] *1-Phenyl-3-methyl-5-pyrazolon*,[9] *Oxybetaine*,[15] 4-Hydroxy-6-alkyl-2.3-triazo-7.8-dihydropyridazine (*Heterohydroxylsäuren*[16]) und manche *Hydrazone*[17] und endlich *Saccharin*[18] lassen sich glatt in wässeriger oder alkoholischer Lösung titrieren.

Ebenso reagieren manche *Aldehyde*, wie Glyoxal,[19] Salicylaldehyd, p-Oxybenzaldehyd und Vanillin, die Dioxybenzaldehyde,[20] ferner *substituierte Ketone*,

---

[1] RICHARDS: Amer. chem. Journ. 20, 125 (1898).
[2] KASTLE: Amer. chem. Journ. 20, 466 (1898); siehe S. 114.
[3] SACHER: Chem.-Ztg. 37, 1222 (1913).
[4] KÜSTER: Ber. Dtsch. chem. Ges. 27, 1102 (1894). — KÜSTER hat die Titrierbarkeit der Pikrinsäure zu einer quantitativen Bestimmungsmethode für die Additionsprodukte derselben mit Kohlenwasserstoffen, Phenolen usw. ausgearbeitet; siehe S. 657.
[5] SCHROETER: Ber. Dtsch. chem. Ges. 52, 2232 (1919). Die Phenolgruppe ist hier vollständig austitrierbar, während sie in der 5-Nitrosalicylsäure gar keine Säurewirkung zeigt (a. a. O. S. 2231).
[6] DIMROTH, GOLDSCHMIDT: Liebigs Ann. 399, 86 (1913). — Dibromphenoltricarbonsäure reagiert dementsprechend vierbasisch, Nitroresorcylsäure dreibasisch: HEMMELMAYR: Monatsh. Chem. 25, 21 (1904), Dioxyhemimellitsäure fünfbasisch: DEAN, NIERENSTEIN: Ber. Dtsch. chem. Ges. 46, 3872 (1913).
[7] HANS MEYER: Monatsh. Chem. 28, 1382 (1907).
[8] Siehe auch DIELS, STERN: Ber. Dtsch. chem. Ges. 40, 1622 (1907).
[9] KNORR: Liebigs Ann. 293, 70 (1896).
[10] CLAISEN: Liebigs Ann. 297, 14 (1897).
[11] CLAISEN: Liebigs Ann. 297, 6, 59 (1897).
[12] WOLFF: Liebigs Ann. 291, 226 (1896).   [13] RUNKEL: Diss. Bonn 31, 1902.
[14] SCHILLING, VORLÄNDER: Liebigs Ann. 308, 184 (1899).
[15] HANS MEYER: Monatsh. Chem. 26, 1311 (1905). — KIRPAL: Monatsh. Chem. 29, 472 (1908).   [16] BÜLOW: Ber. Dtsch. chem. Ges. 42, 2596 (1909).
[17] BÜLOW: Ber. Dtsch. chem. Ges. 42, 3313 (1909).
[18] HANS MEYER: Monatsh. Chem. 21, 945 (1900). — GLÜCKSMANN: Pharmaz. Post 34, 234 (1901).
[19] Siehe auch HARRIES, TEMME: Ber. Dtsch. chem. Ges. 40, 165 (1907).
[20] PAULY, SCHÜBEL, LOCKEMANN: Liebigs Ann. 383, 288 (1911).

wie Monochloraceton und Bromacetophenon, mit Phenolphthalein als Indicator wie einbasische Säuren.[1]

Anderseits zeigen, wie schon S. 466 erwähnt, gewisse *Aminosäuren* in *wässeriger* Lösung eine Abschwächung des sauren Charakters, die bis zur vollständigen Neutralität gehen kann.

Bei *Dicarbonsäuren* ist auch öfters die zweite Carboxylgruppe nicht austitrierbar, so bei der Triazol-2.5-dimethylpyrroldicarbonsäure.[2]

Für die Titration vieler aromatischer Oxysäuren ist Phenolphthalein nicht zu gebrauchen, weil das Phenolhydroxyl bis zu einem gewissen Betrag mittitriert wird. Man verwendet in solchen Fällen Methylrot, Lackmus,[3] am besten Bromthymolblau.[4]

Über *Titration der Säureimide und Lactone* sowie über *verzögerte Neutralisation* (Pseudosäuren) siehe S. 516 und 579.[5]

III. Indirekte Methoden.

1. Carbonatmethode (GOLDSCHMIEDT, HEMMELMAYR).[6]

Eine gewogene Menge Substanz (0,5—1 g) wird in Lösung in ein Kölbchen mit dreifach durchbohrtem Stopfen gebracht. Durch eine Bohrung geht ein bis knapp unter den Stopfen reichendes, aufsteigendes Kugelrohr, durch die zweite ein bis an den Boden des Kölbchens reichendes, ausgezogenes und am unteren Ende hakenförmig nach aufwärts gebogenes Glasrohr; die dritte Bohrung trägt einen kleinen Tropftrichter mit Hahn, dessen unteres Ende ebenfalls ausgezogen und hakenförmig aufgebogen ist und unter das Niveau der Flüssigkeit taucht.

Durch diesen kleinen Trichter läßt man in siedendem Wasser aufgeschwemmtes kohlensaures Barium sukzessive zur schwach kochenden Lösung hinzutreten.

Das Kohlendioxyd wird durch einen langsamen Strom kohlensäurefreier Luft durch zwei Chlorcalciumröhrchen in einen gewogenen Absorptionsapparat übergeführt.

Man läßt erkalten, kocht nochmals auf und wägt das Absorptionsrohr nach dem Erkalten im Luftstrom.[7]

2. Ammoniakmethode (McJLHINEY).[8]

Die Säure (ca. 1 g) wird in überschüssiger alkoholischer Kalilauge gelöst (der Alkoholgehalt der Lösung soll gegen 93% betragen) und auf 250 ccm ge-

---

[1] WELMANS: Pharmaz. Ztg. 1898, 634. — ASTRUC, MURCO: Compt. rend. Acad. Sciences 131, 943 (1901). — HANS MEYER: Monatsh. Chem. 24, 833 (1903). — Die Angabe von ASTRUC, MURCO, daß auch das Piperonal sich titrieren lasse, ist irrtümlich; es reagiert vielmehr gegen Phenolphthalein vollkommen neutral. — Siehe auch PFUNDT, JUNGE: Ber. Dtsch. chem. Ges. 62, 515 (1929).

[2] BÜLOW: Ber. Dtsch. chem. Ges. 42, 2487 (1909).

[3] CLAISEN, EISLEB: Liebigs Ann. 401, 87 (1913).

[4] KOLTHOFF: Journ. Amer. chem. Soc. 57, 973 (1935). — OSOL, KILPATRICK: Journ. Amer. chem. Soc. 57, 1053 (1935).

[5] Über die Acidimetrie organischer Säuren siehe auch noch DEGENER: Festschrift der Herzogl. Techn. Hochschule in Braunschweig, S. 451ff. Friedr. Vieweg & Sohn. 1897. — IMBERT, ASTRUC: Compt. rend. Acad. Sciences 130, 35 (1900). — ASTRUC: Compt. rend. Acad. Sciences 130, 253 (1900). — WEGSCHEIDER: Monatsh. Chem. 21, 626 (1900). — WAGNER, HILDEBRANDT: Ber. Dtsch. chem. Ges. 36, 4129 (1903).

[6] GOLDSCHMIEDT, HEMMELMAYR: Monatsh. Chem. 14, 210 (1893).

[7] Über ein auf der Zersetzung von Natriumbicarbonat beruhendes Verfahren siehe VOHL: Ber. Dtsch. chem. Ges. 10, 1807 (1877). — JEHN: Ber. Dtsch. chem. Ges. 10, 2108 (1877).   [8] McJLHINEY: Amer. chem. Journ. 16, 408 (1894).

bracht. Man leitet eine Stunde Kohlendioxyd durch, bis alles freie Alkali gefällt ist, filtriert, wäscht mit 50 ccm 93proz. Alkohol, destilliert ab und versetzt den Rückstand mit 100 ccm 10proz. Salmiaklösung.

Das Kaliumsalz der Säure zersetzt das Chlorammonium unter Entwicklung der äquivalenten Menge Ammoniak, das abdestilliert und titriert wird.

Da 100 ccm 93proz. Alkohol so viel Alkalicarbonat lösen, als 0,34 ccm Normalsäure entspricht, muß bei der Berechnung eine entsprechende Korrektur angebracht werden.

Auch muß man durch eine blinde Probe, bei der man 100 ccm Salmiaklösung ebenso lange kochen läßt wie bei dem Versuch (etwa 1—2 Stunden), konstatieren, wieviel Ammoniak mit den Wasserdämpfen flüchtig ist, und dies in Rechnung ziehen.

Die Methode gibt bei den schwächeren Fettsäuren gute Resultate und wird namentlich bei dunkel gefärbten Lösungen mit Vorteil angewendet.

JEAN[1] bestimmt in ähnlicher Weise die Acidität bzw. Alkalinität gefärbter Substanzen. Bei alkalischer Reaktion wird eine bekannte Menge Substanzlösung mit überschüssigem Ammoniumsulfat destilliert und das übergehende Ammoniak mit Salzsäure titriert. Säuren werden mit gemessener überschüssiger Kalilauge versetzt, Ammoniumsulfat zugesetzt und das bei der Destillation übergehende Ammoniak in Rechnung gestellt.

3. Schwefelwasserstoffmethode (FUCHS).[2]

Bringt man einen carboxylhaltigen Körper mit in Schwefelwasserstoffatmosphäre befindlicher Sulfhydratlösung zusammen, so entwickelt er für jedes Volumen ersetzbaren Wasserstoff zwei Volumina Schwefelwasserstoff.

Phenolisches und alkoholisches Hydroxyl sowie *Hydroxyl der Oxysäuren* reagieren nicht mit den Sulfhydraten.

Lactone (Phthalid, Phenolphthalein) sind im all-

Abb. 160. Apparat von HUNTER, EDWARDS.

gemeinen ohne Einwirkung. Alkalilösliche *Lactonsäuren* können aber partiell aufgespalten werden.[3]

HUNTER, EDWARDS[4] gehen folgendermaßen vor (Abb. 160): Durch *C* kann Schwefelwasserstoff zur Füllung des Apparats eingeleitet werden. *D* ist der Reaktionsraum, durch *B* kann die Probe eingeführt werden, *A* ist ein Dreiweghahn zur Herstellung der Verbindung mit *E* bzw. der Luft. *E* ist ein 360 mm langes und 37 mm weites Rohr, das in der Mitte einen Glaswollpfropfen *J* trägt. *E* steht durch *F* mit der Luft und durch *H* mit der Bürette in Verbindung. Bei Verwendung einer Probe von 0,1800 g ($b = 760$ mm und $t = 22,5°$) kann der Prozentgehalt an COOH direkt an der Bürette abgelesen werden.

Nach einer zweiten Mitteilung von FUCHS[5] über das Verhalten der *substituierten Phenole* usw. gegen Alkalisulfhydrat lassen sich folgende Regeln aufstellen:

[1] JEAN: Ann. Chim. analyt. appl. **1897 II**, 445.
[2] FUCHS: Monatsh. Chem. 9, 1132, 1143 (1888).
[3] HANS MEYER, KRCZMAŘ: Monatsh. Chem. 19, 715 (1898).
[4] HUNTER, EDWARDS: Journ. Amer. chem. Soc. **35**, 452 (1913).
[5] FUCHS: Monatsh. Chem. 11, 363 (1890).

1. Einatomige, halogensubstituierte Phenole wirken gar nicht, zweiatomige mit *einem* Hydroxyl auf die Sulfhydratlösung.

2. Beim Eintritt einer Nitrogruppe in ein Phenol ermöglicht nur die Besetzung der Parastellung zum Hydroxyl eine Einwirkung.

3. Unter gewissen Umständen kann auch durch den Eintritt von Carbonylgruppen der Phenolhydroxylwasserstoff Säurecharakter erlangen (Methylphloroglucine).

Von diesen Fällen abgesehen, gibt die Methode ein Mittel an die Hand, Phenol-bzw. Alkoholhydroxyl von Carboxyl zu unterscheiden, was durch die beiden vorhergenannten Methoden nicht mit Bestimmtheit erreicht wird.

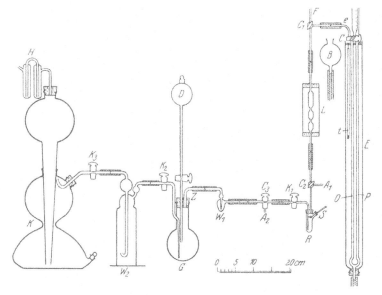

Abb. 161. Apparat von Tsurumi, Sasaki.

Mikrocarboxylbestimmung nach der Methode von Fuchs.[1]

In dem Kippschen Apparat K wird der Schwefelwasserstoff aus Schwefeleisen und verdünnter Salzsäure bereitet. H wird mit 20proz. Natronlauge beschickt. In der Waschflasche W_2 befindet sich eine 10proz. Lösung von Natriumhydroxyd (carbonatfrei), die mit Schwefelwasserstoff gesättigt wird. G hat 300 ccm Inhalt. Die Waschflasche W_1 enthält die gleiche Lösung wie W_2. — C_3 ist ein capillarer Dreiweghahn. R hat innern Durchmesser 14—15 mm und ist 55 mm lang. Das seitliche Ansatzrohr hat 9 mm inneren Durchmesser, ist 15 mm lang und trägt in einem Gummistopfen das kleine Glasspatel S, auf dem das Uhrglas U ruht, auf das die Probe gebracht werden kann. C_2 ist ein capillarer Dreiweghahn. Die Luftkammer L besteht aus 3 Teilen, die miteinander durch Capillarröhren verbunden sind. Eine Kammer hat 5 ccm Inhalt, die beiden andern je 2,5 ccm. L trägt einen Mantel, 14 cm lang und 4,5 cm weit, der mit Wasser gefüllt wird. C_1 ist wieder ein capillarer Dreiweghahn. Die Gasbürette E von 3 ccm Inhalt ist eine modifizierte Form der von Flaschenträger[2] benutzten. Sie besteht aus einem langen U-Rohr mit Hahn C. Äußerer Durchmesser 7 mm, 2,5—2,7 mm Durchmesser, 50 cm Länge. Der eine Schenkel O ist nach abwärts

[1] Tsurumi, Sasaki: Science Reports Tôhoku Imp. Univ. 19, 681 (1930).
[2] S. 463.

von C an in $^1/_{100}$ ccm geteilt, der andere P in $^1/_{10}$ ccm. Die Bürette hat einen Mantel von 60 cm Länge und 4,5 cm Weite. Sie wird mit Wasser gefüllt. A_1 und A_2 werden mit Waschflaschen verbunden, die eine Sodalösung enthalten. Alle Kautschukverbindungen werden nach PREGL mit Vaselin behandelt und die Glasröhren mit den Kautschukröhren nach Anfeuchten mit Benzol verbunden.

Zur Ausführung der Analyse wird R mit Chromsäuremischung und Wasser gereinigt und getrocknet. Dann über Natronkalk abkühlen gelassen. 1 ccm carbonatfreies Natrium- oder Kaliumhydroxyd wird hineingegeben und mit A_1 durch C_2, mit W_1 durch C_3 verbunden. G wird ebenso gewaschen und getrocknet, 150 ccm carbonatfreies Natriumhydroxyd wird eingefüllt und mit Schwefelwasserstoff gesättigt. Um daraus Schwefelwasserstoff zu entwickeln, läßt man aus D Schwefelsäure eintropfen, während K_1 geöffnet ist. Dann verschließt man K_1 und verbindet F und A_1 mit L. Die Verbindungen von L mit E und R werden geschlossen. L wird durch F mit trockener Luft gefüllt. C_2 wird so gedreht, daß R mit A_1 verbunden ist, und R 2 Minuten geschüttelt, um einen Überschuß an Schwefelwasserstoff auszutreiben. Die fein gepulverte Probe wird auf das Uhrglas gebracht. Man treibt wieder einen Schwefelwasserstoffstrom in die Lösung des Hydrosulfids in R, wobei man darauf achtet, daß die Probe nicht bespritzt wird. Nachdem man die Luft in dem Gefäß durch Schwefelwasserstoff verdrängt hat, verlangsamt man die Gaszufuhr und schwengt R vorsichtig 2 Minuten lang um, um eine Übersättigung aufzuheben. K_1 wird geschlossen und noch eine Minute umgeschüttelt. C_1 und C_2 werden dann so gedreht, daß sie L mit F und R verbinden, und L unter atm. Druck gehalten. Nach einer Minute wird durch Drehen von C_1 die Verbindung zwischen L und F geschlossen und die von L und R und e hergestellt. E wird dann durch Heben von B mit Wasser gefüllt und die Verbindung von E mit e durch C bewirkt. Die Probe wird nun durch Drehen des Spatels in die Hydrosulfidlösung geworfen. Man schüttelt vorsichtig, bis das Wasser in der Bürette konstant wird. Der Gasdruck wird möglichst nahe dem atm. Druck gehalten, indem man B in dem Maße senkt, als das Gas eintritt. Wenn die Gasentwicklung aufhört, liest man rasch ab und notiert Temperatur und Barometerstand. Für neue Bestimmungen wird die Luftkammer wieder mit trockener Luft gefüllt. Die Hydrosulfidlösung in R wird erneuert, wenn 4—5 ccm Gas entwickelt worden sind. Die Bestimmungen sind auf 1% genau.

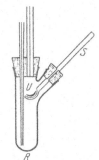

Abb. 162. Apparat von TSURUMI, SASAKI.

Wenn b den Barometerstand in Millimetern, w den Dampfdruck des Wassers bei $t°$ und s das Gewicht der Substanz in g bedeutet, so findet man aus dem gemessenen Volumen V (in ccm) des entwickelten Gases:

$$H\% = \frac{V\,(b-w)\;0{,}00000005895 \cdot 100}{s\,(1+0{,}00367\,t)}$$

oder

$$COOH\% = \frac{V\,(b-w)\;0{,}000002632 \cdot 100}{s\,(1+0{,}00367\,t)}.$$

4. Jod-Sauerstoffmethode (BAUMANN, KUX).[1]

Diese Methode beruht auf der Ausscheidung von Jod aus Jodkalium und jodsaurem Kalium durch selbst ganz schwache[2] organische Säuren nach der Gleichung:

$$6\,RCOOH + 5\,JK + JO_3K = 6\,RCOOK + 6\,J + 3\,H_2O.$$

[1] BAUMANN, KUX: Ztschr. analyt. Chem. **32**, 129 (1893). — NIERENSTEIN: Journ. chem. Soc. London **121**, 25 (1922). Gallussäure und Pyrogallolcarbonsäure gaben keine befriedigenden Zahlen. [2] Siehe übrigens DIMROTH: Liebigs Ann. **335**, 4 (1904).

Das ausgeschiedene Jod wird mit alkalischer Wasserstoffsuperoxydlösung gemischt und der entwickelte Sauerstoff gemessen:

$$J_2 + K_2O = JOK + JK$$
$$JOK + H_2O_2 = JK + H_2O + O_2.$$

Man benutzt zu den gasvolumetrischen Bestimmungen ein etwas modifiziertes WAGNER, KNOPsches Azotometer[1] (Abb. 163).

Der *Apparat* besteht aus einem Zersetzungsgefäß A, auf dessen Boden in der Mitte ein kleiner, zirka 20 ccm fassender Glaszylinder B aufgeschmolzen ist, und einem großen, mit Wasser gefüllten Glaszylinder C, in dessen Deckel zwei kommunizierende Büretten befestigt sind. Außer den letzteren befindet sich

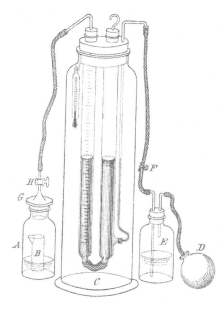

in dem großen Zylinder noch ein Thermometer. Die Füllung der Büretten mit Wasser geschieht durch Luftdruck, den man durch Kompression eines Kautschukballs D erzeugt und auf ein mit Wasser gefülltes, durch einen Schlauch mit den Büretten in Verbindung stehendes Gefäß E einwirken läßt. Der Gummischlauch ist mit einem Quetschhahn F versehen, den man beim Füllen und Ablassen des Wassers öffnet. Das Zersetzungsgefäß ist mit einem Kautschukstopfen oder gut eingeriebenen Glasstopfen G mit Hahn H verschließbar, durch dessen Mitte eine Glasröhre geht, die durch einen Gummischlauch mit der graduierten Bürette in Verbindung steht. Durch Lüften von H sorgt man vor Beginn des Versuchs für Druckausgleich.

Vor und nach der Bestimmung wird das Zersetzungsgefäß in einen Behälter mit Wasser gestellt, das dieselbe Temperatur haben muß wie das Wasser in dem großen Glaszylinder.

Abb. 163. Azotometer nach BAUMANN, KUX.

Ausführung des Versuchs.

Zirka 0,2 g fein gepulvertes Kaliumjodat und 2 g Jodkalium werden mit etwa 0,1—0,2 g Säure und 40 ccm Wasser[2] in ein gut schließendes Stöpselglas gebracht und entweder 12 Stunden in der Kälte oder $1/_2$ Stunde bei 70—80° stehengelassen, bis das Jod vollständig ausgeschieden ist. Hierauf spült man den Inhalt des Stöpselglases mit höchstens 10 ccm Wasser in den äußeren Raum des Entwicklungsgefäßes.

Dann stellt man eine Mischung von 2 ccm 2—3 proz. Wasserstoffsuperoxydlösung und 4 ccm Kalilauge (1 : 1) her, wobei schwache Erwärmung eintritt, die man durch Einstellen des Gefäßes in kaltes Wasser beseitigt.

Das Wasserstoffsuperoxyd darf erst kurz vor der Analyse alkalisch gemacht werden, da sich alkalisches Wasserstoffsuperoxyd bei längerem Stehen unter Sauerstoffentwicklung zersetzt. Die alkalische Lösung wird mittels eines Glastrichters in den kleinen Glaszylinder des Entwicklungsgefäßes gegossen, dieser

---

[1] WAGNER, KNOP: Ztschr. analyt. Chem. **13**, 389 (1874).
[2] Alles verwendete Wasser muß frisch ausgekocht sein.

fest mit dem Kautschukstopfen verschlossen und in das Kühlwasser gehängt, das dieselbe Temperatur besitzt wie das Wasser des Gasmeßapparats.

Nach etwa 10 Minuten, während welcher Zeit H gelüftet war, drückt man ihn fest und beobachtet nach weiteren 5 Minuten, ob sich der Flüssigkeitsspiegel in den Büretten, die vorher auf 0 eingestellt wurden, verändert.

Evtl. wäre H nochmals 5 Minuten offenzuhalten.

Nach Ausgleich der Temperatur läßt man durch Öffnen von F ungefähr 30—40 ccm Wasser[1] aus den Büretten abfließen, nimmt das Entwicklungsgefäß aus dem Wasser, faßt es mit einem kleinen Handtuch am oberen Rand, ohne die Wandungen mit der Hand zu berühren, und bringt die Flüssigkeit in eine drehende Bewegung, ohne jedoch Wasserstoffsuperoxyd aus dem Glaszylinder treten zu lassen.

Nun mischt man, ohne die drehende Bewegung zu unterbrechen, plötzlich die beiden Flüssigkeiten miteinander, schüttelt noch einige Male kräftig durch und setzt das Gefäß in das Kühlwasser zurück.

Die Entwicklung des Sauerstoffs findet sofort statt und ist in wenigen Sekunden beendet. Nachdem das Gefäß etwa 10 Minuten in dem Kühlwasser gestanden, bringt man den Flüssigkeitsstand in den beiden Büretten auf gleiche Höhe und liest ab.

Die Anzahl der gefundenen Kubikzentimeter multipliziert man mit der betreffenden Zahl der BAUMANNschen[2] Tabelle (siehe S. 494 und 495) und erhält so direkt das Gewicht des Carboxylwasserstoffs.

Für gewisse aromatische Oxy- und Aminosäuren ist die Methode nicht anwendbar.[3]

Anwendung für höhere Fettsäuren: RUZICZKA: Journ. prakt. Chem. (2), **123**, 61 (1929).

Eine jodometrische Methode zur Bestimmung von Säuren hat auch GRÖGER ausgearbeitet.[4]

Mit diesem Verfahren konnte DIMROTH[5] langsam ketisierbare Enolester titrieren.

IV. Bestimmung der Carboxylgruppen durch Esterifikation.

In sehr vielen Fällen kann man die Unterscheidung von Phenol- und Carboxylwasserstoff durch *Esterifikation* der Substanz *mit Salzsäure oder Schwefelsäure und Alkohol* bewirken.

Es empfiehlt sich stets, die *Methylester* darzustellen, die fast immer leichter krystallisieren, höheren Schmelzpunkt besitzen[6] und sich leichter bilden.[7]

Es ist auch nicht immer gleichgültig, ob man *Salzsäure oder Schwefelsäure* verwendet.

Bei ungesättigten Säuren der Fettreihe (Crotonsäure, Linolensäure) kann[8]

---

[1] Siehe S. 492, Anm. 2.   [2] BAUMANN: Ztschr. angew. Chem. 4, 328 (1891).

[3] KRISHNA, POPE: Journ. chem. Soc. London **121**, 798 (1922).

[4] GRÖGER: Ztschr. angew. Chem. **3**, 353, 385 (1890). — FURRY: Amer. chem. Journ. **6**, 341 (1885). — FESSEL: Ztschr. anorgan. allg. Chem. **23**, 67 (1900).

[5] Siehe S. 403. — Ferner FEDER: Ztschr. Unters. Nahrungs- u. Genußmittel **12**, 216 (1906) (Titration der Pikrinsäure).   [6] Siehe S. 87.

[7] KÜSTER: Ztschr. physiol. Chem. **54**, 501 (1908). — BRUNNER: Monatsh. Chem. **34**, 928 (1913).

[8] Fumarsäure: PURDIE: Journ. chem. Soc. London **39**, 346 (1881). — Cinensäure: RUPE: Ber. Dtsch. chem. Ges. **33**, 1136 (1900). — RUPE, ALTENBURG: Ber. Dtsch. chem. Ges. **41**, 3952 (1908). — o-Nitrophenylpropiolsäure: PFEIFFER: Liebigs Ann. **411**, 98 (1916).

Gewicht eines Kubikzentimeters Wasserstoff in Milligrammen

$\Big($Werte von

Nach ANTON

Man bringe — zur Reduktion der Quecksilbersäule auf 0° — von dem Barometerstand

Barometer-stand mm	10°	11°	12°	13°	14°	15°	16°	17°
700	0,07851	0,07816	0,07781	0,07746	0,07711	0,07675	0,07639	0,07603
702	0,07874	0,07839	0,07804	0,07769	0,07733	0,07697	0,07661	0,07625
704	0,07896	0,07861	0,07826	0,07791	0,07756	0,07720	0,07684	0,07647
706	0,07919	0,07884	0,07848	0,07813	0,07778	0,07742	0,07706	0,07670
708	0,07942	0,07907	0,07871	0,07836	0,07800	0,07774	0,07729	0,07692
710	0,07964	0,07929	0,07893	0,07858	0,07823	0,07787	0,07750	0,07714
712	0,07987	0,07952	0,07917	0,07881	0,07845	0,07809	0,07772	0,07736
714	0,08009	0,07975	0,07939	0,07903	0,07868	0,07832	0,07795	0,07759
716	0,08032	0,07997	0,07961	0,07924	0,07890	0,07854	0,07817	0,07781
718	0,08055	0,08019	0,07984	0,07948	0,07912	0,07876	0,07840	0,07803
720	0,08078	0,08043	0,08007	0,07971	0,07935	0,07899	0,07862	0,07825
722	0,08101	0,08065	0,08029	0,07993	0,07957	0,07921	0,07884	0,07847
724	0,08123	0,08087	0,08052	0,08016	0,07979	0,07943	0,07907	0,07869
726	0,08146	0,08110	0,08074	0,08038	0,08002	0,07965	0,07929	0,07891
728	0,08169	0,08133	0,08097	0,08061	0,08024	0,07987	0,07951	0,07913
730	0,08191	0,08156	0,08120	0,08083	0,08047	0,08010	0,07973	0,07936
732	0,08215	0,08179	0,08142	0,08106	0,08069	0,08032	0,07995	0,07958
734	0,08237	0,08201	0,08164	0,08129	0,08091	0,08055	0,08018	0,07980
736	0,08259	0,08224	0,08187	0,08151	0,08114	0,08077	0,08040	0,08002
738	0,08282	0,08246	0,08209	0,08173	0,08136	0,08099	0,08062	0,08024
740	0,08305	0,08269	0,08233	0,08196	0,08158	0,08122	0,08084	0,08047
742	0,08328	0,08291	0,08255	0,08218	0,08181	0,08144	0,08106	0,08069
744	0,08351	0,08314	0,08277	0,08240	0,08203	0,08166	0,08129	0,08091
746	0,08373	0,08337	0,08300	0,08263	0,08226	0,08189	0,08151	0,08113
748	0,08396	0,08360	0,08322	0,08285	0,08248	0,08211	0,08173	0,08135
750	0,08419	0,08382	0,08344	0,08308	0,08270	0,08234	0,08195	0,08158
752	0,08441	0,08404	0,08368	0,08331	0,08293	0,08256	0,08218	0,08180
754	0,08464	0,08428	0,08390	0,08353	0,08315	0,08278	0,08240	0,08202
756	0,08487	0,08450	0,08413	0,08376	0,08338	0,08301	0,08262	0,08224
758	0,08510	0,08472	0,08435	0,08398	0,08360	0,08323	0,08285	0,08246
760	0,08533	0,08496	0,08458	0,08420	0,08382	0,08345	0,08307	0,08269
762	0,08555	0,08518	0,08481	0,08443	0,08405	0,08367	0,08329	0,08291
764	0,08578	0,08541	0,08503	0,08465	0,08428	0,08389	0,08352	0,08313
766	0,08601	0,08563	0,08525	0,08487	0,08450	0,08412	0,08374	0,08335
768	0,08624	0,08586	0,08549	0,08511	0,08473	0,08434	0,08396	0,08357
770	0,08646	0,08608	0,08571	0,08533	0,08495	0,08456	0,08418	0,08380

Salzsäure addiert werden, so daß auf diese Weise überhaupt kein reiner Ester erhältlich ist. Schwefelsäure führt aber hier zum Ziel.[1]

Kocht man *Jod*propionsäure mit 1proz. alkoholischer Salzsäure, so entsteht *Chlor*propionsäureester. Dagegen wird reiner *Jod*propionsäureester erhalten, wenn an Stelle von Salzsäure Schwefelsäure genommen wird.[2]

---

[1] PURDIE: a. a. O. — BEDFORD: Diss. Halle 39, 1906. — ERDMANN, BEDFORD: Ber. Dtsch. chem. Ges. **42**, 1327 (1909).

[2] FITTIG, WOLFF: Liebigs Ann. **216**, 128 (1882). — OTTO: Ber. Dtsch. chem. Ges. **21**, 97 (1888). — FLÜRSCHEIM: Journ. prakt. Chem. (2), **68**, 345 (1903). — Chlorcrotonsäureester: AUWERS: Liebigs Ann. **432**, 61 (1923).

für 700—770 mm Barometerstand und für 10—25°.

$$\frac{(b-w)\ 0,089523}{760\ (1+0,00366\ t)}\Bigg).$$

BAUMANN.

für $T = 10$—12° 1 mm, für $T = 13$—19° 2 mm, für $T = 20$—25° 3 mm in Abzug.

18°	19°	20°	21°	22°	23°	24°	25°	Barometer-stand mm
0,07567	0,07529	0,07493	0,07455	0,07417	0,07380	0,07340	0,07300	700
0,07588	0,07552	0,07515	0,07477	0,07439	0,07401	0,07362	0,07322	702
0,07610	0,07574	0,07537	0,07499	0,07461	0,07422	0,07383	0,07344	704
0,07633	0,07595	0,07559	0,07521	0,07483	0,07444	0,07405	0,07366	706
0,07655	0,07618	0,07581	0,07543	0,07505	0,07466	0,07427	0,07387	708
0,07677	0,07640	0,07603	0,07565	0,07527	0,07487	0,07449	0,07409	710
0,07699	0,07662	0,07625	0,07587	0,07548	0,07509	0,07470	0,07431	712
0,07722	0,07684	0,07646	0,07608	0,07570	0,07531	0,07492	0,07452	714
0,07743	0,07706	0,07668	0,07630	0,07592	0,07553	0,07513	0,07473	716
0,07765	0,07728	0,07690	0,07652	0,07614	0,07574	0,07535	0,07495	718
0,07788	0,07749	0,07712	0,07674	0,07635	0,07596	0,07557	0,07516	720
0,07809	0,07772	0,07734	0,07696	0,07657	0,07618	0,07579	0,07538	722
0,07831	0,07794	0,07756	0,07718	0,07679	0,07640	0,07600	0,07560	724
0,07854	0,07816	0,07778	0,07740	0,07701	0,07661	0,07621	0,07582	726
0,07876	0,07838	0,07800	0,07762	0,07723	0,07683	0,07643	0,07604	728
0,07898	0,07860	0,07822	0,07784	0,07744	0,07705	0,07665	0,07624	730
0,07920	0,07882	0,07844	0,07805	0,07766	0,07727	0,07687	0,07646	732
0,07942	0,07904	0,07866	0,07827	0,07788	0,07748	0,07708	0,07668	734
0,07964	0,07926	0,07888	0,07849	0,07810	0,07770	0,07730	0,07689	736
0,07986	0,07948	0,07910	0,07871	0,07831	0,07792	0,07752	0,07711	738
0,08009	0,07970	0,07932	0,07893	0,07853	0,07813	0,07774	0,07732	740
0,08030	0,07992	0,07954	0,07915	0,07875	0,07835	0,07795	0,07754	742
0,08053	0,08014	0,07976	0,07937	0,07897	0,07857	0,07817	0,07776	744
0,08075	0,08036	0,07998	0,07959	0,07919	0,07879	0,07838	0,07797	746
0,08097	0,08058	0,08020	0,07981	0,07940	0,07900	0,07860	0,07819	748
0,08119	0,08080	0,08042	0,08002	0,07962	0,07922	0,07881	0,07840	750
0,08141	0,08102	0,08063	0,08024	0,07984	0,07944	0,07903	0,07862	752
0,08163	0,08124	0,08085	0,08046	0,08006	0,07966	0,07925	0,07883	754
0,08185	0,08146	0,08107	0,08068	0,08028	0,07987	0,07947	0,07905	756
0,08207	0,08168	0,08129	0,08090	0,08050	0,08009	0,07968	0,07927	758
0,08229	0,08190	0,08151	0,08112	0,08071	0,08031	0,07990	0,07949	760
0,08251	0,08212	0,08173	0,08134	0,08093	0,08052	0,08012	0,07970	762
0,08273	0,08234	0,08195	0,08155	0,08115	0,08074	0,08033	0,07992	764
0,08295	0,08256	0,08217	0,08177	0,08137	0,08096	0,08055	0,08013	766
0,08318	0,08278	0,08239	0,08199	0,08158	0,08118	0,08076	0,08034	768
0,08341	0,08301	0,08261	0,08221	0,08180	0,08139	0,08098	0,08056	770

Über das verschiedene Verhalten von Stereoisomeren bei der Esterifikation siehe SUDBOROUGH: Journ. chem. Soc. London **73**, 93 (1898); **87**, 1842 (1905); **95**, 976 (1909). — WINDAUS: Ztschr. physiol. Chem. **117**, 147 (1921). — AUWERS, MÜLLER: Liebigs Ann. **434**, 171 (1923).

Zur Esterifizierung mit Salzsäure oder Schwefelsäure[1] *und Alkohol* empfiehlt

---

[1] Esterifizieren mit *Salpetersäure*: WOLFFENSTEIN: Ber. Dtsch. chem. Ges. **25**, 2780 (1892); D. R. P. 80711 (1895). — FISCHER: Diss. Leipzig 13, 1908. — Mit *Kaliumbisulfat*: D. R. P. 23775 (1882). — *Benzol- (Naphthalin-) sulfosäure*: KRAFFT: Ber. Dtsch. chem. Ges. **26**, 2829 (1893); D. R. P. 69115 (1894), 76574 (1894). — *Stearinsulfosäure*: TWITSCHELL: Journ. Amer. chem. Soc. **29**, 566 (1907) (Fette). —

sich in vielen Fällen, namentlich auch für ungesättigte Säuren,[1] die Vorschrift von E. FISCHER, SPEIER,[2] wonach die zu veresternde Säure mit der zwei- bis sechsfachen Menge absolutem Alkohol, der einige Prozent (1—5) Salzsäuregas oder vielfach noch besser Schwefelsäure enthält, etwa 4 Stunden am Rückflußkühler[3] gekocht wird. In manchen Fällen ist auch die 1proz. Salzsäure noch zu stark. So darf zur Veresterung der Säure:

$$\text{HC} : \text{C}(\text{CH}_3)\text{—CHCH}_3 \,.\, \text{COOH}$$
$$\text{CO———O}$$

nur mit 0,5proz. Salzsäure und Alkohol und nur höchstens 2 Stunden gekocht werden, weil sonst der Ester der β-Methyllävulinsäure entsteht, neben Ester der zweibasischen Oxysäure.[4]

Diacetylvaleriansäure wird schon in der Kälte durch 3proz. methylalkoholische Salzsäure anhydrisiert.[5] Guvacinhydrochlorid ist wegen seiner Schwerlöslichkeit in starker methylalkoholischer Salzsäure nicht esterifizierbar, aber leicht in verdünnter.[6]

Schwer lösliche Säuren, die beim Kochen stoßen, erhitzt man im Einschlußrohr auf 100°.

In manchen Fällen empfiehlt es sich auch, die Säure in warmer Schwefelsäure zu lösen und diese Lösung in Alkohol zu gießen (Schleimsäure[7]). Dieses Verfahren bewährt sich namentlich auch dann, wenn die Säure selbst mit konzentrierter Schwefelsäure gewonnen wird; man gießt dann das Reaktionsgemisch direkt unter Kühlung in den Alkohol und erhitzt noch kurze Zeit auf dem Wasserbad (Acetondicarbonsäure,[8] Cumalinsäure).

Auch läßt man die Mineralsäure auf ein in Alkohol suspendiertes Salz der Carbonsäure einwirken.[9]

Die *Pyridincarbonsäuren* geben beim Einleiten von Salzsäure in ihre alkoholische Lösung zuerst eine Ausscheidung der unlöslichen Chlorhydrate, die sich erst beim andauernden Einleiten von Salzsäuregas in die kochende Flüssigkeit unter Esterbildung lösen.[10]

Auch andere Säuren (*Salicylsäuren*[11]) erfordern zur vollständigen Esterifizierung andauerndes Kochen unter Einleiten von Salzsäuregas.

Nach SALKOWSKI[12] gehen dagegen *aromatische Aminosäuren, deren Carboxyl*

Mit *Sulfosäureestern*: ULLMANN, WENNER: Liebigs Ann. **327**, 109 (1903). — FÖLDI: Ber. Dtsch. chem. Ges. **53**, 1839 (1920). — BARNETT: Journ. chem. Soc. London **123**, 2005 (1923); siehe auch unter Dimethylsulfat.

[1] Z. B. HEIDER: Diss. Breslau 24, 1916.

[2] E. FISCHER, SPEIER: Ber. Dtsch. chem. Ges. **28**, 1150, 3252 (1895). — Vgl. MARKOWNIKOFF: Ber. Dtsch. chem. Ges. **6**, 1177 (1873). — ANSCHÜTZ: Ber. Dtsch. chem. Ges. **30**, 2650 (1897).

[3] Manchmal läßt man bei Zimmertemperatur stehen: HARRIES, NAGEL: Ber. Dtsch. chem. Ges. **55**, 384 (1922).   [4] PAULY, GILMOUR, WILL: Liebigs Ann. **403**, 126 (1914).

[5] HARRIES, ADAM: Ber. Dtsch. chem. Ges. **49**, 1034 (1916).

[6] FREUDENBERG: Ber. Dtsch. chem. Ges. **51**, 979 (1918).

[7] MALAGUTI: Ann. chim. phys. (2), **63**, 86 (1836).

[8] D. R. P. 32245 (1884). — PECHMANN: Liebigs Ann. **261**, 155 (1891).

[9] MELSENS: Liebigs Ann. **52**, 283 (1844). — HLASIWETZ, HABERMANN: Liebigs Ann. **155**, 127 (1870). — PIERRE, PUCHOT: Liebigs Ann. **163**, 272 (1872). — CONRAD: Liebigs Ann. **204**, 126 (1880); **218**, 131 (1883). — TIEMANN: Ber. Dtsch. chem. Ges. **27**, 127 (1894).

[10] Erhitzt man 12 g Isonicotinsäure, 24 g Methanol und 24 g H_2SO_4 5 Stunden, dann ist die Ausbeute an Ester quantitativ. Mit den Isomeren gelingt die Esterifizierung nur schlecht: SUPNIEWSKI, SERAFINÓWNA: Arch. Chemji Farmacji **3**, 109 (1936).   [11] V. MEYER, SUDBOROUGH: Ber. Dtsch. chem. Ges. **27**, 1581 (1894).

[12] SALKOWSKI: Ber. Dtsch. chem. Ges. **28**, 1922 (1895); Journ. prakt. Chem. (2), **68**, 347 (1903). — LÖFFLER, KAIM: Ber. Dtsch. chem. Ges. **42**, 97 (1909).

sich in einer aliphatischen Seitenkette befindet, in Form ihrer mineralsauren Salze (auch Nitrate) beim Kochen mit Alkohol in die Ester über.

Andere Säuren wiederum vertragen keinen Zusatz von Mineralsäure, wie die *Brenztraubensäure*, deren Ester am besten durch mehrstündiges Kochen äquimolekularer Mengen der Komponenten entsteht,[1] und die *Furalbrenztraubensäure*.[2] *Orsellinsäure* wird durch Erhitzen mit Alkohol auf 150° esterifiziert.[3]

Auch die Menge des zugesetzten Alkohols ist nicht immer gleichgültig.[4]

Über die *kombinierte Wirkung von Schwefelsäure und Salzsäure* siehe EINHORN.[5]

Die VIKTOR MEYERsche[6] These, als die Regel der „sterischen Hinderungen" bekannt, ist nach neueren Forschungen nicht mehr aufrechtzuerhalten. Nachdem schon früher einige Ausnahmen von der Esterregel aufgefunden worden waren, die nur unzureichend erklärt werden konnten,[7] zeigte HANS MEYER, daß für die als unesterifizierbar geltende Mellitsäure bei höheren Temperaturen (von etwa 100° an) die „sterische Hinderung" nicht mehr existiert.[8] ROSANOFF, PRAGER[9] kamen dann zum Schluß, daß sich die aromatischen Säuren, bei denen eine oder beide der der Carboxylgruppe benachbarten Stellungen durch substituierende Gruppen besetzt sind, mit Alkoholen langsamer, aber nicht in geringerem Grad als anders konstituierte Säuren vereinigen.[10]

Praktisch lassen sich natürlich trotzdem auf Grund der Unterschiede im Verhalten der „sterisch behinderten" und der nicht behinderten Säuren Trennungen[11] und Konstitutionsbestimmungen ausführen,[12] wie das ja schon wiederholt mit Erfolg geschehen ist.[13]

---

[1] SIMON: Thèse, Paris 1895; Bull. Soc. chim. France (3), **13 I**, 477 (1895). — BÖTTINGER: Ber. Dtsch. chem. Ges. **14**, 316 (1881). — FISCHER, SPEIER: Ber. Dtsch. chem. Ges. **28**, 3256 (1895). Der Methylester wird am besten beim Leiten von Methanoldampf in die Säure erhalten. BAKER, LAUFER: Journ. chem. Soc. London **1937**, 1342.

[2] RÖMER: Ber. Dtsch. chem. Ges. **31**, 281 (1898). — Siehe auch BERTHELOT: Ann. chim. phys. (3), **56**, 51 (1858). — ERLENMEYER: N. Rep. Pharm. **23**, 624 (1874).

[3] ZOPF: Liebigs Ann. **336**, 47 (1904).

[4] E. MÜLLER: Diss. Berlin 33, 1908. — ROSANOFF, PRAGER: a. a. O.

[5] EINHORN: Liebigs Ann. **311**, 43 (1900); D. R. P. 97333 (1898). — FORTNER: Monatsh. Chem. **22**, 939 (1901).

[6] VIKTOR MEYER, Literatur: M. u. J. 2, 543, Anm. — STOERMER, KLOCKMANN: Ber. Dtsch. chem. Ges. **58**, 1172 (1925). — HÜCKEL: Ber. Dtsch. chem. Ges. **61**, 1517 (1928).

[7] GRAEBE: Liebigs Ann. **238**, 327 (1887). — V. MEYER: Ber. Dtsch. chem. Ges. **28**, 182 (1895). — GRAEBE: Ber. Dtsch. chem. Ges. **33** (1900). — MARCKWALD, MAC KENZIE: Ber. Dtsch. chem. Ges. **34**, 486 (1901).

[8] HANS MEYER: Monatsh. Chem. **25**, 1210 (1904).

[9] ROSANOFF, PRAGER: Journ. Amer. chem. Soc. **30**, 1895 (1909); Ztschr. physikal. Chem. **66**, 275, 292 (1909). — PRAGER: Journ. Amer. chem. Soc. **30**, 1908 (1909).

[10] Siehe auch MICHAEL: Ber. Dtsch. chem. Ges. **42**, 310 (1909). — MICHAEL, OECHSLIN: Ber. Dtsch. chem. Ges. **42**, 317 (1909). — MONTAGNE: Chem. Weekbl. **6**, 272 (1909). — MAUTHNER: Journ. prakt. Chem. (2), **124**, 320 (1930).

[11] V. M. 2, 1, 543. — JANNASCH, WEILER: Ber. Dtsch. chem. Ges. **27**, 3445 (1894). — LUCAS: Ber. Dtsch. chem. Ges. **29**, 954 (1896). — E. MÜLLER: Diss. Berlin 22, 1908. — SUDBOROUGH, THOMAS: Journ. chem. Soc. London **99**, 2307 (1911).

[12] Auch bei heterocyclischen Verbindungen. Säuren lassen sich leicht mit 3proz. methylalkoholischer HCl verestern, Säuren dagegen nicht. ERNECKE: Diss. Marburg 1927. — CONRAD: Diss. Marburg 1928. — AUWERS: Liebigs Ann. **469**, 57 (1929).

[13] Z. B. SCHAARSCHMIDT, HERZENBERG: Ber. Dtsch. chem. Ges. **53**, 1398 (1920). — BRAUN, FISCHER: Ber. Dtsch. chem. Ges. **66**, 101 (1933).

Auch die von Sudborough, Zillins[1] bestimmte geringe Esterifizierungsgeschwindigkeit der $\alpha.\beta$-ungesättigten Säuren wird sich zu ihrer Erkennung und Isolierung anwenden lassen.

Die Esterifizierung mit Schwefelsäure und Alkohol kann nach drei verschiedenen Methoden erfolgen: 1. nach der bisher beschriebenen, bei welcher der *Alkohol* das Lösungsmittel bildet und die Mineralsäure als Katalysator dient, 2. in der Form, in der die Acetylierungen und Acylierungen überhaupt vorgenommen werden, wobei die *Carbonsäure* (bezw. ein Derivat derselben) das Medium bildet, in dessen Schoß sich die Esterifikation abspielt, und endlich 3. nach folgendem von Hans Meyer[2] beschriebenen Verfahren.

Wenn sich auch viele Säuren in Schwefelsäure „unverändert" lösen mögen, so wird doch im allgemeinen Bildung von gemischten Anhydriden erfolgen, und namentlich dann, wenn diese Lösung erst beim Erwärmen oder längeren Stehen zu erzielen ist. Man beobachtet dann, daß die ursprünglich schwer lösliche oder unlösliche organische Säure nicht mehr durch Abkühlen oder Impfen mit festen Partikeln der Säure zur Wiederabscheidung gebracht werden kann. Die so entstandenen *Acylschwefelsäuren*[3] reagieren nun ebenso glatt und rasch auf zugefügten Alkohol wie die analog konstituierten Säurechloride. Es folgt daraus, daß dieses Verfahren vor der sonst üblichen Esterifizierungsmethode den Vorteil besitzt, außerordentlich rasch ausführbar zu sein. Weiter kann man, falls die Besonderheiten des Falles es erfordern,[4] im offenen Gefäß bei Temperaturen arbeiten, die den Siedepunkt des Alkohols weit übersteigen (bis 140°), und endlich lassen sich viele Carbonsäuren, die z. B. wegen ihrer Schwerlöslichkeit in alkoholischer Lösung nur langsam reagieren, rasch und glatt verestern. Das Verfahren ist namentlich für aromatische Aminosäuren und Pyridincarbonsäuren vorteilhaft.

Natürlich verbietet sich dagegen die Anwendung der konzentrierten Mineralsäure, wenn sie zerstörend oder verändernd einwirkt; indessen sind derartige Fälle nicht so sehr häufig, als man wohl gewöhnlich glaubt; auch intensive Färbungen, die sich oftmals, namentlich beim Erwärmen, zeigen, beruhen zumeist nur auf unschuldiger Halochromie.

Die Versuche werden meist folgendermaßen ausgeführt: Die fein gepulverte, aber nicht besonders sorgfältig getrocknete Substanz wird mit dem 5—10 fachen Gewicht reiner konzentrierter Schwefelsäure bis zur Lösung erwärmt und beobachtet, ob die Flüssigkeit nach dem Wiedererkalten klar bleibt. Im entgegenstehenden Fall wird wieder (über freier Flamme) erwärmt, bis sich nach nochmaligem Erkalten nichts mehr ausscheidet.

Nunmehr wird die der organischen Säure äquivalente Menge Methylalkohol oder ein kleiner Überschuß davon ohne besondere Vorsicht zugegossen, die auftretende energische Reaktion durch Schütteln oder Rühren mit einem Glasstab unterstützt und wieder erkalten gelassen. Die schwefelsaure Lösung wird nunmehr auf gepulverte krystallisierte Soda gegossen, wobei ohne die geringste Wärmeentwicklung Neutralisation erfolgt.

Der entstandene Ester wird mit Aether oder Chloroform aufgenommen, welche Lösungsmittel man bereits der Krystallsoda zugemischt hat. Man kann auch den Alkohol, statt ihn direkt in die Acylschwefelsäurelösung zu gießen, vorerst in ein wenig Schwefelsäure eintragen und die erkaltete Lösung zusetzen.

---

[1] Sudborough, Zillins: Journ. chem. Soc. London **95**, 315 (1909). —
[2] Hans Meyer: Monatsh. Chem. **24**, 840 (1903); **25**, 1201 (1904). — Feibelmann: Diss. München 26, 57, 1907.   [3] Siehe S. 414.
[4] Beim Erhitzen auf zirka 100° wird so die Mellitsäure in den Neutralester verwandelt.

In diesem Fall muß man zur Vollendung der Reaktion einige Zeit erwärmen oder längere Zeit in der Kälte stehenlassen.

Man kann übrigens sogar die Lösung des Esters in der konzentrierten Schwefelsäure (falls keine salzbildende Substanz vorliegt) direkt mit Chloroform ausschütteln. Das Chloroform pflegt sich dann im Scheidetrichter unterhalb der Schwefelsäure zu sammeln, doch wurde auch der umgekehrte Fall beobachtet.

Um die Ester zu isolieren, destilliert man die Hauptmenge des Alkohols, am besten im Kohlendioxydstrom — wenn notwendig im Vakuum — ab, versetzt mit verdünnter Sodalösung und schüttelt mit Aether, Chloroform oder Benzol. Viele Ester fallen schon auf Wasserzusatz in fester Form aus. *Wasserlösliche Ester* (der Glykolsäure, Lävulinsäure, Weinsäure) werden nach E. FISCHER, SPEIER am besten so isoliert, daß die Reaktionsflüssigkeit direkt durch längeres Schütteln mit gepulvertem kohlensaurem Kalium neutralisiert, die gelösten Kaliumsalze durch Zusatz von Aether gefällt, das Filtrat auf dem Wasserbad vorsichtig eingedampf und der Rückstand im Vakuum fraktioniert wird.[1]

Die ebenfalls wasserlöslichen, leicht verseifbaren *Ester der Pyridincarbonsäuren* gewinnt man nach HANS MEYER[2] am besten durch Lösen ihrer Chlorhydrate in Chloroform und Waschen mit sehr verdünnter Sodalösung.

Über den *Zusatz weiterer Kondensationsmittel* bei Esterifizierungen siehe S. 414 und J. K. und M. A. PHELPS: Chem. News **97**, 112 (1908) (Chlorzink). — SENDERENS, ABOULENC: Compt. rend. Acad. Sciences **153**, 821 (1911) (Aluminiumsulfat und saures Kaliumsulfat). — D. P. A. E. 21984 (1920) (Chlorcalcium). — KOTAKE, FUJITA: Bull. Inst. phys. res. Tokyo **1**, 65 (1928).

Über Esterbildung mit schwachen Säuren als Katalysatoren: GOLDSCHMIDT: Ztschr. physikal. Chem. **70**. 647 (1910). — GOLDSCHMIDT, THUESEN: Ztschr. physikal. Chem. **81**, 30 (1913). — PILOTY, DORMANN: Ber. Dtsch. chem. Ges. **46**, 1003, 1005 (1913). — PILOTY, STOCK, DORMANN: Liebigs Ann. **406**, 372 (1914) (Pikrinsäure). — *Mit wässerig-alkoholischen Lösungen organischer und Mineralsäuren als Katalysatoren:* BODROUX: Compt. rend. Acad. Sciences **157**, 938, 1428 (1913). — *Durch ultraviolettes Licht:* STOERMER, LADEWIG: Ber. Dtsch. chem. Ges. **47**, 1803 (1914). — *Mit Borfluorid:* HINTON, NIEUWLAND: Journ. Amer. chem. Soc. **54**, 2017 (1932). — SOWA, NIEUWLAND: Journ. Amer. chem. Soc. **58**, 271 (1936). — *Mit SiF₄:* GIERUT, SOWA, NIEUWLAND: Journ. Amer. chem. Soc. **58**, 786 (1936). — *Mit kolloider Zinnsäure, SiO_2, Antimon-, Zirkon-, Titansäure oder deren Halogeniden oder Estern (Aethylorthosilikat):* Dän. P. 44122 (1931). — Mit $AlCl_3$ (auch wasserhältigem): AKOPJAN: Russ. Journ. allgem. Chem. **7**, 1687 (1937).

Aliphatische Oxysäuren werden in 85proz. Alkohol und 15% Benzol mit *Benzol-, Toluol-, Naphthalin-* oder *Camphersulfosäure* esterifiziert.[3]

Verfahren von THIELEPAPE.[4]

Zur quantitativen Entfernung des Reaktionswassers wird *Calciumcarbid* verwendet. Die Ausführung des Verfahrens ist aus der Abbildung ersichtlich. Das Calciumcarbid befindet sich in einer doppelten Hülse in dem Durchflußextraktor.[5] Als Umwälzungsmittel werden Trichloraethylen, Benzol, Toluol, Chlorbenzol, Perchloraethylen, $CHCl_3$, CCl_4, Aether verwendet. Oxalester: A: 89,3%

---

[1] Isolieren von *Aminosäureestern*: CURTIUS: Journ. prakt. Chem. (2), **37**, 150 (1888). — E. FISCHER: Ber. Dtsch. chem. Ges. **34**, 433 (1901).

[2] HANS MEYER: Monatsh. Chem. **22**, 112, Anm. (1901).

[3] CIOCCA, SEMPRONI: Annali Chim. appl. **25**, 319 (1935).

[4] THIELEPAPE: Ber. Dtsch. chem. Ges. **66**, 1454 (1933).

[5] THIELEPAPE: Chem. Fabrik **4**, 293, 302 (1931).

(mit Toluol oder Trichloraethylen, ohne H_2SO_4). — Benzoesäureester: A: 94,7% (Trichloraethylen, H_2SO_4). — Malonester: A: 95,6% (Toluol, H_2SO_4). — Bernsteinsäureester: A: 96,6% (Benzol, H_2SO_4).

Darstellung der Ester aus den Säurechloriden.[1,2]

Da die Säurechloride leicht in reinem Zustand zugänglich sind,[3] empfiehlt sich die Esterifikation mittels derselben in sehr vielen Fällen, da sie ermöglicht, mit einigen Zentigrammen sofort den reinen Ester zu gewinnen, was namentlich bei kostbaren Substanzen von Wichtigkeit ist.

Dabei ist es übrigens nicht immer nötig, das Säurechlorid zu isolieren. So erhitzt man z. B. ein Gemisch von 276 Teilen Salicylsäure und 188 Teilen Phenol 1—2 Stunden mit 236 Teilen Thionylchlorid auf 100—110°. Nach Beendigung der Gasentwicklung wird das Phenylsalicylat aus Alkohol umkristallisiert.[4]

Es sei im übrigen betont, daß o-Aldehyd-[5] und Ketonsäuren beim Behandeln mit Thionylchlorid meist Derivate liefern, die den durch die übrigen Esterifikationsmethoden erhältlichen isomere Ester ergeben. Und zwar geben die mit diesem Reagens erhaltenen Säurechloride primär den Pseudoester[6] (HANS MEYER,[7] KIRPAL, KUNZE[8]).

An sich stabile Ester können nun aber[9] bei Gegenwart von Mineralsäure mit dem Alkohol weiter reagieren[10] und nach dem Schema:

zunächst ein labiles Zwischenprodukt und durch Wiederabspaltung von Alkohol:

---

[1] Esterifizierung mit Säurechloriden und Pyridin zur Vermeidung der umlagernden Wirkung der Salzsäure: EMERSON, HEYL: Journ. Amer. chem. Soc. 52, 2015 (1930).

[2] Acridin-5-carbonsäure kann nicht mit Alkohol und HCl oder H_2SO_4 esterifiziert werden, wohl aber mittels des Säurechlorids (und Soda). JENSEN, RETHWISCH: Journ. Amer. chem. Soc. 50, 1144 (1928).

[3] Siehe S. 470.   [4] F. P. 223188 (1890).

[5] WEGSCHEIDER, SPÄTH: Monatsh. Chem. 37, 277 (1916).

[6] KIRPAL: Ber. Dtsch. chem. Ges. 60, 382 (1927).

[7] HANS MEYER: Monatsh. Chem. 22, 787 (1901); 25, 475, 491, 1177 (1904); 28, 1231 (1907). — GOLDSCHMIEDT, LIPSCHITZ: Ber. Dtsch. chem. Ges. 36, 4034 (1903); Monatsh. Chem. 25, 1164 (1904). — LANG: Monatsh. Chem. 26, 971 (1905). — RAINER: Monatsh. Chem. 29, 434 (1908). — PÉRARD: Compt. rend. Acad. Sciences 146, 934 (1908). — ALICE HOFMANN: Monatsh. Chem. 36, 810 (1915). — HANTZSCH, SCHWIETE: Ber. Dtsch. chem. Ges. 49, 213 (1916); 52, 1572 (1919). — SCHULENBURG: Ber. Dtsch. chem. Ges. 53, 1452 (1920).

[8] KIRPAL, KUNZE: Ber. Dtsch. chem. Ges. 60, 138 (1927).

[9] Aldehydsäureester: KIRPAL, ZIEGER: Ber. Dtsch. chem. Ges. 62, 2106 (1929).

[10] GRETE EGERER, HANS MEYER: Monatsh. Chem. 34, 69 (1913). — Ganz ähnlich verhält sich die o-Thenoylbenzoesäure: STEINKOPF: Liebigs Ann. 407, 101 (1914).

den normalen Ester erzeugen. Je nach der Art der verwendeten Säure erfolgt diese zweite Reaktion rascher oder langsamer. Während man also bei manchen Säuren so gut wie immer den ψ-Ester erhält, muß man bei anderen Säuren und auch Alkoholen dafür sorgen, daß der Ester möglichst rasch der weiteren Einwirkung des Alkohols und der durch die Reaktion entstandenen Salzsäure entzogen wird. Mit Sicherheit wird dies erreicht, wenn man nach dem Eintragen des (nicht weiter gereinigten) Chlorids in den Alkohol sofort Sodalösung zufügt.

Läßt man dagegen die saure alkoholische Lösung längere Zeit stehen oder erhitzt man sie, so verliert der Ester infolge einer mehr oder weniger großen Beimengung des Isomeren seine Krystallisationsfähigkeit oder geht evtl. ganz in den normalen evtl. homologen über.

Die beiden Reihen von Ketosäureestern sind im übrigen außerordentlich beständig; weder durch Erhitzen auf über 300°, noch durch Impfen, noch auf irgendeine andere Art ist es bis jetzt gelungen, sie direkt ineinander überzuführen.

In allen Fällen ist der ψ-Ester durch konzentrierte Schwefelsäure leichter angreifbar und zeigt daher momentan die Farbenreaktion, die der durch Verseifung resultierenden freien Säure zukommt, während der normale Ester sich farblos oder mit Eigenfarbe löst und erst nach und nach die Färbung zeigt, die der nichtalkylierten Substanz zukommt.

Diese Regel gilt auch für die *Aethylester*.

Die *Schmelzpunkte* der ψ-Ester sind oftmals höher als die der normalen Derivate, aber manchmal ist auch das Umgekehrte der Fall, und in einzelnen Fällen ist der Schmelzpunkt für beide Isomere gleich hoch. Immer aber gibt ein Gemisch solcher Ester beträchtliche Depression des Mischungsschmelzpunkts, wie man auch immer durch die Schwefelsäurereaktion die beiden Formen voneinander unterscheiden kann, falls überhaupt Färbung eintritt.

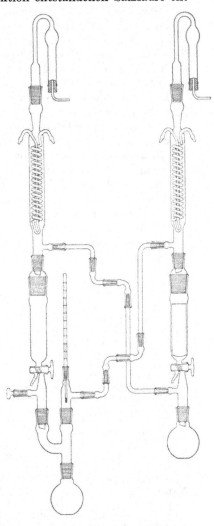

Abb. 164. Apparat von THIELEPAPE.

Im allgemeinen erfolgt die Umsetzung der Chloride mit Alkohol momentan und unter Wärmeentwicklung; feste Chloride bringt man durch kurzes Kochen zur Reaktion. Gewisse diorthosubstituierte aromatische Säurechloride indessen, wie das der *symmetrischen Trichlorbenzoesäure*,[1] lassen sich nur sehr schwer oder — wie das Chlorid der *2.3.4.6-Tetrabrombenzoesäure*[2] — überhaupt nicht durch Kochen mit Alkohol in den Ester verwandeln. Weitere Beispiele für

---

[1] SUDBOROUGH: Ber. Dtsch. chem. Ges. **27**, 3155, Anm. (1894); Journ. chem. Soc. London **65**, 1030 (1894).

[2] SUDBOROUGH: Journ. chem. Soc. London **67**, 599 (1895).

schwer in ihr Chlorid überführbare Säuren sind *Trinitrobenzoesäure*,[1] *Triphenyl-essigsäure*,[2] *Dinaphthylessigsäure*,[3] *Tritolylessigsäure*[4] und *4-Methoxy-4'-4''-di-methyltriphenylessigsäure*.[4]

α-Aroyl-β-aroylpropionsäuren geben, in *Acetylchlorid* gelöst, mit Methanol die Methylester.[5]

Darstellung von Phenylestern: BARNETT: Ber. Dtsch. chem. Ges. **57**, 1779 (1924). — SCHOLL, DONAT: Ber. Dtsch. chem. Ges. **62**, 1300 (1929). — HANS MEYER: Rec. Trav. chim. Pays-Bas **44**, 325 (1925). — HANS MEYER, GRAF: Ber. Dtsch. chem. Ges. **61**, 2206 (1928) (Pyridinreihe).

Mittels *schwefliger Säure* und Alkohols ist zuerst der ψ-Ester der *Opiansäure* gewonnen worden.[6]

Esterifizierungen mit *aethylschwefelsaurem Kalium* haben in der Pyridinreihe gute Dienste geleistet.[7]

Weit aussichtsvoller ist noch die Anwendung des *Dimethylsulfats*,[8] das indessen wegen seiner großen Giftigkeit[9] mit aller Vorsicht zu verwenden ist.

Mit demselben haben schon im Jahre 1835 DUMAS, PELIGOT[10] Benzoesäure-ester erhalten. Es erlaubt infolge seines hohen Siedepunktes (188°) stets das Arbeiten in offenen Gefäßen und reagiert weit energischer als Halogenalkyl, nicht nur mit Hydroxyl[11]- und Amin[12]-Gruppen, sondern unter Umständen auch mit Lactonen, die aufgespalten werden.[13]

Die Umsetzung erfolgt unter Bildung von methylschwefelsaurem Salz.

Auch *Polycarbonsäuren* können nach diesem Verfahren in Neutralester verwandelt werden.[14-16]

---

[1] V. MEYER: Ber. Dtsch. chem. Ges. **27**, 3154 (1894).

[2] SCHMIDLIN, HODGSON: Ber. Dtsch. chem. Ges. **41**, 438 (1908).

[3] SCHMIDLIN, MASSINI: Ber. Dtsch. chem. Ges. **42**, 2381 (1909).

[4] BLASER: Diss. Freiburg 28, 35, 1909.

[5] ALLEN, NORMINGTON, WILSON: Canadian Journ. Res. **11**, 382 (1934).

[6] WÖHLER: Liebigs Ann. **50**, 1 (1844). — ANDERSON: Liebigs Ann. **86**, 194 (1853).

[7] HANS MEYER: Monatsh. Chem. **15**, 164 (1894). — VAN ERP: Ber. Dtsch. chem. Ges. **56**, 217 (1923). — Methylschwefelsaures Kalium: GRAEBE: Liebigs Ann. **340**, 244 (1905). — MUMM, GOTTSCHALDT: Ber. Dtsch. chem. Ges. **55**, 2067, 2074 (1922). — SIMON: Compt. rend. Acad. Sciences **176**, 583 (1923).

[8] ULLMANN, WENNER: Ber. Dtsch. chem. Ges. **33**, 2476 (1900). — WEGSCHEIDER: Monatsh. Chem. **23**, 383 (1902). — LIEBIG: Ber. Dtsch. chem. Ges. **37**, 4036 (1904). — HANS MEYER: Ber. Dtsch. chem. Ges. **37**, 4144 (1904); Monatsh. Chem. **25**, 476, 1190 (1904); Ber. Dtsch. chem. Ges. **40**, 2430 (1907). — WERNER, SEYBOLD: Ber. Dtsch. chem. Ges. **37**, 3658 (1904). — FEUERLEIN: Diss. Zürich 1907. — TINGLE, BATES: Journ. Amer. chem. Soc. **32**, 1499 (1910). — STOERMER, BECKER: Ber. Dtsch. chem. Ges. **56**, 1444 (1923); siehe auch S. 387, 415.

[9] Chemische Ind. **23**, 559 (1900). — WEBER: Ann. Path. **47**, 113 (1901). — WALIASCHKO: Liebigs Ann. **242**, 242 (1904). — WENNER: Diss. Basel 37, 1902. — GRAEBE: Liebigs Ann. **340**, 206 (1905).

[10] DUMAS, PELIGOT: Journ. prakt. Chem. (4), **7**, 369 (1835).

[11] NEF: Liebigs Ann. **309**, 186 (1899). — BAEYER, VILLIGER: Ber. Dtsch. chem. Ges. **33**, 3388 (1900).

[12] CLAESSON, LUNDVALL: Ber. Dtsch. chem. Ges. **13**, 1700 (1880); D. R. P. 102634 (1898). — Siehe auch KAUFLER, POMERANZ: Monatsh. Chem. **22**, 494 (1901).

[13] F. P. 291690 (1899); E. P. 16068 (1899) (Alkylierung von Dialkylrhodaminen). — H. v. LIEBIG: Ber. Dtsch. chem. Ges. **37**, 4036 (1904). — HERZIG, TSCHERNE: Liebigs Ann. **351**, 24 (1907). — EPSTEIN: Monatsh. Chem. **29**, 288, Anm. (1908). — DIETERLE, LEONHARDT: Arch. Pharmaz. **267**, 90 (1929).

[14] D. R. P. 189840 (1906), 196152 (1907).

[15] WEGSCHEIDER: Monatsh. Chem. **20**, 692 (1899). — HANS MEYER: Ber. Dtsch. chem. Ges. **37**, 4144 (1904). — FEIBELMANN: Diss. München 66, 1907. — Die Anwendung konzentrierter Lauge ist vorteilhaft: WILLSTÄTTER, HEISS: HERZIG-Festschr. 1923, 32.

[16] Gleichzeitige Aether- und Esterbildung: HEROLD: Diss. Zürich 27, 1907.

Verreiben des Kaliumsalzes mit Dimethylsulfat in der Kälte: FISCHER, TREIBS, HELBERGER: Liebigs Ann. **466**, 245 (1928). — Bariumhydroxyd: WELTZIEN: Liebigs Ann. **435**, 1 (1923).

Als *Verdünnungsmittel* für Dimethylsulfat dient für niedrigere Temperaturen Alkohol, Chloroform[1] oder Aceton,[2] für höhere Eisessig[3] und Nitrobenzol;[4] auch wird in wässeriger Suspension erwärmt.[5]

Diaethylsulfat eignet sich im Gegensatz zu seinem niedrigeren Homologen weniger gut für Alkylierungen,[6] ist aber doch manchmal recht brauchbar.[7] Öfters empfiehlt sich hier andauerndes Kochen am Rückflußkühler.[8]

Überschüssiges Dimethylsulfat läßt sich im sog. absoluten Vakuum wegdampfen.[9]

Esterifizieren mit Toluolsulfosäureester: BILTZ, KRZIKALLA: Liebigs Ann. **457**, 148 (1927). — PEACOCK, POTHA: Journ. chem. Soc. London **1928**, 2303. — McLANG: Chem. Trade Journ. **83**, 143 (1928).

Esterifizierungen mit Halogenalkyl.

Zumeist wird *Jodalkyl*, seltener *Bromalkyl* auf die Silber-, Blei-, Thallium[10]- oder Alkalisalze einwirken gelassen. Als *Verdünnungsmittel* empfehlen sich Benzol,[11] Ligroin,[12] Chloroform,[13] Aether,[14] Aceton,[15] nicht aber die Alkohole.[16] Die *Ester* der *Phloroglucincarbonsäure* können nur durch Einwirkenlassen von Jodalkyl *ohne* Verdünnungsmittel auf phloroglucincarbonsaures Silber erhalten werden,[17] und das Silbersalz der Dimethylnitrobarbitursäure (die freilich keine Carbon-

---

[1] GADAMER, DIETERLE: Arch. Pharmaz. **262**, 259 (1924).

[2] WITT, TRUTTWIN: Ber. Dtsch. chem. Ges. **47**, 2791 (1914). — HAWORTH, STREIGHT: Helv. chim. Acta **15**, 609 (1932). — SCHLUBACH, LOOP: Liebigs Ann. **523**, 140 (1936).   [3] HOUBEN, BRASSERT: Ber. Dtsch. chem. Ges. **39**, 3234 (1906).

[4] BÖCK: Monatsh. Chem. **23**, 1009 (1902). — ULLMANN: Ber. Dtsch. chem. Ges. **35**, 322 (1902); D. R. P. 125576 (1901), 142565 (1903). — KEHRMANN, STÉPANOFF: Ber. Dtsch. chem. Ges. **41**, 4137 (1908). — KEHRMANN, BERG: Ber. Dtsch. chem. Ges. **46**, 3021 (1913).   [5] HOUBEN, BRASSERT: Ber. Dtsch. chem. Ges. **39**, 3236 (1906).

[6] Z. B. AUWERS, DERESER: Ber. Dtsch. chem. Ges. **52**, 1351 (1919). — AUWERS, SCHMELLENKAMP: Ber. Dtsch. chem. Ges. **54**, 626 (1921). — HEMMELMAYR, STREHLY: Monatsh. Chem. **47**, 385 (1926). — BILTZ, BECK: Journ. prakt. Chem. (2), **118**, 203 (1928).

[7] HENSTOCK: Diss. Zürich 45, 1906; D. R. P. 189840 (1906), 196152 (1907). — HANS MEYER: Ber. Dtsch. chem. Ges. **40**, 2430 (1907). — SACHS, BRIGL: Ber. Dtsch. chem. Ges. **44**, 2097 (1911). — BAUER: Diss. Erlangen 26, 1915. — WAČEK: Ber. Dtsch. chem. Ges. **63**, 2990 (1930).   [8] VOIGT: Diss. Rostock 49, 1908.

[9] WILLSTÄTTER, FRITZSCHE: Liebigs Ann. **371**, 71 (1910).

[10] HELFERICH, BODENBENDER: Ber. Dtsch. chem. Ges. **56**, 1114 (1923).

[11] HALLER, GUYOT: Compt. rend. Acad. Sciences **129**, 1214 (1899). — HELLER, BENADE: Ber. Dtsch. chem. Ges. **55**, 1011 (1922).

[12] WEIR: Diss. Würzburg 28, 1909.

[13] MARCKWALD, CHWOLLES: Ber. Dtsch. chem. Ges. **31**, 787 (1898). — ROHDE, SCHWAB: Ber. Dtsch. chem. Ges. **38**, 318, 319 (1905). — BRAUN: Ber. Dtsch. chem. Ges. **49**, 984 (1916) (Basen).

[14] DIMROTH: Liebigs Ann. **335**, 78 (1904). — STEINLE: Diss. Heidelberg 29, 1909. — PAULY, WEIR: Ber. Dtsch. chem. Ges. **43**, 669 (1910). — ZINKE, LIEB: Monatsh. Chem. **39**, 634 (1918).

[15] BUSSE, KRAUT: Liebigs Ann. **177**, 272 (1875). — STOHMANN: Journ. prakt. Chem. (2), **40**, 352 (1889). — GORDIN: Journ. Amer. chem. Soc. **30**, 270 (1908). — STEVENS, TUCKER: Journ. chem. Soc. London **123**, 2145 (1923).

[16] Siehe erste Auflage dieses Buches 1903, 386. — HANS MEYER: Monatsh. Chem. **28**, 36 (1907). — WEGSCHEIDER, FRANKL: Monatsh. Chem. **28**, 79 (1907). — Siehe auch REYCHLER: Bull. Soc. chim. Belg. **21**, 71 (1907).

[17] HERZIG, WENZEL: Ber. Dtsch. chem. Ges. **32**, 3541 (1899); Monatsh. Chem. **22**, 215 (1901); siehe aber S. 387, Anm. 4.

säure ist) reagiert nur mit Jodmethyl und *Acetonitril*,[1] welch letzteres Verdünnungsmittel (ebenso wie andere Nitrile) auch sonst gelegentlich angewendet wird.[2]

Die Reaktion erfolgt oft schon von selbst, manchmal mit außerordentlicher Heftigkeit (Feuererscheinung), so daß man eine Kältemischung anwenden muß,[3] sonst beim Kochen unter Rückflußkühlung, besser unter Druck bei 100°, auch bei noch höherer Temperatur.

Meist ist absolute Trockenheit des Silbersalzes notwendig.[4]

Auch das Jodmethyl muß ganz rein sein. Manche Handelsprodukte reagieren überhaupt nicht.[5]

Zur Reinigung der Ester löst man in Aether oder Chloroform und wäscht zuerst mit verdünnter Sodalösung, der man etwas Bisulfit zugefügt hat, dann mit reinem Wasser, trocknet mit Pottasche oder Natriumsulfat und destilliert die Lösungsmittel ab.

Die Methode ist bei *Aminosäuren* und *Pyridincarbonsäuren* im allgemeinen nicht verwertbar[6] und führt auch sonst (bei Oxysäuren usw.) öfters zu zweideutigen Resultaten; man kann sich indes gewöhnlich durch Verseifung des gebildeten Produkts oder Behandeln desselben mit Ammoniak davon überzeugen, ob die alkylierte Gruppe ein Carboxyl war. Nach HANS MEYER[7] gehen alle Pyridincarbonsäuren, die nicht in beiden α-Stellungen zum Stickstoff substituiert sind, glatt und ausschließlich in die zugehörigen Betaine bzw. Jodalkyle über, wenn man sie längere Zeit mit überschüssiger, wässeriger Sodalösung und Jodalkyl auf den Siedepunkt des letzteren erwärmt oder andauernd bei Zimmertemperatur schüttelt.

$\alpha.\alpha'$-substituierte Pyridincarbonsäuren dagegen werden unter diesen Umständen nicht angegriffen, läßt man aber ihre trockenen Kalium- oder Silbersalze längere Zeit mit Jodmethyl in Berührung, so werden sie quantitativ in Methylester verwandelt.

Über Alkylierung mit Jodmethyl und trockenem Silberoxyd siehe S. 390.

Bei der *Einwirkung von Jodalkyl auf die Silbersalze* mancher Säuren findet zum Teil *Kernmethylierung* statt.[8]

Esterifizierung mit Diazomethan (PECHMANN).[9]

Von den gebräuchlicheren Methoden der Methylierung unterscheidet sich diese Reaktion dadurch, daß sie in Abwesenheit dritter Körper, bei gewöhnlicher Temperatur und in der Regel quantitativ vor sich geht.

Praktische Bedeutung hat sie in solchen Fällen, wo andere Methoden versagen oder wo es sich um Operationen im kleinsten Maßstab handelt.

Diazomethan[10] *ist ungemein giftig.*[11]

---

[1] SALWAY: Diss. Leipzig 68, 1906. — Siehe MICHAEL: Amer. chem. Journ. **25**, 419 (1901). — BRUNNER, RAPIN: Schweiz. Wchschr. f. Chem. u. Pharm. **46**, 457 (1908).
[2] HANTZSCH: Ber. Dtsch. chem. Ges. **42**, 77—81 (1909). — DONNAN, POTTS: Journ. chem. Soc. London **97**, 1889 (1910). — WITTIG, PETRI: Liebigs Ann. **513**, 26 (1935).   [3] WISLICENUS, FISCHER: Ber. Dtsch. chem. Ges. **43**, 2237 (1910).
[4] MECHTERSHEIMER: Diss. Heidelberg 37, 1909.
[5] HANTZSCH: Ber. Dtsch. chem. Ges. **54**, 1242 (1921).   [6] Siehe S. 469.
[7] HANS MEYER: Ber. Dtsch. chem. Ges. **36**, 616 (1903).
[8] ALTMANN: Monatsh. Chem. **22**, 217 (1901). — GRAETZ: Monatsh. Chem. **23**, 106 (1902). — BATSCHA: Monatsh. Chem. **24**, 114 (1903). — KURZWEIL: Monatsh. Chem. **24**, 881 (1903). — HERZIG, WENZEL: Monatsh. Chem. **27**, 781 (1906).
[9] PECHMANN: Ber. Dtsch. chem. Ges. **27**, 1888 (1894); **28**, 856, 1624 (1895); **31**, 501 (1898); Chem.-Ztg. **22**, 142 (1898); D. R. P. 92789 (1897).
[10] Manche Stoffe (Acetharnstoff, Dimethylisoharnsäure) wirken auf Diazomethan zersetzend, ohne Methyl aufzunehmen: BILTZ, KRZIKALLA: Liebigs Ann. **457**, 161 (1927). — Siehe auch MEERWEIN, HINZ: Liebigs Ann. **484**, 1 (1930).
[11] Reinigung durch Destillation: HERZIG: Ber. Dtsch. chem. Ges. **56**, 226 (1923).

Auch auf manche Alkohole[1] und auf die meisten Aldehyde,[2] Enole[3] und Aldehydsäuren,[4] aromatische α-Diketone, Thioketone[5] wirkt Diazomethan ein.[6] Aus den Aldehyden entstehen dabei im wesentlichen die zugehörigen Methylketone.[7] Einwirkung auf Enole: LEUCHS, DZIMYL: Liebigs Ann. **440**, 149 (1924). — CLAISEN: Ber. Dtsch. chem. Ges. **59**, 151 (1926). — Ketone: MEERWEIN, BURNELEIT: Ber. Dtsch. chem. Ges. **61**, 1846 (1928); **62**, 1005 (1929).[8] *Verdrängung von Acetylgruppen durch Diazomethan:*[9] HERZIG, TICHATSCHEK: Ber. Dtsch. chem. Ges. **39**, 268, 1557 (1906). — KUBOTA, PERKIN: Journ. chem. Soc. London **127**, 1889 (1925). — PERKIN, STOREY: Journ. chem. Soc. London **1928**, 229. — NIERENSTEIN: Journ. Amer. chem.-Soc. **52**, 4012 (1930). — *Ringerweiterung* bei der Einwirkung von Diazomethan: MOSETTIG, BURGER: Journ. Amer. chem. Soc. **52**, 3456 (1930).

Darstellung der Diazomethanlösung.[8] 1. 5 ccm Nitrosomethylurethan, 10 ccm 6 proz. Lösung von Natrium in Glykol werden im schwachen Stickstoffstrom (zur Vermeidung von Explosionen) erhitzt.[10]

2. Nitrosomethylurethan wird unter Kühlen zu 50 proz. KOH und Aether gegeben und zwei Drittel des Aethers abdestilliert. A: 70%.[11]

Einen praktischen Destillationsapparat beschreiben NIERENSTEIN, HINZ: Journ. Amer. chem. Soc. **52**, 1507 (1930).

Gehaltsbestimmung von Diazomethanlösungen.[12]

20 ccm Diazomethanlösung werden unter Kühlung in überschüssige aetherische $^n/_{10}$-Benzoesäure[13] eingetragen. Die unveresterte Benzoesäure wird nach

---

[1] HANS MEYER, HÖNIGSCHMID: Monatsh. Chem. **26**, 387, 389 (1905). — Siehe auch CLIBBONS, NIERENSTEIN: Journ. chem. Soc. London **107**, 1491 (1907). — BILTZ, PAETZOLD: Liebigs Ann. **433**, 86 (1923). — NIERENSTEIN: Ber. Dtsch. chem. Ges. **60**, 1820 (1927). — Polysaccharide und Glykoside: NIERENSTEIN: Journ. chem. Soc. London **119**, 278 (1921). — SCHMIDT: Ber. Dtsch. chem. Ges. **58**, 1963 (1925); Liebigs Ann. **479**, 2 (1930). — MEERWEIN: Ber. Dtsch. chem. Ges. **62**, 1006 (1929).

[2] HANS MEYER: Monatsh. Chem. **26**, 1300 (1905); Ber. Dtsch. chem. Ges. **40**, 847 (1907). — SCHLOTTERBECK: Ber. Dtsch. chem. Ges. **40**, 479 (1907); **42**, 2559 (1909). — MAUTHNER: Journ. prakt. Chem. (2), **82**, 275 (1910). — BILTZ, PAETZOLD: Liebigs Ann. **433**, 86 (1923). — ARNDT, EISTERT, ENDER: Ber. Dtsch. chem. Ges. **61**, 1118, 1952 (1928); **62**, 44 (1929). — MOSETTIG: Ber. Dtsch. chem. Ges. **61**, 1391 (1928); **62**, 1271 (1929); Monatsh. Chem. **57**, 291 (1931).

[3] LITYNSKI, MALACHOWSKI: Roczniki Chemji **7**, 579 (1927). — *Methyl*acetessigester reagiert nicht mit Diazomethan, wohl aber *Aethyl*acetessigester: HÜCKEL: Theoretische Grundlagen der organischen Chemie, Bd. I, S. 186. Leipzig 1934.

[4] HANS MEYER: Monatsh. Chem. **26**, 1295 (1905).

[5] BILTZ, PAETZOLD: Liebigs Ann. **433**, 81 (1923). — STAUDINGER, SIEGWART: Helv. chim. Acta **3**, 833 (1920).

[6] Einwirkung auf Säurechloride: ARNDT, AMENDE: Ber. Dtsch. chem. Ges. **61**, 1122 (1928).

[7] Bei der Einwirkung von Diazomethan auf Chlorhydrate von Di- und Triphenylmethanfarbstoffen u. dgl. wird Chlormethyl gebildet. Krystallviolett wird dabei zur Leukobase reduziert. — KÜSTER: Ztschr. physiol. Chem. **109**, 108 (1920).

[8] Siehe auch BURNELEIT: Diss. Königsberg 20, 1929. — ARNDT, AMENDE: Ztschr. angew. Chem. **43**, 444 (1930).

[9] Nach ARNDT, AMENDE: Ztschr. angew. Chem. **43**, 444 (1930) aus Nitrosomethylharnstoff und starker KOH dargestelltes Diazomethan verdrängt Acetylgruppen nicht, wohl aber Diazomethan bei Gegenwart von Wasser oder Alkoholen: BILTZ: Ber. Dtsch. chem. Ges. **64**, 1146 (1931).

[10] MEERWEIN, BURNELEIT: Ber. Dtsch. chem. Ges. **60**, 1845 (1927).

[11] ARNDT: Org.-Synth. **15**, 3 (1935).

[12] MARSHALL, ACREE: Ber. Dtsch. chem. Ges. **43**, 2323 (1910). — Über die ähnliche, aber nicht so genaue Methode von HANS MEYER siehe Monatsh. Chem. **26**, 1296 (1905).

[13] p-Nitrobenzoesäure: MOSETTIG: Ber. Dtsch. chem. Ges. **62**, 1276 (1929).

dem Verdünnen mit Wasser mit $n/10$-Barytwasser und Phenolphthalein zurück-titriert.

Wertbestimmung der Lösung mit Jod siehe PECHMANN: Ber. Dtsch. chem. Ges. **27**, 1888 (1894) und S. 709.

Zur *Ausführung der Alkylierung* wird man etwa nach HERZIG, WENZEL[1] verfahren. 5 g Carbonsäure werden fein zerrieben und getrocknet, in 100 ccm trockenem Aether verteilt, eine verdünnte aetherische Lösung von Diazomethan (1 g in 100 ccm) allmählich zugefügt, solange bei weiterer Zugabe noch stürmische Stickstoffentwicklung erfolgt, und schließlich ein etwaiger kleiner Überschuß von Diazomethan durch Zugabe von etwas Carbonsäure beseitigt. Aus der aetherischen Lösung werden dann kleine Quantitäten unveresterter Säure durch Ausschütteln mit Bicarbonat[2] entfernt.

Man kann übrigens ebensogut[3] in methyl-[4] oder aethylalkoholischer,[5] amyl-alkoholischer,[6] wässerig-alkoholischer,[7] Methylal-,[8] Methylacetat-,[9] Acéton-[10] oder Chloroformlösung[11] arbeiten. Besonders empfiehlt sich Amylaether als Lösungsmittel.[12]

Wasser kann als Beschleuniger der Reaktion wirken (Glykokoll, Polysaccharide), meist durch Löslichkeitsverbesserung.[13, 14] Die Wirksamkeit des Diazomethans wird durch Wasser[15] und *Alkohole* verstärkt.[15] Ähnlich soll *Piperidin* wirken.[16]

Beschleunigung der Einwirkung des Diazomethans durch amorphes Bor: HERZIG, SCHÖNBACH: Monatsh. Chem. **33**, 673 (1912). — Andere Katalysatoren: MEERWEIN, HINZ: Liebigs Ann. **455**, 235 (1927); **484**, 10 (1930).

Manchmal dauert die Reaktion sehr lange (wochenlang), und es ist notwendig, die Substanz einer mehrfachen Behandlung mit neuen überschüssigen Mengen von Diazomethan zu unterziehen. (Dies gilt freilich *nicht* von carboxylhaltigen Substanzen, die stets sehr energisch reagieren.)

Zu Hydroxyl orthoständige Carbonylgruppen behindern die Alkylierbarkeit.[17]

---

[1] HERZIG, WENZEL: Monatsh. Chem. **22**, 229 (1901).

[2] Besser als Soda, wie es a. a. O. heißt. (Privatmitteilung von HERZIG.)

[3] Nach MEERWEIN, HINZ: Liebigs Ann. **484**, 4 (1930) gelingt die Methylierung am besten bei *Abwesenheit* von Aether.

[4] BILTZ, LACHMANN: Journ. prakt. Chem. (2), **136**, 223 (1933). — SPÄTH, SOCIAS: Ber. Dtsch. chem. Ges. **67**, 59 (1934).

[5] D. R. P. 92789 (1897). — HERZIG, SCHÖNBACH: Monatsh. Chem. **33**, 673 (1912). — BILTZ, PAETZOLD: Ber. Dtsch. chem. Ges. **55**, 1069 (1922). — Wasser und Alkohole katalysieren die Reaktion: SCHMID: Ber. Dtsch. chem. Ges. **58**, 1963 (1925). — BILTZ, KLEMM: Liebigs Ann. **448**, 154 (1926). — ABDERHALDEN: Ztschr. physiol. Chem. **153**, 32 (1926); **159**, 169 (1926). — MEERWEIN: Liebigs Ann. **455**, 234 (1927). — MEERWEIN, BURNELEIT: Ber. Dtsch. chem. Ges. **61**, 1841 (1928).

[6] PSCHORR, JAECKEL, FECHT: Ber. Dtsch. chem. Ges. **35**, 4387 (1902). — Butyl-alkohol: BURNELEIT: a. a. O.

[7] HANS MEYER: Monatsh. Chem. **25**, 1194 (1904). — BILTZ, PAETZOLD: Ber. Dtsch. chem. Ges. **55**, 1069 (1922).

[8] O. FISCHER, KÖNIG: Ber. Dtsch. chem. Ges. **47**, 1081 (1914).

[9] E. FISCHER, BRAUNS: Ber. Dtsch. chem. Ges. **47**, 3183 (1914).

[10] PACSU: Ber. Dtsch. chem. Ges. **56**, 417 (1923). — WILLSTÄTTER, HEISS: Herzig-Festschr. 1923, 32; Monatsh. Chem. **53**, 427 (1929).

[11] E. FISCHER, FREUDENBERG: Ber. Dtsch. chem. Ges. **46**, 1123 (1913).

[12] GADAMER: Arch. Pharmaz. **249**, 661 (1911). — KLEE: Arch. Pharmaz. **252**, 244, 246 (1914) (Phenolbasen).

[13] BILTZ, PAETZOLD: Ber. Dtsch. chem. Ges. **55**, 1069 (1922).

[14] SCHMID: Ber. Dtsch. chem. Ges. **58**, 1963 (1925). — MEERWEIN, BURNELEIT: Ber. Dtsch. chem. Ges. **61**, 1842 (1928).   [15] Siehe Anm. 1 vorige Seite.

[16] NIERENSTEIN: Journ. Amer. chem. Soc. **52**, 4012 (1930).

[17] HERZIG: Monatsh. Chem. **33**, 683 (1912).

Oft arbeitet man vorteilhaft *mit nascierendem Diazomethan.*[1,2]
Über *Diazopropan* und *Diazobutan* siehe NIRDLINGER, ACREE: Amer. chem.
Journ. 43, 358 (1910). — *Diazoaethan:* BILTZ, SEDLATSCHEK: Ber. Dtsch. chem.
Ges. 57, 181 (1924). — AUWERS, CAUER: Liebigs Ann. 470, 298 (1929). — SPÄTH,
PIKL: Ber. Dtsch. chem. Ges. 62, 2259 (1929). — SPÄTH, THARRER: Ber. Dtsch.
chem. Ges. 66, 904 (1933).

Gegenseitige Verdrängung von Alkylen in Estern[3] (Umesterung, Alkoholyse):
BERTHELOT: Amer. Chim. Phys. (3), 41, 311 (1853). — FRIEDEL, CRAFTS:
Liebigs Ann. 130, 198 (1864); 133, 207 (1865). — BERTONI: Gazz. chim. Ital. 12,
435, (1882). — BERTONI, TRUFFI: Gazz. chim. Ital. 14, 23 (1884). — PURDIE:
Journ. chem. Soc. London 47, 862 (1885); 51, 628 (1887); Ber. Dtsch. chem. Ges.
20, 1555 (1887). — CLAISON, LOWMAN: Ber. Dtsch. chem. Ges. 20, 651 (1887). —
PURDIE, MARSHALL: Journ. chem. Soc. London 53, 391 (1888). — GATTERMANN,
RIETSCHKE: Ber. Dtsch. chem. Ges. 30, 2932 (1897). — BRUNI, CONTARDI: Atti
Linc. (5), 15 I, 637 (1906). — HALLER, YOUSSOUFFIAN: Compt. rend. Acad.
Sciences 143, 803 (1906). — HALLER: Compt. rend. Acad. Sciences 143, 657 (1906);
144, 462 (1907); 146, 259 (1908). — PFANNL: Monatsh. Chem. 31, 301 (1910);
32, 509 (1911). — REID: Amer. chem. Journ. 45, 479 (1911). — KOMNENOS:
Monatsh. Chem. 32, 77 (1911). — DAMBERGIS, KOMNENOS: Ber. pharm. Ges. 22,
417 (1912). — WILLSTÄTTER, STOLL: Unters. üb. Chlorophyll 1913, 280. —
GRETE EGERER, HANS MEYER: Monatsh. Chem. 34, 69 (1913). — BÉHAL: Bull.
Soc. chim. France (4), 15, 565 (1914). — SCHIMMEL & Co.: Ber. Schimmel
1915 I, 71. — KOLHATKAR: Journ. chem. Soc. London 107, 921 (1915). —
E. FISCHER, BERGMANN: Ber. Dtsch. chem. Ges. 52, 830 (1919). — E. FISCHER:
Ber. Dtsch. chem. Ges. 53, 1634 (1920). — REIMER, DOWNES: Journ. Amer.
chem. Soc. 43, 945 (1921). — SHIMOMURA, COHEN: Journ. chem. Soc. London
121, 883, 2051 (1922). — DIECKMANN: Ber. Dtsch. chem. Ges. 55, 3335, 3347
(1922). — GRÜN, WIRTH: Ber. Dtsch. chem. Ges. 55, 2200 (1922). — HERZIG:
Ber. Dtsch. chem. Ges. 56, 222 (1923). — BROCHET: Bull. Soc. chim. France (4),
33, 629 (1923). — D.R.P. 417215 (1925).

Katalytische Esterifizierung: Mit Titansäureanhydrid: SABATIER, MAILHE:
Compt. rend. Acad. Sciences 152, 494 (1911). — Mit Thoriumoxyd oder Zirkonoxyd: MAILHE, GODON: Bull. Soc. chim. France (4), 29, 101 (1921).

Esterifizieren durch Chlorkohlensäureester: R. und W. OTTO: Ber. Dtsch.
chem. Ges. 21, 1516 (1888). — D.R.P. 117267 (1901). — HERZOG: Ber. Dtsch.
chem. Ges. 42, 2557 (1909). — EINHORN: Ber. Dtsch. chem. Ges. 42, 2772 (1909).

Esterifizierung von Fettsäuren mit Chloraceton.[4]

Ein Molekül der durch ihr Semicarbazon zu charakterisierenden Säure wird
in wasserfreiem Aether gelöst und mit der theoretischen Menge drahtförmigem
Natrium versetzt. Wenn die Reaktion beendet ist, gibt man ein Molekül reines
Monochloraceton hinzu und erhitzt auf dem Wasserbad zur Verjagung des Aethers.
Indem man das Gemisch etwa 4 Stunden im Ölbad auf 120—130° hält, erzielt
man Umwandlung in Natriumchlorid und Acetolester.

Nach dem Erkalten nimmt man die Masse mit Wasser und Aether auf; die
aetherische Lösung wird mit Natriumcarbonat und Wasser gewaschen, sodann
nach Beseitigung des Aethers im Vakuum rektifiziert. Die Acetolester destillieren
im Vakuum ohne nennenswerte Zersetzung und besitzen um einige Grade höheren

---

[1] D. R. P. 95644 (1897). — GADAMER: Arch. Pharmaz. 249, 614 (1911); 264,
203 (1926). — OSADA: Arch. Pharmaz. 262, 506 (1924).
[2] KARRER: Ber. Dtsch. chem. Ges. 49, 2074 (1916) (Cephaelin).
[3] Siehe auch S. 578.   [4] LOCQUIN: Chem.-Ztg. 28, 564 (1904).

Siedepunkt als die zugrunde liegende Säure. Die entsprechenden Semicarbazone
erhält man, indem man den Ketonsäureester mit Semicarbazid in essigsaurer
Lösung behandelt. Ebenso leicht erfolgt die Wiedergewinnung der reinen Säuren
aus diesen Semicarbazonen, wenn man letztere mit alkoholischem Kali kocht.

V. Bestimmung der Basizität der Säuren aus der elektrischen Leitfähigkeit ihrer Natriumsalze.

Nach OSTWALD[1] ist die Messung der Leitfähigkeit des Natriumsalzes ein
sicheres Mittel, um über die Basizität einer Säure zu entscheiden.

Da die meisten Natriumsalze in Wasser löslich sind, auch wenn den freien
Säuren diese Eigenschaft abgeht, ist diese Methode sehr allgemein. Sie versagt nur in dem Fall, daß die Säure zu schwach ist, um ein neutral reagierendes,
durch Wasser nicht erheblich spaltbares Salz zu liefern.

Dritter Abschnitt.

Säureanhydride.

I. Additionsreaktionen der Säureanhydride.

Mit *Alkoholen*[2] reagieren die Säureanhydride derart, daß ein Molekül Alkohol
addiert und sonach entweder ein saurer Ester bzw. gleiche Mengen freier Mono-
carbonsäure und Ester gebildet werden.

Bei Gegenwart von überschüssigem Alkohol bildet sich im ersteren Fall stets
etwas Neutralester. Die Reaktion tritt meist schon sofort beim Auflösen des
Anhydrids in dem Alkohol ein: indes lassen sich resistentere Anhydride unverändert aus kochendem Alkohol umkristallisieren.[3] Andauerndes Kochen
führt aber in allen Fällen, wo nicht durch besondere Verhältnisse übergroße
Stabilität des Ringes vorhanden ist (Pyrocinchonsäureanhydrid), zum Ziel.

Bei unsymmetrischen Säuren wird dabei vorwiegend das stärkere[4] Carboxyl
esterifiziert,[5] in geringerer Menge kann der isomere saure Ester entstehen.

Über die Geschwindigkeit der Esterbildung aus Anhydriden: SPRINKMEIER,
Diss. Münster 1906. — Geschwindigkeit der Hydratbildung: WILSDON, SIDGWICK:
Journ. chem. Soc. London **103**, 1959 (1913). — VERKADE: Rec. Trav. chim.
Pays-Bas **40**, 199 (1921).

Mit Natriumalkoholat bei Gegenwart von Alkohol oder Benzol erhält man
ebenfalls glatte Aufspaltung der Anhydride,[5, 6] bei unsymmetrischen Säuren

---

[1] OSTWALD: Ztschr. physikal. Chem. **2**, 901 (1888); vgl. Ztschr. physikal. Chem. **1**,
74 (1887). — VALDEN: Ztschr. physikal. Chem. **1**, 529 (1887); **2**, 49 (1888).

[2] WALKER: Journ. chem. Soc. London **61**, 1089 (1892); Ber. Dtsch. chem. Ges.
26, 285 (1893). — BRÜHL: Journ. prakt. Chem. (2), **47**, 299 (1893); Ber. Dtsch. chem.
Ges. **26**, 285 (1893). — CAZENEUVE: Compt. rend. Acad. Sciences **116**, 148 (1893).
— WEGSCHEIDER, LIPSCHITZ: Monatsh. Chem. **21**, 805 (1900); **23**, 359 (1902). —
WEGSCHEIDER: Monatsh. Chem. **23**, 401 (1902). — WEGSCHEIDER, PIESEN: Monatsh.
Chem. **23**, 401 (1902).

[3] Diphenylessigsäureanhydrid: STAUDINGER: Ber. Dtsch. chem. Ges. **38**, 1738
(1905). — Dibenzylessigsäureanhydrid: LEUCHS, WUTKE, GIESELER: Ber. Dtsch.
chem. Ges. **46**, 2208 (1913).

[4] Nach KAHN das sterisch behinderte Carboxyl: Ber. Dtsch.chem.Ges.**35**,3875(1902).

[5] HOOGEWERFF, VAN DORP: Rec. Trav. chim. Pays-Bas **12**, 23 (1893); **15**, 329
(1896); **16**, 329 (1897). — WEGSCHEIDER: Monatsh. Chem. **16**, 144 (1895); **18**, 418
(1897); **20**, 692 (1899); **23**, 360 (1902). — GRAEBE, LEONHARD: Liebigs Ann. **290**,
225 (1896). — NEELMEIER: Diss. Halle 1902. — KAHN: Ber. Dtsch. chem. Ges. **35**,
3857 (1902). — Siehe auch KAHN: Ber. Dtsch. chem. Ges. **36**, 2535 (1903).

[6] WISLICENUS, ZELINSKY: Ber. Dtsch. chem. Ges. **20**, 1010 (1887). — BRÜHL,
BRAUNSCHWEIG: Ber. Dtsch. chem. Ges. **26**, 286 (1893).

indes in der Regel ein Gemisch der beiden möglichen sauren Ester (WEG-SCHEIDER).

Mit *Ammoniak* und *Aminen* bilden sich Säureamide und Amidosäuren. Letztere können unter Ringschluß in Säureimide (Anile usw.) übergehen.

Quantitative Bestimmung acyclischer Säureanhydride nach MEN-SCHUTKIN, WASILIJEW.[1]

Das Anhydrid wird nach dem Verdünnen mit einem indifferenten Lösungsmittel mit einer gewogenen Anilinmenge versetzt. Es werden genau 50% des Anhydrids in Anilid verwandelt.

In dem nebenbei gebildeten Anilinsalz läßt sich die Säure mit Barythydrat titrieren. Man kann auf diese Art z. B. Essigsäureanhydrid neben freier Essigsäure bestimmen.

Natürlich kann man auch mit titrierter Barythydratlösung verseifen oder — oftmals — auch durch Stehenlassen und Erwärmen mit Wasser,[2] aber bei Gegenwart freier Säure sind diese Methoden nicht sehr genau.

Bestimmung nach SMITH, BRYANT.[3]

Durch Titration mit Phenolphthalein oder Thymolblau in *Dioxan* oder *Aceton* und NaOCH$_3$-Lösung.

Man bestimmt zuerst mit NaOCH$_3$ Säure + Anhydrid, dann mit NaOH freie Säure. Die Spaltung der Anhydride wird durch Pyridin stark beschleunigt. Ester und beständige Lactone stören nicht.

II. Verhalten gegen Zinkaethyl.[4]

Säureanhydride reagieren mit Zinkaethyl nach der Gleichung:

$$\begin{matrix} R-CO \\ \end{matrix} \!\!>\!\! O + Zn \!\!<\!\! \begin{matrix} C_2H_5 \\ C_2H_5 \end{matrix} = \begin{matrix} R-C-OZnC_2H_5 \\ |\!\!\searrow C_2H_5 \\ O \\ | \\ R-CO \end{matrix}$$

Beim Zersetzen mit Wasser zerfällt dieses Additionsprodukt in gleiche Teile Aethylketon und Säure. Das daneben entstehende Aethan kann aufgefangen und gemessen werden.

III. Einwirkung von Hydroxylamin.

Bei der Einwirkung von Säureanhydriden der Fettreihe auf salzsaures Hydroxylamin entstehen Hydroxamsäuren.[5]

---

[1] MENSCHUTKIN, WASILIJEW: Journ. Russ. phys.-chem. Ges. 21, 192 (1889). — SPENCER: Journ. Assoc. official. agricult. Chemists 7, 493 (1923). — CALEOTT, ENGLISH, WILBUT: Ind. engin. Chem. 17, 942 (1925). — ORTON, BRADFIELD: Journ. chem. Soc. London 1927, 983. — TERLINCK: Chem.-Ztg. 53, 851 (1929).

[2] RADCLIFFE, MEDOFSKI: Journ. Soc. chem. Ind. 36, 628 (1917). — Verhalten der hochmolekularen acyclischen Säureanhydride gegen alkoholische Lauge und Sodalösung: HOLDE, SMELKUS: Ber. Dtsch. chem. Ges. 53, 1891 (1920). — HOLDE, TACKE: Ber. Dtsch. chem. Ges. 53, 1901 (1920).

[3] SMITH, BRYANT: Journ. Amer. chem. Soc. 58, 2452 (1936).

[4] SAYTZEFF: Ztschr. Chem. 1870, 107. — GRANICHSTÄDTEN, WERNER: Monatsh. Chem. 22, 316 (1901).

[5] MIOLATTI: Ber. Dtsch. chem. Ges. 25, 699 (1892). — ERRERA: Gazz. chim. Ital. (2), 25, 25 (1895).

Wenn man ein Molekül fein gepulvertes und trockenes, salzsaures Hydroxylamin mit ungefähr zwei Molekülen Säureanhydrid am Rückflußkühler kocht,
so löst es sich allmählich auf, während Salzsäure in großer Menge entweicht.
Hat die Gasentwicklung aufgehört (was nach ungefähr $1/2$ Stunde eintritt), so
verdünnt man die erkaltete Lösung mit Wasser, neutralisiert mit Alkalicarbonat
und versetzt mit überschüssigem Kupferacetat. Das basische Kupfersalz der
Hydroxamsäure fällt als grasgrünes Pulver aus. Das trockene Kupfersalz wird
in absolutem Alkohol suspendiert und mit Schwefelwasserstoff zersetzt; aus
dem alkoholischen Filtrat bekommt man beim Eindampfen die freie Hydroxamsäure.[1]

Auch in der aromatischen Reihe wirkt Hydroxylamin in derselben Weise
ein, wenn man das Anhydrid in *sehr konzentrierter* alkoholischer Lösung mit
salzsaurem Hydroxylamin erwärmt.[2]

IV. Einwirkung von Hydrazinhydrat

führt zur Bildung von Hydraziden,[3] und analog wirkt *Phenylhydrazin*, und zwar
erhält man in der Fettreihe vorwiegend oder ausschließlich die durch Benzaldehyd leicht spaltbaren *α-Hydrazide:*

$$\left\{ \begin{matrix} CO \\ C \end{matrix} \right\}^{O}_{NNH_2} \quad \text{und} \quad \left\{ \begin{matrix} CO \\ C \end{matrix} \right\}^{O}_{NNHC_6H_5} \cdot$$

während in der aromatischen Reihe ausschließlich die stabilen *β-Hydrazide:*

$$\left\{ \begin{matrix} CO-NH \\ | \\ CO-NH \end{matrix} \right. \quad \text{und} \quad \left\{ \begin{matrix} CO-NC_6H_5 \\ | \\ CO-NH \end{matrix} \right.$$

gebildet werden.

V. Phthaleinreaktion.

Die Anhydride von Dicarbonsäuren geben beim Erhitzen mit Resorcin[4]
Fluoresceine, gelbe, rote oder braune Substanzen, die sich in Alkalien mit intensiver grüner oder blauer Fluorescenz lösen.

Um die Reaktion auszuführen, schmilzt man ein wenig Anhydrid mit der
mehrfachen Menge Resorcin zusammen und nimmt das Reaktionsprodukt in
verdünnter Lauge auf. Die Reaktion gelingt besonders leicht, wenn man dem
Resorcin ein Körnchen Chlorzink zusetzt.

Diese Reaktion ist indessen nicht sehr verläßlich, denn, wie wiederholt[5] beobachtet wurde, zeigen auch andere Substanzen, wie Citronensäure, Weinsäure,
Glycerin, Oxamid, Dextrin, Traubenzucker, Rohrzucker usw., das gleiche Verhalten. Ja, das Resorcin selbst wird durch Erhitzen mit Chlorzink auf 140°
in einen in Alkalien mit intensiv grüner Fluorescenz und orangeroter Farbe
löslichen Stoff verwandelt.

---

[1] Über Hydroxamsäuren siehe ferner S. 514, 537, 543, 561.
[2] LACH: Ber. Dtsch. chem. Ges. **16**, 1781 (1883).
[3] HÖTTE: Journ. prakt. Chem. (2), **35**, 265 (1887). — FÖRSTERLING: Journ. prakt.
Chem. (2), **51**, 371 (1895). — DAVIDIS: Journ. prakt. Chem. (2), **54**, 66 (1896).
[4] Noch schöner ist die Reaktion mit 2.6-Dioxypyridin: GATTERMANN, SKITA:
Ber. Dtsch. chem. Ges. **49**, 496 (1916).
[5] DAMM, SCHREINER: Ber. Dtsch. chem. Ges. **15**, 556 (1882).

Vierter Abschnitt.

Oxysäuren.

I. Reaktionen der aliphatischen Oxysäuren.

A. *α-Oxysäuren* R·CHOH·COOH.

α) Beim *Erhitzen* zerfallen die primären und sekundären α-Oxysäuren in Wasser und *Lactide*, während die tertiären Säuren unzersetzt sublimieren.[1]

β) Beim Kochen mit *Bleisuperoxyd* (oder *Braunstein*) und ebenso mit *Wasserstoffsuperoxyd*[2] oder *Mercurisalzen*[3] werden die meisten α-Oxysäuren zu dem um ein C ärmeren Aldehyd (evtl. der Säure) bzw. Keton und Kohlendioxyd oxydiert.[4] Eine Ausnahme bildet α-Oxy-as-dimethylbernsteinsäure, die von diesem Reagens kaum angegriffen wird.

Bei der Oxydation[5] bildet sich, im Verhältnis wie Bleioxyd entsteht, ein Bleisalz der Säure, das gewöhnlich unlöslich ist und nicht mehr recht vom Bleisuperoxyd angegriffen wird. Man muß daher eine andere stärkere Säure hinzusetzen. Hierfür ist *Phosphorsäure* besonders geeignet.

Verhalten gegen Manganioxydhydrat.

Manganioxydhydrat wird durch Vermischen von lauwarmen Lösungen von 50 g krystallisiertem Mangansulfat und 20 g Permanganat dargestellt. Der Niederschlag wird nach dem Auswaschen in Wasser suspendiert. Die wässerige Lösung der Säure wird kurze Zeit mit der Manganisuspension geschüttelt.

Alle in Wasser leicht löslichen α-Oxysäuren liefern beim Schütteln mit der Manganisuspension eine stark braune Lösung, die sich nach einiger Zeit (sehr rasch und unter Gasentwicklung in der Siedehitze) entfärben. Die in Wasser unlöslichen oder wasserlöslichen α-Oxysäuren zeigen dieselbe Reaktion, wenn sie als Alkalisalzlösungen bei Gegenwart von überschüssigem Alkali angewandt werden. Andere Säuren zeigen die Reaktion nicht.[6]

Die

Einwirkung von Natriumhypochlorit auf Oxysäureamide

bildet ein bequemes Mittel zum Nachweis von α-Oxygruppen: Beim Versetzen der Reaktionsflüssigkeit mit Hydrazinsulfat und Benzaldehyd und Behandeln des Niederschlages mit Aether bleibt in Gegenwart einer α-Oxysäure Benzalsemicarbazon zurück. Vermeidet man überschüssiges Natriumhypochlorit, dann kann man noch leichter das gebildete Natriumisocyanat nachweisen (im Falle einer α-Oxysäure bildet sich Hydrazodicarbonamid). Die Reaktion kann mit 0,2 bis 0,3 g Amid durchgeführt werden und findet (bei Zimmertemperatur) auch dann statt, wenn der entstandene Aldehyd nicht isoliert werden kann.[7]

---

[1] MARKOWNIKOW: Liebigs Ann. **153**, 232 (1870). — LE SUEUR: Journ. chem. Soc. London **85**, 827 (1904); **87**, 1888 (1905); **91**, 1365 (1907); **93**, 716 (1908).

[2] DAKIN: Journ. biol. Chemistry **4**, 91 (1908).

[3] GUERBET: Bull. Soc. chim. France (3), **27**, 803 (1902); (4), **3**, 427 (1908); Compt. rend. Acad. Sciences **146**, 132 (1908); Journ. Pharmac. Chim. (6), **27**, 273 (1908).

[4] LIEBIG: Liebigs Ann. **113**, 15 (1860). — BAEYER: Ber. Dtsch. chem. Ges. **29**, 1909, 2782 (1896); **30**, 1962 (1897). — BAEYER, LIEBIG: Ber. Dtsch. chem. Ges. **31**, 2106 (1898). — WILLSTÄTTER: Ber. Dtsch. chem. Ges. **31**, 2507 (1898). — SEMMLER: Ber. Dtsch. chem. Ges. **33**, 1465 (1900); **35**, 2046 (1902). — HENDERSON, HEILBRON: Journ. chem. Soc. London **93**, 291 (1908). — WALLACH: Liebigs Ann. **359**, 265 (1908). — BROCKMANN: Liebigs Ann. **521**, 19 (1935).

[5] Über Oxydation der α-Oxysäuren siehe auch S. 358.

[6] BOESEKEN, VERKADE: Chem. Weekbl. **14**, 34 (1916).

[7] WEERMAN: Rec. Trav. chim. Pays-Bas **37**, 16 (1917).

γ) Beim *Kochen mit konzentrierter Salzsäure, Thionylchlorid*[1] oder verdünnter *Schwefelsäure* zerfallen die Oxysäuren mehr oder weniger leicht in Ameisensäure und Aldehyde (Ketone), während nur evtl. wenig α-Halogensäure sich bildet.[2] Noch sicherer wirkt Erwärmen mit *konzentrierter Schwefelsäure*,[3] nur entstehen dabei an Stelle der Ameisensäure Kohlenoxyd und Wasser.

Homologe Milchsäuren verhalten sich anormal, indem sie neben Ameisensäure statt Aldehyden Ketone liefern.[4]

δ) Zusatz von *Borsäure* zu einer Lösung der Säuren in wässerigem Alkohol erhöht deren elektrische Leitfähigkeit.[5]

ε) *Chloralidreaktion von* WALLACH.[6]

Beim mehrstündigen Erhitzen von α-Oxysäuren oder deren Estern mit überschüssigem wasserfreien Chloral (etwa 3 Mol) auf 100—160° im Einschmelzrohr werden Chloralide erhalten, die durch Umkrystallisieren (aus Chloroform oder Benzol) oder durch Destillation (evtl. mit Wasserdampf) gereinigt werden können.

ζ) Charakteristisch für α-Oxysäuren ist auch die Schwerlöslichkeit ihrer Natriumsalze.[7]

γ) Beim Erhitzen der α-Oxysäuren mit Natronkalk entstehen unter Oxydation und Wasserabspaltung Oxyde und Ketone, z. B. aus Milchsäure Aceton und Mesityloxyd.[8]

B. β-Oxysäuren R·CHOH·CH$_2$COOH.

α) Die primären und sekundären Säuren destillieren zum größten Teil unzersetzt, ein kleiner Teil zerfällt bei der Destillation in Wasser und α.β-ungesättigte Säure, auch etwas β.γ-ungesättigte Säure wird gebildet; tertiäre Säuren zerfallen in Aldehyd und Säure.[9]

β) Beim *Kochen mit konzentrierter Salzsäure* tritt Zerfall in Wasser und ungesättigte Säuren ein,[10] die sich dann mit der Salzsäure zu Halogensäuren verbinden, wobei das Chlor der Hauptsache nach in die β-Stellung, in manchen Fällen zum kleineren Teil in die α-Stellung geht.[11] Tertiäre Säuren werden hierbei (durch rauchende *Brom-* oder *Jodwasserstoffsäure*) schon in der Kälte gespalten.

---

[1] HANS MEYER: Monatsh. Chem. **22**, 698 (1901). — LUX: Monatsh. Chem. **29**, 771 (1908). — α-Oxysäure: BLAISE, MONTAGNE: Compt. rend. Acad. Sciences **174**, 1173, 1553 (1922). — KENYON, LIPSCOMB, PHILLIPS: Journ. chem. Soc. London **1930**, 415.

[2] ERLENMEYER: Ber. Dtsch. chem. Ges. **10**, 635 (1877); **14**, 1319 (1881). — McKENZIE, BARROW: Journ. chem. Soc. London **99**, 1910 (1911).

[3] DÖBEREINER: Schweigers J. f. Chem. u. Pharm. **26**, 276 (1819). — GILBERTS: Ann. Physique **72**, 201 (1822). — ROBIQUET: Ann. chim. phys. (1), **30**, 229 (1839). — DUMAS, PIRIA: Ann. chim. phys. (2), **5**, 353 (1842). — PELOUZE: Liebigs Ann. **53**, 121 (1845). — BOUCHARDAT: Bull. Soc. chim. France (2), **34**, 495 (1880). — VANGEL: Ber. Dtsch. chem. Ges. **13**, 356 (1880); **17**, 2542 (1884); D. R. P. 32245 (1884). — KLINGER, STANDKE: Ber. Dtsch. chem. Ges. **22**, 1214 (1889). — PECHMANN: Liebigs Ann. **261**, 155 (1891); **264**, 262 (1891). — STÖRMER, BIESENBACH: Ber. Dtsch. chem. Ges. **38**, 1958 (1905). — BISTRZYCKI, SIEMIRADZKI: Ber. Dtsch. chem. Ges. **39**, 52 (1906).

[4] GLÜCKSMANN: Monatsh. Chem. **12**, 358 (1891). — SCHINDLER: Monatsh. Chem. **13**, 647 (1892). — BRAUN, KITTEL: Monatsh. Chem. **27**, 803 (1906).

[5] MAGNANINI: Gazz. chim. Ital. (1), **22**, 541 (1892). — BOESEKEN: Rec. Trav. chim. Pays-Bas **40**, 553, 578 (1921).

[6] WALLACH: Ber. Dtsch. chem. Ges. **9**, 546 (1876). — HAUSEN: Diss. Bonn 1877. — WALLACH: Liebigs Ann. **193**, 35 (1878). — SCHIFF: Ber. Dtsch. chem. Ges. **31**, 1305 (1898).

[7] WALLACH: Liebigs Ann. **356**, 228 (1907). — FISCHER, ZEILE: Liebigs Ann. **468**, 110 (1928).   [8] CARPENTER: Chem. News **109**, 5 (1914).

[9] Ebenso bei der Einwirkung von Phosgen in Pyridinlösung: EINHORN, METTLER: Ber. Dtsch. chem. Ges. **35**, 3639 (1902).

[10] SCHNAPP: Liebigs Ann. **201**, 65 (1880). — BURTON: Amer. chem. Journ. **3** 395 (1881).   [11] ERLENMEYER: Ber. Dtsch. chem. Ges. **14**, 1318 (1881).

γ) Beim Kochen mit 10proz. *Natronlauge* entstehen α.β- und β.γ-ungesättigte Säuren in nahezu gleicher Menge.[1]

C. *γ-Oxysäuren* R·CHOHCH$_2$CH$_2$COOH.

Diese Säuren sind in freiem Zustand sehr unbeständig und gehen schon in der Kälte sehr leicht unter Wasserabspaltung in γ-Lactone über. Sie liefern krystallisierbare, sehr beständige Silbersalze.[2]

D. *δ-Oxysäuren* R·CHOH(CH$_2$)$_3$COOH sind nur wenig beständiger als die γ-Oxysäuren.[3]

Bestimmung der Oxysäuren in Fetten nach ZEREWITINOFF.[4]

Zu einer bestimmten Menge Fettsäuren, die in Pyridin gelöst sind, wird eine Lösung von Magnesiumjodmethyl in Amylaether gefügt und das entwickelte Methan nach dem auf S. 458 beschriebenen Verfahren bestimmt.

Die Carboxylhydroxyle werden durch Titration mit Lauge bestimmt und in Abzug gebracht.

Die Differenz wird als „Alkoholhydroxylzahl" bezeichnet.

Der Prozentgehalt an Hydroxylgruppen[5] ist:

$$x = \frac{0,000719 . V . 17 . 100}{16 . S} = \frac{0,0764\ V}{S},$$

worin 0,000719 das Gewicht von 1 ccm Methan bei 0° und 760 mm,

17 das Molgewicht der Hydroxylgruppe,

16 das des Methans,

V das Volumen des Methans (0°, 760 mm) in Kubikzentimetern und

S das Gewicht der Substanz in Grammen bedeutet.

Bestimmung der Hydroxylzahl von Oxyfettsäuren.

Säuren mit gemessener Menge Pyridin-Acetanhydrid acetylieren. Überschüssiges Anhydrid und gebundene Essigsäure aus aliquoten Teilen im Vakuum, in Lauge, überdestilliert, zurücktitrieren.

HINSBERG: Biochem. Ztschr. 285, 125 (1936); 298, 294 (1937).

II. Reaktionen der aromatischen Oxysäuren.

A. *o-Oxysäuren.*

α) Die Orthooxysäuren sind leicht *mit Wasserdämpfen flüchtig*, leicht löslich in kaltem *Chloroform*[6] und zeigen intensive (meist violettrote bis blaue) *Eisenchloridreaktion.*[7]

β) Die *Chloralidreaktion* (S. 512) läßt sich, wenn auch nicht so leicht wie bei den aliphatischen α-Oxysäuren, ebenfalls ausführen.

γ) Mit *Phosphorpentachlorid*[8] reagieren diese Säuren unter Bildung eines Esters des Orthophosphorsäurechlorids.

Salicylsäuren indessen, bei denen auch die zweite Orthostellung zur Hydroxylgruppe substituiert ist (selbst durch Methyl), geben in normaler Weise Carbonsäurechloride.

---

[1] FITTIG: Liebigs Ann. 208, 116 (1881); Ber. Dtsch. chem. Ges. 26, 40 (1893).
[2] FITTIG: Liebigs Ann. 283, 60 (1894).
[3] FITTIG, WOLFF: Liebigs Ann. 216, 127 (1882). — FITTIG, CHRISTL: Liebigs Ann. 268, 111 (1891). [4] ZEREWITINOFF: Ztschr. analyt. Chem. 52, 729 (1913).
[5] Die in der Originalarbeit gegebene Formel ist unrichtig.
[6] WEGSCHEIDER, BITTNER: Monatsh. Chem. 21, 650 (1900). [7] Siehe S. 376.
[8] ANSCHÜTZ: Liebigs Ann. 228, 308 (1885); 239, 314, 333 (1887); Ber. Dtsch. chem. Ges. 30, 221 (1897). — Über die Einwirkung von Thionylchlorid siehe KOPETSCHNI, KARCZAG: Ber. Dtsch. chem. Ges. 47, 235 (1914).

δ) Bei der *Reduktion mit Natrium und Alkohol* liefern die Orthooxysäuren zweibasische Säuren der Pimelinsäurereihe,[1] indem zuerst entstehende Tetrahydrosäure sich in 1.3-Ketonsäure umlagert, die dann analog der Säurespaltung des Acetessigesters hydrolytisch aufgespalten wird.[2]

ε) Bei der Einwirkung von *Phosgen* in *Pyridinlösung* entstehen neben amorphen Reaktionsprodukten krystallisierte, dimolekulare, cyclische Anhydride. Diese sind in Soda und kalter Lauge unlöslich und gehen erst beim Erwärmen mit ätzenden Laugen in die zugehörigen Säuren über. Bei der Einwirkung von *Phosphoroxychlorid in Toluol-* oder *Xylollösung*[3] erhält man höher molekulare Anhydride.

ζ) Nur die *Orthooxybenzoesäureester* liefern mit *Hydroxylamin* in wässeriger Lösung Hydroxamsäure.[4] Übrigens versagt diese Reaktion auch bei der β-Naphthol-β-carbonsäure, während anderseits in alkoholischer Lösung auch der m-Oxybenzoesäureester Hydroxamsäure liefert.[5]

η) *Reaktion von* NÖLTING.[6] Während die m- und p-Oxysäureanilide mit Dimethylanilin und Phosphoroxychlorid Auramine bzw. durch Verseifung der letzteren Dimethylaminobenzophenone liefern,[7] werden die o-Oxysäureanilide in Farbstoffe der Malachitgrünreihe verwandelt.

B. *m-Oxysäuren.*

α) Während o- und p-Oxysäuren beim Erhitzen für sich oder mit Säuren oder Basen relativ leicht unter CO_2-Abspaltung in Phenole übergehen,[8] werden m-Oxysäuren durch konz. Schwefelsäure in Oxyanthrachinone übergeführt.[9]

Über eine analoge *Kondensation mit Chloral* siehe FRITSCH: Liebigs Ann. **296**, 344 (1897).

β) Bei der *Reduktion nach* LADENBURG werden Oxyhexamethylencarbonsäuren gebildet.[10]

Reduktion in saurer Lösung: VELDEN: Journ. prakt. Chem. (2), **15**, 165 (1876).

γ) Über die *Eisenchloridreaktion* siehe S. 376.

C. *p-Oxysäuren.*

α) In *Chloroform* sind die p-Oxysäuren vollkommen unlöslich und auch mit Wasserdämpfen nicht flüchtig.

β) *Eisenchloridreaktion* siehe S. 377.

γ) Gegen *Thionylchlorid* verhalten sich Paraoxysäuren, die nicht in Orthostellung zum Hydroxyl einen negativen Substituenten tragen, vollkommen indifferent.[11]

---

[1] EINHORN: Liebigs Ann. **286**, 257 (1895); **295**, 173 (1897).
[2] EINHORN, PFEIFFER: Ber. Dtsch. chem. Ges. **34**, 2951 (1901). — EINHORN, METTLER: Ber. Dtsch. chem. Ges. **35**, 3644 (1902).
[3] SCHIFF: Liebigs Ann. **163**, 220 (1872). — GOLDSCHMIEDT: Monatsh. Chem. **4**, 121 (1883). — ANSCHÜTZ: Liebigs Ann. **273**, 73, 94 (1893); D. R. P. 68960 (1893), 69708 (1893). — SCHROETER: Liebigs Ann. **273**, 97 (1893); Ber. Dtsch. chem. Ges. **26**, R. 651, 912 (1893). — EINHORN, PFEIFFER: Ber. Dtsch. chem. Ges. **34**, 2951 (1901).
[4] JEANRENAUD: Ber. Dtsch. chem. Ges. **22**, 1273 (1889).
[5] ANGELI, CASTELLANA: Atti R. Accad. Lincei (Roma), Rend. (5), **18 I**, 376 (1909).
[6] NÖLTING: Ber. Dtsch. chem. Ges. **30**, 2589 (1897).
[7] D. R. P. 41751 (1887).
[8] GRAEBE: Liebigs Ann. **139**, 143 (1866). — LIMPRICHT: Ber. Dtsch. chem. Ges. **22**, 2907 (1889). — GRAEBE, EICHENGRÜN: Liebigs Ann. **269**, 325 (1892). — CAZENEUVE: Bull. Soc. chim. France (3), **15**, 75 (1896). — VAUBEL: Journ. prakt. Chem. (2), **53**, 556 (1896).
[9] LIEBERMANN, KOSTANECKI: Ber. Dtsch. chem. Ges. **18**, 2142 (1885). — HELLER: Ber. Dtsch. chem. Ges. **28**, 313 (1895).
[10] EINHORN: Liebigs Ann. **291**, 297 (1896).
[11] HANS MEYER: Monatsh. Chem. **22**, 415 (1901).

Fünfter Abschnitt.
Verhalten der Lactongruppe: C—CO[1]
$$\underset{\text{C—O}}{\mid}$$

I. Verhalten gegen Alkalien.

Je nach der Festigkeit der Bindung des Brückensauerstoffs werden die Lactone mehr oder weniger leicht zu Oxysäuren verseift. Die Tendenz, in Oxysäuren überzugehen, ist von verschiedenen Faktoren abhängig, und zwar hauptsächlich von der Spannung im Ring,[2] ferner von der Stärke der Carboxylgruppe und dem Charakter des Hydroxyls der Oxysäure. ε-Oxysäuren sind die letzten, die (bei der Destillation) ein normales Lacton liefern; ζ-Lactone existieren nicht. Bei der evtl. (mit 50proz. Schwefelsäure) erzwungenen Wasserabspaltung tritt Verminderung der Ringglieder ein. So entsteht aus n-Octanolsäure γ-n-Butylbutyrolacton, aus Nonanolsäure γ-n-Amylbutyrolacton.[3]

Die *Lactone der Fettreihe*, die den Fettsäureestern an die Seite zu stellen sind, zeigen ganz entsprechendes Verhalten: sie werden leicht und vollständig durch Alkalien verseift[4] und schon langsam beim Stehen mit Wasser gespalten.[5] Auch hierin zeigt sich der Parallelismus mit den Fettsäureestern, indem die Neigung zur Wasseraufnahme mit der Löslichkeit in Wasser zunimmt.

Die *aromatischen Lactone* sind weit stabiler, gemäß dem stärker ausgeprägten Säurecharakter[6] der Stammsubstanzen: während man die Fettsäurelactone durch Verseifen mit überschüssigem Alkali und Zurücktitrieren quantitativ bestimmen kann,[7] ist dies bei den aromatischen Lactonen in der Regel nicht möglich. Während man aus dem Silbersalz der γ-Oxybuttersäure mit Jodmethyl den Ester erhält,[8] entsteht aus dem (Kalium-) Salz der Benzylalkohol-o-carbonsäure bei analoger Behandlung ausschließlich Phthalid.[9]

Lactonsäuren liefern beim Titrieren in der Kälte den der freien Carboxylgruppe entsprechenden Wert, bei Siedehitze wird die Lactongruppe partiell aufgespalten.[10]

Während die Lactone der Fettreihe durch Kochen mit Sodalösung zu Salzen der Oxysäuren aufgespalten werden, die gegen kochendes Wasser beständig sind, werden die Derivate des Phthalids nur durch freies Ätzkali, gewöhnlich sogar nur durch alkoholisches Kali in die entsprechenden Salze übergeführt, die in-

---

[1] Über Dilactone: Fittig: Liebigs Ann. **314**, 1 (1901); **353**, 1 (1907).

[2] β-Lactone zersetzen sich im allgemeinen beim Erhitzen leicht unter Kohlendioxydabspaltung: Erlenmeyer: Ber. Dtsch. chem. Ges. **13**, 305 (1880). — Einhorn: Ber. Dtsch. chem. Ges. **16**, 2211 (1883). — Fittig: Liebigs Ann. **283**, 60 (1895). — Staudinger: Ber. Dtsch. chem. Ges. **41**, 1358 (1908). — Über stabile β-Lactone: Baeyer, Villiger: Ber. Dtsch. chem. Ges. **30**, 1954 (1897). — Fichter, Hirsch: Ber. Dtsch. chem. Ges. **33**, 3270 (1900). — Komppa: Ber. Dtsch. chem. Ges. **35**, 534 (1902). — Siehe ferner Hjelt: Über die Lactone. Stuttgart: Enke 1903. — Ott: Neuere Untersuchungen über Lactone. Stuttgart: Enke 1920. — Safkowski: Journ. prakt. Chem. (2), **106**, 253 (1923).

[3] Blaise, Koehler: Compt. rend. Acad. Sciences **148**, 1772 (1909).

[4] Benedikt: Monatsh. Chem. **11**, 71 (1890).

[5] Fittig, Christ: Liebigs Ann. **268**, 110 (1892).

[6] In Bicarbonatlösung sind die Lactone meist, aber nicht ausnahmslos, unlöslich; siehe S. 516, Anm. 9. — Fischer, Feldmann: Helv. chim. Acta **19**, 537 (1936).

[7] Fittig, Christ: Liebigs Ann. **268**, 110 (1892).

[8] Neugebauer: Liebigs Ann. **227**, 102 (1885).

[9] Hjelt: Ber. Dtsch. chem. Ges. **25**, 524 (1892).

[10] Baeyer, Villiger: Ber. Dtsch. chem. Ges. **30**, 1958 (1897). — Hans Meyer: Monatsh. Chem. **19**, 712 (1898). — Siehe auch Fittig: Liebigs Ann. **330**, 316 (1903). — Horrmann: Arch. Pharmaz. **272**, 516 (1934).

dessen so wenig beständig sind, daß bei ihnen sowohl beim längeren Stehen in alkalischer Lösung bei gewöhnlicher Temperatur,[1] als auch rasch beim Kochen[2] sowie beim Einleiten von Kohlendioxyd[3] unter Abscheidung freien Alkalis Lactonisierung eintritt. *Methyl*alkoholisches Kali kann zu Esterbildung führen.[4]

β-Lactone zerfallen *beim Erhitzen* unter CO_2-Abspaltung und Bildung von Aethylenderivaten oder in Carbonylverbindungen und Ketone.[5]

Ähnlich verhalten sich gewisse ungesättigte δ-Lactone.[6]

II. Lactone als Pseudosäuren.[7]

Manche Lactone bieten die Kriterien der von HANTZSCH als Pseudosäuren bezeichneten Substanzen.

Sie reagieren, in alkoholischer oder wässerig-alkoholischer Lösung, gegen Phenolphthalein, Lackmus und Helianthin vollkommen neutral; versetzt man aber ihre Lösungen mit Kalilauge, so verschwindet nach einiger Zeit die anfangs alkalische Reaktion, erscheint von neuem auf wiederholten Kalizusatz, verschwindet wieder beim Stehen der Lösung usw., bis endlich, wenn die einem Molekül KOH entsprechende Kalimenge zugesetzt ist, auch nach vielen Stunden die alkalische Reaktion selbst beim Erhitzen nicht mehr verschwindet (langsames oder zeitliches Neutralisationsphänomen).[8] Dabei gehen die farblosen Lactone in die gelben Salze ungesättigter Säuren über (Änderung der Konstitution bei der Salzbildung, Farbenänderung).

FULDA[9] beschreibt als solche Pseudosäuren das. Phthaliddimethylketon, Mekonindimethylketon, Phthalidmethylphenylketon und Mekoninmethylphenylketon.

Die gelben Salze der ungesättigten Säuren zeigen bei Säurezusatz abnorme Neutralisationsphänomene, indem jede zugesetzte Säuremenge ($n/10$-HCl) erst nach längerem Stehen verschwindet — wobei ein entsprechender Teil der farblosen Pseudosäure ausfällt —, bis endlich, nach Zusatz von einem Molekül Salzsäure, selbst nach Tagen die saure Reaktion bestehen bleibt, während die Flüssigkeit sich vollständig entfärbt hat.

III. Verhalten der Lactone gegen Ammoniak (HANS MEYER).[10]

Bei der Einwirkung von Ammoniak in wässeriger oder alkoholischer Lösung findet entweder:

1. überhaupt keine Einwirkung auf das Lacton statt,

[1] HALLER, GUYOT: Compt. rend. Acad. Sciences **116**, 481 (1893). — HERZOG, HÂNCU: Arch. Pharmaz. **246**, 408 (1908).

[2] GUYOT: Bull. Soc. chim. France (3), **17**, 971 (1897).

[3] HERZIG, HANS MEYER: Monatsh. Chem. **17**, 429 (1896).

[4] STAUDINGER, ENDLE: Liebigs Ann. **401**, 266, 289 (1913).

[5] STAUDINGER, BEREZA: Liebigs Ann. **380**, 253 (1911); Ber. Dtsch. chem. Ges. **44**, 525 (1911).   [6] STAUDINGER, ENDLE: Liebigs Ann. **401**, 277 (1913).

[7] Über Pseudosäuren überhaupt siehe S. 402.

[8] Titrieren von Lactonen: DIETERLE, DORNER: Arch. Pharmaz. **275**, 428 (1937).

[9] FULDA: Monatsh. Chem. **20**, 702 (1899). — Siehe auch SCHOLL, BÖTTGER: Ber. Dtsch. chem. Ges. **63**, 2432 (1930).

[10] HANS MEYER: Monatsh. Chem. **20**, 717 (1899). — LUKSCH: Monatsh. Chem. **25**, 1062 (1904). — KÜHLING, FALK: Ber. Dtsch. chem. Ges. **38**, 1215 (1905). — WEBER: Diss. Berlin 15, 1905. — KÖHLER: Diss. Heidelberg 17, 1907. — MOHR: Journ. prakt. Chem. (2), **80**, 527, 528 (1909); **81**, 53 (1910). — Siehe dazu MOHR, STROSCHEIN: Journ. prakt. Chem. (2), **81**, 473 (1910).

2. oder es entsteht ein Oxysäureamid,[1] das leicht das Lacton regeneriert, oder

3. das primär entstandene Oxysäureamid geht mehr oder weniger leicht durch bloßes Umkrystallisieren, Erwärmen oder Digerieren mit Alkalien oder Säuren unter Wasserabspaltung in ein Imid (Lactam) über.

Das Verhalten der einzelnen Lactone gegen Ammoniak ist einzig und allein vom Charakter des die Hydroxylgruppe in der zugehörigen Oxysäure tragenden Kohlenstoffatoms abhängig, und zwar tritt Imidinbildung mit wässerigem oder alkoholischem oder sonstwie gelöstem Ammoniak ein (und zwar bei β-, γ- und δ-Lactonen):

1. wenn das Hydroxyl tertiär ist:

$$-C-C\begin{matrix}C\\\diagdown C\\|\\OH\end{matrix} \quad \text{oder} \quad C=C\begin{matrix}C\\\diagdown\\OH\end{matrix}$$

2. wenn es sekundär und ungesättigt ist:

$$C=C\begin{matrix}H\\\diagdown\\OH\end{matrix}$$

Die Reaktion führt hingegen bloß zu einem mehr oder weniger labilen Oxysäureamid oder bleibt ganz aus, wenn

3. das Hydroxyl einem primären Alkoholrest angehört:

$$-CH_2-OH$$

4. oder einem gesättigten sekundären Alkohol:

$$\begin{matrix}H\\|\\C-C-OH\\|\\C\end{matrix}$$

oder endlich

5. Phenolcharakter besitzt.

Wenn sich in Orthostellung zum Phenolhydroxyl eine Nitrogruppe befindet, kann ebenfalls Reaktion erzwungen werden, analog wie im Orthonitrophenol[2] schon bei verhältnismäßig niedriger Temperatur direkte Substitution des Hydroxyls durch den Ammoniakrest stattfindet.

Läßt man bei Abwesenheit von Wasser Ammoniak auf hoch (300°) erhitzte aromatische Lactone einwirken, dann tritt direkt Ersatz des einen Sauerstoffatoms durch die NH-Gruppe ein.[3]

IV. Verhalten der Lactone gegen Phenylhydrazin und Hydrazinhydrat.

Analoge Regelmäßigkeiten, wie bei der Einwirkung von Ammoniak, zeigen sich auch hier.

---

[1] Die Konstitution dieser Oxysäureamide, für die früher die Formeln:

$$\left\{\begin{matrix}C-OH\\CONH_2\end{matrix}\right. \text{(FITTIG)} \quad \text{und} \quad \left\{\begin{matrix}C\\\diagdown O\\C\diagdown OH\\NH\end{matrix}\right. \text{(ANSCHÜTZ)}$$

diskutiert wurden, ist von CRAMER [Ber. Dtsch. chem. Ges. **31**, 2813 (1898)] als der ersteren Formel entsprechend erwiesen worden. — Siehe auch PAULUS: Diss. Freiburg 33, 1909. — STÖRMER: Liebigs Ann. **313**, 86 (1900). — SCHOLL, RENNER: Ber. Dtsch. chem. Ges. **62**, 1291 (1929).

[2] MERZ, RIS: Ber. Dtsch. chem. Ges. **19**, 1751 (1886).

[3] GRAEBE: Ber. Dtsch. chem. Ges. **17**, 2598 (1884).

Es tritt sonach: 1. Kondensation unter Wasserabspaltung ein, wenn das Hydroxyl der zugehörigen Oxysäure tertiär ist:

I. Schema: $-\text{C}-\text{C}\begin{smallmatrix}\text{C}\\\diagdown\text{C}\end{smallmatrix}$ Fluoran,[1] Diphenylphthalid,[1] Phenolphthalein,[2]

Fluorescein.[2]

II. Schema: $-\overset{\text{O}}{\overset{\|}{\text{C}}}$ Benzalphthalid.[3]

2. Es tritt Aufspaltung des Lactonrings und Addition der Base unter Bildung eines Oxysäurehydrazids ein, wenn das Hydroxyl einem primären Alkoholrest angehört:

III. Schema: $-\text{CH}_2-\text{OH}$ Valerolacton,[4] Phthalid;[5, 6]
oder einem gesättigten sekundären Alkohol:

IV. Schema: $\text{C}-\text{C}\begin{smallmatrix}\text{H}\\\diagdown\text{HO}\end{smallmatrix}$ Saccharin;[7]

oder endlich Phenolcharakter besitzt:

V. Schema: —OH o-Oxydiphenylessigsäurelacton.[8]

Die von WEDEL[10] studierten Derivate des nichtsubstituierten Hydrazins werden — ebenso wie die Phenylhydrazide — von Alkalien leicht verseift. Salpetrige Säure ist ohne Wirkung, und Essigsäureanhydrid regeneriert das Lacton. Mit Aldehyden geben diese Substanzen Kondensationsprodukte.[9]

V. Einwirkung von Hydroxylamin.

Im allgemeinen wirkt Hydroxylamin auf Lactone nicht ein.[10] Vgl. indessen HANS MEYER, Monatsh. Chem. 18, 407 (1897). — R. MEYER, SPENGLER: Ber. Dtsch. chem. Ges. 36, 2953 (1903). — FRANCESCONI, CUSMANO: Gazz. chim. Ital. 39 I, 189 (1909).

---

[1] R. MEYER, SAUL: Ber. Dtsch. chem. Ges. 26, 1273 (1893).
[2] GATTERMANN, GANZERT: Ber. Dtsch. chem. Ges. 32, 1133 (1899).
[3] EPHRAIM: Ber. Dtsch. chem. Ges. 26, 1376 (1893).
[4] WISLICENUS: Ber. Dtsch. chem. Ges. 20, 401 (1887).
[5] R. MEYER, SAUL: Ber. Dtsch. chem. Ges. 26, 1273 (1893).
[6] WEDEL: Diss. Freiburg 63, 1900. Ber. Dtsch. chem. Ges. 33, 766 (1900). — BLAISE, LUTTRINGER: Compt. rend. Acad. Sciences 140, 790 (1905); Bull. Soc. chim. France (3), 33, 1095 (1905). — PAULUS: Diss. Freiburg 37, 1909. — Einfluß von Substitution: TEPPEMA: Rec. Trav. chim. Pays-Bas 42, 30 (1923).
[7] E. FISCHER, PASSMORE: Ber. Dtsch. chem. Ges. 22, 2733 (1889).
[8] WEDEL: Diss. Freiburg 63, 1900. Ber. Dtsch. chem. Ges. 33, 766 (1900). — BLAISE, LUTTRINGER: Compt. rend. Acad. Sciences 140, 790 (1905); Bull. Soc. chim. France (3), 33, 1095 (1905). — DARAPSKY, BERGER, NEUHAUS: Journ. prakt. Chem. (2), 147, 145 (1936).
[9] CURTIUS, STRUVE: Journ. prakt. Chem. (2), 50, 301 (1893).
[10] LACH: Ber. Dtsch. chem. Ges. 16, 1782 (1883).

VI. Reduktion durch nascierenden Wasserstoff.

KILIANI: Ber. Dtsch. chem. Ges. 20, 2715 (1887). — E. FISCHER: Ber. Dtsch. chem. Ges. 22, 2204 (1889). — HELFERICH, SPEIDEL: Ber. Dtsch. chem. Ges. 54, 2634 (1921). — Aufspaltung von Lactonen: BORSCHE, PEITSCH: Ber. Dtsch. chem. Ges. 62, 361 (1929). — MANNICH: Ber. Dtsch. chem. Ges. 62, 461 (1929). —BUTENANDT, HILDEBRANDT: Liebigs Ann. 477, 252 (1930).

VII. Einwirkung von Thionylchlorid.

Durch Thionylchlorid (in Benzollösung) werden die aliphatischen γ-Lactone in die Chloride der entsprechenden Oxysäuren verwandelt. In Lactonsäuren wird dagegen der Lactonring nicht gesprengt[1].

VIII. Unterscheidung $\alpha.\beta$- und $\beta.\gamma$-ungesättigter γ-Lactone.

$\beta.\gamma$-ungesättigte γ-Lactone lassen sich in Gegenwart von Anilin zu Benzalverbindungen kondensieren, $\alpha.\beta$-ungesättigte nur unter dem Einfluß von Piperidin.[2] In Wirklichkeit kondensieren sich also nur die $\beta.\gamma$-ungesättigten Lactone, die sich durch Umlagerung unter dem Einfluß des Piperidins bilden, weil nur die eine von zwei reaktiven Gruppen eingefaßte Methylengruppe enthalten.

In Lactonsäuren können dementsprechend zwei Benzylidenreste eintreten.[3]

Ob die Doppelbindung im Lactonring befindlich ist oder nicht, ist daran zu erkennen, daß im ersteren Fall die Verbindung momentan ammoniakalische Silberlösung reduziert und sich mit alkoholischem Kali intensiv gelb bis rotbraun färbt.

Drittes Kapitel.

Nachweis und Bestimmung der Carbonylgruppe.

Erster Abschnitt.

Qualitativer Nachweis der Carbonylgruppe.

I. Reaktionen, welche der C:O-Gruppe überhaupt eigentümlich sind.[4]

1. Acetalbildung.[5]

Während Glykole, die beide Hydroxylgruppen am selben C-Atom enthalten, nur dann beständig sind, wenn sich neben letzteren noch eine stark negative Gruppe befindet, sind die entsprechenden Alkylaether (Acetale) sehr stabile Substanzen.[6]

---

[1] BARBIER, LOCQUIN: Bull. Soc. chim. France (4), 13, 223, 229 (1913).

[2] THIELE: Liebigs Ann. 319, 144 (1901).

[3] PAULY, GILMOUR, WILL: Liebigs Ann. 403, 132 (1914).

[4] Nachweis cyclischer Ketone mit Natriumamid: SEMMLER: Ber. Dtsch. chem. Ges. 39, 2578 (1906). — NAMETKIN: Liebigs Ann. 432, 211 (1923).

[5] Spaltung von Acetalen: E. FISCHER: Ber. Dtsch. chem. Ges. 26, 92 (1893) (Salzsäure in der Kälte). — BERGMANN, MIEKELEY: Ber. Dtsch. chem. Ges. 55, 1400 (1922). — PARFENTIEW: Journ. Russ. phys.-chem. Ges. 54, 455 (1923). — WOHL, BERNREUTHER: Liebigs Ann. 481, 8 (1930). — Verhalten bei der Hydrierung: SIGMUND, MARCHART: Monatsh. Chem. 48, 267 (1927). — Darstellung mit Orthokieselsäureestern: HELFERICH, HAUSEN: Ber. Dtsch. chem. Ges. 57, 795 (1924); D. R. P. 404 256 (1924). — Mit Dialkylsulfiten: VOSS: Liebigs Ann. 485, 283 (1931).

[6] CLAISEN: Ber. Dtsch. chem. Ges. 26, 2731 (1893); 29, 1005, 2931 (1896); 31,

Derartige Substanzen können nach ZEISEL (S. 600) analysiert werden.[1]

Die Acetalisierung von *Aldehyden* kann nach E. FISCHER, GIEBE durch Digerieren mit Alkohol bei Gegenwart von *wenig* Chlorwasserstoff erfolgen.

HAWORTH, LAPWORTH katalysieren mit Salmiak oder Natriumaethylat.[2] — Nach ADKINS, NISSEN[3] sind die besten Katalysatoren Calciumchlorid, Calciumnitrat und Lithiumchlorid.

Nach CLAISEN kann die Acetalisierung der *Aldehyde* und *Ketone* auf zweierlei Art bewirkt werden: 1. durch Behandlung mit freiem und 2. mit nascierendem Orthoameisensäureester, d. h. mit einer Mischung von Alkohol und salzsaurem Formiminoester.[4]

Die Acetalisierung mittels des freien Orthoameisensäureesters erfordert die Anwendung eines Katalysators. Ferner ist die Anwendung von Alkohol bei der Reaktion von großem Vorteil.

Die besten Bedingungen sind also, daß man den Aldehyd oder das Keton in 3 Mol Alkohol, evtl. auch mehr, auflöst, $1^{1}/_{10}$ Mol Orthoameisensäureester zufügt, dann den Katalysator zusetzt und nun kurze Zeit erwärmt oder längere Zeit bei gewöhnlicher Temperatur stehenläßt. Die Ausbeuten sind oft nahezu theoretisch.

Als Katalysatoren dienen geringe Mengen Mineralsäuren, p-Toluolsulfosäure,[5] Salmiak, Eisenchlorid, Monokaliumsulfat. Noch stärker wirken salzsaures Pyridin, Ammoniumsulfat und -nitrat, doch arbeitet man zweckmäßig mit den mittelstarken Katalysatoren.

Um das Maximum an Ausbeute zu erzielen, muß man durch Vorversuche Quantität des Katalysators und Zeitdauer der Einwirkung ermitteln, da die Reaktion sonst rückläufig wird. Bildung von Acetalen mit BF_3 oder SiF_4, Alkohol, HgO und Acetylen: NIEUWLAND, VOGT, FOOKEY: Journ. Amer. chem. Soc. 52, 1018 (1930). 1 Mol Carbonylverbindung, 2—3 Mol abs. Alkohol, 1,1 Mol Orthokieselsäureester bei Gegenwart von alk. HCl oder HCl-Gas lange stehen lassen oder am Rückflußkühler kochen. HELFERICH, HAUSER: Ber. Dtsch. chem. Ges. 57, 795 (1924).

Nachweis von Acetalen. 0,5 ccm 10proz. alkoholische Resorcinlösung, 4 Tropfen Acetal werden gemischt, dann an der Seite des Reagensrohres 1 ccm wässeriger Schwefelsäure 1:4 langsam zufließen gelassen. An der Berührungsfläche der beiden Schichten tritt im allgemeinen Rotfärbung auf, und beim Schütteln fällt eine farbige Substanz der Formel

---

1010, 1019, 1022 (1898); 33, 3778 (1900); 36, 3664, 3670 (1903); 40, 3903 (1907); Liebigs Ann. 281, 312 (1894); 291, 43 (1896); 297, 3, 28 (1897). — E. FISCHER, GIEBE: Ber. Dtsch. chem. Ges. 30, 3053 (1897); 31, 545 (1898). — E. FISCHER, HAFFA: Ber. Dtsch. chem. Ges. 31, 1989 (1898). — HARRIES: Ber. Dtsch. chem. Ges. 33, 857 (1900); 34, 2987 (1901). — STOLLÉ: Ber. Dtsch. chem. Ges. 34, 1344 (1901). — HÜTZ: Diss. Jena 18, 1901. — SACHS, HEROLD: Ber. Dtsch. chem. Ges. 40, 2727 (1907). — REITTER, HESS: Ber. Dtsch. chem. Ges. 40, 3020 (1907). — ARBUSOW: Ber. Dtsch. chem. Ges. 40, 3301 (1907). — REITTER, WEINDEL: Ber. Dtsch. chem. Ges. 40, 3358 (1907). — ARBUSOW: Journ. Russ. phys.-chem. Ges. 40, 637 (1908). — E. FISCHER: Ber. Dtsch. chem. Ges. 41, 1021 (1908). — GERHARDT: Diss. Bonn 1910. — TREUSCH VON BUTTLAR-BRANDENFELS: Diss. Würzburg 1910. — JEWLAMPIJEW: Journ. Russ. phys.-chem. Ges. 61, 2017 (1929) Ketale.
[1] SCHMIDINGER: Monatsh. Chem. 21, 36 (1900).
[2] HAWORTH, LAPWORTH: Journ. chem. Soc. London 121, 76 (1922). — BÉDUWÉ: Bull. Soc. chim. Belg. 34, 41 (1925). — Andere Katalysatoren: ADKINS: Journ. Amer. chem. Soc. 44, 2749 (1922); 47, 1358, 1368 (1925). — MEERWEIN: Liebigs Ann. 455, 235 (1927).   [3] ADKINS, NISSEN: Journ. Amer. chem. Soc. 44, 2749 (1922).
[4] Verwendung der Iminoester anderer Säuren: D. R. P. 197804 (1908).
[5] Für Ketale JEWLAMPIJEW: Russ. Journ. allg. Chem. 7, 1579 (1937).

$$\begin{array}{c} \text{OH} \\ | \\ \bigcirc\!\!-\!\!\text{OH} \\ \text{RCH} \\ | \\ \bigcirc\!\!-\!\!\text{OH} \\ | \\ \text{OH} \end{array}$$

aus, die auf Zusatz von Lauge oder Ammoniak ihre Farbe ändert.

Aether geben diese Reaktion nicht, die daher zur Unterscheidung der beiden Körperklassen verwendet werden kann.[1]

2. Darstellung von Phenylhydrazonen.[2]

Carbonylhaltige Substanzen verbinden sich mit Phenylhydrazin unter Wasser-austritt[3] zu Hydrazonen.

Indessen sind nicht *alle* carbonylhaltigen Substanzen dieser Kondensation fähig: solche der Formel $R \cdot CO \cdot CN$ reagieren vielmehr[4] nach der Gleichung:

$$C_6H_5NHNH_2 + R \cdot CO \cdot CN = R \cdot CO \cdot NH \cdot NHC_6H_5 + HCN.$$

Bei kleineren Proben fügt man zu der zu prüfenden Flüssigkeit einfach die gleiche Anzahl Tropfen Base und 50proz. Essigsäure.

Die Reaktion erfolgt nämlich in der Regel am leichtesten in (*schwach*) *essig-saurer Lösung*, oft schon in der Kälte, fast immer in kurzer Zeit beim Erhitzen auf Wasserbadtemperatur, oft auch am besten beim Stehen mit *konzentrierter* Essigsäure in der Kälte (OVERTON).[5]

In letzterem Fall kann aber als Nebenprodukt *Acetylphenylhydrazin* gebildet werden.

Auch überschüssige *verdünnte* Essigsäure kann durch Bildung von Acetyl-phenylhydrazin zu Irrtümern Anlaß geben.[6] Nach MILRATH[7] bildet es sich schon beim dreistündigen Erhitzen von 7proz. Essigsäure auf dem Wasserbad mit der äquivalenten Menge Phenylhydrazin.

Speziell für die *Darstellung der Osazone* empfiehlt E. FISCHER[8] ein Gemisch von 2 Teilen salzsaurem Phenylhydrazin und 3 Teilen wasserhaltigem Natrium-acetat anzuwenden.

Das salzsaure Phenylhydrazin muß unbedingt rein sein. Arbeitet man mit

---

[1] TSEOU, CHOW: Journ. Chin. chem. Soc. **5**, 179 (1937).

[2] E. FISCHER: Liebigs Ann. **190**, 136 (1878); Ber. Dtsch. chem. Ges. **16**, 661, Anm., 2241 (1883); **17**, 572 (1884); **22**, 90, Anm. (1889); **30**, 1240 (1897).

[3] Über *Additionsprodukte* siehe BAEYER, KOCHENDÖRFER: Ber. Dtsch. chem. Ges. **22**, 2190 (1889). — WISLICENUS, SCHEIDT: Ber. Dtsch. chem. Ges. **24**, 3006, 4210 (1891). — NEF: Liebigs Ann. **270**, 289, 300, 319 (1892). — SACHS, KEMP: Ber. Dtsch. chem. Ges. **35**, 1231 (1902). — BILTZ, MAUÉ, SIEDEN: Ber. Dtsch. chem. Ges. **35**, 2000 (1902). — AUWERS, BONDY: Ber. Dtsch. chem. Ges. **37**, 3916 (1904).

[4] PECHMANN, WEHSARG: Ber. Dtsch. chem. Ges. **21**, 2999 (1888). — HAUSKNECHT: Ber. Dtsch. chem. Ges. **22**, 329 (1889). — WISLICENUS, ELVERT: Ber. Dtsch. chem. Ges. **41**, 4132 (1908). — WISLICENUS, SCHÄFER: Ber. Dtsch. chem. Ges. **41**, 4171 (1908).

[5] OVERTON: Ber. Dtsch. chem. Ges. **26**, 20 (1893). Die günstige Wirkung des Eisessigs beruht jedenfalls auf seiner Wasserentziehung und der Schwerlöslichkeit der Hydrazone darin.

[6] JAFFÉ: Ztschr. physiol. Chem. **22**, 536 (1896). — ANDERLINI: Ber. Dtsch. chem. Ges. **24**, 1993, Anm. (1901). — MEISENHEIMER: Ber. Dtsch. chem. Ges. **41**, 1010, Anm. (1908). — Siehe MILRATH: Monatsh. Chem. **29**, 339 (1908).

[7] MILRATH: Österr. Chemiker-Ztg. **11**, 84 (1908); Ztschr. physiol. Chem. **56**, 132 (1908).   [8] E. FISCHER: Ber. Dtsch. chem. Ges. **41**, 77 (1908).

freier Base in verdünnt-essigsaurer Lösung, so ist es angezeigt, der Lösung *Kochsalz* zuzufügen.

Freie Mineralsäuren, welche die Reaktion verzögern oder ganz verhindern können, müssen vorher durch Natronlauge oder Soda neutralisiert werden.

Besonders schädlich ist die Anwesenheit von *salpetriger Säure*, die mit dem Hydrazin Diazobenzolimid und andere ölige Produkte erzeugt.[1] Sie muß durch Harnstoff zerstört werden.

BÖESEKEN empfiehlt[2] die Verwendung einer 10proz. *Lösung von Phenylhydrazin in schwefliger Säure*. Man bereitet die Lösung, indem man in ein Gemisch der Base mit der zehnfachen Menge Wasser gewaschenes Schwefeldioxyd einleitet. Es bilden sich Krystallblättchen, die sich aber nach einiger Zeit wieder auflösen.

Darstellung von Hydrazonen aus den Bisulfitverbindungen: ENGELBERG: Diss. Berlin 37, 1914.

Um *Phenylhydrazinlösungen haltbar zu machen*, setzt man ihnen eine kleine Menge Alkalibisulfit zu.[3]

Aldehyde und α-Diketone[4] sowie Ketonsäuren und Lutidon, nicht aber die einfachen Ketone,[5] reagieren auch mit *salzsaurem* Phenylhydrazin.

Besonders empfindliche Hydrazone werden schon durch überschüssiges Phenylhydrazin angegriffen.[6]

Manche Hydrazone müssen auch, vor Licht geschützt, in *offenen* Gefäßen aufgehoben werden, weil sie sonst der Selbstzersetzung anheimfallen.[7]

Nach einigem Stehen oder nach dem Abkühlen der Lösung pflegt sich das Kondensationsprodukt ölig oder krystallinisch abzuscheiden. In letzterem Fall wird es aus Wasser, Alkohol oder Benzol gereinigt. Für viele Fälle empfiehlt es sich, die Hydrazone (Osazone) zu ihrer Reinigung in *Pyridin* bzw. Alkohol und Pyridin zu lösen und evtl. durch Benzol, Ligroin oder Aether, manchmal auch Wasser zu · fällen.[8] Zur *Extraktion* von Hydrazonen aus komplexen Mischungen ist *Essigester* sehr empfehlenswert.[9]

Manchmal treten die Phenylhydrazone in verschiedenfarbigen Modifikationen (rot und gelb) auf.[10]

Öfters empfiehlt es sich, mit Phenylhydrazinbase ohne Verdünnungsmittel

---

[1] Einwirkung von salpetriger Säure auf Hydrazone: BUSCH, KUNDER: Ber. Dtsch. chem. Ges. 49, 317 (1916).

[2] BÖESEKEN: Chem. Weekbl. 7, 934 (1910). — Siehe auch PELLIZZARI, CANTONI: Gazz. chim. Ital. 41 I, 21 (1911). — KOLTHOFF: Chem. Weekbl. 13, 887 (1916).

[3] DENIGÈS: Bull. Trav. Soc. Bordeaux 52, 513 (1910). — HAMILTON: Journ. Amer. chem. Soc. 56, 487 (1934).

[4] PETRENKO, KRITSCHENKO, ELTSCHANINOFF: Ber. Dtsch. chem. Ges. 34, 1699 (1901).

[5] Die Reaktionsgeschwindigkeit des Acetons wird durch kleine Mengen Salzsäure oder Essigsäure stark herabgedrückt, in reiner Essigsäure verläuft aber diese Reaktion schneller als in Wasser. — Die Reaktionsgeschwindigkeit des Lutidons wird durch Salzsäure erhöht: SCHÖTTLE: Journ. Russ. phys.-chem. Ges. 43, 1190 (1911).

[6] KNICK: Ber. Dtsch. chem. Ges. 35, 1166 (1902).

[7] MEISTER: Ber. Dtsch. chem. Ges. 40, 3443 (1907). — FITTIG: Liebigs Ann. 353, 29 (1907).

[8] NEUBERG: Ber. Dtsch. chem. Ges. 32, 3384 (1899). — WOHLGEMUTH: Berl. klin. Wchschr. 1900. — BERTRAND: Compt. rend. Acad. Sciences 130, 1332 (1900). — MAYER: Ztschr. physiol. Chem. 32, 538 (1901). — SALKOWSKI: Ztschr. physiol. Chem. 34, 172 (1901). — FÜRTH: Hofmeisters Beitr. z. chem. Physiol. 1901; Ztschr. physiol. Chem. 35, 571 (1902). — BIAL: Verhandl. d. Kongr. f. inn. Med. 1902. — MAYER: Diss. Göttingen 26, 1907.

[9] TANRET: Bull. Soc. chim. France (3), 27, 392 (1902).

[10] CIUSA: Atti R. Accad. Lincei (Roma), Rend. (5), 20 II, 578 (1911). — REICH, TURKUS: Bull. Soc. chim. France (4), 21, 109 (1917). — VAN DE BUNT: Rec. Trav. chim. Pays-Bas 48, 121 (1929). — ASINGER: Journ. prakt. Chem. (2), 139, 307 (1934).

zu erhitzen,[1] selbst unter Druck,[2] wenn keine Gefahr der Hydrazidbildung vorliegt. Dazu ist aber zu bemerken, daß die aromatischen Hydrazine alle beim Erhitzen einer Autoreduktion unterliegen. Phenylhydrazin zerfällt bei 12 stündigem Kochen quantitativ nach der Gleichung:

$$2\ C_6H_5NHNH_2 = C_6H_5NH_2 + NH_3 + N_2 + C_6H_6.$$

Tolylhydrazine und besonders p-Bromphenylhydrazin zerfallen noch leichter.[3] Man gießt nach Beendigung der Reaktion in Wasser und preßt das ausgeschiedene Hydrazon ab, wäscht mit verdünnter Salzsäure, um das überschüssige Phenylhydrazin zu entfernen, und krystallisiert um.

Oder man wäscht das Reaktionsprodukt mit *Glycerin* und verdrängt das letztere mit Wasser.[4]

Die *Ketone der Fettreihe* reagieren auch leicht in *aetherischer Lösung*. Das entstandene Wasser entfernt man durch frisch geglühte Pottasche.

In *Ketophenolen* und *Ketoalkoholen* empfiehlt es sich, die Hydroxylgruppen zu acetylieren, *Säuren* gelangen als Ester oder nach BAMBERGER[5] als Natriumsalze zur Verwendung, lassen sich auch öfters unter Zusatz von Mineralsäuren kondensieren.[6]

Über die *Darstellung von Hydrazonen aus Oximen* siehe S. 746.

Hydrazonbildung nur durch Anilinverdrängung aus Anilen: WALTER: Ber. Dtsch. chem. Ges. 35, 1656 (1902). — EIBNER, HOFMANN: Ber. Dtsch. chem. Ges. 37, 3018 (1904). — REDDELIEN: Ber. Dtsch. chem. Ges. 46, 2714 (1913); 54, 3124 (1921). — *Hydrazonbildung durch Verdrängung des Isoxazolrests:* MEYER: Bull. Soc. chim. France (4), 13, 1000, 1106 (1913). — Thèse, Paris 17, 18, 110, 1913. — DAINS, GRIFFIN: Journ. Amer. chem. Soc. 35, 959 (1913).

Auch das Carbonyl mancher *Lactone* und *Säureanhydride* vermag mit Phenylhydrazin unter Wasserabspaltung zu reagieren,[7] ein Verhalten, das diese Verbindungen gegen Hydroxylamin nicht zeigen.[8]

Dagegen[9] sind manche *Chinone* teils indifferent gegen Phenylhydrazin, wie das Anthrachinon, oder reagieren nur mit einem Molekül wie die Naphthochinone und das Phenanthrenchinon, oder sie wirken oxydierend auf das Reagens unter Bildung von Kohlenwasserstoff (Benzochinon, Toluchinon, amphi-Naphthochinon[10] usw.). Auch *orthodisubstituierte Ketone* reagieren oft nicht mit Phenylhydrazin (KEHRMANN,[11] BAUM,[12] V. MEYER.)[13]

Manchmal gelingt aber auch hier die Hydrazonbildung auf einem Umweg — ähnlich wie die Oximbildung aus Thioderivaten möglich ist.[14]

---

[1] CIAMICIAN, SILBER: Ber. Dtsch. chem. Ges. 24, 2985 (1891). — BAEYER: Ber. Dtsch. chem. Ges. 27, 813 (1894).

[2] HEMMELMAYR: Monatsh. Chem. 14, 395 (1893).

[3] CHATTAWAY, ALDRIDGE: Journ. chem. Soc. London 99, 404 (1911).

[4] THOMS: Ber. Dtsch. chem. Ges. 29, 2988 (1896).

[5] BAMBERGER: Ber. Dtsch. chem. Ges. 19, 1430 (1886). — Phthalaldehydsäure: MILLER, SEN: Journ. chem. Soc. London 115, 1145 (1919).

[6] ELBERS: Liebigs Ann. 227, 353 (1885).

[7] HEMMELMAYR: Monatsh. Chem. 13, 667 (1892). — R. MEYER, SAUL: Ber. Dtsch. chem. Ges. 26, 1271 (1893). — EPHRAIM: Ber. Dtsch. chem. Ges. 26, 1376 (1893).

[8] V. MEYER, MÜNCHMEYER: Ber. Dtsch. chem. Ges. 19, 1706 (1886). — HÖTTE: Journ. prakt. Chem. (2), 33, 99 (1886). [9] Siehe S. 579.

[10] WILLSTÄTTER, PARNAS: Ber. Dtsch. chem. Ges. 40, 3971 (1907).

[11] KEHRMANN: Ber. Dtsch. chem. Ges. 21, 3315 (1888); 41, 4357 (1908). — Siehe auch R. MEYER, DESAMARI: Ber. Dtsch. chem. Ges. 42, 2815 (1909).

[12] BAUM: Ber. Dtsch. chem. Ges. 28, 3209 (1895).

[13] V. MEYER: Ber. Dtsch. chem. Ges. 29, 830, 836 (1896).

[14] S. 538. — Hydrazone aus Azinen: KNÖPFER: Monatsh. Chem. 30, 29 (1909).

Tetramethyldiaminobenzaldehyd gibt weder mit Phenylhydrazin noch mit Hydroxylamin ein Kondensationsprodukt, liefert aber ein Semicarbazon.[1, 2]

Durch einen eigentümlichen Oxydationsvorgang,[3] wobei aus einem Teil des verwendeten Phenylhydrazins Ammoniak und Anilin entstehen, werden aus den Oxyketonen und Oxyaldehyden der Fettreihe Osazone gebildet.[4]

Auch bei der Einwirkung von Phenylhydrazin auf halogenhaltige Aldehyde und Ketone kann das Halogen (evtl. unter Osazonbildung) eliminiert werden.[5]

Die Hydrazone ungesättigter Carbonylverbindungen mit α-ständiger Doppelbindung lagern sich leicht in Pyrazoline um, manchmal spontan, öfters erst beim Erhitzen,[6] namentlich mit Eisessig.[7]

Über die *Schmelzpunktsbestimmung* von Hydrazonen und Osazonen siehe S. 66.

Die *Stickstoffbestimmung* nach KJELDAHL läßt sich in diesen Substanzen ausführen, wenn man mit größeren Mengen reinem Zinkpulver und starker Schwefelsäure in der Wärme reduziert und schließlich neben einem Tropfen Quecksilber auch etwas Kaliumpersulfat zusetzt.[8]

Schwer verbrennliche Dihydrazone: HARRIES, TANK: Ber. Dtsch. chem. Ges. **41**, 1701 (1908).

Wenig krystallisationsfähige Hydrazone führt man in ihre *Pikrate* über, indem man die Hydrazonbildung bei Gegenwart von etwas überschüssiger Pikrinsäure vor sich gehen läßt. Die Hydrazonbildung erfolgt dann rascher und die Hydrazonpikrate pflegen schwer löslich und (z. B. aus Eisessig) krystallisierbar zu sein.[9]

Reduktion der Phenylhydrazone von Ketonsäuren mit Aluminiumamalgam zu Aminosäuren: E. FISCHER, GROH: Liebigs Ann. **383**, 363 (1911).

Zersetzung von Hydrazonen durch Erhitzen: ARBUSOW, FRÜHAUF: Journ. Russ. phys.-chem. Ges. **45**, 694 (1913). — ARBUSOW, WAGNER: Journ. Russ. phys.-chem. Ges. **45**, 697 (1913). — ARBUSOW, CHRUTZKI: Journ. Russ. phys.-chem. Ges. **45**, 699 (1913). — Siehe auch S. 353.

Phenylhydrazinparasulfosäure[9]

bildet mit aromatischen Aldehyden und Ketonen fast ausschließlich Additionsprodukte (Hydrazonhydrate). Aliphatische Diketone dagegen reagieren unter Pyrazolbildung.[10]

---

[1] SACHS, APPENZELLER: Ber. Dtsch. chem. Ges. **41**, 99 (1908).

[2] Auch 2.6-Dimethoxyacetophenon gibt kein Phenylhydrazon: MAUTHNER: Journ. prakt. Chem. (2), **139**, 291 (1934).

[3] Die bei der *Osazon*bildung stattfindende Oxydation, die im Gegensatze zu der sonstigen Reduktionswirkung des Hydrazins steht, wird durch die Kationen der Hydrazinsalze verursacht, die ein Elektron und ein H-Atom aufnehmen. *Aus freiem Phenylhydrazin entstehen nur Hydrazone.* — Nitrogruppen erhöhen, Alkylgruppen erniedrigen die Oxydationskraft des Hydrazinsalzkations: KENNER, KNIGHT: Ber. Dtsch. chem. Ges. **69**, 341 (1936).

[4] E. FISCHER, TAFEL: Ber. Dtsch. chem. Ges. **20**, 3386 (1887). — VOTOČEK: Chem. Ztrbl. **1931** I, 923.

[5] HESS: Liebigs Ann. **232**, 234 (1886). — NASTVOGEL: Liebigs Ann. **248**, 85 (1888). — R. MEYER, MARX: Ber. Dtsch. chem. Ges. **41**, 2470 (1908).

[6] KNORR, BLANK: Ber. Dtsch. chem. Ges. **18**, 931 (1885). — KNORR: Liebigs Ann. **238**, 137 (1887). — E. FISCHER, KNOEVENAGEL: Liebigs Ann. **239**, 194 (1887).

[7] AUWERS, MÜLLER: Ber. Dtsch. chem. Ges. **41**, 4230 (1908). — KOHLER: Amer. chem. Journ. **42**, 375 (1909). — AUWERS, VOSS: Ber. Dtsch. chem. Ges. **42**, 4411 (1909). — AUWERS, LÄMMERHIRT: Ber. Dtsch. chem. Ges. **54**, 1000 (1921).

[8] MILBAUER: Böhm. Ztschr. f. Zuckerind. **28**, 339 (1904).

[9] KAUFMANN: Ber. Dtsch. chem. Ges. **46**, 1829 (1913). — BILTZ: Ber. Dtsch. chem. Ges. **68**, 221 (1935). — *p-Nitrophenylhydrazinsulfosäure*: ARMSTRONG, RICHARDSON: Journ. chem. Soc. London **1933**, 496.

[10] CLAISEN, ROOSEN: Liebigs Ann. **278**, 296 (1893). — Über die relative Beständig-

Über Farbstoffbildung mit Phenylhydrazinsulfosäure und Aldehyden (Kohlehydraten): WACKER: Ber. Dtsch. chem. Ges. **41**, 266 (1908). — KITCHING: Chem. News **122**, 46 (1921).

3. Darstellung substituierter Phenylhydrazone.

In vielen Fällen sind substituierte Hydrazine, die besonders gut krystallisierende Derivate liefern, zum Nachweis der CO-Gruppe empfehlenswert.

o-, m- und p-Tolylhydrazin

sind für die Charakterisierung einiger Monosaccharide benutzt worden.

Gleiche Teile Zucker und Hydrazin werden mit 20 Teilen 96proz. Alkohol im Wasserbad bis zur Lösung und dann noch eine Viertelstunde erhitzt. Nach 24stündigem Stehen wird das Hydrazon aus 96proz. Alkohol umkrystallisiert. Das *o-Tolylhydrazin*[1] ist ein spezifisches Reagens auf d-Galaktose. Das Hydrazon schmilzt bei 176°.

m-Tolylhydrazin[2] ist ebenfalls zum Nachweis der Galaktose, ferner auch für l-Arabinose, Rhamnose und Fucose geeignet.

p-Tolylhydrazin[3] gibt vor allem mit Mannose ein schwer lösliches Hydrazon (Temp. 190—191°), gibt aber auch brauchbare Resultate mit Arabinose, Rhamnose, Fucose und Galaktose sowie Glykuronsäure.

SAH[4] empfiehlt die Tolylhydrazine, namentlich die p-Verbindung, allgemein für die Identifizierung von Aldehyden und Ketonen, ebenso

p-Chlorophenylhydrazin.[5]

Häufiger verwendet wird

Parabromphenylhydrazin.

Dieses Reagens ist namentlich zur Erkennung einzelner Zuckerarten (Ribose, Arabinose) sehr geeignet (E. FISCHER[6, 7]).

Von TIEMANN, KRÜGER[8] ist es speziell zur Darstellung des Ionon- und Ironhydrazons benutzt worden.

Das p-Bromphenylhydrazin wird meist in essigsaurer Lösung zur Einwirkung gebracht, wobei Temperaturerhöhung durch Kochen zu vermeiden ist, zur

---

keit der Phenylhydrazinsulfosäureadditionsprodukte an Aldehyde und Ketone in Rücksicht auf die Anwesenheit acidifizierender Gruppen in der Carbonylverbindung: BILTZ, MAUÉ, SIEDEN: Ber. Dtsch. chem. Ges. **35**, 2000 (1902). — BILTZ: Ber. Dtsch. chem. Ges. **35**, 2008 (1902). — Siehe SACHS, KEMPF: Ber. Dtsch. chem. Ges. **35**, 1231 (1902). — AUWERS: Ber. Dtsch. chem. Ges. **50**, 1593 (1917).

[1] VAN DER HAAR: Rec. Trav. chim. Pays-Bas **37**, 108, 251 (1917); Monosaccharide und so weiter 1920, 206.

[2] VAN DER HAAR: Rec. Trav. chim. Pays-Bas **39**, 191 (1920).

[3] VAN DER HAAR: Rec. Trav. chim. Pays-Bas **36**, 346 (1917); Monosaccharide usw. 1920, 205.

[4] SAH, MA: Sci. rep. Tsing Hua Univ., A 1, 259 (1932). — SAH, LEI: Sci. rep. Tsing Hua Univ. 2, 1 (1933).

[5] SAH, LEI, SHEN: Sci. rep. Tsing Hua Univ. 2, 7 (1933).

[6] E. FISCHER: Ber. Dtsch. chem. Ges. **24**, 4221, Anm. (1891). — LA FORGE: Journ. biol. Chemistry 28, 511 (1917). — DAFERT: Arch. Pharmaz. 264, 426 (1926).

[7] Andere p-Bromphenylhydrazone: TIEMANN: Ber. Dtsch. chem. Ges. **28**, 2191, 2491 (1895). — GIEMSA: Ber. Dtsch. chem. Ges. **33**, 2998 (1900). — MAYER, NEUBERG: Ber. Dtsch. chem. Ges. **33**, 3229 (1900). — BRUNNER: Ztschr. physiol. Chem. **29**, 260 (1900). — HANUŠ: Ztschr. Unters. Nahrungs- u. Genußmittel **3**, 535 (1900). — VON GERICHTEN: Liebigs Ann. **318**, 129 (1901). — LEVENE, JACOBS: Ber. Dtsch. chem. Ges. **43**, 3147 (1910). — MORGAN, VINING: Journ. chem. Soc. London **119**, 178 (1921). — SCHMIDT: Liebigs Ann. **483**, 115 (1930) usw.

[8] TIEMANN, KRÜGER: Ber. Dtsch. chem. Ges. **28**, 1755 (1895).

Hintanhaltung der Bildung von Acet-p-bromphenylhydrazid.[1] Auch in methyl-[2] oder aethylalkoholischer[3] Lösung kann es verwendet werden, man kann dann die Lösung am Rückflußkühler kochen. Alkohol *und* Eisessig verwenden RUPE, LUKSCH, STEINBACH.[4]

Zum Umkrystallisieren der Hydrazone wird schwach verdünnter Methylalkohol, weniger gut Ligroin (bei Luftabschluß) verwendet. Die anderen Lösungsmittel verändern die Hydrazone unter Rotfärbung.

NEUBERG[5, 6] empfiehlt, die ursprüngliche FISCHERsche Vorschrift der Hydrazonbereitung anzuwenden.

Zur *Spaltung von p-Bromphenylhydrazonen* erhitzen LIEBERMANN, LINDENBAUM[7] mit an Salzsäure gesättigtem Eisessig auf 125—130°. Spaltung mit Benzaldehyd: REICHSTEIN: Helv. chim. Acta **17**, 996 (1934). — STEIGER: Helv. chim. Acta **19**, 195 (1936).

Metanitrophenylhydrazin.[8]

Zur *Darstellung von Hydrazonen* erwärmt man einige Zeit in alkoholischer Lösung.

Wichtiger als dieses nur gelegentlich[9] verwendete Produkt ist das namentlich von BAMBERGER empfohlene

Paranitrophenylhydrazin.[10]

Zum Nachweis von Aldehyden,[11] *Ketonen*[12] *und Zuckern*[13] mischt man in der Regel die wässerige Lösung des Chlorhydrats mit der wenn möglich ebenfalls

---

[1] MICHAELIS: Ber. Dtsch. chem. Ges. **26**, 2190 (1893).

[2] LIEBERMANN, LINDENBAUM: Ber. Dtsch. chem. Ges. **41**, 1615 (1908).

[3] WEIL: Monatsh. Chem. **29**, 903 (1908). — WINZHEIMER: Arch. Pharmaz. **246**, 352 (1908).

[4] RUPE, LUKSCH, STEINBACH: Ber. Dtsch. chem. Ges. **42**, 2519 (1909).

[5] NEUBERG: Ber. Dtsch. chem. Ges. **32**, 2395 (1899). — Siehe auch MAYER, NEUBERG: Ztschr. physiol. Chem. **29**, 256 (1900).

[6] Siehe dazu GOLDSCHMIEDT, ZERNER: Monatsh. Chem. **33**, 1217 (1912).

[7] LIEBERMANN, LINDENBAUM: Ber. Dtsch. chem. Ges. **40**, 3571 (1907).

[8] BISCHLER, BRODSKY: Ber. Dtsch. chem. Ges. **22**, 2809 (1889). — BEHN: Ber. Dtsch. chem. Ges. **33**, 2595 (1890). — EKENSTEIN, BLANKSMA: Rec. Trav. chim. Pays-Bas **24**, 33 (1905).

[9] BISCHLER, BRODSKY: Ber. Dtsch. chem. Ges. **22**, 2809 (1889). — BEHN: Ber. Dtsch. chem. Ges. **33**, 2595 (1890). — EKENSTEIN, BLANKSMA: Rec. Trav. chim. Pays-Bas **24**, 33 (1905). — GRAFF: Diss. Rostock 21, 1908. — VAN DER HAAR: Chem. Weekbl. **14**, 147 (1917).

[10] Darstellung: BAMBERGER, KRAUS: Ber. Dtsch. chem. Ges. **29**, 1834 (1896). — BORSCHE, RECLAIRE: Ber. Dtsch. chem. Ges. **40**, 3806 (1907). — DAVIES: Journ. chem. Soc. London **121**, 717 (1922). — HODGSON, BEARD: Journ. Soc. chem. Ind. **45**, 56 (1926). — FREUDENBERG, BLÜMMEL: Liebigs Ann. **440**, 51 (1924).

[11] Z. B. PEMMERER: Ber. Dtsch. chem. Ges. **64**, 496 (1931).

[12] BAMBERGER, STERNITZKI: Ber. Dtsch. chem. Ges. **26**, 1306 (1893). — BAMBERGER: Ber. Dtsch. chem. Ges. **32**, 1804 (1899). — HYDE: Ber. Dtsch. chem. Ges. **32**, 1810 (1899). — FEIST: Ber. Dtsch. chem. Ges. **33**, 2098 (1900). — WOHL, NEUBERG: Ber. Dtsch. chem. Ges. **33**, 3095 (1900). — BAMBERGER, GROB: Ber. Dtsch. chem. Ges. **34**, 546, Anm. (1901). — EKENSTEIN, BLANKSMA: Rec. Trav. chim. Pays-Bas **22**, 434 (1903). — MEDWEDEW: Ber. Dtsch. chem. Ges. **38**, 1646 (1905). — SCHOORL, VAN KALMTHOUT: Ber. Dtsch. chem. Ges. **39**, 280 (1906). — BRAUN: Ber. Dtsch. chem. Ges. **40**, 3945, 3948 (1907). — AUWERS, HESSENLAND: Ber. Dtsch. chem. Ges. **41**, 1826 (1908). — KYRIACOU: Diss. Heidelberg 43, 1908. — SCHMIDT, RETZLAFF, HAID: Liebigs Ann. **390**, 227, 233 (1912). — BRAUN, KRUBER: Ber. Dtsch. chem. Ges. **45**, 400, 401 (1912). — FEINBERG: Amer. chem. Journ. **49**, 87 (1913). — SMITH: Diss. Kiel 24, 27, 1914. — SCHEIBLER, SCHMIDT: Ber. Dtsch. chem. Ges. **54**, 139 (1921). — FISCHER, HEYSE: Liebigs Ann. **439**, 262, 264 (1924). — MAUTHNER: Journ. prakt. Chem. (2), **107**, 106 (1924). — WOHL, BERNREUTHER: Liebigs Ann. **481**, 8 (1930). — BOEHM, PROFFT: Arch. Pharmaz. **269**, 36 (1931). — PUMMERER, REBMANN: Ber. Dtsch. chem. Ges. **66**, 798 (1933). — BRIGGS, ROBINSON: Journ. chem. Soc. London **1934**, 590.   [13] FREUDENBERG, BLÜMMEL: Liebigs Ann. **440**, 51 (1924).

wässerigen Lösung des Untersuchungsobjekts; ist dieses Verfahren nicht angängig, so kommt die freie Base in alkoholischer oder essigsaurer Lösung zur Anwendung.

Man löst[1] die carbonylhaltige Substanz in wenig Wasser, Eisessig[2] oder Alkohol[3] und fügt eine kalte, filtrierte Lösung von p-Nitrophenylhydrazin in 30 Teilen 40—50proz. Essigsäure oder in Eisessig oder Alkohol hinzu, evtl. wird gelinde erwärmt.

Das Paranitrophenylhydrazin liefert Derivate, die sich nicht nur durch große Beständigkeit und außerordentliches Krystallisationsvermögen, sondern auch durch bequeme Löslichkeitsverhältnisse auszeichnen. Zur Reinigung empfiehlt sich Umkrystallisieren aus Alkohol,[3] Petrolaether,[4] Benzonitril[5] oder Lösen in Pyridin und Ausfällen mit Aether,[6] Wasser oder Toluol.[7]

Die *Schmelzpunkte* der p-Nitrophenylhydrazone sind aber oft wenig charakteristisch und hängen zum Teil von Nebenumständen ab.[8]

Paranitrophenylhydrazin ist auch als *mikrochemisches Reagens* sehr geeignet.[9]

Manche p-Nitrophenylhydrazone sind so stark sauer, daß sie sich in wässerigen Ätzlaugen auflösen; derartige Salzlösungen sind immer gefärbt (tiefrot oder tiefblau). Die Färbung tritt namentlich bei Alkoholzusatz hervor.[10]

Dagegen sind die *Phenylhydrazone* vieler *Oxyaldehyde* in Kalilauge unlöslich.[11]

Verhalten gegen Chinonoxime siehe S. 580.

Verhalten gegen Cumaranone: AUWERS, MÜLLER: Ber. Dtsch. chem. Ges. 50, 1149 (1917). — AUWERS: Ber. Dtsch. chem. Ges. 50, 1585 (1917).

p-Nitrophenylhydrazin und Formaldehyd: ZERNER: Monatsh. Chem. 34, 957 (1913).

Orthonitrophenylhydrazin

haben EKENSTEIN, BLANKSMA[12] auch für die Erkennung von Zuckerarten empfohlen; ebenso BORSCHE[13] für die Überführung von Chinonen in Hydrazone (Oxyazoverbindungen).

---

[1] DAKIN: Journ. biol. Chemistry 4, 235 (1908). — AUWERS: Ber. Dtsch. chem. Ges. 49, 2407 (1916); 50, 1178 (1917).

[2] SCHMITT, WIDMANN: Ber. Dtsch. chem. Ges. 42, 1884 (1909). — Zufügen von Kaliumacetat: AUWERS, ZIEGLER: Liebigs Ann. 425, 304 (1921). — PUMMERER, GUMP: Ber. Dtsch. chem. Ges. 56, 1005 (1923).

[3] FISCHER: Liebigs Ann. 464, 85 (1928). — MAUTHNER: Journ. prakt. Chem. (2), 139, 295 (1934).

[4] NEUBERG, SCOTT, LACHMANN: Biochem. Ztschr. 24, 165 (1910).

[5] PUMMERER, GUMP: Ber. Dtsch. chem. Ges. 56, 1005 (1923).

[6] NEUBERG: Ber. Dtsch. chem. Ges. 32, 3385, Anm. (1899).

[7] NEUBERG: Ber. Dtsch. chem. Ges. 41, 962 (1908). — NEUBERG, SCOTT, LACHMANN: Biochem. Ztschr. 24, 159 (1910).

[8] AUWERS, THIES: Ber. Dtsch. chem. Ges. 53, 2285 (1920); siehe auch Ber. Dtsch. chem. Ges. 50, 1585 (1917); 52, 99 (1919).

[9] BEHRENS: Chem.-Ztg. 27, 1105 (1903).

[10] BAMBERGER: Ber. Dtsch. chem. Ges. 32, 1806 (1899). — BAMBERGER, DJIERDJIAN: Ber. Dtsch. chem. Ges. 33, 536 (1900). — BLUMENTHAL, NEUBERG: Dtsch. med. Wchschr. 1901, Nr. 1. — MEISTER: Ber. Dtsch. chem. Ges. 40, 3445 (1907). — Zerner: Monatsh. Chem. 34, 960 (1913).

[11] ANSELMINO: Ber. Dtsch. chem. Ges. 35, 4099 (1902). — Siehe TORREY, ADAMS: Ber. Dtsch. chem. Ges. 43, 3227 (1910).

[12] EKENSTEIN, BLANKSMA: Rec. Trav. chim. Pays-Bas 24, 33 (1905). — BORSCHE, RECLAIRE: Ber. Dtsch. chem. Ges. 40, 3812 (1907). — Zuckerarten: RECLAIRE: Ber. Dtsch. chem. Ges. 42, 1424 (1909). — GLASER, ZUCKERMANN: Ztschr. physiol. Chem. 167, 63 (1927). [13] BORSCHE: Liebigs Ann. 357, 175 (1907).

2.4-Dinitrophenylhydrazin.[1]

Die Darstellung der Hydrazone erfolgt am besten bei Gegenwart von Salzsäure. Schwefelsäure ist zwar in einigen Fällen brauchbar, wo Salzsäure versagt, aber die Reinigung der Produkte ist schwieriger. Immer verwende man einen kleinen Überschuß an Carbonylverbindung. Umkrystallisieren aus Alkohol, ev. Dioxan, ar. Kohlenwasserstoffen oder Estern. Zu vermeiden sind Eisessig, Aceton, Chloroform, Nitrobenzol. Stets soll man aus zwei verschiedenen Lösungsmitteln bis zum gleichen konstanten Schmelzpunkt umkrystallisieren.[2]

Aldehyde und Ketone, namentlich aromatische, lassen sich mit diesem Reagens ziemlich quantitativ bestimmen.[3] So ergeben Benzaldehyd und Benzophenon 95%, Aceton 99% Ausbeute.[4]

Auch für die Isolierung der Lävulinsäure ist das Reagens besonders geeignet.[5]

2.4-Dinitrophenylhydrazone zeigen in Lösung breite Absorptionsbanden im Violett.

Man kann durch Überführung von Aldehyd- oder Ketongemischen in die Dinitrophenylhydrazone eine chromatographische Trennung durchführen.

Man adsorbiert an Talcum, Fasertonerde, Al-Phosphat, tribasisches Mg-Phosphat oder Fullererde und eluiert mit Alkohol.[6] Siehe S. 61.

Mit Furolen entstehen isomere Hydrazone.[7]

Beispiel der Einwirkung auf ein Benzochinon.

1 g Dinitrophenylhydrazin wird mit etwa der berechneten Menge Salzsäure zusammengebracht und in 60 ccm siedendem Alkohol gelöst, 0,5 g Chinon hinzugefügt und dann mit Wasser auf Zimmertemperatur abgekühlt. Das Eintreten der Reaktion macht sich durch deutlichen Farbenumschlag nach Dunkelrot bemerkbar. Man verdünnt mit Wasser bis zur bleibenden Trübung. Nunmehr krystallisieren feine, braune Nadeln in großer Menge aus.

Verwendung zur quantitativen Bestimmung von Benzophenon, Aceton (und weniger gut) Benzaldehyd: PERKINS, EDWARDS: Amer. Journ. Pharmac. **107**, 208 (1935).

a.s-Methylphenylhydrazin.

Für die Erkennung und Isolierung der *Ketosen*, die sonst mangels charakteristischer Reaktionen mit Schwierigkeiten verknüpft ist, sollen die sekundären asymmetrischen Hydrazine, speziell das Methylphenylhydrazin, nach den An-

---

[1] Siehe PURGOTTI: Gazz. chim. Ital. **24**, 555 (1899). — BORSCHE: Liebigs Ann. **357**, 180 (1907) (Chinone). — BÜLOW, WEITEMEYER: Liebigs Ann. **239**, 48 (1924). — BRADY, ELSMIE: Analyst **51**, 77 (1926). — BÜLOW, SEIDEL: Liebigs Ann. **439**, 49 (1924); **472**, 208 (1929). — MEISENHEIMER, SCHMIDT: Liebigs Ann. **475**, 181 (1929). — ALLEN: Journ. Amer. chem. Soc. **52**, 2955 (1930). — WIJKMAN: Liebigs Ann. **485**, 71 (1931). — BRADFIELD, PENFOLD, SIMONSEN: Journ. chem. Soc. London **1932**, 2744. — RALLS: Journ. Amer. chem. Soc. **55**, 2083 (1933). — COWLEY, SCHUETTE: Journ. Amer. chem. Soc. **55**, 3463 (1933). — TORRES, BROSA: Anales Soc. Española Fisica Quim. **31**, 34 (1933). — CAMPBELL: Analyst **61**, 391 (1936). — ALLEN: Journ. Amer. chem. Soc. **52**, 2955 (1930). — Org.-Synth. **13**, 36 (1933). — SIMON: Ber. Dtsch. chem. Ges. **66**, 320 (1933).

[2] ALLEN, RICHMOND: Journ. org. Chem. **2**, 222 (1937).

[3] JODLES, JACKSON: Ind. engin. Chem., Analyt. Ed. **6**, 454 (1934). — HOUGHTON: Amer. Journ. Pharmac. **106**, 62 (1934).

[4] PERKINS, EDWARDS: Amer. Journ. Pharmac. **107**, 208 (1935).

[5] STRAIN: Journ. biol. Chemistry **102**, 151 (1933).

[6] STRAIN: Journ. Amer. chem. Soc. **57**, 758 (1935).

[7] BRODERECK: Ber. Dtsch. chem. Ges. **65**, 1832 (1932).

gaben von NEUBERG[1] vorzüglich geeignet sein; es gäben *nur* die *Ketozucker* mit dieser Hydrazinbase ein Methylphenylosazon, während die *Aldosen* und *Aminozucker* vom Typus des Chitosamins dazu nicht befähigt seien; die beiden letzteren lieferten damit ausschließlich farblose Hydrazone, die in allen Fällen leicht von dem intensiv gefärbten Osazon getrennt bzw. unterschieden werden könnten.

Die Osazonbildung, die nach E. FISCHER auf einer intermediären Osonbildung beruht, kann nach diesen Beobachtungen nur bei Ketoalkoholen, nicht aber bei Aldehydalkoholen stattfinden. Nach OFNER[2] liefern aber auch Aldosen Methylphenylosazone. Dies ist wahrscheinlich durch eine vorausgehende, durch das Hydrazin bewirkte Umlagerung des Zuckers zu erklären.

Bei den Zuckern nimmt die Beständigkeit der *Osazone* mit der Größe des neben der Phenylgruppe im Hydrazin vorhandenen Radikals ab, während nach LOBRY DE BRUYN, EKENSTEIN[3] die Schwerlöslichkeit der *Hydrazone* mit der Größe der Substituenten zu steigen pflegt.

Man wird daher zur Darstellung der Osazone das Methyl-, für Hydrazone das Benzyl- und Diphenylhydrazin vorziehen.

Unter Umständen kann sich die Darstellung von Methylphenylhydrazonen *ohne* Lösungsmittel und nur unter schwachem Erwärmen (nicht über 40°) empfehlen (Rhodeose, Rhamnose[4]).

Methylphenylhydrazon des Triacetotriketohexamethylens: GOSCHKE, TAMBOR: Ber. Dtsch. chem. Ges. 45, 1238 (1912).

Bestimmung von *Raffinose* mit as.-Methylphenylhydrazin: OFNER: Böhm. Ztschr. f. Zuckerind. 31, 326 (1907). — PIERAERTS: a. a. O.

Das Methylphenylhydrazon der Galaktose bindet 1 Mol Krystallwasser.[5]

Aethylphenylhydrazin: WILLGERODT, HARTER: Journ. prakt. Chem. (2), 71, 411 (1905). — OFNER: Monatsh. Chem. 27, 75 (1906). — *Amylphenylhydrazin:* NEUBERG, FEDERER: Ber. Dtsch. chem. Ges. 38, 868 (1905).

$$\textit{Benzylphenylhydrazin} \quad \begin{matrix} C_6H_5CH_2 \\ \diagdown \\ C_6H_5 \end{matrix} \hspace{-0.5em} \diagup N \cdot NH_2.$$

Dieses Reagens[6,7] ist namentlich für die Isolierung von Zuckern wertvoll, da es sehr schwer lösliche Hydrazone bildet.

[1] NEUBERG: Ber. Dtsch. chem. Ges. **35**, 959, 2626 (1902). — E. FISCHER: Ber. Dtsch. chem. Ges. **22**, 91 (1889); **35**, 959, 2626 (1902). — NEUBERG, STRAUSS: Ztschr. physiol. Chem. **36**, 233 (1902). — NEUBERG: Ber. Dtsch. chem. Ges. **37**, 4616 (1904). — PIERAERTS: Bull. Assoc. Chimistes Sucr. Dist. **26**, 47 (1908). — TER MEER: Diss. Berlin 26, 1909. — Diketone: AUWERS, HERBENER: Journ. prakt. Chem. (2), **114**, 330 (1926). — WITTIG, BANGERT, KLEINER: Ber. Dtsch. chem. Ges. **61**, 1142 (1928). — MORGAN, HARDY: Journ. Soc. chem. Ind. **52**, 518 (1933). — BROCKMANN: Liebigs Ann. **521**, 19 (1935). — LEONHARDT, OECHLER: Arch. Pharmaz. **273**, 452 (1935).

[2] OFNER: Ber. Dtsch. chem. Ges. **37**, 3362, 3848, 3854, 4399 (1904); Monatsh. Chem. **25**, 592, 1153 (1904); **26**, 1165 (1905); **27**, 75 (1906). — OST: Ztschr. angew. Chem. **18**, 30 (1905).

[3] LOBRY DE BRUYN, EKENSTEIN: Rec. Trav. chim. Pays-Bas **15**, 225 (1896).

[4] VOTOČEK: Ber. Dtsch. chem. Ges. **43**, 478, 480 (1910).

[5] VOTOČEK: Bull. Soc. chim. France (4), **29**, 408 (1921).

[6] MINUNNI: Gazz. chim. Ital. (2), **22**, 219 (1892). — GIEMSA: Ber. Dtsch. chem. Ges. **33**, 2997 (1900). — RUFF: Ber. Dtsch. pharmaz. Ges. **1900**, 43. — OFNER: Ber. Dtsch. chem. Ges. **37**, 2623 (1904); Monatsh. Chem. **25**, 593, 1153 (1904). — TISZA: Diss. Bern 32, 1908. — LEVENE, JACOBS: Ber. Dtsch. chem. Ges. **43**, 3144 (1910). — AUWERS, HERBENER: Journ. prakt. Chem. (2), **114**, 330 (1926). — NEBER, KNÖLLER, HERBST, TISCHER: Liebigs Ann. **471**, 126 (1929). — SCHMIDT: Liebigs Ann. **483**, 115 (1930).

[7] LOBRY DE BRUYN, VAN EKENSTEIN: Rec. Trav. chim. Pays-Bas **15**, 97, 227 (1896). — RUFF, OLLENDORF: Ber. Dtsch. chem. Ges. **32**, 3235 (1899). — NEUBERG:

Beim Stehen geht[1] Benzylphenylhydrazin partiell in Benzalbenzylphenyl-
hydrazin (F. 111°) über, das in Alkohol schwer löslich ist und zu Täuschungen[2]
Veranlassung geben kann.

Zur Darstellung von Hydrazonen arbeitet man am besten in neutraler alkoholischer Lösung.

Man *spaltet* die Benzylphenylhydrazone mit Formaldehyd[3,4] oder Benzaldehyd[5] und 10proz. Benzoesäure.[6]

$$Diphenylhydrazin \quad \begin{matrix} C_6H_5 \\ \\ C_6H_5 \end{matrix} \Big\rangle N \cdot NH_2$$

ist hauptsächlich in der Zuckerreihe verwendet worden,[7] kann aber auch mit
Vorteil bei Aldehyden[8] und Ketonen[9] benutzt werden.

Es verbindet sich in der Kälte erst nach längerem Stehen mit den gewöhnlichen Zuckerarten, liefert dann aber beständige, in Wasser schwer lösliche und
schön krystallisierende Hydrazone. Rascher erfolgt die Reaktion beim Erwärmen. Da die Base sowohl in Wasser als auch in verdünnter Essigsäure sehr
schwer löslich ist, benutzt man alkoholische Lösungen.

Das *käufliche* Diphenylhydrazin-Chlorhydrat (KAHLBAUM) muß durch Schütteln mit Aether und Natronlauge, Abdestillieren der mit Natriumsulfat ent-
wässerten Aetherschicht und Destillation des Rückstandes im Vakuum gereinigt
werden. Man läßt das Destillat erstarren, saugt ab und wäscht mit etwas Ligroin.[10]

Spaltung der Derivate mit Benzaldehyd: DAFERT: Arch. Pharmaz. 264, 426
(1926).

Acetoin gibt im Gegensatz zu den Zuckern mit der Gruppierung —CO—CHOH—
mit Methyl-, Benzylphenyl- und Diphenylhydrazin Osazone.[11]

$$Biphenylenhydrazin \quad \begin{matrix} C_6H_5 \\ \\ C_6H_5 \end{matrix} \Big\rangle N{-}NH_2.$$

BLOM[12] hat die Beobachtung gemacht, daß das *Biphenylenhydrazin* im allgemeinen höher schmelzende Hydrazone gibt als das Diphenylhydrazin. Die
Kondensationsprodukte zeigen großes Krystallisiervermögen.

Ber. Dtsch. chem. Ges. **35**, 962 (1902). — HILGER, ROTHENFUSSER: Ber. Dtsch.
chem. Ges. **35**, 1843 (1902). — BERGMANN: Ber. Dtsch. chem. Ges. **55**, 167 (1922);
Liebigs Ann. **434**, 103 (1923). — Nachweis der Glykuronsäure: BERGMANN: Ber.
Dtsch. chem. Ges. **54**, 1362, 1364 (1921); **56**, 1060 (1923).

[1] OFNER: Monatsh. Chem. **25**, 593 (1904). — GOLDSCHMIEDT: Ber. Dtsch. chem.
Ges. **41**, 1862 (1908).

[2] MINUNNI: Gazz. chim. Ital. (2), **27**, 242 (1897). — MICHAELIS: Ber. Dtsch.
chem. Ges. **41**, 1427 (1908). — Siehe GOLDSCHMIEDT: A. a. O. — MILRATH: Ber.
Dtsch. chem. Ges. **41**, 1865 (1908).

[3] WINTERSTEIN, HIESTAND: Ztschr. physiol. Chem. **54**, 312 (1908).

[4] BERGMANN: Liebigs Ann. **434**, 104 (1923).

[5] ZEMPLÉN: Ber. Dtsch. chem. Ges. **59**, 2408 (1926); **60**, 1311 (1927).

[6] BERGMANN: Liebigs Ann. **434**, 168 (1923).

[7] MILLER, PLÖCHL, ROHDE: Ber. Dtsch. chem. Ges. **25**, 2063 (1892). — NEUBERG:
Ber. Dtsch. chem. Ges. **33**, 2245 (1900); **37**, 4618 (1904); Ztschr. Ver. Dtsch. Zuckerind.
1902, 247. — MÜTHER, TOLLENS: Ber. Dtsch. chem. Ges. **37**, 311 (1904). — TOLLENS,
MAURENBRECHER: Ber. Dtsch. chem. Ges. **38**, 500 (1905). — GRAAFF: Pharmac.
Weekbl. **42**, 685 (1905); Chem.-Ztg. **29**, 991 (1905).

[8] MAURENBRECHER: Ztschr. Ver. Dtsch. Zuckerind. **56**, 1046 (1906); Ber. Dtsch.
chem. Ges. **39**, 3583 (1906). — GRAZIANI, BOVINI: Atti R. Accad. Lincei (Roma),
Rend. (5), **22** I, 793 (1913). — Hier auch *Ditoluylhydrazone*. — Vgl. LEHNE: Ber.
Dtsch. chem. Ges. **13**, 1546 (1880).   [9] NEBER: Liebigs Ann. **471**, 124 (1929).

[10] TOLLENS, MAURENBRECHER: Ber. Dtsch. chem. Ges. **38**, 500 (1905).

[11] VOTOČEK: Coll. Trav. chim. Tchécoslov. **2**, 681 (1930).

[12] BLOM: Journ. prakt. Chem. (2), **94**, 77 (1916). — WIELAND, SÜSSER: Liebigs
Ann. **392**, 179 (1912).

Zur Darstellung der Hydrazone müssen die Komponenten meist in absolutem Alkohol, unter Zusatz von etwas konzentrierter Schwefelsäure oder Eisessig, durch Erwärmen zur Reaktion gebracht werden. Auch unter diesen Bedingungen konnte von einigen Ketonen das Hydrazon nicht erhalten werden. Die Hydrazone der o-substituierten Aldehyde sind sehr schwer, die übrigen leicht löslich.

$$\beta\text{-}Naphthylhydrazin \quad \begin{matrix} \text{H} \\ \\ \text{C}_{10}\text{H}_7 \end{matrix}\!\!\!>\!\!\text{N}\cdot\text{NH}_2.$$

Die β-Naphthylhydrazone der Zuckerarten[1,2] zeichnen sich durch große Krystallisationsfähigkeit und Schwerlöslichkeit aus, doch ist zu bemerken, daß man je nach der Darstellungsweise (verdünnt essigsaure oder schwach alkalisch-alkoholische Lösung) verschiedene Produkte erhalten kann. Wahrscheinlich entstehen Stereoisomere.

Im allgemeinen entstehen in schwach saurer Lösung die Naphthylhydrazone der labileren Form (größere Löslichkeit, niedrigerer Schmelzpunkt, leichtere Zersetzlichkeit durch Licht und höhere Temperatur). Es empfiehlt sich daher gewöhnlich, statt vom salzsauren Salz auszugehen, das mit der äquivalenten Menge Natriumacetat versetzt, mit der konzentrierten wässerigen Lösung des Zuckers zur Reaktion gebracht wird (EKENSTEIN, LOBRY DE BRUYN), etwa nach dem folgenden für die Darstellung von Galaktose-, Dextrose- und Arabinose-β-Naphthylhydrazon ausgearbeiteten Verfahren vorzugehen:[3]

1 g Zucker wird in 1 ccm Wasser unter Erwärmung gelöst und 1 g freies β-Naphthylhydrazin in 20—40 ccm Alkohol von 96%. Beide Lösungen werden warm zusammengegossen, filtriert und in verschlossener Flasche unter zeitweisem Umschütteln bis zur Abscheidung des Hydrazons stehengelassen. Das Hydrazon wird mit Aether gewaschen und aus Alkohol umkrystallisiert.

Auch für die Darstellung von *Kondensationsprodukten mit Aldehyden*[4] und *Ketonen* ist Arbeiten in alkoholischer Lösung von Vorteil.[5]

Zur Analyse der Naphthylhydrazone dient ihre Spaltbarkeit durch Formaldehyd oder Benzaldehyd.

Man erwärmt z. B. mit Benzaldehyd und Salzsäure und wägt das entstandene Benzaldehydnaphthylhydrazon.

β-Naphthoylhydrazin: CHEN, SAH: Journ. Chin. chem. Soc. 4, 62 (1936).

p-Toluolsulfonylhydrazin: FREUDENBERG: Liebigs Ann. 440, 54 (1924); Ber. Dtsch. chem. Ges. 62, 379, 381 (1929).

β-Naphthylhydrazinsulfosäure.

Über die Verwendung dieser Substanz sowie der *Phenylhydrazin-m-sulfosäure*, der *m-Hydrazinbenzoesäure* u. dgl. berichten WILLSTÄTTER, SCHUPPLI, MAYER.[6]

Derivate der m-Hydrazinbenzoesäure.[7]

Die Säure ist in Alkohol äußerst schwer löslich. Man erkennt daher Eintreten und Ende der Kondensation an ihrer Auflösung, wenn man molekulare

---

[1] HILGER, ROTHENFUSSER: Ber. Dtsch. chem. Ges. 35, 1841, Anm., 4444 (1902).

[2] VAN EKENSTEIN, LOBRY DE BRUYN: Rec. Trav. chim. Pays-Bas 15, 97, 225 (1896); Ber. Dtsch. chem. Ges. 35, 3082 (1902).

[3] HILGER, ROTHENFUSSER: Ber. Dtsch. chem. Ges. 35, 1841, Anm., 4444 (1902). — ROTHENFUSSER: Arch. Pharmaz. 245, 370 (1907).

[4] REICH, TURKUS: Bull. Soc. chim. France (4), 22, 107 (1917).

[5] LEI, SAH, KAO: Sci. rep. Tsing Hua Univ., A 2, 335 (1934).

[6] WILLSTÄTTER, SCHUPPLI, MAYER: Liebigs Ann. 418, 126 (1919).

[7] WILLSTÄTTER, SCHUPPLI, MAYER: Liebigs Ann. 418, 127 (1919).

Mengen von Hydrazinbenzoesäure und einem Keton mit Alkohol am Rückflußkühler erwärmt. Beim Verdunsten im Vakuum hinterbleiben manche Verbindungen krystallisiert, in anderen Fällen stellt man die gut krystallisierenden
Ammoniumsalze dar.

Diphenylmethandimethyldihydrazin[1]

wird von BRAUN speziell als Aldehydreagens sowie für die Charakterisierung
gewisser Zuckerarten empfohlen. Auf cyclische Ketone, welche die Gruppierung
—CH_2—CO—CH_2— enthalten (*Hexanone*), wirkt es unter Bildung tetrahydrierter
Dicarbazole der Diphenylmethanreihe, während Verbindungen, in denen eine
Methylengruppe substituiert ist, nicht reagieren. *Cyclopentanone* reagieren in
analoger Weise, aber langsamer.

Damit eine Aldose mit *Diphenylmethandimethyldihydrazin* reagiert, müssen
von den drei der Aldehydgruppen folgenden CH·OH-Komplexen mindestens
zwei zueinander benachbarte dieselbe Konfiguration aufweisen.

Über Dichlordibromphenylhydrazin, sym. Tribromphenylhydrazin, Tetra-
bromphenylhydrazin, p-Chlor- und p-Jod sowie m-Dijodphenylhydrazin und ihre
Derivate siehe NEUFELD: Liebigs Ann. **248**, 93 (1888). — CHATTAWAY, ELLING-
TON: Journ. chem. Soc. London **109**, 582—587 (1916). — VOTOČEK, JIRU: Bull.
Soc. chim. France (4), **33**, 918, 919 (1923).

Piperylhydrazone: WEINHAGEN: Journ. chem. Soc. London **113**, 585 (1918).

Benzoyldihydromethylketolhydrazin für Galaktose: BRAUN: Ber. Dtsch.
chem. Ges. **49**, 1266 (1916).

Über Pikrylhydrazone: PURGOTTI:[2] Gazz. chim. Ital. **24 I**, 554 (1894). —
BORSCHE: Ber. Dtsch. chem. Ges. **54**, 1287 (1921) (Chinone).

Als *Lösungsmittel* für schwer lösliche Hydrazone und Osazone[3] haben sich
neben Eisessig und Ligroin hauptsächlich Pyridin und Toluol, ferner Mischungen
von Methyl- (Amyl-) Alkohol mit Chloroform und Benzol bewährt.

Über den *Nachweis einer Ketongruppe auf Grund von Rotfärbung mit Phenylhydrazin:* SKRAUP: Monatsh. Chem. **21**, 561 (1900). — PFANNL, WÖLFEL: Monatsh.
Chem. **34**, 972 (1913).

Diese Rotfärbungen dürften auf Oxydation der Hydrazone unter dem Einfluß des Lichts zurückzuführen sein. Siehe BALY, TUCK: Journ. chem. Soc.
London **89**, 988 (1906). — STOBBE, NOWAK: Ber. Dtsch. chem. Ges. **46**, 2887
(1913). — BUSCH, DIETZ: Ber. Dtsch. chem. Ges. **47**, 3277 (1914). — KUNDER:
Diss. Erlangen 1915. — BUSCH, KUNDER: Ber. Dtsch. chem. Ges. **49**, 2345 (1916).

Über *Spaltung der Hydrazone und Osazone:* Mit Salzsäure: E. FISCHER: Ber.
Dtsch. chem. Ges. **22**, 3218 (1889). — Mit Schwefelsäure: CHARRIER: Gazz. chim.
Ital. **46 I**, 360 (1916). — WILLSTÄTTER, SCHUPPLI, MAYER: Liebigs Ann. **412**,
131 (1919). — Mit Salpetersäure: CHARRIER, CHARRIER: Gazz. chim. Ital. **45 I**,
502 (1915). — Mit Brenztraubensäure: E. FISCHER: Liebigs Ann. **253**, 69 (1889).
— WILLSTÄTTER, SCHUPPLI, MAYER: A. a. O. — Mit Natriumaethylat: HESS,
EICHEL: Ber. Dtsch. chem. Ges. **50**, 1197 (1917). — HESS, FINK: Ber. Dtsch. chem.

---

[1] BRAUN: Ber. Dtsch. chem. Ges. **41**, 2169, 2604 (1908); **43**, 1495 (1910); **46**,
3949 (1913); **50**, 42 (1917). — BRAUN, DANZIGER: Ber. Dtsch. chem. Ges. **46**, 108
(1913). — ARON: Monatsh. f. Kinderheilk. **8** (1913). — ZERNER: Monatsh. Chem. **34**,
961 (1913). — RINKES, HASSELT: Chem. Weekbl. **14**, 888 (1917). — VOTOČEK: Ber.
Dtsch. chem. Ges. **50**, 40 (1917). — BRAUN, BAYER: Ber. Dtsch. chem. Ges. **58**, 2215
(1925).

[2] Siehe ferner: WILLSTÄTTER, MAYER, HÜNI: Liebigs Ann. **378**, 125 (1910).

[3] NEUBERG: Ber. Dtsch. chem. Ges. **32**, 3384 (1899). — HILGER, ROTHENFUSSER:
Ber. Dtsch. chem. Ges. **35**, 4444 (1902).

Ges. **53**, 797 (1920). — Mit Benzaldehyd: HERZFELD: Ber. Dtsch. chem. Ges.
28, 442 (1895). — E. FISCHER: Liebigs Ann. **288**, 144 (1895); Ber. Dtsch. chem.
Ges. **35**, 2000 (1902). — Siehe S. 530f. — Mit Formaldehyd: RUFF, OLLENDORF:
Ber. Dtsch. chem. Ges. **32**, 3234 (1899). — NEUBERG: Ber. Dtsch. chem. Ges.
33, 2245 (1900). — BROWNE: Diss. Göttingen 1901; Ber. Dtsch. chem. Ges. **35**,
1457 (1902). — HILGER, ROTHENFUSSER: Ber. Dtsch. chem. Ges. **35**, 1941 (1902).
— Mit 2.4-Dinitrobenzaldehyd: KAUFMANN, VALLETTE: Ber. Dtsch. chem. Ges.
46, 51 (1913).

Gegenseitige Verdrängung[1] von Hydrazinresten in Hydrazonen und Osazonen:
VOTOČEK, VONDRÁČEK: Ber. Dtsch. chem. Ges. **37**, 3848, 3854 (1904).

Gegenseitige Verdrängung von Zuckergruppen in Hydrazonen: VOTOČEK,
VONDRÁČEK, B. **38**, 1093 (1905).

Trennung von Aldehyden und Ketonen mittels β-Naphthylamin: KLASON:
Ber. Dtsch. chem. Ges. **63**, 1981 (1930).

4. Darstellung von Oximen.

Zur Darstellung von *Aldoximen* läßt man auf die Aldehyde (1 Mol) eine
wässerige Lösung von salzsaurem Hydroxylamin (1 Mol) und Natriumcarbonat
($^1/_2$ Mol) oder Bicarbonat[2] in der Kälte einwirken.

Manchmal erweist es sich auch als zweckmäßig, von dem betreffenden *Aldehyd-
ammoniak* auszugehen. So stellt man[3] Acetaldoxim dar, indem man die berechneten Mengen der Materialien trocken zusammen verreibt. Dabei verflüssigt
sich die Masse zum Teil. Man extrahiert das entstandene Oxim mit Aether,
trocknet und fraktioniert. Das Destillat erstarrt in der Kälte.

Auch aus der *Bisulfitverbindung* kann man Oxime gewinnen, ohne den Aldehyd
isolieren zu müssen. Man vermischt mit Hydroxylaminchlorhydrat, löst in
Wasser und fügt unter Eiskühlung Kalilauge hinzu.[4]

Bei in *Wasser unlöslichen Aldehyden* arbeitet man in wässerig-alkoholischer
oder in methylalkoholischer Lösung.

Man läßt 12 Stunden, evtl. länger (bis zu 8 Tagen) stehen, schüttelt mit
Aether aus, trocknet mit Chlorcalcium und rektifiziert.

SCHMITT, SÖLL kochen die mit salzsaurem Hydroxylamin in Alkohol gelöste
Substanz bei Gegenwart von festem *Bariumcarbonat* am Rückflußkühler.[5]

Zur Darstellung alkaliempfindlicher Oxyaldehydoxime neutralisiert man das
Hydroxylaminchlorhydrat mit 20proz. Ammoniak (Lackmuspapier) und läßt mit
dem Aldehyd in der Kälte stehen.[6]

Leicht oxydable Aldehyde oximiert man in einer mit Kohlendioxyd gefüllten
Flasche.[7]

Bei *Darstellung der Oxime der Zuckerarten*, die in Wasser so leicht löslich
sind, daß sie bei Verwendung von salzsaurem Hydroxylamin und Soda oder
Ätznatron nicht von den anorganischen Salzen getrennt werden können, wird

---

[1] Siehe auch PINKUS: Ber. Dtsch. chem. Ges. **31**, 35 (1898). — NEUBERG: Ber.
Dtsch. chem. Ges. **32**, 3387 (1899). — OFNER: Ber. Dtsch. chem. Ges. **37**, 2624, 3362
(1904).

[2] BECKMANN: Liebigs Ann. **250**, 330 (1889). — E. MÜLLER: Diss. Leipzig 14,
27, 45, 1908.

[3] DUNSTAN, DYMOND: Journ. chem. Soc. London **61**, 473 (1892); **65**, 209 (1894).

[4] HOUBEN, DOESCHER: Ber. Dtsch. chem. Ges. **40**, 4579 (1907).

[5] SCHMITT, SÖLL: Ber. Dtsch. chem. Ges. **40**, 2455 (1907).

[6] OTT, NAUEN: Ber. Dtsch. chem. Ges. **55**, 926 (1922). — Darstellung von freiem
Hydroxylamin: LECHER, HOFMANN: Ber. Dtsch. chem. Ges. **55**, 912 (1922).

[7] PETRACZEK: Ber. Dtsch. chem. Ges. **15**, 2783 (1882).

die Substanz in der berechneten Menge alkoholischer Hydroxylaminlösung aufgelöst. Nach mehrtägigem Stehen krystallisiert das Aldoxim aus.[1]

Da sich das salzsaure Hydroxylamin löst, kann man so eine nahezu kochsalz-
freie Lösung erhalten, die aber noch durch geringe Mengen von basisch salzsaurem Hydroxylamin verunreinigt ist, was bei der Darstellung empfindlicher
Oxime stören kann. Durch Schütteln mit Bleioxyd wird diesem Übelstand
abgeholfen.[2]

Mit freiem Hydroxylamin kann man auch in *alkoholisch-aetherischer* Lösung
arbeiten.

In derartiger Lösung unter Kochen am Rückflußkühler wird das Pulegon-
oxim gewonnen,[3] ebenso das Dioxyacetoxim.[4]

Anwendung von destilliertem[5] Hydroxylamin: POSNER: Ber. Dtsch. chem.
Ges. 42, 2527 (1909).

Ketoxime bilden sich gewöhnlich nicht so leicht wie Aldoxime.

Man kann zu ihrer Darstellung die Substanz in wässeriger oder alkoholischer
Lösung mit der berechneten Menge Natriumacetat und Hydroxylaminchlorhydrat 1—2 Stunden auf dem Wasserbad erwärmen, schließt auch gelegentlich
die in Alkohol gelöste Substanz mit salzsaurem Hydroxylamin im Rohr ein und
erhitzt 8—10 Stunden auf 160—180°.[6]

Dabei kann man aber statt der Oxime deren Umlagerungsprodukte (Amide)
erhalten.[7] Es ist daher besser, bei Zimmertemperatur stehenzulassen: allerdings kann dann die Beendigung der Umsetzung wochenlang auf sich warten
lassen.[8]

Leicht der Oximierung zugänglich sind die *α-Diketone*, die ja überhaupt in
ihrem Verhalten den Aldehyden nahestehen. Die Monoxime dieser Verbindungen
werden als *Isonitrosoketone*, die Dioxime als *Glyoxime* bezeichnet. Letztere gehen
manchmal beim Behandeln mit Alkalien oder mit Wasser unter Druck[9] in innere
Anhydride (Furazane) über.

Die Glyoxime bilden mit Nickel, Kobalt, Eisen, Kupfer und Platin farbige
Komplexverbindungen von großer Beständigkeit.[10]

Über Oximbildung bei *β-Diketonen* siehe S. 577.

In vielen Fällen ist es von wesentlichem Vorteil, das Hydroxylamin in stark
alkalischer Lösung auf die Carbonylverbindung einwirken zu lassen.[11]

Besonders empfiehlt es sich, die Verhältnisse so zu wählen, daß auf 1 Mol
der in Alkohol gelösten Substanz $1^1/_2$—2 Mol salzsaure Base und $4^1/_2$—6 Mol
Ätzkali zur Anwendung kommen. Die Reaktion pflegt dann bei gewöhnlicher,
höchstens Wasserbadtemperatur, in wenigen Stunden beendigt zu sein.

SCHIFF[12] mischt äquivalente Mengen Acetessigester und *Anilin*[13] mit einer

---

[1] WOHL, LIST: Ber. Dtsch. chem. Ges. 30, 3103 (1897). — Siehe auch WINTER-
STEIN: Ber. Dtsch. chem. Ges. 29, 1393 (1896). — SCHRÖTER: Ber. Dtsch. chem.
Ges. 31, 2191 (1898).   [2] WOHL: Ber. Dtsch. chem. Ges. 33, 3105 (1900).

[3] BECKMANN, PLEISSNER: Liebigs Ann. 262, 6 (1891).

[4] PILOTY, RUFF: Ber. Dtsch. chem. Ges. 30, 1663 (1897). — Siehe auch HAARS:
Arch. Pharmaz. 243, 172 (1905).   [5] UHLENHUTH: Liebigs Ann. 311, 117 (1900).

[6] HOMOLKA: Ber. Dtsch. chem. Ges. 19, 1084 (1886). — SCHUNCK, MARCHLEWSKI:
Ber. Dtsch. chem. Ges. 27, 3464 (1894).

[7] AUWERS, MEYENBURG: Ber. Dtsch. chem. Ges. 24, 2386, 2388 (1891). — SMITH:
Ber. Dtsch. chem. Ges. 24, 4051 (1891). — THORP: Ber. Dtsch. chem. Ges. 26, 1261
(1893).   [8] HARRIES, OSA: Ber. Dtsch. chem. Ges. 36, 2998 (1903).

[9] WOLFF: Ber. Dtsch. chem. Ges. 28, 69 (1895).

[10] TSCHUGAEFF: Ber. Dtsch. chem. Ges. 39, 2692, 3382 (1906).

[11] AUWERS: Ber. Dtsch. chem. Ges. 22, 604 (1889).

[12] SCHIFF: Ber. Dtsch. chem. Ges. 28, 2731 (1885).

[13] Oximierung in *Pyridin*lösung: FISCHER, MOLDENHAUER, SÜS: Liebigs Ann.
485, 12 (1931).

konzentrierten wässerigen Lösung der berechneten Menge Hydroxylaminchlorhydrat. Nach Beendigung der Reaktion wird das entstandene Oxim mit Aether vom Anilinchlorhydrat getrennt. SENDERENS empfiehlt[1] *Natriumaluminat* (und 85proz. Alkohol).

Unanwendbar ist die Methode von AUWERS bei der *Darstellung von Dioximen,* die unter dem Einfluß von Alkali leicht in ihre Anhydride übergehen, oder wenn die Ketone, von denen man ausgeht, von Alkali angegriffen werden.

In solchen Fällen kann *saure* Oximierung[2] am Platz sein.

Chinon z. B. wird von alkalischer Hydroxylaminlösung lediglich zu Hydrochinon reduziert, gibt aber in wässeriger Lösung mit Hydroxylaminchlorhydrat und Salzsäure das Dioxim.[3]

Phenylglyoxylsäure hingegen ist sowohl in alkalischer als auch neutraler und saurer Lösung der Oximierung zugänglich.

Ein sehr energisches Oximierungsmittel ist *Hydroxylaminchlorhydrat in Pyridinlösung.* Man kann damit Anthrachinondioxim darstellen.[4]

Oximieren in *wässerigem Pyridin* wird, z. B. in der Flavonreihe, mit Erfolg ausgeführt.[5]

Für die *Darstellung* von *Ketoximsäuren* setzt BAMBERGER[6] zur neutralen Alkalisalzlösung der Ketonsäure salzsaures Hydroxylamin hinzu; die Ausscheidung der freien Ketoximsäure beginnt meist nach wenigen Augenblicken, namentlich beim Erwärmen. Ist die Ketonsäure in Wasser unlöslich, dann fügt man noch ein weiteres Molekül Lauge hinzu.[7]

GARELLI[8] empfiehlt (unter Vermeidung eines Überschusses von salzsaurem Hydroxylamin wegen evtl. Nitrilbildung) statt der freien Säuren deren *Methylester* zu oximieren.

Aldoximsäuren (bzw. deren Anhydride) können sehr labil sein; so geht das Bromopianoximsäureanhydrid schon durch Kochen mit Alkohol und salzsaurem Hydroxylamin in Bromhemipinimid über.[9] Ebenso verhält sich Opiansäure[10] und ähnlich Phthalaldehydsäure.[11]

Nach LAPWORTH[12] beschleunigt sowohl Alkali- als auch Säurezusatz die Oximbildung; da hier aber ein reversibler Prozeß vorliegt, wird die Wahl der geeigneten Form des Verfahrens von der Stabilität des Oxims abhängen.

Bei der sauren Oximierung erhält man übrigens öfter an Stelle der primär entstandenen Oxime Nitrile oder Imide.

Einwirkung von Hydroxylamin auf *Safranone* liefert nicht Oxime, sondern Aminosafranone,[13] falls nicht die Reaktion überhaupt sterisch behindert ist.[14]

---

[1] SENDERENS: Compt. rend. Acad. Sciences **150**, 1336 (1910).

[2] Siehe auch HARRIES: Liebigs Ann. **330**, 191, (1903). — HARRIES, MAJIMA: Ber. Dtsch. chem. Ges. **41**. 2521 (1908).

[3] NIETZKI, KEHRMANN: Ber. Dtsch. chem. Ges. **20**, 614 (1887). — SCHUNCK, MARCHLEWSKI: Ber. Dtsch. chem. Ges. **27**, 3464 (1894).

[4] MEISENHEIMER, MAHLER: Liebigs Ann. **508**, 19 (1934).

[5] GULATI, RAY: Current Science **5**, 75 (1936). — Siehe auch HAQ, RÂY, TUFFAIL-MALKANA: Journ. chem. Soc. London **1934**, 1326. — COOK, HEWETT, LAWRENCE: Journ. chem. Soc. London **1936**, 71.

[6] BAMBERGER: Ber. Dtsch. chem. Ges. **19**, 1430 (1886). — SCHIMMEL & CO.: Ber. Schimmel **1909 I**, 153.   [7] MYLIUS: Ber. Dtsch. chem. Ges. **19**, 2007 (1886).

[8] GARELLI: Gazz. chim. Ital. (2), **21**, 173 (1891).

[9] TUST: Ber. Dtsch. chem. Ges. **25**, 1998 (1892).

[10] LIEBERMANN: Ber. Dtsch. chem. Ges. **19**, 2278 (1886).

[11] RACINE: Liebigs Ann. **239**, 85 (1887).

[12] LAPWORTH: Journ. chem. Soc. London **91**, 1138 (1907). — ACREE, JOHNSON: Amer. chem. Journ. **38**, 258 (1907). — BANETT, LAPWORTH: Journ. chem. Soc. London **93**, 85 (1908). — ACREE: Amer. chem. Journ. **39**, 300 (1908).

[13] KEHRMANN, GOTTRAN: Ber. Dtsch. chem. Ges. **38**, 2574 (1905). — FISCHER,

Manchmal (Phenanthrenchinon) ist die Verwendung völlig *salmiakfreien* Hydroxylaminchlorhydrats zur Vermeidung von Chinonimidbildung[1] notwendig.

Beim Stehen in geschlossenen Gefäßen erleiden die Oxime oftmals Selbstzersetzung,[2] und zwar um so leichter, je reiner sie sind. Dabei entstehen nitrose Gase und salpetrige Säure. Man hebe die gereinigten Oxime daher stets in gut evakuierten Exsiccatoren auf.[3]

Reinigung und Krystallisation eines Oxims über das Natriumsalz: EPPELSHEIM: Ber. Dtsch. chem. Ges. 36, 3589 (1903). — Durch das Benzoat: BRAUN: Ber. Dtsch. chem. Ges. 40, 3947 (1907). — Mit Essigester: DIELS, ABDERHALDEN: Ber. Dtsch. chem. Ges. 37, 3101 (1904). — Flüssige Oxime können krystallisierbare Chlorhydrate geben: BECKMANN: Liebigs Ann. 250, 340 (1889). — E. MÜLLER: Diss. Leipzig 36, 1908. — Ebenso Pikrate: HESS: Ber. Dtsch. chem. Ges. 52, 985, 992 (1919).

Zerlegen von Oximen durch Oxalsäure: ROSENBACH: Diss. Göttingen 41, 1908. — Durch Formaldehyd: PERKIN: Journ. chem. Soc. London 101, 232 (1912). — BRAUN: Ber. Dtsch. chem. Ges. 46, 3041 (1913). — Durch schweflige Säure: GLUUD: Ber. Dtsch. chem. Ges. 48, 421 (1915).

Zersetzliche Oxime krystallisiert man bei Gegenwart von überschüssigem Hydroxylaminchlorhydrat aus verdünnter Salzsäure um.[4]

Mit *hydroxylaminsulfosaurem Kalium* hat KOSTANECKI[5] Oximierung in wässerig-alkalischer Lösung durchgeführt. Dieses Salz spaltet nämlich bei Gegenwart von überschüssigem Alkali freies Hydroxylamin ab, das gleichsam im Status nascens zur Einwirkung gelangt.[6]

Von CRISMER[7] wird das *Zinkchloridbihydroxylamin* namentlich auch zur Darstellung von Ketoximen empfohlen, da es die Wasserabspaltung erleichtert.

An Stelle des CRISMERSCHEN Salzes kann man auch ein Gemisch von salzsaurem Hydroxylamin und Zinkoxyd (in alkoholischer Lösung) verwenden.[8]

Nach KEHRMANN[9] sowie HERZIG, ZEISEL[10] wird unter Umständen durch mehrfache Substitution der Orthowasserstoffe durch Halogen oder Alkyl die Ersetzbarkeit des Carbonylwasserstoffs durch den Hydroxylaminrest aufgehoben oder erschwert, und zwar nicht bloß bei o- und p-Chinonen,[11] sondern auch bei m-Diketonen.

Aromatische Ketone der Form:

$$CO-R$$
$$|$$
$$CH_3-C-C-C-CH_3$$

in welchen R ein Alkoholradikal oder Phenyl bedeutet, sind nach V. MEYER[12]

HEPP: Ber. Dtsch. chem. Ges. 38, 3435 (1905); 39, 3807 (1906). — KEHRMANN, PRAGER: Ber. Dtsch. chem. Ges. 40, 1234 (1907).

[14] FISCHER, RÖMER: Ber. Dtsch. chem. Ges. 40, 3406 (1907).

[1] SCHMITT, SÖLL: Ber. Dtsch. chem. Ges. 40, 2455 (1907).

[2] HOLLEMAN: Rec. Trav. chim. Pays-Bas 13, 429 (1895). — KONOWALOW, MÜLLER: Journ. Russ. phys.-chem. Ges. 37, 1125 (1906).

[3] ANGELI, ALESSANDRI: Atti R. Accad. Lincei (Roma), Rend. (5), 22 I, 735 (1913).

[4] FECHT: Ber. Dtsch. chem. Ges. 40, 3899 (1907); siehe aber Anm. 2, 3.

[5] KOSTANECKI: Ber. Dtsch. chem. Ges. 22, 1344 (1889).

[6] RASCHIG: Liebigs Ann. 241, 187 (1887).

[7] CRISMER: Bull. Soc. chim. France (3), 3, 114 (1890). — HALLER, BAUER: Compt. rend. Acad. Sciences 148, 70, 1643 (1909). — ZERNER: Monatsh. Chem. 32, 681 (1911). — Die nach CRISMER dargestellten Oxime enthalten öfters schwer entfernbare Asche.

[8] BOUVEAULT, LOCQUIN: Bull. Soc. chim. France (3), 35, 656 (1906).

[9] KEHRMANN: Ber. Dtsch. chem. Ges. 21, 3315 (1888).

[10] HERZIG, ZEISEL: Ber. Dtsch. chem. Ges. 21, 3494 (1888).

[11] ADLER: Ark. Kemi, Mineral. Geol., B 11, Nr. 49 (1935). — Vgl. dagegen KOSTANECKI: Ber. Dtsch. chem. Ges. 22, 1344 (1889).

[12] FEITH, DAVIES: Ber. Dtsch. chem. Ges. 24, 3546 (1891). — DITTRICH, V. MEYER:

und PETRENKO-KRITSCHENKO, ROSENZWEIG[1] der Oximierung nicht zugänglich, und wo dennoch eine Reaktion erzwungen wird, erhält man an Stelle der Oxime die Produkte der BECKMANNschen Umlagerung.[2]

Keine Oxime geben ferner Substanzen mit in Konjugation stehenden Ketogruppen, an die anderseits noch ein quartäres C-Atom anschließt:

$$-CH_2-CH_2-C(CH_3)_2-CO-CH:CH-,^3$$

ebensowenig CO-Gruppen, die lückenlos einer konjugierten Doppelbindung benachbart sind.[4]

Siehe ferner über sterische Behinderung der Oximbildung: BÖRNSTEIN: Ber. Dtsch. chem. Ges. 34, 4349 (1901). — Siehe ferner RATTNER: Ber. Dtsch. chem. Ges. 21, 1317 (1888). — GOLDSCHMIEDT, KNÖPFER: Monatsh. Chem. 20, 751 (1899). — PETRENKO-KRITSCHENKO: Ber. Dtsch. chem. Ges. 32, 1744 (1899). — BOUVE-AULT, LOCQUIN: Bull. Soc. chim. France (3), 35, 656 (1906). — MAYERHOFER: Monatsh. Chem. 28, 597 (1907). — FORSTER, THORNLEY: Journ. chem. Soc. London 95, 942 (1909). — KELLER: Ber. Dtsch. chem. Ges. 43, 1253 (1910). — AUWERS, BORSCHE: Ber. Dtsch. chem. Ges. 48, 1703 (1915). — DRAGENDORFF: Liebigs Ann. 482, 289 (1930). — CORNUBERT: Chem. Ztrbl. 1932 II, 2959. — AUWERS, RISSE: Liebigs Ann. 502, 282 (1933).

Gibt es sonach Carbonylgruppen, die durch Oximierung nicht nachweisbar sind, so können anderseits gelegentlich Säuren,[5] Säureamide[6] oder Ester[7] infolge Bildung von Hydroxamsäuren zu Irrtümern Anlaß geben. Ebenso kann unter Umständen Oxyd- und Lactonsauerstoff reagieren.[8] Auf Pyrrole[9] wirkt Hydroxylamin so ein, daß unter NH_2-Abspaltung Dioxime von γ-Diketonen entstehen.

Eintritt von negativen Radikalen erhöht die Widerstandsfähigkeit des Pyrrolrings.

Bilirubin und *Hämin* ließen sich nicht aufspalten, *Porphyrinogen* wird zu Mesoporphyrin oxydiert.[10]

Quantitative Bestimmung von Aldehyden und Ketonen mit Hydroxylamin:[11]

Rasch mit Hydroxylamin reagierende Aldehyde und Ketone können folgen-

---

Liebigs Ann. 264, 166 (1891). — CLAUS: Journ. prakt. Chem. (2), 45, 383 (1892). — BIGINELLI: Gazz. chim. Ital. (1), 24, 437 (1894). — BAUM: Ber. Dtsch. chem. Ges. 28, 3209 (1895). — V. MEYER: Ber. Dtsch. chem. Ges. 29, 830, 836, 2564 (1896). — HARRIES, HÜBNER: Liebigs Ann. 296, 301 (1897).

[1] PETRENKO-KRITSCHENKO, ROSENZWEIG: Ber. Dtsch. chem. Ges. 32, 1744 (1899).

[2] SMITH: Ber. Dtsch. chem. Ges. 24, 4058 (1891). — AUWERS, MEYENBURG: Ber. Dtsch. chem. Ges. 24, 2370 (1891). — DAVIES, FEITH: Ber. Dtsch. chem. Ges. 24, 2388 (1891). — THORP: Ber. Dtsch. chem. Ges. 26, 1261 (1893).

[3] Gut reagieren Verbindungen $-C(CH_3)_2-CH_2CH_2CH_2COCH_3$ und $-(C:C)_n-CHO$: KUHN, BROCKMANN: Liebigs Ann. 516, 115 (1935).

[4] ZECHMEISTER, CHOLNOKY: Liebigs Ann. 523, 101 (1936).

[5] NEF: Liebigs Ann. 258, 282 (1890).

[6] HOFFMANN: Ber. Dtsch. chem. Ges. 22, 2854 (1889).

[7] JEANRENAUD: Ber. Dtsch. chem. Ges. 22, 1273 (1889). — TINGLE: Amer. chem. Journ. 24, 52 (1900).

[8] POSNER: Ber. Dtsch. chem. Ges. 42, 2524 (1909) (Cumarin). — Siehe auch FRANCESCONI, CUSMANO: Atti. R. Accad. Lincei (Roma), Rend. (5), 18 II, 183 (1909); Gazz. chim. Ital. 39 I, 189 (1909).

[9] CIAMICIAN, ZANETTI: Ber. Dtsch. chem. Ges. 22, 1918 (1889); 23, 1787 (1890).

[10] H. FISCHER, ZIMMERMANN: Ztschr. physiol. Chem. 89, 164 (1914).

[11] NELSON: Ind. engin. Chem. 3, 588 (1911). — LENZ: Arch. Pharmaz. 249, 292 (1911). — FULLER: Ind. engin. Chem. 3, 791 (1911). — BOUGAULT, LEROY: Journ. Pharmac. Chim. (8), 8, 49 (1928). — NEUBERG, GOTTSCHALK: Biochem. Ztschr. 146, 164 (1924). — WAGNER: Biochem. Ztschr. 194, 441 (1928). — NAVES: Parf. de France 10, 198 (1932). — HOEPFNER: Ztschr. Unters. Nahrungs- u. Genußmittel 34, 453

dermaßen bestimmt werden:[1] Die Lösung wird mit $n/_5$ wässerigem Hydroxylaminsulfat (etwa soviel, wie ccm $n/_{10}$-NaOH verbraucht werden), 3—5 Tropfen
Bromphenolblaulösung (0,1 g Reagens in 10 ccm 30proz. Alkohol) und mit
$n/_{10}$-NaOH kurz geschüttelt (Acetophenon, Benzaldehyd, Acetaldehyd, Butyraldehyd, Capronaldehyd, Aceton,[2] Crotonaldehyd). Trübe Lösungen werden vorher
mit Alkohol geklärt. Dann wird titriert. Nach einer andern Vorschrift[3] werden
30 ccm $n/_2$-Hydroxylaminlösung (35 g HON_3Cl, 160 ccm Wasser mit 95proz.
Alkohol auf 1 l aufgefüllt) mit der Probe und 100 ccm Pyridin-Bromphenollösung
(20 ccm Pyridin, 0,25 ccm 4proz. alkoholischem Bromphenolblau mit 95proz.
Alkohol auf 1 l aufgefüllt) 2 Stunden in der Druckflasche auf 100° erhitzt, abgekühlt und das HCl-Pyridin mit $n/_2$-NaOH in 90proz. Methanol titriert. Blinde
Probe. Saure oder basische Verbindungen, sowie größere Mengen anderer, organischer Lösungsmittel und kleine Mengen Ferrisalz stören.

Zur Bestimmung von Benzophenon muß 3 Stunden, von Campher 5 Stunden,
erhitzt werden. Nach der Hydroxylaminmethode können auch Citral,[1, 4] Menthon,[5]
Carvon,[5] Camphenilon[5] usw. bestimmt werden. Wesentlich ist die Benutzung
von Bromphenolblau als Indikator.[6] Der Farbenumschlag Blau—Gelb ist sehr
gut zu sehen. S. a. RECLAIRE, VAN ROON: Deutsche Parf. Ztg. 23, 413 (1937).

Oxime aus Thioverbindungen.

Manche Ketone, die nicht oder schwer direkt mit Hydroxylamin in Reaktion
zu bringen sind, liefern leicht Oxime, wenn man sie vorher in ihre *Thioverbin-
dungen* verwandelt.

So gelangte TIEMANN[7] mit Hilfe des Thiocumarins zum *Cumaroxim*.

Während Rosindon selbst nicht reagiert, kann man nach dieser Methode[8]
leicht zum *Rosindonoxim* gelangen.

GRAEBE, RÖDER[9] erhielten ebenfalls das Oxim (und das Phenylhydrazon)
des *Xanthons* im Umweg über das Xanthion.

Dagegen läßt dieses Verfahren bei den N-Alkylpyridonen[10] im Stich.

Einwirkung der Wärme auf Oxime.[11]

Beim Erhitzen (evtl. in Paraffinlösung unter Zusatz von Kupferoxyd) auf
ca. 180° werden die Oxime allgemein nach der Gleichung:

(1917). — REIF: Ztschr. Unters. Nahrungs- u. Genußmittel 42, 80 (1921). — MARASCO:
Ind. engin. Chem. 18, 701 (1926). — KRAJČINOVIĆ: Chem.-Ztg. 55, 894 (1931). —
COOK, SMITH: Journ. biol. Chemistry 85, 251 (1929). — SCHIMMEL & Co.: Ber. Schim-
mel 1912 I, 65; 1928, 21. — HOLTAPFEL: Perfumery essent. Oil Record 19, 210 (1928).
— MEYER: Dtsch. Parfümrieztg. 14, 307 (1928). — PENFOLD, ARNEMANN: Perfumery
essent. Oil Record 20, 392 (1929). — WATERMAN, ELSBACH: Rec. Trav. chim. Pays-
Bas 48, 1087 (1929). Schimmel 1938, 168. [1] SCHULTES: Angew. Chem. 47, 258 (1934).
[2] Faktor: 0,00598 Acetongewicht = 1 ccm $n/_{10}$ NaOH. Indikator Methylorange-
Xylolcyanol: HAUGHTON: Ind. engin. Chem., Analyt. Ed. 9, 167 (1937).
[3] PALFRAY, TALLARD: Compt. rend. Acad. Sciences 199, 296 (1934). — BRYANT,
SMITH: Journ. Amer. chem. Soc. 57, 57 (1935).
[4] BENNETT: Analyst 34, 14 (1909); 47, 146 (1922); 52, 693 (1927); 55, 109 (1930).
— STILLMAN, REED: Perfumery essent. Oil Record 23, 278 (1932). — MÜLLER:
Perfumery essent. Oil Record 20, 392 (1929).
[5] VANDONI, DESSEIGNE: Bull. Soc. chim. France (5), 2, 1685 (1935).
[6] JESRIJELEW, MOGILEWSKAJA: Plast. Massen 1935, 27.
[7] TIEMANN: Ber. Dtsch. chem. Ges. 19, 1662 (1886). — Substituierte Thiocumarine:
CLAYTON, GODDEN: Journ. chem. Soc. London 101, 210 (1912).
[8] DILTHEY: Diss. Erlangen 1900.
[9] GRAEBE, RÖDER: Ber. Dtsch. chem. Ges. 32, 1688 (1899).
[10] GUTBIER: Ber. Dtsch. chem. Ges. 33, 3358 (1900).
[11] ANGELI, ALESSANDRI: Atti R. Accad. Lincei (Roma), Rend. (5), 21 I, 83 (1912);
(5), 22 I, 735 (1913). — WUNSTORF: Diss. Göttingen 1913. — KÖTZ, WUNSTORF:
Journ. prakt. Chem. (2), 88, 519 (1913).

$$3\ \underset{R_2}{\overset{R_1}{\diagdown}}C : NOH = 3\ \underset{R_2}{\overset{R_1}{\diagdown}}CO + NH_3 + N_2$$

zersetzt.

Bei höheren Temperaturen oder als Nebenreaktion erfolgt Nitrilspaltung. Acetoxim und Cyclohexanonoxim destillieren unzersetzt bei gewöhnlichem Druck.

In sehr gutem Vakuum sieden fast alle Ketoxime unzersetzt.

Doppelverbindungen der Ketoxime.

Viele Ketoxime besitzen die Fähigkeit, sich mit den verschiedenartigsten organischen und anorganischen Verbindungen zu vereinigen. Oft lassen sich für die Zusammensetzung derartiger Doppelverbindungen gar keine rationellen Formeln finden, so daß man annehmen muß, daß je nach Temperatur und Konzentration verschiedene Verbindungen (nach Art der Hydrate) entstehen, die dann in Mischung vorliegen.

Als solche Substanzen, die Verbindungen mit Ketoximen eingehen, sind zu erwähnen: Wasser,[1] Blausäure,[2] Phenylisocyanat,[3] Jodnatrium,[1] Jodsilber,[4] Alkohol, Benzol,[5-8] Glycerin,[6,7] Aethylenglykol[6,7] Tetrachlorkohlenstoff,[6] Chinolin,[6] Malonsäureester,[7] Acetessigester,[7] Aethylaether,[6] Amylalkohol,[6] Valeriansäure,[6] Aethylenbromid,[6] Nitrobenzol,[6] Essigsäure,[6,7] Anilin,[6] Pyridin,[6,7] Aceton,[6,7] Methylalkohol,[6] Chloroform.[6]

Namentlich die *Oxime der Tetrahydropyronverbindungen* zeigen diese Eigentümlichkeit.

Die Doppelverbindungen der Oxime mit hochsiedenden organischen Lösungsmitteln schmelzen niedriger als die entsprechenden Oxime, die anderen zeigen den Schmelzpunkt der reinen Oxime.[6]

Verhalten ungesättigter Carbonylverbindungen gegen Hydroxylamin.

$\alpha.\beta$-ungesättigte Verbindungen vom Typus:

$$\begin{array}{ccc} \underset{|}{C-C=C} & & \underset{|}{C-C=C} \\ C-C=C- & \text{oder} & CH=C- \end{array}$$

reagieren mit Hydroxylamin derart, daß sich die Base zunächst an die doppelte Bindung addiert:

$$\begin{array}{ccc} \underset{|}{C-C=O} & & \underset{|}{C-C=O} \\ \underset{|}{C-CH-C-} & \text{oder} & \underset{|}{CH_2-C-} \\ NHOH & & NHOH \end{array}$$

und erst überschüssiges Hydroxylamin greift auch die Carbonylgruppe unter Bildung der Oxaminoxime an.[9,10] Die primär entstandenen Additionsprodukte geben dann oft noch weiter unter Ringschluß cyclische Anhydride (Isoxazole[9]).

[1] WALLACH: Liebigs Ann. 279, 386 (1894). — GOLDSCHMIDT: Ber. Dtsch. chem. Ges. 23, 2748 (1890); 24, 2808, 2814 (1891); 25, 2573 (1892). — KNOOP, LANDMANN: Ztschr. physiol. Chem. 89, 158 (1914).
[2] MILLER: Ber. Dtsch. chem. Ges. 26, 1545 (1893).
[3] GOLDSCHMIDT: Ber. Dtsch. chem. Ges. 22, 3101 (1889); 23, 2163 (1890).
[4] RENDALL, WHITELEY: Journ. chem. Soc. London 121, 2110 (1922).
[5] V. MEYER, AUWERS: Ber. Dtsch. chem. Ges. 22, 540, 710 (1889).
[6] PETRENKO-KRITSCHENKO: Ber. Dtsch. chem. Ges. 33, 744 (1900).
[7] PETRENKO-KRITSCHENKO, KASANEZKY: Ber. Dtsch. chem. Ges. 33, 854 (1900).
[8] PETRENKO-KRITSCHENKO, ROSENZWEIG: Ber. Dtsch. chem. Ges. 32, 1744 (1899).
[9] TINGLE: Amer. chem. Journ. 19, 408 (1897).
[10] WALLACH: Liebigs Ann. 277, 125 (1893). — TIEMANN: Ber. Dtsch. chem. Ges.

Terpenketone, die eine $\alpha.\beta$-Doppelbindung in der Seitenkette enthalten, lagern nur 1 Mol Hydroxylamin an unter Bildung von Oxaminoketonen. Die aliphatischen $\Delta.\alpha.\beta$-Ketone bilden mit alkalifreiem Hydroxylamin Oxaminoxime, während die $\Delta.\beta.\gamma$-Ketone nur Monoxime liefern.[1] Dieses Verhalten kann zur Erkennung $\alpha.\beta$-ungesättigter Verbindungen dienen.[2]

Bei der Oxydation einer wässerigen Lösung von Oxaminoketonen und Oxaminoximen durch Kochen mit gelbem Quecksilberoxyd liefern Substanzen, bei denen sich die Hydroxylamingruppe an ein sekundäres Kohlenstoffatom angelagert hat, *farblose Dioxime*, während jene, bei welchen Anlagerung an ein tertiäres Kohlenstoffatom eingetreten war, *dunkelblaue* Lösung liefern (Bildung eines wahren Nitrosokörpers.)[3]

An *dreifache Bindungen* findet Addition des Hydroxylamins ganz analog statt, wie bei der Bildung von Amidoximen aus Nitrilen durch Hydroxylamin.[4]

Verhalten der Xanthon- und Flavonderivate gegen Hydroxylamin.

Weder das Xanthon noch das Euxanthon reagieren mit Hydroxylamin (und Phenylhydrazin),[5] und ebenso verhalten sich die Flavonderivate.[6]

Während es nun GRAEBE gelungen ist, das Xanthon im Umweg über das Xanthion zu oximieren,[7] konnte KOSTANECKI[8] zeigen, daß diese merkwürdige Passivität des γ-Pyronrings aufgehoben wird, sobald der Pyronring in einen Dihydro-γ-pyronring übergeht, wie ihn die von KOSTANECKI, LEVI, TAMBOR[8] und von KOSTANECKI, ODERFELD[9] dargestellten Flavanone enthalten. Schon beim Kochen der alkoholischen Lösung der Flavanone mit salzsaurem Hydroxylamin geht die Oximbildung langsam vonstatten, setzt man noch die molekulare Menge Natriumcarbonat hinzu, so werden sie bereits nach kurzem Erhitzen quantitativ in ihre Oxime übergeführt; kocht man diese Oxime in alkoholischer Lösung mit konzentrierter Salzsäure, so regenerieren sie die Flavanone.[10]

30, 251 (1897). — HARRIES, LEHMANN: Ber. Dtsch. chem. Ges. **30**, 231, 2726 (1897). — MINUNNI: Gazz. chim. Ital. **27** II, 263 (1897). — HARRIES, JABLONSKI: Ber. Dtsch. chem. Ges. **31**, 1371 (1898). — HARRIES, GLEY: Ber. Dtsch. chem. Ges. **31**, 1808 (1898). — HARRIES, RÖDER: Ber. Dtsch. chem. Ges. **31**, 1809 (1898). — BREDT, RÜBEL: Liebigs Ann. **299**, 160 (1898). — KNOEVENAGEL, GOLDSMITH: Ber. Dtsch. chem. Ges. **31**, 2465 (1898). — HARRIES: Ber. Dtsch. chem. Ges. **31**, 2896 (1898); **32**, 1315 (1899). — KNOEVENAGEL: Liebigs Ann. **303**, 224 (1899). — HARRIES, MATTFUS: Ber. Dtsch. chem. Ges. **32**, 1340 (1899). — TIEMANN, TIGGES: Ber. Dtsch. chem. Ges. **33**, 2960 (1900). — HARRIES: Liebigs Ann. **330**, 191 (1903). — HARRIES, GOLLNITZ: Liebigs Ann. **330**, 229 (1903); Ber. Dtsch. chem. Ges. **37**, 1341, 3102 (1904). — SEMMLER: Ber. Dtsch. chem. Ges. **37**, 950 (1904). — MINUNNI, CIUSA: Gazz. chim. Ital. **34** II, 373 (1905); Atti R. Accad. Lincei (Roma), Rend. (5), **14** II, 420 (1905); (5), **15** II, 455 (1906). — HARRIES, MAJIMA: Ber. Dtsch. chem. Ges. **41**, 2521 (1908). — CIUSA, TERNI: Atti R. Accad. Lincei (Roma), Rend. (5), **17** I, 724 (1908). — CIUSA, BERNARDIS: Atti R. Accad. Lincei (Roma), Rend. (5), **22** I, 708 (1913).

[1] BLAISE: Compt. rend. Acad. Sciences **138**, 1106 (1904). — BLAISE, MAIRE: Compt. rend. Acad. Sciences **142**, 215 (1906).

[2] HARRIES, RÖDER: Ber. Dtsch. chem. Ges. **32**, 3357 (1899). — DIELS, ABDERHALDEN: Ber. Dtsch. chem. Ges. **37**, 3095 (1904).

[3] HARRIES: Liebigs Ann. **330**, 207 (1903). — SCHIMMEL & Co.: Ber. Schimmel **1910** II, 81.

[4] OLIVERI-MANDALA: Atti R. Accad. Lincei (Roma), Rend. (5), **18** II, 141 (1909).

[5] V. MEYER, SPIEGLER: Ber. Dtsch. chem. Ges. **17**, 808 (1884). — FOSSE: Compt. rend. Acad. Sciences **143**, 749 (1906).

[6] KOSTANECKI: Ber. Dtsch. chem. Ges. **33**, 1483 (1900).   [7] Siehe S. 538.

[8] KOSTANECKI: Ber. Dtsch. chem. Ges. **32**, 330 (1899).

[9] KOSTANECKI, ODERFELD: Ber. Dtsch. chem. Ges. **32**, 1928 (1899).

[10] HERZIG, POLLAK: Ber. Dtsch. chem. Ges. **36**, 232 (1903).

Auch Xanthydrol reagiert leicht mit Hydroxylamin und Semicarbazid,[1] dagegen reagieren die Thioflavanone nicht.[2]

5. Darstellung von Semicarbazonen.[3]

Die Darstellung der gut krystallisierenden Semicarbazidderivate leistet namentlich in der Terpenreihe gute Dienste, wo die Phenylhydrazone meist schlecht krystallisieren und leicht zersetzlich sind und auch die Oxime oft nicht in festem Zustand erhalten werden können.

Das käufliche Semicarbazid enthält häufig salzsaures Hydrazin,[4] das zur Bildung flüssiger Hydrazone Veranlassung gibt, die das Hauptprodukt verunreinigen und am Krystallisieren hindern. Manche Ketone setzen sich übrigens auch mit reinem Semicarbazid-Chlorhydrat wenig glatt um oder geben chlorhaltige Reaktionsprodukte.

In solchen Fällen verwendet man das Sulfat oder noch zweckmäßiger freies Semicarbazid bzw. dessen Acetat.

Darstellung der Semicarbazone.[5,6]

Das salzsaure Semicarbazid wird in möglichst wenig Wasser gelöst, mit konzentriertem alkoholischen Kaliumacetat[7] in entsprechender Menge und dem betreffenden Aldehyd oder Keton versetzt und dann acetonfreier Alkohol und Wasser bis zur völligen Lösung hinzugesetzt.[8]

Die Dauer der Reaktion ist sehr verschieden und schwankt zwischen einigen Minuten und 4—5 Tagen, ja bis zu mehreren Wochen.[9]

ZELINSKI[10] empfiehlt (zur Untersuchung cyclischer Ketone) eine Lösung von 1 Teil Semicarbazidchlorhydrat und 1 Teil Kaliumacetat in 3 Teilen Wasser. Dieses Reagens wird in geringem Überschuß angewendet. Beim Schütteln mit dem Keton beginnt alsbald in der Kälte Fällung der Semicarbazone, evtl. leitet man die Abscheidung durch Zufügen einiger Tropfen acetonfreien Methylalkohols ein. Man krystallisiert meist aus Methylalkohol um.

d-Camphersemicarbazon wird dargestellt,[11] indem man 12 g Semicarbazid-

[1] FOSSE: Bull. Soc. chim. France (3), **35**, 1005 (1906).

[2] AUWERS, ARNDT: Ber. Dtsch. chem. Ges. **42**, 2709 (1909).

[3] BAEYER, THIELE: Ber. Dtsch. chem. Ges. **27**, 1918 (1894).

[4] Über einen Fall, wo Semicarbazid ausschließlich wie Hydrazin (unter Hydrazonbildung) einwirkte, siehe LIEBERMANN, LINDENBAUM: Ber. Dtsch. chem. Ges. **40**, 3575 (1907).

[5] BAEYER: Ber. Dtsch. chem. Ges. **27**, 1918 (1894). — MARCHLEWSKI: Ber. Dtsch. chem. Ges. **29**, 1034 (1896). — BROMBERGER: Ber. Dtsch. chem. Ges. **30**, 132 (1897). — BILTZ: Liebigs Ann. **339**, 243 (1905). — MICHAEL: Ber. Dtsch. chem. Ges. **39**, 2146 (1906). — MICHAEL, HARTMANN: Ber. Dtsch. chem. Ges. **40**, 144 (1907). — KILIANI: Ber. Dtsch. chem. Ges. **56**, 2016 (1923). — CONANT, BARTLETT: Journ. Amer. chem. Soc. **54**, 2881 (1932).

[6] Semicarbazid läßt sich bei p_H 7 mit Jod titrieren. 1 Mol = 4 J. Anwendung zur Semicarbazonbestimmung: BARTLETT: Journ. Amer. chem. Soc. **54**, 2857 (1932).

[7] SENDERENS verwendet Natriumaluminat und 95proz. Alkohol [Compt. rend. Acad. Sciences **150**, 1336 (1910)].

[8] Beim langen Stehenlassen von Semicarbazid-Chlorhydrat und Kaliumacetat in wässerig-alkoholischer Lösung scheidet sich auch das bei 165° schmelzende Acetylsemicarbazid ab. Siehe RUPE, HINTERLACH: Ber. Dtsch. chem. Ges. **40**, 4770 (1907). — Ebenso kann sich Hydrazodicarbonamid $NH_2CONHNHCONH_2$, F. 255°, bilden. — AUWERS, KEIL: Ber. Dtsch. chem. Ges. **35**, 4215 (1902). — LIPP, PADBERG: Ber. Dtsch. chem. Ges. **54**, 1327 (1921).

[9] SEMMLER, HOFFMANN: Ber. Dtsch. chem. Ges. **40**, 3525 (1907). — LIFSCHITZ: Ber. Dtsch. chem. Ges. **55**, 1652 (1922).

[10] ZELINSKI: Ber. Dtsch. chem. Ges. **30**, 1541 (1897). — CURTIUS, FRANZEN: Liebigs Ann. **404**, 126 (1914).

[11] TIEMANN: Ber. Dtsch. chem. Ges. **28**, 2192 (1895).

chlorhydrat und 15 g Natriumacetat in 20 ccm Wasser löst und damit die Auflösung von 15 g d-Campher in 20 ccm *Eisessig* vermischt. Evtl. eintretende
Trübung wird durch gelindes Erwärmen oder Zusatz von einigen Tropfen Eisessig beseitigt. Das Semicarbazon wird mit Wasser gefällt.[1]

Aldehyde[2] können auch direkt in Eisessiglösung mit Semicarbazid-Chlorhydrat zur Reaktion gebracht werden; *Chinone* werden mit in wenig *Wasser*
gelöstem Chlorhydrat erwärmt.[3]

Bei *Cyclohexanonen und deren Estern* tritt Semicarbazonbildung leicht ein,
wenn ein Alkyl oder Carboxaethyl am Ring sitzt oder beide Gruppen am selben
C-Atom oder an den beiden dem Carbonyl benachbarten Kohlenstoffatomen:
die Reaktion ist erschwert, wenn sich ein Alkyl und zwei Carboxaethyle neben
dem Carbonyl befinden, und bleibt ganz aus, wenn Methyl und Isopropyl in
Orthostellung zur CO-Gruppe stehen, einerlei ob sich noch ein Carboxaethyl an
demselben C-Atom befindet oder nicht.[4]

Iononsemicarbazon kann nur mit *schwefelsaurem* Semicarbazid erhalten
werden.[5]

Fischer, Moldenhauer, Süs erhitzen in *Pyridin*lösung unter Zusatz von
Soda oder Bariumcarbonat.[6] Diese Methode ist bequem, allgemein anwendbar
und gibt gute Ausbeuten. Man benutzt am besten HCl-Semicarbazid und
wässeriges Pyridin, das als Base und Lösungsmittel wirkt.[7]

In manchen Fällen ist auch Erwärmen auf dem Wasserbad nötig, so namentlich bei den *Zuckerarten*[8] und *Chinonen*.[9] In diesen Fällen wird meist eine
alkoholische Lösung von freiem Semicarbazid benutzt.

Mit freiem Semicarbazid *ohne* Lösungsmittel haben übrigens auch Curtius,
Heidenreich[10] und A. und W. Herzfeld[11] gearbeitet.

Man kann auch, ohne den Aldehyd isolieren zu müssen, *Bisulfitverbindungen*
durch Erhitzen mit Wasser und salzsaurem Semicarbazid in Carbazone verwandeln.[12]

Semicarbazid und *chlorierte Aldehyde*: Kling: Compt. rend. Acad. Sciences
148, 568 (1909); Bull. Soc. chim. France (4), 5, 412 (1909).

Semicarbaziddinatriumphosphat benutzt Michael.[13]

Zur Darstellung von Semicarbazonen nach Bouveault, Locquin mischt man
entweder die *essigsauren*[14] Lösungen von Semicarbazid und Aldehyd (Keton),
oder man löst das Reagens in möglichst wenig Wasser, säuert mit ein wenig
Essigsäure an und versetzt mit einer *alkoholischen* Lösung oder Suspension der

---

[1] Zur quantitativen Bestimmung wird 1 g Campher mit 3 g Semicarbazidchlorhydrat, 3 g geschmolzenem *Kaliumacetat* und 4—5 ccm Eisessig 4 Stunden auf
70—75° erhitzt, 16 Stunden stehen gelassen und mit 3 Vol. Wasser gefällt: Aschan:
Ztschr. analyt. Chem. 74, 427 (1928).

[2] Biltz, Stepf: Ber. Dtsch. chem. Ges. 37, 4025, 4028 (1904).

[3] Thiele: Liebigs Ann. 302, 329 (1898).

[4] Kötz, Michels: Liebigs Ann. 350, 204 (1906).

[5] Tiemann, Krüger: Ber. Dtsch. chem. Ges. 28, 1754 (1895).

[6] Fischer, Moldenhauer, Süs: Liebigs Ann. 485, 12, 21 (1931).

[7] Hopper: Journ. Roy. Techn. Coll. 2, 52 (1929).

[8] Herzfeld: Ztschr. Ver. Rübenz.-Ind. 1897, 604. — Bräuer: Ber. Dtsch.
chem. Ges. 31, 2199 (1898). — *Glykuronsäure*: Giemsa: Ber. Dtsch. chem. Ges. 33,
2997 (1900). [9] Thiele, Barlow: Liebigs Ann. 302, 329 (1898).

[10] Curtius, Heidenreich: Journ. prakt. Chem. (2), 52, 465 (1895).

[11] A. u. W. Herzfeld: Ztschr. Ver. Rübenz.-Ind. 1895, 853.

[12] Houben, Doescher: Ber. Dtsch. chem. Ges. 40, 4579 (1907). — Engelberg:
Diss. Berlin 1914, 38. — Rojahn, Seitz: Liebigs Ann. 437, 305 (1924).

[13] Michael: Ber. Dtsch. chem. Ges. 39, 2146 (1906); siehe S. 545.

[14] Fest gebundene Krystall-Essigsäure: Biltz, Stepf: Ber. Dtsch. chem. Ges. 37,
4025 (1904).

Substanz. Die fast immer unter Selbsterwärmung eintretende Reaktion wird durch kurzes Erhitzen auf dem Wasserbad beendet.

Fällt das Semicarbazon nicht nach dem Erkalten oder auf Wasserzusatz aus, was in der Regel der Fall ist, so dampft man im Vakuum zur Trockne und extrahiert mit einem geeigneten Lösungsmittel.

Die Semicarbazone der *Zuckerarten*[1] und der *Cumaranone*[2] pflegen *Krystallwasser*[3] zu enthalten und unscharf zu schmelzen. *Ketosen* scheinen überhaupt nicht mit Semicarbazid zu reagieren.[4]

Leicht zersetzliche Semicarbazone krystallisiert FECHT[5] bei Gegenwart von überschüssigem Semicarbazid aus verdünnter Salzsäure um.

Sterische Behinderung der Semicarbazonbildung: BOUVEAULT, LOCQUIN: Bull. Soc. chim. France (3), **35**, 655 (1906). — KÖTZ: Liebigs Ann. **350**, 208 (1906). — MICHELS: Diss. Göttingen 22, 1906. — Siehe auch MANNICH: Ber. Dtsch. chem. Ges. **40**, 158 (1907). — AUWERS, HESSENLAND: Ber. Dtsch. chem. Ges. **41**, 1792 (1908). — KÁRPÁTI: Diss. Göttingen 43, 1910. — DILTHEY: Ber. Dtsch. chem. Ges. **55**, 1276 (1922).

Stereoisomerie bei Semicarbazonen: FORSTER, ZIMMERLI: Journ. chem. Soc. London **97**, 2156 (1910). — HEILBRONN, WILSON: Journ. chem. Soc. London **101**, 1482 (1912); **103**, 377, 1504 (1913). — WILSON, HEILBRONN, SUTHERLAND: Journ. chem. Soc. London **105**, 2892 (1914). — WILSON, MACAULEY: Journ. chem. Soc. London **125**, 841 (1924). — HÜCKEL: Liebigs Ann. **477**, 121 (1930).

Über Charakterisierung von Alkoholen und Säuren durch Überführung in die Semicarbazone ihrer Brenztraubensäureester: BOUVEAULT: Compt. rend. Acad. Sciences **138**, 984 (1904). — *Von Säuren durch Überführen in die Semicarbazone ihrer Ester mit Oxyaceton* siehe S. 507.

Semicarbazone aus Oximen durch Verdrängung des Hydroxylaminrests: BILTZ: Ber. Dtsch. chem. Ges. **41**, 1884 (1908). — RUPE, KESSLER: Ber. Dtsch. chem. Ges. **42**, 4717 (1909). — Semicarbazid und *Hydroxamsäuren:* RUPE, FIEDLER: Journ. prakt. Chem. (2), **84**, 809 (1911). — FIEDLER: Diss. Basel 1912. — Semicarbazone und *Phenylhydrazin:* KNÖPFER: Monatsh. Chem. **31**, 87 (1910).

Beim Kochen mit *Anilin* gehen die Semicarbazone in Phenylcarbaminsäurehydrazone über. Man wird durch diese Reaktion öfters schlecht krystallisierende Semicarbazone in die schwerer löslichen und leichter krystallisierenden *Phenylsemicarbazone* verwandeln können.[6]

Manche Semicarbazone sind in verdünnter Salzsäure löslich, was zu *Trennungen* benutzt werden kann.[7]

4-Phenylsemicarbazid

selbst wird auch[8] verwendet. Die Carbonylverbindung wird mit dem Reagens, Alkohol und einigen Tropfen Eisessig einige Minuten auf dem Wasserbad er-

---

[1] MAQUENNE, GODWIN: Bull. Soc. chim. France (3), **31**, 1075 (1904).

[2] AUWERS: Ber. Dtsch. chem. Ges. **50**, 1595 (1917).

[3] Manche (Di-) Semicarbazone halten das Wasser noch bei 150° fest: AUWERS: Ber. Dtsch. chem. Ges. **50**, 1585 (1917); Liebigs Ann. **439**, 169 (1924).

[4] KAHL: Ztschr. Ver. Rübenz.-Ind. **1904**, 1091.

[5] FECHT: Ber. Dtsch. chem. Ges. **40**, 3899 (1907).

[6] BORSCHE: Ber. Dtsch. chem. Ges. **34**, 4299 (1901). — BORSCHE, MERKWITZ: Ber. Dtsch. chem. Ges. **37**, 3177 (1904).

[7] LA FORGE, HALLER: Journ. Amer. chem. Soc. **59**, 760 (1937).

[8] BRAUN, STEINDORFF: Ber. Dtsch. chem. Ges. **38**, 3097 (1905). — GERHARDT: Diss. Göttingen 1914, 31, 55. — PENFOLD, RAMAGE, SIMONSEN: Proceed. Roy. Soc. New South Wales **68**, 36 (1934). — RUZICKA, STOLL: Helv. chim. Acta **17**, 1308 (1934) (Muscon). — WHEELER, EDWARDS: Journ. Amer. chem. Soc. **38**, 390 (1916). — BUSCH: Journ. prakt. Chem. (2), **93**, 339, 352 (1916).

hitzt, heiß filtriert, bei 0° stehen gelassen. Aus (evtl. verdünntem) Alkohol umkrystallisieren. Die Ausbeuten sind vorzüglich, die Schmelzpunkte meist charakteristisch.[1]

Diphenylsemicarbazid: TOSCHI, ANGIOLANI: Gazz. chim. Ital. 45 I, 205 (1915). — BUSCH: Journ. prakt. Chem. (2), 93, 25 (1916).

p-Bromphenylsemicarbazid, p-Nitrophenylsemicarbazid: WHEELER, EDWARDS: Journ. Amer. chem. Soc. 38, 391 (1916).

m-Tolylsemicarbazid: SAH, WONG, KAO: Journ. Chin. chem. Soc. 4, 187 (1936).

p-Tolylsemicarbazid: LEI, SAH, SHIK: Journ. Chin. chem. Soc. 3, 246 (1935). Oft noch besser als Phenylsemicarbazid. Die Schmelzpunkte der Derivate der aliphatischen Aldehyde von C_2 bis C_{10} bilden eine Zickzackkurve, wodurch Nachbarglieder leicht zu unterscheiden sind. *Lävulinsäure* wird in siedendem Wasser umgesetzt.[2]

Spalten kann man die Semicarbazone mit *Benzaldehyd,* verdünnter[3] *Schwefelsäure,*[4] *Phthalsäureanhydrid*[5] oder wässeriger konzentrierter *Oxalsäurelösung.*[6]

Bei der Spaltung mit Phthalsäureanhydrid können gelegentlich Zersetzungen eintreten,[7] durch Schwefelsäure können Umlagerungen erfolgen,[8] oder es kann fein suspendiertes Hydrazinsulfat Störungen verursachen.[9]

Durch Natriumamalgam lassen sich viele Semicarbazone zu Semicarbaziden reduzieren.[10]

Semicarbazid und ungesättigte Ketone: HARRIES, KAISER: Ber. Dtsch. chem. Ges. 32, 1338 (1899). — HARRIES: Liebigs Ann. 330, 208 (1903). — RUPE, LOTZ: Ber. Dtsch. chem. Ges. 36, 2802 (1903). — RUPE, SCHLOCHOFF: Ber. Dtsch. chem. Ges. 36, 4377 (1903). — WALLACH: Liebigs Ann. 331, 326 (1904). — RUPE, HINTERLACH: Ber. Dtsch. chem. Ges. 40, 4764 (1907); Chem.-Ztg. 32, 892 (1908). — KESSLER: Diss. Basel 83, 1909. — RUPE, KESSLER: Ber. Dtsch. chem. Ges. 42, 4503, 4715 (1909). — STEINLE: Diss. Heidelberg 21, 1909. — MAZUREWITSCH:

---

[1] SAH, MA: Journ. Chin. chem. Soc. 2, 32 (1934). — *α- und β-Naphthylsemicarbazid:* SAH, CHIANG, TAO: Journ. Chin. chem. Soc. 4, 496, 501 (1936).

[2] SAH, LEI: Journ. Chin. chem. Soc. 2, 167 (1934).

[3] 30proz.: AUWERS, SCHÜTTE: Ber. Dtsch. chem. Ges. 52, 86 (1919). — VEIBEL: Bull. Soc. chim. France (4), 41, 1414 (1927). — 25proz.: TIFFENAU, LEVY: Bull. Soc. chim. France (4), 33, 751 (1923). — 2 n: WIELAND, BETTAG: Ber. Dtsch. chem. Ges. 55, 2250 (1922).

[4] SEMMLER: Ber. Dtsch. chem. Ges. 35, 2047 (1902). — WALLACH: Liebigs Ann. 331, 323 (1904). — BOUVEAULT, LOCQUIN: Bull. Soc. chim. France (3), 33, 165 (1905). — MICHAEL, HARTMANN: Ber. Dtsch. chem. Ges. 40, 144 (1907). — BILLARD: Bull. Soc. chim. France (4), 29, 441 (1921). — OREKHOW, TIFFENEAU: Bull. Soc. chim. France (4), 29, 457 (1921). — AUWERS: Liebigs Ann. 439, 172 (1924).

[5] TIEMANN, SCHMIDT: Ber. Dtsch. chem. Ges. 33, 3721 (1900). — HARRIES: Liebigs Ann. 330, 209 (1903); 336, 45 (1904). — MONOSSON: Diss. Berlin 1907, 21. — SEMMLER, BARTELT: Ber. Dtsch. chem. Ges. 40, 1370 (1907). — SEMMLER: Ber. Dtsch. chem. Ges. 41, 869 (1908). — CIAMICIAN, SILBER: Ber. Dtsch. chem. Ges. 43, 1345 (1910). — SEMMLER, FELDSTEIN: Ber. Dtsch. chem. Ges. 47, 2688 (1914). — SUIDA, PÖLL: Monatsh. Chem. 48, 187 (1927).

[6] WALLACH: Liebigs Ann. 353, 293 (1907); 359, 270, 278, 310 (1908). — RUPE, LUKSCH, STEINBACH: Ber. Dtsch. chem. Ges. 42, 2518 (1909). — KILIANI: Ber. Dtsch. chem. Ges. 56, 2017 (1923).

[7] SEMMLER, HOFFMANN: Ber. Dtsch. chem. Ges. 40, 3523 (1907). — E. MÜLLER: Diss. Leipzig 1908, 34. — Als Nebenprodukt der Reaktion entsteht immer Phthalsäurehydrazidcarbonamid: BROMBERG: Diss. Berlin 32, 1903.

[8] WALLACH: Liebigs Ann. 359, 270 (1908). — SEMMLER, JAKUBOWICZ: Ber. Dtsch. chem. Ges. 47, 1147 (1914).

[9] WILLSTÄTTER, SCHUPPLI, MAYER: Liebigs Ann. 418, 135 (1919).

[10] KESSLER, RUPE: Ber. Dtsch. chem. Ges. 45, 26 (1912). — RUPE, OESTREICHER: Ber. Dtsch. chem. Ges. 45, 30 (1912).

Journ. Russ. phys.-chem. Ges. **45**, 1925 (1913); **56**, 19 (1924). — AUWERS: Liebigs Ann. **421**, 1 (1920); Ber. Dtsch. chem. Ges. **54**, 987 (1921). — BUSSE, GUREWITSCH: Ber. Dtsch. chem. Ges. **63**, 2209 (1930). — LIVINGSTONE, WILSON: Journ. chem. Soc. London **1931**, 335.

Semicarbazid und p-Chinone: BORSCHE: Liebigs Ann. **334**, 143 (1904); **340**, 85 (1905). — HEILBRON, HENDERSON: Journ. chem. Soc. London **103**, 1404 (1913).

Chinonimidderivate: AUWERS, BORSCHE, WELLER: Ber. Dtsch. chem. Ges. **54**, 1297 (1921).

HINTERLACH[1] stellt folgende Regeln auf:

1. Semicarbazid wirkt bei aliphatischen ungesättigten α-, β-Ketonen mit zwei Molekülen unter Wasserabscheidung ein. Es bilden sich Semicarbazid-Semicarbazone.

2. Semicarbazid bildet gleichfalls Semicarbazid-Semicarbazone bei aliphatischen Estern, die eine Ketongruppe in α-, β-Stellung zu einer Doppelbindung haben.

3. Semicarbazid wirkt auf aliphatische ungesättigte α-, β-Ester unter Verseifung des Esters und Anlagerung von je einem Molekül Semicarbazid an die Doppelbindung und an das Carbonyl.

4. Dagegen wirkt auch bei den aromatischen Estern der Phenylrest ebenso störend wie bei den aromatischen Ketonen.[2] Er verhindert auch hier eine Anlagerung und demgemäß auch die Verseifung.

Trennung und Bestimmung von Carbonylverbindungen nach der MICHAEL*schen Semicarbazidmethode.*[3]

Die neutralen Lösungen des Semicarbazids in Säuren verschiedener Stärke sind nicht nur als vortreffliches Reagens zur qualitativen Unterscheidung von Aldehyden und Ketonen geeignet, sondern können auch bei passender Wahl der Säuren als ziemlich genau quantitativ wirkende Bestimmungsmittel derselben in Isomerengemischen dienen.

Zum Zweck der Bestimmung z. B. von Hexanon-2 in Gegenwart von Hexanon-3 wurde die Tatsache benutzt, daß ersteres Keton mit saurem Semicarbazid-*phosphat* ein Semicarbazon bildet, was beim Hexanon-3 nicht der Fall ist.

Die Semicarbazidlösung wurde durch Auflösen von 5 g $Na_2HPO_4 + 12\,H_2O$, 2,5 g Phosphorsäure von 89% und 3,6 g Semicarbazidchlorhydrat und Verdünnen des Gemisches bis zu 30 g Gewicht hergestellt. Das Ketongemisch wurde nun 2 Tage unter häufigem Schütteln mit der Reagenslösung stehengelassen, dann der Niederschlag abgesaugt und gewaschen, schließlich im Vakuum getrocknet.

Bestimmung von Semicarbazid.[4]

0,08 g Semicarbazidhydrochlorid in 50 ccm Wasser werden mit 20 ccm 5-nH_2SO_4 und 50 ccm $^n/_{10}$-KJO$_3$ versetzt, nach 3 Minuten überschüssige KJ-Lösung zugegeben und das freigewordene Jod mit $^n/_{10}$-Na$_2$S$_2$O$_3$ titriert:

$$1 \text{ ccm } ^n/_{10}\text{-Na}_2\text{S}_2\text{O}_3 = 0,001877 \text{ g Semicarbazid.}$$

---

[1] HINTERLACH: Diss. Basel 60, 1907.

[2] Nach AUWERS gilt dies nur von Ketonen der Formel

$$C_6H_5 \cdot CH:CH \cdot CO \text{ Alph,}$$

während solche der Formel

$$C_6H_5 \cdot CO \cdot CH:CH \text{ Alph}$$

an die Doppelbindung addieren [Liebigs Ann. **421**, 1 (1920); Ber. Dtsch. chem. Ges. **54**, 988 (1921)].

[3] MICHAEL: Journ. prakt. Chem. (2), **60**, 350 (1899); **72**, 543, Anm. (1905); Ber. Dtsch. chem. Ges. **34**, 4038 (1901); **39**, 2144 (1906); **40**, 144 (1907). — Siehe auch MICHAEL: Journ. Amer. chem. Soc. **41**, 393 (1919). — SUIDA, PÖLL: Monatsh. Chem. **48**, 171 (1927).   [4] SMITH: Journ. chem. Soc. London **1937**, 1325.

Die *Analyse der Semicarbazide und Semicarbazone* führt RIMINI[1] im SCHULTZE, TIEMANNschen Apparat auf gasometrischem Weg aus. Kocht man nämlich ein Hydrazinsalz mit Sublimatlösung, bis alle Luft aus dem Apparat vertrieben ist, und fügt hierauf etwas konzentriertes Alkali zu, dann zersetzt sich das Hydrazin unter Abgabe seines ganzen Stickstoffs, dessen Menge bestimmt werden kann:

$$N_2H_4H_2SO_4 + 6\,KOH + 2\,HgCl_2 = K_2SO_4 + 4\,KCl + 2\,Hg + N_2 + 6\,H_2O.[2]$$

Quantitative Bestimmung von Aldehyden und Ketonen als Semicarbazone: VEIBEL: Bull. Soc. chim. France (4), **41**, 1410 (1927); Journ. Pharmac. Chim. (8), **24**, 499 (1936).

Mikroverfahren: VEIBEL: Journ. chem. Soc. London **1929**, 2423. — HOBSON: Journ. chem. Soc. London **1929**, 1385.

6. Darstellung der Thiosemicarbazone.[3]

Die Verbindungen des Thiosemicarbazids mit Aldehyden und Ketonen[4] $RR_1C\!:\!NNHCSNH_2$ besitzen die wertvolle Eigenschaft, mit einer Reihe von Schwermetallen unlösliche Salze zu bilden. Man braucht daher die Thiosemicarbazone selbst nicht zu isolieren,[5] sondern fällt sie aus ihren Lösungen mit Silbernitrat, Kupferacetat oder Mercuriacetat.

Die *Quecksilbersalze* sind meist krystallinisch und in heißem Wasser löslich, daher auch umkrystallisierbar; die *Kupfer-* und *Silbersalze* dagegen sind amorph und in Wasser, Alkohol und Aether gänzlich unlöslich.

Besonders empfehlenswert ist die Abscheidung der Thiosemicarbazone als *Silberverbindungen* $R \cdot R'C\!:\!N \cdot N\!:\!C(SAg)NH_2$.

Da das Thiosemicarbazid selbst mit Schwermetallen Doppelverbindungen eingeht, muß ein Überschuß dieser Substanz vor der Fällung entfernt werden. Dies gelingt leicht, da das Reagens in Alkohol schwer und in anderen organischen Lösungsmitteln nicht löslich ist, während die Thiosemicarbazone von diesen Solvenzien meist leicht aufgenommen werden. Je nach der Löslichkeit der Thiosemicarbazone in Wasser oder organischen Lösungsmitteln ist wässeriges oder alkoholisches Silbernitrat zu verwenden.

---

[1] RIMINI: Atti R. Accad. Lincei (Roma), Rend. (5), **12 II**, 376 (1903). — Über die Bestimmung von Semicarbazid und Semioxamazid siehe auch MASELLI: Gazz. chim. Ital. **35 I**, 267 (1905). — DATTA, CHONDHURY: Journ. Amer. chem. Soc. **38**, 2736 (1916). — HEIBRON, HUDSON, HUISH: Journ. chem. Soc. London **123**, 2276 (1923). — FLEURY, LEVALTIER: Journ. Pharmac. Chim. (7), **30**, 265 (1924). — KURTEN-ACKER, KUBINA: Ztschr. analyt. Chem. **64**, 388 (1924).

[2] Oder man spaltet das Semicarbazon durch Kochen mit 10—30proz. H_2SO_4 in Carbonylverbindung, Hydrazin und NH_3, zerstört das Hydrazin mit Jodsäure, kocht das Jod weg und bestimmt das Ammoniak nach KJELDAHL (VEIBEL).

[3] SCHANDER: Diss. Berlin 38, 1894. — FREUND, HEMPEL: Ber. Dtsch. chem. Ges. **28**, 74, 948 (1895). — FREUND, IRMGART: Ber. Dtsch. chem. Ges. **28**, 306 (1895). — NEUBERG: Ber. Dtsch. chem. Ges. **33**, 3318 (1900). — NEUBERG, NEIMANN: Ber. Dtsch. chem. Ges. **35**, 2049 (1902). — FREUND, SCHANDER: Ber. Dtsch. chem. Ges. **35**, 2602 (1902). — NEUBERG, BLUMENTHAL: Beiträge zur chem. Physiol. und Pathol. **2**, H. 5 (1902). — KLING: Anz. Akad. Wiss. Krakau **1907**, 448. — TINGLE, BATES: Journ. Amer. chem. Soc. **32**, 1499 (1910). — LUGNER: Monatsh. Chem. **36**, 166 (1915). — NEUBERG, LIEBERMANN: Biochem. Ztschr. **121**, 323 (1921). — BUSCH, LINSENMEIER: Journ. prakt. Chem. (2), **115**, 233 (1927). — FEULGEN, BEHRENS: Ztschr. physiol. Chem. **177**, 225 (1928). — BEHRENS: Ztschr. physiol. Chem. **191**, 185 (1930). — DE: Journ. Indian chem. Soc. **7**, 361 (1930). — LIVINGSTONE, WILSON: Journ. chem. Soc. London **1931**, 337 (ungesättigte Ketone). — RUZICKA, SEIDEL, SCHINZ: Helv. chim. Acta **16**, 1150 (1933) (Iron).

[4] Ketonsäureester: DE, DUTT: Journ. Indian chem. Soc. **5**, 459 (1928).

[5] Sie lassen sich aber auch oft gut aus Alkohol, Chloroform-Ligroin oder wässerigem Methanol umkrystallisieren.

Die Silbersalze sind meist weiße, oft käsige Niederschläge, manchmal krystalline Massen, nach dem Trocknen lichtbeständig,[1] die sich, möglichst vor Licht geschützt, über konzentrierter Schwefelsäure unzersetzt trocknen lassen.

Die *Silberbestimmung* kann entweder durch energisches Glühen und Schmelzen[2] oder durch Titration nach VOLHARD erfolgen; in letzterem Fall muß die Substanz im ERLENMEYERkölbchen mit etwas rauchender Salpetersäure bis zur Lösung erhitzt werden.

Die *Abscheidung der Thiosemicarbazone* führt man aus, indem man das Silbersalz in wässeriger, alkoholischer oder aetherischer Suspension mit Schwefelwasserstoff zerlegt oder mit einer nach der VOLHARDschen Titration berechneten Menge Salzsäure schüttelt und das Filtrat eindampft.

Die Rückverwandlung in Aldehyde bzw. Ketone erfolgt durch *Spaltung der Thiosemicarbazone* oder direkt ihrer Silbersalze mit Mineralsäuren.[3] Bei mit Wasserdampf flüchtigen Substanzen verwendet man Phthalsäureanhydrid zur Zerlegung.[4]

Die Silbersalzmethode ist allgemeinster Anwendung fähig, nur die Zuckerarten geben keine schwer löslichen Salze, bilden aber dafür oftmals sehr schön krystallisierende Thiosemicarbazone.

Tolylthiosemicarbazid als Ketonreagens: BOST, SMITH: Journ. Amer. chem. Soc. **53**, 652 (1931).

7. Darstellung von Aminoguanidinderivaten.[5]

Salzsaures Aminoguanidin wird mit wenig Wasser und einer Spur Salzsäure in Lösung gebracht, das Keton und dann die zur Lösung notwendige Menge Alkohol zugefügt. Nach kurzem Kochen ist die Reaktion beendet.

Man setzt nun Wasser und Natronlauge zu und extrahiert die flüssige Base mit Aether. Das nach dem Verjagen des Aethers hinterbliebene Öl wird in heißem Wasser suspendiert und mit wässeriger Pikrinsäurelösung versetzt, die das *Pikrat* als körnig-krystallinischen Niederschlag abscheidet. Dieser wird je nach seiner Löslichkeit aus konzentriertem oder verdünntem Alkohol umkrystallisiert. Oder man fällt mit Pikrinsäure in methylalkoholischer Lösung.[6]

Auch die *Nitrate* der Aminoguanidinverbindungen sind meist schwer löslich und gut krystallisiert.[7]

Über *Verbindungen von Aminoguanidin mit Zuckerarten* siehe WOLFF, HERZFELD[8] und WOLFF;[9] mit *Chinonen* siehe THIELE.[10]

8. Nitroguanylhydrazone.

Die gesättigte Eisessiglösung von Nitroaminoguanidin wird bei 70° auf die wässerige oder methylalkoholische Lösung der Substanz einwirken gelassen.

---

[1] HARLAY: Compt. rend. Acad. Sciences **200**, 1220 (1935).   [2] Siehe S. 258.

[3] Z. B. 2 n-Schwefelsäure: BEHRENS: Ztschr. physiol. Chem. **191**, 186 (1930).

[4] Siehe S. 544.

[5] MANNICH berichtet über einen Fall, wo weder Oxim noch Semicarbazon darstellbar war, aber ein schön krystallisierendes Pikrat der Aminoguanidinverbindung [Ber. Dtsch. chem. Ges. **40**, 158 (1907)].

[6] RUZICKA, VAN VEEN: Liebigs Ann. **476**, 93 (1929).

[7] BAEYER: Ber. Dtsch. chem. Ges. **27**, 1919 (1894). — THIELE, BIHAN: Liebigs Ann. **302**, 302 (1898). — ROJAHN, KÜHLING: Liebigs Ann. **264**, 344 (1926). — RUZICKA, VAN VEEN: Liebigs Ann. **476**, 93 (1929).

[8] WOLFF, HERZFELD: Ztschr. Ver. Rübenz.-Ind. **1895**, 743.

[9] WOLFF: Ber. Dtsch. chem. Ges. **27**, 971 (1894); **28**, 2613 (1895).

[10] THIELE: Liebigs Ann. **302**, 312 (1898).

Die Derivate (aus Wasser oder Alkohol) sind schwer löslich und zeigen gute Schmelzpunkte. Zucker reagieren nicht.[1]

9. Benzhydrazid und seine Derivate.

Diese von CURTIUS und seinen Schülern[2] dargestellten Verbindungen geben mit Aldehyden und (etwas weniger leicht) mit Ketonen gut krystallisierende, schwer lösliche Kondensationsprodukte, die sich namentlich zur Abscheidung der Aldehyde (Ketone) aus großen Flüssigkeitsmengen eignen. Sie leisten auch in der *Zuckergruppe* gute Dienste[3] und können nach KAHL *als Reagens auf Aldehydzucker* verwendet werden.[4]

Benzhydrazid, die Chlor-,[5] Brom-[6] und Nitrobenzhydrazide[7,8] verbinden sich mit *Aldehyden* schon beim Schütteln der wässerigen oder alkoholischen Lösungen in der Kälte. *Ketone*[9] reagieren meist erst in der Wärme, manchmal (Diketone) erst unter Druck. Am besten arbeitet man in Eisessiglösung. α-*Ketonsäuren* reagieren sehr energisch, während die Resultate mit β- und γ-*Ketonsäuren* nicht so befriedigend sind.

Ketosen und *Biosen* reagieren überhaupt nicht.

Oxanilhydrazid wird besonders für aliphatische Aldehyde und Ketone empfohlen.[10]

Über quantitative Fällung von *Vanillin* mit m-Nitrobenzhydrazid: HANUŠ: Ztschr. Unters. Nahrungs- u. Genußmittel 10, 585 (1906).

3.5-Dinitrobenzhydrazid ist das beste Reagens für Carbonylverbindungen. Die Ausbeuten sind sehr gut, die Derivate beständiger als Arylhydrazone, die Schmelzpunkte charakteristisch, namentlich auch bei den aliphatischen Aldehyden. Man läßt das in 30proz. Alkohol gelöste Reagens mit einem Tropfen Eisessig und der in Alkohol gelösten Probe stehen. Aus verdünntem Alkohol, Alkohol-Essigester oder Essigester. *Ketonsäuren* werden in wässeriger Lösung kondensiert, aus Chloroform oder Chloroform-Essigester umkrystallisiert.[8]

β-*Naphthylhydrazid* liefert sehr schwer lösliche Derivate, die besonders zur Charakterisierung der Aldehydzucker empfohlen werden.

Die Verbindungen mit Benzhydraziden werden durch Kochen mit Benzaldehyd in wässeriger Lösung gespalten.

---

[1] WHITMORE, REVUKAS, SMITH: Journ. Amer. chem. Soc. 57, 706 (1935).
[2] CURTIUS: Journ. prakt. Chem. (2), 50, 275 (1894); 51, 165, 353 (1895); Ber. Dtsch. chem. Ges. 28, 522 (1895).
[3] RADENHAUSEN: Ztschr. Ver. Rübenz.-Ind. 1894, 768. — WOLFF: Ber. Dtsch. chem. Ges. 28, 161 (1895). — KENDALL, SHERMAN: Journ. Amer. chem. Soc. 30, 1451 (1908). [4] KAHL: Ztschr. Ver. Rübenz.-Ind. 1904, 1091.
[5] *1-Chlorbenzhydrazid*: SUN, SAH: Sci. rep. Tsing-Hua Univ., A 2, 359 (1934). — *3-Chlorbenzhydrazid*: SAH, WU: Sci. rep. Tsing Hua Univ. 3, 443 (1936). — *4-Chlorbenzhydrazid*: SHIH, SAH: Sci. rep. Tsing Hua Univ., A 2, 353 (1934).
[6] *4-Brombenzhydrazid*: WANG, KAO, KAO, SAH: Sci. rep. Tsing Hua Univ., A 3, 279 (1935). — *3-Brombenzhydrazid*: KAO, TAO, KAO, SAH: Journ. Chin. chem. Soc. 4, 69 (1936). — *2-Brombenzhydrazid*: KAO, KAO, YÜ, SAH: Sci. rep. Tsing Hua Univ., A 3, 555 (1936).
[7] 2-Nitrobenzhydrazid: SAH, KAO: Sci. rep. Tsing Hua Univ., A 3, 461 (1936). — 3-Nitrobenzhydrazid: MENG, SAH: Sci. rep. Tsing Hua Univ., A 2, 347 (1934). — STRAIN: Journ. Amer. chem. Soc. 57, 758 (1935). — 4-Nitrobenzhydrazid: 0,5 g Nitrobenzhydrazid, 15 ccm kochender Alkohol werden mit 1 g Carbonylverbindung, Alkohol und 1 Tropfen Eisessig stehengelassen, eventuell Wasser zugesetzt. Aus (verd.) Alkohol: CHEN: Journ. Chin. chem. Soc. 3, 251 (1935).
[8] SAH, MA: Journ. Chin. chem. Soc. 2, 40 (1934). — SCHMIDT, HEINTZ: Liebigs Ann. 515, 94 (1935) (Xylose).
[9] Siehe auch WHEELER, EDWARDS: Journ. Amer. chem. Soc. 38, 392 (1916).
[10] SAH, KAO: Sci. rep. Tsing Hua Univ., A 3, 469 (1936).

10. Semioxamazid NH_2—CO—CO—NH—NH_2

wird von KERP, UNGER[1] für Identifizierungen — namentlich von Aldehyden[2] — empfohlen, wo infolge der Bildung stereoisomerer Semicarbazone[3] Unsicherheit eintreten könnte.

Mit den *Aldehyden* reagiert das Semioxamid unter den gleichen Bedingungen und mit der gleichen Leichtigkeit wie das Semicarbazid. Die Kondensationsprodukte sind in Wasser meist unlöslich[4] und werden bereitet, indem man die Aldehyde in äquimolekularer Menge zu einer etwa 30° warmen, gesättigten Lösung des Hydrazids fügt und schüttelt. Der Aldehyd verschwindet binnen weniger Minuten, und das Reaktionsprodukt scheidet sich sofort als voluminöse, meist amorphe Masse aus. PRINS erhitzt die Komponenten in 50proz. Alkohol.

Über *Verwendung des Semioxamazids zur Pentosanbestimmung* siehe S. 596.

Quantitative Fällung von *Zimtaldehyd*: HANUŠ: Ztschr. Unters. Nahrungs- u. Genußmittel **6**, 817 (1903).

11. p-Aminodimethylanilin

haben CALM,[5] NUTH[6] und NAAR[7] mit Aldehyden kondensiert.

Man mischt Aldehyd und Aminobase, evtl. in alkoholischer Lösung.

Das Gemenge erwärmt sich alsbald ziemlich beträchtlich und das Kondensationsprodukt scheidet sich meist deutlich krystallinisch aus.

Die Kondensationsprodukte mit aromatischen Aldehyden geben mit *einem* Molekül Salzsäure intensiv *rote*, mit *zwei* Molekülen schwach *gelbe* Salze, die heller sind als die freie Base.[8]

Bei *Ketonen* findet nur Einwirkung statt,[9] wenn man der Mischung molekularer Mengen einige Tropfen Kalilauge zufügt oder wenn man die Komponenten zusammenschmilzt und längere Zeit über freier Flamme zum beginnenden Sieden erhitzt.

12. p-Nitrobenzylmercaptale und -mercaptole.

p-Nitrobenzylmercaptan eignet sich[10] als qualitatives Reagens auf Aldehyde und Ketone und zur Abscheidung dieser Stoffe, namentlich auch zur Abscheidung und Identifizierung von hydroaromatischen Ketonen.

Im allgemeinen wird man *p-Nitrobenzylzinkmercaptid*[11] verwenden, in mit Salzsäure gesättigtem Alkohol gelöst, dem man die berechnete Menge der Substanz zusetzt. Das Reaktionsprodukt scheidet sich meist sofort, sonst nach einigem Stehen im Eisschrank ab.

---

[1] KERP, UNGER: Ber. Dtsch. chem. Ges. **30**, 585 (1897). — SCHÄFER: Diss. Halle 1909. — ERDMANN: Ber. Dtsch. chem. Ges. **43**, 2393, 2396 (1910). — ERDMANN, SCHÄFER: Ber. Dtsch. chem. Ges. **43**, 2402, 2404 (1910). — PHILIPS: Pharmac. Journ. (4), **39**, 129 (1914). — PRINS: Chem. Weekbl. **14**, 692 (1917). — RADCLIFFE, LOO: Perfumery essent. Oil Record **10**, 39 (1919). — KERKHOF: Diss. Leiden 1930; Rec. Trav. chim. Pays-Bas **51**, 742 (1932).

[2] Ketone: WILSON, PICKERING: Journ. chem. Soc. London **123**, 394 (1923); **125**, 1152 (1924).   [3] WALLACH: Ber. Dtsch. chem. Ges. **28**, 1955 (1895).

[4] Das Oxymethylfurol gibt ein aus heißem Wasser krystallisierbares Semioxamazon.

[5] CALM: Ber. Dtsch. chem. Ges. **17**, 2938 (1884).

[6] NUTH: Ber. Dtsch. chem. Ges. **18**, 573 (1885).

[7] NAAR: Ber. Dtsch. chem. Ges. **25**, 635 (1892).

[8] MOORE, GALE: Journ. Amer. chem. Soc. **30**, 394 (1908).

[9] VOGTHERR: Ber. Dtsch. chem. Ges. **24**, 244 (1891). — Dehydrocorydalin reagiert dagegen schon ohne Zusätze in aetherischer Lösung: HAARS: Arch. Pharmaz. **243**, 173 (1905).

[10] SCHAEFFER: Diss. München 1896. — SCHAEFFER, MURÚA: Ber. Dtsch. chem. Ges. **40**, 2007 (1907).   [11] WATERS: Diss. München 20, 29, 32, 1905.

Zur Reinigung krystallisiert man 2—3mal aus absolutem Alkohol um.

Da *Furol* Salzsäure nicht verträgt, muß zur Kondensation freies Nitrobenzyl-mercaptan verwendet werden.

Das Furylidenmercaptal wird durch einstündiges Kochen der Komponenten in absolut alkoholischer Lösung am Rückflußkühler erhalten.

13. Aminoazobenzol[1]

gibt ebenfalls mit aromatischen Aldehyden gut krystallisierende Kondensations-produkte. Zu einer heiß gesättigten Lösung von reinem Aminoazobenzol fügt man die berechnete Menge Aldehyd. Beim Abkühlen scheiden sich dann Krystalle ab, die aus Alkohol umkrystallisiert werden.

14. Farbenreaktionen der Carbonylverbindungen.

1. Nitroprussidnatrium (Reagens von LEGAL*).*

Fügt man zu einer Aldehyd- oder Ketonlösung 0,5—1 ccm frisch bereitete 0,3—0,5proz. Nitroprussidnatriumlösung und macht dann mit Kalilauge (1,14) schwach alkalisch, dann nimmt die Lösung intensive Färbung an, die aber beim längeren Stehen oder Ansäuern schwächer wird und schließlich vergilbt.[2]

Die Färbungen sind bei den Ketonen gewöhnlich charakteristischer und lebhafter als bei den Aldehyden; sie werden beim Ansäuern mit den starken *Mineralsäuren* schwächer, bis sie schließlich verschwinden, während mit *orga-nischen Säuren* oder mit *Metaphosphorsäure* Farbenumschlag, z. B. von Rot in Indigoblau oder von Blauviolett in Blaugrün usf., eintritt.

Auch *Ketonsäuren* und deren Abkömmlinge geben die Reaktion, jedoch bei weitem nicht so deutlich wie die Ketone.

Als Lösungsmittel benutzt man womöglich Wasser, sonst aber absoluten aldehydfreien Alkohol oder Aether.

Benutzt man Aether, so beschränkt sich die Färbung gewöhnlich auf die wässerige Lösung der Reagenzien; die aetherische Lösung bleibt ungefärbt. Es ist gut, noch so viel destilliertes Wasser hinzuzufügen, daß die ganze wässerige Schicht 3—4 ccm beträgt, um die Reaktion deutlicher zu machen.

Die Reaktion[3] tritt bei der *Fettreihe* angehörigen Aldehyden und Ketonen immer ein, wenn die Aldehyd- oder Ketongruppe unmittelbar wenigstens mit einer nur aus C und H bestehenden Gruppe verbunden ist. Diese kann ihrerseits wieder an ein substituiertes Kohlenwasserstoffradikal gebunden sein.

Ist mit *aromatischen* Radikalen nur CHO oder CO verbunden, dann tritt *keine* Reaktion ein. Wenn auch noch andere aliphatische Kohlenwasserstoffradikale vorhanden sind, fällt die Reaktion positiv aus. *Orthoaldehydsäuren*[4] zeigen dagegen keine Färbung. Diese tritt aber ein, wenn mit dem aromatischen Radikal eine längere die CHO- oder CO-Gruppe enthaltende Seitenkette verbunden ist, wobei Substitution in der mit CHO oder CO unmittelbar verbundenen Kohlen-wasserstoffgruppe bezüglich des Ausfalls der Reaktion dieselbe Rolle spielt wie bei den einfachen der Fettreihe angehörigen Substanzen.[5]

---

[1] MOTTO, PELLETIER: Bull. de l'Ass. des anciens élèves de l'école de Chimie de Lyon 1902. — ROURE, BERTRAND FILS: Ber. I, 6, 52 (1902). — LUGNER: Monatsh. Chem. 36, 164 (1915).

[2] BITTÓ: Liebigs Ann. 267, 372 (1892); 269, 377 (1892). — DENIGÈS: Bull. Soc. chim. France (3), 15, 1058 (1896); (3), 17, 381 (1897). — FUCHS, EISNER: Ber. Dtsch. chem. Ges. 53, 896 (1920).

[3] Siehe auch GIRAL Y PEREIRA, LÓPEZ: Chem.-Ztg. 33, 872 (1909).

[4] WEGSCHEIDER: Monatsh. Chem. 17, 111 (1896) (Opiansäure).

[5] Auch andere Nitrokörper (m-Dinitrobenzol, m-Dinitrotoluol, α- und β-Di-

In manchen Fällen läßt sich das Aetzkali bei der BITTÓschen Reaktion durch sekundäre aliphatische Amine[1] oder durch Piperidin[2] ersetzen.

2. Reaktion mit Metadiaminen.[3]

Einige Kubikzentimeter einer am besten 0,5—1,0proz. wässerigen oder alkoholischen Lösung des salzsauren Metadiamins gießt man zur alkoholischen bzw. wässerigen Lösung der Substanz.

In einigen Minuten tritt die mit intensiver, grünlicher Fluorescenz verbundene Reaktion ein und erreicht in höchstens 2 Stunden den Höhepunkt ihrer Intensität. Womöglich gebrauche man wässerige Lösungen, ja sogar bei den in Wasser nicht löslichen Aldehyden und Ketonen ist es besser, eine solche zu benutzen, da diese geringe Menge Wasser nie ausreicht, um etwa Fällung zu verursachen. Die Farbenreaktion erlischt beim Alkalisieren. Durch Zufügen von Säuren tritt die Reaktion wieder auf. Zusatz von starken Mineralsäuren schwächt die Farbenreaktion ab.

Die Reaktion tritt mit den Salzen der Metadiamine immer ein, wenn die Formyl- bzw. Carbonylgruppe nicht mit einer vollständig substituierten Alkylgruppe verbunden ist. Partielle Substitution beeinflußt, wie es scheint, die Reaktion überhaupt nicht; die Reaktionsfähigkeit des Formaldehyds und Glyoxals beweist hingegen, daß die Formylgruppe nicht unbedingt an ein Alkyl gebunden sein muß.

Bei den aromatischen Aldehyden tritt die Reaktion immer ein. Die gemischten Ketone und Ketonsäuren reagieren hingegen überhaupt nicht.

Dem salzsauren Metaphenylendiamin ähnlich verhalten sich andere Diamine analoger Konstitution.

Hingegen tritt bei Anwendung von o- oder p-Diaminen bloß Färbung ein, ohne Fluorescenz.

3. Bildung von Bromnitrosoverbindungen.[4]

Man versetzt die möglichst neutrale Lösung mit je einem Tropfen zirka 10proz. Hydroxylaminchlorhydratlösung und zirka 5proz. Natronlauge. Nach Zugabe eines größeren Tropfens Pyridin und Überlagerung einer dünnen Aetherschicht wird langsam unter Umschütteln so lange Bromwasser zugegeben, bis sich der Aether deutlich gelb bzw. grün gefärbt hat, fügt 1 ccm Wasserstoffsuperoxydlösung hinzu und schüttelt. Bleibende Blaufärbung des Aethers zeigt Bildung einer Bromnitrosoverbindung und Vorhandensein einer die Ketongruppe enthaltende Verbindung an.

Acetessigester und Oxalessigester geben die Reaktion, während sie bei Acetophenon und Campher ausbleibt.

Einfluß von Kernsubstitution auf die Reaktionsfähigkeit aromatischer Aldehyde und Ketone: POSNER: Ber. Dtsch. chem. Ges. **35**, 2343 (1912).

Über die Reaktion mit fuchsinschwefliger Säure siehe S. 553, 615.

nitronaphthalin) zeigen ähnliche, aber weniger charakteristische Reaktionen. — Anderseits geben auch andere Verbindungen, welche die Gruppe CO—CH_2 enthalten (Hydantoin, Thiohydantoin, Methylhydantoin, Kreatinin), mit Nitroprussidnatrium ähnliche Färbung: WEYL: Ber. Dtsch. chem. Ges. **11**, 2155 (1878). — GUARESCHI: Annali Chim. appl. (5), **4**, 1887 (1892). — Über die Indolreaktion: BITTÓ: Liebigs Ann. **269**, 382 (1892); Ztschr. analyt. Chem. **36**, 369 (1897).

[1] RIMINI: Ann. Farm. Chim. **1898**, 249. — SIMON: Compt. rend. Acad. Sciences **125**, 1105 (1897) (Dimethylamin). — NEUBERG, KERB: Biochem. Ztschr. **47**, 409, 415, 420 (1912) (Diaethylamin).

[2] LEWIN: Ber. Dtsch. chem. Ges. **32**, 3388 (1899).

[3] WINDISCH: Ztschr. analyt. Chem. **27**, 514 (1888). — BITTÓ: Ztschr. analyt. Chem. **36**, 370 (1897).

[4] STOCK: Diss. Berlin 1899. — BLUMENTHAL, NEUBERG: Dtsch. med. Woch. **1901**, Nr. 1. — PILOTY: Ber. Dtsch. chem. Ges. **35**, 3099 (1902). — FUCHS, EISNER: Ber. Dtsch. chem. Ges. **53**, 896 (1920).

Unterscheidung aliphatischer und aromatischer Aldehyde mit Acenaphthen und Schwefelsäure: FAZI: Gazz. chim. Ital. 46 I, 334 (1916).

15. Erlöschen der Carbonylfunktion.[1]

Die üblichen Reaktionen auf die Carbonylgruppe sind für hochmolekulare aliphatische Verbindungen und Sesquiterpene[2] unbrauchbar. Man reduziert mit Natrium und Amylalkohol zum sekundären Alkohol und bestimmt die Acetylzahl.[3]

Häufung von Alkylgruppen behindert öfters die Reaktionsfähigkeit benachbarter CO-Gruppen.[4] $\alpha.\alpha'$-Tetrapropyl- (benzyl-, allyl-) cyclopentanon, β- und γ-Methyl-$\alpha.\alpha'$-tetrapropylcyclohexanon, $\alpha.\alpha'$-Tetramethyl- (propyl-, allyl-, benzyl-) cyclohexanon, $\alpha.\alpha'$-Dipropyl-$\alpha.\alpha'$-diisopropylcyclopentanon liefern weder Oxime noch Semicarbazone. Nur Tetramethylcyclohexanon gibt ein Oxim. Nur dieses Cyclanon reagiert mit CH_3MgJ, Aether, die anderen auch mit großem Überschuß nicht. In siedendem *Butylaether* reagieren Tetrapropyl- und -benzyl-cyclohexanon, ebenso β-Methyl-$\alpha.\alpha'$-tetrapropyl-, γ-Methyl-$\alpha.\alpha'$-tetrapropyl-cyclohexanon und Tripropylmenthon, die weder Oxim noch Semicarbazon liefern, noch in Aether mit dem GRIGNARDreagens umgesetzt werden können.

α-Methylcyclohexanon bildet sofort die Bisulfitverbindung, nicht aber $\alpha.\alpha$- und $\alpha.\alpha'$-Dimethylcyclohexanon. $\alpha.\alpha'$-Dibenzylcyclohexanon gibt ein Semicarbazon, ein Oxim aber nur mit 10 Mol NH_2OH.[5] Tertiärer Valerylessigester reagiert kaum mit Form- oder Benzaldehyd, sehr schlecht mit Anilin oder PCl_5, nicht mit NH_3, Harnstoff, Acetylchlorid, Ameisensäureester, HCN, Na-Bisulfit.[6]

In allen Fällen gelingt aber Reduktion zum sekundären Alkohol. Sehr viele der OH-Reaktionen bleiben dabei erhalten, doch sind die Ausbeuten geringer, die Reaktionen verlaufen langsamer oder benötigen energischere Bedingungen. Die Überführung in *Acetat* scheint allgemein zur Untersuchung am geeignetsten zu sein.

II. Reaktionen, die speziell den Aldehyden eigentümlich sind.

1. Reduktionswirkungen.

Silberspiegelreaktion.[7] Darstellung des Reagens.[8] Man löst 3 g salpetersaures Silber in 30 g Wasser und 3 g Ätznatron in 30 g Wasser. Die Silberlösung hebt

[1] Siehe auch S. 523, 535, 536, 543, 545, 656.

[2] Atlanton: PFAU, PLATTNER: Helv. chim. Acta 17, 139 (1934). — Ebenso Phoron, Turmeron: RUPE, CLAR, PFAU, PLATTNER: Helv. chim. Acta 17, 375 (1934). — Nach Aufhebung der Doppelbindung Reaktion. Capsanthin: ZECHMEISTER, CHOLNOKY: Liebigs Ann. 516, 31 (1935).

[3] GRÜN, ULBRICH: Chem. Umschau Fette, Öle, Wachse, Harze 23, 57 (1915); 24, 45 (1917).

[4] WAHLBERG: Ber. Dtsch. chem. Ges. 44, 2071 (1911). — BOUVEAULT: Bull. Soc. chim. France (3), 35, 655 (1906). — o-Isobutyro-as-m-xylenol: AUWERS, BAUM, LORENZ: Journ. prakt. chem. (2), 115, 81 (1927). — Hexaalkylacetone, Homopivalon: siehe auch RAMART, LUCAS, BRUZAU: Compt. rend. Acad. Sciences 192, 427 (1931).

[5] CORNUBERT, HUMEAU: Compt. rend. Acad. Sciences 190, 643 (1930). — CORNUBERT, SARKIS: Compt. rend. Acad. Sciences 195, 252 (1932). — CORNUBERT, BORREL, DE DEMO, GARNIER, HUMEAU, LE BIHAN, SARKIS: Bull. Soc. chim. France (5), 2, 195 (1935).   [6] WAHLBERG: Ber. Dtsch. chem. Ges. 65, 1857 (1932).

[7] LIEBIG: Liebigs Ann. 98, 132 (1856); Dinglers polytechn. Journ. 140, 199 (1856).

[8] TOLLENS: Ber. Dtsch. chem. Ges. 14, 1950 (1881); 15, 1635, 1828 (1882). — Eine andere Vorschrift: EINHORN: Ber. Dtsch. chem. Ges. 26, 454 (1893).

man in einer Glasstöpselflasche im Dunkeln auf. Zum Gebrauch mischt man gleiche Volumina der Flüssigkeiten in einer *reinen* Eprouvette und tropft langsam Ammoniak (0,923) hinzu, bis das Silberoxyd eben gelöst ist.

Es ist dringend davor zu warnen, Silberlösung, Natronlauge und Ammoniak ad libitum zu mischen oder das Reagens eindunsten zu lassen, weil sonst Explosionen eintreten können, wie dies mehrfach beobachtet wurde.[1]

Setzt man zu mäßig verdünnten Aldehydlösungen einige Tropfen des TOLLENS-schen Reagens, so entsteht ein mehr oder weniger schöner Silberspiegel, dessen Bildung man durch sehr gelindes Erwärmen beschleunigen kann.[2] Besser ist es, die Silberabscheidung allmählich in der Kälte vor sich gehen zu lassen.

Nicht nur Aldehyde geben die Silberspiegelreaktion, sondern auch manche aromatische Amine, Alkaloide und mehrwertige Phenole,[3] α-Diketone,[4] Cyclo-hexenone,[5] Trioxypicolin,[6] Phenylaminomalonsäureester[7] usw.

Wenn man die Reaktion dazu benutzen will, die Oxydation der Aldehyde zu Säuren auszuführen, gibt man[8] in die wässerige, evtl. wässerig-alkoholische oder rein-alkoholische Lösung des Aldehyds Silbernitrat und trägt unter ständigem Rühren innerhalb zweier Stunden in Zwischenräumen von 5—10 Minuten in gleichen Mengen so viel $n/_3$-Bariumhydroxyd ein, daß auch die Säure neutralisiert wird. Nach 12stündigem Stehen wird aufgearbeitet.

Überschuß von Silbernitrat verzögert die Zersetzung des organischen Silbersalzes.

Reduktion der FEHLING*schen Lösung.* Die Aldehyde der Fettreihe, nicht aber die aromatischen Aldehyde[9] reduzieren alkalische Kupferlösungen sehr lebhaft.

2. Farbenreaktionen.

1. *Verhalten gegen fuchsinschweflige Säure.*[10]

Eine durch schweflige Säure entfärbte Lösung von reinem Rosanilin wird durch Aldehyde intensiv rot bis rotviolett gefärbt.[11]

---

[1] SALKOWSKI: Ber. Dtsch. chem. Ges. **15**, 1738 (1882). — MATIGNON: Chem.-Ztg. **32**, 607 (1908); Bull. Soc. chim. France (4), **3**, 618 (1908). — WITZEMANN: Ind. engin. Chem. **11**, 893 (1919).

[2] Immerhin läuft man beim Erwärmen Gefahr, eine durch Zersetzung der Lösung etwa entstandene Trübung als Reaktion aufzufassen.

[3] TOMBECK: Ann. chim. phys. (7), **21**, 383 (1900). — MORGAN, MICKLETHWAIT: Journ. Soc. chem. Ind. **21**, 1373 (1902). — KAUFFMANN, PAY: Ber. Dtsch. chem. Ges. **39**, 324 (1906). [4] LOCQUIN: Bull. Soc. chim. France (3), **31**, 1173 (1904).

[5] BLUMANN, ZEITSCHEL: Ber. Dtsch. chem. Ges. **46**, 1179 (1913).

[6] LAPWORTH, COLLIE: Journ. chem. Soc. London **71**, 845 (1897).

[7] CURTIUS: Amer. chem. Journ. **19**, 694 (1897).

[8] DELÉPINE, BONNET: Compt. rend. Acad. Sciences **149**, 39 (1909); Bull. Soc. chim. France (4), **5**, 879 (1909). — MASSON: Compt. rend. Acad. Sciences **149**, 795 (1909). — CURTIUS, FRANZEN: Liebigs Ann. **390**, 100 (1912). — TIEFFENAU, ORÉK-HOFF: Bull. Soc. chim. France (4), **29**, 429 (1921). — WALBAUM, ROSENTHAL: Journ. prakt. Chem. (2), **124**, 58 (1929).

[9] TOLLENS: Ber. Dtsch. chem. Ges. **15**, 1950 (1882).

[10] Über die Reaktion, die aromatische Aethylenoxyde mit fuchsinschwefliger Säure zeigen, siehe S. 615.

[11] SCHIFF: Liebigs Ann. **140**, 131 (1866); Compt. rend. Acad. Sciences **64**, 482 (1867). — CARO, V. MEYER: Ber. Dtsch. chem. Ges. **13**, 2343, Anm. (1880). — SCHMIDT: Ber. Dtsch. chem. Ges. **14**, 1848 (1881). — MÜLLER: Ztschr. angew. Chem. **3**, 634 (1890). — VILLIERS, FAYOLLE: Compt. rend. Acad. Sciences **119**, 75 (1894); Bull. Soc. chim. France (3), **11**, 691 (1894). — URBAIN: Bull. Soc. chim. France (3), **15**, 455 (1896). — CAZENEUVE: Bull. Soc. chim. France (3), **15**, 723 (1896); (3), **17**, 196 (1897). — LEFÈVRE: Bull. Soc. chim. France (3), **15**, 1169 (1896); **17**, 535 (1897). — PAUL: Ztschr. analyt. Chem. **35**, 647 (1896). — HANTZCH, OSSWALD: Ber. Dtsch. chem. Ges. **33**, 278 (1900). — McKAY CHACE: Amer. chem. Journ. **28**, 1472 (1906); D. R. P. 105862 (1907). — WIELAND, SCHEUING: Ber. Dtsch. chem. Ges. **54**, 3527 (1921).

GUYON[1] gibt das folgende Rezept für ein sehr empfindliches Reagens: 20 ccm Natriumbisulfitlösung von 30° Bé werden in 1 l $^1/_{10}$proz. Fuchsinlösung gegossen und nach 1 Stunde, wenn die Entfärbung nahezu vollendet ist, 10 ccm konzentrierte Salzsäure zugefügt. Man läßt die Lösung vor dem Gebrauch einige Tage in verschlossener Flasche stehen, wobei die Empfindlichkeit noch zunimmt.

Wenige Tropfen Aldehyd werden mit 1—2 ccm dieser Lösung in verschlossener Eprouvette geschüttelt, feste Substanzen fein gepulvert damit übergossen.[2] Die Reaktion tritt in kurzer Zeit ein.[3] WANG[4] löst 0,05 g freie Rosanilinbase in 100 ccm heißem Wasser, gelöst werden portionenweise mit 2 ccm konz. NH_3 versetzt, 5 sek. vorsichtig aufgekocht, abgekühlt, mit CO_2-freiem Wasser auf 200 ccm verdünnt.

1 ccm Reagens, 1 Tropfen (oder 0,05 g) Probe werden geschüttelt. In 1 Min. Violettfärbung, auch bei in Wasser unlöslichen Aldehyden. (Paraldehyd, ar. Oxyaldehyde).

Bei der Prüfung von unbekannten Substanzen auf Anwesenheit von freien Aldehydgruppen ist es zweckmäßig, vor der Prüfung durch Zusatz von wenig Säure oder Puffergemisch (primäres Phosphat) die Acidität der Versuchslösung so einzustellen, daß p_H einen Wert unter 3 (Rotfärbung von Methylorange) erhält. Größere Mengen Säure stören, wie bekannt, die Fuchsinschwefligsäurereaktion auf Aldehyde, außer auf Formaldehyd.[5]

Nachweis von Formaldehyd in Gegenwart von Acetaldehyd: DENIGÈS: Compt. rend. Acad. Sciences 150, 529 (1910).

Über Ausnahmen siehe MEYER: Ber. Dtsch. chem. Ges. 13, 2343, Anm. (1880). — PERKIN: Journ. chem. Soc. London 51, 808 (1887). — BITTÓ: Ztschr. analyt. Chem. 36, 375 (1897). — FISCHER, ZERWECK: Ber. Dtsch. chem. Ges. 55, 1942 (1922).

Ob reine Ketone nicht auch die Reaktion zeigen können, erscheint nicht ganz sichergestellt.

Nach VILLIERS, FAYOLLE[6] reagiert *reines* Aceton ebensowenig wie die anderen Ketone (vgl. dagegen BITTÓ: a. a. O., wonach Aceton, Methylpropylketon, Methylhexylketon und Methylnonylketon reagieren).

Nach HARRIES[7] reagieren namentlich auch *ungesättigte* Ketone, wie Mesityloxyd und Carvon, sehr bald. Die Ursache scheint hier in geringen Spuren von Peroxyden zu liegen, die durch Autoxydation entstehen. Ganz sorgfältig im Vakuum rektifizierte Ketone reagieren *meistens* nicht.

Nach FAKTOR[8] kann die Reaktion auch mit einer durch Magnesium entfärbten Fuchsinlösung ausgeführt werden.

Es ist auch mit Erfolg[9,10] versucht worden, diese Reaktion zu quantitativen Bestimmungen zu verwerten.

---

[1] GUYON: Compt. rend. Acad. Sciences 105, 1182 (1887).

[2] E. FISCHER, PENZOLDT: Ber. Dtsch. chem. Ges. 16, 657 (1883). — NEUBERG: Ber. Dtsch. chem. Ges. 32, 2397 (1899).

[3] γ-Oxyaldehyde mit tertiärem Hydroxyl reagieren nur langsam: HELFERICH, GEHRKE: Ber. Dtsch. chem. Ges. 54, 2640 (1921).

[4] WANG: Nat. Centr. Univ. Sci. Rep. A I Nr. 2, 21 (1931).

[5] JOSEPHSON: Ber. Dtsch. chem. Ges. 56, 1771 (1923).

[6] VILLIERS, FAYOLLE: Compt. rend. Acad. Sciences 119, 75 (1894); Bull. Soc. chim. France (3), 11, 691 (1894).

[7] HARRIES: Liebigs Ann. 330, 190, 218 (1903).

[8] FAKTOR: Pharmaz. Post 38, 153 (1905).

[9] Siehe übrigens SCHIMMEL & Co.: Ber. Schimmel 1907, 123; Berichte von ROURE, BERTRAND FILS: Grasse 1907, 85.

[10] MCKAY CHACE: Journ. Amer. chem. Soc. 28, 1472 (1906).

2. Verhalten gegen Diazobenzolsulfosäure.[1]

Man löst reine Diazobenzolsulfosäure in etwa 60 Teilen kalten Wassers und wenig Natronlauge, fügt die mit verdünntem Alkali vermischte Substanz und einige Körnchen Natriumamalgam zu. Bei Anwesenheit eines Aldehyds zeigt sich nach 10—20 Minuten rotviolette Färbung. Beim Benzaldehyd ist sie noch in der Verdünnung 1:3000 mit voller Sicherheit zu erkennen. Die Probe ist viel empfindlicher als die Reaktion mit fuchsinschwefliger Säure. Sie trifft bei allen Aldehyden, die in alkalischen Lösungen beständig sind, ein.

Aceton und Acetessigester liefern unter den gleichen Bedingungen dunkelrote Färbung, ohne den charakteristischen violetten Ton. Dasselbe gilt für Phenol, Resorcin und Brenzcatechin, wenn sie nur bei Gegenwart von überschüssigem Alkali mit der Diazoverbindung zusammentreffen.

Bemerkenswert ist die Fähigkeit des Traubenzuckers, die beschriebene Aldehydreaktion in besonders schöner Weise zu geben, während er gegen Fuchsinschwefligsäure indifferent ist.

3. Reagens von RAUDNITZ.[2]

Ein ausgezeichnetes Aldehydreagens von allgemeiner Anwendbarkeit hat RAUDNITZ im *1.4-Dioxynaphthalin* aufgefunden. Das Reagens muß sorgfältig gereinigt werden, muß namentlich beim Erwärmen mit Eisessig bei Gegenwart von konzentrierter Salzsäure farblos bleiben, oder nur ganz schwache Rosafärbung zeigen.

Einige Milligramme Dioxynaphthalin werden in 2 ccm reinem Eisessig gelöst. Mit geringen Aldehydmengen tritt, oft schon in der Kälte, sicher nach kurzem Erwärmen intensive Rot- bis Rotviolettfärbung ein, infolge Entstehung eines Tritanfarbstoffs:

$$R-C \begin{cases} C_{10}H_5 \diagdown \begin{matrix} OH \\ OH \end{matrix} \\ C_{10}H_5 \diagdown \begin{matrix} OH \\ OH \end{matrix} \ldots HCl \end{cases}$$

Das Verfahren wurde bei aliphatischen (auch hochmolekularen,[3]) aromatischen und Pyridinaldehyden,[4] sowie auch bei Dialdehyden[5] erprobt.

4. Alkoholische Pyrrollösung[6] ist bei Gegenwart von Salzsäure ein empfindliches Reagens auf Aldehyde, die meist schon in der Kälte, sicher beim Erwärmen intensive Rotfärbung liefern.

3. Additionsreaktionen der Aldehyde.

1. Verhalten gegen Sulfite.[7]

Mit *sauren schwefligsauren Alkalien* und *alkalischen Erden* vereinigen sich die Aldehyde zu Verbindungen, die namentlich in überschüssiger Bisulfitlösung

---

[1] E. FISCHER, PENZOLDT: Ber. Dtsch. chem. Ges. 16, 657 (1883). — PETRI: Ztschr. physiol. Chem. 8, 291 (1884). — MANN: Diss. Gießen 26, 1907. — H. FISCHER, BARTHOLOMÄUS: Ber. Dtsch. chem. Ges. 45, 466 (1912). — Die Reaktion versagt bei vielen Oxyaldehyden: BUTTLAR-BRANDENFELS: Diss. Würzburg 14, 1910.

[2] RAUDNITZ, PULUJ: Ber. Dtsch. chem. Ges. 64, 2214 (1931).

[3] HERMINE MATHIOWETZ: Privatmitteilung.

[4] GRAF: Journ. prakt. Chem. (2), 134, 179, 181, 183, 186 (1932).

[5] KARRER, BENZ, RAUDNITZ, STOLL, TAKAHASHI: Helv. chim. Acta 15, 1403, 1410 (1932).

[6] IHL: Chem.-Ztg. 14, 1571 (1890). — MANN: Diss. Gießen 27, 1907.

[7] Siehe auch BUCHERER, SCHWALBE: Ber. Dtsch. chem. Ges. 39, 2814 (1906).

schwer löslich sind und sich dadurch zur Erkennung, Abscheidung[1] und Reinigung der Aldehyde eignen. Durch verdünnte Säuren und Soda, besser Baryt, werden die Bisulfitverbindungen leicht wieder gespalten.[2]

Hochmolekulare Aldehyde reagieren nur langsam und erfordern großen Überschuß an Bisulfitlösung.[3]

Phenyldimethylacetaldehyd, Diphenylmethyl- und Diphenylaethylacetaldehyd verbinden sich nicht mit Bisulfit,[4] ebensowenig p-Thymotinaldehyd[5] und p-Carvakrotinaldehyd.[6]

In gleicher Weise addieren Aldehyde die Bisulfite von Ammonium, primären Basen und Aminosäuren.

Anderseits zeigen auch aliphatische, namentlich Methylketone diese Additionsfähigkeit.[7]

Diese Eigenschaft ist namentlich auch bei den α-Diketonen,[8] beim Alloxan[9] und bei einzelnen cyclischen Ketonen[10] konstatiert worden, ebenso bei ungesättigten Ketonen,[11] die aber an die Doppelbindung addieren. — Das Pulegon zeigt normale Ketonreaktion.[12]

Auch manche andere[13] Substanzen, die überhaupt keine Aldehydeigenschaften besitzen, können sich mit Alkalibisulfit vereinigen, so namentlich ungesättigte Verbindungen, doch sind diese nur zum Teil wieder so leicht spaltbar wie die entsprechenden Additionsprodukte der Aldehyde.[14] Auch *Indol*

---

[1] Aldehydbestimmung durch Wägung der Bisulfitverbindung: ROSENMUND, ZETZSCHE: Ber. Dtsch. chem. Ges. **54**, 432 (1921).

[2] REDTENBACHER: Liebigs Ann. **65**, 40 (1848). — BERTAGNINI: Liebigs Ann. **85**, 179, 268 (1853). — GRIMM: Liebigs Ann. **157**, 262 (1871). — BUNTE: Liebigs Ann. **170**, 311 (1873). — Spaltung durch Natriumnitrit: FREUNDLER, BUNEL: Compt. rend. Acad. Sciences **132**, 1338 (1901).

[3] BERG: Diss. Heidelberg 14, 1905. — Siehe auch S. 552.

[4] TIFFENEAU, DORLENCOURT: Ann. chim. phys. (8), **16**, 237 (1909).

[5] KOBEK: Ber. Dtsch. chem. Ges. **16**, 2097 (1883).

[6] NORDMANN: Ber. Dtsch. chem. Ges. **17**, 2634 (1884). — LUSTIG: Ber. Dtsch. chem. Ges. **19**, 15 (1886).

[7] Bei den Ketonen ist diese Fähigkeit indessen nicht allgemein. — Siehe LIMPRICHT: Liebigs Ann. **94**, 246 (1856). — GRIMM: Liebigs Ann. **157**, 262 (1871). — POPOFF: Liebigs Ann. **186**, 286 (1877). — SCHRAMM: Ber. Dtsch. chem. Ges. **16**, 1683 (1883). — STEWART: Proceed. chem. Soc. **21**, 13, 78, 84 (1905); Journ. chem. Soc. London **87**, 185 (1905). — JOLLES: Ber. Dtsch. chem. Ges. **39**, 1306 (1906). — Siehe hierzu MICHAEL: Journ. prakt. Chem. (2), **60**, 349 (1899). — SUIDA, POLL: Monatsh. Chem. **48**, 171 (1927). — PETRENKO-KRITSCHENKO: Liebigs Ann. **341**, 150 (1907). — PFAU: Helv. chim. Acta **15**, 1267 (1932).

[8] LOCQUIN: Bull. Soc. chim. France (3), **31**, 1173 (1904).

[9] PELLIZARI: Liebigs Ann. **248**, 147 (1888). — PILOTY, FINKH: Liebigs Ann. **333**, 97 (1904).

[10] PETRENKO-KRITSCHENKO, KESTNER: Journ. Russ. phys.-chem. Ges. **35**, 406 (1903). — PETRENKO-KRITSCHENKO: Liebigs Ann. **341**, 163 (1905). — SCHOLL, SCHWARZER: Ber. Dtsch. chem. Ges. **55**, 325 (1922). — Ergostenon: REINDEL: Liebigs Ann. **466**, 139 (1928). — Cyclooctanon reagiert nicht in Wasser, aber in verdünntem Alkohol: RUZICKA, BRUGGER: Helv. chim. Acta **9**, 396 (1926). — CORNUBERT, SARKIS: Compt. rend. Acad. Sciences **195**, 252 (1932). — Cyclohexanon reagiert, dagegen nicht α-Methylcyclohexanon und Cycloheptanon: GIRAITIS, BULLOCK: Journ. Amer. chem. Soc. **59**, 951 (1937).

[11] PINNER: Ber. Dtsch. chem. Ges. **15**, 592 (1882). — KERP: Liebigs Ann. **290**, 123 (1896). — KNOEVENAGEL: Liebigs Ann. **297**, 142 (1897). — HARRIES: Ber. Dtsch. chem. Ges. **32**, 1326 (1899); Liebigs Ann. **330**, 188 (1903). — LABBÉ: Bull. Soc. chim. France (3), **23**, 280 (1900). — CIAMICIAN, SILBER: Ber. Dtsch. chem. Ges. **41**, 1932 (1908).

[12] BAEYER, HENRICH: Ber. Dtsch. chem. Ges. **28**, 652 (1895).

[13] Resorcin: LAUER, LANGKAMMERER: Journ. Amer. chem. Soc. **56**, 1628 (1934). — Brenztraubensäure: CLIFT, COOK: Biochemical Journ. **26**, 1788 (1932).

[14] CREDENER: Diss. Tübingen 1869. — VALET: Liebigs Ann. **154**, 63 (1870). —

gibt eine Natriumbisulfitverbindung[1] und ebenso viele *Azoverbindungen*[2] (siehe S. 722).

Über die Bisulfitreaktion aromatischer Aethylenoxyde siehe S. 615.

Zur Ausführung der Reaktion wird entweder direkt oder in wenig Alkohol gelöst und mit konzentrierter Bisulfitlösung (1,33) geschüttelt,[3] wobei gewöhnlich Erwärmung eintritt. Bei Ketonen muß das Schütteln manchmal mehrere Stunden fortgesetzt werden.[4] Zur Vervollständigung der Fällung kann sich Alkoholzusatz empfehlen.[5] Die Bisulfitlösung soll möglichst wenig freie schweflige Säure enthalten, in der sich die meisten Bisulfitverbindungen leicht *lösen*.[6]

Vielfach noch geeigneter als Bisulfit- sind *neutrale Natriumsulfitlösungen*.[7]

Verhalten der ungesättigten Aldehyde gegen Bisulfit und neutrales Sulfit: MÜLLER: Ber. Dtsch. chem. Ges. 6, 1442 (1873). — HAUBNER: Monatsh. Chem. 12, 546 (1891). — HEUSLER: Ber. Dtsch. chem. Ges. 24, 1805 (1891). — TIEMANN, SEMMLER: Ber. Dtsch. chem. Ges. 26, 2710 (1893). — TIEMANN: Ber. Dtsch. chem. Ges. 31, 3304 (1898); 32, 816 (1899). — SOMMELET: Ann. chim. phys. (8), 9, 566 (1906).

Natriumbisulfit und ungesättigte Ketone: PINNER: Ber. Dtsch. chem. Ges. 15, 592 (1882). — HARRIES: Ber. Dtsch. chem. Ges. 32, 1326 (1899). — LABBÉ: Bull. Soc. chim. France (3), 23, 250 (1900). — TIEMANN: Ber. Dtsch. chem. Ges. 33, 561 (1900). — KNOEVENAGEL: Ber. Dtsch. chem. Ges. 37, 4038 (1904).

Zur *Spaltung der Bisulfitverbindungen* wird zu der in Wasser suspendierten Substanz Formalin bis zum bleibenden Geruch gegeben und auf das Wasserbad gebracht. Evtl. wiederholt man das Verfahren mit der Mutterlauge.[8]

Quantitative Bestimmung der Aldehyde nach RIPPER.[9]

Auf das Verhalten der Aldehyde gegen Alkalibisulfit hat RIPPER eine Methode zu ihrer maßanalytischen Bestimmung gegründet.

Von der Aldehydlösung wird eine ungefähr halbprozentige, womöglich wässerige Lösung hergestellt. Zu 25 ccm davon werden in einem zirka 150 ccm fassenden Kölbchen 50 ccm der Lösung des sauren, schwefligsauren Kaliums, die 12 g im Liter enthält,[10] fließen gelassen. Das Kölbchen stellt man dann für

---

MESSEL: Liebigs Ann. 157, 15 (1871). — WIELAND: Liebigs Ann. 157, 34 (1871). — MÜLLER: Ber. Dtsch. chem. Ges. 6, 1442 (1873). — HOFMANN: Liebigs Ann. 201, 81 (1880). — PINNER: Ber. Dtsch. chem. Ges. 15, 592 (1882). — LOOFT: Ber. Dtsch. chem. Ges. 15, 1538 (1882). — ROSENTHAL: Liebigs Ann. 233, 37 (1886). — HAYMANN: Monatsh. Chem. 9, 1055 (1888). — HAUBNER: Monatsh. Chem. 12, 1053 (1891). — LOOFT: Liebigs Ann. 271, 377 (1892). — MARCKWALD, FRAHNE: Ber. Dtsch. chem. Ges. 31, 1864 (1898). — TIEMANN: Ber. Dtsch. chem. Ges. 31, 842, 851, 3297 (1898). — LABBÉ: Bull. Soc. chim. France (3), 21, 756 (1899).

[1] HESSE: Ber. Dtsch. chem. Ges. 32, 2612 (1899). — WEISGERBER: Ber. Dtsch. chem. Ges. 43, 3527 (1910).

[2] Benzaurin: R. MEYER, GERLOFF: Ber. Dtsch. chem. Ges. 57, 592 (1924). — Acridine: D. R. P. 440771 (1927). — O-Oxychinoline, α-Naphthol: WOROSHTZOW, KOGAN: Ber. Dtsch. chem. Ges. 63, 2354 (1930).

[3] LIMPRICHT: Liebigs Ann. 93, 238 (1856).

[4] SCHIMMEL & Co.: Ber. Schimmel 1919 II, 39.

[5] ZIEGLER: Ber. Dtsch. chem. Ges. 54, 740 (1921). — SCHOLL, SCHWARZER: Ber. Dtsch. chem. Ges. 55, 325 (1922).

[6] COPPOCK: Chem. News 96, 225 (1907).   [7] Siehe S. 558.

[8] BARBOT: Compt. rend. Acad. Sciences 203, 728 (1936).

[9] RIPPER: Monatsh. Chem. 21, 1079 (1900). — PETRENKO-KRITSCHENKO: Liebigs Ann. 341, 163 (1905). — JERUSALEM: Biochem. Ztschr. 12, 368 (1908). — ROSARIO: Philippine Journ. Science 5, 29 (1910). — KURTENACKER: Ztschr. analyt. Chem. 64, 56 (1924). — PARKINSON, WAGNER: Ind. engin. Chem., Analyt. Ed. 6, 433 (1934). — In gleicher Weise kann man Aceton bestimmen: SY: Journ. Amer. chem. Soc. 29, 786 (1907).

[10] Konzentrierte Lösungen von Kaliumbisulfit auf Aldehydlösungen einwirken

zirka $^1/_4$ Stunde gut verkorkt beiseite. Während dieser Zeit wird der Jodwert von 50 ccm der Alkalibisulfitlösung mit Hilfe einer $^n/_{10}$-Jodlösung bestimmt. Dann titriert man die Menge der in der Aldehydlösung nicht gebundenen schwefligen Säure zurück.

Der Berechnung der Aldehydmenge A sind zugrunde zu legen: $M =$ das Molekulargewicht des Aldehyds und $J =$ die Menge Jod, welche der gebundenen schwefligen Säure entspricht nach der Formel:

$$A = \frac{J \cdot \dfrac{M}{2}}{126{,}53} = \frac{J \cdot M}{253{,}06}.$$

Diese Methode liefert in allen Fällen brauchbare Resultate, wo die Aldehyde entweder wasserlöslich sind oder aber mit Hilfe von wenig Alkohol in Lösung gebracht werden können. Schon in einer mehr als 5proz. alkoholischen Lösung bleibt die Jodstärkereaktion aus.

Die Einstellung der Jodlösung wird mit Kaliumbijodat vorgenommen. Auf 12 g Jod werden rund 35 g Jodkalium pro Liter verwendet.

Ein ganz ähnliches Verfahren gibt ROCQUES[1] an.

Methode von TIEMANN.[2]

Viele Aldehyde lassen sich quantitativ durch Titration nach der Gleichung:

$$2\,Na_2SO_3 + 2\,R \cdot CHO + H_2SO_4 = 2\,(NaHSO_3 + R \cdot CHO) + Na_2SO_4$$

bestimmen; Indicator Phenolphthalein.

2. Bildung von Aldehydammoniak.[3]

Wenn man Aldehyde der Fettreihe, deren COH-Gruppe an ein primäres Alkoholradikal gebunden ist, in aetherischer Lösung mit gasförmigem Ammoniak behandelt oder in konzentriertes wässeriges Ammoniak einträgt, entstehen Aminoalkohole.

Dagegen bilden die sekundären und ungesättigten Aldehyde komplizierte, aus mehreren Molekülen Aldehyd unter Wasseraustritt entstehende, stickstoffhaltige Kondensationsprodukte.

Bei den aromatischen Aldehyden geben 2 Mol Ammoniak mit 3 Mol Aldehyd unter Austritt von 3 Mol Wasser die *Hydramide*.

Ammoniak und Ketone: SOKOLOFF, LATSCHINOFF: Ber. Dtsch. chem. Ges.

zu lassen, empfiehlt sich nicht, weil die in größerer Menge gebildete Jodwasserstoffsäure bei der Titration mit Jod störend wirkt.

[1] ROCQUES: Journ. Pharmac. Chim. (6), 8, 9 (1900); Chem. News 79, 119 (1900). — Siehe auch KERP: Arb. Kais. Gesundh. 21, 180 (1904). — MATHIEU: Rev. intern. falsif. 17, 43 (1904). — STEWART: Proceed. chem. Soc. 21, 13 (1905). — BUCHERER, SCHWALBE: Ber. Dtsch. chem. Ges. 39, 2814 (1906).

[2] TIEMANN: Ber. Dtsch. chem. Ges. 31, 3315 (1898); 32, 412 (1899). — KLEBER: Pharmac. Review 22, 94 (1904). — BURGERS: Analyst 29, 78 (1904). — SADTLER: Amer. Journ. Pharmac. 76, 84 (1904); Journ. Soc. chem. Ind. 23, 303 (1904). — ROURE, BERTRAND FILS: Ber. (1), 10, 68 (1904); (2), 1, 70 (1905). — SEYEWETZ, GIBELLO: Bull. Soc. chim. France (3), 31, 691 (1905). — SEYEWETZ, BARDIN: Bull. Soc. chim. France (3), 33, 1000 (1905). — ROTHMUND: Monatsh. Chem. 26, 1548 (1905). — BERG, SHERMAN: Journ. Amer. chem. Soc. 27, 132 (1905). — BERTÉ: Chem.-Ztg. 29, 805 (1905). — SCHIMMEL & Co.: Ber. Schimmel 1905, 51. — ESTALELLA: Anales Soc. Espanola Fisica Quim. 20, 271 (1922). — ROMEO, D'AMICO: Annali Chim. appl. 15, 320 (1925).

[3] LIEBIG: Liebigs Ann. 14, 133 (1835). — STRECKER: Liebigs Ann. 130, 218 (1864). — WURTZ: Compt. rend. Acad. Sciences 74, 1361 (1872). — ERLENMEYER, SIEGEL: Liebigs Ann. 176, 343 (1875). — LIPP: Liebigs Ann. 205, 1 (1880); 211, 357 (1882). — WAAGE: Monatsh. Chem. 4, 709 (1883).

7, 1384 (1874). — E. FISCHER: Ber. Dtsch. chem. Ges. 17, 1788 (1884). — TOMAE: Arch. Pharmaz. 243, 291, 294, 393, 395 (1905); 244, 641, 643 (1906); 246, 373 (1908). — TOMAE, LEHR: Arch. Pharmaz. 244, 653, 664 (1906). — TRAUBE: Ber. Dtsch. chem. Ges. 41, 777 (1908); 42, 246, 666, 3298 (1909).

Abscheidung von Aldehyden in Form der schwer löslichen Verbindungen mit *naphthionsaurem Natrium* oder *Barium:* ERDMANN: Liebigs Ann. 247, 325 (1888). — D.R.P. 124229 (1901).

3. Aldolkondensation. Siehe dazu HANS MEYER, Synthese der Kohlenstoffverbindungen I, 155 (1938).

4. Reaktion von CANNIZZARO.[1]

Aldehyde, die in direkter Bindung keinen wasserstoffhaltigen Kohlenstoff besitzen, werden durch Alkalien derart angegriffen, daß gleiche Mengen Alkohol und Säure gebildet werden.

2.4.5.6-Tetrachlor-3-oxybenzaldehyd und sein Aethylaether, 2-Chlor-6-brom-, 2.4-Dichlor-6-brom- und 2-Jod-4.6-dibrom-3-oxybenzaldehyd werden durch konzentriertes KOH glatt gespalten unter Abspaltung der CHO-Gruppe als HCOOH.

2-Jod-3-oxybenzaldehyd wird glatt disproportioniert.

LOCK: Monatsh. Chem. 67, 320 (1936).

Aromatische Aldehyde[2] schüttelt man mit einer Lösung von 3 Teilen Kaliumhydroxyd in 2 Teilen Wasser und läßt diese Emulsion mehrere Stunden stehen.[3] Das Kaliumsalz der Säure krystallisiert aus, der Alkohol wird ausgeaethert oder mit Wasserdampf übergetrieben und von anhaftendem Aldehyd mit Bisulfitlösung[4] befreit.

Bei den *Aldehyden der Fettreihe* usw. ist im allgemeinen (Formaldehyd, Furaldehyd[5] und Bromisobutyraldehyd,[6] Formisobutyraldol[7] usw.) der Reaktionsverlauf der gleiche. Einzelne Aldehyde indes (Isobutyraldehyd[8]) liefern neben der Säure ein Glykol.[9]

---

[1] WÖHLER, LIEBIG: Liebigs Ann. 3, 249 (1832); 22, 1 (1837). — CANNIZZARO: Liebigs Ann. 88, 129 (1853). — KRAUT: Liebigs Ann. 92, 67 (1854). — R. MEYER: Ber. Dtsch. chem. Ges. 14, 2394 (1881). — CLAISEN: Ber. Dtsch. chem. Ges. 20, 646 (1887). — FRANKE: Monatsh. Chem. 21, 1122 (1900). — LIEBEN: Monatsh. Chem. 22, 302, 308 (1901). — AUERBACH: Ber. Dtsch. chem. Ges. 38, 2833 (1905). — H. u. A. EULER: Ber. Dtsch. chem. Ges. 38, 2551 (1905); 39, 36 (1906). — NEUSTÄDTER: Liebigs Ann. 351, 295 (1907). — TISCHTSCHENKO, WOELZ, RABZEWITSCH-LUBKOWSKY: Journ. Russ. phys.-chem. Ges. 44, 138 (1912); Journ. prakt. Chem. (2), 86, 322 (1912). — BRAUN, IRMISCH, NELLES: Ber. Dtsch. chem. Ges. 66, 1774 (1933). — Peroxydeffekt bei der CANNIZZAROreaktion: KHARASCH, FOY: Journ. Amer. chem. Soc. 57, 1510 (1935).

[2] Abhängigkeit der Geschwindigkeit der Reaktion von der Substitution: LOCK: Monatsh. Chem. 64, 341 (1934). — o- und p-Oxyaldehyde werden nicht disproportioniert, außer wenn in m-Stellung noch OH (Abspaltung der Formylgruppe) und zwei zur Aldehydgruppe o-ständige Halogene vorhanden sind: BEAUCOURT: Monatsh. Chem. 55, 309 (1930). — ASINGER, LOCK: Monatsh. Chem. 62, 344 (1933). — Siehe auch Anm. 8.   [3] MOLT: Rec. Trav. chim. Pays-Bas 56, 233 (1937).

[4] Siehe hierzu MEISENHEIMER: Ber. Dtsch. chem. Ges. 41, 1420 (1908).

[5] WESSELY: Monatsh. Chem. 21, 216 (1900); 22, 66 (1901).

[6] SCHIFF: Liebigs Ann. 239, 374 (1887); 261, 254 (1891). — WISSEL, TOLLENS: Liebigs Ann. 272, 291 (1893).   [7] FRANKE: Monatsh. Chem. 21, 1122 (1900).

[8] Übrigens gibt nach LEDERER [Monatsh. Chem. 22, 536 (1901)] der Isobutyraldehyd beim Erwärmen mit wässeriger Barytlösung unter Druck quantitativ die CANNIZZAROsche Reaktion.

Anderseits zeigen die drei *Oxybenzaldehyde* die Reaktion *nicht*, und bei den *Nitrobenzaldehyden* ist der Reaktionsverlauf ein anormaler: MAIER: Ber. Dtsch. chem. Ges. 34, 4132 (1901). — RAIKOW, RASCHTANOW: Österr. Chemiker-Ztg. 5, 169 (1902).

[9] FOSSEK: Monatsh. Chem. 4, 663 (1883).

Über die Einwirkung von *Aluminiumalkoholaten* auf aliphatische Aldehyde siehe TISCHTSCHENKO: Journ. Russ. phys.-chem. Ges. 38, 355, 482 (1906).

Im *Aethylalkohol* wird die Reaktion durch die ZAGOUMENysche Reaktion:

$$C_6H_5CHO + C_2H_5OH = C_6H_5CH_2OH + CH_3CHO$$

gestört. In *Methylalkohol* ergeben sich keine Schwierigkeiten. NaOH und KOH sind gleichwertig.[1]

Die Reaktion kann auch mit starken Basen, wie $(CH_3)_3N(C_2H_5)OH$ durchgeführt werden. *Kupfer* wirkt beschleunigend. Die Reaktion verläuft um so besser, je stärker konzentriert die Lauge ist. (Vorzüglich 80 proz. methylalkoholisches KOH.)[2] Auch akt. *Nickel* und *Platin* sind als Katalysatoren verwendbar.[3]

Mit *benzylalkoholischer Kalilauge* geben die α-Mono-, di- und trisubstituierten, aliphatischen und oxyaliphatischen, linearen und verzweigten, gesättigten und ungesättigten Aldehyde die Reaktion, wenn auch nicht immer quantitativ. Man kocht 0,5 g Aldehyd mit 25 ccm $^n/_2$ benzylalkoholischer Kalilauge. Zimtaldehyd und Alkylzimtaldehyde werden an der Doppelbindung gespalten und beide Spaltstücke erleiden Disproportionierung.[4] Auch manche Ketone, z. B. Benzophenon, erleiden die Reaktion von CANNIZZARO. Anwendung zur quantitativen Bestimmung von Aldehyden: PALFRAY, SETAY, SONTAG: Chim. et Ind. 29, 1037 (1933).

Gekreuzte CANNIZZAROreaktion bei Aldehydgemischen: BAILAR, BARNEY, MILLER: Journ. Amer. chem. Soc. 58, 2110 (1936). — Zur Darstellung der aromatischen Alkohole wird 1 Mol Aldehyd, 200 ccm Methanol, 100 ccm Formalin auf 65° gebracht, mit 120 g NaOH, 120 ccm Wasser 40 Minuten auf 70°, 20 Minuten gekocht. DAVIDSON, BOGERT: Journ. Amer. chem. Soc. 57, 905 (1935).

Verhalten gegen Magnesylverbindungen.

Mit GRIGNARDS Reagens bilden die Aldehyde (mit Ausnahme des Formaldehyds) sekundäre Alkohole. Siehe dazu HANS MEYER: Synthese usw. S. 43. 1938.

Verhalten gegen Zinkalkyl.[5,6,7]

Mit Zinkmethyl und Zinkaethyl reagieren alle Aldehyde derart, daß 1 Mol Zinkalkyl addiert wird. Auf Zusatz von Wasser entstehen daraus sekundäre Alkohole.

Die höheren Zinkalkyle bewirken Reduktion der Aldehyde zu den entsprechenden Alkoholen.[6] Bei den chlorierten Aldehyden erfolgt diese Reduktion schon durch Zinkaethyl.[8]

Das Verhalten zu den Zinkalkylen ist ganz besonders charakteristisch, denn es ist eine für alle Aldehyde ganz allgemeine, eigentümliche Reaktion, die weder den isomeren Oxyden der zweiwertigen Radikale[9] noch den Ketonen zukommt.

Ein weithalsiger Kolben ist einerseits mit einem Kühler verbunden, dessen Fortsetzung ein absteigendes Rohr zum Auffangen des Gases bildet. Ferner

---

[1] Verwendung von NaOH: RODIONOW, FEDOROWA: Russ. Journ. allg. Chem. 7, 947 (1937). [2] NENITZESCU, GAVAT: Bulet. Soc. Chim. Romania 16, 42 (1934). [3] DELÉPINE, HOREAU: Compt. rend. Acad. Sciences. 204, 1605 (1937). — Bull. Soc. chim. France (5), 4, 1524 (1937).

[4] SABETAY, PALFRAY: Compt. rend. Acad. Sciences 198, 1513 (1934); 200, 404 (1935).

[5] WAGNER: Liebigs Ann. 181, 261 (1876); Ber. Dtsch. chem. Ges. 10, 714 (1877); 14, 2556 (1881). [6] WAGNER: Journ. Russ. phys.-chem. Ges. 16, 283 (1884).

[7] Siehe auch HANS MEYER: Synthese usw., S. 41. 1938.

[8] GARZAROLLI-THURNLACKH: Liebigs Ann. 210, 63 (1881); Ber. Dtsch. chem. Ges. 14, 2759 (1881); 15, 2619 (1882); Liebigs Ann. 213, 369 (1882); 223, 149, 166 (1883). [9] Siehe S. 618.

führt ein Rohr in den Kolben, um den Apparat mit Kohlendioxyd, das vorher mit Phosphorpentoxyd getrocknet wird, zu füllen. Zur Eintragung des Zinkaethyls dient ein Vorstoß, in den das Röhrchen luftdicht eingesetzt wird. Die vorher angefeilte Rohrspitze reicht in eine Drahtschlinge, die durch einen seitlichen Rohransatz geführt wird. Durch Anziehen des herausragenden Drahtendes wird die Spitze abgebrochen und das Zinkaethyl in den geschlossenen und mit Kohlendioxyd gefüllten Apparat eingeführt. Der Kork mit der entleerten Röhre wird rasch durch einen anderen mit gebogenem Tropftrichter ersetzt, durch den man zuerst die Flüssigkeit und später das notwendige Wasser eintropfen läßt.

Das Ende der Reaktion wird gewöhnlich daran erkannt, daß beim Einblasen von Luft in den Kolben keine Nebel mehr bemerkt werden, doch ist es besser, den Kolben noch einige Zeit nach dem Eintreten dieses Moments stehenzulassen. Zu dem abzukühlenden Reaktionsprodukt muß entweder viel Wasser mit einemmal zugesetzt werden oder das Reaktionsprodukt muß allmählich in kaltes Wasser gegossen werden. Letzteres ist zu empfehlen, wenn das Reaktionsprodukt nicht ganz dickflüssig ist.[1]

Reaktion von ANGELI, RIMINI[2] (Nitroxylreaktion).

Man verwendet zur Ausführung der Nitroxylreaktion die *Benzsulfhydroxamsäure*,[3] die sich an den Aldehyd addiert und beim Zerfall des Additionsproduktes Hydroxamsäure liefert.

Man löst[4] 1 Mol Aldehyd in wenig reinem Alkohol, fügt 2 Mol 2n-Kalilauge hinzu und trägt unter Schütteln 1 Mol PILOTYsche Säure ein. Es darf dabei keine Gasentwicklung stattfinden. Wenn klare Lösung eingetreten ist, fügt man noch 1 Mol Kalilauge hinzu. Man läßt $^1/_2$ Stunde stehen, destilliert den Alkohol ab, läßt erkalten, neutralisiert mit verdünnter Essigsäure, filtriert und fällt die entstandene Hydroxamsäure mit Kupferacetat.

Das blaue oder grüne Kupfersalz wird gut mit Wasser und Aceton oder Aether gewaschen, in wenig Wasser suspendiert und mit verdünnter Salzsäure versetzt, bis es fast vollständig gelöst ist. Dann filtriert man und schüttelt wiederholt mit Aether aus. Die Hydroxamsäure wird am besten durch Lösen in Aceton und Schütteln mit Tierkohle gereinigt.[5]

[1] GRANICHSTÄDTEN, WERNER: Monatsh. Chem. **22**, 316 (1901).

[2] ANGELI: Gazz. chim. Ital. **26 II**, 17 (1896); Chem.-Ztg. **20**, 176 (1896); Atti R. Accad. Lincei (Roma), Rend. (5), **5**, 120 (1896); Ber. Dtsch. chem. Ges. **29**, 1884 (1896); Gazz. chim. Ital. **27 II**, 357 (1897). — ANGELI, ANGELICO: Gazz. chim. Ital. **30 I**, 593 (1900); Atti R. Accad. Lincei (Roma), Rend. (5), **9 II**, 44 (1900); **10 I**, 164 (1901). — ANGELICO, FANARA: Gazz. chim. Ital. **31 II**, 15 (1901). — RIMINI: Gazz. chim. Ital. **31 II**, 84 (1901). — ANGELI, ANGELICO, SCURTI: Atti R. Accad. Lincei (Roma), Rend. (5), **11 I**, 555 (1902). — ANGELI, ANGELICO: Gazz. chim. Ital. **33 II**, 239 (1903). — VELARDI: Soc. chim. di Roma 24. April 1904; Gazz. chim. Ital. **34**, 2, 66 (1904). — ANGELI: Memorie R. Accad. Naz. Lincei **5**, 107 (1905). — CIAMICIAN, SILBER: Ber. Dtsch. chem. Ges. **40**, 2422 (1907). — CIUSA: Atti R. Accad. Lincei (Roma), Rend. (5), **16 II**, 199 (1907). — PAOLINI: Gazz. chim. Ital. **37 II**, 87 (1907). — CIAMICIAN: Ber. Dtsch. chem. Ges. **41**, 1073 (1908). — CIAMICIAN, SILBER: Ber. Dtsch. chem. Ges. **41**, 1930, 1932 (1908); **43**, 1342 (1910). — BAUDISCH: Ber. Dtsch. chem. Ges. **44**, 1009 (1911). — BAUDISCH, COERT: Ber. Dtsch. chem. Ges. **45**, 1775 (1912). — RIMINI: R. J. Lomb. Rend. **47**, 110 (1914). — FALTIS, HECZKO: Monatsh. Chem. **43**, 377 (1922). — CAMBI: Ber. Dtsch. chem. Ges. **69**, 2027 (1936). — ODDO: Ber. Dtsch. chem. Ges. **70**, 412 (1937).

[3] PILOTY: Ber. Dtsch. chem. Ges. **29**, 1559 (1896).

[4] Siehe auch CIAMICIAN, SILBER: Ber. Dtsch. chem. Ges. **40**, 2422 (1907).

[5] Oder durch Lösen in wenig verd. H_2SO_4 und Fällen mit K-Acetatlösung: ODDO, DELEO: Ber. Dtsch. chem. Ges. **69**, 290 (1936).

In vielen Fällen kann man die Hydroxamsäure, ohne das Kupfersalz abscheiden zu müssen, aus dem Reaktionsprodukt durch Übersättigen mit verdünnter Schwefelsäure (Indicator Methylorange) nahezu rein ausfällen.

Die Hydroxamsäuren[1] werden in saurer und neutraler Lösung durch Eisenchlorid intensiv rot gefärbt.

Kocht man sie mehrere Stunden mit 20proz. Schwefelsäure, dann werden sie hydrolysiert und man erhält die dem Aldehyd entsprechende Säure.[2]

Orthonitrobenzaldehyd und *Orthonitropiperonal* zeigen die Nitroxylreaktion nicht,[3] ebensowenig *Salicylaldehyd, Helicin, Aminovalerianaldehyd, Formylacetophenon, Lävulinaldehyd, Glykoson, p-Dimethylaminobenzaldehyd, Glykose, Lactose, Opiansäure und Pyrrol-, α-Phenylpyrrol-, Indol- und Methylindolaldehyd.*[4]

Die Reaktion hat sich in vielen Fällen, wesentlich auch zum Isolieren und Bestimmen von Aldehyden neben Ketonen sehr bewährt.

Zur quantitativen Bestimmung des Aldehyds wird das gut gewaschene *Kupfersalz* der Hydroxamsäure in wenig verdünnter Schwefelsäure gelöst, mit Kaliumacetat gefällt und gewogen. CIAMICIAN: Ber. Dtsch. chem. Ges. 41, 1079 (1908). — ODDO, DELEO: Ber. Dtsch. chem. Ges. 69, 290 (1936).

Unter Umständen zeigen allerdings auch gewisse *Ketone*[5] die Reaktion.[6] In solchen Fällen ist Überschuß von Alkali zu vermeiden und die Reaktion am besten mit dem Natriumsalz der PILOTYschen Säure auszuführen.[7]

Die Flüssigkeit soll deutlich, aber nicht stark alkalisch sein.

Nach LEBEDEW[8] versagt die Reaktion bei Gegenwart von Ammoniak.

5. Kondensationsreaktionen.

1. DOEBNERsche Reaktion.[9]

Wenn ein Aldehyd (1 Mol) mit Brenztraubensäure (1 Mol) und β-Naphthylamin (1 Mol) in alkoholischer oder aetherischer Lösung zusammentrifft, so findet Bildung von α-Alkyl-β-naphthocinchoninsäure statt.

---

[1] Eine andere Darstellungsmethode für Hydroxamsäuren besteht darin, wasserlösliche Aldehyde mit 1 Mol HCl-Hydroxylamin mit Pottaschelösung bis zur stark alkalischen Reaktion zu versetzen, 5 Minuten zu rühren, zu filtrieren und 2 Mol 30proz. Perhydrol und 1 Vol. Wasser zuzugeben, wobei durch Pottaschezusatz alkalisch erhalten wird. Nach 1 Stunde Stehen mit Essigsäure ansäuern, mit gesättigtem Kaliumacetat und Kupferacetat fällen: ODDO, DELEO: Ber. Dtsch. chem. Ges. 69, 287 (1936).

[2] ANGELI: Memorie R. Accad. Naz. Lincei 5, 107 (1905). — CIAMICIAN: Ber. Dtsch. chem. Ges. 41, 1075 (1908).

[3] ANGELI: Ber. Dtsch. chem. Ges. 35, 1996 (1902). — PLANCHER, PONTI: Atti R. Accad. Lincei (Roma), Rend. (5), 16 I, 130 (1907). — ANGELI, MARCHETTI: Atti R. Accad. Lincei (Roma), Rend. (5), 17 II, 360 (1908).

[4] ANGELI, ANGELICO: Gazz. chim. Ital. 33 II, 245 (1903). — CIUSA: Gazz. chim. Ital. 37 II, 538 (1907).

[5] Die durch überschüssiges Alkali leicht Benzaldehyd od. dgl. geben, z. B. Benzoin oder Benzil.

[6] BALBIANO: Atti R. Accad. Lincei (Roma), Rend. (5), 20 II, 245 (1911); (5), 22 I, 575 (1913).

[7] ANGELI: Atti R. Accad. Lincei (Roma), Rend. (5), 20 II, 445 (1911); 21 I, 622, 851 (1912).   [8] LEBEDEW: Ber. Dtsch. chem. Ges. 47, 672 (1914).

[9] DOEBNER: Ber. Dtsch. chem. Ges. 27, 352 (1894). — BORSCHE: Ber. Dtsch. chem. Ges. 41, 3884 (1908). — BUTTLAR-BRANDENFELS: Diss. Würzburg 12, 1910. — Über den Mechanismus dieser Reaktion siehe SIMON, MAUGUIN: Compt. rend. Acad. Sciences 144, 1275 (1907). — CIUSA: Atti R. Accad. Lincei (Roma), Rend. (5), 23 II, 262 (1914); Gazz. chim. Ital. 50 II, 317 (1920); 52 II, 43 (1922); 58 I, 153 (1928). — WEIL: Chim. et Ind. 23, Sond.-H. 3, 410 (1930). — Als Nebenprodukte entstehen Tetrahydronaphthocinchoninsäuren und andere Substanzen. Siehe hierzu BODFORSS: Liebigs Ann. 455, 41 (1927). — MUSAJO: Gazz. chim. Ital. 60, 673 (1930). — D. R. P. 495451 (1931). — CIUSA, MUSAJO: Gazz. chim. Ital. 63, 116 (1933).

Brenztraubensäure und der Aldehyd (je 1 Mol) mit einem geringen Überschuß des letzteren werden in mindestens 90proz. Alkohol[1] gelöst, zu der Mischung wird β-Naphthylamin (1 Mol), ebenfalls in absolutem Alkohol gelöst, hinzugegeben und die Mischung etwa 3 Stunden am Rückflußkühler im Wasserbad erhitzt.

Nach dem Erkalten scheidet sich die α-Alkyl-β-naphthocinchoninsäure in krystallinischem Zustand aus und wird durch Auswaschen mit Aether gereinigt. Nur in wenigen Fällen erwies es sich als erforderlich, die Säure durch Lösen in Ammoniak von indifferenten Nebenprodukten zu trennen und aus der filtrierten ammoniakalischen Lösung wieder durch Neutralisieren mit einer Säure abzuscheiden.

Die *α-Alkyl-β-naphthocinchoninsäuren* sind in Wasser, absolutem Alkohol und Aether sehr schwer löslich, leichter in heißem Weingeist, und lassen sich daraus leicht umkrystallisieren. Besonders gut krystallisieren sie aus einer heißen Mischung von Alkohol und konzentrierter Salzsäure als salzsaure Salze aus; letztere besitzen meist citronengelbe bis orangegelbe Farbe und geben beim Kochen mit Wasser und auch beim Erhitzen auf etwa 120° ihre Salzsäure ab.

Die *Schmelzpunkte* der α-Alkyl-β-naphthocinchoninsäuren liegen meist zwischen 200 und 300° und sind für die einzelnen Aldehyde charakteristisch. Ein weiteres Kennzeichen bilden die Schmelzpunkte der aus den Säuren durch Erhitzen unter Abspaltung von Kohlendioxyd entstehenden α-Alkyl-β-naphthochinoline, die größtenteils gut krystallisieren und durch die Bildung gelbroter Bichromate kenntlich sind. Nur wenige der Basen besitzen ölige Beschaffenheit.

Bei Abwesenheit von Aldehyden kann die Brenztraubensäure allein unter partieller Spaltung in Acetaldehyd und Kohlendioxyd mit dem β-Naphthylamin unter Bildung der α-Methyl-β-naphthocinchoninsäure reagieren.

Sind aber andere Aldehyde als Acetaldehyde in hinreichender Menge zugegen, dann findet die Bildung der Methyl-β-naphthocinchoninsäure nicht statt, vielmehr entstehen nur die Säuren, welche das in dem betreffenden Aldehyd vorhandene Alkoholradikal in α-Stellung enthalten.

Die Reaktion ist ausschließlich den Aldehyden eigentümlich und tritt nicht bei Ketonen, Lactonen und den Aldehyden zweibasischer Säuren ein. Wird z. B. ein Keton mit Brenztraubensäure und β-Naphthylamin in Reaktion gebracht, so wirken allein die beiden letzteren Reagenzien unter Bildung der α-Methyl-β-naphthocinchoninsäure aufeinander.[2,3] — Es reagieren auch manche Aldehyde (Pyrrolaldehyd, o-Nitrobenzaldehyd), welche die Reaktion von ANGELI nicht zeigen.[4]

2. Kondensation von Hippursäure mit Aldehyden.

Eine kleine Menge entwässertes Natriumacetat wird mit etwa der gleichen molekularen Menge Hippursäure und einigen Tropfen Essigsäureanhydrid versetzt, die zu prüfende Substanz zugefügt und 5—10 Minuten auf dem Wasserbade erwärmt. Nur Aldehyde geben gelbe Färbung oder gelben Niederschlag. Ein Tropfen des Reaktionsgemisches färbt konzentrierte Schwefelsäure blutrot.[5] Reaktion von EINHORN: Liebigs Ann. **300**, 135 (1898); **317**, 190 (1901).

---

[1] *Methyl*alkohol verbessert die Ausbeute: BOEHM, BOURNOT: Ber. Dtsch. chem. Ges. **48**, 1571 (1915).   [2] WEGSCHEIDER: Monatsh. Chem. **17**, 114 (1896).

[3] Anderseits kann es vorkommen, daß eine sehr reaktive Aldehydsäure direkt und ausschließlich mit dem β-Naphthylamin reagiert: LIEBERMANN: Ber. Dtsch. chem. Ges. **29**, 174 (1896).

[4] CIUSI: Atti R. Accad. Lincei (Roma), Rend. (5), **16 II**, 199 (1907).

[5] RODIONOW, KOROLEW: Ztschr. angew. Chem. **42**, 1091 (1929).

3. Kondensation der Aldehyde mit 5.5-Dimethylhydroresorcin.[1]

Bei dieser von VORLÄNDER[2] aufgefundenen Reaktion verbindet sich 1 Mol Aldehyd mit 2 Mol Dimethylhydroresorcin unter Austritt eines Moleküls Wasser:

$$2 \quad \begin{array}{c} CO \\ H_2C \quad CH_2 \\ (CH_3)_2C \quad CO \\ CH_2 \end{array} + R \cdot \overset{\overset{\displaystyle H}{|}}{C} = O$$

$$= \begin{array}{c} R \\ \cdot \\ CH \\ CO \quad CO \\ H_2C \quad CH \quad C \quad CH_2 \\ (CH_3)_2C \quad CO \quad HOC \quad C(CH_3)_2 \\ CH_2 \quad CH_2 \end{array} + H_2O$$

Die Reaktion verläuft ohne Anwendung eines Kondensationsmittels in der wässerigen oder alkoholischen Lösung schon bei Zimmertemperatur außerordentlich glatt. Gelindes Erwärmen beschleunigt im allgemeinen die Abscheidung des Kondensationsproduktes. Es entstehen gut krystallisierende Verbindungen aus aliphatischen und aromatischen Aldehyden, die Alkylidenbisdimethylhydroresorcine.

Die Alkylidenbisdimethylhydroresorcine sind Säuren; sie kennzeichnen sich durch ihre Löslichkeit in Soda und durch die Färbungen, die ihre alkoholischen Lösungen als Ketoenole mit Eisenchlorid hervorrufen. Ihre Schmelzpunkte sind oft nicht ganz scharf, da die Verbindungen beim Erhitzen teilweise in Anhydride übergehen.

Diese *Umwandlung in Anhydride* vollzieht sich mit verschiedener Leichtigkeit bei Behandlung der Säuren mit wasserentziehenden Mitteln. Während einige Kondensationsprodukte schon bei fortgesetztem Kochen mit Alkohol oder Schwefelsäure und Alkohol anhydrisiert werden, erfolgt bei anderen dieser Übergang erst durch Erhitzen mit Eisessig oder Essigsäureanhydrid. Durch Einwirkung von Dimethylhydroresorcin auf den Aldehyd bei Gegenwart von Eisessig oder auch von verdünnten Mineralsäuren gelangt man direkt zu dem Anhydrid.

Die Anhydrisierung erfolgt am Enolhydroxyl:

$$\begin{array}{c} R \\ \cdot \\ CH \\ CO \quad CO \\ H_2C \quad CH \quad C \quad CH_2 \\ (CH_3)_2C \quad CO \quad HO \cdot C \quad C(CH_3)_2 \\ CH_2 \quad CH_2 \end{array} \rightarrow$$

---

[1] Gewöhnlich als *Methon* oder *Dimedon* bezeichnet. Darstellung: VOLKHOLZ: Diss. Halle 12, 1902; Ztschr. analyt. Chem. **47**, 245 (1929).

[2] VORLÄNDER: Hab.-Schr. Halle 1896; Liebigs Ann. **294**, 252 (1897); **304**, 17 (1899); **308**, 193 (1899); **309**, 370 (1899). — KALKOW: Diss. Halle 1897; Ber. Dtsch. chem. Ges. **30**, 1801 (1897); **34**, 1650 (1901). — STRAUSS: Diss. Halle 1899. — VOLKHOLZ: Diss. Halle 1902. — NEUMANN: Diss. Leipzig 1906. — BERNARDI, TARTARINI: Ann. Chim. appl. **16**, 132 (1926). — VORLÄNDER: Ber. Dtsch. chem. Ges. **58**, 2656 (1925); Ztschr. angew. Chem. **42**, 46 (1929); Ztschr. analyt. Chem. **77**, 241, 321 (1929). — LEFFMANN, PINES: Bull. Wagner Inst. Sc. Philadelphia 4, 15 (1929). — NEUBERG: Biochem. Ztschr. **106**, 281 (1920); **151**, 167 (1924). — STEPP, FEULGEN: Ztschr. physikal. Chem. **114**, 307 (1921); **119**, 72 (1922). — FRICKE: Ztschr. physikal. Chem. **116**, 129 (1921). — KLEIN: Biochem. Ztschr. **168**, 132, 256, 340 (1925); Ztschr. physiol. Chem. **143**, 141 (1925); Ztschr. Bot. **19**, 65 (1926). — KAO, YEN: Sci. rep. Tsing Hua Univ., A 1, 185 (1932). — KLEIN, LINSER: PREGL-Festschr. 205 (1929); Monatsh. Chem. **63**, 127 (1934).

R

$$\text{CO} \quad \text{CH} \quad \text{CO}$$

$$\text{H}_2\text{C} \overbrace{\hspace{1.5em}}^{\text{C}} \overbrace{\hspace{1.5em}}^{\text{C}} \text{CH}_2$$

$$(\text{CH}_3)_2\text{C} \underbrace{\hspace{1.5em}}_{\text{C}} \underbrace{\hspace{1.5em}}_{\text{C}} \text{C}(\text{CH}_3)_2$$

$$\text{CH}_2 \quad \text{O} \quad \text{CH}_2$$

Von den Säureverbindungen unterscheiden sich die Anhydride durch ihre Unlöslichkeit in Soda und ihr indifferentes Verhalten gegen Eisenchlorid. Ihre Schmelzpunkte liegen teils höher, teils tiefer als die der Säureverbindungen.

Vor den meisten anderen Aldehydreagenzien hat das Dimethylhydroresorcin den Vorzug, daß es mit Ketonen im allgemeinen keine Kondensationsprodukte liefert.

Diacetyl und Isatin geben indessen ebenfalls Kondensationsprodukte, wenn man die Komponenten unter Eisessigzusatz erhitzt.[1]

Mikroverfahren: KLEIN, LINSER: PREGL-Festschr. 204 (1929).

Identifizierung aromatischer Aldehyde mit *Indandion:* JONESCU: Bull. Soc. chim. France (4), **47**, 210 (1930).

1.3-Dimethylbarbitursäure wird von AKABORI als Aldehydreagens empfohlen. Die Derivate zeigen scharfe Schmelzpunkte und entstehen in sehr guter Ausbeute.[2]

Nachweis von Ketonen durch Überführung in tertiäre Alkohole mit Phenylmagnesiumbromid: TIFFENEAU: Compt. rend. Acad. Sciences **190**, 57 (1930). — SKITA, BAESLER: Ber. Dtsch. chem. Ges. **66**, 860 (1933). — Siehe auch HANS MEYER: Synthese usw. S. 49. 1938.

Zweiter Abschnitt.

Quantitative Bestimmung der Carbonylgruppe.

I. Methode von STRACHE.[3]

Diese Methode beruht auf der Einwirkung von überschüssigem Phenylhydrazin auf Aldehyde und Ketone und der quantitativen Ermittlung des Überschusses der Base durch Oxydation des Hydrazins mit siedender FEHLINGscher Lösung, die allen Stickstoff, auch aus etwa mit entstandenen Hydraziden, frei macht, das Hydrazon aber nicht angreift:

$$\text{C}_6\text{H}_5\text{NHNH}_2 + \text{O} = \text{C}_6\text{H}_6 + \text{N}_2 + \text{H}_2\text{O}.$$

Ausführung der Bestimmung.[4]

Ein gut gewaschener Kohlendioxydstrom wird aus dem KIPPschen Apparat in die Flasche *B*, welche 750—1000 ccm faßt, geleitet. In *B* befinden sich 200 ccm FEHLINGsche Lösung, auf der eine dünne Schicht Paraffinöl schwimmt. Das Einleitungsrohr für das Kohlendioxyd darf nicht in die Flüssigkeit eintauchen.

B wird erhitzt und so lange Kohlendioxyd durchgeleitet, bis die im SCHIFFschen Apparat aufsteigenden Bläschen fast vollständig absorbiert werden.

Nunmehr wird ein blinder Versuch gemacht. Hierzu werden 10 ccm genau abgemessene 5proz. Phenylhydrazinlösung mit 15 ccm Natriumacetatlösung ge-

---

[1] NEUMANN: Diss. Leipzig 53, 1906.

[2] AKABORI: Ber. Dtsch. chem. Ges. **65**, 141 (1932).

[3] STRACHE: Monatsh. Chem. **12**, 524 (1891); **13**, 299 (1892). — JOLLES: Österr. Apoth.-Ztg. **30**, 198 (1892). — BENEDIKT, STRACHE: Monatsh. Chem. **14**, 270 (1893). — KITT: Chem.-Ztg. **22**, 338 (1898). — RIEGLER: Ztschr. analyt. Chem. **40**, 94 (1901). Um den Fehler, der durch die Löslichkeit der Gase entsteht, zu vermeiden, kocht ELLIS (Journ. chem. Soc. London **1927**, 848) unter vermindertem Druck auf.

[4] In der modifizierten Form nach KAUFLER. SMITH: Chem. News **93**, 83 (1906).

mischt und auf 100 ccm verdünnt. 50 ccm Mischung werden in den Tropftrichter *C* hineinpipettiert. Der Stiel des Tropftrichters ist schon vor Beginn
des Versuchs mit Wasser gefüllt worden.

Man läßt den Inhalt des Tropftrichters einfließen und spült zweimal mit
heißem Wasser nach.

D verhindert das Überdestillieren irgendwelcher Flüssigkeiten, nur der Stickstoff und der Benzoldampf werden vom Kohlendioxyd in *E* getrieben. Hier wird
alles Benzol durch ein Gemisch gleicher Moleküle Schwefelsäure und konzen-

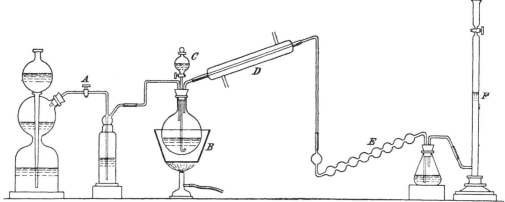

Abb. 165. Verfahren nach KAUFLER-SMITH.

trierter Salpetersäure zurückgehalten[1] und in einer folgenden Flasche der Stickstoff nochmals mit Wasser gewaschen.

Dann erfolgt Auffangen und Messen des Gases in der beim Verfahren nach
DUMAS üblichen Weise. Sofort nach der Titerstellung des Phenylhydrazins folgt
die eigentliche Bestimmung.

Beispiel für die Berechnung.

1 ccm Phenylhydrazinlösung entwickelte 12,08 ccm Stickstoff bei 760 mm
und 0°.

0,2686 g Substanz (Oxybenzaldehyd) wurden mit 10 ccm Phenylhydrazinlösung und 15 ccm Natriumacetatlösung erwärmt und auf 100 ccm aufgefüllt.

50 ccm der Mischung, entsprechend 0,1343 g Substanz, entwickelten 39,46 ccm
Stickstoff (0°, 760 mm).

$(5 \cdot 12,08) = 60,40 — 39,46$ ccm $= 20,94$ ccm Stickstoff werden demnach durch
den Aldehyd verbraucht.

1 ccm N ist 0,001252 g CO äquivalent.

20,94 ccm N entsprechen 0,02622 g CO, oder in Prozenten:

$$CO = \frac{0,02622 \cdot 100}{0,1343} = 19,52.$$

II. Mikrocarbonylbestimmung.[2]

Apparat von GOETZE, Leipzig, Nürnbergerstraße 56. Reaktionsgefäß: beide
Schenkel fassen je 4 ccm. Am unteren Ende der Meßbürette kleines Vorrats-
gefäß für Hg.

Reagenzien 0,1446 g reinstes Phenylhydrazin —HCl auf 5 ccm mit Wasser
auffüllen. — 6,928 g $CuSO_4$, 5 H_2O in 100 ccm Wasser + 10 g NaOH, 34,6 g

---

[1] Siehe dazu auch S. 724.
[2] FALKENHAUSEN: Ztschr. analyt. Chem. **99**, 246 (1934).

Seignettesalz in 100 ccm Wasser, für stark reduzierende Substanzen $CuSO_4$-Lösung in doppelter Konzentration. Reinstes Pyridin und Benzol (Blinde Probe!).

Ausführung. In einen Schenkel des Reaktionsgefäßes 5—15 mg Substanz, 1 ccm Pyridin und genau 0,5 ccm Phenylhydrazinlösung, mischen. In jeden Schenkel eine Glasperle. 15 Minuten siedendes Wasserbad, leerer Schenkel nach oben, Flüssigkeit innen und außen gleich hoch. In zimmerwarmem Wasser abkühlen. In freien Schenkel 3 ccm FEHLING, zu Phenylhydrazinlösung 0,2 ccm Benzol vorsichtig umschwenken. Apparat zusammensetzen. (Gut schließen, Gummistopfen.) Am Dreiweg haben *B* unten Saugpumpe, oben Stickstoffleitung anschließen. *A* so stellen, daß der Hahn nur vom Reaktionsgefäß zu *B* führt, sobald Vakuum zirka 90 mm, durch kurzes Umlegen von *B* evakuieren. Stickstoff einströmen lassen, evakuieren und Füllen mit N fünfmal wiederholen. Reaktionsgefäß durch *A* mit Bürette verbinden, von Außenluft abschließen. N- und Vakuumleitung abnehmen. Reaktionsgefäß möglichst tief in Dewargefäß mit zimmerwarmem Wasser 15 Minuten. *A* so stellen, daß Reaktionsgefäß, Bürette, Leitung gegen *B* verbunden sind. Durch Heben von *D* Hg in Bürette auf 0. Auf Dichte prüfen. Dewargefäß durch Schale mit siedendem Wasser (Tauchsieder) ersetzen. Kühler in Gang setzen. Nach 1 Minute Inhalte der beiden Schenkel durch Anschlagen des Röhrchens gegen die flache Hand mischen, solange N_2-Entwicklung sichtbar. Dann wieder im Heizbad genau 5 Minuten unter mehrfachem Schütteln. Niveaugefäß jeweils so stellen, daß Hg in der Bürette und im rechten Parallelrohr gleich hoch. Nach 5 Minuten Heizbad entfernen, Kühler entleeren, Niveaugefäß hochstellen, Reaktionsgefäß und Kühler in Eiswasser. Nach 15 Minuten wieder in das Temperier-(Dewar-)Wasser. Nach 20 Minuten Volumen ablesen.

$$\% \, CO = \left[280 - \frac{v\,(b-p)\,.\,50\,.\,26}{273 + t} \right] \frac{1}{\text{Einwaage}}.$$

p Dampfdruck des Reaktionsgemisches. log 50,26 = 1,70126. Eine Bestimmung dauert 2 Stunden.

$t°$	16,5	17,0	17,5	18,0	18,5	19	19,5	20,0	20,5	21,0	21,5	22,0	22,5	23,0	23,5
p mm	61,5	63,0	64,5	66,5	67,5	69	70,6	72,1	73,6	75,2	77,0	78,8	80,7	82,7	85,0

Nicht brauchbar erwies sich die Methode für Ketocholansäuren, Campher, Benzophenon, Xanthon, MICHLERS Keton, Benzoylbenzoesäure, Benzanthron, Anthrachinon, Alizarin, Desoxybiliansäure, Cholestanonol, Glucose, Ascorbinsäure.

III. Jodometrische Methode von E. v. MEYER.[1]

Diese bequeme Methode (siehe S. 731) läßt sich nicht anwenden, wenn die Hydrazone nach der meist geübten Weise unter Benutzung von essigsaurem Natrium dargestellt wurden,[2] ist aber gut ausführbar, wenn man neben dem Hydrazon nur freies oder salzsaures Phenylhydrazin in Lösung hat.[3]

Etwas mehr als 5 g Phenylhydrazin werden abgewogen und in ungefähr 250 ccm warmem Wasser gelöst. Diese Lösung filtriert man in ein 500 ccm-

[1] E. v. MEYER: Journ. prakt. Chem. (2), **36**, 115 (1887).
[2] STRACHE: Monatsh. Chem. **12**, 526 (1891).
[3] PETRENKO-KRITSCHENKO, ELTSCHANINOFF: Ber. Dtsch. chem. Ges. **34**, 1699 (1901). — PETRENKO-KRITSCHENKO, DOLGOPOLOW: Journ. Russ. phys.-chem.Ges. **35**, 146, 406 (1903); **36**, 1505 (1904). — KONSCHIN: Journ. Russ. phys.-chem. Ges. **35**, 404 (1903). — KEDIASCHWILI: Journ. Russ. phys.-chem. Ges. **35**, 515 (1903). — PETRENKO-KRITSCHENKO: Liebigs Ann. **341**, 15, 150 (1905). — ROTHER: Diss. Dresden 1907. — ROURE, BERTRAND FILS: Ber. Dtsch. chem. Ges. (2), **7**, 48 (1908).

Kölbchen und füllt dann mit destilliertem luftfreiem Wasser bis zum Eichstrich auf. Das Reagens muß in gut verschlossenem Gefäß im Dunkeln aufbewahrt werden. Titerstellung: In einen Literkolben bringt man 300 ccm Wasser und gibt dann genau 40 ccm $n/_{10}$-Jodlösung hinzu; anderseits läßt man mit Hilfe einer Bürette 10 ccm Phenylhydrazinlösung in ein kleines Kölbchen einfließen, das ungefähr 50 ccm Wasser enthält. Dann schüttet man letztere Lösung in kleinen Anteilen in den Literkolben, den man hierbei in lebhafter rotierender Bewegung erhält. Nach ungefähr einer Minute kann man das unverbrauchte Jod mit $n/_{10}$-Natriumhyposulfitlösung zurückmessen: 0,1 g Phenylhydrazin entsprechen 37 ccm $n/_{10}$-Jodlösung.

Zu 0,5—1 g Substanz fügt man einige Kubikzentimeter Alkohol. Die Lösung wird in ein 250 ccm-Kölbchen gegossen und mit 30 ccm Alkohol nachgewaschen. Hierauf gibt man titrierte Phenylhydrazinlösung, auf 1 Mol Aldehyd oder Keton mindestens 1 Mol Hydrazin, schüttelt energisch und überläßt das vor Licht geschützte Gemisch etwa 15 Stunden sich selbst, wobei man wiederholt durchschüttelt. Schließlich verdünnt man mit Wasser und filtriert unter rotierender Bewegung des Kolbens; sollte die Flüssigkeit trüb sein, gibt man etwas Gips hinzu.

Das Filtrat fängt man in einem Literkolben auf, der ungefähr 500 ccm Wasser und 10—20 ccm Jodlösung enthält; das Filtrat wäscht man mit Wasser nach und titriert mit Hyposulfitlösung zurück, mit Stärke als Indikator.

Ist n die Zahl der dem Hydrazon entsprechenden Kubikzentimeter Jodlösung, M das Molekulargewicht der Substanz und G das angewendete Gewicht derselben, so ist der gefundene Prozentgehalt an Aldehyd (Keton):

$$P = \frac{n \cdot M}{100\,G}.^1$$

ARDAGH, WILLIAMS[2] haben das Verfahren in einigen Punkten modifiziert. Die Carbonylverbindung wird in Wasser oder einem Gemisch von Alkohol und Wasser gelöst, die Flüssigkeit auf ein bestimmtes Volumen aufgefüllt. Eine 0,5 Mol haltende Lösung von salzsaurem Phenylhydrazin wird im Dunkeln aufbewahrt. Die Dinatriumphosphatlösung wird etwas schwächer als 0,5 Mol gewählt. 20 ccm Phenylhydrazinlösung, 20 ccm Phosphatlösung und ca. $^1/_2$ Äquivalent Carbonylverbindung werden in einem 100 ccm-Meßkolben gemischt, mit gesättigter Kochsalzlösung aufgefüllt; die Reaktion ist im allgemeinen nach 30 Minuten beendet. Ein etwaiger Niederschlag wird möglichst rasch abgesaugt. 25 ccm der wässerigen Lösung werden in einen 75—100 ccm haltenden Scheidetrichter gegeben und 4—5 ccm Petrolaether (40—60°) zugefügt, 2 Minuten kräftig geschüttelt, 2 Minuten absitzen gelassen, ein Teil der wässerigen Lösung in einen 25 ccm-Meßzylinder gebracht, 10 ccm hiervon werden (immer in Stickstoffatmosphäre!) in einen 250 ccm-Erlenmeyer mit eingeschliffenem Stopfen abpipettiert, 2 Tropfen 0,1proz. Methylorangelösung zugesetzt und verdünnte Salzsäure oder Schwefelsäure zugefügt, bis eben Rosafarbe auftritt. Nun wird $n/_{10}$-Jodlösung (5 ccm Überschuß) zugefügt, nach 5 Minuten frische Stärkelösung zugesetzt und $n/_{10}$-Thiosulfatlösung einlaufen gelassen (3—4 ccm Überschuß), 5 ccm Aether zugefügt und geschüttelt; dann wird mit $n/_{10}$-Jodlösung zurücktitriert. Die Volumina der restlichen wässerigen und aetherischen Lösungen werden gemessen.

---

[1] Ein größerer Überschuß an Jod ist zu vermeiden, da es auch die Phenylhydrazone angreift: RUZICKA, BUIJS: Helv. chim. Acta **15**, 9 (1932).
[2] ARDAGH, WILLIAMS: Journ. Amer. chem. Soc. **47**, 2983 (1925).

IV. Argentometrische Aldehydbestimmung.[1]

1. Für rasch reagierende Aldehyde (Formaldehyd, Acetaldehyd, Croton-aldehyd).

0,5 ccm Magnesiumsulfatlösung, 25 ccm $n/_{10}$-Silbernitrat, 10 ccm Aldehyd-lösung (5—45 mg Aldehyd). Dazu rasch 13 ccm $n/_5$-NaOH unter Umschwenken. In geschlossener Flasche 5 Minuten stark schütteln, 5,7—6 ccm Lauge zugeben, 5 Minuten schütteln, mit 1 ccm Wasser abspülen. Unter dauerndem Umschwenken in Absätzen von je 10 Sekunden 5 ccm n-KOH in Anteilen von etwa 1 ccm zu-geben, 2 Minuten umschwenken. Stufenweise mit 5 ccm 20proz. H_2SO_4 neutrali-sieren. Auf 100 ccm auffüllen (20°), gut durchmischen. Von der filtrierten Lösung (erste 20 ccm verwerfen) 50 ccm mit $n/_{100}$-JK und $AgNO_3$ titrieren.

Auf 0,01% genau. Blinde Probe erforderlich.

2. Für langsamer reagierende Aldehyde (Propionaldehyd und Homologe, aromatische Aldehyde).

50 ccm Aldehydlösung, 45—50 ccm $n/_{10}$-$AgNO_3$, unter Umschwenken mit 12 ccm $n/_{10}$-Barytlauge, 67 ccm $n/_{10}$-NaOH 2 Minuten schütteln. 5 Minuten Wasser-bad. Mit 10 ccm n-KOH 5 Minuten Wasserbad, weiterschütteln, abkühlen, 15 ccm 50proz. H_2SO_4 zugeben. Bei 20° auf 250 ccm auffüllen, durchmischen, filtrieren, 200 ccm titrieren. Auf 0,5—1% genau.

3. *Mikrobestimmung* (ausgearbeitet für 0,1—0,4 mg Acetaldehyd).

5 ccm $n/_{10}$-$AgNO_3$, 5 ccm $n/_2$-Aluminiumsulfat, 90 ccm Wasser und 0,5 ccm Wasserglaslösung (aus Wasserglas 1,380 durch Verdünnen 1 : 50). Lebhaft um-schwenken, auf einmal 100 ccm $6n/_{100}$-NaOH zusetzen. In Meßkolben umfüllen, auf 250 ccm bringen. Nach Zusatz von H_2SO_4 auf $n/_{100}$-JK einstellen.

Aldehyd in 2 ccm Wasser, 10 ccm Silberoxydlösung rasch mit 1 ccm $n/_{10}$-NaOH mischen, 2 Minuten Wasserbad. 0,5 ccm Wasser zugeben, dann unter kurzem Schwenken 5 ccm n-KHO, 5 Minuten Wasserbad. Kalte Mischung von 1 ccm 25proz. KOH und 2 ccm 50proz. H_2SO_4 zufügen, 5 Minuten Wasser-bad, bei 20° auf 75 ccm auffüllen, zweimal durch dasselbe Filter filtrieren, mit $n/_{100}$-JK und $AgNO_3$ titrieren. Blinde Probe. Auf ± 1% genau.

Dritter Abschnitt.

Nachweis[2] von der Carbonylgruppe benachbarten Methylen-(Methyl-)gruppen.[3]

Verbindungen der Formeln[4] —CH$_2$—CO—CH$_2$—
R·CO—CH$_2$—
R·CO—CH$_3$

I. Reaktion mit Benzaldehyd.[5]

Bei der Kondensation von Ketonen mit Benzaldehyd (durch verdünnte Lauge, Natriumaethylat oder Salzsäure) können nur in Methyl- und Methylen-gruppen, die mit dem Carbonyl direkt verbunden sind, Aldehydreste eintreten;

---

[1] PONNDORF: Ber. Dtsch. chem. Ges. **64**, 1913 (1931).

[2] Siehe hierzu SKRAUP, BÖHM: Ber. Dtsch. chem. Ges. **59**, 1007 (1926). — JONES-CU: Bull. Soc. chim. France (4), **51**, 171 (1932). — Oxydation reaktionsfähiger Me-thylengruppen: TREIBS, SCHMIDT: Ber. Dtsch. chem. Ges. **61**, 459 (1928).

[3] Sowie „saurer" Methylengruppen überhaupt. — Ebenso verhalten sich auch die Verbindungen:

$$C_6H_5\text{—}CH_2\text{—}CN \text{ und } C_6H_4{\Large\langle}\begin{matrix} CH_2\text{—}CN \\ CH_2\text{—}CN \end{matrix}$$

V. MEYER: Liebigs Ann. **250**, 125 (1889). — HINSBERG: Ber. Dtsch. chem. Ges. **43**,

die Anzahl der einführbaren Aldehydradikale entspricht daher der Zahl der an Carbonyl gebundenen CH_3- und CH_2-Gruppen.

Die Reaktionsprodukte sind entweder reine Benzylidenderivate bzw. Dibenzylidenverbindungen, oder es tritt Ringschluß zu Hydropyronen ein. Es können auch beiderlei Produkte nebeneinander entstehen.

Bei diesen Kondensationen können sich sterische Hinderungen geltend machen; so verläuft die Reaktion beim Dipropylketon sehr träge.[1]

Auch die zyklischen Ketone der hydroaromatischen Reihe lassen sich mit 1 oder 2 Mol Aldehyd (am besten *Zimtaldehyd*) kondensieren.[2] Zur Carbonylgruppe orthoständiges Methyl, Hydroxyl und Methoxyl verhindert die Kondensierbarkeit.

In Ketonen der Formel $R-CH_2-CO-CH_3$ ist bei der Kondensation mit Kalilauge die CH_3-Gruppe reaktionsfähiger als die Methylengruppe und addiert daher das erste Benzaldehydmolekül; wenn dann die CH_3-Gruppe substituiert ist, wird auch die CH_2-Gruppe umsetzungsfähig.[3]

1360 (1910). — Nitrophenylessigester: BORSCHE: Ber. Dtsch. chem. Ges. **42**, 3596 (1909). — Cyclopentadien, Inden, Fluoren: MARCKWALD: Ber. Dtsch. chem. Ges. **28**, 1501 (1895). — THIELE: Ber. Dtsch. chem. Ges. **33**, 666, 851, 3395 (1900). — WISLICENUS: Ber. Dtsch. chem. Ges. **33**, 771 (1900). — WISLICENUS, DEUSCH: Ber. Dtsch. chem. Ges. **35**, 759 (1902). — THIELE, BÜHNER: Liebigs Ann. **347**, 249 (1906). — THIELE, HENLE: Liebigs Ann. **347**, 290 (1906). — WISLICENUS, WALDMÜLLER: Ber. Dtsch. chem. Ges. **41**, 3334 (1908); **42**, 785 (1909). — WISLICENUS, RUSS: Ber. Dtsch. chem. Ges. **43**, 2719 (1910). — 2.3-Oxynaphthoesäureester: FRIEDL: Monatsh. Chem. **31**, 917 (1910). — ROSLAV: Monatsh. Chem. **34**, 1503 (1913). — REBEK: Monatsh. Chem. **34**, 1519 (1913). — WEISHUT: Monatsh. Chem. **34**, 1547 (1913). — LAMMER: Monatsh. Chem. **35**, 171 (1914). — SEIB: Monatsh. Chem. **34**, 1567 (1913). — LUGNER: Monatsh. Chem. **36**, 143 (1915). — REBEK, KRAMARŠIČ: Ber. Dtsch. chem. Ges. **62**, 477 (1929). — Über die Reaktionsfähigkeit α- und γ-ständigen Methyls in Pyridin- und Chinolinderivaten siehe S. 817. — Farbreaktion von Chinon mit gewissen sauren Methylengruppen: KESTLING: Ber. Dtsch. chem. Ges. **62**, 1422 (1929).

[4] Oxoniumverbindungen mit reaktivem Methylen: BORSCHE, GEYER: Liebigs Ann. **393**, 29 (1912). — BORSCHE, WUNDER: Liebigs Ann. **411**, 38 (1916).

[5] CLAISEN: Ber. Dtsch. chem. Ges. **14**, 345, 2468 (1881). — CLAISEN, CLAPARÈDE: Ber. Dtsch. chem. Ges. **14**, 349, 2460, 2472 (1881). — SCHMIDT: Ber. Dtsch. chem. Ges. **14**, 1460 (1881). — BAEYER, DREWSON: Ber. Dtsch. chem. Ges. **15**, 2856 (1882). — CLAISEN: Liebigs Ann. **218**, 121, 129, 145, 170 (1883); **223**, 137 (1884). — JAPP, KLINGEMANN: Ber. Dtsch. chem. Ges. **21**, 2934 (1888). — MILLER, ROHDE: Ber. Dtsch. chem. Ges. **23**, 1070 (1890). — RÜGHEIMER: Ber. Dtsch. chem. Ges. **24**, 2186 (1891). — HALLER: Compt. rend. Acad. Sciences **113**, 22 (1891); Ber. Dtsch. chem. Ges. **25**, 2421 (1892). — KNOEVENAGEL, WEISSGERBER: Ber. Dtsch. chem. Ges. **26**, 436, 441 (1893). — KLAGES, KNOEVENAGEL: Ber. Dtsch. chem. Ges. **26**, 447 (1893); Liebigs Ann. **280**, 36 (1894). — RÜGHEIMER, KRONTHAL: Ber. Dtsch. chem. Ges. **28**, 1321 (1895). — SCHOLTZ: Ber. Dtsch. chem. Ges. **28**, 1730 (1895). — PETRENKO-KRITSCHENKO, STANISCHEWSKY: Ber. Dtsch. chem. Ges. **29**, 994 (1896). — KOSTANECKI, ROSSBACH: Ber. Dtsch. chem. Ges. **29**, 1488, 1495, 1893 (1896). — VORLÄNDER, HOBOHM: Ber. Dtsch. chem. Ges. **29**, 1836 (1896). — PETRENKO-KRITSCHENKO, ARZIBASCHEFF: Ber. Dtsch. chem. Ges. **29**, 2051 (1896). — WALLACH: Ber. Dtsch. chem. Ges. **29**, 1600, 2955 (1896). — WILLSTÄTTER: Ber. Dtsch. chem. Ges. **30**, 731, 2681 (1897). — VORLÄNDER: Ber. Dtsch. chem. Ges. **30**, 2261 (1897). — PETRENKO-KRITSCHENKO, PLOTNIKOFF: Ber. Dtsch. chem. Ges. **30**, 2801 (1897). — HOBOHM: Diss. Halle 1897. — SORGE: Ber. Dtsch. chem. Ges. **35**, 1065 (1902). — KLAGES, TETZNER: Ber. Dtsch. chem. Ges. **35**, 3970 (1902). — KNORR, HÖRLEIN: Ber. Dtsch. chem. Ges. **40**, 335 (1907). — WINZHEIMER: Arch. Pharmaz. **246**, 352 (1908). — HESS: Ber. Dtsch. chem. Ges. **50**, 380 (1917). — REINDEL: Liebigs Ann. **466**, 132 (1928); siehe auch oben Anm. 4.

[1] HOBOHM: Diss. Halle 9, 11, 1897.

[2] WALLACH: Terpene und Campher, S. 103. 1908. — KÖTZ, BLENDERMANN, ROSENBUSCH, SIRRINGHAUS: Liebigs Ann. **400**, 60 (1913).

[3] GOLDSCHMIEDT, KNÖPFER: Monatsh. Chem. **18**, 437 (1897); **19**, 406 (1898); **20**, 734 (1899). — WILLSTÄTTER: Ber. Dtsch. chem. Ges. **31**, 1588 (1898). — GOLDSCHMIEDT, KRZMAŘ: Monatsh. Chem. **22**, 659 (1901). — HARRIES, MÜLLER: Ber.

Bei der Kondensation mit gasförmiger Salzsäure liegen die Verhältnisse gerade umgekehrt: es reagiert zuerst die dem Carbonyl benachbarte Methylengruppe. Doch scheint alsdann der Eintritt eines weiteren Benzylidenrestes (in die Methylgruppe) nicht mehr ausführbar.[1]

II. Reaktion mit Furol.[2]

Diese erfolgt nach denselben Regeln, wie die Kondensation mit Benzaldehyd. Als wasserentziehendes Mittel wird am besten Natriumaethylat verwendet, die Reaktion gelingt aber auch öfters mit 50proz. wässeriger Lauge.

III. Reaktion mit Oxalsäureester.[3]

Die Natriumalkylat-Additionsprodukte von Säureestern wirken nur auf Ketone der Formel: $R \cdot CO \cdot CH_3$ und $R \cdot CO \cdot CH_2R$ und niemals auf solche der Formel

$$R \cdot CO \cdot CH \begin{matrix} R \\ R \end{matrix}$$

ein. In eine Methyl- (Methylen-) Gruppe tritt nur je ein Säureradikal. Unerläßlich zum guten Gelingen der Kondensation ist vollständige Trockenheit der Reagenzien. Die Einführung des zweiten Oxalsäurerests in ein Keton mit zwei CH_2-Gruppen erfolgt weit schwieriger als die erstmalige Kondensation.

Einwirkung von Oxalsäureester auf *Pyrazolone:* WISLICENUS, ELVERT, KURTZ: Ber. Dtsch. chem. Ges. 46, 3395 (1913).

Negativ substituierte CH_3-Gruppen in aromatischen Verbindungen (Nitrotoluol, Nitrokresolaether, Nitroxylol) lassen sich auch mit Oxalester kondensieren: REISSERT: Ber. Dtsch. chem. Ges. 30, 1030 (1897). — REISSERT, SCHENK: Ber. Dtsch. chem. Ges. 31, 388, 397 (1898).

IV. Ameisensäureester

tritt mit Ketonen der Formel R—CO—CH_2—R, auch Ringketonen, zu Formylketonen:

Dtsch. chem. Ges. 35, 966 (1902). — HARRIES, BROMBERGER: Ber. Dtsch. chem. Ges. 35, 3088 (1902). — GOLDSCHMIEDT, SPITZAUER: Monatsh. Chem. 24, 720 (1903). — ALBRECHT: Monatsh. Chem. 35, 1493 (1914). — SCHOLTZ: Arch. Pharmaz. 254, 551 (1916).

[1] HERTZKA: Monatsh. Chem. 26, 227 (1905). — Beim *Phenoxyaceton* verläuft die Reaktion sowohl beim Kondensieren mit Alkalien als auch mit Säuren unter Bildung der Verbindung $C_6H_5O \cdot C (:CHC_6H_5) \cdot CO \cdot CH_3$. STOERMER, WEHLE: Ber. Dtsch. chem. Ges. 35, 3549 (1902).

[2] CLAISEN, PONDER: Liebigs Ann. 223, 136 (1884). — VORLÄNDER, HOBOHM: Ber. Dtsch. chem. Ges. 29, 1836 (1896). — WILLSTÄTTER: Ber. Dtsch. chem. Ges. 30, 2785 (1897).

[3] CLAISEN, STYLOS: Ber. Dtsch. chem. Ges. 20, 2188 (1887); 21, 114 (1888). — TINGLE: Diss. München 1889. — CLAISEN: Ber. Dtsch. chem. Ges. 24, 111 (1891). — CLAISEN, EWAN: Ber. Dtsch. chem. Ges. 27, 1353 (1894); Liebigs Ann. 284, 245 (1895). — WILLSTÄTTER: Ber. Dtsch. chem. Ges. 30, 2684 (1897). — THIELE: Ber. Dtsch. chem. Ges. 33, 66 (1900). — WISLICENUS: Ber. Dtsch. chem. Ges. 33, 771 (1900). — BIEBER: Diss. Göttingen 1905, 40. — KÖTZ, SCHÜLER: Liebigs Ann. 342, 314 (1905); 348, 91, 111 (1906); 350, 212 (1906); 357, 192 (1907). — KÁRPÁTI: Diss. Göttingen 1910, 53. — RUHEMANN: Journ. chem. Soc. London 101, 1729 (1912). — SIRRINGHAUS: Diss. Göttingen 1912, 41. — KÖTZ: Liebigs Ann. 400, 61 (1913); Journ. prakt. Chem. (2), 88, 257, 261 (1913). — AUWERS: Ber. Dtsch. chem. Ges. 49, 2397 (1916). — HESS: Ber. Dtsch. chem. Ges. 50, 371, 378 (1917).

$$R \cdot CO-CH-R$$
$$| $$
$$OH$$

zusammen.[1]

Wenige Tropfen des Ketons werden in 2—3 ccm Aether gelöst und mit etwas Amylformiat und einigen feingeschnittenen Natriumschnitzeln zusammengebracht. Unter öfterem Schütteln, damit die entstehende Rinde sich vom Natrium ablöst, läßt man $^1/_2$—1 Stunde stehen, erwärmt schließlich gelinde und zerstört noch vorhandenes Natrium durch Alkohol.

Man säuert mit Eisessig an, fügt Wasser zu und trennt die aetherische Schicht von der wässerigen; die erstere verdünnt man mit Alkohol und prüft, ob durch Eisenchlorid Färbung (dunkelgelbrot, blutrot oder violettrot, seltener blauviolett) bewirkt wird.

V. Einwirkung von Salpetrigsäureestern[2]

führt zur Bildung von Isonitroso- bzw. Diisonitrosoverbindungen:

$$-C-CO-R \qquad -C-CO-C-$$
$$\| \qquad und \qquad \| \qquad \|$$
$$NOH \qquad NOH \quad NOH$$

Diese Oxime pflegen leicht krystallisierende Benzoylderivate zu geben.

Am besten erhält man im allgemeinen die Isonitrosoverbindungen, indem man das Keton mit *Amylnitrit* (und Eisessig) oder frisch bereitetem *Aethylnitrit* vermischt und gasförmige Salzsäure, Natriumalkoholat oder trockenes Natriumaethylat einwirken läßt, oder mit Natriumamid erwärmt.

VI. Einwirkung aromatischer Nitrosoverbindungen.

(Reaktion von EHRLICH, SACHS.[3])

Mit Nitrosodimethylanilin und ähnlichen Substanzen (auch den Monoalphylanilinen) geben Substanzen mit saurer Methylengruppe Azomethine:

$$(Alph)_2 : N \cdot C_6H_4 \cdot NO + R_1 \cdot CH_2 \cdot R_2 = (Alph)_2 : N \cdot C_6H_4 \cdot N : CR_1R_2 + H_2O,$$

wobei R_1 und R_2 verschiedene oder gleiche, negative Radikale bedeuten.

Zu der heißen alkoholischen Lösung der Komponenten wird eine möglichst konzentrierte Lösung (einige Kubikzentimeter) von Soda, Trinatriumphosphat, Cyankalium oder Pyridin gegeben und kurze Zeit erhitzt. Sind R_1 und R_2 stark

---

[1] CLAISEN: Liebigs Ann. 281, 306 (1894). — WALLACH: Terpene und Campher, S. 107. 1908. — KÖTZ: Liebigs Ann. 400, 60 (1913). — ISELIN: Diss. Basel 1916. — BURCKHARDT: Diss. Basel 30, 1916. — BENARY: Ber. Dtsch. chem. Ges. 56, 54 (1923).

[2] PECHMANN, WEHSARG: Ber. Dtsch. chem. Ges. 19, 2465 (1886); 21, 2990 (1888). — CLAISEN, MANASSE: Ber. Dtsch. chem. Ges. 20, 656, 2194 (1887); 22, 526 (1889); Liebigs Ann. 274, 71 (1893). — WILLSTÄTTER: Ber. Dtsch. chem. Ges. 30, 2701 (1897). — PONZIO: Gazz. chim. Ital. 29 I, 276 (1897). — PONZIO, DE GASPARI: Journ. prakt. Chem. (2), 58, 392 (1898). — WALLACH: Terpene und Campher, 2. Aufl., S. 70. 1914. — WIENHAUS, SCHUMM: Liebigs Ann. 439, 43 (1924). — SKRAUP, BÖHM: Ber. Dtsch. chem. Ges. 59, 1007 (1926). — Über die Einwirkung von Amylnitrit auf negativ substituierte Methylgruppen aromatischer Verbindungen: D. R. P.107 095 (1900).

[3] EHRLICH, SACHS: Ber. Dtsch. chem. Ges. 32, 2341 (1899). — SACHS: Ber. Dtsch. chem. Ges. 33, 959 (1900). — SACHS, BRY: Ber. Dtsch. chem. Ges. 34, 118 (1901). — SACHS: Ber. Dtsch. chem. Ges. 34, 494 (1901). — SACHS, BARSCHALL: Ber. Dtsch. chem. Ges. 34, 3047 (1901); 35, 1437 (1902). — KNORR, HÖRLEIN: Ber. Dtsch. chem. Ges. 40, 3353 (1907). — SACHS, APPENZELLER: Ber. Dtsch. chem. Ges. 41, 112 (1908). — HOUBEN, BRASSERT, ETTINGER: Ber. Dtsch. chem. Ges. 42, 2745 (1909). — WIDMAN, VIRGIN: Ber. Dtsch. chem. Ges. 42, 2797 (1909). — KAUFMANN, VALLETE: Ber. Dtsch. chem. Ges. 45, 1737 (1912). — FUCHS, EISNER: Ber. Dtsch. chem. Ges. 53, 897 (1920). — SKRAUP, BÖHM: Ber. Dtsch. chem. Ges. 59, 1007 (1926).

negativierende Gruppen, dann tritt auch ohne Zusatz eines alkalisch reagierenden Salzes Reaktion ein.

Durch Kochen mit verdünnten Mineralsäuren werden die Azomethine in Keton und Dialphylphenylendiamin gespalten. Mit Hydroxylaminchlorhydrat entsteht beim Kochen in verdünnt-alkoholischer Lösung neben Dialphylphenylendiamin das Oxim des Ketons.

In ähnlicher Weise wie die genannten Methylenverbindungen reagiert[1] *Anthranol*, ebenso Substanzen mit stark sauren Methylgruppen (2.4-Dinitrotoluol[2] und Nitromethan).

VII. Kondensationen mit 1.2-Naphthochinon-4-sulfosäure.[3]

Nach EHRLICH, HERTER kondensiert sich das naphthochinonsulfosaure Natrium (Kalium), wie mit anderen Substanzen,[4] auch mit solchen, die eine saure Methylen- oder Methylgruppe tragen, unter Abspaltung des Schwefelsäurerests und Eintritt des organischen Radikals an dessen Stelle in den Naphthalinkern, wobei aus je einem Molekül des Reagens, der Methylenverbindung und einem Molekül Alkali je ein Molekül Natriumsulfit und intensiv gefärbtes Kondensationsprodukt entstehen:

$$R \cdot CH_2 \cdot R' + \underset{SO_3Na}{\overset{O}{\underset{\|}{\bigcirc\hspace{-0.5em}\bigcirc}}}=O + NaOH = Na_2SO_3 + \underset{R \cdot C \cdot R'}{\overset{O}{\underset{\|}{\bigcirc\hspace{-0.5em}\bigcirc}}}-OH + H_2O$$

VIII. Reaktion mit Benzoldiazoniumchlorid.

BAMBERGER: Ber. Dtsch. chem. Ges. **27**, 147 (1894). — WILLSTÄTTER: Ber. Dtsch. chem. Ges. **30**, 2688 (1897), woselbst auch weitere Literaturangaben; M. u. J. **2**, 328ff. — SCHNEIDER: Diss. Jena 1906. — KNORR, HÖRLEIN: Ber. Dtsch. chem. Ges. **40**, 3353 (1907). — BURCKHARDT: Diss. Basel 24, 25, 1916. — SKRAUP, BÖHM: Ber. Dtsch. chem. Ges. **59**, 1007 (1926).

Nach BÜLOW[5] zeigt das Methylen in der Atomgruppierung:

$$R' \cdot C = N \cdot NHCOR''$$
$$|$$
$$CH_2 \cdot COOR$$

gegen Diazoniumchlorid dieselbe Reaktionsfähigkeit wie in aliphatischen 1.3-Ketonsäureestern oder 1.3-dialkylsubstituierten Pyrazolonen.

IX. Reaktion von TRAUBE.[6]

Substanzen mit reaktionsfähigen Methyl-, Methylen- oder Methingruppen reagieren bei Gegenwart von Natriumalkoholat überaus energisch mit Stickoxyd zu stickstoffhaltigen Verbindungen mit sauren Eigenschaften.

---

[1] SUCHANNEK: Diss. Zürich, 11 1907. — KAUFLER, SUCHANNEK: Ber. Dtsch. chem. Ges. **40**, 519 (1907).

[2] SACHS, KEMPF: Ber. Dtsch. chem. Ges. **35**, 1224 (1902).

[3] EHRLICH, HERTER: Ztschr. physiol. Chem. **41**, 379 (1904). — HERTER: Journ. exper. Med. **7**, 1 (1905). — SACHS, CRAVERI: Ber. Dtsch. chem. Ges. **38**, 3685 (1905). — CRAVERI: Diss. Berlin 1906. — ZAAR: Diss. Berlin 1907. — BERTHOLD: Diss. Berlin 1907. — SACHS: Ztschr. Farb. 1907, H. 5, 6, 8. — SACHS, ÖHOLM: Ber. Dtsch. chem. Ges. **47**, 955 (1914). [4] Siehe S. 636.

[5] BÜLOW: Ber. Dtsch. chem. Ges. **40**, 3787 (1907).

[6] TRAUBE: Liebigs Ann. **300**, 81 (1898). — HESS, FINK: Ber. Dtsch. chem. Ges. **53**, 784 (1920). Unterscheidung von Methyl-, Methylen- und Methingruppen.

Vierter Abschnitt.

Verhalten der Diketone.

I. Verhalten der α-Diketone oder 1.2-Diketone.

Reinigung und Abscheidung der α-Diketone durch Benzamidinchlorhydrat: DIELS, SCHLEICH: Ber. Dtsch. chem. Ges. 49, 1711 (1916).

Die α-Diketone nehmen eine Zwischenstellung zwischen Aldehyden und Monoketonen ein, welch letzteren sie an Reaktionsfähigkeit sehr überlegen sind.[1]

1. Chinoxalinbildung.

Die α-Diketone verbinden sich mit o-Phenylendiaminen (o-Naphthylendiaminen) zu Chinoxalinen.[2]

Man verwendet als Reagens o-Phenylendiamin oder das leicht zugängliche *m-p-Diaminotoluol*. Die Chinoxalinbasen sind meist schwer löslich und haben sehr charakteristische Eigenschaften: Bildung gelber bis roter Salze, Sublimierbarkeit usw.

Die Reaktion erfolgt in (wässeriger, alkoholischer oder essigsaurer) Lösung unter 100°, sehr oft schon bei Zimmertemperatur.

Sterische Behinderung der Chinoxalinbildung: BARNES; Journ. Amer. chem. Soc. 57, 937 (1935). Mesitylbenzylglyoxal. — WEINSTOCK, FUSON: Journ. Amer. chem. Soc. 58, 1233 (1936), Mesitylphenyldiketon $(CH_3)_3C_6H_2COCOC_6H_5$.[3]

α.β-Diketonsäuren und o-Phenylendiamin: OHLE, GROSS: Ber. Dtsch. chem. Ges. 68, 2262 (1935).

Bildung von Phenanthrazinen mit Phenanthrenchinon: SCHROETER: Liebigs Ann. 426, 75, 77 (1922).

2. Glyoxalinbildung.[4]

Mit Aldehyden und Ammoniak und ähnlich[5] mit primären Aminen der Formel $R \cdot CH_2 \cdot NH_2$ lassen sich 1.2-Diketone zu Glyoxalinen kondensieren.

3. Einwirkung von Hydroxylamin.

Mit Hydroxylamin werden sowohl Monoxime (Isonitrosoketone) als auch Dioxime (Glyoxime) erhalten.

Während die α-Diketone der Fettreihe gelbe Flüssigkeiten sind, bilden die *Isonitrosoketone* farblose Krystalle, die sich in Alkali mit gelber Farbe lösen (Pseudosäuren). Die *Glyoxime* dagegen, die ebenfalls farblos sind, geben auch farblose Alkalisalze.[6]

---

[1] PETRENKO-KRITSCHENKO, ELTSCHANINOFF: Ber. Dtsch. chem. Ges. 34, 1699 (1901); siehe auch S. 505.

[2] HINSBERG: Liebigs Ann. 237, 327 (1887). — KÖRNER: Ber. Dtsch. chem. Ges. 17, R 519 (1884); M. u. J. I, 859, 956, 966; II, 330. — KARRER, TOBLER: Helv. chim. Acta 15, 1209 (1932). — RUZICKA, WALDMANN: Helv. chim. Acta 16, 848 (1933). — KARRER, LÖWE: Helv. chim. Acta 17, 747 (1934). — SCHAPIRO: Ber. Dtsch. chem. Ges. 66, 1371 (1933). — KOHLER, WEINER: Journ. Amer. chem. Soc. 56, 435 (1934). — CHUANG, MA: Ber. Dtsch. chem. Ges. 68, 882 (1935). — *Orthochinon:* WILLSTÄTTER, PFANNENSTIEL: Ber. Dtsch. chem. Ges. 37, 4744 (1904). — *Triketone:* SACHS, HEROLD: Ber. Dtsch. chem. Ges. 40, 2721 (1907).

[3] Mesitylphenyldiketon reagiert mit GRIGNARDS Reagens, Semicarbazid, 2.4-Dinitrophenylhydrazin und Hydroxylamin wie ein Monoketon.

[4] RADZISZEWSKI: Ber. Dtsch. chem. Ges. 15, 2706 (1882). — PECHMANN: Ber. Dtsch. chem. Ges. 21, 1415 (1888).

[5] JAPP, DAVIDSON: Journ. chem. Soc. London 67, 32 (1895).

[6] SCHRAMM: Ber. Dtsch. chem. Ges. 16, 150 (1883). — SCHOLL: Ber. Dtsch. chem. Ges. 23, 3498 (1890).

Über *Salze der Glyoxime mit Schwermetallen* siehe Tschugaeff, Ztschr. anorgan. allg. Chem. **46**, 144 (1905); Ber. Dtsch. chem. Ges. **39**, 3382 (1906); Untersuchungen über Komplexverbindungen, S. 67ff. Moskau 1906; Ber. Dtsch. chem. Ges. **41**, 1678, 2226 (1908). — Tschugaeff, Spiro: Ber. Dtsch. chem. Ges. **41**, 2219 (1908). — Ponzio: Gazz. chim. Ital. **51 II**, 213 (1921), siehe auch S. 534.

Spaltung der Isonitrosoketone in Diketone und Hydroxylamin:

α) Durch Kochen mit 15proz. Schwefelsäure: Pechmann. Ber. Dtsch. chem. Ges. **20**, 3213 (1887). — Otte, Pechmann: Ber. Dtsch. chem. Ges. **22**, 2115 (1889).

β) Durch Erwärmen mit Amylnitrit: Manasse: Ber. Dtsch. chem. Ges. **21**, 2176 (1888).

γ) Durch Einwirkung von Natriumbisulfit und Kochen der so entstandenen Iminosulfosäuren mit verdünnten Säuren: Pechmann: Ber. Dtsch. chem. Ges. **20**, 3163 (1887).

4. Einwirkung von Phenylhydrazin.

Während salzsaures Phenylhydrazin nicht mit Monoketonen reagiert, liefern die α-Diketone leicht Mono- und Dihydrazone (Osazone).

Zum Nachweis eines α-Diketons mittels der „Osazonreaktion" verfährt man folgendermaßen.[1] Das zu prüfende Material wird mit einem Tropfen Alkohol benetzt und mit etwas Eisenchlorid gelinde erwärmt; schüttelt man nach dem Erkalten mit Aether, so nimmt er bei Gegenwart eines Osazons rote bis braunrote Färbung an (Osotetrazonbildung).

Nur die von rein aliphatischen oder fettaromatischen Diketonen abgeleiteten Osazone geben die Reaktion. Dagegen versagt sie beim Benzilosazon, beim Tartrazin, bei der Osazonacetylglyoxylsäure und der Osazondioxyweinsäure.

Phenanthrenchinone werden durch *freies* oder *essigsaures* Phenylhydrazin zu Hydrochinonen reduziert, geben aber mit *salzsaurem* Phenylhydrazin Monohydrazone.[2]

5. Verhalten gegen Semicarbazid.

Thiele: Liebigs Ann. **283**, 37 (1894). — Posner: Ber. Dtsch. chem. Ges. **34**, 3973 (1901). — Biltz, Arnd: Ber. Dtsch. chem. Ges. **35**, 344 (1902). — Diels: Ber. Dtsch. chem. Ges. **35**, 347 (1902). — Biltz: Liebigs Ann. **339**, 243 (1905). — Schmidt, Schairer, Glatz: Ber. Dtsch. chem. Ges. **44**, 276 (1911).

6. Verhalten gegen Aminoguanidin.

Thiele, Bihan: Liebigs Ann. **302**, 299 (1898). — Glatz: Diss. Stuttgart 15, 40, 1912.

7. Verhalten gegen Bisulfit.

Bouveault, Locquin: Bull. Soc. chim. France (3), **35**, 650 (1906).

8. Einwirkung von Alkalien[3]

auf α-Diketone, die mit der Diketongruppe verbundene Methylengruppen enthalten (Chinonbildung): Pechmann: Ber. Dtsch. chem. Ges. **21**, 1417 (1888);

---

[1] Pechmann: Ber. Dtsch. chem. Ges. **21**, 2752 (1888). — Wislicenus, Schwanhäuser: Liebigs Ann. **297**, 110 (1897). — Mann: Diss. Gießen 25, 1907. — Halberkann: Diss. Rostock 69, 1908. — Diels, Farkaš: Ber. Dtsch. chem. Ges. **43**, 1962 (1910).   [2] Schmidt, Kämpf: Ber. Dtsch. chem. Ges. **35**, 3123 (1902).

[3] Ammoniak (Oxazolreaktion): Schönberg, Malchow: Ber. Dtsch. chem. Ges. **54**, 242 (1921); **55**, 3747 (1922).

22, 1522, 2115 (1889). — PECHMANN, WEDEKIND: Ber. Dtsch. chem. Ges. 28, 1845 (1895).

Die *aromatischen Orthodiketone*[1] zeigen mit Kalilauge eine charakteristische Farbenreaktion. Man löst eine Spur der Substanz in heißem Alkohol und fügt einen Tropfen Lauge zu, indem man Luftzutritt möglichst zu hindern sucht. Es tritt dunkelrote bis violettschwarze Färbung auf, die bei den Ringketonen beim Schütteln mit Luft verschwindet, beim Erwärmen nach Zusatz frischen Alkalis wieder erscheint.

Die für das Benzil selbst schon von LAURENT[2] aufgefundene Reaktion beruht wahrscheinlich auf Bildung von Benzilaldol.[3]

Sicherer gelingt die Reaktion, wenn man dem Diketon von Anfang an eine Spur Benzoin zufügt oder in überschüssigem absolutem Alkohol löst, ein Viertel der Substanz an Stangenkali zusetzt und einkocht.[4]

Ein negatives Resultat ist nicht immer als Beweis gegen die Orthostellung der beiden CO-Gruppen zu betrachten, da die Substanz möglicherweise durch die Einwirkung alkoholischen Kalis spontan unter Sprengung der Orthobindung der Carbonyle zersetzt werden kann.[5]

Durch weitere Einwirkung des Alkalis gehen die o-Diketone in substituierte Glykolsäuren über.[6]

9. Wasserstoffsuperoxyd

spaltet[7] α-Diketone und 1.2-Chinone nach dem Schema:

$$R \cdot CO \cdot CO \cdot R_1 + H_2O_2 = R \cdot COOH + R_1COOH.$$

Ebenso wird Mesitylbenzylglyoxal quantitativ in Phenylessigsäure und Trimethylbenzoesäure gespalten.[8]

II. Verhalten der β-Diketone oder 1.3-Diketone.[9]

1. Bildung von Metallverbindungen.[10,11]

Durch die Nachbarschaft der beiden CO-Gruppen erlangt die endocarbonyle Methylengruppe gesättigter 1.3-Diketone die Fähigkeit, Metallverbindungen zu bilden, unter denen besonders die schwer löslichen *Kupfersalze* charakteristisch

---

[1] BAMBERGER: Ber. Dtsch. chem. Ges. 18, 865 (1885). — SCHOLL: Ber. Dtsch. chem. Ges. 32, 1809 (1899). [2] LAURENT: Liebigs Ann. 17, 91 (1836).
[3] HANTZSCH: Ber. Dtsch. chem. Ges. 40, 1519 (1907).
[4] LIEBERMANN, HOMEYER: Ber. Dtsch. chem. Ges. 12, 1975 (1879). — BAMBERGER: Ber. Dtsch. chem. Ges. 17, 455 (1884). — GRAEBE, JOUILLARD: Ber. Dtsch. chem. Ges. 21, 2003 (1888). [5] BAMBERGER: Ber. Dtsch. chem. Ges. 18, 866 (1885).
[6] LIEBIG: Liebigs Ann. 25, 25 (1838). — LIEBERMANN, HOMEYER: Ber. Dtsch. chem. Ges. 12, 1975 (1879). — BOESLER: Ber. Dtsch. chem. Ges. 14, 327 (1881). — BREDT, JAGELKI, RICHTER, ANSCHÜTZ: 2, 345. — GRAEBE, JOUILLARD: Ber. Dtsch. chem. Ges. 21, 2000 (1888); Liebigs Ann. 247, 214 (1888). — HOOGEWERFF, VAN DORP: Rec. Trav. chim. Pays-Bas 9, 225 (1890). — KLIMONT: Diss. Heidelberg 1891. — MARX: Liebigs Ann. 263, 255 (1891).
[7] HOLLEMAN: Rec. Trav. chim. Pays-Bas 23, 170 (1904). — BÖESEKEN: Rec. Trav. chim. Pays-Bas 30, 142 (1911). — WEITZ, SCHEFFER: Ber. Dtsch. chem. Ges. 54, 2332 (1921). — SCHÖNBERG, MALCHOW: Ber. Dtsch. chem. Ges. 55, 3747 (1922).
[8] BARNES: Journ. Amer. chem. Soc. 57, 937 (1935). [9] Siehe auch S. 569 ff.
[10] COMBES: Compt. rend. Acad. Sciences 105, 868 (1887); 108, 405 (1889); Ann. chim. phys. (6), 12, 199 (1887); Bull. Soc. chim. France (2), 48, 474 (1887); 50, 145 (1888); Compt. rend. Acad. Sciences 119, 1221 (1894). — FETTE: Diss. München 1894. — URBAIN: Bull. Soc. chim. France (3), 15, 349 (1896). — URBAIN, DEBIERNE: Compt. rend. Acad. Sciences 129, 302 (1899). — GACH: Monatsh. Chem. 21, 99 (1900).
[11] CLAISEN, EHRHARDT: Ber. Dtsch. chem. Ges. 22, 1015 (1889). — CLAISEN: Liebigs Ann. 277, 170 (1893). — FEIGL, BÄCKER: Monatsh. Chem. 49, 401 (1928). — FEIGL: Tüpfelanalyse, S. 77. 1931.

und auch durch ihre konstanten Schmelzpunkte (die mit steigendem Molekulargewicht immer niedriger werden) ausgezeichnet sind.

Diese Salze werden durch Umkrystallisieren aus Alkohol gereinigt.

Wenn die endocarbonyle Methylengruppe durch einen Alkylrest substituiert ist, sind die Substanzen nicht mehr imstande, Kupferacetat zu zersetzen, doch geben sie gewöhnlich noch mit ammoniakalischem Kupferoxyd eine Fällung.[1]

Eintritt von *Schwefel* in die Methylengruppe läßt die Vertretbarkeit des zweiten Wasserstoffatoms durch Metalle fortbestehen.[2]

Ringförmige β-Diketone (hydrierte Resorcine): VORLÄNDER: Liebigs Ann. 294, 253 (1897).

2. Verhalten gegen Semicarbazid.[3]

Beim Vermischen kalter alkoholischer Lösungen der β-Diketone mit einer konzentrierten wässerigen Lösung je eines Moleküls Semicarbazidchlorhydrat und Natriumacetat bilden sich Kondensationsprodukte vom Typus:

Diese Produkte geben, in siedendem Wasser gelöst und mit ammoniakalischer Silbernitratlösung versetzt, die Silbersalze durch Abspaltung der $CONH_2$-Gruppe entstandener Pyrazole.

Fettaromatische und aromatische β-Diketone reagieren mit Semicarbazid erst in der Wärme. Aus Benzoylacetophenon entsteht dabei direkt das entsprechende Pyrazol.

3. Verhalten gegen Hydroxylamin.[4]

Die gesättigten β-Diketone liefern mit einem Mol Hydroxylamin Oximanhydride (Isoxazole).

Nur von den cyclischen β-Diketonen sind sowohl Mono- als auch Dioxime erhältlich.[5]

4. Verhalten gegen Phenylhydrazin.[6]

Mit diesem Reagens erfolgt Ringschluß zu Pyrazolen, wenn man die Komponenten miteinander erwärmt. Da diese Phenylpyrazole leicht in Pyrazoline verwandelbar sind, hat man in der Einwirkung von Phenylhydrazin auf 1.3-Diketone ein bequemes Mittel zu ihrer Erkennung.

Ausführung der Pyrazolinreaktion.[7]

Ein Pröbchen der Pyrazolbase wird in Alkohol gelöst und in die siedende Lösung ein Stückchen Natrium geworfen. Nach der Auflösung des Metalls ver-

[1] Siehe Note 6 auf S. 576.

[2] VAILLANT: Bull. Soc. chim. France (3), **15**, 514 (1896); **19**, 246 (1898).

[3] POSNER: Ber. Dtsch. chem. Ges. **34**, 3975 (1901).

[4] ZEDEL: Ber. Dtsch. chem. Ges. **21**, 2178 (1888). — COMBES: Bull. Soc. chim. France (2), **50**, 145 (1888). — CLAISEN: Ber. Dtsch. chem. Ges. **24**, 3900 (1891). — DUNSTAN, DYMOND: Journ. chem. Soc. London **59**, 428 (1891).

[5] VORLÄNDER: Liebigs Ann. **294**, 192 (1897).

[6] KNORR: Ber. Dtsch. chem. Ges. **18**, 311, 2259 (1885); **20**, 1104 (1887); Liebigs Ann. **238**, 37 (1887). — COMBES: Bull. Soc. chim. France **50**, 145 (1888). — KOHLRAUSCH: Liebigs Ann. **253**, 15 (1889). — POSNER: Ber. Dtsch. chem. Ges. **34**, 3973 (1901).

[7] KNORR: Ber. Dtsch. chem. Ges. **26**, 101 (1893). — TRENER: Monatsh. Chem. **21**, 1120 (1900). — GLÄSEL: Diss. Jena 1909. — AUWERS, VOSS: Ber. Dtsch. chem. Ges. **42**, 4417 (1909).

dünnt man mit Wasser, verjagt den Alkohol und sammelt die Pyrazolinbase durch Ausaethern. Eine Spur[1] der Base wird in ziemlich viel starker Schwefelsäure aufgelöst und zu dieser Lösung ein Tropfen Natriumnitrit- oder Pyrochromatlösung zugefügt, worauf fuchsinrote bis blaue Färbung auftritt.

Über das Verhalten der β-Diketone gegen Benzaldehyd, Oxalessigester, Diazobenzol usw. siehe S. 569 f. und VORLÄNDER: Liebigs Ann. **294**, 192 (1897) — gegen Diphenylmethandimethyldihydrazin S. 532.

Kondensation mit Phenolen zu Benzopyranolderivaten: BÜLOW, WAGNER: Ber. Dtsch. chem. Ges. **34**, 1189 (1901). — BÜLOW, DESENISS: Ber. Dtsch. chem. Ges. **39**, 3664 (1906).

Einwirkung von nitrosen Gasen: WIELAND, BLOCH: Ber. Dtsch. chem. Ges. **37**, 1524 (1904).

Einwirkung von Acylierungsmitteln: CLAISEN, HAASE: Ber. Dtsch. chem. Ges. **36**, 3674 (1903).

Alkoholyse von 1.3-Diketonen: ADKINS, KUTZ, COFFMAN: Journ. Amer. chem. Soc. **52**, 3212 (1930).

III. Verhalten der γ-Diketone oder 1,4-Diketone.

Die 1.4-Diketone sind durch die Leichtigkeit, mit der sie in Derivate des Furans, Pyrrols und Thiophens[2] übergehen, charakterisiert.[3]

Am einfachsten gestaltet sich der Nachweis von 1.4-Diketonen auf folgende Weise:[4]

Man löst eine kleine Probe in Eisessig, fügt eine Lösung von Ammoniak in überschüssiger Essigsäure zu und kocht etwa $^1/_2$ Minute, fügt verdünnte Schwefelsäure zu und kocht nochmals auf, während man einen Fichtenspan einführt. Intensive Rötung des Spans zeigt die Anwesenheit eines 1.4-Diketons in der Lösung[5] an (Pyrrolreaktion).[6]

Verhalten der 1,4-Diketone gegen Phenylhydrazin: COMBES: Bull. Soc. chim. France (2), **50**, 145 (1888). — DUNSTAN, DYMOND: Journ. chem. Soc. London **59**, 428 (1891). — POSNER: Ber. Dtsch. chem. Ges. **34**, 3973 (1901). — GRAY; Journ. chem. Soc. London **79**, 682 (1901). — SMITH, McCOY: Ber. Dtsch. chem. Ges. **35**, 2102 (1902).

Ungesättigte γ-Diketone: PAAL, SCHULZE: Ber. Dtsch. chem. Ges. **33**, 3796 (1900). — JAPP, WOOD: Proc. chem. Soc. London **21**, 154 (1905). — Journ. chem. Soc. London **87**, 107 (1905).

Isatinreaktion: V. MEYER: Ber. Dtsch. chem. Ges. **16**, 2974 (1883).

---

[1] Oxydiert man die Pyrazoline in konzentrierteren Lösungen, dann erhält man meist Niederschläge von schmutzigem Aussehen.

[2] HOLLEMAN: Rec. Trav. chim. Pays-Bas **6**, 73 (1887).

[3] KNORR: Ber. Dtsch. chem. Ges. **17**, 2756 (1884); **18**, 300, 1558 (1885). — LEDERER, PAAL: Ber. Dtsch. chem. Ges. **18**, 2591 (1885). — PAAL: Ber. Dtsch. chem. Ges. **18**, 58, 367, 994, 2251 (1885); **19**, 551 (1886). — PAAL, SCHNEIDER: Ber. Dtsch. chem. Ges. **19**, 558 (1886). — KAPF, PAAL: Ber. Dtsch. chem. Ges. **21**, 1486, 3055 (1888). — BERGMANN: Ztschr. physiol. Chem. **131**, 7 (1923).

[4] KNORR: Ber. Dtsch. chem. Ges. **18**, 299 (1885); **19**, 46 (1886); Liebigs Ann. **236**, 295 (1886).

[5] Über die Pyrrolreaktion siehe ferner: NEUBERG: Festschr. für SALKOWSKI 1904, 71. — Über Pyrrol- (und Indol-) Nachweis mit *Nitroprussidnatrium*: HERZFELD: Biochem. Ztschr. **56**, 82 (1913).

[6] Pyrrole und Indole geben rote Fichtenspanreaktion, sofern sie ein freies Methinwasserstoffatom enthalten. Die monosubstituierten Furane färben grün, höher alkylierte permanganatrot, mit Wasser blau bzw. rotviolett. Man läßt von einem weißen Tannenholzspan einen Tropfen Furanlösung aufsaugen und befeuchtet dann mit konzentrierter Salzsäure. 2.3-Dimethylfuran färbt im ersten Augenblick grünlich, dann rotviolett: REICHSTEIN: Helv. chim. Acta **15**, 1110 (1932). — REICHSTEIN, GRÜSSNER: Helv. chim. Acta **16**, 33 (1933).

IV. Verhalten der 1.4-Chinone.

Die cyclischen 1.4-Diketone der Benzolreihe (Parachinone) zeigen in einigen Punkten gegenüber den gesättigten 1.4-Diketonen der Fettreihe usf. abweichendes Verhalten.

1. Verhalten gegen Hydroxylamin.

In *alkalischer* Lösung reduziert Hydroxylamin die Chinone zu Hydrochinonen,[1] während mit *salzsaurem* Hydroxylamin Monoxime[1] erhalten werden, die durch weiteres Oximieren in saurer Lösung in Dioxime[2] übergeführt werden können.

Gegen alkalische Hydroxylaminlösung reagieren die *Parachinonmonoxime* als wahre Nitrosophenole, die in der Hauptsache Phenole und Stickstoff liefern.[3]

Die *Chinondioxime* werden in alkalischer Lösung durch Ferricyankalium zu p-Dinitrosokörpern[4] oxydiert, ebenso durch Salpetersäure, die indes oft auch bis zu p-Dinitrokörpern[5] führt. Letztere lassen sich durch Kochen mit wässerigem Hydroxylaminchlorhydrat wieder zu Chinondioximen reduzieren.

Sterische Behinderung der Oximierung von Chinonen.[6]

Chinone der Formeln:

$$\text{R}\diamond\text{R} \quad \text{und} \quad \text{R}\diamond\substack{\text{R}\\\text{R}}$$

geben nur Monoxime:

$$\text{R}\diamond\text{R} \quad \text{bzw.} \quad \text{R}\diamond\substack{\text{R}\\\text{R}}$$
$$\text{NOH} \qquad\qquad \text{NOH}$$

aber keine Dioxime; tetrasubstituierte Chinone reagieren überhaupt nicht mit Hydroxylamin.

2. Verhalten gegen Phenylhydrazin.[7]

Die p-Chinone der Benzolreihe wirken oxydierend auf Phenylhydrazin, das in Benzol verwandelt wird,[8] dagegen geben die Naphthochinone Monophenylhydrazone,[9] während Anthrachinon sich gegen Phenylhydrazin indifferent verhält.

[1] H. GOLDSCHMIDT: Ber. Dtsch. chem. Ges. **17**, 213 (1884). — H. GOLDSCHMIDT, SCHMID: Ber. Dtsch. chem. Ges. **17**, 2060 (1884); **18**, 568 (1885). — KEHRMANN: Ber. Dtsch. chem. Ges. **22**, 3266 (1889). — BRIDGE: Liebigs Ann. **277**, 90, 95 (1893).

[2] NIETZKI, KEHRMANN: Ber. Dtsch. chem. Ges. **20**, 613 (1887). — NIETZKI, GUITERMAN: Ber. Dtsch. chem. Ges. **21**, 428 (1888). — O. FISCHER, HEPP: Ber. Dtsch. chem. Ges. **21**, 685 (1888).

[3] KEHRMANN, MESSINGER: Ber. Dtsch. chem. Ges. **23**, 2820 (1890).

[4] ILINSKI: Ber. Dtsch. chem. Ges. **19**, 349 (1886). — NIETZKI, KEHRMANN: Ber. Dtsch. chem. Ges. **20**, 615 (1887). — MEHNE: Ber. Dtsch. chem. Ges. **21**, 734 (1888).

[5] KEHRMANN: Ber. Dtsch. chem. Ges. **21**, 3319 (1888).

[6] KEHRMANN: Ber. Dtsch. chem. Ges. **21**, 3315 (1888); **23**, 3557 (1890); Journ. prakt. Chem. (2), **39**, 319, 592 (1889); **40**, 457 (1889); **42**, 134 (1890); Ber. Dtsch. chem. Ges. **27**, 217 (1894). — NIETZKI, SCHNEIDER: Ber. Dtsch. chem. Ges. **27**, 1431 (1894).

[7] Auffassung der Chinonoxime als Pseudosäuren: FARMER, HANTZSCH: Ber. Dtsch. chem. Ges. **32**, 3101 (1899). — Auffassung der Chinonhydrazone als Pseudosäuren: FARMER, HANTZSCH: Ber. Dtsch. chem. Ges. **32**, 3089 (1899).

[8] ZINCKE: Ber. Dtsch. chem. Ges. **18**, 786, Anm. (1885). — Sekundäre aromatische Hydrazine werden zu Tetrazonen oxydiert: MCPHERSON: Ber. Dtsch. chem. Ges. **28**, 2415 (1895). — Siehe ferner: MCPHERSON: Amer. chem. Journ. **22**, 364 (1899). — MCPHERSON, GOTE: Amer. chem. Journ. **25**, 485 (1901). — MCPHERSON, DUBOIS: Journ. Amer. chem. Soc. **30**, 816 (1908).

[9] ZINCKE, BINDEWALD: Ber. Dtsch. chem. Ges. **17**, 3026 (1884).

Auf dem Umweg über das Anthron (Anthranol) oder das Mesodibromanthron läßt sich aber auch das Anthrachinonmonophenylhydrazon gewinnen.[1]

Acetyl- und *Benzoylphenylhydrazin* reagieren mit den p-Chinonen der Benzolreihe unter Bildung von Monohydrazonen[2] und ebenso mit den *Chinonoximen*.[3] Letztere lassen sich auch, namentlich in Form ihrer Benzoylverbindungen, mit *o-* und *p-Nitrophenylhydrazin* zu Hydrazonen kondensieren, noch leichter mit *2.4-Dinitrophenylhydrazin, nicht aber* mit *m-Nitrophenylhydrazin* und *2.4.6-Trinitrophenylhydrazin*.[4]

3. Verhalten gegen Aminoguanidin und Semicarbazid.[5]

Durch diese Reagenzien werden sowohl Mono- als auch Diderivate erhalten. *α-Naphthochinon* gibt indes nur schwierig das Bisaminoguanidinderivat und verbindet sich nur mit 1 Mol Semicarbazid.

4. Verhalten gegen Benzolsulfinsäure.[6]

Benzolsulfinsäure wirkt auf Substanzen von parachinoider Struktur nach dem Schema:

$$
\text{O} \quad\quad\quad\quad \text{OH}
$$
$$
\bigcirc + C_6H_5SO_2H = \bigcirc{-}SO_2C_6H_5
$$
$$
\text{O} \quad\quad\quad\quad \text{OH}
$$

Die Reaktion läßt sich auf alle Benzochinone, deren Wasserstoff nicht ganz substituiert ist, anwenden.

Die *Dioxydiphenylsulfone* geben gut krystallisierende *Benzoylderivate*.

5. Quantitative Bestimmung des Chinonsauerstoffs.

Siehe hierüber S. 762.

V. Verhalten der 1.5-Diketone.[7]

Über die Reaktionen dieser Körperklasse siehe namentlich die zitierten Arbeiten von KNOEVENAGEL, STOBBE und RABE.

[1] SUCHANNEK: Diss. Zürich 18, 1907.

[2] MCPHERSON: Ber. Dtsch. chem. Ges. 28, 2414 (1895); Amer. chem. Journ. 22, 364 (1899); Journ. Amer. chem. Soc. 22, 141 (1900); 30, 816 (1908).

[3] KÜHL: Diss. Göttingen 1904.

[4] RECLAIRE: Diss. Göttingen 1907. — BORSCHE: Liebigs Ann. 343, 176 (1905); 357, 171 (1907).   [5] THIELE, BARLOW: Liebigs Ann. 303, 311 (1898).

[6] HINSBERG: Ber. Dtsch. chem. Ges. 27, 3259 (1894); 28, 1315 (1895). — HINSBERG, HIMMELSCHEIN: Ber. Dtsch. chem. Ges. 29, 2019 (1896).

[7] ZININ: Ztschr. Chem. 1871, 127. — BUCHNER, CURTIUS: Ber. Dtsch. chem. Ges. 18, 2371 (1885). — HANTZSCH: Ber. Dtsch. chem. Ges. 18, 2579 (1885). — ENGELMANN: Liebigs Ann. 231, 67 (1885). — PAAL, KNES: Ber. Dtsch. chem. Ges. 19, 3144 (1886). — JAPP, KLINGEMANN: Ber. Dtsch. chem. Ges. 21, 2934 (1888). — KNOEVENAGEL, WEISSGERBER: Ber. Dtsch. chem. Ges. 21, 1357 (1888); 26, 437 (1893). — PAAL, HOERMANN: Ber. Dtsch. chem. Ges. 22, 3225 (1889). — KLINGEMANN: Ber. Dtsch. chem. Ges. 26, 818 (1893); Liebigs Ann. 275, 50 (1893). — KNOEVENAGEL: Ber. Dtsch. chem. Ges. 26, 440, 1085 (1893); Liebigs Ann. 281, 25 (1894); 288, 321 (1895); 297, 113 (1897); 303, 223 (1898). — STOBBE: Ber. Dtsch. chem. Ges. 35, 1445 (1902). — RABE: Liebigs Ann. 323, 83 (1902); 332, 1 (1904); 360, 265 (1908).

Fünfter Abschnitt.

Reaktionen der Ketonsäuren.

I. α-Ketonsäuren R · CO · COOH.

a) Die α-Ketonsäuren sind in freiem Zustand ziemlich beständige, nahezu unzersetzt siedende Substanzen, die leicht verseifbare Ester liefern. Beim *Erhitzen mit verdünnten Mineralsäuren* auf 150° werden sie in Aldehyd und Kohlendioxyd gespalten,[1] während sie beim Erhitzen mit *konzentrierter* Schwefelsäure (auf 80—130°) Kohlenoxyd abspalten und die um ein C-Atom ärmere Säure liefern.[2] Auch beim Erhitzen mit Osmium, Palladium und Ruthenium und Wasser auf 100° tritt die Reaktion ein.[3]

Spaltung durch organische Katalysatoren: LANGENBECK, HUTSCHENREUTER: Ztschr. anorgan. allg. Chem. 188, 1 (1930); Liebigs Ann. 485, 53 (1931).

b) Ebenso verhalten sie sich bei der PERKINschen Reaktion wie Aldehyde, indem sie beim Erhitzen mit Natriumacetat und Essigsäureanhydrid in die um ein Kohlenstoffatom reichere α.β-ungesättigte Säure übergehen:[4]

$$R \cdot COCOOH + CH_3COOH = CO_2 + H_2O + RCH = CHCOOH.$$

c) Die Semicarbazone der α-Ketonsäuren spalten schon in der Kälte bei der *Oxydation mit Jodjodkalium* in Sodalösung Kohlendioxyd ab und gehen in die Semicarbazide der um ein C-Atom ärmeren Säuren über.[5]

d) Mit *Dimethylanilin und Chlorzink* tritt infolge von Aldehydbildung Kondensation zu Leukobasen der Malachitgrünreihe ein.[6,7]

Erwärmt man z. B. *Phenylglyoxylsäure* mit Dimethylanilin und Chlorzink unter Zusatz von etwas Wasser, so entsteht *Tetramethyldiaminotriphenylmethan*, und analog wird aus *Thienylglyoxylsäure Thiophengrün* erhalten. Diese Reaktion (Bildung eines grünen Farbstoffs mit Chlorzink und Dimethylanilin) ist indessen auch vielen Anhydriden, Lactonen und Dicarbonsäuren mit orthoständigen Carboxylgruppen eigentümlich.[8]

Erwärmt man *Phenylglyoxylsäure* mit *Phenol* und *Schwefelsäure* auf 120°, dann tritt unter Rotfärbung der Masse stürmische Kohlendioxydentwicklung ein. Durch Wasser wird aus der erkalteten Masse *Benzaurin* gefällt.

Ganz analog verhalten sich *Brenztraubensäure* und *Isatin*.

e) Gegen *Thionylchlorid* verhalten sich Brenztraubensäure und ihre aliphatischen Derivate (Di- und Tribrom- sowie Trimethylbrenztraubensäure) vollkommen indifferent, während Benzoylameisensäure in Benzoylchlorid und Phthalonsäure in Phthalsäureanhydrid verwandelt werden (HANS MEYER).

---

[1] BEILSTEIN, WIEGAND: Ber. Dtsch. chem. Ges. 17, 841 (1884). — Auch abgesehen von den Reaktionen, bei denen die α-Ketonsäuren Aldehyd abspalten, verhalten sie sich den Aldehyden ähnlich, sowohl was ihre leichte Polymerisierbarkeit [WOLFF: Liebigs Ann. 305, 154 (1899); 317, 15 (1901)], Kondensationsfähigkeit mit aromatischen Kohlenwasserstoffen [BÖTTINGER: Ber. Dtsch. chem. Ges. 14, 1595 (1881)] und Phenolen [BÖTTINGER: Ber. Dtsch. chem. Ges. 16, 2071 (1883)] als auch was die Bildung von SCHIFFschen Basen [SIMON: Bull. Soc. chim. France (3), 13, 334 (1895)] anbelangt. — Siehe dazu STAUDINGER, BEREZA: Ber. Dtsch. chem. Ges. 42, 4910 (1909). [2] Z. B. DIMROTH, GOLDSCHMIDT: Liebigs Ann. 399, 87 (1913). [3] MÜLLER, MÜLLER: Ztschr. Elektrochem. 31, 45 (1925). [4] HOMOLKA: Ber. Dtsch. chem. Ges. 18, 987 (1885); 19, 1089 (1886). [5] BOUGAULT: Compt. rend. Acad. Sciences 163, 237 (1916); Bull. Soc. chim. France (4), 21, 180 (1917). [6] HOMOLKA: Ber. Dtsch. chem. Ges. 18, 987 (1885); 19, 1089 (1886). [7] PETER: Ber. Dtsch. chem. Ges. 18, 539 (1885). [8] BAMBERGER, PHILIP: Ber. Dtsch. chem. Ges. 19, 1998 (1886). — HANS MEYER: Monatsh. Chem. 18, 401 (1897).

f) *Mit Mercaptanen*[1] entstehen unter starker Erwärmung Additionsprodukte, die durch Einwirkung von trockner Salzsäure[2] oder auch durch mehrstündiges Erhitzen in die sehr beständigen *α-Dithiophenylpropionsäuren* übergehen.

g) *Wasserstoffsuperoxyd*[3] oxydiert nahezu quantitativ nach der Gleichung:

$$R \cdot CO \cdot COOH + H_2O_2 = R \cdot COOH + CO_2 + H_2O.$$

h) Die Lösung der aromatischen Säure oder des Esters in *thiophenhaltigem Benzol* gibt mit konzentrierter Schwefelsäure nach einigem Stehen dunkelrote Färbung,[4] die beim Verdünnen mit Wasser in die Benzolschicht übergeht.

II. β-Ketonsäuren $R \cdot CO \cdot CH_2COOH$.

a) Diese sind in freiem Zustand[5] äußerst unbeständig, bilden aber sehr stabile Ester.

Die *β-Ketonsäureester* werden durch Säuren und Alkalien nach zwei verschiedenen Richtungen gespalten:[6]

1. *Säurespaltung:*

$$R \cdot CO \cdot CH_2COOCH_3 + 2\,KOH = R \cdot COOK + CH_3COOK + CH_3OH.$$

2. *Ketonspaltung:*

$$R \cdot CO \cdot CH_2 \cdot COOCH_3 + H_2O = R \cdot COCH_3 + CO_2 + CH_3OH.$$

Beide Reaktionen verlaufen gewöhnlich nebeneinander. Bei Verwendung von sehr verdünnter Kalilauge oder Barytwasser und beim Kochen mit Schwefelsäure oder Salzsäure (1 Teil Säure mit 2 Teilen Wasser) findet im wesentlichen Ketonspaltung statt, während durch sehr konzentrierte alkoholische Lauge hauptsächlich Säurespaltung bewirkt wird.

Oxalessigester und seine Homologen und übrigen Derivate sind auch der *Kohlenoxydspaltung* fähig.[7] Unter 200° gehen sie in Malonsäureester über.

Wenn auch das zweite Wasserstoffatom der Methylengruppe substituiert ist, bleibt die Reaktion aus.

In den meisten Fällen ist die CO-Abspaltung quantitativ, so daß man diese Reaktion zur Analyse der Ester verwerten kann. Die Substanz wird im Kohlendioxydstrom auf 200° erhitzt und ein Azotometer mit Kalilauge vorgelegt. Das Kohlenoxyd wird von ammoniakalischer Kupferchlorürlösung absorbiert und durch Erwärmen wieder entwickelt (siehe S. 479).

b) Die *β-Ketonsäureester* sind in verdünnten Alkalien löslich und geben Metallverbindungen, unter denen die *Kupferverbindungen* die wichtigsten sind. Diese pflegen aus organischen Lösungsmitteln (Benzol usw.) gut zu krystallisieren. Über Analyse derselben siehe S. 238.

c) Über die Reaktionen der Methylengruppe der *β-Ketonsäuren* siehe S. 569 ff.

[1] ESCALES, BAUMANN: Ber. Dtsch. chem. Ges. **19**, 1787 (1886). — BAUMANN: Ber. Dtsch. chem. Ges. **18**, 262 (1885).

[2] BAUMANN: Ber. Dtsch. chem. Ges. **18**, 883 (1885).

[3] HOLLEMAN: Rec. Trav. chim. Pays-Bas **23**, 169 (1904).

[4] CLAISEN: Ber. Dtsch. chem. Ges. **12**, 1505 (1879). — FEYERABEND: Diss. Kiel 42, 1906. — WISLICENUS, ELVERT: Ber. Dtsch. chem. Ges. **41**, 4133 (1908).

[5] *Eine im Ring befindliche β-Ketongruppe* scheint größere Stabilität des Carboxyls zu bedingen: KOMPPA: Ber. Dtsch. chem. Ges. **44**, 1536 (1911). — HOUBEN, WILLFROTH: Ber. Dtsch. chem. Ges. **46**, 2287 (1913). — ASCHAN: Liebigs Ann. **410**, 243 (1915).

[6] WISLICENUS: Liebigs Ann. **190**, 257 (1877); **246**, 326 (1888). — MEERWEIN: Liebigs Ann. **398**, 242 (1913).

[7] WISLICENUS: Ber. Dtsch. chem. Ges. **27**, 792, 1091 (1894); **28**, 811 (1895); **31**, 194 (1898); **35**, 906 (1902); Liebigs Ann. **297**, 111 (1897).

d) Mit *Phenylmercaptan* entstehen[1] *keine* Additionsprodukte.

Mischt man einen β-Ketonsäureester mit 2 Molekülen Phenylmercaptan und leitet trockene Salzsäure ein, so entsteht unter Wasseraustritt ein *β-Dithiophenyl-buttersäureester*, der gegen Säuren beständig ist, von Alkalien aber leicht unter Abspaltung eines Mercaptanmoleküls zerlegt wird.

e) Über die *Pyrazolinreaktion* siehe S. 577.

III. γ-Ketonsäuren R · CO · CH$_2$CH$_2$COOH.

a) Die γ-Ketonsäuren sind im freien Zustand beständig und unzersetzt destillierbar. Ihre Ester sind in Wasser löslich. Längere Zeit zum Sieden erhitzt, gehen sie[2] unter Wasserabspaltung in ungesättigte Lactone über.[3]

b) Durch *Essigsäureanhydrid* werden die γ-Ketonsäuren in gut krystallisierende Acetylderivate übergeführt, denen wahrscheinlich die Konstitution von Oxylactonderivaten zukommt.[4]

Mit Essigsäureanhydrid und konzentrierter Schwefelsäure bilden sich $\beta.\gamma$-ungesättigte Lactone.[5]

Mit *Acetylchlorid* entstehen die Chloride:

$$\begin{array}{cc} \text{Cl} \quad \text{O}\!\!-\!\!\!-\!\!\!-\text{CO} \\ \diagdown\!\!\diagup \qquad | \\ \text{C} \qquad | \\ \diagup\!\!\diagdown \qquad | \\ \text{R} \quad \text{CH}_2\!\!-\!\!\text{CH}_2 \end{array}$$

c) Gegen *Phenylmercaptan* verhalten sie sich ähnlich wie die β-Ketonsäuren; die Mercaptolverbindungen sind indessen gegen Alkalien beständig, während sie durch Säuren in ihre Komponenten gespalten werden können.[6]

d) Über die *Pyrrolreaktion* siehe S. 578.

e) Mit *Essigsäureanhydrid* und *aromatischen Aldehyden* reagieren sie[7] (am besten als Na-Salze) nach der Gleichung:

$$\begin{array}{cccc} \text{CH}\!\!-\!\!\text{CH}_2 & \text{O}\!=\!\text{CHR} & \text{CH}\!\!-\!\!\text{C}\!=\!\text{CHR} \\ \| \quad | & \| \quad | \\ \text{CR} \quad \text{CO} + & = \text{CR} \quad \text{CO} & +\,2\,\text{H}_2\text{O} \\ | \quad | & \diagdown\!\!\diagup \\ \text{OH} \quad \text{OH} & \text{O} \end{array}$$

mit *Phthalsäureanhydrid*[8] nach dem Schema:

---

[1] Escales, Baumann: Ber. Dtsch. chem. Ges. **19**, 1787 (1886). — Bongartz: Diss. Erlangen 1887; Ber. Dtsch. chem. Ges. **21**, 478 (1888).

[2] Manchmal auch die Ester: Sprankling: Journ. chem. Soc. London **71**, 1159 (1897). — Knorr: Liebigs Ann. **293**, 92 (1896). — Windaus, Bohne: Liebigs Ann. **442**, 8 (1925).

[3] Wolff: Liebigs Ann. **229**, 249 (1885). — Thorne: Ber. Dtsch. chem. Ges. **18**, 2263 (1885). — Bischoff: Ber. Dtsch. chem. Ges. **23**, 621 (1890). — Die gleiche Reaktion erfolgt durch Essigsäureanhydrid und konzentrierte Schwefelsäure: Thiele: Liebigs Ann. **319**, 205 (1901). — Windaus, Bohne: Liebigs Ann. **442**, 7 (1925).

[4] Bredt: Liebigs Ann. **236**, 225 (1886); **256**, 314 (1890). — Authenrieth: Ber. Dtsch. chem. Ges. **20**, 3191 (1887). — Magnanini: Ber. Dtsch. chem. Ges. **21**, 1523 (1888).

[5] Thiele: Liebigs Ann. **319**, 205 (1901). — Siehe übrigens Engelberg: Diss. Berlin 23, 1914.   [6] Escales, Baumann: Ber. Dtsch. chem. Ges. **19**, 1796 (1886).

[7] Borsche: Ber. Dtsch. chem. Ges. **47**, 1108 (1914).

[8] Borsche: Ber. Dtsch. chem. Ges. **47**, 2709 (1914).

$$\begin{array}{ccc}
\text{CH---CH}_2 & \text{O} = \text{C---} \\
\| \quad | & | \\
\text{CR} \quad \text{CO} \quad + & \text{O} \\
| \quad | & \\
\text{OH} \quad \text{OH} & \text{CO}
\end{array} \rightarrow \begin{array}{ccc}
\text{CH---C}===\text{C---} \\
\| \quad | \quad | \\
\text{CR} \quad \text{CO} \quad \text{O} \\
\diagdown \quad \diagup \\
\text{O} \qquad \text{CO}
\end{array}$$

in der Enolform.

IV. Über δ-Ketonsäuren

siehe GUARESCHI: Atti Accad. di Torino 41, 1315 (1906). — WINDAUS, BOHNE: Liebigs Ann. 442, 7 (1925).

Mit Natriumaethylat geben die δ-Ketonsäureester Dihydroresorcine.

V. Aromatische o-Ketonsäuren.

a) Die aromatischen o-Ketonsäuren verhalten sich wie ungesättigte γ-Ketonsäuren, indem sie vielfach als Oxylactone reagieren. So liefern sie mit Säureanhydriden Acylderivate, denen die Formel:

$$\underset{\underset{\text{CO}}{\overset{|}{\text{C}}}}{\overset{\overset{\text{R}_1}{|}}{\text{C---C---OOCR}_2}}$$

zugeschrieben wird.[1]

b) Mit der Oxylactonformel steht in Übereinstimmung, daß sie sich, wenn überhaupt, nur in alkalischer Lösung oximieren lassen.[2]

An Stelle der Oxime werden Oximanhydride,[3] an Stelle der Hydrazone[4] Phenyllactazone erhalten.

Die *Fluorenonmethylsäure*-1 bildet indes[5] ein normales Oxim und Hydrazon, und zwar ersteres auch in saurer Lösung.

c) Über Esterbildung mittels *Thionylchlorid* siehe S. 500.

Sechster Abschnitt.

Reaktionen der Zuckerarten und Kohlehydrate.

I. Allgemeine Reaktionen.

1. Verhalten gegen verdünnte Säuren.[6]

Bei andauerndem Kochen mit verdünnter *Schwefel-* oder *Salzsäure* werden die Zuckerarten und Kohlehydrate (mit Ausnahme von Inosit, Isosaccharin,

[1] GUYOT: Bull. Soc. chim. France (2), 17, 939 (1872). — PECHMANN: Ber. Dtsch. chem. Ges. 14, 1865 (1881). — GABRIEL: Ber. Dtsch. chem. Ges. 14, 921 (1881); 29, 1437 (1896). — ANSCHÜTZ: Liebigs Ann. 254, 152 (1889). — HALLER, GUYOT: Compt. rend. Acad. Sciences 119, 139 (1894). — HANS MEYER: Monatsh. Chem. 20, 346 (1899).

[2] THORP: Ber. Dtsch. chem. Ges. 26, 1261 (1893). — HANTZSCH, MIOLATTI: Ztschr. physikal. Chem. 11, 747 (1893). — HANS MEYER: Monatsh. Chem. 20, 353 (1899).

[3] HANTZSCH, MIOLATTI: Ztschr. physikal. Chem. 11, 747 (1893). — THORP: Ber. Dtsch. chem. Ges. 26, 1795 (1893).

[4] ROSER: Ber. Dtsch. chem. Ges. 18, 802 (1885).

[5] GOLDSCHMIEDT: Monatsh. Chem. 23, 890 (1902).

[6] WEHMER, TOLLENS: Liebigs Ann. 243, 314, 333 (1888). — BERTHELOT, ANDRÉ: Ann. chim. phys. (7), 11, 150 (1897); siehe auch S. 589.

Methylenitan und Carminzucker) unter Bildung von Lävulinsäure zersetzt. Dieser Zersetzung geht bei Polyosen Hydrolyse zu Monosen voran.

In der Thymonucleinsäure kann der Kohlehydratrest *nur* durch Überführen in Lävulinsäure und durch die Farbenreaktion mit Orcin nachgewiesen werden.[1] *Prüfung auf Lävulinsäure.* Die Substanz wird mit der 3—4fachen Menge 20proz. Salzsäure (1,1) 20 Stunden am Rückflußkühler im Wasserbad erhitzt (Kautschukstopfen!) und das Filtrat mit dem gleichen Volum Aether ausgeschüttelt. Der Aether wird durch ein trockenes Filter gegossen und abgedampft, der Rückstand $1/_2$—1 Stunde bei mäßiger Wärme stehengelassen und in einer Probe die Jodoformreaktion[2] gemacht.

Beim positiven Ausfall der letzteren löst man die Hauptmenge in Wasser, filtriert und digeriert einige Stunden in mäßiger Wärme mit etwas überschüssigem Zinkoxyd. Man filtriert, schüttelt das Filtrat mit Tierkohle und dampft ab, wobei das Zinksalz der Lävulinsäure auskrystallisiert. Es wird mit etwas Aetheralkohol zerrieben, abgepreßt und in konzentrierter wässeriger Lösung mit Silbernitrat umgesetzt. Das lävulinsaure Silber wird aus Wasser und etwas Ammoniak unter Tierkohlezusatz umkrystallisiert. Man filtriert, preßt ab und trocknet über Schwefelsäure.

2. Verhalten gegen konzentrierte Salpetersäure.

Im allgemeinen werden beim Übergießen von 1 Teil Zucker mit 4 Teilen roher Salpetersäure[3] *entweder* Zuckersäure *oder* Schleimsäure gebildet. Im ersteren Fall bleibt die Flüssigkeit klar, während die schwer lösliche, bei 216° schmelzende Schleimsäure sich als sandiges Pulver abscheidet. Auf jeden Fall impfe man mit einer Spur Schleimsäure.[4]

Milchzucker liefert beide Säuren.

Zur quantitativen Bestimmung der Schleimsäure[5] dampft man 5 g Zucker mit 60 ccm Salpetersäure (1,15) auf dem Wasserbad auf ein Drittel des Volumens ein, rührt den Rückstand mit 10 ccm Wasser an, läßt 24 Stunden stehen, filtriert auf ein gewogenes Filter und wäscht mit 25 ccm Wasser nach. Oder man oxydiert in siedender Permanganatlösung und titriert mit Oxalsäure zurück.[6]

Die *Zuckersäure*[7] wird als saures zuckersaures Kalium[8] oder als neutrales Silbersalz gewogen.[9] Es muß über Schwefelsäure im Dunkeln getrocknet werden.

3. Verhalten gegen wasserfreie Salzsäure.[10]

WILLSTÄTTER, ZECHMEISTER: Ber. Dtsch. chem. Ges. 46, 2401 (1913).

---

[1] LEVENE, MANDEL: Ber. Dtsch. chem. Ges. 41, 1906 (1908). [2] Siehe S. 305. [3] KENT: Diss. Göttingen 20, 1884. — TOLLENS: Liebigs Ann. 227, 221 (1886); 232, 186 (1886). — GANS: Diss. Göttingen 1888. — GANS, STONE, TOLLENS: Ber. Dtsch. chem. Ges. 21, 2148 (1888). — SOHST, GANS, TOLLENS: Liebigs Ann. 245, 1 (1888); 249, 215 (1889). — TOLLENS: Kurzes Handbuch der Kohlehydrate, Bd. 2, S. 52. — VOTOČEK: Ztschr. Zuck. Böhm. 24, 248 (1901). — TOLLENS: Ber. Dtsch. chem. Ges. 39, 2192 (1906). — v. D. HAAR: Monosaccharide usw., S. 100, 103. 1920. — KILIANI: Ber. Dtsch. chem. Ges. 54, 456 (1921); 55, 75 (1922). [4] WINTERSTEIN, HIESTAND: Ztschr. physiol. Chem. 54, 290 (1908). [5] MEIGEN, SPRENG: Ztschr. physiol. Chem. 55, 66 (1908). — Siehe auch JOLLES: Monatsh. Chem. 32, 628 (1911). [6] WITTIER: Journ. Amer. chem. Soc. 45, 1391 (1923). [7] v. D. HAAR: Monosaccharide usw., S. 100. 1920. — LÜDKE: Liebigs Ann. 456, 223 (1927). — Der Nachweis der Zuckersäure kann durch Anwesenheit anderer Oxydationsprodukte verhindert werden. [8] KILIANI bestimmt das Kalium als K_2PtCl_6 [Arch. Pharmaz. 254, 295 (1916)]. [9] Siehe auch FERNAU: Ztschr. physiol. Chem. 60, 284 (1909). — DAFERT: Arch. Pharmaz. 264, 424 (1926). [10] Bromwasserstoff: HIBBERT, HILL: Journ. Amer. chem. Soc. 45, 176 (1923).

4. Verhalten gegen FEHLINGsche Lösung.

Eine große Anzahl von Zuckerarten vermag FEHLINGsche Lösung unter Abscheidung von Kupferoxydul zu reduzieren, und man kann die Monosaccharide auf Grund konventioneller Bestimmungsmethoden mit Zuhilfenahme dieser Reaktion annähernd quantitativ bestimmen.[1]

VAN DER HAAR empfiehlt[2] zur quantitativen Bestimmung von l-Arabinose, d-Fructose, d-Galaktose, d-Glykose, d-Mannose, Rhamnose und Xylose die Methode von SCHOORL.[3]

Falls das Saccharid gebunden (als Glykosid usw.) vorliegt, muß es zunächst in Freiheit gesetzt werden.

Je nach den Umständen wird mit 1—5proz. wässeriger oder alkoholischer Schwefelsäure, wenn nötig im Autoklaven bei 130—150°, hydrolysiert.

Die filtrierte Flüssigkeit wird mit etwas überschüssigem Bariumcarbonat zur Trockene eingedampft, mit 90proz. Alkohol erschöpft, filtriert und das Filtrat zum Sirup eingedampft.

Tabelle nach SCHOORL.

Anzahl ccm $^n/_{10}$-Thiosulfat	mg Glykose $C_6H_{12}O_6$	mg Fructose $C_6H_{12}O_6$	mg Galaktose $C_6H_{12}O_6$	mg Mannose $C_6H_{12}O_6$	mg Arabinose $C_5H_{10}O_5$	mg Xylose $C_5H_{10}O_5$	mg Rhamnose $C_6H_{12}O_5$
1	3,2	3,2	3,3	3,1	3,0	3,1	3,2
2	6,3	6,4	7,0	6,3	6,0	6,3	6,5
3	9,4	9,7	10,4	9,5	9,2	9,5	9,9
4	12,6	13,0	14,0	12,8	12,3	12,8	13,3
5	15,9	16,4	17,5	16,1	15,5	16,1	16,8
6	19,2	20,0	21,1	19,4	18,6	19,4	20,2
7	22,4	23,7	24,7	22,8	21,9	22,8	23,7
8	25,6	27,4	28,3	26,2	25,2	26,2	27,2
9	28,9	31,1	32,0	29,6	28,6	29,6	30,8
10	32,3	34,9	35,7	33,0	32,0	33,0	34,4
11	35,7	38,7	39,4	36,5	35,4	36,5	38,0
12	39,0	42,4	43,1	40,0	38,8	40,0	41,6
13	42,4	46,2	46,8	43,5	42,2	43,5	45,2
14	45,8	50,0	50,5	47,0	45,6	47,0	48,8
15	49,3	53,7	54,3	50,6	49,0	50,6	52,4
16	52,8	57,5	58,1	54,2	52,4	54,2	56,0
17	56,3	61,2	61,9	57,9	55,8	57,9	59,8
18	59,8	65,0	65,7	62,6	59,3	62,6	63,5
19	63,3	68,7	69,6	65,3	62,9	65,3	67,3
20	66,9	72,4	73,4	69,2	66,5	69,2	71,0
21	70,7	76,2	77,2	73,1	70,2	73,1	74,8
22	74,5	80,1	81,2	77,0	74,0	77,0	78,6
23	78,5	84,0	85,1	81,0	77,9	81,0	82,4
24	82,6	87,8	89,0	85,0	81,8	85,0	86,2
25	86,6	91,7	93,0	89,0	85,7	89,0	90,0
26	90,7						
27	94,8						

Zur Analyse[4] werden höchstens 90 mg verwendet. 10 ccm Kupfersulfatlösung[5] und 10 ccm Seignettesalzlösung[6] werden in einen 300 ccm-ERLENMEYER-

---

[1] Zur Charakterisierung der Osazone der Zuckerarten dient, außer Krystallform und Schmelzpunkt, das optische Drehungsvermögen in Pyridinlösung. — SVANBERG: Ark. Kemi, Mineral. Geol. **8**, Nr. 9, 1 (1923).

[2] V. D. HAAR: Monosaccharide usw., S. 120. 1920.

[3] SCHOORL: Nederl. Pharm. **11**, 209 (1899); Chem. Weekbl. **12**, 481 (1915); Ch. Jaarboekje **1915-1916**, 124.

[4] Siehe auch: VOLMAR, KLEIN: Journ. Pharmac. Chim. (8), **24**, 400 (1936). — FUJII, AKUTSU: Journ. Biochemistry **25**, 237 (1937).

[5] 69,28 g im Liter.   [6] 364 g Salz + 100 g Ätznatron im Liter.

kolben pipettiert, das Saccharid zugefügt und mit Wasser auf 50 ccm aufgefüllt. Auf einem Drahtnetz, das ein Stück Asbestpapier mit kreisförmigem Ausschnitt ($d = 6$ cm) trägt, wird in 3 Minuten zum Sieden erhitzt und genau 2 Minuten gekocht. Dann mit kaltem Wasser rasch auf 25° abgekühlt, 3 g Jodkalium in 10 ccm Wasser und hierauf 10 ccm 25proz. Schwefelsäure zugegeben, gemischt und sofort mit $n/10$-Thiosulfat bis zur schwach braungelben Färbung titriert, Stärke zugesetzt und unter ruhigem Umschwenken nicht zu schnell zu Ende (Rahmfarbe) titriert. Die Bestimmung wird in duplo ausgeführt und eine blinde Probe gemacht.

Zur Titerstellung des Thiosulfates wird reines Kaliumbromat[1] benutzt; man nimmt 25 ccm $n/10$-Bromat mit 5 ccm 20proz. Jodkalium und 5 ccm $n/10$-Schwefelsäure versetzt.

5. Reaktionen der Aldehyd(Keton-)gruppe in den Zuckerarten.

α) *Verhalten gegen Phenylhydrazin.*[2]

Der Hauptwert der *Osazone* liegt in ihrer Schwerlöslichkeit, welche die Isolierung des Zuckers aus komplexen Gemischen möglich macht.[3]

Zur Darstellung der Osazone in kleinstem Maßstab mischt DE GRAAFF[4] einen Tropfen Phenylhydrazin mit zwei Tropfen Eisessig und einigen Milligrammen Zucker und kocht 2 Minuten. Man fällt durch tropfenweisen Zusatz von Wasser und beobachtet unter dem Mikroskop.

Um die Osazone wieder in Zuckerarten zurückzuverwandeln, führt man die Derivate der *Monosaccharide* durch ganz kurzes, gelindes Erwärmen mit rauchender Salzsäure in *Osone*[5, 6, 7] über.

Diese können als Bleiverbindungen isoliert werden und liefern bei der Reduktion mit Zinkstaub und Essigsäure *Ketosen*, die also auch dann erhalten werden, wenn der ursprüngliche Zucker eine Aldose war.

Mit den aromatischen Orthodiaminen vereinigen sich die Osone zu schön krystallisierenden *Chinoxalinderivaten.*[8]

3-Ketozuckersäuren aus Osonen.

6 g Oson, 400 ccm luftfreies Wasser werden bei 15—20° unter Stickstoff mit 3 g KCH in wenig Wasser 15 Minuten stehen gelassen. Man macht (mit ca. 6 ccm) konzentrierte Salzsäure kongosauer, dampft im Vakuum auf 20 ccm ein, bringt

---

[1] 27,852 g im Liter.

[2] E. FISCHER: Ber. Dtsch. chem. Ges. 17, 579 (1884); 20, 833 (1887). — LAVES: Arch. Pharmaz. 231, 366 (1893). — JAFFÉ: Ztschr. physiol. Chem. 22, 532 (1896). — LINTNER, KRÖBER: Ztschr. ges. Brauwesen 18, 153 (1896). — NEUMANN: Arch. Anat. Phys. Physiol., Abt. Suppl. 1899, 549. — BOURQUELOT, HÉRISSEY: Compt. rend. Acad. Sciences 129, 339 (1899). — NEUBERG: Ztschr. physiol. Chem. 29, 274 (1900). — SALKOWSKI: Arbb. Pathol. Inst. Berlin 1906. — HOFMANN, BEHREND: Liebigs Ann. 366, 277 (1909). — RECLAIRE: Ber. Dtsch. chem. Ges. 41, 3605 (1908); 42, 1424 (1909). — LÜDKE: Liebigs Ann. 456, 219 (1927).

[3] Über den Identifizierungswert der Osazone siehe auch V. D. HAAR: Monosaccharide usw., S. 209. 1920.   [4] DE GRAAFF: Pharmac. Weekbl. 2, 346 (1905).

[5] E. FISCHER: Ber. Dtsch. chem. Ges. 21, 2631 (1888); 22, 87 (1889); 23, 2119 (1890).

[6] Auch mit Benzaldehyd oder Formaldehyd können Osazone gespalten werden. Besser kocht man 1 Teil Osazon, 1 Teil *Brenztraubensäure* in 100 Teilen Wasser 33 Minuten im CO_2-Strom. Hexosen liefern 70%, Pentosen 50% Oson: BRÜLL: Ann. Chim. appl. 26, 415 (1936).

[7] Aus den freien Zuckern (Sorbose, Xylose, Galaktose) können die Osone mit guten Ausbeuten erhalten werden, wenn man mit 50—100% Überschuß von Cu-Acetat in (Methyl-) Alkohol kurz oxydiert: WEIDENHAGEN: Ztschr. Wirtschaftsgruppe Zuckerind. 87, 711 (1937).

[8] E. FISCHER: Ber. Dtsch. chem. Ges. 23, 2121 (1890); siehe S. 574.

den Rückstand mit durch CO_2 gesättigtem Wasser auf 50 ccm, fügt 10 ccm konzentriertes HCl zu, verdrängt die Luft durch CO_2 und hält 30—40 Stunden verschlossen bei 48—50°. Man dampft im Vakuum bei höchstens 40° (Wasserbad)
zur Trockene und extrahiert mit Aether.[1]

Die *Osazone* der *Disaccharide* werden weit besser mit *Benzaldehyd* gespalten,[2]
der sich ja auch zur Spaltung der Hydrazone[3] besonders bewährt hat.

Die Methode ist auch bei in Wasser oder wässerigem Alkohol löslichen Osazonen von Monosen (Arabinose, Xylose usw.) anwendbar.

MAQUENNE[4] hat zur Charakterisierung der wichtigsten Zuckerarten vorgeschlagen, die Osazonbildung unter ganz bestimmten Bedingungen vorzunehmen. Man erhält alsdann — wenn man 1 g Zucker eine Stunde mit 100 ccm
Wasser und 5 ccm einer Lösung, die 40 g Phenylhydrazin und 40 g Eisessig in
100 ccm enthält, auf 100° erhitzt — an bei 110° getrocknetem Osazon:

		Bemerkungen
Aus Sorbose	0,82 g	Nach 12 Minuten Trübung.
„ Lävulose	0,70 „	Niederschlag nach 5 Minuten.
„ Xylose	0,40 „	„ „ 13 „ .
„ Glykose (wasserfrei)	0,30 „	„ „ 8 „ .
„ Arabinose	0,27 „	Trübung „ 30 „ .
„ Galaktose	0,23 „	Niederschlag „ 30 „ .
„ Rhamnose	0,15 „	„ „ 25 „ .
„ Lactose	0,11 „	Fällt erst nach dem Erkalten.
„ Maltose	0,11 „	„ „ „ „ „ .

Zur Untersuchung der Polysaccharide vergleicht man das Gewicht der Osazone,
die aus den Spaltungsprodukten der Polyose resultieren, mit dem Gewicht der
Osazone aus den Monosen. So liefert z. B. 1 g Saccharose nach der Inversion
0,71 g und anderseits ein Gemisch der entsprechenden Mengen (0,526 g) Glykose
und Lävulose 0,73 g Osazone.

Über die *Osazonreaktion* von PECHMANN siehe S. 575.

Bromphenylosazone von Pentosen: REWALD: Ber. Dtsch. chem. Ges. **42**, 3135
(1909).

β) Die *Ketohexosen* geben mit *Bromwasserstoffgas* in trockenem Aether innerhalb höchstens einer Stunde intensive Purpurfärbung, die von der Bildung von
ω-Brommethylfurol herrührt.

Aldohexosen geben erst bei *längerem* Stehen eine (weit weniger intensive)
Rotfärbung.[5]

γ) *Brom* oxydiert Aldosen in kurzer Zeit zu Oxysäuren, die das intakte
Kohlenstoffskelet der Substanz besitzen. Ketosen werden sehr viel langsamer
und dann unter völliger Zertrümmerung des Moleküls angegriffen.[6]

---

[1] REICHSTEIN, GRÜSSNER, OPPENAUER: Helv. chim. Acta **17**, 515 (1934).

[2] E. FISCHER, ARMSTRONG: Ber. Dtsch. chem. Ges. **35**, 3141 (1902).

[3] HERZFELD: Ber. Dtsch. chem. Ges. **28**, 442 (1895). — E. FISCHER: Liebigs Ann.
288, 144 (1895); siehe S. 530, 531.

[4] MAQUENNE: Compt. rend. Acad. Sciences **112**, 799 (1891).

[5] FENTON, GOSTLING: Journ. chem. Soc. London **73**, 556 (1898); **75**, 423 (1899).

[6] KILIANI: Liebigs Ann. **205**, 180 (1880); Ber. Dtsch. chem. Ges. **17**, 1298 (1884);
19, 3029 (1886). — WILL, PETERS: Ber. Dtsch. chem. Ges. **21**, 1813 (1888). — RAY-
MAN: Ber. Dtsch. chem. Ges. **21**, 2048 (1888). — KILIANI: Ber. Dtsch. chem. Ges. **38**,
4041 (1905); **41**, 122 (1908). — KILIANI, SCHNELLE: Liebigs Ann. **271**, 74 (1892). —
E. FISCHER, HIRSCHBERGER: Ber. Dtsch. chem. Ges. **23**, 370 (1890). — E. FISCHER,
MEYER: Ber. Dtsch. chem. Ges. **22**, 361, 1941 (1889). — BERTRAND: Compt. rend.
Acad. Sciences **149**, 225 (1909). — VOTOČEK, NEMEČEK: Ztschr. Zuck. Böhm. **34**,
237, 399 (1910). — KILIANI: Ber. Dtsch. chem. Ges. **55**, 81 (1922). — REHORST:
Ber. Dtsch. chem. Ges. **63**, 2289 (1930).

Beispielsweise wird eine Lösung von 1 Teil Zucker aus m-Saccharinsäure in 5 Teilen Wasser mit 2 Teilen Brom versetzt und andauernd umgeschwenkt. In 16—20 Minuten ist das flüssige Brom verschwunden. Nach Beseitigung des Broms durch Silbercarbonat wird die filtrierte Lösung zum Sirup verdampft, evtl. wieder Bromwasserstoff als Bromsilber beseitigt und 1 Teil absoluten Alkohols und 0,8 Teile Phenylhydrazin zugefügt. Nach 36 Stunden wird die abgeschiedene Krystallisation abgesaugt und gereinigt. Die Krystalle erweisen sich als Pentantriolsäurephenylhydrazid. — Auch sonst[1] sind die *Phenylhydrazide* zur Charakterisierung der so entstehenden Säuren sehr geeignet.

Über die Einwirkung von Brom auf Aldosen und Ketosen siehe auch BERG: Bull. Soc. chim. France (3), **31**, 1216 (1904). — KILIANI: Arch. Pharmaz. **234**, 450 (1896); **252**, 37 (1914); Ber. Dtsch. chem. Ges. **62**, 588 (1929) (Beschleunigung durch Schütteln).

Nach NEF[2] läßt sich ein Gemisch von Aldosen und Ketosen scharf durch siebentägiges Stehenlassen in kalter, 12proz. wässeriger Lösung mit Brom trennen; die Aldosen werden hierbei, in Form von Methylenenolen, bis zu 85% zu Aldonsäuren oxydiert, die dann weiter, mittels Alkaloiden usw. voneinander getrennt werden können. Die Ketosen werden höchstens spurenweise angegriffen. Eine zweite Behandlung mit Brom entfernt den Rest der Aldosen.

Sofortige Neutralisation der entstehenden Bromwasserstoffsäure beschleunigt die Reaktion.

10 g Glycose, 150 ccm Wasser, 10 g Brom und portionenweise soviel $CaCO_3$, daß stets ein kleiner Überschuß vorhanden, 5—10 Minuten stark schütteln. Überschuß des Broms durch Lufteinleiten entfernen, im Vakuum bei Gegenwart von $CaCO_3$ einengen, filtrieren, in 96proz. Aether eintropfen. Dreimal Fällen und Wiederauflösen. Nach einigem Stehen erhält man 63% gluconsaures Calcium. Mit gleicher Ausbeute aus Galaktose Galaktonsäure.

Auch $BaCO_3$ und $PbCO_3$ sind verwendbar.

Lävulose ergibt nach 2 Stunden Trioxybuttersäure.[3]

Zusatz von *Calciumcarbonat* beschleunigt die Oxydation.[3]

δ) Nach KILIANI[4] werden die meisten Aldosen (sowie die zugehörigen Oxy-säuren) von verdünnter *Salpetersäure* bei gewöhnlicher Temperatur zu Aldon-säuren oxydiert, die Ketosen dagegen nicht angegriffen.

Demnach kann man in einem Gemenge von Aldosen und Ketosen die ersteren mittels 32proz. Salpetersäure zu einer Säure oxydieren, diese als Bariumsalz durch Alkohol abscheiden und aus der alkoholischen Lösung die Ketosen gewinnen.

Wesentlich ist, daß während der ganzen Operationsdauer die Zimmertemperatur unverändert beibehalten wird.

Mit *d-Glykose* verlief die Reaktion abnormal.

ε) **Reaktion von** SELIWANOFF.[5, 6]

Ketosen und Zuckerarten, die Ketosen abzuspalten vermögen, geben beim Erwärmen mit der halben Gewichtsmenge *Resorcin*, etwas Wasser und konzen-

---

[1] KILIANI: Ber. Dtsch. chem. Ges. **41**, 656 (1908); Arch. Pharmaz. **254**, 291 (1916).
[2] NEF: Liebigs Ann. **403**, 209 (1914).
[3] HÖNIG, RUZICZKA: Ber. Dtsch. chem. Ges. **63**, 1648 (1930).
[4] KILIANI: Ber. Dtsch. chem. Ges. **54**, 456 (1921); **55**, 75, 493, 2817 (1922).
[5] SELIWANOFF: Ber. Dtsch. chem. Ges. **20**, 181 (1887). — TOLLENS: Landwirtschl. Vers.-Stat. **39**, 421 (1891). — CONRADY: Apoth.-Ztg. **9**, 984 (1894). — LOBRY DE BRUYN, VAN EKENSTEIN: Rec. Trav. chim. Pays-Bas **14**, 205 (1895). — MIURA: Ztschr. Biol. **32**, 262 (1895). — NEUBERG: Ztschr. physiol. Chem. **31**, 565 (1901); **36**, 228 (1902). — ROSIN: Ztschr. physiol. Chem. **38**, 555 (1903). — R. u. O. ADLER:

trierter Salzsäure tiefrote Färbung, weiter Fällung eines braunroten Farbstoffs, der sich in Alkohol wieder mit tiefroter Farbe löst.

Zur *Ausführung der Reaktion* löst man nach OFNER[1] eine kleine Menge der Substanz mit wenig Resorcin in 3—4 ccm 12proz. Salzsäure und kocht *nicht länger als 20 Sekunden*. Bei Gegenwart von Ketose tritt *sofort* tiefrote Färbung und starke Trübung ein.

Wenn man länger erhitzt oder die Konzentration der Salzsäure überschreitet, stellt sich auch bei Aldosen die Reaktion in intensiver Weise ein.

WEEHUIZEN[2] hat die Vorschrift sehr verbessert, indem er folgendermaßen verfährt: Der krystalline Zucker oder die zum Sirup eingedampfte Lösung wird mit bei 0° gesättigter, absolut alkoholischer Salzsäure (3—4 ccm) und 50 mg Resorcin versetzt. Bei Anwesenheit von Ketosen tritt bei Zimmertemperatur binnen 3 Minuten kirschrote Färbung auf.

ζ) Reaktion von MOLISCH.[3]

Wird eine Zucker-, Kohlehydrat- oder Glykosidlösung ($^1/_2$—1 ccm) mit 2 Tropfen alkoholischer, 15—20proz. *α-Naphthollösung* versetzt und *hierauf* konzentrierte Schwefelsäure im Überschuß zugefügt, dann entsteht beim Schütteln entweder sofort oder (bei Polyosen) nach kurzem Erwärmen tiefviolette Färbung,[4] beim nachherigen Zufügen von Wasser ein blauvioletter Niederschlag, der sich in Alkalien, Alkohol und Aether mit *gelber* Farbe auflöst. Es ist zu beachten, daß manche Substanzen (Eugenol, Anethol, Wintergreenöl) mit Schwefelsäure *allein* ähnliche Färbung zeigen.

Verwendet man an Stelle von α-Naphthol *Thymol*,[5] so entsteht zinnober-rubin-carminrote Färbung und bei darauffolgender Verdünnung mit Wasser ein carminroter, flockiger Niederschlag.

NEITZEL[6] empfiehlt, an Stelle des α-Naphthols *Campher* zu verwenden, der den Vorteil hat, gegen kleine Nitritmengen unempfindlich zu sein. LEUKEN[7] hat an Stelle von Thymol mit Vorteil *Menthol* verwendet.

NEUBERG[8] hat die Vorschrift von MOLISCH für die Untersuchung von Mono-sacchariden und Biosen etwas modifiziert.

$^1/_2$ ccm der verdünnten wässerigen Kohlehydratlösung wird mit einem Tropfen kalt gesättigter alkoholischer α-Naphthollösung versetzt und vorsichtig mit 1 ccm konzentrierter Schwefelsäure unterschichtet; an der Berührungsstelle tritt alsbald ein violetter Ring auf. Sind Spuren von salpetriger Säure zugegen, dann entsteht gleichzeitig ein hellgrüner Saum. Mischt man die Schichten durch

Pflügers Arch. Physiol. **106**, 323 (1905). — SCHOORL, VAN KALMTHOUT: Ber. Dtsch. chem. Ges. **39**, 283 (1905). — PINOFF: Ber. Dtsch. chem. Ges. **38**, 3308 (1905). — BORCHARDT: Ztschr. physiol. Chem. **55**, 241 (1908). — MALFATTI: Ztschr. physiol. Chem. **58**, 544 (1909). — PIERAERTS: Bull. Assoc. Chimistes Sucr. Dist. **26**, 560 (1909); Bull. Soc. chim. France (4), **5**, 248 (1909). — VAN EKENSTEIN, BLANKSMA: Chem. Weekbl. **6**, 217 (1909). — KOENIGSFELD: Biochem. Ztschr. **38**, 310 (1912). — JOLLES: Biochem. Ztschr. **41**, 331 (1912). — MIDDENDORP: Diss. Leiden 1917. — V. D. HAAR: Monosaccharide usw., S. 95. 1920. — Anwendung zur quantitativen Bestimmung von Saccharose, Glycose, Lactose: CASTIGLIONI: Ann. Chim. appl. **22**, 641 (1932).
    [6] Nach FISCHER, BAER: Helv. chim. Acta **19**, 526 (1936) die beste Farbreaktion für Ketosen.   [1] OFNER: Monatsh. Chem. **25**, 614 (1904).
    [2] WEEHUIZEN: Pharmac. Weekbl. **55**, 77, 831 (1918). — V. D. HAAR: Monosac-charide usw., S. 96. 1920. — KRUISHEAR: Rec. Trav. chim. Pays-Bas **51**, 273 (1932).
    [3] MOLISCH: Monatsh. Chem. **7**, 198 (1886). — UDRÁNSKY: Ztschr. physiol. Chem. **12**, 358 (1888). — V. D. HAAR: Monosaccharide usw., S. 91. 1920.   [4] Spuren von salpetriger Säure beeinträchtigen die Reaktion.
    [5] Siehe auch LEVINE: Proceed. Soc. exp. Biol. a. Med. **27**, 830 (1930).
    [6] NEITZEL: Dtsch. Zuckerind. **17**, 441 (1895).
    [7] LEUKEN: Apoth.-Ztg. **1**, 246 (1886).
    [8] NEUBERG: Ztschr. physiol. Chem. **31**, 565 (1901).

Schütteln unter Kühlung, so nimmt die Flüssigkeit roten bis blauvioletten Farbenton an und zeigt vor dem Spektroskop Totalabsorption des blauen und violetten Teils sowie einen schmalen Streifen zwischen den FRAUNHOFERschen Linien D und E, der sehr bald verschwindet.

Zu *mikrochemischen* .Untersuchungen, speziell zur Unterscheidung von in Pflanzenteilen fertig gebildetem Zucker von anderen Kohlehydraten, bringt MOLISCH auf das Präparat 1 Tropfen der alkoholischen α-Naphthol- bzw. Thymollösung und dann 2—3 Tropfen konzentrierte Schwefelsäure. Unter diesen Umständen treten nur bei Anwesenheit fertig gebildeten Zuckers (bzw. des Inulins) die Reaktionen *sogleich* ein. Wenn Zucker neben in Wasser unlöslichen Kohlehydraten vorhanden ist, läßt sich eine Unterscheidung in der Weise bewirken, daß man ein Präparat direkt und eines nach dem Behandeln mit Wasser mit den Reagenzien zusammenbringt.

Zum Nachweis von Aldosen oder Aldose liefernden Zuckerarten versetzt man[1] 2 ccm der verdünnten wässerigen Lösung mit 0,2 g *Resorcin* und leitet unter Kühlung Salzsäuregas bis zur Sättigung ein. Nach 12 Stunden verdünnt man mit Wasser, übersättigt mit Natronlauge und erwärmt mit einigen Tropfen FEHLINGscher Lösung, wobei charakteristische rotviolette Färbung auftritt.

Eine Anzahl der Farbreaktionen der Zuckerarten, und zwar namentlich auch die SELIWANOFFsche, die von MOLISCH, UDRANSKY sowie eine Anzahl weniger wichtiger Reaktionen[2] beruht[3] auf der Bildung von *Oxymethylfurol* aus den Hexosen durch Säuren.

Da die Ketohexosen viel leichter und schneller Oxymethylfurol bilden als die Aldosen, tritt z. B. die SELIWANOFFsche Reaktion mit ersteren viel rascher und stärker auf.

Zur Theorie der MOLISCHreaktion: BREDERECK: Ber. Dtsch. chem. Ges. **65**, 1110 (1932).

η) Nachweis reduzierender Zucker nach DOMINIKIEWICZ.[4]

2—5 ccm Zuckerlösung (von Glycose, Mannose, Galaktose, Fructose, Arabinose, Xylose, Lactose oder Maltose) werden mit 1—2 Tropfen 0,5 proz. wässeriger Lösung von Dinitrohydrochinonphthaleinnatrium und 5—7 Tropfen n-NaOH versetzt. Die gelbe Farbe geht in Schwarz, dann Kirschrot über. Nach dem Ansäuern gelbrot, starke, gelbe Fluorescenz. Empfindlichkeit 0,0001275 g Zucker in 1 ccm.

ϑ) Reaktion von EKKERT.[5]

In 5 mg m-Dinitrobenzol (evtl. in 5 Tropfen Alkohol) gibt man 5—10 mg Kohlehydrat in 2 ccm Wasser und 1—3 Tropfen n-NaOH. Beim vorsichtigen Erwärmen zeigen reduzierende Zucker (Arabinose, Rhamnose, Mannose, Galaktose Fructose, Glycose, Lactose, Maltose, Dextrin) tiefe Violettfärbung.

Quantitative Bestimmung von Aldosen nach ROMIJN.[6]

Unter bestimmten Bedingungen verläuft die Oxydation der Aldosen nach der Gleichung:

---

[1] E. FISCHER, JENNINGS: Ber. Dtsch. chem. Ges. **27**, 1360 (1894).
[2] BAUDOUINsche Sesamölprobe: Ztschr. f. d. chem. Großgew. 1878, 771. — Reaktion von FRITSCH: Ztschr. analyt. Chem. **49**, 94 (1910). — LIEBERMANNsche Reaktion: COHNHEIM: Chemie der Eiweißkörper, 2. Aufl., Bd. 5. 1904. — Reaktion von IHL, PECHMANN: Chem.-Ztg. **9**, 451 (1885). — JOLLES: Ber. Dtsch. pharmaz. Ges. **19**, 484 (1909). — RASMUSSEN: Ber. Dtsch. pharmaz. Ges. **23**, 379 (1913) usw.
[3] VAN EKENSTEIN, BLANKSMA: Ber. Dtsch. chem. Ges. **43**, 2355 (1910).
[4] DOMINIKIEWICZ: Roczniki Chemji **12**, 686 (1932).
[5] EKKERT: Pharmaz. Zentralhalle **75**, 515 (1934).
[6] ROMIJN: Ztschr. analyt. Chem. **36**, 349 (1897). — CAJORI: Journ. biol. Chemistry **54**, 617 (1922). — KOLTHOFF: Pharmac. Weekbl. **60**, 362 (1923). — HINTON, MACARA: Journ. Soc. chem. Ind. **42**, 987 (1923).

$$R \cdot CHO + 2\,J + 3\,NaOH = R \cdot COONa + 2\,NaJ + 2\,H_2O.$$

An Stelle von freiem Alkali verwendet man indessen besser ein basisch reagierendes Salz, am besten Borax.

Nach WILLSTÄTTER, SCHUDEL[1] kann man ohne Boraxjodlösung auskommen und sogar noch genauer arbeiten, wenn man folgendermaßen vorgeht:

Die Zuckerlösung wird mit dem 4—5fachen der erforderlichen Menge Jod versetzt; man läßt bei Zimmertemperatur unter gutem Umschütteln das Anderthalbfache[2] von $^n/_{10}$-Natronlauge zutropfen und 20 Minuten stehen. Dann säuert man mit n-Schwefelsäure schwach an und titriert mit Thiosulfat bei Gegenwart von Stärke zurück. (Blindversuch!)

Unter den angegebenen Verhältnissen verbraucht Rohrzucker gar kein Hypojodit,[3] während er nach ROMIJN durch Boraxjodlösung stark oxydiert wird. Ebenso wird unter diesen Versuchsbedingungen Fructose, die auch gegen Boraxjod nahezu beständig ist, nicht angegriffen.[4]

Das Verfahren ist[5] auch für Galaktose, Maltose und Lactose brauchbar. Es ist wesentlich, die Reagenzien in der Reihenfolge: Zucker, Jod, Alkali zu mischen. Auch Mannose und Methylglyoxal sind nach einem wenig geändertem Verfahren bestimmbar.

Nach KLINE, ACREE verläuft die Oxydation am besten bei $p_H = 9$—10.[6]

Bei sehr alkaliempfindlichen Aldehyden (1.4-Dialdehyde, wie Acetondioxysuccinaldehyd) arbeitet man nach dem Verfahren von AUERBACH, BODLÄNDER[7] in Bicarbonat-Sodalösung.[8]

Verhalten der Methylmannose: KLAGES: Liebigs Ann. 512, 185 (1934).

II. Qualitative Reaktionen auf Pentosen, Pentosane und gepaarte Glykuronsäuren.

a) *Phloroglucinprobe.*[9] Zu einigen Kubikzentimetern rauchender Salzsäure fügt man so viel verdünnte, wässerige Zuckerlösung, daß der Salzsäuregehalt

[1] WILLSTÄTTER, SCHUDEL: Ber. Dtsch. chem. Ges. 51, 780 (1918). — FREUDENBERG: Ber. Dtsch. chem. Ges. 52, 180 (1919). — BERGMANN: Liebigs Ann. 443, 238 (1925). — JUDD: Biochemical Journ. 14, 255 (1920). — KOLTHOFF: Ztschr. Unters. Nahrungs- u. Genußmittel 45, 141 (1923). — HINTON, MACARA: Analyst 49, 2 (1924); 52, 668 (1927). — SCHUETTE: Journ. Assoc. official. agricult. Chemists 12, 151 (1929). — GOEBEL: Journ. biol. Chemistry 72, 801 (1927). — KUHN, HECKSCHER: Ztschr. physiol. Chem. 160, 132 (1926). — LÜDKE: Liebigs Ann. 456, 219 (1927). — MACLEOD, ROBINSON: Biochemical Journ. 23, 517 (1930). — SCHLUBACH, MOOG: Ber. Dtsch. chem. Ges. 56, 1957 (1923). — SLATER, ACREE: Ind. engin. Chem., Analyt. Ed. 2, 274 (1930). — KLINE, ACREE: Ind. engin. Chem., Analyt. Ed. 2, 413 (1930). — BERGMANN, MACHEMER: Ber. Dtsch. chem. Ges. 63, 321 (1930). — HELFERICH, GOOTZ: Ber. Dtsch. chem. Ges. 64, 113 (1931). — KAUERT: Petit Journ. Brasseur 45, 799 (1937).   [2] 5 ccm.

[3] Siehe dagegen BRUHNS: Chem.-Ztg. 47, 333 (1923).

[4] Nach PRINGSHEIM: Ber. Dtsch. chem. Ges. 63, 2638 (1930) und SCHLUBACH, KROOP: Liebigs Ann. 497, 217 (1932) wird Fructose zu 2,8% oxydiert, nach dem Verfahren von AUERBACH, BODLÄNDER zu 1,3%.

[5] BAKER, HULTON: Biochemical Journ. 14, 754 (1920). — BEHNE: Ztschr. Unters. Nahrungs- u. Genußmittel 41, 228 (1921); 43, 28 (1922); Der Kunsthonig 3, 148 (1921). — MEES: Chem. Weekbl. 25, 674 (1928).

[6] Bureau Standards Journ. Rev. 5, 1063 (1930).

[7] AUERBACH, BODLÄNDER: Ztschr. angew. Chem. 36, 602 (1903).

[8] FISCHER, APPEL: Helv. chim. Acta 17, 1576 (1934).

[9] TOLLENS und seine Schüler: Ber. Dtsch. chem. Ges. 22, 1046 (1889); 29, 1202 (1896); Liebigs Ann. 254, 329 (1889); 260, 304 (1890). — SALKOWSKI: Centralbl. f. d. med. Wissensch. 1892, Nr. 32. — NEUBERG: Ztschr. physiol. Chem. 31, 565 (1901). — PINNOW: Ber. Dtsch. chem. Ges. 38, 766 (1905). — STEENBERGEN: Chem. Weekbl. 15, 803 (1918). — v. D. HAAR: a. a. O., S. 39.

der Flüssigkeit ungefähr gleich dem einer 18proz. Säure ist und setzt so viel Phloroglucin zu, daß in der Wärme etwas ungelöst bleibt. Beim Erhitzen tritt bald kirschrote Färbung auf und allmählich scheidet sich ein dunkler Farbstoff ab. Nach dem Erkalten schüttelt man diesen mit Amylalkohol aus; die Lösung zeigt einen Absorptionsstreifen in der Mitte zwischen D und E.

b) *Orcinprobe von* Tollens.[1] Beim Erwärmen der Zuckerlösung mit etwas Orcin[2] und so viel Salzsäure, daß ihr Gehalt in der Flüssigkeit ungefähr 18% beträgt, treten nacheinander erst Rot-, dann Violett- und schließlich Blaugrün-färbung auf und bald beginnt die Abscheidung blaugrüner Flocken, die sich in Amylalkohol zu einer blaugrünen Flüssigkeit lösen, die einen Absorptions-streifen zwischen C und D zeigt, derart, daß ein Teil des Gelb noch sichtbar bleibt. Ketosen stören die Reaktion.

c) *Naphthoresorcinprobe.*[3] Viele Zucker reagieren auch mit *Naphthoresorcin* und *Salzsäure* und geben hierbei in Wasser unlösliche, in Alkohol lösliche Niederschläge.

Glykuronsäure[4] (und ihre Derivate) geben bläulich-rötliche Färbung, die alkoholische Lösung des Niederschlags ist sehr schön blau, schwach rötlich fluorescierend und zeigt ein Band ganz nahe der *D*-Linie, gegen Grün zu. Der blaue Farbstoff ist in Aether löslich und dies ermöglicht sichere *Erkennung von Glykuronsäure neben Pentosen*. In ein 16—20 mm weites Reagensglas bringt man ein Körnchen Substanz, 5—6 ccm Wasser, 0,5—1 ccm 1proz. alkoholische Naphthoresorcinlösung und dann 1 Volumen Salzsäure (1,19), kocht *sehr vor-sichtig* 1 Minute, läßt 4 Minuten stehen, kühlt unter Wasser völlig ab, schüttelt mit 1 Volumen Aether, läßt absitzen (evtl. unter Zugabe von mehr Aether oder einigen Tropfen Alkohol) und beobachtet den oberen Teil des Gläschens vor dem Spektralapparat. Noch 3—5 mg Glykuronsäure in 5 ccm Wasser geben ein sehr starkes Band und in Gegenwart von Arabinose, Glykose, Harn usw. immer noch ein starkes.

---

[1] Tollens: Liebigs Ann. **260**, 395 (1890). — Allen: Diss. Göttingen 1890. — Neuberg: Ztschr. physiol. Chem. **31**, 566 (1901). — Bial: Med. Woch. **28**, 253 (1902). — Levene, Mandel: Ber. Dtsch. chem. Ges. **41**, 1907, Anm. (1908). — Pieraerts: Bull. Assoc. Chimistes Sucr. Dist. **26**, 47 (1908); Bull. Soc. chim. France (4), **3**, 1157 (1908). — Middendorp: Diss. Leiden 146, 1917. — Freudenberg: Ber. Dtsch. chem. Ges. **52**, 179 (1919). — v. d. Haar: Monosaccharide, S. 35. 1920. — Summer: Journ. Amer. chem. Soc. **45**, 2378 (1923).

[2] 1 g Orcin wird in 500 ccm 25proz. Salzsäure gelöst und 1,5 Teile 10proz. Eisen-chloridlösung zugefügt.

[3] Tollens, Rorive: Ber. Dtsch. chem. Ges. **41**, 1783 (1908). — Tollens: Ber. Dtsch. chem. Ges. **41**, 1788 (1908); Ztschr. Ver. Dtsch. Zuckerind. **58**, 521 (1908); Chem.-Ztg., Rep. **32**, 318 (1908). — Tollens: Ztschr. physiol. Chem. **56**, 115 (1908); **61**, 109 (1909). — Tschirch, Gauchmann: Arch. Pharmaz. **246**, 551 (1908). — Mandel, Neuberg: Biochem. Ztschr. **13**, 148 (1908). — Gauchmann: Diss. Bern 32, 1909. — Neuberg, Scott, Lachmann: Biochem. Ztschr. **24**, 159 (1910). — Neuberg: Biochem. Ztschr. **24**, 436 (1910). — Neuberg, Saneyoshi: Biochem. Ztschr. **36**, 56 (1911). — Votoček: Ber. Dtsch. chem. Ges. **50**, 38 (1913). — v. d. Haar: Biochem. Ztschr. **88**, 209 (1918). — Syniewski: Liebigs Ann. **441**, 283 (1925). — Nach Neuberg ist die Reaktion eine solche der Carbonylsäuren, d. h. von Substanzen, welche die Atomgruppierungen

$$\begin{array}{ccc} | & & | \\ \text{COH} & & \text{CO} \\ & \text{oder} & \\ \text{COOH} & & \text{COOH} \end{array}$$

enthalten und in einfacher Weise aus den Zuckern, aber auch anderen wichtigen Naturstoffen hervorgehen.

[4] Galakturonsäure: McKinnis: Journ. Amer. chem. Soc. **50**, 1913 (1928). — Ehrlich, Schubert: Ber. Dtsch. chem. Ges. **62**, 1986, 2021, 2023 (1929) (Bestim-mung). — Bestimmung der Glykuronsäure: Schwalbe, Feldtmann: Ber. Dtsch. chem. Ges. **58**, 1537 (1925).

III. Quantitative Bestimmung der Pentosen und Pentosane.[1, 2]

Pentosen und Pentosane, ebenso Glykuronsäure,[3] Euxanthinsäure usw. können durch Destillation[4] mit Salzsäure[5] in Furol übergeführt werden,[6] das durch Phenylhydrazin,[7] Pyrogallol, Phloroglucin,[8] Semioxamazid, Barbitur- oder Thiobarbitursäure gebunden oder jodometrisch bestimmt wird.

Methylpentosane[9] liefern in gleicher Weise Methylfurol.[10]

Übrigens scheinen auch *Hexosane* und *Hexosen* bei der Destillation mit 12 proz. Salzsäure kleine Mengen Furol zu liefern.[2]

Unterscheidung von Methylpentosen und Hexosen mittels Chromsäure: WINDAUS: Ztschr. physiol. Chem. **100**, 167 (1917). — Nachweis von Methyl-

---

[1] ALLEN, TOLLENS: Liebigs Ann. **260**, 289 (1890); Ber. Dtsch. chem. Ges. **23**, 137 (1890). — STONE: Amer. chem. Journ. **13**, 74 (1891); Ber. Dtsch. chem. Ges. **24**, 3019 (1891). — GÜNTHER, CHALMOT, TOLLENS: Ber. Dtsch. chem. Ges. **24**, 3577 (1891); Ztschr. analyt. Chem. **30**, 520 (1891). — FLINT, TOLLENS: Landwirtschl. Vers.-Stat. **42**, 381 (1893); Ber. Dtsch. chem. Ges. **25**, 2912 (1892). — KRUG: Journ. anal. appl. chemistry **7**, 68 (1893). — HOTTER: Chem.-Ztg. **17**, 1743 (1893); **18**, 1098 (1894). — DE CHALMOT: Amer. chem. Journ. **15**, 21 (1893); **16**, 218, 589 (1894). — COUNCLER: Chem.-Ztg. **18**, 966 (1894); **21**, 1 (1897). — WELBEL, ZEISEL: Monatsh. Chem. **16**, 283 (1895). — TOLLENS, KRÜGER: Ztschr. anorgan. allg. Chem. **9**, 40 (1896). — TOLLENS, MANN: Ztschr. anorgan. allg. Chem. **9**, 34, 93 (1896). — STIFT: Österr.-ung. Ztschr. Zuckerind. **27**, 20 (1898). — SALKOWSKI: Ztschr. physiol. Chem. **27**, 514 (1899). — KRÖBER: Journ. Landwirtsch. **48**, 357 (1900). — GRÜNHUT: Ztschr. analyt. Chem. **40**, 542 (1901). — GRUND: Ztschr. physiol. Chem. **35**, 113 (1902). — NEUBERG, BRAHM: Biochem. Ztschr. **5**, 438 (1907). — MAYER, TOLLENS: Ztschr. Ver. Dtsch. Zuckerind. 1907, 620. — BÖDDENER, TOLLENS: Journ. Landwirtsch. **58**, 232 (1910). — WICHERS, TOLLENS: Journ. Landwirtsch. **58**, 238 (1910). — HAARST, OLIVIER: Chem. Weekbl. **11**, 918 (1914). — CUNNINGHAM, DORÉE: Biochemical Journ. **8**, 438 (1914). — PERVIER, GORTNER: Ind. engin. Chem. **15**, 1255 (1923). — POWELL, WHITTAKER: Soc. Abstr. **1924**, 354. — KULLGREN, TYDÉN: Über die Bestimmung von Pentosanen. Stockholm: Svenska Bokh. Centralen. 1929.

[2] Über Furide: KUNZ: Biochem. Ztschr. **74**, 312 (1916).

[3] Galakturonsäure: GRIEBEL, STEINHOFF: Arch. Pharmaz. **269**, 36 (1931).

[4] Siehe dazu JOLLES: Journ. Soc. chem. Ind. **1906**, 201. — MACHELEIDT: Wchschr. Brauerei **39**, 90 (1922).

[5] Salzsäure von 13,5% mit Kochsalz gesättigt: KULLGREN, TYDÉN: Handl. Ing. Vetenskaps Ak. Stockholm 1929, Nr. 24. — Siehe auch SCHMIDT-NIELSEN, HAMMER: Kong. Norske Vidensk. Selskabs Forhandl. **5**, 84 (1932).

[6] Apiose (β-Oxymethylerythrose) liefert kein Furol und gibt auch nicht die Phloroglucinreaktion: VONGERICHTEN: Liebigs Ann. **321**, 71 (1902). — Siehe auch TISZA: Diss. Bern 31, 1908.

[7] Siehe hierzu LING, NANJI: Biochemical Journ. **15**, 466 (1921). — p-Nitrophenylhydrazin: NEUBERG: Biochem. Ztschr. **20**, 526 (1909).

[8] MENAUL, DOWELL: Ind. engin. Chem. **11**, 1024 (1919). — LING, NANJI: Biochemical Journ. **15**, 466 (1921).

[9] VOTOČEK: Ber. Dtsch. chem. Ges. **32**, 1195 (1899); Ztschr. Zuckerind. Böhm. **23**, 229 (1899). — WIDTSOE, TOLLENS: Ber. Dtsch. chem. Ges. **33**, 132, 143 (1900). — WALIASCHKO: Arch. Pharmaz. **242**, 245 (1904). — ELLETT: Diss. Göttingen 1904; Journ. Landwirtsch. **1905**, 16. — W. MAYER: Diss. Göttingen 52, 1907.

[10] Das Kondensationsprodukt von Phloroglucin und Methylfurol ist orange bis zinnoberrot und in wässeriger Alkali sowie in Alkohol [ELLETT, TOLLENS: Ber. Dtsch. chem. Ges. **38**, 493 (1905). — VOTOČEK: Ber. Dtsch. chem. Ges. **30**, 1195 (1897)] löslich, das Produkt aus Furol schwarz und unlöslich. — WINTERSTEIN, HIESTAND: Ztschr. physiol. Chem. **54**, 304 (1908). — WILLSTÄTTER, ZOLLINGER: Liebigs Ann. **412**, 174 (1916). — IDDLES, FRENCH: Ind. engin. Chem., Analyt. Ed. **8**, 283 (1936). — Zur Trennung der Phloroglucide des Furols und Methylfurols: ISHIDA, TOLLENS: Journ. Landwirtsch. **59**, 59 (1911). — v. D. HAAR: Monosaccharide usw., S. 68. 1920. — RASSOW, DÖRR: Journ. prakt. Chem. (2), 108, 153 (1924). — KLINGSTEDT: Ztschr. analyt. Chem. **66**, 129 (1925). — DAFERT: Arch. Pharmaz. **264**, 426 (1926). — VOTOČEK, RÁC: Chemicke Listy **21**, 231 (1927). — FUKAI: Chem. Abstracts **23**, 1081 (1929). — Bestimmung der Rhamnose: McCANCE: Biochemical Journ. **23**, 1172 (1929).

pentosen neben Pentosen: ROSENTHALER: Ztschr. analyt. Chem. 48, 165 (1909)[1] siehe auch Anm. 10, S. 594.

In einen Kolben von 250—350 ccm Inhalt bringt man 5 g Substanz, bei an Pentosen sehr reichen Substanzen entsprechend weniger. Man übergießt[2] mit 100 g 12proz. Salzsäure und erhitzt auf einem Dreifuß, in einem emaillierten eisernen Schälchen, in einem Bad aus ROSES Metall. Der Kolben trägt einen Gummistöpsel, durch den eine Hahnpipette bis etwas unter den Hals des Kolbens und das Destillationsrohr bis eben unter den Stöpsel reichen. Das nicht zu enge Destillationsrohr ist unterhalb der Biegung zu einer Kugel erweitert und trägt einen Kühler.[3]

Stoßen läßt sich durch Einlegen einiger Kupfer-[4] oder Cadmiumstücke[5] oder einfach von Tonstückchen mäßigen.

Man erhitzt das Metallbad auf etwa 160° so, daß in 10—15 Minuten 30 ccm überdestillieren. 30 ccm Destillat werden aufgefangen, in ein Becherglas entleert, durch die Hahnpipette 30 ccm frische Salzsäure in den Kolben gebracht und weiter destilliert, bis ein Tropfen des Destillats, das man auf mit einem Tropfen einer Lösung von Anilin in wenig 50proz. Essigsäure befeuchtetes Papier fallen läßt, keine Rotfärbung mehr gibt. Den vereinigten Destillaten setzt man die doppelte Menge des erwarteten Furols an diresorcinfreiem *Phloroglucin* zu, das man zuvor in etwas Salzsäure (1,06) gelöst hat. Dann gibt man so viel Salzsäure zu, bis das Volumen 400 ccm beträgt, rührt gut um und läßt bis zum folgenden Tag stehen, filtriert durch ein gewogenes Filter, wäscht mit 150 ccm Wasser nach, trocknet 4 Stunden im Wassertrockenschrank und wägt im Filterwägeglas.[6]

Die Berechnung des Phloroglucids auf Furol geschieht mittels Division durch einen empirisch ermittelten Divisor.

Erhaltenes Phloroglucid: Divisor:	0,2 1,820	0,22 1,839	0,24 1,856	0,26 1,871	0,28 1,884	0,30 1,895	0,32 1,904	0,34 1,911
	0,36 1,916	0,38 1,919	0,40 1,920	0,45 1,927	0,50 1,930	0,60 und mehr 1,931		

Die so ermittelte Furolmenge ist noch auf die entsprechende Pentosanmenge umzurechnen. Weiß man, um welche Zuckerart es sich handelt, dann berechnet man auf Araban und Xylan. Sonst führt man die Berechnung mit einem mittleren Faktor aus und gibt das Resultat als „Pentosan" an. Die Pentosenmenge verhält sich zur Pentosanmenge wie 1 : 0,88.

Furol × 1,64 = Xylan,
Furol × 2,02 = Araban,
Furol × 1,84 = Pentosan.[7]

---

[1] Zur Trennung von Furol und Methylfurol von Oxymethylfurol dient am besten rasche Wasserdampfdestillation. Letzteres geht nicht über. Ein Teil des Methylfurols wird bei der Destillation mit 12proz. HCl zerstört: TROST: Boll. Soc. sci. natur. Trieste 31, 5 (1932). — Über die Analyse von Gemischen von Furol und Methylfurol siehe auch HUGHES, ACREE: Ind. engin. Chem., Analyt. Ed. 9, 318 (1937).

[2] MENAUL, DOWELL empfehlen die Anwendung von Schwefelsäure. Ind. engin. Chem. 11, 1024 (1919).

[3] Destillieraufsatz: TISCHTSCHENKO: Chem. Ztrbl. 1910 I, 471.

[4] LEFÈVRE, TOLLENS: Ber. Dtsch. chem. Ges. 40, 4515 (1907).

[5] WINKLER: Ztschr. angew. Chem. 33, 299 (1920).

[6] Über Fällen in der Wärme und ein darauf aufgebautes Verfahren der Furolbestimmung: BÖDDENER: Diss. Göttingen 61, 1910. — BÖDDENER, TOLLENS: Journ. Landwirtsch. 58, 232 (1910). — Bei Gegenwart von Methylpentosan ist Fällen in der Kälte besser.

[7] Xylose gibt 96%, Arabinose 80% Furol: SINCLAIR, BARTHOLOMEW: Amer. Journ. Bot. 22, 829 (1935).

Der Umstand,[1] daß das Kondensationsprodukt von Phloroglucin und Furol — eine schwarze, harzige Masse[2] — weder einladende äußere Eigenschaften besitzt, noch völlig unlöslich ist, weshalb die oben angeführten empirisch ermittelten Korrekturen angebracht werden müssen, läßt die Auffindung eines geeigneteren Fällungsmittels für das Furol wünschenswert erscheinen.

Als solches dürfte sich das *Semioxamazid* empfehlen.[3]

Zur Fällung des Furols aus seiner wässerigen Lösung wendet man eine 30 bis 40° warme, frisch bereitete Azidlösung an und läßt das Reaktionsgemisch einige Stunden stehen; die Substanz wird auf ein Filter gebracht, mit kaltem Wasser, Alkohol und Aether gewaschen und bis zur Gewichtskonstanz bei 110° getrocknet. Die alkoholischen und aetherischen Filtrate werden für sich in einer gewogenen Platinschale zur Trockne eingedunstet, der Rückstand ebenso wie die Hauptmenge bis zur Gewichtskonstanz (etwa 20 Minuten) bei 110° getrocknet[4] und alles zusammen gewogen.

Ebenso ist auch für diesen Zweck das Kondensationsprodukt von Furol und *Barbitursäure:*

$$C_4H_3O \cdot CH : C \left\langle \begin{array}{c} CO \cdot NH \\ CO \cdot NH \end{array} \right\rangle CO$$

ein helles gegen alle Lösungsmittel sehr widerstandsfähiges Pulver, besonders geeignet.[5]

Man benutzt als Reagens eine, evtl. filtrierte, Lösung von 2 g Barbitursäure in 100 ccm 12 proz. Salzsäure.[6]

Die Menge der Barbitursäure muß das 6—8fache der zu erwartenden Furolmenge betragen. Ferner ist es angezeigt, die Reaktionsflüssigkeit besonders in den ersten Stunden nach dem Zusatz der Säure fleißig umzurühren und sie erst nach 24 stündigem Stehen zu filtrieren (GoocHtiegel). Dann wird gewaschen und bei 105° getrocknet.

Man setzt die Destillation so lange fort, als noch Furolreaktion wahrnehmbar ist, und berücksichtigt bei der Berechnung den Löslichkeitskoeffizienten von 1,22 mg für 100 ccm 12 proz. Salzsäure.

Der Umrechnungsfaktor von Furolbarbitursäure auf Furol beträgt:

$$F = 0{,}4659; \quad \lg F = 66827.$$

Der Prozentgehalt des Niederschlags entspricht daher:

$$\lg F + \lg N + (1 - \lg S)$$

N = Niederschlag, S = Substanz.

Substanzen, die neben Pentosen Hexosane enthalten, sind von letzteren durch kurzes Aufkochen mit 1 proz. Salzsäure zu befreien.

---

[1] Siehe auch FRAPS: Amer. chem. Journ. **25**, 201 (1901).

[2] Über diese Kondensationsprodukte siehe VOTOČEK, KRAUZ: Ztschr. Zuckerind. Böhm. **3**, 20 (1909). — WENZEL, LAZAR: Monatsh. Chem. **34**, 1915 (1913).

[3] Siehe S. 549.

[4] Zu langes Trocknen ist zu vermeiden, da die Substanz schon bei der angegebenen Temperatur zu sublimieren beginnt.

[5] UNGER, JÄGER: Ber. Dtsch. chem. Ges. **35**, 4443 (1902); **36**, 1222 (1903). — FROMHERZ: Ztschr. physiol. Chem. **50**, 24 (1907). — FALLADA, STEIN, RAVNIKAR: Österr. Ztschr. Zuckerind. **43**, 425 (1914). — PAVOLINI: Riv. Ital. Essenze Profumi **12**, 93 (1930).

[6] In der Originalarbeit von UNGER, JÄGER [Ber. Dtsch. chem. Ges. **36**, 1223 (1903); Z. 4 v. u.] ist, offenbar infolge eines Schreibfehlers, eine Lösung in 12 proz. *Alkohol* vorgeschrieben. Darstellung von Barbitursäure: BILTZ, WITTEK: Ber. Dtsch. chem. Ges. **54**, 1036 (1921).

Nach Dox, Plaisance[1] ist die *Thiobarbitursäure*[2] noch geeigneter. Die Ausfällung wird in Gegenwart von 12proz. Salzsäure vorgenommen. Thiobarbitursäure ist Phloroglucin bei weitem überlegen, mit Barbitursäure ist die Bestimmung ziemlich quantitativ, aber nur bei Verwendung eines sehr großen Überschusses. Mit Thiobarbitursäure können noch Mengen von 12 mg Furol nachgewiesen werden. Überschuß an Reagens ist nicht nötig. Erwärmen ist zu vermeiden, da bei höherer Temperatur zu niedrige Resultate erhalten werden. Das Kondensationsprodukt ist Furolmalonylthioharnstoff. Es besteht aus einem citronengelben, äußerst flockigen Niederschlag. Unlöslich in kalten verdünnten Mineralsäuren, auch in der Wärme nur wenig löslich. Unlöslich auch in Alkohol, Aether und Petrolaether. Die Ausbeuten betragen 102—102,88%.[3]

Furolbestimmung mit *Diphenylthiobarbitursäure*.[4]

0,5—1 g Furol in 500 ccm 12proz. HCl lösen. 20—40 ccm dieser Lösung mit 12proz. HCl auf 500 ccm auffüllen, mit dem Doppelten der Theorie an Reagens[5] versetzen. Nach 3 Stunden mit Anilinacetatpapier prüfen, nach evtl. nochmaligem Zusatz von Reagens 20 Stunden stehen lassen, filtrieren, mit 50 ccm heißer, angesäuerter 4proz. Ammoniumacetatlösung, dann mit 20 ccm kaltem Wasser waschen, bei 100—105° trocknen. $C_5H_4O \cdot C_{16}H_{10}O_2N_2S \cdot 5$ aq.

Jolles[6] titriert das überdestillierte Furol nach dem Behandeln mit Bisulfit[7] mit Jod. Nach Schmidt, Nielsen, Hammer[8] liefert Titration mit Brom die besten Resultate.

Die *Bariumverbindungen der Pentosen* sind, im Gegensatz zu jenen der Methylpentosen, in Alkohol unlöslich.[9] Jolles hat diese Beobachtung zu einer quantitativen Trennung von Pentosen und Methylpentosen ausgearbeitet: Liebigs Ann. **351**, 41 (1907).

Cormack[10] bestimmt das Furol, indem er es mit ammoniakalischer Silberlösung in Brenzschleimsäure überführt:

$$C_5H_4O_2 + Ag_2O = C_5H_4O_3 + 2\,Ag.$$

Das abgeschiedene Silber wird durch Titration bestimmt.

Flohil bestimmt das durch Furol aus Fehlingscher Lösung abgeschiedene Kupferoxydul oder das noch vorhandene Cuprisalz jodometrisch.[11]

Bestimmung von Furol und Methylfurol mit 2.4-Dinitrophenylhydrazin:[12] Simon: Biochem. Ztschr. **247**, 171 (1932). — Furol und Oxymethylfurol lassen sich sehr genau mit p-Nitrophenylhydrazin bestimmen: Maaskant: Rec. Trav. chim. Pays-Bas **55**, 1068 (1936).

---

[1] Dox, Plaisance: Journ. Amer. chem. Soc. **38**, 2156 (1916).

[2] Sehr gut auch für 5-Methylfurol: Iddles, French: Ind. engin. Chem., Analyt. Ed. **8**, 283 (1936).

[3] Iddles, Robbins: Ind. engin. Chem., Analyt. Ed. **5**, 55 (1933).

[4] Tischtschenko, Koschkin: Russ. Journ. angew. Chem. **7**, 1307 (1934).

[5] 10 g Diphenylthiobarbitursäure in 1 l 44proz. schwach angesäuerter Ammoniumacetatlösung.

[6] Jolles: Ber. Dtsch. chem. Ges. **39**, 96 (1906); Monatsh. Chem. **27**, 81 (1906). — Ssertschel: Russ. Ztschr. Lederind. **1932**, 51.

[7] Siehe auch: Ssertschel: Russ. Ztschr. Leder-Ind. Handel **1932**, 51.

[8] Schmidt, Nielsen, Hammer: Ztschr. analyt. Chem. **102**, 51 (1935).

[9] Bergell, Suleiman Bey: Ztschr. klin. Med. **39**, H. 3, 4 (1900). — Bergell, Blumenthal: Arch. Anat. Phys. **1900**, 155.

[10] Cormack: Ztschr. analyt. Chem. **43**, 256 (1904).

[11] Flohil: Chem. Weekbl. **7**, 1057 (1910). — Siehe dazu Eynon, Lane: Analyst **37**, 41 (1912).

[12] Verläßlich und rasch: Iddles, French: Ind. engin. Chem., Analyt. Ed. **8**, 283 (1936).

NOLL, BOLZ, BELZ führen das Furol in das Oxim über und titrieren die nebenher entstandene Salzsäure.[1] Mit Brom in n-HCl bei 0° reagiert Methylfurol
viel schneller als Furol.[2]

Mikrobestimmung: YOUNGBURG: Journ. biol. Chemistry **73**, 599 (1927).

Colorimetrische Mikropentosenbestimmung: HOFFMANN: Journ. biol. Chemistry
73, 15 (1927). — Siehe auch SCHEFF: Biochem. Ztschr. **147**, 94 (1924).

Viertes Kapitel.

Methoxylgruppe und Aethoxylgruppe.
Höhere Alkoxyle. Methylenoxydgruppe.
Brückensauerstoff.

Erster Abschnitt.

Methoxyl- und Aethoxylgruppe.[3]

I. Qualitative Unterscheidung der Methoxyl- und der Aethoxylgruppe.

Da es bei der allgemein angewendeten quantitativen Bestimmungsmethode
der Methoxyl- und Aethoxylgruppen nach ZEISEL[4] unentschieden bleibt, ob
die vorliegende Substanz Methyl oder Aethyl enthält, ist es häufig notwendig,
eine qualitative Untersuchung vorzunehmen.

Nach BECKMANN[5] erhitzt man zu diesem Zweck die Substanz mit der molekularen Menge *Phenylisocyanat* im Rohr einige Stunden auf 150° und destilliert
das Reaktionsprodukt im Wasserdampfstrom. Das übergehende Öl erstarrt zu
einer bei 47° schmelzenden Substanz, dem Methylphenylurethan oder zu dem
bei 51° schmelzenden Aethylphenylurethan.

Das Produkt wird durch Umkrystallisieren aus einem Gemisch von Aether
und Petrolaether gereinigt und durch die Analyse identifiziert:

$$C_8H_9O_2N \ldots C = 63,6, \; H = 5,9\%,$$
$$C_9H_{11}O_2N \ldots C = 65,5, \; H = 6,6\%.$$

Schwer zerlegbare Aether werden indes nach diesem Verfahren nicht gespalten.

PFEIFFER, OCHIAL erhitzen in Benzol mit *Aluminiumbromid.* OCH_3 wird verseift, NCH_3 bleibt unangegriffen.[6]

FEIST[7] legt bei der Bestimmung im ZEISELschen Apparat alkoholische *Dimethylanilinlösung* statt Silbernitrat vor und konstatiert, wenn Methyl abgespalten wurde, die Bildung des bei 211—212° schmelzenden Trimethylpheny-
liumjodids. Jodaethyl reagiert mit 10proz. alkoholischer Dimethylanilinlösung

---

[1] NOLL, BOLZ, BELZ: Papierfabrikant **28**, 565 (1930).
[2] HOUGHES, ACREE: Ind. engin. Chem., Analyt. Ed. **9**, 318 (1937).
[3] Während sich bekanntlich Methoxylderivate in Pflanzenstoffen sehr häufig
finden, ist das Auftreten einer Methoxylgruppe in der Tierwelt noch nie beobachtet
worden: ACKERMANN: Ber. Dtsch. chem. Ges. **54**, 1940 (1921).
[4] S. 600.   [5] BECKMANN: Liebigs Ann. **292**, 9, 13 (1896).
[6] PFEIFFER, OCHIAL: Journ. prakt. Chem. (2), **136**, 125 (1933).
[7] FEIST: Ber. Dtsch. chem. Ges. **33**, 2094 (1900). — SCHÜLER: Arch. Pharmaz.
245, 264 (1907). — WILLSTÄTTER: Liebigs Ann. **371**, 27 (1910). — HOFMANN, BRUGGE
berühren zum Nachweis der Methoxylgruppe im Eisenmethylat die Substanz mit
einer glühenden Kupferspirale und weisen entstandenen Formaldehyd nach. Ber.
Dtsch. chem. Ges. **40**, 3765 (1907).

zu langsam. Will man auf diese Art Jodaethyl nachweisen, so muß man unverdünntes Dimethylanilin anwenden.[1]

Besser ist es, das Dimethylanilin durch alkoholisches *Trimethylamin* zu ersetzen, dessen Jodmethylat und Jodaethylat rasch und quantitativ entstehen und sich gegebenenfalls gut trennen lassen.[2]

Bestimmung von Jodmethyl und Jodaethyl nebeneinander.[3]

1. Bei Anwendung von *Dimethylanilin* kann man die Trennung der Jodide auf die verschiedene Reaktionsgeschwindigkeit der Alphyljodide gründen oder auf die verschiedene Löslichkeit der quaternären Jodide in Chloroform, in dem Trimethylphenylammoniumjodid (F. 212°) sehr schwer, Dimethylaethylphenylammoniumjodid (F. 136°) spielend löslich ist.

2. Mit *Trimethylamin* ist die Trennung schärfer und leichter auf Grund folgender Löslichkeitsbestimmungen auszuführen:

	Tetramethylammoniumjodid	Trimethylaethylammoniumjodid
Wasser	schwer löslich	äußerst leicht löslich
Aceton	spurenweise löslich	beträchtlich löslich
Chloroform	spurenweise löslich	kalt ziemlich leicht löslich
Absoluter Alkohol	sehr schwer löslich	kalt leicht löslich
	heiß 1 g in 1060 g	heiß 1 g in 1,23 g

Besonders geeignet ist absoluter Alkohol für die quantitative Trennung. Nach der Trennung von Tetramethylammoniumjodid und Trimethylaethylammoniumjodid werden beide mit wässerigem Silbernitrat gefällt und unter Berücksichtigung der Korrektur für die Löslichkeit des ersteren in absolutem Alkohol als AgJ gewogen.[4]

Man kann auch, falls größere Substanzmengen zur Verfügung stehen, das *Jodalkyl in Substanz* isolieren, indem man beim ZEISELschen Apparat ein gut gekühltes Fraktionierkölbchen vorlegt und den Siedepunkt des in geeigneter Weise getrockneten Produkts bestimmt.[5]

Jodmethyl siedet bei 42—43°, Jodaethyl bei 72°.

Gewöhnlich lassen sich übrigens Aether oder Ester mit Alkali oder Schwefelsäure verseifen und der entstandene Alkohol mit der LIEBENschen Jodoformreaktion[6] prüfen.

V. MEYER empfiehlt,[7] die Jodalkyle in die *Nitrolsäuren* überzuführen. Methylnitrolsäure: F. 64°, Aethylnitrolsäure: F. 81—82°.

Siehe auch noch DECKER: Ber. Dtsch. chem. Ges. 35, 3073 (1902). — HOFMANN: Ber. Dtsch. chem. Ges. 39, 3188 (1906); 41, 1626 (1908).

---

[1] WILLSTÄTTER, UTZINGER: Liebigs Ann. 378, 23 (1911); 382, 148 (1911). — WILLSTÄTTER: Ztschr. physiol. Chem. 101, 33 (1917). Das Dimethylaethylphenyliumjodid schmilzt bei 136° und bildet rhombische Tafeln.

[2] WILLSTÄTTER, STOLL: Liebigs Ann. 378, 23 (1911). — WILLSTÄTTER, UTZINGER: Liebigs Ann. 378, 149 (1911). — HÄGGLUND, SUNDROOS: Biochem. Ztschr. 146, 223 (1924). — MEISENHEIMER, SCHLICHENMAYER: Ber. Dtsch. chem. Ges. 61, 2031 (1928).

[3] WILLSTÄTTER, STOLL: Liebigs Ann. 378, 23, 32 (1911). — WILLSTÄTTER, UTZINGER: Liebigs Ann. 382, 148 (1911). — WILLSTÄTTER: Chlorophyll, S. 225. 1913. — KÜSTER: Ztschr. physiol. Chem. 101, 33 (1917). — TAKEI: Ber. Dtsch. chem. Ges. 61, 1004 (1928).

[4] PHILLIPS, GOSS: Journ. Assoc. official. agricult. Chemists 20, 292 (1937).

[5] Z. B. FROMM, EMSTER: Ber. Dtsch. chem. Ges. 35, 4355 (1902).

[6] S. 305. — Siehe WINZHEIMER: Arch. Pharmaz. 246, 355 (1908).

[7] V. MEYER: M. u. J., 2. Aufl., Bd. 1, S. 407. 1907.

II. Quantitative Bestimmung der Methoxylgruppe.

1. Methode von ZEISEL.[1]

Diese überaus elegante und zuverlässige Methode beruht auf der Überführbarkeit des Methyls der CH_3O-Gruppe durch Jodwasserstoffsäure in Jodmethyl und Bestimmung des Jods in der Doppelverbindung von Jodsilber und Silbernitrat bzw. dem daraus mit Wasser entstehenden Jodsilber.

Abb. 166.
Siedegefäß
von
BAMBERGER.

Sie liefert immer quantitativ richtige Ergebnisse (Fehlergrenze etwa $\pm 0,5\%$ des Gesamtmethoxylgehalts), wenn nicht die Substanz durch Umlagerung unter dem Einfluß der Jodwasserstoffsäure während der Reaktion selbst teilweise in eine C-methylierte Verbindung übergeht[2] oder einer anderen anormalen Reaktion unterliegt[3] und wenn es gelingt, die Substanz wenigstens partiell in Lösung zu bringen.[4]

Auch *Oximaether* lassen sich nach diesem Verfahren analysieren.[5]

In manchen seltenen Fällen wird auch an Stickstoff gebundenes Alkyl schon durch siedende Jodwasserstoffsäure mehr oder weniger weitgehend abgespalten, anderseits kann bei stickstoffhaltigen Substanzen während der Reaktion Alkyl an den Stickstoff wandern. Es kann dann nur nach der HERZIG, MEYERschen Methode bestimmt werden. Siehe hierüber S. 690.

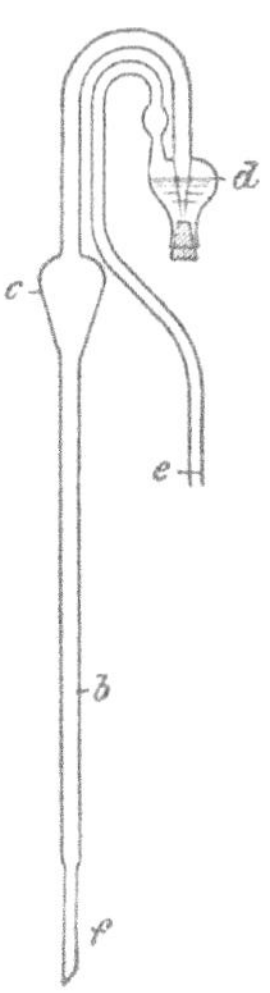

Modifikationen des Apparats[6] haben BENEDIKT und GRÜSSNER[6] angegeben, die einen Kugelapparat verwenden, der zugleich als Rückflußkühler und Waschapparat dient, sowie EHMANN,[7] PERKIN,[8] CUMMING,[9] HESSE,[10] DECKER,[11] STRITAR,[12] HEWITT, MOORE,[13] ZEISEL, FANTO.[14] Den Apparat von STRITAR illustriert Abb. 168a. Für die Untersuchung von flüchtigen Substanzen und für die Methyl-

Abb. 167.
Apparat von
HANS
MEYER.

---

[1] ZEISEL: Monatsh. Chem. **6**, 989 (1885); **7**, 406 (1886). — Bericht über den III. intern. Kongreß f. angew. Chemie **2**, 63 (1898). — Über Versuche der Methoxylbestimmung mit Salzsäure: TRÖGER, MÜLLER: Arch. Pharmaz. **252**, 459 (1914). — TRÖGER, TIEBE: Arch. Pharmaz. **258**, 277 (1920). — Entmethylierung von Alkaloiden mit 45—75proz. Schwefelsäure bei unter 155°: E. P. 382124 (1932).

[2] GOLDSCHMIEDT, HEMMELMAYR: Monatsh. Chem. **15**, 325 (1894). — POLLAK: Monatsh. Chem. **18**, 745 (1897). — HERZIG, HAUSER: Monatsh. Chem. **21**, 872 (1900). — Vgl. MOLDAUER: Monatsh. Chem. **17**, 470 (1896). — FUNK: Diss. Bern 1904. — SULZER: Diss. Bern 1905. — KIRPAL: Ber. Dtsch. chem. Ges. **41**, 819 (1908). — DIETERLE, LEONHARDT: Arch. Pharmaz. **267**, 85 (1929).

[3] HESSE: Ber. Dtsch. chem. Ges. **30**, 1985 (1897). — BISTRZYCKI, HERBST: Ber. Dtsch. chem. Ges. **35**, 3140 (1902). — SCHMIDT: Monatsh. Chem. **25**, 295 (1904). — HANS MEYER, BERNHAUER: WEGSCHEIDER-Festschr. 1929, 749.   [4] Siehe S. 605.

[5] KAUFLER: Ber. Dtsch. chem. Ges. **35**, 753 (1902).

[6] Siehe auch BENEDIKT: Chem.-Ztg. **13**, 872 (1889). — BAMBERGER: Monatsh. Chem. **15**, 509 (1894); Liebigs Ann. **272**, 290, Anm. (1893). — CAMPBELL: Journ. Soc. chem. Ind. **51**, 590 (1932). — In manchen Fällen kann man nur mit dem Apparat von HERZIG, HANS MEYER (S. 690) auskommen: MOLDAUER: Monatsh. Chem. **17**, 466 (1896). — WEIDEL, POLLAK: Monatsh. Chem. **21**, 25 (1900). — HERTZKA: Monatsh. Chem. **26**, 234, Anm. (1905).

[7] EHMANN: Chem.-Ztg. **14**, 1767 (1890); **15**, 221 (1891).

[8] PERKIN: Journ. chem. Soc. London **83**, 1367 (1903).

[9] CUMMING: Journ. Soc. chem. Ind. **41**, 20 (1922).

[10] HESSE: Ber. Dtsch. chem. Ges. **39**, 1142 (1906).

[11] DECKER: Ber. Dtsch. chem. Ges. **36**, 2895 (1903).

[12] STRITAR: Ztschr. analyt. Chem. **42**, 579 (1903).

[13] HEWITT, MOORE: Journ. chem. Soc. London **81**, 318 (1902).

[14] ZEISEL, FANTO: Ztschr. analyt. Chem. **42**, 554 (1903).

imidbestimmung (S. 690) wurde er von HERZIG in der aus Abb. 168 b ersichtlichen
Weise modifiziert. *B* enthält die Waschflüssigkeit.

Der einfachste und zweckmäßigste Apparat ist der von HANS MEYER[1]
angegebene (Abb. 167).

Bei *f* wird das an dieser Stelle ausgezogene Rohr *b* in das BAMBERGERsche
Kochkölbchen eingesetzt.[2] *b* dient als Luftkühler und trägt zur Sicherheit eine
kegelförmige Erweiterung *c*. In *d*, das von unten durch einen Korkstopfen verschlossen wird, füllt man nach dem Umkehren des Apparats etwas Wasser und
einige Milligramme roten Phosphor. Bei *e* taucht das Ableitungsrohr in die
alkoholische Silbernitratlösung,

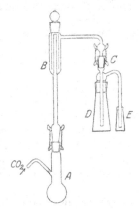
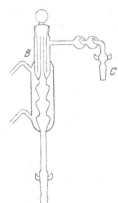

Abb. 168 a. Apparat von STRITAR.   Abb. 168 b. Apparat von HERZIG.

Man kann auch[3] an das Ableitungsrohr mittels guten Schlauchs (Glas an
Glas!) ein kurzes Einleitungsrohr ansetzen, behufs leichterer Abspülung des Jodsilbers.

Die Länge von *b* bis zur Biegung beträgt 50 cm, der Durchmesser 10 mm,
der Inhalt von *d* 15 ccm.

Der Apparat kann mit gleich gutem Erfolg auch für die Bestimmung von
Alkyl am Stickstoff benutzt werden (siehe S. 690).

Bei *schwefelhaltigen* Substanzen ist die ZEISELsche Methode nicht ohne
weiteres anwendbar,[4] und ebensowenig darf die *Jodwasserstoffsäure* mit Schwefelwasserstoff bereitet sein, da sie dann nicht gut von flüchtigen Schwefelverbindungen zu befreien ist, die Anlaß zur Bildung von Mercaptan und Schwefelsilber
geben würden.[5]

Hat eine Jodwasserstoffsäure (1,7—1,72) bei der blinden Probe einen merk-
baren Niederschlag im Silbernitratkölbchen ergeben, so muß man sie durch
Destillation reinigen,[6] wobei man das erste und letzte Viertel des Destillats verwirft und nur die Mittelfraktion zu den Bestimmungen benutzt.

---

[1] HANS MEYER: Monatsh. Chem. **25**, 1213 (1904). — Zu beziehen von F. Hugershoff, Leipzig, und von S. Grünwald, Prag, Krankenhausgasse.

[2] Die Verengung des Rohres ist so zu bemessen, daß es ziemlich genau in die
Verengung *a* des Kochkölbchens paßt. Dadurch wird vermieden, daß Jodwasserstoffsäure zum Korkstopfen gelangt. ')

[3] KILIANI: Ber. Dtsch. chem. Ges. **49**, 709 (1916).

[4] Über die Methoxylbestimmung in schwefelhaltigen Substanzen siehe S. 607.

[5] Eine brauchbare „Jodwasserstoffsäure für Methoxylbestimmungen" wird von
C. A. F. Kahlbaum in Berlin in den Handel gebracht.

[6] CUMMING: Journ. Soc. chem. Ind. **41**, 20 (1922) empfiehlt Destillation über
rotem Phosphor.

Säure vom spez. Gewicht 1,9 wird in solche von 1,7 verwandelt, wenn man auf je 15 ccm der ersteren 5 ccm Wasser zusetzt.

Die benutzte Jodwasserstoffsäure wird gesammelt. Durch Destillieren kann man sie immer von neuem verwendbar machen.

Die *Silbernitratlösung* wird durch Lösen von je 2 g Salz in je 5 ccm Wasser und Zusatz von je 45 ccm absolutem Alkohol bereitet. Man kocht sie $1/_2$ Stunde am Rückflußkühler und läßt dann 2 Tage an der Sonne stehen. Hierauf wird von dem geringen Bodensatz abgegossen. Von der im Dunkeln aufbewahrten Lösung gießt man vor dem Versuch die nötige Menge (evtl. durch ein Filter) in das Kölbchen und setzt ihr schließlich *einen* Tropfen reine Salpetersäure zu.[1]

Der *rote Phosphor* wird auf dem siedenden Wasserbad $1/_2$ Stunde mit verdünntem Ammoniak digeriert, abgesaugt und gründlich mit heißem Wasser gewaschen, dann in weithalsiger Glasflasche unter Wasser aufbewahrt. Vor jeder Bestimmung ist das Wasser zu erneuern und umzuschütteln.

1. Verfahren für nichtflüchtige Substanzen.

Zur *Ausführung des Versuchs* wird der Apparat auf dichten Schluß geprüft, die Silberlösung eingefüllt, das Kochkölbchen mit 0,2—0,3 g Substanz und 10 ccm Jodwasserstoffsäure beschickt, wieder an den Apparat angefügt und durch einen Mikrobrenner bis zum Sieden des Inhalts erhitzt, während gewaschenes Kohlendioxyd — etwa 3 Blasen in 2 Sekunden — durch den Apparat streicht.[2]

Als Kochkölbchen benutzt man das von BAMBERGER angegebene Gefäß (Abb. 166).

Nach etwa 10—15 Minuten, vom Beginn des Siedens der Jodwasserstoffsäure gerechnet, beginnt die Silberlösung sich zu trüben und bald wird der Kolbeninhalt undurchsichtig von der Ausscheidung der weißen Doppelverbindung von Jodsilber und Silbernitrat.

Der Inhalt des zweiten Kölbchens bleibt fast immer klar, und nur bei sehr methoxylreichen Substanzen und raschem Gang des Kohlendioxydstroms — wobei es auch (durch mitdestilliertes Wasser) zu Gelbfärbung im ersten Kölbchen kommen kann — zeigt sich manchmal eine schwache Trübung.

Das Ende des Versuchs ist fast immer sehr scharf daran zu erkennen, daß die Flüssigkeit sich vollkommen über dem nunmehr krystallinischen Niederschlag klärt. Zur Sicherheit kocht man aber noch $1/_2$ Stunde weiter.

Wenn die Methylabspaltung sehr langsam erfolgt, kann die Beendigung des Versuchs nicht auf diese Weise erkannt werden. Es empfiehlt sich daher stets,[3] nach dem Absetzen des Niederschlags, das Vorlegekölbchen gegen ein solches mit frischer Lösung — es genügt dann eine viel kleinere Silbermenge — auszutauschen oder rasch durch Dekantation die klare Lösung vom Niederschlag in ein anderes Kölbchen zu leeren und letzteres vorzulegen. Man erhitzt dann noch $1/_2$ Stunde weiter, während deren kein neuerlicher Niederschlag auftreten darf, widrigenfalls man nach Klärung desselben nochmals in der geschilderten Weise vorzugehen hat.

Die Dauer der Bestimmungen beträgt im allgemeinen $1^1/_2$—2 Stunden.

---

[1] ZEISEL: Bericht über den III. intern. Kongreß f. angew. Chemie. Wien 1898. Wenn die Silbernitratlösung nicht frisch bereitet ist, müssen für je 2 ccm Lösung 0,12 mg der Jodsilberauswaage zugezählt werden. Älter als ein halbes Jahr darf die Lösung nicht sein: FRIEDRICH: Ztschr. physiol. Chem. **163**, 141 (1927).

[2] In die Waschflasche des Kohlensäureapparates gibt man verdünnte *wässerige* Silbernitratlösung, um — von einem etwaigen Kiesgehalt des Marmors stammenden — Schwefelwasserstoff zu zerstören.

[3] Siehe auch PERKIN: Journ. chem. Soc. London **83**, 1370 (1903).

Nun werden die beiden Vorlegekölbchen samt Zuleitungsrohr vom Apparat abgenommen, der Inhalt des zweiten mit der 5fachen Menge Wasser verdünnt und, falls nach mehreren Minuten keine Trübung entsteht, nicht weiter berücksichtigt, sonst mit dem Inhalt des ersten Kölbchens vereinigt und auf etwa 500 ccm mit Wasser verdünnt.

Von den Glasröhren wird der anhaftende Niederschlag mit Federfahne und Spritzflasche entfernt und in das Becherglas gespült.

Dieser Teil des Niederschlags ist gewöhnlich (durch Phosphorsilber?)[1] dunkel gefärbt, was jedoch auf das Resultat der Bestimmung ohne Einfluß ist.

Der Inhalt des Becherglases wird auf dem Wasserbad auf die Hälfte eingedampft, mit Wasser und *wenigen* Tropfen Salpetersäure wieder aufgefüllt, bis zum völligen Absitzen des gelben Jodsilberniederschlags digeriert und dann in üblicher Weise das Jodsilber bestimmt.

PERKIN zieht es vor,[2] die alkoholische Silberlösung langsam in kochendes, mit Salpetersäure versetztes Wasser einzutragen und noch bis zum Vertreiben der Hauptmenge des Alkohols einzudampfen.

2. Modifikation des Verfahrens für leicht flüchtige Substanzen.

Bei flüchtigen Substanzen gelangt man auch gewöhnlich zum Ziel, wenn man zu Beginn des Versuchs kaltes Wasser durch den Rückflußkühler schickt,[3] den Kohlendioxydstrom langsam gehen läßt und langsam anheizt.

Für besonders leicht flüchtige Substanzen hat ZEISEL[4] folgendes Verfahren angegeben: 0,1—0,3 g Substanz werden in einem leicht zerbrechlichen, zugeschmolzenen Glaskügelchen abgewogen.

Um das Zertrümmern desselben zu erleichtern, schließt man ein etwa 2 cm langes, scharfkantiges Stückchen Glasrohr mit in die Einschmelzröhre ein, in der die Umsetzung der Substanz mit 10 ccm Jodwasserstoffsäure (1,7) durch 2stündiges Erhitzen auf 130° bewirkt wird.

Die Röhre soll 30—35 cm lang und 1,2—1,5 cm weit sein. Das eine Ende geht in einen durch Anschmelzen eines zylindrischen Glasrohrs hergestellten Fortsatz von 10 cm Länge und 1—2 mm innerer Weite aus, das andere ist derart capillar verengt, daß ein Kautschukschlauch gut schließend darübergezogen werden kann.

Die beiden Spitzen der Röhre sollen, wenn auch nicht zu fein, so doch so beschaffen sein, daß sie leicht abgebrochen werden können, wenn man sie — nach dem Erhitzen — anfeilt.

Nachdem man das Glaskügelchen durch Schütteln des Rohrs zerbrochen und darnach, wie angegeben, erhitzt hat, wird das Rohr beiderseits angefeilt und mit dem angeschmolzenen Ende in einen 3fach durchbohrten Kork eingesetzt, der ein weithalsiges Kölbchen mit dem Rückflußkühler verbindet.

In der dritten Bohrung dieses Korks steckt ein 2fach gebogener, nicht zu schwacher Glasstab von beistehender Form (⌐), durch dessen Drehung die über seinen unteren, horizontalen Arm hinwegragende Spitze des eingesetzten Einschmelzrohrs leicht abgebrochen werden kann.

Ist so das Rohr zuerst unten geöffnet worden, dann wird durch seitliches Klopfen mit dem Finger, hierauf durch vorsichtiges Erhitzen der oberen Spitze die Flüssigkeit aus derselben vertrieben und nach dem Erkalten ein guter Kautschukschlauch

[1] Siehe KROPATSCHEK: Monatsh. Chem. **25**, 583 (1904).

[2] PERKIN: A. a. O.

[3] Ein solcher läßt sich leicht über das Rohr *b* (Abb. 167) ziehen.

[4] ZEISEL: Monatsh. Chem. **7**, 406 (1886). — Siehe auch FEIGL, KRUMHOLZ: Monatsh. Chem. **59**, 319 (1932) (Apparat).

darübergezogen, der zu dem bereits in richtigem Gang befindlichen Kohlensäure-apparat führt.

Nun wird die obere Spitze innerhalb des Schlauchs abgebrochen.

Die Flüssigkeit, von der schon beim Öffnen der unteren Spitze ein Teil aus-geflossen ist, wird nun ganz ins Siedekölbchen gedrängt. Von da ab wird genau so vorgegangen wie bei der Analyse nichtflüchtiger Methoxylverbindungen.

3. Bemerkungen zur ZEISELschen Methode.

Die Methode ist auch bei chlor-[1] und bromhaltigen[2] sowie Nitroverbindungen anwendbar; unter geeigneten Bedingungen auch bei schwefelhaltigen.[3]

Bei der Analyse von Nitrokörpern[4] und überhaupt bei Substanzen, die aus der Lösung viel Jod abscheiden, empfiehlt es sich, auch in das Siedekölbchen etwas roten Phosphor zu geben.[5]

Der Waschapparat muß nach je 4—5 Bestimmungen frisch gefüllt werden.

Da manche Substanzen unter dem Einfluß der Jodwasserstoffsäure verharzen, wodurch die Jodmethylabspaltung verzögert oder teilweise verhindert werden kann, empfiehlt es sich oft, der Jodwasserstoffsäure 6—8 Vol.-% *Essigsäure-anhydrid* hinzuzufügen, wie dies HERZIG[6] beim Methyl- und Acetylaethyl-quercetin, beim Rhamnetin und Triaethylphloroglucin mit Erfolg versuchte.

In manchen Fällen ist auch viel größerer Essigsäureanhydridzusatz von Vorteil. So hat WOLF im Prager deutschen Universitäts-Laboratorium gefunden, daß der Brassidinsäuremethylester, der nach dem üblichen Verfahren bloß un-gefähr die Hälfte (4,5%) des theoretischen Methoxylgehalts finden läßt, recht befriedigende Resultate liefert, wenn man zur Verseifung eine Mischung gleicher Mengen (je 10 ccm) Jodwasserstoffsäure und Anhydrid verwendet. Ähnliche Er-fahrungen machten GOLDSCHMIEDT, KNÖPFER[7] bei einem aus Chlorbenzyldibenzyl-keton erhaltenen Ester.

Man mischt die Reagenzien in einem besonderen Gefäß unter Abkühlen[8] und gibt noch einige Kubikzentimeter Jodwasserstoffsäure (1,96) hinzu, um der Verdünnung der Säure durch das Anhydrid entgegenzuwirken.

Jodwasserstoffsäure 1,85 und Anhydrid: EDER: Arch. Pharmaz. **253**, 21 (1915). — 2,0: FEIST, BESTEHORN: A. a. O.

---

[1] Manchmal liefern stark chlorhaltige Substanzen unbefriedigende Resultate: DECKER, SOLONINA: Ber. Dtsch. chem. Ges. **35**, 3223 (1902); siehe übrigens S. 605, Anm. 7.

[2] PUM: Monatsh. Chem. **14**, 498 (1893).   [3] Siehe S. 607.

[4] Nitroverbindungen geben leicht etwas zu niedrige Zahlen: THOMS, DRAUZBURG: Ber. Dtsch. chem. Ges. **44**, 2129, 2131 (1911).

[5] BENEDIKT, BAMBERGER: Monatsh. Chem. **12**, 1 (1891). — Reinigen des Phos-phors: STRITAR: Ztschr. analyt. Chem. **42**, 586 (1903).

[6] HERZIG: Monatsh. Chem. **9**, 544 (1898). — Siehe auch POMERANZ: Monatsh. Chem. **12**, 383 (1891). — HEWITT, MOORE: Journ. chem. Soc. London **81**, 321 (1902). — PERKIN: Journ. chem. Soc. London **83**, 1370 (1903). — OESTERLE: Arch. Pharmaz. **243**, 440 (1905). — TISZA: Diss. Bern **42**, 1908. — FINNEMORE: Journ. chem. Soc. London **93**, 1516 (1908). — ORNDORFF, BLACK: Amer. chem. Journ. **40**, 376 (1909). — DIMROTH: Ber. Dtsch. chem. Ges. **43**, 1394 (1910). — FEIST, BESTEHORN: Arch. Pharmaz. **263**, 31 (1925).

[7] GOLDSCHMIEDT, KNÖPFER: Monatsh. Chem. **20**, 743, Anm. (1899). — Siehe auch GRAFE: Monatsh. Chem. **25**, 1019 (1904).

[8] Siehe dazu KIRPAL: Ber. Dtsch. chem. Ges. **47**, 1087 (1914). — Die ψ-Ester von o-Dicarbonsäuren reagieren mit Jodwasserstoffsäure *schon in der Kälte* unter Abspaltung von Jodalkyl: In solchen Fällen muß die Substanz mit eisgekühlter Säure übergossen und das Siedekölbchen rasch anmontiert werden: KIRPAL: Monatsh. Chem. **35**, 687 (1914); siehe auch S. 613.

BAEYER, VILLIGER empfehlen einen Zusatz von *Eisessig*.[1] — *Noch viel besser wirkt Phenol*,[2] von dem man 1—2 ccm auf je 10 ccm Jodwasserstoffsäure verwendet. Man löst die Substanz in dem geschmolzenen Phenol, läßt erkalten und gibt die Säure hinzu.[3]

Die Schwierigkeiten, die PERKIN[4] bei verschiedenen Substanzen findet, sind in der Anwendung eines ungeeigneten Apparats begründet.

Der Zusatz der Essigsäure bzw. des Anhydrids oder Phenols bewirkt eine Vergrößerung der *Löslichkeit* der Substanz bzw. ihre feinere Verteilung. Zum Gelingen der Operation ist ja innige Berührung der Substanz mit der Jodwasserstoffsäure unerläßlich. So haben BOYD, PITMAN gezeigt,[5] daß *Trichloranisol* und *Tribromanisol* ohne Zusatz eines Lösungsmittels zur Jodwasserstoffsäure völlig unbefriedigende Zahlen liefern, während sie, mit einem Gemisch aus gleichen Teilen Jodwasserstoffsäure 1,7 und Eisessig gekocht, quantitativ zerlegt werden.

Ebenso konnte HANS MEYER die falschen Resultate[6] von R. MEYER, MARX bei der Untersuchung der Bromphenolphthaleinester in diesem Sinn berichtigen.[7]

Es gibt aber immerhin Fälle, in denen die Jodsilberabscheidung, sei es infolge ungenügender Löslichkeit der Substanz, sei es wegen allzu großer Stabilität derselben,[8] unter den *normalen* Versuchsbedingungen (1—2stündiges Erhitzen, Jodwasserstoffsäure 1,7) nicht vollständig ist.[9]

In solchen Fällen ist der Versuch nach 2 Stunden zu unterbrechen, neue

---

[1] BAEYER, VILLIGER: Ber. Dtsch. chem. Ges. **35**, 1199 (1902). — TRÖGER, MÜLLER: Arch. Pharmaz. **248**, 7 (1910). — MANNICH: Arch. Pharmaz. **254**, 357, 363 (1916).
[2] WEISHUT: Monatsh. Chem. **33**, 1165 (1912); **34**, 1549 (1913). — ROSLAV: Monatsh. Chem. **34**, 1510, 1511 (1913). — HANS MEYER, BROD: Monatsh. Chem. **34**, 1152 (1913). — REBEK: Monatsh. Chem. **34**, 1520 (1913). — SEIB: Monatsh. Chem. **34**, 1569 (1913). — MEERWEIN, GÉRARD: Liebigs Ann. **435**, 183 (1924). — POLLAK, GEBAUER-FÜLNEGG: Monatsh. Chem. **47**, 116 (1926). — BORSCHE: Ber. Dtsch. chem. Ges. **60**, 2117 (1927). — DIETERLE, LEONHARDT: Arch. Pharmaz. **267**, 85 (1929). — CLARK: Journ. Amer. chem. Soc. **51**, 1479 (1929).
[3] HANS MEYER, ALICE HOFMANN: Monatsh. Chem. **38**, 358 (1917). — Die Behauptung von MANNING, NIERENSTEIN [Ber. Dtsch. chem. Ges. **46**, 3983 (1913)], daß Essigsäureanhydrid oder Phenolzusatz zu Fehlern Anlaß gebe, ist vollkommen falsch. — Siehe GOLDSCHMIEDT: Ber. Dtsch. chem. Ges. **47**, 389 (1914). — Phenol *und* Essigsäureanhydrid zuzugeben, dürfte bei Makrobestimmungen kaum jemals notwendig sein; für Mikrobestimmungen wird dieser doppelte Zusatz von ROTH empfohlen: PREGL, ROTH: Mikroanalyse, S. 217. 1935.
[4] PERKIN: Journ. chem. Soc. London **117**, 696 (1920); **1927**, 1302, 1303, 1306.
[5] BOYD, PITMAN: Journ. chem. Soc. London **87**, 1255 (1905).
[6] HANS MEYER: Ber. Dtsch. chem. Ges. **40**, 1437 (1907).
[7] R. MEYER, MARX: Ber. Dtsch. chem. Ges. **40**, 2432 (1907); **41**, 2447 (1908). — Ebenso werden sich wohl die ungenügenden Resultate von DECKER, SOLONINA (Anm. 1, S. 604) erklären lassen.
[8] Siehe auch unter „Aethoxylgruppe". Angeblich nicht entalkylierbar sind: p-Methoxystilben und der Methylenaether des 3.4-Dioxy-4'-Methoxystilbens: FUNK: Diss. Bern 1904. — SULSER: Diss. Bern 36, 1905. — Ebenso das Dibromanetholdibromid: HOERING: Ber. Dtsch. chem. Ges. **37**, 1559 (1904).
[9] DECKER, SOLONINA: Ber. Dtsch. chem. Ges. **36**, 2896 (1903). — GOLDSCHMIEDT: Monatsh. Chem. **26**, 1147 (1905). — HANS MEYER: Monatsh. Chem. **27**, 262 (1906). — HERZIG, POLAK: Monatsh. Chem. **29**, 267 (1908). — HERZIG, KOHN: Monatsh. Chem. **29**, 296 (1908). — WEISHUT: Monatsh. Chem. **33**, 1166 (1912). — KLEMENC: Ber. Dtsch. chem. Ges. **47**, 1412 (1914). — MAJIMA, TAKAYAMA: Ber. Dtsch. chem. Ges. **53**, 1912 (1920). — Nach ECKERT (Privatmitteilung) erfordert die Verbindung

$$Cl$$
$$\bigotimes \overset{HOOC}{\underset{COH_3}{\underset{—NH}{}}} \bigotimes$$

trotz Phenolzusatzes zu ihrer vollständigen Verseifung 9stündiges Kochen.

Silberlösung vorzulegen und nach Zusatz von 2—3 ccm Jodwasserstoffsäure 1,96 wieder *mehrere Stunden* zu kochen. Dieser Vorgang wird wiederholt, bis die Silberlösung auch nach mehrstündigem Erhitzen klar bleibt. Bei der Methoxylbestimmung solcher resistenter Substanzen pflegt sich der Beginn der Jodsilberabscheidung nicht durch milchige Trübung, sondern durch das Ausfallen glänzender Krystallflitter anzuzeigen. — Über den umgekehrten Fall: allzu leichte Abspaltung von Stickstoffalkyl, die das Vorhandensein einer Methoxylgruppe vortäuscht, siehe S. 695.

In manchen Fällen ist auch Zusatz von amorphem Phosphor anzuraten oder ausschließliche Anwendung von Säure vom spez. Gewicht 1,96.

Zur Verhinderung der *Verharzung*, die falsche Resultate bedingt, werden hochmethylierte Kohlehydrate oder hitzeempfindliche Nitronsäureester[1] nicht gleich mit siedender Jodwasserstoffsäure behandelt: vielmehr erwärmt man bloß innerhalb $1/_2$ Stunde im CO_2-Strom auf 60—80° und erst nach klarer Auflösung der Substanz zum Kochen.[2]

Das Verfahren empfiehlt sich allgemein für Stoffe, deren Verhalten in der Hitze oder gegen starke Säuren man nicht kennt.[1]

Gewisse Isopropylderivate des Naphthalins spalten bei der Methoxylbestimmung Isopropylalkohol ab, wodurch das Resultat der Analyse wertlos wird.[3]

Verhalten des Gossypols: CLARK: Journ. Amer. chem. Soc. 51, 1479 (1929).

Auch die *Bestimmung von Krystallalkohol*[4] kann nach der ZEISELschen Methode mit befriedigendem Resultat erfolgen.

GOLDSCHMIEDT schlägt zu diesem Zweck folgende Versuchsanordnung vor.[5] Ein U-förmig gebogenes Röhrchen, zur Aufnahme der Substanz, wird an ein BAMBERGERsches Glaskölbchen derart angeschmolzen, daß das in das Kölbchen geleitete Kohlendioxyd zuerst durch das Röhrchen streichen muß, das in einem Flüssigkeitsbad auf 105—110° erhitzt wird. Der Gasstrom führt dann den entweichenden Alkohol in die siedende Jodwasserstoffsäure. Wegen der großen Flüchtigkeit des Methylalkohols versieht man das Kölbchen mit einem Aufsatz, wie ihn HERZIG, HANS MEYER für die Bestimmung des Methyls am Stickstoff empfohlen haben,[6] und beschickt diesen gleich bei Beginn der Operation mit so viel Jodwasserstoffsäure, daß die aus dem Kölbchen entweichenden Dämpfe durch die Flüssigkeit glucksen müssen. Nach beendigter Operation läßt man die Jodwasserstoffsäure aus dem Aufsatz in das Kölbchen zurückfließen, erhitzt wiederum und so noch ein drittes Mal.

Aldehydhaltige Lösungen werden zuerst mit Silberoxyd behandelt.[7, 8]

Zur *Unterscheidung von glucosidischem und aetherischem Methoxyl* (in methylierten Sacchariden) wird das glucosidische Methoxyl mit Salzsäure abgespalten und als Methanol oder Chlormethyl in die Jodwasserstoffsäure eingeleitet, wie bei der Krystallalkoholbestimmung.[9]

[1] ARNDT, NEUMANN: Ber. Dtsch. chem. Ges. 70, 1835 (1937).
[2] NEUMANN: Ber. Dtsch. chem. Ges. 70, 734 (1937).
[3] HANS MEYER, BERNHAUER: WEGSCHEIDER-Festschr. 1929, 749.
[4] HERZIG, HANS MEYER: Monatsh. Chem. 17, 437 (1896). — *Chloralalkoholat:* SCHMIDINGER: Monatsh. Chem. 21, 36 (1900). — Siehe auch SPÄTH, HROMATKA: Ber. Dtsch. chem. Ges. 63, 131 (1930).
[5] GOLDSCHMIEDT: Monatsh. Chem. 19, 325 (1898).
[6] HERZIG, HANS MEYER: Monatsh. Chem. 15, 613 (1894); siehe S. 690.
[7] WIESLER: Ztschr. angew. Chem. 40, 975 (1927).
[8] Modifikationen des Verfahrens: GREGOR: Monatsh. Chem. 19, 116 (1898). — MOLL VAN CHARANTE: Rec. Trav. chim. Pays-Bas 21, 38 (1902). — KROPATSCHEK: Monatsh. Chem. 25, 583 1904). — SIMON: Laboratoriumsbuch für die Industrie der Riechstoffe, S. 19. Halle 1908.
[9] FREUDENBERG, SOFF: Liebigs Ann. 494, 68 (1932).

2. Methoxylbestimmung durch Maßanalyse.[1]

Verfahren von VIEBÖCK, BRECHER.[2]

Das nach ZEISEL abgespaltene Jodalkyl wird in 10proz. Na-Acetat-Eisessiglösung, die mit einigen Tropfen Brom versetzt ist, aufgefangen:

$$CH_3J + Br_2 \rightarrow CH_3Br + JBr.$$
$$JBr + 3 H_2O + 2 Br_2 \rightarrow HJO_3 + 5 HBr.$$

Der Bromwasserstoff wird durch 20proz. wässeriges Natriumacetat abgestumpft, das überschüssige Brom durch Ameisensäure zerstört, 10proz. JK zugesetzt, mit $2n\text{-}H_2SO_4$ angesäuert und das ausgeschiedene Jod mit Natriumthiosulfat titriert. *Mikrobestimmung* nach VIEBÖCK, BRECHER: PREGL, ROTH: Mikroanalyse, S. 221. 1935.

100 Gewichtsteile Jodsilber entsprechen

13,20 Gewichtsteilen CH_3O und
6,38   ,, CH_3.

III. Quantitative Bestimmung der Aethoxylgruppe.

Die Bestimmung wird nach ZEISEL[3] genau so vorgenommen, wie oben beim Methoxyl angegeben wurde.

In einzelnen Fällen haben sich die *Aethylderivate* so viel stabiler erwiesen als die zugehörigen *Methylaether*, daß die Aethoxylbestimmung in Frage gestellt ist, während die Methoxylbestimmung anstandslos verläuft.

Derartige Verhältnisse zeigen die Aether des Kynurins[4] und des p-Oxychinaldins[5] und die Aethylderivate der Phloroglucine[6] und Substanzen der Quercetinreihe.[7]

100 Gewichtsteile Jodsilber entsprechen

19,21 Gewichtsteilen C_2H_5O oder
12,34   ,, C_2H_5.

IV. Methoxyl(Aethoxyl-)bestimmungen in schwefelhaltigen Substanzen.

Die ZEISELsche Methode ist für schwefelhaltige Substanzen nicht direkt anwendbar, weil der durch die reduzierende Wirkung der Jodwasserstoffsäure entstehende Schwefelwasserstoff zur Bildung von Schwefelsilber Veranlassung gibt. Man kann indes die Methode durch geeignete Vorkehrungen auch diesem Umstand anpassen.

KAUFLER[8] hat für schwefelhaltige Substanzen, bei denen die Methoxylgruppen durch Lauge abspaltbar sind, eine passende Modifikation des ZEISELschen Verfahrens angegeben.

---

[1] KLEMENC: Monatsh. Chem. **34**, 901 (1913). — WOHACK: Ztschr. landwirtschl. Versuchswesen in Österr. **17**, 684 (1914). — RIPPER, WOHACK: Ztschr. landwirtschl. Versuchswesen in Österr. **19**, 372 (1916). — WOHACK: Ztschr. Unters. Nahrungs- u. Genußmittel **42**, 292 (1921).—EATON, WEST: Journ. biol. Chemistry **75**, 283 (1927).— VIEBÖCK, SCHWAPPACH: Ber. Dtsch. chem. Ges. **63**, 2818 (1930). — PALFRAY: Documentat. sci. **4**, 1 (1935).

[2] VIEBÖCK, BRECHER: Ber. Dtsch. chem. Ges. **63**, 3207 (1930).

[3] ZEISEL: Monatsh. Chem. **7**, 406 (1886).

[4] HANS MEYER: Monatsh. Chem. **27**, 255 (1906).

[5] HANS MEYER: Monatsh. Chem. **27**, 992 (1906).

[6] POLLAK: Monatsh. Chem. **18**, 745 (1897). — HERZIG, HAUSER: Monatsh. Chem. **21**, 872 (1900).   [7] HERZIG: Monatsh. Chem. **9**, 537 (1888).

[8] KAUFLER: Monatsh. Chem. **22**, 1105 (1901).

Der Apparat besteht aus einem zirka 15 ccm fassenden Fraktionierkölbchen mit rechtwinklig gebogenem Ansatzrohr. Letzteres ragt in ein U-Rohr, das mit ausgeglühten, mit Kupfersulfat getränkten Bimssteinstücken beschickt ist. An das U-Rohr schließt sich das Absorptionsgefäß an. Diese Vorrichtung wird mit dem ZEISELschen Apparat verbunden.

Der Apparat wird nunmehr an die Pumpe angeschaltet und ein langsamer getrockneter Luftstrom durchgesaugt. Als Vorlage für das Jodmethyl dient ein Fraktionierkolben, dessen Rohr in einen kleineren, ebenfalls mit Silbernitratlösung gefüllten Fraktionierkolben taucht, der mit seinem Ansatzrohr an die Pumpe angeschlossen wird.

Die Substanz wird in den Verseifungskolben gebracht und 3—6 ccm wässerige Kalilauge (1,27) hinzugefügt. Gleichzeitig wird der mit Jodwasserstoffsäure (1,7) gefüllte Absorptionsapparat durch eine Eis-Kochsalz-Mischung gekühlt, während das U-Rohr auf 80—90° erwärmt wird. Der Verseifungskolben wird langsam erhitzt, so daß schwaches Sieden stattfindet, und dies so lange fortgesetzt, bis der Kolbeninhalt dickflüssig oder fest ist. Hierauf läßt man unter fortdauerndem Durchsaugen von Luft erkalten und füllt nun wieder etwas Lauge nach, die auf gleiche Weise eingedampft wird. Sobald dies eingetreten ist, wird die Kältemischung fortgenommen, der Absorptionsapparat abgetrocknet und ¹/₂ Stunde bei gewöhnlicher Temperatur belassen. Nunmehr beginnt man das Erhitzen der Jodwasserstoffsäure. Sobald alles Jodmethyl überdestilliert ist, löscht man die Flamme und läßt den Luftstrom noch eine Zeitlang durchstreichen.

Bis zu diesem Zeitpunkt dauert die Bestimmung 3—4 Stunden; das weitere Verfahren ist dasselbe wie bei einer gewöhnlichen Methoxylbestimmung.

Die Methode steht an Genauigkeit nicht viel hinter der ZEISELschen zurück, allein sie ist durch die Untersuchungen von KIRPAL, BÜHN im allgemeinen entbehrlich geworden. Doch bietet sie den Vorteil, daß man imstande ist, in Kombination mit der Methoxylbestimmung von ZEISEL *Methyl am Carboxyl von Methyl in aetherischer Bindung zu differenzieren.*

Methode von KIRPAL, BÜHN.[1]

Entgegen den bestimmten Angaben von ZEISEL[2] und BENEDIKT, BAMBERGER[3] haben KIRPAL, BÜHN konstatiert, daß man auch von schwefelhaltigen Substanzen richtige Methoxylzahlen erhält, wenn man das abgespaltene Jodmethyl durch zwei Waschflaschen mit schwach schwefelsaurer 10proz. Cadmium*sulfat*lösung streichen läßt. Der durch Mercaptanbildung verursachte Verlust ist minimal und kommt für das Resultat der Analyse nicht in Betracht.

Die Widersprüche zwischen den Angaben der zitierten Autoren haben sich folgendermaßen aufgeklärt: Jodmethyl reagiert bei Zimmertemperatur mit Schwefelwasserstoff so gut wie gar nicht und auch bei höherer Temperatur nur spurenweise unter Mercaptanbildung. Dagegen bildet Cadmiumsulfid mit Jodmethyl *in der Wärme* reichliche Mengen davon.

Das Jodmethyl wird dann maßanalytisch nach VIEBÖCK, BRECHER bestimmt.[4]

---

[1] KIRPAL, BÜHN: Ber. Dtsch. chem. Ges. **47**, 1084 (1914); Monatsh. Chem. **38**, 853 (1915). — Siehe EDLBACHER: Ztschr. physiol. Chem. **107**, 57 (1919). — HEWITT, JONES: Journ. chem. Soc. London **115**, 193 (1919). — CUMMING: Journ. Soc. chem. Ind. **41**, 20 (1922). — WUDICH: Monatsh. Chem. **44**, 87 (1923). — LIESER: Liebigs Ann. **470**, 107 (1929). [2] ZEISEL: Monatsh. Chem. **7**, 409 (1886).
[3] BAMBERGER: Monatsh. Chem. **12**, 1 (1891).
[4] Siehe auch PREGL, ROTH: Mikroanalyse, S. 219. 1935.

V. Bestimmung höhermolekularer Alkyloxyde.

Wie NENCKI, ZALESKI[1] gezeigt haben, läßt sich selbst die Bestimmung des *Amyljodids* im ZEISELschen Apparat durchführen.[2]

Für die Bestimmung des (Iso-) *Propylrests* haben ZEISEL, FANTO[3] einen eigenen Apparat konstruiert.

Man kommt aber auch hier in jedem Fall mit dem Apparat von HANS MEYER aus, wenn man das Rohr *b* mit einem oben offenen Kühler versieht, durch den 60—80° warmes Wasser geschickt wird und auch das Waschgefäß in ein mit heißem Wasser gefülltes Becherglas eintauchen läßt.

Zum Erzeugen des Warmwasserstroms ist der EHMANNsche Heizkörper[4] (Abb. 169) sehr geeignet.

Der aus verzinktem Kupfer bestehende Kessel *g* wird auf einen Dreifuß gesetzt, der Kühler des Methoxylapparats durch Kautschukschläuche mit der Heizvorrichtung so verbunden, daß *a* mit dem oberen, *b* mit dem unteren Ansatzrohr korrespondiert, dann wird von oben so viel Wasser eingegossen, daß auch der obere Ablauf des Kühlers davon bedeckt ist. Für die richtige Zirkulation des aus dem Heizgefäß kommenden warmen Wassers ist es wichtig, etwaige Luftblasen aus den Kautschukschläuchen herauszuquetschen. Unter den Heizapparat stellt man eine Flamme und reguliert sie so, daß das Wasser während der ganzen Operation im Kühler 60—70° zeigt.[5]

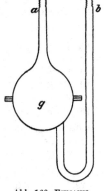

Abb. 169. EHMANNscher Heizkörper.

VI. Halbmikromethoxylbestimmung.

NEUMANN: Ztschr. angew. Chem. 30 I, 234 (1917). — CLARK: Journ. Amer. chem. Soc. 51, 1479 (1929). — VIEBÖCK: Ber. Dtsch. chem. Ges. 63, 3207 (1930). — Nach KIRPAL, BÜHN: LIESER: Cellulosechemie, S. 160. 1929; Liebigs Ann. 483, 137 (1930).

VII. Mikromethoxylbestimmung.

PREGL, ROTH: Mikroanalyse, S. 210. 1935.

Andere Mikroverfahren: KÜSTER, MAAG: Ber. Dtsch. chem. Ges. 56, 59 (1923); Ztschr. physiol. Chem. 127, 190 (1923). — FRIEDRICH: Ztschr. physiol. Chem. 163, 141 (1927); Mikrochemie 7, 185 (1929). — WARE: Mikrochemie 8, 352 (1930). — RIGAKOS: Journ. Amer. chem. Soc. 53, 3903 (1931). — BRUCKNER: Mikrochemie 12, 153 (1932). — GUILLEMET: Bull. Soc. chim. France (4), 51, 1547 (1932). — SLOTTA, HABERLAND: Ber. Dtsch. chem. Ges. 65, 127 (1932). — COLSON: Analyst 58, 594 (1933). — GIBSON, CAULFIELD: Journ. chem. Soc. London 1935, 1419. — WHITE, WRIGHT: Canadian Journ. Res. 14 B, 427 (1936).

---

[1] NENCKI, ZALESKI: Ztschr. physiol. Chem. 30, 408 (1900).

[2] Butyljodid: NOWAKOWSKI: Roczniki Chemji 13, 49 (1933).

[3] ZEISEL, FANTO: Ztschr. landwirtschl. Versuchswesen in Österr. 1902, 729.

[4] BENEDIKT, BAMBERGER: Chem.-Ztg. 15, 221 (1891). — Zu beziehen von W. J. Rohrbecks Nachf., Wien.

[5] Bei der Verwendung des HANS MEYERschen Apparates hat sich das Erwärmen des Phosphors für Propylbestimmungen als unnötig herausgestellt. H. M.

Zweiter Abschnitt.

Methylenoxydgruppe.

I. Qualitativer Nachweis der Methylenoxydgruppe $CH_2{<}^{O-}_{O-}$.

1. Methylenaether werden durch konz. Jodwasserstoffsäure unter Bildung von Formaldehyd und hochmolekularen Kondensationsprodukten zersetzt.[1] Ihre Gegenwart ist bei der Methoxylbestimmung nach ZEISEL ohne Einfluß.[2] Bei der Reduktion von ungesättigten Methylenaethern (durch Natriumamalgam) kann Ersatz der $CH_2{<}^{O-}_{O-}$-Gruppe durch OH eintreten, wenn die Doppelbindung in $\alpha.\beta$-Stellung zum Kern steht. Das zurückbleibende Hydroxyl steht dann in m-Stellung zur Seitenkette.[3]

2. Löst man einen aromatischen Methylenaether in konz. Schwefelsäure und fügt einige Tropfen 5proz. alkoholische Gallussäurelösung hinzu, dann entsteht smaragdgrüne Färbung und die Lösung zeigt einen Absorptionsstreifen in der Mitte des Rot.[4]

3. In manchen Fällen kann man die Wasserstoffe der Methylengruppe mittels *Phosphorpentachlorid* durch Chlor und dieses mittels Wasser durch Hydroxyl ersetzen.[5] Allgemeiner anwendbar ist *Aluminiumchlorid* in Chlorbenzollösung,[6] und besonders *Aluminiumbromid* in Nitrobenzollösung[7] oder in siedendem Benzol.[8]

PARIJS verwendet absolute *Salpetersäure* und Essigsäureanhydrid.[9]

4. Alkalien[10] verseifen im allgemeinen die Oxymethylengruppe leichter als die Methoxylgruppe. So erhält man nach CIAMICIAN, SILBER[11] durch 4—5-stündiges Erhitzen von Apiolsäure mit der dreifachen Menge *Kalilauge* und der vierfachen Menge Alkohol auf 180° Dimethylapionol. Piperonylsäure liefert Protocatechusäure.

In einzelnen Fällen ist aber die Aufspaltung nur eine partielle. Das alkoholische Kali wirkt dabei wie Kaliummethylat, und man erhält beispielsweise aus Isosafrol nach der Gleichung:

---

[1] SPÄTH, QUIETENSKY: Ber. Dtsch. chem. Ges. **60**, 1883 (1927).

[2] CIAMICIAN, SILBER: Ber. Dtsch. chem. Ges. **21**, 2132 (1888); **24**, 2984 (1891); **25**, 1470 (1892). — SEMMLER: Ber. Dtsch. chem. Ges. **24**, 3819 (1891). — Vgl. POMERANZ: Monatsh. Chem. **8**, 467 (1887).

[3] CIAMICIAN, SILBER: Ber. Dtsch. chem. Ges. **23**, 1162 (1890). — THOMS: Ber. Dtsch. chem. Ges. **36**, 3449 (1903). — SALWAY: Journ. chem. Soc. London **97**, 2413 (1910).

[4] LABAT: Bull. Soc. chim. France (4), **5**, 745 (1909). — PICTET, KRAMERS: Ber. Dtsch. chem. Ges. **43**, 1334 (1910). — LEONHARDT, FAY: Arch. Pharmaz. **273**, 58 (1935).

[5] FITTIG, REMSEN: Liebigs Ann. **159**, 144 (1871). — WEGSCHEIDER: Monatsh. Chem. **14**, 382 (1893) (Piperonal). — PAULY: Ber. Dtsch. chem. Ges. **40**, 3096 (1907).

[6] MAUTHNER: Journ. prakt. Chem. (2), **119**, 75 (1928) (Acetopiperon, Piperonylsäure). — Siehe auch THOMS, BILTZ: Arch. Pharmaz. **242**, 87 (1904). — OBERLIN: Arch. Pharmaz. **265**, 256 (1927); D. R. P. 193958 (1907).

[7] MOSETTIG, BURGER: Journ. Amer. chem. Soc. **52**, 2988 (1930).

[8] 1 Mol Piperonal, 3 Mol AlBr$_3$, A: 49%. PFEIFFER, OCHIAL: Journ. prakt. Chem. (2), **139**, 126 (1933). [9] PARIJS: Rec. Trav. chim. Pays-Bas **49**, 33 (1930).

[10] Safrol, Isosafrol, Methylenbrenzcatechin, Dihydrosafrol werden durch Erwärmen in indifferenten Lösungsmitteln mit *Natriumamid* gespalten: HELFER, MOTTIER: Rev. Marquess Parf. Savon. **12**, 362 (1934).

[11] CIAMICIAN, SILBER: Ber. Dtsch. chem. Ges. **22**, 2482 (1889); **25**, 1473 (1902); D. R. P. 122701 (1901), 123051 (1901). — SPÄTH, LANG: Ber. Dtsch. chem. Ges. **54**, 3064 (1921) (Tetrahydroberberin).

$$C_6H_3 \begin{cases} O \\ O \\ C_3H_5 \end{cases} CH_2 + CH_3OK = C_6H_3 \begin{cases} OK \\ OCH_2{-}OCH_3 \\ C_3H_5 \end{cases}$$

ein methoxylhaltiges Phenol.

5. In den von DESCUDÉ dargestellten[1] Methylenverbindungen der Form:

$$R_1COO \atop R_2COO \Big\rangle CH_2$$

(Methylenestern) läßt sich die Anwesenheit der Methylengruppe leicht dadurch konstatieren, daß man einige Zentigramme der Substanz mit einigen Tropfen konz. Schwefelsäure und hierauf mit einem Tropfen Wasser versetzt, worauf lebhafte Entwicklung von Formaldehyd zu konstatieren ist.

6. Die von WEBER, TOLLENS aufgefundene,[2] ebenfalls auf Formaldehydabspaltung beruhende Phloroglucinreaktion, die als quantitative angeführt ist, haben die Entdecker hauptsächlich für die Methylenderivate der Zuckergruppe ausgearbeitet. Sie versagt in dieser Ausführungsweise bei den Methylenaethern aus Zuckersäure und Weinsäure (siehe S. 612). Dagegen ist sie für aromatische Methylenester (Alkaloide) anwendbar.[3]

0,02 g Alkaloid[4] werden in 5 ccm Phloroglucinschwefelsäure durch Aufkochen in einer Eprouvette gelöst. Zu der heißen Lösung fügt man 2 ccm konz. Schwefelsäure, schwenkt um und stellt für $^1/_4$—$^1/_2$ Stunde in ein siedendes Wasserbad.

Es erfolgt Rotfärbung und dann dicker, flockiger Niederschlag von Phloroglucid.

Die Phloroglucinschwefelsäure wird dargestellt, indem man 1,5 g Phloroglucin in einer Mischung von 75 g Wasser und 50 g konz. Schwefelsäure durch Erwärmen löst. Man läßt erkalten und filtriert nach mehrstündigem Stehen. Nach HALBERKANN ist es vorteilhafter, so viel Alkohol zuzufügen, daß alles Phloroglucin gelöst bleibt.[5]

20 mg Actinodaphnin, 60 mg Phloroglucin, 5 ccm 40proz. Schwefelsäure werden 20 Minuten auf dem Wasserbad erhitzt.[6]

II. Quantitative Bestimmung der Methylenoxydgruppe.
Methode von CLOWES, TOLLENS.[7]

Die Methode beruht auf der Beobachtung, daß der durch Mineralsäuren aus dem Methylenaether abgespaltene Formaldehyd mit gleichzeitig vorhandenem Phloroglucin[8] nach der Gleichung:

$$C_6H_6O_3 + CH_2O = C_7H_6O_3 + H_2O$$

---

[1] DESCUDÉ: Compt. rend. Acad. Sciences **134**, 718 (1902).

[2] WEBER, TOLLENS: Liebigs Ann. **299**, 318 (1898).

[3] GAEBEL: Arch. Pharmaz. **248**, 225 (1910). — PICTET, KRAMERS: Ber. Dtsch. chem. Ges. **43**, 1334 (1910). — DANKWORTH: Arch. Pharmaz. **250**, 617 (1912). — GADAMER: Arch. Pharmaz. **258**, 103 (1920). — GO: Journ. pharmac. Soc. Japan **50**, 124 (1930).

[4] Meist genügen 0,002 g: GADAMER, WINTERFELD: Arch. Pharmaz. **262**, 601 (1924).

[5] HALBERKANN: Arch. Pharmaz. **254**, 250 (1916).

[6] GHOSE, KRISHNA, SCHLITTLER: Helv. chim. Acta **17**, 924 (1934).

[7] CLOWES, TOLLENS: Ber. Dtsch. chem. Ges. **32**, 2841 (1899). — WEBER, TOLLENS: Liebigs Ann. **299**, 316 (1898). — LOBRY DE BRUYN, VAN EKENSTEIN: Rec. Trav. chim. Pays-Bas **20**, 331 (1901); **21**, 310 (1902). — SPÄTH: Ber. Dtsch. chem. Ges. **58**, 2267 (1925); **59**, 1496 (1926); **60**, 1891 (1927). — Über die Bestimmung von Dioxymethylengruppen nach diesem Verfahren in Alkaloiden: GADAMER: Arch. Pharmaz. **258**, 148 (1920).

[8] Auch Phenol kann brauchbar sein: SPÄTH, QUIETENSKY: Ber. Dtsch. chem. Ges. **60**, 1885 (1927). — Über die Anwendung von Resorcin ebenda und S. 612.

Formaldehydphloroglucid bildet, das nach der Proportion:

$$C_7H_6O_3 : CH_2 = 9,85 : 1$$

auf Methylen umgerechnet wird.

a) *Verfahren für Formaldehyd leicht abgebende Substanzen.*

10 g diresorcinfreies Phloroglucin werden mit 450 ccm Wasser und 450 ccm Salzsäure (1,19) erwärmt und nach dem Erkalten von etwaigen Verunreinigungen abgesaugt.

Die Substanz (0,1—0,2 g) wird in einem mit Steigrohr versehenen Kölbchen mit 5 ccm Wasser und 30 ccm Phloroglucinlösung 2 Stunden auf 70—80° erwärmt. Tritt nicht schon nach wenigen Minuten Trübung ein, so wird die Reaktion, die dann jedenfalls auf dem Wasserbad vollendet wird, durch kurzes Kochen über freier Flamme eingeleitet. Nach 12stündigem Stehen wird das gelbe Phloroglucid in einem mit Asbest versehenen, bei 100° getrockneten und gewogenen Gооснtiegel abgesaugt, mit 60 ccm Wasser nachgewaschen, 4 Stunden bei 100° getrocknet und nach 1 Stunde im verschlossenen Wägegläschen gewogen.

Division durch 4,6 gibt die Menge an Formaldehyd CH_2O,
Division durch 9,85 das Methylen CH_2.

Das Filtrat vom Phloroglucid (ohne Waschwasser) versetzt man mit etwas konz. Schwefelsäure und erhitzt wieder. Wenn jetzt noch Phloroglucid ausfällt, ist die Salzsäuremischung für die Zerlegung des Methylenderivats nicht ausreichend stark gewesen. In derartigen Fällen wendet man das

b) *Verfahren für resistentere Methylenaether*

an.

3 g Phloroglucin werden mit 100 g konz. Schwefelsäure und 100—150 g Wasser erwärmt. Das nach 1stündigem Stehen erhaltene Filtrat genügt für zehn Bestimmungen. Man verfährt wie oben angegeben, nur wird das Erhitzen auf 80° 3 Stunden fortgesetzt. Evtl. muß noch vor dem Erhitzen ein weiterer Zusatz von Schwefelsäure (10 ccm) erfolgen.

Nach dem Wägen werden die Tiegel in einer Muffel ausgeglüht. Man läßt im Exsiccator erkalten und wägt im Wägeglas.

Bei den *Methylenderivaten der Zuckersäure und Weinsäure* versagt diese Reaktion, die quantitative Methylenoxydbestimmung gelingt aber beim Ersatz des Phloroglucins durch *Resorcin*.[1] Man dampft den Methylenaether mit geringem Überschuß von in konz. Salzsäure gelöstem Resorcin zur Trockene. Das unlösliche Formalresorcin wird ausgewaschen, getrocknet und gewogen. — Evtl. muß mit Salzsäure im Rohr auf 100—130° erhitzt werden.[2]

III. Nachweis der labil gebundenen Methylengruppen nach Votoček, Vesely.[3]

Votoček[4] hatte gefunden, daß *Carbazol* mit Verbindungen, die auch sonst leicht Formaldehyd abspalten, unter Entstehung eines weißen, in den gebräuchlichen Lösungsmitteln außer Anilin fast unlöslichen Produkts reagiert. Diese

---

[1] Lobry de Bruyn, van Ekenstein: Rec. Trav. chim. Pays-Bas 21, 314 (1902). — Gorter: Bull. Jard.-Bot. Buitenzorg (3), 2, 1 (1919).
[2] Späth, Quietensky: Ber. Dtsch. chem. Ges. 60, 1885 (1927). (Dihydrosafrol, Brenzcatechinmethylenaether.)
[3] Votoček, Vesely: Ber. Dtsch. chem. Ges. 40, 410 (1907).
[4] Votoček: Chem.-Ztg. 20 R, 190 (1896).

Reaktion haben die Verfasser zum qualitativen Nachweis solcher Methylen-verbindungen, welche die Methylengruppe leicht als Formaldehyd abspalten, ausgenutzt. Es stellte sich heraus, daß eine an zwei Sauerstoffatome gebundene Methylengruppe, wenn sie sich nicht in einem fünfgliedrigen aromatischen Ring befindet, leicht abgespalten wird; so z. B. haben alle Methylenderivate der Zuckerarten labile Methylengruppen; im Gegensatz hierzu ist aber im Safrol, Piperonal u. a. die Methylengruppe fest gebunden. Eine an Stickstoff gebundene Methylengruppe ist immer labil, eine an Kohlenstoff sitzende ist in allen Fällen fest gebunden. Mit Hilfe dieser Reaktion kann man sich über die Konstitution solcher Verbindungen orientieren, bei denen es schwierig wäre, über die Bindung der Methylengruppe zu entscheiden.

Das Kondensationsprodukt entspricht der Formel $CH_2(C_{12}H_8N)_2$.

Mikroverfahren von GADAMER, THEISSEN.[1]

0,03 g reines Phloroglucin werden in einem ERLENMEYERkölbchen in dem noch warmen Gemisch von 1,5 ccm Wasser und 1,5 g konz. Schwefelsäure auf-gelöst. Die warme Lösung wird zu der abgewogenen Substanz, die mit 0,5 ccm Wasser angerührt war, hinzugegeben und das Gemisch so lange umgeschüttelt, bis alles klar gelöst ist. Nach Zugabe von noch 1 ccm konz. Schwefelsäure zu der Lösung wird über kleiner Flamme bis zum schwachen Sieden erhitzt. Als Rückflußkühler dient ein auf das ERLENMEYERkölbchen aufgesetzter Glastrichter. Nun wird noch 3 Stunden auf dem Wasserbad bei etwa 70—80° erwärmt. Der ERLENMEYERkolben wird dann 24 Stunden verschlossen stehengelassen und nunmehr der Niederschlag auf ein bei 100° getrocknetes und gewogenes Mikro-filterröhrchen gebracht. Zum Nachspülen des Niederschlags werden 6 ccm Wasser benutzt und das Filterrohr endlich bei 100° getrocknet und zur Wägung gebracht. Die Phloroglucidmenge durch 9,857 dividiert ergibt die Menge des Methylens.

Dritter Abschnitt.

Brückensauerstoff $\overset{C}{\underset{C}{>}}O.$

I. Aufspaltung der acyclischen Aether.[2]

a) *Durch Jodwasserstoffsäure* werden die Aether mit acyclischen Radikalen zum Teil schon bei 0° in 1 Mol Alkohol und 1 Mol Jodid gespalten.[3] Wird ein gemischter Aether durch Halogenwasserstoff zu Alkohol und Alkylhaloid gespalten, so vereinigt sich das Halogen mit dem kleineren von beiden Radikalen.[4]

---

[1] GADAMER, THEISSEN: Arch. Pharmaz. **262**, 583 (1924). — GADAMER, WINTER-FELD: Arch. Pharmaz. **262**, 601 (1924).

[2] Spaltung durch Überhitzen: NEF: Liebigs Ann. **298**, 232 (1897); **318**, 198 (1901). — PEYTRAL: Bull. Soc. chim. France (4), **35**, 964 (1924). — ERRERA: Gazz. chim. Ital. **18**, 193 (1887). — LÖWE: Liebigs Ann. **241**, 375 (1887). — FILETI: Journ. chem. Soc. London **48**, 776 (1885). — SABATIER, MURAT: Bull. Soc. chim. France (4), **11**, 122 (1912); Compt. rend. Acad. Sciences **158**, 534 (1914). — NORRIS, YOUNG: Journ. Amer. chem. Soc. **46**, 2580 (1924). — BAMBERGER: Ber. Dtsch. chem. Ges. **19**, 1818 (1886). — SABATIER: Compt. rend. Acad. Sciences **145**, 18 (1907); Bull. Soc. chim. France (3), **33**, 616 (1905). — MEERWEIN, GÉRARD: Liebigs Ann. **435**, 187 (1923). — SENDERERS: Compt. rend. Acad. Sciences **146**, 1211 (1908); **148**, 227 (1909). — PEASE, YOUNG: Journ. Amer. chem. Soc. **46**, 390, 2397 (1924) (Spaltung durch Wasser); A. P. 1 602 846 (1927).

[3] SILVA: Ann. chim. phys. (5), **7**, 429 (1878). — LIPPERT: Liebigs Ann. **276**, 148 (1892).

[4] HOFFMEISTER: Ber. Dtsch. chem. Ges. **3**, 747 (1870); Liebigs Ann. **159**, 201 (1871).

Bei den zwei- und dreiwertigen Aethern verbindet sich das Halogen stets mit den einwertigen Radikalen.

Die Zersetzung der Aether ist dann eine leichte und quantitative, wenn die Anzahl der Kohlenstoffatome in den Radikalen gering ist, in dem Maß aber, wie sie zunimmt, wird auch die Zersetzung schwerer und unvollkommener. Orthoameisensäureester werden leichter zersetzt als Glykolaether. Triaethylglycerinaether dagegen wird durch Jodwasserstoff nur schwer zerlegt.

Wirkt Jodwasserstoff auf einen gemischten Aether ein, dessen Radikale einander isomer sind, so verbindet sich das Halogen mit dem Radikal, das sich vom normalen Kohlenwasserstoff ableiten läßt. Lassen sich beide Radikale von demselben Kohlenwasserstoff ableiten, so geht das Halogen an jenes, das primäre Struktur besitzt.

Der Propylisopropylaether macht eine Ausnahme, indem das Halogen nicht an das primäre Radikal Propyl, sondern an das sekundäre Isopropyl tritt.

Die *Phenolalkylaether* werden von siedender Jodwasserstoffsäure (127°) gespalten.[1] Der rein aromatische *Phenylaether* dagegen wird auch bei 250° nicht angegriffen.

b) *Aufspaltung durch Schwefelsäure.*[2] Durch konz. Schwefelsäure werden die acyclischen Aether in Alkylschwefelsäuren verwandelt. Von sehr verdünnter (1—2proz.) Schwefelsäure werden gesättigte Aether mit primären Radikalen bei 150° nicht angegriffen, die sekundären, tertiären und ungesättigten Aether aber in Alkohole gespalten.[3] Bei höherer Temperatur (180°) werden indessen alle aliphatischen Aether zerlegt.[4] Aus fettaromatischen und aromatischen Aethern entstehen mit konz. Schwefelsäure Sulfosäuren, verdünnte Säure wirkt nicht ein.

c) *Aufspaltung durch Aluminiumchlorid.*[5] Bei 60—200° werden die meisten fettaromatischen Aether gespalten.

Die Aether der aromatischen Orthooxyketone:

$$\text{[Benzolring]—CO—R}$$
$$\text{OAlk}$$

werden dabei leichter zerlegt als die analogen m- und p-Verbindungen. Am besten arbeitet man in Chlorbenzollösung[6] (1 Stunde kochen).

[1] Aufspaltung durch Salzsäure: KOSTANECKI, EDELSTEIN: Ber. Dtsch. chem. Ges. **38**, 1507 (1905). — 100°: GRAEBE, MARTZ: Ber. Dtsch. chem. Ges. **36**, 215 (1903). — Bei 150—160°: SCHNEIDER, SEEBACH: Ber. Dtsch. chem. Ges. **54**, 2301 (1921). — FRÄNKEL, BUHLA: Ber. Dtsch. chem. Ges. **58**, 559 (1925). — SPÄTH, KRULA: Ber. Dtsch. chem. Ges. **62**, 1028 (1929). — Mit Eisessig: FISCHER, GROSS: Journ. prakt. Chem. (2), **84**, 371 (1911). — EDER, HAUSER: Helv. chim. Acta **8**, 135 (1925). — Trockene Salzsäure bei 210°: TRÖGER, MÜLLER: Arch. Pharmaz. **252**, 459 (1915). — Bromwasserstoff (48%) und Eisessig: KOHN, RABINOWITSCH: Monatsh. Chem. **48**, 352 (1927). — STÖRMER: Ber. Dtsch. chem. Ges. **41**, 321 (1908). — WITTIG: Ber. Dtsch. chem. Ges. **57**, 93 (1924). — BIROSEL: Journ. Amer. chem. Soc. **52**, 1944 (1930). — ASAHINA, INUBUSE: Ber. Dtsch. chem. Ges. **63**, 2055 (1930). — Trockener Bromwasserstoff: BOEDLER: Diss. Berlin 29, 1923. — REICHELT: Diss. Berlin 27, 1927.
[2] Siehe S. 392. — GULATI, VENKATARAMAN: Journ. chem. Soc. London **1936**, 267.
[3] ELTEKOW: Ber. Dtsch. chem. Ges. **10**, 1902 (1877).
[4] ERLENMEYER, TSCHEPPE: Ztschr. Chem. **1868**, 343.
[5] HARTMANN, GATTERMANN: Ber. Dtsch. chem. Ges. **25**, 3531 (1892). — GRAEBE, ULLMANN: Ber. Dtsch. chem. Ges. **29**, 824 (1896). — BEHN: Diss. Rostock 16, 1897. — ULLMANN, GOLDBERG: Ber. Dtsch. chem. Ges. **35**, 2811 (1902). — AUWERS: Ber. Dtsch. chem. Ges. **36**, 3890, 3093 (1903). — KAUFFMANN: Liebigs Ann. **344**, 46 (1905); Ber. Dtsch. chem. Ges. **40**, 3516, Anm. (1907). — AUWERS, RIETZ: Ber. Dtsch. chem. Ges. **40**, 3514 (1907). — MUDROVČIČ: Monatsh. Chem. **34**, 1428 (1913); siehe auch S. 392.
[6] MAUTHNER: Journ. prakt. Chem. (2), **115**, 137, 274 (1927); **139**, 292 (1934).

d) *Aufspaltung durch Alkali* siehe S. 393.

Aufspaltung durch *Natrium.*[1] Diese erfolgt sehr langsam bei gewöhnlicher Temperatur, rasch bei 200—250°.

Noch geeigneter ist die *Natrium-Kalium-Legierung.*[2]

Guajocol und ähnliche Verbindungen werden durch *Natriumamid* bei 300° verseift.[3]

Aufspaltung durch *Natriumalkyle:* SCHORIGIN: Ber. Dtsch. chem. Ges. 43, 1931 (1910).

e) Bei der Behandlung mit *Ozon* liefern Aether vom Typus RCH_2OCH_2R in der Hauptsache Ester nach dem Schema $RCH_2OCH_2R + O_3 \rightarrow RCOOCH_2 + H_2O_2$. In geringer Menge wird ein Aldehyd oder eine Säure gebildet.[4]

Zur *Identifizierung der aliphatischen Aether* spalten UNDERWOOD, BAZIL, TOONE mit 3.5-Dinitrobenzoylchlorid und Zinkchlorid und führen dadurch in krystallisierende Ester über.[5]

II. Verhalten der cyclischen Aether (Alkylenoxyde usw.).[6]

Fuchsinschweflige Säure sowie *Bisulfitlösung* führen bei aromatischen Oxyden[7] zu den Reaktionen des durch Umlagerung entstehenden Aldehyds:

$$\begin{array}{c} CH_3 \\ \\ C_6H_5 \end{array}\!\!\!\Big\rangle\!C\overset{O}{\underset{\textstyle\diagup}{\overline{\quad}}}CH_2 \rightarrow C_6H_5CHCH_3 \cdot COH.$$

Die größere oder geringere Stabilität des Ringes der cyclischen Aether ist in erster Linie von der Spannung abhängig. Dementsprechend werden die Derivate des Aethylenoxyds außerordentlich leicht, schon durch Erhitzen mit *Wasser* aufgespalten. Ebenso werden *Säuren* direkt addiert[8] und es entstehen Ester der Glykole.

---

[1] SCHORIGIN: Ber. Dtsch. chem. Ges. 56, 176 (1923). — DURAND: Compt. rend. Acad. Sciences 172, 70 (1921); Bull. Soc. chim. France (4), 33, 734 (1923). o- und p-substituierte Diphenylaether werden durch 2 Atome Na in flüss. NH$_3$ rasch und quantitativ gespalten: SARTORETTO, SOWA: Journ. Amer. chem. Soc. 59, 603 (1937). — Verseifung von Aethern (Estern) der Cellulose durch Na in flüss. NH$_3$: SCHORIGIN, MAKAROWA-SEMLJANSKAJA: Cr. Ac. Sc. URSS 14, 509 (1937).

[2] ZIEGLER: Liebigs Ann. 473, 32, 52 (1929).

[3] MOTTIER: Helv. chim. Acta 18, 840 (1935).

[4] G. FISCHER: Liebigs Ann. 476, 233 (1929). — Einwirkung von Stickoxyden: JEGOROWA: Ukrain. chem. Journ. 4, 193 (1929).

[5] UNDERWOOD, BAZIL, TOONE: Journ. Amer. chem. Soc. 52, 387, 4087 (1930).

[6] Siehe auch KLAGES, KESSLER: Ber. Dtsch. chem. Ges. 38, 1969 (1905); 39, 1753 (1906). — TIFFENEAU, FOURNEAU: Compt. rend. Acad. Sciences 140, 1458 (1905); 141, 662 (1906). — PAAL, WEIDENKAFF: Ber. Dtsch. chem. Ges. 39, 2062 (1906). — STÖRMER, RIEBEL: Ber. Dtsch. chem. Ges. 39, 2290 (1906). — ULLMANN, BRITTNER: Ber. Dtsch. chem. Ges. 42, 2545 (1909).

[7] Bei aliphatischen Alkylenoxyden erfolgt Reaktion nach der Gleichung:

$$CH_2\overset{\diagup}{\underset{\textstyle O}{\overline{\quad}}}CH_2 \rightarrow HOCH_2CH_2SO_3Na$$

LAUER, HILL: Journ. Amer. chem. Soc. 58, 1873 (1936).

[8] WURTZ: Liebigs Ann. 116, 249 (1860). — MARKOWNIKOW: Journ. Russ. phys.-chem. Ges. 8, 23 (1875); Compt. rend. Acad. Sciences 81, 729 (1875). — KABLUKOW: Ber. Dtsch. chem. Ges. 21, R 179 (1888). — KRASSUSKY: Bull. Soc. chim. France (3), 24, 869 (1900). — MICHAEL: Journ. prakt. Chem. (2), 64, 105 (1901); Ber. Dtsch. chem. Ges. 39, 2569, 2785 (1906). — HOERING: Ber. Dtsch. chem. Ges. 38, 3477 (1905). — MICHAEL, LEIGHTON: Ber. Dtsch. chem. Ges. 39, 2789 (1906). — HENRY: Compt. rend. Acad. Sciences 142, 493 (1906); Ber. Dtsch. chem. Ges. 39, 3678 (1906). — KRASSUSKY: Journ. prakt. Chem. (2), 75, 239 (1907).

Dabei geht im wesentlichen die Hydroxylgruppe an den weniger hydrogenisierten Kohlenstoff.

Daneben bilden die Alkylenoxyde durch Polymerisation Polyglykole und
deren Ester. Verdünnte Schwefelsäure führt schon in der Kälte, oft unter
Wärmeabgabe, sogar mit explosionsartiger Heftigkeit, Glykolbildung herbei.

Besonders leicht verbinden sich jene Alkylenoxyde schon in der Kälte mit
Wasser, die ein tertiär gebundenes Kohlenstoffatom enthalten.[1]

Die Derivate des normalen Propylenoxyds sind viel beständiger gegen
Wasser und Säuren.[2] So ist das β-Epichlorhydrin im Gegensatz zum α-Epichlor-
hydrin gegen angesäuertes kochendes Wasser beständig.[3]

Noch resistenter sind Tetramethylenoxyd,[4] das sich bei 150° noch nicht mit
Wasser verbindet und sogar aus seinem Glykol durch Einwirkung verdünnter
Schwefelsäure zurückgebildet wird,[5] Tetramethyloxeton[6] und Pentamethylen-
oxyd,[7] sowie γ-Pentylenoxyd,[8] die bei 200° gegen Wasser beständig sind.

Durch Brom- und Jodwasserstoff werden in diesen 4—6gliedrigen Ringen
durch Substitution an Stelle des Sauerstoffs zwei Halogenatome eingeführt.[9]
Dagegen addiert Cyclopentenoxyd,[10] das die Kombination eines Dreier- und eines
Sechserringes enthält, mit größter Leichtigkeit Salzsäure und Wasser.

Ähnlich wie Cyclopentenoxyd verhalten sich die partiell hydrierten Alkylenoxyde, wie Dihydromethylfuran,[11] das sich schon bei gewöhnlicher Temperatur
mit Wasser vereint, und Trimethyldihydrohexon,[12] das sich mit verdünnter Salzsäure zu 2-Chlor-2-methylheptanon-6 verbindet.

Ebenso leicht werden auch die substituierten Furane, wie Dimethylfuran,[13]
Sylvan,[14] Furacrylsäure[15] und deren Derivate,[16] z. B. Furalaceton,[17] durch
wässerige oder besser durch alkoholische Salzsäure gespalten.[18]

---

[1] ELTEKOW: Journ. Russ. phys.-chem. Ges. 14, 368 (1882). — WEIDENKAFF:
Diss. Erlangen 10, 1907.
    [2] FRANKE: Monatsh. Chem. 17, 89 (1896). — POGORZELSKY: Journ. Russ. phys.-
chem. Ges. 30, 977 (1898).   [3] BIGOT: Ann. chim. phys. (6), 22, 468 (1891).
    [4] DEMJANOW: Journ. Russ. phys.-chem. Ges. 24, 349 (1892).
    [5] KESSLER: Diss. Heidelberg 10, 1906. — KLAGES, KESSLER: Ber. Dtsch. chem.
Ges. 39, 1754 (1906). — HENRY: Compt. rend. Acad. Sciences 144, 1404 (1907).
    [6] STRÖM: Journ. prakt. Chem. (2), 48, 216 (1893).
    [7] DEMJANOW: Journ. Russ. phys.-chem. Ges. 22, 389 (1890).
    [8] LIPP: Ber. Dtsch. chem. Ges. 22, 2571 (1889).
    [9] WASSILIEW: Journ. Russ. phys.-chem. Ges. 30, 977 (1898).
    [10] MEISER: Ber. Dtsch. chem. Ges. 32, 2052 (1899).
    [11] LIPP: Ber. Dtsch. chem. Ges. 22, 1196 (1889).
    [12] VERLEY: Bull. Soc. chim. France (3), 17, 188 (1897). — Ascaridol, Aufspaltung
durch Eisessig: THOMS, DOBKE: Arch. Pharmaz. 268, 136 (1930).
    [13] PAAL, DIETRICH: Ber. Dtsch. chem. Ges. 20, 1085 (1887). — E. FISCHER,
LAYCOCK: Ber. Dtsch. chem. Ges. 22, 101 (1889). — LAYCOCK: Liebigs Ann. 258,
230 (1890).
    [14] HARRIES: Ber. Dtsch. chem. Ges. 31, 39 (1898). — WILLSTÄTTER, PUMMERER:
Ber. Dtsch. chem. Ges. 38, 1463 (1905). — PUMMERER, GUMP: Ber. Dtsch. chem.
Ges. 56, 999 (1923). — FUJITA: Journ. pharmac. Soc. Japan 1923, 9, 16.
    [15] MARCKWALD: Ber. Dtsch. chem. Ges. 20, 2811 (1887); 21, 1398 (1888).
    [16] KEHRER, HOFACKER: Liebigs Ann. 294, 165 (1897). — KEHRER: Ber. Dtsch.
chem. Ges. 34, 1263 (1901).
    [17] KEHRER, IGLER: Ber. Dtsch. chem. Ges. 32, 1176 (1899).
    [18] Bestimmung von Aethylenoxyd durch Überführung in Glykolchlorhydrin mit
Salzsäure und konzentrierter Kochsalzlösung: DECKERT: Ztschr. analyt. Chem. 82,
299 (1930). — LUBATTI: Journ. Soc. chem. Ind. 51, 361 (1932). — Am besten arbeitet
man nach KERCKOW: Ztschr. analyt. Chem. 108, 249 (1937) folgendermaßen: 1205 g
$CaCl_2$, 6 H_2O werden mit 200 ccm Wasser, 110 ccm 10 n-HCl gemischt und abgekühlt.
2,5—3 g Aethylenoxyd werden mit dem Reagens geschüttelt und mit n-NaOH,
Phenolphthalein zurücktitriert.

Übrigens kann durch methylalkoholische Salzsäure auch Furan selbst zum Tetramethylacetat des Succindialdehyds gespalten werden.[1,2]

Diphenylenoxyd dagegen wird selbst von Jodwasserstoffsäure bei 250° nicht angegriffen.[3] Ebensowenig gelingt es, Cumaron durch Säuren zu spalten.

Während so die verschiedenen Gruppen cyclischer Aether durch *saure* Agenzien mehr oder weniger leicht in die entsprechenden Glykole gespalten werden — die dann ihrerseits sich in Ketonalkohole, Aldehydalkohole oder Dialdehyde usw. umlagern können[4] —, zeigen sie gegen *Alkalien*[5] zum Teil durchaus verschiedenes Verhalten, indem gerade die durch Säuren angreifbaren Substanzen gegen Alkali resistent sind (aliphatische oder halbaliphatische Verbindungen), während die mehr negativen Charakter besitzenden Substanzen durch Kali Ringsprengung erleiden.

So wird 1-Chlorcumaron[6] und das Cumaron selbst[7] durch alkoholisches Kali nach dem Schema:

gespalten. Der durch Umlagerung entstehende Aldehyd erleidet die Reaktion von CANNIZZARO.

Tetrahydrodiphenylenoxyd wird durch schmelzendes Kali in o-Oxydiphenyl verwandelt,[8] Diphenylenoxyd selbst, allerdings nicht leicht, zu o-o-Diphenol aufgespalten.[9]

Man vermischt das Diphenylenoxyd mit der 5fachen Menge *Phenanthren* und erhitzt mit der $2^1/_2$fachen Menge Ätzkali auf 280—300°.

---

[1] HARRIES: Chem.-Ztg. 24, 857 (1900); vgl. Ber. Dtsch. chem. Ges. 31, 46 (1898).

[2] Methoxysylvancarbonsäure wird nicht durch methylalkoholische Salzsäure aufgespalten: VOTOČEK, MALACHTA: Coll. Trav. Tchéchoslov. 4, 87 (1932).

[3] HOFFMEISTER: Liebigs Ann. 159, 212 (1871). — Aufspaltung von Cumaranen durch Jodwasserstoff: MARSCHALK: Ber. Dtsch. chem. Ges. 43, 1696 (1910).

[4] Umlagerungen der α-Oxyde: BREUER, ZINCKE: Ber. Dtsch. chem. Ges. 11, 1402 (1878). — ERLENMEYER: Ber. Dtsch. chem. Ges. 33, 3001 (1900). — KRASSUSKI: Journ. Russ. phys.-chem. Ges. 34, 537 (1902). — IPATIEW, LEONTOWITSCH: Ber. Dtsch. chem. Ges. 36, 2016 (1903). — NEF: Liebigs Ann. 335, 201 (1904). — KLAGES: Ber. Dtsch. chem. Ges. 38, 1969 (1905). — TIFFENEAU: Bull. Soc. chim. France (3), 33, 741 (1905); Ann. chim. phys. (8), 10, 332, 346 (1907); Compt. rend. Acad. Sciences 146, 697 (1908). — STÖRMER: Ber. Dtsch. chem. Ges. 39, 2290 (1906). — FAWORSKI: Journ. Russ. phys.-chem. Ges. 38, 741 (1906). — PRILESHAJEW: Journ. Russ. phys.-chem. Ges. 42, 1387 (1910). — MEERWEIN: Liebigs Ann. 396, 204 (1913). — WEITZ, SCHEFFER: Ber. Dtsch. chem. Ges. 54, 2344 (1921). — LÉVY: Compt. rend. Acad. Sciences 182, 391 (1926); Bull. Soc. chim. France (4), 39, 763 (1926). — LÉVY, SFIRAS: Compt. rend. Acad. Sciences 184, 1335 (1927).

[5] Aufspaltung der α-Oxyde durch Wasser: ELTEKOW: Ber. Dtsch. chem. Ges. 16, 395 (1883). — MELIKOW: Ber. Dtsch. chem. Ges., Ref. 17, 420 (1884). — BIGOT: Ann. chim. phys. (6), 22, 448 (1891). — HENRY: Compt. rend. Acad. Sciences 144, 1404 (1907). — KUHN, EBEL: Ber. Dtsch. chem. Ges. 58, 920 (1925). — FOURNEAU, RIBAS: Bull. Soc. chim. France (4), 39, 698 (1926). — SMITH, WODE, WIETHE: Ztschr. physikal. Chem. 130, 154 (1927). — Spaltung durch Hydrazinhydrat: SEKA, PREISS-ECKER: Monatsh. Chem. 57, 82 (1931).

[6] STÖRMER, GRÄLERT: Liebigs Ann. 313, 79 (1900).

[7] STÖRMER, KAHLERT: Ber. Dtsch. chem. Ges. 34, 1806 (1901). — STOERMER, KIPPE: Ber. Dtsch. chem. Ges. 36, 3992 (1903).

[8] HÖNIGSCHMID: Monatsh. Chem. 22, 561 (1901).

[9] KRÄMER, WEISSGERBER: Ber. Dtsch. chem. Ges. 34, 1662 (1901).

III. Additionsreaktionen der Alkylenoxyde.

Die Alkylenoxyde können sich mit *Bisulfit* (siehe S. 615) verbinden, *Ammoniak*,[1] *Blausäure* und *Phenylhydrazin* anlagern usw.[2] Auch sind sie zum Teil (durch Kalilauge) leicht polymerisierbar und reduzieren die TOLLENSsche Silberlösung, geben Acetate usw.

Ammoniak wird an asymmetrische α-Oxyde in der Regel so addiert, daß sich die Hydroxylgruppe vornehmlich an dem am wenigsten hydrogenisierten Kohlenstoffatom bildet.[3]

Ausbleiben der Blausäurereaktion: BALBIANO: Ber. Dtsch. chem. Ges. 30, 1907 (1897).

IV. Zur Unterscheidung dieser Oxyde von den Aldehyden

dienen folgende Reaktionen:

a) *Verhalten gegen Nitroparaffine.* Mit Aldehyden reagieren die Nitroparaffine unter Bildung von Alkoholen mit der Kohlenstoffkette NO_2—C—C—OH.[4]

Aethylenoxyde reagieren dagegen nicht mit Nitroparaffinen.[5]

b) Gegen *Hydroxylamin* sind sie ebenfalls indifferent[6] und auch *Phenylhydrazin* wird nur addiert.[7]

c) *Zinkaethyl*[8] reagiert mit den Alkylenoxyden durchaus nicht.[9]

d) Mischt man die Alkylenoxyde mit konz. *Magnesiumchlorid*lösung, dann scheidet sich, langsam in der Kälte, rasch beim Erhitzen, Magnesia aus.[10]

e) Wird ein Aethylenoxyd im Wasserbad mit *Eisenchlorid*lösung erwärmt, dann scheidet sich Eisenoxydhydrat aus. Unter denselben Umständen fällt Tonerde aus Alaunlösung und basisch-schwefelsaures Kupfer aus Kupfervitriollösung.

---

[1] Bei Gegenwart von Wasser: KNORR: Ber. Dtsch. chem. Ges. 32, 729 (1899). — KRASSUSKY: Journ. Russ. phys.-chem. Ges. 40, 157 (1908); Journ. prakt. Chem. (2), 115, 315 (1927). — THOMS, DOBKE: Arch. Pharmaz. 268, 131 (1930). — Auch Organomagnesiumverbindungen.

[2] Addition von Alkohol an α-Oxyde: BLANCHARD: Bull. Soc. chim. France (4), 39, 1263 (1926). — FOURNEAU, RIBAS: Bull. Soc. chim. France (4), 39, 1584 (1926). — Alkoholate: KÖTZ, HOFFMANN: Journ. prakt. Chem. (2), 119, 105, 113 (1926). — Alkyl- (Acyl-) Haloide: BEDOS: Compt. rend. Acad. Sciences 183, 562 (1926). — Natriummalonsäureester: KÖTZ, HOFFMANN: Journ. prakt. Chem. (2), 110, 105 (1925).

[3] KRASSUSKY: Chem.-Ztg. 31, 704 (1907); Compt. rend. Acad. Sciences 146, 236 (1908).

[4] HENRY: Bull. Acad. Roy. Belg. (3), 29, 834 (1895); 33, 117 (1897).

[5] HENRY: Bull. Acad. Roy. Belg. (3), 33, 412 (1897).

[6] DEMJANOW: Journ. Russ. phys.-chem. Ges. 22, 389 (1890). — LÖWY, WINTERSTEIN: Monatsh. Chem. 22, 406 (1901); D. R. P. 174279 (1904).

[7] ROITHNER: Monatsh. Chem. 15, 665 (1894). — JAPP, MICHIE: Journ. chem. Soc. London 83, 283 (1903). — JAPP, MAITLAND: Journ. chem. Soc. London 85, 1490 (1904). — p-Bromphenylhydrazin: BALBIANO: Ber. Dtsch. chem. Ges. 30, 1907 (1897).

[8] Dagegen reagiert Aethylmagnesiumbromid: GRIGNARD: Compt. rend. Acad. Sciences 136, 1260 (1903). — HENRY: Compt. rend. Acad. Sciences 145, 154 (1907). — SCHOTTMÜLLER: Diss. Berlin 23, 1908.

[9] KASCHIRSKY, PAWLINOFF: Ber. Dtsch. chem. Ges. 17, 1968 (1884). — FISCHER, WINTER: Monatsh. Chem. 21, 311 (1900). — GRANICHSTÄDTEN, WERNER: Monatsh. Chem. 22, 315 (1901). — LÖWY, WINTERSTEIN: Monatsh. Chem. 22, 406 (1901); D. R. P. 174279 (1904).

[10] WURTZ: Compt. rend. Acad. Sciences 50, 1195 (1860); Liebigs Ann. 116, 249 (1860). — ELTEKOW: Journ. Russ. phys.-chem. Ges. 14, 394 (1882). — PRZIBYTEK: Ber. Dtsch. chem. Ges. 18, 1352 (1885). — BIGOT: Ann. chim. phys. (6), 22, 447 (1891). — MEISER: Ber. Dtsch. chem. Ges. 32, 2052 (1899).

Fünftes Kapitel.

Primäre, sekundäre und tertiäre Amingruppen. Ammoniumbasen. Nitrilgruppe. Isonitrilgruppe. An den Stickstoff gebundenes Alkyl. Betaingruppe. Säureamide. Säureimide.

Erster Abschnitt.

Primäre Amingruppe C—NH₂.

I. Qualitative Reaktionen.

A. Isonitril(Carbylamin-)reaktion.[1]

Einige Zentigramme der Base werden in Alkohol[2] gelöst, die Lösung mit alkoholischer Kali- oder Natronlösung[3] vermischt und alsdann nach Zusatz *weniger* Tropfen Chloroform gelinde erwärmt. Bald entwickeln sich unter lebhaftem Aufwallen der Flüssigkeit die betäubenden Dämpfe des Isonitrils, die man gleichzeitig in der Nase und auf der Zunge spürt:

$$R \cdot NH_2 + CHCl_3 + 3\,KOH = R \cdot NC + 3\,KCl + 3\,H_2O.$$

Die Reaktion wird nur von primären Aminen geliefert und besitzt sehr allgemeine Geltung.[4] Viele Naphthylamine (namentlich α-Naphthylamine) und die Anthramine zeigen aber die Reaktion nur schwer oder gar nicht.[5] Aromatische *Säureamide* geben dagegen, wenn auch viel schwächer, dieselbe Reaktion,[6] ja angeblich selbst nach STAS gereinigter Salmiak.[7]

Das Chloroform kann auch durch Dichloraethylen, Chloraethyl oder Tetrachloraethan ersetzt werden. Einige Ureide (Demalgon, Jodival, Bromural, Abasin, Adalin, Sedormid) geben in alkalischem Medium mit konz. Natriumhypochlorit die Reaktion.[8]

B. Senfölreaktion.[9]

Schwefelkohlenstoff[10] reagiert mit primären und sekundären Aminen der Fettreihe und hydrocyclischen Aminen[11] unter Bildung von Aminsalzen der Alkylsulfocarbaminsäuren:

---

[1] HOFMANN: Ber. Dtsch. chem. Ges. **3**, 767 (1870).
[2] Nicht zu viel! BIDDLE: Liebigs Ann. **310**, 6 (1900). — LINDEMANN, WIEGREBE: Ber. Dtsch. chem. Ges. **63**, 1656 (1930). Hier genaue Angaben über die Ausführung der Reaktion.   [3] Oder gepulvertem Ätzkali.
[4] Noch 0,5 γ primäres Amin in 1 ccm sind nachweisbar: WACEK, LÖFFLER: Mikrochemie **18**, 277 (1935).
[5] BOLLERT: Ber. Dtsch. chem. Ges. **16**, 1639 (1883). — LIEBERMANN: Ber. Dtsch. chem. Ges. **16**, 1640 (1883). — PISSOVSCHI: Diss. Berlin 14, 1909. — Siehe ferner FREUND: Monatsh. Chem. **17**, 397 (1896). — Auch gewisse Aminophenole zeigen die Reaktion nicht, wie ja überhaupt zum Zustandekommen einer Geruchsreaktion Flüchtigkeit der Substanz Vorbedingung ist. Es empfiehlt sich, nach Beendigung der Reaktion (Ausscheidung von Chlorkalium) eine Probe auf dem Glasstabe in den durch die Nase ausgeatmeten Luftstrom zu bringen. Die Kohlensäure setzt nach einigen Atemzügen das flüchtige Carbylaminderivat in Freiheit: WADEWITZ, RASSOW: Ztschr. angew. Chem. **37**, 191 (1924).
[6] O. FISCHER, SCHMIDT: Ber. Dtsch. chem. Ges. **27**, 2789 (1894). — PINNOW, MÜLLER: Ber. Dtsch. chem. Ges. **28**, 158 (1895).
[7] BONZ: Ztschr. physikal. Chem. **2**, 878 (1888).
[8] DUMONT, DECLERCK: Journ. pharmac. Belg. **13**, 925 (1932); 14, 157 (1932).
[9] HOFMANN: Ber. Dtsch. chem. Ges. **1**, 171 (1868); **3**, 767 (1870); **8**, 107 (1875).
— Aromatische Amine reagieren dagegen mit Schwefelkohlenstoff — erst in der

$$1.\ CS_2 + 2\,R \cdot NH_2 = \overset{\displaystyle NH \cdot R}{\underset{\displaystyle SHNH_2 \cdot R}{\overset{\displaystyle |}{\underset{\displaystyle |}{CS}}}}$$

$$2.\ CS_2 + 2\,R_1 \cdot NH \cdot R_2 = \overset{\displaystyle NR_1R_2}{\underset{\displaystyle SH \cdot NHR_1R_2}{\overset{\displaystyle |}{\underset{\displaystyle |}{CS}}}}$$

Nur die Derivate der primären Basen werden bei der Einwirkung entschwefelnder Agenzien unter Abspaltung von Schwefelwasserstoff in Senföle verwandelt.

Zur Ausführung der Reaktion löst man einige Zentigramme des Amins in Alkohol, versetzt die Lösung mit etwa der gleichen Menge Schwefelkohlenstoff und verdampft einen Teil des Alkohols. Hierauf erhitzt man die zurückbleibende Flüssigkeit mit einer wässerigen Quecksilberchloridlösung. Falls eine primäre Base vorliegt, entsteht augenblicklich der heftige Senfölgeruch.

Man hüte sich davor, einen Überschuß der Sublimatlösung anzuwenden.[1] In diesem Fall wird das Senföl selbst entschwefelt, es entsteht ein Cyansäureaether, der alsbald mit dem Wasser zu geruchlosem Monoalkylharnstoff und Kohlendioxyd zerfällt, oder es wird das primäre Amin regeneriert.

WEITH[2] empfiehlt aus diesem Grund als entschwefelndes Reagens Eisenchlorid anzuwenden; man kann auch Silbernitrat nehmen.[3]

Methode von BRAUN[4] (Thiuramdisulfidmethode).

Nichtaromatisch[5] gebundene NH_2-Gruppen (in fettaromatischen, hydroaromatischen und auch kompliziert gebauten aliphatischen[6] Substanzen) werden am besten[7] nach dieser Methode erkannt.

Dialkylierte Thiuramdisulfide (II), die aus dithiocarbamidsauren Salzen (I)

Hitze — unter Bildung von Dialphylsulfoharnstoffen. — Schwefelkohlenstoff und Aminosäuren: KÖRNER: Ber. Dtsch. chem. Ges. **41**, 1901 (1908). — 2-Aminopyridin: SCHMID, BECKER: Monatsh. Chem. **46**, 671 (1925).

[10] Sulfoharnstoffbildung bei aromatischen Aminen: BRAUN, BESCHKE: Ber. Dtsch. chem. Ges. **39**, 4369 (1906). — KAUFFMANN, FRANCK: Ber. Dtsch. chem. Ges. **40**, 4007 (1907). — STOLLÉ: Ber. Dtsch. chem. Ges. **41**, 1099 (1908). — Die Bildung der aromatischen Thioharnstoffe wird nach HUGERSHOFF [Ber. Dtsch. chem. Ges. **32**, 2245 (1899)] durch Zusatz von Schwefel, nach BRAUN [Ber. Dtsch. chem. Ges. **33**, 2726 (1900)] durch Wasserstoffsuperoxyd gefördert. — Siehe auch FRY: Journ. Amer. chem. Soc. **35**, 1539 (1913); D. P. A. 12o C 30286 (1923) (Kohle, Fullererde usw.).

[11] SKITA, LEVI: Chem.-Ztg. **32**, 572 (1908). — SKITA, ROLFES: Ber. Dtsch. chem. Ges. **53**, 1247 (1920). — Diamine: STRACK: Ztschr. physiol. Chem. **180**, 198 (1929). — Cytisin: MAASS: Ber. Dtsch. chem. Ges. **41**, 1635 (1908).

[1] Siehe übrigens PONZIO: Gazz. chim. Ital. **26 I**, 323 (1896).

[2] WEITH: Ber. Dtsch. chem. Ges. **8**, 461 (1875).

[3] HOFMANN: Ber. Dtsch. chem. Ges. **1**, 170 (1868).

[4] BRAUN: Ber. Dtsch. chem. Ges. **35**, 817, 830 (1902); **45**, 2188 (1912); **53**, 1588 (1920); **55**, 3551 (1922).

[5] In der Pyridinreihe scheint die Methode zu versagen: SCHMID, BECKER: Monatsh. Chem. **46**, 672 (1925).

[6] Erysolin: SCHNEIDER, KAUFMANN: Liebigs Ann. **392**, 15 (1912). — Benzylsenföl: SCHNEIDER, CLIBBENS: Ber. Dtsch. chem. Ges. **47**, 1255 (1914).

[7] Bei den hydrocyclischen Verbindungen kann die HOFMANNsche Methode vorteilhafter sein: SKITA: Ber. Dtsch. chem. Ges. **56**, 1017 (1923).

durch Oxydation mit Jod entstehen, gehen mit alkoholischem Natriumaethylat in Natriumverbindungen über, die das Natrium am Schwefel tragen (III), und diese liefern, wenn man sie weiter mit Jod behandelt, unter vorübergehender Bildung unbeständiger cyclischer Sulfide (IV) ein Gemenge von Schwefel und Senföl (V):

$$NHR \cdot C \underset{SH \cdot NH_2 \cdot R}{\overset{S}{\big<}} + J_2 \quad S \cdot C(:S) \cdot NH \cdot R \longrightarrow S \cdot C(:N \cdot R) \cdot SNa$$

$$NHR \cdot C \underset{S}{\overset{SH \cdot NH_2 R}{\big<}} \quad S \cdot C(:S) \cdot NH \cdot R \longrightarrow S \cdot C(:N \cdot R) \cdot SNa$$

$$\text{I.} \qquad\qquad\qquad \text{II.} \qquad\qquad\qquad \text{III.}$$

$$J_2 \quad S \cdot C(:N \cdot R) \cdot S \qquad\qquad S:C:N \cdot R + S$$
$$\longrightarrow \quad S \cdot C(:N \cdot R) \cdot S \longrightarrow \quad + S:C:N \cdot R + S$$
$$\text{IV.} \qquad\qquad\qquad\qquad \text{V.}$$

Man stellt sich fünf eiskalte alkoholische Lösungen her: 1. von 2 Mol Amin, 2. von 1 Mol Schwefelkohlenstoff, 3. von 1 Atom Jod, 4. von 2 Atomen Natrium, 5. von 1 Atom Jod. Erst wird 1 mit 2 vereinigt; nachdem die Salzbildung stattgefunden hat, setzt man 3 zu, dann sofort 4, schließlich 5, gießt die Flüssigkeit, ohne vom Schwefel zu filtrieren, sofort in angesäuertes Wasser, nimmt das abgeschiedene Öl in Aether auf, wäscht zur Entfernung geringer Mengen Jod mit verdünnter Natronlauge und isoliert nun das reine Senföl entweder durch Destillation mit Wasserdampf, durch Rektifizieren oder durch Umkrystallisieren.

C. Einwirkung von Thionylchlorid.[1]

Die primären Amine der aliphatischen und aromatischen Reihe sind dadurch charakterisiert, daß sich in ihnen die beiden an Stickstoff gebundenen Wasserstoffatome leicht durch Thionyl ersetzen lassen. Die Thionylamine haben demnach eine ähnliche Bedeutung für die primären Amine wie die Nitrosoverbindungen für die sekundären.

a) *Die primären Amine der aliphatischen Reihe* setzen sich in aetherischer Lösung mit Thionylchlorid glatt um nach der Gleichung:

$$SOCl_2 + 3 Alk \cdot NH_2 = Alk \cdot N:SO + 2 Alk \cdot NH_3Cl.$$

Auf die salzsauren Salze dieser Amine wirkt Thionylchlorid nicht ein. Die aliphatischen Thionylamine entstehen ferner leicht durch Wechselwirkung eines aliphatischen Amins mit Thionylanilin, z. B.:

$$C_2H_5NH_2 + C_6H_5N:SO = C_2H_5N:SO + C_6H_5NH_2.$$

Diese Thionylamine bilden unzersetzt siedende, an der Luft rauchende, erstickend riechende Flüssigkeiten, die schon von Wasser zu Amin und Schwefeldioxyd zersetzt werden.

b) *Benzylamin* $C_6H_5CH_2NH_2$ bildet mit Thionylchlorid Benzaldehyd und salzsaures Benzylamin, neben einer schwefelhaltigen Verbindung.

c) *Die Amine der aromatischen Reihe* setzen sich sowohl als solche wie auch als salzsaure Salze mit Thionylchlorid äußerst leicht um,[2] z. B.:

$$C_6H_5NH_2 \cdot HCl + SOCl_2 = C_6H_5N:SO + 3 HCl.$$

---

[1] MICHAËLIS: Liebigs Ann. **274**, 179 (1893).

[2] Man prüft, ob die Thionylaminreaktion eingetreten ist, indem man mit Lauge erhitzt, worauf der Geruch der Base auftritt, während sich nach dem Übersättigen mit verdünnter Schwefelsäure der Geruch nach Schwefeldioxyd bemerkbar macht.

Diese Umsetzung erfolgt, wenn das salzsaure Salz mit Benzol übergossen und dann mit der berechneten Menge Thionylchlorid im Wasserbad erhitzt wird. Ohne Zusatz von Benzol entstehen dagegen blaue, schwer lösliche Farbstoffe. Die einfachen aromatischen Thionylamine sind gelbe Flüssigkeiten, die sich entweder unter gewöhnlichem oder (bei den höheren Gliedern) unter vermindertem Druck unzersetzt destillieren lassen. Sie werden sämtlich durch Alkali leicht und unter Erwärmung in primäres Amin und schwefligsaures Salz übergeführt, z. B.:

$$C_6H_5N:SO + 2\,NaOH = C_6H_5NH_2 + Na_2SO_3.$$

Gegen Wasser sind sie um so beständiger, je mehr Methylgruppen der aromatische Rest enthält. Thionylanilin wird z. B. von Wasser beim Schütteln oder Erhitzen leicht zersetzt; Thionylxylidin ist dagegen fast unzersetzt mit Wasserdämpfen flüchtig.

Auch α- und β-Naphthylamin bilden mit Thionylchlorid leicht Thionylamine, α-Thionylnaphthylamin ist gegen Wasser viel beständiger als die β-Verbindung.

d) *Substituiert man* in den aromatischen Aminen *Wasserstoff* durch Halogen *oder die Nitrogruppe*, dann entstehen ebenso leicht wie mit den einfachen Aminen Thionylamine, die zum Teil schön krystallisieren. *Substituiert* man jedoch *Wasserstoff durch Hydroxyl oder Carboxyl*, dann bilden die entstehenden Aminophenole bzw. Aminobenzoesäuren keine Thionylverbindungen. Sobald man jedoch den Wasserstoff des Hydroxyls oder Carboxyls durch Alkyl ersetzt, wirkt das Thionylchlorid aufs leichteste ein.

e) *m- und p-Phenylendiamin* bilden schon beim Erhitzen ihrer salzsauren Salze mit Thionylchlorid Thionylamine von der Formel:

$$C_6H_4\begin{cases} N:SO \\ N:SO \end{cases}$$

Diese sind fest und werden schon durch Wasser in Phenylendiamin und Schwefeldioxyd zersetzt. *o-Phenylendiamin* bildet sowohl mit Thionylchlorid wie mit Thionylanilin Piazthiol.

f) *Benzidin, Tolidin, Aminostilben* bilden leicht Thionylamine. Dasselbe ist der Fall mit *Aminoazobenzol* und *Diaminoazobenzol*.

Durch die Feuchtigkeit der Luft oder durch Zusatz von wenig Wasser werden die Thionylamine in Verbindungen der Amine mit Schwefeldioxyd übergeführt.

Setzt man zu der alkoholischen Lösung des Thionylamins (bei den aromatischen Gliedern unter Zusatz des Amins) Benzaldehyd oder einen anderen aromatischen Aldehyd, dann scheiden sich unter Wasseraufnahme sofort feste, meist schön krystallisierende Verbindungen aus, die durch Vereinigung der Sulfide mit den Aldehyden entstehen.[1]

D. Lauthsche Reaktion.[2]

Mit verdünnter Essigsäure und Bleisuperoxyd geben die aromatischen Amine (auch die sekundären und tertiären) charakteristische Farbenreaktionen, die manchmal verschieden sind, wenn man statt Wasser Alkohol als Lösungsmittel anwendet.

E. Reaktion von Barger, Tutin.[3]

γ-Trinitrotoluol reagiert mit primären Aminen nach dem Schema

---

[1] Vgl. Schiff: Liebigs Ann. **140**, 130 (1866); **210**, 128 (1880).

[2] Lauth: Compt. rend. Acad. Sciences **111**, 975 (1890). — Farbenreaktionen mit Benzoylperoxyd: Paolini: Atti R. Accad. Scienze Torino **65**, 201 (1930).

[3] Hepp: Liebigs Ann. **215**, 368 (1882). — Barger, Tutin: Biochemical Journ. **12**, 402 (1918). — Keil: Ztschr. physiol. Chem. **187**, 3 (1930).

$$R \cdot NH_2 + C_6H_2CH_3(NO_2)_3 \rightarrow RNHC_6H_2CH_3(NO_2)_2.$$

Die entstandenen Verbindungen sind gegen kochende verdünnte Schwefelsäure beständig.

F. Acylierung der Aminbasen.

Zur Charakterisierung und Bestimmung der primären und sekundären Amine können dieselben Acylierungsmethoden verwendet werden wie für die Hydroxylderivate (S. 407ff.). Die Besonderheiten der Amingruppe, namentlich ihre größere Reaktionsfähigkeit, lassen indes hier noch einige weitere Methoden der Acylierung zu.

1. Acetylierungsmethoden.[1]

Acetylierung mit *Acetylchlorid* wird nicht sehr häufig vorgenommen. DEHN[2] arbeitet mit Acetylchlorid in aetherischer Lösung. BEILSTEIN verdünnt mit Essigsäure.[3]

Eine interessante Verwendungsart des Säurechlorids, bei der außerdem *konz. Schwefelsäure* benutzt wird, beschreibt ein Patent.[4]

Zu der Lösung von 10 Gewichtsteilen Phenylglycinorthocarbonsäure in 30 Gewichtsteilen Schwefelsäuremonohydrat werden allmählich 20 Volumteile Acetylchlorid hinzugefügt und 2—3 Stunden auf 50° erwärmt. Dann wird die Acetylverbindung durch Aufgießen auf Eis abgeschieden.

Mit *Essigsäureanhydrid* kann man Basen auch in *wässeriger Lösung* acetylieren.[5] Die Base wird in verdünnter Essigsäure gelöst oder suspendiert oder der Lösung ihres Chlorhydrats Natriumacetat oder Normalkalilauge[6] zugesetzt und unter Schütteln Essigsäureanhydrid zugefügt. Besonders bewährt sich dies Verfahren bei aromatischen Aminosäuren, deren Alkalisalze mit dem Anhydrid geschüttelt werden.[7]

Kühlen ist dabei[8] im allgemeinen nicht nur nicht nötig, sondern oftmals sogar Erwärmen auf 50—60° vorteilhaft.

In manchen Fällen (z. B. Anilin) lassen sich auf diese Art sogar die *Chlorhydrate der Basen* — unter Freiwerden von Salzsäure — acetylieren.

Anderseits lassen sich manche Aminoverbindungen unverändert aus Acetanhydrid umkrystallisieren[9]

Über die vorteilhafte Methode des Acetylierens in Lösungsmitteln siehe S. 411. — DARAPSKY, SPANNAGEL: Journ. prakt. Chem. (2), **92**, 294 (1915).

Acetylierung von Salzen und Doppelsalzen: Sie wird ganz ebenso ausgeführt wie die Acetylierung der freien Basen: NIETZKI: Ber. Dtsch. chem. Ges. **16**, 468 (1883); D.R.P. 71159 (1893). — WOLFF: Ber. Dtsch. chem. Ges. **27**, 972 (1894). — COHN: Ber. Dtsch. chem. Ges. **33**, 1567 (1900). — KEHRMANN, OULEVAY-REGIS: Ber. Dtsch. chem. Ges. **46**, 3715, 3720 (1913) (Zinndoppelsalze). — *Acetylierung* von Phenylhydroxylamin: BAMBERGER: Ber. Dtsch. chem. Ges. **51**, 636 (1918).

---

[1] Über Diacetylieren mit Acetylchlorid siehe S. 626.
[2] DEHN: Journ. Amer. chem. Soc. **34**, 1399 (1912).
[3] Liebigs Ann. **196**, 215 (1879).   [4] D. R. P. 147033 (1904).
[5] HINSBERG: Ber. Dtsch. chem. Ges. **19**, 1253 (1886). — PINNOW, WEGNER: Ber. Dtsch. chem. Ges. **30**, 3110 (1897). — PINNOW: Ber. Dtsch. chem. Ges. **33**, 417 (1900). — LUMIÈRE, BARBIER: Bull. Soc. chim. France (3), **33**, 783 (1905). — GRANDMOUGIN: Ber. Dtsch. chem. Ges. **39**, 3930 (1906).
[6] PSCHORR, MASSACIU: Ber. Dtsch. chem. Ges. **37**, 2787 (1904). — SODA: Rec. Trav. chim. Pays-Bas **53**, 1120 (1934).
[7] HOUBEN: Ber. Dtsch. chem. Ges. **42**, 3191 (1909). — HOUBEN, SCHOTTMÜLLER, FREUND: Ber. Dtsch. chem. Ges. **42**, 4489 (1909).
[8] D. R. P. 129000 (1902). — Beim Arbeiten mit größeren Mengen von Aminosäuren empfiehlt sich Eiskühlung.   [9] BELL: Journ. chem. Soc. London **1931**, 2227.

Pollak[1] erhitzt das fein zerriebene Chlorhydrat mit der 10—15fachen Menge Essigsäureanhydrid 5—6 Stunden am Rückflußkühler, bis der Geruch nach Acetylchlorid verschwunden ist. — Besser ist es, ein Lösungsmittel anzuwenden. Man suspendiert z. B. das Chlorhydrat in Benzol, fügt das Acetylierungsmittel (auch Benzoylchlorid) hinzu und kocht am Rückflußkühler bis zum Aufhören der Salzsäureentwicklung.[2]

m-Bromacetanilid muß nach der Reaktion *sofort* mit Soda neutralisiert werden. Wenn man die Anhydridlösung erst mit Wasser verdünnt, erhält man keine Krystalle.[3]

Bei *asymmetrischen Triaminen der Benzolreihe* wird von zwei benachbarten Amingruppen nur eine acetyliert: Pinnow: Journ. prakt. Chem. (2), 62, 517 (1900); Ber. Dtsch. chem. Ges. 33, 417 (1900).

Aminosulfosäuren lassen sich nur in alkalischer Lösung bzw. als Salze acetylieren.[4]

Anderseits können beim Acetylieren von aromatischen Aminen unter Schwefelsäurezusatz acetylierte Aminosulfosäuren entstehen.[5]

Tertiäre Benzylamine werden durch Essigsäureanhydrid aufgespalten.[6]

Über die Notwendigkeit, *reines* Essigsäureanhydrid für empfindliche Substanzen zu verwenden, siehe S. 412. — Speziell *salzsäurefreies* Anhydrid ist für die Acetylierung von Aminobenzaldehyd erforderlich.[7]

Essigsäureanhydrid und Alkohol wirken, wie Nietzki[8] gefunden hat, in der Kälte nicht aufeinander; beim Vermischen beider Substanzen findet sogar Temperaturerniedrigung statt. Setzt man zu dieser Mischung einen Aminokörper, so acetyliert er sich ganz glatt und fast momentan unter Temperaturerhöhung. Diese Methode gestattet, Aminoderivate, die mit Essigsäureanhydrid, wegen ihrer geringen Löslichkeit, schlecht reagieren, glatt und bequem zu acetylieren.

Auch das *Acylieren in Pyridinlösung* ist hier sehr am Platz.[9]

Man kann auf diese Art auch empfindliche Amine, ohne sie isolieren zu müssen, in Form ihrer Salze und Doppelsalze acylieren.[10]

Benzoylchlorid in Pyridinlösung kann aber auch Verdrängungsreaktionen verursachen und mit Ester-, Aether-, Malonsäuremethylengruppen reagieren.[11]

Über Verwendung von Essigsäureanhydrid und konz. Schwefelsäure oder Salzsäuregas siehe D.R.P. 147633 (1904).

Acetylieren unter Zusatz von Chlorzink[12] hat sich in der Carbazolreihe bewährt: Kehrmann, Oulevay, Regis: Ber. Dtsch. chem. Ges. 46, 3713 (1913).

Über die *katalytische Beschleunigung der Acetylierung von Basen durch Säuren* (Schwefelsäure, Salzsäure, Überchlorsäure, Trichloressigsäure) siehe Smith,

[1] Pollak: Monatsh. Chem. 14, 407 (1893).

[2] Franzen: Ber. Dtsch. chem. Ges. 42, 2465 (1909).

[3] Beckmann: Ber. Dtsch. chem. Ges. 55, 850 (1922).

[4] Nietzki, Benkiser: Ber. Dtsch. chem. Ges. 17, 707 (1884); D.R.P. 92796 (1897). — Junghahn: Ber. Dtsch. chem. Ges. 33, 1366 (1900); D.R.P. 129000 (1901). — Gnehm: Journ. prakt. Chem. (2), 63, 407 (1901). — Schroeter, Rösing: Ber. Dtsch. chem. Ges. 39, 1559 (1906).

[5] Söll, Stutzer: Ber. Dtsch. chem. Ges. 42, 4539 (1909).

[6] Tiffeneau, Fuhrer: Chem.-Ztg. 35, 532 (1911).

[7] Friedländer, Göhring: Ber. Dtsch. chem. Ges. 17, 457 (1884).

[8] Nietzki: Chem.-Ztg. 27, 361 (1903). — Lumière, Barbier: Bull. Soc. chim. France (3), 35, 625 (1906).

[9] Walther: Journ. prakt. Chem. (2), 59, 272 (1899). — Doht: Monatsh. Chem. 25, 958 (1904). — Freundler: Compt. rend. Acad. Sciences 137, 712 (1904); Bull. Soc. chim. France (3), 31, 621 (1904).

[10] Heller, Nötzel: Journ. prakt. Chem. (2), 76, 59 (1907).

[11] Freundler: Chem.-Ztg. 28, 345 (1904).   [12] Siehe S. 416.

ORTON: Proceed. chem. Soc. London **24**, 148 (1908); Journ. chem. Soc. London **93**, 1242 (1908). — BLANKSMA: Chem. Weekbl. **6**, 717 (1909).

Mischungen von Anhydrid mit mehr oder weniger verdünnter Essigsäure[1] oder Eisessig allein[2] werden vielfach benutzt.

Mit selbst stark *verdünnter* (30—50proz.) *Essigsäure*[3] gelingt die Acetylierung der primären aromatischen Amine beim Erhitzen unter Druck auf 150—160°.

Über die (C-) Acetylierung von β-Aminocrotonsäureester und ähnlichen Verbindungen siehe BENARY: Ber. Dtsch. chem. Ges. **42**, 3912 (1909).

Chloracetylchlorid und *Bromacetylchlorid* finden ebenfalls gelegentlich Verwendung.[4] — *Chloressigsäureanhydrid* wirkt weniger energisch als Essigsäureanhydrid.

Als bestes Verfahren für die Acetylierung mit Chloracetylchlorid hat sich bei den Aminoverbindungen die Anwendung von verdünnter Essigsäure[5] als Lösungsmittel und von Natriumacetat zur Entfernung der Salzsäure erwiesen. Meist ist eine Mischung gleicher Volumina Eisessig und gesättigter Lösung des Natriumsalzes geeignet, zuweilen ist höhere Konzentration oder Zusatz von Aceton erforderlich. Das Verfahren verläuft ebensogut bei Anwendung von Benzoylchlorid und Phenylchloracetylchlorid. Bei substituierten aromatischen Harnstoffen hilft Chloressigsäure als Lösungsmittel über die sonst bestehenden Schwierigkeiten hinweg.[6,7]

Die Chloracetylgruppe kann sehr fest haften.[7]

Trichloressigsäure: WHEELER, SMITH: Journ. Amer. chem. Soc. **45**, 1996 (1923).

Acetylieren von Aminosäuren mit *Keten:* STERN: Diss. München 1926. — BERGMANN, STERN: Ber. Dtsch. chem. Ges. **63**, 437 (1930).

Acetylierung mit Thioessigsäure.[8]

Nach PAWLEWSKY eignet sich die Thioessigsäure ganz besonders zur Acetylierung aromatischer primärer und sekundärer Amine und Aminosäuren, die meist momentan und bei gewöhnlicher Temperatur nach der Gleichung:

$$RNH_2 + CH_3COSH = R \cdot NHCOCH_3 + SH_2$$

glatt vonstatten geht und direkt nahezu analysenreine Produkte liefert.

Nach EIBNER[9] addieren gewisse sekundäre und tertiäre Aminoverbindungen Thioessigsäure unter Bildung von substituierten Aminomercaptanen.

---

[1] PINNOW: Ber. Dtsch. chem. Ges. **33**, 417 (1900). — RUPE, BRAUN: Ber. Dtsch. chem. Ges. **34**, 3523 (1901). — LUMIÈRE, BARBIER: Bull. Soc. chim. France (3), **33**, 783 (1905). — THOMS, DRAUZBURG: Ber. Dtsch. chem. Ges. **44**, 2132 (1911).

[2] D. R. P. 92796 (1897).

[3] D. R. P. 98070 (1898), 116922 (1901). — *Anilin* läßt sich schon durch 15proz. Essigsäure acetylieren: TOBIAS: Ber. Dtsch. chem. Ges. **15**, 2868 (1882). — *Phenylhydrazin* durch 7proz. Essigsäure: MILRATH: Ztschr. physiol. Chem. **56**, 132 (1908); siehe S. 521.

[4] D. R. P. 71159 (1893). — BISTRZYCKI, ULFFERS: Ber. Dtsch. chem. Ges. **31**, 2790 (1898). — KORNDÖRFER: Arch. Pharmaz. **241**, 449 (1903). — LEUCHS, SUZUKI: Ber. Dtsch. chem. Ges. **37**, 3313 (1904). — ABDERHALDEN, ZEISSET: Ztschr. physiol. Chem. **200**, 184 (1931). — *Bromacetylbromid:* BENARY, LAU: Ber. Dtsch. chem. Ges. **56**, 594 (1923).

[5] Benzol als Verdünnungsmittel: HALBERKANN: Ber. Dtsch. chem. Ges. **54**, 1157 (1921).

[6] JACOBS, HEIDELBERGER: Journ. Amer. chem. Soc. **39**, 1439 (1917).

[7] REVERDIN: Helv. chim. Acta **6**, 87 (1923).

[8] PAWLEWSKI: Ber. Dtsch. chem. Ges. **31**, 661 (1898); **35**, 110 (1902). — BAMBERGER: Ber. Dtsch. chem. Ges. **35**, 713 (1902).

[9] EIBNER: Ber. Dtsch. chem. Ges. **34**, 657 (1901).

Morindin wird durch Thioessigsäure hydrolysiert,[1] die BANDROWSKISche Base reduzierend acetyliert.[2]

Phenylhydroxylamin wird am Stickstoff acetyliert.[3]

Diacetylierung.[4]

Während im allgemeinen nur eines der beiden typischen Wasserstoffatome primärer Amine substituiert wird, gelingt es in manchen Fällen sowohl mit Acetylchlorid[5] als auch mit Essigsäureanhydrid[6] Diacetylierung zu bewirken.

Dabei spielt die Konstitution der Substanzen eine wesentliche Rolle insofern, als namentlich orthosubstituierte Arylamine der Diacetylierung zugänglich sind.[7] Es kann aber auch die *Anwesenheit einer Beimengung im Anhydrid* die Diacetylierung begünstigen.[8]

In manchen Fällen läßt sich

Acetylierung mit Essigsäureester[9]

erzielen. Anilin gibt beim Erhitzen mit Essigsäureester auf 200—220° Acetanilid, während bei gleicher Behandlung von Anilinchlorhydrat mit dem Ester Alkylanilin entsteht.

Auch sonst kann eine Acylgruppe sowohl intramolekular (durch Umlagerung)[10] oder intermolekular aus ihrer Verbindung mit einem Alkohol (Phenol) an den Stickstoff treten. So entsteht beim Erhitzen der Acetyl- und Benzoylverbindungen des Resacetophenons mit Phenylhydrazin Acetyl- bzw. Benzoylphenylhydrazin: TORREY, KIPPER: Journ. Amer chem. Soc. 30, 853 (1908).

Nichtacetylierbare Amine

sind ebenfalls beobachtet worden.

o- und p-Nitrobenzylorthonitroanilin lassen sich auf keinerlei Weise acetylieren[11] und ebensowenig die Iminogruppe des o-Oxybenzylorthonitroanilins.[12] Auch 3.5-Dibromanthranilsäurenitril[13] reagiert nicht und sehr schwer der 2-Aminoresorcindimethylaether.[14]

[1] TISZA: Diss. Bern 26, 1908.

[2] HEIDUSCHKA, GOLDSTEIN: Arch. Pharmaz. 254, 614 (1916).

[3] BAMBERGER: Ber. Dtsch. chem. Ges. 51, 636 (1918).

[4] Siehe auch DUBSKY: Chem.-Ztg. 36, 677 (1912).

[5] KAY: Ber. Dtsch. chem. Ges. 26, 2853 (1893). — DEHN: Journ. Amer. chem. Soc. 34, 1399 (1912).

[6] REMMERS: Ber. Dtsch. chem. Ges. 7, 350 (1874). — ULFFERS, JANSON: Ber. Dtsch. chem. Ges. 27, 93 (1894); D. R. P. 75 611 (1894). — TASSINARI: Chem.-Ztg. 24, 548 (1900). — WISINGER: Monatsh. Chem. 21, 1011 (1900). — PECHMANN, OBERMILLER: Ber. Dtsch. chem. Ges. 34, 665 (1901). — SUDBOROUGH: Proceed. chem. Soc. 17, 45 (1901); Journ. chem. Soc. London 79, 532 (1901). — ORTON: Journ. chem. Soc. London 81, 496 (1902). — SMITH, ORTON: Journ. chem. Soc. London 93, 1242 (1908). — FRANCHIMONT, DUBSKY: Rec. Trav. chim. Pays-Bas 30, 183 (1911).

[7] ULFFERS, JANSON: Ber. Dtsch. chem. Ges. 27, 97 (1894). — SUDBOROUGH: Proceed. chem. Soc. 17, 45 (1901). — FRIES: Liebigs Ann. 346, 154 (1906); Ber. Dtsch. chem. Ges. 57, 506 (1924).

[8] HINSBERG: Ber. Dtsch. chem. Ges. 38, 2800 (1905). — KEHRMANN, HAVAS: Ber. Dtsch. chem. Ges. 46, 350 (1913).

[9] HJELT: Finska Vetensk. Soc. Öfversigt 29 I (1887). — NIEMENTOWSKI: Ber. Dtsch. chem. Ges. 30, 3071 (1897). — WENNER: Diss. Basel 10, 1902. — TRAUBE: Ber. Dtsch. chem. Ges. 43, 3587 (1910). (Auch Chloressigester.)

[10] Siehe S. 629, 630.

[11] PAAL, KROMSCHRÖDER: Journ. prakt. Chem. (2), 54, 265 (1896). — PAAL, BENKER: Ber. Dtsch. chem. Ges. 32, 1251 (1899).

[12] PAAL, HÄRTEL: Ber. Dtsch. chem. Ges. 32, 2057 (1899).

[13] BOGERT, HARD: Journ. Amer. chem. Soc. 25, 938 (1903).

[14] KAUFFMANN, FRANCK: Ber. Dtsch. chem. Ges. 40, 4006 (1907).

In diesen Fällen ist sterische Reaktionsbehinderung anzunehmen.[1] Interessant ist in dieser Beziehung[2] die Nichtacetylierbarkeit des 8-Nitro-α-naphthylamins.

Unverseifbare Acetylgruppen:

PSCHORR: Ber. Dtsch. chem. Ges. 31, 1289, 1291 (1898).

2. Benzoylierungsmethoden.[3]

Die Einwirkung von *Benzoylchlorid* führt bei empfindlichen Aminen leicht zur Verharzung. Wo das Arbeiten nach der SCHOTTEN, BAUMANNschen Methode[4] sich auch nicht ausführen läßt, kann man[5] eine wässerige Lösung der Substanz mit *krystallisiertem Barythydrat* mischen, das, wenn nun nach und nach Benzoylchlorid zugesetzt wird, durch die bei der Lösung entstehende Temperaturerniedrigung allzu lebhafte Reaktion verhindert.

WILLSTÄTTER, PARNAS benzoylieren in *alkoholischer* Lösung bei Gegenwart der berechneten Menge *Natriumaethylat.*[6]

In manchen Fällen kommt man bei Verwendung von *Kalilauge* zu besseren Ausbeuten als mit *Natronlauge.*[7]

Als Verdünnungsmittel empfiehlt sich Benzol.[8] Noch bessere Resultate gibt Kochen in Toluol oder Xylol.[9] Durch Erhitzen mit *Benzoesäure* allein werden die Benzoylderivate der Diaminoanthrachinone erhalten.[10]

Benzoesäureanhydrid[11] empfiehlt sich namentlich in solchen Fällen, wo eine flüssige Base zur Verwendung gelangt, in der das Anhydrid sich lösen kann.[12] Manchmal ist Erhitzen auf 200° im Einschlußrohr notwendig.[13]

WITT, DEDICHEN[14] empfehlen mit Benzoesäureanhydrid, Natriumacetat und *Eisessig* zu kochen. Dasselbe Verfahren wenden SCHEIBER, BRANDT zur N-Benzoylierung des 1.2-Aminonaphthols an.[15]

Substanzen, die gegen Mineralsäuren und Alkali empfindlich sind, kocht HELLER[16] mit Benzoesäure, benzoesaurem Natrium und Benzol am Rückflußkühler.

Über die Anwendung von *Natriumbicarbonat*[17] siehe S. 439. — Dieses Verfahren empfiehlt sich speziell auch für die *Benzoylierung der Eiweißkörper.*[18] —

[1] RAIFORD, TAFT, LANKELMA: Journ. Amer. chem. Soc. 46, 2051 (1924).
[2] SMITH: Journ. chem. Soc. London 89, 1505 (1905).   [3] Siehe S. 437.
[4] Einwirkung auf tertiäre cyclische Basen: REISSERT: Ber. Dtsch. chem. Ges. 38, 1603 (1905).
[5] ETARD, VILA: Compt. rend. Acad. Sciences 135, 699 (1902). — BIEHRINGER, BUSCH [Ber. Dtsch. chem. Ges. 36, 139 (1903)] verwenden gelöschten Kalk.
[6] WILLSTÄTTER, PARNAS: Ber. Dtsch. chem. Ges. 40, 3978 (1907).
[7] SCHULTZE: Ztschr. physiol. Chem. 29, 474 (1900).
[8] FRANZEN: Ber. Dtsch. chem. Ges. 42, 2465 (1909).
[9] LUKASCHEWITSCH: Russ. Anilinfarb.-Ind. 5, 193 (1935).
[10] DPA. W 37544 (1912), W 24777, Kl. 22b (1915).
[11] URANO: Beitr. chem. Physiol. Path. 9, 183 (1907).
[12] CURTIUS: Ber. Dtsch. chem. Ges. 17, 1663 (1884). — BICHLER: Ber. Dtsch. chem. Ges. 26, 1385 (1893).   [13] LIKIERNIK: Ztschr. physiol. Chem. 15, 418 (1891).
[14] WITT, DEDICHEN: Ber. Dtsch. chem. Ges. 29, 2954 (1896).
[15] SCHEIBER, BRANDT: Journ. prakt. Chem. (2), 78, 93 (1908).
[16] HELLER: Ber. Dtsch. chem. Ges. 37, 3113 (1904).
[17] Ferner PAULY: Ber. Dtsch. chem. Ges. 37, 1397 (1904). — DIECKMANN: Ber. Dtsch. chem. Ges. 38, 1659 (1905). — E. FISCHER: Ber. Dtsch. chem. Ges. 39, 539 (1906). — GUGGENHEIM: Ztschr. physiol. Chem. 88, 282 (1913).
[18] BLUM, UMBACH: Ztschr. physiol. Chem. 88, 285 (1913). Zur *Benzoylbestimmung* in diesen Produkten verseifen die Autoren durch zweistündiges Kochen mit 5proz. Lauge, säuern nach dem Erkalten schwach mit verdünnter Schwefelsäure an, schütteln mit Aether aus, waschen die aetherische Benzoesäurelösung wiederholt mit Wasser, nehmen eventuell nochmals in Lauge auf, machen wieder in gleicher Weise frei, verdunsten den Aether und titrieren mit $^n/_{10}$-Lauge (a. a. O. S. 307).

Mohr, Geis mußten zur Benzoylierung der Aminoisobuttersäure *Kalium*bicarbonat anwenden.[1] — Natrium*acetat* wird in einem Patent benutzt.[2] Auch *Magnesiumoxyd* wird empfohlen.[3]

Besonders vorsichtig verfährt Ehrlich:[4]

2 g Adrenalin werden mit 3 g Benzoylchlorid in 10 ccm Aether und 3 ccm Aceton und 30 ccm kaltgesättigter Natriumbicarbonatlösung geschüttelt. Der Überschuß an Benzoylchlorid wird dann durch Alkohol zerstört.

Starke Basen können auch mit *Benzoesäureester* acyliert werden, indem analog der Umsetzung des Esters mit Ammoniak Säureimidbildung eintritt,[5] oft schon in der Kälte.

So ist es eine allgemeine Eigenschaft der *Mono*alkylfluorindine, beim Kochen mit Benzoesäureester mehr oder weniger rasch in Benzoylderivate verwandelt zu werden, während sich Diphenylfluorindin aus diesem Lösungsmittel unverändert umkrystallisieren läßt.

Benzoylchlorid und Lauge spalten[6] die in α- oder β-Stellung substituierten alkylhomologen Imidazole[7] nach der Gleichung:

$$\begin{array}{l}\text{CH}\!-\!\!-\!\text{N} \\ \parallel \qquad\quad \diagdown\text{CH} + 2\,\text{C}_6\text{H}_5\text{COCl} = \\ \text{CH}\!-\!\text{NH} \quad + 2\,\text{KOH}\end{array} \qquad \begin{array}{l}\text{CH}\!-\!\text{NH}\!-\!\text{COC}_6\text{H}_5 \\ \parallel \qquad\qquad\qquad\qquad + 2\,\text{KCl} + \text{HCOOH} \\ \text{CH}\!-\!\text{NH}\!-\!\text{COC}_6\text{H}_5\end{array}$$

Durch einen in α-Stellung befindlichen Alkylrest wird die Aufspaltung sehr erschwert.[8] Tertiäre Imidazole und Imidazolderivate, die in der Seitenkette eine freie Carboxylgruppe tragen, bleiben unverändert.[9]

Über die analoge Spaltung von 2-Phenylpyrrolin (auch durch Säureanhydride allein) siehe Gabriel, Colman: Ber. Dtsch. chem. Ges. 41, 519 (1908).

Verhalten der Gruppe —N—C—N— gegen Acylierungsmittel siehe auch noch Heller: Ber. Dtsch. chem. Ges. 37, 3112 (1904); 40, 114 (1907).

Verdrängung von Acetyl durch Benzoyl: Freundler: Bull. Soc. chim. France (3), 31, 622 (1904). — Heller, Jacobsohn: Ber. Dtsch. chem. Ges. 54, 1110 (1921).

p-Nitrobenzoylchlorid[10] wird speziell für die Acylierung von Histidin empfohlen.[11]

---

[1] Mohr, Geis: Ber. Dtsch. chem. Ges. 41, 798 (1908).

[2] D. R. P. 240827 (1912). — Witt, Schmitt verwenden Natriumacetat für die Einführung des Benzolsulfosäureesters [Ber. Dtsch. chem. Ges. 27, 2370 (1894)].

[3] Siehe Note 18 auf S. 627.

[4] Ehrlich: Ber. Dtsch. chem. Ges. 37, 1827 (1904).

[5] Kehrmann, Bürgin: Ber. Dtsch. chem. Ges. 29, 1248 (1896). — Siehe auch Torrey, Kipper: Journ. Amer. chem. Soc. 30, 853 (1908). — Traube: Ber. Dtsch. chem. Ges. 43, 3589 (1910) (Guanidin). Auch *m-Nitrobenzoesäureester* reagiert in gleicher Weise.

[6] Man kann aber durch sehr vorsichtiges Arbeiten [Benzoylchlorid in Ligroinlösung: Bamberger, Berle, oder aetherischer bzw. benzolischer Suspension: Gerngross: Ber. Dtsch. chem. Ges. 46, 1913 (1908)] Benzoylderivate darstellen. — Siehe auch Wolff: Liebigs Ann. 394, 66 (1912); 399, 297 (1913).

[7] Bamberger, Berle: Liebigs Ann. 273, 342 (1893). — Windaus, Knoop: Ber. Dtsch. chem. Ges. 38, 1169 (1905). — Windaus, Vogt: Ber. Dtsch. chem. Ges. 40, 3692 (1907). — Windaus: Ber. Dtsch. chem. Ges. 42, 761 (1909). — Isovalerylchlorid: Windaus, Dörries, Jensen: Ber. Dtsch. chem. Ges. 54, 2746 (1921).

[8] Bamberger, Berle: Liebigs Ann. 273, 349 (1893). — Kym, Ratner: Ber. Dtsch. chem. Ges. 45, 3238 (1912).

[9] Pinner, Schwarz: Ber. Dtsch. chem. Ges. 35, 2448 (1902). — Fränkel: Beitr. chem. Physiol. Path. 8, 158, 406 (1906). — Windaus, Knoop: Beitr. chem. Physiol. Path. 8, 407 (1906). — Windaus: Ber. Dtsch. chem. Ges. 43, 499 (1910). — Über den Mechanismus dieser Spaltung siehe Gerngross: Ber. Dtsch. chem. Ges. 46, 1913 (1913); 52, 2305 (1919). — Siehe ferner Windaus, Dörries, Jensen: Ber. Dtsch. chem. Ges. 54, 2745 (1921).

[10] Curtius: Journ. prakt. Chem. (2), 94, 93, 114 (1917).

[11] Pauly: Ztschr. physiol. Chem. 64, 75 (1910).

Zur Darstellung von *3.5-*[1] und *2.4-Dinitrobenzoaten*[2] werden 0,01 Mol beider Komponenten, evtl. unter Erhitzen, in 25—50 ccm Alkohol gelöst und der Krystallisation überlassen. 3.5-Dinitrobenzoylchlorid dient auch besonders zur Identifizierung von Aminosäuren. Die Schmelzpunkte sind meist scharf.

Man löst die Aminosäure in überschüssiger Lauge und fügt das feingepulverte Reagens hinzu, schüttelt einige Minuten und säuert an.[3]

Nichtbenzoylierbare Amine. Der Fall,[4] daß sich eine Substanz der Benzoylierung unzugänglich zeigt, ist relativ selten. Wahrscheinlich ist auch hier sterische Behinderung für die Reaktionsunfähigkeit verantwortlich.

Anormale Benzoylierungsprodukte (Eintritt von Pyridin in das Molekül beim Arbeiten nach SCHOTTEN, BAUMANN: Bildung von Anhydriden bei Aminosäuren): HELLER, TISCHNER: Ber. Dtsch. chem. Ges. 43, 2574 (1910).

Benzoylchlorid kann auch auf reduzierbare Substanzen anormal einwirken (Bildung von Tetrabenzoylindigweiß aus Indigo,[5] von Tetrabenzoyltetrahydroindanthren aus Indanthren[6] — siehe S. 343).

Schmelzpunkte der benzoylierten Aminosäuren. Die Schmelzpunkte mancher Benzoylderivate, wie des Benzoylornithins[7] und des inaktiven Benzoyllysins,[8] zeigen keine bestimmten Werte.

Verseifung von Benzoylaminosäuren und Polypeptiden: GOLDSCHMIDT, FÜNER, Liebigs Ann. 483, 191, 202 (1930).

Unterscheidung von O- und N-acylierten Substanzen gelingt manchmal[9] mit *Diazomethan,* das O-Acetyl verdrängt, N-Acetyl aber unverändert läßt. Auch pflegen O-acylierte Oxyaminokörper von kalter Schwefelsäure verseift zu werden, die N-Derivate nicht. Die meisten N-acylierten Substanzen sind kalilöslich und pflegen Eisenchloridreaktion zu zeigen.

Wanderungen des Acyls vom Sauerstoff zum Stickstoff oder auch umgekehrt sind[10] bei den Derivaten des o-Oxybenzylamins, des o-Oxybenzylhydrazins, der Phenylhydrazone von o-Oxyaldehyden und o-Oxybenzylketonen, von Salicylamid[11] usw. beobachtet worden. Auch bei den aliphatischen Aminoalkoholen

[1] BUSHLER, CURRIER, LAWRENCE: Ind. engin. Chem., Analyt. Ed. 5, 277 (1933).
[2] BUSHLER, CALFEE: Ind. engin. Chem., Analyt. Ed. 6, 351 (1934).
[3] SAUNDERS: Biochemical Journ. 28, 580 (1934).
[4] SALOMONSON: Rec. Trav. chim. Pays-Bas 6, 16 (1887). — LIKIERNIK: Ztschr. physiol. Chem. 15, 418 (1891).
[5] HELLER: Ber. Dtsch. chem. Ges. 36, 2764 (1903).
[6] SCHOLL, BERBLINGER: Ber. Dtsch. chem. Ges. 40, 395 (1907).
[7] JAFFE: Ber. Dtsch. chem. Ges. 11, 408 (1878). — SCHULZE, WINTERSTEIN: Ztschr. physiol. Chem. 26, 6 (1898). — E. FISCHER: Ber. Dtsch. chem. Ges. 34, 463 (1901). [8] E. FISCHER, WEIGERT: Ber. Dtsch. chem. Ges. 35, 3777 (1902).
[9] HERZIG, TICHATSCHEK: Ber. Dtsch. chem. Ges. 39, 268, 1557 (1906).
[10] AUWERS: Liebigs Ann. 332, 159 (1904); 359, 336, 360 (1908); 364, 147 (1908); 365, 278 (1909); 369, 209 (1909); Ber. Dtsch. chem. Ges. 37, 2249, 3903, 3905, 3929 (1904); 38, 3256 (1905); 40, 3506 (1907); 41, 403, 415 (1908); 47, 1297 (1914); Journ. prakt. Chem. (2), 108, 105 (1924); Liebigs Ann. 429, 190 (1922); 460, 240 (1928). — Vgl. auch PAAL, BODEWIG: Ber. Dtsch. chem. Ges. 25, 2961 (1892). — WILLSTÄTTER, VERAGUTH: Ber. Dtsch. chem. Ges. 40, 1432 (1907). — TSCHUNKE: Diss. Breslau 1909. — LÖFFLER, REMMLER: Ber. Dtsch. chem. Ges. 43, 2057 (1910). — E. FISCHER, BERGMANN, LIPSCHITZ: Ber. Dtsch. chem. Ges. 51, 52 (1918). — RAIFORD: Journ. Amer. chem. Soc. 41, 2068 (1919); 44, 1792 (1922); 45, 469, 1738 (1923); 46, 430, 2248, 2305, 2880 (1924); 47, 1111 (1925); 50, 1201 (1928). — BERGMANN, BRAND: Ber. Dtsch. chem. Ges. 56, 1280 (1923). — ANSCHÜTZ: Liebigs Ann. 442, 27 (1925). — LESSER, KRANEPUHL, GAD: Ber. Dtsch. chem. Ges. 58, 2117 (1925).
[11] TITHERLEY u. Mitarbeiter: Journ. chem. Soc. London 87, 1207 (1905); 89, 1318 (1906); 91, 1419 (1907); 95, 908 (1909); 97, 200 (1910); 99, 866 (1911); Proceed. chem. Soc. 21, 288 (1905). — ANSCHÜTZ: Liebigs Ann. 439, 1 (1924); 442, 18 (1925). — BELL: Journ. chem. Soc. London 1930, 1981.

und Aminoketonen ist die Verschiebung des Acyls von Sauerstoff zu Stickstoff und umgekehrt von GABRIEL[1] in Zusammenhang mit der Bildung heterocyclischer Ringe untersucht worden.

Ein Beispiel für die Wanderung von Stickstoff zu Stickstoff ist[2] bei dem Acetylderivat des o-Aminobenzylanilins beobachtet worden.

3. Furoylierung

der Amine oder Aminosäuren ist sehr zu empfehlen, weil sich überschüssige Brenzschleimsäure viel leichter als Benzoesäure entfernen läßt, entweder durch Ausziehen mit Alkohol oder durch mehrfaches Umkrystallisieren aus Wasser; auch die leichtere Spaltbarkeit der Furoylverbindungen durch Alkali kann von Bedeutung sein.

4. Benzol(Toluol-)sulfochlorid.[3]

Auf *tertiäre Amine* ist Benzolsulfochlorid bei Gegenwart von Alkali ohne Einwirkung. Auf *sekundäre Amine* reagiert es unter Mitwirkung von Kalilauge, indem in Alkali und Säuren unlösliche, feste oder ölige Benzolsulfonamide entstehen. Mit *primären Aminbasen* reagiert Benzolsulfochlorid stets unter Bildung von Sulfonamiden, die in der überschüssigen Kalilauge sehr leicht löslich sind.

Auf dieses Verhalten läßt sich ein einfacher *Konstitutionsnachweis für Stickstoffbasen* gründen. Man schüttelt einige Zentigramme der Probe mit zirka 12proz. Kalilauge (etwa 4 Mol) und mit Benzolsulfochlorid ($1^1/_2$—2fache theoretische Menge). Nach 2—3 Minuten ist die größte Menge des Sulfochlorids verschwunden. Man erwärmt, bis der Geruch des Chlorids nicht mehr wahrnehmbar ist, wobei man Sorge trägt, daß die Flüssigkeit stets alkalisch bleibt. *Tertiäre Basen* sind nach vollendeter Reaktion unverändert geblieben; *sekundäre Basen* geben feste oder dickflüssige Benzolsulfonamide, die in Säuren und Kalilauge unlöslich sind. *Primäre Basen* liefern völlig klare Lösung, die beim Versetzen mit Salzsäure das Benzolsulfonamid sofort, meist krystallisiert, ausfallen läßt.

Ebenso einfach gestaltet sich die *Trennung eines Gemenges primärer, sekundärer und tertiärer Basen.*[4] Ist man nicht sicher, beim erstenmal genügend Sulfochlorid zugesetzt zu haben, so wiederholt man die Reaktion. Wenn die tertiäre Base mit Wasserdampf flüchtig ist, kann sie nach Vollendung der Reaktion im Dampfstrom übergetrieben werden, nachdem die überschüssige Kalilauge nahezu neutralisiert worden ist.

---

[1] GABRIEL: Ber. Dtsch. chem. Ges. **22**, 2222 (1889); **23**, 2497 (1890); **24**, 3213 (1891); **32**, 967 (1899); Liebigs Ann. **409**, 305 (1915).
[2] WIDMAN: Journ. prakt. Chem. (2), **47**, 343 (1893).
[3] HINSBERG: Ber. Dtsch. chem. Ges. **23**, 2962 (1890); **33**, 2387, 3526 (1900). — HINSBERG, KESSLER: Ber. Dtsch. chem. Ges. **38**, 906 (1905). —·Über die Verwendung von *p-Toluolsulfochlorid* siehe HEDIN: Ber. Dtsch. chem. Ges. **23**, 3198 (1890). — SOLONINA: Journ. Russ. phys.-chem. Ges. **29**, 405 (1897). — FINDEISEN: Journ. prakt. Chem. (2), **65**, 529 (1902). — E. FISCHER, BERGMANN [Liebigs Ann. **398**, 98 (1913)]; Ber. Dtsch. chem. Ges. **51**, 978 (1918)] empfehlen die Verwendung des p-Toluolsulfochlorids wegen der Unlöslichkeit der p-Toluolsulfosäure (namentlich bei 0°) in konzentrierter Salzsäure, die nach der Spaltung des Derivats gute Abtrennung ermöglicht. — Über *p-Nitrotoluolsulfochlorid*: SIEGFRIED: Ztschr. physiol. Chem. **43**, 68 (1904); Ber. Dtsch. chem. Ges. **38**, 3054 (1905); **39**, 540 (1906). — E. FISCHER: Ber. Dtsch. chem. Ges. **39**, 539 (1906). — ELLINGER, FLAMAND: Ztschr. physiol. Chem. **55**, 22 (1908). — GABRIEL: Ber. Dtsch. chem. Ges. **43**, 357 (1910). — BECKMANN, CORNEUS: Ber. Dtsch. chem. Ges. **55**, 853 (1922). — FLEISCHER, SCHRANZ: Ber. Dtsch. chem. Ges. **55**, 3274 (1922). — STEIB: Ztschr. physiol. Chem. **155**, 295 (1926). — ENGER: Ztschr. physiol. Chem. **191**, 119 (1930).
[4] Bei leichtflüchtigen Basen arbeitet man unter Eiskühlung und gibt das Gemisch von Kalilauge und Sulfochlorid zu dem Amin.

Hierbei ist jedoch zu bemerken, daß die einfachsten Benzolsulfamide, z. B. $C_6H_5SO_2 \cdot N(C_2H_5)_2$, ebenfalls, wenn auch nur in geringem Maß, mit Wasserdampf flüchtig sind.

Im Rückstand trennt man das in Kalilauge unlösliche Benzolsulfonamid der sekundären von dem alkalilöslichen der primären Base durch Filtration und fällt schließlich das alkalische Filtrat mit Salzsäure.

Wenn die tertiäre Base nicht mit Wasserdampf flüchtig ist, wird das Reaktionsprodukt zunächst mit Aether ausgeschüttelt und die tertiäre Base von dem Benzolsulfonamid der sekundären Base durch verdünnte Salzsäure getrennt. Die extrahierte alkalische Flüssigkeit läßt nach dem Ansäuern mit Salzsäure das Sulfonamid der primären Base ausfallen.

Durch Erhitzen mit starker Salzsäure im Rohr auf 150—160°, mit Eisessig-Schwefelsäure auf 120°,[1] oder mit konz. Schwefelsäure bei tagelangem Stehen in der Kälte[2] wird aus den Sulfonamiden die ursprüngliche Aminbase regeneriert. Am besten aber gelingt die Verseifung mit einem Gemisch von 3 Vol. konz. Schwefelsäure und 1 Vol. Wasser (zirka 80proz. H_2SO_4) bei 135—150° (dreifacher Überschuß an Säure, höchstens halbstündiges Erhitzen).[3] Als Nebenprodukte entstehen Sulfone.

Über die *Spaltung von Arylsulfonamiden mit Jodwasserstoffsäure* siehe E. FISCHER: Ber. Dtsch. chem. Ges. 48, 93 (1915). — Mit n-Kalilauge: STEIB: Ztschr. physiol. Chem. 155, 295 (1926). — ENGER: Ztschr. physiol. Chem. 191, 119 (1930).

Die HINSBERGsche Reaktion versagt bei den Säureamiden und den Halogen- und Nitroderivaten der Aminbasen. Auch Diphenylamin und ähnliche schwache Basen reagieren nicht mit Sulfochlorid und Kalilauge.

Die *Aminosäuren* der aromatischen Reihe reagieren glatt mit Sulfochlorid.[4] Man kann diese Sulfonamide der primären Amine und Aminosäuren für die Methylierung der Basen benutzen, die dann leicht wieder (im Rohr bei 100°) durch Salzsäure verseift werden können.[5]

Nach SOLONINA[6] entstehen beim Schütteln einiger primärer Amine mit Benzol- oder Toluolsulfochlorid und Natronlauge — und zwar wenn letzteres Reagens in geringem, ersteres in großem Überschuß angewendet wird — nebenher kleine Mengen Dibenzolsulfonamide, die in Alkali unlöslich sind und daher die Anwesenheit sekundärer Basen vortäuschen können (Benzylamin, Isobutylamin, n-Butylamin, Isoamylamin, Anilin, m-Xylidin, n-Heptylamin, as-Methylphenylhydrazin).

Die hier in Frage kommenden Basen geben indes beim Schütteln mit viel konz. Kalilauge (15 ccm 25proz. Kalilauge auf 1 g Base) und Benzolsulfochlorid ($1^1/_2$—2 Mol) entweder gar keine oder nur ganz geringe Mengen alkaliunlös-

---

[1] ULLMANN: Liebigs Ann. 327, 110 (1903).
[2] SCHROETER, EISLEB: Liebigs Ann. 367, 157 (1909).
[3] WITT, UERMENYI: Ber. Dtsch. chem. Ges. 46, 297 (1913).
[4] Einwirkung auf aliphatische Aminosäuren: IHRFELD: Ber. Dtsch. chem. Ges. 22, R 692 (1889). — HEDIN: Ber. Dtsch. chem. Ges. 23, 3197 (1890). — E. FISCHER: Ber. Dtsch. chem. Ges. 33, 2380 (1900); 34, 448 (1901). — E. FISCHER, BERGMANN: Liebigs Ann. 398, 97 (1913).
[5] HINSBERG: Liebigs Ann. 265, 178 (1891). — ULLMANN, BLEIER: Ber. Dtsch. chem. Ges. 35, 4274 (1902). — JOHNSON: Amer. chem. Journ. 35, 54 (1906). — E. FISCHER, BERGMANN: Liebigs Ann. 398, 118 (1913). — Siehe auch KNOOP, LANDMANN: Ztschr. physiol. Chem. 89, 159 (1914).
[6] SOLONINA: Journ. Russ. phys.-chem. Ges. 29, 405 (1897); 31, 640 (1899). — BAMBERGER: Ber. Dtsch. chem. Ges. 32, 1804 (1899). — MARCKWALD: Ber. Dtsch. chem. Ges. 32, 3512 (1899); 33, 765 (1900). — DUDEN: Ber. Dtsch. chem. Ges. 33, 477 (1900). — WILLSTÄTTER, LESSING: Ber. Dtsch. chem. Ges. 33, 557 (1900).

liches Produkt und weiter gehen die Dibenzolsulfonamide beim Kochen mit starker (25—30proz.) Kalilauge anscheinend allgemein in die Monobenzolsulfonamide über.

HINSBERG, KESSLER kochen daher den aus Benzolsulfonamiden bestehenden Niederschlag mit Natriumalkoholat (zirka 0,8 g Natrium in 20 ccm 96proz. Alkohol auf je 1 g Base) eine Viertelstunde am Rückflußkühler.[1]

Eine zweite Unvollkommenheit der Benzolsulfochloridmethode basiert auf dem Umstand, daß die Benzolsulfonamide der primären fetten sowie der hydrierten cyclischen Basen etwa von C_7 an, in überschüssiger Lauge unlösliche, durch Wasser zerlegbare Alkalisalze geben.

Die Methode verliert durch dieses Verhalten offenbar an praktischem Wert, denn die eben definierten Alkalisalze müssen, da sie nicht ohne weiteres an ihrer Löslichkeit erkannt werden können, in fester Form dargestellt und analysiert werden; eine immerhin zeitraubende und nicht ganz einfache Operation.[2] In solchen Fällen hilft nach HINSBERG das

5. β-Anthrachinonsulfochlorid.

Etwa 0,1 g der Base (oder eines Salzes) werden mit 5 ccm 5proz. Natronlauge übergossen. In die kalte Flüssigkeit bringt man $1^1/_2$ Mol fein verteiltes Anthrachinonsulfochlorid (am besten durch Fällen einer Eisessiglösung des Chlorids mit Wasser erhalten), sorgt durch Verreiben für möglichst gleichmäßige Verteilung des Chlorids und schüttelt 2—3 Minuten kräftig durch. Darauf erhitzt man vorsichtig zum Sieden, kühlt auf Zimmertemperatur ab, übersättigt mit verdünnter Salzsäure und filtriert. Das Sulfonamid wird auf dem Filter mit warmem Wasser ausgewaschen und, falls es gefärbt ist, aus verdünntem Alkohol umkristallisiert. Etwa 0,05 g werden in der eben zureichenden Menge heißem Alkohol gelöst, wobei eine farblose oder kaum merklich strohgelb gefärbte Flüssigkeit entsteht. Fügt man zu der warmen Flüssigkeit einen halben Kubikzentimeter 25proz. Kalilauge, dann bleibt die Färbung unverändert, falls ein *sekundäres Amin* zur Anwendung kam; beim Abkühlen und Zusatz von mehr Kalilauge wird das Sulfonamid zum Teil krystallinisch ausgefällt. Liegt ein *primäres Amin* zugrunde, dann färbt sich die Flüssigkeit intensiv gelb bis gelbrot. Zuweilen tritt beim Erwärmen der primären und sekundären Anthrachinonsulfonamide mit alkoholischer Kalilauge himbeerrote Färbung auf, die indes beim Umschütteln verschwindet und somit die wesentlichen Färbungen nicht stört. Die *tertiären Basen* reagieren nicht mit Anthrachinonsulfochlorid.

Die Anthrachinonsulfochloridmethode eignet sich nur zum Nachweis, nicht zu einer quantitativen Trennung der Amine.

Übrigens ist ihre Anwendbarkeit ebenfalls beschränkt. So sind farbige Basen, Aminosäuren und schwach basische Substanzen, wie Diphenylamin, ausgeschlossen.

6. β-Naphthalinsulfochlorid.[3]

Von außerordentlicher Bedeutung für die Isolierung der *Oxyaminosäuren* und der komplizierteren *Verbindungen vom Typus des Glycyl-*

---

[1] Siehe auch FLEISCHER, SCHRANZ: Ber. Dtsch. chem. Ges. **55**, 3260 (1922).

[2] Man kann auch den getrockneten Niederschlag in wasserfreiem Aether lösen, nach Zusatz von Natriumstücken 8 Stunden kochen und filtrieren, mit Aether nachwaschen und so eine Trennung des unlöslichen Natriumsalzes des Derivats der primären Base von dem aetherlöslichen Benzolsulfonamid der sekundären Base erzielen.

[3] E. FISCHER, BERGELL: Ber. Dtsch. chem. Ges. **35**, 3779 (1902). — ABDERHALDEN, BERGELL: Ztschr. physiol. Chem. **39**, 464 (1903). — KÖNIGS: Ber. Dtsch. chem. Ges. **37**, 3250 (1904). — PAULY: Ztschr. physiol. Chem. **42**, 371, 508, 524 (1904); **43**, 321

glycins[1] und von *einfacheren Aminosäuren*[1, 2] ist das Naphthalinsulfochlorid, dessen Derivate sich durch Schwerlöslichkeit, gutes Krystallisationsvermögen und konstante Schmelzpunkte auszeichnen.

Zwei Moleküle Chlorid werden in Aether gelöst, dazu gibt man die Lösung der Aminosäure in der für ein Molekül berechneten Menge Normalnatronlauge und schüttelt bei gewöhnlicher Temperatur. In Intervallen von 1—$1^1/_2$ Stunden fügt man dann noch dreimal die gleiche Menge Normalalkali hinzu. Da das Chlorid nicht vollständig verbraucht wird, ist die wässerige Flüssigkeit zum Schluß noch alkalisch. Sie wird von der aetherischen Schicht getrennt, filtriert und, wenn nötig nach Klärung mit Tierkohle, mit Salzsäure übersättigt. Dabei fällt die schwer lösliche Naphthalinsulfoverbindung aus. Sie kann meist aus viel 20proz. Alkohol umkrystallisiert werden; in Aether und absolutem Alkohol pflegen die Naphthalinsulfoderivate leicht löslich zu sein.

Das *Natriumsalz der β-Naphthalinsulfosäure* kann[3] bei der Isolierung und Erkennung der Aminosäuren Irrtümer veranlassen, da es wegen seiner Schwerlöslichkeit in Wasser[4] und Salzsäure (von der es nicht zersetzt wird) aus konzentrierteren Lösungen mit ausfällt.

Von den Verbindungen der Aminosäuren ist es durch den mangelnden Stickstoffgehalt und die Unlöslichkeit in Aether zu unterscheiden.

Die β-Naphthalinsulfoderivate geben öfters bei der Elementaranalyse unbefriedigende Resultate.[5]

Anwendung von *p-Brombenzolsulfochlorid* und *m-Nitrobenzolsulfochlorid*: MARVEL: Journ. Amer. chem. Soc. 45, 2696 (1923); 47, 166 (1925). JOHNSON, AMBLER[6] empfehlen das

7. Benzylsulfochlorid $C_6H_5CH_2SO_2Cl$.

Die Hydrolyse der Sulfoamide erfolgt hier glatt mit starker Salzsäure bei 130—150°.

8. p-Nitrobenzylhalogenide

bilden mit primären und sekundären aliphatischen und aromatischen Aminen farbige krystallisierte Verbindungen. Amin und Reagens werden in 10—20 ccm Alkohol gelöst, mit Soda in 5—10 ccm Wasser 1 Stunde gekocht. Für primäre Amine verwendet man 0,5 g Substanz, 1,5 g Reagens, 0,4 g Na_2CO_3, für sekundäre Amine 0,75 g Reagens, 0,2 g Na_2CO_3, für Diamine 2,5 g Reagens, 0,8 g Na_2CO_3.[7]

(1904). — E. FISCHER: Untersuchungen über Aminosäuren, S. 16. 1906; Ber. Dtsch. chem. Ges. 39, 539 (1906); 40, 3547 (1907). — KEMPE: Diss. Berlin 28, 1907. — ELLINGER, FLAMAND: Ztschr. physiol. Chem. 55, 23 (1908). — HIRAYAMA: Ztschr. physiol. Chem. 59, 285 (1909). — ABDERHALDEN, FUNK: Ztschr. physiol. Chem. 64, 436 (1910). — ABDERHALDEN, WYBERT: Ber. Dtsch. chem. Ges. 49, 2469, 2470 (1916).

[1] Einwirkung auf Eiweißkörper: BERGELL: Ztschr. physiol. Chem. 89, 465 (1914). — Anwendung zur Trennung von Guanidin und Methylguanidin: HESS, SULLIVAN: Journ. Amer. chem. Soc. 57, 2331 (1935).

[2] ABDERHALDEN, WEIL: Ztschr. physiol. Chem. 88, 273 (1913). — KNOOP, LANDMANN: Ztschr. physiol. Chem. 89, 159 (1914). — BERGELL: Ztschr. physiol. Chem. 97, 260 (1916); 104, 182 (1919). — NAKASHIMA: Journ. biol. Chemistry 7, 441 (1927). [3] E. FISCHER: Ber. Dtsch. chem. Ges. 39, 4144 (1906).

[4] Namentlich bei Gegenwart von Chlornatrium oder Natriumsulfat: COOKE: Journ. Soc. chem. Ind. 40, 56 (1921).

[5] E. FISCHER: Ber. Dtsch. chem. Ges. 36, 2106 (1903); 40, 3548 (1907).

[6] JOHNSON, AMBLER: Journ. Amer. chem. Soc. 36, 372 (1914). — MARVEL, GILLESPIE: Journ. Amer. chem. Soc. 48, 2943 (1926).

[7] LYONS: Journ. Amer. pharmac. Assoc. 21, 224 (1932).

9. Phenylisocyanat[1]

reagiert mit primären und sekundären Aminen direkt,[2] ebenso, schon in der Kälte, mit Aminosäureestern.[3] Aminosäuren müssen dagegen nach der Schotten, Baumannschen Methode zur Einwirkung gebracht werden.[4]

Aequimolekulare Mengen der Aminosäure und festen Ätznatrons werden in Wasser gelöst. Man verwendet auf einen Teil Säure 8—10 Teile Wasser, gibt 1 Molekül Phenylisocyanat hinzu und schüttelt bis zum Verschwinden des Isocyanatgeruchs, evtl. unter Kühlung.

Nach beendeter Einwirkung erhält man eine klare Lösung des Salzes der Ureidosäure. Zuweilen sind in der Flüssigkeit geringe Mengen Diphenylharnstoff suspendiert, der aber nur bei Anwendung eines Überschusses von Ätzkali in größerer Menge auftritt.

Aus der, wenn nötig, filtrierten Lösung wird die Ureidosäure durch verdünnte Schwefel- oder Salzsäure gefällt.

Auch *Uramil* und *Aminozucker*[5] lassen sich in gleicher Weise zu einer Phenyl-pseudoharnsäure kombinieren und ebenso reagieren die *Aminophenole* leicht in alkalischer Lösung.

Allerdings bleibt die Reaktion hier nicht bei der Bildung des Phenylharnstoffs stehen, es wird vielmehr auch bei einem Teil des Produkts die phenolische Hydroxylgruppe in Mitleidenschaft gezogen.[6]

Auch die *Peptone* liefern in wässerig-alkalischer Lösung Phenylureidopeptone.[7]

Herzog[8] löst 1,46 g Lysinchlorid in Wasser und titriert mit Normalkalilauge. Um schwach alkalische Reaktion zu erzielen, waren 6,5 ccm Lauge nötig; dann wurden noch 15 ccm Kali hinzugefügt und die Lösung mit 2,38 g Phenylisocyanat geschüttelt. Nach 4—5 Stunden wurde Salzsäure zugesetzt und das Reaktionsprodukt ausgefällt. Die so entstandene Ureidosäure geht beim kurzen Kochen mit 30proz. Salzsäure in ein Hydantoin über.

Zur Darstellung der Verbindung aus Phenylisocyanat und Oxypyrrolidin-α-carbonsäure[9] wird eine 10proz. wässerige Lösung der Oxyaminosäure mit der für $1^1/_4$ Molekül berechneten Menge Natronlauge versetzt und dann bei 0° Phenylisocyanat unter starkem Schütteln zugetropft, bis die Abscheidung von Diphenylharnstoff beginnt. Das Filtrat scheidet beim schwachen Übersättigen mit Salzsäure das Reaktionsprodukt ab. Durch Eindampfen der Mutterlauge wird eine zweite Krystallisation erhalten.

10. 4-Diphenylisocyanat.

Die Amine werden in Ligroinlösung mit dem Reagens stehengelassen. Aliphatische Derivate[10] werden aus Alkohol umkrystallisiert, für aromatische Ver-

[1] Siehe S. 401, 454.

[2] Einwirkung auf *Diamine*: Löwy, Neuberg: Ztschr. physiol. Chem. **43**, 355 (1904). [3] E. Fischer: Ber. Dtsch. chem. Ges. **36**, 543 (1903).

[4] Paal: Ber. Dtsch. chem. Ges. **27**, 976 (1894). — Paal, Gansser: Ber. Dtsch. chem. Ges. **28**, 3227 (1895). — E. Fischer: Ber. Dtsch. chem. Ges. **33**, 2281 (1900). — E. Fischer, Mouneyrat: Ber. Dtsch. chem. Ges. **33**, 2386, 2399 (1900). — Leuchs: Diss. Berlin 13, 18, 22, 1902. — E. Fischer, Leuchs: Ber. Dtsch. chem. Ges. **35**, 3787 (1902). — Paal, Zittelmann: Ber. Dtsch. chem. Ges. **36**, 3337 (1903). — Zittelmann: Diss. Berlin 1903. — Ehrlich: Ber. Dtsch. chem. Ges. **37**, 1829 (1904). — E. Fischer: Ber. Dtsch. chem. Ges. **39**, 540 (1906).

[5] Steudel: Ztschr. physiol. Chem. **33**, 223 (1901); **34**, 353 (1902).

[6] E. Fischer: Ber. Dtsch. chem. Ges. **33**, 1701 (1900).

[7] Paal: Ber. Dtsch. chem. Ges. **27**, 970, Anm. (1894).

[8] Herzog: Ztschr. physiol. Chem. **34**, 525 (1902). — E. Fischer, Weipert: Ber. Dtsch. chem. Ges. **35**, 3777 (1902).

[9] E. Fischer: Ber. Dtsch. chem. Ges. **35**, 2663 (1902).

[10] Brown, Campbell: Journ. chem. Soc. London **1937**, 1699.

bindungen ist nur Dioxan brauchbar. Schmelzpunkte unter Zersetzung.[1] Die Produkte sind im Petrolaether praktisch unlöslich.[2]

11. Naphthylisocyanat[3]

ist flüssig, hat daher kein Lösungsmittel nötig. Vor dem Phenylisocyanat zeichnet es sich dadurch aus, daß es infolge seines hohen Siedepunkts (270°) keine stechenden, giftigen Dämpfe entwickelt, daß es gegen Wasser viel beständiger ist und ohne jede Kühlung mit der alkalischen Lösung der Aminosäure usw. zusammengebracht werden kann. Es genügt, das Gemisch mehrmals im verschlossenen Gefäß (Stöpsel lüften!) 3—4 Minuten mit der Hand zu schütteln und darauf $^1/_4$—$^1/_2$ Stunde ruhig stehenzulassen. Man filtriert vom ganz unlöslichen Dinaphthylharnstoff und säuert an.

Die Methode ist gleich gut für Aminosäuren, Aminoaldehyde, Oxyaminosäuren, Diaminosäuren und Peptide verwendbar. — Die Aminosäuren können aus der Isocyanatverbindung durch Erhitzen mit Barytwasser regeneriert werden.

Die Naphthylisocyanatmethode ist in Fällen, wo nur *eine* Aminosäure zu erwarten ist, angezeigt.[4]

12. Carboxaethylisocyanat[5]

führt aminartige Verbindungen in schwer lösliche, gut krystallisierende Allophansäureester über.

Zur Analyse genügt hier eine Aethoxylbestimmung.

13. p-Bromphenylisothiocyanat

gibt mit aromatischen Aminen gut krystallisierende, scharf schmelzende Senföle.[6]

14. m-Nitrophenylisothiocyanat

findet analoge Anwendung.[7] Für aliphatische Amine ist es nicht verwendbar.[8]

15. m-Nitrobenzoylisothiocyanat

liefert mit primären und sekundären aromatischen Aminen m-Nitrobenzoylthioharnstoffe.[9]

16. 3-Nitrobenzazid.

Man kocht in Toluol. MENG, SAH: Journ. Chin. chem. Soc. 4, 75 (1936).

---

[1] VAN GELDEREN: Diss. Leiden 1932.
[2] VAN GELDEREN: Rec. Trav. chim. Pays-Bas 52, 976 (1933).
[3] NEUBERG, MANASSE: Ber. Dtsch. chem. Ges. 38, 2359 (1905). — JACOBY: Diss. Berlin 1907. — ELLINGER, FLAMAND: Ztschr. physiol. Chem. 55, 24 (1908). — SKITA, LEVI: Chem.-Ztg. 32, 572 (1908). — NEUBERG, KANSKY: Biochem. Ztschr. 20, 445 (1909); siehe auch S. 456.
[4] NEUBERG, ROSENBERG: Biochem. Ztschr. 5, 456 (1907).
[5] DIELS, WOLFF: Ber. Dtsch. chem. Ges. 39, 686 (1906). — DIELS, JACOBY: Ber. Dtsch. chem. Ges. 41, 2392 (1908); siehe S. 457.
[6] SAH, CHIANG, LEI: Journ. Chin. chem. Soc. 2, 225 (1934). — Ebenso verwendbar ist p-Chlorphenylisothiocyanat, p-Tolylisothiocyanat und 2.4.5-Trinitrotoluol: BROWN: Thesis Edinburgh 1937.
[7] SAH, LEI: Journ. Chin. chem. Soc. 2, 153 (1934).
[8] BROWN, CAMPBELL: Journ. chem. Soc. London 1937, 1699.
[9] TUNG, KAO, KAO, SAH: Sci. rep. Tsing Hua Univ., A 3, 285 (1935).

17. p-Chlorbenzazid

für primäre und sekundäre Amine. KAO, FANG, SAH: Journ. Chin. chem. Soc. 3, 137 (1935). — m-Chlorbenzazid. SAH, WU: Journ. Chin. chem. Soc. 4, 513 (1936); — p-Brombenzazid. SAH, KAO, WANG: Journ. Chin. chem. Soc. 4, 193 (1936).

18. 1.2-Naphthochinon-4-sulfosäure[1]

ist u. a. auch für primäre Amine ein vorzügliches Reagens.[2]

19. α-Dinitrobrombenzol.[3]

Zur Charakterisierung kleiner Mengen primärer und sekundärer Basen empfohlen.

Man löst etwas Bromdinitrobenzol in heißem Alkohol und fügt die alkoholische Aminlösung hinzu. Nach dem Erkalten, evtl. nach Wasserzusatz, fallen die gelben Krystalle des entstandenen Produkts:

$$C_6H_3(NO_2)_2 \cdot NX_2$$

aus. Ammoniak reagiert nicht mit diesem Reagens. Kocht man die Produkte — sofern das Amin der Fettreihe angehört — mit rauchender Salpetersäure, dann erhält man charakteristische Trinitronitramine der Formel:

$$C_6H_2(NO_2)_3NXNO_2.$$

20. Dinitrochlorbenzol.[4]

Man arbeitet in alkoholischer Lösung unter Zusatz äquivalenter Mengen Natriumacetat. Es ist auch in der Chinolinreihe gut verwendbar,[5] ebenso für Aminosäuren.[6]

21. Pikrylchlorid.[7]

Da das Pikrylchlorid auch in kaltem Alkohol reichlich löslich ist, kann man damit die Reaktion meist schon bei gewöhnlicher Temperatur ausführen. Man läßt es entweder in alkoholischer Lösung auf das freie Amin oder bei Gegenwart von Alkali auf das Chlorhydrat der Base einwirken.

Über die Verwertung von Pikrolonsäure zur Charakterisierung von Basen siehe S. 658.

22. 3.5-Dinitro-o-toluylsäure.

Salze mit aromatischen Aminen: SAH, TIEN: Journ. Chin. chem. Soc. 4, 490 (1936). — 3.5-Dinitro-p-toluylsäure: SAH, YUIN: Journ. Chin. chem. Soc. 5, 129 (1937).

---

[1] S. 573.

[2] WITT, KAUFMANN: Ber. Dtsch. chem. Ges. 24, 3163 (1891). — BÖNIGER: Ber. Dtsch. chem. Ges. 27, 95 (1894). — EHRLICH, HERTER: Ztschr. physiol. Chem. 41, 379 (1904); Dtsch. med. Wchschr. 1904, 929. — SACHS, CRAVERI: Ber. Dtsch. chem. Ges. 38, 3685 (1905). — SACHS, BERTHOLD: Ztschr. Farb.-Ind. 6, 141 (1907).

[3] VAN ROMBURGH: Rec. Trav. chim. Pays-Bas 4, 189 (1885). — SCHÖPFF: Ber. Dtsch. chem. Ges. 22, 900 (1889).

[4] NIETZKI, ERNST: Ber. Dtsch. chem. Ges. 23, 1852 (1890). — REITZENSTEIN: Journ. prakt. Chem. (2), 68, 251 (1903). — KÜCHEL: Diss. Gießen 1, 1909.

[5] MEIGEN: Journ. prakt. Chem. (2), 77, 472 (1908).

[6] ABDERHALDEN: Ztschr. physiol. Chem. 65, 318 (1910); 129, 145 (1923).

[7] TURPIN: Journ. chem. Soc. London 59, 714 (1881). — BECKMANN, CORRENS: Ber. Dtsch. chem. Ges. 55, 854 (1922). — FLEISCHER, SCHRANZ: Ber. Dtsch. chem. Ges. 55, 3278 (1922). — Anwendung zur Bestimmung von Anilin und Toluidinen: PREISSECKER, STADLER: Ber. Dtsch. chem. Ges. 65, 1280, 1282 (1932).

G. Verhalten gegen Metaphosphorsäure.[1]

Die primären Aminbasen und Diamine der aromatischen und aliphatischen Reihe geben mit Metaphosphorsäure in Wasser schwer lösliche und in Alkohol unlösliche Verbindungen; hingegen bilden Imide und Nitrilbasen in Wasser und Alkohol lösliche Metaphosphate.

Die Metaphosphorsäure ist daher ein spezifisches Fällungsmittel für primäre Aminbasen; sekundäre und tertiäre Amine werden von ihr nicht gefällt. Die Basen werden in Aether gelöst und mit konzentrierter wässeriger Metaphosphorsäure geschüttelt.

Basen mit zwei Imidgruppen, die durch kohlenstoffhaltige Gruppen getrennt sind, werden ebenfalls von Metaphosphorsäure, zum Teil ölig, gefällt.

Die meisten dieser unlöslichen Metaphosphate werden durch überschüssige Metaphosphorsäure gelöst, deshalb ist Überschuß des Fällungsmittels zu vermeiden.

Diphenylphosphorsäure: BERNTON: Ber. Dtsch. chem. Ges. 55, 3361 (1922).

Imidazoldicarbonsäure: PAULY, LUDWIG: Ztschr. physiol. Chem. 121, 165 (1922); Arch. Pharmaz. 267, 143 (1929).

H. Farbenreaktionen mit Nitroprussidnatrium.[2]

Aliphatische Amine geben mit Nitroprussidnatriumlösung nach Zusatz von Brenztraubensäure veilchenblaue Färbung, die auf Essigsäurezusatz in Blau umschlägt und dann rasch verschwindet.

Mit Aceton und primären Aminen entsteht durch Nitroprussidnatrium rotviolette Färbung, sekundäre und tertiäre Amine färben höchstens orangerot. Andere Ketone und Aldehyde geben mit primären Aminen keine Färbung.

I. Verhalten gegen o-Xylylenbromid.[3]

Primäre aliphatische Amine reagieren unter Bildung von am Stickstoff alkylierten Derivaten des Xylylenimins. Die Verbindungen sind destillierbare Flüssigkeiten von basischem Charakter.

Primäre aromatische Amine, deren Amingruppe keinen orthoständigen Substituenten besitzt, bilden, wie die primären aliphatischen Amine, Derivate des Xylylenimins, doch zeigen diese Verbindungen keine basischen Eigenschaften.

Primäre aromatische Amine mit einem zur Amingruppe orthoständigen Substituenten bilden Derivate des Xylylendiamins:

$$C_6H_4 \begin{array}{c} CH_2Br \\ \diagdown \\ CH_2Br \end{array} + 2\,H_2NH = C_6H_4 \begin{array}{c} CH_2NH \cdot R \\ \diagdown \\ CH_2NH \cdot R \end{array} + 2\,HBr.$$

Primäre aromatische Amine mit zwei zur Amingruppe orthoständigen Substituenten reagieren in der Kälte überhaupt nicht mit o-Xylylenbromid. Bei längerem Erwärmen tritt Zerstörung des Xylylenbromids unter Bildung von bromwasserstoffsaurem Amin ein.

Ein ganz ähnlicher Einfluß der Konstitution auf die Ringbildung, wie er bei der Einwirkung von o-Xylylenbromid auf aromatische Amine zutage tritt, ist von BUSCH bei der Untersuchung der Einwirkung von *o-Aminobenzylamin*

---

[1] SCHLÖMANN: Ber. Dtsch. chem. Ges. 26, 1023 (1893). Orthophosphorsäure gibt ähnliche, aber nicht so scharfe Resultate [D. R. P. 71328 (1896)].

[2] SIMON: Compt. rend. Acad. Sciences 125, 536 (1898). — RIMINI: Annali Farmacoterap. e Ch. 1898, 193.

[3] SCHOLTZ: Ber. Dtsch. chem. Ges. 31, 444, 627, 1154, 1700, 1707 (1898). — SCHOLTZ, WOLFRUM: Ber. Dtsch. chem. Ges. 43, 2304 (1910).

auf aromatische Aldehyde beobachtet worden [Journ. prakt. Chem. (2) 53, 414 (1896)].

Die in Chloroform gelöste Base wird allmählich zu der Chloroformlösung des Bromids gegeben. Die Reaktion pflegt sich dann nach kurzer Zeit unter Erwärmung und Ausscheidung von bromwasserstoffsaurem Amin zu vollziehen. Man saugt ab, wäscht die Chloroformlösung mit Wasser, dampft ein und krystallisiert den Rückstand aus Alkohol oder Aceton bzw. reinigt durch Destillation.

K. Verhalten gegen 1.5-Dibrompentan.[1]

Primäre Amine liefern, wenn sich am Stickstoff eine offene Kette, ein hydrierter Kohlenstoffring, ein heterocyclischer Ring oder ein nicht in o-Stellung substituierter Benzolring befindet, tertiäre Piperidine:

$$(CH_2)_5Br_2 + 3 H_2NR = (CH_2)_5NR + 2 NH_2R \cdot HBr$$

die basische Eigenschaften besitzen und durch Destillation gereinigt werden können.

Nur wenn der Benzolkern in *o-Stellung* zur Aminogruppe einen oder zwei Substituenten trägt, erfolgt die Bildung von Pentamethylendiaminderivaten.[2]

L. Einwirkung von Nitrosylchlorid.[3]

Nitrosylchlorid wirkt auf primäre Amine der Fettreihe nach den Gleichungen:

$$NOCl + R \cdot NH_2 = RN:NCl + H_2O,$$
$$RN:NCl = R \cdot Cl + N_2.$$

Neben dem als Hauptprodukt entstehenden Alkylchlorid bilden sich noch Salze des reagierenden Amins. Ungesättigte Amine geben keine eindeutigen Resultate. In geringem Maß findet auch (beim Iso- und Pseudobutylamin) Isomerisation statt, die bei den Diaminen[4] in größerem Maßstab zu konstatieren ist.

Zu der in wasserfreiem Aether, Toluol oder Xylol gelösten, auf —15 bis —20° abgekühlten Base wird eine ebenfalls gekühlte Lösung von Nitrosylchlorid unter Schütteln so lange langsam zugegeben, bis die Flüssigkeit gegen Lackmus sauer reagiert. Dann versetzt man mit Wasser, trennt die wässerige Schicht, die das Chlorhydrat des Amins enthält, ab, wäscht nochmals aus, trocknet und fraktioniert.

Die Alkylchloride können noch mit Phenolnatrium umgesetzt und so als Phenylaether charakterisiert werden, die durch Wasserdampfdestillation gereinigt werden.

M. Einwirkung von salpetriger Säure.[5]

Auf primäre *Amine*[6] *der Fettreihe* wirkt salpetrige Säure unter Bildung der entsprechenden Alkohole.[7] In der *aromatischen Reihe* tritt entweder Bildung von Diazokörpern oder unter anderen Versuchsbedingungen von Kohlenwasserstoffen, Phenolen oder Phenolaethern ein.

Über die Einwirkung von salpetriger Säure auf *Amine der Pyridinreihe* siehe S. 655.

In manchen Fällen muß man, um Nebenreaktionen zu vermeiden, sehr vor-

---

[1] BRAUN: Ber. Dtsch. chem. Ges. 41, 2157 (1908).
[2] SCHOLTZ, WASSERMANN: Ber. Dtsch. chem. Ges. 40, 852 (1907).
[3] SOLONINA: Journ. Russ. phys.-chem. Ges. 30, 431 (1898).
[4] SOLONINA: Journ. Russ. phys.-chem. Ges. 30, 606 (1898).
[5] Siehe auch NEOGI: Chem. News 111, 255 (1915).
[6] Über Nitrite primärer Basen siehe WALLACH: Liebigs Ann. 353, 318 (1907).
[7] A. W. HOFMANN: Liebigs Ann. 75, 362 (1850). — LINNEMANN: Liebigs Ann. 144, 129 (1867).

sichtig arbeiten; etwa mit Bariumnitrit und möglichst wenig Schwefelsäure in schwacher Wärme oder im Vakuum bei Zimmertemperatur[1] oder mit Silbernitrit und der berechneten Menge Salzsäure (Chlorhydrat der Base).[2]

Manchmal entstehen neben dem primären Alkohol als Neben- oder Hauptprodukt sekundäre[3] oder tertiäre[4] Alkohole; auch können bei carbocyclischen Verbindungen *Ringerweiterungen* eintreten: Cyclopentylmethylamin $C_5H_9 \cdot CH_2 \cdot NH_2$ liefert Cyclohexanol und daraus Cyclohexanon; Hexahydrobenzylamin gibt Suberon, Suberylmethylamin gibt Azelainketon.[5]

Ebenso können aber auch *Ringverengungen* erfolgen.[6]

Die am *Ringstickstoff* heterocyclischer Komplexe haftende Amingruppe wird unter korrespondierenden Bedingungen als Stickoxydul abgespalten und durch ein Wasserstoffatom ersetzt: BÜLOW, KLEMANN: Ber. Dtsch. chem. Ges. 40, 4750 (1907).

Bildung von Diazosäureestern aus α-Aminofettsäureester S. 663.

In *Polypeptiden* wird teilweise auch die *Imino*gruppe angegriffen.[7]

N. Einwirkung von Schwefeltrioxyd.

Während die *aromatischen Basen* hierbei Sulfosäuren liefern, nehmen die *aliphatischen Amine* unter Bildung von alkylierten Sulfaminsäuren Schwefeltrioxyd auf. Hierdurch können aliphatische und aromatische Amine unterschieden werden.[8]

Analog wirkt *Sulfurylchlorid*.[9]

Einwirkung von *Dinitrobenzaldehyd:* SACHS, BRUNETTI: Ber. Dtsch. chem. Ges. 40, 3230 (1907). — BENNETT, PRATT: Journ. chem. Soc. London 1929, 1465.

Nur primäre Arylamine verbinden sich mit *Benzaldehydbisulfit* beim Schütteln in Wasser.[10]

Weitere Reaktionen der primären Amine siehe S. 677.

Reaktionen der Diamine siehe S. 654 und 667.

II. Quantitative Bestimmung der primären Amingruppe.

A. Bestimmung aliphatischer Amingruppen.

1. Mittels salpetriger Säure.

Verfahren von HANS MEYER.[11]

Die in 15 ccm verdünnter Schwefelsäure oder n-Salzsäure (3 Mol) gelöste Substanz befindet sich in einem mit dreifach durchbohrtem Kork verschlossenen

---

[1] Benzoylornithin: SÖRENSEN: Ber. Dtsch. chem. Ges. 43, 646 (1910).

[2] Menthylamin: E. MÜLLER: Diss. Leipzig 16, 18, 1908.

[3] V. MEYER, FORSTER: Ber. Dtsch. chem. Ges. 9, 535 (1876). — V. MEYER, BARBIERI, FORSTER: Ber. Dtsch. chem. Ges. 10, 132 (1877). — LINNEMANN, V. MEYER: Liebigs Ann. 161, 43 (1872); 144, 129 (1876). — SMITH: Svensk Kem. Tidskr. 1921, 75. — SMITH, PLATON: Ber. Dtsch. chem. Ges. 55, 3143 (1922).

[4] FREUND, LENZE: Ber. Dtsch. chem. Ges. 24, 2050 (1891). — FREUND, SCHÖNFELD: Ber. Dtsch. chem. Ges. 24, 3350 (1891). — HENRY: Compt. rend. Acad. Sciences 145, 899 (1907).

[5] DEMJANOW: Chem. Ztrbl. 1903 I, 828; 1904 I, 1214; Ber. Dtsch. chem. Ges. 40, 4393 (1907). — WALLACH: Liebigs Ann. 353, 318 (1907); Nachr. K. Ges. Wiss. Göttingen 1907, 65; Liebigs Ann. 414, 229 (1917). — Siehe HANS MEYER: Synthese I, 552 (1938).   [6] DEMJANOW: Ber. Dtsch. chem. Ges. 40, 4961 (1907) (Cyclobutylamin).

[7] E. FISCHER, KÖLKER: Liebigs Ann. 340, 178 (1905). — CURTIUS, THOMPSON: Ber. Dtsch. chem. Ges. 39, 3405 (1906).

[8] BEILSTEIN, WIEGAND: Ber. Dtsch. chem. Ges. 16, 1264 (1883).

[9] BEHREND: Liebigs Ann. 222, 118 (1883). — FRANCHIMONT: Rec. Trav. chim. Pays-Bas 3, 417 (1884).

[10] FERRY, BUCK: Journ. Amer. chem. Soc. 58, 2172 (1936).

[11] HANS MEYER: Anleitung zur quantitativen Bestimmung der organischen

Kölbchen oder noch besser in einem mit eingeschmolzener Capillare versehenen Fraktionierkolben, dessen Kork einen kleinen Scheidetrichter trägt. Das seitliche Rohr führt durch einen luftdicht schließenden Kork bis nahe an den Boden eines zweiten, mit kalt gesättigter Ferrosulfatlösung gefüllten Kölbchens. Dieses zweite Fraktionierkölbchen wird mittels seines entsprechend gebogenen Ansatzrohrs an einen LIEBIGschen Kaliapparat angefügt, der mit 3proz., mit etwa 1 g Soda versetzter Kaliumpermanganatlösung[1] gefüllt ist.

Der Kaliapparat trägt ein Gasentbindungsrohr, das, unter Quecksilber mündend, dazu bestimmt ist, in das Meßrohr gesteckt zu werden.

Letzteres wird zur Hälfte mit Kalilauge (1,4), zur Hälfte mit Quecksilber gefüllt. Durch den Apparat streicht ein langsamer Kohlendioxydstrom.

Nachdem alle Luft aus dem Apparat vertrieben ist, setzt man das Meßrohr auf und läßt aus dem Scheidetrichter etwa 3 Mol Kaliumnitrit einfließen.

Die Stickstoffentwicklung wird evtl. durch Erwärmen auf dem Wasserbad unterstützt und zur Vollendung der Reaktion schließlich noch mit verdünnter Schwefelsäure und Wasser nachgespült.

Das Rohr des Scheidetrichters ist am Ende ausgezogen und nach aufwärts gebogen. Es reicht bis unter das Niveau der Flüssigkeit und wird vor Beginn des Versuchs mit destilliertem Wasser gefüllt.

Nach Beendigung der Reaktion wird noch eine Stunde über Kalilauge, dann 12 Stunden über Ferrosulfatlösung stehengelassen.

Methode von STANĚK.[2]

Man benutzt zur Zerlegung der Aminosäuren eine Lösung, die durch Einwirkung von salpetrigsaurem Natrium auf rauchende Salzsäure entsteht und im wesentlichen Nitrosylchlorid enthält.

Ein bestimmtes Volumen konzentrierter Salzsäure wird, in einem zylindrischen Glas, mit einem Tropftrichter, dessen Rohr bis an den Boden reicht und zu einer feinen Spitze ausgezogen ist, abgeschlossen. In den Trichter gießt man $1/_5$ Volumen der angewendeten Salzsäure an 40proz. wässeriger Lösung von salpetrigsaurem Natrium und läßt sie in die Säure tropfen. Nach beendigter Reaktion gießt man die Flüssigkeit vom Kochsalz ab und bewahrt sie in einer gut verschließbaren Flasche.

Durch dieses Reagens werden die Aminosäuren glatt und rasch zerlegt, die Analyse ist sicher in einer halben Stunde beendigt. Bei der Reaktion entstehen nur geringe Mengen Stickoxyd, in keinen Fall mehr als 40—50 ccm. Zur Ausführung der Bestimmung dient folgender *Apparat* (Abb. 170).

Der Zersetzungskolben *a* von etwa 80 ccm Inhalt ist mit einem eingeschliffenen Glasstöpsel, in dem zwei Röhren eingeschmolzen sind, verschlossen. Die eine Röhre *b* am oberen Ende dient zum Ableiten der Gase, die zweite *c* reicht bis zu zwei Drittel der Höhe des Kolbens herab und ist mit einem doppeltgebohrten Hahn *c'* versehen, der es ermöglicht, einerseits die Verbindung mit einem KIPPschen Kohlensäureapparat, anderseits mit dem Trichter *d* herzustellen. *b* ist

Atomgruppen, S. 8. Berlin: Julius Springer 1897; 2. Aufl., S. 129. 1904. — E. FISCHER: Liebigs Ann. **340**, 177 (1905). — Siehe auch SACHSSE, KORMANN: Landwirtschl. Vers.-Stat. **17**, 95, 321 (1870); Ztschr. analyt. Chem. **14**, 380 (1875). — KERN: Landwirtschl. Vers.-Stat. **24**, 365 (1877). — BÖHMER: Landwirtschl. Vers.-Stat. **29**, 247 (1882); Ztschr. analyt. Chem. **21**, 212 (1882). — Siehe auch CAMPANI: Gazz. chim. Ital. **17**, 137 (1887). — EULER: Liebigs Ann. **330**, 287 (1903). — BROWN, MILLAR: Trans. Guiness. Res. Lab. **1**, 29 (1903).

[1] Vielleicht noch besser 10—15 ccm 12proz. Salpetersäure, in der 10 g Chromsäure gelöst sind: BÖHMER: Ztschr. analyt. Chem. **22**, 23 (1883).

[2] STANĚK: Ztschr. physiol. Chem. **46**, 263 (1905).

mittels eines dickwandigen Kautschukschlauchs mit der starkwandigen, nach unten gebogenen Röhre *e* verbunden, die zum Absorber *g* führt und mit einem seitlichen Hahn *f* versehen ist, der in ein mit Wasser gefülltes Becherglas mündet. In *g* ist unten eine umgebogene Röhre *h* so eingeschmolzen, daß eine ringförmige Vertiefung entsteht, die mit Quecksilber gefüllt wird; ihr Ende reicht in einen mit Lauge gefüllten Kolben *g* und geht oben in eine enge Capillare über, die mit der Bürette verbunden ist. Diese ist mit Wasser gefüllt und unten zum Ausgleich des Drucks durch einen Kautschukschlauch mit dem Gefäß *k* verbunden; *k* ist an einer Schnur aufgehängt, die über Rollen läuft und mit einem Gegengewicht

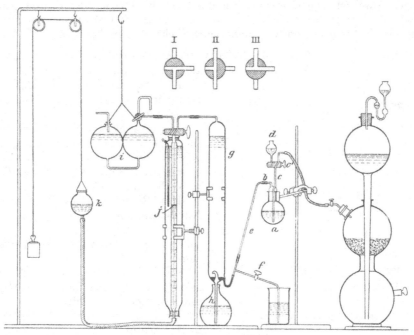

Abb. 170. Apparat von STANĚK.

versehen ist. Durch Senken und Heben des Gefäßes wird das Gas in die Bürette übergeführt. Die Bürette ist mit einem Wassermantel versehen, in dem ein Thermometer hängt. Der Zweiweghahn der Bürette kommuniziert einerseits mit *g*, anderseits mit einem zweiten Absorber *i*, der mit etwa 300 ccm gesättigter Kaliumpermanganatlösung in zirka 10proz. Alkalilauge gefüllt ist. Der Doppelweghahn des Absorbers erlaubt die Verbindung mit der Bürette (I) oder mit der Außenluft (II) oder auch der Bürette mit der Luft (III).

In *a* werden zirka 4—5 g Kochsalz und 25 ccm Lösung, die 0,05—0,3 g Aminosäure enthält, eingeführt, der Kolben dann mittels des mit Vaselin ein wenig geschmierten Glasstöpsels geschlossen und Kohlendioxyd durchgeleitet.

Nach dem Öffnen von *c* und *f* läßt man ca. 5 Minuten Kohlendioxyd hindurchstreichen und prüft dann, ob schon alle Luft verdrängt ist, indem man *f* schließt und in raschem Strom etwa 30 ccm Gas in den mit Wasser gefüllten Absorber einläßt; wird alles bis auf ein kleines Bläschen absorbiert, so läßt man aus *d* etwa 40 ccm Nitrosylchloridlösung in den Kolben fließen und unter öfterem Schütteln reagieren. Auf vollständiges Aufhören der Gasentwicklung braucht man nicht zu warten, man läßt vielmehr nach etwa $^{1}/_{2}$ Stunde aus *d* gesättigte Kochsalzlösung mit etwas Nitrosylchlorid einfließen, bis das Gas vollkommen verdrängt ist und etwas Flüssigkeit bis zum Absorber gelangt. Dann verbindet man g mit der Bürette, saugt durch Senken der Füllkugel das Gas hinein und leitet es sogleich in den zweiten Absorber, der vorher vollkommen mit Flüssigkeit gefüllt worden war. In diesem schüttelt man das Gas so lange, bis alles Stickoxyd absorbiert ist. Das Ende der Reaktion erkennt man daran, daß die Permanganatlösung an den Glaswänden ihre Farbe in Grün umwandelt, sofern noch eine Spur Stickoxyd vorhanden ist. Eine Füllung des Absorbers reicht für zirka 10 Versuche aus.

Sodann saugt man das Gas wieder in die Bürette und liest das Gasvolumen nach Ausgleich von Temperatur und Druck ab. Da sich der Stickstoff sowohl aus der Aminosäure als auch aus dem Nitrosylchlorid abspaltet, entspricht die Hälfte des abgelesenen Volumens dem Stickstoff der Aminosäure.

Methode von van Slyke.[1]

Der von Klein[2] modifizierte Apparat ist in Abb. 171 dargestellt.

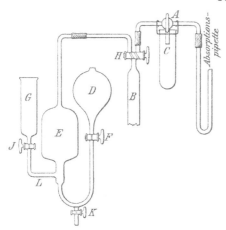

Abb. 171. Apparat von Klein.

Alle Glasröhren haben das Lumen mittlerer Capillaren. Die Handhabung ist folgende:

Die Flüssigkeit wird von der Absorptionspipette durch den Dreiweghahn A gesaugt, der dann so eingestellt wird, daß er mit der Bürette B und der Luft bei C in Verbindung steht.

Das Reservoir D wird mit 28 ccm Nitritlösung gefüllt und durch Senken der Niveaukugel von B nach E gebracht, so daß noch ein wenig Flüssigkeit über dem Hahn F stehenbleibt.

Die Luft in B wird durch A hinausgeleitet; es ist nicht nötig, die Capillare mit Flüssigkeit zu füllen.

Die zu analysierende Flüssigkeit wird in G eingefüllt. Nun werden 7 ccm Eisessig in D eingegossen und durch Senken der Niveaukugel nach E gebracht. Etwas Säure muß über F zurückbleiben. Das entwickelte Gas verdrängt die Luft in E. Haben sich zirka 45—50 ccm Gas in der Bürette gesammelt, wird H geschlossen und F geöffnet. Es bildet sich dann bald ein Gasraum von genügender Größe in E.

Unterdessen treibt man das Gas aus der Bürette durch A aus, füllt die Capillare mit Flüssigkeit und läßt den Überschuß in die Eprouvette C ablaufen. H wird geschlossen und A so gedreht, daß Verbindung zwischen der Absorptionspipette und B entsteht.

[1] van Slyke: Proceed. Amer. Soc. Biol. Chem. **1909**; Journ. biol. Chemistry **7**, 34 (1910); **9**, 185 (1911); **10**, 15 (1911); **12**, 275 (1912); **16**, 39 (1914); **22**, 281 (1915); Ber. Dtsch. chem. Ges. **43**, 3170 (1910); **44**, 1684 (1911). — Levene, Jacobs: Ber. Dtsch. chem. Ges. **43**, 3160 (1910). — Abderhalden, Wurm: Ztschr. physiol. Chem. **82**, 161 (1912). — Trier: Ztschr. physiol. Chem. **85**, 384 (1913) (Lecithine). — Rosenberg: Biochem. Ztschr. **62**, 157 (1914). — Plimmer-Matula: Die chemische Konstitution der Eiweißkörper, S. 67. Dresden: Steinkopf 1914. — Gortner: Journ. biol. Chemistry **26**, 177 (1916); Journ. Amer. chem. Soc. **37**, 1630 (1915); **39**, 2477, 2736 (1917). — Hamilton: Journ. biol. Chemistry **48**, 249 (1921); Journ. Amer. chem. Soc. **45**, 815 (1923). — Rosenthaler: Arch. Pharmaz. **265**, 112 (1927); Biochem. Ztschr. **207**, 298 (1929). — Richardson: Proceed. Roy. Soc., London, B **115**, 142 (1934). — Neuberger: Proceed. Roy. Soc., London **115**, 180 (1934).
[2] Klein: Journ. biol. Chemistry **10**, 287 (1911).

Man schließt nun F und läßt die Flüssigkeit von G nach E ein, wobei sorgfältig darauf zu achten ist, daß nichts davon unterhalb des Hahns J austritt. Nun wird J geschlossen, G mit ein wenig Wasser ausgespült, das wieder nach E abgelassen wird. Dies wird zwei- bis dreimal wiederholt.

Hat die Reaktion 5 Minuten gedauert, so wird aus D so viel Flüssigkeit nach E getrieben, bis sie H erreicht. Man treibt nun das Gas aus B in die Absorptionspipette, bis die Säurelösung die Capillaren der Pipette erfüllt. Die zur Absorption des Stickoxyds erforderliche Zeit kann abgekürzt werden, wenn die Pipette während der Durchleitung des Gases geschüttelt wird.

Das unabsorbierte Gas wird nach der Bürette zurückgetrieben, so daß die Permanganatlösung bis H reicht. Das Gas wird dann gemessen; der Vorgang kann zur Kontrolle wiederholt werden.

Die Reinigung des Apparats geschieht durch Ablassen der Flüssigkeit bei K und Waschen mit destilliertem Wasser, das bei G und D eingefüllt und nach E eingelassen wird; die Gefäße werden zwei- bis dreimal gewaschen. Es ist zweckmäßig, den Apparat bei L mit einer Korkrinne zu unterstützen.

Falls es sich als notwendig erweisen sollte, Amyl- oder Oktylalkohol zuzusetzen, kann er vor Einlassen der Nitritlösung durch D oder durch G nach E gebracht werden.

Bei der Analyse des Caseins und besonders des Gliadins tritt sehr heftiges Schäumen ein, und es scheidet sich ein gelber grobkörniger Niederschlag aus, der die Capillaren verlegt und so das Ablesen unmöglich macht. In derartigen Fällen wird, nachdem aus E die Luft verdrängt ist, der Hahn nach D geöffnet, wodurch die Flüssigkeit nach D steigt. Man läßt die Flüssigkeit in D so hoch steigen, daß nur mehr etwa 20 ccm in E bleiben, schließt dann den Hahn und saugt die Lösung nach E. Die Reaktion ist ebenso heftig wie sonst, da sie jedoch in E ziemlich weit unten vor sich geht, wird der Niederschlag nicht bis zu den Capillaren getrieben und diese werden daher nicht verstopft. Schließlich läßt man die Flüssigkeit langsam nach E fließen.

Weil man durch die Reaktion doppelt soviel Stickstoff, als ursprünglich im Aminostickstoff vorhanden war, erhält, bekommt man je nach Druck und Temperatur 1,7—1,9 ccm Stickstoffgas aus jedem Milligramm Aminostickstoff. Dadurch gewinnt das Verfahren an Genauigkeit und Bequemlichkeit.

Leucin, Valin, Alanin, Glycin, Tyrosin, Phenylalanin, Glutaminsäure, Asparaginsäure und *Serin* geben 1 Mol, d. h. 100%, Stickstoff ab. *Lysin* reagiert mit 2 Mol, auch 100% seines Stickstoffs. *Arginin, Histidin* und *Tryptophan* entwickeln je 1 Mol Stickstoff, was $^1/_4$, $^1/_3$ bzw. $^1/_2$ des Gesamtstickstoffs entspricht. *Prolin* und *Oxyprolin* reagieren gar nicht, desgleichen *Glycinanhydrid*. *Leucylglycin* und *Leucylleucin* reagieren quantitativ mit den freien Aminogruppen, nicht mit den peptidartig gebundenen Iminogruppen. Dagegen reagieren *Glycylglycin* und *Leucylisoserin* teilweise mit ihrer peptidgebundenen Iminogruppe, *Guanidin* und *Kreatin* sind nicht reaktionsfähig. *Cytosin* und *Guanin* reagieren mit ihren primären Aminogruppen, aber quantitativ nur nach längerer Zeit, zirka nach 2 Stunden. *Asparagin* reagiert mit nur einer Aminogruppe, wie Sachsse, Kormann auch beobachtet haben. Die *Säureamid*gruppe ist nicht labil. *Ovalbumin* reagiert mit nur 3% seines gesamten Stickstoffs, *Heterofibrinose* und *Protofibrinose* jedes mit 6,4%, die *Deuterofibrinose A* mit 13,0%, *B* mit 10,2%, *Glykofibrinose* mit 12,6%.[1]

Vom Lysin abgesehen, reagieren alle natürlich vorkommenden Aminosäuren in 5 Minuten quantitativ; für Lysin ist eine halbe Stunde erforderlich. Am-

---

[1] E. Fischer, Kölker: Liebigs Ann. **340**, 177 (1905). — Herzig, Lieb: Ztschr. physiol. Chem. **117**, 9 (1921).

moniak und Methylamin benötigen $1^1/_2$—2 Stunden, Purine und Pyrimidine 2—5 Stunden und Harnstoff 11 Stunden.

Die Vollständigkeit der Reaktion kann durch Wiederholung des Verfahrens geprüft werden, wobei man nachsieht, ob sich noch mehr Gas entwickelt.

Glykokoll[1] und *Cystin* entwickeln mehr Gas, als theoretisch erwartet werden

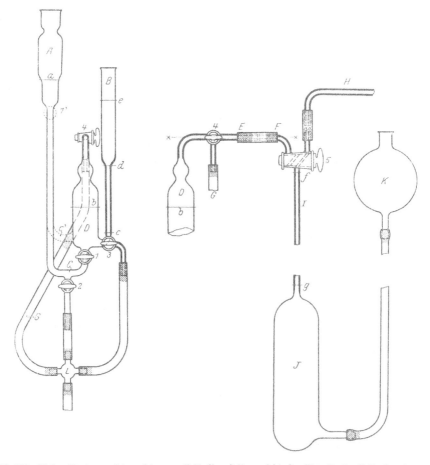

Abb. 172. Links: Vorderansicht, rechts: unvollständige Seitenansicht der Hauptbestandteile des Apparates.

A Einfüllgefäß für die Reagenzien,	H Verbindungsrohr zur (nicht abgebildeten) Hempelpipette,	K Füllkugel,
B Graduiertes Einfüllgefäß für die zu untersuchende Flüssigkeit,	I Graduiertes Rohr der Gasbürette,	L Vierwegstück, in dem die Entleerungs- bzw. Überlaufleitungen sich vereinigen.
D Desamidierungsgefäß,	J Erweiterung der Gasbürette,	

sollte; zur Korrektion der Werte für Cystin kann der Faktor 0,926 verwendet werden; beim Glykokoll müssen 3% des gesamten Gasvolumens abgerechnet werden. *Cephaelin* liefert 110% d. Th.[2]

KUPELWIESER, SINGER haben den VAN SLYKEschen Apparat folgendermaßen modifiziert,[3] wodurch *Mikro*bestimmungen ermöglicht werden.

---

[1] Nach GERNGROSS, DESEKE 110—130% d. Th.: Ber. Dtsch. chem. Ges. **66**, 1813 (1933). [2] RUDY, PAGE: Ztschr. physiol. Chem. **193**, 251 (1930).
[3] Biochem. Ztschr. **178**, 325 (1926). — Auch von VAN SLYKE selbst ist ein Mikroverfahren angegeben worden: Journ. biol. Chemistry **16**, 121 (1913); **23**, 407 (1915). — Siehe auch PREGL, ROTH: Mikroanalyse, S. 204. 1935.

Die Grundform des Originalapparates ist im wesentlichen beibehalten. Das Verbindungsrohr C mündet an der tiefsten Stelle des Desamidierungsgefäßes in dieses; dorthin wird auch der früher bei $1'$ angebrachte Hahn 1 verlegt. An der tiefsten Stelle des Rohres C sitzt Entleerungshahn 2.

Die durch einen Schlauch verbundenen Rohrenden E und F werden so gelegt, daß sie in die Verlängerung der Achse x—x zu liegen kommen, um die sich das Desamidierungsgefäß und die mit ihm starr verbundenen Teile beim Schütteln drehen.

Zu Beginn des Versuches ist die HEMPELpipette und das Rohr H bis zum Hahn 5 mit Kaliumpermanganat, die Gasbürette sowie die Verbindung F—E bis zum Dreiweghahn 4 mit Wasser gefüllt.[1] Der Dreiweghahn ist so gestellt, daß das Desamidierungsgefäß durch den Schlauch G nach dem Vierwegstück K hin offen, aber gegen E abgeschlossen ist. Die Gasbürette ist durch den Hahn 5 sowohl gegen F, wie gegen H, das Desamidierungsgefäß durch den Hahn 3 gegen B abgeschlossen.

Sind diese Vorbereitungen getroffen, wird bei verschlossenen Hähnen 1 und 2 in das Gefäß A Eisessig eingefüllt; Luftblasen im Rohr C werden durch Schwenken des Apparates entfernt, und der Meniscus des Eisessigs wird durch Ablassen des Überschusses durch den Hahn 2 auf die Marke a eingestellt. Man läßt nun in D durch den Hahn 1 so viel vom Eisessig übertreten, daß nur noch in C etwas davon zurückbleibt, worauf bis zur oberen Verengung von A mit Natriumnitritlösung aufgefüllt wird. Hierauf wird mit dem Öffnen des Hahnes 1 der Weg zum Desamidierungsgefäß freigegeben, so daß die eintretende Flüssigkeit die noch in D befindliche Luft durch den Hahn 4 nach G austreibt. Jetzt wird durch rasches Umstellen des Hahnes 4 — unter gleichzeitigem Abschluß gegen G—D — mit E verbunden. Schon während des Verdrängens der Luft hat in D die Entwicklung von Stickoxyd begonnen. Diese wird — beschleunigt durch Schütteln des Desamidierungsgefäßes — so lange fortgesetzt, bis das entstehende Gas so viel Flüssigkeit nach A zurückgedrängt hat, daß D nur noch bis zur Marke b mit Reagens gefüllt bleibt. Dann schließt man den Hahn 1 und stellt durch den Hahn 5 die Verbindung zwischen Desamidierungsgefäß und der Gasbürette her. Nun ist noch aus der Bohrung des Winkelhahnes 3 die Luft mittels Wasser von B her zu verdrängen, worauf die zu untersuchende Flüssigkeit in das Gefäß B eingefüllt werden kann.

Das Einbringen der zu untersuchenden Flüssigkeit in das Desamidierungsgefäß geschieht in folgender Weise: Die mit J durch einen entsprechend langen Schlauch verbundene, Wasser enthaltende Füllkugel K wird eingesenkt, so daß in D Unterdruck entsteht, wodurch die in B befindliche Flüssigkeit nach Öffnen des Hahnes 3 in das Desamidierungsgefäß eingesaugt wird. Soll eine abgemessene Menge der Probe eingebracht werden, benutzt man hierzu die Graduierung des Gefäßes B; will man eine zur Verfügung stehende Flüssigkeitsmenge zur Gänze analysieren, wird nach tunlichst rückstandslosem Überführen der Probe nach D das Gefäß B mit Wasser ausgespült und dieses der Probe nachgeschickt. Um dabei den Eintritt von Luft in D zu vermeiden, muß darauf geachtet werden, daß die Flüssigkeit in B nie unter die Nullmarke c sinkt.

Nach sorgfältigem Verschließen des Hahnes 3 wird D mittels der Schütteleinrichtung 5—10 Minuten lang geschüttelt. Während dieser Zeit geht die eingangs angeführte Reaktion (die „Desamidierung") vor sich; gleichzeitig wird infolge der andauernden Zersetzung der salpetrigen Säure weiteres Stickoxyd gebildet. Der größte Teil der entstehenden Gase entweicht schon während des

---

[1] Es ist darauf zu achten, daß auch die beiden Bohrungen des Hahnes 5 mit den betreffenden Flüssigkeiten gefüllt werden.

Schüttelns in die Gasbürette; der Rest wird nachher, sobald man den Hahn *1*
öffnet, in diese hinübergeführt. Man schließt, sobald dies vollständig geschehen,
den Hahn *5*, stellt durch Heben der Füllkugel Überdruck her und gibt nun den
Weg von der Gasbürette zur HEMPELpipette so lange frei, bis das ganze Gas in
diese übergetreten ist. Nunmehriges, etwa 3 Minuten langes Schütteln reicht
zur vollständigen Absorption des Stickoxyds
durch die alkalische Permanganatlösung aus.

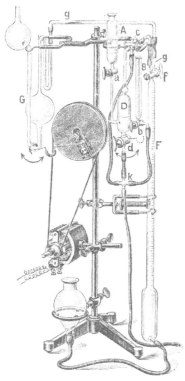

Das übrigbleibende Gas (reiner Stickstoff)
wird, indem man die Füllkugel senkt, durch
den wieder geöffneten Hahn *5* zur Gänze in die
Gasbürette getrieben und dort eingeschlossen.[1]
Jetzt bringt man den Flüssigkeitsspiegel in der
Füllkugel in die Höhe des unteren Flüssigkeits-
meniscus in der Gasbürette und liest an dieser
die gewonnenen Kubikzentimeter Stickstoff ab.

Zur Sicherstellung des Resultates sind folgende Maßnahmen notwendig:

a) Bestimmung des Blindwertes: Das käufliche Natriumnitrat enthält fast immer Verunreinigungen, die beim Zusatz des Eisessigs kleine
Mengen Stickstoff entwickeln, welche in Vor-
versuchen zu ermitteln und von den bei den
Aminostickstoffbestimmungen gefundenen Werten in Abzug zu bringen sind.

b) Prüfung auf Vollständigkeit der Absorption des Stickoxyds, die am Ende jedes Versuchs durch neuerliches Schütteln des Gases
in der HEMPELpipette und Wiederholung der
Volumenbestimmung zu geschehen hat.

c) Prüfung auf Vollständigkeit der Desami-
dierungsreaktion: Nach erfolgter Volumenbestimmung wird das in der Gasbürette befindliche
Gas durch den Hahn *4* nach *G* ausgetrieben, so daß
nun die Gasbürette und die Verbindungsleitung

Abb. 173. Methode von van SYLKE.

F—E wieder mit Wasser gefüllt sind. Nun kann mit der im Desamidierungsgefäß verbliebenen Flüssigkeit, die weiter Stickoxyd entwickelt, ein neuerlicher
Versuch ausgeführt werden. Als Zeichen für die vollständig erfolgte Desamidierung darf der jetzt gefundene Wert die Größe des Blindwertes nicht überschreiten.

Fraktioniertes Messen größerer Stickstoffvolumina.

Befindet sich nach erfolgter Absorption des Stickoxyds in der HEMPEL-
pipette eine größere Gasmenge, dann wird zunächst einerseits von der Füllkugel
aus durch den Hahn *5*, anderseits von *A* aus der ganze Apparat luftblasenfrei
mit Wasser gefüllt. Man treibt nun aus der HEMPELpipette in die Gasbürette
eine deren Meßbereich nicht überschreitende Gasmenge ein und bestimmt ihr
Volumen. Dann wird diese bereits gemessene Gasmenge gegen *D* hin abge-
schoben und hierauf kann in der gleichen Weise eine nächste Gasportion gemessen
werden. Dieses Verfahren setzt man fort, bis das ganze Gasvolumen portionenweise ermittelt ist. Zur Kontrolle wird der Vorgang dann in umgekehrter Richtung

---

[1] Man läßt dabei nach dem Gas eine geringe Menge Kaliumpermanganatlösung
in die Gasbürette eintreten, so daß das abzumessende Gasvolumen von zwei Flüssig-
keitsmeniscen begrenzt wird.

wiederholt, indem das jetzt in D befindliche Gas unter neuerlicher fraktionierter Messung in die HEMPELpipette zurückbefördert wird.

2. Analyse von Salzen und Doppelsalzen, Acylierungsverfahren,

siehe S. 656 und 623.

B. Bestimmung aromatischer Amingruppen.

1. Titration.

Nach MENSCHUTKIN[1] lassen sich die Salze der Aminbasen mit Mineralsäuren in wässeriger oder alkoholischer Lösung mit wässeriger Kalilauge oder Baryt-hydrat und Rosolsäure oder Phenolphthalein (HANTZSCH: Aminoazokörper) als Indicator ebenso titrieren, als ob freie Säure vorhanden wäre.

Amine der Fettreihe[2] titriert man in alkoholischer Lösung mit alkoholischer Lauge.

Anderseits lassen sich auch viele Basen direkt mit Salzsäure titrieren, wenn man Methylorange oder Kongorot[3] als Indicator benutzt.

Aminosäureester der Fettreihe, Biuretbase usw. werden am besten mit Coche-nille, dann mit Tropäolin, weniger gut mit Aethylorange oder Lackmus titriert.[4]

Über Titration ·der *Aminosäuren* siehe S. 488 und 665.

Titration aliphatischer Diamine: BERTHELOT: Compt. rend. Acad. Sciences 129, 694 (1899). — SCHÜCK: Diss. Münster 13, 1906. — siehe auch S. 648.

Titration von Alkaloiden in Chloroformlösung mit Benzol-(Toluol-)Sulfosäure: VORLÄNDER: Ber. Dtsch. chem. Ges. 67, 145 (1934).

2. Methoden, die auf Diazotierung der Amingruppe beruhen.[5]

a) Überführung der Base in einen Azofarbstoff.[6]

Zur Bestimmung der Base, z. B. Anilin, löst man 0,7—0,8 g in 3 ccm Salz-säure[7] und verdünnt mit Wasser unter Zusatz von etwas Eis auf 100 ccm.

Anderseits bereitet man eine titrierte Lösung von *R-Salz*, die davon in 1 l eine ungefähr 10 g Naphthol äquivalente Menge enthält. Man fügt zu der Lösung der Base, die auf 0° gehalten wird, so viel Natriumnitrit, als dem Anilin ent-spricht, und gießt nach und nach das Reaktionsprodukt in abgemessene, mit überschüssigem Natriumcarbonat versetzte R-Salzlösung.

---

[1] MENSCHUTKIN: Ber. Dtsch. chem. Ges. 16, 316 (1883). — LÉGER: Journ Pharmac. Chim. (5), 6, 425 (1882). — LUNGE: Dinglers polytechn. Journ. 251, 40 (1884). — MÜLLER: Bull. Soc. chim. France (3), 3, 605 (1890). — PECHMANN: Ber. Dtsch. chem. Ges. 27, 1693, Anm. (1894). — FULDA: Monatsh. Chem. 23, 919 (1902). — HANTZSCH: Ber. Dtsch. chem. Ges. 41, 1177 (1908). — EHRLICH: Ber. Dtsch. chem. Ges. 45, 2412 (1912).

[2] MENSCHUTKIN, DYBOWSKI: Journ. Russ. phys.-chem. Ges. 29, 240 (1897).

[3] JULIUS: Die chemische Industrie 9, 109 (1888). — STRACHE, IRITZER: Monatsh. Chem. 14, 37 (1893). — ASTRUC: Compt. rend. Acad. Sciences 129, 1021 (1899). — GRIMALDI: Staz. sperim. agrar. Ital. 35, 738 (1902). — LIDHOLM: Ber. Dtsch. chem. Ges. 46, 157 (1913). — Für Anilin und Toluidin und wohl auch für die meisten aroma-tischen Amine ist die Methode nicht sehr genau. — SABALITSCHKA, DANIEL: Ber. Dtsch. pharmaz. Ges. 30, 481 (1920). — SABALITSCHKA, SCHRADER: Ztschr. angew. Chem. 34, 45 (1921). [4] CURTIUS: Ber. Dtsch. chem. Ges. 37, 1286 (1904).

[5] Gasometrische Bestimmung im Nitrometer: GRIGORJEW: Ztschr. analyt. Chem. 69, 47 (1926).

[6] REVERDIN, DE LA HARPE: Chem.-Ztg. 13, 387, 407 (1889); Ber. Dtsch. chem. Ges. 22, 1004 (1889).

[7] Die Diazotierung aromatischer Amine wird durch Zusatz von *Kaliumbromid* stark beschleunigt: MENO, SEKIGUCHI: Journ. Soc. Ind. Japan, Suppl. 37, 235 (1934).

Der Farbstoff wird mit Kochsalz gefällt, filtriert und das Filtrat durch Hinzufügen von Diazobenzollösung bzw. R-Salz auf einen Überschuß des einen oder anderen dieser Stoffe geprüft.

Durch wiederholte Versuche stellt man das Volumen R-Salzlösung fest, das nötig ist, um das Diazobenzol zu binden.

Die Resultate sind ein wenig zu hoch, da durch die Kochsalzlösung auch etwas R-Salz ausgefällt wird.

HIRSCH[1] arbeitet mit SCHÄFFERschem Salz in der Art, daß er zu der mit einigen Tropfen Ammoniak und Kochsalz versetzten gemessenen Naphthollösung so lange frisch bereitete Diazolösung zufließen läßt, als noch Vermehrung des sofort ausfallenden Farbstoffs eintritt.

Man läßt von Zeit zu Zeit einen Tropfen Naphthollösung auf Fließpapier gegen einen Tropfen Diazoverbindung auslaufen und beobachtet, ob an der Berührungsstelle Rotfärbung erfolgt; aus der Intensität derselben ist ein Schluß auf die Menge des noch unverbundenen Naphthols zulässig. Ist diese sehr gering, dann tritt die Rotfärbung nicht mehr am Rand, sondern im Innern des ausgelaufenen Tropfens auf. Wird eine leicht lösliche Verbindung gebildet, bringt man auf Filtrierpapier ein Häufchen Kochsalz, auf das man die Lösung auftropfen läßt.

b) Indirekte Methode.

Diese bildet eine Umkehrung der volumetrischen Methode zur Bestimmung der salpetrigen Säure nach GREEN, RIDEAL.[2]

Die Base wird mit ihrem dreifachen Gewicht Salzsäure[3] übergossen und mit so viel Wasser in Lösung gebracht, daß die Flüssigkeit etwa $1/_{100}$—$1/_{10}$ Grammäquivalent der Base enthält.

Die auf 0° gehaltene Lösung wird durch eine zirka $n/_{10}$-Nitritlösung, die man langsam zufließen läßt, diazotiert und von Zeit zu Zeit eine Tüpfelprobe mit Jodkaliumstärkekleisterpapier gemacht.

An der bleibenden Blaufärbung des Papiers wird das Ende der Titration erkannt.

Man stellt die Nitritlösung auf reines sulfanilsaures Natrium, Anthranilsäure,[4] Paranitroanilin[5] oder Paratoluidin ein.

Das sulfanilsaure Natrium enthält 2 Mol Krystallwasser.

Nach diesem Verfahren lassen sich auch *Mono-* und *Diaminodiarylarsinsäuren* titrieren.[6]

Di- und Triamine (oder ihre Chlorhydrate) in 100 ccm wässriger (alkoholischer) Lösung von 10 resp. 25 ccm HCl werden bei 20—23° mit $n/_{10}$ NaNO$_2$ im Überschuß (ca. 2 ccm) in geschlossenem Kolben stehen gelassen, mit $n/_{10}$ HCl-Anilin oder Sulfanilsäure zurücktitriert. Blinde Probe.[7]

c) Azoimidmethode (MELDOLA, HAWKINS[8]).

Die Autoren empfehlen zur Bestimmung der NH$_2$-Gruppen in organischen

[1] HIRSCH: Ber. Dtsch. chem. Ges. **24**, 324 (1891). — Titration von *Aminonaphtholsulfosäuren*: LEVI: Giorn. Chim. ind. appl. **3**, 97, 297 (1921).
[2] GREEN, RIDEAL: Chem. News **49**, 173 (1884). — SABALITSCHKA, SCHRADER: Ztschr. angew. Chem. **34**, 45 (1921).
[3] Anwendung von alkoholischer Salzsäure zur Titration von p-Aminoazobenzol: NEITZEL: Chem.-Ztg. **43**, 476 (1919).
[4] BELL: Chem. metallurg. Engin. **22**, 1173 (1920). — LEVI: Giorn. Chim. ind. appl. **3**, 297 (1921).   [5] MUHLERT: Ztschr. angew. Chem. **34**, 448 (1921).
[6] BENDA: Ber. Dtsch. chem. Ges. **41**, 2368, Anm. (1908).
[7] PHILLIPS, LOWY: Ind. engin. Chem., Analyt. Ed. **9**, 381 (1937).
[8] MELDOLA, HAWKINS: Chem. News **66**, 33 (1892).

Basen, namentlich wenn die Amingruppen sich in verschiedenen Kernen befinden, die Darstellung der *Azoimide*.[1]

Der hohe Stickstoffgehalt dieser Derivate ist sehr geeignet, die Zahl der diazotierbaren Gruppen erkennen zu lassen.

d) SANDMEYER[2], GATTERMANNsche[3] Reaktion.

Die Überführung der primären Amingruppe in die Diazogruppe und der Ersatz des Stickstoffs durch Chlor[4] empfiehlt sich oft zur quantitativen Bestimmung des Amins.

Zur *Darstellung der Chlorprodukte* wird in der Regel die Reaktion in einem Zug durchgeführt.

Beispielsweise werden 4 g Metanitroanilin[5] mit 7 g konzentrierter Salzsäure (1,17) in 100 g Wasser gelöst und mit 20 g 10proz. Kupferchlorürlösung in einem Kölbchen mit Rückflußrohr fast zum Sieden erhitzt und unter starkem Schütteln eine Lösung von 2,5 g Natriumnitrit in 20 g Wasser tropfenweise zugesetzt. Jeder Tropfen verursacht starke Stickstoffentwicklung und zugleich scheidet sich ein schweres braunes Öl ab, das durch Eis zum Erstarren gebracht wird. Man reinigt es durch Destillation.

Gewöhnlich lassen sich die entstandenen Produkte mit Wasserdampf übertreiben, sonst reinigt man sie aus Aether oder Benzol.

Mittels dieser ursprünglichen SANDMEYERschen Methode[6] lassen sich auch Diamine, die gar nicht normal diazotierbar sind, leicht in die Chlorprodukte verwandeln.

GATTERMANN[7] empfiehlt, statt des Oxydulsalzes *Kupferpulver* anzuwenden, wodurch die Reaktion schon in der Kälte verläuft und die Ausbeuten sich zum Teil günstiger gestalten.

Statt dieses Kupferpulvers wird wohl stets die von ULLMANN empfohlene käufliche *Kupferbronze*[8] verwendet werden können.

VOTOČEK, ŽENIŠEK haben[9] eine Modifikation der SANDMEYER, GATTERMANNschen Reaktion angegeben, die aus folgendem Beispiel ersichtlich wird.

5 g pulverisiertes Nitronaphthylamin werden in einem Becherglas mit 20 ccm Salzsäure (1,18) versetzt, mit 50 ccm Wasser verdünnt und unter Eiskühlung mit einer Lösung von 1,7 g Natriumnitrit behandelt. Hierauf werden der klaren Diazolösung 5 g Kupferchlorid, gelöst in 10 ccm Wasser, zugesetzt und mit Hilfe von zwei Kupferplatten, die als Elektroden dienen, ein Strom von 4—5 Amp. und 2—3 Volt 25 Minuten hindurchgeleitet. Die ausgeschiedene hellgelbe Krystallmasse wird mit Wasserdampf überdestilliert, das Destillat mit Aether extrahiert und der Aether abgedunstet.

Man kann auch den Ersatz der Amingruppe durch Chlor unter Anwendung einer salzsauren *Kupfersulfatlösung, die mit Natriumhypophosphit* versetzt wird, mit gutem Erfolg durchführen.[10]

---

[1] GRIESS: Liebigs Ann. **137**, 65 (1886). — NOELTING, GRANDMOUGIN, MICHEL: Ber. Dtsch. chem. Ges. **25**, 3328 (1892). — CURTIUS, DEDICHEN: Journ. prakt. Chem. (2), **50**, 250 (1894).

[2] SANDMEYER: Ber. Dtsch. chem. Ges. **17**, 1633 (1884); **23**, 1880 (1890).

[3] GATTERMANN: Ber. Dtsch. chem. Ges. **23**, 1218 (1890); **25**, 1091, Anm. (1892).

[4] Brom und Jod: HODGSON, WALKER: Journ. chem. Soc. London **1933**, 1620.

[5] SANDMEYER: Ber. Dtsch. chem. Ges. **17**, 2650 (1884).

[6] Siehe auch ERDMANN: Liebigs Ann. **272**, 144 (1893).

[7] GATTERMANN: Ber. Dtsch. chem. Ges. **23**, 1218 (1890).

[8] ULLMANN: Liebigs Ann. **332**, 38 (1904). — Das käufliche Produkt muß durch Waschen mit Aether oder Ligroin entfettet werden.

[9] VOTOČEK, ŽENIŠEK: Ztschr. Elektrochem. **5**, 485 (1899). — VOTOČEK, SEBOR: Sitzungsber. böhm. Ges. d. Wiss., Prag 1901. — VESELY: Ber. Dtsch. chem. Ges. **38**, 137 (1905).   [10] ANGELI: Gazz. chim. Ital. **21 II**, 258 (1891).

Tobias[1] verwendet *Kupferoxydul und Salzsäure*, und nach Prudhomme, Rabaut[2] kann man sogar die Darstellung der Diazokörper ganz umgehen, indem man die Nitrate der Basen in wässeriger Lösung in eine kochende, salzsaure, 25proz. Kupferchlorürlösung einfließen läßt.[3]

Bei Anwendung von 1 Mol Amin, 10 Mol 50proz. Essigsäure und 1 Mol Cuprosalz ist die Temperatur (0—105°) ohne merklichen Einfluß auf die Ausbeute (meist ca. 76%), mit Cuprichlorid 20—30% geringere, mit $CuBr_2$ 6—7% höhere Ausbeute.[4]

Bemerkungen zur vorstehenden Methode.

Im allgemeinen lassen sich die aromatischen primären Monoaminbasen, deren Salze in Wasser leicht löslich sind, in stark saurer Lösung durch Zugabe der molekularen Menge in Wasser gelösten Natriumnitrits fast momentan diazotieren.[5]

Schwer lösliche Salze erfordern mehrstündige Einwirkungsdauer, das gleiche gilt von den meist sehr schwer löslichen Aminosulfosäuren.

Behufs feinerer Verteilung in Wasser werden diese Verbindungen stets aus ihrer alkalischen Lösung durch Säuren abgeschieden und dann direkt der Einwirkung der molekularen Menge Natriumnitrit bei Gegenwart von $2\frac{1}{2}$—3 Äquivalenten verdünnter Salzsäure (3 Teile 30proz. Salzsäure und 8 Teile Wasser) ausgesetzt. Nach mehrstündigem Stehen in der Kälte ist auch hier die Umsetzung vollständig und quantitativ.

Man kann auch öfters mit *überschüssigem Nitrit* diazotieren und den Überschuß an salpetriger Säure durch einen Luftstrom austreiben[6] oder durch Harnstoff zerstören.[7] Dies ist namentlich zum Bisdiazotieren von Diaminen notwendig.[8]

Diazotieren mit *Amylnitrit und Salzsäure*: Zincke, Schütz: Ber. Dtsch. chem. Ges. 45, 639 (1912). — In alkoholischer Lösung: Tröger, Schaefer: Journ. prakt. Chem. (2), 113, 273 (1926). — *Amylnitrit und Eisessig*: Hantzsch, Jochem: Ber. Dtsch. chem. Ges. 34, 3338 (1901). — Kaufler: Ber. Dtsch. chem. Ges. 37, 60 (1904).

Will man genau berechnete Mengen salpetrige Säure anwenden, dann benutzt man gewogene Mengen *Bariumnitrit* und Normalschwefelsäure: Siehe Neuberg, Ascher: Biochem. Ztschr. 5, 451 (1907). — Waser, Sommer: Helv. chim. Acta 6, 55 (1923).

Sehr wichtig ist es, die *Säuremenge* beim Diazotieren nicht zu gering zu bemessen (mindestens $2\frac{1}{2}$ Äquivalente Salzsäure pro Amingruppe) und die Temperatur nicht zu hoch (nicht über 10°) steigen zu lassen, falls nicht besondere Umstände erfordern, bei etwas erhöhter Temperatur zu arbeiten. Für die Diazotierung des p-Dichloranilins ist die Anwendung von mindestens 7 Mol Salzsäure erforderlich.[9]

---

[1] Tobias: Ber. Dtsch. chem. Ges. 23, 1630 (1890).

[2] Prudhomme, Rabaut: Bull. Soc. chim. France (3), 7, 223 (1892).

[3] Möglicherweise wird die Anwendung von Ferrichlorid noch günstigere Resultate geben: Korczynski: Bull. Soc. chim. France (4), 29, 287 (1921).

[4] Fry, Grote: Journ. Amer. chem. Soc. 48, 710 (1926).

[5] Friedländer: Fortschr. 1, 542; M. u. J. 2, 279. — Nietzki: Ber. Dtsch. chem. Ges. 17, 1350 (1884).

[6] Gomberg, Cone: Ber. Dtsch. chem. Ges. 39, 3281 (1906). — 3-Nitro-4-aminobenzaldehyd: Scott, Hamilton: Journ. Amer. chem. Soc. 52, 4122 (1930).

[7] Kurt Meyer, Tochtermann: Ber. Dtsch. chem. Ges. 54, 2284 (1921).

[8] Grandmougin, Smirous: Ber. Dtsch. chem. Ges. 46, 3428 (1913).

[9] Noelting, Kopp: Ber. Dtsch. chem. Ges. 38, 3507 (1905).

Diazotieren mit Nitrosylchlorid.

Die Diazotierung wird durch allmähliche Einwirkung von NOCl unterhalb 5°, in Gegenwart von viel Wasser ausgeführt.

1 Mol Anilin-HCl wird in 90 Mol gelöst und in 2 Stunden unter Rühren 1,3 Mol NOCl bei —3 bis 0° eingeleitet. Ausbeute 100%.[1]

Schwach basische Aminokörper,[2] die keine wasserbeständigen Salze[3] bilden, erfordern auch sonst eine etwas andere Art des Arbeitens. Zur Diazotierung von Aminoazobenzol z. B. verreibt man es mit Wasser zu einem dünnen Brei, in den man die äquivalente Menge Natriumnitrit einrührt, und kühlt durch Zusatz von wenig Eis etwas ab; fügt man nun auf einmal $2^1/_2$ Mol wässerige Salzsäure hinzu, so erhält man eine klare Lösung des Benzolazodiazobenzolchlorids.

Schwer diazotierbare o- und p-Aminophenole reagieren glatt bei Gegenwart geringer Mengen von $SnCl_2 . 2$ aq. in neutraler oder saurer Lösung.[4]

Über Diazotieren von Dinitroanisidin und verwandten Verbindungen (wobei öfters eine Nitrogruppe abgespalten wird) siehe MELDOLA, STEPHANS: Journ. chem. Soc. London **89**, 923 (1906); **91**, 1474 (1907). — Trinitroanisidine: MELDOLA, REVERDIN: Journ. chem. Soc. London **97**, 1204 (1910). — Trinitroaminophenol: MELDOLA, HAY: Journ. chem. Soc. London **95**, 1387 (1909). — Azonaphthylamine: TRÖGER, SCHAEFER: Journ. prakt. Chem. (2), **113**, 273 (1926).

Die Diazotierung von Di- und Trinitroanilinen vom Typus des Pikramids[5] gelingt leicht und vollständig, wenn das Nitroamin, in *Eisessig* gelöst, zur Nitrosylschwefelsäure gefügt wird. Evtl. wird abgeschiedenes Natriumbisulfat entfernt. Verfährt man umgekehrt, fällt das Sulfat der Base aus und die Diazotierung wird stark verzögert.[6] Man verwendet gleiche Gewichtsteile Monohydrat und Eisessig bei 0°. Wesentlich ist das Freimachen der salpetrigen Säure, das auch durch Zusatz von *phosphoriger Säure*, die bei — 20° noch flüssig bleibt,[7] gelingt.[8,9]

So ist auch die Diazotierung von p-Aminobenzaldehyd möglich und ebenso die Tetrazotierung von p-Phenylendiaminen.[10]

2.3.4.6-Tetranitroanilin konnte nicht diazotiert werden,[8] ebensowenig 3.5-Dinitro-4-aminobenzaldehyd,[11] Dibromanthranilsäure[12] und Aminodinitrophenylarsinsäure.[13]

Die Diazotierung schwach basischer und unlöslicher Amine gelingt auch ohne Schwierigkeit in *Pyridin* oder *Chinolin*. Hierdurch wird sehr feine Verteilung der Amine und quantitative Ausnutzung der HNO_2 ermöglicht.[14]

---

[1] A. P. 2086986 (1937).

[2] Z. B. Anthramine: PISOVSCHI: Diss. Berlin 15, 1909. — Diazotierung der Aminooxynaphthoesäuren: LESSER, GAD: Ber. Dtsch. chem. Ges. **58**, 2555, 2556 (1925).

[3] Die Diazotierung findet zwischen dem Ammoniumsalz und der salpetrigen Säure statt: SCHOUTISSEN: These Delft 1921.

[4] KOSLOW: Russ. Journ. allg. Chem. **7**, 1635 (1937).

[5] Man kann das Pikramid auch in *Nitrobenzol* lösen.

[6] HODGSON, WALKER: Journ. chem. Soc. London **1933**, 1620.

[7] Die phosphorige Säure gibt auch nicht Veranlassung zur Bildung störender Nebenprodukte (Indophenole) bei der Kupplung, wie Eisessig.

[8] MISSLIN: Helv. chim. Acta **3**, 628 (1920). — BLANGEY: Helv. chim. Acta **8**, 780 (1925).   [9] SCHOUTISSEN: Journ. Amer. chem. Soc. **55**, 4531 (1933).

[10] SCHOUTISSEN: Journ. Amer. chem. Soc. **55**, 4535 (1933); Rec. Trav. chim. Pays-Bas **54**, 97 (1935); Chem. Weekbl. **34**, 506 (1937). Auch Phosphorsäure.

[11] HODGSON, SMITH: Journ. Soc. chem. Ind. **49**, 408 (1930).

[12] BOGERT, HARD: Journ. Amer. chem. Soc. **25**, 935 (1903).

[13] BENDA: Ber. Dtsch. chem. Ges. **45**, 55 (1912).

[14] 3-Nitro-4-aminodiphenyl, 4.6-Dibrom-2-nitroanilin, 2.6-Dichlor-4-nitroanilin, 2.4.6-Trinitroanilin, 3-Aminophenanthren: DE MILT, VAN ZANDT: Journ. Amer. chem. Soc. **58**, 2044 (1936).

Da von 2.4.6-Trisubstitutionsprodukten ferner die Dibromsulfanilsäure und das Tribromanilin sehr leicht, Bromdinitroanilin (in Nitrose) nur träge und unvollständig diazotierbar sind, schließt BENDA,[1] daß zwei Nitrogruppen in 2,6 die Diazotierbarkeit zwar beeinträchtigen, letztere aber erst dann völlig verschwindet, wenn sich in para-Stellung zur Aminogruppe die Gruppe —NO$_2$ oder —AsO$_3$H$_2$ befindet. Voraussichtlich wird sich ebenso die Sulfogruppe verhalten.

Weiteres über sterische Behinderung der Diazotierung siehe SCHMIDT, SCHALL: Ber. Dtsch. chem. Ges. 38, 3769 (1905).

Paraamino-ana-Bromchinolin geht bei der SANDMEYERschen Reaktion durch Halogenaustausch in Para-ana-Dichlorchinolin über.[2]

Chinonbildung nach dem Schema:

$$\begin{array}{ccc} & \text{OCH}_3 & \text{OCH}_3 \\ & \text{—OCH}_3 & =\text{O} \\ \text{NH}_2\text{—} & \rightarrow \text{O} = & \\ & \text{OCH}_3 & \text{OCH}_3 \end{array}$$

SCHÜLER: Arch. Pharmaz. 245, 269 (1907).

Bei der Chrysanissäure ist die *Diazotierung* nur in der *Siedehitze* durchführbar.[3] Andere Substanzen erfordern die *Einwirkung des Sonnenlichts*[4] oder *Diazotieren unter Druck*.[5]

Anwendung von Katalysatoren (Kupfersulfat usw.): SKRAUP, MOSER: a. a. O.; D.R.P. 171024 (1906), 172446 (1906), 175593 (1906), 178621 (1906), 178936 (1906), 431513 (1926) (Aminophenole). — LESSER, GAD: Ber. Dtsch. chem. Ges. 58, 2555 (1925) (Aminooxynaphthoesäuren).— Bromkalium: UENO, SEKIGUCHI: Journ. Soc. Ind. Japan, Suppl. 37, 235 (1934).

Diazotieren mit konz. Salpetersäure.[6]

Konz. Salpetersäure (1,48—1,5) löst Basen sehr viel leichter als konz. Schwefelsäure. Um in diesen Lösungen zu diazotieren, erzeugt man die salpetrige Säure durch Reduktion der berechneten Menge Salpetersäure. Besonders schweflige Säure ist als Reduktionsmittel zu empfehlen: man kann durch Einleiten von Schwefeldioxyd bis zur erforderlichen Gewichtszunahme Reduktion unter Vermeidung einer Verdünnung durch Wasser erzielen. Eine andere Form der Reaktion liegt in der Verwendung des sogenannten Kaliummetabisulfits (Kaliumpyrosulfits), das man mit dem Amin zu einem homogenen Gemisch zusammenmahlt; dieses trägt man dann in die Salpetersäure ein. Weitere Vorteile der salpetersauren Lösungen bestehen in der bequemen Verdünnung mit Eis, das bekanntlich mit Salpetersäure eine Kältemischung liefert, und in der großen Beständigkeit der Diazoniumsalze in diesen Lösungen. Auf diesem Weg konnten Dinitroanilin und 2,6-Dichlor-4-anilin glatt diazotiert werden.

Weiteres über Diazotierungen in konz. Salpetersäure: LIMPRICHT: Ber. Dtsch. chem. Ges. 7, 452 (1874). — HEYDUCK: Liebigs Ann. 172, 217 (1874). — WECKWARTH: Liebigs Ann. 172, 202 (1874). — PECHMANN: Liebigs Ann. 173,

---

[1] Siehe Note 13 auf S. 651.   [2] SCHWEISTHAL: Diss. Freiburg 8, 1905.

[3] JACKSON, ITTNER: Amer. chem. Journ. 19, 17 (1897).

[4] ORTON, COATES, BURDETT: Proceed. chem. Soc. 21, 168 (1905); Journ. chem. Soc. London 91, 35 (1907). — CAIN, COULTHARD, MICKLETHWAIT: Journ. chem. Soc. London 103, 2076 (1913). Die Reaktion kann zu ihrer Vollendung mehrere Wochen brauchen.

[5] D. R. P. 143450 (1903). — TRÖGER, LANGE: Arch. Pharmaz. 255, 1 (1917). — TRÖGER, PIOTROWSKI: Arch. Pharmaz. 255, 161 (1917).

[6] WITT: Ber. Dtsch. chem. Ges. 42, 2953 (1909). — FUCHS: Monatsh. Chem. 36, 123, 131, 134 (1915). — SONN: Ber. Dtsch. chem. Ges. 49, 633 (1916).

214 (1874). — ELLENBERGER: Diss. Marburg 1901. — MALKOMENIUS: Diss. Marburg 1902. — MAUÉ: Diss. Marburg 1902. — ZINCKE: Liebigs Ann. **339**, 202 (1905). — ELION: Rec. Trav. chim. Pays-Bas **42**, 145 (1923). — FUCHS: Rec. Trav. chim. Pays-Bas **42**, 511 (1923). — KUHN, ALBERT: Liebigs Ann. **455**, 288 (1927).

Über *nichtaromatische Diazoniumsalze* (Antipyrindiazoniumsalze usw.) siehe FORSTER, MÜLLER: Journ. chem. Soc. London **95**, 2072 (1910). — MORGAN, REILLY: Journ. chem. Soc. London **103**, 808 (1913); **107**, 1291 (1915); **109**, 155 (1916). — CHATTAWAY, MORGAN, BAYLY, SEDGWICK: Chem. News **112**, 153 (1916). — THIELE, MANCHOT: Liebigs Ann. **303**, 41 (1898). — MOHR: Journ. prakt. Chem. (2), **90**, 509 (1914). — BUSCH, BICHLER: Journ. prakt. Chem. (2), **43**, 357 (1916) (Aminothiobiazole). — CHATTAWAY, MORGAN, SEDGWICK, BAYLY: Chem. Age **5**, 365 (1921) Aminothiophen, -furan[1] und -pyrrole sind nicht diazotierbar. — MORGAN, BURGESS: Journ. chem. Soc. London **119**, 1546 (1921). — Oder nur als Chlorzinkdoppelsalze: STEINKOPF: Ztschr. angew. Chem. **39**, 672 (1926).

Unter Umständen tritt die Diazogruppe mit anderen im Molekül vorhandenen Resten in Wechselwirkung.

Man kann dabei folgende Arten von Verbindungen unterscheiden:[2]

1. Innere Diazoniumsalze.

Hierher gehören namentlich die *Diazoarylsulfosäuren*[3] und die analogen Verbindungen aus diazotierten Aminosäuren. Auch die aus negativ substituierten (o- und p-) Aminophenolen hervorgehenden *Diazooxyde*[4] sind hier anzureihen.

Basen sprengen diese Ringe und es entsteht namentlich in alkoholisch-alkalischer Lösung ein normal reagierender, aber meist sehr alkaliempfindlicher Diazokörper.

Weiteres über Diazoanhydride: BENDA: Ber. Dtsch. chem. Ges. **47**, 995 (1914). — KLEMENC: Ber. Dtsch. chem. Ges. **47**, 1407 (1914). — MORGAN, PORTER: Journ. chem. Soc. London **107**, 645 (1915); **115**, 1126 (1920). — GIEMSA, HALBERKANN: Ber. Dtsch. chem. Ges. **54**, 1167 (1921).

2. *Ringbildung mit Ortho- und Perisubstituenten:* Anhydroverbindungen.

a) *Aziminoverbindungen.*

Diese Substanzen gleichen in ihrem Verhalten den Diazokörpern durchaus nicht, können z. B. unzersetzt (bei weit über 300° liegenden Temperaturen) destilliert werden[5] und lassen nicht die Diazogruppe unter Stickstoffaustritt durch andere Reste ersetzen.

b) *Diazosulfide.*[6]

Sie entwickeln beim Kochen mit Säuren oder Alkalien keinen Stickstoff, selbst nicht beim Erhitzen unter Druck bis gegen 200°, können im Vakuum unzersetzt destilliert werden und sind zum Teil mit Wasserdämpfen flüchtig.

c) *Indazole.*[7]

Über Indazolbildung siehe ferner BAMBERGER: Liebigs Ann. **305**, 289 (1899). — JACOBSON, HUBER: Ber. Dtsch. chem. Ges. **41**, 660 (1908).

d) *Phentriazone.*

---

[1] Siehe übrigens RINKES: Rec. Trav. chim. Pays-Bas **51**, 349 (1932); **53**, 13 (1934).
[2] Siehe hierzu auch MORGAN, MICKLETHWAIT: Journ. chem. Soc. London **93**, 602 (1908); **103**, 71, 1391 (1913).　　[3] BAUER: Ber. Dtsch. chem. Ges. **42**, 2106 (1909).
[4] D. R. P. 171 024 (1906). — MELDOLA, HAY: Journ. chem. Soc. London **95**, 1383 (1909). — LESSER, GAD: A. a. O.
[5] LADENBURG: Ber. Dtsch. chem. Ges. **9**, 220 (1876).
[6] JACOBSON: Liebigs Ann. **277**, 214 (1893).
[7] NOELTING: Ber. Dtsch. chem. Ges. **37**, 2556 (1904). — WEBER: Diss. Basel 1908.

Die einfachsten Phentriazone[1] zerfallen beim Erhitzen mit Alkalien unter Bildung von Anthranilsäure; beim Erhitzen mit konz. Salzsäure auf 110—120° entsteht neben Stickstoff und Ammoniak (Methylamin) im wesentlichen Chlorsalicylsäure. Die aus der Diazotierung von N-arylierten o-Aminobenzamiden hervorgehenden Triazone[2] werden durch konz. Salzsäure bei höherer Temperatur in gleichem Sinn zersetzt; beim Erhitzen mit Alkalien aber entsteht diazoaminobenzol-o-carbonsaures Salz.

Es ist nun sehr interessant, zu beobachten,[3] wie der Eintritt des Carboxyls in Orthostellung die Stabilitätsverhältnisse des Triazonrings beeinflußt: die Festigkeit der Carbonyl-Stickstoff-Bindung wird erhöht und der Zusammenhalt zwischen dem doppelt und dem einfach gebundenen Stickstoff gelockert, so daß nunmehr bei der Ringsprengung durch Säuren Bildung einer Diazoverbindung erfolgt.

Diese Aufspaltung erfolgt rasch beim Kochen des Triazonderivats mit verdünnter Mineralsäure. Erhitzt man weiter, dann wird elementarer Stickstoff abgespalten und es entsteht ein Salicylsäurederivat, das mit Essigsäureanhydrid eine Substanz der Formel:

liefert.

Kocht man aber das Triazon bei Gegenwart eines Reduktionsmittels (Titanchlorür), dann wird Benzoylanthranilsäure gebildet.

Erhitzt man das Triazon bei Gegenwart eines Amins oder rasch kuppelnden Phenols, dann wird der Diazorest im Status nascens fixiert und es tritt Bildung eines Farbstoffs ein.

Wir haben hier das Phänomen der Kupplung von Phenolen mit einem Diazokörper in stark mineralsaurer, heißer Lösung.

Die Aufsprengung des Triazonrings findet übrigens auch beim Kochen mit Eisessig und β-Naphthol statt, nur viel langsamer.

Ganz anders verhält sich das Produkt der Einwirkung salpetriger Säure auf Dianthranoylanthranilsäure. Die Verbindung wird beim Kochen mit Säuren nicht angegriffen und reagiert auch mit β-Naphthol nur sehr träge.

Verhalten der Diamine gegen salpetrige Säure.

Nur die *Paraverbindungen* liefern normale Diazotierungsprodukte.[4]

Die *Orthodiamine*[4,5] kondensieren sich zu Azimiden.

Die *Metadiamine*[6] können zwar, namentlich in Form ihrer Sulfosäuren, auch in Bidiazoverbindungen übergeführt werden, wenn man darauf sieht, daß die salpetrige Säure stets in sehr großem Überschuß und in Gegenwart von sehr viel Salzsäure mit sehr kleinen Mengen Diamin zusammentrifft,[7] wenn man aber

[1] WEDDIGE: Journ. prakt. Chem. (2), **35**, 262 (1887). — FINGER: Journ. prakt. Chem. (2), **37**, 432, 438 (1888).

[2] MEHNER: Journ. prakt. Chem. (2), **63**, 269 (1901).

[3] HANS MEYER: LIEBEN-Festschr. 1906, 471; Liebigs Ann. **351**, 271 (1907).

[4] NIETZKI: Ber. Dtsch. chem. Ges. **12**, 2238 (1879); **17**, 1350 (1884). — GRIESS: Ber. Dtsch. chem. Ges. **17**, 607 (1884); **19**, 319 (1884).

[5] LADENBURG: Ber. Dtsch. chem. Ges. **9**, 219 (1876); **17**, 147 (1884).

[6] Direkte Nitrosierung von *m-Phenylendiamin*: TÄUBNER, WALDEN: Ber. Dtsch. chem. Ges. **33**, 2116 (1900).

[7] CARO, GRIESS: Ber. Dtsch. chem. Ges. **19**, 317 (1886); D. R. P. 152879 (1904). — LEES, THORPE: Journ. chem. Soc. London **91**, 1288 (1907).

in üblicher Weise diazotiert, entstehen braune Farbstoffe (Aminoazokörper) durch Zusammentritt mehrerer Moleküle des Metadiamins[1] (*Vesuvinreaktion*). Diese Reaktion versagt bei p-substituierten Metadiaminen.[2]

Bestimmung von isomeren Diaminen nebeneinander.[3]

Das Gemisch wird in verdünnter Essigsäure gelöst. Zur Bestimmung der m-Verbindung 25 ccm der Lösung mit 50 ccm 20proz. Na-Acetat und 100 ccm Wasser versetzen, mit $^n/_{10}$-Benzoldiazoniumsalzlösung titrieren. Die o-Verbindung wird nach HINSBERG[4] mit Phenanthrenchinon bestimmt.

Die Gesamtmenge der Amine wird bestimmt, indem 25 ccm der Probelösung mit 50 ccm 20proz. Na-Acetat, 100 ccm Wasser und 4—5 g $Na_2S_2O_3$ oder 3 bis 4 ccm gesättigter Schwefel-Pyridin-Lösung bei 5° mit $^n/_{10}$-p-Nitrobenzoldiazoniumsalzlösung titriert werden. 1 ccm Diazoniumsalzlösung ist 10,808 mg Amin äquivalent.

Verhalten der Amine der Pyridinreihe gegen salpetrige Säure.[5]

Die α- und γ-Aminopyridine (Chinoline) lassen sich, in verdünnten Säuren gelöst, überhaupt nicht diazotieren. Vielmehr wirkt salpetrige Säure in solchen Lösungen gar nicht ein. Dagegen lassen sich alle bisher untersuchten Verbindungen der genannten Art in *konz. Schwefelsäure* glatt diazotieren. Nur läßt sich die Diazoverbindung nicht fassen. Gießt man die schwefelsaure Lösung auf Eis, so entwickelt sich sofort Stickstoff und man erhält quantitativ die entsprechende Oxyverbindung. In einzelnen Fällen wurde festgestellt, daß sich beim Eingießen der Diazolösung in Aethylalkohol ganz analog die Aethoxyverbindung, beim Eingießen in konz. Salzsäurelösung die Chlorverbindung bildet. Einige der untersuchten Aminopyridine reagieren auch in *konz. salzsaurer Lösung* mit Nitriten. Es wird dann bei Zusatz des Nitrits sofort Stickstoff entwickelt und die Aminogruppe glatt durch Chlor ersetzt.

Die Diazoverbindungen aus den α- und γ-Aminopyridinen zeigen sonach schon in der Kälte die Reaktionen, welche die aromatischen Diazoverbindungen erst beim Kochen der Lösungen eingehen. Nur verlaufen die Umsetzungen ganz glatt, während sie in der aromatischen Reihe häufig nur als Nebenreaktionen auftreten.

Die β-*Aminopyridine* dagegen lassen sich auch bei Anwendung verdünnter Mineralsäure ganz glatt diazotieren und in Azofarbstoffe verwandeln und ebenso verhält sich $\beta.\beta'$-Diamino-$\alpha.\alpha'$-lutidin.[6]

Über das Verhalten der Aminopyridincarbonsäuren siehe S. 667.

γ-Aminopyridin läßt sich nur nach der WITTschen Methode diazotieren und kuppeln.[7]

---

[1] GRIESS, CARO: Ztschr. Chem. **1867**, 278. — LADENBURG: Ber. Dtsch. chem. Ges. **9**, 222 (1876). — GRIESS: Ber. Dtsch. chem. Ges. **11**, 624 (1878). — PREUSSE, TIEMANN: Ber. Dtsch. chem. Ges. **11**, 627 (1878). — WILLIAMS: Ber. Dtsch. chem. Ges. **14**, 1015 (1881). — THOMS, DRAUZBURG: Ber. Dtsch. chem. Ges. **44**, 2133 (1911).

[2] WITT: Ber. Dtsch. chem. Ges. **21**, 2420 (1888). — Solche Diamine sind dafür leicht diazotierbar: HELLER: Diss. Marburg 25, 58, 1904. — REISSERT, HELLER: Ber. Dtsch. chem. Ges. **37**, 4367 (1904).

[3] KOROLEW, ROSTOWZEWA: Russ. Anilinfarb.-Ind. **4**, 405 (1934); Ztschr. analyt. Chem. **108**, 26 (1937).

[4] HINSBERG: Liebigs Ann. **237**, 327 (1886).

[5] MARCKWALD: Ber. Dtsch. chem. Ges. **27**, 1317 (1894). — WENZEL: Monatsh. Chem. **15**, 458 (1894). — CLAUS, HOWITZ: Journ. prakt. Chem. (2), **50**, 238 (1894). — MOHR: Ber. Dtsch. chem. Ges. **31**, 2495 (1898).

[6] MOHR: Ber. Dtsch. chem. Ges. **33**, 1120 (1900).

[7] KOENIGS, KINNE, WEISS: Ber. Dtsch. chem. Ges. **57**, 1182 (1924).

Obigen Angaben widersprechen zum Teil Untersuchungen von TSCHITSCHI-
BABIN, RJASANZEW.[1] Darnach reagiert α-Aminopyridin auch in verdünnter Salz-
säure mit salpetriger Säure unter Bildung von Pyridon (Hauptprodukt); die
Reaktion verläuft jedoch langsamer als mit aromatischen Aminen. — Bei An-
wendung der Methode von BAMBERGER[2] zur Darstellung von Antidiazotaten
auf α-Aminopyridin wurde ein wirkliches Diazotat erhalten; besonders gute
Resultate erhielten die Verfasser bei Anwendung der Natriumverbindung des
Aminopyridins an Stelle des Amins und des Alkoholats:

$$C_5H_4N \cdot NHNa + C_5H_{11}ONO = C_5H_4 \cdot N \cdot N:NONa + C_5H_{11}OH.$$

Das ziemlich beständige Diazotat kann in das unbeständige Diazohydrat
übergeführt werden. Das Pyridindiazotat zeigt nur geringe Fähigkeit zur Bildung
von Azofarbstoffen. In alkoholischer Lösung läßt es sich aber mit Aminen und
Phenolen kuppeln. In Abwesenheit von anderen Säuren ist die wässerige Lösung
von salpetriger Säure und α-Aminopyridin befähigt, Diazoreaktionsprodukt zu
liefern.

3. Analyse von Salzen und Doppelsalzen.

Unter den *einfachen Salzen*[3] der organischen Basen sind, außer den vielfach
verwendeten *Chlor-, Brom-* und *Jodhydraten, Nitraten* und *Sulfaten*, namentlich
die *ferrocyanwasserstoffsauren Salze, die Chromate, Oxalate,*[4] *Rhodanate,*[5] *Phosphate,*[6] *Pikrate* und *Pikrolonate*[7] für die Analyse von Wichtigkeit.

Von den Basen der Pyridinreihe, die noch eine weitere basische Gruppe enthalten, geben nur jene zweisäurige Salze, die den Ammoniakrest in β-Stellung
enthalten.

Man fällt die Salze der Basen mit den Halogenwasserstoffsäuren oftmals[8]
durch Einleiten der betreffenden gasförmigen Säure in die Lösung der Base in
trockenem Aether, Alkohol, Chloroform oder Benzol.[9] Analog kann man Nitrate[10]
und Sulfate[11] isolieren.

Die gut krystallisierenden *Nitrate*[12] lassen sich auch oftmals durch doppelte
Umsetzung aus den Chlorhydraten mit Silbernitrat gewinnen.

Analyse der Nitrate mit Nitron.[13]

Man löst die zirka 0,1 g Salpetersäure enthaltende Substanz in 80—100 ccm
Wasser, fügt 10 Tropfen verdünnte Schwefelsäure hinzu, erwärmt nahe zum
Sieden und versetzt mit 10—12 ccm 10proz. Nitronlösung in 5proz. Essigsäure.

[1] TSCHITSCHIBAHIN, RJASANZEW: Journ. Russ. phys.-chem. Ges. **47**, 1571 (1915).
[2] BAMBERGER: Ber. Dtsch. chem. Ges. **33**, 3511 (1900).
[3] Manche Amine sind in Säuren nicht oder kaum löslich. So 4-Amino-1-naphthalin-
2-thiophenylindigo nur in Schwefelsäure (60° Bé): FRIEDLÄNDER: Liebigs Ann. **443**,
220 (1925).   [4] Z. B. HERZOG: Diss. Berlin 24, 1909.
[5] MÜLLER: Apoth.-Ztg. **1895**, 450; D. R. P. 80768 (1895), 86251 (1896). —
BERGH: Arch. Pharmaz. **242**, 424 (1904).
[6] SCHROETER: Liebigs Ann. **426**, 51 (1922).
[7] Z. B. STEIB: Diss. Leipzig 1926. — ENGER, STEIB: Ztschr. physiol. Chem. **190**,
97 (1930)·   [8] HOFMANN: Ber. Dtsch. chem. Ges. **7**, 527 (1874).
[9] GRÜNHAGEN: Liebigs Ann. **256**, 290 (1890).
[10] LIEBERMANN, CYBULSKI: Ber. Dtsch. chem. Ges. **28**, 579 (1895).
[11] BERNTHSEN: Ber. Dtsch. chem. Ges. **16**, 2235 (1883).
[12] Nachweis von Nitraten durch die umgekehrte BÜLOWsche Reaktion: BÜLOW:
Ber. Dtsch. chem. Ges. **42**, 2213, 2490, 2493 (1909).
[13] BUSCH: Ber. Dtsch. chem. Ges. **38**, 861 (1905). — GUTBIER: Ztschr. angew.
Chem. **18**, 499 (1905). — E. FISCHER, SUZUKI: Ber. Dtsch. chem. Ges. **38**, 4173 (1905);
Untersuchungen über Aminosäuren, S. 456. 1906. — TSCHUGAEFF, SURENJANZ:
Ber. Dtsch. chem. Ges. **40**, 185 (1907). — FEIST: Habil.-Schrift Breslau 1907, 87.

Man läßt 2 Stunden in Eiswasser stehen, saugt ab, spült mit dem Filtrat und dann mit 10—12 ccm Eiswasser nach. Man trocknet 1 Stunde bei 110°. Das gefundene Gewicht an Nitronnitrat $\times \dfrac{63}{375}$ ergibt die Menge der vorhandenen Salpetersäure.

COLLINS fand[1] die Löslichkeit des Nitronnitrats gleich 0,45%, entsprechend 0,064% N_2O_5, beim Auswaschen mit eiskaltem Wasser (10 ccm); bei 20° war sie doppelt so groß. Ebenso ist die Zeitdauer, während der das Waschwasser mit dem Niederschlag in Berührung steht, von großem Einfluß. Das Auswaschen ist deshalb stets im GOOCHtiegel vorzunehmen.

Aus dem Nitrat läßt sich das Nitron regenerieren, indem man das Salz mit Ammoniak schüttelt und mit Chloroform aufnimmt.

Bestimmung von Pikrinsäure mit Nitron: UTZ: Ztschr. analyt. Chem. 47, 142 (1908).

p-Toluolsulfonate

empfehlen NOLLER, LIANG: Journ. Amer. chem. Soc. 54, 670 (1932).

Durch

Pikrinsäure[2]

werden nicht nur Basen, sondern auch Phenole, Kohlenwasserstoffe usw. gefällt.

Mit *Alkohol* kann man zirka 6proz. Pikrinsäurelösungen machen. *Essigester* nimmt viel mehr auf. Die Pikrate pflegen dagegen in Essigester schwerer löslich zu sein als in Alkohol.[3]

F. W. KÜSTER hat eine quantitative Bestimmungsmethode für so isolierbare Substanzen angegeben.[4]

Die zu untersuchende, in möglichst wenig Wasser oder Alkohol gelöste Substanz kommt mit einer abgemessenen Menge überschüssiger Pikrinsäure von bekanntem Gehalt (eine bei Zimmertemperatur gesättigte Lösung ist ungefähr $^1/_{20}$ normal) in eine Stöpselflasche. Man läßt unter zeitweisem Umschütteln längere Zeit stehen, filtriert und titriert im Filtrat die überschüssige Pikrinsäure mit Lacmoid als Indicator und Barythydrat. Der Farbenumschlag von Bräunlichgelb in Grün ist sehr augenfällig.

SACHAROW titriert mit $^n/_{10}$-Kupferammoniumsulfat $Cu(NH_3)_4SO_4 \cdot H_2O$ in wässerigem Ammoniak. Farbenumschlag Orange in Grünlichgelb.[5]

Man kann die Pikrinsäure in Pikraten auch durch Titration mit *Titanchlorür* bestimmen.[6] Oder man zersetzt das Pikrat mit $^n/_{10}$-Schwefelsäure, aethert aus, kocht die aetherische Lösung unter vermindertem Druck 2 Minuten zur Entfernung von Kohlendioxyd, setzt 20 ccm Aether und 0,5 ccm $^n/_{10}$ alkoholische Phenolphthaleinlösung zu und titriert mit $^n/_{10}$ alkoholischer Natronlauge oder konduktometrisch.[7] (Blinde Probe!)

Die in Wasser leicht, aber in anderen mit Wasser nicht mischbaren Lösungs-

---

[1] COLLINS: Analyst **32**, 349 (1907).

[2] DELÉPINE: Bull. Soc. chim. France (3), **15**, 53 (1896). — E. FISCHER: Ber. Dtsch. chem. Ges. **34**, 454 (1901). — BAEYER, VILLIGER: Ber. Dtsch. chem. Ges. **37**, 2872 (1904). — LECHER: Liebigs Ann. **455**, 149 (1927). — Porphyrine: WILLSTÄTTER, FISCHER: Liebigs Ann. **400**, 192 (1913). — TREIBS: Liebigs Ann. **476**, 1 (1929).

[3] HAPPE: Diss. München 13, 1903.

[4] F. W. KÜSTER: Ber. Dtsch. chem. Ges. **27**, 1101 (1894). — Hier ist diese Methode bloß in der für die Analyse von Basen geeigneten Form wiedergegeben.

[5] SACHAROW: Russ. Journ. angew. Chem. **6**, 998 (1935).

[6] SINNAT: Proceed. Chem. Soc. **21**, 297 (1905). — KNECHT, HIBBERT: Ber. Dtsch. chem. Ges. **40**, 3819 (1907). — WEIL: Monatsh. Chem. **29**, 901 (1908).

[7] ABDERHALDEN, BROCKMANN: Fermentforsch. **10**, 159 (1928); Biochem. Ztschr. **225**, 386 (1930).

mitteln unlöslichen Farbstoffe[1] lassen sich mit Hilfe von Pikrinsäure aus wässeriger Lösung in organische Solvenzien überführen. Dieses Verfahren ist zur Isolierung von Anthocyanen und auch von anderen basischen Farbstoffen aus verschiedenen Klassen anwendbar. Fuchsin geht beim Versetzen der wässerigen Lösung mit Pikrinsäure und Schütteln mit Aether vollständig in die aetherische Schicht über; ähnlich verhält sich Parafuchsin, dessen Pikrat aber aus der aetherischen Lösung rasch zum großen Teil auskrystallisiert.

Anthocyanidine (z. B. Cyanidin) gehen aus wässeriger Lösung mit Pikrinsäure quantitativ in Aether über.

Monoglykoside (wie Chrysanthemin) und Diglykoside (wie Cyanin) gehen auch mit Pikrinsäure gar nicht in alkoholfreien Aether über. Mit geeigneten organischen Lösungsmitteln kann man aber auch die Pikrate der glykosidischen Farbstoffe ihrer wässerigen Lösung entziehen. Das Verhalten wird durch die Verteilungszahl[2] gekennzeichnet, die den aus wässeriger Lösung von einem organischen Lösungsmittel aufgenommenen Bruchteil eines Farbstoffes in Prozenten angibt.

Mit Hilfe von *Pikrinsäure und Diaethylketon* lassen sich Anthocyane mit einem und mit zwei Zuckerresten gut analytisch unterscheiden; es gelingt auch, sie in präparativem Maßstab zu trennen mit Hilfe des *Carvons*, dessen Lösungsvermögen für die Pikrate größer ist. Endlich lassen sich mit *Acetophenon*, das mit Amylalkohol verdünnt wird, sogar die Farbstoffe von der Art des Cyanins aus wässeriger Flüssigkeit extrahieren. Für die praktische Anwendung bietet *Dichlorpikrinsäure* den Vorteil, daß ihre Verbindungen mit den basischen Farbstoffen in organischen Solvenzien viel leichter löslich sind.

Styphnate siehe S. 34, 35, 36.

Pikrolonsäure (1-p-Nitrophenyl-3-methyl-4-isonitro-5-pyrazolon)[3] wird zur Charakterisierung von Basen (namentlich der Fettreihe) und von Alkaloiden[4] empfohlen.[5] Die Pikrolonate sind schwer lösliche,[6] gut krystallisierende,

---

[1] WILLSTÄTTER, SCHUDEL: Ber. Dtsch. chem. Ges. **51**, 782 (1918).

[2] Liebigs Ann. **412**, 200, 208 (1916).

[3] Vgl. ZEINE: Diss. Jena 8, 12, 1906. — Darstellung: In Methylphenylpyrazolon unter Wasserkühlung Salpetersäure 1,38. Aus 33proz. Essigsäure, dann 90proz. Alkohol. A: 16%. HUGOUNENG, FLORENCE, COUTURE: Bull. Soc. chim. Biol. **7**, 58 (1925).

[4] MATTHES: a. a. O. — WARREN, WEISS: Journ. biol. Chemistry **3**, 327 (1907). — PICTET, SPENGLER: Ber. Dtsch. chem. Ges. **44**, 2034 (1911). — SPALLINO: Gazz. chim. Ital. **43** II, 482 (1913). — LEVENE, WEST: Journ. biol. Chemistry **24**, 63 (1916). — O. FISCHER, CHUR: Journ. prakt. Chem. (2), **93**, 368 (1916) (Methylpyridon).

[5] BERTRAM: Diss. Jena 1892. — KNORR: Ber. Dtsch. chem. Ges. **30**, 914 (1897). — DUDEN, MACENTYNE: Ber. Dtsch. chem. Ges. **31**, 1902 (1898). — KNORR: Ber. Dtsch. chem. Ges. **32**, 732, 754 (1899); Liebigs Ann. **301**, 1 (1898); **307**, 171 (1899); **315**, 104 (1901). — BRAN: Diss. Jena 1899. — MATTHES: Liebigs Ann. **316**, 311 (1901). — STEUER: Diss. Jena 1902. — KNORR, BROWNSDON: Ber. Dtsch. chem. Ges. **35**, 4473 (1902). — STEUDEL: Ztschr. physiol. Chem. **37**, 219 (1903). — KNORR, CONNAN: Ber. Dtsch. chem. Ges. **37**, 3527 (1904). — OTORI: Ztschr. physiol. Chem. **43**, 305 (1904). — KNORR, MEYER: Ber. Dtsch. chem. Ges. **38**, 3130 (1905). — KNORR, HÖRLEIN, ROTH: Ber. Dtsch. chem. Ges. **38**, 3141 (1905). — ZEINE: Diss. Jena 1906. — MATTHES, RAMMSTEDT: Arch. Pharmaz. **245**, 112 (1907); Ztschr. analyt. Chem. **46**, 565 (1907). — WINDAUS, VOGT: Ber. Dtsch. chem. Ges. **40**, 3693, 3695 (1907). — PICTET, COURT: Ber. Dtsch. chem. Ges. **40**, 3775 (1907). — LEVENE: Biochem. Ztschr. **4**, 320 (1907). — SCHMIDT, STÜTZEL: Ber. Dtsch. chem. Ges. **41**, 1249 (1908). — WEIDEL: Diss. Jena 35, 1909. — BRIGL: Ztschr. physiol. Chem. **64**, 337 (1910). — SKITA, WULFF: Liebigs Ann. **455**, 26 (1927). — SKITA, KEIL: WEGSCHEIDER-Festschr. 1929, 762. — TREIBS: Liebigs Ann. **476**, 1 (1929). — ENGER, STEIB: Ztschr. physiol. Chem. **191**, 101 (1930). — CLEMO, RAMAGE, RAPER: Journ. chem. Soc. London **1932**, 2959. — SCHÖPF, THIERFELDER: Liebigs Ann. **497**, 22 (1932). — ORECHOW: Ber. Dtsch. chem. Ges. **66**, 948 (1933). — SCHLITTLER: Ber. Dtsch. chem. Ges. **66**, 993 (1933). — DOUGLAS, GULLARD: Journ. chem. Soc. London **1931**, 2895.

[6] Gut aus Butylalkohol: SKITA, KEIL, BAESLER: Ber. Dtsch. chem. Ges. **66**, 858, 1400 (1933).

gelbe bis rote Salze, die beim Erhitzen verpuffen oder sich stürmisch zersetzen. — Das Pikrolonat des Papaverins ist fast farblos.[1] Sie können Krystallwasser binden.[2]

Man erhält sie gewöhnlich durch Zusammengießen der alkoholischen, essigsauren,[3] seltener von wässerigen Lösungen der Komponenten.[4]

Aminosäuren reagieren unter Umständen so, daß zwei Moleküle der Säure sich mit einem Molekül Pikrolonsäure verbinden.[5]

Volumetrische Bestimmung der Pikrolonate in Wasser oder $n/_{10}$-HCl mit Methylenblau: BOLLIGER: Proceed. Roy. Soc. South Wales 68, 197 (1935). *Mikrochemische Bestimmung:* Ztschr. physiol. Chem. 214, 177 (1933).

Anwendung von *Flaviansäure*[6] (1-Naphthol-2.4-dinitro-7-sulfosäure) zum Nachweis von Histidin und Arginin, Lysin, Guanidin: KOSSEL, GROSS: Sitzungsber. Heidelberg. Akad. Wiss. 1923, 1; Ztschr. physiol. Chem. 135, 167 (1924). — KOSSEL, CURTIUS: Ztschr. physiol. Chem. 148, 289 (1925). — KOSSEL, STAUDT: Ztschr, physiol. Chem. 156, 270 (1926). — HOPPE-SEYLER: Dtsch. Arch. klin. Med. 154, 97 (1927). — VICKERY, LEAVENWORTH: Journ. biol. Chemistry 71, 303 (1927); 72, 403 (1927). — FELIX, DIRR: Ztschr. physiol. Chem. 176, 29 (1928). — COX: Journ. biol. Chemistry 78, 475 (1928). — TREIBS: Liebigs Ann. 476, 2 (1929). ASHLEY, HARINGTON: Journ. chem. Soc. London 1930, 2588. — LANGLEY, ALBRECHT: Journ. biol. Chemistry 108, 729 (1935).

Rufiansäure (Chinizarinsulfosäure): ZIMMERMANN: Ztschr. physiol. Chem. 188, 180 (1930); 189, 155 (1930); 192, 125 (1930). — Ebenda: *Purpurinsulfosäure.*

Über Verbindungen der Basen mit *Ferrocyanwasserstoffsäure* siehe S. 675, mit *Metaphosphorsäure* S. 637.

Verwendung von *Cadmiumchlorid:* SCHMIDT: Ztschr. physiol. Chem. 53, 428 (1907). — Siehe ferner WINTERSTEIN, HIESTAND: Ztschr. physiol. Chem. 54, 294 (1908). — EMDE: Ber. Dtsch. chem. Ges. 42, 2593 (1909). — Zur Fällung von Phosphatiden überhaupt: MCLEAN: Ztschr. physiol. Chem. 55, 360 (1908); 57, 296 (1908); 59, 223 (1909). — TRIER: Ztschr. physiol. Chem. 86, 148 (1913). — EPPLER: Ztschr. physiol. Chem. 87, 233 (1913).

Cadmiumbromiddoppelsalze: BERTRAND: Bull. Soc. chim. France (3), 5, 556 (1891); 7, 501 (1892). — HEUSER: Journ. prakt. Chem. (2), 104, 280 (1922) (Xylonsäure). — DECKER, FELLENBERG: Liebigs Ann. 356, 300, 303 (1907).

Perchlorate: HOFMANN, METZLER, HÖBOLD: Ber. Dtsch. chem. Ges. 43, 1080 (1910). — SPALLINO: Annali Chim. appl. 1, 435 (1914). — FREUND, SPEYER: Journ. prakt. Chem. (2), 94, 148, 178 (1917). — SCHULZE, BERGER: Arch. Pharmaz. 262, 557 (1924). — Analyse: WEINLAND, SCHMID: Arch. Pharmaz. 261, 14 (1923). — ARNDT, NACHTWEY: Ber. Dtsch. chem. Ges. 59, 446, 1072 (1926).

Die normalen

Goldchloriddoppelsalze[7]

haben die Zusammensetzung:

$$R \cdot HCl \cdot AuCl_3$$

und werden gewöhnlich wasserfrei erhalten.[8]

---

[1] PICTET, GAMS: Ber. Dtsch. chem. Ges. 42, 2952 (1909).

[2] STEIB: Diss. Leipzig 1926. — ENGER: Diss. Leipzig 1928.

[3] FREUDENBERG, FIKENTSCHER: Liebigs Ann. 440, 37 (1924) (Pyrazolin).

[4] SCHENK: Ztschr. physiol. Chem. 44, 427 (1905). — WHEELER, JAMIESON: Journ. biol. Chemistry 4, 111 (1908).

[5] ABDERHALDEN, WEIL: Ztschr. physiol. Chem. 78, 150 (1912).

[6] Siehe auch ROSENTHALER, GÖRNER: Ztschr. analyt. Chem. 49, 340 (1910). — ZIMMERMANN: Ztschr. physiol. Chem. 192, 124 (1930).   [7] Siehe auch S. 235, 659.

[8] Krystallwasserhaltige Salze: BIEDERMANN: Arch. Pharmaz. 221, 182 (1883). — BRANDES, STÖHR: Journ. prakt. Chem. (2), 53, 504 (1896). — WILLSTÄTTER: Ber. Dtsch. chem. Ges. 35, 2700 (1902).

Beim Umkrystallisieren verlieren sie leicht Salzsäure und gehen in die „modifizierten" Salze $RAuCl_3$ über.[1]

Man setze daher beim Lösen der Goldchloriddoppelsalze dem als Lösungsmittel verwendeten Wasser oder Alkohol etwas konzentrierte Salzsäure zu[2, 3]. Auch Umkrystallisieren aus absolutem Alkohol[4] oder Essigester[5] ist gelegentlich von Vorteil.

Manche Goldsalze vertragen überhaupt kein Umkrystallisieren oder Erwärmen.

In gewissen Fällen zeigen die Chloraurate auch *Dimorphie*. So existiert das Betaingoldchlorid in einer rhombischen Form und in einer 40—50° niedriger schmelzenden oktaedrischen Form. Außerdem existieren Salze mit niedrigerem Goldgehalt.[3]

Platinchloriddoppelsalze.[6]

Gewöhnlich entfallen in diesen Salzen auf ein Atom Platin zwei stickstoffhaltige Gruppen, die Aminopyridine geben indessen nach der Formel

$$2\,(C_5H_6N_2HCl)\cdot PtCl_4$$

zusammengesetzte Platinverbindungen.[7]

Während viele Chloroplatinate wasserfrei erhalten werden, hat man auch Salze mit 1, 2, 2$^1/_2$, 3, 5 und 6 Mol *Krystallwasser* erhalten; das Salz des Benzoyloxyacanthins[8] enthält sogar 8 Mol.

Über wechselnden Krystallwassergehalt der Chloroplatinate von Betain und Trigonellin: TRIER: Ztschr. physiol. Chem. **85**, 381 (1913). Hier auch weitere Literaturangaben.

Krystallalkohol hat man bei dem Doppelsalz des Aminoacetaldehyds[9] (2 Mol) und dem der 4.6-Dimethylnicotinsäure[10] (4 Mol) beobachtet.

Über *Dimorphie* bei Platindoppelsalzen siehe WILLSTÄTTER: Ber. Dtsch. chem. Ges. **35**, 2702 (1902).

Über die Analyse der Platindoppelsalze siehe S. 169, 181, 235 und 247, ferner MYLIUS, FÖRSTER: Ber. Dtsch. chem. Ges. **24**, 2429 (1891).

Manche platinchlorwasserstoffsauren Salze erleiden beim Erhitzen mit Wasser die ANDERSONsche Reaktion,[11] indem sie unter Verlust von 2 Mol Salzsäure in Verbindungen vom Typus $R\cdot PtCl_4$ übergehen, die schwach gelb und in Wasser unlöslich zu sein pflegen.

Besonders leicht erfolgt diese Reaktion beim Thiazolchloroplatinat.[12]

Sowohl sauerstoff- als auch schwefelhaltige Substanzen sind unter Umständen befähigt, die Rolle von Basen zu spielen und mit Mineralsäuren Salze und u. a. mit Platinchlorid und Goldchlorid Doppelsalze zu liefern, die sich vom vierwertigen Sauerstoff bzw. Schwefel ableiten lassen.

Zur Charakterisierung solcher Substanzen sind namentlich die

---

[1] Siehe Anm. 3 auf S. 236.

[2] FENNER, TAFEL: Ber. Dtsch. chem. Ges. **32**, 3220 (1899). — PAAL, UBBER: Ber. Dtsch. chem. Ges. **36**, 505 (1903). — STOERMER, FINCKE: Ber. Dtsch. chem. Ges. **42**, 3126 (1909). — TROWBRIDGE: Journ. Soc. chem. Ind. **28**, 230 (1909).

[3] E. FISCHER: Ber. Dtsch. chem. Ges. **27**, 167 (1894); **35**, 1593 (1902). — WILLSTÄTTER: Ber. Dtsch. chem. Ges. **35**, 597, 2700 (1902). — WILLSTÄTTER, ETTLINGER: Liebigs Ann. **326**, 125 (1903).   [4] BERGH: Arch. Pharmaz. **242**, 425 (1904).

[5] KOENIGS: Ber. Dtsch. chem. Ges. **37**, 3249 (1904).

[6] Siehe auch S. 246.   [7] HANS MEYER: Monatsh. Chem. **15**, 176 (1894).

[8] POMMEREHNE: Arch. Pharmaz. **233**, 150 (1895).

[9] E. FISCHER: Ber. Dtsch. chem. Ges. **26**, 94 (1893).

[10] ALTAR: Liebigs Ann. **237**, 185 (1887).

[11] ANDERSON: Liebigs Ann. **96**, 199 (1855). — WERNER, FASSBENDER: Ztschr. anorgan. allg. Chem. **15**, 123 (1897).

[12] WILLSTÄTTER, WIRTH: Ber. Dtsch. chem. Ges. **42**, 1919 (1909).

Eisenchloriddoppelsalze

geeignet,[1] die aus Eisessig (evtl. unter Zusatz von Salzsäure oder Eisenchlorid) umkrystallisiert werden können.

Doppelsalze von *Alkaloiden* mit Salzsäure und *Ferrichlorid* hat SCHOLTZ[2] dargestellt. Diese Verbindungen sind leicht rein und meist in gut krystallisiertem Zustand zu erhalten, wenn man die Lösung des salzsauren Alkaloids mit Ferrichlorid und hierauf mit konzentrierter Salzsäure versetzt. Es verbindet sich stets 1 Mol des salzsauren Alkaloids mit 1 Mol Ferrichlorid; die Farbe der Salze schwankt von Hellgelb bis Dunkelbraunrot.

Fällung von Aminosäuren mit *Phosphorwolframsäure:* SCHULZE, WINTERSTEIN: Ztschr. physiol. Chem. **35**, 210 (1902). — SKRAUP: Monatsh. Chem. **25**, 1351 (1904). — LEVENE, BEATTE: Ztschr. physiol. Chem. **47**, 149 (1906). — BARBER: Monatsh. Chem. **27**, 379 (1906). — E. FISCHER: Unters. üb. Aminos. S. 18. 1906. — WINTERSTEIN, HIESTAND: Ztschr. physiol. Chem. **54**, 307, 311, 315 (1908). — E. FISCHER, BERGMANN: Liebigs Ann. **398**, 99 (1913). — Im allgemeinen sind die Phosphorwolframate der Diaminosäuren von jenen der Monoaminosäuren durch geringere Löslichkeit unterschieden. Doch sind auch die Derivate der δ-Aminovaleriansäure, der γ-Aminobuttersäure und der δ-Methylaminovaleriansäure in Wasser sehr schwer löslich.

Trennung von Cystin und Tyrosin mittels *Phosphorwolframsäure:* PLIMMER: Biochemical Journ. **7**, 311 (1913).

Phosphormolybdänsäure: SEILER, VERDA: Chem.-Ztg. **27**, 1121 (1903). — DRUMMOND: Biochemcial Journ. **12**, 5 (1918).

Silicowolframsäure bildet mit vielen Alkaloiden schwer lösliche Salze: BERTRAND: Compt. rend. Acad. Sciences **128**, 742 (1899). — SPALLINO: Gazz. chim. Ital. **43** II, 482 (1913) (Nicotin). — ABILGAARD, BAGGESGAARD, RASMUSSEN: Arch. Pharmaz. **268**, 356 (1930) (Ephedrin).

4. Über Acylierung von Basen siehe S. 296, 623.

III. Reaktionen der Aminosäuren.

Aliphatische Aminosäuren.

Nach HOFMEISTER[3] zeigen die *aliphatischen Aminosäuren* folgende Reaktionen:

1. Ihre Lösung färbt sich mit wenig Ferrichlorid blutrot.

2. Ebenso mit wenigen Tropfen Kupfersulfat oder Kupferchlorid intensiv blau; diese beiden Reaktionen sind auch in stark verdünnten Lösungen wahrnehmbar, wenn man sie mit der durch gleich viel Eisenchlorid oder Kupfersulfat in destilliertem Wasser (ceteris paribus) erzielten Färbung vergleicht.[4]

3. Sie besitzen ausgesprochenes Lösungsvermögen für Kupferoxyd in alkalischer Flüssigkeit.[4]

4. Sie reduzieren Mercuronitratlösungen, langsam in der Kälte, rascher in der Wärme.

5. Sie werden durch Mercurisalze aus neutraler Lösung nicht gefällt, wohl aber

6. durch Mercurinitrat und Mercurisulfat bei gleichzeitigem Zusatz von Natriumcarbonat.

Perbromide: E. FISCHER: Ber. Dtsch. chem. Ges. **40**, 500, 502 (1907). — E. FISCHER, RASKE: Ber. Dtsch. chem. Ges. **40**, 1056 (1907). — E. FISCHER, MECHEL: Ber. Dtsch. chem. Ges. **49**, 1365 (1916).

---

[1] DECKER, FELLENBERG: Liebigs Ann. **356**, 290 (1907). — SCHOLTZ: Arch. Pharmaz. **247**, 534 (1909); siehe auch S. 172, 230 über die Analyse dieser Salze.
[2] SCHOLTZ: Ber. Dtsch. pharmaz. Ges. **18**, 44 (1908).
[3] HOFMEISTER: Liebigs Ann. **189**, 121 (1877).   [4] Siehe dazu aber S. 663.

Der *Geschmack der Aminosäuren*[1] steht in einer gewissen Abhängigkeit von ihrer Struktur.

Süß schmecken fast alle einfachen *α-Aminosäuren* der aliphatischen Reihe. Von den beiden *aktiven Leucinen* schmeckt aber die l-Verbindung fade und ganz schwach bitter, die d-Verbindung ausgesprochen süß, das racemische Leucin schwach süß.[2]

Bei den *β-Aminosäuren* tritt der süße Geschmack zurück; β-Aminobuttersäure ist fast geschmacklos und β-Aminoisovaleriansäure schmeckt sehr schwach süß und hinterher schwach bitter.

γ-Aminobuttersäure ist gar nicht mehr süß, sondern hat nur einen schwachen, faden Geschmack.

Ähnlich liegen die Verhältnisse bei den *Oxyaminosäuren:* α-Amino-β-oxypropionsäure und α-Amino-γ-oxyvaleriansäure sind recht süß, während der β-Amino-α-oxypropionsäure diese Eigenschaft gänzlich fehlt.

α-Pyrrolidincarbonsäure schmeckt stark süß. Die *Pyrrolidin-β-carbonsäuren* sind geschmacklos oder schwach bitter.[3]

Anders liegen die Verhältnisse in der *fettaromatischen* Gruppe. Phenylaminoessigsäure und Tyrosin schmecken ganz schwach fade, etwa wie Kreide. Im Gegensatz dazu steht das Phenylalanin, das süß ist. γ-Phenyl-α-aminobuttersäure dagegen hat unangenehmen, ins Bittere gehenden Geschmack.[4]

Bei den *zweibasischen Aminosäuren* zeigen sich ebenfalls Unterschiede. So schmeckt Glutaminsäure schwach sauer und hinterher fade, während Asparaginsäure stark sauer ist, ungefähr wie Weinsäure.

Von den *aromatischen Aminosäuren* schmeckt o-Aminobenzoesäure intensiv süß[5] und ebenso 6-Nitro-2-aminobenzoesäure, die mindestens 50mal so süß ist als Rohrzucker.[6] Sehr süß schmeckt auch 2-Nitro-4-aminobenzoesäure.[7] Auch m-Aminobenzoesäure besitzt noch säuerlichsüßen Geschmack.[8]

Geschmack *hydroaromatischer* Aminosäuren: SKITA, LEVI: Ber. Dtsch. chem. Ges. **41**, 2927 (1908).

Geschmack der *Betaine*: Ztschr. physiol. Chem. **231**, 208 (1935).

Zum Nachweis aliphatischer Aminosäuren ist *p-Toluolsulfonylchlorid* sehr geeignet. Wenn die Derivate nicht krystallisieren, verwandelt man sie in Butylester.[9]

Die *Überführung* von fetten α-Aminosäuren in ihre *diazotierten Ester* gibt nach CURTIUS[10] ein Mittel an die Hand, um zu erkennen, ob ein Stoff vom Ver-

---

[1] STERNBERG: Arch. Anat. Phys. (HIS-ENGELMANN), Physiol. Abt. 1898, 451; 1899, 367. — E. FISCHER: Ber. Dtsch. chem. Ges. **35**, 2662 (1902). — LEVENE: Ztschr. physiol. Chem. **41**, 100 (1904). — HÜLTENSCHMITT: Diss. Bonn 9, 81, 1904. — STERNBERG: Ber. Dtsch. pharmaz. Ber. **1905**, H. 2. — E. FISCHER, BLUMENTHAL: Ber. Dtsch. chem. Ges. **40**, 106 (1907). — EHRLICH: Ber. Dtsch. chem. Ges. **40**, 2555 (1907). — GAUCHMANN: Diss. Berlin 1909. — HEIDUSCHKA, KOMM: Ztschr. angew. Chem. **38**, 291, 941 (1925).

[2] E. FISCHER, WARBURG: Ber. Dtsch. chem. Ges. **38**, 3997 (1905). — Valine: E. FISCHER: Ber. Dtsch. chem. Ges. **39**, 2328 (1906). — Asparagine: PIUTTI: Ber. Dtsch. chem. Ges. **19**, 1691 (1886). — Glutamine: MENOZZI, APPIANI: Atti R. Accad. Lincei (Roma), Rend. (5), **2**, 421 (1893).

[3] PAULY, HÜLTENSCHMITT: Ber. Dtsch. chem. Ges. **36**, 3362 (1903).

[4] E. FISCHER, SCHMITZ: Ber. Dtsch. chem. Ges. **39**, 356 (1906).

[5] FRITZSCHE: Liebigs Ann. **39**, 84 (1841).

[6] KAHN: Ber. Dtsch. chem. Ges. **35**, 3863 (1902).

[7] BOGERT, KROPFF: Journ. Amer. chem. Soc. **31**, 841 (1909).

[8] SALKOWSKI: Liebigs Ann. **173**, 70 (1874). — KEKULÉ: Benzolderivate, Bd. 2, S. 331. 1882.   [9] CHESNEY, SWANN: Journ. Amer. chim. Soc. **59**, 1116 (1937).

[10] CURTIUS: Ber. Dtsch. chem. Ges. **17**, 959 (1884). — Die übrigen Aminosäuren zeigen diese Reaktion nicht, sondern gehen glatt in Oxysäuren über: CURTIUS, MÜLLER: Ber. Dtsch. chem. Ges. **37**, 1261 (1904).

halten einer Aminosäure die Aminogruppe im nichtsubstituierten Zustand enthält. Im Kleinen lassen sich nämlich die *Diazoverbindungen der Fettsäureester* leicht und einfach auf folgende Weise darstellen:

Man fügt zu wenigen Zentigrammen der Probe absoluten Alkohol und leitet Salzsäuregas bis zur Sättigung ein. Hierauf verjagt man den Alkohol in einem Uhrglas auf dem Wasserbad, fügt wieder einige Tropfen Alkohol hinzu und verdampft nochmals möglichst vollständig.

Es bleibt ein dicker, in Alkohol und Wasser leicht löslicher Sirup zurück, das Chlorhydrat der esterifizierten Aminosäure.

Man löst den Rückstand in möglichst wenig kaltem Wasser, schichtet reichlich Aether darüber und setzt dann einige Tropfen konzentrierte, wässerige Natriumnitritlösung zu. Die Flüssigkeit wird gelb und trüb; zugleich tritt geringe Stickstoffentwicklung auf. Man schüttelt sofort mit Aether aus. Wird jetzt die abgegossene aetherische Lösung verdunstet, so erhält man den Ester der diazotierten Fettsäure in meist sehr eigentümlich riechenden, gelben Öltröpfchen.

Diese geben auf Zusatz von Salzsäure unter heftigem Aufbrausen ihren Stickstoff ab. Die Verbindung wird zugleich farblos und besteht nun aus dem Ester der gechlorten Säure, der sich durch den gänzlich veränderten, intensiven Geruch bemerkbar macht.

JOCHEM[1] empfiehlt zum qualitativen *Nachweis der aliphatischen Aminosäuren* (sowie von aromatischen Säuren, welche die Aminogruppe in der Seitenkette tragen) ihre *glatte Überführbarkeit in Chlorfettsäuren.*

Man löst oder suspendiert die Substanz in der zehnfachen Menge konzentrierter Salzsäure und behandelt mit der molekularen Menge Natriumnitritlösung, die man tropfenweise zusetzt, wobei das gechlorte, mit Aether extrahierbare Produkt entsteht. Der Verdunstungsrückstand des Aethers wird mit Salpetersäure angesäuert und mit Silbernitratlösung im Überschuß versetzt. Das Filtrat liefert, mit konzentrierter Salpetersäure gekocht, von neuem reichlichen Chlorsilberniederschlag. Die Entstehung von chlorsubstituierten Fettsäuren vom Glykokoll aufwärts macht sich überdies schon durch das Auftreten öliger Tropfen bemerkbar.

HERZOG[2] führt die Chlorhydrate der α-Aminosäuren in der Kälte vorsichtig mit Silbernitrit[3] in die α-Oxysäuren über und behandelt deren Silbersalze mit Jod, wie beim Nachweis der Milchsäure.[4]

Zur Charakterisierung von *Aminosäureestern* sind besonders die *Pikrate* geeignet.[5]

Durch Kochen von Tyrosin oder Asparaginsäure mit Bleioxyd und Wasser werden fast unlösliche *Bleisalze* dieser Säuren erhalten; eine Tatsache, die zu berücksichtigen ist, wenn man Gemische von Aminosäuren mit Bleioxyd von Schwefelsäure oder Salzsäure befreien will.[6]

Über Bestimmung der Aminosäuren siehe S. 488, 647, 665.

Die aliphatischen α- und β-Aminosäuren (auch die in diesen Stellungen hydroxylierten) geben beim Kochen ihrer wässerigen Lösungen mit *Kupferoxyd* tiefblaue Lösungen. Die γ-, δ- und ε-Aminosäuren sind dagegen nicht befähigt, Kupfersalze zu liefern.[7]

---

[1] JOCHEM: Ztschr. physiol. Chem. **31**, 119 (1900).
[2] HERZOG: LIEBEN-Festschr. 1906, 441; Liebigs Ann. **351**, 264 (1907).
[3] E. FISCHER, SKITA: Ztschr. physiol. Chem. **33**, 190 (1901).
[4] HERZOG, LEISER: Monatsh. Chem. **22**, 357 (1901).
[5] E. FISCHER: Ber. Dtsch. chem. Ges. **34**, 454 (1901).
[6] LEVENE, VAN SLYKE: Journ. biol. Chemistry **8**, 285 (1910).
[7] H. u. E. SALKOWSKI: Ber. Dtsch. chem. Ges. **16**, 1193 (1883). — E. FISCHER, ZEMPLÉN: Ber. Dtsch. chem. Ges. **42**, 4883 (1909).

KOBER, SUGIURA[1] haben hierauf eine *mikrochemische Methode* für den Nachweis von Substanzen gegründet, die eine der in den folgenden Formeln wiedergegebene Struktur besitzen:

$$
\begin{array}{cccc}
\text{R} & \text{R} & \text{R} & \text{R} \\
| \diagup\text{H} & | \diagup\text{H} & | \diagup\text{H} & | \diagup\text{H} \\
\text{C} & \text{C} & \text{C}{\diagdown}\text{R} & \text{C}{\diagdown}\text{R} \\
| \diagdown\text{NH}_2 & | \diagdown\text{NH}_2 & | \diagup\text{N}{\diagdown}\text{H} & | \diagup\text{N}{\diagdown}\text{H} \\
\text{COOH} & \text{CH}_2 & \text{COOH} & \text{CH}_2 \\
 & | & & | \\
 & \text{COOH} & & \text{COOH}
\end{array}
$$

Dabei bedeutet R irgendeinen positivierenden Rest, wie Wasserstoff, CH_3, C_2H_5, eine Aminosäure oder eine Kombination von Aminosäuren; also alle Polypeptide und Peptone.

Mit *Natriumhypobromit* lassen sich die α-Aminosäuren zu den nächstniederen Aldehyden abbauen.[2]

Über die *Ninhydrinreaktion* (Farbenreaktion mit Triketohydrindenhydrat) der α-Aminosäuren: RUHEMANN, Journ. chem. Soc. London **97**, 1438 (1910); **99**, 792 (1911); **101**, 780 (1912). — ABDERHALDEN: Ztschr. physiol. Chem. **72**, 37 (1911). — Abwehrfermente des tierischen Organismus 1913. — HALLE, LOEWENSTEIN, PŘIBRAM: Biochem. Ztschr. **55**, 357 (1913). — NEUBERG: Biochem. Ztschr. **56**, 500 (1913); **67**, 56 (1915). — HERZFELD: Biochem. Ztschr. **59**, 249 (1914). — OPPLER: Biochem. Ztschr. **75**, 218, 235, 302 (1916). — HARDING, WARNEFORD: Journ. biol. Chemistry **25**, 319 (1916). — HARDING, LEAN: Journ. biol. Chemistry **25**, 337 (1916). — BERG: Pflügers Arch. Physiol. **195**, 543 (1922). — SSADIKOW-ZELINSKY: Biochem. Ztschr. **141**, 105 (1923). — ASHLEY, HARINGTON: Journ. chem. Soc. London **1930**, 2589. — GRASSMANN, ARNIM: Liebigs Ann. **509**, 288 (1934); Hel. chim. Acta **17**, 1440 (1934). — POLONOWSKI, MORENO, MARTIN: Journ. Amer. chem. Soc. españ. fis. quim. **33**, 574 (1935). — Colorimetrische Bestimmung des Aminosäurestickstoffs mittels der Ninhydrinreaktion: RIFFARD: Biochem. Ztschr. **131**, 78 (1922). — Ztschr. Unters. Nahrungs- u. Genußmittel **44**, 225 (1923).

Thiocarbimidreaktion (Bestimmung von α-Aminosäuren mittels Schwefelkohlenstoffs): KODAMA: Journ. chem. Soc. Japan **1**, 81 (1922).

Carbaminoreaktion von SIEGFRIED.[3]

Bei Gegenwart von Alkalien oder Erdalkalien werden aliphatische[4] Aminosäuren durch CO_2 in Salze der Carbaminocarbonsäuren übergeführt, z. B.:

---

[1] KOBER, SUGIURA: Journ. Amer. chem. Soc. **35**, 1548 (1913). — Siehe auch KOBER, SUGIURA: Journ. biol. Chemistry **13**, 1 (1912); Amer. chem. Journ. **48**, 383 (1912). — POLLER, SNYDER: Journ. Amer. chem. Soc. **37**, 2219 (1913); Ind. engin. Chem. **7**, 1049 (1916). — McARTHUR: Journ. Amer. chem. Soc. **36**, 2397 (1915). — KOBER: Ind. engin. Chem. **9**, 501 (1917). — Absorptiometrisches Verhalten der Cuprisalze der Aminosäuren: LEY, ARENDS: Ztschr. physiol. Chem. **192**, 131 (1930).

[2] LANGHELD: Ber. Dtsch. chem. Ges. **42**, 392, 2360 (1909).

[3] SIEGFRIED: Ztschr. physiol. Chem. **44**, 85 (1905); **46**, 402 (1906); **50**, 171 (1907); Ber. Dtsch. chem. Ges. **39**, 397 (1906); D. R. P. 188005 (1906). — HAMMARSTEN: Lehrbuch der physiologischen Chemie, S. 53. Wiesbaden 1907. — SIEGFRIED, NEUMANN: Ztschr. physiol. Chem. **54**, 423 (1908). — LIEBERMANN: Ztschr. physiol. Chem. **58**, 84 (1908). — BIRCHARD: Diss. Leipzig 22, 1909. — SCHUTT: Diss. Leipzig 1912. — SIEGFRIED, SCHUTT: Ztschr. physiol. Chem. **81**, 260 (1912).

[4] Die an den aromatischen Kern gebundene NH_2-Gruppe ist ebenfalls imstande, quantitativ ein Molekül CO_2 zu binden, wenn eine zu ihr in p-Stellung befindliche OH-Gruppe vorhanden ist. Auch p-Phenylendiamin bindet ziemlich viel CO_2, mehr als einer NH_2-Gruppe entspricht: SULZE: Pflügers Arch. Physiol. **136**, 792 (1911).

$$CH_2NH_2 + Ca(OH)_2 + CO_2 = CH_2NHCOO + 2 H_2O$$
$$| \qquad\qquad\qquad\qquad\qquad\qquad\qquad |$$
$$COOH \qquad\qquad\qquad\qquad COO\text{-----}Ca$$

Diese „Carbaminoreaktion" liefern auch andere amphotere Aminokörper, wie Peptone und Albumosen. Die Reaktion gestattet zweierlei Anwendungen, erstens die Bestimmung der Quotienten $\dfrac{CO_2}{N}$, zweitens die Abscheidung und Trennung der Aminokörper. Der Quotient $\dfrac{CO_2}{N} = \dfrac{1}{x}$ gibt an, wieviel Kohlendioxyd, als Molekül berechnet, die N-Atome der Verbindungen addieren. Er wurde bei Monoaminosäuren und der Diaminosäure Lysin als $^1/_1$ gefunden, d. h. die NH_2-Gruppen dieser Verbindungen reagieren quantitativ bei der Carbaminoreaktion. Von anderen Spaltungsprodukten der Eiweißkörper liefern Arginin den Quotienten $^1/_4$, Histidin $^1/_3$, d. h. von den vier N-Atomen des Arginins reagiert eines, ebenso eines von den dreien des Histidins. Harnstoff und Guanidin reagieren gar nicht.

Die NH_2-Gruppen der Polypeptide reagieren quantitativ, die NH-Gruppen bis zu einem gewissen Grad. Einen ähnlichen Quotienten wie Tripeptide liefern die Trypsinfibrinpeptone.

Die Abscheidung und Trennung von Aminokörpern wird durch die relative Schwerlöslichkeit der Bariumsalze der Carbaminosäuren und die leichte Regenerierbarkeit der Aminokörper aus diesen ermöglicht.

Die Bestimmung des Quotienten $\dfrac{CO_2}{N}$ erfolgt derart, daß man beim Zersetzen des carbaminocarbonsauren Salzes einerseits das abgeschiedene Calcium-(Barium-) Carbonat, anderseits im Filtrat den Stickstoff bestimmt.

Gegenwart von Alkohol, der beim späteren Aufkochen des Filtrats die Abscheidung von Calciumcarbonat verursacht, bewirkt einen den Quotienten vergrößernden Fehler. Daher ist eine Lösung von Phenolphthalein in Kalkwasser anzuwenden.[1]

Die verdünnte Lösung der Substanz[2] wird in Eiswasser gut gekühlt, einige Kubikzentimeter Kalkmilch zugefügt und unter öfterem Umschwenken Kohlendioxyd eingeleitet, bis einige Tropfen Phenolphthalein neutrale Reaktion anzeigen. Nach zweimaliger Wiederholung dieser Operationen wird ein größerer Überschuß von Kalkmilch zugegeben, umgeschüttelt und rasch, ohne nachzuwaschen, abgesaugt. Das Filtrat wird mit etwa dem doppelten Volumen ausgekochten Wassers versetzt und in einem mit abwärts gebogenem Natronkalkrohr verschlossenen Kölbchen aufgekocht. Die Lösung muß immer alkalisch bleiben. Von dem Calciumcarbonat wird nach dem Erkalten auf gewogenem Goochtiegel abgesaugt. Nach dem Waschen mit kaltem Wasser wird der Niederschlag im Trockenschrank bei 120° bis zu konstantem Gewicht getrocknet und gewogen. Filtrat und Waschwasser werden im Kjeldahlkolben mit einem Teil der zum Aufschluß verwendeten 20 ccm Schwefelsäure angesäuert, eingedampft und die Stickstoffbestimmung unter Zusatz der restlichen Schwefelsäure und von Kaliumsulfat, zuletzt von Kaliumpermanganat, vorgenommen.

Titration der Aminosäuren und Peptide nach WILLSTÄTTER, WALDSCHMIDT-LEITZ.[3]

Einfacher als mittels des Formolverfahrens (S. 467) läßt sich die Bildung von Hydroxylionen bei Aminosäuren und ähnlichen Substanzen verhindern, wenn man in nahezu rein alkoholischer Lösung arbeitet.

---

[1] SIEGFRIED: Ztschr. physiol. Chem. **52**, 506 (1907).
[2] HITSCHMANN: Diss. Leipzig 57, 1907.
[3] WILLSTÄTTER, WALDSCHMIDT-LEITZ: Ber. Dtsch. chem. Ges. **54**, 2988

Es wird dann (mit mindestens[1] 97proz. Alkohol) das Carboxyl fast vollständig austitriert, wenn man viel Phenolphthalein (1 ccm 1proz. alkoholische Lösung auf 100 ccm Flüssigkeit) oder besser Thymolphthalein[2] als Indicator verwendet.

Man arbeitet mit n-Kalilauge und titriert bis zur Rosafärbung.

Schwer lösliche Aminosäuren übersättigt man mit der alkoholischen Lauge und titriert mit Essigsäure zurück.

Man findet für Polypeptide, sowie auch für Peptone und Eiweißkörper unter diesen Bedingungen die wahren Äquivalentgewichte, ja sie verhalten sich schon in 40proz. Alkohol wie gewöhnliche Carbonsäuren.

Der Aethylalkohol läßt sich fast vollständig durch Propylalkohol oder 90proz. Aceton,[3] nicht aber durch Methylalkohol ersetzen, auch nicht durch Glycerin.[4]

Um in Gemischen von Aminosäuren und Polypeptiden die Menge der einzelnen Bestandteile zu bestimmen, ermittelt man die zur Neutralisation in 50proz. (a) und in 97proz. (b) alkoholischer Lösung erforderliche Alkalimenge.

Der Alkalianteil (x) für Aminosäuren ist dann, da die Mehrzahl derselben, und zwar die im allgemeinen überwiegenden (Glykokoll, Alanin, Leucin), in 50proz. Alkohol 28% der zu ihrer völligen Absättigung erforderlichen Alkalimenge verbrauchen,

$$x = \frac{100 \cdot (b-a)}{72}$$

und der Alkalianteil (y) für Polypeptide

$$y = b - x.$$

Zu beachten ist, daß auch Ammoniumsalze (Oxalat, Rhodanid) in 97proz. Alkohol wie freie Säuren tritriert werden können.

Mikroverfahren:[5]

Die Titrationen werden mit $^n/_{100}$ 90proz. alk. NaOH unter Benutzung von Thymolphthalein als Indikator ausgeführt.

Als Endpunkt der Reaktion gilt die erste hellblaue Färbung. Vergleichslösung: $^1/_{400}$ Mol Kupferchloridlösung in überschüssigem Ammoniak.

Titration von Aminosäuren mit Perchlorsäure.[6]

1—2 g Substanz in 30 ccm Eisessig mit Krystallviolett, α-Naphtholbenzein oder Benzoylauramin werden mit $^n/_{10}$-HClO$_4$ in Eisessig titriert. Der Farbenumschlag ist bei Krystallviolett deutlicher auf Zusatz von Guanidinacetat.

Zur potentiometrischen Bestimmung wird nach Zusatz von Chloranil und Tetrahydrochloranil mit dem Vakuum-Röhrenpotentiometer und $^n/_{10}$-HClO$_4$ titriert.

Aromatische Aminosäuren.

Die aromatischen Aminosäuren lassen sich, auch in Form ihrer Ester, mittels Azofarbstoffbildung bestimmen.

(1921). — FOREMANN: Biochem. Ztschr. 14, 451 (1920). — BISHOP: Journ. Amer. chem. Soc. 44, 135 (1922). — HAUROWITZ: Ztschr. physiol. Chem. 162, 58 (1927). — SCHENCK, KIRCHOF: Ztschr. physiol. Chem. 166, 152 (1927). — RICHARDSON: Proceed. Roy. Soc., London 115, 121 (1934).

[1] Im Notfall kann der Alkohol auf 80% verdünnt werden: HARRIS: Proceed. Roy. Soc., London 95, 505 (1923).

[2] WALDSCHMIDT-LEITZ: Ztschr. physiol. Chem. 132, 192 (1924). — GRASSMANN, HEYDE: Ztschr. physiol. Chem. 183, 33 (1929).

[3] Mit Naphthylrot: LINDERSTRÖM, LANG: Ztschr. physiol. Chem. 173, 32 (1928).

[4] LÖFFLER, SPIRO: Helv. chim. Acta 2, 540 (1919).

[5] GRASSMANN, HEYDE: Ztschr. physiol. Chem. 183, 32 (1929). — PREGL, ROTH: Mikroanalyse, S. 190. 1935.

[6] NADEAU, BRANCHER: Journ. Amer. chem. Soc. 57, 1863 (1935). — HARRIS: Biochemical Journ. 29, 2820 (1935).

So verfährt ERDMANN[1] zur *quantitativen Bestimmung des Anthranilsäuremethylesters* folgendermaßen:

0,7473 g Ester wurden in 20 ccm Salzsäure gelöst und mit 7,5 ccm Nitritlösung von 5% diazotiert, so daß noch nach 10 Minuten freie salpetrige Säure mit Jodkaliumstärkepapier nachweisbar war. Eiskühlung ist nicht erforderlich, da die Diazoverbindung verhältnismäßig beständig ist. Die Lösung wurde mit Wasser auf genau 100 ccm verdünnt.

Ferner wurden 0,5 g β-Naphthol (durch Destillation im Vakuum gereinigt, Kp. 157° bei 11 mm) in 0,5 ccm Natronlauge und 150 ccm Wasser unter Zusatz von 15 g kohlensaurem Natrium gelöst. Diese Lösung wurde mit der Diazolösung titriert.

Es zeigte sich bei Zusatz von
69,9 ccm noch schwache Reaktion mit der Diazoverbindung,
70 ccm keine Reaktion, weder mit der Diazoverbindung noch mit der Naphthollösung,
70,9 ccm schwache Gegenreaktion mit der Naphthollösung.

Der Verbrauch war also 70,4 ccm Diazoverbindung auf 0,5 g Naphthol. Es berechnet sich hieraus für die gesamte Diazoverbindung 0,7102 g Naphthol, entsprechend 0,7449 g Anthranilsäuremethylester = 99,7% der angewendeten Menge.

Titration der Arsanilsäuren: BENDA: Ber. Dtsch. chem. Ges. 41, 2368 (1908); 42, 3620 (1909).

Bei der *Acylierung* aromatischer o-Aminosäuren entstehen leicht Anhydride.[2]

Verhalten von Aminosäuren der Pyridinreihe.

α-*Aminonicotinsäure* läßt sich nach PHILIPS[3] in verdünnter Schwefelsäure leicht diazotieren, liefert aber mit alkalischer β-Naphthollösung keine Spur von Farbstoff. Ebenso verhält sich β-*Aminopicolinsäure*,[4] β-*Aminoisonicotinsäure*[5] und β'-*Aminonicotinsäure*.[6]

α'-*Aminonicotinsäure* dagegen[7] läßt sich weder in verdünnt schwefelsaurer noch in konzentriert salzsaurer Lösung, wohl aber in konzentriert schwefelsaurer Lösung diazotieren. Ebenso verhält sich α'-*Amino*-β'-*nitronicotinsäure*, die selbst in konzentrierter Schwefelsäure nur teilweise umgesetzt wird.[8] γ-*Amino*-αα'-*lutidindicarbonsäure*,[9] γ-*Aminonicotinsäure*[10] und γ-*Aminopicolinsäure*[11] werden glatt in konzentrierter Schwefelsäure diazotiert.

IV. Reaktionen der aromatischen Diamine.

1. Reaktionen der Orthodiamine.

1. *Einwirkung organischer Säuren.*[12] Beim Erhitzen von Orthodiaminen mit organischen Säuren bilden sich Imidazole.

---

[1] ERDMANN: Ber. Dtsch. chem. Ges. 35, 24 (1902).

[2] HANS MEYER, MOHR, KÖHLER: Ber. Dtsch. chem. Ges. 40, 997 (1907). — BOGERT, SEIL: Journ. Amer. chem. Soc. 29, 529 (1907).

[3] PHILIPS: Liebigs Ann. 288, 254 (1895).

[4] KIRPAL: Monatsh. Chem. 29, 230 (1908).

[5] KIRPAL: Monatsh. Chem. 23, 929 (1902).

[6] LEDERER-PONZER: Diss. Prag 56, 1931.

[7] MARCKWALD: Ber. Dtsch. chem. Ges. 27, 1323 (1894).

[8] MARCKWALD:Ber. Dtsch. chem. Ges. 27, 1335 (1894).

[9] MARCKWALD:Ber. Dtsch. chem. Ges. 27, 1325 (1894).

[10] KIRPAL: Monatsh. Chem. 23, 246 (1902).

[11] HANS MEYER, GRAF: Ber. Dtsch. chem. Ges. 61, 2207 (1928).

[12] HOBRECKER: Ber. Dtsch. chem. Ges. 5, 920 (1872). — LADENBURG: Ber. Dtsch. chem. Ges. 8, 677 (1875); 10, 1123 (1877). — WUNDT: Ber. Dtsch. chem. Ges. 11,

Man kocht das Diamin mit reiner Ameisensäure, Eisessig oder Propionsäure 5—6 Stunden am Rückflußkühler oder das Chlorhydrat der Base mit dem Natriumsalz der Fettsäure,[1] destilliert den größten Teil der überschüssigen Säure ab und gießt in Wasser. Die entstandene Base wird durch Alkalizusatz gefällt.

Die Anhydrobasen sind bei hoher Temperatur unzersetzt flüchtig, lassen sich aus saurer Lösung nicht mit Aether ausschütteln und geben schön krystallisierende Platin- und Goldsalze und schwer lösliche Pikrate.

Mit Säureanhydriden[2] und Benzoylchlorid[3] entstehen *Diacylderivate*, die leicht durch Erhitzen in Anhydrobasen übergeführt werden können.

2. *Verhalten gegen salpetrige Säure* siehe S. 654.

3. *Aldehyde*[4] wirken auf Orthodiamine nach dem Schema:

$$
\begin{array}{c}
\text{NH}_2 \quad\quad \text{H} \quad\quad\quad\quad\quad \cdot\text{N}=\text{CHR} \\
\bigcirc \quad + 2\,\text{RC}\diagdown \quad = \quad \bigcirc \quad\quad\quad\quad + 2\,\text{H}_2\text{O} \\
\text{NH}_2 \quad\quad\quad \text{N} \quad\quad\quad \text{N}=\text{CHR}
\end{array}
$$

(Zwischenprodukt)

$$
\begin{array}{c}
\text{N}=\text{CHR} \quad\quad\quad\quad \text{N} \\
\bigcirc \quad\quad\quad = \quad \bigcirc \quad\quad \text{CR} \\
\text{N}=\text{CHR} \quad\quad\quad\quad \text{N} \\
\quad\quad\quad\quad\quad\quad\quad\quad\quad \diagdown \\
\quad\quad\quad\quad\quad\quad\quad\quad \text{CH}_2\text{R}
\end{array}
$$

Aldehydin

Die entstehenden Substanzen sind starke Basen und werden durch Kochen mit verdünnten Säuren nicht gespalten. Ihre Chlorhydrate bilden sich, wenn man salzsaures Diamin mit Aldehyd digeriert, unter Freiwerden eines Moleküls Salzsäure.

Man kann daher in der Regel die *Orthodiamine von den Isomeren unterscheiden*, indem man ein Pröbchen des Chlorhydrats mit einigen Tropfen Benzaldehyd einige Minuten auf 110—120° erwärmt. Orthoverbindungen geben dann zu reichlicher Salzsäureentwicklung Anlaß.

In einzelnen Fällen läßt indessen diese Methode im Stich.

4. Orthodiamine sind von ihren Isomeren auch dadurch zu unterscheiden, daß ihre *Dirhodanate*[5] beim Erhitzen auf 120—130° Thioharnstoffe $\text{CxHy}\diagdown\begin{smallmatrix}\text{NH}\\\text{NH}\end{smallmatrix}\diagup\text{CS}$ bilden, die durch heiße alkoholische Bleilösung nicht entschwefelt werden, zum Unterschied von den unter denselben Operationsbedingungen entstehenden Ver-bindungen $\text{CxHy(NHCSNH}_2)_2$ der Meta- und Pararolle. Man braucht daher keine Analyse auszuführen, sondern versetzt nur ein Salz des Diamins in wässe-

826 (1878). — Hübner: Liebigs Ann. **208**, 278 (1881); **209**, 339 (1881); **210**, 328 (1881). — Bamberger, Lorenzen: Liebigs Ann. **273**, 272 (1893). — Paulus: Diss. Frei-burg 7, 1909. — Verhalten gegen *Orthodicarbonsäuren*: R. Meyer: Liebigs Ann. **327**, 1 (1903).   [1] Paulus: Diss. Freiburg 1909.

[2] Ladenburg: Ber. Dtsch. chem. Ges. **17**, 150 (1884). — Bistrzycki, Hartmann: Ber. Dtsch. chem. Ges. **23**, 1045, 1049 (1890). — Bistrzycki, Ulffers: Ber. Dtsch. chem. Ges. **23**, 1876 (1890); **25**, 1991 (1892). — Paulus: Diss. Freiburg 79, 1909.

[3] Hinsberg, Udránsky: Liebigs Ann. **254**, 254 (1889). — Paulus: Diss. Frei-burg 82, 1909.

[4] Ladenburg: Ber. Dtsch. chem. Ges. **11**, 590, 600, 1648, 1653 (1878). — Hins-berg: Ber. Dtsch. chem. Ges. **19**, 2025 (1886); **20**, 1585 (1887). — O. Fischer, Wreszinski: Ber. Dtsch. chem. Ges. **25**, 2711 (1892). — Hinsberg, Funcke: Ber. Dtsch. chem. Ges. **26**, 3092 (1893); **27**, 2187 (1894).

[5] Lellmann: Liebigs Ann. **228**, 249, 253 (1885).

riger Lösung mit Rhodanammonium, dampft zur Trockene, erhitzt 1 Stunde auf zirka 120°, wäscht das Produkt sehr gut mit Wasser aus und behandelt sodann den Rückstand mit alkoholischer Bleilösung. War ein Orthodiamin vorhanden, so bleibt selbst die siedende Lösung wasserhell, während bei Meta- und Paraderivaten momentan Schwärzung eintritt.

5. *Verhalten gegen Allylsenföl:* LELLMANN.[1]

6. *Chinoxalinreaktion.*[2]

Mit 1.2-Diketoverbindungen reagieren die Orthodiamine unter Bildung von Chinoxalin- bzw. Azinderivaten. Die Reaktion gelingt öfters besser in Glykol oder Glycerin, als in (Methyl-)Alkohol.[3]

Am glattesten erfolgt die Reaktion mit *Phenanthrenchinon.*[4] Man versetzt eine konzentrierte alkoholische Lösung der Substanz mit einem Tropfen konzentrierter heißer Lösung von Phenanthrenchinon in Eisessig und kocht kurze Zeit auf. Ist ein Orthodiamin vorhanden, so entsteht schon während des Kochens ein voluminöser, gelber Niederschlag, dessen Menge sich beim Erkalten der Flüssigkeit noch vermehrt.

Die Reaktion gelingt schon bei Anwendung sehr kleiner Mengen (zirka $1/_2$ mg) Substanz. Die *Phenanthrazine* färben sich mit konzentrierter Salzsäure tiefrot, sofern sie nicht eine negative Gruppe enthalten.

Mit großer Leichtigkeit findet auch die Kondensation der Diamine mit *Glyoxal* statt. Statt des freien Glyoxals wendet man zweckmäßig seine Mononatriumsulfitverbindung an.

Zur Isolierung der Base übersättigt man die Lösung mit Kali, hebt das Chinoxalin ab, trocknet über festem Kali und destilliert.

Die Chinoxaline geben meist schwer lösliche Oxalate, Platin- und Quecksilbersalze und Fällungen mit Ferrocyankalium.

NIETZKI hat das *krokonsaure Kalium* als Diaminreagens empfohlen.[5] Eine Lösung desselben erzeugt beim Vermischen mit den Salzen der Orthodiamine eine meist dunkelfarbige Fällung des Krokonchinoxalins.

2. Reaktionen der Metadiamine.

1. Bei der *Einwirkung organischer Säuren* entstehen in Wasser schwer lösliche, durch Aether aus der sauren Flüssigkeit extrahierbare *Säureamide.*

2. Verhalten gegen *salpetrige Säure* siehe S. 654.

3. *Chrysoidinreaktion.*[6]

Metadiamine lassen sich in neutraler und schwach mineralsaurer Lösung direkt mit diazotiertem Anilin zu Diaminoazoverbindungen, den *Chrysoidinen,* kuppeln.

Die Darstellung derselben geschieht durch Vermischen einer 1proz. Lösung des Diazobenzolsalzes mit 10proz. Diaminlösung, wobei ein roter Niederschlag

---

[1] LELLMANN: Liebigs Ann. **221**, 1 (1883); **228**, 199, 249 (1885). — WÜRTHNER: Diss. Tübingen 1884.

[2] HINSBERG: Liebigs Ann. **237**, 327, 342 (1886); Ber. Dtsch. chem. Ges. **16**, 1531 (1883); **17**, 318 (1884); **18**, 1228, 2870 (1885); **19**, 483, 1253 (1886). — LAWSON: Ber. Dtsch. chem. Ges. **18**, 2422 (1885). — BRUNNER, WITT: Ber. Dtsch. chem. Ges. **20**, 1026 (1887).

[3] LEWIS, CRAMER, BLY: Journ. Amer. chem. Soc. **46**, 2058 (1924).

[4] Mit *Diacetyl:* PAULUS: Diss. Freiburg 88, 1909.

[5] NIETZKI: Ber. Dtsch. chem. Ges. **19**, 2727 (1886). — NIETZKI, BENKISER: Ber. Dtsch. chem. Ges. **19**, 776 (1886).

[6] HOFMANN: Ber. Dtsch. chem. Ges. **10**, 213 (1877). — GRIESS, HOFMANN: Ber. Dtsch. chem. Ges. **10**, 388 (1877). — WITT: Ber. Dtsch. chem. Ges. **10**, 350, 654 (1877); **21**, 2420 (1888). — GRIESS: Ber. Dtsch. chem. Ges. **15**, 2196 (1882). — CARO: Ber. Dtsch. chem. Ges. **25**, R 1088 (1892). — TRILLAT: Bull. Soc. chim. France (3), **9**, 567 (1893).

entsteht. Durch Auflösen des so entstandenen Chrysoidinsalzes in kochendem Wasser, Fällen der auf 50° erkalteten, etwa 10proz. Lösung mit Ammoniak, Krystallisation aus 30proz. Alkohol und wieder aus siedendem Wasser erhält man die Base rein. Die beständigen Salze mit einem Äquivalent Säure sind mit intensiv gelber Farbe in Wasser löslich, auf Zusatz von viel Säure entstehen die in festem Zustand nicht beständigen, carminroten, zweifach sauren Salze. Sie färben Seide und Wolle schön gelb und um so röter, je höher ihr Molekulargewicht ist.

Die Chrysoidinreaktion bleibt bei parasubstituierten Metadiaminen aus.

4. *Einwirkung von Aldehyden.*[1] Hierbei entstehen, wie bei den Monoaminen leicht spaltbare indifferente Körper.

5. *Verhalten gegen Rhodanammonium* (siehe S. 669).

6. *Verhalten gegen Senföle:* LELLMANN,[2] *gegen Thiocarbonylchlorid:* BILLETER, STEINER.[3]

3. Reaktionen der Paradiamine.

Punkt 1, 2, 4, 5, 6 über die Reaktionen der Metadiamine gelten auch für die Paraverbindungen.

Eigentümlich sind den p-Diaminen dagegen folgende Reaktionen:

1. *Verhalten bei der Oxydation.*

Beim Kochen mit Oxydationsmitteln gehen die Paradiamine in *Chinone* über, die an ihrem stechenden Geruch erkannt werden können. Die Reaktion wird meist durch Kochen mit Braunstein und Schwefelsäure ausgeführt. Quantitativ verläuft sie[4] beim Behandeln des Paraphenylendiamins mit Kaliumpyrochromat in der Kälte.

Das m-Mesitylendiamin zeigt das Verhalten der Paraverbindungen.

2. *Farbenreaktionen.*

a) Wenn man Paradiamine in verdünnt saurer Lösung mit *Schwefelwasserstoff und Eisenchlorid* digeriert, entstehen blaue bis violette oder karmoisinrote, schwefelhaltige Farbstoffe.[5]

b) *Indaminreaktion.*[6]

Paradiamine geben mit ein wenig Anilin gemischt auf Zusatz von neutraler Eisenchloridlösung intensiv grüne bis blaue Färbung. Beim Kochen mit Wasser schlägt die Farbe in Rot um.

c) *Indophenolreaktion.*[7]

Gemische von Paradiaminen mit α-Naphthol in alkalischer Lösung mit unterchlorigsaurem Natrium versetzt geben dunkelblaue Färbung.

Man kann auch das Diamin mit alkalischer α-Naphthollösung und Kaliumpyrochromat oxydieren und dann mit Essigsäure fällen.

---

[1] SCHIFF, VANNI: Liebigs Ann. **253**, 319 (1889). — LASSAR, COHN: Ber. Dtsch. chem. Ges. **22**, 2724 (1889). — MILLER, GERDEISSEN, NIEDERLÄNDER: Ber. Dtsch. chem. Ges. **24**, 1729 (1891). — SCHIFF: Ber. Dtsch. chem. Ges. **24**, 2127 (1891).

[2] LELLMANN: Liebigs Ann. **228**, 248 (1885).

[3] BILLETER, STEINER: Ber. Dtsch. chem. Ges. **20**, 229 (1887).

[4] MELDOLA, EVANS: Proceed. chem. Soc. **5**, 116 (1891). — Ebenso mit Hypochlorit: CALLAN, HENDERSON: Journ. Soc. chem. Ind. **38**, 408 (1919).

[5] BAMBERGER: Ber. Dtsch. chem. Ges. **24**, 1646 (1891). — LAUTH: Compt. rend. Acad. Sciences **82**, 1442 (1876). — BERNTHSEN: Liebigs Ann. **230**, 73, 211 (1885); **251**, 1 (1889).

[6] WITT: Ber. Dtsch. chem. Ges. **10**, 874 (1877); **12**, 931 (1879). — NIETZKI: Ber. Dtsch. chem. Ges. **10**, 1157 (1877); **16**, 464 (1883).

[7] D. R. P. 15915 (1881). — KÖCHLIN, WITT: Dinglers polytechn. Journ. **243**, 162 (1882). — MÖHLAU: Ber. Dtsch. chem. Ges. **16**, 2843 (1883). — NOELTING, THESMAR: Ber. Dtsch. chem. Ges. **35**, 650 (1902). — WALTER: Aus der Praxis der Anilinfabrikation, S. 24. Hannover: Jänecke 1903.

d) *Safraninreaktion.*[1]

Beim Kochen eines p-Diamins mit 2 Mol Anilin, Salzsäure und Kaliumpyrochromat oder Braunstein und Oxalsäure entstehen die intensiv farbigen Safranine. Die einsäurigen Salze sind meist rot. Ihre Lösungen in konzentrierter Schwefel- oder Salzsäure sind grün und werden beim Verdünnen erst blau, dann rot, der umgekehrte Farbenwechsel tritt auf Säurezusatz zu den verdünnten Lösungen ein. Die alkoholischen Lösungen fluorescieren stark gelbrot. Charakteristisch sind die schwer löslichen Nitrate.

Zweiter Abschnitt.

Imidgruppe.

I. Qualitative Reaktionen der sekundären Amine.

1. Verhalten gegen *Schwefelkohlenstoff* siehe S. 619.

2. *Acylierung* der Imidbasen siehe S. 623.

3. Reaktion von HINSBERG S. 630.

4. *Verhalten gegen o-Xylylenbromid.*[2]

Sekundäre *aliphatische Amine* führen, indem molekulare Mengen der beiden Reagenzien aufeinander wirken, zur Bildung von Ammoniumbromiden.

Diese sind meist gut krystallisierende Stoffe, die aus der Lösung in Chloroform durch Aether gefällt werden. In einzelnen Fällen entstehen allerdings sirupartige Ammoniumbromide, die aber dann nach Überführung in das Chlorid als Platin- oder Goldsalze gut charakterisiert erhalten werden können.

Sekundäre *aromatische* Amine (ebenso wie gemischt aromatisch-aliphatische) bilden Derivate des Xylylendiamins.

Siehe auch S. 675.

5. *Verhalten gegen 1.5-Dibrompentan.*[3]

Sekundäre Amine der Fettreihe, Piperidin usw., liefern ausschließlich quartäre Piperidiniumverbindungen:

$$(CH_2)_5Br_2 + 2\,NHR_2 = (CH_2)_5:NR_2Br + R_2NHHBr,$$

die auch bei den aromatischen Basen das Hauptreaktionsprodukt bilden, neben kleinen Mengen tertiärer Pentamethylendiaminbasen, die nur dann als einziges Produkt auftreten, wenn der Benzolkern in o-Stellung zum Stickstoff substituiert ist.

6. *Verhalten gegen Thionylchlorid.*[4]

Während die primären Amine Thionylamine bilden, die leicht durch Wasser und Alkali zerstört werden, liefern die aliphatischen sekundären Amine (auch Piperidin) den Harnstoffen ähnlich zusammengesetzte Substanzen von schwach basischem Charakter, die gegen Alkali und Wasser recht beständig sind, von Säuren aber momentan zersetzt werden.

Auf aromatische und fettaromatische sekundäre Amine wirkt dagegen Thionylchlorid überhaupt nicht ein.

7. *Verhalten gegen Phosphortrichlorid.*[5]

---

[1] WITT: Ber. Dtsch. chem. Ges. **12**, 931 (1879); **28**, 1579 (1895); **29**, 1442 (1896); **33**, 315, 1212 (1900). — BINDSCHEDLER: Ber. Dtsch. chem. Ges. **13**, 207 (1880); **16**, 865 (1883). — NIETZKI: Ber. Dtsch. chem. Ges. **16**, 464 (1883). — NOELTING, THESMAR: Ber. Dtsch. chem. Ges. **35**, 649 (1902).

[2] SCHOLTZ: Ber. Dtsch. chem. Ges. **31**, 1707 (1898); **47**, 2166 (1914).

[3] BRAUN: Ber. Dtsch. chem. Ges. **41**, 2158 (1908).

[4] MICHAËLIS, GODCHAUX: Ber. Dtsch. chem. Ges. **23**, 553 (1890); **24**, 763 (1891). — MICHAËLIS: Liebigs Ann. **274**, 178 (1893); Ber. Dtsch. chem. Ges. **28**, 1012 (1895).

[5] MICHAËLIS, LUXEMBOURG: Ber. Dtsch. chem. Ges. **29**, 711 (1896).

Mit Phosphortrichlorid geben die aliphatischen sekundären Amine N-Chlor-
phosphine, die leicht erhalten werden, wenn man auf 2 Moleküle Amin 1 Molekül
Phosphortrichlorid einwirken läßt.

Man wendet nicht zu große Aminmengen an, etwa 10 g, und läßt diese unter
zeitweiliger Abkühlung zu etwas mehr als der berechneten Menge Phosphortrichlorid tropfen. Die breiige Masse wird so lange durchgearbeitet, bis sie vollständig gleichförmig geworden ist und dann mit trockenem Aether in ein Kölbchen gespült. Man filtriert nach 1—2stündigem Stehen möglichst rasch oder
gießt klar ab, wäscht mit Aether nach und entfernt diesen aus dem Filtrat durch
Destillation auf dem Wasserbad. Die hinterbleibende Flüssigkeit wird dann im
luftverdünnten Raum fraktioniert.

Die Chlorphosphine bilden im allgemeinen an der Luft rauchende, stechend
riechende, farblose Flüssigkeiten, die in Wasser untersinken und allmählich von
diesem zersetzt werden.

8. *Einwirkung von Nitrosylchlorid.*[1]

Die Reaktion geht nach den Gleichungen:

$$RR_1NH + NOCl = RR_1N \cdot NO + HCl$$
$$RR_1NH + HCl = RR_1NH \cdot HCl$$

unter Bildung von Nitrosaminen und Chlorhydraten der Amine vor sich. Über
die Ausführung der Reaktion siehe S. 651.

9. *Einwirkung von salpetriger Säure.*[2]

Sekundäre Amine werden von salpetriger Säure in Nitrosamine verwandelt.

Man versetzt die konz., wässerige Lösung des salzsauren Amins mit konz.
Kaliumnitritlösung. Das Nitrosamin scheidet sich als dunkles Öl ab oder wird
durch Ausschütteln mit Aether isoliert und durch Destillieren mit Wasserdampf
gereinigt; manchmal empfiehlt es sich auch, nitrose Gase in die aetherische Lösung
des Imins einzuleiten.

Durch Kochen mit konz. Salzsäure werden die Imine aus den Nitrosaminen
regeneriert.

Die Nitrosamine bilden indifferente gelbe bis gelbrote Öle, in der aromatischen Reihe auch oftmals krystallisierbar, die in Wasser unlöslich und meist
mit Wasserdämpfen unzersetzt flüchtig sind. Mit Phenol und Schwefelsäure
geben sie die Nitrosoreaktion.[3]

Über die Umlagerung aromatischer Nitrosamine durch alkoholische Salzsäure
zu kernnitrosierten Aminen: O. FISCHER, HEPP: Ber. Dtsch. chem. Ges. 19,
2991 (1886); 20, 1247 (1887).

Imide, deren basischer Charakter durch negative Substituenten aufgehoben
ist, geben keine Nitrosamine; alkylierte Harnstoffe reagieren nur mit 1 Molekül
NO·OH.

Dagegen werden[4] auch tertiäre aliphatische und ebenso tertiäre aromatische[5]
Amine zum Teil in Nitrosamine verwandelt, indem eine Alkylgruppe in Form

[1] SOLONINA: Journ. Russ. phys.-chem. Ges. 30, 449 (1898).
[2] HOFMANN: Liebigs Ann. 75, 362 (1850). — GEUTHER: Liebigs Ann. 128, 151
(1863). — HEINTZ: Liebigs Ann. 138, 319 (1866). — E. FISCHER: Ber. Dtsch. chem.
Ges. 9, 114 (1876).
[3] LIEBERMANN: Ber. Dtsch. chem. Ges. 7, 248 (1874). — V. MEYER, JANNY:
Ber. Dtsch. chem. Ges. 15, 1529 (1882).
[4] BANNOW, M. u. J. 1, 345. — MEISENHEIMER: Ber. Dtsch. chem. Ges. 46, 1154
(1913).
[5] O. FISCHER, DIEPOLDER: Liebigs Ann. 286, 163 (1895). Hier auch ältere Literatur. — BAUDISCH: Ber. Dtsch. chem. Ges. 39, 4293 (1906). — HOUBEN, SCHOTTMÜLLER:
Ber. Dtsch. chem. Ges. 42, 3735 (1909). — HOUBEN, FREUND: Ber. Dtsch. chem. Ges.
42, 4823 (1909).

von Aldehyd abgespalten wird, ja sie können sogar bis zum Ammoniak abgebaut werden.[1]

10. *Einwirkung von Schwefeltrioxyd und Sulfurylchlorid* siehe S. 639. Weitere Reaktionen siehe S. 458 und 622.

II. Quantitative Bestimmung der Imidgruppe.

1. Acylierung von sekundären Aminen.

Hierzu können alle S. 407 und 623 angeführten Methoden dienen.

Da speziell die Acetylierung von Imiden in der Regel leicht ausführbar ist, kann man auch eine indirekte Methode benutzen.[2]

Man wägt in einem Kölbchen, das mit Rückflußkühler verbunden und auf dem Wasserbad erhitzt werden kann, zirka 1 g der Substanz und fügt so rasch wie möglich eine bekannte, etwa 2 g betragende Menge Essigsäureanhydrid hinzu.

Man verbindet das Kölbchen mit dem Kühler und überläßt das Gemisch etwa $1/_2$ Stunde sich selbst. Bei resistenteren Imiden ist entsprechend Einwirkungsdauer und Temperatur zu modifizieren, evtl. ist die Reaktion im Rohr auszuführen.

Nach beendigter Reaktion fügt man ungefähr 50 ccm Wasser zu und erhitzt dann $3/_4$ Stunden auf dem Wasserbad, damit sich der Überschuß des Essigsäureanhydrids vollständig zersetzt.

Man kühlt ab, bringt die Flüssigkeit auf ein bekanntes Volumen und titriert die Essigsäure. Als Indicator dient Phenolphthalein.

GIRAUD[3] empfiehlt, das Essigsäureanhydrid mit dem zehnfachen Volumen Dimethylanilin zu verdünnen und in einer trockenen Stöpselflasche unter Umschütteln zu digerieren. VAUBEL[4] verwendet als Verdünnungsmittel Xylol (7 Teile Anhydrid auf 100 Teile Xylol). Eine genau abgewogene Menge der Probe (1—2 g) wird in eine trockene Literflasche eingefüllt und mit 50 ccm Anhydrid-Xylol-Lösung versetzt. Die Flasche (Abb. 174) ist mit einem doppelt durchbohrten Kork versehen, in den ein Hahntrichter und ein mit diesem durch Gummischlauch verbundenes Glasrohr eingefügt sind. In den Hahntrichter werden 300 ccm Wasser gefüllt, die nach 1 Stunde einlaufen gelassen werden. Hierauf wird mit $^n/_3$-Barytlösung und (nicht zu wenig) Phenolphthalein titriert und in analoger Weise der Titer des Anhydrid-Xylol-Gemisches gestellt. Die Methode ist auf 0,5—1% genau.

Abb. 174.
Apparat von
VAUBEL.

Auch die bei der Reaktion eintretende Temperatursteigerung kann zu quantitativen Messungen verwertet werden.[5]

Wenn eine *Iminogruppe zwischen zwei Carbonylgruppen* steht, so ist Acylierung entweder nicht mehr möglich oder das Acetylderivat unbeständig. Parabansäure läßt sich nicht acetylieren, Styrylhydantoin gibt nur ein Monoderivat, in dem die nicht zwischen den beiden Carbonylgruppen befindliche Imidgruppe substituiert ist.[6] Das Diacetylhydantoin wird schon durch Wasser zum Monoderivat verseift.[7] Möglicherweise liegen beim Anthranil[8] die Verhältnisse

---

[1] SCHMIDT: Liebigs Ann. **267**, 260 (1892).

[2] REVERDIN, DE LA HARPE: Ber. Dtsch. chem. Ges. **22**, 1005 (1889). — GIRAUD: Chem.-Ztg. Rep. **13**, 241 (1889).

[3] GIRAUD: Bull. Soc. chim. France (3), **7**, 142 (1892). — REVERDIN, DE LA HARPE: Bull. Soc. chim. France (3), **7**, 121 (1892).

[4] VAUBEL: Chem.-Ztg. **17**, 27 (1893).   [5] VAUBEL: Chem.-Ztg. **17**, 465 (1893).

[6] BILTZ: Ber. Dtsch. chem. Ges. **40**, 4799 (1907). — Vgl. PINNER, SPILKER: Ber. Dtsch. chem. Ges. **22**, 691 (1889).   [7] SIEMONSON: Liebigs Ann. **333**, 129 (1904).

[8] ANSCHÜTZ, SCHMIDT: Ber. Dtsch. chem. Ges. **35**, 3473 (1902).

ähnlich, wie sich ja auch Isatin und Indigo[1] nur schwer acetylieren lassen, denn auch das negativierende Phenyl setzt die Acetylierbarkeit herab oder hebt sie völlig auf.

Ganz wesentlich kommen hier allerdings auch sterische Hinderungen in Betracht, wie sie BILTZ[2] namentlich auch bei den Diureinen fand.

Über analoge Verhältnisse bei der Nitrierung (Nitriminbildung) siehe FRANCHIMONT, KLOBBIE: Rec. Trav. chim. Pays-Bas 7, 236 (1888); 8, 307 (1889).

2. Analyse von Salzen.

Über Analyse von Salzen bzw. Doppelsalzen der Imine gilt das S. 656 von der primären Amingruppe Gesagte.

3. Abspaltung des Ammoniakrestes.

Die Zerlegung der Imine gelingt zumeist durch mehrstündiges Kochen mit konz. Salzsäure, evtl. Erhitzen im Einschmelzrohr.

Die alkalisch gemachte Flüssigkeit wird dann in üblicher Weise zur Bestimmung des Ammoniaks (bzw. äquivalenter Amine) destilliert und der Überschuß der vorgelegten titrierten Salzsäure bestimmt.

4. Darstellung der Nitrosamine.

In vielen Fällen lassen sich die sekundären Amine mit salpetriger Säure nach der Gleichung:

$$R \cdot NH + NHO_2 = RN \cdot NO + H_2O$$

bestimmen.[3] Orthocyanbenzylamine bilden keine Nitrosamine.[4]

In einzelnen Fällen wird auch das Nitrosamin selbst isoliert und gewogen.[5]

Die Nitrosierungsgeschwindigkeit aromatischer sekundärer Amine ist so viel größer als die der tertiären, daß darauf eine quantitative Trennung gegründet werden kann.[6]

5. Methode von ZEREWITINOFF.

Siehe S. 458.

Dritter Abschnitt.

Tertiäre Amine.

I. Qualitative Reaktionen der tertiären Amine.

1. *Einwirkung von salpetriger Säure.*

Auf Nitrilbasen der Fettreihe wirkt salpetrige Säure entweder gar nicht ein oder sie wirkt zersetzend.

Fettaromatische tertiäre Amine reagieren dagegen unter Bildung von Paranitrosoderivaten.[7]

Daneben wirkt salpetrige Säure auf aromatische Nitrilbasen (und sekundäre Basen) nitrierend unter Bildung von Nitronitroso- oder einfachen Nitro- und

---

[1] HELLER: Ber. Dtsch. chem. Ges. 36, 2763 (1903).

[2] BILTZ: Ber. Dtsch. chem. Ges. 40, 4806 (1907).

[3] GASSMANN: Compt. rend. Acad. Sciences 123, 133 (1897).

[4] O. FISCHER, WALTER: Journ. prakt. Chem. (2), 80, 102 (1909).

[5] NOELTING, BOASSON: Ber. Dtsch. chem. Ges. 10, 795 (1877). — REVERDIN, DE LA HARPE: Chem.-Ztg. 12, 787 (1888).

[6] NELJUBINA: Russ. Anilinfarb.-Ind. 4, 120 (1934).

[7] BAEYER, CARO: Ber. Dtsch. chem. Ges. 7, 963 (1874). — STOERMER: Ber. Dtsch. chem. Ges. 31, 2523 (1898). — HAEUSSERMANN, BAUER: Ber. Dtsch. chem. Ges. 31, 2987 (1898); 32, 1912 (1899).

selbst Dinitroverbindungen.[1] Die Nitrogruppe geht in Parastellung,[2] falls diese unbesetzt ist, sonst in Ortho-,[3] seltener in Metastellung.[4]

Tertiäre aromatische Basen mit besetzter Parastellung lassen sich nicht nitrosieren,[5] aber ebensowenig mono- und diorthosubstituierte Basen.[5]

2. *Einwirkung von Schwefelsäureanhydrid* siehe S. 639.

3. *Verhalten gegen Ferrocyanwasserstoffsäure.*[6]

Die tertiären Basen der Fett-, Benzol- und Pyridinreihe[7] geben mit Ferrocyanwasserstoffsäure schwer lösliche Niederschläge von sauren Salzen, die farblos sind, sich aber beim Umkrystallisieren aus Wasser durch Bildung von Berlinerblau grünblau färben.

Zur Darstellung dieser Salze[8] wird eine Ferrocyankaliumlösung in die ungefähr äquivalente Menge einer verdünnten Lösung des Chlorhydrats der tertiären Base eingetropft und der Niederschlag mit Wasser gründlich gewaschen. Zuletzt wird dreimal mit Alkohol nachgespült.

Aus viel Alkohol sind diese Salze unzersetzt umkrystallisierbar.

Zur Analyse glüht man im Platintiegel und wägt das zurückbleibende Eisenoxyd.

4. *Verhalten gegen o-Xylylenbromid.*[9]

Tertiäre aliphatische Amine bilden Diammoniumbromide unter direkter Vereinigung von 2 Mol Amin mit 1 Mol Xylylenbromid:

$$C_6H_4 \underset{CH_2Br}{\overset{CH_2Br}{\diagdown}} + 2 N \underset{R_3}{\overset{R_1}{\diagdown}} R_2 = C_6H_4 \underset{CH_2-N\underset{R_3}{\overset{R_1}{\diagdown}} R_2}{\overset{CH_2-N\underset{R_3}{\overset{R_1}{\diagdown}} R_2}{\diagup}} \begin{matrix} Br \\ | \\ \\ \\ \\ | \\ Br \end{matrix}$$

Tertiäre aromatische Amine, auch gemischt fettaromatische, reagieren nicht mit Xylylenbromid.

Pyridin dagegen bildet ein Xylylendiammoniumbromid.

5. *Verhalten gegen 1.5-Dibrompentan.*[10]

Es entstehen in allen Fällen ausschließlich Diammoniumbromide, die sich jedoch zur Charakteristik nur dann eignen, wenn eine tertiäre, cyclische Base vorliegt.

6. *Verhalten gegen unterchlorige Säure:* WILLSTÄTTER, IGLAUER: Ber. Dtsch. chem. Ges. **33**, 1636 (1900). — HANTZSCH, GRAF: Ber. Dtsch. chem. Ges. **38**, 2156 (1905). — MEISENHEIMER: Ber. Dtsch. chem. Ges. **46**, 1148 (1913).

---

[1] STOERMER: Ber. Dtsch. chem. Ges. **31**, 2523 (1898). — HAEUSSERMANN: A. a. O.

[2] HÜBNER: Liebigs Ann. **210**, 371 (1881). — GRIMAUX, LEFÈVRE: Compt. rend. Acad. Sciences **112**, 727—730 (1891). — PINNOW: Ber. Dtsch. chem. Ges. **30**, 2857 (1897). — Hierher gehört wohl auch NIEMENTOWSKI: Ber. Dtsch. chem. Ges. **20**, 1890 (1887).

[3] MICHLER, PATTINSON: Ber. Dtsch. chem. Ges. **17**, 118 (1884). — RÜGHEIMER, HOFFMANN: Ber. Dtsch. chem. Ges. **18**, 2982 (1885). — WURSTER, SCHUBIG: Ber. Dtsch. chem. Ges. **20**, 1811 (1887). — PINNOW: Ber. Dtsch. chem. Ges. **27**, 3161 (1894); **28**, 3041 (1895).

[4] KOCH: Ber. Dtsch. chem. Ges. **20**, 2460 (1887). — Siehe WURSTER, SENDTNER: Ber. Dtsch. chem. Ges. **12**, 1804 (1879).

[5] BAUER, SUCK: Ber. Dtsch. chem. Ges. **12**, 1796 (1879). — MENTON: Liebigs Ann. **263**, 332 (1891). — WEINBERG: Ber. Dtsch. chem. Ges. **25**, 1610 (1892). — FRIEDLÄNDER: Monatsh. Chem. **19**, 627 (1898).

[6] E. FISCHER: Liebigs Ann. **190**, 184 (1878).

[7] MOHLER: Ber. Dtsch. chem. Ges. **21**, 1011 (1888); Diss. Zürich 38ff., 1888. — E. FISCHER, RASKE: Ber. Dtsch. chem. Ges. **43**, 1752 (1910).

[8] EISENBERG: Liebigs Ann. **205**, 266 (1880). — MOTYLEWSKI: Ber. Dtsch. chem. Ges. **41**, 801 (1908).

[9] SCHOLTZ: Ber. Dtsch. chem. Ges. **31**, 1708 (1898); siehe auch S. 671.

[10] BRAUN: Ber. Dtsch. chem. Ges. **41**, 2164 (1908).

7. Verhalten gegen Trinitroanisol.[1]

Trinitroanisol wird von tertiären Basen glatt addiert, wobei die Pikrate der am Stickstoff methylierten quaternären Basen gebildet werden. Diese Reaktion dürfte sich in vielen Fällen zur Charakterisierung tertiärer Basen eignen.

Tertiäre (cyclische) Amine geben mit p-*Toluolsulfosäureester* und noch allgemeiner mit p-*Brombenzolsulfosäureester* und *Methansulfosäureester* gut krystallisierende quaternäre Salze.[2]

8. Einwirkung von Bromcyan: BRAUN: Ber. Dtsch. chem. Ges. 33, 1438 (1900); 40, 3914 (1907); 42, 2035, 2219 (1909). — THOMS, BERGERHOFF: Arch. Pharmaz. 263, 6 (1925).

9. Acetyl- und *Benzoylbromid* wirken[3] auf Dimethylanilin nach der Gleichung:

$$C_6H_5N(CH_3)_2 + CH_3COBr = C_6H_5N_{CH_3}^{COCH_3} + CH_3Br$$

Tertiäre Benzylamine Ar—$CH_2 \cdot N_{R^1}^{R}$ werden von *Essigsäureanhydrid* oder *Säurechloriden* gespalten, z. B. nach dem Schema:

$$CH_3OC_6H_4-CH_2-N(CH_3)_2 + O{<}_{COCH_3}^{COCH_3} = CH_3OC_6H_4-CH_2-OCOCH_3 + CH_3CON(CH_3)_2$$

Ähnlich verhalten sich die analog konstituierten cyclischen Verbindungen.

II. Trennungsmethoden primärer, sekundärer und tertiärer Basen.

1. Trennung der aromatischen primären von den sekundären und tertiären Aminen mit Citraconsäure: MICHAËL: Ber. Dtsch. chem. Ges. 19, 1390 (1886).

2. Der sekundären von den tertiären Aminen mit salpetriger Säure: HEINTZ: Liebigs Ann. 138, 319 (1866).

3. Der primären, sekundären und tertiären Amine mit Benzaldehydbisulfit und Formaldehydbisulfit: D.R.P. 181723 (1907).

4. Der primären, sekundären und tertiären Amine mit Benzolsulfochlorid S. 630.

5. Der primären, sekundären und tertiären Amine mit Oxalsäureaethylester: HOFMANN: Ber. Dtsch. chem. Ges. 3, 776 (1870). — Siehe KNUDSEN: Ber. Dtsch. chem. Ges. 42, 4000 (1909) (Methylamine). — THOMAS: Journ. chem. Soc. London 111, 562 (1917).

6. Der tertiären von den primären und sekundären Aminen mit Ferrocyankalium: E. FISCHER: Liebigs Ann. 190, 183 (1878). — MOHLER: Ber. Dtsch. chem. Ges. 21, 1011 (1888). — BECKMANN, CORRENS: Ber. Dtsch. chem. Ges. 55, 854 (1922).

7. Der primären, sekundären und tertiären Basen mit Schwefelkohlenstoff: HOFMANN: Ber. Dtsch. chem. Ges. 8, 105, 461 (1875). — GRODZKI: Ber. Dtsch. chem. Ges. 14, 2754 (1881). — JAHN: Ber. Dtsch. chem. Ges. 15, 1290 (1892).

8. Der primären von den sekundären und tertiären Basen mit Metaphosphorsäure: SCHLÖMANN: Ber. Dtsch. chem. Ges. 26, 1023 (1893); D.R.P. 71328 (1893); siehe S. 637.

9. Der primären von sekundären und aromatischen Aminen mit 96proz. Schwefelsäure: GNEHM, BLUMER: Journ. Soc. chem. Ind. 18, 129 (1899). — PRICE: Journ. Soc. chem. Ind. 37, 82 (1918).

10. Der primären, sekundären, tertiären Amine und Ammoniak mit Phthalsäureanhydrid in organischen Lösungsmitteln: Russ. P. 48297 (1936).

---

[1] KOHN, GRAUER: Monatsh. Chem. 34, 1751 (1913).
[2] MANUEL, SCOTT, AMSTUTZ: Journ. Amer. chem. Soc. 51, 3638 (1929).
[3] TIFFENEAU, FUHRER: Bull. Soc. chim. France (4), 15, 162 (1914).

III. Quantitative Bestimmung des typischen Wasserstoffs der Amine.

1. Titrimetrische Methode von Schiff.[1]

Primäre und sekundäre Amine reagieren schon bei gewöhnlicher Temperatur auf Aldehyde, wobei unter Wasseraustritt indifferente Substanzen entstehen.

Durch ein Mol Aldehyd wird daher aus einem Mol Aminbase ein Mol, aus einer Iminbase ein halbes Mol Wasser abgespalten. Als besonders geeignet zu diesen Umsetzungen hat sich der *Oenanthaldehyd* erwiesen.

2. Methode der erschöpfenden Methylierung von Hofmann.[2]

Primäre, sekundäre und tertiäre Basen sind befähigt, Jodmethyl zu addieren, und zwar werden bei erschöpfender Behandlung mit Jodmethyl und Kali von den primären Basen drei, von den sekundären zwei Methylgruppen, von den tertiären eine Methylgruppe aufgenommen unter Bildung eines quaternären Jodids. Analysiert man daher sowohl die ursprüngliche Base als auch das nicht mehr durch kalte Kalilauge veränderliche Endprodukt, so erhält man Aufschluß über die Zahl der eingetretenen CH_3-Gruppen.

Am besten dient hierfür die Bestimmung der an den Stickstoff gebundenen Alkylgruppen nach Herzig, Hans Meyer (S. 690). Die quaternären Jodide führt man entweder durch Schütteln ihrer wässerigen Lösung mit frisch gefälltem Silberchlorid oder durch Behandeln mit Silberoxyd und Ansäuern des Filtrats mit Salzsäure in die Chloride über.[3] Statt Jodmethyl wird in neuerer Zeit meist *Dimethylsulfat* verwendet.[4]

Zur erschöpfenden Methylierung der aromatischen Basen empfiehlt sich[5] Kochen mit Sodalösung ($3^1/_2$ Mol) und Jodmethyl in 25 Teilen Wasser ($3^1/_2$ Mol) am Rückflußkühler. Die Reaktion dauert gewöhnlich ziemlich lange (20 bis 30 Stunden). Basen der Fettreihe pflegt man unter Druck (auf 100—150°) zu erhitzen. Um die Reaktion zu beenden, erhitzt man das Reaktionsprodukt, das durch Ausaethern und Abdampfen des Aethers gewonnen wurde, mit 1,1 Teilen Jodmethyl und 0,3 Teilen *Magnesiumoxyd* im geschlossenen Rohr 20 Stunden auf 100°.[6]

Das Reaktionsprodukt wird zunächst mit Aether gewaschen und dann zur Lösung des quaternären Jodids mit Wasser oder Alkohol ausgekocht. Zur Reinigung wird evtl. noch aus wässeriger Lösung mit starker Natronlauge ausgefällt oder aus Chloroform umkrystallisiert, wodurch die Magnesiumsalze leicht entfernt werden.

Zur Isolierung der Ammoniumbase kann in Fällen, wo Silberoxyd zersetzend wirkt, nach Freudenberg, Wieland[7] *Thalliumoxyd* verwendet werden.

Manchmal[8] reagiert allerdings *Dimethylsulfat* in Fällen, wo Jodmethyl versagt. Man pflegt dann wohl auch die Base mit Dimethylsulfat, Benzol und Magnesiumoxyd zu kochen.[9]

[1] Schiff: Suppl. 3, 370 (1864); Liebigs Ann. 159, 158 (1871).

[2] Hofmann: Ber. Dtsch. chem. Ges. 3, 767 (1870). — Braun: Ber. Dtsch. chem. Ges. 42, 2532 (1909). — Engeland: Ber. Dtsch. chem. Ges. 42, 2963 (1909); 43, 2662 (1910). — Dankworth: Arch. Pharmaz. 250, 632 (1912); siehe auch S. 678, Anm. 6.

[3] Direkte Addition von $ClCH_3$: Traube, Dudley: Ber. Dtsch. chem. Ges. 46, 3840 (1913).

[4] Johnson, Guest: Journ. Amer. chem. Soc. 32, 761 (1910). — Siehe ferner Novák: Ber. Dtsch. chem. Ges. 45, 834 (1912).

[5] Nölting: Ber. Dtsch. chem. Ges. 24, 563 (1891).

[6] E. Fischer, Windaus: Ber. Dtsch. chem. Ges. 33, 1968 (1900); D. R. P. 180203 (1907). — Vgl. Harries, Klamt: Ber. Dtsch. chem. Ges. 28, 504 (1895).

[7] Freudenberg, Wieland: Liebigs Ann. 444, 68 (1925).

[8] Gadomska, Decker: Ber. Dtsch. chem. Ges. 36, 2487 (1903). — Decker: Ber. Dtsch. chem. Ges. 38, 1144 (1905).   [9] Berger: Diss. Leipzig 20, 1904.

Daß sich hierbei auch *sterische Einflüsse* geltend machen können, zeigen die Untersuchungen von E. FISCHER, WINDAUS,[1] PINNOW[2] und DECKER.[3] Darnach verhindern bei aromatischen Aminen zwei in den Orthostellungen zur Amino-gruppe befindliche Substituenten (Alkyl, Phenyl, Brom, NO_2, $NHCOCH_3$) die Bildung der quaternären Base; einfach substituierte Orthostellung beeinträchtigt die Alkylierung ebenfalls oder verhindert sie vollständig.[4] Durch Besetzung der Orthostellung wird übrigens selbst die Bildung der sekundären und tertiären Basen sehr erschwert[5] (vgl. übrigens PINNOW: a. a. O.).

HOFMANNscher Abbau.

Die HOFMANNsche Methode hat, namentlich für die Erforschung der Pflanzen-stoffe, sehr großen Wert,[6] namentlich dann, wenn es gelingt, durch weitere Ein-wirkung von Alkali oder durch Destillation die quaternäre Base zu spalten, wobei neben Trialkylamin ein stickstoffhaltiger Rest entsteht, der das unver-änderte Kohlenstoffskelett des Ausgangsmaterials enthält.

So geht z. B. Trimethylconiiniumoxydhydrat in Trimethylamin und Conylen über:

$$C_8H_{15}N(CH_3)_3OH \rightarrow (CH_3)_3N + \underset{CH_2}{\overset{\overset{\displaystyle CH_2 \quad CHC_3H_7}{\| \qquad \|}}{CH \diagup\diagdown CH}} .$$

Die Anwendung der HOFMANNschen Methode ist indessen durch die Unfähig-keit mancher, namentlich fettaromatischer und aromatischer Amine sowie

---

[1] E. FISCHER, WINDAUS: Ber. Dtsch. chem. Ges. **33**, 345, 1967 (1900). — Siehe auch HOFMANN: Ber. Dtsch. chem. Ges. **5**, 718 (1872); **18**, 1824 (1885).

[2] PINNOW: Ber. Dtsch. chem. Ges. **32**, 1401 (1899).

[3] Siehe hierzu auch BISCHOFF: Jahrbuch der Chemie 1903, 172.

[4] PINNOW: Ber. Dtsch. chem. Ges. **34**, 1129 (1901). — FRIES: Liebigs Ann. **346**, 190 (1906). — JACKSON, CLARKE: Amer. chem. Journ. **36**, 412 (1906).

[5] EFFRONT: Ber. Dtsch. chem. Ges. **17**, 2347 (1884). — FRIEDLÄNDER: Monatsh. Chem. **19**, 624 (1898). — SCHLIOM: Journ. prakt. Chem. (2), **65**, 252 (1902).

[6] Siehe z. B. MILLER: Arch. Pharmaz. **240**, 494 (1902). — WILLSTÄTTER, FOUR-NEAU: Ber. Dtsch. chem. Ges. **35**, 1910 (1902). — WILLSTÄTTER, VERAGUTH: Ber. Dtsch. chem. Ges. **38**, 1975 (1905). — EMDE: Arch. Pharmaz. **244**, 250 (1906). — WILLSTÄTTER, HEUBNER: Ber. Dtsch. chem. Ges. **40**, 3870 (1907). — WILLSTÄTTER, BRUCE: Ber. Dtsch. chem. Ges. **40**, 3980 (1907). — GAEBEL: Arch. Pharmaz. **248**, 215 (1910). — KNORR, ROTH: Ber. Dtsch. chem. Ges. **44**, 254 (1911). — McDAVID, PERKIN, ROBINSON: Journ. chem. Soc. London **101**, 1218 (1912). — O. FISCHER: Ber. Dtsch. chem. Ges. **47**, 104 (1914). — POLONOWSKI: Bull. Soc. chim. France (4), **23**, 335 (1918). — BRAUN: Ber. Dtsch. chem. Ges. **52**, 2018 (1919). — BRAUN, KIRSCH-BAUM: Ber. Dtsch. chem. Ges. **52**, 2265 (1919). — DIETERLE: Arch. Pharmaz. **262**, 257 (1924). — GADAMER: Arch. Pharmaz. **262**, 476 (1924); **263**, 95 (1925); **264**, 198 (1926). — WARNAT: Ber. Dtsch. chem. Ges. **58**, 2771 (1925). — KARRER: Helv. chim. Acta **11**, 1062 (1928); **13**, 1305 (1930). — KONDO, OCHIAI: Liebigs Ann. **470**, 244 (1929). — BRUCHHAUSEN, SCHULTZE: Arch. Pharmaz. **264**, 624 (1929). — KONDO, NARITA: Ber. Dtsch. chem. Ges. **63**, 2422 (1930). — SPÄTH, HROMATKA: Ber. Dtsch. chem. Ges. **63**, 131 (1930). — SPÄTH, GALINOVSKY: Ber. Dtsch. chem. Ges. **65**, 1526 (1932); **66**, 1338 (1933). — SANTOS: Rev. Filip. Med. y Farm. 22. Sept. (1931). — CLEMS, RAMAGE, RAPER: Journ. chem. Soc. London **1932**, 2959. — SCHÖPF, THIER-FELDER: Liebigs Ann. **497**, 22 (1932). — BARGER: Ber. Dtsch. chem. Ges. **66**, 450 (1933). — SPÄTH, ADLER: Monatsh. Chem. **63**, 127 (1933). — BRAUN, HAMANN: Ber. Dtsch. chem. Ges. **65**, 1580 (1932). — LEITHE: Diss. Wien 1926. — KUFFNER: Diss. Wien 1929. — SCHLITTLER: Ber. Dtsch. chem. Ges. **66**, 988 (1933). — SPÄTH, KAHOVEC: Ber. Dtsch. chem. Ges. **67**, 1502 (1934). — GHOSE, KRIAHNA, SCHLITTLER: Helv. chim. Acta **17**, 925, 930 (1934). — ACHMATOWICZ, ROBINSON: Journ. chem. Soc. London **1934**, 581. — KONDO, TOMITA, UYEO: Ber. Dtsch. chem. Ges. **70**, 1890 (1937). — Abnormer Verlauf der Reaktion. Beim γ-Conicein: HOFMANN: Ber. Dtsch. chem. Ges. **18**, 109 (1885). — Scopolin: HESS, WAHL: Ber. Dtsch. chem. Ges. **55**, 1991 (1922).

Chinolinbasen,[1] Halogenammoniumverbindungen zu liefern und aus anderen Gründen,[2] z. B. Abspaltung von Alkohol und Regenerierung der tertiären Base beim Abbauversuch, beschränkt.[3]

Der HOFMANNsche Abbau verläuft verschieden, je nachdem das Hydroxyl der quartären Ammoniumverbindung als Wasser oder als Alkohol abgespalten wird und je nachdem, an welches der vier mit Stickstoff verbundenen Kohlenstoffe es primär übertritt. In welchem Sinn er vor sich geht, hängt von der Struktur der quartären Verbindungen ab. Mit der Struktur wechseln auch die äußeren Bedingungen für den Abbau. Sie können so hohe Temperatur verlangen, daß der Abbau zur Brenzreaktion wird. Es gibt zwar auch Fälle, wo er besonders leicht eintritt, z. B. schon beim Kochen quartärer Ammoniumsalze mit mehr oder weniger konz. Natronlauge. Aber meistens bedeutet der HOFMANNsche Abbau einen Eingriff unter schroffen Bedingungen. Daher können Sekundärreaktionen den Vorgang unübersichtlich machen.

Regelmäßig dann scheint der HOFMANNsche Abbau besonders leicht einzutreten, wenn die Ammoniumverbindung Doppelbindungssysteme enthält, derart, daß eine durch den Abbau neu entstehende Doppelbindung in Konjugation zu vorhandenen treten kann.

So genügt es, zum Abbau des α-Phenylaethylamins und seiner Analogen die zugehörigen quartären Ammoniumsalze mit 5proz. wässeriger Natronlauge zu kochen:

$$\text{—CH}_2\text{CH}_2\text{—N(CH}_3)_3\text{Cl} \xrightarrow{\text{NaOH}} \text{—CH:CH}_2 + \text{N(CH}_3)_3,\ \text{NaCl},\ \text{H}_2\text{O}\ [4].$$

Da sonach der HOFMANNsche Abbau manchmal, namentlich bei Alkaloiden, zu Irrtümern Veranlassung geben kann, empfiehlt es sich, daneben auch das

Verfahren von EMDE

anzuwenden, um über die Bindungsverhältnisse der N-Atome Gewißheit zu erlangen.[5]

Behandelt[6] man quaternäre aromatische oder aliphatisch-aromatische Am-

---

[1] DECKER: Ber. Dtsch. chem. Ges. **24**, 1984 (1891); **33**, 2275 (1900); **36**, 261 (1903).

[2] HESS, BAPPERT: Liebigs Ann. **441**, 139 (1925). — WILLSTÄTTER: Liebigs Ann. **317**, 294 (1901). — THOMS, BERGERHOFF: Arch. Pharmaz. **263**, 5 (1925). — GOTO, TAKUBO: Liebigs Ann. **479**, 170 (1932).

[3] CLAUS, HIRZEL: Ber. Dtsch. chem. Ges. **19**, 2790 (1886). — WEDEKIND: Ber. Dtsch. chem. Ges. **32**, 511 (1899). — HAEUSSERMANN: Ber. Dtsch. chem. Ges. **34**, 38 (1901); Liebigs Ann. **318**, 90 (1901). — MORGAN: Proceed. chem. Soc. **18**, 87 (1902). — BRUCHHAUSEN, BERSCH: Ber. Dtsch. chem. Ges. **63**, 2526 (1930). — Nicht anwendbar bei Piperidonen: MANNICH, SCHUMANN: Ber. Dtsch. chem. Ges. **69**, 2299 (1936).   [4] EMDE, KULL: Arch. Pharmaz. **272**, 469 (1934).

[5] SPÄTH, MOSETTIG: Liebigs Ann. **433**, 143 (1923).

[6] EMDE: Journ. prakt. Chem. (2), **76**, 509 (1907); Arch. Pharmaz. **246**, 667 (1908); **247**, 130, 314, 333, 351, 369 (1909); **249**, 118 (1911); Ber. Dtsch. chem. Ges. **42**, 2590 (1909); **44**, 1727 (1911); Helv. chim. Acta **15**, 1335 (1932). — EMDE, KULL: Arch. Pharmaz. **272**, 469 (1934). — FALTIS: Liebigs Ann. **391**, 88 (1912); Monatsh. Chem. **42**, 327, 377 (1921); **43**, 255 (1922). — SCHOLTZ, KOCH: Arch. Pharmaz. **252**, 519 (1914). — BRAUN: Ber. Dtsch. chem. Ges. **49**, 501, 1283, 2631 (1916); **50**, 50 (1917); **51**, 1215 (1918). — SPÄTH, MOSETTIG: Liebigs Ann. **433**, 142 (1923). — KLING: Diss. Marburg 1927. — SPÄTH, LEITHE, LADECK: Ber. Dtsch. chem. Ges. **61**, 1705 (1928). — SPÄTH, HOLTER, POSEGA: Ber. Dtsch. chem. Ges. **61**, 322 (1928). — SPÄTH, HROMATKA: Ber. Dtsch. chem. Ges. **63**, 132 (1930). — BRUCHHAUSEN, BERSCH: Ber. Dtsch. chem. Ges. **63**, 2523 (1930). — PERKIN: Journ. chem. Soc. London **109**, 815, 896 (1916); **113**, 759 (1918); **115**, 713 (1919); **128**, 1239 (1932). — WIELAND, GUMLICH: Liebigs Ann. **482**, 53 (1930). — GADAMER, SAWAI: Arch. Pharmaz. **264**, 401 (1926). — BRUCHHAUSEN: Arch. Pharmaz. **263**, 587 (1925). — BJÖRKMANN: Diss. Münster 1931. — STIPLER: Diss. Marburg 1924. — EBERHARD: Arch. Pharmaz. **253**, 70 (1915). — SPÄTH, DUSCHINSKY: Ber. Dtsch. chem. Ges. **58**, 1939 (1925). — CHERBULIEZ, BILLIET: Helv. chim. Acta **15**, 857 (1932). — ROBINSON, SUGASAWA: Journ. chem. Soc. London **1932**, 789. — SPÄTH, STRAUBAL: Ber. Dtsch. chem. Ges. **61**, 2400

moniumbasen in wässeriger oder wässerig-alkoholischer Lösung mit stark[1] überschüssigem reinem[1] 5proz. *Natriumamalgam*,[2] dann tritt in vielen Fällen Spaltung
in tertiäres Amin und Kohlenwasserstoff ein.

In anderen Fällen kommt es zur Bildung einer ungesättigten Base, deren
Chlormethylat bei nochmaliger Reduktion in einen Kohlenwasserstoff und
tertiäres Amin zerfällt. Die Methode ist dann mit Erfolg zu gebrauchen, wenn
die C—N-Bindung durch die Nachbarschaft ungesättigter Gruppen gelockert
ist, meist aber nicht für die Öffnung vollständig hydrierter Ringsysteme.

Bei der Reaktion von EMDE handelt es sich überwiegend um eine vereinigte Alkali-
und Reduktionswirkung, doch kann öfters die Alkaliwirkung ausgeschaltet werden.

Bei der *katalytischen Hydrierung* geeigneter, quartärer Ammoniumbasen[3]
kann man den verbrauchten Wasserstoff messen und so eine quantitative Bestimmung lockerer —C—N-Bindungen vornehmen.

In Fällen, wo der hydrierende Abbau mit Na-Amalgam nicht möglich ist
(Lupanin, Yohimbin, Norkonessin, Spartein), darf man folgern, daß hier in
α- oder β-Stellung zum Stickstoff kein Phenyl stehen kann.[4]

Sehr merkwürdige Beobachtungen haben BRAUN, KRUBER[5] an den Di-
phenylmethanbasen:

$(CH_3)_2N$⟨ ⟩$-CH_2-$⟨ ⟩$N(CH_3)_2$
1

$(CH_3)_2N$⟨ ⟩$-CH_2-$⟨ ⟩$N(CH_3)_2$
$\qquad CH_3 \qquad 5 \qquad CH_3$

$(CH_3)_2N$⟨ ⟩$-CH_2-$⟨ ⟩$N(CH_3)_2$
$\qquad\quad CH_3$
2

$CH_3 \qquad CH_3$
⟨ ⟩$-CH_2-$⟨ ⟩
$N(CH_3)_2 \ N(CH_3)_2$
6

$\qquad\qquad CH_3$
$(CH_3)_2N$⟨ ⟩$-CH_2-$⟨ ⟩
3 $N(CH_3)_2$

$\qquad CH_3$
$(CH_3)_2N$⟨ ⟩$-CH_2-$⟨ ⟩
$\qquad CH_3 \qquad 7 \ N(CH_3)_2$

$\qquad\qquad CH_3$
$(CH_3)_2N$⟨ ⟩$-CH_3-$⟨ ⟩
$\quad CH_3 \qquad N(CH_3)_2$
4

$(CH_3)_2N$⟨ ⟩$-CH_2-$⟨ ⟩$N(CH_3)_2$
$\qquad\qquad 8 \qquad Cl$

$\qquad\qquad Cl$
$(CH_3)_2N$⟨ ⟩$-CH_2-$⟨ ⟩
9 $N(CH_3)_2$

gemacht.

(1928). — SPÄTH, KOLBER: Ber. Dtsch. chem. Ges. **58**, 2280 (1925). — GADAMER, BRUCH-
HAUSEN: Arch. Pharmaz. **260**, 97 (1922). — CLEMO, RAPER: Journ. chem. Soc. London
1929, 1927. — PERKIN, ROBINSON, SMITH: Journ. chem. Soc. London **1932**, 1239.
— KONDO, TOMITA, UYEO: Ber. Dtsch. chem. Ges. **70**, 1890 (1927).
    [1] GROENEWOUD, ROBINSON: Journ. chem. Soc. London **1934**, 1692.
    [2] Anwendung von 30proz. Bleinatrium, das wirksam ist, wo Na-Amalgam versagt
(Trimethylphenylammoniumjodid): FICHTER, STEWEL: Helv. chim. Acta **16**, 571 (1933).
    [3] Der Abbau quartärer Ammoniumverbindungen erfolgt bei der katalytischen
Hydrierung mit Pd·BaSO₄ oder Pt-Oxyd-Pt-Schwarz in Eisessig-Na-Acetat oder
Wasser mit oder ohne Na-Acetat bei Zimmertemperatur, vielfach anders und ein-
facher als mit Na-Amalgam: EMDE, KULL: Arch. Pharmaz. **274**, 173 (1936).
    [4] FALTIS, HECZKO: Monatsh. Chem. **43**, 255 (1922).
    [5] BRAUN, KRUBER: Ber. Dtsch. chem. Ges. **46**, 3470 (1913).

Die in *beiden* Kernen orthosubstituierten Amine (5, 6, 7) nehmen an *keinem* der beiden Stickstoffe weiteres Jodmethyl (Bromcyan, Jodacetonitril) auf, während die nur in *einem* Kern orthosubstituierten (1, 2, 3, 4, 8, 9) ebenso leicht wie die sterisch gar nicht behinderten, und zwar in *beiden* Hälften des Moleküls, reagieren (chemische Fernwirkung).

Ein weiteres Paar,[1] bei denen sich die obenerwähnten Erscheinungen wiederholen, sind das N-Tetramethyl-o-tolidin (I) und N-Tetramethyl-o-methylbenzidin (II):

$$(CH_3)_2N\underset{\underset{I}{CH_3}}{\Big\langle}\underbrace{\quad\quad}_{CH_3}\Big\rangle N(CH_3)_2 \qquad (CH_3)_2N\underset{\underset{II}{CH_3}}{\Big\langle}\underbrace{\quad\quad}\Big\rangle N(CH_3)_2$$

Während sich I in bezug auf die geringe Reaktionsfähigkeit des Stickstoffs ganz dem Dimethyl-o-toluidin anschließt — es ist insbesondere kaum imstande, mit den zwei besonders charakteristischen Reagenzien: Jodacetonitril und Bromcyan eine Umsetzung einzugehen —, führt die Entfernung einer einzigen von den zwei in den Kernen befindlichen Methylgruppen dazu, daß in der Base II nicht nur ein N-Atom, sondern beide N-Atome die normale Reaktionsfähigkeit eines tertiären Anilinderivats zeigen.

Nach dem D.R.P. 180203 (1907) lassen sich die Verbindungen:

$$\underset{\underset{I}{NH_2}}{\overset{Cl}{\underset{Cl\quad Cl}{\bigcirc}}} \quad und \quad \underset{\underset{II}{NHAc}}{\overset{Cl}{\underset{Cl\quad Cl}{\bigcirc}}^{Cl}}$$

also primäre diorthohalogenisierte oder einfach orthosubstituierte, acylierte Imine, in üblicher Weise gar nicht (I) oder nur sehr schwer (II) alkylieren.

Die Alkylierung gelingt aber mit größter Leichtigkeit, wenn man an Stelle der Amine deren *Natriumverbindungen* mit Halogenalkyl zur Reaktion bringt.

a) *Darstellung von Natrium- bzw. Natriumkaliumaminverbindungen der primären und sekundären aromatischen Amine.*[2]

Diese entstehen leicht beim Erhitzen der Basen mit metallischem Natrium und Ätzkali.

b) *Verfahren von* Titherley.[3] Dasselbe fußt auf der Reaktion zwischen Aminen und Natriumamid.

Es reagieren nur aromatische Amine (Imine), deren Stickstoffrest also durch den negativierenden cyclischen Rest substituiert ist, aber aus dem gleichen Grund auch aliphatische Säureamide:

$$R \cdot CONH_2 + NaNH_2 = R \cdot CO \cdot NHNa + NH_3.$$

Säureamide reagieren schon in Lösungen, etwa von Benzol. Man kocht 2—4 Stunden mit dem fein gepulverten Natriumamid am Rückflußkühler.

Gegenseitige Verdrängung von Alkylen: Wedekind: Ber. Dtsch. chem. Ges. **35**, 766 (1902). — Scholtz: Ber. Dtsch. chem. Ges. **37**, 3633 (1904). — Jones, Hill: Journ. chem. Soc. London **91**, 2083 (1907).

Jodhydrate statt Alkylaten: Wedekind: Ber. Dtsch. chem. Ges. **36**, 3797 (1903). — Schwenk: Diss. Freiburg 1903.

---

[1] Braun, Mintz: Ber. Dtsch. chem. Ges. **50**, 1651 (1917).
[2] DPA. 42760 (1906); Zusatz von Katalysatoren: E. P. 11335 (1908).
[3] Titherley: Journ. chem. Soc. London **71**, 464 (1897). — Meunier, Desparmet: Compt. rend. Acad. Sciences **144**, 273 (1907). — Siehe auch Wohl, Lange: Ber. Dtsch. chem. Ges. **40**, 4728 (1907).

Sehr beachtenswert ist noch eine Beobachtung von Freund,[1] wonach mit der Anlagerung von Methyl an Stickstoff eine Abspaltung von Methyl, das an Sauerstoff gebunden war, verknüpft sein kann.

Ähnliche Beobachtungen haben schon früher Roser, Heimann gemacht,[2] vor allem aber Knorr.[3]

Verhalten der Schiffschen Basen gegen Jodmethyl: Hantzsch, Schwab: Ber. Dtsch. chem. Ges. **34**, 822 (1901).

Vierter Abschnitt.

Reaktionen der Ammoniumbasen.

Die echten Ammoniumbasen reagieren sehr stark alkalisch, ziehen Kohlendioxyd aus der Luft an und lassen sich aus ihren Salzen in der Regel nicht durch Kali oder Natron, sondern bloß durch feuchtes Silberoxyd abscheiden.[4] In der Chinolinreihe und auch bei gewissen betainartigen Verbindungen der aromatischen Reihe ist übrigens der Ersatz von Halogen bzw. Schwefelsäurerest durch Hydroxyl auch durch Alkali, Bleioxyd und Baryt, selbst durch Ammoniak und Soda ausführbar,[5] wobei indes dann oft statt der primär entstehenden Ammoniumhydroxyde unter Wasserabspaltung tertiäre Basen oder Alkylidenverbindungen entstehen.[6]

Hantzsch, Kalb[7] teilen die Ammoniumhydrate nach dem Grad ihrer Beständigkeit und der Art ihres Zerfalls in drei Klassen ein:

1. Stabile Ammoniumhydrate, auch im undissoziierten, festen Zustand beständig, also nicht freiwillig zerfallend; in Lösung völlige Analoga des Kaliumhydroxyds; Tetraalkylammoniumhydrate.

2. Labile Ammoniumhydrate mit Tendenz zum Übergang in Anhydride vom Ammoniaktypus. Ammoniumhydrate mit (ein bis vier) Ammoniumwasserstoffatomen. Tri-, Di-, Monoalkylammoniumhydrate, einschließlich des Ammoniumhydrats selbst. Schwache Basen.

3. Labile Ammoniumhydrate mit der Tendenz zur Bildung von Pseudoammoniumhydraten.[8] Nur in völlig dissoziiertem Zustand als labile Phase

---

[1] Freund: Ber. Dtsch. chem. Ges. **36**, 1523, 1538 (1903).

[2] Heimann: Diss. Marburg 1892. — Siehe auch Wheeler, Johnson: Amer. chem. Journ. **21**, 185 (1881); **23**, 150 (1882); Ber. Dtsch. chem. Ges. **32**, 41 (1899). — Roscoe-Schorlemmer: Lehrbuch, Bd. 8, S. 314, 317. 1901.

[3] Knorr: Liebigs Ann. **327**, 81 (1903); Ber. Dtsch. chem. Ges. **36**, 1272 (1903). — Über *Pseudojodalkylate* siehe Knorr, Rabe: Liebigs Ann. **293**, 27, 42 (1896); Ber. Dtsch. chem. Ges. **30**, 927, 929 (1897); Knorr: Ber. Dtsch. chem. Ges. **30**, 922, 933 (1897); Liebigs Ann. **328**, 78 (1903).

[4] Abscheidung durch Kali in alkoholischer Lösung: Walker, Johnston: Journ. chem. Soc. London **87**, 955 (1905).

[5] Feer, Königs: Ber. Dtsch. chem. Ges. **18**, 2397 (1885). — Fischer, Kohn: Ber. Dtsch. chem. Ges. **19**, 1040 (1886). — Conrad, Eckhardt: Ber. Dtsch. chem. Ges. **22**, 76 (1889). — Claus, Howitz: Journ. prakt. Chem. (2), **43**, 528 (1891).

[6] Claus: Journ. prakt. Chem. (2), **46**, 107 (1892).

[7] Hantzsch, Kalb: Ber. Dtsch. chem. Ges. **32**, 3109 (1898).

[8] Literatur über Pseudoammoniumbasen: Roser: Liebigs Ann. **272**, 221 (1892). — Hantzsch: Ber. Dtsch. chem. Ges. **32**, 595 (1899). — Kehrmann: Ber. Dtsch. chem. Ges. **32**, 1043 (1899). — Hantzsch, Kalb: Ber. Dtsch. chem. Ges. **32**, 3109 (1899). — Baillie, Tafel: Ber. Dtsch. chem. Ges. **32**, 3207 (1899). — Hantzsch, Sebaldt: Ztschr. physikal. Chem. **30**, 258 (1899). — Hantzsch, Osswald: Ber. Dtsch. chem. Ges. **33**, 278 (1900). — Kehrmann: Ber. Dtsch. chem. Ges. **33**, 400 (1900). — Hantzsch: Ber. Dtsch. chem. Ges. **33**, 752, 3685 (1900). — Decker: Ber. Dtsch. chem. Ges. **33**, 1715, 2273 (1900). — Pseudooxoniumbasen: Willstätter, Weil: Liebigs Ann. **412**, 234 (1916).

aus den echten Ammoniumsalzen primär entstehend, aber selbst in wässeriger Lösung mehr oder minder rasch in die in fester Form stabilen, isomeren Pseudo-basen übergehend. Hierher gehören die meisten Ammoniumhydrate mit ring-förmiger oder auch doppelter, namentlich chinoider Bindung zwischen Ammo-niumstickstoff und Kohlenstoff. Pseudoammoniumhydrate sind also die meisten (wenn nicht alle) festen Basen, die aus den Jodalkylaten pyridinähnlicher Basen, namentlich der Chinolin- und Acridinreihe, aber auch die, welche aus vielen Farbstoffsalzen von chinoider Natur entstehen. Überhaupt gehört die ganze Gruppe der sog. aetherlöslichen Ammoniumbasen, also die angeblichen Am-moniumhydrate mit abnormen Eigenschaften (neutraler Reaktion, Unlöslichkeit in Wasser, Löslichkeit in organischen Lösungsmitteln), vielmehr den Pseudo-ammoniumbasen zu, die nur deshalb starke Basen sind, weil sie scheinbar direkt, tatsächlich aber unter Konstitutionsveränderung, wieder mit Säuren in echte Ammoniumsalze übergehen, etwa nach dem Schema:

$$HO \cdot R : N + HCl = \left[HO \cdot R : N \begin{smallmatrix} H \\ \diagdown \\ Cl \end{smallmatrix} \right] = H_2O + R : N \cdot Cl.$$

Diese Umwandlung der echten, primär gebildeten Ammoniumhydrate in die Pseudoammoniumhydrate erfolgt dadurch, daß sich das ursprünglich am Ammoniumstickstoff befindliche, abdissoziierte basische Hydroxyl an einem Kohlenstoffatom des mehrwertigen Radikals festsetzt. Die Pseudoammonium-basen sind also (meistens) Carbinole:

$$\left(C \overset{V}{\Rightarrow} N \cdot + OH \right) \rightarrow HO - C \overset{III}{\colon} N.$$

Diese Isomerisation läßt sich durch das Vorhandensein sog. „zeitlicher oder abnormer Neutralisationsphänomene" nachweisen.[1] Wird aus einem neutral reagierenden Ammoniumchlorid ein ebenfalls neutral reagierendes (nicht leiten-des) Hydrat erhalten, so ist letzteres nicht ein echtes Ammoniumhydrat, sondern ein Pseudoammoniumhydrat. Oder umgekehrt: wenn eine solche neutral reagie-rende Base nicht ein sauer reagierendes, hydrolytisch gespaltenes Chlorid, sondern ein Neutralsalz erzeugt, sind die ursprüngliche Base und das gebildete Salz konstitutiv verschieden; erstere ist also eine Pseudoammoniumbase.

Auch gewisse *rein chemische Reaktionen* können gelegentlich *zur Diagnose von Pseudobasen* dienen. Sie beruhen auf ihrer Indifferenz, sind also mehr negativer Art. So erzeugen gewisse Pseudoammoniumbasen mit trockenen Säureanhydriden keine Salze, weil die Salzbildung der Pseudoverbindung nur indirekt erfolgt und zur Umlagerung in die salzbildende Form vielfach Wasserstoffionen erforder-lich sind.

Dem Verhalten der Hydrate entspricht das Verhalten der *Cyanide*. Aus solchen Ammoniumsalzen, die durch Alkalien in Pseudoammoniumbasen über-gehen, bilden sich durch Alkalicyanide häufig zuerst die ionisierten echten Ammoniumcyanide $R : N \cdot CH$, die dem $K \cdot CN$ ganz analog sind; aber wie sich das echte Ammoniumhydrat zum nichtdissoziierten Pseudoammoniumhydrat isomerisiert, so geht auch das echte Ammoniumcyanid allmählich in das nicht-dissoziierte Pseudoammoniumcyanid über, das sich durch seine Säurestabilität, Unlöslichkeit in Wasser, Löslichkeit in indifferenten Flüssigkeiten, ebenso als echte organische Verbindung von dem isomeren, ionisierten Salz unterscheidet wie die Pseudobase von der echten Base.

Andere „abnorme" Reaktionen der labilen, in Pseudobasen übergehenden (ring-förmigen oder chinoiden) Ammoniumhydrate.

---

[1] HANTZSCH: Ber. Dtsch. chem. Ges. **32**, 578 (1899).

Aus gewissen echten, ionisierten, labilen Ammoniumhydraten entstehen statt der isomeren Pseudobasen Anhydride und bei Abwesenheit von Alkohol Alkoholate. Diese den Pseudobasen in jeder Hinsicht ähnlichen Verbindungen besitzen auch die Konstitution von Pseudo-, also Carbinolderivaten; sie sind aetherartige Verbindungen von der Formel:

$$N\equiv R\cdot O\cdot R\equiv N \quad \text{und} \quad N\equiv R\cdot OC_2H_5.$$

Endlich ist die auffallende *Reaktionsfähigkeit* der hier besprochenen Verbindungen hervorzuheben. Es bilden sich aus vielen Pseudobasen mit überraschender Leichtigkeit durch Berührung mit Aethylalkohol quantitativ Alkoholate; noch größer aber ist die Reaktionsfähigkeit der ionisierten echten Basen, während sie sich in Pseudobasen umwandeln.

Quantitative Bestimmung der quaternären Basen.

Die quaternären Basen werden in Form ihrer Salze (Jodide, Chloride oder Sulfate) oder als Doppelverbindungen mit Quecksilberchlorid, Platinchlorid oder Goldchlorid analysiert.

Besonders geeignet zur Isolierung und Reinigung sind die schwer löslichen Verbindungen mit *Ferrocyanwasserstoffsäure*,[1] die zwar selbst im allgemeinen nicht leicht analysenrein zu erhalten sind, aber durch einfache Reaktionen die freien Hydroxyde oder Salze gewinnen lassen. Die Entfernung der Ferrocyanwasserstoffsäure gelingt durch Zersetzung der in Wasser suspendierten Salze mit einem geringen Überschuß an Kupfersulfat in gelinder Wärme. Aus der vom Ferrocyankupfer abfiltrierten Lösung fällt man das überschüssige Kupfer und die Schwefelsäure mit Barythydrat, entfernt den Überschuß des letzteren entweder durch Kohlensäure oder durch die äquivalente Menge Schwefelsäure und erhält durch Verdunsten des Filtrats die freien Ammoniumhydroxyde bzw. die Carbonate.

Fünfter Abschnitt.

Bestimmung der Nitrilgruppe.

I. Qualitative Reaktionen der Nitrilgruppe.

1. Verseifbarkeit zu Säureamid und Säure siehe unter „Quantitative Bestimmung".

2. Überführbarkeit in Amidoxime.

Mit Hydroxylamin vereinigen sich die Nitrile zu Amidoximen, die sowohl mit Mineralsäuren als auch mit Basen Salze bilden.

Erstere sind beständig, letztere zerfallen leicht bei Gegenwart von Wasser:

$$R\cdot C\begin{smallmatrix}NOH\\\\NH_2\end{smallmatrix} + H_2O = R\cdot C\begin{smallmatrix}O\\\\NH_2\end{smallmatrix} + H_2NOH.$$

Besonders charakteristisch sind die basischen Kupfersalze:

$$R\cdot C\begin{smallmatrix}N\cdot O\cdot Cu\cdot OH\\\\NH_2\end{smallmatrix}$$

die beim Vermischen von Amidoximlösungen mit FEHLINGscher Lösung entstehen.[2] Einwirkung von salpetriger Säure führt die Amidoxime ebenfalls in Säureamide über.

---

[1] E. FISCHER: Liebigs Ann. **190**, 188 (1878).

[2] SCHIFF: Liebigs Ann. **321**, 365 (1902). — WOHL, MAAG: Ber. Dtsch. chem. Ges. **43**, 3286 (1910).

Die Amidoxime geben *Methyl-* und *Benzylaether*.[1]

Reduktion der Nitrile zu primären Aminen: MENDIUS: Liebigs Ann. 121, 129 (1862). — LADENBURG: Ber. Dtsch. chem. Ges. 18, 2957 (1885); 19, 782 (1886). — KRAFFT, MOYE: Ber. Dtsch. chem. Ges. 22, 811 (1889). — FREUND, SCHÖNFELD: Ber. Dtsch. chem. Ges. 24, 3355 (1891). — SABATIER, SENDERENS: Compt. rend. Acad. Sciences 140, 482 (1905). — LASCH: Monatsh. Chem. 34, 1658 (1913) (Phenylpropylamin aus *Chlor*phenylpropionsäurenitril). — RABE: Ber. Dtsch. chem. Ges. 46, 1024 (1913) (Pyridinderivate). — ROSENMUND, PFANNKUCH: Ber. Dtsch. chem. Ges. 56, 2258 (1923). — D.R.P. 279193 (1914) (γ-Cyanchinolin). — Mit Chromosalzen: GRAF: Journ. prakt. Chem. (2), 140, 39 (1934) (Pyridinderivate).

Katalytische Reduktion: BUCK: Journ. Amerlc. hem. Soc. 55, 2593 (1933). Mit Na, Butylalkohol: SUTER, MOFFERT: Journ. Amer. chem. Soc. 56, 487 (1934).

Ferner: SKITA, KEIL: WEGSCHEIDER-Festschr. 1929, 753. — KINDLER: Liebigs Ann. 485, 116 (1931); Arch. Pharmaz. 269, 74 (1931).

Überführung in Ester: PFEIFFER: Ber. Dtsch. chem. Ges. 44, 1113 (1911); 51, 805 (1918); Liebigs Ann. 467, 158 (1928).

II. Quantitative Bestimmung der Nitrilgruppe.

Zur quantitativen Bestimmung der Gruppe —C≡N verseift man die Substanz und bestimmt entweder das gebildete Ammoniak oder die entstandenen Carboxylgruppen.

Die *Verseifung* der Nitrilgruppe[2] gelingt gewöhnlich durch mehrstündiges Kochen der Substanz mit *Salzsäure*,[3] evtl. Erhitzen (auf 150—170°) im Rohr[4] oder sogar durch Stehenlassen in der Kälte.[5] In diesem Fall destilliert man einfach die mit Lauge übersättigte verseifte Substanzlösung zum größten Teil ab und fängt das übergehende Ammoniak in titrierter und gemessener Salzsäure auf.

Oftmals erhält man gute Resultate beim Stehenlassen des Nitrils (evtl. in Kältemischung) mit der homogenen Flüssigkeit, die aus 100 ccm Aether und 60 ccm rauchender Salzsäure entsteht;[6] diese Mischung bewährt sich auch sonst, z. B. zum Verseifen von Estern. Sie läßt sich stundenlang im Sieden erhalten, ohne von ihrer Stärke wesentlich einzubüßen und besitzt so niederen Siedepunkt, daß man unter der Zersetzungstemperatur auch sehr empfindlicher Substanzen bleiben kann.[7]

Außer Salzsäure werden zur Verseifung von Nitrilen noch *Bromwasserstoffsäure*,[8] *Jodwasserstoffsäure*[9] und starke *Schwefelsäure*[10] benutzt.

---

[1] TRÖGER, LINDNER: Journ. prakt. Chem. (2), 78, 8 (1908).

[2] Siehe hierzu auch RABAUT: Bull. Soc. chim. France (3), 21, 1075 (1899).

[3] CLAISEN: Ber. Dtsch. chem. Ges. 10, 430, 845 (1877); 27, 1295 (1894); 31, 1898 (1898); Liebigs Ann. 194, 261 (1878); 266, 187 (1891). — FRANK: Diss. Berlin 23, 38, 1909. — Alkoholische Salzsäure kann das entsprechende Carboxaethylderivat liefern: DIELS, PILLOW: Ber. Dtsch. chem. Ges. 41, 1894 (1908).

[4] BRAND, LÖHR: Journ. prakt. Chem. (2), 109, 369 (1925) (Nitrodiphenylbernsteinsäurenitril). [5] TIEMANN, FRIEDLÄNDER: Ber. Dtsch. chem. Ges. 14, 1967 (1881).

[6] FITTIG: Liebigs Ann. 299, 25 (1898); 353, 11 (1907). — HERMER: Diss. Königsberg 1908. [7] HOUBEN, KAUFFMANN: Ber. Dtsch. chem. Ges. 46, 2835 (1913).

[8] GABRIEL, POSNER: Ber. Dtsch. chem. Ges. 27, 2493 (1894). — GABRIEL, ESCHENBACH: Ber. Dtsch. chem. Ges. 30, 3019 (1897). — DIELS, SEIB: Ber. Dtsch. chem. Ges. 42, 4064, 4070 (1909).

[9] JANSSEN: Liebigs Ann. 250, 138 (1889). — DIELS, PILLOW: Ber. Dtsch. chem. Ges. 41, 1898 (1908).

[10] Siehe nächste Seite, ferner BOGERT, HARD: Journ. Amer. chem. Soc. 25, 935 (1903). — MATTON: Diss. Zürich 44, 1909. — KÜSTER: Ztschr. physiol. Chem. 172, 230 (1927) (Oxynitrile).

Oft führt in letzterem Falle die Reaktion nur bis zum Säureamid.[1]

Eisessig und 50proz. *Schwefelsäure* verwendet SCHLENK.[2] Auch dreistündiges Erhitzen mit 50proz. wässeriger Schwefelsäure auf 150° wird empfohlen.[3]

Läßt sich die *Verseifung* nur[4] *durch wässerige oder alkoholische*[5] *Lauge* erzielen, dann wird man zur Absorption des Ammoniaks eine Versuchsanordnung ähnlich dem ZEISELschen Methoxylapparat verwenden und kohlensäurefreie Luft durch den Apparat schicken. In den Waschapparat kommt konzentrierte Lauge.

Im Kolbenrückstand findet sich dann das Alkalisalz der Säure, das nach einer der beschriebenen Methoden analysiert wird.

Das Ammoniak wird in diesem Fall am besten als Platinsalmiak bestimmt.

Sehr geeignet für derartige Verseifungen resistenter Nitrile ist Erhitzen (z. B. von 1,5 g) mit Ätznatron (2,1 g) und 15 ccm Alkohol im Rohr auf 150—190°.[6] oder Kochen mit Natriumalkoholat.

Zur Verseifung der Cyanpyrene schmelzen GOLDSCHMIEDT, WEGSCHEIDER mit Ätzkali.[7]

Auch der Verseifung der Nitrilgruppe[8] können sich *sterische Hinderungen* in den Weg stellen, wie dies bei ortho-[9] und diorthosubstituierten Nitrilen namentlich HOFMANN,[10] KÜSTER, STALLBURG,[11] CAIN[12] und V. MEYER, ERB[13] sowie SUDBOROUGH[14] gefunden haben.[15]

Während bei derartigen Nitrilen selbst andauerndes Erhitzen mit Salzsäure im Rohr und bei hoher Temperatur ohne Einwirkung bleibt, läßt sich durch

---

[1] ANSCHÜTZ: Liebigs Ann. **354**, 123 (1907).

[2] SCHLENK: Liebigs Ann. **368**, 295 (1909). — Siehe auch MATTON: Diss. Zürich 49, 1909.

[3] GUILLEMARD: Ann. chim. phys. (8), **14**, 333 (1908). — SCHOLL, NEUMANN: Ber. Dtsch. chem. Ges. **55**, 121 (1922).

[4] Die Cyanacridane geben beim Erhitzen mit Säuren Blausäure unter Regeneration der quaternären Ausgangsbasen; das 9.10-Dimethyl-9-cyanacridan ließ sich aber mit alkoholischer Lauge im Druckrohr bei 130—140° verseifen: KAUFMANN, ALBERTINI: Ber. Dtsch. chem. Ges. **44**, 2057 (1911).

[5] Z. B. PSCHORR: Ber. Dtsch. chem. Ges. **33**, 166 (1900). — Amylalkoholische Lauge: EBERT, MERZ: Ber. Dtsch. chem. Ges. **9**, 606 (1876). — CLEVE: Ber. Dtsch. chem. Ges. **25**, 2475 (1892). — Siehe WALDMANN: Journ. prakt. Chem. (2), **127**, 197 (1930).

[6] BAMBERGER, PHILIPP: Ber. Dtsch. chem. Ges. **20**, 242 (1887). — SEER, SCHOLL: Liebigs Ann. **398**, 88 (1913). — WALDMANN: Journ. prakt. Chem. (2), **127**, 197 (1930).

[7] GOLDSCHMIEDT, WEGSCHEIDER: Monatsh. Chem. **5**, 256, 259 (1884). — FRIEDLÄNDER, LITTNER: Ber. Dtsch. chem. Ges. **48**, 331 (1915).

[8] Siehe S. 702. — Ferner PAULUS: Diss. Freiburg 62, 1909 (o-Methoxymandelsäurenitril). — BILTZ: Liebigs Ann. **296**, 253 (1897). — STEINKOPF: Journ. prakt. Chem. (2), **81**, 193 (1910) (α-Nitronitrile). — TROEGER, LUX: Arch. Pharmaz. **247**, 618 (1910). — HINSBERG: Ber. Dtsch. chem. Ges. **43**, 136 (1910). — KAUFMANN, ALBERTINI: Ber. Dtsch. chem. Ges. **44**, 2056 (1911).

[9] HANS MEYER: Monatsh. Chem. **23**, 905 (1902). — Leichte Verseifbarkeit von o-substituierten Nitrilen: FISCHER, WOLTER: Journ. prakt. Chem. (2), **80**, 104 (1909).

[10] HOFMANN: Ber. Dtsch. chem. Ges. **17**, 1914 (1884); **18**, 1825 (1885); Journ. prakt. Chem. (2), **52**, 431 (1895).

[11] KÜSTER, STALLBURG: Liebigs Ann. **278**, 209 (1893).

[12] CAIN: Ber. Dtsch. chem. Ges. **28**, 969 (1895).

[13] V. MEYER, ERB: Ber. Dtsch. chem. Ges. **29**, 834, Anm. (1896).

[14] SUDBOROUGH: Journ. chem. Soc. London **67**, 601 (1895).

[15] Siehe ferner JACOBSEN: Ber. Dtsch. chem. Ges. **22**, 1222 (1889). — CLAUS, HERBABNY: Liebigs Ann. **265**, 370 (1891). — KERSCHBAUM: Ber. Dtsch. chem. Ges. **28**, 2800 (1895). — BOGERT, HARD: Journ. Amer. chem. Soc. **25**, 935 (1903). — FLAECHER: Diss. Heidelberg 14, 1903.

andauerndes Kochen mit *alkoholischem Kali* oder mit *Barytwasser*[1] fast immer Überführung in das Säureamid erzielen, das dann nach BOUVEAULT[2] verseift wird.[3, 4]

Zur Verseifung von Cyanmesitylen ist 72stündiges Kochen,[4] zur Bildung der Triphenylessigsäure[5] 50stündiges Erhitzen des Nitrils mit alkoholischem Kali am Rückflußkühler erforderlich.

SUDBOROUGH[6] führt resistente Nitrile durch 1stündiges Erhitzen mit der 20—30fachen Menge 90proz. Schwefelsäure auf 120—130° in das Säureamid über, das dann mit salpetriger Säure[7] in das Carboxylderivat verwandelt wird. — Ähnliche Verhältnisse zeigt das 1.2.3-Nitrotolunitril.[8]

Hydroxycyancampher ist gegen Alkalien unbeständig, widersteht aber kochender Salzsäure. Durch Eintragen in kalte, rauchende Schwefelsäure bei gewöhnlicher Temperatur und Verdünnen mit Wasser geht er in das Säureamid über, das durch andauerndes Kochen mit rauchender Bromwasserstoffsäure verseift werden kann.[9]

Ungesättigte Nitrile läßt man lange Zeit mit konzentrierter Schwefelsäure stehen, z. B. Zimtsäurenitril 6—15 Tage,[10] α-Methyl-β-acrylsäurenitril und α-Propylacrylsäurenitril 3—4 Monate.[11]

Über Darstellung von Säureamiden mit konzentrierter Schwefelsäure aus dem Nitril siehe auch MÜNCH.[12]

BERGER, OLIVIER[13] erhitzen resistente Nitrile und Amide mit der doppelten Menge 100proz. *Orthophosphorsäure* $^1/_2$—5 Stunden auf 140—180°.

Gewisse diorthosubstituierte Nitrile, wie das vizinale Tetrabrombenzonitril, das asymmetrische Tetrabrombenzonitril[14] und das 6-Nitrosalicylsäurenitril,[13] lassen sich auf keinerlei Weise verseifen.[15] Siehe KNOEVENAGEL, MERCKLIN: Ber. Dtsch. chem. Ges. 37, 4092 (1904).

Man kann auch nach RADZISZEWSKY[16] das Nitril durch *Behandeln mit alkalischer Wasserstoffsuperoxydlösung* bei 40—50° in Amid überführen. Gewöhnlich

---

[1] FRIEDLÄNDER, WEISBERG: Ber. Dtsch. chem. Ges. 28, 1841 (1895).
[2] S. 702.
[3] HANTZSCH, LUCAS: Ber. Dtsch. chem. Ges. 28, 748 (1895). — V. MEYER: Ber. Dtsch. chem. Ges. 28, 2782 (1895).
[4] V. MEYER, ERB: Ber. Dtsch. chem. Ges. 29, 834 (1896).
[5] Liebigs Ann. 278, 209 (1893).   [6] Siehe Note 14 auf Seite 686.
[7] S. 702.
[8] GABRIEL, THIEME: Ber. Dtsch. chem. Ges. 52, 1083 (1919). — 70proz. Schwefelsäure: WINTERFELD, KNEUER: Ber. Dtsch. chem. Ges. 64, 156 (1931).
[9] Siehe auch Anm. 1.
[10] GHOSEZ: Bull. Soc. chim. Belg. 41, 477 (1932). — CRAEN: Bull. Soc. chim. Belg. 42, 410 (1933).   [11] VOSSEN: Bull. Soc. chim. Belg. 41, 331 (1932).
[12] MÜNCH: Ber. Dtsch. chem. Ges. 29, 64 (1896). — BOGERT, HARD: Journ. Amer. chem. Soc. 25, 935 (1903). — FEIBELMANN: Diss. München 27, 1907.
[13] BERGER, OLIVIER: Rec. Trav. chim. Pays-Bas 46, 600 (1927).
[14] CLAUS, WALLBAUM: Journ. prakt. Chem. (2), 56, 52 (1897).
[15] AUWERS, WALKER: Ber. Dtsch. chem. Ges. 31, 3044 (1898).
[16] RADZISZEWSKY: Ber. Dtsch. chem. Ges. 18, 355 (1885). — RUPE, MAJEWSKI: Ber. Dtsch. chem. Ges. 33, 343 (1900). — LAPWORTH, CHAPMAN: Journ. chem. Soc. London 79, 382 (1901). — BOGERT, HAND: Journ. Amer. chem. Soc. 24, 1034 (1902). — KATTWINKEL, WOLFFENSTEIN: Ber. Dtsch. chem. Ges. 37, 3224 (1904). — PESKI: Ber. Dtsch. chem. Ges. 42, 2763 (1909); Rec. Trav. chim. Pays-Bas 41, 687 (1923). — WISLICENUS, SILBERSTEIN: Ber. Dtsch. chem. Ges. 43, 1831 (1910). — WISLICENUS, FISCHER: Ber. Dtsch. chem. Ges. 43, 2242 (1910). — KEISER, McMASTER: Amer. chem. Journ. 49, 81 (1913). — DUBSKY: Journ. prakt. Chem. (2), 93, 93 (1915); Ber. Dtsch. chem. Ges. 49, 1045 (1916). — McMASTER, LANGRECK: Journ. Amer. chem. Soc. 39, 103 (1917). — WEST: Journ. Amer. chem. Soc. 42, 1656 (1920). — OLIVERI-MANDALÁ: Gazz. chim. Ital. 52 I, 107 (1922). — Org.-Synth. 13, 94 (1933).

nimmt man 3proz. Superoxyd, manchmal muß man aber 6—20proz. Lösungen anwenden. Auf diese Art gelang es FRIEDLÄNDER, WEISBERG das 4-Nitronaphthonitril in sein Amid überzuführen.[1]

Nach MASTER, NOLLER[2] versetzt man am besten das Nitril mit Wasserstoffsuperoxyd und zur Lösung genügenden Mengen Alkohol, macht mit 6n-NaOH lackmusalkalisch und erhitzt 4 Stunden auf 60°, wobei man dauernd alkalisch erhält. Nach dem Erkalten wird mit Schwefelsäure neutralisiert, eingedampft, mit Chloroform extrahiert oder aus Wasser krystallisiert.

Indes ist diese Methode nach Versuchen von DEINERT[3] nicht allgemein ausführbar, da sich auch hier sterische Behinderungen geltend machen können.

Bei der Verseifung ungesättigter Nitrile (mit alkoholischer Lauge) kann durch Anlagerung von Wasser an die der Nitrilgruppe benachbarte Doppelbindung abnormaler Reaktionsverlauf eintreten.[4]

Verseifung acylierter Cyanhydrine: ALBERT: Ber. Dtsch. chem. Ges. 49, 1383 (1916).

Sechster Abschnitt.

Isonitrilgruppe.

I. Qualitative Reaktionen der Carbylamine (Isonitrile) RN : C.[5]

1. Durch Mineralsäuren werden sie in Ameisensäure und primäre Amine gespalten, ebenso beim Erhitzen mit Wasser auf 180°.

2. Fettsäuren verwandeln sie in substituierte Fettsäureamide.

3. Im Gegensatz zu den Nitrilen addieren die Carbylamine Jodalkyl.

4. Quecksilberoxyd wird unter Bildung von Isocyansäureaethern zu Metall reduziert.

5. Die Carbylamine addieren Salzsäure und Brom.

6. Beim Erhitzen werden sie zumeist in die zugehörigen Nitrile umgewandelt.

7. Die Carbylamine sind alle durch einen höchst widerwärtigen Geruch ausgezeichnet.

8. Zur Unterscheidung der Nitrile von den Isonitrilen kann auch ihr Verhalten gegen Cyansilber dienen, das sich in den flüssigen Isonitrilen unter Wärmeentwicklung löst, während es von den Nitrilen unangegriffen bleibt.[6]

---

[1] FRIEDLÄNDER, WEISBERG: Ber. Dtsch. chem. Ges. 28, 1840 (1895).
[2] MASTER NOLLER,: Journ. Indian chem. Soc. 12, 652 (1935).
[3] DEINERT: Journ. prakt. Chem. (2), 52, 431 (1895). — Siehe auch KAUFMANN, ALBERTINI: Ber. Dtsch. chem. Ges. 44, 2057 (1911).
[4] Geraniumnitril: TIEMANN: Ber. Dtsch. chem. Ges. 31, 824 (1898). — Farnesensäurenitril: KERSCHBAUM: Ber. Dtsch. chem. Ges. 46, 1735 (1913).
[5] LICKE: Liebigs Ann. 112, 316 (1859). — HOFMANN: Liebigs Ann. 144, 114 (1867). — GAUTIER: Ann. chim. phys. (4), 17, 203 (1868); Liebigs Ann. 145, 119 (1868); 146, 107 (1868); 149, 29, 155 (1869); 151, 239 (1869); 152, 222 (1869); Ber. Dtsch. chem. Ges. 3, 766 (1870). — WEITH: Ber. Dtsch. chem. Ges. 6, 210 (1873). — TSCHERNIAK: Bull. Soc. chim. France (2), 30, 185 (1878). — CALMELS: Journ. prakt. Chem. (2), 30, 319 (1884); Bull. Soc. chim. France (2), 43, 82 (1885). — LIUBAWIN: Journ. Russ. phys.-chem. Ges. 17, 194 (1885). — SENF: Journ. prakt. Chem. (2), 35, 516 (1887). — NEF: Liebigs Ann. 270, 267 (1892); 280, 291 (1894); 309, 154 (1899). — GRASSI-CRISTALDI, LAMBARDI: Gazz. chim. Ital. 25, 224 (1895). — KAUFLER: Ber. Dtsch. chem. Ges. 34, 1577 (1901); Monatsh. Chem. 22, 1073 (1901). — KAUFLER, POMERANZ: Monatsh. Chem. 22, 492 (1901). — GUILLEMARD: Compt. rend. Acad. Sciences 143, 1158 (1906).
[6] E. MEYER: Journ. prakt. Chem. (1), 68, 285 (1856). — WADE: Journ. chem. Soc. London 81, 1613 (1902).

Bestimmung von Isonitrilen neben Nitrilen: WADE: Journ. chem. Soc. London 81, 1598 (1902).

9. *Verhalten von Nitrilen und Isonitrilen gegen Metallsalze:* HOFMANN, BUGGE: Ber. Dtsch. chem. Ges. 40, 1772, 3759 (1907). — RAMBERG: Ber. Dtsch. chem. Ges. 40, 2578 (1907). — GUILLEMARD: Bull. Soc. chim. France (4), 1, 530 (1907); Ann. chim. phys. (8), 14, 314 (1908). — BUGGE: Diss. München 1908. — TSCHUGAEFF, TEEARN: Ber. Dtsch. chem. Ges. 47, 568 (1914).

10. Der Eintritt von Isonitrilgruppen in das Phenolmolekül kann Kaliunlöslichkeit bedingen.[1]

II. Quantitative Bestimmung der Isonitrilgruppe.[2]

1. Durch Alkalihypobromite (oder durch Brom in Gegenwart von Wasser) werden die Carbylamine in der Kälte vollständig zerstört, wobei der zweiwertige Kohlenstoff als Kohlendioxyd abgespalten wird.

2. Konzentrierte Oxalsäurelösung wird in der Kälte unter Entwicklung eines aus gleichen Volumen Kohlenoxyd und -dioxyd bestehenden Gasgemisches zersetzt.

Siebenter Abschnitt.

Nachweis von an Stickstoff gebundenem Alkyl.

(CH_3N und C_2H_5N).

Ob überhaupt Methyl oder Aethyl an den Stickstoff gebunden ist, läßt sich nach der weiter unten beschriebenen Methode von HERZIG, HANS MEYER bestimmen. Welches oder welche Alkyle vorhanden waren, ist dagegen durch dieses Verfahren im allgemeinen nicht zu erkennen.

Man wird[3] entweder aus einer größeren Menge Substanz das Jodalkyl als solches zu gewinnen trachten, indem man das Jodhydrat der Base destilliert[4] oder man destilliert die Base mit Kalilauge oder Baryt[5] und untersucht die Pikrate oder Platindoppelsalze der übergehenden Amine, nachdem man ihre Chlorhydrate durch absoluten Alkohol von Salmiak getrennt, evtl. in Chloroform gelöst hat.

Die nach letzterer Methode gewonnenen Resultate sind indessen mit Vorsicht aufzunehmen,[6] da bei der durch die Kalilauge bewirkten Spaltung öfters Alkylgruppen entstehen, die in der Substanz nicht präformiert waren.

So hat OECHSNER DE KONING beim Cinchonin, das keine an den Stickstoff gebundene Alkylgruppe besitzen kann, Methylamin gefunden;[7] MERCK[8] erhielt aus Pilocarpidin mit 50proz. Kalilauge bei 200° Dimethylamin, obwohl auch dieses Alkaloid nach HERZIG, HANS MEYER am Stickstoff nicht alkyliert ist;[9] weiter wurde bei einzelnen Substanzen die Abspaltung von Mono-, Di- und Trimethylamin konstatiert oder die Resultate waren je nach den Versuchsbedingungen verschieden.

Nach SKRAUP, WIGMANN[10] spaltet Morphin Methylaethylamin ab, Methyl-

---

[1] KAUFLER: Monatsh. Chem. 22, 1032 (1901).
[2] GUILLEMARD: Compt. rend. Acad. Sciences 143, 1158 (1906).
[3] Siehe auch S. 598.
[4] CIAMICIAN, BOERIS: Ber. Dtsch. chem. Ges. 29, 2474 (1896).
[5] ACKERMANN, KUTSCHER: Ztschr. physiol. Chem. 49, 47 (1906); 56, 220 (1908).
[6] HERZIG, HANS MEYER: Monatsh. Chem. 18, 382 (1897).
[7] OECHSNER DE KONING: Ann. chim. phys. (5), 27, 454 (1881).
[8] MERCK: Bericht über das Jahr 1896, 11.
[9] HERZIG, HANS MEYER: Monatsh. Chem. 18, 381 (1897).
[10] SKRAUP, WIGMANN: Monatsh. Chem. 10, 732 (1889).

morphimetin Trimethylamin und Aethyldimethylamin, nach KNORR[1] aber Dimethylamin.

Arecain liefert beim Erhitzen mit Wasser unter Druck Trimethylamin.[2]

Daß auch beim Erhitzen der Jod- (Chlor-) Hydrate selbst, unter besonderen Umständen, Alkylgruppen an den Stickstoff treten können, wird S. 694 näher erläutert werden.

Die Tabelle auf S. 691 gibt die bekannten Konstanten der Alkylamine.

I. Quantitative Bestimmung der Methylimidgruppe.

Methode von HERZIG, HANS MEYER.[3]

Die Jodhydrate am Stickstoff methylierter Basen spalten beim Erhitzen auf 200—300° Jodmethyl ab, das nach der ZEISELschen[4] Methode bestimmt wird.

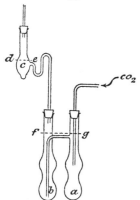

Der Apparat[5] unterscheidet sich von dem für die Methoxylbestimmung benutzten nur durch die Form des Gefäßes, in dem die Substanz erhitzt wird. Es besteht, wie Abb. 175 zeigt, aus zwei Kölbchen a und b, die miteinander verbunden sind, und einem mittels Korkstopfens[6] angesetzten Aufsatz c.

a) Ausführung der Bestimmung, wenn nur ein Alkyl am Stickstoff vorhanden ist.

0,15—0,3 g Substanz werden in a eingewogen und mit so viel Jodwasserstoffsäure übergossen, daß diese, im Aufsatzrohr angesammelt, bis zur Linie d—e reichen soll.

Außerdem wird zur Beschleunigung der Reaktion noch in a die etwa fünf- bis sechsfache Menge der Substanz an festem reinem Jodammonium gegeben.[7]

Abb. 175. Apparat von HERZIG, HANS MEYER.

c wird unmittelbar an dem Rohr b des HANS MEYERschen Apparats (Abb. 167) angebracht und mittels des in a hineinragenden Röhrchens Kohlendioxyd durchgeleitet.[8] b trägt einen Kühler.

Den Kohlendioxydstrom läßt man etwas rascher[9] durchstreichen als bei der Methoxylbestimmung üblich. ist, um eine etwaige Wanderung des Alkyls in den Kern zu vermeiden.

Man muß daher bei dieser Bestimmungsmethode stets auch das zweite Silbernitratkölbchen vorlegen.

---

[1] KNORR: Ber. Dtsch. chem. Ges. 22, 1813 (1889).

[2] JAHNS: Arch. Pharmaz. 229, 703 (1891).

[3] HERZIG, HANS MEYER: Ber. Dtsch. chem. Ges. 27, 319 (1894); Monatsh. Chem. 15, 613 (1894); 16, 599 (1895); 18, 379 (1897).

[4] Siehe S. 600. — Die Substanz muß unbedingt (mittels Phenol oder Acetanhydrid oder durch beide) in Lösung gebracht sein: KUHN, ROTH: Ber. Dtsch. chem. Ges. 67, 1458 (1934). — KUHN, GIRAL: Ber. Dtsch. chem. Ges. 68, 387 (1935).

[5] Sehr gut haben sich Quarzkölbchen bewährt. (HERZIG: Privatmitteilung.) Muß man in Glasgefäßen arbeiten, füllt man b locker mit langfaserigem Asbest, um Springen durch herabfallende Tropfen zu vermeiden.

[6] Der durch schwaches Bestreichen mit Vaselin sehr geschont wird.

[7] Blinde Probe! Hat man kein reines Jodammonium zur Verfügung, kann man dieses Reagens weglassen, nur muß man bei alkylreichen Substanzen die Erhitzung öfter wiederholen (siehe S. 606).

[8] Bei der Analyse von Substanzen, die starke Jodausscheidung verursachen (Nitrate), wird in das Aufsatzrohr c auch etwas roter Phosphor eingetragen.

[9] Siehe dazu TROEGER, MÜLLER: Arch. Pharmaz. 252, 477 (1914).

Base	NH_2CH_3	$NH(CH_3)_2$	$N(CH_3)_3$	$NH_2(C_2H_5)$	$NH(C_2H_5)_2$	$NHCH_3C_2H_5$	$N(CH_3)_2C_2H_5$	$N(C_2H_5)_3$
Chlorhydrat	F. 227—228° Kp$_{15}$ 225—230° in Chloroform unlöslich	F. 171° in Chloroform löslich	F. 271—275°	F. 109° Kp. 315—320°	F. 224° Kp. 320 bis 330° löslich in Chloroform	F. 126—130°	F. 221—222°	F. 253—254°
Nitrat	100°	73—74°	153°		99—100°			98—99°
Pikrat	215° (orangerot) Pikrat löslich in 75 T. Wasser von 11°	165—166°[1] (orangegelb) Pikrat löslich in 56 T. Wasser von 11°	210° und Zers. (citronengelb) löslich in 77 T. Wasser von 11°	170° (gelb) löslich in 67 T. Wasser von 11°		1. Mod. 98° (gelbgrün) 2. Mod. 144 bis 148° (goldgelb)[1]	206—208° (gelb)[1]	173° (hochgelb)
Styphnat	191°	208°	Zers. über 200°	138°				170° Schwer löslich in kalt. Wasser
Chloraurat	235°	195—198° (200—203°) ohne Zers. unscharf	Tiefgelbe sandige Krist. F. 249°[2] u. Zers. bei raschem Erhitzen	F. 194—196° ohne Zers.		179—180°	F. 208° Zers. 220—222° (234°)[4]	
Chloroplatinat	217—220°	über 265° ungeschmolzen	242—243° unter Zers.[3]	218° unter Zers.		207—208°	Zers. gegen 240°	
Anmerkung	*Bitartrat* F. 175° *Saures Salz* F. 188°	*Salz mit* 1 HgCl₂ F. 197—198° mit 2 HgCl₂ 233°	*Perjodid* F. 71—75° *Pikrolonat* F. 252° *Salz mit* 2 HgCl₂ F. 112°	*Dioxalat* F. 113—114° *Saures traubensaures Salz* F. 142—143°		*Dioxolat* F. 154—155°	*Bromhydrat* F. 196—197°	*Bromhydrat* F. 248 bis 250° *Tetraaethylammoniumpikrat*: F. 254°, *Tetraaethylammoniumstyphnat explodiert bei zirka* 210°

[1] RIES: Ztschr. Krystallogr. Mineral. **55**, 454 (1920).

[2] FICHTER, STENZL: Helv. chim. Acta **16**, 573 (1933); nach SCHMIDT [Arch. Pharmaz. **252**, 108 (1914)] 235° (Scharf, bei langsamem Erhitzen; KELLER, BERNHARD: a. a. O.).

[3] Nach SCHMIDT (a. a. O.) 215°. — KELLER, BERNHARD [Arch. Pharmaz. **263**, 410 (1925)] 218—220°.

[4] KONDO, NARITA: Ber. Dtsch. chem. Ges. **63**, 2422 (1930).

Als Waschflüssigkeit dient am besten 5proz. Na-Thiosulfat, dem etwas Soda zugesetzt wird. SLOTTA, HABERLAND: Ber. Dtsch. chem. Ges. 65, 127 (1932).

Das Erhitzen wird in einem Sandbad aus Kupfer mit Boden aus Eisenblech vorgenommen, das derart gebaut ist, daß das Doppelkölbchen bis zur Linie *f—g* im Sand stecken kann.

Zuerst wird die Seite, in der sich *a* befindet, durch einen *starken* Brenner erhitzt, während durch den Apparat Kohlendioxyd streicht.

Die in *a* befindliche, überschüssige Jodwasserstoffsäure destilliert nach *b*, zum Teil aber gleich nach *c*. Allmählich wird dann auch *b* durch Verschieben des Brenners direkt erhitzt.

Die Jodwasserstoffsäure sammelt sich sehr bald ganz im Aufsatzrohr an, so daß das Kohlendioxyd hindurchglucksen muß; in *a* bleibt das Jodhydrat der Norbase zurück.

Kurze Zeit, nachdem die Jodwasserstoffsäure das Doppelkölbchen verlassen hat, beginnt die Zersetzung und die Silberlösung fängt an sich zu trüben.

Von da an ist die Manipulation genau dieselbe wie bei der Methoxylbestimmung nach ZEISEL.

Enthält die Substanz

b) mehrere Alkylgruppen,

dann wird, nachdem der ganze Apparat im Kohlendioxydstrom erkaltet ist, der Stöpsel zwischen Aufsatzrohr und Kühler gelüftet und so der Doppelkolben samt Aufsatzrohr abgenommen.

Durch vorsichtiges Neigen kann man die im Aufsatz befindliche Jodwasserstoffsäure nach *b* zurückleeren und von da wird sie direkt nach *a* zurückgesaugt.

Nun befindet sich der ganze Apparat, wenn man außerdem frische Silberlösung vorlegt, genau in dem Zustand wie vor Beginn des Versuchs, man kann daher die Zersetzung zum zweitenmal vor sich gehen lassen.

Ist diese fertig, dann kann man das Verfahren wiederholen, und zwar so lange bis die Menge des entstandenen Jodsilbers so gering ist, daß das daraus berechnete Alkyl weniger als $1/2\%$ der Substanz ausmacht.

Es ist sehr wichtig, die Zersetzung bei möglichst niederer Temperatur[1] vor sich gehen zu lassen. Man steckt deshalb in das Sandbad ein Thermometer und geht im Maximum 60° über den Punkt (150—300°), bei dem sich die erste Trübung gezeigt hat.

Sind in der Substanz mehrere Alkyle vorhanden, empfiehlt es sich auch, etwas mehr Jodammonium anzuwenden, also in *a* etwa 5 g, in *b* 2—3 g einzubringen.

Jede einzelne Zersetzung dauert etwa 2 Stunden, und es sind fast nie (siehe aber S. 695) mehr als 3 Operationen nötig, auch wenn 3 oder 4 Alkyle in der Substanz vorhanden waren.

c) Bestimmung der Alkylgruppen nacheinander.

Bei schwach basischen Substanzen gelingt es öfter, die Alkylgruppen einzeln abzuspalten, wenn man statt des Doppelkölbchens ein Gefäß von beistehend gezeichneter (Abb. 176) Form anwendet, das nur bis über die zweite Kugel (*a—b*) in den Sand gesteckt wird.

Man läßt die Jodwasserstoffsäure nach jeder Operation zurückfließen und setzt beim zweiten- bzw. — bei 3 Alkylen — drittenmal etwas Jodammonium zu.[2]

---

[1] Bei der Analyse von Substanzen, die starke Jodausscheidung verursachen (Nitrate), wird in das Aufsatzrohr *c* auch etwas roter Phosphor eingetragen.

[2] Nach neueren Versuchen von HERZIG, SCHLEIFFER (Privatmitteilung) kann man auch im Doppelkölbchen arbeiten. Man setzt dann kein Jodammonium zu.

d) Methylbestimmung bei einer Substanz, die zugleich Methoxylgruppen enthält.

Man kann, wenn das Hydrojodid der Base zur Verfügung steht, dieses direkt im Doppelkölbchen ohne jeden Zusatz im Sandbad erhitzen.

Besser und allgemein anwendbar ist folgendes Verfahren, wobei in derselben Substanz Methoxyl und N-Methyl bestimmt werden.

Man überschichtet die Substanz in *a* mit 10 ccm Jodwasserstoffsäure.

a wird mit einem Mikrobrenner vorsichtig zum schwachen Sieden erhitzt, und zwar derart, daß fast keine Jodwasserstoffsäure wegdestilliert.

Ist die Operation beendet, dann destilliert man die Jodwasserstoffsäure ab, und zwar so weit, daß genau so viel in *a* zurückbleibt, als man sonst bei der Methylbestimmung anwenden soll.

Die Silberlösung bleibt während des Abdestillierens ganz klar. Damit ist die Methoxylbestimmung beendet.

Man läßt erkalten, leert die Silberlösung quantitativ in ein Becherglas, die überdestillierte Jodwasserstoffsäure wird aus *c* und *b* entfernt, und nun kann die Methylbestimmung beginnen.

Jodammonium und Jodwasserstoffsäure sind selbstverständlich vorher durch eine blinde Probe auf Reinheit zu prüfen.

Die Methode[1] ist bei allen Substanzen anwendbar, die imstande sind, ein — wenn auch nicht isolierbares — Jodhydrat zu bilden, sie liefert ebenso bei Chlor- und Bromhydraten wie bei Nitraten vollkommen stimmende Resultate.

Auch in Verbindnngen, die keiner Salzbildung fähig sind, läßt sich wohl immer qualitativ die Anwesenheit von Alkyl am Stickstoff mit Sicherheit nachweisen.

Nach BAEYER, VILLIGER können bei Substanzen, deren Jodhydrate sich erst gegen 300° zersetzen, die Resultate zu niedrig ausfallen.[2]

Nach EDLBACHER[3] soll Goldchlorid die Jodalkylabspaltung katalytisch beschleunigen.

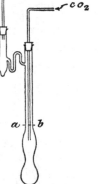

Abb. 176. Bestimmung der Alkylgruppen nebeneinander.

Thiazine geben beim Kochen mit Jodwasserstoffsäure die Hauptmenge ihres Schwefels in Form von Schwefelwasserstoff ab. Das Jodmethyl wird erst in einem späteren Stadium frei. Kocht man daher längere Zeit, bevor man die Jodwasserstoffsäure abdestilliert, und behandelt man schließlich das Jodsilber mehrmals mit verdünnter heißer Salpetersäure, so erhält man relativ gute Werte.[4] Auch sonst kann man bei schwefelhaltigen Substanzen wenigstens annähernd richtige Werte erhalten. Dadurch, daß ein Teil des Methyls durch Mercaptanbildung verlorengeht, müssen zwar die Resultate immer zu niedrig ausfallen,[5] es macht dies aber nach KIRPAL nur sehr wenig aus.[6]

Die *Fehlergrenze* des Verfahrens liegt zwischen + 3% und — 15% des gesamten Alkyls.

Man kann daher die Anwesenheit oder Abwesenheit je eines Alkyls mit

[1] Siehe auch S. 694.
[2] BAEYER, VILLIGER: Ber. Dtsch. chem. Ges. **37**, 3207 (1904).
[3] EDLBACHER: Naturwiss. **6**, 330 (1918); Ztschr. physiol. Chem. **101**, 278 (1918); **107**, 57 (1919). — HERZIG: Ztschr. physiol. Chem. **117**, 16 (1921). — Siehe dazu PREGL, ROTH: Mikroanalyse, S. 228. 1935.
[4] KAUFLER: Privatmitteilung. — GNEHM: Journ. prakt. Chem. (2), **76**, 424 (1907). — HERZIG, LANDSTEINER: Biochem. Ztschr. **61**, 462 (1914).
[5] GNEHM, KAUFLER: Ber. Dtsch. chem. Ges. **37**, 2621 (1904).
[6] Siehe dazu S. 608.

Sicherheit nur dann erkennen, wenn das Molekulargewicht der Verbindung nicht größer ist als ungefähr 650.

Bei der Beurteilung der Resultate wird man berücksichtigen müssen, ob das Jodsilber reingelb oder aber ob es dunkel (grau) gefärbt ist, weil in letzterem Fall der Fehler fast immer anstatt negativ positiv wird.

Auch höher molekulare Alkylgruppen werden natürlich beim Erhitzen mit Jodwasserstoffsäure und Jodammonium abgespalten. So liefern nach MILRATH[1] α-Benzylbenzopyrazolon und ähnlich konstituierte Verbindungen infolge Abspaltung von Benzyljodid reichliche Mengen Jodsilberniederschlag.

Es können ferner *während* der Operation Alkylgruppen am Stickstoff *entstehen*, welche die ursprüngliche Substanz nicht enthalten hat, wodurch Irrtümer möglich werden.

Einen derartigen Fall haben DECKER, SOLONINA[2] beschrieben, und KIRPAL[3] hat ähnliche Beobachtungen gemacht: Ein Teil des an den Sauerstoff gebundenen Alkyls wandert unter dem Einfluß der hohen Temperatur an den Stickstoff, bevor Verseifung durch die Jodwasserstoffsäure eingetreten ist.

Das N-Alkyl kann aber auch durch Zerfall einer bereits am Stickstoff befindlich gewesenen anderen Atomgruppe entstehen. So hat GERICHTEN gezeigt,[4] daß salzsaures Pyridinbetain bei 202—206° nach dem Schema:

$$
\begin{array}{c}
\bigcirc \\ | \\ \text{N—CH}_2 \\ | \quad | \\ \text{O—CO}
\end{array}
+ \text{HCl} =
\begin{array}{c}
\bigcirc \\ | \\ \text{N—CH}_2\text{COOH} \\ | \\ \text{Cl}
\end{array}
=
\begin{array}{c}
\bigcirc \\ \wedge \\ \text{N} \\ \text{Cl} \quad \text{CH}_3
\end{array}
+ \text{CO}_2 =
\begin{array}{c}
\bigcirc \\ | \\ \text{N}
\end{array}
+ \text{ClCH}_3 + \text{CO}_2
$$

zerfällt, und analog liefert nach KIRPAL[3] β-Oxypyridinbetain bei der Bestimmung nach HERZIG, MEYER die einer Methylgruppe entsprechende Menge Jodsilber.

Ähnlich gibt *Leucin* beim Erhitzen auf 310—350° die 1,45% Methyl entsprechende Jodsilbermenge, *Glykokoll* 1,56%, *Tyrosin* 1,52% und *Glutaminsäure* 1,12% CH_3.[5] — Dieser partielle Zerfall der Aminosäuren bedingt, daß auch die *Eiweißstoffe* Methylzahlen dieser Größenordnung liefern.

Über das eigentümliche Verhalten des *Eserins* siehe STRAUS: Liebigs Ann. **401**, 350 (1914); **406**, 332 (1915). — HERZIG, LIEB: Monatsh. Chem. **39**, 285 (1918). — Über Schwierigkeiten bei der Methylimidbestimmung von Derivaten der Ureide und des Purins siehe HERZIG: Ztschr. physiol. Chem. **117**, 15 (1921).

Schon JOHANNY, ZEISEL haben festgestellt,[6] daß das Jodmethylat des *Trimethylcolchidimethinsäuremethylesters* in Lösung (von Eisessig und Essigsäureanhydrid) auf die Siedetemperatur (127°) der Jodwasserstoffsäure erhitzt, partiell unter Abspaltung von Jodmethyl zerlegt wird.

Später haben BUSCH,[7] GOLDSCHMIEDT, HÖNIGSCHMID,[8] KELLER[9] und dann in

---

[1] MILRATH: Monatsh. Chem. **29**, 928 (1908).

[2] DECKER, SOLONINA: Ber. Dtsch. chem. Ges. **35**, 3222 (1902).

[3] KIRPAL: Ber. Dtsch. chem. Ges. **41**, 820 (1908); Monatsh. Chem. **29**, 474 (1908).

[4] GERICHTEN: Ber. Dtsch. chem. Ges. **15**, 1251 (1882).

[5] SKRAUP, KRAUSE: Monatsh. Chem. **30**, 453 (1909). — SKRAUP, BÖTTCHER: Monatsh. Chem. **31**, 1035 (1910). — HERZIG, LANDSTEINER, SCHUSTER: Biochem. Ztschr. **61**, 460 (1914). — BURN: Biochemical Journ. **8**, 154 (1914).

[6] JOHANNY, ZEISEL: Monatsh. Chem. **9**, 878 (1888).

[7] BUSCH: Ber. Dtsch. chem. Ges. **35**, 1565 (1902).

[8] GOLDSCHMIEDT, HÖNIGSCHMIDT: Ber. Dtsch. chem. Ges. **36**, 1850 (1903); Monatsh. Chem. **24**, 707 (1903).

[9] KELLER: Arch. Pharmaz. **242**, 323 (1904). — Siehe auch POMMEREHNE: Arch. Pharmaz. **237**, 480 (1899); **238**, 546 (1900); Apoth.-Ztg. **1903**, 684. — WILLSTÄTTER: Ber. Dtsch. chem. Ges. **35**, 584 (1902); **37**, 401 (1904). — HAARS: Arch. Pharmaz. **243**, 163 (1905). — KÜSTER: Ztschr. physiol. Chem. **82**, 126 (1912).

umfassender Weise GOLDSCHMIEDT[1] gezeigt, daß unter besonderen Umständen
— durch dem Stickstoff benachbarte Gruppen — eine derartige Schwächung
der Haftintensität des Alkyls am Stickstoff eintritt, daß das N-Methyl mehr
oder weniger vollständig schon durch Methoxylbestimmung ermittelt werden kann.

Die angeführten Tatsachen sind zwar im allgemeinen durchaus *nicht* geeignet,
die Brauchbarkeit der ZEISELschen bzw. HERZIG, MEYERschen Methode einzu-
schränken. Immerhin mögen die nachfolgenden Worte HERZIGS[2] hier Platz
finden:

„Bedenkt man, daß Methyldiphenylamin in 2 Stunden mit kochender Jodwasserstoffsäure 45,7% des geforderten CH_3 anzeigt, während in derselben Zeit
die *eine* Gruppe in den Methyloellagsäurederivaten gar kein OCH_3 indiziert und
die methylierten Bromphloroglucide nur die Hälfte des vorhandenen OCH_3
liefern, so wird man in zweifelhaften Fällen in bezug auf die Unterscheidung von
OCH_3 und NCH_3 zur Vorsicht gemahnt.

Wir werden daher in Zukunft bei stickstoffhaltigen Verbindungen nur dann
sicher auf die Anwesenheit von — OCH_3-Gruppen im Gegensatz zu = NCH_3-
Resten schließen können, wenn bei normalem Verlauf der Reaktion nach ZEISEL
sehr bald nach dem Beginn des Siedens Trübung der Silberlösung eintritt, die
Lösung sich in kurzer Zeit klärt und außerdem innerhalb dieses Intervalls fast
die ganze theoretisch geforderte Menge des Jodmethyls abgespalten wird."

Endlich ist noch auf das Folgende aufmerksam zu machen.

Die Methode von HERZIG, HANS MEYER beruht auf der Zerlegung von quaternärem Salz durch Hitze:

$$RR_1:N{\overset{CH_3}{\underset{H}{\lessgtr}}}J = RR_1:NH + CH_3J.$$

Wenn nun an Stelle von R und R_1 sich Wasserstoff in der Substanz befindet,
d. h. wenn die Substanz während der Reaktion Methylamin abspaltet, so ist ein
glatter Reaktionsverlauf dadurch in Frage gestellt, daß das Methylaminjod-
hydrat mit den Dämpfen der Jodwasserstoffsäure merklich flüchtig ist.

Es wird daher die Umsetzung des Methylaminsalzes zu Jodmethyl und
Ammoniumjodid nur unvollkommen erfolgen, und man ist genötigt, den Versuch mehrmals[3] zu wiederholen (die Jodwasserstoffsäure wiederholt in das Doppelkölbchen zurückzubringen und zu erhitzen), wenn man leidlich gute Resultate
haben will.

Solchen Substanzen, die leicht durch Jodwasserstoffsäure zu Methylamin
und Carbonsäure verseift werden, sind HANS MEYER, STEINER[4] in den Methyl-
imiden der Benzolpolycarbonsäuren begegnet; sie haben gefunden, daß auch
Benzoesäuremethylamid sich gleichartig verhält.

Je saurer der Rest, an dem die Methylamingruppe sich befindet, desto leichter
findet die Verseifung statt.

In derartigen Fällen wird man also am besten auf die Stickstoffmethyl-
bestimmung nach HERZIG, MEYER verzichten und an ihre Stelle die Verseifung
mit Kalilauge treten lassen.[5] Das Methylamin wird in titrierter Säure aufgefangen und volumetrisch bestimmt.

Es entsprechen 100 Gewichtsteile Jodsilber:

6,38 Gewichtsteilen CH_3.

---

[1] GOLDSCHMIEDT: Monatsh. Chem. **27**, 849 (1906); **28**, 1063 (1907).
[2] HERZIG: Monatsh. Chem. **29**, 297 (1908).   [3] Sechs- bis zwölfmal.
[4] HANS MEYER, STEINER: Monatsh. Chem. **35**, 160 (1914).
[5] In methoxylhaltigen Substanzen wird nach Beendigung der Methoxylbestimmung die Jodwasserstoffsäure mit Lauge übersättigt und destilliert.

II. Quantitative Bestimmung der Aethylimidgruppe.

Methode von HERZIG, HANS MEYER.[1]

Die Bestimmung erfolgt genau so, wie bei der quantitativen Ermittlung der Methylimidgruppe angegeben wurde.

100 Gewichtsteile Jodsilber entsprechen

12,34 Gewichtsteilen C_2H_5.

III. Mikro-Methylimidbestimmung.[2]

Bestimmung nach SLOTTA, HABERLAND.

Apparat von EDLBACHER: Ztschr. physiol. Chem. **101**, 278 (1918), bei dem das Quarzkölbchen[3] den Innenkonus des Schliffes *b* trägt (Kölbchen von Heraeus,

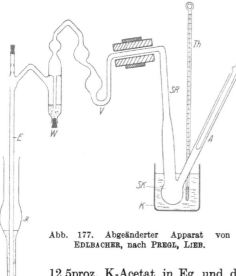

Abb. 177. Abgeänderter Apparat von EDLBACHER, nach PREGL, LIEB.

Hanau). Schliff mit Picein (New York-Hamburger Gummiwaren Co., Hamburg) dichten. Erhitzen im CuO-Bad.

An Stelle von rotem P wird eine 1,5proz. Thiosulfatlösung, die noch 0,5% Na_2CO_3 enthält, benutzt.

Ausführung der Analyse. Man wägt in ein 7—9 mg schweres Aluminiumhütchen 3—5 mg Substanz ein und drückt es zusammen. In den Erhitzungskolben werden, durch *a* 30—100 mg NH_4J etwas Phenol, 2 Körnchen roten Phosphors und 1,5 ccm Jodwasserstoffsäure 1,7 gegeben und durch den Glasstab und Einleitungsschlauch für CO_2 verschlossen. *d* füllt man durch Ansaugen bei *e*. *f* wird mit 2 ccm 12,5proz. K-Acetat in Eg und drei Tropfen Brom beschickt. In der Vorlage soll immer nur gerade eine Blase CO_2 im Aufsteigen begriffen sein. Man erhitzt 30 Minuten beim Siedepunkt der JH, spült den Inhalt der Vorlage in einen 100-ccm-ERLENMEYERkolben, der 0,5—1 g Na-Acetat in wenig Wasser gelöst enthält, zerstört mit 3—4 Tropfen Ameisensäure das überschüssige Brom, gibt nach 2 Minuten 0,1—0,2 g KJ zu, säuert mit verdünnter H_2SO_4 an und titriert mit $n/50$-Thiosulfat, zuletzt unter Stärkezusatz (Methoxyl).

Man erneut die Waschflüssigkeit und destilliert die JH allmählich nach C unter Regulierung der Blasengeschwindigkeit wie oben. Man hält dann 1 Stunde auf 350°, läßt teilweise erkalten, stellt den CO_2-Strom ab, titriert, erneut die Waschflüssigkeit und wiederholt den Versuch ($^1/_2$ Stunde 350°), evtl. ein drittes Mal (Methylimid).

---

[1] HERZIG: HANS MEYER: Ber. Dtsch. chem. Ges. **27**, 319 (1894); Monatsh. Chem. **15**, 613 (1894); **16**, 599 (1895); **18**, 382 (1897).

[2] Siehe auch EDLBACHER: Ztschr. physiol. Chem. **101**, 283 (1918). — HAAS: Mikrochemie **7**, 69 (1929); **8**, 89 (1930). — FRIEDRICH: Mikrochemie **7**, 185 (1929); **8**, 94 (1930). — VIEBÖCK, BRECHER: Ber. Dtsch. chem. Ges. **63**, 3207 (1930). — SLOTTA, HABERLAND: Ber. Dtsch. chem. Ges. **65**, 127 (1932). — HESS, LITTMANN: Liebigs Ann. **494**, 7 (1932). — PREGL, ROTH: Mikroanalyse 226 (1935).

[3] Man kommt fast ebensogut mit Jenaer Geräteglas aus.

Mit einer Beschickung des Erhitzungskolbens kann man 4—5 Analysen hintereinander ausführen.

$$1 \text{ ccm } ^n/_{50}\text{-Na-Thiosulfat} = 0,05 \text{ mg } CH_3.$$

Apparat von FRIEDRICH.[1]

Der ganz aus Jenaer Geräteglas gefertigte Apparat (von P. Haack, Wien) läßt den Gasstrom zunächst durch AA' und durch BB' streichen, später, wenn die Jodwasserstoffsäure überdestilliert ist, nur mehr durch den Hahn. Letzterer

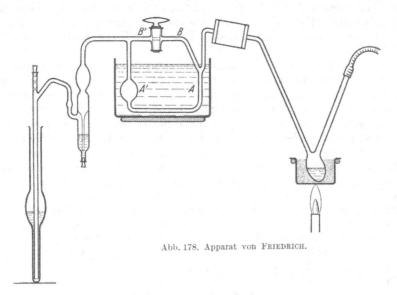

Abb. 178. Apparat von FRIEDRICH.

trägt eine Rille, die gestattet, durch Drehen des Hahns um 90° den Gasdurchgang ganz zu verschließen und B' mit der Außenluft in Verbindung zu bringen.

Der Apparat hat sich ausgezeichnet bewährt.

Achter Abschnitt.

Betaingruppe.

Durch *Salzsäure* (Brom-, Jodwasserstoffsäure) werden die Betaine in die Chlor- (Brom-, Jod-) Alkylate der freien Säuren verwandelt.

Thionylchlorid bildet die entsprechenden Chloride, die durch Alkoholzusatz in die Ester übergehen.[2]

Mit *Platinchlorid (Goldchlorid) und Salzsäure* geben die Betaine charakteristische Doppelsalze der Formel:

$$(B \cdot HCl)_2 PtCl_4$$

und

$$(B \cdot HCl)AuCl_3.$$

Ferro- und *Ferricyanwasserstoffsäure* geben schwer lösliche Salze,[3] die beim Kochen mit Wasser unter Entwicklung von Blausäure zersetzt werden.

Die Betaine sind, namentlich in nicht ganz reinem Zustand, sehr hygroskopisch und kristallisieren oftmals als Hydrate, die luftbeständiger sind.

---

[1] Siehe Note 2 auf Seite 696.

[2] HANS MEYER: Siehe die erste Auflage dieses Buches, S. 573. — KIRPAL: Monatsh. Chem. **23**, 770 (1902). [3] ROEDER: Ber. Dtsch. chem. Ges. **46**, 3724 (1913).

Beim Erhitzen werden sie, je nach der Festigkeit, mit der die Carboxylgruppe am Kohlenstoff haftet, entweder (gewöhnlich unter Kohlendioxydabspaltung) zersetzt oder sie erleiden Umlagerung zu den isomeren Säureestern.

Das Verhalten der Betaine ist in dieser Beziehung je nach der Stellung der Aminogruppe verschieden.[1]

Alle α-Betaine lassen sich durch Erhitzen in die entsprechenden Ester umlagern.

Die β-*Betaine* lassen sich nicht in Aminosäureester umlagern. So geht Trimethylpropiobetain in acrylsaures Trimethylamin über (bei Temperaturen unter 126°). Das Methylbetain des Arecaidins und Arecaidin selbst[2] sowie Trigonellin und Picolinsäurebetain werden in der Hitze unter Kohlendioxydabspaltung zersetzt.[3]

Die aromatischen γ-Betaine gehen durch Erhitzen in Aminosäureester über,[4] während γ-Trimethylbutyrobetain in Trimethylamin und Butyrolacton zerfällt.[5]

Die geringere Beständigkeit der β-Betaine im Vergleich zu den α- und γ-Verbindungen tritt noch weit deutlicher im Verhalten gegen Alkali zutage. Sowohl das Jodmethylat des β-Dimethylaminopropionsäureesters wie das Trimethylpropiobetain werden beim Erwärmen mit wässerigen Alkalien in Trimethylamin und Acrylsäure gespalten. Die alkylierte Amingruppe ist also in der β-Stellung außerordentlich locker gebunden.[6] Auch unter den Ammoniumjodiden sind die unbeständigen — die durch Alkalien in ungesättigte, stickstofffreie Säuren (und Amine) gespalten werden — als der β-Reihe zugehörig erkannt worden.[7]

Einzelne Ester lassen sich umgekehrt in Betaine umwandeln, so Dimethylaminoessigsäuremethylester, β-Dimethylaminopropionsäuremethylester, γ-Dimethylaminobuttersäuremethylester, Isonicotinsäureester und endlich der saure Cinchomeronsäure-γ-methylester, welch letzterer nach KIRPAL[8] bei seinem Schmelzpunkt in· Apophyllensäure umgelagert wird.

Zur

Bestimmung der Betaine

löst man in Aceton und titriert mit Salzsäure, was glatt gelingt.[9]

Phenolbetaine.[10]

Während die weiter oben beschriebenen eigentlichen Betaine Carboxylderivate sind, leiten sich die Phenolbetaine von Hydroxylverbindungen ab.

---

[1] WILLSTÄTTER: Ber. Dtsch. chem. Ges. 35, 585 (1902). — WILLSTÄTTER, KAHN: Ber. Dtsch. chem. Ges. 35, 2757 (1902); 37, 401, 1853, 1858 (1904). — Siehe auch HANS MEYER: Monatsh. Chem. 15, 164 (1894). — SCHULZE, TRIER: Ber. Dtsch. chem. Ges. 42, 4657 (1909). — HAHN, STENNER: Ber. Dtsch. chem. Ges. 61, 279 (1928). [2] JAHNS: Arch. Pharmaz. 229, 669 (1891).   [3] Siehe auch Note 1. [4] GRIESS: Ber. Dtsch. chem. Ges. 6, 585 (1873); 13, 246 (1880). [5] WILLSTÄTTER: Ber. Dtsch. chem. Ges. 35, 618 (1902). [6] GRIESS: Ber. Dtsch. chem. Ges. 12, 2117 (1879). — KÖRNER, MENOZZI: Gazz. chim. Ital. 11, 258 (1881); 13, 350 (1883). — MICHAEL, WING: Amer. chem. Journ. 6, 419 (1885). — WILLSTÄTTER: Ber. Dtsch. chem. Ges. 35, 591 (1902). [7] EINHORN, TAHARA: Ber. Dtsch. chem. Ges. 26, 324 (1893). — EINHORN, FRIEDLÄNDER: Ber. Dtsch. chem. Ges. 26; 1482 (1893). — WILLSTÄTTER: Ber. Dtsch. chem. Ges. 28, 3271 (1895); 31, 1534 (1898). — LIPP: Liebigs Ann. 295, 135, 162 (1897). — PICCININI: Atti R. Accad. Lincei (Roma), Rend. (8), 2, 135 (1899). — WILLSTÄTTER: Ber. Dtsch. chem. Ges. 35, 592 (1902). — WILLSTÄTTER, LESSING: Ber. Dtsch. chem. Ges. 35, 2065 (1902). — WILLSTÄTTER, ETTLINGER: Liebigs Ann. 326, 127 (1903). [8] KIRPAL: Monatsh. Chem. 23, 239, 765 (1902); 24, 521 (1903). — KAAS: Monatsh. Chem. 23, 681 (1902).   [9] LINDERSTROM: Biochem. Ztschr. 267, 45 (1933). [10] Siehe namentlich DECKER: Journ. prakt. Chem. (2), 62, 266 (1900). — DECKER, ENGLER: Ber. Dtsch. chem. Ges. 36, 1170 (1903). — DECKER, DURANT: Liebigs Ann. 358, 288 (1908).

Sie sind in Wasser (meist sehr leicht) löslich und schmecken rein bitter wie alle quaternären Ammoniumsalze. In Aether, Benzol und Petrolaether sind sie äußerst schwer löslich und aus ihrer wässerigen Lösung durch diese Mittel nicht extrahierbar.

Die Phenolbetaine und ihre Salze sind farbig, wenn ihr Stickstoff sich in einem nichthydrierten Ring befindet. Die Phenolbetaine der Morphinreihe dagegen oder des Tetrahydrooxychinolins sowie die Benzbetaine[1] sind farblos.

Die cyclischen Phenolbetaine krystallisieren mit mehreren Molekülen Wasser, von dem ein Teil nur schwer ausgetrieben werden kann. Mit dem Verlust von Wasser ist stets sehr bemerkbare Vertiefung der Farbe verbunden. Zu gleicher Zeit werden die Verbindungen in Benzol und Aether löslicher.

Auch die meisten Salze enthalten Krystallwasser.

Konzentrierte Lauge fällt die Phenolbetaine aus der wässerigen Lösung quantitativ aus. Sie sind gegen Alkalien und oxydierende Einwirkungen verhältnismäßig beständig. Durch Alkalien tritt also (im Gegensatz zu den Carboxylbetainen) keine Aufspaltung und Salzbildung ein, wohl aber mit größter Leichtigkeit durch Säuren.

Über das N-Methylnorpapaveriniumbetain machen DECKER, DURANT Bemerkungen, die allgemeineres Interesse besitzen.

Dieses Phenolbetain[2] ist mit dem Papaverin isomer:

N-Methylnorpapaveriniumbetain.   Papaverin.

Ebenso die Salze der beiden: aus beiden Isomeren entsteht aber mit Jodmethyl dasselbe Papaverinjodmethylat.

Würde ein derartiges Betain in der Natur vorkommen oder durch irgendeine Reaktion aus einem natürlichen Betain entstehen, würde man es seinem ganzen Verhalten nach zu den tertiären Basen rechnen und ihm die Formel des isomeren Papaverins zuschreiben. Es entsteht ja auch bei der andauernden Einwirkung von Alkalien auf Jodmethylate, d. h. bei einer Reaktion, die gewöhnlich zu tertiären Basen führt, unter den Bedingungen der HOFMANNschen erschöpfenden Methylierung.[3]

Die Salze bilden sich ebenfalls, wie bei tertiären Aminen, ohne Wasserabspaltung, während die quaternären Salze aus einem Ammoniumhydroxyd unter Abspaltung von Wasser entstehen. Die Salze verhalten sich auch wie die tertiärer Basen, sind durch Natriumcarbonat fällbar und besitzen schwach saure Reaktion.

Verwechslung eines cyclischen Phenolbetains mit einer tertiären isomeren Base könnte demnach sehr leicht erfolgen, *wenn wir nicht in der Methoxylbestimmung bzw. der HERZIG, MEYERschen Methode ein absolut sicheres Unterscheidungsmerkmal der beiden Substanzgruppen hätten.*

Über *Pseudobetaine* siehe HANS MEYER: Monatsh. Chem. 25, 490 (1904).

---

[1] GRIESS: Ber. Dtsch. chem. Ges. 13, 246, 649 (1880).
[2] Die Stellung des Hydroxyls ist unsicher.   [3] Siehe S. 677.

Neunter Abschnitt.

Säureamidgruppe.

I. Qualitativer Nachweis der Amidgruppe.

Der qualitative Nachweis vom Vorhandensein einer —$CONH_2$-Gruppe kann durch Verseifung und den HOFMANNschen Abbau, oftmals außerdem durch die *Biuretreaktion*[1] geführt werden, falls nämlich die Substanz *zwei* $CONH_2$-Gruppen an einem Kohlenstoff- oder Stickstoffatom oder direkt miteinander vereinigt besitzt, also einem der drei Typen:

$$H_2C \Big\langle {}^{CONH_2}_{CONH_2} \quad \text{Malonamid,}$$

$$HN \Big\langle {}^{CONH_2}_{CONH_2} \quad \text{Biuret,}$$

$$\begin{array}{c} CONH_2 \\ | \\ CONH_2 \end{array} \quad \text{Oxamid}$$

angehört. Da die Eiweißkörper derartige Gruppen[2] enthalten, zeigen sie durchgängig die Biuretreaktion.[3] Wenn man Eiweiß spaltet, ist mit dem Augenblick, wo die Biuretreaktion aufhört, das letzte Pepton in Aminosäuren usw. zerlegt.[4]

Im Gegensatz zur Ninhydrinprobe versagt nämlich die *Biuretreaktion* mit sämtlichen Aminosäuren und einer Anzahl von Polypeptiden. Die Grenze liegt etwa bei den Tripeptiden. Nicht nur alle praktisch in Betracht kommenden löslichen Eiweißkörper, Albumosen und Peptone geben Biuretreaktion, sondern auch alle bisher bekannten Tetrapeptide, ein großer Teil der Tripeptide und eine Reihe von Dipeptiden. Es läßt sich feststellen, daß der Eintritt der Reaktion von der Art und Reihenfolge in der Verkettung der das Polypeptid aufbauenden Aminosäuren abhängig ist. Die herrschenden Gesetze sind nur teilweise bekannt.[5]

Werden in den erwähnten drei Verbindungsformen *zwei* Wasserstoffatome der beiden NH_2-Gruppen substituiert, dann verliert die Verbindung die Befähigung zur Biuretreaktion, beim Malonamid schon nach Substitution *eines* Wasserstoffatoms.

---

[1] ROSE: Pogg. Ann. **28**, 132 (1833). — WERNER: Diss. Leipzig 18, 90, 1908 (Salze des Biurets). — WIEDEMANN: Journ. prakt. Chem. (1), **42**, 255 (1847). — PIOTROWSKI: Sitzungsber. Akad. Wiss. Wien **24**, 335 (1857). — GORUP-BESANEZ: Ber. Dtsch. chem. Ges. **8**, 1511 (1875). — BRÜCKE: Monatsh. Chem. **4**, 203 (1883); Sitzungsber. Akad. Wiss. Wien **61**, 250 (1884). — LOEW: Journ. prakt. Chem. (2), **31**, 134 (1885). — NEUMEISTER: Ztschr. analyt. Chem. **30**, 110 (1891). — SCHIFF: Ber. Dtsch. chem. Ges. **29**, 298 (1896); Liebigs Ann. **299**, 236 (1897); **310**, 37 (1900); **319**, 300 (1901); **352**, 73 (1907). — SCHAER: Ztschr. analyt. Chem. **42**, 1 (1903). — LIDOF: Ztschr. analyt. Chem. **43**, 713 (1904). — FISCHER: Unters. üb. Aminosäuren **50**, 301 (1906). — RISING, JOHNSON: Journ. biol. Chem. **80**, 709 (1928). — TRAUBE, GLAUBITT: Ber. Dtsch. chem. Ges. **63**, 2094 (1930). — YANG: Journ. Chin. chem. Soc. **4**, 27 (1936) (Theorie der Biuretreaktion).
[2] Wahrscheinlich sogar zweimal: PAAL: Ber. Dtsch. chem. Ges. **29**, 1084 (1896). — SCHIFF: Ber. Dtsch. chem. Ges. **29**, 1354 (1896). — BLUM, VAUBEL: Journ. prakt. Chem. (2), **57**, 365 (1898). — PICK: Ztschr. physiol. Chem. **28**, 219 (1899).
[3] Siehe dagegen KRUKENBERG: Verhandl. physikal.-med. Ges. Würzburg 18, 179 (1884).
[4] COHNHEIM: Eiweißkörper, S. 30. 1901. — Über die Natur der bei der Biuretreaktion entstehenden Körper siehe TSCHUGAEFF: Ber. Dtsch. chem. Ges. **40**, 1975 (1907).   [5] OPPLER: Biochem. Ztschr. **75**, 219 (1916).

In der Gruppe:

$$-C\overset{O}{\underset{NH_2}{<}}$$

kann aber der Sauerstoff in mannigfacher Weise durch andere Elemente oder Gruppen ersetzt sein (z. B. durch S, NH, H_2, COOH), ohne daß die Reaktion versagt.[1]

Verbindungen vom Typus des Glycinamids[2] geben also die Reaktion,[3] falls keine Substitution einer NH_2-Gruppe durch einen sauren Rest erfolgt.[4]

Ausführung der Biuretreaktion.

Fügt man zu der gelösten oder fein gepulverten Substanz zuerst überschüssige Natronlauge, darauf tropfenweise sehr verdünnte Kupfersulfatlösung und schüttelt nach jedesmaligem Zusatz des Kupfersalzes um, wird die Flüssigkeit erst rosa, dann violett, schließlich blauviolett, während das Kupferoxydhydrat in Lösung geht.

Man kann auch die alkalische Lösung der Substanz mit fast farbloser Kupfersulfatlösung überschichten, worauf die Färbung an der Trennungsfläche der Flüssigkeit auftritt.[5]

Ebenso kann man ammoniakalische Kupferlösung oder FEHLINGS Flüssigkeit anwenden.[4, 6]

Am besten gibt man zu 1proz. Kalilauge so viel 3proz. Kupfersulfat, bis schwach blaue, klare Lösung entsteht.[7]

Auch mit Nickel- und Kobaltsalzen entsteht eine ähnliche Biuretreaktion[8] und ebenso kann man das Alkali durch verschiedene andere, basisch reagierende Substanzen ersetzen.[9]

Iminobiuret, Glycinamid, Alaninamid, Leucinamid und Asparagin geben auch bei Abwesenheit von Alkali die Biuretreaktion.[10]

Strukturbestimmung von Dipeptiden: BERGMANN, MIEKELEY: Liebigs Ann. 458, 56 (1927).

II. Quantitative Bestimmung der Amidgruppe.

1. Verseifung der Säureamide.

Die quantitative Bestimmung der Amidgruppe erfolgt durch Verseifen[11] der Substanz, ebenso wie für die Nitrilgruppe[12] angegeben wurde.

---

[1] Die Biuretreaktion geben also alle Substanzen, welche mindestens $-CONH_2$,

$-CSNH_2$ oder $-C\overset{NH}{\underset{NH_2}{<}}$ in bezug auf das eintretende Cu in Nachbarstellung enthalten. JESSERER, LIEBEN: Biochem. Ztscht. **292**, 403 (1937). — KRETSCHMAYER, JESSERER: Biochem. Ztscht. **292**, 419 (1937).

[2] Ebenso 2.5-Diketopiperazin: RISING, PARKER, GASTON: Journ. Amer. chem. Soc. **56**, 1178 (1934).   [3] SCHIFF: Liebigs Ann. **310**, 37 (1900); **352**, 73 (1907).

[4] E. FISCHER: Ber. Dtsch. chem. Ges. **35**, 1105 (1902).

[5] KRUKENBERG: Verhandl. physikal.-med. Ges. Würzburg 18, 202 (1884). — POSNER: Du Bois', Archiv 1887, 497.

[6] GNESDA: Proceed. Roy. Soc., London 47, 202 (1889).

[7] GIES: Journ. biol. Chemistry 7, 60 (1910).

[8] PICKERING: Journ. Physiol. 14, 354 (1893). — SCHIFF: Liebigs Ann. **299**, 261 (1898).   [9] SCHAER: Ztschr. analyt. Chem. 42, 3 (1903).

[10] RISING, YANG: Journ. biol. Chemistry **99**, 755 (1933).

[11] Über Verseifung der Säureamide siehe auch REID: Amer. chem. Journ. 21, 284 (1899); 24, 397 (1900). — LUTZ: Ber. Dtsch. chem. Ges. **35**, 4375 (1902).

[12] Siehe S. 685. — Ferner NEUGEBAUER: Liebigs Ann. **227**, 106 (1887).

Das Diamid der Pyrrolidincarbonsäure[1] z. B. wird mit überschüssigem Baryt wasser im Destillationsapparat 12—15 Stunden erhitzt, wobei das abdestillierende Wasser kontinuierlich durch zutropfendes ersetzt wird; das Ammoniak wird als Platinsalmiak abgeschieden und als Platin gewogen.

Beim Verseifen mit Alkalien werden übrigens manche Säureamide in Nitrile zurückverwandelt.[2]

Schwer zersetzbare Säureamide werden nach BOUVEAULT[3] verseift.

Je 0,2 g fein gepulvertes Amid werden durch gelindes Erwärmen in 1 g konzentrierter Schwefelsäure gelöst. In die durch Eiswasser gekühlte Flüssigkeit läßt man mittels eines Capillarhebers eine eiskalte Lösung von 0,2 g Natriumnitrit in 1 g Wasser ganz langsam einfließen.

Sobald alles Nitrit zugeflossen ist, wärmt man langsam an. Bei 60—70° beginnt heftige Stickstoffentwicklung, die bei 80—90° beendet ist. Zuletzt wird noch 3—4 Minuten (nicht länger!) im kochenden Wasserbad erhitzt.

Nach dem Abkühlen fügt man Eisstückchen zu und sammelt den abgeschiedenen Niederschlag.

Nach SUDBOROUGH[4] ist es wichtig, die genau berechnete Menge Nitrit, in möglichst wenig Wasser gelöst, anzuwenden.

GATTERMANN[5] hat das BOUVEAULTsche Verfahren folgendermaßen abgeändert: Man erhitzt das Amid mit so viel verdünnter Schwefelsäure von etwa 20—30% zum beginnenden Sieden, bis eben Lösung eingetreten ist. Dann läßt man mit Hilfe einer Pipette, die bis zum Boden des Gefäßes in die Flüssigkeit eintaucht, allmählich das Anderthalbfache bis Doppelte der theoretisch erforderlichen Menge 5—10proz. Natriumnitritlösung einfließen, wobei sich unter Entweichen von Stickstoff und Stickoxyden die Säure in fester Form oder auch zuweilen ölig abscheidet. Nach dem Erkalten filtriert man ab und aethert bei leicht löslichen Säuren noch das Filtrat aus. Um die so erhaltene Rohsäure von etwa beigemengtem Amid zu trennen, behandelt man sie mit Sodalösung oder Alkali und filtriert dann die reine Carbonsäure ab.

Es gibt indes auch Säureamide, die selbst nach dem BOUVEAULT, GATTERMANNschen Verfahren nicht verseift werden können, wie z. B. die beiden Amidosäuren der Phenylnaphthalindicarbonsäure[6] oder das Dibenzylmethylacetamid.[7]

In solchen Fällen führt manchmal Kochen mit *Barytwasser* zum Ziel.[8]

Unverseifbar sind auch die *Alkyl-α-carbonamidobenzylaniline:*

$$\begin{array}{c} C_6H_5 \\ \diagdown \\ C_6H_5N \diagup \\ \diagup \\ R \end{array} CHCONH_2$$

während sich ihre Stammsubstanz:

[1] WILLSTÄTTER, ETTLINGER: Liebigs Ann. **326**, 103 (1903).

[2] FLAECHER: Diss. Heidelberg 1903.

[3] BOUVEAULT: Bull. Soc. chim. France (3), **9**, 370 (1893). — TAFEL, THOMPSON: Ber. Dtsch. chem. Ges. **40**, 4493 (1907). — V. MEYER: Ber. Dtsch. chem. Ges. **28**, 2783 (1895). — GABRIEL, THIEME: Ber. Dtsch. chem. Ges. **52**, 1084 (1919).

[4] SUDBOROUGH: Journ. chem. Soc. London **67**, 604 (1895). — Siehe dagegen GOESSLING: Diss. Heidelberg 23, 1903.

[5] GATTERMANN: Ber. Dtsch. chem. Ges. **32**, 1118 (1899). — BILTZ, KAMMANN: Ber. Dtsch. chem. Ges. **34**, 4127 (1901).

[6] GRAEBE, HÖNIGSBERGER: Liebigs Ann. **311**, 274 (1900). — Siehe auch KÖTZ, MERKEL: Journ. prakt. Chem. (2), **113**, 76 (1926).

[7] HALLER, BAUER: Compt. rend. Acad. Sciences **149**, 5 (1909).

[8] FRIEDLÄNDER, WEISBERG: Ber. Dtsch. chem. Ges. **28**, 1841 (1895).

$$\begin{array}{c} C_6H_5 \\ \diagdown \\ C_6H_5N\diagup \quad CHCONH_2 \\ \mid \\ H \end{array}$$

leicht verseifen läßt.[1]

Auch Diaethylaminophenylessigsäureamid:

$$\begin{array}{c} C_2H_5 \\ \diagdown \\ C_2H_5 \diagup N{-}CH{-}CONH_2 \\ \mid \\ C_6H_5 \end{array}$$

läßt sich nicht verseifen.[2]

2. Bestimmung des Verlaufs der Hydrolyse von aromatischen Säureamiden.[3]

REMSEN, REID haben eine Methode ausgearbeitet, die den Grad der Beeinflussung der Verseifbarkeit durch Substituenten zu messen gestattet.

Sie beruht auf der Beobachtung, daß Ammoniumsalze durch Kochen mit frisch gefülltem Magnesiumoxyd unter Ammoniakabgabe vollständig zersetzt werden, während die Säureamide unverändert bleiben.

Man unterwirft also gewogene Mengen Amid der Einwirkung verdünnter Säuren oder Alkalien von bekannter Stärke bei bestimmter Temperatur und ermittelt nach gemessenen Zeiträumen die Menge des abspaltbaren Stickstoffs.

In der durch Abb. 179 ersichtlichen Weise wird ein Kolben mit 600 ccm verdünnter Säure auf die gewünschte Temperatur (gewöhnlich 100°) gebracht und nach Erreichung derselben das Amid hineingeworfen. Man erhitzt eine bestimmte Zeit und treibt dann durch Einblasen von Luft in den Kühler ein gemessenes Quantum (ca. 75 ccm) Lösung in den vorgelegten graduierten Standzylinder.

Abb. 179 u. 180.
Apparat
von REMSEN, REID.

---

[1] SACHS, GOLDMANN: Ber. Dtsch. chem. Ges. **35**, 3325, 3359 (1902).

[2] KLAGES, MARGOLINSKY: Ber. Dtsch. chem. Ges. **36**, 4192 (1903). — Über *sterische Behinderung der Verseifung von Säureamiden* siehe ferner JACOBSEN: Ber. Dtsch. chem. Ges. **22**, 1719 (1889). — SUDBOROUGH: Journ. chem. Soc. London **67**, 587, 601 (1895); **71**, 229 (1897). — E. FISCHER: Ber. Dtsch. chem. Ges. **31**, 3261 (1898). — ORNSTEIN: Diss. Berlin 14, 16, 1904. — KNOEVENAGEL, MERCKLIN: Ber. Dtsch. chem. Ges. **37**, 4091 (1904).

[3] REMSEN, REID: Amer. chem. Journ. **21**, 281 (1899). — ACREE, NIRDLINGER: Amer. chem. Journ. **38**, 489 (1907). — REID: Amer. chem. Journ. **45**, 327 (1911). — Aliphatische Amide werden von Magnesia verseift: LUTZ: Ber. Dtsch. chem. Ges. **35**, 4375 (1902). — MÜLLER: Ztschr. physiol. Chem. **38**, 286 (1903). — Kinetik der Hydrolyse von Säureamiden: PESKOFF, MEYER: Ztschr. physikal. Chem. **82**, 129 (1913).

Die Probe wird durch den Trichter (Abb. 180) in den ca. 750 ccm fassenden Kolben gebracht und nachgewaschen. Dann werden 10 ccm 50proz. Magnesiumsulfatlösung eingefüllt und Natronlauge in kleinen Mengen zugegeben, bis nach dem Umschütteln ein schwacher Niederschlag von Magnesiumhydroxyd bestehen bleibt. Endlich werden noch 2—2,5 ccm 25proz. Natronlauge zugefügt, die genügen, um ungefähr ein Drittel des Magnesiums als Oxydhydrat auszufällen.

Nun wird das in Freiheit gesetzte Ammoniak durch einen Dampfstrom übergetrieben und in titrierter Säure aufgefangen.

In vielen Fällen kann man dann noch, nachdem alles Ammoniak übergegangen ist, durch Zusatz von starker Lauge das zurückgebliebene Säureamid verseifen und in analoger Weise bestimmen.

3. Abbau der Säureamide nach A. W. HOFMANN.[1]

Beim Behandeln mit Chlor oder Brom und Alkalien werden die Säureamide in Chlor- (Brom-) Amide verwandelt und durch weitere Einwirkung von Alkali in primäre Amine übergeführt, die um ein Kohlenstoffatom ärmer sind als die Ausgangssubstanz.

Man führt die Reaktion allgemein so aus, daß man Kaliumhypobromit (Chlorit) und überschüssiges Kali auf das Säureamid einwirken läßt. Unlösliche Säureamide müssen möglichst fein verteilt werden.[2]

Diese Methode liefert in der Fettreihe bei Carbonsäuren mit nicht mehr als 7 C-Atomen sowie in der *Pyridinreihe*[3] gute Resultate. Sie hat mehrfach zur *Konstitutionsbestimmung von Estersäuren der Pyridinreihe* gedient.

In der aromatischen Reihe zeigt sich die bemerkenswerte Erscheinung, daß gewöhnlich in jenen Fällen, wo man mit Brom schlechte Resultate erhält, die Reaktion mit Chlor glatter durchführbar ist.[4] Nach WEERMAN[5] ist Hypochlorit in *allen* Fällen vorzuziehen. Manche Säureamide werden übrigens in alkalischer Lösung auch im Kern bromiert.[6]

---

[1] A. W. HOFMANN: Ber. Dtsch. chem. Ges. **14**, 2725 (1881); **15**, 407, 752 (1882); **17**, 1407 (1884); **18**, 2734 (1885); **19**, 1822 (1886). — HOOGEWERFF, VAN DORP: Rec. Trav. chim. Pays-Bas **5**, 252 (1886); **6**, 373 (1887); **8**, 173 (1889); **9**, 33 (1890); **10**, 4 (1891); **11**, 88 (1892); **15**, 108 (1896). — VAN BREN, KELLEREN: Rec. Trav. chim. Pays-Bas **13**, 34 (1894). — VAN DAM: Rec. Trav. chim. Pays-Bas **15**, 101 (1896); **18**, 408 (1899). — WEIDEL, ROITHNER: Monatsh. Chem. **17**, 172 (1896). — VAN DAM, ABERSON: Rec. Trav. chim. Pays-Bas **19**, 318 (1900). — HANTZSCH: Ber. Dtsch. chem. Ges. **35**, 3579 (1902). — LAPWORTH, NICHOLLS: Chem.-Ztg. **27**, 123 (1903). — MOHR: Journ. prakt. Chem. (2), **72**, 297 (1905); **73**, 228 (1906); **79**, 281 (1909); **80**, 1 (1909). — REIF: Ber. Dtsch. chem. Ges. **42**, 3036 (1909). — MAUGUIN: Ann. chim. phys. (8), **22**, 297 (1911). — BECKMANN, CORRENS: Ber. Dtsch. chem. Ges. **55**, 848 (1922). — ELLIOT: Journ. chem. Soc. London **123**, 804 (1923). — SCHMIDT: Diss. Hamburg 1926. — NAEGELI, STEFANOVITSCH: Helv. chim. Acta **11**, 613 (1928). — KANEWSKAJA: Journ. prakt. Chem. (2), **124**, 33 (1930). — BRASS, LAUER: Chin. Ind. **29**, Sonderheft, 6—876 (1933).   [2] TERRES: Ber. Dtsch. chem. Ges. **46**, 1641 (1913).

[3] HOOGEWERFF, VAN DORP: Rec. Trav. chim. Pays-Bas **10**, 144 (1891). — HANS MEYER: Monatsh. Chem. **15**, 164 (1894). — WENZEL: Monatsh. Chem. **15**, 453 (1894). — PHILIPS: Ber. Dtsch. chem. Ges. **27**, 839 (1894). — CLAUS, HOWITZ: Journ. prakt. Chem. (2), **50**, 232 (1894). — POLLAK: Monatsh. Chem. **16**, 45 (1895). — BLUMENFELD: Monatsh. Chem. **16**, 693 (1895). — PHILIPS: Liebigs Ann. **288**, 253 (1895). — BERTELSMANN: Diss. Basel 5, 46, 1895. — HIRSCH: Monatsh. Chem. **17**, 327 (1896). — HANS MEYER: Monatsh. Chem. **15**, 164 (1894); **22**, 109 (1901); **28**, 52 (1907). — KIRPAL: Monatsh. Chem. **20**, 766 (1899); **21**, 957 (1900); **23**, 239, 929 (1902); **27**, 363 (1906); **28**, 439 (1907); **29**, 227 (1908).

[4] D. R. P. 55988 (1891). — JEFFREYS: Ber. Dtsch. chem. Ges. **30**, 899 (1897). — GRAEBE: Ber. Dtsch. chem. Ges. **34**, 2111 (1901). — GRAEBE, ROSTOVZEF: Ber. Dtsch. chem. Ges. **35**, 2748 (1902). — Siehe DE CONINK: Compt. rend. Acad. Sciences **121**, 893 (1895).   [5] WEERMAN: Liebigs Ann. **401**, 2 (1913).

[6] MARCKWALD: Ber. Dtsch. chem. Ges. **20**, 2813 (1887).

Hydrozimtsäureamide werden mit Kaliumhypochlorit unter Eiskühlung in die Kaliumsalze der N-Chloramide übergeführt. Die kalt gehaltene Lösung wird in siedende Kalilauge eintropfen gelassen.[1]

Manchmal erhält man auch gute Resultate bei Anwendung *sehr verdünnter* Bromlauge.[2,3]

In vielen Fällen lassen sich die Amine durch *Wasserdampfdestillation* isolieren oder aus der alkalischen Flüssigkeit durch Einleiten von *Schwefeldioxyd* ausfällen. Namentlich bei Aminosäuren hat sich letzteres Verfahren bewährt.

Für Säuren der Fettreihe mit höherem Molekulargewicht ist diese Methode nicht besonders zu empfehlen, weil hierbei, und zwar oftmals als Hauptprodukte, Nitrile erhalten werden.

Für solche Säuren wird vorgeschlagen, das Bromamid zu isolieren und mit Kalk zu destillieren[4] oder den bei ungenügendem Alkalizusatz entstehenden Harnstoff zu verarbeiten.[5] Auch hier wird die Zerlegung am besten durch Destillieren mit Kalk bewirkt, dabei geht aber natürlich die eine Hälfte der Substanz verloren und erschwert die Reinigung des Amins.[6]

Weit vorteilhafter ist das von JEFFREYS ausgearbeitete Verfahren.[7] Es basiert auf der Beobachtung,[8] daß die Säurebromamide auch in methylalkoholischer Lösung durch Natriummethylat die BECKMANNsche Umlagerung erfahren und Urethane bilden.

Es ist dabei nicht nötig, die oft schwierig erhältlichen Brom- (Chlor-) Amide zu isolieren.[9]

Man destilliert das Urethan, gemengt mit seinem drei- bis vierfachen Gewicht an *gelöschtem Kalk*.[10] Das Amin wird dann öfters quantitativ nach folgender Gleichung gebildet:

$$C_{15}H_{31}NHCOOCH_3 + Ca(OH)_2 = C_{15}H_{31}NH_2 + CaCO_3 + CH_3OH.$$

Das Amin wird in Ligroin gelöst, mit festem Ätzkali möglichst getrocknet und dann, nach Entfernung des Ligroins, durch einstündiges Erhitzen auf dem Wasserbad über Natrium und darauffolgendes Destillieren völlig von Wasser befreit.

Mit Kalk hat übrigens BLAU sehr schlechte Resultate erhalten, dagegen sehr gute, als statt dessen nach LUTZ[7] *festes Ätzkali* verwendet wurde. Auch zur Verseifung des Apotricyclylurethylmethans muß mit Ätzkali bei 160° verschmolzen werden.[11]

Um das schwer auf diesem Weg erhältliche[12] *o-Fluoranilin* zu gewinnen, verfährt RINKES[13] folgendermaßen:

[1] SCHMIDT: Diss. Hamburg 1926. — KINDLER: Arch. Pharmaz. **269**, 73 (1931).
[2] KIRPAL: Monatsh. Chem. **27**, 375 (1906). — HANS MEYER: Monatsh. Chem. **15**, 164 (1894); **28**, 52 (1907). [3] HANS MEYER: Monatsh. Chem. **15**, 164 (1894).
[4] HOOGEWERFF, VAN DORP: Rec. Trav. chim. Pays-Bas **6**, 376 (1887). — Ausbeute an Octylamin: 45%. — JEFFREYS: Journ. Amer. chem. Soc. **22**, 14 (1899).
[5] WEERMAN: Rec. Trav. chim. Pays-Bas **26**, 203 (1907); **29**, 18 (1910); Liebigs Ann. **401**, 1 (1913). — RINKES: Rec. Trav. chim. Pays-Bas **39**, 200, 704 (1920); **45**, 819 (1926); **46**, 268 (1927) (α.γ-ungesättigte Säuren).
[6] TURPIN: Ber. Dtsch. chem. Ges. **21**, 2487 (1888).
[7] JEFFREYS: Ber. Dtsch. chem. Ges. **30**, 898 (1897); Amer. chem. Journ. **22**, 14 (1899). — GUTT: Ber. Dtsch. chem. Ges. **40**, 2061 (1907). — LIPP, PADBERG: Ber. Dtsch. chem. Ges. **54**, 1318 (1921).
[8] LENGFELD, STIEGLITZ: Amer. chem. Journ. **15**, 215, 504 (1893); **16**, 370 (1894). — STIEGLITZ: Amer. chem. Journ. **18**, 751 (1896). — Mc COY: Amer. chem. Journ. **21**, 116 (1899).
[9] BLAU: Monatsh. Chem. **26**, 99 (1905). — Siehe auch STIEGLITZ: Ber. Dtsch. chem. Ges. **55**, 2040 (1922). [10] LUTZ: Ber. Dtsch. chem. Ges. **19**, 1436 (1886).
[11] LIPP, PADBERG: Ber. Dtsch. chem. Ges. **54**, 1323 (1921).
[12] HANS MEYER, HUB: Monatsh. Chem. **31**, 933 (1910). — WEERMAN: Rec. Trav. chim. Pays-Bas **37**, 1 (1917). [13] RINKES: Chem. Weekbl. **16**, 206 (1919).

2,78 g o-Fluorbenzamid unter Eiskühlung mit 25,8 ccm Natriumhypochlorit-
lösung (1 Mol in 1290 ccm) versetzt, gaben nach Zufügen von 25 ccm Schwefelsäure (25proz.) o-Fluorchlorylbenzamid. Hiervon 2,15 g mit 4 g *Bariumhydroxyd*
auf 35° erwärmt, gaben o-fluorcarbaminsaures Barium; unterm Rückflußkühler entstand neben Kohlenoxyd o-Fluoranilin. Ebenso bei der Wasserdampfdestillation eines Gemenges von o-Fluorchlorylbenzamid und Bariumhydroxyd.

Die Amide der acylierten aliphatischen β-Aminosäuren bilden Imidazolone,
alle anderen werden in acylierte Diamine verwandelt.[1]

Diamide von aromatischen Orthodicarbonsäuren zu Diaminen abzubauen, gelingt nicht, ebensowenig *Pyridindicarbonsäureamide*,[2] auch das p-Xylolyl-o-benz-
amid ließ sich nur sehr unvollkommen abbauen.[3] Bei der Pyrazin-2.5-dicar-
bonsäure gelingt weder der Abbau nach CURTIUS noch nach HOFMANN.[4]

Ungesättigte Säuren lassen sich nicht immer abbauen, können aber in die
um ein C-Atom ärmeren Aldehyde, Zimtsäure, z. B. in Phenylacetaldehyd,[5]
verwandelt werden;[6, 7] doch ist es WILLSTÄTTER[8] gelungen, das Amid der
Δ^2- Cycloheptencarbonsäure, allerdings in schlechter Ausbeute (ca. 20%), in
Δ^2- Aminocyclohepten zu verwandeln.

Das Amid der Tetramethylpyrrolincarbonsäure liefert, unter Ersatz der primär
eintretenden NH_2-Gruppe durch Hydroxyl und Umlagerung, Ketotetramethylpyrrolidin.[9]

Phenylpropiolsäureamid gibt Benzylcyanid.[10]

Hypojodite scheinen unwirksam zu sein, wenigstens wird aus Phthalimid
mit Jod und Kalilauge keine Anthranilsäure erhalten. Dagegen gelingt die
HOFMANNsche Reaktion mit *Jodosobenzol*.[11]

Über elektrolytische Reduktion der Säureamide zu Alkylaminen: BAILLIE,
TAFEL: Ber. Dtsch. chem. Ges. **32**, 68 (1899). — GUERBET: Bull. Soc. chim.
France (3), **21**, 778 (1899). — KINDLER: Arch. Pharmaz. **265**, 398 (1927).

Katalytische Reduktion mit Cu-Cr-Oxyd bei 250° und 200—300 at, am besten
in Dioxanlösung: WOJCIK, ADKINS: Journ. Amer. chem. Soc. **56**, 2419
(1934).

Einwirkung von Alkohol (Alkoholyse) siehe S. 472.

---

[1] Abbau anderer Dicarbonsäuren: SCHNEIDER: Liebigs Ann. **529**, 1 (1937).
[2] HANS MEYER, MALLY: Monatsh. Chem. **33**, 393 (1912). — Halbseitiger Abbau
von anderen Dicarbonsäuren: BLAISE, HOUILLON: Compt. rend. Acad. Sciences **143**,
361 (1906). — FLASCHENTRÄGER, GEBHARDT: Ztschr. physiol. Chem. **192**, 249 (1930).
— Verfahren von JEFFREYS.
[3] SCHAARSCHMIDT, HERZENBERG: Ber. Dtsch. chem. Ges. **53**, 1389, 1393 (1920).
[4] SPOERRI, ERICKSON: Journ. Amer. chem. Soc. **60**, 400 (1938).
[5] WEERMAN: Liebigs Ann. **401**, 1 (1913). — Ähnlich reagieren α-Oxysäureamide
und Diamide: BERGMANN: Ber. Dtsch. chem. Ges. **54**, 1362, 2651 (1921).
[6] Siehe Anm. 5, WEERMAN.
[7] FREUNDLER: Bull. Soc. chim. France (3), **17**, 420 (1897). — RINKES: Rec.
Trav. chim. Pays-Bas **39**, 200 (1920). — HOFMANN: Ber. Dtsch. chem. Ges. **21**, 2695
(1888). — VAN LINGE: Rec. Trav. chim. Pays-Bas **17**, 54 (1898). — JEFFREYS: Amer.
chem. Journ. **22**, 43 (1899). — BAUCKE: Rec. Trav. chim. Pays-Bas **15**, 123 (1896)
(Propiolsäure). — WEERMAN: Rec. Trav. chim. Pays-Bas **26**, 203 (1907); **37**, 1
(1917).
[8] WILLSTÄTTER: Liebigs Ann. **317**, 210, 243 (1901). — Siehe ferner WILLSTÄTTER:
Ber. Dtsch. chem. Ges. **34**, 133 (1901). — BLAISE, BLANC: Compt. rend. Acad. Sciences
129, 106 (1899). — PAULY: Liebigs Ann. **322**, 84, 87, 113, 128 (1902).
[9] PAULY: Liebigs Ann. **322**, 85 (1902). — Weitere Fälle, in denen die Methode
versagt: FREUND, GUDEMANN: Ber. Dtsch. chem. Ges. **21**, 2692 (1888). — STOERMER,
KÖNIG: Ber. Dtsch. chem. Ges. **39**, 496 (1906).
[10] RINKES: Rec. Trav. chim. Pays-Bas **39**, 704 (1920).
[11] TSCHERNIAK: Ber. Dtsch. chem. Ges. **36**, 218 (1903).

Zehnter Abschnitt.
Säureimidgruppe.

1. *Gegen Alkali* erweisen sich die Säureimide als Pseudosäuren, indem sie sich nur verzögert titrieren lassen,[1] unter Übergang in die Salze der Amidosäuren.[2]

Diese Reaktion läßt sich zur *quantitativen Bestimmung* der Säureimide und vor allem zu ihrer *Unterscheidung von Aminosäuren* verwerten.[2,3]

Verhalten gegen Ammoniak: Mit konz. Ammoniak (evtl. alkoholischem) gehen die Imide schon in der Kälte in die schwer löslichen Diamide über.[4]

Der Wasserstoff der Säureamide läßt sich sowohl durch positive als auch durch negative Reste vertreten, aber die Säureimide geben im Gegensatz zu den Amiden keine Salze mit Mineralsäuren.

2. *Reaktion von* GABRIEL.[5] Die Fähigkeit des Phthalimids, beständige Kaliumsalze zu liefern, die glatt mit Halogenalkylen usw. reagieren und dann durch rauchende Salzsäure oder Lauge leicht in Phthalsäure und primäre Amine oder deren Derivate gespalten werden, findet vielfache Anwendung und ist auch zur Erkennung von Säureimiden verwertbar.

3. *Aufspaltung der Säureimide nach* HOOGEWERFF, VAN DORP. Durch Erhitzen mit Methylalkohol unter Druck lassen sich die Säureimide der Fettreihe zu Estern der Amidosäuren aufspalten.

Man erhitzt im Einschmelzrohr 3 Stunden mit der achtfachen Menge absolutem Alkohol auf 170°. Das Reaktionsprodukt wird aus Aceton umkrystallisiert.[6]

Die *Amidosäuren der Pyridinreihe* gehen dagegen unter dem Einfluß von Methylalkohol schon bei 100° unter Abspaltung der Amidogruppe in Estersäuren über.[7]

Zur Bildung der Amidosäureester aromatischer Substanzen ist das Verfahren auch nicht zu verwenden, doch kann man diese Derivate auf einem Umweg erhalten.[8]

Sehr leicht reagieren indessen die *Isoimide.*[9]

Über Aufspaltung der Säureimide durch Phenole: VAN BENKELEVEEN: Rec. Trav. chim. Pays-Bas **19**, 32 (1900).

4. *Abbau der Säureimide nach* HOFMANN.

Die Säureimide lassen sich ebenso leicht wie die Säureamide mit alkalischer Brom- (Chlor-) Lösung abbauen (siehe S. 704).

Zum Gelingen der Reaktion ist es notwendig, die Säureimide zuerst einige Zeit mit der Lauge reagieren zu lassen (eine Stunde lang rühren), da der Abbau erst nach der Aufspaltung zur Amidosäure stattfinden kann.[10]

---

[1] Siehe dazu KIRPAL, REIMANN: Monatsh. Chem. **38**, 263 (1917).

[2] HANS MEYER: Monatsh. Chem. **21**, 913 (1900).

[3] HANS MEYER: Monatsh. Chem. **21**, 965 (1900).

[4] ASCHAN: Ber. Dtsch. chem. Ges. **19**, 1399 (1886). — GRAEBE, AUBIN: Liebigs Ann. **247**, 276 (1889). — WEGERHOFF: Liebigs Ann. **252**, 23 (1889). — GABRIEL, COLMAN: Ber. Dtsch. chem. Ges. **35**, 2842 (1902). — HANS MEYER, STEINER: Monatsh. Chem. **35**, 398 (1914). — MUMM, HÜNEKE: Ber. Dtsch. chem. Ges. **50**, 1582 (1917).

[5] GABRIEL: Ber. Dtsch. chem. Ges. **20**, 2224 (1887); **24**, 3104 (1891). Hier noch weitere Literaturangaben.

[6] HOOGEWERFF, VAN DORP: Rec. Trav. chim. Pays-Bas **18**, 358 (1899).

[7] KIRPAL: Monatsh. Chem. **21**, 959 (1900). — Siehe S. 472.

[8] NACHENIUS: Rec. Trav. chim. Pays-Bas **18**, 364 (1899).

[9] VAN DER MEULEN: Rec. Trav. chim. Pays-Bas **15**, 323 (1896).

[10] SEIDEL, BITTNER: Monatsh. Chem. **23**, 422 (1902).

Unterchlorigsaures Alkali gibt oft bessere Resultate als Hypobromit.[1]

Manche Säureimide können Krystallwasser binden, so das Succinimid[2] und das Lutidintricarbonsäureimid.[3]

Sechstes Kapitel.

Diazogruppe. Azogruppe. Hydrazingruppe. Hydrazogruppe.

Erster Abschnitt.

Reaktionen der Diazogruppe.

I. Diazoderivate der Fettreihe.

A. Qualitative Reaktionen.

Als Unterschiede im Verhalten zwischen aliphatischen und aromatischen Diazoverbindungen sind hauptsächlich anzuführen:

1. Die Unfähigkeit der ersteren, Diazoaminoverbindungen zu bilden.

2. Das Bestreben, wenn irgend möglich an Stelle der beiden austretenden Stickstoffatome *zwei* einwertige Atome oder Radikale zu substituieren. Es entstehen:

a) beim Kochen (der Diazofettsäureester) mit Wasser oder verdünnten Säuren Oxysäuren,

b) mit Alkoholen und Phenolen Aether,

c) mit Halogenwasserstoffsäuren[4] die gesättigten Monohalogenverbindungen (Chlormethyl aus Diazomethan, Chloressigsäure aus Diazoessigester),

d) mit Halogenen Disubstitutionsprodukte,

e) mit organischen Säuren Ester,

f) mit aromatischen Aminen die sekundären Basen,

g) mit negativ substituierten Aldehyden β-Ketonsäureester.[5]

3. Mit Acetylenderivaten und den Estern ungesättigter Säuren entstehen Pyrazol- bzw. Pyrazolinderivate. Letztere gehen beim Erhitzen unter Stickstoffabspaltung in Trimethylencarbonsäureester über:[6]

Über den Nachweis von Doppelbindungen in Terpenen und deren Stellungsbestimmung durch diese Reaktion siehe LOOSE: Journ. prakt. Chem. (2), **79**, 505 (1909). — BUCHNER, WEIGAND: Ber. Dtsch. chem. Ges. 46, 759, 2108 (1913).

4. Einwirkung auf Cyan: PERATONER, AZZARELLO: Gazz. chim. Ital. 38 I, 76 (1908). — Auf Blausäure: PERATONER, PALAZZO: Gazz. chim. Ital. 38 I, 102 (1908).

5. Unter dem Einfluß konz. Laugen werden Diazofettsäureester verseift und zugleich zu dimolekularen Verbindungen[7] polymerisiert. Die entstehenden Derivate zeigen mit konz. Salpetersäure schöne purpurrote, blaue und grüne Färbungen.

6. Perchlorate: HOFMANN, ROTH: Ber. Dtsch. chem. Ges. 43, 682 (1910).

---

[1] GRAEBE: Ber. Dtsch. chem. Ges. **34**, 2111 (1910); D. R. P. 55988 (1891).

[2] FEHLING: Liebigs Ann. **49**, 196 (1844).

[3] KIRPAL, REIMANN: Monatsh. Chem. **38**, 263 (1917).

[4] Einwirkung von Flußsäure: CURTIUS: Journ. prakt. Chem. (2), **38**, 429 (1887).

[5] SCHLOTTERBECK: Ber. Dtsch. chem. Ges. **40**, 3000 (1907); **42**, 2565 (1909).

[6] BUCHNER: Ber. Dtsch. chem. Ges. **22**, 2165 (1889); Liebigs Ann. **273**, 214 (1893), — PECHMANN: Ber. Dtsch. chem. Ges. **27**, 1888, 3247 (1894); **31**, 2950 (1898); **32**, 2299 (1899); **33**, 3594 (1900).

[7] CURTIUS, LANG: Journ. prakt. Chem. (2), **38**, 582 (1887). — HANTZSCH, SILBERRAD: Ber. Dtsch. chem. Ges. **33**, 58 (1900).

B. Quantitative Bestimmung der aliphatischen Diazogruppe.[1]

1. Bestimmung des Stickstoffs durch Titrieren mit Jod.[2]

Der Prozeß vollzieht sich nach der Gleichung:

$$CHN_2CO_2R + J_2 = CHJ_2COOR + N_2.$$

Etwas mehr als die berechnete Menge Jod wird genau abgewogen, in absolutem Aether gelöst und zu einer Auflösung des Diazoesters in Aether zufließen gelassen, bis die citronengelbe Farbe scharf in Rot umschlägt.

Man erwärmt gegen Ende der Reaktion auf dem Wasserbad.

Die übrigbleibende Jodlösung wird vorsichtig abgedampft und das zurückbleibende Jod gewogen.

2. Analyse des durch Verdrängung des Stickstoffs entstehenden Jodprodukts.[3]

In dem Jodderivat des Esters kann man entweder eine Jodbestimmung machen oder noch einfacher folgendermaßen vorgehen:

Die Substanz wird in einem Becherglas von bekanntem Gewicht in wenig absolutem Alkohol gelöst und mit Jod bis zur dauernden Rotfärbung versetzt. Nach dem Verdunsten der Flüssigkeit auf dem Wasserbad wird der geringe Jodüberschuß durch anhaltendes, gelindes Erwärmen entfernt und der Rückstand gewogen.

Diese beiden Verfahren, den Stickstoffgehalt einer aliphatischen Diazoverbindung mit Jod zu bestimmen, lassen sich *nur bei ganz reinen Substanzen* mit Erfolg anwenden.

Bei Gegenwart von Verunreinigungen tritt der Farbenumschlag von Gelb in Rot viel eher ein, als bis aller Stickstoff durch Jod ersetzt ist.[4]

3. Bestimmung des Diazostickstoffs auf nassem Weg.

Wegen der großen Flüchtigkeit der aliphatischen Diazosäureester ist eine der S. 716 geschilderten Methode analoge Stickstoffbestimmung nicht zu empfehlen.

Man verfährt vielmehr wie folgt:[3]

In den mit Wasser gefüllten geräumigen Zylinder A (Abb. 181) ist ein U-förmig gebogenes, dünnes Capillarrohr r in der Weise eingesenkt, daß es das Niveau der Flüssigkeit ein Stück überragt. Über den einen Schenkel wird ein Meßrohr E gestülpt, während der andere mit einem kleinen, vertikal stehenden Kühler B verbunden ist, an dessen unteres

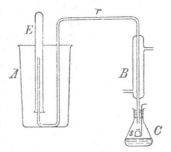

Abb. 181. Apparat von Curtius.

Ende ein sehr kleines Kölbchen c mit einem Gummistopfen, durch den ein löffelförmig gebogener Platindraht luftdicht geführt ist, angeschlossen werden kann.

[1] Curtius: Ber. Dtsch. chem. Ges. 18, 1285 (1885); Journ. prakt. Chem. (2), 38, 421 (1887). — Pechmann: Ber. Dtsch. chem. Ges. 27, 1889 (1894). — Siehe auch S. 505. [2] Curtius: Journ. prakt. Chem. (2), 38, 423 (1887). [3] Curtius: Journ. prakt. Chem. (2), 38, 417 (1887). [4] Siehe auch Wegscheider, Gehringer: Monatsh. Chem. 24, 364 (1903); 29, 525 (1908). — Eine Erklärung für derartige Resultate, die weniger Diazokörper anzeigen als faktisch vorhanden sind, gibt Greulich (Diss. Jena 25, 1905) für den Fall des Diazoacetons. — Eine ähnliche Deutung: Staudinger, Kupfer: Ber. Dtsch. chem. Ges. 45, 505 (1912). — Siehe übrigens Nirdlinger, Acree: Amer. chem. Journ. 43, 373, Anm. (1910).

Dieses Kölbchen wird zum Teil mit ausgekochter, sehr verdünnter Schwefelsäure gefüllt, die abgewogene Substanz (zirka 0,2 g) in dem kleinen Fläschchen *s* mit Glaskugelverschluß auf das löffelförmige Ende des Platindrahts gebracht und das Kölbchen hierauf durch den Gummistopfen mit dem Kühler luftdicht verbunden. Sobald das Luftvolumen in dem Eudiometerrohr keine Veränderung mehr erleidet, was man in sehr empfindlicher Weise durch den Stillstand eines in der Capillarröhre befindlichen kleinen Wassertropfens beobachten kann, liest man das Anfangsvolumen und die Temperatur ab, schleudert das Eimerchen mit der Substanz in die Flüssigkeit und erhitzt allmählich zum Sieden.

Nach wenigen Minuten ist die Zersetzung zu Ende, worauf man vollständig erkalten läßt, das Meßrohr so weit in die Höhe schiebt, bis das Niveau der Flüssigkeit darin mit dem des großen Zylinders übereinstimmt und nun das vergrößerte Volumen unter annähernd denselben Druck- und Temperaturverhältnissen abliest.

Will man den Stickstoffgehalt einer Verbindung bestimmen, die neben der Diazogruppe noch Amid enthält, dann verwendet man als Zersetzungsflüssigkeit verdünnte Salzsäure und kann das Ammoniak im Rückstand durch Platinchlorid ermitteln, demnach Diazo- und Amidstickstoff in einer Operation gleichzeitig nebeneinander bestimmen.

E. MÜLLER[1] hat den Apparat recht zweckmäßig modifiziert (Abb. 182).

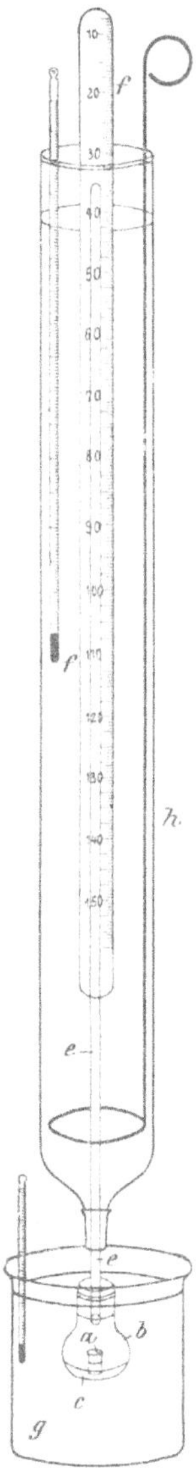

Einen Apparat, in dem man auch bei höheren Temperaturen arbeiten kann, haben STAUDINGER, GAULE angegeben.[2]

Die Lösungen der Diazoverbindungen werden in einem Reagensglas von etwa 30 ccm Inhalt zur Zersetzung gebracht. Mit diesem ist ein Aufsatz mit drei Ansatzrohren und Tropftrichter durch Schliff verbunden. Die Hähne an den Ansätzen, welche zur Verbindung mit zwei Azotometern führen, erlauben, die Stickstoffabspaltung nach bestimmten Intervallen zu messen, indem die Azotometer ausgewechselt werden. Zur Erhaltung konstanter Temperaturen taucht das Reagensglas in Eis oder in ein Bad von siedendem Wasser oder Chlorbenzol (132°).

Analyse von *Triazopropionsäureester:* RICHMOND, FORSTER, FIERZ: Journ. chem. Soc. London 93, 673 (1908). — RICHMOND: Analyst 33, 179 (1908). — *Carbonsäureazide:* SCHROETER: Liebigs Ann. 426, 132, 156 (1922).

Im *Diazomethylbenzoesäureester* konnte OPPÉ[3] den Stickstoff folgendermaßen bestimmen (Abb. 183):

Man wägt die Substanz in ein etwa 50 ccm fassendes Destillierkölbchen ein, dessen Ansatzrohr dann durch einen doppelt durchbohrten Stopfen in die obere Öffnung eines SCHIFFschen Eudiometers eingeführt wird. Die andere Bohrung dieses Stopfens gibt einem Glasröhrchen mit aufgesetztem Gummischlauch und Quetschhahn Durchgang, das zur Einstellung

Abb. 182.
Apparat von
E. MÜLLER.

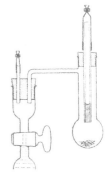

Abb. 183. Apparat
von OPPÉ.

[1] E. MÜLLER: Diss. Heidelberg 48, 1904; Ber. Dtsch. chem. Ges. 41, 3129 (1908); Journ. prakt. Chem. (2), **102**, 131 (1921).
[2] STAUDINGER, GAULE: Ber. Dtsch. chem. Ges. **49**, 1903 (1916).
[3] OPPÉ: Ber. Dtsch. chem. Ges. **46**, 1097 (1913).

des Atmosphärendrucks nötig ist. In das Zersetzungsgefäß ist durch den Stopfen ein beiderseitig offenes Glasrohr von etwa 5 mm lichter Weite eingeführt. In sein unteres Ende wird ein Pfropf aus *Phenol* eingeschmolzen, darauf ein Glasstäbchen gebracht und über das obere Ende ein Stück Gummischlauch mit Quetschhahn gezogen.

Zu Beginn der Analyse läßt man das Wasser im Eudiometer unter Atmosphärendruck bis an den 0-Punkt der Teilung treten, schließt dann die Quetschhähne und drückt mit dem Stab den Phenolpfropf in das Zersetzungsgefäß. Die durch die Reaktion bewirkte Temperatursteigerung gleicht sich in dem kleinen Gefäß sehr schnell aus.

Gemessen wird die Zunahme des Gasvolumens, die dem entwickelten Stickstoff entspricht.

Gelegentlich empfiehlt sich auch die Anwendung eines *Katalysators*.

0,1—0,2 g des analysenreinen Diazokörpers werden in 5 ccm Xylol mit einem Platinschnitzel erhitzt. Als Zersetzungsgefäß dient ein Reagensglas mit seitlichem, nach aufwärts gerichtetem, 50 cm langem Ansatz, der — unter Zwischenschaltung einer mit Kohlendioxyd-Aether gekühlten Vorlage — mit einem Azotometer verbunden ist. Durch die Apparatur wird während des Versuchs ein schwacher Kohlendioxydstrom geleitet. Um gleichmäßige Temperatur zu erhalten, wird das Reagensglas mit Xyloldampf erhitzt.[1]

II. Aromatische Diazogruppe.

A. Reaktionen, die unter Stickstoffabspaltung verlaufen.

1. *Ersatz der Diazogruppe durch Hydroxyl*[2] erfolgt beim Kochen[3] der Diazoniumsulfate (Chloride) mit Wasser. Nitrate geben dabei als Nebenprodukte Nitrophenole.

Diese Reaktion verläuft durchaus nicht immer glatt,[4] was durch verschiedene Umstände bedingt sein kann.

Die Darstellung des Naphthols:

OH
CH₃

aus der Diazoverbindung gelang nur durch *Verkochen in einem indifferenten Gasstrom*.

Ähnliche Schwierigkeiten fanden BEDZIK, FRIEDLÄNDER[5] beim Verkochen des diazotierten Aminonaphtholmethylaethers:

NH₂
—OCH₃

---

[1] STAUDINGER, HIRZEL: Ber. Dtsch. chem. Ges. **49**, 2525 (1916).

[2] GRIESS: Liebigs Ann. **137**, 67 (1866). — HIRSCH: Ber. Dtsch. chem. Ges. **24**, 325 (1891). — MÜLLER, HAUSSER: Compt. rend. Acad. Sciences **114**, 549, 669, 760, 1438 (1892); Bull. Soc. chim. France (3), **9**, 353 (1893). — Über Fälle, in denen die Reaktion versagt, siehe S. 652 und TRITSCH: Diss. Zürich 47, 1907. — BORSCHE, BOTHE: Ber. Dtsch. chem. Ges. **41**, 1942 (1908). — KAUFMANN, KHOTINSKY, JACOPSON, JACOPMANN: Ber. Dtsch. chem. Ges. **42**, 3097 (1909). 4-Amino-3-methoxybenzaldehyd läßt sich nicht in Vanillin überführen.

[3] Manchmal ist Digerieren der verdünnten Lösung bei 50° vorzuziehen: HENRICH: Ber. Dtsch. chem. Ges. **55**, 3914 (1922).

[4] Tetrachloraminofluoran gibt Tetrachlorfluoran an Stelle der erwarteten Hydroxylverbindung: ARNDORFF, KENNEDY: Journ. Amer. chem. Soc. **39**, 88 (1917).

[5] BEDZIK, FRIEDLÄNDER: Monatsh. Chem. **30**, 282 (1909).

und allgemein zeigt es sich, daß ortho- und parasubstituierte Phenole und Phenolaether, z. B. die Derivate der Guajacolreihe, auch wenn die entstehenden Phenole
nicht unbeständig sind, durch die GRIESSsche Reaktion schwer erhältlich sind.

Für solche Fälle ist vorgeschlagen worden, die Zersetzungstemperatur durch
Zusatz erheblich über 100° siedender Flüssigkeiten[1] oder durch den Siedepunkt
erhöhende Salze (Glaubersalz) zu steigern und zugleich das entstandene Phenol
der weiteren Einwirkung der Diazolösung zu entziehen.[2]

Besser als diese Mittel wirkt[3] der Zusatz von *Kupfersulfat*.[4]

5 Teile Orthoaminophenol werden diazotiert und in die siedende[5] Lösung
von 1 Teil Kupfersulfat in 10 Teilen Wasser gegossen. Das entstandene Brenzcatechin wird mit Aether extrahiert.

Es empfiehlt sich, die Diazolösung unter die Oberfläche der Zersetzungsflüssigkeit zu bringen und im Kohlendioxydstrom zu arbeiten.

In manchen Fällen erfolgt die Verkochung nur leicht unter der Einwirkung
des Lichts.[6]

Auch bei Diazoaminoverbindungen findet sich schwere Zerlegbarkeit: ZETTEL:
Ber. Dtsch. chem. Ges. 26, 2471 (1893). — HERSCHMANN: Ber. Dtsch. chem. Ges.
27, 767 (1894).

2. *Ersatz der Diazogruppe durch Halogene.* Bezüglich des Ersatzes durch
Chlor siehe S. 753. Brom wird leichter[7] und noch leichter Jod eingeführt. Zur
Einführung von Brom eignen sich besonders die Perbromide, die beim Kochen
mit Alkohol nach der Gleichung:

$$ArN_2Br_2 + 2\,CH_3CH_2OH = ArBr + 2\,BrH + N_2 + 2\,CH_3CHO$$

zerfallen.

Einführung von *Fluor:* GRIESS: Ber. Dtsch. chem. Ges. 18, 961 (1885). —
WALLACH: Liebigs Ann. 243, 739 (1888). — EKBOM, MANZELIUS: Ber. Dtsch.
chem. Ges. 22, 1846 (1889).

3. *Ersatz der Diazogruppe durch Wasserstoff.*[8]

a) *Alkoholmethode.* Beim Kochen der Diazolösungen mit absolutem Methyl-
oder Aethylalkohol unter Zusatz[9] geringer Mengen eines Kupfersalzes[10,11] oder

---

[1] HEINICHEN: Liebigs Ann. 253, 281 (1889); F. P. 228539 (1893). — CAIN,
NORMAN: Proceed. Chem. Soc. 21, 206 (1905). — CAIN: Journ. chem. Soc. London
89, 19 (1906). — Starke Schwefelsäure stabilisiert die Diazoniumgruppe: ORTON:
Journ. chem. Soc. London 87, 99 (1905).   [2] D. R. P. 95339 (1897).

[3] Siehe dazu HANTZSCH, BLAGDEN: Ber. Dtsch. chem. Ges. 33, 2547 (1900). —
GIEMSA, HALBERKANN: Ber. Dtsch. chem. Ges. 54, 1179 (1921). — WASER, SOMMER:
Helv. chim. Acta 6, 54 (1923).

[4] D. R. P. 167211 (1905), 171024 (1906). — Aminonapholsulfosäuren werden
dabei in Diazooxyde übergeführt, ebenso die Aminooxynaphthoesäuren. — LESSER,
GAD: Ber. Dtsch. chem. Ges. 58, 2555 (1925).

[5] In anderen Fällen arbeitet man bei 60—65° (GIEMSA, HALBERKANN: A. a. O.).

[6] ANDERSEN: Photogr. Korrespondenz 1895. — ORTON, COATES, BURDETT:
Journ. chem. Soc. London 91, 35 (1907).

[7] Siehe aber HERNLER: Monatsh. Chem. 48, 396 (1927).

[8] GRIESS: Liebigs Ann. 137, 67 (1866). — E. u. O. FISCHER: Liebigs Ann. 194,
270 (1878). — WROBLEVSKY: Liebigs Ann. 207, 91 (1881). — REMSEN, GRAHAM:
Amer. chem. Journ. 11, 319 (1889). — SCHROETER: Liebigs Ann. 426, 70 (1922).

[9] Manchmal besser ohne Zusatz: MORGAN, JONES: Journ. Soc. chem. Ind. 42,
97 (1923).

[10] WITT, UERMÉNYI: Ber. Dtsch. chem. Ges. 46, 306 (1913). — Am besten Kupfer-
oxydul: ULLMANN, ENGI: Ber. Dtsch. chem. Ges. 37, 2373 (1904). — BERTHEIM,
BENDA: Ber. Dtsch. chem. Ges. 44, 3299 (1911). — TERRES: Ber. Dtsch. chem. Ges.
46, 1646 (1913). — STOERMER, PRIGGE: Liebigs Ann. 409, 34 (1915). — SANDMEYER:
Helv. chim. Acta 6, 166 (1923). — Kaliumcuprocyanid: TERRES: Ber. Dtsch. chem.
Ges. 46, 1646 (1913).

[11] Noch besser wirken gelegentlich Zink und Aluminium: MORGAN, EVANS: Journ.
chem. Soc. London 115, 1132 (1919).

von Zinkstaub,[1] Alkoholaten oder Alkalicarbonat (Hydroxyd)[2] wird gewöhnlich die Diazogruppe unter Eintritt von Wasserstoff eliminiert, während der Alkohol zu Aldehyd oxydiert wird.

Man kann daher direkt die NH_2-Gruppe durch Wasserstoff ersetzen, wenn man mit Amylnitrit und konz. Schwefelsäure in alkoholischer Lösung diazotiert und kocht.[3]

Zur Reduktion nitrierter Amine diazotiert STAEDEL[4] in stark salpetersaurer Lösung und behandelt dann mit siedendem Alkohol.

Es sind indessen zahlreiche Fälle bekannt geworden, wo die Reaktion mehr oder weniger auch unter Eintritt von Alkyloxyden (Phenolaetherbildung)[5] verläuft:[6]

Der Verlauf der Reaktion hängt von der Natur des Alkohols, des Diazokörpers, der Säure, vom Druck und der Temperatur ab. Zunehmendes Molekulargewicht des Alkohols und Anwesenheit negativer Gruppen im Benzolkern begünstigen die Kohlenwasserstoffbildung. Die Wirkung des Substituenten ist am größten aus der o-, am geringsten aus der p-Stellung.

In der *Pyridinreihe* scheint ausschließlich Aetherbildung zu erfolgen.

b) *Verfahren von* MAI.[7] Die Reduktion wird mit unterphosphoriger Säure[8] bewirkt. Man verwendet entweder die käufliche Säure (1,15) oder das Calcium- oder Natriumsalz, das durch die berechnete Menge Schwefelsäure oder Salzsäure zerlegt wird.

Die Methode ist sehr empfehlenswert. Bei der *p-Aminophenylarsinsäure* führt sie angeblich[9] allein zum Ziel,[10] ebenso bei den *Aminozimtsäuren*.[11]

---

[1] Siehe Note 11 auf Seite 712.

[2] WINSTON: Journ. chem. Soc. London 85, 169 (1905).

[3] E. MÜLLER: Diss. Berlin 39, 1908. — HANTZSCH: Ber. Dtsch. chem. Ges. 34, 3337 (1901); 35, 1000 (1902); 36, 2061 (1903).

[4] STAEDEL: Liebigs Ann. 217, 190 (1883).

[5] Manchmal bilden sich die Kohlenwasserstoffe auch beim Verkochen mit Wasser: WROBLEVSKY: Liebigs Ann. 168, 158 (1873). — HEINICHEN: Liebigs Ann. 253, 280 (1889). — MÖHLAU, OEHMICHEN: Journ. prakt. Chem. (2), 24, 482 (1881). — R. MEYER, FRIEDLAND: Ber. Dtsch. chem. Ges. 32, 2109 (1899).

[6] WROBLEVSKY: Ztschr. Chem. 1870, 164; Ber. Dtsch. chem. Ges. 3, 98 (1870); 17, 2703 (1884). — FITTICA: Ber. Dtsch. chem. Ges. 6, 1209 (1873). — HAYDUCK: Liebigs Ann. 172, 215 (1874). — ZANDER: Liebigs Ann. 198, 1 (1879). — BALENTINE: Liebigs Ann. 202, 351 (1880). — MOHR: Liebigs Ann. 221, 220 (1883). — HEFFTER: Liebigs Ann. 221, 352 (1883). — PAYSAN: Liebigs Ann. 221, 510 (1883). — BROWN: Amer. chem. Journ. 4, 374 (1883). — SCHULZ: Ber. Dtsch. chem. Ges. 17, 468 (1884). — HALLER: Ber. Dtsch. chem. Ges. 17, 1887 (1884). — HOFMANN: Ber. Dtsch. chem. Ges. 17, 1917 (1884). — REMSEN: Ber. Dtsch. chem. Ges. 18, 65 (1885). — WIDMANN: Ber. Dtsch. chem. Ges. 18, 151 (1885). — LIMPRICHT: Ber. Dtsch. chem. Ges. 18, 2176, 2185 (1885). — REMSEN, PALMER: Amer. chem. Journ. 8, 243 (1886). — REMSEN, ORNDORFF: Amer. chem. Journ. 9, 387 (1887). — REMSEN, GRAHAM: Amer. chem. Journ. 11, 319 (1889). — ORNDORFF, KORTRIGHT: Amer. chem. Journ. 13, 153 (1891). — ORNDORFF, CAUFFMAN: Amer. chem. Journ. 14, 45 (1892). — REMSEN, DASHIELL: Amer. chem. Journ. 15, 105 (1893). — METCALF: Amer. chem. Journ. 15, 301 (1893). — PARKS: Amer. chem. Journ. 15, 320 (1893). — SHOBER: Amer. chem. Journ. 15, 379 (1893). — BEESON: Amer. chem. Journ. 16, 235 (1894). — MARCKWALD: Ber. Dtsch. chem. Ges. 27, 1318 (1894). — GRIFFIN: Amer. chem. Journ. 19, 163 (1897). — CHAMBERLEIN: Amer. chem. Journ. 19, 531 (1897). — CAMERON: Amer. chem. Journ. 20, 229 (1898). — MOALE: Amer. chem. Journ. 20, 298 (1898). — FRANKLIN: Amer. chem. Journ. 20, 455 (1898). — HANTZSCH, JOCHEM: Ber. Dtsch. chem. Ges. 34, 3337 (1901). — HANTZSCH, VOCK: Ber. Dtsch. chem. Ges. 36, 2061 (1903). — WINSTON: Journ. chem. Soc. London 85, 169 (1904).   [7] MAI: Ber. Dtsch. chem. Ges. 35, 162 (1902).

[8] Arsenige Säure: GUTMANN: Ber. Dtsch. chem. Ges. 45, 821 (1912); D. R. P. 250264 (1912). — BART: a. a. O.   [9] BORT: Liebigs Ann. 429, 103 (1922).

[10] BERTHEIM: Ber. Dtsch. chem. Ges. 41, 1855 (1908); 44, 3298 (1911).

[11] STOERMER, HEYMANN: Ber. Dtsch. chem. Ges. 45, 3099 (1912).

c) *Überführung in Hydrazin und Oxydation.* Durch Zinnchlorür in salzsaurer Lösung[1] oder durch Verwandlung in diazosulfosaure Salze und deren Reduktion mit überschüssigem Alkalisulfit[2] oder besser Zinkstaub und Essigsäure[3] werden die Diazokörper in Hydrazine bzw. durch kochende Salzsäure spaltbare hydrazinsulfosaure Salze verwandelt.

Oxydationsmittel, am besten Kaliumchromat,[4] liefern[5] Kohlenwasserstoffe.

d) *Andere Methoden, die Diazogruppe durch Wasserstoff zu ersetzen.*

Reduktion mit *Zinnchlorür:* EFFRONT, MERZ: Ber. Dtsch. chem. Ges. **17**, 2329, 2341 (1884). — CULMANN, GASIOROWSKY: Journ. prakt. Chem. (2), **40**, 97 (1889). — *Mit Zinnoxydulnatron:* FRIEDLÄNDER: Ber. Dtsch. chem. Ges. **22**, 587 (1889). — KÖNIGS, CARL: Ber. Dtsch. chem. Ges. **23**, 2672, Anm. (1890). — EIBNER: Ber. Dtsch. chem. Ges. **36**, 813 (1903). — HANTZSCH, VOCK: Ber. Dtsch. chem. Ges. **36**, 2065 (1903). — AUWERS, BORSCHE, WELLER: Ber. Dtsch. chem. Ges. **54**, 1310 (1921). — PUMMERER: Ber. Dtsch. chem. Ges. **55**, 3104 (1922). — Mit *Kupferpulver* und *Ameisensäure:* TOBIAS: Ber. Dtsch. chem. Ges. **23**, 1632 (1890). — *Kupferwasserstoff:* PECHMANN, NOLD: Ber. Dtsch. chem. Ges. **31**, 560 (1898). — VORLÄNDER, MAYER: Liebigs Ann. **320**, 122 (1902). — *Natriumhydrosulfit:* GRANDMOUGIN: Ber. Dtsch. chem. Ges. **40**, 422, 858 (1907). — *Arsenige Säure:* KÖNIGS: Ber. Dtsch. chem. Ges. **23**, 2672 (1890). — GUTMANN: Ber. Dtsch. chem. Ges. **45**, 821 (1912). — *Hydrazin, Hydroxylamin:* HANTZSCH, VOCK: Ber. Dtsch. chem. Ges. **36**, 2067 (1903).

Einwirkung von *Phenol* auf Diazokörper: HIRSCH: Ber. Dtsch. chem. Ges. **23**, 3705 (1890); **25**, 1973 (1892). — Von *Eisessig:* ORNDORFF: Amer. chem. Journ. **10**, 368 (1881). — Von *Essigsäureanhydrid:* WALLACH: Liebigs Ann. **235**, 233 (1886).

4. *Ersatz der Diazogruppe durch andere Reste:* Sulfhydratgruppe: KLASON:, Ber. Dtsch. chem. Ges. **20**, 349 (1887). — Bildung von Xanthogensäureestern und Thiophenolen: D.R.P. 45120 (1887). — LEUKART: Journ. prakt. Chem. (2), **41**, 184 (1890). — Sulfinsäuren:[6] GATTERMANN: Ber. Dtsch. chem. Ges. **32**, 1136 (1899). — Nitrilbildung: SANDMEYER: Ber. Dtsch. chem. Ges. **17**, 2653 (1884); **18**, 1492 (1885). — Rhodanide: GATTERMANN, HAUSKNECHT: Ber. Dtsch. chem. Ges. **23**, 738 (1890). — THURNAUER: Ber. Dtsch. chem. Ges. **23**, 770 (1890) usw. — Nitrogruppe: VESELY, DVOŘÁK: Bull. Soc. chim. France (4), **31**, 421 (1922).

B. Reaktionen, bei denen die Diazogruppe erhalten bleibt.

1. Bildung von Perbromid.

Die Lösung des Diazoniumsalzes wird mit einer Lösung von Brom in Bromwasserstoff oder Bromkalium versetzt, worauf das Perbromid auszukrystallisieren pflegt.[7] Aus diesen Perbromiden werden leicht die Azoimide gewonnen (siehe S. 649).

---

[1] V. MEYER, LECCO: Ber. Dtsch. chem. Ges. **16**, 2976 (1883).

[2] ESCALES: Ber. Dtsch. chem. Ges. **19**, 893 (1886); D.R.P. 68708 (1893). — LIMPRICHT, ULATOWSKI: Ber. Dtsch. chem. Ges. **20**, 1238 (1887). — FRITSCH: Ber. Dtsch. chem. Ges. **29**, 2294 (1896).

[3] E. FISCHER: Liebigs Ann. **190**, 71 (1877). — REYCHLER: Ber. Dtsch. chem. Ges. **20**, 2463 (1887).

[4] CHATTAWAY: Proceed. chem. Soc. **24**, 10 (1908); Journ. chem. Soc. London **93**, 271 (1908).

[5] BAEYER, HALLER: Ber. Dtsch. chem. Ges. **18**, 90, 92 (1885). — ZINCKE: Ber. Dtsch. chem. Ges. **18**, 786 (1885). — ARMSTRONG, WYNNE: Proceed. chem. Soc. **6**, 11, 75, 127 (1890); **7**, 27 (1891); D.R.P. 57910 (1890), 77596 (1894); siehe auch S. 726.

[6] Isolierung als Ferrisalze: THOMAS: Journ. chem. Soc. London **95**, 342 (1909).

[7] ZINCKE: Liebigs Ann. **339**, 223 (1905).

2. Bildung von Diazoaminoverbindungen.

Diese entstehen aus Diazokörpern und primären und sekundären Aminen der Fett-, Benzol- und Pyridinreihe, wenn man äquimolekulare Mengen der Komponenten in gekühlter, wässeriger Lösung zusammenbringt. Das Amin wird in Form eines Mineralsäuresalzes angewendet und durch die entsprechende Menge Natriumacetatlösung freigemacht. Die in Wasser und verdünnten Säuren und Alkalien unlöslichen Diazoaminokörper können aus alkalihaltigem Alkohol[1] umkrystallisiert oder durch Digerieren mit alkoholischer Schwefelammoniumlösung gereinigt werden.[2] Sie sind im allgemeinen gelb; das Diazoaminohydroisochinolin dagegen ist farblos.[3]

Reaktionen der Diazoaminokörper.

Das Wasserstoffatom der Iminogruppe zeigt die typischen Reaktionen eines sekundären Aminwasserstoffs, es ist auch durch Metall vertretbar.

Bei aromatischen Diazoaminokörpern, bei denen Desmotropie vorliegt, hat sich *Phenylisocyanat* als wertvolles Reagens erwiesen.[4]

Unterschiedlich von den Diazokörpern färben sich die Diazoaminokörper in alkoholischer Lösung *nicht* auf Zusatz von *m-Phenylendiamin*. Nach dem Ansäuern mit Essigsäure entsteht aber tieforangerote Färbung (*Chrysoidinreaktion*).[5]

Aromatische Diazoaminoverbindungen mit unbesetzter Parastellung[6] gehen beim Stehen ihrer alkoholischen Lösungen (mit etwas salzsaurem Anilin usw.) in Paraaminoazoverbindungen über.[7]

Bei besetzter Parastellung entstehen Orthoaminoazokörper.

Die Geschwindigkeit der Umlagerung ist der Stärke der Säure des Anilinsalzes proportional: GOLDSCHMIDT, REINDERS: Ber. Dtsch. chem. Ges. 29, 1369, 1899 (1896).

Die Diazoaminokörper zeigen im übrigen alle Reaktionen der Diazoverbindungen, nur sind sie viel beständiger und werden erst bei höheren Temperaturen und weniger explosionsartig zersetzt.

Über ihre quantitative Bestimmung siehe S. 717.

3. Bildung von Azofarbstoffen.

Siehe hierüber S. 647. Weiter ist noch folgendes zu bemerken:

Zur Bildung von Aminoazoverbindungen sind von den *tertiären* Aminen nur jene befähigt, die entweder die Parastellung oder *beide* Orthostellungen unbesetzt enthalten. Im ersteren Fall entstehen Para-, im letzteren Orthoaminoazoverbindungen.

Ist die Parastellung frei, aber eine oder beide Orthostellungen besetzt,

---

[1] SCHRAUBE: Ber. Dtsch. chem. Ges. 30, 1399 (1897).

[2] BERNTHSEN, GOSKE: Ber. Dtsch. chem. Ges. 20, 928 (1887).

[3] BAMBERGER, DIECKMANN: Ber. Dtsch. chem. Ges. 26, 1210 (1893). — BAMBERGER: Ber. Dtsch. chem. Ges. 27, 2933 (1894).

[4] GOLDSCHMIDT, HOLM: Ber. Dtsch. chem. Ges. 21, 1016 (1888). — GOLDSCHMIDT, MOLINARI: Ber. Dtsch. chem. Ges. 21, 2557 (1888). — GOLDSCHMIDT, BARDACH: Ber. Dtsch. chem. Ges. 25, 1359 (1892). — PECHMANN: Ber. Dtsch. chem. Ges. 28, 874 (1895). — SCHRAUBE, FRITSCH: Ber. Dtsch. chem. Ges. 29, 288 (1896).

[5] WITT: Ber. Dtsch. chem. Ges. 10, 1309 (1877). — FRISWELL, GREEN: Journ. chem. Soc. London 47, 923 (1885).

[6] In gewissen Fällen läßt sich auch bei besetzter Parastellung Umlagerung erzwingen: NOELTING, WITT: Ber. Dtsch. chem. Ges. 17, 77 (1884).

[7] KEKULÉ: Ztschr. Chem. 1866, 689. — GOLDSCHMIDT, BARDACH: Ber. Dtsch. chem. Ges. 25, 1347 (1892).

läßt sich die Kupplung im allgemeinen gar nicht oder doch nur sehr schwierig und nur mit den reaktionsfähigsten Diazokörpern (p-Nitroanilin) erzwingen.[1] Sekundäre Amine hingegen lassen sich unter diesen Umständen ganz normal kombinieren.[2]

Das gleiche gilt von den Oxyazoverbindungen,[3] nur tritt bei Phenolen mit besetzter Parastellung manchmal dadurch Azofarbstoffbildung ein, daß der Substituent (namentlich Carboxyl: Paraoxybenzoesäure) abgespalten wird.[4]

Unterscheidung von Para- und Orthooxyazokörpern: LIEBERMANN, KOSTANECKI: Ber. Dtsch. chem. Ges. 17, 885 (1884). — GOLDSCHMIDT, ROSELL: Ber. Dtsch. chem. Ges. 23, 487 (1890). — LAGODZINSKI, MATEESEN: Ber. Dtsch. chem. Ges. 27, 961 (1894).

Über einen Fall der Bildung des Orthooxyazokörpers bei unbesetzter Parastellung: MICHEL, GRANDMOUGIN: Ber. Dtsch. chem. Ges. 26, 2352 (1893).

C. Quantitative Bestimmung der Diazogruppe aromatischer Verbindungen.

Die Bestimmung der aromatischen Diazogruppe[5] erfolgt gewöhnlich[6] ähnlich der S. 709 angeführten Methode, am besten jedoch im LUNGEschen Nitrometer unter Benutzung 40proz. Schwefelsäure.[7, 8]

Wird die Bestimmung im Kohlendioxydstrom ausgeführt, so ist die Luft vorher bei 0° auszutreiben,[9] wenn die Verbindungen leicht zersetzlich sind.

Bei der Bestimmung mit dem Nitrometer ist die Tension der zur Zersetzung benutzten Schwefelsäure 1,306 (15°) mit 9,4 mm in Rechnung zu bringen.

Den *Diazostickstoff normaler Diazotate* bestimmt HANTZSCH[10] durch Lösen des Salzes in Eiswasser, Zusatz von Salzsäure, Verdrängen der Luft durch Kohlendioxyd im Kältegemisch, nachheriges Zufließenlassen von Kupferchlorürlösung und schließliches Erhitzen bis zum Sieden, wobei von allen Lösungen gemessene Volumina genommen werden und die in ihnen enthaltene Luftmenge durch Kochen ermittelt und vom Volumen des Diazostickstoffs abgezogen wird.

Zur Stickstoffbestimmung in dem Zinnchloriddoppelsalz des m-Diazobenzaldehydchlorids übergossen TIEMANN, LUDWIG[11] die Substanz in einem Kölbchen mit ausgekochtem Wasser und verbanden einerseits mit einem Kohlensäure-

---

[1] WEINBERG: Ber. Dtsch. chem. Ges. 25, 1612 (1892). — FRIEDLÄNDER: Monatsh. Chem. 19, 627 (1898).

[2] Die entgegengesetzten Resultate von HEIDELBERG [Ber. Dtsch. chem. Ges. 20, 150 (1887)] sind nach FRIEDLÄNDER falsch.

[3] LIMPRICHT: Liebigs Ann. 263, 236 (1891). — KOSTANECKI, ZIBEL: Ber. Dtsch. chem. Ges. 24, 1695 (1891).

[4] Siehe S. 381, Anm. 4. — Ebenso spalten die Pyrrolcarbonsäuren bei der Einwirkung von Diazoniumsalzen unter Kupplung die Carboxylgruppe ab: FISCHER, HEPP: Ber. Dtsch. chem. Ges. 19, 2258 (1886). — ROTHWEILER: Diss. München 1922. — FISCHER, ROTHWEILER: Ber. Dtsch. chem. Ges. 56, 513 (1923).

[5] KNOEVENAGEL: Ber. Dtsch. chem. Ges. 23, 2997 (1890). — PECHMANN, FROBENIUS: Ber. Dtsch. chem. Ges. 27, 706 (1894).

[6] Volumetrische Bestimmung von Diazoverbindungen durch Reduktion mit Natriumhydrosulfit zu Hydrazinen mit Rosindulin oder Safranin als Indicator: KNECHT, THOMPSON: Journ. Soc. Dyers Colourists 36, 215 (1920). — Photoanalyse: SCHMIDT, MAIER: Ber. Dtsch. chem. Ges. 64, 778 (1931).

[7] BAMBERGER: Ber. Dtsch. chem. Ges. 27, 2598 (1894). — HANTZSCH: Ber. Dtsch. chem. Ges. 33, 2528 (1900).

[8] GOLOSSENKO, SAWODSKAJA: Laboratorija 5, 598 (1936) lassen die Diazoverbindung in der Kälte 10 Minuten mit p-Phenylendiamin stehen und fangen den entwickelten Stickstoff im Nitrometer über Wasser auf.

[9] HANTZSCH: Ber. Dtsch. chem. Ges. 28, 1741 (1895).

[10] HANTZSCH: Ber. Dtsch. chem. Ges. 33, 2159, Anm. (1900).

[11] TIEMANN, LUDWIG: Ber. Dtsch. chem. Ges. 15, 2045 (1882).

entwicklungsapparat, anderseits mit einem Gasableitungsrohr. Nach der Verdrängung aller Luft aus dem Apparat wurde das Gasableitungsrohr unter ein mit Kalilauge gefülltes Eudiometer gebracht und die im Kolben befindliche Flüssigkeit langsam zum Sieden erhitzt, schließlich aller Stickstoff durch erneutes Einleiten von Kohlendioxyd in die Meßröhre übergetrieben.

Häufiger als die eigentlichen Diazokörper werden *Diazoaminokörper* untersucht. Man geht dabei ganz ähnlich vor.[1] Natürlich werden nur zwei Drittel des vorhandenen Stickstoffs ausgetrieben. GOLDSCHMIDT, REINDERS[2] verfahren folgendermaßen:[3,4] Das Kölbchen mit der Substanz wird nach Beschickung mit 50 ccm 33proz. Schwefelsäure mit einem doppelt durchbohrten Kautschukstopfen verschlossen, in dessen einer Öffnung sich ein Gaszuleitungsrohr befindet, während in der anderen ein kurzer Rückflußkühler steckt. Das obere Ende des Kühlers ist mit einem mit Kalilauge gefüllten Stickstoffbestimmungsapparat verbunden. Durch das Zuleitungsrohr wird so lange luftfreies Kohlendioxyd durch das kalt gehaltene Kölbchen getrieben, bis das Gas von der Kalilauge vollständig absorbiert wird. Dann wird rasch erhitzt und das entwickelte Gas aufgefangen. Nach Beendigung der Gasentwicklung wird wieder Kohlendioxyd durch den Apparat geführt. Nach einiger Zeit wird das Gas in ein Eudiometer übergefüllt.

Da geraume Zeit erforderlich ist, um die Luft vollständig aus dem Apparat zu vertreiben, während deren die Säure umlagernd gewirkt haben kann,[5] haften auch dieser Methode kleine Fehler an, die MEHNER[6] vermeidet.

Ein nicht zu dünnwandiges Reagensrohr von ca. 10—12 cm Länge und 3 cm Durchmesser ist mit einem dreifach durchbohrten Gummistopfen dicht verschlossen. Durch diesen führen zwei Glasröhren, die eine *a*, die dicht unter dem Gummistopfen abgeschnitten ist, leitet zum Eudiometer, die andere *b* besitzt am Ende einen Dreiweghahn, dessen einer Weg zum KIPPschen Kohlensäureentwicklungsapparat, dessen anderer zu einer Wasserstrahlluftpumpe führt. *b* ist ebenfalls direkt unter dem Gummistopfen abgeschnitten. Durch die dritte Bohrung ragt das zu einer feinen Spitze ausgezogene Ansatzrohr eines mit gut schließendem Hahn versehenen Tropftrichters in das Innere des Gefäßes. Vor Beginn der Analyse bringt man die Substanz auf den Boden des Entwicklungsgefäßes, füllt das Ansatzrohr des Tropftrichters bis wenig über den Hahn mit ausgekochtem Wasser, setzt unmittelbar an dem Ende von *a* auf den zum Eudiometer führenden Gummischlauch einen Quetschhahn und pumpt durch *b* die Luft aus, so gut als es eine Wasserstrahlluftpumpe in kurzer Zeit zu leisten vermag. Dann stellt man den Doppelhahn um und läßt Kohlendioxyd in den Apparat treten; hierauf pumpt man wieder luftleer und läßt abermals Kohlendioxyd eintreten. Nach nochmaligem Wiederholen dieser Operationen ist nur noch in dem zum Eudiometer führenden Schlauch Luft vorhanden. Diese treibt man nach dem Öffnen des Quetschhahns durch einen raschen Kohlendioxydstrom aus und überzeugt sich schließlich, daß das entweichende Gas von Alkalilauge vollständig absorbiert wird. Nunmehr schließt man den Hahn an *b*, be-

[1] GRIESS: Liebigs Ann. **117**, 19 (1861). — HEUSSLER: Amer. chem. Journ. **260**, 230 (1890).

[2] GOLDSCHMIDT, REINDERS: Ber. Dtsch. chem. Ges. **29**, 1369 (1896). — VAUBEL: Ztschr. angew. Chem. **15**, 1210 (1902).

[3] GOLDSCHMIDT, REINDERS: Ber. Dtsch. chem. Ges. **29**, 1369 (1896).

[4] GOLDSCHMIDT, MERZ: Ber. Dtsch. chem. Ges. **30**, 671 (1897). — FERBER: Diss. München 1921. — BRASS: Ber. Dtsch. chem. Ges. **57**, 125, 133 (1924); Liebigs Ann. **441**, 226 (1925) (Azide).

[5] FRISWELL, GREEN: Ber. Dtsch. chem. Ges. **19**, 2034 (1886).

[6] MEHNER: Journ. prakt. Chem. (2), **63**, 305 (1901).

schickt den Tropftrichter mit starker Salzsäure und läßt von dieser so viel in den Apparat eintreten, daß sie ihn zu ungefähr ein Fünftel seines Volumens erfüllt. Man erhitzt nun rasch zum Sieden; die Stickstoffentwicklung ist bald beendet. Um das Gas aus dem Entwicklungsgefäß in das Eudiometer überzutreiben, läßt man am besten ausgekochtes Wasser aus dem Tropftrichter zulaufen, bis der Apparat fast vollständig damit erfüllt ist. Den Gasrest treibt man noch durch einen Kohlendioxydstrom über, was in wenigen Augenblicken geschehen ist.

Zur Analyse von *Diazoniumborfluoriden*[1] wird die Substanz in ein Präparatengläschen eingewogen.

In dem Kolben *A* (Abb. 185), der durch einen doppelt durchbohrten Gummistopfen verschlossen ist, befindet sich 50proz. Schwefelsäure, die durch Kochen von Luft befreit worden ist. Das Zuleitungsrohr *B* dient zum Einleiten des Kohlendioxyds und reicht bis kurz über die Oberfläche der Schwefelsäure. Das T-Stück *C* ist mit seinem waagerechten Ansatzrohre an ein Azotometer angeschlossen, während sein senkrechter Teil einen Glasstab *D* führt, der von einem gut schließenden Gummischlauch *E* gehalten wird und dazu dient, das Präparatenglas *F* mit der eingewogenen Substanz in aufrechter Lage zu halten.

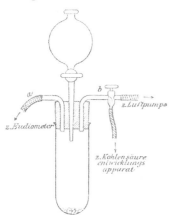

Abb. 184. Apparat von MEHNER.

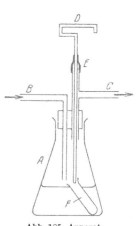

Abb. 185. Apparat von SCHIEMANN, PILLARSKY.

Durch Emporziehen von *D* fällt *F* um und die Substanz kommt mit der Säure in Berührung. Es wird zunächst Kohlendioxyd durch die Apparatur geleitet, bis alle Luft verdrängt ist, dann die Zersetzung eingeleitet; durch Kochen der Schwefelsäure wird sie vervollständigt, was bei manchen Borfluoriden längere Zeit in Anspruch nimmt.

Über ähnliche Bestimmungen siehe noch: CURTIUS, DARAPSKY, MÜLLER: Ber. Dtsch. chem. Ges. **39**, 3427 (1906). — SCHMIDT: Ber. Dtsch. chem. Ges. **39**, 614 (1906). — DIMROTH: Ber. Dtsch. chem. Ges. **39**, 3911 (1906). — GIEMSA, HALBERKANN: Ber. Dtsch. chem. Ges. **54**, 1183 (1921).

TRÖGER, EWERS[2] kochen die arylthiosulfosauren und arylsulfinsauren Diazosalze mit *Nitrobenzol* oder *Anilin* und messen den entwickelten Stickstoff.

Zur Analyse des *o-Nitro-p-diazoniumphenols* geht KLEMENC[3] folgendermaßen vor:

Da eine direkte Bestimmung nach DUMAS zur Explosion Veranlassung gab, wurde zuerst der beim Behandeln der Substanz mit Kalilauge freiwerdende Stickstoff bestimmt und dann in einer anderen Probe nach dem Zersetzen mit Kalilauge die Lösung eingedampft und davon die Stickstoffbestimmung nach DUMAS

---

[1] WILKE, DÖRFURT, BALZ: Ber. Dtsch. chem. Ges. **60**, 116 (1927). — PILLARSKY: Dipl.-Arb. Hannover 1928. — SCHIEMANN: Ber. Dtsch. chem. Ges. **62**, 1798, 1810, 3042 (1929).

[2] TRÖGER, EWERS: Journ. prakt. Chem. (2), **62**, 372 (1900). — Siehe auch TRÖGER, PIOTROWSKI: Arch. Pharmaz. **255**, 162 (1917).

[3] KLEMENC: Ber. Dtsch. chem. Ges. **47**, 1414 (1914).

ausgeführt. Die Summe der gefundenen Prozentgehalte gibt den Gesamtprozentgehalt an Stickstoff.

1. Bestimmung des Diazostickstoffs.

In den Rundkolben (Abb. 186) werden etwa 150 ccm Wasser gegeben; man setzt den oberen Stopfen mit dem Tropftrichter, dessen Stiel ganz mit Wasser gefüllt ist, und der Gasentbindungsröhre auf.

In den seitlichen Ansatz wird das Gläschen mit dem Diazoniumphenol in der aus der Abbildung zu ersehenden Weise eingeführt.

Nun wird das Wasser im Kolben zum Sieden erhitzt, bis die ganze Luft vertrieben ist. Dann wird das Gläschen mit der Substanz in das siedende Wasser fallen gelassen. Man läßt durch den Tropftrichter ganz langsam 10proz. Kalilauge zufließen. Nach wenigen Minuten ist die Gasentwicklung beendet.

2. Bestimmung des durch Kalilauge nicht in Freiheit gesetzten Stickstoffs. Eine abgewogene Menge Substanz wird mit wässeriger Natronlauge in einem Becherglas vom Diazostickstoff befreit und die blutrote, alkalische Lösung unter beständigem Darüberleiten von Kohlendioxyd eingedampft. Der Rückstand wird hierauf in wenig Wasser gelöst und von ausgeglühtem Kupfer-

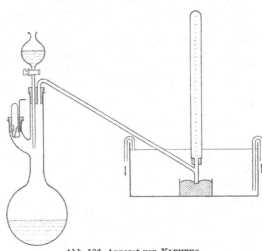

Abb. 186. Apparat von KLEMENC.

oxyd aufsaugen gelassen. Dann wird im Vakuum über Schwefelsäure getrocknet, die Masse vorsichtig gepulvert und quantitativ in die Stickstoffröhre gebracht.

Titration der Diazoaminoverbindungen nach VAUBEL.[1]

Man löst die Substanz in Eisessig, versetzt mit Salzsäure und Bromkaliumlösung und titriert mit Bromatlösung bis zur bleibenden Reaktion auf Jodkaliumstärkepapier.

Es wird gerade so viel Brom verbraucht, als zur Bildung z. B. von Tribromanilin neben der äquivalenten Menge der Diazoverbindung erforderlich ist.

Der Endpunkt ist sehr gut erkennbar.

Zweiter Abschnitt.

Azogruppe.

I. Qualitative Reaktionen der Azogruppe.[2]

Die aromatischen Azokörper unterscheiden sich von den Diazokörpern durch ihre weit größere Stabilität; sie werden beim Kochen mit Säuren und Alkalien

---

[1] VAUBEL: Ztschr. angew. Chem. **15**, 1210 (1902).
[2] Über aliphatische Azokörper siehe THIELE: Liebigs Ann. **270**, 40, 43 (1892); **271**, 132 (1893). — THIELE, HEUSER: Liebigs Ann. **290**, 5, 30 (1896). — GOMBERG: Ber. Dtsch. chem. Ges. **30**, 2045 (1897). — WIELAND: Ber. Dtsch. chem. Ges. **38**, 1454 (1905); Liebigs Ann. **353**, 69 (1907). — THIELE: Ber. Dtsch. chem. Ges. **42**, 2575 (1909). — HOLZAPFEL: Diss. Heidelberg 1909. — ARNDT, MILDE, ECKERT: Ber. Dtsch. chem. Ges. **56**, 1976 (1923).

nicht verändert, die Azokohlenwasserstoffe lassen sich sogar bei hoher Temperatur unzersetzt destillieren. Reduktionsmittel greifen dagegen sehr leicht an.[1] Die primären Reduktionsprodukte sind die Hydrazoverbindungen, die sich leicht weiter unter Umlagerung verändern (siehe unter „quantitative Bestimmung" S. 724).

Bei energischer Reduktion[2] findet, je nach Art des Azokörpers, mehr oder weniger glatt vollkommene Spaltung in Amine statt:

$$\text{ArN} = \text{NR} + 4\,\text{H} = \text{ArNH}_2 + \text{NH}_2\text{R}.$$

Diese Reaktion kann nach WITT zur Ermittlung der Konstitution des Farbstoffs verwertet werden. Die speziellen Reaktionsbedingungen müssen zwar für jeden Falls ausgearbeitet werden, im allgemeinen können aber die Angaben von WITT als Paradigma gelten.[3]

Die Reduktion wird in salzsaurer Lösung mit Zinnsalz oder mit Zinn und Salzsäure[4] vorgenommen. Die Reduktion mit Zinkstaub und Ammoniak oder Lauge empfiehlt sich nicht, führt vielmehr nach WITT „regelmäßig zu hoffnungsloser Schmierenbildung".[5]

Bei der Untersuchung eines Farbstoffs unbekannter Konstitution hat also zuerst die Bestimmung des in Form von Diazoverbindung angewendeten Amins nach bekannten Methoden zu geschehen, dann folgt die Bestimmung der Naphthylamin- oder Naphtholsulfosäure, wenn nötig, unter Rücksichtnahme auf die Natur des bereits gefundenen Monoamins, in einem besonderen Versuch. Als passende Menge benutzt man 1 g vorher durch Krystallisation oder anderweitig gereinigten Farbstoff.

Als zweckmäßigstes Reduktionsmittel dient Zinnsalz in salzsaurer Lösung. Wenn es nur in mäßigem Überschuß verwendet wird, so daß nach beendigter Reaktion wesentlich nur Zinnchlorid in mäßig saurer Lösung vorliegt, wird Ausscheidung schwer löslicher Zinndoppelsalze nur selten erfolgen und Befreiung der Produkte von Zinn keine Schwierigkeiten bereiten. Als passende Zinnsalzmenge benutzt man 2 g krystallisiertes Salz. Dies ist bei den kleinstmolekularen dieser Farbstoffe gerade noch ausreichend, während für Farbstoffe mit größerem Molekül schon ein kleiner Überschuß vorliegt. Auch die Salzsäure ist auf das nötige Maß zu beschränken. Am besten benutzt man eine fertig bereitete Auflösung von 40 g Zinnsalz in 100 ccm chemisch reiner Salzsäure (1,19); 6 ccm dieser Lösung entsprechen 2 g Zinnsalz.

Man löst 1 g Farbstoff in der gerade ausreichenden Menge siedendem Wasser. Die meisten der in Betracht kommenden Farbstoffe lösen sich in 10 Teilen siedendem Wasser, man wird daher fast immer mit 10 ccm ausreichen. Einige wenige Farbstoffe erfordern mehr Wasser, keiner mehr als 20 Teile.

Sobald der Farbstoff klar gelöst ist, entfernt man das Kölbchen vom Feuer

---

[1] Identifikation hochmolekularer Azo- und Azoxyverbindungen, die durch die Analyse nicht voneinander zu unterscheiden sind, durch katalytische Reduktion: BRAND, STEINER: Ber. Dtsch. chem. Ges. **55**, 880 (1922).

[2] Oxyazokörper können schon durch Phenylhydrazin zu Aminophenolen reduziert werden: ODDO, PUXEDDU: Ber. Dtsch. chem. Ges. **38**, 2752 (1905). — PUXEDDU: Gazz. chim. Ital. **46 I**, 71, 211 (1916).

[3] WITT: Ber. Dtsch. chem. Ges. **21**, 3471 (1888). — Weitere Beispiele: JACOBSON, HÖNIGSBERGER: Ber. Dtsch. chem. Ges. **36**, 4098, 4117 (1903). — HESSE: Ind. engin. Chem. **7**, 674 (1915). — BRUNNER: Analyse der Azofarbstoffe. Berlin: Julius Springer. 1929. — SLOTTA, FRANKE: Ber. Dtsch. chem. Ges. **64**, 88, 93 (1931).

[4] GRANDMOUGIN, MICHEL: Ber. Dtsch. chem. Ges. **25**, 981 (1892).

[5] Vgl. dagegen D. R. P. 82426 (1895) und STÜLCKEN (Diss. Kiel 41, 1906), der gerade mit Zinkstaub (und Schwefelsäure) die besten Resultate erzielt. — Über die Reduktion mit Zink und Lauge und Schwefel-Schwefelkalium siehe auch COBENZL: Chem.-Ztg. **39**, 859 (1915).

und fügt auf einmal die vorher abgemessenen 6 ccm Reduktionsflüssigkeit hinzu. Fast immer erfolgt dann die Reduktion innerhalb weniger Augenblicke, oft unter stürmischem Aufsieden.

Je nach der Natur der Substanz erfolgt die Ausscheidung der gesuchten Aminonaphthol- oder Naphthylendiaminsulfosäure schon in der Wärme oder beim Erkalten oder auch gar nicht. Im letzteren Fall wird man durch Versetzen kleiner Proben der Reduktionsflüssigkeit mit Fällungsmitteln untersuchen müssen, welches dem vorliegenden Fall entspricht. Unter allen Umständen führt schon das Verhalten des Farbstoffs bei der in angegebener Weise ausgeführten Reduktion zur Sonderung in Gruppen, innerhalb deren die einzelnen Reduktionsprodukte durch wenige nach ihrer Reinabscheidung anzustellende Proben unterschieden werden können.

GRANDMOUGIN, MICHEL[1] ziehen es vor, bei jeder Reduktion die nötige Menge Zinn in Salzsäure aufzulösen, anstatt Zinnsalz zu nehmen.

Wenn die Zinnchlorürmethode auch in vielen Fällen gute Resultate gibt, so hat sie doch den Übelstand, daß das Zinn mitunter stören kann und seine Eliminierung etwas umständlich ist. GRANDMOUGIN empfiehlt daher[2] das *Natriumhydrosulfit.*

Der Azofarbstoff wird in wässeriger oder alkoholischer Lösung bei Siedehitze mit der zur Entfärbung notwendigen Menge konzentrierter Natriumhydrosulfitlösung versetzt, worauf man die Reaktionsprodukte in entsprechender Weise isoliert. Zusatz einer kleinen Menge Zinkstaub beschleunigt die Reaktion katalytisch, wodurch an Hydrosulfit gespart wird.

Nitrierte Azokörper werden im allgemeinen zu den entsprechenden Diaminen reduziert, aus den Orthonitroazokörpern werden aber unter partieller Reduktion und Ringschließung Azimidoxyde oder durch weitergehende Reduktion Triazolverbindungen[3] gebildet.

Spaltung mit Jodwasserstoff.[4]

Die Anwendung der Jodwasserstoffsäure bietet gegenüber anderen Reduktionsmitteln den Vorteil, daß durch sie keine anorganischen Salze in die Flüssigkeit gebracht werden; das bei der Reduktion abgeschiedene freie Jod kann leicht durch schweflige Säure entfernt werden, die Jodwasserstoffsäure durch Abrauchen mit Salzsäure.

Zur Spaltung von Naphthamingelb muß mit rauchender Jodwasserstoffsäure unter Phosphorzusatz im Rohr 20 Stunden auf 230° erhitzt werden.[5] Ebenso lassen sich Lackfarbstoffe, die man in den zur Reduktion gebräuchlichen Lösungsmitteln nicht lösen kann, auf diese Weise glatt reduzieren. Sulfogruppen werden dabei abgespalten.[6]

---

[1] GRANDMOUGIN, MICHEL: Ber. Dtsch. chem. Ges. **25**, 981 (1892). — SCHAAR, ROSENBERG: Ber. Dtsch. chem. Ges. **32**, 81 (1899).

[2] GRANDMOUGIN: Ber. Dtsch. chem. Ges. **39**, 2494, 3929 (1906). — O. FISCHER, FRITZEN, EILLES: Journ. prakt. Chem. (2), **79**, 562 (1909). — KHOTINSKY, SOLOWEITSCHIK: Ber. Dtsch. chem. Ges. **42**, 2513 (1909). — R. MEYER: Ber. Dtsch. chem. Ges. **53**, 1265 (1920). — Spaltung mit Sulfiten: SCHMITT, BENNEWITZ: Journ. prakt. Chem. (2), **8**, 7 (1874). — SPIEGEL: Ber. Dtsch. chem. Ges. **18**, 148 (1885). — ENGEL: Journ. Amer. chem. Soc. **51**, 2986 (1929).

[3] GRANDMOUGIN: Ber. Dtsch. chem. Ges. **39**, 2494, 3561 (1906); Journ. prakt. Chem. (2), **76**, 124 (1907). — GRANDMOUGIN, GUISAN: Ber. Dtsch. chem. Ges. **40**, 4205 (1907). — GRANDMOUGIN, HAVAS: Chem.-Ztg. **36**, 1167 (1912). — Reduzieren von Nitrokörpern mit Hydrosulfit siehe auch BRASS, FERBER: Ber. Dtsch. chem. Ges. **55**, 548 (1922). — Aus Nitrokörpern können auch durch Hydrosulfit Aminosulfosäuren gebildet werden.   [4] R. MEYER: Ber. Dtsch. chem. Ges. **53**, 1265 (1920).

[5] HAUSER: Diss. Zürich 1928.

[6] HAUSER: Helv. chim. Acta **11**, 204 (1928). Chloramingelb, Siriusgelb.

Weiteres über Reduktion und Spaltung von Azokörpern siehe S. 733 und 736.
— *Spaltung der Azokörper mit Salpetersäure, Chromsäure oder Übermangansäure:*
SCHMIDT: Ber. Dtsch. chem. Ges. **38**, 3201, 4022 (1905). — *Durch elektrolytische
Reduktion:* PUXEDDU: Gazz. chim. Ital. **48** II, 557 (1918); **50**, 149 (1920). —
HUBBUCH, LOWY: Amer. el. Soc. **1929**, 55.

Azofarbstoffe mit einer Naphthalinazokomponente und — weniger ausgeprägt — solche mit einer Benzolazokomponente mit zwei m-ständigen Auxo-
chromen verbinden sich mit Natriumbisulfit.[1]

Die Fähigkeit der Azoverbindungen, sich mit Bisulfit zu vereinen, ist durch
die Anwesenheit der Auxochrome bedingt; es können dementsprechend unter
Umständen auch 2 Mol Bisulfit aufgenommen werden.[2]

II. Quantitative Bestimmung der Azogruppe.

1. Verfahren von LIMPRICHT.[3]

Man erhitzt die Substanz entweder mit saurer Zinnchlorürlösung oder, nachdem man die letztere mit Seignettesalz-Sodalösung bis zum Verschwinden des
anfangs entstandenen Niederschlags versetzt hatte, mehrere Stunden auf 100°.
Es werden zwei Atome Wasserstoff aufgenommen nach der Gleichung:

$$R \cdot N_2 + SnCl_2 + 2 HCl = RN_2H_2 + SnCl_4.$$

2. Methode von KNECHT, HIBBERT.[4]

Bei der Einwirkung von *Titantrichlorid* werden Azokörper in saurer Lösung
leicht unter Entfärbung reduziert, wobei auf eine Azogruppe 4 Mol Trichlorid in Reaktion treten.

Die Methode setzt voraus, daß die Substanz in Wasser oder Alkohol löslich
ist oder sich durch Sulfonieren ohne Zersetzung in eine wasserlösliche Verbindung
verwandeln läßt. Wenn der Azokörper mit Salzsäure keinen Niederschlag gibt,
ist der Gang der Analyse ein sehr einfacher, da der Farbstoff als sein eigener
Indicator wirkt. Es empfiehlt sich Zusatz von 25 ccm 20proz. Seignettesalzlösung zu der Probe.[5]

Man titriert die kochend heiße, stark salzsäurehaltige Lösung unter Einleiten von Kohlendioxyd mit der eingestellten Titanlösung, bis die Farbe verschwindet. Bei vielen Azokörpern, besonders aber solchen, die sich vom Benzidin
und ähnlich konstituierten Basen ableiten, wird die Reduktion infolge Unlöslichkeit des Farbstoffs in Säuren bedeutend verlangsamt und der Endpunkt
ist nicht leicht zu erkennen. In solchen Fällen empfiehlt es sich, unter Ein-

---

[1] D. R. P. 29067 (1883), 30080 (1884), 30598 (1884). — SPIEGEL: Ber. Dtsch.
chem. Ges. **18**, 1481 (1885). — PRUDHOMME: Moniteur scient. **1886**, 319. — D. R. P.
141497 (1903) (Kaliumbisulfit). — D. R. P. 165575 (1905). — STIELDORF: Diss.
Heidelberg 1907, 22. — BUCHERER: Journ. prakt. Chem. (2), **79**, 385 (1909). —
WOROSHTZOW: Journ. prakt. Chem. (2), **84**, 514 (1911); Ann. Chim. (9), **6**, 389 (1916);
7, 50 (1917). — WOROSHTZOW, BJELOW: Ber. Dtsch. chem. Ges. **64**, 77 (1931). —
LANTZ, MINGASSOW: Compt. rend. Acad. Sciences **192**. 1664 (1931); Bull. Soc. chim.
France (4) **49**, 1172 (1931). — BATTEGAY, RIESS: Bull. Soc. chim. France (4), **51**, 902
(1932). — Nitroso-β-naphthol und Bisulfit: BOGDANOW: Chem. Ztrbl. **1933** I, 2247;
1933 II, 1182.

[2] WOROSHTZOW, TSCHERKASSKI: Journ. Amer. chem. Soc. **58**, 2327 (1936).

[3] Siehe Bestimmung der Nitrogruppe S. 750. — Siehe auch SCHULTZ: Ber. Dtsch.
chem. Ges. **15**, 1539 (1882); **17**, 464 (1884).

[4] KNECHT, HIBBERT: Ber. Dtsch. chem. Ges. **36**, 166, 1549 (1903); Journ. Soc.
Dyers Colourists **21**, 3 (1915). — SICHEL: Diss. Berlin 42, 1904. — SIRKER: Journ.
Soc. chem. Ind. **34**, 598 (1915).

[5] KNECHT, HIBBERT: Ber. Dtsch. chem. Ges. **38**, 3319 (1905).

leiten von Kohlendioxyd einen Überschuß der Trichloridlösung in die kochende Lösung des Azokörpers einfließen zu lassen und nach dem Abkühlen mit Eisenalaunlösung zurückzutitrieren.[1]

Titerstellung der Titanchloridlösung. Als Urtiter verwendet man MOHRsches Salz, wovon 14 g in verdünnter Schwefelsäure aufgelöst werden. Diese Lösung wird auf 1 l eingestellt. Zu 50 ccm dieser Lösung (= 0,1 g Fe) wird zirka $n/50$-Permanganat bis zur schwachen Rosafärbung gegeben, dann Rhodankalium zugefügt und bis zur Entfärbung mit Titanchlorid titriert.

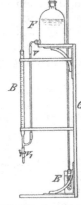

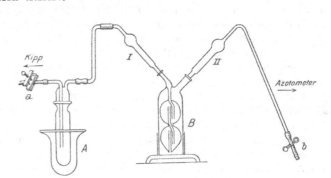

Abb. 187. Apparat von GRANDMOUGIN.

Abb. 188. Bestimmung von chinoiden und Azogruppen.

Die Titerflüssigkeit wird in einer 1—2 l fassenden, mit unten angebrachten Tubus versehenen Flasche F aufbewahrt. Der Tubus V ist mit einer Füllbürette B in Verbindung und das Ganze steht, auf bekannte Art, unter konstantem Wasserstoffdruck (Abb. 187).

Die Titanlösung soll ungefähr 1proz. sein.

Manchmal ist zuviel Salzsäure schädlich. Man kocht dann mit einem starken Überschuß von $TiCl_3$-Lösung und 10 ccm 20proz. Seignettesalz 5 Minuten. Erst dann werden 5 ccm konz. HCl und eine überschüssige Menge gestellter Methylenblaulösung zugesetzt und mit Titanlösung zurücktitriert.[2]

Mikroverfahren: MARUYAMA: Scient. Papers Inst. physical chem. Res. **16**, 196 (1931).

3. Methode der quantitativen Bestimmung von chinoiden und Azogruppen mit Phenylhydrazincarbamat (Abb. 188).

Eine Modifikation des Verfahrens von CLAUSER[3] durch WILLSTÄTTER, CRAMER[4] gestattet die *quantitative Bestimmung von Nitroso-, Chinon- und Azogruppen.*

Als Reduktionsmittel dient phenylcarbazinsaures Phenylhydrazin.[5] Die Reduktion wird in einem 25-ccm-Gläschen A mit gut aufgeschliffenem Helm ausgeführt. Man füllt zuerst zirka 1 g Phenylhydrazincarbamat ein, darauf die Substanz, sodann wieder zirka 1 g Carbamat. Durch Bewegen des Glases wird

---

[1] Siehe S. 755.   [2] RUGGLI, COURTIN: Helv. chim. Acta **15**, 97 (1932).
[3] Siehe S. 739.
[4] WILLSTÄTTER, CRAMER: Ber. Dtsch. chem. Ges. **43**, 2979 (1910).
[5] E. FISCHER: Liebigs Ann. **190**, 123 (1877). — Nur bei Chinoiden, die zu leicht, nämlich schon beim Vermischen mit Carbamat, reagieren, wird mit Phenylhydrazin selbst reduziert. Man läßt es nach dem Füllen der Apparatur mit Kohlendioxyd durch einen in den Helm von A eingesetzten Tropftrichter zufließen, dessen Rohr vom Hahn abwärts mit Xylol gefüllt ist.

die Substanz mit dem Reagens vermengt, dann schüttet man noch mehr Phenylhydrazinverbindung auf und stampft sie mit einem Glasstopfen ein wenig fester. Darauf verbindet man das Helmgläschen, dessen Schliff mit einer Spur Phenylhydrazin gedichtet werden kann, auf der einen Seite mit einem Kohlendioxydentwickler, auf der anderen mit dem Absorptionsgefäß *B*. Dieses ist einem der bei der Elementaranalyse gebräuchlichen Kaliapparate ähnlich, nur trägt es auf beiden Seiten Ansatzröhrchen. Das Ansatzrohr *I* ist mit wasserfreier Oxalsäure beschickt, um Phenylhydrazindämpfe zu binden, das Röhrchen am Ende *II* wird locker mit einem Absorptionsmittel für saure Dämpfe, z. B. mit einem Gemisch von Eisenoxyd und Glaswolle, gefüllt. Der Absorptionsapparat selbst dient zum Zurückhalten von Benzol, er enthält konzentrierte Schwefelsäure mit einem Gehalt von 2,5 Vol.-% Salpetersäure. An diesen Apparat wird ein Azotometer angeschlossen.

Man verdrängt in 3—4 Minuten die Luft, schließt den Quetschhahn *b* und läßt Lauge in das Azotometer. Dann wird *a* geschlossen und *b* geöffnet.

Durch Anheizen von *A* bringt man auf die Reaktionstemperatur. Nach Beendigung der Gasentwicklung wird Kohlendioxyd durchgeschickt.

Die Bestimmung dauert nur wenige Minuten.

Besonders gut sind die Reaktionen über dem Schmelzpunkt des Carbamats zu verfolgen; das Kohlendioxyd aus der Verbindung drängt den Stickstoff bis ins Azotometer; in der Schmelze beobachtet man leicht die Gasentwicklung.

Die Methode war in allen untersuchten Fällen bis 150—160° brauchbar, manchmal darüber hinaus bis 180—200°. Im allgemeinen beginnt bei 160° in erheblichem Maß die Selbstzersetzung des Phenylhydrazins.[1] Sie scheint in den Ausnahmefällen, welche noch bei höheren Temperaturen scharfe Endwerte ergeben, katalytisch verlangsamt, in anderen Fällen aber katalytisch beschleunigt zu werden.

Für Versuche über 100° führt man eine Korrektur ein, indem man von dem abgelesenen Stickstoffvolumen 0,6 ccm subtrahiert.

Die Methode ist hauptsächlich für die Bestimmung chinoider Gruppen anwendbar, außerdem für die Analyse mancher Azoverbindungen. Eine besonders nützliche Anwendung findet sie zur *Beobachtung stufenweiser Reduktion*. Manche Chinone geben mit Phenylhydrazin in einer ersten Phase Chinhydrone, gewisse stickstoffhaltige chinoide Verbindungen liefern zuerst Azokörper, andere Hydrazoverbindungen, dann deren Spaltungsprodukte. *In mehrfach chinoiden Verbindungen läßt sich ein chinoider Kern nach dem anderen quantitativ bestimmen.*

4. Methode von TERENTJEW, GORJATSCHEWA.[2]

Dieses Verfahren beruht auf der Anwendung von Cr^{II}-Salzen für die reduktometrische Bestimmung von Chinon, Azobenzol, m- und p-Nitroanilin.

Man titriert mit $CrCl_2$ in 2—3proz. HCl. Als Indicator dient Neutralrot. Die Lösung des Chromosalzes wird gegen Ferriammoniumsulfat und KSCN eingestellt.

---

[1] Siehe S. 523.

[2] TERENTJEW, GORJATSCHEWA: Wiss. Ber. Univ. Moskau **3**, 277 (1934).

Dritter Abschnitt.

Reaktionen der Hydrazingruppe.[1]

I. Hydrazinverbindungen der Fettreihe.

1. Primäre Basen RNH—NH$_2$.

Verhalten gegen Diazobenzol. Trägt man ein Salz des Diazobenzols in eine kalte wässerige Lösung der Base ein, findet momentan ohne jede Gasentwicklung Abscheidung eines aetherlöslichen, schwach gelben Öls statt, das im wesentlichen aus Diazobenzolazid besteht. Dieses sehr zersetzliche Produkt zeigt alle Reaktionen des Diazobenzols und des Alkylhydrazins und wird beim Behandeln mit Zinkstaub und Eisessig in alkoholischer Lösung analog den Diazoaminoverbindungen quantitativ nach der Gleichung:

$$C_6H_5N:NHNHR + 4H = C_6H_5NHNH_2 + RNHNH_2$$

gespalten.

Verhalten gegen salpetrige Säure.[2] Während salpetrige Säure mit Phenylhydrazin glatt Diazobenzolimid liefert, ist der Vorgang in der Fettreihe sehr kompliziert, das Hydrazin wird unter starker Gasentwicklung vollständig zersetzt.

Die *Carbylaminreaktion* zeigen die primären Hydrazine in intensiver Weise.

Neutrale Kupferchloridlösung wird sofort entfärbt, die schwach gelbe Lösung scheidet erst beim Erwärmen Kupferoxydul ab.

Von Säurechloriden werden die Basen leicht in amidartige Derivate verwandelt, von denen die *Paranitrobenzoylderivate* besonders schön krystallisieren.

Jodalkyl reagiert in der für primäre Amine normalen Weise.

In *Aether* sind diese Basen unlöslich; sie liefern schwer lösliche Chlorhydrate. Auch die Oxalylverbindungen und die Pikrylverbindungen sind charakteristisch.

Aldehyde reagieren glatt unter Wasserabspaltung.

2. Asymmetrische (primär-tertiäre) Basen RR$_1$N—NH$_2$.

Durch *salpetrige Säure* werden die Basen in Nitrosamine verwandelt.

Thionylchlorid wirkt in glatter Reaktion auf die primäre Amingruppe.[3]

Jodaethyl vereinigt sich mit dem Hydrazin zu einer quaternären Ammoniumverbindung.

FEHLING*sche Lösung* wird erst in der Wärme oder selbst dann nur schwer reduziert.

Stärker wirkende Oxydationsmittel (Quecksilberoxyd) wandeln die Basen in Tetrazone um, die in Form der (explosiven) Platindoppelsalze analysiert werden können.

Verläßlicher ist *quantitative Bestimmung des Dialkylhydrazins durch Oxydation,*[4] am besten nach BACKER[5] titrimetrisch.

Die Lösung des Hydrazins wird stark alkalisch gemacht und bei 0° mit einer Sublimatlösung[6] von bekanntem Titer versetzt. Das ausfallende Quecksilberoxyd wird sofort zu schwarzem Oxydul reduziert.

[1] E. FISCHER: Ber. Dtsch. chem. Ges. 8, 589 (1875); 9, 111 (1876); 11, 2206 (1878); Liebigs Ann. 190, 67 (1877); 199, 281 (1879). — RENOUF: Ber. Dtsch. chem. Ges. 13, 2171 (1880). — BRÜNING: Liebigs Ann. 253, 9 (1889). — CURTIUS: Journ. prakt. Chem. (2), 39, 47 (1889). — HARRIES: Ber. Dtsch. chem. Ges. 27, 696, 2276 (1894).

[2] Reaktion mit Nitrit und Eisenchlorid: THIELE: Ber. Dtsch. chem. Ges. 42, 2580 (1909). [3] MICHAELIS, STORBECK: Ber. Dtsch. chem. Ges. 26, 310 (1893).

[4] E. FISCHER: Liebigs Ann. 199, 322 (1879). — RENOUF: Ber. Dtsch. chem. Ges. 13, 2173 (1880). — FRANCHIMONT, VAN ERP: Rec. Trav. chim. Pays-Bas 14, 321 (1895). [5] BACKER: Rec. Trav. chim. Pays-Bas 31, 153, 157 (1912).

[6] Der man zur Erhöhung der Löslichkeit in Wasser Kochsalz zufügen kann.

Um den Endpunkt genau zu erkennen, setzt man etwas weniger Sublimat-lösung zu, als nach einem Vorversuch notwendig ist. Dann wird filtriert und vorsichtig weitertitriert, bis das gelbe Oxyd nicht mehr reduziert wird. Wenn das Tetrazon in Wasser unlöslich ist, kann man es auch mit Aether aus dem Gemisch mit den Quecksilberoxyden extrahieren und gravimetrisch bestimmen.

3. Symmetrische (bisekundäre) Basen RNH—NHR.[1]

FEHLINGsche Lösung und Silbernitrat werden sehr leicht reduziert.

Die Chlorhydrate sind schwer löslich.

Die Basen zeigen die Carbylaminreaktion.

Von den asymmetrischen Basen unterscheiden sie sich hauptsächlich im Verhalten gegen Quecksilberoxyd.

Trägt man in eine eisgekühlte wässerige Lösung der Base vorsichtig rotes Quecksilberoxyd ein, wird es schnell reduziert, und nach der Gleichung:

$$RNH—HNR + HgO = HgR_2 + 2 N + H_2O$$

wird giftiges Quecksilberalkyl gebildet, das sich durch seinen intensiven Geruch bemerkbar macht.

Salpetrige Säure bildet in ziemlich glatter Reaktion Alkylnitrit.

4. Quaternäre Basen

werden in Form ihrer Salze bei der Reduktion mit Zinkstaub und Schwefel- oder Essigsäure in Trialkylamin und Ammoniumsalz gespalten.

Die durch Silberoxyd aus den Salzen abscheidbare freie Base zerfällt dagegen bei höherer Temperatur in Wasser, Alkylen und sekundäres Hydrazin.

Die quaternären Basen reduzieren FEHLINGsche Lösung nicht.

II. Aromatische Hydrazinverbindungen.

1. Primäre Hydrazine.

1. Durch Oxydationsmittel, wie Kupfersulfat,[2] Eisenchlorid,[3] rotes Blutlaugen- salz,[4] Nitroverbindungen,[5] Wasserstoffsuperoxyd[6] oder — noch besser — Chrom- säure,[7] werden die Hydrazine zu Kohlenwasserstoffen oxydiert (siehe auch quantitative Bestimmung).[8]

Schüttelt man die Hydrazinlösung mit Quecksilberoxyd, dann entsteht Diazoniumsalz, das im Filtrat gelöst bleibt und beim Eintragen in eine wässerig- alkalische R-Salzlösung mit blutroter Farbe kuppelt.[9]

2. Kräftig wirkende Reduktionsmittel (andauerndes Kochen mit Zinkstaub und Salzsäure) führen zu einer Spaltung:

$$ArNH—NH_2 + 2 H = ArNH_2 + NH_3.[10]$$

[1] HARRIES: Ber. Dtsch. chem. Ges. 27, 2279 (1894). — HARRIES, KLAMT: Ber. Dtsch. chem. Ges. 28, 504 (1895). — FRANKE: Monatsh. Chem. 19, 530 (1898). — HARRIES, HAGA: Ber. Dtsch. chem. Ges. 31, 63 (1898). — KNORR, KÖHLER: Ber. Dtsch. chem. Ges. 39, 3261 (1906). — THIELE: Ber. Dtsch. chem. Ges. 42, 2575 (1909). — Hydrazotriphenylmethan: WIELAND: Ber. Dtsch. chem. Ges. 42, 3021 (1909). — Hydrazophenylmethyl: KNORR, WEIDEL: Ber. Dtsch. chem. Ges. 42, 3523 (1909).
[2] BAEYER, HALLER: Ber. Dtsch. chem. Ges. 18, 90, 92, 3177 (1885).
[3] ZINKE: Ber. Dtsch. chem. Ges. 18, 786 (1885). — Cu-Acetat: HOPE, ROBINSON: Journ. chem. Soc. London 105, 2085 (1914).
[4] KISHNER: Journ. Russ. phys.-chem. Ges. 31, 1033 (1889).
[5] WALTER: Journ. prakt. Chem. (2), 53, 433 (1896).
[6] WURSTER: Ber. Dtsch. chem. Ges. 20, 2633 (1887).
[7] CHATTAWAY: Journ. chem. Soc. London 93, 876 (1908).
[8] Siehe auch SEIDE, SCHERLIN, BRASS: Journ. prakt. Chem. (2), 138, 55 (1933)
[9] SUCHANNEK: Diss. Zürich 25, 1907.   [10] E. FISCHER: Liebigs Ann. 190, 156 (1877)

3. Mit *salpetriger Säure* entstehen labile Nitroderivate, die leicht durch Erwärmen mit Alkali in Diazoimide übergehen.[1]

4. *Einwirkung* von *Diazobenzol*[2] führt in mineralsaurer Lösung ebenfalls zur Diazoimidbildung.

Fügt man verdünnte Natriumnitritlösung zur Lösung eines Phenylhydrazinsalzes, so tritt, namentlich beim Erwärmen, der Geruch nach Benzazimid auf[3] (siehe S. 522).

5. *Einwirkung von Aldehyden und Ketonen* siehe S. 521.

Nicht auf alle die Gruppe C—CO—C enthaltende Verbindungen wirken die Hydrazine in gleicher Weise ein.

Die Säurecyanide R—CO—CN reagieren mit Phenylhydrazin nicht wie Ketone, sondern wie Säurechloride:[4]

$$C_6H_5NHNH_2 + CH_3COCN = C_6H_5NHNH \cdot COCH_3 + HCN.$$

Auf Substanzen mit der Atomgruppierung CO—CHOH (Ketonalkohole, Zuckerarten) wirkt Phenylhydrazin unter Oxydation,[5] wobei Orthodiketone entstehen, die mit 2 Molekülen der Base reagieren (Osazonbildung S. 524).

Auf *Lactone* wirken nur die freien Hydrazine. Über das Verhalten der verschiedenen Klassen von Lactonen siehe S. 517, 518, 523.

Salzsaures Phenylhydrazin reagiert im allgemeinen nur mit Aldehyden, nicht mit Monoketonen: mit α-Diketonen erhält man aber Mono- und Dihydrazone (PETRENKO, KRITSCHENKO, ELTSCHANINOFF).

Messung der Geschwindigkeit der Hydrazonbildung: Ber. Dtsch. chem. Ges. **34**, 1699 (1901). — Einfluß von Katalysatoren: GRASSI: Gazz. chim. Ital. **40** II, 139 (1910). — PETRENKO, KRITSCHENKO, LORDKIPANIDZE: Ber. Dtsch. chem. Ges. **34**, 1702 (1901). — ODDO: Gazz. chim. Ital. **43** II, 354 (1913).

6. *Säurechloride, Anhydride und Ester organischer Säuren* reagieren mit den primären Hydrazinen unter Bildung von säureamidartigen Verbindungen; als Nebenprodukte entstehen Derivate, in denen beide Wasserstoffatome der Amingruppe acyliert sind.

Auch die Amidogruppe der *Säureamide* kann durch den Hydrazinrest verdrängt werden (PELLIZARI,[6] JUST[7]).

Über Umwandlung von *Oximen* in Hydrazone siehe S. 746.

Die *Säurephenylhydrazide* gehen beim Kochen mit Kupfersulfat und Ammoniak in Diarylhydrazide über. Beim Erhitzen mit Ätzkalk auf 200° geben sie Indolinone.

Quantitative Bestimmung der Säurehydrazide S. 731.

BÜLOWsche Reaktion.[8]

Die Lösung der α-Säurehydrazide in konzentrierter Schwefelsäure wird durch Zusatz einer Spur eines Oxydationsmittels (Eisenchlorid, Chromsäure, Salpetersäure, Amylnitrit, Natriumnitrit, Bleisuperoxyd) stark rot- bis blauviolett oder

---

[1] E. FISCHER: Liebigs Ann. **190**, 89, 93, 158, 181 (1877).

[2] GRIESS: Ber. Dtsch. chem. Ges. **9**, 1657 (1876). — E. FISCHER: Liebigs Ann. **190**, 94 (1877). — WOHL: Ber. Dtsch. chem. Ges. **26**, 1587 (1893).

[3] Siehe Note 9 auf Seite 726.

[4] PECHMANN, WEHSARG: Ber. Dtsch. chem. Ges. **21**, 2999 (1888).

[5] E. FISCHER: Ber. Dtsch. chem. Ges. **17**, 579 (1884). — E. FISCHER, TAFEL: Ber. Dtsch. chem. Ges. **20**, 3386 (1887).

[6] PELLIZARI: Gazz. chim. Ital. **16**, 200 (1886).

[7] JUST: Ber. Dtsch. chem. Ges. **19**, 1202 (1886).

[8] BÜLOW: Liebigs Ann. **236**, 195 (1886). — E. FISCHER, PASSMORE: Ber. Dtsch. chem. Ges. **22**, 2730 (1889). — SCHIFF: Liebigs Ann. **303**, 200 (1898). — WEDEL: Diss. Freiburg 73, 1900. — LUNGWITZ: Diss. Leipzig 14, 37, 1910.

rein blau[1] gefärbt. Beim Verdünnen verschwindet die Farbe. Manchmal tritt
sie erst beim Erwärmen auf.[2] Diese Reaktion wird vielfach benutzt, um Hydrazide
von Hydrazonen zu unterscheiden.

Die Reaktion ist aber nicht durchaus verläßlich. Es gibt eine Anzahl
echter Hydrazone, die ebensolche Färbungen zeigen (Phenylacetonphenyl-
hydrazon,[3] α- und β-Benzaldehydphenylhydrazon,[4] Mesoxalsäurephenylhydrazon,
sog. Benzolazoaceton[5]): ja nach NEUFVILLE, PECHMANN ist sie den Phenylhydrazonen (?),[6] Osazonen und den entsprechenden Derivaten des Methylphenyl-
hydrazins allgemein eigentümlich.[7] Nach PECHMANN, RUNGE[8] dagegen ist
die BÜLOWsche Reaktion „ein äußerst bequemes und sicheres Hilfsmittel zur
Unterscheidung von Hydraziden und Hydrazonen der Phenyl- und der Paratolyl-
reihe, weil erstere dabei rot, violett oder blau, letztere dagegen gar nicht gefärbt
werden".

Nach BÜLOW[9] geben sämtliche nicht parasubstituierte Hydrazone die Reaktion, nur o-Methoxy- und o-Nitrogruppe verhindert sie, ebenso wie m-Methyl-,
Nitro- oder Carboxylgruppe.

Übrigens wird die Reaktion nach TAFEL[10] (mit Kaliumpyrochromat oder
Bleisuperoxyd als Oxydationsmittel) auch von allen einfachen *Aniliden*[11] mit
unbesetzter Parastellung[12] und den Phenylcarbamiden, von Aethyltetrahydrochinolin, Dibenzoyl-m-phenylendiamin usw., dann auch von Alkaloiden (Strychnin[13]) gezeigt.

Anderseits tritt nach WIDMANN[14] bei den Acylphenylhydraziden der α-Reihe
(α-Acetyl-, α-Isobutyl-, α-Cuminoyl-, α-Phenylglycylphenylhydrazid) keine
Färbung ein, während die entsprechenden β-Acyl- und $\alpha.\beta$-Diacylverbindungen
die Reaktion zeigen.

Nach GLÄSEL[15] geben fast alle Abkömmlinge — auch die parasubstituierten —
des Phenylhydrazins, der Hydrazine, Hydrazone und Hydrazide eine Farbreaktion
deren Gelingen aber zum Teil derart von den Versuchsbedingungen abhängig
ist und so kurz dauert, daß sie meist übersehen wird.

Die *sicherste Ausführungsform der Reaktion* ist nach GLÄSEL folgende: Ein
Pröbchen der Substanz wird in Essigsäureanhydrid aufgelöst, mit einem Tropfen
wässeriger Pyrochromatlösung durchgeschüttelt und dann ein Tropfen konzentrierter Schwefelsäure zugegeben. Weniger gut sind Aether oder Benzol an Stelle
des Anhydrids anwendbar.

[1] Dehydracetsäurephenylhydrazon: BÜLOW: Ber. Dtsch. chem. Ges. **41**, 4164
(1908).
[2] BÜLOW: Ber. Dtsch. chem. Ges. **35**, 3684 (1902). — Die Nuance der Färbung
hängt auch von der Stärke der Schwefelsäure ab und ebenso von der Natur des
Oxydationsmittels: BÜLOW: Ber. Dtsch. chem. Ges. **41**, 4166 (1908).
[3] MILLER, RHODE: Ber. Dtsch. chem. Ges. **23**, 1074 (1890).
[4] PECHMANN: Ber. Dtsch. chem. Ges. **26**, 1045 (1893). — THIELE, PICKARD:
Ber. Dtsch. chem. Ges. **31**, 1250 (1898).
[5] JAPP, KLINGEMANN: Liebigs Ann. **247**, 190 (1888).
[6] Auch RASSOW, BAUER nennen sie eine „für Hydrazone charakteristische
Reaktion" [Journ. prakt. Chem. (2), **80**, 91 (1909)].
[7] NEUFVILLE, PECHMANN: Ber. Dtsch. chem. Ges. **23**, 3384 (1890).
[8] PECHMANN, RUNGE: Ber. Dtsch. chem. Ges. **27**, 1697 (1894).
[9] BÜLOW: Ber. Dtsch. chem. Ges. **37**, 4170 (1904).
[10] TAFEL: Ber. Dtsch. chem. Ges. **25**, 412 (1892). — Siehe auch R. MEYER: Ber.
Dtsch. chem. Ges. **26**, 1272 (1893). — R. u. W. MEYER: Ber. Dtsch. chem. Ges. **51**,
1585 (1918). Die Reaktion gelingt nur in sehr verdünnter Lösung.
[11] HANS MEYER: Monatsh. Chem. **28**, 1225 (1907).
[12] LEUCHS, GEIGER: Ber. Dtsch. chem. Ges. **42**, 3070 (1909).
[13] SCHAER: Arch. Pharmaz. **232**, 251 (1894).
[14] WIDMANN: Ber. Dtsch. chem. Ges. **27**, 2964 (1894).
[15] GLÄSEL: Diss. Jena 5, 1909.

7. Beim Eintragen in *kaltes Vitriolöl* gehen Hydrazine mit unbesetzter Parastellung in p-substituierte Sulfosäuren über (GALLINEK, RICHTER[1]).

8. Einwirkung von *Thionylchlorid:* MICHAËLIS, Ber. Dtsch. chem. Ges. 22, 2228 (1889).

9. Mit *Diacetbernsteinsäureester* in essigsaurer Lösung vereinigen sich die Säurehydrazide zu Säureabkömmlingen, in denen an Stelle des Hydroxyls der COOH-Gruppe der 1-N-Imido-2.5-dimethylpyrrol-3.4-dicarbonsäureaethylester-Rest steht.[2]

2. Sekundäre Hydrazine.

I. *Unsymmetrische primär-tertiäre Hydrazine* $\frac{R}{R_1}{>}N{-}NH_2$.[3]

1. Die Hydrochloride der aliphatisch substituierten „sekundären" Hydrazine sind in Chloroform, Aether und Benzol löslich (MICHAËLIS,[4] PHILIPS).[5] (Trennung von den primären Hydrazinen und sekundären Anilinen.)

2. FEHLINGsche Lösung wird in der Wärme reduziert. Siehe auch unter quantitativer Bestimmung.

3. *Tetrazonbildung.*[6] Die gesättigten fettaromatischen Hydrazine werden in Chloroformlösung durch Quecksilberoxyd oder Eisenchlorid zu Tetrazonen oxydiert (siehe S. 725). Die ungesättigten Hydrazine liefern nur mit Eisenchlorid Tetrazone, während Quecksilberoxyd sie in anderer Weise verändert.[7]

Diese Tetrazone lösen sich in Säuren unter Stickstoffentwicklung und unter Auftreten einer prachtvollen Rotfärbung.[8]

4. *Salpetrige Säure* führt zur Bildung von Nitrosaminen.

Das Nitrosamin wird durch den Geruch, die LIEBERMANNsche Reaktion und die Wiederüberführbarkeit in Hydrazin charakterisiert.

Zur Ausführung der empfindlichen Hydrazinprobe[9] wird die wässerige Lösung des Nitrosamins mit Zinkstaub und Essigsäure langsam bis fast zum Sieden erhitzt, filtriert und nach dem Übersättigen mit Alkali durch FEHLINGsche Lösung geprüft. Die geringste Menge Hydrazin gibt sich beim Erwärmen durch Abscheidung von Kupferoxydul zu erkennen. Die Probe ist natürlich nur dann zuverlässig, wenn die ursprüngliche, auf Nitrosamin zu prüfende Lösung keine anderen Substanzen enthält, die entweder für sich oder nach der Reduktion mit Zinkstaub FEHLINGsche Lösung verändern. Hierher gehören vor allem die Hydrazinbasen, das Hydroxylamin und die verschiedenen Säuren des Stickstoffs, die sämtlich bei der Reduktion mit Zinkstaub Hydroxylamin bilden. In allen Fällen, wo die Anwesenheit dieser Produkte zu vermuten ist, destilliert man zu ihrer Entfernung die Flüssigkeit zuvor mit Säuren bzw. Alkalien, welche auf die Nitrosamine ohne Einfluß sind.

5. Einwirkung von *Brenztraubensäure* in saurer Lösung führt zur Bildung von Alkylindolcarbonsäuren.[10]

Auch die N-amidierten heterocyclischen Verbindungen, die sekundäre asym-

[1] GALLINEK, RICHTER: Ber. Dtsch. chem. Ges. 18, 3173 (1885).

[2] BÜLOW, WEIDLICH: Ber. Dtsch. chem. Ges. 40, 4326 (1907).

[3] Verhalten gegen Aldehyde und Ketone S. 528.

[4] MICHAËLIS: Ber. Dtsch. chem. Ges. 30, 2809 (1897).

[5] PHILIPS: Ber. Dtsch. chem. Ges. 20, 2485 (1887).

[6] E. FISCHER: Liebigs Ann. 190, 182 (1877); 199, 322 (1879). — FRANZEN, ZIMMERMANN: Ber. Dtsch. chem. Ges. 39, 2566 (1906).

[7] MICHAËLIS, CLAESSEN: Ber. Dtsch. chem. Ges. 22, 2235 (1889); 26, 2174 (1893).

[8] BRAUN: Ber. Dtsch. chem. Ges. 41, 2174 (1908).

[9] E. FISCHER: Liebigs Ann. 199, 315, Anm. (1878).

[10] E. FISCHER, KUZEL: Ber. Dtsch. chem. Ges. 16, 2245 (1883). — E. FISCHER, HESS: Ber. Dtsch. chem. Ges. 17, 567 (1884).

metrische Hydrazine sind, wie Piperidylhydrazin[1] oder Morpholylhydrazin,[2]
geben die gleichen Reaktionen; dagegen sind μ-Phenyl-N-amino-2.3-naphtho-
glyoxalin[3] und μ-p-Isopropylphenyl-N-amino-2.3-naphthoglyoxalin[4] gegen salpetrige Säure indifferent und lassen sich auch nicht zu Tetrazonen oxydieren,
reduzieren selbst in der Wärme nicht FEHLINGsche Lösung und verbinden sich
weder mit carbonylhaltigen Substanzen zu Hydrazonen noch mit Jodalkylen
zu quaternären Azoniumverbindungen.

Die acyl-primären Hydrazine:[5]

$$\begin{array}{c} R \\ \diagdown \\ N\text{—}NH_2 \\ \diagup \\ R \cdot CO \end{array}$$

gehen durch salpetrige Säure in Amine über, reagieren mit Aldehyden und
Ketonen, reduzieren beim Erwärmen FEHLINGsche Lösung, lassen sich aber
nicht zu Tetrazonen oxydieren.

II. *Symmetrische bisekundäre Hydrazine* siehe unter Hydrazokörper (S. 733).

3. Tertiär-sekundäre und ditertiäre Basen.[6]

Zur Reinigung der tertiären und quaternären Basen werden die *ferrocyanwasserstoffsauren Salze* benutzt, zur Trennung von tertiären Anilinen dienen die
leicht löslichen *Oxalate*.

Die tertiären Basen geben Nitrosoverbindungen, welche die LIEBERMANNsche
Reaktion zeigen; durch starke Säuren wird die Nitrosogruppe abgespalten. Mit
Zinkstaub und Essigsäure tritt Spaltung ein:

$$C_6H_5\text{—}\underset{\underset{CH_3}{|}}{N}\text{—}\underset{\underset{CH_3}{|}}{N}\text{—}NO + 6\,H = C_6H_5\text{—}\underset{\underset{CH_3}{|}}{NH} + \underset{\underset{CH_3}{|}}{NH}\text{—}NH_2 + H_2O$$

Auch beim weiteren Alkylieren tritt teilweise Spaltung in fettes und aromatisches, tertiäres Amin ein.

Die Azoniumbasen können nur durch feuchtes Silberoxyd freigemacht werden
und geben mit Silbernitrat, Platinchlorid und Pikrinsäure schwer lösliche Salze.

Ditertiäre Basen[7] geben mit wasserfreien Säuren charakteristische, tiefviolette[8]
Salze.

Diese Basen werden sehr leicht unter Lösung der N—N-Bindung gespalten
oder erleiden die Benzidinumlagerung. — Oxydation: GIUA: Atti R. Accad.
Scienze Torino **63**, 259 (1928).

[1] KNORR: Ber. Dtsch. chem. Ges. **15**, 859 (1882); Liebigs Ann. **221**, 297 (1883).
[2] KNORR, BROWNSDON: Ber. Dtsch. chem. Ges. **35**, 4474 (1902).
[3] FRANZEN: Journ. prakt. Chem. (2), **73**, 545 (1906).
[4] FRANZEN, SCHEUERMANN: Journ. prakt. Chem. (2), **77**, 193 (1908).
[5] MICHAELIS, SCHMIDT: Ber. Dtsch. chem. Ges. **20**, 43 (1887). — PECHMANN,
RUNGE: Ber. Dtsch. chem. Ges. **27**, 1693 (1894). — WIDMAN: Ber. Dtsch. chem.
Ges. **27**, 2964 (1894).
[6] E. FISCHER: Liebigs Ann. **239**, 251 (1887). — HARRIES: Ber. Dtsch. chem.
Ges. **27**, 696 (1894).
[7] Nach FRANZEN, ZIMMERMANN „Quaternäre" Hydrazine: Ber. Dtsch. chem.
Ges. **39**, 2566 (1906).
[8] CHATTAWAY, INGLE: Journ. chem. Soc. London **67**, 1090 (1895). — WIELAND,
GAMBARJAN: Ber. Dtsch. chem. Ges. **39**, 1499, 3036 (1906). — WIELAND: Ber. Dtsch.
chem. Ges. **40**, 4260 (1907); Chem.-Ztg. **32**, 932 (1908); Ber. Dtsch. chem. Ges. **41**,
3478, 3498 (1908).

III. Quantitative Bestimmung der Hydrazingruppe.

1. Durch Titration.

Die *aliphatischen* Hydrazine lassen sich durch Titration mit Salzsäure unter Benutzung von Methylorange als Indicator als *zwei*basische Säuren titrieren. Die *aromatischen* Hydrazine werden dagegen schon durch *ein* Äquivalent Säure neutralisiert.[1]

2. Jodometrische Methode von E. v. MEYER.[2]

In stark verdünnten Lösungen und bei Anwendung überschüssigen Jods wird Phenylhydrazin quantitativ nach der Gleichung:

$$C_6H_5NH \cdot NH_2 + 2\,J_2 = 3\,HJ + N_2 + C_6H_5J$$

oxydiert, so daß man es titrimetrisch bestimmen kann.

Man wendet zu diesem Zweck ein abgemessenes Volumen $n/_{10}$-Jodlösung (im Überschuß) an, fügt dazu, nach Zusatz von Wasser, die stark verdünnte Lösung der Base oder ihres salzsauren Salzes und titriert das unangegriffene Jod mit schwefliger Säure oder unterschwefligsaurem Natrium.

Auch mit Jodsäure läßt es sich titrimetrisch bestimmen; man hat nur überschüssige Jodsäurelösung, deren Wirkungswert gegenüber schwefliger Säure von bekanntem Titer feststeht, mit Phenylhydrazin und Schwefelsäure in starker Verdünnung zusammenzubringen und sodann zu ermitteln, wieviel von der schwefligen Säure bis zum Verschwinden des Jods erforderlich ist.

KAUFLER, SUCHANNEK[3] fangen den nach obiger Gleichung entwickelten Stickstoff auf und bringen ihn zur Messung.

Diese Methode — die auch zur Bestimmung anderer aromatischer Hydrazine[4] und zur indirekten Bestimmung von Hydrazonen (siehe S. 567) Verwendung finden kann — setzt natürlich die Abwesenheit von Stoffen voraus, die auf Jod bzw. Jodsäure und schweflige Säure einwirken.

So ist sie nach STRACHE[5] für ein Gemisch von salzsaurem Hydrazin und essigsaurem Natrium nicht anwendbar.

3. Methode von STRACHE, KITT, IRITZER.[5,6]

Das Verfahren ist als indirekte Methode der Bestimmung von Hydrazonen auf S. 565 beschrieben.

Zur *Ausführung* ist folgendes zu bemerken:

Die Substanz wird, wenn möglich, in Wasser oder Alkohol gelöst und die Lösung nach dem Vertreiben der Luft aus dem Apparat durch den Trichter einfließen gelassen. Bei Verwendung von alkoholischen Lösungen können Übelstände eintreten, weshalb man die Lösung unter erhöhten Druck bringt oder Amylalkohol zusetzt.

Bei schwer löslichen Hydraziden ersetzt man den Hahntrichter durch ein in das Loch des Stopfens von unten eingestecktes, gebogenes Glaslöffelchen, das

[1] STRACHE: Monatsh. Chem. **12**, 525 (1891).
[2] E. v. MEYER: Journ. prakt. Chem. (2), **36**, 115 (1887). — STOLLÉ: Journ. prakt. Chem. (2), **66**, 332 (1902).
[3] KAUFLER, SUCHANNEK: Ber. Dtsch. chem. Ges. **40**, 524 (1907). — SUCHANNEK: Diss. Zürich 25, 1907. [4] Siehe auch GORR: Diss. Gießen 4, 1908.
[5] STRACHE: Monatsh. Chem. **12**, 526 (1891).
[6] DE VRIES, HOLLEMAN: Rec. Trav. chim. Pays-Bas **10**, 229 (1891). — STRACHE: Monatsh. Chem. **13**, 316 (1892); **14**, 37 (1893). — PETERSEN: Ztschr. anorgan. allg. Chem. **5**, 2 (1894). — DE VRIES: Ber. Dtsch. chem. Ges. **27**, 1521 (1894); **28**, 2611 (1895).

die Substanz enthält. Durch Eindrücken eines gleichkalibrigen Glasstabs von oben kann es dann in die siedende Flüssigkeit geworfen werden, wobei die Zersetzung ebenfalls sofort beginnt und bald beendigt ist.

Bei unlöslichen Substanzen verfährt man[1] folgendermaßen:

In einem Kolben von $^1/_2$ l Inhalt wird eine Mischung von 100 ccm FEHLINGscher Lösung und 150 ccm Alkohol zum Sieden erhitzt. Um Stoßen der Flüssigkeit zu verhindern, gibt man noch einige Porzellanschrote in das Siedegefäß.

Der Kolben ist durch einen doppelt durchbohrten Kautschukstopfen einerseits mit einem schräg gestellten Kühler luftdicht verbunden, während anderseits die zweite Bohrung das feingepulverte Untersuchungsobjekt in einem oben offenen Substanzröhrchen trägt. Über dem Röhrchen steckt in der Bohrung ein Glasstab von gleichem Kaliber.

Wenn sich im Kühlrohr ein konstanter Siedering gebildet hat, verbindet man das Kühlerende mit einem vertikalstehenden, unten umgebogenen Glasrohr, dessen kurzer Schenkel unter Wasser mündet.

Sobald keine Luftblasen mehr ausgetrieben werden, wird ein mit Wasser gefülltes Meßrohr übergestülpt.

Nun drückt man den Glasstab so weit im Stopfen herab, daß das Substanzröhrchen herunterfällt. Die Reaktion beginnt sofort, sämtlicher Stickstoff wird ausgetrieben und verdrängt in der Meßröhre das gleiche Volumen Wasser.

Nach kurzem Kochen ist die Bestimmung zu Ende.

Handelt es sich bloß um die *Analyse von Säurehydraziden*, dann kann man die Substanz auch durch mehrstündiges Kochen mit konzentrierter Salzsäure verseifen, auf 100 ccm verdünnen, die evtl. ausgeschiedene Säure durch ein trocknes Filter entfernen — wobei man die ersten Tropfen des Filtrats verwirft — und 50 ccm klare Lösung in den Apparat bringen. Zur Unterscheidung der Säurehydrazide von den Hydrazonen ist dieses Verfahren nicht anwendbar.

Das vorhergehende Verseifen wird nur dann von Vorteil sein, wenn die freie Säure in Wasser bzw. Salzsäure unlöslich ist, so daß sie wiedergewonnen oder, wie die Stearinsäure, deren Kaliumsalz durch starkes Schäumen jede genaue Bestimmung unmöglich macht, entfernt werden kann.

4. Methode von CAUSSE.[2]

Arsensäure wird von Phenylhydrazin nach der Gleichung:

$$As_2O_5 + C_6H_5NHNH_2 = N_2 + H_2O + C_6H_5OH + As_2O_3$$

reduziert.

Ausführung des Versuchs.

0,2 g freie Base oder Chlorhydrat werden in einem $^1/_2$-Liter-Kolben mit 60 ccm Arsensäurelösung versetzt und gegen Siedeverzug Platinschnitzel oder dergleichen zugefügt. Man erwärmt gelinde unter Rückflußkühlung, um die Reaktion einzuleiten, und nach Beendigung derselben erhitzt man zum Sieden. Nach 40 Minuten läßt man erkalten, setzt 200 ccm Wasser und so viel Sodalösung zu, bis mit Phenolphthalein deutliche Violettfärbung eingetreten ist, säuert mit Salzsäure wieder an, fügt zur kalten Lösung erst 60 ccm Bicarbonatlösung, dann 3 bis 4 Tropfen Stärkelösung und titriert mit Jod.

Da ein Teil As_2O_3 0,5454 Teilen Phenylhydrazin entspricht, ist die gefundene Hydrazinmenge

$$Ph = 0,5454 + 0,00495 \, V,$$

[1] HANS MEYER: Monatsh. Chem. **18**, 404 (1897).

[2] CAUSSE: Compt. rend. Acad. Sciences **125**, 712 (1897); Bull. Soc. chim. France (3), **19**, 147 (1898).

wobei V die Anzahl Kubikzentimeter der verbrauchten Jodlösung bedeutet.
Die Methode kann ebenso für durch Kochen mit Säure spaltbare Hydrazone verwendet werden, soweit die abgespaltenen Carbonylverbindungen nicht reduzierend auf Arsensäure einwirken.

5. Methode von DENIGÈS.[1]

Man kocht die mit Ammoniak und Natronlauge versetzte Probe mit einer gemessenen Menge Silbernitrat und titriert das nichtreduzierte Silber mit Cyankaliumlösung.

Vierter Abschnitt.
Reaktionen der Hydrazogruppe.

I. Aliphatische Hydrazoverbindungen

sind die symmetrischen sekundären Hydrazine der Fettreihe.[2] Über diese siehe S. 726.

II. Fettaromatische Hydrazoverbindungen.[3]

Diese reduzieren FEHLINGsche Lösung sowie ammoniakalische Silberlösung schon in der Kälte. Sie bilden farblose, leicht veränderliche Öle oder niedrig schmelzende Krystalle.

Quecksilberoxyd oxydiert zu den Azoverbindungen, die durch Flüchtigkeit und Indifferenz gegen Säuren ausgezeichnet sind. Bei der Reduktion mit *Natriumamalgam* wird die Hydrazoverbindung zurückgewonnen, aus aetherischer Lösung mit alkoholischer Oxalsäurelösung als saures Oxalat gefällt und durch Umkrystallisieren aus heißem Alkohol gereinigt.

Salpetrige Säure liefert ebenfalls die Azoverbindung.[4]

Bei der Reduktion mit *Zinkstaub* und 50proz. *Essigsäure*[5] oder mit *Natriumamalgam* und *Eisessig*[6] tritt Spaltung in aromatisches und aliphatisches primäres Amin ein.

III. Aromatische Hydrazoverbindungen.

Verhalten beim Erhitzen.[7]

Beim Destillieren werden die Hydrazokörper derart verändert, daß ein Teil auf Kosten des anderen reduziert und in zwei Moleküle primäres Amin gespalten wird, während der andere Teil durch Oxydation in den stark farbigen Azokörper übergeht:

$$2\ \mathrm{ArNHNHAr} = \mathrm{ArN} = \mathrm{NAr} + 2\ \mathrm{ArNH_2}.$$

Über eine analoge Spaltung durch Erhitzen mit Schwefelkohlenstoff: HUGERSHOFF: Diss. Heidelberg 1894.

[1] DENIGÈS: Ann. chim. phys. (7), **6**, 427 (1895).
[2] HARRIES: Ber. Dtsch. chem. Ges. **27**, 2279 (1894). — HARRIES, KLAMT: Ber. Dtsch. chem. Ges. **28**, 504 (1895). — HARRIES, HAGA: Ber. Dtsch. chem. Ges. **31**, 63 (1898). — FRANKE: Monatsh. Chem. **19**, 530 (1898).
[3] FISCHER, EHRHARDT: Ber. Dtsch. chem. Ges. **11**, 613 (1878); Liebigs Ann. **199**, 325 (1879). — TAFEL: Ber. Dtsch. chem. Ges. **18**, 1741 (1885). — FISCHER, KNOEVENAGEL: Liebigs Ann. **239**, 204 (1887).
[4] β-Benzylphenylhydrazin gibt bei der Oxydation keinen Azokörper, sondern Benzaldehydphenylhydrazon.　　[5] E. FISCHER: Liebigs Ann. **199**, 325 (1879).
[6] SCHLENK: Journ. prakt. Chem. (2), **78**, 52 (1908).
[7] MELMS: Ber. Dtsch. chem. Ges. **3**, 554 (1870). — LERMONTOW: Ber. Dtsch. chem. Ges. **5**, 235 (1872). — STERN: Ber. Dtsch. chem. Ges. **17**, 380 (1884).

Die Wasserstoffatome

der beiden Imidgruppen sind durch den *Acetylrest* vertretbar,[1] *Phenylisocyanat*[2] und *Phenylsenföl*[3] werden unter Harnstoffbildung addiert.

Dagegen ist die *Benzoylierung* von Hydrazokörpern eine sehr heikle Operation, weil sehr leicht Umlagerung bzw. Spaltung eintritt. Am besten arbeitet man[4] mit Benzoylchlorid und gelöschtem Kalk, indes gelingt es auch so nur *eine* Benzoylgruppe in das Hydrazobenzol einzuführen.

Salpetrige Säure

oxydiert in der Wärme zu Azokörpern.[5]

Umlagerungsreaktionen.[6]

α) *Diphenyl- (Benzidin-) Umlagerung.*[7]

Aromatische Hydrazokörper mit freien Parastellungen verwandeln sich leicht unter dem Einfluß von Säuren, Säurechloriden, Anhydriden, Benzaldehyd und Chlorzink usw.[8] in Diphenylderivate:

$$\langle\ \rangle\!-\!NH\!-\!NH\!-\!\langle\ \rangle = NH_2\langle\ \rangle\!-\!\langle\ \rangle NH_2.$$

Das häufigst angewendete Umlagerungsmittel ist salzsaure Zinnchlorürlösung.[9] Als Nebenreaktion findet[10] Diphenylinumlagerung statt.

β) *Semidinumlagerung.*

Ist eine der Parastellungen im Hydrazobenzol substituiert, tritt entweder auch Diphenylinumlagerung als Hauptreaktion ein, oder es erfolgt Spaltung (und Azokörperbildung), oder es erfolgt Semidinumlagerung, oder alle diese Reaktionen treten nebeneinander auf.

Für die Umlagerungsart der Hydrazokörper ist nicht nur die Stellung der Substituenten (auch der nicht in Parastellung befindlichen), sondern auch ihre Natur von bestimmendem Einfluß.

Reaktionen der Umlagerungsbasen.[11]

1. Verhalten gegen salpetrige Säure.

Orthosemidine geben, in sehr verdünnter Salzsäure oder alkoholischer Essig-

[1] SCHMIDT, SCHULTZ: Liebigs Ann. **207**, 327 (1881). — STERN: Ber. Dtsch. chem. Ges. **17**, 380 (1884).   [2] GOLDSCHMIDT, ROSELL: Ber. Dtsch. chem. Ges. **23**, 490 (1890).
[3] MARCKWALD: Ber. Dtsch. chem. Ges. **25**, 3115 (1892).
[4] BIEHRINGER, BUSCH: Ber. Dtsch. chem. Ges. **36**, 139 (1903). — Siehe übrigens FREUNDLER: Compt. rend. Acad. Sciences **134**, 1510 (1902).
[5] BAEYER: Ber. Dtsch. chem. Ges. **2**, 683 (1869). — E. FISCHER: Liebigs Ann. **190**, 181 (1877).
[6] Zusammenfassung: JACOBSON: Liebigs Ann. **427**, 142 (1922); **428**, 76 (1922).
[7] ZININ: Journ. prakt. Chem. (1), **36**, 93 (1845); Liebigs Ann. **85**, 328 (1853). — FITTIG: Liebigs Ann. **124**, 280 (1862). — HOFMANN: Chem. News 8, 29 (1863). — FITTIG: Liebigs Ann. **137**, 376 (1866). — WERIGO: Liebigs Ann. **165**, 202 (1873).
[8] STERN: Ber. Dtsch. chem. Ges. **17**, 379 (1884). — BANDROWSKI: Ber. Dtsch. chem. Ges. **17**, 1181 (1884). — CLEVE: Bull. Soc. chim. France (2), **45**, 188 (1886). — Elektrolytische Umlagerung: LÖB: Ber. Dtsch. chem. Ges. **33**, 2329 (1900). — Siehe auch GINTL: Ztschr. angew. Chem. **15**, 1329 (1902).
[9] SCHMIDT, SCHULTZ: Liebigs Ann. **207**, 330 (1881). — SCHULTZ: Ber. Dtsch. chem. Ges. **17**, 463 (1884). — JACOBSON, FISCHER: Ber. Dtsch. chem. Ges. **25**, 994 (1892). — WITT, SCHMIDT: Ber. Dtsch. chem. Ges. **25**, 1013 (1892). — TÄUBER: Ber. Dtsch. chem. Ges. **25**, 1022 (1892). — WITT, HELMONT: Ber. Dtsch. chem. Ges. **27**, 2352 (1894). — WITT, BUNTROCK: Ber. Dtsch. chem. Ges. **27**, 2366 (1894). — Umlagerung in alkoholischer Lösung: WITTE: Diss. Berlin 15, 1904.
[10] SCHULTZ: Liebigs Ann. **207**, 311 (1881).
[11] JACOBSON: Liebigs Ann. **287**, 129 (1895).

säure gelöst,[1] beim Eintropfen von Natrium- oder Amyl-[2]nitritlösung, meist unter vorübergehendem Auftreten einer schmutzigen Rot- und Rotviolett-färbung, einen Niederschlag (Azimidbildung).

Parasemidine[2] dagegen geben beim Zusatz des ersten Tropfens Natriumnitrit-lösung äußerst intensive, blauviolette oder rein blaue Färbung, die aber un-beständig ist; beim weiteren Nitritzusatz verschwindet sie nach kurzer Zeit und macht rotgelber oder goldgelber Färbung Platz, während die Lösung klar bleibt.

Die so entstehenden Diazoverbindungen haben ähnliche Konstitution und Beständigkeit wie die Diazobenzolsulfosäuren.

2. Verhalten beim Erhitzen mit organischen Säuren.

Orthosemidine liefern beim Kochen mit wasserfreier Ameisen- oder Essigsäure Anhydroverbindungen von basischer Natur.

Parasemidine dagegen liefern unter Abspaltung von nur einem Molekül Wasser Produkte, die keinen Basencharakter besitzen. In diesen Substanzen ist die Imidogruppe noch acylierbar.

3. Verhalten gegen Schwefelkohlenstoff.[3]

Durch längeres Kochen der freien Basen in alkoholischer Lösung mit Schwefel-kohlenstoff bilden die *Orthosemidine* aus gleichen Molekülen Base und Schwefel-kohlenstoff unter Austritt von einem Molekül Schwefelwasserstoff Produkte, die in verdünnten Alkalien leicht löslich und meist äußerst krystallisationsfähig sind.

$$\text{>}-NH_2 + CS_2 = H_2S + \text{>}-\underset{-N}{\overset{-N}{\diagdown}}C-SH$$
$$\diagdown NHR \qquad \qquad \qquad -N_R$$

Parasemidine dagegen werden in Sulfoharnstoffe übergeführt.

Die Entscheidung wird leicht durch eine Schwefelbestimmung erbracht.

4. Verhalten gegen Salicylaldehyd.[4]

Bringt man die Basen in alkalischer Lösung mit Salicylaldehyd zusammen und erwärmt im Kohlendioxydstrom einige Zeit auf dem Wasserbad, so reagieren die *Orthosemidine* nach der Gleichung:

$$R\text{<}\text{>}\overset{-NH_2}{\underset{NH-}{}} + CHO-C_6H_4OH = H_2O +$$

$$+ R\text{<}\text{>}\overset{-NH-CHC_6H_4OH}{\underset{N-}{}}{}^{[5]}$$

Parasemidine dagegen nach dem Schema:

$$R\text{<}\text{>}-NH-\text{<}\text{>}-NH_2 + CHOC_6H_4OH =$$

$$= R\text{<}\text{>}-NH-\text{<}\text{>}-N = CHC_6H_4OH + H_2O$$

Um das Derivat eines Orthosemidins von dem eines Parasemidins zu unter-scheiden, braucht man nur eine Probe durch Kochen mit verdünnter Schwefel-

---

[1] WITT, SCHMIDT: Ber. Dtsch. chem. Ges. 25, 1017 (1892).

[2] Vgl. IKUTA: Liebigs Ann. 243, 281 (1887); Ber. Dtsch. chem. Ges. 27, 2707 (1894).

[3] O. FISCHER, SIEDER: Ber. Dtsch. chem. Ges. 23, 3799 (1890). — HENCKE: Liebigs Ann. 255, 192 (1889). — O. FISCHER: Ber. Dtsch. chem. Ges. 25, 2832 (1892); 26, 196, 200 (1893).

[4] JACOBSON: Liebigs Ann. 303, 303 (1898). — Vgl. HENCKE: Liebigs Ann. 255, 189 (1889). — TRAUBE, HOFFA: Ber. Dtsch. chem. Ges. 29, 2629 (1896).

[5] Oder $C_6H_4ONCH = N$
$$\diagup C_6H_3R$$
$$C_6H_5-NH$$
Vgl. O. FISCHER: Ber. Dtsch. chem. Ges. 25, 2826 (1892); 26, 202 (1893).

säure zu spalten, den Salicylaldehyd fortzukochen und die schwefelsaure Lösung mit Nitrit zu prüfen.

Die *o-Semidinderivate* kann man ferner zuweilen noch dadurch charakterisieren, daß sie die Fähigkeit besitzen, *Quecksilberoxyd* beim Kochen in alkoholischer Lösung zu *schwärzen*, indem sie in Salicylsäurederivate übergehen, die im Gegensatz zu den gelben bis roten Aldehydderivaten farblos sind und durch Kochen mit Säuren nicht gespalten werden.

5. Verhalten bei der Oxydation.

Die verdünnten salzsauren Lösungen der Semidine liefern mit Eisenchlorid intensive Farbenreaktionen. Bei den Orthosemidinen ändert sich die Farbennuance häufig durch Zusatz von konzentrierter Salzsäure in charakteristischer Weise,[1] während die Färbungen der Parasemidine dadurch meist verschwinden.[2]

6. Speziell zur Charakteristik der Orthosemidine geeignet ist die Bildung von Stilbazoniumbasen[3] durch Kondensation mit Benzil.

Diese Produkte sind meist außerordentlich krystallisationsfähig, lösen sich leicht in verdünnten wässerigen Säuren mit goldgelber Farbe, zeigen in alkoholischer Lösung gelbgrüne Fluorescenz, die auf Säurezusatz verschwindet, und geben mit konzentrierter Salz- oder Schwefelsäure intensive, orange- bis himbeerrote Färbungen, die auf Wasserzusatz in Goldgelb umschlagen.

Unterscheidung der Semidine von den Diphenylbasen.[4]

Von den beiden in Betracht kommenden Typen:

liefert mit salpetriger Säure keine ein Azimid. Eisessig führt zu Diacetylverbindungen, und mit Benzil entsteht aus den Peridiaminen ein sauerstofffreies Produkt.

Ebenso zeigen die Diphenylbasen nicht die Farbenreaktionen der Semidine, und mit Salicylsäurealdehyd reagieren sie unter Bildung einer Di-oxybenzylidenverbindung, die durch Stickstoffbestimmung leicht von den entsprechenden Semidinderivaten unterschieden werden kann.

Über *sterische Einflüsse bei der Semidinbildung*: M. u. J. II 1, 404.

Beiderseits parasubstituierte Hydrazoverbindungen[5] werden beim Kochen mit Mineralsäuren sehr glatt durch gleichzeitige Oxydation und Reduktion in Azokörper und Amin gespalten.

[1] JACOBSON, FISCHER: Ber. Dtsch. chem. Ges. **25**, 996 (1892).
[2] JACOBSON, HENRICH, KLEIN: Ber. Dtsch. chem. Ges. **26**, 690 (1893).
[3] WITT: Ber. Dtsch. chem. Ges. **25**, 1017, Anm. (1892).
[4] SCHULTZ, SCHMIDT, STRASSER: Liebigs Ann. **207**, 348 (1881). — REULAND: Ber. Dtsch. chem. Ges. **22**, 3011 (1889). — TÄUBER: Ber. Dtsch. chem. Ges. **24**, 198 (1891); **25**, 3287 (1892); **26**, 1703 (1893).
[5] MELMS: Ber. Dtsch. chem. Ges. **3**, 554 (1870). — CALM, HEUMANN: Ber. Dtsch. chem. Ges. **13**, 1180 (1880). — SCHULTZ: Liebigs Ann. **207**, 315 (1881). — BAUER: Ber. Dtsch. chem. Ges. **41**, 504 (1908).

Siebentes Kapitel.
Nitroso- und Isonitrosogruppe. Nitrogruppe. Jodo- und Jodosogruppe. Peroxyde und Persäuren.

Erster Abschnitt.
Nitrosogruppe.
I. Qualitative Reaktionen.

1. Wahre Nitrosoverbindungen enthalten die NO-Gruppe gewöhnlich an tertiären Kohlenstoff gebunden.[1]

2. Die Nitrosokörper der Fettreihe ebenso wie die Nitrosobenzole sind gewöhnlich gut krystallisierbar, farblos oder schwach gelb. In geschmolzenem Zustand bilden sie ebenso wie in Lösung[2] intensiv blaue oder grüne Flüssigkeiten. Manche sind auch schon im festen Zustand blau.[3] Ebenso verhält sich das 3-Nitrosopyridin.[4] Die farblosen Substanzen sind bimolekulare, die farbigen monomolekulare Modifikationen.[5] Sie sind im allgemeinen unzersetzt flüchtig und besitzen stechenden Geruch. Die sekundären Nitrosocarbonsäureester sind flüssig und nicht unzersetzt destillierbar.

3. Aus angesäuerter Jodkaliumlösung machen sie augenblicklich Jod frei, aus Schwefelwasserstofflösung Schwefel.[6] — Diphenylamin in konzentrierter Schwefelsäure wird tiefblau gefärbt.[4, 7]

4. Mit aromatischen Aminen kondensieren sie sich zu Azokörpern.[6]

Sie geben daher mit Anilin (in alkoholischer oder essigsaurer) oder mit salzsaurem Anilin in wässeriger Lösung erwärmt eine Farbenreaktion.[8]

5. Mit Schwefelsäure und Ferrosulfat zeigen sie die Salpetersäurereaktion.[9]

6. Die Nitrosoverbindungen der Fett- und der aromatischen Reihe liefern die LIEBERMANNsche Reaktion[10-12], die Nitrosochloride des Tetramethyl-

---

[1] PILOTY: Ber. Dtsch. chem. Ges. **29**, 1559 (1896); **31**, 218, 456, 1878 (1898); **34**, 1863 (1901); **35**, 3090, 3093, 3101 (1902). — PILOTY, SCHWERIN: Ber. Dtsch. chem. Ges. **34**, 1870, 2354 (1901). — PILOTY, VOGEL: Ber. Dtsch. chem. Ges. **36**. 1283 (1903). — Über sekundäre Nitrosoverbindungen: PILOTY, STEINBOCK: Ber. Dtsch. chem. Ges. **35**, 3101 (1902). — SCHMIDT: Ber. Dtsch. chem. Ges. **35**, 2323, 2336, 3727, 3737 (1902); **36**, 1765, 1768, 3721 (1903); **37**, 532, 545 (1904). — SCHMIDT, WIDMANN: Ber. Dtsch. chem. Ges. **42**, 497, 1886 (1909). — Auch die aromatischen Nitroso-Arsenverbindungen zeigen alle typischen Nitrosoreaktionen: KARRER: Ber. Dtsch. chem. Ges. **45**, 2066 (1912).

[2] PILOTY, RUFF: Ber. Dtsch. chem. Ges. **31**, 221 (1898). — BAMBERGER, RISING: Ber. Dtsch. chem. Ges. **33**, 3634 (1900); **34**, 3877 (1901).

[3] BAEYER: Ber. Dtsch. chem. Ges. **28**, 650 (1895). — BAMBERGER, RISING: Liebigs Ann. **316**, 285 (1901).

[4] KIRPAL, REITER: Ber. Dtsch. chem. Ges. **58**, 701 (1925).

[5] PILOTY: Ber. Dtsch. chem. Ges. **31**, 456 (1898); **35**, 3090, 3098, 3101 (1902). — HARRIES, JABLONSKI: Ber. Dtsch. chem. Ges. **31**, 1379 (1898). — SCHMIDT: Ber. Dtsch. chem. Ges. **33**, 875 (1900); **35**, 2324 (1902). — BAMBERGER, RISING: Ber. Dtsch. chem. Ges. **34**, 3877 (1901); **36**, 689 (1903). — BAMBERGER, SELIGMAN: Ber. Dtsch. chem. Ges. **36**, 695 (1903). — HARRIES: Ber. Dtsch. chem. Ges. **36**, 1069 (1903).

[6] PILOTY, SCHWERIN: Ber. Dtsch. chem. Ges. **34**, 1874 (1901). — WIELAND: Ber. Dtsch. chem. Ges. **38**, 1459 (1905); Liebigs Ann. **353**, 65 (1907).

[7] KEHRMANN, MICEWICZ: Ber. Dtsch. chem. Ges. **45**, 2652 (1922).

[8] WALDER: Diss. Zürich 22, 1907. — BAUER: Diss. München 47, 1907. — KARRER: a. a. O.   [9] KELLER: Arch. Pharmaz. **242**, 321 (1904). — KARRER: A. a. O.

[10] Siehe S. 738, Anm. 4.   [11] BAEYER: Ber. Dtsch. chem. Ges. **7**, 1638 (1874).

[12] Diese Reaktion ist auch gewissen Nitroverbindungen der Fettreihe (Nitraminen) eigen, die sich leicht unter Abspaltung von salpetriger Säure oder Bildung von Nitrosaminen zersetzen: REVERDIN: Journ. prakt. Chem. (2), **83**, 167, 170 (1911). Daselbst auch Literaturangaben. — BAMBERGER, SUZUKI: Ber. Dtsch. chem. Ges. **45**, 2741 (1912)

aethylens[1] und des $\Delta^4(^8)$-Terpenolacetats[2] sowie das 3-Nitrosopyridin[3] dagegen nicht.

Zur Ausführung der LIEBERMANNschen Reaktion[4] erwärmt man gewöhnlich
ein Pröbchen der Substanz mit Phenol und konzentrierter Schwefelsäure, gießt
in Wasser und übersättigt mit Lauge, worauf blaue bis violette Färbung
auftritt.

ANGELI, CASTELLANA[5] empfehlen zur Anstellung der LIEBERMANNschen Reaktion eine schwefelsaure Lösung von Diphenylamin anzuwenden, die dann
Blaufärbung gibt.[6]

7. Mit *Hydroxylamin* entstehen aus den aromatischen Nitrosobenzolen Isodiazohydrate, die als Oxime der Nitroverbindungen aufzufassen sind.[7]

Da die Isodiazohydrate als solche nicht isolierbar sind, kuppelt man sie sofort
mit Naphthol.

Man versetzt eine alkoholische Nitrosolösung mit α- oder β-Naphthol und
wässeriger Hydroxylaminchlorhydratlösung und fügt tropfenweise verdünnte
Sodalösung zu. Der Farbenumschlag (von Grün durch Braun in Rot) tritt in
kürzester Zeit ein, und auf Zusatz von Wasser scheidet sich der Azofarbstoff
in voluminösen Flocken ab und kann aus Benzol umkrystallisiert werden. Hydroxylamin und p-Dinitrosobenzol: MEHNE: Ber. Dtsch. chem. Ges. **21**, 734, 3319
(1888). — Nitrosopyridin: KIRPAL, REITER: Ber. Dtsch. chem. Ges. **58**, 701
(1925).

8. Mit *Phenylhydrazin* reagieren die Nitrosoverbindungen je nach den Versuchsbedingungen. Niemals aber tritt Verdrängung der Nitrosogruppe unter
Hydrazonbildung ein (Unterschied von den Isonitrosoverbindungen).

9. *Diazomethan* in aetherischer Lösung führt zur Bildung von N-Aethern des
Glyoxims:[8]

$$\text{ArN—CHCH—NAr}$$
$$\overset{\diagdown}{\underset{O}{}}\qquad\overset{\diagup}{\underset{O}{}}$$

die in goldgelben Nadeln krystallisieren.

10. *Konzentrierte Schwefelsäure* polymerisiert aldolartig zu Nitrosodiaryl-
hydroxylaminen, die intensiv gelb sind und sich in Alkalien mit roter Farbe
lösen.[9]

Parasubstituierte Nitrosobenzole werden nicht in analoger Weise polymerisiert,
oder der Substituent (Brom) wird abgespalten.

Über Nitrosophenole siehe S. 379.

o-Dinitrosobenzol: ZINCKE, SCHWARZ: Liebigs Ann. **307**, 28 (1899). — Tetra-
nitrosobenzol: NIETZKI, GEESE: Ber. Dtsch. chem. Ges. **32**, 505 (1899).

---

[1] THIELE: Ber. Dtsch. chem. Ges. **27**, 454 (1894).
[2] BAEYER: Ber. Dtsch. chem. Ges. **27**, 445 (1894).
[3] KIRPAL, REITER: Ber. Dtsch. chem. Ges. **58**, 701 (1925).
[4] LIEBERMANN: Ber. Dtsch. chem. Ges. **3**, 457 (1870); **7**, 247, 287, 806, 1098
(1874). — V. MEYER, JANNY: Ber. Dtsch. chem. Ges. **15**, 1529 (1882).
[5] ANGELI, CASTELLANA: Atti R. Accad. Lincei (Roma), Rend. (5), **14 I**, 669
(1905). — CUSMANO: Gazz. chim. Ital. **40 I**, 602 (1910); **40 II**, 122 (1910) (Hydroxyl-
aminoxime).
[6] Die Ursache dieser Blaufärbung ist nach KEHRMANN, MICEWICZ [Ber. Dtsch.
chem. Ges. **45**, 2652 (1912)] die Bildung von Imoniumsalzen des Diphenylbenzidins. —
Siehe hierzu WIELAND: Ber. Dtsch. chem. Ges. **46**, 3296 (1913). — MARQUEYROL,
MURAOUR: Bull. Soc. chim. France (4), **15**, 186 (1914).
[7] BAMBERGER: Ber. Dtsch. chem. Ges. **28**, 1218 (1895). — KARRER: A. a. O.
[8] PECHMANN: Ber. Dtsch. chem. Ges. **28**, 860 (1895); **30**, 2461, 2791 (1897).
[9] STIEGELMANN: Diss. Straßburg 1896. — BAMBERGER, BÜRSDORF, SAND: Ber.
Dtsch. chem. Ges. **31**, 1513 (1898).

II. Quantitative Bestimmung der Nitrosogruppe.

1. Methode von CLAUSER.[1]

Phenylhydrazin[2] reagiert mit wahren Nitrosokörpern unter geeigneten Reaktionsbedingungen nach der Gleichung:

$$R \cdot NO + C_6H_5NH \cdot NH_2 = R \cdot N : + C_6H_6 + H_2O + N_2.$$

Der Rest $R \cdot N$: dürfte sich wahrscheinlich zu $R \cdot N = N \cdot R$ verdoppeln. Zur quantitativen Bestimmung der Nitrosogruppe wird das Volumen des mit Benzol und Wassertropfen völlig gesättigten Stickstoffs gemessen, der sich bei der Reaktion entwickelt.

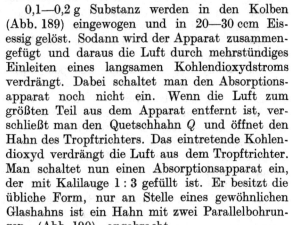

0,1—0,2 g Substanz werden in den Kolben (Abb. 189) eingewogen und in 20—30 ccm Eisessig gelöst. Sodann wird der Apparat zusammengefügt und daraus die Luft durch mehrstündiges Einleiten eines langsamen Kohlendioxydstroms verdrängt. Dabei schaltet man den Absorptionsapparat noch nicht ein. Wenn die Luft zum größten Teil aus dem Apparat entfernt ist, verschließt man den Quetschhahn Q und öffnet den Hahn des Tropftrichters. Das eintretende Kohlendioxyd verdrängt die Luft aus dem Tropftrichter. Man schaltet nun einen Absorptionsapparat ein, der mit Kalilauge 1 : 3 gefüllt ist. Er besitzt die übliche Form, nur an Stelle eines gewöhnlichen Glashahns ist ein Hahn mit zwei Parallelbohrungen (Abb. 190) angebracht. Unter fortwährendem Zuleiten von Kohlendioxyd beobachtet man, ob sich während 10—15 Minuten noch merkliche Gasblasen ansammeln.

Wenn dies nicht der Fall ist, sperrt man den Absorptionsraum durch passende Einstellung des Dreiweghahns ab.

Sodann wird durch den Trichter ein 4—5facher Überschuß an Phenylhydrazin, in 30—40 ccm konzentrierter Essigsäure gelöst, eingedrückt

Abb. 189. Apparat von CLAUSER.

Abb. 190. Hahn mit Parallelbohrungen.

und der Kolben schwach erwärmt, wobei nunmehr das Durchleiten von Kohlendioxyd unterbrochen wird.

Alsbald beginnt lebhafte Gasentwicklung, und die Farbe der Flüssigkeit schlägt in Rot um.

In der Regel ist die Reaktion nach wenigen (längstens 10) Minuten beendet. Nur bei der Analyse von Substanzen, die in Eisessig sehr schwer löslich sind,

---

[1] CLAUSER: Ber. Dtsch. chem. Ges. **34**, 889 (1901). — CLAUSER, SCHWEIZER: Ber. Dtsch. chem. Ges. **35**, 4280 (1902).

[2] Ebenso in vielen Fällen Hydrazinhydrat: ARNDT, EISTERT, PARTALE: Ber. Dtsch. chem. Ges. **61**, 1114 (1928).

wie beim α_1-Nitroso-α_2-naphthol oder dem Chinondioxim, ist zur Erzielung brauchbarer Resultate längeres Erhitzen unerläßlich.

Nach Beendigung der Reaktion läßt man im Kohlendioxydstrom erkalten, um abermals den Stickstoff durch Kohlendioxyd zu verdrängen.

Sobald bei 5 Minuten langem Durchleiten keine Zunahme des Gasvolumens im Absorptionsapparat zu konstatieren ist, kann man die Zuleitung des Kohlendioxyds abstellen. Man läßt noch 1—2 Stunden stehen.

Um den Stickstoff aus dem Apparat in ein Meßrohr überzuführen, setzt man an die Austrittsstelle des Zweigweghahns ein passend gebogenes Glasrohr mit engem Lumen an und bringt den Hahn in solche Stellung, daß die Flüssigkeit im Behälter oberhalb des Hahns den Hohlraum und das Rohr erfüllt. Sobald dies erreicht ist, stellt man den Hahn in der Weise ein, daß durch die Erzeugung eines kleinen Überdrucks (hervorgebracht durch Heben des Niveaugefäßes) das Gas in das Eudiometerrohr entweicht.

Das Gas wird nach den bei der Carbonylbestimmung angeführten Methoden zur Messung gebracht.

Andere oxydierend wirkende Gruppen bewirken unter den Versuchsbedingungen keinerlei Störung.

Der Reaktionsverlauf verbleibt auch dann quantitativ, wenn Substitutionsderivate von aromatischen Nitrosokörpern, wie *Nitrososäuren*, *Nitrosoaldehyde* und *Polynitrosoderivate*, in Anwendung kommen.

Die *Salpetrigsäureester* gestatten die quantitative Bestimmung der Nitrosogruppe nicht ohne weiteres. Dennoch wird deren quantitative Bestimmung dadurch ermöglicht, daß man dem Reaktionssystem solche Substanzen zufügt, die leicht und völlig in Nitrosoderviate überzugehen vermögen.

0,1—03 g in Eisessig gelöster Salpetrigsäureester werden vorsichtig mit 3 g einer essigsauren Lösung von Dimethylanilin und sodann mit 10—20 ccm konzentrierter Salzsäure versetzt.

Nach vierstündigem Erhitzen im Wasserbad ist der Geruch des Esters vollständig verschwunden. Zur Abstumpfung der Salzsäure wird die nötige Menge Natriumacetat zugesetzt und nach Verdrängung der Luft durch Kohlendioxyd die Bestimmung durchgeführt.

Für die Analyse sehr flüchtiger Nitrite ist dieses Verfahren nicht verwendbar.

Weder aliphatische noch gewisse aromatische Nitrosamine (*Nitrosodiaethylamin*, *Nitrosotrimethyldiaminobenzophenon*) gestatten den Nachweis der Nitrosogruppe. Nitrosoamine vom Typus des Diphenylnitrosamins lassen dagegen die Bestimmung zu.[1]

Die Reaktion versagt völlig bei Isonitrosoverbindungen (*Oximen*), die nicht tautomer reagieren können. Sie ist auch bei gleichzeitiger Gegenwart von Nitroverbindungen nicht immer anwendbar.[2]

Zusammenfassend läßt sich sagen, daß die quantitative Bestimmung der Nitrosogruppe nach der gekennzeichneten Methode nur bei Verbindungen vom allgemeinen Typus $NO \cdot C{<}^{CR_1}_{CR_2}$ möglich ist, wobei R_1 und R_2 beliebige Radikale oder Molekularkomplexe bedeuten.

Demnach läßt sich unter Hinzuziehung der LIEBERMANN*schen Reaktion jede Nitrosoverbindung genau charakterisieren:*

---

[1] Siehe dazu HEPP: Ber. Dtsch. chem. Ges. **19**, 2994 (1886).
[2] Nitrobenzaldehyd: WEIGERT, KUMMERER: Ber. Dtsch. chem. Ges. **46**, 1209 (1913).

Bindungsart der Nitrosogruppe	Reaktionen	
$NO \cdot C \Big\langle \begin{matrix} R_1 \\ R_2 \end{matrix}$	Unmittelbare quantitative N-Entwicklung	LIEBERMANNsche Reaktion
Salpetrigsäureester. $NO \cdot O$-Alkyl	Mittelbare quantitative N-Entwicklung (nach Hinzufügen von Dimethylanilin)	LIEBERMANNsche Reaktion
Nitrosamine, $NO \cdot N \Big\langle \begin{matrix} R_1 \\ R_2 \end{matrix}$	Keine N-Entwicklung	LIEBERMANNsche Reaktion
Echte Isonitrosoverbindungen, $HO \cdot N : C \Big\langle \begin{matrix} R_1 \\ R_2 \end{matrix}$	Keine N-Entwicklung	Keine LIEBERMANNsche Reaktion
Aliphatische Nitrosokohlenwasserstoffe	(Nicht untersucht)	Meist LIEBERMANNsche Reaktion

Es mag erwähnt werden, daß es noch einer Überprüfung bedarf, ob gewisse der recht schwierig zugänglichen, aliphatischen Nitrosoverbindungen sich diesem Schema anpassen.

Berechnung der Analysen.

Bedeutet:

P die Prozente NO in der untersuchten Substanz,

V das abgelesene Volumen Stickstoff in Kubikzentimetern,

w die Summe der Tensionen von Benzol- und Wasserdampf in Millimetern für die Temperatur t,

g das Gewicht der analysierten Substanz in Grammen, so ist:

$$P = K \frac{V \cdot (b-w)}{g \cdot (1 + \alpha\, t)},$$

und die konstante Größe

$$K = \frac{3000 \cdot s}{760 \cdot 28}$$

wobei s das Gewicht in Grammen von 1 ccm Stickstoff bei $0\,°$ und 760 mm repräsentiert,

$$K = 0{,}00017709; \quad \log K = 0{,}24821\text{—}4.$$

Die *Fehlergrenzen* betragen bei in Eisessig löslichen Substanzen kaum mehr als $0{,}5\%$ von P. Nur bei in Eisessig unlöslichen Substanzen geht die Reaktion schließlich sehr langsam vor sich, weshalb ein Fehler bis 2% beobachtet wurde.

Über die Abänderung dieses Verfahrens durch WILLSTÄTTER, CRAMER siehe S. 723.

2. Methode von KNECHT, HIBBERT.

Die S. 722 beschriebene Methode zur Bestimmung von Azokörpern läßt sich auch für die Bestimmung der Nitrosogruppe verwerten.

In den meisten Fällen läßt sich die Titration direkt ausführen, die Lösung soll dabei auf 40—50 ° erwärmt werden.

3. Methode von Grandmougin.[1]

Die Reduktion der Nitrosokörper mit Hydrosulfit gelingt gleichermaßen gut. Über quantitative Reduktion von Nitrosothymolfarbstoffen mit Zinnchlorür siehe Decker, Solonina: Ber. Dtsch. chem. Ges. 38, 66 (1905).

4. Verfahren von Kaufler.

S. 756.

5. Bestimmung von sekundären Nitrosamingruppen nach Lehmstedt.[2]

Nach der Methode von Clauser (S. 739) lassen sich Nitrosamine nur dann bestimmen, wenn sie, wie das Diphenylnitrosamin, in C-Nitrosamine umgelagert werden können. Allgemein, auch bei Gegenwart von C-Nitro- oder Nitrosogruppen kann man aber den Nitrosaminstickstoff nach der Gleichung

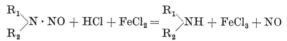

$$\frac{R_1}{R_2}\!\!>\!\!N \cdot NO + HCl + FeCl_2 = \frac{R_1}{R_2}\!\!>\!\!NH + FeCl_3 + NO$$

folgendermaßen bestimmen:

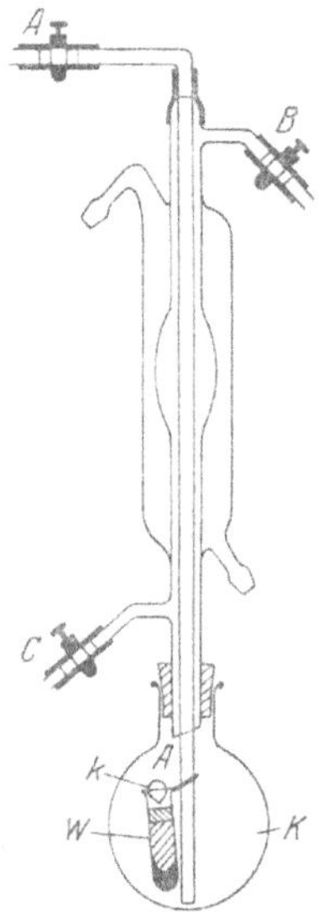

Der kurzhalsige Jenaer Rundkolben K (100 ccm) (Abb. 191) wird mit 15 bis 20 ccm gesättigter Eisen(II)-chloridlösung, 10 ccm konzentrierter Salzsäure und 10 ccm luftfreiem Wasser beschickt. Das Nitrosamin befindet sich im Wägegläschen W[3], das nach dem Abwägen der Substanz fast ganz mit Wasser gefüllt wird. Die gut passende hohle Glaskugel k wird mit Wasser betropft, das zwischen Kugel und Glasrand einen dichten Verschluß bewirkt. Das Röhrchen wird dann in eine lockere Zwirnsfadenschlinge am Rohr A eingehängt. Das Rohr C taucht mit seinem Ende in ein Gläschen mit Wasser und wird ganz (bis zum Kühler) mit Wasser gefüllt, worauf man den Quetschhahn C schließt. Rohr B führt zum Eudiometer, das 10proz. Natronlauge enthält. Durch A leitet man reines Kohlendioxyd bis zur völligen Verdrängung der Luft.

Abb. 191.
Apparat von
Lehmstedt.

Nach Schließen des Schraubenquetschhahnes A läßt man das Wägegläschen in die Flüssigkeit gleiten und erwärmt über ganz kleiner Flamme. Alsbald färbt sich die Lösung dunkel und die Gasentwicklung beginnt. Sie dauert 5—30 Minuten. Das Stickoxyd verdrängt man durch Kohlendioxyd, läßt etwas stärker sieden und erzeugt durch Schließen des Schraubenquetschhahnes B und Fortnahme der Flamme ein Vakuum. 5—10 ccm verdünnter Salzsäure werden durch das Rohr C[4] eingesaugt. Darauf wird wieder zum Sieden erhitzt und Hahn B geöffnet. Das Evakuieren wird nötigenfalls noch einmal wiederholt und dann das Stickoxyd durch Kohlendioxyd gänzlich in das Eudiometer übergetrieben. Nach kurzem Stehen des Gases über der Lauge ist das Volumen konstant und wird über Wasser abgelesen.

---

[1] Siehe S. 721.
[2] Lehmstedt: Ber. Dtsch. chem. Ges. 60, 1910 (1927).
[3] Ein Reagenzgläschen von 6—7,5 mm Durchmesser wird mit einem dicken Boden versehen, damit es aufrecht in der Flüssigkeit hängt. Oben am Rand wird ein Glashäkchen angeschmolzen.
[4] Ein stärkeres Vakuum läßt sich leicht erzielen, wenn man den Kühler entleert, Dampf übertreibt und dann wieder kaltes Wasser in den Kühler eintreten läßt.

Die Apparatur und Arbeitsweise ist auch zur Abspaltung von Nitramingruppen sehr geeignet, falls längeres Kochen erforderlich ist.

Die gefundenen Werte sind allgemein etwas zu niedrig. Immerhin sind die Differenzen nicht so groß, daß die Methode nicht ohne weiteres zu Konstitutionsbestimmungen dienen könnte.

Die Reduktion im Nitrometer mit konzentrierter Schwefelsäure und Quecksilber [COPE, BARAB: Journ. Amer. chem. Soc. 38, 2552 (1916)] kommt wegen der Veränderlichkeit der meisten Nitrosamine nicht allgemein in Frage; sie lagern sich teilweise schon beim Auflösen in der Säure in C-Nitrosoverbindungen um und geben dann viel zu niedrige Werte.

6. Bestimmung von Nitraminen.[1]

Nitramine lassen sich unter Stickoxydbildung reduzieren, ohne daß an C gebundene Nitrogruppen reagieren.

Reduktion mit Eisenchlorür.

Betreffs der Apparatur sei auf die genauen Angaben in LUNGE, BERL, Chemischtechnische Untersuchungsmethoden, 7. Aufl., S. 783, hingewiesen. Man nehme aber einen Jenaer Rundkolben von 100 ccm Inhalt[2] und erhitze ohne Drahtnetz auf freier Flamme. Zuerst wird die Substanz mit 15—20 ccm Wasser in den Kolben gebracht und durch Kochen die Luft verdrängt. Dann wird weiter verfahren, wie wenn ein Nitrat vorläge. Bei sehr schwer löslichen Substanzen ist besonders lange zu erhitzen. Die ersten 80% des Gases werden schnell abgespalten, während der Rest häufig sehr langsam entweicht. Das Ende der Reaktion stellt man dadurch fest, daß man beide Hähne schließt und durch Fortnehmen der Flamme ein Vakuum erzeugt. Beim Wiedererwärmen läßt sich aus der Größe der aufsteigenden Blasen schließen, ob die Reaktion beendet ist. Eine Bestimmung dauert durchschnittlich $^3/_4$ Stunden.

Reduktion im Nitrometer.

Die Arbeitsweise ist genau die gleiche wie bei der Bestimmung von Nitraten. Beim Lösen der Substanz in konzentrierter Schwefelsäure ist jede Erwärmung zu vermeiden, sofern es sich nicht um äußerst beständige Nitramine handelt. Aus der Art der Abspaltung ist ein Schluß auf die Haftfestigkeit der Nitrogruppe am Stickstoff zu ziehen. Beispielsweise reagiert das (5-Nitropyridyl-2-)nitramin sehr leicht (wie ein Nitrat), während das Tetranitrodiimidazolyl sehr träge Stickoxyd abspaltet. Ein Vorteil dieser Methode ist, daß man das Gasvolumen gleich nach dem Versuch ablesen kann, während man damit bei dem ersten Verfahren am besten einen Tag wartet.

Die LUNGEsche Methode ist für Nitramine, die sich unter dem Einfluß von Säure leicht in kernnitrierte Amine umlagern, nicht brauchbar.

Die Ferrochloridmethode ist allgemeiner anwendbar, als die von LUNGE. Dagegen dürfte die Isolierung des Restkörpers bei der letzteren im allgemeinen leichter sein.

---

[1] LEHMSTEDT, ZUMSTEIN: Ber. Dtsch. chem. Ges. 58, 2024 (1925); Ztschr. angew. Chem. 38, 819 (1925); 39, 379 (1926).
[2] Siehe unter „Bestimmung von sekundären Nitrosaminogruppen", S. 742.

Zweiter Abschnitt.

Isonitrosogruppe.

I. Qualitative Reaktionen.

Die Oxime sind in Lauge löslich, doch ist diese Löslichkeit bei manchen Ketoximen sehr gering oder sie erfordern zur Lösung einen sehr großen Überschuß an Alkali.[1]

Um bei Aldoximen zu entscheiden, ob ein Derivat der Syn- oder der Antireihe angehört, untersucht man das Verhalten seines Acetylderivats gegen kohlensaures Alkali.[2,3]

Die Synaldoximacetate zerfallen dabei unter Nitrilbildung, während die Antialdoximacetate zum freien Oxim verseift werden.

Zur Acetylierung müssen die Oxime in reinster Form angewendet werden, als Krystallisationsmittel empfiehlt sich Benzol bzw. Fällung der Benzollösung mit Ligroin.

Kleine Mengen (nicht über 1 g) reines Oxim werden fein gepulvert in möglichst wenig (einigen Tropfen) Essigsäureanhydrid, nötigenfalls unter ganz gelindem Erwärmen, so lange eingetragen, bis sich nichts mehr löst und dann im Natronkalkexsiccator bis zum Festwerden stehengelassen, evtl. in Eiswasser gegossen oder ins Kältegemisch gestellt. Hierbei muß sich das Acetat rasch krystallinisch abscheiden, widrigenfalls die Operation meist mißglückt ist und bereits zum Säurenitril geführt hat. Vor allem hat man darauf zu achten, daß die Atmosphäre des Arbeitsraums auch nicht Spuren von Säure oder Halogendämpfen enthält. Die Reinigung der Acetate wird in der Regel am besten durch Ausfällen ihrer Benzollösung mit Petrolaether erreicht. Man bewahrt sie über Phosphorpentoxyd und Ätzkali im Exsiccator auf. Durch Erwärmen mit Alkohol werden die Oximacetate meist schon verseift,[4] das Diisonitrosocumarandiacetat ließ sich aber aus Alkohol umkrystallisieren.[5]

Synaldoxime werden schneller esterifiziert als Antialdoxime.[6]

Viele Oximacetate werden schon beim bloßen Erwärmen mit Essigsäure gespalten.

Orthosubstituierte Aldoxime sind am schwersten, parasubstituierte dagegen am leichtesten in Acetylderivate überführbar.

Leichter noch als durch Essigsäureanhydrid oder Eisessig gehen Synaldoxime durch *Acetylchlorid* in Nitrile über.[7–9]

Orthonitrobenzaldoxim wird mit schwachen *Alkalien* in Lösungs- oder Verdünnungsmitteln in Nitril (und Amid) verwandelt.[10]

Synaldoximessigsäure bildet ein Acetat, das weder durch Soda noch durch Natronlauge in Cyanessigsäure zu spalten ist, sondern einfach zur Aldoximsäure verseift wird.[8]

[1] KÜHLING, FRANK: Ber. Dtsch. chem. Ges. **42**, 3953 (1909).
[2] GABRIEL: Ber. Dtsch. chem. Ges. **14**, 2338 (1881). — WESTENBERGER: Ber. Dtsch. chem. Ges. **16**, 2991 (1883). — LACH: Ber. Dtsch. chem. Ges. **17**, 1571 (1884). — V. MEYER, WARRINGTON: Ber. Dtsch. chem. Ges. **20**, 500 (1887). — HANTZSCH: Ber. Dtsch. chem. Ges. **25**, 2164 (1892).
[3] HANTZSCH: Ztschr. physikal. Chem. **13**, 509 (1894). — LEY: Ztschr. physikal. Chem. **18**, 376 (1895). — BRADY: Journ. chem. Soc. London **109**, 650 (1916); **121**, 2098) 1922).   [4] WERNER, DETSCHEFF: Ber. Dtsch. chem. Ges. **38**, 77 (1905).
[5] HUGO: Diss. Rostock 23, 1906.
[6] H. GOLDSCHMIDT: Ber. Dtsch. chem. Ges. **37**, 184 (1904).
[7] V. MEYER, WARRINGTON: Ber. Dtsch. chem. Ges. **19**, 1613 (1886).
[8] HANTZSCH: Ber. Dtsch. chem. Ges. **25**, 2179 (1892).
[9] Phosphorpentachlorid in Phenetollösung: HESS, EICHEL: Ber. Dtsch. chem. Ges. **50**, 1194 (1917).   [10] D. R. P. 204477 (1908).

Die alkoholische Lösung der *Synaldoxime*[1] gibt mit alkoholischer Eisen-chloridlösung tief blutrote Färbung,[2] die auf Zusatz von Spuren Säure ver-schwindet. Die Färbung beruht auf der Bildung komplexer Salze und wird von allen Oximen gegeben, die sich mit sekundärer Valenz an das Fe-Atom binden können, so auch von den Amidoximen ganz allgemein.[3]

Alkoholische Kupferacetatlösung gibt gelbgrüne bis olivengrüne Färbung, beim Eindunsten dunkelrote oder dunkelgrüne Krusten. Spuren von Säure bringen auch diese Färbung zum Verschwinden.[4]

Alkoholische Silbernitratlösung läßt weiße, krystallisierte Niederschläge der Formel 2 Oxim $+$ 1 $AgNO_3$ entstehen; ähnliche, ungefähr nach der Formel 1 Oxim $+$ 1 $HgNO_3$ zusammengesetzte Fällungen veranlaßt alkoholisches Mer-curonitrat.

Die *Antioxime* zeigen diese Reaktionen nicht.[5]

Mit *Chloral* und *Bromal* reagieren die Synaldoxime sofort, die Antialdoxime langsam.[6]

Verhalten gegen *Phenylisocyanat:* GOLDSCHMIDT: Ber. Dtsch. chem. Ges. 22, 3112 (1889). — ENDE: Diss. Leipzig 42, 48, 1909.

BECKMANNsche Umlagerung.[7,8]

Die Ketoxime werden unter dem Einfluß gewisser umlagernder Agenzien derart umgewandelt, daß die Hydroxylgruppe mit jenem der beiden Radikale, zu dem sie in Synstellung steht, Platz tauscht, worauf das Oxim unter Bindungs-wechsel in ein Säureamid übergeht.

Aus der Natur des bei der Verseifung dieses Säureamids entstehenden primären Amins kann man auf die Konfiguration des untersuchten Ketoxims schließen. Die stabile Form pflegt dabei in glatter Reaktion umgesetzt zu werden, während die labile infolge von, der Umlagerung vorhergehender, partieller Isomerisierung als Nebenprodukt auch das der stabilen Form entsprechende Amin liefert. Die Umlagerung wird zum Teil durch Arbeiten bei sehr niedriger Temperatur (bis —20°) vermieden.

---

[1] Siehe dazu RAIKOWA: Ber. Dtsch. chem. Ges. 62, 1626 (1929).

[2] Die entsprechenden Carbanilidoverbindungen geben Blaufärbung.

[3] PAOLINI: Gazz. chim. Ital. 59, 816 (1929). — Über die Eisenblaureaktion der Verbindungen mit der Atomgruppe =C——C— siehe FEIGL: Österr. Chemiker-

$$\begin{matrix} | & \| \\ OH & NOH \end{matrix}$$

Ztg. 26, 85 (1923). — KÜSTER: Ztschr. physiol. Chem. 155, 157 (1926). — KRÖHNKE: Ber. Dtsch. chem. Ges. 60, 527 (1927). — FEIGL: Tüpfelreaktionen, S. 75. 1931.

[4] Siehe hierzu FEIGL, SICHER, SINGER: Ber. Dtsch. chem. Ges. 58, 2294 (1925).

[5] BECK, HASE: Liebigs Ann. 355, 29 (1907). — ENDE: Diss. Leipzig 39, 53, 1909.

[6] BECK, HASE: Liebigs Ann. 355, 27 (1907). — ENDE: Diss. Leipzig 40, 47, 68, 1909. [7] BECKMANN: Ber. Dtsch. chem. Ges. 20, 500 (1887).

[8] BECKMANN: Ber. Dtsch. chem. Ges. 19, 988 (1886); 20, 1507, 2580 (1887). — Mit WEYERHOFF: Liebigs Ann. 252, 1 (1889). — Mit GÜNTHER: Liebigs Ann. 252, 44 (1889). — Mit KÖSTER: Liebigs Ann. 274, 1 (1893); Ber. Dtsch. chem. Ges. 22, 443 (1889); 23, 1690, 3319 (1890); 27, 300 (1894). — HANTZSCH: Ber. Dtsch. chem. Ges. 24, 51, 4018 (1891). — SLUITER: Rec. Trav. chim. Pays-Bas 24, 372 (1905). — BOSSHARD: Diss. Zürich 1907. — NICOLAY: Diss. Zürich 1908. — SCHROETER: Ber. Dtsch. chem. Ges. 42, 2336 (1909). — Siehe dazu MEISENHEIMER: Ber. Dtsch. chem. Ges. 54, 3206 (1921). — BECKMANN, BARK: Journ. prakt. Chem. (2), 105, 327 (1923). — BECKMANN, LIESCHE: Ber. Dtsch. chem. Ges. 56, 1, 342 (1923); 57, 290 (1924). — AUWERS: Ber. Dtsch. chem. Ges. 57, 800 (1924); 58, 26 (1925). — MEISENHEIMER: Liebigs Ann. 444, 94 (1925); 446, 205 (1926); Ber. Dtsch. chem. Ges. 60, 1736 (1927); Journ. prakt. Chem. (2), 119, 315 (1928); Liebigs Ann. 468, 202 (1929). — KAUFF-MANN: Diss. Tübingen 1926. — KUMMER: Diss. Tübingen 1926. — LINK: Diss. Tübin-gen 1927. — BEISSWENGER: Diss. Tübingen 1929.

Umlagerung von Oximen der Diketone: BECKMANN, KÖSTER: Liebigs Ann. **274**, 4 (1893).

Die *Umlagerung der Oxime cyclischer Ketone* durch Schwefelsäure und Eisessig führt zu den Isoximen (Lactamen), die unter Ringsprengung in Aminosäuren übergeführt werden können.[1]

Als umlagernde Medien werden hauptsächlich *Phosphorpentachlorid, konz. Schwefelsäure, wasserfreie Salzsäure,*[2] *Acetylchlorid, Eisessig und Essigsäureanhydrid, Benzolsulfochlorid, Chlorzink,*[3] in seltenen Fällen auch *Alkalien,* verwendet.

Die Beständigkeitsverhältnisse der Oxime werden natürlich auch durch Veränderungen der Isonitrosogruppe verändert: Oxime, die in saurer Lösung bzw. in Form negativer Derivate (Säuresalze, Acetate) stabil sind, werden in alkoholischer Lösung bzw. in Form von Metallsalzen mehr oder weniger labil.

Über Säure- und Alkalistabilität stereoisomerer Oxime: ABEGG: Ber. Dtsch. chem. Ges. **32**, 291 (1899).

Umwandlung durch Licht: GOLDSCHMIDT: Ber. Dtsch. chem. Ges. **37**, 180 (1904). — CIAMICIAN, SILBER: Atti R. Accad. Lincei (Roma), Rend. (5), **12 II**, 528 (1904). — CIUSA: Atti R. Accad. Lincei (Roma), Rend. (5), **15 II**, 130, 721 (1906).

Von den α-Dioximen geben nur die Synformen farbige Niederschläge mit Schwermetallsalzen.[4]

Das Hydroxyl der NOH-Gruppe kann nicht nur durch den Acetylrest, sondern auch durch andere Säurereste,[5] durch Alphyl,[6,7] Benzyl[8] usw. substituiert werden. Man acyliert am besten in alkalischer Lösung nach der SCHOTTEN, BAUMANNschen Methode (S. 438).

Phenylisocyanat[9] und *Blausäure*[10] werden direkt addiert (siehe auch S. 539). Über Solvate der Oxime siehe S. 539.

Einwirkung von Carboxaethylisocyanat siehe S. 635.

Einwirkung von Hydrazinhydrat. Die Oximgruppe wird dabei durch die Hydrazidgruppe ersetzt: ROTHENBURG: Ber. Dtsch. chem. Ges. **26**, 2056 (1893). — ROLLENBACH: Diss. Heidelberg 1902. — CURTIUS: Journ. prakt. Chem. (2), **76**, 233 (1907).

Einwirkung von Phenylhydrazin[11] führt zur Verdrängung des Isonitrosorests

---

[1] WALLACH: Liebigs Ann. **309**, 5 (1896); **312**, 173 (1900); Mitt. Kgl. Ges. Wiss. Göttingen 1904, 15. — Vgl. BREDT: Liebigs Ann. **289**, 15 (1896). — BECKMANN: Liebigs Ann. **289**, 390 (1896).

[2] BECKMANN, LIESCHE: Ber. Dtsch. chem. Ges. **56**, 1 (1923).

[3] HOUBEN: Ber. Dtsch. chem. Ges. **1920** (Vortrag). — LEHMANN: Ztschr. angew. Chem. **36**, 360 (1923).

[4] TSCHUGAEFF: Ber. Dtsch. chem. Ges. **41**, 1678 (1908).

[5] WEGE: Ber. Dtsch. chem. Ges. **24**, 3537 (1891). — BORSCHE, BOTHE: Ber. Dtsch. chem. Ges. **41**, 1944 (1908) (Benzoylierung).

[6] PETRACZEK: Ber. Dtsch. chem. Ges. **16**, 823 (1883). — SPIEGLER: Monatsh. Chem. **5**, 204 (1884). — TRAPESONZJANZ: Ber. Dtsch. chem. Ges. **26**, 1427 (1893). — PONZIO, CHARRIER: Gazz. chim. Ital. **37 I**, 504 (1907). — Trennung von d- und l-Carvoxim durch die verschiedene Löslichkeit der Benzoylverbindungen in Ligroin: DEUSSEN, HAHN: Ztschr. Riech- u. Geschmackstoffe **1**, 25 (1909).

[7] SEMPER, LICHTENSTADT: Ber. Dtsch. chem. Ges. **51**, 928 (1918). — RENDALL, WHITELEY: Journ. chem. Soc. London **121**, 2110 (1922).

[8] JANNY: Ber. Dtsch. chem. Ges. **16**, 170 (1883).

[9] GOLDSCHMIDT: Ber. Dtsch. chem. Ges. **22**, 3101 (1889).

[10] MILLER, PLÖCHL: Ber. Dtsch. chem. Ges. **26**, 1545 (1893). — MÜNCH: Ber. Dtsch. chem. Ges. **29**, 62 (1896).

[11] JUST: Ber. Dtsch. chem. Ges. **19**, 1205 (1886). — PECHMANN: Ber. Dtsch. chem. Ges. **20**, 2543 (1887). — CIAMICIAN, ZANETTI: Ber. Dtsch. chem. Ges. **22**,

und zu Hydrazonbildung. Man kann diese Reaktion in vielen Fällen *zur Unterscheidung der Nitroso- und der Isonitrosogruppe* verwenden.

Man erhitzt das Oxim in alkoholischer Lösung mit freiem Phenylhydrazin am Rückflußkühler, evtl. auch ohne Lösungsmittel bis auf 150°.

Die Reduktion der Oxime führt zu primären Aminen.[1] Im allgemeinen sind die Oxime gegen alkalische Reduktionsmittel beständig, doch gelingt meist[2] die Reduktion des in *absolutem* Alkohol[3] gelösten Oxims beim Kochen[4] mit *metallischem Natrium*.[5] Das Benzildioxim[6] kann nur auf diese Weise in Diphenylaethylendiamin übergeführt werden.[7] Das häufigst angewendete Reduktionsmittel ist *Natriumamalgam* und *Eisessig*.[8]

Mit Zinkstaub und Eisessig hat Wallach[9] das Nitrosopinen zu Pinylamin reduziert. Mit *Zinn und Salzsäure*[10] lassen sich die α-Isonitrososäuren und auch solche Stoffe in Aminoderivate überführen, die wie das Isatoxim Hydroxyl und Oximid an benachbarten Kohlenstoffatomen enthalten.[11] Auch *elektrolytisch*, an einer Bleikathode in 60proz. Schwefelsäure, läßt sich die Reaktion durchführen,[12] ebenso mit *Aluminiumamalgam* in aetherischer Lösung.[13] — *Katalytische Reduktion*: Paal, Gerum: Ber. Dtsch. chem. Ges. 42, 1553 (1909). — Skita: Ber. Dtsch. chem. Ges. 56, 1016 (1923).

Reduktion mit *Al-Amalgam, Wasser und Aether* erfolgt meist mit relativ guten Ausbeuten.[14]

1969 (1889); 23, 1784 (1890). — Minunni, Caberti: Gazz. chim. Ital. 21, 136 (1891). — Minunni, Corselli: Gazz. chim. Ital. 22 II, 149 (1892). — Auwers, Siegfeld: Ber. Dtsch. chem. Ges. 25, 2898 (1892). — Minunni, Ortoleva: Gazz. chim. Ital. 22 II, 183 (1892). — Auwers: Ber. Dtsch. chem. Ges. 26, 790 (1893). — Kolb: Liebigs Ann. 291, 288 (1896). — Minunni: Gazz. chim. Ital. 29 II, 397 (1899). — Zink: Monatsh. Chem. 22, 831 (1901). — Fulda: Monatsh. Chem. 23, 907 (1902). — Meister: Ber. Dtsch. chem. Ges. 40, 3436 (1907). — Halberkann: Diss. Rostock 69, 1908.

[1] Goldschmidt: Ber. Dtsch. chem. Ges. 19, 1854 (1886); 20, 728 (1887). — Kohn: Monatsh. Chem. 23, 15 (1902). — Willstätter, Heubner: Ber. Dtsch. chem. Ges. 40, 3872 (1907). — Anwendung von *Milchsäure*: Gränacher: Helv. chim. Acta 5, 610 (1922).

[2] Beckmannsche Umlagerung bei der Reduktion: Goldschmidt: Ber. Dtsch. chem. Ges. 26, 2086 (1893).

[3] Anwendung von Amylalkohol: Pauly: Liebigs Ann. 322, 120 (1902). — Natriumamylat kann Umlagerungen bewirken: Harries: Liebigs Ann. 294, 352, 364 (1897). [4] Ruzicka, Goldberg: Helv. chim. Acta 19, 107 (1936).

[5] Calcium: Neuberg, Marx: Biochem. Ztschr. 3, 542 (1907).

[6] Feist: Ber. Dtsch. chem. Ges. 27, 214 (1894).

[7] Angeli: Ber. Dtsch. chem. Ges. 23, 1358 (1890). — Kerp, Müller: Liebigs Ann. 299, 221 (1897). — Harries: Ber. Dtsch. chem. Ges. 34, 300 (1901). — Kohn: Monatsh. Chem. 23, 14 (1902). — Ihssen: Diss. Leipzig 48, 1903. — Thoms, Mannich: Ber. Dtsch. chem. Ges. 36, 2554 (1903). — Knoevenagel, Schwartz: Ber. Dtsch. chem. Ges. 39, 3450 (1906). — Semmler, Hoffmann: Ber. Dtsch. chem. Ges. 40, 3527 (1907). — Skita: Ber. Dtsch. chem. Ges. 40, 4167 (1907). — Monosson: Diss. Berlin 23, 1907. — Rabe: Liebigs Ann. 360, 286 (1908). — Kohn, Morgenstern: Monatsh. Chem. 29, 520 (1908). — Müller: Diss. Leipzig 14, 1908. — Komppa: Liebigs Ann. 366, 75 (1909). — Skita: Ber. Dtsch. chem. Ges. 53, 1796 (1920).

[8] Siehe auch Anm. 1.

[9] Wallach: Liebigs Ann. 268, 199 (1886). — Franzen: Ber. Dtsch. chem. Ges. 38, 1415 (1905). — Harries, Johnson: Ber. Dtsch. chem. Ges. 38, 1834 (1905). — Schmidt, Stützel: Ber. Dtsch. chem. Ges. 41, 1246 (1908). — Siehe dagegen Harries, Majima: Ber. Dtsch. chem. Ges. 41, 2523 (1908) (Carvenonoxim gibt Carvenylimin).

[10] Fluorenonoxim gibt mit Zinn und rauchender Salzsäure Fluorenaether, mit Zinnchlorür und Salzsäure Fluorenon: Schmidt, Stützel: Liebigs Ann. 370, 1 (1909).

[11] Grandmougin, Michel: Ber. Dtsch. chem. Ges. 25, 974 (1892).

[12] D. R. P. 166267 (1906), 175071 (1906).

[13] Harries, Majima: Ber. Dtsch. chem. Ges. 41, 2525 (1908).

[14] Cherchez, Dumitrescu: Bull. Soc. chim. France (5), 1, 852 (1934).

Gewisse Oxime aber, besonders die ω-trisubstituierten Acetophenonoxime besitzen die BECKMANNsche Isoximformel:

$$(C_6H_5)—C—NH$$
$$(C_4H_9)(CH_3)_2C\ O$$

Diese lassen sich nach obiger Methode nicht reduzieren.[1]

Hydrierung von Oximen mit RANAY-Nickel: PAUL: Bull. Soc. chim. France (5), 4, 1121 (1937).

Verbindungen, bei denen sich in α-Stellung zur NOH-Gruppe Ketoncarbonyl befindet, werden bei der Reduktion meist in Ketine übergeführt,[2,3] wenn man in alkalischer Lösung arbeitet, in saurer Lösung entstehen Salze der normalen Aminokörper, die aber äußerst leicht durch Alkalien in Ketine übergehen.[4,5] Am aromatischen Kern sitzende NOH-Gruppen lassen sich immer glatt zur primären Amingruppe reduzieren.[6]

Die LIEBERMANNsche Reaktion zeigen die Isonitrosoverbindungen der Fettreihe nicht,[7] wohl aber die Nitrosamine und die meisten aromatischen Isonitrosokörper.

Über *Hydroxamsäuren*: S. 509, 514, 537, 543, 561.

II. Quantitative Bestimmung der Isonitrosogruppe.
S. 756.

Dritter Abschnitt.

Nitrogruppe.
I. Qualitative Reaktionen.

a) Verhalten gegen Brom (oder Chlor).[8]

Beim Behandeln mit Alkalien und Brom (Chlor) entstehen Substitutionsprodukte der Nitrocarbüre: das Produkt eines *sekundären* Nitrokörpers ist ein indifferenter Stoff, des *primären* eine starke Säure, die ein weiteres Halogenatom aufzunehmen imstande ist.

Tertiäre Nitrokörper geben natürlich kein Bromderivat.

Man arbeitet nach SCHOLL am besten bei Ausschluß von Wasser.

[1] WOHL: Bull. Soc. chim. France (5), 2, 2135 (1935).

[2] V. MEYER: Ber. Dtsch. chem. Ges. 15, 1047 (1882). — CERESOLE, KOECKERT: Ber. Dtsch. chem. Ges. 17, 819 (1884).

[3] TREADWELL: Ber. Dtsch. chem. Ges. 14, 1461 (1881). — WLEÜGEL: Ber. Dtsch. chem. Ges. 15, 1051 (1882). — V. MEYER, BRAUN: Ber. Dtsch. chem. Ges. 21, 19 (1888). — GOLDSCHMIDT, POLONOWSKA: Ber. Dtsch. chem. Ges. 21, 489 (1888). — AUWERS, V. MEYER: Ber. Dtsch. chem. Ges. 21, 1269, 3525 (1888). — THAL: Ber. Dtsch. chem. Ges. 25, 1722 (1892).

[4] KOLB: Liebigs Ann. 291, 293 (1896). — Kakothelinoxim: LEUCHS, OSTERBURG, KAEHRN: Ber. Dtsch. chem. Ges. 55, 570 (1922).

[5] GABRIEL, PINKUS: Ber. Dtsch. chem. Ges. 26, 2197 (1893); 27, 1037 (1894). — GABRIEL, POSNER: Ber. Dtsch. chem. Ges. 27, 1140 (1894).

[6] Siehe Note 11 auf Seite 747.

[7] V. MEYER, JANNY: Ber. Dtsch. chem. Ges. 15, 1529 (1882).

[8] V. MEYER: Ber. Dtsch. chem. Ges. 7, 1313 (1874). — V. MEYER, TSCHERNIAK: Liebigs Ann. 180, 114 (1875). — TSCHERNIAK: Ber. Dtsch. chem. Ges. 8, 608 (1875); Liebigs Ann. 180, 128 (1875). — TER MEER: Liebigs Ann. 181, 15 (1876). — ZÜBLIN: Ber. Dtsch. chem. Ges. 10, 2085 (1877). — KONOWALOW: Journ. Russ. phys.-chem. Ges. 25, 483 (1893). — SCHOLL: Ber. Dtsch. chem. Ges. 29, 1824 (1896). — HENRY: Bull. Acad. Roy. Belg. (3), 34, 547 (1898). — PAUWELS: Bull. Acad. Roy. Belg. (3), 34, 645 (1898). — SCHOLL, BRENNEISEN: Ber. Dtsch. chem. Ges. 31, 649 (1898). — WORSTALL: Amer. chem. Journ. 21, 224 (1899).

b) Einwirkung von salpetriger Säure.

Aus *primären* Nitrokörpern entstehen nach dem Versetzen mit Lauge und Alkalinitrit auf Schwefelsäurezusatz die farblosen *Nitrolsäuren*

$$R . C\overset{\displaystyle N—OH}{\underset{\displaystyle NO_2}{<}}$$

die intensiv blutrote Alkalisalze geben, *Erythronitrolate*[1]

$$R . C\overset{\displaystyle NOONa}{\underset{\displaystyle NO}{<}}$$

Manchmal kann die Reaktion nur in wässeriger Acetonlösung ausgeführt werden.[2]

Sekundäre Nitrokörper geben nach der Isomerisation mit nascierender salpetriger Säure die *Pseudonitrole*, wahre Nitrosoverbindungen, die dementsprechend in geschmolzenem oder gelöstem Zustand blaue oder blaugrüne Farbe zeigen.[3]

c) Kupplung mit Diazoniumsalzen (Phenyldiazoniumsulfat).

Hierbei entstehen aus den primären Nitrokörpern[4] Nitroaldehydrazone:

$$R . CH = NOOH + C_6H_5N_2OH = R—C\overset{\displaystyle NO_2}{\underset{\displaystyle N_2HC_6H_5}{<}} + H_2O$$

In aetherischer Lösung oder Suspension geben alle Isonitrokörper mit trockener Salzsäure oder Acetylchlorid namentlich beim Erwärmen hervortretende himmelblaue Färbung.[5]

Die Nitroaldehydrazone sind in wässerigen Laugen mit roter Farbe löslich, leiten aber selbst den Strom nicht (Pseudosäuren). Mit konz. Schwefelsäure geben sie eine der Bülowschen ähnliche Reaktion. Die Abkömmlinge der sekundären Nitrokörper sind als Azokörper zu betrachten.

d) Reaktion von Konowalow.[6] Durch Schütteln und Erwärmen mit wenig konz. Kalilauge wird der Nitrokörper in sein Kaliumsalz verwandelt, das in Wasser gelöst und mit Aether überschichtet wird. Tröpfelt man nun Eisenchlorid zu und schüttelt, so färbt sich bei Gegenwart einer primären oder sekundären Nitroverbindung der Aether rot bis rotbraun.

---

[1] Graul, Hantzsch: Ber. Dtsch. chem. Ges. **31**, 2854 (1898). — Meister: Ber. Dtsch. chem. Ges. **40**, 3436, 3444 (1907). — Steinkopf: Journ. prakt. Chem. (2), **81**, 110 (1910).   [2] Meister: Ber. Dtsch. chem. Ges. **40**, 3446, 3447 (1907).

[3] Piloty: Ber. Dtsch. chem. Ges. **31**, 452 (1898).

[4] V. Meyer, Ambühl: Ber. Dtsch. chem. Ges. **8**, 751, 1073 (1875). — Friese: Ber. Dtsch. chem. Ges. **8**, 1078 (1875). — Barbieri: Ber. Dtsch. chem. Ges. **9**, 386 (1876). — Halbmann: Ber. Dtsch. chem. Ges. **9**, 389 (1876). — Wald: Ber. Dtsch. chem. Ges. **9**, 393 (1876). — V. Meyer: Ber. Dtsch. chem. Ges. **9**, 384 (1876); **21**, 11 (1888). — Askenasy, V. Meyer: Ber. Dtsch. chem. Ges. **25**, 1704 (1892). — Keppler, V. Meyer: Ber. Dtsch. chem. Ges. **25**, 1712 (1892). — Russanow: Ber. Dtsch. chem. Ges. **25**, 2637 (1892). — Pechmann: Ber. Dtsch. chem. Ges. **25**, 3197 (1892). — Duden: Ber. Dtsch. chem. Ges. **26**, 3010 (1893). — Holleman: Rec. Trav. chim. Pays-Bas **13**, 408 (1894). — Konowalow: Ber. Dtsch. chem. Ges. **27**, 155 (1894). — Bamberger: Ber. Dtsch. chem. Ges. **31**, 2626 (1898). — Hantzsch, Kissel: Ber. Dtsch. chem. Ges. **32**, 3146 (1899). — Bamberger, Schmidt, Levinstein: Ber. Dtsch. chem. Ges. **33**, 2043 (1900). — Meister: Ber. Dtsch. chem. Ges. **40**, 3436 (1907). — Steinkopf, Bohrmann: Ber. Dtsch. chem. Ges. **41**, 1045 (1908). — Steinkopf: Journ. prakt. Chem. (2), **81**, 110 (1910).

[5] Hantzsch, Schulze: Ber. Dtsch. chem. Ges. **29**, 2252 (1896).

[6] Konowalow: Ber. Dtsch. chem. Ges. **28**, 1851 (1895). — Bamberger, Demuth: Ber. Dtsch. chem. Ges. **35**, 1793 (1902). — Meister: Ber. Dtsch. chem. Ges. **40**, 3442 (1907). — Steinkopf, Bohrmann: Ber. Dtsch. chem. Ges. **41**, 1045 (1908). — Ahrens, Mozdzenski: Ztschr. angew. Chem. **21**, 1411 (1908). — Steinkopf: Journ. prakt. Chem. (2), **81**, 110 (1910).

e) Alle aromatischen Nitrokörper, welche in Orthostellung die Gruppe —CH< enthalten, sind lichtempfindlich.[1,2]

f) Alkylnitrite geben mit 2-Phenylindol in 1proz. Alkohollösung rasch 3-Oximino-2-phenylindol (Orange Nadeln aus Amylacetat, F. 280° u. Zers.)[3]

Über Nitramine $R \cdot NH \cdot NO_2$ und Nitrimine $R_1R_2N \cdot NO_2$ siehe THIELE, LACHMANN: Liebigs Ann. **188**, 269 (1895). — SCHOLL: Ber. Dtsch. chem. Ges. **37**, 4430 (1904); Liebigs Ann. **338**, 23 (1905); **345**, 363 (1906). — Ferner S. 647, 743.

II. Quantitative Bestimmung der Nitrogruppe.

1. Methode von LIMPRICHT.[4]

Wird eine gewogene Menge aromatischer Nitroverbindung mit einem bestimmten Volumen Zinnchlorürlösung[5] von bekanntem Gehalt erwärmt, dann erfolgt die Umwandlung von NO_2 in NH_2 nach der Gleichung:

$$RNO_2 + 3\,SnCl_2 + 6\,HCl = RNH_2 + 3\,SnCl_4 + 2\,H_2O.$$

Aus der nicht verbrauchten Zinnchlorürlösung, deren Menge durch Titrieren zu bestimmen ist, läßt sich der Gehalt an NO_2 ermitteln.

a) Verfahren bei nichtflüchtigen Verbindungen.

Zirka 0,2 g der Nitroverbindung werden abgewogen und in einem mit eingeriebenem Glasstopfen verschlossenen 100-ccm-Fläschchen mit 10 ccm Zinnchlorürlösung[6] übergossen und mindestens 2 Stunden erwärmt. Nach dem Erkalten füllt man das Fläschchen bis zur Marke, schüttelt um und hebt 10 ccm mit der Pipette heraus.

Diese werden mit etwas Wasser verdünnt, dann mit Sodalösung[7] bis zur vollständigen Auflösung des zuerst entstandenen Niederschlags vermischt und nach dem Verdünnen mit etwas Wasser und nach Zugabe von Stärkelösung bis zum Eintreten bleibender Violettfärbung mit $^n/_{10}$-Jodlösung versetzt.

Die Berechnung der Analyse erfolgt nach der Gleichung:

$$NO_2 = (a - b) \cdot 0{,}007655 \text{ g},$$

wobei

a die Anzahl Kubikzentimeter Jodlösung, die 1 ccm der Zinnchlorürlösung verbraucht,

---

[1] SACHS, HILPERT: Ber. Dtsch. chem. Ges. **37**, 3425 (1904). — HANS MEYER: Liebigs Ann. **351**, 274, 275 (1907). — Polynitrotoluole: CURTIS: Chem. Trade Journ. **62**, 90 (1919). — MOLINARI, GIUA in ESCALES: Nitrosprengstoffe, S. 295. — SCHULTZ, GANGULY: Ber. Dtsch. chem. Ges. **58**, 702 (1925).

[2] Ebenso die Periderivate des 1-Nitronaphthalins: STEIGER: Helv. chim. Acta **16**, 1142, 1354 (1933); **17**, 701, 794, 1142 (1934). — WOROSHZOW: Helv. chim. Acta **17**, 286 (1934). — WOROSHZOW, KOZLOW: Russ. Journ. allg. Chem. **7**, 727 (1937).

[3] BROWN: Thesis, Edinburgh 1937. — BROWN, CAMPBELL: Journ. chem. Soc. London **1937**, 1699.

[4] LIMPRICHT: Ber. Dtsch. chem. Ges. **11**, 35 (1878). — CLAUS, GLASSNER: Ber. Dtsch. chem. Ges. **14**, 778 (1881). — SPINDLER: Liebigs Ann. **224**, 288 (1884). — YOUNG, SWAIN haben diese Methode neu „entdeckt" [Journ. Amer. chem. Soc. **19**, 812 (1897)]. — ALTMANN: Journ. prakt. Chem. (2), **63**, 370 (1901). — SCHMIDT, JUNGHANS: Ber. Dtsch. chem. Ges. **37**, 3575, Anm. (1904). — GOLDSCHMIDT, INGEBRECHTSEN: Ztschr. physikal. Chem. **48**, 435 (1904). — MARTINSEN: Ztschr. physikal. Chem. **50**, 390 (1904). — SUNDE: Diss. Freiburg 1906. — DRUCE: Chem. News. **118**, 133 (1919).   [5] Über Fälle, wo bei der Reduktion Chlor eintritt, siehe S. 751.

[6] 150 g Zinn in konzentrierter Salzsäure lösen, vom Bodensatz abgießen, noch 50 ccm Salzsäure zugießen und auf 1 l verdünnen.

[7] 90 g Natriumcarbonat und 120 g Seignettesalz im Liter.

b die Menge Jodlösung in Kubikzentimetern, die zum Titrieren des nicht verbrauchten Zinnchlorürs nötig war,

0,007655 die einem Kubikzentimeter Jodlösung äquivalente Menge NO_2 in Grammen bedeutet.

b) Modifikation des Verfahrens für flüchtige Verbindungen.[1]

Die Substanz wird in einem Röhrchen von zirka 30 mm Länge und 8 mm Weite, das mit einem Kork verschlossen ist, abgewogen und darauf das Röhrchen nach Entfernen des Korks in ein Einschmelzrohr von 13—15 mm Weite und 20 cm Länge hineinfallen gelassen. Nachdem noch 10 ccm der titrierten Zinnchlorürlösung hinzugelassen sind, wird das offene Ende des größeren Rohrs vor der Lampe zugeschmolzen.

Das Rohr kann aus leicht schmelzbarem Glas bestehen.

Man erhitzt im Wasserbad, wobei von Zeit zu Zeit umgeschüttelt wird.

Nach 2 Stunden läßt man erkalten, bringt den Rohrinhalt quantitativ in ein 100-ccm-Fläschchen und füllt bis zur Marke mit dem Wasser, mit dem das Rohr ausgespült wird.

Von diesen 100 ccm werden nach dem Umschütteln mit einer Pipette 10 ccm herausgenommen und in ihnen das Zinnchlorür bestimmt.

Diese Modifikation des Verfahrens empfiehlt sich auch für nichtflüchtige Substanzen, bei denen man beim Erhitzen im verstöpselten Kölbchen oft zu niedrige Resultate erhält.

Nicht alle Substanzen lassen sich mit Jodlösung titrieren, so besonders nicht die Nitrophenole und Naphthole, da sich bei ihnen die Flüssigkeit während der Reaktion stark färbt und somit eine Endreaktion nicht erkennen läßt. In solchen Fällen kann man entweder direkt titrieren — wobei man den Titer der Zinnlösung auf Chamäleon stellen muß — oder man kocht das Reaktionsgemisch mit Eisenchlorid und bestimmt das Ferrosalz mit Permanganat.

Bei Pikrinsäure, α-Nitronaphthalin und solchen Verbindungen, in denen sich außer der NO_2-Gruppe noch andere, leicht reduzierbare Elemente[2] oder Atomgruppen befinden sowie wenn in Orthostellung zum NO_2 tertiäre Amino-, Alkoxy- oder Alkylgruppen stehen,[3] versagt die Methode.

SPINDLER[4] empfiehlt, die Reduktionsflüssigkeit aus einem Gewichtsteil umkristallisierten Zinnchlorürs und einem Volumteil reiner Salzsäure anzuwenden. Bei leicht reduzierbaren Substanzen benutzt er eine schwächere Lösung (290 g Zinnchlorür und 700 ccm 25proz. Salzsäure).

Bemerkungen zur Methode von LIMPRICHT.

In allen Fällen dürfte an zu niedrigen Resultaten die Bildung von chlorierten Aminen schuld sein, die als Nebenreaktion oftmals beobachtet wird.[5] Da bei

---

[1] WALLERIUS empfiehlt, flüchtige Verbindungen durch Sulfonieren nicht flüchtig zu machen [Teknisk Tidskr. **58**, 33 (1928)].

[2] Hierzu können auch unter Umständen die Halogene gehören: SCHMIDT, LADNER: Ber. Dtsch. chem. Ges. **37**, 3575 (1904).

[3] PINNOW: Journ. prakt. Chem. (2), **63**, 352 (1901).

[4] SPINDLER: Liebigs Ann. **224**, 291 (1884).

[5] FITTIG: Ber. Dtsch. chem. Ges. **8**, 15 (1875). — SEIDLER: Ber. Dtsch. chem. Ges. **11**, 1201 (1878). — HEROLD: Ber. Dtsch. chem. Ges. **15**, 1685 (1882). — BAMBERGER: Ber. Dtsch. chem. Ges. **28**, 251 (1895). — GABRIEL, STELZNER: Ber. Dtsch. chem. Ges. **29**, 306 (1896). — STÖRMER, FRANKE: Ber. Dtsch. chem. Ges. **31**, 752 (1898). — PINNOW: Journ. prakt. Chem. (2), **63**, 352 (1901). — DE VRIES: Koninkl. Akad. Wetensch. Amsterdam, wisk. natk. Afd. **1909**, 247. — HOLLEMAN: Rec. Trav. chim. Pays-Bas **25**, 185 (1906). — BLANKSMA: Rec. Trav. chim. Pays-Bas **25**, 365

der Chlorierung nach den Gleichungen[1]

$$NO_2RH + 4\,H = HNOHRH + H_2O$$
$$HONH \cdot RH + HCl = NH_2RCl + H_2O$$

nur vier Wasserstoffe verbraucht werden, während die Reduktion

$$NO_2R + 6\,H = NH_2R + 2\,H_2O$$

deren sechs verbraucht, kann die verbrauchte Wasserstoffmenge bis auf zwei Drittel des erwarteten Wertes herabgehen und so im Grenzfall 66% statt 100% gefunden werden. Ersatz des Zinnchlorürs durch Sulfat ist nicht angängig, da das Arbeiten mit dieser Substanz große Schwierigkeiten bietet.[2]

PINNOW[3] gibt an, die Bildung der chlorierten Amine durch Zusatz von Graphit verhindert zu haben; doch hat die Nachprüfung im Prager deutschen Universitätslaboratorium dies nicht bestätigen können.[4]

Was die Titration mit Jod anbelangt, so empfehlen FLORENTIN, VANDEN-BERGHE[5] an Stelle von Sodalösung Calciumcarbonat und statt des Seignette-salzes saures citronensaures Ammonium für die Analyse von Mononitroderivaten zu verwenden. Auch das Überschichten der Lösung mit Petrolaether wird mpfohlen.

Das von DRUCE[6] befürwortete Arbeiten in alkoholischer Lösung ist aus dem S. 755 angegebenen Grund meist nicht angebracht.

2. Methode von GREEN, WAHL.[7]

2 g (oder mehr) Salmiak und etwas Wasser werden in eine kleine, mit Gummi-stopfen und Bunsenventil versehene Flasche gegeben, dann setzt man eine ab-gewogene Menge Zinkstaub, etwa 4 g (86proz.), dessen Gehalt vorher bestimmt wurde, und 3—4 g Nitroverbindung hinzu, schließt die Flasche und schüttelt kalt etwa eine halbe Stunde, erwärmt dann zum Sieden und kocht bis zur voll-endeten Reduktion.

Die Flüssigkeit gießt man nach dem Absetzen von übriggebliebenem Zink und Zinkoxyd ab und wäscht letztere durch Dekantieren aus. Darauf setzt man 10 g Ferrisulfat und etwas Wasser zum Rückstand; die Mischung erwärmt sich und das Zink löst sich unter gleichzeitiger Umwandlung eines Teils des Ferri-sulfats in Ferrosulfat auf. Nach dem Ansäuern mit Schwefelsäure füllt man mit Wasser auf 500 ccm auf und titriert einen Teil der Lösung mit $n/_{10}$-Kalium-permanganatlösung. Durch Subtraktion des im Rückstand gefundenen Zinks von dem angewendeten erhält man die zur Reduktion verbrauchte Zinkmenge.

3. Methode von WALTHER.[8]

Diese beruht auf der reduzierenden Wirkung des Phenylhydrazins, das aromatische Nitrokörper nach der Gleichung:

(1906); 28, 395 (1909). — LESSER: Liebigs Ann. 402, 5 (1913). — HURST, THORPE: Journ. chem. Soc. London 107, 934 (1915). — RÉVERDIN, EKHARD: Ber. Dtsch. chem. Ges. 32, 2624 (1899). — CALLAN, HENDERSON, STRAFFORD: Journ. Soc. chem. Ind. 39, 86 (1920). — UENO, SAKIGUCHI: Journ. Soc. chem. Ind. Japan, Suppl. 36, 410 (1933).
[1] KOCH: Ber. Dtsch. chem. Ges. 20, 1567 (1887). — STELZNER, GABRIEL: Ber. Dtsch. chem. Ges. 29, 306 (1896). — BAMBERGER: Ber. Dtsch. chem. Ges. 28, 251 (1895). — BAMBERGER, LAGUTT: Ber. Dtsch. chem. Ges. 31, 1504 (1898).
[2] CALLAN: Journ. Soc. chem. Ind. 39, 88 (1920).
[3] Siehe S. 751, Anm. 3.
[4] Zu dem gleichen negativen Resultat kommen auch FLORENTIN, VANDEN-BERGHE: Bull. Soc. chim. France (4), 27, 162 (1920).
[5] FLORENTIN, VANDENBERGHE: a. a. O. S. 159.
[6] DRUCE: Chem. News 118, 133 (1919).
[7] GREEN, WAHL: Ber. Dtsch. chem. Ges. 31, 1080 (1898).
[8] WALTHER: Journ. prakt. Chem. (2), 53, 436 (1896). — RUGGLI: Liebigs Ann. 412, 3, 8 (1916) (Dinitrotolan).

$$R \cdot NO_2 + 3\,C_6H_5NHNH_2 = R \cdot NH_2 + 3\,C_6H_6 + 2\,H_2O + 6\,N$$

unter Stickstoffentwicklung in Amine verwandelt.

Man arbeitet in passenden Autoklaven (PFUNGSTsche Röhre) und mißt den entwickelten Stickstoff.

Über die Reduktion von Acylazoarylen nach diesem Verfahren: PONZIO: Gazz. chim. Ital. **39 I**, 596 (1909). — Nitroazoderivate: GASTALDI: Gazz. chim. Ital. **41 II**, 319 (1911).

Ersatz von Nitrogruppen durch Hydroxyl mit Hilfe von Kaliumacetat (Nitroanthrachinone): SCHWENK: Journ. prakt. Chem. (2), **103**, 106 (1922).

4. Verfahren von GATTERMANN.[1]

Wenn die angeführten Methoden im Stich lassen, muß man das Nitroprodukt reduzieren und auf Aminogruppen prüfen.

Man kann z. B. aus Metanitrobenzaldehyd durch eine einzige Operation Metachlorbenzaldehyd darstellen, indem man den Nitrokörper mit der sechsfachen Menge konz. Salzsäure und $4^1/_2$ Teilen Zinnchlorür reduziert, ohne das Zinn zu fällen, mit der berechneten Menge Nitrit diazotiert und das gleiche Gewicht Kupferpulver einträgt.

Es ist wichtig, daß die Darstellung der freien Aminoverbindungen für die Durchführung der GATTERMANNschen Reaktion nicht notwendig ist.

So kann man das dem 3-Nitrosalicylaldehyd entsprechende Aminoprodukt auf keine Weise erhalten.[2] Dagegen ist die Zinndoppelverbindung des Aminosalicylaldehyds darstellbar, läßt sich ohne Schwierigkeit diazotieren und in 3-Bromsalicylaldehyd überführen.[3]

In anderen Fällen scheint es wieder vorteilhaft, die Aminoverbindung selbst von Spuren anhängenden Zinnchlorürs zu befreien. Siehe HEMMELMAYR: Monatsh. Chem. **35**, 4 (1914).

CALLAN, HENDERSON, STRAFFORD[4] empfehlen mit titrierter Nitritlösung zu arbeiten.[5]

Nach ihnen ist die Methode dort von großem Wert, wo der Nitrokörper glatt reduzierbar und diazotierbar ist.

Ungefähr $^1/_{20}$ Gramm-Mol der Substanz wird in überschüssiger verdünnter Salzsäure gelöst oder suspendiert und Zinkstaub in großem Überschuß nach und nach zugefügt, wobei die Reaktion durch entsprechendes Erwärmen in lebhaftem Gang erhalten wird.

Nach etwa 1 Stunde wird filtriert, verdünnt, mit Eis gekühlt und mit $^n/_2$-Nitritlösung titriert.

Bei dieser Methode ist die Bildung von chlorierten Aminen bedeutungslos, falls diese, wie dies meist der Fall ist, diazotierbar sind.

Man muß sich vergewissern, daß Säure und Zinkstaub eisenfrei, sind oder durch eine blinde Probe den Einfluß nach der Reduktion vorhandenen Ferrosalzes ermitteln.

2000 ccm $^n/_2$-Natriumnitritlösung entsprechen einem Gramm-Mol einer Mononitroverbindung.

---

[1] GATTERMANN: Ber. Dtsch. chem. Ges. **23**, 1222 (1890). — Siehe ERDMANN: Liebigs Ann. **272**, 141 (1893).   [2] TAEGE: Ber. Dtsch. chem. Ges. **20**, 2109 (1887).
[3] MÜLLER: Ber. Dtsch. chem. Ges. **42**, 3700 (1909).
[4] CALLAN, HENDERSON, STRAFFORD: Journ. Soc. chem. Ind. **39**, 88 (1920).
[5] Wenn die Autoren schreiben: „We have been unable to find any direct reference in the literature to this method" (i. e. Reduction of the nitrogroup to the aminogroup and subsequent determination of the latter), so liegt die Schuld an ihnen.

SCHWECHTEN[1] scheidet aus einer Diazoniumsalzlösung durch Fällen mit
$HgCl_2$ in KCl-Lösung oder $HgBr_2$ [$Hg(NO_3)_2$] in KBr-Lösung Komplexsalze
ab, trocknet mit Äther, verreibt mit der doppelten Menge KCl(Br),[2] füllt
in ein dünnwandiges, auf einer Seite geschlossenes Jenaer Glasrohr (1 m lang,
3 cm weit), das waagrecht eingespannt wird, bis zur Hälfte, setzt ein Steigrohr an und erhitzt vom Stopfen her. Ausbeute 80—90°.

5. Methode von KNECHT, HIBBERT.[3,4]

Wie bei den Azokörpern (S. 722) verläuft auch bei den Nitrokörpern die
Reduktion zu primären Aminen in saurer Lösung mit Titantrichlorid glatt und
quantitativ; dabei treten auf eine Nitrogruppe sechs Moleküle Trichlorid in
Reaktion. Obschon einige Nitrokörper intensiv farbig sind, können sie bei der
Titrierung nicht als ihre eigenen Indicatoren dienen, da die Farbe vor Vollendung
der Reduktion verschwindet. Infolgedessen muß für diese Bestimmungen die
indirekte Methode angewendet werden.

Zur Bestimmung von wasserunlöslichen Nitrokörpern hat HANS MEYER[5] das
Arbeiten in alkoholischer Lösung empfohlen.

KNECHT, HIBBERT[6] gehen gleichermaßen vor. Der Nitrokörper wird in
Alkohol gelöst und langsam in ein bekanntes Volumen eingestellter heißer Titantrichloridlösung eingetragen. Das Gemenge wird 5 Minuten im Kohlendioxydstrom gekocht, abgekühlt und der Überschuß an Titanlösung mit Eisenalaunlösung zurücktitriert. Es empfiehlt sich, zu diesen Bestimmungen erheblichen
Überschuß an Titanlösung zu verwenden. Da in der Regel beträchtliche Mengen
Alkohol zur Lösung des Nitrokörpers nötig sind, muß eine blinde Probe vorgenommen werden.

Die Methode erfordert eine verhältnismäßig kleine Einwaage und ist daher
für die Untersuchung von Farbstoffen in Pastenform od. dgl. nicht wohl anwendbar.

Ähnlich wie beim LIMPRICHTschen Verfahren geben auch Nitronaphthaline,
o-Nitroanisol, Nitrokresylmethylaether usw. zu niedrige Zahlen.[7]

Nach KNECHT[8] soll beim Nitronaphthalin die Salzsäuremenge so weit ein-
geschränkt werden, daß das Titanchlorür eben noch in Lösung gehalten wird,
aber auch so erhält man sehr schwankende und immer ungenügende Resultate.

Der Grund für derartige Mißerfolge liegt hier, wie bei der LIMPRICHTschen

---

[1] SCHWECHTEN: Ber. Dtsch. chem. Ges. **65**, 1605 (1932).

[2] Verpuffungsprobe im Reagensrohr!

[3] KNECHT, HIBBERT: Ber. Dtsch. chem. Ges. **36**, 166, 1554 (1903); **38**, 3318
(1905); **39**, 3482 (1906); **40**, 3820 (1907); Ind. engin. Chem. **9**, 694 (1917). — SINNAT:
Journ. of Gas Lighting **18**, 288 (1905); Proceed. chem. Soc. **21**, 297 (1905). — KNECHT:
Journ. Soc. Dyers Colourists **1903**, 169; **1905**, 111, 292; Journ. chem. Soc. London **125**,
1537 (1924). — STÄHLER: Ber. Dtsch. chem. Ges. **42**, 2696 (1909). — VAN DUIN:
Chem. Weekbl. **16**, 1111 (1919). — FLORENTIN, VANDENBERGHE: Bull. Soc. chim.
France (4), **27**, 162 (1920). — ENGLISH: Ind. engin. Chem. **12**, 994 (1920). — RATHS-
BURG: Ber. Dtsch. chem. Ges. **54**, 3183 (1921). — CALLAN, HENDERSON: Journ. Soc.
chem. Ind. **39**, 86 (1920); **41**, 157 (1922). — KOLTHOFF, ROBINSON: Rec. Trav. chim.
Pays-Bas **45**, 169 (1926). — RUGGLI, FISCHLI: Helv. chim. Acta **7**, 510 (1924). —
Potentiometrische Titration: DACHSELT: Ztschr. analyt. Chem. **68**, 404 (1926).

[4] Nitroparaffine: HENDERSON, MACBETH: Journ. chem. Soc. London **121**, 892
(1922).   [5] ADOLF LIEBEN-Festschr. 1906, 469; Liebigs Ann. **351**, 269 (1907).

[6] KNECHT, HIBBERT: Ber. Dtsch. chem. Ges. **40**, 3819 (1907). — WEIL: Monatsh.
Chem. **29**, 901 (1908).

[7] Überreduktion ergab sich beim Hexanitrotetraoxydiphenyl. RATHSBURG: Ber.
Dtsch. chem. Ges. **54**, 3183 (1921).

[8] KNECHT: New Reduction Methods in Volumetric Analysis, S. 130. 1918.

Methode, in der als Nebenreaktion stattfindenden Bildung chlorierter Amine. Alle Momente, die in letzterer Richtung wirken, verschlechtern das Resultat der Analyse. Hierher gehört das Vorhandensein größerer Mengen von Salzsäure oder die Anwesenheit von Alkohol. Für derartige Fälle empfehlen CALLAN, HENDERSON, STRAFFORD[1] und ebenso DUIN[2] die Anwendung von *Titanosulfat*. Eine geeignete Lösung stellt man dar, indem man zu der käuflichen zirka 12proz. Titanosulfatlösung (400 ccm) 1 : 4 verdünnte Schwefelsäure (500 ccm) fügt, einige Minuten kocht und abkühlen läßt.

Zur Titerstellung bringt man die Lösung in einen mit zweifach durchbohrtem Stopfen versehenen Kolben mit engen Zu- und Ableitungsröhren für Kohlendioxyd, kocht im Kohlendioxydstrom, läßt unter dem Gas erkalten und kann nunmehr mit Eisenalaunlösung titrieren.

Die Anwendung des Sulfats hat den großen Vorteil,[3] daß man in ziemlich konz. Lösung (nicht unter 5%) arbeiten und daher größere Einwaagen machen kann. Auch ist hier natürlich die Anwendung von Alkohol ohne Nachteil.

Wenn das Zurücktitrieren Schwierigkeiten macht,[4] empfiehlt es sich, nach BADER[4] und SALVATERRA[5] eine bekannte Menge überschüssige Methylenblaulösung zuzusetzen und mit Titanchlorid zu Ende zu titrieren.

Eine andere Verbesserung der Methode findet RADCLIFFE[6] in gewissen Fällen im Zumischen von *Acetanilid* zur Analysensubstanz.

Will man flüchtige Substanzen im offenen Gefäß untersuchen, so führt man sie in Sulfosäuren über, doch kann dieses Verfahren zur Verkohlung führen. KNECHT empfiehlt auch[6] die Anwendung von *Titanofluorid*.

Nach den Untersuchungen von PICCARD[7] beschleunigt der Zusatz von *Weinsäure* und gewisser anderer Säuren die Reaktionsgeschwindigkeit bei den Titrationen mit Titanchlorid katalytisch. Im allgemeinen sind die mehrwertigen Säuren (und Phenole) wirksam, die einwertigen nicht.

Sehr stark wirksam sind: Flußsäure, Oxalsäure, Glykolsäure, Milchsäure, Brenztraubensäure, Weinsäure, Äpfelsäure, Citronensäure, Brenzcatechin, Pyrogallol — unwirksam Salzsäure, Brom- und Jodwasserstoffsäure, die Fettsäuren, Benzoesäure usw., Schwefelsäure[8] ist schwach wirksam. Oxalsäure kann zu Fehlbestimmungen Veranlassung geben,[9] während Flußsäure sehr geeignet ist. *Es empfiehlt sich allgemein, bei der titrimetrischen Reduktion mit Titantrichlorid der Lösung zirka 1% Flußsäure zuzufügen.*[9,10]

Man arbeitet z. B. in Eisessiglösung, die man mit der entsprechenden Menge verdünnter Flußsäure versetzt.

Anwendung von Puffern: EVENSON, McCUTCHEN: Ind. engin. Chem. 20, 860 (1928). — MIKWITZ: Chem. Age 19, 19 (1928).

---

[1] CALLAN, HENDERSON, STRAFFORD: Journ. Soc. chem. Ind. 39, 87 (1920). — CALLAN, HENDERSON: Journ. Soc. chem. Ind. 41, 157 (1922). — Anwendung von Natriumcitrat: KOLTHOFF, ROBINSON: Rec. Trav. chim. Pays-Bas 45, 169 (1926).

[2] DUIN: Chem. Weekbl. 16, 1111 (1919); Rec. Trav. chim. Pays-Bas 39, 578 (1920).

[3] Dagegen ist das Sulfat viel luftempfindlicher (namentlich in der Hitze) als das Chlorid.

[4] BADER: Thèse, Lausanne 1917, 98. — RUGGLI, FISCHLI: Helv. chim. Acta 7, 511 (1924).   [5] SALVATERRA: Chem.-Ztg. 38, 90 (1914).

[6] RADCLIFFE: Journ. Soc. chem. Ind. 39, 88 (1920).

[7] PICCARD: Ber. Dtsch. chem. Ges. 42, 4341 (1909). — Siehe auch KNECHT: Journ. Soc. Dyers Colourists 1905, 111 (Triphenylmethanfarbstoffe).

[8] Entgegen den Angaben von STÄHLER: Ber. Dtsch. chem. Ges. 38, 2619 (1905).

[9] PUMMERER, ECKERT, GASSNER: Ber. Dtsch. chem. Ges. 47, 1501, 1505 (1914).

[10] PICCARD: Ber. Dtsch. chem. Ges. 42, 4341 (1909).

Mikrobestimmung:

4—8 mg Substanz in 4—8 ccm Essigsäure lösen, dazu 5 ccm 20proz. Na-Citratlösung und zirka 0,05 g festes $NaHCO_3$. Die Luft bei 50—60° durch CO_2 verdrängen. Zirka $^3n/_{100}$ $TiCl_3$-Lösung zutropfen bis Dunkelviolettfärbung. Noch 2 Minuten warten, dann 4 ccm konz. HCl und 1.5 ccm 10proz. KSCN zugeben und mit $^3n/_{100}$ Eisenalaun zurücktitrieren.[1]

6. Methode von KAUFLER.[2]

Dieses Verfahren, das ganz allgemein für die Bestimmung reduzierbarer Gruppen (NO_2-, NO-, NOH-) und Doppelbindungen anwendbar ist, hat GNEHM speziell auch für die quantitative Bestimmung von Nitrogruppen verwertet.

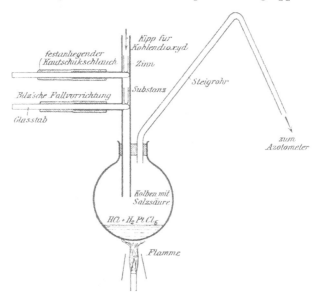

Abb. 192. Apparat von KAUFLER.

Die Substanz wird mit Salzsäure und Zinn, dessen Reduktionswert vorher genau bestimmt worden war und das in solchem Überschuß angewendet wird, daß nur die Gleichung:

$$Sn + 2\,HCl = SnCl_2 + H_2$$

realisiert wird, reduziert. Zur leichteren Lösung des Zinns wird bei allen Versuchen die gleiche Menge ganz verdünnter Platinchloridlösung zugegeben. Aus der Differenz des bei der Titerstellung gemessenen und des beim Reduktionsversuch entwickelten Wasserstoffs wird der zur Reduktion verbrauchte ermittelt.

Aus dem Apparat wird zunächst mit reinem Kohlendioxyd die Luft verdrängt und dann die Substanz und nach ihrer Auflösung das Zinn in das mit 20 ccm 15—20proz. Salzsäure und 1 ccm Platinchloridlösung beschickte Kölbchen einfallen gelassen. Der nicht verbrauchte Wasserstoff geht in das Azotometer, das mit 40proz. Kalilauge beschickt ist. Zum Schluß wird mit Kohlendioxyd nachgespült.

---

[1] MARUYAMA: Scient. Papers Inst. physical chem. Res. 16, 196 (1931).
[2] Privatmitteilung. — SCHINDLER: Diss. Zürich 18, 1906. — GNEHM: Journ. prakt. Chem. (2), 76, 412 (1907).

Dauer des ganzen Versuchs zirka 2 Stunden.

Die Anwendbarkeit der Methode ist an die Löslichkeit der Substanz in Salzsäure von 15—20% oder in Essigsäure genügender Stärke gebunden.

Über ähnliche Bestimmungen siehe: WILLSTÄTTER, PICCARD: Ber. Dtsch. chem. Ges. 41, 1471 (1908). — WIELAND, WECKER: Ber. Dtsch. chem. Ges. 43, 3268 (1910).

7. Analyse von Salpetersäureestern.[1]

Bei der Zerlegung von Salpetersäureestern ist die Salpetersäure als solche nicht zu fassen, da die organische Komponente mehr oder weniger stark reduzierend auf die Säure wirkt; die Reduktion kann bis zu elementarem Stickstoff und selbst bis zu Ammoniak führen.[2]

Kocht man aber z. B. Nitrocellulose mit Natronlauge bei Gegenwart von überschüssigem *Wasserstoffsuperoxyd,*[3] resultiert ausschließlich Nitrat und Nitrit; zugleich wird die Cellulose durch Hydrolyse vollkommen in lösliche Form übergeführt.

Beim Ansäuern der alkalischen, überschüssiges Wasserstoffperoxyd enthaltenden Lösung wird sodann die salpetrige Säure quantitativ zu Salpetersäure oxydiert,[4] so daß man auf diese Weise den Gesamtstickstoff in Form von Salpetersäure erhält, die nunmehr mit Nitron[5] gefällt und zur Wägung gebracht werden kann.

Die *Ausführung der Analyse* gestaltet sich folgendermaßen:

Zirka 0,2 g Nitrocellulose werden in einem nicht zu weiten ERLENMEYERkolben von 150 ccm Inhalt mit 5 ccm 30proz. Natronlauge und 10 ccm 3proz. Lösung von Wasserstoffperoxyd (reines MERCKsches Präparat) zunächst einige Minuten auf dem Wasserbad erwärmt, bis die erste Schaumbildung vorüber ist und dann auf freier Flamme gekocht, wobei meist innerhalb weniger Minuten Lösung erfolgt. Man fügt alsdann noch 40 ccm Wasser und 10 ccm Peroxydlösung hinzu und läßt in die auf 50° erwärmte Flüssigkeit mit einer Pipette 40 ccm 5proz. Schwefelsäure am Boden des Gefäßes einlaufen. Nachdem die Flüssigkeit nunmehr bis zirka 80° erwärmt wurde, wird sie mit 12 ccm Nitronacetatlösung versetzt; man läßt erkalten und stellt das Gefäß darauf für 1$^1/_2$ bis 2 Stunden an einen kühlen Ort, am besten in Eiswasser. Das Nitrat wird abgesaugt, mit dem Filtrat nachgespült und schließlich mit 10 ccm Eiswasser in 3—4 Portionen nachgewaschen. Durch $^3/_4$stündiges Trocknen bei 110° erreicht man Gewichtskonstanz.

Einen anderen Weg, den der vollständigen Reduktion des Stickstoffs zu Ammoniak, schlagen SILBERRAD, PHILIPS, MERRIMAN[6] zur *Bestimmung von Nitroglycerin, Cordit* usw. ein.

Abb. 193a zeigt den Apparat für die Extrahierung und Verseifung des Nitroglycerins und Abb. 193b den, der zur Reduktion des Produkts zu Ammoniak dient. Es ist zu bemerken, daß der Extraktions- und Verseifungsapparat durchaus mit Glasschliffen und mit einem gut wirkenden Kühler ausgestattet sein müssen. Diese Vorsichtsmaßregeln sind notwendig, um Verluste an Nitroglycerin, das mit den Aetherdämpfen ziemlich leicht flüchtig ist, zu vermeiden.

---

[1] Siehe auch WOHL, POPPENBERG: Ber. Dtsch. chem. Ges. 36, 676 (1903). — DÉBOURDEAUX: Bull. Soc. chim. France (3), 31, 1, 3 (1904).

[2] HÄUSSERMANN: Ber. Dtsch. chem. Ges. 38, 1624 (1905).

[3] BUSCH: Ztschr. angew. Chem. 19, 1329 (1906). — BUSCH, SCHNEIDER: Ztschr. ges. Schieß- u. Sprengstoffwesen 1, 232 (1906). — UTZ: Ztschr. analyt. Chem. 47, 142 (1908). [4] BUSCH: Ber. Dtsch. chem. Ges. 39, 1401 (1906).

[5] WINKLER: Ztschr. angew. Chem. 34, 383 (1921). — Siehe auch S. 656.

[6] SILBERRAD, PHILIPS, MERRIMAN: Ztschr. angew. Chem. 19, 1603 (1906).

Die direkte Bestimmung des Nitroglycerins im Cordit geschieht in der folgenden Weise:

Eine abgewogene Menge des pulverisierten Cordits, genügend, um etwa 2 g Nitroglycerin zu liefern, wird in einer Extraktionshülse in den SOXHLETapparat A, der, wie aus der Abbildung ersichtlich ist, aufgestellt wird, eingefüllt; 80 ccm absoluter Aether werden in den Kolben gegossen und die Extraktion in gewöhnlicher Weise ausgeführt. Die Extraktionshülse, welche die zurückgebliebene Nitrocellulose enthält, wird mit etwas frisch destilliertem Aether nachgewaschen und aus dem Extraktionsapparat entfernt. Die Absorptionskolben C, welche 10 ccm $n/10$-Säure enthalten, werden nun angesetzt und Natriumalkoholat (etwa 50 ccm einer Lösung aus 5 g Natrium in 100 ccm absolutem Alkohol bereitet) langsam durch das Seitenrohr D hinzugegeben. Die Reaktion geht rasch vor sich und wird durch 6stündiges Erwärmen auf dem Wasserbad vollendet; ihren

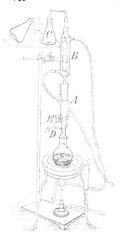

Abb. 193a und 193b. Apparate von SILBERRAD, PHILIPS, MERRIMAN.

Verlauf kann man durch zeitweises Nehmen von kleineren Proben mittels des Hahns E verfolgen, die mit Diphenylamin und Schwefelsäure auf Nitroglycerin geprüft werden.

Der Aether wird dann in A des SOXHLETapparats destilliert und durch E abgelassen. Der Rückstand wird in Wasser aufgenommen und auf 250 ccm verdünnt, wobei auch die wässerigen und aetherischen Waschflüssigkeiten zur Lösung zugesetzt werden. 50 ccm Lösung werden in den Kolben F des Reduktionsapparats eingefüllt und hierzu ein Gemisch von 50 g Zinkeisen (2 Teilen Zink und 1 Teil Eisen) und 50 ccm 40proz. Natronlauge gefügt. Das Ammoniak wird hierauf in einem langsamen Luftstrom abdestilliert und durch die im Absorptionskolben H enthaltene Säure (etwa 75 ccm $n/10$-Säure) absorbiert. Der Überschuß der Säure wird dann durch Rücktitration bestimmt.

1 ccm $n/10$-Säure entspricht 0,00757 g Nitroglycerin.

Anwendung des *Nitrometers* für die Untersuchung von *Nitraminen* und *Nitrosaminen:* COPE, BARAB: Journ. Amer. chem. Soc. 38, 2552 (1916); Ztschr. analyt. Chem. 59, 261 (1920).[1] — Nitrocellulose: BECKETT: Journ. chem. Soc. London 117, 220 (1920). — HUFF, LEITSCH: Journ. Amer. chem. Soc. 44, 2643 (1922). — RASSOW, DÖRR: Journ. prakt. Chem. (2), 108, 157 (1924).

---

[1] Siehe auch S. 743.

Vierter Abschnitt.

Jodoso- und Jodogruppe.

I. Qualitative Reaktionen.[1]

Die *Jodosoverbindungen* sind mit wenigen Ausnahmen (o-Jodosobenzoesäure) gelbe, amorphe Substanzen, die sich leicht (beim Erhitzen oder längeren Aufbewahren) in Jodderivate und Jodoverbindungen umsetzen. Sie scheiden aus Jodkaliumlösung Jod ab, besitzen basischen Charakter und bilden gut krystallisierende Salze, die von den hypothetischen Hydroxyden $RJ\begin{subarray}{l}\diagup OH\\\diagdown OH\end{subarray}$ ableitbar sind.

Die *Jodoverbindungen* sind krystallisierbar, farblos, beim Erhitzen explosiv und haben keinen basischen, vielmehr Superoxydcharakter.

Die *Jodoniumbasen* $\begin{subarray}{l}Ar\\Ar\end{subarray}\!\!>\!\!J\!-\!OH$ sind in Wasser leicht lösliche, stark alkalische Stoffe, die in ihrem Verhalten vollkommene Analogie mit den Ammonium- (Sulfonium-, Arsonium-) Basen zeigen.

II. Quantitative Bestimmung der Jodosogruppe JO und der Jodogruppe JO₂.

Jodoverbindungen sowie Jodosoverbindungen scheiden, wenn sie in Jodkaliumlösung bei Anwesenheit von Eisessig, Salzsäure oder verdünnter Schwefelsäure umgesetzt werden, eine dem Sauerstoff äquivalente Menge Jod aus, so daß also von Jodoverbindungen 4 Atome Jod, von Jodosoverbindungen 2 Atome Jod freigemacht werden.

Zur quantitativen Bestimmung des aktiven Sauerstoffs wird die Substanz im zugeschmolzenen Rohr 4 Stunden mit angesäuerter Jodkaliumlösung, die durch Auskochen von Luft befreit war, auf dem Wasserbad erwärmt. Das Rohr ist mit Kohlendioxyd zu füllen.[2]

Oder man digeriert die Substanz in konz. Jodkaliumlösung mit nicht zu wenig Eisessig und verdünnter Schwefelsäure auf dem Wasserbad.[3]

Nach beendigter Reaktion läßt man, ohne Indicator, $n/10$-Natriumthiosulfatlösung so lange hinzutröpfeln, bis die Jodlösung vollständig entfärbt ist.

Wird Jod von den durch Reduktion der Sauerstoffverbindungen entstehenden Jodiden in Lösung gehalten, was immer dann der Fall ist, wenn man mit Hilfe von Salz- oder Schwefelsäure arbeitet, so hat man beim Titrieren so lange umzurühren und zu erwärmen, bis das gelöste Jod vollständig abgegeben ist.

---

[1] WILLGERODT: Journ. prakt. Chem. (2), **33**, 154 (1886); **49**, 466 (1894); Ber. Dtsch. chem. Ges. **25**, 3494 (1892); **26**, 357, 1307, 1532, 1802, 1947 (1893); **27**, 590, 1790, 1826, 1903, 2328 (1894); **29**, 1568 (1896); **31**, 915 (1898); **33**, 841, 853 (1900); D. R. P. 68574 (1892). — OTTO: Ber. Dtsch. chem. Ges. **26**, 305 (1893). — ASKENASY, V. MEYER: Ber. Dtsch. chem. Ges. **26**, 1354 (1893). — TÖHL: Ber. Dtsch. chem. Ges. **26**, 1354 (1893). — ALLEN: Ber. Dtsch. chem. Ges. **26**, 1730 (1893). — KLOEPPEL: Ber. Dtsch. chem. Ges. **26**, 1735 (1893). — V. MEYER: Ber. Dtsch. chem. Ges. **26**, 2118 (1893). — GÜMBEL: Ber. Dtsch. chem. Ges. **26**, 2473 (1893). — ABBES: Ber. Dtsch. chem. Ges. **26**, 2953 (1893). — HARTMANN, V. MEYER: Ber. Dtsch. chem. Ges. **26**, 1727 (1893); **27**, 426, 502, 1592 (1894). — GRAHL: Ber. Dtsch. chem. Ges. **28**, 89 (1895). — LANGMUIR: Ber. Dtsch. chem. Ges. **28**, 96 (1895). — McCRAE: Ber. Dtsch. chem. Ges. **28**, 97 (1895). — PATTERSON: Journ. chem. Soc. London **69**, 1007 (1896). — BAMBERGER, HILL: Ber. Dtsch. chem. Ges. **33**, 533 (1900). — WILLGERODT, SCHLÖSSER: Ber. Dtsch. chem. Ges. **33**, 692 (1900). — KIPPING, PETERS: Proceed. chem. Soc. **16**, 62 (1900). [2] V. MEYER, WACHTER: Ber. Dtsch. chem. Ges. **25**, 2632 (1892).

[3] WILLGERODT: Ber. Dtsch. chem. Ges. **25**, 3495 (1892).

Bezeichnet man mit s das Gewicht des zu titrierenden Stoffs, mit c die Zahl der Kubikzentimeter der $^n/_{10}$-Thiosulfatlösung, die beim Titrieren des Jods verbraucht wird, so berechnet sich der Sauerstoffgehalt der Jodo- und Jodosoverbindungen in Prozenten nach der Gleichung:

$$O = \frac{0,8 \cdot c \cdot 100}{1000\,s} = 0,08\,\frac{c}{s}\,\%.$$

Auf diese Weise lassen sich auch Jodoso- und Jodophenylarsinsäuren analysieren.[1]

Fünfter Abschnitt.

Peroxyde und Persäuren.[2]

I. Qualitative Reaktionen.

Die Peroxyde R—O—O—R und Peroxydsäuren

$$\begin{array}{cc} \text{R—CO—O—O—CO—R} \\ | \qquad\qquad | \\ \text{COOH} \qquad \text{HOOC} \end{array}$$

entsprechen in ihrem Verhalten der gewöhnlichen Überschwefelsäure, die Persäuren R·CO—O—OH dem CAROschen Reagens.

Die Peroxyde und Peroxydsäuren reduzieren Goldchloridlösungen,[3] scheiden[4] aus angesäuerter Jodkaliumlösung langsam[5] Jod aus, sind auf Chromsäure, Molybdänsäure und Titansäure ohne Einwirkung[6] und reagieren nicht mit Guajac- oder Indigotinktur. Sie sind in reinem Zustand zum Teil geruchlos oder riechen aetherisch. Das Acetylsuperoxyd, Methylhydroperoxyd[7] und das Dimethylperoxyd besitzen stechenden Geruch.

Durch Hydrolyse gehen die Peroxydsäuren mehr oder weniger leicht in die sehr reaktionsfähigen Persäuren über, die chlorkalkähnlich riechen, aus Jodkaliumlösung selbst bei Gegenwart von Bicarbonat momentan Jod und aus Anilinwasser Nitrosobenzol zur Abscheidung bringen. Sie sind explosiv, verpuffen oft auch in Berührung mit konz. Schwefelsäure,[8] bilden beim Kochen mit verdünnten Säuren oder Laugen Wasserstoffsuperoxyd, werden in wässeriger Lösung rascher als in fester Form zerstört, bläuen Indigotinktur, oxydieren Salzsäure zu Chlor, Ferroacetat zum Ferrisalz und bräunen die Lösung des Manganoacetats. Sie geben geruchlose, unbeständige Alkalisalze.

[1] KARRER: Ber. Dtsch. chem. Ges. **47**, 98 (1914).

[2] BRODIE: Suppl. **3**, 217 (1864). — LEGLER: Ber. Dtsch. chem. Ges. **14**, 602 (1881); **18**, 3343 (1885); Liebigs Ann. **217**, 383 (1883). — PECHMANN, VANINO: Ber. Dtsch. chem. Ges. **27**, 1510 (1894). — WOLFFENSTEIN: Ber. Dtsch. chem. Ges. **28**, 2265 (1895). — VANINO, THIELE: Ber. Dtsch. chem. Ges. **29**, 1724 (1896). — NEF: Liebigs Ann. **298**, 292, 328 (1897). — BAEYER, VILLIGER: Ber. Dtsch. chem. Ges. **32**, 3625 (1899); **33**, 125, 858, 1569, 2479, 3387 (1900); **34**, 738, 762 (1901). — WILLSTÄTTER, HAUENSTEIN: Ber. Dtsch. chem. Ges. **42**, 1846 (1909). — GELISSEN, HERMANS: Ber. Dtsch. chem. Ges. **58**, 285, 476, 479, 764, 765, 770, 984, 2396, 2706 (1925); **59**, 63 (1926).

[3] VANINO, HERZER: Arch. Pharmaz. **253**, 436 (1915).

[4] CROSS, BEVAN: Ztschr. angew. Chem. **20**, 570 (1907). — ZIMMERMANN: Ztschr. angew. Chem. **20**, 1280 (1907). — DITZ: Chem.-Ztg. **31**, 834 (1907).

[5] Durch Zusatz von Eisessig oder Alkohol wird die Reaktion beschleunigt: CLOVER, RICHMOND: Amer. chem. Journ. **29**, 198 (1903). — Siehe auch RIECHE, BRUMSHAGEN: Ber. Dtsch. chem. Ges. **61**, 952 (1928). — RIECHE, HITZ: Ber. Dtsch. chem. Ges. **62**, 2461 (1929).

[6] Teilweise reagieren die Alkylperoxyde und Oxy-dialkylperoxyde mit Titantrichlorid recht energisch: RIECHE: Ber. Dtsch. chem. Ges. **63**, 2643 (1930). — RIECHE, HITZ: a. a. O. — RIECHE, BRUMSHAGEN: a. a. O.

[7] RIECHE, HITZ: Ber. Dtsch. chem. Ges. **62**, 2460 (1929).

[8] VANINO, UHLFELDER: Ber. Dtsch. chem. Ges. **37**, 3624 (1904).

Mit *Diphenylamin* und *konz. Schwefelsäure*[1] geben die Superoxyde Blaufärbung, die jedoch meist bald mißfarbig wird.

Diperoxyde: ENGLER, FRANKENSTEIN: Ber. Dtsch. chem. Ges. 34, 2940 (1901). Die Persäuren sind in Wasser löslich, die Peroxyde (mit Ausnahme des Acetylperoxyds) nicht. Durch Schütteln der wässerigen Lösung einer Persäure mit Säureanhydriden oder Benzoylchlorid entsteht das entsprechende Peroxyd.[2] (Unterscheidung von Wasserstoffsuperoxyd.)

Verhalten gegen Eisenpentacarbonyl: MILLASCH: Ztschr. angew. Chem. 30, 585 (1928).

Sulfopersäuren: WILLSTÄTTER, HAUENSTEIN: Ber. Dtsch. chem. Ges. 42, 1848 (1909).

Reduktion der Peroxyde mit Platin und Wasserstoff: WILLSTÄTTER, HAUENSTEIN: Ber. Dtsch. chem. Ges. 42, 1850 (1909). — Siehe PICTET, JENNY: Ber. Dtsch. chem. Ges. 40, 1174 (1907). — LOOSER: Diss. Göttingen, 40 1914.

II. Quantitative Bestimmung des aktiven Sauerstoffs.

1. Verfahren von PECHMANN, VANINO.[3]

Eine bekannte Menge Superoxyd wird mit einem bekannten Volumen titrierter, saurer Stannochloridlösung in Kohlendioxydatmosphäre erwärmt, bis — nach etwa 5 Minuten — alles in Lösung gegangen ist.

Nach dem Abkühlen wird mit $n/_{10}$-Jodlösung zurücktitriert.

GELISSEN, HERMANS lösen das *Benzoylperoxyd* in Aceton, versetzen mit konz. wässeriger Jodkaliumlösung, säuern schwach an und titrieren nach Verdünnen mit wenig Wasser das ausgeschiedene Jod.[4]

2. Verfahren von BAEYER, VILLIGER.[5]

In einem Kölbchen von bekanntem Inhalt, das mit Gaszuleitungsrohr und Tropftrichter versehen ist, wird reine Zinkfeile abgewogen, das Kölbchen mit einem mit Wasser gefüllten Meßrohr in Verbindung gebracht, Eisessig und darauf verdünnte Salzsäure einfließen gelassen und so lange erwärmt, bis das Zink vollständig gelöst ist. Schließlich wird das im Kolben befindliche Gas durch Füllen mit Wasser übergetrieben. Das abgelesene Gasvolumen weniger Kolbeninhalt ist dann gleich dem des entwickelten Wasserstoffs.

Bei einem zweiten Versuch wird die Substanz mit Eisessig verdünnt, Salzsäure zugegeben und abgekühlt. Nach Beendigung der Reaktion, die man an einer beginnenden Gasentwicklung erkennt, wird, wie oben beschrieben, weiter verfahren.

BAEYER, VILLIGER haben[6] noch ein zweites Verfahren angegeben: Man vermischt die Substanz mit überschüssiger, mit Essigsäure und 50proz. Schwefelsäure angesäuerter Jodkaliumlösung, läßt 24 Stunden im Dunkeln stehen und titriert das ausgeschiedene Jod mit Thiosulfat.

Daneben wird in gleicher Weise ein blinder Versuch gemacht.

Dieses Verfahren haben auch CLOVER, RICHMOND, HOUGHTON mit Erfolg angewendet[7] und ebenso D'ANS, FREY.[8]

---

[1] VANINO, UHLFELDER: Ber. Dtsch. chem. Ges. 33, 1048 (1900).

[2] CLOVER, RICHMOND: Amer. chem. Journ. 29, 181 (1903).

[3] PECHMANN, VANINO: Ber. Dtsch. chem. Ges. 27, 1512 (1894).

[4] Ber. Dtsch. chem. Ges. 59, 68 (1926).

[5] BAEYER, VILLIGER: Ber. Dtsch. chem. Ges. 33, 3390 (1900).

[6] BAEYER, VILLIGER: Ber. Dtsch. chem. Ges. 34, 740 (1901). — Siehe dazu VANINO, HERZER: Arch. Pharmaz. 253, 437 (1915). — MARKS, MORNELL: Analyst 54, 503 (1929).

[7] CLOVER, RICHMOND, HOUGHTON: Amer. chem. Journ. 29, 184 (1903); 32, 43 (1904).   [8] D'ANS, FREY: Ztschr. anorgan. allg. Chem. 84, 146 (1913).

3. Verfahren von PICTET.[1]

Diese Methode wurde zur Bestimmung des aktiven Sauerstoffs in Aminperoxyden benutzt.

In die warme, salzsaure und mit Bariumchlorid versetzte wässerige Lösung, z. B. von Brucin- oder Strychninperoxyd, wird Schwefeldioxyd eingeleitet. Dann wird gekocht, um das Schwefeldioxyd zu verjagen und das entstandene Bariumsulfat gewogen.

III. Quantitative Bestimmung des Chinonsauerstoffs.[2]

1. Viele Chinone, vor allem die Benzochinone, auch Naphthochinon,[3] Anthradichinon[4] und parachinoide Stoffe überhaupt werden durch Jodwasserstoffsäure glatt nach der Gleichung:

$$C_6H_4O_2 + 2\,HJ = C_6H_4(OH)_2 + J_2$$

reduziert.

Das freiwerdende Jod kann, wie bei der Analyse der Peroxyde angegeben, bestimmt werden.

VALEUR[5] verfährt folgendermaßen:

Man wägt so viel Chinon ab, daß die Menge des zu erwartenden Jods 0,2 bis 0,5 g beträgt (gewöhnlich zirka 0,2 g Chinon) und löst es in wenig 95proz. Alkohol. Anderseits werden 20 ccm konz. Salzsäure mit dem gleichen Volumen Alkohol von 95% unter Kühlung vermischt. Dann fügt man zur Salzsäure noch 20 ccm 10proz. Jodkaliumlösung und gießt diese Mischung sofort zur alkoholischen Chinonlösung. Das in Freiheit gesetzte Jod wird nunmehr mit $n/_{10}$-Thiosulfatlösung titriert.

Ebenso kann man *Chinhydrone* analysieren. In dieser Form ist das VALEURsche Verfahren nur für reine Chinonlösungen oder für Chinone (Chinhydrone), die in Substanz vorliegen, zu verwenden. Stärke ist nicht anwendbar, daher der Endpunkt nicht zu erkennen, wenn gefärbte Verunreinigungen zugegen sind.

Für solche Fälle haben WILLSTÄTTER, DOROGI folgendes modifiziertes Verfahren angegeben: Man fügt in einem Scheidetrichter zur aetherischen[6] Chinonlösung für zirka 0,2 g Chinon 2 ccm 30proz. Jodkaliumlösung und 1 ccm 30proz. Schwefelsäure und versetzt evtl. mit konz. Bicarbonatlösung.[7] Dann wird über-

[1] PICTET, MATTHISSON: Ber. Dtsch. chem. Ges. **38**, 2784 (1905). — PICTET, JENNY: Ber. Dtsch. chem. Ges. **40**, 1174 (1907). — MOSSLER: Monatsh. Chem. **31**, 335 (1910).
[2] Qualitativ läßt sich Chinon durch die Violettfärbung seiner indifferenten Lösungen mit Dimethylanilin nachweisen: PUMMERER: Ber. Dtsch. chem. Ges. **46**, 3883 (1913). [3] KURT H. MEYER: Ber. Dtsch. chem. Ges. **42**, 1153 (1909).
[4] DIMROTH, SCHULTZE: Liebigs Ann. **411**, 347 (1916).
[5] VALEUR: Compt. rend. Acad. Sciences **129**, 552 (1899). — CASOLARI: Gazz. chim. Ital. **39** I, 589 (1909). — KURT H. MEYER: Ber. Dtsch. chem. Ges. **42**, 1151 (1909). — SIEGMUND: Journ. prakt. Chem. (2), **82**, 411 (1910). — WIELAND: Ber. Dtsch. chem. Ges. **43**, 716 (1910). — PUMMERER, CHERBULIEZ: Ber. Dtsch. chem. Ges. **52**, 1401, 1412 (1919). — MEYER, BILLROTH: Ber. Dtsch. chem. Ges. **52**, 1482 (1919). — MÖRNER: Ztschr. physiol. Chem. **117**, 69 (1921). — ZAHN, OCHWAT: Liebigs Ann. **462**, 86 (1928). — FRIES, KOCH, STUKENBROCK: Liebigs Ann. **468**, 179 (1929).
[6] Oft besser Chloroform oder Benzollösung: BÖCK, LOCK: WEGSCHEIDER-Festschr. 1929, 890, 891, 894.
[7] Nicht durchschütteln! Die Reaktion muß sauer bleiben: WILLSTÄTTER, MAJIMA: Ber. Dtsch. chem. Ges. **43**, 1173 (1910). — Vielleicht ist es noch besser, das Bicarbonat ganz wegzulassen und die Thioschwefelsäure genügend zu verdünnen. Man gibt in den Scheidetrichter nach dem Freimachen des Jods ohne zu schütteln 60 ccm Wasser und portionenweise je 10 ccm $n/_{10}$Thiosulfat und schüttelt jedesmal kurz um. Ist die Aetherschicht hellrotbraun geworden, so wird vorsichtig zu Ende titriert. — GOLDSCHMIDT, BERNARD: Ber. Dtsch. chem. Ges. **56**, 1965 (1923).

schüssiges $n/_{10}$-Thiosulfat zugegeben und die wässerige Schicht mit dem Rest von Thiosulfat abgelassen. Nun kann unter Anwendung von Stärke zurücktitriert werden.[1]

2. α- und β-Naphthochinon können mit Zinnchlorür quantitativ reduziert werden.[2]

a) *Bestimmung von α-Naphthochinon.* In eine alkoholische Lösung des Chinons wird eine $n/_{10}$-Lösung von Zinnchlorür in 2proz. Salzsäure einfließen gelassen, bis die gelbe Färbung fast verschwunden ist. Dann wird mit einem Gemisch gleicher Teile Phenylhydrazin und Alkohol getüpfelt, bis keine Rotfärbung mehr auftritt.

Man kann auch die alkoholische Chinonlösung mit 3—4 Tropfen reinem Anilin zum Sieden erhitzen und die nunmehr hellrote Lösung mit Zinnchlorür siedend bis zur Entfärbung titrieren. Ist der Endpunkt überschritten, kann man mit Chinonlösung zurücktitrieren.

1 Mol Chinon erfordert 2 Mol $SnCl_2$.

b) Zur *Bestimmung des β-Naphthochinons* wird die aetherische Lösung mit $n/_{10}$-Zinnchlorür titriert. Zunächst entsteht eine schwarzgrüne, opake Lösung, bis bei weiterem Zinnchlorürzusatz plötzlich Aufhellung und Entfärbung eintritt.

1 Mol Chinon erfordert 1 Mol $SnCl_2$.

Die Reaktion verläuft bei höhermolekularen Chinonen nicht mehr vollständig. Man muß hier den Überschuß an Jodwasserstoffsäure vergrößern (6 ccm 30proz. Jodkaliumlösung und 3 ccm 30proz. Schwefelsäure) und arbeitet mit kohlendioxydgesättigtem Aether und in Kohlendioxydatmosphäre. Auch bei den einfacheren Chinonen bietet diese Arbeitsweise Vorteile.

WIELAND[3] reduziert das in mineralsaurer Lösung befindliche Chinon mit wenig Zinkstaub, filtriert die farblose Lösung, setzt einen kleinen Überschuß an Bicarbonat zu und titriert das Hydrochinon mit $n/_{10}$-Jodlösung unter Anwendung von Stärke als Indicator.

Über *Chinonbestimmung mit schwefliger Säure* siehe: NIETZKI: Liebigs Ann. 215, 128 (1882). — MÜLLER: Diss. München 60, 1908. — WILLSTÄTTER, DOROGI: Ber. Dtsch. chem. Ges. 42, 2165, Anm. (1909). — KÖGL, ERXLEBEN: Liebigs Ann. 484, 78 (1930). Titration des Xylindeinnatriums mit Hydrosulfit.

Methode von KNECHT, HIBBERT.[4]

Titantrichlorid reduziert Chinone nach der Gleichung:

$$R \begin{array}{c} =O \\ \\ =O \end{array} + 2\,TiCl_3 + 2\,HCl = R \begin{array}{c} -OH \\ \\ -OH \end{array} + 2\,TiCl_4.$$

Die Bestimmung kann einerseits dadurch geschehen, daß das in *kaltem* Wasser gelöste Chinon[5] mit einem Überschuß eingestellter Titantrichloridlösung versetzt wird und das unverbrauchte Titantrichlorid mit Eisenalaun unter Verwendung von Rhodankalium als Indicator zurücktitriert wird. Anderseits kann

---

[1] WILLSTÄTTER, DOROGI: Ber. Dtsch. chem. Ges. 42, 2165 (1909). — WILLSTÄTTER, MAJIMA: Ber. Dtsch. chem. Ges. 43, 1171 (1910). — GOLDSCHMIDT, RENN: Ber. Dtsch. chem. Ges. 55, 639 (1922).

[2] BOSWELL: Journ. Amer. chem. Soc. 29, 230 (1907). — 1.4.5.8-Naphthodichinon: ZAHN, OCHWAT: Liebigs Ann. 462, 86 (1928).

[3] WIELAND: Ber. Dtsch. chem. Ges. 43, 715 (1910).

[4] KNECHT, HIBBERT: Ber. Dtsch. chem. Ges. 43, 3455 (1910). — H. u. W. SUIDA: Liebigs Ann. 416, 119 (1918). — Siehe S. 722.

[5] Das relativ wenig lösliche o-Naphthochinon wird zuerst in Eisessig gelöst und die Lösung dann in Wasser gegossen.

die Titration *direkt* geschehen unter Verwendung einer Spur *Methylenblau als Indicator*. Es zeigt sich nämlich bei der Titration die Erscheinung, daß das Chinon selektiv und quantitativ reduziert wird, bevor Reduktion und Entfärbung des Methylenblaus eintritt.

Methode von WILLSTÄTTER, CRAMER siehe S. 723.

Achtes Kapitel.

Schwefelhaltige Atomgruppen.

Erster Abschnitt.

Mercaptane R · SH, Thiosäuren R · COSH und Thioaether RSCH₃.

I. Qualitative Reaktionen.

Die Mercaptane geben mit den Schwermetallen charakteristische Salze.

Die *Blei-* und *Kupfersalze*[1] sind meist gelb; die *Quecksilbersalze* farblos und oftmals gut (aus Alkohol) umkrystallisierbar.[2] Sie zerfallen beim Erhitzen in Quecksilber und Dialkylsulfid,[3] während die übrigen Mercaptide zumeist neben Dialkylsulfid das entsprechende Metallsulfid liefern.[4]

Die Mercaptide der Edelmetalle[5] werden durch Salzsäure nicht angegriffen.[6]

Mit 3.5-Dinitrobenzoylchlorid in Pyridinlösung und ebenso mit 3-Nitrophthalsäureanhydrid geben die Mercaptane fast farblose, geruchlose, gut krystallisierende Derivate, von denen die letzteren als saure Ester titriert werden können.[7]

Schwache Oxydationsmittel, selbst Hydroxylamin,[8] oxydieren zu Disulfiden.[9] Ebenso wirkt verdünnte Salpetersäure,[10] während starke Oxydationsmittel in Sulfosäuren überführen.[11]

Die Thiophenole geben mit Vitriolöl erhitzt (rote bis) blaue Färbungen.[12]

Die Sulfhydrate zeigen ganz allgemein mit Eisenchlorid intensive Färbungen (blutrot oder dunkelrot mit Braun- oder Violettstich).[13]

Nascierende salpetrige Säure[14] gibt mit primären und sekundären aliphati-

---

[1] Mercaptanbestimmung mit Cuprichlorid: SCHULZE, CHANEY: Ztschr. analyt. Chem. **102**, 217 (1935). — Mit Kupferoleat: BOND: Ztschr. analyt. Chem. **102**, 218 (1935).

[2] BERTRAM: Ber. Dtsch. chem. Ges. **25**, 63 (1892). — WERTHEIM: Journ. Amer. chem. Soc. **51**, 3661 (1929). [3] OTTO: Ber. Dtsch. chem. Ges. **13**, 1289 (1880).

[4] KLASON: Ber. Dtsch. chem. Ges. **20**, 3412 (1887).

[5] HOFMANN, RABE: Ztschr. angorgan. allg. Chem. **14**, 293 (1897). — HERRMANN: Ber. Dtsch. chem. Ges. **38**, 2813 (1905).

[6] KLASON: Journ. prakt. Chem. (2), **67**, 3 (1903).

[7] WERTHEIM: Journ. Amer. chem. Soc. **51**, 3661 (1929).

[8] FASBENDER: Ber. Dtsch. chem. Ges. **21**, 1471 (1888).

[9] Luftsauerstoff und Ammoniak: VOGT: Liebigs Ann. **119**, 150 (1861). — Vitriolöl: ERLENMEYER, LISENKO: Ztschr. Chem. **1861**, 660. — Wasserstoffsuperoxyd mit Fe oder Cu: PIRIE: Biochemical Journ. **25**, 1565 (1931).

[10] STENHOUSE: Liebigs Ann. **149**, 250 (1869).

[11] AUTENRIETH: Liebigs Ann. **259**, 363 (1890).

[12] BAUMANN, PREUSSE: Ztschr. physiol. Chem. **5**, 321 (1881). — TABOURY: Ann. chim. phys. (8), **15**, 5 (1908).

[13] ANDREASCH: Ber. Dtsch. chem. Ges. **12**, 1391 (1879). — CLAËSSON: Ber. Dtsch. chem. Ges. **14**, 411 (1881). — BAUMANN: Ztschr. physiol. Chem. **8**, 301 (1884). — MÖRNER: Ztschr. physiol. Chem. **28**, 611 (1900). — KALLENBERG: Ber. Dtsch. chem. Ges. **56**, 321 (1923).

[14] VORLÄNDER, MITTAG: Ber. Dtsch. chem. Ges. **52**, 422 (1919). — RHEINBOLDT: Ber. Dtsch. chem. Ges. **59**, 1311 (1926); **60**, 184 (1927). — Reaktion mit Aethyl- oder Amylnitrit: LECHER: Ber. Dtsch. chem. Ges. **59**, 2597, 2600 (1926).

schen Mercaptanen eine rote, mit tertiären und aromatischen eine erst grüne, dann rote Färbung (Dichroismus). Thiolsäuren reagieren wie die tertiären Mercaptane.

Man überschichtet festes Natriumnitrit mit der Lösung des zu prüfenden Stoffs, gibt vorsichtig verdünnte Schwefelsäure zu und schüttelt.

In Eisessiglösungen wirft man Nitritkryställchen ein.

Alkohollösungen vermischt man mit einer klaren, wässerig alkoholischen Nitritlösung und säuert mit Essigsäure an.

Aromatische Säuren vom Typus $R \cdot CH = C(SH) \cdot COOH$ färben sich in alkalischer Lösung smaragd- bis olivengrün (α-Sulfhydrozimtsäuren), Säuren vom Typus der Sulfhydrylcroton- oder -acrylsäuren blau.[1]

Die ebenfalls schwer löslichen Metallsalze der Thiosäuren zerfallen sehr leicht unter Abscheidung von Metallsulfid und analog verhalten sich die freien Säuren. Über Thioessigsäure siehe S. 625.

Mercaptane und Alkoholate bilden die charakteristischen Dithiourethane.[2]

In alkalischer Lösung lassen sich die Mercaptane mit Dimethylsulfat methylieren. Diese Derivate können durch Wasserstoffsuperoxyd in Sulfoxyde und Sulfone übergeführt werden.[3]

Reaktion mit Chlorpikrin: Rây, Das: Journ. chem. Soc. London 121, 323 (1922).

Mit *Nitroprussidnatrium*[4] und Alkali geben alle Substanzen mit reduzierenden SH-Gruppen purpurrote Färbung (Aethylmercaptan, Thioglykolsäure, $\alpha.\beta$-Thiomilchsäure, Cystein, Thiophenol, Benzylmercaptan usw.), nicht aber Rhodanwasserstoffsäure, Thioessigsäure und Thiobenzoesäure.

Fleming empfiehlt die Reaktion in gesättigter Kochsalzlösung mit 1proz. Nitroprussidnatrium und Ammoniak auszuführen.[5]

2.4-Dinitrochlorbenzol gibt mit Na-Mercaptiden (kleiner Überschuß) beim 10 Minuten dauernden Erhitzen im Wasserbad mit Alkohol charakteristische Sulfide, die aus Alkohol umkristallisiert werden können. Die Sulfide lassen sich leicht in essigsaurer Lösung bei 20° zu Sulfonen oxidieren.[6]

Triaethylwismut und *Tetraaethylblei* reagieren nicht mit OH-, NH- und Ci:CH-Gruppen, Azo- und Nitrogruppen. In starken Carbonsäuren tritt bisweilen Reaktion in beschränktem Maße ein. Bei SH-Verbindungen tritt der an das Metall gebundene Rest mit dem Mercaptanwasserstoff aus.[7]

II. Volumetrische Bestimmung von Mercaptanen und Thiosäuren.[8]

Die Reaktion zwischen diesen Substanzen und Jod verläuft, wenn man die verdünnten alkoholischen Lösungen mit $n/_{10}$-Jodlösung titriert, quantitativ nach der Gleichung:

[1] Andreasch: Monatsh. Chem. 49, 130 (1928). — Scheibler: a. a. O. S. 1.

[2] Roshdestwensky: Journ. Russ. phys.-chem. Ges. 41, 1438 (1909).

[3] Dereser: Diss. Marburg 11, 14, 28, 1915. — Sulfoxyde und Eisenchlorid: Hofmann, Ott: Ber. Dtsch. chem. Ges. 40, 4931 (1907).

[4] Mörner: Ztschr. physiol. Chem. 28, 611 (1900). — Heffter: Med. Nat. Arch. 1, 81 (1907). — Cambi: Atti R. Accad. Lincei (Roma), Rend. (5), 24 II, 434 (1915). — Abderhalden, Wertheimer: Pflügers Arch. Physiol. 198, 122 (1923).

[5] Compt. rend. Soc. Biologie 104, 831 (1930).

[6] Bost, Turner, Norton, Conn: Journ. Amer. chem. Soc. 54, 1985 (1932); 55, 4956 (1933).   [7] Gilman, Nelson: Journ. Amer. chem. Soc. 59, 935 (1937).

[8] Klason, Carlson: Ark. Kemi, Mineral. Geol. 2, 31 (1906); Ber. Dtsch. chem. Ges. 39, 738 (1906); 40, 4185 (1907). — Kimbal, Kramer, Reid: Journ. Amer. chem. Soc. 43, 1199 (1921). — Über Sulfhydryltitrationen siehe ferner Tunnicliffe: Biochemical Journ. 19, 194 (1925). — Bierich, Kalle: Ztschr. physiol. Chem. 175, 115 (1928). — Sampey, Reid: Journ. Amer. chem. Soc. 54, 3404 (1932).

$$2\,\mathrm{R\cdot SH} + \mathrm{J_2} = \mathrm{RS\cdot SR} + 2\,\mathrm{HJ}.$$

Die Anwesenheit von Bicarbonat ist hierbei nicht nur überflüssig, sondern kann sogar Veranlassung zu weitergehender Oxydation geben.

Bei der Analyse aliphatischer Mercaptane muß durch starkes Verdünnen dafür gesorgt werden, daß die Konzentration der Jodwasserstoffsäure nicht zu hoch wird.[1]

Die *aromatischen* Sulfhydrate sind so starke Säuren, daß sie in alkoholischer Lösung mit Alkali und Phenolphthalein als Indicator titriert werden können.

Titration aliphatischer Mercaptosäuren mit Alkali und Neutralrot, Phenolrot und Bromthymolblau: LARSSON: Ztschr. analyt. Chem. **79**, 170 (1929).

Bestimmung der Sulfhydrylgruppe durch Entfärben von 0,1proz. *Phenolindo-2.6-dichlorphenollösung*: TODRICK, WALKER: Biochemical Journ. **31**, 298 (1937).

Über colorimetrische Bestimmung von Mercaptanen und Disulfiten mit Phosphor-18-wolframsäure siehe SCHÖBERL: Ber. Dtsch. chem. Ges. **70**, 1186 (1937) (Tertiäre Mercaptane) und SCHÖBERL, LUDWIG: Ber. Dtsch. chem. Ges. **70**, 1422 (1937).

Mercaptanbestimmung mit Cuprichlorid: SCHULZE, CHANEY: Ztschr. analyt. Chem. **102**, 217 (1935). Mit Kupferoleat BOND: Ztschr. analyt. Chem. **102**, 218 (1935).

Verfahren von ZEREWITINOFF.[2]

Mit Methylmagnesiumjodid reagieren die Mercaptane nach der Gleichung:

$$\mathrm{R\cdot SH} + \mathrm{CH_3\cdot Mg\cdot J} = \mathrm{CH_4} + \mathrm{R\cdot S\cdot MgJ}.$$

Als Lösungsmittel kann Amylaether oder Pyridin verwendet werden. Man arbeitet nach der S. 458 gegebenen Vorschrift.

Die niedrig siedenden, leicht flüchtigen Mercaptane geben oftmals etwas zu niedrige Resultate.

III. Thioaether RSCH₃.

Die Gruppe SCH₃ liefert nach KIRPAL[3] mit siedender Jodwasserstoffsäure im Methoxylapparat reichliche Mengen Jodmethyl.

Zur annähernd quantitativen Bestimmung dieser Gruppe in methylierten Mercaptobenzolen machen POLLAK, SPITZER[4] eine Methoxylbestimmung mit phenolhaltiger Jodwasserstoffsäure 1,7 unter Vorlage von in 20proz. Cadmiumsulfatlösung aufgeschwemmtem Phosphor. — Das in der alkoholischen Silberlösung ausgeschiedene Gemisch von Jodsilber und Silbermercaptid wird mit Jodwasserstoffsäure abgedampft und so ganz in Jodsilber verwandelt.[5]

IV. Thioketone

sind alle intensiv farbig.[6]

---

[1] KIMBAL, KRAMER, REID: Journ. Amer. chem. Soc. **43**, 1199 (1921). — In Benzol: SAMPEY, REID: Journ. Amer. chem. Soc. **54**, 3404 (1932).

[2] ZEREWITINOFF: Ber. Dtsch. chem. Ges. **41**, 2233 (1908).

[3] 3. Aufl. dieses Buches, S. 932.

[4] POLLAK, SPITZER: Monatsh. Chem. **43**, 113 (1922). — SACHS, OTT: Monatsh. Chem. **47**, 415 (1926). — POLLAK, RIESZ: Monatsh. Chem. **50**, 257 (1928).

[5] Nach LACOURT: Bull. Soc. chim. Belg. **44**, 665 (1935) soll die Jodmethylbildung bei 180—190° quantitativ sein.

[6] SCHÖNBERG: Liebigs Ann. **454**, 47 (1927). — SCHEIBLER: Journ. prakt. Chem. (2), **124**, 3 (1929).

Methode von KITAMURA.[1]

Alkalisches H_2O_2 wirkt auf Thiosäuren, Thioamide(anilide), Thioharnstoffe, Thiouracile, Xanthogenate, Thiohydantoin, Thiokoffein nach der Gleichung:

$$> CS + 2\,NaOH + 4\,H_2O_2 = > CO + Na_2SO_4 + 5\,H_2O.$$

Die Reaktion gelingt dann, wenn das mit dem S verbundene C-Atom eine Doppelbindung bilden kann, z. B.: $—NH \cdot CS— \rightarrow —N : CSN—$.

Dagegen werden einfache Mercaptane nicht entschwefelt, sondern zu Disulfiden oxydiert. Auch eine aromatische Doppelbindung ist für die Reaktion nicht ausreichend. Bei Anwendung von 10 Mol H_2O_2 auf 1 Mol Substanz in $^1/_{100}$ Mol Lösung bei 20° ist die Reaktion in längstens $2^1/_2$ Stunden, bei stärkerer Konzentration viel schneller quantitativ beendet. Erwärmen unnötig, starkes Erhitzen schädlich. Man nimmt doppelt soviel Lauge als berechnet.

Das Verfahren ist genauer als die Methode von CARIUS. Durch Kombination beider Verfahren kann man den in der Form $> CS$ und den in anderer Form gebundenen S nebeneinander bestimmen. Es ist das bisher erste Verfahren, mit dem man in Lösung befindlichen, nicht ionisierten S quantitativ erfassen kann.

Gewichtsanalyse. S-freie H_2O_2-Lösung, erhalten durch einmalige Vakuumdestillation. Käufliches konz. H_2O_2 wird zu der in Wasser gelösten, mit über 2 Mol Lauge versetzten Substanz gegeben. Nach 2 Stunden mit HCl ansäuern, mit $BaCl_2$-Lösung fällen, 12 Stunden stehen oder erhitzen, filtrieren. Das Erhitzen muß unterbleiben, wenn die Substanz außer dem reagierenden noch andern S enthält.

Maßanalyse. Substanz in Wasser oder Alkohol + Lauge oder Carbonat, H_2O_2 einwirken lassen, mit $^n/_{10}$-HCl ansäuern, mit $^n/_{10}$-KOH zurücktitrieren (Methylorange oder Methylrot).

Für Thiosäuren und Xanthogenate gelten die Gleichungen:

$$R \cdot COSH + 3\,KOH + 4\,H_2O_2 = RCOOK + K_2SO_4 + 6\,H_2O,$$
$$R \cdot O \cdot C \cdot S \cdot SK + 8\,H_2O_2 + 3\,KOH = RO \cdot COOH + 2\,K_2SO_4 + 9\,H_2O;$$
$$ROCOOH = ROH + CO_2.$$

Verwendet man K_2CO_3, so sind 3,5 Mol erforderlich. Reaktionsdauer 35 Minuten.[2]

Thioharnstoff kann auch nach den Gleichungen:

$$2\,AgNO_3 + 2\,NH_4OH = Ag_2O + 2\,NH_4NO_3 + H_2O,$$
$$Ag_2O + CS(NH_2)_2 = Ag_2S + CO(NH_2)_2$$

oder durch Oxydationsmittel ($KMnO_4$, Chloramin T, Cerisulfat, $K_2Cr_2O_7$, Jod) nach:

$$CS(NH_2)_2 + 4\,O = CO(NH_2)_2 + SO_3$$

bestimmt werden.[3]

V. Sulfidsäuren

wie Thiodiglykolsäure lassen sich nach dem Schema:

$$—CH_2—S—CH_2— + 2\,Br + H_2O = —CH_2SOCH_2— + 2\,HBr$$

bromometrisch bestimmen.[4]

[1] KITAMURA: Journ. pharmac. Soc. Japan 54, 1, 11 (1934).
[2] KITAMURA: Journ. pharmac. Soc. Japan 57, 29 (1937).
[3] CUTHILL, ATKINS: Journ. Soc. chem. Ind. 56, Trans. 5 (1937).
[4] HELLSTRÖM: Svensk Kem. Tidskr. 45, 157 (1933).

Zweiter Abschnitt.
Senföle CSN·R.
I. Qualitative Reaktionen.[1]

Die Senföle besitzen stechenden Geruch und sind in Wasser nahezu unlöslich. Beim Erhitzen mit Wasser auf 200° oder mit konz. Salzsäure auf 100° werden sie nach der Gleichung:

$$CNSR + 2 H_2O = RNH_2 + CO_2 + H_2S$$

verseift.[2]

Ähnlich wirkt schwach verdünnte Schwefelsäure:

$$CNSR + H_2O = RNH_2 + COS.$$

Organische Säuren liefern neben COS alkylierte Säureamide, mit Thiobenzoesäure entsteht Benzamid und Schwefelkohlenstoff.[3] Säureanhydride geben alkylierte Säureimide und COS.[4]

Mit Alkoholen oder alkoholischer Lauge bei 100—110° entstehen Sulfurethanderivate, Mercaptane liefern Dithiocarbaminsäureester.

Ammoniak, Amine,[5] Schwefelwasserstoff,[6] Bisulfit[7] und Triaethylphosphin werden unter Bildung substituierter Thioharnstoffe addiert.[8]

Nascierender Wasserstoff reduziert zu Thioformaldehyd und primärem Amin; nebenher entsteht Schwefelwasserstoff und sekundäres Amin.

Beim Kochen der alkoholischen Lösung mit Quecksilberoxyd oder Chlorid tritt Ersatz des Schwefels durch Sauerstoff ein. Die entstandenen Isocyansäureester werden durch Wasser in Dialkylharnstoffe verwandelt.

Über die Einwirkung von *Halogen* auf Senföle: FREUND: Liebigs Ann. **285**, 154 (1895). — Einwirkung von *Hydroxylamin:* KJELLIN, KUYLENSTJERNA: Liebigs Ann. **298**, 117 (1897). — *Semicarbazid:* ROSENTHALER: Arch. Pharmaz. **264**, 111 (1927).

Alkylhydrazine: BUSCH, OPFERMANN, WALTHER: Ber. Dtsch. chem. Ges. **37**, 2319 (1904). — *Aldehydammoniake:* DIXON: Journ. chem. Soc. London **61**, 509 (1892). — *Alkylmagnesiumhaloide:* SACHS, LÖVY: Ber. Dtsch. chem. Ges. **37**, 874 (1904). — *Mikrochemischer Nachweis von Senfölen:* PIETSCHMANN: Mikrochemie **2**, 33 (1924).

II. Quantitative Bestimmung.[9]

Die Substanz wird mit 50 ccm wässerigem Ammoniak, 20 ccm Alkohol und 5 ccm 10proz. Silbernitratlösung auf dem Wasserbad am Rückflußkühler erhitzt, bis sich das Schwefelsilber abgesetzt hat (1 Stunde) und die darüberstehende

---

[1] HOFMANN: Ber. Dtsch. chem. Ges. **1**, 177 (1868); **2**, 116 (1869).

[2] Als primäres Produkt entsteht Dialkylthioharnstoff: GADAMER: Arch. Pharmaz. **237**, 103 (1899).

[3] WHEELER, MERRIAM: Journ. Amer. chem. Soc. **23**, 283 (1901). — Rhodanide liefern dagegen N-Acyldithiocarbamidsäureester: WHEELER, JOHNSON: Journ. Amer. chem. Soc. **24**, 684 (1902). — WHEELER, JAMIESON: Journ. Amer. chem. Soc. **24**, 753 (1902). — [4] KAY: Ber. Dtsch. chem. Ges. **26**, 2848 (1893).

[5] OTTERBACHER, WHITMORE: Journ. Amer. chem. Soc. **51**, 1909 (1929). — Die Derivate sind oft für die Charakterisierung von primären aromatischen Aminen geeignet.

[6] PONZIO: Gazz. chim. Ital. **26 I**, 326 (1896). — ANSCHÜTZ: Liebigs Ann. **371**, 216 (1909). — [7] ROSENTHALER: Arch. Pharmaz. **262**, 126 (1924).

[8] HILDEBRAND: Journ. Amer. chem. Soc. **29**, 447 (1907).

[9] VUILLEMIN: Pharmaz. Zentralhalle **45**, 384 (1905). — Vgl. DIETERICH: Helf. Ann. **1900**, 182; **1901**, 116. — HARTWICH, VUILLEMIN: Apoth.-Ztg. **20**, 199 (1905). — Über das Verhalten von Senfölen siehe noch SCHNEIDER: Liebigs Ann. **392**, 1 (1912).

Flüssigkeit klar geworden ist. Die noch heiße Flüssigkeit wird durch ein Filter von 5—8 cm Durchmesser filtriert, mit warmem Wasser, dann Alkohol, endlich Aether nachgewaschen und bei 80° zur Gewichtskonstanz getrocknet.

Man kann auch nach Gadamer[1] das *Senföl titrimetrisch bestimmen*.

Das im Alkohol gelöste Senföl wird mit $n/_{10}$-Silberlösung (dreifachem Überschuß) und Ammoniak in verschlossener Flasche 24 Stunden stehengelassen, mit Salpetersäure angesäuert und nach Zusatz von einigen Tropfen Ferrisalzlösung mit $n/_{10}$-Rhodanammoniumlösung bis zur Rotfärbung titriert.

Nach der Gleichung:

$$R \cdot NCS + 3\,NH_3 + 2\,AgNO_3 = Ag_2S + RNHCN + 2\,NH\,NO_3$$

entsprechen einem Molekül Senföl zwei Moleküle Silbernitrat.

Senföle reagieren mit *Alkoholaten* unter Bildung der charakteristischen Thiourethane.[2]

Sulfoxyde: Bestimmung mit Benzoylhydroperoxyd: Lewin: Journ. prakt. Chem. (2), **119**, 212 (1928). — Lewin, Tschulkoff: Journ. prakt. Chem. (2), **128**, 172 (1930).

Die Sulfoxyde gehen in Sulfone über.

Dritter Abschnitt.

Thioamide und Thioharnstoffe.[3]

Reaktion von Tschugaeff.[4]

Verbindungen, welche die Gruppe $CSNH_2$ oder $CSNHR$ enthalten, zeigen beim Erwärmen[5] mit *Benzophenonchlorid*[6] intensiv blaue Färbung. Die Schmelze ist in Chloroform oder Benzol mit gleicher Farbe löslich.

Zur

volumetrischen Bestimmung von Thioharnstoffen

haben Vollhard,[7] Reynolds, Werner[8] sowie Salkowsky[9] Methoden angegeben, die aber nach V. J. Meyer[10] nicht vollkommen befriedigen. Meyer geht folgendermaßen vor, wobei er auch eine Trennung von Thioharnstoff und Rhodanammonium erzielt.

Die Probe wird in Wasser gelöst und Ammoniak und überschüssige $n/_{10}$-Silbernitratlösung zugefügt. Dann wird gekocht, bis sich die violette Lösung geklärt und der aus Schwefelsilber, Cyanamidsilber und Rhodansilber bestehende Niederschlag gut abgesetzt hat. Nun wird abfiltriert, aber die Hauptmenge des Niederschlags im Becherglas gelassen und, um das Rhodansilber in Lösung zu bringen, nochmals mit Ammoniak ca. 5 Minuten gekocht und dieses noch ein zweites Mal

---

[1] Gadamer: Arch. Pharmaz. **237**, 105, 110, 374 (1899). — Grützner: Arch. Pharmaz. **237**, 185 (1899). — Roeser: Journ. Pharmac. Chim. (6), **15**, 361 (1903). — Kuntze: Arch. Pharmaz. **246**, 58 (1908). — Heiduschka, Zwergal: Journ. prakt. Chem. (2), **132**, 203 (1932).

[2] Roshdestwensky: Journ. Russ. phys.-chem. Ges. **41**, 1438 (1909).

[3] Siehe auch S. 767.

[4] Tschugaeff: Ber. Dtsch. chem. Ges. **35**, 2482 (1902). — Willstätter, Wirth: Ber. Dtsch. chem. Ges. **42**, 1915 (1909). — Warunis: Ber. Dtsch. chem. Ges. **43**, 2974 (1910). — Albert: Ber. Dtsch. chem. Ges. **48**, 471 (1915).

[5] Manchmal schon in der Kälte (Thioformamid).

[6] Darstellung: Kekulé, Franchimont: Ber. Dtsch. chem. Ges. **5**, 908 (1872). — Maecklenburg: Diss. Königsberg 15, 1914.

[7] Vollhard: Ber. Dtsch. chem. Ges. **7**, 102 (1874).

[8] Reynolds, Werner: Journ. chem. Soc. London **83**, 1 (1903).

[9] Salkowsky: Ber. Dtsch. chem. Ges. **26**, 2496 (1893).

[10] V. J. Meyer: Diss. Berlin 52, 1905.

wiederholt. Der schließlich abfiltrierte Niederschlag wird dann auf dem Filter noch so lange weiter mit heißem Ammoniak ausgewaschen, bis einige Tropfen des Filtrats beim Ansäuern mit Salpetersäure keinen Niederschlag mehr zeigen. Jetzt wird einige Male mit heißem Wasser nachgewaschen und so lange lauwarme Salpetersäure (1 Teil der verdünnten Salpetersäure auf 9 Teile Wasser) aufgetröpfelt, bis im Filtrat durch einige Tropfen Rhodanammonium kein Niederschlag mehr hervorgerufen wird. Nachdem zum Schluß noch mit Wasser nachgewaschen ist, wird der Schwefelsilberniederschlag getrocknet, verbrannt, im Wasserstoffstrom ungefähr eine Stunde reduziert und im Sauerstoffgebläse gerade bis zum Schmelzen des Silbers erhitzt.[1] Aus der gefundenen Menge Silber berechnet sich der Gehalt an Thioharnstoff. (2 Atome Silber = 1 Mol Harnstoff.)

Das ammoniakalische Filtrat wird mit Salpetersäure sauer gemacht, wobei das Rhodansilber ausfällt und dann mit Rhodanammonium zurücktitriert. Somit ist einerseits bekannt, wieviel Silber im ganzen für die Titration verbraucht wurde, anderseits wieviel auf den Thioharnstoff kommt. Die Differenz ergibt die dem Rhodanammonium entsprechende Menge.

Zur Bestimmung von *Phenylthioharnstoff*[2] wird die Lösung mit 5 ccm 10proz. Ammoniak und 20 ccm $n/_{25}$-Silberlösung versetzt, gut geschüttelt, 20 Minuten stehengelassen, 10 ccm 25proz. Salpetersäure zugegeben, das Schwefelsilber abfiltriert und das Silber nach VOLHARD bestimmt.

Die *Schwefelbestimmung nach* CARIUS bereitet Schwierigkeiten.[3]

Nach GROSSMANN[4] ist diese Methode aber auch gar nicht notwendig. Man gibt zu der Substanz, die sich in einer etwa einen Liter fassenden bedeckten Porzellanschale befindet, tropfenweise konzentrierte Salpetersäure von der erweiterten Ausgußöffnung aus mit einer Pipette hinzu. Schon in der Kälte tritt bald eine heftige Reaktion ein, die man ruhig zu Ende gehen läßt. Hierauf gibt man noch einige Tropfen konzentrierte Salpetersäure und konzentrierte Salzsäure zu, erhitzt zuerst mit aufgelegtem Uhrglas einige Zeit auf dem Wasserbad, bis jede lebhafte Gasentwicklung aufgehört hat und dampft schließlich zur Trockne. Der Rückstand wird noch ein- oder zweimal mit konzentrierter Salzsäure eingedampft und schließlich die Schwefelsäure als Bariumsulfat gefällt.

Noch bequemer ist das Verfahren von GASPARINI (S. 206, 274).

Die Thiourethane liefern mit ammoniakalischer Silberlösung gut krystallisierende Silbersalze ihrer Pseudoformen, die zu ihrer Isolierung und Reinigung dienen können. Die Silbersalze pflegen in organischen Lösungsmitteln (Chloroform, Xylol) löslich zu sein.[5]

Pikrate der S-Alkylisothioharnstoffe: BROWN, Thesis, Edinburgh 1937.

Vierter Abschnitt.

Analyse der Sulfosäuren.

Hierzu wird man im allgemeinen nach den S. 198ff. angegebenen Methoden verfahren.

Bei der *Kalischmelze der Sulfosäuren* werden diese unter Abgabe von schwefliger Säure zersetzt.[6]

---

[1] Hierbei werden, wie auch SALKOWSKY angibt, die letzten Reste von noch etwa vorhandenem Schwefel durch den vom schmelzenden Silber aufgenommenen Sauerstoff oxydiert.

[2] ROTHMUND: Ztschr. physikal. Chem. **33**, 401 (1900). — FREUNDLICH, RONA: Biochem. Ztschr. **81**, 96 (1917).   [3] Siehe S. 204, 207.

[4] GROSSMANN: Chem.-Ztg. **31**, 1196 (1907).

[5] SCHNEIDER, WREDE: Ber. Dtsch. chem. Ges. **47**, 2039 (1914). — SCHNEIDER, CLIBBEN: Ber. Dtsch. chem. Ges. **47**, 2220 (1914).   [6] Siehe S. 332.

Dieses Verhalten wird in der Technik dazu benutzt, den Verlauf der Schmelze durch Titration von Proben mit Jod zu verfolgen.

Ähnlich zerfallen auch aliphatische Sulfosäuren,[1] etwa nach der Gleichung:

$$C_2H_5SO_2OK + KOH = C_2H_4 + K_2SO_3 + H_2O$$

oder

$$CH_3SO_2OK + 3\,KOH = K_2SO_3 + K_2CO_3 + 3\,H_2.$$

Nach Hönig, Fuchs[2] wird die Schmelze in Wasser gelöst und auf ein bestimmtes Volumen aufgefüllt. Aus einem aliquoten Teile der Lösung wird das Schwefeldioxyd durch Destillation mit Phosphorsäure verjagt, in Natriumcarbonatlösung aufgefangen, mit Bromwasser oxydiert und schließlich als Bariumsulfat gewogen.

Ortho- und paraständige Sulfogruppen werden bei der *Bromierung* von Phenolsulfosäuren als Schwefelsäure eliminiert und durch Brom ersetzt. Durch Fällen mit Bariumchlorid ist quantitative Bestimmung dieser Sulfogruppen möglich, wenn zu großer Bromüberschuß vermieden wird. Man kocht zu diesem Behuf die Sulfosäure mit Brom-Salzsäure.[3]

Über den *Ersatz der Sulfogruppe durch Chlor* siehe S. 335.

Über *Methoxylbestimmung* bzw. *Methylimidbestimmung in schwefelhaltigen Substanzen* siehe S. 607 bzw. S. 693.

Analyse von Sulfosäurechloriden: Neitzel: Chem. Ztg. **43**, 500 (1919).

Trennung von Phenolsulfosäuren durch fraktionierte Spaltung mit überhitztem Wasserdampf: Brückner: Ztschr. analyt. Chem. **75**, 289 (1931).

Sulfinsäuren.

Titration nach dem Verfahren von Kux:[4] Krishna, Das: Journ. Indian chem. Soc. **4**, 367 (1927).

Thiodiessigsäure und ihre Homologen, sowie Benzylessigsäure können nach dem Schema:

$$SO{<}{\begin{array}{l}CH_2 \cdot COOH\\ CH_2 \cdot COOH\end{array}} + 2\,HBr = S{<}{\begin{array}{l}CH_2\,COOH\\ CH_2\,COOH\end{array}} + Br_2 + H_2O$$

bestimmt werden.

0,2 g Substanz werden in 20 ccm über 99proz. Eisessig ev. unter vorsichtigem Erwärmen (höchstens 40°) gelöst. Nach Zusatz von 2 g feingepulvertem KJ und 3—4 ccm zirka 4 n-HBr-Eg 5 Min. stehen. Dann auf einmal 25 ccm 10proz. KJ-Lösung zugeben. Das freigewordene Jod wird mit Thiosulfat titriert.[5]

---

[1] Berthelot: Compt. rend. Acad. Sciences **69**, 563 (1869).

[2] Hönig, Fuchs: Monatsh. Chem. **40**, 346 (1919).

[3] Hübener: Chem.-Ztg. **32**, 485 (1908). — Obermiller: Ber. Dtsch. chem. Ges. **42**, 4361 (1909). — Siehe auch Marqueyrol, Carré: Bull. Soc. chim. France (4), **27**, 133, 135, 137 (1920). — Datta, Bhoumik: Journ. Amer. chem. Soc. **43**, 303 (1921). Brom unter Druck ermöglicht in Anthrachinonsulfosäuren (namentlich α) Ersatz der Sulfogruppe durch das Halogen. [4] S. 491.

[5] Larsson: Svensk Kem. Tidskr. **49**, 264 (1937).

Neuntes Kapitel

Doppelte und dreifache Bindungen. Gesetzmäßigkeiten bei Substitutionen.

Erster Abschnitt.

Doppelte Bindung.[1]

I. Qualitativer Nachweis von doppelten Bindungen.

A. Die Permanganatreaktion von BAEYER.[2]

Nach BAEYER hat man in alkalischer Permanganatlösung ein ausgezeichnetes Mittel, um offene oder ringförmig geschlossene ungesättigte Säuren von offenen oder ringförmig geschlossenen gesättigten sowie von den Carbonsäuren des Benzols und ähnlichen Gebilden zu unterscheiden. Auch sonst läßt sich diese Reaktion *vielfach* zur Entdeckung ungesättigter Verbindungen benutzen.

Man prüft entweder in wässeriger Lösung unter Zusatz von ein wenig Soda oder Bicarbonat, indem man zu der Lösung einen Tropfen verdünnter Permanganatlösung fügt: Es tritt *momentaner* Farbenumschlag in Kaffeebraun und Abscheidung von Manganhydroxyd ein; oder man verwendet *alkoholische* Lösungen und fügt der Permanganatlösung ein wenig Soda zu. Man muß im letzteren Fall als Vergleichsflüssigkeit eine reine Alkoholprobe mit der gleichen Permanganatmenge versetzen. Auch Lösen in *Aceton*[3] oder *feuchtem Essigester*[4] oder *Pyridin*[5] kann von Vorteil sein.

Über die katalytische Beschleunigung der Reaktion durch Braunstein siehe WIELAND: Ber. Dtsch. chem. Ges. 40, 4271 (1907).

Wie WILLSTÄTTER fand, zeigen oftmals *basische Substanzen*, obwohl sie keine Doppelbindung enthalten, sofortige Entfärbung von alkalischer oder neutraler Permanganatlösung, während sie in saurer Lösung beständig sind.[6]

Er empfiehlt daher, Basen stets in schwach *schwefelsaurer* Lösung zu prüfen.

Den gleichen Erfolg erzielt GINSBERG, indem er die *Benzolsulfoderivate* der Basen untersucht.[7]

VORLÄNDER hat dann die Erklärung für dieses Verhalten der Basen gefunden: Soweit stickstoffhaltige Verbindungen basische Eigenschaften zeigen und sich mit Säuren zu Additionsprodukten, d. h. Salzen, verbinden, sind sie als *Basen ungesättigt* und daher in alkalischer Lösung leicht oxydierbar. Verwandelt man die Basen aber durch Zusatz starker Mineralsäuren in Salze, so werden sie gesättigt und gegen Permanganat beständig, indem der *ungesättigte dreiwertige Stickstoff der Ammoniakverbindung in den gesättigten fünfwertigen des Ammoniums übergeht.* Der Grad dieser Sättigung wird bei den einzelnen Basen von der Stärke

---

[1] Die Doppelbindungen der gesättigten Ringsysteme sind hier nicht mit einbegriffen.

[2] BAEYER: Liebigs Ann. 245, 146 (1888). — WILLSTÄTTER: Ber. Dtsch. chem. Ges. 28, 2277, 2880, 3282 (1895); 30, 724 (1897); 33, 1167 (1900). — VORLÄNDER: Ber. Dtsch. chem. Ges. 34, 1637 (1901). — THOMS, VOGELSANG: Liebigs Ann. 357, 154 (1907).

[3] SACHS: Ber. Dtsch. chem. Ges. 34, 497 (1901). — EIBNER, LÖBERING: Ber. Dtsch. chem. Ges. 39, 2218 (1906). — WIELAND: Ber. Dtsch. chem. Ges. 40, 4271 (1907). [4] GINSBERG: Ber. Dtsch. chem. Ges. 36, 2708 (1903).

[5] GREEN, DAVIS, HORSFALL: Journ. chem. Soc. London 91, 2083 (1907). — PUMMERER, DORFMÜLLER: Ber. Dtsch. chem. Ges. 46, 2387 (1913).

[6] Siehe hierzu auch PAULY, HÜLTENSCHMIDT: Ber. Dtsch. chem. Ges. 36, 3355, Anm. (1903).   [7] GINSBERG: Ber. Dtsch. chem. Ges. 36, 2703 (1903).

der Base und der Säure beeinflußt werden. Vereinigt sich der Stickstoff in indifferenten Substanzen überhaupt nicht mit Säuren, so ist er *dreiwertig gesättigt*.[1] Dihydrolutidincarbonsäureester wird von Permanganat für sich nicht, aber in Gegenwart von Soda oder verdünnter Schwefelsäure angegriffen.[2] Erucasäure und Erucylalkohol entfärben Permanganat in Eisessiglösung momentan, in Sodalösung nur träge.[3] Übrigens zeigen natürlich auch andere als ungesättigte Verbindungen,[4] wenn sie leicht oxydabel sind, die Permanganatreaktion, so z. B. Malonsäureester,[5] und anderseits wurden auch Fälle beobachtet,[6] wo die Reaktion bei ungesättigten Verbindungen nicht eintrat.

Verwendung der BAEYERschen Reaktion für die *Unterscheidung von Keto-Enolisomeren:* WOHL: Ber. Dtsch. chem. Ges. 40, 2284 (1907).

B. Osmiumtetroxydreaktion von NEUBAUER.[7]

Substanzen mit Doppelbindung oder dreifacher Bindung geben mit diesem Reagens sehr rasch Schwarzfärbung, während gesättigte Substanzen lange Zeit unverändert bleiben.

Die mehrwertigen Phenole verhalten sich wie ungesättigte Substanzen. Tyrosin und Leucin geben die Reaktion, nicht aber Pepton oder Albumin.[8] Die schwarze Ausscheidung besteht aus metallischem Osmium.[9]

Nach RENAUT[10] gelingt der Nachweis von Doppelbindungen noch besser als mit Osmium-, mit *Rutheniumtetroxyd*.

C. Reaktion mit Tetranitromethan.

Aliphatische und aromatische Verbindungen mit Kohlenstoffdoppelbindungen, auch Enole, geben fast allgemein mit Tetranitromethan in Aether oder besser in Chloroformlösung gelbe, gelbrote oder gelbbraune Färbungen.[11] $\alpha.\beta$-ungesättigte Fettsäurederivate und $\alpha.\beta$-ungesättigte Aldehyde zeigen die Reaktion gar nicht, $\alpha.\beta$-ungesättigte Alkohole und Ketone nur schwach. Dagegen reagieren viele Stoffe mit reaktionsträgen Doppelbindungen.

---

[1] Siehe auch WILLSTÄTTER, ETTLINGER: Liebigs Ann. 326, 106 (1903) (Prolin). — SCHMIDT, BRAUNSDORF: Ber. Dtsch. chem. Ges. 55, 1533 (1922) (Oxyprolin).

[2] KNOEVENAGEL, FUCHS: Ber. Dtsch. chem. Ges. 35, 1798 (1902).

[3] WILLSTÄTTER, MAYER, HÜNI: Liebigs Ann. 378, 102 (1911).

[4] KÖNIGS, SCHÖNEWALD: Ber. Dtsch. chem. Ges. 35, 2981, 2988 (1902).

[5] Auch sonst erweisen sich Ester leichter angreifbar als die freien Säuren: SKRAUP: Monatsh. Chem. 21, 897 (1900).

[6] LIPP: Liebigs Ann. 294, 135, 150 (1897). — ERRERA: Gazz. chim. Ital. 27 II, 395 (1897). — BRÜHL: Ber. Dtsch. chem. Ges. 35, 4033 (1902). — SCHOLL: Liebigs Ann. 338, 5 (1904). — WALLACH: Liebigs Ann. 350, 172 (1906). — WILLSTÄTTER, HOCHEDER: Liebigs Ann. 354, 256 (1907). — LANGHELD: Ber. Dtsch. chem. Ges. 41, 2024 (1908).

[7] NEUBAUER: Ztschr. angew. Chem. 15, 1036 (1902); Chem.-Ztg. 26, 944 (1902); Vers. Ges. dtsch. Naturf. u. Ärzte 74 II, 1, 89 (1902·03). — GOLODETZ: Chem. Reviews 17, 72 (1910). — SCHULTZE: Ztschr. wiss. Mikroskopie 27, 465 (1910). — HOFMANN: Ber. Dtsch. chem. Ges. 45, 3329 (1912). — LEHMANN: Arch. Pharmaz. 251, 152 (1913).

[8] BOKORNY: Brauers Hopf. Ztg. 55, 1803 (1915).

[9] NORMANN, SCHICK: Arch. Pharmaz. 252, 209 (1914). — Siehe dagegen PAAL: Ber. Dtsch. chem. Ges. 49, 550 (1916).

[10] RENAUT: Journ. Anat. a. Physiol. 46, 343 (1910).

[11] WERNER: Ber. Dtsch. chem. Ges. 42, 4324 (1909). — OSTROMISSLENSKY: Ber. Dtsch. chem. Ges. 43, 197 (1910); Journ. prakt. Chem. (2), 84, 489 (1911). — FOMIN, SOCHANSKI: Ber. Dtsch. chem. Ges. 46, 246 (1913). — RUZICKA: Liebigs Ann. 471, 25 (1929). — PUMMERER, KRANZ: Ber. Dtsch. chem. Ges. 62, 2626 (1929). — WINTERSTEIN, WIEGAND: Ztschr. physiol. Chem. 199, 511 (1931). — RUZICKA, HÄSLI, HOFMANN: Helv. chim. Acta 19, 109 (1936). — RUZICKA, ISLER: Helv. chim. Acta 19, 508 (1936). — BEYNON, HEIBRON, SPRING: Journ. chem. Soc. London 1937, 989.

Der Wert der Reaktion wird dadurch beeinträchtigt, daß sie auch von Substanzen gezeigt wird, die ein Atom mit ungesättigter Valenz enthalten. (Alkylsulfid, Mercaptane, Trialkylamine, 1.4-Thioxan usw.[1]) Auch aromatische Kohlenwasserstoffe zeigen (ohne Lösungsmittel) gelbe oder selbst rotorange (Anthracen) Färbungen. Absorptionsmaximum 4500 Å.[2]

Ebenso reagieren Cyclopropanderivate (gelbe Färbung). Cyclobutanderivate werden nicht gefärbt.[3]

Die Reaktion muß bei *Tageslicht* angestellt werden.[4]

D. Reaktion mit Antimontrichlorid in $CHCl_3$.

Siehe SABETAY: Compt. rend. Acad. Sciences 197, 557 (1933).

E. Ozonidbildung.

Siehe hierzu S. 325, 405.

Durch die Ozonidbildung verraten sich manchmal Doppelbindungen, die weder durch Permanganat noch durch Brom (siehe unten) nachweisbar sind: LANGHELD: Ber. Dtsch. chem. Ges. 41, 1024 (1908).

Ozon und Enole: S. 405.

Oxydation (Oxydbildung) ungesättigter Verbindungen mit organischen Superoxyden: PRILESCHAJEW: Ber. Dtsch. chem. Ges. 42, 4811 (1909); Journ. Russ. phys.-chem. Ges. 43, 609 (1911); 44, 613 (1912). — Mit CAROscher Säure: SIMOWSKI: Journ. Russ. phys.-chem. Ges. 47, 2121 (1916). — AFANASSJEWSKI: Journ. Russ. phys.-chem. Ges. 47, 2124 (1916). — Siehe auch S. 810ff.

F. Additionsreaktionen.

1. Addition von Halogenen.[5]

Ungesättigte Verbindungen addieren mehr oder weniger leicht ein Molekül Halogen, namentlich *Brom*,[6] an die Doppelbindung. Ebenso wird *Chlorjod*[7] addiert (siehe S. 806). Besonders leicht addieren Kohlenwasserstoffe. Dabei darf nicht vergessen werden, daß auch nicht eigentlich ungesättigte Verbindungen, wie gewisse Ketone, infolge Bildung von Enolform zur Bromaddition befähigt werden können.[8]

---

[1] HARPER, MACBETH: Journ. chem. Soc. London 107, 87, 1824 (1915).

[2] HAMMICK, YOUNG: Journ. chem. Soc. London 1936, 1463.

[3] FILIPOW: Journ. Russ. phys.-chem. Ges. 46, 1199 (1914).

[4] RAUDNITZ, LANNER, DEUTSCHBERGER: Ber. Dtsch. chem. Ges. 70, 463 (1937).

[5] Die Addition von Chlor und Brom ist eine spezifisch von der Gefäßwand katalysierte Wandreaktion. In paraffinierten Gefäßen reagiert Aethylen nicht mit Cl_2 und Br_2: STEWART, EDLUND: Journ. Amer. chem. Soc. 45, 1014 (1923). — NORRISH: Journ. chem. Soc. London 123, 3006 (1923); 1926, 55. — HÜCKEL: I, 325 (1934). — Auch die Reaktion mit Jod scheint eine heterogene Reaktion zu sein, die sich entweder an der Gefäßwand oder an der Oberfläche des krystallisierten Jods abspielt: MOONEY, REID: Journ. chem. Soc. London 1931, 2603. — STEWART, FOWLER: Journ. Amer. chem. Soc. 48, 1187 (1926); 51, 3082 (1929). — SCHUMACHER: Journ. Amer. chem. Soc. 52, 3132 (1930). — SCHUMACHER, WIIG: Ztschr. physikal. Chem., B 11, 45 (1930).

[6] Tetraphenylaethylen addiert Chlor, aber kein Brom: FINKELSTEIN: Ber. Dtsch. chem. Ges. 43, 1534 (1910). — Siehe auch OTT, LÖPMANN: Ber. Dtsch. chem. Ges. 55, 1257 (1922).

[7] Addition von Chlorbrom: MICHAEL: Journ. prakt. Chem. (2), 60, 448 (1899). — Chlorjod: Ebenda S. 450. — ISTOMIN: Journ. Russ. phys.-chem. Ges. 36, 1199 (1904).

[8] WILLSTÄTTER, MAYER, HÜNI: Liebigs Ann. 378, 80, 122 (1910). Hier auch Literatur. — REICH, KOEHLER: Ber. Dtsch. chem. Ges. 46, 3727. (1913). — KURT H. MEYER: Liebigs Ann. 380, 212 (1911); 398, 51 (1913); Ber. Dtsch. chem. Ges. 44, 2718 (1911); 45, 2843 (1912); 47, 826 (1914). — Siehe S. 404.

Anderseits gibt es eine Reihe von Substanzen, die·trotz vorhandener Doppelbindung kein Brom addieren.[1]

Es tritt nämlich gewöhnlich keine Bromaddition ein, wenn schon andere *stark negative Radikale* an die Aethylenkohlenstoffatome gebunden sind.

Wird die abstoßende Wirkung solcher negativer Reste paralysiert, z. B. indem man die Gruppe COOH in COOCH₃ verwandelt, so ist wieder Addition möglich. Daher geben vielfach die Ester ungesättigter Säuren Dibromide, während die freien Säuren kein Brom addieren.

m-Methoxyzimtsäure(ester) addiert Brom nur im *Sonnenlicht*, sonst tritt Substitution zu 6-Brom-3-methoxyzimtsäure ein.[2] (Siehe auch weiter unten.)

Brom und Enole: S. 404.

Bei höheren Polyenen wird nur ein Teil der Doppelbindungen durch Brom erfaßt.[3]

Bestimmung ungesättigter Nitrile mit Brom:

5 ccm Nitrillösung in Chloroform, doppelt berechnete Menge $^n/_{10}$ wässerige Bromlösung (mit 100 g KBr im Liter) 10 Sekunden zur Emulsion schütteln, 10proz. KJ zugeben, mit $^n/_{10}$-Thiosulfat titrieren.[4]

Es gibt auch Fälle, wo die relativ große Raumerfüllung der an die Aethylenkohlenstoffatome gebundenen Radikale die Anlagerung der Bromatome ganz verhindert. So addiert Fumarsäure Brom, Dimethylfumarsäure dagegen nicht.[5]

Verbindungen, die eine *Sulfogruppe* an doppelt gebundenem C-Atom tragen, addieren weder Brom noch Wasserstoff, während sonst gewöhnlich gerade jene Verbindungen, die dem Eintritt von Brom Widerstand entgegensetzen, nascierenden Wasserstoff mit Leichtigkeit aufnehmen.

Verbindungen, welche die Gruppierung:

$$R \cdot CH = C \Big\langle {}^{CN}_{CONH_2} \quad \text{oder} \quad R \cdot CH = C \Big\langle {}^{CN}_{COOCH_3}$$

[1] DREWSEN: Liebigs Ann. 212, 1651 (1882). — CLAISEN, CRISMER: Liebigs Ann. 218, 140 (1883). — FITTIG, BURI: Liebigs Ann. 216, 176 (1883). — CABELLA: Gazz. chim. Ital. 14, 115 (1884). — FROST: Liebigs Ann. 250, 157 (1889). — RUPE: Liebigs Ann. 256, 21 (1890). — CARRICK: Journ. prakt. Chem. (2), 45, 500 (1892). — FIQUET: Ann. chim. phys. (6), 29, 433 (1893). — MÜLLER: Ber. Dtsch. chem. Ges. 26, 659 (1893). — BECHERT: Journ. prakt. Chem. (2), 50, 16 (1894). — LIEBERMANN: Ber. Dtsch. chem. Ges. 28, 143 (1895). — REFORMATZKY, PLESCONOSSOFF: Ber. Dtsch. chem. Ges. 28, 2841 (1895). — RIEDEL: Journ. prakt. Chem. (2), 54, 542 (1896). — BILTZ: Liebigs Ann. 296, 231, 263 (1897). — AUWERS: Liebigs Ann. 296, 234 (1897). — NEF: Liebigs Ann. 298, 208 (1897). — STELLING: Diss. Freiburg 29—35, 1898. — FULDA: Monatsh. Chem. 20, 712 (1899). — GOLDSCHMIEDT, KNÖPFER: Monatsh. Chem. 20, 734 (1899). — WROTNOWSKI: Diss. Freiburg 1900. — BISTRZYCKI, STELLING: Ber. Dtsch. chem. Ges. 34, 3081 (1901). — AUTENRIETH, RUDOLPH: Ber. Dtsch. chem. Ges. 34, 3467 (1901). — GOLDSCHMIEDT, KRCZMAR: Monatsh. Chem. 22, 668 (1901). — BRÜHL: Ber. Dtsch. chem. Ges. 35, 4033 (1902). — FLÜRSCHEIM: Journ. prakt. Chem. (2), 66, 22 (1902). — EIBNER, MERKEL: Ber. Dtsch. chem. Ges. 35, 1662 (1902). — KLAGES: Ber. Dtsch. chem. Ges. 37, 1721, 1722 (1904). — EIBNER, HOFMANN: Ber. Dtsch. chem. Ges. 37, 3021 (1904). — BAUER: Ber. Dtsch. chem. Ges. 37, 3317 (1904); Journ. prakt. Chem. (2), 72, 201 (1905). — WALLACH: Liebigs Ann. 336, 17 (1904); 350, 172 (1906). — THOMS, VOGELSANG: Liebigs Ann. 357, 153 (1907). — LANGHELD: Ber. Dtsch. chem. Ges. 41, 1024 (1908). — STAUDINGER: Ber. Dtsch. chem. Ges. 41, 1498 (1908). — STRAUS, ACKERMANN: Ber. Dtsch. chem. Ges. 42, 1806 (1909). — MAECKLENBURG: Diss. Königsberg 11, 1914. — WITTIG, WIEMER: Liebigs Ann. 483, 144 (1930).
[2] JONES, JAMES: Journ. chem. Soc. London 1935, 1600.
[3] KUHN, HOFFER: Ber. Dtsch. chem. Ges. 63, 2165 (1930).
[4] HEIM: Bull. Soc. chim. Belg. 39, 458 (1930).
[5] FITTIG, KETTNER: Liebigs Ann. 304, 171 (1899).

enthalten, werden von Brom nur substituiert, während die Doppelbindung erhalten bleibt.[1]

Man läßt gewöhnlich das Brom in einem indifferenten Lösungsmittel (Eisessig,[2] Chloroform,[3] Tetrachlorkohlenstoff,[4] Alkohol,[5] Aether, Aetheralkohol, Nitrobenzol,[4] Schwefelkohlenstoff) gelöst, zu der ebenfalls gelösten oder suspendierten Substanz (die evtl. gekühlt wird) zufließen.

Amylalkohol, namentlich auch im Gemisch mit Aether, hat sich in der Terpenreihe als Lösungsmittel sehr bewährt.[6]

In *Eisessig*[7] geht im allgemeinen[8] die Bromierung leichter und glatter vor sich als in den anderen Lösungsmitteln. Doch scheint er im Verein mit der meist alsbald entstehenden Bromwasserstoffsäure die Fähigkeit zu besitzen, in polycyclischen Systemen leicht Ringe, besonders Drei- und Vierringe, aufzusprengen, so daß die resultierenden Produkte keinen Einblick mehr in die Konstitution der Ausgangsmoleküle gestatten.[9]

Einfluß der Wahl des Lösungsmittels: PINNER: Ber. Dtsch. chem. Ges. 28, 1877 (1895). — HERZ, MYLIUS: Ber. Dtsch. chem. Ges. 39, 3816 (1906); 40, 2898 (1907). — HERZ, DICK: Ber. Dtsch. chem. Ges. 41, 2645 (1908). — DORÉE, ORANGE: Journ. chem. Soc. London 109, 46 (1916).

Oft tritt sofortige Entfärbung ein und man kann das Ende der Bromaufnahme leicht erkennen. Manchmal[10] ist Erhitzen, selbst im Einschlußrohr, erforderlich; im allgemeinen trachtet man, um sekundäre Abspaltung von Bromwasserstoff zu verhindern, bei möglichst niedriger Temperatur zu bromieren.

Als beste *Katalysatoren der Bromaddition* haben sich *Chlorjod* und *Antimontribromid* erwiesen.[11]

Allgemeine Bemerkungen über die Ausführung von Bromadditionen: MICHAEL: Journ. prakt. Chem. (2), 52, 291 (1895); Ber. Dtsch. chem. Ges. 34, 3640, 4215, (1901). — BAUER: Ber. Dtsch. chem. Ges. 37, 3317 (1904); Journ. prakt. Chem. (2), 72, 201 (1905). — BAUER, MOSER: Ber. Dtsch. chem. Ges. 40, 918 (1907). — PAULY, NEUKAM: Ber. Dtsch. chem. Ges. 41, 4153 (1908). — SUDBOROUGH, THOMAS: Journ. Soc. chem. London 97, 715, 2450 (1910).

Um den bei der Reaktion entstehenden *Bromwasserstoff zu binden*, setzt man Natrium- oder besser Ammoniumacetat zu.[12]

Großen Einfluß auf den Verlauf der Reaktion übt das *Sonnenlicht*, das im allgemeinen[13][14] die Addition sehr begünstigt, manchmal aber auch verhindert.[15]

---

[1] PICCININI: Atti R. Accad. Scienze Torino 1905, 40. — Die Additionsfähigkeit wird durch Anwesenheit *zweier* S-Atome beeinträchtigt: FROMM, SIEBERT: Ber. Dtsch. chem. Ges. 55, 1014 (1922). — Verhalten von ungesättigten Acetalen: WOHL, BERNREUTHER: Liebigs Ann. 481, 5 (1930).

[2] Siehe dazu FISCHER, SIEBERT: Liebigs Ann. 483, 3 (1930).

[3] SODEN, ZEITSCHEL: Ber. Dtsch. chem. Ges. 36, 266 (1903). — SODEN, TREFF: Ber. Dtsch. chem. Ges. 39, 911 (1906).

[4] BRUNER, FISCHLER: Ztschr. Elektrochem. 20, 84 (1914).

[5] WALLACH: Liebigs Ann. 227, 280 (1885). — Methylalkohol: KAUFMANN: Ztschr. Unters. Lebensmittel 51, 3 (1926). — SCHÖNHEIMER: Ztschr. physiol. Chem. 192, 78 (1930).   [6] GODLEWSKI: Ber. Dtsch. chem. Ges. 32, 3204, Anm. (1899).

[7] WALLACH: Liebigs Ann. 239, 3 (1887).

[8] Siehe dagegen DORÉE, ORANGE: Journ. chem. Soc. London 109, 46 (1916).

[9] SEMMLER: Die aetherischen Öle, Bd. 1, S. 96. 1905.

[10] FRIEDLÄNDER: Ber. Dtsch. chem. Ges. 13, 2257 (1880).

[11] BRUNER, FISCHLER: Ztschr. Elektrochem. 20, 84 (1914).

[12] FRIES: Liebigs Ann. 346, 172 (1906). — FUCHS: Monatsh. Chem. 36, 116 (1915).

[13] MICHAEL: Journ. prakt. Chem. (2), 52, 291 (1895); Ber. Dtsch. chem. Ges. 34, 3640 (1901). — PINNER: Ber. Dtsch. chem. Ges. 28, 1877 (1895). — WISLICENUS: Liebigs Ann. 272, 98 (1893).

[14] HERZ, RATHMANN: Ber. Dtsch. chem. Ges. 46, 2588 (1913).

[15] FRIEDLÄNDER: Ber. Dtsch. chem. Ges. 13, 2257 (1880).

Auch ganz geringe *Verunreinigungen* können die Addition sehr beschleunigen[1] oder verzögern.[2]

Umlagerungen: LIEBERMANN: Ber. Dtsch. chem. Ges. 24, 1108 (1891). — MICHAEL: Ber. Dtsch. chem. Ges. 34, 3540 (1901). — Dampfförmiges Brom: ELBS, BAUER: Journ. prakt. Chem. (2), 34, 344 (1886).

Bromaddition an konjugierte Doppelbindungen: THIELE: Liebigs Ann. 306, 96, 97, 176, 201 (1899); 308, 333 (1899); 314, 296 (1901); 342, 205 (1905). — THIELE, JEHL: Ber. Dtsch. chem. Ges. 35, 2320 (1902). — LOHSE: Diss. Berlin 1904. — HINRICHSEN: Ber. Dtsch. chem. Ges. 37, 1121 (1904). — STRAUS: Ber. Dtsch. chem. Ges. 42, 2866 (1909); Liebigs Ann. 393, 242 (1912). — Die Bromaddition erfolgt in dem System $\underset{1}{C} = \underset{2}{C} - \underset{3}{C} = \underset{4}{C}$ vielfach an den Stellen 1 und 4; aber durchaus nicht immer, oft erfolgt auch daneben oder ausschließlich Addition in 1.2-Stellung.

So werden beim 1.4-Diphenylbutadien über 95% 1.2-Dibromid gebildet.[3] Hexatrien addiert 2 Br in 1.6,[4] Diphenylhexatrien in 1.4.[5]

Die Dihydroterephthalsäuren gestatten nur dann die Addition von vier Atomen Brom, wenn die beiden ungesättigten Kohlenstoffpaare durch andere Kohlenstoffatome getrennt sind.[6] Sonst entsteht nur ungesättigtes Dibromid.

Addition von ClBr an ungesättigte Säuren und Ester HANSON, JAMES: Journ. chem. Soc. London 1928, 2979.

2. Addition von Nitrosylchlorid.[7]

Die ungesättigten Kohlenwasserstoffe und Ester ungesättigter Alkohole usw. verbinden sich mit Nitrosylchlorid zu Derivaten, die in vielen Fällen (namentlich in der Terpenreihe) zu ihrer Charakterisierung geeignet sind.

Die Reaktionsprodukte sind verschieden, je nachdem, ob die beiden doppelt gebundenen C-Atome tertiär sind oder nicht.

a) Verbindungen $>C=C<$ liefern wahre Nitrosoderivate:

---

[1] Siehe Note 14 auf S. 776.

[2] Tetrachlorkohlenstoff enthält eine Verunreinigung, die als negativierender Katalysator wirkt und die durch Chlor und Sonnenlicht zerstört wird: BERTHOUD, PORRET: Helv. chim. Acta 17, 1548 (1934).

[3] STRAUS: Liebigs Ann. 342, 198 (1899).

[4] PRÉVOST: Compt. rend. Acad. Sciences 184, 458 (1927).

[5] KUHN, WINTERSTEIN: Helv. chim. Acta 11, 127 (1928).

[6] BAEYER, HERB: Liebigs Ann. 258, 2 (1890).

[7] TILDEN: Journ. chem. Soc. London 28, 514 (1875). — TILDEN, SHENSTONE: Journ. chem. Soc. London 31, 554 (1877). — TÖNNIES: Ber. Dtsch. chem. Ges. 12, 169 (1879); 20, 2987 (1887). — WALLACH: Liebigs Ann. 245, 245 (1888); 252, 109 (1889); 253, 251 (1889); 270, 174 (1892); 277, 153 (1893); 332, 305 (1904); 336, 12 (1905). — TILDEN, SUDBOROUGH: Journ. chem. Soc. London 63, 479 (1893). — BAEYER: Ber. Dtsch. chem. Ges. 27, 442 (1894); 28, 641, 650, 1586 (1895); 29, 1078 (1896). — THIELE: Ber. Dtsch. chem. Ges. 27, 454 (1894). — TILDEN, FORSTER: Journ. chem. Soc. London 65, 324 (1894). — SCHOLL, MATTHAIOPOULUS: Ber. Dtsch. chem. Ges. 29, 1550 (1896). — IPATJEW: Journ. Russ. phys.-chem. Ges. 31, 426 (1899). — IPATJEW, SSOLONINA: Journ. Russ. phys.-chem. Ges. 33, 496 (1901). — SCHMIDT: Ber. Dtsch. chem. Ges. 35, 3737 (1902); 36, 1765 (1903); 37, 532, 545 (1904). — WALLACH, SIEVERTS: Liebigs Ann. 306, 279 (1898); 332, 309 (1904). — WALLACH: Liebigs Ann. 343, 49 (1905); 345, 127, 152 (1906); 353, 308 (1907); 360, 37 (1908). — FRANCESCONI, SERNAGIOTTO: Gazz. chim. Ital. 43 I, 315 (1913). — RHEINBOLDT, SCHMITZ-DUMONT: Liebigs Ann. 443, 113 (1925).

blaue oder grüne, schwere Flüssigkeiten oder Krystalle von stechendem Geruch, die durch Erwärmen mit Alkohol oder Wasser in ihre Komponenten zerfallen. Sie fällen aus Silbernitrat in alkoholischer Lösung rasch Chlorsilber und scheiden aus Jodkaliumlösung sofort Jod ab.

b) Verbindungen $\begin{matrix} & H \\ >C=C- \end{matrix}$
bilden krystallisierte Derivate nach der Formel:

$$\begin{matrix} >C-C- \\ |\ \ || \\ Cl\ NOH \end{matrix}$$

die farblos sind und alle Eigenschaften der Oxime besitzen. Intermediär entstehen die labilen wahren Nitrosokörper.

c) Substanzen der Formeln:

$$>C=CH_2. \quad -CH=\overset{|}{C}H \quad und \quad -CH=CH_2$$

geben keine festen Reaktionsprodukte.

Darstellung der Additionsprodukte mit Nitrosylchlorid.[1]

Man verwendet[2] freies Nitrosylchlorid nur sehr selten; bequemer löst man den Kohlenwasserstoff in überschüssiger stark alkoholischer Salzsäure, kühlt gut ab und fügt konz. Natriumnitrit in geringem Überschuß unter guter Kühlung tropfenweise hinzu, worauf durch Verdünnen mit Wasser das Reaktionsprodukt auszufallen pflegt oder, was meist vorteilhafter ist,[3] Amyl- oder Aethylnitrit und Salzsäure.

Ein kalt gehaltenes Gemisch von Kohlenwasserstoff und *Amylnitrit* wird mit konz. Salzsäure geschüttelt und Alkohol oder Eisessig zugegeben, worauf das Reaktionsprodukt sich abscheidet.

5 ccm Limonen werden mit 11 ccm *Aethylnitrit* und 12 ccm Eisessig versetzt und in das sehr gut abgekühlte Gemenge ein Gemisch von 6 ccm roher Salzsäure und 6 ccm Eisessig in kleinen Partien eingetragen. Schließlich werden noch 5 ccm Alkohol hinzugefügt.

Als *Krystallisationsmittel der Nitrosylchloridverbindungen* dienen Chloroform, Methylalkohol und Essigester. Am besten bewährt sich *Aceton*.[4]

Roever[5] läßt reines Nitrosylchlorid auf Tiglinsäure, Erucasäure, Linol- und Linolensäure, Ölsäure und Fette einwirken und empfiehlt die „Nitrosylzahl" als der Jodzahl überlegen.

Wendet man Bromwasserstoff oder Salpetersäure an, erhält man analog *Nitrosylbromide* bzw. *Nitrosate*.[6]

Letztere entstehen auch durch direkte Einwirkung von N_2O_4 auf die Kohlenwasserstoffe.

---

[1] Nitrose Gase (und Salzsäure): Löffl: Diss. Basel 1915. — Rupe: Helv. chim. Acta 4, 149 (1921). [2] Siehe auch Monti: Gazz. chim. Ital. 60, 787 (1931).
[3] Semmler: Die aetherischen Öle, Bd. 1, S. 118. — Aschan: Ber. Dtsch. chem. Ges. 55, 2951 (1922). [4] Wallach: Liebigs Ann. 336, 43 (1904).
[5] Roever: Diss. Münster 1933.
[6] Literatur über Nitrosate: Wallach: Terpene und Campher, S. 69. 1909. — Aschan: Ber. Dtsch. chem. Ges. 55, 2955 (1922); Liebigs Ann. 461, 20 (1928). — Klingstedt: Ber. Dtsch. chem. Ges. 58, 2363 (1925). — Monti: Gazz. chim. Ital. 60, 787 (1930).

3. Addition von Halogenwasserstoff.[1]

Die Anlagerung von *Jodwasserstoffsäure* an ungesättigte Kohlenwasserstoffe und Alkohole gelingt am leichtesten, leicht auch die *Bromwasserstoffanlagerung*,[2] während *Salzsäure* oft nur träge reagiert.[3] Die Anlagerung erfolgt stets in der Weise, daß das Halogenatom vorwiegend an das Kohlenstoffatom tritt, mit dem die geringere Zahl von Wasserstoffatomen verbunden ist[4] (Regel von MARKOWNIKOFF). Als Nebenreaktion kann auch die umgekehrte Anlagerung erfolgen.[5]

Salzsäure wird um so leichter angelagert, je weniger Wasserstoffatome sich an den doppelt gebundenen Kohlenstoffatomen befinden; die Substanzen vom Typus:

$$CH_2=C\diagdown \quad und \quad —CH=C\diagdown \cdot$$

addieren Salzsäure schon in der Kälte, solche vom Typus $CH_2=CH—$ erst bei höherer Temperatur.[6]

Gesättigte bicyclisch-hydrierte Kohlenwasserstoffe können durch Halogenwasserstoff aufgespalten werden.[7] α- und β-Tanaceten $C_{10}H_{16}$, dem Trioceantypus angehörig, gehen in Limonendichlorhydrat über; Pinen, das zum Tetroceantypus gehört, liefert unter denselben Bedingungen dasselbe Produkt. In analoger Weise konnte KONDAKOW vom Pentoceantypus gewisser Fenchene aus unter Aufsprengung eines Fünfringes zum Carvestrendibromhydrat gelangen; dieses Dibromhydrat gibt Carvestren, ein Tetracymolderivat.

---

[1] BERTHELOT: Liebigs Ann. **104**, 184 (1857); **115**, 114 (1860). — SCHORLEMMER: Liebigs Ann. **166**, 177 (1873); **199**, 139 (1879). — MORGAN: Liebigs Ann. **177**, 304 (1875). — LE BEL: Compt. rend. Acad. Sciences **85**, 852 (1877). — *Fluorwasserstoff* läßt sich an Aethylen überhaupt nicht addieren: SUN, SZE: Journ. Chin. chem. Soc. **5**, 1 (1937).

[2] Propen reagiert nicht mit HBr-Eisessig, erst auf Zusatz von Kohlenwasserstoffen (Benzol, Hexan, Cyclohexan, Buten) oder Bromiden (Butylbromid, C_2H_5Br, C_6H_5Br) Autokatalyse. Dagegen addiert Buten leicht HBr: IPATIEFF, PINES, WACKHER: Journ. Amer. chem. Soc. **56**, 2398 (1934).

[3] ERLENMEYER: Liebigs Ann. **139**, 228 (1866). — BUTLEROW: Liebigs Ann. **145**, 274 (1868). — MARKOWNIKOFF: Liebigs Ann. **153**, 256 (1869); Ber. Dtsch. chem. Ges. **2**, 660 (1869). — SAYTZEFF: Liebigs Ann. **179**, 296 (1875). — WIBAUT: Rec. Trav. chim. Pays-Bas **47**, 477 (1928). Meist muß man Katalysatoren anwenden. — TUOT: Compt. rend. Acad. Sciences **200**, 1418 (1935).

[4] LE BEL: Compt. rend. Acad. Sciences **85**, 852 (1877). — STOLZ: Ber. Dtsch. chem. Ges. **19**, 538 (1886).

[5] MICHAEL: Journ. prakt. Chem. (2), **60**, 445 (1899); Ber. Dtsch. chem. Ges. **39**, 2140 (1906). — IPATJEW, OGONOWSKY: Ber. Dtsch. chem. Ges. **36**, 1988 (1903). — IPATJEW, DECHANOW: Journ. Russ. phys.-chem. Ges. **36**, 659 (1904).

[6] GUTHRIE: Liebigs Ann. **116**, 248 (1860); **119**, 83 (1861); **121**, 116 (1862). — WALLACH: Liebigs Ann. **241**, 288 (1887); **248**, 161 (1888). — IPATJEW, SSOLONINA: Journ. Russ. phys.-chem. Ges. **33**, 496 (1901). — SCHMIDT: Ber. Dtsch. chem. Ges. **35**, 2336 (1902). — Aethylen addiert HCl unter 210° nicht, dagegen bei Gegenwart von $AlCl_3$-Asbest schon bei — 80°, mit $BaCl_2$ als Katalysator bei 250° mit 62% Ausbeute: TULLENARS, TUYN, WATERMAN: Rec. Trav. chim. Pays-Bas **53**, 546 (1934). — BALANDIN, LIWANOWA: Chem. Ztrbl. **1935** II, 1528. — Gewisse Pentene addieren HCl schon bei — 80° ohne Katalysatoren: LEENDERTSE, TULLENARS, WATERMAN: Rec. Trav. chim. Pays-Bas **52**, 515 (1933). — Propylen-1 addiert HCl bei Gegenwart von $FeCl_3$, $BiCl_3$ oder $ZnCl_2$ bei 20°, mit $NiCl_2$, $AlCl_3$ oder $CaCl_2$ bei 80°. Es entsteht ausschließlich 2-Chlorpropan: BROUWER, WIBAUT: Rec. Trav. chim. Pays-Bas **53**, 1002 (1934). — Vinylchlorid addiert HCl bei Gegenwart von $ZnCl_2$ zu 1.1-Dichloraethan. — Die Addition von Halogenwasserstoff wird allgemein durch $BiCl_3$ oder $SbCl_3$ auf Asbest oder Glaswolle katalysiert, die Addition von HBr auch durch Silicagel und Br_2, $FeBr_3$, $AlBr_3$, $BiBr_3$ auf Silicagel: WIBAUT, DIECKMANN, RUTGERS: Rec. Trav. chim. Pays-Bas **47**, 477 (1928). — BROUWER, WIBAUT: Rec. Trav. chim. Pays-Bas **53**, 1001 (1934). [7] SEMMLER: Die aetherischen Öle, Bd. 1, S. 95. 1905.

Häufig ist zum Zustandekommen einer Anlagerung das Vorhandensein geringer Mengen von *Wasser* notwendig. So lagert Limonenmonochlorhydrat nur bei sehr langer Einwirkung von Salzsäure und bei Gegenwart von etwas Wasser ein zweites Molekül Salzsäure an.

Wegen der Möglichkeit einer Ringsprengung, die namentlich bei Drei-, Vier- und Fünfringen in bicyclischen Systemen leichter erfolgen kann als die Addition an die Doppelbindung, darf in derartigen Fällen die Addition von Halogenwasserstoff *allein* nicht als Beweis für das Vorliegen einer Doppelbindung angesehen werden. Siehe MARSH: Proceed. chem. Soc. 15, 54 (1899).

Bei der Addition von Halogenwasserstoff an $\alpha.\beta$- und $\beta.\gamma$-ungesättigte *Säuren* lagert sich das Halogenatom an das von der Carboxylgruppe entferntere Kohlenstoffatom an,[1] $\varDelta.\gamma.\delta$-Säuren verhalten sich umgekehrt.[2] Isoundecylensäure $CH_3CH:CH[CH_2]_7COOH$ gibt mit HBr je 50% 9- und 10-Bromundecylsäure.[3]

Indessen gibt die Atropasäure mit konzentrierter Bromwasserstoffsäure bei gewöhnlicher Temperatur sowohl α- als auch β-Bromhydratropasäure; bei 100° nur β-Säure.[4]

Peroxydeffekt. KHARASCH und ASHTON, SMITH haben gezeigt, daß die Richtung der Addition von HCl und HBr an *endständige* Doppelbindungen[5] durch oxydierende Mittel, namentlich Peroxyde, beeinflußt werden kann. Oxydationsförderer verursachen Halogenaddition am endständigen, Oxydationsverzögerer am vorletzten C-Atom. Der Peroxydeffekt ist abhängig vom Lösungsmittel,[6] von der Temperatur und von der Belichtung.

Jodwasserstoff zeigt stets normale Additionsprodukte, da er die organischen Peroxyde zersetzt; die Reaktion wird aber bei Gegenwart von Peroxyden beschleunigt. Siehe namentlich KHARASCH: Journ. Amer. chem. Soc. 55, 2468, 2521, 2531 (1933). — KHARASCH, HINCKLEY: Journ. Amer. chem. Soc. 56, 1214, 1243 (1934). — SHERILL, MAYER, WALTER: Journ. Amer. chem. Soc. 56, 926 (1934). — KHARASCH, HINCKLEY, GLADSTONE: Journ. Amer. chem. Soc. 56, 1642 (1934). — HARRIS, SMITH: Journ. chem. Soc. London 1935, 1572. — ASHTON, SMITH: Journ. chem. Soc. London 1934, 1308. — LINSTEAD, RYDON: Journ. chem. Soc. London 1934, 2001. — A. P. 2058465, 2058466 (1936). — KHARASCH, MCNAB: Journ. Soc. chem. Ind. 54, 989 (1935); Journ. Amer. chem. Soc. 57, 2463 (1935). — KHARASCH, POTTS: Journ. Amer. chem. Soc. 58, 57 (1936). — KHARASCH, MARGOLIS, MAYO: Journ. org. Chemistry 1, 393 (1936). — GAUBERT, LINSTEAD, RYDON: Journ. chem. Soc. London 1937, 1974.

Der Einfluß der Peroxyde ist bei ungesättigten Carbonsäuren viel geringer als bei ungesättigten Bromiden. Die der MARKOWNIKOWSCHEN Regel folgende normale Additicn kann durch COOH und Peroxyde völlig verschleiert werden.

Nach ASHTON, SMITH hört die Wirkung der COOH-Gruppe auf, wenn eine

---

[1] ERLENMEYER: Ber. Dtsch. chem. Ges. 13, 304 (1880). — FITTIG: Ber. Dtsch. chem. Ges. 27, 2661 (1894). — ECKERT, HALLA: Monatsh. Chem. 34, 1816 (1913).
[2] MESSERSCHMIDT: Liebigs Ann. 208, 100 (1881). — FITTIG, FRÄNKEL: Liebigs Ann. 255, 32 (1889).
[3] ABRAHAM, MOWAT, SMITH: Journ. chem. Soc. London 1937, 948. Am schnellsten in Benzol.   [4] FITTIG, WURSTER: Liebigs Ann. 195, 152 (1879).
[5] SMITH: Nature 135, 187 (1935). — Siehe auch Nature 132, 447 (1933). — LINSTEAD, RYDON: Nature 132, 643 (1933). — Auch langkettige Aethylene mit endständiger Doppelbindung addieren HBr in Gegenwart von Peroxyden überwiegend unter Bildung primärer Bromide, in Gegenwart von Oxydationsverzögerern von überwiegend sekundären Bromiden. KHARASCH, POTTS: Journ. org. Chemistry 2, 195 (1937).
[6] Aether ist unwirksam, Ligroin wirksam. Bei Abwesenheit von molekularem Sauerstoff ist der Katalysator unwirksam.

größere Anzahl (8) CH_2-Gruppen zwischen COOH und Doppelbindung liegen.

Die Größe des Peroxydeffekts scheint sich mit zunehmender Annäherung der Doppelbindung an COOH zu verringern.

4. Addition von Wasserstoff.

Die Reduktion[1] ungesättigter *Kohlenwasserstoffe* mit nur einer Doppelbindung durch *Natriumamalgam*[2] oder *Natrium und Alkohol* gelingt im allgemeinen[3] nicht, wohl aber die der $\alpha.\beta$-ungesättigten *Säuren*[4,5]. Ist mit dem doppelt gebundenen Kohlenstoff eine negative Gruppe in Verbindung, dann erfolgt die Wasserstoffanlagerung sehr glatt; einen positiven Rest enthaltende Säuren werden viel langsamer und nur in der Wärme reduziert. Anwesenheit einer zweiten Carboxylgruppe wirkt auch auf die Reduktion erleichternd.

Bequemer als mit fertigem Natriumamalgam arbeitet man nach HANS MEYER, BEER, LASCH[6] mit elektrolytisch an einer Quecksilberkathode abgeschiedenem Natrium. Zur Darstellung der Chlorhydrozimtsäure wird z. B. folgendermaßen vorgegangen:

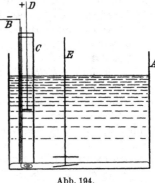

Abb. 194.

In einen breiten, dickwandigen Glaszylinder *A* (Abb. 194) wird eine 3 cm hohe Quecksilberschicht gebracht, in die nahe am Rand des Gefäßes ein Lampenzylinder 1 cm tief eintaucht. In den Zylinder *C* wird 25proz. Natronlauge gefüllt. Als positive Elektrode dient ein dicker Nickeldraht *D*, der an seinem unteren Ende eine Nickelscheibe trägt; die negative Elektrode *B*, ein 2 mm dicker, unten spiralig gewundener Eisendraht, wird durch ein Glasrohr isoliert bis nahe an den Boden des Gefäßes *A* geführt.

---

[1] Ringsprengung bei der Hydrierung mit Natriumamalgam: FRICKE, SPILKER: Ber. Dtsch. chem. Ges. **58**, 24 (1925) (Thionaphthen). — Bei der katalytischen Hydrierung: ZELINSKY: Journ. Russ. phys.-chem. Ges. **44**, 275 (1912); Ber. Dtsch. chem. Ges. **46**, 168 (1913). — Depolymerisierung polymerisierter Fette bei der Hydrierung: BAUER, HUGEL: Chem. Umschau Fette, Öle, Wachse, Harze **32**, 13 (1925). — TALANZEN: Chem. Umschau Fette, Öle, Wachse, Harze **35**, 5 (1928). — LARJUKOW: Chem. Umschau Fette, Öle, Wachse, Harze **35**, 133 (1928). — BAG: Chem. Umschau Fette, Öle, Wachse, Harze **37**, 89 (1930). — KINO: Scient. Papers Inst. physical chem. Res. Tokio **15**, 127, 130 (1931).

[2] Über die Notwendigkeit, zu derlei Reduktionen *reines* Amalgam zu verwenden, siehe ASCHAN: Ber. Dtsch. chem. Ges. **24**, 1865, Anm. (1891). — E. FISCHER, HERTZ: Ber. Dtsch. chem. Ges. **25**, 1255, Anm. (1892). — HAWORTH, PERKIN: Journ. chem. Soc. London **93**, 584 (1908). — Zur Theorie der Hydrierung mit Natriumamalgam: WILLSTÄTTER, WALDSCHMIDT: Ber. Dtsch. chem. Ges. **54**, 120 (1921). — WILLSTÄTTER, SEITZ, BUMM: Ber. Dtsch. chem. Ges. **61**, 871 (1928). — Darstellung von Natriumamalgam: a. a. O. S. 876.

[3] Die Vinyl- und die Propenylgruppe in Styrolen und Phenolaethern werden glatt reduziert, die Allylgruppe nicht: CIAMICIAN, SILBER: Ber. Dtsch. chem. Ges. **23**, 1162, 1165, 2285 (1890). — KLAGES: Ber. Dtsch. chem. Ges. **32**, 1440 (1899); **36**, 3586 (1903); **37**, 1721 (1904).

[4] BAEYER: Liebigs Ann. **251**, 258 (1889); **269**, 171 (1892).

[5] THIELE: Liebigs Ann. **306**, 101 (1899). — SEMMLER: Ber. Dtsch. chem. Ges. **34**, 3126 (1901); **35**, 2048 (1902). — BOUVEAULT, BLANC: Bull. Soc. chim. France (3), **31**, 1206 (1904). — COURTOT, THIELE, IEHL: Ber. Dtsch. chem. Ges. **35**, 2320 (1902); Bull. Soc. chim. France (3), **35**, 121 (1906).

[6] HANS MEYER, BEER, LASCH: Monatsh. Chem. **34**, 1677 (1913).

In *A* werden 60 g Chlorzimtsäure, gelöst in 120 ccm Natronlauge von 25% und 1200 ccm Wasser, gebracht. Der Rührer *E*, der zwei fixe, senkrecht zueinander stehende Glasflügel trägt, taucht mit dem einen Flügel vollkommen unter das Quecksilber, während der andere die Lösung der Chlorzimtsäure durchzumischen bestimmt ist. Man läßt einen Strom von 2 Ampere pro 10 qcm Kathodenoberfläche und von 20·5 Volt hindurchgehen, während der Rührer sich in dauernder, nicht zu langsamer Bewegung befindet. Nachdem sehr wenig mehr als die berechnete Strommenge verbraucht worden ist, beginnt lebhafte Wasserstoffentwicklung an der Kathode, während vorher gar kein molekularer Wasserstoff sichtbar war.

Säuren, welche die Doppelbindung entfernter von der Carboxylgruppe tragen, lassen sich durch Natriumamalgam oder metallisches Natrium nicht[1] oder nur schwer und in der Hitze,[2] wohl aber durch saure Mittel (Zink und Salzsäure + Eisessig, Jodwasserstoffsäure und Phosphor[3]) reduzieren.

Quartäre ungesättigte Ammoniumsalze können bei der Reduktion mit Natriumamalgam gespalten werden, ohne daß es gelingt, Wasserstoff an die Doppelbindung anzulagern.[4]

Ungesättigte Ketone lassen sich (mit Natrium und feuchtem Aether) nur dann reduzieren, wenn sich die Doppelbindung in $\alpha.\beta$-Stellung befindet.[5]

Auch ungesättigte *Alkohole* lassen sich, wenn auch oft nur langsam und unvollständig, durch Natriumamalgam reduzieren,[6] besser in alkalischer Lösung mit *Aluminiumspänen*[7] oder nach der SABATIERschen Methode[8] oder *elektrolytisch an Platinkathoden*,[9] am besten in aetherischer oder alkoholischer Lösung mit *Platinschwarz*[10] oder *Palladium*.[11]

Dagegen lassen sich Kohlenwasserstoffe mit konjugierten Doppelbindungen durch Natrium und Alkohol, namentlich *Amylalkohol*, reduzieren.[12]

Hydrierung konjugierter Bindungen mit Na-Amalgam.[13]

1. Sind die Enden des konjugierten Systems durch negative Gruppen (Phenyl, Carboxyl) besetzt, dann wird der H ausschließlich an den Enden addiert (Styrylacrylsäuren, Piperinsäuren, Diphenylpolyene).

2. Trägt nur ein Ende der Kette einen ausgeprägt negativen Substituenten (Sorbinsäure), dann wird neben 1.4- auch 1.2-Addition beobachtet.

[1] HOLT: Ber. Dtsch. chem. Ges. **24**, 412 (1891); **25**, 963 (1892). — FICHTER, BAUER: Ber. Dtsch. chem. Ges. **31**, 2003 (1898). — KUNZ-KRAUSE, SCHELLE: Arch. Pharmaz. **242**, 286 (1904).

[2] JAYNE: Liebigs Ann. **216**, 97 (1882). — SUDBOROUGH, GITTINS: Journ. chem. Soc. London **95**, 318 (1909) ($\beta.\gamma$-Phenylcrotonsäure).

[3] GOLDSCHMIEDT: Sitzungsber. Akad. Wiss. Wien (II), **72**, 366 (1876).

[4] EMDE: Ber. Dtsch. chem. Ges. **42**, 2590 (1909). — WEDEKIND: Ber. Dtsch. chem. Ges. **42**, 3939 (1909). — Siehe S. 679.

[5] BLUMANN, ZEITSCHEL: Ber. Dtsch. chem. Ges. **46**, 1181 (1913).

[6] LINNEMANN: Ber. Dtsch. chem. Ges. **7**, 866 (1874). — RÜGHEIMER: Liebigs Ann. **172**, 123 (1874). — HATTON, HODKINSON: Journ. chem. Soc. London **39**, 319 (1881). — PERKIN: Ber. Dtsch. chem. Ges. **15**, 2811 (1882).

[7] SPERANSKI: Compt. rend. Acad. Sciences **2**, 181 (1899).

[8] SABATIER: Compt. rend. Acad. Sciences **144**, 880 (1907).

[9] WILLSTÄTTER, MAYER, HÜNI: Liebigs Ann. **378**, 91 (1910). — MAJIMA: Ber. Dtsch. chem. Ges. **45**, 2728 (1912).   [10] Siehe S. 784.

[11] WIELAND: Ber. Dtsch. chem. Ges. **45**, 2617 (1912).

[12] SEMMLER: Ber. Dtsch. chem. Ges. **34**, 3126 (1901); **36**, 1035 (1903); **42**, 526 (1909). — RUPE, LIECHTENHAN: Ber. Dtsch. chem. Ges. **39**, 1121 (1906). — Siehe hierzu AUWERS: Ber. Dtsch. chem. Ges. **42**, 4895 (1909).

[13] BURTON, INGOLD: Journ. chem. Soc. London **1929**, 2022. — KUHN, DEUTSCH: Ber. Dtsch. chem. Ges. **65**, 817 (1932).

3. Butadiene, die zwei negative Substituenten in 1.2 besitzen, sollten in 1.2 addieren. Die α-Vinylzimtsäure ergibt aber 80% α-Benzylcrotonsäure. Kohlenwasserstoffe vom Styroltypus sind reduzierbar. Dies ist nach SEMM-LER dahin zu erklären, daß in derartigen Verbindungen kein Benzolring, sondern ein Chinonring anzunehmen ist.

Danach wäre also auch hier ein Paar konjugierter Doppelbindungen vorhanden.[1]

Säuren mit zwei konjugierten Doppelbindungen:[2]

$$C=C-C=C-COOH$$

addieren bei der Reduktion mit *Natriumamalgam* ebenfalls zwei Wasserstoffatome in die Stellungen 1 und 4, unter Bildung einer nicht direkt weiter reduzierbaren $\beta.\gamma$-ungesättigten Säure.

Anwendung von *Aluminiumamalgam*: HARRIES: Ber. Dtsch. chem. Ges. 29, 380 (1896). — THIELE: Liebigs Ann. 347, 249, 290 (1906); 348, 1 (1906). — HENLE: Liebigs Ann. 348, 16 (1906). — STAUDINGER: Ber. Dtsch. chem. Ges. 41, 1495 (1908).

Reduktion ungesättigter *Ketone:* WALLACH: Liebigs Ann. 275, 171 (1893); 279, 379 (1894). — HARRIES: Liebigs Ann. 296, 295 (1897); Ber. Dtsch. chem. Ges. 29, 380 (1896); 32, 1315 (1899); Liebigs Ann. 330, 212 (1904). — THIELE: Liebigs Ann. 306, 99 (1899). — SEMMLER: Ber. Dtsch. chem. Ges. 34, 3125 (1901); 35, 2048 (1902). — DARZENS: Compt. rend. Acad. Sciences 140, 152 (1905). — SKITA: Ber. Dtsch. chem. Ges. 41, 2938 (1908).

Von ungesättigten *Aldehyden:* LIEBEN, ZEISEL: Monatsh. Chem. 1, 825 (1880); 4, 22 (1883); vgl. Suppl. 3, 257 (1864); Ber. Dtsch. chem. Ges. 15, 2808 (1882). — CHARON: Ann. Chim. (7), 17, 215 (1899). — HARRIES, HAGA: Liebigs Ann. 330, 226 (1904) (Aluminiumamalgam).

Von ungesättigten *Phenolen:* KLAGES: Ber. Dtsch. chem. Ges. 37, 3987 (1904).

Reduktionen mit Bleinatrium.

Entgegen der bisherigen Auffassung, daß Fremdmetalle allgemein die Hydrierung mit Natriumamalgam hemmen, zeigte BERTRAND, daß durch Zusatz von 0,2% Blei zu $2^{1}/_{2}$proz. Na-Amalgam die Reduktionen beschleunigt und die Ausbeuten verbessert werden.[3]

Die durch hohe Überspannung der Kathoden bedingten elektrochemischen Reduktionen an Pd, Cd, Hg lassen sich chemisch nachahmen, wenn der Wasserstoff unter genügend hohem Potential geliefert wird. Da das Blei zudem eine spezifische Hemmung auf die Wiedervereinigung der H-Atome zu Molekülen ausübt,[4] erweist sich das *Bleinatrium* als vorzügliches Reagens.[5]

Darstellung von Bleinatrium.[6] 19 g *reines* Blei,[7] 8 g Na werden im Wasser-

---

[1] SEMMLER: Ber. Dtsch. chem. Ges. 36, 1033 (1903). — Siehe hierzu KLAGES: Ber. Dtsch. chem. Ges. 36, 3585 (1903). — VOIGT: Diss. Rostock 1908.

[2] THIELE: Liebigs Ann. 306, 101 (1899). — SEMMLER: Ber. Dtsch. chem. Ges. 34, 3126 (1901); 35, 2048 (1902). — BOUVEAULT, BLANC: Bull. Soc. chim. France (3), 31, 1206 (1904). — COURTOT, THIELE, IEHL: Ber. Dtsch. chem. Ges. 35, 2320 (1902); Bull. Soc. chim. France (3), 35, 121 (1906).

[3] BERTRAND: Ann. Inst. Pasteur 51, 650 (1933). — BERTRAND, DELAUNEY-ANVRAY: Compt. rend. Acad. Sciences 197, 6 (1933).

[4] BONHOEFFER: Ztschr. physikal. Chem. 113, 199 (1924).

[5] FICHTER, STEIN: Helv. chim. Acta 14, 1205 (1931). — FICHTER, STENZL: Helv. chim. Acta 16, 571 (1933). — STENZL, FICHTER: Helv. chim. Acta 17, 665, 670 (1934). Reduktion von Acetessigestern, Barbitursäuren.

[6] GOLDACH: Helv. chim. Acta 14, 1436 (1931).

[7] Das Blei darf keine Spur edlerer Metalle enthalten.

stoffstrom im MgO-Schiffchen[1] zusammengeschmolzen, in Wasserstoff erkalten gelassen und verrieben.

Die Reduktionen werden meist bei 45° durchgeführt.[2]

Saure Reduktionsmittel, von denen am energischesten *Jodwasserstoffsäure*, namentlich bei Gegenwart von Phosphor, wirkt, bewirken vollständige Reduktion, die schließlich bei Ringgebilden zur Sprengung der Kerne und Bildung von Grenzkohlenwasserstoffen führen kann. Doch sind derartige Reduktionen in saurer Lösung im allgemeinen zur Konstitutionsbestimmung nicht verwendbar, da Methylwanderungen und Kernverschiebung, z. B. Verwandlung von Sechsringen in Fünfringe, häufig beobachtet werden.

Reduktion von Doppelbindungen mittels Titantrichlorid[3]

gelingt namentlich bei solchen Aethylenlücken, die zwischen zwei Carbonylen oder einem Phenylrest und einem Carbonyl eingeschlossen sind. Nur solche Doppelbindungen, welche CO benachbart sind, werden reduziert. Gute Resultate geben die *Flavanone*.

1,5 g *Zimtsäure*, 100 ccm 20proz. Alkohol, 30 ccm 20proz. NH_3 mit 30 ccm ($2^1/_2$ Mol) 15proz. $TiCl_3$ $^1/_2$ Stunde Wasserbad.[3]

Reduktion von Fumar- und Citraconsäure in saurer Lösung.[3]

Man reduziert in wässerig-alkoholischer Ammoniaklösung bei Zimmertemperatur oder auf dem Wasserbade.

Mikrobestimmung mit Titanchlorid.[4]

4—8 mg Substanz in 4—8 ccm Eisessig (oder verdünnter Essigsäure) + 5 ccm 20proz. Na-Citrat, zirka 0,05 g $NaHCO_3$. Luft im Apparat durch CO_2 verdrängen, das durch Waschen in Mischung von 5% $TiCl_3$, 20% Na-Citrat von Luft befreit ist. Standard-$TiCl_3$-Lösung (zirka $^{3n}/_{100}$) zutropfen bis dunkelviolett. Gegen Ende der Reduktion Zugabe in Abständen von mindestens 1 Stunde, am Schluß noch 2 Minuten warten, + 4 ccm konz. HCl, 1,5 ccm 10proz. KSCN. Mit zirka $^{3n}/_{100}$ Eisenalaun zurücktitrieren.

Reduktionen mit Wasserstoff[5] *unter Verwendung eines Katalysators.*

Nachdem schon DEBUS im Jahre 1863 Blausäure mit *Platin* als Übeträger durch Wasserstoff in Methylamin übergeführt hatte,[6] haben SABATIER, SENDERENS die Wirkungsweise des Nickels,[7] Kupfers und Platins als Wasserstoffüberträger erprobt.[8]

---

[1] Man kann auch Porzellanschiffchen verwenden, wenn man das erste dargestellte PbNa, das weniger wirksam ist, verwirft.

[2] BENGER: Ber. Dtsch. chem. Ges. **44**, 327 (1911).

[3] KNECHT: Ber. Dtsch. chem. Ges. **36**, 166 (1903). — VAN HASSELT: Chem. Weekbl. **13**, 429 (1916). — KARRER, HELFENSTEIN, WIDMER, VAN ITALLIE: Helv. chim. Acta **11**, 1202 (1928); **12**, 742 (1929). — KARRER, YEN, REICHSTEIN: Helv. chim. Acta **13**, 1308 (1930).

[4] MARUYAMA: Scient. Papers Inst. phys. chem. Res. **16**, 196 (1931).

[5] Die Reinigung des Wasserstoffs erfolgt durch Waschen mit basischem Bleiacetat, Silbernitrat, angesäuertem Permanganat und Kalilauge 1:1: WASER, GRATSOS: Helv. chim. Acta **11**, 950 (1928). — Siehe auch S. 802.

[6] DEBUS: Liebigs Ann. **128**, 200 (1863).

[7] Siehe auch KELBER: Ber. Dtsch. chem. Ges. **54**, 1701 (1921); **57**, 136, 142 (1924). — ADKINS, CRAMER: Journ. Amer. chem. Soc. **52**, 4349 (1930).

[8] SABATIER, SENDERENS: Ann. chim. phys. (8), **4**, 344, 355, 367, 415 (1905). — BEDFORD: Diss. Halle 1906. — Katalyse im Vakuum: ZELINSKY: Ber. Dtsch. chem. Ges. **44**, 2779 (1911). — Siehe ferner SABATIER: Die Katalyse, S. 44ff. Akad. Verlagsgesellschaft 1914. — ZELINSKY, TUROWA-POLLAK: Ber. Dtsch. chem. Ges. **58**, 1298

Nach dem Patent von LEPRINCE, SIVEKE[1] wird die Hydrierung ungesättigter Fettsäuren mit Hilfe fein verteilter Metalle auch durch Einleiten von Wasserstoff in das erhitzte Gemisch der Substanz und des Katalysators bewirkt.

FOKIN fand dann,[2] daß man bei Verwendung von Platin und Palladium[3] die Reduktion schon bei gewöhnlicher Temperatur ausführen kann.

Auf der gleichen Reaktion dürfte die elektrolytische Reduktion von ungesättigten Fettsäuren und deren Estern an platinierten Platinkathoden beruhen.[4]

Methode von WILLSTÄTTER.

WILLSTÄTTER, MAYER[5,6] haben die Reduktionsmethode mit Platin und Wasserstoff bei gewöhnlicher Temperatur zu einer allgemein verwertbaren ausgestaltet. Nicht nur die Reduktion von ungesättigten Säuren, Estern, Alkoholen und Kohlenwasserstoffen (Terpenen), sondern auch sogar die Perhydrierung von Benzolderivaten gelingt nach diesem Verfahren.

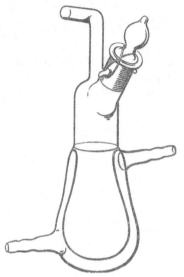

Abb. 195. Mantelkolben nach WILLSTÄTTER, SONNENFELD.

Das erforderliche *Platinschwarz* wird folgendermaßen[7] dargestellt:

80 ccm einer etwas salzsäurehaltigen Lösung von Platinchlorwasserstoffsäure aus 20 g Platin werden mit 150 ccm 33proz. Formaldehyd vermischt und bei — 10° unter kräftigem Rühren tropfenweise mit 420 g 50proz. Kalilauge ver-

(1925) (Nickel, Platinmetalle). — Über die Rolle von Trägersubstanzen: ROSENMUND, JOITHE: Ber. Dtsch. chem. Ges. **58**, 2054 (1925). — JOITHE: Diss. Berlin 1922. — KAFFER: Ber. Dtsch. chem. Ges. **57**, 1261 (1924). — RUZICKA: Helv. chim. Acta **7**, 89, 883 (1924). — ZELINSKY: Ber. Dtsch. chem. Ges. **45**, 3678 (1912); **56**, 787, 1249, 1723 (1923); **57**, 150, 667, 1066 (1924). — SABALITSCHKA, MOSES: Ber. Dtsch. chem. Ges. **60**, 794 (1927). — WATERMAN, PERQUIN, VAN WESTEN: Journ. Soc. chem. Ind. **47**, 363 (1928); **48**, 50 (1929). — Kupferchromit: ADKINS, CONNER: Journ. Amer. chem. Soc. **53**, 1091 (1931).

[1] D. R. P. 141029 (1903), 189322 (1907). — WINDAUS: Ber. Dtsch. chem. Ges. **49**, 1728 (1916).

[2] FOKIN: Journ. Russ. phys.-chem. Ges. **38**, 419 (1906); **39**, 607 (1907); Chem.-Ztg. **32**, 922 (1908).

[3] ROTH: Diss. Erlangen 40, 1909; Ber. Dtsch. chem. Ges. **42**, 1541 (1909). — PAAL, HARTMANN: Ber. Dtsch. chem. Ges. **42**, 2239 (1909). — WALLACH: Liebigs Ann. **381**, 51 (1910). — BORSCHE: Ber. Dtsch. chem. Ges. **44**, 2942 (1911); **45**, 46 (1912) (konjugierte Doppelbindungen). — PAAL: Ber. Dtsch. chem. Ges. **45**, 2221 (1912). — DANKWORTH: Arch. Pharmaz. **250**, 620 (1912).

[4] D. R. P. 187788 (1907).

[5] WILLSTÄTTER, MAYER: Ber. Dtsch. chem. Ges. **41**, 1475, 2200 (1908). — SCHMIDT, FISCHER: Ber. Dtsch. chem. Ges. **41**, 4225 (1908). — GRÜN, WOLDENBERG: Journ. Amer. chem. Soc. **31**, 504 (1909). — VAVON: Compt. rend. Acad. Sciences **149**, 997 (1909); **153**, 68 (1911). — FOURNIER: Bull. Soc. chim. France (4), **7**, 23 (1910). — MAJIMA: Ber. Dtsch. chem. Ges. **45**, 2727 (1912). — WILLSTÄTTER, SEITZ: Ber. Dtsch. chem. Ges. **56**, 1393 (1923). — SIGMUND: Monatsh. Chem. **49**, 275, 362 (1928); WEGSCHEIDER-Festschr. 1929, 607. — REINDEL, WALTER: Liebigs Ann. **460**, 219 (1928). — LANGENBECK, HUTSCHENREUTER: Ztschr. physiol. Chem. **182**, 308 (1929).

[6] WILLSTÄTTER: Ber. Dtsch. chem. Ges. **45**, 1471 (1912); **46**, 527 (1913); **51**, 767 (1918); **54**, 113 (1921); D. R. P. 301364 (1916). — HOFMANN: Ber. Dtsch. chem. Ges. **55**, 573 (1922). — Siehe dazu ZELINSKY: Ber. Dtsch. chem. Ges. **59**, 162 (1926).

[7] LÖW: Ber. Dtsch. chem. Ges. **23**, 289 (1890). — WILLSTÄTTER, HATT: Ber. Dtsch. chem. Ges. **45**, 1472 (1912). — Siehe auch BÖESEKEN: Rec. Trav. chim. Pays-

setzt, so daß die Temperatur nie über 4—6° steigt. Dann wird unter fortgesetztem lebhaftem Rühren ¹/₂ Stunde auf 55—60° erwärmt. Das Platinschwarz wird durch Dekantation gut gewaschen. Man saugt schwach ab, wobei das Platin stets unter Wasser bleibt, dann wird rasch zwischen Filtrierpapier abgepreßt und im Exsiccator getrocknet. Man evakuiert im Hochvakuum während 10 Stunden und läßt noch einige Tage im Exsiccator, der vor dem Öffnen mit Kohlendioxyd gefüllt wird.[1]

Der Wasserstoff muß sorgfältig gereinigt werden, damit der Katalysator nicht vergiftet werde. Man leitet ihn zunächst durch drei Waschflaschen, deren erste Kalilauge (2:1), die nächste gesättigte Permanganatlösung, die dritte konz. Schwefelsäure enthält, dann durch ein Trockenrohr mit Phosphorpentoxyd, dann ein solches mit stark geglühtem Asbest und endlich über ein erhitztes Rohr, das eine reduzierte Kupferdrahtspirale enthält oder[2] durch Silbernitrat, Kaliumpermanganat, glühendes Platin und Schwefelsäure. Skita empfiehlt Permanganat, Kalilauge, Schwefelsäure und ein Glasrohr mit erwärmtem Palladiumasbest.[3]

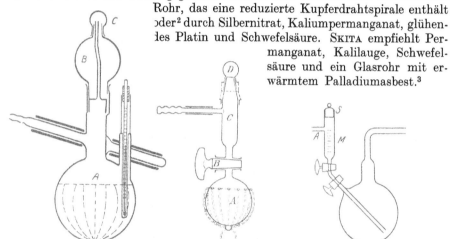

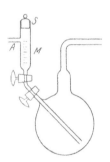

Abb. 196 und 197. Schüttelbirnen nach Hess.   Abb. 198. Kolben von Zechmeister, Cholnoky.

Man *reaktiviert den Katalysator*, sooft die abnehmende Hydrierungsgeschwindigkeit es wünschenswert macht; Vergiftung wird durch Vermehrung des Platins und durch Behandlung mit Sauerstoff überwunden.[4] Palladiummohr bietet nach Willstätter, Waldschmidt-Leitz keinen Vorteil.

Bas **35**, 260 (1915). — Gutbier, Maisch: Ber. Dtsch. chem. Ges. **52**, 1370 (1919). — Willstätter, Bommer: Ber. Dtsch. chem. Ges. **51**, 770 (1918). — Jausch, Fantl: Ber. Dtsch. chem. Ges. **56**, 1369 (1923). — Willstätter, Waldschmidt-Leitz: Ber. Dtsch. chem. Ges. **54**, 122 (1921).

[1] Andere Darstellungsarten: McDermotte: Journ. Amer. chem. Soc. **32**, 336 (1910). — Siehe auch Grün, Woldenberg: Journ. Amer. chem. Soc. **31**, 504 (1909). — Houben, Pfau: Ber. Dtsch. chem. Ges. **49**, 2294 (1916). — Feulgen: Ber. Dtsch. chem. Ges. **54**, 360 (1921). — Hess, Anselm: Ber. Dtsch. chem. Ges. **54**, 2320 (1921). — Reduktion von $PtCl_2$ ($PdCl_2$) mit Hydrazin in Sodalösung bei Gegenwart aktiver Kohle bei 20°, dann 70°: Kok, Waterman, van Westen: Journ. Soc. chem. Ind. **55**, 225 (1936).

[2] Semmler, Rosenberg: Ber. Dtsch. chem. Ges. **46**, 769 (1913). — Semmler, Risse: Ber. Dtsch. chem. Ges. **46**, 2303 (1913).

[3] Siehe ferner Pummerer, Burkard: Ber. Dtsch. chem. Ges. **55**, 3469 (1922). — Siehe auch S. 784, Anm. 5.

[4] Durch einstündiges Schütteln mit Sauerstoff [Fischer, Rothweiler: Ber. Dtsch. chem. Ges. **56**, 514 (1923). — Casares, Ranedo: Anales Soc. Espanola Fisica Quim. **20**, 519 (1924)], Zusatz von Eisenchlorid, Iridiumchlorid oder Aluminiumchlorid kann die Wirksamkeit des Katalysators stark steigern: Faillebin: Compt. rend. Acad. Sciences **175**, 1077 (1922); **177**, 1118 (1923).

Für die Beschickung des Schüttelkölbchens (5—10 g Substanz) verwendet man meist 0,1—0,2 g Platin, das bei Olefinen selten, bei aromatischen Stoffen alle Stunden durch kurzes Schütteln mit Luft aktiviert wird. Nach Beendigung der Wasserstoffaufnahme wird die Lösung vom Platinmohr dekantiert und dieser von neuem verwendet. Schwierig hydrierbare Stoffe werden bei 60° bearbeitet. HESS[1] benutzt die in Abb. 196 und 197 abgebildeten Schüttelbirnen.

Zum Erwärmen dient der von WILLSTÄTTER, SONNENFELD beschriebene Schüttelkolben mit eingesetzter Glühbirne oder man umwickelt den Kolben mit Nichromdraht und heizt mit einem Strom von 2,5 Amp. Um konstante Wärme zu erzielen, benutzt man den Mantelkolben und heizt z. B. mit Chloroformdampf. Einen anderen praktischen Hydrierkolben haben ZECHMEISTER, CHOLNOKY angegeben[2] (Abb. 198).

Erheblichen Überdruck (über $1/_2$—1 at) von Wasserstoff braucht man meist nicht anzuwenden.

Als bestes Lösungsmittel für die Hydrierung dient Eisessig; aber auch Aether u. dgl. sind oftmals gut anwendbar. — Anwendung von Amylaether: BEAUCOURT: WEGSCHEIDER-Festschr. 1929, 905. — Essigester: LETTRÉ: Liebigs Ann. 509, 289 (1934). — Essigester, Dioxan, Pd-BaSO$_4$: HILLEMANN: Ber. Dtsch. chem. Ges. 68, 104 (1935).

Pd-Mohr in Eisessig-96proz. H$_2$SO$_3$ bei 15°, 2 at: KINDLER, BRANDT, GEHLHAAR: Liebigs Ann. 509, 211 (1934). — Wässerige Essigsäure, Pd-Schwarz: Liebigs Ann. 505, 203 (1933); Arch. Pharmaz. 271, 439 (1933). Pt-Schwarz bei 40—50 at in Butylaether: SWARTS: Compt. rend. Acad. Sciences 197, 1261 (1933). — Die katalytische Hydrierung von ω-Nitrostyrolen verläuft viel rascher und in anderer Richtung bei Anwendung von Schwefelsäure infolge Bildung von Molekülverbindungen mit H$_2$SO$_4$: KINDLER, BRANDT, GEHLHAAR: Liebigs Ann. 511, 209 (1934).

Methode von PAAL.[3]

PAAL arbeitet mit *kolloidem Platin* und namentlich *Palladium*,[4] dem er als Schutzkolloid protalbinsaures Natrium beigesellt. Die Versuche werden folgendermaßen ausgeführt.[5]

Bei geöffneten Hähnen A und B (Abb. 199) wird, während C geschlossen bleibt, *reiner* trockener Wasserstoff bei A eingeleitet und durch die ganze

[1] HESS: Ber. Dtsch. chem. Ges. 46, 3120 (1913). — Einen ähnlichen Apparat beschreiben WILLSTÄTTER, SONNENFELD, WASER: Ber. Dtsch. chem. Ges. 46, 2952, 2955 (1913); 47, 2801, 2808 (1914). — Siehe auch Ber. Dtsch. chem. Ges. 43, 1176, 1179 (1910). — GOLDSCHMIDT, ORTHNER: Ztschr. angew. Chem. 42, 40 (1929).

[2] ZECHMEISTER, CHOLNOKY: Ber. Dtsch. chem. Ges. 61, 1538 (1928).

[3] PAAL: Ber. Dtsch. chem. Ges. 38, 1398, 2414 (1905); 40, 1392, 2201 (1907); 41, 805, 818, 2273, 2282 (1908); 42, 1541, 1553, 2239, 2930 (1909). — WALLACH: Liebigs Ann. 381, 52 (1911). — KÖTZ, ROSENBUSCH: Ber. Dtsch. chem. Ges. 44, 464 (1911). — OLDENBERG: Ber. Dtsch. chem. Ges. 44, 1829 (1911). — BORSCHE: Ber. Dtsch. chem. Ges. 44, 1829 (1911). — HEBER: Diss. Leipzig 18, 1915. — KELBER: Ber. Dtsch. chem. Ges. 49, 55 (1916). — PAAL, HARTMANN: Ber. Dtsch. chem. Ges. 51, 711 (1918). — WILLSTÄTTER, JAQUET: Ber. Dtsch. chem. Ges. 51, 767 (1918).

[4] Auf ungesättigte Glykole wirkt kolloides Palladium wasserabspaltend: WALLACH: Liebigs Ann. 414, 197 (1917). — BUTENANDT, HILDEBRANDT: Liebigs Ann. 477, 265 (1930). — Palladium besitzt vor Platin den Vorteil, daß es nicht so leicht (namentlich von Schwefel) vergiftet wird: WIELAND: Ber. Dtsch. chem. Ges. 45, 2617 (1912). — WILLSTÄTTER, WALDSCHMIDT-LEITZ: Ber. Dtsch. chem. Ges. 54, 128 (1921). — BERGMANN, MICHALIS: Ber. Dtsch. chem. Ges. 63, 987 (1930). — Spuren von Kupfer vergiften den Pd-Katalysator: BUSCH, SCHMIDT: Ber. Dtsch. chem. Ges. 62, 2614 (1929).

[5] STARK: Ber. Dtsch. chem. Ges. 46, 2335 (1913). — Einen ähnlichen Apparat beschreiben HINRICHSEN, KEMPF: Ber. Dtsch. chem. Ges. 45, 2110 (1912). — Siehe auch ALBRIGHT: Journ. Amer. chem. Soc. 36, 2189 (1914).

Apparatur geschickt. Er entweicht bei Z. Weder in der geeichten Gasbürette noch in dem Quecksilberreservoir befindet sich Quecksilber. In der Ente befindet sich die zu reduzierende Lösung. Nachdem bei Z reiner Wasserstoff nachweisbar ist, sperrt man durch Einfüllen von Quecksilber bei Z das Wasserstoffvolumen ab, schließt A, erreicht durch Heben des Quecksilberreservoirs bei Z Überdruck und läßt jetzt bei A den unter Überdruck stehenden Wasserstoff durch Öffnen von A entweichen, bis nahezu Niveauausgleich des Quecksilbers im Reservoir und in der Gasbürette erzielt ist. Jetzt bringt man die Platin- oder Palladiumlösung in den bei C angeschmolzenen Trichter, senkt das Quecksilberreservoir und öffnet vorsichtig C, wobei man die Platin- oder Palladiumlösung nur unvollständig einsaugt. Nach Schluß von C ist jetzt die Apparatur einwandfrei gefüllt. — In weitaus den meisten Fällen wird die Absorption, wenn sie überhaupt erst einmal eintritt, sogar bei Unterdruck weiter verlaufen. In einigen Fällen ist dies sogar ein Kriterium, ob überhaupt Absorption erfolgte. Als Verbindung verwendet man einen Capillarschlauch.

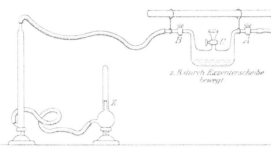

Abb. 199. Apparat von STARK.

Zur

Darstellung des kolloiden Palladiums

geht man nach PAAL, AMBERGER[1] folgendermaßen vor:

Je 1 Teil protalbinsaures Natrium wird in 75 Teilen Wasser gelöst, Natronlauge in geringem Überschuß und dann 2 Gewichtsteile Palladium[2] (in Form von in 25 Teilen Wasser gelöstem $PdCl_2$) langsam zugegeben. Die Lösung wird tropfenweise mit Hydrazinhydrat versetzt. Die Reduktion tritt sofort unter Aufschäumen ein. Nach dreistündigem Stehen wird so lange gegen Wasser dialysiert, bis im Außenwasser keine Reaktion auf Hydrazin oder Chlornatrium mehr auftritt.

Die so gereinigte Lösung wird bei 60—70° eingeengt und zuletzt über Schwefelsäure in vacuo eingetrocknet. Es resultieren schwarze, glänzende Lamellen, die sich in Wasser ohne Rückstand lösen. Das Präparat ist jahrelang haltbar.

Methode von SKITA.[3]

Unter Verwendung von kolloidem Palladium oder Platin[4] ergibt sich eine sehr einfache Reduktionsmethode, wenn man zu der wässerigen oder wässerig-alkoholischen Lösung kleine Mengen Palladiumchlorür und Gummi arabicum

---

[1] PAAL, AMBERGER: Ber. Dtsch. chem. Ges. **37**, 134 (1904). — Siehe auch TAUSZ, PUTNOKY: Ber. Dtsch. chem. Ges. **54**, 1576 (1921).   [2] 1,6 g $PdCl_2$ = 1 g Pd.
[3] D. R. P. 230724 (1909); Ber. Dtsch. chem. Ges. **41**, 2288 (1908); **42**, 1627 (1909). — Siehe zum folgenden: SKITA: Über katalytische Reduktionen organischer Verbindungen. Stuttgart: F. Enke 1912. — SKITA, MEYER: Ber. Dtsch. chem. Ges. **45**, 3394 (1912). — SKITA: Ber. Dtsch. chem. Ges. **48**, 1686, 1691 (1915). — SKITA, SCHNECK: Ber. Dtsch. chem. Ges. **55**, 144 (1922). — FREUDENBERG: Ber. Dtsch. chem. Ges. **56**, 197 (1923); D. R. P. 230724 (1911), 256998 (1913), 280695 (1914). — SKITA, BRUNNER: Ber. Dtsch. chem. Ges. **49**, 1597 (1916).
[4] SKITA, WULFF: Liebigs Ann. **455**, 25 (1927).

(als Schutzkolloid) hinzufügt[1] und unter geringem Überdruck Wasserstoff einwirken läßt.

Auf diese Art kann man *auch in saurer Lösung* arbeiten.

Die *Reduktion von ungesättigten Aldehyden und Ketonen* erfolgt nach diesem Verfahren sehr gut und um so leichter, je näher die Doppelbindung dem Carbonyl liegt.[2]

Chinon geht glatt in *Hydrochinon* über. Dem Chinoncharakter entsprechend findet also hier keine Aufhebung der Doppelbindung —C=C— vor der Hydrierung der CO-Gruppe statt. Eine solche Ausnahme wurde noch beim *Acrolein* beobachtet, das wohl zum größten Teil in *Propionaldehyd* überging, zum kleinen Teil aber auch Allylalkohol lieferte.

Bei Ausführung dieser Reaktionen wurde beobachtet, daß die Hydrierung innerhalb gewisser Druckgrenzen stattfindet, die für jedes chemische Individuum eine konstante Größe vorstellen. Wird die Druckgrenze nicht erreicht, fällt die Ausbeute an Reduktionsprodukt, wird sie überschritten, können weitergehende Reduktionen eintreten. Dadurch, daß leicht lösbare Doppelbindungen rasch, schwer lösbare viel langsamer abgesättigt werden, ist in vielen Fällen die Möglichkeit zu *Partialreduktionen* geboten.

Reduktion von *Diketonen* mit 1proz. kolloidem Pd bei 20°, 3 at: SKITA, KEIL, BAESLER: Ber. Dtsch. chem. Ges. 66, 858 (1933).

Es gibt Fälle (namentlich carbonylfreie Substanzen), bei denen der Katalysator nicht kolloid ausgefällt wird. In solchen Fällen empfiehlt es sich, mit kolloider Platin- oder Palladiumlösung zu *impfen*, worauf dann beim Behandeln mit Wasserstoff unter Druck das Metallchlorür zu kolloidem Metall reduziert wird.

Hydrierung nach der Impfmethode.[3] Eine Lösung von Platinchlorid und gleichen Mengen Gummi arabicum versetzt man mit Spuren kolloider Platin- oder Palladiumlösung in Gegenwart der zu reduzierenden Substanz. Leitet man Wasserstoff ein, dann wird die Metallverbindung in kurzer Zeit kolloid und überträgt sehr rasch den Wasserstoff auf die ungesättigte Substanz. Bloß in Fällen, in denen anzunehmen ist, daß Palladiumchlorid mit der ungesättigten Substanz eine unlösliche Doppelverbindung eingehen könnte, wie bei vielen *Alkaloiden*, tut man besser, die Lösung nach dem Impfen zuerst zu reduzieren und dann erst den ungesättigten Stoff hinzuzufügen.

Aromatische Doppelbindungen können nicht in wässerig-alkoholischer, sondern nur in *Eisessiglösung* gelöst werden.[4]

Man stellt sich eine homogene essigsaure Lösung von Platinchlorwasserstoffsäure, Gummi arabicum und der zu hydrierenden Substanz dar, fügt eine geringe Menge kolloider Platin- oder Palladiumlösung hinzu und schüttelt mit Wasserstoff, bis die theoretisch erforderliche Menge Gas absorbiert ist.

Der von SKITA benutzte Apparat ist von FRANCK[5] verbessert worden (Abb. 200).

---

[1] Man kann auch oft ohne diesen Zusatz auskommen: STRAUS, GRINDEL: Liebigs Ann. **439**, 279 (1924). — Anwendung von Gelatine: FREUDENBERG: Ber. Dtsch. chem. Ges. **56**, 197 (1923). — Glutin: KELBER, SCHWARZ: Ber. Dtsch. chem. Ges. **45**, 1946 (1912). — Gallensaure Salze: D. R. P. 279 200 (1914). — Stärke: BOURGUEL: Bull. Soc. chim. France (4), **41**, 1443 (1927).

[2] SKITA: Ber. Dtsch. chem. Ges. **45**, 3313 (1912).

[3] SKITA: Ber. Dtsch. chem. Ges. **48**, 1685 (1915); **49**, 1597 (1916); **62**, 1145 (1929).

[4] WILLSTÄTTER, HATT: Ber. Dtsch. chem. Ges. **45**, 1471 (1912). — SKITA: Ber. Dtsch. chem. Ges. **45**, 3589 (1912); **48**, 1486 (1915); **49**, 1597 (1916); **53**, 1800 (1920).

[5] FRANCK: Chem.-Ztg. **37**, 958 (1913). — DIELS, ALDER: Liebigs Ann. **460**, 107 (1928). — LOCHLE: Journ. Amer. chem. Soc. **43**, 2601 (1921). — Andere Konstruktionen des Apparates: FRANCK: Ztschr. angew. Chem. **26**, 315 (1913). — VOSWINKEL:

Ein an beiden Seiten mit Schliföffnung versehener, 75—100 cm langer Meßzylinder A von ungefähr 1000 ccm Inhalt wird senkrecht mit zwei Klammern
an einem Stativ befestigt. Durch einen oben mit Drahtverschnürung druckdicht
eingepreßten Gummistopfen geht das Gaszuleitungsrohr für das Schüttelgefäß,
am einfachsten eine Sektflasche oder eine Schüttelente mit Innenheizung nach
KEMPF,[1] während unten ebenfalls durch einen doppeltdurchbohrten Gummistopfen ein druckdichter Verschluß
erreicht wird. Die eine Bohrung
ist durch den Schlauch d an die
Wasserleitung angeschlossen, die
andere steht durch Q mit Quecksilberregulator B in Verbindung.
Dieser besteht aus einer unten zugeschmolzenen weiteren Röhre, in
die durch einen zweifach durchbohrten Stopfen eine engere bis auf den
Boden eingeführt ist. Man füllt
den Zwischenraum zwischen äußerem und innerem Rohr von dessen
unterem Ende ab 76 cm hoch mit
Quecksilber und führt in die zweite
Öffnung des Stopfens ein Abflußrohr
ein. Sodann verschließt man Q
(Quetschhahn oder Schliffhahn) und
drückt mit Hilfe der Wasserleitung
alle Luft aus A heraus, so daß es
bis obenhin mit Wasser gefüllt ist.
Nunmehr verbindet man den
Schlauch b mit dem Le Rossignol-
Ventil der Wasserstoffbombe, öffnet
die Zuleitung d, indem man sie ab-
schraubt, und drückt mit dem
Wasserstoff das Wasser hinaus, bis
der Gaszylinder fast frei von Wasser
ist. Man unterbricht die Gaszufuhr,
schraubt die Leitung bei d wieder
an, öffnet Q und drückt noch aus
der Bombe so lange Wasserstoff
nach, bis die ersten Wasserstoff-
blasen durch das Quecksilber in B

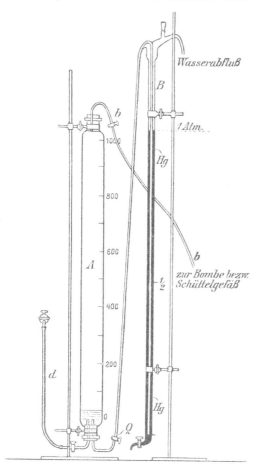

Abb. 200. Apparat von FRANCK.

emporsteigen, d. h. bis der Druck 1 at beträgt. Man schließt Q, entfernt die
Bombe, verbindet mit dem Schüttelgefäß, öffnet Q wieder, drückt durch d
vorsichtig Wasser nach, bis wieder Blasen durch das Quecksilber emporsteigen, und kann nun die Schüttelmaschine in Bewegung setzen. Durch
zeitweiliges Nachdrücken von Wasser bei d gleicht man die Absorption aus
und erhält konstanten Druck.

Strenggenommen müßte man mit steigendem Wasserspiegel in A auch den
Quecksilberregulator heben, da ja der Druck nur vom Wasserspiegel ab 76 cm
beträgt, doch verändert sich das Volumen dadurch bei der geringen Höhe des

Chem.-Ztg. **37**, 489 (1913). — FRANKE, SIGMUND: Monatsh. Chem. **46**, 64 (1925);
48, 272 (1927). — ADAMS: Org.-Synth. **8**, 11. — FREJKA: Collection d. tr. ch. de
Tchécosl. **2**, 433 (1930).   [1] KEMPF: Chem.-Ztg. **37**, 58 (1913).

Zylinders nur um einige Kubikzentimeter und auch für diese läßt sich leicht in Gestalt einer empirisch aufzustellenden Kurve, die den bei Zimmertemperatur steigenden Wasserspiegel in A und den feststehenden Regulator in Beziehung setzt, eine Korrektur anbringen.

Hydrierung mit Calciumhydrid bei Gegenwart von Palladium- oder Platin-chlorid: NIVIÈRE: Bull. Soc. chim. France (4), 29, 217 (1921).

In neuerer Zeit werden,[1] ebenso wie für Dehydrierungen, die Katalysatoren meist auf Trägern verwendet.

Palladiumbariumsulfat: STEINBERGER: Diss. Leipzig 1921. — ROSENMUND: Ber. Dtsch. chem. Ges. 51, 585 (1918); 55, 2238 (1922). — PAAL, SCHIEDEWITZ: Ber. Dtsch. chem. Ges. 60, 1222 (1927). — PAAL, YAO: Ber. Dtsch. chem. Ges. 63, 60 (1930). — BINCER, HESS: Ber. Dtsch. chem. Ges. 61, 540 (1928). — MEERWEIN, MIGGE: Ber. Dtsch. chem. Ges. 62, 1049 (1929). — ZIEGLER, KLEINER: Liebigs Ann. 473, 77 (1929). — Darstellung: FEULGEN, BEHRENS: Ztschr. physiol. Chem. 177, 225 (1928). — SCHÖPF, THIERFELDER: Liebigs Ann. 497, 22 (1932).

Palladiumcalciumcarbonat: D.R.P. 236488 (1911), 256500 (1913). — BUSCH, STÖVE: Ber. Dtsch. chem. Ges. 55, 1064 (1922). — DEUSSEN: Journ. prakt. Chem. (2), 114, 113 (1926) (Darstellung). — PAAL, YAO: Ber. Dtsch. chem. Ges. 63, 60 (1930). — SCHÖPF, PERREY, JÄCKH: Liebigs Ann. 497, 47 (1932).

Palladiumkohle: MANNICH, THIELE: Arch. Pharmaz. 253, 183, 186 (1915); Ber. Pharmaz. Ges. 26, 37 (1916). — GADAMER: Arch. Pharmaz. 255, 294 (1917). — WIENHAUS: Ber. Dtsch. chem. Ges. 53, 1658 (1920). — BRAND, STEINER: Ber. Dtsch. chem. Ges. 55, 878 (1922). — OTT, EICHLER: Ber. Dtsch. chem. Ges. 55, 2661 (1922) (Darstellung!). — OTT, SCHRÖTER: Ber. Dtsch. chem. Ges. 60, 633 (1927). — LOHAUS: Journ. prakt. Chem. (2), 119, 256 (1928) (Dreifache Bindung). — HARTUNG: Journ. Amer. chem. Soc. 50, 3372 (1928). — ZELINSKY, TITZ: Ber. Dtsch. chem. Ges. 62, 2871 (1929). — WEDEKIND: Ber. Dtsch. chem. Ges. 63, 55 (1930). — SPÄTH, HROMATKA: Ber. Dtsch. chem. Ges. 63, 129 (1930). — GOTO, MITSUI: Journ. chem. Soc. Japan 5, 287 (1930). — CALLOW, ROSEN-HEIM: Journ. chem. Soc. London 1933, 387. — WREDE, ROTHAAS: Ztschr. physiol. Chem. 219, 267 (1933).

Palladiumkieselgur: D.R.P. 236462 (1911).

Palladiumaluminiumoxyd: Ber. Dtsch. chem. Ges. 66, 1422 (1933).

Platinmetalle (am besten Platin) auf Mg, Ni, Co, Oxyden, Hydroxyden, tertiären Phosphaten, Silicaten usw.: D.R.P. 256500 (1913). — KUHN, BROCK-MANN: Ber. Dtsch. chem. Ges. 66, 828 (1933) (Silicagel).[2]

Palladiumasbest: ZELINSKY, BORISSOW: Ber. Dtsch. chem. Ges. 57, 2060 (1924).

Osmiumasbest: ZELINSKY, TUROWA, POLLAK: Ber. Dtsch. chem. Ges. 62, 2865 (1929) (Darstellung!). — 25proz. Osmiumasbest für Kernhydrierungen: ZELINSKY, SCHUIKIN: Compt. rend. Acad. Moskau 1933, 60.

Nickelkieselgur:[3] WASSILJEW: Ber. Dtsch. chem. Ges. 60, 1122 (1927) (Darstellung!). — ADKINS, CRAMER: Journ. Amer. chem. Soc. 52, 4351 (1930). — WATERMAN, VLODROP: Rec. Trav. chim. Pays-Bas 52, 469 (1933); 53, 821 (1934). — MEYER: Helv. chim. Acta 18, 301 (1935). — COVERT, CONNOR, ADKINS:

---

[1] Zuerst empfohlen durch D. R. P. 236462 (1911).

[2] Silicagel ist der beste Träger für Pt und Pd bei der Hydrierung von Acetylen-derivaten.

[3] Nickelhydroxyd wird auf reine Kieselgur niedergeschlagen, bei 400—450° im H_2-Strom reduziert. Der Gehalt an Ni soll 12% betragen: MEYER: Helv. chim. Acta 18, 301 (1935). — Anwendung in Essigester: RUPE, LENZLINGER: Helv. chim. Acta 18, 256 (1935). — Essigester kann auch sonst die Hydrierung beschleunigen:

Journ. Amer. chem. Soc. **54**, 1651 (1932) (Darstellung!). — E.P. 394576 (1933);
F.P. 750903 (1933).

Platinasbest: (besonders gut) MILLER: Bull. Soc. chim. Belg. **42**, 238 (1933);
Ber. Dtsch. chem. Ges. **67**, 1715 (1934).

Pd besitzt mehr als *Pt* selektive katalytische Wirkung bei Hydrierung von
Doppelbindungen. So wird Isophoron schwerer durch Pd als durch Pt reduziert.
SKITA: Ber. Dtsch. chem. Ges. **42**, 1630 (1909); **66**, 859 (1933).[1]

Durch *Pt-Kohle* bleibt die CO-Gruppe unangegriffen bei isocyclischen Ketonen
(Cyclo-pentanon und -hexanon), bei alicyclischen Ketonen,[2] wie Hexahydro-
acetophenon, und bei Ketonen, deren CO-Gruppe vom Benzolring durch mindestens eine Methylengruppe getrennt ist. ZELINSKY, PACKENDORFF, LEDER-
PACKENDORFF: Ber. Dtsch. chem. Ges. **66**, 872 (1933); **67**, 300 (1934) (Pt-Kohle
+ etwas Pd-Chlorid).

Die Reduktion gelingt aber mit 15proz. Pt-Kohle und $PtCl_6H_2$-Lösung.
PACKENDORFF: Ber. Dtsch. chem. Ges. **67**, 905 (1934). — Der Katalysator
arbeitet am besten in HCl-Lösungen (bis 10% stark). Pt-Kohle kann durch
Pd-Chlorid aktiviert werden. ZELINSKY, PACKENDORFF: Ber. Dtsch. chem. Ges.
67, 300 (1934).

Ein ausgezeichneter Katalysator, das RANAY-*Nickel*, wird erhalten, wenn ab-
gekühltes gepulvertes Al_2Ni mit Natronlauge allmählich auf 90—100° erhitzt
wird, bis die Wasserstoffentwicklung aufhört. Man erhitzt noch dreimal in
gleicher Weise mit immer erneuter Lauge. Dann filtriert man und wäscht gut
aus, wobei der Niederschlag andauernd unter Flüssigkeit sein muß. Das Produkt
enthält noch Aluminium.[3]

Die Wirkung des Katalysators wird durch Überziehen mit Pt, Jr oder Rh
noch erhöht.[4]

Ein starker Nickelkatalysator wird auch erhalten, wenn $Ni(NO_3)_2$ im Krystallwasser geschmolzen, mit 2% ThO_2 geglüht und dann mehrfach bei 400° im
H_2-Strom reduziert wird. Pyrophor, muß unter Wasserstoff aufbewahrt werden.[5]

Methode von ADAMS.[6]

Platinoxyd PtO_2, H_2O hat sich als ausgezeichneter Katalysator für Hydrie-

SALKIND, WISCHNJAKOW, MOREW: Russ. Journ. allg. Chem. **3**, 91 (1933). — Nickel-
silicagel kann wirksam sein, wo Ni-Bimsstein versagt: A. P. 1896282 (1933). — Die
hydrierende Wirkung von Ni wird durch Pt (weniger durch Pd, Rh, Ru) verstärkt,
ebenso durch Alkali: DELÉPINE, HOREAU: Compt. rend. Acad. Sciences **201**, 1301
(1935).

[1] 2.5-Dimethyl-1.5-hexadien-3-in nimmt in Methanol mit kolloidalem Pd nur 6,
dagegen mit Pt-Schwarz 8 at Wasserstoff auf: SALKIND, SMAGINA: Russ. Journ.
allg. Chem. **7**, 470 (1937).

[2] Palladiumkohle reduziert Propiophenon rasch und glatt zu Propylbenzol,
während Platinkohle wirkungslos ist: HARTUNG, CROSSLEY: Journ. Amer. chem.
Soc. **56**, 158 (1934).

[3] PAUL, HILLY: Bull. Soc. Chim. biol. (5), **3**, 2230 (1936). — PAUL: Bull. Soc.
chim. France (5), **4**, 846, 1121 (1937). — Über Metallegierungen als Katalysatoren
für Hydrierungen und Dehydrierungen siehe auch FOUCOUNAN: Compt. rend. Acad.
Sciences **203**, 406 (1936).

[4] DELÉPINE, HOREAU: Compt. rend. Acad. Sciences **202**, 995 (1936).

[5] RUSSELL, FULTON: Ind. engin. Chem., Analyt. Ed. **5**, 384 (1933).

[6] ADAMS: Journ. Amer. chem. Soc. **44**, 1397 (1922); **45**, 1071, 2171, 3029 (1923)
(Darstellung); **46**, 1675 (1924); **47**, 1098, 1147, 1712, 3061 (1925); **48**, 477 (1926);
49, 1093, 1099 (1927); **50**, 1970, 2260 (1928); Ber. Dtsch. chem. Ges. **59**, 162 (1926).
— AGUIRUCHE: Anales Soc. Espanola Fisica Quim. **25**, 313 (1927). — MEISENHEIMER,
MAHLER: Liebigs Ann. **462**, 309 (1928). — BUCK, JENKINS: Journ. Amer. chem.
Soc. **51**, 2163 (1929). — SIGMUND: WEGSCHEIDER-Festschr. 1929, 607. — BEAUCOURT:
WEGSCHEIDER-Festschr. 1929, 905. — RUZICKA, HOSKING: Liebigs Ann. **469**, 191

rungen erwiesen. Es ist in den meisten Fällen dem Platinschwarz überlegen, doch kann auch das Umgekehrte der Fall sein.[1]

Darstellung des Katalysators.[2]

3,5 g H_2PtCl_6 in 10 ccm Wasser + 35 g reines $NaNO_3$ unter Rühren eindampfen, in 10 Minuten auf 350—370°. Nach 15 Minuten Rühren wird 400° erreicht, nach 20 Minuten 500—550° (in Porzellan). Nach 30 Minuten soll die Masse völlig geschmolzen sein. Abkühlen, + 50 ccm Wasser. 1—2mal dekantieren, auf gehärtetem Filter von Nitraten nahezu freiwaschen. Im Exsiccator trocknen.

Das schwere braune Pulver wird mit der zu reduzierenden Substanz im geeigneten Lösungsmittel durch Wasserstoff in 10 bis höchstens 60 Minuten zu dem wirksamen Pt-Schwarz reduziert.

Manchmal ist es gut, die Reduktion ausschließlich im Lösungsmittel, durch Schütteln mit H_2 (höchstens 15 Minuten, wenn keine Verunreinigung vorhanden) zu bewirken.

Reaktivierung des Katalysators[3] kann öfters (Aldehyde) durch Schütteln mit Luft oder O_2 in einigen Minuten erreicht werden. In andern Fällen wird aber durch diese Prozedur der Katalysator völlig inaktiv und koaguliert.

Bei der Sauerstoffzufuhr ist darauf zu achten, daß kein Katalysator an den Gefäßwänden klebt, vielmehr in seiner Gänze von Flüssigkeit bedeckt ist, sonst können Explosionen eintreten.

Auch durch Peroxyde[4] kann der Katalysator regeneriert werden, ebenso durch Ferrochlorid.

Spuren von Eisensalzen (in geringerem Maße Mn- und Ni-Salze) beschleunigen die Reduktion von Aldehyden und erhalten die Aktivität des Katalysators. In den meisten anderen Fällen ist aber die Wirkung solcher Verunreinigungen eine verzögernde.[5]

Als *Lösungsmittel* ist für die meisten Reduktionen 95—100proz. Alkohol am geeignetsten,[5] doch wird auch Aether-Alkohol (1 : 1),[6] Essigester[7] und Eisessig,[5] sowie Eisessig-Bromwasserstoff[6] oder Eisessig-Schwefelsäure[8] verwendet.

Elektrolyt-Wasserstoff ist ohne weitere Reinigung brauchbar.

Völlige Reinheit der zu reduzierenden Substanzen ist unerläßlich.

Apparate für die Hydrierung.

PAAL, AMBERGER: Ber. Dtsch. chem. Ges. 38, 1890 (1905). — PAAL, GERUM: Ber. Dtsch. chem. Ges. 41, 813 (1908). — WASER: Diss. Zürich 54, 1911. — WILLSTÄTTER, HALL: Ber. Dtsch. chem. Ges. 45, 1472 (1912). — SKITA, MEYER: Ber. Dtsch. chem. Ges. 45, 3594 (1912). — STARK: Ber. Dtsch. chem. Ges. 46, 2335 (1913). — BÖESEKEN, VAN DER WEIDE, MOM: Rec. Trav. chim. Pays-Bas

---

(1929). — KÖGL, ERXLEBEN: Liebigs Ann. 479, 23 (1930); 482, 113 (1930). — JACOBS, SCOTT: Journ. biol. Chemistry 87, 601 (1930). Ungesättigte Lactone. — PERREY: Liebigs Ann. 497, 59 (1932). — SCHÖPF, JÄCKH: Liebigs Ann. 505, 177 (1933).

[1] BUTENANDT, HILDEBRANDT: Liebigs Ann. 477, 259 (1930).

[2] Org.-Synth. I, 452 (1932).

[3] Die Wirksamkeit des Katalysators ist mehr abhängig von seinem Alter als von der Temperatur: TAKEI, MIYAJIMA, ONO: Ber. Dtsch. chem. Ges. 66, 479 (1933). — FARMER, GALLEY: Nature 131, 60 (1933).

[4] CAROTHERS, ADAMS: Journ. Amer. chem. Soc. 45, 1071 (1923). — KAUFMANN, ADAMS: Journ. Amer. chem. Soc. 45, 3035 (1923). — KERN, SHRINER, ADAMS: Journ. Amer. chem. Soc. 47, 1147 (1925). — THOMSON: Journ. Amer. chem. Soc. 56, 2744 (1934). [5] CAROTHERS, ADAMS: Journ. Amer. chem. Soc. 46, 1675 (1924).

[6] RUZICKA, BRÜNNGER, EICHENBERGER, MEYER: Helv. chim. Acta 17, 1415 (1934).

[7] JACOBS, ELDERFIELD: Journ. biol. Chemistry 99, 693 (1933). — RUZICKA, SCHINZ: Helv. chim. Acta 18, 390 (1935).

[8] RUZICKA, GOLDBERG, MEYER: Helv. chim. Acta 18, 216 (1935).

35, 267 (1916). — ROSENMUND, ZETZSCHE: Ber. Dtsch. chem. Ges. **51**, 580 (1918).
— ADAMS, VOORHEES: Journ. Amer. chem. Soc. **44**, 1403 (1922). — KLIMONT:
Chem. Ztg. **46**, 275 (1922). — ESCOURRON: Parfums france **26**, 88 (1925); Org.
Synth. I, 55, 58 (1932). — GATTERMANN: Praxis 24. Aufl. 369 (1936).

Es muß noch erwähnt werden, daß durch Platin und Palladium, *selbst bei
Abwesenheit von Wasserstoff*, Umlagerungen bewirkt werden können. Siehe
SCHEIBLER: Ber. Dtsch. chem. Ges. **58**, 1205 (1925) Phenylketen-Aethylcarb-
aethoxyacetal. — RICHTER, WOLFF: Ber. Dtsch. chem. Ges. **59**, 1733 (1926)

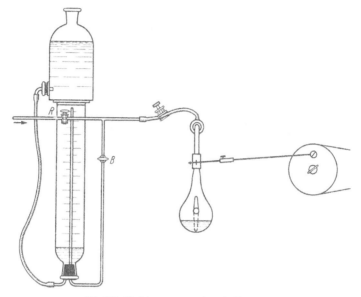

Abb. 201. Hydrierungsapparat nach GATTERMANN.

β-Pinen in α-Pinen. — WINDAUS: Liebigs Ann. **453**, 105 (1927) Allocholesterin.
— Von den stereoisomeren Oximen α.β-ungesättigter Ketone nimmt nur die
syn-Form Wasserstoff auf: MERZ: Ber. Dtsch. chem. Ges. **63**, 2951 (1930).

Halbmikro- und Mikrohydrierung nach SLOTTA, BLANKE.[1]
(Volumetrische Methode.)

Durch die Waschflaschen über den Dreiweghahn c zum Gasableitungsrohr b
langsam H_2-Strom. In ein Mikroröhrchen (12 bzw. 15[2]) Substanz durch Einfüllrohr mit kapillarer Spitze einfüllen, Schliffe mit Apieronfett (Leybolds Nachf.,
Köln) schmieren. Katalysator in 8 eingewogen. Lösungsmittel in Kompensations-
kolben 9, der bei offenem Hahn i auf den Schliff 17 geschoben und mit Draht-
spiralen befestigt wird. Dann gleiche Menge Lösungsmittel in 8, Drehstöpsel 11
eingesetzt, mit Gummiband befestigt. Mikroröhrchen 12 (unter und über dem
Wulst angeritzt) auf den Ring gesetzt (8a), der Kolben am Schliff 16 befestigt.
Schüttelmotor 21 einschalten. Bei geschlossenen Schraubenklammern 27, 28
und geschlossenen Hähnen b, c, e, k und offenen Hähnen d, f, g, h, i durch Hahn a
evakuieren. Dann a schließen, b öffnen, durch Drehen des Dreiweghahnes c
Wasserstoff zulassen, bis Quecksilbermanometer 1 leichten Überdruck zeigt.
Evakuieren und Füllen mit $1/_2$, achtmal wiederholen. Zum Schluß Überdruck

[1] SLOTTA, BLANKE: Journ. prakt. Chem. (2), **143**, 3 (1935). — Siehe SMITH:
Journ. biol. Chemistry **96**, 35 (1932).   [2] Für Halbmikrohydrierungen.

auf 50—70 mm steigen lassen, Katalysator 1—2 Stunden sättigen. Überdruck durch kurzes Öffnen von c herauslassen, 27, 28 öffnen, Barometer und $^1/_{10}$°-Thermometer ablesen.

Zur *Mikrohydrierung* d, f, h, i schließen. i mit Gummiband sichern.

Sind Lösungsmittel und Katalysator noch nicht gesättigt, so steigt das Butylphthalat im Manometer 19 nach der Seite von 8. Der Unterdruck wird durch Heben von 3 ausgeglichen. Wenn 30 Minuten lang kein H_2 mehr absorbiert

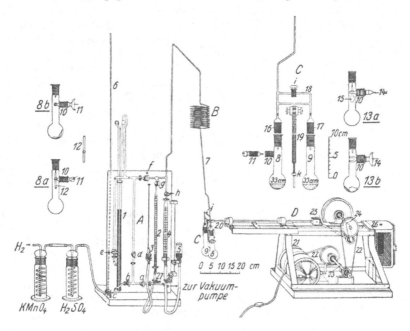

Abb. 202. Apparat von SLOTTA, BLANKE.

worden ist, wird das Schütteln kurz unterbrochen, Bürette z abgelesen und durch Drehen des Hahnes 10 das Einwägeröhrchen 12 zerbrochen.

Nach der Schnelligkeit des H_2-Verbrauches, die man am Steigen der Flüssigkeit im linken Schenkel von 19 beurteilt, wird der Unterdruck in Abständen von 1—30 Minuten ausgeglichen und jedesmal Volumen, Zeit und Temperatur notiert. Die Menge des absorbierten Wasserstoffs ergibt sich aus der Verminderung des Hg-Volumens in 2, die notwendig ist, um das Niveau in beiden Schenkeln von 19 gleichzustellen.

Hydrierung beendet, wenn längere Zeit keinerlei Differenz in 19 beobachtet wurde. Am Anfang und Ende der Hydrierung muß die Temperatur auf $^1/_{10}$° übereinstimmen. Nach beendigter Hydrierung evakuieren, durch e Luft einlassen.

Zur *Halbmikrohydrierung* benutzt man die größere Bürette 4 bei geschlossenen g und geöffneten h.

Katalysatoren nach ADAMS: Org. Synth. 8, 92 (1928).

Platinmohr, Platinkontakt Nr. 17 der Membranfilter G. m. b. H., Abt. B, Göttingen.

Pd-Schwarz.

Lösungsmittel: Eisessig, Methylcyclohexan, Isobutylalkohol, Isoamylaether oder Gemische von Eg-Methylcyclohexan.

Die Methode ist auf ± 0,5% genau.

Apparat von G. Bechmann, Breslau, Auenstraße 18.

Berechnung: Die Anzahl Mole, die 1 Mol Substanz aufgenommen hat (x),
ist für die Einwaage von Eg-Substanz vom Molekulargewicht *M*.

$$x = \frac{M \cdot v \cdot p \cdot 1{,}604 \cdot 10^{-5}}{E\,(273{,}2 + t)}$$

**Die Differentialmanometrische Methode zur Mikrohydrierung von
KUHN, MÖLLER,[1]**
ist namentlich geeignet zur Bestimmung der Doppelbindungszahl hoch ungesättigter oder langsam hydrierbarer
Substanzen.[2]

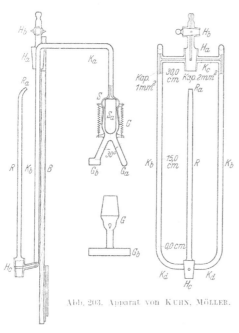

Abb. 203. Apparat von KUHN, MÖLLER.

Sehr geeignet sind Lösungsmittel-
gemische (Dekalin-Eisessig). Katalysatoren: Pt- und Pd-Oxyd (im Reaktionsgefäß reduziert und mit H_2 gesättigt) oder Pt-Kieselgel: KÖPPEN:
Ztschr. Elektrochem. 38, 938 (1932).

Die Methode ist auf ± 0,5% genau.

Andere Methoden der Mikrohy-
drierung: EBEL, BRUNNER, MARCELLI:
Helv. chim. Acta 12, 26 (1929). —
HYDE, SHERP: Journ. Amer. chem.
Soc. 52, 3359 (1930). — KAUTSKY,
BAUMEISTER: Ber. Dtsch. chem. Ges.
64, 2446 (1931). — SMITH: Journ.
biol. Chemistry 96, 35 (1932). —
SLOTTA, BLANKE: Journ. prakt. Chem.
(2), 143, 5 (1935). — WILLSTAEDT:
Ber. Dtsch. chem. Ges. 68, 333 (1935).
— ERDÖS: Mikrochemie 18, 305 (1935).
— WEYGAND, WERNER: Journ. prakt.
Chem. (2), 149, 330 (1937). Auch
Halbmikrobestimmung.

5. Addition von Wasser.[3]

Direkte Anlagerung von Wasser wird selten beobachtet.[4]

Olefine werden durch aufeinanderfolgende Behandlung mit *Schwefelsäure*[5]
und Wasser nach dem Schema:

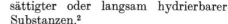

[1] KUHN, MÖLLER: Ztschr. angew. Chem. 47, 145 (1934). — PREGL, ROTH: Mikroanalyse, S. 260. 1935. — TSUDA, SAKAMOTO: Journ. pharmac. Soc. Japan 57, 303
(1937).
[2] KUHN, LEDERER: Ber. Dtsch. chem. Ges. 65, 637 (1932); 66, 488 (1933). —
KUHN, BROCKMANN: Ztschr. physiol. Chem. 213, 192 (1932); Ber. Dtsch. chem.
Ges. 66, 407, 828, 1319 (1933). — KUHN, LEDERER, DEUTSCH: Ztschr. physiol. Chem.
220, 229 (1933). — KUHN, GYÖRGY, WAGNER-JAUREGG: Ber. Dtsch. chem. Ges. 66,
576 (1933). — KUHN, DEUTSCH: Ber. Dtsch. chem. Ges. 66, 883 (1933). — KUHN,
LIVADA: Ztschr. physiol. Chem. 220, 235 (1933). — KUHN, WINTERSTEIN: Ber. Dtsch.
chem. Ges. 66, 1733 (1933). — KUHN, GRUNDMANN: Ber. Dtsch. chem. Ges. 66,
1746 (1933).   [3] S. a. BONIS: Bull. Soc. chim. France (4), 51 1177 (1932).
[4] NEF: Liebigs Ann. 335, 219 (1904).
[5] Oder *Salpetersäure:* BUTLEROW: Liebigs Ann. 180, 245 (1876).

in sekundäre oder tertiäre Alkohole verwandelt,[1] indem sich das Hydroxyl an das wasserstoffärmere Kohlenstoffatom anlagert.

Manche *Olefine* reagieren schon beim Schütteln mit verd. Schwefelsäure[2] (1 Vol. H_2SO_4 + 2 Vol. H_2O), andere müssen in konz. Säure gelöst und mit Wasser gekocht werden.[3]

Bei den *ungesättigten Terpenalkoholen* findet die Addition am leichtesten statt, wenn sich die Doppelbindung in der Seitenkette befindet.[4]

Gewisse *ungesättigte Amine* werden in gleicher Weise hydratisiert, wie z. B. Menthonylamin[5] und Allylpropylamin.[6]

Trennung der Menthenole auf Grund ihrer verschiedenen Additionsfähigkeit: WALLACH: Liebigs Ann. **356**, 218 (1907); **360**, 101 (1908).

Auch die *ungesättigten aliphatischen Säuren* addieren Schwefelsäure, die beim Kochen mit Wasser unter Bildung der Oxysäuren abgespalten wird.[7]

Alkalien können ebenfalls bei manchen ungesättigten Säuren Wasseranlagerung vermitteln.[8]

$\Delta.\gamma.\delta$-Säuren addieren unter dem Einfluß von Lauge kein Wasser.

$\Delta.\beta.\gamma$-Säuren werden beim Kochen mit 10proz. Natronlauge großenteils zu $\Delta.\alpha.\beta$-Säuren umgelagert, wobei gleichzeitig β-Oxysäuren gebildet werden.[9]

Bei der Verseifung des Methylenmalonesters mit *Kalilauge* erhält man die Additionsverbindung der Säure mit Wasser[10] und ebenso findet bei der Verseifung des Benzolmalonesters mit *methylalkoholischem Kali* Wasseranlagerung statt,[11] während in anderen Fällen bei der Verseifung mit alkoholischem Kali *Alkohol* addiert wird.[12]

Ähnlich den Mineralsäuren wirken auch die *organischen Säuren*. Es bilden sich, und zwar aus Kohlenwasserstoffen, die eine tertiärprimäre oder tertiärsekundäre Doppelbindung besitzen, Ester, die dann in üblicher Weise verseift werden können: MIKLASCHEWSKY: Ber. Dtsch. chem. Ges. **24**, R 269 (1891). — BÉHAL, DESGREZ: Compt. rend. Acad. Sciences **114**, 676 (1892). — REYCHLER: Ber. Dtsch. chem. Ges. **29**, 696 (1896). — WAGNER, ERTSCHIKOWSKY: Ber. Dtsch. chem. Ges. **32**, 2306 (1899); D. R. P. 134553 (1902).

Diese Veresterung findet namentlich leicht bei Gegenwart von *Katalysatoren* statt, so von Chlorzink[13] oder von anorganischen Säuren.

---

[1] BERTHELOT: Ann. chim. phys. (3), **43**, 391 (1855). — BUTLEROW, GORIAINOW: Liebigs Ann. **169**, 147 (1873).

[2] BUTLEROW: Liebigs Ann. **180**, 247 (1876). — *Silbersulfat* als Katalysator: GLUUD, SCHNEIDER: Ber. Dtsch. chem. Ges. **57**, 254 (1924); D. R. P. 397685 (1924).

[3] Trennung der Amylene auf Grund ihrer verschiedenen Additionsfähigkeit: WISCHNEGRADSKY: Liebigs Ann. **190**, 354 (1878). — Aether und Monohydrat: ASCHAN: Medd. Nobelinst. **5**, Nr. 8 (1919). — ASAHINA, TSUKAMOTO: Journ. pharmac. Soc. Japan 1922, Nr. 484. — Benzolsulfosäure: BARBIER, GRIGNARD: Bull. Soc. chim. France (4), **5**, 512 (1909). [4] WALLACH: Liebigs Ann. **360**, 102 (1908).

[5] WALLACH: Liebigs Ann. **278**, 315 (1894).

[6] LIEBERMANN, PAAL: Ber. Dtsch. chem. Ges. **16**, 531 (1883).

[7] SABANEJEW: Ber. Dtsch. chem. Ges. **19**, R 239 (1886). — SAYTZEW: Journ. prakt. Chem. (2), **35**, 369 (1887). — SAYTZEW, TSCHERBAKOW: Journ. prakt. Chem. (2), **57**, 29 (1898).

[8] LINNEMANN: Ber. Dtsch. chem. Ges. **8**, 1095 (1875). — ERLENMEYER: Liebigs Ann. **191**, 281 (1878).

[9] FITTIG: Liebigs Ann. **283**, 51 (1894); Ber. Dtsch. chem. Ges. **27**, 2677 (1894).

[10] ZELINSKY: Ber. Dtsch. chem. Ges. **22**, 3294 (1889). — WALLACH: Terpene und Campher, S. 56. 1909. [11] BLANK: Ber. Dtsch. chem. Ges. **28**, 145 (1895).

[12] PURDIE: Ber. Dtsch. chem. Ges. **14**, 2238 (1881); **18**, R 536 (1885). — CLAISEN, CRISMER: Liebigs Ann. **218**, 141 (1883). — ZELINSKY: Ber. Dtsch. chem. Ges. **22**, 3295 (1889). — PURDIE, MARSHALL: Ber. Dtsch. chem. Ges. **24**, R 855 (1891). — LOEVENICH: Ber. Dtsch. chem. Ges. **63**, 636 (1930). — KON: Journ. chem. Soc. London 1932, 2568.

[13] KONDAKOW: Journ. prakt. Chem. (2), **48**, 467 (1894). — TRANSIER: Diss. Heidelberg 1907.

Verfahren von Bertram.[1,2]

Dieses Verfahren beruht auf der Bildung von Essigsäureestern durch Einwirkung von Eisessig auf Olefine bei Gegenwart von 50proz. Schwefelsäure.

Die nach Bertram erhältlichen Terpenalkohole dienen öfters zur Charakterisierung der ungesättigten Kohlenwasserstoffe.

Ringsprengungen bei der Wasseranlagerung: Wallach: Liebigs Ann. 360, 84 (1908).

Addition von Wasser und Alkoholen sowie Anilin und Ammoniak an $\alpha.\beta$-ungesättigte Säuren unter dem Einfluß von ultraviolettem Licht: Störmer: Ber. Dtsch. chem. Ges. 47, 1786 (1914); 55, 1030 (1922).

6. Addition von Alkohol.[3]

Additionen von Alkohol finden fast nur bei solchen Substanzen statt, die zwei konjugierte Doppelbindungen besitzen, nämlich eine Aethylenbindung und eine Carbonyl-[4] oder tertiäre Nitro- oder Isonitrogruppe.[5]

Eine hierhergehörige Substanz, das *Cyanallyl*,[6] enthält an Stelle des ungesättigten Sauerstoffs dreifach gebundenen Stickstoff.

Der RO-Rest des Alkohols nimmt in allen Fällen die β-Stellung zum sauerstoffhaltigen Substituenten ein.

Auch *sterische Behinderungen* spielen bei der Additionsfähigkeit für Alkohol eine Rolle.

So addieren Acrylsäureester und seine beiden strukturisomeren Monomethylderivate und ebenso Fumarsäureester und Maleinsäureester Alkohol, dagegen nicht mehr das Dimethylderivat, ebensowenig das Phenylderivat.

Die Anlagerung wird zumeist mit *Natriumalkoholat* durch mehrstündiges Kochen am Rückflußkühler[7] oder mit alkoholischer Lauge bei 150—170°[8] bewirkt, selten durch Alkohol allein,[9] evtl. mit einer Spur Alkoholat. Besonders glatt addieren die ungesättigten Malonsäureester der allgemeinen Formel:

$$>C:C<\begin{matrix}COOR\\COOR\end{matrix}$$

ein Molekül Natriumaethylat in aetherischer Lösung.[10] Durch Wasserzusatz werden aus den entstandenen Alkoholaten die Ester:

$$>C{-}C<\begin{matrix}COOR\\COOR\end{matrix}$$
$$OC_2H_5 \quad H$$

erhalten.

---

[1] Bertram: D. R. P. 67255 (1893). — Bertram, Walbaum: Journ. prakt. Chem. (2), 49, 7 (1894). — Nametkin: Liebigs Ann. 432, 211 (1923). — Aschan: Ber. Dtsch. chem. Ges. 40, 2752 (1907).   [2] Wallach: Liebigs Ann. 271, 288 (1892).

[3] Siehe auch Anm. 4. — Addition an Enole: Wislicenus: Liebigs Ann. 413, 211 (1917).

[4] Newbury, Chamot: Amer. chem. Journ. 12, 523 (1890). — Claisen: Ber. Dtsch. chem. Ges. 31, 1014 (1898).

[5] Thiele, Häckel: Liebigs Ann. 325, 1 (1902). — Meisenheimer: Liebigs Ann. 323, 205 (1902); 355, 249 (1907). — Biltz, Heyn, Hamburger: Ber. Dtsch. chem. Ges. 49, 662 (1916) (Hydurilsäuren).

[6] Pinner: Ber. Dtsch. chem. Ges. 12, 2053 (1879). — Vinylessigsäurenitril: Bouylants: Bull. Soc. chim. Belg. 31, 225 (1922). — Acetylen: D. R. P. 338281 (1921). — Phenylpropiolsäureester, Phenylpropiolaldehyd: Auwers, Ottens: Ber. Dtsch. chem. Ges. 58, 206 (1925).   [7] Kötz, Hoffmann: Journ. prakt. Chem. (2), 110, 113 (1925).

[8] Vaubel: Ber. Dtsch. chem. Ges. 24, 1685 (1891) (Allenkohlenwasserstoffe).

[9] Siehe Anm. 4.

[10] Claisen, Crismer: Liebigs Ann. 218, 143 (1883). — Liebermann: Ber. Dtsch. chem. Ges. 26, 1876 (1893). — Hinrichsen: Liebigs Ann. 336, 202 (1904).

Allylessigsäure, welche die Doppelbindungen nicht in Nachbarstellung enthält, addiert auch keinen Alkohol.[1]

Stärkere Tendenz, das Wasserstoffatom des Alkohols anzulagern, als die Carbonylgruppe, besitzt die tertiäre Nitrogruppe.[2]

Addition von Alkohol unter dem Einfluß von Mineralsäuren: SEMMLER: Ber. Dtsch. chem. Ges. 33, 3429 (1900). — REYCHLER: Bull. Soc. chim. Belg. 21, 71 (1907). — MEERWEIN, GÉRARD: Liebigs Ann. 435, 174 (1925) (Campher). — HOUBEN: Methoden der organischen Chemie, Bd. 3, S. 162. 1930. (Isopren.)

7. Addition anderer Substanzen.

Wasserstoffsuperoxyd wird im ultravioletten Licht an Doppelbindungen unter Glykolbildung angelagert.[3]

Addition von *Blausäure:* CLAUS: Liebigs Ann. 191, 33 (1878). — BREDT, KALLEN: Liebigs Ann. 293, 338 (1896). — THIELE, MEISENHEIMER: Liebigs Ann. 306, 247 (1899). — LAPWORTH: Journ. chem. Soc. London 85, 1214 (1904). — KNOEVENAGEL: Ber. Dtsch. chem. Ges. 37, 4065 (1904). — LAPWORTH: Journ. chem. Soc. London 89, 945 (1906). — CLARKE, LAPWORTH: Journ. chem. Soc. London 89, 1869 (1906). — HIGSON, THORPE: Journ. chem. Soc. London 89, 1455 (1906). — BOUGAULT: Compt. rend. Acad. Sciences 146, 936 (1908). — LAPWORTH: Journ. chem. Soc. London 97, 38 (1910); 121, 1699 (1923); 127, 560 (1925).

Hydroxylamin[4,5] wird an $\alpha.\beta$-ungesättigte Säuren derart addiert, daß der Wasserstoff an das α-, der Rest NHOH an das β-Kohlenstoffatom geht. Über die Konstitution des Derivats aus Zimtsäureester siehe POSNER: Ber. Dtsch. chem. Ges. 40, 218, 227 (1907).

Über die Addition von *Hydroxylamin* an ungesättigte Säuren und ungesättigte Carbonylverbindungen überhaupt siehe auch SEMMLER: Aetherische Öle, Bd. 1, S. 110. 1905. — BLAISE: Compt. rend. Acad. Sciences 138, 1106 (1904); 142, 215 (1906). — STAUDINGER, REBER: Helv. chim. Acta 4, 3 (1921). — RUPE, SCHMIDT: Helv. chim. Acta 5, 778 (1922). — HARRIES: Ber. Dtsch. chem. Ges. 30, 2731 (1897); 31, 1371, 1808 (1898); 32, 3357 (1899); Liebigs Ann. 330, 200 (1904). — DIELS, ABDERHALDEN: Ber. Dtsch. chem. Ges. 37, 3095 (1904). — AUWERS: Ber. Dtsch. chem. Ges. 54, 990 (1921). — Addition an Säuren mit konjugierten Doppelbindungen: RIEDEL, SCHULTZ: Liebigs Ann. 367, 17 (1909). — POSNER, ROHDE: Ber. Dtsch. chem. Ges. 42, 2785 (1909). — POSNER: Liebigs Ann. 389, 32 (1913); Ber. Dtsch. chem. Ges. 57, 1127 (1924).

Bei allen derartigen Reaktionen tritt der *Wasserstoff* an das α-Kohlenstoffatom, während der übrige Rest an das β-Kohlenstoffatom wandert. Siehe REINICKE: Diss. Halle a. S. 1902.[6]

Addition von *Stickoxyden* an ungesättigte Verbindungen: WALLACH: Liebigs Ann. 241, 288 (1887); 248, 161 (1888); 332, 305 (1904). — SCHMIDT: Ber. Dtsch.

---

[1] PURDIE: Journ. chem. Soc. London 47, 855 (1885). — NEWBURY, CHAMOT: Amer. chem. Journ. 12, 521 (1890). — PURDIE, MARSHALL: Journ. chem. Soc. London 59, 468 (1891). — FLÜRSCHEIM: Journ. prakt. Chem. (2), 66, 16 (1902).

[2] FRIEDLÄNDER, MÄHLY: Liebigs Ann. 229, 210 (1885). — FRIEDLÄNDER, LAZARUS: Liebigs Ann. 229, 233 (1885).

[3] MILAS, KURZ, ANSLOW: Journ. Amer. chem. Soc. 59, 543 (1937).

[4] Siehe S. 539.

[5] POSNER: Ber. Dtsch. chem. Ges. 36, 4305 (1903); 38, 2316 (1905); 39, 3515, 3705 (1906). — HARRIES, HAARMANN: Ber. Dtsch. chem. Ges. 37, 252 (1904). — POSNER, OPPERMANN: Ber. Dtsch. chem. Ges. 39, 3705 (1906). — RIEDEL, SCHULZ: Liebigs Ann. 367, 31 (1909). — POSNER, ROHDE: Ber. Dtsch. chem. Ges. 43, 2663 (1910).   [6] KNORR, DUDEN: Ber. Dtsch. chem. Ges. 25, 759 (1892).

chem. Ges. **33**, 3241, 3251 (1900); **34**, 619, 623, 3526 (1901); **35**, 2323 (1902); **36**, 1765, 1775 (1903). — HANTZSCH: Ber. Dtsch. chem. Ges. **35**, 2978, 4120 (1902). — SSIDORENKO: Journ. Russ. phys.-chem. Ges. **38**, 955 (1906). — DEM-JANOW: Ber. Dtsch. chem. Ges. **40**, 245 (1907). — WIELAND, STENZL: Liebigs Ann. **360**, 299 (1908). — WALLACH: Terpene und Campher, S. 71. 1909. — WIELAND: Liebigs Ann. **328**, 154 (1903); **329**, 225 (1903); **340**, 63 (1905); **424**, 71 (1921).

Addition von *unterchloriger Säure:* CARIUS: Liebigs Ann. **126**, 197 (1863). — GLASER: Liebigs Ann. **147**, 79 (1868). — MARKOWNIKOW: Liebigs Ann. **153**, 255 (1870). — ERLENMEYER, LIPP: Liebigs Ann. **219**, 185 (1883). — KABLUKOW: Ber. Dtsch. chem. Ges. **21**, R 179 (1888). — MICHAEL: Journ. prakt. Chem. (2), **60**, 463 (1899); Ber. Dtsch. chem. Ges. **39**, 2157 (1906). — REFORMATZKY: Journ. prakt. Chem. (2), **40**, 389 (1889). — PRENTICE: Liebigs Ann. **292**, 276 (1896). — ALBITZKY: Journ. prakt. Chem. (2), **61**, 67 (1900). — MELIKOFF: Journ. prakt. Chem. (2), **61**, 556 (1900). — KRASSUSKI: Journ. Russ. phys.-chem. Ges. **33**, 1 (1901). — WOHL, SCHWEITZER: Ber. Dtsch. chem. Ges. **40**, 94 (1907). — HENRY: Rec. Trav. chim. Pays-Bas **26**, 127 (1907). — PAULY, NEUKAM: Ber. Dtsch. chem. Ges. **41**, 4154, 4156 (1908). — BOZZA: Giorn. Chim. ind. appl. **12**, 283 (1930). — VEILER: Compt. rend. Acad. Sciences **198**, 1704 (1934).

Unterbromige Säure: MICHAEL: Ber. Dtsch. chem. Ges. **39**, 2158 (1906).

Unterjodige Säure: BOUGAULT: Compt. rend. Acad. Sciences **131**, 528 (1900); **139**, 864 (1904); **143**, 398 (1906); Ann. chim. phys. (8), **14**, 145 (1908).

Nur $\Delta.\beta.\gamma$- und $\Delta.\gamma.\delta$-Säuren addieren unterjodige Säure, unter Bildung von Jodlactonen, aus denen man mit Zink und Essigsäure die ungesättigten Säuren regenerieren kann.

Diese Reaktion kann für eine quantitative Bestimmung von $\beta.\gamma$-ungesättigten Säuren verwertet werden.[1]

Addition von Bisulfit: KOHLER: Amer. chem. Journ. **31**, 243 (1904). — KNOEVENAGEL: Ber. Dtsch. chem. Ges. **37**, 4038 (1904). — DUPONT, LABAUNE, ROURE, BERTRAND FILS: Bull. (3), **7**, 3 (1913). — FUCHS, EISNER: Ber. Dtsch. chem. Ges. **53**, 889 (1920). Viele ungesättigte Säuren verbinden sich mit Natrium-bisulfit. Die Vereinigung erfolgt um so leichter, je elektronegativer die Säure ist. Daher reagieren aromatische Säuren und Dicarbonsäuren vom Fumar- und Maleinsäuretypus leicht, Ölsäuren fast gar nicht. Neutralsalze (NaCl, KNO_3 usw.) vergrößern die Reaktionsgeschwindigkeit. Die entstehenden Sulfo-säuren sind sehr leicht in Wasser löslich und schwer (durch Lauge bei 160°) wieder spaltbar.[2] — SO_2: FREDERICK, COGAN, MARVEL: Journ. Amer. chem. Soc. **56**, 1815 (1934).

Addition von Ammoniak (aliphatischen Aminen): Die Aminogruppe tritt stets an das von der Carbonylgruppe entferntere Kohlenstoffatom: SOKOLOFF, LAT-SCHINOFF: Ber. Dtsch. chem. Ges. **7**, 1387 (1874). — ENGEL: Compt. rend. Acad. Sciences **104**, 1621, 1805 (1887); **106**, 1677 (1888). — KÖRNER, MENOZZI: Gazz. chim. Ital. **17**, 226 (1887); **19**, 422 (1889). — WENDER: Gazz. chim. Ital. **19**,

---

[1] BOUGAULT: Compt. rend. Acad. Sciences **139**, 864 (1904); Ann. chim. phys. (8), **14**, 145 (1908). — LINSTEAD, MAY: Journ. chem. Soc. London **1927**, 2565. — Siehe ferner MARGOSCHES: Ztschr. angew. Chem. **37**, 335 (1924). — HOLDE, GORGAS: Ber. Dtsch. chem. Ges. **58**, 1071 (1925). — MARGOSCHES: Journ. prakt. Chem. (2), **118**, 225 (1928).

[2] STRECKER: Liebigs Ann. **154**, 63 (1870). — MESSEL: Liebigs Ann. **157**, 15 (1871). — WIELAND: Liebigs Ann. **157**, 34 (1871). — LABBÉ: Bull. Soc. chim. France (3), **21**, 1077 (1899). — BOUGAULT: Ann. chim. phys. (8), **15**, 499 (1909). — BOUGAULT, MOUCHEL LA FOSSE: Compt. rend. Acad. Sciences **156**, 396 (1913); Journ. Pharmac. Chim. (7), **7**, 473 (1913).

437 (1889). — GUARESCHI: Ber. Dtsch. chem. Ges. 28 R, 160 (1895); D. R. P.
98705 (1898). — E. FISCHER, RÖDER: Ber. Dtsch. chem. Ges. 34, 3755 (1901).
— KOEHL, DINTER: Ber. Dtsch. chem. Ges. 36, 172 (1903). — HOCHSTETTER,
KOHN: Monatsh. Chem. 24, 773 (1903). — E. FISCHER, SCHLOTTERBECK: Ber.
Dtsch. chem. Ges. 37, 2357 (1904). — KOHN: Monatsh. Chem. 25, 135 (1904). —
HINRICHSEN, TRIEPEL: Liebigs Ann. 336, 213 (1904). — E. FISCHER, RASKE:
Ber. Dtsch. chem. Ges. 38, 3607 (1905). — BLAISE, MAIRE: Compt. rend. Acad.
Sciences 142, 215 (1906). — RIEDEL: Liebigs Ann. 361, 96 (1908). — BONG-
FAULT: Ann. chim. phys. (8), 15, 491 (1908). — RIEDEL, SCHULTZ: Liebigs Ann.
367, 15 (1909). — SCHEIBLER: Ber. Dtsch. chem. Ges. 45, 2272 (1912). — BRUY-
LANDS: Bull. Soc. chim. Belg. 32, 256 (1923). — Addition unter Bestrahlung
mit ultraviolettem Licht: STÖRMER, ROBERT: Ber. Dtsch. chem. Ges. 55, 1030
(1922). — Unter dunklen elektrischen Entladungen: FRANCESCONI, CIURLO:
Gazz. chim. Ital. 53, 470 (1923). — Siehe ferner MORSCH: Monatsh. Chem. 61,
299 (1932); 63, 220 (1933).

Addition von Schwefelwasserstoff: VARRENTRAPP: Ber. Dtsch. chem. Ges. 9,
469 (1876). — WALLACH: Liebigs Ann. 279, 385, 388 (1894); 343, 32 (1905). —
Terpene und Campher, S. 62. 1909. — *Schweflige Säure:* KÖNIGS, SCHÖNEWALD:
Ber. Dtsch. chem. Ges. 35, 2980 (1902); D. R. P. 236386 (1911).

Aufspaltung β.γ-ungesättigter cyclischer Basen durch *Bromcyan:* BRAUN:
Ber. Dtsch. chem. Ges. 43, 1353 (1910). — BRAUN, AUST: Ber. Dtsch. chem.
Ges. 47, 3023 (1914).

Mercuriacetat: DEUSSEN: Journ. prakt. Chem. (2), 114, 111 (1926).

Nach DIELS, ALDER[1] hat man in der Anlagerung von *Maleinsäureanhydrid* an
Diene ein bequemes Mittel, um echte konjugierte Doppelbindungen zu erkennen.

Kochen mit 10proz. K_2CO_3 bewirkt Spaltung von Doppelbindungen, die zu
einer CO-Gruppe konjugiert sind. Wasserstoff tritt an das Teilstück, das die
CO-Gruppe trägt, das alte β-C-Atom bildet ein neues Carbonyl.[2]

G. Umlagerungen der ungesättigten Verbindungen.

β.γ-ungesättigte Säuren lagern sich beim andauernden (10—20stündigen)
Kochen mit 10—15proz. wässeriger oder alkoholischer Lauge unter Verschiebung der Doppelbindung in α.β-ungesättigte Säuren um.[3]

Dieser Prozeß ist indessen umkehrbar, so daß nie mehr als 80% α.β-ungesättigte
Säure gebildet werden.[4] Als Nebenprodukte entstehen β-Oxysäuren.

---

[1] DIELS, ALDER: Liebigs Ann. 460, 102 (1928); 470, 65 (1929); Ztschr. angew.
Chem. 42, 911 (1929). — SCHIMMEL & Co.: Ber. Schimmel 1930, 163. — Anwendung
zu Konstitutionsbestimmungen: KÖGL, ERXLEBEN: Liebigs Ann. 479, 25 (1930). —
WINDAUS: Nachr. Ges. Wiss. Göttingen 1929, 169. — KUHN, WAGNER-JAUREGG:
Ber. Dtsch. chem. Ges. 63, 2662 (1930). — WINDAUS, LÜTTRINGHAUS: Ber. Dtsch.
chem. Ges. 64, 850 (1931).   [2] MEYER: Helv. chim. Acta 18, 465 (1935).
[3] BAEYER: Liebigs Ann. 251, 268 (1889). — RUPE: Liebigs Ann. 256, 22 (1889).
— RUHEMANN, DUFTON: Journ. chem. Soc. London 57, 373 (1890); 59, 750 (1891).
— FITTIG: Ber. Dtsch. chem. Ges. 24, 82 (1891); 26, 40, 2079 (1893); 27, 2658 (1894);
Liebigs Ann. 283, 47, 269 (1894); 299, 10 (1898). — ASCHAN: Ber. Dtsch. chem. Ges. 24,
2617 (1891); Liebigs Ann. 271, 231 (1892). — EINHORN, WILLSTÄTTER: Ber. Dtsch.
chem. Ges. 27, 2827 (1894); Liebigs Ann. 280, 111 (1894). — BUCHNER, LINGG: Ber.
Dtsch. chem. Ges. 31, 2249 (1898). — BUCHNER: Ber. Dtsch. chem. Ges. 31, 2242
(1898). — HANS MEYER: Monatsh. Chem. 23, 24 (1902).   [4] FITTIG: Ber. Dtsch. chem. Ges. 24, 82 (1891); 26, 40 (1893); 27, 267 (1894);
Liebigs Ann. 283, 51, 279 (1894). — Nach BOUGAULT [Compt. rend. Acad. Sciences
152, 196 (1911)] geht die Phenyl-α.β-pentensäure nicht in β.γ-, sondern in γ.δ-Phenyl-
pentensäure über (zu höchstens 50%). — BOUGAULT: Compt. rend. Acad. Sciences
164, 633 (1917).

Auch beim Erhitzen mit *Chinolin* werden die $\alpha.\beta$-ungesättigten Säuren zum Teil in $\beta.\gamma$-ungesättigte umgewandelt.[1,2]

Dagegen ist Kalilauge auf Säuren, deren Doppelbindung noch weiter vom Carboxyl entfernt ist, selbst bei 180° ohne Einwirkung.[3]

Die *Spaltung* ungesättigter Säuren *durch die Kalischmelze* ist natürlich nicht zu Konstitutionsbestimmungen verwertbar.[4]

Theorie der Umlagerung von $\beta.\gamma$-ungesättigten Säuren in $\alpha.\beta$-ungesättigte: THIELE: Liebigs Ann. **306**, 119 (1899). — KNOEVENAGEL: Liebigs Ann. **311**, 219 (1900). — ERLENMEYER jun.: Liebigs Ann. **316**, 79 (1901).

Ungesättigte labile Säuren (Maleinsäure, Angelicasäure, Isocrotonsäure) werden durch Spuren von *Brom im Sonnenlicht* sehr schnell in die beständigen Isomeren umgelagert: FITTIG: Ber. Dtsch. chem. Ges. **26**, 46 (1893). — WISLI-CENUS: Kgl. sächs. Ges. d. Wiss. **1895**, 489.

Von *Jod* und *gelbem Phosphor* werden $\alpha.\beta$-ungesättigte Säuren nicht verändert, $\beta.\gamma$- und $\gamma.\delta$-ungesättigte addieren JOH und bilden Jodlactone,[5] ebenso bei Einwirkung von Jod auf die in wässeriger gesättigter *Natriumcarbonatlösung* gelösten Säuren. Ist Natriumcarbonat in sehr großem Überschuß vorhanden, dann verläuft die Reaktion anders; es entsteht z. B. aus Phenylisocrotonsäure quantitativ Benzoylacrylsäure.[6]

$\alpha.\beta$-ungesättigte Säuren addieren (im Dunkeln) Brom viel langsamer als die anderen, die in wenig Minuten fast quantitativ reagieren.[7]

Bei 5 Minuten langem Kochen mit 5 Teilen *verdünnter Schwefelsäure* (1:1, $D = 1,84$) gehen die $\Delta.\beta.\gamma$-Säuren in isomere γ-Lactone über,[8] die $\Delta.\alpha.\beta$-Säuren dagegen nicht.[9] Letztere sind durch Soda aus der aetherischen Lösung extrahierbar, während die Lactone gelöst bleiben (FITTIG[10]).

FICHTER[11] hat allgemein festgestellt, daß die zur Trennung von $\alpha.\beta$- und $\beta.\gamma$-ungesättigten Säuren angewendete heiße verdünnte Schwefelsäure in einzelnen Fällen die $\alpha.\beta$-ungesättigten Säuren umlagert. Die Säuren mit gerader Kette verändern sich nicht unter diesen Umständen, wohl aber die am β-Kohlenstoffatom alkylierten Acrylsäuren, indem sie eine Verschiebung der doppelten Bindung nach rückwärts erleiden. Es entstehen erst $\beta.\gamma$-ungesättigte Säuren, und diese werden dann durch die heiße Schwefelsäure in γ-Lactone umgewandelt.

RUPE beobachtete bei gewissen geradkettigen, $\alpha.\beta$-ungesättigten Säuren

---

[1] RUPE, RONUS, LOTZ: Ber. Dtsch. chem. Ges. **35**, 4265 (1902). — RUPE, PFEIF-FER: Ber. Dtsch. chem. Ges. **40**, 2813 (1907). — Siehe auch S. 784.

[2] $\alpha.\beta$- und $\beta.\gamma$-ungesättigte Säuren lagern sich — ohne Katalysatoren — in der Nähe der Siede- oder Zersetzungspunkte in umkehrbarer Weise um. LINSTEAD: Journ. chem. Soc. London **1930**, 1603.

[3] HOLT: Ber. Dtsch. chem. Ges. **24**, 4124 (1891). — FITTIG: Liebigs Ann. **283**, 80 (1893). [4] Siehe hierzu S. 331.

[5] BOUGAULT: Compt. rend. Acad. Sciences **139**, 864 (1905); Ann. chim. phys. (8), **14**, 145 (1908). [6] BOUGAULT: Chem.-Ztg. **32**, 258 (1908).

[7] SUDBOROUGH, THOMAS: Proceed. chem. Soc. **23**, 147 (1907).

[8] An der Doppelbindung alkylierte Säuren gehorchen dieser Regel nicht: WINTER-STEIN, WIEGAND: Ztschr. physiol. Chem. **199**, 50 (1931).

[9] $\alpha.\beta$-ungesättigte, alkylierte Säuren können die isomeren Lactone geben: REFORMATSKI: Ber. Dtsch. chem. Ges. **28**, 2842 (1895).

[10] FITTIG: Ber. Dtsch. chem. Ges. **27**, 2667 (1894); Liebigs Ann. **283**, 51 (1894). — WILLSTÄTTER, MAYER, HÜNI: Liebigs Ann. **378**, 106 (1910). — BOUGAULT: Compt. rend. Acad. Sciences **157**, 403 (1913). — KON: Journ. chem. Soc. London **123**, 2440 (1924); **127**, 616 (1925).

[11] FICHTER: Chem.-Ztg. **31**, 802 (1907). — GISIGER: Diss. Basel 1905. — BER-NOUILLI: Diss. Basel 49, 1908. — FICHTER, KIEFER, BERNOUILLI: Ber. Dtsch. chem. Ges. **42**, 4710 (1909). — WILLSTÄTTER, SCHUPPLI, MAYER: Liebigs Ann. **418**, 125 (1919). — WILLSTÄTTER, KATT: Liebigs Ann. **418**, 150 (1919). — KON, LINDSTEAD: Journ. chem. Soc. London **127**, 616 (1925).

auch beim Kochen mit Pyridin oder Chinolin Verschiebung der doppelten Bindung; diese Säuren sind aber gegen heiße Schwefelsäure beständig. Die β-alkylierten Acrylsäuren dagegen repräsentieren eine Klasse von $\alpha.\beta$-ungesättigten Säuren, die gegen Pyridin oder Chinolin beständig sind, sich aber mit heißer (62proz.) Schwefelsäure in γ-Lactone umsetzen.

Nach BLAISE, LUTTRINGER[1] bewirkt 80—100proz. Schwefelsäure beim längeren Erhitzen unter Umständen diese Wanderung der Doppelbindung auch bei α-Alkylacrylsäuren.

Im Gegensatz zu den übrigen $\varDelta.\beta.\gamma$-Säuren gehen Säuren vom Typus der Vinylessigsäure, z. B. $CH_2 : CR .. C(CH_3)_2COOH$, bei denen sich also die Doppelbindung am Ende der Kette befindet, unter Wasseranlagerung in β-Oxysäuren über, die dann weiter zerfallen.

Vinylessigsäure selbst geht in Crotonsäure über.[2]

Die $\varDelta.\alpha.\beta$-Säuren schmelzen höher und sieden um 8° höher als die isomeren $\varDelta.\beta.\gamma$-Säuren.

Zur *Unterscheidung von Propenylgruppe* ($— CH : CH \cdot CH_3$) und *Allylgruppe* ($— CH : CH_2$) in aromatischen Verbindungen dienen folgende Reaktionen:

1. *Das Verhalten gegen Alkalien und Säuren.*

Durch Kochen mit Alkalien[3] oder Baryt, am besten alkoholischem[4] Kali oder trockenem Natriumaethylat,[5] bzw. durch Kochen über metallischem Natrium, werden die Allyl- in Propenylverbindungen umgewandelt.

Noch leichter (mit Halogenwasserstoffsäuren schon bei 80°) erfolgt diese Umlagerung durch Säuren.[6]

Bei Terpenkohlenwasserstoffen und -ketonen wandert dabei die Doppelbindung in den Kern,[7] einerlei ob die Doppelbindung semicyclisch war oder sich in der Seitenkette befand.

2. Die Tatsache, daß sich nur die Propenylderivate mit Pikrinsäure verbinden.[8]

3. Die leichte Verharzung der Allylderivate beim Kochen mit konz. Ameisensäure[9] oder anderen sauren Reagenzien.[10]

---

[1] BLAISE, LUTTRINGER: Compt. rend. Acad. Sciences **140**, 148 (1905); Bull. Soc. chim. France (3), **33**, 816 (1905). — KONDAKOW: Ber. Dtsch. chem. Ges. **24** R, 668 (1891). — BLAISE, KÖHLER: Compt. rend. Acad. Sciences **148**, 1772 (1909).

[2] FICHTER, SONNEBORN: Ber. Dtsch. chem. Ges. **35**, 940 (1902). — BLAISE, COURTOT: Bull. Soc. chim. France (3), **35**, 580 (1906).

[3] CIAMICIAN, SILBER: Ber. Dtsch. chem. Ges. **21**, 1621 (1888); **23**, 1160 (1890). — GINSBERG: Ber. Dtsch. chem. Ges. **21**, 1192 (1888). — EIJKMAN: Ber. Dtsch. chem. Ges. **23**, 859 (1890). — TIEMANN: Ber. Dtsch. chem. Ges. **24**, 2871 (1891). — EINHORN, FREY: Ber. Dtsch. chem. Ges. **27**, 2455 (1894). — TIEMANN, SCHMIDT: Ber. Dtsch. chem. Ges. **30**, 29 (1897). — HARRIES, ROEDER: Ber. Dtsch. chem. Ges. **32**, 3371 (1899). — THOMS: Ber. Dtsch. chem. Ges. **36**, 3447 (1903); Arch. Pharmaz. **242**, 334 (1904). — SEMMLER: Ber. Dtsch. chem. Ges. **41**, 2184 (1908). — HOERING, BAUM: Ber. Dtsch. chem. Ges. **42**, 3076 (1909).

[4] Eventuell amylalkoholischem Kali: TIEMANN: Ber. Dtsch. chem. Ges. **24**, 2870 (1891).   [5] ANGELI: Gazz. chim. Ital. **23** II, 101 (1893).

[6] BLAISE: Compt. rend. Acad. Sciences **138**, 636 (1904). — WALLACH: Liebigs Ann. **359**, 278 (1908). — AUWERS, HESSENLAND: Ber. Dtsch. chem. Ges. **41**, 1808 (1908).

[7] WALLACH: Liebigs Ann. **239**, 24, 33 (1887); **286**, 130 (1895); **360**, 29 (1908).

[8] BRUNI, TORANI: Atti R. Accad. Lincei (Roma), Rend. (5), **13** II, 184 (1904). — RIMINI: Gazz. chim. Ital. **34** II, 281 (1904). — THOMS: Ber. Dtsch. chem. Ges. **41**, 2760 (1908).

[9] Weitere Methoden zur Unterscheidung dieser Atomgruppen siehe EIJKMAN: Ber. Dtsch. chem. Ges. **23**, 862 (1890). — ANGELI, RIMINI: Gazz. chim. Ital. **23** II, 124 (1893); **25** II, 188 (1895). — BALBIANO, PAOLINI: Atti R. Accad. Lincei (Roma), Rend. **11** II, 65 (1902); **12** II, 285 (1903). — BALBIANO, MÜLLER: Ber. Dtsch. chem.

4. Das Verhalten bei der Reduktion: Siehe S. 781, Anm. 3.

5. Der Siedepunkt der „Iso"verbindungen (Propenylverbindungen) liegt höher, sie haben auch ein höheres spez. Gewicht. Die Molekularrefraktion zeigt bedeutende Exaltation, die Verbrennungswärme ist geringer.[1]

6. Die Allylverbindungen geben mit Mercuriacetat ein Acetomercuriadditionsprodukt, während die Propenylverbindungen unter Reduktion des Quecksilbersalzes die entsprechenden Glykole $R \cdot C_3H_5(OH)_2$ liefern.

Die Acetomercuriverbindungen sind in Aether unlöslich und mit Wasserdampf nicht flüchtig. Läßt man nun auf ein Gemisch von Allyl- und Propenylverbindung eine ungenügende Menge Mercuriacetat einwirken, so entsteht zunächst das Derivat der Allylverbindung, worauf man die Propenylverbindung durch Wasserdampfdestillation oder Aetherextraktion entfernen kann. Aus der Acetomercuriverbindung läßt sich die Allylverbindung durch Einwirkung von Zink und Natronlauge regenerieren.[2] — Das Verfahren dient zur Isolierung von Terpenen.

7. Verhalten gegen Ozon: SEMMLER, BARTELT: Ber. Dtsch. chem. Ges. 41, 2751 (1908).

Wanderung der Doppelbindung ungesättigter Kohlenwasserstoffe beim Leiten über auf 270—290° erhitztes Aluminiumsulfat oder beim Erhitzen mit anderen sauren Katalysatoren (Phosphorpentoxyd, Phosphorsäure): GILLET: Bull. Soc. chim. Belg. 29, 192 (1920).

II. Quantitative Bestimmung der doppelten Bindung.[3]

Befinden sich in der Nähe der Doppelbindung positive Reste, wird man negative Addenden (Brom, Chlorjod) anlagern; im entgegengesetzten Fall studiert man das Verhalten der Substanz gegen nascierenden Wasserstoff.

1. Addition von Brom[4] an Doppelbindungen.[5]

Von den zahlreichen für diesen Zweck vorgeschlagenen Methoden erscheint die von McILHINEY[6] als die verwertbarste, da sie gestattet, neben dem addierten

---

Ges. 35, 114 (1902). — AUWERS, PAOLINI: Ber. Dtsch. chem. Ges. 35, 2994 (1902). — RIMINI: Gazz. chim. Ital. 34 II, 283 (1904). — VORLÄNDER: Liebigs Ann. 341, 1 (1905). — SEMMLER: Ber. Dtsch. chem. Ges. 41, 2185 (1908). — KOBERT: Ztschr. analyt. Chem. 47, 711 (1908). — THOMS: Ber. Dtsch. chem. Ges. 41, 2760 (1908).

[10] HOERING, BAUM: Ber. Dtsch. chem. Ges. 41, 1915 (1908).

[1] EIJKMAN: Ber. Dtsch. chem. Ges. 23, 855 (1890). — BRÜHL: Ber. Dtsch. chem. Ges. 40, 885, 889 (1907).

[2] BALBIANO: Ber. Dtsch. chem. Ges. 36, 3575 (1903); Gazz. chim. Ital. 36 I, 237, 268, 276, 281, 286 (1906); Ber. Dtsch. chem. Ges. 42, 1502 (1909); 48, 394 (1915). — Siehe auch LEYS: Bull. Soc. chim. France (4), 1, 262, 543 (1907). — TAUSZ: Diss. Karlsruhe 1911. — GRIMALDI, PRUSSIA: Annali Chim. appl. 1, 324 (1914).

[3] Siehe auch S. 784.

[4] Einfluß von Verunreinigungen auf die Reaktionsfähigkeit des Broms: HERZ: Ztschr. analyt. Chem. 64, 61 (1924). — KAUFMANN: Arch. Pharmaz. 263, 41 (1925). — Einwirkung des Lichts: KAUFMANN: a. a. O. — VAUBEL: Ztschr. angew. Chem. 23, 2077 (1910); 35, 679 (1922).

[5] ALLEN: Analyst 6, 177 (1881); Commerc. org. Analysis, Second edit. 2, 383. — MILLS, SNODGRASS: Journ. Soc. chem. Ind. 2, 436 (1883). — MILLS, AKITT: Journ. Soc. chem. Ind. 3, 65 (1884). — LEVALLOIS: Compt. rend. Acad. Sciences 99, 977 (1884); Journ. Pharmac. Chim. 1, 334 (1887). — HALPHEN: Journ. Pharmac. Chim. 20, 247 (1889). — SCHLAGDENHAUFEN, BRAUN: Moniteur scient. 1891, 591. — OBERMÜLLER: Ztschr. physiol. Chem. 16, 143 (1892). — McILHINEY: Journ. Amer. chem. Soc. 16, 275 (1894). — KLIMONT: Chem.-Ztg. 18, 641, 672 (1894); Chem. Reviews 2-2 (1894). — HEHNER: Chem.-Ztg. 19, 254 (1895); Analyst 20, 40 (1895); Ztschr. angew. Chem. 8, 300 (1895). — HASELHOFF: Ztschr. Unters. Nahrungs- u. Genußmittel

auch das gleichzeitig substituierte bzw. das als Bromwasserstoff wieder abgespaltene Brom zu bestimmen:

0,25—1 g Substanz werden in einer 500 ccm fassenden Flasche mit gut eingeriebenem Glasstopfen in 10 ccm Tetrachlorkohlenstoff gelöst oder suspendiert, überschüssige $n/_3$-Bromlösung (20 ccm) zugefügt, die Flasche verschlossen und ins Dunkel gestellt. Nach 18 Stunden wird die Flasche in eine Kältemischung gebracht, um partielles Vakuum zu erzeugen. In den Stopfen ist ein GEISSLER-hahn mit Ansatzrohr eingeschmolzen, das man in Wasser tauchen läßt. Öffnet man den Hahn, dann wird Wasser in die Flasche eingesaugt, das die Bromwasserstoffsäure löst.[1] Man saugt etwa 25 ccm Wasser ein, verschließt den Hahn und schüttelt gut um.

Nun werden 20—30 ccm 10proz. Jodkaliumlösung zugefügt und das Jod nach Zusatz weiterer 75 ccm Wasser mit $n/_{10}$-Thiosulfatlösung und Stärke titriert. Der gesamte Bromverbrauch entspricht dann der Differenz zwischen der dem Jod äquivalenten Menge Brom und der in der ursprünglich zugefügten Bromlösung enthaltenen, die durch eine blinde Probe gleichzeitig bestimmt wird.

Nach Beendigung der Titration setzt man 5 ccm 2proz. Kaliumjodatlösung zu, wodurch die der Bromwasserstoffsäure äquivalente Menge Jod in Freiheit gesetzt wird.

Man titriert und findet so die Menge Brom, welche substituiert hat.

Alle benutzten Reagenzien müssen neutral reagieren.

CROSSLEY, RENOUF[2] empfehlen den nachfolgend beschriebenen Apparat (Abb. 204).

In den Kolben A wird die Substanz (1—1,5 g) in ca. 30 ccm trocknem Chloroform oder einem anderen passenden Lösungsmittel gebracht und der Kolben mit einem gewöhnlichen Kork verschlossen.

Der Scheidetrichter C wird mit dem angeschmolzenen, eingeschliffenen Stopfen b an B gesteckt und ca. 25—30 g trocknes Chloroform und 3—4 g Brom genau hineingewogen.

Dann wird B gegen A, das mittels a angesetzt wird, ausgetauscht, die Brom-

---

1897, 235. — EVERS: Pharmaz. Ztg. **43**, 578 (1898). — SCHREIBER, ZELSCHE: Chem.-Ztg. **23**, 686 (1899). — WEGER: Chemische Ind. **28**, 24 (1905); Petroleum **2**, 101 (1906). — TELLE: Journ. Pharmac. Chim. (6), **21**, 111 (1905). — MOSSLER: Ztschr. Österr. Apoth.-Ver. **45**, 267, 283 (1907). — KLIMONT, NEUMANN: Pharmaz. Post **44**, 587 (1911). — SCHEIBE: Ber. Dtsch. chem. Ges. **54**, 793 (1921). — REICH, VAN WIJCK, WAELLE: Helv. chim. Acta **4**, 242 (1921). — ESCHER: Helv. chim. Acta **12**, 33 (1929). — ZECH-MEISTER, CHOLNOKY: Liebigs Ann. **478**, 104 (1930). — Siehe auch S. 404. — Bromaddition in trockenem Chloroform und Tetrachlorkohlenstoff im Dunkeln: WILLIAMS, JAMES: Journ. chem. Soc. London **1928**, 343. — KAUFMANN: a. a. O. S. 42. — Die Reaktion wird durch Bromwasserstoff katalytisch beschleunigt. Cyclische Verbindungen, wie Maleinsäureanhydrid, Cumarin, ebenso α-Phenylzimtsäurenitril addieren kein Brom. — Natriumbromid-Methylalkohollösung: KAUFMANN: a. a. O. Namentlich auch für die Bestimmung von Enolen geeignet.

[6] MCILHINEY: Journ. Amer. chem. Soc. **21**, 1087 (1899). — BEDFORD: Diss. Halle 24, 1906. — REMINGTON, LANCASTER: Pharm. (4), **29**, 146 (1909). — ERDMANN, BEDFORD: Ber. Dtsch. chem. Ges. **42**, 1393 (1909). — VAUBEL: Chem.-Ztg. **34**, 978 (1910); Ztschr. angew. Chem. **23**, 2078 (1910). — KLIMONT, NEUMANN: Pharmaz. Post **44**, 587 (1911). — WOLFF: Pharmaz. Ztg. **58**, 470 (1913). — STAUDINGER, BORDY: Liebigs Ann. **468**, 33 (1929). — Siehe dazu BUCKWALTER, WAGNER: Journ. Amer. chem. Soc. **52**, 5241 (1930). — WATERMAN, LEENDERTSE, DE KOK: Rec. Trav. chim. Pays-Bas **53**, 1151 (1934).

[1] Dieses Verfahren, das ein etwas unbequemes Vorgehen nach MCILHINEY ersetzt, ist recht praktisch.

[2] CROSSLEY, RENOUF: Journ. chem. Soc. London **93**, 648 (1908). — Methode von KLIMONT, NEUMANN: Pharmaz. Post **44**, 587 (1911). — Bestimmung der Nitrile der Aethylenreihe: HEIM: Bull. Soc. chim. Belg. **39**, 458 (1930).

absorption durchgeführt, dann wieder *A* gegen *B* ausgetauscht und die unverbrauchte Bromlösung zurückgewogen.

Verwendung von Brom- (Chlor-) Dampf: Toms: Analyst **53**, 71 (1928). — Croxford: Analyst **54**, 445 (1929). — Brom in methylalkoholischer Lösung: Kaufmann: Ztschr. Unters. Nahrungs- u. Genußmittel **51**, 3 (1926). — Schönheimer: Ztschr. physiol. Chem. **192**, 78 (1930). — Siehe S. 804, Anm. 5.

Anwendung von *Pyridinsulfatdibromid:* Rosenmund, Kuhnhenn: Ztschr. angew. Chem. **37**, 58 (1924). — Dam: Biochem. Ztschr. **152**, 101 (1924); **158**, 76 (1925). — Schönheimer: Ztschr. physiol. Chem. **192**, 78 (1930). — Bolton, Williams: Analyst **55**, 1 (1930).

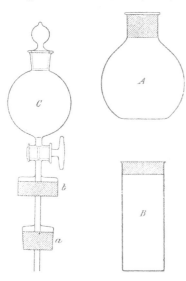

Abb. 204. Apparat von Crossley, Renouf.

Halbmikro- und Mikro-Bromdampf-methode von Becker, Rossmann.[1]

Die Substanz wird in Lösung in ein mit Glaswolle beschicktes Pregl-Glasröhrchen eingetropft, das Lösungsmittel verdampft, im Aluminiumblock — evtl. im Luftstrom oder Vakuum — getrocknet und bis zur Sättigung Bromdampf durchgeleitet, dann die Gewichtszunahme bestimmt.

Titration des unverbrauchten Broms: Rossmann: Ztschr. angew. Chem. **48**, 223 (1935).

$$\text{Doppelbindungszahl} = \frac{\text{Bromaufnahme} \times \text{Mol-Gewicht}}{\text{Einwaage} \times 159{,}8}$$

Prüfung auf Vollständigkeit der Anlagerung durch erneutes Bromieren.

Selektive Bestimmung von *β.γ*-ungesättigten in Gegenwart von *α.β*-ungesättigten Verbindungen durch Addition von Brom oder ClJ: Frognier, van Goetzenhoven: Bull. Soc. chim. Belg. **42**, 391 (1933).

2. Addition von Chlorjod (Bromjod).

Hübl[2] hat die Fähigkeit einer alkoholischen Jodlösung, bei Gegenwart von Quecksilberchlorid schon bei gewöhnlicher Temperatur mit den ungesättigten Fettsäuren und deren Glyceriden unter Bildung von Chlorjodadditionsprodukten

---

[1] Becker: Ztschr. angew. Chem. **36**, 539 (1923). — Thoms: Ztschr. angew. Chem. **53**, 69 (1928). — Rossmann: Ber. Dtsch. chem. Ges. **65**, 1848 (1932). — Stoll, Hofmann, Kreis: Helv. chim. Acta **17**, 1346 (1934). — Pfau, Plattner: Helv. chim. Acta **17**, 147 (1934). — Böeseken, Pols: Rec. Trav. chim. Pays-Bas **44**, 162 (1935).

[2] Hübl: Dinglers polytechn. Journ. **253**, 281 (1884). — Morawski, Demski: Dinglers polytechn. Journ. **258**, 51 (1885). — Benedikt: Ztschr. chem. Ind. **1887**, H. 8. — Lewkowitsch: Ber. Dtsch. chem. Ges. **25**, 66 (1892). — Welmans: Pharmaz. Ztg. **38**, 219 (1893). — Ephraim: Ztschr. angew. Chem. **1895**, 254. — Wijs: Ztschr. angew. Chem. **1898**, 291; Ber. Dtsch. chem. Ges. **31**, 750 (1898); Chem. Reviews **1898**, 137; **1899**, 5; Ztschr. Unters. Nahrungs- u. Genußmittel **5**, 497 (1902). — Henriques, Künne: Ber. Dtsch. chem. Ges. **32**, 387 (1899). — Fulda: Monatsh. Chem. **20**, 711 (1899). — Kitt: Die Jodzahl. Berlin: Julius Springer 1901; Chem. Reviews **10**, 98 (1903). — Hanuš: Ztschr. Unters. Nahrungs- u. Genußmittel **4**, 913 (1901) (mit Bromjod). — Gomberg: Ber. Dtsch. chem. Ges. **35**, 1840 (1902). — Tolman, Munson:

zu reagieren — wobei gleichzeitig anwesende gesättigte Säuren vollkommen unverändert bleiben —, dazu benutzt, die Anzahl der Doppelbindungen in Fettsäuren zu ermitteln.

Die absorbierte Jodmenge wird in Prozenten der angewendeten Fettmenge angegeben; diese Zahl wird als *Jodzahl* bezeichnet.

Reagenzien. 1. *Jodlösung.* Es werden einerseits 25 g Jod, anderseits 30 g Quecksilberchlorid in je 500 ccm 95proz. reinem Alkohol gelöst, letztere Lösung, wenn nötig, filtriert und diese beiden Lösungen wohlverschlossen getrennt aufgehoben. 24 Stunden vor Beginn des Versuchs werden gleiche Teile der Lösungen vermischt.

2. *Natriumhyposulfitlösung.* Sie enthält im Liter ca. 24 g Salz. Ihr Titer wird nach VOLHARD in folgender Weise auf Jod gestellt: Man löst 3,874 g Kaliumpyrochromat in 1 l Wasser auf und läßt davon 20 ccm in eine Stöpselflasche fließen, in die man vorher 10 ccm 10proz. Jodkaliumlösung und 5 ccm Salzsäure gebracht hat. Jeder Kubikzentimeter Pyrochromatlösung macht genau 0,01 g Jod frei. Man läßt von der Hyposulfitlösung so viel zufließen, daß die Flüssigkeit nur noch schwach gelb gefärbt ist, setzt etwas Stärkelösung hinzu und läßt unter kräftigem Umschütteln vorsichtig noch so lange Hyposulfitlösung zutropfen, bis der letzte Tropfen die Blaufärbung der Flüssigkeit eben zum Verschwinden bringt.

3. *Choroform,* das durch eine blinde Probe auf Reinheit zu prüfen ist, oder vielleicht besser *Tetrachlorkohlenstoff.*[1]

4. *Jodkaliumlösung.* Sie enthält 1 Teil Salz in 10 Teilen Wasser.

5. *Stärkelösung,* frisch bereitet.

Ausführung der Bestimmung. Man bringt die Substanz — 0,5 bis 1 g — in eine 500—800 ccm fassende, gut schließende Stöpselflasche, löst in ca. 10 ccm Chloroform und läßt 25 ccm Jodlösung zufließen, wobei man die Pipette bei jedem Versuch in genau gleicher Weise entleert, d. h. stets dieselbe Tropfenzahl nachfließen läßt. Sollte die Flüssigkeit nach dem Umschwenken nicht völlig klar sein, wird noch etwas Chloroform hinzugefügt. Tritt binnen kurzer Zeit fast vollständige Entfärbung der Flüssigkeit ein, muß man noch 25 ccm Jodlösung

Journ. Amer. chem. Soc. **25**, 244, 954 (1903). — SANGLÈ-FERRIERE, CUNIASSE: Journ. Pharmac. Chim. (6), **17**, 169 (1903). — TEYCHENÉ: Journ. Pharmac. Chim. (6), **17**, 371 (1903). — MILLIAN: Seifensieder-Ztg. **31**, 77 (1904). — ARCHBUTT: Chemische Ind. **23**, 306 (1904). — PANCHAUD: Schweiz. Wchschr. Pharmaz. **42**, 113 (1904). — HUDSON-COX, SIMMONS: Analyst **29**, 175 (1904). — HARVEY: Chemische Ind. **23**, 306 (1904). — INGLE: Chemische Ind. **23**, 422 (1904). — SEMMLER: Die aetherischen Öle, Bd. 1, S. 98. 1905. — VAN LEENT: Ztschr. analyt. Chem. **43**, 661 (1905). — DEITER: Apoth.-Ztg. **20**, 409 (1905). — GRAEFE: Petroleum **1**, 631 (1906). — POPOW: Journ. Russ. phys.-chem. Ges. **38**, 1114 (1907). — MASCARELLI, BLASI: Gazz. chim. Ital. **37** I, 113 (1907). — LEYS: Bull. Soc. chim. France (4), **1**, 633 (1907). — RICHTER: Ztschr. angew. Chem. **20**, 1610 (1907). — BENEDIKT-ULZER: Analyse der Fette, 5. Aufl., S. 145. Berlin: Julius Springer 1908. — REMINGTON, LANCASTER: Pharmac. Journ. (4), **29**, 146 (1909). — WILLSTÄTTER, MAYER, HÜNI: Liebigs Ann. **378**, 84, 106 (1910). — MÜLLER: Bull. Soc. chim. France (4), **21**, 1008 (1912). — MEIGEN, WINOGRADOW: Ztschr. angew. Chem. **27**, 241 (1914). — MARCILLE: Ann. Chim. analyt. appl. **20**, 52 (1915). — BAUER: Chem. Umschau Fette, Öle, Wachse, Harze **28**, 163 (1921). — MARGOSCHES, BARU: Chem.-Ztg. **45**, 898 (1921); Chem. Umschau Fette, Öle, Wachse, Harze **28**, H. 18 (1921). — MACLEAN, THOMAS: Biochemical Journ. **15**, 319 (1921). — MARGOSCHES: Ber. Dtsch. chem. Ges. **57**, 996 (1924); **58**, 1064 (1925). — BECKURTS: Arch. Pharmaz. **264**, 561 (1926). — BÖESEKEN: Rec. Trav. chim. Pays-Bas **46**, 158 (1927). — REINDEL, NIEDERLÄNDER: Liebigs Ann. **475**, 147 (1929). — LANDA, HABADA: Chem. Listy Vĕdu Prümysl **31**, 4 (1937). — LESPAGNOL, BRUNEEL: Journ. Pharmac. Chim. (8), **25**, 454 (1937) (Zimtsäurederivate).
[1] LEVI, MANUEL: Collegium **1909**, 34. — Siehe auch MARGOSCHES, BARU: Ztschr. angew. Chem. **34**, 454 (1921). Man *reinigt* den Tetrachlorkohlenstoff mit Natriumthiosulfat- oder Jodlösung.

zufließen lassen. Die Jodmenge muß so groß sein, daß die Flüssigkeit nach 2 Stunden noch stark braungefärbt erscheint.

Man läßt 12 Stunden im Dunkeln[1] bei Zimmertemperatur stehen, versetzt mit mindestens 20 ccm Jodkaliumlösung, schwenkt um und fügt 300—500 ccm Wasser hinzu. Scheidet sich hierbei ein roter Niederschlag von Quecksilberjodid aus, so war die zugesetzte Jodkaliummenge ungenügend. Man kann jedoch diesen Fehler durch nachträglichen Zusatz von Jodkalium korrigieren. Man läßt nun unter oftmaligem Umschwenken so lange Natriumhyposulfitlösung zufließen, bis die wässerige Schicht und die Chloroformlösung nur mehr schwach gefärbt sind. Nun wird etwas Stärkelösung zugesetzt und zu Ende titriert.

Gleichzeitig mit der Ausführung der Bestimmung wird zur Titerstellung der Jodlösung eine blinde Probe mit 25 ccm derselben vollkommen konform der eigentlichen Bestimmung ausgeführt und die Titerstellung unmittelbar vor oder nach der Bestimmung der Jodzahl vorgenommen.

Die zahlreichen Modifikationen, die für die Ausführung der HÜBLschen Methode vorgeschlagen sind (siehe die Literaturzusammenstellung auf S. 806), haben zu keinen wesentlichen Verbesserungen geführt; die Methode gibt nur dort quantitativ befriedigende Resultate, wo sich (wie bei den Säuren der Fettreihe, dem Cholesterin usw.) stark positive Reste in der Nähe der Doppelbindung befinden,[2] sie ist aber auch in fast allen anderen Fällen wenigstens qualitativ sehr wohl zu verwerten.

Am besten[3] hat sich noch die

Modifikation von WIJS

bewährt: 13 g Jod werden in 1 l Essigsäure gelöst, filtriert und langsam so viel Chlor eingeleitet, bis der Titer verdoppelt ist, was sich auch am Farbenumschlag erkennen läßt.[4]

Mit dieser Lösung arbeitet man ganz wie mit der HÜBLschen, nur ist die Reaktion in sehr viel kürzerer Zeit (meist schon nach einigen Minuten) beendet, manchmal muß man aber 6 Tage lang stehenlassen (konjugierte Systeme mit Carboxylgruppen). — Oftmals empfiehlt es sich, zum Lösen der Substanz an Stelle von Chloroform Tetrachlorkohlenstoff zu nehmen.[5]

---

[1] MARCILLE führt die ganze Bestimmung in der Dunkelkammer durch [Ann. Falsifications 9, 6 (1916)].

[2] *Analyse der Formoine*:

$$R \cdot COCHOHCOCOR' \rightarrow \begin{array}{c} RC = C\text{—}COCOR' \\ | \quad\quad | \\ OH \;\; OH \end{array} \text{(Reductore)}$$

Aus der in schwefelsaurer Lösung bestimmten *Jodzahl* läßt sich der Gehalt an Endiol quantitativ bestimmen. Essigsaure Cu-Acetatlösung wird reduziert: KARRER, SALOMON, SCHÖPP, MORF: Helv. chim. Acta 16, 184 (1933). Läßt man die angesäuerte Lösung mit überschüssigem Jod mehrere Stunden stehen, so wird genau 1 Mol Jod verbraucht. Ebenso wird in schwach essigsaurer Lösung beim Erhitzen mit Kupferacetat und titrimetrischer Bestimmung des Cu_2O mit $KMnO_4$ die für die Bildung des Tetraketons erforderliche Menge gefunden (*Kupferzahl*): KARRER, SEGESSER: Helv. chim. Acta 18, 273 (1935).

[3] Siehe auch REMINGTON, LANCASTER: Pharmac. Journ. (4), 29, 146 (1909). — MARCILLE: Ann. Falsifications 3, 417 (1910). — AUGUET: Ann. Falsifications 5, 459 (1912). — KELBER, RHEINHEIMER: Arch. Pharmaz. 255, 417 (1917). — BÖESEKEN: Rec. Trav. chim. Pays-Bas 46, 158 (1927). — PUMMERER: Ber. Dtsch. chem. Ges. 61, 1101 (1928); 62, 1411 (1929). — WIJS: Analyst 54, 12 (1929). — MEIJER: Diss. Leiden 1933. — Rec. Trav. chim. Pays-Bas 53, 449 (1934).

[4] DUBOVITZ empfiehlt, im Liter 7,8 g Jodtrichlorid und 8,5 g Jod aufzulösen [Chem.-Ztg. 38, 1111 (1914)]. — Siehe dazu NIEGEMANN, KAYSER: Chem.-Ztg. 39, 491 (1915); Ztschr. analyt. Chem. 55, 487 (1916).   [5] Siehe Anm. 2, S. 807.

Jodzahlbestimmung nach WINKLER.[1]

Man bereitet eine $n/_5$-Kaliumbromatlösung, von der 1 l auch 40 g Bromkalium in Lösung hält. Die Fettmenge wird in 10 ccm Tetrachlorkohlenstoff gelöst, wozu 25 ccm der oben angegebenen Bromatlösung und 10 ccm verdünnte Salzsäure gegeben werden, wobei gut durchgeschüttelt wird. Nach 2stündigem Stehen gibt man in jede Flasche 150 ccm Wasser, das 1 g Jodkalium gelöst enthält. Das freiwerdende Jod wird mit Thiosulfat zurücktitriert.

Methode von HANUŠ.[2]

6,35 g zerriebenes Jod werden in ein 50 ccm fassendes ERLENMEYERkölbchen gebracht und dazu 4,0 g Brom gewogen. Es wird nun unter beständigem Umschwenken vorsichtig erwärmt, bis die Masse flüssig ist. Dann wird unter fortgesetztem Umschwenken rasch abgekühlt und nach vollständigem Erkalten das entstandene Bromjod in Eisessig gelöst. Nun wird die Lösung mit Eisessig auf 500 ccm ergänzt.

Zur Bestimmung der Jodzahl wird die Substanz in eine 200 ccm fassende Flasche (mit eingeschliffenem Glasstopfen) eingewogen, in 15 ccm Chloroform gelöst und 25 ccm Bromjodlösung zugegeben. Es wird tüchtig durchgeschüttelt und 15 Minuten stehengelassen.[3] Nach dieser Zeit gibt man 15 ccm 10proz. Kaliumjodidlösung hinzu und titriert unter tüchtigem Schütteln mit $n/_{10}$-Natriumthiosulfat, bis die wässerige Lösung farblos ist.

Zu gleicher Zeit wird ein blinder Versuch ausgeführt, um den Titer der Jodlösung zu ermitteln.

Fumar- und Maleinsäure addieren gar kein Jod,[4] Crotonsäure 8%,[5] Zimtsäure 33%,[6] Styracin 43%, Allylalkohol 85%.[5]

Die Jodabsorption steigt in dem Maß, als die Doppelbindung vom Carboxyl wegrückt.[7] — Siehe dazu PONZIO: Gazz. chim. Ital. 42 II, 92 (1912).

Mikrojodzahlbestimmung: ERNST: Seife 6, 462 (1921). — GILL, SIMMS: Ind. enging. Chem. 13, 547 (1921). — RALLS: Journ. Amer. chem. Soc. 56, 121 (1934). — RUZICKA: Mikrochemie 17, 215 (1935).

---

[1] WINKLER: Ztschr. Unters. Nahrungs- u. Genußmittel 28, 65 (1914); 32, 358 (1916). — DUBOVITZ: Chem.-Ztg. 39, 744 (1915). — ARNOLD: Ztschr. Unters. Nahrungsu. Genußmittel 31, 382 (1916); 43, 201 (1922). — RUPP, BROCHMANN: Ztschr. analyt. Chem. 68, 155 (1926). — BECKURTS: Arch. Pharmaz. 264, 564 (1926). — JACOBS, HOFFMANN, GUSTUS: Journ. biol. Chemistry 70, 1 (1926). — WINKLER: Arch. Pharmaz. 265, 554 (1927). — HANSEN: Ztschr. analyt. Chem. 75, 257 (1928). — STOLL, HOFMANN, KREIS: Helv. chim. Acta 17, 1343 (1934). — Über die Methode von KAUFMANN siehe S. 810. — BECKURTS: Arch. Pharmaz. 264, 563 (1926).
[2] Siehe auch HALLER: Diss. Bern 25, 1907. — MASCARELLI, BLASI: Gazz. chim. Ital. 37 I, 113 (1907). — TSCHIRCH, GAUCHMANN: Arch. Pharmaz. 246, 555 (1908). — BOHRISCH, KÜRSCHNER: Apoth.-Ztg. 33, 247, 251, 257, 262, 266, 272 (1918). — OLSZEWSKI: Pharmaz. Zentralhalle 61, 641 (1920). — DEVRIENT: Ber. Dtsch. pharmaz. Ges. 30, 361 (1920). — HOLDE: Chem. Umschau Fette, Öle, Wachse, Harze 29, 185 (1922); Ber. Dtsch. chem. Ges. 59, 113 (1926). — AUERBACH: Chem. Umschau Fette, Öle, Wachse, Harze 33, 187 (1926).
[3] Beim Cholesterin muß die Reaktion unter Abkühlen (1°) durchgeführt werden: RALLS: Journ. Amer. chem. Soc. 55, 2083 (1933).
[4] LEWKOWITSCH: Analysis of Oils and Fats, II. Edit., S. 176.
[5] GOMBERG: Ber. Dtsch. chem. Ges. 35, 1840 (1902).
[6] FULDA: Monatsh. Chem. 20, 711 (1899). Dort auch weitere Angaben.
[7] ECKERT, HALLA: Monatsh. Chem. 34, 1817 (1913).

3. Rhodanometrische Bestimmung von Doppelbindungen.

D.R.P. 404175 (1922). — Kaufmann: Arch. Pharmaz. **33**, 139 (1923); **35**, 675 (1925); Ber. Dtsch. chem. Ges. **56**, 2514 (1923); **57**, 923 (1924); Ztschr. Unters. Nahrungs- u. Genußmittel **51**, $^1/_2$ (1926); Apoth. Ztg. **71**, 938 (1926); Arch. Pharmaz. **267**, 1 (1929). — Hugel, Krassilchik: Chim. et Ind. **23**, Sond.-Heft, 3 bis, 267 (1930).

4. Reaktion mit Benzopersäure.[1]

Prileschaeff hat gefunden, daß Lösungen[2] des Benzoylhydroperoxyds schon in der Kälte mit Substanzen, die eine doppelte Bindung enthalten, reagieren, und daß dabei die zugehörigen Oxyde entstehen:

$$C_6H_5CO \cdot O \cdot OH + {>}C = C{<} = C_6H_5COOH + {>}\overset{O}{\overset{\wedge}{C-C}}{<}$$

Bei der Hydratation wird ein Glykol erhalten. Bei einigem Überschuß an Benzoylhydroperoxyd verläuft diese Reaktion mit ungesättigten Substanzen meist quantitativ, während die tricyclischen Kohlenwasserstoffe, wie Tricyclen und Cyclofenchen, unter den gleichen Bedingungen mit Benzoylhydroperoxyd gar nicht reagieren. Wenn man das nicht in Reaktion getretene Benzoylhydroperoxyd titriert, so ergibt sich die Menge des Benzoylhydroperoxyds, die zur Oxydation verbraucht wurde, ohne weiteres aus der Differenz.

Darstellung von Benzoylhydroperoxyd $C_6H_5 \cdot CO \cdot O \cdot OH$:[3] Man löst 20 g Benzoylperoxyd in zirka 300 ccm trockenem Toluol und läßt unter lebhaftem

---

[1] Prileschaeff: Ber. Dtsch. chem. Ges. **42**, 4812 (1909); Journ. Russ. phys.-chem. Ges. **42**, 1395 (1910); **43**, 609 (1911); **44**, 613 (1912). — Derx: Rec. Trav. chim. Pays-Bas **40**, 524 (1921); **41**, 332 (1922). — Bergmann: Ber. Dtsch. chem. Ges. **54**, 440 (1921); **56**, 2255 (1923); Liebigs Ann. **482**, 333 (1923). — Godchot, Bédos: Compt. rend. Acad. Sciences **174**, 461 (1922). — Westphalen: Ber. Dtsch. chem. Ges. **56**, 1066 (1923). — Nametkin: Ber. Dtsch. chem. Ges. **56**, 1803, 1805, 1808 (1923); **57**, 585 (1924); Journ. prakt. Chem. (2), **112**, 170 (1926); **115**, 57, 63 (1927). — Kötz, Steche: Journ. prakt. Chem. (2), **107**, 203 (1924). — Meerwein: Liebigs Ann. **435**, 188 (1924); Journ. prakt. Chem. (2), **113**, 9 (1926). — Hibbert, Burt: Journ. Amer. chem. Soc. **47**, 2340 (1925). — Lévy, Lagrave: Bull. Soc. chim. France (4), **37**, 1597 (1925). — Prang: Diss. Königsberg 1925. — Böeseken: Rec. Trav. chim. Pays-Bas **44**, 90 (1925); **45**, 838 (1926) (auch Peressigsäure). — Pigulewski, Petrowa: Journ. Russ. phys.-chem. Ges. **58**, 1062 (1926). — Ogait: Diss. Königsberg 1928. — Windaus, Linsert: Liebigs Ann. **465**, 151 (1928). — Pummerer: Ber. Dtsch. chem. Ges. **61**, 1100 (1928); **62**, 1415 (1929). — Ruzicka: Rec. Trav. chim. Pays-Bas **47**, 363 (1928); Liebigs Ann. **471**, 23 (1929). — Beaucourt: Wegscheider-Festschr. 1929, 905. — Windaus, Bergmann, Lüttringhaus: Liebigs Ann. **472**, 197 (1929). — Bauer, Bähr: Journ. prakt. Chem. (2), **122**, 201, 209 (1929). — Reindel, Weickmann: Liebigs Ann. **475**, 89 (1929). — Rygh: Ztschr. physiol. Chem. **185**, 103 (1929). — Ebel, Brunner, Mangelli: Helv. chim. Acta **12**, 25 (1929). — Nametkin, Glagoleff: Ber. Dtsch. chem. Ges. **62**, 1572 (1929). — Zechmeister, Cholnoky: Liebigs Ann. **478**, 98 (1930). — Ekon, Gibson, Simonsen: Journ. chem. Soc. London **1930**, 2732. — Arbusow, Michailow: Journ. prakt. Chem. (2), **127**, 1, 92 (1930). — Windaus, Lüttringhaus: Liebigs Ann. **481**, 119 (1930). — Smit: Rec. Trav. chim. Pays-Bas **49**, 675, 686 (1930). — Bodendorf: Arch. Pharmaz. **268**, 491 (1930). — Arbusow: Russ. Journ. allg. Chem. **3**, 28 (1933). — Dieterle, Salomon: Arch. Pharmaz. **272**, 148 (1934).

[2] In Aether, Chloroform, Tetrachlorkohlenstoff, Essigsäure, Essigsäureester. Siehe Bergmann, Schotte: Ber. Dtsch. chem. Ges. **54**, 449 (1921).

[3] Kötz, Steche: Journ. prakt. Chem. (2), **107**, 203 (1924). — Hibbert, Burt: Journ. Amer. chem. Soc. **47**, 2240 (1925). — Lévy, Lagrave: Bull. Soc. chim. France (4), **37**, 1597 (1925).

Rühren etwas mehr als die berechnete Menge 10proz. Natriumaethylatlösung in 4—5 Minuten eintropfen (Temperatur unter —5°). Dann gibt man 350 bis 400 ccm Eiswasser zu, gießt nach eingetretener völliger Lösung des Niederschlages die Toluolschicht ab, schüttelt die wässerige Schicht mit Aether aus (Beseitigung des Benzoesäureaethylesters), wonach sie völlig klar sein soll, läßt (wieder unter Rühren und Kühlen) etwas mehr als die berechnete Menge 10proz. Schwefelsäure eintropfen, schüttelt zweimal mit zirka 100 ccm Chloroform aus und trocknet die Chloroformlösung über Natriumsulfat. Zur Bestimmung des wirksamen Sauerstoffs gibt man 5 ccm der Probe zu 10proz. KJ-Lösung und etwas HCl und titriert mit Thiosulfat. Die Lösung ist einige Tage haltbar.

Die quantitative Bestimmung der ungesättigten Substanz wird auf folgende Weise ausgeführt. In einen ERLENMEYERkolben mit eingeschliffenem Stopfen wägt man 0,1—0,3 g der Probe genau ein und fügt doppelt soviel einer Lösung von Benzoylhydroperoxyd hinzu, als die Theorie verlangt. Man läßt den Kolben 2—3 Tage lang bei Zimmertemperatur (15—20°) stehen[1] und titriert dann das unverbrauchte Benzoylhydroperoxyd zurück. Da sich die Lösungen des Benzoylhydroperoxyds bei längerem Stehen merklich zersetzen, muß man gleichzeitig eine blinde Probe anstellen und sie nach der gleichen Zeit titrieren. Zur besseren Kontrolle der beiden Bestimmungen empfiehlt es sich, jede von ihnen gleich doppelt zu machen. Am besten verwendet man eine Chloroformlösung des Benzoylhydroperoxyds, die 0,4—0,5% aktiven Sauerstoff enthält. In Aether geht die Oxydation des ungesättigten Kohlenwasserstoffs usw. mittels Benzoylhydroperoxyd etwas langsamer vor sich als in Chloroformlösung; außerdem gibt die Titration in Aetherlösung nicht so deutliche Resultate. Die Bestimmungen sind daher nicht genügend genau, während in Chloroformlösung, bei genauer Arbeit und beim Einhalten der gleichen Versuchsbedingungen, die Resultate zweier paralleler Bestimmungen gewöhnlich nicht mehr als um 0,5—1% auseinanderliegen.

Propenylderivate werden viel rascher oxydiert als Allylderivate.

Asymmetrisches Diphenylaethylen $(C_6H_5)_2C = CH_2$ und seine Derivate nehmen zwei Atome Sauerstoff auf, ebenso die Enole, z. B. Benzoylaceton.

Bei Terpenen reagiert die Kerndoppelbindung viel rascher als die ungesättigte Seitenkette. Allgemein wird die Oxydationsgeschwindigkeit der Aethylenbindung durch Alkyle erhöht. Dagegen verhindern oder verzögern negativierende Gruppen, namentlich eine benachbarte[2] Carboxylgruppe, die Oxydation,[3] auch können hier durch die katalytische Wirkung der Benzopersäure Polymerisationen eintreten (Fumar-, Maleinsäure).

Phenylisocrotonsäure wird oxydiert, Crotonsäure,[4] Acroleinacetal und Ketone mit der Atomgruppierung CH:CH·CO dagegen nicht.

Die Konstitution der Oxyde wird entweder durch Hydrolyse oder durch

---

[1] Manchmal muß man eine Kältemischung anwenden: BERGMANN, MILECKY: Ber. Dtsch. chem. Ges. **54**, 2150 (1921) (Vinylaether). — Unter Umständen dauert die Reaktion 16—24 Tage: PRILESCHAEFF: Ber. Dtsch. chem. Ges. **59**, 194 (1926) (Chlorhepten, Chlorocten).

[2] Dagegen gelingt die Reaktion bei ungesättigten Estern, Alkoholen und Ketonen, wo Doppelbindung und reaktionsfähige Funktionsgruppe weiter voneinander entfernt sind: LÉVY, WELLISCH: Bull. Soc. chim. France (4), **45**, 930 (1929).

[3] Nach BODENDORFF [Arch. Pharmaz. **268**, 492 (1930)] wird die Reaktionsfähigkeit von Aethylenbindungen gegen Benzopersäure durch konjugierte Doppelbindungen ganz allgemein weitgehend gehemmt oder nahezu aufgehoben.

[4] Im Verlauf mehrerer Monate tritt Oxydation ein: BRAUN: Journ. Amer. chem. Soc. **52**, 3187 (1930).

Isomerisierung zu den Aldehyden[1] bzw. Ketonen oder endlich durch Oxdaytion zu den Säuren festgestellt.

Die Methode kann auch für die quantitative Bestimmung der Isomeren in einem Gemisch benutzt werden, da die Oxydationsgeschwindigkeiten der Isomeren verschieden groß zu sein pflegen, sowie für die Bestimmung des Reinheitsgrades, z. B. von Terpenen.[2]

Wo die Titration der ungesättigten Fettsäuren nicht gelingt, kann die Anwendung von *Peressigsäure* gute Dienste leisten: Böeseke, Smit: Rec. Trav. chim. Pays-Bas 49, 686, 691 (1930). — Meijer: Diss. Leiden 1933. — Rec. 53, 449 (1934). — Arbuson: Russ. Journ. allg. Chem. 3, 28 (1933). — Bei Kohlenwasserstoffen mit mehreren Doppelbindungen wird durch Peressigsäure die mit den meisten Alkylen belastete zuerst oxydiert.[3]

Anwendung von *Camphersäureperoxyd:* Milas, Cliff: Journ. Amer. chem.

Soc. 55, 352 (1933). — Sehr empfohlen wird auch *Furoylperoxyd*[4] ⟨—COOOH

(in CHCl$_3$) und *Phthalsäureperoxyd.*[5]

5. Bildung der Ozonide

S. 324, 359, 405 und Matthes, Kürschner: Arch. Pharmaz. 269, 90 (1931).

Zweiter Abschnitt.

Dreifache Bindung.

I. Qualitative Reaktionen.

a) Charakteristisch für das Acetylen und seine einfach alkylierten Homologen und ebenso für die Acetylenalkohole, Aldehyde und Säuren[6] ist die Fähigkeit, mit *ammoniakalischen Kupferoxydul-*[7] oder *Silberlösungen*[8] feste krystallinische Fällungen zu geben, aus welchem beim Erwärmen mit Salzsäure die Kohlenwasserstoffe usw. regeneriert werden können. Die zweifach alkylierten Acetylene zeigen diese Reaktion nicht, ebensowenig die Di-Acetylene.

b) Mit *Halogenen* und *Halogenwasserstoffsäuren*[9] verbinden sich diese Substanzen leicht, wobei 1 oder 2 Mol addiert werden. Lagern sich 2 Mol Säure an, dann gehen beide Halogenatome an denselben Kohlenstoff. Um an Säuren mit 3facher Bindung Jod zu addieren (wobei immer Dijodide R·CJ:JCR

[1] Eventuell unter Einwirkung von Siliciumdioxyd oder Bimsstein: Faidutti: Compt. rend. Acad. Sciences 189, 854 (1929).

[2] Meerwein: Journ. prakt. Chem. (2), 113, 9 (1926). — Richter, Wolff: Ber. Dtsch. chem. Ges. 63, 1717 (1930).

[3] Böeseken: Rec. Trav. chim. Pays-Bas 54, 657 (1935).

[4] Milas, McAlevy: Journ. Amer. chem. Soc. 56, 1220 (1934).

[5] Böhme: Ber. Dtsch. chem. Ges. 70, 379 (1937).

[6] Propiolsäureester: Baeyer: Ber. Dtsch. chem. Ges. 18, 678 (1885). — Propargylsäure: Baeyer: Ber. Dtsch. chem. Ges. 18, 2270 (1885).

[7] Siehe Manchot: Liebigs Ann. 387, 257 (1912). — Darstellung der Kupferoxydullösung: Siehe S. 815. Die Lösung ist mehrere Tage haltbar: Ilosvay : Ber. Dtsch. chem. Ges. 32, 2698 (1899).

[8] Alkoholische Silberlösung: Béhal: Ann. Chim. (6), 15, 423 (1888). — Krafft, Reuter: Ber. Dtsch. chem. Ges. 25, 2244 (1892).

[9] Salzsäure wird an Acetylen nur bei Gegenwart von Katalysatoren (HgCl$_2$, weniger gut BiCl$_3$ auf Silicagel) bei 165° addiert.

entstehen,[1,2] löst man sie in der 2—3fachen Menge Eisessig und erwärmt kurze Zeit[3] mit der berechneten Menge Jod oder läßt in der Kälte 10 Stunden stehen.

Man kann auch im *Dunkeln* in Schwefelkohlenstofflösung unter Zusatz von sehr wenig Eisenjodür lange Zeit stehenlassen.[4]

c) Tertiäre Acetylenalkohole werden durch *wässerige Kalilauge* in ihre Komponenten, Kohlenwasserstoff und Keton, zerlegt, bei sekundären und primären tritt diese Reaktion im allgemeinen nicht ein.[5]

d) Mit wässerigen (selbst sauren) Lösungen von *Quecksilbersalzen*[6] entstehen nicht-explosive Niederschläge, aus welchen durch Säuren Wasseradditionsprodukte der Acetylene (Aldehyd aus Acetylen, Ketone aus den Homologen) abgeschieden werden.[7]

e) Mit *Essigsäure* entstehen beim Erhitzen auf 280° oder mit *Wasser* bei 325° dieselben Ketone.[8] Die gleiche Reaktion tritt unter Kohlendioxydverlust mit den entsprechenden Säuren ein.[9]

f) Über die *Addition* von *Wasserstoff* siehe namentlich: BAEYER: Ber. Dtsch. chem. Ges. 18, 680 (1885). — HOLLEMAN, ARONSTEIN: Ber. Dtsch. chem. Ges. 21, 2833 (1888); 22, 1181 (1889). — FITTIG: Liebigs Ann. 268, 98 (1892). — MOUREU, DELANGE: Compt. rend. Acad. Sciences 132, 989 (1901); 136, 554 (1903). — STRAUS: Liebigs Ann. 342, 201, 238, 249, 260 (1905). — KLAGES: Ber. Dtsch. chem. Ges. 39, 2587 (1906). — PAAL, HARTMANN: Ber. Dtsch. chem. Ges. 42, 3930 (1909). — LESPIEAU: Compt. rend. Acad. Sciences 150, 1761 (1910). — Katalytische Hydrierung: FISCHER, LÖWENBERG: Liebigs Ann. 475, 191 (1929). — SALKIND, WISCHNJAKOW, MOREW: Russ. Journ. allg. Chem. 3, 91 (1933).

g) *Umlagerungen:* Die Homologen des Acetylens von der Formel $R \cdot C \equiv CH$, in der R ein primäres oder sekundäres Radikal bedeutet, werden durch alkoholisches Kali bei 170° in isomere Kohlenwasserstoffe mit zwei benachbarten Doppelbindungen verwandelt, wenn R sekundär ist, und in isomere Kohlenwasserstoffe, in denen die dreifache Bindung erhalten bleibt, aber gegen die Mitte des Moleküls zu wandert, wenn R primär ist.[10]

Eine Reaktion in entgegengesetzter Richtung tritt beim Erhitzen zweifach alkylierter Acetylene mit metallischem Natrium ein,[11] z. B.:

$$C_2H_5 \cdot C \vdots C \cdot CH_3 \rightarrow C_2H_5 \cdot CH_2 \cdot C \vdots CH.$$

---

[1] LIEBERMANN, SACHSE: Ber. Dtsch. chem. Ges. 24, 2588, 4112 (1891). — BRUCK: Ber. Dtsch. chem. Ges. 24, 4118 (1891). — JAMES, SUDBOROUGH: Proceed. chem. Soc. 23, 136 (1907); Journ. chem. Soc. London 91, 1037 (1907). — ARNAUD, POSTERNAK: Compt. rend. Acad. Sciences 149, 220 (1909).

[2] MÜHLE: Ber. Dtsch. chem. Ges. 46, 2092 (1913).

[3] Nicht über 40°: MÜHLE: a. a. O. — Diss. Berlin 12, 1914.

[4] Siehe Anm. 2.

[5] MOUREAU: Bull. Soc. chim. France (3), 33, 151 (1905).

[6] Fällungen mit NESSLERs Reagens: KEISER: Amer. chem. Journ. 15, 535 (1893). — NEF: Liebigs Ann. 308, 299 (1899). — LOSSEN, DORNO: Liebigs Ann. 342, 189 (1905).

[7] KUTSCHEROW: Ber. Dtsch. chem. Ges. 14, 1540 (1881); 17, 13 (1884). — FAWORSKY: Ber. Dtsch. chem. Ges. 21, 177 (1888). — GRINER: Ann. chim. phys. (6), 26, 305 (1892). — KEISER: Amer. chem. Journ. 15, 537 (1893). — ERDMANN, KÖTHNER: Ztschr. anorgan. allg. Chem. 18, 54 (1898). — HOFMANN: Ber. Dtsch. chem. Ges. 31, 2217, 2785 (1898); 32, 874 (1899); 37, 4459 (1904). — BILTZ, MUMM: Ber. Dtsch. chem. Ges. 37, 4417 (1904); 38, 133 (1905). — LOSSEN, DORNO: Liebigs Ann. 342, 184, 189 (1905). — MAKOWKA: Ber. Dtsch. chem. Ges. 41, 824 (1908). — HAAS: Diss. Würzburg 1913.

[8] BÉHAL, DESGREZ: Compt. rend. Acad. Sciences 114, 1074 (1892). — DESGREZ: Ann. Chim. (7), 3, 209 (1894). [9] DESGREZ: Bull. Soc. chim. France (3), 11, 392 (1894).

[10] FAWORSKY: Journ. Russ. phys.-chem. Ges. 19, 427 (1887); Journ. prakt. Chem. (2), 37, 382 (1888); 44, 208 (1891). — KRAFFT, REUTER: a. a. O. — KRAFFT: Ber. Dtsch. chem. Ges. 29, 2236 (1896).

[11] FAWORSKY: Journ. Russ. phys.-chem. Ges. 19, 553 (1887). — BÉHAL: Bull. Soc. chim. France (2), 50, 629 (1888); Journ. prakt. Chem. (2), 44, 236 (1891).

h) Über die *Einwirkung* von *Ozon* siehe S. 328; ferner JACOBS: Journ. Amer. chem. Soc. **58**, 2272 (1936). — HURD, CHRIST: Journ. organ. Chem. **1**, 141 (1936).
Einwirkung von *Hydroxylamin:* CLAISEN: Ber. Dtsch. chem. Ges. **36**, 3665 (1903). — MOUREU, LAZENNEC: Compt. rend. Acad. Sciences **144**, 1281 (1907).
— Von *Hydrazin:* ROTHENBURG: Ber. Dtsch. chem. Ges. **26**, 1719 (1893); **27**, 783 (1894). — MOUREU, LAZENNEC: Compt. rend. Acad. Sciences **143**, 1239 (1906).

Addition von Alkalibisulfiten an Acetylensäuren: LASAUSSE: Compt. rend. Acad. Sciences **156**, 147 (1913); Bull. Soc. chim. France (4), **13**, 894 (1913).

Phenylhydrazin: BUCHNER: Ber. Dtsch. chem. Ges. **22**, 2929 (1889). — CLAISEN: Ber. Dtsch. chem. Ges. **36**, 3666 (1903).

Hypochlorit: FAWORSKY: Journ. prakt. Chem. (2), **51**, 533 (1895). — *Hypobromit:* WITTORF: Journ. Russ. phys.-chem. Ges. **32**, 88 (1900).

Alkohol: MOUREU: Compt. rend. Acad. Sciences **137**, 259 (1903). — CLAISEN: Ber. Dtsch. chem. Ges. **36**, 3668 (1903). — MOUREU, LAZENNEC: Compt. rend. Acad. Sciences **142**, 338 (1906). — GAUTHIER: Ann. chim. phys. (8), **16**, 289 (1909). — JACOBSON, DYKSTRA, CARTHERS: Journ. Amer. chem. Soc. **56**, 1169, 1786 (1934).

Über *Säuren der Formel* $R \cdot C : C \cdot COOH$ siehe MOUREU, DELANGE: Compt. rend. Acad. Sciences **132**, 989 (1901); **136**, 554, 753 (1903). — MOUREU: Bull. Soc. chim. France (3), **31**, 1193 (1904). — MOUREU, LAZENNEC: Compt. rend. Acad. Sciences **143**, 553, 596, 1239 (1906); Bull. Soc. chim. France (3), **35**, 843 (1906). — FEIST: Liebigs Ann. **345**, 100 (1906). — JAMES, SUDBOROUGH: Journ. chem. Soc. London **91**, 1041 (1907).

Über *Säuren mit größerem Abstand zwischen dreifacher Bindung und Carboxyl* siehe: KRAFFT: Ber. Dtsch. chem. Ges. **11**, 1414 (1878); **29**, 2232 (1896); **33**, 3571 (1900). — HAZURA: Monatsh. Chem. **9**, 469, 952 (1888). — LIEBERMANN, SACHSE: Ber. Dtsch. chem. Ges. **24**, 4116 (1891). — HOLT, BARUCH: Ber. Dtsch. chem. Ges. **26**, 838 (1893). — BARUCH: Ber. Dtsch. chem. Ges. **27**, 172 (1894). — ARNAUD: Bull. Soc. chim. France (3), **27**, 484, 489 (1902). — HAASE, STUTZER: Ber. Dtsch. chem. Ges. **36**, 3601 (1903). — PERKIN, SIMONSON: Journ. chem. Soc. London **91**, 820, 835 (1907). — GARDNER, PERKIN: Journ. chem. Soc. London **91**, 849, 854 (1907).

II. Quantitative Bestimmung der dreifachen Bindung.

1. Fällung als Cuprosalz.[1]

Das Acetylenkupfer löst sich in einer sauren Ferrisalzlösung leicht auf:

$$C_2Cu_2 + Fe_2(SO_4)_3 + H_2SO_4 = 2\,FeSO_4 + 2\,CuSO_4 + C_4H_2.$$

Das entstandene Ferrosalz wird mit Kaliumpermanganat titriert, wobei 1 Mol Acetylen 2 Permanganatäquivalente erfordert. Das entbundene Acetylen stört dabei nicht.

Das Gas oder die Acetylenlösung läßt man einige Minuten unter Schütteln auf das Reagens von ILOSVAY einwirken. Dann saugt man das Kupfersalz z. B. auf einer mit gut ausgewaschenem, langfaserigem Asbest beschickten Nutsche

---

[1] HOLLEMAN: Ber. Dtsch. chem. Ges. **20**, 3081 (1887). — ILOSVAY: Ber. Dtsch. chem. Ges. **32**, 2698 (1899). — HEMPEL: Gasanalytische Methoden, 4. Aufl., S. 208. 1913. — WILLSTÄTTER, MASCHMANN: Ber. Dtsch. chem. Ges. **53**, 939 (1920). — Bestimmung von Acetylen in Leuchtgas und Luftgemischen: ARNOLD, MÖLLNEY, ZIMMERMANN: Ber. Dtsch. chem. Ges. **53**, 1034 (1920). — Phenylacetylen: HEIN, MEYER: Ztschr. analyt. Chem. **72**, 30 (1927).

ab und wäscht es sehr sorgfältig aus, so daß anhaftendes Hydroxylamin entfernt, aber Oxydation durch Luftsauerstoff vermieden wird. Um keine zähe Haut, die sich schwer auswaschen läßt und träge löslich ist, zu bilden, vermeidet man das Trockensaugen des Niederschlags. Wenn das Waschwasser[1] von einem Tropfen $n/_{10}$-Permanganat bleibend gerötet wird, löst man den Niederschlag von der Nutsche mit beispielsweise 25 ccm saurer Ferrisalzlösung, die aus 100 g Ferrisulfat mit 200 g konz. Schwefelsäure durch Auffüllen zu einem Liter bereitet ist. Das Filter ist nach dem Absaugen und Waschen mit Wasser für weitere Bestimmungen wieder bereit. Das schön grüne Filtrat wird mit $n/_{10}$-Permanganat titriert.

Für je 50 ccm Lösung sind zu nehmen:

1. 0,75 g Cuprichlorid ($CuCl_2$, $3 H_2O$), 1.5 g Ammoniumchlorid, 3 ccm Ammoniumhydroxyd ($20—21\% \cdot NH_3$), 2.5 g Hydroxylaminchlorhydrat.

2. 1 g Cuprinitrat ($Cu[NO_3]_2$, $5 H_2O$), 4 ccm Ammoniumhydroxyd (20 bis 21% NH_3), 3 g Hydroxylaminchlorhydrat.

3. 1 g krystallisiertes Cuprisulfat, 4 ccm Ammoniumhydroxyd ($20—21\%$ NH_3), 3 g Hydroxylaminchlorhydrat.

Man löst das Cuprisalz in einem 50-ccm-Kölbchen in wenig Wasser, tröpfelt das Ammoniumhydroxyd ein und fügt alsdann das salzsaure Hydroxylamin hinzu, schüttelt durch und füllt sofort mit Wasser auf 50 ccm auf. Nach wenigen Augenblicken ist die Lösung entfärbt. Die mit Kupferchlorid bereiteten Lösungen sind ein wenig trübe, im übrigen aber ganz farblos; ohne Ammoniumchlorid sind sie noch trüber.

Nach NOVOTNÝ[2] ist das Verfahren für nicht zu konz. Acetylen (nicht über 10%) gut anwendbar.

2. Fällung als Silbersalz.

Nach ARTH[3] läßt sich in den Silberverbindungen der Acetylene das Metall leicht durch Elektrolyse bestimmen. Man löst die Salze zu diesem Zweck in genügend konz. Cyankaliumlösung.

Bequemer ist noch die Methode von DUPONT, FREUNDLER,[4] wonach die Substanz mit Königswasser eingedampft und so das Silber in Chlorsilber übergeführt wird. — Siehe auch KRAFFT: Ber. Dtsch. chem. Ges. 29, 2238 (1896).

Das Verfahren ist auch für hochprozentiges Acetylen anwendbar.

NOVOTNÝ[5] leitet die Gasprobe bei gedämpftem Licht in reinem H_2-Strom in $AgNO_3$-Lösung und titriert die Verbindung $C_2Ag_2 \cdot AgNO_3$ oder fällt mit gemessenem $AgNO_3$, filtriert durch ein Porzellanfilter, wäscht gründlich mit Wasser und bestimmt das überschüssige Silber. (Es liegt dann C_2Ag_2 vor.)

---

[1] Das Waschwasser soll 2—3 % NH_3 und 0,5 % Hydroxylaminchlorhydrat enthalten.

[2] NOVOTNÝ: Coll. Trav. chim. Tchécosl. 6, 514 (1934).

[3] ARTH: Compt. rend. Acad. Sciences 124, 1534 (1897).

[4] Manuel opératoire de chimie organique 80, 1898.

[5] NOVOTNÝ: Coll. Trav. chim. Tchécosl. 7, 84 (1935).

Dritter Abschnitt.

Einfluß von neu eintretenden Atomen und Atomgruppen auf die Reaktionsfähigkeit substituierter Ringsysteme.

1. Die sogenannten „negativen" Gruppen, nämlich die Halogene,[1] die Nitrogruppe,[2] Sulfo- und Carboxylgruppe, ferner die ungesättigten Gruppen CN, $COCH_3COC_6H_5$ usw.[3] wirken auf im Kern befindliche Halogenatome lockernd, d. h. die Halogenatome werden leicht gegen andere Reste austauschbar, sobald die negativen Gruppen in Ortho- oder Parastellung treten,[4] namentlich aber, wenn zwei derartige Stellen besetzt sind.

Ähnliche Verhältnisse zeigt der *Pyridinkern* insofern, als nur in α- oder in γ-Stellung zum Stickstoff befindliches Halogen leicht vertretbar ist.[5]

Nach MARCKWALD ist das Halogen in den α- und γ-Chlorpyridinen besonders dann leicht beweglich, wenn sich zu ihm in Ortho- oder Parastellung noch andere negative Substituenten, wie Carboxylgruppen, befinden.

Eintritt von Aminogruppen in den Pyridinkern macht indes α-ständiges Halogen wieder resistenter: HANS MEYER, BECK: Monatsh. Chem. **26**, 733 (1915).

Ersatz von Chlor durch OH in α-Chlornitrochinolinen durch Kochen mit

---

[1] Lockerung von Halogen durch Katalysatoren: ULLMANN: Ber. Dtsch. chem. Ges. **34**, 2174 (1901); **36**, 238 (1903); **37**, 853 (1904). — ROSENMUND: Ber. Dtsch. chem. Ges. **52**, 1749 (1919); **53**, 2226 (1920); **54**, 438 (1921). — Ultraviolette Strahlung: ROSENMUND: Ber. Dtsch. chem. Ges. **56**, 1950 (1923).

[2] MACBETH: Journ. chem. Soc. London **121**, 1116 (1921). — HENDERSON, MACBETH: Journ. chem. Soc. London **121**, 892 (1922). — HIRST, MACBETH: Journ. chem. Soc. London **121**, 904, 2168, 2527 (1922). — GRAHAM, MACBETH: Journ. chem. Soc. London **121**, 2601 (1921); **1927**, 740. — MACBETH: Journ. chem. Soc. London **123**, 1122 (1923). — Auch Fluor kann so austauschbar werden: SWARTS: Bull. Soc. chim. Belg. **1913**, 241.

[3] SCHÖPF: Ber. Dtsch. chem. Ges. **22**, 3281 (1889). — Siehe auch BORSCHE: Liebigs Ann. **386**, 356 (1911); **402**, 81 (1913); Ber. Dtsch. chem. Ges. **49**, 222 (1916).

[4] RICHTER: Ber. Dtsch. chem. Ges. **4**, 460 (1871). — WALTER, ZINCKE: Ber. Dtsch. chem. Ges. **5**, 114 (1872). — KÖRNER: Gazz. chim. Ital. **4**, 305 (1874). — JACOBSON: Ber. Dtsch. chem. Ges. **4**, 2114 (1881). — LEYMANN: Ber. Dtsch. chem. Ges. **15**, 1233 (1882). — LELLMANN: Ber. Dtsch. chem. Ges. **17**, 2719 (1884). — JACKSON, BANCROFT: Ber. Dtsch. chem. Ges. **22**, 604 (1889); **23**, R 458 (1890). — BENTLEY, WARREN: Ber. Dtsch. chem. Ges. **23**, R 346 (1890). — SCHÖPF, FISCHER: Ber. Dtsch. chem. Ges. **22**, 903, 3281 (1889); **23**, 1889, 3440 (1890); **24**, 3771, 3785, 3818 (1891). — LELLMANN, JUST: Ber. Dtsch. chem. Ges. **24**, 2101 (1891). — NIETZKI, REHE: Ber. Dtsch. chem. Ges. **25**, 3006 (1892). — SCHRAUBE, RONIG: Ber. Dtsch. chem. Ges. **26**, 580, 682 (1893). — JACKSON, BENTLEY: Ber. Dtsch. chem. Ges. **26**, R 12 (1893). — KLAGES, STORP: Journ. prakt. Chem. (2), **65**, 564 (1902). — ULLMANN, GSCHWIND: Ber. Dtsch. chem. Ges. **41**, 2291 (1908). — VORLÄNDER: Ber. Dtsch. chem. Ges. **52**, 277 (1919). — BRASS, HEIDE: Ber. Dtsch. chem. Ges. **57**, 106 (1924). — LINDEMANN: Ber. Dtsch. chem. Ges. **58**, 1222 (1925); Liebigs Ann. **462**, 24 (1928).

[5] FRIEDLÄNDER, OSTERMAIER: Ber. Dtsch. chem. Ges. **15**, 332 (1882). — KNORR, ANTRICK: Ber. Dtsch. chem. Ges. **17**, 2870 (1884). — LIEBEN, HAITINGER: Monatsh. Chem. **6**, 315 (1885). — FRIEDLÄNDER, WEINBERG: Ber. Dtsch. chem. Ges. **18**, 1530 (1885). — CONRAD, LIMBACH: Ber. Dtsch. chem. Ges. **20**, 952 (1887); **21**, 1982 (1888). — EPHRAIM: Ber. Dtsch. chem. Ges. **24**, 2817 (1891); **25**, 2706 (1892); **26**, 2227 (1893). — MARCKWALD: Ber. Dtsch. chem. Ges. **26**, 2187 (1893); **27**, 1317 (1894); **31**, 2496 (1898); **33**, 1556 (1900). — SELL, DOOTSON: Journ. chem. Soc. London **71**, 1083 (1897); **73**, 777 (1898); **75**, 980 (1899); Proceed. chem. Soc. **16**, 111 (1900); Journ. chem. Soc. London **77**, 236, 771 (1900). — O. FISCHER: Ber. Dtsch. chem. Ges. **31**, 609 (1898); **32**, 1297 (1899). — O. FISCHER, DEMELES: Ber. Dtsch. chem. Ges. **32**, 1307 (1899). — MARCKWALD, MEYER: Ber. Dtsch. chem. Ges. **33**, 1885 (1900). — MARCKWALD, CHAIN: Ber. Dtsch. chem. Ges. **33**, 1895 (1900). — BITTNER: Ber. Dtsch. chem. Ges. **35**, 2933 (1902).

konz. Salzsäure: GUTHMANN: Diss. Erlangen 25, 1915. — FISCHER, GUTHMANN: Journ. prakt. Chem. (2), **93**, 382 (1916).

Auch in α-Stellung zum Benzolkern befindliches Halogen ist leicht beweglich und zum Teil schon beim Kochen mit Alkoholen durch Alkoxyl vertretbar.[1] Oxyalkylgruppen in o- oder p-Stellung scheinen hierfür besonders zu prädisponieren.

2. E.FISCHER hat in der *Puringruppe* entgegengesetzten Einfluß der Hydroxylgruppe auf die Beweglichkeit von Halogenatomen konstatiert: die hydroxylhaltigen Halogenpurine sind gegen Alkali und Basen beständiger als die neutralen.[2]

Auch bei den Halogencarbostyrilen ist die Stabilität des Halogens dem Hydroxylgehalt der Substanzen zuzuschreiben; verestert man die OH-Gruppe oder ersetzt sie durch Chlor, so reagiert das entstehende Derivat wieder leicht mit Basen.[3] Ortho- oder parahydroxylierte Benzylarylnitrosokörper verlieren dagegen schon bei gewöhnlicher Temperatur durch ganz verdünnte Ätzlaugen das Oxybenzylradikal unter Zerfall in Isodiazotate und Oxybenzylalkohol, während die entsprechenden Metaverbindungen beständig sind.[4]

Wenn man an Stelle von Dibromchinizarin dessen Dimethylaether anwendet, wird die Reaktionsfähigkeit gegen Schwefelnatrium aufgehoben.[5]

3. Durch die Anwesenheit von *Methylgruppen* in Ortho- und Parastellung wird die Abspaltbarkeit von Halogen befördert, durch Anwesenheit ihrer Homologen aber verzögert.[6]

Ebenso verlieren diorthomethylierte Carbonsäuren, Ketone und Sulfosäuren leicht beim Erwärmen mit Schwefelsäure, Halogenwasserstoff oder Phosphorsäure die zwischenstehende Gruppe.[7]

Umgekehrt werden Methylgruppen durch in o- oder p-Stellung befindliche negativierende Gruppen oder Atome reaktionsfähiger. So lassen sich die in α- oder γ-Stellung methylierten Pyridin- (Chinolin-) Derivate mit Aldehyden aldolartig kondensieren.[8] Die entstehenden Alkine gehen leicht unter Wasserabspaltung in Stilbazole über. Ähnlich wirkt Phthalsäureanhydrid.[9] Auch die

[1] HERTZKA: Monatsh. Chem. **26**, 227 (1905). — KLIEGL: Ber. Dtsch. chem. Ges. **38**, 284 (1905). — JÜNGERMANN: Ber. Dtsch. chem. Ges. **38**, 2868 (1905). — WERNER: Chem.-Ztg. **29**, 1008 (1905). — SCHIMETSCHEK: Monatsh. Chem. **27**, 1 (1906). — BRAUN: Ber. Dtsch. chem. Ges. **43**, 1350 (1910). — WEISHUT: Monatsh. Chem. **33**, 1547 (1912). Hier auch weitere Literaturangaben.

[2] E. FISCHER: Ber. Dtsch. chem. Ges. **32**, 458 (1899).

[3] FRIEDLÄNDER, MÜLLER: Ber. Dtsch. chem. Ges. **20**, 2013 (1887). — EPHRAIM: Ber. Dtsch. chem. Ges. **26**, 2227 (1893).

[4] BAMBERGER, MÜLLER: Liebigs Ann. **313**, 102 (1900).

[5] BRASS, HEIDE: Ber. Dtsch. chem. Ges. **57**, 106 (1924). — Siehe auch FRIES, OCHWAT: Ber. Dtsch. chem. Ges. **56**, 1291 (1923).

[6] KLAGES, LIECKE: Journ. prakt. Chem. (2), **61**, 307 (1900). — KLAGES, STORP: Journ. prakt. Chem. (2), **65**, 564 (1902). — FRIES: Liebigs Ann. **454**, 159 (1927). — LINDEMANN, PABST: Liebigs Ann. **462**, 30 (1928).

[7] LOUISE: Ann. chim. phys. (6), **6**, 206 (1885). — ELBS: Journ. prakt. Chem. (2), **35**, 465 (1887). — V. MEYER, MUHR: Ber. Dtsch. chem. Ges. **28**, 1270, 3215 (1895). — KLAGES: Ber. Dtsch. chem. Ges. **32**, 1555 (1899). — WEILER: Ber. Dtsch. chem. Ges. **32**, 1908 (1899); Habil.-Schrift Heidelberg 1900. — HOOGEWERFF, VAN DORP: Koninkl. Akad. Wetensch. Amsterdam, wisk. natk. Afd. **1901**, 173; Journ. prakt. Chem. (2), **65**, 394 (1902).

[8] In Nachbarstellung zu diesem Methyl befindliche positivierende Reste heben diese Reaktionsfähigkeit wieder auf. — HOFFMANN: Diss. Kiel 1910. — STARK, HOFFMANN: Ber. Dtsch. chem. Ges. **46**, 2698 (1913).

[9] JACOBSEN, REIMER: Ber. Dtsch. chem. Ges. **16**, 1082, 2602 (1883). — DOEBNER, MILLER: Ber. Dtsch. chem. Ges. **18**, 1646 (1885). — MILLER, SPADY: Ber. Dtsch. chem. Ges. **18**, 3404 (1885); **19**, 134 (1886). — LADENBURG: Ber. Dtsch. chem. Ges. **21**,

in o- und p- negativ substituierten Toluole zeigen gegen Benzaldehyd eine derartige Reaktionsfähigkeit (Stilbenbildung).[1]

4. Ähnliche Erhöhung der Reaktionsfähigkeit, wie bei Halogenen, wird bei
von negativen Orthosubstituenten umgebenen Hydroxyl in betreff ihrer Aus-
tauschbarkeit gegen Amingruppen beobachtet.[2]

5. Über die Beweglichkeit der Aminogruppen siehe: PICCININI: Ber. Dtsch.
chem. Ges. 42, 3219 (1909). — Einwirkung von Lauge: NEVILLE, WINTER: Ber.
Dtsch. chem. Ges. 15, 2978 (1882). — LIEBERMANN, JACOBSON: Liebigs Ann.
211, 46 (1882). — BRASS, ZIEGLER: Ber. Dtsch. chem. Ges. 58, 757 (1925). —
SEMIGANOWSKY: Russ. Journ. chem. Ind. 4, 428 (1927); Ztschr. analyt. Chem.
72, 27, 295 (1927).

Weitere einschlägige Beobachtungen siehe: SCHMIDT: Über den Einfluß der
Kernsubstitution auf die Reaktionsfähigkeit aromatischer Verbindungen. Stuttgart: Ferd. Enke 1902. — Siehe auch S. 356.

Vierter Abschnitt.

Substitutionsregeln bei aromatischen Verbindungen.

I. Eintritt eines Substituenten an Stelle von Wasserstoff in ein Monosubstitutionsprodukt des Benzols.[3]

*Alle Gruppen, in welchen die Affinität des direkt am Benzolkern haftenden
Atoms stark in Anspruch genommen ist, orientieren nach m-; diejenigen dagegen,*

3099 (1888); 22, 2583 (1889). — MATZDORFF: Ber. Dtsch. chem. Ges. 23, 2709 (1890).
— LADENBURG, ADAM: Ber. Dtsch. chem. Ges. 24, 1671 (1891). — KOENIGS: Ber.
Dtsch. chem. Ges. 31, 2364 (1898); 32, 223, 3599 (1899). — LADENBURG: Liebigs Ann.
301, 117 (1898). — BACH: Ber. Dtsch. chem. Ges. 34, 2223 (1901). — KOENIGS, HAPPE:
Ber. Dtsch. chem. Ges. 35, 1343 (1902); 36, 2904 (1903). — LIPP, RICHARD: Ber.
Dtsch. chem. Ges. 37, 737 (1904). — KOENIGS, MENGEL: Ber. Dtsch. chem. Ges. 37,
1322 (1904).   [1] ULLMANN, GSCHWIND: Ber. Dtsch. chem. Ges. 41, 2291 (1908).
  [2] CAHOURS: Ann. chim. phys. (3), 27, 439 (1850). — BEILSTEIN, KELLNER: Liebigs
Ann. 128, 168 (1863). — SALKOWSKI: Liebigs Ann. 163, 1 (1872). — HÜBNER: Liebigs
Ann. 195, 21 (1879). — GRAEBE: Ber. Dtsch. chem. Ges. 13, 1850 (1880). — D. R.
P. 22547 (1882), 27378 (1883), 43740 (1886), 46711 (1888). — THIEME: Journ. prakt.
Chem. (2), 43, 461 (1891).
  [3] Siehe vor allem FLÜRSCHEIM: Journ. prakt. Chem. (2), 66, 324 (1902). — Ferner
BERTAGNINI: Liebigs Ann. 78, 106 (1851). — GERICKE: Liebigs Ann. 100, 209 (1856).
— GLASER, BUCHANAU: Ztschr. Chem. 1869, 193. — NAGEL: Diss. Marburg 1880;
Liebigs Ann. 216, 326 (1882). — ERLENMEYER, LIPP: Liebigs Ann. 219, 228 (1883).
— RAPP: Liebigs Ann. 224, 159 (1884). — PLÖCHL, LOË: Ber. Dtsch. chem. Ges. 18,
1179 (1885). — ERDMANN: Ber. Dtsch. chem. Ges. 18, 2742 (1885). — AMSEL, HOF-
MANN: Ber. Dtsch. chem. Ges. 19, 1286 (1886). — OTTO: Ber. Dtsch. chem. Ges. 19,
2417 (1886). — MORLEY: Journ. chem. Soc. London 54, 579 (1887). — ARMSTRONG:
Journ. chem. Soc. London 51, 258, 583 (1887). — FITTIG, LEONI: Liebigs Ann. 256,
86 (1889). — CRUM-BROWN, GIBSON: Journ. chem. Soc. London 61, 367 (1892). —
VAUBEL: Journ. prakt. Chem. (2), 48, 75, 315 (1893); 52, 417 (1895). — PINNOW:
Ber. Dtsch. chem. Ges. 27, 605, 3163 (1894); 28, 3043 (1895); 30, 2858 (1897). —
KEHRMANN, BAUR: Ber. Dtsch. chem. Ges. 29, 2364 (1896). — SWARTS: Bull. Acad.
Roy. Belg. (3), 35, 375 (1898). — THIELE: Liebigs Ann. 306, 138 (1899). — HOLLE-
MAN: Rec. Trav. chim. Pays-Bas 15, 267 (1899); 19, 79, 188, 363 (1900); 20, 206 (1901);
Proceed. chem. Soc. 15, 176 (1899); 17, 246 (1901). — KAUFLER, WENZEL: Ber.
Dtsch. chem. Ges. 34, 2238 (1901). — VORLÄNDER, MEYER: Liebigs Ann. 320, 122
(1901). — SCHULTZ, BOSCH: Ber. Dtsch. chem. Ges. 35, 1292 (1902). — FRIEDLÄNDER:
Monatsh. Chem. 23, 544 (1902). — BLANKSMA: Rec. Trav. chim. Pays-Bas 21, 327
(1902). — MONTAGNE: Rec. Trav. chim. Pays-Bas 21, 376 (1902). — KAUFFMANN:
Journ. prakt. Chem. (2), 67, 334 (1903). — BLANKSMA: Rec. Trav. chim. Pays-Bas
23, 202 (1904). — COHEN, HARTLEY: Journ. chem. Soc. London 87, 320, 1360 (1905).
— HOLLEMAN: Chem. Weekbl. 3, 1 (1906); Journ. prakt. Chem. (2), 74, 157 (1906).
— FLÜRSCHEIM: Journ. prakt. Chem. (2), 71, 497 (1907); 76, 175, 185 (1907). —

in welchen das direkt am Benzolkern haftende Atom noch freie Affinität aufweist (ungesättigt ist), orientieren nach o- und p- (FLÜRSCHEIM).[1]

Für das gegenseitige Verhältnis der gebildeten Mengen der o- und p-Verbindung[2] ist in erster Linie die Molekulargröße des ersten Substituenten maßgebend,[3] ebenso das Lösungsmittel. — *Es dirigieren demnach ausschließlich oder hauptsächlich nach m-:*

—SO$_3$H	—CN	—CH$_2$N(C$_2$H$_5$)·C$_6$H$_5$
—SO$_2$C$_6$H$_5$	—CFl$_3$	—CHO
—NO$_2$	—COCH$_2$Br	—COOH
—NH$_3$·OSO$_2$OH	—CH(NH$_2$)COOH	—COCH$_3$
—NH$_3$·ONO$_2$	—CO·NH·CH$_2$·COOH	—CH—NOH
(fünfwertiger Stickstoff)		$\diagdown\diagup$
		O

Nach o- und p- dirigieren (ausschließlich oder hauptsächlich)

—Cl	—NHNO$_2$	—CH$_3$ und seine Homologen
—Br	—N=N—	—CH$_2$Cl
—J	—N—N—	—CH$_2$COOH
	$\diagdown\diagup$	—C:C·COOH
	O	
—Fl	—NHCOCH$_3$	—CH$_2$CH$_2$COOH
—S·R	—NHCONH$_2$	—CH$_2$CHOHCOOH
—OH	—CH—CH(COOH)—CH$_2$	
—NH$_2$			
(dreiwertiger Stickstoff)	O	CO
—CH$_2$·OR		—CH$_2$CN
—CH$_2$CH(NH$_2$)COOH		—CH$_2$NHCOCH$_3$
—CH(SCN)CH$_2$·SCN		—OCH$_3$
—CH=CRR$_1$		
—C$_6$H$_5$		
$\quad$OH		
$\quad$|		
—OPO		
$\quad$|		
$\quad$OH(R)		

Einfluß von *Katalysatoren* auf die Sulfonierung: BEHREND, MERTELSMANN: Liebigs Ann. **378**, 352 (1911). — Siehe auch DIMROTH: Ber. Dtsch. chem. Ges. **40**, 2411 (1907). — BEHREND, MERTELSMANN: Liebigs Ann. **378**, 351 (1911). — WALDMANN, SCHWENK: Liebigs Ann. **487**, 287 (1931). — LAUER: Journ. prakt.

HOLLEMAN: Die direkte Einführung von Substituenten in den Benzolkern: Leipzig: Veit & Co. 1910. — OBERMILLER: Journ. prakt. Chem. (2), **75**, 1 (1907); **82**, 462 (1910). — OBERMILLER: Die orientierenden Einflüsse und der Benzolkern. Leipzig 1909. — HOLLEMAN: Bull. Soc. chim. France (4), **9**, 1 (1911). — OBERMILLER: Ztschr. angew. Chem. **27**, 37, 483 (1914). — WIBAUT: Rec. Trav. chim. Pays-Bas **34**, 241 (1915). — HOLLEMAN: Rec. Trav. chim. Pays-Bas **34**, 259 (1915). — FLÜRSCHEIM: Journ. chem. Soc. London **1928**, 453, 1607, 2230. — GUIA, PETRONIO: Journ. prakt. Chem. (2), **110**, 289 (1925). — VORLÄNDER: Ber. Dtsch. chem. Ges. **58**, 1893 (1925). — ULMANN: Ztschr. angew. Chem. **41**, 676 (1928). — RIESZ, FRANKFURTER: Monatsh. Chem. **50**, 69 (1928). — OBERMILLER: Journ. prakt. Chem. (2), **126**, 257 (1930). — HAMMICK, ILLINGWORTH: Journ. chem. Soc. London **1930**, 2358. (Verhalten der Nitrosogruppe.)

[1] Dirigierender Einfluß des elektrischen Moments auf die Substitution: SVIRBELY, WARNER: Journ. Amer. chem. Soc. **57**, 655 (1935). — Monosubstituenten mit elektrischem Moment 0—2,07 × 10^{-18} e. s. E. dirigieren nach o- und p-, ist das Moment größer, nach m-. Ausnahme Benzoesäure, die nach m- dirigiert.

[2] Verschiebung des Isomerenverhältnisses durch Säuren: SKRAUP, BEIFUSS: Ber. Dtsch. chem. Ges. **60**, 1074 (1927). — Einfluß der Carbaethoxylgruppe: GEBAUER-FÜLNEGG, SMITH-REESE: Monatsh. Chem. **50**, 231 (1928).

[3] KEHRMANN: Ber. Dtsch. chem. Ges. **21**, 3315 (1888); **23**, 130 (1890); Journ. prakt. Chem. (2), **40**, 257 (1889); **42**, 134 (1890).

Chem. (2), **138**, 81 (1933). — RAY, DEY: Journ. chem. Soc. London **117**, 1405 (1921). — AUGER, VARY: Compt. rend. Acad. Sciences **173**, 239 (1921). — Siehe S. 823.

II. Eintritt weiterer Substituenten in den mehrfach substituierten Benzolkern.[1]

Beim weiteren *Chlorieren, Nitrieren* usw. von 1,2- und 1,4-Verbindungen entstehen dieselben 1.2.4-Verbindungen. Aus 1.3-Verbindungen werden 1.3.4- und 1.2.3-Derivate. Sind beide Substituenten Gruppen von stark saurem Charakter (wie im m-Dinitrobenzol), so entstehen 1.2.5-Derivate.

Wird ein 1.2.4-Derivat weiter substituiert, dann werden gewöhnlich unsymmetrische Tetraderivate 1.2.4.6- gebildet.

Nach VAUBEL[2] begünstigt OH und NH_2 den Eintritt von *nascierendem Brom* in o- und p-. Stehen zwei derartige Gruppen in m-, so wirken sie vereint zugunsten der Bromaufnahme in diese Stellungen, verhindern sie aber, wenn sie sich in o- oder p-Stellung zueinander befinden. Sie wirken also schützend auf die zu ihnen in m-Stellung befindlichen Kohlenstoffatome.

Ähnlich erleichtern[3] zwei in m- stehende CH_3-Gruppen den Eintritt von NO_2 und Br.

Die Alkyl- und Acetylderivate der genannten Gruppen NH_2 und OH üben einen geringeren orientierenden Einfluß aus. Die Substituenten CH_3, NO_2, Halogen, SO_3H, COOH, $N = N \cdot R$, $N = N \cdot Cl$ verhindern den Eintritt des Broms nicht, falls sie in o- und p-Stellung zur NH_2- oder OH-Gruppe stehen.

Dabei sind in den letzteren Fällen COOH- oder SO_3H-Gruppen selbst durch Brom oder NO_2 ersetzbar.

VORLÄNDER[4] gibt folgende Tabelle:

Vorhanden sind: + (1) —		1,2	1,3	1,4
		dritter Substituent geht nach:		
NO_2	Cl	3.5	6.2	3
NO_2	Br	3.5	6	3
NO_2	J	3.5	6 (?)	3
NO_2	CH_3	5.3	4.6.2	3
NO_2	NH_2	5.3	6.4.2	3
NO_2	OH	5.3	4.2.6	3
SO_3H	Br	5	6.4	3
SO_3H	CH_3	5	4	3
SO_3H	NH_2	5	4.6	3
SO_3H	OH	5	—	3
CO_2H	Cl	5.3	4.6.2	3
CO_2H	Br	5.3	4.6.2	3
CO_2H	CH_3	5.3	4.6.2	3
CO_2H	NH_2	5	2.4.6	3
CO_2H	OH	5.3	4.2	3
CHO	Cl	5	4.6	3
CHO	OH	5.3	—	3
CN	CH_3	5	6	3
CN	Br	5	—	3
$N(CH_3)_3X$	CH_3	5	4	3
$N(CH_3)_3X$	Br	—	4	—

---

[1] Siehe namentlich JUL. SCHMIDT: Einfluß der Kernsubstitution auf die Reaktionsfähigkeit aromatischer Verbindungen, S. 286, 357, 363.

[2] VAUBEL: Journ. prakt. Chem. (2), **48**, 75, 315 (1893); **52**, 417 (1895).

[3] BLANKSMA: Rec. Trav. chim. Pays-Bas **21**, 327 (1902).

[4] VORLÄNDER: Ber. Dtsch. chem. Ges. **53**, 283 (1920).

HOLLEMANN[1] gibt die allgemeine Regel: ,,Der dirigierende Einfluß, den jede allein im Benzolring befindliche Gruppe ausübt, wird durch den Hinzutritt einer zweiten verändert."

Einfluß des Lösungsmittels auf den Verlauf der Nitrierung: SCHWALBE: Ber. Dtsch. chem. Ges. 35, 3301 (1902).

III. Eintritt von Substituenten in den Naphthalinkern.

UFIMZEW[2] stellt folgende Regeln auf: Ist in der 1- oder 2-Stellung ein Substituent vorhanden, der im Benzol m- orientierend wirkt, so sind bei 1-Stellung hauptsächlich 5- und 7- und wenig 3-Derivat, bei 2-Stellung hauptsächlich 5- und 7- und nur wenig 4-Derivat zu erwarten. Bei einem o- und p-orientierenden Substituenten in 1 hauptsächlich 2- und 4- und wenig 6- und 8-Derivat. o- und p- orientierender Substituent in 2 liefert ungefähr gleich viel 1.3.6- und 8-Derivate.

1. Eintritt von Sulfogruppen.[3]

Niedrige Temperatur führt zu α-Sulfosäuren, höhere zu β-Sulfosäuren. Anwendung von rauchender Schwefelsäure ermöglicht den Eintritt der Reaktion bei niedrigerer Temperatur.[4]

Tritt eine zweite Sulfogruppe ein, dann geht sie *nicht* in Ortho-, Para- oder Peristellung zur ersten Sulfogruppe (Regel von ARMSTRONG, WYNNE[5] [6]). Analog sind die Verhältnisse bei den Chlor-, Amino- und Oxyderivaten des Naphthalins sowie bei den Aminonaphtholen und Oxynaphthoesäuren:

α-Chlornaphthalin gibt bei niedriger Temperatur 1.4- und 1.5-, α-Chlornaphthalinsulfosäure bei 160—170° 1.6- und 1.7- und α-Chlornaphthalindisulfosäure bei 180—190° 1.2.7- und 1.4.7-Sulfosäure.

β-Chlornaphthalin liefert 2-Chlornaphthalin-8-sulfosäure als Haupt- und 2-Chlornaphthalin-6-sulfosäure als Nebenprodukt.

α-Nitronaphthalin gibt bei 100° neben etwas 1.6- und 1.7-Sulfosäure 1.5-Nitronaphthalinsulfosäure als Hauptprodukt. α-Naphthol und α-Naphtholsulfosäuren werden zuerst in α_2, dann in β_1, schließlich in β_4 sulfoniert: α-Naphthylamin und dessen Sulfosäuren geben zuerst α_2, dann α_3, endlich β_3, β_4 und β_1 substituierte Derivate.

β-Naphthol und seine Sulfosäuren werden bei niederer Temperatur in α_1 und α_4, bei höherer in β_3 und β_4 sulfoniert.[5]

β-Naphthylamin und seine Sulfosäuren liefern bei niederer Temperatur α_3-

---

[1] HOLLEMAN: Rec. Trav. chim. Pays-Bas 18, 267 (1899); 19, 79, 188, 364 (1900); 20, 206 (1901). [2] UFIMZEW: Ber. Dtsch. chem. Ges. 69, 2188 (1936).
[3] *Sulfierungsregeln für die Naphthalinreihe*: ARMSTRONG, WYNNE: Proceed. chem. Soc. 6, 130 (1890). — CLEVE: Chem.-Ztg. 1, 785 (1893). — ERDMANN: Liebigs Ann. 275, 194 (1893). — JULIUS: Chem.-Ztg. 1, 180 (1894). — DRESSEL, KOTHE: Ber. Dtsch. chem. Ges. 27, 1193, 2137 (1894). — VESELY, JAKEŠ: Bull. Soc. chim. France (4), 33, 955 (1923).
[4] MERZ, WEITH: Ber. Dtsch. chem. Ges. 3, 195 (1870). — EBERT, MERZ: Ber. Dtsch. chem. Ges. 9, 592 (1876). — PALMAER: Ber. Dtsch. chem. Ges. 21, 3260 (1888); D. R. P. 45229 (1889), 50411 (1889). — HOULDING: Proceed. chem. Soc. 7, 74 (1891); D. R. P. 63015 (1892), 75432 (1894), 76396 (1894), 74744 (1894). — Siehe auch UFIMZEW, KRIWOSCHLÜKOWA: Journ. prakt. Chem. (2), 140, 120 (1934).
[5] Di- und Polysulfosäuren auch in β_2.
[6] Siehe dazu VESELY, JAKEŠ: a. a. O. — FIERZ-DAVID: Journ. Soc. chem. Ind. 42, 421 (1933).

und α_4-, bei höherer Temperatur β_3- und β_4-Sulfosäuren. Di- und Polysulfosäuren dirigieren auch nach α_1, α_2 und β_2.

Bei den α-hydroxylierten Naphthylaminen (Aminonaphtholen) und den α-Naphtholsulfosäuren gilt auch die Regel von ARMSTRONG, WYNNE; aus der 2.1.3.7-β-Naphthylaminosulfosäure entstehen aber neben 2.3.5.7-Trisulfosäure 2.3.6.7- und 2.1.3.6.7-Tetrasulfosäure,[1] aus β-Naphthol-ϑ-mono- oder -disulfosäure F. 2.1.3.6.7-β-Naphtholtetrasulfosäure[2] und aus 1-Naphthylamin-3.6.8-Trisulfosäure eine Naphthsultamtrisulfosäure 1.8.3.4 (?).6.[3]

Die scheinbare Wanderung der Sulfogruppe ist so zu erklären, daß die durch den Sulfonierungsprozeß verdünnte Schwefelsäure imstande ist,[4] α-ständige Sulfogruppen bei höherer Temperatur wieder abzuspalten, während die bei höherer Temperatur entstehenden β-Sulfosäuren auch weit widerstandsfähiger sind und daher nicht zurückzerlegt werden können.[5]

2. Eintritt von Nitrogruppen.

Naphthalin und seine Sulfosäuren werden vorwiegend in α-Stellung nitriert. Bei der weiteren Nitrierung entsteht aus 1-Nitronaphthalin 1.5- und (wenig) 1.8-Dinitro- und weiterhin ein Gemisch von Tri- und Tetranitronaphthalinen. Bei sehr vorsichtiger Nitrierung und starker Kühlung kann man auch 1.3-Dinitronaphthalin erhalten.[6]

Die Nitrogruppe sucht beim Eintritt in 1-Sulfosäuren zuerst die Stelle 8, dann 5,[7] bei 2-Sulfosäuren ebenfalls die Stellen 8 und 5, neben Stelle 4. Sie vermeidet die Orthostellen zur Sulfogruppe.[8] Eine zweite neueintretende Nitrogruppe geht nicht in Parastellung zur ersten.[9]

In vereinzelten Fällen tritt (meist als Nebenreaktion) auch Substitution in β-Stellung ein.

So entsteht aus $\alpha_1.\beta_3$-Naphthalindisulfosäure etwas β-Nitronaphthalin-$\alpha_2.\beta_4$-disulfosäure,[10] aus $\alpha_1.\alpha_3$-Disulfosäure β_1-Nitronaphthalin-$\alpha_2.\alpha_4$-disulfosäure,[11] aus α_1-Nitro-β_2-α_4-disulfosäure $\alpha_1.\beta_3$-Dinitro-$\beta_2.\alpha_4$-disulfosäure.[12]

Über die Nitrierung von Naphthylaminen und Naphthylaminsulfosäuren siehe: WINTHER: Patente der organischen Chemie 1, 742 (1908).

3. Eintritt von Halogen.

Über die Chlorierung von Naphthalinsulfosäuren siehe: D. R. P. 101 349 (1898); 103 983 (1899). — FRIEDLÄNDER, KARAMESSINIS, SCHENK: Ber. Dtsch. chem. Ges. 55, 45 (1922). — Bromierung von Aminonaphthalinen und Naphtholen: FRANZEN, STÄUBLE: Journ. prakt. Chem. (2), 102, 156 (1921); 103, 352 (1922).

---

[1] D. R. P. 78569 (1894).   [2] D. R. P. 81762 (1895).
[3] D. R. P. 84139 (1895).   [4] Siehe S. 354.
[5] Einfluß der Stellung der Sulfogruppe auf ihre Haftfestigkeit: ERDMANN: Liebigs Ann. 274, 184. — GREEN: Ber. Dtsch. chem. Ges. 22, 733 (1889). — FRIEDLÄNDER, LUCHT: Ber. Dtsch. chem. Ges. 26, 3028, 3030, 3034 (1893); D. R. P. 80878 (1895), 84952 (1895). — BUCHERER, WAHL: Journ. prakt. Chem. (2), 103, 135 (1922).
[6] D. R. P. 100517 (1899).   [7] D. R. P. 40571 (1885).
[8] CLEVE: Ber. Dtsch. chem. Ges. 19, 2179 (1886); 21, 3264, 3271 (1888); D. R. P. 27346 (1883), 45776 (1888), 56058 (1891), 61174 (1892), 70857 (1893), 75432 (1894), 82563 (1895).   [9] D. R. P. 67017 (1893), 70019 (1893), 85058 (1895).
[10] D. R. P. 45776 (1888). — SCHULTZ: Ber. Dtsch. chem. Ges. 23, 77 (1890).
[11] D. R. P. 65997 (1892).
[12] FRIEDLÄNDER, KIELBASINSKI: Ber. Dtsch. chem. Ges. 29, 1982 (1896).

IV. Eintritt von Substituenten in den Anthrachinonkern.

Die Sulfogruppe tritt hier fast ausnahmslos[1] in die β-Stellung;[2] läßt man aber die Sulfurierung bei Gegenwart von *Quecksilber*[3] vor sich gehen,[4] dann findet der Eintritt der Sulfogruppe in α-Stellung statt[5] unter intermediärer Bildung von α-Mercuroanthrachinon.[6]

Siehe hierüber: ILJINSKY: Ber. Dtsch. chem. Ges. 36, 4194 (1903). — SCHMIDT: Ber. Dtsch. chem. Ges. 37, 66 (1904). — D.R.P. 149801 (1904); 157123 (1904; 170329 (1906). — DÜNSCHMANN: Ber. Dtsch. chem. Ges. 37, 331 (1904). — D.P.A.W. 24756 (1905); 23785 (1906); 23786 (1906). — LAUER: Journ. prakt. Chem. (2) 130, 214 (1930); (2), 135, 164 (1932); 137, 161 (1933).

Nach ROUX, MARTINET[7] erhält man ohne Katalysator (fast) keine α-Säure, weil bei der erforderlichen hohen Temperatur Sulfurierung und Umlagerung mit gleicher Geschwindigkeit verlaufen. Das Quecksilber setzt die Sulfurierungstemperatur herab, ohne die Umlagerungsgeschwindigkeit zu beeinflussen. Bei hoher Temperatur erhält man daher auch bei Gegenwart von Quecksilber reichlich β-Sulfosäure.[8]

Mehr als zwei Sulfogruppen lassen sich nicht in den Anthrachinonkern einführen.[9]

Die übrigen Substituenten treten fast nur in α-Stellungen.[10]

α-Halogenanthrachinone geben bei der Nitrierung 1.4- und 1.2-Halogennitroanthrachinone,[11] bei der Halogenierung 1.4 Dihalogenanthrachinone.[12]

α-Oxy- und α-Aminoanthrachinon liefern bei der Bromierung und Nitrierung 1.2- und 1.4-Derivate.[13]

Erleichterung der Abspaltung von Sulfogruppen durch Quecksilberzusatz: D.R.P. 160104 (1905). — LAUER: Journ. prakt. Chem. (2), 135, 361 (1932).

---

[1] α-Oxyanthrachinon liefert eine $\alpha.\beta$-Disulfosäure, Anthrarufin eine $\alpha.\alpha.\beta.\beta$-Tetrasulfosäure: D.R.P. 141296 (1903). — Geringe Mengen von α-Sulfosäuren entstehen übrigens auch sonst nebenher: PERGER: Journ. prakt. Chem. (2), 18, 174 (1878). — DÜNSCHMANN: Ber. Dtsch. chem. Ges. 37, 331 (1904). — LIEBERMANN, PLEUS: Ber. Dtsch. chem. Ges. 37, 646 (1904).

[2] Bei weiterer Sulfonierung der β-Sulfosäure entstehen 2.6- und 2.7-Disulfosäure.

[3] Über den Einfluß von Borsäure siehe HOLDERMANN: Ber. Dtsch. chem. Ges. 39, 1250 (1906); D.R.P. 161035 (1914). — Am besten verwendet man 5proz. Oleum und 5proz. Hg: LAUER: Journ. prakt. Chem. (2), 135, 174 (1932).

[4] Das Quecksilber wirkt als Mercurisulfat, aber nur mit *wasserfreier* Schwefelsäure (Oleum).

[5] Daneben entstehen α-Disulfosäuren, β-Monosulfosäure (0,9—7%) und $\alpha.\beta$-Disulfosäuren. — Zusatz von *Chlornatrium* drängt die α-Sulfonierung zurück.

[6] DIMROTH, SCHMAEDEL: Ber. Dtsch. chem. Ges. 40, 2411 (1907). — COPPENS: Rec. Trav. chim. Pays-Bas 44, 907 (1925); Journ. prakt. Chem. (2), 130, 225 (1931). — ANDERAU: Diss. Zürich 1925. — FIERZ, DAVID: Journ. prakt. Chem. (2), 131, 373 (1931). — LAUER: Journ. prakt. Chem. (2), 138, 81 (1933).

[7] ROUX, MARTINET: Compt. rend. Acad. Sciences 172, 385 (1921).

[8] Siehe dagegen CLOUGH: Journ. Soc. Dyers Colourists 38, 299 (1922).

[9] LAUER: Journ. prakt. Chem. (2), 135, 361 (1932).

[10] ROEMER: Ber. Dtsch. chem. Ges. 15, 1787 (1882). — LIEBERMANN: Ber. Dtsch. chem. Ges. 16, 54 (1883).   [11] D.R.P. 137782, 249721.

[12] ECKERT: Journ. prakt. Chem. (2), 102, 361 (1921).

[13] D.R.P. 163042, 131403, 202770. — LAUER: Journ. prakt. Chem. (2), 136, 1 (1933); 137, 167 (1933).

Anhang.

Zu Seite 566:

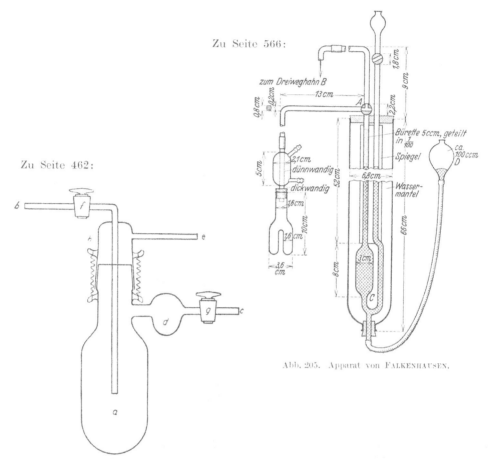

Zu Seite 462:

Abb. 205. Apparat von FALKENHAUSEN.

Abb. 206. Apparat von SCHMITZ, DUMONT, HAMANN.

Zu Seite 299:

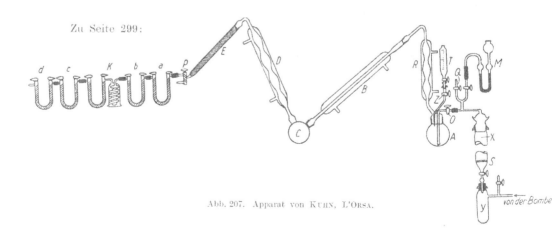

Abb. 207. Apparat von KUHN, L'ORSA.

Sachverzeichnis.

Ac. = Acylierung. — Acet. = Acetylierung. — Alk. = Alkylierung. — An. = Analyse. — B. = Bildung. — Best. = Bestimmung. — D. = Darstellung. — El.-An. = Elementaranalyse. — Entf. = Entfernung. — Gefr. = Gefrierpunktsbestimmung. — K. = Konstante. — Kal. = Kalischmelze. — Kr. = Krystallisationsmittel. — Lös. = Lösungsmittel. — Lösl. = Löslichkeit. — Nachw. = Nachweis. — Ox. = Oxydation. — Red. = Reduktion. — Rein. = Reinigung. — Tr. = Trocknungsmittel. — Wand. = Wanderung. — Z. = Zinkstaubdestillation.
Ein *Sternchen* * nach einer Seitenzahl weist darauf hin, daß das Zitat unter den Anmerkungen zu suchen ist.

Abasin 619.
Abbau durch Ox. 292.
— v. Amiden 704.
— v. Aminen 678.
— v. Aminosäuren 706.
— v. Carbonsäuren 357, 481.
— v. Dicarbonsäuren 357*, 360, 706.
— v. Estern 357.
— v. Imiden 707.
— v. α-Ketonsäuren 337, 481.
— v. C-Methylgruppen 299.
— v. Methylketonen 305.
— v. α-Oxysäuren 358.
— v. Säureamiden 704.
— v. Säurechloriden 357.
— v. Säurehydraziden 357.
— v. Seitenketten 295.
— v. Terpenen 309.
— v. unges. Säuren 358, 705*, 706.
— v. Subst. m. 3fach. Bdg. 328.
Abdunsten, Beschleun. 31.
Abietinsäure 348.
Aboxydieren von Seitenketten 296.
Abpressen 39.
Absaugen sied. Flüssigkeiten 31.
— v. Krystallen 39.
Abscheiden v. empfindl. Basen, Kohlenwasserstoffen, Phenolen usw. m. Nitrovbdg. 34.
— s. a. Isolieren.
Absorptionsapparate f. El.-An. 116.
— — n. BÄRENFÄNGER 161.
— — n. BLUMER 134.
— — n. DENNSTEDT 128.
— — n. LIEBIG 116.
— — n. PREGL 138.
— — n. SUCHARDA, BOBRAŃSKI 132.
— — s. a. Azotometer.
Abspalten v. Acetyl 352.
— v. Aldehydgr. 302.
— v. Alkohol 677.

Abspalten v. Alkyl 348, 690.
— v. Alkylamin 690.
— v. Ammoniak 674.
— v. Carboxyl 474.
— v. CO 479.
— v. Halogen 332.
— v. angul. Methyl 322.
— v. N-Methyl 338.
— v. Methylen 350.
— v. Seitenketten 350.
— v. Sulfogruppen 354, 823.
— s. a. Verseifen.
Acenaphthen 314*, 552.
— — chinon 352*.
— naphthylen 314*.
Acetale, Best. 520.
—, D. 519.
—, Hydr. 519*.
—, Kr. 27.
—, Nachw. 520.
—, Spalt. 374, 519*.
—, unges. 776*.
Acetalisieren 323, 520.
Acetaldehyd, Best. 569.
—, Oxim 538.
— amid 22.
— —, Lös. 312.
— anilid 291, 755.
— anthranilsäure 298.
— bromphenylhydrazid 526.
— essigsäure 475.
— — — ester 305, 341, 551, 555, 783*.
— — — —, Enolis. 341.
— — — —, Kr. 22.
— — — —, Oxime 539.
— — — —, Oximierung 534.
— harnstoff 504*.
Acetochlorgalactose 65.
— — glykose 409.
Acetoin 530.
Acetol = Oxyaceton.

Acetolester 507.
Acetolyse 414*.
Acetomercuriverbindungen 804.
Aceton, Best. 301, 367, 538, 557*.
—, Farbenreakt. 554, 555.
—, Kr. 15, 439, 778.
—, Lös. 15, 293, 423, 485*, 509, 666, 698, 772.
—, Nachw. 301.
—, Oxim 538.
—, Rein. 15.
— z. Verd. 503.
—, Vbdg. m. NaJ 15.
— bisulfit 15.
— dicarbonsäure 477.
— — — — ester 496.
— dioxalsäureester 65.
— dioxysuccinaldehyd 592.
— glycerin 307.
Acetonitril 504.
Acetonoxysäuren 301.
— zucker 301, 307.
Acetophenon 306*, 538, 551, 658.
— phenone 309*.
— piperon 610*.
Acetoxim 539.
Acetyl, Absp. 352.
—, Best. 421.
—, Nachw. 420, 421.
—, Untersch. O- u. N-Ac. 437.
—, Verdrängung 419, 505.
—, Wand. 421*, 437.
— acetessigester 404.
— aethylquercetin 604.
— aminobenzylanilin 630.
— — oxyanthrachinon 66.
— anthocyane 421*.
— anthracen 354.
— bromid 22, 676.
— catechine 421*.
— cellulose 429*.
— chelidonin 313*.
— chlorid, Kr. 22.
— —, Rein. 22, 408*.
— — u. Amine 623.
— — u. Enole 402.
— — u. Hydroxyle 408.
— — u. γ-Ketonsäuren 583.
— — u. Synaldoxime 744.
— — u. tert. Alk. 368, 408.
— — z. Uml. 746.
— derivate, Isol. 420.
— —, Kr. 21.
— dibenzoylmethan 404, 405, 487.
— — aminoindigo 141.
— — oxypyridin 421.
Acetylen 520.
—, Best. 48*, 814.
— u. Ozon 328*.
— alkohole 427, 812.
— derivate, Best. 814.
— säuren 812.
— tetrachlorid = Tetrachloraethan.
Acetylfluorid 233.
— gerbsäuren 421.

Acetylglykol 421, 424.
— —, Best. 421.
— —, Nachw. 420.
— glykoside 426.
— gruppen, unvers. 627.
— —, Verdräng. d. Benzoyl 419.
— —, d. Diazomethan 419.
— harnstoff 504*.
Acetylierung v. Ald. 414.
— v. Amin. 623.
— v. Hydrazovbdg. 734.
— v. Hydroxyl 407.
— v. Oximen 744.
— m. Essigester 626.
— m. Acetylidendiacetat 418.
— z. Rein. 34.
—, Geschwind. abh. v. Lös. 411, 412.
— —, Beschleunigung d. Kat. 624, 625.
—, oxydierende 295.
—, reduzierende 342.
Acetylindigweiß 343.
— komenaminsäureester 379.
— mesitylen 305.
— oleanolsäure 469*.
— opiansäure 416.
— oxypyridine 419, 421*.
— phenylhydrazid 728.
— — hydrazin 521, 580, 626.
— salicylsäure 380*, 424.
— schwefelsäure 414.
— semicarbazid 541.
— superoxyd 760.
— tannine 423.
— terebinsäureester 421.
— tetronsäurederivate 466*.
— tribromphenol 429.
— — methylbenzoesäure 306.
— triphenylcarbinol 419, 421.
— vanillin 412.
— zahl 422.
— zucker 424, 428*.
Acidität d. Aminosäuren 466.
— d. Oxysäuren 488.
— d. Phenole 396.
Acridin 318, 349.
—, Der. 567*.
— carbonsäure 500*.
Acridon 310, 347.
Acrolein 789.
—, Acetal 811.
Acrose 341.
Acroson 341.
Acrylsäuren 698, 803.
— —, Ester 359, 798.
Actinodaphnin 611.
Acyl, Wand. 421*, 437, 629, 630.
— azoaryle 753.
Acylierung, Amine 296, 623.
—, Aminosäuren 623*.
—, Aminosulfosäuren 624.
—, erzwungene 411.
—, Hydroxyl 296.
— s. a. Acetylierung, Benzoylierung usw.
Acylnaphthole 376*.
— phenylhydrazide 728.

Acylschwefelsäuren 414, 498.
Adalin 619.
Additionsmethode 431.
— reaktionen, Aldehyde 555.
— —, Alkylenoxyde 618.
— —, Ketonsäuren 582.
— — Säureanhydride 508.
— —, unges. Subst. 774, 779.
Addukte 34.
Adipinsäuren 483.
Adrenalin 628.
Aepfelsäure 306, 755.
Aethanhexacarbonsäureester 472*.
Aethenyldiparatolyltriaminotoluol 37.
Aether, B. 713.
—, Ident. 615.
—, Lös. 293.
—, Spalt. 613.
—, Trockn. 46.
—, Z. 346.
— s. a. Aethylaether.
Aetherifizieren d. Phenole 399, 457, 713.
Aether-Salzsäure 428, 685.
Aethersäuren 477.
Aethoxybenzalresacetophenonaether 395.
Aethoxyl, Absp. b. Acet. 419.
—, Best. 300, 607.
—, Nachw. 598.
—, Untersch. v. Methoxyl 300, 598.
—, Verdr. d. Acetyl 419.
Aethyl anders reaktionsfähig als Methyl 472.
— acetanilid 37.
— — essigester 505*.
— alkohol s. Alkohol.
— amin 599.
— aether, Kr. 14.
— —, Lös. 459.
— —, Rein. 14.
— anthracen 354.
— benzol 352.
— bromid 19.
— butylketon 16.
— carbaethoxyacetat 794.
— carbithionsaures Pb 222.
— chinolin 298.
— chlorid 19, 335.
— dimethylamin 599.
Aethylen 774*, 779*.
— acetol 16*.
— blau 343.
— bromid 7.
— —, Kr. 19.
— — u. Oxime 539.
— chlorhydrin 114.
— jodid 19.
— oxyde 553*.
— —, Best. 616*.
— — s. a. Alkylenoxyde.
— ozonid 125.
Aethylfluorid 233.
Aethylidendiacetat 418.
— propionsäuredibromid 37.
Aethylimidgruppe, Best. 696.
— — —, Nachw. 689.

Aethylmagnesiumbromid 618*.
— — jodid s. GRIGNARDs Reagens.
— mercaptan 765.
— methylketon 309*.
— naphthalin 313.
— nitrit 19, 47*, 318, 380, 572, 764*, 778.
— nitrolsäure 599.
— orange 647.
— orthosilicat 499.
— peroxyd 2.
— phenylhydrazin 529.
— — keton 306.
— — urethan 598.
— phloroglucine 607.
— pyrrol 348*.
— schwefelsäure, K-Salz 502.
— — —, Chlorid 335.
— succinimid 348*.
— tetrahydrochinolin 728.
— zinkjodid 458*.
Aktiver Sauerstoff, Best. 759, 761, 762.
— Wasserstoff, Best. 461.
Aktivierung v. Kat. 786, 792, 793.
— v. Phenylisocyanat 455.
Alanin 643.
— amid 701.
Alaun z. Absch. v. Aminosäuren 34.
— wasser 9.
Albumin 773.
— s. a. Eiweiß.
Albumosen 22.
Aldamine 21.
Aldehydalkohole, s. Aldol, Aldosen.
— ammoniak 533, 558.
— — u. Senföle 768.
Aldehyd, Absch. 556.
—, Acetal. 323, 520.
—, Acetyl. 414.
—, Add. Reakt. 555.
—, Enol. 360.
—, Best. 537, 545, 546, 556, 557, 562.
—, Farbenreakt. 550, 553.
—, Kal. 337.
—, Kond. Reakt. 562.
—, Nachw. 552.
—, Oximbild. 533.
—, Ox. 337, 533.
—, Polym. 341.
—, Red. 339, 341, 351.
—, Red. Wirkungen 552.
—, Rein. 556.
—, Silberspiegelreakt. 552.
—, unges. 323.
— u. Benzhydrazid 548.
— u. Semicarbazid 546.
Aldehydgruppe, Schützen v. Zucker 323.
Aldehydine 668.
Aldehydooxybenzoesäure 378.
Aldehydsäuren 304, 337.
— —, Anilide 473.
— —, Ester 500.
— —, Farbenreakt. 550.
Aldol 306.
— kondensation 559.
— — d. Methylpyridine u. -chinoline 817.

Aldosen 529.
—, Best. 591.
— s. a. Zucker.
Aldoxime, D. 533.
Aldoximsäuren 535.
Aleuritinsäure 315*.
Alizarin, B. 331.
—, Red. 351*.
—, Rein. 20.
—, Z. 344.
— aether, Vers. 393.
Alkaliblau 486.
— schmelze s. Kalischmelze.
— unlösliche Phenole 396, 455.
Alkaloide 658, 661, 728.
—, Dehydr. 310.
—, Entfärben 1.
—, Methox. 600*.
—, Methylender. 611.
—, Mol.-Gew. 288.
—, Silberspiegelreakt. 553.
—, Spalt. 413.
—, titr. 647.
—, Z. 344*.
Alkannin 343.
Alkohol, Add. a. Doppelb. 798.
—, dreifache Bind. 814.
— f. Alkylenoxyde 618*.
—, Ident. 306, 443.
—, Kr. 12.
—, Lös. 293.
—, Nachw. 306.
—, Tr. 46ff.
—, Z. 346.
Alkoholate 369, 798.
Alkohole 361.
—, Best. 412, 449.
—, Est. 370.
—, Ident. 443, 375.
—, Kat. 506*.
—, K. L. T. 104.
—, Mol.-Gew., Best. 422.
—, Ox. 303.
—, Red. 339*.
—, Rein. 375, 455.
—, Trenn. v. Ket. 340.
—, — v. Kw. 372.
—, Tr. 49.
—, unges. 323.
—, Untersch. 388.
—, Urethane 455.
—, Vbdg. m. CaCl₂ 373.
—, Wasserbest. 49.
—, Z. 346.
— u. NaNH₂ 381.
—, Primäre, Best. 363, 412.
—, —, Reakt. 338, 361.
—, Sekundäre, Reakt. 338, 366.
—, Tertiäre, Reakt. 338, 367.
Alkoholhydroxylzahl 513.
— methode 712.
Alkoholyse 507, 578, 706.
Alkyl am Stickstoff s. Methylimid.
— acetessigester 403.
— amine Konstanten 691.

Alkylcarbonamidobenzylaniline 702.
Alkylene s. unges. Kohlenwasserstoffe.
Alkylenoxyde 615.
Alkylfluorindine 628.
— harnstoffe 619.
— hydrazine 768.
Alkylidenbisdimethylhydroresorcine 564.
Alkylierung, Carbinole 457.
—, Methylen 353.
—, Phenole 399, 457, 713.
—, Zuckerarten 390.
Alkylindolcarbonsäuren 729.
— jodide 361.
— naphthochinoline 563.
— — cinchoninsäuren 562.
— peroxyde 325*, 760.
— pyridone 538.
— pyrrole 337.
— schwefelsäuren 365.
— sulfide 207*, 774.
— sulfocarbaminsäuren 619.
— zinnfluoride 231.
Allantoin 2.
Allenkohlenwasserstoffe 799.
Allocholesterin 794.
— kaffursäure 387.
— phanate 302, 457.
— phansäure, Amide 471*.
— —, Anilide 471*,
— —, Ester 452, 471*, 635.
Alloxan 556.
Alloxarin 461*.
Allylalkohol 789.
— —, Jodadd. 809.
— —, Kr. 14.
— derivate, ox. 302.
— essigsäure 799.
— gruppe, Red. 781.
— —, Umlag. in Propenyl 6*.
— —, Untersch. v. Propenyl 781*, 803.
— — u. Benzopersäure 810.
— phenolaether 35.
— propylamin 797.
Aloin 8.
Altern von Kautschuk 130.
Aluminium, Best. 210.
—, Kat. 475*.
— z. Red. 343, 355, 712*, 782.
— aethylat 341.
— alkoholate 48, 340, 560.
— amalgam z. Absp. Sulfogr. 355.
— — z. Red. 326, 341, 524, 747, 783.
— — z. Rein. 6.
— — z. Tr. 46.
— bromid, Kr. 10.
— —, Kat. 779*.
— — z. Dehydr. 310.
— — z. Vers. 392, 394*, 598, 610.
— bronze 343.
— chlorid 610.
— — z. Acet. 416.
— — z. Akt. 455.
— — z. Est. 499.
— — z. Kat. 470, 779*, 786*.
— — z. Rein. 6.

Aluminiumchlorid z. Spalt. 614.
— — z. Vers. 392, 394, 610.
— grieß 346.
— isopropylat 341.
— oxyd, Beize 398.
— phenyl 143.
— propyl 210.
— pulver 345, 346.
— sulfat 294.
— — f. Est. 499.
— — f. Kat. 804.
— triaethylaetherat 210.
— — — —, Amalgame f. Absp. Sulfogr. 355.
Ameisensäure 302, 465, 668, 714, 735, 803.
—, Kr. 20.
—, Rein. 20.
—, Tr. 20.
—, Zers. 481.
— -Bromphenacylester 469.
— -Methylester 20.
—, Na-Salz 385.
—, Ester u. Methylenketone 571.
Amidosäuren 707.
—, Ester 707.
Amidoxime 684.
Amine, Best. 639, 647.
—, Nachw. 768*.
—, Rein. 461.
—, Silberspiegelreakt. 553.
—, Titr. 647.
— u. Doppelbdg. 800.
— u. NaNH₂ 381.
—, ar., saure Sulf. f. Acet. 623.
— s. a. Aminogruppe.
Aminoacetaldehyd 660.
— aldehyde 635.
— alkohole 558, 629.
— anthrachinone 335, 823.
— azobenzol 550, 622.
— — —, Der. 473, 550, 655, 715.
— — —, Titr. 647, 648*.
— benzaldehyd 401, 651.
— benzamide 654.
— benzoesäuren 474*, 622.
— s. a. Anthranilsäure.
— benzylamin 637.
— bromchinolin 652.
— buttersäuren 661, 662.
— campholsäure 5.
— carbinole 64.
— chinoline 655.
— crotonsäureester 65.
— cumarilsäure 141.
— cyclohepten 706.
— diarylarsinsäuren, Titr. 648.
— dimethylanilin 549.
— dinitrophenylarsinsäure 651.
— fettsäureester, Diaz. 663.
— furan 653.
— gruppe 619.
— —, Best. 461, 639, 647.
— —, Bewegl. 818.
— —, Nachw. 619.
— —, Schützen 296.

Aminogruppe, primäre 619.
— —, —, Best. 647.
— —, —, Furoyl. 630.
— —, —, Nachw. 619.
— —, sekundäre, Best. 673.
— —, —, Nachw. 671.
— —, —, Nitrosieren 296.
— —, tertiäre 674.
— guanidin u. Carbonylvbdg. 547.
— — u. Chinone 547, 580.
— — u. Diketone 575.
— — Nitrat, Pikrat 547.
— isobuttersäure 305, 628.
— nicotinsäure 667.
— ketone 630.
— lutidindicarbonsäure 667.
— mercaptane 625.
— methoxybenzaldehyd 711.
— naphthalinthiophenylindigo 656*.
— naphthole 627.
— naphtholdisulfosäure 355, 385.
— — methylaether 711.
— — sulfosäuren 333, 385, 712.
— — — —, Titr. 385, 648*.
— nicotinsäuren 667.
— nitronicotinsäure 667.
— oxynaphthoesäuren 651*, 652, 712*.
— — propionsäure 662.
— — valeriansäure 662.
— phenanthren 651*.
— phenole 619, 622, 634, 651, 652, 712*, 720*.
— phenylarsinsäure 713.
— — chinolin 298.
— picolinsäure 667.
— pyridincarbonsäuren 466*.
— pyridine 620, 655.
— pyrrole 653.
— resorcindimethylaether 626.
— safranone 535.
— salicylaldehyd 753.
— säuren 620*, 661.
— —, Abbau 706.
— —, Acet. 623*.
— —, Acidität 466.
— —, Benzoyl. 627.
— —, B. 524.
— —, Cu-Salze 239.
— —, Diaz. 662.
— —, Est. 469.
— —, Furoyl. 630.
— —, Geschmack 113, 662.
— —, Spalt. 314.
— —, Titr. 488, 647, 665.
— —, Umkr. 34.
— — u. Naphthylisocyanat 635.
— — u. Phenylisocyanat 634.
— — u. Pikrolonsäure 659.
— — u. Sulfochloride 630.
— —, aliphatische Reakt. 661 ff.
— —, — Cu-Salze 239, 484.
— —, — Ni-Salze 484.
— —, aromatische Absch. 34, 630.
— —, — Best. 666.
— —, — Est. 30, 496, 499*, 639.

Aminosäuren, aromatische Titr. 466f., 666.
— — d. Pyridinreihe 466*, 667.
— —, Anhydride 47*, 629, 667.
— —, Ester 634.
— —, —, B. 663.
— —, —, Isol. 499*.
— —, —, Titr. 488, 647, 665.
— stilben 622.
— sulfosäuren 466*, 624, 721*.
— tetralolcarbonsäure 466*.
— thiobiazole 653.
— thiophen 653.
— valeraldehyd 562.
— valeriansäure 661.
— verbindungen, Rein. 6.
— wasserstoffe, Best. 677.
— zimtsäuren 713.
— zucker 529, 634.
Aminperoxyde 762.
Ammoniak 619, 644.
—, flüss. 11, 387*, 425, 615*.
— f. Jodoform-Reakt. 305.
— z. Titr. 485.
— z. Vers. 393, 425.
— u. Aldehyde 558, s. a. Aldehyd-ammoniak.
— u. Alkylenoxyde 618.
— u. Doppelbdg. 472, 800.
— u. Ester 471.
— u. Ketone 558.
— u. Lactone 516.
— u. Säureimide 674, 707.
— methode 488.
— reaktion 402.
Ammoniumbasen 682.
— —, Best. 684.
— bisulfit 556.
— chlorid = Salmiak.
— citrat 752.
— metapurpurat 147*.
— molybdat u. Phenole 397*.
— nitrat 520.
— oxalat 666.
— persulfat 322*.
— rhodanid 666.
— salze 532.
— —, Beständ. 33.
— —, Kat. 520.
— —, titr. 666.
— — z. Bas.-Best. 484.
— d. Sulfosäuren, trock. Dest. 355.
— sulfat 520.
Amylal 27.
Amylaether 506, 787.
— alkohol, Est., Gesch. 371.
— —, Kr. 14.
— —, Lös. 486, 643, 776.
— —, Rein. 14.
— — z. Red. 339.
— — u. Oxime 747.
— benzol 340.
— bromid 19.
— butyrolacton 515.
Amylenhydrat 418.

Amylformiat 572.
— jodid 609.
— nitrit 380, 572, 575, 764*, 778.
— — z. Diaz. 650, 713.
— oxanthranol 344.
— phenylhydrazin 529.
— propiolaldehyd 303.
Anabasin 318.
Anethol 393, 590.
Angelikasäure 802.
Anhydride F. 87*.
—, gemischte 451.
—, trockn. 10.
Anhydrobasen 668.
— isatinanthranilid 24.
Anile 67, 323.
Anilide = Säureanilide.
Anilin 319, 356, 474, 477, 625*, 631.
—, Best. 636*, 647.
—, Kr. 25.
—, Rein. 25.
— u. ung. Lactone 519.
— — Oxime 539.
— — Semicarbazone z. Vers. 425.
—, Salze 473*.
—, — z. Rein., Acet. 623.
—, Benzolsulfoder. 631.
Anilinoanthrachinon 347*.
Anilinschwarz 151.
— wasser 760.
Anilsäuren 67, 323.
Anisaldehyd 386.
Anisoin 349.
—, Methylaether 349.
Anisol 26, 346, 393, 462.
Anisoylterephthalsäureester 87.
Anissäure 338.
—, Chlorid 441, 444.
Anisylzimtsäuren 397.
Anorganische Lösungsmittel 10.
Anormale Benzoyl.-Prod. 629.
— Mischungsschmelzpunkte 39*.
Anthocyane 11, 13*, 52, 56*, 658.
— cyanidine 658.
Anthracen 11, 25, 35, 350*, 353*, 474, 774.
—, Derivate, N-Best. 151.
—, Hexahydrid 351*.
Anthrachinon 318, 336, 346.
—, red. Ac. 342.
—, red. Alk. 344.
—, Spalt. 337.
—, Subst. 823.
—, Sulf. 823.
—, Umkr. 23.
—, Z. 346.
— u. Phenylhydrazin 523, 579, 580.
— acridone 25.
— azhydrin 24.
— azid 438.
— azin 24, 25.
— carbonsäure 10*, 348.
— chlorid 444, 449*.
— derivate, Mol.-Gew. 288.
— dioxim 535.
— disulfosäuren 336.

Anthrachinonisocyanat 457.
— nitrile 23.
— reihe, Red. Acet. 342.
— —, Red. Alk. 344.
— —, Subst. Regeln 823.
— sulfosäuren 336, 771*.
— — chlorid 336, 632.
Anthrachinonylisocyanat 457.
Anthrachrysonderivate 23.
— dichinon 762.
— diole 386.
Anthramine 619, 651*.
Anthranil 673.
— säure 648.
— —, Ester, Best. 667.
Anthranol 573, 580.
—, Acetat 295.
Anthrarufin 823*.
Anthrimide 24*.
Anthrodianthren 51.
Anthrol 24, 386.
—, Aether 386.
Anthron 24, 580.
Anthrone 353.
—, subst. 24.
Antidiazotate 656.
Antimon, Best. 210.
— aethyl 20.
— fluorür 397.
Antimonigsäureester 212.
Antimonoxyd 123, 236.
— pentacclorid, Kat. 470.
— — -Vbdgn., El.-An. 124, 210.
— säure 499.
— salze u. o-Dioxybenzole 397.
— tribromid, Kat. 776.
— — chlorid 774, 779*.
Antipoden, optische Kat., Zerfall 477.
Antipyrin 347.
— cernitrat 227*.
— diazoniumsalze 653.
—. erbiumnitrat 231.
— lanthannitrat 240.
— samariumnitrat 252.
— thornitrat 263.
— zirkonnitrat 268.
Apiolsäure 610.
Apiose 594*.
Apomorphinaether 310*.
— phyllensäure 65, 698.
— — —, Ag-Salz 484.
— tricyclurethylmethan 705.
Apparat v. ANSCHÜTZ, SCHULTZ 70.
— v. ANTHES 71.
— v. BACKER 77.
— v. BAMBERGER 601.
— v. BAUBIGNY, CHAVANNE 176, 177.
— v. BAUMANN, FROMM 275.
— v. BAUMANN, KUX 492.
— v. BECKMANN 274, 277.
— v. BENEDIKT, GRÜSSNER 600.
— v. BISTRZYCKI, SIEMIRADSKI 480.
— v. BÖCK, LOCK 193.
— v. BOGDÁNDY 185.
— v. A. u. P. BUISINE 365.

Apparat v. CARLSOHN 289.
— v. CLAUSER 739.
— v. CROSSLEY, RENOUF 805.
— v. CUMMING 600.
— v. CURTIUS 109.
— v. DANIEL, NIERENSTEIN 451.
— v. DAVIS 43.
— v. DECKER 600.
— v. DELBRIDGE 43.
— v. DENNSTEDT 128, 163.
— v. DIEPOLDER 41.
— v. DIETERLE 177.
— v. EDLBACHER 696.
— v. EHMANN 600, 609.
— v. EIJKMAN 276.
— v. FALKENHAUSEN 566, 824.
— v. FLASCHENTRÄGER 463.
— v. FRANCK 790.
— v. FREUDENBERG, HARDER 432.
— v. FREUDENBERG, WEBER 434.
— v. FRIEDRICH 697.
— v. FUCHS 85.
— v. GALLENKAMP 42.
— v. GASPARINI 206.
— v. GATTERMANN 794.
— v. GRANDMOUGIN 723.
— v. HABERMANN, ZULKOWSKY 43.
— v. HELL 364, 482.
— v. HELLER 207.
— v. HELLER, GASPARINI 189.
— v. HERZIG 601.
— v. HERZIG, HANS MEYER 690, 693.
— v. HESS 786.
— v. HESS, WELTZIEN, MESSMER 430.
— v. HESSE 600.
— v. HEWITT, MOORE 600.
— v. HODGKINSON 77.
— v. HÖHN, BLOCH 203.
— v. HOPKINS 99.
— v. HUNTER, EDWARDS 489.
— v. KAUFLER 608, 756.
— v. KAUFLER, SMITH 566.
— v. KJELDAHL 160.
— v. KLEIN 82, 642.
— v. KLEMENC 719.
— v. KÖGL, POSTOWSKY 426.
— v. KOFLER, HILBCK 84.
— v. KÜSTER, STALLBERG 141.
— v. KUHARA, CHIKACHIGÉ 75.
— v. KUHN, L'ORSA 299, 824.
— v. KUHN, MÖLLER 796.
— v. KUHN, ROTH 446.
— v. KUHN, WAGNER-JAUREGG 108.
— v. KUPELWIESER, SINGER 644.
— v. KUTSCHER, OTORI 77.
— v. LANDSBERGER 279.
— v. LANDSIEDL 70.
— v. LEEMANN 153.
— v. LEFÈVRE 477.
— v. LEHMSTEDT 742.
— v. LEHNER 283.
— v. LE SUEUR, CROSSLEY 75, 76.
— v. LIEBERMANN 330.
— v. LIEBIG 115.
— v. LUDLAM, YOUNG 282.

Apparat v. MAQUENNE 78.
— v. McCoy 281.
— v. MEHNER 717.
— v. MENSCHUTKIN 373.
— v. HANS MEYER 600, 601, 781.
— v. V. MEYER 42.
— v. MIGAULT 274.
— v. MÜLLER 710.
— v. NIERENSTEIN, SPIERS 462.
— v. NOYES 98.
— v. OPPÉ 710.
— v. PAAL 787.
— v. PAUL, SCHANTZ 88.
— v. PAWLEWSKI 89, 99.
— v. PERKIN 600.
— v. PICCARD 71.
— v. REMSEN, REID 703.
— v. RIECHE 284.
— v. ROTH 70.
— v. RUZICKA, STOLL 321.
— v. SAKURAI 279*.
— v. SCHÄFER 203.
— v. SCHIEMANN, PILLARSKY 718.
— v. SCHMITZ, DUMONT, HAMANN 462, 824.
— v. SCHLEIERMACHER 93.
— v. SCHRYVER 381.
— v. SCHULTZE, TIEMANN 546.
— v. SCHWINGER 73.
— v. SILBERMANN, PHILIPS, MERRIMAN 757.
— v. SLOTTA, BLANKE 795.
— v. SLOTTA, HABERLAND 696.
— v. STANĚK 640.
— v. STARK 788.
— v. STAUDINGER, GAULE 710.
— v. STAUDINGER, KON 478.
— v. STOBBE, MÜLLER 275.
— v. STOCK 74.
— v. STORCH, HABERMANN, ZULKOWSKY 43.
— v. STRITAR 600.
— v. SUCHARDA, BOBRÁNSKI 132, 285.
— v. SWIETOSLAWSKI, ROMER 283.
— v. TAUS, PUTNOKY 320.
— v. TER MEULEN, HESLINGA 139.
— v. H. THIELE 78.
— v. J. THIELE 71.
— v. THIELEPAPE 501.
— v. TIMMERMANS 105.
— v. TSCHUGAEFF, CHLOPIN 101.
— v. TSURUMI, SASAKI 490.
— v. TURNER, POLLARD 283.
— v. VAN SLYKE 646.
— v. VAUBEL 673.
— v. VIEBÖCK 186.
— v. WILLSTÄTTER, CRAMER 723.
— v. WILLSTÄTTER, SONNENFELD 785.
— v. WISLICENUS 269.
— v. YOUNG, CAUDWELL 152.
— v. ZECHMEISTER, CHOLNOKY 786.
— v. ZEISEL 600.
— v. ZEISEL, FANTO 600.
— v. ZEREWITINOFF 460.
Araban 595.
Arabinose 525, 588, 591.

Arabinose, Best. 586, 595*.
Araeopyknometer 109.
Araligenin 419*.
Arecaidin 698.
Arecain 690.
Argentometrische Aldehydbestimmung 569.
Arginin 643, 659.
Aroylpropionsäuren 352, 502.
Arsacetin 216.
— anilsäuren, Titr. 667.
Arsen, Best. 206*, 208, 212.
Arsenige Säure 151, 714.
— —, Anh. 420.
Arsenoxyde 218.
— säure u. Phenylhydrazin 732.
— —, Salze 216*.
Arsine 216.
—, primäre 213.
Arsinsäuren 215.
Arsoniumbasen, Pt-Salze 247.
Arsyloxyde 216.
Arylarsinite 218.
— stibinoxyde 212.
— sulfinsäure, Diazosalze 718.
— sulfosäureester 389.
Arzneimittel, As-Best. 217.
Ascaridol 616*.
Ascarite 138.
Asche, Best. 268.
— haltige Subst., El.-An. 123.
Aschenbestandteile, Aufnahme 8, 33, 34.
Asparagin 643, 701.
— derivate 662*.
— säure 484, 643, 662, 663.
Aspirin 380*.
Atlanton 552*.
Atoxyl 216.
Atropasäure 780.
Aufbewahren selbstzers. Oxime 44, 536.
Auflockernde Wirkung v. Subst. a. Halogen 356.
— — v. Kat. 356.
Auflösungsgeschwindigkeit 98*, 99.
Aufsaugen in Ton 7*.
Aufschäumungspunkt 66.
Aufschließen 268.
Aufspalten acycl. Aether 613.
— Benzylamine 624.
— Imidazole 628.
— α-Oxyde 617*.
— unges. cycl. Bas. 801.
— Säureimide 707.
— d. Hal.-Wass. 779.
Auftau-Schmelzdiagramm 67.
Auraminbildung 514.
Aurin 445.
Ausfällen v. Kr. 32.
— flocken v. Huminsubst. 5.
— frieren 31.
— krystallisieren 29.
— salzen 33, 420, 439*.
— spritzen 28.
— süßen 28.
Autokatalyse 779*.

Automatische Verbrennung 134, 140.
Azelainketon 639.
Azimide 654.
Azimidoxyde 721.
Aziminoverbindungen 653.
Azine 523.
Azobenzol, B. 345.
— —, Kr. 26.
— farbstoffe, B. 666, 715, 737.
— —, D. 382, 647.
— —, Mol.-Gew. 288.
— gruppe, Best. 722.
— —, Nachw. 719.
— —, Verdräng. 388*.
— imide 649, 714.
— imidmethode 648.
— methine 572.
— naphthylamine 651.
Azoniumbasen 730.
Azophorrot 383.
Azotometer 148, 164, 480, 481, 492.
Azoverbindungen, N-Best. 153*.
— —, Red. 720, 722.
— —, Spalt. 720.
— — u. Bisulfit 557.
— — s. a. Azogruppe.
Azoxyanisol 345*.
— benzol 345.
— — verbindungen 720*.

BABOtrichter 300, 447.
Badflüssigkeiten 69.
Bäder 69, 330, 372.
BANDROWSKIsche Base 628.
Barbitursäure 596, 783*.
— —, D. 596*.
Barium, Best. 219.
— brenzcatechinmolybdänat 241.
— carbonat 332, 409, 440*, 533, 542, 589.
— chlorid, Kat. 779*.
— hydroxyd 332, 396, 409, 474, 503, 706.
— — z. Alk. 503.
— — z. Benzoyl. 627.
— — z. Vers. 393, 425, 687, 702.
— nitrit 639, 650.
— oxyd 368, 474.
— —, Tr. 459.
— permanganat 292.
— pikrat 220*.
— salze 478, 665.
— —, expl. 220.
— —, S-halt. An. 204*.
— —, P-halt. An. 219.
— — z. Bas.-Best. 484.
— — z. Rein. 4.
— verbindungen d. Pentosen 597.
Basen, tert., f. Benzoyl. 440.
—, quat., f. Vers. 393.
Basizitätsbestimmung a. Leitf. 273.
— —, Ester 273.
— —, indirekte 488.
— — m. Salz. 273, 484.
— — d. Titr. 273.
— — n. ZEREWITINOFF 460.
Bebirin 12, 30, 348, 411.

BECKMANNsche Mischung 303.
— Umlagerung 537, 705, 745.
BEILSTEINsche Probe 166.
Beizen 398.
— farbstoffe 397.
Benetzbarkeit 294, 428.
Benzalaceton 352, 415*.
— benzylphenylhydrazin 530.
Benzaldehyd, Best. 528, 538.
— —, Kr. 24.
— — z. Spalt. v. Hydrazid. 510, 548.
— — — v. Hydrazon. 530, 531, 533, 588.
— — — v. Osazon. 533, 587*, 588.
— — — v. Semicarbazon. 544.
— — u. Methylengr. 569.
— —, Red. Ac. 343.
— — bisulfit 639, 676.
— — phenylhydrazon 531, 728, 733*.
Benzalmalonsäure, Salze 477.
— phthalid 518.
— semicarbazon 511.
Benzamidinchlorhydrat 574.
— anthroncarbonsäure 477.
— aurin 557, 581.
— azimid 727.
— betaine 699.
— hydrazide 548.
Benzidin 61, 622.
—, Der. 722.
— — gechlorte 26.
— umlagerung 730, 734.
Benzil 291*, 305, 562*, 576, 736.
— aldol 576.
— dioxim 747.
— osazon 575.
Benzimidazole 473.
Benzoate f. Rein. 536.
Benzochinon 411, 415, 523, 528.
— —, Best. 762.
— — s. a. Chinone.
Benzoesäure 315, 320, 337, 474*, 476, 479, 530, 819*.
—, Best. 445.
—, Entf. 439.
— f. Aschebest. 269.
— f. Benzoyl. 441, 627.
—, Na-Salz 442.
— anhydrid 363*.
— —, B. 441.
— — f. Benzoyl. 442, 627.
— aethylester, Kr. 26.
— — —, Rein. 7.
— — — f. Benzoyl. 628.
— benzylester 26.
— ester 439, 500, 502.
— — f. Benzoyl. 439, 627.
— methylamid 695.
— — ester 26.
Benzoin 349, 390, 562*, 576.
— gelb 425.
Benzol 350.
—, B. 320.
—, Kr. 22, 420.
—, Lös. 293, 362, 610.

Benzol, Rein. 22, 23.
—, Verd. 625*.
— azoaceton 728.
— — diazobenzolchlorid 651.
— — paraoxybenzoesäure 381*.
— carbonsäuren, hydrierte, Dehydr. 309.
— diazoniumchlorid u. saure Methylene 573.
— hexabromid 309.
— homologe Ox. 295.
— sulfinsäure 415.
— — — u. Chinone 580.
— — — — anhydrid 44.
— sulfoamide 630.
— — —, Kat. 797*.
— — — z. Est. 495*, 499.
— — — z. Titr. 647.
— — — z. Vers. 428.
— — chlorid 335, 444, 630, 676, 746.
— — säure 335, 628*.
Benzonitril 25, 527.
— persäure = Benzoylhydroperoxyd.
— phenon 337, 339, 481.
— —, Best. 528, 538.
— — chlorid 769.
— purpurin 31.
— pyranole 578.
Benzoxazolcarbonsäuren 470*.
Benzoylaceton 811.
— acetophenon 577.
— acrylsäure 802.
— ameisensäure 470*, 581.
— — säuren, Vers. 629.
— anthranilsäure 654.
— benzoesäure 337, 468*.
— bromid 441, 676.
— chlorid, Kr. 30.
— —, Red.-Wirk. 629.
— — z. Acetyl. 410, 624.
— — z. Benzoyl. 437, 627.
— cyclomethylhexanonoxim 38*.
— derivate, An. 445.
— —, Rein. 439.
— dihydromethylketolhydrazin 532.
— gruppe, Best. 445, 627*.
— —, Verdr. d. Acetyl 419.
— —, Vers. 445, 446.
— hydroperoxyd 769, 810.
— — —, D. 810.
Benzoylierung v. Aminen 627.
— — m. Verd.-Mitt. 443.
— v. Hydrazovbdg. 734.
— v. Hydroxyl 437.
— v. Oximen 746*.
— v. Oxymethylenvbdg. 409.
— v. Oxysäuren 443, red. 629.
— z. Rein. 34.
Benzoyllysin 629.
— ornithin 629, 639*.
— oxyacanthin 660.
— peroxyd 761, 810.
— — u. Amine 622*.
— phenylhydrazin 580, 626.
— thiophen 338*, 340.
— zucker 424.

Benzpyren 51.
— sulfhydroxamsäure 561.
Benzylacetessigester 340.
— aether 395.
— alkohol 361, 373*.
— — -o-carbonsäure 515.
— amin 622, 631.
— — derivate 624, 676.
— benzopyrazolon 694.
— chlorid 335, 394.
— crotonsäure 783.
— cyanid 26, 28, 706.
— essigsäure 771.
Benzylierung 394.
Benzyljodid 395.
— ketone 329.
— mercaptan 765.
— oxyacetaldehyd 317.
— phenole 394.
— phenylaether 395.
— — hydrazin 529, 733*.
— — keton 306*.
— senföl 620*.
— sulfosäure 335.
— — chlorid 335, 633.
Berberin 310.
Bernsteinsäure 474, 478.
—, Ester 363, 500.
Beryllium, Best. 220.
—, Salze 220.
— acetylaceton 220.
— alkyle 220.
Betain 660.
Betaine 469, 662.
—, Best. 698.
Betaingruppe 697.
Betulin 448.
Beuteln 8.
Bianthron 318.
— diazoverbindungen 654.
Bilirubin 537.
Bimsstein 3, 345, 812*.
Biphenylaether 348*.
— phenylenhydrazin 530.
Bisdiazoessigsäure 475.
— dimethylchromoncadmiumjodid 44.
Bisulfit u. Azovbdg. 557, 722.
— u. Carbonylder. 533, 552, 555.
— u. cyclische Aether 557, 615.
— u. Diketone 575.
— u. Doppelbdg. 557, 800.
— u. dreifache Bdg. 814.
— u. Indol 556.
— u. Nitrosonaphthol 722*.
— verbindungen u. Phenylhydrazin 522.
— — u. Hydroxylamin 533.
— — u. Semicarbazid 542.
Bistetralin 311*.
— trimethylbenzoylmethan 306.
Biuret, Titr. 647.
— reaktion 700.
Bixinaldehydsäure 51.
— dialdehyd 51.
Blausäure, Red. 784.
— u. Alkylenoxyde 618.

Blausäure u. Diazovbdg. 708.
— u. Doppelbdg. 799.
— u. Oxime 539.
Blei, Best. 221.
—, Entf. 2*.
—, Nachw. 222.
—, S-haltige Vbdg., An. 203, 221.
— acetate 4, 400.
— carbonat 4, 589.
Bleicherde 3, 4, 55, 58.
Bleichromat 119.
— natrium 340, 680*, 783.
— —, D. 783.
— nitrat 4.
— oxyd 330, 534.
— — z. Absch. Aminos. 663.
— — z. Dehydr. 314.
— — hydrat 296.
— salze v. Aminosäuren 663.
— — v. Fettsäuren 484.
— — v. Mercaptan. 764.
— — f. Est. 503.
— — z. Basenbest. 484.
— — z. Fäll. 4.
— schwärzender Schwefel 208.
— superoxyd 727, 728.
— — f. Kal. 330.
— — u. Amine 622.
— — u. α-Oxys. 511.
— — z. Dehydr. 314.
— tetraacetat 314.
— — aethyl 222.
— tetralkyle 222.
Bloc MAQUENNE 77.
Blut, An. 269*.
Boletol 50.
Bolus alba 3.
Bombenröhrchen 190.
Bor, Best. 223.
—, Kat. 506.
—, Nachw. 225.
Borax 592.
— jodlösung 592.
— lösung z. Umkr. 9*.
— — u. mehrw. Alkohole 375.
Boressigsäureanhydrid 369, 392.
— fluorid 387*, 499, 520.
Borneol 20.
Bornylamin 288.
Bornylenozonid 326.
Borsäure 123, 236, 369.
— — u. Alkohole, Phenole 369.
— — u. α-Oxysäuren 512.
— — anhydrid 20.
— — ester, An. 224.
— — — z. Rein. 34.
— — phenylester 228.
— trichloridverbindungen 224.
Brasilein 113.
Brasilin 316.
Brassidinsäuremethylester 604.
Braunstein = Mangandioxyd.
Brenzcatechin 332, 346, 376, 399, 555, 712.
— —, Kat. 755.

Brenzcatechin, Aether 400.
— — methylenaether 612*.
— schleimsäure 597.
— — — Chlorid 448, 452.
— traubensäure 30, 299, 306, 317, 532, 556*, 562, 581, 729, 755.
— — — Chlorid 470.
— — — —, trihalogenierte Ester 373, 497.
— — —, Semicarbazone 373, 543.
— — — z. Spalt. Osazone 587*.
— weinsäure 474.
Brom, Best. 184.
— z. Dehydr. 309.
— f. S-Best. 203.
— u. prim. Alkohole 365.
— u. sek. Alkohole 366.
— u. tert. Alkohole 367.
—, Aminonaphthaline u. Naphthole 822.
— u. Doppelbdg. 774.
— u. Enole 404.
— u. Nitrovbdg. 748.
— u. Phenole 380.
— u. Säuren 482.
— u. Zucker 588.
— s. a. Halogene.
— acetaldehyddisulfosäure 302.
— — anilid 624.
— acetophenon 488.
— acetylchlorid 625.
— — bromid 418*, 625*.
Bromal 745.
—, Hydrat 167.
Bromalkyl 503.
— amide 704.
— anthrachinon 172.
— benzhydrazide 548.
— benzoesäure 331, 332.
— —, Anhydrid 443.
— —, Chlorid 443.
— benzol 23.
— — sulfosäure, Chlorid 633.
— — —, Ester 389, 676.
— benzoylchlorid 443.
— carmin 308.
— cyan 676, 681, 801.
— dinitroanilin 652.
— — — benzol 636.
— fettsäuren 359.
— —, Amide 358.
— —, Chloride 360.
— —, Ester 359.
— hemipinimid 535.
— hydrate, An. 182.
— —, Tr. 45.
— hydratropasäuren 780.
Bromierung, erschöpfende 309.
— v. Carbonsäuren 482.
Bromisatin 343.
— isobutyraldehyd 559.
— jod 809.
— kresolsulfosäure 332.
— laccain 308.
— methoxyzimtsäure 775.
— methylate 183.
— methylfurol 588.

Bromnaphthalin 25.
— nitrosoverbindungen 551.
Bromoform 308.
Bromopianoximsäureanhydrid 535.
— phenacylester 469.
— phenol 386.
— — blau 538.
— — phthaleinester 605.
— — sulfosäuren, Kal. 332.
— phenylhydrazin 523, 525, 618*.
— — hydrazone, umkr. 526.
— — —, spalt. 526.
— — isothiocyanat 685.
— — osazone 588.
— — semicarbacid 544.
— — triazenkupfer 172.
— propionsäure 36.
— pyromekazonsäure 378.
— salicylaldehyd 753.
— thymolblau 485*, 488.
— trioxypicolinsäure 379.
— undecylensäure 780.
— ural 619.
— wasserstoff, Entf. 776.
— —, Spalt. 614*.
— — z. Vers. 392*, 444, 685.
— — u. prim. Alkohole 365.
— — u. sek. Alkohole 366.
— — u. Alkylenoxyde 616.
— — u. Betaine 697.
— — u. Doppelbdg. 779, 805*.
— — u. β-Oxyssäuren 512.
— — u. Zucker 588.
Brucin 363.
—, Peroxyd 762.
Brückensauerstoff 348, 613.
BÜLOWsche Reaktion 727.
Bufotalin 32, 50.
Bulbocapmin 310*.
Büretten 434.
Butadiene 783.
Butandiol 305.
Buten 779*.
Butenyltriacetin 421.
Buttersäure, Anhydrid 448.
—, Chlorid 447.
Butylaether 552.
— alkohole 13, 276*, 371, 373, 658*.
— amin 631.
— benzol 352.
— butyrolacton 515.
— ester 662.
— jodid 609*.
— salicylsäure 377*.
Butyraldehyd 538.
Butyrolacton 698.

Cadmium, Best. 225.
— z. Absp. v. CO₂ 474.
— z. Verhind. d. Stoßens 595.
— bromid 659.
— chlorid 659.
— cyclogallipharat 225.
— dialkyle 225.
— oxyd 474.

Cadmiumsalze z. Bas.-Best. 484.
— sulfat 429, 608.
Caesium, Best. 226.
Calcium, Best. 227.
— z. Red. 341, 747*.
— acetat 269.
— amalgam 341.
— ammonium 179.
— carbid 48, 499.
— carbonat 332, 451, 479.
— —, Kat. 589.
— — z. Vers. 426.
— chlorid = Chlorcalcium.
— hydrid 49, 791.
— hydrosulfit 6*.
— hydroxyd 332, 705.
— — s. a. Kalk.
— jodat 168.
— nitrat 48, 520.
— oxyd s. Kalk.
— permanganat 292.
— phenolate 33*.
— phosphat 269.
— salze 478.
— — z. Bas.-Best. 484.
— —, S-haltige An. 204.
Calorimetrische Bombe f. El.-An. 143.
— — f. Fluor-Best. 234.
— — f. P-Best. 245.
— — f. S-Best. 196*, 202.
Camphen 3, 66, 387.
—, Hydrat 36.
Camphenilon 288, 538.
Camphenolsäure 32.
Campher 61, 286, 289, 307*, 311, 551, 590, 799.
—, Best. 538, 542*.
—, Semicarbazon 541.
— pinakon 418.
— pinakonanol 417.
— säure 307*.
— — peroxyd 812.
— sulfosäure 415, 442, 448*, 499.
Camphocarbonsäureester 403, 441.
— chinon 288.
— glucuronsäure, Ag-Salz 484.
Cannabinol 440*.
Cannadin 310, 311.
Cantharidinmethylester 418.
— säure, Ag-Salz 484.
Capriblau 411.
Caprinsäure 359.
Capronaldehyd 538.
— säurechlorid 448.
Caprylalkohol 339*.
Capsanthin 341, 552*.
Carbamid = Harnstoff.
Carbaminoreaktion 664.
— — säuren 664.
— — — ester 454.
— — anilid 454.
Carbazol 350, 612.
Carbazole 624.
—, hydrierte 314.
Carbinolaether 31, 386.

Carbinole, Acet. 409.
—, Aetherif. 386.
—, Z. 347.
Carbomethoxyderivate, An. 451.
— — —, B. 450.
— — vanilloyloxybenzoyloxybenzoe-
säure 468.
Carbonatmethode 488.
Carbonsäureazide 710.
— säuren, Abbau 357.
— —, CO-Absp. 479.
— —, CO₂-Absp. 477, 581.
— —, Best., jodometr. 493.
— —, Est. 388.
— —, Trenn. 12, 20, 33*.
— —, Salze, Umkr. 11, 33.
— — z. Rein. 33.
Carbonyldiphenylenoxyd 348.
— funktion, Erlöschen 552.
— gruppe, Best. 565.
— —, Nachw. 519.
— —, Red. 351.
— säuren, Verbindungen, Best. 545.
— —, —, Farb.-R. 550.
— —, —, Trenn. 545.
— — s. a. Aldehyde, Ketone.
Carboraffin 57.
— styrylcarbonsäure 379.
Carboxaethylisocyanat 457, 635.
Carboxyl, Absp. 348, 474, 716.
—, Best. 349, 483.
—, Nachw. 349, 465, 471.
—, Unt. v. OH 457.
—, Wand. 292.
— s. a. Carbonsäuren.
— zahl 461.
Carboxypyrrylglyoxylsäure 337.
Carbylamine = Isonitrile.
— aminreaktion 619, 725.
Carminsäure 348.
— zucker 585.
Carosche Säure 274, 304, 373, 774.
— —, D. 274, 373*.
Carotin 53, 299.
Carotinoide 4, 53.
Carvacrol 311, 376, 458.
Carvakrotinaldehyd 556.
Carvenonoxim 747*.
Carvenylimin 747*.
Carvestren 779.
Carvon 538, 554, 658.
Carvotanacetoxim 38.
Carvoxime 38.
—, Trenn. 746*.
Caryophyllin 453*.
— säure 10.
Casein 643.
Catechine 389.
Cedron 65.
Cellulose 417*.
—, Aether (Ester) 615*.
—, Acetate 409, 416.
Cephaelin 507*, 644.
Cer 346.
—, Best. 227.

Cer, Dioxyd f. El.-An. 259.
—, Nitrat-Antipyrin 227*.
—, Pikrat 227.
—, Salze 469.
—, — als Kat. 297.
—, Sulfat 767.
— tetrachlorid-Doppelvbdg. 227.
Cerylalkohol 362.
Cetylalkohol 362.
— jodid 361.
— octylessigsäure 358.
Chalkone 391.
Cheirolinsilbersulfat 205.
Chelidamsäure 379.
— —, Ester 67.
Chelidonin 10*.
Chelidonsäureesterperbromid 183.
Chemische Fernwirkung 681.
Chinaldin, Kr. 27.
Chinasäure 316*, 330, 389*.
Chinazoline 298.
Chinhydrone 400.
—, Best. 724, 762.
Chinin, Salze z. Rein. 33.
— kohlensäurephenylester 114.
Chinizarinsulfosäure 659.
Chinoide Substanzen, Best. 723.
Chinolin 319.
—, Kr. 27.
—, Lös. 312, 651.
—, Ox. 298.
—, Salze z. Rein. 34.
— f. Acet. 410.
— f. Benzoyl. 440.
— z. Absp. v. Brom 359.
— — v. Carboxyl 474, 477.
— z. Umlag. 802.
— u. Oxime 539.
— aldehyd 45.
— basen, Jodmethylate 114.
— carbonsäure 295.
— —, Ag-Salz 257.
— derivate, Jodmethylate 679.
— —, Ox. 297.
— —, Red. 354.
— säure, Cu-Salz 485.
— —, Anhydrid 18.
— sulfosäure 335.
— tricarbonsäure 484.
Chinolone 23.
Chinon 784.
— s. a. Benzochinon.
— bildung 652.
Chinondioxime 398, 535.
Chinone 288, 527, 570*, 575, 579.
—, B. 400, 670.
—, Best. 723, 762.
—, Red. 351.
—, Spalt. 337.
—, Z. 347.
— u. Aminoguanidin 547.
— u. Hydroxylamin 536, 579.
— u. Methylen 570*.
— u. Phenylhydrazin 523, 579, 723.
— u. Semicarbazid 542, 545, 580.

Chinonimidbildung 536.
— — derivate 545.
— oxime 535, 579, 740.
— sauerstoff, Best. 762.
— semicarbazone 580.
Chinovasäure 469*.
Chinoxaline 574, 587.
Chinoxalinreaktion 574, 669.
Chitin 349*.
Chitosamin 529.
Chlor, Best. 181.
—, klein. Meng. 188.
— in Chlorauraten 181, 247.
— in Chlorplatinaten 181, 247.
— in Fe-halt. Subst. 230.
— in Hg-halt. Subst. 248.
— in N-chlor. Subst. 184.
— in Pd-Der. 243.
— in Seitenketten 182.
— in Sn-Vbdg. 267.
— in V-Der. 264.
— u. Naphthalinsulfosäuren unges. Substanzen 774*.
— u. Nitrovbdg. 748, 822.
— z. Acet. 415.
— z. Dehydr. 310.
— s. a. Halogene.
— aceton 488, 507.
— acetophenol 407*.
— acetylchlorid 409*, 418, 625.
— aethyl 326, 619.
Chloral 302.
—, Kr. 27.
— u. Aldoxime 745.
— u. α-Oxysäuren 512.
— u. m-Oxysäuren 514.
— alkohol 606.
— hydrat 27.
Chloralidreaktion 512, 513.
Chloramin T 767.
— — gelb 721*.
— anil 411.
— — säure 466.
— anthrachinon 348.
— — — sulfosäuren 336.
— aethyl 326.
— benzaldehyd 753.
— — azid 458, 636.
— benzoesäure 332.
— — chlorid 440.
— benzhydrazide 548.
— benzol 499.
— —, D. 335.
— —, Kr. 23.
— —, Lös. 610, 614.
— —, Verd. 610.
— — sulfosäure 332.
— benzoylchlorid 440, 443.
— benzyldibenzylketon 604.
— brom 774*, 777.
— — jodanisol 194.
— — oxybenzaldehyd 559.
— calcium z. Acetal. 520.
— —, Est. 449.
— —, Kat. 520, 779*.

Chlorcalcium, Tr. 47.
— —, Vbdgen. 47.
— — m. Alkohol 47.
— chinoline 37, 356.
— crotonsäureester 494*.
— cumaron 617.
— dinitrobenzol 458.
— diphenylisocyanat 457.
— essigsäure 415, 418*.
— —, Anhydrid 418, 625.
— —, Ester 626*.
— fettsäuren, D. 668.
— formaldoxim 399.
— guajacol 376.
— hepten 811*.
— hydrate, An. 182.
— — f. Vers. 392*.
— hydrozimtsäure 333, 781.
— isocrotonsäureester 358.
— jod 774, 806.
— —, Kat. 776.
— kalk 309*.
— — z. Rein. 5.
— kohlenoxyd 410, 449, 452, 512*, 514.
— — säureester 448, 450, 507.
— methyl 19, 335, 677*.
— —, Rein. 20.
— — u. Ozonide 19, 326.
— — anthracen 348*.
— — anthrachinon 348.
— methylate 183.
— methylheptanon 616.
— naphthalin 335, 336, 821.
— —, Kr. 25.
— —, Sulfosäuren 821.
— nitrochinoline 816.
— octen 811*.
Chloroform 17, 619.
—, Kr. 17, 439.
—, Lös. 293, 326, 513.
—, Rein. 17.
—, Verd. 503.
— f. Acet. 410.
— f. Enole 406.
— f. Ozonide 406.
Chlorophyll 32.
— —, Derivate, Chromat. 56*.
— —, CO$_2$-Absp. 478*.
— —, Rein. 34.
— platinate, F. 66.
— — s. a. Platindoppelsalze.
Chloroxypicolinsäure 379.
— pentaaethylaminochromiauriat 236.
— phenacylester 469.
— phenol 184, 332.
— phenylharnstoff 169.
— — hydrazin 525, 532.
— — isothiocyanat 635.
— — propionitril 685.
— phosphine 672.
— pikrin 765.
— propan 779*.
— propionsäureester 494.
— pyridine 816.
— salicylsäure 654.

Chlorschwefel z. Rein. 6.
— terephthalsäurechlorid 471.
— urethane 184.
— zimtsäure 782.
— zink z. Acet. 408, 416, 624.
— — z. Benzoyl. 438.
— — z. CO_2-Absp. 478, 479.
— — z. Est. 499.
— — z. Kond. 510, 581, 615.
Cholalsäure 30.
Choleinsäure, Ba-Salz 12.
Cholestanol 339.
Cholestanon 319*.
Cholesterin 24*, 62, 273*, 307*, 312*, 339, 485, 809.
—, Ozonid 326*.
Cholesterol 368*.
Cholin 306*.
Cholsäure 32.
—, Ozonid 326*.
Chrom, Best. 228.
—, Trenn. v. Pt 247.
— haltige Subst., Ag-Best. 172.
Chromanring, Spalt. 388*.
Chromate 656.
Chromatographie 4, 49, 528.
Chromchlorür 724.
Chromoisomere 21.
— phore Gruppen 398.
— salze 685, 724.
Chromoxalate, Kompl. 228.
— oxyd 123.
— —, Hydrat 295.
— phosphat 295.
— säure f. As-Best. 212.
— — f. P-Best. 244.
— — f. S-Best. 203.
— — f. Sb-Best. 211.
— — z. Abbau v. Methyl 299.
— — — v. α-Oxysäuren 358.
— — — Dehydr. 316.
— — — Ox. 294, 304, 324, 400.
— — — v. Alk. 303.
— — — v. Chinolinder. 297.
— — — v. Ketonen 304, 308.
— — z. Rein. 5.
— — z. Spalt. Az. 722.
— — anhydrid 294, 324, s. a. Chromsäure.
— — u. tert. Alkoh. 369.
Chromylchlorid 206.
Chrysanissäure 652.
Chrysanthemin 658.
Chrysen 350*.
— säure 337.
Chrysochinon 337.
Chrysoidin = Diaminoazobenzol.
— reaktion 399, 669, 715.
Chrysophansäure 347, 348.
Cinchomeronsäure, saur. Methylest. 65, 698.
Cinchonin 28, 340*, 689.
Cinchoninon 340*.
Cinensäure 493*.
Cinnamenylacrylsäure 323.

Cinnamenylpropionsäure 322.
Citraconsäure 306, 676, 784.
— — anhydrid 37.
Citral 538.
Citronellal, Acetal 323.
—, Cycl. 3.
Citronellsäure 331.
Citronensäure 10*, 367, 510, 755.
— —, NH_4-Salz 752.
— —, Na-Salz 755*, 784.
CLAISEN-Lösung 396.
Cocain 442.
Coccinon 22*.
Cochenille 647.
— säure 409.
Coeroxonol 387.
Colchicin 29, 67.
Conchairamin 13.
Conicein 678*.
Coniin 318.
—, Tartrat 44.
Conylen 678.
Conyrin 318.
Coralydin 311.
Cordit 757.
Corydalin 311.
Corydin 310*.
Crocetindimethylester 51.
Crotonaldehyd 341*, 538.
— säure 493, 803, 809, 811.
Cumalinsäure 496.
— —, Hydrazid 358.
Cumarane 617.
Cumaranone 527, 543.
Cumarin 310, 311*, 537*, 805*.
Cumaron 617.
Cumaroxim 538.
Cumenylacrylsäuren 339.
Cuminoylphenylhydrazid 728.
Cuminsäure 479.
Cumol, Kr. 23.
Curcuma 486.
Cyan 708.
— acridane 686*.
— allyl 798.
— amidsilber 769.
— benzoesäureester 87.
— benzylamine 674.
— chinolin 335.
— furolacrylsäureamid 61.
— hydrine 688.
Cyanidin 658.
— chlorid 32.
— glykoside 32.
Cyanin 658.
Cyankalium 334.
— kupfer 334.
— mesitylen 687.
— pyrene 686.
— pyridin 26.
— säureaether 620.
— silber 169.
— verbindungen F. 87.
— zimtsäureamid 61.
Cyclobutander. 774.

Cyclobutylamin 639*.
— dotriacontan 352*.
— fenchen 810.
— heptane 313.
— heptanon 556*.
— heptencarbonsäureamid 706.
— hexane 24, 319, 320, 321, 322, 352.
— hexanol 3, 26, 319, 639.
— —, Methylaether 26.
— hexanone 28, 542, 556, 639, 792.
— hexanonoxim 539.
— — semicarbazon 542.
— hexene 319.
— hexenone 553.
— hexylamin 319.
— — naphthalin 312*.
— octadien 570*.
— octanon 556*.
— paraffincarbonsäuren 475.
— pentadecanon 288.
— — dien 570*.
— pentane 321.
— pentanone 532, 792.
— pentenoxyd 616.
— pentylmethylamin 639.
— propander. 774.
— tetratriacontan 352*.
Cymol 311, 315.
Cystein 765.
Cystin 644.
—, Trenn. v. Tyrosin 661.
—, Nitrat 10.
Cytosin 643.

Dampfdichtebestimmung v. Alkoh. 373.
— druck, Best. 93.
Dehydracetsäure 22, 728*.
Dehydrieren 309 ff.
— d. Aethylnitrit 318.
— d. Ag-Acetat 313.
— d. Ag-Sulfat 313.
— d. Ag₂O 313.
— d. Bleicherde 3*.
— d. Brom 309.
— d. Chlor 310.
— d. Chromsäure 316.
— d. Cu 319.
— d. CuSO₄ 315.
— d. Ferricyankalium 311.
— d. Hg-Acetat 313.
— d. hochs. Lsgsm. 24*.
— d. Jod 310.
— d. MnO₂ 318.
— d. Ni 319.
— d. PbO 314.
— d. PbO₂ 314.
— d. Pb-Tetraacetat 314.
— d. Pd 320.
— d. Perjodsäure 316.
— d. Salpetersäure 318.
— d. Sauerstoff 310.
— d. Schwefel 311.
— d. Se 312.
— d. Übermangansäure 317.
— d. Zn 318.

Dehydrocholsäure 30.
— corydalin 549*.
— fichtelit 311*.
— neoergosterin 376.
Dekacyclen 35*.
Dekalin 25, 367, 796.
Dekaline 313, 322.
Demalgon 619.
Depolymerisation b. F. 65.
Depressimeter 276.
Desoxyheteroxanthin 314*.
— kaffein 314*.
— theobromin 314*.
Destillation, isotherme 290.
Deuterium, Best. 111, 228.
Deuterofibrinose 643.
Dextrin 510, 591.
Diacetbernsteinsäureester 729.
— acetondulcit 441.
— — glykose 368*.
— acetoxydiaethylaether 408*.
— acetyl 565, 669*.
— — aceton 405, 410.
— acetylene 812.
— acetylhydantoin 673.
— — hydrochinon 411.
— acetylierung, Ald. 414.
— —, Amin. 626.
— —, Ket. 414*.
— acetylisatyd 343.
— — jacarandin 424.
— — mesitylen 305.
— — morphin 421.
— — tetrachlorhydrochinon 411.
— — valeriansäure 496.
— acylnaphthole 376*.
— aethylamin 34, 551*.
— — aminophenylessigsäureamid 703.
— — anilin 25, 359, 410, 477.
— — keton 658.
— — sulfat 503.
— — tetralin 313.
— aldehyde 324, 555, 592.
— alkylhydrazine 725.
— — rhodamine 502.
— — sulfide 764.
— — sulfite 519*.
— — sulfoharnstoffe 768*.
— amide, Abbau 706.
— —, B. 707.
— —, F. 67.
— amine 314.
— —, Best. 655.
— —, Diaz. 649.
— —, titr. 647, 648.
— —, o-D. 574.
— —, —, Reakt. 667.
— —, m-D. 551, 574, 669.
— —, —, Farbenr. 551.
— —, p-D. 670.
— —, —, Farbenr. 670.
— — u. Phenylisocyanat 634.
— — u. salpetrige Säure 654.
— aminoazobenzol 622.
— — — verbindungen 669.

Diaminobenzophenon 349.
— — diarylarsinsäuren 648.
— — diphenyl 736.
— — indigoderivate, El.-An. 141.
— — lutidin 357, 655.
— — pyridine 358.
— — säuren 635, 661.
— — toluol 574.
— ammoniumbromide 675.
— anisoyldiacetondulcit 441.
— anthrachinonyl 338*.
— — —, Derivate 25.
— anthranoylanthranilsäure 654.
— aroylperylene 351*.
— arylhydrazide 727.
— azoaceton 153, 709*.
— — aethan 507.
— — aminoazoverbindungen 5.
— — — benzolcarbonsäure 654.
— — — hydroisochinolin 715.
— — — verbindungen 725.
— — — —, B. 715.
— — — —, Best. 717.
— — — —, Reakt. 712, 715.
— — — —, Rein. 5.
— — — —, Titr. 719.
— — arylsulfosäuren 653.
— — aethan 507.
— — anhydride 653.
— — arylsulfosäuren 653.
— — benzaldehydchlorid, Sn-Salz 716.
— — benzol u. Hydrazine 725, 727.
— — — azid 725.
— — — goldchlorid 236.
— — — imid 522, 725.
— — — silber 257.
— — — sulfosäure 11, 555.
— — butan 507.
— — essigsäure 475.
— — fettsäureester 663, 708.
— — gruppe, aliphatische Best. 709.
— — —, — Nachw. 708.
— — —, aromatische Best. 716.
— — —, — Kuppl. R. 715.
— — —, — Nachw. 711.
— — —, — Red. 712.
— — —, Ers. d. Hal. 709, 712.
— — —, — d. Alkoholrest 708.
— — —, — d. andere Reste 708, 714.
— — —, — d. Hydroxyl 708, 711.
— — —, — d. Wasserstoff 712.
— — imide 727.
— — methan, Best. 505.
— — —, D. 505.
— — —, nascier. 387, 507.
— — — u. Acet. 629.
— — — u. Alk., Ald., Enole, Ketone, Ald.-Säur. 505.
— — — u. Diketone 505.
— — — u. Nitrosovbdg. 738.
— — — u. Phenole 387, 504.
— — — u. Säuren 469*, 504.
— — methylbenzoesäureester 710.
— — nitroanilin 382.
— azoniumborfluoride 718.

Diazoniumsalze u. Nitrovbdg. 749.
— — —, innere 653.
— — —, nichtar. 653.
— azooxyde 653, 712*.
— — propan 507.
— — säureester 639, 709.
— — stickstoff, Best. 709.
— — — s. a. Diazogruppe.
— — sulfide 653.
— — tieren 647.
— benzanthracen 51.
— — anthrondicarbonsäure 477.
— benzolsulfonamide 631.
— benzoylchinon 313.
— — diacetondulcit 441.
— — methan 305.
— — phenylendiamin 728.
— — styrol 415.
— — weinsäure 437*.
— benzyl 17, 31.
— — arsinsäure 215.
— — cyclohexanon 552.
— — essigsäureanhydrid 508*.
— — methylacetamid 702.
— — tetrahydrodipyridyl 318*.
— bromanetholdibromid 605*.
— — anthrachinone 331.
— — anthranilsäure 651.
— — — —, Nitril 626.
— — anthron 580.
— — benzol 23, 190.
— — brenztraubensäure 581.
— — chelidamsäure 379.
— — chinizarin 817.
— — chloracetaldehyd 302.
— — — oxybenzaldehyd 40.
— — fettsäuren 327.
— — indigo 24.
— — kresol 487.
— — nitroanilin 651*.
— — oxypyridin 378.
— — — xylylnitromethan 424.
— — paraoxybenzoesäure 484.
— — pentan 638, 671, 675.
— — phenol 466.
— — — tricarbonsäure 487*.
— — sulfanilsäure 652.
— — thymolsulfophthalein 486.
— carbonsäuren 357, 604*.
— — —, aliph., Konst. Best. 483.
— — —, —, Umkr. 21.
— — —, arom., Titr. 488.
— carboxyglutaconsäureester 403, 465.
— chloracetylchlorid 418*.
— chloraethan 315.
— — aethylen 18, 619.
— — anilin 650, 652.
— — anthrachinone 331, 336.
— — benzol 23, 334, 335.
— — bromacetaldehyd 302.
— — — oxybenzaldehyd 40, 559.
— — chelidamsäure 379.
— — chinolin 652.
— — dibromphenylhydrazin 532.
— — essigsäure 415.

Dichlorhydrin 19.
— — methan 18, 59.
— — nitroanilin 651*.
— — oxypyridin 378.
— — phthalsäureester 18.
— — pikrinsäure 34, 36, 658.
— chroïne 379.
Dichtebestimmung m. Pipette 109.
Dicinnamenylchlorcarbinole 30.
— cyanaethyl 438.
— — methyl 438.
— cyclohexylamin 319.
— diaminobenzophenon 349.
Diene 801.
Digitogensäure 30.
Digitonin 12, 273*.
Digitoxonsäure 4.
Dihydrazone 524, s. a. Osazone.
— hydrobetulin 318.
— — betulonsäure 318.
— — bromide d. Terpene 309.
— — butylchinolin 24*.
— — camphen 349.
— — collidindicarbonsäureester 318.
— — dicyclopentadienon 288.
— — cyclogeraniumsäure 480*.
— — isochinoline 317.
— — lutidindicarbonsäureester 320.
— — methylfuran 616.
— — papaverin 321*.
— — pentacen 350.
— — phenonaphthacridin 347.
— — phytol 303, 365.
— — polyene 310.
— — pyrone 540.
— — resorcine 584.
— — safrol 610*, 612*.
— — shikimisäure 316*.
— — terephthalsäuren 777.
— — — —, Ester 317.
— isoamylzinnoxychlorid 268.
— — nitrosocumarandiacetat 744.
— — propylnaphthol 377*.
— jodparaoxybenzoesäure 172, 376, 378.
— — phenylhydrazin 532.
— — salicylsäure 66.
— ketohydrinden 305.
Diketone 529*, 574.
—, 1.2-Dik. 305, 556, 574, 727.
—, Nachw. 575.
—, Red. 351, 789.
—, Rein. 574.
—, Silbersp. R. 553.
—, Hydrazone 575, 727.
—, Oxime 534.
— u. Bisulfit 556.
—, 1.3-Dik. 305, 576.
—, Cu-Vbdg. 576.
—, Oxime 536, 577.
—, 1.4-Dik. 537, 578.
—, 1.5-Dik. 580.
—, o-Dik. 576.
Diketonsäuren 574.
— ketopiperazin 701*.
Dilactone 515*.

Dimedon 316, 564.
Dimethoxyacetophenon 351*, 524*.
— benzoïn 349.
— dichinon 415*.
— hydrobenzoïn 349.
Dimethylacetat 27.
— adipinsäuren, Trenn. 10, 32.
— aethylnaphthalin 297.
— — phenyliumjodid 599*.
— amin 415, 551*.
— aminobenzaldehyd 304, 562.
— — benzophenone 514.
— — bishydrochlorid 37.
— — benzoylchlorid 444.
— — buttersäureester 698.
— — essigsäureester 698.
— — propionsäureester 698.
— anilin 451, 477, 581, 598, 676, 762*.
— —, Kr. 25.
— — f. Auraminbild. 514.
— — f. Benzoyl. 440.
— — f. Methox. 598.
— apionol 610.
— barbitursäure 565.
— carbostyril 346.
— chromonwismuttrijodid 265.
— cyanacridon 686*.
— cyclohexandion 405.
— — hexane 322.
— — hexanone 552.
— fumarsäure 775.
— furan 578*, 616.
— gentisinaldehyd 341*.
— glyoximnickel 242.
— harnsäure 2*.
— heptadien 325.
— hexadienin 792*.
— homophthalimid 348.
— hydroresorcine 564.
— — resorcylsäureester 465.
— isoharnsäure 504*.
— naphthalin 297, 313.
— nicotinsäure 660.
— nitrobarbitursäure 503.
— peroxyd 760.
— phenylbenzylammoniumchlorid =
    Leukotrop.
— phloroglucin 401.
— — carbonsäure 476.
— phthalsäure 297.
— pyron 410.
— pyrrolidincarbonsaures Cu 238.
— sulfat, Kat. f. Acet. 415.
— —, Kr. 19.
— —, Rein. 19.
— — f. Est. 502.
— — f. red. Alk. 344.
— — u. alk. OH 387*.
— — u. Amine 677.
— — u. Carbonss. 502.
— — u. Mercaptane 765.
— — u. Phenole 387, 389.
— tetralin 313.
— tolan 349.
— ureidamidazin 10.

Dimethylviolansaures Ag 484.
Dinaphthol 346.
Dinaphthylessigsäure 502.
— harnstoff 635.
— phenylcarbinol 347.
— tellur 261.
Dinitroaethan 402.
— aminobenzaldehyd 651.
— anilin 652.
— anisidin 651.
— benzhydrazid 548.
— benzol 34, 550*.
— benzoylchlorid 443, 615, 629, 764.
— — derivate 443, 629.
— brombenzol 636.
— chlorbenzol 34, 636, 765.
— hydrocumarsäure 484.
— kresylbenzylaether 393.
— naphthalin 551*.
— oxydimethylbenzoesäure 484.
— paraoxybenzoesäure 484.
— phenylaether 458.
— — benzylaether 393.
— — hydrazin 61, 528, 574*, 580, 597.
— — hydrazone 61, 302, 580.
— — isocyanat 455.
— propylphenol 392.
Dinitrosobenzol 738.
Dinitrothiophen 207*.
— toluol 550*, 573.
— toluylsäure 636.
— zimtsäure 476.
Diole 374, 375.
Dioxan 16, 277*, 306, 352, 408*, 508, 528, 635.
Dioxime 535.
Dioxindole 387.
Dioxyacetoxim 534.
— acetophenon 351*.
— aldehyde 389.
— anthrachinone 398.
— benzaldehyde 389, 487.
— benzoesäuren 377, 378.
— benzole 332, 397, 398.
— benzolsulfosäuren 332.
— benzophenonoxim 7.
— biphenyldicarbonsäure 377.
— chinolinanilid 347.
— cumaranon 418*.
— desoxybenzoin 391*.
— dibenzanthrachinon 350.
— dinicotinsäureester 33.
— diphenylglutarsäure 377.
— — sulfone 580.
— guanidin 439*.
— hemimellitsäure 487*.
— isophthalsäure 378.
— methoxystilbenmethylenaether 605.
— methylenkreatinin 440.
— naphthalin 386, 555.
— naphthalinsulfosäuren 333.
— naphthoesulfosäure 333.
— peroxyde 761.
— perylen 347.

Dioxyphenanthrenchinon 392.
— phenole 398.
— pyridine 398, 510*.
— säuren, B. 322.
— —, Spalt. 331.
— —, Uml. in Oxylact. 322.
— — a. unges. Säuren 322.
— — u. KOH 331.
— xylol 378.
Dipentaerythrit 36*.
Dipeptide 700.
—, Strukturbest. 701.
Diperidibenzcoronen 51.
Diperoxyde 761.
Diphenole 346, 617.
Diphenyl 97.
— aether 393, 615*.
— aethylacetaldehyd 556.
— aethylendiamin 747.
— aethylene 481, 811.
— amin 25, 291, 319, 453, 474, 631, 632, 737, 761.
— —, Kr. 25.
— biphenylchlormethan 11.
— butadien 777.
— carbinol 457, 481.
— cyclohexylacetaldehyd 302.
— derivate 734.
— dicarbonsäurechlorid 471.
— dihydropyridazincarbonsäure 476.
Diphenylenaethan 348.
— diazomethan 17.
— essigsäure 475.
— keton 337.
— oxyd 617.
— phenylmethan 348*.
Diphenylessigsäureanhydrid 508*.
— fluorindin 628.
— harnstoff = Carbanilid.
— — chlorid 452.
— hexandion 352.
— hexatrien 777.
— hydantoin 10*.
— hydrazin 530.
Diphenylin 736.
— umlagerung 734.
Diphenylisocyanat 634.
— keton 347.
— malonsäure 471.
— methan 474.
— — basen 680.
— — dimethyldihydrazin 532, 578.
— — farbstoffe 505*.
— methylacetaldehyd 556.
— nitrosamin 742.
— phosphorsäure 637.
— phthalid 518.
— piperidondicarbonsäureester 316.
— polyene 782.
— pyridazincarbonsäure 476.
— pyridondicarbonsäure 348.
— — — —, Ester 316.
— semicarbazid 544.
— thiobarbitursäure 597.
— truxone 351*.

Diphenylumlagerung = Benzidinumlagerung.
— urethane 453.
— zinn 267.
Dipicolinsäure 485.
Dipolmomente 407.
Dipropionylbetulin 448.
Dipropyldiisopropylcyclopentanon 552.
— keton 570.
Dipyridyl 318*.
Diresorcin 346.
Dirhodanate 668.
Disaccharide 341, 375, 588.
Disazoverbindungen, B. 384.
Disulfide 764.
Dithioacetylacetonkupfer 239.
— — carbaminsäure 620.
— — phenylbuttersäureester 583.
— — — propionsäuren 582.
— — urethane 765.
— toluylhydrazone 530.
Dixenylharnstoff 456.
Diureine 674.
Dodekahydrotriphenylen 318, 319.
Doppelbindungen, Best. d. Lage 708.
— —, — d. Zahl 804.
— —, Nachw. 708, 772.
— —, Spreng. 322.
— —, Wand. 804.
— —, arom. hydr. 789.
— — u. Benzopersäure 810.
— — u. Brom 804.
— —, Oxyde 375.
— salze, An. 172.
— —, umkr. 12.
Doppelter F. 64.
Doppelverbindungen der Ketoxime 539.
Dreifache Bindung 328, 812.
— —, Best. 814.
— —, Nachw. 773, 812.
— —, Ox. 328.
— —, Spreng. 328.
— — u. Hydroxylamin 540.
— — u. Ozon 328.
Dreiweghahn n. LEEMANN 153.
Durchflußextraktor 499.
— gehen d. Kohle 3.
Durolsulfosäure 354.

Ebonitstab, el. f. Trenn. 7*.
Ecgonin 442.
Eisen 330, 474.
—, Best. 172, 230.
— z. Entchlor. 356.
— f. Red. 330, 341, 355.
—, Verunr. in Kohle 2.
— alaun 755.
— benzoate 230.
— bromid 779*.
— carbonyl 230.
— chlorid 420, 650*.
— —, Kat. 415, 520, 779*.
— — u. Alkylenoxyde 618.
— — u. Aminosäuren 661.
— — u. Enole 375, 402.

Eisenchlorid u. H.ydrazine 729.
— — u. Mercaptane 764.
— — u. Nitrosamine 742.
— — u. Oxysäuren 376.
— — u. Phenole 376.
— — u. Semidine 736.
— — u. Sulfoxyde 765*.
— — u. Synaldoxime 745.
— — z. akt. Kat. 786*.
— — z. Entschwefeln 620.
— — doppelsalze 230, 661.
— chlorür 743.
— hydroxyd, Koll. 5.
— jodür 813.
— methylat 598*.
— oxyd f. Beizen 398.
— — f. Verasch. 269.
— komplexsalze 534.
— pentacarbonyl 761.
— pulver 329*.
— salze, Anal. 675.
— —, Kat. 297.
— —, störend 2, 538.
— — z. Isol. 714*.
— staubdestillation 345.
— vitriol 379, 415, 737.
Eisessig s. Essigsäure.
Eiweiß 337.
—, An. 269.
—, Benzoyl. 627.
—, Biuretreakt. 700.
—, Entf. 5*.
—, F-Der. 233.
—, Jodoformreakt. 306.
—, Kal. 336.
—, N-Methyl 694.
—, titr. 666.
— u. Naphthalinsulfochlorid 633*.
Elektrolytische J-Best. 185.
— — S-Best. 206.
— — Reduktionen 341.
— magnetische Dreh. d. Pol.-Eb. 407.
— metrische Titration 487.
Elektronenbeugung 407.
Elementaranalyse 112, 115.
— — n. BENEDICT 122.
— — n. BLAU 126.
— — n. DENNSTEDT 126.
— — n. KOPFER 126.
— — n. LIEBIG 115.
— — n. LIPPMANN, FLEISSNER 126.
— — n. MESSINGER 140.
— — a. elektrotherm Weg 143.
— — a. nassem Weg 140.
— — i. d. Bombe 143.
— — m. feuchtem Sauerstoff 142.
— — v. aschehalt. Subst. 123.
— — v. empfindl., explos. Subst. 125, 141.
— — v. flüss. Subst. 118, 137.
— — v. gasförm. Subst. 119.
— — v. halogenh. Subst. 122.
— — v. hygrosk. Subst. 124.
— — v. leicht flücht. Subst. 118, 126.
— — v. schwer verbr. Subst. 119, 524.

Elementaranalyse, Subst., die enthalten:
  Al 210.
  As 141, 143, 212.
  B 141, 223, 225.
  Ba 219.
  Be 220.
  Bi 264.
  Ca 227.
  Cd 225.
  Cr 228.
  F 231.
  Fe 230.
  Ga 235.
  Ge 235.
  Hg 141.
  K 236.
  Li 240.
  N 120, 143.
  Na 241.
  P 141, 143, 243.
  Pb 222.
  S 122, 141.
  Sb 124, 210.
  Se 253.
  Si 259.
  Sn 267.
  Te 260.
  Tl 141, 263.
  Ti 263.
  Zr 268.
Elemolsäure 469*.
Elemonsäure 469*.
Empfindliche Aldehyde 533.
— Basen, Absch. 34.
— Benzoyl. 627.
— Ester, Umkr. 12.
— Hydrazone, Aufbew. 522.
— Oxime 533.
— Substanzen, Acet. 411.
— —, El.-An. 153, 257.
— —, F.-Best. 68.
— —, Red. 341.
— —, Trockn. 44.
— —, Umkr. 30.
Empirische Formel, Ermittl. 272, 273.
Emulgierungsmittel 294.
Enolacetate 360.
— acetyldibenzylmethan 69.
— aether, Vers. 394.
Enole, Add. v. Alkoh. 798.
—, Ausfrieren 17.
—, Alk. 387*.
—, Best. 404, 458*, 805*.
—, F.-Best. 64.
—, Phys. Unters.-Meth. 406.
—, Strukturbest. 406.
—, Titr. 404.
— u. Brom 404.
— u. FeCl$_3$ 402.
— u. NH$_3$ 402.
— u. Nitrodiazobenzolhydrat 406.
— u. Ozon 405.
— u. Permanganat 406, 773.
— u. Phenylisocyanat 401.
— u. Rhodan 406.

Enole u. Tetranitromethan 406.
Enolester, Titr. 403, 493.
—, Umlag. 412*.
Ente, LIEBIGsche 103.
—, STARKsche 788.
Entfärben 1.
— d. Licht 6.
Entfernen v. Eiweiß 5*.
— v. Essigsäure 21.
— v. Essigsäureanhydrid 22.
— v. Harzen 1.
Ephedrin 661.
Epichlorhydrin 19, 616.
Erbium, Best. 231.
Ergostenon 556*.
Ergosterin 62, 313*.
Erlöschen d. Carbonylfunktion 552.
Ermittlung d. Stammsubstanz 292.
Erschöpfende Bromierung 309.
— Methylierung 677.
Erstarrungspunkt 63*, 288, 289.
Erucasäure 331, 773, 778.
Erucylalkohol 773.
Erysolin 620*.
Erythrit 317.
Erythronitrolate 361, 749.
Eserin 694.
Essigsäure 668.
—, Best. 421, 437.
—, Entf. 21.
—, Kr. 20, 420.
—, Lös. 293, 326, 521, 787.
—, Nachw. 420.
—, Rein. 21.
—, Verd. 503.
— f. Acet. 370, 408*, 417, 625.
— f. Methoxylbest. 605.
— f. Umlag. 746.
— f. Vers. 394, 427.
— u. Diaz. 714.
— aethylester, Extr. 522.
— — —, Kr. 21, 420, 778.
— — —, Lös. 326, 657, 772, 787.
— z. Absp. v. CO$_2$ 474.
— z. Acet. 626.
— z. Kat. 791*.
— amylester 22.
— anhydrid, Best. 509.
— —, Entf. 22.
— —, Kr. 21, 420, 439, 623.
— —, Rein. 21, 412, 624.
— — f. Acet. 410.
— — f. Methox. 604.
— — u. aliph. Dicarbons. 483.
— — u. Alkoh. 368.
— — u. Amine 623, 624.
— — u. Diaz. 714.
— — u. Doppelbind. 415.
— — u. γ-Ketons. 583.
— — u. Oxime 746.
— butylester 22.
— methylester 21.
— propylester 22.
Ester, B. beim Kochen m. Alkoh. 12, 30, 64.

Ester, Geschmack 114.
—, Isomere v. Aldeh. u. Ketons. 500.
—, Jodoform-Reakt. 305.
—, Rein. 504.
—, Trenn. 33*.
—, Tr. 46.
— u. Hydrazine 727.
— z. Rein. 34.
— z. Umkr. 9, 548.
Esterifizieren m. Ameisensäure 20.
— m. Chloraceton 507.
— m. Chlorkohlensäureester 507.
— m. Diazomethan 504.
— m. Dimethylsulfat 502.
— m. Essigsäure 370.
— m. Halogenalkyl 503.
— m. methylalk. Lauge 516.
— m. Salpetersäure 495*.
— m. Säureanhydr. 508.
— m. Säurechlor. 500.
— m. Toluolsulfosäureester 503.
— v. Säuren 469, 493.
— v. Stereoisomeren 495.
Esterifizierung, kat. Beschl. d. Kohle 2.
—, Tonerde, Kieselsäure 4, andere Kat. 797.
—, ultraviol. Licht 499.
Esterifizierungsgeschwindigkeit v. Alkoh. 370, 374.
— v. Anhydr. 508.
— v. Phenolen 371.
— v. Säuren 481.
Esterregel 497.
— säuren, Konst.-Best. 377*, 704.
Eugenol 376, 455, 590.
Euxanthinsäure 594.
Euxanthon 338, 348, 540.
Exalton 288.
Explosionen d. unr. Aether 15.
— d. Na 17.
— b. El.-An. 117.
— b. S-Best. 171, 204.
Explosionspunkt 77.
Explosive Salze v. Ag 257, 484.
— — v. Au 236.
— — v. Ba 220.
— — v. Ca 227.
— — v. Ce 227.
— — v. Co 237.
— — v. Cr 228.
— — v. Cs 226.
— — v. Cu 238.
— — v. F 235.
— — v. Fe 230.
— — v. Hg 249.
— — v. K 237.
— — v. Li 240.
— — v. Mg 240.
— — v. Mn 241.
— — v. Na 242.
— — v. Ni 242.
— — v. Pb 223.
— — v. Pt 247.
— — v. Rb 252.
— — v. Se 256*.

Explosive Salze v. Zn 267.
— — v. Zr 268.
— Substanzen, El.-An. 125, 141.
— —, F 77.
— —, N-Best. 153.
— —, Veraschen 269.
Exsiccatoren 43.

Farbenreaktionen 113.
—, Aldehyde 530, 533.
—, Alkaloide 728.
—, Alkohole 369, 374.
—, Amine 622, 637.
—, Aminosäuren 661, 664.
—, Anilide 728.
—, Carbonylvbdg. 550.
—, Chinone 570*.
—, Diamine 551, 670.
—, Diazoaminovbdg. 715.
—, Diazovbdg. 708.
—, α-Diketone 575.
—, o-Diketone 576.
—, Enole 403.
—, Formylketone 571.
—, Furane 578.
—, Hydrazide, Hydrazine, Hydrazone 727,
—, Ketone 554.
—, α-Ketonsäuren 581.
—, Mercaptane 764.
—, Methylenaether 610.
—, Nitrosovbdg. 737.
—, Nitrovbdg. 749.
—, Oxime 540.
—, Pentosen 593.
—, Peroxyde 760.
—, Phenole 375.
—, Pyrazoline 578.
—, Pyridinder. 378.
—, Pyrrolder. 578.
—, Säureamide 113.
—, Semidine 735, 736.
—, Sulfoharnstoffe 769.
—, Synaldoxime 745.
—, Tetrazone 729.
—, Thioamide 769.
—, Thiophender. 380.
—, Thiophenole 765.
—, unges. Subst. 773.
—, Zucker 588, 590.
Farbige Substanzen, F.-Best. 71.
Farblacke 426.
Farbstoffe, Isol. m. Pikrin- u. Dichlorpikrinsäure 36.
—, red. Acet. 343.
—, Vers. 424.
Farnesensäurenitril 688.
Fasertonerde 3, 57.
FEHLINGsche Lösung 553, 565, 586, 597, 701, 725, 726, 729, 733.
Fenchene 779.
Fenchonreihe 370*.
Fenchylisocyanat 455*.
Ferricyankalium z. Dehydr. 311.
— — wasserstoff u. Ammoniumbasen 684.

Ferricyanwasserstoff u. Betaine 697.
Ferrocyankalium z. Einf. v. CN 334.
— — z. Trenn. v. Amin. 676.
— — wasserstoff 675, 697.
— — —, Salze 650.
— salze 730.
— —, Kat. 297.
— —, D. 675.
— — u. Pyridinder. 675.
Fettalkohole, hochmol. 362.
Fette, An. 422, 458*, 513, 778.
—, F. 75.
—, Geschmack 114.
—, K. L. T. 104.
Fettsäuren, Best. 484.
—, Est. 12.
—, Ident. 473.
—, Kal. 331.
—, Rein. 6.
—, Titr. 485.
—, Trenn. 17.
—, Z. 346.
— s. a. Carbonsäuren.
— anhydride, F. 87*.
— säureester u. Chloraceton 507.
— — ureide 473.
— substanzen, Ox. 295.
Feuchtigkeit, Nachw. 48.
Fibrinosen 643.
Fibroidtonerde = gewachsene Tonerde.
Fichtelit 35.
Fichtenspanreaktion 400, 578.
Fisetol 450*.
Flavanone 540, 784.
Flavanthren 345, 347.
Flavanthrin 345.
Flaviansäure 36, 659.
Flavone 535, 540.
Fleischmilchsäure 306.
Fließende Krystalle 64.
Floridin 4, 58.
Fluchtlinientafeln 80, 81.
Flüssige Luft 74.
Flüssigkeitstrockenschränke 42.
Fluor, Best. 231.
—, Locker. 816*.
—, Nachw. 231.
— u. Diaz. 712.
— acetylzucker 233*.
— alkyle 233, 234.
— s. a. Methyl-, Aethylfluorid.
— anilin 706.
Fluoran 348*, 518.
Fluoranilin 705, 706.
— benzamid 706.
— benzol 232.
— borverbindungen 233.
— carbaminsäure 706.
— chlorylbenzamid 706.
— diphenyl 232.
Fluoren 474, 475, 570*.
— aether 747*.
Fluorenon 747*.
—, Na 48.

Fluorenoncarbonsäuren 337.
— methylsäure 584.
— oxim 747*.
Fluorescein 386, 518.
— reaktion 398, 510.
Fluorindine 151.
Fluornitrobenzoesäure 232.
Fluoroform 234.
Fluoronreaktion 400, 401.
Fluorverbindungen, Kp. 96.
Flußsäure 11, 708*, 779*.
—, Kat. 755.
Follikelhormon 376.
Formaldehyd 559.
—, Best. 316, 468, 569.
—, Farbr. 551, 554.
—, Nachw. 554.
— z. Spalt. v. Hydrazonen 530, 531.
— — v. Bisulfitvbdg. 557.
— — v. Osaz. 587*.
— — v. Oxim. 535.
— u. Aminosäuren 467.
— u. Nitrophenylhydrazin 527.
— bisulfit 557, 676.
— phloroglucid 612.
— pyrrol 349.
Formalresorcin 612.
Formamid 22.
— iminoester 520.
— isobutyraldol 559.
Formoltitration 467, 665.
Formtoluid 114.
Formylacetophenon 562.
Formylieren 411*.
Formylketone 571.
— phenylessigester 403, 405, 406.
Fraktionierte Löslichkeitsbest. 103.
Frankonit 4, 58.
Frittsches Reagens 35.
Fructose 589, 591, 592.
—, Best. 586.
— aethylthioacetal 45.
Fuchsin 658.
—, schweflige Säure 553, 615.
— — —, D. 554.
Fucose 525.
Fullererde 3, 4, 58, 620*.
Fumarsäure 775, 784, 809, 811.
— —, Ester 798.
Furacrylsäure 616.
Furalaceton 309*, 616.
— brenztraubensäure 497.
Furaldehyd = Furol.
— alkohol 453.
Furan 617.
Furane 578*.
Furazane 299.
Furide 594*.
Furol 61, 550, 559.
—, Best. 594.
—, Kr. 27*.
— u. saures Methylen 571.
— barbitursäure 596.
Furole 528.
Furoylderivate, spalt. 452.

Furoylierung 452, 630.
Furylidenmercaptal 550.

G-Säure 385.
γ-Säure 385.
Galaktose 525, 529, 532, 587*, 591.
—, Best. 586, 592.
Galakturonsäure 593*, 594*.
Gallacetophenon 419.
Gallensäure, Salze 789*.
Gallium 235.
Galloflavin 418.
Gallussäure 450, 491*, 610.
—, Salze 789*.
Gasbürette 463, 490, 788.
Gase, entf. 2.
Gasolin 16.
Gefärbte Subst., titr. 489.
Gefäßwand, Einfl. 421*.
Gefrierpunkt 63.
—, Best. 274.
Gelatine 385, 789*.
Gemische, Trenn. 7, 38.
—, untrennb. 38.
Gemischte Anhydride d. Carbonsäuren
　451.
Gentisinsäure 450.
Geraniol 47*, 372, 386, 449*, 453.
Geraniumnitril 688*.
Gerbstoffe = Tannine.
Germanium, Best. 235.
Geronsäure 61.
Geruchsreaktionen 113, 487, 688.
Geschmack, Aminosäuren 114, 662.
—, Ammoniumsalze 699.
—, Ester 114.
—, Jodmethylate 114.
—, Säuren 114, 487.
Gewachsene Tonerde 3.
Gitonin 273*.
Gliadine 28, 693.
Gluconsäure 589.
Glutamine 662*.
Glutaminsäure 484, 643, 662, 694.
Glutarsäuren 483.
— säurereaktion 483.
Glutazin 378.
Glutin 789*.
Glycerin 315, 316, 317, 373, 423, 474, 510,
　523.
—, Best. 317, 374.
—, Kr. 14.
—, Lös. 399*, 669.
—, Verb. m. CaCl₂ 47*, 373*.
— u. HJ 374.
— aether 315, 317.
— carbonat 22.
— derivate 307.
— ester, F. 64.
Glycin 506, 643, 644, 694.
— amid 701.
— anhydrid 36, 643.
Glycylglycin 632.
— valinanhydrid 36.
Glykase 22.

Glykofibrinose 643.
Glykokoll = Glycin.
Glykol 28, 669.
— chlorhydrin 616*.
Glykole 314, 323, 374.
Glykolester 615.
— säure 576, 755.
Glykonsäureester 87*.
Glykosamin 349*.
Glykose 2*, 162, 316, 416, 510, 555, 562,
　589, 591.
—, Best. 586, 590*.
—, Pentaacetat 416.
Glykoside 375, 425, 586, 590, 606.
—, Alk. 390.
Glykoson 562.
Glykuronsäure 525, 530*, 542*, 593.
—, Best. 593*, 594.
Glykuronsäuren, gepaarte 592.
Glyoxal 328*, 487, 551, 669.
Glyoxalinbildung 574.
Glyoxalonglykole 386.
Glyoxime 534, 574.
—, N-Aether 738.
—, Salze 575.
—, Spalten 575.
Glyoxylsäure 317.
Gold, Best. 172, 235.
— blatt f. Hg-Best. 249.
— chlorid, Kat. 693.
— doppelsalze 235, 659.
— —, Cl-Best. 181.
— —, N-Best. 162.
— —, Umkr. 8, 660.
— — d. Betaine 697.
— thiolmethylglyoxalincarbonsäure 236.
Gossypol 606.
Graphit 752.
—, Bad 364*.
—, Staub 160*.
GRIGNARDS Reagens 372, 458*, 459, 560,
　574, 768.
— —, D. 459.
— Reaktion 408, 458*, 459, 552, 560, 565.
Guajactinktur 760.
Guajacol 346, 376.
Guanidin 628*, 633*, 643.
— doppelsalze 169*.
Guanin 643, 659.
Gummi arabicum 385, 788.
Guvacin 496.
Gynocardin 45.

H-Säure 385.
Haematein 113.
Haematoxylin 316, 425.
Haemin 537.
Haemopyrrolidin 456*.
Halbmikro-Acetylbest. 424.
— As-Best. 219.
— Bromadd. 806.
— CARIUS 173.
— CLARK 433.
— DUMAS 156.
— El.-An. 130.

Halbmikroverfahren FREUDENBERG, HARDER 433.
— Halogenbest. 173, 180, 187.
— Hg-Best. 251.
— Hydrierung 794, 796.
— KJELDAHL 163.
— Methoxylbest. 609.
— Mol.-Gew.-Best. 284.
— S-Best. 202*.
— SLOTTA, MÜLLER 180.
— TER MEULEN, HESLINGA 140, 180, 202*.
— VIEBÖCK 187.
— ZEREWITINOFF 463.
Halogen, Best. 166.
—, Nachw. 166.
—, nebeneinander 192.
— in Bi-halt. Subst.-Best. 266.
— in Hg 249.
— in Se 254.
— in Ti 263.
— in Tl 263.
—, Locker. 356, 816, 817.
— u. Doppelbdg. 774.
— u. dreif. Bind. 812.
— u. Phenole 380.
— s. a. Chlor, Brom, Jod, Fluor.
— haltige Verunr., entf. 6.
— silber, Fäll. 167.
Harn, Hg-Best. 251.
—, K-Best. 237.
—, K. L. T. 104.
— säure, Tl-Salz 262.
— —, umkr. 2, 21.
— u. Kohle 2.
— — derivate, N-Best. 161.
— stoff 166.
— — z. Entf. v. HNO₂ 522.
— stoffchlorid 452.
Harze, entf. 1.
—, Kal. 337.
Harzsäuren, Titr. 486.
Hederagenin 419*.
Heizflüssigkeiten 42.
— körper v. EHMANN 609.
Helicin 562.
Heptachlortoluol 172.
— naphthensäure 315.
Heptylamin 631.
Heteroauxin 62.
— fibrinose 643.
— hydroxylsäuren 487.
Hexaalkylacetone 552*.
— chloraethan 18, 167*.
— — benzol 23, 24, 167, 172.
— — osmeate 243.
— cyanosmeate 243.
— hydroacetophenon 792.
— hydrobenzoesäure 320.
— — benzylamin 639.
— — toluol 24, 326.
— methylen 320.
— methylhexamethylentriol 419.
Hexan 16, 326.
Hexanitroazobenzol 10.
— — tetraoxydiphenyl 754*.

Hexanone 532.
—, Trenn. 545.
Hexaoxyanthrachinonsulfosäuren 355.
— — dinaphthyl 2.
— — säuren 323.
— phenyldistannan 267.
— trien 777.
Hexylresorcin 458.
Hippursäure 563.
—, Chlorid 448.
Histidin 2, 628, 643, 659.
Hochschmelzende Substanzen, F. 73.
Höchster Gelb 344.
Höhermolekulare Alkyloxyde, Best. 609.
HOFMANNscher Abbau v. Basen 678.
— — v. Säureamiden 357, 704.
— — v. Säureimiden 707.
Homobrenzcatechin 377.
—, Sulfosäure 332.
—, Kaffeesäure 377.
Homologe Reihen, F.-Regelm. 87.
— —, Kp.-Regelm. 96.
Homoorthophthalimid 347.
— — — methylimid 348.
— oxybenzoesäuren 377, 378.
— pivalon 552*.
— protocatechusäuren 377.
HÜBLsche Lösung 807.
Huminsubstanzen, Ausflocken 5.
Hydantoin 551*, 634.
—, N-Chloride, An. 184.
Hydralo 57.
Hydramide 558.
Hydrate, feste, v. flüss. Subst. 45.
— v. Acetylvbdgen. 419*.
Hydrazide 33*, 727.
—, Best. 732.
—, Spalt. 732.
— a. Säureanh. 510.
— s. a. Phenylhydrazide.
Hydrazin, dreif. Bind. 814.
—, α-Oxyde 617*.
—, Säureanh. 510.
— z. Red. 714.
— benzoesäuren 531.
Hydrazine, N-Best. 147.
—, aliph. prim. 725.
—, aliph. prim.-tert. 725.
—, aliph. bisek. 726.
—, aliph. quat. 726.
—, arom. prim. 726.
—, arom. prim.-tert. 729.
—, arom. bisek. = Hydrazovbdg.
—, arom. tert.-sek. u. ditert. 730.
Hydrazingruppe, Best. 731.
—, Nachw. 725.
— hydrat 617*.
— — z. Akt. v. Na-Azid 360.
— —, Kr. 11.
— — z. Red. 788.
— — u. Oxime 746.
— probe 729.
— reste, Verdr. 533.
— sulfat 415, 511.
— sulfosäuren 729.

Hydrazodicarbonamid 541*.
— gruppe 733.
— verbindungen 314.
Hydrazone, Aufbew. 522.
—, F. 66.
—, N-Best. 524.
—, Isomerie 522.
—, Pikrate 524.
—, Rein. 522.
—, Spaltung mit:
    Benzaldehyd 530, 533.
    Benzoesäure 530.
    Brenztraubensäure 532.
    Dinitrobenzaldehyd 533.
    Formaldehyd 530, 533.
    Na-Aethylat 532.
    Salpetersäure 532.
    Salzsäure 532.
    Schwefelsäure 532.
—, Titrat. 487.
— s. a. Phenylhydrazone.
Hydrazonhydrate 524.
Hydrazophenylmethyl 726*.
— tritan 726*.
Hydrierungsgrad jodom. best. 310, 311.
Hydroacridindion 348.
— aromatische Ketonedeh. 313.
— — Säurendehydr. 311, 313.
— benzoindiacetat 343.
— berberin 311.
— carbazole 312*.
— chinazoline 311.
— chinon 346, 378, 399.
— —, Best. 763.
— — reihe 313.
— chinoxaline 311.
— ergotinsulfat 12.
— indole 313.
Hydrolysierbare Salze, Entfärb. 2.
Hydropicen 318.
— pyrone 570.
— resorcine 403, 465, 487.
— resorcylsäuren 465.
— retene 35.
— statische Waage 109.
— tropie 9.
Hydroxamsäuren 509, 514, 537, 543, 561.
Hydroxonsäure, Ag-Salz 484.
Hydroxyalkyltriazodihydropyridazine
    487.
— cyancampher 687.
Hydroxylamin u. Acetylene 314.
— — u. Aldehyde s. Oxime.
— — u. Alkylenoxyde 618.
— — u. Chinone 579.
— — u. Diaz. 714.
— — u. Diketone 574, 577.
— — u. Doppelbdg. 799.
— — u. dreif. Bdg. 814.
— — u. Ester 537.
— — u. Flavonder. 540.
— — u. Hydrochinone 579.
— — u. Ketone s. Oxime.
— — u. Ketonsäuren 584.
— — u. Lactone 518.

Hydroxylamin u. Mercaptane 764.
— — u. Nitrile 684.
— — u. Nitrosovbdg. 738.
— — u. Oxysäuren 514.
— — u. Pyrrole 537.
— — u. Säureamide 537.
— — u. Säureanhydride 509.
— — u. Säuren 537.
— — u. Safranone 535.
— — u. Senföle 768.
— — u. Xanthone 540.
— — u. Zucker 533.
— — z. LOSSENschen Umlag. 357.
— — chlorhydrat z. Absch. Aminos. 34.
— — sulfat 415, 538.
— — sulfosäure 536.
— gruppe, Acet. 407.
— —, Alkyl. 457.
— — an asym. C-Atom 407.
— —, Benzoyl. 438.
— —, Benzyl. 458.
— —, Best. 407, 438, 442, 513.
— — in Oxysäuren 457, 513.
— —, Nachw. 361.
— —, — Ers. d. H 356.
— —, — d. Halogen 356.
— —, — d. NH_2 817.
— zahl 381, 513.
Hydrozimtsäureamide 705.
Hydurilsäuren 798*.
Hygroskopische Substanzen 67.
— —, El.-An. 124.
— —, F. 77.
— —, Wägen 124.
Hypobromit u. Aminosäuren 664.
— — u. Doppelbdg. 322*.
— — u. dreif. Bdg. 814.
— — u. Isonitrile 689.
— — u. Ketonsäuren 307.
— — u. Methylketone 307.
— — u. Säureamide 704.
— — u. Säureimide 708.
— — s. a. Natriumhypobromit.
— chlorit u. Diamine 670.
— — u. dreif. Bdg. 814.
— — u. Methylketone 308.
— — u. Säureamide 704.
— — u. Säureimide 708.
— — s. a. Natriumhypochlorit.
— jodid u. Alkoh. 305.
— — u. Ketonsäuren 306.
— — u. Methylketone 305.
— — u. Säureamide 706.
— — s. a. Natriumhypojodit
Hystazarin 398*.

Ichthyol 197, 203.
Identifizieren d. Fortwachsen v. Kryst.
    37.
— d. Impfen 37.
— d. Löslichk.-Zahl 103.
— d. Misch.-F. 39.
— v. N 144
— v. Aethern 615.
— v. Säuren 469.

Imidazoldicarbonsäure 637.
— azole 628, 667.
— azolone 706.
Imidgruppe 671.
— —, Best. 461, 673.
Imidodimethylpyrroldicarbonsäureester 729.
Iminobiuret 701.
— dicarbonsäureester 457.
— säuren, titr. 468.
— —, Ester 520*.
— sulfosäuren 575.
Impfen 37, 274, 388, 585, 789.
Impfmethode 37, 789.
— stift 274.
Indaminreaktion 670.
Indandion 565.
Indanone 13*, 18.
Indanthron 11*, 343, 347, 411, 629.
Indazinsulfosäure 9.
Indazole 419, 653.
Inden 570*.
Indene 312.
Indicatoren 486, 647.
Indigo, Acet. 411, 674.
—, B. 349.
—, Benzoyl. 629.
—, Ox. 24.
—, red. Acyl. 343.
—, Umkr. 20, 24, 25.
—, Z. 345.
— sulfosäure 486.
— tinktur 760.
Indigweiß 345.
Indirekte Azofarbstoffbildung 648.
— Basenbest. 488.
— Best. d. Mol.-Gew. 290.
— Imidbest. 673.
— Oxyd. 327, 328.
— Siedemeth. 279*.
Indol 556, 578*.
— aldehyd 562.
Indolinone 727.
Indolreaktion 551*.
Indopheninreaktion 113.
— phenole 651*.
— phenolreaktion 670.
Indulin 416*.
Infusorienerde 3.
Innere Reibung 407.
Inosinsäure 112, 219.
Inulin 56.
Inosit 306, 584.
Interferometer 112.
Iretol 308.
Iridium, Best. 236.
— chlorid z. Akt.-Kat. 786*, 792.
Ironbromphenylhydrazon 525.
Isaethindiphthalid 347.
Isatin 343, 565, 581, 674.
— reaktion 578.
Isoamylaether 459, 795.
— — amin 631.
— boletol 50.
— borneol 20, 349, 386.

Isobuttersäure 430.
— — anhydrid 448, 449.
— butyl, verdr. d. Acetyl 419.
— — alkohol 13, 481, 795.
— — amin 631, 638.
— — phenylhydrazid 728.
— butyraldehyd 559.
— butyrylnaphthol 450.
— — ostruthin 449.
— chinolin, Der. 334.
— — sulfosäuren 334.
— cinchomeronsaures Ammonium 147.
— codein 33.
— crotonsäure 802.
— cyansäureester 688.
— diphensäure 337.
— fenchonreihe 370*.
— imide 707.
Isomere Ester v. Ald. u. Ket.-Säuren 500.
— — v. Dicarbonsäuren 604*.
Isomerisation s. Umlagerung.
Isonicotinsäure, Ester 496*, 698.
— nitrile = Carbylamine.
— nitrilgruppe 688.
— — —, Best. 689.
— — reaktion 619.
— nitrosogruppe 744.
— — —, Best. 756.
— — —, Nachw. 744.
— — — s. a. Oxime.
— — ketone 534, 574.
— phthalsäuren 398*.
— pren 302, 799.
— propyl, Absp. 606.
— —, Umlag. in α-Propyl 339.
— — aether 15.
— — alkohol 13, 305, 367, 373.
— propylidengruppen, Best. 301.
— propyljodid 609.
— — naphthaline 606.
— — naphthol 376*.
— — phenylaminonaphthoglyoxalin 730.
— — salicylsäure 377*.
— rosindone 343.
— rotenon 66*, 310*.
— saccharin 584.
— safrol 610.
— therme Destillation 290.
— topenanalyse 228.
— undecylensäure 780.
— valeriansäure, Anhydrid 448.
— — —, Chlorid 448.
— — —, Cu-Salz 238.
— valerylnaphthol 450.
— vanillinsäure 377.
Isoxazole 539, 577.
Isoxime = Lactame.
Isozimtsäuren 16.
Itaconsäureanhydrid 37.
— — azid 358.

Jod, Best. 184, 187.
—, Entf. 6, 390, 721.
—, Kat. 470.

Jod u. Ag-Salze 479, 483.
— u. aliph. Diazovbdg. 709.
— u. arom. Diazovbdg. 712.
— u. Doppelbdg. 802.
— u. dreif. Bdg. 812.
— u. Phenole 380, 400.
— z. Dehydr. 310.
— s. a. Halogen.
Jodacetonitril 681.
— aethyl 19.
— —, Nachw. 598.
— —, Rein. 19*.
— alkyl 503.
— ammonium 690.
— anthrachinon 167, 172.
— benzoesäure 332.
— dibromoxybenzaldehyd 559.
— diphenylisocyanat 457.
— fettsäuren 359.
Jodidchloride 196.
Jodival 619.
Jodjodkalium 306.
Jodlactone 800, 802.
— lanthanreaktion 420.
— methyl 19.
— —, Best. 599.
— —, Nachw. 598.
— —, Trenn. v. C₂H₅J 599.
— — u. Basen 549, 677.
— methylate 183.
Jodoformreaktion 305, 585, 599.
Jodogruppe, Best. 759.
— —, Nachw. 759.
Jodoniumbasen 759.
Jodophenylarsinsäuren 760.
Jodosobenzoesäure 759.
— benzol 706.
— gruppe, Best. 759.
— —, Nachw. 759.
— phenylarsinsäuren 760.
Jodoxybenzaldehyd 559.
— paraoxybenzoesäure 172.
— phenacylester 469.
— phenylhydrazin 532.
— propionsäure 494.
— säure 316, 400.
— salicylsäure 66.
— salze, Kat. 333.
— sauerstoffmethode 490.
— stickstoff 305*.
— thalliumverbindungen 262.
— wasserstoffsäure, D. 601.
— — —, Entf. 6, 721.
— — —, Kr. 11.
— — — f. Absp. CO₂ 474.
— — — f. Methoxylbest. 374, 601.
— — — f. Pt-Vbdg., An. 247.
— — — f. Red. 163, 349.
— — — f. Vers. 392, 431, 631, 685.
— — — u. Aether 613, 617*.
— — — u. Alkoh. 365.
— — — u. mehrwert. Alkoh. 374.
— — — u. Alkylenoxyde 610, 616.
— — — u. Azofarbstoffe 721.
— — — u. Betaine 697.

Jodwasserstoffsäure u, Carbonylvbdg. 328,
— — — u. Doppelbdg. 779, 780, 784.
— — — u. dreif. Bdg. 812.
— — — u. Methylenaether 610.
— — — u. Nitrile 685.
— — — u. Nitrosovbdg. 737.
— — — u. β-Oxysäur. 512.
— ⸗ — u. SCH₃-halt. Subst. 607.
— — — z. Absp. v. CO₂ 474.
— — — z. Ers. v. Hal. d. H 356.
— wismutverbindungen 265.
— zahl 807.
Jonon 61, 299.
—, Bromphenylhydrazon 525.
—, Semicarbazon 542.

K. L. T. = kritische Lösungstemperatur.
Kaffursäure 387.
Kakodylreaktion 420.
— säure 216.
— verbindungen, An. 216.
Kakothelinoxim 748*.
Kalikalk 330.
— lauge 474, Kat. 549.
— —, Kr. 11.
— — f: El.-An. 116.
— — f. N-Best. 149.
— — f. Vers. 393.
— —, anders wirk. als NaOH 388*, 627.
— — s. a. Lauge.
— schmelze 328, 329.
— —, Anw. 336.
— — v. Kresolen 337.
— — v. Nitrilen 338.
— — v. Sulfosäuren 332, 770.
— — v. unges. Säuren 331.
Kalium, Best. 236.
—, Rein. 145*.
— z. F-Best. 232*.
— z. N-Nachw. 145*.
— z. S-Nachw. 197.
— acetat 396*, 432, 527*, 628.
— —, Best. 431.
— —, Nachw. 420.
— — z. Ers. NO₂ d. OH 753.
— — z. Vers. 424, 432.
— —, besser als Na-Acetat bei Acet. 412*.
— alkoholat 394.
— ammonium 179.
— arsenit 175*.
— bicarbonat 148, 474.
— — f. Benzoyl. 439, 628.
— —, besser als NaHCO₃ 439*, 628.
— bijodat 558.
— bisulfat 303, 520.
— — f. Est. 495*, 499.
— bisulfit 557*, 722*.
— bleijodid 48.
— bromid, Kat. 647*, 652.
— carbonat 801.
— chlorat 329.
— chromat 121, 123, 205.
— cuprocyanid 712*.
— cyanid 334, 572, 733.

Kaliumhydroxyd 329, 354, 705.
— s. a. Kalilauge.
— hypobromit 704.
— — chlorit 704.
— — jodid 759.
— metabisulfit 652.
— methylat 424*.
— natriumacetat 69.
— — carbonat 199.
— — legierung 14, 46*, 615.
— permanganat f. As-Best. 215.
— — f. Hg-Best. 250.
— — f. S-Best. 205.
— — f. Si-Best. 259.
— — z. Oxyd. 292, 298, 304, 328, 406.
— — z. Rein. 5.
— — s. a. Permanganat, Übermangan-
    säure.
— persulfat 297.
— plumbit 209*.
— propionat 448.
— pyrochromat 728.
— — sulfat 415.
— — sulfit 652.
— salze, besser als Na-Salze 440.
— stearat 294.
— verbindungen z. Bas.-Best. 484.
— —, reaktionsfähiger als Na-Vbdgen
    412*, 439*, 440, 627.
— xanthogenat 160.
Kaliunlösliche Oxyaldehydrazone 527.
— Oxyisonitrile 689.
— Phenole 395, 527, 689.
Kalk 396*, 425, 705, 734.
—, Rein. 167.
— methode 167.
— milch 665.
— f. Kal. 332.
Kalte Verseifung 423.
Kambaraerde 3.
Kaolin 58.
Katalysatoren, Aktivieren 786.
— b. Acet. 416.
— b. Acyl. 442.
— b. Alkoholyse 13.
— b. Alkyl. 391.
— b. Diaz. 652.
— b. Enolis., Ketis. 402.
— b. Ers. v. Hal. 356.
— b. Est. 507.
— b. Hal.-Best. 179.
— b. Kal. 332, 334.
— b. Ox. 297.
— b. Red. 784.
— b. Sulfon. 819.
— b. Vers. 424.
— b. Wand. v. Doppelbdg. 804.
— b. zers. Diazovbdg. 712.
—, organische 581.
—, Vergift. 786.
— s. a. d. einzeln. Katalysatoren u.
    Wasserstoffadd.
Katalytische Beschleun. d. Esterif. u. d.
    Oxyd. d. Kohle 2.
— Störungen, Vermeid. 328.

Kathodenlichtvakuum z. Tr. 43.
Kautschukröhren, altern 130.
Kermessäure 348.
Kernacetylierung 408, 415.
— alkylierung 390, 399, 400.
— benzoylierung 438.
— methylierung 390, 504.
— substitution, Einfl. a. Ox. d. Seitenk.
    296*.
— —, — a. Reakt. v. Carbonyl 551.
— verschiebung b. Red. 784.
Ketale 520.
Keten, An. 119*.
— f. Acet. 625.
Ketine 748.
Ketocholansäuren 567.
— isothiochroman 352.
Ketonaldehyde 305.
— alkohole 305, 523, 727.
Ketone, Acetalbild. 520.
—, Best. 537, 545, 546.
—, — neben Alkoh. 305.
—, red. Acetyl. 342.
—, Nachw. 532, 565.
—, Ox. 304, 305, 323.
—, Red. 339, 351.
—, Spalt. 328, 337.
—, unges. 323, 556.
— u. Benzhydrazide 548.
— u. Semicarbazid 545.
— s. a. Carbonylgruppe.
Ketonsäuren 473*, 581.
— —, Red. 351.
— — u. SOCl$_2$ 500.
— —, Benzhydrazone 548.
— —, Thiosemicarbazone 546.
— —, α-Ket. 581.
— —, β-Ket. 582.
— —, —, Enol. 401.
— —, —, Ester, Best. 582.
— —, γ-Ket. 583.
— —, δ-Ket. 584.
— —, o-Ket. 584.
— —, —, Isom. Ester 500.
— — spaltung 337, 481.
— — superoxyde 304.
Ketophenole 523.
Ketosen, Nachw. 589.
— u. Methylphenylhydrazin 529.
— u. Semicarbazid 542.
Ketotetramethylpyrrolidin 706.
Ketoxime, D. 534.
—, Doppelvbdg. 539.
— s. a. Oxime.
Ketoximsäuren 535.
— zuckersäuren 587.
Kieselgur 36, 58.
— säure, Ester 259.
— — gel 4.
KJELDAHLverfahren 159.
— — z. Aufschl. 270.
— — z. Best. v. Hg 250.
— — — v. Pb 223.
— — — v. Si 259.
Klären 4.

Klebrige Substanzen, F. 75.
Knallquecksilber 399.
— säurederivate 226.
Kobalt, Best. 237.
—, Pikrat 237.
— komplexsalze 534.
— salze, Kat. 297.
— — f. Biuretreakt. 701.
Kodein 390*.
Königswasser 11, 258.
Kohle 1, 57, 354, 623*.
—, Rein. 2.
— z. Entf. 1..
—, kolloide 2.
— hydrate = Zucker.
Kohlendioxyd, Absp. 477.
— —, D. 152.
— —, festes 39.
— — u. Phenolate 396.
— oxyd, Absp. a. α-Ketons. 581.
— —, β-Ketonsäureest. 582.
— —, α-Oxysäur. 481, 512.
— —, Säurechlorid. 481.
— —, Säuren 479.
— oxysulfid 768.
— stoff, Best. 115.
— —, Nachw. 112.
— —, Prozentzahlen ält. Anal. umrechn.
144.
— — s. a. Elementaranalyse.
— wasserstoffe, Rein. 6.
— —, Trockn. 46.
— —, Umkr. 13.
— —, unges., ox. 323.
— —, Vbdgen m. Nitrovbdg. 34, 35.
Kojisäurediacetat 407*.
Kolloide Kohle 2.
Kolloides Eisenhydroxyd 5.
Komenaminsäure 379.
Komplexe Salze v. Diazoniums. 754.
— — v. Glyoximen 534.
— — v. Phenolen 376, 397.
— — v. Synaldoximen 745.
Kondensationsmittel z. Rein. 6.
— — reaktionen 562.
Kongorot 647.
Konjugierte Doppelbindung 777, 798.
— —, Nachw. 801.
— —, Red. 782.
Konstanz d. F. 64.
— d. Kp. 88.
Kontaktanalyse 126.
— stern 120, 127, 257.
— vorrichtung 120.
Korksäure 66.
korrigierter F. 79.
— Kp. 92.
Kreatin 161, 643.
Kreatinin 161, 551*.
Kreide 426.
Kresole, Kal. 337.
—, Kr. 26.
—, Ox. 337.
—, Z. 346.
—, m- 26, 37, 377.

Kresole, o- 376.
—, p- 378.
— u. FeCl₃ 376.
Kresolnatrium 11*.
— phthalein 417.
Kresorcinsulfosäure 332.
Kresotid 7.
Kresotinsäure 5.
Kresylschwefelsäure 297*.
Kriechen, Verhind. d. 29.
Kriterien d. chem. Reinheit 62.
Kritische Lösungstemperatur 104.
— Trübung 104.
Krokodilexsiccator 43.
Krokonsäure 669.
Kryoskopie d. Hydroresorcine 470.
— d. Oxylactone 470.
— d. Phenole 397.
— d. Säuren 469.
Kryptophenole 396, 455.
Krystallisation a. d. Schmelzfluß 36.
—, anregen 37.
—, Geschwindigkeit 7, 9*.
Krystallisieren 7.
Krystallographische Identifizierungen 37*
Krystallverbindungen 29.
— — v. Acetessigester 539.
— — v. Aceton 15, 539.
— — v. Aether 15, 29*, 67, 539.
— — v. Aethylalkohol 13, 539, 660.
— — —, Best. 459*, 606.
— — v. Aethylenbromid 19*, 539.
— — v. Aethylenglykol 539.
— — v. Allylalkohol 14.
— — v. Amylalkohol 14, 539.
— — v. Anilin 25, 539.
— — v. Benzoesäureester 26.
— — v. Benzol 23, 539.
— — v. Blausäure 539.
— — v. Bromoform 18.
— — v. Buttersäure 22.
— — v. Chinolin 539.
— — v. Chloroform 17, 29*, 67, 539.
— — v. Essigester 22.
— — v. Essigsäure 21, 539, 542*.
— — v. Essigsäureanhydrid 21.
— — v. Glycerin 539.
— — v. Glykol 539.
— — v. Hexan 17.
— — v. Jodmethyl 20.
— — v. Jodnatrium 539.
— — v. Jodsilber 539.
— — v. Malonsäureester 539.
— — v. Methanol 12, 539.
— — —, Best. 12.
— — v. Nitrobenzol 539.
— — v, Petrolaether 17.
— — v. Phenol 25.
— — v. Phenylisocyanat 539.
— — v. Picolin 27*.
— — v. Pyridin 27, 539.
— — v. Tetrachlorkohlenstoff 18, 539.
— — v. Toluol 23.
— — v. Valeriansäure 539.
— — v. Wasserstoffsuperoxyd 10*.

Krystallviolett 505*.
— wasser 9, 539, 543, 659, 660.
— —, Best. 45, 459.
— —, Entf. 45.
— — v. Ag-Salzen 484.
Küpen 344.
KÜSTERS Reagens 486.
Kupfer, auflock. Wirk. 356.
—, Best. 238.
—, Entf. 2.
—, Kat. 319, 334, 373, 560.
— f. Absp. v. CO_2 474.
— f. Dehydr. 319.
— f. Kal. 333.
— f. KJELDAHL 160*.
— f. Red. 346.
— f. Rein. v. JC_2H_5 19*.
— f. Verhind. d. Stoßens 595.
— acetat 404, 510, 587, 726, 745.
— ammoniumsulfat 657.
— benzoat 166*.
— bromid 650.
— bronze 319, 477, 649.
— carbonat 166.
— chlorid 649, 661, 725, 764*.
— chlorür f. Diaz. 649, 650.
— — f. El.-An. 122, 165.
— chromit 785*.
— chromoxyd 319, 706.
— — bimsstein 319.
— cyanür 334.
— dibromacetessigester 239.
— isovalerianat 238.
— oleat 764*.
— oxyd, Kat. 333, 538.
— — f. Halog.-Nachw. 166.
— — f. Kal. 337.
— — u. Aminosäuren 661, 663.
— — asbest 148*.
— — hydrat 5.
— oxydul 650, 812.
— —, Kat. 712*.
— phosphat 123, 236.
— pulver f. CO_2-Absp. 477, 479.
— — f. Diaz. 649, 753.
— — f. Kal. 332.
— — f. Red. 714.
— rohr f. F-Best. 233.
— salze z. Rein. 5.
— v. Acetylen. 812, 814.
— — v. Amidoxim. 684.
— — v. Aminosäuren 484, 664.
— — v. Diketone 534.
— — v. Hydroxamsäuren 561.
— — v. Mercaptanen 764.
— — v. Pyridin-, Chinolinder. 484.
— — v. Thiosemicarbazon. 546.
— selenverbindungen 239.
— sulfat 649, 661.
— — z. Acet. 415.
— — z. Dehydr. 315.
— — z. Entf. v. Jod 390.
— — z. Kat. 652.
— — z. N-Best. 161.
— — z. Tr. 48.

Kupfersulfat z. Verkochen, Diaz. 712.
— wasserstoff 714.
Kynurin 379.
—, Aether 607.

Laccainsäure 10.
Lackfarbstoffe 426, 721.
Lackmus 486, 488, 647.
Lacmoid 486, 657.
Lactame 517, 746.
Lactide 358, 511.
Lactone 468*, 489, 515, 802.
—, Benzoyl. 440.
—, Best. 515.
—, CO_2-Absp. 516.
—, Est. 516.
—, Red. 519.
—, Titr. 516*.
— als Pseudosäuren 516.
— — u. Alkalien 515.
— — u. Ammoniak 516, 517.
— — u. Hydrazinhydrat 517, 518.
— — u. Hydroxylamin 518.
— — u. Phenylhydrazin 517, 518, 523, 727.
— — u. Thionylchlorid 519.
—, ungesättigte 516, 519.
Lactonsäuren 489, 515.
Lactose 513, 562, 591.
—, Best. 590*, 592.
— s. a. Milchzucker.
Lävoglykosan 409.
Lävulinaldehyd 562.
— säure 61, 544, 585.
— —, Nachw. 585.
Lävulose = Fructose.
Lampenmethode 184, 231.
Lanthan, Best. 240.
—, Acetat 420.
Lauge, acetonische 423.
—, alkohol. 422, 423.
—, amylalk. 422, 686*, 803*.
—, benzylalk. 422.
—, butylalk. 422, 560.
—, methylalk. 423, 560.
—, propylalk. 422.
—, Glycerin- 423.
—, — f. Kal. 423.
Laurinsäure, Chlorid 448, 449.
Lebertran 188.
Lecithin 269.
Leitfähigkeit, Erhöh. d. Borsäure 512.
—, Oxysäuren 512.
—, Säuren 273.
—, schwer lösl. Subst. 102.
— v. Salzen 508.
Leptospermol 418*.
Leucin 643, 662, 694, 773.
— amid 701.
Leucylglycin 643.
— isoserin 643.
— leucin 643.
Leukofarbstoffe 342.
Leukonditoluylenchinoxalin 17.
Leukotrop 395.

Licht 774, 777*.
—, Einfluß a. Ammoniakadd. 801.
—, — a. Bromadd. 776, 804*.
—, — a. Diaz. 712.
—, — a. Enole 407.
—, — a. Nitrovbdg. 750.
—, — a. Oxime 746.
—, — a. Phenylhydrazone 522.
—, — a. Silbersalze 257.
—, — a. Umlag. d. Oxime 746.
—, — a. Umlag. d. Sr. mit Brom 802.
—, — a. Verkochen 712.
—, ultraviolettes f. Est. 499.
— empfindliche Substanzen 257, 484, 750.
LIEBIGsche Ente 103.
Ligroin 16.
—, An. 106.
—, Kr. 16, 439.
—, Lös. 294, 423.
—, Rein. 17.
— z. Verd. 503.
Limonen 323, 780.
—, Dichlorhydrat 779, 780.
—, Nitrosochlorid 778.
Linalool 363, 372, 386, 415*, 417.
Linolensäure 493, 778.
Linolsäure 6, 778.
Lithium, Best. 240.
—, Chlorid 520.
—, Hydroxyd 485.
—, Kat. 520.
—, Nitrat 69.
—, Pikrat 240.
Löslichkeit, Best. 98.
—, Bez. zwisch. Lös.-Mittel u. gel. Stoff 103.
—, Erhöh. d. Verunr. 8.
—, Regelmäßigkeiten 103.
Löslichkeitszahl f. Identif. u. Rein.-Prüf. 103.
Lösungsgenossen, Einfl. a. Lösl. 103.
— geschwindigkeit 99.
— mittel, Auswahl 8.
— — f. Acetylder. 420.
— — f. Brom 776.
— — f. Gefr.-Konst. 277.
— — f. Hydrazone, Osazone 532.
— — f. Ozonide 326.
— —, Einfl. a. Absp. v. CO₂ 474.
— —, — a. Add. 776, 780.
— —, — a. Reakt.-Geschw. 412.
— —, — a. Verlauf d. Nitr. 669.
— —, hochsiedende, oxyd. u. red. Wirk. 24.
— temperatur, kritische 104.
— volumen, molekulares 407.
Lophine = Glyoxaline.
Luftbad 72.
— n. ANSCHÜTZ 72*.
— n. KUTSCHER, OTORI 77.
— n. L. MEYER 364.
— empfindliche Silbersalze 257, 484.
— — Substanzen, An. 153, 257.
— — —, F. 60.
— — —, Umkr. 30.

Luftsauerstoff, ox. Wirk. 8.
— thermometer 75.
— trockenkasten 42.
Luminiscenzanalyse 40, 59.
Lupanin 680.
Lutidindicarbonsäureester 318.
Lutidine 27.
Lutidintricarbonsäureimid 708.
Lutidon 522.
— carbonsäure, Ag-Salz 484.
Lycopin 299, 301.
Lyochrome 56.
Lysimeter 100.
Lysin 634, 643, 659.

Maalialkohol 303.
Mäusegeruch d. Säureamide 113.
Magnesia 269.
—, Rein. 427.
— f. Kal. 330.
— u. Phenole 396*.
— u. Säureamide 703.
— z. Benzoyl. 6.
— z. Meth. 677.
— z. Verd. 346.
— z. Vers. 425, 427.
— schiffchen 784.
— siedestäbchen 88.
Magnesit 152.
Magnesium, Best. 240.
—, Kat. 475*.
— f. Au-Best. 235.
— f. Est. 370*.
— f. Red. 554.
— f. S-Nachw. 197.
— acetat 409.
— alkoholate 341.
— amalgam 47.
— chlorid 618.
— diphenyl 240.
— methylat 47.
— permanganat 292.
— pikrat 240.
— pulver 197, 345, 346.
— salze z. Bas.-Best. 484.
— sulfat 294, 704.
Malachitgrün, Leukobase 64, 581.
— —, subst. 394.
— — reihe 514.
Maleinsäure 358, 802, 809, 811.
— —, Ester 798.
— —, Anhydrid 801, 805*.
Malonsäure 475.
— —, Amid 700.
— —, Ester 500.
— — u. KMnO₄ 773.
Maltose 12, 591.
—, Best. 592.
Mangan, Best. 241.
—, Carbonat 152.
—, Dioxyd 121, 139, 294, 318, 329, 400, 511.
—, —, Kat. 772.
Manganoxydhydrat 511.
Manganoacetat 760.

Manganpikrat 241.
— salze, Kat. 297.
— sulfat 511.
Mannit 316.
Mannose 525, 591.
—, Best. 586, 592.
Matrin 348.
Mekocyaninchlorid 32.
Mekonindimethylketon 516.
— methylphenylketon 516.
Melilotsäure 333.
—, Anhydrid 310, 311*.
Mellitsäure 10, 497.
Menthen 315.
Menthenole 797.
Menthol 315, 417, 457, 590.
Menthon 538.
Menthonylamin 797.
Menthylamin 639*.
— isocyanat 455*.
Mercaptane, Best. 764*, 765.
—, Reakt. 764.
— u. Ketonsäuren 582, 583.
— u. Phenylisocyanat 455.
— u. Tetranitromethan 774.
Mercaptide 764.
Mercaptobenzole 766.
— säuren 766.
Mercuroanthrachinon 823.
Mercuriacetat 4.
Mesaconsäureazid 358.
Mesitol 377.
Mesitylbenzylglyoxal 574, 576.
Mesitylen 462.
— diamin 670.
Mesityloxyd 512, 554.
— phenyldiketon 574.
Mesodibromanthron 580.
— häm 230*.
— naphthobianthron 348.
— porphyrin 537.
Mesoxalsäurephenylhydrazon 728.
Metachinaldinacrylsäure, Ag-Salz 484.
— phosphorsäure 637, 676.
Methansulfosäure, Ester 676.
— tricarbonsäureester 472*.
Methanal 34*.
Methebenol 30.
Methenyldiparatolyltriaminotoluol 37.
Methode v. ADAM 409.
— v. ADAMS 792.
— v. ARDAGH, WILLIAMS 568.
— v. ARTH 815.
— v. ASBOTH 198.
— v. AUERBACH, BODLÄNDER 592.
— v. AUWERS 534, 535.
— v. AUWERS, BERNHARDI 482.
— v. BADER 382.
— v. BAEYER 309, 344, 772.
— v. BAEYER, VILLIGER 309, 761.
— v. BAMBERGER 656.
— v. BARBIER, LOCQUIN 360.
— v. BARGER 290.
— v. BAUBIGNY 262.
— v. BAUBIGNY, CHAVANNE 175.

Methode v. BAUER 253.
— v. BAUMANN, FROMM 275.
— v. BAUMANN, KELLERMANN 185.
— v. BAUMANN, KUX 491.
— v. BECKER, ROSSMANN 806.
— v. BECKMANN 274, 277, 358.
— v. BEILSTEIN 166.
— v. BEKK 195.
— v. BENEDIKT, ULZER 422.
— v. BERL, KULLMANN 79.
— v. BERTHELOT 349.
— v. BERTRAM 798.
— v. BERZELIUS 169.
— v. BISTRZYCKI, SIEMIRADSKI 480.
— v. BLAU 39.
— v. BÖCK, LOCK 193.
— v. BOGDANDI 185.
— v. BOULEZ 411.
— v. BOUVEAULT 373, 702.
— v. BOUVEAULT, LOCQUIN 542.
— v. BRADT, LYONS 254.
— v. BRAUN 620.
— v. BRÜGELMANN 202, 244.
— v. BUCHERER 382.
— v. BUSCH, STÖVE 179.
— v. CADENBACH 231.
— v. CARIUS 171, 203, 244, 770.
— v. CARLSOHN 288.
— v. CAUSSE 732.
— v. CHABLEY 179, 232.
— v. CHALLENGER 265.
— v. CHANCEL 366.
— v. CHERBULIER, MEYER 274.
— v. CLAISEN 409, 440, 520.
— v. CLARKE 424, 433.
— v. CLAUSER 739.
— v. CLEMMENSEN 351.
— v. CLOWES, TOLLENS 611.
— v. CRIEGEE 324.
— v. CROSSLEY, LE SUEUR 359.
— v. CURTIUS 357, 662, 709.
— v. DAKIN 360.
— v. DANIEL, NIERENSTEIN 451.
— v. DECKER 311.
— v. DENIGÈS 733.
— v. DENNSTEDT 128, 164.
— v. DEXHEIMER 155.
— v. DIETERLE 177.
— v. DIMROTH 403, 493.
— v. DOEBNER 562.
— v. DOMINIKIEWICZ 591.
— v. DONAU 190.
— v. DREW, PORTER 257, 261.
— v. DUMAS 147, 718.
— v. DUSART 333.
— v. ECKERT 160, 162.
— v. EDINGER 181.
— v. EHRLICH, HERTER 573.
— v. EIJKMAN 276.
— v. EINHORN, HOLLANDT 410*, 449.
— v. EINHORN, WILLSTÄTTER 309.
— v. EMDE 679.
— v. EMICH 90.
— v. ERLENMEYER, GÄRTNER 111, 228.
— v. ERDMANN 667.

Methode v. E. FISCHER, BERGMANN 423.
— v. E. FISCHER, GIEBE 520.
— v. E. FISCHER, SPEIER 496.
— v. FLASCHENTRÄGER 463.
— v. FRANCHIMONT 413.
— v. FRANÇOIS 251.
— v. FRERICHS 254.
— v. FREUDENBERG, HARDER 432, 433.
— v. FREUDENBERG, WEBER 433.
— v. FRIEDLÄNDER, LÖW 337.
— v. FUCHS 85, 489.
— v. GADAMER 769.
— v. GADAMER, THEISSEN 613.
— v. GASCARD 488.
— v. GASPARINI 206, 274, 770.
— v. GATTERMANN 702, 753.
— v. GEHRENBECK 156.
— v. GOLDSCHMIEDT, HEMMELMAYR 488.
— v. GRAEBE, LIEBERMANN 344.
— v. GRANDMOUGIN 721, 742.
— v. GRAS, GINTL 270.
— v. GREEN, RIDEAL 648.
— v. GREEN, WAHL 752.
— v. GREGOR 606.
— v. GRIGNARD 356, 360.
— v. GRÖGER 403, 493.
— v. GROSSMANN 770.
— v. GRÜN, WIRTH 449.
— v. HALENKE 270.
— v. HANUŠ 809.
— v. HARRIES 324.
— v. HELL 363.
— v. HELL, VOLHARD, ZELINSKY 358, 482.
— v. HELLER, GASPARINI 188.
— v. HEMPEL 126.
— v. HENRY 374.
— v. HERZIG, HANS MEYER 690.
— v. HESSE 396.
— v. HIEBER 404.
— v. HILPERT 142.
— v. HINSBERG 630.
— v. HÖHN, BLOCH 202.
— v. HOEHNEL, KASSNER 198.
— v. HOFMANN 357, 472, 678, 704.
— v. HOOGEWERFF, VAN DORP 247, 707.
— v. HOUBEN 408.
— v. HÜBL 806.
— v. HÜLSEBOSCH 76.
— v. HUNTER, EDWARDS 489.
— v. ILOSVAY 814.
— v. ISHEWSKY, NIKITIN 270.
— v. JACOBS, HEIDELBERGER 409, 452.
— v. JANNASCH, KÖLITZ 194.
— v. JEAN 489.
— v. JEFFREYS 705.
— v. JEGOROW 324.
— v. KAUFLER 607, 756.
— v. KAUFLER, SMITH 565.
— v. KAUFMANN 804*, 805*, 810.
— v. KEKULÉ 184, 333.
— v. KERBOSCH 270.
— v. KIRPAL, BÜHN 608.
— v. KITAMURA 767.

Methode v. KJELDAHL 159, 524.
— v. KLARFELD 306.
— v. KLASON 173.
— v. KLEIN 82.
— v. KLIMONT, NEUMANN 805*.
— v. KNECHT, HIBBERT 567, 722, 741, 754, 763, 784.
— v. KOBER, SUGIURA 664.
— v. KOCH 329.
— v. KÖGL, POSTOWSKY 426.
— v. KOPP, COOK 76.
— v. KRÄMER 306.
— v. KRAFFT 359.
— v. KRAUT 184.
— v. KROPATSCHEK 606*.
— v. KÜSTER 657.
— v. KÜSTER, STALLBERG 141.
— v. KUHN, L'ORSA 299.
— v. KUHN, ROTH 446.
— v. KUPELWIESER, SINGER 644.
— v. KUX 491, 771.
— v. LA COSTE, POHLIS 270.
— v. LADENBURG 339, 341, 514.
— v. LANDSBERGER 279.
— v. LEFÊVRE 477.
— v. LEHMSTEDT 742.
— v. LEHNER 283.
— v. LEIPERT, MÜNSTER 187.
— v. LENHER, HAMBURGER 261.
— v. LE SUEUR, CROSSLEY 76.
— v. LIEB 246.
— v. LIEBEN 305, 585, 599.
— v. LIEBERMANN 342.
— v. LIEBERMANN, HÖRMANN 412.
— v. LIEBIG 167, 244.
— v. LIEBIG, DU MÉNIL 199.
— v. LIMPRICHT 722, 750.
— v. LOBRY DE BRUYN 153.
— v. LOCKEMANN 270.
— v. LOCQUIN 507.
— v. LOSSEN 357, 438.
— v. LUDLAM, YOUNG 282.
— v. LUNDE 483.
— v. LYONS, SHINN 254.
— v. MAI 475, 713.
— v. MARIE 244.
— v. MARSCHNER 258.
— v. McCOY 281.
— v. McILHINEY 488, 804.
— v. MEHNER 717.
— v. MELDOLA, HAWKINS 468.
— v. MELNIKOW 239.
— v. MENSCHUTKIN 370, 647.
— v. MENSCHUTKIN, WASILIJEW 509.
— v. MENZIES, SMITH, MILDNER 290*.
— v. MESSINGER 140, 205, 244, 307.
— v. E. v. MEYER 567, 731.
— v. HANS MEYER 182, 343, 498, 639.
— v. HANS MEYER, BEER, LASCH 781.
— v. HANS MEYER, HOFMANN 334*.
— v. HANS MEYER, HUB 233.
— v. K. H. MEYER 333, 404.
— v. R. u. H. MEYER 445.
— v. V. MEYER 335.
— v. V. MEYER, LOCHER 361.

Methode v. V. J. MEYER 769.
— v. MICHAEL 545.
— v. MICHAELIS, RÖHMER 253.
— v. MIGAULT 274.
— v. MILLER, PAGE 226.
— v. MÖRNER 209.
— v. MOLL VAN CHARANTE 606*.
— v. MONTHULE 213.
— v. NAMETKIN, MELNIKOW 262.
— v. NEUMANN 245, 270.
— v. OESTERLIN 188.
— v. PAAL 787.
— v. PALMER, DEHN 213.
— v. PAWLEWSKI 99.
— v. PECHMANN, VANINO 761.
— v. PERKIN 432.
— v. PICCARD 71.
— v. PICTET 762.
— v. PIRIA, SCHIFF 170.
— v. PIRSCH 290.
— v. POLIS 221, 259.
— v. PONDORF 569.
— v. PONZIO 359.
— v. PRILESCHAEFF 810.
— v. PRINGSHEIM 173, 214, 232.
— v. PROUZERGUE 72.
— v. PUM 445.
— v. PURDIE, LANDER 389.
— v. RADZISZEWSKY 687.
— v. RAMBERG, SJÖSTRÖM 216.
— v. RAST 286.
— v. REID 173.
— v. REMSEN, REID 703.
— v. RHEINBOLDT 67.
— v. RICE 100.
— v. RIECHE 284.
— v. RIPPER 557.
— v. ROBERTSON 142.
— v. ROMIJN 468, 591.
— v. ROSE, FINKENER 169.
— v. ROSENMUND, ZETZSCHE 180.
— v. RUPP 204, 205, 221.
— v. RUPP, LEHMANN 215.
— v. RUPP, LEMKE 187.
— v. RUPP, NÖLL 250.
— v. SABATIER, SENDERENS 373, 782.
— v. SACHS 324.
— v. SANDMEYER, GATTERMANN 649.
— v. SCHEIBER, HEROLD 405.
— v. SCHEIBLER 235.
— v. SCHIFF 427, 467, 677.
— v. SCHLEIERMACHER 93.
— v. SCHOORL 586.
— v. SCHOTTEN, BAUMANN 438, 634, 746.
— v. SCHRYVER 381.
— v. SCHULEK, VILLECZ 217.
— v. SCHULEK, WOLSTADT 212.
— v. SCHULZE 182.
— v. SCHWARZ, PASTROVICH 123, 236.
— v. SEMMLER 340, 345, 368.
— v. SHAW, REID 255.
— v. SIEGFRIED 664.
— v. SILBERRAD, PHILIPS, MERRIMAN 757.

Methode v. SIMON 606*.
— v. SIWOLOBOFF 89.
— v. SKITA 788.
— v. SKRAUP 439.
— v. SLOTTA, BLANKE 794.
— v. SLOTTA, HABERLAND 695.
— v. SLOTTA, MÜLLER 180.
— v. VAN SLYKE 642.
— v. SMITH, BRYANT 509.
— v. SMITH, MENZIES 91.
— v. SOUBEIRAN 167.
— v. SPICA 146.
— v. SPRENGER 266.
— v. STANĚK 640.
— v. STENHOUSE, V. MEYER 355.
— v. STEPHAN 362.
— v. STRACHE 565.
— v. STRACHE, KITT, IRITZER 731.
— v. SUCHARDA, BOBRÁNSKÍ 130, 156, 285.
— v. SWIETOSLAWSKI, ROMER 283.
— v. TAFEL 313.
— v. TAUS, PUTNOKY 320.
— v. TERENTJEW, GORJATSCHEWA 724.
— v. TER MEULEN, HESLINGA 139, 180, 231.
— v. TIEMANN 558.
— v. THIELEPAPE 499.
— v. TITHERLEY 681.
— v. TOLLENS 593, 611.
— v. TSCHITSCHIBABIN 340.
— v. TSCHUGAEFF 372.
— v. TSCHUGAEFF, CHLOPIN 101.
— v. TSURUMI, SASAKI 490.
— v. TSWETT 49.
— v. TURNER, POLLARD 283.
— v. ULLMANN 336.
— v. VALEUR 768.
— v. VANINO 258.
— v. VARRENTRAPP, WILL 158.
— v. VAUBEL 673.
— v. VERLEY, BÖLSING 416.
— v. VIEBÖCK 186.
— v. VIEBÖCK, BRECHER 607.
— v. VOHL 488*.
— v. VORLÄNDER 564.
— v. VOTOČEK, VESELY 612.
— v. VOTOČEK, ŽENIŠEK 649.
— v. WALLACH 247.
— v. WALTHER 752.
— v. WENZEL 429.
— v. WIELAND 763.
— v. WIENHAUS 369.
— v. WIJS 808.
— v. WILLSTÄTTER 785.
— v. WILLSTÄTTER, CRAMER 723, 764.
— v. WILLSTÄTTER, DOROGI 762.
— v. WILLSTÄTTER, SCHUDEL 592.
— v. WILLSTÄTTER, WALDSCHMIDT-LEITZ 665.
— v. WINKLER 809.
— v. WIRTH 49.
— v. WISLICENUS 341.
— v. WITT 720.
— v. WOLFF 412.

Methode v. WOLFF, KISHNER 353.
— v. WREDE 256.
— v. WURTZ 333.
— v. YOUNG 49.
— v. ZEISEL 600.
— v. ZEREWITINOFF 458, 513, 766.
— v. ZULKOWSKY, LEPÉZ 173.
Methon 564.
Methoxyacetanhydrid 449.
— acetophenon 306*.
— diaethylphthalid 338.
— dimethyltriphenylessigsäure 502.
Methoxyl, Absp. b. Z. 349.
—, Best. 300, 598, 600.
—, neb. Methylimid 693.
—, Mikrobest. 605*, 607, 609.
— mit HCl 600*.
— in S-halt. Subst. 607.
— in Thioaethern 766.
—, Untersch. v. Aethoxyl 300.
—, Verdräng. d. Acetyl 419.
—, Wand. 349.
— haltige Subst., El.-An. 119.
— — —, Verhalten b. Z. 349.
Methoxymandelsäurenitril 686*.
— methylaether 395.
— stilben 605*.
— sylvancarbonsäure 617*.
— tetrahydrochinolin 379.
— zimtsäure 775.
Methyl 569.
—, Einfl. a. Reakt. 817, 820.
—, angul. Absp. 322.
—, Wanderung 322.
— an C-Best. 299, 447.
— am Stickstoff 338.
— s. a. Methylimid.
— acetaldehyddisulfosäure 302.
— — anilid 37.
— — essigester 505*.
— anilid 37.
— acrylsäure, Nitril 687.
— adipinsäure 323.
— — keton 16, 306*.
Methylal 27, 506.
— —, Kat. 563*.
Methylalkohol, Kr. 11, 541, 546*.
— —, Nachw. neb. Aethylalk. 363.
— —, Rein. 11.
— —, Tr. 47.
— —, Z. 346.
— — u. Oxime 539.
— amide, F. 87*.
— amin 644, 784.
— aminovaleriansäure 661.
— amylcarbinol 305.
— anthracene 35, 353.
— anthrachinon 338, 347.
— anthrol 393.
— benzophenon 338.
— benzylcarbinol 305.
— butylketon 306*.
— chinoline 298.
— chlorchromon 407*, 408*.
— — cumarin 408*.

Methylcyclohexanon 552, 552*.
— — pentan 3.
— — hexan 795.
— dihydrooxypyridin 347.
— — resorcin 386.
— dioxychinolincarbonsäure 379.
— diphenylamin 25, 695.
— ellagsäure 695.
Methylen, Absp. 302, 350.
—, Add. 350.
—, Alk. 353.
—, B. 351.
—, Best. 302.
—, Nachw. 569.
—, Wanderung 350.
—, saures, Best. 569ff.
—, —, Nachw. 569.
— s. a. Methylenoxydgruppe.
— aether 610.
— aminosäuren 468.
— blau 343, 411, 659, 723, 755, 764.
— — reaktion 197.
— brenzcatechin 610*.
— ester 611.
Methylenitan 585.
Methylenketone 569.
— — s. a. 1.3-Diketone.
— malonsäureester 797.
— oxydgruppe, Best. 611.
— — —, Nachweis 610.
Methylerythrooxyanthrachinon 347.
— ester, besser als Aethylester 493.
— — f. Säureamidd. 471.
— —, F. 87.
— fluorid 233.
— glycosid 315.
— glyoxal 592.
— guanidin 633*.
— harnsäure 12*.
— hexamethylen 320.
— hexylketon 554.
— hydantoin 551*.
— hydroperoxyd 760.
C-Methylgruppen, Best. 299.
Methylierung, erschöpfende 677.
Methylimid, Best. 690.
— —, Mikrobest. 696.
— —, Nachw. 689.
— —, Z. 348.
— indolaldehyd 562.
— isopropylalkohol 305.
— ketone 305, 307, 329.
— ketonsäuren 307.
— lävulinsäureester 496.
— magnesiumjodid 360.
— mannose 592.
— mercaptotetrazol 166*.
— morphimethin 689.
— naphthalin 313.
— naphthocinchoninsäure 563.
— nitrolsäure 599.
— nonylketon 554.
— norpapaveriniumbetain 699.
— orange 486.
— oxyanthrachinon 347.

Methylpentamethylen 350.
— pentosane 594.
— pentosen, Untersch. v. Hexosen 594.
— —, — v. Pentosen 594.
— peroxyd 125*.
— phenanthrylcarbinol 347.
— phenylhydrazin 528, 631, 728.
— — osazone 529.
— — pyrazolon 658.
— — urethan 598.
— phloroglucincarbonsäure 401.
— phloroglucine 401, 490.
— pikrat 393.
— propylketon 306*, 554.
— pyrazolon 358.
— quercetin 604.
— rot 486, 488.
— schwefelsäure, K-Salz 502*.
— — — chlorid 335.
— tetrapropylcyclohexanon 552.
— thiophthalan 352.
— violett 369.
Metronom 275.
MICHLERS Keton 340.
Mikroacetonbest. 307.
— acetylbest. 431, 446.
— aldehydbest, 569.
— aminogruppenbest. 417, 664.
— analyse, Aschenbest. 270.
— —, Benzoylbest. 446.
— —, El.-An. 144, 225.
— —, Ag 259.
— —, As 218.
— —, B 225.
— —, Bi 266.
— —, Ca 227.
— —, Cu 239.
— —, F 234.
— —, Halogen 175, 177, 187, 188, 190, 192.
— —, Hg 251.
— —, Mg 240.
— —, Methylbest. 446.
— —, N 158, 163.
— —, O 252.
— —, P 246.
— —, S 190, 207.
— —, Se 256, 257.
— —, Te 261.
— — Auftau-Schmelzdiagramm 68*.
— — BAUBIGNY, CHAVANNE 177.
— — Bombe 173, 175, 190, 219*, 300.
— — Bombenheizblock 191.
— — ofen 191*.
— — Bromierung 483, 806.
— — BRÜGELMANN 202*.
— — Carbonylnachweis 566.
— — Carboxylbest. 490.
— — CARIUS 173, 190.
— — CHABLEY 179.
— chemischer Nachw., Aldeh., Ket. 527.
— —, Aminos. Peptone, Polypeptide 239.
— —, Fettsäuren 469.
— —, Phenole (u. Trenn.) 401.
— —, Schwefel 205, 207.

Mikroacetonbest., Zucker 591.
— — —, Chlorbest. 188.
— chromatographie 53.
— — Dampfdruckbest. 93, 94.
— — DENNSTEDT 130.
— — Dimethonmethode 565.
— — DONAU 190.
— — DREW, PORTER 261.
— — DUMAS 158.
— exsiccator 43*.
— filterstäbchen 208.
— — Esterif.-Geschw. 572.
— fraktionierung 89*, 90*.
— — FUCHS 489.
— furolbest. 598.
— — GASPARINI 207.
— — Glycerinbest. 374*.
— — Halogenbest. 188, 190.
— hydrierung 794, 796.
— hydroxylbest. 417.
— impfen 37*.
— — Isopropylidenbest. 301.
— — Jodbest. 188.
— —, zahlbest. 809.
— — K. L. T.-Best. 106.
— — KJELDAHL 163.
— — LEIPERT, MÜNSTER 188.
— — LIEBIG, DU MÉNIL 200*.
— — MESSINGER 142.
— methoxybest. 605*, 607, 609.
— methylbest. 300, 447.
— methylenbest. 302.
— methylenoxydbest. 613.
— methylimidbest. 696.
— — Mol.-Gew.-Best. 93*, 284, 286.
— nitrogr. Best. 723, 756.
— — OESTERLIN 188.
— — Pentosenbest. 598.
— — Pikrolonatbest. 659.
— — PRINGSHEIM 175.
— — Pyknometer 108.
— schmelzpunkt 82.
— schwefelbest. 190.
— semicarbazonbest. 546.
— senfölnachw. 768.
— siedepunktsbest. 90, 93*.
— — TER MEULEN, HESLINGA 139*.
— titration, Aminosäuren 666.
— —, Iminosäuren 468.
— —, Säuren 487.
— — VAN SLYKE 644.
— verfahren v. LUNDE 483.
— verseifung 426.
— — VIEBÖCK 186.
— — VORLÄNDER 565.
— — WENZEL 431.
— — ZEREWITINOFF 463.
— zinkstaubdest. 344*.
— zuckerbest. 490.
— —, — nachw. 591.
Milchsäure 306, 317, 512, 663, 747*.
— —, Kat. 755.
— zucker 56, 585.
— — s. a. Lactose.
Mineralöle, Entfärb. 3.

Mineralöle, Doppelb.-Best. 784.
Mischkrystalle 38, 39.
Mischungen v. Lös.-Mitt. 28.
Mischungsschmelzpunkt 39.
— — kurve 40.
MOHR, WESTPHAHLsche Waage 109.
MOHRsches Salz 379, 723, 724.
Molekulare Tonerde 3.
Molekulargewicht, Berechn. 273, 290.
— —, Best. auf chem. Wege 273.
— — a. d. Dampfdruckmess. 93.
— —, Gefrierp.-Ern. 274.
— —, indirekte Best. 290.
— —, Kp.-Erh. 277.
— — d. Vers. 421*.
— — v. Alkoh. 363, 422, 442.
— — v. Phenol. 442.
— — v. Säuren 485.
— refraktion 406, 804.
— rotation 407.
Molybdän, Best. 241.
— acetylaceton 241.
— oxalate 241.
— säure 374.
— — alkylarsinate 241.
Morin 386.
Morindin 626.
Morphin 348, 390*, 689.
Morpholylhydrazin 730.
Muconsäureester 448, 496.
Munjistin 398.
Muscon 543*.
Mutterkornalkaloide 56*.
Myristinsäurechlorid 449*.

Naphthalin, Kr. 25.
—, Rein. 25*.
—, Substit.-Regeln 821.
— z. Mol.-Gew.-Best. 276.
— z. Verdünnen 345, 477.
— derivate, ox. 337.
— dicarbonsäureanhydrid 313.
— sulfosäuren, Absp. Sulfogr. 354, 355.
— — —, El.-An. 533.
— — —, F. 77.
— — —, Kal. 333.
— — —, Rein. 428.
— — — z. Est. 495*, 499.
— — — z. Vers. 428.
— sulfosäurechlorid 335, 336, 632.
Naphthalsäureanhydrid 313.
Naphthamingelb 721.
Naphthazarin 25, 346.
Naphthene 295.
Naphthensäuren 471.
Naphthionsäure, Salze u. Ald. 559.
Naphthoanthracen 52.
— chinoline 298.
— chinone 523, 579.
— —, Best. 762, 763.
— chinonsulfosäure 573, 636.
— — —, Salze u. saur. Methylen 573.
— dichinon 763*.
— hydrochinon 399.
— — — sulfosäure 399.

α-Naphthol 61, 346, 376, 386, 557*, 590.
— Red. 351*, 670, 738.
—, Sulf. 821.
β-Naphthol 26, 35*, 61, 346, 377, 383, 386, 654, 667, 738.
—, Diaz. 383.
—, Est. 20.
—, Red. 351*.
—, Sulf. 821.
— aether 26.
— carbonsäure 474, 476, 514.
— disulfosäure 385.
— phthalein 486.
— sulfosäuren 60, 355, 383, 415, 821.
— — —, Der., El.-An. 633.
Naphthooxycumarin 487.
— resorcinprobe 593.
Naphthoylhydrazin 531.
— naphthoesäure 13.
Naphthylamide 473.
— amin, α 23, 61, 619.
— —, β- 533, 562, 619.
— — disulfosäuren 333, 356, 385.
— — sulfosäuren 354, 821.
— — trisulfosäuren 385.
— bromid, Hal.-Vbdg. 172.
— carbithionsaures Pb 222.
— chlorid, Hal.-Vbdg. 172.
Naphthylendiamine 574.
Naphthylhydrazid 548.
— hydrazin 531.
— — sulfosäure 531.
— isocyanat 456, 635.
Naphthyloldinaphthoxanthen 395.
Naphthyloxalessigester 481.
— phenylpinakolin 347.
— rot 666*.
— semicarbazid 544*.
— urethane 456.
— —, El.-An. 456.
Natrium, Best. 241.
—, Kat. 455.
—, Konst. 572.
— z. Nachw. v. F 232.
— — v. N 145.
— — v. S 197.
— z. Red. 339, 368, 577, 747.
— z. Rein. 6.
— z. Spalt. 615.
— z. Tr. 23, 46, 459.
— s. a. Methode von LADENBURG.
— acetat f. Acet. 413.
— — f. Benzoyl. 439.
— — f. Vers. 424.
— —, reakt.-fähigere Form 413*.
— —, schädlich 413.
— — z. Aktiv. 455.
— aethylat 353, 358, 362, 393, 440, 485, 520, 532, 571, 573, 584, 627, 632, 686, 798, 803.
— —, Add. 508.
— alkyle 393, 615.
— aluminat 535, 541*.
— amalgam f. Abbau quat. Amm.-Basen 680.
— —, Abspalt. Sulfosäuren 355.

Natriumamalgam, Doppelb. 781, 782.
— —, Hal. 184, 247, 356.
— — f. Red. 339, 341, 747.
— amid u. Aether 615.
— — u. Alkohole 381, 458.
— — u. Amine 381, 681.
— — u. Ketone 381, 519*.
— — u. Methylenaether 610*.
— — u. Phenole 381, 458.
— — u. Säureamide 681.
— ammonium 179.
— amylat 339, 393.
— arsenit 175*.
— azid 360.
— benzoat 442, 445.
— bicarbonat 148, 474.
— — f. Benzoyl. 439, 627.
— bisulfit z. Rein. 5.
— — z. Spalt. 575.
— — u. Ald. 533, 555.
— — u. Az. 722.
— — u. Ket. 552, 556.
— bromid-Methanol 805*.
— carbonat 474.
— chlorat 336.
— chlorid 522, 725.
— — f. Sulf. 823*.
— citrat 755*, 784.
— formiat 335.
— fulminat 242.
— hydroxyd 329.
— s. a. Lauge.
— hydrosulfit z. Red. 356, 714, 716*, 721, 763.
— — — z. Rein. 6.
— hypobromit 664.
— — — z. Rein. 5.
— — — s. a. Hypobromit.
— — chlorit 511.
— — — z. Rein. 5.
— — phosphit 649.
— jodid u. Aceton 15.
— — u. Oxime 539.
— kalium 615.
— — aminverbindungen 681.
— — legierung 46*.
— — malonsäureester 618*.
— methylat 34, 424, 475, 478, 509.
— nitrit 556*.
— permanganat 292.
— pikrat 242.
— plumbit 209*.
— pyrochromat 294, 303.
— salze f. Bas.-Best. 484.
— —, schwerlösl. 484*, 512.
— sulfat 712.
— sulfit 557, 558.
— superoxyd f. Best. v. As 214.
— — — — v. Hal. 174.
— — — — v. S 198.
— — — — v. Sb 211.
— — —, Nachw. v. N 147.
— thiosulfat 655.
— verbindungen v. Amm. z. Alk. 681.
— wolframat 240.

Natronasbest 138.
— kalk 169, 345.
— — f. CO₂-Absp. 474, 478.
— — f. Hal.-Best. 169.
— — f. Z. 345.
— — u. prim. Alkoh. 363.
— — u. α-Oxysäur. 512.
— lauge, Kr. 11.
Nekal 294.
Neosalvarsan 216*.
Nerol 453*.
Nesslers Reagens 369, 813*.
Neumethylenblau 411.
Neutralhalten m. Al- od. Mg-Sulfat 294.
Neutralisationsphänomene, abnorme 516.
Neutralrot 724.
Nichtacetylierbare Amine 626.
— — Hydroxyle 418.
— — Imide 673, 674.
— alkylierbare Phenole 391, 392.
— aromat. Diazoniumsalze 653.
— benzoylierb. Amine 629.
— — Hydroxyle 419.
— diazotierb. Amine 652.
— entalkylierb. Aether 605*.
— verseifb. Acetylgr. 627.
— — Aether 605.
— — Amide 702, 703.
— — Nitrile 687.
Nickel, Best. 242.
—, Kat. 475*, 560, 792.
— z. Absp. v. CO₂ 474.
— z. Dehydr. 319.
— z. El.-An. 121.
— -Bimsstein 792*.
— carbonyl 242.
— chlorid, Kat. 779*.
— kieselgur 791.
—, Komplexsalze 534.
— pikrat 242.
— rohr f. F-Best. 233.
— salze f. Biuretreakt. 701.
— silicagel 792*.
— -Tonerde 322.
— — hydrat 319.
— -Zinkoxyd 322.
Nicotin 311, 312, 661.
— säure, Cu-Salz 65.
— —, Cyanid 65.
— —, Ester 65.
Nicotyrin 311.
Nilblau 411.
—, Chlorid 375*.
Ninhydrinreaktion 664.
Niob, Best. 242.
— pentachloridvbdgen 242.
Nitramin 486.
Nitramine 750.
—, Best. 743, 758.
Nitrate, An. 162, 656.
— v. Basen 656.
Nitrazol 383.
Nitrierungsregeln 820, 822, 823.
Nitrile, D. 334, 714, 744.
—, Rein. 335.

Nitrile, Trockn. 46.
—, unges. titr. 687, 775, 805*.
—, Vers. 685.
—, a. Sulfosäur. 334.
Nitrilgruppe, Best. 685.
—, Reakt. 684.
—, Red. 685.
Nitrimine 674, 750.
Nitroacetophenon 349.
— aethan 402.
— aldehyde, Ox. 296, 304.
— aldehydobenzoesäure 479.
— aldehydrazone 749.
— alizarinblau 25.
— alkyle 366.
— aminobenzaldehyd 650*.
— — benzoesäure 662.
— — diphenyl 651*.
— — guanidin 547.
— — phenole 114.
— anilin 648, 724.
— —, Diaz. 383, 649, 716.
— anisol 754.
— anthrachinon 35, 753.
— azoverbindungen, Red. 721, 753.
— barbitursäure 465.
— benzaldehyde 61, 559*, 562, 563,
    740*, 753.
— — — s. a. Nitroaldehyde.
— — azid 635.
— benzhydrazide 548.
— benzoesäure 113, 505*.
— — —, Chlorid 443, 628.
— — —, Ester 628*.
— benzol, Geschmack 114.
— —, Kr. 24.
— —, Lös. 610.
— —, Rein. 24.
— — z. Verd. 409, 477, 503.
— — sulfosäurechlorid 633.
— — azonaphthol 486.
— benzoylchlorid 443, 628.
— — derivate, D. 440*.
— — —, Spalt. 444.
— — — d. Hydrazine 725.
— — isothiocyanat 635.
— benzylbromid 363, 395, 633.
— — chlorid 395, 633.
— — ester 469.
— — jodid 633.
— — mercaptale 549.
— — mercaptan 549.
— — —, Zn-Salz 549.
— — mercaptole 549.
— — nitroanilin 626.
— bromanilin 114.
— cellulose, An. 757, 758.
— cumarilsäure 479.
— diazobenzolhydrat 406.
— diazoniumphenol 718.
— diphenylaether 398*.
— — bernsteinsäurenitril 685*.
— — triketonhydrat 44.
— essigsäure 10, 475.
— — —, K-Salz 11.

Nitroglycerin, An. 125, 757.
— —, K. L. T. 104.
— gruppe 714, 799.
— —, Best. 750.
— —, Eintr. in Naphthalinkern 822.
— —, Ers. d. Cl 753.
— —, — d. OH 753.
— —, Nachw. 748.
— —, Red. m. Hydrosulfit 721.
— guanylhydrazone 547.
— isochinolinmethyliumsalze 311.
— kohlenwasserstoffe, umkr. 10.
— kresolaether 571.
— kresylmethylaether 754.
Nitrolsäuren 599, 749.
— säureprobe 361.
Nitrometer 716, 743, 758.
— — s. a. Azotometer.
— methan 573.
Nitron 656, 757.
Nitronaphthaline 751, 754.
— —, Sulfosäuren 821.
— naphthole 751.
— naphthonitril 688.
— naphthylamin 649.
— nitrile 686*.
— nitrosoverbindungen 674.
Nitronsäureester 606.
Nitroopiansäure 393.
— — -Ψ-Ester 87*.
— paraffine 402, 618.
— phenol 20.
— phenole 381, 388, 751.
— phenylessigester 570*.
— — hydrazin 526, 580, 597.
— — sulfosäure 524*.
— — isocyanate 455.
— — — thiocyanat 635.
— — lutidylalkin 442.
— — milchsäureketone 309.
— — propiolsäure 476, 493*.
— — semicarbazid 544.
— phthalsäureanhydrid 363, 764.
— piperonal 562.
— prussidnatrium 550, 578*, 637, 765.
— pyromekazonsäure 378.
— resorcylsäure 487*.
— salicylaldehyd 753.
— — säuren 377, 389, 476, 487.
— — —, Nitril 687.
Nitrosamine 672, 737*.
— —, D. 674.
— —, Best. 674, 742, 758.
— —, Reakt. 672, 729, 740.
Nitrosaminrot 382.
Nitrosate 778.
Nitrosieren, dir. 654*.
— z. Schützen v. sek. Aminen 296.
Nitrosoaldehyde 740.
— arsenverbindungen 737*.
— benzol 737, 760.
— carbonsäureester 737.
— chromotropsaures Na 239.
— diaethylamin 740.
— diarylhydroxylamine 738.

Nitrodihydrocarbazol 32.
— dimethylanilin 572.
— gruppe 737.
— —, Best. 723, 739.
— methylpyrazolon 358.
— — naphthol 722*, 740.
— — urethan 505.
— phenole 379.
— pinen 747.
— pyridin 737, 738.
— reaktion 672.
— säuren 740.
— styrol 61.
— terpenolacetat 738.
— tetramethylaethylen 737.
— trimethyldiaminobenzophenon 740.
— verbindungen 737.
— —, Best. 723, 739.
— —, N-Best. 161.
— — u. saures Methylen 572.
Nitrostyrole 787.
— sulfobenzolazonaphthol 486.
Nitrosylbromide 778.
— chlorid u. prim. Amine 638, 651.
— — u. sek. Amine 672.
— — u. tert. Amine 675.
— — u. Doppelbdg. 777.
— zahl 778.
Nitroterephthalsäurechlorid 471.
— tetraline 309.
— tetrasalicylsäure 487.
— tolunitril 687.
— toluol 24, 293, 571.
— — sulfochlorid 530*.
— verbindungen, red. Acet. 343.
— —, N-Best. 161.
— —, Entf. 295.
— —, empfindl. Tr. 48.
— —, Trenn. 10.
— xylol 571.
Nitroxylreaktion 561.
Nonanolsäure 515.
Norcoralydin 310*.
— granatanin 318, 349.
— granatolin 349.
— hydrotropidin 318, 349.
— konessin 680.
Norit 57.
Nornicotinderivate 151*.
— pinsäure 358*.

Octalin 322.
Octan 322.
Octanol 305.
— säure 515.
Octylalkohol 339*, 643.
— amin 705*.
Öffnen von Einschmelzröhren 171, 191.
Öle 454.
Ölsäure 778.
— —, Kr. 22.
— —, Chlorid 448, 473.
— — reihe 469.
— — xenylamid 473.
Önanthaldehyd 677.

Oleanolsäure 469*.
Olefine 796, 797.
Oleum 474*.
Olivenöl, Kr. 27.
— z. Rein. v. CS₂ 20.
Opiansäure 476*, 535, 550*, 562.
— —, Chlorid 448.
— —, Ester 449, 502.
Optisch aktive Substanzen 477.
— —, F. 40, 67.
Orcin 593.
— probe 593.
Orsellinsäure 476, 497.
Orthoameisensäureester 520.
— chinon, Dioxime 574*.
— dicarbonsäuren, F. 66.
— — —, Anhydride, umkr. 10.
— kieselsäureester 34, 519*, 520.
— verbindungen, Ox. 294.
Osazonacetylglyoxylsäure 575.
— dioxyweinsäure 575.
Osazone, N-Best. 524.
—, D. 521, 524, 587.
—, F. 66.
—, Farb. 728.
—, Rein. 27, 522.
—, Spalt. 532, 587.
— d. Zucker 529, 587.
Osazonreaktion 575.
Osmium, Best. 243.
— Kat. 581.
— f. Dehydr. 310, 322.
— asbest 791.
— tetroxyd 324.
— — — reaktion 773.
Osone 537.
Osotetrazone 575.
Ovalbumin 643.
Oxalessigester 582.
Oxalsäure 294, 314, 481, 536.
— —, Est. 30.
— —, F. 63.
— —, Kat. 755.
— — f. Aschenbest. 269.
— — f. Ba-Best. 220.
— — f. Ca-Best. 227.
— — f. Ce-Best. 227.
— — f. Cu-Best. 227.
— — u. Hydrazine 730.
— — u. Isonitrile 689.
— — u. Oxime 536.
— — u. Semicarbazone 544.
— —, Lsg. z. Umkr. 8.
— —, — z. Salze d. Amine 656.
— —, — z. Silbersalz 484.
— —, Amid 510.
— —, Ester, D. 499.
— —, —, Kond. 571.
— —, —, Kr. 22.
— — z. Trenn. von Aminen 676.
— —, Lösung f. Ozonide 326.
— — methylester 20.
Oxaminoketone 539.
— oxime 539.
Oxanilhydrazid 548.

Oxazolreaktion 575*.
Oximacetate 744.
— aether 600.
— anhydride 584.
Oxime 744.
—, Acet. 744.
—, Alk. 390.
—, Aufbew. 536.
—, D. 533.
—, N-Best. 153.
—, Doppelvbdg. 539.
—, Einw. v. Wärme 539.
—, Jodoform-Reakt. 305.
—, Red. 747.
—, Rein. 536, 744.
—, Spalt. 536.
—, Tr. 44.
—, Umlag. 534.
—, Zers. 538.
— a. Methylenket. 572.
— a. Semicarbazide 543.
— a. Thiovbdg. 538.
— d. Zucker 533.
— s. a. Isonitrosogruppe.
Oximidoketone, Ag-Salze 258.
— oxazolon 258.
Oxindol 346.
Oxonat 2*.
Oxoniumcarbinolbasen 30, 31.
— salze 34.
Oxyacetophenon 396.
— aethoxyphenol 378.
— aethyltetrahydrochinolin 379.
— aldehyde 389, 395, 487, 554, 555*, 559*, 629.
— —, Acet. 410, 414, 418.
— —, Alk. 389.
— —, Ox. 304.
— —, Red. 351.
— — s. a. Oxybenzaldehyde.
— aldehydoxime 533.
— aldehydrazone 527.
— amine 314,
— aminosäuren 632, 635.
— anthrachinone 388, 391, 392, 398, 411, 419*, 441, 514.
— — cumarin 348.
— azoverbindungen 381, 394*, 527, 716, 720*.
— benzalacetophenon 418.
— — aldehyde 376, 377, 378, 386, 487, 559*.
— — — s. a. Oxyaldehyde.
— — aldehydmetacarbonsäure 377.
— — imidazol 349.
— benzoesäure, Meta- 332, 338, 381*.
— — — methylester, Meta- 36.
— — —, Para- 338.
— benzoesäuren 377, 378, 476, 514, 716.
— benzylalkohol 817.
— — amin 629.
— — arylamine 410.
— — hydrazin 629.
— — ketone 629.
— — nitroanilin 626.

Oxybetaine 487.
— buttersäure 306, 515.
— carbonsäuren, B. 399.
— carotinon 52.
— chalkone 391.
— chinaldin 298.
— —, Aether 607.
— — carbonsäuren 379.
— chinolinbenzcarbonsäuren 379.
— chinoline 166, 438, 557*.
— —, Eisenvitriolreakt. 379.
— —, Hal.-Alkylate 45.
— chinolinsäure 379.
— chinone 398.
— chlornaphthoesäure 477.
— cholestenon 415.
— —, Aether 394.
— cinchoninsäure 379.
Oxydable Subst. entfärb. 1.
Oxydation 292.
— z. Entf. v. Verunr. 5.
—, indirekte 327, 328.
— d. Kohle 1, 2.
— b. Umkr. 24.
— d. unrein. Aether 14.
— i. neutr. Lsg. 294.
— v. Aldehyden 304.
— v. Aldosen 591.
— v. Alkoholen 303.
— v. Chinolinder. 297.
— v. Enolen 405.
— v. Hydrazinen 732.
— v. Ketonen 304.
— v. Kresolen 337.
— v. Methylket. 305.
— s. a. bei den einz. Ox.-Mitteln.
Oxydationsfermente 145*.
— mittel, allgemeines 292.
— — z. Rein. 5.
— schmelze 329.
Oxyde, cyclische Aufsp. 338.
— s. a. Alkylenoxyde.
Oxydialkylperoxyde 760*.
Oxydierende Acetylierung 295.
— dimethylbernsteinsäure 511.
— diphensäure 24.
— diphenyl 66, 617.
— fenchensäure 38*.
— flavone, Aeth. 391.
— —, F. 87.
— hexamethyltriaminotritan 395.
— hydrochinon 376, 400.
— isophthalsäure 378.
— ketone 395, 484*.
— —, Red. 351.
— — u. SnCl₄ 394.
— —, Aether 394, 614.
— lactone 322, 466, 487, 584.
— a. ung. Säur. 322.
— lepidin 346.
— mercabide 249.
— methylenacetessigester 465, 487.
— — acetylaceton 487.
— — gruppe 401.
— — — s. a. Enole.

Oxydierende Methylharnsäure 2*.
— — verbindungen, Titr. 485, 487.
— methylfurol 549*, 591, 595*.
— naphthoedisulfosäuren 338.
— — säuren 377, 378.
— nicotinsäure 379.
— picolinsäuren 379.
— prolin = Oxypyrrolidincarbonsäure.
— pyridinbetain 694.
— pyridine 413*.
— —, Eisenvitriolreakt. 378.
— pyrrolidincarbonsäure 634, 643.
— säuren 337, 511.
— —, Acet. 408, 418*.
— —, Alk. 457.
— —, Benzoyl. 440.
— —, D. 663.
— —, Est. 499.
— —, Titr. 488.
— —, Zers. 477.
— — in Fetten, Best. 513.
— — u. SOCl₂ 470.
— —, α- 314, 358, 481, 511, 663.
— —, β- 512, 797, 801.
— —, γ-, δ- 513.
— —, o- 513.
— —, —, Red. 514.
— — s. a. Salicylsäuren.
— —, m- 514.
— —, p- 514.
—, Silbersalze 513.
— —, Amide 314, 511, 517, 706*.
— —, Anilide 514.
— —, Ester, Best. 396.
— —, Hydrazide 518.
— —, Kaliunl. 395*.
— sulfosäuren 408*.
— terephthalsäure 377.
— — —, Ester 377.
— tetrahydrochinoline 379.
— triazolcarbonsäureester 403.
— — phenylcarbinol 419.
— xanthone 391.
Ozon, Best. 327.
—, Rein. 327.
— u. Aether 615.
— u. Alkoh. 304.
— u. Alkyl-Propenylvbdg. 804.
— u. Doppelbind. 324, 359, 812.
— u. Isopropylidengr. 301.
— u. dreifache Bind. 328, 814.
— u. Enole 405.
Ozonide 325, 405, 774, 812.
—, D. 326.
—, Reakt. 327.
—, Red. 326.
—, Rein. 19, 326.
—, Zers. 326, 405.

Palladium, Best. 243.
—, Koll. 787.
—, —, D. 788.
—, —, Schwarz 320, 787.
— f. CO-Absp. 581.
— f. Dehydr. 320.

Palladium f. Red. 782.
— aluminiumoxyd 791.
— asbest 321, 786.
— bariumsulfat 180, 321, 680*, 791.
— calciumcarbonat 179, 791.
— chlorür 179*, 788.
— doppelsalze 243.
— kieselgur 791.
— kohle 321, 791.
— mohr 787.
— oxyd 796.
Palmitinsäure 276.
— —, Chlorid 448, 449.
— —, Ester 30, 448.
— —, Na-Salz 294.
Palmöl 6.
Papaverin 348, 699.
—, Pikrolonat 659.
Paprikafarbstoffe 54*.
Parabansäure 673.
Parafuchsin 658.
Paraffin 474.
—, Bad. 176.
—, Lös. 17, 538.
Paraffine 18.
— s. a. Kohlenwasserstoffe.
Paraldehyd 27, 326, 554.
Paraorsellinsäure 476.
PARR-Bombe 234, 255.
Pectine 474.
Peganin 39*.
Pelargonsäure 474.
Penta 19.
— acetylcatechin 447.
— chloraethan 18, 19.
— decylmethylketon 352.
— methylbenzolsulfosäure 354.
— methylendiamine, Der. 638, 671.
— — — oxyd 616.
Pentan 16, 31.
Pentaphenylbenzoesäure 468, 469*.
Pentene 779*.
Pentoceantypus 779.
Pentosane 592.
—, Best. 594.
Pentosen 588, 592.
—, Best. 594.
Pentylenoxyd 616.
Peptide 7, 635.
—, Spalt. 314.
—, Titr. 665.
Pepton 7, 773.
Peptone 22, 32, 664.
—, titr. 666.
— u. CO₂ 665.
— u. Phenylisocyanat 634.
Perbromide 183, 661, 712, 714.
— chloraethylen 18, 499.
— chlorate 183, 659, 708.
— chlorsäure 666, 708.
— essigsäure 810*, 812.
— hydrol 297.
— — s. a. Wasserstoffsuperoxyd.
— hydroxanthophyll 319.
— jodide 183. ·

Perjodsäure 305, 316.
— manganat, Entfern. 294.
— — f. Abbau v. Methyl 299.
— — — v. α-Oxysäuren 358.
— — — v. Ox.-Alk. 303.
— — u. Doppelbind. 322, 359.
— — u. dreif. Bind. 328.
— — u. Enole 406.
— — s. a. d. einz. Permanganate u.
    Übermangansäure.
— — reaktion 772.
— oxydase 145*.
— oxyde 760.
— oxydeffekt 780.
— — — b. CANNIZZARO 559*.
— oxydsäuren 760.
— säuren 174, 760.
— sulfate f. El.-An. 142.
Perylen 51, 288.
—, Derivate 288.
Petrolaether s. Ligroin.
Petroleum 17, 454, 474.
—, K. L. T. 104.
—, Kr. 455.
—, Rein. 105, 133.
— pentan 31.
Pflanzenfarbstoffe 337, 343.
— stoffe, Alk.-Best. 237.
— —, Ti-Best. 264.
Phenacetin 422.
Phenacyldimethylamin 352.
— ester 469.
Phenanthrazine 574, 669.
Phenanthren 474.
—, Kr. 24, 25.
—, Verd. 617.
— carbonsäuren 479.
— chinon 523, 536, 574, 575, 655, 669.
— perhydrür 318*.
— sulfosäuren 203.
Phenanthridon 347.
Phenanthroline 298.
Phenetol 26, 393, 462, 744*.
Phenol 37, 346, 611*.
—, Aether 386.
—, Farbreakt. 555.
—, Kr. 25.
—, Methox. 605.
—, Reakt. 376.
—, Titr. 375*.
— f. Gefrierp. 276.
— u. Diaz. 714.
Phenolate 395.
—, Best. 265, 396.
—, saure 397.
— u. CO₂ 396.
Phenolaether, B. 713.
— —, Vers. 338, 392, 614.
— betaine 698.
— disazobenzol 381*.
Phenole, Absch. 33.
—, Aeth. 386.
—, Benzyl. 394.
—, Best. 381, 382.
—, Est. 4.

Phenole, Farbenreakt. 375.
—, Ident. 453.
—, mikr. Nachw. u. Trenn. 401.
—, Mol.-Gew.-Best. 442.
—, Ox. 297.
—, Rein. 33.
—, Titr. 375*, 380, 382.
—, Trenn. 61, 396*.
—, Z. 346.
—, zweiwert. 397.
—, dreiwert. 400.
—, Silberspiegelreakt. 553.
— u. Brom 380.
— u. Diazoverb. 381.
— u. HNO₂ 379.
— u. Jod 380.
— u. Kaliunl. 396.
— u. komplexe Salze 397.
Phenolindodichlorphenol 766.
— phthalein 486, 488, 489, 518.
— —, Umkr. 31.
— rot 766.
— sulfosäure 333, 415, 440.
— —, Best. 770.
— —, Chlorid 335.
— —, Ester 440.
— —, Trenn. 771.
— tetrachlorphthalein 486*.
— trisazobenzol 381*.
Phenonaphthacridon 347.
Phenoxazine 343.
Phenoxyaceton 571*.
Phentriazone 654.
Phenylacetaldehyd 706.
— acetonphenylhydrazon 728.
— acetylen 814.
— acridin 348.
— acrylsäureester 798.
— aether 614.
— aethoxytriazol 394.
— aethylalkohol 26.
— — amin 305, 679.
— alanin 114, 643, 662.
— aminobuttersäure 662.
— — essigsäure 662.
— — glutaconsäure, Anilid 65.
— — —, Ester 65.
— — malonsäureester 553.
— — naphthoglyoxalin 730.
— arsinsäure, Cu-Salz 239.
— benzoesäure 337.
— benzylaether 393*.
— — bleiverbindungen 221.
— biphenylketon-K 290.
— carbamide 728.
— carbaminsäureester= Phenylurethane.
— — — hydrazone 543.
— carbazinsaures Phenylhydrazin 723.
— carbithiosaure Pb-Salze 222.
— —, Ester 204.
— carboxyphenol 337.
— chinolin 298.
— — carbonsäure 298.
— crotonsäure 782*.
— cyanbrenztraubensäureester 87*.

Phenyldibiphenylchlormethan 11.
— dimethylacetaldehyd 556.
Phenylendiamine 473, 574, 622, 651,
   654*, 664*, 715, 716*.
— — s. a. Diamine.
— harnstoff 349.
Phenylessigsäure 372, 475, 479, 576.
— — —, Chlorid 448, 452.
— — —, Ester 372.
— ester, D. 502.
— fluoressigsäure 232.
— glycidsäuren 309.
— glycin 467.
— — carbonsäure 623.
— glycylphenylhydrazid 728.
— glyoxylsäure 535, 581.
— hydrazide 510.
— — s. a. Hydrazide.
— hydrazin 18.
— —, Acet. 625*.
— —, Best. 731.
— —, Kr. 26.
— —, Red. 720*.
— — u. Alkylenoxyde 618.
— — u. Azovbdg. 720*, 723.
— — u. Carbonylvbdg. 521, 565, 594.
— — u. Chinone 723*.
— — u. 1.2-Diketone 575.
— — u. 1.3-Diketone 577.
— — u. 1.4-Diketone 578.
— — u. dreifache Bdg. 814.
— — u. Ketonsäuren 522.
— — u. Lactone 517.
— — u. Nitrosovbdg. 738, 739.
— — u. Nitrovbdg. 752.
— — u. Säureanhydride 510.
— — u. Säuren 510.
— — u. Semicarbazone 433.
— — u. Zucker 587.
— — z. Pentosenbest. 594.
— — carbamat 723.
— — sulfosäure 524, 531.
— hydrazone, D. 521.
— —, Pikrate 524.
— — s. a. Hydrazone.
— hydroresorcylsäurenitril 465.
— hydroxylamin 623, 626.
— isocrotonsäure 802, 811.
— isocyanat u. Aethoxyl 598.
— — u. Amine 634.
— — u. Aminosäuren 634.
— — u. Diazoaminovbdg. 715.
— — u. Enole 401.
— — u. Hydrazovbdg. 734.
— — u. Hydroxyl 401, 454.
— — u. Mercaptane 455.
— — u. Methoxyl 598.
— — u. Oxime 745.
— isopropylkalium 458*.
— keten 794.
— lactazame 584.
— mercaptan 583.
— methoxychinolincarbonsäure 10*.
— methylpyrazolon 347, 487.
— naphthalin 312*.

Phenyldicarbonamidsäure 702.
— (naphthyl)carbithiosaure Pb-Salze
   222.
— pentensäuren 801*.
— phenacylcapronsäureester 39*.
— — ester 469.
— phenolaldehyd 337.
— propiolsäure 328, 475.
— — —, Aldehyd 303, 798*.
— — —, Amid 706.
— — —, Ester 798*.
— propylamin 685.
— pseudoharnsäure 634.
— pyrazole 577.
— pyridintricarbonsäure 298.
— pyrrolaldehyd 562.
— pyrrolin 628.
— semicarbazid 543.
— — carbazone 543.
— senföl 734.
— sulfochlorid = Benzolsulfochlorid.
— thioharnstoff, Best. 770.
— ureidopeptone 634.
— urethane 454.
— zimtsäurenitril 805*.
Phloroglucin 378, 400, 401, 474, 594.
—, Aeth. 386, 607.
— carbonsäuren 390, 476.
— — —, Ester 503.
— homologe 390, 400.
— probe 592.
— reaktion 611.
— reihe 390.
— schwefelsäure 611.
Phoron 552*.
Phosgen = Chlorkohlenoxyd.
Phosphate 656.
Phosphatide 659.
Phosphine 204.
Phosphor, Best. 206*, 208, 243.
—, gelber 802.
—, Kat. 310.
—, Nachw. 243.
—, Rein. 602, 604*.
— z. Brom. 482.
— z. Dehydr. 310.
— z. Red. 350.
— chloride u. Enole 402.
Phosphorige Säure 249, 651.
Phosphormolybdänsäure 661.
— oxychlorid z. Acet. 409, 410, 416.
— — — z. Lös. 10.
— — — z. Vers. 392*.
— — — u. o-Oxysäuren 514.
— pentachlorid 356, 744*, 746.
— — — z. Chlor. 356.
— — — z. Vers. 393.
— — — u. Methylenaether 610.
— — — u. o-Oxysäuren 513, 514.
— — sulfid 114.
— pentoxyd z. Acet. 416, 448.
— — — z. Kat. 804.
— säure 328, 511, 651*.
— —, Kat. 804.
— — f. Acet. 415.

Phosphorsäure f. CO_2-Absp. 474.
— — f. Vers. 431, 687.
— — u. Amine 637*, 656.
— trichlorid 356, 365, 473.
— — — z. Acet. 410.
— — — z. Chlor. 356.
— — — z. Lös. 10.
— — — u. prim. Alk. 365.
— — — u. sek. Alk. 367.
— — — u. tert. Alk. 367.
— — —, Imide 671.
— wolframate 266.
— wolframsäure 433*, 661, 766.
— — — u. Eiweiß 266.
Photoanalyse v. Diazovbdg. 716*.
Phthalaldehydsäure 523*, 535.
Phthaleine 398, 430.
Phthaleinreaktion 398, 510.
Phthalestersäuren 362.
— — —, Ag-Salze 362.
— — —, Na-Salze 363.
— — —, Strychninsalze 362.
Phthalid 468*, 489, 515, 518.
— dimethylketon 516.
— methylphenylketon 516.
Phthalimidkalium 707.
Phthalonsäure 66, 470*, 581.
Phthaloylsäuren 349.
Phthalsäure 297, 337, 476.
— — anhydrid 817.
— — — u. Alkoh. 362.
— — — u. Amine 676.
— — — u. m-Dioxybenzole 398, 510.
— — — u. γ-Ketonsäuren 583.
— — — u. Semicarbazone 544.
— — — u. Thiosemicarbazone 547.
— — ester, Kr. 24, 26.
— — hydrazidcarbonamid 544*.
— — peroxyd 812.
Phthalsäuren, Umkr. 20.
— —, substituierte 337.
Phylline 15.
Physikalische Untersuchungsmethoden 406.
Phytansäure 365.
Phytol 95, 456.
— reihe 95, 324.
Phytosterin 65.
Piazthiol 622.
Picen 51, 318.
— chinon 347.
Picoline 27, 349.
Picolinsäurebetain 698.
Pikramid 34, 125, 651*.
Pikrinsäure 377, 466.
— —, Best. 657.
— —, El.-An. 125.
— —, Titr. 487, 493*, 751.
— — z. Est. 499.
— — z. Rein. 35.
— — u. Amine 656, 657.
— — u. Phenylhydrazone 524.
— — u. Propenylder. 803.
— — verbindungen 35, 524, 663.
— — —, Pt-Vbdg. 247.

Pikrolonsäure 658.
— —, Salze 13*, 656, 658.
— —, Pt-Vbdg. 247.
Pikrylchlorid 34, 636.
— hydrazone 532.
Pilocarpidin 689.
PILOTYsche Säure 562.
Pimelinsäuren 483, 514.
Pinakolin 306.
Pinakone 305, 340, 374.
Pinen 35*, 311, 326, 779, 794.
— dibromid 288.
— nitrosochlorid 20.
Pinsäure 358*.
Pinselmethode 61.
Piperazin 318.
— salze 469.
Piperidin 310, 319, 506, 519, 671.
— z. Vers. 393*, 425.
— derivate, Dehydr. 310, 313.
Piperidone 679.
Piperidylhydrazin 730.
Piperinsäure 323, 782.
Piperonal 323, 488*, 610*, 613.
Piperonylsäure 610.
Piperylhydrazone 532.
Pipette n. HEMPEL 645.
— n. LANDOLT 98.
— n. OSTWALD 98.
— n. SCHWEITZER, LUNGWITZ 109.
Platin, Best. 172, 246.
— in Se-halt. Subst. 256.
— in Te-halt. Subst. 261.
—, Kat. 560, 711, 785.
—, kolloides 787.
—, Trenn. v. Chrom 247.
— asbest 115, 131, 321, 792.
— doppelsalze, An. 169, 181, 235, 247, 660.
— —, expl. An. 247, 725.
— —, F. 66.
— —, kryst. Vbdg. 660.
— —, Umkr. 8.
— — d. Arsoniumbasen 247.
— — d. Betain 660, 697.
Platinierter Ton 354*.
Platinkohle 321, 792.
— komplexsalze 534.
— metalle auf Mg, Ni, CO usw. 791.
— mohr 680*.
— —, D. 785.
— — z. Dehydr. 321.
— — z. Red. 782, 785*.
— oxyd 680*, 792, 796.
— —, D. 793.
— salmiak 686, 702.
— silikagel 796.
— stern = Kontaktstern.
— tetraeder 278.
Polyamylosen 416*.
— carbonsäuren 485.
— ene 299, 775.
— enole 341*.
— glykole 616.
— nitrophenole (-naphthole) 445.

Polyamylosenverbindungen, Mol.-Gew. 288.
— — —, Ox. 295.
— — — u. Toluolsulfochlorid 445.
Polyosen, Hydrolyse 414.
Polyoxybenzylalkohole 451.
— — methylene 65.
— — säuren 305.
— — — Ba-Salze 220.
— peptide 113, 484, 639.
— —, Cu-Salze 239, 664.
— —, Titr. 666.
— saccharide 22, 375, 387*, 588.
— — s. a. Zucker.
Porphyrine 463, 657*.
Porphyrinogen 537.
Prolin 643.
Propargylsäure 812*.
Propen 779*.
Propenylgruppe 6*, 781*.
— phenolaether 35.
Propiolaldehyd 302.
— säure 812*.
Propionaldehyd 569, 789.
— säure 358*, 668.
— —, Nachw. 420.
— — anhydrid, Chlorid 447, 448.
Propionylbestimmung 448.
Propionylierung 447, 448.
—, red. 343.
Propionylnaphthol 450.
Propiophenon 792*.
Propylacrylsäurenitril 687.
— alkohol, Kr. 13.
— —, Lös. 666.
— benzol 792*.
— dioxybenzol 377.
Propylen 367, 779*.
— oxyd 616.
Propylester z. Trenn. 469*.
— gruppe, Uml. in Isopropyl 292.
Propylidenessigsäuredibromid 37.
Propylisopropylaether 614.
— jodid 609.
— naphthol 352*.
Protalbinsäure 788.
Protocatechualdehyd 377.
— — säure 610.
— — —, Umkr. 20.
Protohäm 230*.
Pseudoammoniumbasen 682.
— — cyanide 683.
— baptisin 13.
— betaine 699.
— butylamin 638.
— cumenol 377.
— ester 500, 604*.
— jodalkylate 682*.
— mauveinsulfosäure 9.
— nitrole 366, 749.
— oxoniumbasen 682*.
— phenole 396*.
— säuren 402, 516, 574, 579*, 707, 749.
Puffer 56, 554, 755.
Pulegon 534, 556.

Purine 314, 644, 694, 817.
Purpurin 9, 347.
— sulfosäure 659.
Pyknometer v. Brühl 107, 108.
— v. Eichhorn 109.
— v. Minozzi 107.
— v. Ostwald 106.
— v. Perkin 106.
— v. Sprengel 106.
Pyrazin 318.
— dicarbonsäure 706.
Pyrazole 298, 577, 708.
—, B. 524.
Pyrazoline 524, 577, 659, 708.
Pyrazolinreaktion 577.
Pyrazolone, Red. 353.
— u. Diazoniumchlorid 573.
— u. Oxalester 571.
Pyren 35, 347.
Pyrenoylpropionsäure 353.
Pyridazin 476.
Pyridin 319, 349.
—, Kat. 470, 473, 509, 572.
—, Kr. 26, 420.
—, Lös. 293, 334, 362*, 447, 459, 468, 486, 535, 542, 651, 772.
—, Rein. 7, 26, 441, 459*.
— f. Acet. 410, 624.
— f. Ac. 450, 764.
— f. Benzoyl. 440, 441, 764.
— f. Vers. 452.
— u. Oxime 539.
— z. Absp. CO$_2$ 474.
— aldehyde 555.
— aquodichlortrioxamosmeat 243*.
— basen 26.
— betain 694.
— carbonsäuren 474, 476.
— — —, Isol. 295, 296.
— — —, Stabil. 476.
— — —, Amide, Abbau 704.
— — —, —, F. 87.
— — —, Chlorhydrate 9.
— — —, Ester 469, 496, 499, 504.
— — —, Jodmethylate 183, 504.
— chlorhydrat, Kat. 520.
— derivate, Beilsteinsche Probe 166.
— —, N-Best. 161.
— —, Ox. 295.
— —, Red. 339.
— —, Umkr. 8, 9.
— dicarbonsäuren, Amide 706.
— ketone 340.
— salze 477.
— sulfat 21.
Pyridon 656.
— arsinsaures Na 242.
Pyridylcarbinole 340.
Pyrimidine 644.
Pyrocinchonsäureanhydrid 508.
— gallol 376, 439, 594.
— —, Kat. 755.
— — carbonsäure 491*.
— komenaminsäure 378.
— mekazonsäure 378.

Pyrrol, Nachw. 146, 578.
— aldehyd 562, 563.
— carbonsäuren 337, 379, 475, 716*.
— — —, Ester 379.
— derivate 39*, 357*.
— —, B. 346.
— —, N-Nachw. 146.
— — u. Hydroxylamin 537.
— dicarbonsäure 337.
— lösung u. Aldehyde 555.
— reaktion 578.
Pyrrolidincarbonsäuren 662, 702.
Pyrroporphyrin 419*.
Pyrrylglyoxylsäure 337.

Quarzkolben 690.
— sand 269, 345.
Quaternäre Ammoniumsalze 682.
— Basen, Best. 684.
Quecksilber, Best. 206, 249.
—, Nachw. 247.
— z. Absp. Sulfogr. 823.
— f. KJELDAHL 160, 260.
— z. Rein. v. CS₂ 20.
—, Sulf. 823.
— acetat z. Dehydr. 313.
— — z. Entfärb. 4.
— — z. KJELDAHL 158*, 160*.
— — u. Doppelbdg. 801.
— — u. Propenyl-Allylvbdg. 804.
— alkyl 726.
— bromiddoppelsalze, Br-Best. 172.
— chlorid 620, 806.
— —, Titr. Hydrazine 725.
— — doppelsalze, Cl-Best. 172.
— chromat 236.
— dibenzyl 249.
— — salicylsäureester 249.
— jodid 160*.
— nitrat 4, 173, 176*, 181.
— oxyd 151, 367, 474, 520, 540, 725, 726, 729, 733, 736, 768.
— oxydul 176*.
— salicylate 249.
— salze, Zers. 479.
— — f. Benzoylrein. 23.
— — u. Acetylene 813.|
— — u. Aminosäuren 661.
— — u. Mercaptane 764.
— — u. α-Oxysäuren 511.
— — u. Thiosemicarbazone 546.
— stearat 23*.
— sulfat 367.
— verschluß 115*.
Quercetin 273.
—, Aether 607.
Quercit 306.

R-Salz 383, 647, 726.
Racemische Substanzen, F. 40.
Raffinose 529.
Ramanspektrum 407.
RANAY-Nickel 748, 792.
Reaktion v. ANDERSON 660.
— v. ANGELI, RIMINI 561.

Reaktion v. BACOVESCO 374.
— v. BAEYER 772.
— v. BARBIER, LOCQUIN 360.
— v. BARGER, TUTIN 622.
— v. BAUDOUIN 591*.
— v. BEILSTEIN 166.
— v. BITTÓ 369, 550, 551.
— v. BOUVEAULT 373, 702.
— v. BÜLOW 656*, 727.
— v. CANNIZZARO 559.
— v. CHANCEL 366.
— v. CURTIUS 357.
— v. DAKIN 360.
— v. DENIGÈS 367.
— v. DOEBNER 562.
— v. DUSART 333.
— v. EHRLICH, HERTER 573.
— v. EHRLICH, SACHS 572.
— v. EINHORN 563.
— v. EKKERT 591.
— v. EMICH 197.
— v. E. FISCHER, PENTZOLDT 555.
— v. FRITSCH 591*.
— v. GABRIEL 707.
— v. GRIESS 712.
— v. GRIGNARD 356.
— v. HANTZSCH 402.
— v. HELFERICH 375.
— v. HELL 363.
— v. HELL, URECH 368.
— v. HENRY 374.
— v. HINSBERG 630.
— v. IHL 555.
— v. IHL, PECHMANN 591*.
— v. JAROSCHENKO 365.
— v. KEKULÉ 184, 333.
— v. KONOWALOW 749.
— v. KRAFFT 359.
— v. LASSAIGNE 145.
— v. LAUTH 622.
— v. LEGAL 550.
— v. LIEBEN 305.
— v. LIEBERMANN 379, 591*, 729, 730, 737.
— v. V. MEYER, LOCHER 361, 366.
— v. MOLISCH 590.
— v. NEUBAUER 773.
— v. NÖLTING 514.
— v. PERKIN 581.
— v. RAUDNITZ 555.
— v. SABATIER, SENDERENS 373.
— v. SANDMEYER, GATTERMANN 649.
— v. SCHOLL, BERTSCH 399.
— v. SELIWANOFF 589.
— v. SIEGFRIED 664.
— v. SKRAUP 379.
— v. STEPHAN 362.
— v. TOLLENS 552, 553, 593.
— v. TRAUBE 573.
— v. TSCHUGAEFF 458, 769.
— v. ULLMANN 336.
— v. VOHL 197.
— v. VORLÄNDER 564.
— v. WALLACH 512.
— v. WIENHAUS 369.

Reaktion v. WITT 720.
— v. WURTZ 333.
Reduktion m. Al-Alkoholat 340.
— m. Al-Am. 341.
— m. alk. Lauge 393.
— m. Ameisensäure 20.
— m. hochsied. Lös. 24.
— m. JH 349.
— m. JH, P 350.
— m. JH, SnCl$_2$ 351.
— m. JH, Zn 351.
— m. Mg-Alkoholat 341.
— m. Na, Alk. 339.
— m. Na-Am. 339, 341.
— m. Phenylhydrazin 720*.
—, selektive 764.
—, stufenweise 724.
— v. Aldeh. 341.
— v. Aldosen 341.
— v. tert. Alk. 368.
— v. Azovbdg. 719.
— v. Carbonylvbdg. 341, 351.
— v. Chinon. 351, 762.
— v. Diazovbdg. 712.
— v. Doppelbdg. 756, 785.
— v. dreif. Bdg. 813.
— v. Hydrazon. 353, 524.
— v. Hydrazovbdg. 733.
— v. Ket. 339.
— v. Ketosen 341.
— v. Ketonsäur. 351.
— v. Methylenaethern 610.
— v. Nitril. 685.
— v. Oxim. 747.
— v. o-Oxysäur. 514.
— v. m-Oxysäur. 514.
— v. Peroxyd. 761.
— v. Säureamid. 706.
— v. Semicarbazon. 353, 544.
— v. Terpen. 339.
Reduktionsmethoden 338.
— mittel z. Rein. 5.
Reduzierende Acetylierung 342, 626.
— — v. Nitrovbdg. 343.
— Alkylier. 344.
— Benzoyl. 343, 629.
— Kal. 330.
— Propionyl. 343.
Regel v. ARMSTRONG, WYNNE 822.
— v. CARNELLEY, THOMSEN 38.
— v. LIEBERMANN, KOSTANECKI 398.
— v. MARKOWNIKOFF 779.
Reibung, innere 407.
REIMANNsche Waage 110.
Reinigungsmethoden f. organ. Subst. 1.
— f. Kohle 2.
Resacetophenon 419, 626.
Resorcin 306, 332, 333, 377, 474, 510, 520.
    555, 611*, 612.
— u. Ketosen 589.
— benzein 13.
Resorcylsäure 450.
Restmethode 428.
Resubstitutionen 354.
Reten 13.

Retenchinon 347.
— dekahydrür 318*.
—, Pikrat 35.
Rhamnetin 604.
Rhamnose 525, 529, 591.
—, Best. 586, 594*.
Rhenium, Best. 251.
Rhodan u. Enole 406.
— ammonium 669, 769.
Rhodanate 656.
Rhodanide 714, 768*.
Rhodanometrische Best. v. Doppelbdg. 810.
Rhodanpropionsäuren 37.
— wasserstoffsäuren 765.
Rhodeose 529.
Rhodinol 449, 453.
Rhodium, Best. 251.
—, Kat. 792.
Rhodophyllin 15, 31, 124.
Ribose 525.
Ringbildung 346, 349, 408, 653.
— erweiterung 505, 639.
— sprengung b. Acet. 408, 409.
— — b. Alk. 388*.
— — b. cycl. Bas. 801.
— — b. Dehydr. 311, 322.
— — b. Diazooxyden 653.
— — b. Hydr. 781*.
— — b. Imidazolen 628.
— — b. Lacton. 515.
— — b. Pyrazolon. 353.
— — b. Triazon. 654.
— — b. Wasseranl. 798.
— — b. Z. 349.
— verengerung 294, 515, 639.
Röntgenstrahlenbeugung 407.
Rohrzucker 56, 69, 510.
—, Best. 590*.
Rosanilin 553.
Rosindone 343.
—, Oxim. 538.
— indulin 716*.
Rosolsäure 445, 486, 647.
Rotenon 66*, 311.
Rotensäure 336*.
Rubidium, Best. 226, 252.
— z. Basiz.-Best. 484.
—, Pikrat 252.
—, Zinkaethylvbdg. 252.
Rührer n. BECKMANN 225.
— n. DITTMAR 275*.
— n. MOUFANG 275.
Rufiansäure 659.
Rufiopin 347.
Ruthenium, Best. 252.
—, Kat. 581, 792*.
— tetroxyd 773.

Saccharide, methyl. 606.
Saccharin 114, 487, 518.
— säure 589.
Saccharose 588.
—, s. a. Rohrzucker.
Säureamide 619, 643, 681.
— —. Abbau 704.

Säureamide, Best. 701.
— —, Carbylaminreakt. 619.
— —, D. 471.
— —, Mäusegeruch 113.
— —, Nachw. 700.
— —, Red. 706.
— —, Umkr. 9, 31.
— —, Vers. 701.
— — u. Hydrazin 727.
— — u. Hydroxylamin 537.
— — u. NaNH₂ 681.
— anhydride, Add.-Reakt. 508.
— —, Best. 509.
— —, F. 87.
— —, Phthaleinreakt. 510.
— —, Rein. 21.
— — u. Ammoniak 509.
— — u. Anilin 509.
— — u. Hydrazinhydrat 510.
— — u. Hydroxylamin 509, 523.
— — u. Phenylhydrazin 523, 727.
— — u. Zinkaethyl 509.
— —, gemischte 419*.
— anilide 473.
— —, Farbenreakt. 728.
— azide 357.
— chloride 18.
— —, An. 182.
— —, Co-Absp. 481.
— —, D. 470.
— —, Umkr. 18, 22.
— — u. Enole 402.
— — u. Hydrazine 727.
— — z. Est. 500.
— chloridreaktion 402.
— cyanide u. Phenylhydrazin 727.
— gemisch-Veraschung 245.
— hydrazide 727.
— —, Best. 732.
— —, Spalt. 732.
— imide 707.
Säuren, Carboxylabsp. 348, 474, 716.
—, Geschmack 113.
—, Kal. 331.
—, Titr. 485.
—, Trenn. 33*.
—, Untersch. v. Phenolen 468.
—, wässerige, Kond.-Mittel 415.
— u. Hydroxylamin 537.
— u. Phenylhydrazin 510.
— s. a. Carbonsäuren.
Säurenitrile s. Nitrile.
— phenylhydrazide 727.
— toluide 473.
Safranin 716*.
— reaktion 671.
Safranone 535.
Safrol 610*, 613.
Salicylaldehyd 401, 417, 487, 562, 735.
Salicyloanthranilsäure 376.
Salicylsäure 331, 380*, 415, 418*, 450, 476.
— —, Eisenchloridreakt. 376, 377.
— —, Entf. 5.
— — s. a. Oxybenzoesäuren, o-Oxy-
säuren.

Salicylsäureamid 377, 487, 629.
— — chlorid 470.
— — ester 448, 496.
— — hydrazid 487.
— — reihe 513.
— — —, Est. 496.
Saligenincarbonsäure 378.
Salmiak 752.
—, Kat. 520.
—, schädl. b. Oxim. 536.
Salpetersäure, Kr. 10, 485.
— —, Lös. 293.
— — z. Acet. 414*, 415.
— — z. Dehydr. 318.
— — z. Diaz. 652.
— — z. Est. 495*.
— — z. Ox. 295, 305.
— — z. Rein. 5.
— — z. Vers. 392*, 610.
— — u. Alkoh. 366.
— — u. Doppelbdg. 796*.
— — u. dreif. Bdg. 328.
— — u. Ketone 305.
— — z. Spalt. d. Azok. 722.
— — — u. Hydrazone 532.
— — u. Zucker 585, 589.
— — ester, An. 757.
— — reaktion 737.
— schwefelsäure 295.
Salpetrige Säure 318.
— —, Entf. 522.
— — u. Amidoxime 684.
— — u. prim. Amine 638, 639.
— — u. sek. Amine 672, 676.
— — u. tert. Amine 674, 676.
— — u. Aminopyridine 655.
— — u. Diamine 654.
— — u. Hydrazine 522, 725, 726, 727, 729.
— — u. Mercaptane 764.
— — u. al. Nitrovbdg. 749.
— — u. Hydrazo. 733, 734.
— — u. Phenole 379, 399.
— — u. Säureamide 702.
— — u. Semidine 734.
— — z. Dehydr. 318.
— — z. Rein. 5.
— —, Ester 572, 740.
— — —, —, Best. 740.
Salvarsan 216*.
Salze, Doppelsalze d. Amine, An. 656.
— f. Carboxylbest. 468.
Salzsäure, Best. 184.
— —, Kr. 10, 485.
— —, Lös. f. Ozonide 326.
— — f. Absp. d. Sulfogr. 355.
— — u. sek. Alk. 366.
— — u. tert. Alk. 368.
— — u. Doppelbdg. 779.
— — u. α-Oxysäuren 512.
— — u. β-Oxysäuren 512.
— — u. Pentosen 594.
— — u. Zucker 585.
— — z. Absp. v. Methoxyl 600*.
— — — Sulfogr. 355.

Salzsäure z. Acet. 418, 624.
— — z. Est. 493.
— — z. Kond. 571.
— — z. Spalt. v. Aether 614*.
— — — d. Hydrazone, Osazone 532.
— — z. Vers. 392*, 394, 428, 600*, 685.
— — z. Uml. Oxime 746.
— —, Aether 428, 685.
Samarium, Best. 252.
Sanguinarin 349.
Santalin 34, 343.
—, Der. 286*.
Santonanoxim 153*.
Sapogenin 348*.
Saponin 123.
Saponine 273*.
Sauerstoff, Best. 252, 311.
—, D. 115.
— z. Dehydr. 310.
— haltige Verunr. entf. 6.
Saure Salze, schwerlösl. 408.
Scandium, Best. 253.
— acetylacetonat 253.
SCHÄFFERsches Salz 648.
Schieberpinzette 190.
Schiffchen f. El.-An. 125, 128, 164.
SCHIFFsche Basen 682.
Schleimsäure 408, 414, 448, 585.
—, Best. 585.
—, Ester 448, 496.
Schmelzpunkt, Anw. f. Mikromol.-Best. 286.
—, Best. 63.
—, expl. Subst. 76.
—, farb. Subst. 71.
—, hochschm. Subst. 72, 73.
—, hygrosk. Subst. 77.
—, klebr. Subst. 75.
—, leichtschm. Subst. 74.
—, luftempf. Subst. 73.
—, salbenart. Subst. 76.
— m. el. Strom 76.
— u. d. Mikr. 79.
—, korrigierter 79.
— v. Alkylidenbisdimethylhydro-resorcinen 564.
— v. Benzoylaminosäuren 629.
— v. Chloroplatinat. 66.
— v. Hydrazon., Osazon. 527.
— v. Isom.-Est. 501.
Schmelzpunktsapparat v. ANSCHÜTZ, SCHULTZ 70.
— — v. ANTHES 71.
— — v. BACKER 77.
— — v. HODGKINSON 77.
— — v. KLEIN 82, 642.
— — v. KUHARA, CHIKASHIGÉ 75.
— — v. MAQUENNE 78.
— — v. PICCARD 71.
— — v. ROTH 70.
— — v. SCHWINGER 73.
— — v. STOCK 74.
— — v. H. THIELE 78.
— — v J. THIELE 71.
— kurve 67.

Schmelzpunktsregelmäßigkeiten 86, 544.
Schüttelbirnen 786, 787.
— ente 788, 790.
— vorrichtungen 786, 787.
Schützen v. Aldehydgr. 323.
— v. NH₂, NH 296.
— v. OH 297.
Schutzkolloide 385, 789.
Schwebemethode 106.
Schwefel 655.
—, Best. 171, 198.
— in Leuchtgas 199, 200*.
— in Thioharnstoff 770.
—, Kat. 620*.
—, Nachw. 146, 197.
—, bleischwärz. 208.
— f. Dehydr. 311.
—, KJELDAHL 162.
— f. Senfölreakt. 620*.
— dioxyd, flüss. 11.
— —, Kr. 11.
— — f. Acet. 415.
— — f. Est. 502.
— — f. Red. 763.
— — u. Doppelbdg. 800.
— haltige Subst., El.-An. 122, 141.
— — —, Methoxylbest. 607.
— — —, Methylimidbest. 693.
— — —, N-Best. 151.
— kohlenstoff 368, 369.
— —, Entf. 22.
— —, Kr. 20.
— —, Rein. 17, 20.
— — u. Amine 619, 676.
— — u. Aminosäuren 664.
— — u. Hydrazovbdg. 733.
— — u. Semidine 735.
— säure, Kat. 413.
— —, Kr. 10, 11.
— — z. Absp. v. CO 479.
— — — v. CO₂ 474.
— — — v. Sulfogr. 354.
— — z. Acet. 413, 624.
— — z. Benzoyl. 438.
— — z. Entalk. 600*.
— — z. Diaz. 651.
— — z. Est. 493.
— — f. Ox. 294*.
— — z. Rein. 6.
— — z. Spalt. v. Hydrazon. 532.
— — — v. Isonitrosoketonen 575.
— — — v. Phenolaeth. 614.
— — — v. Semicarbazon. 544.
— —, Uml. v. Oximen 746.
— —, — v. unges. Säuren 802.
— —, Vers. 392*, 428, 685.
— — u. Amine 676.
— — u. Aether 685.
— — u. α-Oxysäuren 512.
— — anhydrid 639.
— -Schwefelkalium 720*.
— wasserstoff, Farb.-Reakt. 197.
— — u. Doppelbdg. 796, 801.
— — z. Entfärb. 1.
— — methode 489.

Schweflige Säure 522, 763.
— — z. Est. 502.
— — z. Rein. 5.
— — z. Vers. v. Oximen. 536.
— — s. a. Schwefeldioxyd.
Schwer lösl. Subst. entfärb. 1.
— — — umkr. 31.
Schwimmermethode 111.
Schwimmexsiccator 44.
Scoparin 442.
Scopolin 678*.
Sedomid 619.
Seifenlösung 294*.
Seignettesalz 722, 750*.
Seitenketten, Abox. 296.
Selen, Best. 253.
— z. Dehydr. 312.
Selenocyanide 257.
— säuren 255.
Selenverbindungen, El.-An. 253.
— —, Hal.-Best. 254.
— —, Silberbest. 256.
Semicarbazid 541.
— —, An. 541, 546.
— —, Best. 545, 546*.
— —, Dinatriumphosphat 542.
— — u. Chinone 542, 545.
— — u. 1.2-Diket. 575.
— — u. 1.3-Diket. 577.
— — u. 1.4-Diket. 581.
— — u. Ket. 541, 545.
— — u. Senföle 768.
— — u. unges. Ketone 545.
— — u. Zucker 542.
— — carbazone 545.
— — methode 545.
— — phosphat 545.
Semicarbazone 27, 508.
— —, An. 302, 546.
— —, D. 541.
— —, F. 66.
— —, Isom. 549.
— —, Red. 353, 544.
— —, Spalt. 508, 546*.
— — a. Oxim. 543.
— — v. Brenztraubensäureestern 373.
— — v. Ketonsäuren 508.
— — v. Ketonsäureestern 508.
— — v. Zuckerarten 542, 543.
— — u. Anilin 543.
— — u. Hydroxamsäuren 543.
— — u. Phenylhydrazin 543.
Semidine 736.
Semidinumlagerung 734.
Semioxamazid 549, 596.
— —, Best. 546*.
Senföle 670.
— —, Best. 768.
— —, Nachw. 768.
Senfölreaktion 619.
Sensibilisatoren 6.
Serin 643.
Sesamölprobe 591*.
Sesquiterpenalkohole 34, 303.
— terpene 552.

Siedekonstanten 291.
— punkt, Best. 88, 277.
— — m. kleinen Subst.-Meng. 89.
— —, Korr. 92.
— —, Regelmäßigkeiten 94.
— stäbchen 88.
— verzug 88, 278, 284.
Silber, Best. 257, 547.
— in Cr-halt. Subst. 172*.
— in S-halt. Subst. 172*, 258.
— in Se-halt. Subst. 258.
— f. Absp. v. CO$_2$ 474.
— f. Asche-Best. 268.
— f. Kal. 333.
— acetat 313, 437.
— cyanid 688.
— kolben 422*, 425*.
— nitrat 546, 726.
— — z. Dehyd. 313*.
— — z. Entschwefeln 620.
— nitrit 639, 663.
— oxalat 484.
— oxyd 313, 333, 726.
— — z. Alk. 390, 677.
— permanganat 292.
— phenolate 395.
— phenylsilbernitrat 172.
— präparate, Gehaltsbest. 258.
— pulver 479.
— rohr 353*.
— salze 362, 479.
— —, anormale 484.
— —, explos. 484.
— —, Krystallw.-Geh. 484.
— —, Zers. 479.
— — f. Basiz.-Best. 484.
— — f. Benzoyl. 440.
— — f. Est. 503.
— — v. Acetylen 815.
— — v. γ-Oxysäuren 513.
— — v. Thioharnstoff 770.
— — v. Thiosemicarbazonen 546.
— — u. Jod 479, 483.
— spiegelreaktion 552.
— sulfat 313.
— —, Kat. 797*.
Silicagel 4, 58, 779*, 791*.
Silicium, Best. 259.
— dioxyd 812*.
— phenylchlorid 260.
— tetraaethyl 259.
— — butyl 259.
— — fluorid 499, 520.
— heptylkohlensaures Na 259.
Silicowolframsäure 661.
Sinomenin 313*.
Siriusgelb 721*.
Skatol 319.
Smithonit 322*.
Solaesthin 19*.
Solanidin 448*.
Solventnaphtha 23*, 339*.
Sonnenlicht 367, 652, 802.
— — s. a. Licht.
Sophoraalkaloide 39*.

Sorbinsäure 782.
Sorbose 416*, 587*.
Sozojodolpräparate 251.
Spalten v. Acetalen 519*.
— v. Aether 613.
— v. Alkaloiden 413.
— v. Arylsulfonamiden 631.
— v. Azovbdg. 720.
— v. Benzhydrazidvbdg. 548.
— v. Benzoylder. 446.
— v. tert. Benzylaminen 676.
— v. Benzylphenylhydrazonen 530.
— v. Bisulfitvbdg. 556, 557.
— v. Bromphenylhydrazonen 526.
— v. Carbonylvbdg. 328.
— v. Chinonen, Diketonen 576.
— v. Dioxysäuren 331.
— v. Diphenylurethanen 453.
— v. Furoylder. 452, 630.
— v. Hydrazinen 726, 730.
— v. Hydrazonen 532, 588.
— v. Hydrazo 733.
— v. Imiden 674.
— v. Imidazolen 628.
— v. Isonitrosoketonen 575.
— v. Ketonsäuren 581, 582.
— v. Methylenaether 610.
— v. Nitrobenzoylder. 444.
— v. Osazonen 532, 587, 588.
— v. Oximen 536, 575.
— v. Oxyden 338.
— v. Phenolaeth. 614.
— v. Phenolsulfos. 771.
— v. Phthalaten 363.
— v. Semicarbazonen 544, 546*.
— v. Thiosemicarbazonen 547.
— s. a. Verseifen.
Spartein 680.
Spezifisches Gewicht, Best. 106.
— — v. sulfos. Salz 103.
Spriteosin 386.
Squalen 301.
Stärke 789*.
—, Hydrolyse 2.
Stammsubstanz, Ermittl. 292.
Stearinsäure 276.
— —, Est. 30.
— —, Kr. 22.
— —, Lösl. 468*.
— —, Strukturbest. 359.
— —, Hg-Salz 23*.
— —, K-Salz 294*.
— anhydrid 448, 449.
— chlorid 448, 449.
— ester 448, 473.
— sulfosäure 495*.
— ureid 473.
— vanillylamid 153*.
Stereoisomere Hydrazone 531.
— Oxime 794.
— Säuren, trenn. 21.
— Semicarbazone 543, 549.
—, Verhalt. b. Est. 495.
Sterine 273*, 288.

Sterische Beeinflussung d. Absp., Alkyl 694.
— — v. CO$_2$ 475.
— — d. Acet. 418, 626, 627.
— — d. Add. v. SnCl$_4$ 394.
— — d. Alkyl. 681.
— — d. Amidb. 472.
— — d. Oxyd. v. Aethylenbdg. 811.
— — d. Semidinbild. 736.
— Behinderung d. Acet. v. Aminen 626, 627.
— — — v. Hydroxyl 418.
— — d. Imide 626, 673.
— — d. Add. v. Alkoh. 798.
— — — v. Br. 775.
— — d. Alk. v. Basen 678.
— — — v. Phenolen 391.
— — d. Amidbild. 472.
— — d. Azofarbstoffbild. 715.
— — d. Benzoyl. 629.
— — d. Carbonylfunktion 552.
— — d. Chinoxalinbild. 574.
— — d. Diaz. 652.
— — d. Diureine 674.
— — d. Esterbild. 497.
— — — m. Diazomethan 506.
— — — a. Säurechloridb. 501.
— — d. Fluoresceinreakt. 398.
— — d. Hydrazonbild. 523.
— — d. Imidazolringspreng. 628.
— — d. Jodoformreakt. 305.
— — d. Kond. Ald. mit Methylenket. 570.
— — d. Nitros. 675.
— — d. Nitroxylreakt. 561.
— — d. Oxime 535, 536, 552.
— — — v. Chinonen 579.
— — d. Semicarbazonbild. 543, 545.
— — d. Vers. v. Nitril 686.
— — — v. Säureamiden 703.
Stibaethyl 211.
Stickoxyde u. Alkylenoxyde 615*.
— u. Diketone 578.
— — u. Doppelb. 799.
— u. saur. Methylen 573.
Stickstoff, Best. 142, 147, 164.
— in Hydrazinen 731.
— in Hydrazonen 524.
—, Ident. 145.
—, Nachw. 144.
— s. a. Diazostickstoff.
— tetroxyd 324, 778.
Stigmasterin 273*.
Stilbazole 817.
Stilbazoniumbasen 736.
Stilben 35.
Stilbene 349, 818.
Stoßstoff sied. flüss. Verhind. 595.
Strontium, Best. 260.
— oxyd 396.
— salze zu Basiz., Best. 484*.
Strophantin 67*.
Strychnin 728.
—, Peroxyd 762.
—, Salze 362.

Stuppfett 35.
Styphninsäure 34, 35, 36.
Styrazin 809.
Styrol 475.
Styrole 781*.
Styrylacrylsäuren 782.
— hydantoin 673.
Suberon 639.
Suberylmethylamin 639.
Sublimieren 41.
— z. Kr. 36.
Substanzröhrchen n. HEMPEL 126.
Substitutionsregeln 818.
Succindialdehyd 617.
— imid 346.
— pyrrole 348*.
Succinyldiessigsäure 477.
Succinylobernsteinsäureester 405.
Sulfamide 630.
Sulfaminbenzoesäure 114.
— säuren 639.
Sulfanilsäure, Na-Salz 648.
— hydratgruppe u. Diaz. 714.
Sulfhydrylacrylsäuren 765.
— crotonsäuren 765.
— gruppe, Best. 461, 765.
Sulfohydrozimtsäuren 765.
Sulfidsäuren 767.
Sulfinsäuren, B. 714.
— —, titr. 771.
Sulfhydrylgruppe, Best. 766.
Sulfite z. Spalt., Az. 721*.
Sulfobenzid 31, 207*.
— benzoesäure 335.
— essigsäure 414.
— gruppe, Absp. 354.
— —, Best. 770.
— —, Einführ. 819, 821, 823.
— —, Ers. d. Cl 335.
— —, — d. CN 334.
— —, — d. COOH 335.
— —, — d. NH₂ 335.
— —, — d. OH 332.
— —, Wanderung 822.
— harnstoff 166.
— harnstoffe 668, 735, 769.
— —, Best. 769.
— —, S-Best. 204, 207*, 770.
— —, dopp. F. 64.
— — a. Senföl 620*.
Sulfonal 204*, 207*.
Sulfone 765, 769.
—, An. 204.
Sulfopersäuren 761.
Sulfosäuren, An. 204*, 207*, 770.
— — z. Benzoyl. 442.
— — z. Ester. 496.
— — z. Kal. 330, 770.
— — z. Lösl. Z. d. Salze 103.
— — z. Umkr. 11.
— — u. Dimethylsulfat 388.
— — s. a. Sulfogruppe.
— —, Anhydride 87, 336.
— —, An. 771.
— —, Chloride 336.

Sulfosäuren, Ester 495*, 503.
— —, Pb-Salze, An. 221.
— —, Salze, umkr. 11, 33.
— — u. KCN 334.
— salicylsäure 389.
Sulfoxyde 765, 769.
Sulfozimtsäure 355.
Sulfurethane 768.
Sulfurylchlorid 639.
Superoxyde 774.
Sylvan 616.

Tabelle, Alkylamine, Konstanten 691.
—, Best. JCH₃, JC₂H₅ 599.
—, Deuteriumbest. 111.
—, Gefrierpunktskonst. 277.
—, korr. Schmelzpunkte 79.
—, Mikroacetylbest. 435.
— n. MAQUENNE 588.
—, Nitrosovbdg. 741.
— n. SCHOORL 586.
—, Siedepunkte 97.
—, Stickstoffbest. n. DUMAS 154, 155.
— n. VORLÄNDER üb. Subst. 820.
—, Wasserstoffbest. n. BAUMANN 494,
     495.
Talk 3, 58.
Tanaceten 779.
Tannine 451.
—, Fällen 396*.
—, Lösungen 610.
Tartrazin 575.
Taupunktskurve 67.
Taurin 112.
Tellur, Best. 260.
— f. Dehydr. 312.
— methyljodid 260.
— platinvbdg. 261.
— triaethyljodid 260.
Tensionsthermometer 75.
Terephthalsäure 20, 31, 334.
— —, Chlorid 470.
Terpenalkohole 366, 369, 411, 454, 798.
— —, unges. 797.
Terpene 456, 708, 803.
—, Abbau 309.
—, Best. 812.
—, Br. 776.
—, Isol. 804.
—, Ox. 328.
—, Red. 339, 340.
— u. Benzopersäure 811.
— u. Nitrosylchlorid 777.
— u. Semicarbazid 541.
Terpenisoxime 38*.
— ketone 540, 803.
Terpenolacetat 738.
Terpentinöl 27, 411.
Terpine 38*.
Terpinenderivate 39.
Terpineol 323, 417.
— naphthylurethan 456.
Terpineole 417, 456.
Terpinhydrat 20.
Tertiäre Amine 674.

Tetra 19.
— acetylglycoson 407.
— — schleimsäure 414.
— aethylblei 765.
— — tetrazon, Pt-Salz 247.
— allylcyclohexanon 552.
— — — pentanon 552.
— benzoylindigweiß 629.
— — tetrahydroindanthren 629.
— benzylcyclohexanon 552.
— — — pentanon 552.
— bromanthrachinon 331.
— — benzoesäure 501.
— — benzonitril 687.
— — benzoylchlorid 501.
— — biresorcin 438.
— — butan 190.
— — kohlenstoff 308.
— — morinaether 386.
— — phenoltetrachlorphthalein 168*.
— — phenylhydrazin 532.
— — terephthalsäure 296.
— — xylol 296.
— chloraethan 18, 19, 315, 619.
— — aminofluoran 711*.
— — benzol 23.
— — fluoran 711*.
— — hydrodiphenazin 23.
— — isocymol 296*.
— — kohlenstoff 326, 328, 406, 776.
— — —, Kr. 18, 455.
— — —, Rein. 17, 18, 777*, 807*.
— — oxybenzaldehyd 559.
— — phthalylchlorid 2.
— — terephthalsäure 296.
— — xylol 296.
— cyanpyren 28.
— cymolder. 779.
— hydroacenaphthen 353*.
— — acridon 310, 318.
— — benzol 319.
— — berberin 310, 610*.
— — carbazole 314.
— — chinaldin 313.
— — chinolin 310, 313, 319.
— — — carbonsäure 313.
— — diphenylenoxyd 617.
— — fluoranthen 314*.
— — furalkohol 96.
— — naphthochinolin 313.
— — — cinchoninsäuren 562*.
— — oxychinolinbetaine 699.
— — papaverin 12.
— — piperinsäure 770*.
— — pyronoxime 539.
— jodhistidinanhydrid 8.
Tetralin 25, 311*, 322, 351*, 438, 457.
Tetramethylaethylennitrosochlorid 737.
— — ammoniumchlorid 37.
— — — jodid 599.
— — — salze 469*.
— — diaminobenzaldehyd 401, 524.
— — — benzhydrol 64.
— — — tritan 581.
— methylenoxyd 616.

Tetramethylenring, Uml. in Trimethylenring 294.
— methylmethylbenzidin 681.
— — oxeton 616.
— — pyrolincarbonamid 706.
— — tolidin 681.
— nitroanilin 651.
— — chinolone 10.
— — dichlorazobenzol 23.
— — hydrodiphenazin 23.
— — methan 406, 773.
— — naphthalin 10.
— nitrosobenzol 738.
— nitrotetraoxyanthrachinonazin 10.
— oxyanthrachinon 398.
— — brasan 348.
— — chinon 466.
— — pyridin 378.
— — säuren 322.
— peptide 700.
— phenylaethylen 774*.
— — chrom 228*.
— — dihydrophthalsäureanhydrid 24*.
— — phthalsäure 468.
— — trimidinderivate 166*.
— — zinn 267, 268.
— propionylschleimsäure 448.
— propylcyclohexanon 552.
— — — pentanon 552.
— salicylid 7.
Tetrazone 579*, 725, 729.
Tetrazotieren 651.
Tetrinsäure 466, 487.
Tetroceantypus 779.
Tetrolaldehyd 303.
Tetronsäure 466, 487.
— — reihe 466, 470.
Thallin 379.
Thallium, Best. 261.
—, Salze z. Bas.-Best. 484.
—, —, Est. 503.
— z. Rein. 33.
— carbonat 183.
— dialkylvbdg. 263.
— fulminat 262.
— haltige Subst., El.-An. 263.
— oxyd 677.
— salze f. Bas.-Best. 484.
— — f. Est. 503.
— seifen 64.
Thebain 348.
Thein 11.
Thenoylbenzoesäure 500*.
Thermometer, Prüf. 97.
— n. BECKMANN 274.
— n. FUCHS 86.
— n. KOFLER 84.
— n. LANDSBERGER 279.
— n. SWIETOSLAWSKI, ROMER 284.
Thermostaten 99*.
Thiazine 693.
Thiazol 660.
Thienylglyoxylsäure 581
Thioaether 766.
— acetamid 218*.

Thioamide 767, 769.
— anilide 767.
— anilin 473.
— arsenite 218*.
— barbitursäure 597.
— benzilsäure 481*.
— benzoesäure 765, 768.
— carbanilid, Kat. 312.
— carbimidreaktion 664.
— carbonylchlorid 670.
— cumarin 538.
— diazoldicarbonsäure 476.
— diessigsäure 771.
— diglykolsäure 767.
— essigsäure 625, 765.
— flavanone 541.
— formaldehyd 768.
— — amid 769*.
— — toluid 114.
— glykolsäure 765.
— harnstoff = Sulfoharnstoff.
— hydantoin 551*.
— ketone 766.
— koffein 767.
— milchsäure 765.
Thionylamine 622, 671.
— aminreaktion 621*.
— anilin 621.
— chlorid, Kr. 10.
— — f. Acet. 410.
— — f. Chlor. 336, 356.
— — f. D. v. Säureamiden 470.
— — — v. Säureaniliden 473.
— — — v. Säurechloriden 470, 500.
— — f. Est. 500.
— — f. Rein. 6.
— — u. Aldehydsäuren 500.
— — u. Alkoh. 368.
— — u. prim. Amine 621.
— — u. sek. Amine 671.
— — u. Betaine 697.
— — u. Hydrazine 725, 729.
— — u. Ketonsäuren 500, 581.
— — u. α-Oxysäuren 512.
— — u. o-Oxysäuren 513*.
— — u. p-Oxysäuren 514.
— — u. Sulfosäuren 336.
— naphthylamine 622.
— paratolylharnstoff 23.
— siliciumverbindungen 203*.
— verbindungen, Acet. 415.
— xylidin 621.
Thiophen, B. 113, 380.
—, Entfern. 23.
—, Kr. 27.
— u. Ketonsäuren 582.
— carbonsäuren 38.
— derivate, Acet. 416*.
— —, Farbenreakt. 380.
— —, Ox. 299.
— —, S-Best. 204.
— —, halogenierte 40.
— grün 581.
Thiophenole 714, 764, 765.
Thiophensulfosäuren 38.

Thiopyrinphosphinsäure, Cu-Salz 239.
— — —, Pt-Salz 247.
Thiosäuren, Best. 765, 767.
— —, Reakt. 465.
— semicarbazid 546.
— — carbazone 546.
— tetronsäure 466.
— uracile 767.
— urethane 769.
Thioxan 774.
Thiuramdisulfide 620.
— disulfidmethode 620.
Thorium, Best. 263.
—, Kat. 792.
— acetylaceton 263.
— dioxyd, Kat. 392, 507.
— salze 263, 469.
Thuyonsemicarbazone 38*.
Thymol 376, 590.
— blau 509.
— phthalein 666.
Thymotinaldehyd 556.
Tierkohle 1.
— — s. a. Kohle.
Tiglinsäure 778.
Tintenbildung 376.
Titan, Best. 263.
— acetylaceton 263.
— alkyle 263.
— fluorid 755.
— oxyd 474.
— säure 499.
— — anhydrid, Kat. 507.
— — —, Ester 499.
— sulfat 755.
— tetrachloridvbdgen 263.
— trichlorid u. Peroxyde 760*.
— — z. Best., Azovbdg. 722.
— — —, Chinone 763.
— — —, Nitrosovbdg. 741.
— — —, Nitrovbdg. 754.
— — —, Pikrate 657.
— — z. Red. 654, 784.
Titration d. Geschmack od. Geruch 487.
—, elektrom. 487.
—, verzögerte 707.
— v. Aldehyd 537, 557.
— v. Alkaloiden 647.
— v. Aminen 647.
— v. Aminosäuren 488, 647, 665.
— v. Diaminen 647, 848.
— v. Diaz., aliph. 709.
— v. Enolen 404.
— v. Hydrazinen 731.
— v. Ketonen 537.
— v. Oxylactonen 487.
— v. Oxysäuren 487.
— v. Phenolen 380.
— v. Quecksilbervbdgen 250.
— v. Säureimiden 707.
— v. Säuren 485.
— v. Selenvbdgen 255.
— v. Senfölen 769.
— v. Sulfinsäuren 771.
— v. Sulfoharnstoffen 769.

Titration v. Thiosäuren, Mercaptanen 765, 766.
Tolidin 622.
— derivate, chlorierte 26.
TOLLENS-Reagens 552, 552*.
Toluchinon 523.
Toluidide 421.
Toluidin 356, 647*, 648.
Toluidine 648.
—, Best. 636*.
—, Safraninreakt. 671.
Toluol, B. 320.
—, Kr. 23.
—, Lös. 312, 353, 473.
— isothiocyanat 635.
— sulfonylhydrazin 531.
— sulfosäure 335, 447, 499, 520.
— — — chlorid 354, 444, 630, 662.
— — — ester 389, 503, 676.
— — — u. Amine 630, 657.
— — — u. Hydroxyl 389, 444.
— — — f. Alk. 389.
— — — f. Vers. 428, 432, 433.
— — — z. Titr. 647.
— — — derivate, Spalt. 444.
— — — nitrosohydroxylaminophenyl-
ester, La-Salz 240.
Toluylsäuren 338.
— —, p- 65*.
Tolylhydrazine 523, 525.
— hydrazone 525.
— phenylketon 347.
— semicarbazid 544.
— thiosemicarbazone 547.
Tonerde, gewachsene 3.
— —, molekulare 9.
— —, Kat. 3.
— — f. El.-An. 116*.
— — hydrate 3*.
— sil 4, 58.
Träger f. Katalysatoren 785*, 791.
Traubensäure 323.
Traubenzucker = Glykose.
Trennung v. Ald., Ket. 533, 589.
— v. Amylenen 797*.
— v. Basen 630, 676.
— v. Carbonylvbdgen 545.
— v. Carvoximen 746*.
— v. Cystin u. Tyrosin 661.
— d. mech. Oper. 39.
— v. Furol, Methylfurol 594*.
— v. Hydrazinen u. Anilin 729, 730.
— v. Menthenolen 797.
— v. Oxysäuren u. unges. Säuren 359.
— v. Pentosen, Methylpentosen 597.
— v. Phenolsulfosäuren 771.
— v. Säuren d. Est. 497.
— v. Thioharnstoff, Rhodanammonium 769.
— v. unges. Säuren 802.
Triacetin 22.
— acetotriketohexamethylen 529.
— acetoxybenzylchromanon 425*.
— acetylaminooxyanthrachinon 66.
— — cholsäure 447*.

Triacetinacethylmethan 404.
— — phosphin 768.
— — wismut 765.
— aethylphloroglucin 604.
— alkylgalliumaetherate 235.
— amine, Acet. 624.
— —, titr. 648.
— aminobenzole 624.
— arylcarbinolchloride 182.
— — carbinole 30.
— — stibine 212.
— azoldimethylpyrroldicarbonsäure 488.
— azole 298.
— azone 654.
— azopropionsäureester 710.
— benzylarsin 215.
— — carbinol 370*.
— biphenylchlormethan 11.
— bromacetaldehyd 302.
— — anilin 652, 719.
— — anisol 605.
— — anthrachinon 331.
— — benzol 40.
— — brenztraubensäure 581.
— — mesitylen 66.
— — oxyxylylenjodid 183.
— — phenol 184.
— — —, Ag-Salz 387*.
— — phenylhydrazin 532.
— — pseudocumol 66.
— — thiotolene 38.
— — tripyridylchrom 228*.
— chloracetylchlorid 418*.
— acrolein 302.
— aethylen 18, 499, 500.
— anisol 605.
— benzoesäure 501.
— benzol 24, 40.
— benzoylchlorid 501.
— essigsäure 415, 625.
— cyclen 810.
— fluorbromaethylen 235.
— nitromethan 237.
Trigonellin 660, 698.
Triisopropylphenol 395.
— ketohydrindenhydrat 664.
— ketone 574*.
— methoxyvinylphenanthren 30.
— methylaethylammoniumjodid 599.
— — amin 678.
— — —, Kat. 456.
— — — f. Methox. 599.
— — benzoesäure 576.
— — brenztraubensäure 581.
— — butyrobetain 698.
— — chinolinsäure 379.
— — colchidimethinsäureester 694.
— — coniiniumoxydhydrat 678.
— — dihydrohexon 616.
— methylencarbonsäureester 708.
— methylgallussäuren 476*.
— — homophthalimid 348.
— — inulin 390*.
— — phenol 352.
— — phenylammoniumjodid 598, 599.

Trimethylphlorogluzin 401.
— — platiniumhydroxyd, -jodid, -sulfat 247.
— — propiobetain 698.
— natriumphosphat 573.
— nitroacetylaminophenol 429*.
— — aminophenol 651.
— — aniline 651.
— — anisidine 651.
— — anisol 676.
— — benzoesäure 474, 476, 502.
— — — — chlorid 443, 502.
— — benzol 34.
— — chinolone 10.
— — kresolate 34.
— — kresylbenzylaether 393.
— — naphthaline 822.
— — nitramine 636.
— — phenol 419.
— — — s. a. Pikrinsäure.
— — phenylbenzylaether 393.
— — — hydrazin 580.
— — resorcin = Styphninsäure 34.
— oceantypus 779.
— — toluol 24, 34, 288, 296, 622, 635*.
— oxybenzoesäuren 377.
— — benzole 400.
— — brasan 348.
— — buttersäure 589.
— — naphthalin 2.
— — picolin 553.
— — — säure 379.
— — pyridin 378.
— peptide 700.
— phendioxazin 25.
— phenylacetaldehyd 302.
— — borcaesium 226*.
— — — lithium 240*.
— — — natrium 242*.
— — carbinol 11, 367, 370*.
— — — aether 375.
— — chlormethan 11.
— — chrom 228*.
— — dinitrowismutnitrat 265.
— phenylen 318, 319.
— phenylessigsäure 502, 687.
— — — chlorid 502.
— — methanfarbstoffe 505*.
— — methyl = Trityl 11.
— — — natrium 458*.
— — phosphat 277*.
— propylmenthon 552.
Tritylreaktion 375.
Tritolylessigsäurechlorid 502.
Trockenapparate 41 ff.
— mittel 44.
Trockene Destillation v. Amm.-Salz d. Sulfosäuren 355.
Trocknen im Leuchtgasstrom 43.
— im Vakuum 43.
— v. fest. Subst. 39, 41.
— v. Flüssigk. 46.
— Kryst. 39.
— s. a. d. einz. Flüss.
Tropäolin 647.

Tropidin 310.
Tropinpinakon 419.
Truxone 351*.
Tryptophan 643.
Tubasäure 336*.
Tüpfelproben 383.
Turmeron 552*.
Tyrosin 643, 661, 662, 663, 694, 773.
— sulfosäure 378.

Überchlorsäure 11, 415, 416.
— — —, Kat. 624.
— hitzung, Vermeid. 88.
— mangansäure z. Dehydr. 317.
— — — z. Ox. 293.
— — — z. Spalt. Az. 722.
— — — s. a. Permanganate.
— sättigung 29, 98.
— tragungskatalyse 402.
Ultrachromatographie 59.
— violette Strahlen 6, 59, 499, 798, 799, 801, 816*.
Umestern 13, 387*, 507.
— krystallisieren 7.
— lagerung b. Acet. 412*, 413*, 421*.
— — b. Bromadd. 777.
— — b. Ers.-Hal. d. OH 331.
— — b. F. 64.
— — b. Kal. 331, 332.
— — b. Red. 338, 350, 352.
— — b. Vers. 421.
— — b. Z. 346, 349.
— — d. Alkali 797.
— — d. Ameisensäure 20.
— — d. Chromsäure 292*.
— — d. JH 350.
— — d. Kohle 2.
— — d. Licht 802.
— — d. Lös.-Mittel 402.
— — d. Na 6*.
— — d. Pd, Pt 794.
— — d. Permanganat 292, 324.
— — d. Persulfat 292*.
— — d. Schwefelsäure 544.
— — v. Acetylenen 813.
— — v. Alkylenoxyd. in Ald. 617, 812.
— — v. Allyl in Propenyl 6*, 803.
— — v. Betainen in Est. 698.
— — v. Diazoaminovbdg. 715.
— — v. Enolen 402.
— — v. Hydrazovbdg. 734.
— — v. Iso- in n-Propyl. 339.
— — v. Ketoximen s. BECKMANNsche Umlagerung.
— — v. Nitrosaminen 672.
— — v. α-Oxyde 617.
— — v. n-Propyl in Isopropyl 292.
— — v. Pseudobasen 683.
— — v. unges. Vbdg. 66*, 797, 801.
— — s. a. Wanderung.
— —, BECKMANNsche 537, 745.
— scheiden 40.
— wälzungsmittel 499.
Ungesättigte Acetale 776.
— Aldehyde 783, 789.

Ungesättigte Alkohole 782.
— Amine 797.
— Ammoniumsalze 782.
— Basen 797.
— Diketone 578.
— Ester 798.
— Glykole 787.
— Hydrazine 729.
— Ketone 544, 782, 783, 789, 794.
— Kohlenwasserstoffe, Add. 782, 796, 797.
— —, Ox. 323.
— —, Red. 782.
— Lactone 519, 793.
— Methylenaether 610.
— Nitrile 687, 775, 805.
— Oxime 794.
— Phenole 783.
— Säuren 705*, 801.
— —, Abbau 359, 705*.
— —, Add. 780ff., 797.
— —, Best. 800.
— —, Est. 493ff.
— —, Kal. 331.
— —, Ox. 322.
— —, —, indir. 327.
— —, Ozon. 324, 359.
— —, Red. 781, 785.
— —, Umlag. 66*, 801.
— —, Wasseranl. 797.
— — u. Benzopersäure, Peressigsäure 811, 812.
Universalstativ 129.
Unterbromige Säure 800.
— chlorige Säure 675, 800.
— jodige Säure 800.
— phosphorige Säure 713.
— scheidung v. Acetalen, Aether 521.
— — v. Aethern u. Est. 608.
— — v. Aethoxyl u. Methoxyl 598.
— — v. aliph. u. arom. Ald. 552.
— — v. aliph. u. arom. Diaz. 708.
— — v. Ald. u. Ket. 545.
— — v. Aldos. u. Ketos. 589.
— — v. Alkylenoxyd. u. Ald. 618.
— — v. Allyl u. Propenyl 781*, 803.
— — v. Aminen 630.
— — v. Aminosäur. u. Säureimid 707.
— — v. Diaminen 668.
— — v. Hydraziden u. Hydrazonen 728.
— — v. Keto u. Enol 402*, 773.
— — v. Lactonen 519.
— — v. Methyl, Methin u. Methylen 573*.
— — v. Nitril u. Isonitril 688.
— — v. Nitroso- u. Isonitroso 738.
— — v. O- u. N-acyl. Subst. 629.
— — v. o- u. p-Oxyazovbdg. 716.
— — v. Pentosen u. Glykuronsäure 593.
— — — u. Methylpent. 594.
— — v. Peroxyden u. H₂O₂ 761.
— — v. Phenol- (Alkohol-) Hydroxyl u. Carboxyl 490.
— — v. prim., sek., tert. Säuren 481.

Unterscheidung v. o- u. p-Semidinen 735.
— — v. Semidin- u. Diphenylbasen 736.
— — v. unges. Lactonen 519.
— — — Säuren 798.
Unverseifbare Acetylder. 627.
— Aether 605.
— Nitrile 687.
— Säureamide 702, 703.
Uramil 634.
Uran, Best. 264.
—, Nachw. 264.
Uranylnitrat 407.
Ureide 619, 694.
Ureidosäuren 634.
Urethane 357.
—, Abbau 706.
—, B. 452.
—, D. 452.
—, doppelter F. 64.
—, Vers. 338, 705.
Uropterin 56.

Valeriansäurechlorid 447.
Valerolacton 518.
Valeron 16.
Valerylessigester 552.
Valin 643.
Valine 662*.
Vanadinsäure 161.
Vanadium, Best. 264.
—, Pentoxyd 159*, 225.
Vanillin 401, 417, 711*.
—, Best. 548.
—, Meth. 388.
—, Titr. 487.
— säure 378.
Vasicin 39*.
Veraschung 267.
— n. BOGDÁNDY 185.
— n. NEUMANN 184.
Veratrol 393.
Veratroylchlorid 444.
Veratrumaldehyd 351*.
Verbrennungsofen 117, 139.
— — f. mikroelektr.-An. 144*.
— schiffchen n. DENNSTEDT 128, 164.
— — n. KEMPF 125.
— — n. MURMANN 125.
Verdrängung v. Acetyl d. Alkyl 505.
— — d. Benzoyl 419, 628.
— — d. Diazomethan 419, 505, 629.
— — d. NO₂ 419.
— v. Aethoxyl d. Acetyl 419.
— — d. Wasserstoff 419.
— v. Alkylen, gegenseitig 681.
— v. Anilin d. Phenylhydrazin 523.
— v. Azo- d. Diazovbdg. 381*.
— v. Benzoyl d. Acetyl 419, 440.
— v. Hydrazinen 523, 533.
— v. Hydroxylamin d. Semicarbazid 543.
— v. Isobutyl d. Acetyl 419.
— v. Isonitroso- d. Hydrazido- u. Phenylhydrazidogr. 543, 746.

Verdrängung v. Isoxazol d. Phenylhydrazin 523.
— v. Methoxyl d. Acetyl 419.
— v. NH₂- d. Hydrazinrest in Säureamiden 727.
— NO₂ d. OH 753.
— Sulfogr. d. Cl. 335.
— v. Zuckerarten 533.
Verdünnen b. Acet. 408—416.
— b. Benzoyl. 627, 628*.
— b. Est. 503f.
— d. Acetonitril 504.
— d. Benzoesäure 269.
— d. Dimethylanilin 673.
— d. Oxalsäure 269.
— d. Sand 269.
— d. Terpentinöl 411.
Vergiftung, Kat. 786, 787*.
Verharzung 606, 627, 803.
Veronal 114.
Verseifung d. Acetate 411.
— d. AlCl₃, AlBr₃ 392, 394.
— d. Alkohol 420, 421.
— d. Ammoniak, Anilin 393, 425.
— d. Antimontrichlorid 393.
— d. Barythydrat 393.
— d. Basen, quat. 393.
— d. Benzolsulfosäure 428.
— d. BrH 392*.
— d. Chlorhydrate 392*.
— d. Essigsäure 394.
— d. GRIGNARDS Reag. 393*.
— d. JH 392, 431.
— d. K- (Na-) Acetat 424.
— d. Kali, schmelz. 423.
— d. Kalilauge 393, 421.
— d. Kalk 425.
— d. kalte 423, 425*.
—, katalytische 424.
— d. Magnesia 425.
— d. Na 393.
— d. Na-Alkoholat 393, 424, 446.
— d. Na-Alkyle 393.
— d. Na-Amid 610*.
— d. Naphthalinsulfosäure 428.
— d. Phosphoroxychlorid 392*.
— d. Phosphorpentachlorid 393.
— d. Piperidin 393*, 425, 446.
— d. Pyridin 421, 452.
— d. Salpetersäure 392*.
— d. Salzsäure 392*, 394, 428.
— d. Schwefelsäure 392*, 428, 445.
— d. Toluolsulfosäure 428.
— d. Wasser 420, 421.
— d. Zink u. Säuren 395.
— d. Zinnchlorür 395.
— d. Zinntetrachlorid 393.
— v. Acetal. 520.
— v. Acetylder. 421.
— v. Amiden 701.
— v. Benzoylder. 445, 446.
— v. Enolaether 394.
— v. Enolester 427.
— v. Farbstoffen 424.
— v. Methylenaether 610.

Verseifung v. Methylenmalonester 797.
— v. Nitrilen 685.
— v. Nitroglycerin 757.
— v. Phenolaether 392.
— v. Säureamiden 701.
— v. Senfölen 768.
— v. Urethanen 453.
Verteilungszahl 658.
Verunreinigungen, Beeinfl. d. Br-Add.
777, 804*.
—, Entf. 1.
—, färbende 1*.
—, Kat. 793.
Vesuvinreaktion 655.
Vinylaethylaether 394.
— chlorid 779*.
— essigsäure 803.
— —, Nitril 798*.
— gruppe 302, 781*.
— zimtsäure 783.
Vitamin A 53*, 61.
— D₃ 61,62.
— K 53*.
Vorlage v. BÄRENFÄNGER 161.
Vulpinsäure 466.

Waage v. MOHR, WESTPHAL 109.
— v. REIMANN 110.
Wachsalkohole 364.
— arten 364.
— —, K. L. T. 105.
Wägeglas f. hygr. Subst. 124.
Wanderung, Acetyl b. Vers. 421*, 437.
—, O-Acetyl an N 629.
—, N-Acetyl an O 629.
—, N-Acetyl an N 630.
—, Carboxyl 292.
—, Doppelbdg. 801, 804.
—, Methyl 322.
—, Methylen 351.
—, Seitenketten 475.
—, Sulfogr. 822.
Wasser, Absp. d. Bleicherde 3.
—, Add. 796.
—, Best. 458*.
—, — in Alk. 49.
—, Kat. 408, 506, 780.
—, Lös. 8.
— f. Absp. CO₂ 474.
— f. Vers. 420, 421.
— stoff, Best. 140, 339*, 677.
— — s. a. Elementaranalyse.
— —, Rein. 784*, 786.
— — u. Doppelbdg. 781, 784.
— — u. dreif. Bdg. 813.
— — superoxyd 324.
— — —, Kat. 620.
— — —, Lös. 10.
— — — z. Abbau v. Fettsäuren 358.
— — — z. As-Best. 217.
— — — z. Aufschl. 271.
— — — z. N-Best. 161.
— — — z. Ox. 297, 304.
— — — z. Rein. 5.
— — — z. S-Best. 703*.

Wasserstoffsuperoxyd u. Diketone 576.
— — — u. Doppelbdg. 799.
— — — u. Ketone 304.
— — — u. Ketonsäuren 582.
— — — u. Mercaptane 764*.
— — — u. Nitrile 687.
— — — u. α-Oxysäuren 511.
— — — u. Salpetersäureester 757.
— — — s. a. Perhydrol.
Weinsäure 30, 510.
— —, Kat. 755.
— —, Ester 499, 611, 612.
— —, Esterif. 30.
— —, Methylenaether 611, 612.
Wintergreenöl 590.
Wismut, Best. 264.
—, Nachw. 266.
— alkyle 264.
— fluoride, An. 235.
— oxyd f. S-Best. 209.
— phenolate 265.
— thioharnstoffrhodanid 264.
— tribromid 779*.
— — chlorid 416*, 779*.
— — —, Kat. 812*.
— — phenyl 264. .
WITTsche Spaltung 720.
Wolfram, Best. 266.
— säure 123.
WOODsche Legierung 126.

Xanthion 540.
Xanthogenbernsteinsäuren 67.
— säure 767.
— —, Ester 370, 714.
— —, K-Salze 370.
— — reaktion 369.
Xanthon 348, 540.
— derivate 540.
— hydrazon, Oxim 538, 540.
Xanthydrol 541.
Xenylamide 473.
— carbonate 302.
— isocyanat 456.
Xylan 595.
Xylencyanrot 486*.
Xylenole 377.
Xylidin 631.
— säure, Zn-Salz 102.
Xylindeinnatrium 763.
Xylochinondichlordiimid 172.
Xylol 23, 322, 439, 462.
— cyanol 538*.
Xylolylbenzamid 706.
Xylonsäure, Cadmiumbromcadmiumsalz 659.
Xylose 548*, 587*, 588, 595*.
—, Best. 586, 595*.
Xylylenbromid 637, 671, 675.
— diamin 637, 671.
— imin 637.

Yohimbin 680.

Zentigrammverfahren 130.

Zentrifugieren 39.
Zersetzungspunkt 66.
Zimtaldehyd 453*, 570.
— —, Best. 453*, 549.
— säure 166*, 312, 475, 784, 809.
— —, Amid 706.
— —, Chlorid 448.
— —, Der., Jodzahl 807*.
— —, Est. 95.
— —, Nitril 687.
Zink 351, 395, 474.
—, Best. 266.
— z. Red. 340, 341, 712*, 720*.
— s. a. Zinkpulver, Zinkstaub.
— acetat 409, 416*.
— aethyl 459*, 509, 560, 618.
— alkyle u. Ald. 560.
— amalgam 351.
— bimsstein 345.
— chlorid, Acet. 408, 416, 624.
— —, Benzoyl. 438.
— —, CO₂-Absp. 478, 479.
— —, Est. 499.
— —, Kat. 779*.
— —, Kond. 510, 581, 615.
— —, Rein. 6.
— —, Uml. 746.
— —, Wasserentz. 367.
— — bihydroxylamin 536.
— — doppelsalze, An. 267.
— cyanid 346.
— methyl 560.
— oxyd 269, 322*, 474, 536.
— permanganat 292.
— pikrat 267.
— salze 484.
— staub, D. 344*.
— —, verkupf. 353.
— — f. Dehydr. 318.
— — f. Ers. Cl d. H 356.
— — f. Kal. 330.
— — f. Kat. 721.
— — f. Red. 340, 341, 343, 351, 353, 355, 720*, 747, 753.
— — u. tert. Alkoh. 368.
— — destillation 318, 344.
— — wolle 352, 353.
Zinn, Bad 330*.
—, Best. 267.
— chlorür z. Diaz. 651.
— — z. Red. 351, 714, 720, 722, 747, 753, 756.
— — z. Rein. 6.
— — z. Vers. 395.
— — doppelsalze 267.
— oxydulnatron 714.
— säure 499.
— tetrachlorid, Kat. 470.
— — z. Acet. 415.
— — z. Vers. 393.
— — u. Oxyketone 394.
— — doppelsalze 267.
Zirkon, Best. 268.
— acetylaceton 268.
— oxyd, Kat. 507.

Zirkunpikrat 268.
— säure 499.
— —, Halogenide 499.
— —, Ester 499.
Zuckerarten 529, 584.
— —, Abbau 315.
— —, Acet. 417*.
— —, Acyl. 448*.
— —, Alk. 390.
— —, Best. 586.
— —, Nachw. 526.
— —, Rein. 6.
— — u. Aminoguanidin 547.
— — u. Diazomethan 505*.
— — u. Dimethylsulfat 387*.
— — u. Phenylhydrazin 587, 727.
— — u. Phenylhydrazinsulfosäure 525.
— — u. Säuren 584.

Zuckerarten u. Semicarbazid 542, 543.
— —, Acylder., vers. 448.
— —, Benzhydrazide 548.
— —, Benzoylder. 424.
— —, F-Der., An. 231*.
— —, Methylender. 611.
— —, Naphthylhydrazone 531.
— —, Nitrophenylhydrazone 526.
— —, Ox. 305.
— —, Oxime 533.
— —, Thiosemicarbazone 547.
— —, Tolylhydrazin 525.
— —, Urethane 455.
— gruppe, Säuren 470.
—, Kalk 426.
— säure 585, 611, 612.
— sirupe 37.

Verlag von Julius Springer in Wien

Lehrbuch der organisch-chemischen Methodik

Von

Professor Dr. **Hans Meyer,** Prag

Zweiter Band:

Nachweis und Bestimmung organischer Verbindungen. Mit 11 Abbildungen. XII, 426 Seiten. 1933. RM 32.—; gebunden RM 35.—

... Die allgemeinen Trennungs- und Isolierverfahren der einzelnen Substanzgruppen sind im ersten Bande ausführlich beschrieben, hier werden sie durch sehr wertvolle Hinweise, speziell auf mikrochemische Methoden, ergänzt. Die immer mehr zutage tretende Tendenz der Analytik, nicht mehr trennen zu müssen, sondern nebeneinander nachweisen zu können — in der organischen Chemie oft der einzig gangbare Weg —, hat eine ganze Reihe neuer Arbeitsweisen, besonders in den letzten Jahren, entstehen lassen, die eine wirkliche Mikrochemie bei komplizierteren Gemischen erst ermöglichen. Bei der immer steigenden Bedeutung der Untersuchung kleinster Mengen war die als Einleitung gebrachte Ergänzung des Handbuches in dieser Hinsicht eine Notwendigkeit. Der Hauptteil behandelt die Verfahren, die zum Nachweis einzelner bestimmter Substanzen dienen können, und bringt von nahezu 600 organischen Verbindungen die Eigenschaften, Reaktionen, Bestimmungsmethoden usw. Je genauer diese bei den einzelnen Stoffen bekannt sind, desto leichter wird man sich auch, was ja in der Regel der Fall ist, einen Trennungsgang aufbauen können oder eine Substanz in einem Gemisch mit einer Spezialreaktion auffinden können. Jeder, der sich aus weitverstreuten Literaturangaben das für seine Arbeiten brauchbare Material zusammensuchen und oft auch noch überprüfen mußte, wird den unschätzbaren Wert einer solchen kritisch durchgearbeiteten Sammlung zu würdigen wissen ... *„Österreichische Chemiker-Zeitung"*

Dritter Band:

Synthese der Kohlenstoffverbindungen. 1. Teil: Offene Ketten und Isocyclen. In zwei Hälften. XVI, 1483 Seiten. 1938. RM 135.—; geb. RM 139.50

... Der Plan, die gesamte Methodik der organisch-präparativen Chemie systematisch und in einer für den Praktiker nützlichen und übersichtlichen Form zusammenzustellen, ist ein mutiges Vorhaben. Die erschöpfende Behandlung des gewaltigen Stoffes im Rahmen eines Handbuches wäre gewiß manchem undurchführbar erschienen. Das vollendete Werk zeigt uns jedoch, wie es durch eine sinnvolle Auswahl und Anordnung möglich war, dieser Aufgabe gerecht zu werden. Abschnittsweise behandelt der Verfasser die einzelnen Körperklassen und gibt zunächst jeweils eine Übersicht über die Wege, die zur Gewinnung ihrer Vertreter beschritten worden sind. Entsprechend der Bedeutung sind dabei die wichtigen allgemeiner anwendbaren Synthesen eingehender gewürdigt und des öfteren durch die Mitteilung eigener, bisher nicht veröffentlicher Erfahrungen des Verfassers ergänzt. Im Anschluß folgt dann eine „Beschreibung der Synthesen", die trotz der lapidaren Kürze dem Chemiker in den meisten Fällen zur Nacharbeitung genügen wird, ohne daß es notwendig wäre, auf das Originalschrifttum zurückzugreifen. Die Brauchbarkeit des Buches liegt in seiner telegrammstilartigen Kürze begründet, die es erlaubt hat, für jedes Teilgebiet die ganze Fülle der synthetischen Möglichkeiten auf engstem Raum zu bringen. Die Zusammenstellungen werden dem präparativ arbeitenden Organiker nicht nur manche Stunde des Nachschlagens ersparen, sondern ihm auch oft auf andere nicht bedachte Möglichkeiten hinweisen. Durch die Reichhaltigkeit und die für den Praktiker zugeschnittene Art der Darstellung wird es demjenigen besonders gute Dienste leisten, dem die großen Standardwerke des chemischen Schrifttums schwer zugänglich sind. Das Buch schließt somit in mehrfacher Hinsicht eine bestehende Lücke. Wie der erste und zweite Band des Gesamtwerkes, so ist auch der nunmehr vorliegende Teil des dritten Bandes weit mehr als ein Lehrbuch im eigentlichen Sinn. Es ist ein Hilfs- und Nachschlagewerk, dessen Erscheinen wir lebhaft begrüßen. In den Büchereien unserer Hochschulen und Industrielaboratorien wird es bald den ihm gebührenden Platz einnehmen. *„Chemiker-Zeitung"*

Dritter Band, 2. Teil:

Heterocyclische Verbindungen.

Erscheint 1939.

Zu beziehen durch jede Buchhandlung

Verlag von Julius Springer in Berlin

Chemische Analysen mit dem Polarographen. Von Dr. **Hans Hohn**, Duisburger Kupferhütte, Abt. Forschung. Mit 42 Abbildungen im Text und 3 Tafeln. (Bildet Band III der Sammlung „Anleitungen für die chemische Laboratoriumspraxis", herausgegeben von Prof. Dr. E. Zintl, Darmstadt.) VII, 102 Seiten. 1937.   RM 7.50

Chemische Spektralanalyse. Eine Anleitung zur Erlernung und Ausführung von Spektralanalysen im chemischen Laboratorium. Von Prof. Dr. **W. Seith**, Münster i. W., und Dr. **K. Ruthardt**, Hanau. Mit 60 Abbildungen im Text und einer Tafel. (Anleitungen für die chemische Laboratoriumspraxis. Herausgegeben von Prof. Dr. E. Zintl, Darmstadt, Band I.) VII, 103 Seiten. 1938.   RM 7.50

Die Maßanalyse. Von Dr. **I. M. Kolthoff**, o. Professor für Analytische Chemie an der Universität von Minnesota in Minneapolis, USA. Unter Mitwirkung von Dr.-Ing. H. Menzel, a. o. Professor an der Technischen Hochschule Dresden.

Erster Teil: **Die theoretischen Grundlagen der Maßanalyse. Zweite** Auflage. Mit 20 Abbildungen. XIII, 277 Seiten. 1930.   RM 12.42; gebunden RM 13.50

Zweiter Teil: **Die Praxis der Maßanalyse. Zweite** Auflage. Mit 21 Abbildungen. XI, 612 Seiten. 1931.   RM 28.—; gebunden RM 29.40

Die quantitative organische Mikroanalyse. Von Fritz Pregl. Vierte, neubearbeitete und erweiterte Auflage von Dr. **H. Roth**, Assistent am Kaiser Wilhelm-Institut für medizinische Forschung in Heidelberg. Mit 72 Abbildungen. XIII, 328 Seiten. 1935.   RM 24.—; gebunden RM 26.—

Quantitative Analyse durch Elektrolyse. Von Alexander Classen. Siebente Auflage, umgearbeitet von Alexander Classen, Aachen, und Heinrich Danneel, Münster i. W. Mit 78 Textabbildungen (2 Tafeln) und zahlreichen Tabellen. IX, 399 Seiten. 1927.   RM 20.25

Ausführung potentiometrischer Analysen nebst vollständigen Analysenvorschriften für technische Produkte. Von Dr. **Werner Hiltner**, Breslau. Mit 16 Textabbildungen. VII, 141 Seiten. 1935.   RM 6.60

Einführung in die organisch-chemische Laboratoriumstechnik. Von Dr. **Konrad Bernhauer**, Privatdozent an der Deutschen Universität in Prag, Leiter der Biochemischen Abteilung des Chemischen Laboratoriums. Mit 50 Abbildungen. X, 129 Seiten. 1934.   RM 4.80

Verlag von Julius Springer in Wien

Die chromatographische Adsorptionsmethode. Grundlagen, Methodik, Anwendungen. Von Dr. **L. Zechmeister**, Professor am Chemischen Institut der Universität Pécs (Ungarn), und Dr. **L. v. Cholnoky**, Privatdozent am Chemischen Institut der Universität Pécs (Ungarn). Zweite, wesentlich erweiterte Auflage. Mit 74 Abbildungen. XIII, 354 Seiten. 1938.   Gebunden RM 19.80

Zu beziehen durch jede Buchhandlung

Printed in the United States
By Bookmasters